工程建设标准年册（2004）

建设部标准定额研究所　编

中国建筑工业出版社
中国计划出版社

图书在版编目（CIP）数据

工程建设标准年册（2004）/建设部标准定额研究所编.
北京：中国建筑工业出版社，中国计划出版社，2005
ISBN 7-112-07410-X

Ⅰ.工...　Ⅱ.建...　Ⅲ.建筑工程-国家标准-汇编-中国-2004　Ⅳ.TU-65

中国版本图书馆 CIP 数据核字（2005）第 046164 号

责任编辑：孙玉珍
责任设计：崔兰萍
责任校对：刘　梅　王金珠

工程建设标准年册（2004）
建设部标准定额研究所　编
*
中国建筑工业出版社
中国计划出版社　出版
新　华　书　店　经　销
北京蓝海印刷有限公司印刷
*
开本：787×1092 毫米　1/16　印张：$76^{7}/_{8}$　插页：1　字数：2800 千字
2005 年 7 月第一版　2005 年 7 月第一次印刷
印数：1-1500 册　定价：**150.00** 元
ISBN 7-112-07410-X
（13364）

（邮政编码　100037）
本社网址：http：//www.china-abp.com.cn
网上书店：http：//www.china-building.com.cn

前言

建设工程，百年大计。认真贯彻执行工程建设标准，对保证建设工程质量和安全，推动技术进步，规范建设市场，加快建设速度，节约与合理利用资源，保障人民生命财产安全，改善与提高人民群众生活和工作环境质量，全面发挥投资效益，促进我国经济建设事业健康发展，具有十分重要的作用。当前，全国上下对认真贯彻执行标准已形成共识，企业执行标准的自觉性进一步增强，特别是国务院颁发的《建设工程质量管理条例》实施以来，全面整顿和规范建设市场秩序，工程建设标准得到了建设各方的充分重视，极大地推动了工程建设标准化工作的发展。

为了全面地配合工程建设标准的贯彻实施，适应各种不同用户的需要，更好地为大家服务，我们将2004年全年建设部批准发布的工程建设国家标准13项，行业标准18项，共计31项，汇编成年册出版，并附工程建设国家标准和建设部行业标准最新目录，以便广大用户查阅、使用等。

广大用户在使用中有何建议与意见，请与建设部标准定额研究所联系。

联系电话：(010) 58934084

建设部标准定额研究所

2005年4月

目　录

一、工程建设国家标准

二、工程建设行业标准

三、附　　录

中华人民共和国国家标准

湿陷性黄土地区建筑规范

Code for building construction in collapsible loess regions

GB 50025—2004

主编部门：陕 西 省 计 划 委 员 会
批准部门：中华人民共和国建设部
施行日期：2 0 0 4 年 8 月 1 日

中华人民共和国建设部
公　　告

第213号

建设部关于发布国家标准《湿陷性黄土地区建筑规范》的公告

现批准《湿陷性黄土地区建筑规范》为国家标准，编号为：GB 50025—2004，自2004年8月1日起实施。其中，第4.1.1、4.1.7、5.7.2、6.1.1、8.1.1、8.1.5、8.2.1、8.3.1（1）、8.3.2（1）、8.4.5、8.5.5、9.1.1条（款）为强制性条文，必须严格执行。原《湿陷性黄土地区建筑规范》GBJ 25—90同时废止。

本规范由建设部标准定额研究所组织中国建筑工业出版社出版发行。

中华人民共和国建设部

2004年3月1日

前　　言

根据建设部建标［1998］94号文下达的任务，由陕西省建筑科学研究设计院会同有关勘察、设计、科研和高校等16个单位组成修订组，对现行国家标准《湿陷性黄土地区建筑规范》GBJ 25—90（以下简称原规范）进行了全面修订。在修订期间，广泛征求了全国各有关单位的意见，经多次讨论和修改，最后由陕西省计划委员会组织审查定稿。

本次修订的《湿陷性黄土地区建筑规范》系统总结了我国湿陷性黄土地区四十多年来，特别是近十年来的科研成果和工程建设经验，并充分反映了实施原规范以来所取得的科研成果和建设经验。

原规范经修订后（以下简称本规范）分为总则、术语和符号、基本规定、勘察、设计、地基处理、既有建筑物的地基加固和纠倾、施工、使用与维护等9章、9个附录，比原规范增加条文3章，减少附录2个。修改和增加的主要内容是：

1. 原规范附录一中的名词解释，通过修改和补充作为术语，列入本规范第2章；删除了饱和黄土，增加了压缩变形、湿陷变形、湿陷起始压力、湿陷系数、自重湿陷系数、自重湿陷量的实测值、自重湿陷量的计算值和湿陷量的计算值等术语。

2. 建筑物分类和建筑工程的设计措施等内容，经修改和补充后作为基本规定，独立为一章，放在勘察、设计的前面，体现了它在本规范中的重要性，并解决了各类建筑的名称出现在建筑物分类之后的问题。

3. 原规范中的附录六，通过修改和补充，将其放入本规范的第4章第4节“测定黄土湿陷性的试验”。

4. 将陕西关中地区的修正系数 β_0 由0.70改为0.90，修改后自重湿陷量的计算值与实测值接近，对提高评定关中地区场地湿陷类型的准确性有实际意义。

5. 近年来，7、8层的建筑不断增多，基底压力和地基压缩层深度相应增大，本次修订将非自重湿陷性黄土场地地基湿陷量的计算深度，由基底下5m改为累计至基底下10m（或地基压缩层）深度止，并相应增大了勘探点的深度。

6. 划分场地湿陷类型和地基湿陷等级，采用现场试验的实测值和室内试验的计算值相结合的方法，在自重湿陷量的计算值和湿陷量的计算值分别引入修正系数 β_0 值和 β 值后，其计算值和实测值的差异显著缩小，从而进一步提高了湿陷性评价的准确性和可靠性。

7. 本规范取消了原规范在地基计算中规定的承载力的基本值、标准值和设计值以及附录十“黄土的承载力表”。

本规范在地基计算中规定的地基承载力特征值，可由勘察部门根据现场原位测试结果或结合当地经验与理论公式计算确定。

基础底面积，按正常使用极限状态下荷载效应的标准组合，并按修正后的地基承载力特征值确定。

8. 针对湿陷性黄土的特点，进一步明确了在湿陷性黄土场地采用桩基础的设计和计算等原则。

9. 根据场地湿陷类型、地基湿陷等级和建筑物类别，采取地基处理措施，符合因地因工程制宜，技术经济合理，对确保建筑物的安全使用有重要作用。

10. 增加了既有建筑物的地基加固和纠倾等内容，使今后开展这方面的工作有章可循。

11. 根据新搜集的资料，将原规范附录二中的“中国湿陷性黄土工程地质分区略图”及其附表2-1作了部分修改和补充。

原图经修改后，扩大了分区范围，填补了原规范分区图中未包括的有关省、区，便于勘察、设计人员进行场址选择或可行性研究时，对分区范围内黄土的厚度、湿陷性质、湿陷类型和分布情况有一个概括的了解和认识。

12. 在本规范附录J中，增加了检验或测定垫层、强夯和挤密等方法处理地基的承载力及有关变形参数的静载荷试验要点。

原规范通过全面修订，增加了一些新的内容，更加系统和完善，符合我国国情和湿陷性黄土地区的特点，体现了我国现行的建设政策和技术政策。本规范实施后对全面指导我国湿陷性黄土地区的建设，确保工程质量，防止和减少地基湿陷事故，都将产生显著的技术经济效益和社会效益。

本规范中以黑体字标志的条文为强制性条文，必须严格执行。本规范由建设部负责管理和对强制性条文的解释，陕西省建筑科学研究设计院负责具体技术内容的解释。在执行过程中，请各单位结合工程实践，认真总结经验，如发现需要修改或补充之处，请将意见和建议寄陕西省建筑科学研究设计院（地址：陕西省西安市环城北路272号，邮政编码：710082）。

本规范主编单位：陕西省建筑科学研究设计院

本规范参编单位：机械工业部勘察研究院
西北综合勘察设计研究院
甘肃省建筑科学研究院
山西省建筑设计研究院
国家电力公司西北勘测设计研究院
中国建筑西北设计研究院
西安建筑科技大学
山西省勘察设计研究院
甘肃省建筑设计研究院
山西省电力勘察设计研究院
兰州有色金属建筑研究院
国家电力公司西北电力设计院
新疆建筑设计研究院
陕西省建筑设计研究院
中国石化集团公司兰州设计院

主要起草人：罗宇生（以下按姓氏笔画排列）
文　君　田春显　刘厚健　朱武卫
任会明　汪国烈　张　敷　张苏民
沈励操　杨静玲　邵　平　张豫川
张　炜　李建春　林在贯　郑永强
武　力　赵祖禄　郭志勇　高永贵
高凤熙　程万平　滕文川　罗金林

目　次

1 总　　则

1.0.1 为确保湿陷性黄土地区建筑物（包括构筑物）的安全与正常使用，做到技术先进，经济合理，保护环境，制定本规范。

1.0.2 本规范适用于湿陷性黄土地区建筑工程的勘察、设计、地基处理、施工、使用与维护。

1.0.3 在湿陷性黄土地区进行建设，应根据湿陷性黄土的特点和工程要求，因地制宜，采取以地基处理为主的综合措施，防止地基湿陷对建筑物产生危害。

1.0.4 湿陷性黄土地区的建筑工程，除应执行本规范的规定外，尚应符合有关现行的国家强制性标准的规定。

2 术语和符号

2.1 术　　语

2.1.1 湿陷性黄土　collapsible loess

在一定压力下受水浸湿，土结构迅速破坏，并产生显著附加下沉的黄土。

2.1.2 非湿陷性黄土　noncollapsible loess

在一定压力下受水浸湿，无显著附加下沉的黄土。

2.1.3 自重湿陷性黄土　loess collapsible under overburden pressure

在上覆土的自重压力下受水浸湿，发生显著附加下沉的湿陷性黄土。

2.1.4 非自重湿陷性黄土　loess noncollapsible under overburden pressure

在上覆土的自重压力下受水浸湿，不发生显著附加下沉的湿陷性黄土。

2.1.5 新近堆积黄土　recently deposited loess

沉积年代短，具高压缩性，承载力低，均匀性差，在50～150kPa压力下变形较大的全新世（Q_4^2）黄土。

2.1.6 压缩变形　compression deformation

天然湿度和结构的黄土或其他土，在一定压力下所产生的下沉。

2.1.7 湿陷变形　collapse deformation

湿陷性黄土或具有湿陷性的其他土（如欠压实的素填土、杂填土等），在一定压力下，下沉稳定后，受水浸湿所产生的附加下沉。

2.1.8 湿陷起始压力　Initial collapse pressure

湿陷性黄土浸水饱和，开始出现湿陷时的压力。

2.1.9 湿陷系数　coefficient of collapsibility

单位厚度的环刀试样，在一定压力下，下沉稳定后，试样浸水饱和所产生的附加下沉。

2.1.10 自重湿陷系数　coefficient of collapsibility under overburden pressure

单位厚度的环刀试样，在上覆土的饱和自重压力下，下沉稳定后，试样浸水饱和所产生的附加下沉。

2.1.11 自重湿陷量的实测值　measured collapse under overburden pressure

在湿陷性黄土场地，采用试坑浸水试验，全部湿陷性黄土层浸水饱和所产生的自重湿陷量。

2.1.12 自重湿陷量的计算值　computed collapse under overburden pressure

采用室内压缩试验，根据不同深度的湿陷性黄土试样的自重湿陷系数，考虑现场条件计算而得的自重湿陷量的累计值。

2.1.13 湿陷量的计算值　computed collapse

采用室内压缩试验，根据不同深度的湿陷性黄土试样的湿陷系数，考虑现场条件计算而得的湿陷量的累计值。

2.1.14 剩余湿陷量　remnant collapse

将湿陷性黄土地基湿陷量的计算值，减去基底下拟处理土层的湿陷量。

2.1.15 防护距离　protection distance

防止建筑物地基受管道、水池等渗漏影响的最小距离。

2.1.16 防护范围　area of protection

建筑物周围防护距离以内的区域。

2.2 符　　号

A——基础底面积

a——压缩系数

b——基础底面的宽度

d——基础埋置深度，桩身（或桩孔）直径

E_s——压缩模量

e——孔隙比

f_a——修正后的地基承载力特征值

f_{ak}——地基承载力特征值

I_p——塑性指数

l——基础底面的长度，桩身长度

p_k——相应于荷载效应标准组合基础底面的平均压力值

p_0——基础底面的平均附加压力值

p_{sh}——湿陷起始压力值

q_{pa}——桩端土的承载力特征值

q_{sa}——桩周土的摩擦力特征值

R_a——单桩竖向承载力特征值

S_r——饱和度

w——含水量

w_L——液限

w_p——塑限

w_{op}——最优含水量

γ——土的重力密度，简称重度

γ_0——基础底面以上土的加权平均重度，地下水位以下取有效重度

θ——地基的压力扩散角

η_b——基础宽度的承载力修正系数

η_d——基础埋深的承载力修正系数

ψ_s——沉降计算经验系数

δ_s——湿陷系数

δ_{zs}——自重湿陷系数

Δ_{zs}——自重湿陷量的计算值

Δ'_{zs}——自重湿陷量的实测值

Δ_s——湿陷量的计算值

β_0——因地区土质而异的修正系数

β——考虑地基受水浸湿的可能性和基底下土的侧向挤出等因素的修正系数

3 基本规定

3.0.1 拟建在湿陷性黄土场地上的建筑物，应根据其重要性、地基受水浸湿可能性的大小和在使用期间对不均匀沉降限制的严格程度，分为甲、乙、丙、丁四类，并应符合表3.0.1的规定。

表3.0.1 建筑物分类

建筑物分类	各类建筑的划分
甲类	高度大于60m和14层及14层以上体型复杂的建筑 高度大于50m的构筑物 高度大于100m的高耸结构 特别重要的建筑 地基受水浸湿可能性大的重要建筑 对不均匀沉降有严格限制的建筑
乙类	高度为24～60m的建筑 高度为30～50m的构筑物 高度为50～100m的高耸结构 地基受水浸湿可能性较大的重要建筑 地基受水浸湿可能性大的一般建筑
丙类	除乙类以外的一般建筑和构筑物
丁类	次要建筑

当建筑物各单元的重要性不同时，可根据各单元的重要性划分为不同类别。甲、乙、丙、丁四类建筑的划分，可结合本规范附录E确定。

3.0.2 防止或减小建筑物地基浸水湿陷的设计措施，可分为下列三种：

1 地基处理措施

消除地基的全部或部分湿陷量，或采用桩基础穿透全部湿陷性黄土层，或将基础设置在非湿陷性黄土层上。

2 防水措施

1）基本防水措施：在建筑物布置、场地排水、屋面排水、地面防水、散水、排水沟、管道敷设、管道材料和接口等方面，应采取措施防止雨水或生产、生活用水的渗漏。

2）检漏防水措施：在基本防水措施的基础上，对防护范围内的地下管道，应增设检漏管沟和检漏井。

3）严格防水措施：在检漏防水措施的基础上，应提高防水地面、排水沟、检漏管沟和检漏井等设施的材料标准，如增设可靠的防水层、采用钢筋混凝土排水沟等。

3 结构措施

减小或调整建筑物的不均匀沉降，或使结构适应地基的变形。

3.0.3 对甲类建筑和乙类中的重要建筑，应在设计文件中注明沉降观测点的位置和观测要求，并应注明在施工和使用期间进行沉降观测。

3.0.4 对湿陷性黄土场地上的建筑物和管道，在设计文件中应附有使用与维护说明。建筑物交付使用后，有关方面必须按本规范第9章的有关规定进行维护和检修。

3.0.5 在湿陷性黄土地区的非湿陷性土场地上设计建筑地基基础，应按现行国家标准《建筑地基基础设计规范》GB 50007的有关规定执行。

4 勘察

4.1 一般规定

4.1.1 在湿陷性黄土场地进行岩土工程勘察应查明下列内容，并应结合建筑物的特点和设计要求，对场地、地基作出评价，对地基处理措施提出建议。

1 黄土地层的时代、成因；

2 湿陷性黄土层的厚度；

3 湿陷系数、自重湿陷系数和湿陷起始压力随深度的变化；

4 场地湿陷类型和地基湿陷等级的平面分布：

5 变形参数和承载力；

6 地下水等环境水的变化趋势；

7 其他工程地质条件。

4.1.2 中国湿陷性黄土工程地质分区，可按本规范附录A划分。

4.1.3 勘察阶段可分为场址选择或可行性研究、初步勘察、详细勘察三个阶段。各阶段的勘察成果应符合各相应设计阶段的要求。

对场地面积不大，地质条件简单或有建筑经验的地区，可简化勘察阶段，但应符合初步勘察和详细勘

察两个阶段的要求。

对工程地质条件复杂或有特殊要求的建筑物，必要时应进行施工勘察或专门勘察。

4.1.4 编制勘察工作纲要，应按下列条件和要求进行：

1 不同的勘察阶段；

2 场地及其附近已有的工程地质资料和地区建筑经验；

3 场地工程地质条件的复杂程度，特别是黄土层的分布和湿陷性变化特点；

4 工程规模，建筑物的类别、特点，设计和施工要求。

4.1.5 场地工程地质条件的复杂程度，可分为以下三类：

1 简单场地：地形平缓，地貌、地层简单，场地湿陷类型单一，地基湿陷等级变化不大；

2 中等复杂场地：地形起伏较大，地貌、地层较复杂，局部有不良地质现象发育，场地湿陷类型、地基湿陷等级变化较复杂；

3 复杂场地：地形起伏很大，地貌、地层复杂，不良地质现象广泛发育，场地湿陷类型、地基湿陷等级分布复杂，地下水位变化幅度大或变化趋势不利。

4.1.6 工程地质测绘，除应符合一般要求外，还应包括下列内容：

1 研究地形的起伏和地面水的积聚、排泄条件，调查洪水淹没范围及其发生规律；

2 划分不同的地貌单元，确定其与黄土分布的关系，查明湿陷凹地、黄土溶洞、滑坡、崩坍、冲沟、泥石流及地裂缝等不良地质现象的分布、规模、发展趋势及其对建设的影响；

3 划分黄土地层或判别新近堆积黄土，应分别符合本规范附录B或附录C的规定；

4 调查地下水位的深度、季节性变化幅度、升降趋势及其与地表水体、灌溉情况和开采地下水强度的关系；

5 调查既有建筑物的现状；

6 了解场地内有无地下坑穴，如古墓、井、坑、穴、地道、砂井和砂巷等。

4.1.7 采取不扰动土样，必须保持其天然的湿度、密度和结构，并应符合Ⅰ级土样质量的要求。

在探井中取样，竖向间距宜为1m，土样直径不宜小于120mm；在钻孔中取样，应严格按本规范附录D的要求执行。

取土勘探点中，应有足够数量的探井，其数量应为取土勘探点总数的1/3～1/2，并不宜少于3个。探井的深度宜穿透湿陷性黄土层。

4.1.8 勘探点使用完毕后，应立即用原土分层回填夯实，并不应小于该场地天然黄土的密度。

4.1.9 对黄土工程性质的评价，宜采用室内试验和原位测试成果相结合的方法。

4.1.10 对地下水位变化幅度较大或变化趋势不利的地段，应从初步勘察阶段开始进行地下水位动态的长期观测。

4.2 现场勘察

4.2.1 场址选择或可行性研究勘察阶段，应进行下列工作：

1 搜集拟建场地有关的工程地质、水文地质资料及地区的建筑经验；

2 在搜集资料和研究的基础上进行现场调查，了解拟建场地的地形地貌和黄土层的地质时代、成因、厚度、湿陷性，有无影响场地稳定的不良地质现象和地质环境等问题；

3 对工程地质条件复杂，已有资料不能满足要求时，应进行必要的工程地质测绘、勘察和试验等工作；

4 本阶段的勘察成果，应对拟建场地的稳定性和适宜性作出初步评价。

4.2.2 初步勘察阶段，应进行下列工作：

1 初步查明场地内各土层的物理力学性质、场地湿陷类型、地基湿陷等级及其分布，预估地下水位的季节性变化幅度和升降的可能性；

2 初步查明不良地质现象和地质环境等问题的成因、分布范围，对场地稳定性的影响程度及其发展趋势；

3 当工程地质条件复杂，已有资料不符合要求时，应进行工程地质测绘，其比例尺可采用1:1000～1:5000。

4.2.3 初步勘察勘探点、线、网的布置，应符合下列要求：

1 勘探线应按地貌单元的纵、横线方向布置，在微地貌变化较大的地段予以加密，在平缓地段可按网格布置。初步勘察勘探点的间距，宜按表4.2.3确定。

表 4.2.3 初步勘察勘探点的间距（m）

场地类别	勘探点间距	场地类别	勘探点间距
简单场地	120～200	复杂场地	50～80
中等复杂场地	80～120		

2 取土和原位测试的勘探点，应按地貌单元和控制性地段布置，其数量不得少于全部勘探点的1/2。

3 勘探点的深度应根据湿陷性黄土层的厚度和地基压缩层深度的预估值确定，控制性勘探点应有一定数量的取土勘探点穿透湿陷性黄土层。

4 对新建地区的甲类建筑和乙类中的重要建筑，应按本规范4.3.8条进行现场试坑浸水试验，并应按自重湿陷量的实测值判定场地湿陷类型。

5 本阶段的勘察成果，应查明场地湿陷类型，为确定建筑物总平面的合理布置提供依据，对地基基础方案、不良地质现象和地质环境的防治提供参数与建议。

4.2.4 详细勘察阶段，应进行下列工作：

1 详细查明地基土层及其物理力学性质指标，确定场地湿陷类型、地基湿陷等级的平面分布和承载力。

2 勘探点的布置，应根据总平面和本规范3.0.1条划分的建筑物类别以及工程地质条件的复杂程度等因素确定。详细勘察勘探点的间距，宜按表4.2.4-1确定。

表 4.2.4-1 详细勘察勘探点的间距（m）

场地类别＼建筑类别	甲	乙	丙	丁
简单场地	30～40	40～50	50～80	80～100
中等复杂场地	20～30	30～40	40～50	50～80
复杂场地	10～20	20～30	30～40	40～50

3 在单独的甲、乙类建筑场地内，勘探点不应少于4个。

4 采取不扰动土样和原位测试的勘探点不得少于全部勘探点的2/3，其中采取不扰动土样的勘探点不宜少于1/2。

5 勘探点的深度应大于地基压缩层的深度，并应符合表4.2.4-2的规定或穿透湿陷性黄土层。

表 4.2.4-2 勘探点的深度（m）

湿陷类型	非自重湿陷性黄土场地	自重湿陷性黄土场地	
		陕西、陇东—陕北—晋西地区	其他地区
勘探点深度（自基础底面算起）	>10	>15	>10

4.2.5 详细勘察阶段的勘察成果，应符合下列要求：

1 按建筑物或建筑群提供详细的岩土工程资料和设计所需的岩土技术参数，当场地地下水位有可能上升至地基压缩层的深度以内时，宜提供饱和状态下的强度和变形参数。

2 对地基作出分析评价，并对地基处理、不良地质现象和地质环境的防治等方案作出论证和建议。

3 对深基坑应提供坑壁稳定性和抽、降水等所需的计算参数，并分析对邻近建筑物的影响。

4 对桩基工程的桩型、桩的长度和桩端持力层深度提出合理建议，并提供设计所需的技术参数及单桩竖向承载力的预估值。

5 提出施工和监测的建议。

4.3 测定黄土湿陷性的试验

4.3.1 测定黄土湿陷性的试验，可分为室内压缩试验、现场静载荷试验和现场试坑浸水试验三种。

（Ⅰ）室内压缩试验

4.3.2 采用室内压缩试验测定黄土的湿陷系数 δ_s、自重湿陷系数 δ_{zs} 和湿陷起始压力 p_{sh}，均应符合下列要求：

1 土样的质量等级应为Ⅰ级不扰动土样；

2 环刀面积不应小于5000mm^2，使用前应将环刀洗净风干，透水石应烘干冷却；

3 加荷前，应将环刀试样保持天然湿度；

4 试样浸水宜用蒸馏水；

5 试样浸水前和浸水后的稳定标准，应为每小时的下沉量不大于0.01mm。

4.3.3 测定湿陷系数除应符合4.3.2条的规定外，还应符合下列要求：

1 分级加荷至试样的规定压力，下沉稳定后，试样浸水饱和，附加下沉稳定，试验终止。

2 在0～200kPa压力以内，每级增量宜为50kPa；大于200kPa压力，每级增量宜为100kPa。

3 湿陷系数 δ_s 值，应按下式计算：

$$\delta_s = \frac{h_p - h'_p}{h_0} \tag{4.3.3}$$

式中 h_p——保持天然湿度和结构的试样，加至一定压力时，下沉稳定后的高度（mm）；

h'_p——上述加压稳定后的试样，在浸水（饱和）作用下，附加下沉稳定后的高度（mm）；

h_0——试样的原始高度（mm）。

4 测定湿陷系数 δ_s 的试验压力，应自基础底面（如基底标高不确定时，自地面下1.5m）算起：

1）基底下10m以内的土层应用200kPa，10m以下至非湿陷性黄土层顶面，应用其上覆土的饱和自重压力（当大于300kPa压力时，仍应用300kPa）；

2）当基底压力大于300kPa时，宜用实际压力；

3）对压缩性较高的新近堆积黄土，基底下5m以内的土层宜用100～150kPa压力，5～10m和10m以下至非湿陷性黄土层顶面，应分别用200kPa和上覆土的饱和自重压力。

4.3.4 测定自重湿陷系数除应符合4.3.2条的规定外，还应符合下列要求：

1 分级加荷，加至试样上覆土的饱和自重压力，下沉稳定后，试样浸水饱和，附加下沉稳定，试验终止；

2 试样上覆土的饱和密度，可按下式计算：

$$\rho_s = \rho_d\left(1 + \frac{S_r e}{d_s}\right) \qquad (4.3.4\text{-}1)$$

式中 ρ_s——土的饱和密度（g/cm^3）；

ρ_d——土的干密度（g/cm^3）；

S_r——土的饱和度，可取 $S_r = 85\%$；

e——土的孔隙比；

d_s——土粒相对密度；

3　自重湿陷系数 δ_{zs}值，可按下式计算：

$$\delta_{zs} = \frac{h_z - h'_z}{h_0} \qquad (4.3.4\text{-}2)$$

式中 h_z——保持天然湿度和结构的试样，加压至该试样上覆土的饱和自重压力时，下沉稳定后的高度（mm）；

h'_z——上述加压稳定后的试样，在浸水（饱和）作用下，附加下沉稳定后的高度（mm）；

h_0——试样的原始高度（mm）。

4.3.5　测定湿陷起始压力除应符合 4.3.2 条的规定外，还应符合下列要求：

1　可选用单线法压缩试验或双线法压缩试验。

2　从同一土样中所取环刀试样，其密度差值不得大于 $0.03g/cm^3$。

3　在 0～150kPa 压力以内，每级增量宜为 25～50kPa，大于 150kPa 压力每级增量宜为 50～100kPa。

4　单线法压缩试验不应少于 5 个环刀试样，均在天然湿度下分级加荷，分别加至不同的规定压力，下沉稳定后，各试样浸水饱和，附加下沉稳定，试验终止。

5　双线法压缩试验，应按下列步骤进行：

1）应取 2 个环刀试样，分别对其施加相同的第一级压力，下沉稳定后应将 2 个环刀试样的百分表读数调整一致，调整时并应考虑各仪器变形量的差值。

2）应将上述环刀试样中的一个试样保持在天然湿度下分级加荷，加至最后一级压力，下沉稳定后，试样浸水饱和，附加下沉稳定，试验终止。

3）应将上述环刀试样中的另一个试样浸水饱和，附加下沉稳定后，在浸水饱和状态下分级加荷，下沉稳定后继续加荷，加至最后一级压力，下沉稳定，试验终止。

4）当天然湿度的试样，在最后一级压力下浸水饱和，附加下沉稳定后的高度与浸水饱和试样在最后一级压力下的下沉稳定后的高度不一致，且相对差值不大于20%时，应以前者的结果为准，对浸水饱和试样的试验结果进行修正；如相对差值大于 20%时，应重新试验。

（Ⅱ）现场静载荷试验

4.3.6　在现场测定湿陷性黄土的湿陷起始压力，可采用单线法静载荷试验或双线法静载荷试验，并应分别符合下列要求：

1　单线法静载荷试验：在同一场地的相邻地段和相同标高，应在天然湿度的土层上设 3 个或 3 个以上静载荷试验，分级加压，分别加至各自的规定压力，下沉稳定后，向试坑内浸水至饱和，附加下沉稳定后，试验终止；

2　双线法静载荷试验：在同一场地的相邻地段和相同标高，应设 2 个静载荷试验。其中 1 个应设在天然湿度的土层上分级加压，加至规定压力，下沉稳定后，试验终止；另 1 个应设在浸水饱和的土层上分级加压，加至规定压力，附加下沉稳定后，试验终止。

4.3.7　在现场采用静载荷试验测定湿陷性黄土的湿陷起始压力，尚应符合下列要求：

1　承压板的底面积宜为 $0.50m^2$，试坑边长或直径应为承压板边长或直径的 3 倍，安装载荷试验设备时，应注意保持试验土层的天然湿度和原状结构，压板底面下宜用 10～15mm 厚的粗、中砂找平。

2　每级加压增量不宜大于 25kPa，试验终止压力不应小于 200kPa。

3　每级加压后，按每隔 15、15、15、15min 各测读 1 次下沉量，以后为每隔 30min 观测 1 次，当连续 2h 内，每 1h 的下沉量小于 0.10mm 时，认为压板下沉已趋稳定，即可加下一级压力。

4　试验结束后，应根据试验记录，绘制判定湿陷起始压力的 p-s_s 曲线图。

（Ⅲ）现场试坑浸水试验

4.3.8　在现场采用试坑浸水试验确定自重湿陷量的实测值，应符合下列要求：

1　试坑宜挖成圆（或方）形，其直径（或边长）不应小于湿陷性黄土层的厚度，并不应小于 10m；试坑深度宜为 0.50m，最深不应大于 0.80m。坑底宜铺 100mm 厚的砂、砾石。

2　在坑底中部及其他部位，应对称设置观测自重湿陷的深标点，设置深度及数量宜按各湿陷性黄土层顶面深度及分层数确定。在试坑底部，由中心向坑边以不少于 3 个方向，均匀设置观测自重湿陷的浅标点；在试坑外沿浅标点方向 10～20m 范围内设置地面观测标点，观测精度为 ±0.10mm。

3　试坑内的水头高度不宜小于 300mm，在浸水过程中，应观测湿陷量、耗水量、浸湿范围和地面裂缝。湿陷稳定可停止浸水，其稳定标准为最后 5d 的平均湿陷量小于 1mm/d。

4　设置观测标点前，可在坑底面打一定数量及深度的渗水孔，孔内应填满砂砾。

5　试坑内停止浸水后，应继续观测不少于 10d，且连续 5d 的平均下沉量不大于 1mm/d，试验终止。

4.4 黄土湿陷性评价

4.4.1 黄土的湿陷性，应按室内浸水（饱和）压缩试验，在一定压力下测定的湿陷系数 δ_s 进行判定，并应符合下列规定：

1 当湿陷系数 δ_s 值小于 0.015 时，应定为非湿陷性黄土；

2 当湿陷系数 δ_a 值等于或大于 0.015 时，应定为湿陷性黄土。

4.4.2 湿性黄土的湿陷程度，可根据湿陷系数 δ_s 值的大小分为下列三种：

1 当 $0.015 \leqslant \delta_s \leqslant 0.03$ 时，湿陷性轻微；

2 当 $0.03 < \delta_s \leqslant 0.07$ 时，湿陷性中等；

3 当 $\delta_s > 0.07$ 时，湿陷性强烈。

4.4.3 湿陷性黄土场地的湿陷类型，应按自重湿陷量的实测值 Δ'_{zs}或计算值 Δ_{zs}判定，并应符合下列规定：

1 当自重湿陷量的实测值 Δ'_{zs}或计算值 Δ_{zs}小丁或等于 70mm 时，应定为非自重湿陷性黄土场地；

2 当自重湿陷量的实测值 Δ'_{zs}或计算值 Δ_{zs}大于 70mm 时，应定为自重湿陷性黄土场地；

3 当自重湿陷量的实测值和计算值出现矛盾时，应按自重湿陷量的实测值判定。

4.4.4 湿陷性黄土场地自重湿陷量的计算值 Δ_{zs}，应按下式计算：

$$\Delta_{zs} = \beta_0 \sum_{i=1}^{n} \delta_{zsi} h_i \tag{4.4.4}$$

式中 δ_{zsi}——第 i 层土的自重湿陷系数；

h_i——第 i 层土的厚度（mm）；

β_0——因地区土质而异的修正系数，在缺乏实测资料时，可按下列规定取值：

1）陇西地区取 1.50；

2）陇东—陕北—晋西地区取 1.20；

3）关中地区取 0.90；

4）其他地区取 0.50。

自重湿陷量的计算值 Δ_{zs}，应自天然地面（当挖、填方的厚度和面积较大时，应自设计地面）算起，至其下非湿陷性黄土层的顶面止，其中自重湿陷系数 δ_{zs}值小于 0.015 的土层不累计。

4.4.5 湿陷性黄土地基受水浸湿饱和，其湿陷量的计算值 Δ_s 应符合下列规定：

1 湿陷量的计算值 Δ_s，应按下式计算：

$$\Delta_s = \sum_{i=1}^{n} \beta \delta_{si} h_i \tag{4.4.5}$$

式中 δ_{si}——第 i 层土的湿陷系数；

h_i——第 i 层土的厚度（mm）；

β——考虑基底下地基土的受水浸湿可能性和侧向挤出等因素的修正系数，在缺乏实测资料时，可按下列规定取值：

1）基底下 0～5m 深度内，取 $\beta = 1.50$；

2）基底下 5～10m 深度内，取 $\beta = 1$；

3）基底下 10m 以下至非湿陷性黄土层顶面，在自重湿陷性黄土场地，可取工程所在地区的 β_0 值。

2 湿陷量的计算值 Δ_s 的计算深度，应自基础底面（如基底标高不确定时，自地面下 1.50m）算起；在非自重湿陷性黄土场地，累计至基底下 10m（或地基压缩层）深度止；在自重湿陷性黄土场地，累计至非湿陷黄土层的顶面止。其中湿陷系数 δ_s（10m 以下为 δ_{zs}）小于 0.015 的土层不累计。

4.4.6 湿陷性黄土的湿陷起始压力 p_{sh}值，可按下列方法确定：

1 当按现场静载荷试验结果确定时，应在 p-s_s（压力与浸水下沉量）曲线上，取其转折点所对应的压力作为湿陷起始压力值。当曲线上的转折点不明显时，可取浸水下沉量（s_s）与承压板直径（d）或宽度（b）之比值等于 0.017 所对应的压力作为湿陷起始压力值。

2 当按室内压缩试验结果确定时，在 p-δ_s 曲线上宜取 $\delta_s = 0.015$ 所对应的压力作为湿陷起始压力值。

4.4.7 湿陷性黄土地基的湿陷等级，应根据湿陷量的计算值和自重湿陷量的计算值等因素，按表 4.4.7 判定。

表 4.4.7 湿陷性黄土地基的湿陷等级

湿陷类型 / Δ_{zs}(mm) / Δ_s(mm)	非自重湿陷性场地	自重湿陷性场地	
	$\Delta_{zs} \leqslant 70$	$70 < \Delta_{zs} \leqslant 350$	$\Delta_{zs} > 350$
$\Delta_s \leqslant 300$	Ⅰ（轻微）	Ⅱ（中等）	—
$300 < \Delta_s \leqslant 700$	Ⅱ（中等）	＊Ⅱ（中等）或Ⅲ（严重）	Ⅲ（严重）
$\Delta_s > 700$	Ⅱ（中等）	Ⅲ（严重）	Ⅳ（很严重）

＊注：当湿陷量的计算值 $\Delta_s > 600$mm、自重湿陷量的计算值 $\Delta_{zs} > 300$mm 时，可判为Ⅲ级，其他情况可判为Ⅱ级。

5 设　计

5.1 一 般 规 定

5.1.1 对各类建筑采取设计措施，应根据场地湿陷类型、地基湿陷等级和地基处理后下部未处理湿陷性黄土层的湿陷起始压力值或剩余湿陷量，结合当地建筑经验和施工条件等综合因素确定，并应符合下列规定：

1 各级湿陷性黄土地基上的甲类建筑，其地基处理应符合本规范 6.1.1 条第 1 款和 6.1.3 条的要求，但防水措施和结构措施可按一般地区的规定设计。

2　各级湿陷性黄土地基上的乙类建筑，其地基处理应符合本规范6.1.1条第2款和6.1.4条的要求，并应采取结构措施和检漏防水措施。

3　Ⅰ级湿陷性黄土地基上的丙类建筑，应按本规范6.1.5条第1款的规定处理地基，并应采取结构措施和基本防水措施；Ⅱ、Ⅲ、Ⅳ级湿陷性黄土地基上的丙类建筑，其地基处理应符合本规范6.1.1条第2款和6.1.5条第2、3款的要求，并应采取结构措施和检漏防水措施。

4　各级湿陷性黄土地基上的丁类建筑，其地基可不处理。但在Ⅰ级湿陷性黄土地基上，应采取基本防水措施；在Ⅱ级湿陷性黄土地基上，应采取结构措施和基本防水措施；在Ⅲ、Ⅳ级湿陷性黄土地基上，应采取结构措施和检漏防水措施。

5　水池类构筑物的设计措施，应符合本规范附录F的规定。

6　在自重湿陷性黄土场地，如室内设备和地面有严格要求时，应采取检漏防水措施或严格防水措施，必要时应采取地基处理措施。

5.1.2　对各类建筑采取设计措施，除应符合5.1.1条的规定外，还可按下列情况确定：

1　在湿陷性黄土层很厚的场地上，当甲类建筑消除地基的全部湿陷量或穿透全部湿陷性黄土层确有困难时，应采取专门措施；

2　场地内的湿陷性黄土层厚度较薄和湿陷系数较大，经技术经济比较合理时，对乙类建筑和丙类建筑，也可采取措施消除地基的全部湿陷量或穿透全部湿陷性黄土层。

5.1.3　各类建筑物的地基符合下列中的任一款，均可按一般地区的规定设计。

1　地基湿陷量的计算值小于或等于50mm。

2　在非自重湿陷性黄土场地，地基内各土层的湿陷起始压力值，均大于其附加压力与上覆土的饱和自重压力之和。

5.1.4　对设备基础应根据其重要性与使用要求和场地的湿陷类型、地基湿陷等级及其受水浸湿可能性的大小确定设计措施。

5.1.5　在新近堆积黄土场地上，乙、丙类建筑的地基处理厚度小于新近堆积黄土层的厚度时，应按本规范6.1.7条的规定验算下卧层的承载力，并应按本规范5.6.2条规定计算地基的压缩变形。

5.1.6　建筑物在使用期间，当湿陷性黄土场地的地下水位有可能上升至地基压缩层的深度以内时，各类建筑的设计措施除应符合本章的规定外，尚应符合本规范附录G的规定。

5.2　场址选择与总平面设计

5.2.1　场址选择应符合下列要求：

1　具有排水畅通或利于组织场地排水的地形条件；

2　避开洪水威胁的地段；

3　避开不良地质环境发育和地下坑穴集中的地段；

4　避开新建水库等可能引起地下水位上升的地段；

5　避免将重要建设项目布置在很严重的自重湿陷性黄土场地或厚度大的新近堆积黄土和高压缩性的饱和黄土等地段；

6　避开由于建设可能引起工程地质环境恶化的地段。

5.2.2　总平面设计应符合下列要求：

1　合理规划场地，做好竖向设计，保证场地、道路和铁路等地表排水畅通；

2　在同一建筑物范围内，地基土的压缩性和湿陷性变化不宜过大；

3　主要建筑物宜布置在地基湿陷等级低的地段；

4　在山前斜坡地带，建筑物宜沿等高线布置，填方厚度不宜过大；

5　水池类构筑物和有湿润生产工艺的厂房等，宜布置在地下水流向的下游地段或地形较低处。

5.2.3　山前地带的建筑场地，应整平成若干单独的台地，并应符合下列要求：

1　台地应具有稳定性；

2　避免雨水沿斜坡排泄；

3　边坡宜做护坡；

4　用陡槽沿边坡排泄雨水时，应保证使雨水由边坡底部沿排水沟平缓地流动，陡槽的结构应保证在暴雨时土不受冲刷。

5.2.4　埋地管道、排水沟、雨水明沟和水池等与建筑物之间的防护距离，不宜小于表5.2.4规定的数值。当不能满足要求时，应采取与建筑物相应的防水措施。

表5.2.4　埋地管道、排水沟、雨水明沟和水池等与建筑物之间的防护距离（m）

建筑类别	地基湿陷等级			
	Ⅰ	Ⅱ	Ⅲ	Ⅳ
甲	—	—	8～9	11～12
乙	5	6～7	8～9	10～12
丙	4	5	6～7	8～9
丁	—	5	6	7

注：1　陇西地区和陇东—陕北—晋西地区，当湿陷性黄土层的厚度大于12m时，压力管道与各类建筑的防护距离，不宜小于湿陷性黄土层的厚度；

2　当湿陷性黄土层内有碎石土、砂土夹层时，防护距离可大于表中数值；

3　采用基本防水措施的建筑，其防护距离不得小于一般地区的规定。

5.2.5 防护距离的计算：对建筑物，应自外墙轴线算起；对高耸结构，应自基础外缘算起；对水池，应自池壁边缘（喷水池等应自回水坡边缘）算起；对管道、排水沟，应自其外壁算起。

5.2.6 各类建筑与新建水渠之间的距离，在非自重湿陷性黄土场地不得小于12m；在自重湿陷性黄土场地不得小于湿陷性黄土层厚度的3倍，并不应小于25m。

5.2.7 建筑场地平整后的坡度，在建筑物周围6m内不宜小于0.02，当为不透水地面时，可适当减小；在建筑物周围6m外不宜小于0.005。

当采用雨水明沟或路面排水时，其纵向坡度不应小于0.005。

5.2.8 在建筑物周围6m内应平整场地，当为填方时，应分层夯（或压）实，其压实系数不得小于0.95；当为挖方时，在自重湿陷性黄土场地，表面夯（或压）实后宜设置150～300mm厚的灰土面层，其压实系数不得小于0.95。

5.2.9 防护范围内的雨水明沟，不得漏水。在自重湿陷性黄土场地宜设混凝土雨水明沟，防护范围外的雨水明沟，宜做防水处理，沟底下均应设灰土（或土）垫层。

5.2.10 建筑物处于下列情况之一时，应采取畅通排除雨水的措施：

1 邻近有构筑物（包括露天装置）、露天吊车、堆场或其他露天作业场等；

2 邻近有铁路通过；

3 建筑物的平面为E、U、H、L、□等形状构成封闭或半封闭的场地。

5.2.11 山前斜坡上的建筑场地，应根据地形修筑雨水截水沟。

5.2.12 防洪设施的设计重现期，宜略高于一般地区。

5.2.13 冲沟发育的山区，应尽量利用现有排水沟排走山洪，建筑场地位于山洪威胁的地段，必须设置排洪沟。排洪沟和冲沟应平缓地连接，并应减少弯道，采用较大的坡度。在转弯及跌水处，应采取防护措施。

5.2.14 在建筑场地内，铁路的路基应有良好的排水系统，不得利用道渣排水。路基顶面的排水应引向远离建筑物的一侧。在暗道床处，应将基床表面翻松夯（或压）实，也可采用优质防水材料处理。道床内应设防止积水的排水措施。

5.3 建筑设计

5.3.1 建筑设计应符合下列要求：

1 建筑物的体型和纵横墙的布置，应利于加强其空间刚度，并具有适应或抵抗湿陷变形的能力。多层砌体承重结构的建筑，体型应简单，长高比不宜大于3。

2 妥善处理建筑物的雨水排水系统，多层建筑的室内地坪应高出室外地坪450mm。

3 用水设施宜集中设置，缩短地下管线并远离主要承重基础，其管道宜明装。

4 在防护范围内设置绿化带，应采取措施防止地基土受水浸湿。

5.3.2 单层和多层建筑物的屋面，宜采用外排水；当采用有组织外排水时，宜选用耐用材料的水落管，其末端距离散水面不应大于300mm，并不应设置在沉降缝处；集水面积大的外水落管，应接入专设的雨水明沟或管道。

5.3.3 建筑物的周围必须设置散水。其坡度不得小于0.05，散水外缘应略高于平整后的场地，散水的宽度应按下列规定采用。

1 当屋面为无组织排水时，檐口高度在8m以内宜为1.50m；檐口高度超过8m，每增高4m宜增宽250mm，但最宽不宜大于2.50m。

2 当屋面为有组织排水时，在非自重湿陷性黄土场地不得小于1m，在自重湿陷性黄土场地不得小于1.50m。

3 水池的散水宽度宜为1～3m，散水外缘超出水池基底边缘不应小于200mm，喷水池等的回水坡或散水的宽度宜为3～5m。

4 高耸结构的散水宜超出基础底边缘1m，并不得小于5m。

5.3.4 散水应用现浇混凝土浇筑，其下应设置150mm厚的灰土垫层或300mm厚的土垫层，并应超出散水和建筑物外墙基础底外缘500mm。

散水宜每隔6～10m设置一条伸缩缝。散水与外墙交接处和散水的伸缩缝，应用柔性防水材料填封，沿散水外缘不宜设置雨水明沟。

5.3.5 经常受水浸湿或可能积水的地面，应按防水地面设计。对采用严格防水措施的建筑，其防水地面应设可靠的防水层。地面坡向集水点的坡度不得小于0.01。地面与墙、柱、设备基础等交接处应做翻边，地面下应做300～500mm厚的灰土（或土）垫层。

管道穿过地坪应做好防水处理。排水沟与地面混凝土宜一次浇筑。

5.3.6 排水沟的材料和做法，应根据地基湿陷等级、建筑物类别和使用要求选定，并应设置灰土（或土）垫层。在防护范围内宜采用钢筋混凝土排水沟，但在非自重湿陷性黄土场地，室内小型排水沟可采用混凝土浇筑，并应做防水面层。对采用严格防水措施的建筑，其排水沟应增设可靠的防水层。

5.3.7 在基础梁底下预留空隙，应采取有效措施防止地面水渗入地基。对地下室内的采光井，应做好防、排水设施。

5.3.8 防护范围内的各种地沟和管沟（包括有可能

积水、积汽的沟）的做法，均应符合本规范5.5.5～5.5.12条的要求。

5.4 结构设计

5.4.1 当地基不处理或仅消除地基的部分湿陷量时，结构设计应根据建筑物类别、地基湿陷等级或地基处理后下部未处理湿陷性黄土层的湿陷起始压力值或剩余湿陷量以及建筑物的不均匀沉降、倾斜和构件等不利情况，采取下列结构措施：

1 选择适宜的结构体系和基础型式；

2 墙体宜选用轻质材料；

3 加强结构的整体性与空间刚度；

4 预留适应沉降的净空。

5.4.2 当建筑物的平面、立面布置复杂时，宜采用沉降缝将建筑物分成若干个简单、规则，并具有较大空间刚度的独立单元。沉降缝两侧，各单元应设置独立的承重结构体系。

5.4.3 高层建筑的设计，应优先选用轻质高强材料，并应加强上部结构刚度和基础刚度。当不设沉降缝时，宜采取下列措施：

1 调整上部结构荷载合力作用点与基础形心的位置，减小偏心；

2 采用桩基础或采用减小沉降的其他有效措施，控制建筑物的不均匀沉降或倾斜值在允许范围内；

3 当主楼与裙房采用不同的基础型式时，应考虑高、低不同部位沉降差的影响，并采取相应的措施。

5.4.4 丙类建筑的基础埋置深度，不应小于1m。

5.4.5 当有地下管道或管沟穿过建筑物的基础或墙时，应预留洞孔。洞顶与管道及管沟顶间的净空高度；对消除地基全部湿陷量的建筑物，不宜小于200mm；对消除地基部分湿陷量和未处理地基的建筑物，不宜小于300mm。洞边与管沟外壁必须脱离。洞边与承重外墙转角处外缘的距离不宜小于1m；当不能满足要求时，可采用钢筋混凝土框加强。洞底距基础底不应小于洞宽的1/2，并不宜小于400mm，当不能满足要求时，应局部加深基础或在洞底设置钢筋混凝土梁。

5.4.6 砌体承重结构建筑的现浇钢筋混凝土圈梁、构造柱或芯柱，应按下列要求设置：

1 乙、丙类建筑的基础内和屋面檐口处，均应设置钢筋混凝土圈梁。单层厂房与单层空旷房屋，当檐口高度大于6m时，宜适当增设钢筋混凝土圈梁。

乙、丙类中的多层建筑：当地基处理后的剩余湿陷量分别不大于150mm、200mm时，均应在基础内、屋面檐口处和第一层楼盖处设置钢筋混凝土圈梁，其他各层宜隔层设置；当地基处理后的剩余湿陷量分别大于150mm和200mm时，除在基础内应设置钢筋混凝土圈梁外，并应每层设置钢筋混凝土圈梁。

2 在Ⅱ级湿陷性黄土地基上的丁类建筑，应在基础内和屋面檐口处设置配筋砂浆带；在Ⅲ、Ⅳ级湿陷性黄土地基上的丁类建筑，应在基础内和屋面檐口处设置钢筋混凝土圈梁。

3 对采用严格防水措施的多层建筑，应每层设置钢筋混凝土圈梁。

4 各层圈梁均应设在外墙、内纵墙和对整体刚度起重要作用的内横墙上，横向圈梁的水平间距不宜大于16m。

圈梁应在同一标高处闭合，遇有洞口时应上下搭接，搭接长度不应小于其竖向间距的2倍，且不得小于1m。

5 在纵、横圈梁交接处的墙体内，宜设置钢筋混凝土构造柱或芯柱。

5.4.7 砌体承重结构建筑的窗间墙宽度，在承受主梁处或开间轴线处，不应小于主梁或开间轴线间距的1/3，并不应小于1m；在其他承重墙处，不应小于0.60m。门窗洞孔边缘至建筑物转角处（或变形缝）的距离不应小于1m。当不能满足上述要求时，应在洞孔周边采用钢筋混凝土框加强，或在转角及轴线处加设构造柱或芯柱。

对多层砌体承重结构建筑，不得采用空斗墙和无筋过梁。

5.4.8 当砌体承重结构建筑的门、窗洞或其他洞孔的宽度大于1m，且地基未经处理或未消除地基的全部湿陷量时，应采用钢筋混凝土过梁。

5.4.9 厂房内吊车上的净空高度：对消除地基全部湿陷量的建筑，不宜小于200mm；对消除地基部分湿陷量或地基未经处理的建筑，不宜小于300mm。

吊车梁应设计为简支。吊车梁与吊车轨之间应采用能调整的连接方式。

5.4.10 预制钢筋混凝土梁的支承长度，在砖墙、砖柱上不宜小于240mm；预制钢筋混凝土板的支承长度，在砖墙上不宜小于100mm，在梁上不应小于80mm。

5.5 给排水、供热与通风设计

（Ⅰ）给水、排水管道

5.5.1 设计给水、排水管道，应符合下列要求：

1 室内管道宜明装。暗设管道必须设置便于检修的设施。

2 室外管道宜布置在防护范围外。布置在防护范围内的地下管道，应简捷并缩短其长度。

3 管道接口应严密不漏水，并具有柔性。

4 设置在地下管道的检漏管沟和检漏井，应便于检查和排水。

5.5.2 地下管道应结合具体情况，采用下列管材：

1 压力管道宜采用球墨铸铁管、给水铸铁管、给水塑料管、钢管、预应力钢筒混凝土管或预应力钢筋混凝土管等。

2 自流管道宜采用铸铁管、塑料管、离心成型钢筋混凝土管、耐酸陶瓷管等。

3 室内地下排水管道的存水弯、地漏等附件，宜采用铸铁制品。

5.5.3 对埋地铸铁管应做防腐处理。对埋地钢管及钢配件宜设加强防腐层。

5.5.4 屋面雨水悬吊管道引出外墙后，应接入室外雨水明沟或管道。

在建筑物的外墙上，不得设置洒水栓。

5.5.5 检漏管沟，应做防水处理。其材料与做法可根据不同防水措施的要求，按下列规定采用：

1 对检漏防水措施，应采用砖壁混凝土槽形底检漏管沟或砖壁钢筋混凝土槽形底检漏管沟。

2 对严格防水措施，应采用钢筋混凝土检漏管沟。在非自重湿陷性黄土场地可适当降低标准；在自重湿陷性黄土场地，对地基受水浸湿可能性大的建筑，宜增设可靠的防水层。防水层应做保护层。

3 对高层建筑或重要建筑，当有成熟经验时，可采用其他形式的检漏管沟或有电讯检漏系统的直埋管中管设施。

对直径较小的管道，当采用检漏管沟确有困难时，可采用金属或钢筋混凝土套管。

5.5.6 设计检漏管沟，除应符合本规范5.5.5条的要求外，还应符合下列规定：

1 检漏管沟的盖板不宜明设。当明设时或在人孔处，应采取防止地面水流入沟内的措施。

2 检漏管沟的沟底应设坡度，并应坡向检漏井。进、出户管的检漏管沟，沟底坡度宜大于0.02。

3 检漏管沟的截面，应根据管道安装与检修的要求确定。在使用和构造上需保持地面完整或当地下管道较多并需集中设置时，宜采用半通行或通行管沟。

4 不得利用建筑物和设备基础作为沟壁或井壁。

5 检漏管沟在穿过建筑物基础或墙处不得断开，并应加强其刚度。检漏管沟穿出外墙的施工缝，宜设在室外检漏井处或超出基础3m处。

5.5.7 对甲类建筑和自重湿陷性黄土场地上乙类中的重要建筑，室内地下管线宜敷设在地下或半地下室的设备层内。穿出外墙的进、出户管段，宜集中设置在半通行管沟内。

5.5.8 穿基础或穿墙的地下管道、管沟，在基础或墙内预留洞的尺寸，应符合本规范5.4.5条的规定。

5.5.9 设计检漏井，应符合下列规定：

1 检漏井应设置在管沟末端和管沟沿线的分段检漏处；

2 检漏井内宜设集水坑，其深度不得小于300mm；

3 当检漏井与排水系统接通时，应防止倒灌。

5.5.10 检漏井、阀门井和检查井等，应做防水处理，并应防止地面水、雨水流入检漏井或阀门井内。在防护范围内的检漏井、阀门井和检查井等，宜采用与检漏管沟相应的材料。

不得利用检查井、消火栓井、洒水栓井和阀门井等兼作检漏井。但检漏井可与检查井或阀门井共壁合建。

不宜采用闸阀套筒代替阀门井。

5.5.11 在湿陷性黄土场地，对地下管道及其附属构筑物，如检漏井、阀门井、检查井、管沟等的地基设计，应符合下列规定：

1 应设150～300mm厚的土垫层；对埋地的重要管道或大型压力管道及其附属构筑物，尚应在土垫层上设300mm厚的灰土垫层。

2 对埋地的非金属自流管道，除应符合上述地基处理要求外，还应设置混凝土条形基础。

5.5.12 当管道穿过井（或沟）时，应在井（或沟）壁处预留洞孔。管道与洞孔间的缝隙，应采用不透水的柔性材料填塞。

5.5.13 管道穿过水池的池壁处，宜设柔性防水套管或在管道上加设柔性接头。水池的溢水管和泄水管，应接入排水系统。

（Ⅱ）供热管道与风道

5.5.14 采用直埋敷设的供热管道，选用管材应符合国家有关标准的规定。对重点监测管段，宜设置报警系统。

5.5.15 采用管沟敷设的供热管道，在防护距离内，管沟的材料及做法，应符合本规范5.5.5条和5.5.6条的要求；各种地下井、室，应采用与管沟相应的材料及做法；在防护距离外的管沟或采用基本防水措施，其管沟或井、室的材料和做法，可按一般地区的规定设计。阀门不宜设在沟内。

5.5.16 供热管沟的沟底坡度宜大于0.02，并应坡向室外检查井，检查井内应设集水坑，其深度不应小于300mm。

检查井可与检漏井合并设置。

在过门地沟的末端应设检漏孔，地沟内的管道应采取防冻措施。

5.5.17 直埋敷设的供热管道、管沟和各种地下井、室及构筑物等的地基处理，应符合本规范5.5.11条的要求。

5.5.18 地下风道和地下烟道的人孔或检查孔等，不得设在有可能积水的地方。当确有困难时，应采取措施防止地面水流入。

5.5.19 架空管道和室内外管网的泄水、凝结水，不得任意排放。

5.6 地 基 计 算

5.6.1 湿陷性黄土场地自重湿陷量的计算值和湿陷性黄土地基湿陷量的计算值，应按本规范4.4.4条和4.4.5条的规定分别进行计算。

5.6.2 当湿陷性黄土地基需要进行变形验算时，其变形计算和变形允许值，应符合现行国家标准《建筑地基基础设计规范》GB 50007的有关规定。但其中沉降计算经验系数 ψ_s 可按表5.6.2取值。

表5.6.2 沉降计算经验系数

$\overline{E}_s$ (MPa)	3.30	5.00	7.50	10.00	12.50	15.00	17.50	20.00
ψ_s	1.80	1.22	0.82	0.62	0.50	0.40	0.35	0.30

$\overline{E}_s$ 为变形计算深度范围内压缩模量的当量值，应按下式计算：

$$\overline{E}_s = \frac{\Sigma A_i}{\Sigma \frac{A_i}{E_{si}}} \tag{5.6.2}$$

式中 A_i——第 i 层土附加应力系数曲线沿土层厚度的积分值；

E_{si}——第 i 层土的压缩模量值（MPa）。

5.6.3 湿陷性黄土地基承载力的确定，应符合下列规定：

1 地基承载力特征值，应保证地基在稳定的条件下，使建筑物的沉降量不超过允许值；

2 甲、乙类建筑的地基承载力特征值，可根据静载荷试验或其他原位测试、公式计算，并结合工程实践经验等方法综合确定；

3 当有充分依据时，对丙、丁类建筑，可根据当地经验确定；

4 对天然含水量小于塑限含水量的土，可按塑限含水量确定土的承载力。

5.6.4 基础底面积，应按正常使用极限状态下荷载效应的标准组合，并按修正后的地基承载力特征值确定。当偏心荷载作用时，相应于荷载效应标准组合，基础底面边缘的最大压力值，不应超过修正后的地基承载力特征值的1.20倍。

5.6.5 当基础宽度大于3m或埋置深度大于1.50m时，地基承载力特征值应按下式修正：

$$f_a = f_{ak} + \eta_b\gamma(b-3) + \eta_d\gamma_m(d-1.50) \tag{5.6.5}$$

式中 f_a——修正后的地基承载力特征值（kPa）；

f_{ak}——相应于 $b=3$m 和 $d=1.50$m 的地基承载力特征值（kPa），可按本规范5.6.3条的原则确定；

η_b、η_d——分别为基础宽度和基础埋深的地基承载力修正系数，可按基底下土的类别由表5.6.5查得；

γ——基础底面以下土的重度（kN/m^3），地下水位以下取有效重度；

γ_m——基础底面以上土的加权平均重度（kN/m^3），地下水位以下取有效重度；

b——基础底面宽度（m），当基础宽度小于3m或大于6m时，可分别按3m或6m计算；

d——基础埋置深度（m），一般可自室外地面标高算起；当为填方时，可自填土地面标高算起，但填方在上部结构施工后完成时，应自天然地面标高算起；对于地下室，如采用箱形基础或筏形基础时，基础埋置深度可自室外地面标高算起；在其他情况下，应自室内地面标高算起。

表5.6.5 基础宽度和埋置深度的地基承载力修正系数

土的类别	有关物理指标	承载力修正系数 η_b	承载力修正系数 η_d
晚更新世(Q_3)、全新世(Q_4^1)湿陷性黄土	$w \leq 24\%$	0.20	1.25
	$w > 24\%$	0	1.10
新近堆积（Q_4^2）黄土		0	1.00
饱和黄土①②	e 及 I_L 都小于0.85	0.20	1.25
	e 或 I_L 大于0.85	0	1.10
	e 及 I_L 都不小于1.00	0	1.00

注：①只适用于 $I_p > 10$ 的饱和黄土；

②饱和度 $S_r \geq 80\%$ 的晚更新世（Q_3）、全新世（Q_4^1）黄土。

5.6.6 湿陷性黄土地基的稳定性计算，除应符合现行国家标准《建筑地基基础设计规范》GB 50007的有关规定外，尚应符合下列要求：

1 确定滑动面时，应考虑湿陷性黄土地基中可能存在的竖向节理和裂隙；

2 对有可能受水浸湿的湿陷性黄土地基，土的强度指标应按饱和状态的试验结果确定。

5.7 桩 基 础

5.7.1 在湿陷性黄土场地，符合下列中的任一款，均宜采用桩基础：

1 采用地基处理措施不能满足设计要求的建筑；

2 对整体倾斜有严格限制的高耸结构；

3 对不均匀沉降有严格限制的建筑和设备基

础；

4　主要承受水平荷载和上拔力的建筑或基础；

5　经技术经济综合分析比较，采用地基处理不合理的建筑。

5.7.2　在湿陷性黄土场地采用桩基础，桩端必须穿透湿陷性黄土层，并应符合下列要求：

1　在非自重湿陷性黄土场地，桩端应支承在压缩性较低的非湿陷性黄土层中；

2　在自重湿陷性黄土场地，桩端应支承在可靠的岩（或土）层中。

5.7.3　在湿陷性黄土场地较常用的桩基础，可分为下列几种：

1　钻、挖孔（扩底）灌注桩；

2　挤土成孔灌注桩；

3　静压或打入的预制钢筋混凝土桩。

选用时，应根据工程要求、场地湿陷类型、湿陷性黄土层厚度、桩端持力层的土质情况、施工条件和场地周围环境等因素确定。

5.7.4　在湿陷性黄土层厚度等于或大于10m的场地，对于采用桩基础的建筑，其单桩竖向承载力特征值，应按本规范附录H的试验要点，在现场通过单桩竖向承载力静载荷浸水试验测定的结果确定。

当单桩竖向承载力静载荷试验进行浸水确有困难时，其单桩竖向承载力特征值，可按有关经验公式和本规范5.7.5条的规定进行估算。

5.7.5　在非自重湿陷性黄土场地，当自重湿陷量的计算值小于50mm时，单桩竖向承载力的计算应计入湿陷性黄土层内的桩长按饱和状态下的正侧阻力。在自重湿陷性黄土场地，除不计湿陷性黄土层内的桩长按饱和状态下的正侧阻力外，尚应扣除桩侧的负摩擦力。对桩侧负摩擦力进行现场试验确有困难时，可按表5.7.5中的数值估算。

表5.7.5　桩侧平均负摩擦力特征值（kPa）

自重湿陷量的计算值（mm）	钻、挖孔灌注桩	预制桩
70～200	10	15
＞200	15	20

5.7.6　单桩水平承载力特征值，宜通过现场水平静载荷浸水试验的测试结果确定。

5.7.7　在Ⅰ、Ⅱ区的自重湿陷性黄土场地，桩的纵向钢筋长度应沿桩身通长配置。在其他地区的自重湿陷性黄土场地，桩的纵向钢筋长度，不应小于自重湿陷性黄土层的厚度。

5.7.8　为提高桩基的竖向承载力，在自重湿陷性黄土场地，可采取减小桩侧负摩擦力的措施。

5.7.9　在湿陷性黄土场地进行钻、挖孔及护底施工过程中，应严防雨水和地表水流入桩孔内。当采用泥浆护壁钻孔施工时，应防止泥浆水对周围环境的不利影响。

5.7.10　湿陷性黄土场地的工程桩，应按有关现行国家标准的规定进行检测，并应按本规范5.7.5条的规定对其检测结果进行调整。

6　地基处理

6.1　一般规定

6.1.1　当地基的湿陷变形、压缩变形或承载力不能满足设计要求时，应针对不同土质条件和建筑物的类别，在地基压缩层内或湿陷性黄土层内采取处理措施，各类建筑的地基处理应符合下列要求：

1　甲类建筑应消除地基的全部湿陷量或采用桩基础穿透全部湿陷性黄土层，或将基础设置在非湿陷性黄土层上；

2　乙、丙类建筑应消除地基的部分湿陷量。

6.1.2　湿陷性黄土地基的平面处理范围，应符合下列规定：

1　当为局部处理时，其处理范围应大于基础底面的面积。在非自重湿陷性黄土场地，每边应超出基础底面宽度的1/4，并不应小于0.50m；在自重湿陷性黄土场地，每边应超出基础底面宽度的3/4，并不应小于1m。

2　当为整片处理时，其处理范围应大于建筑物底层平面的面积，超出建筑物外墙基础外缘的宽度，每边不宜小于处理土层厚度的1/2，并不应小于2m。

6.1.3　甲类建筑消除地基全部湿陷量的处理厚度，应符合下列要求：

1　在非自重湿陷性黄土场地，应将基础底面以下附加压力与上覆土的饱和自重压力之和大于湿陷起始压力的所有土层进行处理，或处理至地基压缩层的深度止。

2　在自重湿陷性黄土场地，应处理基础底面以下的全部湿陷性黄土层。

6.1.4　乙类建筑消除地基部分湿陷量的最小处理厚度，应符合下列要求：

1　在非自重湿陷性黄土场地，不应小于地基压缩层深度的2/3，且下部未处理湿陷性黄土层的湿陷起始压力值不应小于100kPa。

2　在自重湿陷性黄土场地，不应小于湿陷性土层深度的2/3，且下部未处理湿陷性黄土层的剩余湿陷量不应大于150mm。

3　如基础宽度大或湿陷性黄土层厚度大，处理地基压缩层深度的2/3或全部湿陷性黄土层深度的2/3确有困难时，在建筑物范围内应采用整片处理。其处理厚度：在非自重湿陷性黄土场地不应小于4m，且下部未处理湿陷性黄土层的湿陷起始压力值不宜小于100kPa；在自重湿陷性黄土场地不应小于6m，且下部未处理湿陷性黄土层的剩余湿陷量不宜大于150mm。

6.1.5 丙类建筑消除地基部分湿陷量的最小处理厚度，应符合下列要求：

1 当地基湿陷等级为Ⅰ级时：对单层建筑可不处理地基；对多层建筑，地基处理厚度不应小于1m，且下部未处理湿陷性黄土层的湿陷起始压力值不宜小于100kPa。

2 当地基湿陷等级为Ⅱ级时：在非自重湿陷性黄土场地，对单层建筑，地基处理厚度不应小于1m，且下部未处理湿陷性黄土层的湿陷起始压力值不宜小于80kPa；对多层建筑，地基处理厚度不宜小于2m，且下部未处理湿陷性黄土层的湿陷起始压力值不宜小于100kPa；在自重湿陷性黄土场地，地基处理厚度不应小于2.50m，且下部未处理湿陷性黄土层的剩余湿陷量，不应大于200mm。

3 当地基湿陷等级为Ⅲ级或Ⅳ级时，对多层建筑宜采用整片处理，地基处理厚度分别不应小于3m或4m，且下部未处理湿陷性黄土层的剩余湿陷量，单层及多层建筑均不应大于200mm。

6.1.6 地基压缩层的深度：对条形基础，可取其宽度的3倍；对独立基础，可取其宽度的2倍。如小于5m，可取5m，也可按下式估算：

$$p_z = 0.20p_{cz} \tag{6.1.6}$$

式中 p_z——相应于荷载效应标准组合，在基础底面下 z 深度处土的附加压力值（kPa）；

p_{cz}——在基础底面下 z 深度处土的自重压力值（kPa）。

在 z 深度处以下，如有高压缩性土，可计算至 $p_z = 0.10p_{cz}$ 深度处止。

对筏形和宽度大于10m的基础，可取其基础宽度的0.80～1.20倍，基础宽度大者取小值，反之取大值。

6.1.7 地基处理后的承载力，应在现场采用静载荷试验结果或结合当地建筑经验确定，其下卧层顶面的承载力特征值，应满足下式要求：

$$p_z + p_{cz} \leqslant f_{az} \tag{6.1.7}$$

式中 p_z——相应于荷载效应标准组合，下卧层顶面的附加压力值（kPa）；

p_{cz}——地基处理后，下卧层顶面上覆土的自重压力值（kPa）；

f_{az}——地基处理后，下卧层顶面经深度修正后土的承载力特征值（kPa）。

6.1.8 经处理后的地基，下卧层顶面的附加压力 p_z，对条形基础和矩形基础，可分别按下式计算：

条形基础

$$p_z = \frac{b(p_k - p_c)}{b + 2z\tan\theta} \tag{6.1.8-1}$$

矩形基础

$$p_z = \frac{lb(p_k - p_c)}{(b + 2z\tan\theta)(l + 2z\tan\theta)} \tag{6.1.8-2}$$

式中 b——条形或矩形基础底面的宽度（m）；

l——矩形基础底面的长度（m）；

p_k——相应于荷载效应标准组合，基础底面的平均压力值（kPa）；

p_c——基础底面土的自重压力值（kPa）；

z——基础底面至处理土层底面的距离（m）；

θ——地基压力扩散线与垂直线的夹角，一般为22°～30°，用素土处理宜取小值，用灰土处理宜取大值，当 $z/b < 0.25$ 时，可取 $\theta = 0°$。

6.1.9 当按处理后的地基承载力确定基础底面积及埋深时，应根据现场原位测试确定的承载力特征值进行修正，但基础宽度的地基承载力修正系数宜取零，基础埋深的地基承载力修正系数宜取1。

6.1.10 选择地基处理方法，应根据建筑物的类别和湿陷性黄土的特性，并考虑施工设备、施工进度、材料来源和当地环境等因素，经技术经济综合分析比较后确定。湿陷性黄土地基常用的处理方法，可按表6.1.10选择其中一种或多种相结合的最佳处理方法。

表6.1.10 湿陷性黄土地基常用的处理方法

名 称	适 用 范 围	可处理的湿陷性黄土层厚度（m）
垫层法	地下水位以上，局部或整片处理	1～3
强夯法	地下水位以上，$S_r \leqslant 60\%$ 的湿陷性黄土，局部或整片处理	3～12
挤密法	地下水位以上，$S_r \leqslant 65\%$ 的湿陷性黄土	5～15
预浸水法	自重湿陷性黄土场地，地基湿陷等级为Ⅲ级或Ⅳ级，可消除地面下6m以下湿陷性黄土层的全部湿陷性	6m以上，尚应采用垫层或其他方法处理
其他方法	经试验研究或工程实践证明行之有效	

6.1.11 在雨期、冬期选择垫层法、强夯法和挤密法等处理地基时，施工期间应采取防雨和防冻措施，防止填料（土或灰土）受雨水淋湿或冻结，并应防止地面水流入已处理和未处理的基坑或基槽内。

选择垫层法和挤密法处理湿陷性黄土地基，不得使用盐渍土、膨胀土、冻土、有机质等不良土料和粗颗粒的透水性（如砂、石）材料作填料。

6.1.12 地基处理前，除应做好场地平整、道路畅通和接通水、电外，还应清除场地内影响地基处理施工的地上和地下管线及其他障碍物。

6.1.13 在地基处理施工进程中，应对地基处理的施工质量进行监理，地基处理施工结束后，应按有关现行国家标准进行工程质量检验和验收。

6.1.14 采用垫层、强夯和挤密等方法处理地基的承载力特征值，应按本规范附录J的静载荷试验要点，在现场通过试验测定结果确定。

试验点的数量，应根据建筑物类别和地基处理面积确定。但单独建筑物或在同一土层参加统计的试验点，不宜少于3点。

6.2 垫 层 法

6.2.1 垫层法包括土垫层和灰土垫层。当仅要求消除基底下1~3m湿陷性黄土的湿陷量时，宜采用局部（或整片）土垫层进行处理，当同时要求提高垫层土的承载力及增强水稳性时，宜采用整片灰土垫层进行处理。

6.2.2 土（或灰土）的最大干密度和最优含水量，应在工程现场采取有代表性的扰动土样采用轻型标准击实试验确定。

6.2.3 土（或灰土）垫层的施工质量，应用压实系数 λ_c 控制，并应符合下列规定：

1 小于或等于3m的土（或灰土）垫层，不应小于0.95；

2 大于3m的土（或灰土）垫层，其超过3m部分不应小于0.97。

垫层厚度宜从基础底面标高算起。压实系数 λ_c 可按下式计算：

$$\lambda_c = \frac{\rho_d}{\rho_{dmax}} \tag{6.2.3}$$

式中 λ_c——压实系数；

ρ_d——土（或灰土）垫层的控制（或设计）干密度(g/cm^3)；

ρ_{dmax}——轻型标准击实试验测得土（或灰土）的最大干密度（g/cm^3）。

6.2.4 土（或灰土）垫层的承载力特征值，应根据现场原位（静载荷或静力触探等）试验结果确定。当无试验资料时，对土垫层不宜超过180kPa，对灰土垫层不宜超过250kPa。

6.2.5 施工土（或灰土）垫层，应先将基底下拟处理的湿陷性黄土挖出，并利用基坑内的黄土或就地挖出的其他黏性土作填料，灰土应过筛和拌合均匀，然后根据所选用的夯（或压）实设备，在最优或接近最优含水量下分层回填、分层夯（或压）实至设计标高。

灰土垫层中的消石灰与土的体积配合比，宜为2:8或3:7。

当无试验资料时，土（或灰土）的最优含水量，宜取该场地天然土的塑限含水量为其填料的最优含水量。

6.2.6 在施工土（或灰土）垫层进程中，应分层取样检验，并应在每层表面以下的2/3厚度处取样检验土（或灰土）的干密度，然后换算为压实系数，取样的数量及位置应符合下列规定：

1 整片土（或灰土）垫层的面积每100~500m^2，每层3处；

2 独立基础下的土（或灰土）垫层，每层3处；

3 条形基础下的土（或灰土）垫层，每10m每层1处；

4 取样点位置宜在各层的中间及离边缘150~300mm。

6.3 强 夯 法

6.3.1 采用强夯法处理湿陷性黄土地基，应先在场地内选择有代表性的地段进行试夯或试验性施工，并应符合下列规定：

1 试夯点的数量，应根据建筑场地的复杂程度、土质的均匀性和建筑物的类别等综合因素确定。在同一场地内如土性基本相同，试夯或试验性施工可在一处进行；否则，应在土质差异明显的地段分别进行。

2 在试夯过程中，应测量每个夯点每夯击1次的下沉量（以下简称夯沉量）。

3 试夯结束后，应从夯击终止时的夯面起至其下6~12m深度内，每隔0.50~1.00m取土样进行室内试验，测定土的干密度、压缩系数和湿陷系数等指标，必要时，可进行静载荷试验或其他原位测试。

4 测试结果，当不满足设计要求时，可调整有关参数（如夯锤质量、落距、夯击次数等）重新进行试夯，也可修改地基处理方案。

6.3.2 夯点的夯击次数和最后2击的平均夯沉量，应按试夯结果或试夯记录绘制的夯击次数和夯沉量的关系曲线确定。

6.3.3 强夯的单位夯击能，应根据施工设备、黄土地层的时代、湿陷性黄土层的厚度和要求消除湿陷性黄土层的有效深度等因素确定。一般可取1000~4000kN·m/m^2，夯锤底面宜为圆形，锤底的静压力宜为25~60kPa。

6.3.4 采用强夯法处理湿陷性黄土地基，土的天然含水量宜低于塑限含水量1%~3%。在拟夯实的土层内，当土的天然含水量低于10%时，宜对其增湿至接近最优含水量；当土的天然含水量大于塑限含水量3%以上时，宜采用晾干或其他措施适当降低其含水量。

6.3.5 对湿陷性黄土地基进行强夯施工，夯锤的质量、落距、夯点布置、夯击次数和夯击遍数等参数，宜与试夯选定的相同，施工中应有专人监测和记录。

夯击遍数宜为 2～3 遍。最末一遍夯击后，再以低能量（落距 4～6m）对表层松土满夯 2～3 击，也可将表层松土压实或清除，在强夯土表面以上并宜设置 300～500mm 厚的灰土垫层。

6.3.6 采用强夯法处理湿陷性黄土地基，消除湿陷性黄土层的有效深度，应根据试夯测试结果确定。在有效深度内，土的湿陷系数 δ_s 均应小于 0.015。选择强夯方案处理地基或当缺乏试验资料时，消除湿陷性黄土层的有效深度，可按表 6.3.6 中所列的相应单击夯击能进行预估。

表 6.3.6 采用强夯法消除湿陷性黄土层的有效深度预估值（m）

土的名称 / 单击夯击能（kN·m）	全新世（Q_4）黄土、晚更新世（Q_3）黄土	中更新世（Q_2）黄土
1000～2000	3～5	—
2000～3000	5～6	—
3000～4000	6～7	—
4000～5000	7～8	—
5000～6000	8～9	7～8
7000～8500	9～12	8～10

注：1 在同一栏内，单击夯击能小的取小值，单击夯击能大的取大值；
2 消除湿陷性黄土层的有效深度，从起夯面算起。

6.3.7 在强夯施工过程中或施工结束后，应按下列要求对强夯处理地基的质量进行检测：

1 检查强夯施工记录，基坑内每个夯点的累计夯沉量，不得小于试夯时各夯点平均夯沉量的 95%；

2 隔 7～10d，在每 500～1000m² 面积内的各夯点之间任选一处，自夯击终止时的夯面起至其下 5～12m 深度内，每隔 1m 取 1～2 个土样进行室内试验，测定土的干密度、压缩系数和湿陷系数。

3 强夯土的承载力，宜在地基强夯结束 30d 左右，采用静载荷试验测定。

6.4 挤 密 法

6.4.1 采用挤密法时，对甲、乙类建筑或在缺乏建筑经验的地区，应于地基处理施工前，在现场选择有代表性的地段进行试验或试验性施工，试验结果应满足设计要求，并应取得必要的参数再进行地基处理施工。

6.4.2 挤密孔的孔位，宜按正三角形布置。孔心距可按下式计算：

$$S = 0.95\sqrt{\frac{\overline{\eta}_c\rho_{dmax}D^2 - \rho_{do}d^2}{\overline{\eta}_c\rho_{dmax} - \rho_{do}}} \tag{6.4.2}$$

式中 S——孔心距（m）；

D——挤密填料孔直径（m）；

d——预钻孔直径（m）；

ρ_{do}——地基挤密前压缩层范围内各层土的平均干密度(g/cm³)；

ρ_{dmax}——击实试验确定的最大干密度（g/cm³）；

$\overline{\eta}_c$——挤密填孔（达到 D）后，3 个孔之间土的平均挤密系数不宜小于 0.93。

6.4.3 当挤密处理深度不超过 12m 时，不宜预钻孔，挤密孔直径宜为 0.35～0.45m；当挤密处理深度超过 12m 时，可预钻孔，其直径（d）宜为 0.25～0.30m，挤密填料孔直径（D）宜为 0.50～0.60m。

6.4.4 挤密填孔后，3 个孔之间土的最小挤密系数 η_{dmin}，可按下式计算：

$$\eta_{dmin} = \frac{\rho_{do}}{\rho_{dmax}} \tag{6.4.4}$$

式中 η_{dmin}——土的最小挤密系数：甲、乙类建筑不宜小于 0.88；丙类建筑不宜小于 0.84；

ρ_{do}——挤密填孔后，3 个孔之间形心点部位土的干密度（g/cm³）。

6.4.5 孔底在填料前必须夯实。孔内填料宜用素土或灰土，必要时可用强度高的填料如水泥土等。当防（隔）水时，宜填素土；当提高承载力或减小处理宽度时，宜填灰土、水泥土等。填料时，宜分层回填夯实，其压实系数不宜小于 0.97。

6.4.6 成孔挤密，可选用沉管、冲击、夯扩、爆扩等方法。

6.4.7 成孔挤密，应间隔分批进行，孔成后应及时夯填。当为局部处理时，应由外向里施工。

6.4.8 预留松动层的厚度：机械挤密，宜为 0.50～0.70m；爆扩挤密，宜为 1～2m。冬季施工可适当增大预留松动层厚度。

6.4.9 挤密地基,在基底下宜设置 0.50m 厚的灰土(或土)垫层。

6.4.10 孔内填料的夯实质量，应及时抽样检查，其数量不得少于总孔数的 2%，每台班不应少于 1 孔。在全部孔深内，宜每 1m 取土样测定干密度，检测点的位置应在距孔心 2/3 孔半径处。孔内填料的夯实质量，也可通过现场试验测定。

6.4.11 对重要或大型工程，除应按 6.4.10 条检测外，还应进行下列测试工作综合判定：

1 在处理深度内，分层取样测定挤密土及孔内填料的湿陷性及压缩性；

2 在现场进行静载荷试验或其他原位测试。

6.5 预 浸 水 法

6.5.1 预浸水法宜用于处理湿陷性黄土层厚度大于10m，自重湿陷量的计算值不小于500mm的场地。浸水前宜通过现场试坑浸水试验确定浸水时间、耗水量和湿陷量等。

6.5.2 采用预浸水法处理地基，应符合下列规定：

1 浸水坑边缘至既有建筑物的距离不宜小于50m，并应防止由于浸水影响附近建筑物和场地边坡的稳定性；

2 浸水坑的边长不得小于湿陷性黄土层的厚度，当浸水坑的面积较大时，可分段进行浸水；

3 浸水坑内的水头高度不宜小于300mm，连续浸水时间以湿陷变形稳定为准，其稳定标准为最后5d的平均湿陷量小于1mm/d。

6.5.3 地基预浸水结束后，在基础施工前应进行补充勘察工作，重新评定地基土的湿陷性，并应采用垫层或其他方法处理上部湿陷性黄土层。

7 既有建筑物的地基加固和纠倾

7.1 单液硅化法和碱液加固法

7.1.1 单液硅化法和碱液加固法适用于加固地下水位以上、渗透系数为0.50～2.00m/d的湿陷性黄土地基。在自重湿陷性黄土场地，采用碱液加固法应通过现场试验确定其可行性。

7.1.2 对于下列建筑物，宜采用单液硅化法或碱液法加固地基：

1 沉降不均匀的既有建筑物和设备基础；

2 地基浸水引起湿陷，需要阻止湿陷继续发展的建筑物或设备基础；

3 拟建的设备基础和构筑物。

7.1.3 采用单液硅化法或碱液法加固湿陷性黄土地基，施工前应在拟加固的建筑物附近进行单孔或多孔灌注溶液试验，确定灌注溶液的速度、时间、数量或压力等参数。

7.1.4 灌注溶液试验结束后，隔10d左右，应在试验范围的加固深度内量测加固土的半径，取土样进行室内试验，测定加固土的压缩性和湿陷性等指标。必要时应进行沉降观测，至沉降稳定止，观测时间不应少于半年。

7.1.5 对酸性土和已渗入沥青、油脂及石油化合物的地基土，不宜采用单液硅化法或碱液法加固地基。

（Ⅰ）单液硅化法

7.1.6 单液硅化法按其灌注溶液的工艺，可分为压力灌注和溶液自渗两种。

1 压力灌注宜用于加固自重湿陷性黄土场地上拟建的设备基础和构筑物的地基，也可用于加固非自重湿陷性黄土场地上既有建筑物和设备基础的地基。

2 溶液自渗宜用于加固自重湿陷性黄土场地上既有建筑物和设备基础的地基。

7.1.7 单液硅化法应由浓度为10%～15%的硅酸钠（$Na_2O \cdot nSiO_2$）溶液掺入2.5%氯化钠组成，其相对密度宜为1.13～1.15，但不应小于1.10。

硅酸钠溶液的模数值宜为2.50～3.30，其杂质含量不应大于2%。

7.1.8 加固湿陷性黄土的溶液用量，可按下式计算：

$$X = \pi r^2 h \overline{n} d_N \alpha \qquad (7.1.8)$$

式中 X——硅酸钠溶液的用量（t）；

r——溶液扩散半径（m）；

h——自基础底面算起的加固土深度（m）；

$\overline{n}$——地基加固前土的平均孔隙率（%）；

d_N——压力灌注或溶液自渗时硅酸钠溶液的相对密度；

α——溶液填充孔隙的系数，可取0.60～0.80。

7.1.9 采用单液硅化法加固湿陷性黄土地基，灌注孔的布置应符合下列要求：

1 灌注孔的间距：压力灌注宜为0.80～1.20m；溶液自渗宜为0.40～0.60m；

2 加固拟建的设备基础和建筑物的地基，应在基础底面下按正三角形满堂布置，超出基础底面外缘的宽度每边不应小于1m；

3 加固既有建筑物和设备基础的地基，应沿基础侧向布置，且每侧不宜少于2排。

7.1.10 压力灌注溶液的施工步骤，应符合下列要求：

1 向土中打入灌注管和灌注溶液，应自基础底面标高起向下分层进行；

2 加固既有建筑物地基时，在基础侧向应先施工外排，后施工内排；

3 灌注溶液的压力宜由小逐渐增大，但最大压力不宜超过200kPa。

7.1.11 溶液自渗的施工步骤，应符合下列要求：

1 在拟加固的基础底面或基础侧向将设计布置的灌注孔部分或全部打（或钻）至设计深度；

2 将配好的硅酸钠溶液注满各灌注孔，溶液面宜高出基础底面标高0.50m，使溶液自行渗入土中；

3 在溶液自渗过程中，每隔2～3h向孔内添加一次溶液，防止孔内溶液渗干。

7.1.12 采用单液硅化法加固既有建筑物或设备基础的地基时，在灌注硅酸钠溶液过程中，应进行沉降观测，当发现建筑物或设备基础的沉降突然增大或出现异常情况时，应立即停止灌注溶液，待查明原因后，再继续灌注。

7.1.13 硅酸钠溶液全部灌注结束后，隔10d左右，应按下列规定对已加固的地基土进行检测：

1 检查施工记录，各灌注孔的加固深度和注入土中的溶液量与设计规定应相同或接近；

2 应采用动力触探或其他原位测试，在已加固土的全部深度内进行检测，确定加固土的范围及其承载力。

（Ⅱ）碱液加固法

7.1.14 当土中可溶性和交换性的钙、镁离子含量大于10mg·eq/100g干土时，可采用氢氧化钠（NaOH）一种溶液注入土中加固地基。否则，应采用氢氧化钠和氯化钙两种溶液轮番注入土中加固地基。

7.1.15 碱液法加固地基的深度，自基础底面算起，一般为2~5m。但应根据湿陷性黄土层深度、基础宽度、基底压力与湿陷事故的严重程度等综合因素确定。

7.1.16 碱液可用固体烧碱或液体烧碱配制。加固$1m^3$黄土需氢氧化钠量约为干土质量的3%，即35~45kg。碱液浓度宜为100g/L，并宜将碱液加热至80~100℃再注入土中。采用双液加固时，氯化钙溶液的浓度宜为50~80g/L。

7.2 坑式静压桩托换法

7.2.1 坑式静压桩托换法适用于基础及地基需要加固补强的下列建筑物：

1 地基浸水湿陷，需要阻止不均匀沉降和墙体裂缝发展的多层或单层建筑；

2 部分墙体出现裂缝或严重裂缝，但主体结构的整体性完好，基础地基经采取补强措施后，仍可继续安全使用的多层和单层建筑；

3 地基土的承载力或变形不能满足使用要求的建筑。

7.2.2 坑式静压桩的桩位布置，应符合下列要求：

1 纵、横墙基础交接处；

2 承重墙基础的中间；

3 独立基础的中心或四角；

4 地基受水浸湿可能性大或较大的承重部位；

5 尽量避开门窗洞口等薄弱部位。

7.2.3 坑式静压桩宜采用预制钢筋混凝土方桩或钢管桩。方桩边长宜为150~200mm，混凝土的强度等级不宜低于C20；钢管桩直径宜为ϕ159mm，壁厚不得小于6mm。

7.2.4 坑式静压桩的入土深度自基础底面标高算起，桩尖应穿透湿陷性黄土层，并应支承在压缩性低（或较低）的非湿陷性黄土（或砂、石）层中，桩尖插入非湿陷性黄土中的深度不宜小于0.30m。

7.2.5 托换管安放结束后，应按下列要求对压桩完毕的托换坑内及时进行回填。

1 托换坑底面以上至桩顶面（即托换管底面）0.20m以下，桩的周围可用灰土分层回填夯实；

2 基础底面以下至灰土层顶面，桩及托换管的周围宜用C20混凝土浇筑密实，使其与原基础连成整体。

7.2.6 坑式静压桩的质量检验，应符合下列要求：

1 制桩前或制桩期间，必须分别抽样检测水泥、钢材和混凝土试块的安定性、抗拉或抗压强度，检验结果必须符合设计要求；

2 检查压桩施工记录，并作为验收的原始依据。

7.3 纠 倾 法

7.3.1 湿陷性黄土场地上的既有建筑物，其整体倾斜超过现行国家标准《建筑地基基础设计规范》GB 50007规定的允许倾斜值，并影响正常使用时，可采用下列方法进行纠倾：

1 湿法纠倾——主要为浸水法；

2 干法纠倾——包括横向或竖向掏土法、加压法和顶升法。

7.3.2 对既有建筑物进行纠倾设计，应根据建筑物倾斜的程度、原因、上部结构、基础类型、整体刚度、荷载特征、土质情况、施工条件和周围环境等因素综合分析。纠倾方案应安全可靠、经济合理。

7.3.3 在既有建筑物地基的压缩层内，当土的湿陷性较大、平均含水量小于塑限含水量时，宜采用浸水法或横向掏土法进行纠倾，并应符合下列规定：

1 纠倾施工前，应在现场进行渗水试验，测定土的渗透速度、渗透半径、渗水量等参数，确定土的渗透系数；

2 浸水法的注水孔（槽）至邻近建筑物的距离不宜小于20m；

3 根据拟纠倾建筑物的基础类型和地基土湿陷性的大小，预留浸水滞后的预估沉降量。

7.3.4 在既有建筑物地基的压缩层内，当土的平均含水量大于塑限含水量时，宜采用竖向掏土法或加压法纠倾。

7.3.5 当上部结构的自重较小或局部变形大，且需要使既有建筑物恢复到正常或接近正常位置时，宜采用顶升法纠倾。

7.3.6 当既有建筑物的倾斜较大，采用上述一种纠倾方法不易达到设计要求时，可将上述几种纠倾方法结合使用。

7.3.7 符合下列中的任意一款，不得采用浸水法纠倾：

1 距离拟纠倾建筑物20m内，有建筑物或有地下构筑物和管道；

2 靠近边坡地段；

3 靠近滑坡地段。

7.3.8 在纠倾过程中，必须进行现场监测工作，并应根据监测信息采取相应的安全措施，确保工程质量和施工安全。

7.3.9 为防止建筑物再次发生倾斜，经分析认为确有必要时，纠倾施工结束后，应对建筑物地基进行加固，并应继续进行沉降观测，连续观测时间不应少于半年。

8 施 工

8.1 一 般 规 定

8.1.1 在湿陷性黄土场地，对建筑物及其附属工程进行施工，应根据湿陷性黄土的特点和设计要求采取措施防止施工用水和场地雨水流入建筑物地基（或基坑内）引起湿陷。

8.1.2 建筑施工的程序，宜符合下列要求：

1 统筹安排施工准备工作，根据施工组织设计的总平面布置和竖向设计的要求，平整场地，修通道路和排水设施，砌筑必要的护坡及挡土墙等；

2 先施工建筑物的地下工程，后施工地上工程。对体型复杂的建筑物，先施工深、重、高的部分，后施工浅、轻、低的部分；

3 敷设管道时，先施工排水管道，并保证其畅通。

8.1.3 在建筑物范围内填方整平或基坑、基槽开挖前，应对建筑物及其周围 3～5m 范围内的地下坑穴进行探查与处理，并绘图和详细记录其位置、大小、形状及填充情况等。

在重要管道和行驶重型车辆和施工机械的通道下，应对空虚的地下坑穴进行处理。

8.1.4 施工基础和地下管道时，宜缩短基坑或基槽的暴露时间。在雨季、冬季施工时，应采取专门措施，确保工程质量。

8.1.5 在建筑物邻近修建地下工程时，应采取有效措施，保证原有建筑物和管道系统的安全使用，并应保持场地排水畅通。

8.1.6 隐蔽工程完工时，应进行质量检验和验收，并应将有关资料及记录存入工程技术档案作为竣工验收文件。

8.2 现 场 防 护

8.2.1 建筑场地的防洪工程应提前施工，并应在汛期前完成。

8.2.2 临时的防洪沟、水池、洗料场和淋灰池等至建筑物外墙的距离，在非自重湿陷性黄土场地，不宜小于 12m；在自重湿陷性黄土场地，不宜小于 25m。遇有碎石土、砂土等夹层时应采取有效措施，防止水渗入建筑物地基。

临时搅拌站至建筑物外墙的距离，不宜小于 10m，并应做好排水设施。

8.2.3 临时给、排水管道至建筑物外墙的距离，在非自重湿陷性黄土场地，不宜小于 7m；在自重湿陷性黄土场地，不应小于 10m。管道应敷设在地下，防止冻裂或压坏，并应通水检查，不漏水后方可使用。给水支管应装有阀门，在水龙头处，应设排水设施，将废水引至排水系统，所有临时给、排水管线，均应绘在施工总平面图上，施工完毕必须及时拆除。

8.2.4 取土坑至建筑物外墙的距离，在非自重湿陷性黄土场地，不应小于 12m；在自重湿陷性黄土场地，不应小于 25m。

8.2.5 制作和堆放预制构件或重型吊车行走的场地，必须整平夯实，保持场地排水畅通。如在建筑物内预制构件，应采取有效措施防止地基浸水湿陷。

8.2.6 在现场堆放材料和设备时，应采取有效措施保持场地排水畅通。对需要浇水的材料，宜堆放在距基坑或基槽边缘 5m 以外，浇水时必须有专人管理，严禁水流入基坑或基槽内。

8.2.7 对场地给水、排水和防洪等设施，应有专人负责管理，经常进行检修和维护。

8.3 基坑或基槽的施工

8.3.1 浅基坑或基槽的开挖与回填，应符合下列规定：

1 当基坑或基槽挖至设计深度或标高时，应进行验槽；

2 在大型基坑内的基础位置外，宜设不透水的排水沟和集水坑，如有积水应及时排除；

3 当大型基坑内的土挖至接近设计标高，而下一工序不能连续进行时，宜在设计标高以上保留 300～500mm 厚的土层，待继续施工时挖除；

4 从基坑或基槽内挖出的土，堆放距离基坑或基槽壁的边缘不宜小于 1m；

5 设置土（或灰土）垫层或施工基础前，应在基坑或基槽底面打底夯，同一夯点不宜少于 3 遍。当表层土的含水量过大或局部地段有松软土层时，应采取晾干或换土等措施；

6 基础施工完毕，其周围的灰、砂、砖等，应及时清除，并应用素土在基础周围分层回填夯实，至散水垫层底面或至室内地坪垫层底面止，其压实系数不宜小于 0.93。

8.3.2 深基坑的开挖与支护，应符合下列要求：

1 深基坑的开挖与支护，必须进行勘察与设计；

2 深基坑的支护与施工，应综合分析工程地质与水文地质条件、基础类型、基坑开挖深度、降排水条件、周边环境对基坑侧壁位移的要求，基坑周边荷载、施工季节、支护结构的使用期限等因素，做到因地制宜，合理设计、精心施工、严格监控；

3 湿陷性黄土场地的深基坑支护，尚应符合以下规定：

1）深基坑开挖前和深基坑施工期间，应对周围建筑物的状态、地下管线、地下构筑物等状况进行调查与监测，并应对基坑周边外宽度为1～2倍的开挖深度内进行土体垂直节理和裂缝调查，分析其对坑壁稳定性的影响，并及时采取措施，防止水流入裂缝内；

2）当基坑壁有可能受水浸湿时，宜采用饱和状态下黄土的物理力学指标进行设计与验算；

3）控制基坑内地下水所需的水文地质参数，宜根据现场试验确定。在基坑内或基坑附近采用降水措施时，应防止降水对周围环境产生不利影响。

8.4 建筑物的施工

8.4.1 水暖管沟穿过建筑物的基础时，不得留施工缝。当穿过外墙时，应一次做到室外的第一个检查井，或距基础3m以外。沟底应有向外排水的坡度。施工中应防止雨水或地面水流入地基，施工完毕，应及时清理、验收、加盖和回填。

8.4.2 地下工程施工超出设计地面后，应进行室内和室外填土，填土厚度在1m以内时，其压实系数不得小于0.93，填土厚度大于1m时，其压实系数不宜小于0.95。

8.4.3 屋面施工完毕，应及时安装天沟、水落管和雨水管道等，直接将雨水引至室外排水系统，散水的伸缩缝不得设在水落管处。

8.4.4 底层现浇钢筋混凝土结构，在浇筑混凝土与养护过程中，应随时检查，防止地面浸水湿陷。

8.4.5 当发现地基浸水湿陷和建筑物产生裂缝时，应暂时停止施工，切断有关水源，查明浸水的原因和范围，对建筑物的沉降和裂缝加强观测，并绘图记录，经处理后方可继续施工。

8.5 管道和水池的施工

8.5.1 各种管材及其配件进场时，必须按设计要求和有关现行国家标准进行检查。

8.5.2 施工管道及其附属构筑物的地基与基础时，应将基槽底夯实不少于3遍，并应采取快速分段流水作业，迅速完成各分段的全部工序。管道敷设完毕，应及时回填。

8.5.3 敷设管道时，管道应与管基（或支架）密合，管道接口应严密不漏水。金属管道的接口焊缝不得低于Ⅲ级。新、旧管道连接时，应先做好排水设施。当昼夜温差大或在负温度条件下施工时，管道敷设后，宜及时保温。

8.5.4 施工水池、检漏管沟、检漏井和检查井等，必须确保砌体砂浆饱满、混凝土浇捣密实、防水层严密不漏水。穿过池（或井、沟）壁的管道和预埋件，应预先设置，不得打洞。铺设盖板前，应将池（或井、沟）底清理干净。池（或井、沟）壁与基槽间，应用素土或灰土分层回填夯实，其压实系数不应小于0.95。

8.5.5 管道和水池等施工完毕，必须进行水压试验。不合格的应返修或加固，重做试验，直至合格为止。

清洗管道用水、水池用水和试验用水，应将其引至排水系统，不得任意排放。

8.5.6 埋地压力管道的水压试验，应符合下列规定：

1 管道试压应逐段进行，每段长度在场地内不宜超过400m，在场地外空旷地区不得超过1000m。分段试压合格后，两段之间管道连接处的接口，应通水检查，不漏水后方可回填。

2 在非自重湿陷性黄土场地，管基经检查合格，沟槽回填至管顶上方0.50m后（接口处暂不回填），应进行1次强度和严密性试验。

3 在自重湿陷性黄土场地，非金属管道的管基经检查合格后，应进行2次强度和严密性试验：沟槽回填前，应分段进行强度和严密性的预先试验；沟槽回填后，应进行强度和严密性的最后试验。对金属管道，应进行1次强度和严密性试验。

8.5.7 对城镇和建筑群（小区）的室外埋地压力管道，试验压力应符合表8.5.7规定的数值。

表8.5.7 管道水压的试验压力（MPa）

管材种类	工作压力 P	试验压力
钢管	P	$P+0.50$且不应小于0.90
铸铁管及球墨铸铁管	≤0.50	$2P$
	≥0.50	$P+0.50$
预应力钢筋混凝土管 预应力钢筒混凝土管	≤0.60	$1.50P$
	>0.60	$P+0.30$

压力管道强度和严密性试验的方法与质量标准，应符合现行国家标准《给水排水管道工程施工及验收规范》的有关规定。

8.5.8 建筑物内埋地压力管道的试验压力，不应小于0.60MPa；生活饮用水和生产、消防合用管道的试验压力应为工作压力的1.50倍。

强度试验，应先加压至试验压力，保持恒压10min，检查接口、管道和管道附件无破损及无漏水现象时，管道强度试验为合格。

严密性试验，应在强度试验合格后进行。对管道进行严密性试验时，宜将试验压力降至工作压力加0.10MPa，金属管道恒压2h不漏水，非金属管道恒压4h不漏水，可认为合格，并记录为保持试验压力所补充的水量。

在严密性的最后试验中，为保持试验压力所补充的水量，不应超过预先试验时各分段补充水量及阀件等渗水量的总和。

工业厂房内埋地压力管道的试验压力，应按有关专门规定执行。

8.5.9 埋地无压管道（包括检查井、雨水管）的水压试验，应符合下列规定：

1 水压试验采用闭水法进行；

2 试验应分段进行，宜以相邻两段检查井间的管段为一分段。对每一分段，均应进行2次严密性试验：沟槽回填前进行预先试验；沟槽回填至管顶上方0.50m以后，再进行复查试验。

8.5.10 室外埋地无压管道闭水试验的方法，应符合现行国家标准《给水排水管道工程施工及验收规范》的有关规定。

8.5.11 室内埋地无压管道闭水试验的水头应为一层楼的高度，并不应超过8m；对室内雨水管道闭水试验的水头，应为注满立管上部雨水斗的水位高度。

按上述试验水头进行闭水试验，经24h不漏水，可认为合格，并记录在试验时间内，为保持试验水头所补充的水量。

复查试验时，为保持试验水头所补充的水量不应超过预先试验的数值。

8.5.12 对水池应按设计水位进行满水试验。其方法与质量标准应符合现行国家标准《给水排水构筑物施工及验收规范》的有关规定。

8.5.13 对埋地管道的沟槽，应分层回填夯实。在管道外缘的上方0.50m范围内应仔细回填，压实系数不得小于0.90，其他部位回填土的压实系数不得小于0.93。

9 使用与维护

9.1 一般规定

9.1.1 在使用期间，对建筑物和管道应经常进行维护和检修，并应确保所有防水措施发挥有效作用，防止建筑物和管道的地基浸水湿陷。

9.1.2 有关管理部门应负责组织制订维护管理制度和检查维护管理工作。

9.1.3 对勘察、设计和施工中的各项技术资料，如勘察报告、设计图纸、地基处理的质量检验、地下管道的施工和竣工图等，必须整理归档。

9.1.4 在既有建筑物的防护范围内，增添或改变用水设施时，应按本规范有关规定采取相应的防水措施和其他措施。

9.2 维护和检修

9.2.1 在使用期间，给水、排水和供热管道系统（包括有水或有汽的所有管道、检查井、检漏井、阀门井等）应保持畅通，遇有漏水或故障，应立即断绝水源、汽源，故障排除后方可继续使用。

每隔3～5年，宜对埋地压力管道进行工作压力下的泄压检查，对埋地自流管道进行常压泄漏检查。发现泄漏，应及时检修。

9.2.2 必须定期检查检漏设施。对采用严格防水措施的建筑，宜每周检查1次；其他建筑，宜每半个月检查1次。发现有积水或堵塞物，应及时修复和清除，并作记录。

对化粪池和检查井，每半年应清理1次。

9.2.3 对防护范围内的防水地面、排水沟和雨水明沟，应经常检查，发现裂缝及时修补。每年应全面检修1次。

对散水的伸缩缝和散水与外墙交接处的填塞材料，应经常检查和填补。如散水发生倒坡时，必须及时修补和调整，并应保持原设计坡度。

建筑场地应经常保持原设计的排水坡度，发现积水地段，应及时用土填平夯实。

在建筑物周围6m以内的地面应保持排水畅通，不得堆放阻碍排水的物品和垃圾，严禁大量浇水。

9.2.4 每年雨季前和每次暴雨后，对防洪沟、缓洪调节池、排水沟、雨水明沟及雨水集水口等，应进行详细检查，清除淤积物，整理沟堤，保证排水畅通。

9.2.5 每年入冬以前，应对可能冻裂的水管采取保温措施，供暖前必须对供热管道进行系统检查（特别是过门管沟处）。

9.2.6 当发现建筑物突然下沉，墙、梁、柱或楼板、地面出现裂缝时，应立即检查附近的供热管道、水管和水池等。如有漏水（汽），必须迅速断绝水（汽）源，观测建筑物的沉降和裂缝及其发展情况，记录其部位和时间，并会同有关部门研究处理。

9.3 沉降观测和地下水位观测

9.3.1 维护管理部门在接管沉降观测和地下水位观测工作时，应根据设计文件、施工资料及移交清单，对水准基点、观测点、观测井及观测资料和记录，逐项检查、清点和验收。如有水准基点损坏、观测点不全或观测井填塞等情况，应由移交单位补齐或清理。

9.3.2 水准基点、沉降观测点及水位观测井，应妥善保护。每年应根据地区水准控制网，对水准基点校核1次。

9.3.3 建筑物的沉降观测，应按有关现行国家标准执行。

地下水位观测，应按设计要求进行。

观测记录，应及时整理，并存入工程技术档案。

9.3.4 当发现建筑物沉降和地下水位变化出现异常情况时，应及时将所发现的情况反馈给有关方面进行研究与处理。

表 A　湿陷性黄土的物理力学性质指标

分区	亚区	地貌	黄土层厚度 (m)	湿陷性黄土层厚度 (m)	地下水埋藏深度 (m)	物理力学性质指标								特征简述
						含水量 w (%)	天然密度 ρ (g/cm^3)	液限 w_L (%)	塑性指数	孔隙比 e	压缩系数 a (MPa^{-1})	湿陷系数 δ_s	自重湿陷系数 δ_{zs}	
陇西地区 Ⅰ		低阶地	4~25	3~16	4~18	6~25	1.20~1.80	21~30	4~12	0.70~1.20	0.10~0.90	0.020~0.200	0.010~0.200	自重湿陷性黄土分布很广，湿陷性黄土层厚度通常大于10m，地基湿陷等级多为Ⅲ~Ⅳ级，湿陷性敏感
		高阶地	15~100	8~35	20~80	3~20	1.20~1.80	21~30	5~12	0.80~1.30	0.10~0.70	0.020~0.220	0.010~0.200	
陇东—陕北—晋西地区 Ⅱ		低阶地	3~30	4~11	4~14	10~24	1.40~1.70	20~30	7~13	0.97~1.18	0.26~0.67	0.019~0.079	0.005~0.041	自重湿陷性黄土分布广泛，湿陷性黄土层厚度通常大于10m，地基湿陷等级一般为Ⅲ~Ⅳ级，湿陷性较敏感
		高阶地	50~150	10~15	40~60	9~22	1.40~1.60	26~31	8~12	0.80~1.20	0.17~0.63	0.023~0.088	0.006~0.048	
关中地区 Ⅲ		低阶地	5~20	4~10	6~18	14~28	1.50~1.80	22~32	9~12	0.94~1.13	0.24~0.64	0.029~0.076	0.003~0.039	低阶地多属非自重湿陷性黄土，高阶地和黄土塬多属自重湿陷性黄土，湿陷性黄土层厚度：在渭北高原一般大于10m；在渭河流域两岸多为4~10m，秦岭北麓地带有的小于4m。地基湿陷等级一般为Ⅱ~Ⅲ级，自重湿陷性黄土层一般埋藏较深，湿陷发生较迟缓
		高阶地	50~100	6~23	14~40	11~21	1.40~1.70	27~32	10~13	0.95~1.21	0.17~0.63	0.030~0.080	0.005~0.042	
山西—冀北地区 Ⅳ	汾河流域区—冀北区 Ⅳ$_1$	低阶地	5~15	2~10	4~8	6~19	1.40~1.70	25~29	8~12	0.58~1.10	0.24~0.87	0.030~0.070	—	低阶地多属非自重湿陷性黄土，高阶地（包括山麓堆积）多属自重湿陷性黄土。湿陷性黄土层厚度多为5~10m，个别地段小于5m或大于10m，地基湿陷等级一般为Ⅱ~Ⅲ级。在低阶地新近堆积(Q_4^2)黄土分布较普遍，土的结构松散，压缩性较高。冀北部分地区黄土含砂量大
		高阶地	30~100	5~20	50~60	11~24	1.50~1.60	27~31	10~13	0.97~1.31	0.12~0.62	0.015~0.089	0.007~0.040	
	晋东南区 Ⅳ$_2$		30~53	2~12	4~7	18~23	1.50~1.80	27~33	10~13	0.85~1.02	0.29~1.00	0.030~0.070	0.015~0.052	
河南地区 Ⅴ			6~25	4~8	5~25	16~21	1.60~1.80	26~32	10~13	0.86~1.07	0.18~0.33	0.023~0.045	—	一般为非自重湿陷性黄土。湿陷性黄土层厚度一般为5m，土的结构较密实，压缩性较低。该区浅部分布新近堆积黄土，压缩性较高
冀鲁地区 Ⅵ	河北区 Ⅵ$_1$		3~30	2~6	5~12	14~18	1.60~1.70	25~29	9~13	0.85~1.00	0.18~0.60	0.024~0.048	—	一般为非自重湿陷性黄土，湿陷性黄土层厚度一般小于5m，局部地段为5~10m，地基湿陷等级一般为Ⅱ级，土的结构密实，压缩性低。在黄土边缘地带及鲁山北麓的局部地段，湿陷性黄土层薄，含水量高，湿陷系数小，地基湿陷等级为Ⅰ级或不具湿陷性
	山东区 Ⅵ$_2$		3~20	2~6	5~8	15~23	1.60~1.70	28~31	10~13	0.85~0.90	0.19~0.51	0.020~0.041	—	
边缘地区 Ⅶ	宁—陕区 Ⅶ$_1$		5~30	1~10	5~25	7~13	1.40~1.60	22~27	7~10	1.02~1.14	0.22~0.57	0.032~0.059	—	为非自重湿陷性黄土，湿陷性黄土层厚度一般小于5m，地基湿陷等级一般为Ⅰ~Ⅱ级，土的压缩性低，土中含砂量较多，湿陷性黄土分布不连续
	河西走廊区 Ⅶ$_2$		5~10	2~5	5~10	14~18	1.60~1.70	23~32	8~12	—	0.17~0.36	0.029~0.050	—	
	内蒙古中部—辽西区 Ⅶ$_3$	低阶地	5~15	5~11	5~10	6~20	1.50~1.70	19~27	8~10	0.87~1.05	0.11~0.77	0.026~0.048	0.040	靠近山西、陕西的黄土地区，一般为非自重湿陷性黄土，地基湿陷等级一般为Ⅰ级，湿陷性黄土层厚度一般为5~10m。低阶地新近堆积(Q_4^2)黄土分布较广，土的结构松散，压缩性较高，高阶地土的结构较密实，压缩性较低
		高阶地	10~20	8~15	12	12~18	1.50~1.90	—	9~11	0.85~0.99	0.10~0.40	0.020~0.041	0.069	
	新疆—甘西—青海区 Ⅶ$_4$		3~30	2~10	1~20	3~27	1.30~2.00	19~34	6~18	0.69~1.30	0.10~1.05	0.015~0.199	—	一般为非自重湿陷性黄土场地，地基湿陷等级为Ⅰ~Ⅱ级，局部为Ⅲ级，湿陷性黄土层厚度一般小于8m，天然含水量较低，黄土层厚度及湿陷性变化大。主要分布于沙漠边缘，冲、洪积扇中上部，河流阶地及山麓斜坡，北疆呈连续条状分布，南疆呈零星分布

附录B 黄土地层的划分

表B

时 代		地层的划分	说 明
全新世(Q_4)黄土	新黄土	黄土状土	一般具湿陷性
晚更新世(Q_3)黄土		马兰黄土	
中更新世(Q_2)黄土	老黄土	离石黄土	上部部分土层具湿陷性
早更新世(Q_1)黄土		午城黄土	不具湿陷性
注:全新世(Q_4)黄土包括湿陷性(Q_4^1)黄土和新近堆积(Q_4^2)黄土。			

附录C 判别新近堆积黄土的规定

C.0.1 在现场鉴定新近堆积黄土,应符合下列要求:

1 堆积环境:黄土塬、梁、峁的坡脚和斜坡后缘,冲沟两侧及沟口处的洪积扇和山前坡积地带,河道拐弯处的内侧,河漫滩及低阶地,山间或黄土梁、峁之间凹地的表部,平原上被淹埋的池沼洼地。

2 颜色:灰黄、黄褐、棕褐,常相杂或相间。

3 结构:土质不均、松散、大孔排列杂乱。常混有岩性不一的土块,多虫孔和植物根孔。铣挖容易。

4 包含物:常含有机质,斑状或条状氧化铁;有的混砂、砾或岩石碎屑;有的混有砖瓦陶瓷碎片或朽木片等人类活动的遗物,在大孔壁上常有白色钙质粉末。在深色土中,白色物呈现菌丝状或条纹状分布;在浅色土中,白色物呈星点状分布,有时混钙质结核,呈零星分布。

C.0.2 当现场鉴别不明确时,可按下列试验指标判定:

1 在50~150kPa压力段变形较大,小压力下具高压缩性。

2 利用判别式判定

$$R = -68.45e + 10.98a - 7.16\gamma + 1.18w$$

$$R_0 = -154.80$$

当 $R > R_0$ 时,可将该土判为新近堆积黄土。

式中 e——土的孔隙比;

a——压缩系数(MPa^{-1}),宜取50~150kPa或0~100kPa压力下的大值;

w——土的天然含水量(%);

γ——土的重度(kN/m^3)。

附录D 钻孔内采取不扰动土样的操作要点

D.0.1 在钻孔内采取不扰动土样,必须严格掌握钻进方法、取样方法,使用合适的清孔器,并应符合下列操作要点:

1 应采用回转钻进,应使用螺旋(纹)钻头,控制回次进尺的深度,并应根据土质情况,控制钻头的垂直进入速度和旋转速度,严格掌握"1米3钻"的操作顺序,即取土间距为1m时,其下部1m深度内仍按上述方法操作;

2 清孔时,不应加压或少许加压,慢速钻进,应使用薄壁取样器压入清孔,不得用小钻头钻进,大钻头清孔。

D.0.2 应用"压入法"取样,取样前应将取土器轻轻吊放至孔内预定深度处,然后以匀速连续压入,中途不得停顿,在压入过程中,钻杆应保持垂直不摇摆,压入深度以土样超过盛土段30~50mm为宜。当使用有内衬的取样器时,其内衬应与取样器内壁紧贴(塑料或酚醛压管)。

D.0.3 宜使用带内衬的黄土薄壁取样器,对结构较松散的黄土,不宜使用无内衬的黄土薄壁取样器,其内径不宜小于120mm,刃口壁的厚度不宜大于3mm,刃口角度为10°~12°,控制面积比为12%~15%,其尺寸规格可按表D-1采用,取样器的构造见附图D。

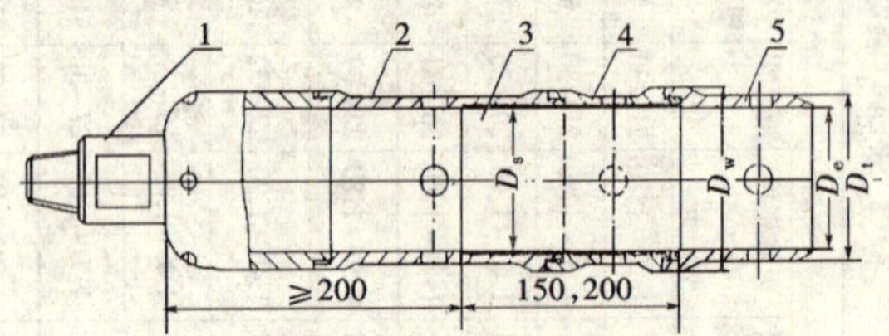

图D-1 黄土薄壁取样器示意图

1—导径接头 2—废土筒 3—衬管 4—取样管 5—刃口 D_s—衬管内径 D_w—取样管外径 D_e—刃口内径 D_t—刃口外径

表D-1 黄土薄壁取样器的尺寸

外径(mm)	刃口内径(mm)	放置内衬后内径(mm)	盛土筒长(mm)	盛土筒厚(mm)	余(废)土筒长(mm)	面积比(%)	切削刃口角度(°)
<129	120	122	150,200	2.00~2.50	200	<15	12

D.0.4 在钻进和取土样过程中,应遵守下列规定:

1 严禁向钻孔内注水;

2 在卸土过程中,不得敲打取土器;

3 土样取出后,应检查土样质量,如发现土样有受压、扰动、碎裂和变形等情况时,应将其废弃并重新采取土样；

4 应经常检查钻头、取土器的完好情况，当发现钻头、取土器有变形、刃口缺损时，应及时校正或更换；

5 对探井内和钻孔内的取样结果，应进行对比、检查，发现问题及时改进。

附录E 各类建筑的举例

表E

各类建筑	举例
甲	高度大于60m的建筑；14层及14层以上的体型复杂的建筑；高度大于50m的筒仓；高度大于100m的电视塔；大型展览馆、博物馆；一级火车站主楼；6000人以上的体育馆；标准游泳馆；跨度不小于36m、吊车额定起重量不小于100t的机加工车间；不小于100t的水压机车间；大型热处理车间；大型电镀车间；大型炼钢车间；大型轧钢压延车间，大型电解车间；大型煤气发生站；大型火力发电站主体建筑；大型选矿、选煤车间；煤矿主井多绳提升井塔；大型水厂；大型污水处理厂；大型游泳池；大型漂、染车间；大型屠宰车间；10000t以上的冷库；净化工房；有剧毒或有放射污染的建筑
乙	高度为24~60m的建筑；高度为30~50m的筒仓；高度为50~100m的烟囱；省（市）级影剧院、民航机场指挥及候机楼、铁路信号、通讯楼、铁路机务洗修库、高校试验楼；跨度等于或大于24m、小于36m和吊车额定起重量等于或大于30t、小于100t的机加工车间；小于10000t的水压机车间；中型轧钢车间；中型选矿车间、中型火力发电厂主体建筑；中型水厂；中型污水处理厂；中型漂、染车间；大中型浴室；中型屠宰车间
丙	7层及7层以下的多层建筑；高度不超过30m的筒仓、高度不超过50m的烟囱；跨度小于24m、吊车额定起重量小于30t的机加工车间，单台小于10t的锅炉房；一般浴室、食堂、县（区）影剧院、理化试验室；一般的工具、机修、木工车间、成品库
丁	1~2层的简易房屋、小型车间和小型库房

附录F 水池类构筑物的设计措施

F.0.1 水池类构筑物应根据其重要性、容量大小、地基湿陷等级，并结合当地建筑经验，采取设计措施。

埋地管道与水池之间或水池相互之间的防护距离：在自重湿陷性黄土场地，应与建筑物之间的防护距离的规定相同，当不能满足要求时，必须加强池体的防渗漏处理；在非自重湿陷性黄土场地，可按一般地区的规定设计。

F.0.2 建筑物防护范围内的水池类构筑物，当技术经济合理时，应架空明设于地面（包括地下室地面）以上。

F.0.3 水池类构筑物应采用防渗现浇钢筋混凝土结构。预埋件和穿池壁的套管，应在浇筑混凝土前埋设，不得事后钻孔、凿洞。不宜将爬梯嵌入水位以下的池壁中。

F.0.4 水池类构筑物的地基处理，应采用整片土（或灰土）垫层。在非自重湿陷性黄土场地，灰土垫层的厚度不宜小于0.30m，土垫层的厚度不应小于0.50m；在自重湿陷性黄土场地，对一般水池，应设1.00~2.50m厚的土（或灰土）垫层，对特别重要的水池，宜消除地基的全部湿陷量。

土（或灰土）垫层的压实系数不得小于0.97。

基槽侧向宜采用灰土回填，其压实系数不宜小于0.93。

附录G 湿陷性黄土场地地下水位上升时建筑物的设计措施

G.0.1 对未消除全部湿陷量的地基，应根据地下水位可能上升的幅度，采取防止增加不均匀沉降的有效措施。

G.0.2 建筑物的平面、立面布置，应力求简单、规则。当有困难时，宜将建筑物分成若干简单、规则的单元。单元之间拉开一定距离，设置能适应沉降的连接体或采取其他措施。

G.0.3 多层砌体承重结构房屋，应有较大的刚度，房屋的单元长高比，不宜大于3。

G.0.4 在同一单元内，各基础的荷载、型式、尺寸和埋置深度，应尽量接近。当门廊等附属建筑与主体建筑的荷载相差悬殊时，应采取有效措施，减少主体建筑下沉对门廊等附属建筑的影响。

G.0.5 在建筑物的同一单元内，不宜设置局部地下室。对有地下室的单元，应用沉降缝将其与相邻单元分开，并应采取有效措施。

G.0.6 建筑物沉降缝处的基底压力，应适当减小。

G.0.7 在建筑物的基础附近，堆放重物或堆放重型设备时，应采取有效措施，减小附加沉降对建筑物的影响。

G.0.8 对地下室和地下管沟，应根据地下水位上升的可能，采取防水措施。

G.0.9 在非自重湿陷性黄土场地，应根据填方厚度、地下水位可能上升的幅度，判断场地转化为自重湿陷性黄土场地的可能性，并采取相应的防治措施。

附录H 单桩竖向承载力静载荷浸水试验要点

H.0.1 单桩竖向承载力静载荷浸水试验，应符合下列规定：

1 当试桩进入湿陷性黄土层内的长度不小于10m时，宜对其桩周和桩端的土体进行浸水；

2 浸水坑的平面尺寸（边长或直径）：如只测定单桩竖向承载力特征值，不宜小于5m；如需要测定桩侧的摩擦力，不宜小于湿陷性黄土层的深度，并不应小于10m；

3 试坑深度不宜小于500mm，坑底面应铺100～150mm厚度的砂、石，在浸水期间，坑内水头高度不宜小于300mm。

H.0.2 单桩竖向承载力静载荷浸水试验，可选择下列方法中的任一款：

1 加载前向试坑内浸水，连续浸水时间不宜少于10d，当桩周湿陷性黄土层深度内的含水量达到饱和时，在继续浸水条件下，可对单桩进行分级加载，加至设计荷载值的1.00～1.50倍，或加至极限荷载止；

2 在土的天然湿度下分级加载，加至单桩竖向承载力的预估值，沉降稳定后向试坑内昼夜浸水，并观测在恒压下的附加下沉量，直至稳定，也可在继续浸水条件下，加至极限荷载止。

H.0.3 设置试桩和锚桩，应符合下列要求：

1 试桩数量不宜少于工程桩总数的1%，并不应少于3根；

2 为防止试桩在加载中桩头破坏，对其桩顶应适当加强；

3 设置锚桩，应根据锚桩的最大上拔力，纵向钢筋截面应按桩身轴力变化配置，如需利用工程桩作锚桩，应严格控制其上拔量；

4 灌注桩的桩身混凝土强度应达到设计要求，预制桩压（或打）入土中不得少于15d，方可进行加载试验。

H.0.4 试验装置、量测沉降用的仪表，分级加载额定量，加、卸载的沉降观测和单桩竖向承载力的确定等要求，应符合现行国家标准《建筑地基基础设计规范》GB50007的有关规定。

附录J 垫层、强夯和挤密等地基的静载荷试验要点

J.0.1 在现场采用静载荷试验检验或测定垫层、强夯和挤密等方法处理地基的承载力及有关变形参数，应符合下列规定：

1 承压板应为刚性，其底面宜为圆形或方形。

2 对土（或灰土）垫层和强夯地基，承压板的直径（d）或边长（b），不宜小于1m，当处理土层厚度较大时，宜分层进行试验。

3 对土（或灰土）挤密桩复合地基：

1）单桩和桩间土的承压板直径，宜分别为桩孔直径的1倍和1.50倍。

2）单桩复合地基的承压板面积，应为1根土（或灰土）挤密桩承担的处理地基面积。当桩孔按正三角形布置时，承压板直径（d）应为桩距的1.05倍，当桩孔按正方形布置时，承压板直径应为桩距的1.13倍。

3）多桩复合地基的承压板，宜为方形或矩形，其尺寸应按承压板下的实际桩数确定。

J.0.2 开挖试坑和安装载荷试验设备，应符合下列要求：

1 试坑底面的直径或边长，不应小于承压板直径或边长的3倍；

2 试坑底面标高，宜与拟建的建筑物基底标高相同或接近；

3 应注意保持试验土层的天然湿度和原状结构；

4 承压板底面下应铺10～20mm厚度的中、粗砂找平；

5 基准梁的支点，应设在压板直径或边长的3倍范围以外；

6 承压板的形心与荷载作用点应重合。

J.0.3 加荷等级不宜少于10级，总加载量不宜小于设计荷载值的2倍。

J.0.4 每加一级荷载的前、后，应分别测记1次压板的下沉量，以后每0.50h测记1次，当连续2h内，每1h的下沉量小于0.10mm时，认为压板下沉已趋稳定，即可加下一级荷载。且每级荷载的间隔时间不应少于2h。

J.0.5 当需要测定处理后的地基土是否消除湿陷性时，应进行浸水载荷试验，浸水前，宜加至1倍设计荷载，下沉稳定后向试坑内昼夜浸水，连续浸水时间不宜少于10d，坑内水头不应小于200mm，附加下沉稳定，试验终止。必要时，宜继续浸水，再加1倍设计荷载后，试验终止。

J.0.6 当出现下列情况之一时，可终止加载：

1 承压板周围的土，出现明显的侧向挤出；

2 沉降 s 急骤增大，压力-沉降（p-s）曲线出现陡降段；

3 在某一级荷载下，24h内沉降速率不能达到稳定标准；

4 s/b（或 s/d）$\geqslant$0.06。

当满足前三种情况之一时，其对应的前一级荷载可定为极限荷载。

J.0.7 卸荷可分为3～4级，每卸一级荷载测记回弹量，直至变形稳定。

J.0.8 处理后的地基承载力特征值，应根据压力（p）与承压板沉降量（s）的 p-s 曲线形态确定：

1 当 p-s 曲线上的比例界限明显时，可取比例界限所对应的压力；

2 当 p-s 曲线上的极限荷载小于比例界限的2倍时，可取极限荷载的一半；

3 当 p-s 曲线上的比例界限不明显时，可按压板沉降（s）与压板直径（d）或宽度（b）之比值即相对变形确定：

1）土垫层地基、强夯地基和桩间土，可取 s/d 或 $s/b=0.010$ 所对应的压力；

2）灰土垫层地基，可取 s/d 或 $s/b=0.006$ 所对应的压力；

3）灰土挤密桩复合地基，可取 s/d 或 $s/b=0.006\sim0.008$ 所对应的压力；

4）土挤密桩复合地基，可取 s/d 或 $s/b=0.010$ 所对应的压力。

按相对变形确定上述地基的承载力特征值，不应大于最大加载压力的1/2。

本规范用词说明

1 为了便于在执行本规范条文时区别对待，对要求严格程度不同的用词说明如下：

1）表示很严格，非这样做不可的用词

正面词采用“必须”，反面词采用“严禁”；

2）表示严格，在正常情况下均应这样做的用词

正面词采用“应”，反面词采用“不应”或“不得”；

3）表示允许稍有选择，在条件许可时首先应这样做的用词

正面词采用“宜”，反面词采用“不宜”。

表示有选择，在一定条件下可以这样做的，采用“可”。

2 条文中指定必须按其他有关标准执行时，写法为“应符合……的规定”。非必须按所指的标准或其他规定执行时，写法为“可参照……”。

中华人民共和国国家标准

湿陷性黄土地区建筑规范

GB 50025—2004

条 文 说 明

目　次

1 总 则

1.0.1 本规范总结了“GBJ25—90规范”发布以来的建设经验和科研成果，并对该规范进行了全面修订。它是湿陷性黄土地区从事建筑工程的技术法规，体现了我国现行的建设政策和技术政策。

在湿陷性黄土地区进行建设，防止地基湿陷，保证建筑工程质量和建（构）筑物的安全使用，做到技术先进、经济合理、保护环境，这是制订本规范的宗旨和指导思想。

在建设中必须全面贯彻国家的建设方针，坚持按正常的基建程序进行勘察、设计和施工。边勘察、边设计、边施工和不勘察进行设计和施工，应成为历史，不应继续出现。

1.0.2 我国湿陷性黄土主要分布在山西、陕西、甘肃的大部分地区，河南西部和宁夏、青海、河北的部分地区，此外，新疆维吾尔自治区、内蒙古自治区和山东、辽宁、黑龙江等省，局部地区亦分布有湿陷性黄土。

湿陷性黄土地区建筑工程（包括主体工程和附属工程）的勘察、设计、地基处理、施工、使用与维护，均应按本规范的规定执行。

1.0.3 湿陷性黄土是一种非饱和的欠压密土，具有大孔和垂直节理，在天然湿度下，其压缩性较低，强度较高，但遇水浸湿时，土的强度显著降低，在附加压力或在附加压力与土的自重压力下引起的湿陷变形，是一种下沉量大、下沉速度快的失稳性变形，对建筑物危害性大。为此本条仍按原规范规定，强调在湿陷性黄土地区进行建设，应根据湿陷性黄土的特点和工程要求，因地制宜，采取以地基处理为主的综合措施，防止地基浸水湿陷对建筑物产生危害。

防止湿陷性黄土地基湿陷的综合措施，可分为地基处理、防水措施和结构措施三种。其中地基处理措施主要用于改善土的物理力学性质，减小或消除地基的湿陷变形；防水措施主要用于防止或减少地基受水浸湿；结构措施主要用于减小和调整建筑物的不均匀沉降，或使上部结构适应地基的变形。

显然，上述三种措施的作用及功能各不相同，故本规范强调以地基处理为主的综合措施，即以治本为主，治标为辅，标、本兼治，突出重点，消除隐患。

1.0.4 本规范是根据我国湿陷性黄土的特征编制的，湿陷性黄土地区的建设工程除应执行本规范的规定外，对本规范未规定的有关内容，尚应执行有关现行的国家强制性标准的规定。

3 基本规定

3.0.1 本次修订将建筑物分类适当修改后独立为一章，作为本规范的第3章，放在勘察、设计的前面，解决了各类建筑的名称出现在建筑物分类之前的问题。

建筑物的种类很多，使用功能不尽相同，对建筑物分类的目的是为设计采取措施区别对待，防止不论工程大小采取“一刀切”的措施。

原规范把地基受水浸湿可能性的大小作为建筑物分类原则的主要内容之一，反映了湿陷性黄土遇水湿陷的特点，工程界早已确认，本规范继续沿用。地基受水浸湿可能性的大小，可归纳为以下三种：

1 地基受水浸湿可能性大，是指建筑物内的地面经常有水或可能积水、排水沟较多或地下管道很多；

2 地基受水浸湿可能性较大，是指建筑物内局部有一般给水、排水或暖气管道；

3 地基受水浸湿可能性小，是指建筑物内无水暖管道。

原规范把高度大于40m的建筑划为甲类，把高度为24~40m的建筑划为乙类。鉴于高层建筑日益增多，而且高度越来越高，为此，本规范把高度大于60m和14层及14层以上体型复杂的建筑划为甲类，把高度为24~60m的建筑划为乙类。这样，甲类建筑的范围不致随部分建筑的高度增加而扩大。

凡是划为甲类建筑，地基处理均要求从严，不允许留剩余湿陷量，各类建筑的划分，可结合本规范附录E的建筑举例进行类比。

高层建筑的整体刚度大，具有较好的抵抗不均匀沉降的能力，但对倾斜控制要求较严。

埋地设置的室外水池，地基处于卸荷状态，本规范对水池类构筑物不按建筑物对待，未作分类，关于水池类构筑物的设计措施，详见本规范附录F。

3.0.2 原规范规定的三种设计措施，在湿陷性黄土地区的工程建设中已使用很广，对防治地基湿陷事故，确保建筑物安全使用具有重要意义，本规范继续使用。防止和减小建筑物地基浸水湿陷的设计措施，可分为地基处理、防水措施和结构措施三种。

在三种设计措施中，消除地基的全部湿陷量或采用桩基础穿透全部湿陷性黄土层，主要用于甲类建筑；消除地基的部分湿陷量，主要用于乙、丙类建筑；丁类属次要建筑，地基可不处理。

防水措施和结构措施，一般用于地基不处理或消除地基部分湿陷量的建筑，以弥补地基处理的不足。

3.0.3 原规范对沉降观测虽有规定，但尚未引起有关方面的重视，沉降观测资料寥寥无几，建筑物出了事故分析亦很困难，目前许多单位对此有不少反映，普遍认为通过沉降观测，可掌握计算与实测沉降量的关系，并可为发现事故提供信息，以便查明原因及时对事故进行处理。为此，本条继续规定对甲类建筑和乙类中的重要建筑应进行沉降观测，对其他建筑各单位可根据实际情况自行确定是否观测，但要避免观测项目太多，不能长期坚持而流于形式。

4 勘　　察

4.1 一 般 规 定

4.1.1 湿陷性黄土地区岩土勘察的任务，除应查明黄土层的时代、成因、厚度、湿陷性、地下水位深度及变化等工程地质条件外，尚应结合建筑物功能、荷载与结构等特点对场地与地基作出评价，并就防止、降低或消除地基的湿陷性提出可行的措施建议。

4.1.3 按国家的有关规定，一个工程建设项目的确定和批准立项，必须有可行性研究为依据；可行性研究报告中要求有必要的关于工程地质条件的内容，当工程项目的规模较大或地层、地质与岩土性质较复杂时，往往需进行少量必要的勘察工作，以掌握关于场地湿陷类型、湿陷量大小、湿陷性黄土层的分布与厚度变化、地下水位的深浅及有无影响场址安全使用的不良地质现象等的基本情况。有时，在可行性研究阶段会有不只一个场址方案，这时就有必要对它们分别做一定的勘察工作，以利场址的科学比选。

4.1.7 现行国家标准《岩土工程勘察规范》规定，土试样按扰动程度划分为四个质量等级，其中只有Ⅰ级土试样可用于进行土类定名、含水量、密度、强度、压缩性等试验，因此，显而易见，黄土土试样的质量等级必须是Ⅰ级。

正反两方面的经验一再证明，探井是保证取得Ⅰ级湿陷性黄土土样质量的主要手段，国内、国外都是如此。基于这一认识，本规范加强了对采取土试样的要求，要求探井数量宜为取土勘探点总数的1/3～1/2，且不宜少于3个。

本规范允许在“有足够数量的探井”的前提下，用钻孔采取土试样。但是，仅仅依靠好的薄壁取土器，并不一定能取得不扰动的Ⅰ级土试样。前提是必须先有合理的钻井工艺，保证拟取的土试样不受钻进操作的影响，保持原状，不然，再好的取样工艺和科学的取土器也无济于事。为此，本规范要求在钻孔中取样时严格按附录D的规定执行。

4.1.9 近年来，原位测试技术在湿陷性黄土地区已有不同程度的使用，但是由于湿陷性黄土的主要岩土技术指标，必须能直接反映土湿陷性的大小，因此，除了浸水载荷试验和试坑浸水试验（这两种方法有较多应用）外，其他原位测试技术只能说有一定的应用，并发挥着相应的作用。例如，采用静力触探了解地层的均匀性，划分地层，确定地基承载力，计算单桩承载力等。除此，标准贯入试验、轻型动力触探、重型动力触探，乃至超重型动力触探等也有不同程度的应用，不过它们的对象一般是湿陷性黄土地基中的非湿陷性黄土层、砂砾层或碎石层，也常用于检测地基处理的效果。

4.2 现 场 勘 察

4.2.1 地质环境对拟建工程有明显的制约作用，在场址选择或可行性研究勘察阶段，增加对地质环境进行调查了解很有必要。例如，沉降尚未稳定的采空区，有毒、有害的废弃物等，在勘察期间必须详细调查了解和探查清楚。

不良地质现象，包括泥石流、滑坡、崩塌、湿陷凹地、黄土溶洞、岸边冲刷、地下潜蚀等内容。地质环境，包括地下采空区、地面沉降、地裂缝、地下水的水位上升、工业及生活废弃物的处置和存放、空气及水质的化学污染等内容。

4.2.2～4.2.3 对场地存在的不良地质现象和地质环境问题，应查明其分布范围、成因类型及对工程的影响。

1 建设和环境是互相制约的，人类活动可以改造环境，但环境也制约工程建设，据瑞典国际开发署和联合国的调查，由于环境恶化，在原有的居住环境中，已无法生存而不得不迁移的“环境难民”，全球达2500万人之多。因此工程建设尚应考虑是否会形成新的地质环境问题。

2 原规范第6款中，勘探点的深度“宜为10～20m”，一般满足多层建（构）筑物的需要，随着建筑物向高、宽、大方向发展，本规范改为勘探点的深度，应根据湿陷性黄土层的厚度和地基压缩层深度的预估值确定。

3 原规范第3款“当按室内试验资料和地区建筑经验不能明确判定场地湿陷类型时，应进行现场试坑浸水试验，按实测自重湿陷量判定”。本规范4.3.8条改为“对新建地区的甲类和乙类中的重要建筑，应进行现场试坑浸水试验，按自重湿陷的实测值判定场地湿陷类型”。

由于人口的急剧增加，人类的居住空间已从冲洪积平原、低阶地，向黄土塬和高阶地发展，这些区域基本上无建筑经验，而按室内试验结果计算出的自重湿陷量与现场试坑浸水试验的实测值往往不完全一致，有些地区相差较大，故对上述情况，改为“按自重湿陷的实测值判定场地湿陷类型”。

4.2.4～4.2.5

1 原规范第4款，详细勘察勘探点的间距只考虑了场地的复杂程度，而未与建筑类别挂钩，本规范改为结合建筑类别确定勘探点的间距。

2 原规范第5款，勘探点的深度“除应大于地基压缩层的深度外，对非自重湿陷性黄土场地还应大于基础底面以下5m”。随着多、高层建筑的发展，基础宽度的增大，地基压缩层的深度也相应增大，为此，本规范将原规定大于5m改为大于10m。

3 湿陷系数、自重湿陷系数、湿陷起始压力均为黄土场地的主要岩土参数，详勘阶段宜将上述参数绘制在随深度变化的曲线图上，并宜进行相关分析。

4 当挖、填方厚度较大时，黄土场地的湿陷类型、湿陷等级可能发生变化，在这种情况下，应自挖（或填）方整平后的地面（或设计地面）标高算起。勘察时，设计地面标高如不确定，编制勘察方案宜与建设方紧密配合，使其尽量符合实际，以满足黄土湿陷性评价的需要。

5 针对工程建设的现状及今后发展方向，勘察成果增补了深基坑开挖与桩基工程的有关内容。

4.3 测定黄土湿陷性的试验

4.3.1 原规范中的黄土湿陷性试验放在附录六，本规范将其改为“测定黄土湿陷性的试验”放入第4章第3节，修改后，由附录变为正文，并分为室内压缩试验、现场静载荷试验和现场试坑浸水试验。

室内压缩试验主要用于测定黄土的湿陷系数、自重湿陷系数和湿陷起始压力；现场静载荷试验可测定黄土的湿陷性和湿陷起始压力，基于室内压缩试验测定黄土的湿陷性比较简便，而且可同时测定不同深度的黄土湿陷性，所以仅规定在现场测定湿陷起始压力；现场试坑浸水试验主要用于确定自重湿陷量的实测值，以判定场地湿陷类型。

（Ⅰ）室内压缩试验

4.3.2 采用室内压缩试验测定黄土的湿陷性应遵守有关统一的要求，以保证试验方法和过程的统一性及试验结果的可比性。这些要求包括试验土样、试验仪器、浸水水质、试验变形稳定标准等方面。

4.3.3～4.3.4 本条规定了室内压缩试验测定湿陷系数的试验程序，明确了不同试验压力范围内每级压力增量的允许数值，并列出了湿陷系数的计算式。

本条规定了室内压缩试验测定自重湿陷系数的试验程序，同时给出了计算试样上覆土的饱和自重压力所需饱和密度的计算公式。

4.3.5 在室内测定土样的湿陷起始压力有单线法和双线法两种。单线法试验较为复杂，双线法试验相对简单，已有的研究资料表明，只要对试样及试验过程控制得当，两种方法得到的湿陷起始压力试验结果基本一致。

但在双线法试验中，天然湿度试样在最后一级压力下浸水饱和附加下沉稳定高度与浸水饱和试样在最后一级压力下的下沉稳定高度通常不一致，如图4.3.5所示，h_0ABCC_1 曲线与 $h_0AA_1B_2C_2$ 曲线不闭合，因此在计算各级压力下的湿陷系数时，需要对试验结果进行修正。研究表明，单线法试验的物理意义更为明确，其结果更符合实际，对试验结果进行修正时以单线法为准来修正浸水饱和试样各级压力下的稳定高度，即将 $A_1B_2C_2$ 曲线修正至 $A_1B_1C_1$ 曲线，使饱和试样的终点 C_2 与单线法试验的终点 C_1 重合，以此来计算各级压力下的湿陷系数。

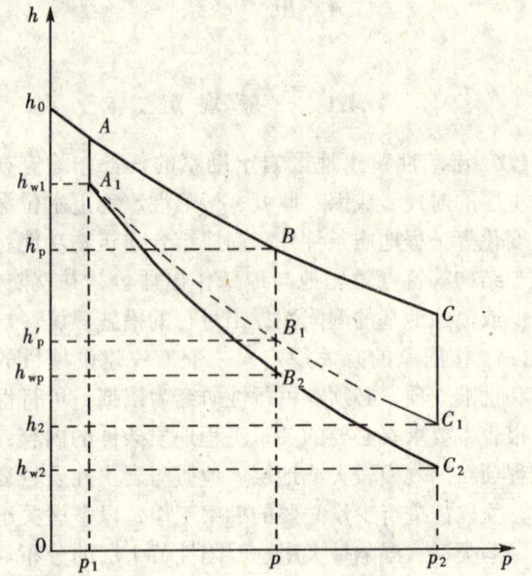

图4.3.5 双线法压缩试验

在实际计算中，如需计算压力 p 下的湿陷系数 δ_s，则假定：

$$\frac{h_{w1}-h_2}{h_{w1}-h_{w2}}=\frac{h_{w1}-h'_p}{h_{w1}-h_{wp}}=k$$

有，$h'_p=h_{w1}-k(h_{w1}-h_{wp})$

得：$\delta_s=\dfrac{h_p-h'_p}{h_0}=\dfrac{h_p-[h_{w1}-k(h_{w1}-h_{wp})]}{h_0}$

其中，$k=\dfrac{h_{w1}-h_2}{h_{w1}-h_{w2}}$，它可作为判别试验结果是否可以采用的参考指标，其范围宜为1.0±0.2，如超出此限，则应重新试验或舍弃试验结果。

计算实例：某一土样双线法试验结果及对试验结果的修正与计算见下表。

p(kPa)	25	50	75	100	150	200	浸 水
h_p(mm)	19.940	19.870	19.778	19.685	19.494	19.160	17.280
h_{wp}(mm)	19.855	19.260	19.006	18.440	17.605	17.075	
	$k=(19.855-17.280)\div(19.855-17.075)=0.926$						
h'_p	18.855	19.570	19.069	18.545	17.772	17.280	
δ_s	0.004	0.015	0.035	0.062	0.086	0.094	

绘制 $p\sim\delta_s$ 曲线，得 $\delta_s=0.015$ 对应的湿陷起始压力 p_{sh} 为50kPa。

（Ⅱ）现场静载荷试验

4.3.6 现场静载荷试验主要用于测定非自重湿陷性黄土场地的湿陷起始压力，自重湿陷性黄土场地的湿陷起始压力值小，无使用意义，一般不在现场测定。

在现场测定湿陷起始压力与室内试验相同，也分为单线法和双线法。二者试验结果有的相同或接近，有的互有大小。一般认为，单线法试验结果较符合实际，但单线法的试验工作量较大，在同一场地的相同标高及相同土层，单线法需做3台以上静载荷试验，而双线法只需做2台静载荷试验（一个为天然湿度，一个为浸水饱和）。

本条对现场测定湿陷起始压力的方法与要求作了规定，可选择其中任一方法进行试验。

4.3.7 本条对现场静载荷试验的承压板面积、试坑尺寸、分级加压增量和加压后的观测时间及稳定标准等进行了规定。

承压板面积通常为0.25m^2、0.50m^2和1m^2三种。通过大量试验研究比较，测定黄土湿陷和湿陷起始压力，承压板面积宜为0.50m^2，压板底面宜为方形或圆形，试坑深度宜与基础底面标高相同或接近。

（Ⅲ）现场试坑浸水试验

4.3.8 采用现场试坑浸水试验可确定自重湿陷量的实测值，用以判定场地湿陷类型比较准确可靠，但浸水试验时间较长，一般需要1~2个月，而且需要较多的用水。本规范规定，在缺乏经验的新建地区，对甲类和乙类中的重要建筑，应采用试坑浸水试验，乙类中的一般建筑和丙类建筑以及有建筑经验的地区，均可按自重湿陷量的计算值判定场地湿陷类型。

本条规定了浸水试验的试坑尺寸采用“双指标”控制，此外，还规定了观测自重湿陷量的深、浅标点的埋设方法和观测要求以及停止浸水的稳定标准等。上述规定，对确保试验数据的完整性和可靠性具有实际意义。

4.4 黄土湿陷性评价

黄土湿陷性评价，包括全新世Q_4（Q_4^1及Q_4^2）黄土、晚更新世Q_3黄土、部分中更新世Q_2黄土的土层、场地和地基三个方面，湿陷性黄土包括非自重湿陷性黄土和自重湿陷性黄土。

4.4.1 本条规定了判定非湿陷性黄土和湿陷性黄土的界限值。

黄土的湿陷性通常是在现场采取不扰动土样，将其送至试验室用有侧限的固结仪测定，也可用三轴压缩仪测定。前者，试验操作较简便，我国自20世纪50年代至今，生产单位一直广泛使用；后者试样制备及操作较复杂，多为教学和科研使用。鉴于此，本条仍按“GBJ 25—90规范”规定及各生产单位习惯采用的固结仪进行压缩试验，根据试验结果，以湿陷系数$\delta_s < 0.015$定为非湿陷性黄土，湿陷系数$\delta_s \geqslant 0.015$，定为湿陷性黄土。

4.4.2 本条是新增内容。多年来的试验研究资料和工程实践表明，湿陷系数$\delta_s \leqslant 0.03$的湿陷性黄土，湿陷起始压力值较大，地基受水浸湿时，湿陷性轻微，对建筑物危害性较小；$0.03 < \delta_s \leqslant 0.07$的湿陷性黄土，湿陷性中等或较强烈，湿陷起始压力值小的具有自重湿陷性，地基受水浸湿时，下沉速度较快，附加下沉量较大，对建筑物有一定危害性；$\delta_s > 0.07$的湿陷性黄土，湿陷起始压力值小的具有自重湿陷性，地基受水浸湿时，湿陷性强烈，下沉速度快，附加下沉量大，对建筑物危害性大。勘察、设计，尤其地基处理，应根据上述湿陷系数的湿陷特点区别对待。

4.4.3 本条将判定场地湿陷类型的实测自重湿陷量和计算自重湿陷量分别改为自重湿陷量的实测值和计算值。

自重湿陷量的实测值是在现场采用试坑浸水试验测定，自重湿陷量的计算值是在现场采取不同深度的不扰动土样，通过室内浸水压缩试验在上覆土的饱和自重压力下测定。

4.4.4 自重湿陷量的计算值与起算地面有关。起算地面标高不同，场地湿陷类型往往不一致，以往在建设中整平场地，由于挖、填方的厚度和面积较大，致使场地湿陷类型发生变化。例如，山西某矿生活区，在勘察期间判定为非自重湿陷性黄土场地，后来整平场地，部分地段填方厚度达3~4m，下部土层的压力增大至50~80kPa，超过了该场地的湿陷起始压力值而成为自重湿陷性黄土场地。建筑物在使用期间，管道漏水浸湿地基引起湿陷事故，室外地面亦出现裂缝，后经补充勘察查明，上述事故是由于场地整平，填方厚度过大产生自重湿陷所致。由此可见，当场地的挖方或填方的厚度和面积较大时，测定自重湿陷系数的试验压力和自重湿陷量的计算值，均应自整平后的（或设计）地面算起，否则，计算和判定结果不符合现场实际情况。

此外，根据室内浸水压缩试验资料和现场试坑浸水试验资料分析，发现在同一场地，自重湿陷量的实测值和计算值相差较大，并与场地所在地区有关。例如：陇西地区和陇东—陕北—晋西地区，自重湿陷量的实测值大于计算值，实测值与计算值之比值均大于1；陕西关中地区自重湿陷量的实测值与计算值有的接近或相同，有的互有大小，但总体上相差较小，实测值与计算值之比值接近1；山西、河南、河北等地区，自重湿陷量的实测值通常小于计算值，实测值与计算值之比值均小于1。

为使同一场地自重湿陷量的实测值与计算值接近或相同，对因地区土质而异的修正系数β_0，根据不同地区，分别规定不同的修正值：陇西地区为1.5；陇东—陕北—晋西地区为1.2；关中地区为0.9；其他地区为0.5。

同一场地，自重湿陷量的实测值与计算值的比较见表4.4.4。

表 4.4.4 同一场地自重湿陷量的实测值与计算值的比较

地区名称	试验地点	浸水试坑尺寸（m×m）	自重湿陷量的实测值（mm）	自重湿陷量的计算值（mm）	实测值/计算值
陇西	兰州砂井驿	10×10 14×14	185 155	104 91.20	1.78 1.70
	兰州龚家湾	11.75×12.10 12.70×13.00	567 635	360	1.57 1.77
	兰州连城铝厂	34×55 34×17	1151.50 1075	540	2.13 1.99
	兰州西固棉纺厂	15×15 *5×5	860 360	231.50*	δ_{zs}为在天然湿度的土自重压力下求得
	兰州东岗钢厂	ϕ10 10×10	959 870	501	1.91 1.74
	甘肃天水	16×28	586	405	1.45
	青海西宁	15×15	395	250	1.58
陇东—陕北—晋西	宁夏七营	ϕ15 20×5	1288 1172	935 855	1.38 1.38
	延安丝绸厂	9×9	357	229	1.56
	陕西合阳糖厂	10×10 *5×5	477 182	365	1.31
	河北张家口	ϕ11	105	88.75	1.10
陕西关中	陕西富平张桥	10×10	207	212	0.97
	陕西三原	10×10	338	292	1.16
	西安韩森寨	12×12 *6×6	364 25	308	1.19
	西安北郊 524 厂	ϕ12*	90	142	0.64
	陕西宝鸡二电	20×20	344	281.50	1.22
山西、河北等	山西榆次	ϕ10	86	126 202	0.68 0.43
	山西潞城化肥厂	ϕ15	66	120	0.55
	山西河津铝厂	15×15	92	171	0.53
	河北矾山	ϕ20	213.5	480	0.45

4.4.5 本条规定说明如下：

1 按本条规定求得的湿陷量是在最不利情况下的湿陷量，且是最大湿陷量，考虑采用不同含水量下的湿陷量，试验较复杂，不容易为生产单位接受，故本规范仍采用地基土受水浸湿达饱和时的湿陷量作为评定湿陷等级采取设计措施的依据。这样试验较简便，并容易推广使用，但本条规定，并不是指湿陷性黄土只在饱和含水量状态下才产生湿陷。

2 根据试验研究资料，基底下地基土的侧向挤出量与基础宽度有关，宽度小的基础，侧向挤出量大，宽度大的基础，侧向挤出量小或无侧向挤出。鉴于基底下 0～5m 深度内，地基土受水浸湿及侧向挤出的可能性大，为此本条规定，取 $\beta=1.5$；基底下 5～10m 深度内，取 $\beta=1$；基底下 10m 以下至非湿陷性黄土层顶面，在非自重湿陷性黄土场地可不计算，在自重湿陷性黄土场地，可取工程所在地区的 β_0 值。

3 湿陷性黄土地基的湿陷变形量大，下沉速度快，且影响因素复杂，按室内试验计算结果与现场试验结果往往有一定差异，故在湿陷量的计算公式中增加一项修正系数 β，以调整其差异，使湿陷量的计算值接近实测值。

4 原规范规定，在非自重湿陷性黄土场地，湿陷量的计算深度累计至基底下 5m 深度止，考虑近年来，7～8 层的建筑不断增多，基底压力和地基压缩层深度相应增大，为此，本条将其改为累计至基底下 10m（或压缩层）深度止。

5 一般建筑基底下 10m 内的附加压力与土的自重压力之和接近 200kPa，10m 以下附加压力很小，忽略不计，主要是上覆土层的自重压力。当以湿陷系数 δ_s 判定黄土湿陷性时，其试验压力应自基础底面（如基底标高不确定时，自地面下 1.5m）算起，10m 内的土层用 200kPa，10m 以下至非湿陷性黄土层顶面，直接用其上覆土的饱和自重压力（当大于 300kPa 时，仍用 300kPa），这样湿陷性黄土层深度的下限不致随土自重压力增加而增大，且勘察试验工作量也有所减少。

基底下 10m 以下至非湿陷性黄土层顶面，用其上覆土的饱和自重压力测定的自重湿陷系数值，既可用于自重湿陷量的计算，也可取代湿陷系数 δ_s 用于湿陷量的计算，从而解决了基底下 10m 以下，用 300kPa 测定湿陷系数与用上覆土的饱和自重压力的测定结果互不一致的矛盾。

4.4.6 湿陷起始压力是反映非自重湿陷性黄土特性的重要指标，并具有实用价值。本条规定了按现场静载荷试验结果和室内压缩试验结果确定湿陷起始压力的方法。前者根据 20 组静载荷试验资料，按湿陷系数 $\delta_s=0.015$ 所对应的压力，相当于在 $p\text{-}s_s$ 曲线上的 s_s/b（或 s_s/d）$=0.017$。为此规定，如 $p\text{-}s$ 曲线上的转折点不明显，可取浸水下沉量（s_s）与承压板直径（d）或宽度（b）之比值等于 0.017 所对应的压力作为湿陷起始压力值。

4.4.7 非自重湿陷性黄土场地湿陷量的计算深度，由基底下 5m 改为累计至基底下 10m 深度后，自重湿陷性黄土场地和非自重湿陷性黄土场地湿陷量的计算值均有所增大，为此将Ⅱ～Ⅲ级和Ⅲ～Ⅳ级的地基湿陷等级界限值作了相应调整。

5 设　计

5.1 一 般 规 定

5.1.1 设计措施的选取关系到建筑物的安全与技术经济的合理性，本条根据湿陷性黄土地区的建筑经验，对甲、乙、丙三类建筑采取以地基处理措施为主，对丁类建筑采取以防水措施为主的指导思想。

大量工程实践表明，在Ⅲ～Ⅳ级自重湿陷性黄土场地上，地基未经处理，建筑物在使用期间地基受水浸湿，湿陷事故难以避免。

例如：**1** 兰州白塔山上有一座古塔建筑，系砖木结构，距今约600余年，20世纪70年代前未发现该塔有任何破裂或倾斜，80年代为搞绿化引水上山，在塔周围种植了一些花草树木，浇水过程中水渗入地基引起湿陷，导致塔身倾斜，墙体裂缝。

2 兰州西固绵纺厂的染色车间，建筑面积超过10000m^2，湿陷性黄土层的厚度约15m，按"BJG 20—66规范"评定为Ⅲ级自重湿性黄土地基，基础下设置500mm厚度的灰土垫层，采取严格防水措施，投产十多年，维护管理工作搞得较好，防水措施发挥了有效作用，地基未受水浸湿，1974～1976年修订"BJG20—66规范"，在兰州召开征求意见会时，曾邀请该厂负责维护管理工作的同志在会上介绍经验。但以后由于人员变动，忽视维护管理工作，地下管道年久失修，过去采取的防水措施都失去作用，1987年在该厂调查时，由于地基受水浸湿引起严重湿陷事故的无粮上浆房已被折去，而染色车间亦丧失使用价值，所有梁、柱和承重部位均已设置临时支撑，后来该车间也拆去。

类似上述情况的工程实例，其他地区也有不少，这里不一一例举。由这些实例不难看出，未处理或未彻底消除湿陷性的地基，所采取的防水措施一旦失效，地基就有可能浸水湿陷，影响建筑物的安全与正常使用。

本规范保留了原规范对各类建筑采取设计措施的同时，在非自重湿陷性黄土场地增加了地基处理后对下部未处理湿陷性黄土的湿陷起始压力值的要求。这些规定，对保证工程质量，减少湿陷事故，节约投资都是有益的。

3 通过对原规范多年使用，在总结经验的基础上，对原规定的防水措施进行了调整。有关地基处理的要求均按本规范第6章地基处理的规定执行。

4 本规范将丁类建筑地基一律不处理，改为对丁类建筑的地基可不处理。

5 近年来在实际工程中，乙、丙类建筑部分室内设备和地面也有严格要求，因此，本规范将该条单列，增加了必要时可采取地基处理措施的内容。

5.1.2 本条规定是在特殊情况下采取的措施，它是5.1.1条的补充。湿陷性黄土地基比较复杂，有些特殊情况，按一般规定选取设计措施，技术经济不一定合理，而补充规定比较符合实际。

5.1.3 本条规定，当地基内各层土的湿陷起始压力值均大于基础附加压力与上覆土的饱和自重压力之和时，地基即使充分浸水也不会产生湿陷，按湿陷起始压力设计基础尺寸的建筑，可采用天然地基，防水措施和结构措施均可按一般地区的规定设计，以降低工程造价，节约投资。

5.1.4 对承受较大荷载的设备基础，宜按建筑物对待，采取与建筑物相同的地基处理措施和防水措施。

5.1.5 新近堆积黄土的压缩性高、承载力低，当乙、丙类建筑的地基处理厚度小于新近堆积黄土层的厚度时，除应验算下卧层的承载力外，还应计算下卧层的压缩变形，以免因地基处理深度不够，导致建筑物产生有害变形。

5.1.6 据调查，建筑物建成后，由于生产、生活用水明显增加，以及周围环境水等影响，地下水位上升不仅非自重湿陷性黄土场地存在，近些年来某些自重湿陷性场地亦不例外，严重者影响建筑物的安全使用，故本条规定未区分非自重湿陷性黄土场地和自重湿陷性黄土场地，各类建筑的设计措施除应按本章的规定执行外，尚应符合本规范附录G的规定。

5.2 场址选择与总平面设计

5.2.1 近年来城乡建设发展较快，设计机构不断增加，设计人员的素质和水平很不一致，场址选择一旦失误，后果将难以设想，不是给工程建设造成浪费，就是不安全，为此本条将场址选择由宜符合改为应符合下列要求。

此外，地基湿陷等级高或厚度大的新近堆积黄土、高压缩性的饱和黄土等地段，地基处理的难度大，工程造价高，所以应避免将重要建设项目布置在上述地段。这一规定很有必要，值得场址选择和总平面设计引起重视。

5.2.2 山前斜坡地带，下伏基岩起伏变化大，土层厚薄不一，新近堆积黄土往往分布在这些地段，地基湿陷等级较复杂，填方厚度过大，下部土层的压力明显增大，土的湿陷类型就会发生变化，即由"非自重湿陷性黄土场地"变为"自重湿陷性黄土场地"。

挖方，下部土层一般处于卸荷状态，但挖方容易破坏或改变原有的地形、地貌和排水线路，有的引起边坡失稳，甚至影响建筑物的安全使用，故对挖方也应慎重对待，不可到处任意开挖。

考虑到水池类建筑物和有湿润生产过程的厂房，其地基容易受水浸湿，并容易影响邻近建筑物。因此，宜将上述建筑布置在地下水流向的下游地段或地形较低处。

5.2.3 将原规范中的山前地带的建筑场地，应整平成若干单独的台阶改为台地。近些年来，随着基本建设事业的发展和尽量少占耕地的原则，山前斜坡地带的利用比较突出，尤其在Ⓘ~Ⓘ区，自重湿陷性黄土分布较广泛，山前坡地，地质情况复杂，必须采取措施处理后方可使用。设计应根据山前斜坡地带的黄土特性和地层构造、地形、地貌、地下水位等情况，因地制宜地将斜坡地带划分成单独的台地，以保证边坡的稳定性。

边坡容易受地表水流的冲刷，在整平单独台地时，必须有组织地引导雨水排泄，此外，对边坡宜做护坡或在坡面种植草皮，防止坡面直接受雨水冲刷，导致边坡失稳或产生滑移。

5.2.4 本条表5.2.4规定的防护距离的数值，主要是针对消除部分湿陷量的乙、丙类建筑和不处理地基的丁类建筑所作的规定。

规范中有关防护距离，系根据编制BJG 20—60规范时，在西安、兰州等地区模拟的自渗管道试验结果，并结合建筑物调查资料而制定的。几十年的工程实践表明，原有表中规定的这些数值，基本上符合实际情况。通过在兰州、太原、西安等地区的进一步调查，并结合新的湿陷等级和建筑类别，本规范将防护距离的数值作了适当调整和修改，乙类建筑包括24~60m的高层建筑，在Ⅲ~Ⅳ级自重湿陷性黄土场地上，防护距离的数值比原规定增大1~2m，丙类建筑一般为多层办公楼和多层住宅楼等，相当于原规范中的乙类和丙类建筑，由于Ⅰ~Ⅱ级非自重湿陷性黄土场地的湿陷起始压力值较大，湿陷事故较少，为此，将非自重湿陷性黄土场地的防护距离比原规范规定减少约1m。

5.2.5 防护距离的计算，将宜自…算起，改为应自…算起。

5.2.6 据调查，当自重湿陷性黄土层厚度较大时，新建水渠与建筑物之间的防护距离仅用25m控制不够安全。

例如：**1** 青海有一新建工程，湿陷性黄土层厚度约17m，采用预浸水法处理地基，浸水坑边缘距既有建筑物37m，浸水过程中水渗透至既有建筑物地基引起湿陷，导致墙体开裂。

2 兰州东岗有一水渠远离既有建筑物30m，由于水渠漏水，该建筑物发生裂缝。

上述实例说明，新建水渠距既有建筑物的距离30m偏小，本条规定在自重湿陷性黄土场地，新建水渠距既有建筑物的距离不得小于湿陷性黄土层厚度的3倍，并不应小于25m，用“双指标”控制更为安全。

5.2.14 新型优质的防水材料日益增多，本条未做具体规定，设计时可结合工程的实际情况或使用功能等特点选用。

5.3 建筑设计

5.3.1 多层砌体承重结构建筑，其长高比不宜大于3，室内地坪高出室外地坪不应小于450mm。

上述规定的目的是：

1 前者在于加强建筑物的整体刚度，增强其抵抗不均匀沉降的能力。

2 后者为建筑物周围排水畅通创造有利条件，减少地基浸水湿陷的机率。

工程实践表明，长高比大于3的多层砌体房屋，地基不均匀下沉往往导致建筑物严重破坏。

例如：**1** 西安某厂有一幢四层宿舍楼，系砌体结构，内墙承重，尽管基础内和每层都设有钢筋混凝土圈梁，但由于房屋的长高比大于3.5，整体刚度较差，地基不均匀下沉，内、外墙普遍出现裂缝，严重影响使用。

2 兰州化学公司有一幢三层试验楼，砌体承重结构，外墙厚370mm，楼板和屋面板均为现浇钢筋混凝土，条形基础，埋深1.50m，地基湿陷等级为Ⅲ级，具有自重湿陷性，且未采取处理措施，建筑物使用期间曾两次受水浸湿，建筑物的沉降最大值达551mm，倾斜率最大值为18‰，被迫停止使用。后来，对其地基和建筑采用浸水和纠倾措施，使该建筑物恢复原位，重新使用。

上述实例说明，长高比大于3的建筑物，其整体刚度和抵抗不均匀沉降的能力差，破坏后果严重，加固的难度大而且不一定有效，长高比小于3的建筑物，虽然严重倾斜，但整体刚度好，未导致破坏，易于修复和恢复使用功能。

此外，本条规定用水设施宜集中设置，缩短地下管线，使漏水限制在较小的范围内，便于发现和检修。

5.3.3 沿建筑物外墙周围设置散水，有利于屋面水、地面水顺利地排向雨水明沟或其他排水系统，以远离建筑物，避免雨水直接从外墙基础侧面渗入地基。

5.3.4 基础施工后，其侧向一般比较狭窄，回填夯实操作困难，而且不好检查，故规定回填土的干密度比土垫层的干密度小，否则，一方面难以达到，另一方面夯击过头影响基础。但为防止建筑物的屋面水、周围地面水从基础侧面渗入地基，增宽散水及其垫层的宽度较为有利，借以覆盖基础侧向的回填土，本条对散水垫层外缘和建筑物外墙基底外缘的宽度，由原规定300mm改为500mm。

一般地区的散水伸缩缝间距为6~12m，湿陷性黄土地区气候寒冷，昼夜温差大，气候对散水混凝土的影响也大，并容易使其产生冻胀和开裂，成为渗水的隐患，基于上述理由，便将散水伸缩缝改为每隔6~10m设置一条。

5.3.5 经常受水浸湿或可能积水的地面，建筑物地基容易受水浸湿，所以应按防水地面设计。

近年来，随着建材工业的发展，出现了不少新的优质可靠防水材料，使用效果良好，受到用户的重视和推广。为此，本条推荐采用优质可靠卷材防水层或其他行之有效的防水层。

5.3.7 为适应地基的变形，在基础梁底下往往需要预留一定高度的净空，但对此若不采取措施，地面水便可从梁底下的净空渗入地基。为此，本条规定应采取有效措施，防止地面水从梁底下的空隙渗入地基。

随着高层建筑的兴起，地下采光井日益增多，为防止雨水或其他水渗入建筑物地基引起湿陷，本条规定对地下室采光井应做好防、排水设施。

5.4 结构设计

5.4.1 **1** 增加建筑物类别条件

划分建筑物类别的目的，是为了针对不同情况采用严格程度不同的设计措施，以保证建筑物在使用期内满足承载能力及正常使用的要求。原规范未提建筑物类别的条件，本次修订予以增补。

2 取消原规范中"构件脱离支座"的条文。该条文是针对砌体结构为简支构件的情况，已不适应目前中、高层建筑结构型式多样化的要求，故予取消。

3 增加墙体宜采用轻质材料的要求

原规范仅对高层建筑建议采用轻质高强材料，而对多层砌体房屋则未提及。实际上，我国对多层砌体房屋的承重墙体，推广应用KPI型黏土多孔砖及混凝土小型空心砌块已积累不少经验，并已纳入相应的设计规范。本次修订增加了墙体改革的内容。当有条件时，对承重墙、隔墙及围护墙等，均提倡采用轻质材料，以减轻建筑物自重，减小地基附加压力，这对在非自重湿陷性黄土场地上按湿陷起始压力进行设计，有重要意义。

5.4.2 将原规范建筑物的"体型"一词，改为"平面、立面布置"。

因使用功能及建筑多样化的要求，有的建筑物平面布置复杂，凸凹较多；有的建筑物立面布置复杂，收进或外挑较多；有的建筑物则上述两种情况兼而有之。本次修订明确指出"建筑物平面、立面布置复杂"，比原规范的"体型复杂"更为简捷明了。

与平面、立面布置复杂相对应的是简单、规则。就考虑湿陷变形特点对建筑物平面、立面布置的要求而言，目前因无足够的工程经验，尚难提出量化指标。故本次修订只能从概念设计的角度，提出原则性的要求。

应注意到我国湿陷性黄土地区，大都属于抗震设防地区。在具体工程设计中，应根据地基条件、抗震设防要求与温度区段长度等因素，综合考虑设置沉降缝的问题。

原规范规定"砌体结构建筑物的沉降缝处，宜设置双墙"。就结构类型而言，仅指砌体结构；就承重构件而言，仅指墙体。以上提法均有涵盖面较窄之嫌。如砌体结构的单外廊式建筑，在沉降缝处则应设置双墙、双柱。

沉降缝处不宜采用牛腿搭梁的做法。一是结构单元要保证足够的空间刚度，不应形成三面围合，靠缝一侧开敞的形式；二是采用牛腿搭梁的"铰接"做法，构造上很难实现理想铰；一旦出现较大的沉降差时，由于沉降缝两侧的结构单元未能彻底脱开而互相牵扯、互相制约，将会导致沉降缝处局部损坏较严重的不良后果。

5.4.3 **1** 将原规范的"宜"均改为"应"，且加上"优先"二字，强调高层建筑减轻建筑物自重尤为重要。

2 增加了当不设沉降缝时，宜采取的措施：

1）高层建筑肯定属于甲、乙类建筑，均采取了地基处理措施——全部或部分消除地基湿陷量。本条建议是在上述地基处理的前提下考虑的。

2）第1款、第2款未明确区分主楼与裙房之间是否设置沉降缝，以与5.4.2条"平面、立面布置复杂"相呼应；第3款则指主楼与裙房之间未设沉降缝的情况。

5.4.4 甲、乙类建筑的基础埋置深度均大于1m，故只规定丙类建筑基础的埋置深度。

5.4.5 调整了原规范第2条"管沟"与"管道"的顺序，使之与该条第一行的词序相同。

5.4.6 **1** 在钢筋混凝土圈梁之前增加"现浇"二字(以下各款不再重复)，即不提倡采用装配整体式圈梁，以利于加强砌体结构房屋的整体性。

2 增加了构造柱、芯柱的内容，以适应砌体结构块材多样性的要求。

3 原规范未包括单层厂房、单层空旷砖房的内容，参照现行国家标准《砌体结构设计规范》GB 50003中6.1.2条的精神予以增补。

4 在第2款中，将原"混凝土配筋带"改为"配筋砂浆带"，以方便施工。

5 在第4款中增加了横向圈梁水平间距限值的要求，主要是考虑增强砌体结构房屋的整体性和空间刚度。

纵、横向圈梁在平面内互相拉结（特别是当楼、屋盖采用预制板时）才能发挥其有效作用。横向圈梁水平间距不大于16m的限值，是按照现行国家标准《砌体结构设计规范》表3.2.1，房屋静力计算方案为刚性时对横墙间距的最严格要求而规定的。对于多层砌体房屋，实则规定了横墙的最大间距；对于单层厂房或单层空旷砖房，则要求将屋面承重构件与纵向圈梁能可靠拉结。

对整体刚度起重要作用的横墙系指大房间的横隔墙、楼梯间横墙及平面局部凸凹部位凹角处的横墙等。

6 增加了圈梁遇洞口时惯用的构造措施，应符合现行国家标准《砌体结构设计规范》GB 50003 和《建筑抗震设计规范》GB 50011 的有关规定。

7 增加了设置构造柱、芯柱的要求。

砌体结构由于所用材料及连接方式的特点决定了它的脆性性质，使其适应不均匀沉降的能力很差；而湿陷变形的特点是速度快、变形量大。为改善砌体房屋的变形能力以及当墙体出现较大裂缝后，仍能保持一定的承担竖向荷载的能力，为增强其整体性和空间刚度，应将圈梁与构造柱或芯柱协调配合设置。

5.4.7 增加了芯柱的内容。

5.4.8 增加了预制钢筋混凝土板在梁上支承长度的要求。

5.5 给排水、供热与通风设计

（Ⅰ）给水、排水管道

5.5.1 在建筑物内、外布置给排水管道时，从方便维护和管理着眼，有条件的理应采取明设方式。但是，随着高层建筑日益增多，多层建筑已很普遍，管道集中敷设已成趋势，或由于建筑物的装修标准高，需要暗设管道。尤其在住宅和公用建筑物内的管道布置已趋隐蔽，再强调应尽量明装已不符合工程实际需要。目前，只有在厂房建筑内管道明装是适宜的，所以本条改为“室内管道宜明装。暗设管道必须设置便于检修的设施。”这样规定，既保证暗设管道的正常运行，又能满足一旦出现事故，也便于发现和检修，杜绝漏水浸入地基。

为了保证建筑物内、外合理设置给排水设施，对建筑物防护范围外和防护范围内的管道布置应有所区别。

“室外管道宜布置在防护范围外”，这主要指建筑物内无用水设施，仅是户外有外网管道或是其他建筑物的配水管道，此时就可以将管道远离该建筑物布置在防护距离外，该建筑物内的防水措施即可从简；若室内有用水设施，在防护范围内包括室内地下一定有管道敷设，在此情况下，则要求“应简捷，并缩短其长度”，再按本规范 5.1.1 条和 5.1.2 条的规定，采取综合设计措施。在防水措施方面，采用设有检漏防水的设施，使渗漏水的影响，控制在较小的、便于检查的范围内。

无论是明管、还是暗管，管道本身的强度及接口的严密性均是防止建筑物湿陷事故的第一道防线。据调查统计，由于管道接口和管材损坏发生渗漏而引起的湿陷事故率，仅次于场地积水引起的事故率。所以，本条规定“管道接口应严密不漏水，并具有柔性”。过去，在压力管道中，接口使用石棉水泥材料较多。此类接口仅能承受微量不均匀变形，实际仍属刚性接口，一旦断裂，由于压力水作用，事故发生迅速，且不易修复，还容易造成恶性循环。

近年来，国内外开展柔性管道系统的技术研究。这种系统有利于消除温差或施工误差引起的应力转移，增强管道系统及其与设备连接的安全性。这种系统采用的元件主要是柔性接口管，柔性接口阀门，柔性管接头，密封胶圈等。这类柔性管件的生产，促进了管道工程的发展。

湿陷性黄土地区，为防止因管道接口漏水，一直寻求理想的柔性接口。随着柔性管道系统的开发应用，这一问题相应得到解决。目前，在压力管道工程中，逐渐采用柔性接口，其形式有：卡箍式、松套式、避震喉、不锈钢波纹管，还有专用承插柔性接口管及管件。它们有的在管道系统全部接口安设，有的是在一定数量接口间隔安设，或者在管道转换方向（如三通、四通）的部分接口处安设。这对由于各种原因招致的不均匀沉降都有很好的抵御能力。

随着国家建设的发展，为“节约资源，保护环境”，湿陷性黄土地区对压力管道系统应逐渐推广采用相适应的柔性接口。

室内排水（无压）管道，建设部对住宅建筑有明确规定：淘汰砂模铸造铸铁排水管，推广柔性接口机制铸铁排水管；在《建筑给水排水设计规范》中，也要求建筑排水管道采用粘接连接的排水塑料管和柔性接口的排水铸铁管。这对高层建筑和地震区建筑的管道抵抗不均匀沉降、防震起到有效的作用。考虑到湿陷性黄土地区的地震烈度大都在 7 度以上（仅塔克拉玛干沙漠，陕北白干山与毛乌苏沙漠之间小于 6 度）。就是说，湿陷性黄土地区兼有湿陷、震陷双重危害性。在湿陷性黄土地区，理应明确在防护范围内的地上、地下敷设的管道须加强设防标准，以柔性接口连接，无论架设和埋设的管道，包括管沟内架设，均应考虑采用柔性接口。

室外地下直埋（即小区、市政管道）排水管，由调查得知，60%～70%的管线均因管材和接口损坏漏水，严重影响附近管线和线路的安全运行。此类管受交通和多种管线的相互干扰，很难理想布置，一旦漏水，修复工作量较大。基于此情况，应提高管材材质标准，且在适当部位和有条件的地方，均应做柔性接口，同时加强对管基的处理。对管道与构筑物（如井、沟、池壁）连接部位，因属受力不均匀的薄弱部位，也应加强管道接口的严密和柔韧性。

综上所述，在湿陷性黄土地区，应适当推广柔性管道接口，以形成柔性管道系统。

5.5.2 本条规定是管材选用的范围。

压力管道的材质，据调查，普遍反映球墨铸铁管的柔韧性好，造价适中，管径适用幅度大（在 DN200～DN2200 之间），而且具有胶圈承插柔性接口、防腐内衬、开孔技术易掌握，便于安装等优点。此类管材，在湿陷性黄土地区应为首选管材。但在建筑小区内或建筑物内的进户管，因受管径限制，没有小口径球墨铸铁管，则在此部位只有采用塑料管、给水铸铁管，或者不锈钢管等。有的工程甚至采用铜管。

镀锌钢管材质低劣，使用过程中内壁锈蚀，易滋生细菌和微生物，对饮用水产生二次污染，危害人体健康。建设部在2000年颁发通知："在住宅建筑中禁止使用镀锌钢管。"工厂内的工业用水管道虽然无严格限制，但在生产、生活共用给水系统中，也不能采用镀锌钢管。

塑料管与传统管材相比，具有重量轻，耐腐蚀，水流阻力小，节约能源，安装简便、迅速，综合造价较低等优点，受到工程界的青睐。随着科学技术不断提高，原材料品质的改进，各种添加剂的问世，塑料管的质量已大幅度提高，并克服了噪声大的弱点。近十年来，塑料管开发的种类有硬质聚氯乙烯（UPVC）管、氯化聚氯乙烯（CPVC）管、聚乙烯（PE）管、聚丙烯（PP—R）管、铝塑复合（PAP）管、钢塑复合（SP）管等20多种塑料管。其中品种不同，规格不同，分别适宜于各种不同的建筑给水、排水管材及管件和城市供水、排水管材及管件。规范中不一一列举。需要说明的是目前市场所见塑料管材质量参差不齐，规格系列不全，管材、管件配套不完善，甚至因质量监督不力，尚有伪劣产品充斥市场。鉴于国家已确定塑料管材为科技开发重点，并逐步完善质量管理措施，并制定相关塑料产品标准，塑料管材的推广应用将可得到有力的保证。工程中无论采用何种塑料管，必须按有关现行国家标准进行检验。凡符合国家标准并具有相应塑料管道工程的施工及验收规范的才可选用。

通过工程实践，在采用检漏、严格防水措施时，塑料管在防护范围内仍应设置在管沟内；在室外，防护范围外地下直埋敷设时，应采用市政用塑料管并尽量避开外界人为活动因素的影响和上部荷载的干扰，采取深埋方式，同时做好管基处理较为妥当。

预应力钢筋混凝土管是20世纪60~70年代发展起来的管材。近年来发现，大量地下钢筋混凝土管的保护层脱落，管身露筋引起锈蚀，管壁冒汗、渗水，管道承压降低，有的甚至发生爆管，地面大面积塌方，给就近的综合管线（如给水管、电缆管等）带来危害……实践证明，预应力钢筋混凝土管的使用年限约为20~30年，而且自身有难以修复的致命弱点。今后需加强研究改进，寻找替代产品，故本次修订，将其排序列后。

耐酸陶瓷管、陶土管，质脆易断，管节短、接口多，对防水不利，但因有一定的防腐蚀能力，经济适用，在管沟内敷设或者建筑物防护范围外深埋尚可，故保留。

本条新增加预应力钢筒混凝土管。

预应力钢筒混凝土管在国内尚属新型管材。制管工艺由美国引进，管道缩写为"PCCP"。目前，我国无锡、山东、深圳等地均有生产。管径大多在 ϕ600 ~ ϕ3000mm，工程应用已近1000km。各项工程都是一次通水成功，符合滴水不漏的要求。管材结构特点：混凝土层夹钢筒，外缠绕预应力钢丝并喷涂水泥砂浆层。管连接用橡胶圈承插口。该管同时生产有转换接口、弯头、三通、双橡胶圈承插口，极大地方便了管线施工。该管材接口严密不漏水，综合造价低、易维护、好管理，作为输水管线在湿陷性黄土地区是值得推荐的好管材，故本条特别列出。

自流管道的管材，据调查反映：人工成型或人工机械成型的钢筋混凝土管，基本属于土法振捣的钢筋混凝土管，因其质量不过关，故本规范不推荐采用，保留离心成型钢筋混凝土管。

5.5.5 以往在严格防水措施的检漏管沟中，仅采用油毡防水层。近年来，工程实践表明，新型的复合防水材料及高分子卷材均具有防水可靠、耐热、耐寒、耐久，施工方便，价格适中，是防水卷材的优良品种。涂膜防水层、水泥聚合物涂膜防水层、氰凝防水材料等，都是高效、优质防水材料。当今，技术发展快，产品种类繁多，不再一一列举。只要是可靠防水层，均可应用。为此，在本规范规定的严格防水措施中，对管沟的防水材料，将卷材防水层或塑料油膏防水改为可靠防水层。防水层并应做保护层。

自20世纪60年代起，检漏设施主要是检漏管沟和检漏井。这种设施占地多，显得陈旧落后，而且使用期间，务必经常维护和检修才能有效。近年来，由国外引进的高密度聚乙烯外护套管聚氨质泡沫塑料预制直埋保温管，具有较好的保温、防水、防潮作用。此管简称为"管中管"。某些工程，在管道上还装有渗漏水检测报警系统，增加了直埋管道的安全可靠性，可以代替管沟敷设。经技术经济分析，"管中管"的造价低于管沟。该技术在国内已大面积采用，取得丰富经验。至于有"电讯检漏系统"的报警装置，仅在少量工程中采用，尤其热力管道和高寒地带的输配水管道，取得丰富经验。现在建设部已颁发《高密度聚乙烯外护套管聚氨脂泡沫塑料预制直埋保温管》城建建工产品标准。这对采用此类直埋管提供了可靠保证。规范对高层建筑或重要建筑，明确规定可采用有电讯检漏系统的"直埋管中管"设施。

5.5.6 排水出户管道一般具有0.02的坡度，而给水进户管道管径小，坡度也小。在进出户管沟的沟底，往往忽略了排水方向，沟底多见积水长期聚集，对建筑物地基造成浸水隐患。本条除强调检漏管沟的沟底坡向外，并增加了进、出户管的管沟沟底坡度宜大于0.02的规定。

考虑到高层建筑或重要建筑大都设有地下室或半地下室。为方便检修，保护地基不受水浸湿，管道设计应充分利用地下部分的空间，设置管道设备层。为此，本条明确规定，对甲类建筑和自重湿陷性黄土场地上乙类中的重要建筑，室内地下管线宜敷设在地下室或半地下室的设备层内，穿出外墙的进出户管段，宜集中设置在半通行管沟内，这样有利于加强维护和检修，并便于排除积水。

5.5.11 非自重湿陷性黄土场地的管道工程，虽然管道、构筑物的基底压力小，一般不会超过湿陷起始压力，但管道是一线型工程；管道与附属构筑物连接部位是受力不均匀的薄弱部位。受这些因素影响，易造成管道损坏，接口开裂。据非自重湿陷性黄土场地的工程经验，在一些输配水管道及其附属构筑物基底做土垫层和灰土垫层，效果很好，故本条扩大了使用范围，凡是湿陷性黄土地区的管基和基底均这样做管基。

5.5.13 原规范要求管道穿水池池壁处设柔性防水套管，管道从套管伸出，环形壁缝用柔性填料封堵。据调查反映，多数施工难以保证质量，普遍有渗水现象。工程实践中，多改为在池壁处直接埋设带有止水环的管道，在管道外加设柔性接口，效果很好，故本条增加了此种做法。

（Ⅱ）供热管道与风道

5.5.14 本条强调了在湿陷性黄土地区应重视选择质量可靠的直埋供热管道的管材。采用直埋敷设热力管道，目前技术已较成熟，国内广大采暖地区采用直埋敷设热力管道已占主流。近年来，经过工程技术人员的努力探索，直埋敷设热力管道技术被大量推广应用。国家并颁布有相应的行业标准，即：《城镇直埋供热管道工程技术规程》CJJ/T 81 及《聚氨酯泡沫塑料预制保温管》CJ/T 3002。但由于国内市场不规范，生产了大量的低标准管材，有关部门已注意到此种倾向。为保证湿陷性黄土地区直埋敷设供热管道总体质量，本规范不推荐采用玻璃钢保护壳，因其在现场施工条件下，质量难以保证。

5.5.15～5.5.16 热力管道的管沟遍布室内和室外，甚至防护范围外。室内暖气管沟较长，沟内一般有检漏井，检漏井可与检查井合并设置。所以本条规定，管沟的沟底应设坡向室外检漏井的坡度，以便将水引向室外。

据调查，暖气管道的过门沟，渗漏水引起地基湿陷的机率较高。尤其在自重湿陷性黄土强烈的Ⅰ、Ⅱ区，冬季较长，过门沟及其沟内装置一旦有渗漏水，如未及时发现和检修，管道往往被冻裂，为此增加在过门管沟的末端应采取防冻措施的规定，防止湿陷事故的发生或恶化。

5.5.17 本条增加了对“直埋敷设供热管道”地基处理的要求。直埋供热管道在运行时要承受较大的轴向应力，为细长不稳定压杆。管道是依靠覆土而保持稳定的，当敷设地点的管道地基发生湿陷时，有可能产生管道失稳，故应对“直埋供热管道”的管基进行处理，防止产生湿陷。

5.5.18～5.5.19 随着高层建筑的发展以及内装修标准的提高，室内空调系统日益增多，据调查，目前室内外管网的泄水、凝结水，任意引接和排放的现象较严重。为此，本条增加对室内、外管网的泄水、凝结水不得任意排放的规定，以便引起有关方面的重视，防止地基浸水湿陷。

5.6 地基计算

5.6.1 计算黄土地基的湿陷变形，主要目的在于：

1 根据自重湿陷量的计算值判定建筑场地的湿陷类型；

2 根据基底下各土层累计的湿陷量和自重湿陷量的计算值等因素，判定湿陷性黄土地基的湿陷等级；

3 对于湿陷性黄土地基上的乙、丙类建筑，根据地基处理后的剩余湿陷量并结合其他综合因素，确定设计措施的采取。

对于甲、乙类建筑或有特殊要求的建筑，由于荷载和压缩层深度比一般建筑物相对较大，所以在计算地基湿陷量或地基处理后的剩余湿陷量时，可考虑按实际压力相应的湿陷系数和压缩层深度的下限进行计算。

5.6.2 变形计算在地基计算中的重要性日益显著，对于湿陷性黄土地基，有以下几个特点需要考虑：

1 本规范明确规定在湿陷性黄土地区的建设中，采取以地基处理为主的综合措施，所以在计算地基土的压缩变形时，应考虑地基处理后压缩层范围内土的压缩性的变化，采用地基处理后的压缩模量作为计算依据；

2 湿陷性黄土在近期浸水饱和后，土的湿陷性消失并转化为高压缩性，对于这类饱和黄土地基，一般应进行地基变形计算；

3 对需要进行变形验算的黄土地基，其变形计算和变形允许值，应符合现行国家标准《建筑地基基础设计规范》的规定。考虑到黄土地区的特点，根据原机械工业部勘察研究院等单位多年来在黄土地区积累的建（构）筑物沉降观测资料，经分析整理后得到沉降计算经验系数（即沉降实测值与按分层总和法所得沉降计算值之比）与变形计算深度范围内压缩模量的当量值之间存在着一定的相关关系，如条文中的表5.6.2。

4 计算地基变形时，传至基础底面上的荷载效应，应按正常使用极限状态准永久组合，不应计入风荷载和地震作用。

5.6.3 本条对黄土地基承载力明确了以下几点：

1 为了与现行国家标准《建筑地基基础设计规范》相适应，以地基承载力特征值作为地基计算的代表数值。其定义为在保证地基稳定的条件下，使建筑物或构筑物的沉降量不超过容许值的地基承载能力。

2 地基承载力特征值的确定，对甲、乙类建筑，可根据静载荷试验或其他原位测试、公式计算并结合工程实践经验等方法综合确定。当有充分根据时，对乙、丙、丁类建筑可根据当地经验确定。

本规范对地基承载力特征值的确定突出了两个重点：一是强调了载荷试验及其他原位测试的重要作用；二是强调了系统总结工程实践经验和当地经验（包括地区性规范）的重要性。

5.6.4 本条规定了确定基础底面积时计算荷载和抗力的相应规定。荷载效应应根据正常使用极限状态标准组合计算；相应的抗力应采用地基承载力特征值。当偏心作用时，基础底面边缘的最大压力值，不应超过修正后的地基承载力特征值的1.2倍。

5.6.5 本规范对地基承载力特征值的深、宽修正作如下规定：

1 深、宽修正计算公式及其符号意义与现行国家标准《建筑地基基础设计规范》相同；

2 深、宽修正系数取值与《湿陷性黄土地区建筑规范》GBJ 25—90相同，未作修改；

3 对饱和黄土的有关物理性质指标分档说明作了一些更改，分别改为 e 及 I_L（两个指标）都小于0.85，e 或 I_L（其中只要有一个指标）大于0.85，e 及 I_L（两个指标）都不小于1三档。另外，还规定只适用于 $I_p>10$ 的饱和黄土（粉质黏土）。

5.6.6 对于黄土地基的稳定性计算，除满足一般要求外，针对黄土地区的特点，还增加了两条要求。一条是在确定滑动面（或破裂面）时，应考虑黄土地基中可能存在的竖向节理和裂隙。这是因为在实际工程中，黄土地基（包括斜坡）的滑动面（或破裂面）与饱和软黏土和一般黏性土是不相同的；另一条是在可能被水浸湿的黄土地基，强度指标应根据饱和状态的试验结果求得。这是因为对于湿陷性黄土来说，含水量增加会使强度显著降低。

5.7 桩 基 础

5.7.1 湿陷性黄土场地，地基一旦浸水，便会引起湿陷给建筑物带来危害，特别是对于上部结构荷载大并集中的甲、乙类建筑；对整体倾斜有严格限制的高耸结构；对不均匀沉降有严格限制的甲类建筑和设备基础以及主要承受水平荷载和上拔力的建筑或基础等，均应从消除湿陷性的危害角度出发，针对建筑物的具体情况和场地条件，首先从经济技术条件上考虑采取可靠的地基处理措施，当采用地基处理措施不能满足设计要求或经济技术分析比较，采用地基处理不适宜的建筑，可采用桩基础。自20世纪70年代以来，陕西、甘肃、山西等湿陷性黄土地区，大量采用了桩基础，均取得了良好的经济技术效果。

5.7.2 在湿陷性黄土场地桩周浸水后，桩身尚有一定的正摩擦力，在充分发挥并利用桩周正摩擦力的前提下，要求桩端支承在压缩性较低的非湿陷性黄土层中。

自重湿陷性黄土场地建筑物地基浸水后，桩周土可能产生负摩擦力，为了避免由此产生下拉力，使桩的轴向力加大而产生较大沉降，桩端必须支承在可靠的持力层中。桩底端应坐落在基岩上，采用端承桩；或桩底端坐落在卵石、密实的砂类土和饱和状态下液性指数 $I_L<0$ 的硬黏性土层上，采用以端承力为主的摩擦端承桩。

除此之外，对于混凝土灌注桩纵向受力钢筋的配置长度，虽然在规范中没有提出明确要求，但在设计中应有所考虑。对于在非自重湿陷性黄土层中的桩，虽然不会产生较大的负摩擦力，但一经浸水桩周土可能变软或产生一定量的负摩擦力，对桩产生不利影响。因此，建议桩的纵向钢筋除应自桩顶按1/3桩长配置外，配筋长度尚应超过湿陷性黄土层的厚度；对于在自重湿陷性黄土层中的端承桩，由于桩侧可能承受较大的负摩擦力，中性点截面处的轴向压力往往大于桩顶，全桩长的轴向压力均较大。因此，建议桩身纵向钢筋应通长配置。

5.7.3 在湿陷性黄土地区，采用的桩型主要有：钻、挖孔（扩底）灌注桩，沉管灌注桩，静压桩和打入式钢筋混凝土预制桩等。选用桩型时，应根据工程要求、场地湿陷类型、地基湿陷等级、岩土工程地质条件、施工条件及场地周围环境等综合因素确定。如在非自重湿陷性黄土场地，可采用钻、挖孔（扩底）灌注桩，近年来，陕西关中地区普遍采用钢锥钻、挖成孔的灌注桩施工工艺，获得较好的经济技术效果；在地基湿陷性等级较高的自重湿陷性黄土场地，宜采用干作业成孔（扩底）灌注桩；还可充分利用黄土能够维持较大直立边坡的特性，采用人工挖孔（扩底）灌注桩；在可能条件下，可采用钢筋混凝土预制桩，沉桩工艺有静力压桩法和打入法两种。但打入法因噪声大和污染严重，不宜在城市中采用。

5.7.4 本节规定了在湿陷性黄土层厚度等于或大于10m的场地，对于采用桩基础的甲类建筑和乙类中的重要建筑，其单桩竖向承载力特征值应通过静载荷浸水试验方法确定。

同时还规定，对于采用桩基础的其他建筑，其单桩竖向承载力特征值，可按有关规范的经验公式估算，即：

$$R_a = q_{pa} \cdot A_p + uq_{sa}(l - Z) - u\,\overline{q}_{sa}Z \tag{5.7.4-1}$$

式中 q_{pa}——桩端土的承载力特征值（kPa）；

A_p——桩端横截面的面积（m²）；

u——桩身周长（m）；

$\overline{q}_{sa}$——桩周土的平均摩擦力特征值（kPa）；

l——桩身长度（m）；

Z——桩在自重湿陷性黄土层的长度（m）。

对于上式中的 q_{pa}和 q_{sa}值，均应按饱和状态下的土性指标确定。饱和状态下的液性指数，可按下式计算：

$$I_l = \frac{S_r e / D_r - w_p}{w_L - w_p} \quad (5.7.4\text{-}2)$$

式中 S_r——土的饱和度，可取 85%；

e——土的孔隙比；

D_r——土粒相对密度；

w_L，w_p——分别为土的液限和塑限含水量，以小数计。

上述规定的理由如下：

1 湿陷性黄土层的厚度越大，湿陷性可能越严重，由此产生的危害也可能越大，而采用地基处理方法从根本上消除其湿陷性，有效范围大多在 10m 以内，当湿陷性黄土层等于或大于 10m 的场地，往往要采用桩基础。

2 采用桩基础一般都是甲、乙类建筑。其中一部分是地基受水浸湿可能性大的重要建筑；一部分是高、重建筑，地基一旦浸水，便有可能引起湿陷给建筑物带来危害。因此，确定单桩竖向承载力特征值时，应按饱和状态考虑。

3 天然黄土的强度较高，当桩的长度和直径较大时，桩身的正摩擦力相当大。在这种情况下，即使桩端支承在湿陷性黄土层上，在进行载荷试验时如不浸水，桩的下沉量也往往不大。例如，20 世纪 70 年代建成投产的甘肃刘家峡化肥厂碱洗塔工程，采用的井桩基础未穿透湿陷性黄土层，但由于载荷试验未进行浸水，荷载加至 3000kN，下沉量仅 6mm。井桩按单桩竖向承载力特征值为 1500kN 进行设计，当时认为安全系数取 2 已足够安全，但建成投产后不久，地基浸水产生了严重的湿陷事故，桩周土体的自重湿陷量达 600mm，桩周土的正摩擦力完全丧失，并产生负摩擦力，使桩基产生了大量的下沉。由此可见，湿陷性黄土地区的桩基静载荷试验，必须在浸水条件下进行。

5.7.5 桩周的自重湿陷性黄土层浸水后发生自重湿陷时，将产生土层对桩的向下位移，桩将产生一个向下的作用力，即负摩擦力。但对于非自重湿陷性黄土场地和自重湿陷性黄土场地，负摩擦力将有不同程度的发挥。因此，在确定单桩竖向承载力特征值时，应分别采取如下措施：

1 在非自重湿陷性黄土场地，当自重湿陷量小于 50mm 时，桩侧由此产生的负摩擦力很小，可忽略不计，桩侧主要还是正摩擦力起作用。因此规定，此时“应计入湿陷性黄土层范围内饱和状态下的桩侧正摩擦力”。

2 在自重湿陷性黄土场地，确定单桩竖向承载力特征值时，除不计湿陷性黄土层范围内饱和状态下的桩侧正摩擦力外，尚应考虑桩侧的负摩擦力。

1）按浸水载荷试验确定单桩竖向承载力特征值时，由于浸水坑的面积较小，在试验过程中，桩周土体一般还未产生自重湿陷，因此应从试验结果中扣除湿陷性黄土层范围内的桩侧正、负摩擦力。

2）桩侧负摩擦力应通过现场浸水试验确定，但一般情况下不容易做到。因此，许多单位提出希望规范能给出具体数据或参考值。

自 20 世纪 70 年代开始，我国有关单位根据设计要求，在青海大通、兰州和西安等地，采用悬吊法实测桩侧负摩擦力，其结果见表 5.7.5-1。

表 5.7.5-1 用悬吊法实测的桩周负摩擦力

桩的类型	试验地点	自重湿陷量的实测值（mm）	桩侧平均负摩擦力（kPa）
挖孔灌注桩	兰 州	754	16.30
	青 海	60	15.00
预制桩	兰 州	754	27.40
	西 安	90	14.20

国外有关标准中规定桩侧负摩擦力可采用正摩擦力的数值，但符号相反。现行国家标准《建筑地基基础设计规范》对桩周正摩擦力特征值 q_{sa}规定见表 5.7.5-2。

表 5.7.5-2 预制桩的桩侧正摩擦力的特征值

土的名称	土的状态	正摩擦力（kPa）
黏性土	$I_L > 1$	10～17
	$0.75 < I_L \leqslant 1.00$	17～24
粉 土	$e > 0.90$	10～20
	$0.70 < e \leqslant 0.90$	20～30

如黄土的液限 $w_L = 28\%$，塑限 $w_p = 18\%$，孔隙比 $e \geqslant 0.90$，饱和度 $S_r \geqslant 80\%$时，液性指数一般大于 1，按照上述规定，饱和状态黄土层中预制桩桩侧的正摩擦力特征值为 10～20kPa，与现场负摩擦力的实测结果大体上相符。

关于桩的类型对负摩擦力的影响

试验结果表明，预制桩的侧表面虽比灌注桩平滑，但其单位面积上的负摩擦力却比灌注桩为大。这主要是由于预制桩在打桩过程中将桩周土挤密，挤密土在桩周形成一层硬壳，牢固地粘附在桩侧表面上。桩周土体发生自重湿陷时不是沿桩身而是沿硬壳层滑移，增加了桩的侧表面面积，负摩擦力也随之增大。因此，对于具有挤密作用的预制桩与无挤密作用的钻、挖孔灌注桩，其桩侧负摩擦力应分别给出不同的数值。

关于自重湿陷量的大小对负摩擦力的影响

兰州钢厂两次负摩擦力的测试结果表明，经过8年之后，由于地下水位上升，地基土的含水量提高以及地面堆载的影响，场地土的湿陷性降低，负摩擦力值也明显减小，钻孔灌注桩两次的测试结果见表5.7.5-3。

表 5.7.5-3 兰州钢厂钻孔灌注桩负摩擦力的测试结果

时 间	自重湿陷量的实测值（mm）	桩身平均负摩擦力（kPa）
1975	754	16.30
1988	100	10.80

试验结果表明，桩侧负摩擦力与自重湿陷量的大小有关，土的自重湿陷性愈强，地面的沉降速度愈大，桩侧负摩擦力值也愈大。因此，对自重湿陷量$\Delta_{zs}<200$mm 的弱自重湿陷性黄土与$\Delta_{zs}\geqslant200$mm 较强的自重湿陷性黄土，桩侧负摩擦力的数值差异较大。

3) 对桩侧负摩擦力进行现场试验确有困难时，GBJ 25—90 规范曾建议按表 5.7.5-4 中的数值估算：

表 5.7.5-4 桩侧平均负摩擦力（kPa）

自重湿陷量的计算值（mm）	钻、挖孔灌注桩	预制桩
70～100	10	15
≥200	15	20

鉴于目前自重湿陷性黄土场地桩侧负摩擦力的试验资料不多，本规范有关桩侧负摩擦力计算的规定，有待于今后通过不断积累资料逐步完善。

5.7.6 在水平荷载和弯矩作用下，桩身将产生挠曲变形，并挤压桩侧土体，土体则对桩产生水平抗力，其大小和分布与桩的变形以及土质条件、桩的入土深度等因素有关。设在湿陷性黄土层中的桩，在天然含水量条件下，桩侧土对桩往往可以提供较大的水平抗力；一旦浸水桩周土变软，强度显著降低，从而桩周土体对桩侧的水平抗力就会降低。

5.7.8 在自重湿陷性黄土层中的桩基，一经浸水桩侧产生的负摩擦力，将使桩基竖向承载力不同程度的降低。为了提高桩基的竖向承载力，设在自重湿陷性黄土场地的桩基，可采取减小桩侧负摩擦力的措施，如：

1 在自重湿陷性黄土层中，桩的负摩擦力试验资料表明，在同一类土中，挤土桩的负摩擦力大于非挤土桩的负摩擦力。因此，应尽量采用非挤土桩（如钻、挖孔灌注桩），以减小桩侧负摩擦力。

2 对位于中性点以上的桩侧表面进行处理，以减小负摩擦力的产生。

3 桩基施工前，可采用强夯、挤密土桩等进行处理，消除上部或全部土层的自重湿陷性。

4 采取其他有效而合理的措施。

5.7.9 本条规定的目的是：

1 防止雨水和地表水流入桩孔内，避免桩孔周围土产生自重湿陷；

2 防止泥浆护壁或钻孔法的泥浆循环液，渗入附近自重湿陷黄土地基引起自重湿陷。

6 地 基 处 理

6.1 一 般 规 定

6.1.1 当地基的变形（湿陷、压缩）或承载力不能满足设计要求时，直接在天然土层上进行建筑或仅采取防水措施和结构措施，往往不能保证建筑物的安全与正常使用，因此本条规定应针对不同土质条件和建筑物的类别，在地基压缩层内或湿陷性黄土层内采取处理措施，以改善土的物理力学性质，使土的压缩性降低、承载力提高、湿陷性消除。

湿陷变形是当地基的压缩变形还未稳定或稳定后，建筑物的荷载不改变，而是由于地基受水浸湿引起的附加变形（即湿陷）。此附加变形经常是局部和突然发生的，而且很不均匀，尤其是地基受水浸湿初期，一昼夜内往往可产生150～250mm的湿陷量，因而上部结构很难适应和抵抗量大、速率快及不均匀的地基变形，故对建筑物的破坏性大，危害性严重。

湿陷性黄土地基处理的主要目的：一是消除其全部湿陷量，使处理后的地基变为非湿陷性黄土地基，或采用桩基础穿透全部湿陷性黄土层，使上部荷载通过桩基础传递至压缩性低或较低的非湿陷性黄土（岩）层上，防止地基产生湿陷，当湿陷性黄土层厚度较薄时，也可直接将基础设置在非湿陷性黄土（岩）层上；二是消除地基的部分湿陷量，控制下部未处理湿陷性黄土层的剩余湿陷量或湿陷起始压力值符合本规范的规定数值。

鉴于甲类建筑的重要性、地基受水浸湿的可能性和使用上对不均匀沉降的严格限制等与乙、丙类建筑有所不同，地基一旦发生湿陷，后果很严重，在政治、经济等方面将会造成不良影响或重大损失，为此，不允许甲类建筑出现任何破坏性的变形，也不允许因地基变形影响建筑物正常使用，故对其处理从严，要求消除地基的全部湿陷量。

乙、丙类建筑涉及面广，地基处理过严，建设投资将明显增加，因此规定消除地基的部分湿陷量，然后根据地基处理的程度及下部未处理湿陷性黄土层的剩余湿陷量或湿陷起始压力值的大小，采取相应的防水措施和结构措施，以弥补地基处理的不足，防止建筑物产生有害变形，确保建筑物的整体稳定性和主体结构的安全。地基一旦浸水湿陷，非承重部位出现裂缝，修复容易，且不影响安全使用。

6.1.2 湿陷性黄土地基的处理，在平面上可分为局部处理与整片处理两种。

"BGJ 20—66"、"TJ 25—78"和"GBJ 25—90"等规范，对局部处理和整片处理的平面范围，在有关处理方法，如土（或灰土）垫层法、重夯法、强夯法和土（或灰土）挤密桩法等的条文中都有具体规定。

局部处理一般按应力扩散角（即 $B = b + 2Z\tan\theta$）确定，每边超出基础的宽度，相当于处理土层厚度的1/3，且不小于400mm，但未按场地湿陷类型不同区别对待；整片处理每边超出建筑物外墙基础外缘的宽度，不小于处理土层厚度的1/2，且不小于2m。考虑在同一规范中，对相同性质的问题，在不同的地基处理方法中分别规定，显得分散和重复。为此本次修订将其统一放在地基处理第1节"一般规定"中的6.1.2条进行规定。

对局部处理的平面尺寸，根据场地湿陷类型的不同作了相应调整，增大了自重湿陷性黄土场地局部处理的宽度。局部处理是将大于基础底面下一定范围内的湿陷性黄土层进行处理，通过处理消除拟处理土层的湿陷性，改善地基应力扩散，增强地基的稳定性，防止地基受水浸湿产生侧向挤出，由于局部处理的平面范围较小，地沟和管道等漏水，仍可自其侧向渗入下部未处理的湿陷性黄土层引起湿陷，故采取局部处理措施，不考虑防水、隔水作用。

整片处理是将大于建（构）筑物底层平面范围内的湿陷性黄土层进行处理，通过整片处理消除拟处理土层的湿陷性，减小拟处理土层的渗透性，增强整片处理土层的防水作用，防止大气降水、生产及生活用水，从上向下或侧向渗入下部未处理的湿陷性黄土层引起湿陷。

6.1.3 试验研究成果表明，在非自重湿陷性黄土场地，仅在上覆土的自重压力下受水浸湿，往往不产生自重湿陷或自重湿陷量的实测值小于70mm，在附加压力与上覆土的饱和自重压力共同作用下，建筑物地基受水浸湿后的变形范围，通常发生在基础底面下地基的压缩层内，压缩层深度下限以下的湿陷性黄土层，由于附加应力很小，地基即使充分受水浸湿，也不产生湿陷变形，故对非自重湿陷性黄土地基，消除其全部湿陷量的处理厚度，规定为基础底面以下附加压力与上覆土的饱和自重压力之和大于或等于湿陷起始压力的全部湿陷性黄土层，或按地基压缩层的深度确定，处理至附加压力等于土自重压力20%（即 $p_z = 0.20p_{cz}$）的土层深度止。

在自重湿陷性黄土场地，建筑物地基充分浸水时，基底下的全部湿陷性黄土层产生湿陷，处理基础底面下部分湿陷性黄土层只能减小地基的湿陷量，欲消除地基的全部湿陷量，应处理基础底面以下的全部湿陷性黄土层。

6.1.4 根据湿陷性黄土地基充分受水浸湿后的湿陷变形范围，消除地基部分湿陷量应主要处理基础底面以下湿陷性大（$\delta_s \geqslant 0.07$、$\delta_{zs} \geqslant 0.05$）及湿陷性较大（$\delta_s \geqslant 0.05$、$\delta_{zs} \geqslant 0.03$）的土层，因为贴近基底下的上述土层，附加应力大，并容易受管道和地沟等漏水引起湿陷，故对建筑物的危害性大。

大量工程实践表明，消除建筑物地基部分湿陷量的处理厚度太小时，一是地基处理后下部未处理湿陷性黄土层的剩余湿陷量大；二是防水效果不理想，难以做到阻止生产、生活用水以及大气降水，自上向下渗入下部未处理的湿陷性黄土层，潜在的危害性未全部消除，因而不能保证建筑物地基不发生湿陷事故。

乙类建筑包括高度为24~60m的建筑，其重要性仅次于甲类建筑，基础之间的沉降差亦不宜过大，避免建筑物产生不允许的倾斜或裂缝。

建筑物调查资料表明，地基处理后，当下部未处理湿陷性黄土层的剩余湿陷量大于220mm时，建筑物在使用期间地基受水浸湿，可产生严重及较严重的裂缝；当下部未处理湿陷性黄土层的剩余湿陷量大于130mm小于或等于220mm时，建筑物在使用期间地基受水浸湿，可产生轻微或较轻微的裂缝。

考虑地基处理后，特别是整片处理的土层，具有较好的防水、隔水作用，可保护下部未处理的湿陷性黄土层不受水或少受水浸湿，其剩余湿陷量则有可能不产生或不充分产生。

基于上述原因，本条对乙类建筑规定消除地基部分湿陷量的最小处理厚度，在非自重湿陷性黄土场地，不应小于地基压缩层深度的2/3，并控制下部未处理湿陷性黄土层的湿陷起始压力值不应小于100kPa；在自重湿陷性黄土场地，不应小于全部湿陷性黄土层深度的2/3，并控制下部未处理湿陷性黄土层的剩余湿陷量不应大于150mm。

对基础宽度大或湿陷性黄土层厚度大的地基，处理地基压缩层深度的2/3或处理全部湿陷性黄土层深度的2/3确有困难时，本条规定在建筑物范围内应采用整片处理。

6.1.5 丙类建筑包括多层办公楼、住宅楼和理化试验室等，建筑物的内外一般装有上、下水管道和供热管道，使用期间建筑物内局部范围内存在漏水的可能性，其地基处理的好坏，直接关系着城乡用户的财产和安全。

考虑在非自重湿陷性黄土场地，Ⅰ级湿陷性黄土地基，湿陷性轻微，湿陷起始压力值较大。单层建筑荷载较轻，基底压力较小，为发挥湿陷起始压力的作用，地基可不处理；而多层建筑的基底压力一般大于湿陷起始压力值，地基不处理，湿陷难以避免。为此本条规定，对多层丙类建筑，地基处理厚度不应小于1m，且下部未处理湿陷性黄土层的湿陷起始压力值不宜小于100kPa。

在非自重湿陷性黄土场地和自重湿陷性黄土场地都存在Ⅱ级湿陷性黄土地基，其自重湿陷量的计算值：前者不大于70mm，后者大于70mm，不大于300mm。地基浸水时，二者具有中等湿陷性。本条规定：在非自重湿陷性黄土场地，单层建筑的地基处理厚度不应小于1m，且下部未处理湿陷性黄土层的湿陷起始压力值不宜小于80kPa；多层建筑的地基处理厚度不应小于2m，且下部未处理湿陷性黄土层的湿陷起始压力值不宜小于100kPa。在自重湿陷性黄土场地湿陷起始压力值小，无使用意义，因此，不论单层或多层建筑，其地基处理厚度均不宜小于2.50m，且下部未处理湿陷性黄土层的剩余湿陷量不应大于200mm。

地基湿陷等级为Ⅲ级或Ⅳ级，均为自重湿陷性黄土场地，湿陷性黄土层厚度较大，湿陷性分别属于严重和很严重，地基受水浸湿，湿陷性敏感，湿陷速度快，湿陷量大。本条规定，对多层建筑宜采用整片处理，其目的是通过整片处理既可消除拟处理土层的湿陷性，又可减小拟处理土层的渗透性，增强整片处理土层的防水、隔水作用，以保护下部未处理的湿陷性黄土层难以受水浸湿，使其剩余湿陷量不产生或不全部产生，确保建筑物安全正常使用。

6.6.6 试验研究资料表明，在非自重湿陷性黄土场地，湿陷性黄土地基在附加压力和上覆土的饱和自重压力下的湿陷变形范围主要是在压缩层深度内。本条规定的地基压缩层深度：对条形基础，可取其宽度的3倍，对独立基础，可取其宽度的2倍。也可按附加压力等于土自重压力20%的深度处确定。

压缩层深度除可用于确定非自重湿陷性黄土地基湿陷量的计算深度和地基的处理厚度外，并可用于确定非自重湿陷性黄土场地上的勘探点深度。

6.1.7～6.1.9 在现场采用静载荷试验检验地基处理后的承载力比较准确可靠，但试验工作量较大，宜采取抽样检验。此外，静载荷试验的压板面积较小，地基处理厚度大时，如不分层进行检验，试验结果只能反映上部土层的情况，同时由于消除部分湿陷量的地基，下部未处理的湿陷性黄土层浸水时仍有可能产生湿陷。而地基湿陷是在水和压力的共同作用下产生的，基底压力大，对减小湿陷不利，故处理后的地基承载力不宜用得过大。

6.1.10 湿陷性黄土的干密度小，含水量较低，属于欠压密的非饱和土，其可压（或夯）实和可挤密的效果好，采取地基处理措施应根据湿陷性黄土的特点和工程要求，确定地基处理的厚度及平面尺寸。地基通过处理可改善土的物理力学性质，使拟处理土层的干密度增大、渗透性减小、压缩性降低、承载力提高、湿陷性消除。为此，本条规定了几种常用的成孔挤密或夯实挤密的地基处理方法及其适用范围。

6.1.11 雨期、冬期选择土（或灰土）垫层法、强夯法或挤密法处理湿陷性黄土地基，不利因素较多，尤其垫层法，挖、填土方量大，施工期长，基坑和填料（土及灰土）容易受雨水浸湿或冻结，施工质量不易保证。施工期间应合理安排地基处理的施工程序，加快施工进度，缩短地基处理及基坑（槽）的暴露时间。对面积大的场地，可分段进行处理，采取防雨措施确有困难时，应做好场地周围排水，防止地面水流入已处理和未处理的场地（或基坑）内。在雨天和负温度下，并应防止土料、灰土和土源受雨水浸泡或冻结，施工中土呈软塑状态或出现“橡皮土”时，说明土的含水量偏大，应采取措施减小其含水量，将“橡皮土”处理后方可继续施工。

6.1.12 条文内对做好场地平整、修通道路和接通水、电等工作进行了规定。上述工作是为完成地基处理施工必须具备的条件，以确保机械设备和材料进入现场。

6.1.13 目前从事地基处理施工的队伍较多、较杂，技术素质高低不一。为确保地基处理的质量，在地基处理施工进程中，应有专人或专门机构进行监理，地基处理施工结束后，应对其质量进行检验和验收。

6.1.14 土（或灰土）垫层、强夯和挤密等方法处理地基的承载力，在现场采用静载荷试验进行检验比较准确可靠。为了统一试验方法和试验要求，在本规范附录J中增加静载荷试验要点，将有章可循。

6.2 垫 层 法

6.2.1 本规范所指的垫层是素土或灰土垫层。

垫层法是一种浅层处理湿陷性黄土地基的传统方法，在湿陷性黄土地区使用较广泛，具有因地制宜、就地取材和施工简便等特点，处理厚度一般为1～3m，通过处理基底下部分湿陷性黄土层，可以减小地基的湿陷量。处理厚度超过3m，挖、填土方量大，施工期长，施工质量不易保证，选用时应通过技术经济比较。

6.2.3 垫层的施工质量，对其承载力和变形有直接影响。为确保垫层的施工质量，本条规定采用压实系数 λ_c 控制。

压实系数 λ_c 是控制（或设计要求）干密度 ρ_d 与室内击实试验求得土（或灰土）最大干密度 ρ_{dmax} 的比值$\left(即\ \lambda_c=\dfrac{\rho_d}{\rho_{dmax}}\right)$。

目前我国使用的击实设备分为轻型和重型两种。前者击锤质量为2.50kg，落距为305mm，单位体积的击实功为 591.60kJ/m³，后者击锤质量为 4.50kg，落距为 457mm，单位体积的击实功为 2682.70kJ/m³，前者的击实功是后者的 4.53 倍。

采用上述两种击实设备对同一场地的 3:7 灰土进行击实试验，轻型击实设备得出的最大干密度为 1.56g/m³，最优含水量为 20.90%；重型击实设备得出的最大干密度为 1.71g/m³，最优含水量为 18.60%。击实试验结果表明，3:7 灰土的最大干密度，后者是前者的 1.10 倍。

根据现场检验结果，将该场地 3:7 灰土垫层的干密度与按上述两种击实设备得出的最大干密度的比值（即压实系数）汇总于表 6.2.2。

表 6.2.2　3:7 灰土垫层的干密度与压实系数

检验点号	土样			压实系数	
	深度（m）	含水量（%）	干密度（g/cm³）	轻　型	重　型
1号	0.10	17.10	1.56	1.000	0.914
	0.30	14.10	1.60	1.026	0.938
	0.50	17.80	1.65	1.058	0.967
2号	0.10	15.63	1.57	1.006	0.920
	0.30	14.93	1.61	1.032	0.944
	0.50	16.25	1.71	1.096	1.002
3号	0.10	19.89	1.57	1.006	0.920
	0.30	14.96	1.65	1.058	0.967
	0.50	15.64	1.67	1.071	0.979
4号	0.10	15.10	1.64	1.051	0.961
	0.30	16.94	1.68	1.077	0.985
	0.50	16.10	1.69	1.083	0.991
	0.70	15.74	1.67	1.091	0.979
5号	0.10	16.00	1.59	1.019	0.932
	0.30	16.68	1.74	1.115	1.020
	0.50	16.66	1.75	1.122	1.026
6号	0.10	18.40	1.55	0.994	0.909
	0.30	18.60	1.65	1.058	0.967
	0.50	18.10	1.64	1.051	0.961

上表中的压实系数是按现场检测的干密度与室内采用轻型和重型两种击实设备得出的最大干密度的比值，二者相差近 9%，前者大，后者小。由此可见，采用单位体积击实功不同的两种击实设备进行击实试验，以相同数值的压实系数作为控制垫层质量标准是不合适的，而应分别规定。

“GBJ 25—90 规范”在第四章第二节第 4.2.4 条中，对控制垫层质量的压实系数，按垫层厚度不大于 3m 和大于 3m，分别统一规定为 0.93 和 0.95，未区分轻型和重型两种击实设备单位体积击实功不同，得出的最大干密度也不同等因素。本次修订将压实系数按轻型标准击实试验进行了规定，而对重型标准击实试验未作规定。

基底下 1～3m 的土（或灰土）垫层是地基的主要持力层，附加应力大，且容易受生产及生活用水浸湿，本条规定的压实系数，现场通过精心施工是可以达到的。

当土（或灰土）垫层厚度大于 3m 时，其压实系数：3m 以内不应小于 0.95，大于 3m，超过 3m 部分不应小于 0.97。

6.2.4　设置土（或灰土）垫层主要在于消除拟处理土层的湿陷性，其承载力有较大提高，并可通过现场静载荷试验或动、静触探等试验确定。当无试验资料时，按本条规定取值可满足工程要求，并有一定的安全储备。总之，消除部分湿陷量的地基，其承载力不宜用得太高，否则，对减小湿陷不利。

6.2.5～6.2.6　垫层质量的好坏与施工因素有关，诸如土料或灰土的含水量、灰与土的配合比、灰土拌合的均匀程度、虚铺土（或灰土）的厚度、夯（或压）实次数等是否符合设计规定。

为了确保垫层的施工质量，施工中将土料过筛，在最优或接近最优含水量下，将土（或灰土）分层夯实至关重要。

在施工进程中应分层取样检验，检验点位置应每层错开，即：中间、边缘、四角等部位均应设置检验点。防止只集中检验中间，而不检验或少检验边缘及四角，并以每层表面下 2/3 厚度处的干密度换算的压实系数，符合本规范的规定为合格。

6.3　强　夯　法

6.3.1　采用强夯法处理湿陷性黄土地基，在现场选点进行试夯，可以确定在不同夯击能下消除湿陷性黄土层的有效深度，为设计、施工提供有关参数，并可验证强夯方案在技术上的可行性和经济上的合理性。

6.3.2　夯点的夯击次数以达到最佳次数为宜，超过最佳次数再夯击，容易将表层土夯松，消除湿陷性黄土层的有效深度并不增大。在强夯施工中，夯击次数既不是越少越好，也不是越多越好。最佳或合适的夯击次数可按试夯记录绘制的夯击次数与夯击下沉量（以下简称夯沉量）的关系曲线确定。

单击夯击能量不同，最后 2 击平均夯沉量也不同。单击夯击能量大，最后 2 击的平均夯沉量也大；反之，则小。最后 2 击平均夯沉量符合规定，表示夯击次数达到要求，可通过试夯确定。

6.3.3～6.3.4　本条表 6.3.3 中的数值，总结了黄土地区有关强夯试夯资料及工程实践经验，对选择强夯方案，预估消除湿陷性黄土层的有效深度有一定作用。

强夯法的单位夯击能，通常根据消除湿陷性黄土层的有效深度确定。单位夯击能大，消除湿陷性黄土层的深度也相应大，但设备的起吊能力增加太大往往不易解决。在工程实践中常用的单位夯击能多为1000～4000kN·m，消除湿陷性黄土层的有效深度一般为3～7m。

6.3.5 采用强夯法处理湿陷性黄土地基，土的含水量至关重要。天然含水量低于10%的土，呈坚硬状态，夯击时表层土容易松动，夯击能量消耗在表层土上，深部土层不易夯实，消除湿陷性黄土层的有效深度小；天然含水量大于塑限含水量3%以上的土，夯击时呈软塑状态，容易出现“橡皮土”；天然含水量相当于或接近最优含水量的土，夯击时土粒间阻力较小，颗粒易于互相挤密，夯击能量向纵深方向传递，在相应的夯击次数下，总夯沉量和消除湿陷性黄土层的有效深度均大。为方便施工，在工地可采用塑限含水量 w_p－（1%～3%）或 $0.6w_L$（液限含水量）作为最优含水量。

当天然土的平均含水量低于最优含水量5%以上时，宜对拟夯实的土层加水增湿，并可按下式计算：

$$Q = (w_{op} - \overline{w})\frac{\overline{\rho}}{1 + 0.01w}h \cdot A \qquad (6.3.5)$$

式中 Q——增湿拟夯实土层的计算加水量（m^3）；

w_{op}——最优含水量（%）；

$\overline{w}$——在拟夯实层范围内，天然土的含水量加权平均值(%)；

$\overline{\rho}$——在拟夯实层范围内，天然土的密度加权平均值(g/cm^3)；

h——拟增湿的土层厚度（m）；

A——拟进行强夯的地基土面积（m^2）。强夯施工前3～5d，将计算加水量均匀地浸入拟增湿的土层内。

6.3.6 湿陷性黄土处于或略低于最优含水量，孔隙内一般不出现自由水，每夯完一遍不必等孔隙水压力消散，采取连续夯击，可减少吊车移位，提高强夯施工效率，对降低工程造价有一定意义。

夯点布置可结合工程具体情况确定，按正三角形布置，夯点之间的土夯实较均匀。第一遍夯点夯击完毕后，用推土机将高出夯坑周围的土推至夯坑内填平，再在第一遍夯点之间布置第二遍夯点，第二遍夯击是将第二遍夯点及第一遍填平的夯坑同时进行夯击，完毕后，用推土机平整场地；第三遍夯点通常满堂布置，夯击完毕后，用推土机再平整一次场地；最后一遍用轻锤、低落距（4～5m）连续满拍2～3击，将表层土夯实拍平，完毕后，经检验合格，在夯面以上宜及时铺设一定厚度的灰土垫层或混凝土垫层，并进行基础施工，防止强夯表层土晒裂或受雨水浸泡。

第一遍和第二遍夯击主要是将夯坑底面以下的土层进行夯实，第三遍和最后一遍拍夯主要是将夯坑底面以上的填土及表层松土夯实拍平。

6.3.7 为确保采用强夯法处理地基的质量符合设计要求，在强夯施工进程中和施工结束后，对强夯施工及其地基土的质量进行监督和检验至关重要。强夯施工过程中主要检查强夯施工记录，基础内各夯点的累计夯沉量应达到试夯或设计规定的数值。

强夯施工结束后，主要是在已夯实的场地内挖探井取土样进行室内试验，测定土的干密度、压缩系数和湿陷系数等指标。当需要在现场采用静载荷试验检验强夯土的承载力时，宜于强夯施工结束一个月左右进行。否则，由于时效因素，土的结构和强度尚未恢复，测试结果可能偏小。

6.4 挤 密 法

6.4.1 本条增加了挤密法适用范围的部分内容，对一般地区的建筑，特别是有一些经验的地区，只要掌握了建筑物的使用情况、要求和建筑物场地的岩土工程地质情况以及某些必要的土性参数（包括击实试验资料等），就可以按照本节的条文规定进行挤密地基的设计计算。工程实践及检验测试结果表明，设计计算的准确性能够满足一般地区和建筑的使用要求，这也是从原规范开始比过去显示出来的一种进步。对这类工程，只要求地基挤密结束后进行检验测试就可以了，它是对设计效果和施工质量的检验。

对某些比较重要的建筑和缺乏工程经验的地区，为慎重起见，可在地基处理施工前，在工程现场选择有代表性的地段进行试验或试验性施工，必要时应按实际的试验测试结果，对设计参数和施工要求进行调整。

当地基土的含水量略低于最优含水量（指击实试验结果）时，挤密的效果最好；当含水量过大或者过小时，挤密效果不好。

当地基土的含水量 $w \geqslant 24\%$、饱和度 $S_r > 65\%$ 时，一般不宜直接选用挤密法。但当工程需要时，在采取了必要的有效措施后，如对孔周围的土采取有效“吸湿”和加强孔填料强度，也可采用挤密法处理地基。

对含水量 $w < 10\%$ 的地基土，特别是在整个处理深度范围内的含水量普遍很低，一般宜采取增湿措施，以达到提高挤密法的处理效果。

相比之下，爆扩挤密比其他方法挤密，对地基土含水量的要求要严格一些。

6.4.2 此条规定了挤密地基的布孔原则和孔心距的确定方法，原规范第4.4.2条和第4.4.3条的条文说明仍适合于本条规定。

本条的孔心距计算式与原规范计算式基本相同，仅在式中增加了“预钻孔直径”项。对无预钻孔的挤密法，计算式中的预钻孔直径为“0”，此时的计算式与原规范完全一样。

此条与原规范比较，除包括原规范的内容外，还增加了预钻孔的选用条件和有关的孔径规定。

4.4.3 当挤密法处理深度较大时，才能够充分体现出预钻孔的优势。当处理深度不太大的情况下，采用不预钻孔的挤密法，将比采用预钻孔的挤密法更加优越，因为此时在处理效果相同的条件下，前者的孔心距将大于后者（指与挤密填料孔直径的相对比值），后者需要增加孔内的取土量和填料量，而前者没有取土量，孔内填料量比后者少。在孔心距相同的情况下，预钻孔挤密比不预钻孔挤密，多预钻孔体积的取土量和相当于预钻孔体积的夯填量。为此，在本条中作了挤密法处理深度小于12m时，不宜预钻孔，当处理深度大于12m时可预钻孔的规定。

6.4.4 此条与原规范的第4.4.3条相同，仅将原规范的"成孔后"改为"挤密填孔后"，以适合包括"预钻孔挤密"在内的各种挤密法。

6.4.5 此条包括了原规范第4.4.4条的全部内容，为帮助人们正确、合理、经济的选用孔内填料，增加了如何选用孔内填料的条文规定。

根据大量的试验研究和工程实践，符合施工质量要求的夯实灰土，其防水、隔水性明显不如素土（指符合一般施工质量要求的素填土），孔内夯填灰土及其他强度高的材料，有提高复合地基承载力或减小地基处理宽度的作用。

6.4.6 原规范条文中提出了挤密法的几种具体方法，如沉管、爆扩、冲击等。虽说冲击法挤密中涵盖了"夯扩法"的内容，但鉴于近10年在西安、兰州等地工程中，采用了比较多的挤密，其中包括一些"土法"与"洋法"预钻孔后的夯扩挤密，特别在处理深度比较大或挤密机械不便进入的情况下，比较多的选用了夯扩挤密或采用了一些特制的挤密机械（如小型挤密机等）。

为此，在本条中将"夯扩"法单独列出，以区别以往冲击法中包含的不够明确的内容。

6.4.7 为提高地基的挤密效果，要求成孔挤密应间隔分批、及时夯填，这样可以使挤密地基达到有效、均匀、处理效果好。在局部处理时，必须强调由外向里施工，否则挤密不好，影响到地基处理效果。而在整片处理时，应首先从边缘开始、分行、分点、分批，在整个处理场地平面范围内均匀分布，逐步加密进行施工，不宜像局部处理时那样，过份强调由外向里的施工原则，整片处理应强调"从边缘开始、均匀分布、逐步加密、及时夯填"的施工顺序和施工要求。

6.4.8 规定了不同挤密方法的预留松动层厚度，与原规范规定基本相同，仅对个别数字进行了调整，以更加适合工程实际。

6.4.11 为确保工程质量，避免设计、施工中可能出现的问题，增加了这一条规定。

对重要或大型工程，除应按6.4.11条检测外，还应进行下列测试工作，综合判定实际的地基处理效果。

1 在处理深度内应分层取样，测定孔间挤密土和孔内填料的湿陷性、压缩性、渗透性等；

2 对挤密地基进行现场载荷试验、局部浸水与大面积浸水试验、其他原位测试等。

通过上述试验测试，所取得的结果和试验中所揭示的现象，将是进一步验证设计内容和施工要求是否合理、全面，也是调整补充设计内容和施工要求的重要依据，以保证这些重要或大型工程的安全可靠及经济合理。

6.5 预浸水法

6.5.1 本条规定了预浸水法的适用范围。工程实践表明，采用预浸水法处理湿陷性黄土层厚度大于10m和自重湿陷量的计算值大于500mm的自重湿陷性黄土场地，可消除地面下6m以下土层的全部湿陷性，地面下6m以上土层的湿陷性也可大幅度减小。

6.5.2 采用预浸水法处理自重湿陷性黄土地基，为防止在浸水过程中影响周边邻近建筑物或其他工程的安全使用以及场地边坡的稳定性，要求浸水坑边缘至邻近建筑物的距离不宜小于50m，其理由如下：

1 青海省地质局物探队的拟建工程，位于西宁市西郊西川河南岸Ⅲ级阶地，该场地的湿陷性黄土层厚度为13～17m。青海省建筑勘察设计院于1977年在该场地进行勘察，为确定场地的湿陷类型，曾在现场采用15m×15m的试坑进行浸水试验。

2 为消除拟建住宅楼地基土的湿陷性，该院于1979年又在同一场地采用预浸法进行处理，浸水坑的尺寸为53m×33m。

试坑浸水试验和预浸水法的实测结果以及地表开裂范围等，详见表6.5.2。

青海省物探队拟建场地

表6.5.2 试坑浸水试验和预浸水法的实测结果

时间	浸水		自重湿陷量的实测值（mm）		地表开裂范围（m）	
	试坑尺寸（m×m）	时间（昼夜）	一般	最大	一般	最大
1977年	15×15	64	300	400	14	18
1979年	53×33	120	650	904	30	37

从表6.5.2的实测结果可以看出，试坑浸水试验和预浸水法，二者除试坑尺寸（或面积）及浸水时间有所不同外，其他条件基本相同，但自重湿陷量的实

测值与地表开裂范围相差较大。说明浸水影响范围与浸水试坑面积的大小有关。为此，本条规定采用预浸水法处理地基，其试坑边缘至周边邻近建筑物的距离不宜小于50m。

6.5.3 采用预浸水法处理地基，土的湿陷性及其他物理力学性质指标有很大变化和改善，本条规定浸水结束后，在基础施工前应进行补充勘察，重新评定场地或地基土的湿陷性，并应采用垫层法或其他方法对上部湿陷性黄土层进行处理。

7 既有建筑物的地基加固和纠倾

7.1 单液硅化法和碱液加固法

7.1.1 碱液加固法在自重湿陷性黄土场地使用较少，为防止采用碱液加固法加固既有建筑物地基产生附加沉降，本条规定加固自重湿陷性黄土地基应通过试验确定其可行性，取得必要的试验数据，再扩大其应用范围。

7.1.2 当既有建筑物和设备基础出现不均匀沉降，或地基受水浸湿产生湿陷时，采用单液硅化法或碱液加固法对其地基进行加固，可阻止其沉降和裂缝继续发展。

采用上述方法加固拟建的构筑物或设备基础的地基，由于上部荷载还未施加，在灌注溶液过程中，地基不致产生附加下沉，经加固的地基，土的湿陷性消除，比天然土的承载力可提高1倍以上。

7.1.3 地基加固施工前，在拟加固地基的建筑物附近进行单孔或多孔灌注溶液试验，主要目的为确定设计施工所需的有关参数，并可查明单液硅化法或碱液加固法加固地基的质量及效果。

7.1.4～7.1.5 地基加固完毕后，通过一定时间的沉降观测，可取得建筑物或设备基础的沉降有无稳定或发展的信息，用以评定加固效果。

（Ⅰ）单液硅化法

7.1.6 单液硅化加固湿陷性黄土地基的灌注工艺，分为压力灌注和溶液自渗两种。

压力灌注溶液的速度快，渗透范围大。试验研究资料表明，在灌注溶液过程中，溶液与土接触初期，尚未产生化学反应，被浸湿的土体强度不但未提高，并有所降低，在自重湿陷严重的场地，采用此法加固既有建筑物地基时，其附加沉降可达300mm以上，既有建筑物显然是不允许的。故本条规定，压力单液硅化宜用于加固自重湿陷性黄土场地上拟建工程的地基，也可用于加固非自重湿陷性黄土场地上的既有建筑物地基。非自重湿陷性黄土的湿陷起始压力值较大，当基底压力不大于湿陷起始压力时，不致出现附加沉降，并已为工程实践和试验研究资料所证明。

压力灌注需要加压设备（如空压机）和金属灌注管等，加固费用较高，其优点是水平向的加固范围较大，基础底面以下的部分土层也能得到加固。

溶液自渗的速度慢，扩散范围小，溶液与土接触初期，被浸湿的土体小，既有建筑物和设备基础的附加沉降很小（一般约10mm），对建筑物无不良影响。

溶液自渗的灌注孔可用钻机或洛阳铲完成，不要用灌注管和加压等设备，加固费用比压力灌注的费用低，饱和度不大于60%的湿陷性黄土，采用溶液自渗，技术上可行，经济上合理。

7.1.7 湿陷性黄土的天然含水量较小，孔隙中不出现自由水，采用低浓度（10%～15%）的硅酸钠溶液注入土中，不致被孔隙中的水稀释。

此外，低浓度的硅酸钠溶液，粘滞度小，类似水一样，溶液自渗较畅通。

水玻璃（即硅酸钠）的模数值是二氧化硅与氧化钠（百分率）之比，水玻璃的模数值越大，表明SiO_2的成分越多。因为硅化加固主要是由SiO_2对土的胶结作用，水玻璃模数值的大小对加固土的强度有明显关系。试验研究资料表明，模数值为$\frac{SiO_2\%}{Na_2O\%}=1$的纯偏硅酸钠溶液，加固土的强度很小，完全不适合加固土的要求，模数值在2.50～3.30范围内的水玻璃溶液，加固土的强度可达最大值。当模数值超过3.30以上时，随着模数值的增大，加固土的强度反而降低。说明SiO_2过多，对加固土的强度有不良影响，因此，本条规定采用单液硅化加固湿陷性黄土地基，水玻璃的模数值宜为2.50～3.30。

7.1.8 加固湿陷性黄土的溶液用量与土的孔隙率（或渗透性）、土颗粒表面等因素有关，计算溶液量可作为采购材料（水玻璃）和控制工程总预算的主要参数。注入土中的溶液量与计算溶液量相同，说明加固土的质量符合设计要求。

7.1.9 为使加固土体联成整体，按现场灌注溶液试验确定的间距布置灌注孔较合适。

加固既有建筑物和设备基础的地基，只能在基础侧向（或周边）布置灌注孔，以加固基础侧向土层，防止地基产生侧向挤出。但对宽度大的基础，仅加固基础侧向土层，有时难以满足工程要求。此时，可结合工程具体情况在基础侧向布置斜向基础底面中心以下的灌注孔，或在其台阶布置穿透基础的灌注孔，使基础底面下的土层获得加固。

7.1.10 采用压力灌注，溶液有可能冒出地面。为防止在灌注溶液过程中，溶液出现上冒，灌注管打入土中后，在连接胶皮管时，不得摇动灌注管，以免灌注管外壁与土脱离产生缝隙，灌注溶液前，并应将灌注管周围的表层土夯实或采取其他措施进行处理。灌注压力由小逐渐增大，剩余溶液不多时，可适当提高其压力，但最大压力不宜超过200kPa。

7.1.11 溶液自渗，不需要分层打灌注管和分层灌注溶液。设计布置的灌注孔，可用钻机或洛阳铲一次钻（或打）至设计深度。孔成后，将配好的溶液注满灌注孔，溶液面宜高出基础底面标高 0.50m，借助孔内水头高度使溶液自行渗入土中。

灌注孔数量不多时，钻（或打）孔和灌溶液，可全部一次施工，否则，可采取分批施工。

7.1.12 灌注溶液前，对拟加固地基的建筑物进行沉降和裂缝观测，并可同加固结束后的观测情况进行比较。

在灌注溶液过程中，自始至终进行沉降观测，有利于及时发现问题并及时采取措施进行处理。

7.1.13 加固地基的施工记录和检验结果，是验收和评定地基加固质量好坏的重要依据。通过精心施工，才能确保地基的加固质量。

硅化加固土的承载力较高，检验时，采用静力触探或开挖取样有一定难度，以检查施工记录为主，抽样检验为辅。

（Ⅱ）碱 液 加 固 法

7.1.14 碱液加固法分为单液和双液两种。当土中可溶性和交换性的钙、镁离子含量大于本条规定值时，以氢氧化钠一种溶液注入土中可获得较好的加固效果。如土中的钙、镁离子含量较低，采用氢氧化钠和氯化钙两种溶液先后分别注入土中，也可获得较好的加固效果。

7.1.15 在非自重湿性黄土场地，碱液加固地基的深度可为基础宽度的 2~3 倍，或根据基底压力和湿陷性黄土层深度等因素确定。已有工程采用碱液加固地基的深度大都为 2~5m。

7.1.16 将碱液加热至 80~100℃再注入土中，可提高碱液加固地基的早期强度，并对减小拟加固建筑物的附加沉降有利。

7.2 坑式静压桩托换法

7.2.1 既有建筑物的沉降未稳定或还在发展，但尚未丧失使用价值，采用坑式静压桩托换法对其基础地基进行加固补强，可阻止该建筑物的沉降、裂缝或倾斜继续发展，以恢复使用功能。托换法适用于钢筋混凝土基础或基础内设有地（或圈）梁的多层及单层建筑。

7.2.2 坑式静压桩托换法与硅化、碱液或其他加固方法有所不同，它主要是通过托换桩将原有基础的部分荷载传给较好的下部土层中。

桩位通常沿纵、横墙的基础交接处、承重墙基础的中间、独立基础的四角等部位布置，以减小基底压力，阻止建筑物沉降不再继续发展为主要目的。

7.2.3 坑式静压桩主要是在基础底面以下进行施工，预制桩或金属管桩的尺寸都要按本条规定制作或加工。尺寸过大，搬运及操作都很困难。

7.2.4 静压桩的边长较小，将其压入土中对桩周的土挤密作用较小，在湿陷性黄土地基中，采用坑式静压桩，可不考虑消除土的湿陷性，桩尖应穿透湿陷性黄土层，并应支承在压缩性低或较低的非湿陷性黄土层中。桩身在自重湿陷性黄土层中，尚应考虑扣去桩侧的负摩擦力。

7.2.5 托换管的两端，应分别与基础底面及桩顶面牢固连接，当有缝隙时，应用铁片塞严实，基础的上部荷载通过托换管传给桩及桩端下部土层。为防止托换管腐蚀生锈，在托换管外壁宜涂刷防锈油漆，托换管安放结束后，其周围宜浇注 C20 混凝土，混凝土内并可加适量膨胀剂，也可采用膨胀水泥，使混凝土与原基础接触紧密，连成整体。

7.2.6 坑式静压桩属于隐蔽工程，将其压入土中后，不便进行检验，桩的质量与砂、石、水泥、钢材等原材料以及施工因素有关。施工验收，应侧重检验制桩的原材料化验结果以及钢材、水泥出厂合格证、混凝土试块的试验报告和压桩记录等内容。

7.3 纠 倾 法

7.3.1 某些已经建成并投入使用的建筑物，甚至某些正在建造中的建筑物，由于场地地基土的湿陷性及压缩性较高，雨水、场地水、管网水、施工用水、环境水管理不好，使地基土发生湿陷变形及压缩变形，造成建筑物倾斜和其他形式的不均匀下沉、建筑物裂缝和构件断裂等，影响建筑物的使用和安全。在这种情况下，解决工程事故的方法之一，就是采取必要的有效措施，使地基过大的不均匀变形减小到符合建筑物的允许值，满足建筑物的使用要求，本规范称此法为纠倾法。

湿陷性黄土浸水湿陷，这是湿陷性黄土地区有别于其他地区的一个特点。由此出发，本条将纠倾法分为湿法和干法两种。

浸水湿陷是一种有害的因素，但可以变有害为有利，利用湿陷性黄土浸水湿陷这一特性，对建筑物地基相对下沉较小的部位进行浸水，强迫其下沉，使既有建筑物的倾斜得以纠正，本法称为湿法纠倾。兰化有机厂生产楼地基下沉停产事故、窑街水泥厂烟囱倾斜事故等工程中，采用了湿法纠倾，使生产楼恢复生产、烟囱扶正，并恢复了它们的使用功能，节省了大量资金。

对某些建、构筑物，由于邻近范围内有建、构筑物或有大量的地下构筑物等，采用湿法纠倾，将会威胁到邻近地上或地下建、构筑物的安全，在这种情况下，对地基应选择不浸水或少浸水的方法，对不浸水的方法，称为干法纠倾，如掏土法、加压法、顶升法等。早在 20 世纪 70 年代，甘肃省建筑科学研究院用加压法处理了当时影响很大的天水军民两用机场跑道下沉全工程停工的特大事故，使整个工程复工，经过近 30 年的使用考验，证明处理效果很好。

又如甘肃省建筑科学研究院对兰化烟囱的纠倾，采用了小切口竖向调整和局部横向扇形掏土法；西北铁科院对兰州白塔山的纠倾，采用了横向掏土和竖向顶升法，都取得了明显的技术、经济和社会效益。

7.3.2 在湿陷性黄土场地对既有建筑物进行纠倾时，必须全面掌握原设计与施工的情况、场地的岩土工程地质情况、事故的现状、产生事故的原因及影响因素、地基的变形性质与规律、下沉的数量与特点、建筑物本身的重要性和使用上的要求、邻近建筑物及地下构筑物的情况、周围环境等各方面的资料，当某些重要资料缺少时，应先进行必要的补充工作，精心做好纠倾前的准备。纠倾方案，应充分考虑到实施过程中可能出现的不利情况，做到有对策、留余地，安全可靠、经济合理。

7.3.3～7.3.6 规定了纠倾法的适用范围和有关要求。

采用浸水法时，一定要注意控制浸水范围、浸水量和浸水速率。地基下沉的速率以5～10mm/d为宜，当达到预估的浸水滞后沉降量时，应及时停水，防止产生相反方向的新的不均匀变形，并防止建筑物产生新的损坏。

采用浸水法对既有建筑物进行纠倾，必须考虑到对邻近建筑物的不利影响，应有一定的安全防护距离。一般情况下，浸水点与邻近建筑物的距离，不宜小于1.5倍湿陷性黄土层深度的下限，并不宜小于20m；当土层中有碎石类土和砂土夹层时，还应考虑到这些夹层的水平向串水的不利影响，此时防护距离宜取大值；在土体水平向渗透性小于垂直向和湿陷性黄土层深度较小（如小于10m）的情况下，防护距离也可适当减小。

当采用浸水法纠倾难于达到目的时，可将两种或两种以上的方法因地、因工程制宜地结合使用，或将几种干法纠倾结合使用，也可以将干、湿两种方法合用。

7.3.7 本条从安全角度出发，规定了不得采用浸水法的有关情况。

靠近边坡地段，如果采用浸水法，可能会使本来稳定的边坡成为不稳定的边坡，或使原来不太稳定的边坡进一步恶化。

靠近滑坡地段，如果采用浸水法，可能会使土体含水量增大，滑坡体的重量加大，土的抗剪强度减小，滑动面的阻滑作用减小，滑坡体的滑动作用增大，甚至会触发滑坡体的滑动。

所以在这些地段，不得采用浸水法纠倾。

附近有建、构筑物和地下管网时，采用浸水法，可能顾此失彼，不但会损害附近地面、地下的建、构筑物及管网，还可能由于管道断裂，建筑物本身有可能产生新的次生灾害，所以在这种情况下，不宜采用浸水法。

7.3.8 在纠倾过程中，必须对拟纠倾的建筑物和周围情况进行监控，并采取有效的安全措施，这是确保工程质量和施工安全的关键。一旦出现异常，应及时处理，不得拖延时间。

纠倾过程中，监测工作一般包括下列内容：

1 建筑物沉降、倾斜和裂缝的观测；

2 地面沉降和裂缝的观测；

3 地下水位的观测；

4 附近建筑物、道路和管道的监测。

7.3.9 建筑物纠倾后，如果在使用过程中还可能出现新的事故，经分析认为确实存在潜在的不利因素时，应对该建筑物进行地基加固并采取其他有效措施，防止事故再次发生。

对纠倾后的建筑物，开始宜缩短观测的间隔时间，沉降趋于稳定后，间隔时间可适当延长，一旦发现沉降异常，应及时分析原因，采取相应措施增加观测次数。

8 施　工

8.1 一 般 规 定

8.1.1～8.1.2 合理安排施工程序，关系着保证工程质量和施工进度及顺利完成湿陷性黄土地区建设任务的关键。以往在建设中，有些单位不是针对湿陷性黄土的特点安排施工，而是违反基建程序和施工程序，如只图早开工，忽视施工准备，只顾房屋建筑，不重视附属工程；只抓主体工程，不重视收尾竣工……因而往往造成施工质量低劣、返工浪费、拖延进度以及地基浸水湿陷等事故，使国家财产遭受不应有的损失，施工程序的主要内容是：

1 强调做好施工准备工作和修通道路、排水设施及必要的护坡、挡土墙等工程，可为施工主体工程创造条件；

2 强调"先地下后地上"的施工程序，可使施工人员重视并抓紧地下工程的施工，避免场地积水浸入地基引起湿陷，并防止由于施工程序不当，导致建筑物产生局部倾斜或裂缝；

3 强调先修通排水管道，并先完成其下游，可使排水畅通，消除不良后果。

8.1.3 本条规定的地下坑穴，包括古墓、古井和砂井、砂巷。这些地下坑穴都埋藏在地表下不同深度内，是危害建筑物安全使用的隐患，在地基处理或基础施工前，必须将地下坑穴探查清楚与处理妥善，并应绘图、记录。

目前对地下坑穴的探查和处理，没有统一规定。如：有的由建设部门或施工单位负责，也有的由文物部门负责。由于各地情况不同，故本条仅规定应探查和处理的范围，而未规定完成这项任务的具体部门或单位，各地可根据实际情况确定。

8.1.4 在湿陷性黄土地区，雨季和冬季约占全年时间的1/3以上，对保证施工质量，加快施工进度的不利因素较多，采取防雨、防冻措施需要增加一定的工程造价，但绝不能因此而不采取有效的防雨、防冻措施。

基坑（或槽）暴露时间过长，基坑（槽）内容易积水，基坑（槽）壁容易崩塌，在开挖基坑（槽）或大型土方前，应充分做好准备工作，组织分段、分批流水作业，快速施工，各工序之间紧密配合，尽快完成地基基础和地下管道等的施工与回填，只有这样，才能缩短基坑（槽）的暴露时间。

8.1.5 近些年来，城市建设和高层建筑发展较迅速，地下管网及其他地下工程日益增多，房屋越来越密集，在既有建筑物的邻近修建地下工程时，不仅要保证地下工程自身的安全，而且还应采取有效措施确保原有建筑物和管道系统的安全使用。否则，后果不堪设想。

8.2 现场防护

8.2.1 湿陷性黄土地区气候比较干燥，年降雨量较少，一般为300~500mm，而且多集中在7~9三个月，因此暴雨较多，危害性较大，建筑场地的防洪工程不但应提前施工，并应在雨季到来之前完成，防止洪水淹没现场引起灾害。

8.2.2 施工期间用的临时防洪沟、水池、洗料场、淋灰池等，其设施都很简易，渗漏水的可能性大，应尽可能将这些临时设施布置在施工现场的地形较低处或地下水流向的下游地段，使其远离主要建筑物，以防止或减少上述临时设施的渗漏水渗入建筑物地基。

据调查，在非自重湿陷性黄土场地，水渠漏水的横向浸湿范围约为10~12m，淋灰池漏水的横向浸湿范围与上述数值基本相同，而在自重湿陷性黄土场地，水渠漏水的横向浸湿范围一般为20m左右。为此，本条对上述设施距建筑物外墙的距离，按非自重湿陷性黄土场地和自重湿陷性黄土场地，分别规定为不宜小于12m和25m。

8.2.3 临时给水管是为施工用水而装设的临时管道，施工结束后务必及时拆除，避免将临时给水管道，长期埋在地下腐蚀漏水。例如，兰州某办公楼的墙体严重裂缝，就是由于竣工后未及时拆除临时给水管道而被埋在地下腐蚀漏水所造成的湿陷事故。总结已有经验教训，本条规定，对所有临时给水管道，均应在施工期间将其绘在施工总平图上，以便检查和发现，施工完毕，不再使用时，应立即拆除。

8.2.4 已有经验说明，不少取土坑成为积水坑，影响建筑物安全使用，为此本条规定，在建筑物周围20m范围内不得设置取土坑。当确有必要设置时，应设在现场的地形较低处，取土完毕后，应用其他土将取土坑回填夯实。

8.3 基坑或基槽的施工

8.3.3 随着建设的发展，湿陷性黄土地区的基坑开挖深度越来越大，有的已超过10m，原来认为湿陷性黄土地区基坑开挖不需要采取支护措施，现在已经不能满足工程建设的要求，而黄土地区基坑事故却屡有发生。因而有必要在本规范内新增有关湿陷性黄土地区深基坑开挖与支护的内容。

除了应符合现行国家标准《岩土工程勘察规范》和国家行业标准《建筑基坑支护技术规程》的有关规定外，湿陷性黄土地区的深基坑开挖与支护还有其特殊的要求，其中最为突出的有：

1 要对基坑周边外宽度为1~2倍开挖深度的范围内进行土体裂隙调查，并分析其对坑壁稳定性的影响。一些工程实例表明，黄土坑壁的失稳或破坏，常常呈现坍落或坍滑的形式，滑动面或破坏面的后壁常呈现直立或近似直立，与土体中的垂直节理或裂隙有关。

2 湿陷性黄土遇水增湿后，其强度将显著降低导致坑壁失稳。不少工程实例都表明，黄土地区的基坑事故大都与黄土坑壁浸水增湿软化有关。所以对黄土基坑来说，严格的防水措施是至关重要的。当基坑壁有可能受水浸湿时，宜采用饱和状态下黄土的物理力学性质指标进行设计与验算。

3 在需要对基坑进行降低地下水位时，所需的水文地质参数特别是渗透系数，宜根据现场试验确定，而不应根据室内渗透试验确定。实践经验表明，现场测定的渗透系数将比室内测定结果要大得多。

8.4 建筑物的施工

8.4.1 各种施工缝和管道接口质量不好，是造成管沟和管道渗漏水的隐患，对建筑物危害极大。为此，本条规定，各种管沟应整体穿过建筑物基础。对穿过外墙的管沟要求一次做到室外的第一个检查井或距基础3m以外，防止在基础内或基础附近接头，以保证接头质量。

8.5 管道和水池的施工

8.5.1 管材质量的优、劣，不仅影响其使用寿命，更重要的是关系到是否漏水渗入地基。近些年，由于市场管理不规范，产品鉴定不严格，一些不符合国家标准的劣质产品流入施工现场，给工程带来危害。为把好质量关，本条规定，对各种管材及其配件进场时，必须按设计要求和有关现行国家标准进行检查。经检查不合格的不得使用。

8.5.2 根据工程实践经验，从管道基槽开挖至回填结束，施工时间越长，问题越多。本条规定，施工管道及其附属构筑物的地基与基础时，应采取分段、流水作业，或分段进行基槽开挖、检验和回填。即：完成一段，再施工另一段，以便缩短管道和沟槽的暴露时间，防止雨水和其他水流入基槽内。

8.5.6 对埋地压力管道试压次数的规定：

1 据调查，在非自重湿陷性黄土场地（如西安地区），大量埋地压力管道安装后，仅进行1次强度和严密性试验，在沟槽回填过程中，对管道基础和管道接口的质量影响不大。进行1次试压，基本上能反映出管道的施工质量。所以，在非自重湿陷性黄土场地，仍按原规范规定应进行1次强度和严密性试验。

2 在自重湿陷性黄土场地（如兰州地区），普遍反映，非金属管道进行2次强度和严密性试验是必要的。因为非金属管道各品种的加工、制作工艺不稳定，施工过程中易损易坏。从工程实例分析，管道接口处的事故发生率较高，接口处易产生环向裂缝，尤其在管基垫层质量较差的情况下，回填土时易造成隐患。管口在回填土后一旦产生裂缝，稍有渗漏，自重湿陷性黄土的湿陷很敏感，极易影响前、后管基下沉，管口拉裂，扩大破坏程度，甚至造成返工。所以，本规范要求做2次强度和严密性试验，而且是在沟槽回填前、后分别进行。

金属管道，因其管材质量相对稳定；大口径管道接口已普遍采用橡胶止水环的柔性材料；小口径管道接口施工质量有所提高；直埋管中管，管材材质好，接口质量严密……从金属管道整体而言，均有一定的抗不均匀沉陷的能力。调查中，普遍认为没有必要做2次试压。所以，本次修订明确指出，金属管道进行1次强度和严密性试验。

8.5.7 从压力管道的功能而言，有两种状况：在建筑物基础内外，基本是防护距离以内，为其建筑物的生产、生活直接服务的附属配水管道。这些管道的管径较小，但数量较多，很繁杂，可归为建筑物内的压力管道；还有的是穿越城镇或建筑群区域内（远离建筑物）的主体输水管道。此类管道虽然不在建筑物防护距离之内，但从管道自身的重要性和管道直接埋地的敷设环境看，对建筑群区域的安全存在不可忽视的威协。这些压力管道在本规范中基本属於构筑物的范畴，是建筑物的室外压力管道。

原规范中规定：埋地压力管道的强度试验压力应符合有关现行国家标准的规定；严密性试验的压力值为工作压力加100kPa。这种写法没有区分室内和室外压力管道，较为笼统。在工程实践中，一些单位反映，目前室内、室外压力管道的试压标准较混乱无统一标准遵循。

1998年建设部颁发实施的国家标准《给水排水管道工程施工及验收规范》（以下简称“管道规范”）解决了室外压力管道试压问题。该“管道规范”明确规定适用于城镇和工业区的室外给排水管道工程的施工及验收；在严密性试验中，“管道规范”的要求明显高于原规范，其试验方法与质量检测标准也较高。考虑到湿陷性黄土对防水有特殊要求，所以，室外压力管道的试压标准应符合现行国家标准“管道规范”的要求。

在本次修订中，明确规定了室外埋地压力管道的试验压力值，并强调强度和严密性的试验方法、质量检验标准，应符合现行国家标准《给水排水管道工程施工及验收规范》的有关规定，这是最基本的要求。

8.5.8 本条对室内管道，包括防护范围内的埋地压力管道进行水压试验，基本上仍按原规范规定，高于一般地区的要求。其中规定室内管道强度试验的试验压力值，在严密性试验时，沿用原规范规定的工作压力加0.10MPa。测试时间：金属管道仍为2h，非金属管道为4h，并尽量使试验工作在一个工作日内完成。

建筑物内的工业埋地压力给水管道，因随工艺要求不同，有其不同的要求，所以本条另写，按有关专门规定执行。

塑料管品种繁多，又不断更新，国家标准正陆续制定，尚未系列化，所以，本规范对塑料管的试压要求未作规定。在塑料管道工程中，对塑料管的试压要求，只有参照非金属管的要求试压或者按相应现行国家标准执行。

8.5.9 据调查，雨水管道漏水引起的湿陷事故率仅次於污水管。雨水汇集在管道内的时间虽短暂，但量大，来得猛、管道又易受外界因素影响。如：小区内雨水管距建筑物基础近；有的屋面水落管入地后直埋於柱基附近，再与地下雨水管相接，本身就处于不均匀沉降敏感部位；小区和市政雨水管防渗漏效果的好坏将直接影响交通和环境……所以，在湿陷性黄土地区，提高了对雨水管的施工和试验检验的标准，与污水管同等对待，当作埋地无压管道进行水压试验，同时明确要求采用闭水法试验。

8.5.10 本条将室外埋地无压管道单独规定，采用闭水试验方法，具体实施应按“管道规范”规定，比原规范规定的试验标准有所提高。

8.5.11 本条与8.5.10条相对应，将室内埋地无压管道的水压试验单独规定。至于采用闭水法试验，注水水头，室内雨水管道闭水试验水头的取值都与原规范一致。因合理、适用，则未作修订。

8.5.12 现行国家标准《给水排水构筑物施工验收规范》，对水池满水试验的充水水位观测，蒸发量测定，渗水量计算等都有详细规定和严格要求。本次修订，本规范仅将原规范条文改写为对水池应按设计水位进行满水试验。其方法与质量标准应符合《给水排水构筑物施工及验收规范》的规定和要求。

8.5.13 工程实例说明，埋地管道沟槽回填质量不规范，有的甚至凹陷有隐患。为此，本次修订，明确在0.50m范围内，压实系数按0.90控制，其他部位按0.95控制。基本等同于池（沟）壁与基槽间的标准，保护管道，也便于定量检验。

9 使用与维护

9.1 一般规定

9.1.1～9.1.2 设计、施工所采取的防水措施，在使用期间能否发挥有效作用，关键在于是否经常坚持维护和检修。工程实践和调查资料表明，凡是对建筑物和管道重视维护和检修的使用单位，由于建筑物周围场地积水、管道漏水引起的湿陷事故就少，否则，湿陷事故就多。

为了防止和减少湿陷事故的发生，保证建筑物和管道的安全使用，总结已有的经验教训，本章规定，在使用期间，应对建筑物和管道经常进行维护和检修，以确保设计、施工所采取的防水措施发挥有效作用。

用户部门应根据本章规定，结合本部门或本单位的实际，安排或指定有关人员负责组织制订使用与维护管理细则，督促检查维护管理工作，使其落到实处，并成为制度化、经常化，避免维护管理流于形式。

9.1.4 据调查，在建筑物使用期间，有些单位为了改建或扩建，在原有建筑物的防护范围内随意增加或改变用水设备，如增设开水房、淋浴室等，但没有按规范规定和原设计意图采取相应的防水措施和排水设施，以至造成许多湿陷事故。本条规定，有利于引起使用部门的重视，防止有章不循。

9.2 维护和检修

9.2.1～9.2.6 本节各条都是维护和检修的一些要求和做法，其规定比较具体，故未作逐条说明，使用单位只要认真按本规范规定执行，建筑物的湿陷事故有可能杜绝或减到最少。

埋地管道未设检漏设施，其渗漏水无法检查和发现。尽管埋地管道大都是设在防护范围外，但如果长期漏水，不仅使大量水浪费，而且还可能引起场地地下水位上升，甚至影响建筑物安全使用，为此，9.2.1条规定，每隔3～5年，对埋地压力管道进行工作压力下的泄漏检查，以便发现问题及时采取措施进行检修。

9.3 沉降观测和地下水位观测

9.3.3～9.3.4 在使用期间，对建筑物进行沉降观测和地下水位观测的目的是：

1 通过沉降观测可及时发现建筑物地基的湿陷变形。因为地基浸水湿陷往往需要一定的时间，只要按规范规定坚持经常对建筑物和地下水位进行观测，即可为发现建筑物的不正常沉降情况提供信息，从而可以采取措施，切断水源，制止湿陷变形的发展。

2 根据沉降观测和地下水位观测的资料，可以分析判断地基变形的原因和发展趋势，为是否需要加固地基提供依据。

附录A 中国湿陷性黄土工程地质分区略图

本附录A说明为新增内容。随着城市高层建筑的发展，岩土工程勘探的深度也在不断加深，人们对黄土的认识进一步深入，因此，本次修订过程中，除了对原版面的清晰度进行改观，主要收集和整理了山西、陕西、甘肃、内蒙古和新疆等地区有关单位近年来的勘察资料。对原图中的湿陷性黄土层厚度、湿陷系数等数据进行了部分修改和补充，共计27个城镇点，涉及到陕西、甘肃、山西等省、区。在边缘地区Ⅶ区新增内蒙古中部—辽西区$Ⅶ_3$和新疆—甘西—青海区$Ⅶ_4$；同时根据最新收集的张家口地区的勘察资料，据其湿陷类型和湿陷等级将该区划分在山西—冀北地区即汾河流域—冀北区$Ⅳ_1$。本次修订共新增代表性城镇点19个，受资料所限，略图中未涉及的地区还有待于进一步补充和完善。

湿陷性黄土在我国分布很广，主要分布在山西、陕西、甘肃大部分地区以及河南的西部。此外，新疆、山东、辽宁、宁夏、青海、河北以及内蒙古的部分地区也有分布，但不连续。本图为湿陷性黄土工程地质分区略图，它使人们对全国范围内的湿陷性黄土性质和分布有一个概括的认识和了解，图中所标明的湿陷性黄土层厚度和高、低价地湿陷系数平均值，大多数资料的收集和整理源于建筑物集中的城镇区，而对于该区的台塬、大的冲积扇、河漫滩等地貌单元的资料或湿陷性黄土层厚度与湿陷系数值，则应查阅当地的工程地质资料或分区详图。

附录C 判别新近堆积黄土的规定

C.0.1 新近堆积黄土的鉴别方法，可分为现场鉴别和按室内试验的指标鉴别。现场鉴别是根据场地所处地貌部位、土的外观特征进行。通过现场鉴别可以知道哪些地段和地层，有可能属于新近堆积黄土，在现场鉴别把握性不大时，可以根据土的物理力学性质指标作出判别分析，也可按两者综合分析判定。

新近堆积黄土的主要特点是，土的固结成岩作用差，在小压力下变形较大，其所反映的压缩曲线与晚更新世（Q_3）黄土有明显差别。新近堆积黄土是在小压力下（0～100kPa或50～150kPa）呈现高压缩性，而晚更新世（Q_3）黄土是在100～200kPa压力段压缩性的变化增大，在小压力下变形不大。

C.0.2 为对新近堆积黄土进行定量判别，并利用土的物理力学性质指标进行了判别函数计算分析，将新近堆积黄土和晚更新世（Q_3）黄土的两组样品作判别分析，可以得到以下四组判别式：

$$R = -6.82e + 9.72a \qquad (C.0.2\text{-}1)$$

$R_0 = -2.59$，判别成功率为79.90%

$$R = -10.86e + 9.77a - 0.48\gamma \qquad (C.0.2\text{-}2)$$

$R_0 = -12.27$，判别成功率为80.50%

$$R = -68.45e + 10.98a - 7.16\gamma + 1.18w \qquad (C.0.2\text{-}3)$$

$R_0 = -154.80$，判别成功率为81.80%

$$R = -65.19e + 10.67a - 6.91\gamma + 1.18w + 1.79w_L \qquad (C.0.2\text{-}4)$$

$R_0 = -152.80$，判别成功率为81.80%

当有一半土样的 $R > R_0$ 时，所提供指标的土层为新近堆积黄土。式中 e 为土的孔隙比；a 为0～100kPa，50～150kPa压力段的压缩系数之大者，单位为 MPa^{-1}；γ 为土的重度，单位为 kN/m^3；w 为土的天然含水量（%）；w_L 为土的液限（%）。

判别实例：

陕北某场地新近堆积黄土，判别情况如下：

1 现场鉴定

拟建场地位于延河Ⅰ级阶地，部分地段位于河漫滩，在场地表面分布有3～7m厚黄褐～褐黄色的粉土，土质结构松散，孔隙发育，见较多虫孔及植物根孔，常混有粉质粘土土块及砂、砾或岩石碎屑，偶见陶瓷及朽木片。从现场土层分布及土性特征看，可初步定为新近堆积黄土。

2 按试验指标判定

根据该场地对应地层的土样室内试验结果，$w = 16.80\%$，$\gamma = -14.90\ kN/m^3$，$e = 1.070$，$a_{50-150} = 0.68MPa^{-1}$，代入附（C.0.2-3）式，得 $R = -152.64 > R_0 = -154.80$，通过计算有一半以上土样的土性指标达到了上述标准。

由此可以判定该场地上部的黄土为新近堆积黄土。

附录D 钻孔内采取不扰动土样的操作要点

D.0.1～D.0.2 为了使土样不受扰动，要注意掌握的因素很多，但主要有钻进方法，取样方法和取样器三个环节。

采用合理的钻进方法和清孔器是保证取得不扰动土样的第一个前提，即钻进方法与清孔器的选用，首先着眼于防止或减少孔底拟取土样的扰动，这对结构敏感的黄土显得更为重要。选择合理的取样器，是保证采取不扰动土样的关键。经过多年来的工程实践，以及西北综合勘察设计研究院、国家电力公司西北电力设计院、信息产业部电子综合勘察院等，通过对探井与钻孔取样的直接对比，其结果（见附表D-2）证明：按附录D中的操作要点，使用回转钻进、薄壁清孔器清孔、压入法取样，能够保证取得不扰动土样。

目前使用的黄土薄壁取样器中，内衬大多使用镀锌薄钢板。由于薄钢板重复使用容易变形，内外壁易粘附残留的蜡和土等弊病，影响土样的质量，因此将逐步予以淘汰，并以塑料或酚醛层压纸管代替。

D.0.3 近年来，在湿陷性黄土地区勘察中，使用的黄土薄壁取样器的类型有：无内衬和有内衬两种。为了说明按操作要点以及使用两种取样器的取样效果，在同一勘探点处，对探井与两种类型三种不同规格、尺寸的取样器（见附表D-1）的取土质量进行直接对比，其结果（见附表D-2）说明：应根据土质结构、当地经验、选择合适的取样器。

当采用有内衬的黄土薄壁取样器取样时，内衬必须是完好、干净、无变形，且与取样器的内壁紧贴。当采用无内衬的取样器取样时，内壁必须均匀涂抹润滑油，取土样时，应使用专门的工具将取样器中的土样缓缓推出。但在结构松散的黄土层中，不宜使用无内衬的取样器。以免土样从取样器另装入盛土筒过程中，受到扰动。

钻孔内取样所使用的几种黄土薄壁取样器的规格，见附表D-1。

同一勘探点处，在探井内与钻孔内的取样质量对比结果，见附表D-2。

西安咸阳机场试验点，在探井内与钻孔内的取样质量对比，见附表D-3。

附表D-1 黄土薄壁取土器的尺寸、规格

取土器类型	最大外径（mm）	刃口内径（mm）	样筒内径（mm）		盛土筒长（mm）	盛土筒厚（mm）	余（废）土筒长（mm）	面积比（%）	切削刃口角度（℃）	生产单位
			无衬	有衬						
TU—127—1	127	118.5	—	120	150	3.00	200	14.86	10	西北综合勘察设计研究院
TU—127—2	127	120	121	—	200	2.25	200	7.57	10	
TU—127—3	127	116	118	—	185	2.00	264	6.90	12.50	信息产业部电子综勘院

附表 D-2 同一勘探点在探井内与钻孔内的取样质量对比表

试验场地 \ 取样方法 \ 对比指标	孔隙比（e）				湿陷系数（δ_s）				备注
	探井	TU127-1	TU127-2	TU127-3	探井	TU127-1	TU127-2	TU127-3	
咸阳机场	1.084	1.116	1.103	1.146	0.065	0.055	0.069	0.063	Q_3黄土
平均差	—	0.032	0.019	0.062	—	0.001	0.004	0.002	
西安等驾坡	1.040	1.042	1.069	1.024	0.032	0.027	0.035	0.030	
平均差	—	0.002	0.029	0.016	—	0.005	0.003	0.002	
陕西蒲城	1.081	1.070	—	—	0.050	0.044	—	—	
平均差	—	0.011	—	—	—	0.006	—	—	
陕西永寿	0.942	—	—	0.964	0.056	—	—	0.073	
平均差	—	—	—	0.022	—	—	—	0.017	
湿陷等级	按钻孔试验结果评定的湿陷等级与探井完全吻合								

附表 D-3 西安咸阳机场在探井内与钻孔内的取土质量对比表

取土深度(m) \ 取样方法 \ 对比指标	孔隙比（e）				湿陷系数（δ_s）			
	探井	钻孔 1	钻孔 2	钻孔 3	探井	钻孔 1	钻孔 2	钻孔 3
1.00～1.15	1.097	—	1.060	—	0.103	—	—	—
2.00～2.15	1.035	1.045	1.010	1.167	0.086	0.070	0.066	0.081
3.00～3.15	1.152	1.118	0.991	1.184	0.067	0.058	0.039	0.087
4.00～4.15	1.222	1.336	1.316	1.106	0.069	0.075	0.077	0.050
5.00～5.15	1.174	1.251	1.249	1.323	0.071	0.060	0.061	0.080
6.00～6.15	1.173	1.264	1.256	1.192	0.083	0.089	0.085	0.068
7.00～7.15	1.258	1.209	1.238	1.194	0.083	0.079	0.084	0.065
8.00～8.15	1.770	1.202	1.217	1.205	0.102	0.091	0.079	0.079
9.00～9.15	1.103	1.057	1.117	1.152	0.046	0.029	0.057	0.066
10.00～10.15	1.018	1.040	1.121	1.131	0.026	0.016	0.036	0.038
11.00～11.15	0.776	0.926	0.888	0.993	0.002	0.018	0.006	0.010
12.00～12.15	0.824	0.830	0.770	0.963	0.040	0.020	0.009	0.016
说明	钻孔 1 采用 TU127-1 型取土器；钻孔 2 采用 TU127-2 型取土器；钻孔 3 采用 TU127-3 型取土器							

附录 G 湿陷性黄土场地地下水位上升时建筑物的设计措施

湿陷性黄土地基土增湿和减湿，对其工程特性均有显著影响。本措施主要适用于建筑物在使用期内，由于环境条件恶化导致地下水位上升影响地基主要持力层的情况。

G.0.1 未消除地基全部湿陷量，是本附录的前提条件。

G.0.2～G.0.7 基本保持原规范条文的内容，仅在个别处作了文字修改，主要是为防止不均匀沉降采取的措施。

G.0.8 设计时应考虑建筑物在使用期间，因环境条件变化导致地下水位上升的可能，从而对地下室和地下管沟采取有效的防水措施。

G.0.9 本条是根据山西省引黄工程太原呼延水厂的工程实例编写的。该厂距汾河二库的直线距离仅 7.8km，水头差高达 50m。厂址内的工程地质条件很复杂，有非自重湿陷性黄土场地与自重湿陷性黄土场地，且有碎石地层露头。水厂设计地面分为三个台地，有填方，也有挖方。在方案论证时，与会专家均指出，设计应考虑原非自重湿陷性黄土场地转化为自重湿陷性黄土场地的可能性。这里，填方与地下水位上升是导致场地湿陷类型转化的外因。

附录H　单桩竖向承载力静载荷浸水试验要点

H.0.1～H.0.2　对单桩竖向承载力静载荷浸水试验提出了明确的要求和规定。其理由如下：

湿陷性黄土的天然含水量较小，其强度较高，但它遇水浸湿时，其强度显著降低。由于湿陷性黄土与其他黏性土的性质有所不同，所以在湿陷性黄土场地上进行单桩承载力静载荷试验时，要求加载前和加载至单桩竖向承载力的预估值后向试坑内昼夜浸水，以使桩身周围和桩底端持力层内的土均达到饱和状态，否则，单桩竖向静载荷试验测得的承载力偏大，不安全。

附录J　垫层、强夯和挤密等地基的静载荷试验要点

J.0.1　荷载的影响深度和荷载的作用面积密切相关。压板的直径越大，影响深度越深。所以本条对垫层地基和强夯地基上的载荷试验压板的最小尺寸作了规定，但当地基处理厚度大或较大时，可分层进行试验。

挤密桩复合地基静载荷试验，宜采用单桩或多桩复合地基静载荷试验。如因故不能采用复合地基静载荷试验，可在桩顶和桩间土上分别进行试验。

J.0.5　处理后的地基土密实度较高，水不易下渗，可预先在试坑底部打适量的浸水孔，再进行浸水载荷试验。

J.0.6　对本条规定的试验终止条件说明如下：

1　为地基处理设计（或方案）提供参数，宜加至极限荷载终止；

2　为检验处理地基的承载力，宜加至设计荷载值的2倍终止。

J.0.8　本条提供了三种地基承载力特征值的判定方法。大量资料表明，垫层的压力-沉降曲线一般呈直线或平滑的曲线，复合地基载荷试验的压力-沉降曲线大多是一条平滑的曲线，均不易找到明显的拐点。因此承载力按控制相对变形的原则确定较为适宜。本条首次对土（或灰土）垫层的相对变形值作了规定。

中华人民共和国国家标准

建筑照明设计标准

Standard for lighting design of buildings

GB 50034－2004

主编部门：中华人民共和国建设部
批准部门：中华人民共和国建设部
施行日期：2004年12月1日

中华人民共和国建设部
公　告

第 247 号

建设部关于发布国家标准《建筑照明设计标准》的公告

现批准《建筑照明设计标准》为国家标准，编号为GB 50034—2004，自 2004 年 12 月 1 日起实施。其中，第 6.1.2、6.1.3、6.1.4、6.1.5、6.1.6、6.1.7 条为强制性条文，必须严格执行。原《工业企业照明设计标准》（GB 50034—92）和《民用照明设计标准》（GBJ 133—90）同时废止。

本标准由建设部标准定额研究所组织中国建筑工业出版社出版发行。

中华人民共和国建设部

2004 年 6 月 18 日

前　言

本标准系在原国家标准《民用建筑照明设计标准》GBJ 133—90 和《工业企业照明设计标准》GB 50034—92 的基础上，总结了居住、公共和工业建筑照明经验，通过普查和重点实测调查，并参考了国内外建筑照明标准和照明节能标准经修订、合并而成。其中照明节能部分是由国家发展和改革委员会环境和资源综合利用司组织主编单位完成的。

本标准由总则、术语、一般规定、照明数量和质量、照明标准值、照明节能、照明配电及控制、照明管理与监督共八章和二个附录组成。主要规定了居住、公共和工业建筑的照明标准值、照明质量和照明功率密度。

本标准将来可能需要局部修订，有关局部修订的信息和条文内容将刊登在《工程建设标准化》杂志上。

本标准以黑体字标志的强制性条文，必须严格执行。

本标准由建设部负责管理和对强制性条文的解释，中国建筑科学研究院负责具体技术内容的解释。本标准在执行过程中，如发现需修改和补充之处，请将意见和有关资料寄送中国建筑科学研究院建筑物理研究所（北京市车公庄大街 19 号，邮编：100044）。

本标准主编单位、参编单位和主要起草人名单。

主编单位：中国建筑科学研究院

参编单位：中国航空工业规划设计研究院
北京建筑工程学院
北京市建筑设计研究院
华东建筑设计研究院有限公司
中国建筑东北设计研究院
中国建筑西北设计研究院
中国建筑西南设计研究院
广州市设计院
中国电子工程设计院
佛山电器照明股份有限公司
浙江阳光集团股份有限公司
华星光电实业有限公司
广州市九佛电器实业有限公司
飞利浦（中国）投资有限公司
通用（中国）电气照明有限公司
索恩照明（广州）有限公司

主要起草人：赵建平　张绍纲　李景色　任元会
李德富　汪　猛　李国宾　王金元
杨德才　钟景华　徐建兵　周名嘉
张建平　刘　虹　姚　萌　钟信财
杭　军　柴国生　钟学周　姚梦明
顾　峰　宁　华

目　次

1 总　　则

1.0.1 为了在建筑照明设计中，贯彻国家的法律、法规和技术经济政策，符合建筑功能，有利于生产、工作、学习、生活和身心健康，做到技术先进、经济合理、使用安全、维护管理方便，实施绿色照明，制订本标准。

1.0.2 本标准适用于新建、改建和扩建的居住、公共和工业建筑的照明设计。

1.0.3 建筑照明设计除应遵守本标准外，尚应符合国家现行有关强制性标准和规范的规定。

2 术　　语

2.0.1 绿色照明 green lights

绿色照明是节约能源、保护环境，有益于提高人们生产、工作、学习效率和生活质量，保护身心健康的照明。

2.0.2 视觉作业 visual task

在工作和活动中，对呈现在背景前的细部和目标的观察过程。

2.0.3 光通量 luminous flux

根据辐射对标准光度观察者的作用导出的光度量。对于明视觉有：

$$\Phi = K_m \int_0^\infty \frac{d\Phi_e(\lambda)}{d\lambda} \cdot V(\lambda) \cdot d\lambda \qquad (2.0.3)$$

式中 $d\Phi_e(\lambda)/d\lambda$——辐射通量的光谱分布；

$V(\lambda)$——光谱光（视）效率；

K_m——辐射的光谱（视）效能的最大值，单位为流明每瓦特（lm/W）。在单色辐射时，明视觉条件下的 K_m 值为 683lm/W（$\lambda_m = 555$nm 时）。

该量的符号为 Φ，单位为流明（lm），1lm = 1cd·1sr。

2.0.4 发光强度 luminous intensity

发光体在给定方向上的发光强度是该发光体在该方向的立体角元 $d\Omega$ 内传输的光通量 $d\Phi$ 除以该立体角元所得之商，即单位立体角的光通量，其公式为：

$$I = \frac{d\Phi}{d\Omega} \qquad (2.0.4)$$

该量的符号为 I，单位为坎德拉（cd），1cd = 1lm/sr。

2.0.5 亮度 luminance

由公式 $d\Phi/(dA \cdot \cos\theta \cdot d\Omega)$ 定义的量，即单位投影面积上的发光强度，其公式为：

$$L = d\Phi/(dA \cdot \cos\theta \cdot d\Omega) \qquad (2.0.5)$$

式中 $d\Phi$——由给定点的束元传输的并包含给定方向的立体角 $d\Omega$ 内传播的光通量；

dA——包括给定点的射束截面积；

θ——射束截面法线与射束方向间的夹角。

该量的符号为 L，单位为坎德拉每平方米（cd/m^2）。

2.0.6 照度 illuminance

表面上一点的照度是入射在包含该点的面元上的光通量 $d\Phi$ 除以该面元面积 dA 所得之商，即

$$E = \frac{d\Phi}{dA} \qquad (2.0.6)$$

该量的符号为 E，单位为勒克斯（lx），1lx = 1lm/m^2。

2.0.7 维持平均照度 maintained average illuminance

规定表面上的平均照度不得低于此数值。它是在照明装置必须进行维护的时刻，在规定表面上的平均照度。

2.0.8 参考平面 reference surface

测量或规定照度的平面。

2.0.9 作业面 working plane

在其表面上进行工作的平面。

2.0.10 亮度对比 luminance contrast

视野中识别对象和背景的亮度差与背景亮度之比，即

$$C = \frac{\Delta L}{L_b} \qquad (2.0.10)$$

式中 C——亮度对比；

ΔL——识别对象亮度与背景亮度之差；

L_b——背景亮度。

2.0.11 识别对象 recognized objective

识别的物体和细节（如需识别的点、线、伤痕、污点等）。

2.0.12 维护系数 maintenance factor

照明装置在使用一定周期后，在规定表面上的平均照度或平均亮度与该装置在相同条件下新装时在同一表面上所得到的平均照度或平均亮度之比。

2.0.13 一般照明 general lighting

为照亮整个场所而设置的均匀照明。

2.0.14 分区一般照明 localized lighting

对某一特定区域，如进行工作的地点，设计成不同的照度来照亮该区域的一般照明。

2.0.15 局部照明 local lighting

特定视觉工作用的、为照亮某个局部而设置的照明。

2.0.16 混合照明 mixed lighting

由一般照明与局部照明组成的照明。

2.0.17 正常照明 normal lighting

在正常情况下使用的室内外照明。

2.0.18 应急照明 emergency lighting

因正常照明的电源失效而启用的照明。应急照明

包括疏散照明、安全照明、备用照明。

2.0.19 疏散照明 escape lighting

作为应急照明的一部分，用于确保疏散通道被有效地辨认和使用的照明。

2.0.20 安全照明 safety lighting

作为应急照明的一部分，用于确保处于潜在危险之中的人员安全的照明。

2.0.21 备用照明 stand-by lighting

作为应急照明的一部分，用于确保正常活动继续进行的照明。

2.0.22 值班照明 on-duty lighting

非工作时间，为值班所设置的照明。

2.0.23 警卫照明 security lighting

用于警戒而安装的照明。

2.0.24 障碍照明 obstacle lighting

在可能危及航行安全的建筑物或构筑物上安装的标志灯。

2.0.25 频闪效应 stroboscopic effect

在以一定频率变化的光照射下，观察到物体运动显现出不同于其实际运动的现象。

2.0.26 光强分布 distribution of luminous intensity

用曲线或表格表示光源或灯具在空间各方向的发光强度值，也称配光。

2.0.27 光源的发光效能 luminous efficacy of a source

光源发出的光通量除以光源功率所得之商，简称光源的光效。单位为流明每瓦特（lm/W）。

2.0.28 灯具效率 luminaire efficiency

在相同的使用条件下，灯具发出的总光通量与灯具内所有光源发出的总光通量之比，也称灯具光输出比。

2.0.29 照度均匀度 uniformity ratio of illuminance

规定表面上的最小照度与平均照度之比。

2.0.30 眩光 glare

由于视野中的亮度分布或亮度范围的不适宜，或存在极端的对比，以致引起不舒适感觉或降低观察细部或目标的能力的视觉现象。

2.0.31 直接眩光 direct glare

由视野中，特别是在靠近视线方向存在的发光体所产生的眩光。

2.0.32 不舒适眩光 discomfort glare

产生不舒适感觉，但并不一定降低视觉对象的可见度的眩光。

2.0.33 统一眩光值 unified glare rating（UGR）

它是度量处于视觉环境中的照明装置发出的光对人眼引起不舒适感主观反应的心理参量，其值可按CIE统一眩光值公式计算。

2.0.34 眩光值 glare rating（GR）

它是度量室外体育场和其他室外场地照明装置对人眼引起不舒适感主观反应的心理参量，其值可按CIE眩光值公式计算。

2.0.35 反射眩光 glare by reflection

由视野中的反射引起的眩光，特别是在靠近视线方向看见反射像所产生的眩光。

2.0.36 光幕反射 veiling reflection

视觉对象的镜面反射，它使视觉对象的对比降低，以致部分地或全部地难以看清细部。

2.0.37 灯具遮光角 shielding angle of luminaire

光源最边缘一点和灯具出口的连线与水平线之间的夹角。

2.0.38 显色性 colour rendering

照明光源对物体色表的影响，该影响是由于观察者有意识或无意识地将它与参比光源下的色表相比较而产生的。

2.0.39 显色指数 colour rendering index

在具有合理允差的色适应状态下，被测光源照明物体的心理物理色与参比光源照明同一色样的心理物理色符合程度的度量。符号为R。

2.0.40 特殊显色指数 special colour rendering index

在具有合理允差的色适应状态下，被测光源照明CIE试验色样的心理物理色与参比光源照明同一色样的心理物理色符合程度的度量。符号为R_i。

2.0.41 一般显色指数 general colour rendering index

八个一组色试样的CIE1974特殊显色指数的平均值，通称显色指数。符号为R_a。

2.0.42 色温度 colour temperature

当某一种光源（热辐射光源）的色品与某一温度下的完全辐射体（黑体）的色品完全相同时，完全辐射体（黑体）的温度，简称色温。符号为T_c，单位为开（K）。

2.0.43 相关色温度 correlated colour temperature

当某一种光源（气体放电光源）的色品与某一温度下的完全辐射体（黑体）的色品最接近时完全辐射体（黑体）的温度，简称相关色温。符号为T_{cp}，单位为开（K）。

2.0.44 光通量维持率 luminous flux maintenance

灯在给定点燃时间后的光通量与其初始光通量之比。

2.0.45 反射比 reflectance

在入射辐射的光谱组成、偏振状态和几何分布给定状态下，反射的辐射通量或光通量与入射的辐射通量或光通量之比。符号为ρ。

2.0.46 照明功率密度 lighting power density（LPD）

单位面积上的照明安装功率（包括光源、镇流器或变压器），单位为瓦特每平方米（W/m^2）。

2.0.47 室形指数 room index

表示房间几何形状的数值。其计算式为：

$$RI=\frac{a\cdot b}{h(a+b)} \tag{2.0.47}$$

式中 RI——室形指数；

a——房间宽度；

b——房间长度；

h——灯具计算高度。

3 一般规定

3.1 照明方式和照明种类

3.1.1 按下列要求确定照明方式：

1 工作场所通常应设置一般照明；

2 同一场所内的不同区域有不同照度要求时，应采用分区一般照明；

3 对于部分作业面照度要求较高，只采用一般照明不合理的场所，宜采用混合照明；

4 在一个工作场所内不应只采用局部照明。

3.1.2 按下列要求确定照明种类：

1 工作场所均应设置正常照明。

2 工作场所下列情况应设置应急照明：

1）正常照明因故障熄灭后，需确保正常工作或活动继续进行的场所，应设置备用照明；

2）正常照明因故障熄灭后，需确保处于潜在危险之中的人员安全的场所，应设置安全照明；

3）正常照明因故障熄灭后，需确保人员安全疏散的出口和通道，应设置疏散照明。

3 大面积场所宜设置值班照明。

4 有警戒任务的场所，应根据警戒范围的要求设置警卫照明。

5 有危及航行安全的建筑物、构筑物上，应根据航行要求设置障碍照明。

3.2 照明光源选择

3.2.1 选用的照明光源应符合国家现行相关标准的有关规定。

3.2.2 选择光源时，应在满足显色性、启动时间等要求条件下，根据光源、灯具及镇流器等的效率、寿命和价格在进行综合技术经济分析比较后确定。

3.2.3 照明设计时可按下列条件选择光源：

1 高度较低房间，如办公室、教室、会议室及仪表、电子等生产车间宜采用细管径直管形荧光灯；

2 商店营业厅宜采用细管径直管形荧光灯、紧凑型荧光灯或小功率的金属卤化物灯；

3 高度较高的工业厂房，应按照生产使用要求，采用金属卤化物灯或高压钠灯，亦可采用大功率细管径荧光灯；

4 一般照明场所不宜采用荧光高压汞灯，不应采用自镇流荧光高压汞灯；

5 一般情况下，室内外照明不应采用普通照明白炽灯；在特殊情况下需采用时，其额定功率不应超过100W。

3.2.4 下列工作场所可采用白炽灯：

1 要求瞬时启动和连续调光的场所，使用其他光源技术经济不合理时；

2 对防止电磁干扰要求严格的场所；

3 开关灯频繁的场所；

4 照度要求不高，且照明时间较短的场所；

5 对装饰有特殊要求的场所。

3.2.5 应急照明应选用能快速点燃的光源。

3.2.6 应根据识别颜色要求和场所特点，选用相应显色指数的光源。

3.3 照明灯具及其附属装置选择

3.3.1 选用的照明灯具应符合国家现行相关标准的有关规定。

3.3.2 在满足眩光限制和配光要求条件下，应选用效率高的灯具，并应符合下列规定：

1 荧光灯灯具的效率不应低于表3.3.2-1的规定。

表3.3.2-1 荧光灯灯具的效率

灯具出光口形式	开敞式	保护罩（玻璃或塑料）		格栅
		透 明	磨砂、棱镜	
灯具效率	75%	65%	55%	60%

2 高强度气体放电灯灯具的效率不应低于表3.3.2-2的规定。

表3.3.2-2 高强度气体放电灯灯具的效率

灯具出光口形式	开 敞 式	格栅或透光罩
灯具效率	75%	60%

3.3.3 根据照明场所的环境条件，分别选用下列灯具：

1 在潮湿的场所，应采用相应防护等级的防水灯具或带防水灯头的开敞式灯具；

2 在有腐蚀性气体或蒸汽的场所，宜采用防腐蚀密闭式灯具。若采用开敞式灯具，各部分应有防腐蚀或防水措施；

3 在高温场所，宜采用散热性能好、耐高温的灯具；

4 在有尘埃的场所，应按防尘的相应防护等级选择适宜的灯具；

5 在装有锻锤、大型桥式吊车等振动、摆动较大场所使用的灯具，应有防振和防脱落措施；

6 在易受机械损伤、光源自行脱落可能造成人员伤害或财物损失的场所使用的灯具，应有防护措施；

7 在有爆炸或火灾危险场所使用的灯具，应符合国家现行相关标准和规范的有关规定；

8　在有洁净要求的场所，应采用不易积尘、易于擦拭的洁净灯具；

9　在需防止紫外线照射的场所，应采用隔紫灯具或无紫光源。

3.3.4　直接安装在可燃材料表面的灯具，应采用标有▽F标志的灯具。

3.3.5　照明设计时按下列原则选择镇流器：

1　自镇流荧光灯应配用电子镇流器；

2　直管形荧光灯应配用电子镇流器或节能型电感镇流器；

3　高压钠灯、金属卤化物灯应配用节能型电感镇流器；在电压偏差较大的场所，宜配用恒功率镇流器；功率较小者可配用电子镇流器；

4　采用的镇流器应符合该产品的国家能效标准。

3.3.6　高强度气体放电灯的触发器与光源的安装距离应符合产品的要求。

3.4　照明节能评价

3.4.1　本标准采用房间或场所一般照明的照明功率密度（简称 LPD）作为照明节能的评价指标。常用房间或场所的照明功率密度应符合第6章的规定。

3.4.2　本标准规定了照明功率密度的现行值和目标值。现行值从本标准实施之日起执行，目标值执行日期由主管部门决定。

4　照明数量和质量

4.1　照　　度

4.1.1　照度标准值应按 0.5、1、3、5、10、15、20、30、50、75、100、150、200、300、500、750、1000、1500、2000、3000、5000lx 分级。

4.1.2　本标准规定的照度值均为作业面或参考平面上的维持平均照度值。各类房间或场所的维持平均照度值应符合第5章的规定。

4.1.3　符合下列条件之一及以上时，作业面或参考平面的照度，可按照度标准值分级提高一级。

1　视觉要求高的精细作业场所，眼睛至识别对象的距离大于 500mm 时；

2　连续长时间紧张的视觉作业，对视觉器官有不良影响时；

3　识别移动对象，要求识别时间短促而辨认困难时；

4　视觉作业对操作安全有重要影响时；

5　识别对象亮度对比小于 0.3 时；

6　作业精度要求较高，且产生差错会造成很大损失时；

7　视觉能力低于正常能力时；

8　建筑等级和功能要求高时。

4.1.4　符合下列条件之一及以上时，作业面或参考平面的照度，可按照度标准值分级降低一级。

1　进行很短时间的作业时；

2　作业精度或速度无关紧要时；

3　建筑等级和功能要求较低时。

4.1.5　作业面邻近周围的照度可低于作业面照度，但不宜低于表 4.1.5 的数值。

表 4.1.5　作业面邻近周围照度

作业面照度（lx）	作业面邻近周围照度值（lx）
≥750	500
500	300
300	200
≤200	与作业面照度相同

注：邻近周围指作业面外 0.5m 范围之内。

4.1.6　在照明设计时，应根据环境污染特征和灯具擦拭次数从表 4.1.6 中选定相应的维护系数。

表 4.1.6　维 护 系 数

环境污染特征		房间或场所举例	灯具最少擦拭次数（次/年）	维护系数值
室内	清洁	卧室、办公室、餐厅、阅览室、教室、病房、客房、仪器仪表装配间、电子元器件装配间、检验室等	2	0.80
	一般	商店营业厅、候车室、影剧院、机械加工车间、机械装配车间、体育馆等	2	0.70
	污染严重	厨房、锻工车间、铸工车间、水泥车间等	3	0.60
室外		雨篷、站台	2	0.65

4.1.7　在一般情况下，设计照度值与照度标准值相比较，可有 −10% ~ +10% 的偏差。

4.2　照 度 均 匀 度

4.2.1　公共建筑的工作房间和工业建筑作业区域内的一般照明照度均匀度，不应小于 0.7，而作业面邻近周围的照度均匀度不应小于 0.5。

4.2.2　房间或场所内的通道和其他非作业区域的一般照明的照度值不宜低于作业区域一般照明照度值的 1/3。

4.2.3　在有彩电转播要求的体育场馆，其主摄像方向上的照明应符合下列要求：

1　场地垂直照度最小值与最大值之比不宜小于

0.4；

2 场地平均垂直照度与平均水平照度之比不宜小于0.25；

3 场地水平照度最小值与最大值之比不宜小于0.5；

4 观众席前排的垂直照度不宜小于场地垂直照度的0.25。

4.3 眩 光 限 制

4.3.1 直接型灯具的遮光角不应小于表4.3.1的规定。

表 4.3.1 直接型灯具的遮光角

光源平均亮度（kcd/m²）	遮光角（°）	光源平均亮度（kcd/m²）	遮光角（°）
1～20	10	50～500	20
20～50	15	≥500	30

4.3.2 公共建筑和工业建筑常用房间或场所的不舒适眩光应采用统一眩光值（UGR）评价，按附录A计算，其最大允许值宜符合第5章的规定。

4.3.3 室外体育场所的不舒适眩光应采用眩光值（GR）评价，按附录B计算，其最大允许值宜符合表5.2.11-3的规定。

4.3.4 可用下列方法防止或减少光幕反射和反射眩光：

1 避免将灯具安装在干扰区内；

2 采用低光泽度的表面装饰材料；

3 限制灯具亮度；

4 照亮顶棚和墙表面，但避免出现光斑。

4.3.5 有视觉显示终端的工作场所照明应限制灯具中垂线以上等于和大于65°高度角的亮度。灯具在该角度上的平均亮度限值宜符合表4.3.5的规定。

表 4.3.5 灯具平均亮度限值

屏幕分类，见ISO 9241—7	Ⅰ	Ⅱ	Ⅲ
屏幕质量	好	中等	差
灯具平均亮度限值	≤1000cd/m²		≤200cd/m²

注：1 本表适用于仰角小于等于15°的显示屏。
2 对于特定使用场所，如敏感的屏幕或仰角可变的屏幕，表中亮度限值应用在更低的灯具高度角（如55°）上。

4.4 光 源 颜 色

4.4.1 室内照明光源色表可按其相关色温分为三组，光源色表分组宜按表4.4.1确定。

表 4.4.1 光源色表分组

色表分组	色表特征	相关色温（K）	适用场所举例
Ⅰ	暖	<3300	客房、卧室、病房、酒吧、餐厅
Ⅱ	中间	3300～5300	办公室、教室、阅览室、诊室、检验室、机加工车间、仪表装配
Ⅲ	冷	>5300	热加工车间、高照度场所

4.4.2 长期工作或停留的房间或场所，照明光源的显色指数（Ra）不宜小于80。在灯具安装高度大于6m的工业建筑场所，Ra可低于80，但必须能够辨别安全色。常用房间或场所的显色指数最小允许值应符合第5章的规定。

4.5 反 射 比

4.5.1 长时间工作的房间，其表面反射比宜按表4.5.1选取。

表 4.5.1 工作房间表面反射比

表面名称	反射比
顶棚	0.6～0.9
墙面	0.3～0.8
地面	0.1～0.5
作业面	0.2～0.6

5 照 明 标 准 值

5.1 居 住 建 筑

5.1.1 居住建筑照明标准值宜符合表5.1.1的规定。

表 5.1.1 居住建筑照明标准值

房间或场所		参考平面及其高度	照度标准值（lx）	Ra
起居室	一般活动	0.75m水平面	100	80
	书写、阅读		300*	
卧室	一般活动	0.75m水平面	75	80
	床头、阅读		150*	
餐厅		0.75m餐桌面	150	80
厨房	一般活动	0.75m水平面	100	80
	操作台	台面	150*	
卫生间		0.75m水平面	100	80

注：* 宜用混合照明。

5.2 公共建筑

5.2.1 图书馆建筑照明标准值应符合表5.2.1的规定。

表5.2.1 图书馆建筑照明标准值

房间或场所	参考平面及其高度	照度标准值(lx)	UGR	Ra
一般阅览室	0.75m水平面	300	19	80
国家、省市及其他重要图书馆的阅览室	0.75m水平面	500	19	80
老年阅览室	0.75m水平面	500	19	80
珍善本、舆图阅览室	0.75m水平面	500	19	80
陈列室、目录厅(室)、出纳厅	0.75m水平面	300	19	80
书库	0.25m垂直面	50	—	80
工作间	0.75m水平面	300	19	80

5.2.2 办公建筑照明标准值应符合表5.2.2的规定。

表5.2.2 办公建筑照明标准值

房间或场所	参考平面及其高度	照度标准值(lx)	UGR	Ra
普通办公室	0.75m水平面	300	19	80
高档办公室	0.75m水平面	500	19	80
会议室	0.75m水平面	300	19	80
接待室、前台	0.75m水平面	300	—	80
营业厅	0.75m水平面	300	22	80
设计室	实际工作面	500	19	80
文件整理、复印、发行室	0.75m水平面	300	—	80
资料、档案室	0.75m水平面	200	—	80

5.2.3 商业建筑照明标准值应符合表5.2.3的规定。

表5.2.3 商业建筑照明标准值

房间或场所	参考平面及其高度	照度标准值(lx)	UGR	Ra
一般商店营业厅	0.75m水平面	300	22	80
高档商店营业厅	0.75m水平面	500	22	80
一般超市营业厅	0.75m水平面	300	22	80
高档超市营业厅	0.75m水平面	500	22	80
收款台	台面	500	—	80

5.2.4 影剧院建筑照明标准值应符合表5.2.4的规定。

表5.2.4 影剧院建筑照明标准值

房间或场所		参考平面及其高度	照度标准值(lx)	UGR	Ra
门厅		地面	200	—	80
观众厅	影院	0.75m水平面	100	22	80
	剧场	0.75m水平面	200	22	80
观众休息厅	影院	地面	150	22	80
	剧场	地面	200	22	80
排演厅		地面	300	22	80
化妆室	一般活动区	0.75m水平面	150	22	80
	化妆台	1.1m高处垂直面	500	—	80

5.2.5 旅馆建筑照明标准值应符合表5.2.5的规定。

表5.2.5 旅馆建筑照明标准值

房间或场所		参考平面及其高度	照度标准值(lx)	UGR	Ra
客房	一般活动区	0.75m水平面	75	—	80
	床头	0.75m水平面	150	—	80
	写字台	台面	300	—	80
	卫生间	0.75m水平面	150	—	80
中餐厅		0.75m水平面	200	22	80
西餐厅、酒吧间、咖啡厅		0.75m水平面	100	—	80
多功能厅		0.75m水平面	300	22	80
门厅、总服务台		地面	300	—	80
休息厅		地面	200	22	80
客房层走廊		地面	50	—	80
厨房		台面	200	—	80
洗衣房		0.75m水平面	200	—	80

5.2.6 医院建筑照明标准值应符合表5.2.6的规定。

表5.2.6 医院建筑照明标准值

房间或场所	参考平面及其高度	照度标准值(lx)	UGR	Ra
治疗室	0.75m水平面	300	19	80
化验室	0.75m水平面	500	19	80
手术室	0.75m水平面	750	19	90
诊室	0.75m水平面	300	19	80
候诊室、挂号厅	0.75m水平面	200	22	80
病房	地面	100	19	80
护士站	0.75m水平面	300	—	80
药房	0.75m水平面	500	19	80
重症监护室	0.75m水平面	300	19	80

5.2.7 学校建筑照明标准值应符合表5.2.7的规定。

表5.2.7 学校建筑照明标准值

房间或场所	参考平面及其高度	照度标准值(lx)	UGR	Ra
教　室	课桌面	300	19	80
实验室	实验桌面	300	19	80
美术教室	桌　面	500	19	90
多媒体教室	0.75m水平面	300	19	80
教室黑板	黑板面	500	—	80

5.2.8 博物馆建筑陈列室展品照明标准值不应大于表5.2.8的规定。

表5.2.8 博物馆建筑陈列室展品照明标准值

类　别	参考平面及其高度	照度标准值(lx)
对光特别敏感的展品：纺织品、织绣品、绘画、纸质物品、彩绘、陶（石）器、染色皮革、动物标本等	展品面	50
对光敏感的展品：油画、蛋清画、不染色皮革、角制品、骨制品、象牙制品、竹木制品和漆器等	展品面	150
对光不敏感的展品：金属制品、石质器物、陶瓷器、宝玉石器、岩矿标本、玻璃制品、搪瓷制品、珐琅器等	展品面	300
注：1 陈列室一般照明应按展品照度值的20%～30%选取； 2 陈列室一般照明UGR不宜大于19； 3 辨色要求一般的场所Ra不应低于80，辨色要求高的场所，Ra不应低于90。		

5.2.9 展览馆展厅照明标准值应符合表5.2.9的规定。

表5.2.9 展览馆展厅照明标准值

房间或场所	参考平面及其高度	照度标准值(lx)	UGR	Ra
一般展厅	地　面	200	22	80
高档展厅	地　面	300	22	80
注：高于6m的展厅Ra可降低到60。				

5.2.10 交通建筑照明标准值应符合表5.2.10的规定。

表5.2.10 交通建筑照明标准值

房间或场所		参考平面及其高度	照度标准值(lx)	UGR	Ra
售票台		台　面	500	—	80
问讯处		0.75m水平面	200	—	80
候车（机、船）室	普通	地　面	150	22	80
	高档	地　面	200	22	80
中央大厅、售票大厅		地　面	200	22	80
海关、护照检查		工作面	500	—	80
安全检查		地　面	300	—	80
换票、行李托运		0.75m水平面	300	19	80
行李认领、到达大厅、出发大厅		地　面	200	22	80
通道、连接区、扶梯		地　面	150	—	80
有棚站台		地　面	75	—	20
无棚站台		地　面	50	—	20

5.2.11 体育建筑照明标准值应符合下列规定：

1 无彩电转播的体育建筑照度标准值应符合表5.2.11-1的规定；

2 有彩电转播的体育建筑照度标准值应符合表5.2.11-2的规定；

3 体育建筑照明质量标准值应符合表5.2.11-3的规定。

表5.2.11-1 无彩电转播的体育建筑照度标准值

运动项目	参考平面及其高度	照度标准值(lx)	
		训练	比赛
篮球、排球、羽毛球、网球、手球、田径（室内）、体操、艺术体操、技巧、武术	地　面	300	750
棒球、垒球	地　面	—	750
保龄球	置瓶区	300	500
举重	台　面	200	750
击剑	台　面	500	750
柔道、中国摔跤、国际摔跤	地　面	500	1000
拳击	台　面	500	2000

续表 5.2.11-1

运动项目			参考平面及其高度	照度标准值（lx）	
				训练	比赛
乒乓球			台面	750	1000
游泳、蹼泳、跳水、水球			水面	300	750
花样游泳			水面	500	750
冰球、速度滑冰、花样滑冰			冰面	300	1500
围棋、中国象棋、国际象棋			台面	300	750
桥牌			桌面	300	500
射击	靶心		靶心垂直面	1000	1500
	射击位		地面	300	500
足球、曲棍球	观看距离	120m	地面	—	300
		160m		—	500
		200m		—	750
观众席			座位面	—	100
健身房			地面	200	—
注：足球和曲棍球的观看距离是指观众席最后一排到场地边线的距离。					

表 5.2.11-2　有彩电转播的体育建筑照度标准值

项目分组	参考平面及其高度	照度标准值（lx）		
		最大摄影距离（m）		
		25	75	150
A组：田径、柔道、游泳、摔跤等项目	1.0m垂直面	500	750	1000
B组：篮球、排球、羽毛球、网球、手球、体操、花样滑冰、速滑、垒球、足球等项目	1.0m垂直面	750	1000	1500
C组：拳击、击剑、跳水、乒乓球、冰球等项目	1.0m垂直面	1000	1500	—

表 5.2.11-3　体育建筑照明质量标准值

类别	GR	Ra
无彩电转播	50	65
有彩电转播	50	80
注：GR值仅适用于室外体育场地。		

5.3　工业建筑

5.3.1　工业建筑一般照明标准值应符合表 5.3.1 的规定。

表 5.3.1　工业建筑一般照明标准值

房间或场所		参考平面及其高度	照度标准值（lx）	UGR	Ra	备注
1　通用房间或场所						
试验室	一般	0.75m水平面	300	22	80	可另加局部照明
	精细	0.75m水平面	500	19	80	可另加局部照明
检验	一般	0.75m水平面	300	22	80	可另加局部照明
	精细，有颜色要求	0.75m水平面	750	19	80	可另加局部照明
计量室，测量室		0.75m水平面	500	19	80	可另加局部照明
变、配电站	配电装置室	0.75m水平面	200	—	60	
	变压器室	地面	100	—	20	
电源设备室，发电机室		地面	200	25	60	
控制室	一般控制室	0.75m水平面	300	22	80	
	主控制室	0.75m水平面	500	19	80	
电话站、网络中心		0.75m水平面	500	19	80	
计算机站		0.75m水平面	500	19	80	防光幕反射
动力站	风机房、空调机房	地面	100	—	60	
	泵房	地面	100	—	60	
	冷冻站	地面	150	—	60	
	压缩空气站	地面	150	—	60	
	锅炉房、煤气站的操作层	地面	100	—	60	锅炉水位表照度不小于50lx

续表 5.3.1

房间或场所		参考平面及其高度	照度标准值（lx）	UGR	Ra	备注
仓库	大件库（如钢坯、钢材、大成品、气瓶）	1.0m 水平面	50	—	20	
仓库	一般件库	1.0m 水平面	100	—	60	
仓库	精细件库（如工具、小零件）	1.0m 水平面	200	—	60	货架垂直照度不小于 50lx
车辆加油站		地　面	100	—	60	油表照度不小于 50lx
2　机、电工业						
机械加工	粗加工	0.75m 水平面	200	22	60	可另加局部照明
机械加工	一般加工 公差≥0.1mm	0.75m 水平面	300	22	60	应另加局部照明
机械加工	精密加工 公差＜0.1mm	0.75m 水平面	500	19	60	应另加局部照明
机电、仪表装配	大　件	0.75m 水平面	200	25	80	可另加局部照明
机电、仪表装配	一般件	0.75m 水平面	300	25	80	可另加局部照明
机电、仪表装配	精　密	0.75m 水平面	500	22	80	应另加局部照明
机电、仪表装配	特精密	0.75m 水平面	750	19	80	应另加局部照明
电线、电缆制造		0.75m 水平面	300	25	60	
线圈绕制	大线圈	0.75m 水平面	300	25	80	
线圈绕制	中等线圈	0.75m 水平面	500	22	80	可另加局部照明
线圈绕制	精细线圈	0.75m 水平面	750	19	80	应另加局部照明
线圈浇注		0.75m 水平面	300	25	80	
焊接	一　般	0.75m 水平面	200	—	60	
焊接	精　密	0.75m 水平面	300	—	60	

续表 5.3.1

房间或场所		参考平面及其高度	照度标准值（lx）	UGR	Ra	备注
钣　金		0.75m 水平面	300	—	60	
冲压、剪切		0.75m 水平面	300	—	60	
热处理		地面至 0.5m 水平面	200	—	20	
铸造	熔化、浇铸	地面至 0.5m 水平面	200	—	20	
铸造	造　型	地面至 0.5m 水平面	300	25	60	
精密铸造的制模、脱壳		地面至 0.5m 水平面	500	25	60	
锻　工		地面至 0.5m 水平面	200	—	20	
电　镀		0.75m 水平面	300	—	80	
喷漆	一　般	0.75m 水平面	300	—	80	
喷漆	精　细	0.75m 水平面	500	22	80	
酸洗、腐蚀、清洗		0.75m 水平面	300	—	80	
抛光	一般装饰性	0.75m 水平面	300	22	80	防频闪
抛光	精　细	0.75m 水平面	500	22	80	防频闪
复合材料加工、铺叠、装饰		0.75m 水平面	500	22	80	
机电修理	一　般	0.75m 水平面	200	—	60	可另加局部照明
机电修理	精　密	0.75m 水平面	300	22	60	可另加局部照明
3　电子工业						
电子元器件		0.75m 水平面	500	19	80	应另加局部照明

续表 5.3.1

房间或场所		参考平面及其高度	照度标准值（lx）	UGR	Ra	备注
电子零部件		0.75m水平面	500	19	80	应另加局部照明
电子材料		0.75m水平面	300	22	80	应另加局部照明
酸、碱、药液及粉配制		0.75m水平面	300	—	80	
4　纺织、化纤工业						
纺织	选　毛	0.75m水平面	300	22	80	可另加局部照明
	清棉、和毛、梳毛	0.75m水平面	150	22	80	
	前纺：梳棉、并条、粗纺	0.75m水平面	200	22	80	
	纺　纱	0.75m水平面	300	22	80	
	织　布	0.75m水平面	300	22	80	
织袜	穿综筘、缝纫、量呢、检验	0.75m水平面	300	22	80	可另加局部照明
	修补、剪毛、染色、印花、裁剪、熨烫	0.75m水平面	300	22	80	可另加局部照明
化纤	投　料	0.75m水平面	100	—	60	
	纺　丝	0.75m水平面	150	22	80	
	卷　绕	0.75m水平面	200	22	80	
	平衡间、中间贮存、干燥间、废丝间、油剂高位槽间	0.75m水平面	75	—	60	
化纤	集束间、后加工间、打包间、油剂调配间	0.75m水平面	100	25	60	
	组件清洗间	0.75m水平面	150	25	60	
	拉伸、变形、分级包装	0.75m水平面	150	25	60	操作面可另加局部照明
	化验、检验	0.75m水平面	200	22	80	可另加局部照明

续表 5.3.1

房间或场所		参考平面及其高度	照度标准值（lx）	UGR	Ra	备注
5　制药工业						
制药生产：配制、清洗、灭菌、超滤、制粒、压片、混匀、烘干、灌装、轧盖等		0.75m水平面	300	22	80	
制药生产流转通道		地　面	200	—	80	
6　橡胶工业						
炼胶车间		0.75m水平面	300	—	80	
压延压出工段		0.75m水平面	300	—	80	
成型裁断工段		0.75m水平面	300	22	80	
硫化工段		0.75m水平面	300	—	80	
7　电力工业						
火电厂锅炉房		地　面	100	—	40	
发电机房		地　面	200	—	60	
主控室		0.75m水平面	500	19	80	
8　钢铁工业						
炼铁	炉顶平台、各层平台	平台面	30	—	40	
	出铁场、出铁机室	地　面	100	—	40	
	卷扬机室、碾泥机室、煤气清洗配水室	地　面	50	—	40	
炼钢及连铸	炼钢主厂房和平台	地　面	150	—	40	
	连铸浇注平台、切割区、出坯区	地　面	150	—	40	
	精整清理线	地　面	200	25	60	
轧钢	钢坯台、轧机区	地　面	150	—	40	
	加热炉周围	地　面	50	—	20	
	重绕、横剪及纵剪机组	0.75m水平面	150	25	40	
	打印、检查、精密分类、验收	0.75m水平面	200	22	80	

续表 5.3.1

房间或场所		参考平面及其高度	照度标准值(lx)	UGR	Ra	备注
9 制浆造纸工业						
备 料		0.75m水平面	150	—	60	
蒸煮、选洗、漂白		0.75m水平面	200	—	60	
打浆、纸机底部		0.75m水平面	200	—	60	
纸机网部、压榨部、烘缸、压光、卷取、涂布		0.75m水平面	300	—	60	
复卷、切纸		0.75m水平面	300	25	60	
选 纸		0.75m水平面	500	22	60	
碱回收		0.75m水平面	200	—	40	
10 食品及饮料工业						
食品	糕点、糖果	0.75m水平面	200	22	80	
	肉制品、乳制品	0.75m水平面	300	22	80	
饮 料		0.75m水平面	300	22	80	
啤酒	糖 化	0.75m水平面	200	—	80	
	发 酵	0.75m水平面	150	—	80	
	包 装	0.75m水平面	150	25	80	
11 玻璃工业						
备料、退火、熔制		0.75m水平面	150	—	60	
窑 炉		地 面	100	—	20	
12 水泥工业						
主要生产车间(破碎、原料粉磨、烧成、水泥粉磨、包装)		地 面	100	—	20	
储 存		地 面	75	—	40	

续表 5.3.1

房间或场所		参考平面及其高度	照度标准值(lx)	UGR	Ra	备注
输送走廊		地 面	30	—	20	
粗坯成型		0.75m水平面	300	—	60	
13 皮革工业						
原皮、水浴		0.75m水平面	200	—	60	
轻毂、整理、成品		0.75m水平面	200	22	60	可另加局部照明
干 燥		地 面	100	—	20	
14 卷烟工业						
制丝车间		0.75m水平面	200	—	60	
卷烟、接过滤嘴、包装		0.75m水平面	300	22	80	
15 化学、石油工业						
厂区内经常操作的区域，如泵、压缩机、阀门、电操作柱等		操作位高度	100	—	20	
装置区现场控制和检测点，如指示仪表、液位计等		测控点高度	75	—	60	
人行通道、平台、设备顶部		地面或台面	30	—	20	
装卸站	装卸设备顶部和底部操作位	操作位高度	75	—	20	
	平 台	平 台	30	—	20	
16 木业和家具制造						
一般机器加工		0.75m水平面	200	22	60	防频闪
精细机器加工		0.75m水平面	500	19	80	防频闪
锯木区		0.75m水平面	300	25	60	防频闪
模型区	一 般	0.75m水平面	300	22	60	
	精 细	0.75m水平面	750	22	60	

续表 5.3.1

房间或场所	参考平面及其高度	照度标准值(lx)	UGR	Ra	备注
胶合、组装	0.75m 水平面	300	25	60	
磨光、异形细木工	0.75m 水平面	750	22	80	
注：需增加局部照明的作业面，增加的局部照明照度值宜按该场所一般照明照度值的 1.0～3.0 倍选取。					

5.4 公 用 场 所

5.4.1 公用场所照明标准值应符合表 5.4.1 的规定。

表 5.4.1 公用场所照明标准值

房间或场所		参考平面及其高度	照度标准值(lx)	UGR	Ra
门厅	普通	地面	100	—	60
	高档	地面	200	—	80
走廊、流动区域	普通	地面	50	—	60
	高档	地面	100	—	80
楼梯、平台	普通	地面	30	—	60
	高档	地面	75	—	80
自动扶梯		地面	150	—	60
厕所、盥洗室、浴室	普通	地面	75	—	60
	高档	地面	150	—	80
电梯前厅	普通	地面	75	—	60
	高档	地面	150	—	80
休息室		地面	100	22	80
储藏室、仓库		地面	100	—	60
车库	停车间	地面	75	28	60
	检修间	地面	200	25	60
注：居住、公共建筑的动力站、变电站的照明标准值按表 5.3.1 选取。					

5.4.2 应急照明的照度标准值宜符合下列规定：

1 备用照明的照度值除另有规定外，不低于该场所一般照明照度值的 10%；

2 安全照明的照度值不低于该场所一般照明照度值的 5%；

3 疏散通道的疏散照明的照度值不低于 0.5lx。

6 照 明 节 能

6.1 照明功率密度值

6.1.1 居住建筑每户照明功率密度值不宜大于表 6.1.1 的规定。当房间或场所的照度值高于或低于本表规定的对应照度值时，其照明功率密度值应按比例提高或折减。

表 6.1.1 居住建筑每户照明功率密度值

房间或场所	照明功率密度（W/m²）		对应照度值(lx)
	现行值	目标值	
起居室	7	6	100
卧 室			75
餐 厅			150
厨 房			100
卫生间			100

6.1.2 办公建筑照明功率密度值不应大于表 6.1.2 的规定。当房间或场所的照度值高于或低于本表规定的对应照度值时，其照明功率密度值应按比例提高或折减。

表 6.1.2 办公建筑照明功率密度值

房间或场所	照明功率密度（W/m²）		对应照度值(lx)
	现行值	目标值	
普通办公室	11	9	300
高档办公室、设计室	18	15	500
会议室	11	9	300
营业厅	13	11	300
文件整理、复印、发行室	11	9	300
档案室	8	7	200

6.1.3 商业建筑照明功率密度值不应大于表 6.1.3 的规定。当房间或场所的照度值高于或低于本表规定的对应照度值时，其照明功率密度值应按比例提高或折减。

表 6.1.3 商业建筑照明功率密度值

房间或场所	照明功率密度（W/m²）		对应照度值(lx)
	现行值	目标值	
一般商店营业厅	12	10	300
高档商店营业厅	19	16	500
一般超市营业厅	13	11	300
高档超市营业厅	20	17	500

6.1.4 旅馆建筑照明功率密度值不应大于表 6.1.4 的规定。当房间或场所的照度值高于或低于本表规定的对应照度值时，其照明功率密度值应按比例提高或折减。

表 6.1.4 旅馆建筑照明功率密度值

房间或场所	照明功率密度（W/m²）		对应照度值（lx）
	现行值	目标值	
客　房	15	13	—
中餐厅	13	11	200
多功能厅	18	15	300
客房层走廊	5	4	50
门　厅	15	13	300

6.1.5 医院建筑照明功率密度值不应大于表 6.1.5 的规定。当房间或场所的照度值高于或低于本表规定的对应照度值时，其照明功率密度值应按比例提高或折减。

表 6.1.5 医院建筑照明功率密度值

房间或场所	照明功率密度（W/m²）		对应照度值（lx）
	现行值	目标值	
治疗室、诊室	11	9	300
化验室	18	15	500
手术室	30	25	750
候诊室、挂号厅	8	7	200
病　房	6	5	100
护士站	11	9	300
药　房	20	17	500
重症监护室	11	9	300

6.1.6 学校建筑照明功率密度值不应大于表 6.1.6 的规定。当房间或场所的照度值高于或低于本表规定的对应照度值时，其照明功率密度值应按比例提高或折减。

表 6.1.6 学校建筑照明功率密度值

房间或场所	照明功率密度（W/m²）		对应照度值（lx）
	现行值	目标值	
教室、阅览室	11	9	300
实验室	11	9	300
美术教室	18	15	500
多媒体教室	11	9	300

6.1.7 工业建筑照明功率密度值不应大于表 6.1.7 的规定。当房间或场所的照度值高于或低于本表规定的对应照度值时，其照明功率密度值应按比例提高或折减。

表 6.1.7 工业建筑照明功率密度值

房间或场所		照明功率密度（W/m²）		对应照度值（lx）
		现行值	目标值	
1 通用房间或场所				
试验室	一般	11	9	300
	精细	18	15	500
检验	一般	11	9	300
	精细，有颜色要求	27	23	750
计量室，测量室		18	15	500
变、配电站	配电装置室	8	7	200
	变压器室	5	4	100
电源设备室、发电机室		8	7	200
控制室	一般控制室	11	9	300
	主控制室	18	15	500
电话站、网络中心、计算机站		18	15	500
动力站	风机房、空调机房	5	4	100
	泵　房	5	4	100
	冷冻站	8	7	150
	压缩空气站	8	7	150
	锅炉房、煤气站的操作层	6	5	100
仓库	大件库（如钢坯、钢材、大成品、气瓶）	3	3	50
	一般件库	5	4	100
	精细件库（如工具、小零件）	8	7	200
车辆加油站		6	5	100
2 机、电工业				
机械加工	粗加工	8	7	200
	一般加工，公差≥0.1mm	12	11	300
	精密加工，公差<0.1mm	19	17	500
机电、仪表装配	大　件	8	7	200
	一般件	12	11	300
	精　密	19	17	500
	特精密	27	24	750
电线、电缆制造		12	11	300

续表 6.1.7

房间或场所		照明功率密度（W/m^2）		对应照度值（lx）
		现行值	目标值	
线圈绕制	大线圈	12	11	300
	中等线圈	19	17	500
	精细线圈	27	24	750
线圈浇注		12	11	300
焊接	一　般	8	7	200
	精　密	12	11	300
钣　金		12	11	300
冲压、剪切		12	11	300
热处理		8	7	200
铸造	熔化、浇铸	9	8	200
	造　型	13	12	300
精密铸造的制模、脱壳		19	17	500
锻　工		9	8	200
电　镀		13	12	300
喷漆	一　般	15	14	300
	精　细	25	23	500
酸洗、腐蚀、清洗		15	14	300
抛光	一般装饰性	13	12	300
	精　细	20	18	500
复合材料加工、铺叠、装饰		19	17	500
机电修理	一　般	8	7	200
	精　密	12	11	300
3　电子工业				
电子元器件		20	18	500
电子零部件		20	18	500
电子材料		12	10	300
酸、碱、药液及粉配制		14	12	300

注：房间或场所的室形指数值等于或小于1时，本表的照明功率密度值可增加20%。

6.1.8　设装饰性灯具场所，可将实际采用的装饰性灯具总功率的50%计入照明功率密度值的计算。

6.1.9　设有重点照明的商店营业厅，该楼层营业厅的照明功率密度值每平方米可增加5W。

6.2　充分利用天然光

6.2.1　房间的采光系数或采光窗地面积比应符合《建筑采光设计标准》GB/T 50033的规定。

6.2.2　有条件时，宜随室外天然光的变化自动调节人工照明照度。

6.2.3　有条件时，宜利用各种导光和反光装置将天然光引入室内进行照明。

6.2.4　有条件时，宜利用太阳能作为照明能源。

7　照明配电及控制

7.1　照 明 电 压

7.1.1　一般照明光源的电源电压应采用220V。1500W及以上的高强度气体放电灯的电源电压宜采用380V。

7.1.2　移动式和手提式灯具应采用Ⅲ类灯具，用安全特低电压供电，其电压值应符合以下要求：

1　在干燥场所不大于50V；

2　在潮湿场所不大于25V。

7.1.3　照明灯具的端电压不宜大于其额定电压的105%，亦不宜低于其额定电压的下列数值：

1　一般工作场所——95%；

2　远离变电所的小面积一般工作场所难以满足第1款要求时，可为90%；

3　应急照明和用安全特低电压供电的照明——90%。

7.2　照明配电系统

7.2.1　供照明用的配电变压器的设置应符合下列要求：

1　电力设备无大功率冲击性负荷时，照明和电力宜共用变压器；

2　当电力设备有大功率冲击性负荷时，照明宜与冲击性负荷接自不同变压器；如条件不允许，需接自同一变压器时，照明应由专用馈电线供电；

3　照明安装功率较大时，宜采用照明专用变压器。

7.2.2　应急照明的电源，应根据应急照明类别、场所使用要求和该建筑电源条件，采用下列方式之一：

1　接自电力网有效地独立于正常照明电源的线路；

2　蓄电池组，包括灯内自带蓄电池、集中设置或分区集中设置的蓄电池装置；

3　应急发电机组；

4　以上任意两种方式的组合。

7.2.3　疏散照明的出口标志灯和指向标志灯宜用蓄电池电源。安全照明的电源应和该场所的电力线路分别接自不同变压器或不同馈电干线。备用照明电源宜采用本章7.2.2所列的第1或第3种方式。

7.2.4　照明配电宜采用放射式和树干式结合的系统。

7.2.5　三相配电干线的各相负荷宜分配平衡，最大相负荷不宜超过三相负荷平均值的115%，最小相负荷不宜小于三相负荷平均值的85%。

7.2.6　照明配电箱宜设置在靠近照明负荷中心便于

操作维护的位置。

7.2.7 每一照明单相分支回路的电流不宜超过16A，所接光源数不宜超过25个；连接建筑组合灯具时，回路电流不宜超过25A，光源数不宜超过60个；连接高强度气体放电灯的单相分支回路的电流不应超过30A。

7.2.8 插座不宜和照明灯接在同一分支回路。

7.2.9 在电压偏差较大的场所，有条件时，宜设置自动稳压装置。

7.2.10 供给气体放电灯的配电线路宜在线路或灯具内设置电容补偿，功率因数不应低于0.9。

7.2.11 在气体放电灯的频闪效应对视觉作业有影响的场所，应采用下列措施之一：

1 采用高频电子镇流器；

2 相邻灯具分接在不同相序。

7.2.12 当采用Ⅰ类灯具时，灯具的外露可导电部分应可靠接地。

7.2.13 安全特低电压供电应采用安全隔离变压器，其二次侧不应做保护接地。

7.2.14 居住建筑应按户设置电能表；工厂在有条件时宜按车间设置电能表；办公楼宜按租户或单位设置电能表。

7.2.15 配电系统的接地方式、配电线路的保护，应符合国家现行相关标准的有关规定。

7.3 导体选择

7.3.1 照明配电干线和分支线，应采用铜芯绝缘电线或电缆，分支线截面不应小于$1.5mm^2$。

7.3.2 照明配电线路应按负荷计算电流和灯端允许电压值选择导体截面积。

7.3.3 主要供给气体放电灯的三相配电线路，其中性线截面应满足不平衡电流及谐波电流的要求，且不应小于相线截面。

7.3.4 接地线截面选择应符合国家现行标准的有关规定。

7.4 照明控制

7.4.1 公共建筑和工业建筑的走廊、楼梯间、门厅等公共场所的照明，宜采用集中控制，并按建筑使用条件和天然采光状况采取分区、分组控制措施。

7.4.2 体育馆、影剧院、候机厅、候车厅等公共场所应采用集中控制，并按需要采取调光或降低照度的控制措施。

7.4.3 旅馆的每间（套）客房应设置节能控制型总开关。

7.4.4 居住建筑有天然采光的楼梯间、走道的照明，除应急照明外，宜采用节能自熄开关。

7.4.5 每个照明开关所控光源数不宜太多。每个房间灯的开关数不宜少于2个（只设置1只光源的除外）。

7.4.6 房间或场所装设有两列或多列灯具时，宜按下列方式分组控制：

1 所控灯列与侧窗平行；

2 生产场所按车间、工段或工序分组；

3 电化教室、会议厅、多功能厅、报告厅等场所，按靠近或远离讲台分组。

7.4.7 有条件的场所，宜采用下列控制方式：

1 天然采光良好的场所，按该场所照度自动开关灯或调光；

2 个人使用的办公室，采用人体感应或动静感应等方式自动开关灯；

3 旅馆的门厅、电梯大堂和客房层走廊等场所，采用夜间定时降低照度的自动调光装置；

4 大中型建筑，按具体条件采用集中或集散的、多功能或单一功能的自动控制系统。

8 照明管理与监督

8.1 维护与管理

8.1.1 应以用户为单位计量和考核照明用电量。

8.1.2 应建立照明运行维护和管理制度，并符合下列规定：

1 应有专业人员负责照明维修和安全检查并做好维护记录，专职或兼职人员负责照明运行；

2 应建立清洁光源、灯具的制度，根据标准规定的次数定期进行擦拭；

3 宜按照光源的寿命或点亮时间、维持平均照度，定期更换光源；

4 更换光源时，应采用与原设计或实际安装相同的光源，不得任意更换光源的主要性能参数。

8.1.3 重要大型建筑的主要场所的照明设施，应进行定期巡视和照度的检查测试。

8.2 实施与监督

8.2.1 工程设计阶段，照明设计图应由设计单位按本标准自审、自查。

8.2.2 建筑装饰装修照明设计应按本标准审查。

8.2.3 施工阶段由工程监理机构按设计监理。

8.2.4 竣工验收阶段应按本标准规定验收。

附录A 统一眩光值（UGR）

A.0.1 照明场所的统一眩光值（UGR）计算

1 UGR应按A.0.1公式计算：

$$\mathrm{UGR} = 8\lg\frac{0.25}{L_b}\sum\frac{L_\alpha^2\cdot\omega}{P^2} \qquad (A.0.1)$$

式中 L_b——背景亮度（cd/m²）；

L_α——观察者方向每个灯具的亮度（cd/m²）；

ω——每个灯具发光部分对观察者眼睛所形成的立体角（sr）；

P——每个单独灯具的位置指数。

2 A.0.1 式中的各参数应按下列公式和规定确定：

1）背景亮度 L_b 应按 A.0.1-1 式确定：

$$L_b = \frac{E_i}{\pi} \tag{A.0.1-1}$$

式中 E_i——观察者眼睛方向的间接照度（lx）。

此计算一般用计算机完成。

2）灯具亮度 L_α 应按 A.0.1-2 式确定：

$$L_\alpha = \frac{I_\alpha}{A \cdot \cos\alpha} \tag{A.0.1-2}$$

式中 I_α——观察者眼睛方向的灯具发光强度（cd）；

$A \cdot \cos\alpha$——灯具在观察者眼睛方向的投影面积（m²）；

α——灯具表面法线与观察者眼睛方向所夹的角度（°）。

3）立体角 ω 应按 A.0.1-3 式确定：

$$\omega = \frac{A_p}{r^2} \tag{A.0.1-3}$$

式中 A_p——灯具发光部件在观察者眼睛方向的表观面积（m²）；

r——灯具发光部件中心到观察者眼睛之间的距离（m）。

4）古斯位置指数 P 应按图 A.0.1 生成的 H/R 和 T/R 的比值由表 A.0.1 确定。

A.0.2 统一眩光值（UGR）的应用条件

1 UGR 适用于简单的立方体形房间的一般照明装置设计，不适用于采用间接照明和发光天棚的房间；

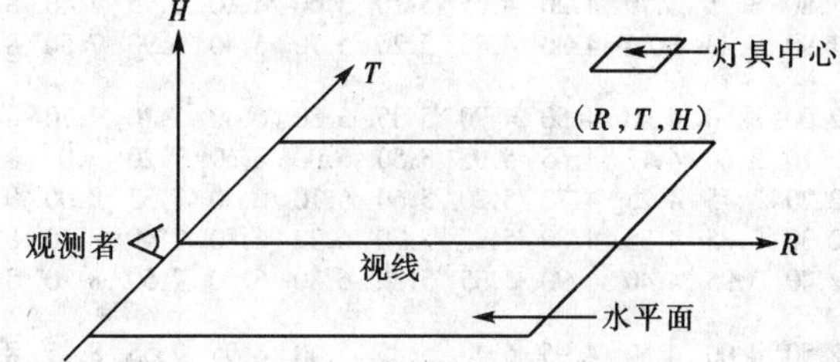

图 A.0.1 以观察者位置为原点的位置指数坐标系统（R，T，H），对灯具中心生成 H/R 和 T/R 的比值

2 适用于灯具发光部分对眼睛所形成的立体角为 $0.1\text{sr} > \omega > 0.0003\text{sr}$ 的情况；

3 同一类灯具为均匀等间距布置；

4 灯具为双对称配光；

5 坐姿观测者眼睛的高度通常取 1.2m，站姿观测者眼睛的高度通常取 1.5m；

6 观测位置一般在纵向和横向两面墙的中点，视线水平朝前观测；

7 房间表面为大约高出地面 0.75m 的工作面、灯具安装表面以及此两个表面之间的墙面。

表 A.0.1 位置指数表

H/R T/R	0.00	0.10	0.20	0.30	0.40	0.50	0.60	0.70	0.80	0.90	1.00	1.10	1.20	1.30	1.40	1.50	1.60	1.70	1.80	1.90
0.00	1.00	1.26	1.53	1.90	2.35	2.86	3.50	4.20	5.00	6.00	7.00	8.10	9.25	10.35	11.70	13.15	14.70	16.20	—	—
0.10	1.05	1.22	1.45	1.80	2.20	2.75	3.40	4.10	4.80	5.80	6.80	8.00	9.10	10.30	11.60	13.00	14.60	16.10	—	—
0.20	1.12	1.30	1.50	1.80	2.20	2.66	3.18	3.88	4.60	5.50	6.50	7.60	8.75	9.85	11.20	12.70	14.00	15.70	—	—
0.30	1.22	1.38	1.60	1.87	2.25	2.70	3.25	3.90	4.60	5.45	6.45	7.40	8.40	9.50	10.85	12.10	13.70	15.00	—	—
0.40	1.32	1.47	1.70	1.96	2.35	2.80	3.30	3.90	4.60	5.40	6.40	7.30	8.30	9.40	10.60	11.90	13.20	14.60	16.00	—
0.50	1.43	1.60	1.82	2.10	2.48	2.91	3.40	3.98	4.70	5.50	6.40	7.30	8.30	9.40	10.50	11.75	13.00	14.40	15.70	—
0.60	1.55	1.72	1.98	2.30	2.65	3.10	3.60	4.10	4.80	5.50	6.40	7.35	8.40	9.40	10.50	11.70	13.00	14.10	15.40	—
0.70	1.70	1.88	2.12	2.48	2.87	3.30	3.78	4.30	4.88	5.60	6.50	7.40	8.50	9.50	10.50	11.70	12.85	14.00	15.20	—
0.80	1.82	2.00	2.32	2.70	3.08	3.50	3.92	4.50	5.10	5.75	6.60	7.50	8.60	9.50	10.60	11.75	12.80	14.00	15.10	—
0.90	1.95	2.20	2.54	2.90	3.30	3.70	4.20	4.75	5.30	6.00	6.75	7.70	8.70	9.65	10.75	11.80	12.90	14.00	15.00	16.00
1.00	2.11	2.40	2.75	3.10	3.50	3.91	4.40	5.00	5.60	6.20	7.00	7.90	8.80	9.75	10.80	11.90	12.95	14.00	15.00	16.00
1.10	2.30	2.55	2.92	3.30	3.72	4.20	4.70	5.25	5.80	6.55	7.20	8.15	9.00	9.90	10.95	12.00	13.00	14.00	15.00	16.00
1.20	2.40	2.75	3.12	3.50	3.90	4.35	4.85	5.50	6.05	6.70	7.50	8.30	9.20	10.00	11.02	12.10	13.10	14.00	15.00	16.00
1.30	2.55	2.90	3.30	3.70	4.20	4.65	5.20	5.70	6.30	7.00	7.70	8.55	9.35	10.20	11.20	12.25	13.20	14.00	15.00	16.00
1.40	2.70	3.10	3.50	3.90	4.35	4.85	5.35	5.85	6.50	7.25	8.00	8.70	9.50	10.40	11.40	12.40	13.25	14.05	15.00	16.00

续表 A.0.1

H/R T/R	0.00	0.10	0.20	0.30	0.40	0.50	0.60	0.70	0.80	0.90	1.00	1.10	1.20	1.30	1.40	1.50	1.60	1.70	1.80	1.90
1.50	2.85	3.15	3.65	4.10	4.55	5.00	5.50	6.20	6.80	7.50	8.20	8.85	9.70	10.55	11.50	12.50	13.30	14.05	15.02	16.00
1.60	2.95	3.40	3.80	4.25	4.75	5.20	5.75	6.30	7.00	7.65	8.40	9.00	9.80	10.80	11.75	12.60	13.40	14.20	15.10	16.00
1.70	3.10	3.55	4.00	4.50	4.90	5.40	5.95	6.50	7.20	7.80	8.50	9.20	10.00	10.85	11.85	12.75	13.45	14.20	15.10	16.00
1.80	3.25	3.70	4.20	4.65	5.10	5.60	6.10	6.75	7.40	8.00	8.65	9.35	10.10	11.00	11.90	12.80	13.50	14.20	15.10	16.00
1.90	3.43	3.86	4.30	4.75	5.20	5.70	6.30	6.90	7.50	8.17	8.80	9.50	10.20	11.00	12.00	12.82	13.55	14.20	15.10	16.00
2.00	3.50	4.00	4.50	4.90	5.35	5.80	6.40	7.10	7.70	8.30	8.90	9.60	10.40	11.10	12.00	12.85	13.60	14.30	15.10	16.00
2.10	3.60	4.17	4.65	5.05	5.50	6.00	6.60	7.20	7.82	8.45	9.00	9.75	10.50	11.20	12.10	12.90	13.70	14.35	15.10	16.00
2.20	3.75	4.25	4.72	5.20	5.60	6.10	6.70	7.35	8.00	8.55	9.15	9.85	10.60	11.30	12.10	12.90	13.70	14.40	15.15	16.00
2.30	3.85	4.35	4.80	5.25	5.70	6.22	6.80	7.40	8.10	8.65	9.30	9.90	10.70	11.40	12.20	12.95	13.70	14.40	15.20	16.00
2.40	3.95	4.40	4.90	5.35	5.80	6.30	6.90	7.50	8.20	8.80	9.40	10.00	10.80	11.50	12.25	13.00	13.75	14.45	15.20	16.00
2.50	4.00	4.50	4.95	5.40	5.85	6.40	6.95	7.55	8.25	8.85	9.50	10.05	10.85	11.55	12.30	13.00	13.80	14.50	15.25	16.00
2.60	4.07	4.55	5.05	5.47	5.95	6.45	7.00	7.65	8.35	8.95	9.55	10.10	10.90	11.60	12.32	13.00	13.80	14.50	15.25	16.00
2.70	4.10	4.60	5.10	5.53	6.00	6.50	7.05	7.70	8.40	9.00	9.60	10.16	10.92	11.63	12.35	13.00	13.80	14.50	15.25	16.00
2.80	4.15	4.62	5.15	5.56	6.05	6.55	7.08	7.73	8.45	9.05	9.65	10.20	10.95	11.65	12.35	13.00	13.80	14.50	15.25	16.00
2.90	4.20	4.65	5.17	5.60	6.07	6.57	7.12	7.75	8.50	9.10	9.70	10.23	10.95	11.65	12.35	13.00	13.80	14.50	15.25	16.00
3.00	4.22	4.67	5.20	5.65	6.12	6.60	7.15	7.80	8.55	9.12	9.70	10.23	10.95	11.65	12.35	13.00	13.80	14.50	15.25	16.00

附录 B 眩光值（GR）

B.0.1 室外体育场地的眩光值（GR）计算

1 GR 的计算应按 B.0.1 公式计算：

$$GR = 27 + 24\lg \frac{L_{vl}}{L_{ve}^{0.9}} \tag{B.0.1}$$

式中 L_{vl}——由灯具发出的光直接射向眼睛所产生的光幕亮度（cd/m^2）；

L_{ve}——由环境引起直接入射到眼睛的光所产生的光幕亮度（cd/m^2）。

2 B.0.1 式中的各参数应按下列公式确定：

1） 由灯具产生的光幕亮度应按 B.0.1-1 式确定：

$$L_{vl} = 10\sum_{i=1}^{n} \frac{E_{eyei}}{\theta_i^2} \tag{B.0.1-1}$$

式中 E_{eyei}——观察者眼睛上的照度，该照度是在视线的垂直面上，由 i 个光源所产生的照度（lx）；

θ_i——观察者视线与 i 个光源入射在眼睛上的方向所形成的角度（°）；

n——光源总数。

2） 由环境产生的光幕亮度应按 B.0.1-2 式确定：

$$L_{ve} = 0.035 L_{av} \tag{B.0.1-2}$$

式中 L_{av}——可看到的水平照射场地的平均亮度（cd/m^2）。

3） 平均亮度 L_{av} 应按 B.0.1-3 式确定：

$$L_{av} = E_{horav} \cdot \frac{\rho}{\pi \Omega_0} \tag{B.0.1-3}$$

式中 E_{horav}——照射场地的平均水平照度（lx）；

ρ——漫反射时区域的反射比；

Ω_0——1 个单位立体角（sr）。

B.0.2 眩光值（GR）的应用条件

1 本计算方法用于常用条件下，满足照度均匀度的室外体育场地的各种照明布灯方式；

2 用于视线方向低于眼睛高度；

3 看到的背景是被照场地；

4 眩光值计算用的观察者位置可采用计算照度用的网格位置，或采用标准的观察者位置；

5 可按一定数量角度间隔（5°……45°）转动选取一定数量观察方向。

本标准用词说明

1 为便于在执行本标准条文时区别对待，对要求严格程度不同的用语说明如下：

1） 表示很严格，非这样做不可的用词：

正面词采用"必须"；

反面词采用"严禁"。

2） 表示严格，在正常情况下均应这样做的用词：

正面词采用"应"，

反面词采用"不应"或"不得"。

3） 表示允许稍有选择，在条件许可时首先应这样做的用词：

正面词采用"宜"，

反面词采用"不宜"；

表示有选择，在一定条件下可以这样做的，采用"可"。

2 标准条文中，"条"、"款"之间承上启下的连接用语，采用"符合下列规定"、"遵守下列规定"或"符合下列要求"等写法表示。

中华人民共和国国家标准

建筑照明设计标准

GB 50034—2004

条 文 说 明

目　　次

1 总　　则

1.0.1 制订本标准的目的和原则。

1.0.2 本标准的适用范围。

1.0.3 本标准与其他标准和规范的关系。

2 术　　语

本章编列了本标准引用的术语，共47条，绝大多数术语引自行业标准——《建筑照明术语标准》JGJ/T 119—98。

3 一般规定

3.1 照明方式和照明种类

3.1.1 本条规定了确定照明方式的原则。

1 为照亮整个场所，除旅馆客房外，均应设一般照明。

2 同一场所的不同区域有不同照度要求时，为节约能源，贯彻照度该高则高和该低则低的原则，应采用分区一般照明。

3 对于部分作业面照度要求高，但作业面密度又不大的场所，若只装设一般照明，会大大增加安装功率，因而是不合理的，应采用混合照明方式，即增加局部照明来提高作业面照度，以节约能源，这样做在技术经济方面是合理的。

4 在一个工作场所内，如果只设局部照明往往形成亮度分布不均匀，从而影响视觉作业，故不应只设局部照明。

3.1.2 本条规定了确定照明种类的原则。

1 所有工作场所均应设置在正常情况下使用的室内外照明。

2 本条规定了应急照明的种类和设计要求。

1）备用照明是在当正常照明因故障熄灭后，可能会造成爆炸、火灾和人身伤亡等严重事故的场所，或停止工作将造成很大影响或经济损失的场所而设的继续工作用的照明，或在发生火灾时为了保证消防能正常进行而设置的照明。

2）安全照明是在正常照明发生故障，为确保处于潜在危险状态下的人员安全而设置的照明，如使用圆盘锯等作业场所。

3）疏散照明是在正常照明因故障熄灭后，为了避免发生意外事故，而需要对人员进行安全疏散时，在出口和通道设置的指示出口位置及方向的疏散标志灯和照亮疏散通道而设置的照明。

3 值班照明是在非工作时间里，为需要值班的车间、商店营业厅、展厅等大面积场所提供的照明。它对照度要求不高，可以利用工作照明中能单独控制的一部分，也可利用应急照明，对其电源没有特殊要求。

4 在重要的厂区、库区等有警戒任务的场所，为了防范的需要，应根据警戒范围的要求设置警卫照明。

5 在飞机场周围建设的高楼、烟囱、水塔等，对飞机的安全起降可能构成威胁，应按民航部门的规定，装设障碍标志灯。

船舶在夜间航行时航道两侧或中间的建筑物、构筑物或其他障碍物，可能危及航行安全，应按交通部门有关规定，在有关建筑物、构筑物或障碍物上装设障碍标志灯。

3.2 照明光源选择

3.2.2 在选择光源时，不单是比较光源价格，更应进行全寿命期的综合经济分析比较，因为一些高效、长寿命光源，虽价格较高，但使用数量减少，运行维护费用降低，经济上和技术上可能是合理的。

3.2.3 本条是选择光源的一般原则。

1 细管径（≤26mm）直管形荧光灯光效高、寿命长、显色性较好，适用于高度较低的房间，如办公室、教室、会议室及仪表、电子等生产场所。

2 商店营业厅宜用细管径（≤26mm）直管形荧光灯代替较粗管径（>26mm）荧光灯，以紧凑型荧光灯取代白炽灯，以节约能源。小功率的金属卤化物灯因其光效高、寿命长和显色性好，可用于商店照明。

3 高大的工业厂房应采用金属卤化物灯或高压钠灯。金属卤化物灯具有光效高、寿命长等优点，因而得到普遍应用，而高压钠灯光效更高，寿命更长，价格较低，但其显色性差，可用于辨色要求不高的场所，如锻工车间、炼铁车间、材料库、成品库等。

4 和其他高强气体放电灯相比，荧光高压汞灯光效较低，寿命也不长，显色指数也不高，故不宜采用。自镇流荧光高压汞灯光效更低，故不应采用。

5 因白炽灯光效低和寿命短，为节约能源，一般情况下，不应采用普通照明白炽灯，如普通白炽灯泡或卤钨灯等；在特殊情况下需采用时，应采用100W及以下的白炽灯。

3.2.4 本条规定可使用白炽灯的场所：

1 要求瞬时启动和连续调光的场所。除了白炽灯，其他光源要做到瞬时启动和连续调光较困难，成本较高。

2 防止电磁干扰要求严格的场所。因为气体放电灯有高次谐波，会产生电磁干扰。

3 开关灯频繁的场所。因为气体放电灯开关频繁时会缩短寿命。

4 照度要求不高、点燃时间短的场所。因为在这种场所使用白炽灯也不会造成大量电耗。

5 对装饰有特殊要求的场所。如使用紧凑型荧光灯不合适时，可以采用白炽灯。

3.2.5 应急照明采用白炽灯、卤钨灯、荧光灯，因在正常照明断电时可在几秒内达到标准流明值；对于疏散标志灯还可采用发光二极管（LED）。而采用高强度气体放电灯达不到上述的要求。

3.2.6 显色要求高的场所，应采用显色指数高的光源，如采用 Ra 大于 80 的三基色稀土荧光灯；显色指数要求低的场所，可采用显色指数较低而光效更高、寿命更长的光源。

3.3 照明灯具及其附属装置选择

3.3.2 本条规定了荧光灯灯具和高强度气体放电灯灯具的最低效率值，以利于节能。这些值是根据我国现有灯具效率制定的。在调查的荧光灯灯具中，带反射器开敞式的灯具效率大于75%的占84.6%；带透明罩的效率大于65%的占80%；带磨砂棱镜罩的灯具效率大于55%的占86%；带格栅的效率大于60%的占58%。对于高强气体放电灯灯具，带反射器开敞式的效率大于75%的占80%；带透光罩的效率大于60%的占62%。

3.3.3 本条为几种照明场所，分别规定了应采用的灯具，其依据是：

1 在有蒸汽场所当灯泡点燃时由于温度升高，在灯具内产生正压，而灯泡熄灭后，由于灯具冷却，内部产生负压，将潮气吸入，容易使灯具内积水。因此，规定在潮湿场所应采用相应等级的防水灯具，至少也应采用带防水灯头的开敞式灯具。

2 在有腐蚀性气体和蒸汽的场所，因各种介质的危害程度不同，所以对灯具要求不同。若采用密闭式灯具，应采用耐腐蚀材料制作，若采用带防水灯头的开敞式灯具，各部件应有防腐蚀或防水措施。

3 在高温场所，宜采用带散热构造和措施的灯具，或带散热孔的开敞式灯具。

4 在有尘埃的场所，应按防尘等级选择适宜的灯具。

5 在振动和摆动较大的场所，由于振动对光源寿命影响较大，甚至可能使灯泡自动松脱掉下，既不安全，又增加了维修工作量和费用，因此，在此种场所应采用防振型软性连接的灯具或防振的安装措施，并在灯具上加保护网，以防止灯泡掉下。

6 光源可能受到机械损伤或自行脱落，而导致人员伤害和财物损失的，应采用有保护网的灯具。如在生产贵重产品的高大工业厂房等场所。

7 在有爆炸和火灾危险的场所使用的灯具，应符合国家现行相关标准和规范等的有关规定。如《爆炸和火灾危险环境电力设计规范》。

8 在有洁净要求的场所，应安装不易积尘和易于擦拭的洁净灯具，以有利于保持场所的洁净度，并减少维护工作量和费用。

9 在博物馆展室或陈列柜等场所，对于需防止紫外线作用的彩绘、织品等展品，需采用能隔紫外线的灯具或无紫光源。

3.3.4 直接安装在可燃材料表面上的灯具，当灯具发热部件紧贴在安装表面上时，必须采用带有▽F标志的灯具，以免一般灯具的发热导致可燃材料的燃烧。

3.3.5 本条说明选择镇流器的原则：

1 采用电子镇流器，使灯管在高频条件下工作，可提高灯管光效和降低镇流器的自身功耗，有利于节能，并且发光稳定，消除了频闪和噪声，有利于提高灯管的寿命，目前我国的自镇流荧光灯大部分采用电子镇流器。

2 T8 直管形荧光灯应配用电子镇流器或节能电感镇流器，不应配用功耗大的传统电感镇流器，以提高能效；T5 直管形荧光灯（>14W）应采用电子镇流器，因电感镇流器不能可靠起动 T5 灯管。

3 当采用高压钠灯和金属卤化物灯时，宜配用节能型电感镇流器，它比普通电感镇流器节能；这类光源的电子镇流器尚不够稳定，暂不宜普遍推广应用，对于功率较小的高压钠灯和金属卤化物灯，可配用电子镇流器，目前市场上有这种产品。在电压偏差大的场所，采用高压钠灯和金属卤化物灯时，为了节能和保持光输出稳定，延长光源寿命，宜配用恒功率镇流器。

4 采用的镇流器应符合该镇流器的国家能效标准的规定。

3.3.6 高强度气体放电灯的触发器，一般是与灯具装在一起的，但有时由于安装、维修上的需要或其他原因，也有分开设置的。此时，触发器与灯具的间距越小越好。当两者间距大时，触发器不能保证气体放电灯正常启动，这主要是由于线路加长后，导线间分布电容增大，从而触发脉冲电压衰减而造成的，故触发器与光源的安装距离应符合制造厂家对产品的要求。

3.4 照明节能评价

3.4.1 目前美国、日本、俄罗斯等国家均采用照明功率密度（LPD）作为建筑照明节能评价指标，其单位为 W/m²，本标准也采用此评价指标。其值应符合第6章的规定。

3.4.2 本标准规定了两种照明功率密度值，即现行值和目标值。现行值是根据对国内各类建筑的照明能耗现状调研结果、我国建筑照明设计标准以及光源、灯具等照明产品的现有水平并参考国内外有关照明节能标准，经综合分析研究后制订的。而目标值则是预测到几年后随着照明科学技术的进步、光源灯具等照明产品性能水平的提高，从而照明能耗会有一定程度的下降而制订的。目标值比现行值降低约为10%～20%。目标值执行日期由标准主管部门决定。

4 照明数量和质量

4.1 照 度

4.1.1 本条规定了常用照度标准值分级，该分级与CIE标准《室内工作场所照明》S 008/E—2001的分级大体一致。在主观效果上明显感觉到照度的最小变化，照度差大约为1.5倍。为了适合我国情况，照度分级向低延伸到0.5lx，与原照明设计标准的分级一致。

4.1.2 本条规定照度标准值是指维持平均照度值，即规定表面上的平均照度不得低于此数值。它是在照明装置必须进行维护的时刻，在规定表面上的平均照度，这是为确保工作时视觉安全和视觉功效所需要的照度。

4.1.3～4.1.4 本标准修改了原标准的低、中、高的三种照度标准值，只规定一种标准值，与CIE新标准一致，但凡符合这两条所列的条件之一，作业面或参考平面的照度，可按照度标准值分级提高或降低一级。但不论符合几个条件，只能提高或降低一级。

4.1.5 作业面邻近周围（指作业面外0.5m范围之内）的照度与作业面的照度有关，若作业面周围照度分布迅速下降，会引起视觉困难和不舒适，为了提供视野内亮度（照度）分布的良好平衡，邻近周围的照度不得低于表4.1.5的数值。此表与CIE标准《室内工作场所照明》S 008/E—2001的规定完全一致。

4.1.6 为使照明场所的实际照度水平不低于规定的维持平均照度值，照明设计计算时，应考虑因光源光通量的衰减、灯具和房间表面污染引起的照度降低，为此应计入表4.1.6的维护系数。

1 因光源光通量衰减的维护系数，按照光源实际使用寿命达到其平均寿命70%时来确定。

2 灯具污染的维护系数的取值与灯具擦拭周期有关。美国、俄罗斯等国家规定擦拭周期为1～4次/年，本标准规定了2～3次/年。

3 维护系数是根据对50个照明场所的实测结果并综合以上因素而确定的，同时也和原标准规定的维护系数值相同。

4.1.7 考虑到照明设计时布灯的需要和光源功率及光通量的变化不是连续的这一实际情况，根据我国国情，规定了设计照度值与照度标准值比较，可有－10%～＋10%的偏差。此偏差只适用于装10个灯具以上的照明场所；当小于10个灯具时，允许适当超过此偏差。

4.2 照度均匀度

4.2.1 作业面应尽可能地均匀照亮，根据现场的重点调研和设计普查，照度均匀度多数在0.7以上，人们感到满意。CIE标准《室内工作场所照明》S 008/E—2001中也规定了0.7，因此本标准规定一般照明的照度均匀度不应小于0.7。参照CIE标准规定，增加了作业面邻近周围的照度均匀度不应小于0.5的规定。

4.2.2 房间内的通道和其他非作业区域的一般照明的照度不宜低于作业区域一般照明照度的1/3的规定是参照原CIE标准29/2号出版物《室内照明指南》(1986)制订的。

4.2.3 有电视转播要求的体育场馆的照度均匀度是根据CIE出版物《体育比赛用的彩色电视和摄影系统的照明指南》No.83（1989）制订的。观众席前排的垂直照度一般是指主席台前各排坐席的照度。

4.3 眩光限制

4.3.1 为限制视野内过高亮度或对比引起的直接眩光，规定了直接型灯具的遮光角，其角度值等同采用CIE标准《室内工作场所照明》S 008/E—2001的规定。适用于常时间有人工作的房间或场所内。

4.3.2 各类照明场所的统一眩光值（UGR）是参照CIE标准《室内工作场所照明》S 008/E—2001的规定制订的。UGR最大允许值应符合第5章的规定，照明场所的统一眩光值根据附录A计算。此计算方法采用CIE 117号出版物《室内照明的不舒适眩光》(1995)的公式。

4.3.3 室外体育场的眩光采用眩光值（GR）评价，GR最大允许值应符合5.2.11的规定，GR值按附录B计算，此计算方法采用CIE 112号出版物《室外体育和区域照明的眩光评价系统》(1994)的公式。

4.3.4 由特定表面产生的反射而引起的眩光，通常称为光幕反射和反射眩光。它将会改变作业面的可见度，往往是有害的，可采取以下的措施来减少光幕反射和反射眩光。

1 从灯具和作业面的布置方面考虑，避免将灯具安装在干扰区内，如灯安装在工作位置的正前上方40°以外区域。

2 从房间表面装饰方面考虑，采用低光泽度的表面装饰材料。

3 从灯具亮度方面考虑，应限制灯具表面亮度不宜过高。

4 从周围亮度考虑，应照亮顶棚和墙，以降低亮度对比，但避免出现光斑。

4.3.5 本条等同采用CIE标准《室内工作场所照明》S 008/E—2001的规定。

4.4 光源颜色

4.4.1 本条是根据 CIE 标准《室内工作场所照明》S 008/E—2001 的规定制订的。光源的颜色外貌是指灯发射的光的表观颜色（灯的色品），即光源的色表，它用光源的相关色温来表示。色表的选择是心理学、美学问题，它取决于照度、室内和家具的颜色、气候环境和应用场所条件等因素。通常在低照度场所宜用暖色表，中等照度用中间色表，高照度用冷色表；另外在温暖气候条件下喜欢冷色表；而在寒冷条件下喜欢暖色表；一般情况下，采用中间色表。

4.4.2 本条是根据 CIE 标准《室内工作场所照明》S 008/E—2001 的规定制订的。该标准的 Ra 取值为 90、80、60、40 和 20。随着人们对颜色显现质量要求的提高，根据 CIE 标准的规定，在长期工作或停留的室内照明光源显色指数不宜低于 80。但对于工业建筑部分生产场所的照明（安装高度大于 6m 的直接型灯具）可以例外，Ra 可低于 80，但最低限度必须能够辨认安全色。常用房间或场所的显色指数的最小允许值在第 5 章中规定。

4.5 反射比

4.5.1 本条规定的房间各个表面反射比是完全按照 CIE 标准《室内工作场所照明》S 008/E—2001 的规定制订的。制订本规定的目的在于使视野内亮度分布控制在眼睛能适应的水平上，良好平衡的适应亮度可以提高视觉敏锐度、对比灵敏度和眼睛的视功能效率。视野内不同亮度分布也影响视觉舒适度，应当避免由于眼睛不断地适应调节引起视疲劳的过高或过低的亮度对比。

5 照明标准值

5.1 居住建筑

5.1.1 居住建筑的照明标准值是根据对我国六大区的 35 户新建住宅照明调研结果，并参考原国家标准《民用建筑照明设计标准》GBJ 133—90 以及一些国家的照明标准，经综合分析研究后制订的。居住建筑的国内外照度标准值对比见表 1。

表 1 居住建筑国内外照度标准值对比 单位：lx

房间或场所		本调查			原标准 GBJ 133—90	美国 IESNA—2000	日本 JIS Z 9110—1979	俄罗斯 СНиП 23-05-95	本标准
		重点		普查					
		照度范围	平均照度						
起居室	一般活动	100～200（84%）	152	—	20～30～50（一般）150～200～300（阅读）	300（偶尔阅读）500（认真阅读）	30～75（一般）150～300（重点）	100	100
	书写、阅读								300*
卧室	一般活动	100（80.64%）	71	—	75～100～150（床头阅读）200～300～500（精细作业）	300（偶尔阅读）500（认真阅读）	10～30（一般）300～750（读书、化妆）	100	75
	书写、阅读								150*
餐厅		50～150 100（73.9%）	86	—	20～30～50	50	50～100（一般）200～500（餐桌）	—	150
厨房	一般活动	100 62.2%	93	—	20～30～50	300（一般）500（困难）	50～100（一般）200～500（烹调、水槽）	100	100
	操作台								150*
卫生间		100（61.3%）	121	—	10～15～20	300	75～150（一般）200～500（洗脸、化妆）	50	100
注：*宜用混合照明。									

1 根据实测调研结果，绝大多数起居室，在灯全开时，照度在 100～200lx 之间，平均照度可达 152lx，而原标准一般活动为 20～30～50lx，照度太低，美国标准又太高，日本最低，只有 75lx，俄罗斯为 100lx，根据我国实际情况，本标准定为 100lx。而起居室的书写、阅读，参照美、日和原标准，本标准定为 300lx，这可用混合照明来达到。

2 根据实测调研结果，绝大多数卧室的照度在 100lx 以下，平均照度为 71lx，美国标准太高，日本标准一般活动太低，阅读太高，俄罗斯为 100lx。根据我国实际情况，卧室的一般活动照度略低于起居室，取 75lx 为宜。床头阅读比起居室的书写阅读降低，取

150lx。一般活动照明由一般照明来达到，床头阅读照明可由混合照明来达到。

3 原标准的餐厅照度太低，最高只有 50lx，美国较低，而日本在 200～500lx 之间，根据我国的实测调查结果，多数在 100lx 左右，本标准定为 150lx。

4 目前我国的厨房照明较暗，大多数只设一般照明，操作台未设局部照明。根据实际调研结果，一般活动多数在 100lx 以下，平均照度为 93lx，而国外多在 100～300lx 之间，根据我国实际情况，本标准定为 100lx。而国外在操作台上的照度均较高，在 200～500lx 之间，这是为了操作安全和便于识别之故。本标准根据我国实际情况，定为 150lx，可由混合照明来达到。

5 原标准的卫生间一般照明照度太低，最高只有 20lx，而国外标准在 50～150lx 之间，根据调查结果，多数为 100lx 左右，平均照度为 121lx，故本标准定为 100lx。至于洗脸、化妆、刮脸，可用镜前灯照明，照度可在 200～500lx 之间。

6 显色指数（Ra）值是参照 CIE 标准《室内工作场所照明》S 008/E—2001 制订的，符合我国经济发展和生活水平提高的需要，同时，当前光源产品也具备这种条件。

5.2 公 共 建 筑

5.2.1 图书馆建筑照明标准值是根据对我国六大区的 46 所图书馆照明调研结果，并参考原国家标准、CIE 标准以及一些国家的照明标准经综合分析研究后制订的。图书馆建筑国内外照度标准值对比见表 2。

表 2 图书馆建筑国内外照度标准值对比 单位：lx

<table>
<tr><th colspan="2" rowspan="3">房间或场所</th><th colspan="3">本调查</th><th rowspan="3">原标准
GBJ 133—90</th><th rowspan="3">CIE
S 008/E
—2001</th><th rowspan="3">美国
IESNA
—2000</th><th rowspan="3">俄罗斯
СНиП23-05-95</th><th rowspan="3">本标准</th></tr>
<tr><th colspan="2">重点</th><th rowspan="2">普查</th></tr>
<tr><th>照度范围</th><th>平均照度</th></tr>
<tr><td rowspan="2">阅览室</td><td>一般图书馆</td><td rowspan="2">200～300
（50%）</td><td rowspan="2">339</td><td rowspan="2">200～300
（74.9%）</td><td rowspan="2">150～200～300</td><td rowspan="2">500</td><td rowspan="2">300</td><td rowspan="2">300
（一般）</td><td>300</td></tr>
<tr><td>国家、省市及其他重要图书馆</td><td>500</td></tr>
<tr><td colspan="2">老年阅览室、珍善本、舆图阅览室</td><td>—</td><td>—</td><td>—</td><td>200～300～500</td><td></td><td>300</td><td>—</td><td>500</td></tr>
<tr><td colspan="2">目录厅（室）、陈列室</td><td>—</td><td>390</td><td>150～250
（57.2%）</td><td>75～100～150</td><td>200
（个人书架）</td><td>300
（阅读架）</td><td>200</td><td>300</td></tr>
<tr><td colspan="2" rowspan="2">书库</td><td rowspan="2"><150
（92.3%）</td><td>72
（$h=0.5$）</td><td rowspan="2"><150
（35.7%）</td><td rowspan="2">20～30～50
（垂直）</td><td rowspan="2">200
（书架）</td><td rowspan="2">50
（不活动）</td><td rowspan="2">75</td><td rowspan="2">50</td></tr>
<tr><td>208
（$h=0.75$）</td></tr>
<tr><td colspan="2">工作间</td><td>—</td><td>—</td><td>150～250
（47.1%）</td><td>150～200～300</td><td>—</td><td>—</td><td>200</td><td>300</td></tr>
</table>

1 所调查的阅览室大部分为省市图书馆和部分大学图书馆，半数以上阅览室照度在 200～300lx 之间，平均照度在 339lx，而原标准高档照度为 300lx，CIE 标准为 500lx，美国和俄罗斯均为 300lx。根据视觉满意度实验，对荧光灯在 300lx 时，其满意度基本可以。又据现场评价，150～250lx 基本满足视觉要求。根据我国现有情况，本标准一般阅览室定为 300lx，国家、省市及重要图书馆的阅览室、老年阅览室、珍善本、舆图阅览室定为500lx。

2 根据陈列室、目录厅（室）、出纳厅的照度普查结果，半数以上平均为 200lx，原标准高档为 150lx，而国外标准在 200～300lx 之间，本标准定为 300lx。

3 根据书库的调查结果，多数照度在 150lx 以下，除美国照度较高外，日本和俄罗斯在 50～75lx 之间。本标准定为 50lx。

4 工作间的照度，调查结果多数平均在 200～300lx 之间，而原标准高档为 300lx，考虑图书的修复工作需要，本标准定为 300lx。

5 各房间统一眩光值（UGR）和显色指数（Ra）是参照 CIE 标准《室内工作场所照明》S 008/E—2001 制订的。

5.2.2 办公建筑的照明标准值是根据对我国六大区的 187 所办公建筑照明调研结果，并参考原国家标准、CIE 标准以及一些国家的照明标准经综合分析研究后制订的。办公建筑的国内外照度标准值对比见表 3。

表3　办公建筑国内外照度标准值对比　　单位：lx

房间或场所	本调查			原标准 GBJ 133—90	CIE S 008/E —2001	美国 IESNA —2000	日本 JIS Z 9110—1079	德国 DIN 503 5—1990	俄罗斯 СНиП 23-05-95	本标准
	重点		普查							
	照度范围	平均照度								
普通办公室	200~400（57.1%）	429	200~300（75.4%）	100~150~200	500	500	300~750	300	300	300
高档办公室								500	—	500
会议室、接待室、前台	200~400（59.3%）	358	200~300（88.1%）	100~150~200	500 300（接待）	300 500（重要）	300~750 200~500（接待）	300	200 300（前台）	300
营业厅	—	—	200~300（69.2%）	100~150~200	—	300 500（书写）	750~1500	—	—	300
设计室	—	—	—	200~300~500	750	750	750~1500	750	500	500
文件整理、复印、发行室	250~350（66.7%）	324	200（72.7%）	50~75~100	300	100	300~750	—	400	300
资料、档案室	—	—	<150	50~75~100	200	—	150~300	—	75	200

1　办公室分普通和高档两类，分别制订照度标准，这样做比较适应我国不同建筑等级以及不同地区差别的需要。根据调研结果，办公室的平均照度多数在200~400lx之间，平均照度为429lx，而原标准高档为200lx。从目前我国实际情况看，原标准值明显偏低，需提高照度标准。CIE、美国、日本、德国办公室照度均为500lx，只有俄罗斯为300lx，根据我国情况，本标准将普通办公室定为300lx，高档办公室定为500lx。

2　根据会议室、接待室、前台的照度调查结果，多数平均在200~400lx之间，平均照度为358lx，原标准高档为200lx，而CIE标准及一些国家多在300~500lx之间，本标准定为300lx。

3　根据营业厅的照度调查结果，多数为200~300lx之间，而美国为300~500lx，日本高达750~1500lx，本标准定为300lx。

4　设计室的照度与高档办公室的照度一致，本标准定为500lx。

5　根据文件整理、复印、发行室的照度调查结果，重点调查照度在250~350lx之间，平均为324lx。普查照度平均为200lx，而原标准高档为100lx，CIE标准为300lx，美国标准稍低为100lx，日本为300~750lx，本标准定为300lx。

6　资料、档案室的照度普查结果均小于150lx，CIE标准为200lx，日本为150~300lx，本标准定为200lx。

7　办公建筑各房间的统一眩光值（UGR）和显色指数（Ra）是参照CIE标准《室内工作场所照明》S 008/E—2001制订的。

5.2.3　商业建筑照明标准值是根据对我国六大区的90所商业建筑的照明调研结果，并参考原国家标准、CIE标准以及一些国家的照明标准经综合分析研究后制订的。商业建筑国内外照度标准值对比见表4。

1　由于商业建筑等级和地区的不同，将商店分为一般和高档两类，比较符合中国的实际情况。重点调研结果是多数商店照度均大于500lx，平均照度达678lx，因为调研的商店均为大型高档商店，而普查的照度多数小于500lx。CIE标准将营业厅按大小分类，大营业厅照度为500lx，小营业厅为300lx，而美、德、俄等国均为300lx，日本稍高，达500~750lx。据此，本标准将一般商店营业厅定为300lx，高档商店营业厅定为500lx。

2　根据中国实际情况，将超市分为二类，一类是一般超市营业厅，另一类是高档超市营业厅。根据调研结果，照度大多数在300~500lx，平均照度达567lx。而美国不分何种超市均定为500lx，日本在市内超市为750~1000lx，而在市郊超市为300~750lx，俄罗斯为400lx。本标准将一般超市营业厅定为300lx，而高档超市营业厅定为500lx。

3　收款台要进行大量现金及票据工作，精神集中，避免差错，照度要求较高，本标准定为500lx。

4 商店各营业厅的统一眩光值（UGR）和显色指数（Ra）是参照CIE标准《室内工作场所照明》S 008/E—2001制订的。

5.2.4 影剧院建筑照明标准值是根据对我国10所影剧院建筑照明调查结果，并参考原国家标准、CIE标准以及一些国家的照明标准经综合分析研究后制订的。影剧院建筑国内外照度标准值对比见表5。

表4 商业建筑国内外照度标准值对比 单位：lx

<table>
<tr><td rowspan="3">房间或场所</td><td colspan="3">本调查</td><td rowspan="3">原标准
GBJ 133—90</td><td rowspan="3">CIE
S 008/E
—2001</td><td rowspan="3">美国
IESNA
—2000</td><td rowspan="3">日本
JIS Z
9110—1979</td><td rowspan="3">德国
DIN 503
5—1990</td><td rowspan="3">俄罗斯
СНиП
23-05-95</td><td rowspan="3">本标准</td></tr>
<tr><td colspan="2">重点</td><td rowspan="2">普查</td></tr>
<tr><td>照度范围</td><td>平均照度</td></tr>
<tr><td>一般商店营业厅</td><td rowspan="2">>500
（70.2%）</td><td rowspan="2">678</td><td rowspan="2"><500
（90.6%）</td><td rowspan="2">75～100
～150</td><td rowspan="2">300（小）
500（大）</td><td rowspan="2">300</td><td rowspan="2">500～750</td><td rowspan="2">300</td><td rowspan="2">300</td><td>300</td></tr>
<tr><td>高档商店营业厅</td><td>500</td></tr>
<tr><td>一般超市营业厅</td><td rowspan="2">300～500
（75%）</td><td rowspan="2">567</td><td rowspan="2"><500
（91.7%）</td><td rowspan="2">150～200
～300</td><td rowspan="2">—</td><td rowspan="2">500</td><td rowspan="2">750～1000
（市内）
300～750
（郊外）</td><td rowspan="2">—</td><td rowspan="2">400</td><td>300</td></tr>
<tr><td>高档超市营业厅</td><td>500</td></tr>
<tr><td>收款台</td><td>—</td><td>—</td><td>—</td><td>150～200
～300</td><td>500</td><td>—</td><td>750～1000</td><td>500</td><td>—</td><td>500</td></tr>
</table>

表5 影剧院建筑国内外照度标准值对比 单位：lx

<table>
<tr><td colspan="2">房间或场所</td><td>本调查</td><td>原标准
GBJ 133—90</td><td>CIE
S 008/E—2001</td><td>美国
IESNA—2000</td><td>日本
JIS Z 9110—1979</td><td>俄罗斯
СНиП23-05-95</td><td>本标准</td></tr>
<tr><td colspan="2">门厅</td><td>10～133</td><td>100～150～200</td><td>100</td><td>—</td><td>300～750</td><td>500</td><td>200</td></tr>
<tr><td rowspan="2">观众厅</td><td>影院</td><td rowspan="2">103</td><td>30～50～75</td><td>—</td><td>100</td><td>150～300</td><td>75</td><td>100</td></tr>
<tr><td>剧场</td><td>50～75～100</td><td>200</td><td>—</td><td>150～300</td><td>300～500</td><td>200</td></tr>
<tr><td rowspan="2">观众休息厅</td><td>影院</td><td rowspan="2">40～200</td><td>50～75～100</td><td>—</td><td>—</td><td rowspan="2">150～300</td><td>150</td><td>150</td></tr>
<tr><td>剧场</td><td>75～100～150</td><td>—</td><td>—</td><td>—</td><td>200</td></tr>
<tr><td colspan="2">排演厅</td><td>310</td><td>100～150～200</td><td>300</td><td>—</td><td>—</td><td>—</td><td>300</td></tr>
<tr><td rowspan="2">化妆室</td><td>一般活动区</td><td rowspan="2">509</td><td rowspan="2">75～100～150
150～200～300</td><td rowspan="2">—</td><td rowspan="2">—</td><td rowspan="2">300～750</td><td rowspan="2">—</td><td>150</td></tr>
<tr><td>化妆</td><td>500</td></tr>
</table>

1 影剧院建筑门厅反映一个影剧院风格和档次，且是观众的主要入口，其照度要求较高。根据调查结果，门厅照度在10～133lx之间，而CIE标准为100lx，日本为300～750lx，俄罗斯为500lx，照度差异较大，

根据我国实际情况，本标准定为200lx。

2 影院和剧场观众厅照度稍有不同，剧场需看剧目单及说明书等，故需照度高些，影院比剧场稍低。根据调查，现有影剧场观众厅平均照度为103lx，CIE标准剧场为200lx，本标准对观众厅，剧场定为200lx，影院定为100lx。

3 影院和剧场的观众休息厅，根据调查结果，照度在40～200lx之间。原标准高档照度，影院为100lx，剧场为150lx。日本为150～300lx，俄罗斯为150lx。本标准将影院定为150lx，剧场定为200lx，以满足观众休息的需要。

4 排演厅的实测照度为310lx，原标准高档为200lx，照度较低。CIE标准为300lx，参照CIE标准的规定，本标准定为300lx。

5 化妆室的实测照度为509lx，原标准一般区域高档为150lx，化妆台高档为300lx，日本为300～750lx。本标准将一般活动区照度定为150lx，而将化妆台照度提高到500lx。

6 影剧院的统一眩光值（UGR）和显色指数（Ra）是参照CIE标准《室内工作场所照明》S 008/E—2001制订的。

5.2.5 旅馆建筑照明标准值是根据对我国六大区的62所旅馆建筑照明调查结果，并参考原国家标准、CIE标准以及一些国家的照明标准经综合分析研究后制订的。旅馆建筑国内外照度标准值对比见表6。

表6 旅馆建筑国内外照度标准值对比 单位：lx

房间或场所		本调查			原标准 GBJ 133—90	CIE S 008/E—2001	美国 IESNA—2000	日本 JIS Z 9110—1979	德国 DIN 5035—1990	俄罗斯 CHиП 23－05－95	本标准
		重点		普查							
		照度范围	平均照度								
客房	一般活动区	<50（78.9%）	37	100～200（94%）	20～30～50	—	100	100～150		100	75
	床头	100（57.9%）	110		50～75～100		—	—		—	150
	写字台	100～200（100%）	208	100～200（64.6%）	100～150～200	—	300	300～750	—	—	300
	卫生间	100～200（66.4%）	173（水平） 84（垂直）	100～200（100%）	50～75～100		300	100～200		—	150
中餐厅		100～200（83.2%）	186	200～300（75%）	50～75～100	200	—	200～300	200	—	200
西餐厅、酒吧间		<100（82.5%）	69	—	20～30～50	—	—	—	—	—	100
多功能厅		100～200（76%）	149	300～400（100%）	150～200～300	200	500	200～500	200	200	300
门厅、总服务台		50～100（62.6%）	121	200～300（83.4%）	75～100～150	300	100 300（阅读处）	100～200	—	—	300
休息厅											200
客房层走廊		<50（75%）	43	—	—	100	50	75～100	—	—	50
厨房		—	—	—	150	—	200～500	—	500	200	200
洗衣房		—	—	—	150	—	—	100～200	—	200	200

1 目前绝大多数宾馆客房无一般照明，按一般活动区、床头、写字台、卫生间四项制订标准。根据实测调查结果，绝大多数一般活动区照度小于50lx，平均照度只有37lx，原标准高档为50lx，而美国等一些国家为100～150lx，根据我国情况本标准定为75lx。床头的实测照度多数为100lx左右，平均照度为110lx，而原标准最高为100lx，稍低，本标准提高到150lx。写字台的实测照度多在100～200lx之间，而原标准高档为200lx，美国为300lx，日本为300～750lx；本标准定为300lx。卫生间的实测照度多数在100～200lx之间，原标准高档为100lx，而美国为300lx，日本为100～200lx，本标准定为150lx。

2 中餐厅重点实测照度多数在100～200lx之间，平均照度为186lx，而普查设计照度多数在200～300lx之间，原标准高档照度为100lx，照度偏低，CIE标准和德国为200lx，日本为200～300lx，本标准定为200lx。

3 西餐厅、酒吧间、咖啡厅照度，不宜太高，以创造宁静、优雅的气氛。实测照度均小于100lx。原标准高档为50lx，照度偏低，本标准定为100lx。

4 多功能厅重点实测照度多数在100～250lx之间，平均照度为149lx，而普查照度均在300～400lx之间，CIE标准、德国、俄罗斯均为200lx，而美国为500lx，日本为200～500lx，本标准取各国标准的中间值，定为300lx。

5 门厅、总服务台、休息厅是旅馆的重要枢纽，是人流集中分散的场所，重点调查照度约100lx左右，平均为121lx，而普查多数在200～300lx之间，原标准高档为150lx，而国外标准在100～300lx之间，结合我国实际情况，本标准将门厅、总服务台定为300lx，将休息厅定为200lx。

6 客房层走道实测照度多数小于50lx，平均为43lx，而国外多为50～100lx之间，本标准定为50lx。

7 旅馆建筑各房间的统一眩光值（UGR）和显色指数（Ra）是参照CIE标准《室内工作场所照明》S 008/E—2001制订的。

5.2.6 医院建筑照明标准值是根据对我国六大区的64所医院建筑照明调查结果，并参考《综合医院建筑设计规范》JGJ 49—88、CIE标准和一些国家的照明标准经综合分析研究后制订的。医院建筑的国内外照度标准值对比见表7。原标准无此项标准，为新增项目。

表7 医院建筑国内外照度标准值对比 单位：lx

房间或场所	本调查			行业标准 JGJ 49—88	CIE S 008/E—2001	美国 IESNA—2000	日本 JIS Z 9110—1979	德国 DIN 5035—1990	本标准
	重点		普查						
	照度范围	平均照度							
治疗室	100～200（77.8%）	180	100～200（85.2%）	50～100	1000 500（一般）	300	300～750	300	300
化验室	200～300（71.6%）	260	100～200（93.8%）	75～150	500	500	200～500	500	500
手术室	>300（100%）	417	200～300（72.2%）	100～200	1000	3000～10000	750～1500	1000	750
诊室	100～200（82.4%）	173	100～200（91.7%）	75～150	500	300（一般） 500（工作台）	300～750	500 1000	300
候诊室	100～200（75.2%）	177	100（100%）	50～100	200	100（一般） 300（阅读）	150～300	—	200
病房	100～200（80%）	120	100（60%）	15～30	100（一般） 300（检查、阅读）	50（一般） 300（阅读） 500（诊断）	100～200	100（一般） 200（阅读） 300（检查）	100
护士站	100～200（82.3%）	154	100～200（100%）	75～150	—	300（一般） 500（桌面）	300～750	300	300
药房	100～200（94.1%）	211	100～200（95.2%）	—	—	500	300～750	—	500
重症监护室	—	—	—	—	500	—	—	300	300

1 治疗室的实测照度大多数在100～200lx之间，平均照度为180lx，我国行标高档为100lx，而国际及国外的照度标准均在300～500lx之间，高的可达1000lx。考虑我国实际情况，提高到300lx，还是现实可行的，故本标准定为300lx。

2 化验室的实测照度大多数在200～300lx之间，平均照度为260lx，而国外标准多在500lx，考虑到化验的视觉工作精细，参照国外标准，本标准也定为500lx。

3 手术室一般照明实测照度多在200～300lx之间，我国行标高档为200lx，而国外平均在1000lx左右，美国高达3000lx以上，而本标准是采用国外的最低标准，定为750lx。

4 诊室的实测照度在100～200lx之间，平均为173lx，我国行标最高为150lx，而国外多数在300～500lx之间。对现有诊室照度水平，医生反映均偏低，故本标准提高到300lx。

5 候诊室的实测照度多数在100～200lx之间，平均为177lx，我国行标高档为100lx，而CIE标准为200lx，美国和日本为100～300lx之间，考虑候诊室可比诊室照度低一级，本标准定为200lx。挂号厅的照度与候诊室的照度相同。

6 病房的实测照度多数在100～200lx之间，平均为120lx，我国行标最高为100lx，而国外一般照明为100lx，只有在检查和阅读时要求照度为200～500lx，此时多可用局部照明来实现，本标准定为100lx。

7 护士站的实测照度多在100～200lx之间，平均为154lx，我国行标高档为150lx，护士人员反映偏低，医护人员多在此处书写记录，而国外多在300～500lx之间，本标准将照度提高到300lx。

8 药房的实测照度多在100～200lx之间，美国为 500lx，日本为 300～750lx，考虑到药房视觉工作要求较高，需较高的照度，才能识别药品名，本标准定为 500lx。

9 重症监护室是医疗抢救重地，要求有很高的照度，以满足精细的医疗救护工作的需要，参照 CIE 标准，本标准定为 500lx。

10 医院各房间的统一眩光值（UGR）和显色指数（Ra）是参照 CIE 标准《室内工作场所照明》S 008/E—2001 制订的。

5.2.7 学校建筑照明标准值是根据对我国六大区的 99 所学校建筑的照明调查结果，并参考我国《中小学校建筑设计规范》GBJ 99—86、CIE 标准以及一些国家的照明标准经综合分析研究后制订的。学校建筑的国内外照度标准值对比见表 8。原标准无此项标准，为新增项目。

表 8 学校建筑国内外照度标准值对比 单位：lx

房间或场所	本调查			国标 GBJ 99—86	CIE S 008/E—2001	美国 IESNA—2000	日本 JISZ 9110—1979	德国 DIN 5035—1990	俄罗斯 СНиП23—05—95	本标准
	重点		普查							
	照度范围	平均照度								
教室	200～300（66.6%）	232	200～300（94%）	150	300 500（夜校、成人教育）	500	200～750	300 500	300	300
实验室	200～300（70%）	295	200～300（94.8%）	150	500	500	200～750	500	300	300
美术教室	—	196	200～300（94.1%）	200	500 750	500	—	500	—	500
多媒体教室	—	300	200～300（90.7%）	200	500	—	—	500	400	300
教室黑板	<150（55%）	170	—	200（黑板面）	500	—	—	—	500	500

1 教室的实测照度多数在 200～300lx 之间，平均照度为 232lx，实际照度和设计照度均较低，国标 GBJ 99—86 为 150lx。而 CIE 标准规定普通教室为 300lx，夜间使用的教室，如成人教育教室等，照度为 500lx。美国为 500lx，德国与 CIE 标准相同，日本教室为 200～750lx。本标准参照 CIE 标准的规定，教室定为 300lx，包括夜间使用的教室。

2 实验室的实测照度大多数在 200～300lx 之间，平均照度为 294lx，国标 GBJ 99—86 为 150lx，偏低，多数国家为 300～500lx，本标准定为 300lx。

3 美术教室的普查照度多在 200～300lx 之间，国标 GBJ 99—86 为 200lx，国外标准多为 500lx，因美术教室视觉工作精细，本标准定为 500lx。

4 多媒体教室的普查照度多在 200～300lx 之间，国标 GBJ 99—86 为 200lx，国外照度标准为 400～500lx 之间，考虑因有视屏视觉作业，照度不宜太高，本标准定为 300lx。

5 目前还有部分教室无专用的黑板照明灯，必须专门设置。黑板垂直面的照度至少应与桌面照度相同，为保护学生视力，本标准将原国标 GBJ 99—86 的 200lx，提高到 500lx。

6 学校建筑各种教室的统一眩光值（UGR）和显色指数（Ra）是根据 CIE 标准《室内工作场所照明》S 008/E—2001 制订的。

5.2.8 博物馆照明标准值是在对 27 所博物馆照明实测基础上，参照 CIE 标准和一些国家博物馆照明标准，以及采用我国行业标准《博物馆照明设计标准》而制订的。博物馆的国内外照度标准值对比见表 9。原标准无此项标准，为新增项目。

1 博物馆行业标准，将对光特别敏感展品、对光敏感展品和对光不敏感展品的照度分别定为不超过 50lx、150lx 和 300lx，此标准与 CIE 1984 年博物馆照明标准一致。本标准采用此照度值。

2 根据陈列室一般照明的照度低于展品照度的原则，一般照明的照度按展品照度的 20%～30% 选取。

3 根据 CIE 标准的规定，统一眩光值（UGR）应为 19，对辨色要求高的展品，其显色指数（Ra）不应低于 90，对于显色要求一般的展品显色指数（Ra）为 80。

5.2.9 展览馆展厅的国内外照度标准值对比见表 10。

表 9　博物馆陈列室展品国内外照度标准值对比　　单位：lx

类　别	本调查				博物馆行业标准	CIE 博物馆标准 1984	美国 IESNA—2000	英国 CIBS—1984	日本 JIS Z 9110—1979	俄罗斯 СНиП 23—05—95	本标准
	重点			普查							
	最高照度	最低照度	平均照度								
对光特别敏感的展品	654	299	513	—	≤50	50	—	50	75～150	50～75	50
对光敏感的展品	300	85	179	—	≤150	150	—	150	300～750	150	150
对光不敏感的展品	370	339	355	—	≤300	300	无限制	无限制	750～1500	200～500	300

表 10　展览馆展厅国内外照度标准值对比　　单位：lx

房间或场所		本　调　查						美国 IESNA—2000	日本 JIS Z 9110—1979	俄罗斯 СНиП 23—05—95	本标准
		重　点			普　查						
		最高照度	最低照度	平均照度	最高照度	最低照度	平均照度				
展厅	一般	619	610	615	500	150	207	100	200～500	200	200
	高档										300

1　展览馆展厅的照度，本次调查展厅数量少，调查结果说明不了普遍性问题。展厅照明标准，主要是参考日本、俄罗斯的照度标准制订的。根据不同建筑等级以及不同地区的差别，将展厅分为一般和高档二类。一般展厅定为 200lx，而高档展厅定为 300lx，至于本次实测的展厅是新建的属亚洲最大的广东省展览馆展厅，一般照明初始平均照度为 615lx，维护系数按 0.8 计算，则维持平均照度约为 492lx。该展览馆由日本公司设计执行的是日本标准，照度太高。目前，我国不宜采用此照度值。

2　根据 CIE 标准的规定展厅的统一眩光值（UGR）为 22，而显色指数（Ra）为 80。

5.2.10　交通建筑照明标准值是根据对我国六大区的 28 座机场、车站、汽车客运交通站的照明调查结果，并参考原国家标准、CIE 标准以及一些国家照明标准经综合分析研究后制订的。本标准中机场建筑照明系新增加项目。交通建筑的国内外照度标准值对比见表 11。

表 11　交通建筑（火车站、汽车站、机场、码头）国内外照度标准对比　　单位：lx

房间或场所		本调查			原标准 GBJ 133—90	CIE S 008/E—2001	美国 IESNA—2000	日本 JIS Z 9110—1979	本标准
		重点		普查					
		照度范围	平均照度						
售票台		—	—	—	200	—	—	—	500
问讯处		—	—	—	150	500（台面）	—	—	200
候车(机、船)室	普通	100～200（35.7%） >200（42.9%）	177	169（火） 255（机）	50～75～100 150	200	50	300～750(A) 150～300(B) 75～150(C)	150
	高档								200
中央大厅		453～473	463	—	—	200	30	—	200
售票大厅		≥200（61.5%）	241	125	75～100～150	200	500	300～750(A) 150～300(B)	200
海关、护照检查		—	—	—	100～150～200	500	—	—	500
安全检查		≥200（75%）	321	—	—	300	300	—	300
换票、行李托运		273	—	—	50～75～100	300	300	—	300
行李认领、到达大厅、出发大厅		197	—	193	50～75～100	200	50	—	200

续表 11

房间或场所	本调查			原标准 GBJ 133—90	CIE S 008/E —2001	美国 IESNA —2000	日本 JIS Z 9110—1979	本标准
	重点		普查					
	照度范围	平均照度						
通道、连接区、扶梯	130(火车) 575(机场) 平均 391	—	175～190	15～20～30	150	—	150～300(A) 75～150(B) 50～150(C)	150
站台(有棚) 站台(无棚)		—	20～30	15～20～30 10～15～20	—	—	150～300(A) 75～150(B)	75 50

1 售票台台面，原标准为 200lx，照度偏低，因工作精神集中，收现金、发票，本标准定为 500lx。

2 问讯处的原标准高档为 150lx，而 CIE 问讯处台面为 500lx，根据我国情况，定为 200lx。

3 候车（机、船）室的实测照度多数在 150lx 以上，原标准高档为 150lx。CIE 标准规定为 200lx，而日本分为三级，A 级为 300～750lx，B 级为 150～300lx，C 级为 75～150lx。本标准将候车（机、船）室（厅）分为普通和高档二类，普通定为 150lx，高档定为 200lx。

4 中央大厅的实测照度较高，平均照度为 463lx，而原标准最高为 100lx。CIE 标准规定为 200lx，参照 CIE 标准规定，本标准定为 200lx。

5 售票厅的重点实测照度半数大于 200lx，平均照度为 241lx，而普查只有 125lx。原标准高档为 150lx，CIE 标准规定为 200lx，美国为 500lx，而日本分不同等级车站定照度标准，A 级为 300～750lx，B 级为 150～300lx。根据我国情况，参照 CIE 标准，本标准定为 200lx。

6 海关、护照检查，原标准为 200lx，参照 CIE 标准规定，本标准定为 500lx。

7 安全检查的实测照度多数大于 200lx，平均照度为 321lx，CIE 标准和美国均规定为 300lx，本标准定为 300lx。

8 换票和行李托运的实测照度为 273lx，原标准高档为 100lx，而 CIE 标准和美国规定均为 300lx，本标准定为 300lx。

9 行李认领、到达大厅和出发大厅的实测照度为 197lx，而 CIE 标准为 200lx，本标准参照 CIE 标准，定为 200lx。

10 通道、连接区、扶梯的普查平均照度为 175～190lx，原标准高档为 30lx，照度太低，而 CIE 标准规定为 150lx，日本 150lx 是三级中的中间值，本标准定为 150lx。

11 本标准有棚站台定为 75lx，无棚站台定为 50lx，符合现今的实际情况。

12 交通建筑房间或场所的统一眩光值（UGR）和显色指数（Ra）是根据 CIE 标准《室内工作场所照明》S 008/E—2001 制订的。

5.2.11 体育建筑的照明标准值是根据对我国一些主要城市的 29 座体育场馆的照明调查结果，并参考原国家标准、CIE 标准以及一些国家的照明标准经综合分析研究后制订的。体育场馆的国内外照度标准值对比见表 12。

表 12 体育建筑照度国内外照度标准值对比 单位：lx

房间或场所	本调查			原标准 GBJ 133—90	CIE No.83 —1989	美国 IESNA —2000	日本 JISZ 9110—1979	本标准
	重点		普查					
	照度范围	平均照度						
体育场	1000～2000 (83.3%)	1870	1000～2000 (100%)	300～500 ～750	500～750 ～1000(A)	1000～ 1500	750～1500(正式) 300～750(一般)	500～750 ～1000(A)
体育馆	2000 (63.6%)	2387	1000～2000 (100%)	300～500 ～750	750～1000～ 1400(B)	1500～ 2000	750～1500(正式) 300～7500(一般)	750～ 1000～ 1500(B)
游泳馆	1000～2000 (100%)	1462	1000～2000 (75%)	300～500 ～750	1000～ 1400(C)	300～750	750～1500(正式) 300～750(一般)	1000～ 1500(C)
训练馆	1000～2000 (100%)	1416	—	200～ 750	—	—	—	—

注：CIE 标准的（A）、（B）和（C）为三组比赛项目的彩电转播照度值，而原标准为非彩电转播照度值。

本标准的表 5.2.11-1 和表 5.2.11-2 规定了各种运动项目所对应的照度标准值，实际上这些运动项目是在综合体育场馆进行的。我们测试的场馆是在全部开灯情况下进行。在实际设计时，均考虑了通过控制提供各种运动项目各种级别所需的照度值。在表 5.2.11-1 中所列的照度值是在参考原标准的高档值基础上做了小的调整。表 5.2.11-2 仍然采用原标准的照度值，这与 CIE 标准所规定的彩电转播时照度值一致。

1 根据调查结果，体育场的实测照度大多数在 1000～2000lx 之间，平均照度为 1870lx。

2 体育馆实测照度半数以上为 2000lx，平均照度为 2387lx。

3 游泳馆实测照度多数在 1000～2000lx 之间，平均照度为 1462lx。

4 训练馆实测照度全在 1000～2000lx 之间，平均照度为 1416lx。

根据以上调查分析，我国现有的体育场馆照度均高于 CIE 彩电转播时标准规定的照度值，而本标准仍然采用 CIE 标准规定的彩电转播时的照度值，因为此值已可以满足各种运动项目比赛和训练所要求的照度。

本标准的表 5.2.11-3 规定了有无彩电转播的眩光值（GR）和显色指数（Ra）。

目前对室外体育场的眩光评价可按 CIE 出版物《室外体育场和广场照明的眩光评价系统》No.112（1994）的额定眩光值（GR）执行，眩光值（GR）应小于 50。而对体育馆的室内眩光评价尚无规定。

关于显色指数，彩电转播的比赛场馆要求显色指数（Ra）不小于 80，当今大型国际和国内比赛要求显色指数（Ra）甚至不宜小于 90。而对于非彩电转播的场馆的显色指数（Ra）不应小于 65。

5.3 工业建筑

5.3.1 工业建筑的照明标准值是根据对全国六大区的机械、电子、纺织、制药等 16 大类工业建筑 645 个房间或场所的照明调查结果，并参考原国家标准《工业企业照明设计标准》GB 50034—92、CIE 标准以及一些国家的照明标准经综合分析研究后制订的。

1 各类工业场所调查数据和国内外标准

各类工业场所调查照度值和国内外标准值对比见表 13。

表 13 工业建筑国内外照度标准值对比

单位：lx

房间或场所		本调查 重点	本调查 普查	原标准 GB 50034—92	CIE S 008/E—2001	德国 DIN 5035—1990	美国 IESNA—2000	日本 JIS Z 9110—1979	俄罗斯 СНиП 23-05-95	本标准
1 通用房间或场所										
试验室	一般	771	313	150	500	300	—	300	—	300
	精细	—	—	—	—	—	—	3000	—	500
检验	一般	—	408	—	750～1000	750	300 1000	300～3000	200	300
	精细、有颜色要求	—		—		—	3000～10000	—	—	750
计量室、测量室		—	400	200	500	—	—	—	—	500
变、配电站	配电装置室	131	219	50	200～500	100	500，300，100	150～300	150，200	200
	变压器室		131	30	—				75	100
电源设备室、发电机室		—	220	50	200	100	500，300，100	150～300	150，200	200
控制室	一般控制室	332	267	100	300	—	100	300	150（300）	300
	主控制室		381	200，150	500	—	—	750	—	500
电话站、网络中心		—	400	150	—	300	500，300，100	—	150，200	500
计算机站		—	400	—	500	—	500，300，100	—	—	500
动力站	风机房、空调机房	—	120	30	200	100	500，300，100	150～300	50	100
	泵房	130	175	30	200	100		—	150，200	100
	冷冻站	130	175	50	200	100		—	—	150
	压缩空气站	—	150	50	—	—		—	150，200	150
	锅炉房、煤气站的操作层	—	99	30	100	100		—	50～150	100
仓库	大件库	158	91	10	100	50	50	30	50	50
	一般件库		156	15		100	100	50	75	100
	精细件库		217	30		200	300	75	200	200
车辆加油站		—	—	—	—	100	—	—	—	100
2 机、电工业										
机械加工	粗加工	443	208	50（500）	—	—	300	300	200（1000）	200
	一般加工公差≥0.1mm		300	75（750）	300	300	500	750	200（1500）	300
	精密加工公差＜0.1mm		392	150（1500）	500	500	3000～10000	1500～3000	200（2000）	500
机电、仪表装配	大件	376	250	75	200	200	300	300	200（500）	200
	一般件		340	100（750）	300	300	500	—	300（750）	300
	精密		574	150（1500）	500	500	3000～10000	3000	—	500
	特精密									750
电线、电缆制造		—	—	—	300	300	—	—	—	300

续表13

房间或场所	本调查		原标准GB 50034—92	CIE S 008/E—2001	德国DIN 5035—1990	美国IESNA—2000	日本JIS Z 9110—1979	俄罗斯СНиП 23-05-95	本标准
	重点	普查							
线圈绕制 大线圈	—	—	—	300	300	—	—	—	300
线圈绕制 中等线圈	—	—	—	500	500	—	—	—	500
线圈绕制 精细线圈	—	—	—	750	1000	—	—	—	750
线圈浇注	—	—	—	300	300	—	—	—	300
焊接 一般	—	310	75	300	300	300	200	200	200
焊接 精密	—		100	300	300	3000~10000	200	200	300
钣金	—	270	75	300	300	—	—	—	300
冲压、剪切	507		50(300)	300	200	300,500,1000	—	—	300
热处理	—	338	50	—	—	—	—	—	200
铸造 熔化、浇铸	—	192	50	300 200	300 200	—	—	—	200
铸造 造型	—		50(500)	500	500	—	—	—	300
精密铸造的制模、脱壳	—	330	—	—	—	—	—	—	500
锻工	—	200	50	300,200	200	—	—	200	200
电镀	652	350	75	300	300	—	—	200(500)	300
喷漆 一般	171	242	75	750	500	300,500,1000	—	200	300
喷漆 精细								300	500
酸洗、腐蚀、清洗	431	296	50	—	—	—	—	—	300
抛光 一般装饰性		313	200(750)	—	500	300,500,1000	—	—	300
抛光 精细									500
复合材料加工、铺叠、装饰	440	—	—	—	—	—	—	—	500
机电修理 一般	291	225	50(500)	—	200	500	—	300(750)	200
机电修理 精密		300	75(750)	—	500		—		300
3 电子工业									
电子元器件	387	380	—	1500	1000	—	1500~3000	—	500
电子零部件		375	—	1500	1000	—		—	500
电子材料		228	—	—	—	—	—	—	300
酸、碱、药液及粉配制		300	—	—	—	—	—	—	300
4 纺织、化纤工业									
纺织	—	225	—	200~1000	200~1000	—	—	—	150~300
化纤	—	132	—			—	—	—	75~200
5 制药工业									
制药生产	—	334	—	500	—	—	—	—	300
生产流转通道	—	125	—		—	—	—	—	200
6 橡胶工业									
炼胶车间	—	300	—	500	—	—	—	—	300
压延压出工段	—	320	—		—	—	—	—	300
成型裁断工段	—	320	—		—	—	—	—	300
硫化工段	—	230	—		—	—	—	—	300
7 电力工业									
锅炉房	—	70	—	100	100	—	—	75	100
发电机房	—	158	—	200	100	—	—	—	200
主控制室	—	328	—	500	300	—	—	150~300	500
8 钢铁工业									
炼铁	—	142	—	200	50~200	—	—	—	30~100
炼钢	—	200	—	50~200	50~200	—	—	—	150~200
连铸	—	200	—	50~200	50~200	—	—	—	150~200
轧钢	—	150	—	300	50~200	—	—	—	50~200
9 造纸工业	—	160	—	200~500	200~500	—	—	—	150~500
10 食品及饮料工业									
食品 糕点、糖果	—	136	—	200~300	—	—	—	—	200
食品 乳制品、肉制品	—	143	—	200~500	—	—	—	—	300
饮料	—	120	—	—	—	—	—	—	300
啤酒 糖化	—	120	200	200	—	—	—	—	200
啤酒 发酵	—	120	200	200	—	—	—	—	150
啤酒 包装	—	120	200	200	—	—	—	—	150
11 玻璃工业									
熔制、备料、退火	—	160	—	300	300	—	—	—	150
窑炉	—	160	—	50	200	—	—	—	100
12 水泥工业									
主要生产车间（破碎、原料粉磨、烧成、水泥粉磨、包装）	—	—	—	200~300	200	—	—	—	100
储存	—	—	—	—	—	—	—	—	75
输送走廊	—	—	—	—	—	—	—	—	30
粗坯成型	—	—	—	300	200	—	—	—	300
13 皮革工业									
原皮、水浴	—	250	—	200	200	—	—	—	200
转毂、整理、成品	—	250	—	300	300	—	—	—	200
干燥	—	—	—	—	—	—	—	—	100

续表 13

房间或场所	本调查		原标准 GB 50034—92	CIE S 008/E—2001	德国 DIN 5035—1990	美国 IESNA—2000	日本 JIS Z 9110—1979	俄罗斯 СНиП 23-05-95	本标准
	重点	普查							
14 卷烟工业									
制丝车间	—	—	—	200~300	200~300	—	—	—	200
卷烟、接过滤嘴、包装	—	—	—	500	500	—	—	—	300
15 化学、石油工业									
生产场所	—	96	—	50~300	50~200	—	—	—	30~100
生产辅助场所	—	30	—			—	—	—	
16 木业和家具制造									
一般机器加工	—	40	500 (500)	—	300	300	—	200 (1000)	200
精细机器加工	—		50 (500)	500	500	500, 1000	—		500
锯木区	—		75	300	200	—	—		300
模型区 一般	—	40	75 (500)	750	500	—	—	200 (1000)	300
模型区 精细	—								750
胶合、组装	—	40	—	300	300	—	—	200 (1000)	300
磨光、异形细木工	—		—	750	—	—	—		750

注：1 本节工业建筑场所规定的照度都是一般照明的平均照度值，部分场所需要另外增设局部照明，其照度值按作业的精细程度不同，可按一般照明照度的1.0~3.0倍选取。

2 表中数值后带“（ ）”中的数值，系指包括局部照明在内的混合照明照度值。

3 表中 GB 50034—92 的照度值系取该标准三档照度值的中间值。

4 表中 CIE 标准及各国标准数值有一部分系参照同类车间的相同工作场所的照度值，而不是标准实际规定的数值。

2 主要修订原则

1）近十多年来我国国民经济持续发展，当前有需要也有条件适当提高照度水平。

2）根据标准制订的原则，有条件的尽量向国际标准靠近。国际照明委员会（CIE）于2001年新颁布的《室内照明工作场所的照明》CIE S 008/E—2001 比较符合或接近我国当前的实际状况，可以作为参考。

3 主要依据

1）根据本次标准修订中进行的普查和重点调查取得的资料；

2）参照 CIE《室内工作场所照明》S 008/E—2001 国际标准；

3）考虑原标准 GB 50034—92 的状况，适当参考德、美、日、俄等国的标准。

4 本标准主要变化和特点

1）取消 GB 50034—92 按视觉作业特性划分十个等级的方法，改为直接规定作业场所或房间的照度值，比较直观，便于应用。

2）变更了原标准规定一般照明照度值和混合照明照度值的办法，本标准只规定一般照明照度值，对需要增设局部照明的场所，按需要另增加照度，并规定需要局部照明时，其增加照度按一般照明照度的1.0~3.0倍选取。原因：一是按 CIE 新标准的方式；二是考虑工程设计中主要是设计和计算一般照明，而局部照明很少计算，通常是按作业需要配置和调整，或者由生产设备配套，所以规定一般照明照度更为实用。

3）将原标准规定的每个场所给出三档照度值，统一定为一个照度值，是按 CIE 新标准的方式。同时，规定了按一定条件可以提高或降低一级照度的条款。

4）原标准规定了视觉作业十个等级的照度，在附录中列出了机械工业和通用场所的具体照度标准。本标准由于取消了十个等级的照度标准，将我国工业较常见的机电、电子及信息产业、纺织、钢铁、化工石油、造纸、制药等15个代表性行业及通用工业场所，共16类的代表性房间或场所制订了照度标准值。其他未涉及的工业和已列入的15个行业的其他房间则由行业照明标准确定。

5）部分作业场所，由于其作业精细程度和其对照明要求差异很大，本标准规定了两档或多档不同精度的照度值，以适应不同行业、不同作业精度和不同企业规模的需要，供工程设计时按实际要求确定。

5 关于质量标准

UGR 和 Ra 标准值与原标准的方式不同，按不同房间或场所规定了 UGR 和 Ra 质量标准值。UGR 和 Ra 值主要是参考 CIE 标准《室内工作场所照明》S 008/E—2001 制订的。

5.4 公 用 场 所

5.4.1 本条所指的公用场所是指公共建筑和工业建筑的公用场所，它们的照度标准值是参考原国家标准、CIE 标准以及一些国家标准经综合分析研究后制订的。除公用楼梯、厕所、盥洗室、浴室的照度比 CIE 标准的照度值有所降低外，其他均与 CIE 标准的规定照度相同，电梯前厅是参照 CIE 标准自动扶梯的照度值制订的。此外，将门厅、走廊、流动区域、楼梯、厕所、盥洗室、浴室、电梯前厅，根据不同要求，分为普通和高档二类，便于应用和节约能源。公用场所国内外照度标准值对比见表14。

表 14 公用场所国内外照度标准值对比 单位：lx

房间或场所	原标准 GBJ 133—90	CIE S 008/E—2001	美国 IESNA—2000	日本 JIS Z 9110—1979	德国 DIN 5035—1990	俄罗斯 СНиП 23-05-95	本标准
门 厅	—	100	100	200~500	相邻房间照度的2倍	30~150	100(普通) 200(高档)

续表 14

房间或场所		原标准 GBJ 133—90	CIE S 008/E—2001	美国 IESNA—2000	日本 JIS Z 9110—1979	德国 DIN 5035—1990	俄罗斯 СНиП 23-05-95	本标准
走廊、流动区域		15~20~30	100	100	100~200	50	20~75	50(普通) 100(高档)
楼梯、平台		20~30~50	150	50	100~300	100	10~100	30(普通) 75(高档)
自动扶梯		—	150	50	500~750(商店)	100	—	150
厕所、盥洗室、浴室		20~30~50	200	50	100~200	100	50~75	75(普通) 150(高档)
电梯前厅		20~50~75	—	—	200~500	—	—	75(普通) 150(高档)
休息室		30~50~75(吸烟室)	100	100	75~150	100	50~75	100
储藏室、仓库		20~30~50	100	100	75~150	50~200	75	100
车库	停车间 检修间	15	75	—	—	—	—	75 200

5.4.2 备用照明、安全照明和疏散照明的照度标准值是参照原《工业企业照明设计标准》GB 50034—92 和《建筑防火设计规范》制订的。

6 照明节能

6.1 照明功率密度值

6.1.1 本条规定了居住建筑的照明功率密度值。当符合第 4.1.3 和第 4.1.4 条的规定，照度标准值进行提高或降低时，照明功率密度值应按比例提高或折减。居住建筑的照明功率密度值是按每户来计算的。居住建筑国内外照明功率密度值对比见表 15。

根据调查结果，约半数住户 LPD 在 5~10W/m^2 之间，户平均为 8.93W/m^2，北京市《绿色照明工程技术规程》DBJ 01—607—2001（以下简称北京市绿照规程）为 7W/m^2，台湾的调查结果为 7W/m^2，本标准现行值定为 7W/m^2，目标值定为 6W/m^2。

6.1.2 本条为强制性条文，规定了办公建筑照明的功率密度值。当符合第 4.1.3 和第 4.1.4 条的规定，照度标准值进行提高或降低时，照明功率密度值应按比例提高或折减。办公建筑国内外照明功率密度值对比见表 16。

表 15 居住建筑国内外照明功率密度值对比 单位：W/m^2

房间或场所	本调查		北京市绿照规程 DBJ 01—607—2001	俄罗斯 МГСН 2.01—98	本标准		
	重点	普查			照明功率密度		对应照度(lx)
					现行值	目标值	
起居室 卧室 餐厅 厨房 卫生间	LPD<5 (20.6%) 5~10 (44.1%) 10~15 (23.5%) 户平均 8.93	—	7	20	7	6	100 75 150 100 100

由表 16 可知：

1 将办公室分为普通办公室和高档办公室两种类型是符合我国国情的，而且更加有利于节能。重点调查对象多为高档办公室，其平均照明功率密度为 20W/m^2，本标准为了节能，将高档办公室定为 18W/m^2，目标值定为 15W/m^2。从调查结果看，半数被调查办公室在 10~18W/m^2 之间，本标准将普通办公室定为 11W/m^2，目标值定为 9W/m^2。

表 16 办公建筑国内外照明功率密度值对比 单位：W/m^2

房间或场所	本调查		北京市绿照规程 DBJ 01—607—2001	美国 ASHRAE/IESNA—90.1—1999	日本节能法 1999	俄罗斯 МГСН 2.01—98	本标准		
	重点	普查					照明功率密度		对应照度(lx)
							现行值	目标值	
普通办公室	10~18 (47.6%) 18~22 (11.9%) 平均 20	10~18 (61.7%) 18~22 (9.9%)	13	11.84 (封闭) 13.99 (开敞)	20	25	11	9	300
高档办公室			20				18	15	500
会议室	10~18 (44.8%) 18~22 (10.3%) 平均 20.1	10~18 (54.1%) 18~22 (16.4%)	—	16.14	20	—	11	9	300

续表 16

房间或场所	本调查		北京市绿照规程 DBJ 01—607—2001	美国 ASHRAE/IESNA—90.1—1999	日本节能法 1999	俄罗斯 МГСН 2.01—98	本标准		
	重点	普查					照明功率密度		对应照度(lx)
							现行值	目标值	
营业厅	—	10~18(30.8%) <10(58.5%)	—	15.07	30	55	13	11	300
文件整理、复印、发行室	平均17.9	10~18(45.5%) 18~22(45.5%)	—	—	—	25	11	9	300
档案室	—	10~18(75%)	—	—	—	—	8	7	200

2 从调查结果看，半数的会议室在10~18W/m^{2}之间，而美国接近17W/m^2，日本为20W/m^2，根据我国的照度水平及调查结果，本标准定为11W/m^2，目标值定为9W/m^2。

3 国外营业厅的照明功率密度均较高，在26~35W/m^{2}之间，而我国的调查结果多数小于10W/m^2，考虑到我国的照度水平及调查结果，本标准定为13W/m^2，目标值定为11W/m^2。

4 文件整理、复印和发行室，只有俄罗斯有相应标准，且其值较高为25W/m^2，本标准和我国的照度水平相对应，定为11W/m^2，目标值定为9W/m^2。

5 档案室多数在10~18W/m^{2}之间，根据所规定照度，本标准定为8W/m^2，目标值定为7W/m^2。

6.1.3 本条为强制性条文，规定了商业建筑的照明功率密度值。当符合第4.1.3和第4.1.4条的规定，照度标准值进行提高或降低时，照明功率密度值应按比例提高或折减。商业建筑国内外照明功率密度值对比见表17。

表17 商业建筑国内外照明功率密度值对比 单位：W/m^2

房间或场所	本调查		北京市绿照规程 DBJ 01—607—2001	美国 ASHRAE/IESNA—90.1—1999	日本节能法 1999	俄罗斯 МГСН 2.01—98	本标准		
	重点	普查					照明功率密度		对应照度(lx)
							现行值	目标值	
一般商店营业厅	18~26(18.2%) 26~34(28.6%) 平均30.7	10~18(47.2%) 18~26(22.2%) 平均26.7	30	22.6	20	25	12	10	300
高档商店营业厅							19	16	500
一般超市营业厅	26~42(50%) 80~90(25%) 平均39.0	10~26(66.7%) 26~42(16.6%) 平均19.0	—	19.4	—	35	13	11	300
高档超市营业厅							20	17	500

由表17可知，商业建筑照明重点调查的照明功率密度平均为30.7W/m^2，日本为20W/m^2，美国为22.6W/m^2，俄罗斯为25W/m^2，北京市为30W/m^2。本标准结合我国情况，为节约能源，高档商店营业厅定为19W/m^2，目标值定为16W/m^2；一般商店营业厅定为12W/m^2，目标值定为10W/m^2；因超市净高较高，一般超市营业厅定为13W/m^2，目标值为11W/m^2；高档超市营业厅定为20W/m^2，而目标值定为17W/m^2。

6.1.4 本条为强制性条文，规定了旅馆建筑的照明功率密度值。当符合第4.1.3和第4.1.4条的规定，照度标准值进行提高或降低时，照明功率密度值应按比例提高或折减。旅馆建筑国内外照明功率密度值对比见表18。

表 18 旅馆建筑国内外照明功率密度值对比　　单位：W/m²

房间或场所	本调查		北京市绿照规程 DBJ 01—607—2001	美国 ASHRAE/IESNA—90.1—1999	日本节能法 1999	本标准		
						照明功率密度		对应照度(lx)
	重点	普查				现行值	目标值	
客房	5～10(29.6%) 10～15(44.4%) 平均 11.66	10～15(53.3%) 10～15(20%) 平均 12.53	15	26.9	15	15	13	—
中餐厅	10～15(37.5%) 15～20(12.5%) 平均 17.48	10～15(38.1%) 15～20(23.8%) 平均 20.46	13	—	30	13	11	200
多功能厅	20～25(40%) >25(40%) 平均 23.3	平均 22.4	25	—	30	18	15	300
客房层走廊	平均 5.8	—	6	—	10	5	4	50
门厅	—	—	—	18.3	20	15	13	300

由表 18 可知：

1 客房照明功率密度平均约为 12W/m²，日本和北京标准均为 15W/m²，只有美国很高，约为 27W/m²，根我国实际情况，本标准定为 15W/m²，而目标值定为 13W/m²。

2 中餐厅调查结果平均为 17～20W/m² 之间，而多数在10～15W/m²之间，根据我国实际情况，本标准定为 13W/m²，而目标值定为 11W/m²。

3 多功能厅调查结果平均为 23W/m²，因只考虑一般照明，本标准定为 18W/m²，而目标值定为15W/m²。

4 客房层走廊调查结果为平均 5.8W/m²，日本为 10W/m²，而北京为 6W/m²，本标准定为 5W/m²，而目标值定为 4W/m²。

5 门厅参考国外标准，本标准定为 15W/m²，而目标值定为 13W/m²。

6.1.5 本条为强制性条文，规定了医院建筑的照明功率密度值。当符合第 4.1.3 和第 4.1.4 条的规定，照度标准值进行提高或降低时，照明功率密度值应按比例提高或折减。医院建筑国内外照明功率密度值对比见表 19。

由表 19 可知：

1 治疗室和诊室的照明功率密度重点调查结果约半数在 5～10W/m² 之间，而普查约半数在 10～15W/m² 之间，平均值约为 12W/m²，北京市定为 15W/m²，美国稍高些为 17W/m²；日本诊室最高为 30W/m²，治疗室为 20W/m²，根据我国实际情况定为 11W/m² 是可行的。目前多数低于此水平，照度水平较低，而目标值定 9W/m²。

表 19 医院建筑国内外照明功率密度值对比　　单位：W/m²

房间或场所	本调查		北京市绿照规程 DBJ 01—607—2001	美国 ASHRAE/IESNA—90.1—1999	日本节能法 1999	俄罗斯 МГСН 2.01—98	本标准		
							照明功率密度		对应照度(lx)
	重点	普查					现行值	目标值	
治疗室、诊室	5～10(44.5%) 10～15(22.2%) 平均 11.18	5～10(16.7%) 10～15(44.4%) 平均 12.45	15	17.22 —	30(诊室) 20(治疗)	— —	11	9	300
化验室	5～10(50%) 10～15(28.5%) 平均 11	10～15(29.5%) 15～20(23.5%) 平均 15	—	—	—	—	18	15	500

续表 19

房间或场所	本调查		北京市绿照规程 DBJ 01—607—2001	美国 ASHRAE /IESNA —90.1 —1999	日本节能法 1999	俄罗斯 МГСН 2.01 —98	本标准		
	重点	普查					照明功率密度		对应照度(lx)
							现行值	目标值	
手术室	15~20(66.7%) 平均 19.58	10~25 平均 20.02	48	81.8	55	—	30	25	750
候诊室	5~10(46.7%) 平均 13.81	5~10(50%) 10~15(40%) 平均 8.58	15	19.38	15	—	8	7	200
病房	<5(39.1%) 5~10(43.6%) 平均 6.75	<5(50%) 5~10(42.9%) 平均 5.75	10	12.9	10	—	6	5	100
护士站	5~10(46.7%) 10~15(33.3%) 平均 9.02	5~10(29.4%) 10~15(41.2%) 平均 10.6	—	—	20	—	11	9	300
药房	10~15(33.2%) 15~20(16.7%) 平均 21.24	5~10(36.4%) 10~15(36.4%) 平均 11.91	15	24.75	30	14	20	17	500
重症监护室	—	—	—	—	—	—	11	9	300

2 化验室重点调查结果平均为 11W/m²，而普查平均为 15W/m²，多数医疗人员反映较暗，应提高照度到 500lx，故相应的功率密度，定为 18W/m²，而目标值定为 15W/m²。

3 手术室调查结果平均为 20W/m²，日本、美国及北京市的标准均很高，考虑到本标准所对应的照度及所规定的功率密度均为一般照明，故定为 30W/m²，而目标值定为 25W/m²。

4 候诊室调查结果多数在 10W/m² 以下，平均值约 9~14W/m² 之间，考虑其照度应低于诊室照度，本标准定为 8W/m²，而目标值定为 7W/m²。

5 病房的照明功率密度多数在 10W/m² 以下，平均值为 6~7W/m²，美国、日本和北京市的标准稍高些，本标准定为 6 W/m²,而目标值定为 5W/m²。

6 护士站大多数的照明功率密度在 15W/m² 以下，平均值为 9~11W/m²，本标准定为 11W/m²，而目标值定为 9W/m²。

7 药房多数的照明功率密度在 20W/m² 以下，而美国和日本分别为 25W/m² 和 30W/m²，考虑到药房需有 500lx 的水平照度，从而提供较高的垂直照度，故本标准定为 20W/m²，而目标值定为 17W/m²。

8 重症监护室的照度为 300lx，本标准定为 11W/m²，而目标值定为 9W/m²。

6.1.6 本条为强制性条文，规定了学校建筑的照明功率密度值。当符合第 4.1.3 和第 4.1.4 条的规定，照度标准值进行提高或降低时，照明功率密度值应按比例提高或折减。学校建筑国内外照明功率密度值对比见表 20。

表 20 学校建筑国内外照明功率密度值对比 单位：W/m²

房间或场所	本调查		北京市绿照规程 DBJ 01—607—2001	美国 ASHRAE /IESNA —90.1 —1999	日本节能法 1999	俄罗斯 МГСН 2.01 —98	本标准		
	重点	普查					照明功率密度		对应照度(lx)
							现行值	目标值	
教室、阅览室	5~10(25.1%) 10~15(33.3%) 平均 10.5	10~15(47.8%) 15~20(29%) 平均 14.1	13	17.22	20	20	11	9	300
实验室	5~10(50%) 10~15(30%) 平均 10.7	10~15(58.5%) 平均 13.0	—	19.38	20	25	11	9	300

续表 20

房间或场所	本调查		北京市绿照规程 DBJ 01—607—2001	美国 ASHRAE /IESNA —90.1 —1999	日本节能法 1999	俄罗斯 MΓCH 2.01 —98	本标准		
							照明功率密度		对应照度 (lx)
	重点	普查					现行值	目标值	
美术教室	—	10～15(44.4%) 15～20(16.7%) 平均 15.1	—	—	—	—	18	15	500
多媒体教室	—	10～15(52.3%) 平均 15.1		—	30	25	11	9	300

由表 20 可知：

1 根据调查，我国大多数教室照明功率密度均在 15W/m² 以下。多数教室照度较低，达到 300lx 的教室很少。美国为 17W/m²、日本为 20W/m²、俄罗斯为 20W/m²，这些国家教室的照度约为 500lx，考虑到我国照度为 300lx，将教室定为 11W/m²，目标值定为 9W/m²。阅览室照明功率密度与教室相同。

2 实验室的照明功率密度调查结果，多数在 15W/m² 以下，平均为 10.7～13W/m²，而美国、日本及俄罗斯在 20～30W/m² 之间，本标准考虑到实验室与普通教室照度标准相同，故定为 11W/m²，目标值定为 9W/m²。

3 美术教室的照明功率密度调查结果多数在 20W/m² 以下，实际照度应为 500lx，故本标准定为 18W/m²，目标值定为 15 W/m²。

4 多媒体教室的照度要求较低，功率密度多数在 15W/m² 以下，故功率密度定为 11W/m²，目标值定为 9W/m²。

6.1.7 本条为强制性条文，规定了工业建筑的通用房间或场所、机电工业、电子和信息产业的房间或场所的照明功率密度（LPD）值。当符合第 4.1.3 和第 4.1.4 条的规定，照度标准值进行提高或降低时，照明功率密度值应按比例提高或折减。制订的主要依据是：

1 对全国六大区，各类工业建筑共计 645 个房间或场所普查和重点实测调查的数据，进行平均值计算和分析，折算到对应照度作为主要依据。

2 对原国标 GB 50034—92 中附录六“室内照明目标能效值（建议性）”的数据，设定了相应条件，经计算求出与本标准相应照度的 LPD 值作为主要参考。

3 参考了美、俄等国的相关标准。

在制订各类场所的 LPD 值时，进行了典型的计算分析，考虑了合理使用的光源、灯具及场所防护要求、维护系数等状况，并留有适当的余地。

鉴于典型计算分析中，房间的室形指数按 1 或大于 1 取值；当室形指数小于 1 时，利用系数将有所下降，因此可将规定的 LPD 值适当增加。

工业建筑各类场所国内外照明功率密度值对比见表 21。

表 21 工业建筑国内外照明功率密度值对比 单位：W/m²

房间或场所		本调查		原标准 GB 50034 —92	美国 ASHRAE /IESNA —90.1 —1999	俄罗斯 СНиП 23-05-95	本标准		
							照明功率密度		对应照度 (lx)
		重点	普查				现行值	目标值	
1 通用房间或场所									
试验室	一般	25.1	15	16	—	16	11	9	300
	精细			26	—	27	18	15	500
检验	一般	—	19.1	16	—	16	11	9	300
	精细	—		40	—	41	27	23	750
计量室、测量室		—	15.7	26	—	27	18	15	500
变、配电站	配电装置室	11.2	10.7	10	14	11	8	7	200
	变压器室	—	8	8	14	7.0	5	4	100
电源设备室、发电机室		—	10.9	10	14	11	8	7	200
控制室	一般控制室	18.2	13.3	10	5.4	11	11	9	200
	主控制室		18.2	15		16	18	15	300

续表 21

房间或场所		本调查		原标准 GB 50034—92	美国 ASHRAE/IESNA—90.1—1999	俄罗斯 CHиП 23-05-95	本标准		
							照明功率密度		对应照度(lx)
		重点	普查				现行值	目标值	
电话站、网络中心、计算机站		—	19.3	25	—	27	18	15	500
动力站	泵房、风机房、空调机房	7.4	10.3	7	8.6	6.7	5	4	100
	冷冻站、压缩空气站		8.9	10		9.8	8	7	150
	锅炉房、煤气站的操作层	—	6.6	8		7.8	6	5	100
仓库	大件库	8.2	6.1	3.3	3.2	2.6	3	3	50
	一般件库		9.1	6.6	—	5.2	5	4	100
	精细件库		11.4	13	11.8	10.4	8	7	200
车辆加油站		—	—	8	—	8	6	5	100
2 机、电工业									
机械加工	粗加工	17.6	10	9	—	9	8	7	200
	一般加工公差≥0.1mm		11.2	13	—	14	12	11	300
	精密加工公差＜0.1mm		18	21	66.7	23	19	17	500
机电、仪表装配	大件	18.2	12.8	9	22.6	10	8	7	200
	一般件		15.7	13		14	12	11	300
	精细		24.7	22		23	19	17	500
	特精密装配		—	33		34	27	24	750
电线、电缆制造		—	—	14	—	14	12	11	300
绕线	大线圈	—	—	14	—	14	12	11	300
	中等线圈	—	—	22	—	23	19	17	500
	精细线圈	—	—	32	—	34	27	24	750
线圈浇制		—	—	14	—	14	12	11	300
焊接	一般	—	12.8	9	32.3	11	0	7	200
	精密	—		13		17	12	11	300
钣金、冲压、剪切		—	13.1	13		17	12	11	300
热处理		—	14.5	10		11	8	7	200
铸造	熔化、浇铸	—	10.6	10	—	11	9	8	200
	造型	—	—	16	—	17	13	12	300
精密铸造的制模、脱壳		—	15.4	25	—	27	19	17	500
锻工		—	8.6	11	—	11	9	8	200
电镀		21.6	13.9	17	—	—	13	12	300
喷漆	一般	5.1	12.8	18	—	—	15	14	300
	精细			43	—	—	25	23	500
酸洗、腐蚀、清洗		13.9	18	18	—	—	15	14	300
抛光	一般装饰性	—	13.9	16	—	17	13	12	300
	精细	—		26	—	27	20	18	500

续表 21

房间或场所		本调查		原标准 GB 50034—92	美国 ASHRAE/IESNA—90.1—1999	俄罗斯 СНиП 23-05-95	本标准		
		重点	普查				照明功率密度		对应照度(lx)
							现行值	目标值	
复合材料加工、铺叠、装饰		—	16.8	26	—	26	19	17	500
机电修理	一般	14.5	11.7	8	15.1	9	8	7	200
	精密		15.3	12		14	12	11	300
3 电子工业									
电子元器件		13.3	16.4	26.7	22.6	26	20	18	500
电子零部件			16.4	26.7		26	20	18	500
电子材料			10.8	16	—	15.6	12	10	300
酸、碱、药液及粉配制			15.9	16	—	15.6	14	12	300

注：1 原标准 GB 50034—92 的 LPD 值是按该标准附录六“室内照明目标效能值（建议性）”的数据，在设定了相应的条件（如 RI 值、K_1、K_2 等的平均值）后经计算获得的结果，仅供参考。

2 美国标准的 LPD 值是类比相同条件获得的数值，由于其照度不同，仅供参考。

3 俄罗斯标准的 LPD 值是按设计的房间条件的平均值经计算获得的结果，仅供参考。

6.1.8 有些场所为了加强装饰效果，安装了枝形花灯、壁灯、艺术吊灯等装饰性灯具，这种场所可以增加照明安装功率。增加的数值按实际采用的装饰性灯具总功率的 50% 计算 LPD 值，这是考虑到装饰性灯具的利用系数较低，所以假定它有一半左右的光通量起到提高作业面照度的效果。设计应用举例如下：

设某场所的面积为 100m²，照明灯具总安装功率为 2000W（含镇流器功耗），其中装饰性灯具的安装功率为 800W，其他灯具安装功率为 1200W。按本条规定，装饰性灯具的安装功率按 50% 计入 LPD 值的计算则该场所的实际 LPD 值应为：

$$\mathrm{LPD} = \frac{1200 + 800 \times 50\%}{100} = 16\mathrm{W/m^2}$$

6.1.9 商店营业厅设有重点照明的，应增加其 LPD 允许值，可按该层营业厅全面积增加 5W/m²，以便于实施。

6.2 充分利用天然光

6.2.1 本条指明房间的天然采光应符合《建筑采光设计标准》GB/T 50033的规定。

6.2.2 室内天然采光随室外天然光的强弱变化，当室外光线强时，室内的人工照明应按照人工照明的照度标准，自动关掉一部分灯，这样做有利于节约能源和照明电费。

6.2.3 在技术经济条件允许条件下，宜采用各种导光装置，如导光管、光导纤维等，将光引入室内进行照明。或采用各种反光装置，如利用安装在窗上的反光板和棱镜等使光折向房间的深处，提高照度，节约电能。

6.2.4 太阳能是取之不尽、用之不竭的能源，虽一次性投资大，但维护和运行费用很低，符合节能和环保要求。经核算证明技术经济合理时，宜利用太阳能作为照明能源。

7 照明配电及控制

7.1 照明电压

7.1.1 按我国电力网的标准电压，一般照明光源采用 220V 电压：对于大功率（1500W 及以上）的高强度气体放电灯有 220V 及 380V 两种电压者，采用 380V 电压，以降低损耗。

7.1.2 按国际电工委员会（IEC）关于安全特低电压（SELV）的规定。

7.1.3 对照明器具实际端电压的规定。这个规定是为了避免电压偏差过大，因为过高的电压会导致光源使用寿命的降低和能耗的过分增加；过低的电压将使照度过分降低，影响照明质量。本条规定的电压偏差值与国标《供配电系统设计规范》GB 50052—95的规定一致。

7.2 照明配电系统

7.2.1 照明安装功率不大，电力设备又没有大功率冲击性负荷，共用变压器比较经济：但照明最好由独立馈电线供电，以保持相对稳定的电压。照明安装功率大，采用专用变压器，有利于电压稳定，以保证照度的稳定和光源的使用寿命。

7.2.2 本条规定的几类电源符合应急照明的可靠性要求。应根据建筑物的使用要求和实际电源条件选取。在具备有接自电网的第二电源时，优先采用此方式，比较经济，且持续时间长；当为消防和（或）生产、使用需要，设置应急发电机组时，宜采用此电源，持续时间可以较长，但转换时间较长，不能作为安全照明电源；当不具备以上两种电源条件时，应采用蓄电池组，其可靠性高，转换快，但持续时间较短。

蓄电池组，可以是灯具内装（或灯具旁），也可以是集中或分区集中设置的蓄电池装置，包括 EPS 或 UPS 等装置。

对于重要场所，也可采用以上三种方式中任意两种的组合。

7.2.3 用蓄电池作疏散标志的电源，能保证其可靠性。安全照明要求转换时间快，应采用电力网线路或蓄电池，而不应接自发电机组；接自电力网时，至少应和需要安全照明地点的电力设备分开。备用照明通常需要较长的持续工作时间，其电源接自电力网或发电机组为宜。

7.2.4 配电系统的常规接线方式。

7.2.5 使三相负荷比较均衡，以使各相电压偏差不致差别太大。

7.2.6 为了减少分支线路长度，以降低电压损失。

7.2.7 限制每分支回路的电流值和所接灯数，是为了使分支线路或灯内发生短路或过负载等故障时，断开电路影响的范围不致太大，故障发生后检查维修较方便。

7.2.8 插座回路应装设剩余电流动作保护器，所以和照明灯分接于不同分支回路，以避免不必要的停电。

7.2.9 保持灯的电压稳定，可以使光源的使用寿命比较长，同时使照度相对稳定。

7.2.10 由于气体放电灯配电感镇流器时，通常其功率因数很低，一般仅为 0.4～0.5，所以应设置电容补偿，以提高功率因数。有条件时，宜在灯具内装设补偿电容，以降低照明线路电流值，降低线路能耗和电压损失。

7.2.11 气体放电灯在工频电流下工作，将产生频闪效应，对某些视觉作业带来不良影响。通常将邻近灯分接在三相，至少分接于两相，可以降低频闪效应。对于采用高频电子镇流器的气体放电灯，则消除了频闪效应。

7.2.12 按灯具分类标准的规定。

7.2.13 用安全特低电压（SELV）时，其降压变压器的初级和次级应予隔离。二次侧不作保护接地，以免高电压侵入到特低电压（50V 及以下）侧，而导致不安全。

7.2.14 分户计算电量，有利于节电。

7.2.15 配电系统的接地、等电位联结，以及配电线路的保护等要求，均应符合国标《低压配电设计规范》GB 50054 的有关规定。

7.3 导 体 选 择

7.3.1 照明线路采用铜芯，有利于保证用电安全、提高可靠性，同时可降低线路电能损耗。

7.3.2 选择导线截面的基本条件。

7.3.3 气体放电灯及其镇流器均含有一定量的谐波，特别是使用电子镇流器，或者使用电感镇流器配置有补偿电容时，有可能使谐波含量较大，从而使线路电流加大，特别是 3 次谐波以及 3 的奇倍数次谐波在三相四线制线路的中性线上叠加，使中性线电流大大增加，所以规定中性线导体截面不应小于相线截面，并且还应按谐波含量大小进行计算。

7.3.4 常规要求。

7.4 照 明 控 制

7.4.1 在白天自然光较强，或在深夜人员很少时，可以方便地用手动或自动方式关闭一部分或大部分照明，有利于节电。分组控制的目的，是为了将天然采光充足或不充足的场所分别开关。

7.4.2 体育场馆等公共场所应有集中控制，以便由工作人员专管或兼管，用手动或自动开关灯；可以采用分组开关方式或调光方式控制，按需要降低照度，有利于节电。

7.4.3 保证旅客离开客房后能自动切断电源，以满足节电的需要。

7.4.4 这类场所在夜间走过的人员不多，深夜更少，但又需要有灯光，采用声光控制等类似的开关方式，有利于节电。本条和国标《住宅设计规范》GB 50096—1999 的规定一致。

7.4.5 每个开关控制的灯数宜少一些，有利于节能，也便于维修。一般说，较小房间每开关可控 1～2 支灯泡（管）；中等房间每开关可控 3～4 支灯泡，大房间每开关可控 4～6 支灯泡。

7.4.6 控制灯列与窗平行，有利于利用天然光；按车间、工序分组控制，方便使用，可以关闭不需要的灯光；报告厅、会议厅等场所，是为了在使用投影仪等类设备时，关闭讲台和邻近区段的灯光。

7.4.7 对于一些高档次建筑和智能建筑或其中某些场所，有条件时，可采用调光、调压或其他自控措施，以节约电能。

8 照明管理与监督

8.1 维护与管理

8.1.1 以用户为单位分别计量和考核用电，这是一项有效的节能措施。

8.1.2 建立照明运行维护和管理制度，是有效的节能措施。有专人负责，按照标准规定清扫光源和灯具。按原设计或实际安装的光源参数定期更换。

8.1.3 大型、重要建筑的物业管理部门，对重点场所，应定期巡视、测试或检查照度，以确保使用效果和各项节能措施的落实。

8.2 实施与监督

8.2.1～8.2.4 设计单位自审自查、指定机构按本标准审查设计、施工监理和竣工验收是贯彻实施本标准的四个重要环节。首先设计单位的设计图由本单位指定技术负责人自审；照明施工图提交专门的审图机构审查；施工阶段，由工程监理机构监理；竣工验收阶段，由法定检测部门按本标准规定检测后，予以验收。

附录 A 统一眩光值（UGR）

室内照明的不舒适眩光评价指标是根据国际照明委员会（CIE）的117号出版物《室内照明的不舒适眩光》（1995）编制的。其技术报告的英文名称为“Discomfort Glare in Interior Lighting”。本附录引用了该出版物的UGR计算公式。

附录 B 眩光值（GR）

室外体育场的眩光评价指标是根据国际照明委员会（CIE）的112号出版物《室外体育和区域照明的眩光评价系统》（1994）编制的。该出版物的英文名称为“Glare Evaluation System for Use Within Outdoor Sports and Area Lighting”。本附录引用该出版物的GR计算公式。

中华人民共和国国家标准

人民防空工程施工及验收规范

Code for construction and acceptance of civil air defence works

GB 50134－2004

主编部门：国家人民防空办公室
批准部门：中华人民共和国建设部
施行日期：2004年8月1日

中华人民共和国建设部
公　　告

第245号

建设部关于发布国家标准《人民防空工程施工及验收规范》的公告

现批准《人民防空工程施工及验收规范》为国家标准，编号为GB 50134—2004，自2004年8月1日起实施。其中，第3.1.2、3.1.5、3.3.2、3.3.3、3.3.4、3.3.5、3.3.6、3.3.10、3.3.11、3.3.12、3.5.1、6.2.1、6.2.2、6.2.5、6.2.6、6.3.1、6.3.2、6.3.3、6.3.4、6.3.6、6.3.7、6.3.8、6.3.9、6.3.10、6.4.1、6.4.2、6.4.5、6.4.10、6.4.11、6.4.12、6.3.13、6.4.14、6.4.16、6.5.1、6.5.2、9.1.1、9.1.3、9.2.1、9.3.1、9.3.2、9.3.3、9.4.1、9.4.3、9.6.1、9.6.2、9.6.3、9.6.4、10.1.1、10.1.2、10.1.3、10.1.4、10.1.5、10.1.6、10.1.7、10.1.8、10.1.9、10.2.1、10.2.2、10.2.3、10.2.4、10.2.5、10.2.6、10.3.3、10.3.4、10.3.5、10.4.1、10.4.2、10.5.3、10.5.4、11.1.1、11.1.2、11.1.3、11.2.1、11.2.4、11.2.5、11.2.6、11.2.7、11.2.8、11.3.1、11.3.3、11.3.4、11.3.5、11.3.6、11.4.8、11.5.5、11.5.6、11.5.7、11.5.9、11.5.10、11.6.1、11.6.2、11.6.3、11.6.4条为强制性条文，必须严格执行。原《人防工程施工及验收规范》GBJ 134—90同时废止。

本规范由建设部标准定额研究所组织中国计划出版社出版发行。

中华人民共和国建设部
二〇〇四年六月十八日

前　　言

根据国家人民防空办公室［2001］国人防办字第51号文件要求，对《人防工程施工及验收规范》GBJ 134—90进行修订。

本规范共分十一章，其主要内容有：总则，术语，坑道、地道掘进，不良地质地段施工，逆作法施工，钢筋混凝土施工，顶管施工，盾构施工，孔口防护设施的制作及安装，管道与附件安装，设备安装等。

本规范修订的主要内容有：

增加了术语一章。

增加了逆作法施工一章。

增加了坑道、地道掘进施工中喷锚支护规定。

增加了钢筋制作、泵送混凝土和大体积混凝土施工规定。

调整、补充了防爆波活门、胶管活门、防爆超压排气活门、自动排气活门安装和防护功能平战转换施工要求。

补充了通风机、除湿机、消声设备、变压器安装内容。

将设备安装、设备安装工程的防腐、消声、防火和设备安装工程的验收合并为一章。

删除了部分技术比较落后、与相关标准重复或不协调的内容。

本规范以黑体字标识的条文为强制性条文，必须严格执行。

本规范由建设部负责管理和对强制性条文的解释，辽宁省人防建筑设计研究院负责具体技术内容的解释。

本规范在执行过程中，如发现需要修改和补充之处，请将意见和有关资料寄辽宁省人防建筑设计研究院（沈阳市北陵大街45－4号，邮政编码110032），以便今后修订时参考。

本标准的主编单位、参编单位和主要起草人：

主 编 单 位：辽宁省人防建筑设计研究院

参 编 单 位：上海市地下建筑设计院
上海市人防工程管理公司
解放军理工大学工程兵工程学院
南京市人民防空办公室

主要起草人：周成玉　王德佳　陈楚平　徐炜林　胡炳洪　李丽娟　黄志强　唐　蓉　沈瑞和　王述俊　王永泉　孙正林　高瑞清　孔大力　徐立成

目　次

1 总　　则

1.0.1 为了提高人民防空工程（以下简称人防工程）的施工水平，降低工程造价，保证工程质量，制定本规范。

1.0.2 本规范适用于新建、扩建和改建的各类人防工程的施工及验收。

1.0.3 人防工程施工前，应具备下列文件：

1 工程地质勘察报告；

2 经过批准的施工图设计文件；

3 施工区域内原有地下管线、地下构筑物的图纸资料；

4 经过批准的施工组织设计或施工方案；

5 必要的试验资料。

1.0.4 工程施工应符合设计要求。所使用的材料、构件和设备，应具有出厂合格证并符合产品质量标准；当无合格证时，应进行检验，符合质量要求方可使用。

1.0.5 当工程施工影响邻近建筑物、构筑物或管线等的使用和安全时，应采取有效措施进行处理。

1.0.6 工程施工中应对隐蔽工程作记录，并应进行中间或分项检验，合格后方可进行下一工序的施工。

1.0.7 设备安装工程应与土建工程紧密配合，土建主体工程结束并检验合格后，方可进行设备安装。

1.0.8 工程施工质量验收时，应提供下列文件和记录：

1 图纸会审、设计变更、洽商记录；

2 原材料质量合格证书及检（试）验报告；

3 工程施工记录；

4 隐蔽工程验收记录；

5 混凝土试件及管道、设备系统试验报告；

6 分项、分部工程质量验收记录；

7 竣工图以及其他有关文件和记录。

1.0.9 人防工程施工及验收，除应遵守本规范外，尚应符合国家现行有关标准规范的规定。

1.0.10 人防工程施工时的安全技术、环境保护、防火措施等，必须符合有关的专门规定。

2 术　　语

2.0.1 人民防空工程　civil air defence works

为保障人民防空指挥、通信、掩蔽等需要而建造的防护建筑。人民防空工程分为单建掘开式工程、坑道工程、地道工程和防空地下室。

2.0.2 单建掘开式工程　cut-and-cover works

单独建设的采用明挖法施工，且大部分结构处于原地表以下的工程。

2.0.3 坑道工程　undermined works with low exit

大部分主体地坪高于最低出入口地面的暗挖工程。

2.0.4 地道工程　undermined works without low exit

大部分主体地坪低于最低出入口地面的暗挖工程。

2.0.5 防空地下室　civil air defence basement

为保障人民防空指挥、通信、掩蔽等需要，具有预定防护功能的地下室。

2.0.6 明挖　open-cut

地下工程地基上方全部岩、土层被扰动的开挖。采用明挖的地下工程施工方法称明挖法。

2.0.7 暗挖　undermine

不扰动地下工程上部岩土层的开挖。采用暗挖的地下工程施工方法称暗挖法。

2.0.8 防护门　blast door

能阻挡冲击波但不能阻挡毒剂通过的门。

2.0.9 防护密闭门　blast airtight door

既能阻挡冲击波又能阻挡毒剂通过的门。

2.0.10 密闭门　airtight door

能阻挡毒剂通过但不能阻挡冲击波通过的门。

2.0.11 门框墙　door-frame wall

在门孔四周保障门扇就位并承受门扇传来的荷载的墙。

2.0.12 防爆波活门　blast valve

简称活门。装于通风口或排烟口处，在冲击波到来时能迅速自动关闭的防冲击波设备。

2.0.13 密闭阀门　airtight valve

保障通风系统密闭的阀门。包括手动式和手、电动两用式密闭阀门。

2.0.14 自动排气活门　automatic exhaust valve

靠阀门两侧空气压差作用自动启闭的具有抗冲击波余压功能的排风活门。能直接抗冲击波的称防爆超压排气活门。

2.0.15 防爆防毒化粪池　blastproof and gasproof septictank

能阻止冲击波和毒剂等由排水管道进入工程内部的化粪池。

2.0.16 水封井　trapped well

用静止水柱阻止毒剂进入工程内部的设施。

2.0.17 防护密闭隔墙　protective airtight partition wall

既能抗御核爆冲击波和炸弹气浪作用，又能阻止毒剂通过的隔墙。

2.0.18 密闭隔墙　airtight partition wall

主要用于阻止毒剂通过的隔墙。

2.0.19 防冲击波闸门　defence shock wave gate

防止冲击波由管道进入工程内部的闸门。

3 坑道、地道掘进

3.1 一般规定

3.1.1 本章适用于岩体中坑道、地道的掘进施工及验收。

3.1.2 穿越建筑物、构筑物、街道、铁路等的坑道、地道掘进时，应采取连续作业和可靠的安全措施。

3.1.3 坑道、地道的轴线方向、高程、纵坡和口部位置均应符合设计要求。

3.1.4 通过松软破碎地带的大断面坑道、地道，宜采用导洞超前掘进的施工方法。导洞超前长度应根据地质情况、导洞的布置和通风条件等因素经综合技术经济比较后确定。

3.1.5 坑道、地道掘进时，应采取湿式钻孔、洒水装碴和加强通风等综合防尘措施。

3.2 施工测量

3.2.1 施工中应对轴线方向、高程和距离进行复测。复测应符合下列规定：

1 复测轴线方向，每个测点应进行两个以上测回；

2 复测高程时，水准测量的前后视距宜相等，水准尺的读数应精确到毫米；

3 复测两标准桩之间轴线长度时，应采用钢尺测量，其偏差不应超过0.2‰。

3.2.2 口部测量应符合下列规定：

1 应根据口部中心桩测设底部起挖桩和上部起挖桩；在明显和便于保护的地点设置水准点，并应设高程标志；

2 在距底部起挖桩和上部起挖桩3m以外，宜各设一对控制中心桩；

3 在洞口掘进5m以后，宜在洞口底部埋设标桩。

3.2.3 坑道、地道掘进必须标设中线和腰线，并应符合下列规定：

1 宜采用经纬仪标设坑道、地道的方向。当采用经纬仪标设方向时，宜每隔30m设一组中线，每组不少于3条，其间距不小于2m；

2 宜采用水准仪标设坑道、地道的坡度。当采用水准仪标设坡度时，宜每隔20m设3对腰线点，其间距不小于2m；

3 坑道、地道掘进时，应每隔100m对中线和腰线进行一次校核。

3.3 工程掘进

3.3.1 坑道、地道掘进应采用光面爆破。光面爆破的爆破参数，可按下列规定采用：

1 炮孔深度为1.8～3.5m；

2 周边炮孔间距为350～600mm；

3 周边炮孔密集系数为0.5～1.0；

4 周边炮孔药卷直径为20～25mm；

5 当采用2号岩石硝铵炸药时，周边炮孔单位长度装药量：软岩为70～120g/m，中硬岩为200～300g/m；硬岩为300～350g/m。

3.3.2 当掘进对穿、斜交、正交坑道、地道时，必须有准确的实测图。当两个作业面相距小于或等于15m时，应停止一面作业。

3.3.3 钻孔作业应符合下列规定：

1 钻孔前应将作业面清出实底；

2 必须采用湿式钻孔法钻孔，其水压不得小于0.3MPa，风压不得小于0.5MPa；

3 严禁沿残留炮孔钻进。

3.3.4 严禁采用不符合产品标准的爆破器材；在有地下水的地段，所用爆破器材应符合防水要求。

3.3.5 坑道、地道掘进宜采用火花起爆或电力起爆。当采用火花起爆时，每卷导火索在使用前均应将两端各切去50mm，并从一端取1m作燃速试验；导火索的长度应根据点火人员在点燃全部导火索后能隐蔽到安全地点所需的时间确定，但不得小于1.2m。当采用电力起爆时，电雷管使用前，应进行导电性能检验，输出电流不应大于50mA；在同一爆破网路内，当电阻小于1.2Ω时，雷管的电阻差不应大于0.2Ω；当电阻为1.2～2Ω时，电阻差不应大于0.3Ω；电爆母线和连接线必须采用绝缘导线。

3.3.6 当施工现场的杂散电流值大于30mA时，不应采用电力起爆。当受条件限制需采用电力起爆时，应采取下列防杂散电流的措施：

1 检查电气设备的接地质量；

2 爆破导线不得有破损和裸露接头；

3 应采用紫铜桥丝低电阻雷管或无桥丝电雷管，并应采用高能发爆器引爆。

3.3.7 运输轨道的铺设，应符合下列规定：

1 钢轨型号：人力推斗车不宜小于8kg/m，机车牵引不应小于15kg/m；

2 线路坡度：人力推斗车不宜超过15‰，机车牵引不宜超过25‰，洞外卸碴线尽端应设有5‰～10‰的上坡段；

3 轨道的宽度允许偏差应为+6mm、-4mm，轨顶标高偏差应小于2mm，轨道接头处轨顶水平偏差应小于3mm；

4 曲线段轨距加宽值及外轨超高值应符合表3.3.7的规定；

5 采用机车牵引时，曲线段两钢轨之间应加拉杆。

表 3.3.7 曲线段轨距加宽值及外轨超高值

曲线半径（m）	轨距加宽值（mm）		外轨超高值（mm）	
	轨距		轨距	
	600	750	600	750
6	15	15	30	35
8	10	10	25	30
10	10	10	20	25

续表 3.3.7

曲线半径（m）	轨距加宽值（mm）		外轨超高值（mm）	
	轨　距		轨　距	
	600	750	600	750
12	10	10	15	20
14	10	10	10	15
15	5	10	10	15

3.3.8 坑道内采用汽车运输时，车行道的坡度不宜大于12%；单车道净宽不得小于车宽加2m；双车道净宽不得小于2倍车宽加2.5m。

3.3.9 车辆运行速度和前后车距离，应符合下列规定：

1 机车牵引列车，在洞内车速应小于2.5m/s；在洞外车速应小于3.5m/s；前后列车距离应大于60m；

2 人力推斗车车速应小于1.7m/s，前后车距离应大于20m；

3 人力手推车车速应小于1m/s，前后车距离应大于7m；

4 自卸汽车在洞内行车速度应小于10km/h。

3.3.10 斗车和手推车均应有可靠的刹车装置，严禁溜放跑车。

3.3.11 掘进工作面需要风量的计算，应符合下列规定：

1 放炮后15min内能把工作面的炮烟排出；

2 按掘进工作面同时工作的最多人数计算，每人每分钟的新鲜空气量不应少于4m³；

3 风流速度不得小于0.15m/s；

4 当采用混合式通风时，压入式扇风机必须在炮烟全部排出后方可停止运转。

3.3.12 掘进工作面的通风，应符合下列规定：

1 当采用混合式通风时，压入式扇风机的出风口与抽出式扇风机的入风口的距离不得小于15m；

2 当采用风筒接力通风时，扇风机间的距离，应根据扇风机特性曲线和风筒阻力确定；接力通风的风筒直径不得小于400mm；每节风筒直径应一致，在扇风机吸入口一端应设置长度不小于10m的硬质风筒；

3 压入式扇风机和启动装置，必须安装在进风通道中，与回风口的距离不得小于10m；

4 扇风机与工作面的电气设备，应采用风、电闭锁装置。

3.4 临 时 支 护

3.4.1 喷射混凝土支护，应符合下列规定：

1 喷射混凝土的原材料：

1）应选用普通硅酸盐水泥，其标号不得低于32.5级；受潮或过期结块的水泥严禁使用；

2）应采用坚硬干净的中砂或粗砂，细度模数应大于2.5，含水率不宜大于7%；

3）应采用坚硬耐久的卵石或碎石，其粒径不宜大于15mm；

4）不得使用含有酸、碱或油的水。

2 混合料的配比应准确。称量的允许偏差：水泥和速凝剂应为±2%，砂、石应为±3%。

3 混合料应采用机械搅拌。强制式搅拌机的搅拌时间不宜少于1min，自落式搅拌机的搅拌时间不宜少于2min。

4 混合料应随拌随用，不掺速凝剂时存放时间不应超过2h，掺速凝剂时存放时间不应超过20min。

5 喷射前应清洗岩面。喷射作业中应严格控制水灰比：喷砂浆应为0.45～0.55，喷混凝土应为0.4～0.45。混凝土的表面应平整、湿润光泽、无干斑或流淌现象。终凝2h后应喷水养护。

6 速凝剂的掺量应通过试验确定。混凝土的初凝时间不应超过5min，终凝时间不应超过10min。

7 当混凝土采取分层喷射时，第一层喷射厚度：墙50～100mm，拱30～60mm；下一层的喷射应在前一层混凝土终凝后进行，当间隔时间超过2h，应先喷水湿润混凝土表面。

8 喷射混凝土的回弹率，墙不应大于15%，拱不应大于25%。

3.4.2 锚杆支护应符合下列规定：

1 锚杆的孔深和孔径应与锚杆类型、长度、直径相匹配；

2 孔内的积水及岩粉应吹洗干净；

3 锚杆的杆体使用前应平直、除锈、除油；

4 锚杆尾端的托板应紧贴壁面，未接触部位必须楔紧，锚杆体露出岩面的长度不应大于喷射混凝土的厚度；

5 锚杆必须做抗拔力试验，其检验评定方法应符合国家现行标准《锚杆喷射混凝土支护技术规范》的规定。

3.4.3 钢筋网喷射混凝土支护应符合下列规定：

1 钢筋使用前应清除污锈；

2 钢筋网与岩面的间隙不应小于30mm，钢筋保护层厚度不应小于25mm；

3 钢筋网应与锚杆或其他锚定装置联结牢固；

4 当采用双层钢筋网时，第二层钢筋网应在第一层钢筋网被混凝土覆盖后铺设。

3.4.4 钢纤维喷射混凝土支护应符合下列规定：

1 钢纤维的长度宜一致，并不得含有其他杂物；

2 钢纤维不得有明显的锈蚀和油渍；

3 混凝土粗骨料的粒径不宜大于10mm；

4 钢纤维掺量应为混合料重量的3%～6%；应搅拌均匀，不得成团。

3.5 工 程 验 收

3.5.1 坑道、地道掘进允许偏差应符合表3.5.1的规定。

表 3.5.1 坑道、地道掘进允许偏差

项　目	允许偏差（mm）
口部水平位置偏移	100
口部标高	±100
毛洞坡度	±10%
毛洞宽度 （从中线至任何一帮）	+100 -20
毛洞高度 （从腰线分别至底部、顶部）	+100 -30
预留孔中心线位置偏移	20
预留洞中心线位置偏移	50

3.5.2 毛洞局部超挖不得大于150mm，且其累计面积不得大于毛洞总面积的15%。

3.5.3 毛洞中心线局部偏移不得超过200mm，且其累计长度不得大于毛洞全长的15%。

3.5.4 毛洞坡度局部偏差不得超过20%，且其累计长度不得大于毛洞全长的20%。

4 不良地质地段施工

4.1 一 般 规 定

4.1.1 当坑道、地道掘进后围岩自稳时间不能满足支护要求时，宜采用先加固后掘进的方法。

4.1.2 工程通过不良地质地段，应符合下列规定：

1 宜采用风镐等机械挖掘；

2 当采用爆破掘进时，应打浅眼、放小炮，并应控制掘进进尺和炮孔装药量；

3 应采用新奥法，边掘进，边量测，边衬砌；

4 当不采用全断面掘进时，掘进后应立即进行临时支护，并应根据支护状况和量测结果，再进行全断面掘进和永久衬砌；

5 当工程上方有建筑物、构筑物时，在掘进过程中应测量围岩的位移、地面的沉降量和锚杆、喷层等的受力状况。

4.2 超前锚杆支护

4.2.1 在未扰动而破碎的岩层、结构面裂隙发育的块状岩层或松散渗水的岩层中掘进坑道、地道，宜采用超前锚杆支护。

4.2.2 超前锚杆宜采用有钢支撑的超前锚杆或悬吊式超前锚杆。锚杆的尾部支撑必须坚固（见图4.2.2-1、图4.2.2-2）。

4.2.3 锚杆与毛洞轴线的夹角应根据地质条件确定，并应符合下列规定：

1 在未扰动而破碎的岩层中，宜采用全长固结砂浆锚杆，其与毛洞轴线夹角宜为12°~20°；

2 在结构面裂隙发育的块状岩层中，宜采用全长固结砂浆锚杆，其与毛洞轴线夹角宜为35°~50°；

3 在松散渗水的岩层中，宜采用素锚杆，其与毛洞轴线夹角宜为6°~15°。

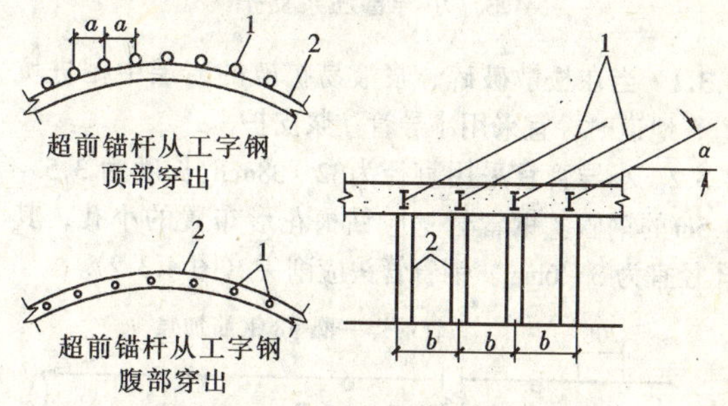

图 4.2.2-1 有钢支撑的超前锚杆

1—锚杆；2—钢支撑

a—锚杆间距；b—钢支撑间距；α—锚杆倾角

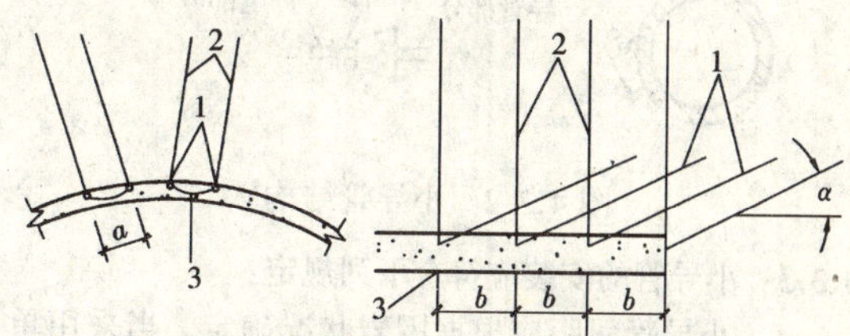

图 4.2.2-2 悬吊式超前锚杆

1—超前锚杆；2—径向锚杆；3—横向连接短筋

a—超前锚杆间距；b—爆破进尺；α—锚杆倾角

4.2.4 锚杆的长度可按下式确定（图 4.2.4）：

$$L = a + b + c \tag{4.2.4}$$

式中 L——锚杆长度（mm）；

a——锚杆尾部长度，宜为200mm；

b——开挖进尺（mm）；

c——在围岩中的锚杆前端长度，不宜小于700mm。

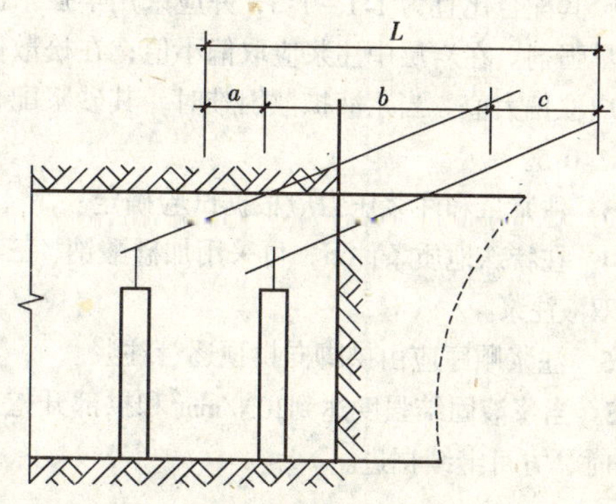

图 4.2.4 超前锚杆长度

4.2.5 锚杆间距应根据围岩状况确定。当采用单层锚杆时，宜为200~400mm；当采用双层或多层锚杆时，宜为400~600mm。

4.2.6 上、下层锚杆应错开布置，且层间距不宜大于 2m。

4.2.7 锚杆宜采用热轧 HRB335 级钢筋或热轧钢管。钢筋直径宜为18～22mm,钢管直径宜为 32～38mm。

4.3 小导管注浆支护

4.3.1 当在松散破碎、浆液易扩散的岩层中掘进坑道、地道时，宜采用小导管注浆支护。

4.3.2 小导管宜采用直径为32～38mm、长度为 3.5～4.5m 的钢管。钢管管壁应钻梅花形布置的小孔，其孔径宜为 3～6mm。钢管管头应削尖（图 4.3.2)。

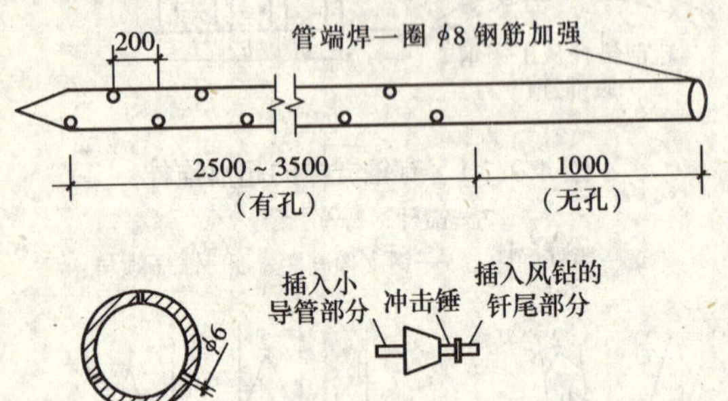

图 4.3.2 小导管结构

4:3.3 小导管的安装应符合下列规定：

1 小导管间距应根据围岩状况确定。当采用单层小导管时，其间距宜为 200～400mm；当采用双层小导管时，其间距宜为400～600mm。

2 上、下层小导管应错开布置，其排距不宜大于其长度的1/2。

3 小导管外张角度应根据注浆胶结拱的厚度确定，宜为10°～25°。

4.3.4 小导管注浆应符合下列规定：

1 注浆前，应向作业面喷射混凝土，喷层厚度不宜小于 50mm。

2 浆液可为水泥浆或水泥砂浆。当采用水泥砂浆时，其配合比宜为 1:1～1:3，并应采用早强水泥或掺入早强剂。在岩层中注浆应取偏小值；在松散体中注浆应取偏大值。当浆液扩散困难时，其砂浆配合比可为 1:0.5。

3 注浆量和注浆压力应根据试验确定。

4 在特殊地质条件下，可采用加硅酸钠、三乙醇胺等双液注浆。

5 注浆顺序应由拱脚向拱顶逐管注浆。

4.3.5 当浆液固结强度达到10N/mm²和拱部开挖后不坍塌时，方可继续掘进。

4.4 管棚支护

4.4.1 在回填土堆积层、断层破碎带等地层中掘进坑道、地道，宜采用管棚支护。

4.4.2 管棚支护的长度不宜大于40m。

4.4.3 管棚宜采用厚壁钢管。其直径不应小于 100mm；长度宜为 2～3m。钢管之间的净距宜为 400～700mm。

4.4.4 管棚钢管接头材料强度应与钢管强度相等。接头应交错布置。

4.4.5 在岩层中钻孔，钻头直径宜比钢管直径大 4mm。

4.4.6 管棚应靠近拱顶布置，管棚钢管与衬砌的距离应小于 400mm。

4.4.7 在钻孔过程中，应及时测量钻孔方位。当钻孔钻进深度小于或等于 5m 时，方位测量不宜少于 5 次；当钻进深度大于 5m 时，每钻进 2～3m 应进行一次方位测量。对每次测量的钻孔方位，其允许偏差不应超过 1%。

4.4.8 当钻孔偏斜超过允许偏差时，应在孔内注入水泥砂浆，并待水泥砂浆的强度达到 10N/mm² 后，方可重新钻孔。

4.4.9 钻孔完毕，并经检查其位置、方向、深度、角度等均符合要求后，方可进行管棚施工。

4.4.10 当钻进过程中易产生塌孔时，宜以钢管代替钻杆，在钢管前端镶焊合金片，并随钻随接钢管。

4.4.11 当要求控制坑道、地道上方的地面下沉时，钢管外的空隙应注浆充填密实。

4.4.12 管棚注浆应符合下列规定：

1 钢管安装完毕，应将管内岩粉冲洗干净；

2 水泥浆的水灰比宜为0.5～1.0;

3 水泥浆注浆压力不应大于0.2MPa;

4 水泥砂浆注浆压力不应小于0.2MPa。

5 逆作法施工

5.1 一般规定

5.1.1 当在城市交通中心、商业密集区域构筑人防工程时，可采用逆作法施工。

5.1.2 逆作法施工宜采用先施工顶板，再施工墙(柱)，最后施工底板的程序。

5.2 钻 孔

5.2.1 钻机应符合下列规定：

1 钻机应运行平稳，纵、横方向应移动方便；

2 应有自动调整钻杆垂直度的装置和起吊能力；

3 钻头带有螺旋叶片部分的长度，应大于或等于钻孔柱的长度；螺旋叶片的直径应与钻孔柱直径相等。

5.2.2 钻机就位并校正钻杆垂直度后，应一次钻进，中间不得提钻；钻进速度不宜大于 26r/min。

5.2.3 提钻速度不宜大于1m/min;严禁反转提钻。

5.2.4 钻头应对准施工放线给定的钻孔中心点，偏差不应超过 2mm；在钻孔定位的同时应进行钻杆垂直度的检查与校正。

5.3 灌注混凝土

5.3.1 在混凝土灌注时，不得出现混凝土离析现象。宜采用边灌注混凝土、边振捣、边提升导管的施工方法。

5.3.2 钢筋骨架的吊装就位宜利用钻机的起重设备进行。在钢筋骨架就位前，宜在孔壁周边放置3根距离相等的ϕ25钢管，作为控制骨架的“导轨”；骨架就位后，混凝土灌注前将“导轨”拔出。

5.3.3 顶板、底板、墙的混凝土浇筑，应符合本规范第6.4节的规定。

5.4 土 模

5.4.1 顶板、梁、拱、无梁顶板柱帽等构件的底模，宜采用土模（土底模）。土底模土层不应扰动；如有扰动，应压实。

5.4.2 土底模施工宜采用机械或人工方法明挖至顶板、梁、拱、无梁顶板柱帽等构件底面标高以上10cm处后，用铁锹铲平至构件底面标高以下2cm，抹2cm厚M5水泥砂浆，并做隔离层。

5.4.3 侧墙靠岩土一侧的模板，可采用土外模（侧墙土模）。当采用侧墙土模时，每次挖土进尺宜为4～5m。

5.5 土方暗挖

5.5.1 土方开挖应符合下列规定：

1 宜采用先挖导洞再全面开挖的方法；

2 导洞开挖宽度不宜大于2m；

3 侧墙导洞开挖应与浇筑侧墙混凝土同时进行；

4 挖柱四周土体的尺寸，不得超过柱基础的平面尺寸；

5 侧墙每次开挖进尺不宜超过5m，且较每次浇筑侧墙混凝土长度长1.0～1.5m；

6 应按测量定位线开挖，防止出现超挖或欠挖。

5.5.2 土方运输应符合下列规定：

1 施工竖井应设置人行爬梯，严禁人员乘坐吊盘出入；

2 施工竖井地面、地下均应设置联系信号；

3 在吊盘上必须设置限速器和超高器。

5.6 下 接 柱

5.6.1 当出现下列情况时，可采用下接柱：

1 由于地质条件钻孔不能成孔；

2 遇到建筑物基础等障碍物，无法成孔；

3 由于地面架空线路高度所限，钻机在钻孔位置无法作业；

4 工程柱子数量较少，采用钻机钻孔方法不经济。

5.6.2 下接柱施工可采用以下方法：在浇筑柱帽或梁时，将柱受力筋按钢筋接头所需长度插入土中，在柱帽或梁下面设刹肩，再开挖土方，挖至柱下暴露出插入的接头钢筋。在开挖面上架设基础钢筋和柱主筋，并与插入接头钢筋连接，同时浇筑柱和基础混凝土。

5.6.3 当柱下土方开挖后，应及时加设临时支撑，宜在柱帽四个角部设支撑点。支撑材料的规格、数量，应根据柱高、板跨、结构型式、地面荷载等因素，经计算确定。

5.7 刹 肩

5.7.1 在侧墙及下接柱的肩部、顶板底面下不小于50cm处，应设置刹肩。

5.7.2 刹肩混凝土浇筑应在柱、墙等构件混凝土浇筑7d后进行。浇筑刹肩混凝土应采用比构件混凝土强度高一个等级的干硬性膨胀混凝土，且必须填塞饱满，振捣密实。

5.7.3 在侧墙刹肩顶部、顶板以下宜设置一个以板厚加下反高度为梁高的通长过梁。通长过梁一端可支撑在未开挖的土体上，另一端支撑在已经浇筑混凝土的侧墙上。

5.8 砂构造层

5.8.1 当灌注柱混凝土时，应在中间层板或基础的位置灌注砂层。在浇筑中间层板或基础时取出砂，再设置钢筋并浇筑混凝土。

5.8.2 灌注砂层应符合下列规定：

1 砂层上标高，应高出预接构件标高10cm，防止混凝土振捣时砂层下沉，保证预接构件尺寸；

2 砂层应潮湿，防止砂层吸收混凝土中水分而影响混凝土质量；

3 在浇筑预接构件混凝土时，应清理钢筋表面，防止出现砂粒附着现象；

4 在预接构件顶部应采用干硬性膨胀混凝土，并振捣密实。

6 钢筋混凝土施工

6.1 一般规定

6.1.1 人防工程施工宜采用商品混凝土。

6.1.2 混凝土各分项工程的施工，应在前一分项工程检查合格后进行。

6.2 模板安装

6.2.1 模板及其支架应符合下列规定：

1 必须具有足够的强度、刚度和稳定性；

2 能可靠地承载新浇筑混凝土的自重和侧压力，以及在施工过程中新产生的荷载；

3 保证工程结构和构件各部分形状、尺寸和相互位置的正确；

4 模板的接缝不应漏浆；

5 临空墙、门框墙的模板安装，其固定模板的对拉螺栓上严禁采用套管、混凝土预制件等。

6.2.2 模板及其支架在安装过程中，必须设置防倾覆的临时固定设施。

6.2.3 现浇钢筋混凝土梁、板，当跨度等于或大于4m时，模板应起拱；当设计无具体要求时，起拱高度宜为全跨长度的1‰～3‰。

6.2.4 模板安装的允许偏差应符合表6.2.4的规定。

表 6.2.4 模板安装的允许偏差

项目		允许偏差（mm）
轴线位置		5
标高		±5
截面尺寸		±5
表面平整度		5
垂直度		3
相邻两板表面高低差		2
预埋管、预留孔中心线位置		3
预埋螺栓	中心线位置	2
	外露长度	+10 0
预留洞	中心线位置	10
	截面内部尺寸	+10 0

6.2.5 模板及其支架拆除时的混凝土强度，应符合设计要求；当设计无具体要求时，应符合下列规定：

1 侧模，在混凝土强度能保证其表面及棱角不因拆除模板而受损坏后，方可拆除；

2 底模，在混凝土强度符合表 6.2.5 规定后，方可拆除。

表 6.2.5 拆模时所需混凝土强度

结构类型	结构跨度（m）	按设计的混凝土强度标准值的百分率计（%）
板	≤2	50
	2～8	75
	>8	100
梁、拱、壳	≤8	75
	>8	100

注："设计的混凝土强度标准值"系指与设计混凝土强度等级相应的混凝土立方体抗压强度。

6.2.6 已拆除模板及其支架的结构，在混凝土强度符合设计混凝土强度等级的要求后，方可承受全部使用荷载；当施工荷载所产生的效应比使用荷载的效应更为不利时，必须经过核算，加设临时支撑。

6.3 钢筋制作

6.3.1 钢筋应有出厂质量证明书或试验报告单，钢筋表面和每捆（盘）钢筋均应有标志。进场时应按批号及直径分批检验。检验内容包括查对标志、外观检查，并按现行国家有关标准的规定抽取试样作力学性能试验，合格后方可使用。

钢筋在加工过程中，如发现脆断、焊接性能不良或力学性能显著不正常等现象，尚应对该批钢筋进行化学成分检验或其他专项检验。

6.3.2 钢筋的级别、种类和直径应按设计要求采用。当需要代换时，应征得设计单位的同意，并应符合下列规定：

1 不同种类钢筋的代换，应按钢筋受拉承载力设计值相等的原则进行，可采用下式计算求得：

$$A_{s1}f_{y1}\gamma_{d1}=A_{s2}f_{y2}\gamma_{d2} \tag{6.3.2}$$

式中 A_{s1}、f_{y1}、γ_{d1}——分别为原设计钢筋的计算截面面积（mm^2）、强度设计值（N/mm^2）、动荷载作用下材料强度综合调整系数；

A_{s2}、f_{y2}、γ_{d2}——分别为拟代换钢筋的计算截面面积（mm^2）、强度设计值（N/mm^2）、动荷载作用下材料强度综合调整系数。

γ_d可按表 6.3.2 选用。

表 6.3.2 材料强度综合调整系数 γ_d

钢筋种类	综合调整系数 γ_d
HPB 235 级	1.50
HRB 335 级	1.35
HRB 400 级 RRB 400 级	1.20

2 钢筋代换后，应满足设计规定的钢筋间距、锚固长度、最小钢筋直径、根数等要求；

3 对重要受力构件不宜用光面钢筋代换变形（带肋）钢筋；

4 梁的纵向受力钢筋与弯起钢筋应分别进行代换。

6.3.3 钢筋的表面应洁净、无损伤，油渍、漆污和铁锈等应在使用前清除干净。带有颗粒状或片状老锈的钢筋不得使用。钢筋应平直，无局部曲折。

6.3.4 钢筋的弯钩或弯折应符合下列规定：

1 HPB 225 级钢筋末端需做 180°弯钩，其圆弧弯曲直径不应小于钢筋直径的 2.5 倍，平直部分长度不宜小于钢筋直径的 3 倍；

2 HRB 335 级和 HRB 400 级、RRB 400 级钢筋末端需做 90°或 135°弯折，HRB 335 级钢筋的弯曲直径不宜小于钢筋直径的 4 倍；HRB 400 级、RRB 400 级钢筋不宜小于钢筋直径的 5 倍；平直部分长度应按设计要求确定；

3 弯起钢筋中间部位弯折处的弯曲直径不应小于钢筋直径的 5 倍。

6.3.5 钢筋加工的允许偏差，应符合表 6.3.5 的规定。

表 6.3.5 钢筋加工的允许偏差

项目	允许偏差（mm）
受力钢筋顺长度方向全长的净尺寸	±10
弯起钢筋的弯折位置	±20

6.3.6 钢筋的焊接接头应符合下列规定：

1 设置在同一构件内的焊接接头应相互错开；

2 在任一焊接接头中心至长度为钢筋直径 35 倍且不小于 500mm 的区段内，同一根钢筋不得有 2 个接头；在该区段内有接头的受力钢筋截面面积占受力钢筋总截面面积的百分率，受拉区不宜超过 50%，受压区不限；

3 焊接接头距钢筋弯折处，不应小于钢筋直径的 10 倍，且不宜位于构件最大弯矩处。

6.3.7 钢筋的绑扎接头应符合下列规定：

1 搭接长度的末端距钢筋弯折处，不得小于钢筋直径的 10 倍，接头不宜位于构件最大弯矩处；

2 受拉区域内，HPB 235 级钢筋绑扎接头的末端应做弯钩，HRB 335 级和 HRB 400 级、RRB 400 级钢筋可不做弯钩；

3 直径不大于 12mm 的受压 HPB 235 级钢筋的末端，以及轴心受压构件中任意直径的受力钢筋的末端，可不做弯钩，但搭接长度不应小于钢筋直径的 35 倍；

4 钢筋搭接处，应在中心和两端用铁丝扎牢；

5 受拉钢筋绑扎接头的搭接长度，应符合表 6.3.7 的规定；受压钢筋绑扎接头的搭接长度，应取受拉钢筋绑扎接头搭接长度的 0.7 倍。

表 6.3.7 受拉钢筋绑扎接头的搭接长度

钢筋类型		混凝土强度等级		
		C20	C25	高于 C25
HPB 235 级钢筋		35d	30d	25d
月牙纹	HRB 335 级钢筋	45d	40d	35d
	HRB 400 级钢筋 RRB 400 级钢筋	55d	50d	45d

注：1 当 HRB 335 级和 HRB 400 级、RRB 400 级钢筋直径 d 大于 25mm 时，其受拉钢筋的搭接长度应按表中数值增加 5d。

2 当螺纹钢筋直径 d 不大于 25mm 时，其受拉钢筋的搭接长度应按表中数值减少 5d。

3 在任何情况下，纵向受拉钢筋的搭接长度不应小于 300mm；受压钢筋的搭接长度不应小于 200mm。

4 两根直径不同钢筋的搭接长度，以较细钢筋直径计算。

6.3.8 各受力钢筋之间的绑扎接头位置应相互错开。从任一绑扎接头中心至搭接长度的 1.3 倍区段内，有绑扎接头的受力钢筋截面面积占受力钢筋总截面面积百分率，受拉区不得超过 25%；受压区不得超过 50%。在绑扎接头区段内，受力钢筋截面面积不得超过受力钢筋总截面面积的 50%。

6.3.9 受力钢筋的混凝土保护层厚度应符合设计要求；当设计无具体要求时，在正常环境下，不宜小于 25mm；在高湿度环境下，不宜小于 45mm。

6.3.10 绑扎或焊接的钢筋网和钢筋骨架，不得有变形、松脱和开焊。钢筋位置的允许偏差应符合表 6.3.10 的规定。

表 6.3.10 钢筋位置的允许偏差

项目		允许偏差（mm）
钢筋网的长度、宽度		±10
网眼尺寸	焊接	±10
	绑扎	±20
骨架的宽度、高度		±50
骨架的长度		±10
受力钢筋	间距	±10
	排距	±5
箍筋、构造筋间距	焊接	±10
	绑扎	±20
焊接预埋件	中心线位置	5
	水平高差	+3 0
受力钢筋保护层	梁、柱	±5
	墙、板（拱）	±3

6.4 混凝土浇筑

6.4.1 水泥进场必须有出厂合格证或进场试验报告，并应对其品种、标号、包装仓号、出厂日期等检查验收。

当对水泥质量有怀疑或水泥出厂超过 3 个月（快硬硅酸盐水泥超过 1 个月）时，应做复查试验，并按试验结果使用。

6.4.2 混凝土中掺用外加剂的质量应符合现行国家标准的要求，外加剂的品种及掺量必须根据对混凝土性能的要求、施工条件、混凝土所采用的原材料和配合比等因素经试验确定。

6.4.3 混凝土的施工配制强度可按下式确定：

$$f_{cuo} = f_{cuk} + 1.645\sigma \qquad (6.4.3\text{-}1)$$

式中 f_{cuo}——混凝土的施工配制强度（N/mm^2）；

f_{cuk}——设计的混凝土强度标准值（N/mm^2）；

σ——施工单位的混凝土强度标准差（N/mm^2）。

当施工单位不具有近期的同一品种混凝土强度资料时，σ 可按表6.4.3取用。

表 6.4.3 σ 值（N/mm^2）

混凝土强度等级	低于 C20	C20～C35	高于 C35
σ	4.0	5.0	6.0

施工单位具有近期同一品种混凝土强度资料时，σ 应按下式计算：

$$\sigma = \sqrt{\frac{\sum_{i=1}^{N} f_{cui}^2 - N \cdot mf_{cu}^2}{N-1}} \qquad (6.4.3\text{-}2)$$

式中 f_{cui}——统计周期内同一品种混凝土第 i 组试件的强度值（N/mm^2）；

mf_{cu}——统计周期内同一品种混凝土 N 组强度的平均值（N/mm^2）；

N——统计周期内同一品种混凝土试件的总组数，$N \geqslant 25$。

注：1 "同一品种混凝土"系指强度等级相同，且生产工艺和配合比基本相同的混凝土。

2 当混凝土强度等级为 C20 或 C25 时，如计算得到的 $\sigma < 2.5N/mm^2$，取 $\sigma = 2.5N/mm^2$；当混凝土强度等级高于 C25 时，如计算得到的 $\sigma < 3.0N/mm^2$，取 $\sigma = 3.0N/mm^2$。

6.4.4 泵送混凝土的配合比，应符合下列规定：

1 骨料最大粒径与输送管内径之比，碎石不宜大于 1:3，卵石不宜大于 1:2.5；通过 0.315mm 筛孔的砂不应小于 15%；砂率宜为 40%~50%；

2 最小水泥用量宜为 $300kg/m^3$；

3 混凝土的坍落度宜为 80~180mm；

4 混凝土内宜掺加适量的外加剂。

6.4.5 泵送混凝土施工，应符合下列规定：

1 混凝土的供应，必须保证输送混凝土泵能连续工作；

2 输送管线宜直，转弯宜缓，接头应严密；

3 泵送前应先用适量的与混凝土内成分相同的水泥浆或水泥砂浆润滑输送管内壁；当泵送间歇时间超过 45min 或混凝土出现离析现象时，应立即用压力水或其他方法冲洗管内残留的混凝土；

4 在泵送过程中，受料斗内应有足够的混凝土，防止吸入空气产生阻塞。

6.4.6 在浇筑混凝土前，对模板内的杂物和钢筋上的油污等应清理干净；对模板的缝隙和孔洞应予堵严；对木模板应浇水湿润，但不得有积水。

6.4.7 混凝土自高处倾落的自由高度，不应超过 2m；当浇筑高度超过 2m 时，应采用串筒、溜管或振动溜管使混凝土下落。

6.4.8 混凝土浇筑层的厚度，当采用插入式振捣器时，应为振捣作用部分长度的 1.25 倍；当采用表面振动器时，应为 200mm。

6.4.9 采用振捣器捣实混凝土，应符合下列规定：

1 每一振点的振捣延续时间，应使混凝土表面呈现浮浆和不再沉落；

2 当采用插入式振捣器时，捣实混凝土的移动间距，不宜大于振捣器作用半径的 1.5 倍；振捣器与模板的距离，不应大于其作用半径的 0.5 倍，并应避免碰撞钢筋、模板、预埋件等；振捣器插入下层混凝土内的深度不应小于 50mm；

3 当采用表面振动器时，其移动间距应保证振动器的平板能覆盖已振实部分的边缘。

6.4.10 大体积混凝土的浇筑应合理分段分层进行，使混凝土沿高度均匀上升；浇筑应在室外气温较低时进行，混凝土浇筑温度不宜超过 28℃。

注：混凝土浇筑温度系指混凝土振捣后，在混凝土 50~100mm 深处的温度。

6.4.11 工程口部、防护密闭段、采光井、水库、水封井、防毒井、防爆井等有防护密闭要求的部位，应一次整体浇筑混凝土。

6.4.12 浇筑混凝土时，应按下列规定制作试块：

1 口部、防护密闭段应各制作一组试块；

2 每浇筑 $100m^3$ 混凝土应制作一组试块；

3 变更水泥品种或混凝土配合比时，应分别制作试块；

4 防水混凝土应制作抗渗试块。

6.4.13 坑道、地道采用先墙后拱法浇筑混凝土时，应符合下列规定：

1 浇筑侧墙时，两边侧墙应同时分段分层进行；

2 浇筑顶拱时，应从两侧拱脚向上对称进行；

3 超挖部分在浇筑前，应采用毛石回填密实。

6.4.14 采用先拱后墙法浇筑混凝土时，应符合下列规定：

1 浇筑顶拱时，拱架标高应提高 20~40mm；拱脚超挖部分应采用强度等级相同的混凝土回填密实；

2 顶拱浇筑后，混凝土达到设计强度的 70% 及以上方可开挖侧墙；

3 浇筑侧墙时，必须消除拱脚处浮碴和杂物。

6.4.15 后浇缝的施工，应符合下列规定：

1 后浇缝应在受力和变形较小的部位，其宽度可为 0.8~1m；

2 后浇缝宜在其两侧混凝土龄期达到 42d 后施工；

3 施工前，应将接缝处的混凝土凿毛，清除干净，保持湿润，并刷水泥浆；

4 后浇缝应采用补偿收缩混凝土浇筑，其配合比应经试验确定，强度宜高于两侧混凝土一个等级；

5 后浇缝混凝土的养护时间不得少于 28d。

6.4.16 施工缝的位置，应符合下列规定：

1 顶板、底板不宜设施工缝，顶拱、底拱不宜设纵向施工缝；

2 侧墙的水平施工缝应设在高出底板表面不小于 500mm 的墙体上；当侧墙上有孔洞时，施工缝距孔洞边缘不宜小于 300mm；

3 当采用先墙后拱法时，水平施工缝宜设在起拱线以下 300~500mm 处；当采用先拱后墙法时，水平施工缝可设在起拱线处，但必须采取防水措施；

4 垂直施工缝应避开地下水和裂隙水较多的地段。

6.4.17 对已浇筑完毕的混凝土，应加以覆盖和浇水养护，并应符合下列规定：

1 应在浇筑完毕后 12h 内对混凝土加以覆盖和浇水；

2 浇水养护时间，对采用硅酸盐水泥、普通硅酸盐水泥或矿渣硅酸盐水泥拌制的混凝土，不得少于

7d；对掺用缓凝型外加剂或有抗渗性要求的混凝土，不得少于14d；

3 浇水次数应能保持混凝土处于润湿状态；

4 养护用水应与拌制用水相同；

5 当日平均气温低于5℃时，不得浇水。

6.4.18 混凝土表面缺陷的修整，应符合下列规定：

1 面积较小且数量不多的蜂窝或露石的混凝土表面，可用1:2~1:2.5的水泥砂浆抹平，在抹砂浆之前，必须用钢丝刷或加压水洗刷基层；

2 较大面积的蜂窝、露石或露筋，应按其全部深度凿去薄弱的混凝土层和个别突出的骨料颗粒，然后用钢丝刷或加压水洗刷表面，再用比原混凝土强度等级提高一级的细骨料混凝土堵塞并捣实。

6.5 工程验收

6.5.1 混凝土应振捣密实。按梁、柱的件数和墙、板、拱有代表性的房间应各抽查10%，且不得少于3处。当每个检查件有蜂窝、孔洞、主筋露筋、缝隙夹渣层时，其蜂窝、孔洞面积、主筋露筋长度和缝隙夹渣层长度、深度，应符合下列规定：

1 梁、柱上任何一处的蜂窝面积不大于1000cm²，累计不大于2000cm²；孔洞面积不大于40cm²，累计不大于80cm²；主筋露筋长度不大于10cm，累计不大于20cm；缝隙夹渣层长度和深度均不大于5cm。

2 墙、板、拱上任何一处的蜂窝面积不大于2000cm²，累计不大于4000cm²；孔洞面积不大于100cm²，累计不大于200cm²；主筋露筋长度不大于20cm，累计不大于40cm；缝隙夹渣层长度不大于20cm，深度不大于5cm，且不多于2处。

6.5.2 现浇混凝土结构的允许偏差应符合表6.5.2的规定。

表6.5.2 现浇混凝土结构的允许偏差

项目		允许偏差（mm）
轴线位置		10
标高	层高	±10
	全高	±30
截面尺寸	柱、梁	±5
	墙、板（拱）	+8 −5
柱、墙垂直度		5
表面平整度		8
预埋管、预留孔中心线位置		5
预埋螺栓中心线位置		5
预留洞中心线位置		15
电梯井	井筒长、宽对中心线	+25 0
	井筒全高垂直度	H/1000且不大于30

注：H为电梯井筒全高（mm）。

7 顶管施工

7.1 一般规定

7.1.1 在膨胀土层中宜采用钢筋混凝土管顶管施工。施工时严禁采用水力机械开挖。在海水浸蚀或盐碱地区，采用钢管顶管施工时，应采取防腐蚀措施。

7.1.2 当顶管采用钢筋混凝土管时，混凝土强度不得小于30N/mm²。其管端面容许顶力可采用下式计算：

$$[R_t] = \frac{C \cdot A}{100S} \tag{7.1.2}$$

式中 R_t——管端面容许顶力（kN）；

C——管体抗压强度（MPa）；

A——加压面积（cm²）；

S——安全系数，一般为2.5~3.0。

7.1.3 当顶管采用钢管时，宜采用普通低碳钢管，管壁厚度应符合设计要求；钢管内径圆度应小于5mm，两钢管端平接间隙应小于3mm。

7.1.4 顶管覆土厚度应大于顶管直径的2倍。

7.2 施工准备

7.2.1 顶管工作井可采用钢筋混凝土沉井或由地下连续墙等构筑。

7.2.2 顶管工作井的设置，应符合下列规定：

1 工作井的平面尺寸应满足顶管操作的需要；

2 工作井的后壁必须具有足够的强度和稳定性；

3 当计算总顶推力大于8000kN时，应采用中间接力顶。

7.2.3 顶管的导轨铺设，应符合下列规定：

1 两导轨的轨顶标高应相等；轨顶标高的允许偏差应为+3mm、−2mm，并应预留压缩高度；

2 导轨前端与工作井井壁之间的距离不应小于1m；钢管底面与井底板之间的距离不应小于0.8m。

7.2.4 千斤顶的安装，应符合下列规定：

1 千斤顶应沿顶管圆周对称布置，每对千斤顶的顶力必须相同；

2 千斤顶的顶力中心应位于顶管管底以上、顶管直径高度的1/3~2/5处；

3 千斤顶安装位置的允许偏差不应超过3mm；其头部严禁向上倾斜，向下偏差不应超过3mm，水平偏差不应超过2mm；

4 每台千斤顶均应有独立的控制系统。

7.2.5 顶进工具管安放在导轨上后，应测量其前后端的中心偏差和相对高差。

7.2.6 顶铁安装应符合下列规定：

1 顶管顶进时，环形顶铁和弧形顶铁应配合使用；

2 纵向顶铁的中心线应与顶管轴线平行，纵向顶铁应与横向顶铁垂直相接；

3 纵向顶铁着力点应位于顶管管底以上、顶管直径高度1/3～2/5处；

4 顶铁与导轨接触处必须平整光滑，顶铁与顶管端面之间应采用可塑性材料衬垫。

7.2.7 在粉砂土层中顶管时，应采取防止流砂涌入工作井的措施。

7.3 顶管顶进

7.3.1 开顶前，必须对所有顶进设备进行全面检查，并进行试顶，确无故障后方可顶进。

7.3.2 向工作井下管时，严禁冲撞导轨；下管处的下方严禁站人。

7.3.3 工具管出洞时，管头宜高出顶管轴线2～5mm，水平偏差不应超过3mm。

7.3.4 顶进作业应符合下列规定：

1 顶进作业中当油压突然升高时，应立即停止顶进，查明原因并进行处理后，方可继续顶进；

2 千斤顶活塞的伸出长度不得大于允许冲程；在顶进过程中，顶铁两侧不得停留人；

3 当顶进不连续作业时，应保持工具管端部充满土塞；当土塞可能松塌时，应在工具管端部注满压力水；

4 当地表不允许隆起变形时，严禁采用闷顶。

7.3.5 在顶管外有承压地下水或在砂砾层中顶进时，应随时对管外空隙充填触变泥浆。长距离顶管应设置中继接力环。

7.3.6 顶进过程中，排除障碍物后形成的空隙应填实，位于顶管上部的枯井、洞穴等应进行注浆或回填。

7.3.7 采用水力机械开挖，应符合下列规定：

1 高压泵应设在工作井附近，水枪出口处的水压应大于1MPa；

2 应在工具管进入土层500mm后进行冲水，严禁高压水冲射工具管刃口以外的土体。

7.3.8 在地下水压差较大的土层中顶进时，应采用管头局部气压法顶进。当在地下水位以下顶进时，地下水位高出机头顶部的距离，应等于或大于机头直径的1/2；当穿越河道顶进时，顶管的覆土厚度不得小于2m。

7.3.9 局部气压法顶进，应符合下列规定：

1 工具管胸板上所有密封装置应符合密闭要求；

2 在气压下冲、吸泥时，气压应小于地下水水压；

3 当吸泥莲蓬头堵塞需要打开胸板清石孔进行处理时，必须将钢管顶进200～300mm，并严禁带气压打开清石孔封板；

4 当顶进正面阻力过大时，可冲去工具管前端格栅外的部分土体。

7.3.10 钢筋混凝土管接头所用的钢套环应焊接牢固；清除焊渣后应进行除锈、防腐、防水处理。

7.3.11 钢管焊接应符合下列规定：

1 钢管对口焊接时，管口偏差不应超过壁厚的10%，且不得大于3mm；

2 在钢管焊接结束后，方可开动千斤顶；

3 钢管底部焊接应在钢管焊口脱离导轨后进行。

7.4 顶进测量与纠偏

7.4.1 顶进过程中，每班均应根据测量结果绘制顶管轴线轨迹图。

7.4.2 顶管正常掘进时，应每隔800～1000mm测量一次。当发现偏差进行校正时，应每隔500mm测量一次，并应及时纠偏。

7.4.3 在纠偏过程中，应勤测量，多微调。每次纠偏角度宜为10′～20′，不得大于1°。

7.4.4 当采用没有螺栓定位器的工具管纠偏时，连续顶进压力应小于35MPa。

7.4.5 当顶管直径大于2m、入土长度小于20m时，可采取调整顶力中心的方法纠偏，并应保持顶进设备稳定。

7.4.6 宜采用测力纠偏或测力自控纠偏。

7.5 工程验收

7.5.1 顶管过程中，对下列各分项工程应进行中间检验：

1 顶管工作井的坐标位置；

2 管段的接头质量；

3 顶管轴线轨迹。

7.5.2 顶管工程竣工验收应提交下列文件：

1 工程竣工图；

2 测量、测试记录；

3 中间检验记录；

4 工程质量试验报告；

5 工程质量事故的处理资料。

7.5.3 顶管的允许偏差应符合表7.5.3的规定。

表7.5.3 顶管的允许偏差

项目	允许偏差（mm）
顶管中心线水平方向偏移	300
顶管中心线垂直方向偏移	300
钢管接口处管壁错位	0.2δ且不大于3
钢筋混凝土管接口处管壁错位	0.05δ且不大于10
钢管变形	0.03D

注：δ为管壁厚度；D为顶管直径。

8 盾构施工

8.1 一般规定

8.1.1 本章适用于软土地层中网格式、气压式等中小型盾构施工。

8.1.2 盾构型式的选择应根据土层性质、施工地区的地形、地面建筑及地下管线等情况，经综合技术经济比较后确定。

8.1.3 盾构顶部的最小覆土厚度，应根据地面建筑物、地下管线、工程地质情况及盾构型式等确定，且不宜小于盾构直径的2倍。

8.1.4 平行掘进的两个盾构之间最小净距，应根据施工地区的地质情况、盾构大小、掘进方法、施工间隔时间等因素确定，且不得小于盾构直径。

8.1.5 盾构施工中，必须采取有效措施防止危及地面和地下建筑物、构筑物的安全。

8.2 施工准备

8.2.1 盾构工作井应符合下列规定：

1 拼装用工作井的宽度应比盾构直径大1.6～2m；长度应满足初期掘进出土、管片运输的要求；底板标高宜低于洞口底部1m；

2 拆卸用工作井的大小应满足盾构的起吊和拆卸的要求；

3 盾构基座和后座应有足够的强度和刚度；

4 盾构基座上的导轨定位必须准确，基座上应预留安装用的托轮位置。

8.2.2 盾构掘进前，应建立地面、地下测量控制网，并应定期进行复测。控制点应设在不易扰动和便于测量的地点。

8.2.3 后座管片宜拼成开口环，且应有加强整体刚性的闭合刚架支撑。

8.2.4 拆除洞口封板到盾构切口进入地层过程中，应预先采取地基加固措施。

8.3 盾构掘进

8.3.1 盾构工作面的开挖和支撑方法，应根据地质条件、地道断面、盾构类型、开挖与出土的机械设备等因素，经综合技术经济比较后确定。

8.3.2 采用网格式盾构时，在土体被挤入盾构后方可开挖。

8.3.3 当不能采取降水或地基加固等措施时，可采用气压式盾构施工。

8.3.4 气压式盾构的变压闸应包括人行闸和材料闸。人行闸和材料闸应符合下列规定：

1 人行闸宜采用圆筒形，其直径不应小于1.85m；出入口高度不应小于1.6m，宽度不应小于0.6m；闸内应设置单独的加压、减压阀门和通信设备；

2 材料闸的直径与长度应满足施工运输的要求，其直径宜为2～2.5m；长度宜为8～12m；闸内轨道与成洞段运输轨道标高应一致。

8.3.5 气压式盾构的气压设备的配备，应符合下列规定：

1 空压机应有足够的备用量。当工作用空压机少于2台时，应备用1台；当工作用空压机为3台及以上时，应每3台备用1台；

2 气压盾构从贮气罐到施工区段，应设有2套独立的输气管路。

8.3.6 气压式盾构进行水下地道施工时，其空气压力不得大于静水压力。

8.3.7 盾构掘进测量应符合下列规定：

1 应在不受盾构掘进影响的位置设置控制点；

2 在成洞过程中，应及时测量管片环的里程、平面和高程的偏差；

3 在施工过程中，应及时测量地表变形和地道沉降量。

8.3.8 盾构千斤顶应沿支撑环圆周均匀分布；千斤顶的数量不应少于管片数的2倍。

8.3.9 盾构掘进应符合下列规定：

1 应按编组程序开启各类油泵及操纵阀，待各级压力表数值满足要求后，盾构方可掘进；

2 盾构掘进可采用连续掘进或间歇掘进，其速度宜为60～90cm/min；

3 盾构每次掘进距离应比管片宽度大200～250mm；

4 盾构停止掘进时，应保持开挖面的稳定；

5 盾构掘进轴线的允许偏差不应超过15mm。

8.3.10 盾构临近拆卸井口时，应控制掘进速度和出土量。

8.3.11 盾构掘进时，井点降水的时间宜提前7～10d；当地下水已疏干，土体基本稳定后，应根据开挖面土体情况逐步降低气压，拆门进洞。

8.3.12 在盾构到达拆卸用工作井之前，应在井内安装盾构基座。盾构在井内应搁置平稳，并应便于拆卸和检修。

8.4 管片拼装及防水处理

8.4.1 管片拼装应符合下列规定：

1 管片的最大弧弦长度不宜大于4m；

2 管片应按拼装顺序分块编号；

3 管片宜采用先纵向后环向的顺序拼装；其接缝宜设置在内力较小的45°或135°位置。

8.4.2 管片接缝防水应符合下列规定：

1 密封防水材料应质地均匀，粘结力强，耐酸碱，并有足够的强度；

2 接缝槽内的油污应清除干净；

3 接缝防水处理应在不受盾构千斤顶推力影响的管片环内进行。

8.4.3 当采用复合衬砌时，应在外层管片接缝及结构渗漏处理完毕后，进行内层衬砌。

8.5 压浆施工

8.5.1 盾构掘进过程中，必须在盾尾和管片之间及时压浆充填密实。

8.5.2 压浆施工应符合下列规定：

1 压浆量宜为管片背后空隙体积的1.2～1.5倍；当盾构覆土深度为10～15m时，压浆压力宜为0.4～0.5MPa；

2 加在管片压浆孔上的压力球阀应在压浆24h后拆除，并应采取安全保护措施；

3 补充压浆宜在暂停掘进时进行，压浆量宜为空隙体积的0.5～1倍；

4 严禁在压浆泵工作时拆除管路、松动接头或进行检修。

8.6 工程验收

8.6.1 盾构施工的中间检验应包括下列内容：

1 盾构工作井的坐标；

2 管片加工精度、拼装质量和接缝防水效果；

3 掘进方向、地表变形、地道沉降。

8.6.2 竣工验收应提交下列文件：

1 工程竣工图；

2 中间检验记录；

3 设计变更通知单；

4 工程质量测试报告；

5 工程质量事故的处理资料。

8.6.3 盾构施工的允许偏差应符合表8.6.3的规定。

表 8.6.3 盾构施工的允许偏差

项目		允许偏差（mm）
管片环圆环面平整度		5
管片环圆度		20
管片环环缝和纵缝宽度		3
地道轴线位置	水平方向	50
	垂直方向	50

9 孔口防护设施的制作及安装

9.1 防护门、防护密闭门、密闭门门框墙的制作

9.1.1 门框墙的混凝土浇筑，应符合下列规定：

1 门框墙应连续浇筑，振捣密实，表面平整光滑，无蜂窝、孔洞、露筋；

2 预埋件应除锈并涂防腐油漆，其安装的位置应准确，固定应牢靠；

3 带有颗粒状或片状老锈，经除锈后仍留有麻点的钢筋严禁按原规格使用；钢筋的表面应保持清洁。

9.1.2 钢筋的规格、形状、尺寸、数量、接头位置和制作，应符合设计要求和本规范第6.3节的规定。

9.1.3 门框墙的混凝土应振捣密实。每道门框墙的任何一处麻面面积不得大于门框墙总面积的0.5%，且应修整完好。

9.2 防护门、防护密闭门、密闭门的安装

9.2.1 门扇安装应符合下列规定：

1 门扇上下铰页受力均匀，门扇与门框贴合严密，门扇关闭后密封条压缩量均匀，严密不漏气；

2 门扇启闭比较灵活，闭锁活动比较灵敏，门扇外表面标有闭锁开关方向；

3 门扇能自由开到终止位置；

4 门扇的零部件齐全，无锈蚀，无损坏。

9.2.2 密封条安装应符合下列规定：

1 密封条接头宜采用45°坡口搭接，每扇门的密封条接头不宜超过2处；

2 密封条应固定牢靠，压缩均匀；局部压缩量允许偏差不应超过设计压缩量的20%；

3 密封条不得涂抹油漆。

9.3 防爆波活门、防爆超压排气活门的安装

9.3.1 防爆波悬摆活门安装，应符合下列规定：

1 底座与胶板粘贴应牢固、平整，其剥离强度不应小于0.5MPa；

2 悬板关闭后底座胶垫贴合应严密；

3 悬板应启闭灵活，能自动开启到限位座；

4 闭锁定位机构应灵活可靠。

9.3.2 胶管活门安装，应符合下列规定：

1 活门门框与胶板粘贴牢固、平整，其剥离强度不应小于0.5MPa；

2 门扇关闭后与门框贴合严密；

3 胶管、卡箍应配套保管，直立放置；

4 胶管应密封保存。

9.3.3 防爆超压排气活门、自动排气活门安装，应符合下列规定：

1 活门开启方向必须朝向排风方向；

2 穿墙管法兰和在轴线视线上的杠杆均必须铅直；

3 活门在设计超压下能自动启闭，关闭后阀盘与密封圈贴合严密。

9.4 防护功能平战转换施工

9.4.1 人防工程防护功能平战转换施工应坚持安全可靠、就地取材、加工和安装快速简便的原则。

9.4.2 防护功能平战转换施工宜采用标准化、通用化、定型化的防护设备和构件。

9.4.3 防护功能平战转换预埋件的材质、规格、型号、位置等必须符合设计要求；预埋件应除锈、涂防腐漆并与主体结构应连接牢固。

9.4.4 人防工程的下列各项应在施工、安装时一次完成：

1 采用钢筋混凝土或混凝土浇筑的部位；

2 供战时使用的出入口、连通口及其他孔口的防护设施；

3 防爆波清扫口、给水引入管和排水出户管。

9.5 防护设施的包装、运输和堆放

9.5.1 防护设施的包装，应符合下列规定：

1 各类防护设施均应具有产品出厂合格证；

2 防护设施的零、部件必须齐全，并不得锈蚀和损坏；

3 防护设施分部件包装时，应注明配套型号、名称和数量。

9.5.2 门扇、门框的运输，应符合下列规定：

1 门扇混凝土强度达到设计强度的70%后，方可进行搬移和运输；

2 门扇和钢框应与车身固定牢靠，避免剧烈碰撞和振动。

9.5.3 防护设施的堆放，应符合下列规定：

1 堆放场地应平整、坚固、无积水；

2 金属构件不得露天堆放；

3 各种防护设施应分类堆放；

4 密闭门及钢框应立式堆放，并支撑牢靠；

5 门扇水平堆放时，其内表面应朝下；应在两长边放置同规格的条形垫木；在门扇的跨中处不得放置垫木。

9.6 工程验收

9.6.1 门扇、门框墙制作的允许偏差应符合表9.6.1的规定。

表9.6.1 门扇、门框墙制作的允许偏差

项目	允许偏差（mm）			
	混凝土圆拱门、门框墙		混凝土平板门、门框墙	钢结构门、门框墙
	门孔宽≤5000	门孔宽>5000		
门扇宽度	±3	±5	±5	±3
门扇高度	±5	±8	±5	±3
门扇厚度	3	5	5	3
门扇内表面的平面度	—	—	3	2
门扇扭曲	±3	±5	—	—
门扇弧长	±4	±6	—	—
铰页同轴度	1	1	1	1
闭锁位置偏移	±2	±3	±3	±2
门框两对角线相差	5	7	5	5
门框墙垂直度	6	8	5	5

9.6.2 钢筋混凝土门扇安装的允许偏差应符合表9.6.2的规定。

表9.6.2 钢筋混凝土门扇安装允许偏差

项目		允许偏差（mm）
门扇与门框贴合	$L \leq 2000$	2.5
	$2000 < L \leq 3000$	3
	$3000 < L \leq 5000$	4
	$L > 5000$	5

注：L——门孔长边尺寸（mm）。

9.6.3 钢结构门扇安装的允许偏差应符合表9.6.3的规定。

表9.6.3 钢结构门扇安装允许偏差

项目		允许偏差（mm）
门扇与门框贴合	$L \leq 2000$	2
	$2000 < L \leq 3000$	2.5
	$3000 < L \leq 5000$	3
	$L > 5000$	4

注：L——门孔长边尺寸（mm）。

9.6.4 防爆波悬摆活门、防爆超压排气活门、自动排气活门安装的允许偏差应符合表9.6.4的规定。

表9.6.4 防爆波悬摆活门、防爆超压排气活门、自动排气活门安装的允许偏差

项目		允许偏差（mm）
防爆波悬摆活门	坐标	10
	标高	±5
	框正、侧面垂直度	5
防爆超压排气活门、自动排气活门	坐标	10
	标高	±5
	平衡锤连杆垂直度	5

10 管道与附件安装

10.1 密闭穿墙短管的制作及安装

10.1.1 当管道穿越防护密闭隔墙时，必须预埋带有

密闭翼环和防护抗力片的密闭穿墙短管。当管道穿越密闭隔墙时，必须预埋带有密闭翼环的密闭穿墙短管。

10.1.2 给水管、压力排水管、电缆电线等的密闭穿墙短管，应采用壁厚大于3mm的钢管。

10.1.3 通风管的密闭穿墙短管，应采用厚2～3mm的钢板焊接制作，其焊缝应饱满、均匀、严密。

10.1.4 密闭翼环应采用厚度大于3mm的钢板制作。钢板应平整，其翼高宜为30～50mm。密闭翼环与密闭穿墙短管的结合部位应满焊。

10.1.5 密闭翼环应位于墙体厚度的中间，并应与周围结构钢筋焊牢。密闭穿墙短管的轴线应与所在墙面垂直，管端面应平整。

10.1.6 密闭穿墙短管两端伸出墙面的长度，应符合下列规定：

1 电缆、电线穿墙短管宜为30～50mm；

2 给水排水穿墙短管应大于40mm；

3 通风穿墙短管应大于100mm。

10.1.7 密闭穿墙短管作套管时，应符合下列规定：

1 在套管与管道之间应用密封材料填充密实，并应在管口两端进行密闭处理。填料长度应为管径的3～5倍，且不得小于100mm；

2 管道在套管内不得有接口；

3 套管内径应比管道外径大30～40mm。

10.1.8 密闭穿墙短管应在朝向核爆冲击波端加装防护抗力片。抗力片宜采用厚度大于6mm的钢板制作。抗力片上槽口宽度应与所穿越的管线外径相同；两块抗力片的槽口必须对插。

10.1.9 当同一处有多根管线需作穿墙密闭处理时，可在密闭穿墙短管两端各焊上一块密闭翼环。两块密闭翼环均应与所在墙体的钢筋焊牢，且不得露出墙面。

10.2 通风管道与附件的制作及安装

10.2.1 在第一道密闭阀门至工程口部的管道与配件，应采用厚2～3mm的钢板焊接制作。其焊缝应饱满、均匀、严密。

10.2.2 染毒区的通风管道应采用焊接连接。通风管道与密闭阀门应采用带密封槽的法兰连接，其接触应平整；法兰垫圈应采用整圈无接口橡胶密封圈。

10.2.3 主体工程内通风管与配件的钢板厚度应符合设计要求。当设计无具体要求时，钢板厚度应大于0.75mm。

10.2.4 工程测压管在防护密闭门外的一端应设有向下的弯头；另一端宜设在通风机房或控制室，并应安装球阀。通过防毒通道的测压管，其接口应采用焊接。

10.2.5 通风管的测定孔、洗消取样管应与管同时制作。测定孔和洗消取样管应封堵。

10.2.6 通风管内气流方向、阀门启闭方向及开启度，应标示清晰、准确。

10.3 给水排水管道、供油管道与附件的安装

10.3.1 压力排水管宜采用给水铸铁管、镀锌管、镀锌钢管或UPVC塑料管，其接口应采用油麻填充或石棉水泥抹口，不得采用水泥砂浆抹口。

10.3.2 油管丝扣连接的填料，应采用甘油和红丹粉的调和物，不得采用铅油麻丝。油管法兰连接的垫板，应采用两面涂石墨的石棉纸板，不得采用普通橡胶垫圈。

10.3.3 防爆清扫口安装，应符合下列要求：

1 当采用防护盖板时，盖板应采用厚度大于3mm的镀锌或镀铬钢板制作；其表面应光洁，安装应严密；

2 清扫口安装高度应低于周围地面3～5mm。

10.3.4 与工程外部相连的管道的控制阀门，应安装在工程内靠近防护墙处，并应便于操作，启闭灵活，有明显的标志。控制阀门的工作压力应大于1MPa。控制阀门在安装前，应逐个进行强度和严密性检验。

10.3.5 各种阀门启闭方向和管道内介质流向，应标示清晰、准确。

10.4 电缆、电线穿管的安装

10.4.1 电缆、电线在穿越密闭穿墙短管时，应清除管内积水、杂物。在管内两端应采用密封材料充填，填料应捣固密实。

10.4.2 电缆、电线暗配管穿越防护密闭隔墙或密闭隔墙时，应在墙两侧设置过线盒，盒内不得有接线头。过线盒穿线后应密封，并加盖板。

10.4.3 灯头盒、开关盒、接线盒等应紧贴模板固定，并应与电缆、电线暗配管连接牢固。暗配管应与结构钢筋点焊牢固。

10.4.4 电缆、电线暗配敷设完毕后，暗配管管口应密封。

10.5 排烟管与附件的安装

10.5.1 排烟管宜采用钢管或铸铁管。当采用焊接钢管时，其壁厚应大于3mm；管道连接宜采用焊接。当采用法兰连接时，法兰面应平整，并应有密封槽；法兰之间应衬垫耐热胶垫。

10.5.2 埋设于混凝土内的铸铁排烟管，宜采用法兰连接。

10.5.3 排烟管应沿轴线方向设置热胀补偿器。单向套管伸缩节应与前后排烟管同心。柴油机排烟管与排烟总管的连接段应有缓冲设施。

10.5.4 排烟管的安装，应符合下列规定：

1 坡度应大于0.5%，放水阀应设在最低处；

2 清扫孔堵板应有耐热垫层，并固定严密；

3 当排烟管穿越隔墙时，其周围空隙应采用石棉绳填充密实；

4 排烟管与排烟道连接处，应预埋带有法兰及密闭翼环的密闭穿墙短管。

10.5.5 排烟管的地面出口端应设防雨帽；在伸出地面150~200mm处，应采取防止排烟管堵塞的措施。

10.6 管道防腐涂漆

10.6.1 管道安装后不易涂漆的部位应预先涂漆。

10.6.2 涂漆前应清除被涂表面的铁锈、焊渣、毛刺、油、水等污物。

10.6.3 涂漆施工必须有相应的防火措施。

10.6.4 有色金属管、不锈钢管、镀锌钢管、镀锌铁皮和铝皮保护层，可不涂漆。但接头和破损处应涂漆。

10.6.5 埋地管道或地沟内的管道，应先涂两道防锈漆，再涂两道沥青漆；工程内明敷的管道，应先涂两道防锈漆，再涂两道面漆。

10.6.6 埋地铸铁管，应涂两道沥青漆，再涂一道面漆；工程内明敷的铸铁管，应先涂两道防锈漆，再涂一道面漆。

10.6.7 涂层质量应符合下列规定：

1 涂层应均匀，颜色应一致；

2 涂膜应附着牢固，无剥落、皱纹、气泡、针孔等缺陷；

3 涂层应完整，无损坏、流淌。

11 设备安装

11.1 设备基础

11.1.1 基础表面应光滑、平整，并应设有坡向四周的坡度。

11.1.2 基础混凝土养护14d后，方可安装设备；二次浇筑混凝土养护28d后，设备方可运转。

11.1.3 混凝土设备基础的允许偏差，应符合表11.1.3的规定。

表11.1.3 混凝土设备基础的允许偏差

项目		允许偏差（mm）
坐标位置（纵横轴线）		20
不同平面的标高		0 -20
平面外形尺寸		±20
平面水平度	每1m	5
	全长	10
垂直度	每1m	5
	全高	10
预埋地脚螺栓	顶部标高	+20 0
	中心距	±2
预留地脚螺栓孔	中心线位置	10
	深度	+20 0
	垂直度	10

11.2 通风设备安装

11.2.1 通风机安装应符合下列规定：

1 风机试运转时，叶轮旋转方向正确，经不少于2h运转后，滑动轴承温升不超过35℃，最高温度不超过70℃；滚动轴承温升不超过40℃，最高温度不超过80℃。

2 离心风机与减振台座接触紧密，螺栓拧紧，并有防松装置；

3 管道风机采用减振吊架安装时，风机与减振吊架连接紧密，牢固可靠；采用支、托架安装时，风机与减振器及支架、托架连接紧密，稳固可靠。

11.2.2 除湿机、柜式空调机安装应放置平稳，固定牢靠，两法兰在同一轴线上自然平齐相对。无强制连接，连接紧密，不漏风。

11.2.3 通风机、除湿机和柜式空调机安装的允许偏差，应符合表11.2.3的规定。

表11.2.3 通风机、除湿机和柜式空调机安装的允许偏差

项目			允许偏差（mm）
通风机	中心线的平面位置		10
	标高		±10
	皮带轮轮宽中心平面位置		1
	传动轴水平度		0.2/1000
除湿机、柜式空调机	联轴器同心度	径向位移	0.05
		轴向倾斜	0.2/1000
	坐标		3
	垂直度（每1m）		2

11.2.4 过滤器、纸除尘器、过滤吸收器安装应符合下列规定：

1 各种设备的型号、规格、额定风量必须符合设计要求；

2 各种设备的安装方向必须正确；

3 设备与管路连接时，宜采用整体性的橡皮软管接头，并不得漏气；固定支架应平正、稳定；

4 过滤器的安装应固定牢固，过滤器与框架、框架与维护结构之间无明显缝隙；

5 纸除尘器和过滤吸收器的安装，应固定牢固，位置准确，连接严密。

11.2.5 消声器安装应符合下列规定：

1 消声器框架必须牢固，共振腔的隔板尺寸正确，隔板与壁板结合处贴紧，外壳严密不漏；

2 消声器安装方向必须正确，并单独设置支

（吊）架；

3 消声片单体安装后固端必须牢固，片距均匀；

4 消声片状材料粘贴牢固、平整，散状材料充填均匀、无明显下沉；

5 消声复面材料顺气流方向拼接，无损坏；穿孔板无毛刺，孔距排列均匀。

11.2.6 密闭阀门安装，应符合下列规定：

1 安装前应进行检查，其密闭性能应符合产品技术要求；

2 安装时，阀门上箭头标志方向应与冲击波的方向一致；

3 开关指示针的位置与阀门板的实际开关位置应相同，启闭手柄的操作位置应准确；

4 阀门应用吊钩或支架固定，吊钩不得吊在手柄及锁紧装置上。

11.2.7 密闭阀门安装的允许偏差，应符合表 11.2.7 的规定。

表 11.2.7 密闭阀门安装的允许偏差

项 目	允许偏差（mm）
坐标	3
标高	±3

11.2.8 测压装置安装，应符合下列规定：

1 测压管连接应采用焊接，并应满焊、不漏气；

2 管路阀门与配件连接应严密；

3 测压板应做防腐处理和用膨胀螺丝固定；

4 测压仪器应保持水平安置。

11.3 给水排水设备安装

11.3.1 口部冲洗阀安装，应符合下列规定：

1 暗装管道时，冲洗阀不应突出墙面；

2 明装管道时，冲洗阀应与墙面平行；

3 冲洗阀配用的冲洗水管和水枪应就近设置。

11.3.2 穿越水库水位线以下的水管，应在水库的墙面预埋防水短管，并应符合下列规定：

1 有扰动力作用时，应预埋柔性防水短管；

2 无扰动力作用时，可预埋带有翼环的防水短管；

3 预埋管的位置、标高允许偏差不得超过 5mm，伸出水库墙外的长度不应小于 100mm。

11.3.3 自备水源井必须设置井盖；在地下水位高于工程底板或有压力水区域，必须加设密闭盖板。

11.3.4 防爆波闸阀安装，应符合下列规定：

1 闸阀宜在防爆波井浇筑前安装；

2 闸阀与管道应采用法兰连接；闸阀的阀杆应朝上，两端法兰盘应对称紧固；

3 闸阀应启闭灵活，严密不漏；

4 闸阀开启方向应标示清晰，止回阀安装方向应正确。

11.3.5 防爆防毒化粪池管道安装，应符合下列规定：

1 进、出水管应选用给水铸铁管；铸铁管应无裂纹、铸疤等缺陷；

2 三通管应固定牢固、平直，其上部应用密闭盖板封堵。

11.3.6 排水水封井管道安装，应符合下列规定：

1 水封井盖板应严密，并易于开启；

2 进、出水管的安装位置应正确，接头应严密牢固；

3 进、出水管的弯头应伸入水封面以下 300mm。

11.3.7 排水防爆波井的进、出水管管口应用钢筋网保护。网眼宜为 30mm×30mm；钢筋网宜采用 $\phi16\sim\phi22$ 的钢筋焊接制作。

11.4 电气设备安装

11.4.1 柴油发电机安装，应符合下列规定：

1 机组在试运转中，润滑油压力和温度，冷却水进、出口温度，排烟温度必须符合设备技术文件的规定；

2 各机件的接合处和管道系统，必须保证无漏油、漏水、漏烟和漏气现象；

3 排烟管与日用油箱的距离必须保持在1.5m及以上；

4 机座与支座、机座与导轨、机座与垫铁间各贴合面接触紧密，连接牢固；

5 机组在额定负荷、50%负荷、空载试运转时，机件运转平稳、均匀，无异常发热；

6 电气、热工仪表、信号安装位置准确，连接牢固，指示正确，灵敏可靠。

11.4.2 柴油发电机组两轴同心度及水平度的允许偏差，应符合表 11.4.2 的规定。

表 11.4.2 柴油发电机组两轴同心度及水平度允许偏差

项	目	允许偏差（mm）
135 系列	同心度	0.3
	水平度	0.1
160 系列	同心度	0.3
	水平度	0.1
250 系列	同心度	0.2
	水平度	0.1
300 系列	同心度	0.2
	水平度	0.1

11.4.3 变压器安装，应符合下列规定：

1 位置正确，就位后轮子固定可靠；装有气体继电器的变压器顶盖，沿气体继电器的气流方向有 1%～1.5%的升高坡度；

2　变压器与线路连接紧密，连接螺栓的锁紧装置齐全，瓷套管不受外力；

3　零线沿器身向下接至接地装置的线段固定牢靠；

4　器身各附件间连接的导线有保护管，保护管、接线盒固定牢靠，盒盖齐全。

11.4.4　落地式配电柜（箱）的安装，应符合下列规定：

1　成排安装的配电柜（箱）应安装在基础型钢上。基础型钢应平直；型钢顶面高出地面应等于或大于10mm；同一室内的基础型钢水平允许偏差不应超过1mm/m，全长不应超过5mm；

2　基础型钢应有良好接地；

3　柜（箱）的垂直度允许偏差不应大于1.5mm/m。

11.4.5　挂墙式配电箱（盘）的安装，应符合下列规定：

1　固定配电箱（盘），宜采用镀锌或铜质螺栓，不得采用预埋木砖；

2　嵌墙暗装配电箱的箱体应与墙面齐平。

11.4.6　成排或集中安装的同一墙面上的电器设备的高差不应超过5mm，同一室内电器设备的高差不应超过10mm。

11.4.7　灯具安装应符合下列规定：

1　灯具的安装应牢固，宜采用悬吊固定；当采用吸顶灯时，应加装橡皮衬垫；

2　接零或接地的灯具金属外壳，应有专用螺丝与接零或接地网连接；

3　宜采用铜质瓷灯座，开关的拉线宜采用尼龙绳等耐潮绝缘的材料；

4　各种信号应有特殊标志，并标示清晰，指示正确。

11.4.8　电气接地装置安装，应符合下列规定：

1　应利用钢筋混凝土结构的钢筋网作自然接地体，用作自然接地体的钢筋网应焊接成整体；

2　当采用自然接地体不能满足要求时，宜在工程内渗水井、水库、污水池中放置镀锌钢板作人工接地体，并不得损坏防水层；

3　不宜采用外引式的人工接地体。当采用外引接地时，应从不同口部或不同方向引进接地干线。接地干线穿越防护密闭隔墙、密闭隔墙时，应做防护密闭处理。

11.5　设备安装工程的消声与防火

11.5.1　安装有动力扰动的设备，当不设减震装置时，应采用厚5～10mm中等硬度的橡皮平板衬垫。

11.5.2　当管道用支架、吊钩固定时，应采用软质材料作衬垫。管道自由端不得摆动。

11.5.3　机房内的消声器及消声后的风管应做隔声处理，可外包厚30～50mm的吸声材料。

11.5.4　当管、线穿越隔声墙时，管道与墙、电线与管道之间的空隙应用吸声材料填充密实。

11.5.5　设备安装时，严禁采用明火施工。

11.5.6　配电箱、板，严禁采用可燃材料制作。

11.5.7　发热器件必须进行防火隔热处理，严禁直接安装在建筑装修层上。

11.5.8　电热设备的电源引入线，应剥除原有绝缘，并套入瓷套管。瓷套管的长度应大于100mm。

11.5.9　处于易爆场所的电气设备，应采用防爆型。电缆、电线应穿管敷设，导线接头不得设在易爆场所。

11.5.10　在顶棚内的电缆、电线必须穿管敷设，导线接头应采用密封金属接线盒。

11.6　设备安装工程的验收

11.6.1　通风系统试验应符合下列规定：

1　防毒密闭管路及密闭阀门的气密性试验，充气加压5.06×10^4Pa，保持5min不漏气；

2　过滤吸收器的气密性试验，充气加压1.06×10^4Pa后5min内下降值不大于660Pa；

3　过滤式通风工程的超压试验，超压值应为30～50Pa；

4　清洁式、过滤式和隔绝式通风方式相互转换运行，各种通风方式的进风、送风、排风及回风的风量和风压，满足设计要求；

5　各主要房间的温度和相对湿度应满足平时使用要求。

11.6.2　给水排水设备检验应符合下列规定：

1　管道、配件及附件的规格、数量、标高等符合设计要求；各种阀门安装位置及方向正确，启闭灵活；

2　管道坡度符合设计要求；

3　给水管、压力排水管、供油管、自流排水管系统无漏水；

4　给水排水机械设备及卫生器具的规格、型号、安装位置、标高等符合设计要求；

5　地漏、检查口、清扫口的数量、规格、位置、标高等符合设计要求；

6　防爆波闸阀型号、规格符合设计要求；闸阀启闭灵活，指示明显、正确；

7　防爆防毒化粪池、水封井密封性能良好，管道畅通；

8　防爆波密闭堵板密封良好。

11.6.3　给水排水系统试验应符合下列规定：

1　清洁式通风时，水泵的供水量符合设计要求；

2　过滤式通风时，洗消用水量、饮用水量符合设计要求；

3　柴油发电机组、空调机冷却设备的进、出水

温度、供水量等符合设计要求；

4 水库或油库，当贮满水或油时，在24h内液位无明显下降，在规定时间内能将水或油排净；

5 渗水井的渗水量符合设计要求。

11.6.4 电气系统试验应包括下列内容：

1 检查电源切换的可靠性和切换时间；

2 测定设备运行总负荷；

3 检查事故照明及疏散指示电源的可靠性；

4 测定主要房间的照度；

5 检查用电设备远控、自控系统的联动效果；

6 测定各接地系统的接地电阻。

11.6.5 柴油发电机组的试运行应符合下列规定：

1 空载运行应在设备检查、试验合格后进行，空载运行时间不应少于30min；

2 负载运行应在空载运行正常后进行。试运行时，负荷应由空载状态逐步增加并在额定容量的25%、50%、75%的负荷下各运行1h，满载运行不少于2h；

3 超载运行应在额定容量110%的负荷下运行30min；

4 并车试验应在各机组单机运行试验正常后进行。并车装置性能应可靠。各并车机组在50%额定负荷以上时，有功功率和无功功率分配差度均应符合设计要求；

5 自启动试验应在上述试验正常后进行，且不应少于3次。机组各项功能应符合设计要求。

11.6.6 柴油发电机组的检验应符合下列规定：

1 检验应包括下列项目：

1）润滑油压力和温度，冷却水进、出口温度和排烟温度；

2）各机件的接合处和管路系统情况；

3）运动机件在额定负荷、50%负荷、空载下的运行情况；

4）充电发电机的充电和启动贮气瓶的充气情况；

5）附属装置的工作情况；

6）电气、热工仪表、信号指示。

2 测定记录应包括下列项目：

1）机组及辅机系统各种运行状态的工作情况；

2）柴油机的瞬态和稳态调速率；

3）机组的温升；

4）油耗；

5）烟色；

6）压缩空气或蓄电池的启动瞬时压降、启动后的压力或电压及可启动次数；

7）发电机调压性能；

8）并车、自启动、调频调载装置的运行参数。

11.6.7 装有远距离自动控制台和机房仪表台的柴油发电机组，尚应进行下列检验：

1 分别用自动和手动远动控制的方法进行试运转；

2 进行自启动系统可靠性试验，测定启动时间；

3 声光报警信号情况；

4 柴油机调速和停车电磁阀工作情况；

5 机房和控制室联络信号装置工作情况。

本规范用词说明

1 为便于在执行本规范条文时区别对待，对要求严格程度不同的用词说明如下：

1）表示很严格，非这样做不可的用词：

正面词采用“必须”，反面词采用“严禁”。

2）表示严格，在正常情况下均应这样做的用词：

正面词采用“应”，反面词采用“不应”或“不得”。

3）表示允许稍有选择，在条件许可时首先应这样做的用词：

正面词采用“宜”，反面词采用“不宜”；

表示有选择，在一定条件下可以这样做的用词，采用“可”。

2 本规范中指明应按其他有关标准、规范执行的写法为“应符合……的规定”或“应按……执行”。

中华人民共和国国家标准

人民防空工程施工及验收规范

GB 50134—2004

条 文 说 明

目　次

1 总 则

1.0.2 各类人防工程包括坑道工程、地道工程、单建掘开式工程和附建式防空地下室等人防工程。

1.0.3 工程地质勘察报告包括水文地质资料。一般情况下，大型人防工程施工要作施工组织设计，中、小型工程施工要有施工方案。

1.0.4 人防工程施工所使用的材料、构件和设备的质量，在一定程度上决定着工程质量，一定要严加控制。像水泥、砂、石、外加剂等建筑材料，应该有出厂合格证或试验报告；构件和设备应具有出厂合格证；电缆应具有经专门机构检测的试验记录。

1.0.5 根据施工实践经验，在邻近原有建筑物、构筑物和管线进行施工时，施工前需要了解邻近建筑物、构筑物的结构和基础详细情况，以及地下管线的分布情况。施工中需要采取加固等有效措施，防止损坏原有建筑物、构筑物和管线，确保其安全使用。

1.0.6 人防工程施工中，隐蔽工程较多。为保证施工质量，需要及时进行中间检验或对分项工程进行检验。不合格的要及时进行修补。

1.0.9 人防工程施工条件复杂，综合性强，涉及面广。由于国务院有关部门对工程施工制订了很多国家标准，本规范内容不可能包括所有的规定。因此，在进行人防工程施工时，要将本规范和其他有关现行国家标准配合使用。这些国家标准主要有：《混凝土结构工程施工及验收规范》、《地下防水工程施工及验收规范》、《锚杆喷射混凝土技术规范》、《地基与基础工程施工及验收规范》、《土方与爆破工程施工及验收规范》、《通风与空调工程施工及验收规范》等。

3 坑道、地道掘进

3.1 一 般 规 定

3.1.2 当坑道、地道穿越建筑物、构筑物、街道、铁路路基等时，如果开挖面暴露时间过长，将影响其安全。因此要连续作业，同时要采取有效的安全措施，如经常观测其沉降、变形和稳定情况。有时还要采取加固措施，以保证临近建筑物、构筑物等的安全。

3.1.4 导洞超前掘进的施工方法，主要是控制围岩暴露面的大小和暴露时间，使围岩应力不致增长过大，从而维护围岩的稳定。导洞的作用主要是展开作业面，为洞主体开创快速施工的条件。导洞先头掘进，可用以探明地质情况，敷设各种施工管线，便于施工、通风、排水、运输和施工测量等。

3.1.5 坑道、地道掘进时，加强通风是防尘措施中最重要的手段。通风方式分自然通风和机械通风。一般情况下，要采用机械通风。

3.2 施 工 测 量

3.2.1 坑道、地道施工测量中的疏忽和错误，往往不易及时发现，因此要求重复测量和两次计算，并建立严格的检查复核制度。

3.2.2 口部施工前需做好测量定位工作，选好各种控制点，如口部中心桩、口部水准基点、高程标志、控制中心桩和进洞中心线的基准点等。引测上述控制点，最好采用三角网测量法或口外导线引测定位，以确保测量精度。

3.3 工 程 掘 进

3.3.1 光面爆破是岩石爆破施工中的成熟技术。它能使周边轮廓面较精确地达到设计要求，超挖、欠挖量小，岩石不出现明显的爆震裂缝，对围岩的破坏轻微。光面爆破日益成为地下工程中主要的爆破施工方法。

条文中所称的软岩是指岩石的抗压强度小于20MPa；中硬岩是指岩石的抗压强度为20～40MPa；硬岩是指岩石的抗压强度大于40 MPa。

3.3.5 导火索在运输保管过程中，每卷导火索的两端容易受到损坏，如药量外泄、外层线脱落等，致使燃速受到影响，故在使用前每端要切去50mm不用。导火索因温度、湿度、气压等的变化而燃速也随之发生变化，故要在使用前做燃速试验。

3.3.6 所谓杂散电流，是存在于电源电路以外的杂乱游散的电流，其方向和大小随时变化。如用钢轨作回路的架线，在电机车附近，在变压器周围等均有杂散电流产生。当杂散电流值超过电雷管的准爆电流值时，有可能发生早爆事故。施工中应引起足够重视。

3.3.7～3.3.10 目前，坑道、地道掘进中运输作业主要靠机车牵引列车、汽车、人力推斗车、人力手推车等。经过调研发现，在运输作业中，由于没有重视运输轨道的铺设，没有重视控制车辆运行速度，甚至发生溜放跑车现象等，从而造成人身伤亡事故的事例不少。因此，经总结矿山、铁道、人防等部门多年的施工经验和教训，对坑道、地道掘进中运输作业提出了一些要求，以保证安全施工。

3.3.11、3.3.12 坑道、地道掘进施工中，工作面空气中可能含有许多有害物质，如一氧化碳、二氧化碳、硫化氢、游离二氧化硅、氮氧化合物、甲烷等。根据实践经验，只要加强通风，保证本条文中规定的新鲜空气量和风流速度，就能使工作面空气中的有害物质降低到允许浓度，保证人体健康。

3.4 临 时 支 护

3.4.1 喷射混凝土施工后应检测其抗压强度。喷射混凝土抗压强度，要以同批内标准芯样的抗压强度代表值来评定。施工后钻取芯样数量：每30～50m不少于1组，芯样每组5个。每组芯样的抗压强度代表值为5个芯样试验结果的平均值；5个芯样中的过大或过小的强度值，与中间值相比超过15%时，可用中间值代表该组的强度。

芯样可采用钻取法或凿方切割法制作。钻取法：用钻机在经28d养护的喷射混凝土结构上直接钻取直径50mm、长度大于50mm的芯样，用切割机加工成端面平行的圆柱体试块。凿方切割法：在经14d养护的喷射混凝土结构上用凿岩机打密排钻孔，取出长约35cm、宽约15cm的混凝土块，用切割机加工成10cm×10cm×10cm立方体试块，养护至28d进行试验。

3.4.2 为保证支护质量，锚杆要做抗拔力试验。锚杆的试验数量为每30～50m，锚杆在300根以下，抽样不少于1组；300根以上，每增加1～30根，相应多抽样1组。每组锚杆不少于3根。

4 不良地质地段施工

4.1 一 般 规 定

4.1.1 详细研究围岩的地面环境和工程地质与水文地质情况，分析推断岩石的允许暴露面积和时间，是决定采取正确的工程措施，保证安全顺利通过的前提。一般来说，地质条件越差，坑道上方的建筑物或构筑物传入地层的压力越大，则开挖后岩石允许暴露的面积越小和时间越短。如在破碎、松软且含水的断层破碎带与强风化地层中掘进，则围岩无自稳时间，而且作业面常朝前坍塌。工程通过不良地质地段，须坚持以预防塌方为主的原则。当开挖后来不及进行支护就会产生塌方、沉降等事故时，就要采用先超前支护稳定地层然后开挖的方法。

4.1.2 工程通过不良地质地段时，应尽量用风镐等机械开挖，以减小对围岩的震动，这是防止塌方的有效方法。不得不用爆破法开挖时，应打浅眼，放小炮，控制周边围岩的稳定。国外测得，较成功的光面爆破对围岩的扰动约为普通爆破法的1/4～1/6。

当不采用全断面掘进时，可采用环形开挖或上半断面开挖，以便减小围岩的暴露面积和时间。开挖后要及时进行临时支护，一般采用喷锚支护。支护的范围包括周边围岩，有时也包括作业面和暂时保留的核心。全断面衬砌即第二次衬砌，包括底板和底拱。根据工程实践，在未封底时，常因底鼓使墙脚向内挤坏，发展而导致全部支护破坏。因此，及时设置底板以封闭整个支护环，成为新奥法的原则之一。

4.2 超前锚杆支护

4.2.1 超前锚杆支护是用钻机将钢筋或钢管作为锚杆压入未开挖段，支护围岩，以便掘进施工。

4.2.3 超前锚杆与毛洞轴线的夹角主要根据地质和地下水条件决定。在松散渗水岩层中，全长固结砂浆锚杆往往不能施力或不起作用。由于地下水和渗流作用，锚杆间形成的塌落拱被破坏而扩大，直至穿过锚杆层，使锚杆不起作用。因此要用素锚杆。

4.2.5 锚杆间距应根据围岩松散破碎程度确定。围岩性质越差，间距取值越小；围岩性质越好，间距取值越大。

4.2.6 根据实践经验，超前锚杆两层间的距离一般取1.0～1.5m，最大不超过2m。

4.3 小导管注浆支护

4.3.1 小导管注浆是沿拱部开挖外轮廓线以一定角度打入四周带孔的钢管，并向管内注浆，使小导管周围岩层形成一固结拱壳。小导管本身又可起超前锚杆的作用。

4.3.3 小导管单层或双层支护的选择，是按石质破碎程度和地压大小决定的，地压大宜用双层。当欲形成的注浆胶结拱越厚，小导管外张角度就越大。

4.3.4 小导管注浆水泥砂浆配合比一般为水泥∶砂＝1∶1～1∶3。岩层中注浆，应取偏小值；松散体如塌方、碴体注浆，应取偏大值。如浆液扩散困难亦可为1∶0.5。除掌握好配合比外，还要通过确定适宜的注浆压力和注浆量来控制注浆范围和饱满程度。一般多以压力控制，如注浆压力已达预定值则为饱满。如注浆压力已达预定指标而压力不上升，则应找出原因（如有跑浆通路等），并采取间歇注浆、改变砂浆配合比等措施。在特殊地质条件下，可改用双液注浆，如加水玻璃、三乙醇胺等。

注浆范围即拱圈达到预计胶结厚度，是由设计确定，经实验验证，通过注浆量注浆压力反映出来的。

4.4 管 棚 支 护

4.4.1 管棚法是在坑道周边钻入钢管，拱部开挖后，利用围岩的自稳时间，安设钢支撑和喷射混凝土，形成临时钢管承载棚架，然后构筑永久性衬砌。

4.4.2 根据工程实践，管棚支护长度不宜过大，因为长度过大则承受地压过大。所以要及时构筑永久衬砌以确保结构安全。

4.4.3、4.4.4 管棚钢管之间的距离与它承受的荷载及钢管直径、壁厚有关，荷载小、管径大宜取较大值，反之取较小值。国外管棚使用的钢管一般直径较大，多在200mm左右。我国可根据实行情况，有条件也应取直径大点的，以提高其刚度，一般不要小于100mm。管段之间接头要与钢管等强。为了使接头不处于同一断面，应交错布置。

4.4.7 由于管棚长度大，只有严格控制钻孔钻进方向，才能保证管棚的质量，而控制钻孔方向开始几米是否准确最重要。根据工程实践经验，在5m以内测量5次以上比较合适。

4.4.8 对钻孔纠偏的办法是用水泥砂浆注满偏斜过大的孔，待水泥砂浆达到和周围介质强度相近，且不低于10N/mm^{2}后，再重新进行钻孔。

4.4.10 在不塌孔的岩石中，可取出钻杆后再安装管棚钢管；在松散破碎的岩石中，取出钻杆可能塌孔使钢管无法插入时，需采取一次钻进法，即采取以钢管代替钻杆，将钢管连续钻进到预计位置不取岩芯退钻，不回收钻头的钻进方法。

4.4.11、4.4.12 注浆是为了充填管内外的空隙，增大钢管的刚度，以钢管固结和支撑围岩。水泥浆的注浆压力，当升到0.1～0.2MPa时，可改用压注水泥砂浆。压注水泥砂浆压力应不低于0.2MPa，一般为0.3～0.4MPa。当欲增大浆液扩散范围，压力则要相应增大，具体数值需根据试验确定。

5 逆作法施工

5.1 一般规定

5.1.1 逆作法施工一般是先施工顶板，再施工墙(柱)，最后施工底板，自上而下明挖暗挖相结合的施工方法。其优点就是施工顶板后即可覆土恢复地面交通等功能，因此常被用于交通中心、商业密集区域构筑人防工程。

5.2 钻 孔

5.2.1 钻机是指在地表面或顶板底面土模上用钻机向下钻孔，以便浇灌柱混凝土。

5.2.4 在钻孔定位同时应进行钻杆垂直度的检查与校正。具体检查校正方法：如果钻机带有检查装置，可以自行进行检查校正；如果钻机没有检查装置，可以利用两台经纬仪，在两个方向进行检查校正。

5.3 灌注混凝土

5.3.1 在柱的混凝土灌注时，为了防止混凝土出现离析现象，可在灌注时，将钢导管（直径350mm钢管）用钻机吊车放入离孔底50cm处，把混凝土由导管顶部投料口灌入，将从导管底部溢出。当导管内积存70～80cm厚混凝土时，开动导管顶部的偏心电机，通过导管的振动使管内混凝土继续溢出，再由投料口补充，使导管内保持70～80cm厚混凝土。这时均匀慢速向上提导管，形成边投料、边振捣、边提升导管的连续过程。

5.4 土 模

5.4.3 侧墙土模的作法是按定位线开挖至侧墙外边缘，用铁锹铲平，然后检查局部有无少挖部分，若有必须铲至外边缘，以便保证侧墙厚度。若有超挖部分，可不用处理，待浇筑侧墙混凝土时一起浇筑即可。

侧墙内模一般采用支撑模板，可采用一般定型钢模。模板支撑架有两种形式，一种是利用1.4$^{\#}$槽钢、两端设ϕ20螺栓孔；另一种为12$^{\#}$槽钢，一侧用钢筋为腹杆焊成的小框架。内模的长度一般要大于混凝土浇筑进尺一个模板长度，这样可以使模板连接方便，混凝土接缝密实平整。

5.5 土方暗挖

5.5.2 土方运输包括水平运输和垂直运输。水平运输可采用双轮手推车，也可采用皮带运输机等机械方法。垂直运输是将土方通过竖井龙门架吊盘运到高架台上，倒入汽车料斗。吊装电葫芦一般为3～5t，也可采用卷扬机。吊盘尺寸一般为2.2×1.8～2.4×2.2m。钢丝绳一般采用ϕ15～ϕ20。手推车大小、电葫芦起重量、吊盘尺寸都要由工程进度、出土方量来确定。

5.7 刹 肩

5.7.1、5.7.2 刹肩是处理垂直受力构件自下向上接施工缝的方法。刹肩设在侧墙下接柱的肩部、顶板底面以下，形成一个斜坡(如图1所示)，当侧墙和柱自

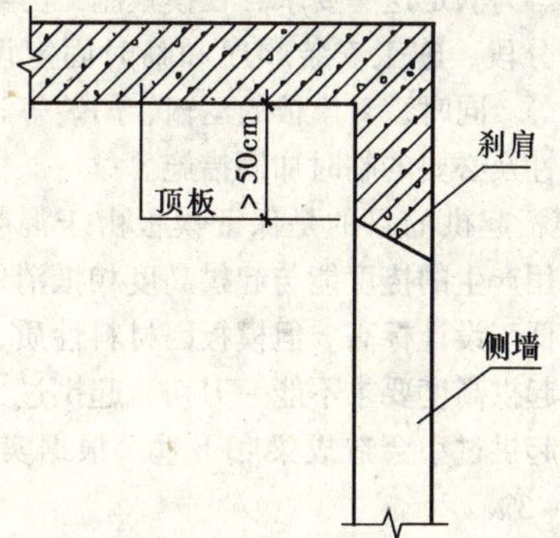

图1 刹肩

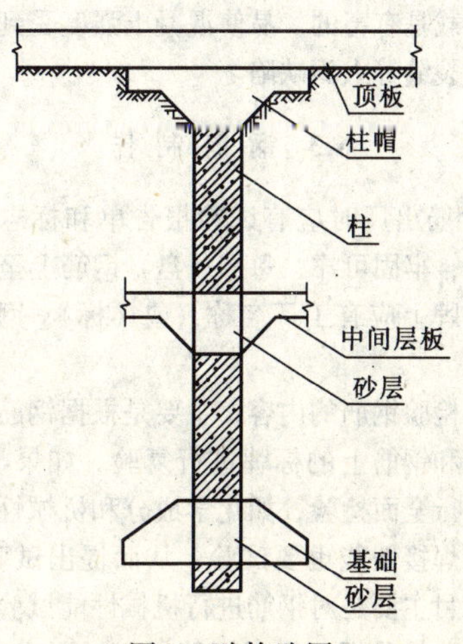

图2 砂构造层

下而上浇筑混凝土至刹肩处，便于浇筑和振捣密实。

5.8 砂构造层

5.8.1、**5.8.2** 灌注砂层的目的是为了在已浇筑混凝土柱上，预留连接中间层板和底层基础等构件的位置，以便避免其施工时拆凿柱混凝土（如图 2 所示）。

6 钢筋混凝土施工

6.1 一般规定

6.1.1 鉴于商品混凝土具有技术先进、质量可靠稳定等优点，各地特别是大中城市越来越逐步推广使用商品混凝土。由于人防工程对于结构防护功能和防水性能要求高，有的工程尚需采用大体积混凝土，因此人防工程凡是有条件采用商品混凝土的，要尽量采用商品混凝土，这既是现实需要，也是发展方向。

6.2 模板安装

6.2.1、**6.2.2** 模板安装全过程应具有稳定性，避免出现倒塌事故，这个问题十分重要。所以要求模板及其支架在安装过程中，必须设置足够的临时固定设施以防倾覆。为满足这一要求，在模板施工方案中，要明确施工分段、施工安装顺序和临时固定设施的布置、措施等。同时，对模板的运输、吊装等过程也应考虑稳定性及必要的临时加固措施。

6.2.3 模板起拱的目的是保证模板由于混凝土、钢筋重量作用产生的挠度能与起拱高度相抵消，保持梁底标高不低于设计标高。但模板因材料性质、支撑方法不同，起拱高度要求不能一刀切，起拱过大将影响板平整，起拱过小会造成梁底下垂。根据实践经验，提出 1‰~3‰。

6.2.5、**6.2.6** 模板的拆除涉及到钢筋混凝土结构的安全和质量。过早的拆模让强度还在增长的混凝土早期承受荷载是有害的，易使混凝土强度受到影响，并可能产生裂缝等人为缺陷。

6.3 钢筋制作

6.3.1 钢筋出厂时应有试验报告单和标志。标志应字迹清楚，牢固可靠，每捆（盘）钢筋上至少挂两个标牌，标牌上应有工厂名称（或厂标）、钢号、批号等印记。

现场检验钢筋的内容，主要是根据钢筋的出厂质量证明书和钢筋上的标牌进行复验。如果没有证件，就需要进行全面检验，如化学成分和机械性能，甚至对钢筋的焊接性能也要试验，从而提出试验报告单。复验的项目主要是对钢筋进行机械性能试验，一般不做化学成分的分析。但当钢筋加工过程中发现脆断、焊接性能不良或力学性能显著不正常等现象，还要做化学成分检验或其他专项检验，如金相或冲击韧性的试验。

6.3.4 根据工程实践要求，有必要对钢筋的弯钩和弯折作出规定，以防止弯曲直径过小导致钢筋在加工或安装过程中发生脆断或带来隐患。

图 3～图 5 分别为钢筋末端 180°弯钩，90°或 135°弯折，钢筋弯折加工示意图。

6.3.9 钢筋的混凝土保护层，对促进钢筋与混凝土的共同工作、防止钢筋锈蚀、提高结构的耐久性，具有重要作用。鉴于人防工程结构处于地下潮湿环境，为防止钢筋锈蚀，提高结构的耐久性，钢筋保护层厚度应适当提高。在正常环境下，即在工程内部环境下，不宜小于25mm；在高湿度环境下，比如水库、工程处于饱和土中等情况，不宜小于45mm。国外有的规定不小于 60～70mm。

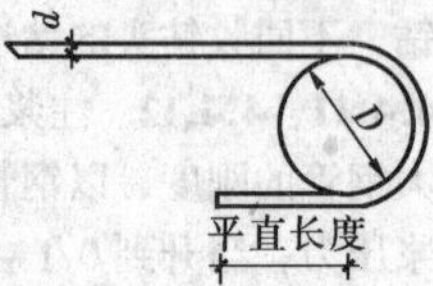

图 3 钢筋末端 180°弯钩
D—钢筋的弯曲直径；
d—钢筋直径

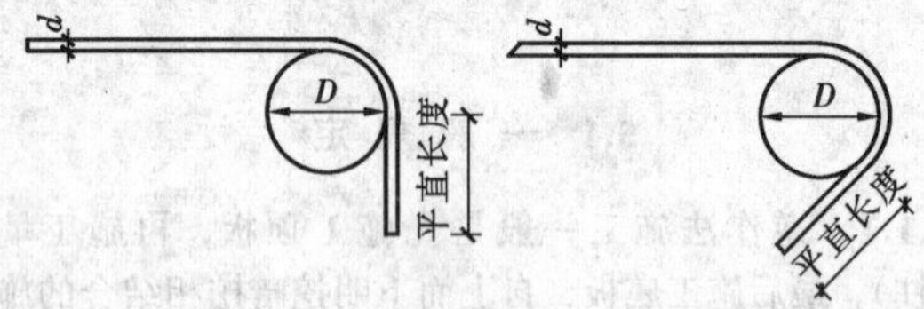

图 4 钢筋末端 90°或 135°弯折
D—钢筋的弯曲直径；d—钢筋直径

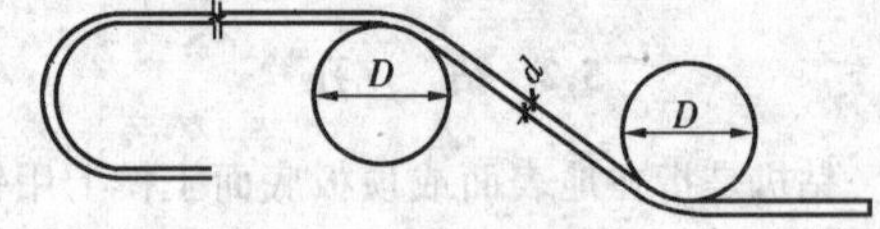

图 5 钢筋弯折加工
D—钢筋的弯曲直径；d—钢筋直径

6.4 混凝土浇筑

6.4.4、**6.4.5** 泵送混凝土是用混凝土泵沿管道输送和浇筑混凝土拌合物的施工方法。泵送混凝土可一次连续完成水平运输和垂直运输，而且可以进行浇筑，因而效率高、劳动力省，尤其适用于大体积混凝土工程。

泵送混凝土对原材料要求较严，对配合比要求较高，对施工组织要求较严密，以保证连续进行输送，避免有较长时间的间歇而造成堵塞。

泵送混凝土施工，要求混凝土具有可泵性，即具有一定的流动性和较好的粘塑性，要求泌水小，不易分离。对于大体积混凝土，还要采取措施降低水化热。

根据施工单位的经验，在泵送混凝土时，应使受料斗内充满混凝土，以防止其吸入空气而阻塞。当混凝土泵停车时，要每隔几分钟开泵一次。当泵送间歇时间超过45min或混凝土浇筑完毕时，应用压力水冲洗输送管内残留的混凝土，以防止混凝土在泵内固结。

6.4.11 为提高人防工程的防护密闭性能，工程口部、防护密闭段、通道与房间接头、转弯、水库、水封井、防毒井及其他重要部位，都要一次整体浇筑混凝土。

6.4.14 采用先拱后墙法浇筑混凝土时，由于浇筑后拱圈可能下沉，根据实践经验要将拱脚标高提高20～40mm。

6.4.15 掘开式人防工程，为解决混凝土浇筑后沉降不均或伸缩的问题，经常设置后浇缝。经总结施工经验，采用补偿收缩混凝土浇筑后浇缝的方法较好。补偿收缩混凝土，可以直接采用膨胀水泥，也可以采用普通水泥加膨胀剂配制。

6.4.16 一般情况下，在结构混凝土施工中，完全不设施工缝是不可能的。然而，施工缝极易成为结构上的弱点（抗剪力的弱点）。因此，施工缝应设在结构受剪力较小且便于施工的部位。但在施工中，施工人员很难掌握什么地方是结构受剪力较小的部位。为此，根据上述原则，提出了具体设置施工缝的部位，以供施工人员掌握。

7 顶管施工

7.1 一般规定

7.1.1 由于钢筋混凝土管重量大、刚度大，能抵抗土体膨胀压力，因此在膨胀土中顶管宜采用钢筋混凝土管，以防止顶管周围的土遇水膨胀后，使管变形。同时，在施工过程中，工作井周围要加强排水，并防止排水管道渗漏，不要采用水力切削。

为防止管材受海水或盐碱等侵蚀，一般采用钢筋混凝土管；若采用钢管，需有可靠的防腐蚀措施，以防止管道因受侵蚀而造成穿孔破坏。

7.1.2 管端面所能承受的顶力有一定限度，超过此限度管端就要破裂。管端面容许顶力的大小一般取决于管体强度、加压面积以及顶铁与管端面间的接触状态等。应该通过计算确定。

7.2 施工准备

7.2.1 顶管施工的工作井一般采用永久性钢筋混凝土沉井或地下连续墙工作井，以便在顶管工程竣工后，利用工作井作工程出入口或作为永久构筑物之一部分。这样既方便顶管施工，又可降低工程的总造价。

7.2.2 后壁结构及其尺寸，主要取决于管径大小和后壁土体的被动土压力——土抗力。由于最大顶力一般在顶进段接近完成时出现，所以要充分利用土抗力。在工程施工过程中要注意后壁土的压缩变形，将残余变形值控制在20mm以内。当计算所需总顶推力大于8000kN时，应采用中间接力顶，以免工作井后壁结构受力过大而破坏。

7.2.6 顶铁是顶进过程中的传力工具。其功能是延长千斤顶的行程，传递顶力并均衡管端面的局部承压力。顶铁一般用型钢焊成，其强度和刚度要根据使用要求进行核算。

7.2.7 在粉砂土质中顶管，可在沉井下沉前或地下连续墙施工时，将穿墙管用粘土填满捣实或用楔形木块填实塞紧；亦可采取井点降水等措施固结穿墙管土体，以保证打开穿墙管封板时无大量流砂涌入井内。

7.3 顶管顶进

7.3.3 工具管由于自重的原因易产生前端“叩头”现象，使顶进轴线出现偏差，甚至改变顶进轴线的方向。因而当工具管出洞时，其前端要偏高2～5mm（视土质条件而定，土质松软要取大值），以便抵消因管端“叩头”而产生的下沉量。

7.3.4 在顶进过程中，为了防止事故，需注意以下问题：

1 在顶进过程中，若顶管不向前反而向后压缩后壁，纵向顶铁向上隆起或向下啃垫木，这就是后壁破坏前的预兆。发现这种现象要停止顶进，退回千斤顶行程，检查原因，采取措施后再顶进。否则，后壁破坏，修理困难，可能要另建新后壁。

2 顶进过程中容易发生崩铁事故，其原因是纵向顶铁过长而顶力偏斜产生偏心荷载所致，或与后壁压缩不均产生倾斜有关。为保障操作人员的生命安全，在顶进过程中顶铁两侧不得停留任何人。

3 闷顶（即不出土挤压顶进）时，土体被挤入工具管内形成坚硬的土塞。由于土与管壁间的摩擦阻力逐步增大，土在管内挤到一定程度后就不再挤入管内，而是在管端造成一个密实而坚硬的土锥，随着顶进的继续，土锥四周土层所受的挤压力不断增大。一般覆土深度小于顶进管道直径2.5倍的地层，地表将产生隆起变形。该区域的地下构筑物、地面建筑物将随之遭受破坏。

7.3.5 触变泥浆可填补顶管外壁与土层间的空隙，以使管外土体保持稳定。因此，在顶管外有承压水或在砂砾层中顶进时，为减小顶进阻力和保持管壁外土体的稳定，需要随时对管外空隙充填触变泥浆。

7.3.7 为了保证安全，需先挤压顶进再射流破土。水枪破土时要在格板以内破碎土块，严禁射流冲到刃口以外造成超挖。水压要根据破碎土质需要而定，一般工作压力以1～1.2MPa为宜。

7.3.8、**7.3.9** 顶管最小覆土厚度是能否采用气压法稳定工作面的主要条件之一。一般在地下水位以下顶进时，机头顶部的地下水位至少为机头直径的1/2。当穿越河道顶进时，顶管的覆土厚度需保持1倍的顶管直径，且不小于2m。这样可防止压缩空气施加压力挤压顶管上部的土层，产生裂缝，破坏土压和水压与气压之间的平衡，危及设备及操作人员的安全。

当吸泥莲蓬头被堵塞、水力机械失效、需打开胸板清石孔处理时，要将顶管顶入到一个新的位置，一般可顶200～300mm。

局部气压顶进过程中，应根据工作面土层及地下水的变化情况调整气压，不需要时也可以不加气压。

7.3.11 钢管管段间的接口强度和质量直接影响施工进度和工程质量。顶进过程中，顶管前端偏移往往使管尾端与续接钢管的管口难于对齐，此时不要随意切割管尾端部。续接钢管轴线只有与入土钢管轴线保持一致，入土钢管的偏移才能逐渐得到纠正。否则，偏差越来越大。

7.4 顶进测量与纠偏

7.4.2 在顶管顶进过程中，需不断对高程、方向和转角进行测量，在正常顶进时，最好每隔800～1000mm测量一次。当发现偏差（不超过3mm）需要进行校正时，最好每隔500mm测量一次。开始顶进时，为了保证工具管按设计轨道前进，需增加测量次数。顶进测量是顶管施工中重要的测量工作。

7.4.3、**7.4.4** 工具管长度与纠偏时顶管的灵敏度密切相关。工具管越短，自重越轻，管顶部土压力越小，相应纠偏力矩也越小。在顶进过程中，最好勤测量、多微调，及时发现偏差，及时加以校正。

8 盾构施工

8.1 一般规定

8.1.1 盾构施工是坑道地道暗挖法施工方法之一。盾构是地下工程施工时进行地层开挖及衬砌拼装时起支护作用的施工设备，由于开挖方法及开挖面支撑方法不同，种类很多。但其基本构造由盾构壳体和开挖机构、推进系统、衬砌拼装系统组成。

8.1.2 不同的盾构施工方法，其适用范围、技术难易程度及对地表产生的变形量均不相同。在易于产生流砂、涌土、塌方等不稳定地层中，一般要采用网格式盾构或局部气压盾构。

8.1.3 地表变形与盾构掘进时的埋深及所处区域的地质条件有关。地层条件较差时，如淤泥质粉土及粉砂层等饱和地层，一经扰动很易丧失稳定而引起地表变形。一般盾构工程埋设越深，盾构掘进时地表变形的影响越小。反之亦然。

8.1.4 盾构施工产生的地表变形，当一个盾构施工时，变形范围接近土的破坏棱体；当两个盾构施工时，破坏角度约为45°～47°。因此，平行掘进的两个盾构之间的最小距离，需根据施工地区的地质情况、盾构大小、掘进方法、施工间隔时间等因素确定。一般相邻两盾构外壁间距要大于盾构直径。

8.1.5 为保证盾构施工安全，需注意以下两个方面：一是在选择盾构施工线路时，尽量避开地面建筑群或使建筑物处于地表沉降均匀的范围内。在不同的地质条件和环境下，采用合理的盾构开挖方法。二是在施工过程中，严格控制开挖面的挖土量，及时充填盾构与管片背面之间的建筑物空隙，以控制地表变形。

8.2 施 工 准 备

8.2.2 由于盾构施工一般为单向掘进，又有与预定工作井贯通的要求，所以要在原有城市测量控制网的基础上建立地面与地下控制测量系统。测量内容除管道的成洞测量外，还要有地表变形测量和管道沉降测量。

8.2.3 后座管片的作用是传递盾构的顶力。为了不影响垂直运输，并确保后座管片闭合环不产生大的影响，一般在工作井内将圆环拼装成开口环。开口环部分需要设置具有足够刚度的闭合刚架支撑。

8.2.4 由于工作井外土体软弱且饱含地下水，盾构出洞时可能遇有流砂、涌土或坍塌现象，故一般要预先采取土层加固措施，如采用地层化学灌浆、冻结、降水等方法。

8.3 盾 构 掘 进

8.3.2 网格式盾构是把盾构开挖面用钢板构成许多小的格栅，当盾构推进时网格切入地层，将开挖面土层切成许多条状土体挤入盾构内。这些土落入盾构底部的提土转盘内。如不及时将土运出，不但影响盾构继续推进，而且使管片拼装工作无法进行。

网格式盾构一般不能超挖，其纠偏靠调整千斤顶编组。

8.3.3、**8.3.4** 气压式盾构施工中，人员、土方、材料和工具等由常压段进入气压段，或由气压段到常压段须经过变压处理。人行闸是施工人员进出气压段用的变压设备，其设施以考虑人员的安全为主。材料闸是材料、设备、出土、管片等进出气压段用的变压设施，其直径一般为2～2.5m，长度为8～12m。

8.3.6 为防止在水下施工时因气压增大使土层发生冒顶、坍塌、涌水以致危及整个工程施工，故空气压力不要大于静水压力。

8.3.7 盾构掘进测量主要是对新拼装环的里程、平面、高程偏离值和成环管片的水平、垂直度、环面坡度进行测量。

地表变形测量是为了观察盾构施工时对地表的影响程度，对指定地段上布置的纵、横断面沉降标志点进行测量。对需要重点保护的地面建筑物及地下管线都要测量其变形情况。

地道沉降测量是为了防止由于地道下沉而影响正常使用。在盾构管片拼装成环并脱出盾尾后，每隔一定距离布置一个沉降标志点，以便定期观察测量。

8.3.8 盾构千斤顶活塞杆尾部的顶块，一般是以中心传压方式将顶力传至管片结构，同时使顶力均匀分布。若千斤顶的顶力超过管片的自身强度，往往会将管片顶裂。因此，可增大千斤顶活塞杆尾部顶块与管片的接触面积，或增加千斤顶数量，以减小每台千斤顶的最大工作顶力。千斤顶的最大工作顶力一般取决于管片强度。

8.3.11 井点降水的时间一般提前7~10d。经检查证明地下水已疏干，土体基本稳定后再拆门进洞。否则，有可能造成流砂、涌土等事故发生。

8.4 管片拼装及防水处理

8.4.1 一般小断面地道管片可分为4~6块。地道直径为6m左右，管片则可分为6~8块。管片的最大弧弦长度不要大于4m，管片越薄，其长度应越短。管片的拼装形式有通缝拼装及错缝拼装两种。一般采用错缝拼装，因错缝后能加强圆环接缝刚度，约束接缝变形。从受力角度考虑，最好将管片接缝设置在内力较小的45°或135°处，使管片环具有较好的刚度和强度。

8.4.2 提高管片的制作精度和采用高弹性密封垫，是管片接缝防水的有效措施。

高精度的管片可以减小接缝间隙，使管片在没有衬垫的情况下接触面不致产生过大的局部接触应力。目前日本生产的钢筋混凝土管片，其单块各部尺寸偏差为±1.0mm。

我国有关单位生产的管片精度是：宽度为±1.0mm，弧弦长（张角值）为1.0mm，厚度为±3.0mm。

高弹性密封垫设置在管片接缝中，既能靠压密防水，又能靠弹性复原力适应地道沉降和变形产生接缝的防水。因此要求高弹性密封垫能在通道的设计水压下不漏水，并能承受千斤顶顶力、螺栓扭力、压浆压力，在地层土压力和自重等荷载作用下，具有较高的弹性复原力、良好的耐久性和稳定性。

8.5 压浆施工

8.5.1 当盾构向前推进、管片环脱出盾尾后，管片环与外围土层间存在一定空隙。该空隙如无充填物及时支撑，便将膨胀以致坍塌，造成地表沉降。因此，及时在盾构与管片背面的建筑空隙里压注充填材料，是控制地表沉降的一个关键环节。为保证压浆工作的及时性，当管片环脱出盾尾后应立即压注充填材料。

8.5.2 压入管片外的浆体，一般会发生收缩，而且由于盾构施工时纠偏或局部超挖以及地层可能有各种空隙等，每环的实际建筑空隙是变化而无法估计的。所以压浆量要超过理论空隙体积，一般取计算建筑空隙的120%~150%。

在施工中，压浆量要视具体情况而定。由于过量的压浆会引起地表局部隆起和跑浆，并对管片受力不利。因此除控制压浆量外，还要控制压浆压力。目前在软土中施工，盾构顶部覆土10~15m时，压浆压力一般取0.4~0.5MPa。

9 孔口防护设施的制作及安装

9.1 防护门、防护密闭门、密闭门门框墙的制作

9.1.1~9.1.3 防护门、防护密闭门、密闭门门框墙都采用现浇钢筋混凝土施工。门框墙质量好坏，直接关系到工程的防护功能，因此对施工质量要求很高，不仅对钢筋、混凝土材质要求高，而且对施工质量要求也很高，比如要求无蜂窝、孔洞、露筋等缺陷；即使有麻面，也对其面积作出限制，且对麻面要修整完好。

9.2 防护门、防护密闭门、密闭门的安装

9.2.1 门扇质量好坏直接影响门的安装质量。门扇基本上是工厂加工制作，对于门扇的材质要求、制作质量、加工工艺、公差配合等有专门规定，如《人民防空工程防护设备产品质量检验标准》、《钢结构密闭门和防护密闭门产品质量分等》等。因此在门扇进货后，应查看产品合格说明书，当有疑义时，有必要对照前述规定检验门扇的质量。

9.3 防爆波活门、防爆超压排气活门的安装

9.3.1 防爆波悬摆活门是人防工程中经常使用的防护设备，对其质量检验项目、质量指标、检验规则和方法等都有规定，需要时可查看《悬摆式防爆波活门产品质量分等》。

9.3.3 防爆超压排气活门、自动排气活门是过滤通风时维持工程内超压的自动控制排气装置。只有当活门板上所受的正压力大于重锤的平衡力时，活门才能自动开启排风。活门受力具有定向性，安装时不要装反。

为保证活门在设计超压下（一般为30~50Pa）能自动开启，活门重锤必须垂直向下。否则，将给重锤杆带来附加扭力，影响活门的开启。

10 管道与附件安装

10.1 密闭穿墙短管的制作及安装

10.1.1 防毒气是人防工程战时防护功能之一。管道

穿越防护密闭隔墙、密闭隔墙时，管道与钢筋混凝土接触面因混凝土收缩引起间隙，毒气容易沿缝渗透。试验证明，带有密闭翼环的密闭穿墙短管能增加毒气渗透通道长度，延长渗透时间，减少毒气渗入剂量，是一种有效的防毒密闭措施。

10.1.4 增加密闭翼环的高度，虽对密闭有利，但过高会给施工带来不便。试验证明，翼高取 30~50mm 较为适宜。密闭翼环的钢板平整，有利于混凝土捣固密实，提高密闭性能。

10.1.5 如预埋的密闭穿墙短管位置不正，管口不平整，将直接影响前后管路的连接。为防止在捣固混凝土时短管发生错位，要求密闭翼环与钢筋焊牢。

对密闭穿墙短管两端伸出混凝土墙面的长度的规定，是为了保证满足管路的连接、填充密封材料的长度及安装附件的最小长度的要求。

10.1.6 密闭穿墙短管位置不正，管口不平整，将直接影响前后管路的连接。为防止在捣固混凝土时短管发生错位，要求密闭翼环与钢筋焊牢。

10.1.7 填充密封材料的目的，是阻止毒气沿穿墙套管内空隙渗入，保证工程的整体气密性，利用工程形成超压。试验表明，用石棉沥青作填料，其长度为管径的 3~5 倍，在受 0.1MPa 气压时，密闭穿墙短管未发生漏气现象。

10.1.8 密闭穿墙短管内的密封材料在直接受核爆冲击波作用下，易遭到破坏，故需增设防护抗力片。

防护抗力片是装设在密闭穿墙短管受冲击波端的防护部件，具有抗御冲击波沿短管与所穿管线的空隙侵入工程内的作用。试验证明，加装外丝扣螺帽套，填料为软橡皮时，其承受压力为 0.5MPa；加装内丝扣螺帽，填料为石棉沥青时，其承受压力为 0.1MPa。

为了便于制作、安装，根据上述试验数值，可将内、外丝扣螺帽改为厚度大于 6mm 的两块钢板，作为防护抗力片。

10.2 通风管道与附件的制作及安装

10.2.3 通常地面建筑制作风管的钢板最小厚度为 0.5mm。由于人防工程比地面建筑较为潮湿，根据各地实践经验，考虑风管的防潮防腐，其钢板厚度应大于 0.75mm。

10.2.4 为防止冲击波沿测压管进入工程内，故测压管需设防护消波装置。试验证明，采用测压管一端管口向下弯头，另一端加装球阀的方法，能避开冲击波的正向冲击压力，抵消部分余压，是一种简易、有效的消波措施。

10.2.5 测定孔和洗消取样管是通风系统中的量测部件，若在风管安装后，再开孔制作，容易引起风管的变形和破坏其外表面的油漆。因此，制作风管时应同时制作测定孔和洗消取样管。

洗消取样管是设置在染毒风管上供取样化验及清洗风管用带堵头的三通短管。

10.3 给水排水管道、供油管道与附件的安装

10.3.1 据调查，有些施工单位对承插铸铁管接口施工不够重视。当采用水泥砂浆抹口时，工程竣工后经常发现在接口处漏水；此外，排水铸铁管比给水铸铁管的管壁薄、承压小、质量差、易渗水，对工程的防潮、除湿很不利。故要选用抗渗、承压性能较好的给水铸铁管或镀锌钢管；并要采用油麻填充或用石棉水泥抹口。

10.3.4 设置控制阀门的目的：

1 在空袭警报时关闭，用以防止由于外部管道破坏致使冲击波、毒剂、放射性沾染物沿管道进入工程内部，危及人员和设备的安全；

2 当内部管道检修时，便于截断工程内、外水路。

控制阀门是给水排水管道的关键防护部件。因此对产品质量、安装质量及工作压力，都有严格的要求，应逐个进行强度和严密性试验。经过 Z44T-10 型 *Dg*50 和 *Dg*100 阀门进行抗爆试验表明，它能满足三级人防工程抗冲击波超压的要求。四、五级人防工程虽然抗力要求低些，但由于工作压力为 1MPa 的阀门是给水排水工程中常用部件，因此也应按上述要求选用。

10.4 电缆、电线穿管的安装

10.4.2 防护密闭隔墙或密闭隔墙两侧设置密闭过线盒，不仅便于穿线，而且能解决较长管路的密闭处理问题，防止毒剂沿穿管侵入。

10.4.3、10.4.4 人防工程一般利用衬砌结构的钢筋网作为自然接地体，金属暗配管作为接地干线。暗配管与钢筋点焊，不仅可减小接地电阻值，而且能防止在浇筑混凝土时暗配管发生移动错位。暗配管管口做密封处理，是为了防止管内结露积水造成导线及管腐烂。

10.5 排烟管与附件的安装

10.5.3 据调查，在有些人防工作中，柴油发电机组的漏烟、漏气现象严重影响电站工作环境，妨碍正常运行操作。而漏烟一般是由于排烟管的热涨补偿器及缓冲设施安装质量不好造成的。如果安装套管伸缩节和波纹管时，前后排烟管不同心，则波纹管补偿器受力方向不正确，妨碍排烟管的自由伸缩，从而引起排烟管的变形或波纹管拉裂，造成漏烟、漏气。

10.5.5 在排烟管伸出地面 150~200mm 处，采取防止排烟管堵塞的措施通常有以下几种：

1 两截排烟管之间直接点焊数点；

2 两截排烟管之间用法兰连接时，采用铁丝绑扎而不采用螺栓固定。

这样，当排烟管遭受冲击波袭击时，上截排烟管容易被吹掉，而下截排烟管（即人防工程所用的排烟管）仍可保持完好。

11 设 备 安 装

11.2 通风设备安装

11.2.4 过滤器、纸除尘器等是过滤式通风中的关键设备，关系到战时工程防护通风的成败，所以必须由专业厂生产，并具有产品检验合格证。

设备内装有超细玻璃纤维纸、m 型丝棉纸、活性碳等，受潮后易失效。因此，存放期超过规定年限时，应由技术部门检验合格才能使用。

11.3 给水排水设备安装

11.3.4 防爆波井为钢筋混凝土结构，一般是与工程头部整体浇筑的。由于防爆波井体积较小，所以浇筑混凝土前最好将防爆波闸阀安装好。若条件不允许，可暂时连上一根钢管，以便安装闸阀时校正中心。

11.3.6 排水水封井的作用主要是防止毒气沿着排水管道渗入工程内部，并便于检查清理管道。进、出水管的 90°弯头应伸入水封面以下 300mm，是为了保持排水管道良好的水封性能。

11.3.7 排水防爆波井的进、出水管管口用网眼 30mm×30mm 的钢筋网保护，主要作用是避免井内卵石、碎块等杂物进入管内。

11.4 电气设备安装

11.4.8 人防工程内利用结构钢筋网作自然接地体具有不易腐蚀，不易受到机械损伤，使用期长，接地电阻稳定，投资少，维护简单等优点，经实际使用一般能满足接地电阻值的要求。如上海某设计院对采用人防工程底板钢筋网作为接地体进行实测，其接地电阻值不超过 0.5Ω。绑扎钢筋的铁丝容易腐蚀造成接触不良，因此，作为接地体的钢筋网应进行焊接，以利减小接地电阻值。

接地干线从不同方向引入工程构成环路，无论是战时遭受核爆袭击或平时运行，都能提高接地装置的可靠性。

中华人民共和国国家标准

内 河 通 航 标 准

Navigation standard of inland waterway

GB 50139－2004

主编部门：中华人民共和国交通部
批准部门：中华人民共和国建设部
施行日期：2 0 0 4 年 5 月 1 日

中华人民共和国建设部
公　告

第214号

建设部关于发布国家标准《内河通航标准》的公告

现批准《内河通航标准》为国家标准，编号为：GB 50139—2004，自2004年5月1日起实施。其中，第1.0.4、3.0.1、3.0.2、3.0.3、3.0.5、3.0.7、4.1.1、4.1.2(1)、4.1.3、4.1.4、4.2.2(1)(2)(3)(5)、4.2.3、4.3.1、4.3.2、4.3.3、5.1.1、5.1.2、5.1.4、5.1.5、5.2.1(1)(2)、5.2.2(1)(2)(3)(4)(6)、5.2.3、5.2.4、5.2.5、5.2.6、5.3.1、5.3.2、5.3.3、5.4.1、5.4.2、6.1.3、6.2.1、6.2.2、6.2.4、6.2.5、6.3.1、6.3.2、6.4.1、6.4.2、6.4.3、6.4.7条(款)为强制性条文，必须严格执行。原《内河通航标准》GBJ 139—90及原《内河通航标准》GBJ 139—90的强制性条文同时废止。

本标准由建设部标准定额研究所组织中国计划出版社出版发行。

中华人民共和国建设部

二〇〇四年三月一日

前　言

本标准是在《内河通航标准》GBJ 139—90的基础上，总结和借鉴国内外通航技术研究成果和实践经验，并通过大量调查研究、广泛征求意见和专题研究修订而成。本标准主要包括航道、船闸、过河建筑物、通航水位等技术内容。

《内河通航标准》GBJ 139—90颁布实施十余年来，对内河航道的建设管理和水资源综合利用发挥了重要作用，取得了显著的社会效益和经济效益。随着水运事业的不断发展，内河船型、船队和运输方式都发生了很大变化，内河航道、通航建筑物和过河建筑物的建设也积累了许多新的经验，为适应新的发展要求，建设部和交通部组织有关单位对原标准进行了修订。

本次修订的主要内容，调整了原标准中天然及渠化河流航道和限制性航道的部分通航尺度；纳入了特殊宽浅河流、水势汹乱的山区性河流和湖泊、水库航道的技术内容；增加了船闸的规模、工程布置和通航水流条件的有关规定；补充了过河建筑物的选址和布置以及通航水位的有关规定。

本标准中以黑体字标志的条文为强制性条文，必须严格执行。本标准由建设部负责管理和对强制性条文的解释，交通部水运司负责具体管理，长江航道局负责具体技术内容的解释。在执行过程中，请各单位结合工程实践，认真总结经验，如发现需要修改或补充之处，请将意见和建议寄长江航道局（地址：湖北省武汉市汉口解放公园路20号，邮政编码：430010）。

本标准的主编单位、参编单位和主要起草人：

主 编 单 位： 长江航道局

参 编 单 位： 交通部规划研究院
交通部三峡办
交通部天津水运工程科学研究所
南京水利科学研究院
重庆西南水运工程科学研究所
黑龙江省航道局
交通部珠江航务管理局
江苏省航道局
长江船舶设计院

主要起草人： 汪厚琏　汤唯一　刘书伦　李一兵
李矩海　张幸农　王前进　傅　钢
吴建树　赵世强　洪　毅　吴焕兴

目　次

1 总　　则

1.0.1 为统一我国内河通航技术要求，促进内河通航的标准化、现代化，发挥内河水运优势，适应交通运输发展需要，制定本标准。

1.0.2 本标准适用于天然河流、渠化河流、湖泊、水库、运河和渠道等通航内河船舶的航道、船闸和过河建筑物的规划、设计和通航论证。升船机的规划和设计可参照执行。国际河流的航道，除与邻国有航运协定并在协定中对通航标准有明确规定者外，可参照执行。

1.0.3 内河航道通航海轮河段的规划和设计，除应符合本标准的有关规定外，桥梁的通航净空尺度尚应符合国家现行标准《通航海轮桥梁通航标准》JTJ 311的有关规定，航道尺度和其他过河建筑物的通航净空尺度应通过论证确定。

1.0.4 内河航道、船闸和过河建筑物工程应按批准的航道等级进行规划和设计，通航尺度应通过综合技术经济比较，合理确定。不易扩建、改建的永久性工程和一次建成比较合理的工程，应按远期航道等级进行规划和设计。

1.0.5 内河航道、船闸和过河建筑物工程的规划、设计，除应符合本标准的规定外，尚应符合国家现行工程建设强制性标准的规定。

2 术　　语

2.0.1 航道尺度　channel dimensions

设计最低通航水位时航道的最小水深、宽度和弯曲半径的总称。

2.0.2 船闸有效尺度　useful dimensions of ship lock

船闸闸室有效长度、有效宽度和门槛最小水深的总称。

2.0.3 通航净空尺度　dimensions of navigation clearance

水上过河建筑物通航净高和净宽尺度的总称。

2.0.4 限制性航道　restricted channel

因水面狭窄、断面系数小而对船舶航行有明显限制作用的航道。在本标准中主要指运河、渠道和河网地区的部分航道。

2.0.5 断面系数　cross-section coefficient

设计最低通航水位时，过水断面面积与设计通航船舶或船队设计吃水时的舯横剖面浸水面积之比值。

2.0.6 代表船型　typical ship type

为确定通航尺度，通过技术经济论证优选确定的、设计载重量可达到相应级的船型。

2.0.7 代表船队　typical fleet

为确定通航尺度，通过技术经济论证优选确定的、由代表船型的船舶组成的船队。

2.0.8 船舶设计吃水　designed draft of ship

船舶处于设计载重量状态时的吃水。

3 航　　道

3.0.1 内河航道应按可通航内河船舶的吨级划分为7级，见表3.0.1。

表3.0.1　航道等级划分

航道等级	Ⅰ	Ⅱ	Ⅲ	Ⅳ	Ⅴ	Ⅵ	Ⅶ
船舶吨级（t）	3000	2000	1000	500	300	100	50

注：1　船舶吨级按船舶设计载重吨确定；

2　通航3000吨级以上船舶的航道列入Ⅰ级航道。

3.0.2 天然和渠化河流航道尺度应符合下列规定（图3.0.2）：

1 天然和渠化河流航道尺度不得小于表3.0.2-1所列数值。

表3.0.2-1　天然和渠化河流航道尺度

航道等级	船舶吨级（t）	代表船型尺度（m）（总长×型宽×设计吃水）	代表船舶、船队	船舶、船队尺度（m）（长×宽×设计吃水）	航道尺度（m）			
					水深	直线段宽度		弯曲半径
						单线	双线	
Ⅰ	3000	驳船 90.0×16.2×3.5 货船 110.0×16.2×3.0	(1)	406.0×64.8×3.5	3.5～4.0	125	250	1200
			(2)	316.0×48.6×3.5		100	195	950
			(3)	223.0×32.4×3.5		70	135	670
Ⅱ	2000	驳船 75.0×16.2×2.6 货船 90.0×16.2×2.6	(1)	270.0×48.6×2.6	2.6～3.0	100	190	810
			(2)	186.0×32.4×2.6		70	130	560
			(3)	182.0×16.2×2.6		40	75	550

续表 3.0.2-1

航道等级	船舶吨级(t)	代表船型尺度(m)(总长×型宽×设计吃水)	代表船舶、船队	船舶、船队尺度(m)(长×宽×设计吃水)	航道尺度(m)			
					水深	直线段宽度		弯曲半径
						单线	双线	
Ⅲ	1000	驳船 67.5×10.8×2.0 货船 85.0×10.8×2.0	(1)	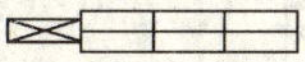 238.0×21.6×2.0	2.0～2.4	55	110	720
			(2)	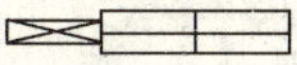 167.0×21.6×2.0		45	90	500
			(3)	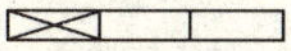 160.0×10.8×2.0		30	60	480
Ⅳ	500	驳船 45.0×10.8×1.6 货船 67.5×10.8×1.6	(1)	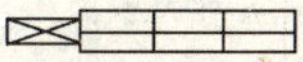 167.0×21.6×1.6	1.6～1.9	45	90	500
			(2)	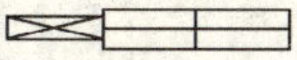 112.0×21.6×1.6		40	80	340
			(3)	 111.0×10.8×1.6		30	50	330
			(4)	67.5×10.8×1.6				
Ⅴ	300	驳船 35.0×9.2×1.3 货船 55.0×8.6×1.3	(1)	 94.0×18.4×1.3	1.3～1.6	35	70	280
			(2)	 91.0×9.2×1.3		22	40	270
			(3)	 55.0×8.6×1.3				
Ⅵ	100	驳船 32.0×7.0×1.0 货船 45.0×5.5×1.0	(1)	 188.0×7.0×1.0	1.0～1.2	15	30	180
			(2)	 45.0×5.5×1.0				
Ⅶ	50	驳船 24.0×5.5×0.7 货船 32.5×5.5×0.7	(1)	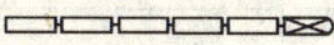 145.0×5.5×0.7	0.7～0.9	12	24	130
			(2)	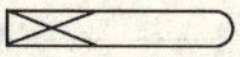 32.5×5.5×0.7				

注：1 当船队推轮吃水等于、大于驳船吃水时，应按推轮设计吃水确定航道水深；
2 流速 3m/s 以上、水势汹乱的航道，直线段航道宽度应在表列宽度的基础上适当加大；
3 航道最小弯曲半径应结合本标准第 3.0.5 条的有关规定确定。

2 黑龙江水系航道尺度不得小于表 3.0.2-2 所列数值。

表 3.0.2-2 黑龙江水系航道尺度

航道等级	船舶吨级(t)	代表船型尺度(m)(总长×型宽×设计吃水)	代表船队	船队尺度(m)(长×宽×设计吃水)	航道尺度(m)			
					水深	直线段宽度		弯曲半径
						单线	双线	
Ⅱ	2000	驳船 91.0×15.0×2.0	(1)	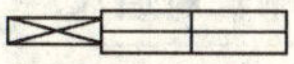 218.0×30.0×2.0	2.0～2.3	65	125	650
			(2)	 214.0×15.0×2.0		40	80	650
Ⅲ	1000	驳船 65.9×13.0×1.6	(1)	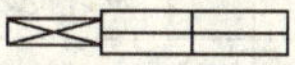 167.0×26.0×1.6	1.6～1.9	50	100	500
			(2)	 165.0×13.0×1.6		35	70	500
Ⅳ	500	驳船 57.0×11.0×1.4 货船 69.0×11.0×1.4	(1)	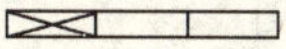 138.0×11.0×1.4	1.4～1.6	30	55	410

续表 3.0.2-2

航道等级	船舶吨级(t)	代表船型尺度(m)(总长×型宽×设计吃水)	代表船队	船队尺度(m)(长×宽×设计吃水)	航道尺度(m)			
					水深	直线段宽度		弯曲半径
						单线	双线	
Ⅴ	300	驳船 45.0×10.0×1.1 货船 52.0×9.0×1.2	(1) 	114.0×10.0×1.2	1.2～1.4	25	45	340
Ⅵ	100	驳船 29.0×8.5×0.8 货船 35.0×6.0×0.9	(1) 	64.0×8.5×0.9	0.9～1.1	15	30	200

注：1 通航浅吃水船舶的类似航道，经论证可参照执行；

2 航道最小弯曲半径应结合本标准第 3.0.5 条的有关规定确定。

3 珠江三角洲至港澳线内河航道尺度不得小于表 3.0.2-3 所列数值。

表 3.0.2-3 珠江三角洲至港澳线内河航道尺度

航道等级	船舶吨级(t)	代表船型尺度(m)(总长×型宽×设计吃水)	代表船舶、船队	船舶、船队尺度(m)(长×宽×设计吃水)	航道尺度(m)		
					水深	直线段双线宽度	弯曲半径
Ⅲ	1000	货船 49.9×15.6×2.8 货船 49.9×12.8×2.7 驳船 67.5×10.8×2.0	(1) 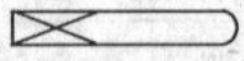	49.9×15.6×2.8	3.5～4.0	70	480
			(2) 	49.9×12.8×2.7		60	
			(3) 	160.0×10.8×2.0		60	
Ⅳ	500	货船 49.9×10.6×2.5 驳船 45.0×10.8×1.6	(1) 	49.9×10.6×2.5	3.0～3.4	55	330
			(2) 	111.0×10.8×1.6			
Ⅴ	300	货船 49.2×8.4×2.2 驳船 35.0×9.2×1.3	(1) 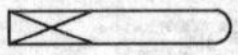	49.2×8.4×2.2	2.5～2.8	45	270
			(2)	91.0×9.2×1.3			

注：1 仅通航货船的河段，航道最小弯曲半径可按其船型尺度研究确定；

2 航道最小弯曲半径应结合本标准第 3.0.5 条的有关规定确定。

3.0.3 限制性航道尺度不得小于表 3.0.3 所列数值（图 3.0.3）。

表 3.0.3 限制性航道尺度

航道等级	船舶吨级(t)	代表船型尺度(m)(总长×型宽×设计吃水)	代表船舶、船队	船舶、船队尺度(m)(长×宽×设计吃水)	航道尺度(m)		
					水深	直线段双线底宽	弯曲半径
Ⅱ	2000	驳船 75.0×14.0×2.6 货船 90.0×15.4×2.6	(1)	180.0×14.0×2.6	4.0	60	540

续表 3.0.3

航道等级	船舶吨级(t)	代表船型尺度(m)(总长×型宽×设计吃水)	代表船舶、船队	船舶、船队尺度(m)(长×宽×设计吃水)	航道尺度(m)		
					水深	直线段双线底宽	弯曲半径
Ⅲ	1000	驳船 67.5×10.8×2.0 货船 80.0×10.8×2.0	(1)	160.0×10.8×2.0	3.2	45	480
Ⅳ	500	驳船 42.0×9.2×1.8 货船 45.0×7.3×1.9	(1)	108.0×9.2×1.9	2.5	40	320
			(2)	45.0×7.3×1.9			
Ⅴ	300	驳船 30.0×8.0×1.8 货船 36.7×7.3×1.9	(1)	210.0×8.0×1.9	2.5	35	250
			(2)	82.0×8.0×1.9			
			(3)	36.7×7.3×1.9			
Ⅵ	100	驳船 25.0×5.5×1.5 货船 28.0×5.5×1.5	(1)	298.0×5.5×1.5	2.0	20	110
			(2)	28.0×5.5×1.5			
Ⅶ	50	驳船 19.0×4.5×1.2 货船 25.0×5.5×1.2	(1)	230.0×4.7×1.2	1.5	16	100
			(2)	25.0×5.5×1.2			

注：航道最小弯曲半径应结合本标准第 3.0.5 条的有关规定确定。

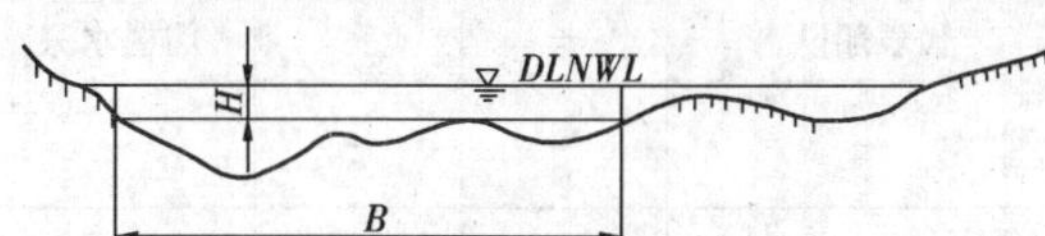

图 3.0.2　天然和渠化河流航道横断面图

H—航道水深；*B*—航道宽度；*DLNWL*—设计最低通航水位

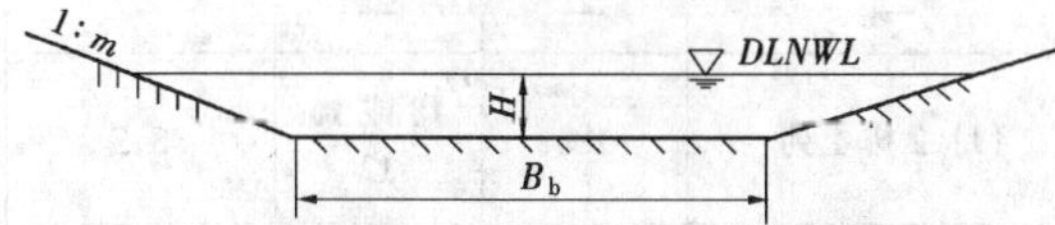

图 3.0.3　限制性航道横断面图

H—航道水深；B_b—航道底宽；

m—边坡系数；*DLNWL*—设计最低通航水位

3.0.4　湖泊和水库航道尺度可采用本标准表 3.0.2-1 所列数值。受风浪影响的航道，应适当加大航道尺度。

3.0.5　内河航道尺度的确定，除应满足本标准第 3.0.2 条、第 3.0.3 条和第 3.0.4 条的要求外，尚应满足下列要求：

1　天然和渠化河流航道水深应根据航道条件和运输要求通过技术经济论证确定。对枯水期较长或运输繁忙的航道，应采用本标准表 3.0.2-1～表 3.0.2-3 所列航道水深幅度的上限；对整治比较困难的航道，可采用表列航道水深幅度的下限，但在水位接近设计最低通航水位时船舶应减载航行。当航道底部为石质河床时，水深值应增加 0.1～0.2m。

2　内河航道的线数应根据运输要求、航道条件和投资效益分析确定。除整治特别困难的局部河段可采用单线航道外，均应采用双线航道。当双线航道不能满足要求时，应采用三线或三线以上航道，其宽度应根据船舶通航要求研究确定。

3　内河航道弯曲段的宽度应在直线段航道宽度的基础上加宽，其加宽值可通过分析计算或试验研究确定。

4　内河航道的最小弯曲半径，宜采用顶推船队长度的 3 倍或货船长度、拖带船队最大单船长度的 4 倍。在特殊困难河段，航道最小弯曲半径不能达到上述要求时，在宽度加大和驾驶通视均能满足需要的前提下，弯曲半径可适当减小，但不得小于顶推船队长度的 2 倍或货船长度、拖带船队最大单船长度的 3 倍。流速 3m/s 以上、水势汹乱的山区性河流航道，其最小弯曲半径宜采用顶推船队长度或货船长度的 5 倍。

5　限制性航道的断面系数不应小于 6，流速较大的航道不应小于 7。

3.0.6　当天然和渠化河流航道经论证需采用特殊的设计船舶或船队时，其航道尺度应按本标准第 3.0.5 条和附录 A 的有关规定分析计算确定。

3.0.7 内河航道中的流速、流态和比降等水流条件应满足设计船舶或船队安全航行的要求。

4 船　闸

4.1 船闸规模和尺度

4.1.1 船闸级别应按通航的设计最大船舶吨级划分为7级，其分级指标与航道分级指标相同。

4.1.2 船闸的建设规模应满足下列要求：

1 船闸通过能力应满足设计水平年内各期的客货运量和船舶过闸量要求。船闸的设计水平年应根据船闸的不同条件采用船闸建成后20～30年；对增建和改建、扩建船闸困难的工程，应采用更长的设计水平年。

2 凡属下列情况之一者，应设置双线或多线船闸：

1）采用单线船闸，通过能力不能满足设计水平年各期的客货运量和船舶过闸量要求的；

2）客货运量大或船舶过闸繁忙的连续多级船闸，由于单线船闸迎向运转通过能力不足或过闸、待闸时间较长，导致船舶运输效率显著下降的；

3）运输繁忙的重要航道，不允许由于船闸检修或引航道维护等造成断航的；

4）客运和旅游等船舶多，过闸频繁，需快速过闸的。

注：当单线船闸不能满足要求时，经论证也可增设升船机。

4.1.3 船闸有效尺度必须满足船舶安全进出船闸和停泊的条件，并应满足下列要求：

1 船闸设计水平年内各期的通过能力应满足过闸船舶总吨位数和客货运量的要求；

2 应满足设计船队一次过闸的要求；

3 应适应大小船舶或船队合理组合过闸的需要。

4.1.4 船闸有效尺度可按本标准附录B计算，但不得小于表4.1.4所列数值，并应符合下列规定：

1 船闸有效宽度系列应为34m、23m、18m或16m、12m、8m。经论证需要加宽的船闸，其尺度应符合宽度系列分档的规定。

2 船闸有效长度应根据设计船舶、船队或与其他船舶、船队合理组合的长度并考虑富裕长度确定。经论证需要加大长度的，可在表4.1.4规定长度的基础上增加。

表4.1.4 船闸有效尺度（m）

船闸级别	天然和渠化河流				限制性航道			
	代表船舶、船队	长	宽	门槛水深	代表船队	长	宽	门槛水深
Ⅰ	(3) 2排2列	280	34	5.5	—	—	—	—
Ⅱ	(2) 2排2列	200	34	4.5	—	—	—	—
Ⅱ	(3) 2排1列	200	23	4.5	(1) 2排1列	230 200	23 18或16	5.0 4.5
Ⅲ	(2) 2排2列	180	23	3.5	—	—	—	—
Ⅲ	(3) 2排1列	180	18或16 12	3.5	(1) 2排1列	180	18或16 12	3.5
Ⅳ	(1) 3排2列	180	23	3.0	—	—	—	—
Ⅳ	(2) 2排2列	120	23	3.0	—	—	—	—
Ⅳ	(3) 2排1列	120	18或16 12	3.0	(1) 2排1列	120	18或16 12	3.0
Ⅴ	(1) 2排2列	120	23	2.5	(1) 1拖6	120 210	18或16 12	3.0
Ⅴ	(2) 2排1列	120	18或16 12	2.5	(2) 2排1列	120	18或16 12	3.0
Ⅵ	(1) 1拖5	100	18或16	1.6	(1) 1拖11	160	12	2.5
Ⅵ	(2) 货船	100	12	1.6	—	—	—	—
Ⅶ	(1) 1拖5	80	12	1.3	(1) 1拖11	120	12	2.0
Ⅶ	(2) 货船	80	8	1.3	—	—	—	—

3 船闸门槛最小水深不应小于设计船舶或船队满载时最大吃水的1.6倍。确定船闸下游门槛高程时，应计入由于河床下切造成的水位下降值。

4.1.5 黑龙江水系及通航浅吃水船舶的类似航道，其船闸有效尺度应按本标准附录B的方法计算确定。

4.2 船闸工程布置

4.2.1 船闸工程应包括闸首、闸室、输水系统、引航道、口门区、连接段、锚泊地、导航建筑物、靠船建筑物、闸门、阀门、启闭机械、电器设备和通信、助导航、运行管理等附属设施及生产、生活辅助建筑物等。根据工程需要，有的船闸还应包括前港和远方调度站等。

4.2.2 船闸工程布置应满足下列要求：

1 船闸宜布置在顺直和稳定的河段。当船闸布置在弯曲河段或河道外的引渠内时，其引航道口门区应位于河床稳定部位，并能与原主航道平顺连接。

2 船闸宜临岸布置。船闸不应布置在紧邻的枢纽溢流坝、泄水闸和电站等两个过水建筑物之间。

3 船闸引航道与其相邻的过水建筑物之间，必须设置足够长度的隔流堤或隔流墙。

4 船闸引航道、口门区及连接段应布置在泥沙不易淤积的部位，并宜与主航道平顺连接。当下游口门区与主航道为异岸连接时，连接段应在受枢纽泄水影响较小的河段跨河。引航道内及口门区不应布置影响船舶和船队过闸的建筑物。

5 根据航运发展的需要，船闸工程应为增建船闸预留足够的位置。

4.2.3 对重要的船闸和布置在水流泥沙条件复杂河段的船闸，应通过模拟试验研究确定船闸工程的布置。

4.3 船闸通航水流条件

4.3.1 船闸引航道、口门区及连接段应避免出现影响船舶、船队航行和停泊安全的泄水波、泡漩和乱流等不良水流条件。

4.3.2 船闸引航道口门区的水流表面最大流速，应符合表4.3.2的规定。

表4.3.2 口门区水流表面最大流速限值（m/s）

船闸级别	平行于航线的纵向流速	垂直于航线的横向流速	回流流速
Ⅰ～Ⅳ	2.0	0.30	0.4
Ⅴ～Ⅶ	1.5	0.25	

4.3.3 船闸引航道口门外连接段与主航道的水流应平稳过渡，连接段的水流表面最大流速不应影响过闸船舶和船队的安全航行。

5 过河建筑物

5.1 水上过河建筑物选址

5.1.1 水上过河建筑物选址应满足下列要求：

1 水上过河建筑物应建在河床稳定、航道水深充裕和水流条件良好的平顺河段，远离易变的洲滩。

2 水上过河建筑物选址应避开滩险、通行控制河段、弯道、分流口、汇流口、港口作业区和锚地；其距离，上游不得小于顶推船队长度的4倍或拖带船队长度的3倍，下游不得小于顶推船队长度的2倍或拖带船队长度的1.5倍。

3 两座相邻水上过河建筑物的轴线间距，Ⅰ～Ⅴ级航道应大于代表船队长度与代表船队下行5min航程之和，Ⅵ级和Ⅶ级航道应大于代表船队长度与代表船队下行3min航程之和。

5.1.2 特殊情况下，当水上过河建筑物的选址不能满足本标准第5.1.1条的要求时，应采取下列相应措施，保证安全通航。

1 在洲滩易变河段兴建水上过河建筑物，可能引起航槽变迁，影响设计通航孔通航时，必须采取保持航道稳定的工程措施。

2 在滩险、通行控制河段、弯道、分流口或汇流口等航行困难河段兴建水上过河建筑物，影响通航时，必须采取整治工程措施满足通航条件。

3 当两座相邻水上过河建筑物的轴线间距不能满足要求，且其所处通航水域无碍航水流时，可靠近布置，但两过河建筑物间相邻边缘距离应控制在50m以内，且通航孔必须相互对应。水流平缓的河网地区两相邻过河建筑物的边缘距离，经论证可适当加大。

4 当采取工程措施不能满足通航条件时，应加大水上过河建筑物跨度或采取一孔跨过通航水域。

5.1.3 枢纽上下游河段水上过河建筑物选址除应满足本标准第5.1.1条的要求外，尚应考虑建库后河床冲淤变化对通航的不利影响。

5.1.4 在港口作业区和锚地附近兴建水上过河建筑物，对船舶通航和作业安全构成威胁时，必须对港口作业区和锚地等设施作出妥善处理。

5.1.5 特殊困难和复杂河段水上过河建筑物的选址必须通过模拟试验研究确定。

5.2 水上过河建筑物的布置和通航净空尺度

5.2.1 水上过河建筑物的布置应符合下列规定：

1 水上过河建筑物的布置不得影响和限制航道的通过能力。通航孔的布置应满足过河建筑物所在河段双向通航的要求。在水运繁忙的宽阔河流上，通航孔的布置应满足多线通航的要求；在限制性航道上，应采取一孔跨过通航水域。

2 水上过河建筑物的墩柱不应过于缩小河道的过水面积，墩柱纵轴线宜与水流流向平行，墩柱承台不得影响通航，不得造成危害船舶航行的不良水流。

3 水上过河建筑物轴线的法线方向与水流流向的交角不宜超过5°。

5.2.2 当水上过河建筑物轴线的法线方向与水流流向的交角不大于5°时，其通航净空尺度（图5.2.2）应符合下列规定：

1 天然和渠化河流水上过河建筑物通航净宽可按本标准附录C的方法计算。水上过河建筑物的通航净空尺度不应小于表5.2.2-1所列数值。

表5.2.2-1 天然和渠化河流水上过河建筑物通航净空尺度（m）

航道等级	代表船舶、船队	净高	单向通航孔			双向通航孔		
			净宽	上底宽	侧高	净宽	上底宽	侧高
Ⅰ	（1）4排4列	24.0	200	150	7.0	400	350	7.0
	（2）3排3列	18.0	160	120	7.0	320	280	7.0
	（3）2排2列		110	82	8.0	220	192	8.0
Ⅱ	（1）3排3列	18.0	145	108	6.0	290	253	6.0
	（2）2排2列		105	78	8.0	210	183	8.0
	（3）2排1列	10.0	75	56	6.0	150	131	6.0
Ⅲ	（1）3排2列	18.0☆ 10.0	100	75	6.0	200	175	6.0
	（2）2排2列	10.0	75	56	6.0	150	131	6.0
	（3）2排1列		55	41	6.0	110	96	6.0
Ⅳ	（1）3排2列	8.0	75	61	4.0	150	136	4.0
	（2）2排2列		60	49	4.0	120	109	4.0
	（3）2排1列		45	36	5.0	90	81	5.0
	（4）货船							
Ⅴ	（1）2排2列	8.0	55	44	4.5	110	99	4.5
	（2）2排1列	8.0或5.0▲	40	32	5.5或3.5▲	80	72	5.5或3.5▲
	（3）货船							
Ⅵ	（1）1拖5	4.5	25	18	3.4	40	33	3.4
	（2）货船	6.0			4.0			4.0
Ⅶ	（1）1拖5	3.5	20	15	2.8	32	27	2.8
	（2）货船	4.5						

注：1 角注☆的尺度仅适用于长江；

2 角注▲的尺度仅适用于通航拖带船队的河流。

2 黑龙江水系水上过河建筑物通航净空尺度不应小于表5.2.2-2所列数值。

表5.2.2-2 黑龙江水系水上过河建筑物通航净空尺度（m）

航道等级	代表船队	净高	单向通航孔			双向通航孔		
			净宽	上底宽	侧高	净宽	上底宽	侧高
Ⅱ	（1）2排2列	10.0	115	86	6.0	230	201	6.0
	（2）2排1列		75	56	6.0	150	131	6.0
Ⅲ	（1）2排2列	10.0	95	71	6.0	190	166	6.0
	（2）2排1列		65	48	6.0	130	113	6.0
Ⅳ	（1）2排1列	8.0	50	41	5.0	100	91	5.0
Ⅴ	（1）2排1列	8.0	50	41	5.5	100	91	5.5
Ⅵ	（1）1顶1	4.5	30	22	3.4	60	52	3.4

注：通航浅吃水船舶的类似航道，经论证可参照执行。

3 珠江三角洲至港澳线内河水上过河建筑物通航净空尺度不应小于表5.2.2-3所列数值。

表5.2.2-3 珠江三角洲至港澳线内河水上过河建筑物通航净空尺度（m）

航道等级	代表船舶、船队	净高	单向通航孔			双向通航孔		
			净宽	上底宽	侧高	净宽	上底宽	侧高
Ⅲ	（1）货船 （2）货船	10	55	41	6.0	110	96	6.0
	（3）2排1列							
Ⅳ	（1）货船	8	45	36	5.0	90	81	5.0
	（2）2排1列							
Ⅴ	（1）货船	8或5▲	40	32	5.5或3.5▲	80	72	5.5或3.5▲
	（2）2排1列							

注：角注▲的尺度仅适用于通航拖带船队的河流。

4 限制性航道水上过河建筑物通航净空尺度不应小于表5.2.2-4所列数值。

表5.2.2-4 限制性航道水上过河建筑物通航净空尺度（m）

航道等级	代表船舶、船队	净高	双向通航孔		
			净宽	上底宽	侧高
Ⅱ	（1）2排1列	10.0	70	52	6.0
Ⅲ	（1）2排1列	10.0	60	45	6.0
Ⅳ	（1）2排1列 （2）货船	8.0	55	45	4.0
Ⅴ	（1）1拖6	5.0	45	36	3.5
	（2）2排1列 （3）货船	8.0			5.0
Ⅵ	（1）1拖11	4.5	22	16	3.4
	（2）货船	6.0	30	22	3.6
Ⅶ	（1）1拖11	3.5	18	13	2.8
	（2）货船	4.5	25	18	2.8

注：三线及三线以上的航道，通航净宽应根据船舶通航要求研究确定。

5 在平原河网地区航道上建桥遇特殊困难时，经充分论证通航净高可适当减小。

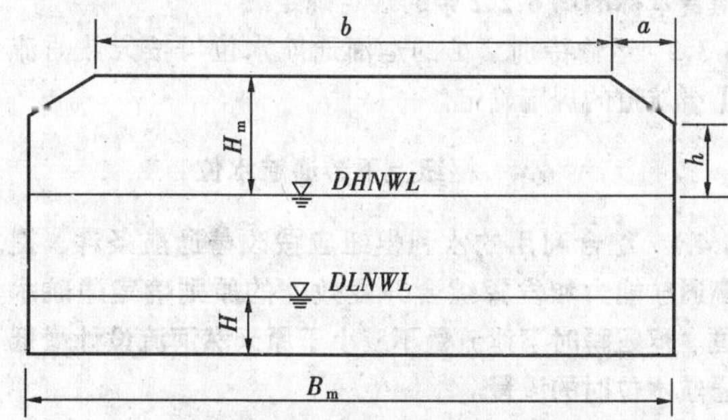

图5.2.2 通航净空示意图

B_m—水上过河建筑物通航净宽；H_m—水上过河建筑物通航净高；H—航道水深；b—上底宽；a—斜边水平距离；h—侧高；DHNWL—设计最高通航水位；DLNWL—设计最低通航水位

6 湖泊和水库水上过河建筑物通航净空尺度，不应小于表5.2.2-1所列数值。受风浪影响较大的航道，应适当加大通航净空尺度。

5.2.3 当水上过河建筑物轴线的法线方向与水流流向的交角大于5°，且横向流速大于0.3m/s时，通航净宽必须在本标准第5.2.2条规定的通航净宽基础上加大，增加值应符合本标准附录C的规定。当水流横向流速大于0.8m/s时，应一跨过河或在通航水域中不得设置墩柱。必要时，应通过模拟试验研究确定。

5.2.4 当水上过河建筑物的墩柱附近可能出现碍航紊流时，其通航孔的净宽应在本标准第5.2.2条规定的通航净宽基础上加大，增加值宜通过模拟试验研究确定。

5.2.5 跨越船闸工程的水上建筑物通航净高应符合本标准第5.2.2条的规定。

5.2.6 电力、通信、水文测验和其他水上过河缆线的通航净高，应按缆线垂弧最低点至设计最高通航水位的距离计算，其净高值不应小于最大船舶空载高度与安全富裕高度之和。

5.3 水下过河建筑物的选址与布设

5.3.1 穿越航道的水下电缆、管道、涵管和隧道等水下过河建筑物必须布设在远离滩险、港口和锚地的稳定河段。

5.3.2 在航道和可能通航的水域内布置水下过河建筑物，宜埋置于河床内，其顶部设置深度，Ⅰ～Ⅴ级航道不应小于远期规划航道底标高以下2m，Ⅵ级和Ⅶ级航道不应小于1m。

5.3.3 设置沉管隧道、尺度较大的管道和大型取排水口时，应避免造成不利的河床变化和碍航水流。必要时应通过模拟试验研究，确定改善措施。

5.4 安全保障措施

5.4.1 水上过河建筑物在通航水域设有墩柱时，应设置助航标志和必要的墩柱防撞保护设施。必要时尚应设置航标维护管理和安全监督管理设施。

5.4.2 通航孔两侧墩柱防护设施的设置，不得恶化通航水流条件和减小通航净宽。

6 通航水位

6.1 一般规定

6.1.1 通航水位应包括设计最高通航水位和设计最低通航水位。

6.1.2 水位和流量资料的取用应符合下列规定：

1 当基本站资料具有良好的一致性时，应取近期连续资料系列，取用年限不短于20年。

2 当基本站资料不具有良好的一致性时，应根据其变化原因及发展趋势，确定代表性资料系列的取用年限。

3 当工程河段的水文条件受人类活动和自然因素影响发生明显变化时，应通过分析研究，选取变化后有代表性的资料。

6.1.3 通航水位应根据河道水文条件变化情况，通过论证研究及时进行调整。

6.2 天然河流和湖泊通航水位

6.2.1 天然河流设计最高通航水位的确定应符合下列规定：

1 不受潮汐影响和潮汐影响不明显的河段，设计最高通航水位应采用表6.2.1规定的各级洪水重现期的水位。

表6.2.1 设计最高通航水位的洪水重现期

航道等级	Ⅰ～Ⅲ	Ⅳ、Ⅴ	Ⅵ、Ⅶ
洪水重现期（年）	20	10	5

注：对出现高于设计最高通航水位历时很短的山区性河流，Ⅲ级航道洪水重现期可采用10年；Ⅳ级和Ⅴ级航道可采用5～3年；Ⅵ级和Ⅶ级航道可采用3～2年。

2 潮汐影响明显的河段，设计最高通航水位应采用年最高潮位频率为5%的潮位，按极值Ⅰ型分布律计算确定。

6.2.2 天然河流设计最低通航水位的确定应符合下列规定：

1 不受潮汐影响和潮汐影响不明显的河段，设计最低通航水位可采用综合历时曲线法计算确定，其多年历时保证率应符合表6.2.2-1的规定；也可采用保证率频率法计算确定，其年保证率和重现期应符合表6.2.2-2的规定。

表6.2.2-1 设计最低通航水位的多年历时保证率

航道等级	Ⅰ、Ⅱ	Ⅲ、Ⅳ	Ⅴ～Ⅶ
多年历时保证率（%）	≥98	98～95	95～90

表6.2.2-2 设计最低通航水位的年保证率和重现期

航道等级	Ⅰ、Ⅱ	Ⅲ、Ⅳ	Ⅴ～Ⅶ
年保证率（%）	99～98	98～95	95～90
重现期（年）	10～5	5～4	4～2

2 潮汐影响明显的河段，设计最低通航水位应采用低潮累积频率为90%的潮位。

6.2.3 河网地区天然航道的通航水位可按本标准第6.2.1条和第6.2.2条的规定确定。运输特别繁忙的河网地区航道的通航水位可按Ⅰ级航道的规定确定。

6.2.4 湖泊航道的通航水位可按本标准第6.2.1条和第6.2.2条规定，并结合堤防和风浪等情况综合分析确定。河湖两相湖区航道的设计最低通航水位应按本标准第6.2.2条的规定确定。

6.2.5 封冻河流和湖泊的通航水位可按本标准第6.2.1条和第6.2.2条的规定确定，其通航期应以全年总天数减去封冻和流冰停航的天数计算。

6.3 运河和渠道通航水位

6.3.1 运河通航水位的确定应符合下列规定：

1 开敞运河的通航水位应按本标准第6.2.1条和第6.2.2条的有关规定确定。

2 设闸运河的通航水位应根据综合利用的要求，并结合本标准第6.2.1条和第6.2.2条的有关规定确定。

6.3.2 综合利用的通航渠道通航水位的确定应符合下列规定：

1 设计最高通航水位，灌溉渠道应采用设计最大灌溉流量时的相应水位；排涝渠道应采用设计最大排涝流量时的相应水位；排洪渠道应采用设计最大排洪流量时的相应水位和按本标准第6.2.1条规定的洪水重现期计算的水位中的高值；引水渠道应采用设计最大引水流量时的相应水位。

2 设计最低通航水位应根据综合利用的要求并结合本标准第6.2.2条的规定确定。

6.3.3 运输特别繁忙的运河通航水位可按天然河流Ⅰ级航道的规定确定。

6.4 枢纽上下游通航水位

6.4.1 综合利用的水利枢纽应按改善通航条件、提高通航能力和发挥综合开发效益的原则确定通航水位。枢纽瞬时下泄流量不应小于原天然河流设计最低通航水位时的流量。

6.4.2 枢纽通航建筑物上游通航水位的确定应符合下列规定：

1 设计最高通航水位应采用枢纽正常蓄水位或设计挡水位和按表6.4.2规定的洪水重现期计算的水位中的高值。当预计枢纽正式运行后正常蓄水位有可

能提高时，应计入提高值；当泥沙淤积将影响水位时，应计入泥沙淤积引起的水位抬高值。

表 6.4.2 通航建筑物设计最高通航水位的洪水重现期

通航建筑物级别	Ⅰ、Ⅱ	Ⅲ、Ⅳ	Ⅴ～Ⅶ
洪水重现期（年）	100～20	20～10	10～5

注：1 对出现高于设计最高通航水位历时很短的山区性河流，Ⅳ级和Ⅴ级通航建筑物洪水重现期可采用5～3年，Ⅵ级和Ⅶ级通航建筑物可采用3～2年；

2 平原地区运输繁忙的Ⅴ～Ⅶ级通航建筑物设计最高通航水位，洪水重现期可采用20～10年；

3 山区中小型通航建筑物经论证允许溢洪的，其上游设计最高通航水位可根据具体情况通过论证确定，但不应低于通航建筑物修建前的通航标准。

2 设计最低通航水位应采用水库死水位和最低运行水位中的低值。

3 当通航建筑物与其他挡水建筑物不在同一挡水前沿时，通航水位应根据枢纽布置作相应调整。

6.4.3 枢纽通航建筑物下游通航水位的确定应符合下列规定：

1 设计最高通航水位应采用按本标准表 6.4.2 规定的洪水重现期计算的枢纽下泄最大流量所对应的最高水位。当枢纽下游有梯级衔接时，应采用下一梯级的上游设计最高通航水位，并计入动库容的水位抬高值。

2 设计最低通航水位应采用本标准第 6.4.1 条规定的枢纽瞬时最小下泄流量对应的水位，并计入河床下切和电站日调节等因素引起的水位变化值。当枢纽下游有梯级衔接时，应采用下一梯级的上游设计最低通航水位时回水到本枢纽通航建筑物下游的相应水位。

6.4.4 枢纽上游河段通航水位的确定应符合下列规定：

1 设计最高通航水位应采用本标准表6.2.1规定的重现期洪水与相应的汛期坝前水位组合，以及坝前正常蓄水位或设计挡水位与相应的各级入库流量组合，得出多组回水曲线，取其上包线作为沿程各点的设计最高通航水位，并应计入河床可能淤积引起的水位抬高值。

2 设计最低通航水位应采用本标准第6.2.2条规定的多年历时保证率的入库流量与相应的坝前消落水位组合，以及坝前死水位或最低运行水位与相应的各级入库流量组合，得出多组回水曲线，取其下包线作为沿程各点的设计最低通航水位，并应计入河床冲淤可能引起的水位变化值。

6.4.5 枢纽下游河段通航水位的确定应符合下列规定：

1 设计最高通航水位应按本标准第6.2.1条规定的洪水重现期，分析选定设计流量，并考虑枢纽运行对该河段航道的影响推算确定。

2 设计最低通航水位应按本标准第6.2.2条规定的多年历时保证率，分析选定设计流量，并考虑河床冲淤变化和电站日调节的影响推算确定。

6.4.6 枢纽上下游河段通航水位应结合枢纽运行后的实测资料进行必要的验证和调整。

6.4.7 枢纽进行电站日调节引起的枢纽上下游水位的变幅和变率，应满足船舶安全航行和作业要求。

附录 A 天然和渠化河流航道水深和宽度的计算方法

A.0.1 航道水深可按下式计算：

$$H = T + \Delta H \qquad (A.0.1)$$

式中 H——航道水深（m）；

T——船舶吃水（m），根据航道条件和运输要求可取船舶、船队设计吃水或枯水期减载时的吃水；

ΔH——富裕水深（m），可从表 A 中选用。

表 A 富裕水深值（m）

航道等级	Ⅰ	Ⅱ	Ⅲ	Ⅳ	Ⅴ	Ⅵ	Ⅶ
富裕水深	0.4～0.5	0.3～0.4	0.3～0.4	0.2～0.3	0.2～0.3	0.2	0.2

注：1 富裕水深值主要包括船舶航行下沉量和触底安全富裕量；

2 流速或风浪较大的水域取大值，反之取小值；

3 卵石和岩石质河床富裕水深值应另加0.1～0.2m。

A.0.2 直线段航道宽度可按下列公式计算：

单线航道宽度：

$$B_1 = B_F + 2d \qquad (A.0.2\text{-}1)$$

$$B_F = B_s + L\sin\beta \qquad (A.0.2\text{-}2)$$

式中 B_1——直线段单线航道宽度（m）；

B_F——船舶或船队航迹带宽度（m）；

d——船舶或船队外舷至航道边缘的安全距离（m）；船队可取0.25～0.30倍航迹带宽度，货船可取0.34～0.40倍航迹带宽度；

B_s——船舶或船队宽度（m）；

L——顶推船队长度或货船长度（m）；

β——船舶或船队航行漂角（°）；Ⅰ～Ⅴ级航道可取3°，Ⅵ级和Ⅶ级航道可取2°。

双线航道宽度：

$$B_2 = B_{Fd} + B_{Fu} + d_1 + d_2 + C \qquad (A.0.2\text{-}3)$$

$$B_{Fd} = B_{sd} + L_d\sin\beta \qquad (A.0.2\text{-}4)$$

$$B_{Fu} = B_{su} + L_u\sin\beta \qquad (A.0.2\text{-}5)$$

式中 B_2——直线段双线航道宽度（m）；

B_{Fd}——下行船舶或船队航迹带宽度（m）；

B_{Fu}——上行船舶或船队航迹带宽度（m）；

d_1——下行船舶或船队外舷至航道边缘的安全距离（m）；

d_2——上行船舶或船队外舷至航道边缘的安全距离（m）；

C——船舶或船队会船时的安全距离（m）；

B_{sd}——下行船舶或船队宽度（m）；

L_d——下行顶推船队长度或货船长度（m）；

β——船舶或船队航行漂角（°）；Ⅰ～Ⅴ级航道可取3°，Ⅵ级和Ⅶ级航道可取2°；

B_{su}——上行船舶或船队宽度（m）；

L_u——上行顶推船队长度或货船长度（m）；

d_1+d_2+C——各项安全距离之和（m）；船队可取0.50～0.60倍上行和下行航迹带宽度，货船可取0.67～0.80倍上行和下行航迹带宽度。

附录B 船闸有效尺度的计算方法

B.0.1 船闸有效长度可按下式计算：

$$L_k = L + L_f \tag{B.0.1}$$

式中 L_k——船闸有效长度（m）；

L——过闸船队或船舶长度（m）；当一闸次只有一个船队或一艘船舶单列过闸时，为设计最大船队或船舶的长度；当一闸次有两个或多个船队、船舶纵向排列过闸时，则为各最大船队或船舶的长度之和加上各船队、船舶间的停泊间隔长度；

L_f——富裕长度（m）。

B.0.2 富裕长度可按下列公式计算：

顶推船队：

$$L_f \geqslant 2 + 0.06L \tag{B.0.2-1}$$

拖带船队：

$$L_f \geqslant 2 + 0.03L \tag{B.0.2-2}$$

货船和其他船舶：

$$L_f \geqslant 4 + 0.05L \tag{B.0.2-3}$$

B.0.3 船闸有效宽度可按下列公式计算：

$$B_k = \sum B_s + B_f \tag{B.0.3-1}$$

$$B_f = \Delta B + 0.025\,(n-1)\,B_s \tag{B.0.3-2}$$

式中 B_k——船闸有效宽度（m）；

$\sum B_s$——同一闸次过闸船舶并列停泊于闸室的最大总宽度（m）；当只有一个船队或一艘船舶单列过闸时，则为设计最大船队或船舶宽度；

B_f——富裕宽度（m）；

ΔB——富裕宽度附加值（m）；当 $B_s \leqslant 7$m时，$\Delta B \geqslant 1$m；当 $B_s > 7$m时，$\Delta B \geqslant 1.2$m；

n——过闸时停泊在闸室的船舶列数。

B.0.4 船闸门槛最小水深应按下式计算：

$$H_k \geqslant 1.6T' \tag{B.0.4}$$

式中 H_k——船闸门槛最小水深（m）；

T'——设计船舶或船队满载时的最大吃水（m）。

附录C 天然和渠化河流水上过河建筑物通航净宽的计算方法

C.0.1 天然和渠化河流水上过河建筑物轴线法线方向与水流流向的交角不大于5°时，通航净宽可按下列公式计算：

$$B_{m1} = B_F + \Delta B_m + P_d \tag{C.0.1-1}$$

$$B_{m2} = 2B_F + b + \Delta B_m + P_d + P_u \tag{C.0.1-2}$$

$$B_F = B_s + L\sin\beta \tag{C.0.1-3}$$

式中 B_{m1}——单孔单向通航净宽（m）；

B_F——船舶或船队航迹带宽度（m）；

ΔB_m——船舶或船队与两侧桥墩间的富裕宽度（m）；Ⅰ～Ⅴ级航道可取0.6倍航迹带宽度，Ⅵ级和Ⅶ级航道可取0.5倍航迹带宽度；

P_d——下行船舶或船队偏航距（m），可按表C.0.1取值；

B_{m2}——单孔双向通航净宽（m）；

b——上下行船舶或船队会船时的安全距离（m），可取船舶或船队宽度；

P_u——上行船舶或船队偏航距（m），可取0.85倍下行偏航距；

B_s——船舶或船队宽度（m）；

L——顶推船队或货船长度（m）；

β——船舶或船队航行漂角（°）；Ⅰ～Ⅴ级航道可取6°，Ⅵ级和Ⅶ级航道可取3°。

表C.0.1 天然和渠化河流各级横向流速下船舶下行偏航距（m）

航道等级	代表船舶、船队	下行偏航距		
		横向流速		
		0.1m/s	0.2m/s	0.3m/s
Ⅰ	（1）4排4列	10	25	40
	（2）3排3列	10	20	35
	（3）2排2列	10	20	30

续表 C.0.1

航道等级	代表船舶、船队	下行偏航距		
		横向流速		
		0.1m/s	0.2m/s	0.3m/s
Ⅱ	(1) 3排3列	10	20	35
	(2) 2排2列	10	20	30
	(3) 2排1列	10	15	20
Ⅲ	(1) 3排2列	10	20	30
	(2) 2排2列	10	15	20
	(3) 2排1列	8	10	15
Ⅳ	(1) 3排2列	10	15	20
	(2) 2排2列	8	10	15
	(3) 2排1列	8	10	15
	(4) 货船	8	10	15
Ⅴ	(1) 2排2列	8	10	15
	(2) 2排1列	8	10	15
	(3) 货船	8	10	15
Ⅵ	(1) 1拖5	8	10	15
	(2) 货船	8	8	10
Ⅶ	(1) 1拖5	5	8	8
	(2) 货船	5	8	8

注：当横向流速为表中范围内某一值时，偏航距可采用内插法确定。

C.0.2 黑龙江水系和珠江三角洲至港澳线内河水上过河建筑物通航净宽可参照本标准第 C.0.1 条的规定计算。

C.0.3 天然和渠化河流水上过河建筑物轴线的法线方向与水流流向的交角大于 5°，且横向流速大于 0.3m/s 时，单向通航净宽应在本标准表 5.2.2-1 所列数值的基础上加大，其增加值应符合表C.0.3的规定。

表 C.0.3 天然和渠化河流各级横向流速下单向通航净宽增加值（m）

航道等级	代表船舶、船队	单向通航净宽增加值				
		横向流速				
		0.4m/s	0.5m/s	0.6m/s	0.7m/s	0.8m/s
Ⅰ	(1) 4排4列	30	60	90	115	140
	(2) 3排3列	25	45	65	90	115
	(3) 2排2列	20	35	55	70	90
Ⅱ	(1) 3排3列	25	45	60	75	95
	(2) 2排2列	20	35	50	65	80
	(3) 2排1列	20	30	45	60	70
Ⅲ	(1) 3排2列	20	35	50	65	80
	(2) 2排2列	20	30	40	55	70
	(3) 2排1列	15	25	40	50	65

续表 C.0.3

航道等级	代表船舶、船队	单向通航净宽增加值				
		横向流速				
		0.4m/s	0.5m/s	0.6m/s	0.7m/s	0.8m/s
Ⅳ	(1) 3排2列	15	30	45	55	70
	(2) 2排2列	15	25	35	45	55
	(3) 2排1列	15	25	35	45	55
	(4) 货船	15	25	35	45	55
Ⅴ	(1) 2排2列	15	20	25	30	40
	(2) 2排1列	15	20	25	30	40
	(3) 货船	15	20	25	30	40
Ⅵ	(1) 1拖5	8	18	28	33	38
	(2) 货船	8	18	28	33	38
Ⅶ	(1) 1拖5	8	13	23	28	33
	(2) 货船	8	13	23	28	33

注：1 双向通航净宽增加值为单向通航净宽增加值的2倍；

2 当横向流速为表中范围内某一值时，通航净宽增加值可采用内插法确定。

C.0.4 黑龙江水系和珠江三角洲至港澳线内河水上过河建筑物轴线的法线方向与水流流向的交角大于 5°，且横向流速大于0.3m/s时，通航净宽增加值可参照本标准表 C.0.3 取值。

本标准用词说明

1 为便于在执行本标准条文时区别对待，对要求严格程度不同的用词说明如下：

1）表示很严格，非这样做不可的用词：
正面词采用“必须”，反面词采用“严禁”。

2）表示严格，在正常情况下均应这样做的用词：
正面词采用“应”，反面词采用“不应”或“不得”。

3）表示允许稍有选择，在条件许可时首先应这样做的用词：
正面词采用“宜”，反面词采用“不宜”；
表示有选择，在一定条件下可以这样做的用词，采用“可”。

2 本标准中指明应按其他有关标准、规范执行的写法为“应符合……的规定”或“应按……执行”。

中华人民共和国国家标准

内河通航标准

GB 50139—2004

条文说明

目　次

1 总 则

1.0.2 本标准比原《内河通航标准》GBJ 139—90 扩大了适用范围。对原标准不适用的几种情况补充了相应条款，并规定升船机和国际河流航道的规划、设计可参照执行。

根据我国升船机规划、设计的实践经验，升船机规模的确定、建设场址的选择、工程布置、引航道口门区通航水流条件和通航水位的确定等方面的技术要求与船闸基本相同，因此，本标准有关这方面的规定也适用于升船机的规划、设计。由于升船机承船厢、提升设备与船闸不同，目前尚不具备制定标准的条件，则不能套用船闸的有关条款。

本条和以下各条中的规划一词包含可行性研究等内河航运建设的前期工作。

1.0.3 我国内河航道中有部分河段同时通航海轮，海轮的尺度和技术性能与内河船舶不同，需要的航道尺度、船闸有效尺度和通航净空尺度也不同。在这种情况下，该航道的通航尺度需按通航内河船舶和海轮的要求分别计算，取其大值。

1.0.4 “批准的航道等级”是指“批准的航道技术等级”或“批准的规划航道等级”。“批准的航道技术等级”是指 1998 年 10 月交通部、水利部、国家经贸委联合批准的全国Ⅰ～Ⅳ级航道（含省定Ⅴ级以下、500吨级以上海轮航道）技术等级和各省、自治区、直辖市人民政府批准的Ⅴ～Ⅶ级航道技术等级。“批准的规划航道等级”是指经国家或交通行政主管部门和各省、自治区、直辖市人民政府批准的规划中所确定的航道等级，如国务院批准的主要江河流域综合规划中的航道等级等。

1.0.5 本条要求尚应符合国家现行工程建设强制性标准的规定，其主要标准指：《内河助航标志》GB 5863、《航道整治工程技术规范》JTJ 312、《内河航道维护技术规范》JTJ 287、《渠化工程枢纽总体布置设计规范》JTJ 220、《船闸总体设计规范》JTJ 305、《通航海轮桥梁通航标准》JTJ 311、《内河航道与港口水文规范》JTJ 214、《海港水文规范》JTJ 213 等。

3 航 道

3.0.1 内河航道仍按原标准规定划分为7级。原标准的航道等级是按驳船吨级划分的，近若干年来由于货船发展迅速，在一些航道上已成为运输的主力船舶，故本标准同时按通航内河驳船和货船的载重吨级划分航道等级。

3.0.2 天然和渠化河流航道除通常的河流航道外，还包括通航条件比较特殊的黑龙江水系航道和珠江三角洲至港澳线内河航道。

天然和渠化河流航道的代表船舶和船队尺度除沿用部分原标准所列数值外，还选用了《三峡枢纽过坝货船（队）尺度系列》GB/T 18181—2000和《内河货运船舶船型主尺度系列》JT/T 447 —2001所列部分船型及其船舶组成的船队尺度。在确定各等级航道尺度时，考虑到Ⅰ～Ⅲ级航道均为船队和货船混合通航的航道，仅规定了以船队通航为控制条件的航道尺度，而在Ⅲ级以下航道则同时规定了船队和货船通航的航道尺度。根据代表船舶或船队尺度，并按原标准的计算方法，规定了航道尺度。与原标准相比，重点修订了与船型尺度不相适应的Ⅱ级航道水深，调整了部分等级航道的平面尺度，并简化了航道尺度的分档。

黑龙江水系多数为宽浅河流，多年来通航吃水较浅的船舶和船队，并已自成系列。其代表船型主要选自《黑龙江水系分节驳船系列》JT/T 348—1995、《黑龙江水系自航驳船尺度系列》JT/T 4701—1993，有的则是从该水系通航船舶中优选的船型。根据其船舶和船队尺度对航道尺度作了单独规定。

珠江三角洲至港澳线内河航道，水深条件良好，适宜通航吃水较深的船舶。在这些航道上通航的船舶主要为货船和集装箱船，其代表船型为从中优选的多用途货船，同时也通航船队。从航道条件和通航船舶、船队尺度综合考虑，航道尺度也作了单独规定。航道水深兼顾了某些油船、液体船等吃水较大船舶的通航要求，航道宽度和最小弯曲半径则兼顾了货船和船队的通航要求。

3.0.3 限制性航道采用的代表船型分别选自《内河货运船舶船型主尺度系列》JT/T 447—2001 和目前使用的优选船型。按其运输方式，基本沿用原标准规定的航道尺度，只作了局部调整和简化。在Ⅱ级和Ⅲ级航道仅规定了通航船队的航道尺度，Ⅳ～Ⅶ级航道则同时考虑了船队和货船通航的航道尺度。在本条修订的航道尺度中，将原标准的航道宽度改用底宽，以与目前规划和设计的实际做法相一致。

3.0.4 有些湖泊洪水期为湖、枯水期为河，水库则多为河道型水库，它们的通航条件与天然和渠化河流航道相似，其航道尺度可按天然和渠化河流航道尺度执行。另外有些湖泊、水库水域面积广阔，受风浪的影响较大，需分析研究风浪对船舶产生的升沉、横摇和漂移的影响，加大其航道尺度。

3.0.5 强调航道尺度要在符合本标准规定尺度的基础上，通过论证确定。并且针对原标准在执行中存在的问题和本次修订新增的技术内容，本条进一步明确或补充了确定航道尺度的有关规定。

整治特别困难的局部河段可采用单线航道的，主要指坡陡流急的急滩，弯曲狭窄、水势汹乱的险滩，水深不足的浅滩以及实行单向通行控制的河段。

弯曲段航道宽度应在直线段航道宽度的基础上加宽的规定，以往在实际工作中容易被忽视，这次修订进一步突出了这一规定。

我国山区河流航道整治设计中实际采用的最小弯曲半径多在货船或顶推船队长度的5倍以上，少数航道弯曲半径较小，也较接近其5倍长度，因此在条文中相应补充规定了山区性急流河段航道最小弯曲半径的规定。

根据《航道整治工程技术规范》JTJ 312—2003的有关规定，对流速较大的限制性航道规定了较大的断面系数。在设计限制性航道断面尺度时，要结合断面系数的要求，综合核算确定。

3.0.6 特殊的设计船舶或船队，是指与同等级航道中船舶载重吨级相同而与表列船型、船队尺度不同的船舶或船队，以及大于3000吨级的船舶和由其组成的船队。

3.0.7 本条系为船舶安全航行新增的规定。

4 船 闸

4.1 船闸规模和尺度

4.1.2 根据原标准实施以来船闸工程建设的经验，为保证船闸的建设规模满足航运发展的需要，新增本条规定。

船闸设计水平年采用船闸建成后20~30年或更长年限，主要考虑以下几个方面的因素：

(1) 船闸使用年限的永久性，需要考虑合理的相应期限；

(2) 国民经济已走上持续、健康、稳步和快速发展的轨道，对水运的发展和水运工程建设，已有条件预测和展望较长时期；

(3) 对受地形、地质及施工条件等限制，以后难于再扩建和改建的船闸工程，为充分利用水运资源，给远期发展留有余地，宜采用更长的年限。

4.1.3 新增的确定船闸有效尺度时应遵循的原则。

4.1.4 根据船闸工程建设和运行的实践经验，并考虑与原标准规定的船闸尺度和已建的船闸尺度相协调，对船闸有效尺度的确定作了一些新的规定和调整。

按代表船型宽度和大小船舶或船队组合过闸的需要，船闸宽度系列增加了18m宽度，并与16m宽度并列为一档。实际使用时，应根据需要选择18m或16m。

原标准规定的门槛最小水深与船舶或船队吃水比均在1.5以上，《船闸总体设计规范》JTJ 305—2001规定门槛最小水深与船舶或船队吃水比为不小于1.6。为了减少船舶航行阻力，提高船舶过闸速度，适应变吃水船舶满载通过要求，同时考虑我国已建船闸多数实际采用的门槛水深，本标准规定船闸门槛最小水深不应小于设计船舶或船队满载时最大吃水的1.6倍。对于Ⅲ~Ⅴ级船闸来说，其门槛最小水深相当于原标准规定的上限值。

4.2 船闸工程布置

4.2.1、4.2.2 为做好船闸工程各功能部位的布置，保证船舶过闸安全和畅通，根据工程运用的实践经验，新增加这两条内容。第4.2.1条规定了船闸工程配套建设的内容，第4.2.2条规定了船闸工程各通航部位布置的要求。

4.3 船闸通航水流条件

4.3.1~4.3.3 为保障船舶和船队进出船闸引航道安全新增的内容，对引航道、口门区和连接段的通航水流条件作了相应规定。

5 过河建筑物

5.1 水上过河建筑物选址

5.1.1 水上过河建筑物包括跨河桥梁、管道、缆线等。对其选址要求基本上沿用原标准的有关规定。

条文中的“船队长度”是指各等级航道中的代表船队长度。计算航程时的船队速度取代表船队的设计航速，水流速度取该河段通航期可能出现的最大流速。

5.1.2 随着国民经济的发展，在通航河流上修建的桥梁等水上过河建筑物越来越多，少数桥梁等过河建筑物的选址由于种种原因难以完全满足第5.1.1条的规定，不能不另给出路。本条规定就是本着兼顾水上过河建筑物的兴建和所在水域航运安全畅通的原则，并在总结这方面经验教训的基础上，对需要修建水上过河建筑物而不能满足选址要求的，提出了整治航道或加大跨度和一孔跨过通航水域等措施。

5.1.3 以往在枢纽上下游河段建设的水上过河建筑物，由于枢纽上下游河床淤积或冲刷，引起通航孔航道的变迁，已在多条河流上出现碍航的教训，因此增加本条规定。

5.2 水上过河建筑物的布置和通航净空尺度

5.2.1 水上过河建筑物的布置基本上沿用原标准的有关规定。这次修订时，整理和归纳了原标准中的这些相关规定，并补充了水上过河建筑物的布置不得影响和限制航道通过能力的规定。

水上过河建筑物轴线的法线方向与水流流向的交角，是指建筑物轴线上游3倍代表船队长度或2倍拖带船队长度范围内在不同水位期可能出现的最大交角。对感潮河段应同时考虑径流或潮流可能产生的最大交角。

5.2.2 本条规定的通航净高仍维持原标准的规定不

变。为了保证船舶和水上过河建筑物的安全，在总结以往这方面经验教训和试验研究的基础上，并考虑到桥梁等相关工程的技术进步，增大了单孔单向通航净宽，补充规定了天然和渠化河流单孔双向通航净宽。

新增了黑龙江水系、珠江三角洲至港澳线内河航道和湖泊、水库水上过河建筑物通航净空尺度的规定。

在风浪较大的湖泊、水库航道上兴建水上过河建筑物，应按允许通航的最大风力对船舶产生的升沉和横移量，在天然和渠化河流规定的通航净空尺度基础上，加大通航净高和净宽。

图5.2.2为适用于底部有斜撑或拱形过河建筑物通航净空图形。其单向通航净宽（B_m）与上底宽（b）的关系为：Ⅰ～Ⅲ级航道 $b/B_m=0.75$，Ⅳ级和Ⅴ级航道 $b/B_m=0.82$，Ⅵ级和Ⅶ级航道 $b/B_m=0.75$。侧高（h）不随通航净宽变化。对通航净空为矩形的过河建筑物，其上底宽（b）与通航净宽（B_m）一致，且无侧高（h）的规定。

5.2.4 桥墩两侧紊流宽度与墩前流速、流向和墩形、截面积等因素有关，需根据具体条件通过试验研究确定。

5.3 水下过河建筑物的选址与布设

5.3.2 可能通航的水域是指当时虽不是通航水域，但在不同的水位期和不同的水文年河床发生变迁后可能成为通航的水域。

5.3.3 尺度较大的沉管隧道或其他管道因对水流有较大的阻碍，可能导致水流流速、流态的巨大变化，甚至引起河床地形的改变；大型取排水口可以引起河段流量的较大变化，还会在局部产生强烈的斜流或涡漩流等不良流态。因此在设置这类设施时应特别慎重，对一些重点工程项目要通过模拟试验研究来确定相应的工程方案与技术措施。

5.4 安全保障措施

5.4.1、5.4.2 为保障水上过河建筑物和船舶的安全，新增本节规定。

6 通 航 水 位

6.1 一 般 规 定

6.1.2 鉴于人类活动和自然因素的影响，新增确定通航水位取用水位、流量资料的规定。

水文资料的一致性是指在年际间河床地形与水文条件无单向性的较大变化。

6.1.3 通航水位确定后不能保证长期使用，一旦水文条件发生明显变化，需作出相应调整，为此新增本条规定。

6.2 天然河流和湖泊通航水位

6.2.1、6.2.2 在原标准天然河流通航水位内容的基础上，调整和补充了相关规定。

根据《船闸总体设计规范》JTJ 305—2001第4.1.2条规定，将山区性河流Ⅳ级和Ⅴ级航道的洪水重现期从5年改为5～3年，本次修订也相应作了修改。

在天然河流中，新增潮汐影响明显河段确定通航水位的规定。潮汐影响明显河段是指多年月平均潮位年变幅小于或等于多年平均潮差的河段。

表6.2.2-1所列的多年历时保证率是统计年限内高于和等于某一水位或流量的天数占总天数的百分比，按表规定的保证率可在综合历时曲线上确定设计最低通航水位或流量。

表6.2.2-2所列的年保证率是统计年限中各年内高于和等于某一水位的天数占全年天数的百分比。各年该保证率的水位实际上都是一个特征水位，用其进行频率计算，按表列重现期可确定设计最低通航水位。

6.2.3 运输特别繁忙的河网地区航道，主要是指长江三角洲地区，如江苏、上海和浙江等省市河网中的航道。

6.2.4 为新增湖泊航道确定通航水位的规定。

6.2.5 为新增北方封冻河流和湖泊确定通航水位的规定。

6.3 运河和渠道通航水位

6.3.1 针对运河有开敞和设闸两种情况，除沿用原标准的有关规定外，补充了设闸运河确定通航水位的规定。

6.4 枢纽上下游通航水位

6.4.1 关于综合利用的水利水电枢纽瞬时最小下泄流量，原标准作了明确规定。但从以往各地实际执行的情况看，有些枢纽执行了，但有些枢纽未能满足这一规定，以致下游航道水深不足。为保证枢纽下游枯水季航道水深不小于原天然河流航道水深，综合利用枢纽的水库应预留一部分库容或水电站担负一定基荷，以满足枢纽瞬时最小下泄流量的要求。

6.4.2、6.4.3 这两条以原标准相关内容为基础，对确定枢纽通航建筑物上下游通航水位的内容作了调整和补充。

枢纽通航建筑物上下游的通航水位，分别是指上引航道与上闸首连接处和下引航道与下闸首连接处的通航水位。

原标准按枢纽有调节能力、调节能力差和以航运开发为主的三种不同情况规定枢纽上下游通航水位。本次修订综合考虑了这三种情况的特征水位，规定了通航建筑物上下游通航水位的确定方法。

第6.4.2条中的设计挡水位指在缺乏调节能力的航运枢纽上，当有综合利用水资源的要求时，可在满足通航条件的正常挡水位以上满足灌溉、发电等需要形成的挡水位。

第6.4.2条规定的枢纽通航建筑物设计最高通航水位的重现期上限均高于同级航道重现期上限。之所以作出此项规定，是因为在一般天然航道上，水位超过设计最高通航水位时，受水上过河建筑物净高等因素的影响，代表船舶或船队虽不能正常通航，但较小的船舶或船队尚能继续通航；而在通航建筑物处，因受枢纽建筑物布置和结构方面的限制，当水位超过设计最高通航水位时往往意味着通航建筑物停止运行，船舶或船队随之中断航行。为使水运繁忙的通航枢纽保持较好的通航条件，要求这些枢纽通航建筑物的设计最高通航水位具有比一般航道更高的洪水重现期是必要的。

原标准枢纽通航建筑物上下游通航水位是按坝址所在位置规定的，本次修订补充了通航建筑物与枢纽其他挡水建筑物不在同一挡水前沿，通航建筑物的通航水位应根据枢纽布置作相应调整的规定。

枢纽下游设计最低通航水位应采用第6.4.1条规定的枢纽瞬时最小下泄流量时的水位，即符合表6.2.2-1保证率的枢纽瞬时最小下泄流量所对应的水位，而不是枢纽实际瞬时最小下泄流量所对应的水位。

枢纽下游有梯级衔接时的设计最低通航水位的确定，原标准未考虑两梯级间的水面比降，本次修订作了相应规定。

6.4.4、**6.4.5** 为新增枢纽上下游河段确定通航水位的规定。

枢纽上游河段是指水库常年回水区和变动回水区河段。其通航水位既与坝前水位有关，又与入库流量有关，具有随机变化的因素。在确定通航水位时，需根据洪水和径流调节成果，按本标准规定的洪水重现期和保证率选择设计流量，并充分考虑坝前特征水位和相应入库流量的不同组合，以可能出现的最高水位作为设计最高通航水位，可能出现的最低水位作为设计最低通航水位。

枢纽下游河段是指因受水库运行影响河床地形和水位流量关系发生明显变化的河段。其通航水位受河床的冲淤特别是冲刷的影响因素较大，也与枢纽下泄流量和电站日调节的影响因素密切相关。在确定通航水位时，除需按本标准规定的洪水重现期和保证率选择设计流量外，并需综合考虑受影响的各项因素，以可能出现的最高水位作为设计最高通航水位，可能出现的最低水位作为设计最低通航水位。

6.4.6 由于枢纽上下游河段通航水位受到的影响因素很多，往往推算结果与实际有差别，故作本条规定。

6.4.7 根据部分枢纽运行对航运影响的情况而新增的规定。本标准所指水位变幅为日水位变化幅度；水位变率为一个小时内水位变化值。枢纽电站实施日调节时，其下游水位的变幅和变率，需满足船舶港口装卸、船舶航行与锚泊、航标调整等作业要求。

中华人民共和国国家标准

石油天然气工程设计防火规范

Code for fire protection design of petroleum
and natural gas engineering

GB 50183—2004

主编部门：中国石油天然气集团公司
中华人民共和国公安部
批准部门：中华人民共和国建设部
施行日期：2 0 0 5 年 3 月 1 日

中华人民共和国建设部
公　　告

第281号

建设部关于发布国家标准《石油天然气工程设计防火规范》的公告

现批准《石油天然气工程设计防火规范》为国家标准，编号为GB 50183—2004，自2005年3月1日起实施。其中，第3.1.1（1）（2）（3）、3.2.2、3.2.3、4.0.4、5.1.8（4）、5.2.1、5.2.2、5.2.3、5.2.4、5.3.1、6.1.1、6.4.1、6.4.8、6.5.7、6.5.8、6.7.1、6.8.7、7.3.2、7.3.3、8.3.1、8.4.2、8.4.3、8.4.5、8.4.6、8.4.7、8.4.8、8.5.4、8.5.6、8.6.1、9.1.1、9.2.2、9.2.3、10.2.2条（款）为强制性条文，必须严格执行。原《原油和天然气工程设计防火规范》GB 50183—93及其强制性条文同时废止。

本规范由建设部标准定额研究所组织中国计划出版社出版发行。

中华人民共和国建设部
二〇〇四年十一月四日

前　　言

本规范是根据建设部建标［2001］87号《关于印发“二〇〇〇至二〇〇一年度工程建设国家标准制订、修订计划”的通知》要求，在对《原油和天然气工程设计防火规范》GB 50183—93进行修订基础上编制而成。

在编制过程中，规范编制组对全国的油气田、油气管道和海上油气田陆上终端开展了调研，总结了我国石油天然气工程建设的防火设计经验，并积极吸收了国内外有关规范的成果，开展了必要的专题研究和技术研讨，广泛征求有关设计、生产、消防监督等部门和单位的意见，对主要问题进行了反复修改，最后经审查定稿。

本规范共分10章和3个附录，其主要内容有：总则、术语、基本规定、区域布置、石油天然气站场总平面布置、石油天然气站场生产设施、油气田内部集输管道、消防设施、电气、液化天然气站场等。

与原国家标准《原油和天然气工程设计防火规范》GB 50183—93相比，本规范主要有下列变化：

1. 增加了成品油和液化石油气管道工程、液化天然气和液化石油气低温储存工程、油田采出水处理设施以及电气方面的规定。

2. 提高了油气站场消防设计标准。

3. 内容更为全面、合理。

本规范以黑体字标志的条文为强制性条文，必须严格执行。

本规范由建设部负责管理和对强制性条文的解释，由油气田及管道建设设计专业标准化委员会负责日常管理工作，由中国石油天然气股份有限公司规划总院负责具体技术内容的解释。在本规范执行过程中，希望各单位结合工程实践认真总结经验，注意积累资料，如发现需要修改和补充之处，请将意见和资料寄往中国石油天然气股份有限公司规划总院节能与标准研究中心（地址：北京市海淀区志新西路3号；邮政编码：100083），以便今后修订时参考。

本规范主编单位、参编单位和主要起草人：

主编单位： 中国石油天然气股份有限公司规划总院

参编单位： 大庆油田工程设计技术开发有限公司
中国石油集团工程设计有限责任公司西南分公司
中油辽河工程有限公司
公安部天津消防研究所
胜利油田胜利工程设计咨询有限责任公司
中国石油天然气管道工程有限公司

大庆石油管理局消防支队

中国石油集团工程设计有限责任公司北京分公司

西安长庆科技工程有限责任公司

主要起草人： 云成生　韩景宽　章申远　陈辉璧

朱　铃　秘义行　裴　红　董增强

刘玉身　鞠士武　余德广　段　伟

严　明　杨春明　张建杰　黄素兰

李正才　曾亮泉　刘兴国　卜祥军

邢立新　刘利群　郭桂芬

目　次

1 总 则

1.0.1 为了在石油天然气工程设计中贯彻“预防为主，防消结合”的方针，规范设计要求，防止和减少火灾损失，保障人身和财产安全，制定本规范。

1.0.2 本规范适用于新建、扩建、改建的陆上油气田工程、管道站场工程和海洋油气田陆上终端工程的防火设计。

1.0.3 石油天然气工程防火设计，必须遵守国家有关方针政策，结合实际，正确处理生产和安全的关系，积极采用先进的防火和灭火技术，做到保障安全生产，经济实用。

1.0.4 石油天然气工程防火设计除执行本规范外，尚应符合国家现行的有关强制性标准的规定。

2 术 语

2.1 石油天然气及火灾危险性术语

2.1.1 油品 oil

系指原油、石油产品（汽油、煤油、柴油、石脑油等）、稳定轻烃和稳定凝析油。

2.1.2 原油 crude oil

油井采出的以烃类为主的液态混合物。

2.1.3 天然气凝液 natural gas liquids（NGL）

从天然气中回收的且未经稳定处理的液体烃类混合物的总称，一般包括乙烷、液化石油气和稳定轻烃成分。也称混合轻烃。

2.1.4 液化石油气 liquefied petroleum gas（LPG）

常温常压下为气态，经压缩或冷却后为液态的丙烷、丁烷及其混合物。

2.1.5 稳定轻烃 natural gasoline

从天然气凝液中提取的，以戊烷及更重的烃类为主要成分的油品，其终沸点不高于190℃，在规定的蒸气压下，允许含有少量丁烷。也称天然汽油。

2.1.6 未稳定凝析油 gas condensate

从凝析气中分离出的未经稳定的烃类液体。

2.1.7 稳定凝析油 stabilized gas condensate

从未稳定凝析油中提取的，以戊烷及更重的烃类为主要成分的油品。

2.1.8 液化天然气 liquefied natural gas（LNG）

主要由甲烷组成的液态流体，并且包含少量的乙烷、丙烷、氮和其他成分。

2.1.9 沸溢性油品 boil over

含水并在燃烧时具有热波特性的油品，如原油、渣油、重油等。

2.2 消防冷却水和灭火系统术语

2.2.1 固定式消防冷却水系统 fixed water cooling fire systems

由固定消防水池（罐）、消防水泵、消防给水管网及储罐上设置的固定冷却水喷淋装置组成的消防冷却水系统。

2.2.2 半固定式消防冷却水系统 semi-fixed water cooling fire systems

站场设置固定消防给水管网和消火栓，火灾时由消防车或消防泵加压，通过水带和水枪喷水冷却的消防冷却水系统。

2.2.3 移动式消防冷却水系统 mobile water cooling fire systems

站场不设消防水源，火灾时消防车由其他水源取水，通过车载水龙带和水枪喷水冷却的消防冷却水系统。

2.2.4 低倍数泡沫灭火系统 low-expansion foam fire extinguishing systems

发泡倍数不大于20的泡沫灭火系统。

2.2.5 固定式低倍数泡沫灭火系统 fixed low-expansion foam fire extinguishing systems

由固定泡沫消防泵、泡沫比例混合器、泡沫混合液管道以及储罐上设置的固定空气泡沫产生器组成的低倍数泡沫灭火系统。

2.2.6 半固定式低倍数泡沫灭火系统 semi-fixed low-expansion foam fire extinguishing systems

储罐上设置固定的空气泡沫产生器，灭火时由泡沫消防车或机动泵通过水龙带供给泡沫混合液的低倍数泡沫灭火系统。

2.2.7 移动式低倍数泡沫灭火系统 mobile low-expansion foam fire extinguishing systems

灭火时由泡沫消防车通过车载水龙带和泡沫产生装置供应泡沫的低倍数泡沫灭火系统。

2.2.8 烟雾灭火系统 smoke fire extinguishing systems

由烟雾产生器、探测引燃装置、喷射装置等组成，在发生火灾后，能自动向储罐内喷射灭火烟雾的灭火系统。

2.2.9 干粉灭火系统 dry-powder fire extinguishing systems

由干粉储存装置、驱动装置、管道、喷射装置、火灾报警及联动控制装置等组成，能自动或手动向被保护对象喷射干粉灭火剂的灭火系统。

2.3 油气生产设施术语

2.3.1 石油天然气站场 petroleum and gas station

具有石油天然气收集、净化处理、储运功能的站、库、厂、场、油气井的统称，简称油气站场或站场。

2.3.2 油品站场 oil station

具有原油收集、净化处理和储运功能的站场或天然汽油、稳定凝析油储运功能的站场以及具有成品油管输功能的站场。

2.3.3 天然气站场 natural gas station

具有天然气收集、输送、净化处理功能的站场。

2.3.4 液化石油气和天然气凝液站场 LPG and NGL station

具有液化石油气、天然气凝液和凝析油生产与储运功能的站场。

2.3.5 液化天然气站场 liquefied natural gas（LNG）station

用于储存液化天然气，并能处理、液化或气化天然气的站场。

2.3.6 油罐组 a group of tanks

由一条闭合防火堤围成的一个或几个油罐组成的储罐单元。

2.3.7 油罐区 tank farm

由一个或若干个油罐组组成的储油罐区域。

2.3.8 浅盘式内浮顶油罐 internal floating roof tank with shallow plate

钢制浮盘不设浮舱且边缘板高度不大于0.5m的内浮顶油罐。

2.3.9 常压储罐 atmospheric tank

设计压力从大气压力到6.9kPa（表压，在罐顶计）的储罐。

2.3.10 低压储罐 low-pressure tank

设计承受内压力大于6.9kPa到103.4kPa（表压，在罐顶计）的储罐。

2.3.11 压力储罐 pressure tank

设计承受内压力大于等于0.1MPa（表压，在罐顶计）的储罐。

2.3.12 防火堤 dike

油罐组在油罐发生泄漏事故时防止油品外流的构筑物。

2.3.13 隔堤 dividing dike

为减少油罐发生少量泄漏（如冒顶）事故时的污染范围，而将一个油罐组的多个油罐分成若干分区的构筑物。

2.3.14 集中控制室 control centre

站场中集中安装显示、打印、测控设备的房间。

2.3.15 仪表控制间 instrument control room

站场中各单元装置安装测控设备的房间。

2.3.16 油罐容量 nominal volume of tank

经计算并圆整后的油罐公称容量。

2.3.17 天然气处理厂 natural gas treating plant

对天然气进行脱水、凝液回收和产品分馏的工厂。

2.3.18 天然气净化厂 natural gas conditioning plant

对天然气进行脱硫、脱水、硫磺回收、尾气处理的工厂。

2.3.19 天然气脱硫站 natural gas sulphur removal station

在油气田分散设置对天然气进行脱硫的站场。

2.3.20 天然气脱水站 natural gas dehydration station

在油气田分散设置对天然气进行脱水的站场。

3 基本规定

3.1 石油天然气火灾危险性分类

3.1.1 石油天然气火灾危险性分类应符合下列规定：

1 石油天然气火灾危险性应按表3.1.1分类。

表3.1.1 石油天然气火灾危险性分类

类别		特征
甲	A	37.8℃时蒸气压力＞200kPa的液态烃
	B	1. 闪点＜28℃的液体（甲A类和液化天然气除外） 2. 爆炸下限＜10%（体积百分比）的气体
乙	A	1. 闪点≥28℃至＜45℃的液体 2. 爆炸下限≥10%的气体
	B	闪点≥45℃至＜60℃的液体
丙	A	闪点≥60℃至≤120℃的液体
	B	闪点＞120℃的液体

2 操作温度超过其闪点的乙类液体应视为甲$_B$类液体。

3 操作温度超过其闪点的丙类液体应视为乙$_A$类液体。

4 在原油储运系统中，闪点等于或大于60℃、且初馏点等于或大于180℃的原油，宜划为丙类。

注：石油天然气火灾危险性分类举例见附录A。

3.2 石油天然气站场等级划分

3.2.1 石油天然气站场内同时储存或生产油品、液化石油气和天然气凝液、天然气等两类以上石油天然气产品时，应按其中等级较高者确定。

3.2.2 油品、液化石油气、天然气凝液站场按储罐总容量划分等级时，应符合表3.2.2的规定。

表3.2.2 油品、液化石油气、天然气凝液站场分级

等级	油品储存总容量 V_p（m^3）	液化石油气、天然气凝液储存总容量 V_l（m^3）
一级	$V_p \geq 100000$	$V_l > 5000$
二级	$30000 \leq V_p < 100000$	$2500 < V_l \leq 5000$
三级	$4000 < V_p < 30000$	$1000 < V_l \leq 2500$
四级	$500 < V_p \leq 4000$	$200 < V_l \leq 1000$
五级	$V_p \leq 500$	$V_l \leq 200$

注：油品储存总容量包括油品储罐、不稳定原油作业罐和原油事故罐的容量，不包括零位罐、污油罐、自用油罐以及污水沉降罐的容量。

3.2.3 天然气站场按生产规模划分等级时，应符合下列规定：

1　生产规模大于或等于 $100\times10^4m^3/d$ 的天然气净化厂、天然气处理厂和生产规模大于或等于 $400\times10^4m^3/d$ 的天然气脱硫站、脱水站定为三级站场。

2　生产规模小于 $100\times10^4m^3/d$，大于或等于 $50\times10^4m^3/d$ 的天然气净化厂、天然气处理厂和生产规模小于 $400\times10^4m^3/d$，大于或等于 $200\times10^4m^3/d$ 的天然气脱硫站、脱水站及生产规模大于 $50\times10^4m^3/d$ 的天然气压气站、注气站定为四级站场。

3　生产规模小于 $50\times10^4m^3/d$ 的天然气净化厂、天然气处理厂和生产规模小于 $200\times10^4m^3/d$ 的天然气脱硫站、脱水站及生产规模小于或等于 $50\times10^4m^3/d$ 的天然气压气站、注气站定为五级站场。

集气、输气工程中任何生产规模的集气站、计量站、输气站（压气站除外）、清管站、配气站等定为五级站场。

4　区域布置

4.0.1　区域布置应根据石油天然气站场、相邻企业和设施的特点及火灾危险性，结合地形与风向等因素，合理布置。

4.0.2　石油天然气站场宜布置在城镇和居住区的全年最小频率风向的上风侧。在山区、丘陵地区建设站场，宜避开窝风地段。

4.0.3　油品、液化石油气、天然气凝液站场的生产区沿江河岸布置时，宜位于邻近江河的城镇、重要桥梁、大型锚地、船厂等重要建筑物或构筑物的下游。

4.0.4　**石油天然气站场与周围居住区、相邻厂矿企业、交通线等的防火间距，不应小于表 4.0.4 的规定。**

表 4.0.4　石油天然气站场区域布置防火间距（m）

序号		1	2	3	4	5	6	7	8	9	10	11	12	13
名称		100人以上的居住区、村镇、公共福利设施	100人以下的散居房屋	相邻厂矿企业	铁路		公路		35kV及以上独立变电所	架空电力线路		架空通信线路		爆炸作业场地(如采石场)
					国家铁路线	工业企业铁路线	高速公路	其他公路		35kV及以上	35kV以下	国家Ⅰ、Ⅱ级	其他通信线路	
油品站场、天然气站场	一级	100	75	70	50	40	35	25	60	1.5倍杆高且不小于30m	1.5倍杆高	40	1.5倍杆高	300
	二级	80	60	60	45	35	30	20	50					
	三级	60	45	50	40	30	25	15	40					
	四级	40	35	40	35	25	20	15	40			1.5倍杆高		
	五级	30	30	30	30	20	20	10	30	1.5倍杆高				
液化石油气和天然气凝液站场	一级	120	90	120	60	55	40	30	80	40	1.5倍杆高	40	1.5倍杆高	300
	二级	100	75	100	60	50	40	30	80					
	三级	80	60	80	50	45	35	25	70					
	四级	60	50	60	50	40	35	25	60	1.5倍杆高且不小于30m				
	五级	50	45	50	40	35	30	20	50	1.5倍杆高				
可能携带可燃液体的火炬		120	120	120	80	80	80	60	120	80	80	80	60	300

注：1　表中数值系指石油天然气站场内甲、乙类储罐外壁与周围居住区、相邻厂矿企业、交通线等的防火间距，油气处理设备、装卸区、容器、厂房与序号 1～8 的防火间距可按本表减少 25%。单罐容量小于或等于 $50m^3$ 的直埋卧式油罐与序号 1～12 的防火间距可减少 50%，但不得小于 15m（五级油品站场与其他公路的距离除外）。

2　油品站场当仅储存丙$_A$或丙$_A$和丙$_B$类油品时，序号 1、2、3 的距离可减少 25%，当仅储存丙$_B$类油品时，可不受本表限制。

3　表中 35kV 及以上独立变电所系指变电所内单台变压器容量在 10000kV·A 及以上的变电所，小于 10000kV·A 的 35kV 变电所防火间距可按本表减少 25%。

4　注 1～注 3 所述折减不得迭加。

5　放空管可按本表中可能携带可燃液体的火炬间距减少 50%。

6　当油罐区按本规范 8.4.10 规定采用烟雾灭火时，四级油品站场的油罐区与 100 人以上的居住区、村镇、公共福利设施的防火间距不应小于 50m。

7　防火间距的起算点应按本规范附录 B 执行。

火炬的防火间距应经辐射热计算确定，对可能携带可燃液体的火炬的防火间距，尚不应小于表 4.0.4 的规定。

4.0.5　石油天然气站场与相邻厂矿企业的石油天然

气站场毗邻建设时，其防火间距可按本规范表5.2.1、表5.2.3的规定执行。

4.0.6 为钻井和采输服务的机修厂、管子站、供应站、运输站、仓库等辅助生产厂、站应按相邻厂矿企业确定防火间距。

4.0.7 油气井与周围建（构）筑物、设施的防火间距应按表4.0.7的规定执行，自喷油井应在一、二、三、四级石油天然气站场围墙以外。

4.0.8 火炬和放空管宜位于石油天然气站场生产区最小频率风向的上风侧，且宜布置在站场外地势较高处。火炬和放空管与石油天然气站场的间距：火炬由本规范第5.2.1条确定；放空管放空量等于或小于$1.2\times10^4 m^3/h$时，不应小于10 m；放空量大于$1.2\times10^4 m^3/h$且等于或小于$4\times10^4 m^3/h$时，不应小于40 m。

表4.0.7 油气井与周围建（构）筑物、设施的防火间距（m）

名称		自喷油井、气井、注气井	机械采油井
一、二、三、四级石油天然气站场储罐及甲、乙类容器		40	20
100人以上的居住区、村镇、公共福利设施		45	25
相邻厂矿企业		40	20
铁路	国家铁路线	40	20
	工业企业铁路线	30	15
公路	高速公路	30	20
	其他公路	15	10
架空通信线	国家一、二级	40	20
	其他通信线	15	10
35kV及以上独立变电所		40	20
架空电力线	35kV以下	1.5倍杆高	
	35kV及以上		

注：1 当气井关井压力或注气井注气压力超过25MPa时，与100人以上的居住区、村镇、公共福利设施及相邻厂矿企业的防火间距，应按本表规定增加50%。

2 无自喷能力且井场没有储罐和工艺容器的油井按本表执行有困难时，防火间距可适当缩小，但应满足修井作业要求。

5 石油天然气站场总平面布置

5.1 一般规定

5.1.1 石油天然气站场总平面布置，应根据其生产工艺特点、火灾危险性等级、功能要求，结合地形、风向等条件，经技术经济比较确定。

5.1.2 石油天然气站场总平面布置应符合下列规定：

1 可能散发可燃气体的场所和设施，宜布置在人员集中场所及明火或散发火花地点的全年最小频率风向的上风侧。

2 甲、乙类液体储罐，宜布置在站场地势较低处。当受条件限制或有特殊工艺要求时，可布置在地势较高处，但应采取有效的防止液体流散的措施。

3 当站场采用阶梯式竖向设计时，阶梯间应有防止泄漏可燃液体漫流的措施。

4 天然气凝液，甲、乙类油品储罐组，不宜紧靠排洪沟布置。

5.1.3 石油天然气站场内的锅炉房、35kV及以上的变（配）电所、加热炉、水套炉等有明火或散发火花的地点，宜布置在站场或油气生产区边缘。

5.1.4 空气分离装置，应布置在空气清洁地段并位于散发油气、粉尘等场所全年最小频率风向的下风侧。

5.1.5 汽车运输油品、天然气凝液、液化石油气和硫磺的装卸车场及硫磺仓库等，应布置在站场的边缘，独立成区，并宜设单独的出入口。

5.1.6 石油天然气站场内的油气管道，宜地上敷设。

5.1.7 一、二、三、四级石油天然气站场四周宜设不低于2.2m的非燃烧材料围墙或围栏。站场内变配电站（大于或等于35kV）应设不低于1.5m的围栏。

道路与围墙（栏）的间距不应小于1.5m；一、二、三级油气站场内甲、乙类设备、容器及生产建（构）筑物至围墙（栏）的间距不应小于5m。

5.1.8 石油天然气站场内的绿化，应符合下列规定：

1 生产区不应种植含油脂多的树木，宜选择含水分较多的树种。

2 工艺装置区或甲、乙类油品储罐组与其周围的消防车道之间，不应种植树木。

3 在油品储罐组内地面及土筑防火堤坡面可植生长高度不超过0.15m、四季常绿的草皮。

4 液化石油气罐组防火堤或防护墙内严禁绿化。

5 站场内的绿化不应妨碍消防操作。

5.2 站场内部防火间距

5.2.1 一、二、三、四级石油天然气站场内总平面布置的防火间距除另有规定外，应不小于表5.2.1的规定。火炬的防火间距应经辐射热计算确定，对可能携带可燃液体的高架火炬还应满足表5.2.1的规定。

5.2.2 石油天然气站场内的甲、乙类工艺装置、联合工艺装置的防火间距，应符合下列规定：

1 装置与其外部的防火间距应按本规范表5.2.1中甲、乙类厂房和密闭工艺设备的规定执行。

2 装置间的防火间距应符合表5.2.2-1的规定。

3 装置内部的设备、建（构）筑物间的防火间距，应符合表5.2.2-2的规定。

表 5.2.1　一、二、三、四级油气站场总平面布置防火间距（m）

名称		地上油罐 单罐容量（m^3）									全压力式天然气凝液、液化石油气储罐单罐容量（m^3）					全冷冻式液化石油气储罐	天然气储罐总容量（m^3）		甲、乙类厂房和密闭工艺装置（设备）	有明火的密闭工艺设备及加热炉	有明火或散发火花地点（含锅炉房）	敞口容器和除油池（m^3）		全厂性重要设施	液化石油气灌装站	火车装卸鹤管	汽车装卸鹤管	码头装卸油臂及泊位	辅助生产厂房及辅助生产设施	10kV及以下户外变压器
		甲$_B$、乙类固定顶				浮顶或丙类固定顶																								
		>10000	≤10000	≤1000	≤500或卧式罐	≥50000	<50000	≤10000	≤1000	≤500或卧式罐	>1000	≤1000	≤400	≤100	≤50		≤10000	≤50000				≤30	>30							
全压力式天然气凝液、液化石油气储罐单罐容量（m^3）	>1000	60	50	40	30	*	45	37	30	22	见 6.6 节																			
	≤1000	55	45	35	25		41	34	26	19																				
	≤400	50	40	30	25		37	30	22	19																				
	≤100	40	30	25	20		30	22	19	15																				
	≤50	35	25	20	20		26	19	15	15																				
全冷冻式液化石油气储罐		30	30	30	30	*	30	30	30	30	30	30	30	30	30															
天然气储罐总容量（m^3）	≤10000	30	25	20	15	35	30	25	20	15	55	50	45	40	35	40														
	≤50000	35	30	25	20	40	35	30	25	20	65	60	55	50	45	50														
甲、乙类厂房和密闭工艺装置（设备）		25	20	15	15/12	25	20	15	15/12		60	50	45	40	35	60	25	30												
有明火的密闭工艺设备及加热炉		40	35	30	25	35	30	26	22	19	85	75	65	55	45	60	30	35	20											
有明火或散发火花地点（含锅炉房）		45	40	35	30	40	35	30	26	22	100	80	70	60	50	60	30	35	25/20	20										
敞口容器和除油池（m^3）	≤30	28	24	20	16	24	20	18	16	12	44	40	36	32	30	40	25	30	—	25	25									
	>30	35	30	25	20	30	26	22	20	15	55	50	45	40	35	40	25	30	20	30	35									
全厂性重要设施		40	35	30	25	35	30	26	22	20	85	75	65	55	45	70	30	35	25	25	—	25	30							
液化石油气灌装站		35	30	25	20	30	26	22	20	15	50	40	30	25	20	45	20	25	25	30	30	25	30	50						
火车装卸鹤管		30	25	20	15	30	25	20	15	15	45	40	35	30	25	50	20	25	20	30	30	20	25	30	30					
汽车装卸鹤管		25	20	15	15	25	22	20	15	12	40	35	30	25	20	45	15	20	25/15	20	20	20	20	25	25	20				
码头装卸油臂及泊位		50	40	35	30	45	40	35	30	25	55	50	45	40	35	55	25	30	35	35	35	30	40	40	30	25	20			
辅助生产厂房及辅助生产设施		30	25	20	15	30	26	22	18	15	60	50	40	30	25	60	30	30	15	15	—	20	20	—	30	25	15	30		
10kV及以下户外变压器		30	25	20	15	30	26	22	18	15	65	60	50	40	40	60	30	35	15	15	—	25	25	—	35	30	20	30	—	
仓库	硫磺及其他甲、乙类物品	35	30	25	20	40	35	30	25	20	60	50	40	30	30	60	20	25	20	25	30	25	25	25	35	30	20	30	20	25
	丙类物品	30	25	20	15	35	30	25	20	15	50	40	30	25	25	50	20	25	15	20	25	15	20	20	30	20	15	20	15	20
可能携带可燃液体的高架火炬		90	90	90	90	90	90	90	90	90	90	90	90	90	90	90	90	90	60	60	90	90	90	90	90	90	90	90	90	90

注：1　两个丙类液体生产设施之间的防火间距，可按甲、乙类生产设施的防火间距减少 25%。
2　油田采出水处理设施内除油罐（沉降罐）、污油罐可按小于或等于 500m^3 的甲$_B$、乙类固定顶地上油罐的防火间距减少 25%，污油泵（或泵房）的防火间距可按甲、乙类厂房和密闭工艺装置（设备）减少 25%。
3　缓冲罐与泵，零位罐与泵，除油池与污油提升泵，塔与塔底泵、回流泵，压缩机与其直接相关的附属设备，泵与密封漏油回收容器的防火间距不限。
4　全厂性重要设施系指集中控制室、马达控制中心、消防泵房和消防器材间、35kV 及以上的变电所、自备电站、化验室、总机房和厂部办公室，空压站和空分装置。
5　辅助生产厂房及辅助生产设施系指维修间、车间办公室、工具间、换热站、供注水泵房、深井泵房、排涝泵房、仪表控制间、应急发电设施、阴极保护间、循环水泵房、给水处理与污水处理等使用非防爆电气设备的厂房和设施。
6　天然气储罐总容量按标准体积计算。大于 50000m^3 时，防火间距应按本表增加 25%。
7　可能携带可燃液体的高架火炬与相关设施的防火间距不得折减。
8　表中数字分子表示甲$_A$类，分母表示甲$_B$、乙类厂房和密闭工艺装置（设备）防火间距。
9　液化石油气灌装站系指进行液化石油气灌瓶、加压及其有关的附属生产设施；灌装站内部防火间距应按本规范 6.7 节执行；灌装站防火间距起算点，按灌装站内相邻面的设备、容器、建（构）筑物外缘算起。
10　事故存液池的防火间距，可按敞口容器和除油池的规定执行。
11　表中“—”表示设施之间的防火间距应符合现行国家标准《建筑设计防火规范》的规定或设施间距只需满足安装、操作及维修要求；表中“*”表示本规范未涉及的内容。

表 5.2.2-1　装置间的防火间距（m）

火灾危险类别	甲$_A$类	甲$_B$、乙$_A$类	乙$_B$、丙类
甲$_A$类	25		
甲$_B$、乙$_A$类	20	20	
乙$_B$、丙类	15	15	10

注：表中数字为装置相邻面工艺设备或建（构）筑物的净距，工艺装置与工艺装置的明火加热炉相邻布置时，其防火间距应按与明火的防火间距确定。

表 5.2.2-2　装置内部的防火间距（m）

名称		明火或散发火花的设备或场所	仪表控制间、10kV及以下的变配电室、化验室、办公室	可燃气体压缩机或其厂房	中间储罐		
					甲$_A$类	甲$_B$、乙$_A$类	乙$_B$、丙类
仪表控制间、10kV及以下的变配电室、化验室、办公室		15					
可燃气体压缩机或其厂房		15	15				
其他工艺设备及厂房	甲$_A$类	22.5	15	9	9	9	7.5
	甲$_B$、乙$_A$类	15	15	9	9	9	7.5
	乙$_B$、丙类	9	9	7.5	7.5	7.5	
中间储罐	甲$_A$类	22.5	22.5	15			
	甲$_B$、乙$_A$类	15	15	9			
	乙$_B$、丙类	9	9	7.5			

注：1　由燃气轮机或天然气发动机直接拖动的天然气压缩机对明火或散发火花的设备或场所、仪表控制间等的防火间距按本表可燃气体压缩机或其厂房确定；对其他工艺设备及厂房、中间储罐的防火间距按本表明火或散发火花的设备或场所确定。

2　加热炉与分离器组成的合一设备、三甘醇火焰加热再生釜、溶液脱硫的直接火焰加热重沸器等带有直接火焰加热的设备，应按明火或散发火花的设备或场所确定防火间距。

3　克劳斯硫磺回收工艺的燃烧炉、再热炉、在线燃烧器等正压燃烧炉，其防火间距按其他工艺设备和厂房确定。

4　表中的中间储罐的总容量：全压力式天然气凝液、液化石油气储罐应小于或等于 100m^3；甲$_B$、乙类液体储罐应小于或等于 1000m^3。当单个全压力式天然气凝液、液化石油气储罐小于 50m^3、甲$_B$、乙类液体储罐小于 100m^3 时，可按其他工艺设备对待。

5　含可燃液体的水池、隔油池等，可按本表其他工艺设备对待。

6　缓冲罐与泵，零位罐与泵，除油池与污油提升泵，塔与塔底泵、回流泵，压缩机与其直接相关的附属设备，泵与密封漏油回收容器的防火间距可不受本表限制。

5.2.3　五级石油天然气站场总平面布置的防火间距，不应小于表 5.2.3 的规定。

5.2.4　五级油品站场和天然气站场值班休息室（宿舍、厨房、餐厅）距甲、乙类油品储罐不应小于 30m，距甲、乙类工艺设备、容器、厂房、汽车装卸设施不应小于 22.5m；当值班休息室朝向甲、乙类工艺设备、容器、厂房、汽车装卸设施的墙壁为耐火等级不低于二级的防火墙时，防火间距可减小（储罐除外），但不应小于 15m，并应方便人员在紧急情况下安全疏散。

5.2.5　天然气密闭隔氧水罐和天然气放空管排放口与明火或散发火花地点的防火间距不应小于 25m，与非防爆厂房之间的防火间距不应小于 12m。

5.2.6　加热炉附属的燃料气分液包、燃料气加热器等与加热炉的防火距离不限；燃料气分液包采用开式排放时，排放口距加热炉的防火间距应不小于 15m。

5.3　站场内部道路

5.3.1　一、二、三级油气站场，至少应有两个通向外部道路的出入口。

5.3.2　油气站场内消防车道布置应符合下列要求：

1　油气站场储罐组宜设环形消防车道。四、五级油气站场或受地形等条件限制的一、二、三级油气站场内的油罐组，可设有回车场的尽头式消防车道，回车场的面积应按当地所配消防车辆车型确定，但不宜小于 15m×15m。

2　储罐组消防车道与防火堤的外坡脚线之间的距离不应小于 3m。储罐中心与最近的消防车道之间的距离不应大于 80m。

3　铁路装卸设施应设消防车道，消防车道应与站场内道路构成环形，受条件限制的，可设有回车场的尽头车道，消防车道与装卸栈桥的距离不应大于 80m 且不应小于 15m。

4　甲、乙类液体厂房及油气密闭工艺设备距消防车道的间距不宜小于 5m。

5　消防车道的净空高度不应小于 5m；一、二、三级油气站场消防车道转弯半径不应小于 12m，纵向坡度不宜大于 8%。

6　消防车道与站场内铁路平面相交时，交叉点应在铁路机车停车限界之外；平交的角度宜为 90°，困难时，不应小于 45°。

5.3.3　一级站场内消防车道的路面宽度不宜小于 6m，若为单车道时，应有往返车辆错车通行的措施。

5.3.4　当道路高出附近地面 2.5m 以上，且在距道路边缘 15m 范围内有工艺装置或可燃气体、可燃液体储罐及管道时，应在该段道路的边缘设护墩、矮墙等防护设施。

表 5.2.3　五级油气站场防火间距（m）

名称		油气井	露天油气密闭设备及阀组	可燃气体压缩机及压缩机房	天然气凝液泵、油泵及其泵房、阀组间	水套炉	加热炉、锅炉房	10kV及以下户外变压器、配电间	隔油池、事故污油池(罐)、卸油池(m^3)		≤500m^3油罐(除甲$_A$类外)及装卸车鹤管	天然气凝液、液化石油气储罐(m^3)			计量仪表间、值班室或配水间	辅助生产厂房及辅助生产设施	硫磺仓库
									≤30	>30		单罐且罐容量<50时	总容量≤100	100<总容量≤200，单罐容量≤100			
油气井																	
露天油气密闭设备及阀组		5															
可燃气体压缩机及压缩机房		20															
天然气凝液泵、油泵及其泵房、阀组间		20															
水套炉		9	5	15	15/10												
加热炉、锅炉房		20	10	15	22.5/15												
10kV及以下户外变压器、配电间		15	10	12	22.5/15	–	–										
隔油池、事故污油池（罐）、卸油池（m^3）	≤30	20	–	9	–	15	15	15									
	>30		12	15	15	22.5	22.5	15									
≤500m^3油罐(除甲$_A$类外)及装卸车鹤管		15	10	15	10	15	20	15	15	15							
天然气凝液、液化石油气储罐（m^3）	单罐且罐容量<50时		–	9	–	22.5	22.5	15	15	30	25						
	总容量≤100	*	10	15	10	30	30	22.5	15	30	25						
	100<总容量≤200，单罐容量≤100		30	30	30	40	40	40	30	30	30						
计量仪表间、值班室或配水间		9	5	10	10	10	10	–	10	15	15	22.5	22.5	40			
辅助生产厂房及辅助生产设施		20	12	15	15/10	–	–	–	15	22.5	15	22.5	30	40	–		
硫磺仓库		15	10	15	15	15	15	10	15	15	15		*		10	15	
污水池		5	5	5	5	5	5	5	5	5	5				10	10	5

注：1　油罐与装车鹤管之间的防火间距，当采用自流装车时不受本表的限制，当采用压力装车时不应小于15m。

2　加热炉与分离器组成的合一设备、三甘醇火焰加热再生釜、溶液脱硫的直接火焰加热重沸器等带有直接火焰加热的设备，应按水套炉确定防火间距。

3　克劳斯硫磺回收工艺的燃烧炉、再热炉、在线燃烧器等正压燃烧炉，其防火间距可按露天油气密闭设备确定。

4　35kV及以上的变配电所应按本规范表5.2.1的规定执行。

5　辅助生产厂房系指发电机房及使用非防爆电气的厂房和设施，如：站内的维修间、化验间、工具间、供注水泵房、办公室、会议室、仪表控制间、药剂泵房、掺水泵房及掺水计量间、注汽设备、库房、空压机房、循环水泵房、空冷装置、污水泵房、卸药台等。

6　计量仪表间系指油气井分井计量用计量仪表间。

7　缓冲罐与泵、零位罐与泵、除油池与污油提升泵、压缩机与直接相关的附属设备、泵与密封漏油回收容器的防火间距不限。

8　表中数字分子表示甲$_A$类，分母表示甲$_B$、乙类设施的防火间距。

9　油田采出水处理设施内除油罐（沉降罐）、污油罐的防火间距（油气井除外）可按≤500m^3油罐及装卸车鹤管的间距减少25%，污油泵（或泵房）的防火间距可按油泵及油泵房间距减少25%，但不应小于9m。

10　表中"–"表示设施之间的防火间距应符合现行国家标准《建筑设计防火规范》的规定或者设施间距仅需满足安装、操作及维修要求；表中"*"表示本规范未涉及的内容。

6　石油天然气站场生产设施

6.1　一般规定

6.1.1　进出天然气站场的天然气管道应设截断阀，并应能在事故状况下易于接近且便于操作。三、四级站场的截断阀应有自动切断功能。当站场内有两套及两套以上天然气处理装置时，每套装置的天然气进出口管道均应设置截断阀。进站场天然气管道上的截断阀前应设泄压放空阀。

6.1.2　集中控制室设置非防爆仪表及电气设备时，应符合下列要求：

1　应位于爆炸危险范围以外。

2　含有甲、乙类油品、可燃气体的仪表引线不得直接引入室内。

6.1.3　仪表控制间设置非防爆仪表及电气设备时，应符合下列要求：

1　在使用或生产天然气凝液和液化石油气的场所，仪表控制间室内地坪宜比室外地坪高0.6m。

2　含有甲、乙类油品和可燃气体的仪表引线不宜直接引入室内。

3　当与甲、乙类生产厂房毗邻时，应采用无门窗洞口的防火墙隔开。当必须在防火墙上开窗时，应设固定甲级防火窗。

6.1.4 石油天然气的人工采样管道不得引入中心化验室。

6.1.5 石油天然气管道不得穿过与其无关的建筑物。

6.1.6 天然气凝液和液化石油气厂房、可燃气体压缩机厂房和其他建筑面积大于或等于150m²的甲类火灾危险性厂房内，应设可燃气体检测报警装置。天然气凝液和液化石油气罐区、天然气凝液和凝析油回收装置的工艺设备区应设可燃气体检测报警装置。其他露天或棚式布置的甲类生产设施可不设可燃气体检测报警装置。

6.1.7 甲、乙类油品储罐、容器、工艺设备和甲、乙类地面管道当需要保温时，应采用非燃烧保温材料；低温保冷可采用泡沫塑料，但其保护层外壳应采用不燃烧材料。

6.1.8 甲、乙类油品储罐、容器、工艺设备的基础；甲、乙类地面管道的支、吊架和基础应采用非燃烧材料，但储罐底板垫层可采用沥青砂。

6.1.9 站场生产设备宜露天或棚式布置，受生产工艺或自然条件限制的设备可布置在建筑物内。

6.1.10 油品储罐应设液位计和高液位报警装置，必要时可设自动联锁切断进液装置。油品储罐宜设自动截油排水器。

6.1.11 含油污水应排入含油污水管道或工业下水道，其连接处应设水封井，并应采取防冻措施。含油污水管道在通过油气站场围墙处应设置水封井，水封井与围墙之间的排水管道应采用暗渠或暗管。

6.1.12 油品储罐进液管宜从罐体下部接入，若必须从上部接入，应延伸至距罐底200mm处。

6.1.13 总变（配）电所，变（配）电间的室内地坪应比室外地坪高0.6m。

6.1.14 站场内的电缆沟，应有防止可燃气体积聚及防止含可燃液体的污水进入沟内的措施。电缆沟通入变（配）电室、控制室的墙洞处，应填实、密封。

6.1.15 加热炉以天然气为燃料时，供气系统应符合下列要求：

1 宜烧干气，配气管网的设计压力不宜大于0.5MPa（表压）。

2 当使用有凝液析出的天然气作燃料时，管道上宜设置分液包。

3 加热炉炉膛内宜设常明灯，其气源可从燃料气调节阀前的管道上引向炉膛。

6.2 油气处理及增压设施

6.2.1 加热炉或锅炉燃料油的供油系统应符合下列要求：

1 燃料油泵和被加热的油气进、出口阀不应布置在烧火间内；当燃料油泵与烧火间毗邻布置时，应设防火墙。

2 当燃料油储罐总容积不大于20m³时，与加热炉的防火间距不应小于8m；当大于20m³至30m³时，不应小于15m。燃料油储罐与燃料油泵的间距不限。

加热炉烧火口或防爆门不应直接朝向燃料油储罐。

6.2.2 输送甲、乙类液体的泵，可燃气体压缩机不得与空气压缩机同室布置。空气管道不得与可燃气体，甲、乙类液体管道固定相联。

6.2.3 甲、乙类液体泵房与变配电室或控制室相毗邻时，变配电室或控制室的门、窗应位于爆炸危险区范围之外。

6.2.4 甲、乙类油品泵宜露天或棚式布置。若在室内布置时，应符合下列要求：

1 液化石油气泵和天然气凝液泵超过2台时，与甲、乙类油品泵应分别布置在不同的房间内，各房间之间的隔墙应为防火墙。

2 甲、乙类油品泵房的地面不宜设地坑或地沟。泵房内应有防止可燃气体积聚的措施。

6.2.5 电动往复泵、齿轮泵或螺杆泵的出口管道上应设安全阀；安全阀放空管应接至泵入口管道上，并宜设事故停车联锁装置。

6.2.6 甲、乙类油品离心泵，天然气压缩机在停电、停气或操作不正常工作情况下，介质倒流有可能造成事故时，应在出口管道上安装止回阀。

6.2.7 负压原油稳定装置的负压系统应有防止空气进入系统的措施。

6.3 天然气处理及增压设施

6.3.1 可燃气体压缩机的布置及其厂房设计应符合下列规定：

1 可燃气体压缩机宜露天或棚式布置。

2 单机驱动功率等于或大于150kW的甲类气体压缩机厂房，不宜与其他甲、乙、丙类房间共用一幢建筑物；该压缩机的上方不得布置含甲、乙、丙类介质的设备，但自用的高位润滑油箱不受此限。

3 比空气轻的可燃气体压缩机棚或封闭式厂房的顶部应采取通风措施。

4 比空气轻的可燃气体压缩机厂房的楼板，宜部分采用箅子板。

5 比空气重的可燃气体压缩机厂房内，不宜设地坑或地沟，厂房内应有防止气体积聚的措施。

6.3.2 油气站场内，当使用内燃机驱动泵和天然气压缩机时，应符合下列要求：

1 内燃机排气管应有隔热层，出口处应设防火罩。当排气管穿过屋顶时，其管口应高出屋顶2m；当穿过侧墙时，排气方向应避开散发油气或有爆炸危险的场所。

2 内燃机的燃料油储罐宜露天设置。内燃机供油管道不应架空引至内燃机油箱。在靠近燃料油储罐出口和内燃机油箱进口处应分别设切断阀。

6.3.3 明火设备（不包括硫磺回收装置的主燃烧炉、再热炉等正压燃烧设备）应尽量靠近装置边缘集中布置，并应位于散发可燃气体的容器、机泵和其他设备的年最小频率风向的下风侧。

6.3.4 石油天然气在线分析一次仪表间与工艺设备的防火间距不限。

6.3.5 布置在爆炸危险区内的非防爆型在线分析一次仪表间（箱），应正压通风。

6.3.6 与反应炉等高温燃烧设备连接的非工艺用燃料气管道，应在进炉前设两个截断阀，两阀间应设检查阀。

6.3.7 进出装置的可燃气体、液化石油气、可燃液体的管道，在装置边界处应设截断阀和8字盲板或其他截断设施，确保装置检修安全。

6.3.8 可燃气体压缩机的吸入管道，应有防止产生负压的措施。多级压缩的可燃气体压缩机各段间，应设冷却和气液分离设备，防止气体带液进入气缸。

6.3.9 正压通风设施的取风口，宜位于含甲、乙类介质设备的全年最小频率风向的下风侧。取风口应高出爆炸危险区1.5m以上，并应高出地面9m。

6.3.10 硫磺成型装置的除尘设施严禁使用电除尘器，宜采用袋滤器。

6.3.11 液体硫磺储罐四周应设闭合的不燃烧材料防护墙，墙高应为1m。墙内容积不应小于一个最大液体硫磺储罐的容量；墙内侧至罐的净距不宜小于2m。

6.3.12 液体硫磺储罐与硫磺成型厂房之间应设有消防通道。

6.3.13 固体硫磺仓库的设计应符合下列要求：

1 宜为单层建筑。

2 每座仓库的总面积不应超过2000m²，且仓库内应设防火墙隔开，防火墙间的面积不应超过500m²。

3 仓库可与硫磺成型厂房毗邻布置，但必须设置防火隔墙。

6.4 油田采出水处理设施

6.4.1 沉降罐顶部积油厚度不应超过0.8m。

6.4.2 采用天然气密封工艺的采出水处理设施，区域布置应按四级站场确定防火间距。其他采出水处理设施区域布置应按五级站场确定防火间距。

6.4.3 采用天然气密封工艺的采出水处理设施，平面布置应符合本规范第5.2.1条的规定。其他采出水处理设施平面布置应符合本规范第5.2.3条的规定。

6.4.4 污油罐及污水沉降罐顶部应设呼吸阀、阻火器及液压安全阀。

6.4.5 采用收油槽自动回收污油，顶部积油厚度不超过0.8m的沉降罐可不设防火堤。

6.4.6 容积小于或等于200m³，并且单独布置的污油罐，可不设防火堤。

6.4.7 半地下式污油污水泵房应配置机械通风设施。

6.4.8 采用天然气密封的罐应满足下列规定：

1 罐顶必须设置液压安全阀，同时配备阻火器。

2 罐顶部透光孔不得采用活动盖板，气体置换孔必须加设阀门。

3 储罐应设高、低液位报警和液位显示装置，并将报警及液位显示信号传至值班室。

4 罐上经常与大气相通的管道应设阻火器及水封装置，水封高度应根据密闭系统工作压力确定，不得小于250mm。水封装置应有补水设施。

5 多座水罐共用一条干管调压时，每座罐的支管上应设截断阀和阻火器。

6.5 油 罐 区

6.5.1 油品储罐应为地上式钢罐。

6.5.2 油品储罐应分组布置并符合下列规定：

1 在同一罐组内，宜布置火灾危险性类别相同或相近的储罐。

2 常压油品储罐不应与液化石油气、天然气凝液储罐同组布置。

3 沸溢性的油品储罐，不应与非沸溢性油品储罐同组布置。

4 地上立式油罐同高位罐、卧式罐不宜布置在同一罐组内。

6.5.3 稳定原油、甲$_B$、乙$_A$类油品储罐宜采用浮顶油罐。不稳定原油用的作业罐应采用固定顶油罐。稳定轻烃可根据相关标准的要求，选用内浮顶罐或压力储罐。钢油罐建造应符合国家现行油罐设计规范的要求。

6.5.4 油罐组内的油罐总容量应符合下列规定：

1 固定顶油罐组不应大于120000m³。

2 浮顶油罐组不应大于600000m³。

6.5.5 油罐组内的油罐数量应符合下列要求：

1 当单罐容量不小于1000m³时，不应多于12座。

2 当单罐容量小于1000m³或者仅储存丙$_B$类油品时，数量不限。

6.5.6 地上油罐组内的布置应符合下列规定：

1 油罐不应超过两排，但单罐容量小于1000m³的储存丙$_B$类油品的储罐不应超过4排。

2 立式油罐排与排之间的防火距离，不应小于5m，卧式油罐的排与排之间的防火距离，不应小于3m。

6.5.7 油罐之间的防火距离不应小于表6.5.7的规定。

表 6.5.7 油罐之间的防火距离

油品类别		固定顶油罐	浮顶油罐	卧式油罐
甲、乙类		1000m³ 以上的罐：0.6*D* 1000m³ 及以下的罐，当采用固定式消防冷却时：0.6*D*，采用移动式消防冷却时：0.75*D*	0.4*D*	0.8m
丙类	A	0.4*D*	—	0.8m
	B	>1000m³ 的罐：5m ≤1000m³ 的罐：2m	—	

注：1 浅盘式和浮舱用易熔材料制作的内浮顶油罐按固定顶油罐确定罐间距。

2 表中 *D* 为相邻较大罐的直径，单罐容积大于 1000m³ 的油罐取直径或高度的较大值。

3 储存不同油品的油罐、不同型式的油罐之间的防火间距，应采用较大值。

4 高架（位）罐的防火间距，不应小于 0.6m。

5 单罐容量不大于 300m³，罐组总容量不大于 1500m³ 的立式油罐间距，可按施工和操作要求确定。

6 $丙_A$ 类油品固定顶油罐之间的防火距离按 0.4*D* 计算大于 15m 时，最小可取 15m。

6.5.8 地上立式油罐组应设防火堤，位于丘陵地区的油罐组，当有可利用地形条件设置导油沟和事故存油池时可不设防火堤。卧式油罐组应设防护墙。

6.5.9 油罐组防火堤应符合下列规定：

1 防火堤应是闭合的，能够承受所容纳油品的静压力和地震引起的破坏力，保证其坚固和稳定。

2 防火堤应使用不燃烧材料建造，首选土堤，当土源有困难时，可用砖石、钢筋混凝土等不燃烧材料砌筑，但内侧应培土或涂抹有效的防火涂料。土筑防火堤的堤顶宽度不小于 0.5m。

3 立式油罐组防火堤的计算高度应保证堤内的有效容积需要。防火堤实际高度应比计算高度高出 0.2m。防火堤实际高度不应低于 1.0m，且不应高于 2.2m（均以防火堤外侧路面或地坪算起）。卧式油罐组围堰高度不应低于 0.5m。

4 管道穿越防火堤处，应采用非燃烧材料封实。严禁在防火堤上开孔留洞。

5 防火堤内场地可不做铺砌，但湿陷性黄土、盐渍土、膨胀土等地区的罐组内场地应有防止雨水和喷淋水浸害罐基础的措施。

6 油罐组内场地应有不小于 0.5% 的地面设计坡度，排雨水管应从防火堤内设计地面以下通向堤外，并应采取排水阻油措施。年降雨量不大于 200mm 或降雨在 24h 内可以渗完时，油罐组内可不设雨水排除系统。

7 油罐组防火堤上的人行踏步不应少于两处，且应处于不同方位。隔堤均应设置人行踏步。

6.5.10 地上立式油罐的罐壁至防火堤内坡脚线的距离，不应小于罐壁高度的一半。卧式油罐的罐壁至围堰内坡脚线的距离，不应小于 3m。建在山边的油罐，靠山的一面，罐壁至挖坡坡脚线距离不得小于 3m。

6.5.11 防火堤内有效容量，应符合下列规定：

1 对固定顶油罐组，不应小于储罐组内最大一个储罐有效容量。

2 对浮顶油罐组，不应小于储罐组内一个最大罐有效容量的一半。

3 当固定顶和浮顶油罐布置在同一油罐组内，防火堤内有效容量应取上两款规定的较大者。

6.5.12 立式油罐罐组内隔堤的设置，应符合国家现行防火堤设计规范的规定。

6.5.13 事故存液池的设置，应符合下列规定：

1 设有事故存液池的油罐或罐组四周应设导油沟，使溢漏油品能顺利地流出罐组并自流入事故存液池内。

2 事故存液池距离储罐不应小于 30m。

3 事故存液池和导油沟距离明火地点不应小于 30m。

4 事故存液池应有排水设施。

5 事故存液池的容量应符合 6.5.11 条的规定。

6.5.14 五级站内，小于等于 500m³ 的丙类油罐，可不设防火堤，但应设高度不低于 1.0m 的防护墙。

6.5.15 油罐组之间应设置宽度不小于 4m 的消防车道。受地形条件限制时，两个罐组防火堤外侧坡脚线之间应留有不小于 7m 的空地。

6.6 天然气凝液及液化石油气罐区

6.6.1 天然气凝液和液化石油气罐区宜布置在站场常年最小频率风向的上风侧，并应避开不良通风或窝风地段。天然气凝液储罐和全压力式液化石油气储罐周围宜设置高度不低于 0.6m 的不燃烧体防护墙。在地广人稀地区，当条件允许时，可不设防护墙，但应有必要的导流设施，将泄漏的液化石油气集中引导到站外安全处。全冷冻式液化石油气储罐周围应设置防火堤。

6.6.2 天然气凝液和液化石油气储罐成组布置时，天然气凝液和全压力式液化石油气储罐或全冷冻式液化石油气储罐组内的储罐不应超过两排，罐组周围应设环行消防车道。

6.6.3 天然气凝液和全压力式液化石油气储罐组内的储罐个数不应超过 12 个，总容积不应超过 20000m³；全冷冻式液化石油气储罐组内的储罐个数不应超过 2 个。

6.6.4 天然气凝液和全压力式液化石油气储罐组内的储罐总容量大于 6000m³ 时，罐组内应设隔墙，单罐容量等于或大于 5000m³ 时应每个罐一隔，隔墙高度应低于防护墙 0.2m。全冷冻式液化石油气储罐组内储罐应设隔堤，且每个罐一隔，隔堤高度应低于防火堤 0.2m。

6.6.5 不同储存方式的液化石油气储罐不得布置在同一个储罐组内。

6.6.6 成组布置的天然气凝液和液化石油气储罐到防火堤（或防护墙）的距离应满足如下要求：

1 全压力式球罐到防护墙的距离应为储罐直径的一半，卧式储罐到防护墙的距离不应小于 3m。

2 全冷冻式液化石油气储罐至防火堤内堤脚线的距离，应为储罐高度与防火堤高度之差，防火堤内有效容积应为一个最大储罐的容量。

6.6.7 防护墙、防火堤及隔堤应采用不燃烧实体结构，并应能承受所容纳液体的静压及温度的影响。在防火堤或防护墙的不同方位上应设置不少于两处的人行踏步或台阶。

6.6.8 成组布置的天然气凝液和液化石油气罐区，相邻组与组之间的防火距离（罐壁至罐壁）不应小于 20m。

6.6.9 天然气凝液和液化石油气储罐组内储罐之间的防火距离应不小于表 6.6.9 的规定。

表 6.6.9 储罐组内储罐之间的防火间距

储罐型式 / 防火间距 / 介质类别	全压力式储罐		全冷冻式储罐
	球罐	卧罐	
天然气凝液或液化石油气	$1.0D$	$1.0D$ 且不宜大于 1.5m。两排卧罐的间距，不应小于 3m	
液化石油气			$0.5D$

注：1 D 为相邻较大罐直径。

2 不同型式储罐之间的防火距离，应采用较大值。

6.6.10 防火堤或防护墙内地面应有由储罐基脚线向防火堤或防护墙方向的不小于 1% 的排水坡度，排水出口应设有可控制开启的设施。

6.6.11 天然气凝液及液化石油气罐区内应设可燃气体检测报警装置，并在四周设置手动报警按钮，探测和报警信号引入值班室。

6.6.12 天然气凝液储罐及液化石油气储罐的进料管管口宜从储罐底部接入，当从顶部接入时，应将管口接至罐底处。全压力式储罐罐底应安装为储罐注水用的管道、阀门及管道接头。天然气凝液储罐及液化石油气储罐宜采用有防冻措施的二次脱水系统。

6.6.13 天然气凝液储罐及液化石油气储罐应设液位计、温度计、压力表、安全阀，以及高液位报警装置或高液位自动联锁切断进料装置。对于全冷冻式液化石油气储罐还应设真空泄放设施。天然气凝液储罐及液化石油气储罐容积大于或等于 50m³ 时，其液相出口管线上宜设远程操纵阀和自动关闭阀，液相进口应设单向阀。

6.6.14 全压力式天然气凝液储罐及液化石油气储罐进、出口阀门及管件的压力等级不应低于 2.5MPa，且不应选用铸铁阀门。

6.6.15 全冷冻式储罐的地基应考虑温差影响，并采取必要措施。

6.6.16 天然气凝液储罐及液化石油气储罐的安全阀出口管应接至火炬系统。确有困难时，单罐容积等于或小于 100m³ 的天然气凝液储罐及液化石油气储罐安全阀可接入放散管，其安装高度应高出储罐操作平台 2m 以上，且应高出所在地面 5m 以上。

6.6.17 天然气凝液储罐及液化石油气罐区内的管道宜地上布置，不应地沟敷设。

6.6.18 露天布置的泵或泵棚与天然气凝液储罐和全压力式液化石油气储罐之间的距离不限，但宜布置在防护墙外。

6.6.19 压力储存的稳定轻烃储罐与全压力式液化石油气储罐同组布置时，其防火间距不应小于本规范第 6.6.9 条的规定。

6.7 装 卸 设 施

6.7.1 油品的铁路装卸设施应符合下列要求：

1 装卸栈桥两端和沿栈桥每隔 60～80m，应设安全斜梯。

2 顶部敞口装车的甲$_B$、乙类油品，应采用液下装车鹤管。

3 装卸泵房至铁路装卸线的距离，不应小于 8m。

4 在距装车栈桥边缘 10m 以外的油品输入管道上，应设便于操作的紧急切断阀。

5 零位油罐不应采用敞口容器，零位罐至铁路装卸线距离，不应小于 6m。

6.7.2 油品铁路装卸栈桥至站场内其他铁路、道路间距应符合下列要求：

1 至其他铁路线不应小于 20m。

2 至主要道路不应小于 15m。

6.7.3 油品的汽车装卸站，应符合下列要求：

1 装卸站的进出口，宜分开设置；当进、出口合用时，站内应设回车场。

2 装卸车场宜采用现浇混凝土地面。

3 装卸车鹤管之间的距离，不应小于 4m；装卸车鹤管与缓冲罐之间的距离，不应小于 5m。

4 甲$_B$、乙类液体的装卸车，严禁采用明沟（槽）卸车系统。

5 在距装卸鹤管 10m 以外的装卸管道上，应设便于操作的紧急切断阀。

6 甲$_B$、乙类油品装卸鹤管（受油口）与相邻生产设施的防火间距，应符合表 6.7.3 的规定。

表 6.7.3 鹤管与相邻生产设施之间的防火距离（m）

生产设施	装卸油泵房	生产厂房及密闭工艺设备		
		液化石油气	甲$_B$、乙类	丙类
甲$_B$、乙类油品装卸鹤管	8	25	15	10

6.7.4 液化石油气铁路和汽车的装卸设施，应符合下列要求：

1 铁路装卸栈台宜单独设置；若不同时作业，也可与油品装卸鹤管共台设置。

2 罐车装车过程中，排气管宜采用气相平衡式，也可接至低压燃料气或火炬放空系统，不得就地排放。

3 汽车装卸鹤管之间的距离不应小于 4m。

4 汽车装卸车场应采用现浇混凝土地面。

5 铁路装卸设施尚应符合本规范第 6.7.1 条第 1、4 款和第 6.7.2 条的规定。

6.7.5 液化石油气灌装站的灌瓶间和瓶库，应符合下列要求：

1 液化石油气的灌瓶间和瓶库，宜为敞开式或半敞开式建筑物；当为封闭式或半敞开式建筑物时，应采取通风措施。

2 灌瓶间、倒瓶间、泵房的地沟不应与其他房间连通；其通风管道应单独设置。

3 灌瓶间和储瓶库的地面，应采用不发生火花的表层。

4 实瓶不得露天存放。

5 液化石油气缓冲罐与灌瓶间的距离，不应小于 10m。

6 残液必须密闭回收，严禁就地排放。

7 气瓶库的液化石油气瓶装总容量不宜超过 10m³。

8 灌瓶间与储瓶库的室内地面，应比室外地坪高 0.6m。

9 灌装站应设非燃烧材料建造的，高度不低于 2.5m 的实体围墙。

6.7.6 灌瓶间与储瓶库可设在同一建筑物内，但宜用实体墙隔开，并各设出入口。

6.7.7 液化石油气灌装站的厂房与其所属的配电间、仪表控制间的防火间距不宜小于 15m。若毗邻布置时，应采用无门窗洞口防火墙隔开；当必须在防火墙上开窗时，应设甲级耐火材料的密封固定窗。

6.7.8 液化石油气、天然气凝液储罐和汽车装卸台，宜布置在油气站场的边缘部位。

6.7.9 液化石油气灌装站内储罐与有关设施的防火间距，不应小于表 6.7.9 的规定。

表 6.7.9 灌装站内储罐与有关设施的防火间距（m）

设施名称 \ 间距 \ 单罐容量（m³）	≤50	≤100	≤400	≤1000	>1000
压缩机房、灌瓶间、倒残液间	20	25	30	40	50
汽车槽车装卸接头	20	25	30	30	40
仪表控制间、10kV 及以下变配电间	20	25	30	40	50

注：液化石油气储罐与其泵房的防火间距不应小于 15m，露天及棚式布置的泵不受此限制，但宜布置在防护墙外。

6.8 泄压和放空设施

6.8.1 可能超压的下列设备及管道应设安全阀：

1 顶部操作压力大于 0.07MPa 的压力容器；

2 顶部操作压力大于 0.03MPa 的蒸馏塔、蒸发塔和汽提塔（汽提塔顶蒸汽直接通入另一蒸馏塔者除外）；

3 与鼓风机、离心式压缩机、离心泵或蒸汽往复泵出口连接的设备不能承受其最高压力时，上述机泵的出口；

4 可燃气体或液体受热膨胀时，可能超过设计压力的设备及管道。

6.8.2 在同一压力系统中，压力来源处已有安全阀，则其余设备可不设安全阀。扫线蒸汽不宜作为压力来源。

6.8.3 安全阀、爆破片的选择和安装，应符合国家现行标准《压力容器安全监察规程》的规定。

6.8.4 单罐容量等于或大于 100m³ 的液化石油气和天然气凝液储罐应设置 2 个或 2 个以上安全阀，每个安全阀担负经计算确定的全部放空量。

6.8.5 克劳斯硫回收装置反应炉、再热炉等，宜采用提高设备设计压力的方法防止超压破坏。

6.8.6 放空管道必须保持畅通，并应符合下列要求：

1 高压、低压放空管宜分别设置，并应直接与火炬或放空总管连接；

2 不同排放压力的可燃气体放空管接入同一排放系统时，应确保不同压力的放空点能同时安全排放。

6.8.7 火炬设置应符合下列要求：

1 火炬的高度，应经辐射热计算确定，确保火炬下部及周围人员和设备的安全。

2 进入火炬的可燃气体应经凝液分离罐分离出气体中直径大于 300μm 的液滴；分离出的凝液应密闭回收或送至焚烧坑焚烧。

3 应有防止回火的措施。

4 火炬应有可靠的点火设施。

5 距火炬筒30m范围内，严禁可燃气体放空。

6 液体、低热值可燃气体、空气和惰性气体，不得排入火炬系统。

6.8.8 可燃气体放空应符合下列要求：

1 可能存在点火源的区域内不应形成爆炸性气体混合物。

2 有害物质的浓度及排放量应符合有关污染物排放标准的规定。

3 放空时形成的噪声应符合有关卫生标准。

4 连续排放的可燃气体排气筒顶或放空管口，应高出20m范围内的平台或建筑物顶2.0m以上。对位于20m以外的平台或建筑物顶，应满足图6.8.8的要求，并应高出所在地面5m。

5 间歇排放的可燃气体排气筒顶或放空管口，应高出10m范围内的平台或建筑物顶2.0m以上。对位于10m以外的平台或建筑物顶，应满足图6.8.8的要求，并应高出所在地面5m。

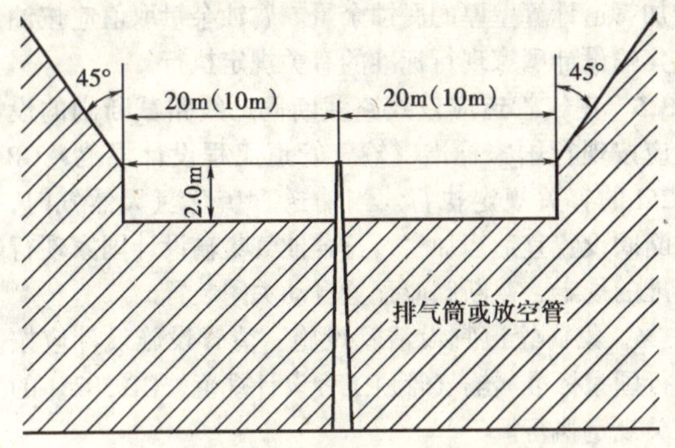

图6.8.8 可燃气体排气筒顶或放空管允许最低高度示意图

注：阴影部分为平台或建筑物的设置范围

6.8.9 甲、乙类液体排放应符合下列要求：

1 排放时可能释放出大量气体或蒸汽的液体，不得直接排入大气，应引入分离设备，分出的气体引入可燃气体放空系统，液体引入有关储罐或污油系统。

2 设备或容器内残存的甲、乙类液体，不得排入边沟或下水道，可集中排入有关储罐或污油系统。

6.8.10 对存在硫化铁的设备、管道，排污口应设喷水冷却设施。

6.8.11 原油管道清管器收发筒的污油排放，应符合下列要求：

1 清管器收发筒应设清扫系统和污油接收系统；

2 污油池中的污油应引入污油系统。

6.8.12 天然气管道清管作业排出的液态污物若不含甲、乙类可燃液体，可排入就近设置的排污池；若含有甲、乙类可燃液体，应密闭回收可燃液体或在安全位置设置凝液焚烧坑。

6.9 建（构）筑物

6.9.1 生产和储存甲、乙类物品的建（构）筑物耐火等级不宜低于二级，生产和储存丙类物品的建（构）筑物耐火等级不宜低于三级。当甲、乙类火灾危险性的厂房采用轻质钢结构时，应符合下列要求：

1 所有的建筑构件必须采用非燃烧材料。

2 除天然气压缩机厂房外，宜为单层建筑。

3 与其他厂房的防火间距应按现行国家标准《建筑设计防火规范》GBJ 16中的三级耐火等级的建筑物确定。

6.9.2 散发油气的生产设备，宜为露天布置或棚式建筑内布置。甲、乙类火灾危险性生产厂房泄压面积、泄压措施应按现行国家标准《建筑设计防火规范》GBJ 16的有关规定执行。

6.9.3 当不同火灾危险性类别的房间布置在同一栋建筑物内时，其隔墙应采用非燃烧材料的实体墙。天然气压缩机房或油泵房宜布置在建筑物的一端，将人员集中的房间布置在火灾危险性较小的一端。

6.9.4 甲、乙类火灾危险性生产厂房应设向外开启的门，且不宜少于两个，其中一个应能满足最大设备（或拆开最大部件）的进出要求，建筑面积小于或等于100m^{2}时，可设一个向外开启的门。

6.9.5 变、配电所不应与有爆炸危险的甲、乙类厂房毗邻布置。但供上述甲、乙类生产厂房专用的10kV及以下的变、配电间，当采用无门窗洞口防火墙隔开时，可毗邻布置。当必须在防火墙上开窗时，应设非燃烧材料的固定甲级防火窗。变压器与配电间之间应设防火墙。

6.9.6 甲、乙类工艺设备平台、操作平台，宜设2个通向地面的梯子。长度小于8m的甲类设备平台和长度小于15m的乙类设备平台，可设1个梯子。

相邻的平台和框架可根据疏散要求设走桥连通。

6.9.7 火车、汽车装卸油栈台、操作平台均应采用非燃烧材料建造。

6.9.8 立式圆筒油品加热炉、液化石油气和天然气凝液储罐的钢柱、梁、支撑，塔的框架钢支柱，罐组砖、石、钢筋混凝土防火堤无培土的内侧和顶部，均应涂抹保护层，其耐火极限不应小于2h。

7 油气田内部集输管道

7.1 一般规定

7.1.1 油气田内部集输管道宜埋地敷设。

7.1.2 管线穿跨越铁路、公路、河流时，其设计应符合《原油和天然气输送管道穿跨越工程设计规范 穿越工程》SY/T 0015.1、《原油和天然气输送管道穿跨越工程设计规范 跨越工程》SY/T 0015.2及油气集输设计等国家现行标准的有关规定。

7.1.3 当管道沿线有重要水工建筑、重要物资仓库、军事设施、易燃易爆仓库、机场、海（河）港码头、国家重点文物保护单位时，管道设计除应遵守本规定外，尚应服从相关设施的设计要求。

7.1.4 埋地集输管道与其他地下管道、通信电缆、电力系统的各种接地装置等平行或交叉敷设时，其间距应符合国家现行标准《钢质管道及储罐腐蚀控制工程设计规范》SY 0007 的有关规定。

7.1.5 集输管道与架空输电线路平行敷设时，安全距离应符合下列要求：

1 管道埋地敷设时，安全距离不应小于表 7.1.5 的规定。

表 7.1.5 埋地集输管道与架空输电线路安全距离

名 称	3kV 以下	3~10kV	35~66kV	110kV	220kV
开阔地区	最高杆（塔）高				
路径受限制地区(m)	1.5	2.0	4.0	4.0	5.0

注：1 表中距离为边导线至管道任何部分的水平距离。
2 对路径受限制地区的最小水平距离的要求，应计及架空电力线路导线的最大风偏。

2 当管道地面敷设时，其间距不应小于本段最高杆（塔）高度。

7.1.6 原油和天然气埋地集输管道同铁路平行敷设时，应距铁路用地范围边界 3m 以外。当必须通过铁路用地范围内时，应征得相关铁路部门的同意，并采取加强措施。对相邻电气化铁路的管道还应增加交流电干扰防护措施。

管道同公路平行敷设时，宜敷设在公路用地范围外。对于油田公路，集输管道可敷设在其路肩下。

7.2 原油、天然气凝液集输管道

7.2.1 油田内部埋地敷设的原油、稳定轻烃、20℃时饱和蒸气压力小于 0.1MPa 的天然气凝液、压力小于或等于 0.6MPa 的油田气集输管道与居民区、村镇、公共福利设施、工矿企业等的距离不宜小于 10m。当管道局部管段不能满足上述距离要求时，可降低设计系数，提高局部管道的设计强度，将距离缩短到 5m；地面敷设的上述管道与相应建（构）筑物的距离应增加 50%。

7.2.2 20℃时饱和蒸气压力大于或等于 0.1MPa、管径小于或等于 *DN*200 的埋地天然气凝液管道，应按现行国家标准《输油管道工程设计规范》GB 50253 中的液态液化石油气管道确定强度设计系数。管道同地面建（构）筑物的最小间距应符合下列规定：

1 与居民区、村镇、重要公共建筑物不应小于 30m；一般建（构）筑物不应小于 10m。

2 与高速公路和一、二级公路平行敷设时，其管道中心线距公路用地范围边界不应小于 10m，三级及以下公路不宜小于 5m。

3 与铁路平行敷设时，管道中心线距铁路中心线的距离不应小于 10m，并应满足本规范第 7.1.6 条的要求。

7.3 天然气集输管道

7.3.1 埋地天然气集输管道的线路设计应根据管道沿线居民户数及建（构）筑物密集程度采用相应的强度设计系数进行设计。管道地区等级划分及强度设计系数取值应按现行国家标准《输气管道工程设计规范》GB 50251 中有关规定执行。当输送含硫化氢天然气时，应采取安全防护措施。

7.3.2 天然气集输管道输送湿天然气，天然气中的硫化氢分压等于或大于 0.0003MPa（绝压）或输送其他酸性天然气时，集输管道及相应的系统设施必须采取防腐蚀措施。

7.3.3 天然气集输管道输送酸性干天然气时，集输管道建成投产前的干燥及管输气质的脱水深度必须达到现行国家标准《输气管道工程设计规范》GB 50251 中的相关规定。

7.3.4 天然气集输管道应根据输送介质的腐蚀程度，增加管道计算壁厚的腐蚀余量。腐蚀余量取值应按油气集输设计国家现行标准的有关规定执行。

7.3.5 集气管道应设线路截断阀，线路截断阀的设置应按现行国家标准《输气管道工程设计规范》GB 50251 的有关规定执行。当输送含硫化氢天然气时，截断阀设置宜适当加密，符合油气集输设计国家现行标准的规定，截断阀应配置自动关闭装置。

7.3.6 集输管道宜设清管设施。清管设施设计应按现行国家标准《输气管道工程设计规范》GB 50251 的有关规定执行。

8 消 防 设 施

8.1 一 般 规 定

8.1.1 石油天然气站场消防设施的设置，应根据其规模、油品性质、存储方式、储存容量、储存温度、火灾危险性及所在区域消防站布局、消防站装备情况及外部协作条件等综合因素确定。

8.1.2 集输油工程中的井场、计量站等五级站，集输气工程中的集气站、配气站、输气站、清管站、计量站及五级压气站、注气站，采出水处理站可不设消防给水设施。

8.1.3 火灾自动报警系统的设计，应按现行国家标准《火灾自动报警系统设计规范》GB 50116 执行。当选用带闭式喷头的传动管传递火灾信号时，传动管的长度不应大于 300m，公称直径宜为 15~25mm，传动管上闭式喷头的布置间距不宜大于 2.5m。

8.1.4 单罐容量大于或等于 $500m^3$ 的油田采出水立式沉降罐宜采用移动式灭火设备。

8.1.5 固定和半固定消防系统中的设备及材料应符合下列规定：

1 应选用消防专用设备。

2 油罐防火堤内冷却水和泡沫混合液管道宜采用热镀锌钢管。油罐上泡沫混合液管道设计应采取防爆炸破坏的措施。

8.1.6 钢制单盘式和双盘式内浮顶油罐的消防设施应按浮顶油罐确定，浅盘式内浮顶和浮盘用易熔材料制作的内浮顶油罐消防设施应按固定顶油罐确定。

8.2 消 防 站

8.2.1 消防站及消防车的设置应符合下列规定：

1 油气田消防站应根据区域规划设置，并应结合油气站场火灾危险性大小、邻近的消防协作条件和所处地理环境划分责任区。一、二、三级油气站场集中地区应设置等级不低于二级的消防站。

2 油气田三级及以上油气站场内设置固定消防系统时，可不设消防站，如果邻近消防协作力量不能在30min内到达（在人烟稀少、条件困难地区，邻近消防协作力量的到达时间可酌情延长，但不得超过消防冷却水连续供给时间），可按下列要求设置消防车：

1）油田三级及以上的油气站场应配2台单车泡沫罐容量不小于3000L的消防车。

2）气田三级天然气净化厂配2台重型消防车。

3 输油管道及油田储运工程的站场设置固定消防系统时，可不设消防站，如果邻近消防协作力量不能在30min内到达，可按下列要求设置消防车或消防站：

1）油品储罐总容量等于或大于50000m^3的二级站场中，固定顶罐单罐容量不小于5000m^3或浮顶罐单罐容量不小于20000m^3时，应配备1辆泡沫消防车。

2）油品储罐总容量大于或等于100000m^3的一级站场中，固定顶罐单罐容量不小于5000m^3或浮顶油罐单罐容量不小于20000m^3时，应配备2台泡沫消防车。

3）油品储罐总容量大于600000m^3的站场应设消防站。

4 输气管道的四级压气站设置固定消防系统时，可不设消防站和消防车。

5 油田三级油气站场未设置固定消防系统时，如果邻近消防协作力量不能在30min内到达，应设三级消防站或配备1台单车泡沫罐容量不小于3000L的消防车及2台重型水罐消防车。

6 消防站的设计应符合本规范第8.2.2条～第8.2.6条的要求。站内消防车可由生产岗位人员兼管，并参照消防泵房确定站内消防车库与油气生产设施的距离。

8.2.2 消防站的选址应符合下列要求：

1 消防站的选址应位于重点保护对象全年最小频率风向的下风侧，交通方便、靠近公路。与油气站场甲、乙类储罐区的距离不应小于200m。与甲、乙类生产厂房、库房的距离不应小于100m。

2 主体建筑距医院、学校、幼儿园、托儿所、影剧院、商场、娱乐活动中心等容纳人员较多的公共建筑的主要疏散口应大于50m，且便于车辆迅速出动的地段。

3 消防车库大门应朝向道路。从车库大门墙基至城镇道路规划红线的距离：二、三级消防站不应小于15m；一级消防站不应小于25m；加强消防站、特勤消防站不应小于30m。

8.2.3 消防站建筑设计应符合下列要求：

1 消防站的建筑面积，应根据所设站的类别、级别、使用功能和有利于执勤战备、方便生活、安全使用等原则合理确定。消防站建筑物的耐火等级应不小于2级。

2 消防车库应设置备用车位及修理间、检车地沟。修理间与其他房间应用防火墙隔开，且不应与火警调度室毗邻。

3 消防车库应有排除发动机废气的设施。滑杆室通向车库的出口处应有废气阻隔装置。

4 消防车库应设有供消防车补水用的室内消火栓或室外水鹤。

5 消防车库大门开启后，应有自动锁定装置。

6 消防站的供电负荷等级不宜低于二级，并应设配电室。有人员活动的场所应设紧急事故照明。

7 消防站车库门前公共道路两侧50m，应安装提醒过往车辆注意，避让消防车辆出动的警灯和警铃。

8.2.4 消防站的装备应符合下列要求：

1 消防车辆的配备，应根据被保护对象的实际需要计算确定，并按表8.2.4选配。

表 8.2.4 消防站的消防车辆配置

种类＼消防站类别		普通消防站			加强消防站	特勤消防站
		一级站	二级站	三级站		
车辆配备数（台）		6～8	4～6	3～6	8～10	10～12
消防车种类	通讯指挥车	√	√		√	√
	中型泡沫消防车	√	√	√	√	
	重型水罐消防车	√	√	√	√	√
	重型泡沫消防车	√	√		√	√
	泡沫运输罐车				√	√
	干粉消防车	√	√	√	√	√
	举高云梯消防车				√	√
	高喷消防车	√			√	√
	抢险救援工具车	√			√	√
	照明车	√			√	√

注：1 表中“√”表示可选配的设备。

2 北方高寒地区，可根据实际需要配备解冻锅炉消防车。

3 为气田服务的消防站必须配备干粉消防车。

2 消防站主要消防车的技术性能应符合下列要求：

1）重型消防车应为大功率、远射程炮车。

2）消防车应采用双动式取力器，重型消防车应带自保系统。

3）泡沫比例混合器应为3%、6%两档，或无级可调。

4）泡沫罐应有防止泡沫液沉降装置。

5）根据东、西部和南、北方油气田自然条件的不同及消防保卫的特殊需要，可在现行标准基础上增减功能。

3 支队、大队级消防指挥中心的装备配备，可根据实际需要选配。

4 油气田地形复杂，地面交通工具难以跨越或难以作出快速反应时，可配备消防专用直升飞机及与之配套的地面指挥设施。

5 消防站兼有水上责任区的，应加配消防艇或轻便实用的小型消防船、卸载式消防舟，并有供其停泊、装卸的专用码头。

6 消防站灭火器材、抢险救援器材、人员防护器材等的配备应符合国家现行有关标准的规定。

8.2.5 灭火剂配备应符合下列要求：

1 消防站一次车载灭火剂最低总量应符合表8.2.5的规定。

表 8.2.5 消防站一次车载灭火剂最低总量（t）

消防站类别 / 灭火剂	普通消防站			加强消防站	特勤消防站
	一级站	二级站	三级站		
水	32	30	26	32	36
泡沫灭火剂	7	5	2	12	18
干粉灭火剂	2	2	2	4	6

2 应按照一次车载灭火剂总量1:1的比例保持储备量，若邻近消防协作力量不能在30min内到达，储备量应增加1倍。

8.2.6 消防站通信装备的配置，应符合现行国家标准《消防通信指挥系统设计规范》GB 50313的规定。支队级消防指挥中心，可按Ⅰ类标准配置；大队级消防指挥中心，可按Ⅱ类标准配置；其他消防站，可参照Ⅲ类标准，根据实际需要增、减配置。

8.3 消 防 给 水

8.3.1 消防用水可由给水管道、消防水池或天然水源供给，应满足水质、水量、水压、水温要求。当利用天然水源时，应确保枯水期最低水位时消防用水量的要求，并设置可靠的取水设施。处理达标的油田采出水能满足消防水质、水温的要求时，可用于消防给水。

8.3.2 消防用水可与生产、生活给水合用一个给水系统，系统供水量应为100%消防用水量与70%生产、生活用水量之和。

8.3.3 储罐区和天然气处理厂装置区的消防给水管网应布置成环状，并应采用易识别启闭状态的阀将管网分成若干独立段，每段内消火栓的数量不宜超过5个。从消防泵房至环状管网的供水干管不应少于两条。其他部位可设支状管道。寒冷地区的消火栓井、阀井和管道等应有可靠的防冻措施。采用半固定低压制消防供水的站场，如条件允许宜设2条站外消防供水管道。

8.3.4 消防水池（罐）的设置应符合下列规定：

1 水池（罐）的容量应同时满足最大一次火灾灭火和冷却用水要求。在火灾情况下能保证连续补水时，消防水池（罐）的容量可减去火灾延续时间内补充的水量。

2 当消防水池（罐）和生产、生活用水水池（罐）合并设置时，应采取确保消防用水不作它用的技术措施，在寒冷地区专用的消防水池（罐）应采取防冻措施。

3 当水池（罐）的容量超过1000m^3时应分设成两座，水池（罐）的补水时间，不应超过96h。

4 供消防车取水的消防水池（罐）的保护半径不应大于150m。

8.3.5 消火栓的设置应符合下列规定：

1 采用高压消防供水时，消火栓的出口水压应满足最不利点消防供水要求；采用低压消防供水时，消火栓的出口压力不应小于0.1MPa。

2 消火栓应沿道路布置，油罐区的消火栓应设在防火堤与消防道路之间，距路边宜为1～5m，并应有明显标志。

3 消火栓的设置数量应根据消防方式和消防用水量计算确定。每个消火栓的出水量按10～15L/s计算。当油罐采用固定式冷却系统时，在罐区四周应设置备用消火栓，其数量不应少于4个，间距不应大于60m。当采用半固定冷却系统时，消火栓的使用数量应由计算确定，但距罐壁15m以内的消火栓不应计算在该储罐可使用的数量内，2个消火栓的间距不宜小于10m。

4 消火栓的栓口应符合下列要求：

1）给水枪供水时，室外地上式消火栓应有3个出口，其中1个直径为150mm或100mm，其他2个直径为65mm；室外地下式消火栓应有2个直径为65mm的栓口。

2）给消防车供水时，室外地上式消火栓的栓口与给水枪供水时相同；室外地下式消火栓应有直径为100mm和65mm的栓口各1个。

5 给水枪供水时，消火栓旁应设水带箱，箱内应配备2~6盘直径65mm、每盘长度20m的带快速接口的水带和2支入口直径65mm、喷嘴直径19mm水枪及一把消火栓钥匙。水带箱距消火栓不宜大于5m。

6 采用固定式灭火时，泡沫栓旁应设水带箱，箱内应配备2~5盘直径65mm、每盘长度20m的带快速接口的水带和PQ8或PQ4型泡沫管枪1支及泡沫栓钥匙。水带箱距泡沫栓不宜大于5m。

8.4 油罐区消防设施

8.4.1 除本规范另有规定外，油罐区应设置灭火系统和消防冷却水系统，且灭火系统宜为低倍数泡沫灭火系统。

8.4.2 油罐区低倍数泡沫灭火系统的设置，应符合下列规定：

1 单罐容量不小于10000m³的固定顶罐、单罐容量不小于50000m³的浮顶罐、机动消防设施不能进行保护或地形复杂消防车扑救困难的储罐区，应设置固定式低倍数泡沫灭火系统。

2 罐壁高度小于7m或容积不大于200m³的立式油罐、卧式油罐可采用移动式泡沫灭火系统。

3 除1与2款规定外的油罐区宜采用半固定式泡沫灭火系统。

8.4.3 单罐容量不小于20000m³的固定顶油罐，其泡沫灭火系统与消防冷却水系统应具备连锁程序操纵功能。单罐容量不小于50000m³的浮顶油罐应设置火灾自动报警系统。单罐容量不小于100000m³的浮顶油罐，其泡沫灭火系统与消防冷却水系统应具备自动操纵功能。

8.4.4 储罐区低倍数泡沫灭火系统的设计，应按现行国家标准《低倍数泡沫灭火系统设计规范》GB 50151的规定执行。

8.4.5 油罐区消防冷却水系统设置形式应符合下列规定：

1 单罐容量不小于10000m³的固定顶油罐、单罐容量不小于50000m³的浮顶油罐，应设置固定式消防冷却水系统。

2 单罐容量小于10000m³、大于500m³的固定顶油罐与单罐容量小于50000m³的浮顶油罐，可设置半固定式消防冷却水系统。

3 单罐容量不大于500m³的固定顶油罐、卧式油罐，可设置移动式消防冷却水系统。

8.4.6 油罐区消防水冷却范围应符合下列规定：

1 着火的地上固定顶油罐及距着火油罐罐壁1.5倍直径范围内的相邻地上油罐，应同时冷却；当相邻地上油罐超过3座时，可按3座较大的相邻油罐计算消防冷却水用量。

2 着火的浮顶罐应冷却，其相邻油罐可不冷却。

3 着火的地上卧式油罐及距着火油罐直径与长度之和的一半范围内的相邻油罐应冷却。

8.4.7 油罐的消防冷却水供给范围和供给强度应符合下列规定：

1 地上立式油罐消防冷却水供给范围和供给强度不应小于表8.4.7的规定。

2 着火的地上卧式油罐冷却水供给强度不应小于6.0L/min·m²，相邻油罐冷却水供给强度不应小于3.0L/min·m²。冷却面积应按油罐投影面积计算。总消防水量不应小于50m³/h。

3 设置固定式消防冷却水系统时，相邻罐的冷却面积可按实际需要冷却部位的面积计算，但不得小于罐壁表面积的1/2。油罐消防冷却水供给强度应根据设计所选的设备进行校核。

表8.4.7 消防冷却水供给范围和供给强度

油罐形式			供给范围	供给强度	
				φ16mm水枪	φ19mm水枪
移动、半固定式冷却	着火罐	固定顶罐	罐周全长	0.6L/s·m	0.8L/s·m
		浮顶罐	罐周全长	0.45L/s·m	0.6L/s·m
	相邻罐	不保温罐	罐周半长	0.35L/s·m	0.5L/s·m
		保温罐	罐周半长	0.2L/s·m	
固定式冷却	着火罐	固定顶罐	罐壁表面	2.5L/min·m²	
		浮顶罐	罐壁表面	2.0L/min·m²	
	相邻罐		罐壁表面积的1/2	2.0L/min·m²	

注：φ16mm水枪保护范围为8~10m，φ19mm水枪保护范围为9~11m。

8.4.8 直径大于20m的地上固定顶油罐的消防冷却水连续供给时间，不应小于6h；其他立式油罐的消防冷却水连续供给时间，不应小于4h；地上卧式油罐的消防冷却水连续供给时间不应小于1h。

8.4.9 油罐固定式消防冷却水系统的设置，应符合下列规定：

1 应设置冷却喷头，喷头的喷水方向与罐壁的夹角应在30°~60°。

2 油罐抗风圈或加强圈无导流设施时，其下面应设冷却喷水圈管。

3 当储罐上的环形冷却水管分割成两个或两个以上弧形管段时，各弧形管段间不应连通，并应分别从防火堤外连接水管；且应分别在防火堤外的进水管道上设置能识别启闭状态的控制阀。

4 冷却水立管应用管卡固定在罐壁上，其间距不宜大于3m。立管下端应设锈渣清扫口，锈渣清扫口距罐基础顶面应大于300mm，且集锈渣的管段长度不宜小于300mm。

5 在防火堤外消防冷却水管道的最低处应设置放空阀。

6 当消防冷却水水源为地面水时，宜设置过滤器。

8.4.10 偏远缺水处总容量不大于4000m³、且储罐直径不大于12m的原油罐区（凝析油罐区除外），可设置烟雾灭火系统，且可不设消防冷却水系统。

8.4.11 总容量不大于200m^3、且单罐容量不大于100m^3的立式油罐区或总容量不大于500m^3、且单罐容量不大于100m^3的井场卧式油罐区，可不设灭火系统和消防冷却水系统。

8.5 天然气凝液、液化石油气罐区消防设施

8.5.1 天然气凝液、液化石油气罐区应设置消防冷却水系统，并应配置移动式干粉等灭火设施。

8.5.2 天然气凝液、液化石油气罐区总容量大于50m^3或单罐容量大于20m^3时，应设置固定式水喷雾或水喷淋系统和辅助水枪（水炮）；总容量不大于50m^3或单罐容量不大于20m^3时，可设置半固定式消防冷却水系统。

8.5.3 天然气凝液、液化石油气罐区设置固定式消防冷却水系统时，其消防用水量应按储罐固定式消防冷却用水量与移动式水枪用水量之和计算；设置半固定式消防冷却水系统时，消防用水量不应小于20 L/s。

8.5.4 固定式消防冷却水系统的用水量计算，应符合下列规定：

1 着火罐冷却水供给强度不应小于0.15L/s·m²，保护面积按其表面积计算。

2 距着火罐直径（卧式罐按罐直径和长度之和的一半）1.5倍范围内的邻近罐冷却水供给强度不应小于0.15L/s·m²，保护面积按其表面积的一半计算。

8.5.5 全冷冻式液化石油气储罐固定式消防冷却水系统的冷却水供给强度与冷却面积，应满足下列规定：

1 着火罐及邻罐罐顶的冷却水供给强度不宜小于4L/min·m²，冷却面积按罐顶全表面积计算。

2 着火罐及邻罐罐壁的冷却水供给强度不宜小于2L/min·m²，着火罐冷却面积按罐全表面积计算，邻罐冷却面积按罐表面积的一半计算。

8.5.6 辅助水枪或水炮用水量应按罐区内最大一个储罐用水量确定，且不应小于表8.5.6的规定。

表8.5.6 水枪用水量

罐区总容量（m^3）	<500	500~2500	>2500
单罐容量（m^3）	≤100	<400	≥400
水量（L/s）	20	30	45

注：水枪用水量应按本表罐区总容量和单罐容量较大者确定。

8.5.7 总容量小于220m^3或单罐容量不大于50m^3的储罐或储罐区，连续供水时间可为3h；其他储罐或储罐区应为6h。

8.5.8 储罐采用水喷雾固定式消防冷却水系统时，喷头应按储罐的全表面积布置，储罐的支撑、阀门、液位计等，均宜设喷头保护。

8.5.9 固定式消防冷却水管道的设置，应符合下列规定：

1 储罐容量大于400m^3时，供水竖管不宜少于两条，均匀布置。

2 消防冷却水系统的控制阀应设于防火堤外且距罐壁不小于15m的地点。

3 控制阀至储罐间的冷却水管道应设过滤器。

8.6 装置区及厂房消防设施

8.6.1 石油天然气生产装置区的消防用水量应根据油气、站场设计规模、火灾危险类别及固定消防设施的设置情况等综合考虑确定，但不应小于表8.6.1的规定。火灾延续供水时间按3h计算。

表8.6.1 装置区的消防用水量

场站等级	消防用水量（L/s）
三级	45
四级	30
五级	20

注：五级站场专指生产规模小于50×10⁴m³/d的天然气净化厂和五级天然气处理厂。

8.6.2 三级天然气净化厂生产装置区的高大塔架及其设备群宜设置固定水炮；三级天然气凝液装置区，有条件时可设固定泡沫炮保护；其设置位置距离保护对象不宜小于15m，水炮的水量不宜小于30L/s。

8.6.3 液体硫磺储罐应设置固定式蒸汽灭火系统；灭火蒸汽应从饱和蒸汽主管顶部引出，蒸汽压力宜为0.4~1.0MPa，灭火蒸汽用量按储罐容量和灭火蒸汽供给强度计算确定，供给强度为0.0015kg/m³·s，灭火蒸汽控制阀应设在围堰外。

8.6.4 油气站场建筑物消防给水应符合下列规定：

1 本规范第8.1.2条规定范围之外的站场宜设置消防给水设施。

2 建筑物室内消防给水设施应符合本规范第8.6.5条的规定。

3 建筑物室内外消防用水量应符合现行国家标准《建筑设计防火规范》GBJ 16的规定。

8.6.5 石油天然气生产厂房、库房内消防设施的设置应根据物料性质、操作条件、火灾危险性、建筑物体积及外部消防设施的设置情况等综合考虑确定。室外设有消防给水系统且建筑物体积不超过5000m^3的建筑物，可不设室内消防给水。

8.6.6 天然气四级压气站和注气站的压缩机厂房内宜设置气体、干粉等灭火设施，其设置数量应符合现行国家标准规范的有关规定；站内宜设置消防给水系统，其水量按本规范第8.6.1条确定。

8.6.7 石油天然气生产装置采用计算机控制的集中控制室和仪表控制间，应设置火灾报警系统和手提式、推车式气体灭火器。

8.6.8 天然气、液化石油气和天然气凝液生产装置

区及厂房内宜设置火灾自动报警设施，并宜在装置区和巡检通道及厂房出入口设置手动报警按钮。

8.7 装卸栈台消防设施

8.7.1 火车和一、二、三、四级站场的汽车油品装卸栈台，附近有消防车的，宜设置半固定消防给水系统，供水压力不应小于0.15MPa,消火栓间距不应大于60m。

8.7.2 火车和一、二、三、四级站场的汽车油品装卸栈台，附近有固定消防设施可利用的，宜设置消防给水及泡沫灭火设施，并应符合下列规定：

1 有顶盖的火车装卸油品栈台消防冷却水量不应小于45L/s。

2 无顶盖的火车装卸油品栈台消防冷却水量不应小于 30 L/s。

3 火车装卸油品栈台的泡沫混合液量不应小于30L/s。

4 有顶盖的汽车装卸油品栈台消防冷却水量不应小于 20L/s。

5 无顶盖的汽车装卸油品栈台消防冷却水量不应小于 16L/s。

6 汽车装卸油品栈台泡沫混合液量不应小于8L/s。

7 消防栓及泡沫栓间距不应大于 60m，消防冷却水连续供给时间不应小于 1h，泡沫混合液连续供给时间不应小于 30min。

8.7.3 火车、汽车装卸液化石油气栈台宜设置消防给水系统和干粉灭火设施，并应符合下列规定：

1 火车装卸液化石油气栈台消防冷却水量不应小于 45L/s，冷却水连续供水时间不应小于 3h。

2 汽车装卸液化石油气栈台冷却水量不应小于15L/s，冷却水连续供水时间不应小于 3h。

8.8 消 防 泵 房

8.8.1 消防冷却供水泵房和泡沫供水泵房宜合建，其规模应满足所在站场一次最大火灾的需要。一、二、三级站场消防冷却供水泵和泡沫供水泵均应设备用泵，消防冷却供水泵和泡沫供水泵的备用泵性能应与各自最大一台操作泵相同。

8.8.2 消防泵房的位置应保证启泵后 5min 内，将泡沫混合液和冷却水送到任何一个着火点。

8.8.3 消防泵房的位置宜设在油罐区全年最小频率风向的下风侧，其地坪宜高于油罐区地坪标高，并应避开油罐破裂可能波及到的部位。

8.8.4 消防泵房应采用耐火等级不低于二级的建筑，并应设直通室外的出口。

8.8.5 消防泵组的安装应符合下列要求：

1 一组水泵的吸水管不宜少于 2 条，当其中一条发生故障时，其余的应能通过全部水量。

2 一组水泵宜采用自灌式引水，当采用负压上水时，每台消防泵应有单独的吸水管。

3 消防泵应设置自动回流管。

4 公称直径大于 300mm 经常启闭的阀门，宜采用电动阀或气动阀，并能手动操作。

8.8.6 消防泵房值班室应设置对外联络的通信设施。

8.9 灭火器配置

8.9.1 油气站场内建（构）筑物应配置灭火器，其配置类型和数量按现行国家标准《建筑灭火器配置设计规范》GBJ 140 的规定确定。

8.9.2 甲、乙、丙类液体储罐区及露天生产装置区灭火器配置，应符合下列规定：

1 油气站场的甲、乙、丙类液体储罐区当设有固定式或半固定式消防系统时，固定顶罐配置灭火器可按应配置数量的 10% 设置，浮顶罐按应配置数量的 5% 设置。当储罐组内储罐数量超过 2 座时，灭火器配置数量应按其中 2 个较大储罐计算确定；但每个储罐配置的数量不宜多于 3 个，少于 1 个手提式灭火器，所配灭火器应分组布置；

2 露天生产装置当设有固定式或半固定式消防系统时，按应配置数量的 30% 设置。手提灭火器的保护距离不宜大于 9m。

8.9.3 同一场所应选用灭火剂相容的灭火器，选用灭火器时还应考虑灭火剂与当地消防车采用的灭火剂相容。

8.9.4 天然气压缩机厂房应配置推车式灭火器。

9 电 气

9.1 消防电源及配电

9.1.1 石油天然气工程一、二、三级站场消防泵房用电设备的电源，宜满足现行国家标准《供配电系统设计规范》GB 50052 所规定的一级负荷供电要求。当只能采用二级负荷供电时，应设柴油机或其他内燃机直接驱动的备用消防泵，并应设蓄电池满足自控通讯要求。当条件受限制或技术、经济合理时，也可全部采用柴油机或其他内燃机直接驱动消防泵。

9.1.2 消防泵房及其配电室应设应急照明，其连续供电时间不应少于 20min。

9.1.3 重要消防用电设备当采用一级负荷或二级负荷双回路供电时，应在最末一级配电装置或配电箱处实现自动切换。其配电线路宜采用耐火电缆。

9.2 防 雷

9.2.1 站场内建筑物、构筑物的防雷分类及防雷措施，应按现行国家标准《建筑物防雷设计规范》GB 50057 的有关规定执行。

9.2.2 工艺装置内露天布置的塔、容器等，当顶板厚度等于或大于4mm时，可不设避雷针保护，但必须设防雷接地。

9.2.3 可燃气体、油品、液化石油气、天然气凝液的钢罐，必须设防雷接地，并应符合下列规定：

1 避雷针（线）的保护范围，应包括整个储罐。

2 装有阻火器的甲$_B$、乙类油品地上固定顶罐，当顶板厚度等于或大于4mm时，不应装设避雷针（线），但必须设防雷接地。

3 压力储罐、丙类油品钢制储罐不应装设避雷针（线），但必须设防感应雷接地。

4 浮顶罐、内浮顶罐不应装设避雷针（线），但应将浮顶与罐体用2根导线作电气连接。浮顶罐连接导线应选用截面积不小于25mm^{2}的软铜复绞线。对于内浮顶罐，钢质浮盘的连接导线应选用截面积不小于16mm^{2}的软铜复绞线；铝质浮盘的连接导线应选用直径不小于1.8mm的不锈钢钢丝绳。

9.2.4 钢储罐防雷接地引下线不应少于2根，并应沿罐周均匀或对称布置，其间距不宜大于30m。

9.2.5 防雷接地装置冲击接地电阻不应大于10Ω，当钢罐仅做防感应雷接地时，冲击接地电阻不应大于30Ω。

9.2.6 装于钢储罐上的信息系统装置，其金属外壳应与罐体做电气连接，配线电缆宜采用铠装屏蔽电缆，电缆外皮及所穿钢管应与罐体做电气连接。

9.2.7 甲、乙类厂房（棚）的防雷，应符合下列规定：

1 厂房（棚）应采用避雷带（网）。其引下线不应少于2根，并应沿建筑物四周均匀对称布置，间距不应大于18m。网格不应大于10m×10m或12m×8m。

2 进出厂房（棚）的金属管道、电缆的金属外皮、所穿钢管或架空电缆金属槽，在厂房（棚）外侧应做一处接地，接地装置应与保护接地装置及避雷带（网）接地装置合用。

9.2.8 丙类厂房（棚）的防雷，应符合下列规定：

1 在平均雷暴日大于40d/a的地区，厂房（棚）宜装设避雷带（网）。其引下线不应少于2根，间距不应大于18m。

2 进出厂房（棚）的金属管道、电缆的金属外皮、所穿钢管或架空电缆金属槽，在厂房（棚）外侧应做一处接地，接地装置应与保护接地装置及避雷带（网）接地装置合用。

9.2.9 装卸甲$_B$、乙类油品、液化石油气、天然气凝液的鹤管和装卸栈桥的防雷，应符合下列规定：

1 露天装卸作业的，可不装设避雷针（带）。

2 在棚内进行装卸作业的，应装设避雷针（带）。避雷针（带）的保护范围应为爆炸危险1区。

3 进入装卸区的油品、液化石油气、天然气凝液输送管道在进入点应接地，冲击接地电阻不应大于10Ω。

9.3 防 静 电

9.3.1 对爆炸、火灾危险场所内可能产生静电危险的设备和管道，均应采取防静电措施。

9.3.2 地上或管沟内敷设的石油天然气管道，在下列部位应设防静电接地装置：

1 进出装置或设施处。

2 爆炸危险场所的边界。

3 管道泵及其过滤器、缓冲器等。

4 管道分支处以及直线段每隔200～300m处。

9.3.3 油品、液化石油气、天然气凝液的装卸栈台和码头的管道、设备、建筑物与构筑物的金属构件和铁路钢轨等（做阴极保护者除外），均应做电气连接并接地。

9.3.4 汽车罐车、铁路罐车和装卸场所，应设防静电专用接地线。

9.3.5 油品装卸码头，应设置与油船跨接的防静电接地装置。此接地装置应与码头上油品装卸设备的防静电接地装置合用。

9.3.6 下列甲、乙、丙$_A$类油品（原油除外）、液化石油气、天然气凝液作业场所，应设消除人体静电装置：

1 泵房的门外。

2 储罐的上罐扶梯入口处。

3 装卸作业区内操作平台的扶梯入口处。

4 码头上下船的出入口处。

9.3.7 每组专设的防静电接地装置的接地电阻不宜大于100Ω。

9.3.8 当金属导体与防雷接地（不包括独立避雷针防雷接地系统）、电气保护接地（零）、信息系统接地等接地系统相连接时，可不设专用的防静电接地装置。

10 液化天然气站场

10.1 一 般 规 定

10.1.1 本章适用于下列液化天然气站场的工程设计：

1 液化天然气供气站；

2 小型天然气液化站。

10.1.2 液化天然气站场内的液化天然气、制冷剂的火灾危险性应划为甲$_A$类。

10.1.3 液化天然气站场爆炸危险区域等级范围，应根据释放物质的相态、温度、密度变化、释放量和障碍等条件按国家现行标准的有关规定确定。

10.1.4 所有组件应按现行相关标准设计和建造，物理、化学、热力学性能应满足在相应设计温度下最高允许工作压力的要求，其结构应在事故极端温度条件下保持安全、可靠。

10.2 区 域 布 置

10.2.1 站址应选在人口密度较低且受自然灾害影响小的地区。

10.2.2 **站址应远离下列设施：**

1 大型危险设施（例如，化学品、炸药生产厂及仓库等）；

2 大型机场（包括军用机场、空中实弹靶场等）；

3 与本工程无关的输送易燃气体或其他危险流体的管线；

4 运载危险物品的运输线路（水路、陆路和空路）。

10.2.3 液化天然气罐区邻近江河、海岸布置时，应采取措施防止泄漏液体流入水域。

10.2.4 建站地区及与站场间应有全天候的陆上通道，以确保消防车辆和人员随时进入和站内人员在必要时安全撤离。

10.2.5 液化天然气站场的区域布置应按以下原则确定：

1 液化天然气储存总容量不大于3000m^3时，可按本规范表3.2.2和表4.0.4中的液化石油气站场确定。

2 液化天然气储存总容量大于或等于30000m^3时，与居住区、公共福利设施的距离应大于0.5km。

3 液化天然气储存总容量介于第1款和第2款之间时，应根据对现场条件、设施安全防护程度的评价确定，且不应小于本条第1款确定的距离。

4 本条1~3款确定的防火间距，尚应按本规范第10.3.4条和第10.3.5条规定进行校核。

10.3 站场内部布置

10.3.1 站场总平面，应根据站的生产流程及各组成部分的生产特点和火灾危险性，结合地形、风向等条件，按功能分区集中布置。

10.3.2 单罐容量等于或小于265m^3的液化天然气罐成组布置时，罐组内的储罐不应超过两排，每组个数不宜多于12个，罐组总容量不应超过3000m^3。易燃液体储罐不得布置在液化天然气罐组内。

10.3.3 液化天然气设施应设围堰，并应符合下列规定：

1 操作压力小于或等于100kPa的储罐，当围堰与储罐分开设置时，储罐至围堰最近边沿的距离，应为储罐最高液位高度加上储罐气相空间压力的当量压头之和与围堰高度之差；当罐组内的储罐已采取了防低温或火灾的影响措施时，围堰区内的有效容积应不小于罐组内一个最大储罐的容积；当储罐未采取防低温和火灾的影响措施时，围堰区内的有效容积应为罐组内储罐的总容积。

2 操作压力小于或等于100kPa的储罐，当混凝土外罐围堰与储罐布置在一起，组成带预应力混凝土外罐的双层罐时，从储罐罐壁至混凝土外罐围堰的距离由设计确定。

3 在低温设备和易泄漏部位应设置液化天然气液体收集系统；其容积对于装车设施不应小于最大罐车的罐容量，其他为某单一事故泄漏源在10min内最大可能的泄漏量。

4 除第2款之外，围堰区均应配有集液池。

5 围堰必须能够承受所包容液化天然气的全部静压头，所圈闭液体引起的快速冷却、火灾的影响、自然力（如地震、风雨等）的影响，且不渗漏。

6 储罐与工艺设备的支架必须耐火和耐低温。

10.3.4 围堰和集液池至室外活动场所、建（构）筑物的隔热距离（作业者的设施除外），应按下列要求确定：

1 围堰区至室外活动场所、建（构）筑物的距离，可按国际公认的液化天然气燃烧的热辐射计算模型确定，也可使用管理部门认可的其他方法计算确定。

2 室外活动场所、建（构）筑物允许接受的热辐射量，在风速为0级、温度21℃及相对湿度为50%条件下，不应大于下述规定值：

1）热辐射量达4000W/m^2界线以内，不得有50人以上的室外活动场所；

2）热辐射量达9000W/m^2界线以内，不得有活动场所、学校、医院、监狱、拘留所和居民区等在用建筑物；

3）热辐射量达30000W/m^2界线以内，不得有即使是能耐火且提供热辐射保护的在用构筑物。

3 燃烧面积应分别按下列要求确定：

1）储罐围堰内全部容积（不包括储罐）的表面着火；

2）集液池内全部容积（不包括设备）的表面着火。

10.3.5 本规范第10.3.4条2款1）、2）项中的室外活动场所、建筑物，以及站内重要设施不得设置在天然气蒸气云扩散隔离区内。扩散隔离区的边界应按下列要求确定：

1 扩散隔离区的边界应按国际公认的高浓度气体扩散模型进行计算，也可使用管理部门认可的其他方法计算确定。

2 扩散隔离区边界的空气中甲烷气体平均浓度不应超过2.5%；

3 设计泄漏量应按下列要求确定：

1）液化天然气储罐围堰区内，储罐液位以下有未装内置关闭阀的接管情况，其设计泄漏量应按照假设敞开流动及流通面积等于液位以下接管管口面积，产生以储罐充满时流出的最大流量，并连续流动到 0 压差时为止。储罐成组布置时，按可能产生最大流量的储罐计算；

2）管道从罐顶进出的储罐围堰区，设计泄漏量按一条管道连续输送 10min 的最大流量考虑；

3）储罐液位以下配有内置关闭阀的围堰区，设计泄漏量应按照假设敞开流动及流通面积等于液位以下接管管口面积，储罐充满时持续流出 1h 的最大量考虑。

10.3.6 地上液化天然气储罐间距应符合下列要求：

1 储存总容量小于或等于 265m^3 时，储罐间距可按表 10.3.6 确定。储存总容量大于 265m^3 时，储罐间距可按表 10.3.6 确定，并应满足本规范第 10.3.4 条和第 10.3.5 条的规定。

表 10.3.6 储罐间距

储罐单罐容量（m^3）	围堰区边沿或储罐排放系统至建筑物或建筑界线的最小距离（m）	储罐之间的最小距离（m）
0.5	0	0
0.5～1.9	3	1
1.9～7.6	4.6	1.5
7.6～56.8	7.6	1.5
56.8～114	15	1.5
114～265	23	相邻储罐直径之和的 1/4（最小为 1.5）
大于 265	容器直径的 0.7 倍，但不小于 30	

2 多台储罐并联安装时，为便于接近所有隔断阀，必须留有至少 0.9m 的净距。

3 容量超过 0.5m^3 的储罐不应设置在建筑物内。

10.3.7 气化器距建筑界线应大于 30m，整体式加热气化器距围堰区、导液沟、工艺设备应大于 15m；间接加热气化器和环境式气化器可设在按规定容量设计的围堰区内。其他设备间距可参照本规范表 5.2.1 的有关规定。

10.3.8 液化天然气放空系统的汇集总管，应经过带电热器的气液分离罐，将排放物加热成比空气轻的气体后方可排入放空系统。

禁止将液化天然气排入封闭的排水沟内。

10.4 消防及安全

10.4.1 液化天然气设施应配置防火设施。其防护程度应根据防火工程原理、现场条件、设施内的危险性，结合站界内外相邻设施综合考虑确定。

10.4.2 液化天然气储罐，应设双套带高液位报警和记录的液位计、显示和记录罐内不同液相高度的温度计、带高低压力报警和记录的压力计、安全阀和真空泄放设施。储罐必须配备一套与高液位报警联锁的进罐流体切断装置。液位计应能在储罐运行情况下进行维修或更换，选型时必须考虑密度变化因素，必要时增加密度计，监视罐内液体分层，避免罐内“翻混”现象发生。

10.4.3 火灾和气体泄漏检测装置，应按以下原则配置：

1 装置区、罐区以及其他存在潜在危险需要经常观测处，应设火焰探测报警装置。相应配置适量的现场手动报警按钮。

2 装置区、罐区以及其他存在潜在危险需要经常观测处，应设连续检测可燃气体浓度的探测报警装置。

3 装置区、罐区、集液池以及其他存在潜在危险需要经常观测处，应设连续检测液化天然气泄漏的低温检测报警装置。

4 探测器和报警器的信号盘应设置在其保护区的控制室或操作室内。

10.4.4 容量大于或等于 30000m^3 的站场应配有遥控摄像、录像系统，并将关键部位的图像传送给控制室的监控器上。

10.4.5 液化天然气站场的消防水系统，应按如下原则配置：

1 储存总容量大于或等于 265m^3 的液化天然气罐组应设固定供水系统。

2 采用混凝土外罐的双层壳罐，当管道进出口在罐顶时，应在罐顶泵平台处设置固定水喷雾系统，供水强度不小于 20.4L/min·m^2。

3 固定消防水系统的消防水量应以最大可能出现单一事故设计水量，并考虑 200m^3/h 余量后确定。移动式消防冷却水系统应能满足消防冷却水总用水量的要求。

4 罐区以外的其他设施的消防水和消火栓设置见本规范消防部分。

10.4.6 液化天然气站场应配有移动式高倍数泡沫灭火系统。液化天然气储罐总容量大于或等于 3000m^3 的站场，集液池应配固定式全淹没高倍数泡沫灭火系统，并应与低温探测报警装置联锁。系统的设计应符合现行国家标准《高倍数、中倍数泡沫灭火系统设计规范》GB 50196 的有关规定。

10.4.7 扑救液化天然气储罐区和工艺装置内可燃气体、可燃液体的泄漏火灾，宜采用干粉灭火。需要重点保护的液化天然气储罐通向大气的安全阀出口管应设置固定干粉灭火系统。

10.4.8 液化天然气设施应配有紧急停机系统。通过该系统可切断液化天然气、可燃液体、可燃冷却剂或可燃气体源，能停止导致事故扩大的运行设备。该系统应能手动或自动操作，当设自动操作系统时应同时具有手动操作功能。

10.4.9 站内必须有书面的应急程序，明确在不同事故情况下操作人员应采取的措施和如何应对，而且必须备有一定数量的防护服和至少2个手持可燃气体探测器。

附录A 石油天然气火灾危险性分类举例

表A 石油天然气火灾危险性分类举例

火灾危险性类别		石油天然气举例
甲	A	液化石油气、天然气凝液、未稳定凝析油、液化天然气
	B	原油、稳定轻烃、汽油、天然气、稳定凝析油、甲醇、硫化氢
乙	A	原油、氨气、煤油
	B	原油、轻柴油、硫磺
丙	A	原油、重柴油、乙醇胺、乙二醇
	B	原油、二甘醇、三甘醇

注：石油产品的火灾危险性分类应以产品标准中确定的闪点指标为依据。经过技术经济论证，有些炼厂生产的轻柴油闪点若大于或等于60℃，这种轻柴油在储运过程中的火灾危险性可视为丙类。闪点小于60℃并且大于或等于55℃的轻柴油，如果储运设施的操作温度不超过40℃，其火灾危险性可视为丙类。

附录B 防火间距起算点的规定

1 公路从路边算起。

2 铁路从中心算起。

3 建（构）筑物从外墙壁算起。

4 油罐及各种容器从外壁算起。

5 管道从管壁外缘算起。

6 各种机泵、变压器等设备从外缘算起。

7 火车、汽车装卸油鹤管从中心线算起。

8 火炬、放空管从中心算起。

9 架空电力线、架空通信线从杆、塔的中心线算起。

10 加热炉、水套炉、锅炉从烧火口或烟囱算起。

11 油气井从井口中心算起。

12 居住区、村镇、公共福利设施和散居房屋从邻近建筑物的外壁算起。

13 相邻厂矿企业从围墙算起。

本规范用词说明

1 为便于在执行本规范条文时区别对待，对要求严格程度不同的用词说明如下：

1）表示很严格，非这样做不可的用词：
正面词采用“必须”，反面词采用“严禁”。

2）表示严格，在正常情况下均应这样做的用词：
正面词采用“应”，反面词采用“不应”或“不得”。

3）表示允许稍有选择，在条件许可时首先应这样做的用词：
正面词采用“宜”，反面词采用“不宜”；
表示有选择，在一定条件下可以这样做的用词，采用“可”。

2 本规范中指明应按其他有关标准、规范执行的写法为“应符合……的规定”或“应按……执行”。

中华人民共和国国家标准

石油天然气工程设计防火规范

GB 50183—2004

条 文 说 明

目　次

1 总 则

1.0.1 油气田生产和管道输送的原油、天然气、石油产品、液化石油气、天然气凝液、稳定轻烃等，都是易燃易爆产品，生产、储运过程中处理不当，就会造成灾害。因此，在工程设计时，首先要分析各种不安全的因素，对其采取经济、可靠的预防和灭火技术措施，以防止火灾的发生和蔓延扩大，减少火灾发生时造成的损失。

1.0.2 本条中“陆上油气田工程、管道站场工程”包括两大类工程，其一是陆上油气田为满足原油及天然气生产而建设的油气收集、净化处理、计量、储运设施及相关辅助设施；其二是原油、石油产品、天然气、液化石油气等输送管道中的各种站场及相关辅助设施，包括与天然气管道配套的液化天然气设施和地下储气库的地面设施等。油气输送管道线路部分的防火设计应执行国家标准《输油管道工程设计规范》GB 50253和《输气管道工程设计规范》GB 50251。

本条中“海洋油气田陆上终端工程”系指来自海洋（包括滩海）生产平台的油气管道登陆后设置的站场。原标准《原油和天然气工程设计防火规范》GB 50183—93第1.0.2条说明中，明确指出海洋石油工程的陆上部分可以参考使用。多年来，我国的海洋石油工程陆上终端一直按照GB 50183—93进行防火设计，实践证明是切实可行的，故本规范这次修订时将其纳入适用范围。本规范不适用于海洋（包括滩海）石油工程，但在滩海潮间带地区采用陆上开发方式的石油工程可按照本规范执行。

本规范适用于油气田和管道建设的新建工程，对于已建工程仅适用于扩建和改建的那一部分的设计。若由于扩建和改建使原有设施增加不安全因素，则应做相应改动。例如，扩建储罐后，原有消防设施已不能满足扩建后的要求或能力不够时，则相应消防设计需要做必要的改建，增加消防能力。考虑到地下站场，地下和半地下非金属储罐和隐蔽储罐等地下建筑物，一方面目前油田已不再建设，原有的已逐渐被淘汰，另一方面实践证明地下储罐防感应雷技术尚不成熟，而且一旦着火很难扑救，故本规范不适用于地下站场工程，也不适用地下、半地下和隐蔽非金属储油罐，但石油天然气站场可设置工艺需要的小型地下金属油罐。

1.0.3 我国于1998年4月29日颁布了《消防法》，又于2002年6月29日颁布了《安全生产法》。这两部法律的颁布实施，对于依法加强安全生产监督管理，防止和减少生产安全事故，保障人民群众生命和财产安全，促进经济发展有重要意义。石油天然气工程的防火设计，必须遵循这两部法律确定的方针政策。

我国石油天然气工程的防火设计又具有自己的特点。油气站场由于主要为油气田开发服务，必须设置在油气田上或附近，站址可选择性较小。站场的类型繁多，规模和复杂程度相差悬殊，且布局分散。站场周围的自然环境和人文环境复杂多变，许多油气站场地处沙漠、戈壁和荒原，自然条件恶劣，交通不便，人烟稀少，缺乏水源。所以石油天然气站场的防火设计必须结合实际，针对不同地区和不同种类的站场，根据具体情况合理确定防火标准，选择适用的防火技术，做到保证生产安全，经济实用。

1.0.4 本规范编制过程中，先后调查了多个油气田和管道站场的现状，总结了工程设计和生产管理方面的经验教训；对主要技术问题开展了试验研究；调查吸收了美国、英国、原苏联、加拿大等国家油气站场设计规范中先进的技术和成果；与国内有关建筑、石油库、石油化工、燃气等设计规范进行了协调。由于本规范是在以上基础上编制成的，体现了油气田、管道工程的防火设计实践和生产特点，符合油气田和管道工程的具体情况，故本规范已做了规定的，应按本规范执行。但防火安全问题涉及面广，包括的专业较多，随着油气田、管道工程设计和生产技术的发展，也会带来一些新问题，因此，对于其他本规范未做规定的部分和问题，如油气田内民用建筑、机械厂、汽修厂等辅助生产企业和生活福利设施的工程防火设计，仍应执行国家现行的有关标准、规范。

现行国家标准《爆炸和火灾危险环境电力装置设计规范》GB 50058—92第2.3.2条规定了确定爆炸危险区域等级和范围的原则，但同时指出油气田及其管道工程、石油库的爆炸危险区域范围的确定除外。原中国石油天然气总公司于1995年颁布了石油天然气行业标准《石油设施电气装置场所分类》SY 0025—95（第二版，代替SYJ 25—87）。考虑到上述情况，本规范第9章（电气）不再编写关于场所分类及电气防爆的内容。

石油天然气站场含油污水排放系统的防火设计，除执行6.1.11条外，可参照国家标准《石油化工企业设计防火规范》GB 50160和《石油库设计规范》GB 50074的相关要求。

2 术 语

本章所列术语，仅适用于本规范。

3 基本规定

3.1 石油天然气火灾危险性分类

3.1.1 目前，国际上对易燃物资的火灾危险性尚无统一的分类方法。国家标准《建筑设计防火规范》GBJ 16—87中的火灾危险性分类，主要是按当时我国石油产品的性能指标和产量构成确定的。我国其他工程建设标准中的火灾危险性分类与《建筑设计防火规范》GBJ 16—87 基本一致，只是视需要适当细化。本标准的火灾危险性分类是在现行国家标准《建筑设计防火规范》易燃物质火灾危险性分类的基础上，根据我国石油天然气的特性以及生产和储运的特点确定的。

1 甲$_A$类液体的分类标准。

在原规范《原油和天然气工程设计防火规范》GB 50183—93 中没有将甲类液体再细分为甲$_A$和甲$_B$，但在储存物品的火灾危险性分类举例中将 37.8℃时蒸气压＞200kPa 的液体单列，并举例液化石油气和天然气凝液属于这种液体。在该规范条文说明中阐述了液化石油气和天然气凝液的火灾特点，并列举了以蒸气压（38℃）200kPa 划分的理由。本规范将甲类液体细分为甲$_A$和甲$_B$，并仍然延用 37.8℃蒸气压＞200kPa 作为甲$_A$类液体的分类标准，主要理由是：

1）国家标准《稳定轻烃》（又称天然气油）GB 9053—1998 规定，1 号稳定轻烃的饱和蒸气压为 74～200kPa，对 2 号稳定轻烃为＜74kPa（夏）或＜88kPa（冬）。饱和蒸气压按国家标准《石油产品蒸气压测定（雷德法）》确定，测试温度 37.8℃。

2）国家标准《油气田液化石油气》GB 9052.1—1998 规定，商业丁烷 37.8℃时饱和蒸气压（表压）为不大于 485kPa。蒸气压按国家标准《液化石油蒸气压测定法（LPG 法）》GB/T 6602—89 确定。

3）在 40℃时 C_5 和 C_4 组分的蒸气压：正戊烷为 115.66kPa，异戊烷为 151.3kPa，正丁烷为 377kPa，异丁烷为 528kPa。按本规范的分类标准，液化石油气、天然气凝液、凝析油（稳定前）属于甲$_A$类，稳定轻烃（天然气油）、稳定凝析油属于甲$_B$类。

4）美国防火协会标准《易燃与可燃液体规程》NFPA 30 和美国石油学会标准《石油设施电气装置场所分类推荐作法》API RP 500 将液体分为易燃液体、可燃液体和高挥发性液体。高挥发性液体指 37.8℃温度下，蒸气压大于 276kPa（绝压）的液体，如丁烷、丙烷、天然气凝液。易燃液体指闪点＜37.8℃，并且雷德蒸气压≤276kPa 的液体，如汽油、稳定轻烃（天然汽油），稳定凝析油。

2 原油火灾危险性分类。

GB 50183—93 将原油划为甲、乙类。1993 年以后，随着国内稠油油田的不断开发，辽河油田年产稠油 800 多万吨，胜利油田年产稠油 200 多万吨，新疆克拉玛依油田稠油产量也达到 200 多万吨，同时认识到稠油火灾危险性与正常的原油有着明显的区别。具体表现为闪点高、燃点高、初馏点高、沥青胶质含量高。

从稠油的成因可以清楚地知道，稠油（重油）是烃类物质从微生物发展成原油过程中的未成熟期的产物，其轻组分远比常规原油少得多。因此，引起火灾事故的程度同正常原油相比相对小，燃烧速度慢。中油辽河工程有限公司、新疆时代石油工程有限公司、胜利油田设计院针对稠油的这些特点做了大量的现场取样化验分析工作。辽河油田的超稠油取样（以井口样为主）分析结果，闭口闪点大于 120℃的占 97%，初馏点大于 180℃的大于 97%；胜利油田的稠油闭口闪点大于 120℃的占 42%，初馏点大于 180℃的占 33%；新疆油田的稠油初馏点大于 180℃的有 1 个样品即 180℃，占 17%。以上这类油品的闭口闪点处在火灾危险性丙类范围内，其中大多数超稠油的闭口闪点在火灾危险性分类中处于丙$_B$类范围内。

因此，通过试验研究和技术研讨确定，当稠油或超稠油的闪点大于 120℃、初馏点大于 180℃时，可以按丙类油品进行设计。对于其他范围内的油品，要针对不同的操作条件，如掺稀油情况、气体含量情况以及操作温度条件加以区别对待。同时，对于按丙类油品建成的设施，其随后的操作条件要进行严格限制。

美国防火协会标准《易燃与可燃液体规范》NFPA 30，把原油定义为闪点低于 65.6℃且没有经过炼厂处理的烃类混合物。美国石油学会标准《石油设施电气装置场所分类推荐作法》API RP 500，在谈到原油火灾危险性时指出，由于原油是多种烃的混合物，其组分变化范围广，因而不能对原油做具体分类。由上述资料可以看出，稠油的火灾危险性分类问题比较复杂。我国近几年开展稠油火灾危险性研究，做了大量的测试和技术研讨，为稠油火灾危险性分类提供了技术依据，但由于研究时间还较短，有些问题，例如，稠油掺稀油后的火灾危险性，还需加深认识和积累实践经验。所以对于稠油的火灾危险性分类，除闭口闪点作为主要指标外，增加初馏点作为辅助指标，具体指标是参照柴油的初馏点确定的。按本规范的火灾危险性分类法，部分稠油的火灾危险性可划为丙类。

3 操作温度对火灾危险性分类的影响。

在原油脱水、原油稳定和原油储运过程中，有可能出现操作温度高于原油闪点的情况。本规范修订时考虑了操作温度对火灾危险性分类的影响。这方面的要求主要依据下列资料：

1）美国防火协会标准《易燃与可燃液体规程》NFPA 30 总则中指出，液体挥发性随着加热而增强，当Ⅱ级（闪点≥37.8℃至＜60℃）或Ⅲ级（闪点≥60℃）液体受自然或人工加热，储存、使用或加工的操作温度达到或超过其闪点时，必须有补充要求。这些要求包括对于诸如通风、离开火源的距离、筑堤和电气场所等级的考虑。

2）美国石油学会标准《石油设施电气装置场所分类推荐作法》API RP 500，考虑操作温度对液体火灾危险性的影响，并将温度高于其闪点的易燃液体或

Ⅱ类液体单独划分为挥发性易燃液体。

3）英国石油学会《石油工业典型操作安全规范》亦考虑操作温度对液体火灾危险性的影响，Ⅱ级液体（闪点21～55℃）和Ⅲ级液体（闪点大于55～100℃）按照处理温度可以再细分为Ⅱ（1）、Ⅱ（2）、Ⅲ（1）、Ⅲ（2）级。Ⅱ（1）级或Ⅲ（1）级液体指处理温度低于其闪点的液体。Ⅱ（2）级或Ⅲ（2）级液体指处理温度等于或高于其闪点的液体。

4）国家标准《石油化工企业设计防火规范》GB 50160—92（1999年版）明确规定，操作温度超过其闪点的乙类液体，应视为甲$_B$类液体，操作温度超过其闪点的丙类液体，应视为乙$_A$类液体。

4 轻柴油火灾危险性分类。

附录A提供了石油天然气火灾危险性分类示例，并针对轻柴油火灾危险性分类加了一段注，下面说明有关情况：从2002年1月1日起，我国实施了新的轻柴油产品质量国家标准，即《轻柴油》GB 252—2000。该标准规定10号、5号、0号、－10号、－20号等五种牌号轻柴油的闪点指标为大于或等于55℃，比旧标准GB 252—1994的闪点指标降低5～10℃，火灾危险性由丙$_A$类上升到乙$_B$类。在用轻柴油储运设施若完全按乙$_B$类进行防火技术改造，不仅耗资巨大，而且有些要求（例如，增加油罐间距）很难满足。根据近几年我国石油、石化和公安消防部门合作开展的研究，闪点小于60℃并且大于或等于55℃的轻柴油，如果储运设施的操作温度不超过40℃，正常条件挥发的烃蒸气浓度在爆炸下限的50%以下，火灾危险性较小，火灾危害性（例如，热辐射强度）亦较低，所以其火灾危险性分类可视为丙类。

3.2 石油天然气站场等级划分

3.2.1 本条规定了确定石油天然气站场等级的原则，仍采用原规范第3.0.3条第1款的内容。有些石油天然气站场，如油气输送管道的各种站场和气田天然气处理的各种站场，一般仅储存或输送油品或天然气、液化石油气一种物质。还有一些站场，如油气集中处理站可能同时生产和储存原油、天然气、天然气凝液、液化石油气、稳定轻烃等多种物质。但是这些生产和储存设施一般是处在不同的区段，相互保持较大的距离，可以避免火灾情况下不同种类的装置、不同罐区之间的相互干扰。从原规范多年执行情况看，生产和储存不同物质的设施分别计算规模和储罐总容量，并按其中等级较高者确定站场等级是切实可行的。

3.2.2 石油天然气站场的分级，根据原油、天然气生产规模和储存油品、液化石油气、天然气凝液的储罐容量大小而定。因为储罐容量大小不同，发生火灾后，爆炸威力、热辐射强度、波及的范围、动用的消防力量、造成的经济损失大小差别很大。因此，油气站场的分级，从宏观上说，根据油品储罐、液化石油气和天然气凝液储罐总容量来确定等级是合适的。

1 油品站场依其储罐总容量仍分为五级，但各级站场的储罐总容量作了较大调整，这是参照现行的国家有关规范，并根据对油田和输油管道现状的调查确定的。目前，油田和管道工程的站场中已建造许多100000m^{3}油罐，有些站、库的总库容达到几十万立方米，所以将一级站场由原来的大于50000m^{3}增加到大于或等于100000m^3。我国一些丛式井场和输油管道中间站上的防水击缓冲罐容积已达到500m^3，所以将五级站储罐总容量由不大于200m^{3}增加到不大于500m^3。二、三、四级站场的总容量也相应调整。

成品油管道的站场一般不进行油品灌桶作业，所以油品储存总容量中未考虑桶装油品的存放量。在大中型站场中，储油罐、不稳定原油作业罐和原油事故罐是确定站场等级的重要因素，所以应计为油品储罐总容量，而零位罐、污油罐、自用油罐的容量较小，其存在不应改变大中型油品站场的等级，故不计入储存总容量。高架罐的设置有两种情况，第一种是大中型站场自流装车采用的高架罐，这种高架罐是作业罐，且容量较小，不计为站场的储存总容量；第二种是拉油井场上的高架罐，其作用是为保证油井连续生产和自流装车，这种高架罐是决定井场划为五级或四级的重要依据，其容量应计为站场油品储罐容量。同样道理，输油管道中间站上的混油罐和防水击缓冲罐也是决定站场划为五级或四级的重要依据，其容量应计为站场油品储罐容量。另外，油气站场上为了接收集气或输气管道清管时排出的少量天然气凝液、水和防冻剂混合物设置的小型卧式容器，如果总容量不大于30m^3，可视为甲$_B$类工艺容器。

2 天然气凝液和液化石油气储罐总容量级别的划分，参照现行国家标准《建筑设计防火规范》GBJ 16中有关规定，并通过对6个油田18座气体处理站、轻烃储存站的统计资料分析确定的。6个油田液化石油气和天然气凝液储罐统计结果如下：

储罐总容量在5000m^{3}以上，3座，占16.7%；使用单罐容量有150、200、700、1000m^3。

2501～5000m^3，5座，占27.8%；使用单罐容量有200、400、1000m^3。

201～2500m^3，1座，占5.6%；使用单罐容量有50、200m^3。

200m^{3}以下，1座，占5.6%；使用单罐容量有30m^3。

以上数字说明，按五个档次确定罐容量和站场等级，可满足要求。所以本次修订仍采用原规范液化石油气和天然气凝液站场的分级标准。

3.2.3 天然气站场的生产过程都是带压生产，天然气站场火灾危险性大小除天然气站场的生产规模外，还同天然气站场生产工艺过程的繁简程度有很大关系。相同规模和压力的天然气站场，生产工艺过程的繁简程度不同时，天然气站场的工艺装置数量、储存的可燃物质、占地面积、火灾危险性等差别很大。生产规模为$50\times10^4m^3/d$含有脱硫、脱水、硫磺回收等净化装置的天然气净化厂和生产规模为$400\times10^4m^3/d$的脱硫站、脱水站的工艺装置数量、储存的可燃物质、占地面积都基本相当。因此，天然气站场的等级应以天然气净化厂的规模为基础，并考虑天然气脱硫、脱水站生产工艺的繁简程度。

天然气处理厂主要是对天然气进行脱水、轻油回收、脱二氧化碳、脱硫，生产工艺比较复杂。天然气处理厂的级别划分应与天然气净化厂一致。

4 区域布置

4.0.1 区域布置系指石油天然气站场与所处地段其他企业、建（构）筑物、居民区、线路等之间的相互关系。处理好这方面的关系，是确保石油天然气站场安全的一个重要因素。因为石油天然气散发的易燃、易爆物质，对周围环境存在着发生火灾的威胁，而其周围环境的其他企业、居民区等火源种类杂而多，对其带来不安全的因素。因此，在确定区域布置时，应根据其周围相邻的外部关系，合理进行石油天然气站场选址，满足安全距离的要求，防止和减少火灾的发生和相互影响。

合理利用地形、风向等自然条件，是消除和减少火灾危险的重要一环。当一旦发生火灾事故时，可免于大幅度地蔓延以及便于消防人员作业。

4.0.2 石油天然气站场在生产运行和维修过程中，常有油气散发随风向下风向扩散，居民区及城镇常有明火存在，遇到明火可引燃油气逆向回火，引起火灾或爆炸。因此，石油天然气站场宜布置在居民区及城镇的最小频率风向上风侧。其他产生明火的地方也应按此原则布置。

关于风向的提法，建国后一直沿用前苏联“主导风向”的原则，进行工业企业布置。即把某地常年最大风向频率的风向定为“主导风向，然后在其上风安排居民区和忌烟污的建筑物，下风安排工业区和有火灾、爆炸危险的建（构）筑物。实践证明，按“主导风向”的概念进行区域布置不符合我国的实际，在某些情况下它不但未消除火灾影响，还加大了火灾危险。

我国位于低中纬度的欧亚大陆东岸，特别是行星系的西风带被西部高原和山地阻隔，因而季风环流十分典型，成为我国东南大半壁的主要风系。我国气象工作者认为东亚季风主要由海陆热力差异形成，行星风带的季节位移也对其有影响，加之我国幅员广大，地形复杂，在不同地理位置气象不同、地形不同，因而各地季风现象亦各有地区特征，各地区表现的风向玫瑰图亦不相同。一般同时存在偏南和偏北两个盛行风向，往往两风向风频相近，方向相反。一个在暖季起控制作用，一个在冷季起控制作用，但均不可能在全年各季起主导作用。在此场合，冬季盛行风的上风侧正是夏季盛行风的下风侧，反之亦然。如果笼统用主导风向原则规划布局，不可避免地产生严重污染和火灾危险。鉴于此，在规划设计中以盛行风向或最小风频的概念代替主导风向，更切合我国实际。

盛行风向是指当地风向频率最多的风向，如出现两个或两个以上方向不同，但风频均较大的风向，都可视为盛行风向（前苏联和西方国家采用的主导风向，是只有单一优势风向的盛行风向，是盛行风向的特例）。在此情况下，需找出两个盛行风向（对应风向）的轴线。在总体布局中，应将厂区和居民区分别设在轴线两侧，这样，工业区对居民区的污染和干扰才能较小。

最小风频是指盛行风向对应轴的两侧，风向频率最小的方向。因而，可将散发有害气体以及有火灾、爆炸危险的建筑物布置在最小风频的上风侧，这样对其他建筑的不利影响可减少到最小程度。

对于四面环山、封闭的盆地等窝风地带，全年静风频率超过30%的地区，在总体规划设计中，可将工业用地尽量集中布置，以减少污染范围；适当加大厂区和居民区的距离，并用净化地带隔开，同时要考虑到除静风外的相对盛行风向或相对最小风频。

另外，对于其他更复杂的情况，在总体规划设计中，则需对当地风玫瑰图做具体的分析。

根据上述理论，在考虑风向时本规范摒弃了“主导风向”的提法，采用最小频率风向原则决定石油天然气站场与居民点、城镇的位置关系。

4.0.3 江河内通航的船只大小不一，尤其是民用船、水上人家，经常在船上使用明火，生产区泄漏的可燃液体一旦流入水域，很可能与上述明火接触而发生火灾爆炸事故，从而对下游的重要设施或建筑物、构筑物带来威胁。因此，当生产区靠近江河岸时，宜布置在重要建、构筑物的下游。

4.0.4 为了减少石油天然气站场与周围居住区、相邻厂矿企业、交通线等在火灾事故中的相互影响，规定了其安全防火距离。表4.0.4中的防火距离与原规范（1993年版）的相关规定基本相同。对表4.0.4说明如下：

1 本次修订，油品、天然站场等级仍划分为五个档次，虽然各级油品、天然气站场的库容和生产规模作了调整，但考虑到工艺技术进步和消防标准的提高，所以表4.0.4基本保留了原规范（1993年版）原油厂、站、库的防火距离。经与美国、英国和原苏联相关标准对比，表4.0.4规定的防火距离在世界上属中等水平。

2 石油天然气站场内火灾危险性最大的是油品、

天然气凝液储罐，油气处理设备、容器、装卸设施、厂房的火灾危险性相对较小，因此，其区域布置防火间距可以减少25%。

3 火炬的防火间距一般根据人或设备允许的最大辐射热强度计算确定，但火炬排放的可燃气体中如果携带可燃液体时，可能因不完全燃烧而产生火雨。据调查，火炬火雨洒落范围为60m至90m，而经辐射热计算确定的防火间距有可能比此范围小。为了确保安全，对此类火炬的防火间距同时还作了特别规定。

据调查，火炬高度30~40m，风力1~2级时，在火炬下风方向“火雨”波及范围为100m，上风方向为30m，宽度为30m。

据炼油厂调查资料：火炬高度30~40m，“火雨”影响半径一般为50m。

据化工厂调查资料：当火炬高度在45m左右时，在下风侧，“火雨”的涉及范围为火炬高的1.5~3.5倍。

“火雨”的影响范围与火炬气体的排放量、气液分离状况、火炬竖管高度、气压和风速有关。根据调查资料和石油天然气站场火炬排放系统的实际情况，表4.0.4中规定可能携带可燃液体的火炬与居住区、相邻厂矿企业、35kV及以上独立变电所的防火间距为120m，与其他建筑的间距相应缩小。

4 油品、天然气站场与100人以上的居住区、村镇、公共福利设施、相邻厂矿企业的防火距离仍按照原规范（1993年版）的要求。石油天然气站场选址时经常遇到散居房屋，根据许多单位的建议，修订时补充了站场与100人以下散居房屋的防火距离，对一、二、三级站场比居住区减少25%，四级站场减少5m，五级站场仍保持30m。调查中发现不少站场在初建时与周围建筑物的防火间距符合要求，但由于后来相邻企业或居民区向外逐步扩展，致使防火间距不符合要求。为了保障石油天然气站场长期生产的安全，选址时必须与相邻企业或当地政府签订协议，不得在防火间距范围内设置建（构）筑物。

5 根据我国公路的发展，本规范修订时补充了石油天然气站场与高速公路的防火间距，比一般公路增加10m（或5m）距离。

6 变电所系重要动力设施，一旦发生火灾影响面大，油气在生产过程中，特别是在发生事故时，大量散发油气，若这些油气扩散到变电所是很危险的。参照有关规范的规定，确定一级油品站场至35kV及以上的独立变电所最小防火间距为60m；二级油品站场至独立变电所为50m。其他三、四、五级站场相应缩小。独立变电所是指110kV及以上的区域变电所或不与站场合建的35kV变电所。

7 与通信线的距离主要根据通信线的重要性来确定。考虑到石油天然气站场发生火灾事故时，不致影响通信业务的正常进行。参照国内现行的有关规范，确定一、二、三级油品站场、天然气站场与国家一、二级通信线路防火间距为40m，与其他通信线为1.5倍杆高。

8 根据架空送电线路设计技术标准的有关规定，送电线路与甲类火灾危险性的生产厂房、甲类物品库房、易燃、易爆材料堆场以及可燃或易燃、易爆液（气）体储罐的防火间距，不应小于杆塔高度的1.5倍。要求1.5倍杆高的距离，主要考虑到倒杆、断线时电线偏移的距离及其危害的范围而定。有关资料介绍，据15次倒杆、断线事故统计，起因主要刮大风时倒杆、断线，倒杆后电线偏移距离在1m以内的6起，2~3m的4起，半杆高的2起，一杆高的2起，一倍半杆高的1起。为保证安全生产，确定油气集输处理站（油气井）与电力架空线防火间距为杆塔高度的1.5倍。参照《城镇燃气设计规范》GB 50028，确定一、二、三级液化石油气、天然气凝液站场距35kV及以上架空电力线路不小于40m。

另外，杆上变压器亦按架空电力线对待。

9 石油天然气站场与爆炸作业场所的安全距离，主要考虑到爆炸石块飞行的距离。

10 本规范这次修订对液化石油气和天然气凝液站场的等级和区域布置防火间距未作调整，仅补充了站场与100人以下散居房屋、高速公路、爆炸业场所（例如采石场）的安全防火距离，并将工艺设备、厂房与储罐区别对待。

4.0.5 石油天然气站场与相邻厂矿企业的石油天然气站场生产、储存、输送的可燃物质性质相同或相近，而且各自均有独立的消防系统。因此，当石油天然气站场与相邻厂矿企业的石油天然气站场毗邻布置时，其防火间距按本规范表5.2.1、表5.2.3执行。

4.0.7 自喷油井、气井至各级石油天然气站场的防火间距，根据生产操作、道路通行及一旦火灾事故发生时的消防操作等因素，本规范确定其对一、二、三、四级站场内储罐、容器的防火距离均为40m，并要求设计时，将油井置于站场的围墙以外，避免互相干扰和产生火灾危险。

油气井防火间距的调查：

(1) 油气井在一般事故状况下，泄漏出的气体，沿地面扩散到40m以外浓度低于爆炸下限。

(2) 消防队在进行救火时，由于辐射热的影响，一般距井口40m以内消防人员无法进入。

(3) 油气井在修井过程中容易发生井喷，一旦着火，火势不易控制。如某油井，在修井时发生井喷，油柱高度达30m，喷油半径35m，消防人员站在上风向灭火，由于辐射热的影响，40m以内无法进入。某油田职工医院附近一口油井，因距医院楼房防火距离不够，修井发生井喷，原油喷射到医院楼房上。

根据上述情况，考虑到居民区、村镇、公共福利设施人员集中，经常有明火，火灾危险性大，其防火间距定为45m；相邻企业的火灾危险性小于居民区，防火间距定为40m。压力超过25MPa的气井，由于一旦失火危害很大，所以与100人以上居住区、村镇、公共福利设施及相邻厂矿企业的防火间距增加50%。

机械采油井压力较低，火灾危险性比自喷井小，故其与周围设施的防火距离相应调小。

无自喷能力且井场没有储罐和工艺容器的油井火灾危险性较小，其区域布置防火间距可按修井作业所需间距确定。

5 石油天然气站场总平面布置

5.1 一般规定

5.1.1 为了安全生产，石油天然气站场内部平面布置应结合地形、风向等条件，对各类设施和工艺装置进行功能分区，防止或减少火灾的发生及相互间的影响。

5.1.2 为防止事故情况下，大量泄漏的可燃气体扩散至明火地点或火源不易控制的人员集中场所引起爆燃，故规定可能散发可燃气体的场所和设施，宜布置在人员集中场所及明火或散发火花地点的全年最小频率风向的上风侧。

甲、乙类液体储罐布置在地势较高处，有利于泵的吸入，有条件时还可以自流作业。但从安全角度考虑，若毗邻油罐区的低处布置有工艺装置、明火设施，或是人员集中的场所，将会酿成大的事故，所以宜将油罐布置在站场较低处。

在山区或在丘陵地区建设油气站场，由于地形起伏较大，为了减少土石方工程量，场区一般采用阶梯式竖向布置，为防止可燃液体流到下一个台阶上，本规范这次修订明确规定“阶梯间应有防止泄漏可燃液体漫流的措施”。

为防止泄漏的可燃液体进入排洪沟而引起火灾，规定甲、乙类可燃液体储罐不宜紧靠排洪沟布置，但允许在储罐与排洪沟之间布置其他设施。

5.1.3 油气站场内锅炉房、35kV及以上的变（配）电所、加热炉及水套炉是站场的动力中心，又是有明火和散发火花的地点，遇有泄漏的可燃气体会引起爆炸和火灾事故，为减少事故的可能性，宜将其布置在油气生产区的边部。

5.1.4 空分装置要求吸入的空气应洁净，若空气中含有可燃气体，一旦被吸入空分装置，则有可能引起设备爆炸等事故，因此应将空分装置布置在不受可燃气体污染的地段，若确有困难，亦可将吸风口用管道延伸到空气较清洁的地段。

5.1.5 汽车运输油品、天然气凝液、液化石油气和硫磺的装卸车场及硫磺仓库等布置在场区边缘部位，独立成区，并宜设单独的出入口的原因是：

（1）车辆来往频繁，行车过程中又可能因摩擦而产生静电或因排烟管可能喷出火花，穿行生产区是不安全的。

（2）装卸车场及硫磺仓库是外来人员和车辆来往较多的区域，为有利于安全管理，限制外来人员活动的范围，独立成区，设单独的出入口是必要的。

5.1.6 为安全生产，石油天然气站场内输送油品、天然气、液化石油气及天然气凝液的管道，宜在地面以上敷设，一旦泄漏，便于及时发现和检修。

5.1.7 设置围墙或围栏系从安全防护考虑；规定一、二、三级油气站场内甲、乙类设备、容器及生产建（构）筑物至围墙（栏）的距离，是考虑到围墙以外的明火无法控制，需要有一定的间距，以保证生产的安全。

规定道路与围墙的间距是为满足消防车辆的通道要求；站场的最小通道宽度应能满足移动式消防器材的通过。在小型站场，应考虑在发生事故时，生产人员能迅速离开危险区。

5.1.8 站场绿化，可以美化环境，改善小气候，又可减少环境污染。但绿化设计必须结合站场生产的特点，在油气生产区应选择含水分较多的树种，且不宜种植绿篱或灌木丛，以免引起油气积聚和影响消防。

可燃液体罐组内地面及土筑防火堤坡面种植草皮可减少地面的辐射热，有利于减少油气损耗，有利于防火。但生长高度必须小于15cm，且能保持一年四季常绿。

液化烃罐区在液化烃切水时，可能会有少量泄漏，为避免泄漏的气体就地积聚，液化烃罐组内严禁绿化。

5.2 站场内部防火间距

5.2.1 本条是在总结原规范的基础上，参照国内外有关防火安全规范制定的。制定本条的依据是：

1 参考《石油设施电气装置场所分类》SY 0025，将爆炸危险场所范围定为15m，由于$甲_A$类液体，即液化烃，其蒸汽压高于$甲_B$、$乙_A$类，危险性较$甲_B$、$乙_A$类大，所以，其与明火的防火间距定为22.5m。

2 据资料介绍，设备在正常运行时，可燃气体扩散，能形成危险场所的范围为8～15m；在正常进油和检修清罐时，油罐油气扩散距离为21～24m。据资料介绍，英国石油学会《销售安全规范》规定，油罐与明火和散发火花的建（构）筑物距离为15m。日本丸善石油公司的油库管理手册，按油罐内油面的状态规定油罐区内动火的最大距离为20m。

3 按火灾危险性归类，如维修间、车间办公室、工具间、供注水泵房、深井泵房、排涝泵房、仪表控制间、应急发电设施、阴极保护间、循环水泵房、给水处理、污水处理等使用非防爆电气的厂房和设施，均有产生火花的可能，在表5.2.1将其归为辅助生产厂房及辅助设施；而将中心控制室、消防泵房和消防器材间、35kV及以上的变电所、自备电站、中心化验室、总机房和厂部办公室，空压站和空分装置归为全厂性重要设施。

4 为了减少占地，在将装置、设备、设施分类的基础上，采用了区别对待的原则，火灾危险性相同的尽量减小防火间距，甚至不设间距，如这次修改中，取消了全厂性重要设施和辅助生产厂房及辅助设施的间距；取消了全厂性重要设施、辅助生产厂房及辅助设施和有明火或散发火花地点（含锅炉房）的间距；取消了容量小于或等于30m³的敞口容器和除油池与甲、乙类厂房和密闭工艺装置（设备）的距离。

5 按油品危险性、油罐型式及油罐容量规定不同的防火间距。对于储存甲$_B$、乙类液体的浮顶油罐和储存丙类液体的固定顶油罐的防火间距均在甲$_B$、乙类固定顶油罐间距的基础上减少了25%。考虑到丙类油品的闪点高，着火的危险性小，所以规定两个丙类液体的生产设施（厂房和密闭工艺装置、敞口容器和除油池、火车装车鹤管、汽车装车鹤管、码头装卸油臂及泊位等）之间的防火间距可按甲$_B$、乙类液体的生产设施减少25%。

6 对于采出水处理设施内的除油罐（沉降罐），由于规定了顶部积油厚度不超过0.8m，所以采出水处理设施内的除油罐（沉降罐）均按小于或等于500m³的甲$_B$、乙类固定顶地上油罐的防火间距考虑，且由于采出水处理设施回收的污油均是乳化程度高的老化油，所以在甲$_B$、乙类固定顶地上油罐的防火间距基础上减少了25%。

7 油气站场内部各建（构）筑物防火间距的确定，主要是考虑到发生火灾时，他们之间的相互影响。站场内散发油气的油罐，尤其是天然气凝液和液化石油气储罐，由于危险性较大，所以和其他建（构）筑物的防火间距就比较大。而其他油气生产设施，由于其油气扩散范围小，所以防火间距就比较小。

5.2.2 根据石油工业和石油炼厂的事故统计，工艺生产装置或加工过程中的火灾发生几率，远远大于油品储存设施的火灾几率。装置火灾一般影响范围约10m，因工艺生产装置发生的火灾，而波及全装置的不多见，多因及时扑救而消灭于火灾初起时。其所以如此，一是因为装置内有较为完备的消防设备，另外，也因为在明火和散发火花的设备、场所与油气工艺设备之间有较大的、而且是必要的防火间距。

装置内部工艺设备和建（构）筑物的防火间距是参照现行国家标准《石油化工企业设计防火规范》GB 50160的防火间距标准而制定的，《石油化工企业设计防火规范》考虑到液化烃泄漏后，可燃气体的扩散范围为10～30m，其蒸气压高于甲$_B$、乙类液体，其危险性较甲$_B$、乙类液体大，将甲$_A$类密闭工艺设备、泵或泵房、中间储罐离明火或散发火花的设备或场所的防火间距定为22.5m。所以本次修订石油天然气工程设计防火规范，也将甲$_A$类密闭工艺设备、油泵或油泵房、中间储罐离明火或散发火花的设备或场所的防火间距定为22.5m。

5.2.3 由于石油天然气站场分级的变化，五级站储罐总容量由200m³增加到500m³，所以本条的适用范围是油罐总容量小于或等于500m³的采油井场、分井计量站、接转站、沉降分水站、气井井场装置、集气站、输油管道工程中油罐总容量小于或等于500m³的各类站场，输气管道的其他小型站场以及未采取天然气密闭的采出水处理设施。这类站场在油气田、管道工程中数量多、规模小、工艺流程较简单，火灾危险性小；从统计资料看，火灾次数较少，损失也较少。由于这类站场遍布油气田，防火间距扩大，将增加占地。规范中表5.2.3的间距是按原规范《原油和天然气工程设计防火规范》GB 50183—93和储存油品的性质、油罐的大小，参考了装置内部工艺设备和建（构）筑物的防火间距结合石油天然气工程设计特点确定的。

对于生产规模小于$50\times10^4m^3/d$的天然气净化厂和天然气处理厂，考虑到天然气处理厂有设置高挥发性液体泵的可能，参考《石油设施电气装置场所分类》SY 0025，增加了其对加热炉及锅炉房、10kV及以下户外变压器、配电间与油泵及油泵房、阀组间的防火间距为22.5m。本规范还参考原《原油和天然气工程设计防火规范》GB 50183和《石油化工企业设计防火规范》装置内部防火间距的要求，增加了天然气凝液罐对各生产装置（设备）、设施的防火间距要求。参照《石油化工企业设计防火规范》，确定装置只有一座液化烃储罐且其容量小于50m³时，按装置内其他工艺设备确定防火间距；当总容量等于或小于100m³时，按装置储罐对待；当储罐总容量大于100m³且小于或等于200m³时，由于储罐容量增加，危险性加大，防火间距随之加大。

对于增加的硫磺仓库、污水池和其他设施的距离，是参考四川石油管理局的实践经验确定的，但必须说明这里指的污水池，应是盛装不含污油和不含其他可燃烧物的污水池。

5.2.4 为了解决边远地区小站的人员值班问题，本次规范修订规定了除液化石油气和天然气凝液站场外的五级石油天然气站场可以在站内设值班休息室（宿舍、厨房、餐厅）。为了减少值班休息室与甲、乙类工艺设备和装置在火灾时的相互影响，采用站场外部区域布置中五级站场甲、乙类储油罐、工艺设备、容器、厂房、火车和汽车装卸设施与100人以下的散居房屋的防火间距；不能满足按站场外部区域布置的防火间距要求时，可采用将朝向甲、乙类工艺设备、容器（油罐除外）、厂房、火车和汽车装卸设施的墙壁设为耐火等级不低于二级的防火墙，采用不小于15m的防火间距，可使值班休息室（宿舍、厨房、餐厅）位于爆炸危险场所范围以外。但应方便人员在紧急情况下安全疏散。

5.2.5 油田注水储水罐天然气密闭隔氧是目前注水罐隔氧、防止管道与设备腐蚀的有效措施。按照原规范《原油和天然气工程设计防火规范》GB 50183—93确定的防火间距已使用了多年，本条保留了原规范的内容。

5.2.6 加热炉附属的燃料气分液包、燃料气加热器是加热炉的一部分，所以规定燃料气分液包、燃料气加热器与加热炉防火间距不限；但考虑到部分边远小站的燃料气分液包有可能就地排放凝液，故规定其排放口距加热炉的防火间距应不小于15m。

5.3 站场内部道路

5.3.1 从安全出发，站场内铺设管道、装置检修、车辆及人员来往，或因事故切断等阻碍了入口通道，当另设有出入口及通道时，消防车辆、生产用车及工作人员就可以通过另一出入口进出。

5.3.2 本条对油气站场内消防道路布置提出了要求。

1 一、二、三级站场内油罐组的容量较大，是火灾危险性最大的场所，其周围设置环形道路，便于消防车辆及人员从不同的方向迅速接近火场，并有利于现场车辆调度。

四级以下站场及山区罐组如因地形或用地面积的限制等，建设环形道路确有困难者，可设计有回车场的尽头式道路。

尽头式道路回车场的面积应根据消防车辆的外形尺寸，以及该种型号车辆的回转轨迹的各项半径要求来确定。15m×15m的回车场面积，是目前消防车型中最起码的要求。

2 消防车道边到防火堤外基脚线之间的最小间距按3m确定是考虑道路肩、排水沟所需要的尺寸之后，尚能有1m左右的距离。其间若需敷设管线、消火栓等，可按实际需要适当放大。

3 铁路装卸作业区着火几率虽小，但着火后仍需扑救，故规定应设有消防车道，并与站场内道路构成环形，以利于消防车辆的现场调度与通行。在受地形或用地面积限制的地区，也可设置有回车场的尽头消防车道。

消防车道与装卸栈桥的距离，规定为不大于80m，是考虑到沿消防道要设消火栓，在一般情况下，消火栓的保护半径可取120m，但在仅有一条消防车道的情况下，栈台附近敷设水带障碍较多，水带敷设系数较小，着火时很可能将受到火灾威胁的槽车拉离火场，扑救条件差，适当缩小这一距离是必要的。不小于15m的要求是考虑到消防作业的需要。

4 消防车道的净空距离、转弯半径、纵向坡度、平交角度的要求等都与有关国家现行规范规定相符合。

5 当扑救油罐火灾时，利用水龙带对着火罐进行喷水冷却保护，水龙带连接的最大长度一般为180m，水枪需有10m的机动水龙带，水龙带的敷设系数为0.9，故消火栓至灭火地点不宜超过（180－10）×0.9＝153m。根据消防人员的反映，以不超过120m为宜。只有一侧有消防道路时，为了满足消防用水量的要求，需有较多的消火栓，此时规定任何储罐中心至道路的距离不应大于80m。

5.3.3 一级站场内油罐组及生产区发生火灾时，往往动用消防车辆数量较多，为了便于调度、避免交通阻塞，消防车道宜采用双车道，路面宽度不小于6m。若采用单车道时，郊区型路基宽度不小于6m，城市型单车道则应设错车设施或改变道缘石的铺砌方式，满足错车要求。

5.3.4 当石油天然气站场采用阶堤式布置并且阶堤高差大于2.5m时，为避免车辆从上阶的道路冲出，砸坏安装在下阶的生产设施，规定上阶道路边缘应设护墩、矮墙等设施，加以保护。

6 石油天然气站场生产设施

6.1 一般规定

6.1.1 对于天然气处理站场由可燃气体引起的火灾，扑救或灭火的最重要、最基本的措施是迅速切断气源。在进出站场（或装置）的天然气总管上设置紧急截断阀，是确保事故时能迅速切断气源的重要措施。为确保原料天然气系统的安全和超压泄放，在进站场的天然气总管上的紧急截断阀前，应设置安全阀和泄压放空阀。

截断阀应设在安全、操作方便的地方，以便事故发生时能及时关闭而不受火灾等事故的影响。紧急切断阀可根据工程情况设置远程操作、自动控制系统，以便事故时能迅速关闭。三、四级天然气站场一旦发生事故，影响较大，故规定进出三、四级天然气站场的天然气管道截断阀应有自动切断功能。

6.1.2、6.1.3 集中控制室是指站场内的集中控制中心，仪表控制间是指站场中单元装置配套的仪表操作间。两者既有相同之处，也有其规模大小、重要程度不同之别，故分两条提出要求。

集中控制室要求独立设置在爆炸危险区以外，主要原因它是站场中枢，加之仪表设备数量大，又是非防爆仪表，操作人员比较集中，属于重点保护建筑。在爆炸危险区以外可减少不必要的灾害和损失，又有利于安全生产。

油气生产的站场经常散发油气，尤其油气中所含液化石油气成分危险性更大，它的相对密度大，爆炸危险范围宽，当其泄漏时，蒸气可在很大范围接近地面之处积聚成一层雾状物，为防止或减少这类蒸气侵入仪表间，参照现行国家标准《爆炸和火灾危险场所电力装置设计规范》GB 50058的要求，故规定了仪表间室内地坪高于室外地坪0.6m。

为保证集中控制室和仪表间是一个安全可靠的非爆炸危险场所，非防爆仪表设备又能正常运行，本条中又规定了含有甲、乙类液体，可燃气体的仪表引线严禁直接引入集中控制室和不得引入仪表间的内容。但在特殊情况下，小型站场的小型仪表控制间，仅有少量的仪表，且又符合防爆场所的要求时，方可引入。

6.1.4 化验室是非防爆场所，室内有非防爆电气设备和明火设备，所以不应将石油天然气的人工采样管引入化验室内，以防止因泄漏而发生火灾爆炸事故。

6.1.5 站内石油天然气管道不穿过与其无关的建筑物，对于施工、日常检查、检修各方面都比较方便，减少火灾和爆炸事故的隐患，规定了本条要求。

6.1.6 天然气凝液和液化石油气厂房、可燃气体压缩机厂房，例如，液化石油气泵房、灌瓶间、天然气压缩机房等，以及建筑面积大于和等于150m^2的甲类生产厂房等在生产或维修过程中，泄漏的气体聚集危险性大，通风设备也可能失灵。如某油田压气站曾因检修时漏气，又无检测和报警装置，参观人员抽烟引起爆炸着火事故，故提出在这些生产厂房内设置报警装置的要求。

天然气凝液和液化石油气罐区、天然气凝液和凝析油回收装置的工艺设备区，在储罐和工艺设备出现泄漏时，天然气凝液、未稳定凝析油和液化石油气快速气化，形成相对密度接近或大于1的蒸气，沿地面扩散和积聚。安装在地面附近的气体浓度检测报警装置可以及时检测气体浓度，按规定程序发出报警。故规定在这些场所应设可燃气体浓度检测报警装置。

其他露天或棚式安装的甲类生产设施，如露天或棚式安装的油泵和天然气压缩机、露天安装的油气阀组和油气处理设备等，可不设气体浓度检测报警装置，这主要是考虑两方面的情况：

一是天然气比空气轻，从压缩机和处理容器中漏出的气体不会积聚在地面，而是快速上升并随风扩散。对于挥发性不高的油品，例如原油，出现一般的油品泄漏时仅挥发出少量油蒸气，也会快速随风扩散。所以在露天场地上安装气体浓度检测装置，并不能及时、准确地测定天然气和油品（高挥发性油品除外）的泄漏。

另一方面，在露天或棚式安装的甲类生产设施场地上，如果大量设置气体浓度检测报警装置，不仅需要增加投资，而且日常维护、检验工作量很大，会给长期生产管理造成困难。结合我国石油天然气站场目前还需要有人值守的情况，建议给值班人员配备少量的便携式气体浓度检测仪表，加强巡回检查，及时发现安全隐患。

高含硫气田集输和净化装置从工业卫生角度可能需要安装可燃气体报警装置，其配置应按其他有关法规和规范要求确定。

6.1.7 目前设备、管道保冷层材料尚无合适的非燃烧材料可选用，故允许用阻燃型泡沫塑料制品，但其氧指数不应低于30。

6.1.8 本条是为保证设备和管道的工艺安全而提出的要求。

6.1.9 站场的生产设备宜露天或棚式布置，不仅是为了节省投资，更重要的是为了安全。采用露天或棚式布置，可燃气体便于扩散。

“工艺特点”系指生产过程的需要。

“受自然条件限制”系指属于严寒地区或风沙大、雨雪多的地区。

6.1.10 自动截油排水器（自动脱水器）是近年来经生产实践证明比较成熟的新产品，能防止和减少油罐脱水时的油品损失和油气散发，有利于安全防火、节能、环保，减少操作人员的劳动强度。

6.1.11 含油污水是要挥发可燃气的。明沟或有盖板而无覆土的沟槽（无覆土时盖板经常被搬走，且易被破坏，密封性也不好），易受外来因素的影响，容易与火源接触，起火的机会多，着火后火势大，蔓延快，火灾的破坏性大，扑救也困难。所以本条规定应排入含油污水管道或工业下水道，连接处应设置有效的水封井，并采取防冻措施。本条的含油污水排出系统指常压自流排放系统。

调研中了解到，一些村民在石油天然气站场围墙外用火，引燃外排污水中挥发的可燃气体，并将火源引到站场内，造成火险。为防止事故时油气外逸或站场外火源蔓延到围墙内，规定在围墙处应增设水封和暗管。

6.1.12 储罐进油管要求从储罐下部接入，主要是为了安全和减少损耗。可燃液体从上部进入储罐，如不采取有效措施，会使油品喷溅，这样除增加油品损耗外，同时增加了液流和空气摩擦，产生大量静电，达到一定的电位，便会放电而发生爆炸起火。所以要求进油管从油罐下部接入。当工艺要求需从上部接入时，应将其延伸到储罐下部。

6.1.14 为防止可燃气体通过电缆沟串进配电室遇电火花引起爆炸，规定本条要求。

6.1.15 使用没有净化处理过的天然气作为锅炉燃料时，往往有凝液析出，容易使燃料气管线堵塞或冻结，使燃料气供给中断，炉火熄灭。有时由于管线暂时堵塞，使管线压力增高，将堵塞物排除，供气又开始，向炉堂内充气，甚至蔓延到炉外，容易引起火灾，故作了本规定。还应指出，安装了分液包还需加强管理，定期排放凝液才能真正起到作用。以原油、天然气为燃料的加热炉，由于油、气压力不稳，时有断油、断气后，又重新点火，极易引起爆炸着火。在炉膛内设立“常明灯”和光敏电阻，就可防止这类事故发生。气源从调节阀前接管引出是为避免调节阀关闭时断气。

6.2 油气处理及增压设施

6.2.1 油气集输过程中所用的加热炉、锅炉与其附属设备、燃料油罐应属于同一单元，同类性质的防火间距其内部应有别于外部。站场内不同单元的明火与油罐，由于储油罐容量比加热炉的燃料油罐容量大，作用也不相同，所以应有防火距离。而加热炉、锅炉与其燃料油罐之间防火间距如按明火与原油储罐对待，就要加大距离，使工艺流程不合理。

6.2.4 液化石油气泵泄漏的可能性及泄漏后挥发的可燃气体量都大于甲、乙类油品泵，故规定应分别布置在不同房间内。

6.2.5 电动往复泵、齿轮泵、螺杆泵等容积式泵出口设置安全阀是保护性措施，因为出口管道可能被堵塞，或出口阀门可能因误操作被关闭。

6.2.6 机泵出口管道上由于未装止回阀或止回阀失灵，曾发生过一些火灾、爆炸事故。

6.3 天然气处理及增压设施

6.3.1 可燃气体压缩机是容易泄漏的设备，采用露天或棚式布置，有利于可燃气体扩散。

单机驱动功率等于或大于150kW的甲类气体压缩机是重要设备，其压缩机房是危险性较大的厂房，为便于重点保护，也为了避免相互影响，减少损失，故推荐单独布置，并规定在其上方不得布置含甲、乙、丙类介质的设备。

6.3.2 内燃机和燃气轮机排出烟气的温度可达几百摄氏度，甚至可能排出火星或灼热积炭，成为点火源。如某油田注水站，因柴油机排烟管出口水封破漏不能存水，风吹火星落在泵房屋顶（木板泵房，屋面用油毡纸挂瓦）引起火灾；又如某输油管线加压泵站，采用柴油机直接带输油泵，发生刺漏，油气溅到排烟管上引起着火。由这些事故可以看出本条规定是必要的。

6.3.3 燃气和燃油加热炉等明火设备，在正常情况下火焰不外露，烟囱不冒火，火焰不可能被风吹走。但是，如果可燃气体或可燃液体大量泄漏，可燃气体可能扩散至加热炉而引起火灾或爆炸，因此，明火加热炉应布置在散发可燃气体的设备的全年最小频率风向的下风侧。

6.3.6 本条是防止燃料气漏入设备引发爆炸的措施。

6.3.7 本条是装置停工检修时，保证可燃气体、可燃液体不会串入装置的安全措施。

6.3.8 可燃气体压缩机，要特别注意防止吸入管道产生负压，以避免渗进空气形成爆炸性混合气体。多级压缩的可燃气体压缩机各段间应设冷却和气液分离设备，防止气体带液体进入缸内而发生超压爆炸事故。当由高压段的气液分离器减压排液至低压段的分离器内或排油水到低压油水槽时，应有防止串压、超压爆破的安全措施。

6.3.9 本条系参照国家标准《石油化工企业设计防火规范》GB 50160—92（1999年版）第4.6.17条规定的。

6.3.10 硫磺成型装置的除尘器所分离的硫磺粉尘，是爆炸性粉尘，而电除尘器是火源。

6.3.11 本条的闭合防护墙，其作用与可燃液体储罐周围的防火堤相近。目的是当液硫储罐发生火灾或其他原因造成储罐破裂时，防止液体硫磺漫流，以便于火灾扑救和防止烫伤。

6.3.13 固体硫磺仓库宜为单层建筑。如采用多层建筑，一旦发生火灾，固体硫磺熔化、流淌会增加火灾扑救的难度。同时，单层建筑的固体硫磺库也符合液体硫磺成型的工艺需要且便于固体硫磺装车外运。目前，国内各天然气净化厂的固体硫磺仓库均为单层建筑。

每座固体硫磺仓库的面积限制和仓库内防火墙的设置要求，是根据现行国家标准《建筑设计防火规范》的有关规定确定的。

6.4 油田采出水处理设施

6.4.1 经调研发现，沉降罐顶部气相空间烃类气体的浓度与油品性质、进罐污水含油率、顶部积油厚度等多种因素有关，有些沉降罐气体空间烃浓度能达到爆炸极限范围，具有一定的火灾危险性。为了保证生产安全，降低沉降罐的火灾危险性，规定沉降罐顶部积油厚度不得超过0.8m。

6.4.2、**6.4.3** 采用天然气密封工艺的采出水处理站，主要工艺容器顶部经常通入天然气，与普通采出水处理站相比火灾危险性较大，故规定按四级站场确定防火间距。其他采出水处理站，如污油量不超过500m^3，沉降罐顶部积油厚度不超过0.8m时，可按五级站场确定防火间距。

6.4.4 规定污油罐及污水沉降罐顶部应设呼吸阀、液压安全阀及阻火器的目的是防止罐体因超压或形成真空导致破裂，造成罐内介质外泄。同时防止外部火源引爆引燃罐内介质。每个呼吸阀及液压安全阀均应配置阻火器，它们的性能应分别满足《石油储罐呼吸阀》SY/T 0511、《石油储罐液压安全阀》SY/T 0525.1、《石油储罐阻火器》SY/T 0512的要求。

6.4.5 调研中发现，油田采出水处理工艺中的沉降罐是否设防火堤做法不一致，但多数沉降罐没设防火堤。如果沉降罐不设防火堤，为了保证安全应限制沉降罐顶部积油厚度不超过0.8m。

6.4.7 油田采出水处理工艺中的污油污水泵房室内地坪如果低于室外地坪，容易集聚可燃气体，故规定配机械通风设施。风机入口应设在底部。

6.4.8 本条主要从防止采出水容器液位超高冒顶、超压破坏并防止火灾蔓延等方面做出了具体规定。

6.5 油 罐 区

6.5.1 油罐建成地上式具有施工速度快、施工方便、土方工程量小，因而可以降低工程造价。另外，与之相配套的管线、泵站等也可建成地上式，从而也降低了配套工程建设费，维修管理也方便。但由于地上油罐目标暴露，防护能力差，受温度影响大，油气呼吸损耗大，在军事油库和战略储备油罐等有特殊要求时，可采用覆土式或人工洞式。根据工艺要求可设置小型地下钢油罐，如零位油罐。

钢油罐与非金属油罐比，具有造价低、施工快、防渗防漏性能好、检修容易、占地面积小、便于电视观测及自动化控制，故油罐要求采用钢油罐。

6.5.2 本条是对油品储罐分组布置的要求。

1 火灾危险性相同或相近的油品储罐，具有相同或相近的火灾特点和防护要求，布置在同一个罐组内有利于油罐之间相互调配和采取统一的消防设施，可节省输油管道和消防管道，提高土地利用率，也方便了管理。

2 液化石油气、天然气凝液储罐是在外界物理条件作用下，由气态变成液态的储存方式，这样的储罐往往是在常温情况下压力增大，储罐处在内压力较大的状态下，储存物质的闪点低、爆炸下限低。一旦出现事故，就是瞬间的爆炸，而且，除了切断气源外还没有有效的扑救手段，事故危害的距离和范围都非常大，产生的次生灾害严重，而无论何种油品储罐，均为常温常压液态储存，事故分跑、冒、滴、漏和裂罐起火燃烧，可以有有效的扑救措施，事故的可控制性也较大。在火灾危险性质不一样，事故性质和波及范围不一样，消防和扑救措施不相同的这两种储罐，是不能同组布置在一起的。

3 沸溢性油品消防时，油品容易从油罐中溢出来，导致火油流散，扩大火灾范围，影响非沸溢油品储罐的安全，故不宜布置在同一罐组内。

4 地上立式油罐同高位油罐、卧式油罐的罐底标高、管线标高等均不相同，消防要求也不尽相同，放在一个罐组内对操作、管理、设计和施工等都不方便。

6.5.3 稳定原油、甲$_B$和乙$_A$类油品采用浮顶油罐储存。主要是这些油品易挥发，采用浮顶油罐储存，可以减少油品蒸发损耗85%以上，从而减少了油气对空气的污染，也相对减少了空气对油品的氧化，既保证了油品的质量，又提高了防火安全性。尽管其建设投资较大些，但很快即可收回。不稳定原油的作业罐油液进出频繁、数量变化也大，进罐油品的含气量较高，影响浮盘平稳运行，还有许多作业操作的需要，往往都用固定顶油罐作为操作设施。

6.5.4 随着石油工业的发展，油罐的单罐容量越来越大，浮顶油罐单罐容量已经达到$10\times10^4m^3$及以上，固定顶油罐也达到了$2\times10^4m^3$，面对日益增大的罐容量和库容量，参照国内外的大容量油库设计规定和经验，为节约土地面积，适当加大油罐组内的总容量，既是必要的，也是可行的。

6.5.5 一个油罐组内，油罐座数越多发生火灾的机会就越多，单罐容量越大，火灾损失及危害也越大，为了控制一定的火灾范围和灾后的损失，故根据油罐容量大小规定了罐组内油罐最多座数。由于丙$_B$类油品油罐不易发生火灾，而罐容小于1000m^{3}时，发生火灾容易扑救，因此，对应这两种情况下，油罐组内油罐数量不加限制。

6.5.6 油罐在油罐组内的布置不允许超过两排，主要是考虑油罐火灾时便于消防人员进行扑救操作，因四周都为油罐包围，给扑救工作带来较大的困难，同时，火灾范围也容易扩大，次生灾害损失也大。

储存丙$_B$类油品的油罐，除某炼油厂外，其他油库站场均未发生过火灾事故，单罐容量小于1000m^{3}的油罐火灾易扑灭，影响面也小，故这种情况的油罐可以布置成不越过4排，以节省投资和用地。为了火灾时扑救操作需要和平时维修检修的要求，立式油罐排与排之间的距离不应小于5m，卧式油罐排与排之间的距离不应小于3m。

6.5.7 油罐与油罐之间的间距，主要是根据下列因素确定：

1 油罐组（区）用地约占油库总面积的3/5～1/2。缩小间距，减少油罐区占地面积，是缩小站场用地面积的一个重要途径。节约用地是基本国策，是制定规范应首要考虑的主题。按照尽可能节约用地的原则，在保证安全和生产操作要求前提下，合理确定油罐之间间距是非常必要的。

2 确定油罐间间距的几个技术要素：

1）油罐着火几率：根据调查材料统计，油罐着火几率很低，年平均着火几率为0.448‰，而多数火灾事故是因操作时不遵守安全防火规定或违反操作规程而造成的。绝大多数站场安全生产几十年，没有发生火灾事故。因此，只要遵守各项安全防火制度和操作规程，提高管理水平，油罐火灾事故是可以避免的。不能因为以前曾发生过若干次油罐火灾事故而增大油罐间距。

2）着火油罐能否引起相邻油罐爆炸起火，主要决定于油罐周围的情况，如某炼油厂添加剂车间的20号罐起火、罐底破裂、油品大量流出，周围又没有设防火堤，油流到处，一片火海。同时，对火灾的扑救又不能短时间奏效，火焰长时间烧烤邻近油罐，而邻罐又多为敞口，故而被引燃。而与着火罐相距仅7m的酒精罐，因处在高程较高处，油流不能到达罐前，该罐就没有引燃起火。再如，上海某厂油罐起火后烧了20min，与其相邻距离2.3m的油罐也没有起火。我们认为，着火罐起火后，就对着火罐和邻近罐进行喷水冷却，油罐上又装有阻火器，相邻油罐是很难引燃的。根据油罐着火实际情况的调查，可以看出真正由于着火罐烘烤而引燃相邻油罐的事故很少。因此，相邻油罐引燃与否是油罐间距考虑的主要问题，但不能因此而无限加大相邻油罐的间距。

3）油罐消防操作要求：油罐间距要满足消防操作的要求。即油罐着火后，必须有一个扑救和冷却的操作场地，其含义有二：一是消防人员用水枪冷却油罐，水枪喷射仰角一般为50°～60°，故需考虑水枪操作人员到被冷却油罐的距离；二是要考虑泡沫产生器破坏时，消防人员要有一个往着火罐上挂泡沫钩管的场地。对于油罐组内常出现的1000～5000m³钢油罐，按$0.6D$的间距是可以满足上述两项要求的。小于1000m³的钢油罐，当采用移动式消防冷却时，油罐间距增加到$0.75D$。

4）我国当前有许多站场在布置罐组内油罐时，大都采用$0.5～0.7D$的间距，经过几十年的时间考验没有出现过问题，足以证明本条规定间距是有事实根据的。

5）浮顶油罐几乎没有气体空间，散发油气很少，发生火灾的可能性很小，即使发生火灾，也只在浮盘的周围小范围内燃烧，比较易于扑灭，也不需要冷却相邻油罐，其间距更可缩小，故定为$0.4D$。

3　国外标准规范对油罐防火间距的要求：

1）美国防火协会标准《易燃与可燃液体规范》NFPA 30（2000版）的要求见表1。

表1　最小罐间距

项　目		浮顶罐	固定顶储罐	
			Ⅰ类或Ⅱ类液体	$Ⅲ_A$类液体
直径≤45m的储罐		相邻罐直径之和的1/6且不小于0.9	相邻罐直径总和的1/6且不小于0.9m	相邻罐直径总和的1/6且不小于0.9
直径>45m的储罐	设置拦蓄区	相邻罐直径之和的1/6	相邻罐直径之和的1/4	相邻罐直径之和的1/6
	设置防火堤	相邻罐直径之和的1/4	相邻罐直径之和的1/3	相邻罐直径之和的1/6

注：以下有两种情况例外：

1　单个容量不超过477m³的原油罐，如位于孤立地区的采油设施中，其间距不需要大于0.9m。

2　仅储存$Ⅲ_B$级液体的储罐，假如它们不位于储存Ⅰ级或Ⅱ级液体储罐的同一防火堤或排液通道中，其间距不需要大于0.9m。

美国NFPA 30规范按闪点划分液体的火灾危险性等级，Ⅰ级——闪点＜37.8℃，Ⅱ级——闪点≥37.8℃到＜60℃，$Ⅲ_A$级——闪点≥60℃至＜93℃，$Ⅲ_B$级——闪点≥93℃。

2）原苏联标准《石油和石油制品仓库设计标准》1970年版规定，浮顶罐或浮船罐罐组总容积不应超过120000m³，浮顶罐间距为$0.5D$，但不大于20m；浮船罐的间距为$0.65D$，但不大于30m。固定顶罐罐组总容量在储存易燃液体（闪点≤45℃）时不应超过80000m³，罐间距为$0.75D$，但不大于30m；在储存可燃液体（闪点＞45℃）时不应超过120000m³，罐间距为$0.5D$，但不大于20m。

原苏联标准《石油和石油产品仓库防火规范》СНИП 2.11.03—93对油罐组总容量、单罐容量和罐间距的规定见表2。

表2　地上罐组的总容积和同一罐组罐之间的距离

罐类型	罐组内单罐公积容积（m³）	储存石油和石油产品的类型	许可的罐组公称容量（m³）	同一罐组罐之间的最小距离
浮顶罐	≥50000	各种油品	200000	30m
	＜50000	各种油品	120000	$0.5D$，但不大于30m
浮船罐	50000	各种油品	200000	30m
	＜50000	各种油品	120000	$0.65D$，但不大于30m
固定顶罐	≤50000	闪点大于45℃的石油和石油产品	120000	$0.75D$，但不大于30m
	≤50000	闪点45℃及以下的石油和石油产品	80000	$0.75D$，但不大于30m

罐组总容量不超过4000m³，单罐容量不大于400m³的一组小罐，罐间距不做规定。

3）英国石油学会（IP）石油安全规范第2部分《分配油库的设计、建造和操作》（1998版）规定：

a　固定顶罐罐组总容量不应超过60000m³，罐间距为$0.5D$，但不小于10m，不需要超过15m；浮顶油罐罐组总容量不超过120000m³，罐径等于或小于45m时罐间距10m，罐径大于45m时罐间距15m。

b　罐组总容量不超过8000m³，罐直径不大于10m和高度不大于14m的一组小罐，罐间距只需按建造和操作方便确定。

6.5.8　地上油罐组内油罐一旦发生破裂，爆炸事故，油品会流出油罐以外，如果没有防火堤油品就到处流淌，必须筑堤以限制油品的流淌范围。但位于山丘地区的油罐组，当有地形条件的地方，可设导油沟加存油池的设施来代替防火堤的作用。卧式油罐组，因单罐容量小，只设围堰，保证安全即可。

6.5.9　本条是对油罐组防火堤设置的要求。

1 防火堤的闭合密封要求，是对防火堤的功能提出的最基本要求，必须满足，否则就失去了防火堤的作用。防火堤的建造除了密封以外，还应是坚固和稳定的，能经得住油品静压力和地震作用力的破坏，应经过受力计算，提出构造要求，保证坚固稳定。

2 油罐发生火灾时，火场温度能达到1000℃以上。防火堤和隔堤只有采用非燃烧材料建造并满足耐火极限4h的要求，才能抵抗这种高温的烧烤，给消防扑救赢得时间。能满足上述要求的材料中，土筑堤是最好的，应为首选。但往往有许多地方土源困难，土堤占地多且维护工作量大，故可采用砖、石、钢筋混凝土等材料筑造防火堤，为保证耐火极限4h，这些材料筑成堤的内表面应培土或涂抹有效的耐火涂料。

3 立式油罐组的防火堤堤高上限规定为2.20m，比原规范增加了0.2m，主要是考虑当前单罐容积越来越大，罐区占地面积急剧增加。为此，在基本满足消防人员操作视野要求的前提下，适当提高防火堤高度，在同样占地面积情况下，增大了防火堤的有效容积，对节约用地是大有意义。防火堤的下限高度规定为1m，是为了掩护消防人员操作受不到热辐射的伤害，另一方面也限制罐组占地过大的现象发生。

4 管道穿越防火堤堤身一般是不允许的，必须穿越时，需事先预埋套管，套管与堤身是严密结合的构造，穿越管道从套管内伸入需设托架，其与套管之间，应采用非燃烧材料柔性密封。

5 防火堤内场地地面设计，是一个比较复杂的问题，难以用一个统一的标准来要求，应分别以下情况采取相应措施：

1）除少数雨量很少的地区（年降雨量不大于200mm），或防火堤内降水能很快渗入地下因而不需要设计地面排水坡度外，对于大部分地区，为了排除雨水或消防运行水，堤内均应有不小于0.3%的设计地面坡度；一般地区堤内地面不做铺砌，这是为了节省投资，同时降低场地地面温度。

2）调研发现，湿陷性比较严重的黄土、膨胀土、盐渍土地区，在降雨或喷淋试水后地面产生沉降或膨胀，可能危害油罐和防火堤基础的稳定。故这样的地区应采取措施，防治水害。

3）南方地区雨水充足，四季常青，堤内种植四季常绿，不高于15cm的草皮，既可降低地面温度又可增加绿化面积，美化环境。

6 防火堤上应有方便工人进出罐组的踏步，一个罐组踏步数不应少于2个，且应设在不同周边位置上，是防止火灾在风向作用下，便于罐组人员安全脱离火场。隔堤是同一罐组内的间隔，操作人员经常需翻越往来操作，故必须每隔堤均设人行踏步。

6.5.10 油罐罐壁与防火堤内基脚线的间距为罐壁高度的一半是原规范的规定，本处不作变动。在山边的油罐罐壁距挖坡坡脚间距取为3m，一是防止油流从这个方向射流出罐组，安全可以保证。二是3m间距是可以满足抢修要求。为节约用地作此规定。

6.5.11 本条是对防火堤内有效容积的规定。

1 固定顶油罐，油品装满半罐的油罐如果发生爆炸，大部分是炸开罐顶，因为罐顶强度相对较小，且油气聚集在液面以上，一旦起火爆炸，掀开罐顶的很多，而罐底罐壁则能保持完好。根据有关资料介绍，在19起油罐火灾导致油罐破坏事故中，有18起是破坏罐顶的，只有一次是爆炸后撕裂罐底的（原因是罐的中心柱与罐底板焊死）。另外在一个罐组内，同时发生一个以上的油罐破裂事故的几率极小。因此，规定油罐组防火堤内的有效容积不小于罐组内一个最大油罐的容积是合适的。

2 浮顶（内浮顶）油罐，因浮船下面基本没有气体空间，发生爆炸的可能性极小，即使爆炸，也只能将浮顶盘掀掉，不会破坏油罐罐体。所以油品流出油罐的可能性也极小，即使有些油品流出，其量也不大。故防火堤内的有效容积，对于浮顶油罐来说，规定不小于最大罐容积的一半是安全合理的。

6.6 天然气凝液及液化石油气罐区

6.6.1 将液化石油气和天然气凝液罐区布置在站场全年最小风频风向的上风侧，并选择在通风良好的地区单独布置。主要是考虑储罐及其附属设备漏气时容易扩散，发生事故时避免和减少对其他建筑物的危害。

目前，国际上对于液化石油气的罐区周围是否设置防护墙有两种意见。一是设置防护墙，当有液化石油气泄漏时，可以使泄漏的气体聚积，以达到可燃气体探头报警的浓度，防止泄漏的液化石油气扩散。根据现行国家标准《爆炸危险场所电力装置设计规范》有关规定，液化石油气泄漏时0.6m以上高度为安全区，因此将防护墙高度定为不低于0.6m。另外一种说法，不设置防护墙，以防止储罐泄漏时使液化石油气窝存，发生爆炸事故。因此，本条款规定了如果不设防护墙，应采取一定的疏导措施，将泄漏的液化石油气引至安全地带。考虑到实际需要，在边远人烟稀少地区可以采取该方法。

全冷冻式液化石油气储罐周围设置防火堤是根据美国石油学会标准《液化石油气设施的设计和建造》API Std 2510（2001版）第11.3.5.3条规定“低温常压储罐应设单独的围堤，围堤内的容积应至少为储罐容积的100%。”

现行国家标准《城镇燃气设计规范》GB 50028中将低温常压液化石油气储罐命名为“全冷冻式储罐”，压力液化石油气储罐命名为“全压力式储罐”。本规范液化石油气的不同储存方式采用以上命名。

6.6.2 不超过两排的规定主要是方便消防操作，如果超过两排储罐，对中间储罐的灭火非常不利，而且目前所有防火规范对储罐排数的规定均为两排，所以规定了该条款。为了方便灭火，满足火灾条件下消防车通行，规定罐组周围应设环行消防路。

6.6.3、6.6.4 对于储罐个数的限制主要根据国家标准《石油化工企业设计防火规范》GB 50160—92（1999年版）和石油天然气站场的实际情况确定的。储罐数量越多，泄漏的可能性越大，所以限制罐组内储罐数量。API Std 2510（2001版）第5.1.3.3条规定“单罐容积等于或大于12000加仑的液化石油气卧式储罐，每组不超过6座。”但考虑到与我国相关标准的协调，本规范规定了压力储罐个数不超过12座。对于低温液化石油储罐的数量API Std 2510（2001版）第11.3.5.3条规定“两个具有相同基本结构的储罐可置于同一围堤内。在两个储罐间设隔堤，隔堤的高度应比周围的围堤低1ft（0.3m）。”

6.6.6 规定球罐到防护墙的距离为储罐直径的一半，卧式储罐到防护墙的距离不小于3m，主要考虑夏季降温冷却和消防冷却时防止喷淋水外溅，同时兼顾一旦储罐有泄漏时不至于喷到防护墙外扩大影响范围。API Std 2510（2001版）第11.3.5.3条规定“围堤内的容积应考虑该围堤内扣除其他容器或储罐占有的容积后，至少为最大储罐容积的100%。”

6.6.9 全压力式液化石油气储罐之间的距离要求，主要考虑火灾事故时对邻罐的热辐射影响，并满足设备检修和管线安装要求。国家标准《建筑设计防火规范》GBJ 16—87（2001年版）和《城镇燃气设计规范》GB 50028—93（2002年版）对全压力式储罐的间距均规定为储罐的直径。国家标准《石油化工企业设计防火规范》GB 50160—92（1999年版）规定“有事故排放至火炬的措施的全压力式液化石油气储罐间距为储罐直径的一半”。考虑到液化石油气储罐的火灾危害大、频率高，并且一般石油站场的消防力量不如石化厂强大，有些站场的排放系统不如石化厂完善，所以罐间距仍保持原规范的要求，规定为1倍罐径。

全冷冻式储罐防火间距参照美国防火协会标准《液化石油气的储存和处置》NFPA 58（1998版）第9.3.6条“若容积大于或等于265m³，其储罐间的间距至少为大罐直径的一半”；API Std 2510（2001版）第11.3.1.2条规定“低温储罐间距取较大罐直径的一半。”

6.6.10 API 2510第3.5.2条规定“容器下面和周围区域的斜坡应将泄漏或溢出物引向围堤区域的边缘。斜坡最小坡度应为1%”。API 2510第3.5.7条规定“若用于液化石油气溢流封拦的堤或墙组成的圈围区域内的地面不能在24小时内耗尽雨水，应设排水系统。设置的任何排水系统应包括一个阀或截断闸板，并位于圈围区域外部易于接近的位置。阀或截断闸板应保持常闭状态。”

6.6.12 为了防止进料时，进料物流与储罐上部存在的气体发生相对运动，产生静电可能引起的火灾。规定进料为储罐底部进入。

储罐长期使用后，储罐底板、焊缝因腐蚀穿孔或法兰垫片处泄漏时，为防止液化石油气泄漏出来，向储罐注水使液化石油气液面升高，将漏点置于水面以下，减少液化石油气泄漏。

为防止储罐脱水时跑气的发生，根据目前国内情况采用二次脱水系统，另设一个脱水容器或称自动切水器，将储罐内底部的水先放至自动切水器内，自动切水器根据天然气凝液及液化石油气与水的密度差，将天然气凝液及液化石油气由自动切水器顶部返回储罐内，水由自动切水器底部排出。是否采用二次脱水设施，应根据产品质量情况确定。

6.6.13 安装远程操纵阀和自动关闭阀可防止管路发生破裂事故时泄漏大量液化石油气。全冷冻式液化石油气储罐设真空泄放装置是根据《石油化工企业设计防火规范》GB 50160—92（1999年版）第5.3.11条、API Std 2510（2001版）第11.5.1.2条确定的。

6.6.14 《石油化工企业设计防火规范》GB 50160—92（1999年版）第5.3.16条规定液化烃储罐开口接管的阀门及管件的压力等级不应低于2.0MPa。考虑石油企业系统常用设计压力为1.6MPa、2.5MPa、4.0MPa等管道等级，因此，压力等级为等于或大于2.5MPa。

6.6.16 天然气凝液和液化石油气安全排放到火炬，主要为了在储罐发生火灾时，可以泄压放空到安全处理系统，不致因高温烘烤使储罐超压破裂而造成更大灾害。若有条件，也可将受火灾威胁的储罐倒空，以减少损失和防止事故扩大。

6.7 装 卸 设 施

6.7.1 我国目前装车鹤管有三种：喷溅式、液下式（浸没式）和密闭式。对于轻质油品或原油，应采用液下式（浸没式）装车鹤管。这是为了降低液面静电位，减少油气损耗，以达到避免静电引燃油气事故和节约能源，减少大气污染。

为了防止和控制油罐车火灾的蔓延与扩大，当油罐车起火时，立即切断油源是非常重要的。紧急切断阀设在地上较好，如放在阀井中，井内易积存油水，不利于紧急操作。

6.7.2 考虑到在栈桥附近，除消防车道外还有可能布置别的道路，故提出本条要求，其距离的要求是从避免汽车排气管偶尔排出的火星，引燃装油场的油气为出发点提出来的。

6.7.3 本条第6款的防火间距是参照国家标准《建筑设计防火规范》GBJ 16—87（2001年版）第4.4.10条制定的。因本规范规定甲、乙类厂房耐火等级不宜低于二级；汽车装油鹤管与其装油泵房属同一操作单元，其间距可缩小，故参照《建筑设计防火规范》GBJ 16—87（2001年版）第4.4.9条注④将其间距定为8m；汽车装油鹤管与液化石油气生产厂房及密闭工艺设备之间的防火间距是参照美国防火协会标准《煤气厂液化石油气的储存和处理》NFPA 59有关条文编写的。

6.7.4 液化石油气装车作业已有成熟操作管理经验，若与可燃液体装卸共台布置而不同时作业，对安全防火无影响。

液化石油气罐车装车过程中，其排气管应采用气相平衡式或接至低压燃料气或火炬放空系统，若就地排放极不安全。曾有类似爆炸、火灾事故就是就地排放造成的。

6.7.5 本条是对灌瓶间和瓶库的要求。

1 液化石油气灌装站的生产操作间主要指灌瓶、倒瓶升压操作间，在这些地方不管是人工操作或自动控制操作都不可避免液化石油气泄漏。由于敞开式和半敞开式建筑自然通风良好，产生的可燃气体扩散快，不易聚集，故推荐采用敞开式或半敞开式的建筑物。在集中采暖地区的非敞开式建筑内，若通风条件不好可能达到爆炸极限。如某站灌瓶间，在冬季测定时曾达到过爆炸极限。可见在封闭式灌瓶间，必须设置效果较好的通风设施。

2 液化石油气灌装间、倒瓶间、泵房的暖气地沟和电缆沟是一种潜在的危险场所和火灾爆炸事故的传布通道。类似的火灾事故曾经发生过，为消除事故隐患，特提出这些建筑物不应与其他房间连通。

根据某市某液化石油气灌瓶站火灾情况，是工业灌瓶间发生火灾，因通风系统串通，故火焰由通风管道窜至民用灌瓶间，致使4000多个小瓶爆炸着火，进而蔓延至储罐区，造成了上百万元损失的严重教训。又根据“供热通风空调制冷设计技术措施”的规定，空气中含有容易起火或有爆炸危险物质的房间，空气不应循环使用，并应设置独立的通风系统，通风设备也应符合防火防爆的要求。从防止火灾蔓延角度出发，本款规定了关于通风管道的要求。

3 在经常泄漏液化石油气的灌瓶间，应铺设不发生火花的地面，以避免因工具掉落、搬运气瓶与地面摩擦、撞击，产生火花引起火灾的危险。

4 装有液化石油气的气瓶不得在露天存放的主要原因是：液化石油气饱和蒸气压力随温度上升而急剧增大，在阳光下暴晒很容易使气瓶内液体气化，压力超过一般气瓶工作压力，引起爆炸事故。

5 目前各炼厂生产的液化石油气，残液含量较少的为5%～7%，较多的达15%～20%，平均残液量在8%～10%左右。油田生产的液化石油气残液量也是不少的，残液随便就地排放所造成的火灾时有发生，在油田也曾引起火灾事故。因此，规定了残液必须密闭回收。

6 瓶库的总容量不宜超过10m^3，是根据现行国家标准《城镇燃气设计规范》而定。同时也是为了减小危害程度。

6.7.9 本条主要规定了液化石油气灌装站内储罐与有关设施的防火间距。灌装站内储罐与泵房、压缩机房、灌瓶间等有直接关系。储罐容量大，发生火灾造成的损失也大。为尽量减少损失，按罐容量大小分别规定防火间距。

1 储罐与压缩机房、灌装间、倒残液间的防火间距与国家标准《建筑设计防火规范》GBJ 16—87（2001年版）表4.6.2中一、二级耐火的其他建筑一致，且与现行国家标准《城镇燃气设计规范》GB 50028一致。

2 汽车槽车装卸接头与储罐的防火间距，美国标准API Std 2510、NFPA59均规定为15m，现行国家标准《城镇燃气设计规范》与本规范表6.7.9均按罐容量大小分别提出要求。以实际生产管理和设备质量来看，我国的管道接头、汽车排气管上的防火帽，仍不十分安全可靠。如带上防火帽进站，行车途中防火帽丢失的现象仍然存在。从安全考虑，本表按储罐容量大小确定间距，其数值与燃气规范一致。

3 仪表控制间、变配电间与储罐的间距，是参照现行国家标准《城镇燃气设计规范》的规定确定的。

6.8 泄压和放空设施

6.8.1 本条是设置安全阀的要求。

1 顶部操作压力大于0.07MPa（表压）的设备，即为压力容器，应设置安全阀。

2 蒸馏塔、蒸发塔等气液传质设备，由于停电、停水、停回流、气提量过大、原料带水（或轻组分）过多等诸多原因，均可能引起气相负荷突增，导致设备超压。所以，塔顶操作压力大于0.03MPa（表压）者，均应设安全阀。

6.8.4 本条是参照国家标准《城镇燃气设计规范》GB 50028—93（2002年版）的有关规定制定的。

6.8.5 国内早期设计的克劳斯硫磺回收装置反应炉采用爆破片防止设备超压破坏。但在爆破片爆破时，设备内的高温有毒气体排入装置区大气中，污染了操作环境，甚至危及操作人员的人身安全。

由于克劳斯硫磺回收反应炉、再热炉等设备的操作压力低，可能产生的爆炸压力亦低，采用提高设备设计压力的方法防止超压破坏不会过分增加设备壁厚。有时这种低压设备为满足刚度要求而增加的厚度就足以满足提高设计压力的要求。因此，采用提高设备设计压力的方法防止超压破坏，不会增加投资或只需增加很小的投资。化学当量的烃-空气混合物可能产生的最大爆炸压力约为爆炸前压力（绝压）的7～8倍。必要时可用下式计算爆炸压力：

$$P_e = P_f \cdot T_e / T_f \cdot (m_e / m_f) \quad (1)$$

式中　P_e——爆炸压力（kPa）（绝压）；

P_f——混合气体爆炸前压力（kPa）（绝压）；

T_e、T_f——爆炸时达到温度及爆炸前温度（K）；

m_e/m_f——爆炸后及爆炸前气体标准体积比（包括不参加反应的气体如 N_2 等）。

6.8.6 为确保放空管道畅通，不得在放空管道上设切断阀或其他截断设施；对放空管道系统中可能存在的积液，及由于高压气体放空时压力骤降或环境温度变化而形成的冰堵，应采取防止或消除措施。

1 高、低压放空管压差大时，分别设置通常是必要的。高、低压放空同时排入同一管道，若处置不当，可能发生事故。例如，四川气田开发初期，某厂酸性气体紧急放空管与 *DN*100 原料气放空管相连并接入 40m 高的放空火炬，发生过原料气与酸气同时放空时，由于原料气放空量大、压力高（4MPa），使紧急放空管压力上升，造成酸性气体系统压力升高，致使酸性气体水封罐防爆孔憋爆的事故。

高、低压放空管分别设置往往还可降低放空系统的建设费用，故大型站场宜优先选择这样的放空系统。

2 当高压放空气量较小或高、低压放空的压差不大（例如其压差为 0.5～1.0MPa）时，可只设一个放空系统，以简化流程。这时，必须对可能同时排放的各放空点背压进行计算，使放空系统的压降减少到不会影响各排放点安全排放的程度。根据美国石油学会标准《泄压和减压系统导则》API RP521 规定，在确定放空管系尺寸时，应使可能同时泄放的各安全阀后的累积回压限制在该安全阀定压的 10%左右。

6.8.7 本条是对火炬设置的要求。

1 火炬高度与火炬筒中心至油气站场各部位的距离有密切关系，热辐射计算的目的是保证火炬周围不同区域所受热辐射均在允许范围内。现将美国石油学会标准《泄压和减压系统导则》API RP 521 的有关计算部分摘录如下，供参考。

1）本计算包括确定火炬筒直径、高度，并根据辐射热计算，确定火炬筒中心至必须限制辐射热强度（或称热流密度）的受热点之间的安全距离。火炬对环境的影响，如噪声、烟雾、光度及可燃气体焚烧后对大气的污染，不包括在本计算方法内。

2）计算条件：

①视排放气体为理想气体；

②火炬出口处的排放气体允许线速度与声波在该气体中的传播速度的比值——马赫数，按下述原则取值：

对站场发生事故，原料或产品气体需要全部排放时，按最大排放量计算，马赫数可取 0.5；单个装置开、停工或事故泄放，按需要的最大气体排放量计算，马赫数可取0.2。

③计算火炬高度时，按表 3 确定允许的辐射热强度。太阳的辐射热强度约为 0.79～1.04kW/m²，对允许暴露时间的影响很小。

④火焰中心在火焰长度的 1/2 处。

表 3　火炬设计允许辐射热强度（未计太阳辐射热）

允许辐射热强度 q（kW/m²）	条　件
1.58	操作人员需要长期暴露的任何区域
3.16	原油、液化石油气、天然气凝液储罐或其他挥发性物料储罐
4.73	没有遮蔽物，但操作人员穿有合适的工作服，在紧急关头需要停留几分钟的区域
6.31	没有遮蔽物，但操作人员穿有合适的工作服，在紧要关头需要停留 1min 的区域
9.46	有人通行，但暴露时间必须限制在几秒钟之内能安全撤离的任何场所，如火炬下地面或附近塔、设备的操作平台。除挥发性物料储罐以外的设备和设施

注：当 q 值大于 6.3kW/m² 时，操作人员不能迅速撤离的塔上或其他高架结构平台，梯子应设在背离火炬的一侧。

3）计算方法：

①火炬筒出口直径：

$$d = \left[\frac{0.1161W}{m \cdot P}\left(\frac{T}{K \cdot M}\right)^{0.5}\right]^{0.5} \qquad (2)$$

式中　d——火炬筒出口直径（m）；

W——排放气质量流率（kg/s）；

m——马赫数；

T——排放气体温度（K）；

K——排放气绝热系数；

M——排放气体平均分子量；

P——火炬筒出口内侧压力（kPa）（绝压）。

火炬筒出口内侧压力比出口处的大气压略高。简化计算时，可近似为等于该处的大气压。必要时可按下式计算：

$$P = P_0/(1 - 60.15 \times 10^{-6} MV^2/T) \qquad (3)$$

式中　P_0——当地大气压（kPa）（绝压）；

V——气体流速（m/s）。

②火焰长度及火焰中心位置：

火焰长度随火炬释放的总热量变化而变化。火焰长度 L 可按图 1 确定。

火炬释放的总热量按下式计算：

$$Q = H_L \cdot W \qquad (4)$$

式中　Q——火炬释放的总热量（kW）；

H_L——排放气的低发热值（kJ/kg）。

风会使火焰倾斜，并使火焰中心位置改变。风对

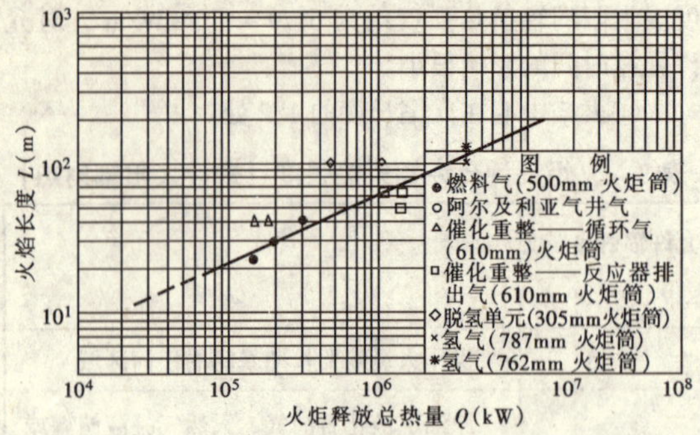

图 1　火焰长度与释放总热量的关系

火焰在水平和垂直方向上的偏移影响，可根据火炬筒顶部风速与火炬筒出口气速之比，按图 2 确定。

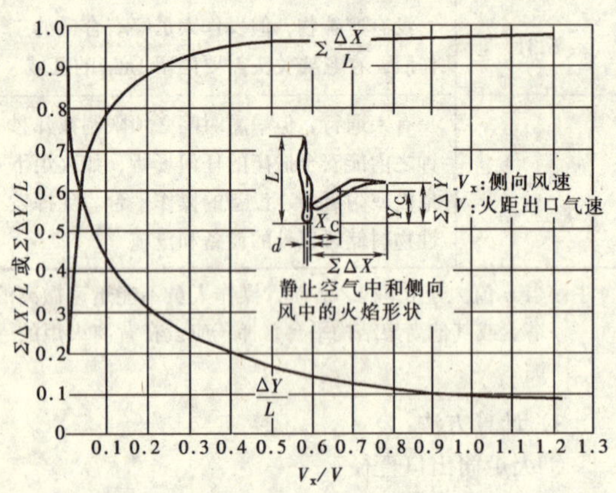

图 2　由侧向风引起的火焰大致变形

火焰中心与火炬筒顶的垂直距离 Y_C 及水平距离 X_C 按下列公式计算：

$$Y_C = 0.5\left[\sum(\Delta Y/L)\cdot L\right] \quad (5)$$

$$X_C = 0.5\left[\sum(\Delta X/L)\cdot L\right] \quad (6)$$

③火炬筒高度：火炬筒高度按下列公式计算（参见图 3）。

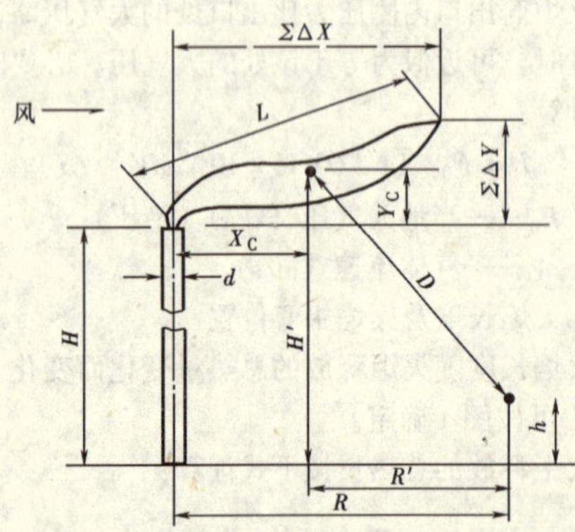

图 3　火炬示意图

$$H = \left[\frac{\tau FQ}{4\pi q} - (R - X_C)^2\right]^{0.5} - Y_C + h \quad (7)$$

式中　H——火炬筒高度（m）；

Q——火炬释放总热量（kW）；

F——辐射率，可根据排放气体的主要成分，按表 4 取值；

q——允许热辐射强度（kW/m^2），按表 3 规定取值；

Y_C、X_C——火焰中心至火炬筒顶的垂直距离及水平距离（m）；

R——受热点至火炬筒的水平距离（m）；

h——受热点至火炬筒下地面的垂直高差（m）；

τ——辐射系数，该系数与火焰中心至受热点的距离及大气相对湿度、火焰亮度等因素有关，对明亮的烃类火焰，当上述距离为 30～150m 时，可按下式计算辐射系数：

$$\tau = 0.79\left(\frac{100}{r}\right)^{1/16}\cdot\left(\frac{30.5}{D}\right)^{1/16} \quad (8)$$

式中　r——大气相对湿度（%）；

D——火焰中心至受热点的距离（m）（见图 3）。

表 4　气体扩散焰辐射率 F

燃烧器直径（mm）		5.1	9.1	19.0	41.0	84.0	203.0	406.0
辐射率 F（F = 辐射热/总热量）	H_2	0.095	0.091	0.097	0.111	0.156	0.154	0.169
	C_4H_{10}	0.215	0.253	0.286	0.285	0.291	0.280	0.299
	CH_4	0.103	0.116	0.160	0.161	0.147		
	天然气（CH_4 95%）						0.192	0.232

2　液体、低热值气体、空气和惰性气体进入火炬系统，将影响火炬系统的正常操作。有资料介绍，热值低于 8.37MJ/m^3 的气体不应排入可燃气体排放系统。

6.8.8　从保护环境及安全上考虑，可燃气体应尽量通过火炬系统排放，含硫化氢等有毒气体的可燃气更是如此。

美国石油学会标准《泄压和减压系统导则》API RP521 认为：可燃气体直接排入大气，当排放口速度大于 150m/s 时，可燃气体与空气迅速混合并稀释至可燃气体爆炸下限以下是安全的。

6.8.9　甲、乙类液体排放时，由于状态条件变化，可能释放出大量可燃气体。这些气体如不经分离，会从污油系统扩散出来，成为火灾隐患。故在这类液体放空时应先进入分离器，使气液分离后再分别引入各自的放空系统。

设备、容器内残存的少量可燃液体，不得就地排放或排入边沟、下水道，也是为了减少火灾事故隐患，并有利于保护环境。

6.8.10　积存于管线和分离设备中的硫化铁粉末，在排入大气时易自燃，成为火源。四川某输气管道末站分离器放空管管口曾发生过这种情况。故应在这种排污口设喷水冷却设施。

6.8.12 天然气管道清管器收发筒排污已实现低压排放。经分离后排放，可在保证安全的前提下减少占地。

6.9 建（构）筑物

6.9.1 根据不同生产火灾危险性类别，正确选择建（构）筑物的耐火等级，是防止火灾发生和蔓延扩大的有效措施之一。火灾实例中可以看出，由于建筑物的耐火等级与生产火灾危险性类别不相适应而造成的火灾事故，是比较多的。

当甲、乙类火灾危险性的厂房采用轻型钢结构时，对其提出了要求。从火灾实例说明，钢结构着火之后，钢材虽不燃烧，但其耐火极限较低，一烧就跨，500℃时应力折减一半，相当于三级耐火等级的建筑。采用单层建筑主要从安全出发，加强防护，当一旦发生火灾事故时，可及时扑救初期的火灾，防止蔓延。

6.9.2 有油气散发的生产设备，为便于扩散油气，不使聚集成灾，故应为敞开式的建筑形式。若必须采用封闭式厂房，则应按现行国家标准《建筑设计防火规范》的规定，设置强制通风和必保的泄压面积及措施，保证防火防爆的安全。

事实说明，具有爆炸危险的厂房，设有足够的泄压面积，一旦发生爆炸事故时，易于通过泄压屋顶、门窗、墙壁等进行泄压，减少人员伤亡和设备破坏。

6.9.3 对隔墙的耐火要求，主要是为了防止甲、乙类危险性生产厂房的可燃气体通过孔洞、沟道侵入不同火灾危险性的房间内，引起火灾事故。

天然气压缩机房和油泵房，均属甲、乙类生产厂房，在综合厂房布置时，应根据风频风向、防火要求等条件，尽量布置在厂房的某一端部，并用防护隔墙与其他用房隔开，其目的在于一旦发生火灾、爆炸事故，能减少其对其他生产厂房的影响。

6.9.4 门向外开启和甲、乙类生产厂房的门不得少于两个的规定，是为了确保发生火灾事故时，生产操作人员能迅速撤离火场或火灾危险区，确保人身安全。建筑面积小于或等于 100m^2 时，可设一个向外开启的门，这是原规范的规定，并且符合现行国家标准《建筑设计防火规范》的要求。

6.9.5 供甲、乙类生产厂房专用的 10kV 及以下的变、配电间，须采用无门窗洞口的防火墙隔开方能毗邻布置，为的是防止甲、乙类厂房内的可燃气体通过孔洞、沟道流入变配电室（所），以减少事故的发生。

配电室（所）在防火墙上所开的窗，要求采用固定甲级防火窗加以密封，同样是为了防止可燃气体侵入的措施之一。

6.9.6 甲、乙类工艺设备平台、操作平台，设两个梯子及平台间用走桥连通，是为了防止当一个梯子被火焰封住或烧毁时，可通过连桥或另一个梯子进行疏散操作人员。

6.9.8 一般钢立柱耐火极限只有 0.25h 左右，容易被火烧毁坍塌。为了使承重钢立柱能在一定时间内保持完好，以便扑救火灾，故规定钢立柱上宜涂敷耐火极限不小于 2h 的保护层。

7 油气田内部集输管道

7.1 一般规定

7.1.1 站外管道的敷设方式可分为埋地敷设、地面架设及管堤敷设几种。一般情况下，埋地敷设较其他敷设方式经济安全，占地少，不影响交通和农业耕作，维护管道方便，故应优先采用。但在地质条件不良的地区或其他特殊自然条件下，经过经济对比，如果采用埋地敷设投资大、工程量大、对管道安全及寿命有影响，可考虑采用其他敷设方式。

7.1.2 管线穿跨越铁路、公路、河流等的设计还可参照《输油管道工程设计规范》GB 50253、《输气管道工程设计规范》GB 50251 以及《油气集输工程设计规范》等国家现行标准的有关规定执行。

7.1.3 当管道沿线有重要水工建筑、重要物资仓库、军事设施、易燃易爆仓库、机场、海（河）港码头、国家重点文物保护单位时，管道与相关设施的距离还应同有关部门协商解决。

7.1.4 阴极保护通常有强制电流保护和牺牲阳极保护两种。行业标准《钢质管道及储罐腐蚀控制工程设计规范》SY 0007—1999 规定了“外加电流阴极保护的管道”与其他管道、埋地通信电缆相遇时的要求。

交流电干扰主要来自高压交流电力线路及其设施、交流电气化铁路及其设施，对管线的影响比较复杂。交流电力系统的各种接地装置是交流输电线路放电的集中点，危害性最大，《钢质管道及储罐腐蚀控制工程设计规范》SY 0007—1999 根据国内外研究成果，提出了管线与交流电力系统的各种接地装置之间的最小安全距离。

7.1.5 集输管道与架空送电线路平行敷设时的安全距离，是参照国家标准《66kV 及以下架空电力线路设计规范》GB 50061—97 和行业标准《110～500kV 架空送电线路设计技术规程》DL/T 5092—1999 确定的。

7.1.6 本条是参照石油和铁路方面的相关标准和文件确定的。

1 铁道部、石油部 1987 年关于铁路与输油、输气管道平行敷设相互距离的要求。

2 行业标准《铁路工程设计防火规范》TB 10063—99 第2.0.8条要求输油、输气管道与铁路平行敷设时防火间距不小于30m，并距铁路界线外3m。上述规范中30m的规定依据是《原油长输管道线路设计规范》SYJ 14第3.0.5条的规定，此规范已作废。新规范《输油管道工程设计规范》GB 50253—2003第4.1.5条规定：管道与铁路平行敷设时应在铁路用地范围边线3m以外。管道与铁路平行敷时防火间距不小于30m的规定已取消。

3 电气化铁路的交流电干扰受外部条件影响较大，如对敷设较好的管道与50Hz电气化铁路平行敷设，当干扰电源较小时铁路与管道的间距可小于30m。因此，本规范不宜规定具体距离要求。

4 行业标准《公路工程技术标准》JTG B01—2003规定"公路用地范围为公路路堤两侧排水沟外边缘（无排水沟时为路堤或护坡道坡脚）以外，或路堑坡顶截水沟外边缘（无截水沟为坡顶）以外不少于1m范围内的土地；在有条件的地段，高速公路、一级公路不少于3m，二级公路不少于2m范围内的土地为公路用地范围。"因此，有条件的地区，油田内部原油集输管道应敷设在公路用地范围以外；执行起来有困难而需要敷设在路肩下时，应与当地有关部门协商解决。而油田公路是为油田服务的，集输管道可敷设在其路肩下。

7.2 原油、天然气凝液集输管道

7.2.1 多年来油田内部集输管道设计一直采用"防火距离"来保护其自身以及周围建（构）筑物的安全。但是，一方面，当管道发生火灾、爆炸事故时，规定的距离难以保证周围设施的安全；另一方面，随着油田的开发和城市的建设，目前按原规范规定的距离进行设计和建设已很困难。而国际上通常的做法是加强管道自身的安全。因此，本次修订对此章节作了重大修改，由"距离安全"改为"强度安全"，向国际标准接轨。

美国国家标准《输气和配气管道系统》ASME B31.8及国际标准《石油及天然气行业　管道输送系统》ISO 13623—2000，将天然气、凝析油、液化石油气管道的沿线地区按其特点进行分类，不同的地区采用不同的设计系数，提高管道的设计强度。美国标准《石油、无水氨和醇类液体管道输送系统》ASME B31.4既没有规定管道与周围建（构）筑物的距离，又没有将沿线地区分类，规范了管道及其附件的设计、施工及检验要求。前苏联标准《大型管线》СНИП—2.05.06—85将管道按压力、管径、介质等进行分级，不同级别采用不同的距离。

国家标准《输气管道工程设计规范》GB 50251—2003是根据ASME B31.8，将管道沿线地区分成4个等级，不同等级的地区采用不同的设计系数。《输油管道工程设计规范》GB 50253—2003规定了管道与周围建（构）筑物的距离，其中对于液态液化石油气还按不同地区规定了设计系数。

油田内部原油、稳定轻烃、压力小于或等于0.6MPa的油田气集输管道，因其管径一般较小、压力较低、长度较短，周围建（构）筑物相对长输管道密集，若将管道沿线地区分类，按不同地区等级选用相应的设计系数，一是无可靠的科学依据，二是从区域的界定、可操作性及经济性来看，不是很合适。因此，此次修订取消了原油管道与建（构）筑物的防火间距表，但仍规定了原油管道与周围建（构）筑物的距离，该距离主要是从保护管道，以及方便管道施工及维修考虑的。管道的强度设计应执行有关油气集输设计的国家现行标准。当管道局部管段不能满足上述距离要求时，可将强度设计系数由0.72调整到0.6，缩短安全距离，但不能小于5m。若仍然不能满足要求，必须采取有效的保护措施，如局部加套管、此段管道焊口做100%探伤检验以及提高探伤等级、加强管道的防腐及保温、此段管道两端加截断阀、设置标志桩并加强巡检等。

7.2.2 天然气凝液是液体烃类混合物，前苏联标准《大型管线》СНИП—2.05.06—85将20℃温度条件下，其饱和蒸气压力小于0.1MPa的烃及其混合物，视为稳定凝析油或天然汽油，故在本规范中将其划在稳定轻烃一类中。

20℃温度条件下，其饱和蒸气压力大于或等于0.1MPa的天然气凝液管道，目前各油田所建管道均在*DN*200以下，故本规范限定在小于或等于*DN*200。管道沿线按地区划分等级，选用不同的设计系数是国际标准《石油及天然气行业管道输送系统》ISO 13623—2000所要求的。《油田油气集输设计规范》SY/T 0004—98规定野外地区设计系数为0.6，通过其他地区时的设计系数可参照国家标准《输油管道工程设计规范》GB 50253—2003选取。天然气凝液管道与建（构）筑物、公路的距离是参考《城镇燃气设计规范》GB 50028—93（1998年版），在考虑了按地区等级选取设计系数后取其中最小值得出的。

7.3 天然气集输管道

7.3.1 在原规范《原油和天然气工程设计防火规范》GB 50183—93中规定：气田集输管道设计除按设计压力选取设计系数 F 外（如 $PN<1.6$MPa时，F 取0.6；$PN>1.6$MPa时，F 取0.5），埋地天然气集输管道与建（构）筑物还应保持一定的距离（如 $PN\leq1.6$MPa、$DN>400$ 集输管道距居民住宅、重要工矿的防火间距要求大于40m；$PN=1.6\sim4.0$MPa、$DN>400$ 防火距离大于60m；$PN>4.0$MPa、$DN>400$ 防火距离大于75m）。实践证明，我国人口众多，地面建筑物稠密，特别是近几年国民经济迅速发展，按原规范要求的安全距离建设集输管道已很困难，已建成的管道随着工业建设的发展也很难保持规范规定的距离。

气田集输管道与长距离输气管道的区别主要是管输天然气中往往含有水、H_2S、CO_2。气田集输管道输送含水天然气时，天然气中 H_2S 分压等于或大于0.0003MPa（绝压）或含有 CO_2 酸性气体的气田集输管道，在内壁及相应系统应采取防腐蚀措施，管道壁厚增加腐蚀余量后，集气管道线路工程设计所考虑的安全因素与输气管道工程基本一致。因此，采用输气管道工程线路设计的强度安全原则，就能较简单的处理好与周围民用建筑物之间的关系。可由控制集输管道与周围建（构）筑物的距离改成参照输气管道线路设计采用的按地区等级确定设计系数。根据周围人口活动密度，用提高集输管道强度、降低管道运行应力达到安全的目的。

当管道输送含硫化氢的酸性气体时，为防止天然气放空和管道破裂造成的危害，一般采取以下防护措施：

1）点火放空；

2）输送含 H_2S 酸性气体管道避开人口稠密区的四级地区；

3）适当加密线路截断阀的设置；

4）截断阀配置感测压降速率的控制装置。

7.3.2 我国气田产天然气部分携带有 H_2S、CO_2。干天然气中 H_2S、CO_2 不产生腐蚀。湿天然气中 H_2S、CO_2 的酸性按《天然气地面设施抗硫化物应力开裂金属材料要求》SY/T 0599—1997 界定。该规范中对酸性天然气系统的定义是：含有水和硫化氢的天然气，当气体总压大于或等于0.4MPa（绝压），气体中硫化氢分压大于或等于0.0003 MPa（绝压）时称酸性天然气。

天然气中二氧化碳含量的酸性界定值目前尚无标准。行业标准《井口装置和采油树规范》SY/T 5127—2002 的附录 A 表 A.2 对 CO_2 腐蚀性界定可供参考，见表5。

表5 CO_2 分压相对应的封存流体腐蚀性

封存流体	相对腐蚀性	二氧化碳分压（MPa）
一般使用	无腐蚀	<0.05
一般使用	轻度腐蚀	0.05～0.21
一般使用	中度至高度腐蚀	>0.21
酸性环境	无腐蚀	<0.05
酸性环境	轻度腐蚀	0.05～0.21
酸性环境	中度至高度腐蚀	>0.21

从表中可以看到，当 CO_2 分压≥0.21MPa 时不论是酸性环境（天然气中含有 H_2S）还是非酸性环境中都将有腐蚀发生，应采取防腐措施。表中所列数值为非流动流体的腐蚀性，含水天然气中影响 CO_2 腐蚀的因素除 CO_2 分压外，还有气体流速、流态、管道内表面特征（粗糙度、清洁度）、温度、H_2S 含量等，在设计中应予考虑。

7.3.3 输送脱水后含 H_2S、CO_2 的干天然气不会发生酸性腐蚀。但实际运行中由于各种因素如脱水深度及控制管理水平等影响往往达不到预期的干燥效果，污物清除不干净特别是有积水。当酸性天然气进入管道后，H_2S 及 CO_2 的水溶液将对管线产生腐蚀，甚至出现硫化物应力腐蚀的爆管或生成大量硫化铁粉末在管道中形成潜在的危害。投产前干燥未达到预期效果造成危害事故已发生多次，因此，投产前的干燥是十分重要的。

管道干燥结束后，如果没有立即投入运行，还应当充入干燥气体，保持内压大于0.2MPa 的干燥状态下密封，防止外界湿气重新进入管道。

7.3.4 气田集输管道输送酸性天然气时，管道的腐蚀余量取值按国家现行油气集输设计标准规范执行。

集气管道输送含有水和 H_2S、CO_2 等酸性介质时，管壁厚度按下式计算：

$$\delta = \frac{PD}{2\sigma_s F\varphi t} + C \tag{9}$$

式中 C——腐蚀裕量附加值（cm）（根据腐蚀程度及采取的防腐措施，C 值取 0.1～0.6cm）；

其他符号意义及取值按现行国家标准《输气管道工程设计规范》GB 50251 执行，但输送酸性天然气时，F 值不得大于0.6。

7.3.5 气田集输管道上间隔一定距离设截断阀，其主要目的是方便维修和当管道破坏时减少损失，防止事故扩大。长距离输气管道是按地区等级以不等间距设置截断阀，集输管道原则上可参照输气管道设置。但对输送含硫化氢的天然气管道为减少事故的危害程度和环境污染的范围，特别是通过人口稠密区时截断阀适当加密，配置感测压降速率控制装置，以便事故发生时能及时切断气源，最大限度地减少含硫天然气对周围环境的危害。

7.3.6 气田集输系统设置清管设施主要清除气田天然气中的积液和污物以减少管道阻力及腐蚀。清管设计应按现行国家标准《输气管道工程设计规范》GB 50251 中有关规定执行。

8 消防设施

8.1 一般规定

8.1.1 石油天然气站场的消防设施，应根据其规模、重要程度、油品性质、储存容量、存储方式、储存温度、火灾危险性及所在区域消防站布局、消防站装备情况及外部协作条件等综合因素，通过技术经济比较确定。对容量大、火灾危险性大、站场性质和所处地理位置重要、地形复杂的站场，应适当提高消防设施的标准。反之，应从降低基建投资出发，适当降低消防设施的标准。但这一切，必须因地制宜，结合国情，通过技术经济比较来确定，使节省投资和安全生产这一对应的矛盾得到有机的统一。

8.1.2 采油、采气井场、计量站、小型接转站、集气站、配气站等小型站场，其特点是数量多、分布广、单罐容量小。若都建一套消防给水设施，总投资甚大；这类站功能单一布局分散，火灾的影响面较小，不易造成重大火灾损失，故可不设消防给水设施，这类站场应按规范要求设置一定数量的小型移动式灭火器材，扑救火灾应以消防车为主。

8.1.3 防火系统的火灾探测与报警应符合现行国家标准《火灾自动报警系统设计规范》的有关规定，由于某些场所适宜选用带闭式喷头的传动管传递火灾信号，许多工程也是这样做的，为了保证其安全可靠制订了该条文。

8.1.4 因为本规范 6.4.1 条规定“沉降罐顶部积油厚度不应超过 0.8m”，并且沉降罐顶部存油少、油品含水率较高，消防设施标准应低于油罐。

8.1.5 目前，消防水泵、消防雨淋阀、冷却水喷淋喷雾等消防专用产品已成系列，为保证消防系统可靠性，应优先采用消防专用产品。防火堤内过滤器至冷却喷头和泡沫产生器的消防管道、采出水沉降罐上设置的泡沫液管道容易锈蚀，若用普通钢管，管内锈蚀碎片将堵塞管道和喷头，故规定采用热镀锌钢管。为保证管道使用寿命应先套扣或焊接法兰、环状管道焊完喷头短接后，再热镀锌。

8.1.6 内浮顶储罐的浮顶又称浮盘，有多种结构形式。对于浅盘或铝浮盘及由其他不抗烧非金属材料制作浮盘的内浮顶储罐，发生火灾时，沉盘、熔盘的可能性大，所以应按固定顶储罐对待。对于钢制单盘或双盘式内浮顶储罐，浮盘失效的可能性极小，所以按外浮顶储罐对待。

8.2 消 防 站

8.2.1 油气田及油气管道消防站的设置，不同于其他工业区和城镇消防站。突出特点是点多、线长、面广、布局分散、人口密度小。由于油气田生产的特殊性，不可能完全按照《城市消防站建设标准》套搬。譬如，规划布局不可能按城市规划区的要求，在接到报警后 5min 内到达责任区边缘。而且，责任区面积不可能也没有必要按“标准型普通消防站不应大于 $7km^2$，小型普通消防站不应大于 $4km^2$”的规定建站。历史上也从未达到过上述时空要求。调研中通过征求设计部门、消防监督部门，以及生产单位等各方面的意见，一致认为：鉴于油气田是矿区，域内人口密度小、人员高度分散、消防保卫对象不集中的现状，不应仅以所占地理面积大小和居住人口数量的多少来决定是否建站。而应从实际出发，按站场生产规模的大小、火灾种类、危险性等级、所处地理环境等因素综合考虑划分责任区。

设有固定灭火和消防冷却水设施的三级及其以上油气站场，根据《低倍数泡沫灭火系统设计规范》GB 50151—92（2000 年版）的规定：“非水溶性的甲、乙、丙类液体罐上固定灭火系统，泡沫混合液供给强度为 $6.0L/min·m^2$ 时，连续供给时间为 40min”，如果实际供给强度大于此规定，混合液连续供给时间可缩短 20%，即 32min。如果按最大供给量和最短连续供给时间计算，邻近消防协作力量在 30min 内到达现场是可行的。

输油管道及油田储运系统站库设置消防站和消防车的规定，主要参考原苏联石油库防火规范和我国国家标准《石油库设计规范》GB 50074—2003。原苏联标准《石油和石油制品仓库防火规范》（1993 年版）规定，设置固定消防系统的石油库，当油罐总容量 $100000m^3$ 及以下时，设置面积不小于 $20m^2$ 存放消防器材的场地；油罐总容量 100000～$500000m^3$ 时，设 1 台消防车，油罐总容量大于 $500000m^3$ 时，设 2 台消防车。

消防站和消防车的设置体现重要站场与一般站场区别对待，东部地区与西部地区区别对待的原则。重要油气站场，例如塔里木轮南油气处理站和管输首站等，站内设固定消防系统，同时按区域规划要求在其附近设置等级不低于二级的消防站，消防车 5min 之内到达现场，确保其安全。一般油气站场站内设固定消防系统，并考虑适当的外部消防协作力量。一些小型的三级油气站场，站内油罐主要是事故罐或高含水原油沉降罐，火灾危险性较小，可适当放宽消防站和消防车设置标准。我国西部地区的油气田，由于自然条件恶劣，且人烟稀少，油气站场的防火以提高站内工艺安全可靠性和站内消防技术水平为重点，消防站和消防车的配置要求适当放宽。随着西部更多油气田的开发建设，及时调整消防责任区，这些油气站场外部消防协作力量会逐步加强。

站内消防车是站内义务消防力量的组成部分，可以由生产岗位人员兼管，并可参照消防泵房确定站内消防车库与油气生产设施的距离。

本条是在原规范第 7.2.1 条基础上修订的，与原规范比较，适当提高了消防站和站内消防车的设置标准，增加了可操作性。

8.2.2 本条对消防站设置的位置提出了要求。首先要保证消防救援力量的安全，以便在发生火灾时或紧急情况下能迅速出动。1989 年黄岛油库特大火灾事故，爆炸起火后最先烧毁了岛上仅有的一个消防站并死伤多人。1997 年北京东方红炼油厂特大火灾事故，爆炸冲击波将消防站玻璃全部震碎，多人受伤，钢混结构的建筑物被震裂，消防车库的门扭曲变形打不开，以致消防车出不了库。这些火灾事故的经验教训引起人们对消防站设置位置的认真思考。

目前，还没有收集到美国和欧洲标准关于消防站及消防车与油气生产设施安全距离的规定。原苏联标准《石油和石油制品仓库防火规范》（1993年版）规定消防大楼（无人居住）、办公楼和生活大楼距地面储罐40m，距装卸油装置40m。我国国家标准《石油化工企业设计防火规范》GB 50160—92（1999年版）规定消防站距油品储罐50m，距液化烃储罐70m，距其他石油设施40m。我国国家标准《石油库设计规范》GB 50074—2002规定消防车库距油罐、厂房的最大距离为40m。炼油厂和油库的消防站主要为本单位服务，一般布置在工厂围墙之内，距油罐和生产厂房较近。油气田的多数消防站是为责任区内的多个油气站场服务，在主要服务对象的油气站场围墙外单独设置，所以与储油罐、厂房之间有较大距离。综合考虑上述情况，消防站与甲、乙类储油罐的距离仍保持原规范的规定，与甲、乙类生产厂房的距离由原规范的50m增加到100m。对于新建的特大型石油天然气站场，如果经过分析储罐或厂房一旦发生火灾会对消防站构成严重威胁，可酌情增加油气站场与消防站的距离。

8.2.3 消防站是战备执勤、待机出动的专业场所，其建筑必须功能齐全，既满足快速反应的需要，又符合环保标准。本条除按传统做法提出一般要求外，还特别规定了："消防车库应有排除发动机废气设施。滑竿室通向车库的出口处应有废气阻隔装置"。由于消防站的设计必须满足人员快速出动的要求。因此，传统的房屋功能组合，总是把执勤待机室和消防车库连在一起。火警出动时，人员从二楼的待机室通过滑竿直接进入消防车库。过去由于消防车库未有排除废气设施，室内通风又不好，加之滑竿出口处不密封，发动车时的汽车尾气，通过滑竿口的抽吸作用，将烟抽到二楼以上人员活动的场所，常常造成人员集体中毒。这样的事故在我国西部和北方地区的冬季经常发生。为保证人身健康，创造良好的、无污染的工作和生活环境，本条对此作出明确规定，以解决多年来基层反映最强烈的问题。

8.2.4 油气田和管道系统发生的火灾，具有热值高、辐射热强、扑救难度大的特点。实践证明，扑救这类火灾需要载重量大、供给强度大、射程远的大功率消防车。经调查发现，有些站的技术装备标准很不统一且十分落后，没有按照火灾特点配备消防车辆和器材。考虑到油气田和管道系统所在地区多数水源不足，消防站布局高度分散，增援力量要在2~3h乃至更长的时间才能到达火场的现实。在本条中给出了消防车技术性能要求。为了使有关部门有据可依，参照国内外有关标准规定，制成表8.2.4，供选配消防车辆用。

泡沫液在消防车罐内如果长期不用会自然沉降，粘液难除，影响灭火，所以要求泡沫罐设置防止泡沫液沉降装置。

"油气田地形复杂"主要是考虑我国西北各油气田的地理条件，例如，黄土高原、沙漠、戈壁，地面普通交通工具难以跨越和迅速到达，有条件的地区或经济承受能力允许，可配消防专用直升飞机。有水上责任区的，应配消防艇或轻便实用的小型消防船、卸载式消防舟。配消防艇的消防站应有供消防艇靠泊的专用码头。

北方高寒地区冬季灭火经常因泵的出水阀冻死而打不开，出不了水。过去曾用气焊或汽油喷灯烘烤，虽然能很快解冻，但对车辆破坏太大。所以规定可根据实际需要配解冻锅炉消防车。解冻锅炉消防车既可以解冻，又可以用于蒸汽灭火。因不是统配设备，故把这条要求写在了"注"里。

考虑我国东部和西部的具体情况，从实际出发，实事求是，统配设备中可根据实际需要调整车型。

8.2.5 本条是按独立消防站所配车辆的最大总荷载，规定一次出动应带到火场的灭火剂总量，也是扑救重点保卫对象一处火灾的最低需要量。

"按灭火剂总量1:1的比例保持储备量"是指除水以外的其他灭火剂。目前在我国常用的，主要是各种泡沫灭火剂和各类干粉灭火剂，如表8.2.5所列。

8.2.6 加强消防通信建设，是实现消防现代化、推进消防改革与发展的重要环节。现行国家标准《消防通信指挥系统设计规范》GB 50313是国家强制性技术法规，油气田和管道系统消防站应严格按照该规范要求，建设消防通信线路，保证"119"火灾报警专线和调度专线；实现有线通信数字化；实现有线、无线、计算机通信的联动响应；达到45s完成接受和处理火警过程的法规要求。依托社会公用网或公安专用网，建设消防虚拟的信息传输网络。

8.3 消 防 给 水

8.3.1 根据石油天然气站场的实际情况，本条对消防用水水源作了较具体的规定和要求。若天然水源较充足，可以就地取用；配制泡沫混合液用水对水温的要求详见现行国家标准《低倍数泡沫灭火系统设计规范》GB 50151。处理达标的油田采出水能满足消防的水质、水温要求时，可用于消防给水。当油田采出水用作消防水源时，采出水的物理化学性质应与采用的泡沫灭火剂相容，不能因为水质、水温不符合要求而降低泡沫灭火剂的性能。

8.3.2 目前，石油天然气站场内的消防供水管道有两种类型，一种是敷设专用的消防供水管，另一种是消防供水管道与生产、生活给水管道合并。经过调查，专用消防供水管道由于长期不使用，管道内的水质易变质；另外，由于管理工作制度不健全，特别是寒冷地区，有的专用消防供水管道被冻裂，如采用合并式管道时，上述问题即可得到解决又可节省建设资金。为了减轻火灾对生产、生活用水的干扰，规定系统水量应为消防用水量与70%生产、生活用水量之和。生产用水量不包括油田注水用水量。

8.3.3 环状管网彼此相通，双向供水安全可靠。储罐区是油气站场火灾危险性最大、可燃物最多的区域；天然气处理厂的生产装置区是全厂生产的关键部位，根据多年生产经验应采用环状供水管网，可保证供水安全可靠。其他区域可根据具体情况采用环网或枝状给水管道。

为了保证火场用水，避免因个别管段损坏而导致管网中断供水，环状管网应用阀门分割成若干独立段，两阀门之间的消火栓数量不宜超过5个。

对寒冷地区的消火栓井、阀池和管道应有可靠的防渗、保温措施，如大庆油田由于地下水位较高，消火栓井、阀池内进水，每到冬季常有消火栓、阀门、管道被冻裂，不能正常使用。

8.3.4 当没有消防给水管道或消防给水管道不能满足消防水量和水压等要求时，应设置消防水池储存消防用水。消防水池的容量应为灭火连续供给时间和消防用水量的乘积。若能确保连续供水时，其容量可以减去灭火延续时间内补充的水量。

当消防水池（罐）和给水或注水池（罐）合用时，为了保证消防用水不被给水或注水使用，应在池（罐）内采取技术措施。如将给水、注水泵的吸水管入口置于消防用水高水位以上；或将给水、注水泵的吸水管在消防用水高水位处打孔等，以确保消防用水的可靠性。

消防用水量较大时应设2座水池（罐）以便在检修、清池（罐）时能保证有一座水池（罐）正常供水。补水时间不超过96h是从油田的具体情况、从安全和经济相结合考虑的。设有火灾自动报警装置，灭火及冷却系统操作采取自动化程序控制的站场，消防水罐的补水时间不应超过48h。设有小型消防系统的站场，消防水罐的补水时间限制可放宽，但不应超过96h。

消防车从消防水池取水，距消防保护对象的距离是根据消防车供水最大距离确定的。

8.3.5 对消火栓的设置提出了要求：

1 油气站场当采用高压消防供水时，其水源无论是由油气田给水干管供给，还是由站场内部消防泵房供给，消防供水管网最不利点消火栓出口水压和水量，应满足在各种消防设备扑救最高储罐或最高建（构）筑物火灾时的要求。采用低压制消防供水时，由消防车或其他移动式消防水泵提升灭火所需的压力。为保证管道内的水能进入消防车储水罐，低压制消防供水管道最不利点消火栓出口水压应保证不小于0.1MPa（10m水柱）。

2 储罐区的消火栓应设在防火堤和消防道路之间，是考虑消防实际操作的需要及水带敷设不会阻碍消防车在消防道路上的行驶。消火栓距离路边1～5m，是为使用方便和安全。

3 通常一个消火栓供一辆消防车或2支口径19mm水枪用水，其用水量为10～13L/s，加上漏损，故消火栓出水量按10～15L/s计算。当罐区采用固定式冷却给水系统时，在罐区四周应设消火栓，是为了罐上固定冷却水管被破坏时，给移动式灭火设备供水。2支消火栓的间距不应小于10m是考虑满足停靠消防车等操作要求。

4 对消火栓的栓口做了具体规定。低压制消火栓主要是为消防车供水应有直径100mm出口，高压制消火栓主要是通过水龙带为消防设备直接供水，应有两个直径65mm出口。

5 设置水龙带箱是参照国外规范制定的，该箱用途很大，特别是对高压制消防供水系统，自救工具必须设在取水地点，箱内的水带及水枪数量是根据消火栓的布置要求配置的。

8.4 油罐区消防设施

8.4.1 石油是最重要的能源和化工原料，并已成为关系国计民生的重要战略物资，其火灾安全举世关注。据1982年2月我国有关单位调查统计，油罐年平均着火几率约为0.448‰，其中石油化工行业最高，为0.69‰。调查材料同时表明，油罐火灾比例随储存油品的不同而异，以汽油等低闪点油罐及操作温度较高的重油储罐火灾为主。由于油品本身的易燃、火灾易蔓延及扑救难等特性，如果发生火灾不能及时有效扑救，特别是大储量油罐区往往后果惨重。这方面的案例很多，如1989年黄岛油库大火，除造成重大财产损失和生态灾难外，还因油罐沸溢导致了灭火人员的重大伤亡。

油罐火的火焰温度通常在1000℃以上。油罐、尤其是地上钢罐着火后，受火焰直接作用，着火罐的罐壁温升很快，一般5min内可使油面以上的罐壁温度达到500℃，8～10min后，达到甚至超过700℃。若不对罐壁及时进行水冷却，油面以上的罐壁钢板将失去支撑能力；并且泡沫灭火时，因泡沫不易贴近炽热的罐壁而导致长时间的边缘火，影响灭火效果，甚至不能灭火。再者，发生或发展为全液面火灾的油罐，其一定距离内的相邻油罐受强烈热辐射、对流等的影响，罐内油品温度会明显升高。距着火油罐越近、风速越大，温升速度越快、温度越高，且非常明显。为防止相邻油罐被引燃，一定距离内的相邻油罐也需要冷却。

综上所述，为防止油罐火灾进一步失控与及时灭火，除一些危险性较小的特定场所（详见第8.4.10条、第8.4.11条的规定）外，油罐区应设置灭火系统和消防冷却水系统。国内外的相关标准、规范也作了类似的规定。有关冷却范围及消防冷却水强度，本节另有规定。

低倍数泡沫灭火系统用于扑救石油及其产品火灾，可追溯到20世纪初。1925年，厄克特发明干法化学泡沫后，出现了化学泡沫灭火装置，并逐步得到了广泛应用。1937年，萨莫研制出蛋白泡沫灭火剂后，空气泡沫灭火系统逐步取代化学泡沫灭火装置，且应用范围不断扩展。随着泡沫灭火剂和泡沫灭火设备及工艺不断发展完善，低倍数泡沫灭火系统作为成熟的灭火技术，在世界范围内，被广泛用于生产、加工、储存、运输和使用甲、乙、丙类液体的场所，并早已成为甲、乙、丙类液体储罐区及石油化工装置区等场所的消防主力军。世界各国的相关工程标准、规范普遍推荐石油及其产品储罐设置低倍数泡沫灭火系统。

8.4.2 本条规定是在原规范1993年版的基础上，对设置固定式系统的条件进行了补充和细化，与现行国家标准《石油化工企业设计防火规范》、《石油库设计规范》的规定相类似。本条各款规定的依据或含义如下：

1 单罐容量$10000m^3$及以上的固定顶罐与单罐容量不小于$50000m^3$及以上的浮顶罐发生火灾后，扑救其火灾所需的泡沫混合液流量较大，灭火难度也较大。而且其储罐区通常总容量较大，可接受的火灾风险相对较小，火灾一旦失控，造成的损失巨大。另外，这类储罐若设置半固定式系统，所需的泡沫消防车较多，协调、操作复杂，可靠性低，也不经济。

机动消防设施不能进行有效保护系指消防站距油罐区远或消防车配备不足等。地形复杂指建于山坡区，消防道路环行设置有困难的油罐区。

2 容量小于$200m^3$、罐壁高小于7m的储罐着火时，燃烧面积不大，7m罐壁高可以将泡沫勾管与消防拉梯二者配合使用进行扑救，操作亦比较简单，故可以采用移动式灭火系统。

3 目前，在油田站场单罐容量大于$200m^3$、小于$10000m^3$范围内的固定顶罐中，5000～$10000m^3$储罐较少，多为$5000m^3$及以下的储罐；单罐容量小于$50000m^3$的浮顶罐，多为$20000m^3$、$10000m^3$、$5000m^3$的储罐。正常条件下，这些储罐采用半固定式系统是可行的。当然，这也不是绝对的。当储罐区总容量较大、人员和机动消防设施保障性差时，最好设置固定式系统。另外，对于原油储罐，尚需考虑其火灾特性。一般认为，原油储罐火灾持续30min后，可能形成了一定厚度的高温层。若待到此时才喷射泡沫，则可能发生溅溢事故，且火灾持续时间越长，这种可能性越大。为此，泡沫消防车等机动设施30min内不能供给泡沫的，最好设置固定式系统。再者，本规定含单罐容量大于或等于$200m^3$的污油罐。

8.4.3 本条规定的依据和出发点如下：

1 单罐容量不小于$20000m^3$的固定顶油罐发生火灾后，如果错过初期最佳灭火时机，其灭火难度会大大增加，并且一般消防队可能难以扑灭其火灾。所以，为了尽快启动其泡沫灭火系统和消防冷却水系统灭火于初期，参照了国家标准《低倍数泡沫灭火系统设计规范》GB 50151—92（2000年版）“当储罐区固定式泡沫灭火系统的泡沫混合液流量大于或等于100L/s时，系统的泵、比例混合装置及其管道上的控制阀、干管控制阀宜具备遥控操纵功能”的规定，作了如此规定。

2 外浮顶油罐初期火灾多为密封处的局部火灾，尤其低液面时难于及时发现。对于单罐容量等于或大于$50000m^3$的储罐，若火灾蔓延则损失巨大。所以需要设自动报警系统，能尽快准确探知火情。为与现行国家标准《石油化工企业设计防火规范》、《石油库设计规范》的相关规定一致，对原规范1993年版的规定作了修改。

3 单罐容量等于或大于$100000m^3$的油罐区，其泡沫灭火系统和消防冷却水系统的管道一般较长。《低倍数泡沫灭火系统设计规范》规定了泡沫进入储罐的时间不应超过5min。若消防系统手动操作，泡沫和水到达被保护储罐的时间较长，不利于灭火于初期，也难满足相关规范的规定。另外，此类油罐区不但单罐容量大，通常总容量巨大，可接受的火灾风险相对较小。本规范和《石油化工企业设计防火规范》、《石油库设计规范》一样，对浮顶油罐的防御标准为环形密封处的局部火灾，并可不冷却相邻储罐。若油罐高位着火并持续较长时间，相邻油罐将受到威胁，火灾一旦蔓延，后果难以估量。所以，在着火初期灭火非常重要。为此，参考上述两部规范作了如此规定，以在一定程度上降低火灾风险。

8.4.5 本条的规定并未改变原规范1993年版规定的实质内容，仅在编写格式和表述方式上作了变动。本条规定的出发点与8.4.2相同，需要补充说明如下：

在对保温油罐的消防冷却水系统设置上，《石油库设计规范》及《石油化工企业设计防火规范》与本规范的规定有所不同。如《石油库设计规范》规定：“单罐容量不小于$5000m^3$或罐壁高度不小于17m的油罐，应设置固定式消防冷却水系统；相邻保温油罐，可采用带架喷雾水枪或水炮的移动式消防冷却水系统”。又如《石油化工企业设计防火规范》规定：“罐壁高于17m或储罐容量大于等于$10000m^3$的非保温罐应设置固定式消防冷却水系统”。根据实际火灾案例，油罐保温层的作用是有限的。如1989年8月12日发生在黄岛油库火灾，上午9时55分，5号$20000m^3$的地下钢筋混凝土储罐遭雷击爆炸起火。12时零5分，顺风而来的大火不但将4号$20000m^3$的地下钢筋混凝土储罐引爆，而且1号、2号、3号$10000m^3$的地上钢制油罐也相继爆炸，几万吨原油横溢，形成了近两平方公里的火海，造成了重大人员伤亡和财产损失及环境污染，留下深刻的教训。为此，本规定将保温罐与非保温罐同等对待，这不但能最大限度地保障灭火人员的人身安全，防止相邻储罐被引燃，且经济合理，适合油气田的实际情况。

另外，本规范规定了半固定式系统，与《石油库设计规范》、《石油化工企业设计防火规范》是有别的，这体现了油气田的特点。不过，若油罐区设置了固定式泡沫灭火系统，还是设置固定式消防冷却水系统为宜。

8.4.6 对原规范 1993 年版第 7.3.3 条第二款第 1 项规定地上油罐的冷却范围作了补充。根据调研，某些油气田中设有卧式油罐。所以，本次修订，补充了对地上卧式油罐冷却要求，并对编写格式和表述方式进行了修改。另外，本规定与现行国家标准《石油库设计规范》、《石油化工企业设计防火规范》及《建筑设计防火规范》的规定基本相同。

1 本款规定是在综合试验和辐射热强度与距离（L/D）平方成反比的热力学理论及现实工程中油罐的布置情况的基础上做出的。

为给相关规范的制订提供依据，有关单位分别于 1974 年、1976 年、1987 年，在公安部天津消防科学研究所试验场进行了全敞口汽油储罐泡沫灭火及其热工测试试验。现将有关辐射热测试数据摘要汇总，见表 6。不过，由于试验时对储罐进行了水冷却，且燃烧时间仅有 2～3min 左右，测得的数据可能偏小。即使这样，1974 年的试验显示，距离 5000m³ 低液面着火油罐 1.5 倍直径、测点高度等于着火储罐罐壁高度处的辐射热强度，平均值为 2.17kW/m²，四个方向平均最大值为 2.39kW/m²，最大值为 4.45kW/m²；1976 年的 5000m³ 汽油储罐试验显示，液面高度为 11.3m、测点高度等于着火储罐罐壁高度时，距离着火储罐罐壁 1.5 倍直径处四个方向辐射热强度平均值为 3.07kW/m²，平均最大值为 4.94kW/m²，最大值为 5.82kW/m²。尽管目前国内外标准、规范并未明确将辐射热强度的大小作为消防冷却的条件，但根据试验测试，热辐射强度达到 4kW/m² 时，人员只能停留 20s；12.5 kW/m² 时，木材燃烧、塑料熔化；37.5 kW/m²时，设备完全损坏。可见辐射热强度达到 4kW/m² 时，必须进行水冷却，否则，相邻储罐被引燃的可能性较大。

试验证明，热辐射强度与油品种类有关，油品的轻组分愈多，其热辐射强度愈大。现将相关文献给出的汽油、煤油、柴油和原油的主要火灾特征参数摘录汇总成表 7，供参考。由该表可见，主要火灾特征参数值，汽油最高、原油最低。汽油的质量燃烧速度约为原油的 1.33 倍；火焰高度约为原油的 2.14 倍；火焰表面的热辐射强度约为原油的 1.62 倍。所以，只要满足汽油储罐的安全要求，就能满足其他油品储罐的安全要求。

表 6 国内油罐灭火试验辐射热测试数据摘要汇总表

试验年份	试验油罐参数（m）			测定位置		辐射热量（kW/m²）		
	直径	高度	液面	L/D	h	平均值	平均最大值	最大值
1974	5.4	5.4	高液面	1.5	1.0H	6.88	7.76	8.26
			低液面	1.5	0.5H	1.62		2.44
				1.5	1.0H	3.88	4.77	11.62
				1.5	1.5H	8.58	9.98	17.32
	22.3	11.3	低液面	1.0	1.0H	6.30	6.80	13.41
				1.5	1.0H	2.52	2.83	4.91
				2.0	1.0H	2.17	2.39	4.45
1976	22.3	11.3	高液面	1.0	1.0H	8.84	13.57	23.84
				1.5	1.0H	4.42	5.93	9.25
				2.0	1.0H	3.07	4.94	5.82
1987	5.4	5.4	中液面	1.0	1.0H	17.10	30.70	35.90
				1.5	1.0H	9.50	17.40	18.00
				1.5	1.8m	3.95	7.20	7.80
				2.0	1.8m	2.95	4.95	6.10
	22.3	11.3	低液面	1.0	1.0H	10.53	14.30	17.90
				1.5	1.0H	4.45	5.65	6.10
				1.5	1.8m	3.15	4.30	5.20

注：L——测点至试验油罐中心的距离；D——试验油罐直径；H——试验油罐高度。

表 7 汽油、煤油、柴油和原油的主要火灾特征参数

油品	燃烧速度[1]（kg/m²·s）	火焰高度[2]（D）	燃烧热值（MJ/kg）	火焰表面热辐射强度（kW/m²）
汽油	0.056	1.5	44	97.2
煤油	0.053		41	
柴油	0.0425～0.047	0.9	41	73.0
原油	0.033～0.042	0.7		60.0

注：1 当风速达到 8～10m/s 时，油品的燃烧速度可增加 30%～50%。

2 D 为储罐直径。火焰高度与油罐直径有关。国内试验：直径 5.4m、22.3m 敞口汽油储罐的平均火焰高度分别为 2.12D、1.56D；日本试验：储罐越大，火焰高度越接近 1.5D；德国试验：小罐 3.0D、大罐 1.7D。

2 对于浮顶罐，发生全液面火灾的几率极小，更多的火灾表现为密封处的局部火灾，所以本规范与《石油库设计规范》及《石油化工企业设计防火规范》一样，设防基点均为浮顶罐环形密封处的局部火灾。环形密封处的局部火灾的火势较小，如某石化总厂发生的两起浮顶罐火灾，其中10000m^3轻柴油浮顶罐着火，15min后扑灭，而密封圈只着了3处，最大处仅为7m长，相邻油罐无需冷却。

3 卧式油罐的容量相对较小，并且不乏长径比超过2倍的，为尽可能做到安全、合理，故将冷却范围与其直径和长度一并考虑。

8.4.7 本条规定了油罐消防冷却水供给范围和供给强度，其依据如下：

1 地上立式油罐消防冷却水最小供给强度的依据。

(1) 半固定、移动式冷却水供给强度。

半固定、移动式冷却方式多是采用直流水枪进行冷却的。受风向、消防队员操作水平的影响，冷却水不可能完全喷到罐壁上，故比固定式冷却水供给强度要大。1962年公安、石油、商业三部在公安部天津消防研究所进行泡沫灭火试验时，对400m^3固定顶油罐进行的冷却水量进行测定，当冷却水量为0.635L/s·m时，未发现罐壁有冷却不到的空白点；当冷却水量为0.478L/s·m时，发现罐壁有冷却不到的空白点，水量不足。可见，着火固定顶油罐的冷却水量不应小于0.6L/s·m。根据水枪移动速度经验，ϕ16mm水枪能满足这一最小冷却水量的要求；若达到同一射高，ϕ19mm水枪耗水量在0.8L/s·m以上。为此，根据试验数据及水枪的耗水量，按水枪口径的不同分别规定了最小冷却水供给强度。

浮顶、内浮顶储罐着火时，通常火势不大，且不是罐壁四周都着火，故冷却水供给强度小些。

相邻不保温、保温油罐的冷却水供给强度是根据测定的热辐射强度进行推算确定的。

单纯从被保护油罐冷却水用量的角度，按单位罐壁表面积表示冷却水供给强度较为合理。但由于在操作上水枪移动范围是有限度的，即水枪保护的罐壁周长有一定限度，所以将原规范1993年版规定的冷却水供给强度单位，由L/min·m^2变为L/s·m。当然，对于小储罐，按此冷却水供给强度单位，冷却水流到下部罐壁处的水量会多些。

(2) 固定式冷却水供给强度。

1966年公安、石油、商业三部在公安部天津消防研究所进行泡沫灭火试验时，对100m^3敞口汽油储罐采用固定式冷却，测得冷却水强度最低为0.49L/s·m，最高为0.82L/s·m。1000m^3油罐采用固定式冷却，测得冷却水强度为1.2～1.5L/s·m。上述试验，冷却效果较好，试验油罐温度控制在200～325℃之间，仅发现罐壁部分出现焦黑，罐体未发生变形。当时认为：固定式冷却水供给强度可采用0.5L/s·m，并且由于设计时不能确定哪是着火罐、哪是相邻罐，国家标准《建筑设计防火规范》GBJ 16与《石油库设计规范》GBJ 74最先规定着火罐和相邻罐固定式冷却水最小供给强度同为0.5L/s·m。此后，国内石油库工程项目基本都采用了这一参数。并且《建筑设计防火规范》至今仍未对这一参数进行修改。

随着储罐容量、高度的不断增大，以单位周长表示的0.5L/s·m冷却水供给强度对于高度大的储罐偏小；为使消防冷却水在罐壁上分布均匀，罐壁设加强圈、抗风圈的储罐需要分几圈设消防冷却水环管供水；国际上已通行采用"单位面积法"来表示冷却水供给强度。所以，现行国家标准《石油库设计规范》和《石油化工企业设计防火规范》将以单位周长表示的冷却水供给强度，按罐壁高13m的5000m^3固定顶储罐换算成单位罐壁表面积表示的冷却水供给强度，即0.5L/s·m× 60÷13m≈2.3L/min·m^2，适当调整取2.5L/min·m^2。故规定固定顶储罐、浅盘式或浮盘由易熔材料制作的内浮顶储罐的着火罐冷却水供给强度为2.5L/min·m^2。浮顶、内浮顶储罐着火时，通常火势不大，且不是罐壁四周都着火，故冷却水供给强度小些。本规范也是这种思路。

相邻储罐的冷却水供给强度至今国内未开展过试验，国家标准《石油库设计规范》和《石油化工企业设计防火规范》对此参数的修改是根据测定的热辐射强度进行推算确定的。思路是：甲、乙类固定顶储罐的间距为0.6D，接近0.5D。假设消防冷却水系统的水温为20℃，冷却过程中一半冷却水达到100℃并汽化吸收的热量为1465kJ/L，要带走表8.4.1所示距着火油罐罐壁0.5D处绝对最大值为23.84kW/m^2辐射热，所需的冷却水供给强度约为1.0L/min·m^2。《石油库设计规范》和《石油化工企业设计防火规范》曾一度规定相邻储罐固定式冷却水供给强度为1.0L/min·m^2。后因要满足这一参数，喷头的工作压力需降至着火罐冷却水喷头工作压力的1/6.25，在操作上难以实现。于是，《石油化工企业设计防火规范》1999年修订版率先修改，不管是固定顶储罐还是浮顶储罐，其冷却强度均调整为2.0L/min·m^2。全面修订的《石油库设计规范》GB 50074—2002予以修改。由于是相同问题，所以本规范也采纳了这一做法。

冷却水强度的调节设施在设计中应予考虑。比较简易的方法是在罐的供水总管的防火堤外控制阀后装设压力表，系统调试标定时辅以超声波流量计，调节阀门开启度，分别标出着火罐及邻罐冷却时压力表的刻度，做出永久标记，以确保火灾时调节阀门达到设计的冷却水供水强度。

值得说明的是，100m^3试验罐高5.4m，若将1966年国内试验时测得的最低冷却水强度0.49L/s·m一值进行换算，结果应大致为6.0L/min·m^2；相邻储罐消防冷却水供给强度的推算思路也不一定成立；与国外相关标准规范的规定相比（见表8），我国规范规定的消防冷却水供给强度偏低。然而，设置消防冷却水系统的储罐区大都设置了泡沫灭火系统，及时供给泡沫可快速灭火，并且着火储罐不一定为辐射热强度大的汽油、不一定处于中低液位、不一定形成全敞口。所以，本规范规定的冷却水供给强度是能发挥一定作用的。

表 8　部分国外标准、规范规定的可燃液体储罐消防冷却水供给强度

序号	标准、规范名称	冷却水供给强度	
		着火罐	相邻罐
1	美国消防协会 NFPA 15 固定水喷雾消防系统标准	10.2L/min·m²	最小 2L/min·m²、通常 6L/min·m²、最大 10.2L/min·m²
2	俄罗斯 СНиП2.11.03—93 石油和石油制品仓库设计标准	罐高 12m 及以上：0.75L/s·m；罐高 12m 以下：0.50L/s·m	罐高 12m 及以上：0.30L/s·m；罐高 12m 以下：0.20L/s·m
3	英国石油学会石油工业安全规范第 19 部分 炼油厂与大容量储存装置的防火措施	10L/min·m²	大于 2L/min·m²

2　地上卧式罐。

地上卧式罐的火灾多发生在顶部人孔处。考虑到卧式罐爆炸着火时，部分油品溅出形成小范围地面火，故冷却范围最初是按储罐表面积计算的。但由于人孔处的燃烧面积较小，地面局部火焰主要作用在储罐底部，只要消防冷却水供给强度足够，水从储罐上部喷洒后基本能流到罐底部，从而冷却整个储罐，所以将冷却范围调整为储罐的投影面积。

参考国内相关试验，冷却水供给强度，着火罐不小于 6.0 L/min·m²、相邻罐不小于 3.0L/min·m²，应能保证着火罐不变形、不破裂。

3　对于相邻储罐。

靠近着火罐的一侧接收的辐射热最大，且越靠近罐顶，辐射热越大。所以冷却的重点是靠近着火罐一侧的罐壁，冷却面积可按实际需要冷却部位的面积计算。但现实中冷却面积很难准确计算，并且相邻关系需考虑罐组内所有储罐。为了安全，规定设置固定式消防冷却水系统时，冷却面积不得小于罐壁表面积的 1/2。为实现相邻罐的半壁冷却，设计时，可将固定冷却环管等分成 2 段或 4 段，着火时由阀门控制冷却范围，着火油罐开启整圈喷淋管，而相邻油罐仅开启靠近着火油罐的半圈。这样虽然增加了阀门，但水量可减少。

工程设计时，通常是根据设计参数选择设备等，但所选设备的参数不一定与设计参数吻合，为了稳妥，需要根据所选设备校核冷却水供给强度。

8.4.8　从收集的油罐火灾案例来看，燃烧时间最长的是发生在 1954 年 10 月东北某炼油厂一座 300m³（直径 7m）轻柴油固定顶储罐火灾，燃烧了 6h。另外是 20 世纪 70 年代发生在东北另一家炼油厂 5000m³（直径 23m）轻柴油固定顶储罐火灾，因三个泡沫产生器立管连接在一起，罐顶局部炸开时拉断了其中一个泡沫产生器立管，使泡沫系统不能工作。又因罐顶未全部掀开，车载泡沫炮也无法将泡沫打进，泡沫钩管又无法挂，历时 4.5h，罐内油品全部烧光。其他火灾的持续时间均小于 4h。地上卧式油罐火灾的火势较小，扑救较容易。本着安全又经济的原则，规定直径大于 20m 的地上固定顶油罐和浅盘式或浮盘为易熔材料制作的内浮顶油罐消防冷却水供给时间不应小于 6h，其他立式油罐消防冷却水供给时间不应小于 4h，地上卧式油罐消防冷却水供给时间不应小于 1h。

另外，油罐消防冷却水供给时间应从开始对油罐喷水算起，直至不会发生复燃为止，其与灭火时间有直接关系。为此，在保障消防冷却水供给强度与供给时间的同时，保障灭火系统的合理可靠尤为重要。

8.4.9　本条规定了油罐固定式消防冷却水系统的设置，其依据如下：

1　最初，是通过在消防冷却水环管上钻孔的方式向被保护储罐罐壁喷放冷却水的。实践证明，因现场加工误差较大，消防冷却水供给强度难以控制，并且冷却效果也不理想，所以不推荐这种方式。设置冷却喷头，冷却水供给强度便于控制，冷却效果也较理想。

喷头的喷水方向与罐壁保持 30°～60°的夹角，是为了减小水流对罐壁的冲击力，减少反弹水量，以便有效冷却罐壁。

2　消防冷却水环管通常设在靠近储罐上沿处。若油罐设有抗风圈或加强圈，并且没有设置导流设施时，上部喷放的冷却水难以有效冷却油罐抗风圈或加强圈下面的罐壁。所以需在其抗风圈或加强圈下面设冷却喷水圈管。设置多圈冷却水环管时，需按各环管实际保护的储罐罐壁面积分配冷却水量。

3　本规定是为了保证各管段间相互独立，及安全、方便地操作。

4　本规定是参照现行国家标准《低倍数泡沫灭火系统设计规范》相关规定做出的。旨在保障冷却水立管牢固地固定在罐壁上；冷却水管道便于清除锈渣。

5　便于系统运行后排出积水。

6　防止水中杂物损坏水泵及堵塞喷头等系统部件。

8.4.10　烟雾灭火系统是我国自主研究开发的一项主要用于甲、乙、丙类液体固定顶和内浮顶储罐的自动灭火技术。在其 30 多年的使用过程中，有多起成功灭火的案例，也有失败的教训。业内普遍认为它不如低倍数泡沫灭火系统可靠。另外，至今所进行的 7 次

原油固定顶储罐灭火试验所用原油为密度 0.9129g/cm^3、初馏点 84℃、190℃以下馏出体积量 5%的大港油田原油；2002 年 4 月在大庆油田进行的 3000m^3 原油罐低压烟雾灭火试验，其原油 190℃以下组分也不超过 12%。为此，将烟雾灭火系统应用场所限定在偏远缺水处的四、五级站场，并且将凝析原油储罐排除。本规定与原规范 1993 年版规定的不同处，就是增加了油罐区总容量和凝析油限制。

对于偏远缺水处的四、五级站场，考虑到其规模较小、取水困难、交通闭塞、供电质量差、且油田产量低等，若设置泡沫灭火系统和防冷却水系统或消防站，不少油田难以承受其高昂的开发成本。然而，多数站场远离居民区、且转油站的储罐只有事故时才储油，即使发生火灾不能及时扑灭，造成的危害和损失也较小。所以从全局的角度，设置烟雾灭火系统是可行的。

8.4.11 目前，在石油天然气站场中，总容量不大于 200m^3、且单罐容量不大于 100m^3 的立式油罐区很少，主要分布在长庆油田，且为转油站的事故油罐。这类站场规模较小，且储罐事故时才储油，即使发生火灾也基本不会造成大的危害和损失，所以规定可不设灭火系统和消防冷却水系统。

目前，我国油气田单井拉油的井场卧式油罐区中，多数总容量不超过 200m^3，少数总容量达到 500m^3，但单罐容量不超过 100m^3。这类站场的卧式油罐区多为临时性的，且火灾案例极少，设灭火系统和消防冷却水系统往往难以操作。所以，规定可不设灭火系统和消防冷却水系统。

8.5 天然气凝液、液化石油气罐区消防设施

8.5.1 LPG 储罐，尤其是压力储罐，火灾事故较多，其主要原因是泄漏。LPG 泄漏后迅速气化形成 LPG 蒸气云，遇火源爆炸（称作蒸气云爆炸），并回火点燃泄漏源。泄漏源着火将使储罐暴露于火焰中，若不能对储罐进行有效的消防水冷却，液态 LPG 将迅速气化，火灾进一步失控。

压力储罐暴露于火焰中，罐内压力上升，液面以上的罐壁（干壁）温度快速升高，强度下降，一定时间后干壁将会发生热塑性裂口而导致灾难性的沸腾液体蒸气爆炸火灾（一般称为沸液蒸气爆炸），造成储罐的整体破裂，同时伴随的冲击波、强大的热辐射及储罐碎片等还会导致重大人员伤亡和财产损失。某些发达国家的试验研究表明，在开阔区域的大气中，LPG 泄漏量超过 450kg 就有可能发生蒸气云爆炸，并随泄漏量的增加发生蒸气云爆炸可能性会显著增加。

通常全冷冻式 LPG 罐区总容量与单罐容量都较大，着火后如不进行有效消防水冷却，后果难以设想。美国《石油化工厂防火手册》曾介绍一例储罐火灾：A 罐、B 罐分别装丙烷 8000m^3、8900m^3，C 罐装丁烷 4400m^3，A 罐超压，顶壁结合处开裂了 180°，大量蒸气外溢，5s 后遇火爆燃。在消防车供水冷却控制火灾的情况下，A 罐燃烧了 35.5h 后损坏，B、C 罐顶阀件被烧坏，造成气体泄漏燃烧。B 罐切断阀无法关闭，结果烧了 6d；C 罐充 N_2 并抽料，3d 后关闭切断阀灭火。B、C 罐壁损坏较小，隔热层损坏大。

综上所述，LPG 储罐发生火灾后，破坏力较大，许多国家都发生过此类储罐爆炸火灾，尤其是压力储罐火灾，且都造成了重大财产损失和人员伤亡，各国都非常重视 LPG 储罐的消防问题。LPG 储罐发生泄漏后，最好的消防措施是喷射水雾稀释惰化 LPG 蒸气云，防止蒸气云爆炸；发生火灾后，应及时对着火罐及相邻罐喷水保护，防止暴露于火焰中的储罐发生沸液蒸气爆炸。另因天然气凝液与液化石油气性质相近，为此，一并规定天然气凝液与液化石油气罐区应设置消防冷却水系统。

另外，本条规定移动式干粉灭火设施系指干粉枪、炮或车。

8.5.2 单罐容量较大和（或）储罐数量较多的储罐区，所需的消防冷却水量较大，只靠移动式系统难以胜任，所以应设置固定式消防水冷却系统。但具体如何规定，目前，国家标准《建筑设计防火规范》、《石油化工企业设计防火规范》、《城镇燃气设计规范》等其他主要现行防火规范的规定不尽相同。由于石油天然气站场与石油化工企业不同，消防站大都在站场外，有的相距甚远，且消防车配备较少，往往短时间内难以组织起所需灭火救援力量。所以采纳了《建筑设计防火规范》与《城镇燃气设计规范》的规定。

另外，同时设置辅助水枪或水炮的作用是：当高速扩散火焰直接喷射到局部罐壁时，该局部需要较大的供水强度，此时应采用移动式水枪、水炮的集中水流加强冷却局部罐壁；用于因固定系统局部遭破坏而冷却不到地方；燃烧区周围亦需用水枪加强保护；稀释惰化及搅拌蒸气云，使之安全扩散，防止泄漏的 LPG 爆炸着火。这需要在罐区四周设置消火栓，并且消火栓的设置数量和工作压力要满足规定的水枪用水量。

对于总容量不大于 50m^3 或单罐容量不大于 20m^3 的储罐区，着火的可能性相对要小，特别是发生沸液蒸气爆炸的可能性小，并且着火后需冷却的储罐数量少、面积小，所以，规定可设置半固定式消防冷却水系统。

8.5.3 天然气凝液、液化石油气罐区发生火灾后，其固定系统与辅助水枪（水炮）大都同时使用，所以固定系统的消防用水量应按储罐固定式消防冷却用水量与移动式水枪用水量之和计算。

设置半固定式消防冷却水系统的罐区，着火后需冷却的面积基本不会超过 120m^2，所以规定消防用水量不应小于 20L/s。这与现行国家标准《建筑设计防

火规范》、《城镇燃气设计规范》的规定是相同的。

8.5.4 本条规定了固定冷却水供给强度与冷却面积，依据或解释如下：

1 消防冷却水供给强度。

1）国内外试验研究数据：

①英国消防研究所的皮·内斯在其“水喷雾扑救易燃液体火灾的特性参数”一文中，介绍的液化石油气储罐喷雾强度试验数据为9.6L/min·m²。

②英国消防协会 G·布雷在其“液化石油气储罐的水喷雾保护”的论文中指出：“只有以 10L/min·m² 的喷雾强度向罐壁喷射水雾才能为火焰包围的储罐提供安全保护。”

③美国石油学会（API）和日本工业技术院资源技术试验所分别在20世纪50年代和60年代进行了液化石油气储罐水喷雾保护的试验，结果表明：液化石油气储罐的喷雾强度大于6L/min·m²，罐壁温度可维持在100℃左右，即是安全的，采用10L/min·m²是可靠的。

④公安部天津消防研究所1982～1984年进行的“液化石油气储罐火灾受热时喷水冷却试验”获得了与美国、日本基本相同的结果，即喷雾强度大于6L/min·m²时，储罐可得到良好的冷却。

⑤美国 J·J·Duggan、C·H·Gilmour、P·F·Fisher 等人研究认为：未经隔离设计的容器一旦陷入火中，罐壁表面吸热量最小约为63100W/m²（见1944年1月A·S·M·E学报“暴露于火中容器的超压释放要求”、1943年10月NFPA季刊“暴露于火中的储罐放散”、橡胶设备用品公司备忘录89“容器的热量输入”等论文或文献）。当向被火包围的容器表面以8.2L/min·m²供给强度喷水时，罐壁表面吸热量将减小到18930W/m²（见橡胶设备用品公司备忘录123即“暴露火中容器的防护”一文）。

2）国外标准规范的规定。从搜集到的欧美、日本等国家的协会、学会标准来看，大都规定液化石油气储罐的最小消防水雾喷射强度为10L/min·m²。

3）国内相关规范的规定。《建筑设计防火规范》是第一部规定液化石油气储罐冷却水供给强度的国家规范。其主要依据就是上述美国石油学会（API）和日本工业技术院资源技术试验所的试验数据以及美国消防协会标准《固定式水喷雾灭火系统》NFPA 15的规定，并且为了便于计算规定最小冷却水供给强度为0.15L/s·m²。以后颁布的国家标准《石油化工企业设计防火规范》、《水喷雾灭火系统设计规范》、《城镇燃气设计规范》等均采纳了该规定。

综上所述，尽管我国规范规定的冷却水供给强度稍小于国外标准的规定，但还是可靠的，且得到了一些火灾案例的检验。

2 冷却范围。

目前，我国现行各规范的实质规定是一致的，本规定采纳了《建筑设计防火规范》的规定。所谓邻近储罐是指与着火储罐贴邻的储罐。

8.5.5 本条主要依据是现行国家标准《石油化工企业设计防火规范》的规定。

全冷冻式液化烃储罐一般为立式双壁罐，有较厚的隔热层，安全设施齐全。有关资料介绍，在某些方面比汽油罐安全，即使发生泄漏，泄漏后初始闪蒸气化，可能在20～30s的短时间会产生大量蒸气形成膜式沸腾状态，扩散比较远的距离，其后蒸发速度降低达到稳定状态，可燃性混合气体被限制在泄漏点附近。稳定状态时的燃烧速度和辐射热与相同燃烧面积的汽油相似。因此，此类罐的消防冷却水供给强度按一般立式油罐考虑。根据美国 API 2510A 标准，当受到暴露辐射而无火焰接触时，冷却水强度为0～4.07L/min·m²。本条按较大值考虑。

关于消防冷却水系统设置形式，可参照现行国家标准《石油化工企业设计防火规范》的规定。对于罐壁的冷却，设置固定水炮或在罐壁顶部设置带喷头的环形冷却水管都是可行的，具体采用哪一种，应结合实际工程确定。从美国《石油化工厂防火手册》介绍的该类火灾事例来看，水炮能起到冷却作用。

8.5.6 现行国家标准《建筑设计防火规范》、《城镇燃气设计规范》与本规范一样，均按储罐区总容量和单罐容量分为三个级别，分别规定了水枪用水量。由于石油化工企业单罐容量100m³以下的储罐极少，所以《石油化工企业设计防火规范》以储罐容积400m³为界分了两个级别，分别规定了与上述规范相同的水枪用水量。而石油天然气站场中单罐容量100m³以下的储罐为数不少，故采纳了《建筑设计防火规范》与《城镇燃气设计规范》的规定。不过上述各规范的规定并不矛盾。

8.5.7 关于消防冷却水连续供给时间，我国现行各规范的规定大同小异。《建筑设计防火规范》与《城镇燃气设计规范》规定：总容积小于220m³或单罐容积小于或等于50m³的储罐或储罐区，连续供水时间可为3h；其他储罐或储罐区应为6h。《石油化工企业设计防火规范》规定：消防用水的延续时间应按火灾时储罐安全放空所需时间确定，当其安全放空时间超过6h时，按6h计算。

国外相关标准因各自情况或体制不同，其规定消防冷却水连续供给时间差异较大，尚难借鉴。

据统计，LPG储罐火灾延续时间大都较长，有些长达数昼夜。显然，按这样长的时间设计消防用水量在经济上是不能接受的。规范所规定的连续供给时间主要考虑在灭火组织过程中需要立即投入的冷却用水量，是综合火灾统计资料与国民经济水平以及消防力量等情况确定的。

LPG储罐泄漏后，不一定立即着火，需要喷射一定时间的水雾稀释、惰化、驱散蒸气云。另外，石油天然气站场与石油化工企业不同，特别是小站，大都无放空火炬系统，并且天然气凝液储罐中的油品组分不能放空。所以本条采纳了《建筑设计防火规范》与《城镇燃气设计规范》的规定。

再者，对于单罐容量400m^3以上的储罐区，如有条件，尽可能回收利用冷却水。

8.5.8 本条为水喷雾固定式消防冷却水系统设置的基本要求，现行国家标准《石油化工企业设计防火规范》也做了类似的规定，与之相比，本规定只是增加了对储罐支撑的冷却要求。

8.5.9 本条主要依据是现行国家标准《石油化工企业设计防火规范》的规定。主要目的是保证系统各喷头的工作压力基本一致，发生火灾时便于及时开启系统控制阀，以及防止因管道锈蚀等堵塞喷头。

8.6 装置区及厂房消防设施

8.6.1 天然气净化处理站场的消防用水量与生产装置的规模、火灾危险性、占地面积等有关。四川某气田由日本设计的卧龙河引进“天然气处理装置成套设备”，天然气处理量为$400\times10^4m^3/d$，消防用水量为70L/s，连续供给时间按30min计算。通过多年生产考察，消防用水供水强度可减少。根据我国国情和多座天然气净化厂（站）的设计经验、生产运行考核，将消防用水量依据其生产规模类型、火灾危险类别及固定消防设施情况等因素计算确定，而将原第7.3.8条“不宜少于30L/s”具体划分为三档。各级厂站的最小消防用水量可按表8.6.1选用，而将生产规模大于$50\times10^4m^3/d$的压气站纳入第二档并定为30L/s，是根据德国PLE公司设计并已建成投运的陕京输气管道工程，压气站设置一次消防用水量200～300m^3和压缩机房设置气体灭火系统等设施，同时考虑到油气田压气站、注气站的消防供水现状等因素确定的。当压缩机房设有气体灭火系统时，可不设或减少消防用水量。第三档是生产过程较复杂而规模又小于$50\times10^4m^3/d$的天然气净化厂，因占地面积、着火几率、经济损失等较单一站大，需要一定量的消防用水。但常常处于气田内部生产规模小于$200\times10^4m^3/d$的天然气脱水站、脱硫站和生产规模小于或等于$50\times10^4m^3/d$的压气站则可不设消防给水设施。

8.6.2 由于扑救火灾常用ϕ19mm手持水枪，其枪口压力一般控制在0.35MPa以内，可由一人操作，若水压再高则操作困难。当水压为0.35MPa时，其水枪充实水柱射高约为17m，而ϕ19mm的水枪每支控制面积一般为50m^2左右，当三级站场装置区的高大塔架和设备群发生火灾时，难以用手持水枪有效灭火。而固定消防炮亦属岗位应急消防设施，一人可以操作，并能及时向火场提供较大的消防水（泡沫、干粉等）量和足够射程的充实水柱，达到对初期火灾的控火、灭火及保护设备的目的。

水炮的喷嘴宜为直流-水雾两用喷嘴，以便于分别保护高大危险设备和地面上的危险设备群。炮的设置距离和出水量是参考国内外有关企业资料和国内此类产品确定的。

8.6.3 本条是在原规范7.1.11条的基础上参照国家标准《气田天然气净化厂设计规范》SY/T 0011—96第6.1.5.6款和《石油化工企业设计防火规范》GB 50160—92（1999年版）第7.6.5条有关规定编制的。

8.6.4、8.6.5 这两条是参照《建筑设计防火规范》有关条款并结合油气站场的厂房、库房、调度办公楼等的特点，提出了建筑物消防给水设施的范围和原则。

8.6.6 干粉灭火剂用于扑灭天然气初期火灾是一种灭火效果好、速度快的有效灭火剂，而碳酸氢钠是BC类干粉中较成熟、较经济并广泛应用的灭火剂。二氧化碳等气体的灭火性能好、灭火后对保护对象不产生二次损害，是扑救站内重点保护对象压缩机组及电器控制设备火灾的良好灭火剂，故在本规范作了这一规定。扑救天然气火灾最根本的措施是截断气源，但是，当火灾蔓延，对设备（可用水降温，不致于造成损害）的冷却、建筑物的灭火和消防人员的保护等，水具有不可替代的重要作用，因此，凡水源充足、有条件的场站设置消防给水系统是十分必要的。有的压气站位于边远山区、沙漠腹地、人迹罕至、水资源匮乏、规模较小等诸多因素的存在，则不作硬性规定，适当留有余地，这与国外敞开式压缩机组不设水消防一致。

8.6.7 无论是装置区域还是全厂，凡采用计算机监控的控制室都有人值守，一旦出现火警，值班人员都能立即发现，若是机柜、线路发生火灾事故，计算机亦会显示故障报警，而发生初期火警值班人员可用手提式灭火器及时扑灭。目前，国内天然气生产装置的中央控制室大多设置有火灾自动报警系统，同时配备了一定数量的手提式气体（干粉）灭火器，经生产运行考核是可行的。据考察国外类似工业生产的计算机控制室，除火灾报警系统外，多采用手提式灭火器。所以，控制室内不要求设置固定式气体自动灭火系统。若使用气体自动灭火系统，一旦发生火灾，气体即自动释放，值班人员必须撤离，但控制室值班人员需要坚守岗位，甚至需采取一系列手动切换措施的操作，否则可能造成更大事故。因此，在有人值守的控制室内设置固定自动气体消防，不利于及时排除故障，确保安全生产。

8.7 装卸栈台消防设施

8.7.1 目前我国相关现行国家标准，如《石油化工企业设计防火规范》、《石油库设计规范》等，均未规定火车与汽车油品装卸区设置消防给水系统，并且《汽车加油加气站设计与施工规范》GB 50156—2002

规定加油站可不设消防给水系统。尽管火车和汽车油罐车装卸油时发生过火灾，但烧毁多节或多辆油罐车的案例比较罕见。油罐车火灾多发生在罐口部位，用灭火器等大都能扑灭。少数因底阀漏油引发的火灾一般也是局部的，基本不会形成大面积火灾。为此，在充分考虑安全与经济的前提下，做出了本规定。

关于消防车到达时间，应按本规范第8.2节的规定执行。按照上述认识，提出了火车和汽车装卸油品栈台的消防要求。

8.7.2 本条规定的依据与思路同第8.7.1条。

一、二、三级油品站场以及除偏僻缺水处的四级油品站场，按本规范规定应设置消防冷却水系统与泡沫灭火系统。为此，从经济、安全的角度规定这些站场的装卸站台宜设置消防冷却水系统与泡沫灭火系统。

对其消防冷却水与泡沫混合液用量的规定，一方面考虑不超过油罐区的流量；另一方面火车装卸站台的用量要能供给一台水炮和泡沫炮，汽车装卸站台的用量要能供给2支以上水枪和1支泡沫枪；再者考虑到冷却顶盖的需要，规定带顶盖的消防水用量要大些。

8.7.3 尽管国内外火车、汽车液化石油气装卸站台装卸过程的火灾案例不多，但其运行中的火灾案例并不少，有的还造成了重大人员伤亡。所以，LPG列车或汽车槽车一旦在装卸过程中发生泄漏，如不能及时保护，可能发生灾难性爆炸事故。为了降低风险，规定火车、汽车液化石油气装卸站台宜设置消防给水系统和干粉灭火设施。另外，设有装卸站台的石油天然气站场都有LPG储罐，并且都设有消防给水系统，本规定执行起来并不困难。此外，现行国家标准《汽车加油加气站设计与施工规范》规定液化石油气加气站应设消防给水系统。

关于消防冷却水量，火车站台是参照本规范第8.5.6条水枪用水量的规定，并取了最大值，主要考虑能供给一台水炮冷却着火罐及出两支以上水枪冷却邻罐；汽车站台参照了《汽车加油加气站设计与施工规范》对采用埋地储罐的一级加气站消防用水量的规定。

8.8 消防泵房

8.8.1 消防泵房分消防供水泵房和消防泡沫供水泵房两种。中小型站场一般只设消防供水泵房不设消防泡沫供水泵房，大型站场通常设消防供水泵房和消防泡沫供水泵房两种，这时宜将两种消防泵房合建，以便统一管理。

确定消防泵房规模时，凡泡沫供水泵和冷却供水泵均应满足扑救站场可能的最大火灾时的流量和压力要求。当采用环泵式比例混合器时，泡沫供水泵的流量还应增加动力水的回流损耗，消耗水量可根据有关公式计算。当采用压力比例混合器时，进口压力应满足产品使用说明书的要求。

为确保泡沫供水泵和冷却供水泵能连续供水，一、二、三级站场的消防供水泵和泡沫供水泵均应设备用泵，如果主工作泵规格不一致，备用泵的性能应与最大一台泵相等。

8.8.2 本条提出了选择消防泵房位置的要求。距储罐区太近，罐区火灾将威胁消防泵房；离储罐区太远将会延迟冷却水和泡沫液抵达着火点的时间，增加占地面积。

据资料介绍，油罐一旦发生火灾，其辐射热对罐的影响很大，如钢罐在火烧的情况下，5min内就可使罐壁温度升高到500℃，致使油罐钢板的强度降低50%；10min内可使油罐罐壁温度升到700℃，油罐钢板的强度降低90%以上，此时油罐将发生变形或破裂，所以应在最短时间内进行冷却或灭火。一般认为钢罐的抗烧能力约为8min左右，故消防灭火，贵在神速，将火灾扑灭在初期。本条规定启泵后5min内将泡沫混合液和冷却水送到任何一个着火点。根据这一要求，采取可能的技术措施，优化消防泵房的布局。

对于大型站场，为了满足5min上罐要求，在优化消防泵房布局的同时，还应考虑节省启动消防水泵和开启泵出口阀门的时间。消防系统宜采用稳高压方式供水，水泵出口宜设置多功能水泵控制阀。如采用临时高压供水方式，水泵出口宜采用改良型多功能水泵控制阀。启泵时，多功能水泵控制阀能使水泵出口压力自动满足启泵要求，自动完成离心泵闭阀启泵操作过程，节省人力和时间。多功能水泵控制阀还能有效防止消防系统的水击危害。

8.8.3 油罐一旦起火爆炸、储油外溢，将会向低洼处流淌，尤其在山区，若消防泵房地势比储罐区低，流淌火焰将会直接威胁消防泵房。另外，消防泵房位于油罐区全年最小频率风向的下风侧，受火灾的威胁最小。从消防泵房的安全考虑，本条规定消防泵房的地势不应低于储罐区，且在储罐区全年最小风频风向的下风侧。

8.8.4 本条是为确保消防设备和人员安全而规定。

8.8.5 本条是对消防泵组安装的要求。

1 消防管道长时间不用会被腐蚀破裂，如吸水和出水均为双管道时，就能保证消防时有一条可正常工作。

2 为了争取灭火时间，消防泵一般采用自灌式启泵，若没有特殊原因，消防泵不宜采用负压上水。

3 消防泵设自动回流管，主要考虑当消防系统只用1支消火栓，供水量低时，防止消防水泵超压引起故障。同时便于定期对消防泵做试车检查。自动回流系统采用安全泄压阀（持压/泄压阀）自动调节回流水量，实际应用效果较好。

4 对于经常启闭、口径大于300mm的阀门，为了便于操作，宜采用电动或气动。为防止停电、断气时也能启闭，故提出要同时能快速手动操作。

8.8.6 通信设施首先能进行119火灾专线报警，同时满足向上级主管部门进行火灾报警的要求。

8.9 灭火器配置

8.9.1 灭火器轻便灵活机动，易于掌握使用，适于扑救初起火灾，防止火灾蔓延，因此，油气站场的建（构）筑物内应配置灭火器。建筑物内灭火器的配置标准可按现行国家标准《建筑灭火器配置设计规范》执行，本规范不再单独做出规定。

8.9.2 现行国家标准《建筑灭火器配置设计规范》GBJ 140—1990（1997年版），第4.0.6条规定：甲、乙、丙类液体储罐，可燃气体储罐的灭火器配置场所，灭火器的配置数量可相应减少70%。但从调查了解，油罐区很少发生火灾，以往油气站场油罐区都没有配置过灭火器；并且灭火器只能用来扑救零星的初起火灾，一旦酿成大火。就不起作用了，而需依靠固定式、半固定式或移动式泡沫灭火设施来扑灭火灾。灭火器的配置经认真计算，并与公安部消防局进行协商后，确定了一个符合大型油罐防火实际的数值，同时根据固定顶油罐和浮顶油罐火灾时，由于燃烧面积的大小不同，分别做出了10%和5%的规定，减少了配置数量。考虑到阀组滴漏、油罐冒顶。在罐区内、浮盘上可能发生零星火灾。因此，可根据储罐大小不同，每个罐可配置1～3个灭火器，用于扑救初起火灾。

随着油、气田开发及深加工处理能力的扩大，油气生产厂、站内出现了露天生产装置区，如原油稳定和天然气深冷、浅冷装置等，而这些装置占地面积也较大，而且设有消防给水，结合这种情况，根据国家标准对配置数量也做了适当的调整。

8.9.3 现行国家标准《建筑灭火器配置设计规范》做出了具体规定，详见该规范第3.0.4条及附录四。

8.9.4 天然气压缩机厂房相对比较重要，灭火器的配置应高于现行国家标准《建筑灭火器配置设计规范》的规定。配置大型推车式灭火器是合理的。

9 电 气

9.1 消防电源及配电

9.1.1 本条规定是为了确保一、二、三级石油天然气站场在发生火灾事故时，消防泵有两个动力源，能可靠工作。

很多一、二、三级石油天然气站场（如油气田的集中处理站、长输管道的首、末站）都要求采用一级负荷供电。在有双电源的情况下，首先应该考虑消防泵全部用电作为动力源，可以节省投资，方便维护管理。

但是有些一、二、三级石油天然气站场地处边远，或达不到一级负荷供电的要求，只能采用二级负荷供电。现在柴油机或其他内燃机驱动消防泵快速启动技术已经成熟，因此将其作为电动泵的备用泵，是可以保证消防泵可靠工作的。

有的一、二、三级石油天然气站场除消防泵功率较大外，其余设备负荷都较小，如果经过技术、经济比较，当全部采用柴油机或其他内燃机直接驱动消防泵更合理时，也可以采用这种方案。

9.1.2 石油天然气站场的消防泵房及其配电室是比较重要的场所，应保证其有可靠照明，需设以直流电源连续供电不少于20min的应急照明灯。

9.1.3 本条规定是为了以电作为动力源时备用消防泵能自动投入，并提高消防设备电缆抵御火灾的能力。

9.2 防 雷

9.2.2 本条与现行国家标准《石油化工企业设计防火规范》一致。当露天布置的塔、容器顶板厚度等于或大于4mm时，对雷电有自身保护能力，不需要装设避雷针保护。当顶板厚度小于4mm时，为防止直击雷击穿顶板引起事故，需要装设避雷针保护工艺装置的塔和容器。

9.2.3 储存可燃气体、油品、液化石油气、天然气凝液的钢罐的防雷规定说明如下：

1 铝顶油罐应装设避雷针（线），保护整个储罐。

2 $甲_B$、乙类油品虽为易燃油品，但装有阻火器的固定顶钢油罐在导电性能上是连续的，当顶板厚度等于或大于4mm时，直击雷无法击穿，做好接地后，雷电流可以顺利导入大地，不会引起火灾。

按照现行国家标准《立式圆筒型钢制焊接油罐设计规范》，地上固定顶钢油罐的顶板厚度最小为4.5mm。所以新建的这种油罐和改扩建石油天然气站场的顶板厚度等于或大于4mm的老油罐，都完全可以不装设避雷针、线保护。但对经检测顶板厚度小于4mm的老油罐，储存$甲_B$、乙类油品时，应装设避雷针（线），保护整个储罐。

3 丙类油品属可燃油品，闪点高，同样条件下火灾的危险性小于易燃油品。雷电火花不能点燃钢罐中的丙类油品，所以储存可燃油品的钢油罐也不需要装设避雷针（线），而且接地装置只需按防感应雷装设。

4 浮顶罐由于浮顶上的密封严密，浮顶上面的油气浓度一般都达不到爆炸下限，故不需要装设避雷针（线）。

浮顶罐采用两根截面不小于$25mm^2$的软铜复绞线

将浮顶与罐体进行电气连接，是为了导走浮盘上的感应雷电荷和油品传到浮盘上的静电荷。

对于内浮顶油罐，浮盘上没有感应雷电荷，只需导走油品传到浮盘上的静电荷。因此，钢制浮盘的连接导线用截面不小于16mm^{2}的软铜复绞线、铝制浮盘的连接导线用直径不小于1.8mm的不锈钢钢丝绳就可以了。铝质浮盘用不锈钢钢丝绳，主要是为了防止接触点铜铝之间发生电化学腐蚀，接触不良造成火花隐患。

5 压力储罐是密闭的，罐壁钢板厚度都大于4mm，雷电流无法击穿，也不需要装设避雷针（线），但应做好防雷接地，冲击接地电阻不应大于30Ω。

9.2.4 钢储罐防雷主要靠做好接地，以降低雷击点的电位、反击电位和跨步电压，所以防雷接地引下线不得少于2根。其间距是指沿罐周长的距离。

9.2.5 规定防雷接地装置冲击接地电阻值的要求，是根据现行国家标准《建筑物防雷设计规范》的规定。因为现场实测只能得到工频接地电阻值与土壤电阻率，而钢储罐防雷接地引下线接地点至接地最远端一般都不大于20m，所以，可用表9进行接地装置冲击接地电阻与工频接地电阻的换算。如土壤电阻率在表列两个数值之间时，用插入法求得相应的工频接地电阻值。

表9 接地装置冲击接地电阻与工频接地电阻换算表（Ω）

本规范要求的冲击接地电阻值	在以下土壤电阻率（Ω·m）下的工频接地电阻允许极限值 ρ			
	≤100	100～500	500～1000	>1000
10	10	10～15	15～20	30
30	30	30～45	45～60	90

9.2.6 本条规定是采用等电位连接的方法，防止信息系统被雷电过电压损坏，避免雷电波沿配线电缆传输到控制室。

9.2.7 甲、乙类厂房（棚）的防雷：

1 该厂房（棚）属爆炸和火灾危险场所，应采取现行国家标准《建筑物防雷设计规范》中第二类防雷建筑物的防雷措施，装设避雷带（网）防直击雷。

2 当金属管道、电缆的金属外皮、所穿钢管或架空电缆金属槽被雷直击，或在附近发生雷击时，都会在其上产生雷电过电压。将其在厂房（棚）外侧接地，接地装置与保护接地装置及避雷带（网）接地装置合用，可以使雷电流在甲、乙类厂房（棚）外侧就泄入地下，避免过电压进入厂房（棚）内。

9.2.8 丙类厂房（棚）的防雷：

1 丙类厂房（棚）属火灾危险场所，防雷要求要比甲、乙类厂房（棚）宽一些。在雷暴日大于40d/a的地区才装设避雷带（网）防直击雷。

2 本款条文说明与9.2.7条第2款相同。

9.2.9 装卸甲$_B$、乙类油品、液化石油气、天然气凝液的鹤管和装卸栈桥的防雷：

1 雷雨天不应也不能进行露天装卸作业，此时不存在爆炸危险区域，所以不必装设防直击雷的避雷针（带）。

2 在棚内进行装卸作业时，雷雨天可能也要工作，此时就存在爆炸危险区域，所以要装设避雷针（带）防直击雷。1区存在爆炸危险混合物的概率高于2区，在正常情况下就可能产生，而2区只有在事故情况下才有可能产生，所以避雷针（带）只保护1区。

3 装卸区属爆炸危险场所，进入该区的输油（液化石油气、天然气凝液）管道在进入点接地，可将沿管道传输过来的雷电流泄入地下，避免在装卸区出现雷电火花。接地装置冲击接地电阻按防直击雷要求。

9.3 防 静 电

9.3.1 石油天然气站场内有很多爆炸和火灾危险场所，在加工或储运油品、液化石油气、天然气凝液时，设备和管道会因摩擦产生大量静电荷，如不通过接地装置导入地下，就会聚集形成高电位，可能产生放电火花，引起爆炸着火事故。因此，对其应采取防静电措施。

9.3.2 石油天然气管道只有在地上或管沟内敷设时，才会产生静电。本条规定可以防止静电在管道上的聚积。

9.3.3 本条规定是为了使铁路、汽车的装卸站台和码头的管道、设备、建筑物与构筑物的金属构件、铁路钢轨等（做阴极保护者除外）形成等电位，避免鹤管与运输工具之间产生电火花。

9.3.4 本条规定是为了导走汽车罐车和铁路罐车上的静电。

9.3.5 为消除油船在装卸油品过程中产生的大量静电荷，需在油品装卸码头上设置跨接油船的防静电接地装置。此接地装置与码头上油品装卸设备的防静电接地装置合用，可避免装卸设备连接时产生火花。

9.3.6 由于人们普遍穿着的人造织物服装极易产生静电，往往聚积在人体上。为防止静电可能产生的火花，需在甲、乙、丙$_A$类油品（原油除外）、液化石油气、天然气凝液作业场所的入口处设置消除人体静电的装置。此消除静电装置是指用金属管做成的扶手，在进入这些场所前应抚摸此扶手以消除人体静电。扶手应与防静电接地装置相连。

9.3.7 静电的电位虽高，电流却较小，所以每组专设的防静电接地装置的接地电阻值一般不大于100Ω即可。

9.3.8 因防静电接地装置要求的接地电阻值较大，当金属导体与其他接地系统（不包括独立避雷针防雷接地系统）相连接时，其接地电阻值完全可以满足防静电要求，故不需要再设专用的防静电接地装置。

10 液化天然气站场

10.1 一般规定

10.1.1 规定了本章适用范围。

1 从20世纪90年代起，我国陆续建设液化天然气设施，积累了设计、建造和运行经验，还广泛收集和深入研究了国外有关的标准和规范，为我国制订液化天然气设施的防火规范创造了条件。本章是在参考国外标准和总结我国液化天然气设施建设经验的基础上编制的。考虑到液化天然气防火设计的特点，独立成章，但本章与前面各章有着密切联系，例如，储存总容量小于或等于3000m^{3}的液化天然气站场区域布置的安全距离、工艺容器（不包括储罐）和设备的消防要求，电气、站场围墙、道路、灭火器设置等都参照本规范其他各章的内容。

2 这里指的液化天然气供气站包括调峰站和卫星站。

调峰站主要由液化天然气储罐、小型天然气液化设备、蒸沸气压缩机、输出设备（液化天然气泵、气化器、计量、加臭等）组成。其液化天然气储罐容量一般在30000～100000m^3。上海浦东事故气源备用调峰站的储罐容量为20000m^3。

卫星站又称液化天然气接收和气化站。这种站本身无天然气液化设备，所需液化天然气通过专用汽车罐车或火车专用集装箱罐运来。站内设有液化天然气储罐和输出设备。

3 小型天然气液化站是指设在油气田和输气管道站场上的小型天然气液化装置。该站仅有天然气液化和储存设施，生产的液化天然气用汽车罐车运到卫星站。例如，中原油田天然气净化液化处理设施就是一座小型天然气液化站。

10.1.2 制冷剂的主要成分是乙烯、乙烷或丙烷，所以火灾危险性属于甲$_A$类。

10.1.3 在大气压力下，将天然气（指甲烷）温度降到约－162℃即可被液化。液化天然气从储存容器内释放到大气中时，将气化并在大气温度下成为气体。其气体体积约为被气化液体体积的600倍。通常，温度低于－112℃时，该气体比15.6℃下的空气重，但随着温度的升高，该气体变得比空气轻。

由于液化天然气的上述特性，其站场电气装置场所分类比较复杂，需要分析释放物质的相态、温度、密度变化，考虑释放量和障碍条件，按国家现行有关标准确定，详见本规范第1.0.2条说明的相关内容。

10.1.4 这是液化天然气设施设计和建造的通行做法，如美国防火协会的《液化天然气（LNG）生产、储存及输送标准》NFPA 59A，以及美国联邦政府规章《液化天然气设施：联邦安全标准》49CFR193部分等，世界各国普遍采用。我国也正在参照国外标准制定相应的国家标准，规范所有组件的设计和建造要求。

10.2 区域布置

10.2.1～10.2.3 一旦液化天然气泄漏，将快速蒸沸成为气体，使大气中的水蒸汽冷凝形成蒸气云，并迅速向远处扩散，与空气形成可燃气体混合物，遇明火则着火；泄漏到水中会产生有噪声的冷爆炸。为防止本工程对周围环境的影响提出相关要求。

液化天然气设施是采用高科技设计建造的高度安全的设施，其关键设施的设计潜在的事故年概率为10^{-6}。在NFPA 59A中对厂址选择只提到对潜在外部事件应加以考虑，但未具体化。参考法国索菲公司资料以及国家标准《核电厂总平面及运输设计规范》GB/T 50294—1999，将其具体化。条文中未提出的内容可参照国内现行标准执行。

10.2.4 本条参照NFPA 59A2.1工厂现场准备中的要求编制。

10.2.5 液化天然气设施外部区域布置安全间距，美国NFPA 59A只规定将可能产生的危害降至最低，未给出距离。法国索菲公司资料提出距附近居住区几百米远，按照可能的液化天然气泄漏量形成的蒸气云扩散至浓度低于爆炸混合物下限的最大距离考虑。比利斯泽布勒赫液化天然气接收终端位于旅游区，有3座87000m^{3}储罐，为自支撑式，外罐为预应力混凝土，建于地下15m深的沉箱基础上。比利斯政府和管理单位要求，其设施与海岸线最近居民区之间有一个最小的限定距离，即距LNG船卸载臂及储罐1500m，距气化器1300m。

参考以上资料，结合国内已建液化天然气站场的经验，确定原则如下：

1 按储罐总容量划分。美国NFPA 59A分为小于或等于265m^{3}与大于265m^{3}两种情况。本条划分为三种情况：不大于3000m^{3}系按《城镇燃气设计规范》GB 50028—93（2002年版）划分，罐是由工厂预制成品罐或由工厂预制成品内罐和由现场组装外罐构成的子母罐组成；大于或等于30000m^{3}情况是参考法国索菲公司资料，该资料介绍液化天然气调峰站储罐通常在30000m^{3}以上。

2 液化天然气储存总容量不大于3000m^{3}时，可按本规范表3.2.2中液化石油气、天然气凝液储存总容量确定站场等级，然后可按照本规范第4.0.4条中相应等级的液化石油气、天然气凝液站场确定区域布置防火间距。这样做主要是考虑到液化石油气站场的工艺和设备已比较成熟，并且有丰富的管理经验，制定标准依据的储罐总容积和单罐容积基本匹配。但是，液化天然气站场在国内才刚刚起步，储罐总容积和单罐容积还不能最合理匹配，并且，液化天然气储罐等级划分与液化石油气也不完全相同。实际使用中如果储罐总容积和单罐容积基本符合表4.0.4的等级划分要求，并且围堰尺寸较小，即可初步采用此表中的相关间距。

3 液化天然气储存总容量大于或等于 $30000m^3$ 时与居住区、公共福利设施安全距离应大于0.5km，是采用了广东深圳液化天然气接收终端大鹏半岛西岸称头角场址选择数据，该终端最终储存总容量 $48 \times 10^4m^3$。

4 考虑工程设计中储罐个数、单罐容积、储罐操作压力、布置、围堰和安全防火设计以及自然气象条件不同，为将液化天然气泄漏引起的对站外财产和人员的危害降至可接受的程度，条文中提出还要按本规范10.3.4和10.3.5条的规定进行校核。

10.3 站场内部布置

10.3.2 本条是针对小型储罐提出的要求。这是参照《石油化工企业设计防火规范》GB 50160—92（1999年版）全压力式储罐布置要求和山东淄博市煤气公司液化天然气供气站储罐区内建有12台 $106m^3$ 立式储罐建设经验而定。总容量 $3000m^3$ 是根据本章的划分等级确定的。易燃液体储罐不得布置在液化天然气罐组内，在NFPA 59A中也有明确规定。

10.3.3 本条参照美国标准NFPA 59A和49CFR193编制。NFPA 59A规定围堰区内最小盛装容积应考虑扣除其他容器占有容积以及雪水积集后，至少为最大储罐容积100%。子母罐应看作单容罐而设围堰。

10.3.4 本条参照美国标准NFPA 59A和49CFR193编制。关于隔离距离的确定，上述标准均规定采用美国天然气研究协会GRI 0176报告中有关“LNG火灾”所描述的模型：“LNG火灾辐射模型”进行计算。本条改为“国际公认”，实际指此模型。

目标物中“辐射量达 $4000W/m^2$ 界线以内”的条款，在NFPA 59A中为 $5000W/m^2$。考虑到在 $4000W/m^2$ 辐射量处对人的损害是20s以上感觉痛，未必起泡的界限，$5000W/m^2$ 人更难于接受，故改为 $4000W/m^2$。

另外，NFPA 59A中规定，围堰为矩形且长宽比不大于2时，可用如下公式决定隔离距离：

$$d = F\sqrt{A} \quad (10)$$

式中 d——到围堰边沿的距离（m）；

A——围堰的面积（m^2）；

F——热通量校正系数，即：对于 $5000W/m^2$ 为3；对于 $9000W/m^2$ 为2；对于 $30000W/m^2$ 为0.8。

由于本章将 $5000W/m^2$ 改为 $4000W/m^2$，如采用此公式时其值应大于3，经测算约为3.5，但有待实践后修正。

10.3.5 本条参照美国标准NFPA 59A和49CFR193编制。关于扩散隔离距离确定，上述标准均规定采用美国天然气研究协会GRI0242报告中的有关“利用DEGADIS高浓度气体扩散模型所做的LNG蒸气扩散预测”所描述的模型进行计算。本条改为“国际公认”，实际指此模型。在NFPA 59A（2001年版）中还给出一种计算模型，这里就不再列举。

10.3.6 本条参照美国标准NFPA 59A（2001年版）的2.2.3.6、2.2.4.1、2.2.4.2和2.2.4.3条编制。

10.3.7 气化器是液化天然气供气站中将液态天然气变成气态的专有设备。气化器可分为加热式、环境式和工艺蒸发式等类型。加热式又可分为整体式，如浸没燃烧式和间接加热式。环境式其热取自自然界，如大气、海水或地热水等。在本章中常用的气化器为浸没燃烧式和大气式。气化器布置要求参照NFPA 59A编制。

10.3.8 液化天然气的蒸沸气体可能温度很低，达到 −150℃，比空气重。为此气液分离罐内必须配电热器。当放空阀打开时，电加热自动接通，加热排出的气体，使其变得比空气轻并迅速上升，到达排放系统顶部。

“禁止将液化天然气排入封闭的排水沟内”是NFPA 59A第2.2.2.3条的要求。

10.4 消防及安全

10.4.1 本条为美国标准NFPA 59A第9.1.2条的前半部分。其后半部分是规定评估要求的内容，现摘录供参考。

这种评估所要求的最低因素如下：

（1）LNG、易燃冷却剂或易燃液体的着火、泄漏及渗漏的检测及控制所需设备的类型、数量及安装位置。

（2）非工艺及电气的潜在着火的检测及控制所需设备类型、数量及安装位置。

（3）暴露于火灾环境中的设备及建筑物的防护方法。

（4）消防水系统。

（5）灭火及其他火灾控制设备。

（6）包括在紧急停机（ESD）系统内的设备与工艺，包括对子系统的分析，如果存在该系统的话，在火灾发生的紧急情况下必须设置专门的泄压容器或设备。

（7）启动ESD系统或其子系统自动操作所需探测器的类型及设置位置。

（8）在紧急情况下，每个装置坚守岗位人员及职责和外部人员调配。

（9）根据人员在紧急事故情况下的责任，对操作装置的每个人员提供防护设备及进行专门的培训。

通常，气体着火（包括 LNG 着火），只有在燃料源被切断后方可灭火。

10.4.2 本条参照美国标准 NFPA 59A 和 49CFR193 编制。

10.4.3 本条参照美国标准 NFPA 59A（2001 年版），第 9.3 节“火灾及泄漏控制”进行编制。

10.4.4 较大型液化天然气站，设施多、占地大，配遥控摄像录像系统在控制室对现场出现的情况进行监视，有助于提高站的安全程度。上海浦东事故气源备用调峰站设有此系统。

10.4.5 消防冷却水设置。

1 关于总储存容量大于或等于 265m^3 之划分及设置固定供水系统的要求来自于 49CFR 的 §193.2817。

2 采用混凝土外罐与储罐布置在一起组成双层壳罐，储罐液面以下无开口也不会泄漏。此类储罐根据法国索菲公司为国内某工程提供的概念设计以及上海浦东事故气源备用调峰站的设计，仅在罐顶泵平台处设固定水喷雾系统。其供水强度来自美国防火协会标准《固定式水喷雾灭火系统》NFPA 15。

3 一个站的设计消防水量确定是根据 NFPA 59A（2001 年版）第 9.4 节内容，但在摘编时将余量 63L/s，即 226.8m^3/h 改为 200m^3/h。移动式消防冷却水用水量参照《石油化工企业设计防火规范》GB 50160—92（1999 年版）第 7.9.2 条规定。

10.4.6 液化天然气泄漏或着火，采用高倍数泡沫可以减少和防止蒸气云形成；着火时高倍数泡沫不能扑灭火，但可以降低热辐射量。这种类型泡沫会快速烧毁以及需维持 1m 以上厚度，限制了其应用，但仍在液化天然气设施上广泛采用。目前采取的措施是如何减少泄漏的蒸发面积，减少泡沫用量。国外做过比较，一座 57250m^3 储罐，采用防火堤蒸发表面积为 21000m^2，采用与罐间隔 6m 设围墙蒸发表面积降至 1060m^2，泄漏时蒸发率降低 95%，这不仅降低了泡沫用量，同时还不受大风天气等因素影响。更进一步是采用混凝土外罐，泄漏时根本不向外漏出，罐也不用配泡沫系统了。但这种罐在罐顶泵出口以及起下沉没泵时会有液化天然气泄漏，为此需建有集液池。此时集液池应配有高倍数泡沫灭火系统。经国外试验，用于液化天然气的泡沫控制发泡倍数为 1∶500 效果最好。

10.4.7 液化天然气储罐通向大气的安全阀出口管应设固定干粉灭火系统，这是从上海浦东事故气源备用调峰站 20000m^3 储罐安装实例得出的。

10.4.8 本条是依据 NFPA 59A 编制的。

10.4.9 本条在 NFPA 59A 中有详细的要求，这是根据实践总结出来的最基本要求。

中华人民共和国国家标准

工业炉砌筑工程施工及验收规范

Code for construction and acceptance of industrial furnaces building

GB 50211—2004

主编部门：中国冶金建设协会
批准部门：中华人民共和国建设部
施行日期：2004年8月1日

中华人民共和国建设部
公　告

第248号

建设部关于发布国家标准《工业炉砌筑工程施工及验收规范》的公告

现批准《工业炉砌筑工程施工及验收规范》为国家标准，编号为GB 50211—2004，自2004年8月1日起实施。其中，第1.0.4、3.1.6、3.1.7、3.2.9、3.2.11、3.2.12、3.2.20、3.2.37、3.2.40、3.2.42、3.2.46、3.2.50、3.2.54、3.2.57、3.2.61、3.2.64、3.2.81、4.1.3、4.2.2、4.2.10、4.3.12、6.2.6、6.3.11、7.1.2、7.1.9、7.1.36、7.1.49、8.1.1、8.2.9、9.2.10、10.3.5、10.6.10、10.6.13、12.3.7、13.1.11、13.3.9、13.4.2、13.4.7、15.2.4、18.0.7、20.0.4、20.0.10条为强制性条文，必须严格执行。

本规范由建设部标准定额研究所组织中国计划出版社出版发行。

中华人民共和国建设部

二〇〇四年六月十八日

前　言

本规范是根据建设部建标［1997］108号文的要求，由武汉冶金建筑研究院会同冶金、化工、建材、有色金属行业所属的有关单位，对原《工业炉砌筑工程施工及验收规范》GBJ 211—87进行修订而成。

在修订过程中，修编组认真总结了近十年工业炉砌筑工程设计、施工、科研和生产使用方面的经验，并根据建设部建标［1996］626号文关于工程建设标准编写规定进行修订。广泛征求了全国有关单位的意见，经过反复讨论、修改，最后由建设部标准定额司和中国冶金建设协会主持的审查会议上审查定稿。

本规范共分20章，其中1、2、3、4、5、19和20章系通用部分，包括各种工业炉砌筑工程的共同规定；其余各章为所列专业炉砌筑工程的特殊要求。本规范未列入专门章节的各工业部门的一般工业炉，可按本规范的通用部分施工及验收。

本次修订的主要内容有：

1. 增设“术语”一章，入选术语的原则是工业炉砌筑工程施工及验收的关键词。

2. 不再推荐在现场调制泥浆，有关内容予以修订。删除了“工地自配不定形耐火材料”一节及相应的附录。

3. 耐火陶瓷纤维增加了有关折叠模块的内容，附录中增加了耐火陶瓷纤维使用温度分类表。

4. 增加了高炉炉底、炉缸采用陶瓷杯新技术的内容。

5. “焦炉及熄焦罐”一章更名为“焦炉及干熄焦设备”。对焦炉先立炉柱后砌筑的施工工艺内容，从本规范中取消，拟另订推荐性规程。

6. “炼钢转炉”一节中取消了振动成型焦油白云石砖和焦油沥青镁砂捣打料的有关内容。“炼钢电炉”一节增加了有关直流电弧炉的内容。还增加了“炉外精炼炉”一节，使规范更为适应炼钢工业的发展和技术进步。

7. 加热炉中增加步进式加热炉的有关内容，对步进梁水冷管隔热包扎的施工和要求均作了明确规定。

8. 重有色炉取消了“鼓风炉”一节，增加了“回转熔炼炉”一节。

9. 玻璃熔窑转向以浮法玻璃为重点，兼顾其他种类的玻璃熔窑，并新增了锡槽施工的条款。

10. 原回转窑一节现单列为一章，对原条文进行了较大幅度的修订，新增内容较多，可反映我国水泥窑砌筑的现代技术水准。

11. 肯定了一些保证质量的施工要求，相应淘汰了一些比较落后的施工工艺。如铝电解槽一章取消了有关自焙阳极的内容。

12. 其他相关条文的部分修改和补充，如裂解炉补充了有关耐火陶瓷纤维铺设要求的内容等。

为便于广大设计、施工、科研、生产等有关单位人员在使用本规范时能正确理解和执行条文规定，《工业炉砌筑工程施工及验收规范》修编组根据建设部关于编制标准、规范条文说明的统一要求，按本规范的章、节、条顺序，编制了本规范的“条文说明”，供国内有关部门和单位参考。

本规范中以黑体字标志的条文为强制性条文，必须严格执行。本规范由建设部负责管理和对强制性条文的解释，《工业炉砌筑工程施工及验收规范》国家标准管理组负责具体技术内容的解释。在执行过程中，请各单位结合工程实践，认真总结经验，如发现需要修改或补充之处，请将意见和建议寄武汉冶金建筑研究院《工业炉砌筑工程施工及验收规范》管理组（地址：湖北省武汉市青山区和平大道1256号，邮政编码：430081）。

本规范主编单位、参编单位、协编单位和主要起草人：

主 编 单 位： 武汉冶金建筑研究院

参 编 单 位： 冶金建筑研究总院
中国第一冶金建设公司
中国第五冶金建设公司
中国第二十冶金建设公司
中国第二十二冶金建设公司
宝钢冶金建设公司
武汉钢铁公司
鞍山钢铁公司
中国第七冶金建设公司
大冶有色金属公司
中国第四化建公司
中国建材建设邯郸安装公司

协 编 单 位： 武汉威林炉衬材料有限公司
浙江省长兴吉成工业炉材料有限公司
郑州豫华企业集团有限公司
辽宁佳益五金矿产有限公司

主要起草人： 胡孝成　李世耀　孙怀平　袁海松
许嘉庆　薛乃彦　黄志球　王渝斌
谢朝晖　薛启文　杨渭煊　方信华
刘红浪　李文斌　毕占廷　甄殿馥
吴凤西　吴德谦　王忠祥　吴献华
刘大晟　舒旭波　方新目　胡景瑞
丁岩峰

目　录

1 总　　则

1.0.1 为了规范工业炉砌筑工程施工及验收行为，达到在全国范围内统一的技术要求，特制定本规范。

1.0.2 本规范适用于工业炉砌筑工程的施工及验收，包括工业炉砌筑的共同规定，以及所列各专业炉砌筑的特殊要求。

1.0.3 工业炉砌筑工程应按设计图纸施工。

1.0.4 工业炉砌筑工程的材料，应按设计要求采用，并应符合本规范和现行材料标准的规定。

1.0.5 工业炉砌筑工程应于炉子基础、炉体骨架结构和有关设备安装经检查合格并签订工序交接证明书后，才可进行施工。

工序交接证明书应包括下列内容：

1 炉子中心线和控制标高的测量记录以及必要的沉降观测点的测量记录；

2 隐蔽工程的验收合格证明；

3 炉体冷却装置、管道和炉壳的试压记录及焊接严密性试验验收合格的证明；

4 钢结构和炉内轨道等安装位置的主要尺寸的复测记录；

5 可动炉子或炉子可动部分的试运转合格的证明；

6 炉内托砖板和锚固件等的位置、尺寸及焊接质量的检查合格证明；

7 上道工序成果的保护要求。

1.0.6 在施工中应积极采用新技术。新技术应经过试验和鉴定并制订专门规程后，才可推广使用。

1.0.7 工业炉砌筑工程施工的安全技术、劳动及环境保护，必须符合国家现行有关规定。

2 术　　语

2.0.1 工业炉砌筑　furnace building

指工业炉及其附属设备衬体的施工，包括定形耐火制品、不定形耐火材料及耐火陶瓷纤维制品等的施工。

2.0.2 砌体　brickwork

用定形耐火制品砌成的整体。

2.0.3 湿砌　wet masonry；wet building

使用湿状泥浆的砌砖（块）方法。

2.0.4 干砌　dry masonry；dry building

不使用湿状泥浆的砌砖（块）方法。

2.0.5 预砌筑　pre masonry；pre building

正式砌筑前，对砌体中复杂、要求高或异形砖砌体的部位，部分或全部进行的预组装或试砌筑。

2.0.6 砖缝　brick joint

砌体中砖（块）与砖（块）的间隙。

水平砖层间的砖缝称为水平缝，垂直于水平缝的砖缝称为垂直缝；环形砌体和环砌拱或拱顶相邻砖环间的砖缝称为环缝；拱或拱顶砌体中半径线方向的砖缝称为放射缝或纵向缝；拱或拱顶砖层间的砖缝称为层间环缝；交错拱或拱顶中垂直于放射缝的砖缝称为横向缝。

2.0.7 错缝砌筑　bonded

砖缝交错的砌筑方法。

2.0.8 膨胀缝　expansion joint

炉衬施工过程中预留的热膨胀间隙。

2.0.9 养护　curing

不定形耐火材料施工后，在规定的环境温度、湿度及静置时间等条件下的操作过程。

2.0.10 烘炉　furnace heating

炉子投产前按照规定的温度曲线，对炉衬进行干燥及加热的过程。

3 工业炉砌筑的基本规定

3.1 材　　料

（Ⅰ）材料的验收、保管和运输

3.1.1 耐火材料和其他筑炉材料应按现行有关的标准和技术条件验收。

运至施工现场的材料均应具有质量证明书。不定形耐火材料还应具有使用说明书。有时效性的材料应注明其有效期限。材料的牌号、级和砖号等是否符合标准、技术条件和设计要求，在施工前均应按文件和外观检查或挑选，必要时应由试验室检验。

注：1 有可能变质或必须做二次检验的材料，应经过试验室检验，证明其质量指标符合设计要求后，才可使用。

2 利用拆炉回收的耐火砖时，应清除砖上的泥浆和炉渣。经检验合格后，可砌于工业炉的次要部位。

3.1.2 耐火材料仓库及通往仓库和施工现场的运输道路，均应于耐火材料开始向现场运送前建成。

3.1.3 在工地仓库内的耐火材料，应按牌号、级、砖号和砌筑顺序放置，并作出标志。

运输、装卸耐火制品时，应轻拿轻放。

3.1.4 大型工业炉砌筑工程，耐火制品宜采用集装方式运输。

3.1.5 运输和保管耐火材料时，应预防受湿。

硅砖、刚玉砖、镁质制品、炭素制品、含炭制品、隔热耐火砖、隔热制品等和用于重要部位的高铝砖、黏土耐火砖，应存放在有盖的仓库内。

3.1.6 受潮易变质的耐火材料（如镁质制品等），不得受潮。

3.1.7 不定形耐火材料、结合剂和耐火陶瓷纤维及

制品，必须分别保管在能防止潮湿和污脏的仓库内，并不得混淆。

有防冻要求的材料，应采取防冻措施。

(Ⅱ) 泥　浆

3.1.8 砌筑耐火制品用的泥浆的耐火度和化学成分，应同所用耐火制品的耐火度和化学成分相适应。泥浆的种类、牌号及其他性能指标，应根据炉子的温度和操作条件由设计选定。

耐火砌体一般采用的泥浆种类和成分及技术条件见附录A。

3.1.9 砌筑工业炉前，应根据砌体类别通过试验确定泥浆的稠度和加水量，同时检查泥浆的砌筑性能（主要是粘接时间）是否能满足砌筑要求。

泥浆的粘接时间视耐火制品材质和外形尺寸的大小而定，宜为1~1.5min。

3.1.10 泥浆的稠度应与砌体类别相适应。不同稠度的泥浆及其适用的砌体类别，可按表3.1.10采用。

表3.1.10 泥浆稠度及其适用的砌体类别

名称	稠度（0.1mm）	砌体类别
泥浆	320~380	Ⅰ~Ⅱ
	280~320	Ⅲ
	260~280	Ⅳ

注：耐火砌体的分类按本规范第3.2.1条规定。

3.1.11 测定泥浆的稠度，应按现行的行业标准《耐火泥浆稠度试验方法》YB/T 5121要求执行。

测定泥浆的粘接时间，应按现行的行业标准《耐火泥浆粘接时间试验方法》YB/T 5122要求执行。

3.1.12 砌筑工业炉应采用成品泥浆，泥浆的最大粒径不应大于规定砖缝厚度的30%。

3.1.13 调制泥浆时，应按规定的配合比加水和配料，应称量准确，搅拌均匀。不得在调制好的泥浆内任意加水或结合剂。

搅拌水应采用洁净水。沿海地区，调制掺有外加剂的泥浆时，搅拌水应经过化验，其氯离子（Cl^-）的浓度不应大于300mg/L。

3.1.14 同时使用不同泥浆时，不得混用搅拌机和泥浆槽等机具。

3.1.15 掺有水泥、水玻璃或卤水的泥浆，不应在砌筑前过早调制。

已初凝的泥浆不得使用。

3.2 施　工

(Ⅰ) 一般规定

3.2.1 根据所要求的施工精细程度，耐火砌体分为五类。各类砌体的砖缝厚度，应符合下列规定：

1 特类砌体不大于0.5mm；

2 Ⅰ类砌体不大于1mm；

3 Ⅱ类砌体不大于2mm；

4 Ⅲ类砌体不大于3mm；

5 Ⅳ类砌体大于3mm。

3.2.2 除设计另有规定外，一般工业炉各部位砌体砖缝的厚度，应符合表3.2.2规定的数值。

表3.2.2 一般工业炉各部位砌体砖缝的厚度

项次	部位名称	砌体砖缝的厚度(mm)不大于
1	底和墙	3
2	高温或有炉渣作用的底、墙	2
3	拱和拱顶： (1)湿砌 (2)干砌	 2 1.5
4	带齿挂砖： (1)湿砌 (2)干砌	 3 2
5	隔热耐火砖(黏土质、高铝质和硅质) (1)工作层 (2)非工作层	 2 3
6	硅藻土砖	5
7	普通黏土砖内衬	5
8	外部普通黏土砖	10
9	空气、煤气管道	3
10	烧嘴砖	2

3.2.3 砌筑一般工业炉的允许误差，应符合表3.2.3规定的数值。

表3.2.3 砌筑一般工业炉的允许误差

项次	误差名称	允许误差(mm)
1	垂直误差： (1)墙 每米高 全高 (2)基础砖墩 每米高 全高	 3 15 3 10
2	表面平整误差(用2m靠尺检查,靠尺与砌体之间的间隙)： (1)墙面 (2)挂砖墙面 (3)拱脚砖下的炉墙上表面 (4)底面	 5 7 5 5
3	线尺寸误差： (1)矩(或方)形炉膛的长度和宽度 (2)矩(或方)形炉膛的对角线长度差 (3)圆形炉膛内半径误差 内半径≥2m 内半径<2m (4)拱和拱顶的跨度 (5)烟道的高度和宽度	 ±10 15 ±15 ±10 ±10 ±15

3.2.4 特类砌体，应将砖精细加工，并应按其厚度和长度选分；

Ⅰ类砌体，应按砖的厚度和长度选分，如砖的尺寸偏差达不到砖缝要求时，应加工；

Ⅱ类砌体，应按砖的厚度选分，必要时可加工。

选砖时，应保证砖的尺寸偏差能满足所规定的砖缝要求。

3.2.5 工业炉复杂而重要的部位，应进行预砌筑，并做好技术记录。

3.2.6 工业炉的中心线和主要标高控制线，应按设计要求由测量确定。砌筑前，应校核砌体的放线尺寸。

3.2.7 固定在砌体内的金属埋设件，应于砌筑前或砌筑时安设。砌体与埋设件之间的间隙及其中的填料，应符合设计规定。

3.2.8 炉底和炉墙砌体与炉内设置的传送装置之间的间隙，应按设计规定的尺寸留设。

3.2.9 耐火砌体和隔热砌体，在施工过程中，直至投入生产前，应预防受湿。

3.2.10 砌体应错缝砌筑。

3.2.11 湿砌砌体的所有砖缝中，泥浆应饱满，其表面应勾缝。干砌底和墙时，砖缝内应以干耐火粉填满。

3.2.12 不得在砌体上砍凿砖。

砌砖时，应使用木锤或橡胶锤找正，不应使用铁锤。

泥浆干涸后，不得敲击砌体。

3.2.13 砌砖中断或返工拆砖而应留槎时，应作成阶梯形的斜槎。

3.2.14 砖的加工面和有缺陷的表面，不宜朝向炉膛或炉子通道的工作面。

3.2.15 砌体内的各种孔洞、通道、膨胀缝以及隔热层的构造等，应在施工过程中及时检查。

3.2.16 砌体膨胀缝的数值、构造及分布位置，均应按设计留设。

当设计对膨胀缝的数值没有规定时，每米长的砌体膨胀缝的平均数值可采用下列数据：

1 黏土耐火砖砌体为5~6mm；

2 高铝砖砌体为7~8mm；

3 刚玉砖砌体为9~10mm；

4 镁铝砖砌体为10~11mm；

5 硅砖砌体为12~13mm；

6 镁砖砌体为10~14mm。

3.2.17 留设膨胀缝的位置，应避开受力部位、炉体骨架和砌体中的孔洞。

3.2.18 砌体内外层的膨胀缝不应互相贯通，上下层宜错开。

3.2.19 当耐火砌体工作面的膨胀缝与隔热砌体串通时，该处的隔热砖应用耐火砖代替。拱顶直通膨胀缝应用耐火砌体覆盖。

3.2.20 留设的膨胀缝应均匀平直。缝内应保持清洁，并按规定填充材料。

3.2.21 托砖板与其下部砌体之间、托砖板上部砌体与下部砌体之间，均应留有间隙，间隙尺寸及填充材料由设计规定。

3.2.22 当托砖板下的膨胀缝不能满足设计尺寸时，可加工托砖板下部的砖。加工后砖的厚度不应小于原砖厚度的2/3。

3.2.23 砌体与设备、构件、埋设件和孔洞有关联时，应考虑膨胀后尺寸的变化，以确定砌体冷态尺寸或膨胀间隙。

3.2.24 基础有沉降缝时，其上的砌体也应留设沉降缝。缝内应用耐火陶瓷纤维或其他填料塞紧。

3.2.25 耐火砌体的砖缝厚度应用塞尺检查，塞尺宽度应为15mm，塞尺厚度应等于被检查砖缝的规定厚度。

当用塞尺插入砖缝的深度不超过20mm时，则该砖缝即认为合格。

不得使用端头已磨损的以及不标准的塞尺。

3.2.26 对耐火砌体的砖缝厚度和泥浆饱满度，应及时检查。一般工业炉及工业炉的一般部位，泥浆饱满度不得低于90%；对气密性有较严格要求以及有熔融金属或渣侵蚀的工业炉部位，其砖缝的泥浆饱满度不得低于95%。

工业炉砌体的砖缝厚度，应在炉子每部分砌体每$5m^2$的表面上用塞尺检查10处，比规定砖缝厚度大50%以内的砖缝，不应超过下列规定：

1 Ⅰ类砌体为4处；

2 Ⅱ类砌体为4处；

3 Ⅲ类砌体为5处；

4 Ⅳ类砌体为5处。

注：特类砌体每$5m^2$的表面上用塞尺检查20处，比规定砖缝厚度大50%以内的砖缝不应超过4处。

（Ⅱ）底 和 墙

3.2.27 砌筑炉底前，应预先找平基础。必要时，应在最下一层砖加工找平。

砌筑反拱底前，应用样板找准砌筑弧形拱的基面；斜坡炉底应放线砌筑。

3.2.28 炉底与炉墙的砌筑顺序，应符合设计要求。经常检修的炉底，应砌成活底。

3.2.29 砌筑可动炉底式炉子时，其可动炉底的砌体与有关部位之间的间隙，应按规定的尺寸仔细留设。

3.2.30 水平砖层砌筑的斜坡炉底，其工作层可退台或错台砌筑，所形成的三角部分，可用相应材质的不定形耐火材料找齐。

3.2.31 反拱底应从中心向两侧对称砌筑。

3.2.32 非弧形炉底、通道底的最上层砖的长边，应与炉料、金属、渣或气体的流动方向垂直，或成一交角。

3.2.33 直墙应立标杆拉线砌筑。当两面均为工作面时，应同时拉线砌筑。炉墙砌体应横平竖直。

3.2.34 圆形炉墙应按中心线砌筑。当炉壳的中心线垂直误差和半径误差符合炉内形要求时，可以炉壳为导面进行砌筑。

3.2.35 当炉壳中心线垂直误差和半径误差符合炉内形的要求时，卧式圆形砌体应以炉壳为导面进行砌筑。

3.2.36 弧形墙应按样板放线砌筑。砌筑时，应经常用样板检查。

3.2.37 具有拉钩砖或挂砖的炉墙，除砖槽的受拉面应与挂件靠紧外，砖槽的其余各面与挂件间应留有活动余地，不得卡死。

3.2.38 炉墙内的拉砖杆和拉砖钩（图3.2.38）应符合下列要求：

1 拉砖杆应平直，其弯曲度每米长不宜超过3mm；

2 拉砖杆的长度应适合，不得出现不拉或虚拉的现象；

3 拉砖杆在纵向膨胀缝处应断开；

4 拉砖钩应平直地嵌入砖内，不得一端翘起。

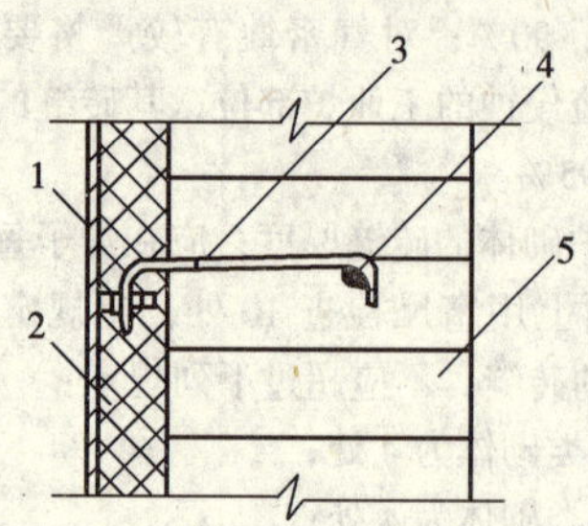

图3.2.38 炉墙拉砖杆和拉砖钩

1—炉壳钢板；2—隔热层；3—拉砖钩；4—拉砖杆；5—耐火砖

3.2.39 隔热耐火砖砌体的拉砖钩，应位于隔热耐火砖的中间。当个别拉砖钩遇到砖缝时，可水平转动拉砖钩，使其嵌入处与砖缝间的距离不小于40mm（图3.2.39）。

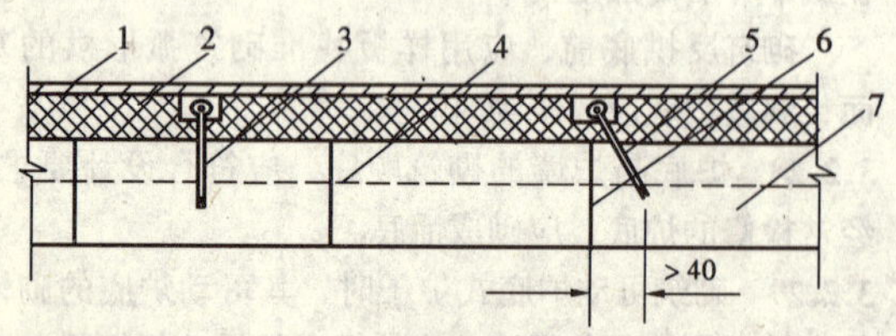

图3.2.39 拉砖钩转动示意图

1—炉壳钢板；2—隔热层；3—拉砖钩；4—托砖板；5—水平转动的拉砖钩；6—砖缝；7—隔热耐火砖

3.2.40 圆形炉墙不得有三层重缝或三环通缝，上下两层重缝与相邻两环的通缝不得在同一地点。圆形炉墙的合门砖应均匀分布。

3.2.41 拱脚砖下的炉墙上表面，应按设计标高找平，表面应平整。

拱脚砖与中心线的间距，应符合设计尺寸。

（Ⅲ）拱和拱顶

3.2.42 拱胎及其支柱所用材料，应满足拱胎的支撑强度及安全要求。

3.2.43 拱胎的弧度应符合设计要求，胎面应平整。支设拱胎，应正确和牢固，并经检查合格后，才可砌筑拱或拱顶。

3.2.44 砌筑拱顶前，拱脚梁与骨架立柱应靠紧，并经检查合格。

砌筑可调节骨架的拱顶前，骨架和拉杆应调整固定，并经检查合格。

3.2.45 拱脚表面应平整，角度应正确。

不得用加厚砖缝的方法找平拱脚。

3.2.46 拱脚砖应紧靠拱脚梁砌筑。当拱脚砖后面有砌体时，应在该砌体砌完后，才可砌筑拱或拱顶。

不得在拱脚砖后面砌筑隔热耐火砖或硅藻土砖。

注：隔热耐火砖拱顶的拱脚砖后面，可砌与拱顶相同材质的砖。

3.2.47 除有专门规定外，拱和拱顶应错缝砌筑。

错缝砌筑的拱和拱顶，应沿纵向缝拉线砌筑，保持砖面平直。

3.2.48 拱或拱顶上部找平层的加工砖，可用相应材质的耐火浇注料代替。

3.2.49 跨度不同的拱和拱顶宜环砌。

环砌拱和拱顶的砖环应保持平整垂直。

3.2.50 拱和拱顶必须从两侧拱脚同时向中心对称砌筑。砌筑时，严禁将拱砖的大小头倒置。

3.2.51 拱和拱顶的放射缝，应与半径方向相吻合。

拱和拱顶的内表面应平整，个别砖的错牙不应超过3mm。

3.2.52 锁砖应按拱和拱顶的中心线对称均匀分布。

跨度小于3m的拱和拱顶，应打入1块锁砖；跨度大于3m时，应打入3块；跨度大于6m时，应打入5块。

3.2.53 锁砖砌入拱和拱顶内的深度宜为砖长的2/3～3/4，但在同一拱和拱顶内锁砖砌入深度应一致。

打锁砖时，两侧对称的锁砖应同时均匀地打入。

打入锁砖应使用木锤；使用铁锤时，应垫以木块。

3.2.54 不得使用砍掉厚度1/3以上的或砍凿长侧面使大面成楔形的锁砖。

3.2.55 砌筑球形拱顶应采用金属卡钩和拱胎相结合的方法。球形拱顶应逐环砌筑，并及时“合门”，留槎不宜超过三环。“合门砖”应均匀分布，并应经常检查砌体的几何尺寸和放射缝的正确性。

3.2.56 吊挂砖应预砌筑，并进行选分和编号，必要时应加工。

吊挂平顶的吊挂砖，应从中间向两侧砌筑。吊挂平顶的内表面应平整，个别砖的错牙不应超过3mm。当砖的耳环上缘与吊挂小梁之间有间隙时，应用薄钢片塞紧。

砌筑吊挂平顶时，其边砖同炉墙接触处应留设膨胀缝。

斜坡炉顶应从下面的转折处开始向两端砌筑。

3.2.57 吊挂砖的主要受力处不得有裂纹。

3.2.58 砌完黏土质（或高铝质）炉顶吊挂砖后，应在炉顶上面灌缝，再按规定的部位铺砌隔热制品。

3.2.59 在砌完具有吊杆、螺母结构的吊挂砖后，应将吊杆的螺母拧紧。拧紧螺母时，应随时注意不使吊挂砖上升，但吊钩应紧靠吊挂砖孔的上缘。

3.2.60 吊挂拱顶应环砌。环缝彼此平行，并应与炉顶纵向中心线保持垂直。

开始砌筑吊挂拱顶时，应先按设计要求砌一环，然后照此环依次砌筑。

3.2.61 在镁质吊挂拱顶的砖环中，砖与砖之间应插入销钉和夹入钢垫片，不得遗漏或多夹。

销钉的直径和长度，钢垫片的长度和宽度，均不得做成正公差。钢垫片的穿销孔不得做成负公差。

钢垫片应平直，没有扭曲和毛刺。

3.2.62 吊挂拱顶应分环锁紧，各环锁紧度应一致。锁砖锁紧后，应即把吊挂长销穿好。

3.2.63 跨度大于5m的拱胎在拆除前，应设置测量拱顶下沉的标志；拱胎拆除后，应做好下沉记录。

3.2.64 拆除拱顶的拱胎，必须在锁砖全部打紧，拱脚处的凹沟砌筑完毕，以及骨架拉杆的螺母最终拧紧之后进行。

（Ⅳ）空气、煤气管道

3.2.65 管道内衬均应以管壳为导面砌筑。当管壳内表面有喷涂层时，应将喷涂层表面找圆，并以此为导面进行砌筑。

3.2.66 当现场条件许可时，管道内砌体可在地面上采取分段砌筑或浇注，焊接接头部位应留足尺寸，安装后及时补砌或浇注。

当管道砌体的直径小于600mm或矩形断面小于500mm×600mm时，应在地面上采取分段（每段长不超过3m）砌筑或浇注内衬。

3.2.67 环形管道（包括高炉热风围管）内衬应按管壳分段砌筑，各段内衬的接头应砌成直缝，并仔细加工砖。

3.2.68 管道（包括高炉热风管）各岔口处，应采用耐火浇注料现场浇注或采用组合砖砌筑。

（Ⅴ）烟　道

3.2.69 除复杂形状的拱顶可环砌外，烟道拱顶应错缝砌筑。

3.2.70 地下烟道砌体使用的耐火泥浆，可掺入10%～20%（质量比）、强度等级不低于32.5的普通硅酸盐水泥。

3.2.71 没有混凝土壁的地下烟道的拱顶，应在墙外完成回填土后才可砌筑。必要时，烟道墙应采取防止向内倾倒的措施。

3.2.72 砌筑烟道闸门附近的砌体时，应按设计留出间隙。

回转闸门底座上表面的标高，应略高出烟道底上表面的标高。

3.2.73 当烟道闸门具有框架结构时，闸门附近砌体应在框架安装定位后砌筑。与框架接触的砖应仔细加工，两者之间的间隙应使用与砌砖相同成分的浓泥浆填实。

（Ⅵ）换热器和换热室

3.2.74 陶质换热器砌体的砖缝厚度，应符合表3.2.74规定的数值。

换热室的底、墙和顶的砖缝厚度，应符合表3.2.2的规定。

表3.2.74　陶质换热器砌体砖缝的厚度

项次	部位名称	砌体砖缝的厚度(mm)不大于
1	四孔格子砖的水平缝： (1)湿砌 (2)干砌	 2 1
2	管砖和盘砖间的水平缝	2

3.2.75 四孔格子砖和管砖应进行预砌筑，并按高度选分。必要时，砖的端面应研磨。砌筑时，在同一水平砖层内，应使用同类高度的砖。

3.2.76 砌筑换热室的允许误差，应符合表3.2.76规定的数值。

表3.2.76　砌筑换热室的允许误差

项次	误差名称	允许误差(mm)
1	线尺寸误差： (1)换热室的宽度和长度 金属换热器 陶瓷换热器 (2)换热室两对角线的长度	 +15 0 +10 0 10
2	标高误差： (1)换热室墙砂封底坐标高 (2)换热室墙上部的热空气出口与砖格子水平隔墙的相对标高差 (3)相邻格子砖顶面的标高差	 ±5 15 2

续表 3.2.76

项次	误差名称	允许误差（mm）
3	表面平整误差： （1）换热室下部小单墙和横梁砖（用2m靠尺检查，靠尺与砌体之间的间隙） （2）每层砖格子（用拉线方法检查）	 5 5
4	换热室墙全高的垂直误差	5

3.2.77 换热器砖格子砌筑前，应在长度、宽度两个方向各干排一列砖格子，据此实排尺寸作为换热室内空的放线尺寸。

砌筑时，应砌成水平，并保持换热器全高通道的垂直和上下相邻砖层的吻合。

3.2.78 换热器内空气、废气换向的各通道的尺寸和位置，在砌筑时均应经过检查。

3.2.79 流到通道内部的泥浆，应在砌砖时随时清除。清除时，不应损坏异形砖或破坏砖缝。

3.2.80 换热器水平分隔墙、废气道隔墙、四孔格子砖、盖砖、盘砖、管砖和星形砖等，均应用气硬性泥浆砌筑。气硬性泥浆的成分，可按附录A采用。

3.2.81 每砌完一层砖格子后，应停置24h。当温度高于20℃时，可停置16h。

在泥浆凝结时期内，砌体不应受到振动。在砌筑上层砖格子时，应在下层铺设踏板。

3.2.82 砌筑换热器时，应用灯光透射法检查格孔是否畅通。有堵塞应及时清除。

3.2.83 四孔格子砖换热器与两侧墙接触处的缝隙，应用黏土质耐火泥浆填塞。

3.2.84 四孔格子砖换热器的水平废气道内，应涂刷一层气硬性稀泥浆。

3.2.85 管砖换热器下部拱上的小单墙，应同两侧墙交错砌筑。

3.2.86 管砖换热器的下列部位，应涂刷一层气硬性稀泥浆：

1 换热器的四周墙，涂刷泥浆的厚度应为2mm；

2 管砖的内壁和每层水平隔墙的上表面。

注：刷浆前，应在下部小单墙和烟道底面上铺撒锯木屑。

3.2.87 砌筑管砖时，应先将管砖砌入其上端的盘砖（倒置砌入），再将已砌好上端盘砖的管砖砌入下端的盘砖内。管砖同盘砖内外接头缝处挤出的泥浆，应仔细地勾抹清理。

3.2.88 管砖周围的膨胀缝，应用木楔塞紧，防止砌体松动。

4 不定形耐火材料

4.1 一般规定

4.1.1 不定形耐火材料如包装破损、物料明显外泄、受到污染或潮湿变质时，该包料不应使用。

4.1.2 与不定形耐火材料接触的钢结构和设备的表面，应先清除浮锈。

4.1.3 在施工中不得任意改变不定形耐火材料的配合比。不应在搅拌好的不定形耐火材料内任意加水或其他物料。

4.1.4 运到工地的耐火预制构件的表面上应具有：

1 生产单位印记；

2 质量检验合格印记；

3 在不同的三个面上有与施工图相一致的部件编号；

4 吊点标志；

5 生产日期。

4.1.5 垛放耐火预制构件时，支承的位置和方法，应符合构件的受力情况，不应使预制构件产生超应力和损伤。

4.1.6 锚固砖或吊挂砖的外形和尺寸应逐块检查和验收，锚固砖或吊挂砖不得有横向裂纹。

4.1.7 锚固砖或吊挂砖的位置，应符合设计要求，并保持与炉壳或吊挂梁相垂直。

锚固砖、锚固座与锚固钩应互相拉紧，但锚固砖应能随炉墙胀缩而起落。锚固钩四周不得填料。

吊挂砖与吊挂梁之间应楔紧。在烘炉之前，应拆除楔垫。

在浇注、喷涂施工前，锚固砖或吊挂砖应预先润湿。

4.1.8 振动棒、捣锤等金属捣实工具，不得直接作用于锚固砖或吊挂砖上。必要时，应垫以木板。

4.1.9 不定形耐火材料内衬的允许尺寸误差，可参照对耐火砖内衬的要求确定。

4.2 耐火浇注料

4.2.1 搅拌耐火浇注料用水，应采用洁净水。沿海地区搅拌用水应经化验，其氯离子（Cl^-）浓度不应大于300mg/L。

4.2.2 浇注用的模板应有足够的刚度和强度，支模尺寸应准确，并防止在施工过程中变形。

模板接缝应严密，不漏浆。对模板应采取防粘措施。

与浇注料接触的隔热砌体的表面，应采取防水措施。

4.2.3 浇注料应采用强制式搅拌机搅拌。搅拌时间及液体加入量应严格按施工说明执行。变更用料牌号时，搅拌机及上料斗、称量容器等均应清洗干净。

4.2.4 搅拌好的耐火浇注料，应在 30min 内浇注完，或根据施工说明的要求在规定的时间内浇注完。

已初凝的浇注料不得使用。

4.2.5 浇注料中钢筋或金属埋设件应设在非受热面。钢筋或金属埋设件与耐火浇注料接触部分，应根据设计要求设置膨胀缓冲层。

注：普通钢筋的使用温度不应超过 350℃。

4.2.6 整体浇注耐火内衬膨胀缝的设置，应由设计规定。对于黏土质或高铝质的耐火浇注料等，当设计对膨胀缝数值没有规定时，每米长的内衬膨胀缝的平均数值，可采用下列数据：

1 黏土耐火浇注料为 4～6mm；

2 高铝水泥耐火浇注料为 6～8mm；

3 磷酸盐耐火浇注料为 6～8mm；

4 水玻璃耐火浇注料为 4～6mm；

5 硅酸盐水泥耐火浇注料为 5～8mm。

4.2.7 浇注料应振捣密实。振捣机具宜采用插入式振捣器或平板振动器。在特殊情况下可采用附着式振动器或人工捣固。

当用插入式振捣器时，浇注层厚度不应超过振捣器工作部分长度的 1.25 倍；当用平板振动器时，其厚度不应超过 200mm。

自流浇注料应按施工说明执行。

隔热耐火浇注料宜采用人工捣固。当采用机械振捣时，应防止离析和体积密度增大。

4.2.8 耐火浇注料的浇注，应连续进行。在前层浇注料凝结前，应将次层浇注料浇注完毕。间歇超过凝结时间，应按施工缝要求进行处理。施工缝宜留在同一排锚固砖的中心线上。

4.2.9 耐火浇注料在施工后，应按设计规定的方法养护。如无特殊规定，可按表 4.2.9 的规定进行。

耐火浇注料养护期间，不得受外力及振动。

表 4.2.9 耐火浇注料的养护制度

项次	结合剂	养护环境	适宜养护温度（℃）	养护时间（d）
1	结合黏土	干燥养护	15～35	≥3
2	高铝水泥	潮湿养护	15～25	≥3
3	磷　酸	干燥养护	20～35	3～7
4	水玻璃	干燥养护	15～30	7～14
5	硅酸盐水泥	潮湿养护 蒸汽养护	15～25 60～80	≥7 0.5～1

注：1 潮湿养护应在硬化开始后加以覆盖并浇水，浇水次数以能保持有足够的潮湿状态为宜。

2 蒸汽养护的升温速度，宜为 10～15℃/h，降温速度不宜超过 40℃/h。

4.2.10 不承重模板，应在浇注料强度能保证其表面及棱角不因拆模而受损坏或变形时，才可拆除；承重模板应在浇注料达到设计强度 70%之后，才可拆除。

热硬性浇注料应烘烤到指定温度之后，才可拆模。

4.2.11 浇注料的现场浇注质量，对每一种牌号或配合比，每 20m³ 为一批留置试块进行检验，不足此数亦作一批检验。采用同一牌号或配合比多次施工时，每次施工均应留置试块检验。

检验项目和技术要求，可参照现行的行业标准《黏土质和高铝质致密耐火浇注料》YB/T 5083 的规定执行。

4.2.12 浇注衬体表面不应有剥落、裂缝、孔洞等缺陷。

注：可允许有轻微的网状裂纹。

4.2.13 耐火浇注料的预制件，不宜在露天堆放。露天堆放时，应采取防雨防潮措施。

4.2.14 起吊浇注料预制件时，预制件的强度应达到设计对吊装所要求的强度。

预制件吊运时应轻起轻放，严格按吊装要求操作。

预制件砌体缝隙的宽度及缝隙的处理应按设计规定。

4.2.15 预制件应设有吊装环，吊运预制件应起吊吊装环。

对于用吊挂砖作传力系统的炉顶预制件，在吊运、安装过程中，要保证每块吊挂砖均衡受力，吊挂砖不得受到冲撞等损伤。炉顶预制件不宜码放，码放时预制件不得直接码放在炉顶预制件的吊挂砖上。

4.3 耐火可塑料

4.3.1 可塑料应密封良好，保持水分。施工前应按现行的行业标准《黏土质和高铝质可塑料可塑性指数试验方法》YB/T 5119 检查可塑料的可塑性指数。

4.3.2 采用支模法捣打可塑料时，模板应具有一定的刚度和强度，并防止在施工过程中位移。

吊挂砖的端面与模板之间的间隙，宜为 4～6mm，捣打后不应大于 10mm。

4.3.3 可塑料坯铺排应错缝靠紧。采用散装可塑料时，每层铺料厚度不应超过 100mm。

捣锤应采用橡胶锤头，捣锤风压不应小于 0.5MPa。

捣打应从坯间接缝处开始。锤头在前进方向移动宜重叠2/3，行与行重叠 1/2，反复捣打 3 遍以上。捣固体应平整、密实、均一。

4.3.4 捣打炉墙和炉顶可塑料时，捣打方向应平行于受热面。

捣打炉底时，捣打方向可垂直于受热面。

4.3.5 可塑料施工宜连续进行。施工间歇时，应用塑料布将捣打面覆盖。施工中断较长时，接缝应留在同一排锚固砖或吊挂砖的中心线处。当继续捣打时，应将已捣实的接槎面刮去10~20mm厚，表面应刮毛。

气温较高，捣打面干燥太快时，应喷雾状水润湿。

4.3.6 炉墙可塑料应逐层铺排捣打，其施工面应保持同一高度。

4.3.7 安设锚固砖或吊挂砖前，应用与此砖同齿形的木模砖打入可塑料，形成凹凸面后，再将锚固砖嵌入固定。

4.3.8 烧嘴和孔洞下半圆处应退台铺排可塑料坯，退台处应径向捣打。

上半圆应在安设木模后按耐火砖砌拱方式铺排，并应沿切线方向捣打。

"合门"处应做成楔形，填入可塑料，并应按垂直方向分层捣实。

4.3.9 炉顶可塑料可分段进行捣打。斜坡炉顶应由其下部转折处开始，达到一定长度（约600mm）后，才可拆下挡板捣打另一侧。

4.3.10 炉顶"合门"应选在水平炉顶段障碍物较少的位置。"合门"处应捣打成窄条倒梯形空档，宽度不应大于600mm。"合门"口应捣打成漏斗状，并应尽量留小，分层铺料，分层捣实。

4.3.11 可塑料内衬的膨胀缝，应按设计要求留设。炉墙膨胀缝、炉顶纵向膨胀缝的两侧，应均匀捣打，使膨胀缝成一直线。

在炉墙与炉顶的交接处，应留水平膨胀缝与垂直膨胀缝。膨胀缝内应填入耐火陶瓷纤维等材料。

4.3.12 炉顶"合门"处模板，必须在施工完毕停置24h以后才可以拆除。用热硬性可塑料捣打的孔洞，其拱胎应在烘炉前拆除。

4.3.13 可塑料内衬的修整，应在脱模后及时进行。修整前，锚固砖或吊挂砖端面周围的可塑料，应用木锤轻轻地敲打，使咬合紧密。修整时，以锚固砖或吊挂砖端面为基准削除多余部分，未削除的表面应刮毛。

可塑料内衬受热面，应开设ϕ4~6mm的通气孔。孔的间距宜为150~230mm，位置宜在两个锚固砖中间，深度宜为捣固体厚度的1/2~2/3。

可塑料内衬受热面的膨胀线，应按设计位置切割，宽宜为5mm，深宜为50~80mm。

4.3.14 当可塑料内衬修整后不能及时烘炉，应用塑料布覆盖。

4.3.15 烘炉前可塑料内衬裂缝大于下列尺寸时应进行挖补：烧嘴、各孔洞处3mm；高温或重要部位5mm；其他部位12mm。裂缝处应挖成里大外小的楔形口，表面喷洒雾状水润湿，用可塑料仔细填实。

裂缝宽度在烧嘴、各孔洞处为1~3mm；高温或重要部位1~5mm；其他部位3~12mm，可在裂缝处喷雾状水润湿，用木锤轻敲，使裂缝闭合，或填泥浆、可塑料、耐火陶瓷纤维等。

4.4 耐火捣打料

4.4.1 捣打料捣打时，铺料应均匀。用风动锤捣打时，应一锤压半锤，连续均匀逐层捣实。第二次铺料应将已打结的捣打料表面刮毛后才可进行。风动锤的工作风压，不应小于0.5MPa。

4.4.2 炭素捣打料可采用冷捣法或热捣法施工。捣打炉底前，应对炉基进行干燥处理并清理干净。

采用风动锤捣打时，每层铺料厚度不应超过100mm。

4.4.3 每层炭素捣打料的捣实密度，应按规定的体积密度或压缩比进行检查。

压缩比可按下式进行计算：

$$\text{压缩比}=\frac{\text{压下量}}{\text{松铺厚度}}\times 100\% \tag{4.4.3}$$

注：压缩比宜为40%~45%。

4.4.4 冷捣炭素料捣打时的料温，应比其结合剂软化点高10℃左右。

4.4.5 热捣的炭素料，捣打前应将炭素料破碎，并进行均匀加热，加热温度应依成品料的混炼温度而定。加热后的炭素料中不应有硬块。

捣打时宜用热锤，料温不应低于70℃。

4.4.6 在炭素料捣打中断后继续捣打时，捣固体表面应进行清扫、打毛、涂刷煤焦油。

4.4.7 用煤焦油、煤沥青作结合剂的镁砂或白云石质捣打料，应用热锤捣打。

煤焦油、煤沥青和骨料应分别脱水和加热后混合，并搅拌均匀。

4.4.8 捣打料用模板施工时，模板应具有足够的强度及刚度。连接件、加固件捣打时不得脱开。

4.5 耐火喷涂料

4.5.1 喷涂料施工前，应按喷涂料牌号规定的施工方法说明书试喷，以确定适合的各项参数，如风压、水压等。

4.5.2 喷涂前应检查金属支承件的位置、尺寸及焊接质量，并清理干净。

支承架上有钢丝网时，网与网之间应搭接1个格。但重叠不得超过3层，绑扣应朝向非工作面。

4.5.3 喷涂料应采用半干法喷涂。喷涂料加入喷涂机之前，应适当加水润湿，搅拌均匀。

4.5.4 喷涂时，料和水应均匀连续喷射，喷涂面上不允许出现干料或流淌。

喷涂方向应垂直于受喷面，喷嘴离受喷面的距离宜为1~1.5m，喷嘴应不断地进行螺旋式移动，使粗细颗粒分布均匀。

4.5.5 喷涂应分段连续进行，一次喷到设计厚度。内衬较厚需分层喷涂时，应在前层喷涂料凝结前喷完次层。附着在支承件上或管道底的回弹料、散射料，应及时清除，并不得回收作喷涂使用。

施工中断时，宜将接槎处做成直槎，继续喷涂前应用水润湿。

4.5.6 喷涂层厚度应及时检查，过厚部分应削平。喷涂层表面不得抹光。

检查喷涂层密度可用小锤轻轻敲打，发现空洞或夹层应及时处理。

4.5.7 喷涂完毕后应及时开设膨胀线，可用1~3mm厚的楔形板压入30~50mm而成。

4.5.8 以喷涂法施工较厚的内衬时，应先将锚固砖固定。喷涂时应注意不要因有锚固砖的遮挡而形成死角。喷涂料凝结之后，应参照本规范第4.3.13条的方法进行修整和开通气孔。

4.5.9 喷涂料的养护，应按所用料牌号的施工方法说明书进行。

5 耐火陶瓷纤维

5.1 一般规定

5.1.1 耐火陶瓷纤维内衬所采用材料的技术指标与结构形式应符合设计要求。

注：耐火陶瓷纤维的适用范围，可参照附录B。

5.1.2 耐火陶瓷纤维、锚固件及粘接剂等材料，应按现行有关的标准及技术条件验收。

注：在耐火陶瓷纤维质量证明书中，应注明导热系数检验结果。

5.1.3 在炉壳上粘贴纤维制品前，应清除炉壳表面的浮锈和油污；在耐火砖或耐火浇注料面上粘贴纤维制品前，应清除其表面的灰尘和油污。粘贴面应干燥、平整。

5.1.4 切割纤维制品，其切口应整齐。

5.1.5 耐火陶瓷纤维和制品应防止受湿和挤压。

5.1.6 粘贴法施工用的成品粘接剂应密封保管，使用时应搅拌均匀，稠度适宜。

5.1.7 粘贴施工时，在基面及纤维制品的粘贴面均应涂刷粘接剂。

注：如砖壁表面不易湿润时，可先用与粘接剂同材质的调和液涂刷砖壁。

5.1.8 纤维制品表面涂刷耐火涂料时，涂料应满布，无流淌、漏刷。多层涂刷时，前后层应交错。

5.1.9 在纤维制品炉衬上砌筑不定形耐火材料时，应在纤维制品表面覆盖一层防水塑料纸。

5.2 层铺式内衬

5.2.1 设于炉顶的锚固钉中心距，宜为200~250mm，设于炉墙的锚固钉中心距，宜为250~300mm。

锚固钉距受热面纤维毯、毡、板的边缘，宜为50~75mm，最大距离不应超过100mm。

5.2.2 锚固钉应垂直焊牢于钢板上，焊后应逐根进行锤击检查。当采用陶瓷杯或转卡垫圈固定纤维制品时，锚固钉的断面排列方向应一致。

5.2.3 纤维毯、毡及隔热层的铺设应严密，隔热层应紧贴炉壳。紧固锚固件时，应松紧适度。

5.2.4 隔热层、纤维毯、毡均应减少接缝，且错缝铺设，各层间应错缝100mm以上。隔热层可对缝连接；受热面层接缝应搭接，搭接长度宜为100mm。搭接方向应顺气流方向，不得逆向。搭接方法见图5.2.4。

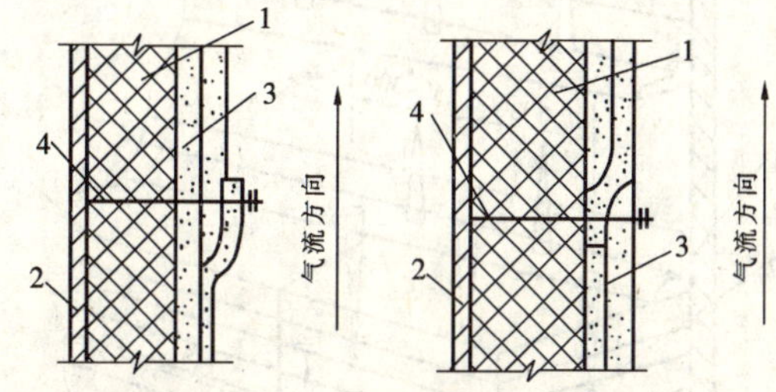

图5.2.4 纤维毯、毡搭接图

1—隔热层；2—炉壳；3—纤维毯、毡；4—锚固钉

5.2.5 纤维毯、毡在对接缝处，应留有余量以备压缩。压缩方法见图5.2.5。

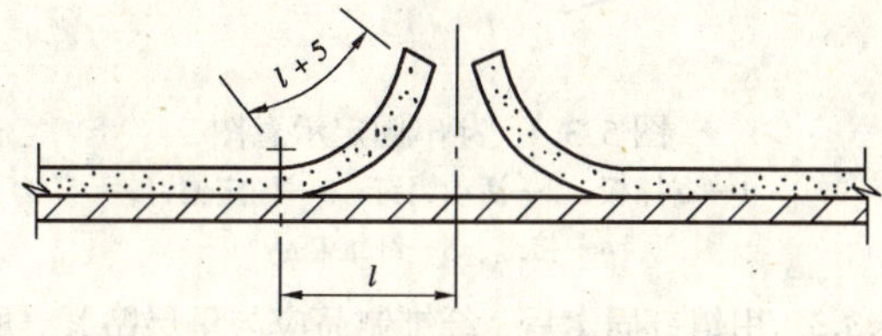

图5.2.5 对接缝处压缩图

5.2.6 纤维制品应按炉壳上孔洞及锚固钉的实际位置和尺寸下料，切口应略小于实际尺寸。

5.2.7 当锚固钉端部用陶瓷杯固定时，纤维制品上的开孔应略小于陶瓷杯外形尺寸，每个陶瓷杯的拧进深度应相等，并应逐根检查是否锁牢。在杯内应用耐火填料塞紧。

5.2.8 在铺筑炉顶的纤维毯、毡、板时，应用快速夹进行层间固定。

5.2.9 在炉墙转角或炉墙与炉顶、炉底相连处，纤维制品应交错相接，不得内外通缝。

纤维炉衬与砖砌体或其他耐火炉衬的连接处应避免直通缝。

5.2.10 对金属锚固钉、垫圈等应采取保护措施，使其不直接暴露在炉内。用耐火涂料覆盖时，应涂抹严密；用纤维覆盖时应粘贴牢固。

5.3 叠砌式内衬

5.3.1 叠砌式内衬的纤维制品条，应按设计尺寸切割整齐。

5.3.2 对每扎纤维都应进行预压缩，其压缩程度应相同，压缩率应为 15%～20%。

5.3.3 穿串固定的支撑板及固定销钉，应焊接牢固，并逐根检查焊接质量。墙上的支撑板应水平，销钉应垂直。

销钉的中心距宜为 250～300mm。

5.3.4 用销钉固定时，压缩后的纤维制品应穿入预定位置，至上层支撑板。活动销钉应按设计要求的位置垂直插入纤维中，不得偏斜和遗漏。穿串固定见图 5.3.4。

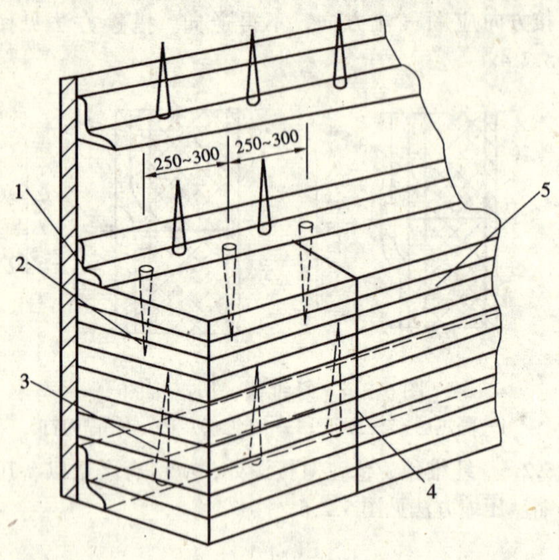

图 5.3.4 穿串固定示意图

1—支撑板；2—活动销钉；3—固定销钉；4—接缝；5—纤维制品

5.3.5 用销钉固定后，纤维制品应与里层贴紧。所有纤维制品的接缝处都应挤紧。

5.3.6 粘贴法施工的纤维制品，可采用图5.3.6的方法排列。

5.3.7 用粘贴法施工前，应先在被粘贴的表面，按每扎的大小分格划线，保证纤维条的平直和紧密。

5.3.8 在烧嘴、排烟口、孔洞等部位周边应用纤维条加粘接剂填实，不得松散和有间隙。填充用纤维条，应与其周边垂直。

5.3.9 当设计要求纤维炉衬需用钢板网时，钢板网应牢固地点焊在炉壳上，钢板网应平整，钢板网的钢板厚度宜为 1～1.5mm。

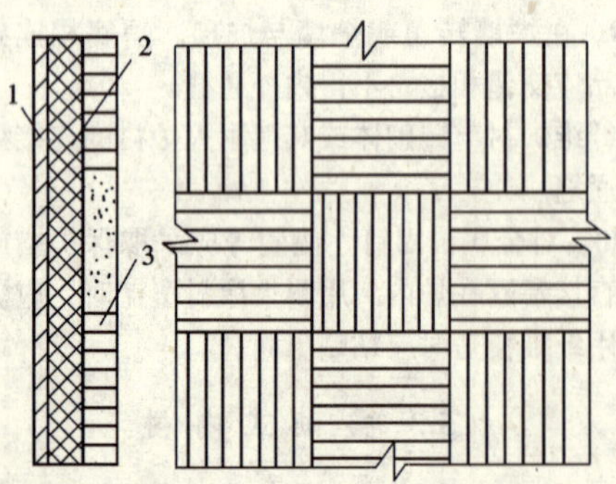

图 5.3.6 叠砌式粘贴法示意图

1—炉壳；2—隔热层；3—纤维制品

5.3.10 粘贴纤维制品，粘接剂应涂抹均匀、饱满。

纤维制品涂好粘接剂之后，应立即贴在预定的位置上，并用木馒压紧，使之粘牢。粘贴及压紧时，不得推动已贴好的相邻纤维制品。

5.3.11 当从下往上进行粘贴施工时，不得将粘接剂掉在已贴好的纤维制品上。

用粘贴法施工时，粘接剂不得沾污炉管和其他金属件。

5.3.12 当采用叠砌模块时，应保证相邻模块挤紧，并应避免模块交叉角的窜气缝。

5.3.13 叠砌模块（非折叠方向）与砖砌体或其他耐火炉衬连接处，应把纤维毯对折挤压进缝隙中。

6 高炉及其附属设备

6.1 一 般 规 定

6.1.1 高炉及其附属设备各部位砌体的砖缝厚度，应符合表6.1.1规定的数值。

表 6.1.1 高炉及其附属设备各部位砌体砖缝的厚度

项次	部 位 名 称	砌体砖缝的厚度(mm)不大于
	Ⅰ 高炉炭砖砌体	
1	炉底和炉缸： (1)垂直缝 (2)水平缝	 1.5 2
2	其他部位： (1)垂直缝 (2)水平缝	 2 2.5
3	炭砖的保护层(黏土耐火砖)	3
	Ⅱ 以磷酸盐泥浆砌筑的耐火砖砌体	
4	高炉炉底： (1)垂直缝 (2)水平缝	 2 2.5
5	高炉炉缸	2
6	高炉炉腹和炉腰	2.5
7	高炉炉身	3
8	热风炉炉墙、炉顶和拱	3
9	热风管	3
	Ⅲ 非磷酸盐泥浆砌筑的耐火砖砌体	
10	高炉炉身冷却箱(板)以上	2
11	高炉炉喉钢砖区	3
12	高炉炉顶	2
13	热风炉炉墙	2
14	热风炉炉底	2.5

续表 6.1.1

项次	部位名称	砌体砖缝的厚度(mm)不大于
15	煤气导出管和除尘器	2.5
	Ⅳ 热风炉硅砖砌体	
16	炉墙、炉顶和拱	2

注：1 用磷酸盐泥浆砌筑时，高炉和热风炉的圆形砌体的环缝厚度允许增大，但不得超过 5mm。
2 用非磷酸盐泥浆砌筑时，所有部位的环缝厚度允许增大，但增大值不得超过规定砖缝的 50%。
3 当炭砖外形尺寸允许偏差为 ±0.5mm 时，高炉炉底和炉缸砌体砖缝的厚度应为不大于 1mm。
4 用铝碳质或碳化硅质制品砌筑高炉炉腹、炉身的砌体时，砌体砖缝的厚度不大于 2mm。

6.1.2 砌筑高炉及其附属设备的允许误差，应符合表 6.1.2 规定的数值。

表 6.1.2 砌筑高炉及其附属设备的允许误差

项次	误差名称	允许误差(mm)	
		炭砖砌体	其他耐火砖砌体
1	表面平整误差(用 2m 靠尺检查,靠尺与砌体之间的间隙):		
	(1)高炉炉底底基,炉底各砖层和炉底最上层砌筑炉缸墙的地点	2	5
	(2)高炉炉底底基和炉底各砖层上表面各点的相对标高差(用测量仪器检查)	5	8
	(3)高炉炉底砖层表面的局部错牙		2
	(4)高炉炉缸各砖层	2	5
	(5)高炉炉腹、炉腰和炉身各砖层	2	10
	(6)热风炉炉墙各砖层		10
	(7)热风炉炉顶下的炉墙上表面		5
2	半径误差:		
	(1)高炉炉缸	±15	±15
	(2)高炉厚壁炉腰和炉身	±15	±15
	(3)热风炉无喷涂层的炉墙		±10
	(4)热风炉有喷涂层的炉墙		+10 −5
	(5)内燃式热风炉燃烧室		±10

续表 6.1.2

项次	误差名称	允许误差(mm)	
		炭砖砌体	其他耐火砖砌体
2	(6)热风炉炉顶		
	①外燃式		+10 −5
	②内燃式		±10
	③顶燃式		±15
3	垂直误差:		
	(1)高炉炉底的每块砖		2
	(2)内燃式热风炉燃烧室墙		
	每米高		5
	全高		30

注：1 满铺炭砖炉底砌体（包括其底基）的表面平整误差，应用 3m 钢靠尺检查。
2 高炉、热风炉圆形砌体径向倾斜度不大于 5‰。

6.1.3 高炉、热风炉及其热风管各孔、洞砌体，宜用组合砖砌筑。组合砖砌体下的炉墙上表面标高误差，不应超过 0～−5mm。

组合砖应采用集装方式包装、运输。

6.2 高 炉

6.2.1 砌筑前应校核炉口钢圈中心对炉底底基中心的位移。

厚壁炉腰和炉身砌体的中心线，应以炉口钢圈中心为准。炉缸砌体的中心线，应由测量确定，对炉身中心线的位移，不应超过 30mm。

炉底、炉缸砌体的标高，应以出铁口中心或风口中心平均标高为基准。

6.2.2 冷却壁之间和冷却壁与出铁口框、风口和渣口大套之间的缝隙，应在砌砖前用填料填塞，其牌号和性能应由设计规定。

注：设计无规定时，可采用下列铁屑填料，其成分（质量比%）宜为：

1 生铁屑（洁净无锈、无油污，粒径 1～5mm） 70
黏土熟料粉 30
水玻璃（密度 1.3～1.4g/mL，模数不低于 2.2）（外加） 15～17
硅酸盐水泥（强度等级 42.5）（外加） 2

2 生铁屑（洁净无锈、无油污，粒径 1～5mm） 60
精矿粉 24
高铝水泥（强度等级 42.5） 16
水（外加） 适量

6.2.3 高炉各部位的炭素捣打料，应按本规范第 4.4 节的要求施工。当采用压缩比检查捣打料捣实密度时，其压缩比为：炉底垫层，不应小于 45%；砌体与冷却壁（或炉壳）之间的缝隙，不应小于 40%。

高炉热捣炭素料（粗缝糊）的加热温度，不应超过120℃。

6.2.4 设有冷却装置的炉底钢板表面，砌砖前应用炭素料捣固和找平，其施工质量及表面平整误差应记入验收记录中，并附测量图。

6.2.5 炉底炭素料找平层采用扁钢隔板控制标高时，扁钢上表面标高误差不应超过0～-2mm。

（Ⅰ）炭砖砌体

6.2.6 炭砖必须在制造厂内进行预组装。预组装后的炭砖应按顺序编号，并记入预组装图中。

6.2.7 满铺炭砖炉底上下两层炭砖列的纵向中心线，应交错成30°～60°角，并均应与出铁口中心线交错成30°～60°角。

6.2.8 砌筑满铺炭砖炉底时，应保持炭砖列的平直，并随时检查其平面位置是否偏移。

炭砖列之间的垂直缝用千斤顶顶紧后，砖列端部应予固定。

6.2.9 砌筑炭砖时，应用真空吸盘吊或吊装孔专用吊具把炭砖吊装就位。

6.2.10 炉底环状炭砖与其他耐火砖砌体之间的厚缝尺寸，宜为40～120mm。

6.2.11 环状炭砖的放射缝，应与半径方向相吻合。砌体内上下层的砖缝应交错。

6.2.12 高炉内衬炭砖砌筑中，炭素泥浆需加热时，应隔水加热。

6.2.13 炭砖砌体砖缝内的炭素泥浆均应饱满。砌筑时，应用千斤顶使炭砖彼此靠紧。

6.2.14 捣打炭素料前，炭砖砌体与冷却壁（或炉壳）、其他耐火砖之间的缝隙，均应用木楔固定。

环状炭砖砌体与冷却壁（或炉壳）之间的炭素料，应在该环炭砖砌完后，才可开始捣打。

6.2.15 炭砖砌体的上表面均应平整，并按要求逐层检查，必要时应磨平。

6.2.16 炉缸的炭砖，应从出铁口开始砌筑，并应保持出铁口通道的尺寸。渣口区的炭砖，可从渣口开始砌筑。

6.2.17 炭砖砌体的砖缝厚度，应用塞尺检查。塞尺宽度应为30mm，厚度应等于被检查砖缝的规定厚度，其端部为直角形。

如塞尺插入砖缝的深度不超过100mm时，该砖缝即认为合格。

（Ⅱ）其他耐火砖砌体

6.2.18 炉底、炉缸、炉腹、炉腰和炉身冷却板（箱）区域的砌体，当使用黏土质、高铝质和刚玉质耐火制品时，应采用磷酸盐泥浆砌筑。当使用铝碳质、碳化硅质或其他材质耐火制品时，应按设计要求采用相应的耐火泥浆。

6.2.19 炉底和炉缸的耐火砖，施工前应认真选分与配层，必要时应加工。

6.2.20 每层炉底均应从中心十字形开始砌筑，并应保持十字形的相互垂直。

6.2.21 炉底采用沾浆法砌筑时，应做到稳沾、低靠、短拉、重揉。

6.2.22 上下两层炉底的砌筑中心线，应交错成30°角，并均应与出铁口中心线成30°～60°角，通过上下层中心点的垂直缝不应重合。

6.2.23 在炉底施工过程中，应随时检查砖缝厚度、泥浆饱满程度、各砖层上表面的平整误差和表面各点相对标高差。

6.2.24 炉底砖层（除最上层外）上表面的局部错牙应磨平。磨平时不得将砖碰撞松动。

6.2.25 炉缸砌砖应从出铁口开始。砌出铁口时，出铁口框内的砌体应先砌。

6.2.26 在出铁口框和渣口大套外环宽500mm范围内的砌体，以及风口带的砌体，均应紧靠冷却壁（或炉壳）砌筑，其间不严密处，应用与砌砖相同的浓泥浆填充。

6.2.27 风口和渣口宜在水套安装完毕后砌筑，非组合砖砌体周围的砌体除顶部可侧砌外，其余部分应平砌，靠水套的砖应加工。砌体与风口、渣口水套之间的缝隙不得小于15mm。

6.2.28 炉底、炉缸采用陶瓷杯和环状炭砖混合结构时，对于大型预制块陶瓷杯，应先砌筑陶瓷杯，环状炭砖经现场预砌后再砌筑；对于小块砖陶瓷杯，应先砌筑炭砖，后砌筑陶瓷杯。

6.2.29 “环形”底垫砌筑前应先放好控制线，各环砖“合门”处应留成外大内小的喇叭口，待中心座砖砌完后，再由内向外逐环“合门”。

6.2.30 陶瓷杯壁大型砌块宜采用专用器具吊装就位，检查合格后及时用相应的耐火浇注料填充吊装孔。

6.2.31 砌筑陶瓷杯壁，应严格控制砌块的水平度和垂直度，经常检查杯壁的砌筑半径，可利用干摆和微调砌筑半径的方法来完成“合门砖”砌筑。

6.2.32 高炉圆形砌体，在砌筑时不应同时有三层以上的退台。在同一层内，每环“合门”不应多于四处，并应均匀分布。

6.2.33 砌筑厚壁炉腰和炉身时，应通过炉口钢圈中心挂设中心线，并随时检查砌体半径尺寸。

当厚壁炉腰和炉身的炉壳内表面有喷涂层时，应以炉壳为导面进行喷涂。喷涂层的厚度误差不应超过±5mm。

6.2.34 冷却板（箱）应在砌砖前安装。每层冷却板（箱）之间砌体，宜进行预加工。

冷却板（箱）周围一块砖应紧靠炉壳砌筑，不留填料缝。

6.2.35 高炉冷却壁与炉壳之间应灌浆，其成分与配比应按设计规定。

6.2.36 炉身砌体与钢砖底部之间的缝隙，应为50～120mm，在设计没有规定时缝内应填以黏土质耐火泥料。

6.3 热风炉

（Ⅰ）底和墙

6.3.1 安排热风炉组的砌筑顺序时，应预防基础的不均匀下沉。

6.3.2 砌筑热风炉的内衬前，应校核炉壳中心线的垂直误差。炉壳内表面有喷涂层时，应根据各段炉壳的检查记录，选定喷涂层中心线。喷涂层的半径误差不应超过0～10mm。

6.3.3 有喷涂层的热风炉蓄热室、燃烧室和混合室的炉墙，均应挂中心线控制半径进行砌筑。

无喷涂层的内燃式热风炉围墙应以炉壳为导面进行砌筑，并应随时用样板检查砌体的厚度（包括工作层和隔热层），其误差不应超过±15mm。燃烧室墙应按中心线砌筑。

6.3.4 热风炉上部各段炉墙间的垂直滑动缝，均应按设计要求留设。

每层托砖板上炉墙砖第一层砖应找平。

6.3.5 炉墙隔热层的填料，应及时填充，填料顶面低于砌体表面的距离，不应超过500mm。隔热层砖应每隔2～2.5m平砌两层，将填料的缝隙盖住。

6.3.6 热风口及其以上各口与水平管的内衬接头处，均应砌成直缝，并仔细加工砖。

6.3.7 热风口、燃烧口和炉顶连接管口等周围环宽1m范围内，高铝（或黏土耐火或硅）砖均应紧靠炉壳（或喷涂层）砌筑，其间不严密处，应用与砌砖相同的浓泥浆填充。

6.3.8 内燃式热风炉圆形燃烧室与围墙之间应留有缝隙（约20mm），缝内应充填瓦楞纸或发泡苯乙烯等具有伸缩性、灰分少的易燃物品。

6.3.9 热风炉炉墙高温区采用硅砖砌筑时，应按设计规定在砌体的放射缝和环缝处仔细留设膨胀缝。膨胀缝的填充材料应用发泡苯乙烯等具有伸缩性、灰分少的易燃物品。

6.3.10 陶瓷燃烧器可用组合砖或预制块砌筑。使用预制块时，应进行预砌筑。

砌筑时，应保持组合砖或预制块和各孔的位置准确。砌体砖缝内的泥浆应饱满，其表面应严密勾缝。

（Ⅱ）砖格子

6.3.11 砌筑砖格子以前，必须检查炉箅子和支柱。炉箅子上表面的平整误差，用拉线法检查时，不应超过5mm。炉箅子格孔中心线与设计位置的误差，不应超过3mm。

6.3.12 格子砖的尺寸偏差，应按标准验收。施工前应根据砖尺寸的抽查记录确定使用方案。

上下带沟舌的多孔格子砖，应按高度选分配层。

6.3.13 蓄热室中心点上的格孔应作为确定各层砖格子水平十字中心线控制线的基准，每层格子砖均应按此水平十字中心线砌筑，并保持格孔垂直。另外，还可用“木比尺”对砖格子进行控制。

施工中，应在四周炉墙内面做好中心控制线。上下两层砖格子间的错位，不应超过5mm。

6.3.14 第一层砖格子应保持其上表面平整。砖格孔对炉箅子格孔的位移不应超过10mm，并应清点完整格孔数和填写隐蔽工程记录。

6.3.15 四周砖格子与炉墙间，应按设计留设膨胀缝，并用木楔固定好。

6.3.16 施工中应采取防垢措施，不得堵塞格孔。砖格子砌筑完毕后，应进行最后清扫，并检查格孔是否畅通。如果电灯的亮光能透过格孔，或者用绳子从上面放下的检查钢钎能通过格孔的全高，该格孔应被认为合格。

堵塞格孔的数量，不应超过第一层砖格子完整格孔数量的3%。

采用上、下带沟舌的多孔格子砖砌筑时，砖格子的堵孔率可不作为检查项目。

6.3.17 砖格子采用上下带沟舌的多孔格子砖时，上下层应错缝砌筑，砖与砖之间应按设计要求留设膨胀缝。

四周格子砖宜进行预加工，并按顺序编号绘制排列图。

（Ⅲ）炉顶

6.3.18 砌砖前，应按炉顶孔的中心和标高，确定球形拱顶砌砖（或喷涂层）的中心。在外燃式热风炉中，可参照两个球体的中心及连接管铁壳中心确定连接管砌砖（或喷涂层）的中心线。

6.3.19 砌砖前应检查固定圈的安装是否正确，拱脚砖应紧靠固定圈砌筑。

6.3.20 炉顶下的炉墙上表面，应按本规范表6.1.2的规定和确定的标高找平。

6.3.21 热风炉炉顶，砌筑前应进行预砌筑。

外燃式热风炉球形拱顶与连接管的交接部位，宜采用组合砖，不采用组合砖时，应进行预砌筑。砌筑时，该交接部位应先砌。

6.3.22 炉顶高铝（或黏土）质塞头砖及其外围的1～2环炉顶部位（包括四周盖砖），宜用高温性能良好的耐火浇注料现场浇注。

7 焦炉及干熄焦设备

7.1 焦炉

7.1.1 砌筑焦炉的允许误差，应符合表7.1.1规定的数值。

表 7.1.1 砌筑焦炉的允许误差

项次	误差名称	允许误差(mm)
1	线尺寸误差：	
	(1)主轴线，正面线和边炭化室中心线的测量	±1
	(2)标板和标杆上的划线尺寸	±1
	(3)小烟道(包括承插口高度)和蓄热室宽度	±4
	(4)蓄热室炉头、斜烟道炉头和炭化室炉头肩部脱离正面线	±3
	(5)斜烟道口的宽度和长度	±2
	(6)斜烟道出口处的宽度	±1
	(7)相邻立火道、斜烟道口、焦炉煤气道和看火孔的中心线间的间距及各孔道中心线与焦炉纵中心线的间距	±3
	(8)炭化室宽度	±3
	(9)保护板砖座到炭化室底的距离	+3 0
	(10)炭化室机焦侧跨顶砖(及其上部与保护板接触的砌体)与炉肩正面差	0 -5
	(11)装煤孔和上升管孔的中心线与焦炉纵中心线间距	±3
2	标高误差：	
	(1)主要部位标高控制点的测量	±1
	(2)基础平台普通黏土砖砌体顶面	±5
	(3)蓄热室墙顶	±4
	(4)炭化室底	±3
	(5)炭化室墙顶	±5
	(6)炉顶表面	±6
	(7)基础平台普通黏土砖砌体顶面相邻测点间(间距 1~1.5m)的标高差	5
	(8)相邻蓄热室墙顶的标高差	3
	(9)斜烟道部在蓄热室顶盖下一层相邻墙顶的标高差	2
	(10)相邻水平煤气道砖座的标高差	2
	(11)相邻燃烧室保护板砖座的标高差	2
	(12)相邻炭化室底的标高差	3
	(13)相邻炭化室墙顶的标高差	3
3	表面平整误差：(用 2m 靠尺检查，靠尺与砌体之间的间隙)	
	(1)蓄热室墙	5
	(2)蓄热室炉头正面	5
	(3)炭化室底	3
	(4)炭化室墙	3
	(5)炭化室炉头肩部	3
4	垂直误差：	
	(1)蓄热室墙	5
	(2)蓄热室墙炉头正面	5
	(3)炭化室墙	4
	(4)炭化室墙炉头肩部	4
5	炭化室墙和炭化室底的表面错牙(不得有逆向错牙)	1
6	膨胀缝的尺寸误差：	
	(1)一般膨胀缝	+2 -1
	(2)炉端墙的宽膨胀缝	±4
7	砖缝的尺寸误差：	
	(1)一般砖缝	+2 -1
	(2)炭化室墙面砖缝	±1

注：当设计规定砖缝为 5mm 时，最小砖缝不应小于 3mm。

7.1.2 焦炉砌筑必须在工作棚内进行。工作棚尺寸应满足安装作业平台和护炉设备的要求。

7.1.3 同一座焦炉应采用化学和物理性质相接近的、同一个耐火材料厂的硅砖。

7.1.4 焦炉炉体异形的硅砖、黏土耐火砖和高铝砖的外形和尺寸，应逐块进行检查和验收。

在采用标形砖、普形砖砌筑蓄热室墙的炉型中，这部分砖亦应逐块进行检查和验收。

对外形和尺寸虽符合国家标准，但砌筑时达不到砌筑质量要求的各型砖，应另行加工处理。

7.1.5 焦炉各部位有代表性的砖层和炉顶的复杂部位，应进行预砌筑。

7.1.6 砌筑炉体以前，应取得基础平台和抵抗墙的质量合格证书。

7.1.7 炉体应在正面线、纵横中心线和标高测量完毕，标板、标杆安装好，并经检查合格后开始砌筑。

控制蓄热室墙和炭化室墙的正面线和标高，亦可用逐墙分段测量放线的方法。

7.1.8 砌筑焦炉应采用两面打灰挤浆法。对少量由于砖型结构限制，无法用挤浆法砌筑的砖，应加强勾缝工作。

7.1.9 所有砖缝均应泥浆饱满和严密。无法用挤浆法砌筑的砖，其垂直缝的泥浆饱满度不应低于 95%。砌筑过程中必须认真勾缝，隐蔽缝应在砌筑上一层砖以前勾好，墙面砖缝必须在砌砖的当班勾好。蓄热室和炭化室的墙面砖缝应在最终清扫后进行复查，对不饱满的砖缝，应予补勾。

7.1.10 砌筑焦炉异形硅砖时，可用水将砌砖面稍加润湿。

已砌好的炉墙，施工中断一昼夜后继续往上砌砖时，应将砌体的顶面清扫干净，并用水稍加润湿。润湿程度应加以控制，不得大量洒水。

7.1.11 砌体中的泥浆干涸后，不得用敲打的办法修正其质量缺陷。

7.1.12 膨胀缝应保持均匀、平直和清洁。炉体正面的膨胀缝应用耐火陶瓷纤维等材料塞紧密封。膨胀缝之间的滑动缝应仔细留设。

7.1.13 砌筑宽度在6mm以上的膨胀缝，应使用样板；6mm以下的膨胀缝，应在砌筑时夹入厚度相当的填充材料。

6mm以上膨胀缝的填充材料，可采用发泡苯乙烯。砌筑时，应使用白铁皮挡灰板。

7.1.14 砌筑小烟道第一层、箅子砖、斜烟道各层、燃烧室第一层、立火道封顶和炭化室顶盖砖以前，应进行干排、验缝。

炭化室第一层砖的砌筑，应在炭化室底正确划线，并经检查合格后进行。

7.1.15 焦炉砌筑采用逐层划排砖线的方法砌筑时，施工程序应为：划排砖线、配砖、砌筑、勾缝、清扫和检查验收。

7.1.16 砌筑分格式蓄热室焦炉时，应采用吸尘器进行逐层清扫，并应采取严密的防垢措施，保证砌体的清洁和所有孔道的畅通。

7.1.17 砌筑箅子砖、燃烧室顶盖砖以及其他砌完后无法清扫的部位时，应随即清除其下部挤出的泥浆。

7.1.18 砌筑蓄热室、斜烟道和炭化室墙时，应经常清扫焦炉煤气道，并采取有效措施，防止堵塞。

砌筑蓄热室、斜烟道的焦炉煤气管砖时，应使用样板逐层检查以控制管砖标高的正确性。

7.1.19 砌筑焦炉煤气道、斜烟道口、看火孔、上升管孔和装煤孔时，应用刻有孔道位置或尺寸的标板检查各孔之间及各孔与焦炉纵中心线的距离是否准确。

7.1.20 砌筑焦炉时，应采取铺设保护板等措施，防止箅子砖、分格式蓄热室格子砖、立火道和炭化室底等处的砌体被打坏。

7.1.21 焦炉砌体应均衡向上砌筑。

（Ⅰ）蓄 热 室

7.1.22 应防止滑动层上的小烟道墙发生位移。

7.1.23 带有完整箅孔的箅子砖，应按照箅孔的实际尺寸确定其排列顺序。

7.1.24 砌筑箅子砖或格子砖的底座砖时，应保持放置格子砖的砖台顶面的平整。

7.1.25 砌筑蓄热室墙及蓄热室顶盖以下砌体时，应按规定的要求经常检查相邻墙的标高差。

7.1.26 蓄热室格子砖，应在炉体内部彻底清扫和蓄热室顶盖二次勾缝后砌筑。

格子砖应码放整齐。

分格式蓄热室焦炉的蓄热室墙与格子砖，应分段交替砌筑，并应在每一段墙面勾缝和彻底清扫后再砌格子砖。砌筑过程中，应采取严密可靠的防垢保护措施。

（Ⅱ）斜 烟 道

7.1.27 砌筑斜烟道时，应逐层勾缝清扫，并进行检查。下层砖未经检查合格，不得砌筑上一层砖。

砌筑过程中，应随时用靠尺检查砌体上表面的平整度。

7.1.28 砌筑斜烟道时，应随时检查斜烟道孔的横向尺寸。斜烟道孔的内表面应保持平整。

7.1.29 砌筑蓄热室顶盖以下几层斜烟道砖时，应防止砌体砖缝被松动。

在砌筑分格式蓄热室顶盖砖时，应仔细清除砖格子上的保护设施。

7.1.30 保护板砖座的顶面，应保持平直。斜烟道正面形成炭化室墙炉头的砌体，应符合炭化室墙的有关质量标准。

7.1.31 砌筑炭化室墙以前，应在斜烟道保护板砖座上安设第二层直立标杆和横列标板。

（Ⅲ）炭化室、燃烧室

7.1.32 焦炉煤气道的出口，应在炭化室墙砌至适宜高度时，煤气道经清扫并检查合格后才可密封。

7.1.33 立火道、水平烟道、斜烟道口和看火孔内侧的砖缝应随砌随勾缝。

7.1.34 砌筑炭化室墙时，应注意防止返跳部分和燃烧室隔墙砖换号处产生墙面的局部扭曲。

7.1.35 砌筑炭化室墙直缝炉头时，应采取措施，防止已砌完的炉头砌体向外倾倒。

（Ⅳ）炉 顶

7.1.36 炭化室跨顶砖除长度方向的端面外，其他面均不得加工。跨顶砖的工作面，不得有横向裂纹。

7.1.37 烘炉道的宽度尺寸，不宜砌成负公差，其底面应平整。

7.1.38 砌筑看火孔墙的顶层砖之前，应先将看火孔铁件镶砌好。

7.1.39 不得用灌浆的办法砌筑炉顶的普通黏土砖和隔热耐火砖。

7.1.40 分格式蓄热室焦炉炉顶砌完后，应将立火道内的保护设施取出，进行最后的吸尘清扫，经检查合格后，盖好看火孔盖。

（Ⅴ）烘炉前后的工作

7.1.41 炉体砌完后，应顺次彻底清扫其内部。当采用压缩空气清扫时，应控制压缩空气的压力，防止将砖缝内的泥浆吹掉。

7.1.42 干燥床底部的垫层材料，应采用干燥、洁净的石英砂或硅砖颗粒。

7.1.43 当烘炉温度达180℃和炉顶看火孔压力转为正压时，才可拆除工作棚；多雨季节的拆棚时间，应推迟到烘炉温度达250~300℃。拆棚前，应在保护板顶部做好防水覆盖层。

7.1.44 烘炉前和烘炉过程中，应做好所有密封工作，并认真检查。

7.1.45 小烟道承插口与单叉部之间，废气阀与座砖之间的缝隙，在烘炉前应临时密封，但不得固定。

7.1.46 对烘炉过程中形成的炉顶裂缝，应在烘炉温度达到600℃以后进行灌浆。

7.1.47 当烘炉温度达600℃时，应及时进行炉顶横拉杆沟的热态工作。

填充隔热材料，应与拆木垫、紧螺母的工作相协调。

7.1.48 保护板与炉头间缝隙的灌浆，应在横拉杆沟隔热材料填充完毕，烘炉温度达750℃后进行。保护板的灌浆应分段进行，不应一次灌到顶。

当炉头正面镶砌硅砖以外的其他砖种时，灌浆工作可在650℃以后进行。

7.1.49 同一炭化室的机、焦侧干燥床和封墙，不得同时拆除。

7.2 干熄焦设备

（Ⅰ）熄焦室

7.2.1 砌筑熄焦室的允许误差，应符合表7.2.1规定的数值。

表7.2.1 砌筑熄焦室的允许误差

项次	误差名称	允许误差(mm)
1	线尺寸误差：	
	(1)预存段筒身砌体半径	±10
	(2)预存段锥形砌体半径	±15
	(3)进料口半径	0 -3
	(4)环形排风道的宽度	±10
	(5)调节孔	
	长度	±10
	宽度	±6
	(6)γ射线孔	
	孔的上下表面距孔中心	±1.5
	孔的两侧表面距孔中心	±1
	(7)通风孔	
	孔的内表面距孔中心	±5
	孔中心与风管中心的高向间距	±10
	(8)测温孔的底面和两侧面距孔中心	±5
	(9)预存段锥体部位的喷涂层厚度	+10 0
2	标高误差：	
	(1)冷却段墙顶面	±5
	(2)斜风道隔墙顶面	±3
	(3)下部调节孔上表面	±3
	(4)预存段砌体滑动层	±3
	(5)预存段砌体顶面	±5
	(6)通风孔底面	±5
	(7)进料口上表面	0 -3
3	膨胀缝的尺寸误差：	
	(1)预存段托砖板部位的水平膨胀缝	+10 0
	(2)预存段上部放射形膨胀缝	+2 0
	(3)进料口砌体与炉壳之间的膨胀缝	+3 0
4	砖缝尺寸误差：	
	(1)水平缝和放射缝	±2
	(2)环缝	+4 -2

7.2.2 熄焦室砌体的异形耐火砖外形和尺寸，应逐块进行检查和验收。

7.2.3 斜风道和环形排风道出口部位的砌体，应进行预砌筑。

7.2.4 砌筑熄焦室前，应取得炉体设备安装的质量合格证书，并应校核炉壳中心、各主要部位的标高控制点和半径尺寸。

7.2.5 应根据对炉壳校核所得各主要部位标高误差的平均值，结合相应部位耐火砖的尺寸偏差，确定各部位砖层的高度尺寸。

7.2.6 托砖板上的第一层砖表面应找平。

7.2.7 冷却段砌体应以炉壳为导面进行砌筑，但墙顶应和上部砌体相吻合。

7.2.8 熄焦室出口部和以炉体中心为基准进行砌筑的部位，当炉壳局部变形较大，隔热砖和耐火砖之间的间隙小于10mm时，应填充耐火泥浆；间隙大于10mm时，应填充耐火浇注料。

7.2.9 砌筑有耐火陶瓷纤维毡隔热层的部位时，应先将纤维毡粘贴在炉壳表面，再砌隔热砖。隔热砖不得紧压纤维毡。隔热砖与纤维毡之间，不得填充耐火泥浆。

7.2.10 斜风道、预存段的砌体，应以炉体中心为基准进行砌筑。

7.2.11 斜风道部位的隔热砖与炉壳之间的耐火浇注料，应逐层填充捣实。

7.2.12 斜风道的分格墙，应以刻划在炉壳表面上的分格墙中心线和炉体中心的连线为基准进行砌筑。分格墙砖应防止向下倾斜。斜风道顶盖砖应采用支承架砌筑。

7.2.13 出口部拱及拱顶楔子砖砌筑时，应按预砌筑的楔子砖编号砌筑，并应严格控制楔子砖顶面平整度及墙面半径。

7.2.14 砌筑上部调节孔时，孔洞中心应和下部调节孔中心一致。调节孔顶部的钢盖板，应按孔的实际位置焊接。

7.2.15 在砌筑预存段上部砌体表面的水平膨胀缝时，应垫木楔，防止砌体下沉。

7.2.16 上下相邻水平膨胀缝之间的环缝，应保证空隙，不得用泥浆砌筑。

7.2.17 相对的两 γ 射线孔的中心线，应在同一条直径线上。

（Ⅱ）集 尘 沉 降 槽

7.2.18 砌筑集尘沉降槽的允许误差，应符合表7.2.18规定的数值。

表 7.2.18 砌筑集尘沉降槽的允许误差

项次	误差名称	允许误差（mm）
1	线尺寸误差： 炉中心线到墙边间距	±5
2	表面平整误差：（用 2m 靠尺检查，靠尺与砌体之间的间隙） 墙面	5
3	标高误差： 拱脚	±3
4	垂直误差： 墙面 每米高 全高	 3 15
5	膨胀缝的尺寸误差： (1)拱顶膨胀缝 (2)拱与炉墙之间的膨胀缝 (3)拱脚砖托板与炉墙之间膨胀缝 (4)隔墙与拱顶之间膨胀缝 (5)隔墙上膨胀缝	 +4 −2 +5 −3 +5 −2 +5 −2 +2 −1

续表 7.2.18

项次	误差名称	允许误差（mm）
5	(6)伸缩节两侧膨胀缝 (7)伸缩节中间膨胀缝 (8)炉墙与托砖板之间水平膨胀缝	+3 −2 +3 −2 ±2
6	砖缝的尺寸误差： (1)墙、底砖缝 (2)拱顶环缝	 +2 −1 ±2

7.2.19 砌筑集尘沉降槽内衬前，应校核炉壳的中心线及标高，并应检查托砖板之间的间距及水平度。

7.2.20 集尘沉降槽内衬墙体应在伸缩节安装就位，经校核合格后，以纵、横中心线为基准定位放线。

7.2.21 砌筑前应在炉壳上划出炉底标高线、膨胀缝位置线及上、下隔墙位置线，并经检查无误后，开始砌筑。

7.2.22 排灰口分隔墙砌体应插入前、后斜墙砌体内。

7.2.23 上、下隔墙在找平隔墙拱顶后，其插入炉体直墙部分的砌体应留槎，并与直墙同时砌筑到设计标高。

7.2.24 托砖板与墙体之间的水平膨胀缝，应在该层砖砌完、清扫、检查合格后填入耐火陶瓷纤维棉。表面水平膨胀缝应在炉墙全部砌完，并经检查合格后填入耐火陶瓷纤维等材料。

7.2.25 拱脚砖应紧靠炉壳砌筑，当拱脚砖与炉壳之间间隙小于 6mm 时可用黏土质耐火泥浆填充；间隙大于 6mm 时应采用黏土质耐火浇注料填充。

7.2.26 集尘沉降槽拱顶宜从熄焦室侧及锅炉侧向蒸汽放散孔部位砌筑。蒸汽放散孔宜用组合砖砌筑。

（Ⅲ）旋 风 除 尘 器

7.2.27 砌筑旋风除尘器的允许误差，应符合表 7.2.27 规定的数值。

表 7.2.27 砌筑旋风除尘器的允许误差

项次	误差名称	允许误差（mm）
1	砖缝误差	+4 −1
2	内径误差	±10
3	表面平整误差（用 2m 靠尺检查，靠尺与砌体之间的间隙）	5

7.2.28 砌筑旋风除尘器之前，应取得旋风除尘器设备安装合格证，并校核炉壳半径尺寸及各段托圈之间的间距和水平度。

7.2.29 旋风除尘器炉壳内托圈及金属网应在铸石板砌筑前全部焊接完毕，并将炉壳内表面铁锈及金属网焊渣等杂质清除干净。

7.2.30 旋风除尘器应以炉壳为导面进行砌筑。

7.2.31 托圈上第一层铸石板砌筑前应干排验缝。

7.2.32 铸石板砌筑时，应用木锤或橡胶锤找正，不得使用铁锤。

7.2.33 铸石板的砌筑应采用牵挂法或埋入法。

8 炼钢转炉、炼钢电炉、混铁炉、混铁车和炉外精炼炉

8.1 一般规定

8.1.1 转炉、电炉、混铁炉和混铁车，必须在炉壳安装和试运转合格后，才可开始砌筑。

砌筑应在炉子的正常位置（非倾斜的）下进行。

砌筑前转动装置应固定，其电源应切断。

8.1.2 转炉、电炉、混铁炉、混铁车和RH精炼炉各部位砌体的砖缝厚度，应符合表8.1.2规定的数值。

表8.1.2 转炉、电炉、混铁炉、混铁车和RH精炼炉各部位砌体砖缝的厚度

项次	部位名称	砌体砖缝的厚度(mm)不大于
	Ⅰ 转炉	
1	工作层： (1)垂直缝 (2)水平缝	 2 2
2	永久层： (1)垂直缝 (2)水平缝	 3 3
3	供气砖与周边砖层	2
	Ⅱ 电炉	
4	炉底和炉墙： (1)黏土耐火砖和硅砖 (2)镁砖 (3)机压成型小砖	 2 1 2
5	炉盖： (1)干砌 (2)湿砌	 1.5 2
	Ⅲ 混铁炉	
6	铁水面以下： (1)镁砖 (2)黏土耐火砖	 1 2
7	铁水面以上	2
	Ⅳ 混铁车	
8	永久层和工作层	2
	Ⅴ RH精炼炉	
9	工作层	1
10	非工作层轻质高铝砖、半轻质镁砖： (1)垂直缝 (2)水平缝	 2 3

8.2 炼钢转炉

8.2.1 本节适用于炼钢氧气顶吹转炉和顶底复合吹炼转炉的砌筑。

8.2.2 炉底永久层应以炉壳为导面砌筑。

8.2.3 炉底应从炉子中心按十字形对称砌筑，上下两层砖的纵向长缝应砌成30°～60°的交角，而最上层炉底砖的纵向长缝应与出钢口中心线成一交角，通过上下层中心点的垂直缝不应重合。炉底的最上层砖应竖砌。

当炉底采用同心圆环砌筑时，上下层砖缝应错开。

当炉底采用捣打工艺时，可参照本规范第4．4节有关规定施工。

8.2.4 反拱底与炉身的接触面应仔细加工，保持水平，并应符合设计标高。

8.2.5 内衬应错缝干砌，砖缝内应填满与砖成分相适应的干耐火粉。退台应均匀，退台宽度不宜大于40mm。每层砖应按规定留设膨胀缝。

应先“合门”，再填砂、灌缝，不得边砌筑边灌缝。

8.2.6 砌筑“合门砖”时，宜砌筑在易补炉侧，应在出钢口中心线垂线左右15°以外。“合门砖”应精细加工，加工后的宽度不应小于原砖宽度的2/3。上、下层“合门砖”应错开1～2块砖。永久层和工作层间的填料应及时填严。

8.2.7 砌筑带托砖板的炉身前，应检查托砖板的安装质量和水平度。大型转炉炉壳中部和上部的托砖板，应按永久层的实际砖层高度进行焊接。砌筑托砖板上第一层砖时，应保持砖层表面的水平，不得向炉内倾斜。

8.2.8 出钢口的位置应符合设计的角度。出钢口砌体与出钢口铁壳间、出钢口工作层套筒砖和永久层砖间，应按设计规定填入捣打料，并应捣实。

8.2.9 活炉底与炉身的接缝处的施工，必须符合下列要求：

1 活炉底水平接缝处靠炉壳和工作面应用浓的镁质耐火泥浆，中间应用与炉衬材质相适应的材料铺填平整均匀。并必须试装加压，经检查合格后，才可正式上炉底；

2 安装活炉底时，炉身必须放正，炉底必须放平，并应保证有足够压力能将炉底和炉身顶严。接缝时必须将所有的销钉敲紧，并应将销钉焊接牢固；

3 活炉底垂直接缝时，在炉底对接完后，必须将接缝内的填料仔细地捣实；

4 接缝料未硬化前，炉体不得倾动。

8.2.10 砌完后的内衬，不得受湿，并不应存放过久。

8.3 炼钢电炉

8.3.1 本节适用于交流电炉和直流电炉的砌筑。

8.3.2 炉底应错缝干砌，砖缝内应填满与砖成分相适应的干细耐火粉。上层砖与下层砖的纵向长缝应砌成30°～60°交角。

炉底工作层的最上层砖应竖砌。

8.3.3 直流电弧炉中，砖与砖应靠紧，不留设水平、垂直方向的膨胀缝。

8.3.4 炉底条形电极安装应垂直，其全高垂直误差应不大于1mm。

8.3.5 砌筑条形电极外层屏蔽砖的砖缝应不大于0.5mm。两层屏蔽砖之间的粘接剂应涂抹均匀，并保证上、下层屏蔽砖紧密结合。

8.3.6 屏蔽砖与条形电极之间应紧密结合。

8.3.7 炉底阴极捣打应支模。与条形电极屏蔽砖接触部位应精细施工，屏蔽砖凹槽部位捣打料应密实，接合紧密。捣打料施工应按本规范第4.4节的有关规定施工。

8.3.8 出渣孔砖应与渣孔套环同步砌筑。出渣孔砖与套环砖之间，应按设计要求留出间隙，待炉底工作层捣打完毕后，再用捣打料填满并捣实。

8.3.9 出渣孔内壁应保持平整，环缝不大于1mm。

8.3.10 炉底工作层用干料打结时，铺料厚度应不大于200mm。打结过程中应用样板控制炉型。

8.3.11 出钢口应仔细砌筑和捣打，并应符合设计角度。

8.3.12 砌筑炉盖时，炉盖圈应放平。炉盖应按十字形错缝砌筑，四周的砖应靠紧炉盖圈。

8.3.13 炉顶使用耐火浇注料预制件时，预制件的堆放、运输、起吊和砌筑等应按本规范第4.2.13～4.2.15条的规定执行。

8.3.14 电极口及其周围的砌体应仔细加工砌筑，保持电极口砖圈的直径。各电极口中心之间的距离的误差，不应超过±5mm。

8.3.15 炉墙“合门砖”应砌筑在渣口两侧1～2m范围内，上、下层“合门砖”的位置至少应错开4～5块砖。加工砖应采用机械加工，加工砖宽度应不小于原砖宽度的2/3。

8.3.16 使用干料作炉底工作层时，捣打完后应用1～2mm厚钢板遮盖保护。

8.4 混 铁 炉

8.4.1 混铁炉应以炉壳为导面进行定位放线。各部位砌体和填料层的厚度，均应符合设计要求。

8.4.2 镁砖应错缝干砌，与镁砖咬砌的黏土耐火砖也应干砌，并在砖缝中填满相应的干燥细镁砂粉或干燥细耐火黏土粉。

砌镁砖前，炉底湿砌的黏土耐火砖和隔热耐火砖宜烘干。

8.4.3 炉底和炉墙交接处应仔细加工砌筑。

端墙、后墙宜按炉壳错台平砌。平砌的前、后墙和端墙应交错砌成整体。

当后墙用楔形砖砌成弧形不与端墙错缝砌筑时，其与端墙交接处的直缝应仔细加工砌筑。

8.4.4 出铁口两侧墙应与前墙交错砌成整体。出铁口两侧的墙角1m以内，不应留膨胀缝。

8.4.5 端墙烧嘴和看火孔周围约一块砖范围内，耐火砖应紧靠炉壳砌筑，不垫隔热材料。

8.4.6 拱脚板应安装正确并经检查合格后，才可砌筑拱顶。

8.4.7 拱顶应从两端向受铁口方向环砌，上下层应同时进行，但受铁口拱圈范围内的拱顶应错缝砌筑。

拱顶填料应与砌砖同步进行。

8.4.8 受铁口拱圈砌体及其周围的楔子砖，应仔细加工湿砌。

8.5 混 铁 车

8.5.1 本节适用于鱼雷式混铁车的砌筑。

8.5.2 混铁车应按受铁口中心和炉壳两端部倾动中心点进行定位放线，并以此定位线为依据砌筑永久层砖。

8.5.3 永久层黏土耐火砖应紧靠炉壳砌筑，其间不得有空隙，并一次性砌完。

8.5.4 下半圆砌体应由受铁口底部中心处向两端砌筑；上半圆砌体应由两端向受铁口砌筑。砌工作层的同时，应仔细地填充捣实工作层和永久层之间的耐火浇注料。

8.5.5 锥形部位应环砌，受铁口处直筒段应错缝砌筑。

8.5.6 下半圆工作层和永久层之间耐火浇注料层，应找圆、抹光和压实。其纵向表面平整误差（用2m靠尺检查）不应超过3mm；圆周方向用弦长1m的弧形样板检查，其间隙不应超过2mm。

8.5.7 端部与锥形部接触处应仔细加工砌筑。

端部工作层的圆心应与炉壳的倾动中心相吻合。端部工作层的垂直误差不应超过2mm。

8.5.8 受铁口处拱脚板应安装平直、准确。

8.5.9 受铁口处的耐火浇注料应四周同时浇注，对称振捣，并应随时检查模板中心，不得偏移。

8.5.10 混铁车砌筑宜连续进行。施工中断时，不得拖动混铁车。

8.6 RH 精 炼 炉

8.6.1 RH精炼炉的镁铬砖砌体宜干砌。层与层之间错牙应不大于2mm。

8.6.2 环流管及浸渍管宜用组合砖砌筑，组合砖高度不得超过规定尺寸0～3mm，每组砖的尺寸误差不应超过±1mm。

8.6.3 浸渍管组合砖立缝应错开，砖环中心线与法兰盘中心线的误差不应大于3mm。氩气管应均匀分布。组合砖环之间宜用镁铬泥浆砌筑。

8.6.4 浸渍管外胆使用耐火浇注料施工时，应精心振捣，保证密实度、厚度均匀。经养护及自然干燥使其达到设计要求的常温强度后才可搬动、烘烤。

8.6.5 底部环流管应组装好后安装在托盘上，砖与法兰的偏心度应不大于3mm，周围空隙应捣打密实。

8.6.6 上部槽应用镁铬泥浆砌筑，砖缝应不大于2mm。

砌筑时应保证退台均匀。靠炉壳的缝隙应用耐火陶瓷纤维填实。

9 均热炉、加热炉和热处理炉

9.1 均 热 炉

9.1.1 各组均热炉的中心线对设计位置的误差，不应超过20mm。

9.1.2 用揭盖机开启（关闭）炉盖的单侧上烧嘴均热炉，应以揭盖机轨道表面标高为基准，确定炉膛各部位的砌筑标高。

9.1.3 干出渣的均热炉的炉膛底，应砌成活底。

9.1.4 均热炉炉膛砌体的砖缝厚度，应符合表9.1.4规定的数值。

表9.1.4 均热炉炉膛砌体砖缝的厚度

项次	部 位 名 称	砌体砖缝的厚度（mm）不大于
1	底、墙和吊挂炉盖	2
2	烧嘴砖	2
3	拱形炉盖	1.5

9.1.5 砌筑均热炉的允许误差,应符合表9.1.5规定的数值。

表9.1.5 砌筑均热炉的允许误差

项次	部 位 名 称	允许误差（mm）
1	线尺寸误差：	
	(1)并列通道中心线的距离和砌体的外形尺寸	±10
	(2)烟道拱顶的跨度	±10
	(3)炉膛的长度和宽度	±10
2	烟道底衬表面平整误差(用2m靠尺检查,靠尺与砌体之间的间隙)	10
3	烟道下部通风道砖垛上表面的相对标高差(用测量仪器检查)	5
4	炉膛墙全高的垂直误差	10

9.1.6 炉膛墙上表面和主烧嘴的烧嘴砖的标高（冷态尺寸），应符合设计要求。

9.1.7 炉膛墙、炉盖的工作层炉衬、烧嘴结构等部位均可采用耐火浇注料或耐火可塑料等不定形耐火材料。

炉膛墙、烧嘴和炉盖采用耐火浇注料或耐火可塑料时，均应设置锚固砖。其施工要求应符合本规范第4章的有关规定。

9.1.8 均热炉的拱形炉盖应从四边拱脚开始砌筑，其对角线部分应交错砌筑，不应加工成直缝。

9.1.9 吊挂炉盖边缘的异形砖应仔细加工，使之同炉盖的框架相适应。砖与框架之间的间隙应用耐火泥浆填充饱满。

炉盖周围楔形砖经加工后，其小头尺寸不得小于60mm。

9.1.10 砖结构炉盖砌完砖后，应将其上部清扫干净，并用耐火泥浆灌缝。

9.2 加热炉和热处理炉

9.2.1 步进式、推钢式连续加热炉的水冷梁纵向中心线与炉膛的纵向中心线应一致。台车式加热炉的炉膛纵向中心线与台车轨道的纵向中心线应一致。

9.2.2 步进式、推钢式连续加热炉，应以固定水冷梁的水冷滑轨或垫块表面标高为炉膛各部位的砌筑基准标高。台车式加热炉，应以台车轨道表面标高为炉膛各部位的砌筑基准标高。

9.2.3 加热炉和热处理炉炉膛砌体的砖缝厚度，应符合表9.2.3规定的数值。

表9.2.3 加热炉和热处理炉炉膛砌体砖缝的厚度

项次	部 位 名 称	砌体砖缝的厚度（mm）不大于
1	镁砖或镁铬砖炉底	2
2	加热炉预热段、加热段和均热段的墙	2
3	其他底和墙	3
4	炉顶和拱	2
5	烧嘴砖	2

9.2.4 加热炉和热处理炉各部位砌体的允许误差，应符合本规范第3.2.3条的有关规定。

9.2.5 连续式加热炉炉膛墙、烧嘴、吊挂式平顶等结构部位宜采用耐火浇注料、耐火可塑料等不定形耐火材料。

9.2.6 连续式加热炉水管托墙下面不得砌隔热砖。水管托墙最上层砖与水管托座间应紧密接触。

9.2.7 砂封结构的砌体表面应平整，其标高应同有关部位（如砂封底座、台车轨道表面）的标高相适应。砂封槽的位置和宽度应与台车（炉盖或炉门）的砂封刀相适应。

9.2.8 烧嘴砖应紧靠烧嘴铁件（或烧嘴安装板）砌筑，其间隙用耐火泥浆填塞密实。不得在烧嘴砖与烧嘴铁件（或烧嘴安装板）之间垫轻质隔热等松软材料。

9.2.9 砌筑低压涡流式煤气烧嘴的烧嘴砖时，应使烧嘴铁件喷出口的端面略超过烧嘴砖颈缩的起始部位或与其平齐。

9.2.10 步进式（或推钢式）连续加热炉砌筑之前，其水冷梁系统必须做水压试验和试通水。步进式加热炉，其步进梁系统应做试运转。

9.2.11 步进式加热炉，其步进梁系统（包括立柱和纵横水梁）用耐火浇注料做隔热包扎时，模板应采用装配式异型钢模板，振捣应采用附着式振动器。

9.2.12 加热炉内的水冷管在外部包扎隔热层之前，应检查锚固件（钉钩、钢丝圈等）是否固定牢靠，然后支模浇注或捣打。

当采用预制件包扎水冷管时，预制件与水管应紧贴。预制件之间接缝泥浆应饱满、密实。

9.2.13 环形加热炉炉底边缘砖、炉墙凸缘砖及其以下的墙，应准确按设计尺寸砌筑。炉墙凸缘砖与炉底边缘砖之间的环形间隙，不得小于设计规定的尺寸。

砌筑环形加热炉内环炉墙时，应严格保持墙面的垂直，不得向炉内倾斜。

9.2.14 吊挂炉顶砌筑前，应检查吊挂铁件的中心距和相对标高差，其误差不应超过下列数值：

1 相邻铁件中心距±2mm；

2 铁件下表面相对标高差4mm。

9.2.15 砌筑环形加热炉吊挂顶前，应在炉顶金属构件上做出控制点，砌筑时，应根据控制点随时检查砖排、列的位置，避免歪斜。

9.2.16 砌筑挂砖炉顶时宜分段支设砌砖托板，托板的表面标高宜与吊挂炉顶的下表面标高一致。

9.2.17 砌筑有电热元件的电阻炉时，其电热元件引出孔应砌筑端正，尺寸应准确；电热元件挂钩的方位和距离应符合设计尺寸；砌砖过程中应防止电热元件挂钩受到损坏。

9.2.18 砌筑辊底式炉采用金属模具预留炉辊孔洞时，模具应按要求精细加工，安装应牢固，位置应准确。

砌筑时，砌体与模具之间的间隙应正确留设。

9.2.19 炉衬为耐火陶瓷纤维的热处理炉（或加热炉），应以炉壳为导面铺设各层炉衬，炉墙较高时宜从上往下逐段施工。

10 反射炉、矿热电炉、回转熔炼炉、闪速炉和卧式转炉

10.1 一 般 规 定

10.1.1 反射炉、矿热电炉、回转熔炼炉、闪速炉和卧式转炉各部位砌体的砖缝厚度，应符合表10.1.1规定的数值。

表10.1.1 反射炉、矿热电炉、回转熔炼炉、闪速炉和卧式转炉各部位砌体的砖缝厚度

项次	部 位 名 称	砌体砖缝的厚度（mm）不大于
	Ⅰ 反 射 炉	
1	炉底： （1）反拱下部砌体 （2）反拱 环缝 放射缝	 2 1.5 1
2	炉墙： （1）渣线以下 （2）渣线以上	 1.5 2
3	炉顶： （1）错缝砌 （2）环砌 环缝 放射缝	 1.5 1.5 1
4	烟道： （1）斜烟道、上升烟道 （2）平烟道	 2 2.5
	Ⅱ 矿 热 电 炉	
5	炉底： （1）反拱下部砌体 （2）反拱 环缝 放射缝	 1.5 1.5 1
6	炉墙： （1）镁质砖 渣线以下 渣线以上 （2）黏土耐火砖	 1.5 2 2
7	炉顶	1.5
	Ⅲ 回 转 熔 炼 炉	
8	下半部圆周砌体及端墙	1
9	上半部圆周砌体及端墙	1.5
10	炉口反拱： （1）放射缝 （2）环缝	 1 2
	Ⅳ 闪 速 炉	
11	沉淀池炉底： （1）环缝 层间环缝 环缝 （2）放射缝	 3 1.5 1
12	沉淀池炉墙和炉顶	2
13	反应塔： （1）电铸砖 （2）其他砖	 3 2
14	上升烟道	2
	Ⅴ 卧 式 转 炉	
15	风眼区	1
16	其他部位	1.5

注：炉顶的砖缝厚度，不包括夹入垫片的厚度。

10.1.2 反拱捣打层下部砌体与捣打层相接部分，应按反拱弧度退台砌筑，并应保证反拱捣打层最小厚度不小于50mm。

10.1.3 反拱下部捣打层应按设计弧度分层捣实。捣打前，砌体表面应清扫干净。每层铺料厚度宜为30～60mm。铺料前，应将已捣表面耙松4～5mm。捣完后，应用弧形样板检查，捣打层表面与样板间的间隙不应大于3mm。

镁质捣打料应采用密度为1.30～1.35g/mL的卤水调制。

10.1.4 砌筑镁质反拱砖前，其下部捣打层及湿砌黏土耐火砖应分别烘干。上部有捣打料的反拱，其下部黏土耐火砖层应留设排气孔。

10.1.5 反拱镁质砖宜干砌，缝内用干细镁砂粉填充。砌筑时，应先砌一环，然后以此环为标准砌筑。

10.1.6 反拱应由纵中心线同时向两侧对称砌筑。反拱拱脚应仔细加工，加工面应湿砌，拱脚应砌入墙内。

反拱砌完后，宜用油毡将其覆盖，然后再进行上部炉墙施工。

10.1.7 端墙下部与反拱面相接处，应仔细加工并湿砌。

10.1.8 砌体与炉壳之间的填料，应在每砌完3～4层砖后填充一次，不得留有空隙。

10.1.9 放出口、操作门、炉顶加料口、仪表孔等重要孔洞部位，均应仔细错缝湿砌。

10.2 反 射 炉

10.2.1 炉底黏土耐火砖宜干砌，砖缝应用干黏土熟料粉填充。

无炉壳的熔炼反射炉炉底四周，应先湿砌炉底围墙。

10.2.2 炉底第一层砖应按测量确定的水平线，纵横拉线砌筑，并可用调节其下部耐火填料厚度的办法找平第一层砖。

10.2.3 渣线以下炉墙宜干砌，渣线以上宜湿砌。外墙黏土耐火砖与内墙镁质砖之间为直缝时，黏土耐火砖外墙应全部湿砌。

10.2.4 熔炼反射炉炉顶加料口区砌体应错缝湿砌，其与第一层吊挂砖之间也应湿砌。

10.2.5 烧结炉底的镁铁捣打料应按设计规定的配合比准确配料。

搅拌时，应达到搅拌均匀，湿度一致。搅拌好的料，干湿度宜达到手捏成团，上抛可散，并应在1h内用完。硬化后不得使用。

10.2.6 镁铁捣打料应分层捣实。

捣打前，反拱表面应清扫干净，并应喷洒少量卤水将其润湿。

每层铺料厚度不宜超过100mm。铺料前，应将已捣实表面耙松4～5mm，并应喷洒少量卤水将其润湿。

10.2.7 镁铁捣打料每层捣实后均应进行检查。检查方法：将质量1kg的钢球从1.5m高处自由落下，陷坑深度不应超过3mm；或用捣锤及冲击夯在上面振打时没有痕迹，并发出金属夯击声。压在侧墙内的捣打料，用直径5mm的平头钢杆用力压入时，其压入深度不应超过3mm。

10.3 矿 热 电 炉

10.3.1 本节适用于铜、镍矿热电炉及渣贫化电炉炉体砌筑工程。

10.3.2 砌筑炉底时，应将炉底测温管、接地线按图纸要求同时安装，并应仔细将接地线夹入砖缝中。接地线应露出炉底上表面30～50mm。

10.3.3 内墙镁砖宜干砌，外墙及熔池以上黏土耐火砖应湿砌。炉墙上表面平整度误差不应大于2mm，两侧墙上表面相对标高差不应大于5mm。

10.3.4 当采用黏土（或高铝）砖和耐火浇注料预制块砌筑炉顶时，黏土（或高铝）砖应错缝湿砌。电极孔、烟道孔等应准确地按设计位置留设，其周围的砖应砌紧。

锁砖应避开孔洞。

10.3.5 当炉顶采用耐火浇注料现场浇注时，必须对炉墙、炉底采取防水措施。

10.4 回 转 熔 炼 炉

10.4.1 炉衬砌筑应在炉体转动设备试运转合格后进行。

10.4.2 砌筑前，炉体应转到正常操作位，并在炉体托圈上安装临时限位。临时限位在烘炉后方可拆除。

10.4.3 施工时，应先拆除放渣端端盖，渣端盖在放渣端圆周砌体上半部待锁口时再重新安装。

10.4.4 砌筑圆周第一层砖时，应准确放线。第一层砖与第二层砖之间的纵向砖面，应与炉体纵向剖面相吻合。

10.4.5 冰铜口砌筑时，应准确定位。冰铜口砖砌好后，再砌周围的砖。冰铜口周围的砖应湿砌。

10.4.6 风口区应全部湿砌，不留膨胀缝。砖与炉壳之间应填约8mm厚碳化硅泥浆。风口钻孔前，风口区内表面应用高强镁铬质泥浆抹平，泥浆硬化后打好支撑，然后由外向内钻孔。

10.4.7 端墙与圆周砌体之间，应精细加工并湿砌。

端墙和圆周砌体与炉壳之间，应按设计要求填充填料，并应边砌边填，不得留有空隙。

10.4.8 圆周上半部砌筑，应通过圆形炉壳中心支设操作平台，并采用钢质拱胎支撑。

10.4.9 炉口砖应湿砌。

炉口后部反拱在支拱胎前砌筑，以反拱砖的组合尺寸作定位样板，加工好反拱砖下部弧形砌体，从弧形面中间向两边砌筑反拱砖。

炉口前部反拱砌筑应在拱胎上进行。

10.4.10 炉口两侧最后一环砖应锁紧。锁口时，不得使用直形砖。

10.5 闪速炉

10.5.1 各部位砌体宜湿砌，并应在砖缝半干状态时进行勾缝。

10.5.2 冰铜口、渣口、检查孔、测温孔和喷嘴孔等部位的组合砖均应预砌筑，并根据其尺寸要求修正加工。

10.5.3 各部位H形钢梁下部的耐火浇注料，应预先在地面施工。浇注前，应仔细检查钢梁内的水冷铜管安装位置是否正确，然后将水冷铜管周围浇注密实。浇注时，不得损坏铜管。浇注完后，应静置24h，养护一周后才可安装。

H形钢梁上部的耐火浇注料，应在安装后施工，浇注时，按规定放入的膨胀缝板应在耐火浇注料硬化前取出。

10.5.4 闪速炉各部位水冷铜管处的耐火浇注料，应逐层浇注密实。连接部的耐火浇注料应一次浇注完，与耐火浇注料接触的镁铬砖表面，应做防水处理。

10.5.5 耐火浇注料的反拱底，宜分格浇注，并应按样板抹光。浇注前，应用密封纸将炉底钢板接头处的膨胀缝贴盖。

10.5.6 反拱底的各砖层，均应预砌筑，以确定拱脚砖的加工尺寸。

砌筑最上一层反拱底前，应将下层反拱表面的凹凸不平处用砂轮磨平。

10.5.7 最上一层反拱底的拱脚表面，应用砂轮打磨，并与端墙反拱找平层顶面找平。

10.5.8 砌筑炉墙有孔洞的部位，应从各孔洞处的组合砖开始，并应使各组合砖的中心线与其开孔中心线一致。

10.5.9 在沉淀池炉墙砌至规定高度后，应进行倾斜水套、水平铜水套和水冷铜管的安装，并经检查合格后，才可继续砌筑。

10.5.10 沉淀池熔铸砖或其他镁铬砖与倾斜水套壁之间，以及该部位的黏土耐火砖与炉壳波纹板之间的间隙，均应用泥浆逐层填充。砌体中的填充料，应逐层捣实。

10.5.11 砌筑沉淀池顶部两端楔形砖前，应沿水平H形钢梁底部支模。砌筑时，应先固定水平H形钢梁上的带槽砖。上部带槽砖和中间楔形砖应同时砌筑，并用耐火陶瓷纤维等制品调整楔形砖与两侧带槽砖的高度差。

带槽砖、楔形砖均应从测温孔的组合砖开始向两边砌筑。

10.5.12 沉淀池炉墙四角处预留的空隙，应在炉子升温之后、投料之前填入设计规定的填料，并应捣紧。

10.5.13 砌筑反应塔顶前，应沿H形钢梁底部支设拱胎。

H形钢梁周围的带槽砖，应与钢梁上的支撑圆钢环配合砌筑，与钢梁加强板相接处的砖，应仔细加工找平。

10.5.14 沉淀池的吊挂炉顶，应在模板上砌筑完毕后再进行吊挂。

10.6 卧式转炉

10.6.1 卧式转炉应在炉体转动装置试运转合格后，才可开始砌筑。

10.6.2 卧式转炉宜采用转动炉体的方法砌筑。转动前，已砌筑部分应支撑牢固。

10.6.3 炉壳活动端盖与筒体之间的缝隙，砌砖前应用耐火陶瓷纤维等材料塞紧。

10.6.4 砌体与炉壳之间，应按设计厚度填以镁质填料。风眼区的填料应采用镁砂粉加卤水调制。填料的干湿度宜达到手捏成团、上抛可散。

10.6.5 端墙宜错缝干砌，砖缝应用干细镁砂粉填充。

炼铅转炉炉衬应全部湿砌。

10.6.6 端墙与炉壳端盖之间的填料，应边砌边填，不得留有空隙。端墙与炉壳筒体之间的填料，砌筑时应逐层填紧。

10.6.7 圆周内衬的砌筑，应在砌完端墙后进行。当采用转动炉体的方法砌筑时，应将端墙砌体因施工转动而受压的部分与炉壳之间用木楔楔紧。

10.6.8 圆周第一层砖的放线，应以端墙圆心为准。圆周砌体应按圆周内衬的半径砌筑。

10.6.9 风眼砖应放正砌平，风眼砖之间不应出现三角缝。

采用直形风眼砖时，其上部的退台砌体，每层退台的尺寸应一致。

10.6.10 **风眼区填料必须捣实。**

10.6.11 锁砖应砌严，内外砖缝应一致，锁砖与炉壳之间应用填料捣实。

10.6.12 炉口支撑拱应紧靠拱下砌体，拱脚应砌入墙内，并应锁紧。

10.6.13 **砌完而未经烘烤的炉体，不应随意转动。**

11 铝电解槽

11.1 一般规定

11.1.1 铝电解槽的施工，应在厂房基本建成，保证不受雨雪影响，并在竣工后能立即送电投产的条件下才可进行。竣工后在短期内不能送电投产时，应采取保护措施。

11.1.2 炭素材料在存放和施工中，应对材料、制品以及工作区域保持清洁，并应防止炭素材料和制品受潮。

11.1.3 每个电解槽内的底部炭块和炭阳极，应为同一厂家的制品。

11.1.4 阴极钢棒（置于炭槽部分）、预焙阳极的钢爪与磷生铁或炭素捣打料接触的表面，均应除锈至呈现金属光泽。

11.1.5 铝电解槽各部位砌体的砖缝厚度，应符合表11.1.5规定的数值。

表 11.1.5 铝电解槽各部位砌体砖缝的厚度

项次	部位名称	砌体砖缝的厚度(mm)不大于
1	底： (1)硅藻土砖 (2)黏土耐火砖	 2 2
2	墙： (1)黏土耐火砖 (2)侧部炭块相邻两块间垂直缝 干砌 用炭素泥浆砌筑	 2 0.3 1.5
3	侧部炭块与黏土耐火砖接触面	3

11.1.6 砌筑铝电解槽的允许误差，应符合表11.1.6规定的数值。

表 11.1.6 砌筑铝电解槽的允许误差

项次	误差名称	允许误差(mm)
1	表面平整误差： (1)黏土耐火砖底(用拉线法检查) (2)侧部炭块下砌体(用2m靠尺检查,靠尺与砌体之间的间隙)	 5 3
2	标高误差： (1)炭块组顶面 (2)相邻炭块组顶面标高差	 ±5 5
3	侧部黏土耐火砖墙的垂直误差	3

11.2 内　　衬

11.2.1 槽底的隔热砖应错缝干砌，砖缝内应用硅藻土熟料粉、黏土熟料粉或氧化铝粉填满。

11.2.2 槽底的黏土耐火砖干砌时，砖缝内应用氧化铝粉填满，但最上一层应湿砌。氧化铝粉应干燥、清洁。

11.2.3 槽底黏土耐火砖顶面的标高，应能保证阴极钢棒位于阴极窗口的中心。

槽底采用防渗料夯实时，压缩比应不低于18%。施工完后，可铺设10mm厚松散料，保证阴极钢棒位于阳极窗口中心。

11.2.4 砌筑侧部砖砌体时，不得损坏阴极窗口的密封料。砌体与阴极钢棒之间的间隙，应用黏土熟料颗粒或耐火陶瓷纤维填充密实。填充料不得超出砌体表面。

11.2.5 当侧部浇注耐火浇注料时，应将阴极钢棒周围的耐火浇注料仔细捣实，凝固的耐火浇注料与阴极钢棒接触应严密。

11.2.6 侧部炭块可干砌或用炭素泥浆砌筑，并应采取固定措施。干砌时，相邻炭块之间的垂直缝内可用氧化铝粉填满。

侧部采用碳化硅砖砌筑时，应采用专门的粘接剂，并应采取固定措施。

11.2.7 砌筑角部炭块时，角部炭块与槽壳之间的缝隙应用耐火浇注料填实。

11.3 阴　　极

11.3.1 制作阴极炭块组的炭块，应按设计加工放置阴极钢棒的炭槽。炭槽应符合下列要求：

1 炭槽中心线对炭块中心线的误差不应超过3mm；

2 炭槽横断面尺寸对设计尺寸的误差不应超过±3mm；

3 炭槽长度对设计尺寸的误差不应超过±10mm；

4 炭槽的槽底圆角半径不应小于10mm。

11.3.2 制作阴极炭块组应按专门技术规程进行，其制品应符合下列要求：

1 阴极钢棒中心线对炭槽中心线的误差不应超过2mm，钢棒的上表面应水平；

2 炭块组表面应清洁，所注物料或阴极钢棒的表面均不应高于炭块表面，而低于炭块表面的数值不应超过2mm，并用耐火涂料抹平。所注物料的表面不得有裂纹；

3 当采用炭素捣打料捣固时，炭素捣打料与阴极钢棒、炭块的接触面应严密，不得有间隙。

11.3.3 在施工过程中，不得撞击炭块组。当阴极钢棒松动时，该炭块组不得使用。

11.3.4 安装炭块组前，应先放出阴极的中心线和侧边线。安装时，应自阴极中心向两端进行，并应符合下列要求：

1 炭块组应安放平稳；

2 炭块组之间的垂直缝的宽度与设计尺寸的误差不应大于±2mm；

3 阴极钢棒与阴极窗口四周的间隙不应小于5mm，并应按设计规定密封。

11.3.5 各类炭素捣打料的配合比及技术性能应符合

设计规定，施工中不得混淆。

11.3.6 热捣炭素捣打料施工前，应根据结合剂的软化点、自然环境温度和加热方法，来确定对炭素捣打料及与其接触表面的加热温度。捣固时，与炭素捣打料接触表面的温度不得低于结合剂的软化温度。

采用冷捣炭素捣打料施工时，应按本规范第4.4节有关规定执行。

捣打前，应对与炭素捣打料相接触的表面进行干燥处理。

11.3.7 炭块组端面及侧部内衬之间，凡与炭素捣打料接触部位均应清扫干净，并打毛。

11.3.8 炭块组之间的垂直缝内和炭块组与侧部内衬之间的缝隙内，应分别采用规定配合比的炭素捣打料先后捣实。

捣固时，应分层连续进行，并应逐层检查铺料的厚度和均匀程度。

11.3.9 捣固炭素捣打料时压缩比，应在施工前按技术条件所规定的要求进行试验确定，但不应小于40%。

注：压缩比的计算公式见本规范第4.4.3条。

11.3.10 捣固炭块组之间垂直缝内的炭素捣打料前，应采取防止炭块组移动的固定措施。

11.3.11 炭块组与侧部内衬之间，缝隙内的炭素捣打料宜分段捣固，接合处应留设在槽体两端的中部，成45°斜坡。

阴极钢棒周围的炭素捣打料应捣固密实。捣固时，顶层可适当减小捣锤风压，防止捣锤撞击钢棒或侧部砌体。

每层铺料前，应先将下层表面用特制的锤头打毛。

11.3.12 当炭块组之间的垂直缝采用炭素泥浆粘接时，应先进行预砌筑。施工时，缝内炭素泥浆应饱满，并应用千斤顶使炭块组彼此靠紧，其端部应予以固定。

炭素泥浆粘结法施工的电解槽，其炭块组与侧部内侧之间的缝隙，应采用冷捣炭素捣打料捣实。

11.3.13 活动槽沿板与侧部炭块之间的缝隙，不应大于10mm。

安装槽沿板前，应先在侧部炭块的上表面均匀地铺满设计规定的填充料，然后安装槽沿板，并应立即拧紧沿板螺栓，直到把多余的填充料压出。

注：当采用固定槽沿板时，侧部炭块的上部与槽沿板之间的空隙应用炭素捣打料捣实。

11.4 阳极

11.4.1 炭阳极与钢爪的连接处，应按专门规程浇注磷生铁。

11.4.2 浇注磷生铁后的阳极制品，应符合下列要求：

1 钢爪中心线与炭阳极中心线之间的尺寸误差不应超过5mm；

2 铝导杆的垂直误差全高不应超过5mm；

3 炭阳极不应有水平方向的裂纹；

4 组合的炭阳极，其底面应平整，顶面的高低差不应超过5mm。

12 炭素煅烧炉和焙烧炉

12.1 一般规定

12.1.1 煅烧炉和焙烧炉各部位砌体的砖缝厚度，应符合表12.1.1规定的数值。

表12.1.1 煅烧炉和焙烧炉各部位砌体砖缝的厚度

项次	部位名称	砌体砖缝的厚度（mm）不大于
	Ⅰ 煅烧炉	
1	底和墙的黏土耐火砖	3
2	烧嘴砖	2
	Ⅱ 密闭式焙烧炉	
3	底和墙	3
4	拱	2
5	料箱墙和炕面砖	3
6	炉盖	2
	Ⅲ 敞开式焙烧炉	
7	底和墙	3
8	横墙	3

12.1.2 炭素煅烧炉和焙烧炉施工前，应对炉子基础进行复测，合格后才可施工。

12.1.3 煅烧炉和焙烧炉各部位的空气道、废气道、挥发分通道和火道，在其换向和封闭前应彻底清扫，保证各孔道的清洁畅通。

12.1.4 煅烧炉的煅烧罐和燃烧火道，密闭式焙烧炉的料箱墙、炕面砖和炉盖，敞开式焙烧炉的火道和横墙，都应进行预砌筑。

12.2 炭素煅烧炉

12.2.1 砌筑煅烧炉的允许误差，应符合表12.2.1规定的数值。

表12.2.1 砌筑煅烧炉的允许误差

项次	误差名称	允许误差（mm）
1	线尺寸误差：	
	(1) 相邻煅烧罐中心线的间距	±2
	(2) 各组煅烧罐中心线的间距	±5
	(3) 相邻烧嘴中心线的间距	±2
	(4) 烧嘴中心与火道中心线的间距	±2
	(5) 煅烧罐的长度	±4
	(6) 煅烧罐的宽度	±2

续表 12.2.1

项次	误差名称	允许误差（mm）
2	表面平整误差： （1）炉底最上层砖（用2m靠尺检查，靠尺与砌体之间的间隙） （2）每组煅烧罐各层火道盖板砖下的砌体上表面（用拉线法检查） 每米长 总长	 3 2 4
3	标高误差： （1）烧嘴中心 （2）煅烧室硅砖砌体上表面 （3）炉顶表面	 ±5 ±7 ±10
4	煅烧罐全高的垂直误差 黏土耐火砖墙与硅砖砌体之间的膨胀缝	4 +2 −1

12.2.2 煅烧炉各部位砌体的标高，应以煅烧室构架的支承板面的标高为准。

12.2.3 煅烧炉硅砖砌体砖缝厚度的允许范围：煅烧罐和火道盖板应为1～3mm；火道隔墙和四周墙应为2～4mm。

12.2.4 煅烧罐的内外砖缝，应在砌筑每层火道的盖板砖前用浓泥浆勾严。

12.2.5 煅烧罐砌体的内表面，不得有与排料方向逆向的错牙，其顺向错牙不应大于2mm。

12.2.6 煅烧罐与砖墙之间的膨胀缝应防止堵塞，膨胀缝同火道接触处应填塞耐火陶瓷纤维等材料。

12.2.7 炉顶的隔热层和耐火浇注料，应在烘炉结束并经修整后施工。

12.3 炭素焙烧炉

12.3.1 砌筑焙烧炉的允许误差，应符合表12.3.1规定的数值。

表 12.3.1 砌筑焙烧炉的允许误差

项次	误差名称	允许误差(mm)	
		密闭式	敞开式
1	线尺寸误差： (1)焙烧室中心线的间距 (2)料箱中心线的间距 (3)火井中心线的间距 (4)烧嘴中心线的间距 (5)料箱长度 (6)料箱宽度	 ±3 ±2 ±2 ±3 ±4 ±3	 ±3 ±2 ±3 ±3
2	表面平整误差(用2m靠尺检查,靠尺与砌体之间的间隙)： (1)炕面砖 (2)料箱墙下的相邻炕面砖 (3)料箱墙各层砖 (4)炉底最上层砖 (5)火道墙各层砖	 3 2 3 	 3 3

续表 12.3.1

项次	误差名称	允许误差(mm)	
		密闭式	敞开式
2	(6)焙烧室间横墙最上层砖 (7)全炉炉墙的上表面各点相对标高差(用测量仪器检查)	5 20	5 20
3	标高误差： (1)烧嘴中心 (2)火道顶表面	 ±3 	 ±5
4	料箱墙的垂直误差： 每米高 全高	 3 10	 3 8

（Ⅰ）密闭式焙烧炉

12.3.2 焙烧室侧部弧形墙上挑出的各层支撑砖台，应在同一垂直面上。

12.3.3 料箱底的中间炕面砖，应在料箱墙砌筑完并清扫干净后再正式砌筑。

12.3.4 料箱墙内表面的砖缝，应用浓泥浆勾缝。

12.3.5 煤气管端部与烧嘴应在同一中心线上，两者接触处应仔细密封。

12.3.6 砌筑炉盖砖应从每圈四角的角砖开始，炉盖边缘的异形砖应紧靠框架砌筑。

12.3.7 砌完的炉盖，应采用专门的吊架搬运。搬运时，炉盖受力应均匀，砌体不得松动。

（Ⅱ）敞开式焙烧炉

12.3.8 敞开式焙烧炉砌筑之前，应立固定标杆，作为放线和检查尺寸的基准。

12.3.9 侧墙和横墙上凹形砌体的内表面应平直，其线尺寸的误差应为0～3mm。

12.3.10 火道封顶砖下部的砌体，宜用稀泥浆沾浆砌筑，砖缝厚度的允许范围为0.5～1.5mm。

注：火道封顶砖下部的砌体，朝向料箱面的垂直缝亦可为空缝，其厚度不应大于1mm。该部位砌体的水平缝应铺浆砌筑，其厚度不应大于2mm。

12.3.11 砌筑插入横墙凹形槽内的火道墙时，应采取防止损坏膨胀缝填充材料的措施。

12.3.12 有锁砖结构的装配式火道墙，应按高度分段砌筑。每段砌体经检查合格后，才可砌筑锁砖，将砌体固定。未经固定的火道墙，不得进行上段的砌筑。

锁砖应两侧对称同时砌筑，其厚度应与锁口宽度适合。砌筑锁砖时，不得使火道砌体产生变形和位移。

12.3.13 横墙顶部砂封座下的砌体应试砌，各砂封座的标高和中心应与设计要求一致。

12.3.14 铸铁件和砌体之间应垫上浸有耐火泥浆的

毛毡。

12.3.15 炉墙顶表面的耐火浇注料，应在炉面框架和各种铁件安装及膨胀缝填充材料敷设完毕，并经检查合格后进行浇注。

13 玻璃熔窑

13.1 一般规定

13.1.1 玻璃熔窑下列部位应干砌：池底、池壁、下间隙砖、用熔铸砖砌筑的上部结构、吊挂的平拱、桥砖、蓄热室砖格子和设计规定干砌的部位。其他部位应湿砌。

除设计中规定留膨胀缝或加入填充物之外，干砌的砌体内砖与砖之间应相互靠紧，不加填充物。

根据施工时的不同要求，对干砌部位的耐火砖应进行挑选、加工和预砌筑。

13.1.2 玻璃熔窑各部位砌体的砖缝厚度，应符合表13.1.2规定的数值。

表 13.1.2 玻璃熔窑各部位砌体砖缝的厚度

项次	部位名称	砌体砖缝的厚度(mm)不大于
1	烟道和蓄热室：	
	(1)底和墙	3
	(2)拱	2
2	小炉：	
	(1)墙和拱	2
	(2)小炉口	1.5
	(3)底	2
3	熔化部、澄清部和冷却部：	
	(1)用大型黏土耐火砖砌筑的池壁	2
	(2)用电熔刚玉砖砌筑的池壁	1.5
	(3)窑拱	1.5
	(4)前墙拱、分隔装置的单环拱	1
	(5)用硅砖、熔铸砖砌筑的胸墙、卡脖吊墙和投料口吊墙	2
	(6)流液洞砖砌体	1.5
4	通路：	
	(1)用大型黏土耐火砖砌筑的池壁	1
	(2)供料通路接触玻璃液的底和墙	1
	(3)拱	1.5
	(4)上部墙	3
5	流道、流槽熔铸砖	0.5

13.1.3 砌筑玻璃熔窑的允许误差，应符合表13.1.3规定的数值。

表 13.1.3 砌筑玻璃熔窑的允许误差

项次	误差名称	允许误差(mm)
1	线尺寸误差：	
	(1) 蓄热室炉条间距	±2
	(2) 蓄热室实际中心线	±5
	(3) 各个小炉实际中心线	±3
	(4) 熔池和通路池底的砖缝与黏土耐火砖垛中心位移	±10
	(5) 流槽砖伸入锡槽内的距离	±2
	(6) 锡槽顶盖采用耐火浇注料预制块时，其外形尺寸	0 -2
2	标高误差：	
	(1) 蓄热室相邻炉条顶面标高差	2
	(2) 蓄热室炉条顶面标高差	5
	(3) 熔池池底黏土耐火砖垛顶面标高	±2
	(4) 熔池池底相邻黏土耐火砖垛顶面标高差	2
	(5) 熔池池壁顶面标高	+5 0
	(6) 锡槽底顶面标高	±1
	(7) 锡槽相邻底砖顶面标高差	1
3	蓄热室砖格子高度方向的倾斜	10
4	膨胀缝的尺寸误差	+2 -1

13.1.4 前墙拱、窑拱的支撑拱、小炉口平拱、小炉变跨度的斜拱、桥砖、分隔装置拱和熔铸砖砌筑的砌体等，应进行预砌筑，并编号配套。

13.1.5 各部位池底的大型黏土耐火砖，除接触玻璃液的面外，其余均应加工。砖的加工面应用靠尺和方尺进行检查，尺与砖面之间的间隙均不应超过1mm。砖的尺寸允许偏差为±1mm。

13.1.6 砌筑各部位池底的大型黏土耐火砖宜采用真空吸盘吊装就位，并均应从各处的中心线向两侧进行。

砌筑熔池池底时，应同时调整好扁钢的位置。

13.1.7 池底砌体的砖缝，除设计特别标明的部位外，在纵横方向均应对正。砖缝处应按设计留设膨胀缝，并应采取措施，防止杂物进入。

13.1.8 池底上表面在砌筑池壁的部位应测量找平。池底砖外缘不得在池壁砖外缘以内。

13.1.9 池壁转角处不应交错砌筑，除设计另有标明者外，该处应沿较长的池壁面砌成直缝。

13.1.10 砌筑具有可调节骨架的拱顶时，应沿拱的中心线打入一排锁砖。拱顶在锁砖打入后，应以稀泥浆灌缝。

13.1.11　砌筑完前墙拱、分隔装置等第一层拱后，必须先将拉杆的螺母拧紧，才能砌筑上层拱。窑拱的支撑拱、前墙拱和分隔装置等的上层拱不得比第一层拱砌得紧。

13.1.12　前墙拱、分隔装置的单环拱和桥砖砌筑时，砖环各部位的中心线应同立柱、顶紧装置的中心线对正。

13.1.13　熔池池底、池壁及其上部结构全部砌筑完后，砌体的内表面应用钢刷清除脏物，并用吸尘器将脏物吸除。

13.1.14　窑拱的隔热层应在烘炉完毕后再进行施工。在窑拱隔热层施工前，应进行拱顶的清扫、密封和缺陷的修补工作。

池壁、胸墙、小炉的隔热层应严格按设计施工。

13.1.15　玻璃熔窑各部位的隔热层不得将钢结构包在内。

13.2　烟道、蓄热室和小炉

13.2.1　烟道墙和蓄热室墙用两种以上不同材质砖砌筑时，沿高度方向每隔 500mm 左右，内外层砖应互相咬砌一层。

13.2.2　蓄热室炉条不应歪斜，炉条与蓄热室墙的缝隙应符合设计要求。

13.2.3　砌筑小炉前，应调整好扁钢或型钢的位置。

13.2.4　用熔铸砖砌筑的小炉，宜先砌小炉，后砌蓄热室墙。

13.2.5　砖格子表面应保持水平，上下格孔应垂直。砖格子与墙之间的缝隙应符合规定。水平观察孔与水平格孔应对准。

13.2.6　砌筑小炉斜拱，在骨架未箍紧前应采取防止下滑措施。用硅砖或镁砖砌筑的小炉斜拱，应错缝砌筑。

13.3　熔化部、澄清部和冷却部

13.3.1　用熔铸砖砌筑的池壁，应将体积密度大的砖块和优质的熔铸砖用于熔化部的高温易侵蚀的部位和熔池各部位转角处。

13.3.2　熔化部池壁顶面的标高不应低于冷却部池壁顶面的标高。

13.3.3　熔化部、澄清部和冷却部窑拱砌筑前，应对立柱采取临时固定措施。

13.3.4　在砌筑窑拱拱脚前，应调整拱脚砖支承钢件。在拱脚砖与支撑钢件间、支撑钢件与立柱间的不平整处均应用钢板垫平。

窑拱拱脚砖与熔窑中心线的间距和拱脚砖的标高，应符合设计要求。

13.3.5　熔化部、澄清部和冷却部窑拱的分节处应留设膨胀缝。当窑拱中有窑拱的支撑拱时，在分节处自支撑拱脚至拱顶找平砖这一段应砌成直缝，不留膨胀缝。

13.3.6　熔化部窑拱砌筑中，每侧窑拱的所有支撑拱，其同一层拱的锁砖应同时打入。在打入锁砖前，每侧窑拱两端的支撑拱拱脚外，应采取临时顶紧措施。

13.3.7　在窑拱砌筑过程中，应随时（最多不超过五列砖）用胎面卡板检查砖面与窑拱半径的吻合情况，并进行必要调整。

13.3.8　熔化部、澄清部和冷却部每节窑拱的端部，不应砌宽度小于 150mm 的拱砖。

13.3.9　熔化部、澄清部和冷却部窑拱砌筑完毕后，应逐渐和均匀地拧紧各对立柱间拉杆的螺母，使拱顶逐渐拱起。用来检查拱顶中间和两肋上升、下沉的标志，应先行设置。

必须在窑拱脱离开拱胎，并经过检查未发现下沉、变形和局部下陷时，才可拆除拱胎。

13.3.10　挂钩砖底面应湿砌，顶面应砌平。挂钩砖的内弧面与托板间应保留间隙。挂钩砖之间应留设膨胀缝。上间隙砖与窑拱间的间隙，应用与砌体相适应的浓耐火泥浆填充。

砌筑挂钩砖与胸墙时，应采取防止向窑内倾倒的措施。

13.3.11　有隔热层的窑底，在砌铺面砖之前，耐火捣打料层应仔细捣实。当底砖上面无捣料层和铺面砖层时，应采取防止底砖漂浮的措施。

13.4　通路和成型室

13.4.1　桥砖应按设计标高砌成水平。采用多块砖砌成的桥砖，砖块间应紧密吻合。用灯光检查砖缝时不得透光。

成型室桥砖的上部结构砖块间，亦应紧密吻合。

13.4.2　在拆除桥砖拱胎前，必须拧紧立柱间拉杆的螺母和顶丝。

13.4.3　砌筑成型室时，成型室的尺寸、成型室与玻璃成型设备的相对位置，应符合设计尺寸。

13.4.4　通路池底砖的斜压缝处，不应留设膨胀缝。

13.4.5　供料通路内壁和锡槽底砖的砖缝、膨胀缝，应用粘贴胶布等措施防止杂物进入。

供料通路砌体和炉头锅的接缝不得超过 1.5mm。

13.4.6　锡槽纵向中心线应与熔窑纵向中心线一致。两者横向定位尺寸应符合设计要求。

13.4.7　锡槽槽底砖固定前，必须仔细检查锚固件与底部钢板连接是否牢固。

13.4.8　填入螺栓孔内的石墨粉，应按设计要求捣固密实。

13.4.9　固定锡槽底砖的螺杆宜采用螺柱焊机焊接，固定螺母不应过紧。

13.4.10　砌筑顶盖砖时，吊挂件的松紧应调整一致，均匀受力。

14 回转窑及其附属设备

14.0.1 回转窑及其附属设备各部位砌体的砖缝厚度，应符合表14.0.1规定的数值。

表14.0.1 回转窑及其附属设备各部位砌体砖缝的厚度

项次	部位名称	砌体砖缝的厚度（mm）不大于
Ⅰ 回转窑体和单筒冷却机		
1	回转窑各带和单筒冷却机（包括错缝砌筑和环砌）： （1）纵向缝 （2）横向缝	 2 3
Ⅱ 预热器和分解炉		
2	直墙或斜墙： （1）烟室 （2）分解炉及燃烧室 （3）风管 （4）旋风筒	 2 2 3 3
3	圆墙及锥型墙	3
Ⅲ 箅式冷却机		
4	耐火砖	2
5	隔热砖	3
6	硅酸钙板	3

注：用镁质耐火制品砌筑的内衬，其砖缝厚度由设计规定。

14.1 回转窑、单筒冷却机

14.1.1 回转窑、单筒冷却机筒体安装完毕后，应经检查和空运转合格，才可进行内衬施工。

14.1.2 回转窑、单筒冷却机筒体内壁应仔细清除灰尘和渣屑并打磨平整。焊缝高度应小于3mm。

14.1.3 砌筑内衬的纵向基准线，可用垂吊、激光仪器法放线。纵向控制线应平行于基准线且等分于筒体，并应做明显标记于筒体上。

14.1.4 砌筑内衬的环向基准线宜用垂吊转动法划出。并应按湿砌1m一段，干砌1～2m一段放控制线，划在筒体上。

14.1.5 筒体直径小于4m时宜采用转动支撑法砌筑；直径大于4m时应采用拱架法砌筑。

14.1.6 内衬采用湿砌时，宜采用环向错缝或分段环向错缝的砌筑方法。当使用磷酸盐泥浆砌筑时，在砌体与筒体间应另使用黏土或高铝质耐火泥浆填充。

14.1.7 窑筒内衬应采用两种楔形砖相配砌。

14.1.8 内衬采用干砌时，应采用环砌法，砖与砖之间应按设计正确使用接缝材料。砖与筒体（或永久层）之间应靠紧，不得有硬质充填物。

14.1.9 内衬采用拱架法砌筑时，应环砌。环缝应根据环向基准线或控制线砌筑，砖环应相互平行，并与窑轴线垂直。

14.1.10 内衬采用转动支撑法砌筑时，应从窑底开始，沿圆周方向同时均衡向两边进行。砌过半周1～2层砖后，应予支撑加固；然后将筒体转动1/4周，从窑底砌至水平，进行第二道支撑加固和转动筒体，砌筑其余1/4周。

14.1.11 转动支撑法砌筑，每段长度宜为5～6m。

14.1.12 内衬采用交错砌筑时，应严格选砖。纵向缝与窑轴线应在同一平面内，其允许扭曲每米应小于3mm，在同一砌筑段的全长内，不应超过20mm。

14.1.13 锁口时宜选用专用锁砖。需加工砖时，加工砖厚度不应小于原砖厚度的2/3，并不得作为本环最后一块锁砖打入砌体。

14.1.14 锁口砖均应从侧面打入拱内，在最后一块锁砖不能侧面打入时，可先将锁口一侧的1～2块砖进行加工，使锁口上下尺寸相等，然后将与锁口尺寸相适应的锁砖从上面打入，并应将其两侧用钢板锁片打紧。

14.1.15 锁口用钢板锁片可采用2～3mm钢板，锁口缝中不得超过一块钢板锁片。每环锁口区不应超过4块锁片，并应均匀地分布在锁口区内。

14.1.16 每砌筑完一段或一环拆除支撑或拱架后，应及时检查砖与筒体间隙，其间隙应小于3mm，并应用带楔钢板做必要的紧固。

全窑完成砌筑、检查、紧固后，不宜再行转窑，并应及时点火烘窑。

14.2 预热器

14.2.1 口径小于1.5m的小管件、闸阀和膨胀节等，宜在地面或平台上进行内衬施工。施工时，应为安装留出工作间隙，并在安装过程中及时进行处理。

14.2.2 预热器系统内各炉子之间、炉子与管道之间的连接部，应按设计留设膨胀缝，并应填充耐火陶瓷纤维。

14.2.3 直墙部位托砖板之间的距离不宜超过1.5m。

14.2.4 直墙部位锚固件横向中心距离不宜超过3块标准砖长，高度不宜超过4层砖。锚固件后固定座与壳体结合面应为平面结合，焊接应牢固，并应用耐火陶瓷纤维塞紧。

14.2.5 在砌体拐角处，宜采用耐火浇注料。

14.2.6 系统内或炉子内，当设计内衬的厚度不一致而产生错台时，错台处应加工成斜坡形。

14.2.7 锥体部位应分段砌筑。砌体斜壁表面应平整，坡度应准确。

14.2.8 旋流部位宜采用耐火浇注料。当采用耐火砖砌筑时，应进行预砌筑。砌筑完成后应打磨平整。

14.2.9 耐火浇注料的施工，应在与其相连接的砌体砌筑完毕后，并在接触面上刷一层防水剂后进行。耐火浇注料每块面积不宜超过1.5m^2，并留3～5mm膨胀缝。横梁及立柱耐火浇注料膨胀缝之间的距离不应超过1.5m。

14.2.10 预热器所有预留的孔洞，应逐个检查，不得遗漏。

14.2.11 硅酸钙板隔热层贴砌厚度不宜超过80mm，超过时应采用两层错缝贴砌。圆形体贴砌硅酸钙板时，其宽度宜为100～250mm。

14.3 冷却机及其他设备

14.3.1 高、中温区的耐火砖砌体与隔热砖砌体之间不宜使用耐火泥浆，但应靠紧。

14.3.2 各区交接处及不同材质的耐火砖结合处，应按设计规定留设膨胀缝。设计无规定时，该缝应交错留设，宽度以10mm为宜。

14.3.3 直墙部位的锚固件施工应符合第14.2.4条的规定。

14.3.4 吊墙及咽喉拱两端上部的封墙周围，均应留设膨胀缝。吊墙除周围留设膨胀缝外，还应在中部等距离留设两条膨胀缝。

14.3.5 窑门罩直墙应符合第14.2.3条和第14.2.4条的规定，拱环砌筑的最后一块锁砖应从罩顶专用口处向下插入并用锁片锁紧。无专用口时，应沿砖环方向开一个方形孔用于锁砖。

15 隧道窑、倒焰窑

15.1 隧道窑

15.1.1 隧道窑各部位砌体的砖缝厚度，应符合表15.1.1规定的数值。

表15.1.1 隧道窑各部位砌体砖缝的厚度

项次	部位名称	砌体砖缝的厚度(mm)不大于
1	窑墙：	
	(1)预热带及冷却带内层耐火砖(包括隔焰板和空心砖砌体)	3
	(2)烧成带内层耐火砖(包括隔焰板)	2
	(3)隔热层砌体	3
	(4)外墙耐火砖	3
2	散热孔拱、燃烧室拱及其他拱	2
3	烧嘴砖	2
4	窑顶：	
	(1)耐火砖	2
	(2)隔热耐火砖	3
5	窑车砌体：	
	(1)普形砖	3
	(2)大型砖	5

15.1.2 窑体砌筑的测量定位，应以窑车轨面标高和轨道中心线为准。

15.1.3 砌筑隧道窑的允许误差，应符合表15.1.3规定的数值。

表15.1.3 砌筑隧道窑的允许误差

项次	误差名称	允许误差(mm)	
		陶瓷窑	耐火窑
1	线尺寸误差：		
	(1)窑体纵向中心线的测量	±1	±1
	(2)窑的断面尺寸		
	宽度	±5	+10 -5
	高度	±5	+10 -5
	(3)窑墙内表面与中心线的间距	±3	±5
	(4)窑墙内所有各种气道的纵向中心线	±3	±5
	(5)两侧墙曲封砖之间的间距	+5 0	+10 -5
	(6)窑车砌体的宽度	0 -5	0 -5
2	垂直误差：		
	(1)内墙	3	5
	(2)外墙	5	10
3	标高误差：		
	(1)砂封槽下墙面	±3	±3
	(2)曲封砖顶面	±3	±5
	(3)窑墙顶面	±3	±5
4	表面平整误差(用2m靠尺检查，靠尺与砌体之间的间隙)：		
	(1)内墙	3	5
	(2)窑墙顶面	3	5
	(3)曲封砖面	3	5

15.1.4 隧道窑的吊挂顶和空心砖砌体应预砌。吊挂砖和空心砖应选分和编号，必要时应加工。

15.1.5 砂封槽、曲封砖和拱脚砖下的三段窑墙的质量，应分别进行检查合格后，才可砌筑上部砌体。

15.1.6 窑墙所有不同砖种的砖层，可由内向外或由外向内逐次错台砌筑，不得采用先砌内外两层后砌中间各层的砌筑方法。

15.1.7 留设窑墙膨胀缝时，应先立好木样板，从下到上留成直缝，但到砂封槽、曲封砖和拱脚砖处宜错开留设。

窑墙的内外层膨胀缝应错开。当工作层的厚度在一砖以上时，该层的膨胀缝也应内外错开。

15.1.8 砌筑隔焰板时，每块隔焰板的接头处应留出膨胀缝。膨胀缝内不得填充任何材料。

15.1.9 砌筑空心砖砌体时，其接口应吻合，应随时清除流淌的泥浆，并将砖缝勾抹严密。

15.1.10 空心砖应分层砌筑。下层砖砌筑完，经检查合格，才可砌筑上一层。

15.1.11 窑顶砖应湿砌，但镁质制品宜干砌。

15.1.12 窑顶拱胎、吊挂砖托板的拆除，应在下列工作完成后进行：

1 检查吊杆的螺母是否拧紧；

2 检查窑的两侧立柱拉杆螺母是否拧紧；

3 检查压紧装置是否顶紧。

15.1.13 窑墙顶部两侧气道的砖缝应严密。

15.1.14 辊底式隧道窑窑体砌筑的测量定位，应以辊棒中心线标高和窑体中心线为准。

15.1.15 辊底式隧道窑辊孔砖与相邻辊孔砖之间，宜留 3～5mm 的膨胀缝。

辊孔砖中心线标高允许误差为 ±1mm。

15.2 倒 焰 窑

15.2.1 倒焰窑各部位砌体的砖缝厚度，应符合表 15.2.1 规定的数值。

表 15.2.1 倒焰窑各部位砌体砖缝的厚度

项次	部 位 名 称	砌体砖缝的厚度（mm）不大于
1	窑底和墙	3
2	烧嘴砖	2
3	窑顶和拱	2

15.2.2 圆形窑墙的内外墙应同时砌筑。砌筑时，应用弧形样板和靠尺检查墙面的平整度和墙厚的尺寸。

15.2.3 窑的下部废气通道孔的位置与断面尺寸，应准确留设。

15.2.4 拱脚砖应彼此靠紧。拱脚砖后面的砌体应与金属箍顶紧、砌严。

15.2.5 圆形窑顶的砌体应逐环砌筑。环砌留槎不宜超过三环。每砌完一环砖，应立即打入锁砖，但相邻两环的锁砖应错开。

15.2.6 窑顶散热孔及其周围的砌体应仔细砌筑。

15.2.7 窑顶拱胎应在窑顶砌完，窑墙金属箍或拉杆的螺母拧紧，并经检查后，才可拆除。

16 转化炉和裂解炉

16.1 一 般 规 定

16.1.1 转化炉和裂解炉各部位砌体的砖缝厚度，应符合表16.1.1规定的数值。

表 16.1.1 转化炉和裂解炉各部位砌体砖缝的厚度

项次	部 位 名 称	砌体砖缝的厚度(mm)不大于
1	一段转化炉： (1)炉墙 (2)辐射段炉顶 (3)烟道及挡火墙 (4)辅助锅炉炉顶	 2 4 2 3
2	二段转化炉： 球形拱顶	 2
3	乙烯裂解炉： (1)炉墙 (2)辐射段炉顶 (3)燃烧器	 2 4 2

16.1.2 砌筑转化炉和裂解炉的允许误差，应符合表 16.1.2 规定的数值。

表 16.1.2 砌筑转化炉和裂解炉的允许误差

项次	误 差 名 称	允许误差(mm)
1	垂直误差： (1)炉墙(耐火砖、隔热耐火浇注料)： 每米高 全高 (2)耐火陶瓷纤维炉墙： 每米高 全高 (3)烟道墙及挡火墙	 3 15 10 20 3
2	表面平整误差(用 2m 靠尺检查，靠尺与砌体之间的间隙)： (1)隔热耐火浇注料内衬： 长度≤2m 长度 2～4m (2)炉墙上层砖 (3)炉顶吊挂砖 (4)烟道及挡火墙 (5)炉底、烟道底 (6)耐火陶瓷纤维炉墙及顶	 3 10 5 5 6 5 10
3	线尺寸误差： (1)隔热耐火浇注料内衬： 厚度≤150mm 厚度＞150mm (2)耐火陶瓷纤维内衬： 厚度≤100mm 厚度＞100mm	 ±4 ±10 10 15

续表 16.1.2

项次	误差名称	允许误差(mm)
3	(3)一段转化炉和裂解炉炉膛内空尺寸：	
	长度和宽度	±10
	炉墙对角线长度差	15
	(4)二段转化炉：	
	炉墙内直径误差	±15
	隔热耐火浇注料内衬椭圆度	直径的0.4%,并不得大于20mm

16.1.3 与耐火浇注料、耐火可塑料、耐火陶瓷纤维内衬接触的钢结构及设备表面，应清除浮锈和油污。

16.1.4 炉墙隔热板应在炉内试铺，并应根据试铺时刻印在隔热板上的锚固钉位置，切割锚固钉槽。

隔热板需加工时，切削厚度不得大于5mm。

16.1.5 炉墙隔热耐火砖应用气硬性耐火泥浆砌筑。砖与隔热板之间不应填充泥浆，但应紧贴。

16.1.6 燃烧器砌体的中心线同金属燃烧器的中心线应重合。燃烧器砖与金属燃烧器之间的间隙应用耐火陶瓷纤维填满。

16.1.7 浇注隔热耐火浇注料前，与隔热耐火浇注料接触的隔热板、隔热砖表面，应刷一层沥青或采取其他防吸水措施。

16.1.8 隔热耐火浇注料拆模后，应进行外观检查。其裂缝宽度小于3mm时，可不进行修补；3mm以上的裂缝，但不脱落或剥离时，可用耐火陶瓷纤维填充；当浇注料有脱落或有10mm以上裂缝时，应用同材质的耐火材料进行修补。修补时，应将裂缝处的浇注料凿到炉墙结合面或隔热层，形成倒梯形，并露出锚固钉不少于2个。

16.1.9 对已安装好的炉管应采取保护措施，避免碰坏和玷污。

16.2 一段转化炉

（Ⅰ）辐射段

16.2.1 砌筑炉墙砖应在转化管、炉顶钢结构安装工程及屋面防水工程完工，确认合格并办理工序交接证书后进行。

16.2.2 隔热板应紧贴炉壳铺砌，隔热板之间应靠紧，并应以耐火陶瓷纤维填满锚固钉槽。

16.2.3 炉墙拉砖钩应平直地嵌入砖内，其插入锚钉孔的深度不应小于25mm。如个别拉砖钩遇砖缝时，可按本规范第3.2.39条的规定处理。

16.2.4 炉顶吊挂砖应在转化管弹簧初调和导向板固定后砌筑，并从上升管开始向两侧进行。

16.2.5 炉顶砖与吊挂砖互相搭接尺寸，不应小于12mm。

16.2.6 炉顶上的燃烧器砖、上升管砖和转化管砖应按转化管初调后的位置放线砌筑，其与金属燃烧器和管子之间的间隙，应符合设计规定。

16.2.7 在炉顶吊挂砖上面涂抹隔热层或浇注隔热耐火浇注料时，应先铺设一层塑料薄膜或刷沥青。

涂抹隔热层宜分两次进行，第一层干涸后再抹第二层。

16.2.8 烟道墙和挡火墙砌体应采用气硬性耐火泥浆砌筑。烟道孔洞的尺寸应正确。

烟道盖板铺设可不填泥浆，板与板之间的间隙不得大于3mm。

16.2.9 砌筑炉底砖应在炉墙、炉顶砌完和下集气管隔热层铺设完后进行。

炉底砖的上表面与下集气管隔热层之间的距离，不应小于设计尺寸。

16.2.10 炉底和烟道底的隔热板、隔热耐火砖和黏土耐火砖，均应干砌。

16.2.11 炉底、烟道底以及排污管和热电偶管周围，应按设计留设膨胀缝，缝内应填以耐火陶瓷纤维。

（Ⅱ）过渡段和对流段

16.2.12 搅拌隔热耐火浇注料时，应先将干料润湿拌和，再加水，搅拌3～5min，拌至均匀一致为止。

16.2.13 过渡段、对流段和辅助锅炉的隔热耐火浇注料预制件，应在现场预制。预制时，钢结构应垫平。吊装时应采取加固措施，防止变形。

16.2.14 当隔热耐火浇注料的内衬厚度小于50mm时，宜用涂抹方法施工。涂抹时，其表面应粗糙，不得压光；当厚度大于50mm时，可用机械喷涂或浇注法施工。其体积密度和耐压强度应符合设计要求。

16.2.15 用高铝水泥为结合剂的隔热耐火浇注料，应用喷雾法养护。养护应在浇注料初凝后开始，喷雾间隙时间宜为30min，持续时间不应少于48h。

16.2.16 隔热耐火浇注料内衬厚度大于75mm时，应按设计留设膨胀线。

（Ⅲ）输气总管

16.2.17 在输气总管浇注隔热耐火浇注料时，应先在另制的可拆卸的钢管内试浇注，并经X射线检查合格后，才可正式进行。

16.2.18 输气总管应安放在临时的支架上进行隔热耐火浇注料的浇注。浇注前，其水平度应符合设计要求。

16.2.19 输气总管锐角处的隔热耐火浇注料，应填满捣实，并经X射线检查，浇注料中的气孔不得大于

50mm。

安装前，内衬应按专门的烘烤制度烘干。

16.3 二 段 转 化 炉

16.3.1 出口管的隔热耐火浇注料，应在筒体安装前浇注。浇注时应将筒体放在特制的辊轮上，使浇注口朝上。浇注后应将管口封闭，自然养护。

16.3.2 浇注隔热耐火浇注料的钢模板，应在炉外进行预组装和编号。

安装下锥体钢模板时，应将支承处焊接牢固。

16.3.3 纯铝酸钙水泥耐火浇注料的浇注应连续进行，每次间隔时间不得超过30min。

16.3.4 搅拌纯铝酸钙水泥耐火浇注料的水温和出料温度，均应为10~25℃。加水后的搅拌时间不宜超过2min。

16.3.5 浇注耐火浇注料时，应沿筒体四周均匀下料，其自由下落高度不得超过1.3m。

16.3.6 耐火浇注料浇注完后，应立即封闭上下孔洞，自然养护。养护时间不应少于3d。

16.3.7 炉内砌体，应在耐火浇注料内衬经第一次烘炉，并检查合格后再进行砌筑。

16.3.8 球形拱顶砖应在炉内逐层预砌。预砌时应用相应厚度的纸板代替砖缝。

16.3.9 球形拱顶拱脚表面和筒体中心线的夹角，以及拱脚砖的标高，应符合设计要求。

球拱拆模后，应仔细清理其上部的孔洞，使其畅通。

16.3.10 触媒保护层的异形砖，应从中心开始平行干砌。带孔砖与不带孔砖的位置应符合设计，砖层的上表面应平整。

带孔砖与内衬砖之间，应按设计要求留设间隙。

16.4 裂 解 炉

16.4.1 炉墙的砌筑，应在辐射管临时就位并初步找正，对流管束以及炉顶钢结构安装完工，确认合格并办理工序交接证明书后进行，并应有防雨措施。

16.4.2 隔热板应紧贴炉壳铺砌，隔热板之间和隔热板与炉壳之间的局部间隙大于3mm时，应用耐火陶瓷纤维填充。

两层隔热板的错缝宽度应大于50mm。

16.4.3 设有衬毡隔热层的部位，衬毡应紧贴炉壳，隔热板应紧靠衬毡，隔热板与衬毡之间不得填充耐火泥浆。

16.4.4 隔热耐火砖的固定杆不得变形，固定杆应牢固地插进托砖板上的固定套内，隔热耐火砖固定后不得有活动的砖块。

16.4.5 隔热耐火砖炉墙应按设计尺寸留设膨胀缝，且不宜产生负误差，膨胀缝内应用耐火陶瓷纤维填满。

16.4.6 燃烧器砖应预砌编号。燃烧器砖固定支挂件应安装正确，其误差应符合设计要求。

16.4.7 辐射段炉顶吊挂砖，应在辐射管弹簧初调和导向板安装后砌筑。

炉顶的环首螺栓最少应拧入1/3丝扣长。在吊挂耐火砖前，应将耐火砖的固定钢棒进行预组装。

16.4.8 在砌筑炉顶吊挂砖时，不得将耐火砖的固定钢棒强行敲入环首螺栓内。

当砖缝厚度大于4mm时，应调整炉顶环首螺栓的位置。

16.4.9 温度计套管、吹灰器及蒸汽管管孔口处的耐火砖，应加工成喇叭形。耐火砖与管子周围的间隙，应用耐火陶瓷纤维填塞。

16.4.10 炉内贯穿柱隔热耐火浇注料施工时，应一次浇注完毕。施工缝应符合设计要求。

16.4.11 烟气收集器及窥视孔盖隔热耐火浇注料内衬，应在现场预制。预制时，构件应垫平，并应有加固措施，防止变形。

16.4.12 烟气收集器安装就位后，其接缝处应及时浇注隔热耐火浇注料或充填耐火陶瓷纤维。

窥视孔砖应进行预组装，砖的支挂件应安装正确，窥视孔砖中心允许误差为±5mm。

16.4.13 锚固砖的排列应符合设计规定，并保持与炉壳相垂直，其中心位置误差不得大于5mm。

锚固砖与炉壳之间的空隙，应用耐火陶瓷纤维填满，不得遗漏。

16.4.14 耐火陶瓷纤维锚固件的材质和安设位置，应符合设计要求。锚固件其中心位置误差不得大于5mm。用于陶瓷杯的方形锚固钉的小面应朝向一致。

16.4.15 炉管穿孔部位铺设耐火陶瓷纤维毡应用专用工具钻孔取芯下料，孔径应比实际尺寸小5mm。纤维毡的开孔、切口应吻合。

16.4.16 贯穿柱与拐角处的耐火纤维毡应按实际安装尺寸、形状就地加工下料。纤维毡与贯穿柱接缝处应按设计要求固定。

16.4.17 弯头箱的隔热耐火浇注料应在地面进行。当采用耐火陶瓷纤维毡时，应按弯头的实际尺寸下料，铺设应严密。

16.4.18 当锚固钉端部使用陶瓷杯固定时，耐火陶瓷纤维毡上的开孔应使用特制工具加工，其尺寸及深度应与陶瓷杯外形一致，陶瓷杯的拧进深度应相等，陶瓷杯边缘的沟槽朝向应相同。

17 连续式直立炉

17.0.1 砌筑连续式直立炉的允许误差，应符合表17.0.1规定的数值。

表 17.0.1 砌筑连续式直立炉的允许误差

项次	误差名称	允许误差（mm）
1	线尺寸误差：	
	(1) 纵中心线和炭化室中心线的测量	±1
	(2) 标杆、标板上的划线尺寸	±1
	(3) 炭化室	
	长度	±3
	宽度	±2
	(4) 立火道、空气道、煤气道、废气道和看火孔的断面尺寸	±3
	(5) 立火道中空气口和煤气口的断面尺寸	±2
	(6) 相邻立火道、空气口和煤气口的中心线间距以及各孔道中心线与炉体纵中心线间距	±3
	(7) 煤气颈管口和废气颈管口的断面尺寸	±5
	(8) 辅助煤箱底座砖、排焦箱吊架上座砖与炭化室纵横中心线的间距	±3
2	标高误差：	
	(1) 标高控制点的测量	±1
	(2) 炉箱底部座砖表面	±3
	(3) 滑动层、最上层空气道盖板砖下面和立火道顶面	±3
	(4) 炉顶表面	±5
	(5) 辅助煤箱座砖表面	±3
	(6) 煤气颈管和废气颈管中心	±5
	(7) 相邻炭化室滑动层表面标高差	3
	(8) 两侧墙顶面与相邻炭化室顶面的标高差	3
3	炭化室墙表面平整误差（用1.5m靠尺检查，靠尺与砌体之间的间隙）	3
4	膨胀缝的尺寸误差：	
	(1) 一般膨胀缝	+2 −1
	(2) 端炭化室墙与抵抗墙之间的膨胀缝	±3

17.0.2 连续式直立炉各部位砌体的砖缝厚度，应符合下列规定：

1 炭化室墙面为3～5mm；

2 其他耐火砖砌体为3～6mm。

17.0.3 同一座连续式直立炉，应采用化学和物理性质相接近的、同一个耐火材料厂的硅砖。

17.0.4 连续式直立炉炉体异形砖的外观和尺寸，应逐块进行检查和验收。

17.0.5 炉墙底部座砖、炭化室和废气道有代表性的砖层，以及炉顶的复杂部位，应进行预砌筑。

17.0.6 砌筑炉体以前，应取得炉底钢梁平台、护炉钢柱和排焦箱吊架的安装质量合格证书，以及安装精度检查数据。

17.0.7 炉体砌筑应在纵横中心线、炭化室墙边线已定位，标板和护炉钢柱划线完毕，并经检查合格后开始进行。

17.0.8 砌筑直立炉，应采用两面打灰挤浆法。对少量由于砖型结构限制、无法用挤浆法砌筑的砖，应加强勾缝工作。

17.0.9 所有砖缝均应泥浆饱满和严密。砌砖过程中应认真勾缝。隐蔽缝应在砌筑上一层砖以前勾好。墙面缝应在砌砖的当班勾好。炭化室的墙面砖缝应在最终清扫后进行检查，对不饱满的砖缝应予补勾。

17.0.10 已砌好的炉墙，施工中断一昼夜后继续往上砌砖时，应将砌体的顶面清扫干净，并用水稍加润湿，但不得大量洒水。

17.0.11 砌体中的泥浆干涸后，不得用敲打的办法修正其质量缺陷。

17.0.12 留设膨胀缝应使用样板，并应保持均匀、平直和清洁。砌筑膨胀缝时可夹入相应厚度的填充材料，膨胀缝填充材料可采用发泡苯乙烯，砌筑时，应使用白铁皮挡灰板。

炉体正面的膨胀缝，应用耐火陶瓷纤维等材料塞紧密封。

17.0.13 涂抹滑动缝泥浆时，应做到均匀平整。滑动缝的泥浆不得与其他泥浆混淆。

17.0.14 砌筑炉体各部位异形砖以前，应进行干排验缝。

17.0.15 砌筑直立炉每段砌体时，应先砌炭化室及其上部砌体，密封后再砌两侧墙。每段侧墙高度应低于炭化室两层砖。

17.0.16 直立炉底部座砖后面钢结构腹板，应粘贴耐火陶瓷纤维板。

17.0.17 各部位砌体的孔洞和火道转向处，均应放线砌筑。

17.0.18 砌筑空气道时，应逐层检查断面尺寸。

17.0.19 砌筑空气道、煤气道、废气道、立火道和看火孔时，应用刻有孔道尺寸和位置的标板检查各孔道与炉体中心线的间距。

17.0.20 炭化室墙面宜采用活动水平标板挂线砌筑。砌筑炭化室墙面时，应随时用样板检查墙面的坡度。炭化室侧墙墙面不得出现反斜；炭化室端墙墙面不得向外倾斜。炭化室墙面，不得有逆向错牙。

17.0.21 砌筑立火道时，对下部砌体应采取措施进行保护。

17.0.22 砌体所有孔道应保持清洁畅通。

砌筑火道盖板砖和其他砌完后无法清扫的部位

时，应随即清除其下部挤出的泥浆。

17.0.23 砌筑看火孔座砖时，应先将看火孔铁件镶砌好。

17.0.24 砌完砌体后，应顺次彻底清扫全部孔道及炭化室。当采用压缩空气清扫时，应控制压缩空气的压力，防止将砖缝内的泥浆吹掉。

17.0.25 烘炉前应将两侧墙上部与工字钢间的波纹纸取出，填入涂有黄干油石墨的白杨木板。

17.0.26 烘炉前和烘炉过程中，所有密封工作均应仔细进行，并认真检查。

17.0.27 煤气颈管、废气颈管与炉体之间的间隙，在烘炉前应临时密封，但不得固定。

17.0.28 烘炉温度达600℃时，应开始依次进行炉体表面的精整及隔热工作，堵严膨胀缝和勾好墙面的龟裂缝，做好炉体表面的隔热层。

17.0.29 对烘炉过程中产生的炉顶裂缝，应在烘炉温度达到600℃以后进行灌浆，并清整拉条沟和固定辅助煤箱支座。

18 工业锅炉

18.0.1 本章适用于现场组装的工业锅炉。

18.0.2 锅炉的砌筑，应在锅炉经水压试验合格和检查验收后才可进行。

所有砌入炉墙内的零件、水管和炉顶的支、吊装置的安装质量，均应符合设计和砌筑的要求。

18.0.3 锅炉各部位砌体的砖缝厚度，应符合表18.0.3规定的数值。

表18.0.3 锅炉各部位砌体砖缝的厚度

项次	部位名称	砌体砖缝的厚度(mm)不大于
1	落灰斗	3
2	燃烧室： (1) 无水冷壁 (2) 有水冷壁	 2 3
3	前后拱及各类拱门	2
4	折焰墙	3
5	炉顶	3
6	省煤器墙	3

18.0.4 炉墙黏土耐火砖砌至一定高度后，应向外墙伸出115mm长的拉固砖。拉固砖在同层内应间断留设，上下层应交错。

18.0.5 砌筑普通黏土砖外墙时，应准确留设烘炉排气孔。烘炉完毕后应将孔洞堵塞。

18.0.6 砌在炉墙内的骨架立柱、横梁与耐火砌体的接触面，应铺贴耐火陶瓷纤维制品。

18.0.7 通过砌体的水冷壁集箱和管道以及管道的滑动支座，不得固定。

18.0.8 炉墙表面与管子之间间隙的允许误差，应符合表18.0.8规定的数值。

表18.0.8 炉墙表面与管子之间间隙的允许误差

项次	误差名称	允许误差(mm)
1	水冷壁管，对流管束与炉墙表面之间的间隙	+20 -10
2	过热器管、再热器、省煤器管与炉墙表面之间的间隙	+20 -5
3	汽包与炉墙表面之间的间隙	+10 -5
4	集箱、穿墙管壁与炉墙之间的间隙	+10 0
5	水冷壁下联箱与灰渣室炉墙之间的间隙	+10 0

18.0.9 炉墙拉钩砖的拉钩应保持水平，拉钩应按设计放置，不应任意减少其数量。

18.0.10 水冷壁拉钩处的异形砖，不应卡住水冷壁的耳板，并不应影响水冷壁的膨胀。

18.0.11 耐火砌体（包括耐火浇注料）中的锅炉零件和各种管子的周围，应留设膨胀缝，并应符合设计规定。

18.0.12 砌体的膨胀缝应均匀平直，并填以直径大于缝宽的耐火陶瓷纤维绳。炉墙垂直膨胀缝内的耐火陶瓷纤维绳，应在砌砖的同时压入。

18.0.13 在砌筑折焰墙时，应遵守下列规定：

1 与折焰墙砌筑有关的管子，应符合砌筑的要求。管子应平整，其间距应符合设计规定；

2 折焰墙与炉墙衔接部分，应留设膨胀缝，其尺寸误差不得超过0～+5mm，缝内应用耐火陶瓷纤维填塞严密；

3 折焰墙在同层内，应砌同一高度尺寸的砖；

4 带有固定螺栓孔的异形砖，应先逐层干排试砌，并在管子上标明螺栓孔的位置后，才可焊接固定螺栓。

18.0.14 耐火浇注料内的钢筋和埋设件表面不得有污垢，其埋入部分的表面应涂以沥青层。无法涂沥青的部位，可包裹石油沥青油纸。

18.0.15 隔热浇注料浇注在耐火浇注料上时，应在耐火浇注料凝固后才可进行；浇注在隔热材料上时，应铺以防水层。

18.0.16 耐火涂抹料涂层较厚时，应分层涂抹。待前一层稍干后，才可涂抹第二层。

耐火涂抹料的表面应平整、光滑、无裂缝。

18.0.17 敷管炉墙的施工顺序应为：先将炉墙排管平放，然后逐层做好耐火浇注料和隔热浇注料，经养护硬化后再进行整体吊装。

敷管炉墙的管子弯头处，不应布置固定铁件。

18.0.18 加工异形砖时，不得削弱主要受力处的强度。在修整吊挂砖的吊孔时，不得使其配合间隙大于5mm。

18.0.19 炉顶与炉墙的接缝处，应严格按设计施工。接缝处的密封应保持严密。

19 冬期施工

19.0.1 当室外日平均气温连续5d稳定低于5℃时，即进入冬期施工；当室外日平均气温连续5d高于5℃时，解除冬期施工。

19.0.2 工业炉砌筑工程的冬期施工，除应遵守本章的规定外，也应符合本规范其他各章的有关要求。

19.0.3 冬期砌筑工业炉，应在采暖环境中进行。

用水泥砂浆砌筑炉外烟道的普通黏土砖时，可采用冻结法，但应按冻结法砌筑的专门规定执行。

19.0.4 砌筑工业炉时，工作地点和砌体周围的温度，均不应低于5℃。

炉子砌筑完毕，但不能随即烘炉投产时，应采取烘干措施，否则砌体周围的温度不应低于5℃。

19.0.5 耐火砖和预制块在砌筑前，应预热至0℃以上。

耐火泥浆、耐火可塑料、耐火喷涂料和水泥耐火浇注料等在施工时的温度，均不应低于5℃。但黏土结合耐火浇注料、水玻璃耐火浇注料、磷酸盐耐火浇注料施工时的温度，不宜低于10℃。

19.0.6 冬期施工时，耐火泥浆、耐火浇注料的搅拌应在暖棚内进行。

水泥、模板等材料宜事先运入暖棚内存放。

19.0.7 调制耐火浇注料的水可以加热，加热温度为：硅酸盐水泥耐火浇注料的水温不应超过60℃；高铝水泥耐火浇注料的水温不应超过30℃。

水泥不得直接加热。

19.0.8 耐火浇注料施工过程中，不得另加促凝剂。

19.0.9 水泥耐火浇注料的养护，可采用蓄热法或加热法。加热硅酸盐水泥耐火浇注料的温度不得超过80℃；加热高铝水泥耐火浇注料的温度不得超过30℃。

19.0.10 黏土、水玻璃和磷酸盐耐火浇注料的养护，应采用干热法。加热水玻璃耐火浇注料的温度，不得超过60℃。

19.0.11 喷涂施工时，除应对骨料和水在装入搅拌机前加热外，还应对喷涂料管、水管及被喷炉（或管）壳采取保温措施。

19.0.12 冬期施工时，应做专门的施工记录，并应符合下列规定：

1 室外空气温度、工作地点和砌体周围的温度、加热材料在暖棚内的温度、不定形耐火材料在搅拌、施工和养护时的温度，应每隔4h测量一次；

2 全部测量点应编号，并绘制测温点布置图；

3 测量不定形耐火材料温度时，测温表放置在料体内的时间应不少于3min。

20 工程验收与烘炉

20.0.1 工业炉已完工程，应按本规范进行交工验收，并办理交接手续。

20.0.2 交工验收时，施工单位应提供下列资料：

1 交工验收证书；

2 开工、竣工报告；

3 工序交接证明资料（其内容见本规范第1.0.5条）；

4 炉子主要部位的测量资料；

5 材料质量的证明资料：包括各种材料质量证明书、材料代用证、试验室复检报告、泥浆和不定形耐火材料的配制记录及检验报告；

6 筑炉隐蔽工程验收记录；

7 分项、分部工程质量检验评定资料，质量保证资料核查资料，单位工程质量观感和综合评定资料；

8 工程质量问题处理资料；

9 技术联系单（含合理化建议）；

10 冬期施工记录；

11 设计变更资料（含图纸会审记录）；

12 竣工图，简单设计变更标注在施工图上作为竣工图，重大、复杂的设计变更需重新绘制竣工图。

20.0.3 工业炉内衬施工完毕后，应及时组织验收和烘炉。不能及时烘炉时，应采取相应的保护措施。

20.0.4 工业炉在投入生产前，必须烘干烘透。

烘炉前，应先烘烟囱和烟道。

20.0.5 耐火浇注料内衬应按规定养护后，才可进行烘炉。

20.0.6 工业炉的烘炉，应在其生产流程有关的机械和设备（包括热工仪器）联合试运转及调整合格后进行。

焦炉等以硅砖为主体的炉子的烘炉，应在其主体车间及辅助车间的竣工日期能满足炉子在规定烘炉期内立即投入生产的条件下才可进行。

20.0.7 工业炉在烘炉前，应根据炉子结构和用途、耐火材料的性能和建筑季节等制订烘炉曲线和操作规程。其主要内容有：烘炉期限、升温速度、恒温时间、最高温度、更换加热系统的温度、烘炉措施和操作规程等。

烘炉后需降温的炉子，在烘炉曲线中应注明降温速度。

主要工业炉的烘炉时间可参照附录C确定。

20.0.8 采用不定形耐火材料作为内衬的炉子，其烘炉曲线应根据内衬的材质及其厚度、成型工艺和烘烤方式制订。

20.0.9 既有耐火砖又有不定形耐火材料内衬的炉子，应根据其内衬的材质特点、主次关系制订烘炉曲线。

20.0.10 工业炉烘炉必须按烘炉曲线进行。烘炉过程中，应测定和绘制实际烘炉曲线。

烘炉时，应做详细记录。对所发生的一切不正常现象，应采取相应措施，并注明其原因。

20.0.11 烘炉期间，应仔细地观察护炉铁件和内衬的膨胀情况以及拱顶的变化情况。必要时，可调节拉杆螺母以控制拱顶的上升数值。

在大跨度拱顶的上面，应安设标志，以便检查拱顶的变化情况。

20.0.12 在烘炉过程中，如主要设施发生故障而影响其正常升温时，应立即进行保温或停炉。故障消除后，才可按烘炉曲线继续升温烘炉。

20.0.13 炉子烘炉过程中所出现的缺陷经处理后，才可投入正常生产。

20.0.14 全耐火陶瓷纤维内衬的炉子，不需烘炉即可投入生产。当内衬使用热硬性粘接剂粘贴时，投产前应按规定的升温制度加热。

附录A 耐火砌体一般采用的泥浆种类和成分

表A 耐火砌体一般采用的泥浆种类和成分

项次	砌体名称	泥浆种类和成分	技术条件
1	黏土耐火砖	黏土质耐火泥浆	GB/T 14982—94
2	高铝砖	高铝质耐火泥浆	GB/T 2994—94
3	硅砖	硅质耐火泥浆	YB/T 384—91
4	镁砖、镁铝砖或镁铬砖	镁质耐火泥浆	YB/T 5009—93
5	炭砖	炭素泥浆	YD/T 121—97
6	黏土质隔热耐火砖	硅酸铝质隔热耐火泥浆	YB/T 114—97
7	高铝质隔热耐火砖	硅酸铝质隔热耐火泥浆	YB/T 114—97
8	硅藻土隔热制品	硅酸铝质隔热耐火泥浆	YB/T 114—97
9	换热器黏土耐火砖格子	气硬性泥浆 质量比（%）： 黏土熟料粉 90	

续表A

项次	砌体名称	泥浆种类和成分	技术条件
9	换热器黏土耐火砖格子	铁矾土（Al_2O_3＞50%） 10 以下为外加： 水玻璃（密度为1.3～1.4g/mL） 15 氟硅酸钠 1.5 羧甲基纤维素（CMC） 0.1 糊精 1 水 适量	

附录B 耐火陶瓷纤维的适用范围

B.0.1 根据国产普通硅酸铝耐火纤维、矿棉、岩棉及玻璃纤维制品的性能，工作温度不超过1000℃的层铺式纤维内衬，可参照表B.0.1选用。

表B.0.1 层铺式纤维内衬组成

炉温（℃）		600～800	800～1000
内衬总厚度（mm）		120～180	180～200
耐火层	材质	普通硅酸铝耐火纤维毯、毡	
	厚度（mm）	50～100	100～140
隔热层	材质	矿棉、岩棉、玻璃纤维制品	
	厚度（mm）	60～80	60～80

B.0.2 除普通硅酸铝耐火纤维外，其他耐火陶瓷纤维使用温度可参照表B.0.2。

表B.0.2 耐火陶瓷纤维使用温度分类表

纤维种类	高纯硅酸铝纤维	高铝纤维	含锆纤维	氧化铝纤维
使用温度（℃）	1100	1200	1300	1400

注：在氢气和还原气氛下使用温度应另作规定。

附录C 主要工业炉的烘炉时间

表C 主要工业炉的烘炉时间

项次	炉子名称	烘炉时间（昼夜）
1	黏土耐火砖（或高铝砖）、炭砖炉底的高炉	6～8
2	热风炉： （1）黏土耐火砖、高铝砖的 （2）硅砖的	 6～7 40～45
3	大型焦炉	50～60
4	带陶质换热器的均热炉	7～9

续表 C

项次	炉 子 名 称	烘炉时间（昼夜）
5	加热炉： （1）炉底面积在 50m² 以下的 （2）炉底面积在 50m² 以上的 （3）大型步进式	 3～6 5～8 16～18
6	闪速炉	30～40
7	炭素煅烧炉	45～60
8	玻璃熔窑	9～12
9	黏土耐火砖或高铝砖的隧道窑	12～18
10	一段转化炉	5～6
11	二段转化炉	6～7
12	裂解炉	4～6
13	连续式直立炉	50～60
14	工业锅炉： （1）轻型炉墙 （2）重型炉墙	 4～6 14～16

注：1 表内所列时间不包括烟囱和烟道的烘烤时间。

2 焦炉日膨胀率在 400℃以下采用 0.03%～0.035%；400℃以上采用0.035%～0.04%。

本规范用词说明

1 为便于在执行本规范条文时区别对待，对要求严格程度不同的用词说明如下：

1）表示很严格，非这样做不可的用词：

正面词采用“必须”，反面词采用“严禁”。

2）表示严格，在正常情况下均应这样做的用词：

正面词采用“应”，反面词采用“不应”或“不得”。

3）表示允许稍有选择，在条件许可时首先应这样做的用词：

正面词采用“宜”，反面词采用“不宜”；

表示有选择，在一定条件下可以这样做的用词，采用“可”。

2 本规范中指明应按其他有关标准、规范执行的写法为“应符合……的规定”或“应按……执行”。

中华人民共和国国家标准

工业炉砌筑工程施工及验收规范

GB 50211—2004

条 文 说 明

目　录

1 总 则

1.0.1 本条说明了制定本规范的目的。这一条为新增加内容，依据是《工程建设标准编写规定》。

1.0.2 所有工业炉砌筑工程的施工及验收，都应遵守本规范中的共同规定。

本规范所列的各专业炉，除应遵守所列专门章节的特殊规定外，还应遵守本规范中共同规定的要求，即第1、2、3、4、5、19、20等章。

未列入本规范专门章节的工业炉，应按本规范中的共同规定进行施工及验收。如有特殊要求者，应按设计规定执行。

1.0.3 工程施工应服从生产要求，生产要求应由设计来具体体现。没有设计不能施工，是基本建设程序问题。

设计系指对工程上的广泛而具体的书面要求，包括：图纸、材料的规格和数量、特殊说明等，这是施工及验收规范不能代替的。如有需要改变设计或者材料代用时，应取得有关部门（主要是设计单位）的同意，并应追补设计变更通知单。

1.0.4 工业炉砌筑工程材料，应由设计单位根据炉子各部位的工作条件来确定。设计单位应在施工图中提出对工程材料的质量和数量的具体要求（如材料表），施工单位必须按此要求采用。采用时，应符合本规范和现行材料标准的规定。这些都是保证炉衬质量的主要前提。

现行材料标准系指现行国家标准和行业标准。

1.0.5 按照基本建设施工程序，在工序间交接时，对上一工序的建筑结构工程和隐蔽工程要及时进行质量的检查验收并办理中间工序交接手续。否则，不得开始下一道工序的施工。

筑炉工程一般是工业炉系统工程中的最后一道工序。做好炉子基础、炉体骨架结构和有关设备安装的检查交接工作，是加强系统工程的质量管理的组成部分，千万不可忽视。

条文中所列工序交接证明书的内容是历年来施工经验的总结，这对保证筑炉工程的质量、避免返工浪费、延长炉子的使用寿命等方面都起着极大的作用。过去是这样做的，今后仍应坚持这样做。

本条比原规范增加了“上道工序成果的保护要求”，是为了提高施工企业的管理水平，与国际标准接轨。另外，本条对原规范条文部分文字作了修改，使之更恰当、确切。

1.0.6 对新技术的采用，应采取积极和慎重的态度，新技术未经试验和鉴定，可以试点，但不得推广使用。条文中“才可推广使用”表示奠定在科学的基础上的新技术，已经成熟，可以普遍采用的涵义。

1.0.7 安全生产是企业管理的基本原则之一。工业炉筑炉施工方案中所列安全技术措施和规程的专门章节，应具体确定防火、防爆、防尘和防毒的细目。

对接触硅尘、放射线、有毒物质（如焦油、沥青、煤气等）和噪音的作业人员，应有个人的防护措施。

制订安全技术措施和规程时，必须符合国家现行的有关规定。

环境保护政策是国家的一项基本国策。筑炉工程中产生的废弃物的运输、弃置应符合国家的环保政策。

2 术 语

根据建设部建标［1996］626号文，关于工程建设标准编写规定，本规范修订中新增设“术语”一章。本章入选术语的原则：(1) 工业炉砌筑工程施工及验收的主要关键词和重点通用词；(2) 国内现行术语标准中已列条目，本规范原则上不再列入，在本规范列入的，其定义有重要修改；(3) 术语的对照英文，取自国际标准、国外先进标准的原文或具有权威性的英汉科技词典。

2.0.1 工业炉砌筑 furnace building

说明了本规范的适用范围。广义讲，工业炉指工业炉窑及其附属设备衬体。砌筑即施工，包括定形耐火（含隔热）制品砌砖、不定形耐火材料和耐火纤维等的施工。

2.0.2 砌体 brickwork

即砌砖（块），广义指普通黏土砖、隔热砖、耐火砖或耐火预制块等定形制品砌成的整体。

2.0.3 湿砌 wet masonry; wet building

湿砌即使用湿状泥浆（水系泥浆或非水系泥浆）的砌砖（或块）方法。

2.0.4 干砌 dry masonry; dry building

干砌包括砖与砖直接接触、砖缝中填充干粉（或不填），有时夹垫金属垫片。

2.0.5 预砌筑 pre masonry; pre building

不仅指在正式砌筑前的试砌筑，还包括预组装及集装式包装的组合砖。

2.0.6 砖缝 brick joint

水平缝和垂直缝的定义适用于水平砖层的底、墙和环形砌体，即底、墙和环形砌体都有水平缝和垂直缝。

环缝的定义适用于环形砌体和环砌拱或拱顶，即环形砌体和环砌拱或拱顶都有环缝。两层或多于两层的拱或拱顶，砖层间的砖缝称为层间环缝，以便与环缝相区别。

也有称放射缝为纵向缝的。在某些技术书籍中将纵向缝定义为“与拱或拱顶纵向轴线平行的砖缝”，同理，“与拱或拱顶纵向轴线垂直的砖缝称为横向缝”。环砌拱（或拱顶）与交错拱（或拱顶）中的纵向缝都可称为放射缝；环砌拱（或拱顶）的横向缝称为环缝，而交错拱或拱顶中这个砖缝只能称为横向缝。

2.0.7 错缝砌筑 bonded

底和墙砌体的垂直缝，交错拱或拱顶的横向缝都应交错。

2.0.8 膨胀缝 expansion joint

为缓冲炉衬（包括砌体和不定形耐材炉衬）在升温中的膨胀，按规定预留的间隙。膨胀缝分为均匀留设在砌体（或炉衬）中的分散膨胀缝和留设在砌体（或炉衬）外的集中膨胀缝。膨胀缝内按规定填（或不填）可烧掉物或可压缩物。

2.0.9 养护 curing

不同材质及结合剂的耐火浇注料、耐火可塑料及耐火喷涂料等不定形耐火材料施工后，根据产品标准、施工规范或设计规定的环境温度、湿度（干燥养护、潮湿养护或蒸汽养护）、静置时间等条件进行养护。

2.0.10 烘炉 furnace heating

对烘炉的定义强调两点：（1）温度曲线指温度-时间曲线，包括升温、保温和降温阶段；（2）烘炉包括干燥和加热的过程，不应忽视排出大量水气的干燥过程。

3 工业炉砌筑的基本规定

3.1 材 料

（Ⅰ）材料的验收、保管和运输

3.1.1 按现行标准和技术条件验收耐火材料和其他筑炉材料是确保筑炉工程质量、降低工程成本的有效手段，亦即提高企业管理的重要内容。

由于目前不定形耐火材料的品种、牌号日益增多，对施工的要求也各不相同。因此，供应不定形耐火材料的厂方有责任为每一种牌号产品提供详尽的使用说明书，以保证内衬的质量。

时效性材料具有一定的储存期限。超过期限便会产生变质，不能使用。如耐火可塑料储存期一般为6个月，水泥生产后3个月，强度将会有明显降低。注明材料的有效期限主要是为了控制其使用日期。

拆炉回收的耐火砖中，有相当一部分可资利用。通过甄选、检验和适当处理，再砌在炉子的次要部位（如烟道等）。在不影响炉子的砌体质量的前提下，物尽其用，可节约大量的耐火材料。

3.1.2 耐火材料仓库及通往仓库和施工现场的运输道路的提前建成，可减少和避免材料的二次倒运，因而是保证材料质量、降低破损的一项重要措施。

3.1.3 按牌号、等级、砖号和砌筑顺序放置耐火材料，主要是为了组织有条不紊的施工，避免不必要的倒运转移。

鉴于现场装卸质量不够稳定，有些地方还出现野蛮装卸的现象，造成大量耐火砖破损，既浪费了物资和财力，也严重影响炉衬的使用寿命。因此，有必要在搬运方面强调轻拿轻放，防止碰撞和破损。多年来的实践表明，为降低工程成本确保砌体质量，必须这样做。

3.1.4 采用集装方式运输，可以提高装卸作业的机械化水平，减轻体力劳动。而且，会大大降低耐火制品的破损。国内有不少单位采用集装方式运输，取得了良好效果。

3.1.5 耐火材料不应受湿，这是基本常识。本条系依据 GB/T 16546—1996《定形耐火制品包装、标志、运输和贮存》制订的。

我国现行标准规定，制品经检验符合产品标准后，储存在带盖仓库内，不得受潮、雨淋。从过去的实践看，用于非重要部位的高铝砖、黏土耐火砖，有的存放在有盖的仓库内，有的储存在露天砖库（或在砖堆上设置临时的防雨设施）。高铝砖、黏土耐火砖露天堆放，雨水浸淋，杂质污染，对质量有一定的影响，这是不言而喻的。同时，用湿砖砌炉，也会增加砌体中的水分，使烘炉困难，严重的还会降低炉衬的使用寿命。因此，对耐火材料讲，从正面提出应预防受湿，是必要的。另外，运输过程中，也应预防受湿。

3.1.6 某些受潮易变质的材料（如镁质制品），虽储存在有盖仓库内，但因未采取防潮措施，结果受潮变质，这些例子屡见不鲜。故条文中强调应采取防潮措施。在南方潮湿地区，这类材料还不宜存放时间过长。

3.1.7 按现行标准规定，不定形耐火材料、结合剂和耐火陶瓷纤维在运输和储存的过程中，都必须防雨、防雪、不受潮，并且严禁混入杂质。综合这些共同要求，制订本条条文，以资有所遵循。不定形耐火材料多为散状材料，比耐火制品更不易保管，要求更高，稍有不慎，混入杂质，就将降低其工作性能。

对易冻结的耐火材料（如某些结合剂），应采取防冻措施。否则，一旦冻结，便将降低其粘结强度或影响其他性能。

（Ⅱ）泥 浆

3.1.8 耐火砌体砖缝内泥浆的工作条件（工作温度、熔融金属或渣的侵蚀以及烟气流的冲刷等）与耐火砖完全相同。因此，两者的主要技术指标耐火度和化学成分也应相同或相适应。

3.1.9 耐火砌体砌筑质量的优劣主要取决于：（1）耐火制品的外形扭曲、尺寸偏差；（2）泥浆的砌筑性能（粘接时间、和易性和不离析等）；（3）施工人员的技术水平。影响泥浆砌筑性能的因素很多，诸如泥浆的颗粒组成、化学成分、结合黏土的加入量与其性能、加水量和外加剂等以及耐火制品的吸水性和化学成分。因此，条文强调，当采用某种泥浆砌筑工业炉前，应根据砌体类别，通过试砌来检验该泥浆的砌筑性能（主要是粘接时间），并确定其稠度和加水量。这是一项很重要的施工准备工作，必须把它抓好。

关于粘接时间，根据我国国内大量的工程实践，一般泥浆的粘接时间以 1～1.5min 为宜。

3.1.10 表 3.1.10 的稠度值系参照国内引进工程的实践和一些试验数据而制订的。

近十几年来，因掺有外加剂的成品泥浆已经被广泛使用，基本淘汰了原有的普通耐火泥浆，所以将 GBJ 211—87 规范的表 2.1.9 作了修订。

3.1.12 鉴于施工单位一般缺乏必要的混料、筛分及检测等装置，所以配料往往不易准确且混合不匀。故条文主张采用已配制好的成品泥浆，不推荐在现场配制。

规范规定：泥浆的最大粒径不应大于砖缝厚度的 30%。这是因为：（1）泥浆粒径过大，砌筑时，不易保证规定的砖缝厚度；（2）国内引进工程中的高炉、热风炉、均热炉等所用的黏土质、高铝质和硅质耐火泥浆的筛分析结果表明，其最大粒径均小于砖缝厚度的 30%。

3.1.13 条文规定了调制耐火泥浆的技术要求要点，应严格遵守并执行。

如果在调制好的泥浆内任意加水或结合剂，则将改变泥浆的规定稠度或配合比，影响其砌筑性能并降低其高温性能。故此，这样做是不允许的。

沿海地区某些施工单位的试验报告结果表明：“采用掺有外加剂的耐火泥浆调制时，其搅拌水中氯离子（Cl^-）浓度的高低是影响泥浆的粘接时间的重要因素。氯离子（Cl^-）浓度越高，泥浆的粘接时间越短，凝固硬化越快，这对砌筑是很不利的。其次，泥浆的剪切强度和抗折强度由于水质中氯离子（Cl^-）浓度的增高而降低。500mg/L 为转折点，一般可控制在 300mg/L 以内”。故条文规定，沿海地区调制泥浆用水的氯离子（Cl^-）浓度不应大于 300mg/L。

3.1.14 不同泥浆同时使用时，如果搅拌机和泥浆槽混用，则必将影响泥浆的砌筑性能和导致降低泥浆的高温性能。规定这一条，主要是针对大型筑炉工程的泥浆品种多、容易搞混，因而应特别注意。

3.1.15 水泥耐火泥浆为水硬性泥浆，水玻璃耐火泥浆为气硬性泥浆，卤水镁砂耐火泥浆中卤水与镁砂为化学结合。这三种泥浆搁置一段时间便呈现硬化，故规定不应过早调制。与以上三种泥浆性能类似的其他泥浆，也应符合本规定。

如果泥浆呈现初凝，砌筑时就丧失了强度，不能使用。因此施工时，一定要根据初凝时间来确定调制时间。不仅不能过早调制，而且要赶在初凝前用完。

经过十几年的技术发展，现今施工现场采用的磷酸盐泥浆，基本上是成品泥浆，已很少采用磷酸和高铝熟料粉在现场配制。运至现场的成品泥浆一般也配有使用说明书，对诸如困料时间、加水量等参数也作了规定。故这次修订取消了 GBJ 211—87 规范中第 2.1.15 条和第 2.1.16 条。

3.2 施　工

（Ⅰ）一 般 规 定

3.2.1 条文为耐火砌体分类（即按砌筑的精细程度）的定义。

3.2.2 本次修订，对表 3.2.2（也包括各专业炉章节中的表格）在列表形式上作了修改，从而大大简化了表格。

工业炉砌体的砖缝厚度应按照炉子的部位和生产条件来确定。根据生产实践和施工精细程度，一般工业炉砌体砖缝厚度按炉子部位而有所不同。底和墙的砖缝厚度为不大于 3mm，高温或有炉渣作用的底和墙，则应将砌体类别提高一类；拱顶属于炉子的重要结构部位，湿砌时砖缝厚度一般为不大于 2mm，干砌时要求更为严格；隔热耐火砖在炉内使用部位不同，砖缝厚度也应随之改变，故对工作层的砖缝厚度规定为不大于 2mm，非工作层为不大于 3mm；硅藻土砖和普通黏土砖内衬均规定为不大于 5mm。另外，还就空气、煤气管道和烧嘴砖砌体作出了一般规定。

GB/T 2992—1998 规定标准直形砖（T—3）尺寸为：230mm×114mm×65mm。ISO、DIN 及 PRE 等规定标准直形砖长度尺寸为 230mm，宽度为 114mm，与我国的相同。这就意味着公称砌砖砖缝厚度为不大于 2mm。因此，表 3.2.2 中所规定的砖缝厚度与现行材料的国标，以及国际上有关标准基本是吻合的。

总之，表 3.2.2 中所规定的一般工业炉各部位砌体的砖缝厚度比较全面和系统，并便于遵循。

对砖缝厚度有特殊要求的部位或炉子，由设计另定。

第 8 项不分底和墙、拱和拱顶统一调整为不大于 10mm，这是因为原规范表达不妥。

3.2.3 工业炉砌筑的允许误差，按照墙和拱脚砖的砌筑要求，列出垂直误差、表面平整误差和线尺寸误差的质量指标，对一般工业炉砌筑质量作了控制。具体数值系参照历年来的规范、设计规定及施工实践综合修订的。

3.2.4 本条系针对国产耐火制品的外形扭曲和尺寸偏差不能满足砌体砌筑质量的要求而制订的一项对策性措施。

因此，本条规定：对于特类砌体，强调首先精细加工（加工精度0.15～0.25mm），然后按厚度和长度选分；对于Ⅰ类砌体，先按厚度和长度选分，当砖的外形、尺寸偏差达不到要求时，则应进行加工。近年来耐火砖的尺寸偏差和扭曲情况更加复杂，要完全依靠选分的措施，使砖达到能用来砌筑Ⅱ类砌体的标准，有时还难于做到。因此，条文规定了“必要时可加工”的内容。

3.2.5 预砌筑是解决操作中关键问题的有效措施，它对施工起着明显的指导作用。特别是工业炉复杂而重要的部位，预砌筑是一道必不可少的工序。

通过预砌筑，可以做到：检查耐火制品的外形尺寸能否满足砌体的质量要求，提供砖加工的依据和各种不同公差砖相互搭配的方法；核查设计图纸和耐火制品的制造是否有错误；检查泥浆的砌筑性能，同时可使施工人员进一步了解炉体的结构和掌握施工要领。

3.2.6 这是对过去施工经验进行总结而制订的条文。强调按设计要求由测量确定工业炉的中心线和标高控制线，主要是为了减少测量误差，使炉子砌体的几何尺寸准确。

3.2.7 砌体内的金属埋设件如不及时配合安装，就会影响砌体质量，造成不必要的返工。

3.2.8 条文强调按规定尺寸仔细留设间隙，是为了确保炉子投产后传送装置能畅通无阻地正常运转。施工时，该间隙尺寸一般不得做成负公差。

3.2.9 条文强调砌体在施工直至投产前的全过程中，都应预防受湿。

当砌体受到水的浇淋或浸泡，砖缝内泥浆被冲刷形成空隙，则砌体将漏气，更无强度可言；如果泥浆掺有外加剂，该外加剂就会被水浸出，影响泥浆的工作性能；此外，砌体受湿后，含水量大大增加，给烘炉带来困难，甚至会破坏砌体结构，降低炉子的使用寿命。

3.2.10 错缝砌筑是对砌体的基本要求。只有错缝砌筑，才能保持砌体的整体性，增加其结构强度。

3.2.11 泥浆饱满是砌筑质量的重要指标之一。生产实践表明：内衬的破坏，首先从砌体的砖缝处开始。因此，砖缝是砌体的薄弱环节。从这个意义上说，砌筑时所有砖缝均应以泥浆填充饱满，不得有空缝、花脸。对砌体表面进行勾缝，不仅为了美观，而且借此将缝内泥浆压实，使砌筑不慎造成的空缝局部地得到弥补。同时，也体现了文明施工。本条对原规范条文部分文字作了修改，使之更恰当、确切。

3.2.12 在砌体上砍凿砖、泥浆干涸后再受敲击，都会导致砌体被震活，使泥浆与砖之间产生不粘接的现象，从而破坏了砌体的整体性，易造成烟气窜漏。

3.2.13 留设阶梯形斜槎再继续砌砖时，易于使砌体砖缝内的泥浆饱满，保证砌体整体性和结构强度，同时也便于检查墙面的平整度。因此，一般情况下，不应留设直槎。

3.2.14 经过砍凿加工，砖的表面部分被削掉。如使这样的加工面和有缺陷的表面朝向炉膛或炉子通道的内表面，直接承受熔融金属或渣侵蚀及烟气流的冲刷，砌体容易受到损坏，故一般不应这样做。但考虑某些墙拐角处的砌体，当设计采用直形砖砌筑，又非加工不可的情况，故降低了条文用词的严格程度，采用“不宜”。

本条将原规范条文“内表面”改为“工作面”更恰当一些。

3.2.16 耐火制品的线膨胀系数与耐火砌体的线膨胀关系密切，但又不尽相同。这是因为砌体的砖缝大小、干砌、湿砌以及炉子的操作条件等，都直接影响砌体的线膨胀。耐火制品的热膨胀检验方法已在现行标准（GB/T 7320—2000）中作出规定，而各类耐火砌体的线膨胀数值国内至今没有，国外资料也不多。因此，要全面列出各种耐火砌体的线膨胀数值，条件尚不成熟，只能根据耐火制品的线膨胀数值，结合生产、施工的实践，将几种最常用的耐火砌体膨胀的平均数值列入条文。

3.2.17 砌体膨胀缝的留设位置应由设计规定，但不少设计对此注意不够，有时只给一个笼统的数值，不画出具体位置，也没有详细图。根据实践经验，膨胀缝的位置应避开受力部位（如三叉口等）、炉子骨架和砌体中的孔洞等，故作为一般通用条文纳入规范。

3.2.18 为了避免熔融金属或渣的渗透及烟气的窜漏，同时使外层砌体、炉壳不直接接触火焰和承受高温的影响，砌体内外层的膨胀缝一定要互不贯通。上下层膨胀缝应错开，是为了加强砌体的整体性，一般应这样做。但考虑到还有例外的情况，如隧道窑、锅炉等，故条文第二句用词的严格程度采用“宜”，不采用“应”。

3.2.19 为了避免熔融金属或渣的渗透及烟气的窜漏，该处砌体的膨胀缝应用耐火砖覆盖。

3.2.20 留设膨胀缝的目的是为了更好地吸收烘炉和生产时砌体的膨胀。如果留设不均匀、不平直，或者缝内掉入砖屑杂物，则达不到这个目的，严重的还将导致砌体变形甚至破坏。

为防止膨胀缝内掉入砖屑等杂物，缝内应按规定填入瓦楞纸、发泡苯乙烯等易燃填充材料。

3.2.21 条文规定留有间隙的目的是为了吸收下部砌体烘炉、生产时向上的膨胀。

3.2.22 为了满足水平膨胀缝的尺寸和在托砖板下面的位置，可以变动砖缝的厚度或加工托砖板下面的两层砖。结合历年来的施工经验，各厂均以加工砖来解决，但加工后的砖厚度不应小于原砖厚度的2/3。

3.2.23 冷态施工时，应考虑热态效果，这是设计、施工所应注意的。因此，设计和施工单位都应考虑砌体加热膨胀后的位置，是否与固定在炉壳上的冷却板、金属烧嘴、看火孔和热电偶等的位置相互适应。

3.2.24 为避免建（构）筑物不均衡下沉对建（构）筑物及设备造成的损害，在基础内应设置沉降缝，并沿此缝垂直地向上延伸，在建（构）筑物和砌体内也应相应地留设沉降缝。例如，在烟道与下沉很大的烟囱的连接处应设置沉降缝。砌体内沉降缝的填充材料可根据防止烟气流外泄和地下水位的高低等情况，分别采用耐火陶瓷纤维、沥青或其他填料。

3.2.25 条文规定了检查砖缝厚度的工具和方法。之所以规定塞尺插入深度不超过20mm，该砖缝即认为"合格"的内容，是考虑到国产耐火制品的外形质量较差而采取的不得已的规定。例如：当砌体砖缝厚度符合要求时，往往出现由于砖面的凹凸或缺棱造成局部砖缝厚度超过规定的现象。因此，将塞尺插入深度规定为不超过20mm作为检查砖缝厚度的标准。

3.2.26 本条文第一段适用于砌筑时的检查（即自检、互检和专业检查），第二段适用于中间检查和交工验收时的检查。

砖缝厚度和泥浆饱满度是衡量砌体质量的两项重要指标。本次修订规范，保留了泥浆饱满度的具体数值，该数值是根据多年来各地区施工实践及参照国外某些资料确定的。

泥浆饱满度的检查应是抽查性质。当检查合格后，不宜再频繁地进行。

条文强调砌砖时应及时检查砖缝厚度和泥浆饱满度，以示与验收检查的区别。有熔融金属或渣的部位是指在常压条件下工作的部位。

规范组认为，对炉子砌体砖缝厚度的验收检查应作统一规定，不必分散在各专业炉的章节内。因此，列入本条文的第二段，作为对砌体进行中间评定质量和交工验收检查的依据，沿用$5m^2$面积检查的规定，总的来说是抽查性质，不足$5m^2$面积的炉子按$5m^2$计。在做中间检查和交工验收检查时，被检查的位置应是随机的。

（Ⅱ）底 和 墙

3.2.27 砌筑炉底前应先找平基础。必要时，应在最下一层砖加工找平。不得借助加大砖缝的方法找平炉底，也不应在最上一层砖加工找平。底层找平是确保上面几层砌体横平竖直的先决条件。

反拱底砌体是砌在弧形面的底基（或捣打料、或浇注料、或加工砖等）上的。该弧形面是否准确，直接影响反拱底的砌筑质量，故必须用弧形样板予以找正。

3.2.28 条文中"设计要求"指的是图纸上炉墙砌体工作面的那道线延伸至底基上，还是炉底工作面的那道线终止在炉壳上。一般情况下，采取第二种方法将炉底砌成死底，但经常检修的炉底则应砌成活底。

3.2.29 按规定尺寸仔细留设间隙是为了确保可动式炉底生产时能无阻地正常运行。该间隙尺寸一般做成正公差。

3.2.30 工作层下部的退台或错台所形成的三角部分，采用相应材质的耐火浇注料、耐火可塑料或耐火捣打料找齐，这比用加工尖角砖砌筑的质量要好，同时进度也要快些。

3.2.31 反拱底的中心比四周低。砌筑时，必然应从中心开始向两侧对称砌筑。否则，所砌砖易失去平衡，导致砖缝张嘴或倒塌。

3.2.32 条文强调最上层砖的长边（意即长缝方向）应与炉料、金属、渣或气体等流动的方向垂直或成一交角，主要就是为了增加砌体对熔融金属或渣以及烟气流的抗侵蚀、抗冲刷的能力，以延长炉子的使用寿命。

3.2.33 砌筑方面具有普遍意义的通用条文，拉线砌筑是方法，横平竖直是目的。

3.2.34、3.2.35 圆形炉墙按中心线砌筑是通用原则。当炉壳中心线垂直误差和半径误差符合炉内形要求时，意味着以炉壳为导面砌筑炉墙的误差是不会超过一般工业炉砌筑的允许误差数值的。

同理，当炉壳中心线垂直误差和半径误差符合炉内形要求时，以炉壳为导面砌筑卧式圆形砌体的误差数值也在规定标准的允许范围内。

这次修订，将这两条中的"直径误差"改为"半径误差"，概念更准确。

3.2.36 弧形墙不同于直形墙，不能立标杆拉线砌筑。故应按弧形样板放线砌筑，并用样板控检墙的几何尺寸。以炉壳为导面砌筑弧形墙则属于另外一种情况。

3.2.37 砖槽的受力面应与挂件靠紧。否则，挂件不受力，不起作用。砖槽的其余各面与挂件间应留有活动余地，不得卡死，是为了确保砌体受热膨胀不致受阻。

3.2.38 拉砖钩只有平直地嵌入砖内而且不得一端翘起，才能很好地将砖拉紧。拉砖杆的作用是增加炉墙砌体的整体性和稳定性，并且通过拉砖钩使炉壳钢板和炉墙砌体连接在一起。本条中四点要求应是保证炉壳、拉砖杆、拉砖钩和砌体连接成一个整体的基本条件。

3.2.39 拉砖钩位于隔热耐火砖的中部，受力就均衡。某些单位在施工中发生过拉砖钩碰上砖缝的情况，此时拉砖钩就基本上失去作用。因此，条文规定将拉砖钩水平转动一个角度，使钩的端部与砖缝之间的距离不得少于40mm。

3.2.40 圆形炉墙，一般采用楔形砖和直形砖配合砌筑，重缝是不可避免的，但应尽量减少，并不得集中在一起。据调查，国内各地对重缝的规定不一，砖缝与砖缝之间的最小距离一般控制在10～30mm。但是，究竟最小错缝多少比较合理，要根据砖的情况，因地因事制宜，故此条文中未作出统一规定。

3.2.41 拱脚砖下的炉墙上表面的平整误差数值见表3.2.3的规定。砌筑拱脚砖以前，应按中心线将两侧炉墙找齐，使其跨度符合设计尺寸。防止拱脚面偏扭，是保证拱和拱顶的砌筑质量的重要措施。

（Ⅲ）拱 和 拱 顶

3.2.42 本条对原规范条文作了较大的修改，强调拱胎及其支柱不论选用何种材料，均应满足其支撑强度和安全要求，而不必非用木材不可。

3.2.43 为保证拱和拱顶砌体的放射缝与半径方向相吻合，并使其内表面平整，除砌筑时要注意外，最主要的是制作的拱胎要符合设计弧度，胎面要平整。

板条宽度及其相互间间隙的大小，不宜作出具体规定。该间隙的大小取决于拱的跨度、砖的外形尺寸等因素，并且还要便于检查砌体下部的砖缝厚度。

3.2.44 本条是砌筑拱顶的基本要求，如果拱脚梁与骨架立柱没有靠紧或骨架和拉杆未经调整固定即行砌筑，那么，当打完锁砖、拆除拱胎后，拱顶将可能产生松动、散架甚至坍塌。

3.2.45 第一段内容是防止拱砖偏扭，确保拱的砌筑质量的基本要求。用加厚砖缝的方法找平拱脚将使拱脚砖砌体的受力不均衡。

3.2.46 砌筑拱和拱顶时，由于拱砖的自重和打锁砖的原因，在两侧拱脚的方向将产生水平推力。因此，拱脚砖后面的砌体应先于拱和拱顶砌筑。这样做，是为了确保安全和质量，使之不致因无支撑而导致拱和拱顶的砌体发生位移甚至坍塌。

隔热耐火砖和硅藻土砖的强度较低。所以，条文规定耐火砖拱顶的拱脚砖后面不得砌筑隔热耐火砖和硅藻土砖。

3.2.47 条文是根据施工实践制订的。沿拱和拱顶的纵向缝拉线砌筑并保持砖面平直，是防止拱和拱顶砌体收口时呈现偏扭、减少锁砖加工量的重要措施。

3.2.48 将原规范条文“黏土砖拱或拱顶……”中的“黏土砖”删除表明不论采用何种材质的耐火砖，拱或拱顶上部找平层的加工砖均可采用本条规定的方法处理。

3.2.49 跨度不同的拱和拱顶“宜环砌”意味着不排斥在特殊情况下采取错缝砌筑的方式。

3.2.50 如果不是从两侧拱脚向中心对称来砌筑拱和拱顶，则拱胎受力不均衡，会产生偏重现象。

砌筑拱和拱顶时，拱砖大小头倒置将导致“抽签”，从而破坏整个拱和拱顶。

3.2.51 如果拱和拱顶砌体的放射缝与半径方向相吻合，就可确保砌体内表面避免错牙，并获得正确的内形，拱内受力的情况也最为理想。由于拱和拱顶的跨度不同，以及耐火砖形状尺寸的标准化，大部分拱和拱顶砌体内需要夹入一定数量的直形砖或两种楔形砖混合使用。因此，局部放射缝可能有不通过圆心的现象。不过，几块砖组合起来，其放射缝还是应该有规则地趋近圆心。

条文规定拱和拱顶的内表面应平整，是砌筑上的基本要求。这样，不仅显得整齐美观，使生产过程中的气流顺行，减少涡流损失，而且说明砌体的放射缝与半径方向基本上是吻合的。

3.2.52 按中心线对称均匀分布锁砖，是为了打入锁砖时拱和拱顶的砌体受力均衡。

锁砖的作用是为了加强砌体的紧密性，减少拱顶的下沉量。锁砖的数量与拱和拱顶跨度的大小应有一定的比例关系。跨度越大，锁砖应越多。根据各地施工习惯，条文规定：跨度3m以下的拱和拱顶打入1块锁砖；3～6m跨度时打入3块；6m以上跨度时打入5块。

3.2.53 锁砖砌入拱和拱顶内的深度应适宜。砌入过深则不起锁砖的作用，砌入太浅则锁砖打不下去或把锁砖打坏。

“同一拱和拱顶内锁砖砌入深度应一致”，“打锁砖时，两侧对称的锁砖应同时均匀打入”，都是为了使拱和拱顶砌体受力均衡。

3.2.54 打入锁砖时，锁砖本身不仅受到垂直向下的打击力，而且受到两侧砌体阻止其嵌入的挤压力。如锁砖被加工得太薄，则极易打断。故条文规定不得使用砍掉厚度1/3以上的锁砖。

当操作不当时，拱和拱顶砌体的收口部位往往出现扭斜的情况。合门锁砖的尺寸不一，很不规则，并且需要逐块加工，质量不易保证。故此条文规定不得采用砍凿长侧面使大面成楔形的锁砖，是从相反的方面限制将拱砖列砌歪。

3.2.55 采用金属卡钩和拱胎相结合的方法砌筑球形拱顶，是多年来施工中比较成熟的经验。条文强调逐环砌筑并及时合门，留槎不宜超过三环，这不仅是保证砌体质量的需要，而且是为了安全施工。特别是球形拱顶的上半部，更应这样做。砌筑时，应经常检查砌体的几何尺寸和放射缝的正确性，以控制球形拱顶内表面的弧度。

3.2.56 如果从两侧向中间砌筑吊挂平顶的砌体，则由于砖的外形尺寸的偏差或操作不当，合门时必将要加工锁砖或放大砖缝，这样，不利于质量的控制。所以，条文规定应从中间开始向两侧砌筑。砖的耳环上缘与吊挂小梁之间的间隙用薄钢片塞紧，是为了防止该吊挂砖产生“抽签”而形成凸台。

对吊挂砖进行预砌筑、选分和编号，主要是检查砖的外形尺寸是否能满足砌筑的要求，并确定各种不同公差砖相互搭配的具体方案。

3.2.57 吊挂砖一般用于较重要的位置。如果该砖的主要受力处出现裂纹，生产时可能断裂或脱落，从而导致漏气窜火，影响正常生产。

3.2.58 吊挂砖属异形制品。为防止砌体砖缝不严密，故条文规定砌完以后须在炉顶上面用泥浆灌缝。

3.2.59 具有吊杆、螺母结构的吊挂砖砌完后，应及时将吊杆的螺母拧紧。其目的是使其定位紧固，不致因松动而产生"抽签"。

3.2.60 条文强调砌筑环砌的吊挂拱顶时，应严格保持每环砖平直，以避免在合门处出现偏扭、倾斜等现象。

3.2.61 在镁质吊挂拱顶的砖环中，砖与砖之间插入销钉和夹入钢垫片的作用在于使拱顶砖连接成一个整体，通过吊挂装置将该环砖直接悬挂在上部的钢梁上。钢梁承受着砖环的全部荷重。生产时，钢垫片烧结成熔融状的物质，充填于砖缝内，达到粘结与密封的目的。

条文中对销钉和钢垫片的外形、尺寸的要求，是确保镁质吊挂拱顶砌筑质量的重要条件，必须按此执行。

3.2.62 各环锁紧度一致可使整个拱顶受力均衡。当拆除拱胎后，拱顶的下沉也比较均匀。

3.2.63 一般地说，在拆除跨度大于5m的拱胎以后，拱顶都产生不同程度的下沉。太大的下沉量将导致拱顶砌体变形，降低其结构强度。为此，规定设置下沉标志，做好下沉记录，以作为改进砌筑技术的参考。此外，该下沉标志，亦可作为烘炉时观测拱顶上升的基准点。

3.2.64 只有在锁砖全部打紧、拱脚处的凹沟砌筑完毕，以及骨架拉杆的螺母最终拧紧以后，拱顶砌体才能定位紧固。这时，拆除拱胎就较安全。

（Ⅳ）空气、煤气管道

3.2.65 砌筑空气、煤气管道时，为了保证其内衬的设计厚度，不加工砖，故只能以管壳为导面进行砌筑。

当管壳内表面有喷涂层时，则可借助找圆喷涂层，并以此为基础来控制砌体的内径。故条文强调应将喷涂层找圆。

3.2.66 本条文比原规范条文增加了一段内容，只要现场条件许可，管道内砌体不论管道直径大小均可在地面分段砌筑（浇注），并强调管道砌体的内径小于600mm时，因操作空间小而难于砌筑，因此，应采取在地面上分段砌筑或浇注作业的方法。

3.2.67 环形管道（包括高炉热风围管）系由多段管壳焊接而成，其横截面呈多边形。当管道内衬以管壳为导面砌筑时，在分段管壳的接头处（即对接焊缝处）的内衬也应相应地砌成直缝。

3.2.68 管道（包括高炉热风管）各岔口处采取现场浇注耐火浇注料，是不少施工单位行之有效的施工经验，效果良好。组合砖技术近年来得到广泛的应用。使用组合砖，管理上虽较麻烦，但可减少许多的现场加工量，提高砌体的质量。

（Ⅴ）烟　　道

3.2.69 条文的依据是历年来的施工经验和设计规定，强调烟道应错缝砌筑。但有些部位的拱顶（如锥形拱）却只能环砌，这是例外。

3.2.70 掺加水泥主要是使泥浆能及时固结且有一定的强度，以防止地下水对烟道砌体砖缝内泥浆的冲刷，这是多年来施工实践中采取的一项成熟的措施。本条按新的国家标准 GB/T 175—1999 将"标号325"改为"强度等级32.5"。

3.2.71 在施工没有混凝土壁的地下烟道时，应首先完成墙外的回填土，然后砌筑拱顶。这样，就可使拱顶砌体因自重产生的水平推力为回填土所抵消，从而保证安全。但是，当烟道墙比较薄或墙较高时，墙外回填土的夯实很容易使墙体位移，故条文强调应采取防止向内倾倒的措施，如在烟道内壁支设木支撑等。

3.2.72 烟道闸门附近的砌体应按设计留设间隙，以免安装闸门时被迫砍凿砌体。

当采用回转闸门时，为便于生产时闸门能回转自如，回转闸门底座的上表面一定要高于烟道底衬的上表面。

3.2.73 当采用具有框架结构的烟道闸门时，如果采用先砌砖后安框架的顺序施工，则不可能保证该处砌体的质量。因此，本条强调闸门框架安装定位以后再砌砖。并且，与框架接触的砖要仔细加工，两者之间的间隙用浓泥浆填实，使之接合严密。

（Ⅵ）换热器和换热室

3.2.74 条文列出的陶质换热器砌体的砖缝厚度，是根据历年来的规范、施工实践和设计要求综合而订的。

3.2.75 四孔格子砖和管砖进行预砌筑，主要是为了检查异形砖的外形尺寸能否满足砌体的质量要求，同时借此熟悉换热器的结构。四孔格子砖和管砖应按高度选分、砖的端面应研磨以及同一水平砖层内的砖应等高，都是为了保证砌体的水平缝使之符合规定而采取的技术措施。实践表明，这样做是有效的。

3.2.76 条文列出的允许误差数值是根据历年的规范、施工实践和设计要求制订的。实践表明，这些数值宽严适度，经过努力，是能够做到的。

3.2.77 条文明确指出砖格子砌筑前进行干排试砌的目的是确定换热室内空的放线尺寸。这是因为国内耐火制品外形尺寸的偏差，不能满足设计要求，故采取按实排尺寸来放线，以避免加工换热器的异形砖。

3.2.79 清除换热器通道内部沾附的泥浆是为了保持通道断面的尺寸，有利于气流顺行。并且，条文强调要及时清除，是因为该泥浆系气硬性泥浆，一经硬结，就不易剔除，甚至会导致异形砖受到破损或使砌体砖缝内泥浆产生裂缝，从而加大漏气率。

3.2.80 气硬性泥浆的特点是早期强度较高，气密性较好。附录A的表中所推荐的气硬性泥浆曾经在国内很多厂用过，效果良好。

3.2.81 当采用气硬性泥浆砌筑换热器时，砌体砖缝内泥浆的强度与环境温度、停置时间有密切关系。条文规定的温度和时间数据系从实践中得出。此时，泥浆已初步凝固，具有一定的强度，可以往上继续砌筑。

3.2.82 检查格孔是否畅通，及时清除孔道内的堵塞物，是保证投产后炉子的气流顺行及热交换的正常进行的先决条件。施工中，必须坚持这样做。

3.2.83 用黏土质耐火泥浆堵塞四孔格子砖换热器与两侧墙接触处的缝隙，是考虑到炉子投产后，砖格子砌体受热应能向上膨胀自如，并且，也是为了便于检修。施工中，不得误用气硬性泥浆进行填塞。

3.2.84 涂刷气硬性稀泥浆是为了增加砌体砖缝的气密性，以减小漏气率。

3.2.85 小单墙砖应同两侧墙交错砌筑的目的是为了增加小单墙的稳定性。因为小单墙只有半砖宽，却承载着整个砖格子砌体的重量。

3.2.86 条文中规定涂刷气硬性稀泥浆的理由与第3.2.84条相同。

“注”中指出，刷浆前，应在下部小单墙和烟道底的上面铺撒锯木屑，是为了防止气硬性稀泥浆沾结在该处砌体的表面上，不易剔除，同时，也便于清扫。

3.2.87、3.2.88 这两条均系历年来施工中的成熟经验，是保证砌体质量的必要措施。

4 不定形耐火材料

4.1 一 般 规 定

4.1.1 受到污染或潮湿变质的物料若不剔除，在施工中和好料相混，会造成大面积内衬质量低劣的事故。包装袋中的物料，若有一部分泄出，留下的物料颗粒级配就不正确了，不可再用。

4.1.2 为了使钢结构和设备与不定形耐火材料之间有很好的黏着力，应将其表面的浮锈除去。在有的工程设计中，对除锈等级提出要求，还应按设计要求除锈。

4.1.3 额外加入某些物料（如水等）虽能使施工容易，但内衬材料的性能会受到影响。因此设立本条规定。

4.1.4 标记明显清楚，有利于施工现场管理，避免由于标记不清楚造成的不必要的起吊与放置以及误操作的机会，可减少预制件的损坏，节约工时。

4.1.5 耐火预制构件常温强度不高，故应注意在垛放时要防止构件中产生不利的应力集中及拉应力区等，避免预制件受到损伤。

4.1.6 锚固砖、吊挂砖是内衬与钢结构之间荷载力的传递元件，如某块锚固砖或吊挂砖有裂纹等缺陷，尤其是横向裂纹，便有可能在荷载下断裂（因为荷载主要是拉力和剪力）。断裂之后，它所负担的荷载将转嫁到相邻的锚固砖或吊挂砖上，形成超载，其危险性是显而易见的。因此要严格检查，保证所有埋入内衬的锚固砖、吊挂砖都是可靠的。

4.1.7 本条前三段中所述的措施，是为了保证每一块锚固砖或吊挂砖都受力，且受力较均匀，避免个别锚固砖和吊挂砖因超载而断裂。锚固钩等金属件高温下会失去强度或因变形过大而松弛，故在其四周不得填料，以利于散热，使其温度不致过高。

锚固砖、吊挂砖预先湿润，可防止由于它们从耐火浇注料或耐火喷涂料中快速吸收水分致使局部干燥过快而产生开裂。

4.1.8 锚固砖或吊挂砖是集中传力元件，它们的损坏，会引起炉顶坍落、炉墙倾斜等事故。因此，在施工中要注意保护，不让金属捣实工具碰伤它们。

4.1.9 不定形耐火材料内衬的允许尺寸误差，应根据炉种及部位在施工方面、投产后工艺方面的要求而定，故原则上应与耐火砖内衬的要求相一致。但在不定形耐火材料中，某些材料，例如耐火可塑料、刚喷涂完的耐火喷涂料等，容易修整到指定尺寸；而另外一些材料，如水硬性耐火浇注料等，在拆模后则不易修整。故条文中规定“可参照对耐火砖内衬的要求确定”。

4.2 耐 火 浇 注 料

4.2.1 使用污水、海水和含有有害杂质的水，一方面会影响耐火浇注料施工时的硬化过程，另一方面，会使耐火浇注料的高温特性变坏，达不到原来物料的指标。其氯离子（Cl^-）浓度不应大于300mg/L。的理由见本规范第3.1.12条的说明。

4.2.2 执行本条文的规定，可保证耐火浇注料的施工质量。为使与隔热砌体接触的耐火浇注料不致被吸走大量水分、造成质量下降，规定隔热砌体的表面应采取防水措施。

4.2.3 耐火浇注料往往含有相当多的粉料，混合加水后黏性大，如采用自由下落式搅拌机，物料常粘在转鼓上落不下来，搅拌不好，故应采用强制式搅拌机。

一种耐火浇注料的残渣，对于另一种耐火浇注料来说，可能是一种有害杂质，因此在更换耐火浇注料牌号时，搅拌机及其上料斗、称量容器等均应彻底清洗。

本次修订增加了“搅拌时间及液体加入量应严格按施工说明执行”，因为超细粉结合的耐火浇注料，由于多种外加剂的加入，它们对于搅拌时间和加水量都很敏感，搅拌时间足够，才能搅拌均匀，才能使之具有足够的流动度和物理性能；加水量应按施工说明书加入，才能保证浇注体获得最好性能。

4.2.4 本次修订将原条文"搅拌好的黏土耐火……磷酸盐耐火浇注料"改为"搅拌好的耐火浇注料"，因为目前耐火浇注料种类繁多，原条文已无法涵盖。

原条文"应在30min内浇注完"改为"应在30min内浇注完，或根据施工说明书的要求在规定的时间内浇注完"，大多数耐火浇注料的初凝时间受施工中环境温度、搅拌时间等因素的影响，在气温不是太高的情况下，30min是安全的。在气温较高或有特殊要求时，应按施工说明书要求执行。

4.2.5 耐火浇注料与金属埋设件的膨胀系数相差很大，尤其长的钢筋或大的埋设件在较高温度下，会使耐火浇注料衬体内部产生很大的内应力，甚至造成对耐火浇注料的破坏。金属埋设件放在非受热面，可以降低其工作温度，防止过度氧化，使金属埋设件对耐火浇注料的不良影响降至最低。设置膨胀缓冲层可以降低两者因膨胀系数不同而造成的内应力。

4.2.6 本条所列数据，是根据历年来施工工程检测各种耐火浇注料的线膨胀系数值计算而得的。黏土耐火浇注料的数据，是近年来众多加热炉、均热炉上应用过而且证明有效的数值，执行中没有异议。

4.2.7 为保证浇注体密实，设立本条文。多年来的实践证明，本条文对保证振动施工的浇注料的施工质量是行之有效的。

自流耐火浇注料与一般振动施工的耐火浇注料在施工方法上有较大区别，对于自流耐火浇注料，它靠自身的重力和良好的流动性，就能保证施工体的密实和施工质量。用振捣机具振捣易使自流耐火浇注料产生偏析，于浇注质量无益。自流浇注料尤其适用于浇注体狭窄、形状复杂、振捣机具无法发挥作用的部位。

隔热耐火浇注料采用机械振捣易使浇注料体积密度增大，降低隔热效果。因此，施工时宜采用人工振捣。

4.2.8 本条规定在于保证施工后的浇注体有很好的整体性。不可避免的施工缝，也能由锚固砖隔断，从而加强了整体性。

4.2.9 成品耐火浇注料中的结合剂、添加剂，因牌号和配方不同而很不相同，因此养护的方法和要求条件也各异。施工人员应严格按设计和供方提供的施工说明进行养护。养护期间，浇注体强度是逐渐上升的，外力振动容易使它受伤，应当避免。

4.2.10 耐火浇注料的硬化，与温度等关系很大，所以不宜规定拆模时间。对于承重模板，规定浇注料强度达到设计强度的70%才允许拆模，因为在此强度下，耐火浇注体已能承受本身荷载。

热硬性耐火浇注料（如不加促凝剂的磷酸结合耐火浇注料），不经加热不能获得足够的强度，施工时必须注意。

4.2.11 本条涉及耐火浇注料施工时留置试样的规定，以保证所留试样的代表性，多年来各单位都是这样做的。关于试样的检验，在正常情况下，一般只检验烘干强度，当烘干强度值异常时，应参照行业标准《黏土质和高铝质耐火浇注料》YB/T 5083—93检验分析原因。

4.2.12 考虑到耐火浇注料拆模时已有很大强度及脆性，不易修补，投产后又将工作于高温，提出严格要求是适当的。但是即使精心施工，一些干燥裂纹也在所难免，故加注说明。

4.2.13 耐火浇注料预制件，遇水或受潮后会影响质量，降低强度。

4.2.14 起吊预制件时，预制件将承受动荷载，故要求有相当强度。但是，预制构件的大小不同、形状不同，起吊时要求的强度也不一样，所以应以设计对吊装所要求的强度为准。

4.2.15 本条对保护炉顶预制件中的吊挂砖作了严格规定，是因为在实际操作中存在着吊挂砖受损现象，并影响了炉顶的寿命。

有的预制件吊装时，需制作临时吊具，这应按操作要求执行。

4.3 耐火可塑料

4.3.1 耐火可塑料的可塑性指数是否符合要求，直接关系到施工体的质量，因此施工前应按行业标准《黏土质和高铝质耐火可塑料可塑性指数试验方法》YB/T 5119—93测定可塑料的可塑性指数。

4.3.2 本条规定捣打前吊挂砖端面与模板之间的间隙，是为了吊挂砖能真正楔紧，锚固钩能拉紧吃上力；规定捣打后的间隙限制，是要求模板有足够刚度。

4.3.3 本条是根据多年的施工经验总结而制订的。实践证明，按本条中的要求进行施工，可以保证耐火可塑料捣打体的质量。迄今为止大多数单位仍是按此施工的。

4.3.4 捣打体内部是一个分层结构，分层面垂直于捣打方向。本条规定是为了使分层面垂直于受热面，否则在加热内衬时由于温度梯度易使内衬沿分层面剥落。捣打炉底时，因受操作条件限制，不可能按上述要求捣打，故予以说明。

4.3.5 本条是在各大工程中成功经验的基础上汇集起来的施工要领。这些要领，对保证内衬质量起了很大的作用。

4.3.6 根据加热炉炉墙施工经验，铺料捣打应维持同一高度。否则因料的滑动，捣打难以密实。

4.3.7 捣锤直接打击锚固砖、吊挂砖，会使它们受伤。用一块与锚固砖、吊挂砖齿形相同的模子，代替砖本身在耐火可塑料捣打体中印出齿形，在其中安放锚固砖或吊挂砖，是一个行之有效的方法。

4.3.8 本条是多项工程施工经验的总结，孔洞部位捣打耐火可塑料，次序基本与砌砖拱的要领一致。实践证明其效果是好的，可保证内衬孔洞处的施工质量。

4.3.9 耐火可塑料具有一定的塑性。若先捣打斜坡炉顶上部，在重力作用下已打完的捣固体会下滑，使捣固体产生变形，影响质量。

4.3.10 按第4.3.4条的规定，捣打炉顶时捣锤应取平行于模板的姿势。但在最后"合门"时，已无操作空间，捣锤只得垂直于模板，此处的分层面是平行于受热面的，因此愈小愈好，而且做成漏斗形，以防剥落。

4.3.11 为了防止热应力破坏炉墙，应留设膨胀缝。目前国内外的耐火可塑料产品繁多，一些品种中还有意地添加了控制膨胀特性的掺料，因此不可能列出通用的膨胀缝宽度值。施工膨胀缝应按照设计规定留设。

4.3.12 热硬性耐火可塑料常温下强度不足。孔洞处多为受力部位，过早拆模，捣固体易产生缓慢变形，甚至开裂。另外，开孔处脱模后也不易养护，干燥较快，易形成龟裂。所以宜在临近烘炉时才拆模。

4.3.13 可塑料中含8%～10%的游离水，此外还有结合水，在高温下才会分解逸出。捣打体外表常形成致密层，妨碍水分蒸发，故应将表层铲去或刮毛。否则，烘炉时衬里内蒸气压力将因水气逸出困难而升得过高，崩坏炉子内衬。开通气孔，则是为了内衬深部的水分容易逸出。

开设膨胀线，是将不规则的干燥开裂集中于膨胀线处，而使墙面完整。

4.3.14 如暂不烘炉，耐火可塑料内衬表面因水分蒸发太快而干燥收缩，引起龟裂。所以要用塑料布覆盖，使内衬的内部水分缓慢均匀排出。

4.3.15 本条提出耐火可塑料内衬修补的要领：一是去掉已丧失粘结力的干硬层；二是喷水湿润以恢复塑性和粘结性；三是挖成里大外小的修补槽，使填入的新料不易脱落。

4.4 耐火捣打料

4.4.1 本条所规定的要领已实行多年，是成熟的施工方法，故仍纳入规范。

4.4.2 根据多年来各施工单位的经验，对捣打方法与铺料厚度作了规定。实际上这些规定已执行多年，保证了炭素捣打体的质量。

4.4.3 本条给出压缩比的定义公式。由于用的原料本身密实度不同，捣打后的体积密度难以规定统一指标。

4.4.4 料温比结合剂的软化点高10℃左右，既能保证捣打料施工时具有足够的塑性，又能在捣打施工后形成较坚硬的捣固体，便于以后的铲平工序，易于保证施工质量。

4.4.5 热捣炭素料用成品料容易保证质量，其捣打时的加热温度应根据产品生产时混炼温度来定。故本条条文中不作具体规定。

4.4.6 本条规定的要领是为了保证前后捣打料层结合得好。

4.4.7 本条规定的方法已实行多年，一直保证了这种捣打料的施工质量，故保留原条文。

4.4.8 捣打是一种冲击荷载，因此要求模板及其连接部件能抵抗强烈的冲击力震动。

4.5 耐火喷涂料

4.5.1 同一种喷涂料会因输送管道的弯曲、管内壁摩擦、喷涂点的高程等情况不同，而喷涂工艺参数（如风压等）也不同，这些参数只能在现场试验决定。

4.5.2 喷涂料附着是否牢靠，金属支承件的架设稳固与否和表面清洁程度有很大关系，故设立本条。

4.5.3 本条说明了半干法喷涂的做法，目的就是使喷涂料中细粉不致在喷出时飞散，一方面造成物料损失及环境污染，另一方面也降低了喷涂施工质量。

4.5.4 根据各地施工经验，将操作要领归纳成本条。多年来各单位的实践证明这些施工要领能保证喷涂质量，故仍予以保留。

4.5.5 本条规定是为了保证喷涂内衬的整体性，避免分层。

回弹料及散射料由于其配比已与原配比不符，即使未受到污染也不可能达到原来物料的热工性能，因此不能再用。

4.5.6 大多数喷涂料有水硬性，因此要在完全硬化之前测量厚度及尺寸误差，并及时修整，过迟则修整困难。为使喷涂层内部水分容易排出，表面不得抹光。

4.5.7 开设膨胀线的目的，是将干燥收缩量集中于膨胀线处，以避免不规则龟裂。本条强调及时开设膨胀线，是因为喷涂层具有一定强度后就不易开设了。

4.5.8 用喷涂法施工的工业炉，内衬中含有锚固砖，喷涂层也较厚，如果喷涂时不注意，容易形成空洞，因此设立本条文。

4.5.9 喷涂料均为成品料供应，因配方不同而所要求的养护条件也很不一样，因此养护方法不可能作统一规定。

5 耐火陶瓷纤维

近十多年来，我国在工业炉内衬推广应用耐火陶瓷纤维方面有较快的发展。耐火陶瓷纤维及其制品具有如下特点：(1) 导热率低，如硅酸铝纤维与体积密度0.4g/cm³的黏土质或高铝质隔热耐火砖相比其导热率约低1/3，节能效果显著；(2) 体积密度低，一般为0.1～0.2g/cm³，仅为隔热耐火砖的1/5，使炉衬可轻型化，既薄且轻；(3) 抗热震性和抗机械震动性好，在剧烈的急冷急热条件下不易发生剥落，并能抗折、抗扭曲和机械震动；全耐火陶瓷纤维炉衬施工后不需烘炉，使用过程不受升、降温限制，易维护；(4) 质地柔软，具有可压缩性，施工安装方便快速，检修拆换时也较为方便。由于具有上述特点，耐火陶瓷纤维及其制品已被广泛应用于冶金、石油化工、有色冶金、机械、电子和建材等工业部门多种炉窑的内衬和高温热风管道的隔热材料。

原规范（GBJ 211—87）审定通过时，耐火纤维一章条文所体现的纤维品种是普通硅酸铝纤维为主，并且湿法小块占主流。自20世纪80年代末我国先后从美国引进建成的干法针刺毯生产线以来，纤维针刺毯已被广泛应用，推进了我国耐火陶瓷纤维工业的发展。本次修订中将纤维毡施工的规定改为毯、毡并列，并考虑到采用纤维毯折叠模块，具有施工快、高温结构强度大、使用寿命长等特点，为此本章第3节中增加2条有关折叠模块的内容。其他条文均为在原规范基础上根据征求意见适当修订而成。在第1节一般规定中增加2条，为纤维表面涂刷涂料和防水注意事项。本章共修订21条，保留原条文7条，新增加条文4条。

5.1 一般规定

5.1.1 纤维内衬所采用的材料，包括纤维制品、锚固件及粘接剂等材料，材质选择及其技术指标均应符合设计要求。纤维内衬的结构形式，包括层铺、叠砌或纤维模块，锚固或粘贴等亦均应符合设计要求。附录B.0.1推荐了工作温度不超过1000℃的层铺式纤维内衬的结构组成，B.0.2为在不同使用温度条件下选用合适种类的耐火陶瓷纤维提供参考，以达到物尽其用，并保证正常生产使用安全的目的。

耐火陶瓷纤维能承受的长期使用温度或安全使用温度至今尚缺乏公认的规定。国内外许多耐火陶瓷纤维技术资料和工厂的产品说明书都沿用公称耐热性或最高使用温度，而长期安全使用温度远低于此值。美国、日本和西欧的一些国家，通常按纤维的最高允许使用温度进行分类，其方法是把纤维样品加热保温24h，其加热永久线变化接近并小于2.5%时的温度作为分类温度，实际允许最高长期使用温度要比分类温度低。在氧化气氛下允许最高长期使用温度应比分类温度低100～150℃；在还原气氛下应低200～250℃；在真空气氛下应低400～450℃。由于金属熔体和熔渣能渗入纤维层而导致炉衬的损坏，因此，耐火陶瓷纤维制品一般不适用于高速气流、熔融金属和熔渣接触的炉衬，而主要作为高温隔热材料，以及高温复合材料的增强材料。

耐火陶瓷纤维炉衬结构在考虑到炉体热损失与热面使用温度的前提下，同时还应考虑到施工安装和检修拆换的方便。

5.1.2 以耐火陶瓷纤维铺筑工业炉窑的内衬工程，必须严格执行技术标准，采用符合质量标准的材料，切实做好纤维制品、锚固件（包括耐热钢锚固钉或螺栓、转卡垫圈、陶瓷杯与陶瓷杆、陶瓷压板等）和粘接剂的质量验收工作。

耐火陶瓷纤维的导热系数随着纤维体积密度、使用温度的不同而变化较大。导热系数是衡量纤维制品节能效果的重要性能指标，但现行国家标准《普通硅酸铝纤维毡》中对导热系数指标未作出规定，故在此规定了耐火陶瓷纤维质量证明书中应注明导热系数的检验结果。

5.1.3 用粘贴法铺筑纤维毯、毡、板时，被粘贴面必须清洁干燥，才能粘贴得牢固。在有浮锈和油污的炉壳上、有灰尘的砖面上或新砌筑潮湿的墙面上铺筑纤维毯、毡、板时，粘贴效果都极差，容易脱落，为此，炉壳钢板表面必须清除油污和浮锈（喷砂或用钢丝刷等）；同样，砖壁或浇注料壁表面的平整和完好程度也直接关系到粘贴的牢固程度。所以，铺筑前被粘贴面必须先修补平整。另外，耐火砖砌体或浇注料内衬应先经过干燥后再粘贴纤维毯、毡、板，才能保证粘贴牢固。

5.1.4 为了保证纤维毯、毡拼接或搭接边缘的整齐，故规定：切割时切口应整齐，并不得任意撕扯。

5.1.5 因耐火陶瓷纤维是由固态纤维和空气组成的混合结构，空隙率达90%以上，能大量吸水而影响纤维性能。为此，应防止纤维受雨淋、受湿或挤压。某厂的线材加热炉在手砌的炉顶砖砌体工作面先粘贴纤维毡，然后进行炉顶灌浆。因灌浆时纤维毡大量吸水，致使纤维毡与炉顶砖砌体的粘接失效，投产后仅几天的时间，纤维毡脱落殆尽。所以，应在炉顶灌浆以后，将粘附在砖面上的泥浆清除干净，并在该表面干燥后，再粘贴纤维毯、毡。

5.1.6 为防止粘接剂的挥发，粘接剂使用前应密封保管。使用时应充分搅拌、混合均匀，达到适宜的稠度。过期变质的粘接剂严禁使用。

5.1.7 纤维毯、毡粘贴于炉壳钢板或耐火砖砌体，为保证粘贴牢固，在纤维毯、毡这一面和钢板（或耐火砖砌体）另一面，均应涂刷粘接剂。

5.1.8 纤维表面涂刷耐火涂料可减少纤维制品高温加热时的收缩，提高抗化学侵蚀性能和抗气流冲刷性能，干燥后形成收缩低、强度高的纤维保护层。

5.1.9 这是同第5.1.5条相同的理由，防止不定形耐火材料的水分被纤维所吸收而粘接失效致使纤维脱落。

5.2 层铺式内衬

层铺式内衬以耐火陶瓷纤维毯、毡层层铺砌至需要的厚度，用锚固件进行联结和固定。这种施工方法简便，隔热性能好。但锚固件暴露在炉衬受热面，需采用耐热钢或陶瓷杯锚固件。

5.2.1 由于纤维毯、毡本身刚度较差，故锚固钉之间的距离不宜过大，以防止纤维毯、毡下垂变形。原规范规定锚固钉间距：炉顶不应大于 250mm；炉墙不应大于 300mm。本次修订认为仅规定锚固钉间距的上限并不合适，因此，根据施工经验，修改为炉顶锚固钉间距宜为 200～250mm；炉墙锚固钉间距宜为 250～300mm。锚固钉离纤维制品的边缘距离宜为 50～75mm。

5.2.2 如果锚固钉焊得不牢，将来焊缝断裂，会使纤维内衬脱落，所以必须保证锚固钉的焊接质量，要求逐根锤击检查。当用陶瓷杯或转卡垫圈固定纤维毯、毡时，用带缺口的耐热钢条作为锚固钉焊接在炉壳钢板上，将陶瓷杯或转卡垫圈压到锚固钉缺口处即转 90°卡住，便可固定纤维内衬。为此锚固钉的断面排列方向必须一致，使在安装陶瓷杯或转卡垫圈时易于辨别方向，以保证旋转 90°卡牢。

5.2.4 由于纤维毯、毡在厚度方向是多层叠合，在平面方向是多块拼接的，为了提高气密性，避免因纤维收缩使内衬产生贯通缝隙，各层间一定要保证错缝 100mm 以上。面层接缝处要搭接，搭接长度以 100mm 为宜。用大尺寸的纤维针刺毯铺筑炉衬，可减少接缝。

面层的搭接方向应顺着气流方向，使表面纤维毯、毡层不易被气流冲刷而发生层间脱落。

5.2.5 在接缝处进行预压缩，利用纤维毯、毡的回弹性挤紧接缝，可以避免高温收缩时出现缝隙。

5.2.6、**5.2.7** 考虑到纤维制品在高温下产生的收缩，孔洞处纤维毯、毡的切口应略小些，也即纤维毯、毡下料时应略大于实际尺寸为好。

为了保护锚固钉，在陶瓷杯内应用耐火填料塞紧。

5.2.8 在铺筑炉顶纤维毯、毡时，为防止纤维毯、毡下坠，应每隔 2～4 个锚固件安装一个快速夹。使用快速夹进行层间的临时固定，这是行之有效的施工经验，故仍保留于规范中。

5.2.9 为了保证纤维制品内衬的密封性好，所有连接处均应避免出现通缝。要充分注意纤维制品在高温下体积收缩的特点，特别是炉顶与炉墙的衔接部位要交错铺设。在使用一定时间后，应经常观察该部位，如发现裂缝，应及时修补填好，以防纤维制品继续收缩，导致接缝扩大造成热损失，增加钢结构的损坏。

5.2.10 由于炉温高，金属件易于氧化，故须对暴露在炉内的锚固钉、螺栓、螺母、垫圈等采取保护措施，尤其对有腐蚀性气氛的炉子，保护措施更为重要。

5.3 叠砌式内衬

叠砌式内衬系将耐火陶瓷纤维毯、毡切割或折叠成条形或方块状，使其厚度方向一端朝炉壳，另一端暴露于炉内，用金属锚固件或粘接剂加以固定。也可将叠砌式的纤维毯用耐热钢杆穿入毯中，将其固定在炉壳上。叠砌式内衬因锚固件不暴露在内衬受热面，因此内衬的使用温度比层铺式稍高，抗气流冲刷能力也增强。

5.3.2 因耐火陶瓷纤维在加热后会产生体积收缩，控制一定量的预压缩可有效地弥补耐火陶瓷纤维内衬的高温收缩。

5.3.3、**5.3.4** 纤维内衬的穿串固定是一种较好的方法。将纤维制品固定在炉子钢结构上而支撑板及销钉不直接暴露在炉内，免受高温侵蚀。这种方法施工也较方便，但固定支撑板及销钉的焊接质量至关重要，应逐根认真检查。

只有活动销钉与固定销钉的正确配合才能使纤维制品较好地固定，所以活动销钉的插入不得有疏忽，既不能偏斜，更不得遗漏。

5.3.5 所有纤维制品的接缝处都应挤紧，是根据纤维制品在高温下均会产生一些收缩而提出的要求。

5.3.6 采用粘贴法施工时，相邻方块体的纤维制品应互相垂直，成纵横交叉排列。这样做，可提高内衬的结构强度及抗气流冲刷的能力。

5.3.7 为了使每扎纤维制品保持平直和相互之间的紧密程度均匀，在被粘贴的表面按每扎纤维制品的大小分格划线是必要的。

5.3.10 粘贴纤维制品时，粘接剂涂抹得是否饱满、均匀，厚薄是否适中，这对粘贴效果非常重要。粘接剂涂抹得过厚时，纤维制品吸收水份过多会产生软脱；抹得过薄时，则不能粘住。

纤维制品涂好粘接剂之后，一定要立即粘贴紧密。未贴紧时，纤维制品与被粘贴面间留有气泡。烘炉时气泡膨胀将使纤维制品鼓开，使之逐渐脱落。

5.3.11 为避免粘接剂沾污已贴好的纤维制品，一般宜自上而下地进行粘贴。当要求自下而上进行施工，则应该注意采取保护措施。

5.3.12 折叠模块式炉衬是将耐火陶瓷纤维毯按一定宽度折叠成手风琴状模块，然后将纤维折叠块加以一定量的预压缩，并必须在压缩状态下捆包起来。同时预埋锚固件组成单体式纤维组件，再通过各种形式与焊接在炉壳上的金属锚固件连接固定起来。

模块式炉衬金属锚固件可分为两部分，一部分是模块本身组装件，另一部分是焊于炉壳上的金属锚固件，必须按设计要求选用锚固件的材质和结构。模块式炉衬锚固件布置应由模块结构确定。

模块式炉衬，对于沿折叠方向顺次同向排列型式，不同排之间纤维收缩缝必须用相应的纤维毯经对折压缩挤紧，以吸收收缩。这种结构用于炉顶，必须用合金“U”形钉使纤维毯与模块固定。

模块式炉衬采用拼花地板排列型式时，必须严格保证相邻模块相互抵消收缩量，特别应避免模块交叉角处的窜气缝。

5.3.13 考虑到避免因纤维制品的收缩使直通缝扩大，所以把纤维毯对折挤压进直通缝隙中，以防止造成热损失及造成钢结构的损坏。

6 高炉及其附属设备

6.1 一 般 规 定

6.1.1 本次修订在列表形式和砌体分类上作了修改，对高炉及其附属设备各部位砌体砖缝的厚度仍沿用原87规范的规定。由于磷酸盐泥浆的性能优良，现已普遍在高炉下部、热风炉上部和热风管内衬上采用，故在表6.1.1中对这几个部位砌体的砖缝项目除列了磷酸盐泥浆外，还将原高铝（或黏土）泥浆改为非磷酸盐泥浆。另外、铝碳质、碳化硅质等耐火制品，已成功地用在高炉炉腹、炉身等部位内衬砌筑上，故本条增加了注4的内容。

6.1.2 本次修订，在列表形式和砌体分类上作了修改，简化了表格内容。不同砌体采用的泥浆种类不同，但允许误差是一样的。

对允许误差值相同的误差项目进行合并，如原规范表5.1.2中2-(3)、2-(4)的合并。同时注2对圆型砌体径向倾斜度作了具体规定。

原规范规定的允许误差值比较恰当，多年来的实践证明，按这些标准来控制砌体的砌筑误差，不但能够满足高炉和热风炉的生产功能需要，而且砌体观感质量好，故予保留。

6.1.3 高炉、热风炉及热风管等各孔洞砌体采用组合砖，其优点是结构符合科学原理，内部受力传递合理，施工质量有保证，是提高高炉和热风炉一代炉龄的有力措施。某厂引进的大容积高炉及其附属设备，采用这种新型组合砖结构，经一代炉龄后，其组合砖砌体基本完好，还能满足下一炉役的工作要求。证明采用组合砖新技术，具有很高的经济效益和社会效益，应加快组合砖技术推广应用步伐。

为了保证组合砖按预装的几何尺寸砌筑，避免施工中发生二次加工，应严格控制组合砖砌体下炉墙表面的标高，其误差不应超过0～－5mm。

6.2 高 炉

6.2.1 炉腰以上的砌体均以炉口钢圈中心为准砌筑，炉缸砌体的中心则是参照炉底中心由测量确定。若不校核两者之间的位移，则炉体上下部内衬有可能发生较大的偏斜，从而影响高炉的砌体质量。为此，规定其允许位移不超过30mm。超过此数值时，应重新调整炉缸砌体中心的位置。

国内很多高炉的风口采用组合砖砌筑，而组合砖直接砌筑在炉缸环形炭砖上，标高的调整余地较少，故在确定炉底、炉缸砌体标高时应以风口中心平均标高为基准，使风口组合砖能准确就位。风口不采用组合砖时，应以铁口中心标高为基准砌筑炉底和炉缸。故将原规范有关内容改为“炉底、炉缸砌体的标高，应以出铁口中心或风口中心平均标高为基准”。

6.2.2 本次修订取消原规范将铁屑填料作为首选填料，因为随着新材料、新工艺的开发，国内外高炉在这些部位多选用炭素材料作为填料，故规定“其牌号和性能应由设计规定”。考虑到目前国内还有一些高炉仍采用原规范注中所列两种配合比的铁屑填料来加强密封和增强导热能力，效果也是可以的，故仍保留“注：设计无规定时，可采用下列铁屑填料，……”。

6.2.3 用于炉底垫层的炭素捣打料，要求料体结实致密，有较大的耐压强度和较高的导热系数，因此捣打时压缩比要大，定为不小于45%。用于砌体与冷却壁（或炉壳）之间的炭素捣打料，主要作用是能吸收炭砖砌体向四周的膨胀，但也应具有一定的密实度和导热性能，所以这个部位的炭素捣打料的压缩比定为不小于40%。

高炉热捣炭素捣打料（粗缝糊）的加热温度，参照热捣炭素捣打料的混炼温度为不超过120℃。

6.2.4 有冷却装置的炉底钢板表面用炭素料捣打是为了使整个炉底能较好地传热，以保护炉底，提高高炉的寿命。

炉底钢板上炭素捣打料捣打后找平是个很重要的工序。只有平整的炭料面，炭砖砌筑才会平整，所以强调要做好测量记录。

6.2.5 用扁钢隔板分块控制炭素捣打料捣打与找平的施工方法，具有结构简单、施工方便、铲平质量高的优点，这种方法已在各地高炉施工中广泛采用。扁钢上表面的标高误差规定为0～－2mm，是根据多座大容积高炉施工经验而定的，实践证明此要求能满足炭砖砌筑平整度要求。

（Ⅰ）炭 砖 砌 体

6.2.6 炭砖是贵重且精度要求高的耐火材料，加工极不容易。高炉的各层炭砖必须在制造厂内进行预组装，检验每块炭砖是否合乎砌筑质量要求。预组装完毕应立即按实际绘制预组装图，记下每块砖的编号，以便砌筑时按图施工。

6.2.7 满铺炭砖炉底上下两层砖列纵向中心线交错成30°～60°角，是为了加强炭砖砌体的整体性，防止铁水沿垂直贯通缝渗透到炉底下部。

为了避免出铁时铁水沿砖缝冲刷破坏砌体，因此各层炭砖的砖列长缝均要与出铁口中心线成30°~60°交角。

6.2.8 炭砖列如不平直，稍有偏斜，砖缝厚度便会超过允许数值。炭砖列的平面位置如有偏斜，砌到最后一列时就会发生困难，因此要随时检查。

炭砖列用千斤顶顶紧后，经检查砖列平直度、平面位置和垂直缝合乎要求后，便应将两端用木楔予以固定，以防发生位移。

6.2.9 真空吸盘吊作为国内砌筑高炉炭砖的先进机具，已普遍采用；近几年引进项目中，炭砖上表面预留了吊装孔，采用专用器具起吊砌筑。实践证明采用这两种方法操作的优点是：简便省力、砌筑质量高、施工进度快、减少炭砖磨损、安全可靠，故纳入规范。

6.2.10 本次修订将原规范条文中"高铝砖"改为"其他耐火砖"，以适应较广的材料范围。

本条所指的缝隙基本上是一条工作缝，因此其下限尺寸需保证能用捣固锤将炭素捣打料捣实。常用的捣固锤头最小锤面尺寸为30mm×60mm，故缝隙尺寸下限定为40mm，上限定为120mm也是较合理的，如缝隙再大则可加砌一块75mm宽的条子砖。

6.2.11 环状炭砖的放射缝与半径方向吻合，能使砌体内受力均匀，且可避免出现错牙。

6.2.12 用明火直接加热炭素泥浆，容易产生局部过热而使炭素泥浆内的某些易挥发的物质挥发掉，导致炭素泥浆和易性和粘接性恶化，也易产生安全事故，因此应隔水加热。

本次修订将原规范"高炉炭素浆（细缝糊）应隔水加热至50~70℃"改为"炭素泥浆需加热时，应隔水加热"。条文只规定在环境温度下，炭素泥浆的施工性能不能满足炭砖砌筑质量要求而需加热时，应采用隔水加热方法。而加热温度等其他要求应按其材料使用说明的规定执行。

6.2.13 因为炭砖砖大而且重，人工砌筑不能就位，砖缝内炭素泥浆不易饱满，故应用千斤顶顶紧。

6.2.14 捣打炭素料之前用木楔固定炭砖，是为了在捣打炭素料时防止炭砖产生位移。

环状炭砖没有合门、调正就开始捣打炭素捣打料，会使炭砖产生位移，所以环状炭砖必须在砌完调正以后才能开始捣打炭素料。

6.2.15 炭砖砌体上表面保持平整，是一条重要的质量要求，能使炭砖砌体形成严密的整体。为了保持每层炭砖表面的平整，检查出有错牙处应磨平。

6.2.16 炉缸环状炭砖只有从铁口区开始往两边砌筑，铁口区通道的宽度尺寸才能有保证，上下层炭砖不会出现错牙，铁口区其他耐火砖砌体与炭砖的接触缝才可能严密。

6.2.17 这是多年来行之有效的检查方法，已被各施工单位普遍采用。所规定的塞尺宽度、插入砖缝的允许深度，经多年来实践验证，均是恰当的。

（Ⅱ）其他耐火砖砌体

6.2.18 磷酸盐泥浆是一种耐高温胶结材料，它有比普通耐火泥浆优越的高温性能和砌筑性能，在热态下有很高的抗剪粘接强度和良好的抗铁、渣侵蚀能力。采用这种泥浆后可以放宽砌体砖缝，从而减少甚至取消粉尘严重、劳动强度大的磨砖工序，节省投资，减少尘害。目前各钢铁厂均用以代替普通耐火泥浆，砌筑高炉炉底至炉身下部的黏土耐火砖或高铝砖。

随着现代高炉的发展，铝碳质、碳化硅质材料也成功地应用于高炉内衬，使用效果不错，故纳人本规范。

6.2.19 高炉炉底和炉缸砖，砖缝要求非常严格，必须在施工前按厚度（竖砌时为高度）选分，做上标记，然后根据各级别砖的数量进行配层，必要时应进行研磨加工。

6.2.20 每层炉底只有从中心十字形开始砌筑，四周炉底砖的垂直误差才保证最小。中心十字形炉底砖如纵向与横向砖列不互相垂直，其接触面就会出现三角缝，因此砌中心十字形砖列时要随时进行检查。

6.2.21 对于炉底竖砌砖用沾浆法砌筑，比起"打灰""挤浆"等方法有很多优点，只需将砖的大面和小面稳稳地沾满泥浆，放低靠上已砌好的砖，上下小幅度揉动，重力放在砖的下部，砖缝内的泥浆就会饱满而无"花脸"。近年来，随着耐火泥浆施工性能的改善，采用打灰法砌筑炉底砖同样也能保证质量，同时由于高炉炉底耐火砖单体尺寸和质量较大，采用沾浆法砌筑时劳动强度大，故本次修订不强调使用沾浆法来砌筑炉底。

6.2.22 为了增强炉底砌体的整体性，避免铁水沿垂直贯通缝向下渗透，炉底砖上下两层中心线应交错成30°角。同样原因，通过上下层中心点的垂直缝亦必须错开。

为避免出铁时铁水沿砖缝冲刷，因此各层炉底砖均应与出铁口中心线成30°~60°交角。

6.2.23 炉底砌体是决定高炉炉龄的关键部位，工程质量要求极严。所以砌筑炉底砖时，应随时检查砖缝厚度、泥浆饱满程度、各砖层上表面的平整误差和表面各点相对标高差，以确保炉底砌体质量。

6.2.24 如果炉底砖层上表面局部错牙不磨平，其上面一层砖不仅砌筑后的水平缝会出现较多较大的三角缝，更多的错牙，而且越往上越严重，造成恶性循环。但炉底最上层砖表面的局部错牙不影响其他层的砌筑质量，故本次修订中增加了"除最上层外"限定语。

在磨平炉底的局部错牙时，应仔细操作，严禁将砌好的砖碰撞松动。

6.2.25 出铁口区砌体是炉缸的重要部位，砌筑技术复杂，质量要求严格。先从出铁口开始砌筑能保证出铁口中心线、出铁通道宽度、出铁通道组合砖的砌筑质量。

6.2.26 出铁口框和渣口大套外环宽500mm范围内的砌体，以及风口带砌体靠紧冷却壁（或炉壳）砌筑，其间不严密处，填以与砌砖相同的浓泥浆是为了保证这几个部位砌体的严密，防止铁、渣或火焰从这些不严密处喷出烧坏冷却壁（或炉壳）。

6.2.27 非组合砖砌体的风口和渣口两侧的砖平砌，便于水套周围砖加工，既保证风口、渣口区砌筑的质量，又便于更换水套。风口、渣口的水套项部砖若继续平砌封顶，则容易塌落，必须用侧砌保证砌体的整体和牢固。

砌体与风口、渣口水套之间的缝隙是保证砌体受热膨胀留有吸收的余地，同时便于更换风口、渣口水套。如缝隙过小，则不能达到此目的，故规范中规定了缝隙的下限尺寸；至于上限尺寸，则应视不同的高炉由设计规定。本次修订将原条文“风口和渣口应在……”中的“应”改为“宜”。

6.2.28 近几年，国内多座高炉炉底、炉缸采用了陶瓷杯新技术，故此次修订规范增加了包括本条在内的四条内容。

陶瓷杯由杯底垫和杯壁两部分组成，一般杯底垫为大块耐火砖，大型高炉的杯壁为多种形状的大型预制块结构。陶瓷杯壁外侧一般为环状炭砖，当炉缸采用这种混合结构时，应先砌筑陶瓷杯壁，后砌筑环状炭砖；而中、小型高炉杯壁砖不大，应先砌筑炭砖，后砌筑陶瓷杯。根据多座高炉施工、生产的实践，已证实本规范推荐的施工方法可有效地防止铁水渗透和砖漂浮现象。

6.2.29 杯底垫第二层为防止砖漂浮采取自锁结构，由外侧向炉中心砌筑，为此应逐环控制砌筑半径，以免造成中心座砖周围预留的填料缝过小，影响质量。“合门”处留成外大内小的喇叭状，是由构造和砖型决定的。

6.2.30 陶瓷杯壁大型砌块形状多异，上表面一般较小，不宜使用真空吸盘和夹具吊装。采取在砌块上表面预留1～2个圆柱型吊装孔，用专用器具吊装砌筑的方法，既安全可靠，又方便施工。当一层陶瓷杯砌筑完成并经检查合格后，可用相应材质的耐火浇注料填充吊装孔。

6.2.31 陶瓷杯壁砌块每层较高，上下层多采取插入咬合，若不能保证砖块砌筑垂直度和水平度，将造成砌筑困难，并直接影响工程质量。杯壁砌块“合门”时，因杯壁大型砌块难以加工，加工质量也无保证，故应在每层砌最后几块砖时进行干摆，通过调整砖缝的办法（必要时可微调砌筑半径）进行“合门”。

6.2.32 砌筑高炉圆形砌体时，不应留三层以上的退台是为了便于接槎砌筑，保持墙面平整，使砌筑质量良好。“合门砖”是砌体的薄弱环节，每环砖“合门”处愈少质量愈好。

6.2.33 高炉厚壁炉腰及炉身砌体的中心线，应以炉口钢圈中心为准，通过炉口钢圈中心挂设中心线，随时检查砌体的半径，控制在表6.1.2所规定的误差范围内，以保证炉子内型的尺寸。

炉壳内表面设计喷涂层是推广多年的新技术，既可防止炉内窜火烧红炉壳，又能起到隔热作用，减少热损失，节约能源，还可弥补炉钢壳凹凸不平给砌筑内衬造成的误差。炉身喷涂层以炉壳为导面进行施工，随着喷涂的进行及时修整，控制厚度误差在±5mm，可使炉身隔热层厚度得到保证。

6.2.34 炉身冷却板（箱）先安装，便于控制砖层高度和水平度以及填筑泥料，施工不受影响。冷却箱的使用在逐步减少，而冷却板的使用在逐步增加，故本次修订将原条文“冷却箱（板）”改为“冷却板（箱）”。

冷却板（箱）周围一块砖紧靠炉壳砌筑，可防止更换冷却板（箱）时隔热层内的填料流出。

冷却板之间间距固定，耐火砖可进行预加工，能加快工程进度和提高工程质量。

6.2.35 本次修订增加了一条，高炉冷却壁与炉壳之间的间隙用灌浆料填充。灌浆按设计规定的材质及其工艺执行。

根据国内多座高炉的施工和生产实践，这项技术措施对提高炉衬的严密性、减少气体的窜漏、保护炉壳起着重要的作用。实践也表明炉身下部以下灌浆料采用非水系压入泥浆为宜，避免因灌浆施工带入炉衬内大量水分，给高炉的正常烘炉和顺利投产带来不利的影响。

6.2.36 高炉投入生产后，炉墙受热会往上膨胀，因此钢砖下留一定间隙以吸收部分膨胀。本次修订增加了“在设计没有规定时”的条件，更符合施工以设计文件为依据的原则。

6.3 热 风 炉

（Ⅰ）底 和 墙

6.3.1 基建中应合理安排热风炉组的施工顺序，以避免一端受重载而造成基础的不均匀下沉。

6.3.2 按照施工的工序交接制度，砌筑前应按炉壳结构安装的允许误差校核炉壳中心线的垂直误差。

喷涂料由于性能优良，普遍被使用在热风炉炉壳上作为保护层。喷涂料施工时，应按炉壳各段确定的喷涂中心线安设半径轮杆，用以精修喷涂层。根据某厂引进大容积高炉工程施工经验，精修后的喷涂层半径误差可以达到0～10mm。喷涂层的半径误差愈小，热风炉围墙的砌筑质量愈有保证。

6.3.3 在大型热风炉砌筑中，采用了很多新技术，如喷涂层、组合砖、交错砌筑的多孔格子砖、炉墙设置垂直滑动缝等。这些新技术都要求各部位的炉墙有准确的内型，而喷涂层的设置也为炉墙有准确的内型提供了保证。为此，规范规定有喷涂层的热风炉各部位的炉墙均应按中心线砌筑并严格控制半径尺寸。

无喷涂层的内燃式热风炉的围墙则可以炉壳为导面进行砌筑。

6.3.4 热风炉上部各段炉墙间的垂直滑动缝按设计仔细留设，生产时炉墙就能上下自由滑动而不致互相干扰。

本次修订将原规范"第一层炉墙的上表面"改成"炉墙砖第一层砖"，强调要使炉墙各砖层砌平整，关键在于将托砖板上炉墙第一层砖找平，一般可采用相应的浇注料涂抹在托砖板上的方法来找平。

6.3.5 炉墙隔热填料面若低于砌体表面 500mm 以上，隔热层深槽内掉下的许多泥渣便难于清除，散状填料的填捣也不会密实。长期生产以后，填料逐渐下沉，上面便空一段无填料，热损失便增大。为了防止隔热填料下沉后无填料带集中在上部，就应每隔 2～2.5m 平砌两层隔热砖将填料缝隙盖住。

6.3.6 热风口及其以上各口水平管内衬接头处留设垂直滑动缝，主要是为了生产后各室炉墙上升下降滑动自由，不与水平管内衬互相干扰。为此，垂直滑动缝处应仔细加工砌筑。

6.3.7 热风口、燃烧口和炉顶连接管口等处周围环宽 1m 范围内的高铝（或黏土耐火或硅）砖均应紧靠炉壳（或喷涂层）砌筑，是为了防止从这几处向外窜火烧坏炉壳或管壳。

6.3.8 内燃式热风炉圆形燃烧室与围墙之间留约 20mm 的缝隙，缝隙内充填瓦楞纸、发泡苯乙烯等易燃物质。在加热时这些物质烧掉留出空隙，以吸收燃烧室向外的膨胀。此外，燃烧室和围墙有温差，热胀冷缩不同步，加以隔开就不会互相干扰。

本次修订将原规范中"应留约 10mm 的缝隙"改为"应留有缝隙（约 20mm）"，是基于目前多数热风炉的设计规定为 20mm，这一数值也避免了由于热风炉炉壳的偏差造成围墙的砖加工。

6.3.9 因为硅砖的膨胀系数较大，因此在硅砖砌体放射缝和环缝处均应按设计仔细留设膨胀缝。砌筑时为避免泥渣等物堵塞膨胀缝，故在膨胀缝内夹入能在高温下烧掉的发泡苯乙烯等有伸缩性、灰分少的物质。

6.3.10 用特定形状的耐火砖（或预制块）组合而成的陶瓷燃烧器，能使煤气和空气均匀混合，燃烧完全，这是近十几年来发展的新技术，尤其是预制块陶瓷燃烧器已普遍应用于热风炉燃烧室。陶瓷燃烧器使用预制块时，应在正式砌筑前按设计图进行预砌筑并进行预加工，使正式砌筑时预制块能达到接缝严合、砌体尺寸误差较小的目的。

砌筑后，砌体表面接缝均要用浓泥浆勾填严实，防止煤气、空气互相串通。

（Ⅱ）砖格子

6.3.11 炉箅子与支柱的安装质量不仅影响砖格子的砌筑质量，而且关系到生产中的安全。

炉箅子上表面的平整度和格孔中心线对设计位置的误差是保证砖格子砌筑质量的先决条件，故对其安装误差作了规定。

6.3.12 为了保证砖格子的质量，施工前必须对格子砖的外形尺寸偏差按标准验收。

对于带沟舌的七孔格子砖要按高度分级挑选，计算配层，以保证格子砖砌筑后砖层的平整度。

6.3.13 本次修订后的条文简练，尤其对有几种交错排列法的砖格子砌筑中心线来说更准确一些。砖格子从互相垂直的十字中心开始向四周砌筑，可以保证格孔垂直，错位较小。

砖格子施工中，除用十字中心线控制外，还应用"木比尺"（木比尺两面分别连续标注纵、横两个方向相邻格子砖的中心间距）对砌筑砖格子进行控制，以保证格孔垂直。

6.3.14 为了保证整个砖格子的砌筑质量，砌第一层砖格子时应先试砌，以便掌握格子砖的实际尺寸与炉箅子格孔的铸造尺寸是否吻合，做到心中有数。第一层砖格子表面一定要砌平整，以便给其上各层砖格子的砌筑打下良好基础。

6.3.15 砖格子与围墙之间按设计留设膨胀缝有两个作用：一是砖格子受到高温会向四周膨胀，周围有缝隙可防止格子砖向围墙的挤压；二是砖格子与围墙在生产中向上膨胀向下收缩不是同步的，有缝隙时可各自升降互不干扰。

施工时四周用木楔塞紧是为了在冷态时不让格子砖向四周位移，保证格孔上下垂直。

6.3.16 施工中必须采取防垢措施，以防格孔被堵塞。因为格孔堵塞会减少蓄热面积。

砖格子砌筑完毕以后，要检查格孔是否畅通并计算堵孔率，堵孔率不应超过 3%，以保证必要的蓄热面积。

而带沟舌的多孔格子砖砌筑中，要在同层相邻格子砖间贴上规定厚度的胀缝板，由于交错砌筑，同一垂直线的格孔中有胀缝板堵塞，使得堵孔率无法检查。但只要在砌筑中采取一些技术措施，如对周边需加工的格子砖进行预加工，在砌筑围墙前，用胶皮等覆盖砖格子上表面等方法，是可以避免杂物堵孔、保证砖格子通孔率的。这些做法在国内很多热风炉砖格子施工及生产实践中已得到证明。

6.3.17 带沟舌的七孔格子砖在热风炉中使用是近十几年发展的新技术。这种砖组成的砖格子整体性强，蓄热面积大，因此很快被普遍采用。

规定七孔格子砖上下层错缝砌筑，是为了加强砖格子的整体性，牢固而不松散。

四周不完整的格子砖可按样板进行预加工，编上号画出砌筑图。施工时将加工格子砖按号入位砌筑，减少在炉内加工，可加快施工进度，并有效地防止临时加工砖的渣子将格孔堵塞。

（Ⅲ）炉　顶

6.3.18　按炉顶孔中心和标高来确定球形拱顶砌砖的中心，可以使砌体与炉壳之间的膨胀间隙符合设计要求。

在外燃式热风炉中，用参照两个球体的中心及连接管铁壳中心来确定连接管砌砖的中心线，能保证连接管四周砌体厚度大体一致。

6.3.19　为了防止拱脚砖受热后向外位移而造成拱顶松散，在拱脚砖后面设置固定圈，在砌拱脚之前应检查固定圈安装是否正确。确认无误以后，拱脚砖应紧靠固定圈砌筑。

6.3.20　为了炉顶球形砌体在平整的、符合设计标高的围墙表面上砌筑，炉顶下的炉墙上表面必须按设计标高加工找平。

6.3.21　外燃式热风炉球形拱顶与连接管的交接部位，是整个热风炉最复杂的部分，其结构形式和施工质量直接影响到热风炉的寿命，故推荐采用组合砖砌筑。由于在目前条件下全面推广组合砖还有困难，故不排除用常用砖来加工连接管口交接部位，但必须要预砌筑、预加工，以保证砌筑质量。

本次修订增加“热风炉炉顶，砌筑前应进行预砌筑”，目的是规范热风炉炉顶的施工工艺，因为炉顶砌体由多种相似的砖型组合而成，砌体的砖缝厚度要小，如不采取预砌筑的方法对砌筑质量进行预先控制，在狭窄的施工现场，砌筑质量是很难保证的。

6.3.22　炉顶最后合门处施工最困难，特别是塞头砖周围的1～2环砖难以加工，质量不易保证。故这一部位采用高温性能良好的耐火浇注料代替是适宜的，完全能满足生产要求。

本次修订将原规范条文“可用磷酸盐耐火浇注料现场浇注”改为“可用高温性能良好的耐火浇注料现场浇注”。随着新材料的不断涌现，一些高温性能良好的高品质耐火浇注料完全能满足生产要求，故删去“磷酸盐”限制词。

7　焦炉及干熄焦设备

7.1　焦　　炉

7.1.1　本条是在原规范的基础上，吸收了引进工程和我国自行设计、施工的大、中型焦炉的经验而进行修订的。

1　项次1(1)、1(2)的内容包括砌筑焦炉时全部测量放线的要求。测量放线的精确性是保证焦炉砌筑质量的关键，也是保证焦炉炉体各部位尺寸正确的基础。因此，测量放线是焦炉施工的一项重要工作，必须认真检查执行。

2　取消原规范项次1（3）、1（9）的1/2墙宽误差数值和项次1（5）炭化室墙炉头肩部与保护板之间的间隙误差数值的规定。这几项内容是针对先立炉柱后砌筑的施工方法而规定的，但是，十多年来先立炉柱后砌筑的施工工艺，在我国焦炉的设计和施工中并未推广应用，故予以取消。

3　取消了原规范项次1（7）斜烟道口最小断面处的宽度误差数值的规定。因为斜烟道出口气流的流量是用调节砖进行调节的，斜烟道出口不需要更精确的尺寸规定，代之以项次1（6）斜烟道口的出口处的宽度允许误差的规定更能保证该部位砌筑质量的要求。

4　项次1（7）：在控制和保证各孔道中心线间距误差的同时，还必须控制与焦炉纵向中心线之间的间距，否则各孔道中心线将因顺次砌筑时的累计误差而发生较大的偏移。

5　项次2（1）：焦炉各主要部位的标高控制点，应在砌筑前标记在混凝土抵抗墙上，以此作为各部位砌体砌筑时的测量放线基准。

6　项次2（2）：基础平台普通黏土砖砌体项面的允许误差虽规定为±5mm，但应注意：如果蓄热室用砖的厚度尺寸正偏差偏大时，该顶面不应砌成正误差。

7　项次2（3）～2（6）的允许误差数值仍保持原规范的规定。

8　项次2（7）～2（12）：由于本表中焦炉各部位砌体标高的允许误差数值仍然偏大，因而还必须保留相邻砌体标高差的规定，以防发生局部砌体的偏斜。

9　项次2（13）相邻炭化室墙顶的标高差的允许误差数值，在原规范基础上予以适当提高，以利于炭化室过顶砖的砌筑。

10　项次3：各部位砌体表面平整误差的允许数值均沿用原规范的规定，这些规定多年来实践证明对保证砌筑质量是行之有效的。

11　项次4：垂直误差系指墙面顶部与下部墙脚的倾斜程度，其数值均系根据多年施工经验而确定的。原规范4（3）中规定的炭化室高度以5m为界的规定取消，原因是炭化室高度在3m以下的小焦炉已属限建项目，而在我国大量建设的4.3m焦炉已属大型焦炉，故以5m炭化室高度划界是不合适的。

12　项次5系原规范规定，是保证炭化室墙砌筑质量和使用要求的重要内容。

13 项次 6、7：原规范对膨胀缝、砖缝尺寸误差允许数值的规定，经多年实践证明是合适的，故予以沿用。但目前某些设计有将砖缝尺寸规定为 5mm 的情况，此时按本表的规定，3mm 的砖缝已不合格，这是不合理的，故加注予以说明。

7.1.2 为防雨和冬季施工的要求，焦炉砌筑必须在工作棚内进行，其尺寸应按施工要求和设备安装要求而定。

7.1.3 硅砖的理化性能，特别是真密度和加热膨胀曲线，与制砖的原料和工艺条件有直接的关系。多年来的施工实践证明，采用同一厂家生产的理化性能相近的硅砖，对保证焦炉顺利烘炉、正常操作和延长使用寿命是很重要的。

7.1.4 根据焦炉砌筑质量的要求，砌筑焦炉用的各种异形砖，以及蓄热室墙用的标形砖、普形砖均应按国家标准对其进行逐块检查、验收，并增加了“对外形尺寸虽符合国家标准，而砌筑时达不到砌筑质量要求的各型砖，应另行加工处理”的规定，其原因是对焦炉用耐火砖外形尺寸允许偏差的规定满足不了焦炉砌筑质量要求的原因所致。

7.1.5 焦炉各主要部位的预砌筑是砌筑焦炉前的一项重要工作，也是多年的施工经验。通过预砌筑，可以核查设计图纸和耐火砖的制作是否有错误；可以检查耐火砖的外形是否能满足砌筑要求；并能使施工人员了解炉体的结构，故沿用原规范的条文。

7.1.6 取消原条文有关先安装炉柱的规定，原因见本规范第 7.1.1 条说明。

7.1.7 炉体纵横中心线、正面线和标高测量放线，标板、标杆的设定是炉体砌筑前的一道重要工序，必须认真、仔细地进行，经复查无误后才可进行砌筑。

7.1.8 焦炉砖砖型复杂，采用双面打灰挤浆法，是近年来许多单位为保证砌体砖缝泥浆饱满的成功经验，故保留原条文。

7.1.9 焦炉砌体对砌缝泥浆饱满度的要求十分严格，以避免气体窜漏，影响焦炉正常生产。但由于焦炉某些部位的结构和砖型较复杂，故对无法采用挤浆法砌筑的砖型，规定了垂直缝的泥浆饱满度不应低于 95%。这一规定是根据本规范第 3.2.26 条规定，并结合某些单位的经验确定的。检查时采用抽查，用百格网计算。

砖缝泥浆的饱满和严密，还应通过认真仔细地勾缝予以弥补和增强。

7.1.10 对于较大的异形砖和施工中断一昼夜后的砌体，在砌筑时表面用水稍予润湿，是各施工单位多年来的经验。其目的是延缓泥浆的失水速度，以保持泥浆的柔和性，使泥浆和砖面能很好地结合，从而保证砖缝泥浆的饱满、严密。在执行本条时，应注意控制洒水量，不得大量洒水，以避免砌体中含水率过大。

7.1.11 本条文是针对砌筑人员在自检时习惯于采用敲打方法修正泥浆已干涸的砌体的质量缺陷而作的限制性规定。因为砖缝泥浆已干涸的砌体受敲打后，将使砌缝产生裂纹、砌体松动，不仅影响砌体强度，且易导致气体窜漏，从而影响焦炉的正常运行。

7.1.12 根据设计要求，本条文特别强调要注意膨胀缝之间的滑动缝，并应正确留设，否则将影响其滑动功能，甚至会导致膨胀缝处砌体的破损。

炉体正面膨胀缝的填塞可采用耐火陶瓷纤维。

7.1.13 使用样板是为了保证膨胀缝的尺寸准确。近年来，在焦炉工程中，采用与膨胀缝尺寸相当的发泡苯乙烯作为填充材料。使用时，直接夹入砌体中，在砌砖面应用白铁皮作挡灰板，以防砌筑时泥浆被挤入膨胀缝内。这种方法简便易行，利于保证施工质量。

7.1.14 本条对砌筑焦炉时应于排、验缝的部位作了具体规定。这些部位经干排、验缝后，可调换不合适的砖或采取其他措施，以保证砌筑质量。特别应注意炭化室第一层砌体尺寸的准确性及砖缝的均匀性，这是保证上部砌体砌筑质量的关键，因而，务必仔细，严防偏差。

7.1.15 本条系根据焦炉引进工程的施工经验而纳入的。用排砖线控制砌体每块砖的砌筑位置，是保证焦炉砌体内孔洞尺寸正确的有效方法，可以取代传统的用长标板检查各孔与焦炉纵向中心线距离的方法。但目前受种种客观因素限制，仅以“采用……时”的句式列入本条中，未作硬性的规定。

7.1.16 本条是针对分格式蓄热室焦炉的特殊炉体结构和施工特点而订。因分格式蓄热室焦炉炉体砌筑结束后，无法进行最后的整体清扫，因此，在炉体的砌筑过程中，每个互助组配备功率为 600～800W 的吸尘器 1～2 台。砌体顶面、保护设施、孔洞等处，施工中产生的灰渣等污物，均必须用吸尘器予以随时清除。不得遗留或落入下部砌体和孔洞内，以保证炉体各部位孔洞和通道的清洁与畅通。

对于其他型式的焦炉砌筑施工时也可酌情采用，这对加强文明施工、降低粉尘危害、保障施工人员身体健康是有益的。

7.1.17 因这些部位砌完后无法清扫，故砌筑时应随即清除其下部挤出的泥浆。

7.1.18 砌筑焦炉煤气道管砖时，可使用胶皮拔子，将煤气道内挤出的泥浆带出，并用木制盖板盖上。在管孔内壁泥浆干涸后，使用圆形尼龙刷清扫。

7.1.19 使用木制长标板控制和检查各部位孔道中心位置和尺寸的准确性，是多年来采用的施工方法。长标板采用变形较小的木材，如红松或美国松等制作。

7.1.20 这些部位的砖和砌体容易打环，而且不易更换，因此要强调采取保护措施。

7.1.21 焦炉在施工时，要求全炉应均衡地向上砌筑，以防焦炉基础不均匀沉降。不均衡地向上砌筑还会造成施工管理上的混乱，甚至影响焦炉的砌筑质量。

（Ⅰ）蓄　热　室

7.1.22 焦炉基础平台普通黏土砖顶面的滑动层使用砂子或薄铁板铺成，因此，砌在其上的小烟道墙极易发生移动，故应仔细按基础放线砌筑。铺砂子时不宜一次铺完，应随砌随铺。滑动层为薄铁板时，应用钢针将砌体基础线刻划在铁板上，以便砌筑时使用和检查。

7.1.23 目前国内设计的焦炉都配有初步调节空气和高炉煤气的箅子砖，焦炉投产后，箅子砖的排列无法再重新调整。因此，砌筑前必须根据设计要求，事先将箅子砖按箅孔的实际尺寸排列好再砌筑。砌筑完后应进行仔细检查，确认无误后再继续施工。

7.1.24 放置格子砖的砖台项面是否平整，关系到整个砖格子的砌筑质量，故设立本条。

7.1.25 斜烟道的蓄热室顶盖下相邻墙顶的标高是否保持一致，不仅是保证上部砌体的平整，而且还是保证斜烟道区在烘炉过程中获得良好滑动表面的重要条件。因此，砌筑蓄热室墙及顶盖以下砌体时，应按规定的要求经常检查相邻墙的标高差。

7.1.26 从生产角度而言，希望蓄热室顶盖以下几层斜烟道墙保持严密，但由于结构条件特殊，做到这一点较为困难。本条强调在砌格子砖以前必须对其进行二次勾缝，这是为满足生产要求所采取的辅助的而又必要的措施。

本条中，对于分格式蓄热室格子砖的砌筑要求，系根据引进焦炉工程的施工经验制订的。

（Ⅱ）斜　烟　道

7.1.27 斜烟道的砌体砖号多，形状复杂，砖缝泥浆不易饱满。因此，每一层斜道砌体砌完后，都必须认真仔细地勾缝，斜烟道砌体进行逐层勾缝是弥补某些砖号因无法挤浆砌筑造成砖缝泥浆不饱满的有效手段。

7.1.28 保持斜烟道孔的横向尺寸和内表面平整是根据生产要求而规定的。砌筑时，应随时检查。

7.1.29 蓄热室顶盖以下几层斜烟道砖是逐层向墙两边伸出的，很容易被踏松、碰活。为了防止砌体砖缝被踩松动，可采用跳板铺在墙顶面的中间等方法加以保护。

在清除分格式蓄热室格子砖上的保护设施时，应先使用吸尘器清除保护设施边角上的灰渣，防止边角上灰渣掉入砖格子内。

7.1.30 本条主要是强调与保护板接触面的砌体，应按炭化室墙的砌筑要求准确砌筑，以利于燃烧室保护板的安装。

7.1.31 该条文内容是多年来各单位砌筑焦炉时的成功经验，是焦炉炭化室以上砌体砌筑时必须采取的措施。

（Ⅲ）炭化室、燃烧室

7.1.32 焦炉煤气道出口的密封方法有多种，目前，多采用只铺油纸和保护布的简便方法。关键是在砌筑上部砌体时采取的保护措施要严密、牢靠，清扫也应仔细。

7.1.33 为防止因砌体砌筑过高致使孔洞内侧勾缝无法进行而造成漏勾，故本条强调“随砌随勾缝”。但应注意，勾缝还是要在砖缝内泥浆稍干后才能进行。

7.1.34 砌筑炭化室墙时，返跳部分和隔墙砖换号处极易发生局部扭曲。为此，内架跳板应离开墙面一定距离，以便操作人员在砌筑时能随时使用靠尺板检查返跳部位墙面的平整。

砌筑燃烧室隔墙时，在不影响砖缝尺寸的情况下，可用调换砖的长短尺寸或加工砖的方法来避免炭化室墙面在隔墙砖部位产生局部凸起。

7.1.35 近年来，炭化室墙的炉头正面设计多采用高铝（或黏土）砖镶砌，与硅砖砌体形成上下直缝。在砌筑过程中，这部分炉头砖极易向外倾倒。目前采取的方法是：砌砖时在两种砖相接处的水平缝里放入适量的麻线。

（Ⅳ）炉　　顶

7.1.36 炭化室跨顶砖加工会影响砖的整体强度，故本条规定，除长度方向的端面外，其他面均不得加工。如因跨顶砖的厚度尺寸影响砌筑时，加煤孔间两端的跨顶砖可上下颠倒砌筑。

在《焦炉用硅砖》YB/T 5013—1997 中虽已规定了“跨顶砖工作面不允许有横向裂纹”。但是，这项规定对焦炉寿命有较大影响，因此本次修订规范仍予保留该条文内容。

7.1.37 本条主要是为了保证调节砖在烘炉时能自由拨动。

7.1.38 本条所述方法是防止砖和大块杂物掉入立火道的有效措施。

7.1.39 砌筑焦炉时，往往忽视炉顶工程的砌筑质量，对炉顶隔热层更是如此，有时甚至用填坑灌浆的方法砌筑隔热砖，致使生产时气体窜漏，炉顶表面温度增高，影响焦炉的正常操作和使用寿命，故对炉顶的砌筑方法加以规定是必要的。

7.1.40 本条文是分格式蓄热室焦炉炉体砌筑完毕后的最后一道工序。为了保证立火道内的清洁，避免将保护设施遗漏在内，必须逐个认真仔细地清理、检查。

（Ⅴ）烘炉前后的工作

在烘炉前后的工作中，不少工作项目不仅受烘炉温度的制约，而且要求按照一定的顺序施工，各专业间还必须密切协作配合，否则将造成质量和安全事故。在修订时，仅将多年来的一些重要、成熟的经验和一致公认的内容纳入本规范。详细事项，应根据烘炉曲线制订的热态工程作业项目和操作规程进行。

7.2 干熄焦设备

（Ⅰ）熄焦室

7.2.1 本条系根据干熄焦装置筑炉工程施工技术要求、施工图、砌砖精度和施工经验而修订的。这些指标宽严适度，符合生产要求，施工单位经过努力后都能够达到。其中有的部位要求较严，是生产的客观需要。如：线尺寸误差中的（3），进料口半径误差为0～-3mm，是由于炉盖扣在进料口砌体的外沿，故不允许有正误差；标高误差中的（7），进料口上表面为0～-3mm，是为了保证炉盖砌体与进料口砌体的严密性等。

7.2.2 熄焦室砌体孔洞多，各部位几何尺寸要求严，砌体大部分用异形砖和组合砖砌成。因此，应对异形砖的外形尺寸逐块进行检查和验收，以保证砌体的砌筑质量。

7.2.3 斜风道和环形排风道出口部位是熄焦室的关键部位，其结构复杂、孔道多、尺寸要求严，而且全部用异形砖砌成，故应进行预砌筑。

7.2.4 由于熄焦室炉体较高，斜风道预存段砌体均以炉壳中心为基准进行砌筑，环形排风道部位的调节孔中心是以炉壳中心和风道中心为基准进行分度放线的，因此，砌筑前均应校核炉壳中心是否正确。再则，熄焦室砌体大部分用异形砖和组合砖砌成，为保证各部位砌体的标高和半径尺寸要求，也必须对炉壳上各主要部位的标高和半径尺寸进行全面校核。

7.2.5 考虑到炉壳的安装误差，耐火砖的尺寸偏差，为保证上、下γ射线孔中心标高，各水平膨胀缝尺寸准确，故应于砌筑前确定各部位砖层的高度尺寸。

7.2.6 由于托砖板在安装焊接时易发生变形，第一层找平后，可保证上部各层砌体表面的平整。

7.2.7 冷却段是以炉壳为导面进行砌筑的，而斜风道、预存段砌体则以炉壳中心为基准进行砌筑，为了避免较大的错牙现象，必须对结合部位的砌体进行调节使之吻合。调节的方法可按第7.2.8条的规定进行。

7.2.8 熄焦室出口部和斜风道以上的大部分砌体因使用异形砖和组合砖砌成，故必须以炉体中心为基准进行砌筑，以保证这些部位砌体的几何尺寸和砌筑质量。为此，因炉壳局部变形而产生的炉壳与砌体间的间隙可按本条规定处理。

7.2.9 有耐火陶瓷纤维毡隔热层的部位，均应按本条文规定的办法进行施工。因先砌隔热砖后塞纤维毡或使砖紧压纤维毡，都会使其降低隔热性能。砌筑时还须采取措施，不应使砌筑泥浆挤入纤维毡隔热层中。

7.2.10 在斜风道、预存段砌体中，环形风道、调节孔和其他孔洞全部用异形砖和组合砖砌成。为了保证这些部位砌体几何尺寸的准确性和砌筑质量，必须以炉体中心为基准进行砌筑。

7.2.11 斜风道部位呈漏斗形，斜度较大，隔热砖是逐层错台砌筑的，如不分层将浇注料填充、捣实，则很难保证砌体与炉壳之间浇注料层的严密。

7.2.12 斜风道分隔墙中心线是依据集尘沉降槽和风道中心线与炉体中心线的交点分度刻划在炉壳上的，砌筑时，以此中心与炉体中心的连线为基准，才能保证分格墙和调节孔中心位置和尺寸的正确。

斜风道的分格墙是向炉内伸出的，在砌筑时，应注意防止前部的砖向下倾斜。分格墙前部顶盖砖的上面是环形风道的内墙，承重较大，故在砌筑时应安设支撑架，以防止分格墙被压塌。

7.2.13 因出口部拱正面及其上部楔子砖均是加工砖，故在砌筑时必须按预砌筑的实际编号进行砌筑。该部位由拱及拱顶楔子砖形成斜面与上调节孔相交，因此，楔子砖砌筑时应严格控制平整度及墙面半径。

7.2.14 熄焦室内的调节孔分上下两部分。下调节孔在斜风道分隔墙顶盖砖上，上调节孔在环形风道的顶盖砖上，两者必须保持在同一个中心位置上。其顶部钢盖板应在上调节孔部位的砌体砌完后，按孔的实际位置焊接，以防止调节孔的中心位置发生变动时无法调整。

7.2.15 炉身上部砌体的水平膨胀缝是内外交错留设的，而上部砖的重心恰好在表面膨胀缝的空隙中，如不用木楔支撑，上部砖就无法砌筑，也不能保证膨胀缝尺寸。

7.2.16 因水平膨胀缝部位在热态时要吸收耐火砖砌体的膨胀，所以上下相邻水平膨胀缝之间的环缝应保证空隙，不阻碍耐火砖砌体的滑动。

7.2.17 熄焦室上的γ射线孔是测定熄焦室内料位的控制装置，要求γ射线孔的位置必须留设准确，两个相对的γ射线孔必须在同一直径线上，否则γ射线装置将会失效。

（Ⅱ）集尘沉降槽

7.2.18 本条是根据干熄焦工程施工技术要求、施工图、砌砖精度和施工经验修订的。这些指标宽严适度，符合生产要求，如项次5（1）～5（8）对炉衬膨胀缝允许误差规定较细，是适应集尘沉降槽炉衬膨胀缝设计尺寸由5～30mm不等的需要。

7.2.19 集尘沉降槽是通过伸缩节与熄焦室和锅炉连接的，为了保证熄焦室及锅炉炉墙、底与集尘沉降槽炉墙、底的平滑相接，故应校核集尘沉降槽炉壳的中心线与标高，并在伸缩节安装合格后定位放线砌筑炉衬。

7.2.20 集尘沉降槽的拱脚砖是砌筑在托砖板上的，因此应对托砖板的焊接质量、标高和水平度进行检查，只有在托砖板安装质量合格后才能保证拱顶砖的砌筑质量，并减少炉墙的加工砖数量。

7.2.21、7.2.22 砌筑隔热砖前在炉壳上划出膨胀缝位置，是为了保证隔热砖墙中砌入莫来石砖位置正确。因为上、下隔墙是插入炉体纵墙中的，在炉壳上划出上、下隔墙位置线，是为了保证隔墙位置正确。上、下隔墙均是砌筑在单环砖拱上面，规定隔墙砌平拱顶后其插入直墙中的部分留搓与直墙同时砌筑到设计标高，是为了不影响炉内材料运输及炉体拱顶砌筑。

7.2.23 本条规定排灰口分隔墙应插入前、后斜墙，是为了保证分隔墙的稳定性。由于分隔墙工作面为斜面且受焦炭渣、粉磨损严重，故规定分格墙莫来石砖与分隔墙工作面砌成直角是保证不削弱分隔墙的耐磨性。

7.2.24 因托砖板与炉墙之间的水平膨胀缝是隐蔽缝，故应在该层砖砌完后及时清扫、检查合格即填入耐火陶瓷纤维棉。而炉墙表面膨胀缝在炉墙全部砌完并经检查合格后，才填入耐火陶瓷纤维等材料，是避免砌筑上部墙体时杂物落入表面膨胀缝内。

7.2.25 集尘沉降槽拱顶为60°大拱，拱脚砖承受的水平推力较大，故本条特别要求拱脚砖应与炉壳紧靠砌严。根据经验，当拱脚砖与炉壳之间的间隙小于6mm时填入黏土质耐火泥浆，间隙大于6mm用黏土质耐火浇注料填充，即能保证拱脚砖受水平推力后不位移。

7.2.26 集尘沉降槽拱顶蒸气放散孔及其周围砌体是拱顶的关键部位，该部位后砌是保证拱顶砌筑质量的需要。因组合砖内部受力传递合理，尺寸准确、砌筑质量好，故蒸气放散孔宜采用组合砖砌筑。

（Ⅲ）旋 风 除 尘 器

7.2.27 本条根据平熄焦工程施工技术要求、施工图、砌筑精度及施工经验修订而成，这些指标既能保证铸石板砌筑质量，且能满足设计及生产要求。

7.2.28 由于旋风除尘器内径较小，内衬由铸石板砌成，为保证内衬厚度及圆弧度和减少铸石板加工量，应对炉壳内径及托圈间距的水平度进行校核。

7.2.29 因铸石板受到急冷急热会发生龟裂，为避免焊接时热量传递到铸石板上；另外，为了保证炉壳与铸石板的砌筑砂浆有良好的粘结，避免热态时由于杂质存在使内衬与炉壳产生剥离现象，在铸石板砌筑前，除尘器炉壳内托圈及金属网必须焊接完毕，并应进行炉壳除锈和清理焊渣等。

7.2.30 旋风除尘器内衬以炉壳为导面进行定位放线砌筑，既可以满足设计及生产要求，又可避免过多的加工铸石板。

7.2.31 旋风除尘器内衬均由五边形及六边形铸石板砌成，为保证铸石板内衬上下层之间的夹角一致、内径符合质量要求，故托圈上第一层铸石板砌筑前应干排验缝。

7.2.32 因铸石板是脆性材料，砌筑时用铁锤找正易导致铸石板破碎，故严禁使用铁锤找正。

7.2.33 旋风除尘器内衬均采用板内埋有金属丝的铸石板砌成。牵挂法砌筑即是将铸石板背面上的金属丝牵挂在炉壳金属网上的砌筑方法；埋入法砌筑即是将铸石板背面上的金属丝弯成涡旋状埋入砂浆层的砌筑方法。

8 炼钢转炉、炼钢电炉、混铁炉、混铁车和炉外精炼炉

8.1 一 般 规 定

8.1.1 炼钢转炉、炼钢电炉、混铁炉和混铁车均为可倾动的热工设备，因此强调必须在炉壳安装和试运转合格后，才可开始砌筑。同时还强调砌筑应在炉子的正常位置下进行，以保证正确地定位放线及安全。

8.1.2 近年来，随着冶金老企业的技术改造和引进新工艺、新设备，为适应炼钢工业飞速发展的需要，本章修订中新增“炉外精炼炉”一节，转炉和电炉各节为适应向大型化发展和技术进步的需要，修订幅度也较大。

表8.1.2中规定的对各部位砌体砖缝的要求，经实践证明是可以满足生产需要的。当前的主要矛盾是耐火砖的外形尺寸偏差大，往往使砖缝达不到本标准规定的要求，这个问题目前只能通过砖的挑选来解决。

表8.1.2中项次9和10，关于RH精炼炉砌体砖缝的要求，主要是根据国内引进“RH真空处理装置修砌技术操作规程”而制订的。

8.2 炼 钢 转 炉

8.2.2 钢壳尺寸公差应符合设计要求，其半径误差不大于5mm。砌筑中，必要时可在钢壳与砖之间铺垫细镁砂，其厚度不大于3mm。

8.2.3 炉底按十字形对称砌筑，其砌体的整体性较好，尤其是圆形底和球形底更是如此。

炉底砌体按十字形砌筑时，上下两层错缝角度为30°～60°，按同心圆环砌筑时，上下两层砖缝要错开。这样能增加砌体的整体性，同时可以防止钢水沿着贯通缝往下渗透。

为了避免出钢时钢水沿砖缝冲刷造成炉底损坏，炉底最上一层砖的纵向长缝应与出钢口中心线成一交角。

炉底十字形砌体最上层砖必须竖砌，是为了增加其结构的稳定和防止漂浮。

8.2.4 反拱底四周与炉身砖墙的接触面，不但要加工成水平面，而且这个水平面还要求加工得非常平整，以确保该接触处的砖缝不致过大以及保证炉墙的平整度。

8.2.5 因转炉内衬砖要避免与水接触，故规定转炉内衬为错缝干砌。砖缝内必须填满干耐火粉料。为保证干粉料填充密实，必要时应用木锤轻击耐火砖，使砖缝中填满干耐火粉料。

8.2.6 “合门砖”是砌体的薄弱环节，砖缝难以控制。“合门”时可用几种砖号调整或加工砖“合门”。加工后的砖强度易受到影响，因此，必须精细加工，严禁使用加工后出现裂纹的“合门砖”。

8.2.7 大型转炉永久层砖中，一般有上、中、下三层托砖板。下层托砖板通常是事先焊接的，而上、中两层托砖板应按永久层的实际砖层高度进行焊接，这样既能保证砖与托砖板之间的膨胀缝符合要求，又可避免砖的大量加工。

8.2.8 出钢口是转炉炉衬的关键部位。出钢口的位置如不端正，出钢时钢水便会射向钢水包的边沿或外边，极容易出现烧坏设备事故和安全事故。所以砌筑转炉的出钢口应仔细，使出钢口位置端正、直顺，角度应符合设计的角度。

出钢口砌体和出钢口铁壳间，或出钢口工作套筒砖和永久层砖之间按设计规定及时仔细地填实捣打料，这样既可防止炉子倾动时砌体松动受损坏，同时在砌体万一损坏时还可挡住钢水，避免烧坏出钢口铁壳。

8.2.9 对接活炉底时，应使炉底的油压设备有足够的上顶压力和冲程，使炉底与炉身接触严密，保证接缝的质量。但要注意，水平接缝处的镁质耐火泥浆未硬化前，不得倾动炉体，否则接缝处松动，容易漏钢水。

根据国内转炉结构，活炉底分两种：一种是整个炉底可以活动，采用水平接缝方式；另一种是炉底中心部分可以活动，采用垂直接缝方式。垂直接缝时，为保证炉衬的严密性，须将炉衬预热，刷上粘结剂，然后仔细分层捣实接缝内的填料。

上活炉底时，销钉要敲紧并使之受力均匀，这是保证接缝质量的关键。如销钉有紧有松受力不匀，就有可能使接缝处发生裂纹或裂缝，造成漏钢水事故。

8.2.10 由于转炉炉衬易受潮，所以砌筑完内衬以后，必须采取防潮措施，并且不要存放太久，尽早安排投入生产。

8.3 炼钢电炉

8.3.2 考虑炼钢电炉炉底材料不能受潮的特性，炉底砌筑应采用干砌，砖缝内要填满与砖成分相适应的干细耐火粉。为加强炉底砌体的整体性、严密性和牢固性，炉底砖层列上下要错30°~60°交角。最上一层工作层砖要竖砌，主要是为了增加其结构的稳定和防止漂浮。

8.3.4~8.3.7 对直流电弧炉炉底电极与阴极板的砌筑质量作了严格的规定，直流电弧炉炉底是导电体，其砌筑质量直接影响到供电效率及电炉使用寿命和生产安全，因此必须做到精细施工，避免不同品种耐火材料之间的空缝、接触不良等，捣打料必须密实。

8.3.8 出渣孔砖与套环砖之间的间隙，之所以要等工作层打结完后再用打结料填实，是为了防止在打结炉底的过程中造成出渣孔偏移。

8.3.10 打结炉底应分层进行，每次铺料厚度不大于200mm，便于保证捣打质量。

8.3.11 出钢口是电炉炉衬的关键部位。为了防止电炉倾动和出钢时砌体被损坏，对出钢口处的砌体应仔细认真地砌筑。有捣打料的地方，亦需仔细认真地捣打。

8.3.12 电炉炉盖放得不平，依据炉盖所找的中心点和控制线以及电极口等点线位置均会歪斜，砌出的砌体自然不会合格，所以砌砖前电炉炉盖一定要放平正。

炉盖砖按十字形砌筑时，其结构强度较好，能延长炉盖的使用寿命。

炉盖四周的砖紧靠炉盖圈砌筑，砌体才不会松动。

8.3.14 电极口及其周围的砌体是电炉砌体中技术要求较高的重要部位，故着重提出“应仔细加工砌筑”。保证电极口砖圈的直径对电炉生产有重要的意义。如果电极口圈直径过小，会影响电极的升降操作；如果电极口圈直径过大，就会冲出大量烟尘，损失大量的热能，并增加对环境的污染。

各电极口的中心距离应符合设计，以免影响电极棒的升降操作。此处规定的允许误差值为±5mm，经过努力是可以达到的指标。

8.4 混铁炉

8.4.1 混铁炉的砌体以炉壳为导面进行定位放线砌筑，可以避免过多的加工。

8.4.2 镁砖易吸收水分而变质，因此要干砌。为保证砌体的整体性和严密性，干砌的砖要互相错缝，砖缝中填满干燥的细镁砂粉。

混铁炉底部黏土耐火砖和隔热耐火砖的砌法，各地做法不一：有的将其干砌，有的先湿砌然后烘干，有的湿砌不烘干，我们认为采用湿砌时以烘干为宜。

8.4.3 混铁炉端墙和前后墙交接处，过去设计为一条直缝，这种砌体结构整体性差，加工砖多，且容易发生漏铁水事故。我国目前各主要钢厂多数已将混铁炉的后墙和端墙改为按炉壳退台平砌，并与平砌的前墙交错砌成整体，效果较好。

当后墙用楔形砖砌成弧形，不与端墙错缝砌筑而成直缝时，该直缝两边应仔细加工砌筑，尽量使砖缝小，接触严密，使铁水不易渗透。

8.4.4 在生产操作中，混铁炉前墙经常受铁水的冲刷和撞击。如果出铁口两侧墙不与前墙交错砌筑，炉墙就容易裂开，某炼钢厂就曾发生类似事故。所以特规定出铁口两侧墙要与前墙交错砌筑。

根据许多钢厂修建混铁炉的经验，砌筑出铁口时，两侧墙角1m距离以内不留膨胀缝，以增加抵抗铁水冲刷和侵蚀的能力。实践证明这样做效果较好，故保留原条文。

8.4.5 端墙烧嘴和看火孔周围约一块砖范围内，耐火砖如果不紧靠炉壳砌筑，易从这里向外窜火，将炉壳烧红烧坏。

8.4.6 混铁炉的拱顶砖是砌在拱脚板上并靠拱脚板托住的。因此在砌拱顶砖之前，应对拱脚板的焊接质量、标高和平整度进行检查。只有检查合格后才允许砌筑拱顶砖，以确保拱顶的砌筑质量和生产中不致因拱脚板的安装质量问题而造成砌体的损坏。

8.4.7 混铁炉的拱顶，由于受铁壳限制，只能从两端向受铁口方向环砌。上下层砖及填料如果不同时施工，拱胎向受铁口移动后，上层砖及填料便无法施工，质量无法保证。因此规定上下层拱顶及填料应同步进行施工。

为了保证受铁口拱圈砖与周围拱顶砖形成牢固的整体，同时也便于加工砖，受铁口拱圈范围内的拱顶应错缝砌筑。

8.4.8 受铁口拱圈砖是混铁炉极易受损坏的关键部位，拱圈周围的楔子砖加工的好坏，直接影响着混铁炉的寿命，故受铁口拱圈砌体及周围应仔细加工湿砌。

混铁炉新建时，拱顶一般为干砌，但受铁口拱圈及周围的楔子砖如果采用干砌，就容易“抽签”掉砖，故各钢厂均在该处改为湿砌，实践证明湿砌比干砌效果好。

8.5 混 铁 车

8.5.2 砌筑混铁车的内衬之前，必须调正装铁水的罐体，并采取措施将其固定，同时还需将混铁车进行固定，然后按受铁口的中心和两端部倾动中心轴定位放线，按线前后对称、左右对称砌筑内衬。这样砌筑的混铁车装铁水后重心平衡，行走平稳。

8.5.3 在重大的铁水压力和行走振动作用下，砌体很容易松动，故永久层黏土耐火砖必须紧靠炉壳湿砌，不能留有空隙。

8.5.4 当铁水装入混铁车时，底部中心部分首当其冲，因此砌体尤其要严密结实，坚固耐用。混铁车下半圆砌体从中心开始往两端砌筑，有利于确保该部分砌筑质量。

由于受铁壳限制，上半圆砌体只能由两端向受铁口方向砌筑。上半圆先砌永久层可保证永久层质量。

砌工作层的同时，仔细地填充捣实工作层与永久层之间的浇注料，可以加强混铁车的整体性和严密性，以防止铁水往永久层渗透，从而提高混铁车的使用寿命。

8.5.5 混铁车罐体中间一段是卧式圆柱形，两端是卧式截圆锥形。由于结构形状的限制，锥形部位的砌体只能环砌，中间直筒段则须错缝砌筑，受铁口部位与两侧砌体可在错缝砌筑中连成整体，保证整段砌体的完整与牢固。

8.5.6 要求下半圆工作层和永久层之间耐火浇注料层找圆、抹光和压实是为了工作层能符合设计尺寸，生产后不致松动。当工作层受侵蚀后，严密的浇注料层还可作为一道防线，防止漏铁水。

8.5.7 混铁车的两端部与锥体部接触处是整个内衬的薄弱环节，接触稍有不良便容易渗漏铁水，所以接触处应仔细加工砌筑。为保证混铁车设备重心平衡，内衬砌筑时应保证两端部工作层的圆心与炉壳的倾动中心相吻合，同时应从两端部倾动中心往下返砖层，确定接触处加工砖的尺寸。

端部工作层砖墙做得越垂直，锥体部环砌的砖也能砌得越垂直，各环砖都能保持平行，内衬质量就能得到保证。因此要求两端部工作层砖墙立面垂直误差保持在2mm以内。

8.5.8 受铁口处的拱脚板承托着受铁口周围的砌体和浇注料，而且长期受高温和振动的作用，所以除要求有优良的材质外，还要求安装时焊接牢固、板面平整。

8.5.9 受铁口处设计采用耐高温、耐冲刷、强度很高的一种特殊耐火浇注料，在现场直接浇注。受铁口是混铁车的重要部位，现场浇注时必须小心、仔细。首先模板要支立正确、牢固。在浇注时，要注意四周辅料均匀、对称振捣，以防模板发生位移致使受铁口变形而对生产不利。

8.5.10 混铁车在砌筑前，要将车体安置在计划的位置，并调正固定。内衬砌筑完毕前，严禁拖动车体，以免未砌筑完的砌体和浇注料层在车体行走振动中裂开缝隙，从而留下隐患。

8.6 RH 精炼炉

RH精炼炉分整体和分体式，本节只按分体式RH精炼炉制订。

8.6.1 选用镁铬砖时外形尺寸偏差为±0.5mm。

减少砖层错台的保证措施主要在于设计砖宽面不要太大，加工“合门砖”时必须用切砖机保证公差范围。

8.6.2 组合砖是使用于各孔洞砌体的一种多块成型

或加工砖的组合砌体，其优点是结构科学，内部受力传递合理，能保证施工质量。为保证加工组合后的耐材组合件不发生二次加工，应严格控制其高度偏差不应超过0~3mm。

8.6.3 浸渍管组合砖砌在专用托盘上，各环砖立缝要错开。安装氩气管要均匀分布在砖上。组合砖可用镁铬泥浆砌筑。

8.6.4 制作成型的浸渍管要养护24h，并在此期间适当再加水进行养护。

8.6.5 砌筑环流管前先上好托盘，在托盘上铺垫3mm厚的胶皮，组合砖与钢结构之间用刚玉捣打料打结，养护24h后方可砌上循环管。

9 均热炉、加热炉和热处理炉

9.1 均 热 炉

9.1.1 实践证明本条内容宽严适度、符合实际情况，故仍予保留。

9.1.2 揭盖机轨道表面标高决定了炉盖开启（关闭）时其下部砂封刀的标高，炉盖下部砂封刀的标高应与炉膛墙上部的烧嘴、砂封槽标高相适应，所以应以揭盖机轨道表面标高确定炉膛各部位的砌筑标高。

9.1.3 干出渣的均热炉炉底，因受刮渣板的机械作用而容易损坏，其检修周期比炉膛墙短，故应做成活底。

9.1.4 表9.1.4项次1，均热炉炉膛温度较高，并经常受到炉料撞击和高温气流的冲刷，液体出渣的炉子工作条件更坏，所以砖缝厚度不宜大。多年实践证明，炉膛部分的砖缝定为不大于2mm是合适的，这也与国外的设计相符。

项次3，均热炉炉盖工作条件更为恶劣，除受高温冲击外，又受急冷急热的影响，极易损坏，故砖缝厚度定为不大于1.5mm。

9.1.5 表9.1.5项次3，因均热炉烟道下部的通风道砖垛上表面要铺钢板或直接砌砖，所以对通风道砖垛上表面的相对标高差应有较高要求。原规范项次3“烟道下部通风道的上表面各点相对标高差”，现修订成“烟道下部通风道砖垛上表面的相对标高差”，部位更具体、准确。

9.1.6 均热炉投入生产后，炉墙向上膨胀。均热炉主烧嘴的烧嘴砖位于炉墙上部，炉墙膨胀也必然会引起烧嘴砖上升。因此施工中必须使炉膛墙上表面和主烧嘴烧嘴砖的标高（冷态尺寸）符合设计要求。

9.1.7 本条原规范条文为“炉膛上部可采用磷酸盐耐火浇注料或可塑料作为内衬”，修订后为“炉膛墙、炉盖的工作层炉衬、烧嘴结构等部位可采用耐火浇注料或耐火可塑料等不定形耐火材料”。本条修订后，一是扩大了耐火浇注料或耐火可塑料在均热炉炉膛使用的范围（不局限于炉膛上部）；二是扩大了炉膛墙使用耐火浇注料品种的范围（不仅限于磷酸盐耐火浇注料）。近十多年来耐火浇注料发展很快，品种多，质量好。适用于均热炉炉膛墙使用的耐火浇注料不仅限于磷酸盐耐火浇注料，使用部位也不仅限于炉膛墙上部。炉膛墙工作层内衬、烧嘴结构使用耐火浇注料已是成熟的技术。耐火可塑料应用于均热炉炉盖也已有十几年成功使用的经验，已形成了完整的施工、检修工艺，是一项成熟的技术。所以均应在规范修订中予以体现和明确规定。

炉膛墙的锚固砖是为了提高炉墙的稳定性和整体性，炉盖的锚固砖是承重结构，所以均必须设置锚固砖，其施工应按本规范第4章的有关规定执行。

9.1.8 拱形炉盖从四边拱脚开始交错砌筑，对保证质量和加快进度都是有利的。

9.1.9 吊挂炉盖边缘的砌体是较薄弱的环节，故强调应仔细加工砌筑。为避免炉盖周围的楔形砖加工后尺寸过小而影响质量，对其加工后的小头尺寸作了必要的规定。

这次修订对原条文中“并应用耐火泥浆填充缝隙”改写为“砖与框架之间的间隙应用耐火泥浆填充饱满”，指向更明确具体。

9.1.10 砖结构炉盖用耐火泥浆灌缝是保证炉盖严密的重要措施之一，故列入规范规定。

这次修订对原条文“砌完炉盖后”改写为“砖结构炉盖砌完砖后”。使本条文的适用对象、实施时机更具体。

9.2 加热炉和热处理炉

9.2.1 本条明确了连续式加热炉水冷梁的纵向中心线应以炉膛纵向中心线为基准，台车式加热炉炉膛纵向中心线应以台车轨道纵向中心线为基准。

9.2.2 本条明确了连续式加热炉、台车式加热炉炉膛各部位砌筑的标高基准。

9.2.3 经十多年的实践证明，原规范的规定合理、切实可行，本次修订仍予保留。

9.2.4 本条为新增条文，明确规定加热炉和热处理炉各部位砌体的允许误差，应按本规范表3.2.3的有关规定执行。

9.2.5 连续式加热炉炉膛墙、烧嘴等结构都位采用耐火浇注料或耐火可塑料，已是成熟的技术，故将其纳入规范。吊挂式平顶采用耐火浇注料或耐火可塑料，其使用效果优于吊挂砖结构，故规定吊挂式平顶宜采用耐火浇注料或耐火可塑料。

9.2.6 考虑到炉料荷重的影响，加热炉水管托墙下面不应砌筑耐压强度较低的隔热砖。因一般图纸上均不画大样图，也很少在图上加以说明，故纳入规范，以引起注意。

加热炉的水管托墙与水管托座间必须紧密，其间不得有缝隙或松软材料，以防止墙局部松动造成水管下挠而影响推钢。

9.2.7 本条将原规范的“砂封附近的砌体表面必须保持水平”改写为“砂封结构的砌体表面必须保持平整”，将“同时砂封和炉墙的位置应同轨道中心距离相适应”改写为“砂封槽的位置和宽度应与台车（炉盖或炉门）的砂封刀相适应”，修订后概念更准确，要求更具体。

9.2.8 烧嘴砖与烧嘴铁件（或烧嘴安装板）间垫以松软材料，投产后容易造成该部位炉壳烧红变形，所以强调烧嘴砖应紧靠烧嘴铁件（或烧嘴安装板）砌筑，不允许在其间垫轻质隔热等松软材料。

9.2.9 低压涡流式煤气烧嘴，烧嘴铁件喷出口末端短于烧嘴砖颈缩的起始部位，容易造成烧嘴喷出气流不畅、回火烧红炉壳等故障。此问题施工时容易被忽视，纳入规范，以示强调。

9.2.10 水冷梁系统不做水压试验和试通水就开始筑炉，试车时水冷梁漏水或不通畅，会造成筑炉工程的无谓返工，所以强调必须在炉体砌筑之前做水压试验和试通水。

9.2.11 步进式加热炉步进梁系统隔热包扎工程量较大、结构空间小、形状复杂，不采用装配式异型钢模板、附着式振动器，难于保证隔热包扎的工程质量。

9.2.12 水冷管包扎是重要的节能措施之一，因此，类似加热炉炉内的水冷管支承管，均应采取包扎措施。本条文明确规定了包扎水冷管应注意的技术要点和措施。

9.2.13 环形加热炉炉底边缘砖与炉墙凸缘砖及其以下的墙间的间隙（冷态尺寸），设计已考虑了炉子加热后各部位砌体膨胀的影响，施工时应注意其间隙不得小于设计规定的尺寸，以免影响炉体的正常运转。

本次修订将原规范条文“环形加热炉炉底边缘砖和凸缘砖以下的炉墙，应准确按炉子中心砌筑，墙与底之间的间隙，不得小于设计规定的尺寸”改为“环形加热炉炉底边缘砖、炉墙凸缘砖及其以下的墙，应准确按设计尺寸砌筑。炉墙凸缘砖与炉底边缘砖之间的环形间隙不得小于设计规定的尺寸”。修订后的条文比原规范条文更准确，易于操作。

环形加热炉内环墙楔形砖大头朝向炉内，炉墙受热膨胀时，会使楔形砖越胀越松散，如常温时内环墙就向炉内倾斜，生产时内墙就容易倾倒。

9.2.14 吊挂炉顶吊挂铁件的中心距、标高，直接影响炉顶挂砖的砖缝尺寸、挂砖间的错台等质量项目，因此挂砖前要对挂砖铁件的质量进行检查，并使挂砖铁件的中心距、相对标高差符合本条的规定。

9.2.15 大型环形加热炉多采用吊挂炉顶，炉顶挂砖的排列以环为单位，砌筑时应在炉顶标高变化处做出控制线，以环为单位逐排砌筑，避免出现三角缝，给施工带来困难，影响炉顶砌砖质量。

9.2.16 砌筑挂砖炉顶支设砌砖托板（或称做底模板）可以方便砌砖操作，保证已砌完炉顶砖的稳定和表面平整，托板应随砌砖随铺设。铺设的宽度（长度），以满足挂砖操作为度。

9.2.17 本条将原规范条文“电阻炉砌筑时，电热元件引出孔的位置应端正，尺寸应准确，其挂钩的方位和距离应符合要求”改写为“砌筑有电热元件的电阻炉时，其电热元件引出孔应砌筑端正，尺寸应准确；电热元件挂钩的方位和距离应符合设计尺寸；砌砖过程中应防止电热元件挂钩受到损坏”，修订后的条文比原条文表达的意思更准确、全面。

9.2.18 砌筑辊底式炉时，采用金属模具预留炉辊孔洞，可以加快施工速度，又能保证施工质量，这是一项成功的经验。本次修订保留该条文。

9.2.19 以炉壳为导面铺砌各层炉衬，能保证层间严密无空隙。炉墙较高时从上往下逐段施工，可避免炉衬受到损坏和污染。

10 反射炉、矿热电炉、回转熔炼炉、闪速炉和卧式转炉

近十多年来，重有色冶金随着老企业的技术改造，引进了不少新工艺、新炉种。为适应有色筑炉技术的发展，本次修订取消了鼓风炉一节，增加了回转熔炼炉一节。

取消鼓风炉的理由：第一，该炉种用于火法炼铜，因其工艺落后，属被淘汰炉种；第二，作为铅锌鼓风炉来说，因其砌筑工程量小，施工特点不突出，可按本规范共同规定施工。

回转熔炼炉即是通称的诺兰达炉，回转熔炼炉是根据其结构和工艺特点而取名的。

增加回转熔炼炉一节的理由是：第一，该炉是目前世界炼铜行业较为先进的炉种之一，我国已有成熟的施工经验；第二，有一定的施工特点和难度；第三，我国还将新建。

10.1 一般规定

10.1.1 本条所列几种重有色炉各部位砌体的砖缝厚度按原规范结合生产经验进行了修订。除取消了鼓风炉并增加了回转熔炼炉的有关规定外，对反拱底的放射缝和环缝作了区别，放射缝不大于1mm，环缝不大于1.5mm。其他炉种，使用条件比较苛刻的部位，如浸在熔体中的一般按Ⅰ类砌体要求，熔体面以上的按Ⅱ类砌体要求，比较适合生产使用的实际情况。

10.1.2 退台砌筑能使捣打层的厚度趋于均匀。反拱捣打层厚度太小不易捣实，其最小厚度不应小于50mm。

10.1.3 分层捣打是保证捣打致密的必要措施。为了使捣打层与下部砌体相接面以及每层已捣料层之间紧

密结合，在捣打前应清扫下部砌体的表面并喷洒少量卤水润湿，在捣打上一层捣打料前，耙松下一层已捣表面4~5mm。捣打层的弧度是保证捣打层上部砌体弧度的先决条件，故规定捣打层表面与弧形样板间的间隙不得大于3mm。

10.1.4 上部有捣打层的反拱下部黏土耐火砖层留设排气孔，是保证捣打料烘炉烧结时排气通畅的重要措施，以避免捣打料烧结时鼓泡上翻。

10.1.5 为避免镁质砖受潮，反拱宜干砌。干砌时所采用的镁砂粉应干燥，因干镁砂粉的流动性好，能保证砖缝填充饱满。

试砌是砌筑反拱的一般规则，是保证反拱质量的必要措施。

10.1.6、10.1.7 由纵中心线同时向两侧对称砌筑是保证反拱弧度及拱脚对称一致的重要方法。反拱与拱脚和端墙下部与反拱面的接触处如不严密，容易引起渗漏，故必须仔细加工并湿砌。

10.1.8 砌体与炉壳之间的填料，除起隔热保温作用之外，同时有吸收砌体膨胀的作用。如果填料填充不满，在炉体转动或砌体升温膨胀时，会造成砌体松动或熔体泄漏等事故。要求砌3~4层填充一次填料，便于填满和捣紧，避免空洞。

10.1.9 这些孔洞部位经常受高温熔体的冲刷、操作时受机械的碰撞，容易松动损坏，故应仔细错缝湿砌，以提高砌体的整体性。

10.2 反 射 炉

10.2.1 炉底黏土耐火砖干砌施工方便，并可减少烘干工序。

10.2.2 炉底第一层砖是保证整个炉底及炉墙砌筑质量的基础层，故应按测量确定的水平线拉线砌筑平整。

10.2.3 渣线以下砌体因与熔体接触，故其砖缝厚度定为不大于1.5mm，并宜干砌。所用的砖应进行预选和加工，才能保证砖缝要求。渣线以上砌体因不与熔体接触，为减少砖的加工量和提高砌体的气密性，故宜采用湿砌，砖缝定为不大于2mm。

10.2.4 加料口区系炉顶的关键部位，应错缝湿砌。为保证该区与第一层吊挂砖接触严密，二者间也应湿砌。

10.2.5~10.2.7 镁铁捣打料的施工方法、配料干湿度和捣实程度的检查方法，是根据多年的施工经验制订的，经实践证明是行之有效的。按此要求施工，捣打层致密坚实、不渗漏。因卤水调制的捣打料硬化较快，搅拌好的料应尽快用完，硬化后的料不得使用，否则会影响施工质量。由于搅拌好的料的硬化受气温的影响较大，故本次修订将原来规定1.5h内用完改为1h内用完，以保证捣打料的质量。

10.3 矿 热 电 炉

10.3.1 矿热电炉种类较多，本节是指铜镍熔炼及渣贫化所采用的矿热电炉。

10.3.2 因接地线露出炉底上表面，如与炉底砌体结合不严密，会引起炉底泄漏。若接地线钢带不按规定伸出炉底上表面，则失去了接地线的作用，故应按要求仔细砌筑。

10.3.3、10.3.4 因矿热电炉炉顶结构复杂，孔洞较多，如位置不准确，将会影响炉顶设备的安装，故重点强调了炉墙上表面平整度误差和两侧墙上表面相对标高差的规定。同时耐火浇注料预制块四周的砖必须砌紧，以保证炉顶结构的稳定，防止塌陷。

10.3.5 采用耐火浇注料现场浇注的炉顶，其强度、整体性及密封性能均较好，但在施工过程中将有大量的水流淌。因此，对下部的炉墙和炉底镁质砖砌体必须采取防水措施，防止受潮水化。

10.4 回 转 熔 炼 炉

10.4.1 炉衬砌好后不允许转动调试，因此，转动调试必须在砌筑前完成。

10.4.2 在炉体托圈上安装临时机械限位是确保施工安全的必要措施。因炉体设备大，转动功率高，为保证施工安全和烘炉期砌体的稳定不能只靠断电，断电后还应采取机械限位固定的双保险措施。

为避免局部松动，必须待烘炉完成，炉体膨胀均匀后方可拆除限位。

10.4.3 拆除渣端盖施工是因该炉的特殊结构和施工材料需由此处进出所决定的。

10.4.4 本条强调圆周起首两层砖应同时砌筑，并保证两层砖之间的纵向砖面与炉体纵向剖面相吻合。只有这样，才便于控制砖层平整，保证工程质量。

10.4.5 冰铜口的位置和角度要求准确。为保证放出口位置的准确性，冰铜口砖应先砌。周围湿砌是为了加强该部位砌体结构的整体性和防止渗漏。

10.4.6 风口区是该炉的关键部位，风口区寿命的长短决定了整个炉子寿命的长短，所以要求湿砌，以保证结构稳定性。为避免不均匀膨胀，亦不留膨胀缝，膨胀让其他部位吸收。为降低使用过程中的热强度，与炉壳之间应采用碳化硅泥浆填充，以利于炉衬的传热与散热，同时注意碳化硅泥浆不应过厚，否则钻孔时或使用过程中会出现松动和空隙。

10.4.7 端墙与圆周砌体之间，因是弧形面相接，只有精细加工才能保证结合严密，防止窜漏。

10.4.8 钢拱胎施工是一个施工方法问题，也是该炉施工的特点之一，条文规定的是行之有效的经验。

10.4.9 炉口反拱施工因固定砌筑，炉口朝天，难度较大，按条文规定的方法可以比较顺利地解决炉口反拱砌筑的难题。

10.4.10 炉口是该炉的易损部位，砌筑时，必须保证结构牢固。锁口时，锁砖在卧式圆形砌体顶部，若使用直形砖，砌体极易松动，影响使用寿命。

10.5 闪 速 炉

10.5.1 为了提高砖缝内泥浆的密实性，必须勾缝，并应在砖缝半干状态时进行，以保证泥浆结合紧密牢固。

10.5.2 闪速炉的冰铜口、渣口等各孔洞部位组合砖，必须在施工前进行预砌筑，并进行必要的修正加工，以保证该部位的施工质量。

10.5.3 H形钢梁是一种镶在砌体中的伴有带翅片冷却水管的梁，是闪速炉特殊立体冷却系统的重要组成部分，这种梁保证了大型闪速炉的稳定作业。因此在钢架下部的耐火浇注料浇注时，必须注意保护好架内预埋的水冷铜管，并设法使水冷铜管周围浇注密实。浇注后应按规定进行养护，达到吊装强度后才可安装，以确保其质量。

10.5.4 闪速炉反应塔是精矿、燃料及预热空气等进行熔炼反应的高温区域，该处内衬的工作条件非常苛刻，其连接部（反应塔与沉淀池拱顶、上升烟道与沉淀池拱顶相接处）的耐火砌体不断受高温火焰和含尘烟气以及熔体的冲刷，损坏很快。将带有翅片的水冷铜管和水平铜套围绕整个塔侧墙，与各部位的水冷梁一起构成了闪速炉的特殊立体冷却系统，它不仅能延长耐火内衬的使用寿命，而且能大大地改善操作条件，故必须保证水冷铜管处的耐火浇注料施工质量。与浇注料接触的铬镁砖表面应做防水处理（如刷以沥青漆），以免影响砖砌体质量。

10.5.6、10.5.7 由于沉淀池底砌体与熔体接触，最重要的是防止渗漏和炉底砖上浮，同时还必须防止砌体因热膨胀而引起裂缝。采用反拱底是防止炉底砖浮起的重要措施之一，而反拱拱脚是保证反拱砌筑质量的重要环节，故反拱底必须预砌筑和仔细加工调整拱脚砖。

砌筑最上一层反拱底前，应将下层反拱表面的凸凹不平处用砂轮磨平，避免砌体的点受力，并保证两层反拱底接触紧密。

最上一层反拱底的拱脚表面用砂轮打磨，并与端墙反拱找平层顶面找平，为上部炉墙砌筑打好基础。

10.5.8 因各孔洞部位经常受高温熔体、固体物料、烟气的冲刷和操作时的机械碰撞，容易松动和渗漏，故砌筑炉墙有孔洞的部位时，必须从孔洞处的组合砖开始，并应仔细砌筑。

10.5.9、10.5.10 反应塔生成的熔融产物落入沉淀池后，冰铜与炉渣在池内分离，烟尘沉降。位于反应塔下方的沉淀池的前端墙和侧墙，均处于反应塔的延伸部位，和沉淀地后端墙一样，受烟气流动的影响，引起熔体冲击炉墙而损坏砌体。渣线以下砌体，除选择优质的耐火材料外，也像反应塔一样采用水冷铜管、水平铜水套和倾斜水套进行冷却。为了防止冷却系统受施工操作的损坏，应在沉淀池炉墙砌至靠近水冷装置时再进行安装，并应经检验合格后才可继续砌筑。倾斜水套壁与电铸砖砌体之间以及该部位黏土耐火砖与炉壳波纹板之间，均应逐层填充浓泥浆和填充料，以加强砌体的整体性，使砌体与冷却装置接触紧密。

10.5.11 为防止沉淀池炉顶的纵向变形，保护两端连接部，采用H形水冷加固梁，固定于钢梁两侧的带槽砖用楔形砖锁紧。为使砌体均匀受力和膨胀，以及保证烟气流动时阻力最小、烟尘沉降速度最快的炉顶弧度，故用耐火陶瓷纤维制品调整楔形砖与两侧带槽砖的高度差，并使其高度差大致相等。

10.5.12 沉淀池炉墙四角处预留的空隙属集中膨胀缝，用以消除砌体膨胀和测量砌体膨胀值之用。故应在炉衬升温之后、投料之前，待砌体完全膨胀定型后再填充填料。

10.5.13 反应塔呈半扁平形，由三圈同心的H形钢梁及砌体所构成。因H形钢梁接缝处的加强板凸起于钢梁表面，故必须将该接缝处的砖加工找平。钢梁周围带槽的砖必须与钢梁上的圆钢环配合砌紧。各环锁口砖也应仔细加工，按规定位置锁口，使砌体均匀地承受载荷。

10.6 卧 式 转 炉

10.6.2 转动砌炉法操作方便，是提高砌筑质量的有利条件，但必须做好已砌部分的支撑，以保证施工安全。

10.6.3 砌筑前用耐火陶瓷纤维塞紧炉壳端盖与筒体间的缝隙，以防止因填料流失而引起的砌体松动或炉壳变形。

10.6.4 因风眼区砌体温度高，同时通风眼操作对砌体震动大，为避免风眼区填料干燥后受震动流失，引起砌体松动，故风眼区填料采用卤水调制。填料湿度不宜过大，以能捣实为准。

10.6.5 端墙干砌便于施工，对炉衬的使用寿命也没有影响。因铅的熔点低、密度大、容易渗漏，故炼铅转炉炉衬应全部湿砌，以提高砌体的抗渗漏能力。

10.6.6 端墙与炉壳端盖间的填料边砌边填容易填实，但应注意不能捣得太紧，以便能充分吸收端墙砌体的热膨胀，防止端墙受热后向炉内倾斜。端墙与炉壳筒体间的填料应逐层填紧，以防止炉体转动时填料受压缩而使砌体松动。

10.6.7 先砌端墙便于圆周内衬的拆修，同时圆周内衬对端墙起加固的作用。大型转炉因端墙砌体的自重大，施工中炉体转动时因填料压缩而使砌体松动位移，故要用木楔楔紧受压部分。

10.6.8 圆形砌体的放射缝应通过圆心，在炉壳没有变形的情况下，端墙圆心垂线间的连线即可定为第一层砖的基准线。如果炉壳有变形，可用调节砌体与炉壳之间填料的厚度来保证砌体的圆周半径。

10.6.9、10.6.10 国内直形砖风眼结构的转炉风眼区砌体比上部圆形砌体厚，故风眼上部砌体必须按上部圆形砌体与风眼砌体的厚度差均匀退台。因风眼上部砌体的砖缝不通过圆心，呈矩形的风眼区砖因炉体转动时容易引起砌体松动，同时降低了砌体抗熔体冲刷和抗侵蚀的能力，直接影响炉衬的寿命，故风眼砖必须放正砌平，填料必须捣实。

10.6.11、**10.6.12** 锁砖如不紧或内、外砖缝不一致，会使砖产生点受力或线受力而导致砌体松动塌陷，故必须锁紧，填料要捣实。

10.6.13 大直径圆周砌体，特别是风眼区砖缝不过砌体圆心的干砌卧式转炉砌体，转动时因填料受压极易松动，甚至会产生砌体塌陷的事故。故只有经过烘烤，砌体膨胀、挤压牢固后，才能自由转动。

11 铝电解槽

11.1 一般规定

11.1.1 针对炭素材料及耐火制品不能受潮这一特性，要求在铝电解槽筑炉施工时，应在厂房能达到防雨、防雪的条件下才能进行，并且内衬施工完后，不能长期搁置，应立即送电投产，这样对槽体的质量和使用寿命都是有益的。

11.1.3 由于目前生产炭素材料的厂家较多，虽然国家有了统一的标准，但各家原材料和生产工艺条件不尽相同，其产品的性能也不会一致，采用本条规定的措施，对改善电解槽的生产条件、提高槽体的使用寿命都是有益的。

11.1.4 控制阴极和阳极的比电阻是本规定的目的。

施工中，采用喷砂或酸洗除锈，其效果基本一致，且劳动强度都较低，施工进度快。

11.1.5 本条规定经过多年的施工与生产实践已证明是合适的，也是可行的。

某些厂采用了新槽型，该槽型具有较高（大于200mm）的捣固炭素槽帮，生产中铝液不易与侧部炭块直接接触。其施工规程规定，侧部炭块用炭素泥浆砌筑，两块间的垂直缝厚度不大于1.5mm。生产实践证明效果很好，故纳入表11.1.5中。

11.1.6 多年实践证明，原规范的规定合理、宽严适度，故本次修订仍予保留。

表11.1.6第1项次（1）中规定采用拉线法检查黏土耐火砖底的平整误差，这对底表面意味着不但要有平整的要求，而且有水平的要求，于生产是有益的。施工中可先在槽壳上部的侧壁上测几个水准点，据此拉线检查与底表面的距离差。

国内某铝厂生产的经过精加工的阴极炭块，其尺寸偏差较小，高为±5mm，宽为±2mm。较现行材料标准规定的精度有了很大的提高。近年来新建铝厂及老铝厂大修多采用该厂的产品，使用此产品可大大提高施工质量和电解槽的槽龄。

11.2 内　衬

11.2.1 由于有底槽槽底隔热砌体内的水分不易排出，故国内外均将槽底下部的隔热层设计为干砌。根据国内铝厂的大修规程和引进槽的施工经验，我们认为硅藻土熟料粉、黏土熟料粉和氧化铝粉的流动性均好，容易填满砖缝，确保隔热效果，故在此予以强调。

11.2.2 槽底最上一层黏土耐火砖采用湿砌，可以保证砌体的平整和整体性，同时也便于清扫和阴极的施工。

11.2.3 槽底黏土耐火砖顶面的标高，是根据每台槽子槽底板的平整误差、阴极窗口的制作误差和阴极炭块组的构造等因素来决定的，并依此来确定其下部找平层的厚度。

在决定槽底黏土耐火砖顶面标高时，必须能保证阴极钢棒位于阴极窗口的中心，这是决定阴极炭块组安装质量的关键。在施工时，应引起充分的重视。

保证槽底的标高，就必须控制好夯振防渗料的松散厚度及压缩比。近年来国内不少铝厂已采用引进的槽底防渗料夯实的施工技术，所以增加本项内容。

11.2.4 引进的两种槽型，其侧部内衬均为砖砌体，且砌体与阴极钢捧之间采用软连接，经多年的生产实践证明是合理的。

11.2.5 目前国内大多采用耐火浇注料浇注侧部阴极钢棒周围，经过生产实践，证明是可以满足生产要求的。

11.2.6 侧部炭块干砌并填氧化铝粉，是国内各铝厂多年来的经验总结。为了将缝填满，可先在缝表面抹一层泥浆，待捣固炭素捣打料前再将泥浆清除干净。

固定侧部炭块分两种情况，当有固定槽沿板时，可在槽沿板与侧部炭块之间的间隙内打入木楔；当无固定槽沿板时，则用特制卡具将侧部炭块固定于槽壳上。

目前多数槽型已采用碳化硅制品，故增设本项内容。

11.2.7 角部炭块的砌筑，由于槽壳的原因，通常在其与槽壳之间有比较大的缝隙，所以应用耐火浇注料填实。

11.3 阴　极

11.3.1 控制好炭槽的加工尺寸，对保证阴极炭块组制作和安装的质量是必要的。本条所规定的数值是根据各铝厂的大修规程和有关设计规程的技术条件汇总而成的。施工实践证明，这些规定是适宜的，能够满足阴极炭块组制作及安装的质量要求。

11.3.2 制作阴极炭块组的专门技术规程应由设计单位提出，其主要内容是浇注物的性能、配合比及操作条件、操作工艺等。

制品的质量要求，是根据各铝厂的大修规程和引进槽的技术条件总合而成的。实践证明，这些规定可以满足施工及生产的需要。

所注物或阴极棒表面应与炭块表面持平，是基于施工中炭块组能够安放平稳，以及在焙烧阴极时钢棒不会产生下沉这两点要求而提出的。

本次修订规范时把“粗缝糊”一律改称“炭素捣打料”，以利于国内各行业间的称谓统一，也便于与国际通用名称和标准接轨。

11.3.4 安装阴极炭块组，先行放线及自中间向两端进行的安装顺序，是确保阴极中心与阳极中心一致的有效措施。

采用经过加工的阴极炭块，炭块组之间垂直缝宽度尺寸误差可达到±2mm。由于缝宽误差小，对施工及生产均是有益的，所以规定此条。

11.3.6 热捣法施工时，炭素捣打料及与其接触表面的加热温度，是受材料、气候及加热方法等因素制约的。所以本条不可能对加热的温度作出具体的规定，而指出应按各有关因素来确定炭素捣打料及与其接触表面的加热温度。同时还规定：捣固时与炭素捣打料接触表面的温度不应低于结合剂的软化温度。

冷捣施工法，国内外早已采用，国内铝厂已有成熟的经验，并正式纳入大修规程。从简化施工、降低劳动强度来看，此法是应推广的，故予纳入规范。施工中应按照本规范的有关规定执行。

本条中所述“应对与炭素捣打料相接触的表面进行干燥处理”，是指施工完的砖砌体或浇注料表面含有水分，则不利于其与炭素捣打料的结合，应经一定时间的烘干或风干。

11.3.7 为使炭素捣打料层与层之间结合更加密实而提出此条。

11.3.8 大容积电解槽各部的炭素捣打料捣固体，不仅断面不一，生产条件也有差异，故采用不同配合比的炭素捣打料是合理的。

对炭素捣打料捣固质量的主要检查手段是检测炭素捣打料的压缩比，这就要求严格控制其辅料厚度与捣固后的厚度以及捣固风压。

11.3.9 由于施工条件及炭素捣打料配合比的差异，施工前应进行试验，以确定炭素捣打料的压缩比。同时在试验中，亦需确定辅料厚度、捣固风压、走锤的速度及捣固的遍数等参数。

11.3.10 为了防止在捣固过程中阴极炭块组发生移动，先在阴极炭块组两端采取固定措施是必要的。固定可采用木楔及双向顶丝等用具。

11.3.11 大容积电解槽，炭块组与侧部内衬之间的缝隙总长达30m，宽达600mm以上，炭素捣打料用量达6t多。为了减少加热设备的数量，缩短各层间的间隔时间，合理地组织施工，达到确保工程质量的目的，采取分段施工是有益的。

11.3.12 用炭素泥浆粘接炭块组，是铝电解槽施工的又一发展方向，国外早已采用。国内各铝厂经多年试验已取得了成功的经验，有的已纳入大修规程。故本规范予以推荐。

应采用冷捣法施工，是因为采用热捣时炭素泥浆会产生流淌，从而影响了缝内的饱满度。国内已有这方面的教训。

11.4 阳　极

11.4.2 综合设计规定及部分铝厂的操作规程而提出本条规定。实践表明，这些规定可以满足阳极的安装及生产的需要。

炭阳极水平方向的裂纹，既影响其导电，又影响其使用寿命。故在本条第3款中加以明确规定。

12 炭素煅烧炉和焙烧炉

12.1 一 般 规 定

12.1.1 表12.1.1中所规定的数值，均沿用原规范的质量要求，实践证明，这些规定经努力是可以达到的，也是能够满足生产需要的。

表中第5项次所列的料箱墙和炕面砖，该部位砌体结构复杂，每块砖重达20kg，又是带孔和子母口的异形或特异形砖，要在施工中做到不大于2mm砖缝是很困难的。基于以上原因，本规范仍保留原规定为不大于3mm。

12.1.4 为保证炉子整体的准确性，强调本条。

12.2 炭 素 煅 烧 炉

12.2.1 表12.2.1中的误差数值是多年来一直沿用的质量标准。实践证明，在施工中这些质量标准经努力是可以达到的，同时也是能够满足生产要求的。

12.2.3 煅烧炉硅砖砌体的砖缝厚度，设计规定：煅烧罐和火道盖板为2±1mm，火道隔墙及四周墙为3±1mm。考虑到施工的可能和硅砖的特点，决定了本条的内容。

鉴于生产工艺要求煅烧罐和火道盖板的硅砖砌体应严密，而砖缝过小对其饱满度是不利的。所以施工中，应尽量将砖缝做成2~3mm，以确保砖缝饱满。

12.2.4 为了提高砌体的严密性，需要进行勾缝。煅烧罐外的砖缝必须在火道盖板砖砌筑前勾好，不然则无法进行。煅烧罐内的砖缝，虽可在施工完成后再勾，但不大方便，且不能随时发现和处理施工中可能出现的质量问题，故在此予以强调。

12.2.5 由于该部砌体用砖为异形砖，且两面均为工作面，砖面又不允许加工，施工中很难做到墙面的绝对平整。故本条文仅规定“不得有与排料方向逆向的错牙”，而对顺向错牙则规定不应大于2mm。

12.2.7 目前，煅烧炉顶部增设了隔热层及耐火浇注料顶板。考虑到硅砖砌体在烘炉过程中膨胀较大，致使顶部砖层产生裂缝，需在烘炉结束后进行灌浆修整。所以顶部隔热层和耐火浇注料应在砌体修整后施工。

12.3 炭素焙烧炉

12.3.1 表12.3.1中所列的误差范围是多年来一直沿用的质量标准。实践证明，施工中经努力是可以达到并能够满足生产要求的。

本条中密闭式焙烧炉的烧嘴标高，是指烧嘴设在火并墙上的结构形式而言的。若烧嘴设在炉盖上时，则此项规定不作为质量标准。

对敞开式焙烧炉而言，其火道墙的中心线可用料箱中心线来控制，其料箱墙包括火道墙和横墙。

（Ⅰ）密闭式焙烧炉

12.3.2 为了防止中间烟道两侧的侧墙在生产过程中向炉内倾斜，从而引起料箱墙变形，现均将该侧墙改为弧形砌体，在墙上排出几层砖台以支撑料箱墙。施工中保证各层砖在同一垂直面上，是确保料箱墙墙面垂直的先决条件。

12.3.3 由于中间炕面砖仅四角支承在其下的砖墩上，而砌筑料箱墙时，又必须在炕面砖上进行操作，为了确保炕面砖的砌筑质量，特提出此条要求。

12.3.5 生产实践表明，此部位常因施工中疏忽大意而发生冒火或漏气的现象，所以施工中一定要对二者的中心线关系及接触处的密封工作加以重视。

12.3.6 角砖均为大块异形砖，不便加工，且施工中只有确保四角各成直线，才能保证炉盖符合设计要求。多年的实践经验证明这是确保工程质量的有效手段。

“炉盖边缘的异形砖应紧靠框架砌筑”，即不得在其间垫衬其他填充物，且砖缝也不应过大，以免炉盖在生产中发生变形。

（Ⅱ）敞开式焙烧炉

12.3.8 施工前的准备工作相当重要，规定本条内容的目的是为了保证炉子各方面的标高和尺寸。

12.3.9 为了保证横墙与侧墙或火道墙的接合处的膨胀缝尺寸准确和平直，确保砌体不因膨胀受阻而变形或破坏，特提出此条要求。

12.3.10 敞开式焙烧炉的生产工艺要求火道封顶砖下部砌体的砖缝，要有一定的透气性，以便在生产中被焙烧制品的挥发分能充分进入火道内燃烧，从而达到节约能源、防止污染厂房环境的目的。但要掌握砖缝透气的适宜程度，是需一定的实践过程才能做到的。

某厂引进了新型焙烧炉，其火道墙在封顶砖下部的砌体，规定用稀泥浆沾浆砌筑，所有砖缝均为0.5～1.5nm。几年的生产实践证明，这种结构不但透气性适当，又提高了火道墙的结构强度，炉子热效率也较高，故本规范予以推荐。

沾浆法施工的泥浆，其加水量宜在40%～46%之间。

12.3.11 固定式火道墙端部与横墙凹形槽两侧的间隙各为3mm。施工中是先将胀缝纸贴在槽内的侧面上，再砌火道墙。在插砌火道墙端部砖时，需用薄铁皮（0.5mm厚）保护胀缝纸，以免其破损。

13 玻璃熔窑

13.1 一般规定

13.1.1 根据玻璃熔窑的功能和使用要求规定了干砌的部位和干砌方式，这与本规范第3.2.11条规定不同，干砌的砌体内砖与砖之间相互靠紧，砖缝内不填充干耐火粉。

对于干砌部位的耐火材料进行挑选、加工和预砌筑工作是保证工程质量的重要措施。

13.1.2 根据多年玻璃熔窑使用的要求和我国耐火制品出厂的外形尺寸偏差，及对其加工所能达到的水平，规定了玻璃熔窑各个不同部位砌体的砖缝厚度要求。

原规范项次1中，蓄热室拱脚砖以上分隔墙的砖缝厚度为不大于2mm，该条款主要针对空气、煤气蓄热室的分隔墙，该墙同蓄热室其他墙要相交（俗称交圈），因此水平砖缝厚度同其他蓄热室墙的要求应是相同的，故本次修订中予以取消。

项次2，国内生产的熔铸砖，生产厂均可加工，小炉口和小炉底无论采用何种材料，均可达到规定的要求，这有利于小炉的使用寿命。

本次规范修订中增加了流道、流槽熔铸砖砖缝不大于0.5mm的要求，国内的生产线多采用进口材料，该规定是可以达到的，它有利于玻璃质量的稳定。

表13.1.2中其他部位的砖缝要求，经过多年的实践证明能够满足生产的需要，是完全可以做到的。这次修订未作变动。

13.1.3 本条是原规范条款经过汇总，并根据几年来我国玻璃业的发展中不断采用新技术、新工艺基础上总结修订的。

1 项次1（1）和2（1）、2（2）是为了保证格子体的稳定和格子体的砌筑质量。

2 项次1（3）的规定，对玻璃熔窑生产时炉内温度的分布是非常重要的，同时也对熔窑内相关部位的砌筑十分重要，小炉实际中心线误差过大，熔铸砖胸墙就有砌不上去的可能。

3 项次1（4）、2（3）和2（4）是保证池底砖位于黏土耐火砖垛中心位置的。保证池底砖的砌筑质量，也是从安全生产角度提出来的。实际操作中，应根据项次2（5）的要求，对池壁下黏土耐火砖垛的标高控制好正或负的偏差。

4 项次1（5）对供成型的玻璃液分配、玻璃液的浮抛质量及玻璃带板根的稳定起重要作用。

5 项次1（6）、2（6）和2（7）是对锡槽提出了要求，这些规定对提高玻璃的表面质量十分有益，通过努力也是能够达到的。

13.1.4 根据玻璃熔窑多年来砌筑的经验，具体规定了应预砌筑的部位。一种情况是结构较复杂、砌筑要求严格，在施工现场很难保证加工精度和砌筑质量，因此需要进行预砌筑，并编号配套；另一种情况是熔铸砖外形尺寸偏差大，为保证砖缝厚度，也规定预砌筑并编号配套。这一工作应在耐火砖出厂前完成。

13.1.5 池底大型黏土耐火砖的外形尺寸偏差很大，不经仔细地加工是达不到砌筑质量要求的。接触玻璃液的一面不允许加工是由于加工后的砖表面耐侵蚀性能会大大降低。

13.1.6 采用真空吸盘可保证黏土耐火砖垛不出现松动，池底砖砖角不易被碰坏，有利于池底的砌筑质量。

有些玻璃熔窑池底砖均匀地架托在窑底钢结构最上层的扁钢上，扁钢因需考虑受热自由膨胀，安装时与下层钢结构不容许固定死。砌池底砖时扁钢的位置容易错动，故须按设计要求核对扁钢位置。

13.1.7 在池底成矩形的部位，砖缝均应纵横对正，以利于膨胀和检修时剔换。在现行设计中，池底膨胀缝内不允许有任何杂物，包括纸板。故夹纸板留膨胀缝的方法未纳入本规范中。

13.1.8 在施工中，对砌池壁处的池底砖顶面测量找平，俗称“打趟”，这是保证池壁须面标高和池壁砖的砌筑质量的有力措施。施工中不能出现池壁砖外缘到池底以外的情况，俗称“落坑”，这是生产安全的需要。

13.1.9 大型玻璃熔窑池壁较长，受热后总膨胀量较大，规定留直缝不交错砌筑是为了有利于池壁砖沿较长的一面膨胀，而不致在受热膨胀时转角处变形、扭曲。

13.1.10 本条文内容与本规范第3.2节有关条文要求不一致，因此另立条文。对玻璃熔窑来说，拱顶均用立柱、拉杆紧固。紧固时，要求拱顶脱离拱胎。这样拆拱胎后拱顶下沉量较小，因此不必采用打入多排锁砖的方法。

拱顶在锁砖打入后，以稀泥浆灌缝，多年来在玻璃熔窑施工中运用，效果甚好，故列入规范。

13.1.11 根据玻璃熔窑多年的砌筑与使用经验，按条文的规定要求砌筑时，能达到砌完第二层拱时以及烘炉后，上、下层拱砖砖块间仍保持挤紧，而两层拱间不致离缝。

13.1.12 条文所列部位系单砖拱形砌体，拱跨较拱长大近10倍或更多，且大部分在生产过程中单面受热或两面受热不均，常出现整个拱环向受热一面扭弯的特点。因此对此类砌体砌筑提出严格的要求。

13.1.13 为保证玻璃熔窑投产后的产品质量，所有的玻璃熔窑砌筑完毕交付使用前，都必须彻底清扫干净。推荐采用吸尘器吸除脏物，是为了防止熔窑内出现二次污染。

13.1.14 玻璃熔窑由于节能的要求，对窑体进行隔热保温，以降低热散失。窑拱隔热层的施工，必须在烘炉完毕后才能进行，这是因为在烘炉时，窑拱会发生变形、掰缝、拱砖下掉等情况，因此需要烘炉完毕进行适当处理后再进行隔热层的施工。

13.1.15 隔热层不得将钢结构包在其内，保证钢结构有良好的通风环境，避免出现因温度过高而导致钢结构变形或破坏。

13.2 烟道、蓄热室和小炉

13.2.1 用两种以上不同材质的砖砌筑烟道墙和蓄热室时，使用一段时间后容易出现两种砖层脱节离开、造成墙的外表面呈现鼓包或倾斜的情况，故规定每隔500mm左右内外层砖应互相咬砌一层。

13.2.2 炉条如发生歪斜，炉条拱将不能彼此很好地相互支撑，会出问题。保证炉条和蓄热室墙的缝隙，即可避免烘炉后出现二者相互挤压，造成炉条变形。

13.2.4 国产熔铸砖尺寸偏差较大，先砌小炉，可保证小炉口位置的准确，小炉伸进或退出蓄热室对生产不会造成影响。

13.2.5 只有上下格孔垂直，整个砖格子表面水平，才能保证砖格子整齐和格孔通畅，以减慢堵塞，延长其使用寿命。水平观察孔与水平格孔对准，可以准确地观察出砖格子的烧损堵塞情况，以便适时进行热修。

13.2.6 玻璃熔窑小炉水平通道斜拱多为变跨度拱，错缝砌筑时，气流阻力小，结构稳定。用硅砖或镁砖砌筑的斜拱应错缝砌筑；用熔铸砖砌筑的斜拱一般为环砌。

小炉斜拱与小炉口平拱间留有膨胀缝，以备窑拱膨胀。砌筑时在此先用木楔塞垫，防止斜拱拱砖下滑。

13.3 熔化部、澄清部和冷却部

13.3.1 由于熔铸砖内部存在孔洞等质量缺陷，生产使用中有时因此而造成事故，故在使用时，将容重大即密实程度较好的砖块和优质熔铸砖使用在易侵蚀和冲刷严重的部位。可通过称量来选择容重大的砖块。优质熔铸砖系指含 $ZrO_2$33%、36%、41%等的锆刚玉砖，把这些砖用于熔窑要害部位上可确保使用安全。

13.3.2 熔化部池壁顶面标高必须高于冷却部池壁顶面标高，主要是为避免对生产造成不利影响。

13.3.3、**13.3.4** 在砌筑较大跨度的窑拱时，保持整个窑拱的拱跨、拱脚砖与熔窑中心线的间距与标高尺寸准确十分重要。一些玻璃熔窑常因对此注意不够而形成喇叭形拱体，影响砌筑质量。

一般玻璃熔窑的熔化部、澄清部和冷却都窑拱的立柱系可调节构架。为了防止立柱在安装调节拉杆及砌筑窑拱时受力错位，影响拱跨、拱脚砖与熔窑中心线间距尺寸的准确，在窑拱砌筑前应对立柱采取临时固定措施。

为了确保窑拱的安全使用，拱脚砖与支承钢件间、支承钢件与立柱间的不平整处必须用钢板垫平，绝对不许用砖片或耐火泥浆等垫平。

13.3.5 窑拱分节处必须留设膨胀缝以备膨胀。目前部分玻璃熔窑采用窑拱的支撑拱结构，砌筑窑拱时应防止窑拱的支撑拱拱脚处被推出造成窑拱变形。故窑拱的支撑拱拱脚至拱顶找平砖这一段不能留膨胀缝。

13.3.6 熔化部窑拱的支撑拱一般采用两层拱的结构，为了防止拱脚处相互推移或在同侧窑拱的支撑拱两端拱脚被推出造成窑拱变形，故每侧全部窑拱的支撑拱，其同一层拱的锁砖应同时打入。在同侧窑拱的各个支撑拱之间，随每层支撑拱将拱砖砌上。每侧窑拱两端的拱脚外应采取临时顶紧措施。

13.3.7 窑拱砌筑时，规定砖缝厚度小于1.5mm。由于拱砖的尺寸有一定的偏差，如不经常用胎面卡板卡量检查，会出现拱砖砖缝与半径不吻合的情况。强调“随时”检查，便于施工操作，并可及时调整，使砖缝既在1.5mm以内，又与半径方向吻合。

13.3.8 玻璃熔窑的熔化部、澄清部和冷却部窑拱分节处留设膨胀缝，每节窑拱端部的拱砖采用较小的砖时，较易松动掉砖，特别是熔化部中部窑拱分节处端部常发生掉砖问题。因此作出规定加以控制，以保证窑拱的正常使用。

13.3.9 窑拱砌筑完毕后，如何紧固以保证拱体不出现下沉、变形和局部下陷是个关键问题。根据玻璃熔窑多年来砌筑窑拱的经验，对此作出规定以保证窑拱的质量。各工厂对拱顶拱起的数值、拉杆拧紧程度和停放的时间等方面都有一些具体规定，但因条件各不相同，不宜在条文中作出统一规定。

13.3.10 挂钩砖的内弧面与托板间保留间隙是为了防止因膨胀造成挂钩砖头部断裂。对挂钩砖及胸墙砌筑时防止向窑内倾倒的措施各单位做法不统一，故不作更具体的规定。

13.3.11 玻璃熔窑窑底的隔热工作较复杂，各种玻璃窑窑底全部隔热的情况和隔热层的施工也不尽相同，把应在施工中遵循的要点纳入规范，以保证窑底隔热以后，能够安全正常地使用。

13.4 通路和成型室

13.4.1 玻璃熔窑的成型室是玻璃产品成型的地方，要求密封性很严，该部位砖块间必须紧密吻合，用灯光检查不透光才算达到要求，只有这样才能生产出质量好的玻璃产品。

13.4.2 玻璃熔窑中箍紧桥砖的钢结构包括立柱拉杆及顶丝等装置。因此紧固桥砖拱体就包括拧紧立柱拉杆的螺母和顶丝。

13.4.3 成型室的尺寸，成型室与玻璃成型设备的相对位置，对保证玻璃成型时的温度和玻璃产品产量高低、质量好坏有着直接的关系。因此，要求必须按设计尺寸施工。

13.4.4 为防止玻璃液浸入池底下造成通路砖浮起，在通路池底砖斜压缝处不留设膨胀缝。

13.4.5 供料通路和锡槽内生产时要求越干净越好，否则会影响产品的质量。为此规定了在砖缝处和膨胀缝粘贴胶布等措施，以防杂质进入。

供料通路和炉头锅的接缝控制在1.5mm以下，才能减少这个部位的侵蚀以延长使用寿命，同时对提高玻璃产品质量也是有利的。

13.4.6 锡槽是浮法玻璃熔窑的成型室。施工时，要求锡槽纵、横向的定位必须符合设计，这是生产的需要。

13.4.7 根据锡槽的结构和使用上的特点，生产时锡槽内盛有锡液，为防止槽底飘浮出现事故，因此规定必须仔细检查锚固件与底部钢板连接是否牢固。

13.4.8 在生产过程中，部分锡液可渗透到槽底，锡液对螺栓具有一定的侵蚀作用，密实的石墨粉可对螺栓形成保护，避免因螺栓的破坏而出现底砖漂浮。

13.4.9 国际上已普遍采用螺柱焊机焊接固定螺杆，且在我国已有很多工程应用，焊接质量优于手工焊，故予以推荐使用。

固定螺母过于旋紧，会影响底砖的膨胀，国内各设计部门对此要求不一，故未对旋紧程度作具体规定。

13.4.10 每块顶盖砖的吊挂件一般有四个，如果某一个吊挂件不受力，顶盖砖由于自身重量内部会产生应力，在长期生产状况下，顶盖砖会出现裂缝，造成破坏，因此强调吊挂件必须受力均匀。

14 回转窑及其附属设备

14.0.1 本条是在原规范规定的基础上，吸收了近年来我国自行设计和引进的回转窑及其附属设备的施工经验修订而成的。原规范对回转窑等设备各部位砌体砖缝的要求，经多年施工实践证明是适宜的，故仍予保留。

本条增加了对贴硅酸钙板的要求，砖缝为不大于

3mm。

14.1 回转窑、单筒冷却机

14.1.1 回转窑、单筒冷却机筒体安装完毕，是指机械电器已安装完毕，即机械设备安装达到试运转的程度。

14.1.3 本条是保证回转窑或单筒冷却机内衬砌体质量的重要技术措施之一。设置纵向基准线，是为了防止砌筑时砖环砌歪和砖列扭曲，同时，可控制砌体的砖缝厚度。

14.1.4 环向基准线湿砌时一段为 1m、干砌为 1～2m。因为不论湿砌干砌，标准砖长均为 198mm。湿砌时每 5 块砖为一个检查区段，随时可发现砖环是否偏斜，便于保证砖缝厚度。干砌时顶头缝多为纸板，易调整，可以适当延长，但不应大于 2m。

14.1.6 内衬宜湿砌，是指目前我国耐火砖砖型尺寸精确度虽有提高，但还达不到进口砖标准，湿砌易调整砖尺寸偏差。再有湿砌砖经烘窑后的整体性较干砌砖要好，且耐用，故规定宜湿砌。但由于磷酸盐泥浆对筒体钢板有腐蚀作用，且磷酸盐泥浆与筒体粘接后，不易清除，拆换内衬时较困难，故砖砌体与窑筒体之间不应使用磷酸盐泥浆。

14.1.7 窑筒内衬用砖，目前我国已与国际通用标准砖型接轨，通用性、互换性均优于其他砖型。

14.1.8 干砌有两种型式，一种即通常所说的干砌，砖缝中有填充物；另一种无填充物，也称为洁净砌法。采用洁净砌筑时，常偏离理论配砖设计，并按实际需要来配砖，也可用少量耐火泥浆补偿。对机械状况不好及椭圆度很大的部位，不应采用洁净法砌筑。

14.1.9～14.1.11 以上条文阐明了采用拱架法和转动支撑法砌筑窑体的技术要点。必须严格按规定执行，才能保证窑体的砌筑质量。

14.1.12 本条是在考虑了目前我国还有部分传统窑型的实际情况后，保留了交错砌筑方法。

14.1.13 锁砖采用标准插缝砖时，两种砖型，加上原配砖种共为四种砖型，一般锁口均可调整到位。考虑到有些业主选用非标准砖型，所以规定了“如需加工砖”条款。

14.1.15 锁砖时每条缝中仅可用一块钢板锁片。在每环锁缝区，据实践经验用 3 块锁片最为适宜。考虑到实际情况此条规定：“不应超过 4 块锁片”。

14.1.16 不论采用什么方法砌筑，均难免产生筒体与砌体之间的间隙，本条规定了间隙应小于 3mm，并应做必要的紧固，使砖环与窑壳贴合紧密。点火烘窑前不宜转窑。

14.2 预热器

14.2.1 口径小于 1.5m 的小部件在安装就位后再行砌筑，施工条件太恶劣，不能保证质量。故宜在地面或平台内施工后再行安装，同时应为安装留出间隙（主要指接头处），以利于安装。

14.2.4 锚固件的规定是这次增加的条文，特别强调了固定座与壳体之间不得弧面结合，必须用平面接合焊接牢固，并且用耐火陶瓷纤维充填料塞实。

14.2.5 砌体拐角处使用耐火浇注料施工较为简便，并能使砌体结合紧密。

14.2.9 本条对耐火浇注料的施工与膨胀缝留设，包括对横梁及立柱的膨胀缝留设，作出了明确规定。

14.3 冷却机及其他设备

14.3.1 冷却机的耐火砖砌体容易磨损，需要经常拆换，但隔热砖砌体不需要经常拆换。耐火砖砌体与隔热砖砌体之间不使用泥浆，使之拆换方便。

14.3.2 本条规定在各区（如进料区，高温区等）交接处及不同材质的耐火砖交接处应当留膨胀缝，这样有利于施工及今后的拆修。各区内部的膨胀缝仍应照常留设，其宽度应按设计规定或按本规范第 3.2.16 条的规定执行。

14.3.4 吊墙和封墙均与内墙垂直，膨胀方向一致，所以吊墙和封墙四周应留设膨胀缝。吊墙材料一般是耐火浇注料，面积较大，为防止耐火浇注料在高温下因膨胀或收缩而产生不均匀裂纹，还应在中部等距离留设两条膨胀缝。

14.3.5 本条对窑门罩拱环砌筑锁砖进行了规定，要求锁砖必须从上向下插入锁紧。如从下向上则不能将锁砖打紧，拆拱后易导致下塌，不能保证安全和质量。

15 隧道窑、倒焰窑

15.1 隧道窑

15.1.1 本条系根据多年来我国一些主要陶瓷厂、耐火材料厂和设计研究部门的有关资料，并参考引进隧道窑的施工经验而制订的。本条未包括外墙普通黏土砖的砖缝要求，砌筑普通黏土砖时，应按本规范第 3.2.2 条执行。窑车砌体的大型砖是指大型预制块砖，其外形尺寸偏差较大，不易保证 3mm 以下的砖缝。而实践证明，大型砖保证 5mm 以下的砖缝能够满足生产的需要。

15.1.2 在生产时，隧道窑内的窑车是沿窑车轨道活动的，因此窑体砌筑的测量定位应以窑车轨道为准，以防止窑体与窑车的相对尺寸误差偏大而影响生产。

15.1.3 本条是在总结实践经验的基础上制订的。陶瓷窑与耐火窑结构不同，陶瓷窑一般断面较小，且多为隔焰式的；而耐火窑断面较大，是明焰式的。所以分别制订了标准。由于窑内窑车是移动的，在施工中应控制窑的断面尺寸和曲封砖之间距离的误差宜大不宜小，而窑车砌体宜窄不宜宽。

15.1.4 空心砖和吊挂砖，因砖型复杂、外形尺寸大，故需预砌选分。如发现问题，可及时采取措施，以确保工程质量和施工顺利进行。

15.1.5 为了确保施工质量，减少返工，应按施工顺序来进行阶段验收。只有在前一阶段砌体验收合格后，才能进行下一阶段的砌筑。

15.1.6 先砌内外两层、后砌中间各层，不能保证整体砌体的紧密性和泥浆饱满度，故作此条规定。

15.1.7 窑墙内外层膨胀缝错开留设，是为了防止窑内火焰外窜。

15.1.8 因隔焰板直接受火焰作用，膨胀率较大，因此必须留出膨胀缝，保证膨胀间隙。

15.1.12 本条目的在于防止窑顶拱胎、吊砖托板拆除后，窑顶产生不均匀下沉或塌落事故。

15.1.13 因为墙顶两侧气道是冷空气由冷却带加热后送到烧嘴去的通道，故要求砌体严密。为降低其漏气率，还应刷保护涂料。

15.1.14、**15.1.15** 这两条是新增条文。近年来，辊底式隧道窑在我国日用陶瓷和其他行业中得到了广泛的建设和发展，故本次修订予以增补纳入。

辊底式隧道窑与隧道窑的结构既相似，也有不同。它是通过安装在炉底的辊道，将被加热的物料从窑的一端送进，从另一端送出。因此条文规定了辊底式窑的砌筑应以窑的纵中心线和辊道纵中心线的标高为基准。同时还规定了辊孔砖砌筑时，膨胀缝的留设和对中心线标高误差的要求。这样才能保证窑体的砌筑质量，在生产过程中才能保证物料在辊道上不会“跑偏”。

15.2 倒 焰 窑

15.2.1 本条是在对我国一些典型倒焰窑的调查研究的基础上制订的。表15.2.1中项次3窑顶和拱，包括圆形窑和矩形窑的窑顶以及各种窑的窑门拱。

15.2.3 窑的下部废气通道孔的位置与断面尺寸砌筑得是否正确，是决定产品加热时燃气分布是否均匀的重要因素之一，它直接影响产品的质量，故保留原条文。

15.2.4 因拱脚砖承受拱的水平推力，故拱脚砖后面的砌体应与金属箍须紧砌严。

15.2.6 窑顶内散热孔拱及其周围的砌体是决定窑顶质量和寿命的关键部位，必须仔细砌筑。

15.2.7 本条是保证窑顶质量和防止拆拱胎时窑顶塌落的重要措施，故保留原条文。

16 转化炉和裂解炉

16.1 一 般 规 定

16.1.1 基本规定中已对不同类别要求的砌体砖缝厚度作了明确的规定。转化炉和裂解炉经多年的引进和消化吸收，已具备成熟的施工技术，砖缝厚度也能满足工艺要求，因此，本规定的要求是合适的。

16.1.2 转化炉、裂解炉因结构复杂，炉体较高，因而对线尺寸误差、标高误差和砌体的严密性要求更为严格，多年实践证明，这些允许误差对保证炉子质量和使用寿命是大有好处的，经过努力完全可以达到本条文规定。

16.1.3 在大型合成氨装置及乙烯装置施工技术要求中，对与耐火浇注料、耐火可塑料、耐火陶瓷纤维内衬接触的钢结构及设备内表面，均要求彻底清除铁锈、油污等。采用喷砂除锈的方法，对提高其与内衬的结合力有很大的好处。因此在条件许可时，最好采用喷砂除锈方法。考虑到有的施工单位喷砂设备有困难，也可采用其他方法，但必须将铁锈、油污清除干净。

16.1.5 采用气硬性泥浆砌筑，其砖缝泥浆饱满度一般均可达到95%以上。而且气硬性泥浆能使砌体在早期就能达到一定的强度，形成整体。

炉墙耐火砖因受气流冲刷容易磨损，需经常更换，而隔热板不需要更换，两者之间不填泥浆，便于炉子检修时拆换耐火砖。

16.1.6 燃烧器砌体中心与金属燃烧器中心如不重合，将造成燃烧气流的偏转，影响燃烧的稳定，同时可能造成烧红炉壳钢板的情况，因此两者之间的中心线必须重合。

为了抵消膨胀及密封的需要，燃烧器砖与金属燃烧器间的间隙均应用耐火陶瓷纤维充填。

16.1.8 隔热耐火浇注料拆模后应进行检查，对于检查出来的缺陷按本条所述方法进行处理，国内外在实际施工中都是这样做的，对保证施工质量取得了良好效果，故保留原条文。

16.1.9 施工时，设备安装与筑炉交叉作业，容易产生碰撞事故。因此，必须采取一定的保护措施。另外，耐火浇注料、耐火泥浆、粘接剂等脏物附着在炉管上，投入生产后，可能会因炉管受热不均匀而产生裂纹，也会影响正确判断该处炉管的表面温度，从而影响安全生产。

16.2 一 段 转 化 炉

（Ⅰ）辐 射 段

16.2.1 根据各厂施工的经验与教训，这样做不仅可以避免安装炉管时碰坏砌体，而且在砌筑时不需要再采取临时防雨措施，可节省大量措施费用。

为了避免上道工序与筑炉之间的扯皮，故本条文增加了必须办理工序交接证书后才能进行砌筑。

16.2.2 隔热板应紧贴炉壳铺砌的规定，是为了得到良好的隔热效果，至于铺砌方法（干砌或粘接）因情况各异，故不作具体规定，原则上两者之间应靠紧，不留空隙。

16.2.3 炉墙砌体和炉墙钢板的连接全靠拉砖钩，为了避免生产过程中由于砌体膨胀而造成拉砖钩脱离锚钉孔，根据砌体膨胀情况，规定拉砖钩的插入深度不小于25mm，而且应保证拉砖钩平直地嵌入砖内，不允许有一头翘起的现象。

由于个别锚固座在焊接时产生偏差，致使个别拉砖钩遇到砖缝，可采取将拉砖钩水平转动以避开砖缝的补救措施。但这种办法仅限于个别情况，如果有许多拉砖钩均遇到了砖缝，就必须将锚固座割除重新焊接。

16.2.4 为了保证转化管的位置正确，避免管子移动，便于炉顶吊挂砖砌筑。

16 2.5 炉顶砖是采用互相搭接的方法砌筑的，要求有一定的搭接尺寸，否则容易造成掉砖事故，打坏烟道盖板，或把下集气管隔热层打坏，影响其使用寿命。国外有关资料规定两砖搭接尺寸大于12mm，国内实践证明此数据可行，故保留本条文。

16.2.6 此种结构是用一种异形砖吊挂在吊砖架上，其余种类的砖互相搭接而成的。只要其中一块砖因炉管受热膨胀被卡住，即容易造成吊挂砖脱落事故，故二者间必须留有一定的间隙。

为了保证吊挂砖的位置正确，规定必须经过测量放线后砌筑。

16.2.7 为了防止炉顶吊挂砖吸水及堵塞膨胀缝，故采取此措施。隔热涂抹层分两次涂抹，可减少隔热层裂纹的产生。

16.2.8 一段转化炉烟道孔洞多且密集，孔洞尺寸正确与否，会直接影响到炉内的烟气能否畅通无阻，这也是保证筑炉质量的关键之一。在砌筑中应经常检查和修正。

烟道盖板因在生产过程中需经常更换。为了拆换方便，故砌筑时不需填泥浆，但应铺设严密。

16.2.9 在炉底砌砖前，应将砌筑炉顶用的脚手架拆除，下集气管隔热层铺设完毕，否则当砌好烟道后，下集气管隔热层无法铺设。为了防止下集气管受热膨胀后触碰炉底，砖与隔热层之间应有距离，上表面与下集气管隔热层之间的距离不应小于设计尺寸。

(Ⅱ) 过渡段和对流段

16.2.12 条文规定“……应先将干料润湿拌和，再加水，搅拌3~5min，拌至均匀一致为止”对保证隔热耐火浇注料，施工质量是很必要的。

鉴于近年来生产单位都已采用成品料供应，很少采用工地自配，因此原规范条文中有关陶粒（用作骨料）的规定予以删除。

16.2.13 隔热耐火浇注料在地面预制，可以减少材料损耗，节约模板。把高空作业改成地面施工，可以加快施工进度，保证施工质量，保障施工安全。

为了保证构件在浇注前后均处于正常平稳状态，不致产生挠曲和变形，因此在浇注时应将钢结构垫平，对刚度小的构件还应采取加固措施，避免吊装时构件变形或产生裂缝。

16.2.14 隔热浇注料内衬的施工方法，应根据其部位和厚度来选择，并应注意其密实程度，防止出现气孔。厚度小于50mm的内衬，应采用涂抹方法施工，以防止轻骨料颗粒分离和增大其体积密度。涂抹时，过分压光容易使表面出现水泥浆而产生干缩裂纹。

16.2.15 高铝水泥结合的隔热耐火浇注料必须在潮湿环境中养护。喷雾养护应从浇注料表面具有一定硬度时开始，以避免喷雾流冲刷破坏浇注体。采用喷雾法可使养护水均匀接触、渗透到浇注料内，从而得到良好的养护效果。亦可采取覆盖渗水物品及浇水的方法养护，并应保持覆盖物经常处于湿润状态。

16.2.16 隔热耐火浇注料内衬厚度大于75mm时，在干燥过程中很容易产生裂纹，因此必须留膨胀线，以防止出现不均匀的裂缝。膨胀线的位置、大小、深度应视不同情况而定。

(Ⅲ) 输 气 总 管

16.2.17 输气总管由于管内有支承环而被分隔成若干锥体区域，施工困难，尤其是锐角区，很容易因隔热耐火浇注料浇注不到而造成质量事故。因此，必须在相同的条件下进行浇注练习，以掌握浇注料的性能及施工要领，从中找出合理的施工方法，并经X射线检查合格后，才能正式进行输气总管的浇注工作。

16.2.18 输气总管应放在临时的支架上并使之处于水平状态，避免设备因受力不均而造成内衬浇注层厚薄不均。

16.2.19 为了保证输气总管锐角处隔热耐火浇注料内衬质量，必须用X射线进行拍片检查该部位内衬的浇注质量。

16.3 二 段 转 化 炉

16.3.2 二段转化炉隔热耐火浇注料浇注时必须连续进行，不准留设施工缝。因此，在施工时必须要有保证连续施工的措施。为了保证浇注料连续施工和间歇时间不超过规定，应提前做好炉内升降式模板的试升降，或整体模板的试操作。因此钢模板应在炉外进行预组装，并进行拆装练习以熟悉操作过程，为在炉内迅速组装钢模板打好基础。

下锥体的钢模板支承处一定要焊接牢固。某厂施工中因未焊牢而造成钢模板移位，拆模后浇注料厚度偏差达38mm，最后被迫返工。

16.3.3 隔热耐火浇注料的浇注应是连续的，但由于升模需要或其他因素出现施工停顿时，应尽快处理，间隔时间愈短愈好，最长不得超过30min。

16.3.4 温度过高，浇注料会很快失去流动性而无法进行浇注，温度过低，则会影响浇注料的凝结。因此规定浇注料的水温和出罐温度均应为10~25℃。

浇注料搅拌时间应予以严格控制，搅拌时间过长，会使浇注料凝固过快而影响浇注，并降低其强度。根据国内施工实践，规定不宜超过2min。

16.3.5 浇注料浇注时，应沿筒体周围均匀下料，不能在一个地方下料，以免造成浇注料堆积在一起。自由下落高度过高则会造成浇注料颗粒分离，因而本条文规定自由下落高度不应超过1.3m。

16.3.6 封闭上下孔洞的目的是减少空气对流，避免水分蒸发太快。根据产品说明书和有关资料介绍，养护期应在3d以上。

16.3.7 为了提高工程质量，在砌筑刚玉砖前，耐火浇注料必须进行干燥烘炉（即第一次烘炉）。若有缺陷，须经处理合格后才能进行砌筑工作。

16.3.8 该部位比较复杂且重要，故要求对球顶砖进行逐层预砌。预砌时，要特别注意第三层砖的位置是否正确，这关系到整个球顶的质量。

16.3.9 球顶拱脚表面和筒体中心线的夹角以及拱脚砖的标高对球顶的尺寸误差有关键性的保证作用。

16.3.10 触媒保护层为六角形砖排列而成。为了使工艺气体合理均匀分布，炉中央为无孔砖，其余为有孔砖。砖的位置必须符合设计要求，六角形砖最外圈与内衬的内表面应留有一定的间隙作为膨胀缝。

16.4 裂 解 炉

16.4.1 乙烯裂解炉（包括乙烷裂解炉）结构比较复杂，炉型也较多。筑炉与炉子本体安装工作经常会出现交叉作业，因此钢结构及炉管安装完工后再进行砌筑工作，可以减少交叉作业，避免辐射管及对流管安装时碰坏耐火内衬的事故。

16.4.2 隔热板之间及隔热板与炉壳之间如存在间隙会影响隔热效果，故原则上应互相靠紧，但在实际施工中因隔热板外形尺寸偏差以及炉壳钢板的平整度等原因，多少会产生一些间隙。故本条文规定大于3mm的间隙，应用耐火陶瓷纤维填充。

16.4.4 原规范条文对隔热耐火砖固定杆（不锈钢棒）没有提出具体的质量要求，因而造成部分固定杆不能插进托砖板上的固定孔内，从而影响炉子的正常生产。因而在本次修订条文时强调固定杆不得变形，并要求隔热耐火砖固定后不得有活动的砖块。

16.4.7 在施工过程中，曾发现有些钢棒经检查有许多尺寸不符合要求，因此，要求在吊挂耐火砖前，应预先将钢棒进行预组装，检查其尺寸是否符合要求，否则需要重新进行加工，以确保砌筑质量。

16.4.8 为了避免吊挂砖产生裂缝于运转时脱落，还可能导致环首螺栓旋转90°角而钢棒插不进去。故规定钢棒不得强行敲入环首螺栓内。

16.4.10 炉内贯穿柱是整个炉子的关键部位，隔热耐火浇注料是维护柱体不直接受火焰、气流损伤的主要隔热层，因此要求一次浇注完毕。因特殊原因必须留设施工缝时，应符合设计规定。

16.4.12 窥视孔处于高温，为了保证其密封性能良好，要求窥视孔安装时应放正，否则容易造成漏火现象而影响操作。因原规范条文对窥视孔砖未作预组装的规定，故在本次修订条文中作出具体的规定。

16.4.13 凡有锚固砖的部位，炉墙外壳温度都比较高，为此其与炉壳的空隙处必须填充耐火陶瓷纤维。

16.4.14 耐火陶瓷纤维毡刚度差，因此锚固钉之间的距离不宜过大，以防止纤维毡下垂弯曲造成空隙而影响隔热效果。距离过密则容易撕裂，也不经济。

16.4.15 使用专用工具钻孔和要求孔径应比实际尺寸小5mm的原因是保证开孔部位的耐火密封性。

16.4.16 本条规定要求就地下料的目的是为了保证耐火陶瓷纤维毡的施工整体性，防止东拆西补。

16.4.17 弯头箱的耐火内衬要求地面作业是为了减少高空作业，有利于保证施工质量和安全。

16.4.18 为保证耐火内衬的整体性和严密性，下料时应采用特制工具。拧陶瓷杯时，应用力适当，避免拧碎而起不到固定作用。

17 连续式直立炉

17.0.1、17.0.2 这两条为砌炉的技术标准。直立炉结构复杂，孔洞多而密，因而对各部位线尺寸的要求非常严格；又因对气体的严密性要求高，对砖缝及膨胀缝尺寸的要求也高，如主要部位的线尺寸允许误差大多规定为±3mm，平整度允许误差定为3mm等，这些标准对保证炉子质量和寿命大有好处。项次1（6）中增加了各孔道中心线与炉体纵中心线的间距控制，是防止出现因顺次砌筑时的累计误差而发生较大的偏移。

由于目前设计规定的砖缝厚度并不统一，加之国产耐火砖的规格也不够理想，故对砖缝的要求没有规定为±1mm或+2、-1mm，而是规定为3~5mm及3~6mm。不小于3mm及不大于6mm的砖缝在施工中易于做到，而且能够保证泥浆饱满，这是多年施工实践已证明了的。

17.0.3、17.0.4 这两条是针对材料的要求。直立炉的主要部位是由大量异形硅砖组砌而成的，而硅砖的热膨胀率又往往因原材料及生产工艺不同而不一致，为确保烘炉时不发生差错，故规定宜采用同一个耐火材料厂的产品。

直立炉异形砖品种多，砖型复杂，而且多用于炉子的重要部位，既不能互相取代，又不易加工改制，为此，对每块异形砖的外形和尺寸进行逐块检查和验收是必要的。虽然目前耐火材料厂的交货规定是按批抽样检查，从确保工程质量出发，规范中仍坚持规定了逐块检查和验收。这二者之间的矛盾只能另觅解决途径。

17.0.8～17.0.11 这四条是围绕砖缝所作的规定。砌体的严密性是直立炉最主要的质量指标，而泥浆饱满程度又是保证砌体严密性的关键，它直接影响炉子的操作性能和使用年限。为确保泥浆饱满，这里提到了两个必须严格遵守的规定：一个是砌砖操作方法，另一个是勾缝。施工实践证明，采用两面打灰然后挤浆的操作方法是保证泥浆饱满的有效手段；勾缝是保证砖缝泥浆饱满的补助措施，尤其对隐蔽缝和挤浆困难的砖缝来说更为重要。认真做到以上两点，砖缝中的泥浆饱满才能得到保证。

泥浆干涸后禁止敲打，施工中断一昼夜以上砖面要略加润湿，不得在砌体上加工砖等规定，是为了使泥浆与砖粘接良好，以保证砌体的整体性和严密性。这是一些重要的易于做到的事，但也是往往容易忽略的事，故作为规定列入条文中。

17.0.12、17.0.13 这两条是对膨胀缝和滑动缝的规定。直立炉的主要部位（高温部位）是由大量异形硅砖砌成的，而上部和下部则又都是黏土耐火砖砌体。为使烘炉后砌体中各孔洞仍能保持正确的形态和尺寸，就必须保证在烘炉时能让硅砖不受阻碍的膨胀，并按规定的方向滑动。为此条文中规定了膨胀缝应均匀、平直和清洁；滑动缝应均匀和平整。

膨胀缝中夹砌发泡苯乙烯板是焦炉施工中已成熟的经验，并在直立炉设计、施工中已推广采用，实践证明效果良好。

17.0.15 增加该条款是直立炉施工工艺的特殊要求，先砌炭化室及上部砌体后，要对其进行密封，以保证炭化室整体的气密性。两侧墙要低于炭化室墙是为了保证每段相接部位的严密。

17.0.16 本条着重强调对支撑炉体的钢结构进行保护，避免砖缝出现漏气而引发钢结构的破坏。

17.0.17～17.0.19 直立炉孔道多而密集，孔道的位置和尺寸的正确是保证筑炉质量的关键之一。为此对砌筑孔道作了三条规定：首先是各孔洞砌筑前要放线；其次是砌筑中要随时以样板进行检查校正；最后因空气口没有调节砖，因此规定了砌空气道时要逐层检查空气口的尺寸。这三点如果都认真做到了，这些部位的质量就可得到保证。

17.0.20 直立炉的炭化室高而窄小，炉体完工后难以作详细检查，出了差错又无法弥补。为此规定了砌筑时应做到的事项，希望防患于未然。炭化室容易发生问题的两个主要方面：反斜和逆向错牙，条文中都作了强调。炭化室墙面采用水平标板控制，经实践检验是保证其线尺寸的有效措施。

17.0.21 立火道施工时极易掉入砖头等杂物，下部煤气入口处又极易损坏，而且无法补修，为此直立炉立火道施工时必须采取保护措施。保护的方法条文中未作规定，可按条件自行确定。保护设施一般起两个作用：一是保护立火道不被掉入的物体打坏，二是保持立火道的清洁。

17.0.22～17.0.24 这三条是保证清洁的条文。直立炉孔道多，施工中保持孔道清洁和畅通是件大事。前两条是施工过程中为保持清洁应采用的措施和做法，后一条强调最后清扫。

17.0.25 本条较原规范作了重大修改，原条文规定在600℃以后开始做这项工作，其不利因素：一是砌体在烘炉膨胀期间侧墙一直处于自由膨胀状态，不利于保证砌体的整体结构的稳定；二是内部膨胀缝不能胀严；三是烘炉600℃以后，涂黄甘油石墨的白杨木板不易填入墙体与工字钢的缝隙之间。本次修订将这一工作放在烘炉前，其优点为：第一，改变了砌体自由膨胀状态，使膨胀限制在一定的范围内，有利于保持结构的整体性；第二，白杨木板具有一定的压缩性，对砌体的膨胀不会有较大影响；第三，便于施工操作。近年来在工程设计、施工中采用本条文规定的施工方法，取得了很好的效果。

17.0.26～17.0.29 这四条是根据多年实践经验，对烘炉期间的主要工作，包括密封、精整、隔热和灌浆的先后顺序及进行时间作了明确的规定。

18 工业锅炉

18.0.1 本条规定了本章的适用范围。

18.0.2 本条第一段“锅炉的砌筑，应在锅炉经水压试验合格和检查验收后才可进行”，对各种工业锅炉均适用，只不过是情况略有区别。对一般砖砌炉墙的锅炉是指在“整体水压试验合格后”，而对轻型炉墙的锅炉则指“炉墙分片试压合格后”。总的意思是上道工序经检查验收合格后，再进行下道工序的施工。

18.0.4 因锅炉炉墙较高，内衬耐火砖墙又较薄，故在施工中应设置拉固砖。拉固砖的高度一般由设计单位规定一个尺寸范围，施工时由于耐火砖和普通黏土砖的厚度不相符，须待内外层砖墙砌至高度基本相等时放置拉固砖才牢固。

18.0.5 锅炉的普通黏土砖外墙应留设烘炉排气孔，否则炉墙易在烘炉时产生裂缝。排气孔的数量及位置一般由设计规定。留设的方法过去是埋设直径20mm左右的金属短管，近年来，施工中常采用留出一块丁砖不砌，作为排气孔洞。本条中对留设方法未作具体规定，施工时可按各自条件自行确定。

18.0.8 表18.0.8仍沿用原规范规定的数值，根据不同部位规定了不同的允许误差，总的要求是正误差允许略大些，而负误差控制较严，甚至不允许有负误差。

18.0.13 与折焰墙有关的管子的安装质量必须符合设计尺寸，否则会造成大量加工砖，降低内衬质量。

折焰墙一般插入侧墙之中，端头留有膨胀缝。为确保膨胀顺利，规定了膨胀缝只允许有正误差不得有负误差。

施工经验证明，对带有螺栓孔的异形砖，固定螺栓一定要按实际尺寸焊接。为此规定了先将砖干排试砌，按实际情况在管子上标明螺栓孔的位置后再进行焊接。

18.0.14 因为耐火浇注料和钢筋及其他埋设件的膨胀率不同，为防止在加热膨胀时发生问题，故在钢筋及其他埋设件表面涂以沥青层。涂沥青的目的是为了隔离，因此其他能起到隔离作用的材料也可以代用。

18.0.15 隔热浇注料浇注在隔热材料上时，为了防止隔热材料吸水影响浇注料的质量，故必须铺以防水层。防水层材料可因地制宜按施工条件选用。

18.0.17 敷管炉墙壁厚较薄，耐火烧注料中又埋有铁丝网，如排管安装后再进行浇注料的施工，则模板支设困难，也无法采用机械振捣，从而不能保证浇注料的质量。有的单位采用涂抹的办法把浇注料填塞涂抹上去，质量更无保障。为保证敷管炉墙的施工质量，本条对施工顺序作了规定，强调了先做浇注料后整体吊装的方法。

18.0.19 炉顶与炉墙的接缝处结构较复杂，既要满足烘炉时的膨胀要求，又要保证该部位的严密性，施工中应给予特别重视。

19 冬 期 施 工

19.0.1 本条文是参照《建筑工程冬期施工规程》JGJ 104—97 制订的，其目的是界定冬期施工的开始时间和结束时间。

19.0.3 冬期砌筑工业炉，如果没有相应的采暖措施，内衬将遭受外界气温的影响，导致冻结（包括耐火泥浆、浇注料、可塑料、喷涂料等的冻结）。由于其中水分体积的膨胀，损坏了内衬的结构，并降低其强度，特别是反复地冻融，危害更大。

当气温低于0℃时，如不采取搭设暖棚等防寒措施，实际上是不可能正常施工的。泥浆随砌随冻，砖缝厚度不能保证，砌体也不能做到平整。至于在0℃以下施工不定形耐火材料，质量更难于控制，也无法进行养护。

19.0.4 本条之所以强调在冬期砌筑工业炉时，工作地点和砌体周围的温度均不应低于5℃，是因为：假如工作地点和砌体周围的温度低于5℃时，当外界气温稍有下降，则有可能降至0℃以下而使砌体遭到冻害。毋庸置疑，施工环境的温度不可避免地要受到外界气温的影响，因此，条文规定冬期施工时，应保持不低于5℃的环境温度，以便确保不因外界气温变化而降至0℃以下。5℃是个安全的下限值。

炉子施工完毕而又不能立即烘炉投产时，应该采取必要的烘干措施，使炉衬内的水分排除干净，才可不继续维持不低于5℃的温度。

19.0.5 在冬期砌筑工业炉时，不仅要维持不低于5℃的环境温度，而且所用耐火材料和预制块也应预热。使用0℃以下的耐火材料和预制块砌筑成的砌体会产生冻结，某厂3号高炉热风炉施工时，炉内温度和泥浆温度虽均在5℃以上，但由于采用的耐火砖从露天仓库运入炉内没有经过暖棚保温，致使所砌砖随即冻结。

在本条中，根据所用不定形耐火材料的特点，规定了施工（包括搅拌、浇注和养护）的最低温度要求，其中粘土、水玻璃和磷酸盐耐火浇注料的冬期施工温度不宜低于10℃。这是由于其常温强度较低，而且温度愈低，强度增长愈慢，故此规定了较高的环境温度，以利于强度的增长。

19.0.7 为了使耐火浇注料在冬期浇注、养护时具有必要的温度，除环境温度应保持5℃以上，原材料也应加热。本条只规定了水的加热温度，其数值系参照有关资料和施工实践经验制定的。

19.0.8 作为促凝剂来说，大都属于低熔点物质，加入后，往往降低了耐火浇注料的高温性能。

条文中“不得另加”系指在冬期施工中，对耐火浇注料规定配合比内不得另外加入促凝剂。

19.0.9 本条文根据硅酸盐水泥和高铝水泥的特点，规定其浇注料的养护方法和加热的温度上限。硅酸盐水泥耐火浇注料加热的温度不得超过80℃；高铝水泥耐火浇注料加热温度不得超过30℃。该温度是根据有关规范、规程及多年来的施工实践而确定的。

19.0.10 黏土、水玻璃和磷酸盐耐火浇注料都应在干燥状态下养护，不能浇水。冬期施工时，为加速其强度的增长而需要加热，但只能采取干热法。其中，水玻璃耐火浇注料养护时加热温度不得超过60℃，因温度过高，水玻璃耐火浇注料的表面过快地固结，内部水分来不及排除出来会引起鼓胀。

19.0.11 喷涂施工时，由于搅拌机到喷涂地点的距离较长，因此在冬期，除工作地点和内衬周围应采取保温措施外，输料管和输水管也应予以保温，以便从搅拌到喷涂的整个过程中，不致使喷涂料和水本身的温度降低过多。此外，被喷的炉（或管）壳也要采取保温措施。否则，料体受冻后，就将影响其质量。

19.0.12 冬期施工时，外界气温对筑炉工程的质量影响很大，这是毋庸置疑的，对此应予以足够的重视。逐日地、定时地做好温度方面的原始记录，是加强施工管理的一部分，它的作用与施工时的自检记录相同，因而也是工程验收的一项重要内容。同时，当出现质量事故的时候，还可以此为依据进行分析，找出原因。

20 工程验收与烘炉

20.0.2 本条系综合各地施工中筑炉工程交工验收资料的实际内容制订的，实践表明是行之有效的，在今后工程建设的过程中，仍应坚持按照规定要求做好这方面的工作。

20.0.3 在工业炉内衬施工完毕后，如不能及时烘炉，则需采取防雨、防潮、防火、防寒（冻）及防污染等大量的保护性措施，措施费用相当可观。否则，对炉子的烘炉、投产和使用寿命会产生不利的影响。在很多情况下，即使保护设施完善，但由于长期搁置而不能投产，砖缝内的泥浆将受到大气的湿度、温度等作用呈现霉变，从而降低砌体的结构强度，而且，稍有疏忽或遭受其他意外事故，如保护棚漏雨、失火等，就要造成巨大损失，这种例子过去是屡见不鲜的。因此，规定本条以期引起建设单位的领导和计划人员的重视。

20.0.4 工业炉不经烘干烘透即行投产，则会由于湿的内衬受热升温过快，其中水分急剧蒸发为气体而产生很大的应力，导致内衬剥裂崩落，甚至还可能造成倒塌事故。因此炉子投产前，必须严格按规定的烘炉曲线将内衬烘干烘透。

烘炉前，先烘烟囱，然后再烘烟道，使其能产生负压，为炉体的烘烤创造条件。

20.0.5 对于耐火浇注料内衬，在烘炉前，必须按规定养护完毕，使之获得必要的强度。

20.0.6 工业炉一般烘炉后就应立即投入生产。因此，与生产流程有关的配套工作，如机械和设备（包括所有热工仪表）的联合试车和调整均应在此之前搞完，并达到设计规定。这样，才能确保烘炉正常进行和顺利投产。反之，如不按本条文规定执行，则可能出现以下情况：延长烘炉时间，或被迫降温停炉；烘炉中与炉子有关的机械和设备仍在继续进行调试时，就会使炉温波动，不能按烘炉曲线正常烘炉；烘炉中如发现设备有问题（如冷却装置漏水、联动装置失灵等），往往无法处理。上述情况最终将导致内衬受到破坏，降低使用寿命，甚至产生重大事故。

20.0.7 烘炉是炉子投产前期的一项重要工作，其作用主要是排除内衬中的水分并使内衬温度达到生产的条件。烘炉得当，可提高炉子的使用寿命；否则，水分排除不出去，则将导致内衬剥落甚至引起爆裂事故。要搞好烘炉工作，有赖于制订一个正确的烘炉曲线。

正确的烘炉曲线应根据炉子内衬所用材料的性能、炉子结构和建筑季节等因素而制订。附录C仅列出一些主要工业炉的烘炉时间，以作为制订烘炉曲线时的参考。

20.0.8 不定形耐火材料与一般耐火制品不同，没有经过焙烧，其特点是含有较多的游离水、化合水和结晶水，用来作为炉子的内衬时，如烘炉不当，极易造成开裂、剥落或坍垮等事故。故条文规定，应按其不同情况由耐火材料研制和生产单位或者设计单位制订烘炉曲线。

20.0.9 不定形耐火材料内衬的烘烤比耐火制品砌体内衬烘烤要求严格，且烘烤时间长。因此，在制订烘炉曲线时，应首先考虑不定形耐火材料的升温曲线。

20.0.10 必须按烘炉曲线进行烘炉是确保内衬获得正常的使用寿命和顺利投产的前提。测定和绘制实际烘炉曲线，做好与烘炉有关的详细记录，是使制订的烘炉曲线能准确地付诸实施的重要保证。对烘炉中所出现的一些不正常情况和问题及采取的相应措施，都应做出原始记录，以便日后存查，并从中吸取教训，作为改进烘炉工作的依据。

20.0.11 烘炉期间，做好护炉铁件和内衬膨胀情况以及拱顶变化等情况的观察、监控和维护工作，可以及时发现不正常情况，以便采取措施，确保烘炉工作顺利进行。

20.0.14 全耐火陶瓷纤维内衬的炉子，因内衬中不含水分而且抗热震和机械震动性能好，在剧烈的急冷急热条件下，也不易发生剥落，故不需要烘烤而可直接投入生产。

中华人民共和国国家标准

建筑工程抗震设防分类标准

Standard for classification of seismic protection of building constructions

GB 50223—2004

主编部门：中华人民共和国建设部
批准部门：中华人民共和国建设部
施行日期：2004年10月1日

中华人民共和国建设部
公　告

第246号

建设部关于发布国家标准《建筑工程抗震设防分类标准》的公告

现批准《建筑工程抗震设防分类标准》为国家标准，编号为 GB 50223—2004，自 2004 年 10 月 1 日起实施。其中，第 3.0.2、3.0.3 条为强制性条文，必须严格执行。原《建筑抗震设防分类标准》GB 50223—95 同时废止。

本规范由建设部标准定额研究所组织中国建筑工业出版社出版发行。

中华人民共和国建设部

2004 年 6 月 18 日

前　言

本标准系根据建设部［2002］建标第 85 号文的要求，由中国建筑科学研究院会同有关的设计、研究和教学单位对《建筑抗震设防分类标准》GB 50223—95 进行修订而成。

修订过程中，调查总结了近年来国内外大地震的经验教训和原标准执行中发现的问题，考虑了我国的经济条件和工程实践，并在全国范围内广泛征求了有关设计、科研、教学单位及抗震管理部门的意见，经反复讨论、修改、充实，最后经审查定稿。

本次修订继续保持 1995 版的分类原则：鉴于所有建筑均要求“大震不倒”，对需要增加抗震安全性的乙类建筑控制在较小的范围内，主要采取提高抗倒塌变形能力的措施；对甲类建筑控制在极小的范围内，同时提高其承载力和变形能力。

修订后本标准共有 8 章。主要修订内容如下：

1. 调整了章节划分，增加了基础设施建筑的内容。

2. 按《中华人民共和国防震减灾法》，调整了甲类建筑等的划分方法和设防标准。

3. 当一个建筑中具有不同功能的若干区段时，各部分地震破坏后影响后果不同时，明确可按区段划分设防类别。

4. 将地震中自救能力较弱人群众多的幼儿园、小学教学楼以及一个结构单元内经常使用人数特别多的高层建筑，划为乙类建筑。

5. 补充、细化和调整了部分行业的大型建筑的界限。

6. 增加了电子（信息）生产建筑的乙类建筑。

7. 进一步明确了易燃、易爆、剧毒物品的范围。

8. 明确本标准所列的建筑名称是示例，未列入本标准的建筑可按使用功能和规模相近的示例确定其抗震设防类别。

本标准将来可能需要进行局部修订，有关局部修订的信息和条文内容将刊登在《工程建设标准化》杂志上。

本标准以黑体字标志的条文为强制性条文，必须严格执行。

本标准由建设部负责管理和对强制性条文的解释，中国建筑科学研究院负责具体技术内容的解释。在执行过程中，请各单位结合工程实践，认真总结经验，并将意见和建议寄交北京市北三环东路 30 号中国建筑科学研究院国家标准《建筑抗震设计规范》管理组（邮编：100013，E-mail：ieecabr@public3．bta．net．cn）。

主 编 单 位：中国建筑科学研究院

参 加 单 位：北京市建筑设计研究院
中国轻工国际工程设计院
中国电子工程设计研究院
北京钢铁设计研究总院
北京市政工程设计研究总院
中国航空工业规划设计研究院
电力规划设计总院
广电总局设计研究院

北京华宇工程有限公司
镇海炼油化工股份有限公司
同济大学

主要起草人： 王亚勇　戴国莹（以下按姓氏笔画排列）
王惠平　许鸿业　李　杰　李　虹
沈世杰　沈顺高　吴德安　张相忱
陈　健　苗启松　柯长华　娄　宇

目　次

1 总 则

1.0.1 为明确建筑工程抗震设计的设防类别和相应的抗震设防标准，以有效地减轻地震灾害，制定本标准。

1.0.2 本标准适用于抗震设防烈度为6~9度地区房屋建筑工程和市政基础设施工程的抗震设防分类。

1.0.3 制定建筑工程抗震设防分类的行业标准，应遵守本标准的划分原则。

本标准未列出的有特殊要求的建筑工程，其抗震设防分类应按专门规定执行。

2 术 语

2.0.1 抗震设防分类 seismic fortification category for structures

根据建筑遭遇地震破坏后，可能造成人员伤亡、直接和间接经济损失、社会影响的程度及其在抗震救灾中的作用等因素，对各类建筑所做的设防类别划分。

2.0.2 抗震设防烈度 seismic fortification intensity

按国家规定的权限批准作为一个地区抗震设防依据的地震烈度。一般情况下，取50年内超越概率10%的地震烈度。

2.0.3 抗震设防标准 seismic fortification criterion

衡量抗震设防要求高低的尺度，由抗震设防烈度或设计地震动参数及建筑使用功能的重要性确定。

3 基 本 规 定

3.0.1 建筑抗震设防类别划分，应根据下列因素的综合分析确定：

1 建筑破坏造成的人员伤亡、直接和间接经济损失及社会影响的大小。

2 城市的大小和地位、行业的特点、工矿企业的规模。

3 建筑使用功能失效后，对全局的影响范围大小、抗震救灾影响及恢复的难易程度。

4 建筑各区段的重要性有显著不同时，可按区段划分抗震设防类别。

5 不同行业的相同建筑，当所处地位及地震破坏所产生的后果和影响不同时，其抗震设防类别可不相同。

注：区段指由防震缝分开的结构单元、平面内使用功能不同的部分、或上下使用功能不同的部分。

3.0.2 建筑应根据其使用功能的重要性分为甲类、乙类、丙类、丁类四个抗震设防类别。

甲类建筑应属于重大建筑工程和地震时可能发生严重次生灾害的建筑，乙类建筑应属于地震时使用功能不能中断或需尽快恢复的建筑，丙类建筑应属于除甲、乙、丁类以外的一般建筑，丁类建筑应属于抗震次要建筑。

3.0.3 各抗震设防类别建筑的抗震设防标准，应符合下列要求：

1 甲类建筑，地震作用应高于本地区抗震设防烈度的要求，其值应按批准的地震安全性评价结果确定；抗震措施，当抗震设防烈度为6~8度时，应符合本地区抗震设防烈度提高一度的要求，当为9度时，应符合比9度抗震设防更高的要求。

2 乙类建筑，地震作用应符合本地区抗震设防烈度的要求；抗震措施，一般情况下，当抗震设防烈度为6~8度时，应符合本地区抗震设防烈度提高一度的要求，当为9度时，应符合比9度抗震设防更高的要求；地基基础的抗震措施，应符合有关规定。

对较小的乙类建筑，当其结构改用抗震性能较好的结构类型时，应允许仍按本地区抗震设防烈度的要求采取抗震措施。

3 丙类建筑，地震作用和抗震措施均应符合本地区抗震设防烈度的要求。

4 丁类建筑，一般情况下，地震作用仍应符合本地区抗震设防烈度的要求；抗震措施应允许比本地区抗震设防烈度的要求适当降低，但抗震设防烈度为6度时不应降低。

3.0.4 本标准仅列出主要行业的甲、乙、丁类建筑和少数丙类建筑的示例；使用功能、规模类似的建筑，可按相近的建筑示例划分其抗震设防类别。本标准未列出的建筑宜划为丙类建筑。

4 抗震防灾建筑

4.0.1 本章适用于城市和工矿企业与抗震防灾和救灾有关的建筑。

4.0.2 抗震防灾建筑应根据其社会影响及在抗震救灾中的作用划分抗震设防类别。

4.0.3 医疗建筑的抗震设防类别，应符合下列规定：

1 三级特等医院的住院部、医技楼、门诊部，抗震设防类别应划为甲类。

2 大中城市的三级医院住院部、医技楼、门诊部，县及县级市的二级医院住院部、医技楼、门诊部，抗震设防烈度为8、9度的乡镇主要医院住院部、医技楼，县级以上急救中心的指挥、通信、运输系统的重要建筑，县级以上的独立采、供血机构的建筑，抗震设防类别应划为乙类。

3 工矿企业的医疗建筑，可比照城市的医疗建筑确定其抗震设防类别。

4.0.4 消防车库及其值班用房，抗震设防类别应划为乙类。

4.0.5 大中城市和抗震设防烈度为8、9度的县级以上抗震防灾指挥中心的主要建筑，抗震设防类别应划为乙类。

工矿企业的抗震防灾指挥系统建筑，可比照城市抗震防灾指挥系统建筑确定其抗震设防类别。

4.0.6 疾病预防与控制中心建筑的抗震设防类别，应符合下列规定：

1 承担研究、中试和存放剧毒的高危险传染病病毒任务的疾病预防与控制中心的建筑或其区段，抗震设防类别应划为甲类。

2 县、县级市及以上的疾病预防与控制中心的主要建筑，除1款规定者，其抗震设防类别应划为乙类。

5 基础设施建筑

5.1 城镇给排水、燃气、热力建筑

5.1.1 本节适用于城镇的给水、排水、燃气、热力建筑工程。

工矿企业的给水、排水、燃气、热力建筑工程，可分别比照城镇的给水、排水、燃气、热力建筑工程确定其抗震设防类别。

5.1.2 城镇和工矿企业的给水、排水、燃气、热力建筑，应根据其使用功能、规模、修复难易程度和社会影响等划分抗震设防类别。其配套的供电建筑，应与主要建筑的抗震设防类别相同。

5.1.3 给水建筑工程中，20万人口以上城镇和抗震设防烈度为8、9度的县及县级市的主要取水设施和输水管线、水质净化处理厂的主要水处理建（构）筑物、配水井、送水泵房、中控室、化验室等，抗震设防类别应划为乙类。

5.1.4 排水建筑工程中，20万人口以上城镇和抗震设防烈度为8、9度的县及县级市的污水干管（含合流），主要污水处理厂的主要水处理建（构）筑物、进水泵房、中控室、化验室，以及城市排涝泵站、城镇主干道立交处的雨水泵房等，抗震设防类别应划为乙类。

5.1.5 燃气建筑中，20万人口以上城镇和抗震设防烈度为8、9度的县及县级市的主要燃气厂的主厂房、贮气罐、加压泵房和压缩间、调度楼及相应的超高压和高压调压间、高压和次高压输配气管道等主要设施，抗震设防类别应划为乙类。

5.1.6 热力建筑中，50万人口以上城市的主要热力厂主厂房、调度楼、中继泵站及相应的主要设施等，抗震设防类别应划为乙类。

5.2 电 力 建 筑

5.2.1 本节适用于电力生产建筑和城镇供电设施。

5.2.2 电力建筑应根据其直接影响的城市和企业的范围及地震破坏造成的直接和间接经济损失划分抗震设防类别。

5.2.3 电力调度建筑的抗震设防类别，应符合下列规定：

1 国家和区域的电力调度中心，抗震设防类别应划为甲类。

2 省、自治区、直辖市的电力调度中心，抗震设防类别宜划为乙类。

5.2.4 火力发电厂（含核电厂的常规岛）、变电所的生产建筑中，下列建筑的抗震设防类别应划为乙类：

1 单机容量为300MW及以上或规划容量为800MW及以上的火力发电厂和地震时必须维持正常供电的重要电力设施的主厂房、电气综合楼、网控楼、调度通信楼、配电装置楼、烟囱、烟道、碎煤机室、输煤转运站和输煤栈桥、燃油和燃气机组电厂的燃料供应设施。

2 330kV及以上的变电所和220kV及以下枢纽变电所的主控通信楼、配电装置楼、就地继电器室；330kV及以上的换流站工程中的主控通信楼、阀厅和就地继电器室。

3 供应20万人口以上规模的城镇集中供热的热电站的主要发配电控制室及其供电、供热设施。

4 不应中断通信设施的通信调度建筑。

5.3 交通运输建筑

5.3.1 本节适用于铁路、公路、水运和空运系统建筑和城镇交通设施。

5.3.2 交通运输系统生产建筑应根据其在交通运输线路中的地位、修复难易程度和对抢险救灾、恢复生产所起的作用划分抗震设防类别。

5.3.3 铁路建筑中，Ⅰ、Ⅱ级干线和位于抗震设防烈度为8、9度地区的铁路枢纽的行车调度、运转、通信、信号、供电、供水建筑以及特大型站的客运候车楼，抗震设防类别应划为乙类。

工矿企业铁路专用线枢纽，可比照铁路干线枢纽确定其抗震设防类别。

5.3.4 公路建筑中，高速公路、一级公路、一级汽车客运站和位于抗震设防烈度为8、9度地区的公路监控室以及一级长途汽车站客运候车楼，抗震设防类别应划为乙类。

5.3.5 水运建筑中，50万人口以上城市和位于抗震设防烈度为8、9度地区的水运通信和导航等重要设施的建筑、国家重要客运站、海难救助打捞等部门的重要建筑，抗震设防类别应划为乙类。

5.3.6 空运建筑中，国际或国内主要干线机场中的航空站楼、航管楼、大型机库，以及通信、供电、供热、供水、供气的建筑，抗震设防类别应划为乙类。

5.3.7 城镇交通设施的抗震设防类别，应符合下列

规定：

1 在交通网络中占关键地位、承担交通量大的大跨度桥应划为甲类；处于交通枢纽的其余桥梁应划为乙类。

2 城市轨道交通的地下隧道、枢纽建筑及其供电、通风设施，抗震设防类别应划为乙类。

5.4 邮电通信、广播电视建筑

5.4.1 本节适用于邮电通信、广播电视建筑。

5.4.2 邮电通信、广播电视建筑，应根据其在整个信息网络中的地位和保证信息网络通畅的作用划分抗震设防类别。其配套的供电、供水建筑，应与主体建筑的抗震设防类别相同；当甲类建筑的供电、供水建筑为单独建筑时，可划为乙类建筑。

5.4.3 邮电通信建筑的抗震设防类别，应符合下列规定：

1 国际海缆登陆站、国际卫星地球站，中央级的电信枢纽（含卫星地球站），抗震设防类别应划为甲类。

2 大区中心和省中心的长途电信枢纽、邮政枢纽、海缆登陆局，重要市话局（汇接局，承担重要通信任务和终局容量超过五万门的局），卫星地球站，地区中心和抗震设防烈度为8、9度的县及县级市的长途电信枢纽楼的主机房和天线支承物，抗震设防类别应划为乙类。

5.4.4 广播电视建筑的抗震设防类别，应符合下列规定：

1 中央级、省级的电视调频广播发射塔建筑，当混凝土结构的塔高大于250m或钢结构塔高大于300m时，抗震设防类别应划为甲类；中央级、省级的其余发射塔建筑，抗震设防类别应划为乙类。

2 中央级、省级广播中心、电视中心和电视调频广播发射台的主体建筑，发射总功率不小于200kW的中波和短波广播发射台、广播电视卫星地球站、中央级和省级广播电视监测台与节目传送台的机房建筑和天线支承物，抗震设防类别应划为乙类。

6 公共建筑和居住建筑

6.0.1 本章适用于体育建筑、影剧院、博物馆、档案馆、商场、展览馆、会展中心、教育建筑、旅馆、办公建筑、科学实验建筑等公共建筑和住宅、宿舍、公寓等居住建筑。

6.0.2 公共建筑，应根据其人员密集程度、使用功能、规模、地震破坏所造成的社会影响和直接经济损失的大小划分抗震设防类别。

6.0.3 体育建筑中，使用要求为特级、甲级且规模分级为特大型、大型的体育场和体育馆，抗震设防类别应划为乙类。

6.0.4 影剧院建筑中，大型的电影院、剧场、娱乐中心建筑，抗震设防类别应划为乙类。

6.0.5 商业建筑中，大型的人流密集的多层商场，抗震设防类别应划为乙类。当商业建筑与其他建筑合建时应分别判断，并按区段确定其抗震设防类别。

6.0.6 博物馆和档案馆中，大型博物馆，存放国家一级文物的博物馆，特级、甲级档案馆，抗震设防类别应划为乙类。

6.0.7 会展建筑中，大型展览馆、会展中心，抗震设防类别应划为乙类。

6.0.8 教育建筑中，人数较多的幼儿园、小学的低层教学楼，抗震设防类别应划为乙类。这类房屋采用抗震性能较好的结构类型时，可仍按本地区抗震设防烈度的要求采取抗震措施。

6.0.9 科学实验建筑中，研究、中试生产和存放剧毒的生物制品、天然和人工细菌、病毒（如鼠疫、霍乱、伤寒和新发高危险传染病等）的建筑，抗震设防类别应划为甲类。

6.0.10 高层建筑中，当结构单元内经常使用人数超过10000人时，抗震设防类别宜划为乙类。

6.0.11 住宅、宿舍和公寓的抗震设防类别可划为丙类。

7 工业建筑

7.1 采煤、采油和矿山生产建筑

7.1.1 本节适用于采煤、采油和天然气以及采矿的生产建筑。

7.1.2 采煤、采油和天然气、采矿的生产建筑，应根据其直接影响的城市和企业的范围及地震破坏所造成的直接和间接经济损失划分抗震设防类别。

7.1.3 采煤生产建筑中，产量3Mt/a及以上矿区和产量1.2Mt/a及以上矿井的提升、通风、供电、供水、通信和瓦斯排放系统，抗震设防类别应划为乙类。

7.1.4 采油和天然气生产建筑中，下列建筑的抗震设防类别应划为乙类：

1 大型油、气田的联合站、压缩机房、加压气站泵房、阀组间、加热炉建筑。

2 大型计算机房和信息贮存库。

3 油品储运系统液化气站，轻油泵房及氮气站、长输管道首末站、中间加压泵站。

4 油、气田主要供电、供水建筑。

7.1.5 采矿生产建筑中，下列建筑的抗震设防类别应划为乙类：

1 大型冶金矿山的风机室、排水泵房、变电、配电室等。

2 大型非金属矿山的提升、供水、排水、供

电、通风等系统的建筑。

7.2 原材料生产建筑

7.2.1 本节适用于冶金、化工、石油化工、建材和轻工业原材料等工业原材料生产建筑。

7.2.2 冶金、化工、石油化工、建材、轻工业的原材料生产建筑，主要以其规模、修复难易程度和停产后相关企业的直接和间接经济损失划分抗震设防类别。

7.2.3 冶金工业、建材工业企业的生产建筑中，下列建筑的抗震设防类别应划为乙类：

1 大中型冶金企业的动力系统建筑，油库及油泵房，全厂性生产管制中心、通信中心的主要建筑。

2 大型和不容许中断生产的中型建材工业企业的动力系统建筑。

7.2.4 化工和石油化工生产建筑中，下列建筑的抗震设防类别应划为乙类：

1 特大型、大型和中型企业的主要生产建筑以及对正常运行起关键作用的建筑。

2 特大型、大型和中型企业的供热、供电、供气和供水建筑。

3 特大型、大型和中型企业的通讯、生产指挥中心建筑。

7.2.5 轻工原材料生产建筑中，大型浆板厂和洗涤剂原料厂等大型原材料生产企业中的主要装置及其控制系统和动力系统建筑，其抗震设防类别应划为乙类。

7.2.6 冶金、化工、石油化工、建材、轻工业原料生产中，使用或产生具有剧毒、易燃、易爆物质的厂房以及存放这些物品的仓库，当具有火灾危险性时，其抗震设防类别应划为乙类；存放有放射性物品的仓库，其抗震设防类别应划为乙类。

7.3 加工制造业生产建筑

7.3.1 本节适用于机械、船舶、航空、航天、电子(信息)、纺织、轻工、医药等工业生产建筑。

7.3.2 加工制造工业生产建筑，应根据建筑规模和地震破坏所造成的直接和间接经济损失划分抗震设防类别。

7.3.3 航空工业生产建筑中，下列建筑的抗震设防类别应划为乙类：

1 部级及部级以上的计量基准所在的建筑，记录和贮存航空主要产品（如飞机、发动机等）或关键产品的信息贮存（如光盘、磁盘、磁带等）所在的建筑。

2 对航空工业发展有重要影响的整机或系统性能试验设施、关键设备所在建筑（如大型风洞及其测试间，发动机高空试车台及其动力装置及测试间，全机电磁兼容试验建筑）。

3 存放国内少有或仅有的重要精密设备的建筑。

4 大中型企业主要的动力系统建筑。

7.3.4 航天工业生产建筑中，下列建筑的抗震设防类别应划为乙类：

1 重要的航天工业科研楼、生产厂房和试验设施、动力系统的建筑。

2 重要的演示、通信、计量、培训中心的建筑。

7.3.5 电子（信息）工业生产建筑中，下列建筑的抗震设防类别应划为乙类：

1 国家级、省部级计算中心、信息中心的建筑。

2 大型彩管、玻壳生产厂房及其动力系统。

3 大型的集成电路、平板显示器和其他电子类生产厂房。

7.3.6 纺织工业的化纤生产建筑中，具有化工性质的生产建筑，其抗震设防类别宜按本标准7.2.4条划分。

7.3.7 大型医药生产建筑中，具有生物制品性质的厂房及其控制系统，其抗震设防类别宜按本标准6.0.9条划分。

7.3.8 加工制造工业建筑中，生产或使用具有剧毒、易燃、易爆物质的厂房及其控制系统的建筑，当具有火灾危险性时，其抗震设防类别应划为乙类。

7.3.9 大型的机械、船舶、纺织、轻工、医药等工业企业的动力系统建筑应划为乙类建筑。

7.3.10 机械、船舶工业的生产厂房，电子、纺织、轻工、医药等工业的其他生产厂房，宜划为丙类建筑。

8 仓库类建筑

8.0.1 本章适用于工业与民用的仓库类建筑。

8.0.2 仓库类建筑，应根据其存放物品的经济价值和地震破坏所产生的次生灾害划分抗震设防类别。

8.0.3 仓库类建筑中，储存放射性物质及剧毒、易燃、易爆物质等具有火灾危险性的危险品仓库应划为乙类建筑；一般储存物品的价值低、人员活动少、无次生灾害的单层仓库等可划为丁类建筑。

本标准用词用语说明

1 为了便于在执行本标准条文时区别对待，对要求严格程度不同的用词说明如下：

1）表示很严格，非这样做不可的用词：

正面词采用“必须”；反面词采用“严禁”。

2）表示严格，在正常情况下均应这样做的用词：

正面词采用“应”；反面词采用“不应”或“不得”。

3）表示允许稍有选择，在条件许可时首先这样做的用词：
正面词采用“宜”；反面词采用“不宜”；

表示有选择，在一定条件下可以这样做的，采用“可”。

2 标准中指定应按其他有关标准、规范执行时，写法为：“应符合……的规定”或“应按……执行”。

中华人民共和国国家标准

建筑工程抗震设防分类标准

GB 50223—2004

条 文 说 明

目　次

1 总　　则

1.0.1　按照遭受地震破坏后可能造成的人员伤亡、经济损失和社会影响的程度及建筑功能在抗震救灾中的作用，将建筑划分为不同的类别，区别对待，采取不同的设计要求，是根据我国现有技术和经济条件的实际情况，达到减轻地震灾害又合理控制建设投资的重要对策之一。

1.0.2　本次修订基本保持1995年版本标准的适用范围。

抗震设防烈度与设计基本地震加速度的对应关系，按《建筑抗震设计规范》GB 50011的规定执行。

建筑工程，按中华人民共和国《建筑法》的规定，指各类房屋建筑及其附属设施，包括配套的线路、管线和设备。本次修订，增加了基础设施建筑的相关内容。

1.0.3　本标准属于基础标准，各类建筑的抗震设计规范、规程中对于建筑工程抗震设防类别的划分，需以本标准为依据。

由于行业很多，本标准不可能一一列举，只能对各类建筑作较原则的规定。因此，本标准未列举的行业，其具体建筑的抗震设防类别的划分标准，需按本标准的原则要求，比照本标准所列举的行业建筑示例确定。

核工业、军事工业等特殊行业，以及一般行业中有特殊要求的建筑，本标准难以作出普遍性的规定；有些行业，如与水工建筑有关的建筑，其抗震设防分类需依附于行业主要建筑，本标准不作规定。

2 术　　语

2.0.1　术语提到了确定抗震设防类别所涉及的几个影响因素。其中的经济损失分为直接和间接两类，是为了在抗震设防类别划分中区别对待。

直接经济损失指建筑物、设备及设施遭到破坏而产生的经济损失和因停产、停业所减少的净产值。间接经济损失指建筑物、设备及设施遭到破坏，导致停产所减少的社会产值、修复所需费用、伤员医疗费用以及保险补偿费用等。其中，建筑的地震灾害保险是各国保险业的一种业务，在中华人民共和国《防震减灾法》中已经明确鼓励单位和个人参加地震灾害保险。发生严重破坏性地震时，灾区将丧失或部分丧失自我恢复能力，需要采取相应的救灾行动，包括保险补偿等。

社会影响指建筑物、设备及设施破坏导致人员伤亡造成的影响、社会稳定、生活条件的降低、对生态环境的影响以及对国际的影响等。

2.0.2～2.0.3　本次修订，抄录了《建筑抗震设计规范》GB 50011的“抗震设防烈度”和“抗震设防标准”两个术语。

关于建筑的抗震设防烈度和对应的设计基本加速度，根据建设部1992年7月3日发布的建标［1992］419号文《关于统一抗震设计规范地面运动加速度设计取值的通知》的规定，均指当地50年设计基准期内超越概率10%的地震烈度和对应的地震地面运动加速度的设计取值。这里需注意，设计基准期和设计使用年限是不同的两个概念。

各本建筑设计规范、规程采用的设计基准期均为50年，建筑工程的设计使用年限可以根据具体情况采用。《建筑结构可靠度设计统一标准》GB 50068—2001提出了设计使用年限的原则规定，要求纪念性的、特别重要的建筑的设计使用年限为100年，以提高其设计的安全性。然而，要使不同设计使用年限的建筑工程对完成预定的功能具有足够的可靠度，所对应的各种可变荷载（作用）的标准值和变异系数、材料强度设计值、设计表达式的各个分项系数、可靠指标的确定等需要相互配套，是一个系统工程，有待逐步研究解决。现阶段，重要性系数增加0.1，可靠指标约增加0.5，《建筑结构可靠度设计统一标准》要求，设计使用年限100年的建筑和设计使用年限50年的重要建筑，均采用重要性系数不小于1.1来适当提高结构的安全性，二者并无区别。

对于抗震设计，鉴于本标准的建筑抗震设防分类和相应的设防标准已体现抗震安全性要求的不同，对不同的设计使用年限，可参考下列处理方法：

1）若投资方提出的所谓设计使用年限100年的功能要求仅仅是耐久性100年的要求，则抗震设防类别和相应的设防标准仍按本标准的规定采用。

2）不同设计使用年限的地震动参数与设计基准期（50年）的地震动参数之间的基本关系，可参阅有关的研究成果。当获得设计使用年限100年内不同超越概率的地震动参数时，如按这些地震动参数确定地震作用，即意味着通过提高结构的地震作用来提高抗震能力。此时，如果按本标准划分规定属于甲类或乙类建筑，仍应按本标准对甲类和乙类建筑的要求采取抗震措施。

需注意，只提高地震作用或只提高抗震措施，二者的效果有所不同，但均可认为满足提高抗震安全性的要求；当既提高地震作用又提高抗震措施时，则结构抗震安全性可有较大程度的提高。

3）当设计使用年限少于设计基准期，抗震设防要求可相应降低。临时性建筑通常可不设防。

3 基 本 规 定

3.0.1　建筑工程抗震设防类别划分的基本原则，是从抗震的角度，按建筑的重要性进行分类。这里，重要性指建筑遭受地震损坏对各方面影响后果的严重性。本条规定了判断后果所需考虑的因素，即对各方面影响的综合分析来划分。这些影响因素主要包括：

①从性质看有人员伤亡、经济损失、社会影响等；

②从范围看有国际、国内、地区、行业、小区和单位；

③从程度看有对生产、生活和救灾影响的大小，导致次生灾害的可能，恢复重建的快慢等。

在对具体的对象作实际的分析研究时，建筑工程自身抗震能力、各部分功能的差异及相同建筑在不同行业所处的地位等因素，对建筑损坏的后果有不可忽视的影响，在进行设防分类时应对以上因素做综合分析。

本标准在各章中，对若干行业的建筑如何按上述原则进行划分，给出了较为具体的方法和示例。

城市的规模，本标准 1995 年版以市区人口划分：100 万人口以上为特大城市，50～100 万人口为大城市，20～50 万人口以下为中等城市，不足 20 万人口为小城市。近年来，一些城市将郊区县划为市区，使市区范围不断扩大，相应的市区常住和流动人口增多。建议结合城市的国民经济产值衡量城市的大小，而且，经济实力强的城市，提高其建筑的抗震能力的要求也容易实现。

作为划分抗震设防类别所依据的规模、等级、范围，不同行业的定义不一样，例如，有的以投资规模区分，有的以产量大小区分，有的以等级区分，有的以座位多少区分。因此，特大型、大型和中小型的界限，与该行业的特点有关，还会随经济的发展而改变，需由有关标准和该行业的行政主管部门规定。由于不同行业之间对建筑规模和影响范围尚缺少定量的横向比较指标，不同行业的设防分类只能通过对上述多种因素的综合分析，在相对合理的情况下确定。例如，电力网络中的某些大电厂建筑，其损坏尚不致严重影响整个电网的供电；而大中型工矿企业中没有联网的自备发电设施，尽管规模不及大电厂，却是工矿企业的生命线工程设施，其重要性不可忽视。

在一个较大的建筑中，若不同区段使用功能的重要性有显著差异，应区别对待，可只提高某些重要区段的抗震设防类别。

需要说明的是，本标准在总则中明确，划分不同的抗震设防类别并采取不同的设计要求，是在现有技术和经济条件下减轻地震灾害的重要对策之一。考虑到现行的抗震设计规范、规程中，已经对某些相对重要的房屋建筑的抗震设防有很具体的提高要求。例如，在多层砌体结构中，对医院、教学楼的各种抗震措施比普通的住宅楼、办公楼有所提高；混凝土结构中，高度大于 30m 的框架结构、高度大于 60m 的框架-抗震墙结构和高度大于 80m 的抗震墙结构，其抗震措施比一般的多层混凝土房屋有明显的提高；钢结构中，层数超过 12 层的房屋，其抗震措施也高于一般的多层房屋。因此，本标准在划分建筑抗震设防类别时，注意与设计规范、规程的设计要求配套，力求避免出现重复性的提高抗震设计要求。

3.0.2 本条引自 GB 50011—2001 的 3.1.1 条，已列入《工程建设标准强制性条文（房屋建筑部分）》。明确在抗震设计中，将所有的建筑按本标准 3.0.1 条要求综合考虑分析后归纳为四类。

甲类建筑按 3.0.1 条各因素综合考虑分析后属于《防震减灾法》中的重大工程和地震时可能发生严重次生灾害的工程，地震破坏后会产生巨大社会影响或造成巨大经济损失。严重次生灾害指地震破坏后可能引发水灾、火灾、爆炸、剧毒或强腐蚀性物质大量泄露和其他严重次生灾害。

乙类建筑按 3.0.1 条各因素综合考虑分析后属于地震破坏后会产生较大社会影响或造成相当大的经济损失，包括城市的重要生命线工程和人流密集的多层的大型公共建筑等。在本标准各章中较具体地给出其建筑范围和示例。

丁类建筑，其地震破坏不致影响甲、乙、丙类建筑，且社会影响和经济损失轻微。一般为储存物品价值低、人员活动少、无次生灾害的单层仓库等。

自 1989 年《建筑抗震设计规范》GBJ 11—89 发布以来，按技术标准设计的所有房屋建筑，均应达到“多遇地震不坏、设防烈度地震可修和罕遇地震不倒”的设防目标。这里，多遇地震、设防烈度地震和罕遇地震，一般按地震基本烈度区划或地震动参数区划对当地的规定采用，分别为 50 年超越概率 63%、10% 和 2%～3%的地震，或重现期分别为 50 年、475 年和 1600～2400 年的地震。考虑到上述抗震设防目标可保障：房屋建筑在遭遇设防烈度地震影响时不致有灾难性后果，在遭遇罕遇地震影响时不致倒塌；因此，绝大部分建筑均可划为丙类建筑。市政工程中，按《室外给水排水和煤气热力工程抗震设计规范》GB 50032—2002 设计的给排水和热力工程，应在遭遇设防烈度地震影响下不需修理或经一般修理即可继续使用，其管网不致引发次生灾害，因此，绝大部分给排水、热力工程也可划为丙类。这样，根据《防震减灾法》，为了合理确定建筑工程的抗震设防标准，本标准将防震减灾能力需要全面提高的甲类建筑控制在极小的范围，防倒塌能力需要提高的乙类建筑也控制在较小的范围。同时，有条件的建设单位、业主可以提高设防要求，例如按更高的抗震设防类别设计，或按照设计规范采用隔震、消能减震等新技术，使房屋遭遇设防烈度地震影响时损坏程度有所减轻。

3.0.3 本条引用 GB 50011—2001 的 3.1.3 条，已列入《2002 年版工程建设标准强制性条文（房屋建筑部分）》。任何建筑的抗震设防标准均不得低于本条的要求。与1995版的分类标准相比，本条主要变化如下：

根据中华人民共和国《防震减灾法》，本次修订明确规定，甲类建筑的地震作用应按高于本地区设防烈度计算，有关参数应按经批准的地震安全性评价的结果予以确定。这意味着，甲类建筑地震作用不再按本标准1995年版的规定提高一度处理，而明确为提高的幅度应经专门研究，并需要按规定的权限审批。条件许可时，专门研究可包括基于建筑地震破坏损失和投资关系的优化原则确定的方法。需要说明的是，房屋建筑所处场地的地震安全性评价，通常包括给定年限内不同超越概率的地震动参数，应由具备资质的单位按相关规定执行。

对乙类建筑，地震作用不提高，抗震措施的提高分一般情况和其他情况区别对待。一般情况抗震措施提高一度，其他情况只适当提高而不是提高一度，例如：

①条文中提到9度设防时，乙类建筑的抗震措施应比9度提高，提高的程度可根据实际工程的情况研究确定；这是因为缺乏可靠的近场地震的资料和数据，设防烈度高于9度地区的建筑抗震设计需要专门研究；

②在《建筑抗震设计规范》GB 50011中对乙类建筑地基基础抗液化处理措施等的规定；

③本次修订增加的人数特别多的高层建筑，其抗震措施不按提高一度采用时需专门研究；

④一些建筑规模较小的乙类建筑，例如大型工矿企业和大型居住区的变电所、空压站、水泵房，大、中城市供水水源的泵房，以及本次修订新增加的为地震中自救能力较弱人群服务的层数很少的幼儿园、教学楼等，设计时通常采用砌体结构，即使这些砌体结构按提高一度的规定采取抗震措施，其抗震能力不如改变结构材料和结构类型更为有效，且其规模较小，改变材料和结构类型的耗资不致很大。因此，这些建筑由砌体结构改为抗震性能较好的钢筋混凝土结构或钢结构时，则可仍按本地区设防烈度的规定采取抗震措施。

需要说明，本标准规定对乙类建筑提高抗震措施，不提高地震作用，同一些国家的规范只提高地震作用（10%～30%）而不提高抗震措施，在设防概念上有所不同：提高抗震措施，着眼于把财力、物力用在增加结构薄弱部位的抗震能力上，是经济而有效的方法；只提高地震作用，则结构的各构件均全面增加材料，投资增加的效果不如前者。

对丁类建筑，7～9度时，本次修订对抗震措施不要求降低一度，改为适当降低抗震措施。

3.0.4 本标准列举了主要行业建筑示例的抗震设防类别。一些功能类似的建筑，可比照示例进行划分。如工矿企业的供电、供热、供水、供气等动力系统的建筑，包括没有联网的自备热电站、主要的变配电室、泵站、加压站、煤气站、乙炔站、氧气站、油库等，功能特征与基础设施建筑类似，分类原则相同。

4 抗震防灾建筑

4.0.1 本章的抗震防灾建筑主要指地震时应急的医疗、消防设施和抗震防灾指挥中心。与防灾相关的供电、供水、供气、供热、广播、通信和交通系统的建筑，在城镇基础设施建筑中予以规定。

4.0.2 本条基本保持本标准1995年版9.0.2条的规定。

4.0.3 本条基本保持本标准1995年版9.0.3条的相关规定，根据近年新疆伽师、巴楚地震经验，增加了8、9度设防区的乡镇主要医疗建筑。

这里，县及县级市指不属于大中城市的城市和县城。在编制城市抗震防灾规划时，应考虑已建和新建防灾建筑的合理布局，避免在局部的区域内重复建造这类提高抗震等级的医疗建筑；还应考虑专科医院和综合医院、口腔专科医院和心胸专科医院的不同，区别对待，不应凡是这类医院都提高抗震设防类别。

医院的级别，本标准1995年版按国家卫生行政主管部门的规定，三级医院指该医院总床位不少于500个且每床建筑面积不少于60m²，二级医院指床位不少于100个且每床建筑面积不少于45m²。三级特等医院为极少数承担特别重要医疗任务的三级医院。1996年由卫生部主编由建设部以建标［1996］547号文发布的《综合医院建设标准》规定，综合医院至少为200床位且床均建筑面积为64m²/床。

工矿企业与城市比照的原则，指从企业的规模和在本行业中的地位来对比。

4.0.4 本条基本保持本标准1995年版的规定，增加了消防车库的值班用房。消防车库等不分城市和县、镇的大小，均划为乙类建筑。

工矿企业的消防设施，比照城市划分。本标准1995年版各章关于消防车库抗震设防类别的划分规定均予以取消，避免重复规定。

4.0.5 本条是新增加的。考虑到防灾指挥中心具有必需的信息、控制、调度系统和相应的动力系统，当一个建筑只在某个区段具有防灾指挥中心的功能时，可将该区段划分为乙类。

4.0.6 本条是新增加的。考虑到地震后容易发生疫情，将县级及以上的疾病预防与控制中心的主要建筑划为乙类；其中属于研究、中试、存放具有剧毒性质的高危险传染病病毒的建筑，与本标准第6.0.9条的规定一致，划为甲类。

5 基础设施建筑

5.1 城镇给排水、燃气、热力建筑

5.1.1 本节是新增加的内容，主要为属于城镇的市政工程以及工矿企业中的类似工程。

5.1.2 配套的供电建筑，主要指变电站、变配电室等。

5.1.3 给水工程设施是城镇生命线工程的重要组成部分，涉及生产用水、居民生活饮用水和震后抗震救灾用水。地震时首先要保证主要水源不能中断（取水构筑物、输水管道安全可靠）；水质净化处理厂能基本正常运行。要达到这一目标，需要对水处理系统的建（构）筑物、配水井、送水泵房、加氯间或氯库和作为运行中枢机构的控制室和水质化验室加强设防。对一些大城市，尚需考虑供水加压泵房。

水质净化处理系统的主要建构筑物，包括反应沉淀池、滤站（滤池或有上部结构）、加药、贮存清水等设施。对贮存消毒用的氯库加强设防，避免震后氯气泄漏而引发二次灾害。

条文强调“主要”，指在一个城镇内，当有多个水源引水、分区设置水厂，并设置环状配水管网可相互沟通供水时，仅规定主要的水源和相应的水质净化处理厂的建（构）筑物为乙类设防，而不是全部给水建筑。

现行的给排水工程的抗震设计规范，要求给排水工程在遭遇设防烈度地震影响下不需修理或经一般修理即可继续使用。因此，需要提高为乙类的，本次修订改为一般以城区人口20万划分；考虑供水的特点，增加8、9度设防的小城市和县城。

5.1.4 排水工程设施包括排水管网、提升泵房和污水处理厂，当系统遭受地震破坏后，将导致环境污染，成为震后引发传染病的根源。为此，需要保持污水处理厂能够基本正常运行、排水管网的损坏不致引发次生灾害，应予以重视。相应的主要设施指大容量的污水处理池，一旦破坏可能引发数以万吨计的污水泛滥，修复困难，后果严重。

污水厂（含污水回用处理厂）的水处理建（构）筑物，包括进水格栅间、沉砂池、沉淀池（含二次沉淀）、生物处理池（含曝气池）、消化池等。

对污水干线加强设防，主要考虑这些排水管的体量大，一般为重力流，埋深较大，遭受地震破坏后可能引发水土流失、建（构）筑物基础下陷、结构开裂等次生灾害。

道路立交处的雨水泵房承担降低地下水位和排除雨后积水的任务，城市排涝泵站承担排涝的任务，遭受地震破坏将导致积水过深，影响救灾车辆的通行，故予以加强。

条文强调“主要”，指一个城镇内，当有多个污水处理厂时，需区分水处理规模和建设场地的环境，确定需要加强抗震设防的污水处理工程，而不是全部提高。

大型池体对地基不均匀沉降敏感，尤其是矩形水池，长边可达100m以上，作为乙类建筑提高地基液化处理的要求是必要的。

5.1.5 燃气系统遭受地震破坏后，既影响居民生活又可能引发严重火灾或煤气、天然气泄漏等次生灾害，抗震设防类别需予以提高。输配气管道按运行压力区别对待，可体现城镇的大小。超高压指压力大于4.0MPa，高压指1.6～4.0MPa，次高压指0.4～1.6MPa。

5.1.6 热力建筑遭受地震破坏后，影响面不及供水和燃气系统大，且输送管道均采用钢管，划为乙类建筑的范围小些。相应的主要设施指主干线管道。

5.2 电 力 建 筑

5.2.1 本节将本标准1995年版能源建筑中的电力建筑和城市防灾建筑中的供电系统合并而成。

5.2.2 本条基本保持本标准1995年版6.0.2条的规定。供电系统建筑一旦遭受地震破坏，不仅影响本系统的生产，还影响其他工业生产和城乡的人民生活，因此，需要适当提高抗震设防类别。

5.2.3 本条是新增加的。考虑到电力调度的重要性，对国家和大区的调度中心的抗震设防类别予以提高。

5.2.4 本条基本保持1995年版分类标准6.0.3条的有关规定，与《电力设施抗震设计规范》GB 50260—1996的有关规定协调。电力系统中需要提高为乙类建筑的，是属于相当大规模、重要电力设施的生产关键部位的建筑。

地震时必须维持正常工作的重要电力设施，主要指没有联网的大中型工矿企业的自备发电设施，其停电会造成重要设备严重破坏或者危及人身安全，按各工业部门的具体情况确定。

作为城市生命线工程之一，将本标准1995年版中城市防灾建筑9.0.3条对供电系统的相应要求移入本条，并将50万人口修改为20万人口。

本次修订还补充了燃油和燃气机组发电厂安全关键部位的建筑——卸、输、供油设施。此外，还增加了换流站工程的相关内容。

单机容量，在联合循环机组中通常即机组容量。

5.3 交通运输建筑

5.3.1 本次修订，增加了城镇交通设施的抗震设防分类。

5.3.2 本条基本保持本标准1995年版5.0.2条的规定。

5.3.3 本条基本保持1995年版5.0.3条的规定。

铁路系统的建筑中，需要提高为乙类建筑的主要是五所一室和特大型候车室。Ⅰ、Ⅱ级干线以年客货运量划分，由铁道设计规范和铁道行政主管部门规定。特大型站，按《铁路旅客车站建筑设计规范》GB 50226—1995 的规定，指全年上车旅客最多月份中，一昼夜在候车室内瞬时（8～10min）出现的最大候车（含送客）人数的平均值，即最高聚集人数大于10000 人的车站。

按比照原则，Ⅰ级的工矿企业专用线枢纽的五所一室，也划为乙类。

5.3.4 本条基本保持本标准 1995 年版 5.0.4 条的规定，增加了一级长途客运站的候车楼以及 8、9 度设防区的相关内容。

高速公路、一级公路的含义由公路设计规范和交通行政主管部门规定。一级汽车客运站的候车楼，按《汽车客运站建筑设计规范》JGJ 60—1999 的规定，指日发送旅客折算量（指车站年度平均每日发送长途旅客和短途旅客折算量之和）大于 7000 人次的客运站的候车楼。

5.3.5 本条基本保持本标准 1995 年版 5.0.5 条的规定。增加 8、9 度设防区的相关内容。

国家重要客运站，指《港口客运站建筑设计规范》JGJ 86—1992 规定的一级客运站，其设计旅客聚集量（设计旅客年发客人数除以年客运天数再乘以聚集系数和客运不平衡系数）大于 2500 人。

5.3.6 本条保持本标准 1995 年版 5.0.6 条的规定。国内主要干线的含义应遵守民用航空技术标准和民航行政主管部门的规定。

5.3.7 本条是新增的。城镇桥梁中，属于甲类的桥梁，如跨越江河湖海的大跨度桥梁，担负城市出入交通关口，往往结构复杂、形式多样，受损后修复困难；划为乙类的桥梁，指位于交通枢纽、不属于甲类的其余桥梁。

城市轨道交通包括轻轨、地下铁道等，在我国特大和大城市已迅速发展，其枢纽建筑具有体量大、结构复杂、人员集中的特点，受损后影响面大且修复困难。

交通枢纽建筑主要包括控制、指挥、调度中心，以及大型客运换乘站等。

5.4 邮电通信、广播电视建筑

5.4.1 本条保持本标准 1995 年版 4.0.1 条的规定。

5.4.2 本条保持本标准 1995 年版 4.0.2 条的规定。

5.4.3 本条基本保持本标准 1995 年版 4.0.4 条的规定，与《邮电通信建筑抗震设防分类标准》YD 5054—1998 协调，并增加了 8、9 度设防区的县级城镇的长途电信枢纽楼。

对于移动通信建筑，可比照长途电信生产建筑示例确定其抗震设防类别。

5.4.4 本条基本保持本标准 1995 年版 4.0.3 条的规定，与《广播电影电视工程建筑抗震设防分类标准》GY 5060—1997 做了协调。

6 公共建筑和居住建筑

6.0.2 本条基本保持本标准 1995 年版 10.0.2 条的规定。

6.0.3 本条保持本标准 1995 年版 10.0.3 条的有关要求。参照《体育建筑设计规范》JGJ 31—2003 关于使用要求和规模的分级，本条的使用要求中，特级指举办亚运会、奥运会级世界锦标赛的主场；甲级指举办全国性和单项国际比赛的场馆；大型体育场指观众座位容量不少于 40000 人，大型体育馆（含游泳馆）指观众座位容量不少于 6000 人。这些场馆要同时满足使用等级、规模的要求。划为乙类建筑是因其人员密集，疏散有一定难度，地震破坏造成的人员伤亡和社会影响很大，而且在地震时可作为避难场所。

使用要求的分级，可根据设计使用年限内的要求确定。

6.0.4 本条基本保持本标准 1995 年版 10.0.3 条的有关要求。参照《剧场建筑设计规范》JGJ 57—2000 和《电影院建筑设计规范》JGJ 58—1988 关于规模的分级，本标准的大型剧场、电影院，指座位不少于1200；本次修订新增的大型娱乐中心指一个区段内上下楼层合计的座位明显大于 1200 同时其中至少有一个座位在 500 以上（相当于中型电影院的座位容量）的大厅。这类多层建筑中人员密集且疏散有一定难度，地震破坏造成的人员伤亡和社会影响很大，故列为乙类。

6.0.5 本条基本保持本标准 1995 年版 10.0.3 条的有关要求。借鉴《商店建筑设计规范》JGJ 48—88 关于规模的分级，考虑近年来商场发展情况。本次修订，大型商场指一个区段的建筑面积 25000m^2 或营业面积 10000m^2 以上的商业建筑，若营业面积指标按 JGJ 48 规定，取平均每位顾客 1.35m^2 计算，则人流可达 7500 人以上。这类商业建筑一般需同时满足人员密集、建筑面积或营业面积符合大型规定、多层建筑等条件；所有仓储式、单层的大商场不包括在内。本标准 1995 年版关于商场营业额和固定资产的要求偏低，又不便掌握，本次修订予以取消。

当商业建筑与其他建筑合建时，包括商住楼或综合楼，其划分以区段按比照原则确定。例如，高层建筑中多层的商业裙房区段或者下部的商业区段为乙类，而上部的住宅可以为丙类。还需注意，当按区段划分时，若上部区段为乙类，则其下部区段也应为乙类。

对于人员密集的证券交易大厅，可按比照原则确定抗震设防类别。

6.0.6 本条基本保持本标准1995年版10.0.3条的有关要求。参照《博物馆建筑设计规范》JGJ 66—1991，本标准的大型博物馆指建筑规模大于$10000m^2$，一般适用于中央各部委直属博物馆和各省、自治区、直辖市博物馆。按照《档案馆建筑设计规范》JGJ 25—2000，特级档案馆为国家级档案馆，甲级档案馆为省、自治区、直辖市档案馆，二者的耐久年限要求在100年以上。

考虑到国家二级文物为数量较多的文物，本次修订不再列入乙类建筑范畴。

6.0.7 本条是新增的。这类展览馆、会展中心，在一个区段的设计容纳人数一般在5000人以上。科技馆可比照展览馆确定其抗震设防类别。

6.0.8 本条是新增的。考虑到地震时小学生及幼儿自救能力较弱，应予以重点保护。注意到现行建筑抗震设计规范中对于层数较多的砌体教学楼的层数要求、构造柱、芯柱设置要求已有所提高，但对低层建筑（层数不超过三层）的构造要求仍不高，故本次修订将小学生及幼儿密集程度较高的低层建筑列为乙类。按《托儿所、幼儿园建筑设计规范》JGJ 39—87的规定，大型幼儿园指10～12班幼儿总人数不少于200人；按《农村普通中小学建设标准》建标［1996］640号规定，大型完小为18班总数约600人。本标准人数较多的小学指单体建筑学童人数600人以上；人数较多的幼儿园指单体建筑幼儿人数200人以上。按当前的经济条件，这类低层房屋通常采用砌体结构，故规定如果改用抗震性能较好的混凝土结构材料和合理的结构类型时，抗震措施可仍按原设防烈度采用。

对于敬老院、福利院、残疾人的学校等地震时自救能力较弱人群使用的砌体房屋，可比照上述幼儿园相应提高抗震设防类别。

6.0.9 本条保持本标准1995年版的规定。在生物制品、天然和人工细菌、病毒中，具有剧毒性质的，包括新近发现的具有高发危险性的病毒，列为甲类；而一般的剧毒物品在本标准的其他章节中列为乙类。主要考虑该类剧毒物质的传染性，建筑一旦破坏的后果极其严重，波及面很广，且这类建筑数量不会很多。

6.0.10 本条是新增的。经常使用人数10000人，按《办公建筑设计规范》JGJ 67—89的规定，大体人均面积为$10m^2$/人计算，则建筑面积大致超过$100000m^2$，结构单元内集中的人数特别多。这类房屋为数甚少，征求意见时相当一部分专家同意将其抗震设防类别划为乙类。考虑到这类房屋总建筑面积很大，多层时需分缝处理，在一个结构单元内集中如此多人数属于高层建筑，设计时需要进行可行性论证，其抗震措施一般需要专门研究，即提高的程度是按总体提高一度、提高一个抗震等级还是在关键部位采取比丙类建筑更严格的措施，可以经专门研究和论证确定。

7 工业建筑

7.1 采煤、采油和矿山生产建筑

7.1.1 本节包括本标准1995年版的第6章和第7章中关于采矿生产建筑的内容。

7.1.2 本条基本保持本标准1995年版6.0.2条的规定。这类生产建筑一旦遭受地震破坏，不仅影响本系统的生产，还影响电力工业和其他相关工业的生产以及城乡的人民生活，因此，需要适当提高抗震设防类别。

7.1.3 本条基本保持本标准1995年版6.0.6条的规定。

采煤生产中需要提高为乙类建筑的，是涉及煤矿矿井生产及人身安全的六大系统的建筑和矿区救灾系统建筑。本次修订，将大型矿区的界限改为年产量3Mt及以上，大型矿井的界限改为年产量1.2Mt及以上。

提升系统指井口房、井架、井塔和提升机房等；通风系统指通风机房和风道建筑；供电系统指为矿井服务的变电所、室外构架和线路等；供水系统指取水构筑物、水处理构筑物及加压泵房；通信系统指通讯楼、调度中心的机房部分；瓦斯排放系统指瓦斯抽放泵房。

7.1.4 本条保持本标准1995年版6.0.4条的规定。

采油和天然气生产建筑中，需要提高为乙类建筑的，主要是涉及油气田、炼油厂、油品储存、输油管道的生产和安全方面的关键部位的建筑。

7.1.5 本条是新增加的，将本标准1995年版关于矿山生产建筑的规定移此，突出了采矿生产建筑的性质。矿山建筑中，需要提高为乙类建筑的，主要是涉及生产及人身安全的关键建筑和救灾系统建筑。

7.2 原材料生产建筑

7.2.2 本条基本保持本标准1995年版7.0.2条的规定。原材料工业生产建筑遭受地震破坏后，除影响本行业的生产外，还对其他相关行业有影响，需要适当提高抗震设防类别。

7.2.3 本条基本保持本标准1995年版7.0.3条的规定，并与《冶金建筑抗震设计规范》YBJ 9081—97的有关规定协调。

钢铁和有色冶金生产厂房，结构设计时自身有较大的抗震能力，不需要专门提高抗震设防类别。

大中型冶金企业的动力系统的建筑，主要指全厂性的能源中心、总降压变电所、各高压配电室、生产工艺流程上主要车间的变电所、自备电厂主厂房、生产和生活用水总泵站、氧气站、氢气站、乙炔站、供热建筑。

7.2.4 本条基本保持本标准 1995 年版 7.0.5 条的规定，与《石油化工企业建筑抗震设防等级分类标准》SH 3049—93 作了协调。

化工和石油化工的生产门类繁多，本标准按生产装置的性质和规模加以区分。需要提高为乙类建筑的，属于主要的生产装置及其控制系统的建筑。

7.2.5 本条基本保持本标准 1995 年版 7.0.6 条的规定。轻工原材料生产企业中的大型浆板厂及大型洗涤剂原料厂，前者规模大且影响大，涉及方方面面，后者属轻工系统的石油化工工业，故将其主要装置及控制系统的建筑列为乙类。

7.2.6 本条将原材料生产活动中，使用、产生和储存剧毒、易燃、易爆物质和放射性物品的有关建筑的抗震设防分类原则归纳在一起。

在矿山建筑中，指易燃、易爆品仓库（如炸药雷管库、硝酸铵、硝酸钠库）及其热处理加工车间、起爆材料加工车间及炸药生产车间等。

在化工、石油化工和具有化工性质的轻工原料生产建筑中，指各种剧毒物质、高压生产和具有火灾危险的厂房及其控制系统的建筑。

火灾危险性的判断，可参见《建筑设计防火规范》GBJ 16—87（2001 年局部修订）的有关说明。若使用或产生的易燃、易爆物质的量较少，不足以构成爆炸或火灾等危险时，可根据实际情况确定其抗震设防类别。

7.3 加工制造业生产建筑

7.3.1 本节在本标准 1995 年版第 8 章基础上增加医药生产建筑。

7.3.2 本条基本保持本标准 1995 年版 8.0.2 条的规定。

7.3.3 本条保持本标准 1995 年版 8.0.3 条的规定。

7.3.4 本条保持本标准 1995 年版 8.0.4 条的规定。

7.3.5 本条是新增的。大型电子类生产厂房指同时满足投资额 10 亿元以上、单体建筑面积超过 $50000m^2$ 和职工人数超过 1000 人的条件。

7.3.6 本条保持本标准 1995 年版 8.0.5 条的规定。

7.3.7 本条是新增的，对医药生产中的危险厂房等予以加强。

7.3.8 本条将加工制造生产活动中，使用、产生和储存剧毒、易燃、易爆物质的有关建筑的抗震设防分类原则归纳在一起。

剧毒、易燃、易爆物质可参照《建筑设计防火规范》GBJ 16 确定。在生产过程中，若使用或产生的易燃、易爆物质的量较少，不足以构成爆炸或火灾等危险时，可根据实际情况确定其抗震设防类别。

根据《建筑设计防火规范》GBJ 16—87（2001 年局部修订）的有关说明，爆炸和火灾危险的判断是比较复杂的。例如，有些原料和成品都不具备火灾危险性，但生产过程中，在某些条件下生成的中间产品却具有明显的火灾危险性；有些物品在生产过程中并不危险，而在贮存中危险性较大。

7.3.9 本条保持本标准 1995 年版 8.0.8 条的规定。

7.3.10 本条保持本标准 1995 年版 8.0.7 条的规定。加工制造工业包括机械、电子、船舶、航空、航天、纺织、轻工、医药、粮食、食品等等，其中，航空、航天、电子、医药有特殊性，纺织与轻工业中部分具有化工性质的生产装置按化工行业对待，动力系统和具有火灾危险的易燃、易爆、剧毒物质的厂房划为乙类，一般的生产建筑可不提高抗震设防类别。

8 仓库类建筑

8.0.1 本章的仓库类建筑，不包括已在前面第 7 章规定的仓库。

8.0.2 本条保持本标准 1995 年版 11.0.2 条的规定。

8.0.3 本条基本保持本标准 1995 年版 11.0.3 条的规定。

存放物品的火灾危险性，可根据《建筑设计防火规范》GBJ 16—87（2001 年局部修订）第 4.1.1 条确定。

仓库类建筑，各行各业都有多种多样的规模、各种不同的功能、破坏后的影响也十分不同，本标准只将有较大社会和经济影响的仓库列为乙类。除上述乙类建筑外，仓库并不都属于丁类建筑，需按其储存物品的性质和影响程度来确定，由各行业在行业标准中予以规定，例如，属于抗震防灾工程的大型粮食仓库一般划为丙类。又如，《冷库设计规范》GBJ 72—1984 规定的公称容积大于 $15000m^3$ 的冷库，《汽车库建筑设计规范》JGJ 100—1998 规定的停车数大于 500 辆的特大型汽车库，也不属于“储存物品价值低”的仓库。

中华人民共和国国家标准

建筑物电子信息系统防雷技术规范

Technical code for protection against lightning of building electronic information system

GB 50343—2004

主编部门：四 川 省 建 设 厅
批准部门：中华人民共和国建设部
施行日期：2 0 0 4 年 6 月 1 日

中华人民共和国建设部
公　　告

第215号

建设部关于发布国家标准《建筑物电子信息系统防雷技术规范》的公告

现批准《建筑物电子信息系统防雷技术规范》为国家标准，编号为GB 50343—2004，自2004年6月1日起实施。第5.1.2、5.2.5、5.2.6、5.4.1（2）、5.4.10（2）、7.2.3条（款）为强制性条文，必须严格执行。

本规范由建设部标准定额研究所组织中国建筑工业出版社出版发行。

中华人民共和国建设部

2004年3月1日

前　　言

根据建设部建标标［2000］43号文，关于同意编制《建筑物电子信息系统防雷技术规范》的函，并由四川省建设厅（原建委）负责组织成立了规范编制组，规范编制组参考国内外有关标准，认真总结实践经验，广泛征求各方面意见之后，制订了本规范。

本规范共分8章和4个附录。主要技术内容是：1. 总则；2. 术语；3. 雷电防护分区；4. 雷电防护分级；5. 防雷设计；6. 防雷施工；7. 施工质量验收；8. 维护与管理。

本规范主要对建筑物电子信息系统综合防雷工程的设计、施工、验收、维护与管理作出规定和要求。

本规范中以黑体字标志的条文为强制性条文，必须严格执行。本规范由建设部负责管理和对强制性条文的解释，四川省建设厅负责具体管理，中国建筑标准设计研究院、四川中光高技术研究所有限责任公司负责具体技术内容的解释。在执行过程中，请各单位结合工程实践，认真总结经验，如发现需要修改或补充之处，请将意见和建议寄四川省建设厅（地址：四川省成都市人民南路四段36号，邮政编码：610041）。

主编单位：中国建筑标准设计研究院
四川中光高技术研究所有限责任公司

参编单位：中南建筑设计院
四川省防雷中心
上海市防雷中心
中国电信集团湖南电信公司
铁道部科学院通信信号研究所
北京爱劳科技有限公司
广州易事达艾力科技有限公司
武汉岱嘉电气技术有限公司

主要起草人：王德言　李雪佩　宏育同　李冬根
刘寿先　蔡振新　邱传睿　熊　江
陈　勇　刘兴顺　郑经娣　刘文明
王维国　陈　燮　郭维藩　孙成群
余亚桐　刘岩峰　汪海涛　王守奎

目 次

1 总　　则

1.0.1 为防止和减少雷电对建筑物电子信息系统造成的危害，保护人民的生命和财产安全，制定本规范。

1.0.2 本规范适用于新建、扩建、改建的建筑物电子信息系统防雷的设计、施工、验收、维护和管理。

本规范不适用于易燃、易爆危险环境和场所的电子信息系统防雷。

1.0.3 在进行建筑物电子信息系统防雷设计时，应根据建筑物电子信息系统的特点，将外部防雷措施和内部防雷措施协调统一，按工程整体要求，进行全面规划，做到安全可靠、技术先进、经济合理。

1.0.4 电子信息系统的防雷必须坚持预防为主、安全第一的原则。当需要时，可在设计前对现场雷电电磁环境进行评估 。

1.0.5 电子信息系统应采用外部防雷和内部防雷等措施进行综合防护（图1.0.5）。

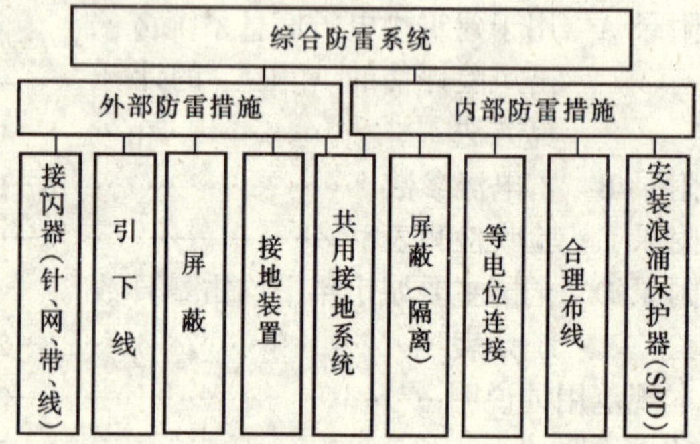

图1.0.5　建筑物电子信息系统综合防雷系统

1.0.6 电子信息系统的防雷应根据环境因素、雷电活动规律、设备所在雷电防护区和系统对雷电电磁脉冲的抗扰度、雷击事故受损程度以及系统设备的重要性，采取相应的防护措施。

1.0.7 建筑物电子信息系统防雷，除应符合本规范外，尚应符合国家的有关标准的规定。

2 术　　语

2.0.1 电子信息系统　electronic information system

由计算机、有/无线通信设备、处理设备、控制设备及其相关的配套设备、设施（含网络）等的电子设备构成的，按照一定应用目的和规则对信息进行采集、加工、存储、传输、检索等处理的人机系统。

2.0.2 电磁兼容性　electromagnetic compatibility（EMC）

设备或系统在其电磁环境中能正常工作，且不对环境中的其他设备和系统构成不能承受的电磁干扰的能力。

2.0.3 电磁屏蔽　electromagnetic shielding

用导电材料减少交变电磁场向指定区域穿透的屏蔽。

2.0.4 防雷装置　lightning protection system（LPS）

外部和内部雷电防护装置的统称。

2.0.5 外部防雷装置　external lightning protection system

由接闪器、引下线和接地装置组成，主要用以防直击雷的防护装置。

2.0.6 内部防雷装置　internal lightning protection system

由等电位连接系统、共用接地系统、屏蔽系统、合理布线系统、浪涌保护器等组成，主要用于减小和防止雷电流在需防空间内所产生的电磁效应。

2.0.7 共用接地系统　common earthing system

将各部分防雷装置、建筑物金属构件、低压配电保护线（PE）、等电位连接带、设备保护地、屏蔽体接地、防静电接地及接地装置等连接在一起的接地系统。

2.0.8 等电位连接　equipotential bonding（EB）

设备和装置外露可导电部分的电位基本相等的电气连接。

2.0.9 等电位连接带　equipotential bonding bar（EBB）

将金属装置、外来导电物、电力线路、通信线路及其他电缆连于其上以能与防雷装置做等电位连接的金属带。

2.0.10 自然接地体　natural earthing electrode

具有兼作接地功能的但不是为此目的而专门设置的与大地有良好接触的各种金属构件、金属井管、钢筋混凝土中的钢筋、埋地金属管道和设施等的统称。

2.0.11 接地端子　earthing terminal

将保护导体，包括等电位连接导体和工作接地的导体（如果有的话）与接地装置连接的端子或接地排。

2.0.12 总等电位接地端子板　main equipotential earthing terminal board（MEB）

将多个接地端子连接在一起的金属板。

2.0.13 楼层等电位接地端子板　floor equipotential earthing terminal board（FEB）

建筑物内，楼层设置的接地端子板，供局部等电位接地端子板作等电位连接用。

2.0.14 局部等电位接地端子板　local equipotential earthing terminal board（LEB）

电子信息系统设备机房内，作局部等电位连接的接地端子板。

2.0.15 等电位连接网络　bonding network（BN）

由一个系统的诸外露导电部分作等电位连接的导体所组成的网络。

2.0.16 浪涌保护器 surge protective device (SPD)

至少应包含一个非线性电压限制元件，用于限制暂态过电压和分流浪涌电流的装置。按照浪涌保护器在电子信息系统的功能，可分为电源浪涌保护器、天馈浪涌保护器和信号浪涌保护器。

2.0.17 电压开关型浪涌保护器 voltage switching type SPD

采用放电间隙、气体放电管、晶闸管和三端双向可控硅元件构成的浪涌保护器。通常称为开关型浪涌保护器。

2.0.18 电压限制型浪涌保护器 voltage limiting type SPD

采用压敏电阻器和抑制二极管组成的浪涌保护器。通常称为限压型浪涌保护器。

2.0.19 雷电防护区 lightning protection zone (LPZ)

需要规定和控制雷电电磁环境的区域。

2.0.20 综合防雷系统 synthelical protection against lightning system

建筑物采用外部和内部防雷措施构成的防雷系统。

2.0.21 雷电电磁脉冲 lightning electromagnetic impulse (LEMP)

作为干扰源的雷电流及雷电电磁场产生的电磁场效应。

3 雷电防护分区

3.1 地区雷暴日等级划分

3.1.1 地区雷暴日等级应根据年平均雷暴日数划分。

3.1.2 地区雷暴日等级宜划分为少雷区、多雷区、高雷区、强雷区，并符合下列规定：

1 少雷区：年平均雷暴日在20天及以下的地区；

2 多雷区：年平均雷暴日大于20天，不超过40天的地区；

3 高雷区：年平均雷暴日大于40天，不超过60天的地区；

4 强雷区：年平均雷暴日超过60天以上的地区。

3.1.3 地区雷暴日数按国家公布的当地年平均雷暴日数为准，见附录D。

3.2 雷电防护区划分

3.2.1 雷电防护区的划分是将需要保护和控制雷电电磁脉冲环境的建筑物，从外部到内部划分为不同的雷电防护区（LPZ）。

3.2.2 雷电防护区应划分为：直击雷非防护区、直击雷防护区、第一防护区、第二防护区、后续防护区（图3.2.2），并符合下列规定：

1 直击雷非防护区（$LPZ0_A$）：电磁场没有衰减，各类物体都可能遭到直接雷击，属完全暴露的不设防区。

2 直击雷防护区（$LPZ0_B$）：电磁场没有衰减，各类物体很少遭受直接雷击，属充分暴露的直击雷防护区。

3 第一防护区（LPZ1）：由于建筑物的屏蔽措施，流经各类导体的雷电流比直击雷防护区（$LPZ0_B$）减小，电磁场得到了初步的衰减，各类物体不可能遭受直接雷击。

4 第二防护区（LPZ2）：进一步减小所导引的雷电流或电磁场而引入的后续防护区。

5 后续防护区（LPZn）：需要进一步减小雷电电磁脉冲，以保护敏感度水平高的设备的后续防护区。

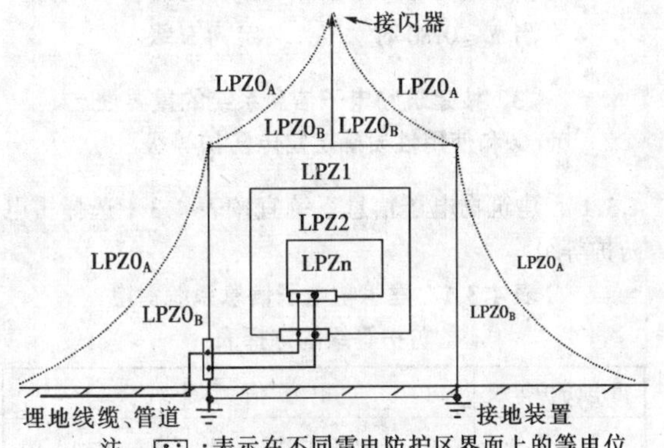

注 ▭：表示在不同雷电防护区界面上的等电位接地端子板

□：表示起屏蔽作用的建筑物外墙、房间或其他屏蔽体

虚线：表示按滚球法计算LPS的保护范围

图3.2.2 建筑物雷电防护区（LPZ）划分

4 雷电防护分级

4.1 一般规定

4.1.1 建筑物电子信息系统的雷电防护等级应按防雷装置的拦截效率划分为A、B、C、D四级。

4.1.2 雷电防护等级应按下列方法之一划分：

1 按建筑物电子信息系统所处环境进行雷击风险评估，确定雷电防护等级；

2 按建筑物电子信息系统的重要性和使用性质确定雷电防护等级。

4.1.3 对于特殊重要的建筑物，宜采用4.1.2条规定的两种方法进行雷电防护分级，并按其中较高防护等级确定。

4.2 按雷击风险评估确定雷电防护等级

4.2.1 按建筑物年预计雷击次数 N_1 和建筑物入户设施年预计雷击次数 N_2 确定 N（次/年）值，$N = N_1 + N_2$（计算方法见附录 A）。

4.2.2 建筑物电子信息系统设备，因直击雷和雷电电磁脉冲损坏可接受的年平均最大雷击次数 N_C 可按下式计算：$N_c = 5.8 \times 10^{-1.5}/C$（次/年）。（计算方法见附录 A）

4.2.3 将 N 和 N_c 进行比较，确定电子信息系统设备是否需要安装雷电防护装置：

1 当 $N \leqslant N_c$ 时，可不安装雷电防护装置；

2 当 $N > N_c$ 时，应安装雷电防护装置。

4.2.4 按防雷装置拦截效率 E 的计算式 $E = 1 - N_c/N$ 确定其雷电防护等级：

1 当 $E > 0.98$ 时　　定为 A 级；

2 当 $0.90 < E \leqslant 0.98$ 时　　定为 B 级；

3 当 $0.80 < E \leqslant 0.90$ 时　　定为 C 级；

4 当 $E \leqslant 0.80$ 时　　定为 D 级。

4.3 按建筑物电子信息系统的重要性和使用性质确定雷电防护等级

4.3.1 建筑物电子信息系统宜按表 4.3.1 选择雷电防护等级。

表 4.3.1 建筑物电子信息系统雷电防护等级的选择表

雷电防护等级	电子信息系统
A 级	1. 大型计算中心、大型通信枢纽、国家金融中心、银行、机场、大型港口、火车枢纽站等。 2. 甲级安全防范系统，如国家文物、档案库的闭路电视监控和报警系统。 3. 大型电子医疗设备、五星级宾馆。
B 级	1. 中型计算中心、中型通信枢纽、移动通信基站、大型体育场（馆）监控系统、证券中心。 2. 乙级安全防范系统，如省级文物、档案库的闭路电视监控和报警系统。 3. 雷达站、微波站、高速公路监控和收费系统。 4. 中型电子医疗设备 5. 四星级宾馆。
C 级	1. 小型通信枢纽、电信局。 2. 大中型有线电视系统。 3. 三星级以下宾馆。
D 级	除上述 A、B、C 级以外一般用途的电子信息系统设备。

5 防雷设计

5.1 一般规定

5.1.1 建筑物电子信息系统的防雷设计，应满足雷电防护分区、分级确定的防雷等级要求。

5.1.2 需要保护的电子信息系统必须采取等电位连接与接地保护措施。

5.1.3 对于新建工程的防雷设计，应收集以下相关资料：

1 被保护建筑物所在地区的地形、地物状况、气象条件（如雷暴日）和地质条件（如土壤电阻率）。

2 被保护建筑物（或建筑物群体）的长、宽、高度及位置分布，相邻建筑物的高度。

3 建筑物内各楼层及楼顶被保护的电子信息系统设备的分布状况。

4 配置于各楼层工作间或设备机房内被保护设备的类型、功能及性能参数（如工作频率、功率、工作电平、传输速率、特性阻抗、传输介质及接口形式等）。

5 电子信息系统的计算机网络和通信网络的结构。

6 电子信息系统各设备之间的电气连接关系、信号的传输方式。

7 供、配电情况及其配电系统接地形式。

5.1.4 对扩、改建工程，除应收集上述资料外，还应收集下列相关资料：

1 防直击雷接闪装置（避雷针、带、网、线）的现状。

2 防雷系统引下线的现状及其与电子信息设备接地线的安全距离。

3 高层建筑物防侧击雷的措施。

4 电气竖井内线路布置情况。

5 电子信息系统设备的安装情况。

6 电源线路、信号线路进入建筑物的方式。

7 总等电位连接及各局部等电位连接状况，共用接地装置状况（位置、接地电阻值等）。

8 地下管线、隐蔽工程分布情况。

5.2 等电位连接与共用接地系统设计

5.2.1 电子信息系统的机房应设等电位连接网络。电气和电子设备的金属外壳、机柜、机架、金属管、槽、屏蔽线缆外层、信息设备防静电接地、安全保护接地、浪涌保护器（SPD）接地端等均应以最短的距离与等电位连接网络的接地端子连接。

等电位连接网络的结构形式有：S 型和 M 型或两种结构形式的组合（见条文说明中的图 1、图 2）。

5.2.2 在直击雷非防护区（$LPZ0_A$）或直击雷防护区

($LPZ0_B$）与第一防护区（LPZ1）交界处应设置总等电位接地端子板，每层楼宜设置楼层等电位接地端子板，电子信息系统设备机房应设置局部等电位接地端子板。各接地端子板应设置在便于安装和检查的位置，不得设置在潮湿或有腐蚀性气体及易受机械损伤的地方。等电位接地端子板的连接点应满足机械强度和电气连续性的要求。

5.2.3 共用接地装置应与总等电位接地端子板连接，通过接地干线引至楼层等电位接地端子板，由此引至设备机房的局部等电位接地端子板。局部等电位接地端子板应与预留的楼层主钢筋接地端子连接。接地干线宜采用多股铜芯导线或铜带，其截面积不应小于16mm²。接地干线应在电气竖井内明敷，并应与楼层主钢筋作等电位连接。

5.2.4 不同楼层的综合布线系统设备间或不同雷电防护区的配线交接间应设置局部等电位接地端子板。楼层配线柜的接地线应采用绝缘铜导线，截面积不小于16mm²。

5.2.5 防雷接地与交流工作接地、直流工作接地、安全保护接地共用一组接地装置时，接地装置的接地电阻值必须按接入设备中要求的最小值确定。

5.2.6 接地装置应优先利用建筑物的自然接地体，当自然接地体的接地电阻达不到要求时应增加人工接地体。

5.2.7 当设置人工接地体时，人工接地体宜在建筑物四周散水坡外大于1m处埋设成环形接地体，并可作为总等电位连接带使用。

5.3 屏 蔽 及 布 线

5.3.1 电子信息系统设备机房的屏蔽应符合下列规定：

1 电子信息系统设备主机房宜选择在建筑物低层中心部位，其设备应远离外墙结构柱，设置在雷电防护区的高级别区域内。

2 金属导体，电缆屏蔽层及金属线槽（架）等进入机房时，应做等电位连接。

3 当电子信息系统设备为非金属外壳，且机房屏蔽未达到设备电磁环境要求时，应设金属屏蔽网或金属屏蔽室。金属屏蔽网、金属屏蔽室应与等电位接地端子板连接。

5.3.2 线缆屏蔽应符合下列规定：

1 需要保护的信号线缆，宜采用屏蔽电缆，应在屏蔽层两端及雷电防护区交界处做等电位连接并接地。

2 当采用非屏蔽电缆时，应敷设在金属管道内并埋地引入，金属管应电气导通，并应在雷电防护区交界处做等电位连接并接地。其埋地长度应符合下列表达式要求，但不应小于15m。

$$l \geqslant 2\sqrt{\rho} \qquad (5.3.2)$$

式中 l——埋地长度（m）；

ρ——埋地电缆处的土壤电阻率（Ω·m）。

3 当建筑物之间采用屏蔽电缆互联，且电缆屏蔽层能承载可预见的雷电流时，电缆可不敷设在金属管道内。

4 光缆的所有金属接头、金属挡潮层、金属加强芯等，应在入户处直接接地。

5.3.3 线缆敷设应符合下列规定：

1 电子信息系统线缆主干线的金属线槽宜敷设在电气竖井内。

2 电子信息系统线缆与其他管线的间距应符合表5.3.3-1的规定。

表 5.3.3-1 电子信息系统线缆与其他管线的净距

其他管线 ＼ 间距 ＼ 线缆	电子信息系统线缆	
	最小平行净距（mm）	最小交叉净距（mm）
防雷引下线	1000	300
保护地线	50	20
给水管	150	20
压缩空气管	150	20
热力管（不包封）	500	500
热力管（包封）	300	300
煤气管	300	20

注：如线缆敷设高度超过6000mm时，与防雷引下线的交叉净距应按下式计算：$S \geqslant 0.05H$

式中：H—交叉处防雷引下线距地面的高度（mm）；S—交叉净距（mm）。

3 布置电子信息系统信号线缆的路由走向时，应尽量减小由线缆自身形成的感应环路面积。

4 电子信息系统线缆与电力电缆的间距应符合表5.3.3-2的规定。

5 电子信息系统线缆与配电箱、变电室、电梯机房、空调机房之间最小的净距宜符合表5.3.3-3的规定。

表 5.3.3-2 电子信息系统线缆与电力电缆的净距

类　别	与电子信息系统信号线缆接近状况	最小净距（mm）
380V电力电缆容量小于2kVA	与信号线缆平行敷设	130
	有一方在接地的金属线槽或钢管中	70
	双方都在接地的金属线槽或钢管中	10
380V电力电缆容量2～5kVA	与信号线缆平行敷设	300
	有一方在接地的金属线槽或钢管中	150
	双方都在接地的金属线槽或钢管中	80

续表 5.3.3-2

类　别	与电子信息系统信号线缆接近状况	最小净距（mm）
380V电力电缆容量大于5kVA	与信号线缆平行敷设	600
	有一方在接地的金属线槽或钢管中	300
	双方都在接地的金属线槽或钢管中	150

注：1　当380V电力电缆的容量小于2kVA，双方都在接地的线槽中，即两个不同线槽或在同一线槽中用金属板隔开，且平行长度小于等于10m时，最小间距可以是10mm。

2　电话线缆中存在振铃电流时，不宜与计算机网络在同一根双绞线电缆中。

表 5.3.3-3　电子信息系统线缆与电气设备之间的净距

名　称	最小间距（m）	名　称	最小间距（m）
配电箱	1.00	电梯机房	2.00
变电室	2.00	空调机房	2.00

5.4　防雷与接地

5.4.1　电源线路防雷与接地应符合以下规定：

1　进、出电子信息系统机房的电源线路不宜采用架空线路。

2　电子信息系统设备由TN交流配电系统供电时，配电线路必须采用TN—S系统的接地方式。

3　配电线路设备的耐冲击过电压额定值应符合表5.4.1-1规定。电子信息系统设备配电线路浪涌保护器安装位置及电子信息系统电源设备分类示意如图5.4.1-1和图5.4.1-2所示。

表 5.4.1-1　配电线路各种设备耐冲击过电压额定值

设备位置	电源处的设备	配电线路和最后分支线路的设备	用电设备	特殊需要保护的电子信息设备
耐冲击过电压类别	Ⅳ类	Ⅲ类	Ⅱ类	Ⅰ类
耐冲击过电压额定值	6kV	4kV	2.5kV	1.5kV

4　在直击雷非防护区（$LPZ0_A$）或直击雷防护区（$LPZ0_B$）与第一防护区（LPZ1）交界处应安装通过Ⅰ级分类试验的浪涌保护器或限压型浪涌保护器作为第一级保护；第一防护区之后的各分区（含LPZ1区）交界处应安装限压型浪涌保护器。使用直流电源的信息设备，视其工作电压要求，宜安装适配的直流电源浪涌保护器。

5　浪涌保护器连接导线应平直，其长度不宜大于0.5m。当电压开关型浪涌保护器至限压型浪涌保护器之间的线路长度小于10m、限压型浪涌保护器之间的线路长度小于5m时，在两级浪涌保护器之间应加装退耦装置。当浪涌保护器具有能量自动配合功能时，浪涌保护器之间的线路长度不受限制。浪涌保护器应有过电流保护装置，并宜有劣化显示功能。

6　浪涌保护器安装的数量，应根据被保护设备的抗扰度和雷电防护分级确定。

7　用于电源线路的浪涌保护器标称放电电流参数值宜符合表5.4.1-2规定。

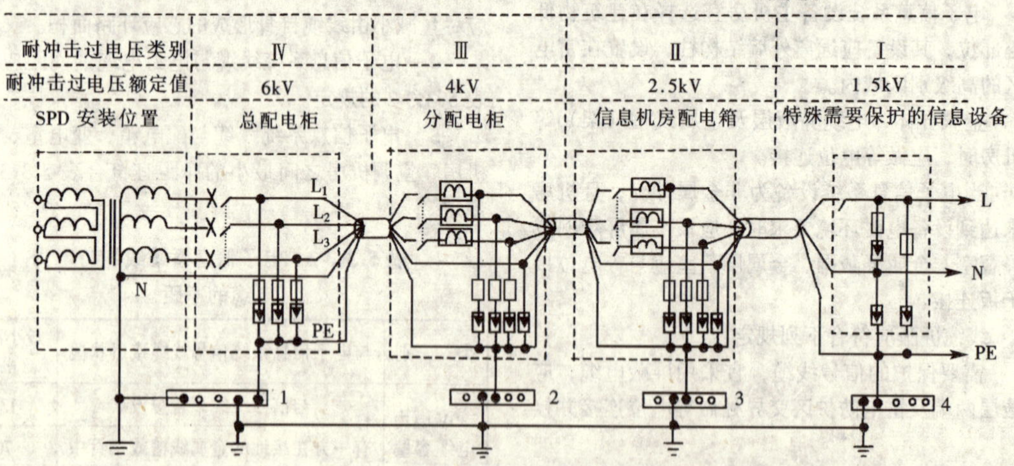

图 5.4.1-1　耐冲击电压类别及浪涌保护器安装位置（TN—S）

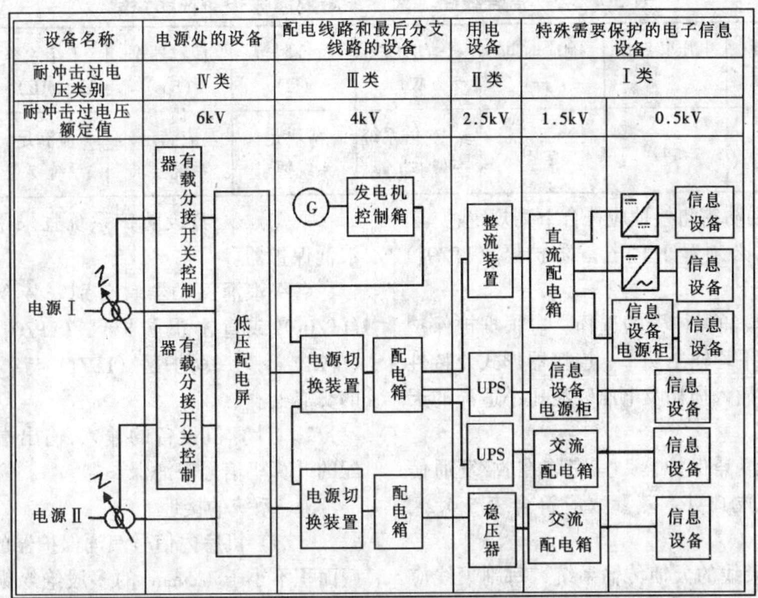

注：本图为电子信息工程电源系统的分类，各类设备内容由工程决定。电信枢纽总进线处需设稳压器。

图 5.4.1-2　电子信息系统电源设备分类

表 5.4.1-2　电源线路浪涌保护器标称放电电流参数值

<table>
<tr><td rowspan="3">保护分级</td><td colspan="2">LPZ0 区与 LPZ1 区交界处</td><td colspan="3">LPZ1 与 LPZ2、LPZ2 与 LPZ3 区交界处</td><td rowspan="2">直流电源标称放电电流（kA）</td></tr>
<tr><td colspan="2">第一级标称放电电流＊（kA）</td><td>第二级标称放电电流（kA）</td><td>第三级标称放电电流（kA）</td><td>第四级标称放电电流（kA）</td></tr>
<tr><td>10/350μs</td><td>8/20μs</td><td>8/20μs</td><td>8/20μs</td><td>8/20μs</td><td>8/20μs</td></tr>
<tr><td>A 级</td><td>≥20</td><td>≥80</td><td>≥40</td><td>≥20</td><td>≥10</td><td>≥10</td></tr>
<tr><td>B 级</td><td>≥15</td><td>≥60</td><td>≥40</td><td>≥20</td><td></td><td rowspan="3">直流配电系统中根据线路长度和工作电压选用标称放电电流≥10kA 适配的 SPD</td></tr>
<tr><td>C 级</td><td>≥12.5</td><td>≥50</td><td>≥20</td><td></td><td></td></tr>
<tr><td>D 级</td><td>≥12.5</td><td>≥50</td><td>≥10</td><td></td><td></td></tr>
<tr><td colspan="7">注：SPD 的外封装材料应为阻燃型材料。
＊第一级防护使用两种波形的说明见条文说明。</td></tr>
</table>

5.4.2　信号线路的防雷与接地应符合下列规定

1　进、出建筑物的信号线缆，宜选用有金属屏蔽层的电缆，并宜埋地敷设，在直击雷非防护区（$LPZ0_A$）或直击雷防护区（$LPZ0_B$）与第一防护区（LPZ1）交界处，电缆金属屏蔽层应做等电位连接并接地。电子信息系统设备机房的信号线缆内芯线相应端口，应安装适配的信号线路浪涌保护器，浪涌保护器的接地端及电缆内芯的空线对应接地。

2　电子信息系统信号线路浪涌保护器的选择，应根据线路的工作频率、传输介质、传输速率、传输带宽、工作电压、接口形式、特性阻抗等参数，选用电压驻波比和插入损耗小的适配的浪涌保护器。信号线路浪涌保护器参数应符合表 5.4.2-1、表 5.4.2-2 的规定。

表 5.4.2-1　信号线路（有线）浪涌保护器参数

参数名称 ＼ 参数要求 ＼ 缆线类型	非屏蔽双绞线	屏蔽双绞线	同轴电缆
标称导通电压	$\geqslant 1.2U_n$	$\geqslant 1.2U_n$	$\geqslant 1.2U_n$
测试波形	(1.2/50μs、8/20μs) 混合波	(1.2/50μs、8/20μs) 混合波	(1.2/50μs、8/20μs) 混合波
标称放电电流（kA）	≥1	≥0.5	≥3
注：U_n——最大工作电压。			

表 5.4.2-2　信号线路、天馈线路浪涌保护器性能参数

名称	插入损耗（dB）	电压驻波比	响应时间（ns）	平均功率（W）	特性阻抗（Ω）	传输速率（bps）	工作频率（MHz）	接口形式
数值	≤0.50	≤1.3	≤10	≥1.5 倍系统平均功率	应满足系统要求	应满足系统要求	应满足系统要求	应满足系统要求

5.4.3　天馈线路的防雷与接地应符合下列规定：

1　架空天线必须置于直击雷防护区（$LPZ0_B$）内。

2　天馈线路浪涌保护器的选择，应根据被保护设备的工作频率、平均输出功率、连接器形式及特性阻抗等参数，选用插入损耗及电压驻波比小适配的天馈线路浪涌保护器。

3　天馈线路浪涌保护器，宜安装在收/发通信设备的射频出、入端口处。其参数应符合表 5.4.2-2 规定。

4　具有多副天线的天馈传输系统，每副天线应安装适配的天馈浪涌保护器。当天馈传输系统采用波导管传输时，波导管的金属外壁应与天线架、波导管支撑架及天线反射器作电气连通。并宜在中频信号输入端口处安装适配的中频信号线路浪涌保护器，其接地端应就近接地。

5　天馈线路浪涌保护器接地端应采用截面积不小于 $6mm^2$ 的多股绝缘铜导线连接到直击雷非防护区（$LPZ0_A$）或直击雷防护区（$LPZ0_B$）与第一防护区（LPZ1）交界处的等电位接地端子板上。同轴电缆的上部、下部及进机房入口前应将金属屏蔽层就近接地。

5.4.4　程控数字用户交换机线路的防雷与接地应符合下列规定：

1　程控数字用户交换机及其他通信设备信号线路，应根据总配线架所连接的中继线及用户线性质，选用适配的信号线路浪涌保护器。

2　浪涌保护器对雷电流的响应时间应为纳秒（ns）级，标称放电电流应大于或等于 0.5kA，并应满足线路传输速率及带宽要求。

3　浪涌保护器的接地端应与配线架接地端相连，配线架的接地线应采用截面积不小于 $16mm^2$ 的多股铜线，从配线架接至机房的局部等电位接地端子板上。配线架及程控用户交换机的金属支架、机柜均应做等电位连接并接地。

5.4.5　计算机网络系统的防雷与接地应符合下列规定：

1　进、出建筑物的传输线路上浪涌保护器的设置：

1）A 级防护系统宜采用 2 级或 3 级信号浪涌保护器；

2）B 级防护系统宜采用 2 级信号浪涌保护器；

3）C、D 级防护系统宜采用 1 级或 2 级信号浪涌保护器。

各级浪涌保护器宜分别安装在直击雷非防护区（$LPZ0_A$）或直击雷防护区（$LPZ0_B$）与第一防护区（LPZ1）及第一防护区（LPZ1）与第二防护区（LPZ2）的交界处。

2　计算机设备的输入/输出端口处，应安装适配的计算机信号浪涌保护器。

3　系统的接地

1）机房内信号浪涌保护器的接地端，宜采用截面积不小于 $1.5mm^2$ 的多股绝缘铜导线，单点连接至机房局部等电位接地端子板上；计算机机房的安全保护地、信号工作地、屏蔽接地、防静电接地和浪涌保护器接地等均应连接到局部等电位接地端子板上。

2）当多个计算机系统共用一组接地装置时，宜分别采用 M 型或 Mm 组合型等电位连接网络。

5.4.6　安全防范系统的防雷与接地应符合下列规定：

1　置于户外的摄像机信号控制线输出、输入端口应设置信号线路浪涌保护器。

2　主控机、分控机的信号控制线、通信线、各监控器的报警信号线，宜在线路进出建筑物直击雷非防护区（$LPZ0_A$）或直击雷防护区（$LPZ0_B$）与第一防护区（LPZ1）交界处装设适配的线路浪涌保护器。

3　系统视频、控制信号线路及供电线路的浪涌保护器，应分别根据视频信号线路、解码控制信号线路及摄像机供电线路的性能参数来选择。

4　系统户外的交流供电线路、视频信号线路、控制信号线路应有金属屏蔽层并穿钢管埋地敷设，屏蔽层及钢管两端应接地，信号线路与供电线路应分开敷设。

5　系统的接地宜采用共用接地。主机房应设置等电位连接网络，接地线不得形成封闭回路，系统接地干线宜采用截面积不小于 $16mm^2$ 的多股铜芯绝缘导线。

5.4.7　火灾自动报警及消防联动控制系统的防雷与接地应符合下列规定：

1　火灾报警控制系统的报警主机、联动控制盘、火警广播、对讲通信等系统的信号传输线缆宜在进出建筑物直击雷非防护区（$LPZ0_A$）或直击雷防护区（$LPZ0_B$）与第一防护区（LPZ1）交界处装设适配的信号浪涌保护器。

2　消防控制室与本地区或城市“119”报警指挥中心之间联网的进出线路端口应装设适配的信号浪涌

保护器。

3　消防控制室内，应设置等电位连接网络，室内所有的机架（壳）、配线线槽、设备保护接地、安全保护接地、浪涌保护器接地端均应就近接至等电位接地端子板。

4　区域报警控制器的金属机架（壳）、金属线槽（或钢管）、电气竖井内的接地干线、接线箱的保护接地端等，应就近接至等电位接地端子板。

5　火灾自动报警及联动控制系统的接地宜采用共用接地。接地干线应采用截面积不小于 $16mm^2$ 的铜芯绝缘线，并宜穿管敷设接至本层（或就近）的等电位接地端子板。

5.4.8　建筑设备监控系统的防雷与接地应符合下列规定：

1　系统的各种线路，在建筑物直击雷非防护区（$LPZ0_A$）或直击雷防护区（$LPZ0_B$）与第一防护区（LPZ1）交界处应装设线路适配的浪涌保护器。

2　系统中央控制室内，应设等电位连接网络。室内所有设备金属机架（壳）、金属线槽、保护接地和浪涌保护器的接地端等均应做等电位连接并接地。

3　系统的接地宜采用共用接地，其接地干线应采用截面不小于 $16mm^2$ 的铜芯绝缘导线，并应穿管敷设接至就近的等电位接地端子板。

5.4.9　有线电视系统的防雷与接地应符合下列规定：

1　进出建筑物的信号传输线，宜在入、出口处装设适配的浪涌保护器。

2　有线电视信号传输线路，宜根据其干线放大器的工作频率范围、接口形式以及是否需要供电电源等要求，选用电压驻波比和插入损耗小的适配的浪涌保护器。

3　进出前端设备机房的信号传输线，宜装设适配的浪涌保护器。机房内应设置局部等电位接地端子板，采用截面积不小于 $16mm^2$ 的铜芯绝缘导线并穿管敷设，就近接至机房外的等电位连接带。

5.4.10　通信基站的防雷与接地应符合下列规定：

1　通信基站的雷电防护宜先进行雷电风险评估及雷电防护分级。

2　基站的天线必须设置于直击雷防护区（$LPZ0_B$）区内。

3　基站天馈线应从铁塔中心部位引下，同轴电缆在其上部、下部和经走线桥架进入机房前，屏蔽层应就近接地。当铁塔高度大于或等于60m时，同轴电缆金属屏蔽层还应在铁塔中部增加一处接地。

4　通信基站的信号电缆应穿钢管埋地进入机房，并应在入户配线架处安装信号线路浪涌保护器，电缆内的空线对应做保护接地。站区内严禁布放架空线缆。当采用光缆传输信号时，应符合本规范 5.3.2 条第 4 款的规定。

5　基站的电源线路宜埋地引入机房，埋地长度不宜小于50m。电源进线处应安装电源线路浪涌保护器。

6　防雷施工

6.1　一般规定

6.1.1　建筑物电子信息系统防雷施工，应按本规范的规定和已批准的设计施工文件进行。

6.1.2　建筑物电子信息系统防雷工程中采用的器材，应符合国家现行有关标准的规定，并应有合格证件。

6.1.3　电工、焊工和电气调试人员，必须持证上岗。

6.1.4　测试仪表、量具，应鉴定合格，必须在有效期内。

6.2　接地装置

6.2.1　人工接地体在土壤中的埋设深度不应小于0.5m，宜埋设在冻土层以下。水平接地体应挖沟埋设，钢质垂直接地体宜直接打入地沟内，其间距不宜小于其长度的2倍并均匀布置，铜质和石墨材料接地体宜挖坑埋设。

6.2.2　垂直接地体坑内、水平接地体沟内宜用低电阻率土壤回填并分层夯实。

6.2.3　接地装置宜采用热镀锌钢质材料。在高土壤电阻率地区，宜采用换土法、降阻剂法或其他新技术、新材料降低接地装置的接地电阻。

6.2.4　钢质接地装置宜采用焊接连接，其搭接长度应符合下列规定：

1　扁钢与扁钢搭接为扁钢宽度的2倍，不少于三面施焊；

2　圆钢与圆钢搭接为圆钢直径的6倍，双面施焊；

3　圆钢与扁钢搭接为圆钢直径的6倍，双面施焊；

4　扁钢和圆钢与钢管、角钢互相焊接时，除应在接触部位两侧施焊外，还应增加圆钢搭接件；

5　焊接部位应做防腐处理。

6.2.5　铜质接地装置应采用焊接或熔接，钢质和铜质接地装置之间连接应采用熔接或采用搪锡后螺栓连接，连接部位应做防腐处理。

6.2.6　接地装置连接应可靠，连接处不应松动、脱焊、接触不良。

6.2.7　接地装置施工完工后，测试接地电阻值必须符合设计要求，隐蔽工程部分应有检查验收合格记录。

6.3　接地线

6.3.1　接地装置应在不同处采用两根连接导体与室内总等电位接地端子板相连接。

6.3.2 接地装置与室内总等电位连接带的连接导体截面积，铜质接地线不应小于 50mm²，钢质接地线不应小于 80mm²。

6.3.3 等电位接地端子板之间应采用螺栓连接，其连接导线截面积应采用不小于 16mm² 的多股铜芯导线，穿管敷设。

6.3.4 铜质接地线的连接应焊接或压接，并应保证有可靠的电气接触。钢质接地线连接应采用焊接。

6.3.5 接地线与接地体的连接应采用焊接。保护地线（PE）与接地端子板的连接应可靠，连接处应有防松动或防腐蚀措施。

6.3.6 接地线与金属管道等自然接地体的连接，应采用焊接。如焊接有困难时，可采用卡箍连接，但应有良好的导电性和防腐措施。

6.4 等电位接地端子板（等电位连接带）

6.4.1 在直击雷非防护区（$LPZ0_A$）或直击雷防护区（$LPZ0_B$）与第一防护区（LPZ1）的界面处应安装等电位接地端子板，材料规格应符合设计要求，并应与接地装置连接。

6.4.2 钢筋混凝土建筑物宜在电子信息系统机房第一防护区（LPZ1）与第二防护区（LPZ2）界面处预埋与房屋结构内主钢筋相连的等电位接地端子板，并应符合下列规定：

1 机房采用 S 型等电位连接网络时，宜使用截面积不小于 50mm² 的铜排作为单点连接的接地基准点（ERP）。

2 机房采用 M 型等电位连接网络时，宜使用截面积不小于 50mm² 铜带在防静电活动地板下构成铜带接地网格。

6.4.3 砖混结构建筑物，宜在其四周埋设环形接地装置作为总等电位连接带，构成共用接地系统。

电子信息设备机房宜采用截面积不小于 50mm² 铜带安装局部等电位连接带，并采用截面积不小于 35mm² 的绝缘铜芯导线穿管与总等电位连接带相连。

6.4.4 等电位连接网络的连接宜采用焊接、熔接或压接。连接导体与等电位接地端子板之间应采用螺栓连接，连接处应进行热搪锡处理。

6.4.5 等电位连接导线应使用具有黄绿相间色标的铜质绝缘导线。

6.4.6 对于暗敷的等电位连接线及其连接处，应做隐蔽记录，并在竣工图上注明其实际部位走向。

6.4.7 等电位连接带表面应无毛刺、明显伤痕、残余焊渣，安装应平整端正、连接牢固，绝缘导线的绝缘层无老化龟裂现象。

6.5 浪涌保护器

6.5.1 电源线路浪涌保护器（SPD）的安装应符合下列规定：

1 电源线路的各级浪涌保护器（SPD）应分别安装在被保护设备电源线路的前端，浪涌保护器各接线端应分别与配电箱内线路的同名端相线连接。浪涌保护器的接地端与配电箱的保护接地线（PE）接地端子板连接，配电箱接地端子板应与所处防雷区的等电位接地端子板连接。各级浪涌保护器（SPD）连接导线应平直，其长度不宜超过 0.5m。

2 带有接线端子的电源线路浪涌保护器应采用压接；带有接线柱的浪涌保护器宜采用线鼻子与接线柱连接。

3 浪涌保护器（SPD）的连接导线最小截面积宜符合表 6.5.1 的规定。

表 6.5.1 浪涌保护器（SPD）连接线最小截面积

防护级别	SPD 的类型	导线截面积（mm²）	
		SPD 连接相线铜导线	SPD 接地端连接铜导线
第一级	开关型或限压型	16	25
第二级	限压型	10	16
第三级	限压型	6	10
第四级	限压型	4	6

注：组合型 SPD 参照相应保护级别的截面积选择。

6.5.2 天馈线路浪涌保护器（SPD）的安装应符合下列规定：

1 天馈线路浪涌保护器 SPD 应串接于天馈线与被保护设备之间，宜安装在机房内设备附近或机架上，也可以直接连接在设备馈线接口上。

2 天馈线路浪涌保护器 SPD 的接地端应采用截面积不小于 6mm² 的铜芯导线就近连接到直击雷非防护区（$LPZ0_A$）或直击雷防护区（$LPZ0_B$）与第一防护区（LPZ1）交界处的等电位接地端子板上，接地线应平直。

6.5.3 信号线路浪涌保护器（SPD）的安装应符合下列规定：

1 信号线路浪涌保护器 SPD 应连接在被保护设备的信号端口上。浪涌保护器 SPD 输出端与被保护设备的端口相连。浪涌保护器 SPD 也可以安装在机柜内，固定在设备机架上或附近支撑物上。

2 信号线路浪涌保护器 SPD 接地端宜采用截面积不小于 1.5mm² 的铜芯导线与设备机房内的局部等电位接地端子板连接，接地线应平直。

6.5.4 浪涌保护器 SPD 应安装牢固，其位置及布线正确。

6.6 线缆敷设

6.6.1 接地线在穿越墙壁、楼板和地坪处应套钢管或其他非金属的保护套管，钢管应与接地线做电气连通。

6.6.2 线槽或线架上的线缆，其绑扎间距应均匀合理，绑扎线扣应整齐，松紧适宜；绑扎线头宜隐藏而不外露。

6.6.3 接地线的敷设应平直、整齐。

7 施工质量验收

7.1 验 收 项 目

7.1.1 接地装置验收项目应符合下列规定：

1 接地装置的结构和安装位置。

2 接地体的埋设间距、深度、安装方法。

3 接地装置的接地电阻。

4 接地装置的材质、连接方法、防腐处理。

5 随工检测及隐蔽工程记录。

7.1.2 接地线验收项目应符合下列规定：

1 接地装置与总等电位接地端子板连接导体规格和连接方法。

2 接地干线的规格、敷设方法及其与等电位接地端子板的连接方法。

3 接地线之间的连接方法。

4 接地线与接地体、金属管道之间的连接方法。

7.1.3 等电位接地端子板（等电位连接带）验收项目应符合下列规定：

1 等电位连接带的安装位置、材料规格和连接方法。

2 等电位连接网络的安装位置、材料规格和连接方法。

3 电子信息系统的导电物体、各种线路、金属管道以及信息设备的等电位连接。

4 绝缘导线和绝缘层。

7.1.4 屏蔽设施验收项目应符合下列规定：

1 系统机房和设备屏蔽设施的安装。

2 进出建筑物线缆的路由布置。

3 进出建筑物线缆屏蔽设施的安装。

7.1.5 浪涌保护器验收项目应符合下列规定：

1 浪涌保护器的安装位置、连接方法和连接导线规格。

2 浪涌保护器接地线的导线长度、截面。

3 电源线路各级浪涌保护器的参数选择及能量配合。

7.1.6 线缆敷设验收项目应符合下列规定：

1 接地线的截面、敷设路由、安装方法。

2 电源线缆、信号线缆的敷设。

3 接地线在穿越墙体、楼板和地坪时加装的保护管。

7.2 竣 工 验 收

7.2.1 防雷施工结束后，应由建设行政主管部门组织业主、设计、施工、工程监理单位的代表进行验收。

7.2.2 防雷项目竣工验收时，凡经随工检测验收合格的项目，不再重复检验。如果验收组认为有必要时，可进行复检。

7.2.3 检验不合格的项目不得交付使用。

7.2.4 防雷项目竣工后，应由施工单位提出竣工验收报告，并由工程监理单位对施工安装质量作出评价。

竣工验收报告，宜包括以下内容：

1 项目概述；

2 施工安装；

3 防雷装置的性能；

4 接地装置的形式和敷设；

5 防雷装置的防腐蚀措施；

6 接地电阻以及有关参数的测试数据和测试仪器；

7 等电位连接带及屏蔽设施；

8 其他应予说明的事项；

9 结论和评价。

7.2.5 防雷施工项目竣工，应由施工单位提供下列技术文件和资料：

1 竣工图

1）防雷装置安装竣工图；

2）接地线敷设竣工图；

3）接地装置安装竣工图；

4）等电位连接带安装竣工图；

5）屏蔽设施安装竣工图。

2 被保护设备一览表。

3 变更设计的说明书或施工洽谈单。

4 安装技术记录（包括隐蔽工程记录）。

5 重要事宜记录。

7.2.6 防雷施工检测项目内容和表格形式应符合本规范附录C的规定。

1 接地装置；

2 接地线；

3 接闪装置；

4 引下线；

5 等电位接地端子板（等电位连接带）；

6 屏蔽设施；

7 电源浪涌保护器；

8 信号浪涌保护器；

9 天馈浪涌保护器；

10 线缆敷设。

8 维 护 与 管 理

8.1 维 护

8.1.1 防雷装置的维护分为周期性维护和日常性维

护两类。

8.1.2 周期性维护的周期为一年，每年在雷雨季节到来之前，应进行一次全面检测。

8.1.3 日常性维护应在每次雷击之后进行。在雷电活动强烈的地区，对防雷装置应随时进行目测检查。

8.1.4 检测外部防雷装置的电气连续性，若发现有脱焊、松动和锈蚀等，应进行相应的处理，特别是在断接卡或接地测试点处，应进行电气连续性测量。

8.1.5 检查避雷针、避雷带（网、线）、杆塔和引下线的腐蚀情况及机械损伤，包括由雷击放电所造成的损伤情况。若有损伤，应及时修复；当锈蚀部位超过截面的三分之一时，应更换。

8.1.6 测试接地装置的接地电阻值，若测试值大于规定值，应检查接地装置和土壤条件，找出变化原因，采取有效的整改措施。

8.1.7 检测内部防雷装置和设备（金属外壳、机架）等电位连接的电气连续性，若发现连接处松动或断路，应及时修复。

8.1.8 检查各类浪涌保护器的运行情况：有无接触不良、漏电流是否过大、发热、绝缘是否良好、积尘是否过多等，出现故障，应及时排除。

8.2 管　理

8.2.1 防雷装置，应由熟悉雷电防护技术的专职或兼职人员负责管理。

8.2.2 防雷装置投入使用后，应建立管理制度。对防雷装置的设计、安装、隐蔽工程图纸资料、年检测试记录等，均应及时归档，妥善保管。

8.2.3 当发生雷击事故后，应及时调查分析原因和雷害损失，提出改进防护措施。

附录 A 用于建筑物电子信息系统雷击风险评估的 N 和 N_C 的计算方法

A.1 建筑物及入户设施年预计雷击次数（N）的计算

A.1.1 建筑物年预计雷击次数（N_1）可按下式确定

1 $N_1 = K \cdot N_g \cdot A_e = K \cdot (0.024 \cdot T_d^{1.3}) \cdot A_e$(次/年)　　(A.1)

式中 K——校正系数，在一般情况下取 1，在下列情况下取相应数值：位于旷野孤立的建筑物取 2；金属屋面的砖木结构的建筑物取 1.7；位于河边、湖边、山坡下或山地中土壤电阻率较小处，地下水露头处、土山顶部、山谷风口等处的建筑物，以及特别潮湿地带的建筑物取 1.5；

N_g——建筑物所处地区雷击大地的年平均密度［次/（$km^2 \cdot a$）］；

T_d——年平均雷暴日（d/a）。根据当地气象台、站资料确定；

A_e——建筑物截收相同雷击次数的等效面积（km^2）。

2 等效面积 A_e，其计算方法应符合下列规定：

1）当建筑物的高度 $H < 100$m 时，其每边的扩大宽度（D）和等效面积（A_e）应按下列公式计算确定：

$$D = \sqrt{H \cdot (200 - H)}\,(\mathrm{m}) \tag{A.2}$$

$$A_e = [LW + 2(L + W) \cdot \sqrt{H \cdot (200 - H)} + \pi H(200 - H)] \cdot 10^{-6} \tag{A.3}$$

式中 L、W、H——分别为建筑物的长、宽、高（m）。

2）当建筑物的高 $H \geqslant 100$m 时，其每边的扩大宽度应按等于建筑物的高 H 计算。建筑物的等效面积应按下式确定：

$$A_e = [LW + 2H(L + W) + \pi H^2] \cdot 10^{-6} \tag{A.4}$$

3）当建筑物各部位的高不同时，应沿建筑物周边逐点计算出最大的扩大宽度，其等效面积 A_e 应按各最大扩大宽度外端的连线所包围的面积计算。建筑物扩大后的面积如图 A.1 中周边虚线所包围的面积。

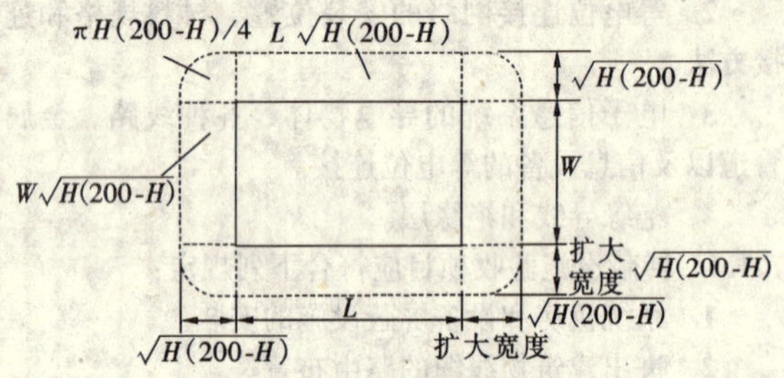

图 A.1 建筑物的等效面积

A.1.2 入户设施年预计雷击次数（N_2）按下式确定

$$N_2 = N_g \cdot A'_e = (0.024 \cdot T_d^{1.3}) \cdot (A'_{e1} + A'_{e2})\,(\text{次/年}) \tag{A.5}$$

式中 N_g——建筑物所处地区雷击大地的年平均密度［次/（$km^2 \cdot a$）］；

T_d——年平均雷暴日（d/a），根据当地气象台、站资料确定；

A'_{e1}——电源线缆入户设施的截收面积（km^2），见表 A.1；

A'_{e2}——信号线缆入户设施的截收面积（km^2），见表 A.1。

表 A.1　入户设施的截收面积

线路类型	有效截收面积 A'_e (km^2)
低压架空电源电缆	$2000 \cdot L \cdot 10^{-6}$
高压架空电源电缆（至现场变电所）	$500 \cdot L \cdot 10^{-6}$
低压埋地电源电缆	$2 \cdot d_s \cdot L \cdot 10^{-6}$
高压埋地电源电缆（至现场变电所）	$0.1 \cdot d_s \cdot L \cdot 10^{-6}$
架空信号线	$2000 \cdot L \cdot 10^{-6}$
埋地信号线	$2 \cdot d_s \cdot L \cdot 10^{-6}$
无金属铠装或带金属芯线的光纤电缆	0

注：1　L 是线路从所考虑建筑物至网络的第一个分支点或相邻建筑物的长度，单位为 m，最大值为 1000m，当 L 未知时，应采用 $L = 1000$m。

2　d_s 表示埋地引入线缆计算截收面积时的等效宽度，单位为 m，其数值等于土壤电阻率，最大值取 500。

A.1.3　建筑物及入户设施年预计雷击次数（N）的计算：

$$N = N_1 + N_2 (次/年) \tag{A.6}$$

A.2　可接受的最大年平均雷击次数 N_C 的计算

因直击雷和雷电电磁脉冲引起电子信息系统设备损坏的可接受的最大年平均雷击次数 N_C 按下式确定：

$$N_c = 5.8 \times 10^{-1.5} / C \tag{A.7}$$

式中　C——各类因子 $C = C_1 + C_2 + C_3 + C_4 + C_5 + C_6$

C_1 为信息系统所在建筑物材料结构因子。当建筑物屋顶和主体结构均为金属材料时，C_1 取 0.5；当建筑物屋顶和主体结构均为钢筋混凝土材料时，C_1 取 1.0；当建筑物为砖混结构时，C_1 取 1.5；当建筑物为砖木结构时 C_1 取 2.0；当建筑物为木结构时，C_1 取 2.5。

C_2 为信息系统重要程度因子。等电位连接和接地以及屏蔽措施较完善的设备 C_2 取 2.5；使用架空线缆的设备 C_2 取 1.0；集成化程度较高的低电压微电流的设备 C_2 取 3.0。

C_3 为电子信息系统设备耐冲击类型和抗冲击过电压能力因子。一般，C_3 取 0.5；较弱，C_3 取 1.0；相当弱，C_3 取 3.0。

注：一般指设备为 GB/T 16935.1—1997 中所指的Ⅰ类安装位置设备，且采取了较完善的等电位连接、接地、线缆屏蔽措施；较弱指设备为 GB/T 16935.1—1997 中所指的Ⅰ类安装位置的设备，但使用架空线缆，因而风险大；相当弱指设备集成化程度很高，通过低电压、微电流进行逻辑运算的计算机或通信设备。

C_4 为电子信息系统设备所在雷电防护区（LPZ）的因子。设备在 LPZ2 或更高层雷电防护区内时，C_4 取 0.5；设备在 LPZ1 区内时，C_4 取 1.0；设备在 $LPZ0_B$ 区内时，C_4 取 1.5～2.0。

C_5 为电子信息系统发生雷击事故的后果因子。信息系统业务中断不会产生不良后果时，C_5 取 0.5；信息系统业务原则上不允许中断，但在中断后无严重后果时，C_5 取 1.0；信息系统业务不允许中断，中断后会产生严重后果时，C_5 取 1.5～2.0。

C_6 表示区域雷暴等级因子。少雷区 C_6 取 0.8；多雷区 C_6 取 1；高雷区 C_6 取 1.2；强雷区 C_6 取 1.4。

附录 B　雷 电 流 参 数

B.1　闪击中出现的三种雷击波形，见图 B.1。

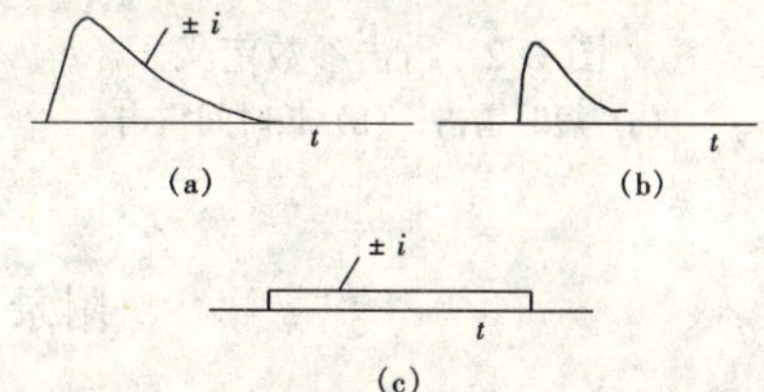

图 B.1　闪击中出现的三种雷击波形

(a) 短时首次雷击波形；(b) 首次以后的雷击波形（后续雷击）；(c) 长时间雷击波形

B.2　雷击波形参数的定义，见图 B.2。

B.3　雷电流参数见表 B.3-1～表 B.3-3 的规定。

表 B.3-1　首次雷击的雷电流参数

雷电流参数	防雷建筑物类别		
	一类	二类	三类
I 幅值（kA）	200	150	100
T_1 波头时间（μs）	10	10	10
T_2 半值时间（μs）	350	350	350
Q_s 电荷量（C）	100	75	50
W/R 单位能量（MJ/Ω）	10	5.6	2.5

注：1　因为全部电荷量 Q_s 的本质部分包括在首次雷击中，故所规定的值考虑合并了所有短时间雷击的电荷量。

2　由于单位能量 W/R 的本质部分包括在首次雷击中，故所规定的值考虑合并了所有短时间雷击的单位能量。

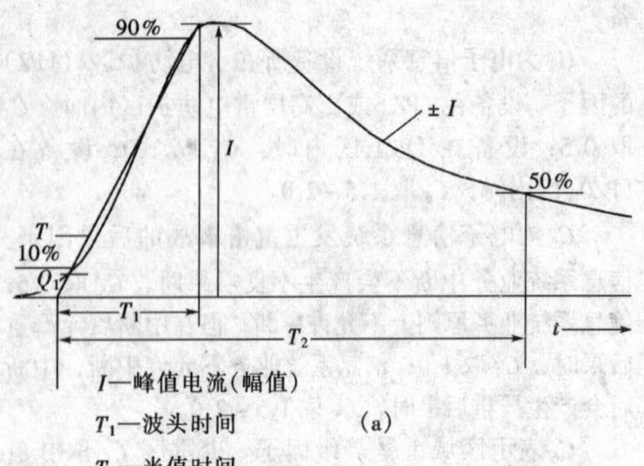

I—峰值电流（幅值）

T_1—波头时间　　　　（a）

T_2—半值时间

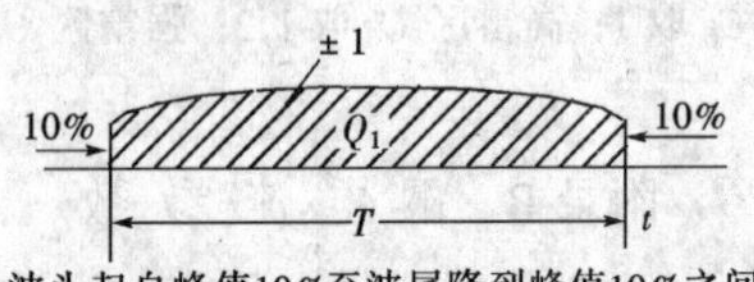

T——从波头起自峰值10%至波尾降到峰值10%之间的时间；

Q_1——长时间雷击的电荷量

（b）

图 B.2　雷击参数定义

（a）短时雷击；（b）长时间雷击

表 B.3-2　首次以后雷击的雷电流参数

雷电流参数	防雷建筑物类别		
	一类	二类	三类
I 幅值（kA）	50	37.5	25
T_1 波头时间（μs）	0.25	0.25	0.25
T_2 半值时间（μs）	100	100	100
I/T_1 平均陡度（kA/μs）	200	150	100

表 B.3-3　长时间雷击的雷电流参数

雷电流参数	防雷建筑物类别		
	一类	二类	三类
Q_1 电荷量（C）	200	150	100
T 时间（s）	0.5	0.5	0.5
平均电流 $I \approx Q_1/T$			

附录C　验 收 检 测 表

表 C.01　接地装置验收检测表

1　验收结果：

检测时间、天气、温度		验收项目	验收意见	建设单位（业主）	工程监理单位	施工单位	施工员
年　月　日		接地装置					
W	℃						

2　检测记录：

序号	检测内容	检测结果	是否达到规范要求	质量情况			整改意见
				优良	合格	不合格	
01	垂直接地体材料						
02	垂直接地体数量						
03	垂直接地体规格						
04	垂直接地体长度(m)						
05	垂直接地体间距(m)						
06	埋设深度(m)						
07	水平接地体材料						
08	水平接地体规格						
09	水平接地体总长度(m)						
10	连接方式						
11	防腐措施						
12	测试点标志						
13	接地电阻值(Ω)						
14	总体工艺水平						
备注： 检测员							

表 C.02 接地线验收检测表

1 验收结果:

<table>
<tr><td colspan="2">检测时间、天气、温度</td><td>验收项目</td><td>验收意见</td><td>建设单位(业主)</td><td>工程监理单位</td><td>施工单位</td><td>施工员</td></tr>
<tr><td colspan="2">年 月 日</td><td rowspan="2">接地线</td><td rowspan="2"></td><td rowspan="2"></td><td rowspan="2"></td><td rowspan="2"></td><td rowspan="2"></td></tr>
<tr><td>W</td><td>℃</td></tr>
</table>

2 检测记录:

<table>
<tr><td rowspan="2">序号</td><td rowspan="2">检测内容</td><td rowspan="2">检测结果</td><td rowspan="2">是否达到规范要求</td><td colspan="3">质量情况</td><td rowspan="2">整改意见</td></tr>
<tr><td>优良</td><td>合格</td><td>不合格</td></tr>
<tr><td>01</td><td>接地装置至总等电位连接带连接导体材料、截面、连接方法</td><td></td><td></td><td></td><td></td><td></td><td rowspan="6"></td></tr>
<tr><td>02</td><td>接地干线、接地线材料、截面、敷设和连接方法</td><td></td><td></td><td></td><td></td><td></td></tr>
<tr><td>03</td><td>PE线与接地端子板连接方法、防腐措施</td><td></td><td></td><td></td><td></td><td></td></tr>
<tr><td>04</td><td>接地线与金属管道等自然接地体连接方法、防腐措施</td><td></td><td></td><td></td><td></td><td></td></tr>
<tr><td>05</td><td></td><td></td><td></td><td></td><td></td><td></td></tr>
<tr><td>06</td><td>总体工艺水平</td><td></td><td></td><td></td><td></td><td></td></tr>
<tr><td colspan="8">备注:

检测员</td></tr>
</table>

表 C.03 接闪装置验收检测表

1 验收结果:

<table>
<tr><td colspan="2">检测时间、天气、温度</td><td>验收项目</td><td>验收意见</td><td>建设单位(业主)</td><td>工程监理单位</td><td>施工单位</td><td>施工员</td></tr>
<tr><td colspan="2">年 月 日</td><td rowspan="2">接闪装置</td><td rowspan="2"></td><td rowspan="2"></td><td rowspan="2"></td><td rowspan="2"></td><td rowspan="2"></td></tr>
<tr><td>W</td><td>℃</td></tr>
</table>

2 检测记录:

<table>
<tr><td rowspan="2">序号</td><td rowspan="2">检测内容</td><td rowspan="2">检测结果</td><td rowspan="2">是否达到规范要求</td><td colspan="3">质量情况</td><td rowspan="2">整改意见</td></tr>
<tr><td>优良</td><td>合格</td><td>不合格</td></tr>
<tr><td>01</td><td>避雷针规格(直径、针长)</td><td></td><td></td><td></td><td></td><td></td><td rowspan="14"></td></tr>
<tr><td>02</td><td>针数</td><td></td><td></td><td></td><td></td><td></td></tr>
<tr><td>03</td><td>针高(m)</td><td></td><td></td><td></td><td></td><td></td></tr>
<tr><td>04</td><td>避雷带规格(直径、截面)</td><td></td><td></td><td></td><td></td><td></td></tr>
<tr><td>05</td><td>避雷带高度(m)</td><td></td><td></td><td></td><td></td><td></td></tr>
<tr><td>06</td><td>避雷网格尺寸</td><td></td><td></td><td></td><td></td><td></td></tr>
<tr><td>07</td><td>避雷网材料规格(直径,截面)</td><td></td><td></td><td></td><td></td><td></td></tr>
<tr><td>08</td><td>避雷线长度(m)</td><td></td><td></td><td></td><td></td><td></td></tr>
<tr><td>09</td><td>避雷线规格(截面)</td><td></td><td></td><td></td><td></td><td></td></tr>
<tr><td>10</td><td>保护范围(用滚球法确定)</td><td></td><td></td><td></td><td></td><td></td></tr>
<tr><td>11</td><td>防腐措施</td><td></td><td></td><td></td><td></td><td></td></tr>
<tr><td>12</td><td>玻璃幕墙骨架尺寸</td><td></td><td></td><td></td><td></td><td></td></tr>
<tr><td>13</td><td></td><td></td><td></td><td></td><td></td><td></td></tr>
<tr><td>14</td><td>总体工艺水平</td><td></td><td></td><td></td><td></td><td></td></tr>
<tr><td colspan="8">备注:

检测员</td></tr>
</table>

表 C.04 引下线验收检测表

1 验收结果：

<table>
<tr><td colspan="2">检测时间、天气、温度</td><td>验收项目</td><td>验收意见</td><td>建设单位（业主）</td><td>工程监理单位</td><td>施工单位</td><td>施工员</td></tr>
<tr><td colspan="2">年 月 日</td><td rowspan="2">引下线</td><td rowspan="2"></td><td rowspan="2"></td><td rowspan="2"></td><td rowspan="2"></td><td rowspan="2"></td></tr>
<tr><td>W</td><td>℃</td></tr>
</table>

2 检测记录：

<table>
<tr><td rowspan="2">序号</td><td rowspan="2">检测内容</td><td rowspan="2">检测结果</td><td rowspan="2">是否达到规范要求</td><td colspan="3">质量情况</td><td rowspan="2">整改意见</td></tr>
<tr><td>优良</td><td>合格</td><td>不合格</td></tr>
<tr><td>01</td><td>敷设方式</td><td></td><td></td><td></td><td></td><td></td><td rowspan="14"></td></tr>
<tr><td>02</td><td>材料规格</td><td></td><td></td><td></td><td></td><td></td></tr>
<tr><td>03</td><td>引下线数量</td><td></td><td></td><td></td><td></td><td></td></tr>
<tr><td>04</td><td>引下线长度(m)</td><td></td><td></td><td></td><td></td><td></td></tr>
<tr><td>05</td><td>焊接质量</td><td></td><td></td><td></td><td></td><td></td></tr>
<tr><td>06</td><td>引下线之间距离(m)</td><td></td><td></td><td></td><td></td><td></td></tr>
<tr><td>07</td><td>防腐措施</td><td></td><td></td><td></td><td></td><td></td></tr>
<tr><td>08</td><td>测试点标志</td><td></td><td></td><td></td><td></td><td></td></tr>
<tr><td>09</td><td></td><td></td><td></td><td></td><td></td><td></td></tr>
<tr><td>10</td><td></td><td></td><td></td><td></td><td></td><td></td></tr>
<tr><td>11</td><td></td><td></td><td></td><td></td><td></td><td></td></tr>
<tr><td>12</td><td></td><td></td><td></td><td></td><td></td><td></td></tr>
<tr><td>13</td><td></td><td></td><td></td><td></td><td></td><td></td></tr>
<tr><td>14</td><td>总体工艺水平</td><td></td><td></td><td></td><td></td><td></td></tr>
<tr><td colspan="8">备注：

检测员</td></tr>
</table>

表 C.05 等电位接地端子板（等电位连接带）验收检测表

1 验收结果：

<table>
<tr><td colspan="2">检测时间、天气、温度</td><td>验收项目</td><td>验收意见</td><td>建设单位（业主）</td><td>工程监理单位</td><td>施工单位</td><td>施工员</td></tr>
<tr><td colspan="2">年 月 日</td><td rowspan="2">等电位接地端子板（等电位连接带）</td><td rowspan="2"></td><td rowspan="2"></td><td rowspan="2"></td><td rowspan="2"></td><td rowspan="2"></td></tr>
<tr><td>W</td><td>℃</td></tr>
</table>

2 检测记录：

<table>
<tr><td rowspan="2">序号</td><td rowspan="2">检测内容</td><td rowspan="2">检测结果</td><td rowspan="2">是否达到规范要求</td><td colspan="3">质量情况</td><td rowspan="2">整改意见</td></tr>
<tr><td>优良</td><td>合格</td><td>不合格</td></tr>
<tr><td>01</td><td>总等电位接地端子板设置位置</td><td></td><td></td><td></td><td></td><td></td><td></td></tr>
<tr><td>02</td><td>总等电位接地端子板材料和连接方式</td><td></td><td></td><td></td><td></td><td></td><td></td></tr>
<tr><td>03</td><td>楼层等电位接地端子板设置位置</td><td></td><td></td><td></td><td></td><td></td><td></td></tr>
<tr><td>04</td><td>楼层等电位接地端子板材料和连接方式</td><td></td><td></td><td></td><td></td><td></td><td></td></tr>
<tr><td>05</td><td>局部等电位接地端子板设置位置</td><td></td><td></td><td></td><td></td><td></td><td></td></tr>
<tr><td>06</td><td>局部等电位接地端子板材料和连接方式</td><td></td><td></td><td></td><td></td><td></td><td></td></tr>
<tr><td>07</td><td>设备机房等电位连接网络形式和材料、规格</td><td></td><td></td><td></td><td></td><td></td><td></td></tr>
<tr><td>08</td><td>总等电位接地端子板至楼层等电位接地端子板连接导体材料、规格</td><td></td><td></td><td></td><td></td><td></td><td></td></tr>
<tr><td>09</td><td>楼层等电位接地端子板至局部等电位接地端子板连接导体材料、规格</td><td></td><td></td><td></td><td></td><td></td><td></td></tr>
<tr><td>10</td><td>屋面金属物接地</td><td></td><td></td><td></td><td></td><td></td><td></td></tr>
<tr><td>11</td><td>金属管道接地</td><td></td><td></td><td></td><td></td><td></td><td></td></tr>
<tr><td>12</td><td>电梯轨道接地</td><td></td><td></td><td></td><td></td><td></td><td></td></tr>
<tr><td>13</td><td>低压配电保护接地</td><td></td><td></td><td></td><td></td><td></td><td></td></tr>
<tr><td>14</td><td>线缆金属屏蔽层接地</td><td></td><td></td><td></td><td></td><td></td><td></td></tr>
<tr><td>15</td><td>设备金属外壳、机架接地</td><td></td><td></td><td></td><td></td><td></td><td></td></tr>
<tr><td>16</td><td>走线桥、架接地</td><td></td><td></td><td></td><td></td><td></td><td></td></tr>
<tr><td>17</td><td>其他等电位接地</td><td></td><td></td><td></td><td></td><td></td><td></td></tr>
<tr><td>18</td><td>总体工艺水平</td><td></td><td></td><td></td><td></td><td></td><td></td></tr>
<tr><td colspan="8">备注：

检测员</td></tr>
</table>

表 C.06 屏蔽设施验收检测表

1 验收结果：

<table>
<tr><td colspan="2">检测时间、天气、温度</td><td>验收项目</td><td>验收意见</td><td>建设单位（业主）</td><td>工程监理单位</td><td>施工单位</td><td>施工员</td></tr>
<tr><td colspan="2">年 月 日</td><td rowspan="2">屏蔽设施</td><td rowspan="2"></td><td rowspan="2"></td><td rowspan="2"></td><td rowspan="2"></td><td rowspan="2"></td></tr>
<tr><td>W</td><td>℃</td></tr>
</table>

2 检测记录：

<table>
<tr><td>序号</td><td>检测内容</td><td>屏蔽方式</td><td>材料及尺寸</td><td>是否合格</td><td>整改意见</td></tr>
<tr><td rowspan="3">01</td><td rowspan="3">电子信息系统设备机房屏蔽</td><td>利用建筑物自身屏蔽</td><td></td><td></td><td rowspan="5"></td></tr>
<tr><td>外加屏蔽网格</td><td></td><td></td></tr>
<tr><td>壳体屏蔽</td><td></td><td></td></tr>
<tr><td>02</td><td></td><td></td><td></td><td></td></tr>
<tr><td></td><td></td><td></td><td></td><td></td></tr>
<tr><td colspan="6">备注：

检测员</td></tr>
</table>

表 C.07 电源浪涌保护器验收检测表

1 验收结果：

<table>
<tr><td colspan="2">检测时间、天气、温度</td><td>验收项目</td><td>验收意见</td><td>建设单位（业主）</td><td>工程监理单位</td><td>施工单位</td><td>施工员</td></tr>
<tr><td colspan="2">年 月 日</td><td rowspan="2">电源 SPD 安装</td><td rowspan="2"></td><td rowspan="2"></td><td rowspan="2"></td><td rowspan="2"></td><td rowspan="2"></td></tr>
<tr><td>W</td><td>℃</td></tr>
</table>

2 检测记录：

<table>
<tr><td rowspan="2">序号</td><td rowspan="2" colspan="2">检测内容</td><td rowspan="2">检测数据</td><td colspan="5">SPD 防护级数</td></tr>
<tr><td>一级</td><td>二级</td><td>三级</td><td>四级</td><td>五级</td></tr>
<tr><td>01</td><td colspan="2">线缆敷设方式（埋地、架空）</td><td></td><td></td><td></td><td></td><td></td><td></td></tr>
<tr><td>02</td><td colspan="2">SPD 型号</td><td></td><td></td><td></td><td></td><td></td><td></td></tr>
<tr><td>03</td><td colspan="2">SPD 数量</td><td></td><td></td><td></td><td></td><td></td><td></td></tr>
<tr><td>04</td><td colspan="2">安装位置</td><td></td><td></td><td></td><td></td><td></td><td></td></tr>
<tr><td>05</td><td colspan="2">标称放电电流（kA）</td><td></td><td></td><td></td><td></td><td></td><td></td></tr>
<tr><td>06</td><td colspan="2">相线连接线长度(m)、截面(mm^2)</td><td></td><td></td><td></td><td></td><td></td><td></td></tr>
<tr><td>07</td><td colspan="2">N 线连接线长度（m）、截面（mm^2）</td><td></td><td></td><td></td><td></td><td></td><td></td></tr>
<tr><td>08</td><td colspan="2">SPD 接地线长度（m）、截面（mm^2）</td><td></td><td></td><td></td><td></td><td></td><td></td></tr>
<tr><td>09</td><td colspan="2">总体工艺水平</td><td></td><td></td><td></td><td></td><td></td><td></td></tr>
<tr><td rowspan="3">质量情况</td><td>优良</td><td></td><td></td><td></td><td></td><td></td><td></td><td></td></tr>
<tr><td>合格</td><td></td><td></td><td></td><td></td><td></td><td></td><td></td></tr>
<tr><td>不合格</td><td></td><td></td><td></td><td></td><td></td><td></td><td></td></tr>
<tr><td>整改意见</td><td colspan="8"></td></tr>
<tr><td colspan="9">备注：

检测员</td></tr>
</table>

表 C.08 信号浪涌保护器验收检测表

1 验收结果：

检测时间、天气、温度		验收项目	验收意见	建设单位（业主）	工程监理单位	施工单位	施工员
年 月 日		信号 SPD 安装					
W	℃						

2 检测记录：

序号	检测内容		检测数据	SPD 防护级数		
				一级	二级	三级
01	线缆敷设方式（埋地、架空）					
02	SPD 型号					
03	接口形式					
04	SPD 数量					
05	安装位置					
06	标称放电电流（kA）					
07	SPD 接地线截面（mm^2）					
08	接地线长度（m）					
09	总体工艺水平					
质量情况	优良					
	合格					
	不合格					
整改意见						

备注：

检测员

表 C.09 天馈浪涌保护器验收检测表

1 验收结果：

检测时间、天气、温度		验收项目	验收意见	建设单位（业主）	工程监理单位	施工单位	施工员
年 月 日		天馈 SPD 安装					
W	℃						

2 检测及记录：

序号	检测内容		检测数据	SPD 防护级数	
				一级	二级
01	电缆敷设方式				
02	SPD 型号				
03	SPD 数量				
04	安装位置				
05	标称放电电流（kA）				
06	SPD 接地线截面（mm^2）				
07	SPD 接地线长度（m）				
08	总体工艺水平				
质量情况	优良				
	合格				
	不合格				
整改意见					

备注：

检测员

表 C.10 线缆敷设验收检测表

1 验收结果：

<table>
<tr><td colspan="2">检测时间、天气、温度</td><td>验收项目</td><td>验收意见</td><td>建设单位（业主）</td><td>工程监理单位</td><td>施工单位</td><td>施工员</td></tr>
<tr><td colspan="2">年 月 日</td><td rowspan="2">线缆敷设</td><td rowspan="2"></td><td rowspan="2"></td><td rowspan="2"></td><td rowspan="2"></td><td rowspan="2"></td></tr>
<tr><td>W</td><td>℃</td></tr>
</table>

2 检测及记录：

<table>
<tr><td rowspan="2">序号</td><td rowspan="2">管线</td><td colspan="2">平行净距（mm）</td><td>交叉净距（mm）</td><td rowspan="2">是否合格</td><td rowspan="2">整改意见</td></tr>
<tr><td colspan="2">线缆、光缆</td><td>线缆、光缆</td></tr>
<tr><td>01</td><td>避雷引下线</td><td colspan="2"></td><td></td><td></td><td rowspan="21"></td></tr>
<tr><td>02</td><td>保护地线</td><td colspan="2"></td><td></td><td></td></tr>
<tr><td>03</td><td>给水管</td><td colspan="2"></td><td></td><td></td></tr>
<tr><td>04</td><td>压缩空气管</td><td colspan="2"></td><td></td><td></td></tr>
<tr><td>05</td><td>热力管（不包封）</td><td colspan="2"></td><td></td><td></td></tr>
<tr><td>06</td><td>热力管（包封）</td><td colspan="2"></td><td></td><td></td></tr>
<tr><td>07</td><td>煤气管</td><td colspan="2"></td><td></td><td></td></tr>
<tr><td>序号</td><td>电力电缆</td><td>与信号线缆接近状况</td><td colspan="2">间距（mm）</td><td>是否合格</td></tr>
<tr><td rowspan="3">08</td><td rowspan="3">380V 电力电缆＜2kVA</td><td>与信号线缆平行敷设</td><td colspan="2"></td><td></td></tr>
<tr><td>有一方在接地的金属线槽或钢管中</td><td colspan="2"></td><td></td></tr>
<tr><td>双方都在接地的金属线槽或钢管中</td><td colspan="2"></td><td></td></tr>
<tr><td rowspan="3">09</td><td rowspan="3">380V 电力电缆 2～5kVA</td><td>与信号线缆平行敷设</td><td colspan="2"></td><td></td></tr>
<tr><td>有一方在接地的金属线槽或钢管中</td><td colspan="2"></td><td></td></tr>
<tr><td>双方都在接地的金属线槽或钢管中</td><td colspan="2"></td><td></td></tr>
<tr><td rowspan="3">10</td><td rowspan="3">380V 电力电缆＞5kVA</td><td>与信号线缆平行敷设</td><td colspan="2"></td><td></td></tr>
<tr><td>有一方在接地的金属线槽或钢管中</td><td colspan="2"></td><td></td></tr>
<tr><td>双方都在接地的金属线槽或钢管中</td><td colspan="2"></td><td></td></tr>
<tr><td>序号</td><td>电气设备</td><td>与信号线缆接近状况</td><td colspan="2">间距（m）</td><td>是否合格</td></tr>
<tr><td>11</td><td>配电箱</td><td></td><td colspan="2"></td><td></td></tr>
<tr><td>12</td><td>变电室</td><td></td><td colspan="2"></td><td></td></tr>
<tr><td>13</td><td>电梯机房</td><td></td><td colspan="2"></td><td></td></tr>
<tr><td>14</td><td>空调机房</td><td></td><td colspan="2"></td><td></td><td></td></tr>
<tr><td colspan="7">备注：

检测员</td></tr>
</table>

验收检测表填表说明

(1) 检测时间、天气、温度：检测时间填写年、月、日，天气填写晴、阴、雨，温度填写当天实际气温。

(2) 验收项目：按接地装置、接地线、接闪装置、引下线、等电位接地端子板（等电位连接带）、屏蔽设施、浪涌保护器、线缆敷设等项目填写。

(3) 验收意见：根据现场的具体情况和检测数据如防雷器材规格、连接方法、焊接质量、接地电阻、防腐措施、标志、工艺等作出总的评价，确定是否符合本规范规定。

(4) 检测内容：按各个验收项目的主要工序及其要求填写。

(5) 整改意见：在检测过程中，发现质量问题，提出意见，及时通知施工单位整改，直至满足验收要求为止。

(6) 隐蔽工程须经监理人员签名方为有效。

附录D　全国主要城市年平均雷暴日数统计表

地　名	雷暴日数（d/a）
1. 北京市	36.3
2. 天津市	29.3
3. 上海市	28.4
4. 重庆市	36.0
5. 河北省	
石家庄市	31.2
保定市	30.7
邢台市	30.2
唐山市	32.7
秦皇岛市	34.7
6. 山西省	
太原市	34.5
大同市	42.3
阳泉市	40.0
长治市	33.7
临汾市	31.1
7. 内蒙古自治区	
呼和浩特市	36.1
包头市	34.7
海拉尔市	30.1
赤峰市	32.4
8. 辽宁省	
沈阳市	26.9
大连市	19.2

附录D续表

地　名	雷暴日数（d/a）
鞍山市	26.9
本溪市	33.7
锦州市	28.8
9. 吉林省	
长春市	35.2
吉林市	40.5
四平市	33.7
通化市	36.7
图们市	23.8
10. 黑龙江省	
哈尔滨市	27.7
大庆市	31.9
伊春市	35.4
齐齐哈尔市	27.7
佳木斯市	32.2
11. 江苏省	
南京市	32.6
常州市	35.7
苏州市	28.1
南通市	35.6
徐州市	29.4
连云港市	29.6
12. 浙江省	
杭州市	37.6
宁波市	40.0
温州市	51.0
丽水市	60.5
衢州市	57.6
13. 安徽省	
合肥市	30.1
蚌埠市	31.4
安庆市	44.3
芜湖市	34.6
阜阳市	31.9
14. 福建省	
福州市	53.0
厦门市	47.4
漳州市	60.5
三明市	67.5
龙岩市	74.1
15. 江西省	
南昌市	56.4
九江市	45.7
赣州市	67.2
上饶市	65.0
新余市	59.4
16. 山东省	
济南市	25.4
青岛市	20.8

附录D续表

地　名	雷暴日数（d/a）
烟台市	23.2
济宁市	29.1
潍坊市	28.4
17. 河南省	
郑州市	21.4
洛阳市	24.8
三门峡市	24.3
信阳市	28.8
安阳市	28.6
18. 湖北省	
武汉市	34.2
宜昌市	44.6
十堰市	18.8
恩施市	49.7
黄石市	50.4
19. 湖南省	
长沙市	46.6
衡阳市	55.1
大庸市	48.3
邵阳市	57.0
郴州市	61.5
20. 广东省	
广州市	76.1
深圳市	73.9
湛江市	94.6
茂名市	94.4
汕头市	52.6
珠海市	64.2
韶关市	77.9
21. 广西壮族自治区	
南宁市	84.6
柳州市	67.3
桂林市	78.2
梧州市	93.5
北海市	83.1
22. 四川省	
成都市	34.0
自贡市	37.6
攀枝花市	66.3
西昌市	73.2
绵阳市	34.9
内江市	40.6
达州市	37.1
乐山市	42.9
康定县	52.1
23. 贵州省	
贵阳市	49.4
遵义市	53.3
凯里市	59.4

附录D续表

地　名	雷暴日数（d/a）
六盘水市	68.0
兴义市	77.4
24. 云南省	
昆明市	63.4
东川市	52.4
个旧市	50.2
景洪市	120.8
大理市	49.8
丽江	75.8
河口	108
25. 西藏自治区	
拉萨市	68.9
日喀则市	78.8
那曲县	85.2
昌都县	57.1
26. 陕西省	
西安市	15.6
宝鸡市	19.7
汉中市	31.4
安康市	32.3
延安市	30.5
27. 甘肃省	
兰州市	23.6
酒泉市	12.9
天水市	16.3
金昌市	19.6
28. 青海省	
西宁市	31.7
格尔木市	2.3
德令哈市	19.3
29. 宁夏回族自治区	
银川市	18.3
石嘴山市	24.0
固原县	31.0
30. 新疆维吾尔自治区	
乌鲁木齐市	9.3
克拉玛依市	31.3
伊宁市	27.2
库尔勒市	21.6
31. 海南省	
海口市	104.3
三亚市	69.9
琼中	115.5
32. 香港特别行政区	
香港	34.0
33. 澳门特别行政区	
澳门	（暂缺）
34. 台湾省	
台北市	27.9

本规范用词说明

1 为便于在执行本规范条文时区别对待，对要求严格程度不同的用词说明如下：

(1) 表示很严格，非这样做不可的用词：
正面词采用“必须”，反面词采用“严禁”。

(2) 表示严格，在正常情况下均这样做的用词：
正面词采用“应”，反面词采用“不应”或“不得”。

(3) 表示允许稍有选择，在条件许可时，首先应这样做的用词：
正面词采用“宜”，反面词采用“不宜”；
表示有选择，在一定条件下可以这样做的，采用“可”。

2 规范中指定应按其他有关标准、规范执行时，写法为：“应符合……规定”或“应按……执行”。

中华人民共和国国家标准

建筑物电子信息系统防雷技术规范

GB 50343—2004

条 文 说 明

目　次

1 总 则

1.0.1 随着经济建设的高速发展，电子信息设备的应用已深入至国民经济、国防建设和人民生活的各个领域，各种电子、微电子装备已在各行业大量使用。由于这些系统和设备耐过电压能力低，雷电高电压以及雷电电磁脉冲侵入所产生的电磁效应、热效应都会对系统和设备造成干扰或永久性损坏。每年我国电子设备因雷击造成的经济损失相当惊人。因此解决电子信息系统对雷电灾害的防护问题，雷电防护标准的制定工作，十分重要。

由于雷击发生的时间和地点以及雷击强度的随机性，因此对雷击的防范，难度很大，要达到阻止和完全避免雷击的发生是不可能的。国际电工委员会标准IEC—61024和国家标准GB50057均明确指出，建筑物安装防雷装置后，并非万无一失的。所以按照本规范要求安装防雷装置和采取防护措施后，可能将雷电灾害降低到最低限度，减小被保护的电子信息系统设备遭受雷击损害的风险。

1.0.2 对易燃、易爆等危险环境和场所的雷电防护问题，由有关行业标准解决。

1.0.4 雷电防护设计应坚持预防为主、安全第一的原则，这就是说，凡是影响电子信息系统的雷电侵入通道和途径，都必须预先考虑到，采取相应的防护措施，将雷电高电压、大电流堵截消除在电子信息设备之外，不允许雷电电磁脉冲进入设备，即使漏过来的很小一部分，也要采取有效措施将其疏导入大地，这样才能达到对雷电的有效防护。

科学性是指在进行防雷工程设计时，应认真调查建筑物电子信息系统所在地点的地理、地质以及土壤、气象、环境、雷电活动、信息设备的重要性和雷击事故的严重程度等情况，对现场的电磁环境进行风险评估和计算，并根据表4.3.1雷电防护级别的选择确定电子信息系统的防护级别，这样，才能以尽可能低的造价建造一个有效的雷电防护系统，达到合理、科学、经济的效果。

1.0.5 建筑物电子信息系统遭受雷电的影响是多方面的，既有直接雷击，又有从电源线路、信号线路等侵入的雷电电磁脉冲，还有在建筑物附近落雷形成的电磁场感应，以及接闪器接闪后由接地装置引起的地电位反击。在进行防雷设计时，不但要考虑防直接雷击，还要防雷电电磁脉冲、雷电电磁感应和地电位反击等，因此，必须进行综合防护，才能达到预期的防雷效果。

图1.0.5所示外部防雷措施中的屏蔽，主要是指建筑物钢筋混凝土结构金属框架组成的屏蔽笼（即法拉第笼）、屋顶金属表面、立面金属表面和金属门窗框架等，这些措施是内部防雷措施中使雷击产生的电磁场向内递减的第一道防线。

内部防雷措施中等电位连接的“连接”这个词，在有些标准中使用“联结”，实际上它们是同义词，从历史上沿用的习惯，依然采用“连接”。

建筑物综合防雷系统的组成，除外部防雷措施、内部防雷措施外，尚应包含在电子信息系统设备中各种传输线路端口分别安装与之适配的浪涌保护器（SPD），其中电源SPD不仅具有抑制雷电过电压的功能，同时还具有防止操作过电压的作用。

3 雷电防护分区

3.1 地区雷暴日等级划分

3.1.2 关于地区雷暴日等级划分，国家还没有制定出一个统一的标准，不少行业根据需要，制定出本行业标准，如DL/T620—1997，YD/T5098等，这些标准划分地区雷暴日等级都不统一。本规范主要用于电子信息系统防雷，由于电子信息系统承受雷电电磁脉冲的能力很低，所以对地区雷暴日等级划分较之电力等行业的标准要严。在本标准中，将年平均雷暴日超过60天的地区定为强雷暴等级。

3.2 雷电防护区划分

3.2.2 雷电防护区的分类及定义，引用IEC61312—1规定的分类和定义。

4 雷电防护分级

4.1 一 般 规 定

4.1.2 雷电防护工程设计的依据之一是雷电防护分级，其关键问题是防雷工程按照什么等级进行设计，而雷电防护分级的依据，就是对工程所处地区的雷电环境进行风险评估，按照风险评估的结果确定电子信息系统是否需要防护，需要什么等级的防护。因此，雷电环境的风险评估是雷电防护工程设计必不可少的环节。

雷电环境的风险评估是一项复杂的工作，要考虑当地的气象环境、地质地理环境；还要考虑建筑物的重要性、结构特点和电子信息系统设备的重要性及其抗扰能力。将这些因素综合考虑后，确定一个最佳的防护等级，才能达到安全可靠、经济合理的目的。

4.2 按雷击风险评估确定雷电防护等级

4.2.2 电子信息系统设备因雷击损坏可接受的最大年平均雷击次数N_C值，至今，国内外尚无一个统一的标准。国际电工委员会标准IEC61024—1：“建筑物防雷”指南A和IEC61662：1995—04雷击危害风险评估指出：建筑物允许落闪频率 N_C，在雷击关系到人类、文化和社会损失的地方，N_C 的数值均由 IEC 成员国国家委员会负责确定。在雷击损失仅与私人财产有关联的地方，N_C 的数值可由建筑物所有者或防雷系统的设计者来确定，由此可见，N_C 是一个根据各国具体情况确定的值。

法国标准 NFC—17—102：1995 附录 B："闪电评估指南及 ECP1 保护级别的选择"中，将 N_C 定为 $5.8\times10^{-3}/C$，C 为各类因子，它是综合考虑了电子设备所处地区的地理、地质环境、气象条件、建筑物特性、设备的抗扰能力等因素进行确定。若按该公式计算出的值为 10^{-4} 数量级，即建筑物允许落闪频率为万分之几，而一般情况下，建筑物遭雷击的频率在强雷区为十分之几或更大，这样一来，几乎所有的雷电防护工程，不管是在少雷区还是在强雷区，都要按最高等级 A 设计，这是不合理的。

在本规范中，将 N_C 值调整为 $N_C=5.8\times10^{-1.5}/C$，这样得出的结果：在少雷区或多雷区，防雷工程按 A 级设计的概率为 10%～20%左右；按 B 级设计的概率为 70%～80%；少数设计为 C 级和 D 级。这样的一个结果我们认为是合乎我国实际情况的，也是科学的。

按雷击风险评估确定雷电防护等级

计算实例

按附录 A 中 N_1 式计算程序如下：

一、建筑物年预计雷击次数

$$N_1=K\times N_g\times A_e \quad (次/年)$$

1. 建筑物所处地区雷击大地的年平均密度

$$N_g=0.024\times T_d^{1.3} \quad (次/km^2·年)$$

附表 1　N_g 按典型雷暴日 T_d 的取值

N_g 值 / T_d 值	$T_d^{1.3}$	$N_g=0.024\times T_d^{1.3}$ (次/km²·年)
20	$20^{1.3}=49.129$	1.179
40	$40^{1.3}=120.97$	2.90
60	$60^{1.3}=204.93$	4.918
80	$80^{1.3}=297.86$	7.149

2. 建筑物等效截收面积 A_e 的计算（按附录 A 图 A.1）

建筑物的长（L）、宽（W）、高（H）(m)

1）当 $H<100$m 时，按下式计算

每边扩大宽度

$$D=\sqrt{H(200-H)}$$

建筑物等效截收面积

$$A_e=[L\times W+2\times(L+W)\times\sqrt{H(200-H)}+\pi\times H(200-H)]\times10^{-6}\ (km^2)$$

2）当 $H\geqslant100$m 时

$$A_e=[L\times W+2H(L+W)+\pi H^2]\times10^{-6}\ (km^2)$$

3. 校正系数 K 的取值

1.0、1.5、1.7、2.0（根据建筑物所处的不同地理环境取值）

4. N_1 值计算

$$N_1=K\times N_g\times A_e$$

分别代入不同的 K、N_g、A_e 值，可计算出不同的 N_1 值。

二、建筑物入户设施年预计雷击次数 N_2 计算

1. $N_2=N_g\times A'_e$

$$A'_e=A'_{e1}+A'_{e2}$$

式中　A'_{e1}——电源线入户设施的截收面积（km²），见附表 2

A'_{e2}——信号线入户设施的截收面积（km²）

均按埋地引入方式计算 A'_e 值

附表 2　入户设施的截收面积（km²）

线缆敷设方式 \ A'_e 参数	L (m)	d_s (m) 100	250	500	备　注
低压电源埋地线缆	200	0.04	0.10	0.20	$A'_{e1}=2\times d_s\times L\times10^{-6}$
	500	0.10	0.25	0.50	
	1000	0.20	0.50	1.0	
高压电源埋地电缆	200	0.002	0.005	0.01	$A'_{e1}=0.1\times d_s\times L\times10^{-6}$
	500	0.005	0.0125	0.025	
	1000	0.01	0.025	0.05	
埋地信号线缆	200	0.04	0.10	0.2	$A'_{e2}=2\times d_s\times L\times10^{-6}$
	500	0.10	0.25	0.5	
	1000	0.20	0. 5	1.0	

2. A'_e 计算

1）取高压埋地线缆　$L=500$m，$d_s=250$m

埋地信号线缆　$L=500$m，$d_s=250$m

查附表 2：$A'_e=A'_{e1}+A'_{e2}=0.0125+0.25=0.2625km^2$

2）取高压埋地线缆　$L=1000$m，$d_s=500$m

埋地信号线缆　$L=500$m，$d_s=500$m

查附表 2：$A'_e=A'_{e1}+A'_{e2}=0.05+0.5=0.55km^2$

三、建筑物及入户设施年预计雷击次数 N 的计算

$$N=N_1+N_2=K\times N_g\times A_e+N_g\times A'_e=N_g\times(KA_e+A'_e)$$

四、电子信息系统因雷击损坏可接受的最大年平均雷击次数 N_C 的确定。

$$N_C=5.8\times10^{-1.5}/C$$

式中　C——各类因子，取值按附表 3。

附表3　C 的取值

分项 / C值	大	中	小	备注
C_1	2.5	1.5	0.5	
C_2	3.0	2.5	1.0	
C_3	3.0	1.0	0.5	
C_4	2.0	1.0	0.5	
C_5	2.0	1.0	0.5	
C_6	1.4	1.2	0.8	
$\sum C_1+C_2+C_3+C_4+C_5+C_6$	13.9	8.2	3.8	

五、雷电电磁脉冲防护分级计算

防雷装置拦截效率的计算公式：$E=1-N_C/N$

$E>0.98$　　　　定为A级

$0.90<E\leqslant 0.98$　　定为B级

$0.80<E\leqslant 0.90$　　定为C级

$E\leqslant 0.8$　　　　定为D级

1. 取外引高压电源埋地线缆长度为500m，外引埋地信号线缆长度为200m，土壤电阻率取250Ωm，建筑物各类因子 C 值如附表3中所列6种，计算结果列入附表4中。

2. 取外引低压埋地线缆长度为500m，外引埋地信号线缆长度为200m，土壤电阻率取500Ωm，建筑物各类因子 C 值如附表3中所列6种，计算结果列入附表5中。

附表4　风险评估计算实例

建筑物种类			电信大楼	通信大楼	医科大楼	综合办公楼	高层住宅	宿舍楼
建筑物外形尺寸（m）		L	60	54	74	140	36	60
		W	40	22	52	60	36	13
		H	130	97	145	160	68	24
建筑物等效截收面积 A_e（km^2）			0.0815	0.0478	0.1064	0.1528	0.0431	0.0235
入户设施截收面积 A'_e（km^2）		A'_{e1}	0.0125	0.0125	0.0125	0.0125	0.0125	0.0125
		A'_{e2}	0.1	0.1	0.1	0.1	0.1	0.1
建筑物及入户设施年预计雷击次数（次/年）	T_d（日）	20	0.229	0.189	0.258	0.31	0.184	0.16
		40	0.563	0.465	0.636	0.77	0.45	0.395
		60	0.954	0.79	1.08	1.30	0.76	0.67
		80	1.39	1.15	1.57	1.89	1.11	0.97
电子信息系统设备因雷击损坏可接受的最大年平均雷击次数 N_c（次/年）	各类因子 C		0.0132	0.0132	0.0132	0.0132	0.0132	0.0132
			0.0223	0.0223	0.0223	0.0223	0.0223	0.0223
			0.0482	0.0482	0.0482	0.0482	0.0482	0.0482

注：外引高压埋地电缆长500m、埋地信号电缆长200m，$\rho=250\Omega m$，$N_c=5.8\times10^{-1.5}/C$，$C=C_1+C_2+C_3+C_4+C_5+C_6$

电信大楼 E 值（$E=1-N_c/N$）

C \ E \ T_d	20	40	60	80
13.9	0.942	0.977	0.986	0.991
8.2	0.903	0.960	0.977	0.984
3.8	0.790	0.914	0.949	0.965

通信大楼 E 值（$E=1-N_c/N$）

C \ E \ T_d	20	40	60	80
13.9	0.930	0.972	0.983	0.989
8.2	0.882	0.952	0.972	0.981
3.8	0.775	0.896	0.939	0.958

医科大楼 E 值（$E=1-N_c/N$）

C \ E \ T_d	20	40	60	80
13.9	0.949	0.979	0.989	0.992
8.2	0.914	0.965	0.979	0.986
3.8	0.813	0.924	0.955	0.969

综合办公楼 E 值（$E=1-N_c/N$）

C \ E \ T_d	20	40	60	80
13.9	0.956	0.983	0.990	0.993
8.2	0.928	0.971	0.983	0.988
3.8	0.845	0.937	0.963	0.974

高层住宅 E 值（$E=1-N_c/N$）

C \ E \ T_d	20	40	60	80
13.9	0.928	0.971	0.983	0.988
8.2	0.879	0.950	0.971	0.980
3.8	0.738	0.893	0.937	0.957

宿舍楼 E 值（$E=1-N_c/N$）

C \ E \ T_d	20	40	60	80
13.9	0.918	0.967	0.980	0.986
8.2	0.860	0.944	0.967	0.977
3.8	0.699	0.878	0.928	0.950

附表 5　风险评估计算实例

建筑物种类			电信大楼	通信大楼	医科大楼	综合办公楼	高层住宅	宿舍楼
建筑物外形尺寸（m）	L		60	54	74	140	36	60
	W		40	22	52	60	36	13
	H		130	97	145	160	68	24
建筑物截收面积 A_e（km^2）			0.0815	0.0478	0.1064	0.1528	0.0431	0.0235
入户设施截收面积 A'_e（km^2）	A'_{e1}		0.5	0.5	0.5	0.5	0.5	0.5
	A'_{e2}		0.2	0.2	0.2	0.2	0.2	0.2
建筑物及入户设施年预计雷击次数（次/年）	T_d（日）	20	0.921	0.8816	0.9057	1.005	0.872	0.854
		40	2.264	2.168	2.338	2.473	2.155	2.098
		60	3.843	3.678	3.966	4.194	3.654	3.558
		80	5.586	5.345	5.764	6.095	5.312	5.171
电子信息系统设备因雷击损坏可接受的最大年平均雷击次数 N_c（次/年）	各类因子 C		0.0132	0.0132	0.0132	0.0132	0.0132	0.0132
			0.0223	0.0223	0.0223	0.0223	0.0223	0.0223
			0.0482	0.0482	0.0482	0.0482	0.0482	0.0482
注：外引低压埋地电缆长 500m、埋地信号电缆长 200m，$\rho=500\Omega m$，$N_c=5.8\times10^{-1.5}/C$，$C=C_1+C_2+C_3+C_4+C_5+C_6$								

电信大楼 E 值（$E=1-N_c/N$）

C \ E \ T_d	20	40	60	80
13.9	0.9857	0.994	0.996	0.997
8.2	0.976	0.990	0.994	0.996
3.8	0.948	0.978	0.987	0.991

通信大楼 E 值（$E=1-N_c/N$）

C \ E \ T_d	20	40	60	80
13.9	0.985	0.993	0.996	0.997
8.2	0.974	0.984	0.993	0.995
3.8	0.945	0.977	0.986	0.990

医科大楼 E 值（$E=1-N_c/N$）

C \ E \ T_d	20	40	60	80
13.9	0.986	0.994	0.996	0.997
8.2	0.976	0.990	0.994	0.996
3.8	0.949	0.976	0.987	0.991

综合办公楼 E 值（$E=1-N_c/N$）

C \ E \ T_d	20	40	60	80
13.9	0.986	0.994	0.996	0.997
8.2	0.976	0.990	0.994	0.996
3.8	0.952	0.980	0.988	0.992

高层住宅 E 值（$E=1-N_c/N$）

C \ E \ T_d	20	40	60	80
13.9	0.984	0.993	0.996	0.997
8.2	0.974	0.989	0.993	0.995
3.8	0.944	0.977	0.986	0.990

宿舍楼 E 值（$E=1-N_c/N$）

C \ E \ T_d	20	40	60	80
13.9	0.984	0.993	0.996	0.997
8.2	0.973	0.989	0.993	0.995
3.8	0.943	0.977	0.986	0.990

5 防雷设计

5.2 等电位连接与共用接地系统设计

5.2.1 电气和电子设备的金属外壳、机柜、机架、金属管（槽）、屏蔽线缆外层、信息设备防静电接地和安全保护接地及浪涌保护器接地端等均应以最短的距离与等电位连接网络的接地端子连接。其要求“以最短距离”系指连接导线应最短，过长的连接导线将构成较大的环路面积会增大对防雷空间内 LEMP 的耦合机率，从而增大 LEMP 的干扰度。

电子信息系统等电位连接网络结构如图 1、图 2 所示：

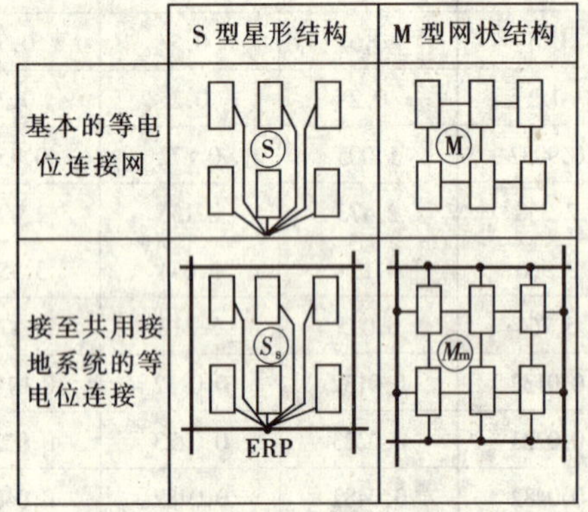

图 1 电子信息系统等电位连接的基本方法

1 S 型结构一般宜用于电子信息设备相对较少或局部的系统中，如消防、建筑设备监控系统、扩声等系统。当采用 S 型结构等电位连接网时，该信息系统的所有金属组件，除等电位连接点 ERP 外，均应与共用接地系统的各部件之间有足够的绝缘（大于 10kV，1.2/50μs）。在这类电子信息系统中的所有信息设施的电缆管线屏蔽层，均必须经该点（ERP）进入该信息系统内。S 型等电位连接网只允许单点接地，接地线可就近接至本机房或本楼层的等电位接地端子板，不必设专用接地线引下至总等电位接地端子板。

2 对于较大的电子信息系统宜采用 M 型网状结构，如计算机房、通信基站、各种网络系统。当采用 M 型网状结构的等电位连接网时，该电子信息系统的所有金属组件，不应与共用接地系统的各组件绝缘。M 型网状等电位连接网应通过多点组合到共用接地系统中去，并形成 M_m 型等电位连接网络。而且在电子信息系统的各分项设备（或分组设备）之间敷设有多

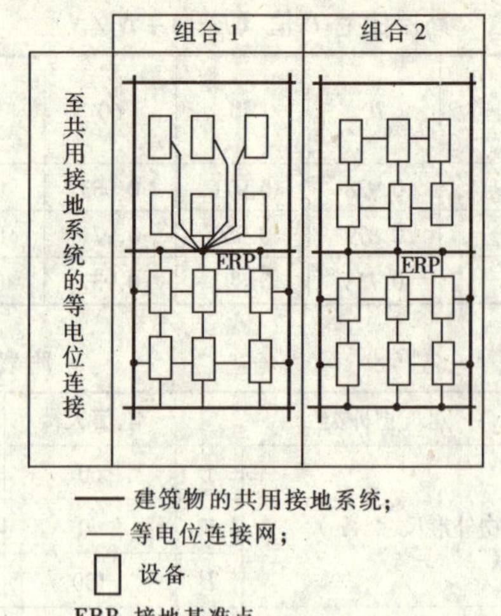

图 2 电子信息系统等电位连接方法的组合

条线路和电缆，这些分项设备和电缆，可以在 M_m 型结构中由各个点进入该系统内。

3 对于更复杂的电子信息系统，宜采用 S 型和 M 型两种结构形式的组合式，如图 2 所示的组合方式。这种等电位连接方法更为方便灵活，接线简便，安全、可靠。

4 电子信息系统的等电位连接网采用 S 型还是 M 型，除考虑系统设备多少和机房面积大小外，还应根据电子信息设备的工作频率来选择等电位连接网络形式及接地形式，从而有效地消除杂讯干扰。

5.2.2 建筑物内应设总等电位接地端子板，每层竖井内设置楼层等电位接地端子板，各设备机房设置局部等电位接地端子板（见图 3）。

当建筑物采取总等电位连接措施后，各等电位连接网络均与共用接地系统有直通大地的可靠连接，每个电子信息系统的等电位连接网络，不宜再设单独的接地引下线接至总等电位接地端子板，而宜将各个等电位连接网络用接地线引至本楼层或电气竖井内的等电位接地端子板。

等电位连接与共用接地系统是内部防雷措施中两种不同而又密切相关的重要措施，其目的都是为了避免在需要防雷的空间内发生生命危险，减小电子信息系统因雷击而中断正常工作、发生火灾等事故。

5.2.3 接地干线，宜采用截面积大于 $16mm^2$ 的铜质导线敷设，在施工中一般宜采用截面积大于 $35mm^2$ 的铜质导线敷设，其目的是使导线阻抗远远小于建筑物结构钢筋阻抗，为楼层、局部等电位接地端子板上可能出现的雷电流提供了一个快速泄放通道。

接地系统的接地干线与各楼层等电位接地端子板及各系统设备机房内局部等电位接地端子板之间的连接关系，可参见图 3、图 4、图 5、图 6。

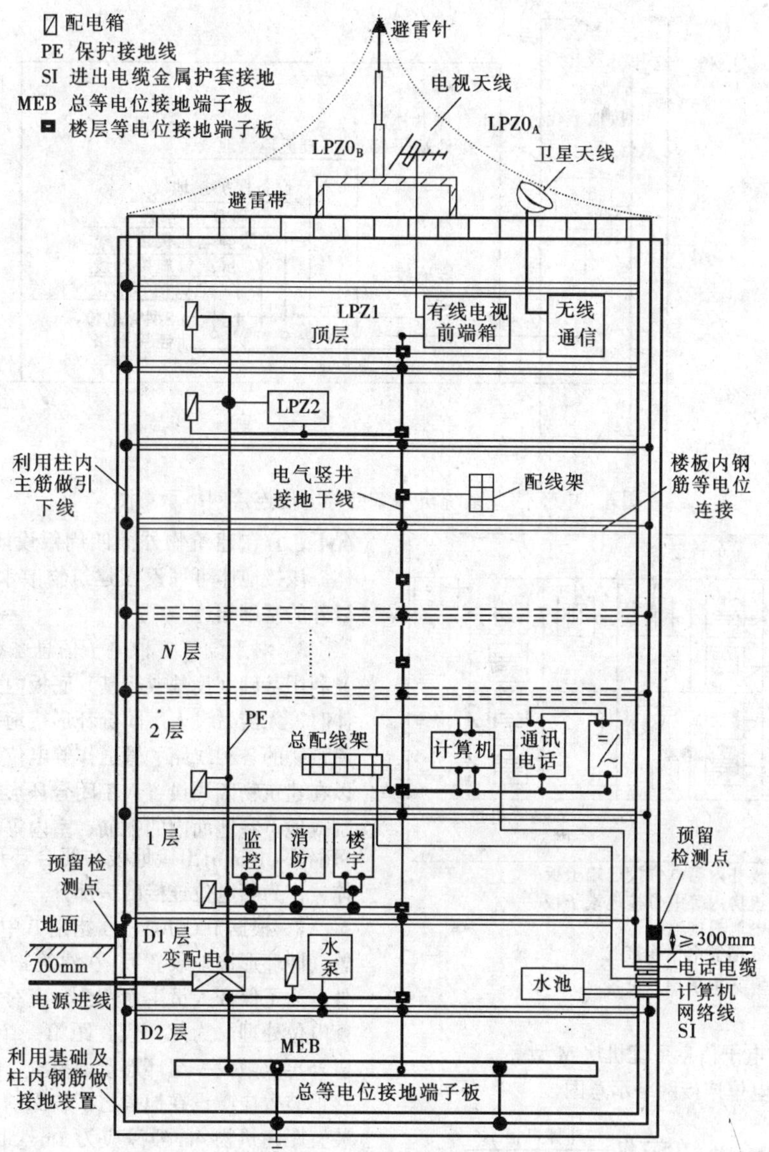

图 3 建筑物防雷区等电位连接及共用接地系统示意图

5.2.4 每一楼层的配线柜的接地线都应采用截面积不小于 16mm² 的绝缘铜导线单独接至局部等电位接地端子板。规定连接导体截面积的范围基于如下根据：

《建筑物防雷设计规范》GB50057—94 表 6.3.4 各种连接导体的最小截面积规定，等电位连接带之间和等电位连接带与接地装置之间的连接导体，铜材最小截面积为 16mm²；

《建筑与建筑群综合布线系统工程设计规范》GB/T50311—2000 表 3 接地导线选择表中规定，楼层配线设备至大楼总等电位接地端子板的距离 ≤ 30m 时，接地导线截面积为 6 ~ 16mm²；距离 ≤ 100m 时，接地导线截面积为 16 ~ 50mm²；

考虑到导线本身的电感效应及雷电电磁脉冲在导线上的趋表效应等因素，最后综合起来选用截面积不小于 16mm² 的规定。

5.2.5 共用接地系统是由接地装置和等电位连接网络组成。接地装置是由自然接地体和人工接地体组成。采用共用接地系统的目的是达到均压、等电位以减小各种接地设备间、不同系统之间的电位差。其接地电阻因采取了等电位连接措施，所以按接入设备中要求的最小值确定。没有必要规定共用接地系统的接地电阻要小于 1Ω。

建筑物外部防雷装置是直接安装在建筑物顶面，防雷装置与各种金属物体之间的安全距离不可能得到保证。为防止防雷装置与邻近的金属物体之间出现高电位反击，减小其间的电位差，除了将屋内的金属物体做好等电位连接外，应将各种接地（交流工作接地、安全保护接地、直流工作接地、防雷接地等）共用一组接地装置。上述四种接地的接地引出线可与环形接地体相连形成等电位连接，但防雷接地在环形接

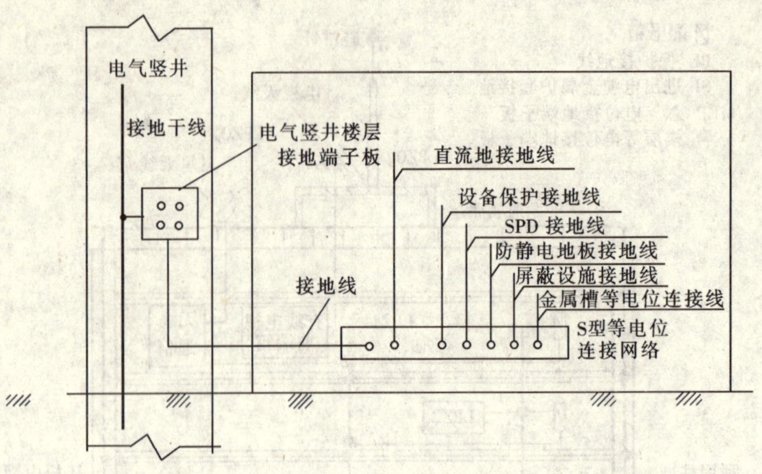

图4　电子信息系统机房S型等电位连接网络示意图

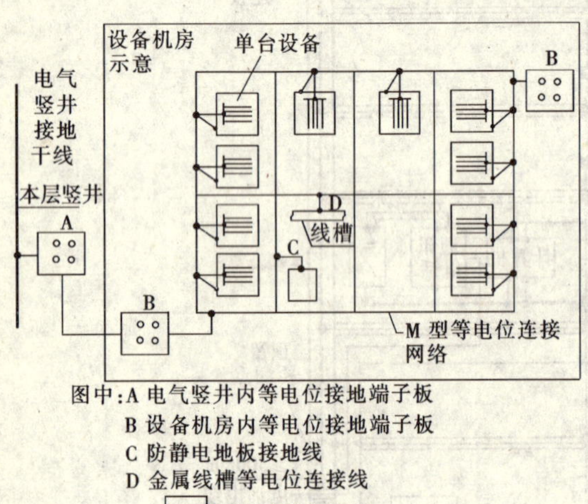

图5　电子信息系统机房M型等电位连接网络示意图

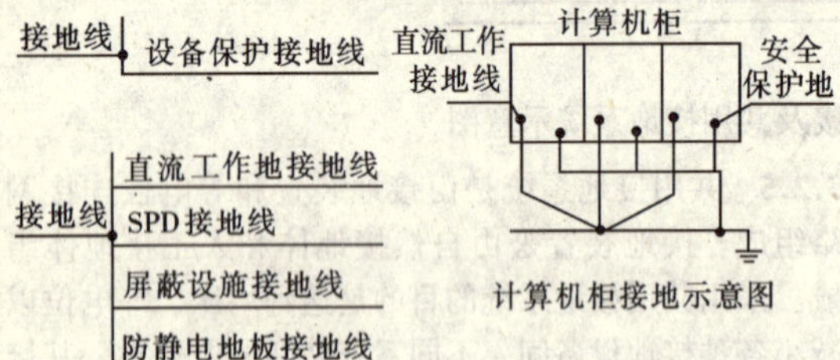

图6　电子信息系统机房等电位连接示意图

地体上的接地点与其他几种接地的接地点之间的距离宜大于10m。

5.2.6　接地装置

1　当基础采用硅酸盐水泥和周围土壤的含水量不低于4%，基础外表面无防水层时，应优先利用基础内的钢筋作为接地装置。但如果基础被塑料、橡胶、油毡等防水材料包裹或涂有沥青质的防水层时，不宜利用在基础内的钢筋作为接地装置。

2　当有防水油毡、防水橡胶或防水沥青层的情况下，宜在建筑物外面四周敷设闭合状的水平接地体。该接地体可埋设在建筑物散水坡及灰土基础1m以外的基础槽边。

3　对于设有多种电子信息系统的建筑物，同时又利用基础（筏基或箱基）底板内钢筋构成自然接地体时，无需另设人工闭合环形接地装置。但为了进入建筑物的各种线路、管道作等电位连接的需要，也可以在建筑物四周设置人工闭合环形接地装置。此时基础或地下室地面内的钢筋、室内等电位连接干线，宜每隔5~10m引出接地线与闭合环形接地装置连成一体，作为等电位连接的一部分。

4　根据IEC61024—1指南B中规定，B型接地装置（即环形接地装置），在建筑物外墙人员流动较多处，为了保证人员生命安全，应对该区域做进一步均衡电位处理。为此，应在距第一个环形接地装置3m以外再次敷设一组环形接地装置，距离建筑物较远的接地装置应敷设在地表之下较深的土层中，例如接地装置距建筑物4m埋深应为1m；距建筑物7m，埋深应为1.5m，这组环形接地装置应采用放射形导体与第一个环形接地装置相连接，以保证电位均衡的安全效果。

当建筑物基础接地体的接地电阻值满足接地要求时，勿须另设室外环形接地装置。

5.2.7　由于建筑物散水坡一般距建筑外墙坡0.5~0.8m，散水坡以外的地下土壤也有一定的湿度，对电阻率的下降和疏散雷电流的效果较好，在某些情况下，由于地质条件的要求，建筑物基础放坡脚很大，超过散水坡的宽度，为了施工及今后维修方便，因此规定应敷设在散水坡外大于1m的地方。

对于扩建改建工程，当需要敷设周圈式闭合环形接地装置时，该装置必须离开基础有一定的距离（视结构专业要求来决定），必须保证基础安全。

5.3　屏蔽及布线

5.3.1　为了改善电子信息系统的电磁环境，减少无论来自建筑物上空的云际闪，或是来自邻近的云地闪及建筑物本身遭受直接雷击造成的电磁感应的侵害，电子信息系统机房应避免设在建筑物的高层，宜选择在大楼低层的中心部位，并尽量远离建筑物外墙结构柱子（用作防雷引下线的结构内金属构件），根据电子信息设备的重要程度，设备机房宜设置在 LPZ2 和 LPZ3 区域内。

根据建筑物年预计雷击次数计算公式

$$N = KN_g \cdot A_e$$

可知，它的几率与建筑物截收相同雷击次数的等效面积 A_e 成正比；而 A_e 不仅与建筑物的长（L）、宽（W）有关，尤为与其高（H）关系更紧密，例如当 $H \geqslant 100$m 时，建筑物的等效面积为：

$$A_e = [LW + 2H(L + W) + \pi H^2] \cdot 10^{-6} \ (\mathrm{km}^2)$$

所以 A_e 几乎与 H 的平方成正比，也即是说建筑物年预计雷击次数相当于跟 H^2 成正比。

此外，建筑物易受雷击的部位中，主要是屋角。基于上述原因，电子信息系统机房应选择在大楼低层的中心部位的最高级别区域内。

5.3.3 表 5.3.3-1 电子信息系统线缆与其他管线的净距；表 5.3.3-2 电子信息系统线缆与电力电缆的净距，分别引自《建筑与建筑群综合布线系统工程设计规范》GB/T50311—2000。

5.4 防 雷 与 接 地

5.4.1 电源线路防雷与接地

1 表 5.4.1-1 数据取自《建筑物防雷设计规范》GB50057—94 表 6.4.4。电子信息系统设备配电线路耐冲击电压的类别及浪涌保护器安装位置示意图是以 TN-S 配电系统为例，如图 5.4.1-1。变压器绕组为△-Y 接法。图中浪涌保护器、退耦器、空气断路器等元件，根据工程的具体要求确定。图 5.4.1-2 电子信息系统电源设备分类，根据工程具体要求确定。

2 电源线路多级 SPD 防护，主要目的是达到分级泄流，避免单级防护随过大的雷击电流而出现损坏概率高和产生高残压。通过合理的多级泄流能量配合，保证 SPD 有较长的使用寿命和设备电源端口的残压低于设备端口耐雷电冲击电压，确保设备安全。

3 SPD 一般并联安装在各级配电柜（箱）开关之后的设备侧，它与负载的大小无关。串联型 SPD 在设计时，必须考虑负载功率不能超过串联型 SPD 的额定功率，并留有一定的余量。

4 SPD 连接导线应平直，导线长度不宜大于 0.5m，其目的是降低引线上的电压，从而提高 SPD 的保护安全性能。

5 对于开关型 SPD1 至限压型 SPD2 之间的线距应大于 10m 和 SPD2 至限压型 SPD3 之间的线距应大于 5m 的规定，其目的主要是在电源线路中安装了多级电源 SPD，由于各级 SPD 的标称导通电压和标称导通电流不同、安装方式及接线长短的差异，在设计和安装时如果能量配合不当，将会出现某级 SPD 不动作，泄流的盲点。为了保证雷电高电压脉冲沿电源线路侵入时，各级 SPD 都能分级启动泄流，避免多级 SPD 间出现盲点，根据 ITU、K20 和 IEC61312—3 的规定，两级 SPD 间必须有一定的线距长度（即一定的感抗或加装退耦元件）来满足避免盲点的要求。同时规定，末级电源 SPD 的保护水平必须低于被保护设备对浪涌电压的耐受能力。各级电源 SPD 能量配合最终目的是，将总的威胁设备安全的电压电流浪涌值减低到被保护设备能耐受的安全范围内，而各级电源 SPD 泄放的浪涌电流不超过自身的标称放电电流。

6 电压开关型和限压型 SPD 间的能量配合：放电间隙（SPD1）的引燃取决于 MOV（SPD2）两端残压（U_{res}）及退耦元件两端（含连接线）的动态压降（U_{DE}）之和。在触发放电之前，SPD 间的电压分配如下：$U_{SG} = U_{res} + U_{DE}$

一旦 U_{SG}（放电间隙两端的电压）超过放电间隙动态放电电压时，SPD1 就击穿放电泄放雷电流，实现了配合。后续防雷区的 SPD 只要线距满足规定要求或加装退耦元件，就能保证从末级到第一级逐级可靠启动泄流，确保多级 SPD 不出现盲点，达到最佳的能量配合效果。

7 供电线路 SPD 标称放电电流参数值表 5.4.1-2 的说明如下：

SPD 标称放电电流并不是选择得愈高愈好，若选择得太高，这无疑会增大用户的工程费用，同时也是一种资源的浪费，但是也不能选得太低，否则，对设备起不到保护作用，在选定供电线路 SPD 的标称放电电流时，应定得科学、合理。

8 SPD 标称放电电流值应根据雷电威胁的强度和出现的概率来定，国际电工委员会标准 IEC61312“雷电电磁脉冲防护”将第 I 级防护的雷电威胁值定为 200kA，波形为 10/350μs。超过该值的概率为 1%，就是说，99%的雷电闪击都包括了。

本规范以国际标准规定的第 I 级防护的雷电威胁值 200kA 作为制定供电线路 SPD 标称放电电流的依据，因此，供电线路 SPD 标称放电电流的参数值如下：

IEC61312—1：1995 雷电流分配的有关条文中已假定：全部雷电流 i 的 50%流入 LPS 的接地装置，i 的另一个 50%分配于进入建筑物的各种设施，并假定进入建筑物的金属设施，只是变压器低压侧的三相五相制供电线路为 TN-S 接地方式。若第 I 级防护雷电威胁值规定为 200kA，10/350μs，则在供电线路中，每线荷载的雷电流为 $I_m = I_s / n = (I/2) / n = (200/2) / 5 = 20$kA。

对于 LPZ0 与 LPZ1 交界处的第 1 级防护所使用的标称放电电流波形问题，目前国际国内都有不同意见，争论较大。对此问题，我们对国内外22个厂家的24个型号的产品做了详细的调查研究，其中作为第一级防护的器件，基本上都规定了10/350μs和8/20μs两种波形的参数值。故此，本标准不作只使用一种波形的规定，宜兼顾各种不同意见，所以推荐等同使用两种波形的参数，不作强制性规定，仅仅作为不同波形条件下的推荐参数而已。

当用8/20μs波形时，每一线路荷载的雷电流值，如下面推算：

计算单位能量的公式是：

$$W/R=(1/2)\times(1/0.7)\times I^2\times T_2(\mathrm{J}/\Omega)$$

（来源于IEC61312）

式中：

W/R 为单位能量；

I 为雷电威胁值，单位为kA；

T_2 为雷电波的半值时间，单位为μs

在单位能量相同的条件下，则有 $I^2_{(20)}\times T_{2(20)}=I^2_{(350)}\times T_{2(350)}$

将上面公式整理得到：

$I_{(20)}=I_{(350)}\times\ [T_{2(350)}/T_{2(20)}]^{1/2}$

则：$I_{(20)}=20\text{kA}\times\ [350/20]^{1/2}=83.7\text{kA}<100\ \text{kA}$

第二级标称放电电流的计算：

按照SPD能量配合原理，通过选择SPD2使 i_2 降到合理的值（可接受的值），应考虑到两个SPD之间的阻抗进行较好的协调配合（供电线路一般选用电感器作为两个SPD之间的退耦元件）。

一般情况下，当两个SPD之间的线路长度大于10m时，就不需要安装实体的电感器，而由传输线导体自身的电感来代替。导体自身电感量以最低为每米1μH计，10m长导体的电感量为10μH。

第二级被保护设备的耐冲击电压由图5.4.1-1查得为 $U_P=4\text{kV}$，在SPD2未导通前，电感两端的压降即为第二级被保护设备的耐冲击电压，即 $U_P=U_L=4\text{kV}$。

电感压降的公式为：$U_L=L\times\ (\mathrm{d}i_2/\mathrm{d}t_2)$

式中：i_2 为流过SPD2的雷电电流，即SPD2承受的标称放电电流。t_2 为对应的雷电流波头时间。

将电感压降公式整理得：

$$i_2=U_L(T_2/L)=4\times10^3[(20\times10^{-6})/(10\times10^{-6})]$$
$$=8\text{kA}$$

从安全和可靠角度考虑，应增大SPD2的耐雷电冲击电流的裕度，若系数取5，即SPD2的标称放电电流应不小于40kA。

第三级SPD标称放电电流按确定第二级标称放电电流计算的方法确定为不小于20kA。

残压比一般在3～3.5之间，对于380V的工作电压，SPD2的导通电压约为900V，于是SPD2的残压介于2700～3150V之间，小于第二级被保护设备的耐冲击电压值，这样，便取得了良好的能量配合。

本规范建议的SPD的标称放电电流推荐值是：

用作第1级（B级）防护的SPD，标称放电电流≥20kA，波形为10/350μs；如波形为8/20μs时，SPD的标称放电电流值宜取≥80kA。

用作第2级（C级）防护的SPD，标称放电电流值≥40kA，波形为8/20μs

用作第3级（C级）防护的SPD，标称放电电流值≥20kA，波形为8/20μs

鉴于以上所述，我们认为本规范制定的SPD的标称放电电流值是具有科学性、合理性的。

5.4.2 信号线路的防雷与接地

选用的SPD其工作电压、传输速率、带宽、插入损耗、特性阻抗、标称导通电压、标称放电电流、接口等应满足系统要求。

5.4.3 天馈线路的防雷与接地

天馈线路SPD应按表5.4.2-2选择参数。

5.4.4 程控数字交换机线路的防雷与接地

在总配线架模拟信号线路输入端、配线架至交换机（PABX）之间以及交换机（PABX）的模拟信号线路输出端，分别安装信号线路SPD。

在配线架的数字线路输入端、配线架至交换机（PABX）之间以及交换机（PABX）的数字线路的输出端，分别安装信号线路SPD。

5.4.5 计算机网络系统的防雷与接地

1 传输线路上，安装浪涌保护器的数量，视其电子信息系统的重要性和使用性而定。对于重要性很高的系统，安装浪涌保护器的级数要由风险评估确认的级数才能达到安全防护；重要性相对较轻的系统安装级数可以减少，才能达到既安全又经济。

2 适配是指安装浪涌保护器的性能，例如工作频率、工作电平、传输速率、特性阻抗、传输介质及接口形式等应符合传输线路的性质和要求。

5.4.6 安全防范系统的防雷与接地

本条中规定在安全防范系统户外的交流供电线路、视频信号线路、解码器控制信号线路及摄像头供电线路中应装设SPD的具体情况如下：

1 视频信号线路应根据摄像头连接形式、线路特性阻抗、工作电压等参数选择插入损耗小、驻波系数小的SPD。

2 编、解码器控制信号线路应根据编、解码器连接形式、线路特性阻抗、工作电压等参数选择插入损耗小，驻波系数小的SPD。

3 对集中供电的电源线路应根据摄像头工作电压按表5.4.2-2选择适配的SPD

4 在摄像头视频信号输出端和控制室视频切换器输入端应分别安装视频信号线路SPD。

5 在摄像头侧解码控制信号输入端和微机控制室信号输出端应分别安装控制信号SPD。

6 在摄像头侧供电线路输入端应安装电源SPD。

7 摄像头侧SPD的接地端可连接到云台金属外壳的保护接地线上，云台金属外壳保护接地端连接至接地网上；微机控制室一侧的工作机房应设局部等电位连接端子板，各个SPD的接地端应分别连接到机房等电位接地端子板上，再从接地端子板引至共用接地装置。工作机房所有设备的金属外壳、金属机架和构件，均应与机房等电位接地端子板或共用接地系统连接。

5.4.7 火灾自动报警及消防联动控制系统的防雷与接地

火灾自动报警及消防联动控制系统的信号电缆、电源线、控制线均应在设备侧装设适配的SPD。

5.4.8 建筑设备监控系统的防雷与接地

1 对于控制中心内的各个系统宜设置各自的S型等电位连接网络，若机房内设有与建筑物结构钢筋相连接的等电位接地端子板时，系统的接地干线，可直接由各基准点（ERP）处引至等电位接地端子板。若只有机房所在楼层电气竖井间内才设有等电位连接端子板时，应将各系统的接地干线接至设在合用机房内的等电位母排箱，再由等电位接地母排箱内用总接地干线接至就近楼层电气竖井间内的等电位接地端子板。总接地干线宜采用截面积不小于16mm^{2}的铜芯绝缘导线穿管敷设。

2 由建筑物外引入（出）中控室内的信号电缆、电源线、控制线、网络总线等，宜在防雷分区界面处装设适配的信号SPD、电源SPD。各SPD的参数选择参照表5.4.1-2、5.4.2-1及表5.4.2-2选配。

5.4.9 有线电视系统的防雷与接地

有线电视信号传输线路的防雷与接地应按如下方法实施：

CATV系统中放大器的输入、输出端应安装适配的干线放大器SPD；

系统设备机房内各SPD的接地端应按5.2节的要求处理；室外的SPD接地应采用截面积不小于16mm^{2}的多股铜线接地；同时可连接至信号电缆吊线的钢绞绳上，若吊线钢绞绳分段敷设时，在分段处将前、后段连接起来，接头处应做防腐处理。吊线钢绞绳两端均应接地。

5.4.10 通信基站的防雷与接地

此条所指的范围涵盖了移动通信（GSM、CDMA）基站、800MHz集群通信基站、无线寻呼基站、小灵通、数字微波通信站及其他无线通信站等。

6 防 雷 施 工

6.2 接 地 装 置

6.2.7 由于现代电子信息系统设备种类不同，对利用建筑物基础的接地体、人工接地体两者联合的接地装置的接地电阻值的要求也不同，所以施工安装时，应根据设计文件给出的接地电阻数据及工艺要求实施，施工结束检测结果必须符合要求，如果达不到要求，应检查接地极埋深、间距，回填土质量，夯实程度等。如果仍达不到要求，应由原设计单位提出新的措施，直至符合要求为止。

6.4 等电位接地端子板（等电位连接带）

6.4.3 总等电位接地端子板、楼层等电位接地端子板、局部等电位接地端子板，就是总等电位连接带、楼层等电位连接带、局部等电位连接带的另一种称呼。它们的材料规格、尺寸和固定位置均由具体工程设计确定。

6.5 浪 涌 保 护 器

6.5.1 电源线路浪涌保护器（SPD）安装时，连接线最小截面积推荐值见表6.5.1。因为电源线路浪涌保护器（SPD）标称放电电流较大，要求连接线截面积也相应加大，这样可减小引线电感量，从而减小其动态阻抗，同时减小线路残压。表中推荐值是防雷工程实践经验的总结。

6.5.3 信号线路浪涌保护器（SPD）与被保护设备的连接端口有串接与并接之分。由RJ11、RJ45、和其他接口组成的线路应串接安装SPD，仅有接线柱组成的接口应并接安装SPD。SPD的安装连接图如图7所示：

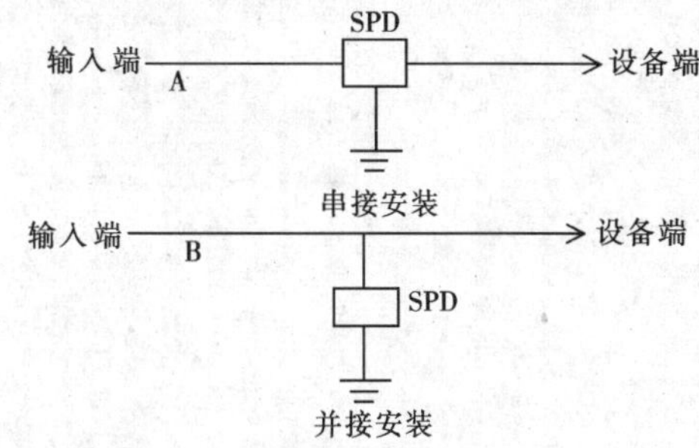

图7 信号SPD的安装连接图

7 施工质量验收

7.2 竣 工 验 收

7.2.2 IEC61024-1-2指南B规定，在施工阶段，应对在竣工后无法进行检测的所有防雷装置关键部位进行检测；在验收阶段，应对防雷装置做最后的测量，并编制最终的测试文件。

根据上述规定，并结合我国防雷与接地工程的实际，将施工检测方法定为随工检测和竣工检测两类。例如将隐蔽工程和高空作业的施工项目，进行随工检测；对接地电阻和其他参数测量等，进行竣工检测。

7.2.3 防雷施工是按照防雷设计和规范要求进行的，对雷电防护做了周密的考虑和计算，哪怕有一个小部位施工质量不合格，都将会形成隐患，遭受严重损失。因此规定本条作为强制性条款，必须执行。凡是验收不合格的项目，应提交施工单位进行整改，直到满足验收要求为止。

8 维护与管理

8.1 维 护

8.1.4 防雷装置在整个使用期限内，应完全保持防雷装置的机械特性和电气特性，使其符合本规范设计要求。

防雷装置的部件，一般而言，完全暴露在空气中或深埋在土壤中，由于不同的自然污染或工业污染，诸如潮湿、温度及电解质移动程度、通风程度、空气中的二氧化硫，溶解的盐分等，防雷部件深受这些污染、天气损害、机械损害及雷击的损坏等众多因素的影响，金属部件将会很快出现腐蚀和锈蚀。金属部件的尺寸不断减小，机械强度不断降低，部件易于失去防雷有效性。

为了保证工作人员的安全，防雷设计的机械强度必须达到 1kN（IEC61024 指南 B）。当金属部件损伤、腐蚀的部位超过原截面的三分之一时，要求及时修复和更换。

中华人民共和国国家标准

建筑结构检测技术标准

Technical standard for inspection of building structure

GB/T 50344—2004

主编部门：中华人民共和国建设部

批准部门：中华人民共和国建设部

施行日期：2004年12月1日

中华人民共和国建设部
公　　告

第265号

建设部关于发布国家标准《建筑结构检测技术标准》的公告

现批准《建筑结构检测技术标准》为国家标准，编号为GB/T 50344—2004，自2004年12月1日起实施。

本标准由建设部标准定额研究所组织中国建筑工业出版社出版发行。

中华人民共和国建设部

2004年9月2日

前　　言

根据建设部建标［2002］第59号文的要求，由中国建筑科学研究院会同有关研究、检测单位共同编制了《建筑结构检测技术标准》GB/T 50344。

在编制的过程中，编制组开展了专题研究、试验研究和广泛的调查研究，总结了我国建筑结构检测工作中的经验和教训，参考采纳了国际建筑结构检测的先进经验，并在全国范围内广泛征求了有关设计、科研、教学、施工等单位的意见，经反复讨论、修改、充实，最后经审查定稿。本标准在建筑结构工程质量检测方面，与新修订的《建筑工程施工质量验收统一标准》GB 50300和相关的结构工程施工质量验收规范相协调；在已有建筑结构检测方面，与相关的可靠性鉴定标准相协调。

本标准共有8章和9个附录，规定了应该进行建筑结构工程质量检测和建筑结构性能检测所对应的情况，建筑结构检测的基本程序和要求，建筑结构的检测项目和所采用的方法，提出了适合于建筑结构检测项目的抽样方案和抽样检测结果的评定准则。同时，本标准提出了既有建筑正常检查和常规检测的要求。

本标准将来可能需要进行局部修订，有关局部修订的信息和条文内容将刊登在《工程建设标准化》杂志上。

本标准由建设部负责管理，由中国建筑科学研究院负责具体内容解释。为了提高《建筑结构检测技术标准》的编制质量和水平，请在执行本标准的过程中，注意总结经验，积累资料，并将意见和建议寄至：北京市北三环东路30号，中国建筑科学研究院国家建筑工程质量监督检验中心国家标准《建筑结构检测技术标准》管理组（邮编：100013；E-mail：zjc@cabr. com. cn）。

本标准的主编单位：中国建筑科学研究院

参加单位：四川省建筑科学研究院
冶金部建筑研究总院
河北省建筑科学研究院
上海建筑科学研究院
北京市建设工程质量检测中心
陕西省建筑科学研究院
山东省建筑科学研究院
黑龙江省寒地建筑科学研究院
江苏省建筑科学研究院
西安交通大学
国家建筑工程质量监督检验中心

主要起草人：何星华　邸小坛　高小旺(以下按姓氏笔画排列)
王永维　马建勋　朱　宾　关淑君
李乃平　杨建平　周　燕　张元发
张元勃　张国堂　侯汝欣　袁海军
夏　赟　顾瑞南　崔士起　路彦兴
鲍德力

目　次

1 总　　则

1.0.1 为了统一建筑结构检测和检测结果的评价方法，使其技术先进，数据可靠，提高检测结果的可比性，保证检测结果的可靠性，制订本标准。

1.0.2 本标准适用于建筑工程中各类结构工程质量的检测和既有建筑结构性能的检测。

1.0.3 古建筑和受到特殊腐蚀影响的结构或构件，可参照本标准的基本原则进行检测。

1.0.4 建筑结构的检测，除应符合本标准的规定外，尚应符合国家现行有关强制性标准的规定。

1.0.5 对于不符合基本建设程序的建筑，应得到建设行政主管部门的批准后方可进行检测。

2 术语和符号

2.1 术　　语

2.1.1 建筑结构检测

1 建筑结构检测　inspection of building structure

为评定建筑结构工程的质量或鉴定既有建筑结构的性能等所实施的检测工作。

2 检测批　inspection lot

检测项目相同、质量要求和生产工艺等基本相同，由一定数量构件等构成的检测对象。

3 抽样检测　sampling inspection

从检测批中抽取样本，通过对样本的测试确定检测批质量的检测方法。

4 测区　testing zone

按检测方法要求布置的，有一个或若干个测点的区域。

5 测点　testing point

在测区内，取得检测数据的检测点

2.1.2 结构构件材料强度与缺陷检测方法

1 非破损检测方法　method of non-destructive test

在检测过程中，对结构的既有性能没有影响的检测方法。

2 局部破损检测方法　method of part-destructive test

在检测过程中，对结构既有性能有局部和暂时的影响，但可修复的检测方法。

3 回弹法　rebound method

通过测定回弹值及有关参数检测材料抗压强度和强度匀质性的方法。

4 超声回弹综合法　ultrasonic-rebound combined method

通过测定混凝土的超声波声速值和回弹值检测混凝土抗压强度的方法。

5 钻芯法　drilled core method

通过从结构或构件中钻取圆柱状试件检测材料强度的方法。

6 超声法　ultrasonic method

通过测定超声脉冲波的有关声学参数检测非金属材料缺陷和抗压强度的方法。

7 后装拔出法　post-install pull-out method

在已硬化的混凝土表层安装拔出仪进行拔出力的测试，检测混凝土抗压强度的方法。

8 贯入法　penetration method

通过测定钢钉贯入深度值检测构件材料抗压强度的方法。

9 原位轴压法　the method of axial compression in situ on brick wall

用原位压力机在烧结普通砖墙体上进行抗压测试，检测砌体抗压强度的方法。

10 扁式液压顶法　the method of flat jack

用扁式液压千斤顶在烧结普通砖墙体上进行抗压测试，检测砌体的压应力、弹性模量、抗压强度的方法。

11 原位单剪法　the method of single shear

在烧结普通砖墙体上沿单个水平灰缝进行抗剪测试，检测砌体抗剪强度的方法。

12 双剪法　the method of double shear

在烧结普通砖墙体上对单块顺砖进行双面抗剪测试，检测砌体抗剪强度的方法。

13 砂浆片剪切法　the method of mortar flake

用砂浆测强仪测定砂浆片的抗剪承载力，检测砌筑砂浆抗压强度的方法。

14 推出法　the method of push out

用推出仪从烧结普通砖墙体上水平推出单块丁砖，根据测得的水平推力及推出砖下的砂浆饱满度来检测砌筑砂浆抗压强度的方法。

15 点荷法　the method of point load

对试样施加点荷载检测砌筑砂浆抗压强度的方法。

16 筒压法　the method of column

将取样砂浆破碎、烘干并筛分成一定级配要求的颗粒，装入承压筒并施加筒压荷载后，测定其破碎程度，用筒压比来检测砌筑砂浆抗压强度的方法。

17 射钉法　the method of powder actuated shot

用射钉枪将射钉射入墙体的水平灰缝中，依据射钉的射入量检测砌筑砂浆抗压强度的方法。

18 超声波探伤　ultrasonic inspection

采用超声波探伤仪检测金属材料或焊缝缺陷的方法。

19 射线探伤　radiographic inspection

用X射线或γ射线透照钢工件，从荧光屏或所得底片上检测钢材或焊缝缺陷的方法。

20 磁粉探伤　magnetic partide inspection

根据磁粉在试件表面所形成的磁痕检测钢材表面和近表面裂纹等缺陷的方法。

21 渗透探伤 penetrant inspection

用渗透剂检测材料表面裂纹的方法。

2.1.3 结构、构件几何尺寸

1 标高 normal height

建筑物某一确定位置相对于±0.000的垂直高度。

2 轴线位移 displacement of axies

结构或构件轴线实际位置与设计要求的偏差。

3 垂直度 degree of gravity vertical

在规定高度范围内，构件表面偏离重力线的程度。

4 平整度 degree of plainness

结构构件表面凹凸的程度。

5 尺寸偏差 dimensional errors

实际几何尺寸与设计几何尺寸之间的差值。

6 挠度 deflection

在荷载等作用下，结构构件轴线或中性面上某点由挠曲引起垂直于原轴线或中性面方向上的线位移。

7 变形 deformation

作用引起的结构或构件中两点间的相对位移。

2.1.4 结构构件缺陷与损伤

1 蜂窝 honey comb

构件的混凝土表面因缺浆而形成的石子外露酥松等缺陷。

2 麻面 pockmark

混凝土表面因缺浆而呈现麻点、凹坑和气泡等缺陷。

3 孔洞 cavitation

混凝土中超过钢筋保护层厚度的孔穴。

4 露筋 reveal of reinforcement

构件内的钢筋未被混凝土包裹而外露的缺陷。

5 龟裂 map cracking

构件表面呈现的网状裂缝。

6 裂缝 crack

从建筑结构构件表面伸入构件内的缝隙。

7 疏松 loose

混凝土中局部不密实的缺陷。

8 混凝土夹渣 concrete slag inclusion

混凝土中夹有杂物且深度超过保护层厚度的缺陷。

9 焊缝夹渣 weld slag inclusion

焊接后残留在焊缝中的熔渣。

10 焊缝缺陷 weld defects

焊缝中的裂纹、夹渣、气孔等。

11 腐蚀 corrosion

建筑构件直接与环境介质接触而产生物理和化学的变化，导致材料的劣化。

12 锈蚀 rust

金属材料由于水分和氧气等的电化学作用而产生的腐蚀现象。

13 损伤 damage

由于荷载、环境侵蚀、灾害和人为因素等造成的构件非正常的位移、变形、开裂以及材料的破损和劣化等。

2.1.5 检测数据统计

1 均值 mean

随机变量取值的平均水平，本标准中也称之为0.5分位值。

2 方差 variance

随机变量取值与其均值之差的二次方的平均值。

3 标准差 standard deviation

随机变量方差的正平方根。

4 样本均值 sample mean

样本 X_1，……X_N 的算术平均值。

5 样本方差 sample variance

样本分量与样本均值之差的平方和为分子，分母为样本容量减1。

6 样本标准差 sample standard deviation

样本方差的正平方根。

7 样本 sample

按一定程序从总体（检测批）中抽取的一组（一个或多个）个体。

8 个体 item，individaul

可以单独取得一个检验或检测数据代表值的区域或构件。

9 样本容量 sample size

样本中所包含的个体的数目。

10 标准值 characteristic value

与随机变量分布函数0.05概率（具有95%保证率）相应的值，本标准也称之为0.05分位值。

2.2 符 号

2.2.1 材料强度

f_1——砌筑块材强度

$f_{1,m}$——砌筑块材抗压强度样本均值

f_{cu}——混凝上抗压强度的换算值

$f_{cu,e}$——混凝土强度的推定值

f_{cor}——芯样试件换算抗压强度

2.2.2 统计参数

s——样本标准差

m——样本均值

σ——检测批标准差

μ——均值或检测批均值

2.2.3 计算参数

Δ——修正量

η——修正系数

3 基本规定

3.1 建筑结构检测范围和分类

3.1.1 建筑结构的检测可分为建筑结构工程质量的检测和既有建筑结构性能的检测。

3.1.2 当遇到下列情况之一时，应进行建筑结构工程质量的检测：

1 涉及结构安全的试块、试件以及有关材料检验数量不足；

2 对施工质量的抽样检测结果达不到设计要求；

3 对施工质量有怀疑或争议，需要通过检测进一步分析结构的可靠性；

4 发生工程事故，需要通过检测分析事故的原因及对结构可靠性的影响。

3.1.3 当遇到下列情况之一时，应对既有建筑结构现状缺陷和损伤、结构构件承载力、结构变形等涉及结构性能的项目进行检测：

1 建筑结构安全鉴定；

2 建筑结构抗震鉴定；

3 建筑大修前的可靠性鉴定；

4 建筑改变用途、改造、加层或扩建前的鉴定；

5 建筑结构达到设计使用年限要继续使用的鉴定；

6 受到灾害、环境侵蚀等影响建筑的鉴定；

7 对既有建筑结构的工程质量有怀疑或争议。

3.1.4 建筑结构的检测应为建筑结构工程质量的评定或建筑结构性能的鉴定提供真实、可靠、有效的检测数据和检测结论。

3.1.5 建筑结构的检测应根据本标准的要求和建筑结构工程质量评定或既有建筑结构性能鉴定的需要合理确定检测项目和检测方案。

3.1.6 对于重要和大型公共建筑宜进行结构动力测试和结构安全性监测。

3.2 检测工作程序与基本要求

3.2.1 建筑结构检测工作程序，宜按图3.2.1的框图进行。

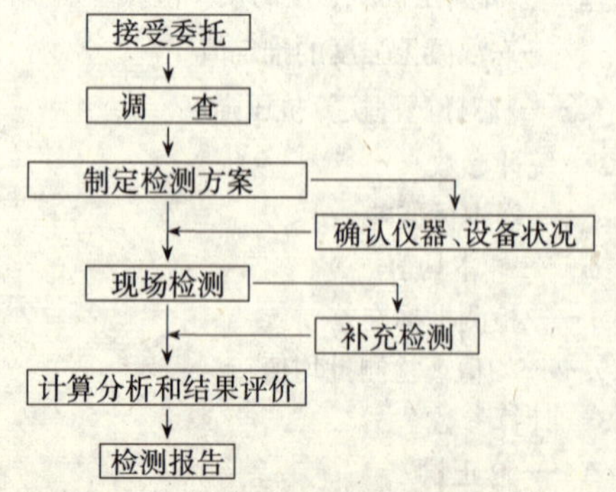

图3.2.1 建筑结构检测工作程序框图

3.2.2 现场和有关资料的调查，应包括下列工作内容：

1 收集被检测建筑结构的设计图纸、设计变更、施工记录、施工验收和工程地质勘察等资料；

2 调查被检测建筑结构现状缺陷，环境条件，使用期间的加固与维修情况和用途与荷载等变更情况；

3 向有关人员进行调查；

4 进一步明确委托方的检测目的和具体要求，并了解是否已进行过检测。

3.2.3 建筑结构的检测应有完备的检测方案，检测方案应征求委托方的意见，并应经过审定。

3.2.4 建筑结构的检测方案宜包括下列主要内容：

1 概况，主要包括结构类型、建筑面积、总层数、设计、施工及监理单位，建造年代等；

2 检测目的或委托方的检测要求；

3 检测依据，主要包括检测所依据的标准及有关的技术资料等；

4 检测项目和选用的检测方法以及检测的数量；

5 检测人员和仪器设备情况；

6 检测工作进度计划；

7 所需要的配合工作；

8 检测中的安全措施；

9 检测中的环保措施。

3.2.5 检测时应确保所使用的仪器设备在检定或校准周期内，并处于正常状态。仪器设备的精度应满足检测项目的要求。

3.2.6 检测的原始记录，应记录在专用记录纸上，数据准确、字迹清晰、信息完整，不得追记、涂改，如有笔误，应进行杠改。当采用自动记录时，应符合有关要求。原始记录必须由检测及记录人员签字。

3.2.7 现场取样的试件或试样应予以标识并妥善保存。

3.2.8 当发现检测数据数量不足或检测数据出现异常情况时，应补充检测。

3.2.9 建筑结构现场检测工作结束后，应及时修补因检测造成的结构或构件局部的损伤。修补后的结构构件，应满足承载力的要求。

3.2.10 建筑结构的检测数据计算分析工作完成后，应及时提出相应的检测报告。

3.3 检测方法和抽样方案

3.3.1 建筑结构的检测，应根据检测项目、检测目的、建筑结构状况和现场条件选择适宜的检测方法。

3.3.2 建筑结构的检测，可选用下列检测方法：

1 有相应标准的检测方法；

2 有关规范、标准规定或建议的检测方法；

3 参照本条第1款的检测标准，扩大其适用范围的检测方法；

4　检测单位自行开发或引进的检测方法。

3.3.3　选用有相应标准的检测方法时，应遵守下列规定：

1　对于通用的检测项目，应选用国家标准或行业标准；

2　对于有地区特点的检测项目，可选用地方标准；

3　对同一种方法，地方标准与国家标准或行业标准不一致时，有地区特点的部分宜按地方标准执行，检测的基本原则和基本操作要求应按国家标准或行业标准执行；

4　当国家标准、行业标准或地方标准的规定与实际情况确有差异或存在明显不适用问题时，可对相应规定做适当调整或修正，但调整与修正应有充分的依据；调整与修正的内容应在检测方案中予以说明，必要时应向委托方提供调整与修正的检测细则。

3.3.4　采用有关规范、标准规定或建议的检测方法时，应遵守下列规定：

1　当检测方法有相应的检测标准时，应按本章第3.3.3条的规定执行；

2　当检测方法没有相应的检测标准时，检测单位应有相应的检测细则；检测细则应对检测用仪器设备、操作要求、数据处理等作出规定。

3.3.5　采用扩大相应检测标准适用范围的检测方法时，应遵守下列规定：

1　所检测项目的目的与相应检测标准相同；

2　检测对象的性质与相应检测标准检测对象的性质相近；

3　应采取有效的措施，消除因检测对象性质差异而存在的检测误差；

4　检测单位应有相应的检测细则，在检测方案中应予以说明，必要时应向委托方提供检测细则。

3.3.6　采用检测单位自行开发或引进的检测仪器及检测方法时，应遵守下列规定：

1　该仪器或方法必须通过技术鉴定，并具有一定的工程检测实践经验；

2　该方法应事先与已有成熟方法进行比对试验；

3　检测单位应有相应的检测细则；

4　在检测方案中应予以说明，必要时应向委托方提供检测细则。

3.3.7　现场检测宜选用对结构或构件无损伤的检测方法。当选用局部破损的取样检测方法或原位检测方法时，宜选择结构构件受力较小的部位，并不得损害结构的安全性。

3.3.8　当对古建筑和有纪念性的既有建筑结构进行检测时，应避免对建筑结构造成损伤。

3.3.9　重要和大型公共建筑的结构动力测试，应根据结构的特点和检测的目的，分别采用环境振动和激振等方法。

3.3.10　重要大型工程和新型结构体系的安全性监测，应根据结构的受力特点制定监测方案，并应对监测方案进行论证。

3.3.11　建筑结构检测的抽样方案，可根据检测项目的特点按下列原则选择：

1　外部缺陷的检测，宜选用全数检测方案。

2　几何尺寸与尺寸偏差的检测，宜选用一次或二次计数抽样方案。

3　结构连接构造的检测，应选择对结构安全影响大的部位进行抽样。

4　构件结构性能的实荷检验，应选择同类构件中荷载效应相对较大和施工质量相对较差构件或受到灾害影响、环境侵蚀影响构件中有代表性的构件。

5　按检测批检测的项目，应进行随机抽样，且最小样本容量宜符合本标准第3.3.13条的规定。

6　《建筑工程施工质量验收统一标准》GB 50300或相应专业工程施工质量验收规范规定的抽样方案。

3.3.12　当为下列情况时，检测对象可以是单个构件或部分构件；但检测结论不得扩大到未检测的构件或范围。

1　委托方指定检测对象或范围；

2　因环境侵蚀或火灾、爆炸、高温以及人为因素等造成部分构件损伤时。

3.3.13　建筑结构检测中，检测批的最小样本容量不宜小于表3.3.13的限定值。

表3.3.13　建筑结构抽样检测的最小样本容量

检测批的容量	检测类别和样本最小容量		
	A	*B*	*C*
2～8	2	2	3
9～15	2	3	5
16～25	3	5	8
26～50	5	8	13
51～90	5	13	20
91～150	8	20	32
151～280	13	32	50
281～500	20	50	80
501～1200	32	80	125
1201～3200	50	125	200
3201～10000	80	200	315
10001～35000	125	315	500
35001～150000	200	500	800
150001～500000	315	800	1250
>500000	500	1250	2000
—	—	—	—

注：检测类别*A*适用于一般施工质量的检测，检测类别*B*适用于结构质量或性能的检测，检测类别*C*适用于结构质量或性能的严格检测或复检。

3.3.14 计数抽样检测时，检测批的合格判定，应符合下列规定：

1 计数抽样检测的对象为主控项目时，正常一次抽样应按表 3.3.14-1 判定，正常二次抽样应按表 3.3.14-2 判定；

2 计数抽样检测的对象为一般项目时，正常一次抽样应按表 3.3.14-3 判定，正常二次抽样应按表 3.3.14-4 判定。

表 3.3.14-1 主控项目正常一次性抽样的判定

样本容量	合格判定数	不合格判定数	样本容量	合格判定数	不合格判定数
2~5	0	1	80	7	8
8~13	1	2	125	10	11
20	2	3	200	14	15
32	3	4	>315	21	22
50	5	6			

表 3.3.14-2 主控项目正常二次性抽样的判定

抽样次数与样本容量	合格判定数	不合格判定数
(1) 2-6	0	1
(1) -5 (2) -10	0 1	2 2
(1) -8 (2) -16	0 1	2 2
(1) -13 (2) -26	0 3	3 4
(1) -20 (2) -40	1 3	3 4
(1) -32 (2) -64	2 6	5 7
(1) -50 (2) -100	3 9	6 10
(1) -80 (2) -160	5 12	9 13
(1) -125 (2) -250	7 18	11 19
(1) -200 (2) -400	11 26	16 27
(1) -315 (2) -630	11 26	16 27
—	—	—

注：(1) 和 (2) 表示抽样批次，(2) 对应的样本容量为二次抽样的累计数量。

表 3.3.14-3 一般项目正常一次性抽样的判定

样本容量	合格判定数	不合格判定数	样本容量	合格判定数	不合格判定数
2~5	1	2	32	7	9
8	2	3	50	10	11
13	3	4	80	14	15
20	5	6	≥125	21	22

表 3.3.14-4 一般项目正常二次性抽样的判定

抽样次数与样本容量	合格判定数	不合格判定数
(1) -2 (2) -4	0 1	2 2
(1) -3 (2) -6	0 1	2 2
(1) -5 (2) -10	0 1	2 2
(1) -8 (2) -16	0 3	3 4
(1) -13 (2) -26	1 4	3 5
(1) -20 (2) -40	2 6	5 7
(1) -32 (2) -64	4 10	7 11
(1) -50 (2) -100	6 15	10 16
(1) -80 (2) -160	9 23	14 24
(1) -125 (2) -250	9 23	14 24
(1) -200 (2) -400	9 23	14 24
(1) -315 (2) -630	9 23	14 24
(1) -500 (2) -1000	9 23	14 24
(1) -800 (2) -1600	9 23	14 24
(1) -1250 (2) -2500	9 23	14 24
(1) -2000 (2) -4000	9 23	14 24

注：(1) 和 (2) 表示抽样次数，(2) 对应的样本容量为二次抽样的累计数量。

3.3.15 计量抽样检测批的检测结果，宜提供推定区间。推定区间的置信度宜为 0.90，并使错判概率和漏判概率均为 0.05。特殊情况下，推定区间的置信度可为 0.85，使漏判概率为 0.10，错判概率仍为 0.05。

3.3.16 结构材料强度计量抽样的检测结果，推定区间的上限值与下限值之差值应予以限制，不宜大于材料相邻强度等级的差值和推定区间上限值与下限值算术平均值的10%两者中的较大值。

3.3.17 当检测批的检测结果不能满足第3.3.15条和第3.3.16条的要求时，可提供单个构件的检测结果，单个构件的检测结果的推定应符合相应检测标准的规定。

3.3.18 检测批中的异常数据，可予以舍弃；异常数据的舍弃应符合《正态样本异常值的判断和处理》GB 4883或其他标准的规定。

3.3.19 检测批的标准差σ为未知时，计量抽样检测批均值μ（0.5分位值）的推定区间上限值和下限值可按式（3.3.19）计算：

$$\mu_1 = m + ks$$
$$\mu_2 = m - ks \tag{3.3.19}$$

式中 μ_1——均值(0.5分位值)μ推定区间的上限值；

μ_2——均值（0.5分位值）μ推定区间的下限值；

m——样本均值；

s——样本标准差；

k——推定系数，取值见表3.3.19。

表3.3.19 标准差未知时推定区间上限值与下限值系数

样本容量	标准差未知时推定区间上限值与下限值系数					
	0.5分位值		0.05分位值			
	$k(0.05)$	$k(0.1)$	$k_1(0.05)$	$k_2(0.05)$	$k_1(0.1)$	$k_2(0.1)$
5	0.95339	0.68567	0.81778	4.20268	0.98218	3.39983
6	0.82264	0.60253	0.87477	3.70768	1.02822	3.09188
7	0.73445	0.54418	0.92037	3.39947	1.06516	2.89380
8	0.66983	0.50025	0.95803	3.18729	1.09570	2.75428
9	0.61985	0.46561	0.98987	3.03124	1.12153	2.64990
10	0.57968	0.43735	1.01730	2.91096	1.14378	2.56837
11	0.54648	0.41373	1.04127	2.81499	1.16322	2.50262
12	0.51843	0.39359	1.06247	2.73634	1.18041	2.44825
13	0.49432	0.37615	1.08141	2.67050	1.19576	2.40240
14	0.47330	0.36085	1.09848	2.61443	1.20958	2.36311
15	0.45477	0.34729	1.11397	2.56600	1.22213	2.32898
16	0.43826	0.33515	1.12812	2.52366	1.23358	2.29900
17	0.42311	0.32421	1.14112	2.48626	1.24409	2.27240
18	0.41003	0.31428	1.15311	2.45295	1.25379	2.24862
19	0.39782	0.30521	1.16423	2.42304	1.26277	2.22720
20	0.38665	0.29689	1.17458	2.39600	1.27113	2.20778
21	0.37636	0.28921	1.18425	2.37142	1.27893	2.19007
22	0.36686	0.28210	1.19330	2.34896	1.28624	2.17385
23	0.35805	0.27550	1.20181	2.32832	1.29310	2.15891
24	0.34984	0.26933	1.20982	2.30929	1.29956	2.14510
25	0.34218	0.26357	1.21739	2.29167	1.30566	2.13229
26	0.33499	0.25816	1.22455	2.27530	1.31143	2.12037
27	0.32825	0.25307	1.23135	2.26005	1.31690	2.10924
28	0.32189	0.24827	1.23780	2.24578	1.32209	2.09881
29	0.31589	0.24373	1.24395	2.23241	1.32704	2.08903
30	0.31022	0.23943	1.24981	2.21984	1.33175	2.07982
31	0.30484	0.23536	1.25540	2.20800	1.33625	2.07113
32	0.29973	0.23148	1.26075	2.19682	1.34055	2.06292
33	0.29487	0.22779	1.26588	2.18625	1.34467	2.05514
34	0.29024	0.22428	1.27079	2.17623	1.34862	2.04776
35	0.28582	0.22092	1.27551	2.16672	1.35241	2.04075
36	0.28160	0.21770	1.28004	2.15768	1.35605	2.03407
37	0.27755	0.21463	1.28441	2.14906	1.35955	2.02771
38	0.27368	0.21168	1.28861	2.14085	1.36292	2.02164
39	0.26997	0.20884	1.29266	2.13300	1.36617	2.01583
40	0.26640	0.20612	1.29657	2.12549	1.36931	2.01027
41	0.26297	0.20351	1.30035	2.11831	1.37233	2.00494
42	0.25967	0.20099	1.30399	2.11142	1.37526	1.99983
43	0.25650	0.19856	1.30752	2.10481	1.37809	1.99493
44	0.25343	0.19622	1.31094	2.09846	1.38083	1.99021
45	0.25047	0.19396	1.31425	2.09235	1.38348	1.98567
46	0.24762	0.19177	1.31746	2.08648	1.38605	1.98130
47	0.24486	0.18966	1.32058	2.08081	1.38854	1.97708
48	0.24219	0.18761	1.32360	2.07535	1.39096	1.97302
49	0.23960	0.18563	1.32653	2.07008	1.39331	1.96909
50	0.23710	0.18372	1.32939	2.06499	1.39559	1.96529
60	0.21574	0.16732	1.35412	2.02216	1.41536	1.93327
70	0.19927	0.15466	1.37364	1.98987	1.43095	1.90903
80	0.18608	0.14449	1.38959	1.96444	1.44366	1.88988
90	0.17521	0.13610	1.40294	1.94376	1.45429	1.87428
100	0.16604	0.12902	1.41433	1.92654	1.46335	1.86125
110	0.15818	0.12294	1.42421	1.91191	1.47121	1.85017
120	0.15133	0.11764	1.43289	1.89929	1.47810	1.84059

3.3.20 检测批的标准差σ为未知时，计量抽样检测批具有95%保证率的标准值(0.05分位值)x_k的推定区间上限值和下限值可按式(3.3.20)计算：

$$x_{k,1} = m - k_1 s$$
$$x_{k,2} = m - k_2 s \tag{3.3.20}$$

式中 $x_{k,1}$——标准值(0.05分位值)推定区间的上限值；

$x_{k,2}$——标准值(0.05分位值)推定区间的下限值；

m——样本均值；

s——样本标准差；

k_1和k_2——推定系数,取值见表3.3.19。

3.3.21 计量抽样检测批的判定,当设计要求相应数值小于或等于推定上限值时,可判定为符合设计要求；当设计要求相应数值大于推定上限值时,可判定为低于设计要求。

3.4 既有建筑的检测

3.4.1 既有建筑除了在遇到本标准第3.1.3条规定

的情况下应进行建筑结构的检测外，宜有正常的检查制度和在设计使用年限内建筑结构的常规检测。

3.4.2 既有建筑正常检查的对象可为建筑构件表面的裂缝、损伤、过大的位移或变形，建筑物内外装饰层是否出现脱落空鼓，栏杆扶手是否松动失效等；既有工业建筑的正常检查工作可结合生产设备的年检进行。

3.4.3 当年检发现存在影响既有建筑正常使用的问题时，应及时维修；当发现影响结构安全的问题时，应委托有资质的检测单位进行建筑结构的检测。

3.4.4 建筑结构在其设计使用年限内的常规检测，应委托具有资质的检测单位进行检测，检测时间应根据建筑结构的具体情况确定。

3.4.5 建筑结构的常规检测应根据既有建筑结构的设计质量、施工质量、使用环境类别等确定检测重点、检测项目和检测方法。

3.4.6 建筑结构的常规检测宜以下列部位为检测重点：

1 出现渗水漏水部位的构件；

2 受到较大反复荷载或动力荷载作用的构件；

3 暴露在室外的构件；

4 受到腐蚀性介质侵蚀的构件；

5 受到污染影响的构件；

6 与侵蚀性土壤直接接触的构件；

7 受到冻融影响的构件；

8 委托方年检怀疑有安全隐患的构件；

9 容易受到磨损、冲撞损伤的构件。

3.4.7 实施建筑结构常规检测的单位应向委托方提供有关结构安全性、使用安全性及结构耐久性等方面的有效检测数据和检测结论。

3.5 检 测 报 告

3.5.1 建筑结构工程质量的检测报告应做出所检测项目是否符合设计文件要求或相应验收规范规定的评定。既有建筑结构性能的检测报告应给出所检测项目的评定结论，并能为建筑结构的鉴定提供可靠的依据。

3.5.2 检测报告应结论准确、用词规范、文字简练，对于当事方容易混淆的术语和概念可书面予以解释。

3.5.3 检测报告至少应包括以下内容：

1 委托单位名称；

2 建筑工程概况，包括工程名称、结构类型、规模、施工日期及现状等；

3 设计单位、施工单位及监理单位名称；

4 检测原因、检测目的，以往检测情况概述；

5 检测项目、检测方法及依据的标准；

6 抽样方案及数量；

7 检测日期，报告完成日期；

8 检测项目的主要分类检测数据和汇总结果；检测结果、检测结论；

9 主检、审核和批准人员的签名。

3.6 检测单位和检测人员

3.6.1 承接建筑结构检测工作的检测机构，应符合国家规定的有关资质条件要求。

3.6.2 检测单位应有固定的工作场所、健全的质量管理体系和相应的技术能力。

3.6.3 建筑结构检测所用的仪器和设备应有产品合格证、计量检定机构的有效检定（校准）证书或自校证书。

3.6.4 检测人员必须经过培训取得上岗资格，对特殊的检测项目，检测人员应有相应的检测资格证书。

3.6.5 现场检测工作应由两名或两名以上检测人员承担。

4 混 凝 土 结 构

4.1 一 般 规 定

4.1.1 本章适用于现浇混凝土及预制混凝土结构与构件质量或性能的检测。

4.1.2 混凝土结构的检测可分为原材料性能、混凝土强度、混凝土构件外观质量与缺陷、尺寸与偏差、变形与损伤和钢筋配置等项工作，必要时，可进行结构构件性能的实荷检验或结构的动力测试。

4.2 原 材 料 性 能

4.2.1 混凝土原材料的质量或性能，可按下列方法检测：

1 当工程尚有与结构中同批、同等级的剩余原材料时，可按有关产品标准和相应检测标准的规定对与结构工程质量问题有关联的原材料进行检验；

2 当工程没有与结构中同批、同等级的剩余原材料时，可从结构中取样，检测混凝土的相关质量或性能。

4.2.2 钢筋的质量或性能，可按下列方法检测：

1 当工程尚有与结构中同批的钢筋时，可按有关产品标准的规定进行钢筋力学性能检验或化学成分分析；

2 需要检测结构中的钢筋时，可在构件中截取钢筋进行力学性能检验或化学成分分析；进行钢筋力学性能的检验时，同一规格钢筋的抽检数量应不少于一组；

3 钢筋力学性能和化学成分的评定指标，应按有关钢筋产品标准确定。

4.2.3 既有结构钢筋抗拉强度的检测，可采用钢筋表面硬度等非破损检测与取样检验相结合的方法。

4.2.4 需要检测锈蚀钢筋、受火灾影响等钢筋的性能时，可在构件中截取钢筋进行力学性能检测。在检测报告中应对测试方法与标准方法的不符合程度和检测结果的适用范围等予以说明。

4.3 混凝土强度

4.3.1 结构或构件混凝土抗压强度的检测，可采用回弹法、超声回弹综合法、后装拔出法或钻芯法等方法，检测操作应分别遵守相应技术规程的规定。

4.3.2 除了有特殊的检测目的之外，混凝土抗压强度的检测应符合下列规定：

1 采用回弹法时，被检测混凝土的表层质量应具有代表性，且混凝土的抗压强度和龄期不应超过相应技术规程限定的范围；

2 采用超声回弹综合法时，被检测混凝土的内外质量应无明显差异，且混凝土的抗压强度不应超过相应技术规程限定的范围；

3 采用后装拔出法时，被检测混凝土的表层质量应具有代表性，且混凝土的抗压强度和混凝土粗骨料的最大粒径不应超过相应技术规程限定的范围；

4 当被检测混凝土的表层质量不具有代表性时，应采用钻芯法；当被检测混凝土的龄期或抗压强度超过回弹法、超声回弹综合法或后装拔出法等相应技术规程限定的范围时，可采用钻芯法或钻芯修正法；

5 在回弹法、超声回弹综合法或后装拔出法适用的条件下，宜进行钻芯修正或利用同条件养护立方体试块的抗压强度进行修正。

4.3.3 采用钻芯修正法时，宜选用总体修正量的方法。总体修正量方法中的芯样试件换算抗压强度样本的均值 $f_{cor,m}$，应按本标准第 3.3.19 条的规定确定推定区间，推定区间应满足本标准第 3.3.15 条和第 3.3.16 条的要求；总体修正量 Δ_{tot} 和相应的修正可按式（4.3.3）计算：

$$\Delta_{tot} = f_{cor,m} - f^{c}_{cu,m0}$$

$$f^{c}_{cu,i} = f^{c}_{cu,i0} + \Delta_{tot} \quad (4.3.3)$$

式中 $f_{cor,m}$——芯样试件换算抗压强度样本的均值；

$f^{c}_{cu,m0}$——被修正方法检测得到的换算抗压强度样本的均值；

$f^{c}_{cu,i}$——修正后测区混凝土换算抗压强度；

$f^{c}_{cu,i0}$——修正前测区混凝土换算抗压强度。

4.3.4 当钻芯修正法不能满足第 4.3.3 条的要求时，可采用对应样本修正量、对应样本修正系数或一一对应修正系数的修正方法；此时直径 100mm 混凝土芯样试件的数量不应少于 6 个；现场钻取直径 100mm 的混凝土芯样确有困难时，也可采用直径不小于 70mm 的混凝土芯样，但芯样试件的数量不应少于 9 个。一一对应的修正系数，可按相关技术规程的规定计算。对应样本的修正量 Δ_{loc} 和修正系数 η_{loc}，可按式（4.3.4-1）计算：

$$\Delta_{loc} = f_{cor,m} - f^{c}_{cu,m0,loc} \quad (4.3.4\text{-}1a)$$

$$\eta_{loc} = f_{cor,m}/f^{c}_{cu,m0,loc} \quad (4.3.4\text{-}1b)$$

式中 $f_{cor,m}$——芯样试件换算抗压强度样本的均值；

$f^{c}_{cu,m0,loc}$——被修正方法检测得到的与芯样试件对应测区的换算抗压强度样本的均值。

相应的修正可按式（4.3.4-2）计算：

$$f^{c}_{cu,i} = f^{c}_{cu,i0} + \Delta_{loc} \quad (4.3.4\text{-}2a)$$

$$f^{c}_{cu,i} = \eta_{loc} f^{c}_{cu,i0} \quad (4.3.4\text{-}2b)$$

式中 $f^{c}_{cu,i}$——修正后测区混凝土换算抗压强度；

$f^{c}_{cu,i0}$——修正前测区混凝土换算抗压强度。

4.3.5 检测批混凝土抗压强度的推定，宜按本标准第 3.3.20 条的规定确定推定区间，推定区间应满足本标准第 3.3.15 条和第 3.3.16 条的要求，可按本标准第 3.3.21 条的规定进行评定。单个构件混凝土抗压强度的推定，可按相应技术规程的规定执行。

4.3.6 混凝土的抗拉强度，可采用对直径 100mm 的芯样试件施加劈裂荷载或直拉荷载的方法检测；劈裂荷载的施加方法可参照《普通混凝土力学性能试验方法标准》GB/T 50081 的规定执行，直拉荷载的施加方法可按《钻芯法检测混凝土强度技术规程》CECS 03 的规定执行。

4.3.7 受到环境侵蚀或遭受火灾、高温等影响，构件中未受到影响部分混凝土的强度，可采用下列方法检测：

1 采用钻芯法检测，在加工芯样试件时，应将芯样上混凝土受影响层切除；混凝土受影响层的厚度可依据具体情况分别按最大碳化深度、混凝土颜色产生变化的最大厚度、明显损伤层的最大厚度确定，也可按芯样侧表面硬度测试情况确定；

2 混凝土受影响层能剔除时，可采用回弹法或回弹加钻芯修正的方法检测，但回弹测区的质量应符合相应技术规程的要求。

4.4 混凝土构件外观质量与缺陷

4.4.1 混凝土构件外观质量与缺陷的检测可分为蜂窝、麻面、孔洞、夹渣、露筋、裂缝、疏松区和不同时间浇筑的混凝土结合面质量等项目。

4.4.2 混凝土构件外观缺陷，可采用目测与尺量的方法检测；检测数量，对于建筑结构工程质量检测时宜为全部构件。混凝土构件外观缺陷的评定方法，可按《混凝土结构工程施工质量验收规范》GB 50204 确定。

4.4.3 结构或构件裂缝的检测，应遵守下列规定：

1 检测项目，应包括裂缝的位置、长度、宽度、深度、形态和数量；裂缝的记录可采用表格或图形的形式；

2 裂缝深度，可采用超声法检测，必要时可钻取芯样予以验证；

3　对于仍在发展的裂缝应进行定期观测，提供裂缝发展速度的数据；

4　裂缝的观测，应按《建筑变形测量规程》JGJ/T 8 的有关规定进行。

4.4.4　混凝土内部缺陷的检测，可采用超声法、冲击反射法等非破损方法；必要时可采用局部破损方法对非破损的检测结果进行验证。采用超声法检测混凝土内部缺陷时，可参照《超声法检测混凝土缺陷技术规程》CECS 21 的规定执行。

4.5 尺寸与偏差

4.5.1　混凝土结构构件的尺寸与偏差的检测可分为下列项目：

1　构件截面尺寸；

2　标高；

3　轴线尺寸；

4　预埋件位置；

5　构件垂直度；

6　表面平整度。

4.5.2　现浇混凝土结构及预制构件的尺寸，应以设计图纸规定的尺寸为基准确定尺寸的偏差，尺寸的检测方法和尺寸偏差的允许值应按《混凝土结构工程施工质量验收规范》GB 50204确定。

4.5.3　对于受到环境侵蚀和灾害影响的构件，其截面尺寸应在损伤最严重部位量测，在检测报告中应提供量测的位置和必要的说明。

4.6 变形与损伤

4.6.1　混凝土结构或构件变形的检测可分为构件的挠度、结构的倾斜和基础不均匀沉降等项目；混凝土结构损伤的检测可分为环境侵蚀损伤、灾害损伤、人为损伤、混凝土有害元素造成的损伤以及预应力锚夹具的损伤等项目。

4.6.2　混凝土构件的挠度，可采用激光测距仪、水准仪或拉线等方法检测。

4.6.3　混凝土构件或结构的倾斜，可采用经纬仪、激光定位仪、三轴定位仪或吊锤的方法检测，宜区分倾斜中施工偏差造成的倾斜、变形造成的倾斜、灾害造成的倾斜等。

4.6.4　混凝土结构的基础不均匀沉降，可用水准仪检测；当需要确定基础沉降发展的情况时，应在混凝土结构上布置测点进行观测，观测操作应遵守《建筑变形测量规程》JGJ/T 8 的规定；混凝土结构的基础累计沉降差，可参照首层的基准线推算。

4.6.5　混凝土结构受到的损伤时，可按下列规定进行检测：

1　对环境侵蚀，应确定侵蚀源、侵蚀程度和侵蚀速度；

2　对混凝土的冻伤，可按本标准附录 A 的规定进行检测，并测定冻融损伤深度、面积；

3　对火灾等造成的损伤，应确定灾害影响区域和受灾害影响的构件，确定影响程度；

4　对于人为的损伤，应确定损伤程度；

5　宜确定损伤对混凝土结构的安全性及耐久性影响的程度。

4.6.6　当怀疑水泥中游离氧化钙（f-CaO）对混凝土质量构成影响时，可按本标准附录 B 进行检测。

4.6.7　混凝土存在碱骨料反应隐患时，可从混凝土中取样，按《普通混凝土用碎石或卵石质量标准及检验方法》JGJ 53 检测骨料的碱活性，按相关标准的规定检测混凝土中的碱含量。

4.6.8　混凝土中性化（碳化或酸性物质的影响）的深度，可用浓度为1%的酚酞酒精溶液（含 20%的蒸馏水）测定，将酚酞酒精溶液滴在新暴露的混凝土面上，以混凝土变色与未变色的交接处作为混凝土中性化的界面。

4.6.9　混凝土中氯离子的含量，可按本标准附录 C 进行检测。

4.6.10　对于未封闭在混凝土内的预应力锚夹具的损伤，可用卡尺、钢尺直接量测。

4.7 钢筋的配置与锈蚀

4.7.1　钢筋配置的检测可分为钢筋位置、保护层厚度、直径、数量等项目。

4.7.2　钢筋位置、保护层厚度和钢筋数量，宜采用非破损的雷达法或电磁感应法进行检测，必要时可凿开混凝土进行钢筋直径或保护层厚度的验证。

4.7.3　有相应检测要求时，可对钢筋的锚固与搭接、框架节点及柱加密区箍筋和框架柱与墙体的拉结筋进行检测。

4.7.4　钢筋的锈蚀情况，可按本标准附录 D 进行检测。

4.8 构件性能实荷检验与结构动测

4.8.1　需要确定混凝土构件的承载力、刚度或抗裂等性能时，可进行构件性能的实荷检验。

4.8.2　构件性能检验的加载与测试方法，应根据设计要求以及构件的实际情况确定。

4.8.3　构件性能的实荷检验应符合下列规定：

1　独立构件的实荷检验，按《混凝土结构工程施工质量验收规范》GB 50204 的规定进行；

2　构件性能实荷检验的荷载布置、检验方法和量测方法，按照《混凝土结构试验方法标准》GB 50152 的要求确定；

3　实荷检验应确保安全。

4.8.4　当仅对结构的一部分做实荷检验时，应使有问题部分或可能的薄弱部位得到充分的检验。

4.8.5　重要和大型公共建筑中混凝土结构的动力测

试方法，可按本标准附录 E 确定。

5 砌 体 结 构

5.1 一 般 规 定

5.1.1 本章适用于砖砌体、砌块砌体和石砌体结构与构件的质量或性能的检测。

5.1.2 砌体结构的检测可分为砌筑块材、砌筑砂浆、砌体强度、砌筑质量与构造以及损伤与变形等项工作。具体实施的检测工作和检测项目应根据施工质量验收或鉴定工作的需要和现场的检测条件等具体情况确定。

5.2 砌 筑 块 材

5.2.1 砌筑块材的检测可分为砌筑块材的强度及强度等级、尺寸偏差、外观质量、抗冻性能、块材品种等检测项目。

5.2.2 砌筑块材的强度，可采用取样法、回弹法、取样结合回弹的方法或钻芯的方法检测。

5.2.3 砌筑块材强度的检测，应将块材品种相同、强度等级相同、质量相近、环境相似的砌筑构件划为一个检测批，每个检测批砌体的体积不宜超过 $250m^3$。

5.2.4 鉴定工作需要依据砌筑块材强度和砌筑砂浆强度确定砌体强度时，砌筑块材强度的检测位置宜与砌筑砂浆强度的检测位置对应。

5.2.5 除了有特殊的检测目的之外，砌筑块材强度的检测应遵守下列规定：

1 取样检测的块材试样和块材的回弹测区，外观质量应符合相应产品标准的合格要求，不应选择受到灾害影响或环境侵蚀作用的块材作为试样或回弹测区；

2 块材的芯样试件，不得有明显的缺陷。

5.2.6 砌筑块材强度等级的评定指标可按相应产品标准确定。

5.2.7 砖和砌块的取样检测，检测批试样的数量应符合相应产品标准的规定，当对检测批进行推定时，块材试样的数量尚应满足本标准第 3.3.15 条和第 3.3.16 条对推定区间的要求；块材试样强度的测试方法应符合相应产品标准的规定。当符合本章第 5.2.3 条和第 5.2.5 条的要求时，建筑工程剩余的砌筑块材可作为块材试样使用。

5.2.8 采用回弹法检测烧结普通砖的抗压强度时，检测操作可按本标准附录 F 的规定执行。烧结普通砖的回弹值与换算抗压强度之间换算关系应通过专门的试验确定，当采用附录 F 的换算关系时，应进行验证。

5.2.9 采用取样结合回弹的方法检测烧结普通砖的抗压强度时，检测操作应符合下列规定：

1 按本标准附录 F 布置回弹测区、确定检测的砖样、进行回弹测试并计算换算抗压强度值 $f_{1,i}$；

2 在进行了回弹测试的砖样中选择 10 块砖取样作为块材试样，按本章第 5.2.7 条进行块材试样抗压强度的测试，并计算抗压强度平均值 $f^*_{1,m}$；

3 参照本标准式（4.3.4-1）确定对应样本的修正量 Δ_{loc}或对应样本的修正系数 η_{loc}；

4 参照本标准式（4.3.4-2）进行修正计算，得到修正后的回弹换算抗压强度值，按本标准第 3.3.19 条或第 3.3.20 条确定推定区间。

5.2.10 当条件具备时，其他块材的抗压强度也可采用取样结合回弹的方法检测，检测操作可参照本章第 5.2.9 条的规定进行。

5.2.11 石材强度，可采用钻芯法或切割成立方体试块的方法检测；其中钻芯法检测操作宜符合下列规定：

1 芯样试件的直径可为 70mm，高径比为 1.0±0.05；

2 芯样的端面应磨平，加工质量宜符合《钻芯法检测混凝土强度技术规程》CECS 03 的要求；

3 按相关规定测试芯样试件的抗压强度；可将直径 70mm 芯样试件抗压强度乘以 1.15 的系数，换算成 70mm 立方体试块抗压强度；

4 石材强度的推定，可按本标准第 3.3.19 条确定石材强度的推定区间。

5.2.12 鉴定工作需要确定环境侵蚀、火灾或高温等对砌筑块材强度的影响时，可采取取样的检测方法，块材试样强度的测试方法和评定方法可按相应产品标准确定。在检测报告中应明确说明检测结果的适用范围。

5.2.13 砖和砌块尺寸及外观质量检测可采用取样检测或现场检测的方法，检测操作宜符合下列规定：

1 砖和砌块尺寸的检测，每个检测批可随机抽检 20 块块材，现场检测可仅抽检外露面。单个块材尺寸的评定指标可按现行相应产品标准确定。检测批的判定，应按本标准表3.3.14-3或表 3.3.14-4 的规定进行检测批的合格判定。

2 砖和砌块外观质量的检查可分为缺棱掉角、裂纹、弯曲等。现场检查，可检查砖或块材的外露面。检查方法和评定指标应按现行相应产品标准确定。检测批的判定，应按本标准表 3.3.14-3 或表 3.3.14-4 进行检测批的合格判定。第一次的抽样数可为 50 块砖或砌块。

5.2.14 砌筑块材外观质量不符合要求时，可根据不符合要求的程度降低砌筑块材的抗压强度；砌筑块材的尺寸为负偏差时，应以实测构件的截面尺寸作为构件安全性验算和构造评定的参数。

5.2.15 工程质量评定或鉴定工作有要求时，应核查结构特殊部位块材的品种及其质量指标。

5.2.16 砌筑块材其他性能的检测，可参照有关产品标准的规定进行。

5.3 砌 筑 砂 浆

5.3.1 砌筑砂浆的检测可分为砂浆强度及砂浆强度等级、品种、抗冻性和有害元素含量等项目。

5.3.2 砌筑砂浆强度的检测应遵守下列规定：

1 砌筑砂浆的强度，宜采用取样的方法检测，如推出法、筒压法、砂浆片剪切法、点荷法等。

2 砌筑砂浆强度的匀质性，可采用非破损的方法检测，如回弹法、射钉法、贯入法、超声法、超声回弹综合法等。当这些方法用于检测既有建筑砌筑砂浆强度时，宜配合有取样的检测方法。

3 推出法、筒压法、砂浆片剪切法、点荷法、回弹法和射钉法的检测操作应遵守《砌体工程现场检测技术标准》GB/T 50315的规定；采用其他方法时，应遵守《砌体工程现场检测技术标准》GB/T 50315 的原则，检测操作应遵守相应检测方法标准的规定。

5.3.3 当遇到下列情况之一时，采用取样法中的点荷法、剪切法、冲击法检测砌筑砂浆强度时，除提供砌筑砂浆强度必要的测试参数外，还应提供受影响层的深度：

1 砌筑砂浆表层受到侵蚀、风化、剔凿、冻害影响的构件；

2 遭受火灾影响的构件；

3 使用年数较长的结构。

5.3.4 工程质量评定或鉴定工作有要求时，应核查结构特殊部位砌筑砂浆的品种及其质量指标。

5.3.5 砌筑砂浆的抗冻性能，当具备砂浆立方体试块时，应按《建筑砂浆基本性能试验方法》JGJ 70的规定进行测定，当不具备立方体试块或既有结构需要测定砌筑砂浆的抗冻性能时，可按下列方法进行检测：

1 采用取样检测方法；

2 将砂浆试件分为两组，一组做抗冻试件，一组做比对试件；

3 抗冻组试件按《建筑砂浆基本性能试验方法》JGJ 70 的规定进行抗冻试验，测定试验后砂浆的强度；

4 比对组试件砂浆强度与抗冻组试件同时测定；

5 取两组砂浆试件强度值的比值评定砂浆的抗冻性能。

5.3.6 砌筑砂浆中氯离子的含量，可参照本标准第4.6.9条提出的方法测定。

5.4 砌 体 强 度

5.4.1 砌体的强度，可采用取样的方法或现场原位的方法检测。

5.4.2 砌体强度的取样检测应遵守下列规定：

1 取样检测不得构成结构或构件的安全问题；

2 试件的尺寸和强度测试方法应符合《砌体基本力学性能试验方法标准》GBJ 129 的规定；

3 取样操作宜采用无振动的切割方法，试件数量应根据检测目的确定；

4 测试前应对试件局部的损伤予以修复，严重损伤的样品不得作为试件；

5 砌体强度的推定，可按本标准第 3.3.19 条确定砌体强度均值的推定区间或按本标准第 3.3.20 条确定砌体强度标准值的推定区间；推定区间应符合本标准第 3.3.15 条和第 3.3.16 条的要求；

6 当砌体强度标准值的推定区间不满足本条第5款的要求时，也可按试件测试强度的最小值确定砌体强度的标准值，此时试件的数量不得少于 3 件，也不宜大于 6 件，且不应进行数据的舍弃。

5.4.3 烧结普通砖砌体的抗压强度，可采用扁式液压顶法或原位轴压法检测；烧结普通砖砌体的抗剪强度，可采用双剪法或原位单剪法检测；检测操作应遵守《砌体工程现场检测技术标准》GB/T 50315 的规定。砌体强度的推定，宜按本标准第 3.3.20 条确定砌体强度标准值的推定区间，推定区间应符合本标准第 3.3.15 条和第 3.3.16 条的要求；当该要求不能满足时，也可按《砌体工程现场检测技术标准》GB/T 50315 进行评定。

5.4.4 遭受环境侵蚀和火灾等灾害影响砌体的强度，可根据具体情况分别按第 5.4.2 条和第 5.4.3 条规定的方法进行检测，在检测报告中应明确说明试件状态与相应检测标准要求的不符合程度和检测结果的适用范围。

5.5 砌筑质量与构造

5.5.1 砌筑构件的砌筑质量检测可分为砌筑方法、灰缝质量、砌体偏差和留槎及洞口等项目。砌体结构的构造检测可分为砌筑构件的高厚比、梁垫、壁柱、预制构件的搁置长度、大型构件端部的锚固措施、圈梁、构造柱或芯柱、砌体局部尺寸及钢筋网片和拉结筋等项目。

5.5.2 既有砌筑构件砌筑方法、留槎、砌筑偏差和灰缝质量等，可采取剔凿表面抹灰的方法检测。当构件砌筑质量存在问题时，可降低该构件的砌体强度。

5.5.3 砌筑方法的检测，应检测上、下错缝，内外搭砌等是否符合要求。

5.5.4 灰缝质量检测可分为灰缝厚度、灰缝饱满程度和平直程度等项目。其中灰缝厚度的代表值应按10 皮砖砌体高度折算。灰缝的饱满程度和平直程度，可按《砌体工程施工质量验收规范》GB 50203 规定的方法进行检测。

5.5.5 砌体偏差的检测可分为砌筑偏差和放线偏差。

砌筑偏差中的构件轴线位移和构件垂直度的检测方法和评定标准，可按《砌体工程施工质量验收规范》GB 50203的规定执行。对于无法准确测定构件轴线绝对位移和放线偏差的既有结构，可测定构件轴线的相对位移或相对放线偏差。

5.5.6 砌体中的钢筋，可按本标准第4章提出的方法检测。砌体中拉结筋的间距，应取2～3个连续间距的平均间距作为代表值。

5.5.7 砌筑构件的高厚比，其厚度值应取构件厚度的实测值。

5.5.8 跨度较大的屋架和梁支承面下的垫块和锚固措施，可采取剔除表面抹灰的方法检测。

5.5.9 预制钢筋混凝土板的支承长度，可采用剔凿楼面面层及垫层的方法检测。

5.5.10 跨度较大门窗洞口的混凝土过梁的设置状况，可通过测定过梁钢筋状况判定，也可采取剔凿表面抹灰的方法检测。

5.5.11 砌体墙梁的构造，可采取剔凿表面抹灰和用尺量测的方法检测。

5.5.12 圈梁、构造柱或芯柱的设置，可通过测定钢筋状况判定；圈梁、构造柱或芯柱的混凝土施工质量，可按本标准第4章的相关规定进行检测。

5.6 变形与损伤

5.6.1 砌体结构的变形与损伤的检测可分为裂缝、倾斜、基础不均匀沉降、环境侵蚀损伤、灾害损伤及人为损伤等项目。

5.6.2 砌体结构裂缝的检测应遵守下列规定：

1 对于结构或构件上的裂缝，应测定裂缝的位置、裂缝长度、裂缝宽度和裂缝的数量；

2 必要时应剔除构件抹灰确定砌筑方法、留槎、洞口、线管及预制构件对裂缝的影响；

3 对于仍在发展的裂缝应进行定期的观测，提供裂缝发展速度的数据。

5.6.3 砌筑构件或砌体结构的倾斜，可按本标准第4.6.3条提供的方法检测，宜区分倾斜中砌筑偏差造成的倾斜、变形造成的倾斜、灾害造成的倾斜等。

5.6.4 基础的不均匀沉降，可按本标准第4.6.4条提供的方法检测。

5.6.5 对砌体结构受到的损伤进行检测时，应确定损伤对砌体结构安全性的影响。对于不同原因造成的损伤可按下列规定进行检测：

1 对环境侵蚀，应确定侵蚀源、侵蚀程度和侵蚀速度；

2 对冻融损伤，应测定冻融损伤深度、面积，检测部位宜为檐口、房屋的勒脚、散水附近和出现渗漏的部位；

3 对火灾等造成的损伤，应确定灾害影响区域和受灾害影响的构件，确定影响程度；

4 对于人为的损伤，应确定损伤程度。

6 钢结构

6.1 一般规定

6.1.1 本章适用于钢结构与钢构件质量或性能的检测。

6.1.2 钢结构的检测可分为钢结构材料性能、连接、构件的尺寸与偏差、变形与损伤、构造以及涂装等项工作，必要时，可进行结构或构件性能的实荷检验或结构的动力测试。

6.2 材料

6.2.1 对结构构件钢材的力学性能检验可分为屈服点、抗拉强度、伸长率、冷弯和冲击功等项目。

6.2.2 当工程尚有与结构同批的钢材时，可以将其加工成试件，进行钢材力学性能检验；当工程没有与结构同批的钢材时，可在构件上截取试样，但应确保结构构件的安全。钢材力学性能检验试件的取样数量、取样方法、试验方法和评定标准应符合表6.2.2的规定。

表6.2.2 材料力学性能检验项目和方法

检验项目	取样数量（个/批）	取样方法	试验方法	评定标准
屈服点、抗拉强度、伸长率	1	《钢材力学及工艺性能试验取样规定》GB 2975	《金属拉伸试验试样》GB 6397；《金属拉伸试验方法》GB 228	《碳素结构钢》GB 700；《低合金高强度结构钢》GB/T 1591；其他钢材产品标准
冷弯	1		《金属弯曲试验方法》GB 232	
冲击功	3		《金属夏比缺口冲击试验方法》GB/T 229	

6.2.3 当被检验钢材的屈服点或抗拉强度不满足要求时，应补充取样进行拉伸试验。补充试验应将同类构件同一规格的钢材划为一批，每批抽样3个。

6.2.4 钢材化学成分的分析，可根据需要进行全成分分析或主要成分分析。钢材化学成分的分析每批钢材可取一个试样，取样和试验应分别按《钢的化学分析用试样取样法及成品化学成分允许偏差》GB 222和《钢铁及合金化学分析方法》GB 223执行，并应按相应产品标准进行评定。

6.2.5 既有钢结构钢材的抗拉强度，可采用表面硬度的方法检测，检测操作可按本标准附录G的规定进行。应用表面硬度法检测钢结构钢材抗拉强度时，应有取样检验钢材抗拉强度的验证。

6.2.6 锈蚀钢材或受到火灾等影响钢材的力学性能，可采用取样的方法检测；对试样的测试操作和评定，可按相应钢材产品标准的规定进行，在检测报告中应明确说明检测结果的适用范围。

6.3 连　　接

6.3.1 钢结构的连接质量与性能的检测可分为焊接连接、焊钉（栓钉）连接、螺栓连接、高强螺栓连接等项目。

6.3.2 对设计上要求全焊透的一、二级焊缝和设计上没有要求的钢材等强对焊拼接焊缝的质量，可采用超声波探伤的方法检测，检测应符合下列规定：

1 对钢结构工程质量，应按《钢结构工程施工质量验收规范》GB 50205 的规定进行检测；

2 对既有钢结构性能，可采取抽样超声波探伤检测；抽样数量不应少于本标准表 3.3.13 的样本最小容量；

3 焊缝缺陷分级，应按《钢焊缝手工超声波探伤方法及质量分级法》GB 11345 确定。

6.3.3 对钢结构工程的所有焊缝都应进行外观检查；对既有钢结构检测时，可采取抽样检测焊缝外观质量的方法，也可采取按委托方指定范围抽查的方法。焊缝的外形尺寸和外观缺陷检测方法和评定标准，应按《钢结构工程施工质量验收规范》GB 50205 确定。

6.3.4 焊接接头的力学性能，可采取截取试样的方法检验，但应采取措施确保安全。焊接接头力学性能的检验分为拉伸、面弯和背弯等项目，每个检验项目可各取两个试样。焊接接头的取样和检验方法应按《焊接接头机械性能试验取样方法》GB 2649、《焊接接头拉伸试验方法》GB 2651 和《焊接接头弯曲及压扁试验方法》GB 2653 等确定。

焊接接头焊缝的强度不应低于母材强度的最低保证值。

6.3.5 当对钢结构工程质量进行检测时，可抽样进行焊钉焊接后的弯曲检测，抽样数量不应少于本标准表 3.3.13 中 A 类检测的要求；检测方法与评定标准，锤击焊钉头使其弯曲至 30°，焊缝和热影响区没有肉眼可见的裂纹可判为合格；应按本标准表 3.3.14-3 进行检测批的合格判定。

6.3.6 高强度大六角头螺栓连接副的材料性能和扭矩系数，检验方法和检验规则应按《钢结构用高强度大六角头螺栓、大六角螺母、垫圈技术条件》GB/T 1231、《钢结构工程施工质量验收规范》GB 50205 和《钢结构高强度螺栓连接的设计、施工及验收规范》JGJ 82 确定。

6.3.7 扭剪型高强度螺栓连接副的材料性能和预拉力的检验，检验方法和检验规则应按《钢结构用扭剪型高强度螺栓连接副技术条件》GB/T 3633 和《钢结构工程施工质量验收规范》GB 50205 确定。

6.3.8 对扭剪型高强度螺栓连接质量，可检查螺栓端部的梅花头是否已拧掉，除因构造原因无法使用专用扳手拧掉梅花头者外，未在终拧中拧掉梅花头的螺栓数不应大于该节点螺栓数的 5%。抽样检验时，应按本标准表 3.3.14-1 或表 3.3.14-2 进行检测批的合格判定。

6.3.9 对高强度螺栓连接质量的检测，可检查外露丝扣，丝扣外露应为 2 至 3 扣。允许有 10% 的螺栓丝扣外露 1 扣或 4 扣。抽样检验时，应按本标准表 3.3.14-3 或表 3.3.14-4 进行检测批的合格判定。

6.4 尺寸与偏差

6.4.1 钢构件尺寸的检测应符合下列规定：

1 抽样检测构件的数量，可根据具体情况确定，但不应少于本标准表 3.3.13 规定的相应检测类别的最小样本容量；

2 尺寸检测的范围，应检测所抽样构件的全部尺寸，每个尺寸在构件的 3 个部位量测，取 3 处测试值的平均值作为该尺寸的代表值；

3 尺寸量测的方法，可按相关产品标准的规定量测，其中钢材的厚度可用超声测厚仪测定；

4 构件尺寸偏差的评定指标，应按相应的产品标准确定；

5 对检测批构件的重要尺寸，应按本标准表 3.3.14-1 或表 3.3.14-2 进行检测批的合格判定；对检测批构件一般尺寸的判定，应按本标准表 3.3.14-3 或表 3.3.14-4 进行检测批的合格判定；

6 特殊部位或特殊情况下，应选择对构件安全性影响较大的部位或损伤有代表性的部位进行检测。

6.4.2 钢构件的尺寸偏差，应以设计图纸规定的尺寸为基准计算尺寸偏差；偏差的允许值，应按《钢结构工程施工质量验收规范》GB 50205 确定。

6.4.3 钢构件安装偏差的检测项目和检测方法，应按《钢结构工程施工质量验收规范》GB 50205 确定。

6.5 缺陷、损伤与变形

6.5.1 钢材外观质量的检测可分为均匀性，是否有夹层、裂纹、非金属夹杂和明显的偏析等项目。当对钢材的质量有怀疑时，应对钢材原材料进行力学性能检验或化学成分分析。

6.5.2 对钢结构损伤的检测可分为裂纹、局部变形、锈蚀等项目。

6.5.3 钢材裂纹，可采用观察的方法和渗透法检测。采用渗透法检测时，应用砂轮和砂纸将检测部位的表面及其周围 20mm 范围内打磨光滑，不得有氧化皮、焊渣、飞溅、污垢等；用清洗剂将打磨表面清洗干净，干燥后喷涂渗透剂，渗透时间不应少于 10min；

然后再用清洗剂将表面多余的渗透剂清除；最后喷涂显示剂，停留10～30min后，观察是否有裂纹显示。

6.5.4 杆件的弯曲变形和板件凹凸等变形情况，可用观察和尺量的方法检测，量测出变形的程度；变形评定，应按现行《钢结构工程施工质量验收规范》GB 50205的规定执行。

6.5.5 螺栓和铆钉的松动或断裂，可采用观察或锤击的方法检测。

6.5.6 结构构件的锈蚀，可按《涂装前钢材表面锈蚀等级和除锈等级》GB 8923确定锈蚀等级，对D级锈蚀，还应量测钢板厚度的削弱程度。

6.5.7 钢结构构件的挠度、倾斜等变形与位移和基础沉降等，可分别参照本标准第4.6.2条、第4.6.3条和第4.6.4条的提出方法和相应标准规定的方法进行检测。

6.6 构 造

6.6.1 钢结构杆件长细比的检测与核算，可按本章第6.4节的规定测定杆件尺寸，应以实际尺寸等核算杆件的长细比。

6.6.2 钢结构支撑体系的连接，可按本章第6.3节的规定检测；支撑体系构件的尺寸，可按本章第6.4节的规定进行测定；应按设计图纸或相应设计规范进行核实或评定。

6.6.3 钢结构构件截面的宽厚比，可按本章第6.4节的规定测定构件截面相关尺寸，并进行核算，应按设计图纸和相关规范进行评定。

6.7 涂 装

6.7.1 钢结构防护涂料的质量，应按国家现行相关产品标准对涂料质量的规定进行检测。

6.7.2 钢材表面的除锈等级，可用现行国家标准《涂装前钢材表面锈蚀等级和除锈等级》GB 8923规定的图片对照观察来确定。

6.7.3 不同类型涂料的涂层厚度，应分别采用下列方法检测：

1 漆膜厚度，可用漆膜测厚仪检测，抽检构件的数量不应少于本标准表3.3.13中A类检测样本的最小容量，也不应少于3件；每件测5处，每处的数值为3个相距50mm的测点干漆膜厚度的平均值。

2 对薄型防火涂料涂层厚度，可采用涂层厚度测定仪检测，量测方法应符合《钢结构防火涂料应用技术规程》CECS 24的规定。

3 对厚型防火涂料涂层厚度，应采用测针和钢尺检测，量测方法应符合《钢结构防火涂料应用技术规程》CECS 24的规定。

涂层的厚度值和偏差值应按《钢结构工程施工质量验收规范》GB 50205的规定进行评定。

6.7.4 涂装的外观质量，可根据不同材料按《钢结构工程施工质量验收规范》GB 50205的规定进行检测和评定。

6.8 钢 网 架

6.8.1 钢网架的检测可分为节点的承载力、焊缝、尺寸与偏差、杆件的不平直度和钢网架的挠度等项目。

6.8.2 钢网架焊接球节点和螺栓球节点的承载力的检验，应按《网架结构工程质量检验评定标准》JGJ 78的要求进行。对既有的螺栓球节点网架，可从结构中取出节点来进行节点的极限承载力检验。在截取螺栓球节点时，应采取措施确保结构安全。

6.8.3 钢网架中焊缝，可采用超声波探伤的方法检测，检测操作与评定应按《焊接球节点钢网架焊缝超声波探伤及质量分级法》JG/T 3034.1或《螺栓球节点钢网架焊缝超声波探伤及质量分级法》JG/T 3034.2的要求进行。

6.8.4 钢网架中焊缝的外观质量，应按《钢结构工程施工质量验收规范》GB 50205的要求进行检测。

6.8.5 焊接球、螺栓球、高强度螺栓和杆件偏差的检测，检测方法和偏差允许值应按《网架结构工程质量检验评定标准》JGJ 78的规定执行。

6.8.6 钢网架钢管杆件的壁厚，可采用超声测厚仪检测，检测前应清除饰面层。

6.8.7 钢网架中杆件轴线的不平直度，可用拉线的方法检测，其不平直度不得超过杆件长度的千分之一。

6.8.8 钢网架的挠度，可采用激光测距仪或水准仪检测，每半跨范围内测点数不宜小于3个，且跨中应有1个测点，端部测点距端支座不应大于1m。

6.9 结构性能实荷检验与动测

6.9.1 对于大型复杂钢结构体系可进行原位非破坏性实荷检验，直接检验结构性能。结构性能的实荷检验可按本标准附录H的规定进行。加荷系数和判定原则可按附录H.2的规定确定，也可根据具体情况进行适当调整。

6.9.2 对结构或构件的承载力有疑义时，可进行原型或足尺模型荷载试验。试验应委托具有足够设备能力的专门机构进行。试验前应制定详细的试验方案，包括试验目的、试件的选取或制作、加载装置、测点布置和测试仪器、加载步骤以及试验结果的评定方法等。试验方案可按附录H制定，并应在试验前经过有关各方的同意。

6.9.3 对于大型重要和新型钢结构体系，宜进行实际结构动力测试，确定结构自振周期等动力参数，结构动力测试宜符合本标准附录E的规定。

6.9.4 钢结构杆件的应力，可根据实际条件选用电阻应变仪或其他有效的方法进行检测。

7 钢管混凝土结构

7.1 一 般 规 定

7.1.1 本章适用于钢管混凝土结构与构件质量或性能的检测。

7.1.2 钢管混凝土结构的检测可分为原材料、钢管焊接质量与构件的连接、钢管中混凝土的强度与缺陷以及尺寸与偏差等项工作。具体实施的检测工作或检测项目应根据钢管混凝土结构的实际情况确定。

7.2 原 材 料

7.2.1 钢管钢材力学性能的检验和化学成分分析，可按本标准第6.2节的规定执行。

7.2.2 钢管中混凝土原材料的质量与性能的检验，可按本标准第4.2.1条的规定执行。

7.3 钢管焊接质量与构件连接

7.3.1 钢管焊缝外观缺陷，检测方法和质量评定指标应按现行《钢结构工程施工质量验收规范》GB 50205确定。

7.3.2 钢管混凝土结构的焊接质量与性能，可根据情况分别按本标准第6.3.2条、第6.3.3条和第6.3.4条进行检测。

7.3.3 当钢管为施工单位自行卷制时，焊缝坡口质量评定指标应按《钢管混凝土结构设计与施工规程》CECS 28确定。

7.3.4 钢管混凝土构件之间的连接等，应根据连接的形式和连接构件的材料特性分别按本标准第4章和第6章的相关规定进行检测。

7.4 钢管中混凝土强度与缺陷

7.4.1 钢管中混凝土抗压强度，可采用超声法结合同条件立方体试块或钻取混凝土芯样的方法进行检测。

7.4.2 超声法检测钢管中混凝土抗压强度的操作可参见本标准附录I。

7.4.3 抗压强度修正试件采用边长150mm同条件混凝土立方体试块或从结构构件测区钻取的直径100mm（高径比1:1）混凝土芯样试件，试块或试件的数量不得少于6个；可取得对应样本的修正量或修正系数，也可采用一一对应修正系数。对应样本的修正量和修正系数可按本标准第4.3.4条的方法确定，一一对应的修正系数可按相应技术规程的方法确定。

7.4.4 构件或结构的混凝土强度的推定，宜按本标准第3.3.15条、第3.3.16条和第3.3.20条的规定给出推定区间；可按本标准第3.3.21条的规定进行评定。单个构件混凝土抗压强度的推定，当构件的测区数量少于10个时，以修正后换算强度的最小值作为构件混凝土抗压强度的推定值，当构件测区数为10个时，可按式(7.4.4)计算混凝土强度的推定值：

$$f_{cu,e} = f_{cu,m}^{c*} - 1.645s \tag{7.4.4}$$

式中 $f_{cu,m}^{c*}$——10个测区修正后换算强度的平均值；

s——样本标准差。

7.4.5 钢管中混凝土的缺陷，可采用超声法检测，检测操作可按《超声法检测混凝土缺陷技术规程》CECS 21的规定执行。

7.5 尺寸与偏差

7.5.1 钢管混凝土构件尺寸的检测可分为钢管、缀条、加强环、牛腿和连接腹板尺寸等项目，偏差的检测可分为钢管柱的安装偏差和拼接组装偏差等项目。

7.5.2 构件钢管和缀材钢管尺寸的检测可分为钢管的外径、壁厚和长度等项目。钢管的外径，可用专用卡具或尺量测；钢管的壁厚，可用超声测厚仪测定；钢管的长度，可用尺量或激光测距仪测定。

7.5.3 钢管混凝土构件最小尺寸的评定、外径与壁厚比值的限制和构件容许长细比应按《钢管混凝土结构设计与施工规程》CECS 28的规定评定。

7.5.4 格构柱缀条尺寸的检测可分为缀条的长度、宽度、厚度及缀条与柱肢轴线的偏心等项目；缀条的尺寸，可用尺量的方法检测。

7.5.5 梁柱节点的牛腿、连接腹板和加强环的尺寸，可用钢尺检测，其中加强环的设置与尺寸应按《钢管混凝土结构设计与施工规程》CECS 28的规定评定。

7.5.6 钢管拼接组装的偏差的检测可分为纵向弯曲、椭圆度、管端不平整度、管肢组合误差和缀件组合误差等项目。其检测方法和评定指标可按《钢管混凝土结构设计与施工规程》CECS 28的规定执行。

7.5.7 钢管柱的安装偏差检测分为立柱轴线与基础轴线偏差、柱的垂直度等项目，其检测方法和评定指标按《钢管混凝土结构设计与施工规程》CECS 28确定。

8 木 结 构

8.1 一 般 规 定

8.1.1 本章适用于木结构与木构件质量或性能的检测。

8.1.2 木结构的检测可分为木材性能、木材缺陷、尺寸与偏差、连接与构造、变形与损伤和防护措施等项工作。

8.2 木 材 性 能

8.2.1 木材性能的检测可分为木材的力学性能、含水率、密度和干缩率等项目。

8.2.2 当木材的材质或外观与同类木材有显著差异时或树种和产地判别不清时，可取样检测木材的力学性能，确定木材的强度等级。

8.2.3 木结构工程质量检测涉及到的木材力学性能可分为抗弯强度、抗弯弹性模量、顺纹抗剪强度、顺纹抗压强度等检测项目。

8.2.4 木材的强度等级，应按木材的弦向抗弯强度试验情况确定；木材弦向抗弯强度取样检测及木材强度等级的评定，应遵守下列规定：

1 抽取3根木材，在每根木材上截取3个试样；

2 除了有特殊检测目的之外，木材试样应没有缺陷或损伤；

3 木材试样应取自木材髓心以外的部分；取样方式和试样的尺寸应符合《木材抗弯强度试验方法》GB 1936.1的要求；

4 抗弯强度的测试，应按《木材抗弯强度试验方法》GB 1936.1的规定进行，并应将测试结果折算成含水率为12%的数值；木材含水率的检测方法，可参见本节第8.2.5条～第8.2.7条；

5 以同一构件3个试样换算抗弯强度的平均值作为代表值，取3个代表值中的最小代表值按表8.2.4评定木材的强度等级；

表 8.2.4 木材强度检验标准

木材种类	针叶材				
强度等级	TC11	TC13	TC15	TC17	
检验结果的最低强度值（N/mm^2）不得低于	44	51	58	72	
木材种类	阔叶材				
强度等级	TB11	TB13	TB15	TB17	TB20
检验结果的最低强度值（N/mm^2）不得低于	58	68	78	88	98

6 当评定的强度等级高于现行国家标准《木结构设计规范》GB 50005所规定的同种木材的强度等级时，取《木结构设计规范》GB 50005所规定的同种木材的强度等级为最终评定等级；

7 对于树种不详的木材，可按检测结果确定等级，但应采用该等级B组的设计指标；

8 木材强度的设计指标，可依据评定的强度等级按《木结构设计规范》GB 50005的规定确定。

8.2.5 木材的含水率，可采用取样的重量法测定，规格材可用电测法测定。

8.2.6 木材含水率的重量法测定，应从成批木材中或结构构件的木材的检测批中随机抽取5根，在端头200mm处截取20mm厚的片材，再加工成20mm×20mm×20mm的5个试件；应按《木材含水率测定方法》GB 1931的规定进行测定。以每根构件5个试件含水率的平均值作为这根木材含水率的代表值。5根木材的含水率测定值的最大值应符合下列要求：

1 原木或方木结构不应大于25%；

2 板材和规格材不应大于20%；

3 胶合木不应大于15%。

8.2.7 木材含水率的电测法使用电测仪测定，可随机抽取5根构件，每根构件取3个截面，在每个截面的4个周边进行测定。每根构件3个截面4个周边的所测含水率的平均值，作为这根木材含水率的测定值，5根构件的含水率代表值中的最大值应符合规格材含水率不应大于20%的要求。

8.3 木材缺陷

8.3.1 木材缺陷，对于圆木和方木结构可分为木节、斜纹、扭纹、裂缝和髓心等项目；对胶合木结构，尚有翘曲、顺弯、扭曲和脱胶等检测项目；对于轻型木结构尚有扭曲、横弯和顺弯等检测项目。

8.3.2 对承重用的木材或结构构件的缺陷应逐根进行检测。

8.3.3 木材木节的尺寸，可用精度为1mm的卷尺量测，对于不同木材木节尺寸的量测应符合下列规定：

1 方木、板材、规格材的木节尺寸，按垂直于构件长度方向量测。木节表现为条状时，可量测较长方向的尺寸，直径小于10mm的活节可不量测。

2 原木的木节尺寸，按垂直于构件长度方向量测，直径小于10mm的活节可不量测。

8.3.4 木节的评定，应按《木结构工程施工质量验收规范》GB 50206的规定执行。

8.3.5 斜纹的检测，在方木和板材两端各选1m材长量测3次，计算其平均倾斜高度，以最大的平均倾斜高度作为其木材的斜纹的检测值。

8.3.6 对原木扭纹的检测，在原木小头1m材上量测3次，以其平均倾斜高度作为扭纹检测值。

8.3.7 胶合木结构和轻型木结构的翘曲、扭曲、横弯和顺弯，可采用拉线与尺量的方法或用靠尺与尺量的方法检测；检测结果的评定可按《木结构工程施工质量验收规范》GB 50206的相关规定进行。

8.3.8 木结构的裂缝和胶合木结构的脱胶，可用探针检测裂缝的深度，用裂缝塞尺检测裂缝的宽度，用钢尺量测裂缝的长度。

8.4 尺寸与偏差

8.4.1 木结构的尺寸与偏差可分为构件制作尺寸与偏差和构件的安装偏差等。

8.4.2 木结构构件尺寸与偏差的检测数量，当为木结构工程质量检测时，应按《木结构工程施工质量验收规范》GB 50206 的规定执行；当为既有木结构性能检测时，应根据实际情况确定，抽样检测时，抽样数量可按本标准表 3.3.13 确定。

8.4.3 木结构构件尺寸与偏差，包括桁架、梁（含檩条）及柱的制作尺寸，屋面木基层的尺寸、桁架、梁、柱等的安装的偏差等，可按《木结构工程施工质量验收规范》GB 50206 建议的方法进行检测。

8.4.4 木构件的尺寸应以设计图纸要求为准，偏差应为实际尺寸与设计尺寸的偏差，尺寸偏差的评定标准，可按《木结构工程施工质量验收规范》GB 50206 的规定执行。

8.5 连　　接

8.5.1 木结构的连接可分为胶合、齿连接、螺栓连接和钉连接等检测项目。

8.5.2 当对胶合木结构的胶合能力有疑义时，应对胶合能力进行检测；胶合能力可通过对试样木材胶缝顺纹抗剪强度确定。

8.5.3 当工程尚有与结构中同批的胶时，可检测胶的胶合能力，其检测应符合下列要求：

1 被检验的胶在保质期之内；

2 用与结构中相同的木材制备胶合试样，制备工艺应符合《木结构设计规范》GB 50005 胶合工艺的要求；

3 检验一批胶至少用 2 个试条，制成 8 个试件，每一试条各取 2 个试件做干态试验，2 个做湿态试验；

4 试验方法，应按现行《木结构设计规范》GB 50005 的规定进行；

5 承重结构用胶的胶缝抗剪强度不应低于表 8.5.3 的数值；

表 8.5.3 对承重结构用胶的胶合能力最低要求

试件状态	胶缝顺纹抗剪强度值（N/mm^2）	
	红松等软木松	栎木或水曲柳
干　态	5.9	7.8
湿　态	3.9	5.4

6 若试验结果符合表 8.5.3 的要求，即认为该试件合格，若试件强度低于表 8.5.3 所列数值，但其中木材部分剪坏的面积不少于试件剪面的 75%，则仍可认为该试件合格。若有一个试件不合格，须以加倍数量的试件重新试验，若仍有试件不合格，则该批胶被判为不能用于承重结构。

8.5.4 当需要对胶合构件的胶合质量进行检测时，可采取取样的方法，也可采取替换构件的方法；但取样要保证结构或构件的安全，替换构件的胶合质量应具有代表性。胶合质量的取样检测宜符合下列规定：

1 当可加工成符合第 8.5.3 条要求的试样时，试样数量、试验方法和胶合质量评定，可按第 8.5.3 条的规定执行；

2 当不能加工成符合第 8.5.3 条要求的试样时，可结合构件胶合面在构件中的受力形式按相应的木材性能试验方法进行胶合质量检测，试样数量和试样加工形式宜符合相应木材性能试验方法标准的规定。当测试得到的破坏形式是木材破坏时，可判定胶合质量符合要求，当测试得到的破坏形态为胶合面破坏时，宜取胶合面破坏的平均值作为胶合能力的检测结果。但在检测报告中，应对测试方法、测试结果的适用范围予以说明；

3 必要时，可核查胶合构件木材的品种和是否存在树脂溢出的现象。

8.5.5 齿连接的检测项目和检测方法，可按下列规定执行：

1 压杆端面和齿槽承压面加工平整程度，用直尺检测；压杆轴线与齿槽承压面垂直度，用直角尺量测；

2 齿槽深度，用尺量测，允许偏差 ± 2mm；偏差为实测深度与设计图纸要求深度的差值；

3 支座节点齿的受剪面长度和受剪面裂缝，对照设计图纸用尺量，长度负偏差不应超过 10mm；当受剪面存在裂缝时，应对其承载力进行核算；

4 抵承面缝隙，用尺量或裂缝塞尺量测，抵承面局部缝隙的宽度不应大于 1mm 且不应有穿透构件截面宽度的缝隙；当局部缝隙不满自要求时，应核查齿槽承压面和压杆端部是否存在局部破损现象；当齿槽承压面与压杆端部完全脱开（全截面存在缝隙），应进行结构杆件受力状态的检测与分析；

5 保险螺栓或其他措施的设置，螺栓孔等附近是否存在裂缝；

6 压杆轴线与承压构件轴线的偏差，用尺量。

8.5.6 螺栓连接或钉连接的检测项目和检测方法，可按下列规定执行：

1 螺栓和钉的数量与直径；直径可用游标卡尺量测；

2 被连接构件的厚度，用尺量测；

3 螺栓或钉的间距，用尺量测；

4 螺栓孔处木材的裂缝、虫蛀和腐朽情况，裂缝用塞尺、裂缝探针和尺量测；

5 螺栓、变形、松动、锈蚀情况，观察或用卡尺量测。

8.6 变形损伤与防护措施

8.6.1 木结构构件损伤的检测可分为木材腐朽、虫蛀、裂缝、灾害影响和金属件的锈蚀等项目；木结构的变形可分为节点位移、连接松弛变形、构件挠度、侧向弯曲矢高、屋架出平面变形、屋架支撑系统的稳定状态和木楼面系统的振动等。

8.6.2 木结构构件虫蛀的检测，可根据构件附近是否有木屑等进行初步判定，可通过锤击的方法确定虫蛀的范围，可用电钻打孔用内窥镜或探针测定虫蛀的深度。

8.6.3 当发现木结构构件出现虫蛀现象时，宜对构件的防虫措施进行检测。

8.6.4 木材腐朽的检测，可用尺量测腐朽的范围，腐朽深度可用除去腐朽层的方法量测。

8.6.5 当发现木材有腐朽现象时，宜对木材的含水率、结构的通风设施、排水构造和防腐措施进行核查或检测。

8.6.6 火灾或侵蚀性物质影响范围和影响层厚度的检测，可参照本章第8.6.2条的方法测定。

8.6.7 当需要确定受腐朽、灾害影响木材强度时，可按本章第2节的相关规定取样测定，木材强度降低的幅度，可通过与未受影响区域试样强度的比较确定。在检测报告中应对试验方法及适用范围予以必要的说明。

8.6.8 木结构和构件变形及基础沉降等项目，可分别用本标准第4.6.2条、第4.6.3条和第4.6.4条提供的方法进行检测。

8.6.9 木楼面系统的振动，可按本标准附录E中提出的相应方法检测振动幅度。

8.6.10 必要时可，可按《木结构工程施工质量验收规范》GB 50206、《木结构设计规范》GB 50005和《建筑设计防火规范》GBJ 16等标准的要求和设计图纸的要求检测木结构的防虫、防腐和防火措施。

附录A 结构混凝土冻伤的检测方法

A.0.1 结构混凝土冻伤情况的分类、各类冻伤的定义、特点、检验项目和检测方法见表A.0.1。

A.0.2 结构混凝土冻伤类型的判别可根据其定义并结合施工现场情况进行判别。必要时，也可从结构上取样，通过分析冻伤和未冻伤混凝土的吸水量、湿度变化等试验来判别。

A.0.3 混凝土冻伤检测的操作，应分别参照钻芯法、超声回弹综合法和超声法检测混凝土强度方法标准进行。

表A.0.1 结构混凝土冻伤类型及检测项目与检测方法

混凝土冻伤类型		定义	特点	检验项目	采用方法
混凝土早期冻伤	立即冻伤	新拌制的混凝土，若入模温度较低且接近于混凝土冻结温度时则导致立即冻伤	内外混凝土冻伤基本一致	受冻混凝土强度	取芯法或超声回弹综合法
	预养冻伤	新拌制的混凝土，若入模温度较高，而混凝土预养时间不足，当环境温度降到混凝土冻结温度时则导致预养冻伤	内外混凝土冻伤不一致，内部轻微，外部较严重	1. 外部损伤较重的混凝土厚度及强度； 2. 内部损伤轻微的混凝土强度	外部损伤较重的混凝土厚度可通过钻出芯样的湿度变化来检测，也可采用超声法
混凝土冻融损伤		成熟龄期后的混凝土，在含水的情况下，由于环境正负温度的交替变化导致混凝土损伤			

附录B f-CaO对混凝土质量影响的检测

B.0.1 本检测方法适用于判定f-CaO对混凝土质量的影响。

B.0.2 f-CaO对混凝土质量影响的检测可分为现场检查、薄片沸煮检测和芯样试件检测等。

B.0.3 现场检查：可通过调查和检查混凝土外观质量（有无开裂、疏松、崩溃等严重破坏症状）初步确定f-CaO对混凝土质量有影响的部位和范围。

B.0.4 在初步确定有f-CaO对混凝土质量有影响的部位上钻取混凝土芯样，芯样的直径可为70～100mm，在同一部位钻取的芯样数量不应少于2个，同一批受检混凝土至少应取得上述混凝土芯样3组。

B.0.5 在每个芯样上截取1个无外观缺陷的10mm厚的薄片试件，同时将芯样加工成高径比为1.0的芯样试件，芯样试件的加工质量应符合《钻芯法检测混凝土强度技术规程》CECS 03的要求。

B.0.6 试件的检测应遵守下列规定：

1 薄片沸煮检测：将薄片试件放入沸煮箱的试架上进行沸煮，沸煮制度应符合B.0.7条的规定。对沸煮过的薄片试件进行外观检查；

2 芯样试件检测：将同一部位钻取的2个芯样试件中的1个放入沸煮箱的试架上进行沸煮，沸煮制度应符合B.0.7条的规定。对沸煮过的芯样试件进行外观检查。将沸煮过的芯样试件晾置3d，并与未沸煮的芯样试件同时进行抗压强度测试。芯样试件抗压强度测试应符合《钻芯法检测混凝土强度技术规程》CECS 03的规定。按式（B.0.6）计算每组芯样试件强度变化的百分率 ξ_{cor}，并计算全部芯样试件抗压强度变换百分率的平均值 $\xi_{cor,m}$。

$$\xi_{cor} = [(f_{cor} - f_{cor}^{*})/f_{cor}] \times 100 \quad (B.0.6)$$

式中 ξ_{cor}——芯样试件强度变化的百分率；

f_{cor}——未沸煮芯样试件抗压强度；

f_{cor}^{*}——同组沸煮芯样试件抗压强度。

B.0.7 当出现下列情况之一时，可判定f-CaO对混凝土质量有影响：

1 有2个或2个以上沸煮试件（包括薄片试件和芯样试件）出现开裂、疏松或崩溃等现象；

2 芯样试件强度变化百分率平均值 $\xi_{cor,m} > 30\%$；

3 仅有一个薄片试件出现开裂、疏松或崩溃等现象，并有一个 $\xi_{cor} > 30\%$。

B.0.8 沸煮制度，调整好沸煮箱内的水位，使能保证在整个沸煮过程中都超过试件，不需中途添补试验用水，同时又能保证在（30±5）min内升至沸腾。将试样放在沸煮箱的试架上，在（30±5）min内加热至沸，恒沸6h，关闭沸煮箱自然降至室温。

附录C 混凝土中氯离子含量测定

C.0.1 本方法适用于混凝土中氯离子含量的测定。

C.0.2 试样制备应符合下列要求：

1 将混凝土试样（芯样）破碎，剔除石子；

2 将试样缩分至30g，研磨至全部通过0.08mm的筛；

3 用磁铁吸出试样中的金属铁屑；

4 试样置烘箱中于105~110℃烘至恒重，取出后放入干燥器中冷却至室温。

C.0.3 混凝土中氯离子含量测定所需仪器如下：

1 酸度计或电位计：应具有0.1pH单位或10mV的精确度；精确的实验应采用具有0.02pH单位或2mV精确度；

2 216型银电极；

3 217型双盐桥饱和甘汞电极；

4 电磁搅拌器；

5 电震荡器；

6 滴定管（25mL）；

7 移液管（10mL）。

C.0.4 混凝土中氯离子含量测定所需试剂如下：

1 硝酸溶液（1+3）；

2 酚酞指示剂（10g/L）；

3 硝酸银标准溶液；

4 淀粉溶液。

C.0.5 硝酸银标准溶液的配制：称取1.7g硝酸银（称准至0.0001g），用不含 Cl^- 的水溶解后稀释至1L，混匀，贮于棕色瓶中。

C.0.6 硝酸银标准溶液按下述方法标定：

1 称取于500~600℃烧至恒重的氯化钠基准试剂0.6g（称准至0.0001g），置于烧杯中，用不含 Cl^- 的水熔解，移入1000mL容量瓶中，稀释至刻度，摇匀；

2 用移液管吸取25mL氯化钠溶液于烧杯中，加水稀释至50mL，加10mL淀粉溶液（10g/L），以216型银电极作指示电极，217型双盐桥饱和甘汞电极作参比电极，用配制好的硝酸银溶液滴定，按GB/T 9725—1988中6.2.2条的规定，以二极微商法确定硝酸银溶液所用体积；

3 同时进行空白试验；

4 硝酸银溶液的浓度按下式计算：

$$C_{(AgNO_3)} = \frac{m_{(NaCl)} \times 25.00/1000.00}{(V_1 - V_2)0.05844} \quad (C.0.6)$$

式中 $C_{(AgNO_3)}$——硝酸银标准溶液之物质的量浓度，mol/L

$m_{(NaCl)}$——氯化钠的质量，g；

V_1——硝酸银标准溶液之用量，mL；

V_2——空白试验硝酸银标准溶液之用量，mL；

0.05844——氯化钠的毫摩尔质量，g/mmoL。

C.0.7 混凝土中氯离子含量按下述方法测定：

1 称取5g试样（称准至0.0001g），置于具塞磨口锥形瓶中，加入250.0mL水，密塞后剧烈振摇3~4min，置于电震荡器上震荡浸泡6h，以快速定量滤纸过滤；

2 用移液管吸取50mL滤液于烧杯中，滴加酚酞指示剂2滴，以硝酸溶液（1+3）滴至红色刚好褪去，再加10mL淀粉溶液（10g/L），以216型银电极作指示电极，217型双盐桥饱和甘汞电极作参比电极，用标准硝酸溶液滴定，并按GB/T 9725—1988中6.2.2条的规定，以二级微商法确定硝酸银溶液所用体积；

3 同时进行空白试验；

4 氯离子含量按下式计算：

$$W_{Cl^-} = \frac{C_{(AgNO_3)}(V_1 - V_2) \times 0.03545}{m_s \times 50.00/250.0} \times 100 \quad (C.0.7)$$

式中 $W_{(Cl^-)}$——混凝土中氯离子之质量百分数；

$C_{(AgNO_3)}$——硝酸银标准溶液之物质的量浓度，mol/L；

V_1——硝酸银标准溶液之用量，mL；

V_2——空白试验硝酸银标准溶液之用量，mL；

0.03545——氯离子的毫摩尔质量，g/mmoL；

m_s——混凝土试样的质量，g。

附录 D 混凝土中钢筋锈蚀状况的检测

D.0.1 钢筋锈蚀状况的检测可根据测试条件和测试要求选择剔凿检测方法、电化学测定方法或综合分析判定方法。

D.0.2 钢筋锈蚀状况的剔凿检测方法，剔凿出钢筋直接测定钢筋的剩余直径。

D.0.3 钢筋锈蚀状况的电化学测定方法和综合分析判定方法宜配合剔凿检测方法的验证。

D.0.4 钢筋锈蚀状况的电化学测定可采用极化电极原理的检测方法，测定钢筋锈蚀电流和测定混凝土的电阻率，也可采用半电池原理的检测方法，测定钢筋的电位。

D.0.5 电化学测定方法的测区及测点布置应符合下列要求：

1 应根据构件的环境差异及外观检查的结果来确定测区，测区应能代表不同环境条件和不同的锈蚀外观表征，每种条件的测区数量不宜少于3个；

2 在测区上布置测试网格，网格节点为测点，网格间距可为200mm×200mm、300mm×300mm或200mm×100mm等，根据构件尺寸和仪器功能而定。测区中的测点数不宜少于20个。测点与构件边缘的距离应大于50mm；

3 测区应统一编号，注明位置，并描述其外观情况。

D.0.6 电化学检测操作应遵守所使用检测仪器的操作规定，并应注意：

1 电极铜棒应清洁、无明显缺陷；

2 混凝土表面应清洁，无涂料、浮浆、污物或尘土等，测点处混凝土应湿润；

3 保证仪器连接点钢筋与测点钢筋连通；

4 测点读数应稳定，电位读数变动不超过2mV；同一测点同一枝参考电极重复读数差异不得超过10mV，同一测点不同参考电极重复读数差异不得超过20mV；

5 应避免各种电磁场的干扰；

6 应注意环境温度对测试结果的影响，必要时应进行修正。

D.0.7 电化学测试结果的表达应符合下列要求：

1 按一定的比例绘出测区平面图，标出相应测点位置的钢筋锈蚀电位，得到数据阵列；

2 绘出电位等值线图，通过数值相等各点或内插各等值点绘出等值线，等值线差值宜为100mV。

D.0.8 电化学测试结果的判定可参考下列建议。

1 钢筋电位与钢筋锈蚀状况的判别见表D.0.8-1。

表 D.0.8-1 钢筋电位与钢筋锈蚀状况判别

序号	钢筋电位状况（mV）	钢筋锈蚀状况判别
1	−350～−500	钢筋发生锈蚀的概率为95%
2	−200～−350	钢筋发生锈蚀的概率为50%，可能存在坑蚀现象
3	−200或高于−200	无锈蚀活动性或锈蚀活动性不确定，锈蚀概率5%

2 钢筋锈蚀电流与钢筋锈蚀速率及构件损伤年限的判别见表D.0.8-2。

表 D.0.8-2 钢筋锈蚀电流与钢筋锈蚀速率和构件损伤年限判别

序号	锈蚀电流 I_{corr}（$\mu A/cm^2$）	锈蚀速率	保护层出现损伤年限
1	<0.2	钝化状态	—
2	0.2～0.5	低锈蚀速率	>15年
3	0.5～1.0	中等锈蚀速率	10～15年
4	1.0～10	高锈蚀速率	2～10年
5	>10	极高锈蚀速率	不足2年

3 混凝土电阻率与钢筋锈蚀状况判别见表D.0.8-3。

表 D.0.8-3 混凝土电阻率与钢筋锈蚀状态判别

序号	混凝土电阻率（kΩ·cm）	钢筋锈蚀状态判别
1	>100	钢筋不会锈蚀
2	50～100	低锈蚀速率
3	10～50	钢筋活化时，可出现中高锈蚀速率
4	<10	电阻率不是锈蚀的控制因素

D.0.9 综合分析判定方法，检测的参数可包括裂缝宽度、混凝土保护层厚度、混凝土强度、混凝土碳化深度、混凝土中有害物质含量以及混凝土含水率等，根据综合情况判定钢筋的锈蚀状况。

附录 E 结构动力测试方法和要求

E.0.1 建筑结构的动力测试，可根据测试的目的选择下列方法：

1 测试结构的基本振型时，宜选用环境振动法，在满足测试要求的前提下也可选用初位移等其他方法；

2 测试结构平面内多个振型时，宜选用稳态正弦波激振法；

3 测试结构空间振型或扭转振型时，宜选用多振源相位控制同步的稳态正弦波激振法或初速度法；

4 评估结构的抗震性能时，可选用随机激振法或人工爆破模拟地震法。

E.0.2 结构动力测试设备和测试仪器应符合下列要求：

1 当采用稳态正弦激振的方法进行测试时，宜采用旋转惯性机械起振机，也可采用液压伺服激振器，使用频率范围宜在0.5～30Hz，频率分辨率应高于0.01Hz；

2 可根据需要测试的动参数和振型阶数等具体情况，选择加速度仪、速度仪或位移仪，必要时尚可选择相应的配套仪表；

3 应根据需要测试的最低和最高阶频率选择仪器的频率范围；

4 测试仪器的最大可测范围应根据被测试结构振动的强烈程度来选定；

5 测试仪器的分辨率应根据被测试结构的最小振动幅值来选定；

6 传感器的横向灵敏度应小于0.05；

7 进行瞬态过程测试时，测试仪器的可使用频率范围应比稳态测试时大一个数量级；

8 传感器应具备机械强度高，安装调节方便，体积重量小而便于携带，防水，防电磁干扰等性能；

9 记录仪器或数据采集分析系统、电平输入及频率范围，应与测试仪器的输出相匹配。

E.0.3 结构动力测试，应满足下列要求：

1 脉动测试应满足下列要求：避免环境及系统干扰；测试记录时间，在测量振型和频率时不应少于5min，在测试阻尼时不应小于30min；当因测试仪器数量不足而做多次测试时，每次测试中应至少保留一个共同的参考点；

2 机械激振振动测试应满足下列要求：应正确选择激振器的位置，合理选择激振力，防止引起被测试结构的振型畸变；当激振器安装在楼板上时，应避免楼板的竖向自振频率和刚度的影响，激振力应具有传递途径；激振测试中宜采用扫频方式寻找共振频率，在共振频率附近进行测试时，应保证半功率带宽内有不少于5个频率的测点；

3 施加初位移的自由振动测试应符合下列要求：应根据测试的目的布置拉线点；拉线与被测试结构的连结部分应具有能够整体传力到被测试结构受力构件上；每次测试时应记录拉力数值和拉力与结构轴线间的夹角；量取波值时，不得取用突断衰减的最初2个波；测试时不应使被测试结构出现裂缝。

E.0.4 结构动力测试的数据处理，应符合下列规定：

1 时域数据处理：对记录的测试数据应进行零点漂移、记录波形和记录长度的检验；被测试结构的自振周期，可在记录曲线上比较规则的波形段内取有限个周期的平均值；被测试结构的阻尼比，可按自由衰减曲线求取，在采用稳态正弦波激振时，可根据实测的共振曲线采用半功率点法求取；被测试结构各测点的幅值，应用记录信号幅值除以测试系统的增益，并按此求得振型；

2 频域数据处理：采样间隔应符合采样定理的要求；对频域中的数据应采用滤波、零均值化方法进行处理；被测试结构的自振频率，可采用自谱分析或傅里叶谱分析方法求取；被测试结构的阻尼比，宜采用自相关函数分析、曲线拟合法或半功率点法确定。被测试结构的振型，宜采用自谱分析、互谱分析或传递函数分析方法确定；对于复杂结构的测试数据，宜采用谱分析、相关分析或传递函数分析等方法进行分析；

3 测试数据处理后应根据需要提供被测试结构的自振频率、阻尼比和振型，以及动力反应最大幅值、时程曲线、频谱曲线等分析结果。

附录F 回弹检测烧结普通砖抗压强度

F.0.1 本方法适用于用回弹法检测烧结普通砖的抗压强度。按本方法检测时，应使用HT75型回弹仪。

F.0.2 对检测批的检测，每个检验批中可布置5～10个检测单元，共抽取50～100块砖进行检测，检测块材的数量尚应满足本标准第3.3.13条A类检测样本容量的要求和本标准第3.3.15条与第3.3.16条对推定区间的要求。

F.0.3 回弹测点布置在外观质量合格砖的条面上，每块砖的条面布置5个回弹测点，测点应避开气孔等且测点之间应留有一定的间距。

F.0.4 以每块砖的回弹测试平均值 R_m 为计算参数，按相应的测强曲线计算单块砖的抗压强度换算值；当没有相应的换算强度曲线时，经过试验验证后，可按式（F.0.4）计算单块砖的抗压强度换算值：

黏土砖： $f_{1,i} = 1.08R_{m,i} - 32.5$；

页岩砖： $f_{1,i} = 1.06R_{m,i} - 31.4$；(精确至小数点后1位)

煤矸石砖： $f_{1,i} = 1.05R_{m,i} - 27.0$； （F.0.4）

式中 $R_{m,i}$——第 i 块砖回弹测试平均值；

$f_{1,i}$——第 i 块砖抗压强度换算值。

F.0.5 抗压强度的推定，以每块砖的抗压强度换算值为代表值，按本标准第3.3.19条或第3.3.20条的规定确定推定区间。

F.0.6 回弹法检测烧结普通砖的抗压强度宜配合取样检验的验证。

附录G 表面硬度法推断钢材强度

G.0.1 本检测方法适用于估算结构中钢材抗拉强度的范围，不能准确推定钢材的强度。

G.0.2 构件测试部位的处理，可用钢锉打磨构件表面，除去表面锈斑、油漆，然后应分别用粗、细砂纸打磨构件表面，直至露出金属光泽。

G.0.3 按所用仪器的操作要求测定钢材表面的硬度。

G.0.4 在测试时，构件及测试面不得有明显的颤动。

G.0.5 按所建立的专用测强曲线换算钢材的强度。

G.0.6 可参考《黑色金属硬度及相关强度换算值》GB/T 1172等标准的规定确定钢材的换算抗拉强度，但测试仪器和检测操作应符合相应标准的规定，并应对标准提供的换算关系进行验证。

附录H 钢结构性能的静力荷载检验

H.1 一般规定

H.1.1 本附录适用于普通钢结构性能的静力荷载检验，不适用用冷弯型钢和压型钢板以及钢-混组合结构性能和普通钢结构疲劳性能的检验。

H.1.2 钢结构性能的静力荷载检验可分为使用性能检验、承载力检验和破坏性检验；使用性能检验和承载力检验的对象可以是实际的结构或构件，也可以是足尺寸的模型；破坏性检验的对象可以是不再使用的结构或构件，也可以是足尺寸的模型。

H.1.3 检验装置和设置，应能模拟结构实际荷载的大小和分布，应能反映结构或构件实际工作状态，加荷点和支座处不得出现不正常的偏心，同时应保证构件的变形和破坏不影响测试数据的准确性和不造成检验设备的损坏和人身伤亡事故。

H.1.4 检验的荷载，应分级加载，每级荷载不宜超过最大荷载的20%，在每级加载后应保持足够的静止时间，并检查构件是否存在断裂、屈服、屈曲的迹象。

H.1.5 变形的测试，应考虑支座的沉降变形的影响，正式检验前应施加一定的初试荷载，然后卸荷，使构件贴紧检验装置。加载过程中应记录荷载变形曲线，当这条曲线表现出明显非线性时，应减小荷载增量。

H.1.6 达到使用性能或承载力检验的最大荷载后，应持荷至少1h，每隔15min测取一次荷载和变形值，直到变形值在15min内不再明显增加为止。然后应分级卸载，在每一级荷载和卸载全部完成后测取变形值。

H.1.7 当检验用模型的材料与所模拟结构或构件的材料性能有差别时，应进行材料性能的检验。

H.2 使用性能检验

H.2.1 使用性能检验以证实结构或构件在规定荷载的作用下不出现过大的变形和损伤，经过检验且满足要求的结构或构件应能正常使用。

H.2.2 在规定荷载作用下，某些结构或构件可能会出现局部永久性变形，但这些变形的出现应是事先确定的且不表明结构或构件受到损伤。

H.2.3 检验的荷载，应取下列荷载之和：

实际自重×1.0；

其他恒载×1.15；

可变荷载×1.25。

H.2.4 经检验的结构或构件应满足下列要求：

1 荷载-变形曲线宜基本为线性关系；

2 卸载后残余变形不应超过所记录到最大变形值的20%。

H.2.5 当第H.2.4条的要求不满足时，可重新进行检验。第二次检验中的荷载-变形应基本上呈现线性关系，新的残余变形不得超过第二次检验中所记录到最大变形的10%。

H.3 承载力检验

H.3.1 承载力检验用于证实结构或构件的设计承载力。

H.3.2 在进行承载力检验前，宜先进行H.2节所述使用性能检验且检验结果满足相应的要求。

H.3.3 承载力检验的荷载，应采用永久和可变荷载适当组合的承载力极限状态的设计荷载。

H.3.4 承载力检验结果的评定，检验荷载作用下，结构或构件的任何部分不应出现屈曲破坏或断裂破坏；卸载后结构或构件的变形应至少减少20%。

H.4 破坏性检验

H.4.1 破坏性检验用于确定结构或模型的实际承载力。

H.4.2 进行破坏性检验前，宜先进行设计承载力的检验，并根据检验情况估算被检验结构的实际承载力。

H.4.3 破坏性检验的加载，应先分级加到设计承载力的检验荷载，根据荷载变形曲线确定随后的加载增量，然后加载到不能继续加载为止，此时的承载力即为结构的实际承载力。

附录J 超声法检测钢管中混凝土抗压强度

J.0.1 本附录适用于超声法检测钢管中混凝土的强度，按本附录得到的混凝土强度换算值应进行同条件立方体试块或芯样试件抗压强度的修正。

J.0.2 超声法检测钢管中混凝土的强度，圆钢管的外径不宜小于 300mm，方钢管的最小边长不宜小于 275mm。

J.0.3 超声法的测区布置和抽样数量应符合下列要求：

1 按检测批检测时，抽样检测构件的数量不应少于本标准表 3.3.13 中样本最小容量的规定，测区数量尚应满足本标准对计量抽样推定区间的要求；

2 每个构件上应布置 10 个测区（每个测区应有 2 个相对的测面）；小构件可布置 5 个测区；

3 每个测面的尺寸不宜小于 200mm×200mm。

J.0.4 超声法的测区，钢管的外表面应光洁，无严重锈蚀，并应能保证换能器与钢管表面耦合良好。

J.0.5 在每个测区内的相对测试面上，应各布置 3 个测点，发射和接收换能器的轴线应在同一轴线上，对于圆钢管该轴线应通过钢管的圆心。如图 J.0.5 所示。

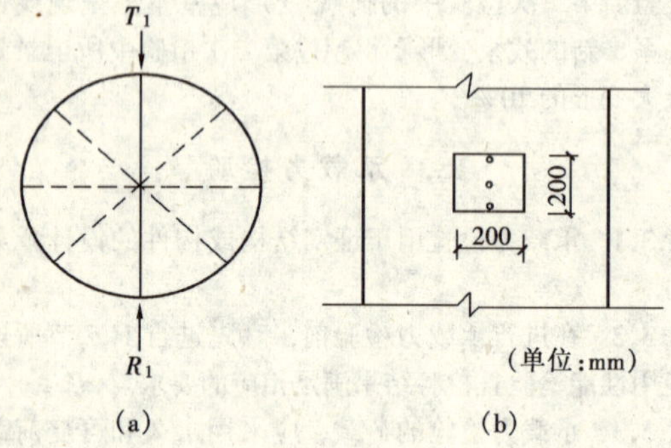

图 J.0.5 钢管中混凝土强度检测示意图

（a）平面图；（b）立面图

J.0.6 测区的声速应按下列公式计算：

$$V = d/t_{\mathrm{m}} \tag{J.0.6-1}$$

$$t_{\mathrm{m}} = (t_1 + t_2 + t_3)/2 \tag{J.0.6-2}$$

式中 V——测区声速值，(精确到 0.01km/s)；

d——超声测距，即钢管外径，精确到毫米；

t_{m}——测区平均声时值，精确到 0.1μs；

t_1、t_2、t_3——分别为测区中 3 个测点的声时值，精确到 0.1μs。

J.0.7 构件第 i 个测区的混凝土强度换算值 $f^{c}_{\mathrm{cu},i}$，应依据测区声速值 V 按专用测强曲线或地区测强曲线确定。

本标准用词用语说明

1 为了便于在执行本标准条文时区别对待，对要求严格程度不同的用词说明如下：

1）表示很严格，非这样做不可的用词：

正面词采用“必须”；反面词采用“严禁”。

2）表示严格，在正常情况下均应这样做的用词：

正面词采用“应”；反面词采用“不应”或“不得”。

3）表示允许稍有选择，在条件许可时首先这样做的用词：

正面词采用“宜”；反面词采用“不宜”；

表示有选择，在一定条件下可以这样做的，采用“可”。

2 标准中指定应按其他有关标准、规范执行时，写法为：“应符合……的规定”或“应按……执行”。

中华人民共和国国家标准

建筑结构检测技术标准

GB/T 50344—2004

条　文　说　明

目　次

1 总 则

1.0.1 本条是编制本标准的宗旨。建筑结构检测得到的数据与结论是评定有争议建筑结构工程质量的依据，也是鉴定已有建筑结构性能等的依据。

近年来，建筑结构的检测技术取得了很大的发展，目前已经制订了一些结构材料强度及构件质量的检测标准。但是，建筑结构的检测不仅仅是材料强度的检测，特别是目前这些规范的检测内容尚未与各类结构工程的施工质量验收规范或已有建筑结构的鉴定标准相衔接，已有结构材料强度现场检测的抽样方案和检测结果的评定也存在不一致的问题。因此需要制定一本建筑结构检测技术标准，为建筑结构工程质量的评定和已有建筑结构性能的鉴定提供可靠的检测数据和检测结论。

1.0.2 本条规定了本标准的适用范围。建筑结构工程质量检测的对象一般是对工程质量有怀疑、有争议或出现工程质量问题的结构工程，参见本标准第3.1.2条的规定和相应的条文说明。已有建筑结构检测的对象一般为正在使用的建筑结构，参见本标准第3.1.3条的规定和相应的条文说明。

1.0.3 古建筑的检测有其特殊的要求，古建筑的结构材料与现代建筑结构的材料有差异，本标准规定的一些取样检测方法在一些古建筑的检测中无法使用；受到特殊腐蚀性物质影响的结构构件也有一些特殊的检测项目。因此在对古建筑和受到特殊腐蚀性物质影响的结构构件进行检测时，可参考本标准的基本原则，根据具体情况选择合适的检测方法。

1.0.4 本条表明在建筑结构的检测工作中，除执行本标准的规定外，尚应执行国家现行的有关标准、规范的规定。这些国家现行的有关标准、规范主要是《建筑工程施工质量验收统一标准》GB 50300，混凝土结构、钢结构、木结构工程与砌体工程施工质量验收规范和工业厂房、民用建筑可靠性鉴定标准、建筑抗震鉴定标准以及相应的结构材料强度现场检测标准等。

1.0.5 本条强调建筑结构的检测工作不能对建筑市场的管理起负面的作用。

2 术语和符号

2.1 术 语

本章所给出的术语可分为两类；一类为建筑结构方面，这类术语与有关标准一致；另一类为本标准检测用的专用术语，除了与有关结构材料强度现场检测标准协调外，多数仅从本标准的角度赋予其涵义，但涵义不一定是术语的定义。同时还分别给出了相应的推荐性英文术语，该英文术语不一定是国际上的标准术语，仅供参考。

2.2 符 号

本节的符号符合《建筑结构设计术语和符号标准》GB/T 50083—1997的规定。

3 基 本 规 定

3.1 建筑结构检测范围和分类

3.1.1 本条明确规定了建筑结构的检测分为建筑结构工程质量的检测和已有建筑结构性能的检测两种类型。建筑结构工程质量的检测与已有建筑结构性能的检测项目、检测方法和抽样数量等大致相同，只是已有建筑结构性能的检测可能面对的结构损伤与材料老化等问题要多一些，现场检测遇到问题的难度要大一些。本标准虽然有关于“建筑结构工程”和“已有建筑结构”的术语，但两者之间没有绝对准确的界限。

3.1.2 本条给出了建筑结构工程的质量应进行检测的情况。一般情况下，建筑结构工程的质量应按《建筑工程施工质量验收统一标准》GB 50300和相应的工程施工质量验收规范进行验收。建筑工程施工质量验收与建筑结构工程质量检测有共同之处也有明显的区别。两项工作最大的区别在于实施主体，建筑结构工程质量检测工作的实施主体是有检测资质的独立的第三方；建筑结构工程质量的检测结果和评定结论可作为建筑结构工程施工质量验收的依据之一。两项工作的共同之处在于建筑工程施工质量验收所采取的一些具体检测方法可为建筑结构工程质量检测所采用，建筑结构工程质量检测所采用的检测方法和抽样方案等可供建筑结构施工质量验收参考，特别是为建筑结构工程施工质量验收所实施的工程质量实体检验工作可以参考本标准的规定。

3.1.3 本条规定了已有建筑结构应进行检测的情况。已有建筑结构在使用过程中，不仅需要经常性的管理与维护，而且还需要进行必要的检测、检查与维修，才能全面完成设计所预期的功能。此外，有一定数量的已有建筑结构或因设计、施工、使用不当而需要加固，或因用途变更而需要改造，或因当地抗震设防烈度改变而需要抗震鉴定或因受到灾害、环境侵蚀影响需要鉴定等等；有的建筑结构已经达到设计使用年限还需继续使用，还有些建筑结构，虽然使用多年，但影响其可靠性的根本问题还是施工质量问题。对于这些已有建筑结构应进行结构性能的鉴定。要做好这些鉴定工作，首先必须对涉及结构性能的现状缺陷和损伤、结构构件材料强度及结构变形等进行检测，以便了解已有建筑结构的可靠性等方面的实际情况，为鉴定提供事实、可靠和有效的依据。

3.1.4 本条是对建筑结构检测工作的基本要求。

3.1.5 本条为确定建筑结构检测项目和检测方案的基本原则。

3.1.6 大型公共建筑为人员较为集中的场所，重要建筑对于政治、国民经济影响比较大。这两类建筑的面积相对比较大，结构体型又往往比较复杂。对于这两类建筑在使用过程中应定期检查和进行必要的检测，以保证使用安全。由于结构构件开裂等损伤能使结构动力测试的基本周期增大，在振型反应中也能反映出来，这种动力测试结果有助于确定是否进行下一步的仔细检测。同时结构动力测试也不会对结构造成损伤。所以，对于大型公共建筑和重要建筑宜在建筑工程竣工验收完成后，使用前和使用后，分别进行一次动力测试。并宜在每隔10年左右再进行一次动力测试，对使用30年以上的建筑物宜7年左右进行一次动力测试。这些测试应与工程竣工验收完成使用后的动力测试相比较，以确定建筑结构是否存在损伤及其损伤的范围，为是否需要进行详细检测提供依据。

随着光纤和激光等检测技术的应用，能够较准确地量测结构构件施工阶段和使用阶段的内力、变形状况，这种安全性监测有助于保证施工安全和使用阶段的安全。

3.2 检测工作程序与基本要求

3.2.1 建筑结构检测工作程序是对检测工作全过程和几个主要阶段的阐述。程序框图中描述了一般建筑结构检测从接受委托到检测报告的各个阶段都是必不可少的。对于特殊情况的检测，则应根据建筑结构检测的目的确定其检测程序框图和相应的内容。

3.2.2 建筑结构检测工作中的现场调查和有关资料的调查是非常重要的。了解建筑结构的状况和收集有关资料，不仅有利于较好地制定检测方案，而且有助于确定检测的内容和重点。现场调查主要是了解被检测建筑结构的现状缺陷或使用期间的加固维修及用途和荷载等变更情况，同时应与委托方探讨确定检测的目的、内容和重点。

有关的资料主要是指建筑结构的设计图、设计变更、施工记录和验收资料、加固图和维修记录等。当缺乏有关资料时，应向有关人员进行调查。当建筑结构受到灾害或邻近工程施工的影响时，尚应调查建筑结构受到损伤前的情况。

3.2.3～3.2.4 建筑结构的检测方案应根据检测的目的、建筑结构现状的调查结果来制定，宜包括概况、检测的目的、检测依据、检测项目、选用的检测方法和检测数量等以及所需要的配合、安全和环保措施等。

3.2.5 对建筑结构检测中所使用的仪器、设备提出了要求。

3.2.6 本条对建筑结构现场检测的原始记录提出要求，这些要求是根据原始记录的重要性和为了规范检测人员的行为而提出的。

3.2.7 对建筑结构现场检测取样运回到试验室测试的样品，应满足样品标识、传递、安全储存等规定。

3.2.9 在建筑结构检测中，当采用局部破损方法检测时，在检测工作完成后应进行结构构件受损部位的修补工作，在修补中宜采用高于构件原设计强度等级的材料。

3.2.10 本条规定了检测工作完成后应及时进行计算分析和提出相应检测报告，以便使建筑结构所存在的问题能得到及时的处理。

3.3 检测方法和抽样方案

3.3.1 本条规定了选取检测方法的基本原则，主要强调检测方法的适用性问题。

3.3.2 规定可用于建筑结构检测的四类检测方法，其目的是鼓励采用先进的检测方法、开发新的检测技术和使检测方法标准化。

3.3.3 有相应标准的检测方法，如回弹法检测混凝土抗压强度有相应的行业标准和地方标准。当采用这类方法时应注意标准的适用性问题。

3.3.4 规范标准规定的检测方法，如工程施工质量验收规范等对一些检测项目规定或建议了检测方法。在这些方法中，有些是有相应的标准的，有些是没有相应的标准的，对于没有相应标准的检测方法，检测单位应有相应的检测细则。制定检测细则的目的是规范检测的操作和其他行为，保证检测的公正、公平和公开性。

3.3.5 目前有检测标准的检测方法较少，因此鼓励开发和引进新的检测方法。在已有的检测方法基础之上扩大该方法的适用范围是开发新的检测方法的一种途径。但是扩大了适用范围必然会带来检测结果的系统偏差，因此必须对可能产生的系统偏差予以修正。

3.3.6 本条的目的是鼓励检测单位开发和引进新的检测方法。新开发和引进的检测方法和仪器应通过技术鉴定，并应与已有的检测方法和仪器进行比对试验和验证。此外，新开发和引进的检测方法应有相应的检测细则。

3.3.7 采用局部破损的取样方法和原位检测方法时，应注意不应构成结构或构件的安全问题。

3.3.8 古建筑和保护性建筑一旦受到损伤很难按原样修复，因此应避免造成损伤。

3.3.9 建筑结构的动力检测，可分为环境振动和激振等方法。对了解结构的动力特性和结构是否存在抗侧力构件开裂等，可采用环境振动的方法；对于了解结构抗震性能，则应采用激振等方法。

3.3.10 我国重大工程事故，一般多发生在施工阶段和建成后的一段时间内，然后才是超载和维护跟不上造成的损伤。在正常设计情况下，由于施工偏差以及新型结构体系施工方案不一定完全符合这种结构的受力特点等，可能造成少量构件截面应力和变形过大。近些年国内外光纤和激光等应变传感器已进入实用阶段，为重大工程和新型结构体系进行施工阶段构件应力的监测提供了条件。在进行施工监测中应优化监测方案，即选择可能受力较大的构件（部位）或较薄弱的构件（部位）。

3.3.11 本条提出了建筑结构检测抽样方案选择的原则要求。对于比较简单易行，又以数量多少评判的检测项目，如外部缺陷等宜选用全数检测方案；对于结构、构件尺寸偏差的检测，宜选用一次或两次计数抽样方案，但应遵守计数抽样检测的规则；结构连接构造影响结构的变形性能，因此对连接构造的检测应选择对结构安全影响大的部位；结构构件实荷检验的目的是检验构件的结构性能，因此，应选择同类构件中承受荷载相对较大和构件施工质量相对较差的构件；对按检测批评定的结构构件材料强度，应进行随机抽样。

对于建筑结构工程质量的检测，也可选择《建筑工程施工质量验收统一标准》和相应专业验收规范规定的抽样方案等。

3.3.12 检测数量与检测对象的确定可以有两类，一类指定检测对象和范围，另一类是抽样的方法。对于建筑结构的检测两类情况都可能遇到。当指定检测对象和范围时，其检测结果不能反映其他构件的情况，因此检测结果的适用范围不能随意扩大。

3.3.13 本条规定了建筑结构按检测批检测时抽样的最小样本容量，其目的是要保证抽样检测结果具有代表性。最小样本容量不是最佳的样本容量，实际检测时可根据具体情况和相应技术规程的规定确定样本容量，但样本容量不应少于表 3.3.13 的限定量。

对于计量抽样检测的检测批来说，表 3.3.13 的限制值可以是构件也可以是取得测试数据代表值的测区。例如对于混凝土构件强度检测来说，可以以构件总数作为检测批的容量，抽检构件的数量满足表 3.3.13 中最小样本容量的要求；在每个构件上布置若干个测区，取得测区测试数据的代表值。用所有测区测试数据代表值构成数据样本，按本标准第 3.3.15 条和第 3.3.16 条的规定确定推定区间。例如，砌筑块材强度的检测，可以以墙体的数量作为检测批的容量，抽样墙体数量满足表 3.3.13 中样本最小容量的要求，在每道抽检墙体上进行若干块砌筑块材强度的检测，取每个块材的测试数据作为代表值，形成数据样本，确定推定区间；也可以以砌筑块材总数作为检测批的容量，使抽样检测块材的总数满足表 3.3.13 样本最要容量的要求。

3.3.14 依据《逐批检查计数抽样程序及抽样表》GB 2828 给出了建筑结构检测的计数抽样的样本容量和正常一次抽样、正常二次抽样结果的判定方法。以表 3.3.14-3 和表 3.3.14-4 为例说明使用方法。当为一般项目正常一次性抽样时，样本容量为 13，在 13 个试样中有 3 个或 3 个以下的试样被判为不合格时，检测批可判为合格；当 13 个试样中有 4 个或 4 个以上的试样被判为不合格时则该检测批可判为不合格。对于一般项目正常二次抽样，样本容量为 13，当 13 个试样中有 1 个被判为不合格时，该检测批可判为合格；当有 3 个或 3 个以上的试样被判为不合格时，该检测批可判为不合格；当 2 个试样被判为不合格时进行第二次抽样，样本容量也为 13 个，两次抽样的样本容量为 26，当第一次的不合格试样与第二次的不合格试样之和为 4 或小于 4 时，该检测批可判为合格，当第一次的不合格试样与第二次的不合格试样之和为 5 或大于 5 时，该检测批可判为不合格。一般项目的允许不合格率为 10%，主控项目的允许不合格率为 5%。主控项目和一般项目应按相应工程施工质量验收规范确定。当其他检测项目按计数方法进行评定时，可参照上述方法实施。

3.3.15 根据计量抽样检测的理论，随机抽样不能得到被推定参数的准确数值，只能得到被推定参数的估计值，因此推定结果应该是一个区间。以图 1 和图 2 关于检测批均值 μ 的推定来说明这个问题。

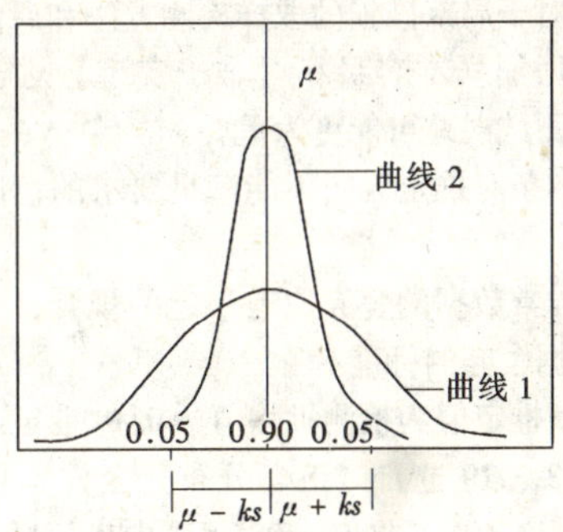

图 1 置信区间示意图

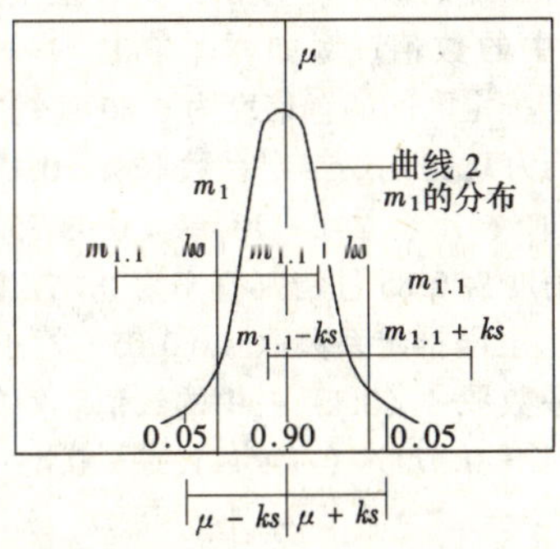

图 2 推定区间示意图

曲线 1 为检测批的随机变量分布，μ 为其均值，曲线 2 为样本容量为 n_1 时样本均值 m_1 的分布，图中所示的 m_1 的分布表明，m_1 是随机变量，用 m_1 估计检测批均值 μ 时，虽然可以得到样本均值 $m_{1,i}$ 的确定的数值，但是不能确定样本均值 $m_{1,i}$落在 m_1分布曲线的确定的位置，存在着检测结果的不确定性的问题。根据统计学的原理，可以知道随机变量 m_1落在某一区间的概率，并可以使随机变量落在某个区间的概率为 0.90，如图示的区间 $\mu-ks$，$\mu+ks$ 示。

对于一次性的检测，可以得到随机变量 m_1 的一个确定的值 $m_{1,1}$。由于 $m_{1,1}$落在区间 $\mu-ks$，$\mu+ks$ 之内的概率为 0.90，所以区间 $m_{1,1}-ks$，$m_{1,1}+ks$ 包含检测批均值 μ 的概率为 0.90。0.90 为推定区间的置信度。推定区间的置信度表明被推定参数落在推定区间内的概率。错判概率表示被推定值大于推定区间上限的概率（生产方风险），漏判概率为被推定值小于推定区间下限的概率（使用方风险）。本条的规定与《建筑工程施工质量验收统一标准》GB 50300 的规定是一致的。推定区间实际上是被推定参数的接收区间。

3.3.16 本条对计量抽样检测批检测结果的推定区间进行了限制，在置信度相同的前提下，推定区间越小，推定结果的不确定性越小。样本的标准差 s 和样本容量 n 决定了推定区间的大小。因此减小样本的标准差 s 或增加样本的容量是减小检测结果不确定性的措施。对于无损检测方法来说，增加样本容量相对容易实现，对于局部破损的取样检测方法和原位检测方法来说，增加样本容量相对难于实现。对于后者来说，减小测试误差可能更为重要。

3.3.17 本条对推定区间不能满足要求的情况作出规定。

3.3.18 异常数据的舍弃应有一定的规则，本条提供了异常数据舍弃的标准。

3.3.19 被推定值为检测批均值 μ 时的推定区间计算方法。表 3.3.19 选自《正态分布完全样本可靠度单侧置信下限》GB/T 4885—1985。表中均值栏是对应于检测批均值 μ 的系数。当推定区间的置信度为 0.90 且错判概率和漏判概率均为 0.05 时，推定系数取 k（0.05）栏中的数值；例如样本容量 $n=10$，$k=0.57968$。当推定区间的置信度为 0.80 且错判概率和漏判概率均为 0.10 时，推定系数取 k（0.1）栏中的数值。例如，样本容量 $n=10$，$k=0.43735$。当推定区间的置信度为 0.85 且错判概率为 0.05，漏判概率为 0.10 时，上限推定系数取 k（0.05）栏中的数值，下限推定系数取 k（0.1）栏中的数值。例如样本容量 $n=10$，$k=0.57968$（$m+ks$），$k=0.43735$（$m-ks$）。

3.3.20 被推定值为具有 95%保证率的标准值（特征值）x_k 时的推定区间计算方法。表 3.3.19 中标准值栏是对应于检测批标准值 x_k。当推定区间的置信度为 0.90 且错判概率和漏判概率均为 0.05 时，推定系数取标准值（0.05）栏中的数值，例如样本容量 $n=30$，$k_1=1.24981$，$k_2=2.21984$。当推定区间的置信度为 0.80 且错判概率和漏判概率均为 0.10 时，推定系数取标准值（0.1）栏中的相应数值。例如样本容量 $n=30$，$k_1=1.33175$，$k_2=2.07982$。当推定区间的置信度为 0.85 且错判概率为 0.05 而漏判概率为 0.10 时，上限推定系数 k_1 取标准值（0.05）栏中的相应的数值，下限推定系数 k_2 取标准值（0.1）栏中相应的数值。例如样本容量 $n=30$，$k_1=1.24981$，$k_2=2.07982$。

3.3.21 判定的方法。例，混凝土立方体抗压强度推定区间为 17.8～22.5MPa，当设计要求的 $f_{cu,k}$为 20MPa 混凝土时，可判为立方体抗压强度满足设计要求，当设计要求的 $f_{cu,k}$为 25MPa 时，可判为低于设计要求。

3.4 既有建筑的检测

3.4.1 本条提出了对既有建筑进行正常检查与建筑结构的常规检测要求。没有正常检查制度和常规检测制度是我国建筑管理方面的一大缺憾。正常检查制度和常规检测制度是避免发生恶性事故的必要措施，是及时采取防范和维修措施、避免重大经济损失的先决条件。

3.4.2～3.4.3 既有建筑正常检查的重点，正常检查可侧重于使用的安全。本条所指出的检查重点都是近年来出现事故造成人员伤亡和相应经济损失的部位。既有建筑是否存在使用安全问题的检查不是一项专业技术要求很高的工作。当正常检查中发现难于解决的问题时，可委托有资质的检测单位进行检测。

3.4.4 一般工业与民用的建筑结构设计使用年限内进行常规检测。有腐蚀性介质侵蚀的工业建筑、受到污染影响的建筑或构筑物、处于严重冻融影响环境的建筑物或构筑物、土质较差地基上的建筑物或构筑物等的结构，常规检测的时间可适当缩短。

建筑结构的常规检测不能只是构件外观质量及损伤的检查，需要相应的科学的检测方法、检测仪器和定量的检测数据，属结构检测范围。因此需要由有资质的检测单位进行检测。常规检测的目的是确定建筑结构是否存在隐患。一般工业与民用建筑在使用10～15年，结构耐久性问题、结构设计失误问题、隐藏的结构施工质量问题以及由于不正当的使用造成的问题都会有所显露。此时进行常规检测可以及早发现事故的隐患，采取积极的处理措施，减少经济损失。对于存在严重隐患的建筑结构，可避免出现坍塌等恶性事故。对于恶劣环境中的建筑结构，缩短正常检测的年限是合理的。

3.4.5 建筑结构常规检测有其特殊的问题，要尽量发现问题又不能对建筑物的正常使用构成影响。因此，应选择适当的检测方法。

3.4.6 本条提示了常规检测的重点部位，这些部位容易出现损伤。

3.4.7 第一次常规检测后，依据检测数据和鉴定结果可判定下次常规检测的时间。

3.5 检测报告

3.5.1 本标准对建筑结构检测结果及评定提出了具体的要求，此外，其他标准也有相应的要求。

由于建筑结构工程质量的检测是为了确定所检测的建筑结构的质量是否满足设计文件和验收的要求，因此，检测报告中应做出检测项目是否满足这些要求的结论。对已有建筑结构的检测应能满足相应鉴定的要求。

3.5.2 为了使检测报告表达清楚和规范，本条强调了检测报告结论的准确性。

3.5.3 本条规定了检测报告应包括的主要内容。

3.6 检测单位和检测人员

3.6.1 对承担建筑结构检测工作的检测单位提出了资质要求，实施建筑结构的检测单位应经过国家或省级建设行政主管部门批准，并通过国家或省级技术监督部门的计量认证。

3.6.2~3.6.3 提出检测单位应有健全的质量管理体系要求以及仪器设备定期检定的要求。

3.6.4~3.6.5 对实施建筑结构检测的人员提出了资格方面的要求。如实施钢结构构件焊接质量检测的人员应具有相应的检测资格证书等。同时，提出了现场检测工作至少应由两名或两名以上检测人员承担的要求。

4 混凝土结构

4.1 一般规定

4.1.1 规定了本章的适用范围。其他结构中混凝土构件的检测应按本章的规定进行。

4.1.2 本条提出了混凝土结构的主要检测工作项目。具体实施的检测工作和检测项目应根据委托方的要求、混凝土结构的实际情况等确定。

4.2 原材料性能

4.2.1 混凝土的原材料是指砂子、水泥、粗骨料、掺合料和外加剂等。由于检验硬化混凝土中原材料的质量或性能难度较大，因此允许对建筑工程中剩余的同批材料进行检验。本标准根据研究成果和实践经验，在第4.6节中给出了硬化混凝土材料性能的部分检测方法。

4.2.2 现场取样检验钢筋的力学性能应注意结构或构件的安全，一般应在受力较小的构件上截取钢筋试样。钢筋化学成分分析试样可为进行过力学性能检验的试件。

4.2.3 目前已经有一些钢筋抗拉强度的无损检测方法，如测试钢筋的表面硬度换算钢筋抗拉强度，分析钢筋中主要化学成分含量推断钢筋抗拉强度等方法。但是这些非破损的检测方法都不能准确推定钢筋的抗拉强度，应与取样检验方法配合使用。关于钢材表面硬度与抗拉强度之间的换算关系，可参见本标准的附录G和本标准第6.2.5条的条文说明。

4.2.4 锈蚀钢筋和火灾后钢筋的力学性能的检测没有统一的标准，钢材试样与标准试验方法要求的试样有差别，因此在检测报告中应该予以说明，以便委托方做出正确的判断。

4.3 混凝土强度

4.3.1 采用非破损或局部破损的方法进行结构或构件混凝土抗压强度的检测，是为了避免或减少给结构带来不利的影响。

4.3.2 特殊的检测目的，如检测受侵蚀层混凝土强度、火灾影响层混凝土强度等。目前非破损的检测方法不适用于这些情况的检测。

选用回弹法、综合法、拔出法及钻芯法等，应注意各种方法的适用条件：

1 混凝土的龄期：回弹法一般应在相应规程规定的混凝土龄期内使用，超声回弹综合法也宜在一定的龄期内使用。当采用回弹法或回弹超声综合法检测龄期较长混凝土抗压强度时，应配合使用钻芯法。钻芯法受混凝土龄期影响相对较小。

2 表层质量具有代表性：采用回弹法、综合法和拔出法时，构件表层和内部混凝土质量差异较大时（如表层混凝土受到火灾、腐蚀性物质侵蚀等影响）会带来较大的测试误差。对于超声回弹综合法，如内外混凝土质量差异不明显也可以采用，钻芯法则受表层混凝土质量的影响较小。

3 混凝土强度：被测混凝土强度不得超过相应规程规定的范围，否则也会带来较大的误差。

4 特殊情况下，可以采取钻芯法或钻芯修正法检测结构混凝土的抗压强度，但应注意骨料的粒径问题。

5 实践证明，回弹法、超声回弹综合法和拔出法与钻芯法相结合，可提高混凝土抗压强度检测结果的可靠性。

4.3.3 钻芯修正时可采取修正量的方法也可采取修正系数的方法。修正量的方法是在非破损检测方法推定值的基础上加修正量，修正系数的方法是在非破损检测方法推定值的基础上乘以修正系数。两者的差别在于，修正量法对被修正样本的标准差 s 没有影响，修正系数法不仅对被修正样本的均值予以修正，也对样本的标准差 s 予以了修正。

总体修正量的方法是用被修正样本全部推定数值的均值与修正用样本（芯样试件换算抗压强度）均值与进行比较确定修正量。当采取总体修正量法时，对芯样试件换算立方体抗压强度的样本均值提出相应的要求，这一规定与《钻芯法检测混凝土强度技术规程》CECS 03的要求是一致的。其他材料强度的检测也可采用总体修正量的方法。

4.3.4 对应样本修正量用两个对应样本均值之差值作为修正量，两个样本的容量相同，测试位置对应。对应样本修正系数是用两个样本均值的比值作为修正系数，对于样本的要求与对应样本修正量的要求相同。一一对应修正系数的方法可参见《回弹法检测混凝土抗压强度技术规程》的相关规定。

当采用小直径芯样试件时，由于其抗压强度样本的标准差增大，芯样试件的数量宜相应增加。

4.3.5 对结构混凝土抗压强度的推定提出了要求，对于检测批来说，其根本在于对推定区间的限制（见本标准第3章条文说明）。本标准要求的推定区间为低限要求，对于回弹法、超声回弹综合法来说，由于其检测样本容量较大，容易满足要求。对于钻芯法等取样方法来说，由于样本容量的问题，一般不容易满足要求。因此取样的方法最好配合有非破损的检测方法。

本条所指的技术规程包括《钻芯法检测混凝土强度技术规程》、《回弹法检测混凝土抗压强度技术规程》、《超声回弹综合法检测混凝土强度技术规程》等。

4.3.6 本条提出了混凝土抗拉强度的检测方法。《混凝土结构设计规范》GB 50010中给出的混凝土抗压强度与抗拉强度的关系是宏观的统计关系，对于具体结构的混凝土来说，该关系不一定适用，在特定情况下应该检测结构混凝土的抗拉强度。

4.3.7 提出受到侵蚀和火灾等影响构件混凝土强度的检测方法。

4.4 混凝土构件外观质量与缺陷

4.4.1 本条列举了常见的混凝土构件外观质量与缺陷的检测项目。

4.4.3 本条规定了混凝土结构及构件裂缝检查所包括的内容及记录形式。混凝土结构或构件上的裂缝按其活动性质可分为稳定裂缝、准稳定裂缝和不稳定裂缝。为判定结构可靠性或制定修补方案，需全面考虑与之相关的各种因素。其中包括裂缝成因、裂缝的稳定状态等，必要时应对裂缝进行观测。

裂缝也可归为结构构件的损伤，如钢筋锈蚀造成的裂缝、火灾造成的裂缝、基础不均匀沉降造成的裂缝等。对于建筑结构的检测来说，无论是施工过程中造成的裂缝（缺陷）还是使用过程中造成的裂缝（损伤），检测方法基本上是一致的。

4.5 尺寸与偏差

4.5.1 本条提出了构件尺寸与偏差的检测项目。

4.5.2 混凝土结构及构件的尺寸偏差的检测方法与《混凝土结构工程施工质量验收规范》GB 50204保持一致性。检测时，应注意以下几点：

1 对结构性能影响较大的尺寸偏差，应去除装饰层（抹灰砂浆），直接测量混凝土结构本身的尺寸偏差。

2 对于横截面为圆形或环形的结构或构件，其截面尺寸应在测量处相互垂直的方向上各测量一次，取两次测量的平均值。

3 对于现浇混凝土结构，应注意梁柱连接处断面尺寸的测量，该位置是容易出现尺寸偏差过大的地方。

4 需用吊线检查尺寸偏差时，应根据构件的品种、所在部位和高度选择线坠的大小、种类，使线坠易于旋转和摆动为宜；线坠用线宜采用0.6～1.2mm不锈钢丝。稳定线坠的容器中应装有黏性小、不结冻的液体（绑线、线坠与容器任何部位不能接触）。

5 检测混凝土柱轴线位移时，若采用钢卷尺按其长度拉通尺，必须拉紧；当距离较长时，应采用拉力计或弹簧秤，其拉力不小于30N，并将尺拉直。

4.6 变形与损伤

4.6.1 本条提出了变形与损伤的检测项目。造成建筑结构的变形与损伤不限于重力荷载还有环境侵蚀、火灾、邻近工程的施工、地震的影响等。

4.6.2 本条规定了混凝土结构或构件变形的检测方法。变形包括混凝土梁、板等的挠度及混凝土建筑物主体或墙、柱位移等。对于墙、柱、梁、板等正在形成的变形，可采用挠度计、位移计、位移传感器等设备直接测定。

4.6.3 通常一次性的检测是不易区分倾斜中的砌筑偏差、变形倾斜与灾害造成的倾斜等。但这项工作对于鉴定分析工作是有益的。

4.6.4 准确的基础不均匀沉降数值应该从结构施工阶段开始测定。通常在发现问题后再提出基础沉降问题时，已经无法得到基础沉降的准确数值。当有必要进行基础沉降观测时，应在结构上布置观测点，进行后期基础沉降观测。评估临近工程施工对已有结构的影响时也可照此办理。利用首层的基准线的高差可以估计结构完工后基础的沉降差。砌体结构的基础沉降观测与混凝土结构基础沉降观测相同。

4.6.5 本条列举了混凝土损伤的种类与相应的检测方法。

4.6.6～4.6.8 这几条推荐了f-CaO对混凝土质量影响的检测方法、骨料碱活性的测定方法和混凝土中性化（碳化）深度的测定方法。

4.6.9 混凝土中氯离子总含量的测定方法在本标准附录C中给出。一般认为水泥的水化物有结合氯离子的能力，一些标准都是限制氯离子占水泥质量的百分率。由于混凝土中氯离子含量测定时不易准确确定试样中水泥的质量，因此可根据鉴定工作的需要提供氯离子占试样质量的百分率、氯离子占水泥质量的百分率或氯离子占混凝土质量的百分率。

4.7 钢筋的配置与锈蚀

4.7.1 本条提出了钢筋配置情况的检测项目。

4.7.2 本条提出钢筋位置、保护层厚度、直径和数量的检测方法。

4.7.4 本条提出了钢筋锈蚀情况的检测方法。

4.8 构件性能实荷检验与结构动测

4.8.1～4.8.4 对构件结构性能实荷检验提出相应要求。

4.8.5 本条提出了对重大公共钢筋混凝土建筑宜进行动力测试建议。

5 砌体结构

5.1 一般规定

5.1.1 本条规定了本章的适用范围。其他结构中的砌筑构件的质量和性能，应按本章的规定进行检测。

5.1.2 将砌体结构的检测分成五个方面的工作项目；对砌体工程施工质量的检测主要为：砌筑块材、砌筑砂浆和砌筑质量与构造；对已有砌体结构的检测，还应根据情况检测砌体强度和损伤与变形等。

5.2 砌筑块材

5.2.1 本条提出了砌筑块材质量与性能的主要检测项目。

5.2.2 目前关于砌筑块材强度的检测主要有取样法、回弹法和钻芯法。取样法和钻芯法的检测结果直观，但会给构件带来损伤，检测数量受到限制。回弹法可基本反映块材的强度，测试限制少，测试数量相对较多，但有时会有系统的偏差。回弹结合取样的检测方法可提高检测结果的准确性和代表性。

5.2.3 对砌筑块材强度的检测批提出要求。当对结构中个别构件砌筑块材强度检测时，可将这些构件视为独立的检测单元。

5.2.4 由于砌体的强度与砌筑块材强度和砌筑砂浆强度有密切关系，当鉴定有这类要求时，砌筑块材强度的检测位置宜与砌筑砂浆强度的检测位置对应。

5.2.5 有特殊的检测目的时可考虑砌筑块材缺陷或损伤对其强度的影响。特殊情况包括：外观质量、内部缺陷、灾害及环境侵蚀作用等对块材强度的影响等。

5.2.6 砌筑块材的产品标准有：《烧结普通砖》、《烧结多孔砖》、《蒸压灰砂砖》、《粉煤灰砖》和《混凝土小型空心砌块》等。

5.2.7 对每个检测单元块材试样的数量和块材试样的强度试验方法作出规定。

5.2.8 回弹法检测烧结普通砖抗压强度的检测方法在附录F中给出。回弹值与砖抗压强度的换算关系可能会有地区差异，因此应建立专用测强曲线或对附录F提供的换算关系进行验证。

5.2.9 对烧结普通砖强度的取样结合回弹法作出了规定。本方法是为了增大检测结果的代表性和消除系统偏差。本条提出的对应样本修正量和对应样本修正系数方法也可作为混凝土强度检测中的钻芯修正法使用。

5.2.10 当其他块材强度的回弹检测有相应标准时，也可采用取样结合回弹检测的方法。

5.2.11 对石材强度的钻芯法检测做出规定，基本按《钻芯法检测混凝土强度技术规程》的规定执行。经过试验验证，直径70mm花岗岩芯样试件的抗压强度约为70mm立方体试样的抗压强度的85%。当采用立方体试块测定石材强度时，其测试结果应乘以换算系数，换算系数见表1。

表1 石材强度的换算系数

立方体边长（mm）	200	150	100	70	50
换算系数	1.43	1.28	1.14	1.00	0.86

5.2.12 对受到损伤的块材强度的检测，块材的状态已经不符合相关产品标准的要求，因此应该予以说明。有缺陷块材强度的检测情况与之类似。

5.2.13 对砌筑块材尺寸和外观质量检测作出了规定。由于条件所限，现场检测可检查块材的外露面。单个砌筑块材尺寸和外观质量的合格评定按相应产品标准的规定进行。检测批的合格判定应按本标准表3.3.14-3或表3.3.14-4确定。

5.2.14 砌筑块材尺寸负偏差使构件截面尺寸减小，此时应测定构件的实际尺寸，并以实际尺寸作为验算的参数。外观质量不符合要求时，砌筑块材的强度可能偏低或砌体结构的耐久性能受到影响。

5.2.15 对特殊部位的砌筑块材品种的规定有：

1 5层及5层以上砌体结构的外露构件、潮湿部位的构件，受振动或层高大于6m的墙、柱所用材料的最低强度等级（砖MU10，砌块采用MU7.5）；

2 地面以下或防潮层以下的砌体；

3 基础工程和水池、水箱等不应为多孔砖砌筑；

4 灰砂砖不宜与黏土砖或其他品种的砖同层混砌；

5 蒸压灰砂砖和粉煤灰砖，不得用于温度长期在200℃以上、急冷及热或酸性介质侵蚀环境；

6 烧结空心砖和空心砌块，限于非承重墙。

5.2.16 砌筑块材其他项目（如石灰爆裂、吸水率等）的检测可参见相关产品标准。

5.3 砌筑砂浆

5.3.1 提出了砌筑砂浆的检测项目。

5.3.2 砌筑砂浆强度的检测基本按《砌体工程现场检测技术标准》的规定进行。考虑到已有建筑砌筑砂浆强度的回弹法、射钉法、贯入法、超声法、超声回弹综合法等方法的检测结果会受到面层剔凿的影响，当这些方法用于测定砂浆强度时，宜配合有取样检测的方法。

由砌体抗压强度推定砌筑砂浆强度有时会有较大的系统误差，不宜作为砂浆强度的检测方法。

5.3.3 当表层的砌筑砂浆受到影响时的检测规定。

5.3.4 结构中特殊部位及相应的要求有：基础墙的防潮层、含水饱和情况基础、蒸压（养）砖防潮层以上的砌体（应采用水泥混合砂浆砌筑或高粘结性能的专用砂浆）、烧结黏土砖空斗墙（应采用水泥混合砂浆）和有内衬的烟囱（其内衬应为黏土砂浆或耐火泥砌筑）等。

5.3.5 提供了砌筑砂浆抗冻性检测的方法。

5.3.6 砌筑砂浆中氯离子含量的测定结果可折合成水泥用量的百分率或砂浆质量的百分率，具体测定方法参见本标准附录C。

5.4 砌体强度

5.4.1 本节对砌体强度的检测方法作出了规定，目前对于砌体强度的检测方法有两类：其一为取样法，其二为现场原位检测方法。取样法是从砌体中截取试件，在试验室测定试件的强度。原位法在现场测试砌体的强度。

5.4.2 本条对砌体强度的取样检测作出了规定：首先要保证安全，其次试件要符合《砌体基本力学性能试验方法标准》的要求，第三避免损伤试件和保证取样数量。本处所说的损伤是指取样过程中造成的损伤。有损伤试件的强度明显降低，因此要对损伤进行修复。由于砌体强度取样检测的试件数量一般较少，因此可以按最小值推定砌体强度的标准值，但推定结果的不确定度问题不易控制。

5.4.3 《砌体工程现场检测技术标准》对烧结普通砖砌体的抗压强度的扁式液压顶法和原位轴压法作出规定，同时也对烧结普通砖砌体的抗剪强度的双剪法或原位单剪法作出规定。由于这几种砌体强度的检测方法的测试数据量一般较小，因此可以按《砌体工程现场检测技术标准》规定的方法进行砌体强度的推定。

5.4.4 对于遭受环境侵蚀和灾害影响的砌体强度的检测提出了要求，由于这种损伤使得砌体的状况与相关标准规定的试件状况不同，因此应予以说明。

5.5 砌筑质量与构造

5.5.1 本条提出了砌筑质量与构造的检测项目。

5.5.2 对于已有建筑一般要剔除构件面层检查砌筑方法、灰缝质量、砌筑偏差和留槎等问题；当砌筑质量存在问题时，砌体的承载能力会受到影响。

5.5.3 上、下错缝，内外搭砌是砌筑的基本要求，此外，各类砌体还有相应砌筑要求。

5.5.4 灰缝质量包括灰缝厚度、灰缝饱满程度和平直程度等。灰缝厚度过大砌体强度明显降低，灰缝饱满程度差砌体强度也要降低。

5.5.5 砌体偏差有放线偏差和砌筑偏差，砌筑偏差包括构件轴线位移和构件垂直度。《砌体工程施工质量验收规范》规定了测试方法和评定指标。对于已有结构轴线位移无法测定时，可测定轴线相对位移。轴线相对位移是指相邻构件设计轴线距离与实际轴线距离之差。

5.5.6 砌体中的钢筋指墙体间的拉结筋、构造柱与墙体的间的拉结筋、骨架房屋的填充墙与骨架的柱和横梁拉结筋以及配筋砌体的钢筋。

5.5.8 《砌体结构设计规范》对于跨度较大的屋架和梁的支承有专门的规定，当鉴定有要求时，应进行核查。

5.5.9 预制钢筋混凝土板的支承长度要剔凿楼面面层检测。

5.5.10 《砌体结构设计规范》和《建筑抗震设计规范》对于砖砌过梁和钢筋砖过梁的使用和跨度有限制，钢筋砖过梁跨度为不大于2（1.5）m；砖砌平拱为1.8（1.2）m。对有较大振动荷载或可能产生不均匀沉降的房屋，门窗洞口应设钢筋混凝土过梁。

5.5.11 构造和尺寸是确定构件能否按墙梁计算的重要参数，当有必要时，应核查墙梁的构造和尺寸是否符合《砌体结构设计规范》的要求。

5.5.12 圈梁、构造柱或芯柱是多层砌体结构抵抗抗震作用重要的构造措施。对其的检测可分为是否设置和质量两种。对于判定是否设置圈梁、构造柱或芯柱的检测，可采取测定钢筋的方法，也可采用剔除抹灰层的核查方法。圈梁和构造柱混凝土强度和钢筋配置的检测等应遵守本标准第4章的规定。

5.6 变形与损伤

5.6.1 本条提出了变形与损伤的检测项目。

5.6.2 裂缝是砌体结构最常见的损伤，是鉴定工作重要的依据。裂缝可反映出砌筑方法、留槎、洞口处理、预制构件的安装等的质量，也可反映基础不均匀沉降、屋面保温层质量问题以及灾害程度和范围。裂缝的位置、长度、宽度、深度和数量是判定裂缝原因的重要依据。在裂缝处剔凿抹灰检查，可排除一些影响因素。裂缝处于发展期则结构的安全性处于不确定期，确定发展速度和新产生裂缝的部位，对于鉴定裂缝产生的原因、采取处理措施是非常重要的。

5.6.3 参见本标准第4.6.3条的条文说明。

5.6.4 参见本标准第4.6.4条的条文说明。

5.6.5 环境侵蚀、冻融、灾害都可造成结构或构件的损伤。损伤的程度和侵蚀速度是结构的安全评定和剩余使用年数评估的重要参数。人为的损伤，除了包括车辆、重物碰撞外，还应包括不恰当的改造、临近工程施工的影响等。

6 钢 结 构

6.1 一 般 规 定

6.1.1 本条规定了本章的适用范围。

6.1.2 本条提出了钢结构检测的工作项目。对某一具体钢结构的检测可根据实际情况确定工作内容和检测项目。

6.2 材 料

6.2.1~6.2.4 钢材力学性能主要有屈服点、抗拉强度、伸长率、冷弯和冲击功这几个项目，化学成分主要有碳、锰、硅、磷、硫这几个项目。钢材的取样方法、试验方法都有相应的国家标准，具体操作应按这些标准执行。我国现在的结构钢材主要是《碳素结构钢》GB 700—88 中的 Q235 钢和《低合金高强度结构钢》GB/T 1591 中的 Q345 钢，以前的结构钢材主要是3号钢和16锰钢，虽然 Q235 钢与3号钢、Q345 钢与16锰钢的强度级别相同，但保证项目却有较大差别。因此应根据设计要求确定检测项目并按当时的产品标准进行评定。对有特殊要求的其他钢材，应按其产品标准的规定进行取样、试验和评定。

6.2.5 本标准附录G提供了表面硬度法推断钢材强度的钢材抗拉强度非破损检测方法，并提供了换算钢材抗拉强度的相应标准，《黑色金属硬度及相关强度换算值》GB/T 1172，此外，目前尚有国际标准 Steel-Conversion of Hardness Values to Tensile Strength Values ISO/TR 10108 等标准可以参考。根据本标准编制组进行的试验研究，钢材的抗拉强度与其表面硬度之间的换算关系与构件的测试条件、钢材的轧制工艺等多种因素有关，因此，在参考上述标准的换算关系时，应事先进行试验验证。在使用表面硬度法对具体结构钢材强度进行检测时，应有取样实测钢材抗拉强度的验证。

6.2.6 锈蚀钢材和受到灾害影响构件钢材的状况与产品标准规定的钢材状态已经存在差异，参照相应产品标准规定的方法进行这些钢材力学性能的检测时应说明试验方法和试验结果的适用范围。

6.3 连 接

6.3.1 本条提出了钢结构连接的检测项目。

6.3.4 影响焊缝力学性能的因素有很多，除了内部缺陷和外观质量外，还有母材和焊接材料的力学性能和化学成分、坡口形状和尺寸偏差、焊接工艺等。即使焊缝质量检验合格，也有可能出现诸如母材和焊接材料不匹配、不同钢种母材的焊接以及对坡口形状有怀疑等问题。另一方面，由于焊缝金属特有的优良性能，即使有一些焊接缺陷，焊接接头的力学性能仍有可能满足要求。在这种情况下，可以在结构上抽取试样进行焊接接头的力学性能试验来解决这些问题。焊接接头的力学性能试验以拉伸和冷弯（面弯和背弯）为主，每种焊接接头的拉伸、面弯和背弯试验各取2个试样，取样和试验方法按《焊接接头机械性能试验取样方法》GB 2649、《焊接接头拉伸试验方法》GB 2651 和《焊接接头弯曲及压扁试验方法》GB 2653 执行。需要进行冲击试验和焊缝及熔敷金属拉伸试验时，应分别按《焊接接头冲击试验方法》GB 2650 和《焊缝及熔敷金属拉伸试验方法》GB 2652 进行。

6.3.6~6.3.8 高强度螺栓有两类，分别是大六角头螺栓和扭剪型螺栓。大六角头螺栓通过扭矩系数和外加扭矩、扭剪型螺栓通过专用扳手将螺栓端部的梅花头拧掉来控制螺栓预拉力，从而保证连接的摩擦力。按《钢结构工程施工质量验收规范》的规定，高强度螺栓进场验收应检验大六角头螺栓的扭矩系数和扭剪型螺栓拧掉梅花头时的预拉力，如缺少检验报告或对检验报告有怀疑，且有剩余螺栓时，可按现行《钢结构用高强度大六角头螺栓、大六角螺母、垫圈技术条件》GB/T 1231、《钢结构用扭剪型高强度螺栓连接副技术条件》GB/T 3633 和现行《钢结构工程施工质量验收规范》的规定进行复验。扭剪型螺栓也可作为大六角头螺栓使用，在这种情况下，应检验其扭矩系数，梅花头可以保留。

6.4 尺寸与偏差

6.4.1~6.4.3 构件尺寸和外形尺寸偏差按相应产品标准进行检测评定，制作、安装偏差限值应符合《钢结构工程施工及验收规范》的要求。

6.5 缺陷、损伤与变形

6.5.1 结构在使用过程中往往会出现损伤，如母材和焊缝的裂缝、螺栓和铆钉的松动或断裂、构件永久性变形、锈蚀等，此外还会有人为的损伤，不合理的加固改造、结构上随意焊接、随意拆除一些零构件等，直接影响到结构安全。在现场检查中应根据不同结构的特点，重点检查容易出现损伤的部位，一般来说节点连接处最容易出现损伤，裂缝一般发生在焊缝附近。根据钢结构的特点，主要以观测检查为主，宜粗不宜细，不放过影响较大的隐患。钢材有缺陷的部位容易出现损伤。

6.5.5 采用锤击的方法检查螺栓或铆钉是否松动时，用手指紧按住螺母或铆钉头的一侧，尽量靠近垫圈或母材，用0.3~0.5kg重的小锤敲击螺母或铆钉头的相对的另一侧，如手指感到颤动较大时，说明是松动的。

6.6 构　造

6.6.1 钢结构构件由于材料强度高，截面尺寸相对较小，容易产生失稳破坏，因此，在钢结构中应保证各类杆件的长细比满足要求。

6.6.2 在钢结构中，支撑体系是保证结构整体刚度的重要组成部分，它不仅抵抗水平荷载，而且会直接影响结构的正常使用。譬如有吊车梁的工业厂房，当整体刚度较弱时，在吊车运行过程中会产生振动和摇晃。

6.7 涂　装

6.7.1 当工程中有剩余的与结构同批的涂料时，可对剩余涂料的质量进行检验。

6.7.2 本条根据现行国家标准《钢结构工程施工及验收规范》和《钢结构工程质量检验评定标准》编写的。

6.7.3~6.7.4 这两条根据现行国家标准《钢结构工程质量检验评定标准》编写。

6.8 钢 网 架

6.8.2 对已有的螺栓球网架，在从结构取出节点来进行节点的极限承载力试验时，应采取支顶和加强措施，保证其结构的安全和变形在允许范围之内。

6.8.3 目前，国家有相应标准的无损检测方法有射线检测、超声检测、磁粉检测、渗透检测、涡流检测5种。

6.8.6 已建钢网架钢管杆件的壁厚不能用游标卡尺对其进行检测，只能用金属测厚仪检测，测厚仪在检测前需将测试材料设定为钢材。

6.8.7 钢网架杆件轴线的不平直度是一项很重要的指标。杆件在安装时，因其尺寸偏差或安装误差而引起其杆件不平直。另外也会因结构计算有误，由原设计的拉杆变成压杆而引起杆件压曲，因此，必须重视对钢网架中杆件轴线不平直度的检测。

6.8.8 采用激光测距仪对钢网架的挠度检测时，应考虑杆件和节点的尺寸，使其能以相对可比较的高度来计算钢网架的挠度。

6.9 结构性能实荷检验与动测

6.9.1 大型复杂钢结构体系可进行原位非破坏性荷载试验，目的主要是检验结构的性能。荷载值控制在正常使用状态下，结构处于弹性阶段。具体做法可参见附录H和第6.9.2条的条文说明。

6.9.2 结构检测的根本目的在于保证结构有足够的承载能力，当进行其他项目的检测不足以确定结构承载能力时，可以通过实荷检验解决这个问题。此外，对于一些已经发现问题的结构，通过实荷检验确认其承载能力，只进行少量加固甚至不加固处理，就可以保证有足够的承载能力，使其得以继续使用，从而避免浪费、保证工期。因此规定，对结构或构件承载能力有疑义时，可进行原型或足尺模型的实荷检验，从根本上解决问题。

荷载试验是一项专业性很强的工作，检验单位需要有足够的相关知识、检验技术人员和设备能力的，一般应由专门机构进行。检验对象、测试内容、要解决的问题都会有很大的不同，因此，试验前应制定详细的试验方案，包括试验目的、试件的选取或制作、加载装置、测点布置和测试仪器、加载步骤以及检验结果的评定方法等，并应在试验前经过有关各方的同意，防止事后出现意见分歧，有些试验本来就是要解决争议的，事前经过有关各方的同意是很必要的。附录H的主要内容来源于Eurocode 3: Design of steel structures，ENV 1993-1-1：1992，制定试验方案可以参考。

6.9.3 本条参照行业标准《建筑抗震试验方法规程》编写。

6.9.4 钢结构杆件应力是钢结构反应的一个重要内容，温度应力、特别是装配应力在钢结构中有时占有一定的比例，而且只能通过检测来确定。本条提出了进行钢结构应力测试的建议。

7 钢管混凝土结构

7.1 一 般 规 定

7.1.1~7.1.2 规定了本章的适用范围和钢管混凝土结构的检测工作和检测项目。对某一具体结构的检测项目可根据实际情况确定。

7.2 原 材 料

7.2.1 本标准第6.2节中对钢材强度检验和化学成分的分析有相应规定。

7.2.2 本标准第4.2.1条对混凝土原材料性能与质量的检验有相应规定。

7.3 钢管焊接质量与构件连接

7.3.1 规定了钢管焊缝外观缺陷的检验方法和质量标准。

7.3.2 除了钢管管材的焊缝外，钢管混凝土结构的焊缝还有缀条焊缝、连接腹板焊缝、钢管对接焊缝、加强环焊缝等。对于钢管混凝土结构工程质量的检测，应对全焊透的一、二级焊缝和设计上没有要求的钢材等强度对焊拼接焊缝进行全数超声波探伤。对于钢管混凝土结构性能的检测，由于检测条件所限，可采取抽样探伤的方法。抽样方法应根据结构的情况确定。钢管焊缝和其他焊缝的超声波探伤可参照现行国家标准《钢焊缝手工超声波探伤方法及质量分级法》执行，检验等级和对内部缺陷等级可参照现行国家标准《钢结构工程施工质量验收规范》GB 50205 的规定执行。

7.3.3 《钢管混凝土结构设计与施工规程》CECS 28 对施工单位自行卷制的钢管有特殊的规定，焊缝坡口的质量标准尚应遵守该规程的规定。

7.3.4 钢管混凝土构件之间的连接，当被连接构件为钢构件时，检测项目及检测方法按本标准第 6 章相应的规定执行；当被连接构件为混凝土构件时，检测项目及检测方法按本标准第 4 章相应的规定执行。

7.4 钢管中混凝土强度与缺陷

7.4.1 当对钢管中的混凝土强度有怀疑时或需要确定钢管中混凝土抗压强度时，可按本节规定的方法进行检测。

从国内外的资料来看，用单一的超声法检测混凝土抗压强度，检测结果不仅受粗骨料品种、粒径和用量的影响，还受水灰比及水泥用量的影响，其测试精度较低。在国内，尚无用超声法检测混凝土强度的建筑行业技术标准。因此规定，用超声法检测钢管中的混凝土强度必须用同条件立方体试块或混凝土芯样试件抗压强度进行修正，以减小用单一的超声法测试的误差。

7.4.2 本标准附录 J 提供了超声检测钢管中混凝土强度检测操作的方法。

7.4.3 对立方体试块修正方法和芯样试件修正方法作出规定。当用同条件养护立方体试块抗压强度修正时，超声波声速与混凝土立方体抗压强度之间的关系可以在立方体试块上同时得到。也就是在立方体试块上测定声速，得到换算抗压强度，将该值与试块实际的抗压强度比较得到修正系数。

当用芯样试件抗压强度修正时，用芯样试件的抗压强度与测区混凝土换算强度进行比较获得修正系数或修正量。需要指出的是，在用芯样修正时，不可以将较长芯样沿长度方向截取为几个芯样。芯样的钻取、加工、计算可参照现行标准《钻芯法检测混凝土强度技术规程》执行，芯样试件的直径宜为 100mm，高径比为 1:1。

关于修正量和修正系数，两种修正方法对样本均值的修正效果是一致的。两种方法各有利弊，可根据实际情况选用。

7.4.4 规定了钢管中混凝土抗压强度的推定方法。

7.4.5 钢管中混凝土缺陷的检测方法。

7.5 尺寸与偏差

7.5.1 本条提出了主要构件及构造的尺寸的检测项目和钢管混凝土柱偏差的检测项目。

7.5.2 本条给出了管材尺寸的检查方法。

7.5.3 《钢管混凝土结构设计与施工规程》CECS 28 的规定，钢管的外径不宜小于 100mm，壁厚不宜小于 4mm，并对钢管外径 d 与壁厚 t 的比值有限制，此外还对主要构件的长细比有相应的规定。

7.5.4 本条给出了格构柱缀条尺寸的检查方法。

7.5.5 本条给出了对梁柱节点的牛腿、连接腹板和加强环的尺寸的检查要求。

7.5.6 钢管拼接组装的偏差和钢管柱的安装偏差都是钢管混凝土结构特殊的要求，其评定指标按《钢管混凝土结构设计与施工规程》CECS 28 的规定确定。

8 木 结 构

8.1 一 般 规 定

8.1.1 本条规定了本章的适用范围。

8.1.2 本条将木结构的检测分成若干项工作。

8.2 木 材 性 能

8.2.1 本条提出了木材性能的检测项目，除了力学性能、含水率、密度和干缩性外，木材还有吸水性、湿胀性等性能。

8.2.2 根据《木结构设计规范》GB 50005 的规定，只要弄清木材树种名称和产地，就可按该规范的规定确定其强度等级和弹性模量，该规范还在附录中列出我国主要建筑用材归类情况以及常用木材的主要特性。

当发现木材的材质或外观与同类木材有显著差异，如容重过小、年轮过宽、灰色、缺陷严重时，由于运输堆放原因，无法判别树种名称时或已有木结构木材树种名称和产地不清楚时，可测定木材的力学性能，确定其强度等级。

8.2.3 本条列举了木材的力学性能的检测项目。

8.2.4 本条给出了木材强度等级的判定规则，与《木结构设计规范》的规定一致。木材抗弯强度比较稳定，并最能全面反映木材力学性能，所以木材强度主要以受弯强度进行分等。故检验时，亦以木材抗弯强度进行检验。其试验是用清材小试样进行，故采用《木材抗弯强度试验方法》GB 1936.1。

木材其他力学性能指标的检测，可参见《木材物理力学试验方法总则》GB 1928、《木材顺纹抗拉强度试验方法》GB 1938 等标准。

8.2.5 木材的含水率与木材的强度、防腐、防虫蛀等都有关系，本条提出了木材含水率的检测方法。规格材是必须经过干燥的木材，故含水率可用电测法测定。

8.2.6 本条规定要在各端头 200mm 处截取试件，是为了避免端头效应，以保证所测含水率的准确。

8.2.7 本条给出了木材含水率电测法的要求，这里还要指出的是电测仪在使用前应经过校准。

8.3 木材缺陷

8.3.1 本条列举了木材的主要缺陷。承重结构用木材，其材质分为三级，每一级对木材疵病均有严格要求。属于需要现场检测有：木节、斜纹、扭纹、裂缝。

8.3.2 已有木结构的木材一般是经过缺陷检测的，所以可以采取抽样检测的方法，当抽样检测发现木材存在较多的缺陷，超出相应规范的限制值时，可逐根进行检测。

8.3.4 木节的检测方法，也是国际上通用的检测方法。

8.3.5~8.3.7 这3条给出了木材斜纹等的检测方法。

8.3.8 本条给出了木结构裂缝的检测方法。木结构的裂缝分成杆件上的裂缝，支座剪切面上的裂缝、螺栓连接处和钉连接处的裂缝等。支座与连接处的裂缝对结构的安全影响相对较大。

8.4 尺寸与偏差

8.4.1 本条提出了木结构的尺寸与偏差的检测项目。

8.4.3 本条给出了构件制作尺寸的检测项目和检测方法。

8.4.4 本条给出了尺寸偏差的评定方法。

8.5 连　　接

8.5.1 本条提出了木结构连接的检测项目。

8.5.2 本条给出了木结构的胶合能力有专门的试验方法——木材胶缝顺纹抗剪强度试验。

8.5.3 本条给出了胶的检验方法。

8.5.4 对已有结构胶合能力进行检测的方法。当胶合能力大于木材的强度时，破坏发生在木材上。

8.5.5 《木结构设计规范》GB 50005对胶合木材的种类有限制，因此可核查胶合构件木材的品种。当木材有油脂溢出时胶合质量不易保证。

8.5.6 本条提出对于齿连接的检测项目与检测方法。承压面加工平整程；压杆轴线与齿槽承压面垂直度，是保证压力均匀传递的关键。支座节点齿的受剪面裂缝，使抗剪承载力降低，应该采取措施处理；抵承面缝隙，局部缝隙使得压杆端部和齿槽承压面局部受力过大，当存在承压全截面缝隙时，表明该压杆根本没有承受压力，因此应该通知鉴定单位或设计单位进行结构构件受力状态的计算复核或进行应力状态的测试。

8.5.7 本条给出了螺栓连接或钉连接的检测项目和检测方法。

8.6 变形损伤与防护措施

8.6.1 本条给出了木结构构件变形、损伤的检测项目。

8.6.2~8.6.3 这2条给出了虫蛀的检测方法，提出了防虫措施的检测要求。

8.6.4~8.6.5 这2条给出了腐朽的检测方法，提出了防腐措施的检测要求。

8.6.6~8.6.7 这2条给出了其他损伤的检测方法。

8.6.8 本条给出了变形的检测方法。

8.6.9 木结构的防虫、防腐、防火措施检测。

中华人民共和国国家标准

屋 面 工 程 技 术 规 范

Technical code for roof engineering

GB 50345—2004

主编部门：山 西 省 建 设 厅
批准部门：中华人民共和国建设部
施行日期：2 0 0 4 年 9 月 1 日

中华人民共和国建设部
公　告

第230号

建设部关于发布国家标准《屋面工程技术规范》的公告

现批准《屋面工程技术规范》为国家标准，编号为GB 50345—2004，自2004年9月1日起实施。其中，第3.0.1、4.2.1、4.2.4、4.2.6、5.1.3、5.3.2、5.3.3、6.3.2、7.1.3、7.1.6、7.3.3、7.3.4条为强制性条文，必须严格执行。

本规范由建设部标准定额研究所组织中国建筑工业出版社出版发行。

中华人民共和国建设部

2004年4月7日

前　言

本规范是根据建设部《关于印发二〇〇二～二〇〇三年度工程建设国家标准制订、修订计划的通知》（建标［2003］102号）的要求，由山西省建设厅主编部门负责，具体由山西建筑工程（集团）总公司会同有关单位共同制订而成。

在制订过程中，规范编制组广泛征求了全国有关单位的意见，总结了近年来我国屋面工程设计与施工的实践经验，与相关的标准规范进行了协调，最后经全国审查会议定稿。

本规范的主要内容有：总则、术语、基本规定、屋面工程设计、卷材防水屋面、涂膜防水屋面、刚性防水屋面、屋面接缝密封防水、保温隔热屋面、瓦屋面及有关的附录。

本规范将来可能需要进行局部修订，有关局部修订的信息和条文内容刊登在《工程建设标准化》杂志上。

本规范以黑体字标志的条文为强制性条文，必须严格执行。

本规范由建设部负责管理和对强制性条文的解释，山西省建设厅负责具体管理。由山西建筑工程（集团）总公司负责具体技术内容的解释。请各单位在执行本规范的过程中，注意总结经验和积累资料，随时将意见和建议寄给山西建筑工程（集团）总公司（地址：山西太原市新建路35号，邮政编码：030002），以供今后修订时参考。

本规范主编单位：山西建筑工程（集团）总公司

本规范参编单位：北京市建筑工程研究院
中国建筑设计研究院
浙江工业大学
太原理工大学
中国建筑标准设计研究所
四川省建筑科学研究院
中国化学建材公司苏州防水材料研究设计所
徐州卧牛山新型防水材料有限公司
山东力华防水建材有限公司。

本规范主要起草人：哈成德　王寿华　朱忠厚　严仁良　叶林标　王　天　项桦太　马芸芳　高延继　王宜群　杨　胜　李国干　孙晓东

本规范在编制过程中得到深圳市卓宝科技有限公司、北京东方雨虹防水技术股份有限公司、广东科顺化工实业有限公司的大力协助。

目 次

1 总　　则

1.0.1 为提高我国屋面工程的技术水平，确保防水、保温隔热工程的功能与质量，制定本规范。

1.0.2 本规范适用于建筑屋面工程的设计和施工。

1.0.3 屋面工程的设计和施工应遵守国家及地方有关环境保护和建筑节能的规定，并采取相应措施。

1.0.4 屋面工程的设计和施工除应符合本规范外，尚应符合国家现行有关标准规范的规定。

1.0.5 屋面工程施工质量验收，应符合国家标准《屋面工程质量验收规范》GB 50207—2002 的规定。

2 术　　语

2.0.1 防水层合理使用年限 life of waterproof layer

屋面防水层能满足正常使用要求的年限。

2.0.2 一道防水设防 a separate waterproof barroer

具有单独防水能力的一道防水层次。

2.0.3 沥青防水卷材（油毡）bituminous waterproof sheet（felt）

以原纸、织物、纤维毡、塑料膜等材料为胎基，浸涂石油沥青，矿物粉料或塑料膜为隔离材料，制成的防水卷材。

2.0.4 高聚物改性沥青防水卷材 high polymer modifided bituminous waterproof sheet

以高分子聚合物改性石油沥青为涂盖层，聚酯毡、玻纤毡或聚酯玻纤复合为胎基，细砂、矿物粉料或塑料膜为隔离材料，制成的防水卷材。

2.0.5 合成高分子防水卷材 high polymer waterproof sheet

以合成橡胶、合成树脂或两者共混为基料，加入适量的助剂和填料，经混炼压延或挤出等工序加工而成的防水卷材。

2.0.6 基层处理剂 basic lever paint

在防水层施工前，预先涂刷在基层上的涂料。

2.0.7 满粘法 full adhibiting method

铺贴防水卷材时，卷材与基层采用全部粘结的施工方法。

2.0.8 空铺法 border adhibiting method

铺贴防水卷材时，卷材与基层在周边一定宽度内粘结，其余部分不粘结的施工方法。

2.0.9 点粘法 spot adhibiting method

铺贴防水卷材时，卷材或打孔卷材与基层采用点状粘结的施工方法。

2.0.10 条粘法 strip adhibiting method

铺贴防水卷材时，卷材与基层采用条状粘结的施工方法。

2.0.11 热粘法 hot adhibiting method

以热熔胶粘剂将卷材与基层或卷材之间粘结的施工方法。

2.0.12 冷粘法 cold adhibiting method

在常温下采用胶粘剂（带）将卷材与基层或卷材之间粘结的施工方法。

2.0.13 热熔法 heat fusion method

将热熔型防水卷材底层加热熔化后，进行卷材与基层或卷材之间粘结的施工方法。

2.0.14 自粘法 self-adhibiting method

采用带有自粘胶的防水卷材进行粘结的施工方法。

2.0.15 焊接法 welding method

采用热风或热锲焊接进行热塑性卷材粘合搭接的施工方法。

2.0.16 高聚物改性沥青防水涂料 high polymer modifided bituminous waterproof paint

以石油沥青为基料，用高分子聚合物进行改性，配制成的水乳型或溶剂型防水涂料。

2.0.17 合成高分子防水涂料 high polymer waterproof paint

以合成橡胶或合成树脂为主要成膜物质，配制成的单组分或多组分防水涂料。

2.0.18 聚合物水泥防水涂料 polymer modified cementitious waterproof paint

以丙烯酸酯等聚合物乳液和水泥为主要原料，加入其他外加剂制得的双组分水性建筑防水涂料。

2.0.19 胎体增强材料 reinforcement material

用于涂膜防水层中的化纤无纺布、玻璃纤维网布等，作为增强层的材料。

2.0.20 密封材料 sealing material

能承受接缝位移以达到气密、水密目的而嵌入建筑接缝中的材料。

2.0.21 背衬材料 back-up material

用于控制密封材料的嵌填深度，防止密封材料和接缝底部粘结而设置的可变形材料。

2.0.22 平衡含水率 balanced water content

材料在自然环境中，其孔隙中所含有的水分与空气湿度达到平衡时，这部分水的质量占材料干质量的百分比。

2.0.23 架空屋面 elevated overhead roof

在屋面防水层上采用薄型制品架设一定高度的空间，起到隔热作用的屋面。

2.0.24 蓄水屋面 impounded roof

在屋面防水层上蓄积一定高度的水，起到隔热作用的屋面。

2.0.25 种植屋面 planted roof

在屋面防水层上铺以种植介质，并种植植物，起到隔热作用的屋面。

2.0.26 倒置式屋面 inversion type roof

将保温层设置在防水层上的屋面。

3 基本规定

3.0.1 屋面工程应根据建筑物的性质、重要程度、使用功能要求以及防水层合理使用年限，按不同等级进行设防，并应符合表3.0.1的要求。

表3.0.1 屋面防水等级和设防要求

项目	屋面防水等级			
	Ⅰ级	Ⅱ级	Ⅲ级	Ⅳ级
建筑物类别	特别重要或对防水有特殊要求的建筑	重要的建筑和高层建筑	一般的建筑	非永久性的建筑
防水层合理使用年限	25年	15年	10年	5年
设防要求	三道或三道以上防水设防	二道防水设防	一道防水设防	一道防水设防
防水层选用材料	宜选用合成高分子防水卷材、高聚物改性沥青防水卷材、金属板材、合成高分子防水涂料、细石防水混凝土等材料	宜选用高聚物改性沥青防水卷材、合成高分子防水卷材、金属板材、合成高分子防水涂料、高聚物改性沥青防水涂料、细石防水混凝土、平瓦、油毡瓦等材料	宜选用高聚物改性沥青防水卷材、合成高分子防水卷材、三毡四油沥青防水卷材、金属板材、高聚物改性沥青防水涂料、合成高分子防水涂料、细石防水混凝土、平瓦、油毡瓦等材料	可选用二毡三油沥青防水卷材、高聚物改性沥青防水涂料等材料

注：1 本规范中采用的沥青均指石油沥青，不包括煤沥青和煤焦油等材料。
2 石油沥青纸胎油毡和沥青复合胎柔性防水卷材，系限制使用材料。
3 在Ⅰ、Ⅱ级屋面防水设防中，如仅作一道金属板材时，应符合有关技术规定。

3.0.2 屋面工程应根据工程特点、地区自然条件等，按照屋面防水等级的设防要求，进行防水构造设计，重要部位应有节点详图；对屋面保温隔热层的厚度，应通过计算确定。

3.0.3 屋面工程施工前应通过图纸会审，掌握施工图中的细部构造及有关技术要求；施工单位应编制屋面工程的施工方案或技术措施。

3.0.4 在屋面工程施工中，应进行过程控制和质量检查，并有完整的检查记录。

3.0.5 屋面防水工程应由相应资质的专业队伍进行施工。作业人员应持有当地建设行政主管部门颁发的上岗证。

3.0.6 屋面工程所采用的防水、保温隔热材料应有产品合格证书和性能检测报告，材料的品种、规格、性能等应符合现行国家产品标准和设计要求。

材料进场后，应按规定抽样复验，提出试验报告，严禁在工程中使用不合格的材料。

3.0.7 施工的每道工序完成后，应经监理或建设单位检查验收，合格后方可进行下道工序的施工。当下道工序或相邻工程施工时，对屋面工程已完成的部分应采取保护措施。

3.0.8 伸出屋面的管道、设备或预埋件等，应在防水层施工前安设完毕。屋面防水层完工后，不得在其上凿孔、打洞或重物冲击。

3.0.9 屋面工程中推广应用的新技术，必须经过科技成果鉴定（评估）或新产品、新技术鉴定，并应制定相应的技术标准，经工程实践符合有关安全及功能的检验。

3.0.10 屋面工程应建立管理、维修、保养制度；屋面排水系统应保持畅通，严防水落口、天沟、檐沟堵塞。

4 屋面工程设计

4.1 一般规定

4.1.1 屋面工程设计应包括以下内容：

1 确定屋面防水等级和设防要求；

2 屋面工程的构造设计；

3 防水层选用的材料及其主要物理性能；

4 保温隔热层选用的材料及其主要物理性能；

5 屋面细部构造的密封防水措施，选用的材料及其主要物理性能；

6 屋面排水系统的设计。

4.1.2 屋面工程防水设计应遵循“合理设防、防排结合、因地制宜、综合治理”的原则。

4.1.3 屋面防水多道设防时，可将卷材、涂膜、细石防水混凝土、瓦等材料复合使用，也可使用卷材叠层。

4.1.4 屋面防水设计采用多种材料复合时，耐老化、耐穿刺的防水层应放在最上面，相邻材料之间应具相容性。

4.1.5 不同地区采暖居住建筑和需要满足夏季隔热要求的建筑，其屋盖系统的最小传热阻应按现行《民用建筑热工设计规范》GB 50176、《民用建筑节能设计标准（采暖居住建筑部分）》JGJ 26 和《夏热冬冷地区居住建筑节能设计标准》JGJ 134 确定。

4.1.6 屋面防水层细部构造，如天沟、檐沟、阴阳角、水落口、变形缝等部位应设置附加层。

4.1.7 屋面工程采用的防水材料应符合环境保护要求。

4.2 构造设计

4.2.1 结构层为装配式钢筋混凝土板时，应用强度等级不小于 C20 的细石混凝土将板缝灌填密实；当板缝宽度大于 40mm 或上窄下宽时，应在缝中放置构造钢筋；板端缝应进行密封处理。

注：无保温层的屋面，板侧缝宜进行密封处理。

4.2.2 单坡跨度大于 9m 的屋面宜作结构找坡，坡度不应小于 3%。

4.2.3 当材料找坡时，可用轻质材料或保温层找坡，坡度宜为 2%。

4.2.4 天沟、檐沟纵向坡度不应小于 1%，沟底水落差不得超过 200mm；天沟、檐沟排水不得流经变形缝和防火墙。

4.2.5 卷材、涂膜防水层的基层应设找平层，找平层厚度和技术要求应符合表 4.2.5 的规定；找平层应留设分格缝，缝宽宜为 5～20mm，纵横缝的间距不宜大于 6m，分格缝内宜嵌填密封材料。

表 4.2.5 找平层厚度和技术要求

类别	基层种类	厚度（mm）	技术要求
水泥砂浆找平层	整体现浇混凝土	15～20	1:2.5～1:3（水泥:砂）体积比，宜掺抗裂纤维
	整体或板状材料保温层	20～25	
	装配式混凝土板	20～30	
细石混凝土找平层	板状材料保温层	30～35	混凝土强度等级 C20
混凝土随浇随抹	整体现浇混凝土	—	原浆表面抹平、压光

4.2.6 在纬度 40°以北地区且室内空气湿度大于 75%，或其他地区室内空气湿度常年大于 80%时，若采用吸湿性保温材料做保温层，应选用气密性、水密性好的防水卷材或防水涂料做隔汽层。

隔汽层应沿墙面向上铺设，并与屋面的防水层相连接，形成全封闭的整体。

4.2.7 多种防水材料复合使用时，应符合下列规定：

1 合成高分子卷材或合成高分子涂膜的上部，不得采用热熔型卷材或涂料；

2 卷材与涂膜复合使用时，涂膜宜放在下部；

3 卷材、涂膜与刚性材料复合使用时，刚性材料应设置在柔性材料的上部；

4 反应型涂料和热熔型改性沥青涂料，可作为铺贴材性相容的卷材胶粘剂并进行复合防水。

4.2.8 涂膜防水层应以厚度表示，不得用涂刷的遍数表示。

4.2.9 卷材、涂膜防水层上设置块体材料或水泥砂浆、细石混凝土时，应在二者之间设置隔离层；在细石混凝土防水层与结构层间宜设置隔离层。

隔离层可采用干铺塑料膜、土工布或卷材，也可采用铺抹低强度等级的砂浆。

4.2.10 在下列情况中，不得作为屋面的一道防水设防：

1 混凝土结构层；

2 现喷硬质聚氨酯等泡沫塑料保温层；

3 装饰瓦以及不搭接瓦的屋面；

4 隔汽层；

5 卷材或涂膜厚度不符合本规范规定的防水层。

4.2.11 柔性防水层上应设保护层，可采用浅色涂料、铝箔、粒砂、块体材料、水泥砂浆、细石混凝土等材料；水泥砂浆、细石混凝土保护层应设分格缝。

架空屋面、倒置式屋面的柔性防水层上可不做保护层。

4.2.12 屋面水落管的数量，应按现行《建筑给水排水设计规范》GB50015 的有关规定，通过水落管的排水量及每根水落管的屋面汇水面积计算确定。

4.2.13 高低跨屋面设计应符合下列规定：

1 高低跨变形缝处的防水处理，应采用有足够变形能力的材料和构造措施；

2 高跨屋面为无组织排水时，其低跨屋面受水冲刷的部位，应加铺一层卷材附加层，上铺 300～500mm 宽的 C20 混凝土板材加强保护；

3 高跨屋面为有组织排水时，水落管下应加设水簸箕。

4.3 材料选用

4.3.1 屋面工程选用的防水材料应符合下列要求：

1 图纸应标明防水材料的品种、型号、规格，其主要物理性能应符合本规范对该材料质量指标的规定；

2 在选择屋面防水卷材、涂料和接缝密封材料时，应按本规范第 5 章、第 6 章和第 8 章设计要点的有关内容选定；

3 考虑施工环境的条件和工艺的可操作性。

4.3.2 在下列情况下，所使用的材料应具相容性：

1 防水材料（指卷材、涂料，下同）与基层处理剂；

2 防水材料与胶粘剂；

3 防水材料与密封材料；

4 防水材料与保护层的涂料；

5 两种防水材料复合使用；

6 基层处理剂与密封材料。

4.3.3 根据建筑物的性质和屋面使用功能选择防水

材料，除应符合本规范第 4.3.1 条和第 4.3.2 条的规定外，尚应符合以下要求：

1 外露使用的不上人屋面，应选用与基层粘结力强和耐紫外线、热老化保持率、耐酸雨、耐穿刺性能优良的防水材料。

2 上人屋面，应选用耐穿刺、耐霉烂性能好和拉伸强度高的防水材料。

3 蓄水屋面、种植屋面，应选用耐腐蚀、耐霉烂、耐穿刺性能优良的防水材料。

4 薄壳、装配式结构、钢结构等大跨度建筑屋面，应选用自重轻和耐热性、适应变形能力优良的防水材料。

5 倒置式屋面，应选用适应变形能力优良、接缝密封保证率高的防水材料。

6 斜坡屋面，应选用与基层粘结力强、感温性小的防水材料。

7 屋面接缝密封防水，应选用与基层粘结力强、耐低温性能优良，并有一定适应位移能力的密封材料。

4.3.4 屋面应选用吸水率低、密度和导热系数小，并有一定强度的保温材料；封闭式保温层的含水率，可根据当地年平均相对湿度所对应的相对含水率以及该材料的质量吸水率，通过计算确定。

4.3.5 屋面工程常用防水、保温隔热材料，应遵照本规范附录 A 选定。

5 卷材防水屋面

5.1 一 般 规 定

5.1.1 卷材防水屋面适用于防水等级为Ⅰ～Ⅳ级的屋面防水。

5.1.2 找平层表面应压实平整，排水坡度应符合设计要求。采用水泥砂浆找平层时，水泥砂浆抹平收水后应二次压光和充分养护，不得有酥松、起砂、起皮现象。

5.1.3 卷材防水屋面基层与突出屋面结构（女儿墙、立墙、天窗壁、变形缝、烟囱等）的交接处，以及基层的转角处（水落口、檐口、天沟、檐沟、屋脊等），均应做成圆弧。内部排水的水落口周围应做成略低的凹坑。

找平层圆弧半径应根据卷材种类按表 5.1.3 选用。

表 5.1.3 找平层圆弧半径（mm）

卷材种类	圆弧半径
沥青防水卷材	100～150
高聚物改性沥青防水卷材	50
合成高分子防水卷材	20

5.1.4 铺设屋面隔汽层或防水层前，基层必须干净、干燥。

注：干燥程度的简易检验方法，是将 $1m^2$ 卷材平坦地干铺在找平层上，静置 3～4h 后掀开检查，找平层覆盖部位与卷材上未见水印，即可铺设隔汽层或防水层。

5.1.5 采用基层处理剂时，其配制与施工应符合下列规定：

1 基层处理剂的选择应与卷材的材性相容；

2 喷、涂基层处理剂前，应用毛刷对屋面节点、周边、转角等处先行涂刷；

3 基层处理剂可采取喷涂法或涂刷法施工。喷、涂应均匀一致，待其干燥后应及时铺贴卷材。

5.1.6 卷材铺贴方向应符合下列规定：

1 屋面坡度小于 3%时，卷材宜平行屋脊铺贴；

2 屋面坡度在 3%～15%时，卷材可平行或垂直屋脊铺贴；

3 屋面坡度大于 15%或屋面受振动时，沥青防水卷材应垂直屋脊铺贴，高聚物改性沥青防水卷材和合成高分子防水卷材可平行或垂直屋脊铺贴；

4 上下层卷材不得相互垂直铺贴。

5.1.7 卷材的铺贴方法应符合下列规定：

1 卷材防水层上有重物覆盖或基层变形较大时，应优先采用空铺法、点粘法、条粘法或机械固定法，但距屋面周边 800mm 内以及叠层铺贴的各层卷材之间应满粘；

2 防水层采取满粘法施工时，找平层的分格缝处宜空铺，空铺的宽度宜为 100mm；

3 卷材屋面的坡度不宜超过 25%，当坡度超过 25%时应采取防止卷材下滑的措施。

5.1.8 屋面防水层施工时，应先做好节点、附加层和屋面排水比较集中等部位的处理，然后由屋面最低处向上进行。铺贴天沟、檐沟卷材时，宜顺天沟、檐沟方向，减少卷材的搭接。

5.1.9 铺贴卷材应采用搭接法。平行于屋脊的搭接缝，应顺流水方向搭接；垂直于屋脊的搭接缝，应顺年最大频率风向搭接。

叠层铺贴的各层卷材，在天沟与屋面的交接处，应采用叉接法搭接，搭接缝应错开；搭接缝宜留在屋面或天沟侧面，不宜留在沟底。

5.1.10 上下层及相邻两幅卷材的搭接缝应错开，各种卷材搭接宽度应符合表 5.1.10 的要求。

表 5.1.10 卷材搭接宽度（mm）

铺贴方法 / 卷材种类	短边搭接		长边搭接	
	满粘法	空铺、点粘、条粘法	满粘法	空铺、点粘、条粘法
沥青防水卷材	100	150	70	100
高聚物改性沥青防水卷材	80	100	80	100

续表 5.1.10

卷材种类＼铺贴方法		短边搭接		长边搭接	
		满粘法	空铺、点粘、条粘法	满粘法	空铺、点粘、条粘法
自粘聚合物改性沥青防水卷材		60	—	60	—
合成高分子防水卷材	胶粘剂	80	100	80	100
	胶粘带	50	60	50	60
	单缝焊	60，有效焊接宽度不小于 25			
	双缝焊	80，有效焊接宽度 10×2＋空腔宽			

5.1.11 在铺贴卷材时，不得污染檐口的外侧和墙面。

5.2 材料要求

5.2.1 沥青防水卷材的质量应符合下列要求：

1 沥青防水卷材的外观质量和规格应符合表 5.2.1-1 和表 5.2.1-2 的要求。

表 5.2.1-1 沥青防水卷材外观质量

项目	质量要求
孔洞、硌伤	不允许
露胎、涂盖不匀	不允许
折纹、皱折	距卷芯 1000mm 以外，长度不大于 100mm
裂纹	距卷芯 1000mm 以外，长度不大于 10mm
裂口、缺边	边缘裂口小于 20mm；缺边长度小于 50mm，深度小于 20mm
每卷卷材的接头	不超过 1 处，较短的一段不应小于 2500mm，接头处应加长 150mm

表 5.2.1-2 沥青防水卷材规格

标号	宽度（mm）	每卷面积（m^2）	卷重（kg）	
350 号	915	20±0.3	粉毡	≥28.5
	1000		片毡	≥31.5
500 号	915	20±0.3	粉毡	≥39.5
	1000		片毡	≥42.5

2 沥青防水卷材的物理性能应符合表 5.2.1-3 的要求。

表 5.2.1-3 沥青防水卷材物理性能

项目		性能要求	
		350 号	500 号
纵向拉力（25±2℃时）（N）		≥340	≥440
耐热度（85±2℃，2h）		不流淌，无集中性气泡	
柔度（18±2℃）		绕 ϕ20mm 圆棒无裂纹	绕 ϕ25mm 圆棒无裂纹
不透水性	压力（MPa）	≥0.10	≥0.15
	保持时间（min）	≥30	≥30

5.2.2 高聚物改性沥青防水卷材的质量应符合下列要求：

1 高聚物改性沥青防水卷材的外观质量应符合表 5.2.2-1 的要求。

表 5.2.2-1 高聚物改性沥青防水卷材外观质量

项目	质量要求
孔洞、缺边、裂口	不允许
边缘不整齐	不超过 10mm
胎体露白、未浸透	不允许
撒布材料粒度、颜色	均匀
每卷卷材的接头	不超过 1 处，较短的一段不应小于 1000mm，接头处应加长 150mm

2 高聚物改性沥青防水卷材的物理性能应符合表 5.2.2-2 的要求。

表 5.2.2-2 高聚物改性沥青防水卷材物理性能

项目		性能要求				
		聚酯毡胎体	玻纤毡胎体	聚乙烯胎体	自粘聚酯胎体	自粘无胎体
可溶物含量（g/m^2）		3mm 厚≥2100 4mm 厚≥2900		—	2mm 厚≥1300 3mm 厚≥2100	—
拉力（N/50mm）		≥450	纵向≥350 横向≥250	≥100	≥350	≥250
延伸率（%）		最大拉力时≥30	—	断裂时≥200	最大拉力时≥30	断裂时≥450
耐热度（℃，2h）		SBS 卷材 90，APP 卷材 110，无滑动、流淌、滴落		PEE 卷材 90，无流淌、起泡	70，无滑动、流淌、滴落	70，无起泡、滑动
低温柔度（℃）		SBS 卷材-18，APP 卷材-5，PEE 卷材-10			-20	
		3mm 厚，r = 15mm；4mm 厚，r = 25mm；3s，弯 180°无裂纹			r = 15mm，3s，弯 180°无裂纹	ϕ20mm，3s，弯 180°无裂纹
不透水性	压力（MPa）	≥0.3	≥0.2	≥0.3	≥0.3	≥0.2
	保持时间（min）	≥30				≥120

注：SBS 卷材——弹性体改性沥青防水卷材；
APP 卷材——塑性体改性沥青防水卷材；
PEE 卷材——高聚物改性沥青聚乙烯胎防水卷材。

5.2.3 合成高分子防水卷材的质量应符合下列要求：

1 合成高分子防水卷材的外观质量应符合表 5.2.3-1 的要求。

表 5.2.3-1 合成高分子防水卷材外观质量

项目	质量要求
折痕	每卷不超过 2 处，总长度不超过 20mm
杂质	大于 0.5mm 颗粒不允许，每 $1m^2$ 不超过 $9mm^2$
胶块	每卷不超过 6 处，每处面积不大于 $4mm^2$

续表 5.2.3-1

项　目	质　量　要　求
凹　痕	每卷不超过 6 处，深度不超过本身厚度的 30%；树脂类深度不超过 5%
每卷卷材的接头	橡胶类每 20m 不超过 1 处，较短的一段不应小于 3000mm，接头处应加长 150mm；树脂类 20m 长度内不允许有接头

2 合成高分子防水卷材的物理性能应符合表 5.2.3-2 的要求。

表 5.2.3-2　合成高分子防水卷材物理性能

项　目		性能要求			
		硫化橡胶类	非硫化橡胶类	树脂类	纤维增强类
断裂拉伸强度（MPa）		≥6	≥3	≥10	≥9
扯断伸长率（%）		≥400	≥200	≥200	≥10
低温弯折（℃）		-30	-20	-20	-20
不透水性	压力（MPa）	≥0.3	≥0.2	≥0.3	≥0.3
	保持时间（min）	≥30			
加热收缩率（%）		<1.2	<2.0	<2.0	<1.0
热老化保持率（80℃，168h）	断裂拉伸强度	≥80%			
	扯断伸长率	≥70%			

5.2.4 卷材的贮运、保管应符合下列规定：

1 不同品种、型号和规格的卷材应分别堆放；

2 卷材应贮存在阴凉通风的室内，避免雨淋、日晒和受潮，严禁接近火源。沥青防水卷材贮存环境温度，不得高于 45℃；

3 沥青防水卷材宜直立堆放，其高度不宜超过两层，并不得倾斜或横压，短途运输平放不宜超过四层；

4 卷材应避免与化学介质及有机溶剂等有害物质接触。

5.2.5 卷材胶粘剂、胶粘带的质量应符合下列要求：

1 改性沥青胶粘剂的剥离强度不应小于 8N/10mm；

2 合成高分子胶粘剂的剥离强度不应小于 15N/10mm，浸水 168h 后的保持率不应小于 70%；

3 双面胶粘带的剥离强度不应小于 6N/10mm，浸水 168h 后的保持率不应小于 70%。

5.2.6 卷材胶粘剂和胶粘带的贮运、保管应符合下列规定：

1 不同品种、规格的卷材胶粘剂和胶粘带，应分别用密封桶或纸箱包装；

2 卷材胶粘剂和胶粘带应贮存在阴凉通风的室内，严禁接近火源和热源。

5.2.7 进场的卷材抽样复验应符合下列规定：

1 同一品种、型号和规格的卷材，抽样数量：大于 1000 卷抽取 5 卷；500～1000 卷抽取 4 卷；100～499 卷抽取 3 卷；小于 100 卷抽取 2 卷。

2 将受检的卷材进行规格尺寸和外观质量检验，全部指标达到标准规定时，即为合格。其中若有一项指标达不到要求，允许在受检产品中另取相同数量卷材进行复检，全部达到标准规定为合格。复检时仍有一项指标不合格，则判定该产品外观质量为不合格。

3 在外观质量检验合格的卷材中，任取一卷做物理性能检验，若物理性能有一项指标不符合标准规定，应在受检产品中加倍取样进行该项复检，复检结果如仍不合格，则判定该产品为不合格。

5.2.8 进场的卷材物理性能应检验下列项目：

1 沥青防水卷材：纵向拉力，耐热度，柔度，不透水性。

2 高聚物改性沥青防水卷材：可溶物含量，拉力，最大拉力时延伸率，耐热度，低温柔度，不透水性。

3 合成高分子防水卷材：断裂拉伸强度，扯断伸长率，低温弯折，不透水性。

5.2.9 进场的卷材胶粘剂和胶粘带物理性能应检验下列项目：

1 改性沥青胶粘剂：剥离强度。

2 合成高分子胶粘剂：剥离强度和浸水 168h 后的保持率。

3 双面胶粘带：剥离强度和浸水 168h 后的保持率。

5.3 设计要点

5.3.1 防水卷材品种选择应符合下列规定：

1 根据当地历年最高气温、最低气温、屋面坡度和使用条件等因素，应选择耐热度、柔性相适应的卷材；

2 根据地基变形程度、结构形式、当地年温差、日温差和振动等因素，应选择拉伸性能相适应的卷材；

3 根据屋面防水卷材的暴露程度，应选择耐紫外线、耐穿刺、热老化保持率或耐霉烂性能相适应的卷材；

4 自粘橡胶沥青防水卷材和自粘聚酯胎改性沥青防水卷材（铝箔覆面者除外），不得用于外露的防水层。

5.3.2 每道卷材防水层厚度选用应符合表 5.3.2 的规定。

表 5.3.2 卷材厚度选用表

屋面防水等级	设防道数	合成高分子防水卷材	高聚物改性沥青防水卷材	沥青防水卷材和沥青复合胎柔性防水卷材	自粘聚酯胎改性沥青防水卷材	自粘橡胶沥青防水卷材
Ⅰ级	三道或三道以上设防	不应小于1.5mm	不应小于3mm	—	不应小于2mm	不应小于1.5mm
Ⅱ级	二道设防	不应小于1.2mm	不应小于3mm	—	不应小于2mm	不应小于1.5mm
Ⅲ级	一道设防	不应小于1.2mm	不应小于4mm	三毡四油	不应小于3mm	不应小于2mm
Ⅳ级	一道设防	—	—	二毡三油	—	—

5.3.3 屋面设施的防水处理应符合下列规定：

1 设施基座与结构层相连时，防水层应包裹设施基座的上部，并在地脚螺栓周围做密封处理；

2 在防水层上放置设施时，设施下部的防水层应做卷材增强层，必要时应在其上浇筑细石混凝土，其厚度不应小于 50mm；

3 需经常维护的设施周围和屋面出入口至设施之间的人行道应铺设刚性保护层。

5.3.4 屋面保温层干燥有困难时，宜采用排汽屋面，排汽屋面的设计应符合下列规定：

1 找平层设置的分格缝可兼作排汽道；铺贴卷材时宜采用空铺法、点粘法、条粘法。

2 排汽道应纵横贯通，并同与大气连通的排汽管相通；排汽管可设在檐口下或屋面排汽道交叉处。

3 排汽道宜纵横设置，间距宜为 6m。屋面面积每 36m^2 宜设置一个排汽孔，排汽孔应做防水处理。

4 在保温层下也可铺设带支点的塑料板，通过空腔层排水、排汽。

5.4 细部构造

5.4.1 天沟、檐沟防水构造应符合下列规定：

1 天沟、檐沟应增铺附加层。当采用沥青防水卷材时，应增铺一层卷材；当采用高聚物改性沥青防水卷材或合成高分子防水卷材时，宜设置防水涂膜附加层。

2 天沟、檐沟与屋面交接处的附加层宜空铺，空铺宽度不应小于 200mm（图 5.4.1-1）。

3 天沟、檐沟卷材收头应固定密封。

4 高低跨内排水天沟与立墙交接处，应采取能适应变形的密封处理（图 5.4.1-2）。

5.4.2 无组织排水檐口 800mm 范围内的卷材应采用满粘法，卷材收头应固定密封（图 5.4.2）。檐口下端应做滴水处理。

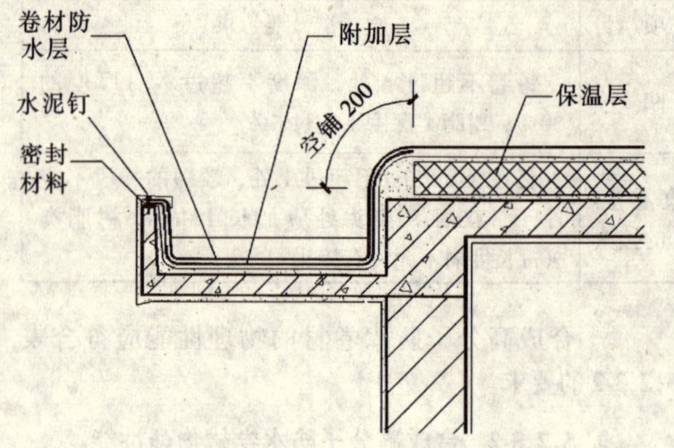

图 5.4.1-1 屋面檐沟

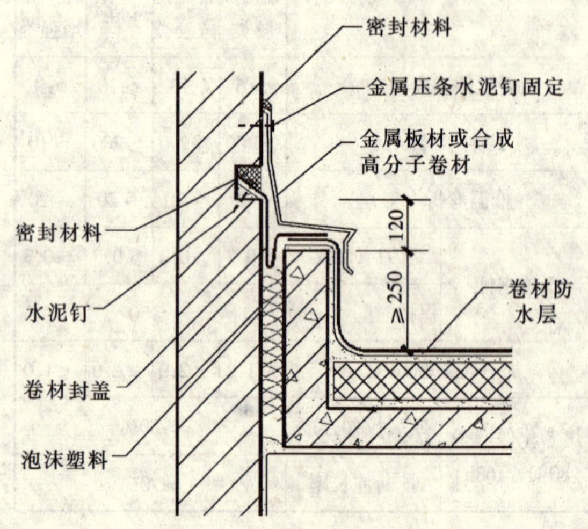

图 5.4.1-2 高低屋面变形缝

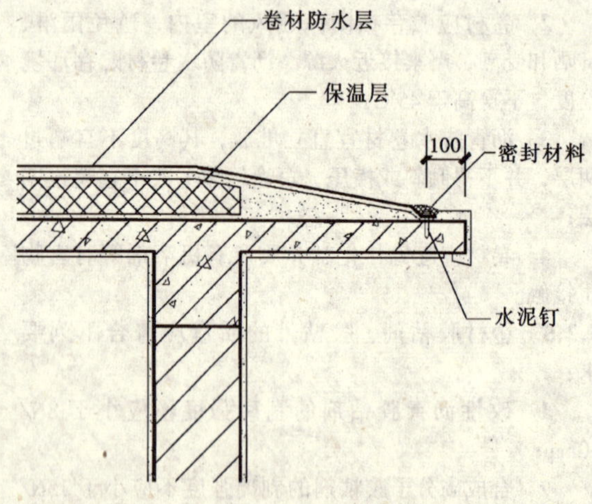

图 5.4.2 屋面檐口

5.4.3 泛水防水构造应遵守下列规定：

1 铺贴泛水处的卷材应采用满粘法。泛水收头应根据泛水高度和泛水墙体材料确定其密封形式。

1）墙体为砖墙时，卷材收头可直接铺至女儿墙压顶下，用压条钉压固定并用密封材料封闭严密，压顶应做防水处理（图 5.4.3-1）；卷材收头也可压入砖墙凹槽内固定密封，凹槽距屋面找平层高度不应小于 250mm，凹槽上部的墙体应做防水处理（图 5.4.3-2）。

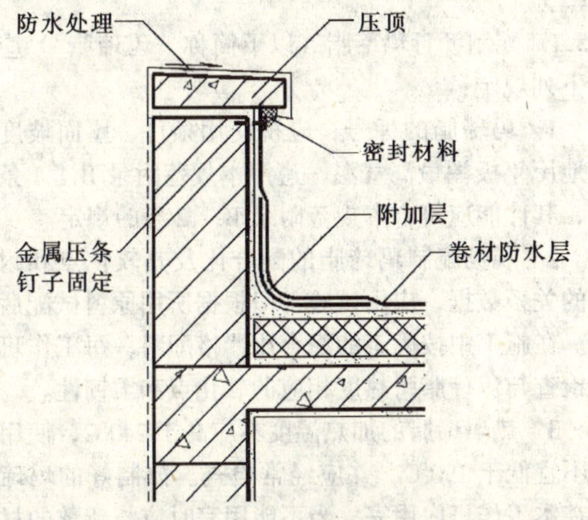

图 5.4.3-1　屋面泛水（一）

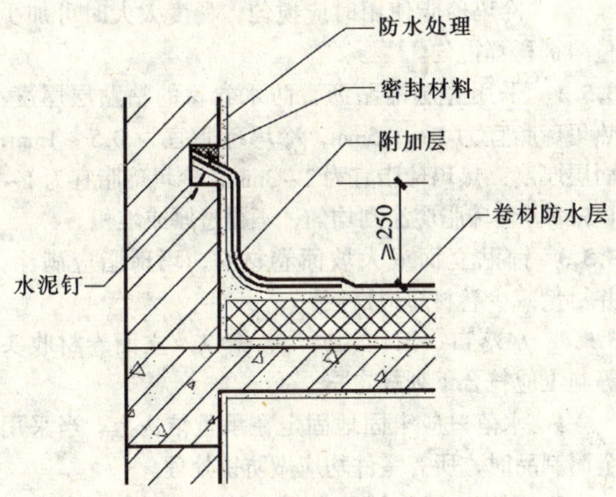

图 5.4.3-2　屋面泛水（二）

2）墙体为混凝土时，卷材收头可采用金属压条钉压，并用密封材料封固（图 5.4.3-3）。

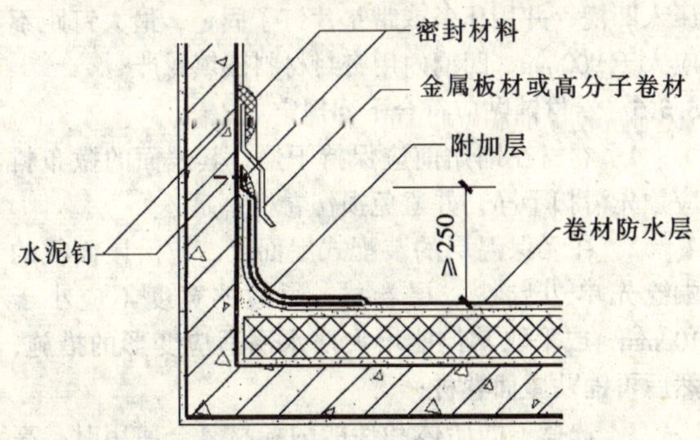

图 5.4.3-3　屋面泛水（三）

2　泛水宜采取隔热防晒措施，可在泛水卷材面砌砖后抹水泥砂浆或浇筑细石混凝土保护，也可采用涂刷浅色涂料或粘贴铝箔保护。

5.4.4　变形缝内宜填充泡沫塑料，上部填放衬垫材料，并用卷材封盖，顶部应加扣混凝土盖板或金属盖板（图 5.4.4）。

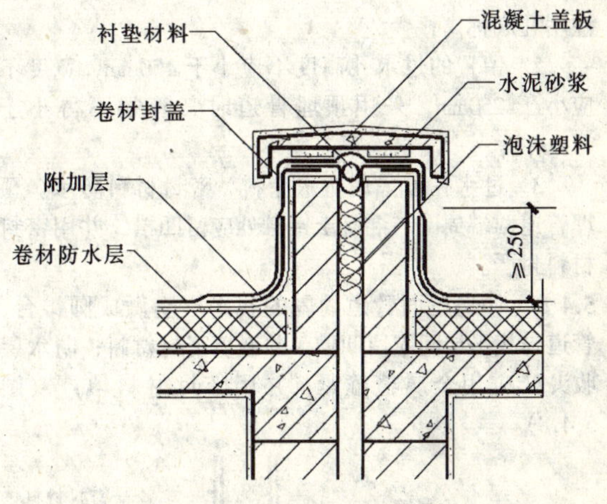

图 5.4.4　屋面变形缝

5.4.5　水落口防水构造应符合下列规定：

1　水落口宜采用金属或塑料制品；

2　水落口埋设标高，应考虑水落口设防时增加的附加层和柔性密封层的厚度及排水坡度加大的尺寸；

3　水落口周围直径 500mm 范围内坡度不应小于 5%，并应用防水涂料涂封，其厚度不应小于 2mm。水落口与基层接触处，应留宽 20mm、深 20mm 凹槽，嵌填密封材料（图 5.4.5-1 和图 5.4.5-2）。

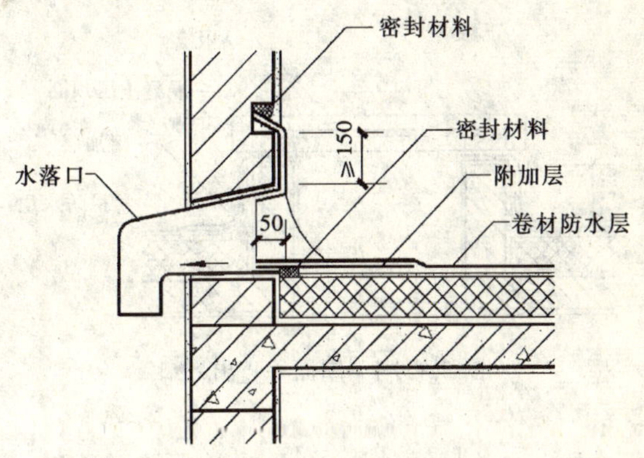

图 5.4.5-1　屋面水落口（一）

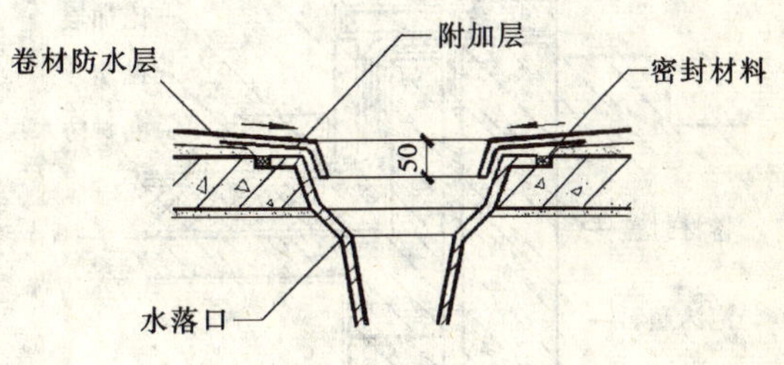

图 5.4.5-2　屋面水落口（二）

5.4.6 女儿墙、山墙可采用现浇混凝土或预制混凝土压顶，也可采用金属制品或合成高分子卷材封顶。

5.4.7 反梁过水孔构造应符合下列规定：

1 根据排水坡度要求留设反梁过水孔，图纸应注明孔底标高；

2 留置的过水孔高度不应小于 150mm，宽度不应小于 250mm，采用预埋管道时其管径不得小于 75mm；

3 过水孔可采用防水涂料、密封材料防水。预埋管道两端周围与混凝土接触处应留凹槽，并用密封材料封严。

5.4.8 伸出屋面管道周围的找平层应做成圆锥台，管道与找平层间应留凹槽，并嵌填密封材料；防水层收头处应用金属箍箍紧，并用密封材料填严（图 5.4.8）。

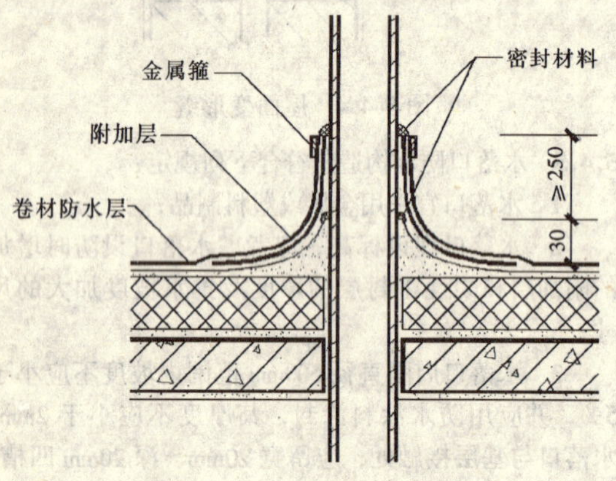

图 5.4.8 伸出屋面管道

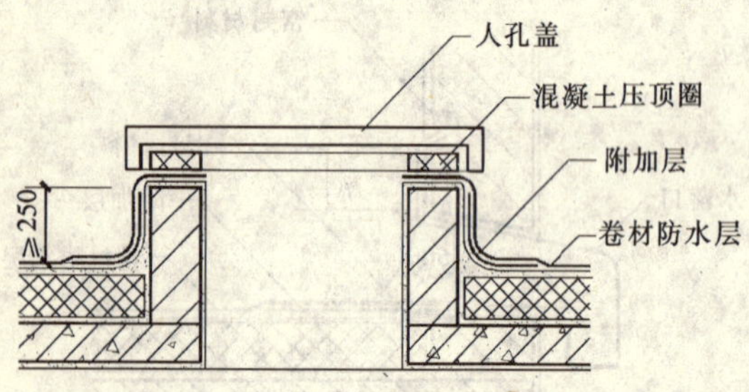

图 5.4.9-1 屋面垂直出入口

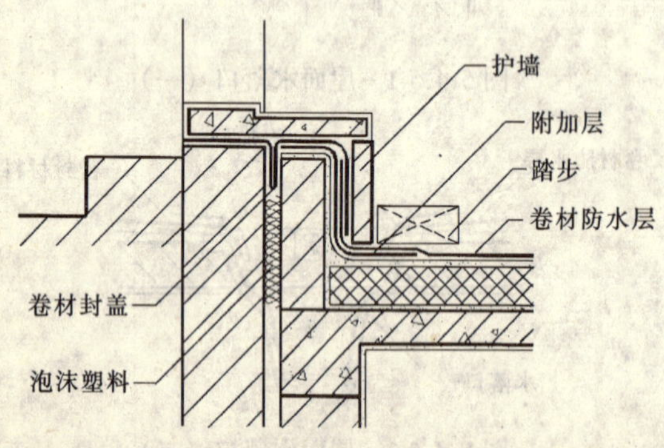

图 5.4.9-2 屋面水平出入口

5.4.9 屋面垂直出入口防水层收头，应压在混凝土压顶圈下（图 5.4.9-1）；水平出入口防水层收头，应压在混凝土踏步下，防水层的泛水应设护墙（图 5.4.9-2）。

5.5 沥青防水卷材施工

5.5.1 配制沥青玛𤥻脂（以下简称"玛𤥻脂"）应遵守下列规定：

1 玛𤥻脂的标号，应视使用条件、屋面坡度和当地历年极端最高气温，遵照本规范附录 B.1.1 条选定，其性能应符合本规范附录 B.1.2 条的规定。

2 现场配制玛𤥻脂的配合比及其软化点和耐热度的关系数据，应由试验部门根据所用原料试配后确定。在施工中按确定的配合比严格配料，每工作班均应检查与玛𤥻脂耐热度相应的软化点和柔韧性。

3 热玛𤥻脂的加热温度不应高于 240℃，使用温度不宜低于 190℃，并应经常检查。熬制好的玛𤥻脂宜在本工作班内用完。当不能用完时应与新熬的材料分批混合使用，必要时还应做性能检验。

4 冷玛𤥻脂使用时应搅匀，稠度太大时可加少量溶剂稀释搅匀。

5.5.2 采用叠层铺贴沥青防水卷材的粘贴层厚度：热玛𤥻脂宜为 1～1.5mm，冷玛𤥻脂宜为 0.5～1mm；面层厚度：热玛𤥻脂宜为 2～3mm，冷玛𤥻脂宜为 1～1.5mm。玛𤥻脂应涂刮均匀，不得过厚或堆积。

5.5.3 铺贴立面或大坡面卷材时，玛𤥻脂应满涂，并尽量减少卷材短边搭接。

5.5.4 水落口、天沟、檐沟、檐口及立面卷材收头等施工应符合下列规定：

1 水落口应牢固地固定在承重结构上。当采用金属制品时，所有零件均应做防锈处理。

2 天沟、檐沟铺贴卷材应从沟底开始，当沟底过宽、卷材需纵向搭接时，搭接缝应用密封材料封口。

3 铺至混凝土檐口或立面的卷材收头应裁齐后压入凹槽，并用压条或带垫片钉子固定，最大钉距不应大于 900mm，凹槽内用密封材料嵌填封严。

5.5.5 卷材铺贴应符合下列规定：

1 卷材在铺贴前应保持干燥，其表面的撒布料应预先清扫干净，并避免损伤卷材；

2 在无保温层的装配式屋面上，应沿屋面板的端缝先单边点粘一层卷材，每边的宽度不应小于 100mm，或采取其他能增大防水层适应变形的措施，然后再铺贴屋面卷材；

3 选择不同胎体和性能的卷材复合使用时，高性能的卷材应放在面层；

4 铺贴卷材时应随刮涂玛𤥻脂随滚铺卷材，并展平压实；

5 采用空铺、点粘、条粘第一层卷材或第一层为打孔卷材时，在檐口、屋脊和屋面的转角处及突出屋面的交接处，卷材应满涂玛瑞脂，其宽度不得小于800mm。当采用热玛瑞脂时，应涂刷冷底子油。

5.5.6 沥青防水卷材保护层的施工应符合下列规定：

1 卷材铺贴经检查合格后，应将防水层表面清扫干净。

2 用绿豆砂做保护层时，应将清洁的绿豆砂预热至100℃左右，随刮涂热玛瑞脂，随铺撒热绿豆砂。绿豆砂应铺撒均匀，并滚压使其与玛瑞脂粘结牢固。未粘结的绿豆砂应清除。

3 用云母或蛭石做保护层时，应先筛去粉料，再随刮涂冷玛瑞脂随撒铺云母或蛭石。撒铺应均匀，不得露底，待溶剂基本挥发后，再将多余的云母或蛭石清除。

4 用水泥砂浆做保护层时，表面应抹平压光，并应设表面分格缝，分格面积宜为1m²。

5 用块体材料做保护层时，宜留设分格缝，其纵横间距不宜大于10m，分格缝宽度不宜小于20mm。

6 用细石混凝土做保护层时，混凝土应振捣密实，表面抹平压光，并应留设分格缝，其纵横缝间距不宜大于6m。

7 水泥砂浆、块体材料或细石混凝土保护层与防水层之间应设置隔离层。

8 水泥砂浆、块体材料或细石混凝土保护层与女儿墙之间应预留宽度为30mm的缝隙，并用密封材料嵌填严密。

5.5.7 沥青防水卷材严禁在雨天、雪天施工，五级风及其以上时不得施工，环境气温低于5℃时不宜施工。

施工中途下雨时，应做好已铺卷材周边的防护工作。

5.6 高聚物改性沥青防水卷材施工

5.6.1 水落口、天沟、檐沟、檐口及立面卷材收头等施工，应符合本规范第5.5.4条的规定。

5.6.2 立面或大坡面铺贴高聚物改性沥青防水卷材时，应采用满粘法，并宜减少短边搭接。

5.6.3 冷粘法铺贴卷材应符合下列规定：

1 胶粘剂涂刷应均匀，不露底，不堆积。卷材空铺、点粘、条粘时，应按规定的位置及面积涂刷胶粘剂。

2 根据胶粘剂的性能，应控制胶粘剂涂刷与卷材铺贴的间隔时间。

3 铺贴卷材时应排除卷材下面的空气，并辊压粘贴牢固。

4 铺贴卷材时应平整顺直，搭接尺寸准确，不得扭曲、皱折。搭接部位的接缝应满涂胶粘剂，辊压粘贴牢固。

5 搭接缝口应用材性相容的密封材料封严。

5.6.4 热粘法铺贴卷材应符合下列规定：

1 熔化热熔型改性沥青胶时，宜采用专用的导热油炉加热，加热温度不应高于200℃，使用温度不应低于180℃；

2 粘贴卷材的热熔改性沥青胶厚度宜为1～1.5mm；

3 铺贴卷材时，应随刮涂热熔改性沥青胶随滚铺卷材，并展平压实。

5.6.5 热熔法铺贴卷材应符合下列规定：

1 火焰加热器的喷嘴距卷材面的距离应适中，幅宽内加热应均匀，以卷材表面熔融至光亮黑色为度，不得过分加热卷材。厚度小于3mm的高聚物改性沥青防水卷材，严禁采用热熔法施工。

2 卷材表面热熔后应立即滚铺卷材，滚铺时应排除卷材下面的空气，使之平展并粘贴牢固。

3 搭接缝部位宜以溢出热熔的改性沥青为度，溢出的改性沥青宽度以2mm左右并均匀顺直为宜。当接缝处的卷材有铝箔或矿物粒（片）料时，应清除干净后再进行热熔和接缝处理。

4 铺贴卷材时应平整顺直，搭接尺寸准确，不得扭曲。

5 采用条粘法时，每幅卷材与基层粘结面不应少于两条，每条宽度不应小于150mm。

5.6.6 自粘法铺贴卷材应符合下列规定：

1 铺粘卷材前，基层表面应均匀涂刷基层处理剂，干燥后及时铺贴卷材。

2 铺贴卷材时应将自粘胶底面的隔离纸完全撕净。

3 铺贴卷材时应排除卷材下面的空气，并辊压粘贴牢固。

4 铺贴的卷材应平整顺直，搭接尺寸准确，不得扭曲、皱折。低温施工时，立面、大坡面及搭接部位宜采用热风机加热，加热后随即粘贴牢固。

5 搭接缝口应采用材性相容的密封材料封严。

5.6.7 高聚物改性沥青防水卷材保护层的施工应符合下列规定：

1 采用浅色涂料做保护层时，应待卷材铺贴完成，并经检验合格、清扫干净后涂刷。涂层应与卷材粘结牢固，厚薄均匀，不得漏涂。

2 采用水泥砂浆、块体材料或细石混凝土做保护层时，应符合本规范第5.5.6条4款至8款的规定。

5.6.8 高聚物改性沥青防水卷材，严禁在雨天、雪天施工；五级风及其以上时不得施工；环境气温低于5℃时不宜施工。

施工中途下雨、下雪，应做好已铺卷材周边的防护工作。

注：热熔法施工环境气温不宜低于－10℃。

5.7 合成高分子防水卷材施工

5.7.1 水落口、天沟、檐沟、檐口及立面卷材收头等施工，应符合本规范第5.5.4条的规定。

5.7.2 立面或大坡面铺贴合成高分子防水卷材时，应符合本规范第5.6.2条的规定。

5.7.3 冷粘法铺贴卷材应符合下列规定：

1 基层胶粘剂可涂刷在基层或涂刷在基层和卷材底面，涂刷应均匀，不露底，不堆积。卷材空铺、点粘、条粘时，应按规定的位置及面积涂刷胶粘剂。

2 根据胶粘剂的性能，应控制胶粘剂涂刷与卷材铺贴的间隔时间。

3 铺贴卷材不得皱折，也不得用力拉伸卷材，并应排除卷材下面的空气，辊压粘贴牢固。

4 铺贴的卷材应平整顺直，搭接尺寸准确，不得扭曲。

5 卷材铺好压粘后，应将搭接部位的粘合面清理干净，并采用与卷材配套的接缝专用胶粘剂，在搭接缝粘合面上涂刷均匀，不露底，不堆积。根据专用胶粘剂性能，应控制胶粘剂涂刷与粘合间隔时间，并排除缝间的空气，辊压粘贴牢固。

6 搭接缝口应采用材性相容的密封材料封严。

7 卷材搭接部位采用胶粘带粘结时，粘合面应清理干净，必要时可涂刷与卷材及胶粘带材性相容的基层胶粘剂，撕去胶粘带隔离纸后应及时粘合上层卷材，并辊压粘牢。低温施工时，宜采用热风机加热，使其粘贴牢固、封闭严密。

5.7.4 自粘法铺贴卷材应符合本规范第5.6.6条的规定。

5.7.5 焊接法和机械固定法铺设卷材应符合下列规定：

1 对热塑性卷材的搭接缝宜采用单缝焊或双缝焊，焊接应严密；

2 焊接前，卷材应铺放平整、顺直，搭接尺寸准确，焊接缝的结合面应清扫干净；

3 应先焊长边搭接缝，后焊短边搭接缝；

4 卷材采用机械固定时，固定件应与结构层固定牢固，固定件间距应根据当地的使用环境与条件确定，并不宜大于600mm。距周边800mm范围内的卷材应满粘。

5.7.6 合成高分子防水卷材保护层的施工，应符合本规范第5.6.7条的有关规定。

5.7.7 合成高分子防水卷材，严禁在雨天、雪天施工；五级风及其以上时不得施工；环境气温低于5℃时不宜施工。

施工中途下雨、下雪，应做好已铺卷材周边的防护工作。

注：焊接法施工环境气温不宜低于-10℃。

6 涂膜防水屋面

6.1 一般规定

6.1.1 涂膜防水屋面主要适用于防水等级为Ⅲ级、Ⅳ级的屋面防水，也可用作Ⅰ级、Ⅱ级屋面多道防水设防中的一道防水层。

6.1.2 对基层的要求应符合本规范第5.1.2条至第5.1.4条的有关规定。

6.1.3 防水涂膜应分遍涂布，待先涂布的涂料干燥成膜后，方可涂布后一遍涂料，且前后两遍涂料的涂布方向应相互垂直。

6.1.4 需铺设胎体增强材料时，当屋面坡度小于15%，可平行屋脊铺设；当屋面坡度大于15%，应垂直于屋脊铺设，并由屋面最低处向上进行。胎体增强材料长边搭接宽度不得小于50mm，短边搭接宽度不得小于70mm。采用二层胎体增强材料时，上下层不得垂直铺设，搭接缝应错开，其间距不应小于幅宽的1/3。

6.1.5 涂膜防水层的收头，应用防水涂料多遍涂刷或用密封材料封严。

6.1.6 涂膜防水层在未做保护层前，不得在防水层上进行其他施工作业或直接堆放物品。

6.2 材料要求

6.2.1 高聚物改性沥青防水涂料的质量应符合表6.2.1的要求。

表6.2.1 高聚物改性沥青防水涂料质量要求

项目		质量要求	
		水乳型	溶剂型
固体含量（%）		≥43	≥48
耐热性（80℃，5h）		无流淌、起泡、滑动	
低温柔性（℃，2h）		-10，绕ϕ20mm圆棒无裂纹	-15，绕ϕ10mm圆棒无裂纹
不透水性	压力（MPa）	≥0.1	≥0.2
	保持时间（min）	≥30	≥30
延伸性（mm）		≥4.5	—
抗裂性（mm）		—	基层裂缝0.3mm，涂膜无裂纹

6.2.2 合成高分子防水涂料的质量应符合表6.2.2-1和表6.2.2-2的要求。

表6.2.2-1 合成高分子防水涂料（反应固化型）质量要求

项目	质量要求	
	Ⅰ类	Ⅱ类
拉伸强度（MPa）	≥1.9（单、多组分）	≥2.45（单、多组分）
断裂伸长率（%）	≥550（单组分）≥450（多组分）	≥450（单、多组分）
低温柔性（℃，2h）	-40（单组分），-35（多组分），弯折无裂纹	

续表 6.2.2-1

项目		质量要求	
		Ⅰ类	Ⅱ类
不透水性	压力（MPa）	≥0.3（单、多组分）	
	保持时间（min）	≥30（单、多组分）	
固体含量（%）		≥80（单组分），≥92（多组分）	
注：产品按拉伸性能分为Ⅰ、Ⅱ两类。			

表 6.2.2-2 合成高分子防水涂料（挥发固化型）质量要求

项目		质量要求
拉伸强度（MPa）		≥1.5
断裂伸长率（%）		≥300
低温柔性（℃，2h）		－20，绕 ϕ10mm 圆棒无裂纹
不透水性	压力（MPa）	≥0.3
	保持时间（min）	≥30
固体含量（%）		≥65

6.2.3 聚合物水泥防水涂料的质量应符合表 6.2.3 的要求。

表 6.2.3 聚合物水泥防水涂料质量要求

项目		质量要求
固体含量（%）		≥65
拉伸强度（MPa）		≥1.2
断裂伸长率（%）		≥200
低温柔性（℃，2h）		－10，绕 ϕ10mm 圆棒无裂纹
不透水性	压力（MPa）	≥0.3
	保持时间（min）	≥30

6.2.4 胎体增强材料的质量应符合表 6.2.4 的要求。

表 6.2.4 胎体增强材料的质量要求

项目		质量要求	
		聚酯无纺布	化纤无纺布
外观		均匀，无团状，平整无折皱	
拉力（N/50mm）	纵向	≥150	≥45
	横向	≥100	≥35
延伸率（%）	纵向	≥10	≥20
	横向	≥20	≥25

6.2.5 进场的防水涂料和胎体增强材料抽样复验应符合下列规定：

1 同一规格、品种的防水涂料，每 10t 为一批，不足 10t 者按一批进行抽样。胎体增强材料，每 3000m² 为一批，不足 3000m² 者按一批进行抽样。

2 防水涂料和胎体增强材料的物理性能检验，全部指标达到标准规定时，即为合格。其中若有一项指标达不到要求，允许在受检产品中加倍取样进行该项复检，复检结果如仍不合格，则判定该产品为不合格。

6.2.6 进场的防水涂料和胎体增强材料物理性能应检验下列项目：

1 高聚物改性沥青防水涂料：固体含量，耐热性，低温柔性，不透水性，延伸性或抗裂性；

2 合成高分子防水涂料和聚合物水泥防水涂料：拉伸强度，断裂伸长率，低温柔性，不透水性，固体含量；

3 胎体增强材料：拉力和延伸率。

6.2.7 防水涂料和胎体增强材料的贮运、保管应符合下列规定：

1 防水涂料包装容器必须密封，容器表面应标明涂料名称、生产厂名、执行标准号、生产日期和产品有效期，并分类存放。

2 反应型和水乳型涂料贮运和保管环境温度不宜低于5℃。

3 溶剂型涂料贮运和保管环境温度不宜低于0℃，并不得日晒、碰撞和渗漏；保管环境应干燥、通风，并远离火源。仓库内应有消防设施。

4 胎体增强材料贮运、保管环境应干燥、通风，并远离火源。

6.3 设计要点

6.3.1 防水涂料品种选择应符合下列规定：

1 根据当地历年最高气温、最低气温、屋面坡度和使用条件等因素，应选择耐热性和低温柔性相适应的涂料；

2 根据地基变形程度、结构形式、当地年温差、日温差和振动等因素，应选择拉伸性能相适应的涂料；

3 根据屋面防水涂膜的暴露程度，应选择耐紫外线、热老化保持率相适应的涂料；

4 屋面排水坡度大于 25%时，不宜采用干燥成膜时间过长的涂料。

6.3.2 每道涂膜防水层厚度选用应符合表 6.3.2 的规定。

表 6.3.2 涂膜厚度选用表

屋面防水等级	设防道数	高聚物改性沥青防水涂料	合成高分子防水涂料和聚合物水泥防水涂料
Ⅰ级	三道或三道以上设防	—	不应小于 1.5mm
Ⅱ级	二道设防	不应小于 3mm	不应小于 1.5mm
Ⅲ级	一道设防	不应小于 3mm	不应小于 2mm
Ⅳ级	一道设防	不应小于 2mm	—

6.3.3 按屋面防水等级和设防要求选择防水涂料。对易开裂、渗水的部位，应留凹槽嵌填密封材料，并增设一层或多层带有胎体增强材料的附加层。

6.3.4 涂膜防水层应沿找平层分格缝增设带有胎体增强材料的空铺附加层，其空铺宽度宜为100mm。

6.3.5 涂膜防水屋面应设置保护层。保护层材料可采用细砂、云母、蛭石、浅色涂料、水泥砂浆、块体材料或细石混凝土等。采用水泥砂浆、块体材料或细石混凝土时，应在涂膜与保护层之间设置隔离层。水泥砂浆保护层厚度不宜小于20mm。

6.4 细 部 构 造

6.4.1 天沟、檐沟与屋面交接处的附加层宜空铺，空铺宽度不应小于200mm（图6.4.1）。

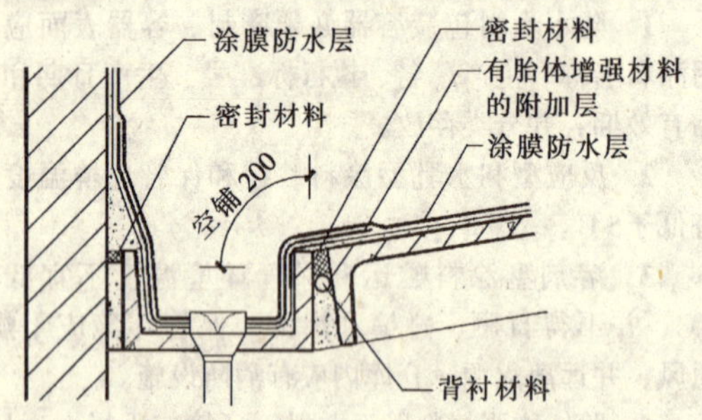

图6.4.1 屋面天沟、檐沟

6.4.2 无组织排水檐口的涂膜防水层收头，应用防水涂料多遍涂刷或用密封材料封严（图6.4.2）。檐口下端应做滴水处理。

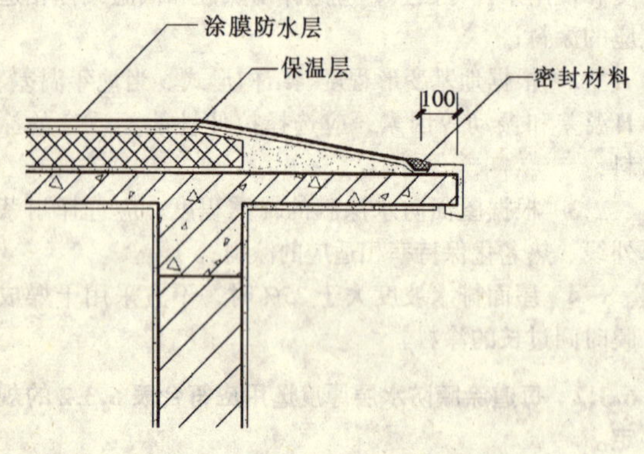

图6.4.2 屋面檐口

6.4.3 泛水处的涂膜防水层，宜直接涂刷至女儿墙的压顶下，收头处理应用防水涂料多遍涂刷封严；压顶应做防水处理（图6.4.3）。

6.4.4 变形缝内应填充泡沫塑料，其上放衬垫材料，并用卷材封盖；顶部应加扣混凝土盖板或金属盖板（图6.4.4）。

6.4.5 水落口防水构造应符合本规范第5.4.5条的规定。

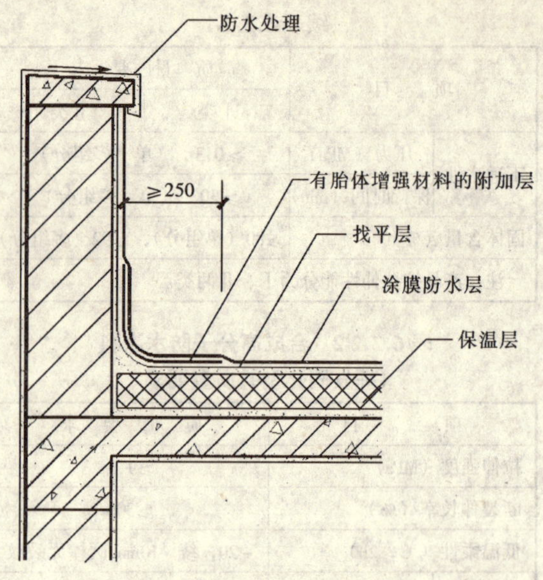

图6.4.3 屋面泛水

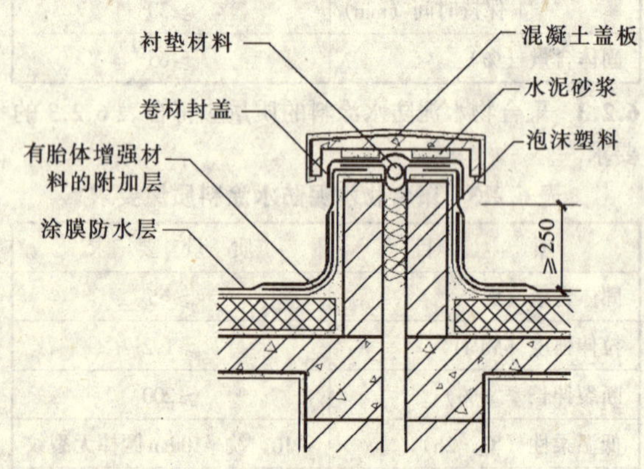

图6.4.4 屋面变形缝

6.4.6 伸出屋面管道、垂直和水平出入口等处的防水构造，应符合本规范第5.4.8条和第5.4.9条的规定。

6.5 高聚物改性沥青防水涂膜施工

6.5.1 屋面基层的干燥程度，应视所选用的涂料特性而定。当采用溶剂型、热熔型改性沥青防水涂料时，屋面基层应干燥、干净。

6.5.2 屋面板缝处理应符合下列规定：

1 板缝应清理干净，细石混凝土应浇捣密实，板端缝中嵌填的密封材料应粘结牢固、封闭严密。无保温层屋面的板端缝和侧缝应预留凹槽，并嵌填密封材料。

2 抹找平层时，分格缝应与板端缝对齐、顺直，并嵌填密封材料。

3 涂膜施工时，板端缝部位空铺附加层的宽度宜为100mm。

6.5.3 基层处理剂应配比准确，充分搅拌，涂刷均匀，覆盖完全，干燥后方可进行涂膜施工。

6.5.4 高聚物改性沥青防水涂膜施工应符合下列规定：

1 防水涂膜应多遍涂布，其总厚度应达到设计要求和遵守本规范第6.3.2条的规定。

2 涂层的厚度应均匀，且表面平整。

3 涂层间夹铺胎体增强材料时，宜边涂布边铺胎体；胎体应铺贴平整，排除气泡，并与涂料粘结牢固。在胎体上涂布涂料时，应使涂料浸透胎体，覆盖完全，不得有胎体外露现象。最上面的涂层厚度不应小于1.0mm。

4 涂膜施工应先做好节点处理，铺设带有胎体增强材料的附加层，然后再进行大面积涂布。

5 屋面转角及立面的涂膜应薄涂多遍，不得有流淌和堆积现象。

6.5.5 当采用细砂、云母或蛭石等撒布材料做保护层时，应筛去粉料。在涂布最后一遍涂料时，应边涂布边撒布均匀，不得露底，然后进行辊压粘牢，待干燥后将多余的撒布材料清除。当采用水泥砂浆、块体材料或细石混凝土做保护层时，应符合本规范第5.5.6条4款至8款的规定。

6.5.6 高聚物改性沥青防水涂膜，严禁在雨天、雪天施工；五级风及其以上时不得施工。溶剂型涂料施工环境气温宜为-5~35℃；水乳型涂料施工环境气温宜为5~35℃；热熔型涂料施工环境气温不宜低于-10℃。

6.6 合成高分子防水涂膜施工

6.6.1 屋面基层应干燥、干净，无孔隙、起砂和裂缝。

6.6.2 屋面板缝处理应符合本规范第6.5.2条的规定。

6.6.3 基层处理剂施工应符合本规范第6.5.3条的规定。

6.6.4 合成高分子防水涂膜施工，除应符合本规范第6.5.4条的规定外，尚应符合下列要求：

1 可采用涂刮或喷涂施工。当采用涂刮施工时，每遍涂刮的推进方向宜与前一遍相互垂直。

2 多组分涂料应按配合比准确计量，搅拌均匀，已配成的多组分涂料应及时使用。配料时，可加入适量的缓凝剂或促凝剂来调节固化时间，但不得混入已固化的涂料。

3 在涂层间夹铺胎体增强材料时，位于胎体下面的涂层厚度不宜小于1mm，最上层的涂层不应少于两遍，其厚度不应小于0.5mm。

6.6.5 当采用浅色涂料做保护层时，应在涂膜固化后进行；当采用水泥砂浆、块体材料或细石混凝土做保护层时，应符合本规范第5.5.6条4款至8款的规定。

6.6.6 合成高分子防水涂膜，严禁在雨天、雪天施工；五级风及其以上时不得施工。溶剂型涂料施工环境气温宜为-5~35℃；乳胶型涂料施工环境气温宜为5~35℃；反应型涂料施工环境气温宜为5~35℃。

6.7 聚合物水泥防水涂膜施工

6.7.1 屋面基层应平整、干净，无孔隙、起砂和裂缝。

6.7.2 屋面板缝处理应符合本规范第6.5.2条的规定。

6.7.3 基层处理剂施工应符合本规范第6.5.3条的规定。

6.7.4 聚合物水泥防水涂膜施工，除应符合本规范第6.5.4条的规定外，尚应有专人配料、计量，搅拌均匀，不得混入已固化或结块的涂料。

6.7.5 当采用浅色涂料做保护层时，应待涂膜干燥后进行；当采用水泥砂浆、块体材料或细石混凝土做保护层时，应符合本规范第5.5.6条4款至8款的规定。

6.7.6 聚合物水泥防水涂膜，严禁在雨天和雪天施工；五级风及其以上时不得施工；聚合物水泥防水涂料的施工环境气温宜为5~35℃。

7 刚性防水屋面

7.1 一 般 规 定

7.1.1 刚性防水屋面主要适用于防水等级为Ⅲ级的屋面防水，也可用作Ⅰ、Ⅱ级屋面多道防水设防中的一道防水层；刚性防水层不适用于受较大振动或冲击的建筑屋面。

7.1.2 屋面板缝处理应符合本规范第4.2.1条的规定。

7.1.3 刚性防水层与山墙、女儿墙以及突出屋面结构的交接处应留缝隙，并应做柔性密封处理。

7.1.4 细石混凝土防水层与基层间宜设置隔离层。

7.1.5 防水层的细石混凝土宜掺外加剂（膨胀剂、减水剂、防水剂）以及掺合料、钢纤维等材料，并应用机械搅拌和机械振捣。

7.1.6 刚性防水层应设置分格缝，分格缝内应嵌填密封材料。

7.1.7 天沟、檐沟应用水泥砂浆找坡，找坡厚度大于20mm时宜采用细石混凝土。

7.1.8 刚性防水层内严禁埋设管线。

7.1.9 刚性防水层施工环境气温宜为5~35℃，并应避免在负温度或烈日暴晒下施工。

7.2 材 料 要 求

7.2.1 防水层的细石混凝土宜用普通硅酸盐水泥或

硅酸盐水泥，不得使用火山灰质硅酸盐水泥；当采用矿渣硅酸盐水泥时，应采取减少泌水性的措施。

7.2.2 防水层内配置的钢筋宜采用冷拔低碳钢丝。

7.2.3 防水层的细石混凝土中，粗骨料的最大粒径不宜大于15mm，含泥量不应大于1%；细骨料应采用中砂或粗砂，含泥量不应大于2%。

7.2.4 防水层细石混凝土使用的外加剂，应根据不同品种的适用范围、技术要求选择。

7.2.5 水泥贮存时应防止受潮，存放期不得超过三个月。当超过存放期限时，应重新检验确定水泥强度等级。受潮结块的水泥不得使用。

7.2.6 外加剂应分类保管，不得混杂，并应存放于阴凉、通风、干燥处。运输时应避免雨淋、日晒和受潮。

7.3 设计要点

7.3.1 选择刚性防水设计方案时，应根据屋面防水设防要求、地区条件和建筑结构特点等因素，经技术经济比较确定。

7.3.2 刚性防水屋面应采用结构找坡，坡度宜为2%~3%。

7.3.3 细石混凝土防水层的厚度不应小于40mm，并应配置直径为4~6mm、间距为100~200mm的双向钢筋网片；钢筋网片在分格缝处应断开，其保护层厚度不应小于10mm。

7.3.4 防水层的分格缝应设在屋面板的支承端、屋面转折处、防水层与突出屋面结构的交接处，并应与板缝对齐。

普通细石混凝土和补偿收缩混凝土防水层的分格缝，其纵横间距不宜大于6m。

7.3.5 补偿收缩混凝土的自由膨胀率应为0.05%~0.1%。

7.4 细部构造

7.4.1 普通细石混凝土和补偿收缩混凝土防水层，分格缝的宽度宜为5~30mm，分格缝内应嵌填密封材料，上部应设置保护层（图7.4.1）。

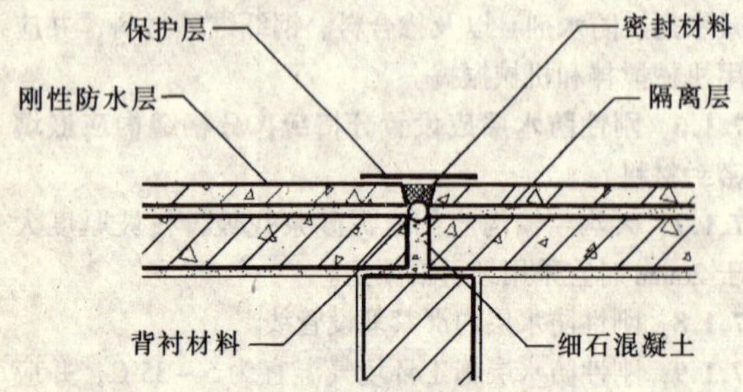

图7.4.1 屋面分格缝

7.4.2 刚性防水层与山墙、女儿墙交接处，应留宽度为30mm的缝隙，并应用密封材料嵌填；泛水处应铺设卷材或涂膜附加层（图7.4.2）。卷材或涂膜的收头处理，应符合本规范第5.4.3条和第6.4.3条的规定。

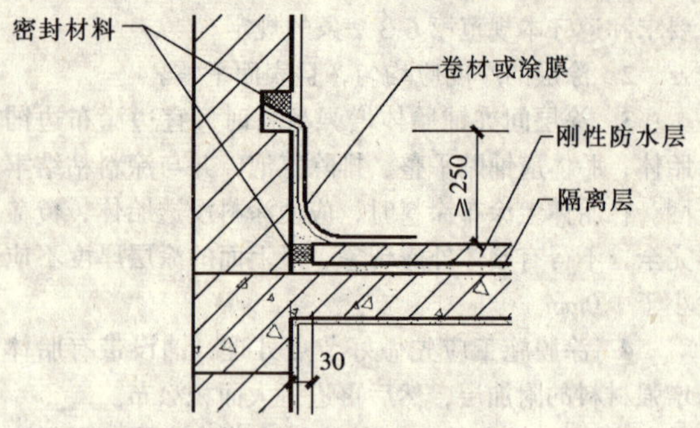

图7.4.2 屋面泛水

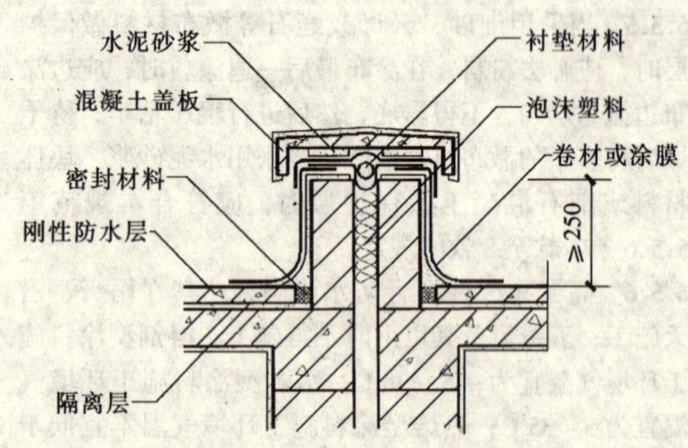

图7.4.3 屋面变形缝

7.4.3 刚性防水层与变形缝两侧墙体交接处应留宽度为30mm的缝隙，并应用密封材料嵌填；泛水处应铺设卷材或涂膜附加层；变形缝中应填充泡沫塑料，其上填放衬垫材料，并应用卷材封盖，顶部应加扣混凝土盖板或金属盖板（图7.4.3）。

7.4.4 水落口防水构造应符合本规范第5.4.5条的规定。

7.4.5 伸出屋面管道与刚性防水层交接处应留设缝隙，用密封材料嵌填，并应加设卷材或涂膜附加层；收头处应固定密封（图7.4.5）。

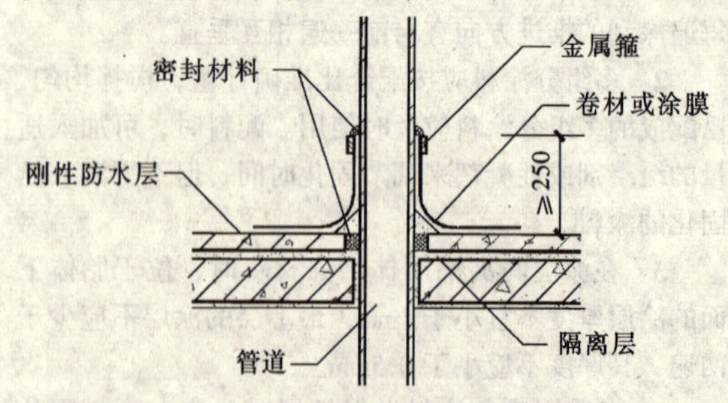

图7.4.5 伸出屋面管道

7.5 普通细石混凝土防水层施工

7.5.1 混凝土水灰比不应大于0.55，每立方米混凝土的水泥和掺合料用量不应小于 330kg，砂率宜为 35%～40%，灰砂比宜为 1:2～1:2.5。

7.5.2 细石混凝土防水层中的钢筋网片，施工时应放置在混凝土中的上部。

7.5.3 分格条安装位置应准确，起条时不得损坏分格缝处的混凝土；当采用切割法施工时，分格缝的切割深度宜为防水层厚度的3/4。

7.5.4 普通细石混凝土中掺入减水剂、防水剂时，应准确计量、投料顺序得当、搅拌均匀。

7.5.5 混凝土搅拌时间不应少于 2min，混凝土运输过程中应防止漏浆和离析；每个分格板块的混凝土应一次浇筑完成，不得留施工缝；抹压时不得在表面洒水、加水泥浆或撒干水泥，混凝土收水后应进行二次压光。

7.5.6 防水层的节点施工应符合设计要求。预留孔洞和预埋件位置应准确；安装管件后，其周围应按设计要求嵌填密实。

7.5.7 混凝土浇筑后应及时进行养护，养护时间不宜少于 14d；养护初期屋面不得上人。

7.6 补偿收缩混凝土防水层施工

7.6.1 补偿收缩混凝土的水灰比、每立方米混凝土水泥最小用量、含砂率和灰砂比，应符合本规范第 7.5.1 条的规定。分格缝和节点施工，应符合本规范第 7.5.3 和第 7.5.6 条的规定。

7.6.2 用膨胀剂拌制补偿收缩混凝土时，应按配合比准确计量；搅拌投料时膨胀剂应与水泥同时加入，混凝土搅拌时间不应少于 3min。

7.6.3 每个分格板块的混凝土应一次浇筑完成，不得留施工缝；抹压时不得在表面洒水、加水泥浆或撒干水泥，混凝土收水后应进行二次压光。

7.6.4 补偿收缩混凝土防水层的养护，应符合本规范第 7.5.7 条的规定。

7.7 钢纤维混凝土防水层施工

7.7.1 钢纤维混凝土的水灰比宜为 0.45～0.50；砂率宜为 40%～50%；每立方米混凝土的水泥和掺合料用量宜为 360～400kg；混凝土中的钢纤维体积率宜为 0.8%～1.2%。

7.7.2 钢纤维混凝土宜采用普通硅酸盐水泥或硅酸盐水泥。粗骨料的最大粒径宜为 15mm，且不大于钢纤维长度的 2/3；细骨料宜采用中粗砂。

7.7.3 钢纤维的长度宜为 25～50mm，直径宜为 0.3～0.8mm，长径比宜为 40～100。钢纤维表面不得有油污或其他妨碍钢纤维与水泥浆粘结的杂质，钢纤维内的粘连团片、表面锈蚀及杂质等不应超过钢纤维质量的 1%。

7.7.4 钢纤维混凝土的配合比应经试验确定，其称量偏差不得超过以下规定：

钢纤维 ±2%； 水泥或掺合料 ±2%；
粗、细骨料 ±3%； 水 ±2%；
外加剂 ±2%。

7.7.5 钢纤维混凝土宜采用强制式搅拌机搅拌，当钢纤维体积率较高或拌合物稠度较大时，一次搅拌量不宜大于额定搅拌量的 80%。搅拌时宜先将钢纤维、水泥、粗细骨料干拌 1.5min，再加入水湿拌，也可采用在混合料拌合过程中加入钢纤维拌合的方法。搅拌时间应比普通混凝土延长 1～2min。

7.7.6 钢纤维混凝土拌合物应拌合均匀，颜色一致，不得有离析、泌水、钢纤维结团现象。

7.7.7 钢纤维混凝土拌合物，从搅拌机卸出到浇筑完毕的时间不宜超过 30min；运输过程中应避免拌合物离析，如产生离析或坍落度损失，可加入原水灰比的水泥浆进行二次搅拌，严禁直接加水搅拌。

7.7.8 浇筑钢纤维混凝土时，应保证钢纤维分布的均匀性和连续性，并用机械振捣密实。每个分格板块的混凝土应一次浇筑完成，不得留施工缝。

7.7.9 钢纤维混凝土振捣后，应先将混凝土表面抹平，待收水后再进行二次压光，混凝土表面不得有钢纤维露出。

7.7.10 钢纤维混凝土防水层应设分格缝，其纵横间距不宜大于 10m，分格缝内应用密封材料嵌填密实。

7.7.11 钢纤维混凝土防水层的养护，应符合本规范第 7.5.7 条的规定。

8 屋面接缝密封防水

8.1 一 般 规 定

8.1.1 屋面接缝密封防水适用于屋面防水工程的密封处理，并与刚性防水屋面、卷材防水屋面、涂膜防水屋面等配套使用。

8.1.2 密封防水部位的基层应符合下列要求：

1 基层应牢固，表面应平整、密实，不得有裂缝、蜂窝、麻面、起皮和起砂现象；

2 嵌填密封材料前，基层应干净、干燥。

8.1.3 对嵌填完毕的密封材料，应避免碰损及污染，固化前不得踩踏。

8.2 材 料 要 求

8.2.1 采用的背衬材料应能适应基层的膨胀和收缩，具有施工时不变形、复原率高和耐久性好等性能。

8.2.2 背衬材料的品种有聚乙烯泡沫塑料棒、橡胶泡沫棒等。

8.2.3 采用的密封材料应具有弹塑性、粘结性、施工性、耐候性、水密性、气密性和位移性。

8.2.4 改性石油沥青密封材料的物理性能应符合表 8.2.4 的要求。

表 8.2.4 改性石油沥青密封材料物理性能

项目		性能要求	
		Ⅰ类	Ⅱ类
耐热度	温度（℃）	70	80
	下垂值（mm）	≤4.0	
低温柔性	温度（℃）	-20	-10
	粘结状态	无裂纹和剥离现象	
拉伸粘结性（%）		≥125	
浸水后拉伸粘结性（%）		125	
挥发性（%）		≤2.8	
施工度（mm）		≥22.0	≥20.0
注：改性石油沥青密封材料按耐热度和低温柔性分为Ⅰ类和Ⅱ类。			

8.2.5 合成高分子密封材料的物理性能应符合表8.2.5的要求。

表 8.2.5 合成高分子密封材料物理性能

项目		技术指标						
		25LM	25HM	20LM	20HM	12.5E	12.5P	7.5P
拉伸模量（MPa）	23℃ -20℃	≤0.4 和 ≤0.6	>0.4 或 >0.6	≤0.4 和 ≤0.6	>0.4 或 >0.6	—		
定伸粘结性		无破坏					—	
浸水后定伸粘结性		无破坏					—	
热压冷拉后粘结性		无破坏					—	
拉伸压缩后粘结性		—					无破坏	
断裂伸长率（%）		—					≥100	≥20
浸水后断裂伸长率（%）		—					≥100	≥20
注：合成高分子密封材料按拉伸模量分为低模量（LM）和高模量（HM）两个次级别；按弹性恢复率分为弹性（E）和塑性（P）两个次级别。								

8.2.6 密封材料的贮运、保管应符合下列规定：

1 密封材料的贮运、保管应避开火源、热源，避免日晒、雨淋，防止碰撞，保持包装完好无损；

2 密封材料应分类贮放在通风、阴凉的室内，环境温度不应高于50℃。

8.2.7 进场的改性石油沥青密封材料抽样复验应符合下列规定：

1 同一规格、品种的材料应每2t为一批，不足2t者按一批进行抽样；

2 改性石油沥青密封材料物理性能，应检验耐热度、低温柔性、拉伸粘结性和施工度。

8.2.8 进场的合成高分子密封材料抽样复验应符合下列规定：

1 同一规格、品种的材料应每1t为一批，不足1t者按一批进行抽样；

2 合成高分子密封材料物理性能，应检验拉伸模量、定伸粘结性和断裂伸长率。

8.3 设计要点

8.3.1 屋面接缝密封防水设计，应保证密封部位不渗水，并满足防水层合理使用年限的要求。

8.3.2 屋面密封防水的接缝宽度宜为5~30mm，接缝深度可取接缝宽度的0.5~0.7倍。

8.3.3 密封材料品种选择应符合下列规定：

1 根据当地历年最高气温、最低气温、屋面构造特点和使用条件等因素，应选择耐热度、柔性相适应的密封材料；

2 根据屋面接缝位移的大小和特征，应选择位移能力相适应的密封材料。

8.3.4 接缝处的密封材料底部应设置背衬材料，背衬材料宽度应比接缝宽度大20%，嵌入深度应为密封材料的设计厚度。背衬材料应选择与密封材料不粘结或粘结力弱的材料；采用热灌法施工时，应选用耐热性好的背衬材料。

8.3.5 密封防水处理连接部位的基层，应涂刷基层处理剂；基层处理剂应选用与密封材料材性相容的材料。

8.3.6 接缝部位外露的密封材料上应设置保护层。

8.4 细部构造

8.4.1 结构层板缝中浇灌的细石混凝土上应填放背衬材料，上部嵌填密封材料，并应设置保护层。

8.4.2 天沟、檐沟节点密封防水处理，应符合本规范第5.4.1条的规定。

8.4.3 檐口、泛水卷材收头节点密封防水处理，应符合本规范第5.4.2条和第5.4.3条的规定。

8.4.4 水落口节点密封防水处理，应符合本规范第5.4.5条3款的规定。

8.4.5 伸出屋面管道根部节点密封防水处理，应符合本规范第5.4.8条的规定。

8.4.6 刚性防水屋面密封防水处理，应符合本规范第7.4.1条至第7.4.5条的规定。

8.5 改性石油沥青密封材料防水施工

8.5.1 密封防水施工前，应检查接缝尺寸，符合设计要求后，方可进行下道工序施工。

8.5.2 背衬材料的嵌入可使用专用压轮，压轮的深度应为密封材料的设计厚度，嵌入时背衬材料的搭接缝及其与缝壁间不得留有空隙。

8.5.3 基层处理剂应配比准确，搅拌均匀。采用多组分基层处理剂时，应根据有效时间确定使用量。

基层处理剂的涂刷宜在铺放背衬材料后进行，涂刷应均匀，不得漏涂。待基层处理剂表干后，应立即嵌填密封材料。

8.5.4 改性石油沥青密封材料防水施工应符合下列规定：

1 采用热灌法施工时，应由下向上进行，尽量减少接头。垂直于屋脊的板缝宜先浇灌，同时在纵横交叉处宜沿平行于屋脊的两侧板缝各延伸浇灌150mm，并留成斜槎。密封材料熬制及浇灌温度应按不同材料要求严格控制。

2 采用冷嵌法施工时，应先将少量密封材料批刮在缝槽两侧，分次将密封材料嵌填在缝内，并防止裹入空气。接头应采用斜槎。

8.5.5 改性石油沥青密封材料，严禁在雨天、雪天施工；五级风及其以上时不得施工；施工环境气温宜为0~35℃。

8.6 合成高分子密封材料防水施工

8.6.1 密封防水施工前，接缝尺寸的检查应符合本规范第8.5.1条的规定。

8.6.2 背衬材料的嵌入，应符合本规范第8.5.2条的规定。

8.6.3 基层处理剂的配制、涂刷和开始嵌缝时间，应符合本规范第8.5.3条的规定。

8.6.4 合成高分子密封材料防水施工应符合下列规定：

1 单组分密封材料可直接使用。多组分密封材料应根据规定的比例准确计量，拌合均匀。每次拌合量、拌合时间和拌合温度，应按所用密封材料的要求严格控制。

2 密封材料可使用挤出枪或腻子刀嵌填，嵌填应饱满，不得有气泡和孔洞。

3 采用挤出枪嵌填时，应根据接缝的宽度选用口径合适的挤出嘴，均匀挤出密封材料嵌填，并由底部逐渐充满整个接缝。

4 一次嵌填或分次嵌填应根据密封材料的性能确定。

5 采用腻子刀嵌填时，应符合本规范第8.5.4条2款的规定。

6 密封材料嵌填后，应在表干前用腻子刀进行修整。

7 多组分密封材料拌合后，应在规定时间内用完，未混合的多组分密封材料和未用完的单组分密封材料应密封存放。

8 嵌填的密封材料表干后，方可进行保护层施工。

8.6.5 合成高分子密封材料，严禁在雨天或雪天施工；五级风及其以上时不得施工；溶剂型密封材料施工环境气温宜为0~35℃，乳胶型及反应固化型密封材料施工环境气温宜为5~35℃。

9 保温隔热屋面

9.1 一般规定

9.1.1 保温隔热屋面适用于具有保温隔热要求的屋面工程。当屋面防水等级为Ⅰ级、Ⅱ级时，不宜采用蓄水屋面。

屋面保温可采用板状材料或整体现喷保温层，屋面隔热可采用架空、蓄水、种植等隔热层。

9.1.2 封闭式保温层的含水率，应相当于该材料在当地自然风干状态下的平衡含水率。

9.1.3 架空屋面宜在通风较好的建筑物上采用；不宜在寒冷地区采用。

9.1.4 蓄水屋面不宜在寒冷地区、地震地区和振动较大的建筑物上采用。

9.1.5 种植屋面应根据地域、气候、建筑环境、建筑功能等条件，选择相适应的屋面构造形式。

9.1.6 当保温隔热屋面的基层为装配式钢筋混凝土板时，板缝处理应符合本规范第4.2.1条的规定。

9.1.7 对正在施工或施工完的保温隔热层应采取保护措施。

9.2 材料要求

9.2.1 板状保温材料的质量应符合表9.2.1的要求。

9.2.2 现喷硬质聚氨酯泡沫塑料的表观密度宜为35~40kg/m³，导热系数小于0.030W/m·K，压缩强度大于150kPa，闭孔率大于92%。

9.2.3 架空隔热制品及其支座材料的质量应符合设计要求及有关材料标准。

9.2.4 蓄水屋面应采用刚性防水层，或在卷材、涂膜防水层上再做刚性复合防水层；卷材、涂膜防水层应采用耐腐蚀、耐霉烂、耐穿刺性能好的材料。

表9.2.1 板状保温材料质量要求

项目	质量要求					
	聚苯乙烯泡沫塑料		硬质聚氨酯泡沫塑料	泡沫玻璃	加气混凝土类	膨胀珍珠岩类
	挤压	模压				
表观密度（kg/m³）	—	15~30	≥30	≥150	400~600	200~350
压缩强度（kPa）	≥250	60~150	≥150	—	—	—

续表 9.2.1

项　　目	质　量　要　求					
	聚苯乙烯泡沫塑料		硬质聚氨酯泡沫塑料	泡沫玻璃	加气混凝土类	膨胀珍珠岩类
	挤压	模压				
抗压强度（MPa）	—	—	—	≥0.4	≥2.0	≥0.3
导热系数（W/m·K）	≤0.030	≤0.041	≤0.027	≤0.062	≤0.220	≤0.087
70℃，48h 后尺寸变化率（%）	≤2.0	≤4.0	≤5.0	—	—	—
吸水率（v/v，%）	≤1.5	≤6.0	≤3.0	≤0.5	—	—
外　　观	板材表面基本平整，无严重凹凸不平					

9.2.5 种植屋面的防水层应采用耐腐蚀、耐霉烂、防植物根系穿刺、耐水性好的防水材料；卷材、涂膜防水层上部应设置刚性保护层。

9.2.6 进场的保温隔热材料抽样数量，应按使用的数量确定，同一批材料至少应抽样一次。

9.2.7 进场后的保温隔热材料物理性能应检验下列项目：

1 板状保温材料：表观密度，压缩强度，抗压强度；

2 现喷硬质聚氨酯泡沫塑料应先在试验室试配，达到要求后再进行现场施工。

9.2.8 保温隔热材料的贮运、保管应符合下列规定：

1 保温材料应采取防雨、防潮的措施，并应分类堆放，防止混杂；

2 板状保温材料在搬运时应轻放，防止损伤断裂、缺棱掉角，保证板的外形完整。

9.3 设计要点

9.3.1 保温隔热屋面的类型和构造设计，应根据建筑物的使用要求、屋面的结构形式、环境气候条件、防水处理方法和施工条件等因素，经技术经济比较确定。

9.3.2 保温层厚度设计应根据所在地区按现行建筑节能设计标准计算确定。

9.3.3 保温层的构造应符合下列规定：

1 保温层设置在防水层上部时，保温层的上面应做保护层；

2 保温层设置在防水层下部时，保温层的上面应做找平层；

3 屋面坡度较大时，保温层应采取防滑措施；

4 吸湿性保温材料不宜用于封闭式保温层，当需要采用时应符合本规范第 5.3.4 条的规定。

9.3.4 架空屋面的设计应符合下列规定：

1 架空屋面的坡度不宜大于 5%；

2 架空隔热层的高度，应按屋面宽度或坡度大小的变化确定；

3 当屋面宽度大于 10m 时，架空屋面应设置通风屋脊；

4 架空隔热层的进风口，宜设置在当地炎热季节最大频率风向的正压区，出风口宜设置在负压区。

9.3.5 蓄水屋面的设计应符合下列规定：

1 蓄水屋面的坡度不宜大于 0.5%；

2 蓄水屋面应划分为若干蓄水区，每区的边长不宜大于 10m，在变形缝的两侧应分成两个互不连通的蓄水区；长度超过 40m 的蓄水屋面应设分仓缝，分仓隔墙可采用混凝土或砖砌体；

3 蓄水屋面应设排水管、溢水口和给水管，排水管应与水落管或其他排水出口连通；

4 蓄水屋面的蓄水深度宜为 150～200mm；

5 蓄水屋面泛水的防水层高度，应高出溢水口 100mm；

6 蓄水屋面应设置人行通道。

9.3.6 种植屋面的设计应符合下列规定：

1 在寒冷地区应根据种植屋面的类型，确定是否设置保温层。保温层的厚度，应根据屋面的热工性能要求，经计算确定。

2 种植屋面所用材料及植物等应符合环境保护要求。

3 种植屋面根据植物及环境布局的需要，可分区布置，也可整体布置。分区布置应设挡墙（板），其形式应根据需要确定。

4 排水层材料应根据屋面功能、建筑环境、经济条件等进行选择。

5 介质层材料应根据种植植物的要求，选择综合性能良好的材料。介质层厚度应根据不同介质和植物种类等确定。

6 种植屋面可用于平屋面或坡屋面。屋面坡度较大时，其排水层、种植介质应采取防滑措施。

9.3.7 倒置式屋面的设计应符合下列规定：

1 倒置式屋面坡度不宜大于 3%；

2 倒置式屋面的保温层，应采用吸水率低且长期浸水不腐烂的保温材料；

3 保温层可采用干铺或粘贴板状保温材料，也可采用现喷硬质聚氨酯泡沫塑料；

4 保温层的上面采用卵石保护层时，保护层与保温层之间应铺设隔离层；

5 现喷硬质聚氨酯泡沫塑料与涂料保护层间应具相容性；

6 倒置式屋面的檐沟、水落口等部位，应采用现浇混凝土或砖砌堵头，并做好排水处理。

9.4 细部构造

9.4.1 保温屋面在与室内空间有关联的天沟、檐沟处，均应铺设保温层；天沟、檐沟、檐口与屋面交接处，屋面保温层的铺设应延伸到墙内，其伸入的长度不应小于墙厚的1/2。

9.4.2 屋面的排汽出口应埋设排汽管，排汽管宜设置在结构层上，穿过保温层及排汽道的管壁四周应打排汽孔，排汽管应做防水处理（图9.4.2-1和图9.4.2-2）。

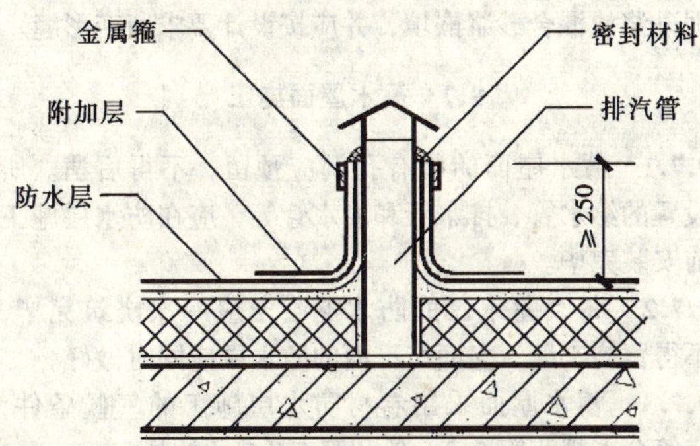

图9.4.2-1 屋面排汽口（一）

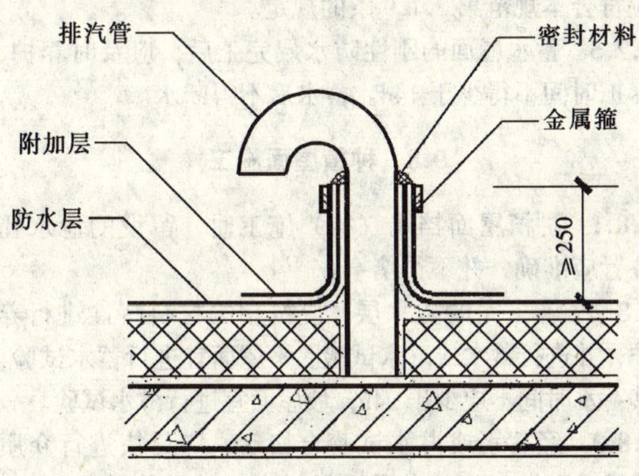

图9.4.2-2 屋面排汽口（二）

9.4.3 架空屋面的架空隔热层高度宜为180～300mm，架空板与女儿墙的距离不宜小于250mm（图9.4.3）。

9.4.4 倒置式屋面的保温层上面，可采用块体材料、水泥砂浆或卵石做保护层；卵石保护层与保温层之间应铺设聚酯纤维无纺布或纤维织物进行隔离保护（图9.4.4-1和图9.4.4-2）。

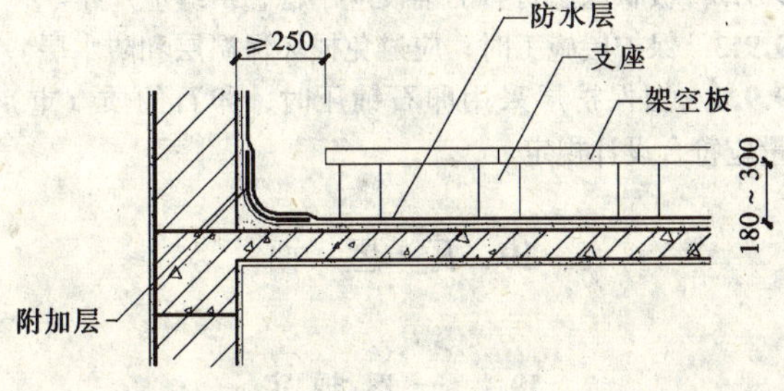

图9.4.3 架空屋面

9.4.5 蓄水屋面的溢水口应距分仓墙顶面100mm（图9.4.5-1）；过水孔应设在分仓墙底部，排水管应与水落管连通（图9.4.5-2）；分仓缝内应嵌填泡沫塑料，上部用卷材封盖，然后加扣混凝土盖板（图9.4.5-3）。

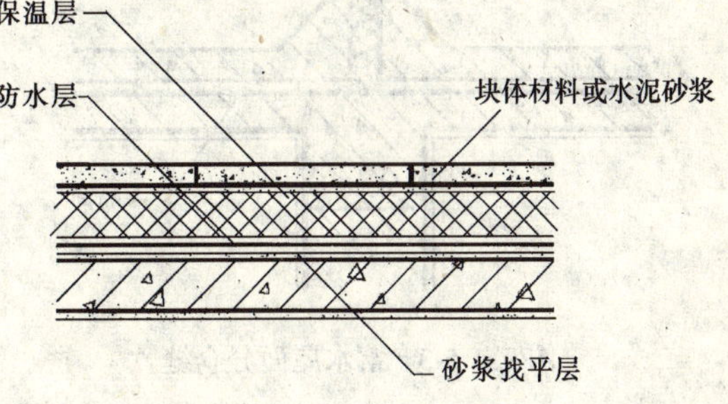

图9.4.4-1 倒置式屋面（一）

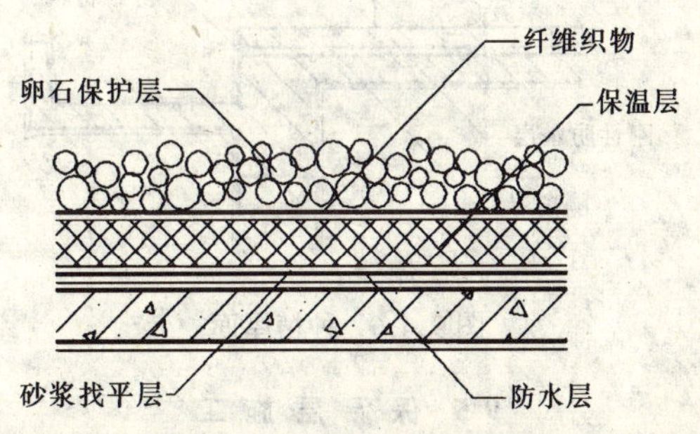

图9.4.4-2 倒置式屋面（二）

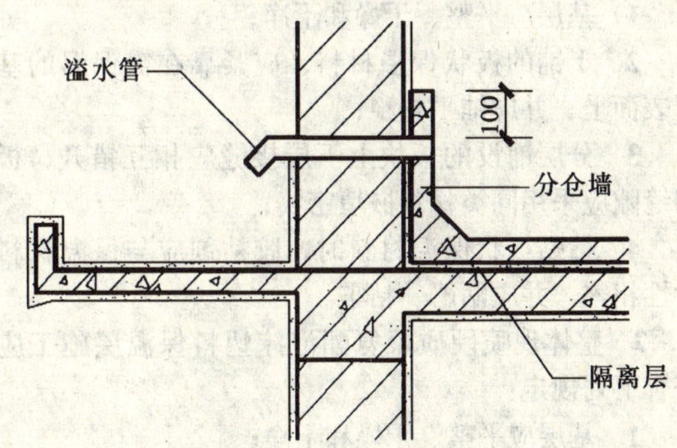

图9.4.5-1 蓄水屋面溢水口

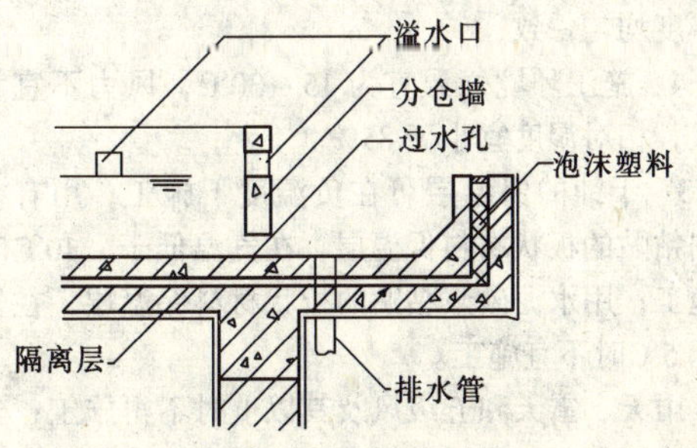

图9.4.5-2 蓄水屋面排水管、过水孔

9.4.6 种植屋面上的种植介质四周应设挡墙，挡墙下部应设泄水孔（图9.4.6）。

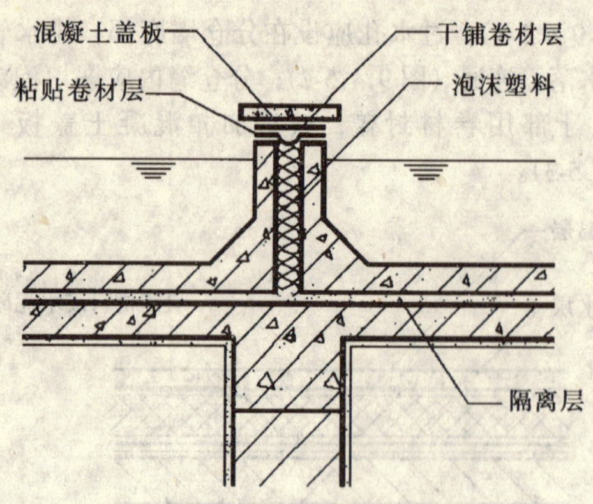

图 9.4.5-3　蓄水屋面分仓缝

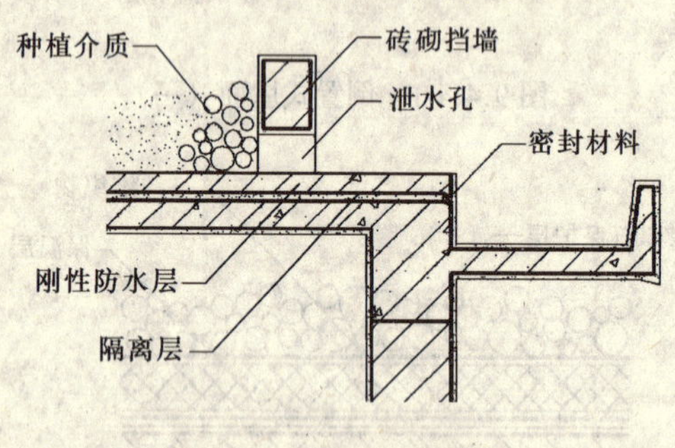

图 9.4.6　种植屋面

9.5 保温层施工

9.5.1 板状材料保温层施工应符合下列规定：

1 基层应平整、干燥和干净；

2 干铺的板状保温材料，应紧靠在需保温的基层表面上，并应铺平垫稳；

3 分层铺设的板块上下层接缝应相互错开，板间缝隙应采用同类材料嵌填密实；

4 粘贴板状保温材料时，胶粘剂应与保温材料材性相容，并应贴严、粘牢。

9.5.2 整体现喷硬质聚氨酯泡沫塑料保温层施工应符合下列规定：

1 基层应平整、干燥和干净；

2 伸出屋面的管道应在施工前安装牢固；

3 硬质聚氨酯泡沫塑料的配比应准确计量，发泡厚度均匀一致；

4 施工环境气温宜为 15～30℃，风力不宜大于三级，相对湿度宜小于 85%。

9.5.3 干铺的保温层可在负温度下施工；用有机胶粘剂粘贴的板状材料保温层，在气温低于 -10℃时不宜施工；用水泥砂浆粘贴的板状材料保温层，在气温低于 5℃时不宜施工。

雨天、雪天和五级风及其以上时不得施工；当施工中途下雨、下雪时，应采取遮盖措施。

9.6 架空屋面施工

9.6.1 架空隔热层施工时，应将屋面清扫干净，并根据架空板的尺寸弹出支座中线。

9.6.2 在支座底面的卷材、涂膜防水层上，应采取加强措施。

9.6.3 铺设架空板时应将灰浆刮平，随时扫净屋面防水层上的落灰、杂物等，保证架空隔热层气流畅通。操作时不得损伤已完工的防水层。

9.6.4 架空板的铺设应平整、稳固；缝隙宜采用水泥砂浆或混合砂浆嵌填，并应按设计要求留变形缝。

9.7 蓄水屋面施工

9.7.1 蓄水屋面的所有孔洞应预留，不得后凿。所设置的给水管、排水管和溢水管等，应在防水层施工前安装完毕。

9.7.2 每个蓄水区的防水混凝土应一次浇筑完毕，不得留施工缝；立面与平面的防水层应同时做好。

9.7.3 蓄水屋面采用卷材防水层施工的气候条件，应符合本规范第 5.6.8 条和第 5.7.7 条的规定。

9.7.4 蓄水屋面采用刚性防水层施工的气候条件，应符合本规范第 7.1.9 条的规定。

9.7.5 蓄水屋面的刚性防水层完工后，应及时养护，养护时间不得少于 14d。蓄水后不得断水。

9.8 种植屋面施工

9.8.1 种植屋面挡墙（板）施工时，留设的泄水孔位置应准确，并不得堵塞。

9.8.2 施工完的防水层，应按相关材料特性进行养护，并进行蓄水或淋水试验。平屋面宜进行蓄水试验，其蓄水时间不应少于 24h；坡屋面宜进行淋水试验。

9.8.3 经蓄水或淋水试验合格后，应尽快进行介质铺设及种植工作。介质层材料和种植植物的质（重）量应符合设计要求，介质材料、植物等应均匀堆放，并不得损坏防水层。

9.8.4 植物的种植时间，应根据植物对气候条件的要求确定。

9.9 倒置式屋面施工

9.9.1 施工完的防水层，应进行蓄水或淋水试验，合格后方可进行保温层的铺设。

9.9.2 板状保温材料的铺设应平稳，拼缝应严密。

9.9.3 保护层施工时，应避免损坏保温层和防水层。

9.9.4 当保护层采用卵石铺压时，卵石的质（重）量应符合设计规定。

10 瓦 屋 面

10.1 一般规定

10.1.1 平瓦屋面适用于防水等级为Ⅱ级、Ⅲ级、Ⅳ级的屋面防水，油毡瓦屋面适用于防水等级为Ⅱ级、

Ⅲ级的屋面防水，金属板材屋面适用于防水等级为Ⅰ级、Ⅱ级、Ⅲ级的屋面防水。

10.1.2 平瓦、油毡瓦可铺设在钢筋混凝土或木基层上，金属板材可直接铺设在檩条上。

10.1.3 平瓦、油毡瓦屋面与山墙及突出屋面结构的交接处，均应做泛水处理。

10.1.4 在大风或地震地区，应采取措施使瓦与屋面基层固定牢固。

10.1.5 瓦屋面严禁在雨天或雪天施工，五级风及其以上时不得施工。油毡瓦的施工环境气温宜为5～35℃。

10.1.6 瓦屋面完工后，应避免屋面受物体冲击。严禁任意上人或堆放物件。

10.2 材 料 要 求

10.2.1 平瓦及其脊瓦的质量及贮运、保管应符合下列规定：

1 平瓦及其脊瓦应边缘整齐，表面光洁，不得有分层、裂纹和露砂等缺陷，平瓦的瓦爪与瓦槽的尺寸应准确；

2 平瓦运输时应轻拿轻放，不得抛扔、碰撞，进入现场后应堆垛整齐。

10.2.2 油毡瓦的质量及贮运、保管应符合下列规定：

1 油毡瓦应边缘整齐，切槽清晰，厚薄均匀，表面无孔洞、楞伤、裂纹、折皱和起泡等缺陷；

2 油毡瓦应在环境温度不高于45℃的条件下保管，避免雨淋、日晒、受潮，并应注意通风和避免接近火源。

10.2.3 金属板材的质量及贮运、保管应符合下列规定：

1 金属板材应边缘整齐，表面光滑，色泽均匀，外形规则，不得有扭翘、脱膜和锈蚀等缺陷；

2 金属板材堆放地点宜选择在安装现场附近，堆放场地应平坦、坚实且便于排除地面水。

10.2.4 各种瓦的规格和技术性能，应符合国家现行标准的要求。进场后应进行外观检验，并按有关规定进行抽样复验。

10.3 设 计 要 点

10.3.1 平瓦单独使用时，可用于防水等级为Ⅲ级、Ⅳ级的屋面防水；平瓦与防水卷材或防水涂膜复合使用时，可用于防水等级为Ⅱ级、Ⅲ级的屋面防水。

油毡瓦单独使用时，可用于防水等级为Ⅲ级的屋面防水；油毡瓦与防水卷材或防水涂膜复合使用时，可用于防水等级为Ⅱ级的屋面防水。

金属板材应根据屋面防水等级选择性能相适应的板材。

10.3.2 具有保温隔热的平瓦、油毡瓦屋面，保温层可设置在钢筋混凝土结构基层的上部；金属板材屋面的保温层可选用复合保温板材等形式。

10.3.3 瓦屋面的排水坡度，应根据屋架形式、屋面基层类别、防水构造形式、材料性能以及当地气候条件等因素，经技术经济比较后确定，并宜符合表10.3.3的规定。

表 10.3.3 瓦屋面的排水坡度(%)

材料种类	屋面排水坡度
平　瓦	≥20
油毡瓦	≥20
金属板材	≥10

10.3.4 基层与突出屋面结构的交接处以及屋面的转角处，应绘出细部构造详图。

10.3.5 当平瓦屋面坡度大于50%或油毡瓦屋面坡度大于150%时，应采取固定加强措施。

10.3.6 平瓦屋面应在基层上面先铺设一层卷材，其搭接宽度不宜小于100mm，并用顺水条将卷材压钉在基层上；顺水条的间距宜为500mm，再在顺水条上铺钉挂瓦条。

10.3.7 平瓦可采用在基层上设置泥背的方法铺设，泥背厚度宜为30～50mm。

10.3.8 油毡瓦屋面应在基层上面先铺设一层卷材，卷材铺设在木基层上时，可用油毡钉固定卷材；卷材铺设在混凝土基层上时，可用水泥钉固定卷材。

10.3.9 天沟、檐沟的防水层，可采用防水卷材或防水涂膜，也可采用金属板材。

10.4 细 部 构 造

10.4.1 平瓦屋面的瓦头挑出封檐的长度宜为50～70mm（图10.4.1-1和图10.4.1-2），油毡瓦屋面的檐口应设金属滴水板（图10.4.1-3和图10.4.1-4）。

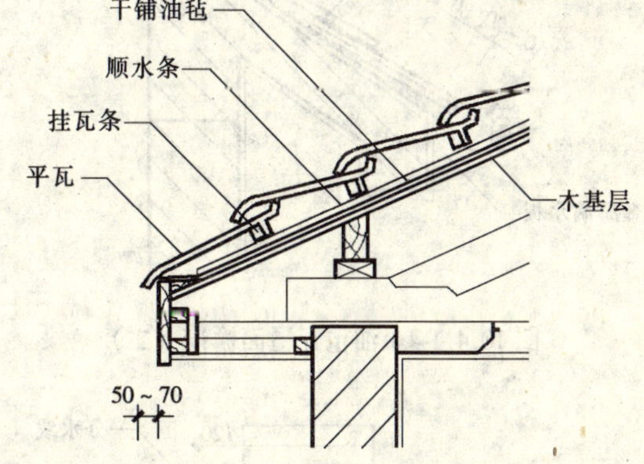

图 10.4.1-1 平瓦屋面檐口（一）

10.4.2 平瓦屋面的泛水，宜采用聚合物水泥砂浆或掺有纤维的混合砂浆分次抹成；烟囱与屋面的交接处，在迎水面中部应抹出分水线，并应高出两侧各30mm（图10.4.2-1）。油毡瓦屋面和金属板材屋面的泛水板，与突出屋面的墙体搭接高度不应小于250mm（图10.4.2-2和图10.4.2-3）。

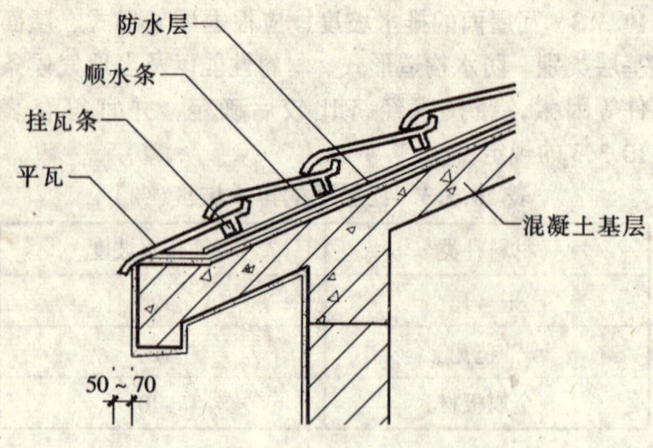

图 10.4.1-2　平瓦屋面檐口（二）

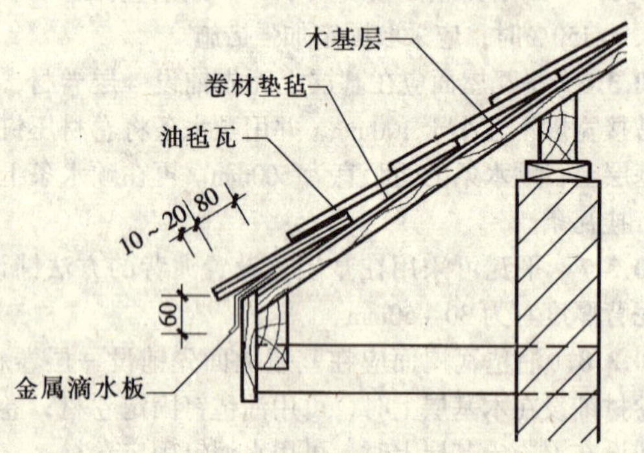

图 10.4.1-3　油毡瓦屋面檐口（一）

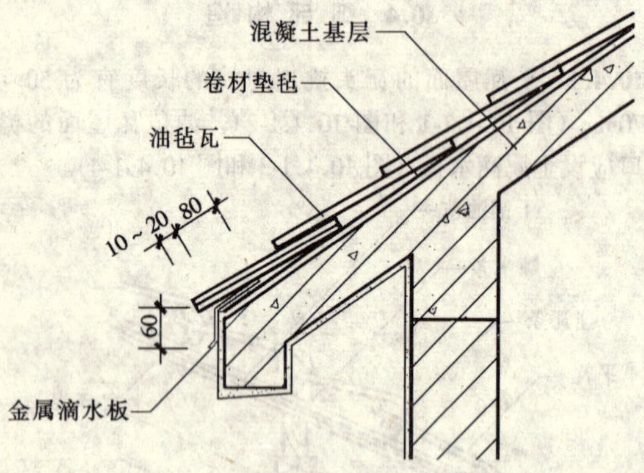

图 10.4.1-4　油毡瓦屋面檐口（二）

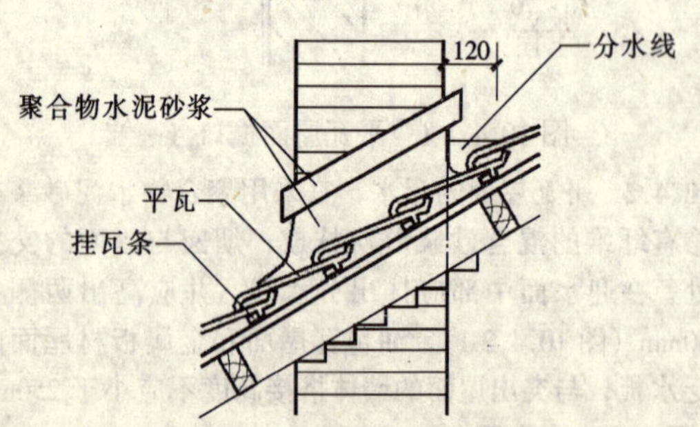

图 10.4.2-1　平瓦屋面烟囱泛水

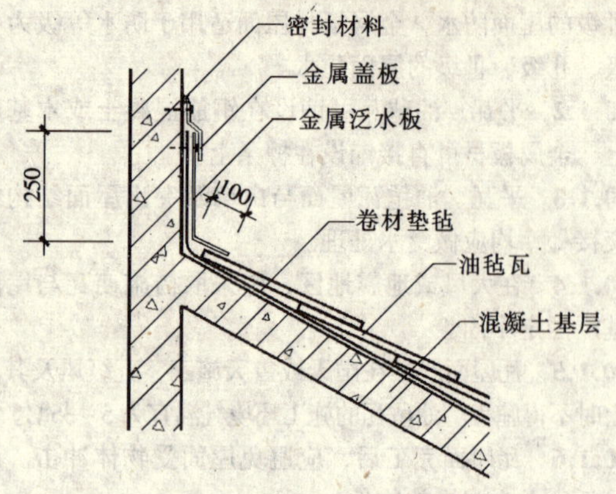

图 10.4.2-2　油毡瓦屋面泛水

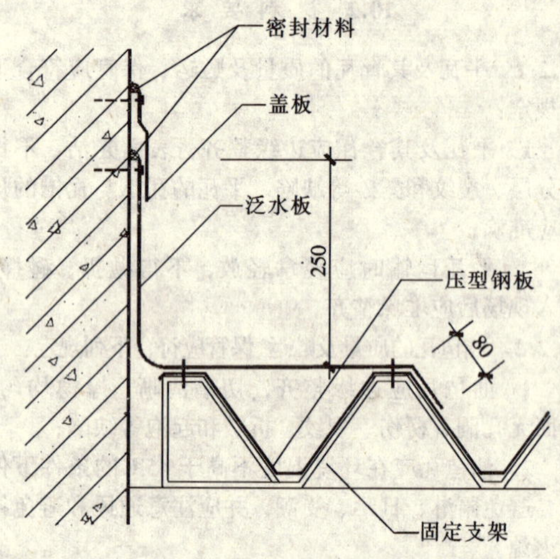

图 10.4.2-3　压型钢板屋面泛水

10.4.3　平瓦伸入天沟、檐沟的长度宜为 50 ~ 70mm（图 10.4.3-1）；檐口油毡瓦与卷材之间，应采用满粘法铺贴（图 10.4.3-2）。

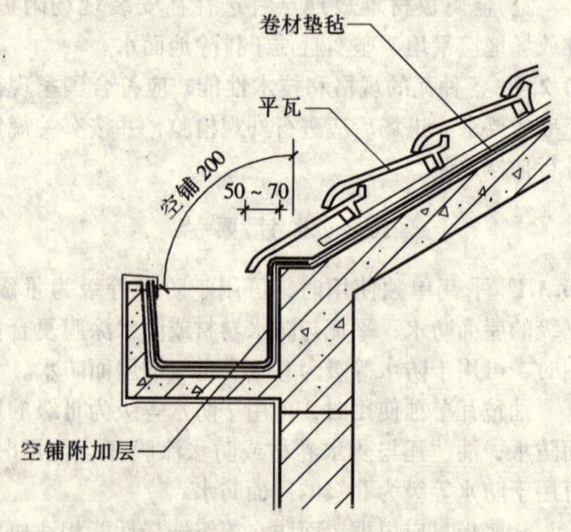

图 10.4.3-1　平瓦屋面檐沟

10.4.4　平瓦屋面的脊瓦下端距坡面瓦的高度不宜大于 80mm，脊瓦在两坡面瓦上的搭盖宽度，每边不应小于 40mm。油毡瓦屋面的脊瓦在两坡面瓦上的搭盖宽度，每边不应小于 150mm（图 10.4.4）。

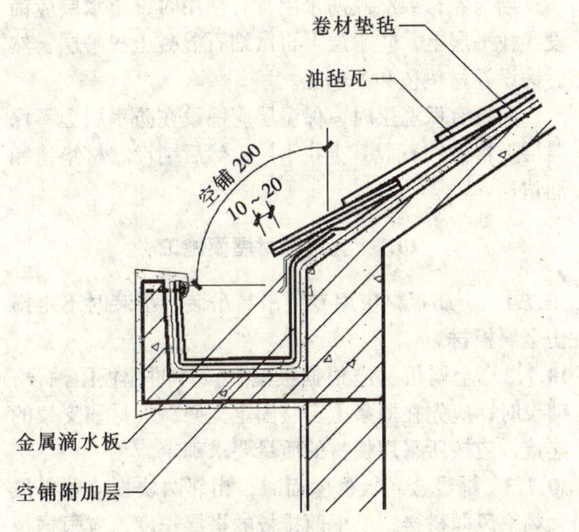

图 10.4.3-2　油毡瓦屋面檐沟

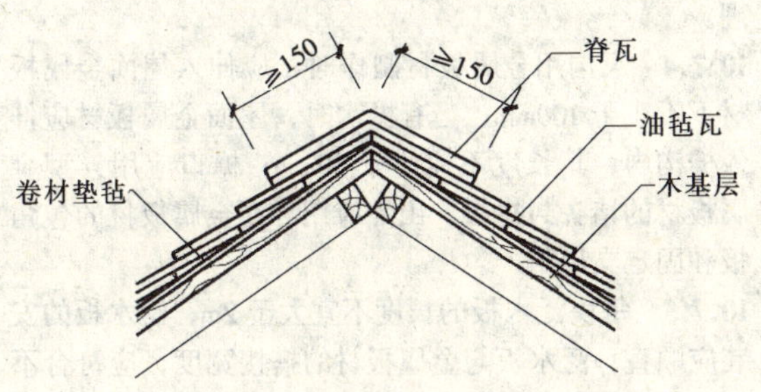

图 10.4.4　油毡瓦屋脊

10.4.5　金属板材屋面檐口挑出的长度不应小于 200mm（图 10.4.5-1）；屋面脊部应用金属屋脊盖板，并在屋面板端头设置泛水挡水板和泛水堵头板（图 10.4.5-2）。

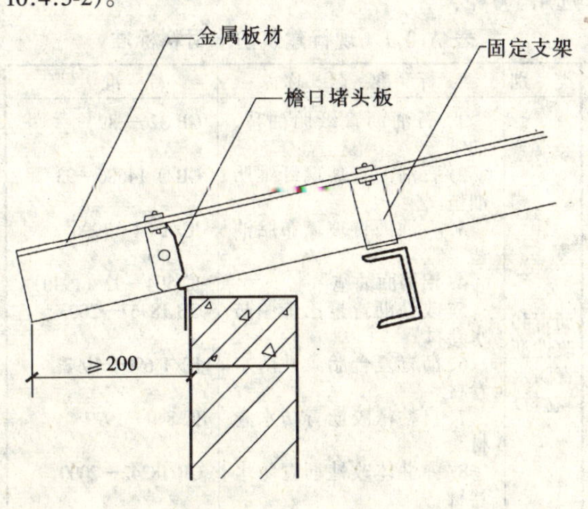

图 10.4.5-1　金属板材屋面檐口

10.4.6　平瓦、油毡瓦屋面与屋顶窗交接处，应采用金属排水板、窗框固定铁角、窗口防水卷材、支瓦条等连接（图 10.4.6-1 和图 10.4.6-2）。

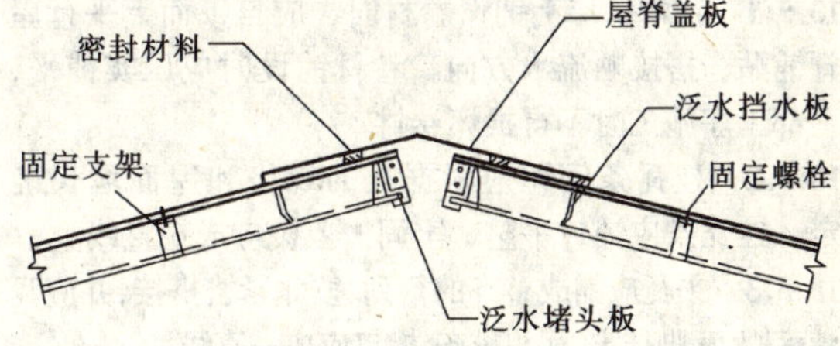

图 10.4.5-2　金属板材屋脊

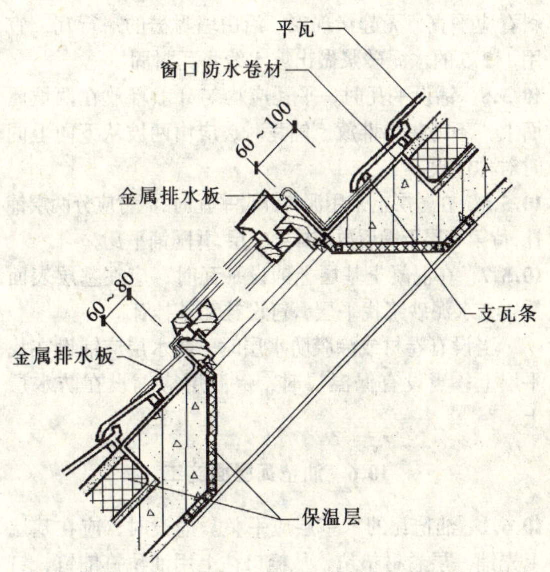

图 10.4.6-1　平瓦屋面屋顶窗

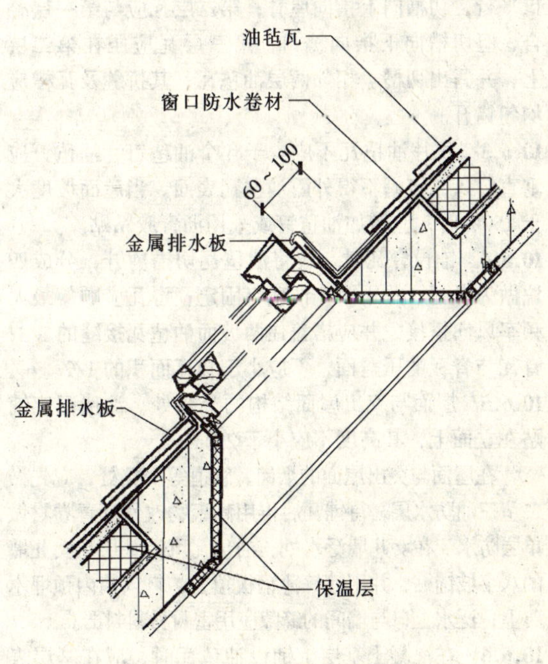

图 10.4.6-2　油毡瓦屋面屋顶窗

10.5 平瓦屋面施工

10.5.1 在木基层上铺设卷材时，应自下而上平行屋脊铺贴，搭接顺流水方向。卷材铺设时应压实铺平，上部工序施工时不得损坏卷材。

10.5.2 挂瓦条间距应根据瓦的规格和屋面坡长确定。挂瓦条应铺钉平整、牢固，上棱应成一直线。

10.5.3 平瓦应铺成整齐的行列，彼此紧密搭接，并应瓦榫落槽，瓦脚挂牢，瓦头排齐，檐口应成一直线。

10.5.4 脊瓦搭盖间距应均匀；脊瓦与坡面瓦之间的缝隙，应采用掺有纤维的混合砂浆填实抹平；屋脊和斜脊应平直，无起伏现象。沿山墙封檐的一行瓦，宜用1:2.5的水泥砂浆做出坡水线将瓦封固。

10.5.5 铺设平瓦时，平瓦应均匀分散堆放在两坡屋面上，不得集中堆放。铺瓦时，应由两坡从下向上同时对称铺设。

10.5.6 在基层上采用泥背铺设平瓦时，泥背应分两层铺抹，待第一层干燥后再铺抹第二层，并随铺平瓦。

10.5.7 在混凝土基层上铺设平瓦时，应在基层表面抹1:3水泥砂浆找平层，钉设挂瓦条挂瓦。

当设有卷材或涂膜防水层时，防水层应铺设在找平层上；当设有保温层时，保温层应铺设在防水层上。

10.6 油毡瓦屋面施工

10.6.1 油毡瓦的木基层应平整。铺设时，应在基层上先铺一层卷材垫毡，从檐口往上用油毡钉铺钉，钉帽应盖在垫毡下面，垫毡搭接宽度不应小于50mm。

10.6.2 油毡瓦应自檐口向上铺设，第一层瓦应与檐口平行，切槽向上指向屋脊；第二层瓦应与第一层叠合，但切槽向下指向檐口；第三层瓦应压在第二层上，并露出切槽。相邻两层油毡瓦，其拼缝及瓦槽应均匀错开。

10.6.3 每片油毡瓦不应少于4个油毡钉，油毡钉应垂直钉入，钉帽不得外露油毡瓦表面。当屋面坡度大于150%时，应增加油毡钉或采用沥青胶粘贴。

10.6.4 铺设脊瓦时，应将油毡瓦切槽剪开，分成四块做为脊瓦，并用两个油毡钉固定；脊瓦应顺年最大频率风向搭接，并应搭盖住两坡面油毡瓦接缝的1/3；脊瓦与脊瓦的压盖面，不应小于脊瓦面积的1/2。

10.6.5 屋面与突出屋面结构的交接处，油毡瓦应铺贴在立面上，其高度不应小于250mm。

在屋面与突出屋面的烟囱、管道等交接处，应先做二毡三油防水层，待铺瓦后再用高聚物改性沥青卷材做单层防水。在女儿墙泛水处，油毡瓦可沿基层与女儿墙的八字坡铺贴，并用镀锌薄钢板覆盖，钉入墙内预埋木砖上；泛水上口与墙间的缝隙应用密封材料封严。

10.6.6 在混凝土基层上铺设油毡瓦时，应在基层表面抹1:3水泥砂浆找平层，按本规范第10.6.1条至第10.6.5条的规定，铺设卷材垫毡和油毡瓦。

当与卷材或涂膜防水层复合使用时，防水层应铺设在找平层上，防水层上再做细石混凝土找平层，然后铺设卷材垫毡和油毡瓦。

当设有保温层时，保温层应铺设在防水层上，保温层上再做细石混凝土找平层，然后铺设卷材垫毡和油毡瓦。

10.7 金属板材屋面施工

10.7.1 金属板材应用专用吊具吊装，吊装时不得损伤金属板材。

10.7.2 金属板材应根据板型和设计的配板图铺设；铺设时，应先在檩条上安装固定支架，板材和支架的连接，应按所采用板材的质量要求确定。

10.7.3 铺设金属板材屋面时，相邻两块板应顺年最大频率风向搭接；上下两排板的搭接长度，应根据板型和屋面坡长确定，并应符合板型的要求，搭接部位用密封材料封严；对接拼缝与外露钉帽应做密封处理。

10.7.4 天沟用金属板材制作时，应伸入屋面金属板材下不小于100mm；当有檐沟时，屋面金属板材应伸入檐沟内，其长度不应小于50mm；檐口应用异型金属板材的堵头封檐板；山墙应用异型金属板材的包角板和固定支架封严。

10.7.5 每块泛水板的长度不宜大于2m，泛水板的安装应顺直；泛水板与金属板材的搭接宽度，应符合不同板型的要求。

附录A 屋面工程建筑材料标准目录

A.0.1 现行建筑防水材料标准应按表A.0.1的规定选用。

表A.0.1 现行建筑防水材料标准

类别	标准名称	标准号
沥青和改性沥青防水卷材	1. 石油沥青纸胎油毡、油纸	GB 326—89
	2. 石油沥青玻璃纤维胎油毡	GB/T 14686—93
	3. 石油沥青玻璃布胎油毡	JC/T 84—1996
	4. 铝箔面油毡	JC 504—92（1996）
	5. 改性沥青聚乙烯胎防水卷材	GB 18967—2003
	6. 沥青复合胎柔性防水卷材	JC/T 690—1998
	7. 自粘橡胶沥青防水卷材	JC 840—1999
	8. 弹性体改性沥青防水卷材	GB 18242—2000
	9. 塑性体改性沥青防水卷材	GB 18243—2000
	10. 自粘聚合物改性沥青聚酯胎防水卷材	JC 898—2002

续表 A.0.1

类别	标准名称	标准号
高分子防水卷材	1. 聚氯乙烯防水卷材	GB 12952—2003
	2. 氯化聚乙烯防水卷材	GB 12953—2003
	3. 氯化聚乙烯—橡胶共混防水卷材	JC/T 684—1997
	4. 高分子防水材料（第一部分片材）	GB 18173.1—2000
	5. 高分子防水卷材胶粘剂	JC 863—2000
防水涂料	1. 水性沥青基防水涂料	JC 408—91（1996）
	2. 聚氨酯防水涂料	GB/T 19250—2003
	3. 溶剂型橡胶沥青防水涂料	JC/T 852—1999
	4. 聚合物乳液建筑防水涂料	JC/T 864—2000
	5. 聚合物水泥防水涂料	JC/T 894—2001
密封材料	1. 聚氨酯建筑密封膏	JC/T 482—92（1996）
	2. 聚硫建筑密封膏	JC/T 483—92（1996）
	3. 丙烯酸酯建筑密封膏	JC/T 484—92（1996）
	4. 硅酮建筑密封膏	GB/T 14683—93
	5. 建筑防水沥青嵌缝油膏	JC/T 207—1996
	6. 混凝土建筑接缝用密封胶	JC/T 881—2001
刚性防水材料	1. 砂浆、混凝土防水剂	JC 474—92（1999）
	2. 混凝土膨胀剂	JC 476—2001
	3. 水泥基渗透结晶型防水材料	GB 18445—2001
瓦	1. 油毡瓦	JC/T 503—92（1996）
	2. 烧结瓦	JC 709—1998
	3. 混凝土瓦	JC 746—1999
防水材料试验方法	1. 沥青防水卷材试验方法	GB 328—89
	2. 建筑胶粘剂通用试验方法	GB/T 12954—91
	3. 建筑密封材料试验方法	GB/T 13477—92
	4. 建筑防水涂料试验方法	GB/T 16777—1997
	5. 建筑防水材料老化试验方法	GT/T 18244—2000

A.0.2 现行建筑保温隔热材料标准应按表 A.0.2 的规定选用。

表 A.0.2 现行建筑保温隔热材料标准

类别	标准名称	标准号
保温隔热材料	1. 建筑物隔热用硬质聚氨酯泡沫塑料	GB 10800—89
	2. 膨胀珍珠岩绝热制品	GB/T 10303—2001
	3. 膨胀蛭石制品	JC 442—91（1996）
	4. 泡沫玻璃绝热制品	JC/T 647—1996

续表 A.0.2

类别	标准名称	标准号
保温隔热材料	5. 绝热用模塑聚苯乙烯泡沫塑料	GB/T 10801.1—2002
	6. 绝热用挤塑聚苯乙烯泡沫塑料（XPS）	GB/T 10801.2—2002
保温隔热材料试验方法	1. 保温材料憎水性试验方法	GB 10299—89
	2. 硬质泡沫塑料试验方法	GB/T 8810—8813—88
	3. 加气混凝土导热系数试验方法	JC 275—80（1996）
	4. 膨胀珍珠岩绝热制品试验方法	GB 5486—85
	5. 塑料燃烧性能试验方法	GB/T 2406—93
	6. 无机硬质绝热制品试验方法	GB/T 5486—2001

附录 B 沥青玛𤇭脂的选用、调制和试验

B.1 标号的选用及技术性能

B.1.1 粘贴各层卷材、粘结绿豆砂保护层的沥青玛𤇭脂标号，应根据屋面的使用条件、坡度和当地历年极端最高气温，按表 B.1.1 的规定选用。

表 B.1.1 沥青玛𤇭脂选用标号

材料名称	屋面坡度	历年极端最高气温	沥青玛𤇭脂标号
沥青玛𤇭脂	1%～3%	小于 38℃	S-60
		38～41℃	S-65
		41～45℃	S-70
	3%～15%	小于 38℃	S-65
		38～41℃	S-70
		41～45℃	S-75
	15%～25%	小于 38℃	S-75
		38～41℃	S-80
		41～45℃	S-85
注：1 卷材层上有块体保护层或整体刚性保护层，沥青玛𤇭脂标号可按表 B.1.1 降低 5 号； 2 屋面受其他热源影响（如高温车间等）或屋面坡度超过 25% 时，应将沥青玛𤇭脂的标号适当提高。			

B.1.2 沥青玛𤇭脂的质量要求，应符合表 B.1.2 的规定。

表 B.1.2 沥青玛瑞脂的质量要求

标号 指标名称	S-60	S-65	S-70	S-75	S-80	S-85
耐热度	用2mm厚的沥青玛琋脂粘合两张沥青油纸，于不低于下列温度（℃）中，1:1坡度上停放5h的沥青玛琋脂不应流淌，油纸不应滑动					
	60	65	70	75	80	85
柔韧性	涂在沥青油纸上的2mm厚的沥青玛琋脂层，在18±2℃时，围绕下列直径（mm）的圆棒，用2s的时间以均衡速度弯成半周，沥青玛琋脂不应有裂纹					
	10	15	15	20	25	30
粘结力	用手将两张粘贴在一起的油纸慢慢地一次撕开，从油纸和沥青玛琋脂的粘贴面的任何一面的撕开部分，应不大于粘贴面积的1/2					

B.2 配 合 成 分

B.2.1 配制沥青玛琋脂用的沥青，可采用10号、30号的建筑石油沥青和60号甲、60号乙的道路石油沥青或其熔合物。

B.2.2 选择沥青玛琋脂的配合成分时，应先选配具有所需软化点的一种沥青或两种沥青的熔合物。当采用两种沥青时，每种沥青的配合量，宜按下列公式计算：

$$石油沥青熔合物\ B_g = \left(\frac{t - t_2}{t_1 - t_2}\right) \times 100 \tag{B.2.2-1}$$

$$B_d = 100 - B_g \tag{B.2.2-2}$$

式中 B_g——熔合物中高软化点石油沥青含量（%）

B_d——熔合物中低软化点石油沥青含量（%）；

t——熔合物所需的软化点（℃）；

t_1——高软化点石油沥青的软化点（℃）；

t_2——低软化点石油沥青的软化点（℃）。

B.2.3 在配制沥青玛琋脂的石油沥青中，可掺入10%～25%的粉状填充料，或掺入5%～10%的纤维填充料。填充料宜采用滑石粉、板岩粉、云母粉、石棉粉。填充料的含水率不宜大于3%。粉状填充料应全部通过0.20mm孔径的筛子，其中大于0.08mm的颗粒不应超过15%。

B.3 调 制 方 法

B.3.1 将沥青放入锅中熔化，应使其脱水并不再起沫为止。

当采用熔化的沥青配料时，可采用体积比；当采用块状沥青配料时，应采用质量比。

当采用体积比配料时，熔化的沥青应用量勺配料，石油沥青的密度，可按1.00计。

B.3.2 调制沥青玛琋脂时，应在沥青完全熔化和脱水后，再慢慢地加入填充料，同时不停地搅拌至均匀为止。填充料在掺入沥青前，应干燥并宜加热。

B.4 试 验 方 法

B.4.1 沥青玛琋脂的各项试验，每项应至少3个试件，试验结果均应合格。

B.4.2 耐热度测定：应将已干燥的110mm×50mm的350号石油沥青油纸，由干燥器中取出，放在瓷板或金属板上，将熔化的沥青玛琋脂均匀涂布在油纸上，其厚度应为2mm，并不得有气泡。但在油纸的一端应留出10mm×50mm空白面积以备固定。以另一块100mm×50mm的油纸平行地置于其上，将两块油纸的三边对齐，同时用热刀将边上多余的沥青玛琋脂刮下。将试件置放于15～25℃的空气中，上置一木制薄板，并将2kg重的金属块放在木板中心，使均匀加压1h，然后卸掉试件上的负荷，将试件平置于预先已加热的电烘箱中（电烘箱的温度低于沥青玛琋脂软化点30℃）停放30min，再将油纸未涂沥青玛琋脂的一端向上，固定在45°角的坡度板上，在电烘箱中继续停放5h，然后取出试件，并仔细察看有无沥青玛琋脂流淌和油纸下滑现象。如果未发生沥青玛琋脂流淌或油纸下滑，应认为沥青玛琋脂的耐热度在该温度下合格。然后将电烘箱温度提高5℃，另取一试件重复以上步骤，直至出现沥青玛琋脂流淌或油纸下滑时为止，此时可认为在该温度下沥青玛琋脂的耐热度不合格。

B.4.3 柔韧性测定：应在100mm×50mm的350号石油沥青油纸上，均匀地涂布一层厚约2mm的沥青玛琋脂（每一试件用10g沥青玛琋脂），静置2h以上且冷却至温度为18±2℃后，将试件和规定直径的圆棒放在温度为18±2℃的水中浸泡15min，然后取出并用2s时间以均衡速度弯曲成半周。此时沥青玛琋脂层上不应出现裂纹。

B.4.4 粘结力测定：将已干燥的100mm×50mm的350号石油沥青油纸，由干燥器中取出，放在成型板上，将熔化的沥青玛琋脂均匀涂布在油纸上，厚度宜为2mm，面积为80mm×50mm，并不得有气泡，但在油纸的一端应留出20mm×50mm的空白，以另一块100mm×50mm的沥青油纸平行的置于其上，将两块油纸的四边对齐，同时用热刀把边上多余的沥青玛琋脂刮下。试件置于15～25℃的空气中，上置木制薄板，并将2kg重的金属块放在木板中心，使均匀加压1h，然后除掉试件上的负荷，再将试件置于18±2℃的电烘箱中30min取出，用两手的拇指与食指捏住试件未涂沥青玛琋脂的部分一次慢慢地揭开，若油纸的任何一面被揭开的面积不超过原粘贴面积的1/2时，应认为合格。

本规范用词说明

1 为便于在执行本规范条文时区别对待，对要求严格程度不同的用词说明如下：

1）表示很严格，非这样做不可的用词：
正面词采用“必须”，反面词采用“严禁”；

2）表示严格，在正常情况下均应这样做的用词：
正面词采用“应”，反面词采用“不应”或“不得”；

3）表示允许稍有选择，在条件许可时首先应这样做的用词：
正面词采用“宜”，反面词采用“不宜”；

表示有选择，在一定条件下可以这样做的用词采用“可”。

2 规范中指定按其他有关标准、规范的规定执行时，写法为“应符合……的规定”或“应按……执行”。

中华人民共和国国家标准

屋面工程技术规范

GB 50345—2004

条文说明

目 次

1 总 则

1.0.1 随着建筑技术的发展，人们在屋面工程实践中已经逐渐认识到：要提高屋面工程的技术水平，就必须把屋面当作一个系统工程来进行研究，建立起一个屋面工程技术内在规律的理论分析体系，指导屋面工程技术的发展。

解决当前屋面渗漏这一突出的问题，促进建筑防水、保温隔热新技术的发展，确保屋面工程的功能与质量，这就是制订本规范的目的。

1.0.2 屋面工程应遵循“材料是基础、设计是前提、施工是关键、管理是保证”的综合治理原则。为使房屋建筑的屋面渗漏问题得到尽快解决，本规范将屋面工程的设计单列一章，并对有关章节的材料要求、设计要点、细部构造以及工程施工等内容均提出了要求，明确了屋面工程设计和施工的技术规定。

1.0.3 为了贯彻国家有关环境保护和节约能源的政策，屋面工程设计和施工应从选择建筑材料、施工方法等方面着手，考虑其对周围环境影响程度以及建筑节能效果，并应采取针对性措施。

1.0.4 根据建设部印发建标（1996）626号《工程建设标准编写规定》，采用了“……除应符合本规范外，尚应符合国家现行的有关标准规范的规定”典型用语。

1.0.5 本规范仅适用于屋面工程的设计和施工，对屋面工程施工质量验收，尚应符合国家标准《屋面工程质量验收规范》GB 50207—2002的规定。

2 术 语

建设部建标（1996）第626号《工程建设标准编写规定》第十五条规定：标准中采用的术语和符号，当现行的标准中尚无统一规定，且需要给出定义或涵义时，可独立成章，集中列出。

本规范术语共有26条，分三种情况：

1 在现行国家标准、行业标准中无规定，是本规范首次提出的。如：倒置式屋面、架空屋面、蓄水屋面、种植屋面等。

2 虽在国家标准、行业标准中出现过这一术语，但都是比较生疏的。如：防水层合理使用年限、一道防水设防、热粘法、冷粘法、自粘法、热熔法、焊接法等。

3 现行国家标准、行业标准中虽有类似术语，但内容不完全相同的。如：沥青防水卷材、高聚物改性沥青防水卷材、合成高分子防水卷材、密封材料等。

3 基 本 规 定

3.0.1 屋面工程应根据建筑物的性质、重要程度、使用功能要求，将建筑屋面防水等级分为Ⅰ、Ⅱ、Ⅲ、Ⅳ级，防水层合理使用年限分别规定为25年、15年、10年、5年，并根据不同的防水等级规定了设防要求及防水层选用材料。

根据不同的屋面防水等级和防水层合理使用年限，分别选用高、中、低档防水材料，进行一道或多道防水设防，作为设计人员进行屋面工程设计时的依据。屋面防水层多道设防时，可采用同种卷材叠层或不同卷材复合，也可采用卷材和涂膜复合，刚性防水材料和卷材或涂膜复合等。

3.0.2 根据建设部（1991）370号文《关于治理屋面渗漏的若干规定》要求：房屋建筑屋面防水工程设计，必须要有防水设计经验的人员承担，设计时要结合工程的特点，对屋面防水构造进行认真处理。因此，本条文规定设计人员在进行屋面工程设计时，首先要根据建筑物的性质、重要程度、使用功能要求，确定建筑物的屋面防水等级和屋面做法，然后按照不同地区的自然条件、防水材料情况、经济技术水平和其他特殊要求，综合考虑选用适合的防水材料，按设防要求的规定进行屋面工程构造设计，并应绘出屋面工程的施工图。对檐口、泛水等重要部位，应由设计人员绘出大样图。保温层理论厚度应通过计算确定，并作为采暖建筑节能设计的依据。

本规范在有关细部构造中所示意的节点构造，仅为条文的辅助说明，不能作为设计节点的构造详图。

3.0.3 根据建设部（1991）837号文《关于提高防水工程质量的若干规定》要求：防水工程施工前，通过对图纸的会审，掌握施工图中的细部构造及质量要求。这样做一方面是对设计进行把关，另一方面能使施工单位切实掌握屋面防水设计的要求，制订确保防水工程质量的施工方案或技术措施。

屋面防水工程施工方案的内容包括：工程概况、质量工作目标、施工组织与管理、防水材料及其使用、施工操作技术、安全注意事项等。

3.0.4 屋面工程各道工序之间，常常因上道工序存在的问题未解决，而被下道工序所覆盖，给屋面防水留下质量隐患。在屋面工程施工中，必须按工序、层次进行检查验收，不能全部做完后才进行一次性的检查验收。即在操作人员自检合格的基础上，进行工序间的交接检查和专职质量人员的检查，检查结果应有完整的记录，如发现上道工序质量不合格，必须进行返工或修补，直至合格后方可进行下道工序。

3.0.5 防水工程施工实际上是对防水材料的一次再加工，必须由防水专业队伍进行施工，才能保证防水工程的质量。防水专业队伍应由经过理论与实际施工操作培训，并经考试合格的人员组成。本条文所指的防水专业队伍，应由当地建设行政主管部门对防水施工企业的规模、技术水平、业绩等综合考核后颁发证书，操作人员应由当地建设行政主管部门发给上岗证。

实现防水施工专业化，有利于加强管理和落实责任制，有利于推行防水工程质量保证期制度，这是提高屋面防水工程质量的关键。对非防水专业队伍或非防水工施工的，当地质量监督部门应责令其停止施工。

3.0.6 屋面工程所采用的防水、保温隔热材料，除有产品合格证书和性能检测报告等出厂质量证明文件外，还应有当地建设行政主管部门指定检测单位对该产品本年度抽样检验认证的试验报告，其质量必须符合国家产品标准和设计要求。

材料进入现场后，施工单位应按规定进行抽样复验，并提出试验报告。抽样数量、检验项目和检验方法，应符合国家产品标准和本规范的有关规定，抽样复验不合格的材料不得用在工程上。

3.0.7 根据《建筑工程施工质量验收统一标准》GB 50300—2001 规定，分部工程施工应按工序或分项工程进行验收，构成分项工程的各检验批应符合相应质量验收标准的规定。

屋面工程是一个分部工程，包括屋面找平层、屋面保温层、屋面防水层和细部构造等分项工程，施工单位应建立各道工序的自检、交接检和专职人员检查的“三检”制度，并有完整的检查记录。每道工序完成后，应经建设（监理）单位检查验收，合格后方可进行下道工序的施工。

对屋面工程的成品保护是一个非常重要的环节。屋面防水工程完工后，有时又要上人进行其他作业，如安装天线、水箱、堆放杂物等，会造成防水层局部破坏而出现渗漏。本条文规定当下道工序或相邻工程施工时，对屋面工程已完成的部分（尤其是防水层），应采取有效的保护措施，以防止损坏。

3.0.8 本条文强调在防水层施工前，应将伸出屋面的管道、设备及预埋件安装完毕。屋面防水层完工后，又在屋面凿眼打洞、重物冲击或安装广告牌，这样会局部损坏已做好的防水层，使屋面丧失了防水层的整体性而导致渗漏。

3.0.9 随着人们对屋面使用功能要求的提高，屋面工程设计突破了过去千篇一律的平屋面形式，提出多样化、立体化等新的建筑设计理念，从而对建筑造型、屋面防水、保温隔热、建筑节能、生态环境等方面提出了更高的要求。

本条文是根据建设部令第 109 号《建设领域推广应用新技术管理规定》的精神，注重在屋面工程中推广应用新技术和限制、禁止使用落后的技术。对采用性能、质量可靠的新型防水材料和相应的施工技术等科技成果，必须经过科技成果鉴定、评估或新产品、新技术鉴定，并应制订相应的技术标准。同时，强调新技术（包括新材料、新工艺、新技术、新产品）需经屋面工程实践检验，符合有关安全及功能要求的才能得到推广应用。

3.0.10 排水系统不但交工时要畅通，在使用过程中应经常检查，防止水落口、天沟、檐沟堵塞，以免造成屋面长期积水和大雨时溢水。

工程交付使用后，应由使用单位建立维护保养制度，指定专人定期对屋面进行检查、维护。做好屋面的维护保养工作，是延长防水层使用年限的基本保证。据调查，很多屋面由交付使用到发现渗漏期间，从未有人过问或清理，造成屋面排水口堵塞、长期积水或杂草滋长，有的因屋面上人而导致损坏，从而破坏了屋面防水层的整体性，加速了防水层的老化、开裂、腐烂和渗漏。为此，按照建设部（1991）837 号文《关于提高防水工程质量的若干规定》中第七条的要求，本条文提出对屋面工程管理、维护、保养的原则规定。

4 屋面工程设计

4.1 一 般 规 定

4.1.1 屋面工程设计内容中的“1”、“2”款是屋面构造设计。因屋面形式、建筑功能、气候条件不同，设防道数和选材都不会一致，所以屋面构造必须根据具体工程进行设计。

“3”、“4”、“5”款是选用防水材料、保温隔热材料和密封材料的要求，并指明“主要物理性能”。因为目前有许多假冒伪劣材料，很难达到国家制订的技术指标，如果设计时不严加控制，容易被伪劣材料混充，注明技术指标便于检测，是保证材料质量的措施。

“6”款是排水系统设计。由于过去对屋面排水重视不够，建筑初步设计时基本不考虑，出施工图时往往造成水落管没有合适地方，或者排水线路很长、坡度近于零，或者屋面汇水面积过大，所以屋面应做排水系统设计。

4.1.2 屋面工程防水设计的原则，是根据我国建筑防水技术 50 年的实践，通过分析研究、认识提高而确立的。

4.1.3 按本规范第 3.0.1 条的规定，防水等级为Ⅰ级或Ⅱ级的屋面，应分别采用三道及三道以上或二道防水设防。多道设防是为了提高屋面防水的可靠性，若第一道防线破坏，则第二道、第三道防线还可以弥补，共同组成一个完整的防水体系，所以屋面防水应采用卷材、涂膜、刚性防水材料等互补并用的多道设防。这里规定的卷材叠层，可采用同种（非同一品种）卷材叠层或不同种卷材复合，使用时虽会给施工和采购带来不便，但对材性互补以及保证防水可靠性是有利的，应予提倡。

4.1.4 对使用多种防水材料复合的屋面，应充分利用各种材料技术性能上的优势，将耐老化、耐穿刺的防水材料放在最上面，以提高屋面工程的整体防水功能。如果防水层上有较厚的保护层，可不受此限制。

4.1.5 计算屋面保温层厚度时，必须确定两个基本数据，即屋盖系统最小传热阻 $R_{0,\min}$及屋盖系统使用保温材料的导热系数 λ_{χ}。$R_{0,\min}$可根据《民用建筑热工设计规范》GB 50176—93、《民用建筑节能设计标准（采暖居住建筑部分）》JGJ 26—95 和《夏热冬冷地区居住建筑节能设计标准》JGJ 134—2001 确定。

4.1.6 根据历次全国屋面渗漏调查资料分析，细部构造的渗漏占全部渗漏建筑的 80%以上，可以看出屋面细部构造防水的重要性。

天沟、檐沟、阴阳角、水落口、变形缝等部位，由于构件断面的变化和屋面的变形，致使防水层拉伸而断裂，对这些部位应做防水增强处理。本条规定的附加层，一般应采用卷材或带有胎体增强材料的涂膜，但两道设防采用卷材叠层施工时，此部位搭接将出现四层，可不另做附加层。

4.1.7 我国建筑防水材料发展的方向是：全面提高我国防水材料质量的整体水平，大力发展弹性体（SBS）、塑性体（APP）改性沥青防水卷材，积极推进高分子防水卷材，适当发展防水涂料，努力开发密封材料、聚合物乳液防水砂浆和止水堵漏材料，限制发展和使用石油沥青纸胎油毡和沥青复合胎柔性防水卷材，淘汰焦油类防水材料。

由于许多防水材料是由有机物合成的，往往带有毒性物质，施工时屡有中毒事故发生，为此环保部门要求防水材料不能对环境有污染。

目前，在《建设部推广应用和限制禁止使用技术》（建设部公告第 218 号）中，已经明确以下禁用产品：

1 S型聚氯乙烯防水卷材；

2 焦油型聚氨酯防水涂料；

3 水性聚氯乙烯焦油防水涂料；

4 焦油型聚氯乙烯建筑防水接缝材料。

4.2 构造设计

4.2.1 屋面结构刚度大小，对屋面结构变形起主要作用。为了减少防水层受屋面结构变形的影响，必须提高屋面结构刚度，所以屋面结构层最好是整体现浇混凝土。采用预制装配式混凝土板时，由于混凝土板的强度等级均高于 C20，故要求板缝用不低于 C20 的细石混凝土灌缝；板缝过宽或上窄下宽，灌缝的混凝土干缩受振动后容易掉落，故应在缝中放置构造钢筋。

板端缝处是变形最大的部位，板在长期荷载下的挠曲变形，会导致板与板间的缝隙增大，故强调此处应进行密封处理。无保温层的屋面，由于温差变化对装配式混凝土板变形的影响很大，涂膜防水屋面应在板侧缝和端缝都进行密封处理。

4.2.2 大跨度的屋面如采用轻质材料或保温层找坡，势必大大增加荷载和增加造价，是极不合理的。由于一般工业厂房和公共建筑，对顶棚水平要求不高或建筑功能允许，应首先用结构找坡，既节省材料、降低成本，又减轻了屋面荷重。本条文作出结构找坡不应小于 3%的规定。

4.2.3 当用材料找坡时，为了减轻屋面荷载和施工方便，可采用轻质材料或保温层找坡。屋面坡度过小，施工难以做到不积水和排水通畅，本条文作出材料找坡宜为 2%的规定。

4.2.4 根据历次全国屋面防水工程调查，由于天沟、檐沟长期积水，卷材发生霉烂和损坏的现象较为普遍。故规定天沟、檐沟纵向坡度不应小于 1%，沟底的水落差不得超过 200mm，即水落口距离分水线不得超过 20m 的要求。如果沟底用细石混凝土找坡而增加荷重过大，可采用轻质材料找坡。

如天沟、檐沟经过变形缝，则防水处理很困难，因此规定天沟、檐沟不得流经变形缝，也不允许通过防火墙，否则防火墙会失去作用。

4.2.5 本条淘汰了沥青砂浆找平层，保留了水泥砂浆找平层和细石混凝土找平层，增加了混凝土随浇随抹方法和内容。

由于找平层收缩和温差的影响，水泥砂浆或细石混凝土找平层应留设分格缝，使裂缝集中于分格缝中，减少找平层大面积开裂的可能。预制屋面板找平层的分格缝，宜设在预制板支承边的拼缝处，分格缝内宜填塞聚乙烯泡沫塑料（卷材防水层）或密封材料（涂膜防水层）。

4.2.6 参考有关资料，我国纬度 40°以北冬季取暖地区（寒冷地区），室内空气湿度大于 75%时就会发生结露，潮汽会通过屋面板渗到保温层中，而常年室内空气湿度大于 80%的建筑，也同样会出现此类现象，故作本条规定。

为了防止室内水蒸汽通过屋面板渗透到保温层内，隔汽层的材料不但要求防水，还要求隔绝蒸汽的渗透，故规定隔汽层应采用气密性、水密性好的材料。根据实践，隔汽层被保温层、找平层等埋压，为了提高抵抗基层的变形能力，隔汽层的卷材铺贴宜采用空铺法。

4.2.7 对多种防水材料的复合使用，本条仅列举 4 款内容作为有关注意事项和具体规定。

1 采用热熔型卷材或涂料时，由于使用明火或使用温度达 200℃左右，都会在复合防水施工中引起火灾，故规定不得采用。

2 由于卷材在工厂生产，匀质性好、强度高，厚度完全可以保证，但接缝施工繁琐、工艺复杂；涂料是无接缝的防水涂膜层，但现场施工的均匀性不好、强度不高。若将卷材与涂膜复合形成防水层，可弥补各自的不足，使防水设防更可靠。

卷材与涂膜复合使用时，涂膜放在下部有利于提高涂膜的耐久性，故规定卷材与涂膜复合使用时，涂膜宜放在下部。

3 刚性防水层有优良的耐穿刺和耐老化性能，可对下面的柔性防水层起保护作用，而柔性防水层有良好的适应基层变形的能力，弥补了刚性防水层易开裂的弱点，所以规定刚性材料应设置在柔性材料的上部。

4 目前有采用聚氨酯涂料上面复合合成高分子卷材的作法，也有采用热熔 SBS 改性沥青涂料上面复合 SBS 改性沥青卷材的作法。说明反应型涂料和热熔性涂料，完全可以作为铺贴卷材胶粘剂并进行复合防水。

4.2.8 为了保证涂膜防水层的防水性、耐久性和耐穿刺性，除了对防水涂料的性能提出一定的要求以外，涂膜防水层的厚度已在本规范中明确作了规定。

屋面工程中主要是采用高聚物改性沥青防水涂料、合成高分子防水涂料和聚合物水泥防水涂料，而沥青基防水涂料由于性能低劣已被淘汰。新型防水涂料要达到设计规定的涂膜厚度，必须采用多遍涂刷施工工艺，事先应计算出规定厚度的防水材料用量，并采取措施控制好涂膜厚度的均匀性。涂膜防水屋面设计时，涂膜应以一道防水层（包括胎体增强材料）的厚度表示，不得用涂刷的遍数表示。

4.2.9 在屋面构造设计中，隔离层的作用是找平、隔离，消除防水层与基层之间的粘结力及机械咬合力。

卷材、涂膜防水层上设置水泥砂浆、块体材料、细石混凝土等刚性保护层，本条强调了在刚性保护层与防水层之间设置隔离层的必要性，从施工的角度要求做到平整，起到完全隔离的作用，保证刚性保护层胀缩变形，不致损坏防水层。

由于温差、干缩、荷载作用等因素，使结构层发生变形、开裂，而导致刚性防水层产生裂缝。根据资料和各地施工单位的经验，在刚性防水层和基层之间设置隔离层，使防水层可以自由伸缩，减少了结构变形对防水层的不利影响。补偿收缩混凝土防水层虽有一定的抗裂性，但仍以设置隔离层为佳，因此本条规定细石混凝土防水层与结构层间宜设置隔离层。

4.2.10 所谓一道防水设防，是指具有单独防水能力的一道防水层次。虽然本规范表 3.0.1 已明确了屋面防水等级和设防要求，但防水工程设计与施工人员，对屋面的一道防水设防存在着不同的理解，这样就不便于本规范的实施。为此，将施工过程中一些常见的违规行为，作为禁忌条目比较具体也容易接受，便于掌握屋面防水设计的各项要领。

4.2.11 柔性防水层若没有保护层而完全暴露时，由于直接遭受日光曝晒，紫外线、臭氧、热老化作用，雨水冲刷、风吹、霜冻，人的踩踏和活动，大大加速防水层的老化和损坏，缩短防水层的寿命。因此，本条文对柔性防水层上做保护层作了硬性规定，它对减少维修费用和降低综合成本具有重大意义。

4.2.12 水落管的数量和管径，均受到屋面汇水面积的制约，实践证明目前水落管的内径普遍偏小，造成排水不通畅且易堵塞。

降雨量大小对屋面汇水面积影响极大，应结合实际情况进行综合考虑，一般规定水落管的内径不应小于 100mm，每根水落管的最大汇水面积宜小于 200m^2，但尚应符合《建筑给水排水设计规范》GB 50015—2003 的有关规定。

4.2.13 变形缝是容易发生渗漏的部位，覆盖卷材防水层时应采用高延伸卷材，并使它预留较大的变形余地，将卷材凹在缝中或往上凸起，可避免因建筑物沉降、胀缩拉断卷材。

变形缝处在排水坡上方（檐口排水）时，不一定对变形缝进行密封，只要能挡雨就可以；如变形缝处在排水坡低处（变形缝一方的天沟作内排水）时，则要将缝两侧的卷材粘牢并进行严密封闭，避免大雨时屋面及天沟积水，发生倒灌水现象。

4.3 材料选用

4.3.1 本规范是按卷材防水屋面、涂膜防水屋面、刚性防水屋面、屋面接缝密封防水、保温隔热屋面和瓦屋面进行叙述的。在每类屋面中，由于防水材料品种繁多、性能各异，故对防水材料的选用就显得格外重要。

对屋面防水工程使用的材料，设计文件中要详细注明对品种、规格和性能的要求，但不得指定生产厂家。防水材料应符合国家产品标准和设计要求，本规范对该材料质量指标的规定，是根据屋面工程需要而确定的，不一定是产品标准中的最高或最低指标的要求。

由于施工环境条件和工艺操作的不同，对防水层施工质量影响很大。气温过低会影响卷材与基层的粘结力，挥发固化型涂料会延长固化时间，同时易遭冻结而失去防水作用；气温过高会使防水涂料的溶剂或水分蒸发过快，涂膜易产生收缩而出现裂缝。所以防水材料选用时，必须考虑施工环境条件和工艺的可操作性。

4.3.2 材料的相容性是指两种材料复合时的相互亲和的能力。本条文规定防水材料（卷材、涂料）与配套材料（基层处理剂、胶粘剂、密封材料），以及卷材与涂料或防水材料与密封材料复合使用时，应考虑它们的相容性。

表 1 和表 2 是对卷材基层处理剂及胶粘剂和涂膜基层处理剂的选用。

表 1　卷材基层处理剂及胶粘剂的选用

卷　材	基层处理剂	卷材胶粘剂
石油沥青卷材	石油沥青冷底子油或橡胶改性沥青冷胶粘剂稀释液	石油沥青玛𤧛脂或橡胶改性沥青冷胶粘剂
改性石油沥青卷材	石油沥青冷底子油或橡胶改性沥青冷胶粘剂稀释液	橡胶改性沥青冷胶粘剂或卷材生产厂家指定产品
合成高分子卷材	卷材生产厂家随卷材配套供应产品或指定的产品	

表 2　涂膜基层处理剂的选用

涂　料	基　层　处　理　剂
高聚物改性沥青涂料	可用石油沥青冷底子油
水乳性涂料	掺 0.2%～0.3%乳化剂的水溶液或软水稀释，质量比为 1:0.5～1:1，切忌用天然水或自来水
溶剂型涂料	直接用相应的溶剂稀释后的涂料薄涂
聚合物水泥涂料	由聚合物乳液与水泥在施工现场随配随用

4.3.3　本规范表 3.0.1 中规定了不同防水等级选用防水材料的要求，而本规范第 4.3.1 条和第 4.3.2 条又是选用防水材料的具体规定。本条文是从屋面使用功能的角度，分别对防水材料选用提出一般要求，具体还应按本规范第 5 章、第 6 章和第 8 章设计要点有关内容执行。

4.3.4　20 世纪 70 年代前，一直使用水泥加发泡剂制成的泡沫混凝土和性能差、密度大的炉渣，后来又逐步开发膨胀珍珠岩（蛭石）、微孔硅酸钙、加气混凝土等制品，还对膨胀珍珠岩、膨胀蛭石等松散保温材料，采用水泥现场拌制浇筑。由于这些材料吸水率极高，一旦浸水后就不能保证保温性能，还会导致防水层起鼓。直到 90 年代中期，聚苯乙烯泡沫塑料板、硬质聚氨酯泡沫塑料和泡沫玻璃等出现，才解决了保温材料不吸水或低吸水率的难题。

本条规定屋面应采用吸水率低、密度和导热系数小的保温材料，使高吸水率保温材料的使用受到一定限制和逐步被淘汰。

封闭式保温层的含水率，应相当于该材料在当地自然风干状态下的平衡含水率，参见本规范第 9.1.2 条的条文说明。

4.3.5　本规范附录 A 摘抄了现行建筑防水材料和建筑保温隔热材料的标准目录，可供屋面工程设计与施工人员参考。产品的国家和行业标准中，内容包括了规格尺寸、外观质量和物理性能指标，以及产品检验（出厂检验和型式检验）、试验方法和判定规则，为防水工程设计人员提供了质量保证的依据。

由于防水材料产品繁多、性能各异，许多生产厂家都有产品的企业标准，按《中华人民共和国标准化法》的规定，企业标准应严于国家标准和行业标准，这点是值得我们特别注意的。

5　卷材防水屋面

5.1　一 般 规 定

5.1.1　卷材是在工厂中生产，机械化程度高，规格尺寸准确，质量可靠度高。沥青防水卷材、高聚物改性沥青防水卷材、合成高分子防水卷材价格高低悬殊，物理性能差异很大，可在屋面防水等级为Ⅰ～Ⅳ级的建筑屋面防水工程中采用。同时，要根据卷材的拉伸强度和延伸率、屋面基层条件、结构及基层变形情况、防水处理部位等，运用不同的施工工艺进行铺贴。

5.1.2　由于一些施工单位对找平层质量不够重视，致使找平层表面不平，排水坡度不准确，表面酥松、起砂、起皮、裂缝现象严重，直接影响防水层和基层的粘结导致防水层开裂。本条文规定找平层表面应压实平整，排水坡度按设计要求做到准确，找平层要在水泥砂浆抹平收水后，进行二次压光和养护。水泥砂浆终凝后，应采取浇水、覆盖浇水、喷养护剂、涂刷冷底子油等手段充分养护，保证砂浆中的水泥水化，确保找平层质量。

5.1.3　基层与突出屋面结构的交接处以及基层的转角处，是防水层应力集中的部位，转角处圆弧半径的大小会影响卷材的粘贴。沥青卷材防水层的转角处圆弧半径，仍沿用过去传统的作法，而高聚物改性沥青防水卷材和合成高分子防水卷材柔性好且薄，因此防水层的转角处圆弧半径可以减小。

5.1.4　本条文中只规定基层必须干净、干燥，而对干燥程度未作规定。由于我国地域广阔，气候差异甚大，可铺贴卷材的基层含水率与当地湿度有关，不可能制订一个统一的标准，如含水率定得过小，人工干燥困难且干燥费用大，含水率定得过大，则保证不了质量。况且目前尚无找平层含水率的检测仪器，参考日本规范和我国目前一些单位采用的方法，本条文（注）中所示的“简易检验方法”是可行的。

5.1.5　如今卷材品种繁多、材性各异，选用的基层处理剂应与铺贴的卷材材性相容，使之粘结良好且不发生溶解、腐蚀等侵害。参见本规范第 4.3.2 条的条文说明。

屋面节点、周边、转角处与大面积同时喷、涂基层处理剂，边角处常常出现漏涂和堆积现象，为了保证这些部位更好地粘结，规定对节点、周边、转角等处用小工具先行涂刷。

5.1.6 本条主要是针对沥青防水卷材规定的，考虑沥青软化点较低且防水层较厚，屋面坡度较大时，卷材铺设方向应垂直屋脊方向铺贴，以免发生流淌。高聚物改性沥青防水卷材和合成高分子防水卷材不存在流淌问题，故对铺贴方向不予限制。

5.1.7 根据历次对屋面工程的调查资料分析，屋面受地基变形、结构荷载、温差变形、找平层及防水层收缩变形等因素影响，若防水层与基层满粘，适应变形能力差，防水层常被拉裂破损。解决这一问题的办法：提高卷材延伸率、减少结构变形和改变粘贴施工工艺，而改变粘贴施工工艺的成本费用最低，技术简单。空铺、点粘、条粘或机械固定等工艺，使防水层与基层尽量脱开，防水层有足够长度参加应变，对解决防水层被拉裂起到了良好的效果，特别是在有重物覆盖的防水层，不会因风力掀起，故应优先采用。距屋面周边 800mm 内应满粘，是对空铺、点粘、条粘工艺的要求。

为避免找平层分格缝处将卷材防水层拉裂，采用满粘法施工时，分格缝处的卷材宜空铺，并规定了空铺的宽度。

卷材屋面坡度超过 25%时，常发生卷材下滑现象，故应采取防止下滑措施，防止卷材下滑措施除采取满粘法外，目前还有钉钉法等。

5.1.8 在历次调查中，节点、附加层和屋面排水比较集中部位出现渗漏现象最多，故应按设计要求和规范规定先行仔细处理，检查无误后再开始铺贴大面卷材，这是保证防水质量的重要措施，也是有较好素质施工队伍的一般施工顺序。

天沟、檐沟是雨水集中的部位，而卷材的搭接缝又是防水层的薄弱环节，如果卷材垂直于天沟、檐沟方向铺贴，搭接缝大大增加，搭接方向难以控制，卷材开缝和受水冲刷的概率增大，故规定天沟、檐沟铺贴的卷材宜顺向铺贴，尽量减少搭接缝。

5.1.9 本条规定所有卷材的铺贴均应采用搭接法。目前国外合成高分子卷材虽有采用平接法，但由于我国合成高分子防水卷材胶粘剂性能可靠度较差，故不予规定。

5.1.10 为了确保卷材防水屋面的质量，铺贴卷材均应采用搭接法。本条文规定了沥青防水卷材、高聚物改性沥青防水卷材、自粘聚合物改性沥青防水卷材以及合成高分子防水卷材接缝的搭接宽度，统一列出表格，条理明确。表 5.1.10 中的搭接宽度，系根据我国现行多数做法及国外资料的数据作出规定的。

5.1.11 铺贴卷材时，在喷涂基层处理剂或胶粘剂的过程中，由于没有采取有效的遮挡措施，而导致污染檐口的外侧和墙面。为了确保建筑物的外观质量，本条提出了硬性规定。

5.2 材料要求

5.2.1 沥青防水卷材主要指石油沥青纸胎油毡，这是我国传统的防水材料，已制订较完整的技术标准，目前虽被列为限制使用的材料，但尚可在一些地区施工应用，本条文参考《石油沥青纸胎油毡、油纸》GB 326—89 的主要内容，规定了沥青防水卷材的外观质量、规格和物理性能要求。

5.2.2 我国近年来迅速发展高聚物改性沥青防水卷材，品种繁多、性能各异，已在全国普遍应用，获得较好效果。本条文参考《弹性体改性沥青防水卷材》GB 18242—2000、《塑性体改性沥青防水卷材》GB 18243—2000 和《自粘聚合物改性沥青聚酯胎防水卷材》JC 898—2002、《自粘橡胶沥青防水卷材》JC 840—1999 以及国外同类材料标准，规定了该类卷材的外观质量和物理性能要求。条文中的性能要求是满足工程上应用的主要控制指标，而不是这些材料的全部指标和最低或最高指标。

5.2.3 合成高分子防水卷材在我国已具有一定规模的生产能力，由于合成高分子防水卷材性能差异较大，对于这一类高档材料在工程应用时指标应高一些。本条文参考《高分子防水材料（第一部分片材）》GB 18173.1—2000、《聚氯乙烯防水卷材》GB 12952—2003、《氯化聚乙烯防水卷材》GB 12953—2003 和国外同类材料标准，将其划分为硫化橡胶类、非硫化橡胶类、树脂类和纤维增强类等卷材。根据工程需要，以断裂拉伸强度、扯断伸长率、低温弯折性、不透水性、加热收缩率和热老化保持率等作为该类材料的主要控制指标，只要这些指标能达到要求，就可以满足屋面防水工程应用的需要。

5.2.4 由于卷材品种繁多、性能差异很大，外观可以完全一样难以辨认，因此要求按不同品种、型号、规格等分别堆放，避免工程中误用后造成质量事故。

卷材具有一定的吸水性，施工时卷材表面要求干燥，避免雨淋和受潮，否则施工后可能出现起鼓和粘结不良现象；卷材不能接近火源，以免变质和引起火灾；沥青防水卷材不得在高于 45℃的环境中贮存，否则易发生粘卷现象。

卷材宜直立堆放，由于卷材中空，横向受挤压可能压扁，开卷后不易展开铺贴于屋面，影响工程质量。

卷材均较容易受某些化学介质及溶剂的溶解和腐蚀，故规定不允许与这些有害物质直接接触。

5.2.5 本条文对不同卷材胶粘剂和胶粘带提出了基本的质量要求。高分子胶粘剂和胶粘带浸水保持率是一个重要性能指标，因为诸多高分子防水卷材胶粘剂及胶粘带浸水后剥离强度下降，为保证屋面的整体防水性能，规定其浸水 168h 后剥离强度保持率不应低于 70%。

5.2.6 胶粘剂和胶粘带品种繁多、性能各异，胶粘剂有溶剂型、水乳型、反应型（单组分、多组分）等类型。一般溶剂型胶粘剂应用铁桶密封包装，以免溶剂挥发变质或腐蚀包装桶；水乳型胶粘剂可用塑料桶密封包装，密封包装是为了运输、贮存时胶粘剂不致外漏，以免污染和侵蚀其他物品。溶剂型胶粘剂受热后容易挥发而引起火灾，故不能接近火源。

5.2.7 进场的卷材抽样数量和判定规则，是参考《屋面工程质量验收规范》GB 50207—2002 附录 B 和《石油沥青纸胎油毡、油纸》GB 326—89 以及《弹性体改性沥青防水卷材》GB 18242—2000、《塑性体改性沥青防水卷材》GB 18243—2000、《高分子防水材料（第一部分片材）》GB 18173.1—2000、《聚氯乙烯防水卷材》GB 12952—2003、《氯化聚乙烯防水卷材》GB 12953—2003 的有关规定，结合现场使用要求制订本条文，以防止不合格的材料应用到防水工程中。判定进场卷材是否合格，系按通常做法和要求进行规定。

5.2.8 根据《屋面工程质量验收规范》GB 50207—2002 附录 B 的内容，本条规定了沥青防水卷材、高聚物改性沥青防水卷材和合成高分子防水卷材主要物理性能的检验项目，其目的是既能控制材料质量，又为一般检验单位力所能及并能较及时提出试验报告。

5.2.9 本条规定了改性沥青胶粘剂、合成高分子胶粘剂以及双面胶粘带主要物理性能的检验项目，只有这些性能达到规定的指标，才能确保卷材接缝的粘结质量。

5.3 设 计 要 点

5.3.1 由于各种卷材的耐热度和柔性指标相差甚大，耐热度低的卷材在气温高的南方和坡度大的屋面上使用，就会发生流淌，而柔性差的卷材在北方低温地区使用就会变硬变脆。同时也要考虑使用条件，如倒置式屋面卷材埋在保温层下面，对耐热度和柔性的要求就不那么高，而在高温车间则要选择耐热度高的卷材。

由于地基变形较大，或大跨度和装配式结构，或温差大的地区和有振动影响的车间，都会对屋面产生较大的变形和拉裂，因此必须选择延伸率大的卷材。

长期受太阳紫外线和热作用时，卷材会加速老化，长期处于水泡或干湿交替及潮湿背阴时，卷材会加快霉烂，卷材选择时一定要注意这方面的性能。

5.3.2 为确保防水工程质量，使屋面在防水层合理使用年限内不发生渗漏，除卷材的材性材质因素外，其厚度就是最主要的因素了。因此，按防水等级和设防要求，本条对每道卷材防水层的厚度作出了明确的规定。

由于采用高碱玻纤、植物纤维以及废橡胶粉和沥青等原料，生产的沥青复合胎柔性防水卷材耐久性较差，应视同沥青防水卷材使用，即按三毡四油或二毡三油叠铺构成一道防水层。

自粘类聚合物改性沥青防水卷材，由于其性能特点及改性剂用量的不同，且使用的条件也与其他类型的改性沥青卷材不同，故其厚度的选用也不相同，因其耐紫外线、耐硌破、耐冲击和耐踩踏等性能较差，不适用于外露屋面做防水层。

在防水层的施工和使用过程中，由于人们的踩踏、机具的压扎、穿刺、自然老化等，均要求卷材有足够厚度。为了保证屋面防水工程质量，设计时对每道卷材厚度应按表 5.3.2 认真选择。

5.3.3 由于大型建筑和高层建筑日益增多，在屋面上设置天线塔架、擦窗机支架、太阳能热水器底座等，这些设施有的搁置在防水层上，有的与屋面结构相连。若与结构相连时，防水层应包裹基座部分，对于地脚螺栓周围更要密封，否则基座处就会发生渗漏。

搁置在防水层上的设备，有一定的质量或振动，对防水层易造成破损，因此应按常规做卷材增强层，但有些质量重、支腿面积小的设备，那就要做细石混凝土垫块或衬垫，以免压坏防水层。

为了使用和维护屋面上的设施，经常有工作人员在设施周围活动、行走，应在设施周围和通向屋面出入口的人行道做刚性保护层，延长防水层正常寿命。

5.3.4 由于保温层含水量过高，不但会降低其保温功能，而且在水分汽化时，会使卷材防水层产生鼓泡，影响防水层的质量，导致局部渗漏。为避免上述质量事故的发生，在屋面保温层干燥有困难时，宜采用排汽屋面，本条对排汽屋面的设计作出了具体的规定。

5.4 细 部 构 造

5.4.1 天沟、檐沟是排水最集中的部位，为确保其防水功能，规定天沟、檐沟应增铺附加层，沥青防水卷材宜增铺一层，而高聚物改性沥青防水卷材或合成高分子防水卷材，因其成本较高，复杂部位的密封处理较困难，宜设置防水涂膜附加层，形成涂膜与卷材复合的防水层。

根据全国历次调查发现，天沟、檐沟与屋面交接处，由于构件断面变化和屋面的变形，常在这个部位发生裂缝，装配式结构更甚，故规定附加层宜空铺，以防开裂造成渗漏。

檐沟卷材收头在沟外檐顶部，由于卷材铺贴较厚及转弯不服贴，常因卷材的弹性发生翘边脱落现象，因此规定采用压条钉压，密封材料封固，水泥砂浆抹面保护。

高低跨内排水在高层与裙房建筑上大量出现，此处不做密封处理，大雨、暴雨时屋面积水倒灌现象严重，故作此规定。

5.4.2 为防止无组织排水檐口周边的卷材被大风掀起或窜水，故规定在檐口 800mm 范围内的卷材应采用满粘法，卷材收头应固定密封。檐口下端应用水泥砂浆抹出鹰嘴和滴水槽。

5.4.3 卷材在泛水处应采用满粘法，其目的是防止立面卷材下滑。卷材的收头密封，应根据泛水高度及泛水墙体材料分别处理。

1 砖砌女儿墙较低时，卷材收头应直接铺至压顶下，用压条钉压固定，并用密封材料封严。

2 砖砌女儿墙较高时，应留凹槽并将卷材收头压入凹槽内，为避免卷材脱开，要用压条钉压，密封材料封严，抹水泥砂浆或聚合物砂浆保护。取消挑眉砖做法，因挑眉砖抹灰后容易裂缝，雨水从防水层背后渗入室内，另外因挑眉砖至屋面距离小，在挑眉砖下抹水泥砂浆和卷材收头操作困难，易造成质量问题。

3 女儿墙为混凝土时，卷材收头应直接用压条固定于墙上，并用密封材料封严，防止收头张嘴密闭不严产生渗漏，故在收头上部做盖板保护。

为延长泛水处卷材防水层的使用年限，故规定在泛水处的卷材表面，宜采用涂刷浅色涂料或砌砖后抹水泥砂浆等隔热防晒措施加以保护。

5.4.4 本条具体地规定了变形缝的防水构造措施：

1 在变形缝的中间放置泡沫塑料板，变形缝处先整个覆盖一层卷材并向缝中凹伸，再上放圆棒作为Ω形造型模架。

2 以前变形缝处卷材往往断开，利用金属或混凝土盖板防水，图5.4.4是将卷材盖过变形缝并做成Ω形全封闭处理，金属或混凝土盖板只作为保护层。

5.4.5 水落口的选材保留金属制品，增加塑料制品。国外采用塑料配件已很普遍，塑料产品既轻又不怕腐蚀，成本降低，应予推广。

通过历次全国屋面调查，水落口高出天沟及屋面最低处的现象较为普遍，究其原因是在埋设水落口或设计规定标高时，未考虑增加的附加层、密封层和排水坡度加大的尺寸。

对于水落口处的防水构造，采取多道设防、柔性密封、防排结合的原则处理。在水落口周围500mm内增大坡度为5%，坡度过小，施工困难且不易找准；采取防水涂料涂封，涂层厚度为2mm，相当于屋面涂层的平均厚度，使它具有一定的防水能力；在水落口与基层交接处，混凝土收缩常出现裂缝，故在水落口周围的混凝土上预留凹槽，并嵌填柔性密封材料，避免水落口处的渗漏发生。

5.4.6 砖砌女儿墙压顶，水泥砂浆抹面容易开裂、剥落、酥松，致使雨水从墙体渗入室内，因此可用现浇混凝土或预制混凝土压顶，但必须设分格缝并嵌填密封材料。国外采用金属制品压顶效果极佳，国内有用粘贴高分子卷材做法效果亦好。

5.4.7 近年来出现屋面大挑檐设计，常因挑檐的反梁过水孔过小或标高不准而造成渗漏。根据调查研究，留设过水孔的标高应在结构施工图上标明，且标高按排水坡度要求留置，否则找坡后孔底标高低于挑檐沟底标高，造成长年积水。扩大过水孔尺寸，以便进行孔内防水处理，首先提倡做成方孔。埋管时，管径要大于75mm，以免孔道堵塞。

过水孔的防水处理十分重要，故本条还规定了过水孔的防水材料和设防要求。预埋管道与混凝土之间，混凝土收缩出现缝隙造成渗漏，故在预埋管道两端周围应进行密封处理。

5.4.8 为确保屋面工程的防水质量，对伸出屋面的管道应做好防水处理，规定在距管道外径100mm范围内，以30%找坡组成高30mm的圆锥台，在管四周留20mm×20mm凹槽嵌填密封材料，并增加卷材附加层，做到管道上方250mm处收头，用金属箍或铁丝紧固，密封材料封严，充分体现多道设防和柔性密封的原则。

5.4.9 屋面垂直出入口和水平出入口，是防水设防的重要节点，有多种不同的防水处理做法，本条仅根据我国现行的做法提出一些原则要求。

5.5 沥青防水卷材施工

5.5.1 本条规定了沥青玛𤥂脂的配制要求以及熬制过程中的注意事项，要求加热温度不应高于240℃，防止沥青焦化及影响其粘结性和耐久性；同时要求使用温度不宜低于190℃，保证其对卷材的粘结性能。

由于冷玛𤥂脂具有施工方便和减少环境污染等优点，且有专业厂家生产，应提倡使用。

5.5.2 本条规定了采用叠层铺贴沥青防水卷材时，热玛𤥂脂和冷玛𤥂脂各层的厚度要求，施工时要求涂刮均匀，不得过厚或堆积。

5.5.3 在铺贴立面或大坡面的卷材时，为使卷材与基层粘贴牢固，规定"玛𤥂脂应满涂"，空铺法、点粘法、条粘法在此处不能采用。

5.5.4 本条对水落口、天沟、檐沟、檐口及立面卷材收头等部位施工作出了具体的规定。

水落口应固定在承重结构上，采用金属制品的所有零件均应防锈。水落口的周边应留凹槽，并要做好防水密封处理。

天沟、檐沟是被水冲刷和排水集中处，卷材的搭接缝一般应留在沟侧面，如果沟底过宽时，搭接缝应用密封材料封口，增加防水的可靠性。

檐口及立面的墙体应预留凹槽，将卷材的收头压入凹槽内，用钉子和压条钉压固定，钉距要求900mm，再用密封材料封严，采用这种双保险做法，使收头更可靠。

5.5.5 本条规定铺贴卷材施工前，卷材应保持干燥，并将其表面的撒布料清扫干净，其目的是提高卷材与卷材以及卷材与基层粘结性能。

在无保温层的装配式屋面铺贴卷材时，应沿板端缝单边点粘（每边不少于100mm宽）一层卷材条，并使其能对准板端缝居中铺贴，达到空铺的目的，以提高卷材防水层在该部位适应变形的能力。

考虑到目前我国沥青防水卷材的胎体有纸胎、玻纤胎、聚酯胎等品种，覆盖料有建筑石油沥青、吹氧改性沥青等性能各异，卷材复合使用时，把性能高的卷材放置在面层是合理的。

在大面铺贴卷材时，提出了“随刮随铺”和“展平压实”的技术要点，将卷材下空气及时排净，全面粘牢。因为叠层卷材每层间和最上一层都必须涂刮一层玛𤧛脂，所以对卷材搭接不需另做密封处理。

5.5.6 为延长沥青卷材防水层的使用年限，本条规定在卷材防水层上均应设置保护层，并按保护层所采用材料分别列款，条理清楚。条文中还将卷材铺贴“经检验合格”和“表面清扫干净”，作为铺设保护层的必要条件。

用绿豆砂做保护层系传统的做法，但有许多工程常因未能认真按规范施工，则不能保证防水工程质量，只有铺撒均匀、粘结牢固，才真正起到了保护层的作用。由于近年来出现了冷玛𤧛脂，这种胶结材料主要以云母或蛭石做保护层，根据调研效果可靠、工艺可行。

用水泥砂浆做保护层，由于自身干缩或温度变化影响，产生严重龟裂且裂缝宽度较大，常常造成碎裂、脱落。根据工程实践经验，在水泥砂浆保护层上划分表面分格缝（即做成V形槽），将裂缝均匀分布在分格缝内，避免了大面积的表面龟裂。

用块体材料做保护层，往往因温度升高致使块体膨胀、隆起，因此作出对块体材料保护层宜留设分格缝的规定。

用细石混凝土做保护层，如分格缝过密，不但对施工带来了困难，也不容易确保质量，根据全国一些单位的意见，规定分格面积不宜大于36m²。

根据历次对屋面工程调查发现，刚性保护层与女儿墙间未留出空隙的屋面，高温季节会出现因刚性保护层热胀顶推女儿墙，有的还将女儿墙推裂造成渗漏，而在刚性保护层与女儿墙间留出空隙的屋面，均未出现推裂女儿墙事故，故本条规定了刚性保护层与女儿墙之间必须留30mm以上空隙。另外，本条还强调了在刚性保护层与防水层之间设置隔离层的必要性，从施工的角度要求隔离层做到平整，起到完全隔离的作用，保证刚性保护层胀缩变形，不致损坏防水层。

5.5.7 雨天、雪天时，基层和卷材潮湿，卷材不能粘结或发生起鼓，故雨天、雪天严禁施工。五级风及其以上时，浇热玛𤧛脂时易被风扬起烫伤工人，或将高跨或脚手板上的灰尘刮到屋面基层上，使卷材与基层粘贴不牢。施工中途下雨，刚铺的卷材周边应先密封，否则雨水冲刷易渗入卷材底下，影响卷材铺贴质量。

5.6 高聚物改性沥青防水卷材施工

5.6.1 参见本规范第5.5.4条的条文说明。

5.6.2 为防止卷材下滑和便于收头粘结密封良好，规定采取满粘法铺贴，必要时采取金属压条钉压固定。短边搭接过多，对防止卷材下滑不利，因此要求尽量减少短边搭接。

5.6.3 胶粘剂的涂刷质量对保证卷材防水施工质量关系极大，涂刷不均匀，有堆积或漏涂现象，不但影响卷材的粘结力，还会造成材料浪费。空铺法、点粘法、条粘法，应在屋面周边800mm宽的部位满粘贴，点粘和条粘还应在规定位置和面积部位涂刷胶粘剂，达到点粘和条粘的质量要求。

由于各种胶粘剂的性能及施工环境要求不同，有的可以在涂刷后立即粘贴，有的则需待溶剂挥发一部分后粘贴，间隔时间还和气温、湿度、风力等因素有关。因此，本条提出应控制胶粘剂涂刷与卷材铺贴的间隔时间，否则会直接影响粘结力和粘结的可靠性。

卷材与基层、卷材与卷材间的粘贴是否牢固，是防水工程中重要的指标之一。铺贴时应将卷材下面空气排净，加适当压力才能粘牢，一旦有空气存在，还会由于温度升高、气体膨胀，致使卷材粘结不良或起鼓。

卷材搭接缝的质量，关键在搭接宽度和粘结力。为保证搭接尺寸，一般在基层或已铺卷材上按要求弹出基准线。铺贴时应平整顺直，不扭曲、皱折，搭接缝应涂满胶粘剂，粘贴牢固。

卷材铺贴后，考虑到施工的可靠性，要求搭接缝口用宽10mm的密封材料封口，体现了多道防水的原则，提高防水层的密封抗渗性能。

5.6.4 采用热熔型改性沥青胶，铺贴高聚物改性沥青防水卷材，可起到涂膜与卷材之间“优势互补”和复合防水的作用，更有利于提高屋面防水工程质量，应当提倡和推广应用。为了防止加热温度过高，导致改性沥青中的高聚物发生裂解而影响质量，故规定采用专用的导热油炉加热熔化改性沥青，要求加热温度不应高于200℃，使用温度不应低于180℃。

铺贴卷材时，要求随刮涂热熔型改性沥青胶随滚铺卷材，展平压实，并对粘贴卷材的改性沥青胶厚度提出了具体的规定。

5.6.5 本条针对热熔法铺贴卷材的要点作出规定。施工时加热幅宽内必须均匀一致，要求火焰加热器喷嘴距卷材面适当，加热至卷材表面有光亮时方可以粘合，如熔化不够会影响粘结强度，但加温过高会使改性沥青老化变焦，失去粘结力且易把卷材烧穿。铺贴卷材时应将空气排出使粘贴牢固，滚铺卷材时缝边必须溢出热熔的改性沥青，使搭接缝粘贴严密。

由于很多单位将2mm厚的卷材采用热熔法施工，严重地影响了防水层的质量及其耐久性，故在条文中规定“厚度小于 3mm 的高聚物改性沥青防水卷材，严禁采用热熔法施工”。

为确保卷材搭接缝的粘结密封性能，在条文中规定有铝箔或矿物粒（片）料保护层的部位，应先将其清除干净后再进行热熔的接缝处理。

用条粘法铺贴卷材时，为确保条粘部分的卷材与基层粘贴牢固，规定每幅卷材的每边粘贴宽度为150mm。

为保证铺贴的卷材搭接缝平整顺直，搭接尺寸准确和不发生扭曲，应在基层或已铺卷材上按要求弹出基准线，严格控制搭接缝质量。

5.6.6 本条对自粘高聚物改性沥青防水卷材的施工要点作出规定。首先将自粘胶底面隔离纸撕净，否则不能实现完全粘贴。为了提高自粘卷材与基层粘结性能，基层处理剂干燥后应及时铺贴卷材。为保证接缝粘结性能，搭接部位提倡采用热风机加热，尤其在温度较低时施工，这一措施就更为必要。

采用这种铺贴工艺，考虑到防水层的收缩以及外力使缝口翘边开缝，接缝口要求用密封材料封口，提高密封抗渗的性能。

在铺贴立面或大坡面卷材时，立面和大坡面处卷材容易下滑，可采用加热方法使自粘卷材与基层粘贴牢固，必要时还应加钉固定。

5.6.7 涂料保护层要求对卷材全面覆盖和粘结牢固，才能起到对卷材的保护作用。所以要求卷材铺完经检验合格后，即可将卷材表面清理干净，均匀涂刷保护涂料，确保涂层质量的要求。当采用刚性保护层时，可参见本规范第 5.5.6 条的有关条文说明。

5.6.8 参见本规范第 5.5.7 条的条文说明。气温低于5℃时，由于改性沥青防水卷材较厚、质地变硬，冷粘法施工不易保证质量；气温低于 - 10℃时，热熔法施工虽对卷材和基层均能烤热，但冷却过快、消耗能源过多，成本加大且施工也较困难，故规定不宜在此温度以下进行施工。

5.7 合成高分子防水卷材施工

5.7.1 参见本规范第 5.5.4 条的条文说明。

5.7.2 参见本规范第 5.6.2 条的条文说明。

5.7.3 由于合成高分子防水卷材厚度较薄，铺贴时稍不注意会出现皱折，影响与基层的粘结，且易在皱折地方破坏而造成渗漏。因此要求铺贴合成高分子防水卷材时要展平并与基层服贴，但决不可用力拉伸来展平卷材。因为合成高分子防水卷材在生产过程中，经压延后都有不同的收缩率，如拉伸过紧再加上收缩，使卷材具有很大的拉应力，在高应力状况下卷材老化加速，导致卷材发生断裂现象。因此本条着重规定对合成高分子防水卷材施工时，不得用力拉伸卷材，卷材下面的空气要排净，以便辊压粘牢。

铺贴的卷材应平整顺直，不得扭曲，否则就难以保证搭接宽度。合成高分子防水卷材一般均为单层铺贴，卷材搭接缝质量是防水质量的关键，因此本条比较详尽地对施工要点作出规定。

1 搭接缝粘合面必须干净，要清扫灰尘、砂粒、污垢，必要时还需用溶剂（汽油、煤油等）擦洗，否则就不能粘牢。

2 接缝专用胶粘剂应与卷材配套，否则将会发生粘结性差或腐蚀作用。

3 胶粘剂涂刷要均匀，不露底，不堆积。

4 由于各种胶粘剂的性能不同，涂刷后粘合的间隔时间要求也不同，有的可以立即粘合，有的则待手触不粘时才可粘合，间隔时间与气温、湿度和风力等条件有关。

5 搭接缝中的空气必须排净，粘合面完全接触经辊压才能粘牢。

6 合成高分子防水卷材铺贴后，考虑到防水层的收缩变形以及外力使缝口翘边开缝，接缝口要求用密封材料封严，进一步提高整体防水效果。

7 由于胶粘带用作卷材接缝的粘结密封性能优异，在国外已普遍采用，目前国内也有专业厂生产，并经工程应用效果良好。

5.7.4 参见本规范第 5.6.6 条的条文说明。

5.7.5 焊接法一般适用于热塑性高分子防水卷材的接缝施工。为使搭接缝焊接牢固和密封，必须将搭接缝的结合面清扫干净，无灰尘、砂粒、污垢，必要时要用溶剂清洗。焊缝施焊前，应将卷材铺放平整顺直，搭接缝应按事先弹好的基准线对齐，不得扭曲、皱折。为了保证焊缝质量和便于施焊操作，应先焊长边搭接缝，后焊短边搭接缝。

5.7.6 参见本规范第 5.6.7 的条文说明。

5.7.7 参见本规范第 5.6.8 的条文说明。

6 涂膜防水屋面

6.1 一 般 规 定

6.1.1 按屋面防水等级和设防要求，涂膜防水可单独做成一道设防，广泛用于防水等级为Ⅲ、Ⅳ级的建筑屋面。但对屋面防水等级为Ⅰ、Ⅱ级的重要建筑物，涂膜防水层应与卷材或刚性防水层复合，组成多道设防时方可使用，所以涂膜防水屋面也可用作Ⅰ、Ⅱ级屋面多道设防中的一道防水层。

6.1.2 参见本规范第 5.1.2 条至第 5.1.4 条的条文说明。

6.1.3 由于薄质涂料一次很难涂成所要求的涂膜厚度，所以本条规定涂膜防水层应分遍涂布，待先涂的涂料干燥成膜后，方可涂布后遍涂料，且前后两遍的涂布方向应相互垂直，使其达到所要求的涂膜厚度。

6.1.4 需铺设胎体增强材料时，一般是平行屋脊铺设，铺设时必须由最低标高处向上操作，使胎体增强材料搭接按顺流水方向，以免呛水。当屋面坡度大于15%时，为防止胎体增强材料下滑，要求垂直于屋脊铺设。胎体增强材料的搭接宽度长边为50mm，短边为70mm。由于胎体增强材料的纵横向延伸率及拉力强度不一样，当采用二层胎体增强材料时，上下层不得垂直铺设，同时上下层的搭接缝应错开不小于幅宽的1/3，以免上下层胎体增强材料产生重缝。

6.1.5 涂膜防水层的收头处是较易产生渗漏的部位，所以本条规定收头处应多涂刷几遍，或用密封材料来封严。

6.1.6 完工后的涂膜防水层，其厚度较薄且耐穿刺能力较弱，为避免破坏防水涂膜的完整性，保证其防水效果，本条规定防水涂膜在未做保护层前，不得在其上进行其他施工作业或堆放物品。

6.2 材料要求

6.2.1～6.2.3 表6.2.1中列出的质量要求是参考《水性沥青基防水涂料》JC 408—91和《溶剂型橡胶沥青防水涂料》JC/T 852—1999提出的。

表6.2.2-1反应固化型合成高分子防水涂料，按拉伸性能分为Ⅰ、Ⅱ两类，五项质量要求是参考《聚氨酯防水涂料》GB/T 19250—2003提出的；表6.2.2-2挥发固化型合成高分子防水涂料，如丙烯酸酯类防水涂料，五项质量要求是参考《聚合物乳液建筑防水涂料》JC/T 864—2000提出的。

表6.2.3中列出的五项质量要求，是参考《聚合物水泥防水涂料》JC/T 894—2001提出的。

6.2.4 表6.2.4中列出的聚酯无纺布和化纤无纺布的各项质量要求，是参考江苏省《防水涂料屋面施工验收规程》(苏建规02-89)附录C和附录E提出的。

6.2.5 对进场的防水涂料和胎体增强材料，应按规定进行抽样复验，达到本规范的质量要求后，方可在屋面防水工程上使用。

6.2.6 本条规定了进场的防水涂料和胎体增强材料，主要物理性能检验项目，是根据《屋面工程质量验收规范》GB 50207—2002附录B的内容提出的。

6.2.7 各类防水涂料的包装容器必须密封，如密封不好，水分或溶剂挥发后，易使涂料表面结皮，另外溶剂挥发时易引起火灾。

包装容器上均应有明显标志，标明涂料名称（尤其多组分涂料），以免把各类涂料搞混，同时要标明生产日期和有效期，使用户能准确把握涂料是否过期失效；另外还要标明生产厂名，使用户一旦发生质量问题，可及时与厂家取得联系；特别要注明材料质量执行的标准号，以便质量检测核实。

在贮运和保管环境温度低于0℃时，水乳型涂料要冻结失效，溶剂型涂料虽然不会产生冻结，但涂料稠度要增大，施工时也不易涂开，所以分别提出此类涂料在贮运和保管时的环境温度。由于此类涂料具有一定的燃爆性，所以应严防日晒、渗漏，远离火源，避免碰撞，在库内应设有消防设备。

6.3 设计要点

6.3.1 我国地域广阔，气候变化幅度大（包括历年最高、最低气温，年温差、日温差等），各类建筑的使用条件、结构形式和变形差异很大，涂膜防水层用于暴露还是埋置的形式也不同。高温地区应选择耐热度高的防水涂料，以防流淌；严寒地区应选择低温柔性好的防水涂料，以免冷脆；对结构变形较大的建筑屋面，应选择延伸大的防水涂料，以适应变形；对暴露式的屋面，应选用耐紫外线的防水涂料，以提高使用年限。设计人员应综合考虑上述各种因素，选择相适应的防水涂料，保证防水工程的质量，否则将会导致失败。

6.3.2 涂膜防水层是涂刷或刮涂的防水涂料固化后，形成有一定厚度的涂膜，达到屋面防水的目的。如果涂膜太薄就起不到防水作用和使用年限的要求，所以本条对各类涂膜防水层作了厚度的规定。

高聚物改性沥青防水涂料（水乳型和溶剂型），涂布固化后很难形成较厚的涂膜，称之为薄质涂料。此类涂料对沥青进行了较好的改性，但涂膜过薄很难达到耐用年限的要求，本条规定其厚度不应小于3mm，可以通过薄涂多次来达到厚度的要求。合成高分子防水涂料和聚合物水泥防水涂料，是以合成树脂或合成橡胶为基料配制成的防水涂料，如多组分聚氨酯防水涂料、丙烯酸酯乳液水泥防水涂料等，性能优于改性沥青类防水涂料，本条规定其厚度不应小于2mm，可以分遍涂刮来达到厚度的要求。

当合成高分子防水涂料或聚合物水泥防水涂料与其他防水材料复合使用时，综合防水效果较好，涂膜本身的厚度可适当减薄一些，本条规定了在防水等级为Ⅰ、Ⅱ级屋面上使用时，合成高分子防水涂料和聚合物水泥防水涂料的涂膜厚度，均不得小于1.5mm。

6.3.3 涂膜防水屋面设计时，应根据不同的屋面防水等级、使用条件、防水层合理使用年限、设防要求和气候条件等，选择与其相适应的不同档次和品种的防水涂料。

对涂膜防水屋面易开裂和易渗漏的部位，应采取加强处理措施，确保防水质量。

6.3.4 在找平层分格缝内嵌填密封材料，缝上应干铺条状的卷材或塑料膜，防水层应沿分格缝增设带有胎体增强材料的空铺附加层。

空铺附加层的目的是扩大防水层的剥离区，使之更能适应找平层分格缝处变形的要求，避免防水层被拉裂。

6.3.5 防水层上设置保护层，使防水层避免阳光暴晒，紫外线直接照射，臭氧和热老化作用，风吹雨淋以及人为的损坏等，从而可延缓防水层的老化进程。当采用水泥砂浆、块体材料或细石混凝土做保护层时，为避免此类材料的变形把防水层拉裂，在二者之间应设置隔离层。设置水泥砂浆保护层，多为上人屋面，为使保护层具有一定的承载能力，其厚度不宜小于20mm。

6.4 细部构造

6.4.1～6.4.3 根据全国历次调查，天沟、檐沟、檐口和泛水等部位，由于构件断面变化和屋面的变形，装配式结构更甚，故规定屋面的这些部位增设附加层或空铺附加层，避免防水层开裂而造成渗漏。

无组织排水檐口的收头，应将防水层伸入凹槽内，用防水涂料多遍涂刷或用密封材料封严，避免收头处翘起而造成渗漏。

根据多年实践证实，防水涂料与水泥砂浆抹灰层具有良好的粘结性，所以在女儿墙泛水处的砖墙上不设凹槽和排眉砖，并将防水涂料一直涂刷至女儿墙的压顶下，压顶也应做防水处理，避免泛水处和压顶的抹灰层开裂而造成渗漏。

6.4.4 参见本规范第5.4.4条的条文说明。

6.4.5 参见本规范第5.4.5条的条文说明。

6.4.6 参见本规范第5.4.8条和第5.4.9条的条文说明。

6.5 高聚物改性沥青防水涂膜施工

6.5.1 高聚物改性沥青防水涂料，按其类型不同对基层含水率要求也不一样，具体应视所用防水涂料特性而定。当采用溶剂型和热熔型改性沥青防水涂料时，基层应干燥、干净，否则会影响涂膜与基层的粘结力。

热熔型改性沥青防水涂料，应采用环保型导热油炉加热熔化改性沥青，加热温度不应高于200℃，施工温度不应低于180℃。涂膜厚度按设计要求可一次成活，也可分层涂刮。

6.5.2 板端缝处是屋面结构产生变形较大的部位，如果板缝中浇筑的细石混凝土浇捣不密实，或嵌填的密封材料与缝的侧壁粘结不牢，当板缝处产生变形时，就有可能使浇筑的细石混凝土或嵌填的密封材料与板缝侧壁之间出现裂缝，造成屋面渗漏。

板端缝处的变形会引起找平层的开裂，同时找平层在硬化过程中的收缩也会产生开裂，这样找平层在板端缝处的裂缝就会更大，所以事先应在找平层上留出分格缝，并与板端缝上下对齐，均匀顺直，这样便于嵌填材料施工操作和节省密封材料，使密封材料受力均匀。

板端缝处附加层空铺宽度为100mm，可使涂膜防水层不会因板端缝变形而被拉裂。

6.5.3 采用冷底子油或防水涂料稀释后作基层处理剂，是比较常用的方法。在基层上涂刷基层处理剂有两种作用，一是可堵塞基层毛细孔，使基层的湿气不易渗到防水层中，避免涂膜层起泡；二是可增强涂膜层与基层的粘结力。为此，在基层上一般都要涂刷基层处理剂，而且要涂刷均匀、覆盖完全，同时要待基层处理剂干燥后再涂布防水涂料。

6.5.4 高聚物改性沥青防水涂料，涂布时如一次涂成，涂膜层易开裂，一般为涂布四遍或四遍以上为宜，而且须待先涂的涂料干后再涂后一遍涂料，最终达到本规范规定要求厚度。

涂膜防水层涂布时，要求涂刮厚薄均匀、表面平整，否则会影响涂膜层的防水效果和使用年限，也不利于屋面的排水畅通。

涂膜中夹铺胎体增强材料，是为了使涂膜防水效果得到加强，要求边涂布边铺胎体增强材料，而且要刮平排除内部气泡，这样才能保证胎体增强材料充分被涂料浸透并粘结更好。涂布涂料时，胎体增强材料不得有外露现象，外露的胎体增强材料易于老化而失去增强作用，本条规定最上层的涂层应至少涂刮两遍，其厚度不应小于1mm。

节点和需铺附加层部位的施工质量至关重要，应先涂布节点和附加层，检查其质量是否符合设计要求，待检查无误后再进行大面积涂布，这样可保证屋面整体的防水效果。

屋面转角及立面的涂膜若一次涂成，极易产生下滑并出现流淌和堆积现象，造成涂膜厚薄不均，影响防水质量。

6.5.5 涂膜防水层上设置保护层，可提高防水层的使用年限。如采用细砂等撒布材料做保护层时，应在涂刮最后一遍涂料时边涂边撒布，使其与涂料粘结牢固，要求撒布均匀、不得露底，起到长期保护的作用。待涂膜干燥后，将多余的撒布材料及时清理掉，以免日后雨水冲刷堵塞排水口，使屋面产生局部积水和渗漏。

当采用水泥砂浆、块体材料或细石混凝土做保护层时，参见本规范第5.5.6条的有关条文说明。

6.5.6 在雨天、雪天进行涂料施工，一方面会增加施工操作难度，另一方面对水乳型涂料会造成破乳或被雨水冲掉而失去防水作用，对溶剂型涂料会降低各涂层之间及涂层与基层之间的粘结力，所以雨天、雪天严禁施工。

溶剂型涂料在负温下虽不会冻结，但粘度增大会增加施工操作难度，涂布前应采取加温措施保证其可涂性，所以溶剂型涂料的施工环境温度宜在－5～35℃；水乳型涂料在低温下将延长固化时间，同时易遭冻结而失去防水作用，温度过高使水蒸发过快，涂膜易产生收缩而出现裂缝，所以水乳型涂料的施工环境温度宜为5～35℃。

五级风及其以上涂布将影响施工操作，难以保证防水质量和人身安全，所以不得施工。

6.6 合成高分子防水涂膜施工

6.6.1 合成高分子防水涂料对基层含水率有严格的要求，因为基层的含水率是影响涂膜与基层的粘结力和使涂膜产生起泡的主要因素，所以对基层要求必须干燥。

6.6.2 参见本规范第6.5.2条的条文说明。

6.6.3 参见本规范第6.5.3条的条文说明。

6.6.4 本条规定前后二遍涂布的推进方向宜互相垂直，其目的是使上下遍涂布相互覆盖严密，避免产生直通的针眼气孔。

采用多组分涂料时，涂料是通过各组分的混合发生化学反应而由液态变为固态，各组分的配料计量不准和搅拌不均，将会影响混合料的充分化学反应，造成涂料性能指标下降。配成的涂料固化时间比较短，所以要按照一次涂布用量来确定配料的多少，已固化的涂料不能再用，也不能与未固化的涂料混合使用，混合后将会降低防水涂膜的质量。若涂料粘度过大或固化过快时，可加入适量的稀释剂或缓凝剂进行调节，涂料固化过慢时，可适当地加入一些促凝剂来调节，但不得影响涂料的质量。

如果在涂膜中夹铺胎体增强材料时，最上面的涂层涂刮不得少于两遍，以保证涂膜达到设计要求厚度。为提高涂膜的耐穿刺性、耐磨性和充分发挥涂膜的延伸性，胎体增强材料附加层应尽量设置在涂膜的上部。

6.6.5 当采用浅色涂料做保护层时，应在涂膜固化后方可进行保护层涂刷，使保护层与涂膜防水层粘结牢固，充分发挥保护层的作用。采用水泥砂浆等刚性保护层时，参见本规范第5.5.6条的有关条文说明。

6.6.6 参见本规范第6.5.6条的条文说明。

6.7 聚合物水泥防水涂膜施工

6.7.1 聚合物水泥防水涂料属水性涂料，可在潮湿和无积水的基层上涂布。对基层表面的平整及干净提出了一定的要求，因为基层出现凹凸面会导致涂膜厚薄不均，影响防水效果和使用年限，基层出现起砂会使涂膜与基层粘结不牢出现脱离，这样会影响防水效果。

6.7.2 参见本规范第6.5.2条的条文说明。

6.7.3 由于聚合物水泥防水涂料的基层处理剂，是由聚合物乳液与水泥在施工现场随配随用，所以规定配制时应充分搅拌，否则将会出现结块和未搅匀的小粉团，导致基层处理剂涂刷不均，影响涂膜与基层的粘结力。

6.7.4 参见本规范第6.5.4条的条文说明。施工中还应指定专人负责，掌握配合比中各种材料的用量和配料，配制时应计量准确、搅拌均匀，否则将会造成涂料质量不稳定，影响涂膜防水效果。

6.7.5 参见本规范第6.6.5条的条文说明。

6.7.6 参见本规范第6.5.6条的条文说明。

7 刚性防水屋面

7.1 一 般 规 定

7.1.1 本章所指的刚性防水层包括了普通细石混凝土防水层、补偿收缩混凝土防水层、钢纤维混凝土防水层。由于膨胀剂技术的发展，在细石混凝土防水层中应用越来越广泛，因而单独作为补偿收缩混凝土防水层，以便和未掺膨胀剂的普通细石混凝土防水层相区别。钢纤维混凝土是我国近几年发展起来的新材料，由于它具有较高的抗拉强度、韧性好及不易开裂等优点，所以已在刚性防水屋面中逐渐推广使用。

刚性防水层所用材料易得，价格便宜，耐久性好，维修方便，所以广泛用于防水等级为Ⅲ级的建筑屋面。由于刚性防水材料的表观密度大，抗拉强度低，极限拉应变小，且混凝土因温差变形、干湿变形及结构变位易产生裂缝，因此对于屋面防水等级为Ⅱ级及其以上的重要建筑物，只有在与卷材、涂膜刚柔结合做二道防水设防时方可使用。根据黑龙江省、四川省在非松散材料保温层上采用刚性防水层，实践证明效果良好。同时本条规定刚性防水层不适用于受较大振动或冲击的建筑屋面。

7.1.2 参见本规范第4.2.1条的条文说明。

7.1.3 刚性防水层与山墙、女儿墙以及突出屋面结构的交接处，由于刚性防水层的温差变形及干湿变形，易造成开裂、渗漏以及推裂女儿墙的现象，故本条规定在这些部位应留设缝隙，并且用柔性密封材料加以处理，以防渗漏。

7.1.4 参见本规范第4.2.9条的条文说明部分内容。

7.1.5 掺入膨胀剂、减水剂、防水剂等外加剂，可改善拌合物的和易性，提高混凝土的密实性，对抗裂、抗渗和减缓表面风化、碳化也是有利的。外加剂技术的蓬勃发展，为刚性防水层性能的改善提供了必要的物质条件，能够带来良好的技术经济效益。日本混凝土外加剂的应用率已达95%以上，国内外公认外加剂是混凝土的第五种组分。

外加剂必须通过在混凝土中的均匀分布，才能实现混凝土性能的提高，因此规定应用机械搅拌和机械振捣。

7.1.6 构件受温度影响产生热胀冷缩，混凝土本身的干燥收缩及荷载作用下挠曲引起的角变形，都能导致混凝土构件的板端裂缝。根据全国各地实践经验和资料介绍，在这些有规律的裂缝处设置分格缝，用柔性密封材料嵌填，以柔适变，刚柔结合，达到减少裂缝和增强防水的目的。本条规定了刚性防水层上应设置分格缝，分格缝内应嵌填密封材料。

7.1.7 天沟、檐沟找坡一般采用水泥砂浆，当厚度大于20mm时，为防止开裂、起壳，宜用细石混凝土找坡。

7.1.8 刚性防水层通常只有40mm厚，如再埋设管线，将严重削弱防水层断面，而且沿管线位置的混凝土易出现裂缝，导致屋面渗漏，因此不允许在刚性防水层中埋设管线。

7.1.9 施工环境气温对混凝土的施工质量影响甚大，当气温过高，混凝土中的水分很快蒸发，易出现干缩裂缝而导致渗漏；当气温过低，混凝土强度增长缓慢，在负温度时易受冻而导致内部组织结构破坏，降低防水的效果，因此应避免在烈日暴晒或负温度下施工。

7.2 材料要求

7.2.1 普通硅酸盐水泥或硅酸盐水泥，早期强度高、干缩性小、性能较稳定、耐风化，同时比其他品种的水泥碳化速度慢，所以宜在刚性防水屋面上使用。由于火山灰质硅酸盐水泥干缩率大、易开裂，所以在刚性防水屋面上不得采用。矿渣硅酸盐水泥泌水性大、抗渗性差，应采用减少泌水性的措施。

7.2.2 刚性防水层内配筋一般采用ϕ4乙级冷拔低碳钢丝，可以提高混凝土的抗裂度和限制裂缝宽度，同时也比较经济。

7.2.3 混凝土防水层的厚度较薄，如果石子粒径较大则沉降速率就大，造成沉降缝隙难以保证防水效果。粗细骨料含泥量要求与C30的普通混凝土相同。

7.2.4 由于外加剂的品种繁多，膨胀剂有硫铝酸钙类、氧化钙类和复合类粉状混凝土膨胀剂；减水剂有早强型、缓凝型、引气型、高效型与普通型等减水剂；防水剂有无机盐、有机硅等防水剂，而且掺量、使用方法也各不相同，因此应根据不同技术要求选择不同品种的外加剂。

7.2.5 水泥受潮对性能影响较大，不仅强度大大降低，而且抗渗性也相应降低；存放期超过三个月后，水泥活性大大降低，强度降低30%左右，所以对受潮及存放时间过长的水泥，应重新进行检验，合格后方可使用。

7.2.6 外加剂品种较多，性能、掺量、使用方法各不相同，必须分类保管，防止使用时混用、错用而造成质量事故。保存和运输过程均应防晒、防潮，以免发生化学变化造成变质。

7.3 设计要点

7.3.1 刚性防水屋面有多种构造类型，应结合地区条件、建筑结构形式选择适宜的做法，以获得较好的防水效果。在非松散材料保温层上，宜选用普通细石混凝土防水层；在屋面温差较大地区，宜选用补偿收缩混凝土防水层；在结构变形较大的基层上，宜选用钢纤维混凝土防水层。

7.3.2 刚性防水层一般用于平屋面，必须保证一定的坡度，以利排水。坡度不能过大，否则混凝土防水层不易浇捣；坡度也不能过小，否则达不到防排结合的目的。

采用结构找坡易使防水层厚度一致，同时增加基层的刚度，也利于节约材料，因此刚性防水层应采用结构找坡。

7.3.3 细石混凝土防水层厚度宜为40～60mm，如厚度小于40mm，则混凝土失水很快，水泥水化不充分，降低了混凝土的抗渗性能；另外由于防水层过薄，一些石子粒径可能超过防水层厚度的一半，上部砂浆收缩后容易在此处出现微裂，造成渗水的通道，所以厚度不应小于40mm。双向钢筋网片的钢筋间距为100～200mm时，可满足刚性屋面的构造和计算要求。分格缝处钢筋断开，以利各分格中的刚性防水层自由伸缩。

7.3.4 设置分格缝可避免因基层及防水层的变形而引起混凝土开裂，其位置应该是变形较大或较易变形处，如屋面板支承端、屋面转折处、防水层与突出屋面结构的交接处。本条规定分格缝间距不宜大于6m，这是因为考虑到我国工业建筑柱网以6m为模数，而住宅建筑的开间模数多数也小于6m。

7.3.5 由于膨胀剂的类型不同，混凝土防水层的约束条件和配筋率不同，膨胀剂的掺量也就不一样，要求在屋面防水工程中掺用膨胀剂后，补偿收缩混凝土的技术参数为：

自由膨胀率：0.05%～0.1%；

约束膨胀率：稍大于0.04%（配筋率0.25%）；

自应力值：0.2～0.7MPa。

普通混凝土的干缩值一般在0.04%左右，在有约束情况下膨胀率稍大于0.04%，使混凝土最终产生少量的压应力，从而防止干缩。混凝土膨胀剂的掺量应由试验确定，如掺量过大，自由膨胀率大于0.1%，将会使混凝土破坏；如掺量过小，则起不到补偿收缩的作用。

7.4 细部构造

7.4.1 在刚性防水层上设置的分格缝，过去都是采用预埋木条，目前施工单位已很少采用，而是在混凝土达到一定强度后，用宽度为5mm的合金钢锯片进行锯割。由于国内的一些高性能密封材料，完全可以对这些比较窄的缝进行密封处理，所以本条规定分格缝的宽度宜为5～30mm。非上人屋面在分格缝上应铺贴卷材或涂膜做保护层。

7.4.2 为了改善刚性防水层的整体防水性能，发挥不同材料的特点，本条规定刚性防水层与墙体交接处应留缝隙，嵌填密封材料，泛水处设卷材或涂膜附加层，卷材收头在预留凹槽内密封固定，涂膜收头采用多遍涂刷封严。

7.4.3 参见本规范第5.4.4条的条文说明。考虑到刚性防水层的伸缩变形较大，在与变形缝两侧墙体的交接处还须留设缝隙，嵌填密封材料，保证防水可靠。

7.4.4 参见本规范第5.4.5条的条文说明。

7.4.5 参见本规范第5.4.8条的条文说明。

7.5 普通细石混凝土防水层施工

7.5.1 根据国内外资料和调研证明，提高混凝土的密实性，有利于提高混凝土的抗风化能力和减缓碳化速度，也有利于提高混凝土的抗渗性能。混凝土的密实性主要取决于混凝土的水灰比、水泥用量、骨料级配、匀质性、成型方法、振捣方法以及使用外加剂等因素。

水灰比是控制密实性的决定因素。由于水泥水化作用所需用的水量只相当于水泥质量的0.2～0.25，从理论上讲用水量少则混凝土密实性好，过多的水分蒸发后会在混凝土中形成微小的孔隙。为方便施工，限定最大水灰比为0.55，日本对屋面防水混凝土亦限定在0.5～0.55之间。最小水泥用量、含砂率、灰砂比的限值，都是为了保证形成足够的水泥砂浆包裹粗骨料表面，并充分填塞粗骨料间的空隙，形成足够的水泥浆包裹细骨料表面，并填充细骨料间的空隙，保证混凝土的密实性和抗渗性。

7.5.2 由于刚性防水层的表面比下部更易受温差变形、干湿变形影响，因此钢筋网片位置应尽可能偏上，但必须保证足够的保护层厚度，以减少因混凝土碳化而对钢筋的影响，钢筋保护层厚度宜为10mm。

7.5.3 分格缝截面宜做成上宽下窄，避免起模时损坏分格缝边缘的混凝土。当采用锯割法施工时，必须严格控制切割深度，以防损坏结构层。

7.5.4 为了改善普通细石混凝土的防水性能，提倡在混凝土中加减水剂或防水剂。外加剂的掺量和投料顺序是关键的工艺参数，应按使用说明或通过试验确定掺量，决定采用先掺法、后掺法或是同掺法，做到准确计量，并充分搅拌均匀。

7.5.5 对水灰比较小、坍落度小于或等于30mm的混凝土，当用250～500L的自落式搅拌机搅拌时，搅拌时间不应少于2min，以保证混凝土搅拌均匀。

细石混凝土防水层如果留设施工缝，往往接槎处理不好而形成渗水通道，所以本条要求每个分格板块的混凝土应一次浇筑完成，不得留施工缝。

防水层施工时，表面任意洒水或加铺水泥浆或撒干水泥做抹压处理，只能使混凝土表面产生一层浮浆，硬化后内部与表面的强度和干缩很不一致，极易产生面层的收缩龟裂、脱皮现象，降低防水层的防水效果。混凝土收水后二次压光，是保证防水层表面密实度的极其重要的一道工序，可以封闭毛细孔及提高抗渗性。

7.5.6 细石混凝土防水层渗漏，多数是节点的施工粗糙或施工工序不合理造成的，因此强调节点施工必须符合设计要求，特别是安装管件后四周应用密封材料嵌填密实。

7.5.7 细石混凝土防水层由于厚度较薄，容易出现早期脱水，因干缩而引起混凝土内部裂缝，使抗渗性大幅度降低。为了防止混凝土早期裂缝，应在混凝土终凝（即12～24h）后立即养护，可采取洒水湿润、覆盖塑料薄膜、喷涂养护剂等养护方法，但必须保证细石混凝土处于充分的湿润状态。

7.6 补偿收缩混凝土防水层施工

7.6.1 补偿收缩混凝土是在混凝土中加入膨胀剂，使混凝土产生微膨胀，在有配筋的情况下，能够补偿混凝土的收缩，提高混凝土抗裂性和抗渗性。补偿收缩混凝土与细石混凝土的施工在许多方面是一致的，因此应遵守本规范第7.5节的有关规定。

7.6.2 补偿收缩混凝土在钢筋的限制下，如果膨胀变形值太大，产生预应力会使混凝土开裂甚至胀坏，如果膨胀变形值太小，起不到预应力的作用。为此，补偿收缩混凝土的自由膨胀率一般控制在0.05%～0.1%之间，施工中应正确选用膨胀剂。因为补偿收缩混凝土的自由膨胀率与膨胀剂的掺入量有密切关系，应强调按配合比准确称重。此外，膨胀剂是通过与水泥均匀混合而发挥作用，所以搅拌时间应较普通混凝土延长1min。

7.6.3 屋面防水混凝土不能留施工缝，否则该处混凝土在外界因素影响下易引起开裂产生渗漏。补偿收缩混凝土在抹压时做错误的表面处理，其后果也同普通细石混凝土，所以必须禁止。

7.6.4 参见本规范第7.5.7条的条文说明。

7.7 钢纤维混凝土防水层施工

7.7.1 钢纤维混凝土的水灰比和水泥用量，是根据国内应用情况并参照国外规范确定的。如水灰比过大或水泥用量过少，虽然可以满足强度要求，但由于钢纤维周围未能包裹足够的水泥砂浆，就会影响钢纤维混凝土抗拉、抗折、韧性和抗裂性能的提高；如水泥用量过多，则混凝土的收缩大，对抗裂不利。故在本条中限制了水泥和掺合料的用量，粉煤灰、磨细矿渣粉等掺合料的用量应根据试验确定，纯水泥用量一般为320～340kg/m^3。

钢纤维的体积率，是指钢纤维混凝土拌合物中钢纤维所占的体积百分率。钢纤维的体积率过大，则拌合物和易性差，施工质量难以保证；钢纤维的体积率过小，则增强作用不明显。因此本条参考《钢纤维混凝土设计与施工规程》CECS38:92，规定混凝土中的钢纤维体积率宜为 0.8%～1.2%。

7.7.2 由于钢纤维在混凝土中有沿粗骨料界面取向的趋势，当骨料直径大而钢纤维短时，钢纤维就起不到增强的作用。试验表明，当钢纤维长度为骨料粒径的 2 倍时增强效果较好，所以规定骨料的粒径不宜大于钢纤维长度的 2/3，也不宜大于 15mm。

7.7.3 钢纤维的增强效果与钢纤维的长度、直径、长径比有关。钢纤维长度太短起不到增强作用，钢纤维太长又会影响拌合物质量，钢纤维直径太细在拌合过程中易被弯折，钢纤维直径太粗在同样体积含量中增强效果差。钢纤维增强的作用随长径比增大而提高。大量试验研究和工程实践表明，当钢纤维长度为 20～50mm、直径为 0.3～0.8mm、长径比为 40～100 时，其增强效果和拌合性能均较好。

当钢纤维中有粘连团片时，混凝土拌合物中的钢纤维就不能均匀分布，影响了钢纤维混凝土的匀质性，降低了钢纤维混凝土的抗裂性能，故本条规定粘连团片的钢纤维不得超过钢纤维质量的 1%。

7.7.4 为确保钢纤维混凝土的质量，必须对拌合物中的各种材料准确计量。在施工期间，钢纤维混凝土各种材料的用量，应按施工配合比和一次搅拌量计算确定。材料的称量偏差是参照《钢纤维混凝土》JG/T 3064—1999 确定的。

7.7.5 国内外工程实践证明，使用强制式搅拌机拌制钢纤维混凝土的效果较好，搅拌时钢纤维不容易结团或折断，有利于钢纤维在混凝土中均匀分布，确保钢纤维混凝土的匀质性。

当钢纤维体积率较高或拌合物稠度较大时，易使搅拌机超载，本条规定一次搅拌量不宜大于搅拌机额定搅拌量的 80%。

钢纤维混凝土搅拌时，投料顺序与施工条件及钢纤维形状、长径比、体积率等有关，应通过现场实际搅拌试验后确定，本条中规定了常规的投料顺序，也可以将钢纤维以外的材料湿拌，在拌合过程中边拌边加入分散的钢纤维。不论用何种投料顺序和搅拌方法，均必须保证搅拌均匀，且搅拌时间应较普通混凝土搅拌时间延长 1～2min。

7.7.6 钢纤维混凝土搅拌后，每工作台班应检测一次拌合物的均匀性和稠度。钢纤维混凝土拌合物的稠度检测方法应按《普通混凝土拌合物性能试验方法标准》GB/T 50080—2002 进行；钢纤维体积率检测方法应按《钢纤维混凝土》JG/T 3064—1999 附录 B 规定进行。

7.7.7 钢纤维混凝土在运输过程中，易产生钢纤维下沉或混凝土离析，因此应尽量缩短钢纤维混凝土的运送时间和距离，确保钢纤维混凝土的均匀性。如发生混凝土离析或坍落度损失，应加入原水灰比的水泥浆进行二次搅拌，使混凝土中水灰比保持不变，确保混凝土强度[illegible]性。

由于钢纤维混凝土中的水泥用量较多，初凝时间较短，坍落度损失较快，参照国内工程实践和国外规范，本条规定从出料到浇筑完毕的时间不宜超过 30min。

7.7.8 稠度相同的钢纤维混凝土要比普通混凝土干涩，可通过机械振捣的作用，使钢纤维在与浇筑方向垂直的平面内，有两维分布的趋势，增强钢纤维混凝土的整体性和密实性，提高混凝土的抗渗能力。

在每一个分格板块中，钢纤维混凝土应一次浇筑完成，不得留施工缝，否则新、旧混凝土中的钢纤维难以结合成整体，接缝处容易产生裂缝，导致屋面渗漏。

7.7.9 钢纤维在混凝土中呈三维方向排列，钢纤维容易露出混凝土表面，不仅影响钢纤维混凝土的强度，而且容易形成渗水通道，因此必须用人工或机械进行整平，将外露的钢纤维压入混凝土中。钢纤维混凝土防水层收水后，应对表面进行二次抹压，消除混凝土表面可能出现的塑性裂缝，并将混凝土表面毛细孔封闭，提高刚性防水层的抗渗性。

7.7.10 钢纤维混凝土的收缩率小、抗裂性能好，特别是加入膨胀剂的钢纤维补偿收缩混凝土，防水层不容易产生裂缝。根据现有屋面工程的施工经验，结合工程的具体情况，钢纤维混凝土防水层的分格缝间距最大可延长到 10m。

7.7.11 参见本规范第 7.5.7 的条文说明。

8 屋面接缝密封防水

8.1 一 般 规 定

8.1.1 屋盖系统的各种接缝是屋面渗漏的主要部位，密封处理质量的好坏，直接影响屋面防水工程的连续性和整体性，因此对于防水等级为Ⅰ～Ⅳ级的建筑屋面接缝部位，均应进行密封防水处理。密封防水处理不宜作为一道防水单独使用，它主要用于屋面构件与构件、构件与配件的拼接缝，以及各种防水材料接缝和收头的密封防水处理，并与刚性防水屋面、卷材防水屋面、涂膜防水屋面等配套使用。

8.1.2 如果接触密封材料的基层强度不够，或有蜂窝、麻面、起皮、起砂现象，会降低密封材料与基层的粘结强度；如果基层不平整，不密实，嵌填密封材料不均匀，接缝位移时密封材料局部易拉坏，失去密封防水作用。

如果基层不干净，不干燥，会降低密封材料与基层的粘结强度，尤其是溶剂型或反应固化型密封材料，基层必须干燥；一般水泥砂浆找平层完工 10d 后，接缝部位方可嵌填密封材料，并且施工前应晾晒干燥。由于我国目前尚无适当的现场测定基层含水率的设备和措施，不能给出定量的规定，只能提出定性的要求。

8.1.3 嵌填完毕的密封材料一般应养护2～3d，下一道工序施工时，必须对接缝部位的密封材料采取保护措施。如施工现场清扫或保温隔热层施工时，对已嵌填的密封材料宜采用卷材或木板条保护，防止污染及碰损。嵌填的密封材料，固化前不得踩踏，因为密封材料嵌缝时构造尺寸和形状都有一定的要求，而未固化的密封材料则不具备一定的弹性，踩踏后密封材料发生塑性变形，导致密封材料构造尺寸不符合设计要求。

8.2 材料要求

8.2.1～8.2.2 本条文参考了《美国接缝密封膏应用的标准指南》中有关密封膏背衬的内容，采用背衬材料有以下功能：

1 控制接缝中密封膏的深度和形状；

2 修整时使密封膏充分湿润基层表面；

3 用于耐候性的临时接缝密封体。

密封膏背衬分为两类：A型和B型。A型主要是控制密封膏在接缝中的深度，并当修整时完全湿润基层；B型具有A型相同的功能，并可作为临时接缝密封体。

A型密封膏背衬的材料，有柔软的和相容的闭孔或开孔泡沫塑料或海绵状橡胶棒。闭孔泡沫或海绵状类型的材料，具有抗永久变形、不吸收水或气体、轻度加热时不辐射气体等特点，通常用于接缝开口宽度变化不大的场合。开孔海绵状类型的材料，如聚氨酯泡沫塑料，可用在接缝宽度需要变化的场合，但不应用在吸水可能危害密封膏功能的场合。

B型密封膏背衬的材料，有氯丁橡胶、丁基橡胶等相容性弹性体管材。它们具有闭孔A型密封膏背衬一样的特点，并在－26℃下保持弹性和低压缩变形能力。

8.2.3 密封材料用在屋面上主要是起防水作用，因此密封材料必须具备水密性和气密性。屋面接缝密封防水使屋面形成一个连续的整体，能在气候、温差变化及振动、冲击、错动等条件下起到防水作用，这就要求密封材料必须经受得起长期的压缩拉伸、振动疲劳作用，还必须具备一定的弹塑性、粘结性、耐候性和位移能力。本规范所指的屋面接缝密封材料是不定型膏状体，因此还要求密封材料必须具备可施工性。

8.2.4 改性石油沥青密封材料，按耐热度和低温柔性分为Ⅰ和Ⅱ类，质量要求依据《建筑防水沥青嵌缝油膏》JC/T 207—1996。Ⅰ类耐热度为70℃，低温柔性为－20℃，适于北方地区使用；Ⅱ类耐热度为80℃，低温柔性为－10℃，适于南方地区使用。

8.2.5 合成高分子密封材料质量要求，主要是参考《混凝土建筑接缝用密封胶》JC/T 881—2001提出的。合成高分子密封材料技术指标项目较多，考虑到设计时选用密封材料和工程的最基本要求，表8.2.5中只是列出了七项质量要求。

合成高分子密封材料，按密封胶位移能力分为25、20、12.5、7.5四个级别，25级和20级密封胶按拉伸模量分为低模量（LM）和高模量（HM）两个次级别，12.5级密封胶按弹性恢复率又分为弹性（E）和塑性（P）两个次级别。故把25级、20级和12.5E级密封胶称为弹性密封胶，而把12.5P级和7.5P级密封胶称为塑性密封胶。

8.2.6 密封材料在紫外线、高温和雨水的作用下，会加速其老化和降低产品质量。大部分密封材料是易燃品，因此贮运和保管时应避免日晒、雨淋、接近火源。合成高分子密封材料贮运和保管时，应保证包装密封完好，如包装不严密，挥发固化型密封材料中的溶剂和水分挥发会产生固化，反应固化型密封材料如与空气接触会产生凝胶。保管时应将其密封分类，不应与其他材料或不同生产日期的同类材料堆放在一起，尤其是多组分密封材料更应避免混淆堆放。

8.2.7 改性石油沥青密封材料，按《建筑防水沥青嵌缝油膏》JC/T 207—1996规定：材料出厂检验以20t为一批，不足20t者也作为一批进行抽检。本条规定进场的改性沥青密封材料是以每2t为一批，不足2t者也作为一批进行抽样复验，主要是考虑施工现场检验，对于某一建筑单项防水工程，所需密封材料用量一般都不会超过2t。

施工度是指密封材料施工时的难易程度，如果施工度不符合要求，则该产品为不合格；粘结性是反映密封材料与基层的粘结性能，以及密封材料对接缝位移的适应情况，粘结性能不好，会影响密封材料的水密性和气密性。进场的改性石油沥青密封材料，应抽检耐热度、低温柔性、拉伸粘结性和施工度。热施工的改性石油沥青密封材料，无需检测施工度。

8.2.8 本条规定进场的合成高分子密封材料以每1t为一批，不足1t者也作为一批抽样复验，其原因参见本规范第8.2.7条的条文说明。

合成高分子密封材料，分为弹性密封材料和塑性密封材料，恢复率大于40%的密封材料为弹性材料，恢复率小于40%的密封材料为塑性材料。拉伸模量是以拉伸到一定长度时的强度表示，它反映了密封材料在受力作用下抵抗变形的能力；断裂延伸率是反映密封材料适应接缝变形的能力；定伸粘结性反映了密封材料长期拉伸作用下抵抗内聚力破坏的能力。它们的性能好坏将直接影响密封材料在使用过程中的密封防水效果。进场的合成高分子密封材料，应抽检拉伸模量、断裂延伸率和定伸粘结性。

8.3 设计要点

8.3.1 密封防水设计的基本要求，是满足建筑屋面在合理使用年限内不渗水。根据建筑屋面防水等级，进行密封部位的接缝设计，选择密封材料和辅助材料（基层处理剂、背衬材料），同时还要考虑外部条件和施工可行性。在本规范表 3.0.1 中虽然没有对密封材料作具体的规定，但接缝密封防水设计在和屋面配套使用时，亦应满足屋面防水层合理使用年限的要求，做到密封防水处理与主体防水层匹配。

8.3.2 因为过去大多是使用改性沥青密封材料，考虑到接缝宽度太窄，密封材料不易嵌填，太宽造成材料浪费；如设计计算接缝宽度尺寸超过 40mm 时，还应重新选择位移能力较大的密封材料，或者采用定型密封材料来解决屋面密封防水问题。

使用合成高分子密封材料，位移能力有了大幅度提高，同时随着施工工艺的改进，分格缝大多采用砂轮机切割，因此本条规定屋面接缝宽度宜为 5～30mm。

本条规定接缝深度可取接缝宽度的 50%～70%，是从国外大量资料和国内屋面密封防水工程实践中总结出来的，是一个经验值。日本东京工业大学教材料研所教授小池迪夫通过大量的实验，得出了接缝宽度 b 与接缝位移 ΔL、密封材料拉伸—压缩允许变形率 Σ 之间的关系式：$b=\Delta L/\Sigma$；以及密封材料产生龟裂时，接缝拉伸—压缩往返次数 N（Σ）与接缝宽度 b 和深度 d 之间的关系式：$N(\Sigma)=4130/(d^5/b)^{0.48}\Sigma^{3.6}$。通过这两个关系式计算出来的接缝宽度 b 值和深度 d 值，与本条文规定基本相符合。

另外根据德国的经验，缝深为缝宽的 1/2～2/3 左右，与本条文的规定也基本一致。

8.3.3 我国地域广阔，气候变化幅度大，历年最高、最低气温差别很大，并且屋面构造特点和使用条件的不同，接缝部位的密封材料存在着埋置和外露、水平和竖向之分，因此接缝部位应根据上述各种因素，选择耐热度、柔性相适应的密封材料，否则会引起密封材料高温流淌或低温龟裂。

影响接缝位移的因素有以下几种：

1 温度均匀变化引起构件热胀冷缩；

2 板上、下温度不一致和荷载作用下产生挠曲引起角变形；

3 基体的干湿变形引起板的相对位移；

4 支座不均匀沉陷和屋架挠度差引起接缝变化；

5 建筑物受到冲击荷载、风力荷载、地震荷载引起建筑结构变形。

对于大型屋面板的板端缝，综合考虑各种因素，接缝位移可达到 8～10mm，但是有些接缝（如水落口、伸出屋面的管道与基层的接缝）位移很小，因此应根据接缝位移的大小，选择与延伸性相适应的密封材料。

接缝位移的特征分为两类，一类是外力引起接缝位移，可认为是短期的、恒定不变的；另一类是温度引起接缝周期性拉伸—压缩变化的位移，使密封材料产生疲劳破坏。因此应根据接缝位移的特征及接缝周期性拉压幅度的大小，选择与位移性相适应的密封材料。

8.3.4 背衬材料填塞在接缝底部，主要控制嵌填密封材料的深度，以及预防密封材料与缝的底部粘结，三面粘会造成应力集中，破坏密封防水，因此应选择与密封材料不粘或粘结力弱的背衬材料。背衬材料的形状有圆形、方形或片状，应根据实际需要决定，常用的有聚乙烯泡沫棒或油毡条。

8.3.5 基层处理剂的主要作用，是使被粘结表面受到渗透及湿润，改善密封材料和被粘结体的粘结性，并可以封闭混凝土及水泥砂浆表面，防止从其内部渗出碱性物质及水分，因此密封防水处理部位的基层应涂刷基层处理剂，当接缝两边基材不同时，应采用不同基层处理剂涂刷。选择基层处理剂时，既要考虑密封材料与基层处理剂材性的相容性，又要与被粘结体有良好的粘结性。

8.3.6 密封材料嵌填后设置保护层，其作用是保护接缝部位密封材料，延长密封防水使用年限。密封材料表面若暴露在大气中，经受风、雨、日晒作用，加速老化。

保护层施工，必须待密封材料表干后方可进行，这样才能保证密封材料的固化时间和构造尺寸不被破坏。

8.4 细 部 构 造

8.4.1 本条规定的板缝密封防水处理，应根据接缝密封防水的要求来确定。当采用圆棒状背衬材料嵌填时，因为背衬材料是挤压进接缝内，增大密封材料与缝壁的接触面，在一定范围内背衬材料不会与缝壁脱开，并且节约密封材料。

8.4.2 参见本规范第 5.4.1 条的条文说明。

8.4.3 参见本规范第 5.4.2 条和第 5.4.3 条的条文说明。

8.4.4 参见本规范第 5.4.5 条的条文说明。

8.4.5 参见本规范第 5.4.8 条的条文说明。

8.4.6 参见本规范第 7.4.1 条至第 7.4.5 条的条文说明。

8.5 改性石油沥青密封材料防水施工

8.5.1 防水工程质量的好坏是以设计为前提，如果安装完的接缝尺寸不符合要求，那么接缝密封防水的使用年限就不能保证，因此接缝尺寸必须符合设计要求后，方可进行下道工序施工。

8.5.2 按本规范第 8.3.2 条规定，接缝深度可取接缝宽度的 50%～70%。使用专用压轮嵌入背衬材料后，可以保证接缝密封材料的设计厚度。另有国外资料对背衬材料的宽度要求：未压缩的背衬若为闭孔材料，其直径应约比接缝宽度大23%～33%；若为开孔材料，其直径应约大40%～50%。本规范第8.3.4规定背衬材料宽度应比接缝宽度大20%，保证背衬材料与接缝壁间不留有空隙。

8.5.3 改性石油沥青密封材料的基层处理剂，一般都是施工现场配制，为保证基层处理剂的质量，配比应准确，搅拌应均匀。多组分基层处理剂属于反应固化型材料，应配制多少用多少，未用完的材料不得下次使用，配制时应根据固化前的有效时间确定一次使用量配料的多少，否则将会造成材料的浪费。

基层处理剂涂刷完毕后再铺放背衬材料，将会对接缝壁的基层处理剂有一定的破坏，削弱基层处理剂的作用。

基层处理剂配制一般均加有易挥发的溶剂，溶剂尚未挥发或尚未完全挥发，这时如嵌填密封材料，会影响密封材料与基层处理剂的粘结性能，降低基层处理剂的作用，因此嵌填密封材料应待基层处理剂达到表干状态后方可进行。基层处理剂表干后，应立即嵌填密封材料，否则基层处理剂被污染，也会削弱密封材料与基层的粘结强度。

8.5.4 热灌法施工顺序和密封材料接头，应严格按照施工工艺要求进行操作，热熔型改性石油沥青密封材料现场施工时，熬制温度应控制在180～200℃，若熬制温度过低，不仅大大降低密封材料的粘结性能，还会使材料变稠，不便施工；若熬制温度过高，则会使密封材料性能变坏。

冷嵌法施工的条文内容是参考有关资料，并通过施工实践总结出来的，目的是使嵌填的密封材料饱满、密实，无气泡、孔洞现象出现。

8.5.5 雨天、雪天进行施工，密封材料与基层不粘结，起不到密封防水的作用；五级风及其以上施工，一方面工人在屋面上作业安全得不到保证，另一方面密封材料施工要求较严，影响屋面防水工程质量；施工时气温低于0℃，密封材料变稠，工人难以施工，同时大大减弱了密封材料与基层的粘结力。

8.6 合成高分子密封材料防水施工

8.6.1 参见本规范第8.5.1条的条文说明。

8.6.2 参见本规范第8.5.2条的条文说明。

8.6.3 参见本规范第8.5.3条的条文说明。

8.6.4 单组分密封材料只需在施工现场拌匀即可使用，多组分密封材料为反应固化型，各个组分配比一定要准确，宜采用机械搅拌，拌合应均匀，否则不能充分反应，降低材料质量。拌合好的密封材料必须在规定的时间内施工完，因此应根据实际情况和有效时间内材料施工用量来确定每次拌合量。不同的材料，生产厂家都规定了不同的拌合时间和拌合温度，这是决定多组分密封材料施工质量好坏的关键因素。

合成高分子密封材料的嵌填十分重要，如嵌填不饱满，出现凹陷、漏嵌、孔洞、气泡，都会降低接缝密封防水质量，因此本条对施工方法提出了明确的要求。

由于各种密封材料均存在着不同程度的干湿变形，当干湿变形和接缝尺寸均较大时，密封材料宜分次嵌填，否则密封材料表面会出现“U”形。且一次嵌填的密封材料量过多时，材料不易固化，会影响密封材料与基层的粘结力，同时由于残留溶剂的挥发引起内部不密实或产生气泡。允许一次嵌填时应尽量一次性施工，避免嵌填的密封材料出现分层现象。

采用高分子密封材料嵌填时，不管是用挤出枪还是用腻子刀施工，表面都不会光滑平直，可能还会出现凹陷、漏嵌、孔洞、气泡等现象，应在密封材料表干前进行修整。如果表干前不修整，则表干后不易修整，且容易将固化的密封材料破坏。

由于乳胶型和溶剂型密封材料均易挥发干燥固化，而反应固化型密封材料如与空气接触易吸潮凝胶，降低材料质量，因此未用完的密封材料必须密封保存。

保护层待密封材料表干后方可施工，以免损坏密封材料，达不到密封防水处理的要求。

8.6.5 雨天、雪天进行施工，乳胶型密封材料不易成膜，未成膜的材料易被雨水冲掉，失去防水作用。在5℃以下施工，密封材料易破乳，产生凝胶现象，大大降低接缝密封防水质量。本条文中的其他规定参见本规范第8.5.5条的条文说明。

9 保温隔热屋面

9.1 一般规定

9.1.1 保温隔热屋面随着建筑物的功能和建筑节能的要求，其使用范围将越来越广泛。根据全国蓄水屋面的使用情况，在高等级建筑上使用极少（屋面上建游泳池的除外），故本条规定不宜在防水等级为Ⅰ、Ⅱ级屋面上采用。

本规范把保温层分为板状材料和整体现喷两种类型，隔热层分为架空、蓄水、种植三种形式，基本上反映了国内保温隔热屋面的情况。从发展趋势看，由于绿色环保及美化环境的要求，采用种植屋面形式将胜于架空屋面及蓄水屋面。

9.1.2 保温材料大多数属于多孔结构，干燥时孔隙中的空气导热系数较小，静态空气的导热系数 $\lambda=0.02$，保温隔热性较好。材料受潮后孔隙中存在水汽和水，而水的导热系数（$\lambda=0.5$）比静态空气大20倍左右，若材料孔隙中的水分受冻成冰，冰的导热系数（$\lambda=2.0$）相当于水的导热系数的4倍，因此保温材料的干湿程度与导热系数关系很大。考虑到每个地区的环境湿度不同，定出统一的含水率限值是不可能的，因此本条提出了平衡含水率的问题。

在实际应用中的材料试件含水率，根据当地年平均相对湿度所对应的相对含水率，可通过计算确定。

当地年均相对湿度	相对含水率
潮湿 > 75%	45%
中等 50% ~ 75%	40%
干燥 < 50%	35%

$$W(\text{相对含水率}) = \frac{W_1(\text{含水率})}{W_2(\text{吸水率})}$$

$$W_1 = \frac{m_1 - m}{m} \times 100\%$$

$$W_2 = \frac{m_2 - m}{m} \times 100\%$$

式中 W_1——试件的含水率（%）；

W_2——试件的吸水率（%）；

m_1——试件在取样时的质量（kg）；

m_2——试件在面干潮湿状态的质量（kg）；

m——试件的绝干质量（kg）。

9.1.3 我国南方不少地区（如广东、广西、湖南、湖北、四川等省），夏季时间长，气温较高，为解决炎热季节室内温度过高的问题，多采用架空屋面隔热措施。架空屋面是利用架空层内空气的流动散热，防止太阳直射在防水层的表面，宜在通风较好的建筑物上采用。

由于城市建筑密度不断加大，不少城市高层建筑林立，造成风力减弱、空气对流较差，严重影响架空屋面的隔热效果。

9.1.4 蓄水屋面主要在我国南方采用，北方尚无此类做法。国外有资料介绍在寒冷地区使用的为密封式，我国目前均为开敞式的，故不排除北方使用的可能性。

地震地区和振动较大的建筑物上，最好不采用蓄水屋面，振动易使建筑物产生裂缝，造成屋面渗漏。

9.1.5 种植屋面主要有以下特点：一是荷载大，二是植物根系穿刺力强，三是要求防水可靠性更强，四是返修困难。种植屋面构造和地域气候密切相关，多雨与少雨地区的构造不同，炎热与寒冷地区的构造不同；种植屋面构造还和建筑环境与功能有关，楼房屋面种植与地下车库、商场的顶板种植，构造也不一样。

9.1.6 参见本规范第4.2.1条的条文说明。

9.1.7 施工中及完工后的保温隔热层，随意踩踏或遇雨水不加遮盖，致使保温层内部含水率增加，影响保温层的隔热效果，故必须强调采取保护措施。

9.2 材料要求

9.2.1 本条列出了目前常用的几种板状保温材料，其主要技术指标是参考《绝热用模塑聚苯乙烯泡沫塑料》GB/T 10801.1—2002、《绝热用挤塑聚苯乙烯泡沫塑料》（xps）GB/T 10801.2—2002、《建筑物隔热用硬质聚氨酯泡沫塑料》GB 10800—89、《膨胀珍珠岩绝热制品》GB/T 10303—2001、《泡沫玻璃绝热制品》JC 647—1996等规定加以整理的。

9.2.2 目前国内推广使用的现喷硬质聚氨酯泡沫塑料，不仅重量轻、导热系数小、保温效果好，而且施工方便，有关的技术指标是根据工程实际使用情况综合确定的。

9.2.3 根据国内采用砖块（包括大阶砖）及混凝土板的实际情况，有关架空隔热制品及其支座材料的质量，应符合设计要求及材料标准，本条不作其他说明。

9.2.4 蓄水屋面是把平屋面凹成水池，将间歇的屋面防水转为长期蓄水，防水材料应具有优良的耐水性，不因泡水而降低物理性能，更不能减弱接缝的密闭程度。同时，考虑蓄水屋面要定时进行清理，采用柔性防水层还应具有耐腐蚀、耐霉烂、耐穿刺性能。防水层上应设置保护层，最好在卷材、涂膜防水层上再做刚性复合防水层。

当蓄水屋面采用刚性防水层时，应符合《地下工程防水技术规范》GB 50108—2001有关防水混凝土的规定。

9.2.5 种植屋面的防水层长期隐蔽在潮湿甚至水浸的环境中，有些材料经受不住长期浸泡，特别是冷胶粘剂粘合的防水卷材最容易开胶，同时选择材料要考虑植物根系的穿刺破坏。

种植屋面防水层一般应做二道设防，若采用卷材做防水层时，其接缝宜采用焊接法，卷材防水层上部应设细石混凝土保护层。

9.2.6 因保温隔热材料的种类不同，本条不好给出具体的抽样数量，只提出原则的规定。同一批材料指的是同一生产单位、同一规格、同一时期生产的材料。

9.2.7 为了保证保温隔热材料的实际使用性能，规定了保温隔热材料在进场时应检验的主要项目。导热系数因现场不易检测，可根据材料的表观密度及含水率预计其导热系数的大小。特殊要求或对保温隔热材料的质量有疑问时，可做必要的检测。

为确保现喷硬质聚氨酯泡沫塑料的质量，施工单位应根据原材料情况、现场条件、大气温度等，由试验室进行试配，确定有关技术参数后，方可进行现场施工。

9.2.8 大部分保温隔热材料强度较低，容易损坏，同时怕雨淋受潮，为保证材料的规格质量，应当做好贮运、保管工作，减少材料的损坏。

9.3 设计要点

9.3.1 保温隔热屋面设计，应根据建筑物的使用要求、屋面的结构形式、环境条件、防水处理方法、施工条件等因素确定。这是因为不同条件的建筑物要求不同，同样类型的建筑物在不同地区采用保温隔热方法将有很大区别，不能随意套用标准图或其他的做法。确定不同地区主要建筑类型的保温隔热形式，这方面的工作仍需进一步研究及总结经验。

9.3.2 由于屋盖系统是由多种建筑材料组合而成，不同材料其传热性能不同，热阻也不相同，所以首先要计算出除保温层外各种材料的总热阻 R。

当热量从室内通过屋盖系统向室外转移时，往往需经过三个阶段，即感热、传热和散热。感热阶段系接近屋盖系统的内表面的空气层，将热量传给屋盖系统的过程；散热阶段系接近屋盖系统外表面的空气层，将屋盖系统的热量传至室外的过程。感热与散热均传出一定的热量，因此这两部分空气层也存在导热与热阻问题，所以计算屋盖系统总热阻时应考虑进去，其值根据屋盖的构造形式而定。

计算保温层厚度 δ_x 时，必须确定两个基本数据，即屋盖系统最小总热阻 $R_{o,min}$ 及屋盖系统所用保温材料的导热系数 λ_x。

随着国家对节省能源政策的不断提升，民用建筑节能将由过去的30%提高到50%，故本条提出应按现行建筑节能设计标准计算确定。

9.3.3 根据国内外有关资料，新型的保温材料使用得越来越多，这对保温层设置在防水层上部（称为倒置式屋面）拓宽了选择的范围，同时对保证屋面质量和使用年限是有利的。

保温材料的干湿程度与导热系数关系很大，限制含水率是保证工程质量的重要环节。吸湿性保温材料如加气混凝土和膨胀珍珠岩制品，不宜用于封闭式保温层。当屋面保温层干燥有困难时，宜采用排汽屋面，参见本规范第5.3.4条的条文说明。

9.3.4 架空屋面的架空隔热层高度，应根据屋面宽度和坡度大小来确定。屋面较宽时，风道中阻力增加，宜采用较高的架空层；屋面坡度较小时，进风口和出风口之间的温差相对较小，为便于风道中空气流通，宜采用较高的架空层，反之可采用较低的架空层。

9.3.5 蓄水屋面划分蓄水区和设分仓缝，主要是防止蓄水面积过大引起屋面开裂及损坏防水层。蓄水深度宜为150~200mm，根据使用及有关资料介绍，低于此深度隔热效果不理想，高于此深度加重荷载，隔热效能提高并不大，且当水较深时夏季白天水温升高，晚间反而导致室温增加。

蓄水屋面设置人行通道，对于使用过程中的管理是非常重要的。

9.3.6 近年来，随着城市绿化、美化、环保要求的提高，种植屋面发展很快，种植屋面构造应根据不同地区和屋面类型选用。

1 少雨地区

在降雨量很少的地区，夏季植物生长依赖人工浇灌，冬季草木植物枯死，故停止浇水灌溉。冬季种植土是干燥的，种植土厚度宜为300mm，可以视作保温层，所以不必另设保温层。

由于降雨量少，人工浇灌的水也不太多，种植土中的多余水甚少，不会造成植物烂根，所以不必另设排水层。

2 温暖多雨地区

南方温暖，夏季多雨，冬季不结冰，种植土中含水四季不减。特别大雨之后，积水很多必须排出，以防止烂根，所以在种植土下应设排水层。因为冬季不结冰，也不必另设保温层。

3 寒冷多雨地区

冬季严寒但夏季多雨的地区，下雨时有积聚如泽的现象，排除明水不如用排水层作暗排好，所以在种植土下应设排水层。

冬季严寒，虽无雨但存雪，种植土含水量仍旧大，冻结之后降低保温能力，所以在防水层下应加设保温层。

4 坡度20%以上的屋面可做成梯田式，利用排水层和覆土层找坡。

9.3.7 倒置式屋面的保温层在防水层上面，如果保温材料自身吸水饱和，零度以下的气温就会结冰，保温材料就不再具有保温的功能，因此保温层应采用不吸水或吸水率较低的保温材料。目前我国用于倒置式屋面的保温材料，有聚苯乙烯泡沫塑料、硬质聚氨酯泡沫塑料和泡沫玻璃等。

保温层很轻，若不加保护和埋压，容易被大风吹起，或是人在上践踏而破坏。由于有机物保温层长期暴露在外，受到紫外线照射及臭氧、酸碱离子侵蚀会过早老化，因此保温层上面应设保护层。保护层可选择卵石、水泥砂浆、块体材料或细石混凝土。

倒置式屋面采用现场喷涂硬质聚氨酯泡沫塑料时，其表面宜涂刷一道涂料作保护层，但泡沫塑料与涂料间应具相容性。

9.4 细部构造

9.4.1 本条强调设有保温层的屋面，内檐部位应铺设保温层，檐沟、檐口与屋面交接处，保温层的铺设应延伸到不小于墙厚的1/2处。主要根据建筑节能的要求，避免墙体与屋面的交接处产生冷桥，降低热工效能。

9.4.2 排汽出口的细部构造图9.4.2-1和图9.4.2-2，是目前主要采用的两种形式，也可采用檐口或侧墙部位留排汽管的方法。排汽管与保温层接触处的管壁，打孔的孔径及分布应适当，以保证排汽道的畅通。

9.4.3 架空屋面架空隔热层的高度，是根据调研各地情况确定的。太低了隔热效果不明显，太高了通风效果提高不多，且稳定性差，目前常用做法为180~300mm。

架空板与女儿墙的距离宜为250mm，主要是考虑在保证屋面收缩变形的同时，防止堵塞和便于清理，当然间距也不应过大，否则将降低隔热效果。

9.4.4 倒置式屋面保温层上的保护层，采用混凝土板或地砖等材料时，可用水泥砂浆铺砌；采用卵石做保护层时，加铺的纤维织物应选用耐穿刺、耐久性好、防腐性能好的材料，铺设时应满铺不露底，上面的卵石分布均匀，保证工程质量。

9.4.5 溢水管标高应设计在最大蓄水高度处，是防止暴雨溢流而设定的，其数量、口径应根据当地的降雨量确定；分仓墙及防水处理的部位，应高出溢水口的上部100mm。

蓄水屋面宜采用整体现浇防水混凝土，分仓隔墙可根据屋面工程情况，采用混凝土或砖砌体。

9.4.6 近几年来，种植屋面发展较快，种植屋面的构造可根据不同的种植介质确定，也可以有草坪式、园林式、园艺式以及混合式等。

9.5 保温层施工

9.5.1 板状材料保温层的铺设，需铺平垫稳且板间缝隙嵌填密实，防止保温材料的滑动，导致防水层的破坏。

9.5.2 现喷硬质聚氨酯泡沫塑料的基层表面要求平整，是为了便于控制保温层的厚度；基层要求干净、干燥，是为了增强保温层与基层的粘结。现喷硬质聚氨酯泡沫塑料施工时，气温过高或过低均会影响其发泡反应，尤其是气温过低时不易发泡。采用喷涂工艺施工，如果喷涂时风速过大则不易操作，故对施工时的风速也相应作出了规定。

9.5.3 强调施工温度主要是考虑保证施工质量，但在情况特殊、又有措施保证时，也是可以施工的。粘贴板状材料的方法不仅仅只有热沥青一种，提出有机胶粘剂更广泛一些，也适应冬期施工的要求。用水泥砂浆粘贴的板状材料，在气温低于5℃时不宜施工，随着新型防冻外加剂的使用，根据工程实际情况也可在5℃以下时施工。

雨天、雪天和风大时不得施工的限制，主要是考虑保证施工质量和保障人员安全。

9.6 架空屋面施工

9.6.1 本条规定了架空隔热层施工前的准备工作，保证施工顺利进行。

9.6.2 卷材、涂膜均属于柔性防水，架空屋面支座底面不采取加强措施，容易造成支座下的防水层破损，导致屋面渗漏。

9.6.3~9.6.4 这两条都是施工规定的要求及注意事项，主要是为了保证施工质量。对于架空屋面来讲，架空板施工完对防水层也就起到了保护层作用。

9.7 蓄水屋面施工

9.7.1 由于蓄水屋面的特殊性，屋面孔洞后凿不易保证质量，所以强调所有孔洞应预留。

9.7.2 为了保证每个蓄水区混凝土的整体防水性，防水混凝土应一次浇筑完毕，不得留施工缝，避免因接头处理不好而导致裂缝。

9.7.3 参见本规范第5.6.8条和第5.7.7条的条文说明。

9.7.4 参见本规范第7.1.9条的条文说明。

9.7.5 蓄水屋面的刚性防水层完工后，应在混凝土终凝时进行养护。养护好后方可蓄水，并不可断水，防止混凝土干涸开裂。

9.8 种植屋面施工

9.8.1 泄水孔是为排泄种植介质中过多的水分而设置的，如留设位置不正确或泄水孔被堵塞，种植介质中过多的水分不能排出，不仅会影响使用，而且会给防水层带来不利。

9.8.2 进行蓄水、淋水试验是为了检验防水层的质量，合格后才能进行覆盖种植介质。如采用刚性防水层则应与蓄水屋面一样进行养护，养护后方可进行蓄水、淋水试验。

9.8.3 种植覆盖层施工时如破坏了防水层，产生渗漏后既不容易查找渗漏部位，也不易维修，因此应特别注意。覆盖层的质量尤其应严格控制，防止过量超载。

9.8.4 植物的生长虽然离不开阳光、水分和肥料，但植物的种植时间应由植物对气候条件的要求确定。

9.9 倒置式屋面施工

9.9.1 进行蓄水或淋水试验是为了检验防水层的质量，合格后方能进行倒置式屋面施工。

9.9.2 倒置式板状保温层的施工与其在防水层下做法相同。

9.9.3 保护层施工时如损坏了保温层和防水层，不但会降低使用功能，而且出现渗漏后，很难找到渗漏部位，也不便于修理。

9.9.4 卵石铺设应防止过量，以免加大屋面荷载，致使结构开裂或变形过大，甚至造成结构破坏，故应严加注意。

10 瓦 屋 面

10.1 一 般 规 定

10.1.1 平瓦主要是指传统的黏土机制平瓦和混凝土平瓦。平瓦常用于一般性建筑的木基层屋面上，近年来已广泛在混凝土基层屋面上使用，故本条规定适用于防水等级为Ⅱ、Ⅲ、Ⅳ级的屋面。

油毡瓦近年来已得到广泛应用，且多彩、多样化，又称多彩沥青瓦。鉴于油毡瓦的特性，采取与防水卷材或防水涂膜复合使用，故本条规定适用于防水等级为Ⅱ、Ⅲ级的屋面。

由于对金属板材的材质、板型、涂膜、连接和接缝等都有改进和提高，故本条规定适用于防水等级为Ⅰ、Ⅱ、Ⅲ级的屋面。在Ⅰ、Ⅱ级屋面防水设防中，如仅作一道金属板材时，应符合有关技术规定。

10.1.2 本条说明瓦与屋面基层的相互关系。

10.1.3 屋面与山墙及突出屋面结构等交接处，是屋面防水的薄弱环节，做好泛水处理是保证屋面工程质量的关键。

10.1.4 瓦屋面的坡度一般大于10%，瓦与瓦是相互搭接而透风，以及固定螺栓年久松动等因素，在遇到大风或地震时，瓦易被掀起或脱落，故本条提出采取将瓦与屋面基层固定牢固等措施。

10.1.5 雨天、雪天时，在坡屋面上操作不能保证人身安全，故雨天或雪天严禁施工；五级风及其以上时，瓦易被掀起或脱落，且不能保证人身安全，故不得施工。

10.1.6 注意瓦屋面完工后的成品保护，以保证屋面工程质量。

10.2 材料要求

10.2.1 为了防止质量不合格的平瓦在工程上使用，或因贮运、保管不当而造成平瓦的缺损，本条参考《烧结瓦》JC 709—1998和《混凝土瓦》JC 746—1999的内容。

10.2.2 为了防止质量不合格的油毡瓦在工程上使用，或因贮运、保管不当而造成油毡瓦的缺损、粘连，本条参考《油毡瓦》JC/T 503—92（1996）的内容。

10.2.3 为了防止质量不合格的金属板材在工程上使用，或因贮运、保管不当而造成的变形、缺损，本条根据当前金属板材品种、形式提出共性的内容。

10.2.4 瓦在进入现场后，应检查检验报告和外观质量，并强调按规定抽样复验。

10.3 设计要点

10.3.1 本条阐述瓦在单独使用以及与卷材或涂膜复合使用情况下，所适用的屋面防水等级。

10.3.2 本条阐述具有保温隔热的瓦屋面，其保温层设置的基本原则。

10.3.3 当前屋面形式繁多，为防止雨雪沿瓦的搭接缝形成爬水现象，本条规定平瓦、油毡瓦的屋面排水坡度不宜小于20%，金属板材屋面的排水坡度不宜小于10%。

10.3.4 针对瓦屋面上的一些易渗漏的节点，强调了设计时应提出细部构造详图，以利施工有据，确保工程质量。

10.3.5 本条强调了大坡度瓦屋面应采取固定加强措施。

10.3.6 为防止大风时雨水沿瓦间隙飘入瓦下，或因爬水而浸湿基层，甚至造成渗漏，故规定平瓦屋面应在基层上铺设一层卷材，并用顺水条固定。

10.3.7 北方很多地方都采用在屋面基层上抹草泥，然后再座泥扣平瓦的方法，相对造价较低，且泥背还有一定的保温效果，尤其是对一些跨度较小的非永久性工程应用更多，故对泥背厚度作了规定。

10.3.8 为防止雨水沿瓦间隙进入而浸湿基层，甚至造成渗漏，故规定在基层上铺设一层卷材再铺钉油毡瓦。

10.3.9 本条强调天沟、檐沟设置防水层的重要性，防水层可采用防水卷材、防水涂膜或金属板材。

10.4 细部构造

10.4.1 对各种瓦的檐口挑出长度作了相应的规定，主要是有利于防水和美观。

10.4.2 泛水是瓦屋面最易渗漏的部位，做好泛水处理甚为重要，故本条对各种瓦的泛水提出了具体的技术要求。

10.4.3 为使雨水顺坡落入天沟，防止爬水现象，本条规定了平瓦、油毡瓦伸入天沟、檐沟的尺寸要求，并根据油毡瓦的特性，规定了檐口油毡瓦和卷材满粘的内容。

10.4.4 平瓦屋面的脊瓦与坡面瓦之间的缝隙，一般采用掺纤维砂浆填实抹平，脊瓦下端距坡面瓦的高度不宜超过80mm，一是考虑施工操作，二是防止砂浆干缩开裂及雨水流入而造成渗漏。并根据平瓦、油毡瓦的特性，规定了脊瓦与坡面瓦的搭盖宽度。

10.4.5 本条是金属板材屋面檐口和屋脊的构造内容。

10.4.6 平瓦、油毡瓦屋面，屋顶窗的窗料及金属排水板、窗框固定铁角、窗口防水卷材、支瓦条等配件，可由屋顶窗的生产厂家配套供应，并按照设计要求施工。

10.5 平瓦屋面施工

10.5.1 本条阐述铺设卷材的操作要点，注意铺设后对卷材的成品保护。

10.5.2 为保证瓦的搭接，防止渗漏，并使屋面整齐美观，本条为对挂瓦条间距和铺钉的规定。

10.5.3 本条阐述瓦的铺设要点，保证瓦屋面的施工质量和美观。

10.5.4 脊瓦搭盖间距均匀、平直，无起伏现象，主要是有利于美观；砂浆中掺入纤维可增加弹性，减少由于砂浆干缩引起的裂缝。

10.5.5 平瓦应均匀分散堆放在屋面的两坡，以及铺瓦应由两坡从下向上对称铺设的规定，是考虑屋面结构尽量避免产生过大的不对称的施工荷载，否则严重时会导致结构破坏事故。

10.5.6 铺设泥背要求分层，一是干燥较快，二是最后一层还可起到找平和座瓦的作用。

10.5.7 在混凝土基层上铺设平瓦时，本条对找平层、防水层和保温层等设置作了相关的规定。

10.6 油毡瓦屋面施工

10.6.1 油毡瓦铺设时，不论在木基层或混凝土基层上，都应先铺钉一层卷材，然后再铺钉油毡瓦；为防止钉帽外露锈蚀而影响固定，需将钉帽盖在卷材下面，卷材搭接宽度不应小于50mm。

10.6.2 本条阐述油毡瓦的正确铺设方法。

10.6.3 本条阐述油毡瓦的固定。

10.6.4 本条对脊瓦的铺设，以及脊瓦与脊瓦、脊瓦与坡面瓦的搭盖面积作了规定。

10.6.5 屋面与突出屋面结构及女儿墙等交接处是防水的薄弱环节，做好泛水处理是保证屋面工程质量的关键。

10.6.6 在混凝土基层上铺设油毡瓦时，本条对找平层、防水层和保温层等设置作了相关的规定。

10.7 金属板材屋面施工

10.7.1 金属板材应用专用吊具吊装，防止金属板材在吊装中的变形或将板面的涂膜破坏。

10.7.2 金属板材为薄壁长条、多种规格的型材，本条强调板材应根据设计的配板图铺设和连接固定。

10.7.3 金属板材的长边搭缝顺主导风向铺设，可避免刮风时冷空气贯入室内，并规定搭接缝、对缝及外露钉帽应作密封处理。

10.7.4 用金属板材制作的天沟，沟帮两侧应伸入屋面金属板材下不小于100mm，以便固定密封。屋面金属板材伸入檐沟的长度不小于50mm，以防爬水。金属板材的类型不一，屋面的檐口和山墙应用与板型配套的堵头封檐板和包角板封严。

10.7.5 主要是便于安装和整齐美观。

中华人民共和国国家标准

生物安全实验室建筑技术规范

Architectural and technical code for biosafety laboratories

GB 50346－2004

主编部门：中华人民共和国建设部
批准部门：中华人民共和国建设部
施行日期：2004 年 9 月 1 日

中华人民共和国建设部
公　　告

第252号

建设部关于发布国家标准《生物安全实验室建筑技术规范》的公告

现批准《生物安全实验室建筑技术规范》为国家标准，编号为GB50346—2004，自2004年9月1日起实施。其中，第4.3.5、4.3.8、5.1.5、5.3.1（1）（2）（3）、5.3.2、5.3.6、5.3.8、5.4.4、5.4.5、6.2.2、7.1.1、7.1.3、7.2.2、7.3.3、7.3.10、8.0.2、8.0.3、8.0.5条（款）为强制性条文，必须严格执行。

本规范由建设部标准定额研究所组织中国建筑工业出版社出版发行。

中华人民共和国建设部

2004年8月3日

前　　言

本规范是根据建设部建标［2003］102号文“关于印发《2002～2003年度工程建设国家标准制订、修订计划》的通知”的要求，由中国建筑科学研究院作为主编单位，会同有关设计、研究、施工单位共同编制的。

在编制过程中，规范编制组进行了广泛、深入的调查研究，认真总结多年来生物安全实验室建设的实践经验，积极采纳科研成果，参照有关国际和国内的技术标准，并在广泛征求意见的基础上，通过反复讨论、修改和完善，最后经审查定稿。

本规范包括10章和3个附录。主要内容是：规定了生物安全实验室建筑平面、装修和结构的技术要求；实验室的基本技术指标要求；对作为规范核心内容的空气调节与空气净化部分，则详尽地规定了气流组织、系统构成及系统部件和材料的选择方案、构造和设计要求；还规定了生物安全实验室的给水排水、气体供应、配电、自动控制和消防设施配置的原则；最后对施工、检测和验收的原则、方法做了必要的规定。

本规范中以黑体字标志的条文为强制性条文，必须严格执行。

本规范由建设部负责管理和对强制性条文的解释，中国建筑科学研究院负责具体技术内容的解释。

为了提高规范质量，请各单位和个人在执行本规范的过程中，认真总结经验，积累资料，如发现需要修改或补充之处，请将意见和建议反馈给中国建筑科学研究院空气调节研究所（地址：北京市北三环东路30号；邮政编码：100013；电话：84270568、84278378；传真：84283555、84273077；电子邮件：qqwang@263.net，iac99@sina.com），以供今后修订时参考。

本规范主编单位、参编单位和主要起草人：

主编单位：中国建筑科学研究院

参编单位：中国疾病预防控制中心
中国医学科学院
农业部全国畜牧兽医总站
中国建筑技术集团有限公司
北京市环境保护科学研究院
同济大学
公安部天津消防科学研究所
上海特莱仕千思板制造有限公司

主要起草人：王清勤　许钟麟　卢金星　秦　川
陈国胜　张益昭　张彦国　蒋　岩
何星海　邓曙光　沈晋明　俞詠霆
倪照鹏　姚伟毅

目　次

1 总　　则

1.0.1 为使生物安全实验室在设计、施工和验收方面满足实验室生物安全防护的通用要求，切实遵循物理隔离的建筑技术原则，制定本规范。

1.0.2 本规范适用于微生物学、生物医学、动物实验、基因重组以及生物制品等使用的新建、改建、扩建的生物安全实验室的设计、施工和验收。

1.0.3 生物安全实验室的建设应以生物安全为核心，确保实验人员的安全和实验室周围环境的安全，同时应满足实验对象对环境的要求。在建筑上应以实用、经济为原则。生物安全实验室所用设备和材料必须有符合要求的合格证、检验报告，并在有效期之内。属于新开发的产品、工艺，应有鉴定证书或试验证明材料。

1.0.4 生物安全实验室的建设除应执行本规范的规定外，尚应按现行国家强制性标准中的有关要求执行。

2 术　　语

2.0.1 一级屏障 primary barrier

操作者和被操作对象之间的隔离，也称一级隔离。

2.0.2 二级屏障　secondary barrier

生物安全实验室和外部环境的隔离，也称二级隔离。

2.0.3 生物安全实验室 biosafety laboratory

通过防护屏障和管理措施，达到生物安全要求的生物实验室和动物实验室。

2.0.4 主实验室　main room

主实验室是生物安全实验室中污染风险最高的房间，通常是指生物安全柜或动物隔离器等所在的房间。

2.0.5 污染区　contamination zone

生物安全实验室中被致病因子污染风险最高的区域。

2.0.6 清洁区　non-contamination zone

生物安全实验室中正常情况下没有被致病因子污染风险的区域。

2.0.7 半污染区　semi-contamination zone

生物安全实验室中具有被致病因子轻微污染风险的区域，是污染区和清洁区之间的过渡区。

2.0.8 洁净度 7 级 cleanliness class 7

空气中大于等于 0.5μm 的尘粒数大于 35200pc/m³ 到小于等于 352000pc/m³，大于等于 1μm 的尘粒数大于 8320pc/m³ 到小于等于 83200pc/m³，大于等于 5μm 的尘粒数大于 293pc/m³ 到小于等于 2930pc/m³。

2.0.9 洁净度 8 级 cleanliness Class 8

空气中大于等于 0.5μm 的尘粒数大于 352000pc/m³到小于等于 3520000pc/m³，大于等于 1μm 的尘粒数大于 83200pc/m³ 到小于等于 832000pc/m³，大于等于 5μm 的尘粒数大于 2930pc/m³ 到小于等于 29300pc/m³。

2.0.10 静态 at-rest

实验室内的设施已经建成，工艺设备已经安装，系统和设备按业主和设备供应商同意的方式运行，但无工作人员操作时的状态。

2.0.11 综合性能评定 comprehensive performance judgment

对已竣工验收的生物安全实验室的工程技术指标进行综合检测和评定。

3 生物安全实验室的分级和技术指标

3.1 生物安全实验室的组成和生物安全标识

3.1.1 生物安全实验室一般由主实验室、其他实验室和辅助用房组成。

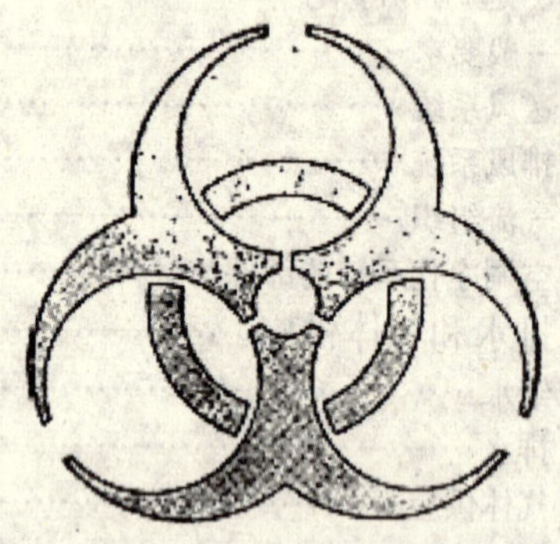

图 3.1.2　生物危险符号

3.1.2 在二级～四级生物安全实验室的入口，应明确标示出操作所接触的病原体的名称、危害等级、预防措施负责人姓名、紧急联络方式等，同时应标示出国际通用生物危险符号，如图 3.1.2 所示。生物危险符号的颜色应为黑色，背景为黄色。

3.2 生物安全实验室的分级

3.2.1 根据实验室所处理对象的生物危害程度和采取的防护措施，把生物安全实验室分为四级，其中一级对生物安全隔离的要求最低，四级最高。一般以 BSL-1、BSL-2、BSL-3、BSL-4 表示相应级别的生物安全实验室；以 ABSL-1、ABSL-2、ABSL-3、ABSL-4 表示相应级别的动物生物安全实验室。生物安全实验室的分级见表 3.2.1。

3.2.2 根据使用生物安全柜的类型和穿着防护服的

不同，四级生物安全实验室可以分为安全柜型、正压服型和混合型三种，见表3.2.2。

表3.2.1 生物安全实验室的分级

分级	危害程度	处理对象
一级	低个体危害，低群体危害	对人体、动植物或环境危害较低，不具有对健康成人、动植物致病的致病因子
二级	中等个体危害，有限群体危害	对人体、动植物或环境具有中等危害或具有潜在危险的致病因子，对健康成人、动物和环境不会造成严重危害。有有效的预防和治疗措施
三级	高个体危害，低群体危害	对人体、动植物或环境具有高度危害性，通过直接接触或气溶胶使人传染上严重的甚至是致命疾病，或对动植物和环境具有高度危害的致病因子。通常有预防和治疗措施
四级	高个体危害，高群体危害	对人体、动植物或环境具有高度危害性，通过气溶胶途径传播或传播途径不明，或未知的、高度危险的致病因子。没有预防和治疗措施

表3.2.2 四级生物安全实验室的分类

类型	特点
安全柜型	使用Ⅲ级生物安全柜
正压服型	使用Ⅱ级生物安全柜和具有生命支持供气系统的正压防护服
混合型	使用Ⅲ级生物安全柜和具有生命支持供气系统的正压防护服

注：生物安全柜的选择可按本规范5.1.3条规定的原则进行。

3.3 生物安全实验室的技术指标

3.3.1 二级生物安全实验室应实施一级屏障或二级屏障，三级、四级生物安全实验室应同时实施一级屏障和二级屏障。

3.3.2 生物安全主实验室二级屏障的主要技术指标应符合表3.3.2的规定。

3.3.3 三级和四级生物安全实验室辅助用房的主要技术指标应符合表3.3.3的规定。

3.3.4 当房间处于值班运行时，在各房间压差保持不变的前提下，值班换气次数可以低于表3.3.2和表3.3.3中规定的数值。

3.3.5 对于有特殊要求的生物安全实验室，空气洁净度级别可高于表3.3.2和表3.3.3的规定，设计换气次数也应随之提高。

表3.3.2 主实验室的主要技术指标

级别	洁净度级别	最小换气次数（次/h）	与室外方向上相邻相通房间的最小负压差（Pa）	温度℃	相对湿度%	噪声dB(A)	最低照度lx
一级	—	可开窗	—	18～28	≤70	≤60	200
二级	—	可开窗	—	18～27	30～70	≤60	300
三级	7或8	15或12	-10	18～25	30～60	≤60	350
四级	7或8	15或12	-10	18～24	30～60	≤60	350

注：1. BSL—3主实验室相对于大气的最小负压不应小于-30Pa，BSL—4主实验室相对于大气的最小负压不应小于-40Pa。
2. ABSL—3主实验室相对于大气的最小负压不应小于-40Pa，其中解剖室不应小于-50Pa；ABSL—4主实验室相对于大气的最小负压不应小于-50Pa，其中解剖室不应小于-60Pa。
3. 本表中的噪声不包括生物安全柜、动物隔离器的噪声，如果包括上述设备的噪声，则最大不应超过68 dB（A）。
4. 动物生物安全实验室内的参数应符合《实验动物环境及设施》GB14925的有关要求。

表3.3.3 三级和四级生物安全实验室辅助用房的主要技术指标

房间名称	洁净度级别	最小换气次数（次/h）	与室外方向上相邻相通房间的最小负压差（Pa）	温度℃	相对湿度%	噪声dB(A)	最低照度lx
主实验室的缓冲室	7或8	15或12	-10	18～27	30～70	≤60	200
隔离走廊	7或8	15或12	-10	18～27	30～70	≤60	200
准备间	7或8	15或12	-10	18～27	30～70	≤60	200
二更	8	10	-10	18～26	—	≤60	200
二更缓冲室	8	10	-10	18～26	—	≤60	200
化学淋浴室	—	4	-10	18～28	—	≤60	150
一更（脱、穿普通衣、工作服）	—	—	—	18～26	—	≤60	150

注：如果在准备间安装生物安全柜，则最大噪声不应超过68dB（A）。

4 建筑、结构和装修

4.1 建筑要求

4.1.1 生物安全实验室的位置要求应符合表4.1.1的规定。

表4.1.1 生物安全实验室的位置要求

实验室级别	平面位置	选址和建筑间距
一级	可共用建筑物，实验室有可控制进出的门	无要求
二级	可共用建筑物，与建筑物其他部分可相通，但应设可自动关闭的带锁的门	无要求
三级	与其他实验室可共用建筑物，但应自成一区，宜设在其一端或一侧，与建筑物其他部分以密闭门分开	距离公共场所和居住建筑至少20m。主实验室所在建筑物离相邻建筑物或构筑物的距离宜不小于相邻建筑物或构筑物高度的1.2倍
四级	独立建筑物，或与其他级别的生物安全实验室共用建筑物，但应在建筑物中独立的隔离区域内	应远离市区。主实验室所在建筑物离相邻建筑物或构筑物的距离应不小于相邻建筑物或构筑物高度的1.5倍

4.1.2 三级和四级生物安全实验室应根据实验对象和工艺要求划分污染区、半污染区和清洁区。

4.1.3 三级和四级生物安全实验室不同区域之间以及有特别需要的地方应设缓冲室，并应有明显的区域标志和负压显示。除二更可兼作缓冲室外，缓冲室只起过渡隔离作用，不应作为工作室。如果有多个三级主实验室，在每个主实验室的缓冲室之前宜设公用的隔离走廊；四级主实验室的缓冲室之前应设隔离走廊，该隔离走廊宜为环形。

4.1.4 三级和四级生物安全实验室相邻区域和相邻房间之间应根据需要设传递窗，传递窗两门必须互锁，并且应设置有效的消毒装置。

4.1.5 生物安全实验室人流路线上应根据工艺要求决定是否设置淋浴室。

4.1.6 三级和四级生物安全实验室人流路线的设置，应符合空气洁净技术关于污染控制和物理隔离的原则。一更、进入路线上的淋浴室和二更应设在清洁区。必要时在半污染区设化学淋浴装置。

4.1.7 正压服型四级生物安全实验室应在污染区、半污染区之间的缓冲间设化学淋浴室。

4.1.8 三级和四级生物安全实验室均应在半污染区设置安全通道和紧急出口，并有明显的标志。四级生物安全实验室的紧急出口通道应设置缓冲室和紧急消毒处理室。

4.1.9 三级和四级生物安全实验室的室内净高应考虑生物安全柜等设备的安装高度，不宜低于2.6m。

4.1.10 四级生物安全实验室应设置隔离观察室。

4.2 结构要求

4.2.1 生物安全实验室的结构设计应符合现行国家标准《建筑结构可靠度设计统一标准》GB 50068中的规定。三级生物安全实验室的结构安全等级不宜低于一级，四级生物安全实验室的结构安全等级不应低于一级。

4.2.2 生物安全实验室的抗震设计应符合现行国家标准《建筑抗震设防分类标准》GB 50223中的规定。三级生物安全实验室宜按甲类建筑设防，四级生物安全实验室（含地下室和技术夹层）应按甲类建筑设防。

4.2.3 四级生物安全实验室宜为单层结构（不包括技术夹层和地下室）。

4.2.4 三级生物安全实验室的主体不宜采用装配式结构，四级生物安全实验室的主体不应采用装配式结构。

4.2.5 三级生物安全实验室宜设技术维修夹层，四级生物安全实验室应设技术维修夹层。

4.3 建筑装饰要求

4.3.1 三级和四级生物安全实验室均应采用无缝防滑耐腐蚀地面，踢脚板应与墙面齐平或略缩进不大于2~3mm。地面与墙面的相交位置，应做半径不小于30mm的圆弧处理。其他围护结构的相交位置，宜做半径不小于30mm的圆弧处理。

4.3.2 三级和四级生物安全实验室墙面、顶棚的材料应易于清洁消毒、耐腐蚀、不起尘、不开裂、光滑防水，表面涂层宜具有抗静电性能。

4.3.3 三级和四级生物安全实验室围护结构表面的所有缝隙应密封。

4.3.4 一级生物安全实验室可设带纱窗的外窗；当无机械通风系统时，二级生物安全实验室应采用窗户进行自然通风，并应有防虫纱窗；三级和四级生物安全实验室不应设外窗，但可在内墙上设密闭观察窗，观察窗应采用满足安全要求的材料制作。

4.3.5 生物安全实验室应有防止昆虫、鼠等生物进入和外逃的措施。

4.3.6 三级和四级生物安全实验室主实验室的门应能自动关闭，生物安全实验室各房间的门宜设可视窗，缓冲室的门应能单向锁定。

4.3.7 生物安全实验室的设计应充分考虑生物安全柜、动物隔离器、双扉灭菌柜等设备的尺寸和要求，必要时应留有足够的搬运孔洞，以及设置局部隔离、防震、排热、除湿设施的可能。

4.3.8 三级和四级生物安全实验室的半污染区及污染区内的顶棚上不得设置人孔、管道检修口。

5 空调、通风和净化

5.1 一 般 要 求

5.1.1 生物安全实验室空调净化系统的划分应根据操作对象的危害程度、平面布置等情况经技术经济比较后确定，应采取有效措施避免污染和交叉污染。空调净化系统的划分应有利于实验室的消毒灭菌、自动控制系统的设置和节能运行。

5.1.2 生物安全实验室空调净化系统的设计应充分考虑生物安全柜、离心机、CO_2 培养箱、摇床、冰箱、高压灭菌锅、真空泵、紧急冲洗池等设备的冷、热、湿和污染负荷。

5.1.3 生物安全实验室送、排风系统的设计应考虑所用生物安全柜、动物隔离器等设备的使用条件。生物安全实验室可按表 5.1.3 的原则选用生物安全柜。动物隔离器不得向室内排风。

表 5.1.3 生物安全实验室选用生物安全柜的原则

防 护 类 型	选用生物安全柜类型
保护人员，生物危险度一级、二级、三级	Ⅰ级、Ⅱ级、Ⅲ级
保护人员，生物危险度四级，安全柜型	Ⅲ级
保护人员，生物危险度四级，正压服型	Ⅱ级
保护实验对象	Ⅱ级、带层流的Ⅲ级
少量的、挥发性的放射和化学防护	Ⅱ级 B1，排风到室外的Ⅱ级 A2
挥发性的放射和化学防护	Ⅰ级、Ⅱ级 B2、Ⅲ级

5.1.4 二级生物安全实验室可以采用带循环风的空调系统，如果涉及有毒、有害、挥发性溶媒和化学致癌剂操作，则应采用全排风系统。二级动物生物安全实验室也宜采用全排风系统。

5.1.5 三级和四级生物安全实验室应采用全新风系统。

5.1.6 三级和四级生物安全实验室的送、排风总管，四级生物安全实验室主实验室的送、排风支管均应安装气密阀门。

5.1.7 三级和四级生物安全实验室的污染区和半污染区内不应安装普通的风机盘管机组或房间空调器。

5.1.8 生物安全实验室污染区宜临近空调机房，使送、排风管道最短。

5.1.9 生物安全实验室空调通风系统的风机应选用风压变化较大时风量变化较小的类型。

5.2 送 风 系 统

5.2.1 空气净化系统应设置粗、中、高三级空气过滤。

第一级是粗效过滤器，对于≥5μm 大气尘的计数效率不低于50%。对于带回风的空调系统，粗效过滤器宜设置在新风口或紧靠新风口处。全新风系统的粗效过滤器可设在空调箱内。

第二级是中效过滤器，宜设置在空气处理机组的正压段。

第三级是高效过滤器，应设置在系统的末端或紧靠末端，不得设在空调箱内。

对于全新风系统，宜在表面冷却器前设置一道保护用的中效过滤器。

5.2.2 送风系统新风口的设置应符合下列要求：

1 新风口应采取有效的防雨措施。

2 新风口处应安装防鼠、防昆虫、阻挡绒毛等的保护网，且易于拆装。

3 新风口应高于室外地面 2.5m 以上，同时应尽可能远离污染源。

5.3 排 风 系 统

5.3.1 三级和四级生物安全实验室排风系统的设置应符合以下规定：

1 排风必须与送风连锁，排风先于送风开启，后于送风关闭。

2 生物安全实验室必须设置室内排风口，不得只利用生物安全柜或其他负压隔离装置作为房间排风出口。

3 操作过程中可能产生污染的设备必须设置局部负压排风装置，并带高效空气过滤器。

4 生物安全实验室房间的排风管道可以兼作生物安全柜的排风管道。

5 排风系统与生物安全柜密闭连接时，应能保证生物安全柜的排风要求或负压要求。

6 生物安全柜与排风系统的连接方式应按表 5.3.1 执行。

7 排风机应设平衡基座，并采取有效的减振降噪措施。

5.3.2 三级和四级生物安全实验室的排风必须经过高效过滤器过滤后排放，高效过滤器的效率不应低于现行国家标准《高效空气过滤器》GB 13554 中的 B 类。

表 5.3.1　生物安全柜与排风系统的连接方式

生物安全柜级别		工作口平均进风速度（m/s）	循环风比例（%）	排风比例（%）	连接方式
Ⅰ级		0.38	0	100	密闭连接
Ⅱ级	A1	0.38～0.50	70	30	可排到房间或设置局部排风罩
	A2	0.50	70	30	可设置局部排风罩或密闭连接
	B1	0.50	30	70	密闭连接
	B2	0.50	0	100	密闭连接
Ⅲ级		—	0	100	密闭连接

5.3.3　生物安全实验室的排风高效过滤器应设在室内排风口处。三级生物安全实验室有特殊要求时可设两道高效过滤器。四级生物安全实验室除在室内排风口处设第一道高效过滤器外，还必须在其后串联第二道高效过滤器，两道高效过滤器的距离不宜小于500mm。

5.3.4　第一道排风高效过滤器的位置不得深入管道或夹墙内部，应紧邻排风口。过滤器位置与排风口结构应易于对过滤器进行安全更换。

5.3.5　三级和四级生物安全实验室排风管道的正压段不应穿越房间，排风机宜设于室外排风口附近。

5.3.6　三级和四级生物安全实验室应设置备用排风机组，并可自动切换。

5.3.7　生物安全实验室的排风量必须进行详细的设计计算。总排风量应包括围护结构漏风量，生物安全柜、离心机、真空泵等设备的排风量等。

5.3.8　三级和四级生物安全实验室排风高效过滤器的安装应具备现场检漏的条件。如果现场不具备检漏的条件，则应采用经预先检漏的专用排风高效过滤装置。

5.3.9　三级和四级生物安全实验室应有能够调节排风以维持室内压力和压差梯度稳定的措施。

5.3.10　三级和四级生物安全实验室室外排风口的位置应高于所在建筑物屋面2m以上。

5.4　气流组织

5.4.1　三级和四级生物安全实验室内各区之间的气流方向应保证由清洁区流向半污染区，由半污染区流向污染区。生物安全实验室的清洁区内宜设一间正压缓冲室。

5.4.2　三级和四级生物安全主实验室内各种设备的位置应有利于气流由"清洁"空间向"污染"空间流动，最大限度减少室内回流与涡流。

5.4.3　气流组织应采用上送下排方式，送风口和排风口布置应使室内气流停滞的空间降低到最小程度。

5.4.4　在生物安全柜操作面或其他有气溶胶操作地点的上方附近不得设送风口。

5.4.5　高效过滤器排风口应设在室内被污染风险最高的区域，单侧布置，不得有障碍。

5.4.6　高效过滤器排风口下边沿离地面不宜低于0.1m，且不应高于0.15m；上边沿高度不宜超过地面之上0.6m。排风口排风速度不宜大于1m/s。

5.5　空调净化系统的部件与材料

5.5.1　送、排风高效过滤器均不得使用木制框架。

5.5.2　三级和四级生物安全实验室的排风管道应采用耐腐蚀、耐老化、不吸水的材料制作，一般可采用不锈钢或塑料。

5.5.3　排风气密阀应设在排风高效过滤器和排风机之间。排风机外侧的排风管上室外排风口处应安装保护网和防雨罩。

5.5.4　空调设备的选用应满足下列要求：

1　不应采用淋水式空气处理机组。当采用表面冷却器时，通过盘管所在截面的气流速度不宜大于2.0m/s。

2　各级空气过滤器前后应安装压差计，测量接管应通畅，安装严密。

3　宜选用干蒸汽加湿器。

4　加湿设备与其后的过滤段之间应有足够的距离。

5　在空调机组内保持1000Pa的静压值时，箱体漏风率应不大于2%。

6　消声器或消声部件的材料应能耐腐蚀、不产尘和不易附着灰尘，其填充材料不应使用玻璃纤维及其制品。

7　高效过滤器应耐消毒气体的侵蚀。

8　送、排风系统中的各级过滤器应采用一次抛弃型。

6　给水排水和气体供应

6.1　给　水

6.1.1　三级和四级生物安全实验室供水管道应设置管道倒流防止器或其他有效的防止倒流污染的装置，并且这些装置应设置在清洁区。

6.1.2　三级和四级生物安全实验室的污染区和半污染区给水管路的用水点处应设止回阀。

6.1.3　生物安全实验室应设洗手装置。三级和四级生物安全实验室的洗手装置应设在污染区和半污染区的出口处。对于用水的洗手装置的供水应采用非手动开关。

6.1.4　三级和四级生物安全实验室应设紧急冲眼装置。

6.1.5 三级和四级生物安全实验室的给水管路应涂上区别于一般水管的醒目的颜色。

6.1.6 室内给水管材宜采用不锈钢管、铜管或无毒塑料管。管道宜采用焊接或快速接口连接。

6.2 排　　水

6.2.1 三级和四级生物安全实验室的主实验室内不应设地漏。

6.2.2 三级和四级生物安全实验室半污染区和污染区的排水应通过专门的管道收集至独立的装置中进行消毒灭菌处理。

6.2.3 消毒灭菌装置宜设在最低处，一般可设在地下空间，便于污水收集和检查维修。

6.2.4 动物二级、三级生物安全实验室和三级生物安全实验室污染区和半污染区的排水应进行化学消毒或高温灭菌处理。四级生物安全实验室污染区和半污染区的排水应通过高温灭菌处理。排放前应达到有关排放标准。

6.2.5 三级和四级生物安全实验室排水系统的通气管口应设高效过滤器或其他可靠的消毒装置，同时应使通气口四周通风良好。

6.2.6 三级和四级生物安全实验室排水系统的通气管口应单独设置，不得接入空调通风系统的排风管道。

6.2.7 三级和四级生物安全实验室应在消毒后的排水管道上设采样口，定期检查水样。采样口应有密封措施。

6.2.8 三级和四级生物安全实验室排水管线宜明设，并与墙壁保持一定距离便于检查维修。四级生物安全实验室的排水管线宜设透明套管。

6.2.9 三级和四级生物安全实验室的排水管应采用不锈钢或其他合适的管材、管件。排水管材、管件应满足强度、温度、耐腐蚀等性能要求。

6.2.10 所有排水管道穿过的地方应采用不收缩、不燃烧、不起尘的材料密封。

6.3 气 体 供 应

6.3.1 生物安全实验室的专用气体宜由高压气瓶供给，气瓶应设在清洁区，通过管道输送到各个用气点。

6.3.2 所有供气管路应安装防回流装置，用气点应根据工艺要求设置过滤器。

7 电 气 和 自 控

7.1 配　　电

7.1.1 生物安全实验室必须保证用电的可靠性。三级生物安全实验室应按一级负荷供电，当按一级负荷供电有困难时，应设置不间断电源。四级生物安全实验室必须按一级负荷供电，并设置不间断电源和自备发电设备。

7.1.2 当三级生物安全实验室采用自备发电设备时，宜根据需要设置不间断电源。

7.1.3 当三级生物安全实验室不能采用一级负荷供电，只设置不间断电源时，不间断电源应能保证实验室主要设备15min的电力供应。主要设备应包括生物安全柜、排风机、空调通风系统的风机、动物隔离器、自动报警监测系统等。当三级和四级生物安全实验室设置自备发电设备和不间断电源时，不间断电源应能确保自备发电设备启动前主要设备的电力供应。

7.1.4 生物安全实验室应设有专用配电箱。三级和四级生物安全实验室的专用配电箱应设在清洁区内。

7.1.5 生物安全实验室内的电源宜设置漏电检测报警装置。

7.1.6 生物安全实验室应设有可靠的接地系统，其接地电阻不宜大于1Ω。

7.1.7 生物安全实验室配电管线应采用金属管敷设，穿过墙和楼板的电线管应加套管，套管内用不收缩、不燃烧材料密封。进入实验室内的电线管穿线后，管口应采用无腐蚀、不起尘和不燃材料封闭。特殊部位（如四级生物安全实验室的污染区）的配电管线应采用矿物绝缘电缆。

7.2 照　　明

7.2.1 三级和四级生物安全实验室内照明灯具宜采用吸顶式密闭洁净灯，并且具有防水功能。实验室内应无强烈反光。

7.2.2 三级和四级生物安全实验室内应设置不少于30min的应急照明。

7.2.3 二级～四级生物安全实验室的入口应有实验室工作状态的文字或灯光讯号显示。

7.2.4 生物安全实验室应设紧急发光疏散指示标志。

7.3 自 动 控 制

7.3.1 三级和四级生物安全实验室的自控系统应遵循安全、可靠、节能的原则，操作应简单明了。

7.3.2 三级和四级生物安全实验室应设门出入控制系统，以便安全管理。主实验室和缓冲室的门多于一扇时，应采取互锁措施。

7.3.3 当出现紧急情况时，所有设置互锁功能的门都必须能处于可开启状态。

7.3.4 三级和四级生物安全实验室应设排风系统正常运转的标志，当排风系统运转不正常时应能报警。备用排风机组应能自动投入运行，同时应发出报警信号。

7.3.5 三级和四级生物安全实验室的送风和排风系统必须可靠连锁，空调通风系统开机顺序应符合

5.3.1 的要求。

7.3.6 系统启动和停机过程应采取措施防止实验室内负压值超出围护结构和有关设备的安全范围。

7.3.7 三级和四级生物安全实验室的空调通风设备应能自动和手动控制，应急手动应有优先控制权，且应具备硬件连锁功能。

7.3.8 三级和四级生物安全实验室的自控系统必须保证各个区域的压差要求和压力梯度的稳定。

7.3.9 三级和四级生物安全实验室应设置压力梯度控制和参数历史数据存贮显示系统。保证各个区域在不同工况时的压差及压力梯度稳定，方便管理人员随时查看实验室参数历史数据。

7.3.10 三级和四级生物安全实验室当负压梯度超过设定范围时，自控系统应有声光报警功能。声光报警器应设置在实验室内实验人员最方便看到的地方。

7.3.11 三级和四级生物安全实验室应设置设备故障报警功能。

7.3.12 在空调通风系统未运行时，送、排风管上的气密阀应处于常闭状态。

7.3.13 自控系统参数显示应设在清洁区。

7.3.14 自控系统应保证满足各个区域的温度、湿度的要求。

7.3.15 自控系统应视需要设置或预留接口。

7.3.16 三级和四级生物安全实验室应设闭路电视监视系统。

7.4 通 讯

7.4.1 三级和四级生物安全实验室内与实验室外应有内部电话或对讲系统。

7.4.2 三级和四级生物安全实验室应有传真机等通讯设备，以便将实验资料传出实验室。

7.4.3 通讯系统应视需要设置或预留接口。

8 消 防

8.0.1 生物安全实验室的防火设计应符合现行标准《建筑设计防火规范》GBJ 16 和《建筑灭火器配置设计规范》GBJ 140 等相关国家标准中的有关规定。

8.0.2 二~四级生物安全实验室应设在耐火等级不低于二级的建筑物内。

8.0.3 四级生物安全实验室应为独立防火分区。

8.0.4 生物安全实验室的所有疏散出口都应有消防疏散指示标志和消防应急照明措施。

8.0.5 三级和四级生物安全实验室应采取有效的防火防烟分隔措施，并应采用耐火极限不低于 2.00h 的隔墙和甲级防火门与其他部位隔开。

8.0.6 生物安全实验室应设火灾自动报警装置和合适的灭火器材。

8.0.7 三级和四级生物安全实验室不应设置自动喷水灭火系统，但应根据需要采取其他灭火措施，如灭火器等。

8.0.8 三级和四级生物安全实验室的防火设计应以保证人员能尽快安全疏散为原则，火灾必须能从实验室的外部进行控制，使之不会蔓延。

9 施 工 要 求

9.1 一 般 要 求

9.1.1 生物安全实验室的施工应以生物安全防护为核心。

9.1.2 施工过程中应对每道工序制订具体施工组织设计。

9.1.3 各道施工程序均应进行记录，验收合格后方可进行下道工序施工。

9.1.4 施工安装完成后，应进行单机试运转和系统的联合试运转及调试，做好调试记录，并编写调试报告。

9.2 建 筑 装 饰

9.2.1 建筑装饰施工应做到墙面平滑、地面防滑耐磨、容易清洁、耐消毒剂侵蚀、不吸湿、不透湿、不易附着灰尘。

9.2.2 有压差要求的生物安全实验室所有缝隙和穿孔都应填实，并采取可靠的密封措施。

9.2.3 三级和四级生物安全实验室有压差梯度要求的房间应在合适位置设测压孔，平时应有密封措施。

9.2.4 生物安全实验室内配备的实验台面应光滑、不透水、耐腐蚀、耐热和易于清洗，三级、四级生物安全实验室内配备的实验台应采用整体台面。

9.2.5 生物安全实验室的实验台、架、设备的边角应以圆弧过渡，不应有突出的尖角、锐边、沟槽。

9.2.6 生物安全实验室中各种台、架、设备应采取防倾倒措施，相互之间应保持一定距离，其侧面至少留有 80mm、后面至少留有 40mm 间距以方便清洁。当靠地靠墙放置时，应用密封胶将靠地靠墙的边缝密封。

9.3 空 调 净 化

9.3.1 空调机组的基础对地面的高度宜不低于 200mm，以保证冷凝水的顺利排出。

9.3.2 空调机组安装时应调平，并做减振处理。各检查门应平整，密封条应严密。正压段的门宜向内开，负压段的门宜向外开。表冷段的冷凝水排水管上应设水封和阀门。

9.3.3 送、排风管道的材料应符合设计要求，加工前应进行清洁处理，去掉表面油污和灰尘。

9.3.4 风管加工完毕后，应擦拭干净，并用薄膜把两端封住，安装前不得去掉或损坏。

9.3.5 技术夹层里的任何管道穿过顶棚时，贯穿部位必须完全密封。灯具箱与吊顶之间的孔洞应密封不漏。

9.3.6 送、排风管道应隐蔽安装。

9.3.7 送、排风管道咬口缝均应用胶密封。

9.3.8 各类调节装置应严密，调节灵活，操作方便。

9.3.9 当排风采用排风高效过滤装置时，该装置应为工厂正式生产产品，通过检漏合格后严格密封，直到现场安装时方可打开包装。排风高效过滤装置的室内侧应有保护高效过滤器的措施。

9.3.10 排风高效过滤器应有安全的现场更换条件。

9.4 生物安全柜的安装

9.4.1 生物安全柜在搬运过程中，严禁将其横倒放置和拆卸，宜在搬入安装现场后拆开包装。

9.4.2 生物安全柜应安装于排风口附近，不应安装在气流激烈变化和人走动多的地方，不应安装在门口。生物安全柜应处于空气气流方向的下游。

9.4.3 生物安全柜背面、侧面与墙的距离宜不小于300mm，顶部与吊顶的距离应不小于300mm。

9.4.4 如果安全柜内需要其他气体，应同时安装气体管道。

10 检测和验收

10.1 工程检测

10.1.1 三级和四级生物安全实验室工程检测应进行综合性能全面评定，并应在施工单位对整个工程进行调整和测试后进行。

10.1.2 有生物安全柜的实验室应首先进行安全柜的现场检测，确认其性能符合要求后才可开始实验室性能的检测。

10.1.3 检测前应对全部送、排风管道的严密性进行确认，即要求有监理单位或建设单位签署的管道严密性自检报告。通风空调系统应按照现行标准《洁净室施工及验收规范》JGJ 71的方法和标准进行严密性试验。

10.1.4 工程检测的必测项目应符合表10.1.4的规定，检测状态为静态。

10.1.5 围护结构的严密性应按以下要求进行检测和评价：

1 三级生物安全实验室应通过直观检查证实围护结构密封完好。

2 四级生物安全实验室除了应通过直观检查证实围护结构密封完好外，宜对主实验室进行围护结构严密性检测和评价。

10.1.6 高效过滤器应按表10.1.6的要求进行检漏和评价。

表10.1.4 生物安全实验室工程检测的必测项目

序号	项　目	工　况	执行条款
1	三级和四级生物安全实验室围护结构的严密性	送、排风系统正常运行或关闭所有的送风，只开排风	10.1.5
2	主实验室排风高效过滤器检漏——全检	在开门状态下，关闭所有送风，只开排风	10.1.6
3	送风高效过滤器检漏——抽检	送、排风系统正常运行（包括生物安全柜）	10.1.6
4	静压差（门全关）	送、排风系统正常运行	3.3.2、3.3.3和10.1.8
5	气流流向	送、排风系统正常运行	5.4.2和10.1.7
6	室内送风量	送、排风系统正常运行	3.3.2、3.3.3和10.1.8
7	洁净度级别	送、排风系统正常运行	3.3.2、3.3.3和10.1.8
8	温度	送、排风系统正常运行	3.3.2、3.3.3和10.1.8
9	相对湿度	送、排风系统正常运行	3.3.2、3.3.3和10.1.8
10	噪声	送、排风系统正常运行	3.3.2、3.3.3和10.1.8
11	照度	无自然光源下	3.3.2、3.3.3和10.1.8

表10.1.6 高效过滤器的检漏

项　目	送风系统高效过滤器检漏	主实验室排风高效过滤器检漏
检漏方法	粒子计数扫描法，执行《洁净室施工及验收规范》JGJ 71	粒子计数扫描法，执行《洁净室施工及验收规范》JGJ 71
检漏工况	送、排风系统正常运行	在开门状态下，关闭送风，只开排风，室内含尘浓度（≥0.5μm）不小于5000pc/L
评价标准	超过3pc/L，即判断为泄漏	第一道过滤器，超过3pc/L，即判断为泄漏；第二道过滤器，超过2pc/L，即判断为泄漏

10.1.7 气流方向应按以下要求进行检测和评价。

1 测定方法：用单丝线或用发烟装置测定，测点在送风口和排风口之间的连线方向上，均匀布置不少于三个。

2 评价标准：气流流向应符合5.4.2条要求。

10.1.8 其他参数

均按《洁净室施工及验收规范》JGJ 71和《通风与空调工程施工质量验收规范》GB 50243规定的方法执行。

10.1.9 当生物安全实验室有多个运行工况时，应分别对每个工况进行工程检测，同时应验证工况转换时系统的安全性。

10.1.10 除了必测项目的检测，还应验证电气、自控和故障报警系统的可靠性。

10.1.11 竣工验收的检测可由施工单位完成，但不得以竣工验收阶段的调整测试结果代替综合性能全面评定。

10.1.12 三级和四级生物安全实验室投入使用后，其每年例行的常规检测同本章要求。

10.2 生物安全柜的现场检测

10.2.1 有下列情况之一时，应对生物安全柜进行现场检测：

1 生物安全实验室竣工后，投入使用前，生物安全柜已安装完毕；

2 生物安全柜被移动位置后；

3 对生物安全柜进行检修后；

4 生物安全柜更换高效过滤器后；

5 生物安全柜一年一度的常规检测。

10.2.2 对于新安装的生物安全柜，必须现场检测合格并出具检测报告后才可使用。所有生物安全柜必须具有合格的出厂检测报告。

10.2.3 生物安全柜的现场必测项目应符合表10.2.3的要求。必测项目第1～4项中有一项不合格的生物安全柜不得使用。

表10.2.3 生物安全柜的必测项目

序号	项目	工况	执行条款	适用安全柜级别
1	垂直气流平均速度	正常运转状态	10.2.4	Ⅱ级安全柜
2	工作窗口气流流向	正常运转状态	10.2.5	Ⅰ、Ⅱ级安全柜
3	工作窗口气流平均速度	正常运转状态	10.2.6	Ⅰ、Ⅱ级安全柜
4	工作区洁净度	正常运转状态	10.2.7	Ⅱ级安全柜
5	噪声	正常运转状态	10.2.8	Ⅰ、Ⅱ、Ⅲ级安全柜
6	照度	正常运转状态	10.2.9	Ⅰ、Ⅱ、Ⅲ级安全柜

10.2.4 生物安全柜垂直气流平均风速检测应符合以下要求：

检测方法：在送风高效过滤器以下0.15m处的截面上，采用风速仪均匀布点测量截面风速。测点间距不大于0.2m，侧面距离侧壁不大于0.1m，每列至少测量3点，每行至少测量5点。

评价标准：平均风速不低于产品标准要求。

10.2.5 生物安全柜工作窗口的气流流向检测应符合以下要求：

检测方法：可采用发烟法或丝线法在工作窗口断面检测，检测位置包括工作窗口的四周边缘和中间区域。

评价标准：工作窗口断面所有位置的气流均向内。

10.2.6 生物安全柜工作窗口的气流平均风速检测应符合以下要求：

检测方法：宜在工作窗口外接等尺寸辅助风管，用风速仪测量辅助风管断面风速，或采用风速仪直接测量工作窗口断面风速。每列至少测量3点，至少测量5列，每列间距不大于0.2m。

评价标准：工作窗口断面上的平均风速值不低于产品标准要求。

10.2.7 生物安全柜工作区洁净度检测应符合以下要求：

检测方法：采用尘埃粒子计数器在工作区检测。粒子计数器的采样口在工作台面向上0.2m高度对角线布置，至少测量5点。

评价标准：工作区洁净度应达到5级。

10.2.8 生物安全柜噪声检测应符合以下要求：

检测方法：生物安全柜前面板中心向外0.3m，地面以上1.1m处用声级计测量噪声。

评价标准：噪声不应高于产品标准要求。

10.2.9 生物安全柜照度检测应符合以下要求：

检测方法：沿工作台面长度方向中心线每隔0.3m设置一个测量点。与内壁表面距离<0.15m时，不再设置测点。

评价标准：平均照度不低于产品标准要求。

10.2.10 生物安全柜在有条件时宜进行箱体的漏泄检测，安全柜漏电检测，接地电阻检测。

10.2.11 生物安全柜的安装位置应符合9.4的要求。

10.3 工程验收

10.3.1 生物安全实验室的工程验收是实验室启用验收的基础，工程验收应严格执行本规范。

10.3.2 工程验收的内容应包括建设与设计文件、施工文件和综合性能的评定文件等。

10.3.3 在工程验收前，应首先委托有资质的工程质检部门进行工程检测。

10.3.4 工程验收应出具工程验收报告。生物安全实验室的验收结论分为合格、限期整改和不合格三类。对于符合规范要求的，判定为合格；对于存在问题，但经过整改后能符合规范要求的，判定为限期整改；对于不符合规范要求，又不具备整改条件的，判定为不合格，具体评价项目见附录C。

附录A 生物安全实验室检测记录用表

A.0.1 生物安全实验室施工方自检情况、施工文件检查情况、安全柜检测情况、围护结构严密性检测情况见表A.0.1。

A.0.2 生物安全实验室送、排风高效过滤器检漏情况记录表见表A.0.2。

A.0.3 生物安全实验室房间静压差和气流流向的检测记录表见表A.0.3。

A.0.4 生物安全实验室风口风速或风量的检测记录表见表A.0.4。

A.0.5 生物安全实验室房间含尘浓度的检测记录表见表A.0.5。

A.0.6 生物安全实验室房间温度、相对湿度的检测记录表见表A.0.6。

A.0.7 生物安全实验室房间噪声的检测记录表见表A.0.7。

A.0.8 生物安全实验室房间照度的检测记录表见表A.0.8。

A.0.9 生物安全实验室配电和自控系统的检测记录表见表A.0.9。

表A.0.1 生物安全实验室检测记录（一）

第　页共　页

委托单位					
实验室名称					
施工单位					
监理单位					
检测单位					
检测日期		记录编号		检测状态	
检测依据					
1. 施工单位自检情况					
2. 施工文件检查情况					
3. 安全柜检测情况					
4. 三级和四级实验室围护结构严密性检查情况					

校核　　　记录　　　检验

表A.0.2 生物安全实验室检测记录（二）

第　页共　页

5. 送风高效过滤器的检漏					
检测仪器名称		规格型号		编号	
检测前设备状况		检测后设备状况			
6. 排风高效过滤器的检漏					
检测仪器名称		规格型号		编号	
检测前设备状况		检测后设备状况			

校核　　　记录　　　检验

表A.0.3 生物安全实验室检测记录（三）

第　页共　页

7. 静压差检测					
检测仪器名称		规格型号		编号	
检测前设备状况		检测后设备状况			
检测位置		压差值（Pa）		备注	
8. 气流流向检测					
方法					

校核　　　记录　　　检验

表 A.0.4 生物安全实验室检测记录（四）

第　　页共　　页

9. 风口风速或风量						
检测仪器名称		规格型号		编号		
检测前设备状况			检测后设备状况			
位置	风口	测点	风速（m/s）或风量（m^3/h）		备注	

校核　　记录　　检验

表 A.0.5 生物安全实验室检测记录（五）

第　　页共　　页

10. 含尘浓度						
检测仪器名称		规格型号		编号		
检测前设备状况			检测后设备状况			
位置	测点	粒径	含尘浓度（pc/　　）		备注	

校核　　记录　　检验

表 A.0.6 生物安全实验室检测记录（六）

第　　页共　　页

11. 温度、相对湿度					
检测仪器名称		规格型号		编号	
检测前设备状况		检测后设备状况			
房间名称	温度（℃）	相对湿度（%）	备注		
室外					

校核　　记录　　检验

表 A.0.7 生物安全实验室检测记录（七）

第　　页共　　页

12. 噪声					
检测仪器名称		规格型号		编号	
检测前设备状况		检测后设备状况			
房间名称	测点	噪声 dB（A）	备注		

校核　　记录　　检验

表 A.0.8 生物安全实验室检测记录（八）

第　　页共　　页

13. 照度					
检测仪器名称		规格型号		编号	
检测前设备状况			检测后设备状况		
房间名称	测点	照度（lx）		备注	

校核　　　　记录　　　　检验

表 A.0.9 生物安全实验室检测记录（九）

第　　页共　　页

14. 不同工况转换时系统安全性验证
15. 备用电源可靠性验证
16. 压差报警系统可靠性验证
17. 送、排风系统连锁可靠性验证
18. 备用排风系统自动切换可靠性验证

校核　　　　记录　　　　检验

附录 B 生物安全柜现场检测记录用表

B.0.1 生物安全柜生产厂家自检情况、安装情况的检测记录表见表 B.0.1。

B.0.2 生物安全柜工作窗口气流流向情况、气流流速、工作区垂直气流平均风速的检测记录表见表 B.0.2。

B.0.3 生物安全柜工作区含尘浓度、噪声、照度的检测记录表见表 B.0.3。

B.0.4 生物安全柜排风高效过滤器的检漏、安全柜箱体的检漏、安全柜漏电检测、接地电阻检测等的检测记录表见表 B.0.4。

表 B.0.1 生物安全柜现场检测记录（一）

第　　页共　　页

委托单位			
实验室名称			
检测单位			
检测日期		记录编号	
安全柜级别		安全柜型号	
生产厂家		出厂日期	
检测依据			
1. 生产厂家自检情况			
2. 安全柜安装情况			

校核　　　　记录　　　　检验

表 B.0.2 生物安全柜现场检测记录（二）

第　页共　页

3. 工作窗口气流流向										
检测方法										
4. 工作窗口气流平均风速										
检测仪器名称			规格型号				编号			
检测前设备状况				检测后设备状况						
测点	1	2	3	4	5	6	7	8	9	10
风速（m/s）										
测点	11	12	13	14	15	16	17	18	19	20
风速（m/s）										
测点	21	22	23	24	25	26	27	28	29	30
风速（m/s）										
5. 工作区垂直气流平均风速										
检测仪器名称			规格型号				编号			
检测前设备状况				检测后设备状况						
测点	1	2	3	4	5	6	7	8	9	10
风速（m/s）										
测点	11	12	13	14	15	16	17	18	19	20
风速（m/s）										
测点	21	22	23	24	25	26	27	28	29	30
风速（m/s）										
测点	31	32	33	34	35	36	37	38	39	40
风速（m/s）										

校核　　　　记录　　　　检验

表 B.0.3 生物安全柜现场检测记录（三）

第　页共　页

6. 工作区含尘浓度				
检测仪器名称		规格型号		编号
检测前设备状况		检测后设备状况		
测点	粒径	含尘浓度（pc/　　）		备注
1	≥0.5μm			
	≥5μm			
2	≥0.5μm			
	≥5μm			
3	≥0.5μm			
	≥5μm			
4	≥0.5μm			
	≥5μm			
5	≥0.5μm			
	≥5μm			

7. 噪声				
检测仪器名称		规格型号		编号
检测前设备状况		检测后设备状况		
噪声 dB（A）				

8. 照度										
检测仪器名称			规格型号				编号			
检测前设备状况				检测后设备状况						
测点	1	2	3	4	5	6	7	8	9	10
照度（lx）										
测点	11	12	13	14	15	16	17	18	19	20
照度（lx）										

校核　　　　记录　　　　检验

表 B.0.4 生物安全柜现场检测记录（四）

第　页共　页

9. 安全柜排风高效过滤器和箱体的检漏
10. 安全柜漏电检测
11. 安全柜接地电阻检测
12. 其他

校核　　　　记录　　　　检验

附录 C 生物安全实验室工程验收评价项目

C.0.1 生物安全实验室建成后，必须由工程验收专家组到现场验收，按照本规定列出的验收项目，逐项验收。

C.0.2 凡对工程质量有影响的项目有缺陷，属一般缺陷，其中对安全性有重大影响的项目有缺陷，属严重缺陷。根据两项缺陷的数量规定工程验收评价标准见表 C.0.2。表中的百分数是缺陷数相对于应被检查项目总数的比例。

表 C.0.2 生物安全实验室工程验收评价标准

标准类别	严重缺陷数	一般缺陷数
合格	0	＜20%
限期整改	1～3	＜20%
	0	≥20%
不合格	＞3	0
	一次整改后仍未通过者	

C.0.3 生物安全实验室工程现场检查项目见表 C.0.3。

表 C.0.3 生物安全实验室工程现场检查项目

项目	序号	检查出的问题	评价	
			严重缺陷	一般缺陷
生物安全实验室的技术指标	1	房间严密性试验后围护结构出现问题	√	
	2	换气次数不足		√
	3	洁净度级别不够		√
	4	压差逆转	√	
	5	三、四级主实验室压差不足	√	
	6	其他房间压差不足		√
	7	温湿度不符合要求		√
	8	噪声超标		√
	9	照度不足		√
建　筑	10	三级主实验室外墙距公共建筑和居住建筑不足 20m	√	
	11	三级实验室不在建筑物一端或一侧，并与其他区域相通		√
	12	四级实验室不是独立建筑物或隔离区域	√	
	13	四级实验室未远离市区	√	
	14	三和四级主实验室离外部建筑距离分别在外部建筑高度 1.2 和 1.5 倍之内		√
	15	四级实验室没有隔离走廊	√	
	16	缓冲室不够	√	
	17	三级实验室无淋浴		√
	18	四级实验室无化学淋浴	√	
	19	三、四级实验室在半污染区未设紧急出口		√
	20	物件传递窗不够		√
	21	三、四级实验室结构设计达不到要求	√	
	22	有凸出踢脚板，该是圆角的未做圆角		√
	23	围护结构缝隙密封不好		√
	24	三、四级实验室顶棚上设人孔或检修口		√
	25	大门不是自动关闭可上锁形式		√
	26	观察窗不是安全玻璃		√

续表 C.0.3

项目	序号	检查出的问题	评价	
			严重缺陷	一般缺陷
生物安全实验室基本配备	27	实验台台面不符合要求		✓
	28	设备、台架之间间距不合要求		✓
	29	安全柜选用与实验室级别不配		✓
	30	安全柜位置妨碍气流		✓
	31	基本配备不当，影响使用		✓
空气净化	32	二级实验室涉及化学溶媒、放射性物质以及二级动物安全实验室用循环风系统		✓
	33	三、四级实验室用循环风系统	✓	
	34	三级和四级实验室污染区和半污染区内设普通风机盘管或房间空调器	✓	
	35	三、四级实验室送排风总管以及四级的支管未安密闭阀		✓
	36	高效过滤器放在空调箱内		✓
	37	送风系统未按规定设三级过滤		✓
	38	末级过滤效率不够		✓
	39	新风口易受排风口影响		✓
	40	送排风未连锁或连锁不当	✓	
	41	利用生物安全柜等作为实验室的排风口	✓	
	42	不能对排风过滤器检漏	✓	
	43	四级实验室未安第二道排风过滤器	✓	
	44	排风管道主要是正压管道		✓
	45	房间排风与安全柜排风的方式安全性差		✓
	46	没有备用排风机或有而不能自动切换	✓	
	47	未采用上送下排方式	✓	
	48	送风口设在操作点上方	✓	
	49	双侧布置排风口	✓	
	50	排风口太高，上边离地超过 0.6m		✓
	51	高效过滤器用木质品		✓
	52	排风高效过滤器未紧贴排风口设置		✓
	53	排风管道不是焊接加工		✓
	54	送排风管上的气密阀在未运行时处在常开状态		✓

续表 C.0.3

项目	序号	检查出的问题	评价	
			严重缺陷	一般缺陷
空气净化	55	管道穿过吊顶的地方未密封		✓
	56	采用了淋水式空气处理器，或表冷器通过风速＞2m/s		✓
	57	空调箱或过滤器箱内过滤器前后无测压孔		✓
	58	新风口未高出室外地面2.5m		✓
	59	空调箱没有漏泄测试数据或有而不合格		✓
	60	消声器用了玻璃纤维		✓
	61	高效过滤器不能耐消毒气体的侵蚀		✓
	62	在任一工况下排风系统未能保证安全柜需要的排风量	✓	
给水、排水与气体供给	63	给水管路上未按要求设防回流装置		✓
	64	三、四级实验室洗手装置用了手拧龙头	✓	
	65	三、四级实验室半污染区和污染区设有地漏	✓	
	66	三、四级实验室废水未就地收集消毒而是直接排入下水	✓	
	67	四级实验室未用高温消毒废水	✓	
	68	三、四级实验室排水系统通气管接入排风系统		✓
	69	排水管上放气管未安高效过滤器		✓
	70	灭菌水槽采用埋入式，只有一个		✓
	71	排水管上无采样口		✓
	72	三、四级实验室排水管线用埋入式敷设		✓
	73	供气管上无防回流装置和高效过滤器	✓	

续表 C.0.3

项目	序号	检查出的问题	评价	
			严重缺陷	一般缺陷
电气设备和自控要求	74	三级实验室达不到一级负荷供电要求且未设不间断电源或自备发电设备，四级实验室达不到一级负荷供电要求		✓
	75	四级实验室无不间断电源	✓	
	76	三、四级实验室备用电源切换时间长，供电时间短	✓	
	77	三、四级实验室污染区电路未单独敷设	✓	
	78	没有应急照明		✓
	79	配电管线不是金属管，四级实验室未用矿物绝缘电缆		✓
	80	照明灯具和插座不是防水型		✓
	81	无内外无线通话和传真设备		✓
	82	总配电柜设于半污染区以内，实验室未单独设配电箱		✓
	83	接地系统不安全		✓
	84	自控、手控未兼备		✓
	85	三、四级实验室入口处无压差显示报警	✓	
	86	应连锁的门未连锁，连锁门断电时不处于可打开状态	✓	
	87	无排风机运转不正常的报警措施	✓	
安全消防要求	88	生物安全实验室入口无级别和危险的标志		✓
	89	没有可密闭容器放传递的感染性材料		✓
	90	传递窗内无物理消毒措施		✓
	91	家具、设备有棱角		✓

续表 C.0.3

项目	序号	检查出的问题	评价	
			严重缺陷	一般缺陷
安全消防要求	92	四级生物安全实验室不是独立防火区	✓	
	93	三、四级实验室内设了自动喷水系统	✓	
	94	三、四级实验室与其他区域相隔离的门不是防火门		✓
生物安全实验室的工程检测结果	95	紧急发光疏散标志不够		✓
	96	送风高效过滤器漏泄		✓
	97	排风高效过滤器漏泄	✓	
	98	房间严密性不合格		✓
	99	生物安全柜无合格的出厂检测报告	✓	
	100	电气、自控和报警系统有缺陷	✓	

本规范用词说明

1 为便于在执行本规范条文时区别对待，对于要求严格程度不同的用词说明如下：

1）表示很严格，非这样做不可的用词：

正面词采用“必须”；

反面词采用“严禁”。

2）表示严格，在正常情况下均应这样做的用词：

正面词采用“应”；

反面词采用“不应”或“不得”。

3）表示允许稍有选择，在条件许可时，首先应这样做的用词：

正面词采用“宜”或“可”；

反面词采用“不宜”或“不可”。

2 规范中指明应按其他有关标准、规范执行的写法为“应按……执行”或“应符合……的要求或规定”。非必须按所指定的规范和标准执行的写法为，“可参照……”。

中华人民共和国国家标准

生物安全实验室建筑技术规范

GB 50346—2004

条 文 说 明

目　次

1 总　　则

1.0.1 生物安全的重要性以及生物安全实验室建设的迫切性已被当前的现实所证实，但长期以来我国在这方面的标准规范并不完善，尤其缺乏相关建筑技术规范。已经发布的一些关于生物安全实验室的标准、规范，基本都从医学、生物学角度出发，侧重实验工艺、操作方面的规程。对于实验室建筑设计、平面规划、空调净化、自控系统等方面的要求和具体做法较少。由于我国在生物安全实验室建设方面已取得很多自己的科技成果，此外，在环境、设备、人员、管理等方面与国外也有所区别，因此，如何参照国外先进标准，结合国内先进经验和理论成果，使我国的生物安全实验室建设符合我国的实际情况，真正做到安全、规范、经济、实用，是制订本规范的根本目的。

1.0.2 本条规定了本规范的适用范围。对于进行放射性和化学实验的生物安全实验室的建设还应遵循相应规范的规定。

1.0.3 本条强调了生物安全实验室的保护对象，包括实验人员、周围环境和操作对象三个方面。设计和建设生物安全实验室，既要考虑到初投资，也要考虑运行费用。针对具体项目，应进行详细的技术经济分析。目前国内已建成的生物安全实验室中，出现施工方现场制作的不合格产品，采用无质量合格证的风机，高效过滤器也有采用非正规厂家生产的产品等，生物安全难以保证。因此，对生物安全实验室中采用的设备、材料必须严格把关，不得迁就，必须采用绝对可靠的设备、材料和施工工艺。

本规范的规定是生物安全实验室设计、施工和检测的最低标准。实际工程各项指标可高于本规范要求，但不得低于本规范要求。

1.0.4 本规范条文中引用了以下规范标准中的条文，应注意以下规范的最新版本，并研究是否可使用这些文件的最新版本。

《高效空气过滤器性能实验方法 透过率和阻力》GB 6165—85

《污染综合排放标准》GB 8978—1996

《高效空气过滤器》GB 13554—92

《实验动物 环境与设施》GB 14925—2001

《医院消毒卫生标准》GB 15982—95

《医疗机构污水排放要求》GB 18466—2001

《实验室生物安全通用要求》GB 19489—2004

《建筑给水排水设计规范》GB 50015—2003

《采暖通风与空气调节设计规范》GB 50019—2003

《压缩空气站设计规范》GB 50029—2003

《高层民用建筑设计防火规范》GB 50045—95（2001 年版）

《供配电系统设计规范》GB 50052—95

《低压配电设计规范》GB 50054—95

《洁净厂房设计规范》GB 50073—2001

《火灾自动报警系统设计规范》GB 50116—98

《建筑装饰装修工程质量验收规范》GB 50210—2001

《通风与空调工程施工质量验收规范》GB 50243—2002

《建筑设计防火规范》GBJ 16—87（2001 年版）

《建筑灭火器配置设计规范》GBJ 140—90

《空气过滤器》GB/T 14295—93

《民用建筑电气设计规范》JGJ/T 16—92

《洁净室施工及验收规范》JGJ 71—90

2 术　　语

2.0.1 一级屏障主要包括各级生物安全柜、动物隔离器和个人防护装备等。

2.0.2 二级屏障主要包括建筑结构、通风空调、给水排水、电气和控制系统。

2.0.4 主实验室的概念是本规范首次提出的，是为了区别经常提到的“生物安全实验室”、“P3 实验室”等。本规范中提到的“生物安全实验室”是包含主实验室及其必需的辅助用房的总称。

2.0.8 关于空气洁净度等级的规定采用与国际接轨的命名方式，7 级相当于原国家标准《洁净厂房设计规范》GBJ 73—84 中的 1 万级。根据《洁净厂房设计规范》GB 50073 的规定，洁净度等级可选择两种控制粒径。对于生物安全实验室，应选择 0.5μm 和 5μm 作为控制粒径。

2.0.9 同2.0.8 条，相当于原国家标准中的 10 万级，也应选择 0.5μm 和 5μm 作为控制粒径。

2.0.10 本条采用国际通用的定义方法，与原来国内对静态的定义有所区别。区别在于工艺设备是否运行上。生物安全实验室在进行设计建造时，根据不同的使用需要，会有不同的设计方法，如安全柜等设备常开或间歇运行，有多台设备随机启停等，所以静态必须包括系统和设备按设计状态运行，但没有实验操作人员。

3 生物安全实验室的分级和技术指标

3.1 生物安全实验室的组成和生物安全标识

3.1.1 生物安全实验室除了主实验室外，一般都还有其他实验室和辅助用房，其他实验室如准备间等，辅助用房如更衣室、缓冲室、淋浴室、洗消间、控制室等。

3.1.2 二级～四级生物安全实验室的操作对象都不同程度地对人员和环境有危害性，因此根据国际相关

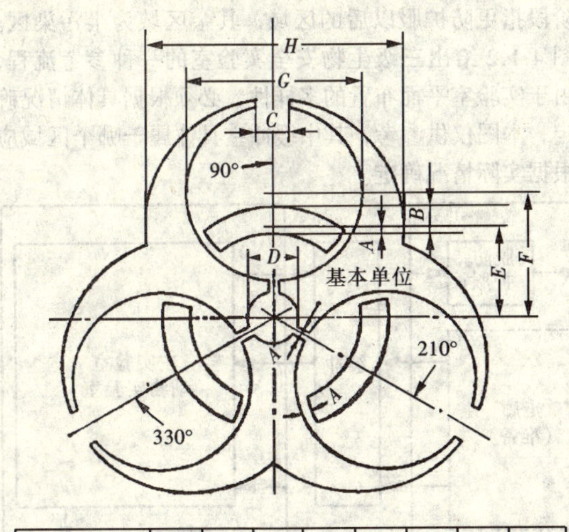

图中尺寸	*A*	*B*	*C*	*D*	*E*	*F*	*G*	*H*
以 *A* 为基准的长度	1	$3^{1/2}$	4	6	11	15	21	30

图 3.1.2（a） 生物危险符号的绘制方法

标准，生物安全实验室入口处必须明确标示出国际通用生物危险符号。生物危险符号可参照图 3.1.2（a）绘制。在生物危险符号的下方应同时标明实验室名称、预防措施负责人、紧急联络方式等有关信息，可参照图 3.1.2（b）。

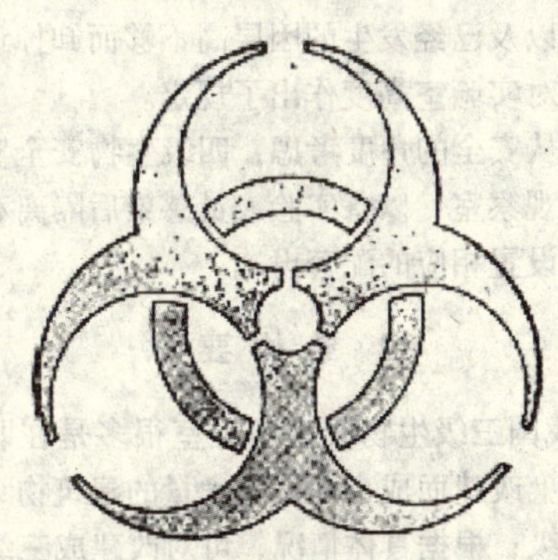

生物危险

非工作人员严禁入内

实验室名称		预防措施负责人	
病原体名称		紧急联络方式	
生物危害等级			

图 3.1.2（b） 生物危险符号及实验室相关信息

3.2 生物安全实验室的分级

3.2.1 参照世界卫生组织的规定以及其他国内外的有关规定，同时结合我国的实际情况，把生物安全实验室分为四级。为了表示方便，以 BSL（英文 Biosafety Level 的缩写）表示生物安全等级；以 ABSL（A 是 Animal 的缩写）表示动物生物安全等级。

3.2.2 本条对四级生物安全实验室又进行了详细划分，即细分为安全柜型、正压服型和混合型三种，对每种的特点进行了描述。混合型生物安全实验室一般很少采用，国外也只是在极端情况下才有此类型的实验室。

3.3 生物安全实验室的技术指标

3.3.2 本条规定了生物安全主实验室二级屏障的主要技术指标。对于饲养动物的生物安全实验室，则应同时满足《实验动物环境与设施》GB 14925 以及其他有关规范的要求。由于动物实验产生的病原微生物更多，故对压差的要求也高于非动物实验的实验室。对于三级和四级生物安全实验室，由于工作人员身穿防护服，夏季室内设计温度不宜太高。

需要说明的是，表 3.3.2 和表 3.3.3 中各房间与室外方向相邻相通房间的负压值宜在 - 10 ~ - 20Pa，表中对温度的要求为夏季不超过高限，冬季不低于低限。

另外对于二级生物安全实验室，为保护实验环境，延长生物安全柜的使用寿命，建议采用机械通风，并加装过滤装置。

3.3.3 本条规定了三级和四级生物安全实验室辅助用房的主要技术指标。三级和四级生物安全实验室，从清洁区到污染区每相邻区域的压力梯度应达到规范要求，主要是为了保证不同区域之间的气流流向。

3.3.4 本条主要针对动物生物安全实验室，为了节约运行费用，设计时一般应考虑值班运行状态，如动物隔离器室的夜间运行。值班运行状态也应保证各房间之间的压差数值和梯度保持不变。值班换气次数可以低于表 3.3.2 和表 3.3.3 中规定的数字，但应通过计算确定。

3.3.5 有些生物安全实验室，根据操作对象和实验工艺的要求，对空气洁净度级别会有特殊要求，相应地空气换气次数也应随之变化。

4 建筑、结构和装修

4.1 建 筑 要 求

4.1.1 本条对生物安全实验室的平面位置和选址作出了规定。为防止相邻建筑物或构筑物倒塌、火灾或其他意外对生物安全实验室造成威胁，或妨碍实施保护、救援等作业，故要求三级、四级实验室需要与相邻建筑物或构筑物保持一定距离。三级实验室与公共场所和居住建筑距离的确定，是根据污染物扩散并稀释的距离计算得来。建筑之间的间距是从主实验室的外墙外表皮和生物安全实验室主出入口算起的水平距离。

4.1.2 划分三区的原则是根据受污染风险的大小划分，其目的是更好地进行管理。污染区主要指主实验室、动物实验室、动物解剖室等；清洁区在进入实验室阶段指更防护服（含）之前的区域，在退出实验室阶段指更防护服以后的区域；其余区域为半污染区。图4.1.2给出三级生物安全实验室的一种参考流程，由于实验室平面布置的多样性，必须根据具体情况确定，本图仅供参考，其中缓冲室具体属于哪个区域应根据实际情况确定。

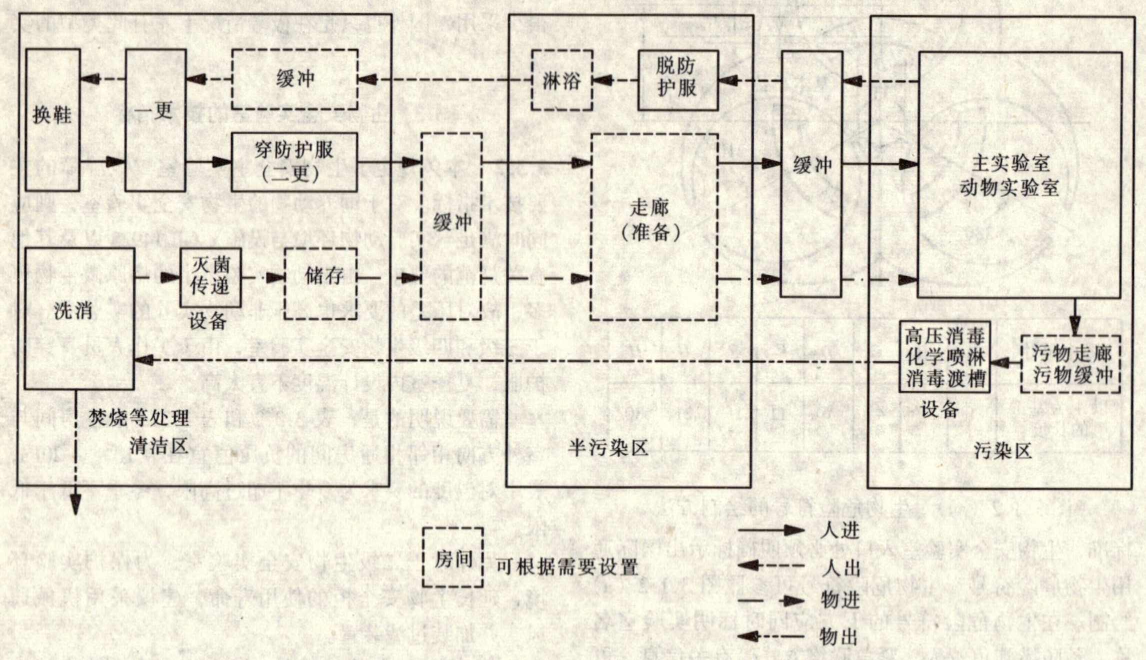

图4.1.2 三级生物安全实验室人、物流程示意图

4.1.3 本条规定了缓冲室的设置原则，是一般污染控制技术的原则。缓冲室内不能安放设备、器件等，否则就失去缓冲的意义了。

4.1.4 不同区域之间的物品传递应通过传递窗。传递窗内应设置有效的消毒装置便于物品传递过程中表面的消毒处理。

4.1.5 由于实验对象的危害程度不同，对于是否设置淋浴室也有不同要求。设计人员应与实验室的使用人员认真分析，决定是否设置淋浴室。对于三级生物安全实验室，如果条件允许，尽量设置淋浴室；对于四级生物安全实验室，应设置淋浴室。如果淋浴室设置在半污染区内，则排水的处理就有无害化要求。

4.1.6 本条规定了三级和四级生物安全实验室的人流路线，也可参考图4.1.2。

4.1.7 四级生物安全实验室的操作对象都是危害性极大的致病因子，人员和物品进出实验室都必须进行严格消毒。设置化学淋浴室是为了首先将人员正压防护服上的污染物消毒，然后才能脱去。对于某些特殊要求的三级生物安全实验室，也应根据要求设置化学淋浴室。

4.1.8 本条参照美国、加拿大标准要求，规定了设置紧急出口的要求。对于四级生物安全实验室，由于其操作对象的高度危害性，在紧急出口处应设置缓冲室和消毒处理室，防止致病因子逃逸。

4.1.9 考虑到生物安全柜等设备的高度和检测、检修要求，以及已经发生的因层高不够而卸掉设备脚轮的情况，对实验室高度作出了规定。

4.1.10 从安全的角度考虑，四级生物安全实验室应设置隔离观察室，以备实验人员感染后隔离和观察之用，同时设置相应的配套设施。

4.2 结构要求

4.2.1 我国三级生物安全实验室很多是在既有建筑物的基础上改建而成，而我国大量的建筑物结构安全等级为二级；根据具体情况，可对改建成三级生物安全实验室的局部建筑结构进行补强。对新建的三级生物安全实验室，其结构安全等级应尽可能采用一级。

4.2.2 根据《建筑抗震设防分类标准》GB 50223的规定，研究、中试生产和存放剧毒生物制品和天然人工细菌与病毒的建筑，其抗震设防应按甲类建筑设计。因此，在条件允许的情况下，新建的三级生物安全实验室抗震设计时按甲类建筑设防，对不符合三级生物安全实验室抗震设防要求的既有建筑物改建也应进行抗震加固。

4.2.3 考虑到使用的安全性和使用功能的要求，如果条件允许的话，四级生物安全实验室应尽量设计成单层结构并设地下室。

4.2.4 装配式结构是由预制构件或部件通过一定的

连接方式（比如焊接、螺栓连接等）装配而成的，其结构整体性相对较差。三级和四级生物安全实验室的建筑结构应采用整体性较好的混凝土结构、砌体结构或钢结构。

4.2.5 本条所指的技术维修夹层，在结构设计时就应考虑，维修人员应能进入技术维修夹层进行检修、调试和更换设备及部件等。

4.3 建筑装饰要求

4.3.1 三级和四级生物安全实验室属于高危险度实验室，地面应采用无缝的防滑耐腐蚀材料，保证人员不被滑倒，这是第一要注意之处。踢脚板应与墙面齐平或略缩进、围护结构的相交位置采取圆弧处理，减少卫生死角，便于清洁和消毒处理。

4.3.2 对实验室墙面和顶棚的材料提出了定性的要求。表面涂层应具有抗静电性能可防止有害颗粒被吸附到墙体表面。

4.3.3 实验室围护结构表面的所有缝隙（拼接缝、传线孔、配管穿墙处、钉孔，以及其他所有开口处密封盖边缘）应密封。由于是负压房间，同时又有洁净度要求，对缝隙的严密性要求远远高于正压房间，必须高度重视。

4.3.4 本条规定了生物安全实验室窗的设置原则。对于二级生物安全实验室，如果有条件，还是建议设置机械通风系统，并保持一定的负压，一般不小于－5Pa即可。三级和四级生物安全实验室的观察窗应采用安全的材料制作，防止因意外破碎而造成安全事故。

4.3.5 昆虫、鼠等动物身上极易沾染和携带致病因子，应采取防护措施。如窗户应设纱窗，新风口、排风口处应设置保护网，门口处也应采取措施。

4.3.6 生物安全实验室的门上应有可视窗，不必进入室内便可方便地对实验和动物进行观察。由于生物安全实验室非常封闭，风险大、安全性要求高，设置可视窗可便于外界随时了解室内各种情况，同时也有助于提高实验操作人员的心里安全感。

4.3.7 本条主要提醒设计人员要充分考虑实验室内体积比较大的设备的安装尺寸，如生物安全柜、负压动物隔离器、双扉灭菌柜等，应留有足够的搬运孔洞。此外还应根据需要考虑采取局部隔离、防震、排热、排湿等措施。

4.3.8 人孔、管道检修口等不易密封，所以不应设在三级和四级生物安全实验室的半污染区及污染区内。

5 空调、通风和净化

5.1 一 般 要 求

5.1.1 空调净化系统的划分要考虑多方面的因素，如实验对象的危害程度、自动控制系统的可靠性、系统的节能运行、防止各个房间交叉污染、实验室密闭消毒等问题。

5.1.2 生物安全实验室空调净化系统的设计应充分考虑各种专用设备的负荷，例如实验室的风量不仅仅是按表3.3.2和表3.3.3中的换气次数考虑，主要应考虑生物安全柜、负压动物隔离器等大型设备的排风量。冰箱、灭菌锅等会有热负荷，清洗设备会有湿负荷和污染负荷等等。

5.1.3 本条规定了配用生物安全柜的原则，表明生物安全柜应设在生物安全实验室内。生物安全实验室送、排风的主要矛盾集中在安全柜上。根据我国即将颁布的《生物安全柜》标准和国际上常用的EN12469（欧洲标准）和NSF49（美国标准）标准，生物安全柜分为Ⅰ、Ⅱ、Ⅲ三级，其中Ⅱ级安全柜又分为A1、A2、B1、B2型和细胞毒生物安全柜特例型。随着全球对生物安全的日趋重视，生物安全柜的应用，尤其是Ⅱ级生物安全柜目前已经成为使用量最大的生物安全柜，也是目前我们生物安全实验室建设中最重视的设备之一。

在本条里，把“少量的、挥发性的放射和化学防护”可使用的安全柜定义为：Ⅱ级B1和排风到室外的Ⅱ级A2，因为Ⅱ级A1型安全柜不需外排，不能处理任何毒性药物，而其他A2、B1、B2型可外排，都可处理微量毒性药物。其中Ⅱ级A2又比较特殊，当它不外排时，不能处理化学致癌剂，当它外排时，可处理微量化学致癌剂。

如果较多“挥发性的放射和化学防护”，就只能使用Ⅰ级、Ⅱ级B2、Ⅲ级三种全排型型号，而不能使用A2和B1型了。

应当指出，本条规定的生物安全柜选用原则是最低要求，各使用单位可根据自己的实际使用情况选用适用的生物安全柜。对于放射性的防护，由于可能有累积作用，即使是少量的，建议也采用全排型安全柜。

5.1.4 二级生物安全实验室可不设空调净化系统，也可根据需要设置带循环回风的空调净化系统。但当操作不仅涉及一般微生物还涉及有毒有害溶媒等强刺激性、强致敏性材料的操作时，则不能采用循环风。二级动物生物安全实验室的空气一般也不宜循环使用。

5.1.5 对于三级和四级生物安全实验室，为了保证安全，必须采用全新风系统，不得采用循环回风。

5.1.6 为了防止漏泄、违规操作等的污染或有清场、检修等要求的场合，都应对实验室空间进行空气消毒，所以，送、排风总管上应安装气密阀。另外，四级生物安全实验室的主实验室考虑到要进行围护结构的气密性实验和主实验室单独消毒处理，因此在主实验室支管上也应安装气密阀。

5.1.7 由于普通风机盘管或空调器的进、出风口没有高效过滤器，当室内空气含有有害因子时，极易进入其内部，而其内部在夏季停机期间，温湿度均升高，适合微生物繁殖，当再次开机时会造成暴发性污染，所以绝对不应在污染区和半污染区使用。

另外需要说明的是，局部净化设备的进出风口虽然都可能安有高效过滤器，但它的进出风会破坏5.4.3条和5.4.4条规定的生物安全实验室气流组织原则，故也不得采用。

5.1.8 污染区的送排风量最大，临近空调机房会缩短送、排风管道，降低初投资和运行费用，减少污染风险。空调机组如安装在技术夹层内应采取有效措施减振、降噪、防止漏水，同时应方便设备检修。

5.1.9 三级和四级生物安全实验室都是全新风系统，过滤器的阻力变化很快，如果采用普通空调系统常用的风机，随着系统阻力变化，会严重影响系统风量。因此，除了采取定风量措施外，也应采用风量随系统阻力变化较小的风机类型，即风机性能曲线陡的型号，有利于保持各个房间的压力梯度稳定。

5.2 送 风 系 统

5.2.1 系统设置三级过滤特别是末端设高效过滤器，这是国外同类标准也都要求的。生物安全实验室内高效过滤器的更换很麻烦，如果防护不当也容易发生意外。保证高等级的生物安全实验室有适当的洁净度级别，既可有效地保护实验对象，又可延长生物安全柜中和实验室中高效过滤器的使用寿命。另外，设置三级过滤可尽可能延长过滤器和空调机组内部件的使用寿命，在表冷器前加一道中效预过滤，对表冷器的保护非常重要。

5.2.2 空调系统的新风口要采取必要的防雨、防杂物、防昆虫及其他动物的措施。此外还应远离污染源，包括远离排风口。

5.3 排 风 系 统

5.3.1 本条规定了对排风系统的基本要求。

1 为了保证实验室要求的负压，排风和送风系统必须可靠连锁。

2 房间排风口是房间内安全的保障，如房间不设独立排风口，而是利用室内安全柜、通风柜之类的排风代替室内排风口，则由于这些“柜”类设备操作不当、发生故障等情况影响房间的稳定排风，造成房间内气流组织和正压的不稳定，是非常危险的。

3 操作过程中可能产生污染的设备包括离心机、真空泵等。

4 生物安全柜的排风可以单设排风系统，也可以和生物安全实验室各房间的排风系统合用一个系统。

5 室内排风量大小、如何与安全柜排风连锁，都应以柜内与室内之间保持负压为原则，即使在稳定状态下负压能够达到控制要求，但在运行工况转换过程中如果造成瞬间相反的压差，使柜内空气被吸出来，也是绝对不允许的。对于Ⅲ级生物安全柜，排风系统应能保证安全柜的负压要求。

6 有些生物安全柜从结构上讲其排风可排放到房间内，有些则不行，本条对此作出了规定。

5.3.2 三级生物安全实验室的排风至少需要一道高效过滤器过滤，四级生物安全实验室的排风至少需要两道高效过滤器过滤，国外相关标准也都有此要求。如果生物安全实验室的排风发生致病因子泄漏将是最危险的，因此要求高效过滤器的效率不应低于B类。B类高效过滤器按《高效空气过滤器性能试验方法 透过率和阻力》GB 6165要求检验，在额定风量和20%额定风量下分别进行检验，其效率均应不低于99.99%。

5.3.3 当于排风口后设两道高效过滤器时，为了便于检查第一道高效，应要求其与第二道高效之间保持不小于0.5m的距离，相似要求在加拿大标准中为0.4m。国外有规范中推荐可用高温空气灭菌装置代替第二道高效过滤器，但考虑到高温空气灭菌装置能耗高、价格贵，同时存在消防隐患，因此本规范没有采用。

5.3.4 当室内有致病因子泄漏时，排风口是污染最集中的地区，所以为了把排风口处污染降至最低，尽量减少污染管壁等其他地方，排风高效过滤器应就近安装在排风口处，不应安装在墙内或管道内很深的地方，以免对管道内部等不易消毒的部位造成污染。此外，过滤器的安装结构要便于对过滤器进行消毒和密闭更换。

5.3.5 为了使排风管道保持负压状态，排风机宜设于最靠近室外排风口的地方，以防万一泄漏不致污染房间。

5.3.6 生物安全实验室安全的核心措施，是通过排风保持负压，所以排风机是最关键的设备之一，必须有备用。为了保证正在工作的排风机出故障时，室内负压状态不被破坏，备用排风机必须能自动启动，使系统不间断正常运行。

5.3.7 负压排风量的计算不仅要考虑围护结构的缝隙漏风，还要考虑各种设备的排风。

5.3.8 由于排风是安全措施的核心，如果排风过滤器有漏泄，就不能把住这道关，不仅排风形同虚设，而且更加危险，以至于此安全实验室也形同虚设了。所以，如果不能确认排风过滤器不漏，则此实验室不能启用。因此，排风过滤器的安装位置和条件必须使对它检漏成为可能。

5.3.9 生物安全柜等设备的启停、过滤器阻力的变化等运行工况的改变都有可能对空调通风系统的平衡造成影响。因此，系统设计时应考虑相应的措施来保证压力稳定。

5.3.10 排风口高出所在建筑的屋面一定距离，可使排风尽快在大气中扩散稀释。

5.4 气流组织

5.4.1 生物安全实验室需要适度洁净，这主要考虑对实验对象的保护、过滤器寿命的延长、精密仪器的保护等，特别是针对我国大气尘浓度比国外发达国家较高的情况，所以本规范对生物安全实验室有洁净度级别要求。但是在我国大气尘浓度条件下，当由室外向内一路负压时，实践已证明很难保证内部需要的洁净度。即使对于一般实验室来说，也很难保证内部的清洁，特别是在多风季节或交通频繁的地区。如果在清洁区内设置一间正压洁净房间，就可以花不多的投资而解决上述问题，既降低了系统的造价，又能节约运行费用。该正压洁净房间可以是更衣室、换鞋室或其他清洁区房间，如果有条件，也可单独设置正压洁净缓冲室。正压洁净房间会不会发生污染物外流呢？由于是在清洁区，根本不可能在此处操作什么污染源，也不可能造成污染物外流。正压洁净室的压力只要对外保持微正压即可。

5.4.2 生物安全实验室内的"污染"空间，主要在安全柜、隔离器等操作位置，而"清洁"空间主要在靠门一侧。一般把房间的排风口布置在生物安全柜及其他排风设备同一侧。

5.4.3 采用上送下排的气流组织形式，对送风口和排风口的位置要精心布置，使室内气流合理，尽可能减少气流停滞区域，确保室内可能被污染的空气以最快速度流向排风口。

5.4.4 送风口有一定的送风速度，如果直接吹向生物安全柜或其他可能产生气溶胶的操作地点上方，有可能破坏生物安全柜工作面的进风气流，或把带有致病因子的气溶胶吹散到其他地方而造成污染。送风口的布置应避开这些地点。

5.4.5 排风口单侧布置，这和普通洁净室要求两侧回风是完全不同的，单侧也可能是在一个角上，也可能是在一面或一段墙上的下侧。主要是为了满足实验室内气流由"清洁"空间流向"污染"空间的要求。

5.4.6 室内排风口高度必须低于工作面，这是一般洁净室的通用要求，如洁净手术室即要求回风口上侧离地不超过0.5m，为的是不使污染的回（排）风气流从工作面上（手术台上）通过。考虑到生物安全实验室排风量大，而且工作面也仅在排风口一侧，所以排风口上边的高度放松到距地0.6m。

5.5 空调净化系统的部件与材料

5.5.1 凡是生物洁净室都不允许用木框过滤器，是怕长霉菌，生物安全实验室也应如此。

5.5.2 排风管道是负压管道，有可能被致病因子污染，需要定期进行消毒处理，室内也要常消毒排风，因此需要具有耐腐蚀、耐老化、不吸水特性。对强度也应有一定要求。

5.5.3 为了保护排风管道和排风机，要求排风口外侧还应设防护网和防雨罩。排风气密阀和送风管道的气密阀对应，便于系统消毒操作。另外在空调系统停止运行期间，送风和排风气密阀的关闭可有效保护空调通风系统。

5.5.4 本条对空调设备的选择作出了基本要求。

1 淋水式空气处理因其有繁殖微生物的条件，不能用在生物洁净室系统，生物安全实验室更是如此。由于盘管表面有水滴，风速太大易使气流带水。

2 为了随时监测过滤器阻力，应设压差计。

3 从湿度控制和不给微生物创造孳生的条件方面考虑，如果有条件，推荐使用干蒸汽加湿装置加湿，如干蒸汽加湿器、电极式加湿器、电热式加湿器等。

4 为防止过滤器受潮而有细菌繁殖，并保证加湿效果，加湿设备应和过滤段保持足够距离。

7 高效过滤器的外框及其紧固件均应考虑耐消毒气体侵蚀问题。

8 由于清洗、再生会影响过滤器的阻力和过滤效率，所以对于生物安全实验室的空调通风系统送风用过滤器用完后不应清洗、再生和再用，而应按有关规定直接处理。

对于排风过滤器，则必须消毒后，由经过严格训练的专业人员进行拆卸，密封后，经高温消毒灭菌，焚烧处理。

6 给水排水和气体供应

6.1 给 水

6.1.1 生物安全实验室应设置倒流防止器，是为了防止生物安全实验室在给水供应时可能对其他区域造成倒流污染。供水管设关断阀可以对生物实验室的给水进行开关控制，阀门设在清洁区，便于工作人员进行维修管理。

6.1.2 给水管路的用水点处设止回阀是为了确保给水管路不被污染。

6.1.3 洗手装置是实验室必备的设施，对生物安全实验室也不例外。用水洗手装置的水龙头可采用感应式、肘开式或脚踏式等非手动开关水龙头，这样可使实验人员不和水龙头直接接触，防止水龙头被手污染。三级和四级生物安全实验室污染区和半污染区内的洗手装置一般用作手消毒，通常不设上下水道，只设水池。也可用消毒液浸泡或擦洗的方法进行手消毒，废液、废水应收集至池下集水罐，定期将集水罐密封后，放入高温灭菌器中对废水进行灭菌，经无害化处理且证明灭菌彻底后，方可排放。

6.1.4 三级、四级生物安全实验室要求必须设冲眼装置，是考虑到实验室中有试剂或感染材料等溅到眼中的可能性，如果发生意外，能就近、及时进行紧急救治。

6.1.5 为了防止与其他管道混淆，除了管道上涂醒目的颜色外，也可采用挂牌的做法，注明管道内流体的种类、用途、流向等。

6.1.6 本条对室内给水管的材质提出了要求。需要特别注意管材的壁厚、承压能力、工作温度、膨胀系数等参数。从生物安全的角度考虑，对管道连接有更高的要求，除了要求连接方便，还应该要求连接的密闭性和耐久性。

6.2 排　水

6.2.1 三级和四级生物安全实验室主实验室中的污水污染的可能性最高，所以排水不通过地漏和管道排放，通过容器集中收集，灭菌后排放，保证排水水质到达排放标准。

6.2.2 三级和四级生物安全实验室半污染区和污染区的废水是污染风险最高的，必须集中收集进行有效的消毒灭菌处理。通常如洗手装置、冲眼装置、动物实验等产生的废水，均不应设下水道排水，而是收集至集水罐，定期将集水罐进行灭菌和无害化处理。

6.2.6 此条是为了防止排水系统和空调通风系统互相影响。排风系统的负压会破坏排水系统的水封，排水系统的气体也有可能污染排风系统。

6.2.8 排水管道明设或设透明套管，是为了更容易发现泄漏等问题。明设包括悬空明设或在管井内明设。

6.3 气体供应

6.3.1 气瓶应设在清洁区便于管理，也避免了放在污染区时搬出时要消毒的麻烦。

6.3.2 供气管路应安装防回流装置，并根据工艺要求设置过滤器，是为了防止气体管路被污染，同时也使供气洁净度达到一定要求。

7 电气和自控

7.1 配　电

7.1.1 本条主要强调供电对生物安全实验室的重要性。根据《供配电系统设计规范》GB 50052 的规定，一级供电负荷要求两个独立供电电源，或一个独立供电电源加备用发电设备。对于三级生物安全实验室，如果按一级负荷供电有困难时，也可采用一个独立供电电源加不间断电源或其他可靠的备用电源。对四级生物安全实验室，考虑到对安全要求更高，强调必须按一级负荷供电，并要求设置不间断电源和备用发电设备。特别应注意备用电源应能在不引起任何事故的情况下自动投入运行。

7.1.2 三级生物安全实验室如果设置备用发电设备，为了保证备用发电设备启动前的电力供应，应根据实验要求设置不间断电源。

7.1.3 不间断电源应能保证实验室主要设备的电力供应。主要设备包括生物安全柜排风机、实验室空调通风的排风机、动物笼具、动物隔离器、自动报警监测系统等。不间断电源至少保证 15min 的电力供应是考虑到实验操作人员处理中断的实验和灭菌、撤离的时间。本条规定的时间为最低要求，实际设计时可根据具体情况适当延长电力供应时间。当设置自备发电设备时，不间断电源应能保证自备发电设备启动前的电力供应。

7.1.4 独立专用配电箱是防止生物安全实验室之间或生物安全实验室与其他建筑之间的相互干扰。专用配电箱设在该实验室的清洁区便于检修和控制。

7.1.5、**7.1.6** 都是实验室供电的安全性。所以对于漏电也应能检测报警，而不是强调断电。

7.1.7 生物安全实验室配电管线应有足够强度和耐火性，同时应无腐蚀、不起尘。由于矿物绝缘电缆更具绝缘安全性，所以强调在特殊部位的使用。

7.2 照　明

7.2.1 安装吸顶式密闭洁净灯对围护结构的破坏较小，并且具有防水功能，有利于实验室顶板的密封。

7.2.2 在实验室出现紧急情况，如火灾、断电、地震等，紧急照明应保证必要的照明时间。根据《高层民用建筑设计防火规范》GB 50045 规定，火灾时逃生的时间为不少于 20min。考虑到实验操作人员处理中断的实验并逃出生物安全实验室前需要进行消毒灭菌、更衣等，本规范按 30min 考虑。

7.2.3 设置实验室工作状态的文字或灯光讯号显示，方便实验室外的人员了解实验室内的工作状态。

7.2.4 本条是从安全的角度出发，设置紧急发光疏散指示标志，方便人员在紧急情况时撤离。

7.3 自动控制

7.3.1 本条是对自控系统的基本要求。

7.3.2 三级和四级生物安全实验室必须严格控制人员出入，因此应设置出入控制系统。没有经过允许的人员均不得出入实验室。门的互锁措施是为了防止两扇或两扇以上的门同时开启。

7.3.3 本条是为了在火灾、地震、断电等紧急情况下方便人员紧急逃生。

7.3.5、**7.3.6** 是防止生物安全实验室内因排风关闭而送风未跟随关闭，出现正压。同时，如果排风系统和送风系统启动的时间间隔太大，实验室内的负压会大大超出设计值，对围护结构、高效过滤器、实验设备等也会产生不良影响，应严格避免。

7.3.7 从安全第一的角度考虑，三级和四级生物安全实验室的空调通风设备不仅应能自动和手动控制，并且手动控制应优先于自动控制。控制和显示面板设在清洁区便于操作和检修。

7.3.8 实验室内不同区域之间的压差是生物安全实验室最重要的指标之一，自控系统必须保证压差要求，在有工作人员工作的时间内，在任何情况下都必须保持压差梯度的稳定。

7.3.9 在三级和四级生物安全实验室内设置压力梯度控制和参数历史数据存贮显示系统是一个基本要求，也是为了必要时的检查和溯源。

7.3.16 由于三级和四级生物安全实验室的内部密封性，设置闭路电视监控系统可便于在实验室外随时监控实验室内的情况，提高了实验室安全性，也方便实验室运行管理人员管理。

7.4 通 讯

7.4.2 强调传真机传送文字信息，是为了保证信息的安全，电脑传送的信息易被修改。

8 消 防

8.0.2 我国现行的《建筑设计防火规范》GBJ 16—87 只提到厂房、仓库和民用建筑的防火设计，没有提到生物安全建筑的耐火等级问题。其中提到关于厂房的耐火等级时，规定有特殊贵重的机器、仪表、仪器等的建筑物其耐火等级应为一级，在条文说明中又特别阐述了“特殊贵重”的含义。生物安全实验室内的设备、仪器一般比较贵重，但一般还没有达到防火规范条文解释中的贵重程度。参照我国相关的卫生建筑规范，如《洁净手术部建筑技术规范》GB 50333—2002、《综合医院建筑设计规范》JGJ 49—88 等，把生物安全实验室建筑的耐火等级定为不低于二级。

8.0.3 四级生物安全实验室内的机器、仪表、仪器等比较贵重，而且实验的对象是危害性最大的致病因子。为了防止其他实验室的火灾蔓延到最危险的四级生物安全实验室，也为了防止四级生物安全实验室的火灾蔓延到其他区域，规定四级生物安全实验室应是一个独立的防火分区。

8.0.5 三级和四级生物安全实验室内研究的对象是具有高度危害性的致病因子，而且设备、仪器等比较贵重，因此对三级和四级生物安全实验室的防火防烟和隔墙材料的耐火极限等提出了特殊要求。对于耐火等级为二级的建筑物，非承重外墙和疏散走道两侧的隔墙采用耐火极限不小于 1.00h 的非燃烧体。考虑到三级和四级生物安全实验室的重要性，本条规定三级和四级生物安全实验室与建筑物的其他部位应采用耐火极限不小于 2.00h 的非燃烧体。

8.0.6 本条中所称的合适的灭火器材，是指对实验室不会造成大的损坏，不会导致致病因子扩散的灭火器材，如气体灭火装置等。

8.0.7 如果自动喷水灭火系统在三级和四级生物安全实验室中启动，极有可能造成有害因子泄漏，由于生物安全实验室的规模一般不会很大，建议设置手提灭火器等简便灵活的消防用具。

8.0.8 三级和四级生物安全实验室的消防设计原则与一般建筑物有所不同，尤其是四级生物安全实验室，除了首先考虑人员安全外，还必须考虑尽可能防止有害致病因子外泄。因此，首先强调的是火灾的控制。四级生物安全实验室一旦发生火灾，让其在可控状态下（即不蔓延到其他场所），完全烧尽应该是最好的结果。在相关的国外标准中，也有类似的规定。另外还要强调，除了合理的消防设计外，在实验室操作规程中，建立一套完善严格的应急事件处理程序，对处理火灾等突发事件，减少人员伤亡和污染外泄是十分重要的。

9 施 工 要 求

9.1 一 般 要 求

9.1.1 三级和四级生物安全实验室是有负压要求的洁净室，除了在结构上要比一般洁净室更坚固更严密外，在施工方面，其他要求与净化空调工程是完全一样的，为达到安全防护的要求，施工时一定要严格按照洁净室施工程序进行，洁净室主要施工程序如下：

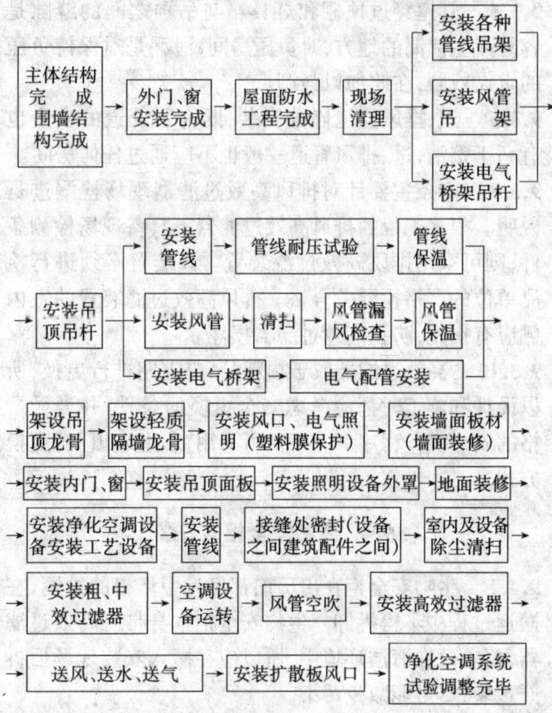

9.2 建筑装饰

9.2.1 应以严密、易于清洁为主要目的。能达到生物安全实验室的墙面平滑、耐磨、耐腐蚀、不吸湿、不透湿等要求的材料,常用的有彩钢板、钢板、铝板、各种非金属板等。为保证生物安全实验室地面防滑、无缝隙、耐压、易清洁,常用的材料有:水磨石现浇、环氧自流坪、PVC卷材等,也可用环氧树脂涂层。强调一点,采用水磨石现浇地面时,应严格遵守《洁净室施工及验收规范》JGJ 71中的施工规定。

9.2.2 本条的中心思想是要求施工严密、各部位不漏风。应特别提醒注意的是:插座、开关穿过隔墙安装时,线孔一定要严格密封,应用软性不老化的材料、将线孔堵严。

9.2.3 除可设压差计外,还设测压孔是为了方便抽检、年检和校验检测,平时应有密封措施保证房间的密闭。

9.3 空调净化

9.3.1 空调机组内外的压差可达到100~160mm水柱,基础对地面的高度最低要不低于200mm,以保证冷凝水管所需要的存水弯高度,防止空调机组内空气泄漏。

9.3.2 正压段的门宜向内开,负压段的门宜向外开,压差越大,密闭性越好。表冷段的冷凝水排水管上设水封和阀门,夏季用水封密封,冬季阀门关闭,保证空调机组内空气不泄漏。

9.3.4 对加工完毕的风管进行清洁处理和保护,是对系统正常运行的保证。

9.3.5 管道穿过顶棚和灯具箱与吊顶之间的缝隙是容易产生泄漏的地方,对负压房间,泄漏是对保持负压的重大威胁,在此加以强调。

9.3.6 送、排风管道隐蔽安装,既为了管道的安全也有利于整洁,送、排风管道一般也不应通过任何房间。

9.3.9 本条主要针对排风高效过滤器现场检漏进行说明。很多工程的排风高效过滤器不具备现场检测条件,则可采用排风高效过滤装置。该装置必须进行检测单位的严格检漏并合格。排风高效过滤装置的室内侧应有措施,防止高效过滤器损坏。

9.3.10 高效过滤器属于损耗品,应定期进行更换,所以设计和施工时都应考虑安全更换的条件,并遵循严格的安全操作程序。有条件可采用“袋进袋出”的更换方式。

9.4 生物安全柜的安装

9.4.1 生物安全柜在出厂前都经过了严格的检测,在搬运过程中不得拆卸。生物安全柜本身带有高效过滤器,要求放在清洁环境中,所以应在搬入安装现场后拆开包装,尽可能减少污染。

9.4.2 生物安全柜在运行时,对工作面的风速有严格要求。气流激烈变化和人走动多的地方容易对生物安全柜的操作面风速产生影响,并造成柜内气流被引带出来的结果,应尽可能避免。生物安全柜周围是被污染风险最高的区域,应把生物安全柜安装在排风口附近,即室内空气气流方向的下游,使污染空气被尽快排除。

9.4.3 生物安全柜背面、侧面与墙体表面之间应有一定的检修距离,顶部与吊顶之间也应有检测和检修空间,这样也有利于卫生清洁工作。

9.4.4 根据实验要求,安全柜内可能会需要真空管道、压缩空气、煤气等,必须全面考虑。

10 检测和验收

10.1 工程检测

10.1.2 生物安全柜直接保护受污染风险最高的操作者,是生物安全的第一道也是最关键的一道防线。另外,安全柜的运行会影响到实验室的送、排风量,压力梯度等,因此,必须确认安全柜性能达标后,才可开始实验室性能的检测。

10.1.3 生物安全实验室对风系统管道的密闭性要求十分严格,因此要求在风管施工中,必须严格执行相关规定。

10.1.4 必测项目的确定首先针对实验室的安全性,包括第1、2、4、5条;再有是保护实验对象,保证实验室环境,包括第3、6、7、8、9、10、11条。目测检查生物安全实验室围护结构的严密性时,可在正常运行状态下进行。对于四级生物安全实验室,当进行围护结构的严密性试验时,应关闭送风机,只开启排风机。

10.1.5 生物安全实验室中,四级实验室对围护结构的密闭性要求最高。如果有条件,可进行围护结构的密封性试验。根据农业部2003年10月15日第302号文《兽医实验室生物安全技术管理规范》中的有关规定(参考ISO 10648标准),检测压力不低于500Pa,半小时内泄漏率不超过10%为合格。

10.1.6 本条测定应符合《洁净室施工和验收规范》JGJ 71。对于排风高效过滤器,要保证室内含尘浓度($\geq 0.5\mu m$)不小于5000pc/L,在此条件下对排风高效过滤器进行检漏。

10.1.7 气流流向的检测只限于主实验室。

10.1.9 生物安全实验室应在任何条件下满足压力梯度和气流方向的要求,包括不同运行工况转换时,这一点需要在工程调试时落实,为此在验收检测中强调了这一点。很多工程检测时只检测了一个状态,这是不全面的。

10.1.10 电气和故障报警的验证内容包括备用电源可靠性、压差报警系统可靠性、送排风系统连锁可靠性及备用排风系统自动切换可靠性。

10.1.11 施工方的竣工验收报告不能确保公正、准确，必须由第三方检测机构进行综合性能评定。由于生物安全实验室综合性能的检验专业性较强，建议由具有一定资质的专业检测机构完成。

10.1.12 生物安全实验室投入使用后，如果缺乏专业的维护管理、环境的变化、过滤器性能的变化及实验工艺的变化等，都会影响实验室综合性能，因此，定期进行工程检测是必要的。

10.2 生物安全柜的现场检测

10.2.1、10.2.2 生物安全柜的性能非常重要，同实验室一样，在投入使用前，必须进行性能检测。生物安全柜的现场测试主要指Ⅱ级生物安全柜。

10.2.3 表中所列的是生物安全柜最关键和最基本的要求，因此每个项目都必须进行测定。

10.2.4 生物安全柜工作区垂直气流风速的均匀与稳定是安全柜的基本要求。

10.2.5、10.2.6 生物安全柜工作窗口的气流流向和风速是安全柜最重要的性能参数，在测试中必须严格细致地检测，严格把关。

10.2.7 生物安全柜工作区洁净度是保证实验对象不受污染的重要参数。

10.2.8、10.2.9 噪声的测试位置是实验人员头部的基本位置，噪声和照度通过影响实验人员的情绪、注意力、视觉等，间接影响实验操作，进而影响安全，因此也属于必测项目。

10.2.10 生物安全柜箱体的漏泄非常重要，但由于加压测试较为专业，现场检测有一定难度，而且现在新型安全柜的污染区基本都设计在负压状态，因此，此项测试建议有条件时进行，不作强制性规定。进行箱体漏泄检测时，可把生物安全柜密封并加压到500Pa的压力下用皂泡检漏。

10.3 工 程 验 收

10.3.1 由于生物安全实验室的特殊性，除了进行严格的设计、施工、调试外，为确保其安全性，在其进行工程检测后，还必须进行严格的验收，另外，使用过程中的一些因素，如非专业的管理和使用，高效过滤器的更换等，都会对实验室的安全性产生影响，因此，使用中的定期检测与使用前的验收同样重要。

10.3.2 建设与设计文件、施工文件和综合性能评定文件是生物安全实验室工程验收的基本文件，必须齐全。

10.3.3 工程检测是工程验收的一部分，主要针对实验室工程部分进行验收和参数测定，包括围护结构，净化空调系统，电气自控等。

10.3.4 本条规定了生物安全实验室工程验收报告中验收结论的评价方法。

中华人民共和国国家标准

干粉灭火系统设计规范

Code of design for powder extinguishing systems

GB 50347－2004

主编部门：中华人民共和国公安部
批准部门：中华人民共和国建设部
施行日期：2004年11月1日

中华人民共和国建设部
公　　告

第266号

建设部关于发布国家标准《干粉灭火系统设计规范》的公告

现批准《干粉灭火系统设计规范》为国家标准，编号为GB 50347—2004，自2004年11月1日起实施。其中，第1.0.5、3.1.2(1)、3.1.3、3.1.4、3.2.3、3.3.2、3.4.3、5.1.1(1)、5.2.6、5.3.1(7)、7.0.2、7.0.3、7.0.7条(款)为强制性条文，必须严格执行。

本规范由建设部标准定额研究所组织中国计划出版社出版发行。

中华人民共和国建设部

二〇〇四年九月二日

前　　言

根据建设部建标［1999］308号文《关于印发“一九九九年工程建设国家标准制定、修订计划”的通知》要求，本规范由公安部负责主编，具体由公安部天津消防研究所会同吉林省公安消防总队、云南省公安消防总队、东北大学、深圳市公安消防支队、广东胜捷消防设备有限公司、杭州新纪元消防科技有限公司、陕西消防工程公司、吉林化学工业公司设计院等单位共同编制完成。

在编制过程中，编制组遵照国家有关基本建设的方针政策，以及“预防为主、防消结合”的消防工作方针，对我国干粉灭火系统的研究、设计、生产和使用情况进行了调查研究，在总结已有科研成果和工程实践经验的基础上，参考了欧洲及英国、德国、日本、美国等发达国家的相关标准，经广泛地征求有关专家、消防监督部门、设计和科研单位、大专院校等的意见，最后经专家审查定稿。

本规范共分七章和两个附录，内容包括：总则、术语和符号、系统设计、管网计算、系统组件、控制与操作、安全要求等。其中黑粗体字为强制性条文。

本规范由建设部负责管理和对强制性条文的解释，公安部负责具体管理，公安部天津消防研究所负责具体技术内容的解释。请各单位在执行本规范过程中，注意总结经验、积累资料，并及时把意见和有关资料寄规范管理组——公安部天津消防研究所（地址：天津市南开区卫津南路110号，邮编300381），以供今后修订时参考。

本规范主编单位、参编单位和主要起草人名单：

主 编 单 位：公安部天津消防研究所

参 编 单 位：吉林省公安消防总队
云南省公安消防总队
东北大学
深圳市公安消防支队
广东胜捷消防设备有限公司
杭州新纪元消防科技有限公司
陕西消防工程公司
吉林化学工业公司设计院

主要起草人：东靖飞　宋旭东　魏德洲　郑　智　罗兴康　刘跃红　李深梁　何文辉　伍建许　丁国臣　戴殿峰　石秀芝　杨丙杰　沈　纹　王宝伟

目　次

1 总　　则

1.0.1 为合理设计干粉灭火系统，减少火灾危害，保护人身和财产安全，制定本规范。

1.0.2 本规范适用于新建、扩建、改建工程中设置的干粉灭火系统的设计。

1.0.3 干粉灭火系统的设计，应积极采用新技术、新工艺、新设备，做到安全适用，技术先进，经济合理。

1.0.4 干粉灭火系统可用于扑救下列火灾：

1 灭火前可切断气源的气体火灾。

2 易燃、可燃液体和可熔化固体火灾。

3 可燃固体表面火灾。

4 带电设备火灾。

1.0.5 干粉灭火系统不得用于扑救下列物质的火灾：

1 硝化纤维、炸药等无空气仍能迅速氧化的化学物质与强氧化剂。

2 钾、钠、镁、钛、锆等活泼金属及其氢化物。

1.0.6 干粉灭火系统的设计，除应符合本规范的规定外，尚应符合国家现行的有关强制性标准的规定。

2 术语和符号

2.1 术　　语

2.1.1 干粉灭火系统　powder extinguishing system

由干粉供应源通过输送管道连接到固定的喷嘴上，通过喷嘴喷放干粉的灭火系统。

2.1.2 全淹没灭火系统　total flooding extinguishing system

在规定的时间内，向防护区喷射一定浓度的干粉，并使其均匀地充满整个防护区的灭火系统。

2.1.3 局部应用灭火系统　local application extinguishing system

主要由一个适当的灭火剂供应源组成，它能将灭火剂直接喷放到着火物上或认为危险的区域。

2.1.4 防护区　protected area

满足全淹没灭火系统要求的有限封闭空间。

2.1.5 组合分配系统　combined distribution systems

用一套灭火剂贮存装置，保护两个及以上防护区或保护对象的灭火系统。

2.1.6 单元独立系统　unit independent system

用一套干粉储存装置保护一个防护区或保护对象的灭火系统。

2.1.7 预制灭火装置　prefabricated extinguishing equipment

按一定的应用条件，将灭火剂储存装置和喷嘴等部件预先组装起来的成套灭火装置。

2.1.8 均衡系统　balanced system

装有两个及以上喷嘴，且管网的每一个节点处灭火剂流量均被等分的灭火系统。

2.1.9 非均衡系统　unbalanced system

装有两个及以上喷嘴，且管网的一个或多个节点处灭火剂流量不等分的灭火系统。

2.1.10 干粉储存容器　powder storage container

储存干粉灭火剂的耐压不可燃容器，也称干粉储罐。

2.1.11 驱动气体　expellant gas

输送干粉灭火剂的气体，也称载气。

2.1.12 驱动气体储瓶　expellant gas storage cylinder

储存驱动气体的高压钢瓶。

2.1.13 驱动压力　expellant pressure

输送干粉灭火剂的驱动气体压力。

2.1.14 驱动气体系数　expellant gas factor

在干粉-驱动气体二相流中，气体与干粉的质量比，也称气固比。

2.1.15 增压时间　pressurization time

干粉储存容器中，从干粉受驱动至干粉储存容器开始释放的时间。

2.1.16 装量系数　loading factor

干粉储存容器中干粉的体积（按松密度计算值）与该容器容积之比。

2.2 符　　号

2.2.1 几何参数符号

A_{oi}——不能自动关闭的防护区开口面积；

A_p——在假定封闭罩中存在的实体墙等实际围封面面积；

A_t——假定封闭罩的侧面围封面面积；

A_V——防护区的内侧面、底面、顶面（包括其中开口）的总内表面积；

A_X——泄压口面积；

d——管道内径；

F——喷头孔口面积；

L——管段计算长度；

L_J——管道附件的当量长度；

L_{max}——对称管段计算长度最大值；

L_{min}——对称管段计算长度最小值；

L_Y——管段几何长度；

N——喷头数量；

n——安装在计算管段下游的喷头数量；

N_P——驱动气体储瓶数量；

S——均衡系统的结构对称度；

V——防护区净容积；

V_0——驱动气体储瓶容积；

V_c——干粉储存容器容积；

V_D——整个管网系统的管道容积；

V_g——防护区内不燃烧体和难燃烧体的总体积；

V_1——保护对象的计算体积；

V_V——防护区容积；

V_z——不能切断的通风系统的附加体积；

γ——流体流向与水平面所成的角；

Δ——管道内壁绝对粗糙度；

κ——泄压口缩流系数。

2.2.2 物理参数符号

g——重力加速度；

K——干粉储存容器的装量系数；

K_1——灭火剂设计浓度；

K_{oi}——开口补偿系数；

m——干粉设计用量；

m_c——干粉储存量；

m_g——驱动气体设计用量；

m_{gc}——驱动气体储存量；

m_{gr}——管网内驱动气体残余量；

m_{gs}——干粉储存容器内驱动气体剩余量；

m_r——管网内干粉残余量；

m_s——干粉储存容器内干粉剩余量；

p_0——管网起点压力；

p_b——高程校正后管段首端压力；

p'_b——高程校正前管段首端压力；

p_c——非液化驱动气体充装压力；

p_e——管段末端压力；

p_P——管段中的平均压力；

p_X——防护区围护结构的允许压力；

Q——管道中的干粉输送速率；

Q_0——干管的干粉输送速率；

Q_b——支管的干粉输送速率；

Q_i——单个喷头的干粉输送速率；

Q_z——通风流量；

q_0——在一定压力下，单位孔口面积的干粉输送速率；

q_V——单位体积的喷射速率；

t——干粉喷射时间；

ν_H——气固二相流比容；

ν_X——泄放混合物比容；

α——液化驱动气体充装系数；

$\Delta p/L$——管段单位长度上的压力损失；

δ——相对误差；

λ_q——驱动气体摩擦阻力系数；

μ——驱动气体系数；

ρ_f——干粉灭火剂松密度；

ρ_H——干粉-驱动气体二相流密度；

ρ_Q——管道内驱动气体密度；

ρ_q——在 p_X 压力下驱动气体密度；

ρ_{q0}——常态下驱动气体密度。

3 系 统 设 计

3.1 一 般 规 定

3.1.1 干粉灭火系统按应用方式可分为全淹没灭火系统和局部应用灭火系统。扑救封闭空间内的火灾应采用全淹没灭火系统；扑救具体保护对象的火灾应采用局部应用灭火系统。

3.1.2 采用全淹没灭火系统的防护区，应符合下列规定：

1 喷放干粉时不能自动关闭的防护区开口，其总面积不应大于该防护区总内表面积的15%，且开口不应设在底面。

2 防护区的围护结构及门、窗的耐火极限不应小于0.50h，吊顶的耐火极限不应小于0.25h；围护结构及门、窗的允许压力不宜小于1200Pa。

3.1.3 采用局部应用灭火系统的保护对象，应符合下列规定：

1 保护对象周围的空气流动速度不应大于2m/s。必要时，应采取挡风措施。

2 在喷头和保护对象之间，喷头喷射角范围内不应有遮挡物。

3 当保护对象为可燃液体时，液面至容器缘口的距离不得小于150mm。

3.1.4 当防护区或保护对象有可燃气体，易燃、可燃液体供应源时，启动干粉灭火系统之前或同时，必须切断气体、液体的供应源。

3.1.5 可燃气体，易燃、可燃液体和可熔化固体火灾宜采用碳酸氢钠干粉灭火剂；可燃固体表面火灾应采用磷酸铵盐干粉灭火剂。

3.1.6 组合分配系统的灭火剂储存量不应小于所需储存量最多的一个防护区或保护对象的储存量。

3.1.7 组合分配系统保护的防护区与保护对象之和不得超过8个。当防护区与保护对象之和超过5个时，或者在喷放后48h内不能恢复到正常工作状态时，灭火剂应有备用量。备用量不应小于系统设计的储存量。

备用干粉储存容器应与系统管网相连，并能与主用干粉储存容器切换使用。

3.2 全淹没灭火系统

3.2.1 全淹没灭火系统的灭火剂设计浓度不得小于0.65kg/m³。

3.2.2 灭火剂设计用量应按下列公式计算：

$$m = K_1 \times V + \sum (K_{oi} \times A_{oi}) \quad (3.2.2\text{-}1)$$

$$V = V_V - V_g + V_z \quad (3.2.2\text{-}2)$$

$$V_z = Q_z \times t \quad (3.2.2\text{-}3)$$

$$K_{oi} = 0 \qquad A_{oi} < 1\% A_V \quad (3.2.2\text{-}4)$$

$$K_{oi} = 2.5 \qquad 1\% A_V \leqslant A_{oi} < 5\% A_V \quad (3.2.2\text{-}5)$$

$$K_{oi} = 5 \qquad 5\% A_V \leqslant A_{oi} \leqslant 15\% A_V \quad (3.2.2\text{-}6)$$

式中 m——干粉设计用量（kg）；

K_1——灭火剂设计浓度（kg/m^3）；

V——防护区净容积（m^3）；

K_{oi}——开口补偿系数（kg/m^2）；

A_{oi}——不能自动关闭的防护区开口面积（m^2）；

V_V——防护区容积（m^3）；

V_g——防护区内不燃烧体和难燃烧体的总体积（m^3）；

V_z——不能切断的通风系统的附加体积（m^3）；

Q_z——通风流量（m^3/s）；

t——干粉喷射时间（s）；

A_V——防护区的内侧面、底面、顶面（包括其中开口）的总内表面积（m^2）。

3.2.3 全淹没灭火系统的干粉喷射时间不应大于30s。

3.2.4 全淹没灭火系统喷头布置，应使防护区内灭火剂分布均匀。

3.2.5 防护区应设泄压口，并宜设在外墙上，其高度应大于防护区净高的2/3。泄压口的面积可按下列公式计算：

$$A_X = \frac{Q_0 \times \nu_H}{\kappa \sqrt{2 p_X \times \nu_X}} \quad (3.2.5\text{-}1)$$

$$\nu_H = \frac{\rho_q + 2.5\mu \times \rho_f}{2.5\rho_f (1+\mu) \rho_q} \quad (3.2.5\text{-}2)$$

$$\rho_q = (10^{-5} p_X + 1) \rho_{q0} \quad (3.2.5\text{-}3)$$

$$\nu_X = \frac{2.5\rho_f \times \rho_{q0} + K_1 (10^{-5} p_X + 1) \rho_{q0} + 2.5K_1 \times \mu \times \rho_f}{2.5\rho_f (10^{-5} p_X + 1) \rho_{q0} (1.205 + K_1 + K_1 \times \mu)} \quad (3.2.5\text{-}4)$$

式中 A_X——泄压口面积（m^2）；

Q_0——干管的干粉输送速率（kg/s）；

ν_H——气固二相流比容（m^3/kg）；

κ——泄压口缩流系数；取0.6；

p_X——防护区围护结构的允许压力（Pa）；

ν_X——泄放混合物比容（m^3/kg）；

ρ_q——在 p_X 压力下驱动气体密度（kg/m^3）；

μ——驱动气体系数；按产品样本取值；

ρ_f——干粉灭火剂松密度（kg/m^3）；按产品样本取值；

ρ_{q0}——常态下驱动气体密度（kg/m^3）。

3.3 局部应用灭火系统

3.3.1 局部应用灭火系统的设计可采用面积法或体积法。当保护对象的着火部位是平面时，宜采用面积法；当采用面积法不能做到使所有表面被完全覆盖时，应采用体积法。

3.3.2 室内局部应用灭火系统的干粉喷射时间不应小于30s；室外或有复燃危险的室内局部应用灭火系统的干粉喷射时间不应小于60s。

3.3.3 当采用面积法设计时，应符合下列规定：

1 保护对象计算面积应取被保护表面的垂直投影面积。

2 架空型喷头应以喷头的出口至保护对象表面的距离确定其干粉输送速率和相应保护面积；槽边型喷头保护面积应由设计选定的干粉输送速率确定。

3 干粉设计用量应按下列公式计算：

$$m = N \times Q_i \times t \quad (3.3.3)$$

式中 N——喷头数量；

Q_i——单个喷头的干粉输送速率（kg/s）；按产品样本取值。

4 喷头的布置应使喷射的干粉完全覆盖保护对象。

3.3.4 当采用体积法设计时，应符合下列规定：

1 保护对象的计算体积应采用假定的封闭罩的体积。封闭罩的底应是实际底面；封闭罩的侧面及顶部当无实际围护结构时，它们至保护对象外缘的距离不应小于1.5m。

2 干粉设计用量应按下列公式计算：

$$m = V_1 \times q_V \times t \quad (3.3.4\text{-}1)$$

$$q_V = 0.04 - 0.006 A_p / A_t \quad (3.3.4\text{-}2)$$

式中 V_1——保护对象的计算体积（m^3）；

q_V——单位体积的喷射速率（$kg/s/m^3$）；

A_p——在假定封闭罩中存在的实体墙等实际围封面面积（m^2）；

A_t——假定封闭罩的侧面围封面面积（m^2）。

3 喷头的布置应使喷射的干粉完全覆盖保护对象，并应满足单位体积的喷射速率和设计用量的要求。

3.4 预制灭火装置

3.4.1 预制灭火装置应符合下列规定：

1 灭火剂储存量不得大于150kg。

2 管道长度不得大于20m。

3　工作压力不得大于2.5MPa。

3.4.2　一个防护区或保护对象宜用一套预制灭火装置保护。

3.4.3　一个防护区或保护对象所用预制灭火装置最多不得超过4套，并应同时启动，其动作响应时间差不得大于2s。

4　管 网 计 算

4.0.1　管网起点（干粉储存容器输出容器阀出口）压力不应大于2.5MPa；管网最不利点喷头工作压力不应小于0.1MPa。

4.0.2　管网中干管的干粉输送速率应按下列公式计算：

$$Q_0 = m/t \qquad (4.0.2)$$

4.0.3　管网中支管的干粉输送速率应按下列公式计算：

$$Q_b = n \times Q_i \qquad (4.0.3)$$

式中　Q_b——支管的干粉输送速率（kg/s）；

n——安装在计算管段下游的喷头数量。

4.0.4　管道内径宜按下列公式计算：

$$d \leqslant 22\sqrt{Q} \qquad (4.0.4)$$

式中　d——管道内径（mm）；宜按附录A表A-1取值；

Q——管道中的干粉输送速率（kg/s）。

4.0.5　管段的计算长度应按下列公式计算：

$$L = L_Y + \sum L_J \qquad (4.0.5\text{-}1)$$

$$L_J = f(d) \qquad (4.0.5\text{-}2)$$

式中　L——管段计算长度（m）；

L_Y——管段几何长度（m）；

L_J——管道附件的当量长度（m）；可按附录A表A-2取值。

4.0.6　管网宜设计成均衡系统，均衡系统的结构对称度应满足下列公式要求：

$$S = \frac{L_{max} - L_{min}}{L_{min}} \leqslant 5\% \qquad (4.0.6)$$

式中　S——均衡系统的结构对称度；

L_{max}——对称管段计算长度最大值（m）；

L_{min}——对称管段计算长度最小值（m）。

4.0.7　管网中各管段单位长度上的压力损失可按下列公式估算：

$$\Delta p/L = \frac{8 \times 10^9}{\rho_{q0}(10p_e + 1)\ d} \times \left(\frac{\mu \times Q}{\pi \times d^2}\right)^2 \times \left\{\lambda_q + \frac{7 \times 10^{-12.5} g^{0.7} \times d^{3.5}}{\mu^{2.4}} \times \left[\frac{\pi(10p_e + 1)\ \rho_{q0}}{4Q}\right]^{1.4}\right\} \qquad (4.0.7\text{-}1)$$

$$\lambda_q = \left(1.14 - 2\lg\frac{\Delta}{d}\right)^{-2} \qquad (4.0.7\text{-}2)$$

式中　$\Delta p/L$——管段单位长度上的压力损失(MPa/m)；

p_e——管段末端压力（MPa）；

λ_q——驱动气体摩擦阻力系数；

g——重力加速度（m/s²）；取9.81；

Δ——管道内壁绝对粗糙度（mm）。

4.0.8　高程校正前管段首端压力可按下列公式估算：

$$p_b' = p_e + (\Delta p/L)_i \times L_i \qquad (4.0.8)$$

式中　p_b'——高程校正前管段首端压力（MPa）。

4.0.9　用管段中的平均压力代替公式4.0.7-1中的管段末端压力，再次求取新的高程校正前的管段首端压力，两次计算结果应满足下列公式要求，否则应继续用新的管段平均压力代替公式4.0.7-1中的管段末端压力，再次演算，直至满足下列公式要求。

$$p_P = (p_e + p_b')/2 \qquad (4.0.9\text{-}1)$$

$$\delta = |p_b'(i) - p_b'(i+1)|/\min\{p_b'(i), p_b'(i+1)\} \leqslant 1\% \qquad (4.0.9\text{-}2)$$

式中　p_P——管段中的平均压力(MPa)；

δ——相对误差；

i——计算次序。

4.0.10　高程校正后管段首端压力可按下列公式计算：

$$p_b = p_b' + 9.81 \times 10^{-6}\rho_H \times L_Y \times \sin\gamma \qquad (4.0.10\text{-}1)$$

$$\rho_H = \frac{2.5\rho_f(1+\mu)\rho_Q}{2.5\mu \times \rho_f + \rho_Q} \qquad (4.0.10\text{-}2)$$

$$\rho_Q = (10p_P + 1)\rho_{q0} \qquad (4.0.10\text{-}3)$$

式中　p_b——高程校正后管段首端压力（MPa）；

ρ_H——干粉-驱动气体二相流密度（kg/m³）；

γ——流体流向与水平面所成的角（°）；

ρ_Q——管道内驱动气体的密度（kg/m³）。

4.0.11　喷头孔口面积应按下列公式计算：

$$F = Q_i/q_0 \qquad (4.0.11)$$

式中　F——喷头孔口面积（mm²）；

q_0——在一定压力下，单位孔口面积的干粉输送速率(kg/s/mm²)。

4.0.12　干粉储存量可按下列公式计算：

$$m_c = m + m_s + m_r \qquad (4.0.12\text{-}1)$$

$$m_r = V_D(10p_P + 1)\ \rho_{q0}/\mu \qquad (4.0.12\text{-}2)$$

式中 m_c——干粉储存量（kg）；

m_s——干粉储存容器内干粉剩余量（kg）；

m_r——管网内干粉残余量（kg）；

V_D——整个管网系统的管道容积（m^3）。

4.0.13 干粉储存容器容积可按下列公式计算：

$$V_c = \frac{m_c}{K \times \rho_f} \tag{4.0.13}$$

式中 V_c——干粉储存容器容积（m^3），取系列值；

K——干粉储存容器的装量系数。

4.0.14 驱动气体储存量可按下列公式计算：

1 非液化驱动气体

$$m_{gc} = N_P \times V_0 \ (10p_c + 1) \ \rho_{q0} \tag{4.0.14-1}$$

$$N_P = \frac{m_g + m_{gs} + m_{gr}}{10V_0 \ (p_c - p_0) \ \rho_{q0}} \tag{4.0.14-2}$$

2 液化驱动气体

$$m_{gc} = \alpha \times V_0 \times N_P \tag{4.0.14-3}$$

$$N_P = \frac{m_g + m_{gs} + m_{gr}}{V_0 \ [\alpha - \rho_{q0} \ (10p_0 + 1)]} \tag{4.0.14-4}$$

$$m_g = \mu \times m \tag{4.0.14-5}$$

$$m_{gs} = V_c \ (10p_0 + 1) \ \rho_{q0} \tag{4.0.14-6}$$

$$m_{gr} = V_D \ (10p_P + 1) \ \rho_{q0} \tag{4.0.14-7}$$

式中 m_{gc}——驱动气体储存量（kg）；

N_P——驱动气体储瓶数量；

V_0——驱动气体储瓶容积（m^3）；

p_c——非液化驱动气体充装压力（MPa）；

p_0——管网起点压力（MPa）；

m_g——驱动气体设计用量（kg）；

m_{gs}——干粉储存容器内驱动气体剩余量（kg）；

m_{gr}——管网内驱动气体残余量（kg）；

α——液化驱动气体充装系数（kg/m^3）。

4.0.15 清扫管网内残存干粉所需清扫气体量，可按10倍管网内驱动气体残余量选取；瓶装清扫气体应单独储存；清扫工作应在48h内完成。

5 系 统 组 件

5.1 储 存 装 置

5.1.1 储存装置宜由干粉储存容器、容器阀、安全泄压装置、驱动气体储瓶、瓶头阀、集流管、减压阀、压力报警及控制装置等组成。并应符合下列规定：

1 干粉储存容器应符合国家现行标准《压力容器安全技术监察规程》的规定；驱动气体储瓶及其充装系数应符合国家现行标准《气瓶安全监察规程》的规定。

2 干粉储存容器设计压力可取1.6MPa或2.5MPa压力级；其干粉灭火剂的装量系数不应大于0.85；其增压时间不应大于30s。

3 安全泄压装置的动作压力及额定排放量应按现行国家标准《干粉灭火系统部件通用技术条件》GB 16668执行。

4 干粉储存容器应满足驱动气体系数、干粉储存量、输出容器阀出口干粉输送速率和压力的要求。

5.1.2 驱动气体应选用惰性气体，宜选用氮气；二氧化碳含水率不应大于0.015%（m/m），其他气体含水率不得大于0.006%（m/m）；驱动压力不得大于干粉储存容器的最高工作压力。

5.1.3 储存装置的布置应方便检查和维护，并宜避免阳光直射。其环境温度应为-20～50℃。

5.1.4 储存装置宜设在专用的储存装置间内。专用储存装置间的设置应符合下列规定：

1 应靠近防护区，出口应直接通向室外或疏散通道。

2 耐火等级不应低于二级。

3 宜保持干燥和良好通风，并应设应急照明。

5.1.5 当采取防湿、防冻、防火等措施后，局部应用灭火系统的储存装置可设置在固定的安全围栏内。

5.2 选择阀和喷头

5.2.1 在组合分配系统中，每个防护区或保护对象应设一个选择阀。选择阀的位置宜靠近干粉储存容器，并便于手动操作，方便检查和维护。选择阀上应设有标明防护区的永久性铭牌。

5.2.2 选择阀应采用快开型阀门，其公称直径应与连接管道的公称直径相等。

5.2.3 选择阀可采用电动、气动或液动驱动方式，并应有机械应急操作方式。阀的公称压力不应小于干粉储存容器的设计压力。

5.2.4 系统启动时，选择阀应在输出容器阀动作之前打开。

5.2.5 喷头应有防止灰尘或异物堵塞喷孔的防护装置，防护装置在灭火剂喷放时应能被自动吹掉或打开。

5.2.6 喷头的单孔直径不得小于6mm。

5.3 管 道 及 附 件

5.3.1 管道及附件应能承受最高环境温度下工作压力，并应符合下列规定：

1 管道应采用无缝钢管，其质量应符合现行国家标准《输送流体用无缝钢管》GB/T 8163的规定；管道规格宜按附录A表A-1取值。管道及附件应进行内外表面防腐处理，并宜采用符合环保要求的防腐方式。

2 对防腐层有腐蚀的环境，管道及附件可采用不锈钢、铜管或其他耐腐蚀的不燃材料。

3 输送启动气体的管道，宜采用铜管，其质量应符合现行国家标准《拉制铜管》GB 1527的规定。

4 管网应留有吹扫口。

5 管道变径时应使用异径管。

6 干管转弯处不应紧接支管；管道转弯处应符合附录B的规定。

7 管道分支不应使用四通管件。

8 管道转弯时宜选用弯管。

9 管道附件应通过国家法定检测机构的检验认可。

5.3.2 管道可采用螺纹连接、沟槽（卡箍）连接、法兰连接或焊接。公称直径等于或小于80mm的管道，宜采用螺纹连接；公称直径大于80mm的管道，宜采用沟槽（卡箍）或法兰连接。

5.3.3 管网中阀门之间的封闭管段应设置泄压装置，其泄压动作压力取工作压力的（115±5）%。

5.3.4 在通向防护区或保护对象的灭火系统主管道上，应设置压力信号器或流量信号器。

5.3.5 管道应设置固定支、吊架，其间距可按附录A表A-3取值。可能产生爆炸的场所，管网宜吊挂安装并采取防晃措施。

6 控制与操作

6.0.1 干粉灭火系统应设有自动控制、手动控制和机械应急操作三种启动方式。当局部应用灭火系统用于经常有人的保护场所时可不设自动控制启动方式。

6.0.2 设有火灾自动报警系统时，灭火系统的自动控制应在收到两个独立火灾探测信号后才能启动，并应延迟喷放，延迟时间不应大于30s，且不得小于干粉储存容器的增压时间。

6.0.3 全淹没灭火系统的手动启动装置应设置在防护区外邻近出口或疏散通道便于操作的地方；局部应用灭火系统的手动启动装置应设在保护对象附近的安全位置。手动启动装置的安装高度宜使其中心位置距地面1.5m。所有手动启动装置都应明显地标示出其对应的防护区或保护对象的名称。

6.0.4 在紧靠手动启动装置的部位应设置手动紧急停止装置，其安装高度应与手动启动装置相同。手动紧急停止装置应确保灭火系统能在启动后和喷放灭火剂前的延迟阶段中止。在使用手动紧急停止装置后，应保证手动启动装置可以再次启动。

6.0.5 干粉灭火系统的电源与自动控制应符合现行国家标准《火灾自动报警系统设计规范》GB 50116的有关规定。当采用气动动力源时，应保证系统操作与控制所需要的气体压力和用气量。

6.0.6 预制灭火装置可不设机械应急操作启动方式。

7 安全要求

7.0.1 防护区内及入口处应设火灾声光警报器，防护区入口处应设置干粉灭火剂喷放指示门灯及干粉灭火系统永久性标志牌。

7.0.2 防护区的走道和出口，必须保证人员能在30s内安全疏散。

7.0.3 防护区的门应向疏散方向开启，并应能自动关闭，在任何情况下均应能在防护区内打开。

7.0.4 防护区入口处应装设自动、手动转换开关。转换开关安装高度宜使中心位置距地面1.5m。

7.0.5 地下防护区和无窗或设固定窗扇的地上防护区，应设置独立的机械排风装置，排风口应通向室外。

7.0.6 局部应用灭火系统，应设置火灾声光警报器。

7.0.7 当系统管道设置在有爆炸危险的场所时，管网等金属件应设防静电接地，防静电接地设计应符合国家现行有关标准规定。

附录A 管道规格及支、吊架间距

表A-1 干粉灭火系统管道规格

公称直径		封闭段管道		开口端管道	
DN (mm)	*G* (in)	*d* (mm)	外径×壁厚 (mm×mm)		*d* (mm)
15	1/2	14	*D*22×4	*D*22×3	16
20	3/4	19	*D*27×4	*D*27×3	21
25	1	25	*D*34×4.5	*D*34×3.5	27
32	1¼	32	*D*42×5	*D*42×3.5	35
40	1½	38	*D*48×5	*D*48×3.5	41
50	2	49	*D*60×5.5	*D*60×4	52
65	2½	69	*D*76×7	*D*76×5	66
80	3	74	*D*89×7.5	*D*89×5.5	78
100	4	97	*D*114×8.5	*D*114×6	102

表A-2 管道附件当量长度（m）（参考值）

DN (mm)	15	20	25	32	40	50	65	80	100
弯头	7.1	5.3	4.2	3.2	2.8	2.2	1.7	1.4	1.1
三通	21.4	16.0	12.5	9.7	8.3	6.5	5.1	4.3	3.3

表A-3 管道支、吊架最大间距

公称直径 (mm)	15	20	25	32	40	50	65	80	100
最大间距 (m)	1.5	1.8	2.1	2.4	2.7	3.0	3.4	3.7	4.3

附录B 管网分支结构

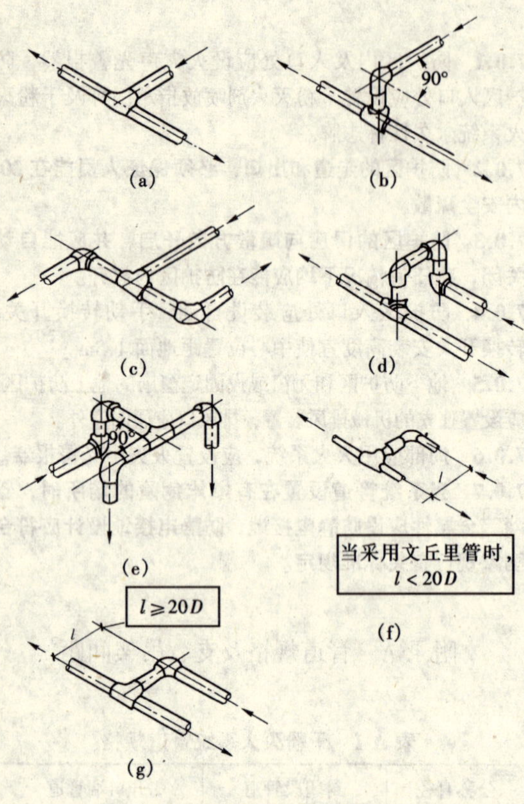

图B 管网分支结构图

本规范用词说明

1 为便于在执行本规范条文时区别对待，对要求严格程度不同的用词说明如下：

1）表示很严格，非这样做不可的用词：

正面词采用“必须”，反面词采用“严禁”。

2）表示严格，在正常情况下均应这样做的用词：

正面词采用“应”，反面词采用“不应”或“不得”。

3）表示允许稍有选择，在条件许可时首先应这样做的用词：

正面词采用“宜”，反面词采用“不宜”；

表示有选择，在一定条件下可以这样做的用词，采用“可”。

2 本规范中指明应按其他有关标准、规范执行的写法为“应符合……的规定”或“应按……执行”。

中华人民共和国国家标准

干粉灭火系统设计规范

GB 50347—2004

条 文 说 明

目　次

1 总 则

1.0.1 本条提出了编制本规范的目的。

干粉灭火剂的主要灭火机理是阻断燃烧链式反应，即化学抑制作用。同时，干粉灭火剂的基料在火焰的高温作用下将会发生一系列的分解反应，这些反应都是吸热反应，可吸收火焰的部分热量。而这些分解反应产生的一些非活性气体如二氧化碳、水蒸汽等，对燃烧的氧浓度也具稀释作用。干粉灭火剂具有灭火效率高、灭火速度快、绝缘性能好、腐蚀性小，不会对生态环境产生危害等一系列优点。

干粉灭火系统是传统的四大固定式灭火系统（水、气体、泡沫、干粉）之一，应用广泛。受到了各工业发达国家的重视，如美国、日本、德国、英国都相继制定了干粉灭火系统规范。近年来，由于卤代烷对大气臭氧层的破坏作用，消防界正在探索卤代烷灭火系统的替代技术，而干粉灭火系统正是应用较成熟的该类技术之一。《中国消耗臭氧层物质逐步淘汰国家方案》已将干粉灭火系统的应用技术列为卤代烷系统替代技术的重要组成部分。

本规范的制定，为干粉灭火系统的设计提供了技术依据，将对干粉灭火系统的应用起到良好的推动作用。

1.0.2 本条规定了本规范的适用范围，即适用于新建、扩建、改建工程中设置的干粉灭火系统的设计；目前，更多用于生产或储存场所。

1.0.3 本条规定结合我国国情，规定了干粉灭火系统设计中应遵循的一般原则。

目前，由于我国干粉灭火系统主要用于重点要害部位的保护，而干粉灭火系统工程设计涉及面较广，因此，在设计时应推荐采用新技术、新工艺、新设备。同时，干粉灭火系统的设计应正确处理好以下两点：

首先设计人员应根据整个工程特点、防火要求和各种消防设施的配置情况，制定合理的设计方案，正确处理局部与全局的关系。虽然干粉灭火系统是重要的灭火设施，但是，不是采用了这种灭火手段后，就不必考虑其他辅助手段。例如易燃可燃液体储罐发生火灾，在采用干粉灭火系统扑救火灾的同时，消防冷却水也是不可少的。

其次，在防护区的设置上，应正确确定防护区的位置和划分防护区的范围。根据防护区的大小、形状、开口、通风和防护区内可燃物品的性质、数量、分布，以及可能发生的火灾类型、火源、起火部位等情况，合理选择和布置系统部件，合理选择系统操作控制方式。

1.0.4 本条规定了干粉灭火系统可用于扑救的火灾类型，即可用于扑救可燃气体、可燃液体火灾和可燃固体的表面火灾及带电设备的火灾。

灭火试验的结果表明，采用干粉灭火剂扑灭上述物质火灾迅速而有效。在我国相关规范中，如现行国家标准《石油化工企业设计防火规范》GB 50160—92，对干粉灭火系统的应用都作了相应规定。

1.0.5 同其他灭火剂一样，普通干粉灭火剂扑救的火灾类型也有局限性。也就是说普通干粉灭火剂对有些物质的火灾不起灭火作用。

普通干粉灭火剂不能扑救的火灾主要包括两大类。第一类是本身含有氧原子的强氧化剂，这些氧原子可以供燃烧之用，在具备燃烧的条件下与可燃物氧化结合成新的分子，反应激烈，干粉灭火剂的分子不能很快渗入其内起化学反应。这类物质主要包括硝化纤维、炸药等。第二类主要是化学性质活泼的金属和金属氢化物，如钾、钠、镁、钛、锆等。这类物质的火灾不能用普通干粉灭火剂来扑救。对于活泼金属火灾目前采用的灭火剂通常为干砂、石墨、氯化钠等特种干粉灭火剂。而特种干粉灭火剂目前工程设计数据不足。因此，本规范不涉及此类干粉灭火系统。

1.0.6 本条规定中所指的国家现行的有关强制性标准，除本规范中已指明的外，还包括以下几个方面的标准：

1 防火基础标准中与之有关的安全基础标准。

2 有关的工业与民用建筑防火规范。

3 有关的火灾自动报警系统标准、规范。

4 有关干粉灭火系统部件、灭火剂标准。

5 其他有关标准。

3 系统设计

3.1 一般规定

3.1.1 本条包含两部分内容，一是规定了干粉灭火系统按应用方式分两种类型，即全淹没灭火系统和局部应用灭火系统。国外标准也是这样进行分类，如日本消防法施行令第 18 条 §1：“干粉灭火设备，分为固定式和移动式两种型式；固定式干粉灭火设备又分为全保护区喷放方式和局部喷放方式两种类型”。二是规定了两种系统的选用原则。

关于全淹没灭火系统、局部应用灭火系统的应用，美国标准《干粉灭火系统标准》NFPA 17—1998 §4-1：“全淹没灭火系统只有在环绕火灾危险有永久性密封的空间处采用，这样的空间内能足以构成所要求的浓度，其不可关闭的开口总面积不能超过封闭空间的侧面、顶面和底面总内表面积的 15%。不可关闭开口面积超过封闭空间的总内表面积的 15% 时，应采用局部应用系统保护”。英国标准《室内灭火装置和设备·干粉系统规范》BS 5306:pt7—1988 § 14：“能用全淹没系统扑灭的火灾是包括可燃液体和固体的表面火灾”；§18：“能用局部应用系统扑灭或控制的火灾是含有可燃液体和固体的表面火灾”。

应该指出，在满足全淹没灭火系统应用条件时也可以采用局部应用灭火系统，具体选型由设计者根据实际情况决定。

3.1.2 本条规定了全淹没灭火系统的应用条件。第1款等效采用国外标准数据（见3.1.1条说明）。第2款等效采用现行国家标准《二氧化碳灭火系统设计规范》GB 50193—93（1999年版）第3.1.2条数据。

规定“不能自动关闭的开口不应设在底面”出于以下考虑：国家标准规定干粉灭火剂的松密度大于或等于0．80 g/mL（kg/L），若设计浓度按0．65kg/m³计算，则体积为0．81L。因目前国内厂家没提供驱动气体系数数据，现按日本消防法施行规则§4数据：1kg干粉灭火剂需要40L标准状态下氮气（标准状态下氮气密度为1.251g/L），那么0.65 kg干粉灭火剂需要26L（32.526g）氮气；如是，粉雾的密度为25．5g/L［（650+32.526）g/（26+0．81）L］，显然比空气重（标准状态下空气密度为1．293g/L，常态下空气密度更小）。另外，一般都是从上向下喷射，带有一定动能和势能，很容易在底面扩散流失，影响灭火效果。故作此规定。

干粉灭火系统是依靠驱动气体（惰性气体）驱动干粉的，干粉固体所占体积与驱动气体相比小得多，宏观上类似气体灭火系统，因此，可采用二氧化碳灭火系统设计数据。防护区围护结构具有一定耐火极限和强度是保证灭火的基本条件。

3.1.3 本条规定了局部应用灭火系统的应用条件。参照国内气体灭火系统规范制定。其中空气流动速度不应大于2m/s是引用现行国家标准《干粉灭火系统部件通用技术条件》GB 16668—1996中的数据。

这里容器缘口是指容器的上边沿，它距液面不应小于150mm；150 mm是测定喷头保护面积等参数的试验条件。是为了保证高速喷射的粉体流喷到液体表面时，不引起液体的飞溅，避免产生流淌火，带来更大的火灾危险，所以应遵循该试验条件。

3.1.4 喷射干粉前切断气体、液体的供应源的目的是防止引起爆炸。同时，也可防止淡化干粉浓度，影响灭火。

3.1.5 扑灭BC类火灾的干粉中较成熟和经济的是碳酸氢钠干粉，故予推荐；ABC干粉固然也能扑灭BC类火灾，但不经济，故不推荐用ABC干粉扑灭BC类火灾。扑灭A类火灾只能用ABC干粉，其中较成熟和经济的是磷酸铵盐干粉，所以扑灭A类火灾推荐采用磷酸铵盐干粉。

3.1.6 组合分配系统是用一套干粉储存装置同时保护多个防护区或保护对象的灭火系统。各防护区或保护对象同时着火的概率很小，不需考虑同时向各个防护区或保护对象释放干粉灭火剂；但应考虑满足任何干粉用量的防护区或保护对象灭火需要。组合分配系统的干粉储存量，只有不小于所需储存量最多的一个防护区或保护对象的储存量，才能够满足这种需要。提请注意：防护区体积最大，用量不一定最多。

3.1.7 本条规定了组合分配系统保护的防护区与保护对象最大限度、备用灭火剂的设置条件、数量和方法。

1 防护区与保护对象之和不得大于8个是基于我国现状的暂定数据。防护区与保护对象为5个以上时，灭火剂应有备用量是等效采用《固定式灭火系统·干粉系统·pt2：设计、安装与维护》EN 12416—2：2001 §7的数据；48h内不能恢复时应有备用量是参照《二氧化碳灭火系统设计规范》GB 50193—93（1999年版）确定的；防护区与保护对象的数量和系统恢复时间是设置备用灭火剂的两个并列条件，只要满足其一，就应设置备用量。

应该指出，设置备用灭火剂不限于这两个条件，当防护区或保护对象火灾危险性大或为重要场所时，为了不间断保护，也可设置备用灭火剂。

2 灭火剂备用量是为了保证系统保护的连续性，同时也包含扑救二次火灾的考虑，因此备用量不应小于系统设计的储存量。

3 备用干粉储存容器与系统管网相连，与主用干粉储存容器切换使用的目的，是为了起到连续保护作用。当主用干粉储存容器不能使用时，备用干粉储存容器能够立即投入使用。

3.2 全淹没灭火系统

3.2.1 全淹没灭火系统灭火剂设计浓度最小值取值等效采用《室内灭火装置和设备·干粉系统规范》BS 5306：pt7—1988 §15.2和《固定式灭火系统·干粉系统·pt2：设计、安装与维护》EN 12416—2：2001 §10.2数据，因为我国干粉灭火剂标准规定的灭火效能不低于《非D类干粉灭火剂技术条件》BS EN 615—1995规定。另外，我国标准《碳酸氢钠干粉灭火剂》GB 4066和《磷酸铵盐干粉灭火剂》GB 15060分别要求碳酸氢钠干粉和磷酸铵盐干粉扑灭BC类火灾时，灭火效能相同。综合以上数据并考虑到多种火灾并存情况，本规范确定全淹没灭火系统灭火剂设计浓度不得小于0.65 kg/m³。

3.2.2 本条系等效采用《室内灭火装置和设备·干粉系统规范》BS 5306：pt7—1988 §15.2和《固定式灭火系统·干粉系统·pt2：设计、安装与维护》EN 12416—2：2001 §10.2规定。

3.2.3 本条系等效采用《室内灭火装置和设备·干粉系统规范》BS 5306：pt7—1988 §15.3和《固定式灭火系统·干粉系统·pt2：设计、安装与维护》EN 12416—2：2001 §10.3规定。

3.2.4 本条规定可有效利用灭火剂，减少系统响应时间，达到快速灭火目的。

3.2.5 国外标准仅《室内灭火装置和设备·干粉系统规范》BS 5306：pt7—1988 § 15.2 提到泄压口，但没给出计算式。为避免防护区内超压导致围护结构破坏，应该设置泄压口；考虑到干粉灭火系统与气体灭火系统存在相似性，本条参照采用《二氧化碳灭火系统设计规范》GB 50193—93（1999 年版）第 3.2.6 条制定。

公式 3.2.5 是参考《二氧化碳灭火系统规范》AS 4214.3—1995 § 4 导出。设：防护区内部压力为 p_1，防护区外部压力为 p_2，泄压口面积为 A_X，泄放混合物质量流量为 Q_X，如图 1：

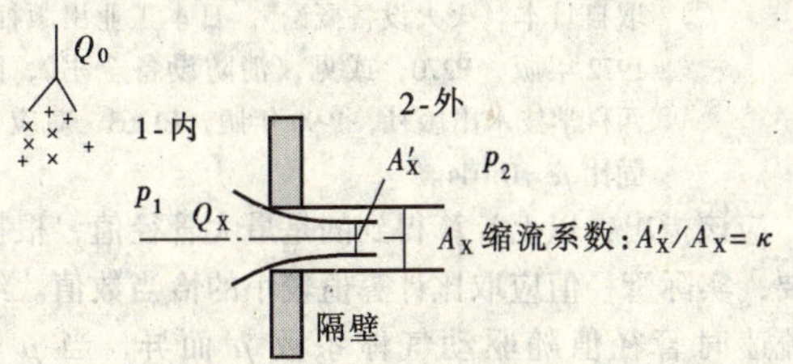

图 1 薄壁孔口

则有薄壁孔口流量公式：

$$Q_X=\kappa A_X\sqrt{2\rho_X(p_1-p_2)}=\kappa A_X\sqrt{2\rho_X\times\Delta p}=\kappa A_X\sqrt{2p_X/\nu_X}$$

式中 Q_X——泄放混合物质量流量（kg/s）；

κ——泄压口缩流系数；窗式开口取 0.5～0.7；

A_X——泄压口面积（m^2）；

ρ_X——泄放混合物密度（kg/m^3）；

p_X——防护区围护结构的允许压力（Pa）；

ν_X——泄放混合物比容（m^3/kg）。

泄压过程中有防护区内气体被置换过程；为使问题简化，根据从泄压口泄放混合物体积流量等于喷入防护区气-固二相流体积流量数量关系，干粉真实密度 $\rho_s=2.5\rho_f$，防护区内常态空气密度为 1.205（kg/m^3），则有：

$$Q_0\times\nu_H=Q_X\times\nu_X=\kappa A_X\sqrt{2p_X/\nu_X}\times\nu_X$$

$$A_X=\frac{Q_0\times\nu_H}{\kappa\sqrt{2p_X\times\nu_X}}$$

$$\nu_H=\frac{\rho_q+2.5\mu\times\rho_f}{2.5\rho_f(1+\mu)\rho_q}$$

$$\rho_q=(10^{-5}p_X+1)\rho_{q0}$$

$$\nu_X=\frac{\dfrac{1}{10^{-5}p_X+1}+\dfrac{K_1}{2.5\rho_f}+\dfrac{K_1\times\mu}{(10^{-5}p_X+1)\rho_{q0}}}{1.205+K_1+K_1\times\mu}$$

$$\nu_X=\frac{2.5\rho_f\times\rho_{q0}+K_1(10^{-5}p_X+1)\rho_{q0}+2.5K_1\times\mu\times\rho_f}{2.5\rho_f(10^{-5}p_X+1)\rho_{q0}(1.205+K_1+K_1\times\mu)}$$

应该指出：当防护区门窗缝隙、不可关闭开口及防爆泄压口面积总和不小于按公式 3.2.5-1 计算值时，可不再另设置泄压口。

3.3 局部应用灭火系统

3.3.1 局部应用灭火系统的设计方法分为面积法和体积法，这是国外标准比较一致的分类法。面积法仅适用于着火部位为比较平直表面情况，体积法适用于着火对象是不规则物体情况。

3.3.2 此条系等效采用《室内灭火装置和设备·干粉系统规范》BS 5306：pt7—1988 § 3.6 规定。

3.3.3 本条各款规定说明如下：

1 由于单个喷头保护面积是按被保护表面的垂直投影方向确定的，所以计算保护面积也需取整体保护表面垂直投影的面积。

2 国内外对干粉灭火系统的研究都不够深入，定性的资料多，定量的资料少。本条借鉴了二氧化碳局部应用系统研究的成果，因二者存在相似性；同时参考了国外一些厂家的资料。

架空型（也称顶部型）喷头是安装在油盘上空一定高度处的喷头；其保护面积应是：在 20s 内，扑灭液面距油盘缘口为 150mm 距离的着火圆形油盘的内接正方形面积；其对应的干粉输送速率即是 Q_i。实践和理论都证明，架空型喷头保护面积和相应干粉输送速率是喷头的出口至保护对象表面的距离的函数。槽边型喷头是安装在油槽侧面的侧向喷射喷头；其保护面积应是在 20s 时间内，扑灭液面距油盘缘口为 150mm 距离的着火扇形油盘的内接矩形面积；试验表明槽边型喷头灭火面积呈扇形，其大小与喷头的射程有关，喷头射程与干粉输送速率有关。基于此，作了第 2 款规定。

3 确定喷头保护面积时取喷射时间为 20s，为安全计，使用喷头时取喷射时间为 30s，当计算保护面积需要 N 个喷头才能完全覆盖时，故其干粉设计用量按公式 3.3.3 计算。

4 为了保证可靠灭火，喷头的布置应按被喷射覆盖面不留空白的原则执行。

3.3.4 本条参照了《干粉灭火装置规范·设计与安装》VdS 2111—1985 § 3.2 和《二氧化碳灭火系统设计规范》GB 50193—93（1999 年版）制定。其中 1.5m 直接采用了《干粉灭火装置规范·设计与安装》VdS 2111—1985 § 3.2 的数据；0.04kg/（$s\times m^3$）是根据《干粉灭火装置规范·设计与安装》VdS 2111—1985 对无围封保护对象供给量取 1.2kg/m^3 按 30s 喷射时间求得，0.006kg/($s\times m^3$)是根据《干粉灭火装置规范·设计与安装》VdS 2111—1985 对四面有围封保护对象供给量取 1.0kg/m^3 按 30s 喷射时间求得。假定封闭罩是假想的几何体，其侧面围封面面积就是该几何体的侧面面积 A_t，其中包括实体墙面积和无实体墙部分的假想面积。

3.4 预制灭火装置

3.4.1 因为预制灭火装置应按试验条件使用，本条规定的灭火剂储存量和管道长度数据系采用了国内试验数据。本规范不侧重推广应用预制灭火装置，因其只能在试验条件下使用，有局限性。

3.4.2 本条规定出于可靠性考虑。

3.4.3 本条规定基于国内试验数据：用6套（本规范规定为4套）预制灭火装置作灭火试验，喷射时间为20s，其动作响应时间差为3.5s－2s＝1.5s，由此得$\delta=1.5/20=7.5\%$；取30s喷射时间得动作响应时间差$\Delta=30\times7.5\%=2.25$s（本规范规定为2s）。

4 管网计算

4.0.1 管网起点是从干粉储存容器输出容器阀出口算起，单元独立系统和组合分配系统均如此计算。管网起点压力是干粉储存容器的输出压力。管网起点压力不应大于2.5MPa是依据干粉储存容器的设计压力确定的。管网最不利点所要求的压力是依据喷头工作压力规定的，这里等效采用了日本标准。日本消防法施行规则第21条§1指出：喷头工作压力不应小于0.1MPa。

注：本规范压力取值，除特别说明外，均指表压。

4.0.4 为使干粉灭火系统管道内干粉与驱动气体不分离，干粉-驱动气体二相流要维持一定流速，即管道内流量不得小于允许最小流量Q_{min}，依此等效采用了英国标准推荐数据。《室内灭火装置和设备·干粉系统规范》BS 5306：pt7—1988§7给出对应*DN*25管子的最小流量Q_{min}为1.5kg/s。*DN*25管子的内径d是27mm，由此得管径系数$K_D=d/\sqrt{Q_{min}}=27/\sqrt{1.5}=22$。

其他国外标准没提供管径系数K_D数据，主张采用生产厂家提供的数据。在搜集到的资料中，有两组数据所得管径系数K_D值与本规定接近，具体如表1所示：

表1 管径系数

公称直径		内径 d	美国数据①		日本数据②	
(mm)	(in)	(mm)	Q_{min} (kg/s)	K_D	Q_{min} (kg/s)	K_D
15	1/2	16	0.45360	23.8	0.5	22.6
20	3/4	21	0.86184	22.6	0.9	22.1
25	1	27	1.40616	22.8	1.5	22.0
32	1¼	35	2.44914	22.4	2.5	22.1
40	1½	41	3.31128	22.5	3.2	22.9
50	2	52	5.48856	22.2	5.7	21.8
65	2½	66	7.80192	23.6	9.6	21.3
80	3	78	12.06576	22.5	13.5	21.2
100	4	102	20.77488	22.4	23.5	21.0
125	5	127	—	—	35.0	21.5
平均管径系数 K_D 值			—	22.8	—	21.9

注：① 取自美国Ansul公司《干粉灭火系统》，P41，对应气固比$\mu=0.058$。
② 取自日本《灭火设备概论》，日本工业出版社，1972年版，P270；或见《消防设备全书》，陕西科学技术出版社，1990年版，P1263，对应气固比$\mu=0.044$。

应该指出：以上计算得到的是最大管径值，根据需要，实际管径值应取比计算值较小的恰当数值。经济流速时管径值随驱动气体系数μ而异，当$\mu=0.044$时，经济流速时管径系数$K_D=10\sim11$，即其最佳管道流量是允许最小流量的4～5倍。另外，当厂家以实测数据给出流量（Q）－管径（d）关系时，应该采用厂家提供的数据。实际管径应取系列值。

4.0.5 关于管道附件的当量长度，应该按厂家给出的实测当量长度值取值，但目前实际还做不到，不给出数据又无法设计计算。按周亨达给出的管道附件的当量长度计算式为：$L_J=k\times d$，其中k是当量长度系数（m/mm）：90°弯头取0.040，三通的直通部分取0.025，三通的侧通部分取0.075。下面一同给出国外管道附件当量长度数据做比较（见表2）：

表2 管道附件当量长度（m）

DN (mm)	15	20	25	32	40	50	65	80	100
日本数据①									
弯头	7.1	5.3	4.2	3.2	2.8	2.2	1.7	1.4	1.1
三通	21.4	16.0	12.5	9.7	8.3	6.5	5.1	4.3	3.3
Ansul数据②									
弯头	7.34	6.40	5.49	4.57	3.96	3.66	3.35	3.05	2.74
三通	15.24	13.11	11.58	9.75	9.14	7.92	7.32	6.40	5.49
按周亨达计算式计算值③									
弯头	0.64	0.840	1.080	1.400	1.640	2.08	2.64	3.12	4.08
三通直	0.40	0.525	0.675	0.875	1.025	1.30	1.65	1.95	2.55
三通侧	1.20	1.575	2.025	2.625	3.075	3.90	4.95	5.85	7.65

注：① 东京消防厅《预防事务审查·检查基准》，东京防灾指导协会，1984年出版，P436。
② 美国Ansul公司《干粉灭火系统》，图表7。
③ 周亨达主编《工程流体力学》，冶金工业出版社1995年出版，P124～135。

显然，按周亨达计算式计算值误差偏大。而国外数据是在一定驱动气体系数下的测定值，考虑到日本数据比 Ansul 数据通用性更好些，暂时推荐该组日本数据作为参考值。

4.0.6 设计管网时，应尽量设计成结构对称均衡管网，使干粉灭火剂均匀分布于防护区内。但在实践中，不可能做到管网结构绝对精确对称布置，只要对称度在 ± 5% 范围内，就可以认为是结构对称均衡管网，可实现喷粉的有效均衡，见图 2。在系统中，可以使用不同喷射率的喷嘴来调整管网的不均衡，见图 3。

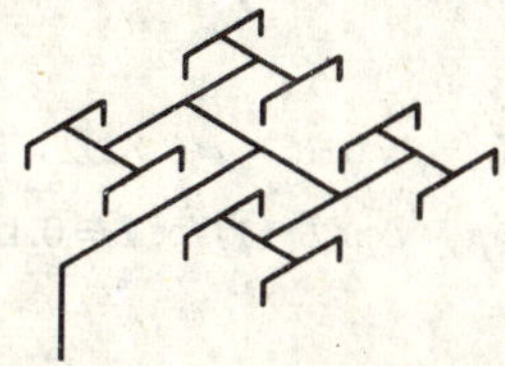

图 2　结构对称均衡系统

注：所有喷嘴均以同一流量喷射。

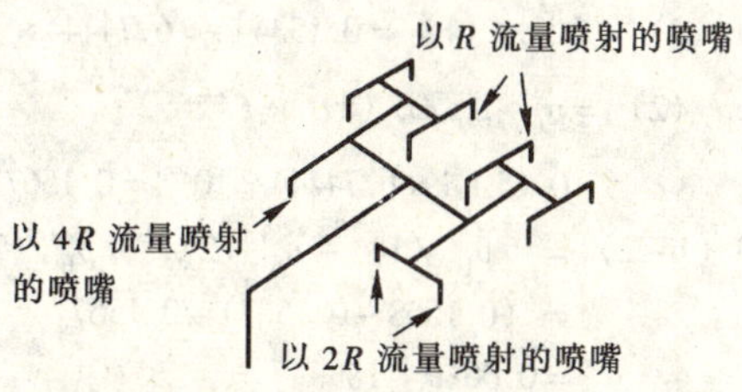

图 3　结构不对称均衡系统

注：喷嘴分别以 R、2R 或 4R 流量喷射。

该计算式系等效采用《室内灭火装置和设备·干粉系统规范》BS 5306: pt7—1988 § 7.2 规定。

应该指出：在调研中也见到了非均衡系统，但本规范主张管网应尽量设计成对称分流的均衡系统，所以前半句采用“宜”字；均衡系统可以是对称结构，也可以是不对称结构，结构对称与不对称的分界在对称度，所以后半句采用“应”字。

4.0.7 国外标准没提供压力损失系数 $\Delta p/L$ 数据，主张采用生产厂家提供的数据。本计算式是依据沿程阻力的计算导出的，其推导过程如下：

根据周建刚等人就粉体高浓度气体输送进行的试验研究结果（引自周建刚、沈熙身、马恩祥等著《粉体高浓度气体输送控制与分配技术》，北京：冶金工业出版社，1996 年出版，P109 ~ 143），管道中的压力损失计算式为：

$$\Delta p = \Delta p_q + \Delta p_f \qquad (1)$$

$$\Delta p_q = \lambda_q \times L \times \rho_Q \times v_q^2 / (2d) \qquad (2)$$

$$\Delta p_f = \lambda_f \times L \times \rho_Q \times v_q^2 / (2\mu \times d) \qquad (3)$$

式中　Δp——管道中的压力损失（Pa）；

Δp_q——气体流动引起的压力损失（Pa）；

Δp_f——气体携带的粉状物料引起的压力损失（Pa）；

λ_q——驱动气体的摩擦阻力系数；

λ_f——干粉的摩擦阻力系数；

μ——驱动气体系数；

ρ_Q——管道内驱动气体密度（kg/m^3）；

v_q——管道内驱动气体流动速度（m/s）；

d——管道内径（m）；

L——管段计算长度（m）。

把公式（2）和公式（3）代入公式（1）并移项得：

$$\Delta p/L = (\lambda_q + \lambda_f/\mu)\ \rho_Q \times v_q^2/(2d)$$

式中　$\Delta p/L$——管段单位长度上的压力损失(Pa/m)。

当 $\mu = 0.0286 \sim 0.143$ 时，有：

$$\lambda_f = 0.07\ (g \times d)^{0.7}/v_q^{1.4}$$

式中　g——重力加速度（m/s^2）；取 9.81。

在常温下得管道中驱动气体密度 ρ_Q 的表达式为：

$$\rho_Q = (10p_e + 1)\ \rho_{q0}$$

式中　ρ_{q0}——常态下驱动气体密度（kg/m^3）；

p_e——计算管段末端压力（MPa）（表压）。

驱动气体在管道中的流速 v_q 可由其体积流量 Q_{QV}（$Q_{QV} = \mu \times Q/\rho_Q$）和管道内径 d 表示，即有：

$$v_q = 4\mu \times Q/(\pi \times \rho_Q \times d^2)$$
$$= 4\mu \times Q/[\pi\ (10p_e + 1)\ \rho_{q0} \times d^2]$$

将（$\Delta p/L$）以 MPa/m 作单位，p_e 以 MPa 作单位，d 以 mm 作单位，整理上述各式并化简得：

$$\Delta p/L = \frac{10^{-3}}{2d} \times \left\{\lambda_q + \frac{0.07 \times 10^{-2.1} g^{0.7} d^{0.7}}{\mu} \times \left[\frac{\pi(10p_e+1)\rho_{q0} \times 10^{-6} d^2}{4\mu \times Q}\right]^{1.4}\right\} \times (10p_e+1)\rho_{q0} \times \left[\frac{4\mu \times Q}{\pi(10p_e+1)\rho_{q0} \times 10^{-6} d^2}\right]^2$$

$$= \frac{10^{-3}}{2d} \times \left[\lambda_q + \frac{0.07 \times 10^{-2.1} g^{0.7} d^{0.7}}{\mu} \times \frac{\pi^{1.4}(10p_e+1)^{1.4}\rho_{q0}{}^{1.4} \times 10^{-8.4} d^{2.8}}{4^{1.4}\mu^{1.4} \times Q^{1.4}}\right] \times (10p_e+1)\rho_{q0} \times \frac{4^2\mu^2 \times Q^2}{\pi^2(10p_e+1)^2\rho_{q0}{}^2 \times 10^{-12} d^4}$$

$$= 8 \times 10^9\left[\lambda_q + \frac{7 \times 10^{-12.5} g^{0.7} d^{3.5} \times \pi^{1.4}(10p_e+1)^{1.4}\rho_{q0}{}^{1.4}}{4^{1.4}\mu^{2.4} \times Q^{1.4}}\right]$$

$$\times \frac{\mu^2 \times Q^2}{\pi^2\ (10p_e+1)\ \rho_{q0} \times d^5}$$

$$\Delta p/L = \frac{8\times 10^9}{\rho_{q0}\ (10p_e+1)\ d}\left(\frac{\mu\times Q}{\pi\times d^2}\right)^2$$

$$\times \left\{\lambda_q + \frac{7\times 10^{-12.5} g^{0.7} d^{3.5}}{\mu^{2.4}}\left[\frac{\pi\ (10p_e+1)\ \rho_{q0}}{4Q}\right]^{1.4}\right\}$$

由于气固二相流体在管道中的流速很大，所以沿程阻力损失系数 λ_q 按水力粗糙管的情况计算，即：

$$\lambda_q = [1.14 - 2\lg\ (\Delta/d)]^{-2}$$

公式来自周亨达主编《工程流体力学》，北京：冶金工业出版社 1995 年出版，P120。

应该指出：当厂家以实测曲线图给出 $\Delta p/L$ 之值时，应该采用厂家提供的数据。

4.0.8～4.0.10 在公式（4.0.7-1）中，取常温下管道中驱动气体密度 ρ_Q 的表达式为：$\rho_Q = (10p_e+1)\ \rho_{q0}$，公式中 p_e 为计算管段末端压力。按理说应该取高程校正前管段平均压力 p_P 代替公式(4.0.7-1)中 p_e 计算结果才是 $\Delta p/L$ 的真值，可那时计算管段首端压力 p_b 还是未知数，无法求得高程校正前管段平均压力 p_P。

通过公式（4.0.8）已估算出高程校正前管段首端压力，故可估算出高程校正前管段平均压力 p_P。

为求得高程校正前管段首端压力 p_b 真值，应采用逐步逼近法。逼近误差当然是越小越好，公式（4.0.9-2）已满足工程要求。

管道节点压力计算，有两种计算顺序：一种是从后向前计算顺序——已知管段末端压力 p_e 求管段首端压力 p_b，这种计算顺序的优点是避免能源浪费；另一种是从前向后计算顺序——已知管段首端压力 p_b 求末端压力 p_e，这种计算顺序方便选取干粉储存容器。当采用从前向后计算顺序时，对以上计算式移项处理即可：

$$p_e = p_b - (\Delta p/L)_i \times L_i - 9.81\times 10^{-6}\rho_H \times L_Y \times \sin\gamma$$

另外注意：当采用上式计算时，求取 $(\Delta p/L)_i$ 时需要用 p_b 代替公式（4.0.7-1）中的 p_e。

为了使设计者掌握该节点压力计算方法，下面举例说明。其中管壁绝对粗糙度 Δ 按镀锌钢管取 0.39mm（见周亨达主编《工程流体力学》，北京：冶金工业出版社 1995 年出版，P253）。

［例 1］已知：末端压力 $p_e = 0.15$MPa，干粉输送速率 $Q = 2$kg/s，d（$DN25$）$= 27$mm，管段计算长度 $L = 1$m，流向与水平面夹角 $\gamma = -90°$，常态下驱动气体密度 $\rho_{q0} = 1.165$kg/m³，干粉松密度 $\rho_f = 850$kg/m³，气固比 $\mu = 0.044$（如图 4 所示管段）。

求：管段首端压力 p_b。

解：

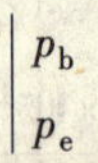

p_b

p_e

图 4 竖直管段

$$\Delta p/L = \frac{8\times 10^9}{\rho_{q0}\ (10p_e+1)\ d}\left(\frac{\mu\times Q}{\pi\times d^2}\right)^2$$

$$\times \left\{\left(1.14 - 2\lg\frac{0.39}{d}\right)^{-2} + \frac{7\times 10^{-12.5} g^{0.7}\times d^{3.5}}{\mu^{2.4}}\left[\frac{\pi\ (10p_e+1)\ \rho_{q0}}{4Q}\right]^{1.4}\right\}$$

$$= \left(\frac{0.044\times 2}{\pi\times 27^2}\right)^2 \times \frac{8\times 10^9}{1.165\ (10p_e+1)\ 27}$$

$$\times \left\{\left(1.14 - 2\lg\frac{0.39}{27}\right)^{-2} + \frac{7\times 10^{-12.5}\times 9.81^{0.7}\times 27^{3.5}}{0.044^{2.4}}\right.$$

$$\left.\times \left[\frac{\pi\ (10p_e+1)\ 1.165}{4\times 2}\right]^{1.4}\right\}$$

初次估算得：

$\Delta p/L\ (1) = f\ (p_e = 0.15) = 6.8292\times 10^{-3}$ (MPa/m)

$p_b'\ (1) = p_e + \Delta p/L\ (1) \times L = 0.15 + 1\times 6.8292\times 10^{-3} = 0.1568$

一次逼近得：

$p_P\ (1) = [p_e + p_b'\ (1)]\ /2$

$= (0.15 + 0.1568)\ /2 = 0.1534$

$\Delta p/L\ (2) = f\ [p_P\ (1) = 0.1534] = 6.74444\times 10^{-3}$

$p_b'\ (2) = p_e + \Delta p/L\ (2) \times L$

$= 0.15 + 1\times 6.74444\times 10^{-3} = 0.1567$

$\delta\ (1-2) = |\ p_b'\ (1) - p_b'\ (2)\ |\ /p_b'\ (2)$

$= (0.1568 - 0.1567)\ /0.1567$

$= 0.06\% < 1\%$

即：高程校正前管段首端压力 $p_b' = 0.1567$MPa。

$p_P\ (2) = [p_e + p_b'\ (2)]\ /2$

$= (0.15 + 0.1567)\ /2 = 0.15335$

$\rho_Q\ (2) = [10p_P\ (2) + 1]\ \rho_{q0} = (10\times 0.15335 + 1)\ 1.165 = 2.9515$

$\rho_H\ (2) = 2.5\rho_f \times \rho_Q\ (\mu+1)\ /\ (2.5\mu\times\rho_f + \rho_Q)$

$= 2.5\times 850\times 2.9515\ (0.044+1)$

$/\ (2.5\times 0.044\times 850 + 2.9515)$

$= 67.8880$

高程校正后 $p_b = p_b' + 9.81\times 10^{-6}\rho_H \times L\times\sin\gamma$

$= 0.1567 + 9.81\times 10^{-6}\times 67.8880$

$\times 1\times (-1) = 0.1560$ (MPa)

即：管段首端压力 $p_b = 0.1560$MPa。

［例 2］已知：首端压力 $p_b = 0.48$MPa，干粉输送速率 $Q = 20$kg/s，d（$DN65$）$= 66$mm，管段计算长度 $L = 60$m，流向与水平面夹角 $\gamma = 0°$，常态下驱动气体密度 $\rho_{q0} = 1.165$kg/m³，干粉松密度 $\rho_f = 850$kg/m³，气固比 $\mu = 0.044$（如图 5 所示管段）。

求：管段末端压力 p_e。

解：

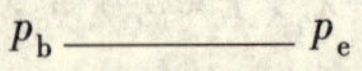

p_b ———— p_e

图 5 水平管段

$$\Delta p/L=\frac{8\times10^{9}}{\rho_{q0}(10p_b+1)d}\left(\frac{\mu\times Q}{\pi\times d^{2}}\right)^{2}$$

$$\times\left\{\lambda_q+\frac{7\times10^{-12.5}g^{0.7}\times d^{3.5}}{\mu^{2.4}}\left[\frac{\pi(10p_b+1)\rho_{q0}}{4Q}\right]^{1.4}\right\}$$

$$=\left(\frac{0.044\times20}{\pi\times66^{2}}\right)^{2}\times\frac{8\times10^{9}}{1.165(10p_b+1)66}$$

$$\times\left\{\left(1.14-2\lg\frac{0.39}{66}\right)^{-2}+\frac{7\times10^{-12.5}\times9.81^{0.7}\times66^{3.5}}{0.044^{2.4}}\right.$$

$$\left.\times\left[\frac{\pi(10p_b+1)1.165}{4\times20}\right]^{1.4}\right\}$$

初次估算得：

$\Delta p/L(1)=f(p_b=0.48)=2.9013\times10^{-3}(MPa/m)$

$p_e'(1)=p_b-\Delta p/L(1)\times L=0.48-60\times2.9013\times10^{-3}=0.3059$

一次逼近得：

$p_P(1)=[p_b+p_e'(1)]/2=(0.48+0.3059)/2=0.39296$

$\Delta p/L(2)=f[p_P(1)=0.39295]=3.2859\times10^{-3}$

$p_e'(2)=p_b-\Delta p/L(2)\times L=0.48-60\times3.2859\times10^{-3}=0.2828$

$\delta(1-2)=|p_e'(2)-p_e'(1)|/p_e'(2)=(0.3059-0.2828)/0.2828=8.17\%>1\%$

二次逼近得：

$p_P(2)=[p_b+p_e'(2)]/2=(0.48+0.2828)/2=0.3814$

$\Delta p/L(3)=f[p_P(2)=0.3814]=3.3480\times10^{-3}$

$p_e'(3)=p_b-\Delta p/L(3)\times L=0.48-60\times3.3480\times10^{-3}=0.2791$

$\delta(2-3)=|p_e'(2)-p_e'(3)|/p_e'(3)=(0.2828-0.2791)/0.2791=1.3\%>1\%$

三次逼近得：

$p_P(3)=[p_b+p_e'(3)]/2=(0.48+0.2791)/2=0.37955$

$\Delta p/L(4)=f[p_P(3)=0.37955]=3.3583\times10^{-3}$

$p_e'(4)=p_b-\Delta p/L(4)\times L=0.48-60\times3.3583\times10^{-3}=0.2785$

$\delta(3-4)=|p_e'(3)-p_e'(4)|/p_e'(4)=(0.2791-0.2785)/0.2785=0.22\%<1\%$

因为 $\gamma=0$，所以 $L_Y\times\sin\gamma=0$，即不需要高程校正。

即：管段末端压力 $p_e=p_e'+0=0.2785$（MPa）。

4.0.12 管网内干粉的残余量 m_r 的计算式是按管网内残存的驱动气体的质量除以驱动气体系数而推导出来的，管网内残存的驱动气体质量为：$\rho_Q V_D$，当 p_P 以 MPa 作单位时，

$$\rho_Q=(10p_P+1)\ \rho_{q0}$$

所以有：$m_r=V_D(10p_P+1)\ \rho_{q0}/\mu$

应该指出：理论上讲，干粉储存容器内干粉剩余量为：

$$m_s=V_c(10p_0+1)\ \rho_{q0}/\mu$$

式中 V_c——干粉储存容器容积（m^3）。

但此时 V_c 是未知数；另外，驱动气体系数 μ 是理论上的平均值，实际上对单元独立系统和组合分配系统中干粉需要量最多的防护区或保护对象来说，到喷射时间终了时，气固二相流中含粉量已很小，按公式（4.0.12-2）计算得到的管网内干粉残余量已含很大裕度。因此，按 $m+m_r$ 之值初选一干粉储存容器，然后加上厂商提供的 m_s 值作为 m_c 值，可以说够安全。

4.0.14 非液化驱动气体在储瓶内遵从理想气体状态方程，所以可按公式（4.0.14-1）和公式（4.0.14-2）计算驱动气体储存量。液化驱动气体在储瓶内不遵从理想气体状态方程，所以应按公式(4.0.14-3)和公式(4.0.14-4) 计算驱动气体储存量。

4.0.15 清扫管道内残存干粉所需清扫气体量取 10 倍管网内驱动气体残余量为经验数据。

当清扫气体采用储瓶盛装时，应单独储存；若单位另有清扫气体气源采用管道供气，则不受此限制。

要求清扫工作在 48h 内完成是依据干粉灭火系统应在 48h 内恢复要求规定的。

5 系统组件

5.1 储存装置

5.1.1 干粉储存容器的工作压力，国外一些标准未加明确规定。考虑到国内干粉灭火系统应用不普遍，系统组件不够标准化，为了规范市场，简化系统组件的压力级别，使其生产标准化、通用化和系列化。根据国内一些生产厂家的实际经验规定了两个设计压力级别，即 1.6MPa 或 2.5MPa。此压力基本上能满足不同场合的使用要求并与各类阀门公称压力一致。平时不加压的干粉储存容器，可根据使用场合不同选择 1.6MPa 或 2.5MPa。之所以规定设计压力而不规定工作压力，是因为在国家现行标准《压力容器安全技术监察规程》中，压力容器是按设计压力分级的。

干粉灭火剂的装量系数不大于 0.85。是为了使干粉储存容器内留有一定净空间，以便在加压或释放时干粉储存容器内的气粉能够充分混合，这是试验所证明的。日本消防法施行规则 § 3 也作了类似的规定。

增压时间对于抓住灭火战机来说自然是越快越好。由于驱动气体储瓶输气通径一般为 $\phi10mm$，对于大型装置来讲，用较多气瓶组合来扩大输气速度应考虑减压阀的输送流量及制造成本。《干粉灭火装置规范·设计与安装》VdS 2111—1985 § 9.2 规定不应超过

20s，综合《干粉灭火系统部件通用技术条件》GB 16668—1996规定和国外数据取增压时间为不大于30s。

安全泄压装置是对干粉储存容器而言，一般设置在干粉储存容器上。虽然驱动气体先经过减压阀后输进干粉储存容器，从安全角度考虑为防止干粉储存容器超压而设置安全阀，并执行 GB 16668 有关规定。

5.1.2 驱动气体应使用惰性气体，国内外生产厂家多采用氮气和二氧化碳气体。氮气和二氧化碳比较，氮气物理性能稳定，故本规范规定驱动气体宜选用氮气。驱动气体含水率指标等效采用《固定式灭火系统·干粉系统·pt2：设计、安装与维护》EN 12416—2:2001 § 4.2 数据。

驱动压力是输送干粉的压力，此压力不得大于干粉储存容器的最高工作压力，是出于安全考虑的。

这里"最高工作压力"，按国家现行标准《压力容器安全技术监察规程》定义，是指压力容器在正常使用过程中，顶部可能出现的最高压力，它应小于或等于设计压力。

5.1.3 避免阳光直射可防止装置老化和温差积水影响使用功能。环境温度取值等效采用《干粉灭火系统部件通用技术条件》GB 16668—1996 第 10.6.4 条数据。

5.1.4 本条是对储存装置设置的部位提出的要求，是从使用、维护安全角度而考虑的。等效采用《二氧化碳灭火系统设计规范》GB 50193—93（1999 年版）第 5.1.7 条。

5.2 选择阀和喷头

5.2.1 在组合分配系统中，每个防护区或保护对象的管道上应设一个选择阀。在火灾发生时，可以有选择地打开出现火情的防护区或保护对象管道上的选择阀喷放灭火剂灭火。选择阀上应设标明防护区或保护对象的永久性铭牌是防止操作时出现差错。

5.2.2 由于干粉灭火系统本身的特点，要求选择阀使用快开型阀门，如球阀。其通径要求主要考虑干粉系统灭火时，管道内为气固二相流，为使灭火剂与驱动气体无明显分离，避免截留灭火剂。前苏联标准中规定该阀应采用球阀。

5.2.3 这三种驱动方式是目前普遍采用的驱动方式，三种驱动方式可以任选其一；但无论哪种驱动方式，机械应急操作方式是必不可少的，目的是防止电动、气动或液动失灵时可采取有效的应急操作，确保系统的安全可靠。

选择阀的公称压力不应小于储存容器的设计压力是从安全角度考虑的。

5.2.4 灭火系统动作时，如果选择阀滞后于容器阀打开会引起选择阀至储存容器之间的封闭管段承受水锤作用而出现超压，故作此规定。《干粉灭火装置规范·设计与安装》VdS 2111—1985 § 9.4.7 也作了相同规定。

5.2.5 喷头装配防护装置的主要目的是防止喷孔堵塞。此外，干粉需在干燥环境中储存，若接触空气会吸收空气中的水分而潮解，失去灭火作用，而且潮解后的干粉会腐蚀储存容器和管道，所以为了保持储存容器及管道不进入潮气，也需在喷嘴上安装防护罩。《干粉灭火系统标准》NFPA 17—1998 § 2-3.1.4 及其他国外规范也作了类似规定。

5.2.6 此条系等效采用《干粉灭火装置规范·设计与安装》VdS 2111—1985 § 9.6.4 的规定。

5.3 管道及附件

5.3.1 本条各款规定说明如下：

1 采用符合 GB/T 8163 规定的无缝钢管是为了使管道能够承受最高环境温度下的压力。表 A-1 系等效采用《二氧化碳灭火系统设计规范》GB 50193—93（1999 年版）附录 J。为了防止锈蚀和减少阻力损失，要求管道和附件内外表面做防腐处理，热固性镀膜或环氧固化法都是目前能够达到热镀锌性能要求而在环保和使用性能上优之的防腐方式。

2 当防护区或保护对象所在区域内有对防腐层腐蚀的气体、蒸汽或粉尘时，应采取耐腐蚀的材料，如不锈钢管或铜管。

4 灭火后管道中会残留干粉，若不及时吹扫干净会影响下次使用，规定留有吹扫口是为了及时吹出残留于管道内的剩余干粉。

6 由于干粉灭火系统在管道中流动为气固二相流，在弯头处会产生气固分离现象，但在 20 倍管径的管道长度内即可恢复均匀。附录 B 等效采用《干粉灭火系统标准》NFPA 17—1998 § A-3-9.1。

7 干粉灭火系统管网内是气固二相流，为避免流量分配不均造成气固分离，影响灭火效果，宜对称分流；四通管件的出口不能对称分流，故管道分支时不应使用四通管件。

8 此款等效采用《室内灭火装置和设备·干粉系统规范》BS 5306:pt7—1988 § 7.1 规定。管道转弯时，如果空间允许，宜选用弯管代替弯头，不宜使用弯头管件；根据现行国家标准《工业金属管道工程施工及验收规范》GB 50235—97 中第 4.2.2 条规定，弯管的弯曲半径不宜小于管径的 5 倍。若受空间限制，可使用长半径弯头，不宜使用短半径弯头。

9 经国家法定检测机构检验认可的项目包括附件的产品质量及其当量长度等。

5.3.2 本条规定了管道的连接方式，对于公称直径不大于80 mm的管道建议采用螺纹连接，也可采用沟槽（卡箍）连接；公称直径大于 80mm 的管道可采用法兰连接或沟槽（卡箍）连接，主要是考虑强度要求和安装与维修方便。

5.3.3 本条系参照国外相关标准制定，日本消防法施行规则第21条§4规定："当在储存容器至喷嘴之间设置选择阀时，应该在储存容器与选择阀之间设置符合消防厅长官规定的安全装置或爆破膜片"。泄压动作压力取值参照《干粉灭火系统部件通用技术条件》GB 16668—1996第6.1.6条制定。

5.3.4 设置压力信号器或流量信号器的目的是为了将灭火剂释放信号及释放区域及时反馈到控制盘上，便于确认灭火剂是否喷放。

5.3.5 管网需要支撑牢固，如果支撑不牢固，会影响喷放效果，如果喷头安装在装饰板外，会破坏装饰板。表A-3系等效采用《室内灭火装置和设备·干粉系统规范》BS 5306:pt7—1988表4。可能产生爆炸的场所，管网吊挂安装和采取防晃措施是为了减缓冲击，以免造成管网破坏。国外标准也是这样规定的，如BS 5306:pt7—1988§32.2规定："如果管网被装置在潜在的爆炸危险区域，管道系统宜吊挂，其支撑是很少移动的"。

6 控制与操作

6.0.1 本条规定了干粉灭火系统的三种启动方式。干粉灭火系统的防护区或保护对象大多是消防保护的重点部位，需要在任何情况下都能够及时地发现火情和扑灭火灾。干粉灭火系统一般与该部位设置的火灾自动报警系统联动，实现自动控制，以保证在无人值守、操作的情况下也能自动将火扑灭。但自动控制装置有失灵的可能，在防护区内或保护对象有人监控的情况下，往往也不需要将系统置于自动控制状态，故要求系统同时应设有手动控制启动方式。手动控制启动方式在这里是指由操作人员在防护区或保护对象附近采用按动电钮等手段通过灭火控制器启动干粉灭火系统，实施灭火。考虑到在自动控制和手动控制全部失灵的特别情况下也能实施喷放灭火，系统还应设有机械应急操作启动方式。应急操作可以是直接手动操作，也可以利用系统压力或机械传动装置等进行操作。

在实际应用中，有些场所是无须设置火灾自动报警系统的，如局部应用灭火系统的保护对象有的能够做到始终处于专职人员的监控之下；有些工业设备只在人员操作运行时存在火灾危险，而在设备停止运行后，能够引起火灾的条件也随之消失。对这样的场所如果确实允许不设置火灾自动探测与报警装置，也就失去了对灭火系统自动控制的条件。因此，规范对这两种特别情况作了弹性处理，允许其不设置自动控制的启动方式。

6.0.2 本条对采用火灾探测器自动控制灭火系统的要求和延迟时间进行了规定。在实际应用中，不论哪种类型的探测器，由于受其自身的质量和环境的影响，在长期运行中不可避免地存在出现误报的可能。为了提高系统的可靠性，最大限度地避免由于探测器误报引起灭火系统误动作，从而带来不必要的经济损失，通常在保护场所设置两种不同类型或两组同一类型的探测器进行复合探测。本条规定的"应在收到两个独立火灾探测信号后才能启动"，是指只有当两种不同类型或两组同一类型的火灾探测器均检测出保护场所存在火灾时，才能发出启动灭火系统的指令。

即使在自动控制装置接收到两个独立的火灾信号发出启动灭火系统的指令，或操作人员通过手动控制装置启动灭火系统之后，考虑到给有关人员一定的时间对火情确认以判断是否确有必要喷放灭火剂，以及从防护区内或保护对象附近撤离，亦不希望立即喷放灭火剂。当然，干粉灭火系统在喷放灭火剂之前要先对干粉储存容器进行增压，这也决定了它无法立即喷放灭火剂，因此，规范作了延迟喷放的规定。延迟时间控制在30s之内，是为了避免火灾的扩大，也参照了习惯的做法，用户可以根据实际情况减少延迟时间，但要求这一时间不得小于干粉储存容器的增压时间，增压是在接到启动指令后才开始的。

6.0.3 本条对手动启动装置的安装位置作了规定。手动启动装置是防护区内或保护对象附近的人员在发现火险时启动灭火系统的手段之一，故要求它们安装在靠近防护区或保护对象同时又是能够确保操作人员安全的位置。为了避免操作人员在紧急情况下错按其他按钮，故要求所有手动启动装置都应明显地标示出其对应的防护区或保护对象的名称。

6.0.4 手动紧急停止装置是在系统启动后的延迟时段内发现不需要或不能够实施喷放灭火剂的情况时可采用的一种使系统中止的手段。产生这种情况的原因很多，比如有人错按了启动按钮；火情未到非启动灭火系统不可的地步，可改用其他简易灭火手段；区域内还有人员尚未完全撤离等等。一旦系统开始喷放灭火剂，手动紧急停止装置便失去了作用。启用紧急停止装置后，虽然系统控制装置停止了后继动作，但干粉储存容器增压仍然继续，系统处于蓄势待发的状态，这时仍有可能需要重新启动系统，释放灭火剂。比如有人错按了紧急停止按钮，防护区内被困人员已经撤离等，所以，要求做到在使用手动紧急停止装置后，手动启动装置可以再次启动。强调这一点的另一个理由是，目前在用的一些其他的固定灭火系统的手动启动装置不具有这种功能。

6.0.5 在现行国家标准《火灾自动报警系统设计规范》GB 50116—98中，对电源和自动控制装置的有关内容都有明确的规定。干粉灭火系统的电源与自动控制装置除了满足本规范的功能要求之外，还应符合GB 50116的规定。

6.0.6 由于预制灭火装置的启动设施一般是直接安装在储存装置上，对于全淹没灭火系统一般设置在防护区内，不具备手动机械启动操作的基本条件，故本规范对这一类装置做了弹性处理。

7 安全要求

7.0.1 每个防护区内设置火灾声光警报器，目的在于向在防护区内人员发出迅速撤离的警告，以免受到火灾或施放的干粉灭火剂的危害。防护区外入口处设置的火灾声光警报器及干粉灭火剂喷放标志灯，旨在提示防护区内正在喷放灭火剂灭火，人员不能进入，以免受到伤害。

防护区内外设置的警报器声响，通常明显区别于上下班铃声或自动喷水灭火系统水力警铃等声响。警报声响度通常比环境噪声高 30dB。设置干粉灭火系统标志牌是提示进入防护区人员，当发生火灾时，应立即撤离。

7.0.2 干粉灭火系统从确认火警至释放灭火剂灭火前有一段延迟时间，该时间不大于 30s。因此通道及出口大小应保证防护区内人员能在该时间内安全疏散。

7.0.3 防护区的门向外开启，是为了防止个别人员因某种原因未能及时撤离时，都能在防护区内将门开启，避免对人员造成伤害。门自行关闭是使防护区内释放的干粉灭火剂不外泄，保持灭火剂设计浓度有利于灭火，并防止污染毗邻的环境。

7.0.4 封闭的防护区内释放大量的干粉灭火剂，会使能见度降低，使人员产生恐慌心理及对人员呼吸系统造成障碍或危害。因此，人员进入防护区工作时，通过将自动、手动开关切换至手动位置，使系统处于手动控制状态，即使控制系统受到干扰或误动作，也能避免系统误喷，保证防护区内人员的安全。

7.0.5 当干粉灭火系统施放了灭火剂扑灭防护区火灾后，防护区内还有很多因火灾而产生的有毒气体，而施放的干粉灭火剂微粒大量悬浮在防护区空间，为了尽快排出防护区内的有毒气体及悬浮的灭火剂微粒，以便尽快清理现场，应使防护区通风换气，但对地下防护区及无窗或设固定窗扇的地上防护区，难以用自然通风的方法换气，因此，要求采用机械排风方法。

7.0.6 设置局部应用灭火系统的场所，一般没有围封结构，因此只设置火灾声光警报器，不设门灯等设施。

7.0.7 有爆炸危险的场所，为防止爆炸，应消除金属导体上的静电，消除静电最有效的方法就是接地。有关标准规定，接地线应连接可靠，接地电阻小于 100Ω。

中华人民共和国国家标准

安全防范工程技术规范

Technical code for engineering of security and protection system

GB 50348—2004

主编部门：中华人民共和国公安部
批准部门：中华人民共和国建设部
实施日期：2004年12月1日

中华人民共和国建设部
公　　告

第275号

建设部关于发布国家标准《安全防范工程技术规范》的公告

现批准《安全防范工程技术规范》为国家标准，编号为GB 50348—2004，自2004年12月1日起实施。其中，第3.1.4、3.13.1、4.1.4、4.2.4（2）、4.2.5、4.2.6（2）、4.2.7(1)(2)、4.2.8（1)(2)、4.2.9（1)(3)（4)（5)、4.2.10、4.2.11（2)（4)（5)、4.2.15、4.2.16（2)、4.2.17、4.2.18（3)、4.2.21、4.2.23(1)(2)(3)(4)、4.2.24、4.2.25（3)、4.2.27（1)　(2)(4)、4.2.28（5)、4.2.32（3)、4.3.5（1)(2)(3)(4)(5)(7)、4.3.13（1)（2)（3)（4)、4.3.18、4.3.19、4.3.20、4.3.21（1)　(4)、4.3.23（4)、4.3.24（2)、4.3.27、4.4.6、4.4.7、4.4.28（1)、4.5.6、4.5.7、4.5.8、4.5.9、4.5.13、4.5.14、4.5.19、4.5.20、4.5.21、4.5.28、4.5.31（1)、4.6.6、4.6.7、4.6.9、4.6.10、4.6.11、4.6.13、4.6.15、4.6.18、4.6.20、4.6.23、4.6.25、4.6.27、5.2.8(4)(5)、5.2.13（3)、5.2.18（3)、6.3.1、6.3.2、7.1.2、7.1.9、8.2.1（1)(2)（3)（4)、8.3.4条（款）为强制性条文，必须严格执行。

本规范由建设部标准定额研究所组织中国计划出版社出版发行。

中华人民共和国建设部
二〇〇四年十月九日

前　　言

根据建设部建标［1999］308号文件《关于印发"一九九九年工程建设国家标准制订、修订计划"的通知》和公安部公科安［1999］19号文件《关于成立〈安全防范工程技术规范〉编写工作领导小组和编制工作组的通知》的要求，全国安全防范报警系统标准化技术委员会受主编部门公安部的委托，组织国内25个单位、43位专家和技术人员共同编制完成了《安全防范工程技术规范》。

本规范是安全防范工程建设的通用规范，是保证安全防范工程建设质量，维护公民人身安全和国家、集体、个人财产安全的重要技术保障。

本规范认真总结了我国安全防范工程建设和管理的实践经验，参考了国内外相关行业的工程技术标准和规范，在广泛征求国内安防行业、信息产业、工程建设界和文物、金融、民航、铁路、国家物资储备等部门管理机构、技术专家意见的基础上，按照建设部《工程建设国家标准管理办法》的要求，经审查定稿。

安全防范是人防、物防、技防的有机结合。本规范主要对技术防范系统的设计、施工、检验、验收做出了基本要求和规定，涉及物防、人防的要求由相关的标准或法规做出规定。

本规范共8章，主要内容包括：总则、术语、安全防范工程设计、高风险对象的安全防范工程设计、普通风险对象的安全防范工程设计、安全防范工程施工、安全防范工程检验、安全防范工程验收。

本规范中黑体字标志的条文为强制性条文，必须严格执行。本规范由建设部负责管理和对强制性条文的解释，由全国安全防范报警系统标准化技术委员会负责具体技术内容的解释。在执行过程中如有需要修改和补充之处，请将意见和有关资料寄送全国安全防范报警系统标准化技术委员会秘书处（北京市海淀区首都体育馆南路一号，邮政编码：100044，电话：010－88513505，传真：010－88513419，Email：tc100sjl@263.net)，以供修订时参考。

本规范主编单位、副主编单位、参编单位和主要起草人：

主 编 单 位：公安部科技局
　　　　　　全国安全防范报警系统标准化技术委员会
副主编单位：公安部治安管理局
　　　　　　铁道部公安局
　　　　　　国家文物局

中国人民银行保卫局
中国民用航空总局公安局
国家发展计划委员会国家物资储备局

参 编 单 位：北京市公安局技防办
上海市公安局技防办
公安部第一研究所
公安部第三研究所
中国建筑标准设计研究院
公安部安全与警用电子产品质量检测中心
公安部安全防范产品质量监督检验测试中心
中航机场安全设备工程有限公司
航天二院北京航天天盾电子技术有限公司
首都博物馆
上海现代建筑设计（集团）有限公司
上海三盾安全防范系统公司
上海迪堡安防设备有限公司
上海万诚电子发展有限公司
厦门万安科技实业有限公司
厦门立林保安电子有限公司
广西南宁地凯科技有限公司

主要起草人：刘希清 靳秀凤 李明甫 施巨岭
李祥发 孙金元 李秀林 牟晓生
胡志昂 祝敬国 鲍世隆 许允新
施夏海 邬 锐 赵济安 李雪佩
孙 兰 刘起富 李 岩 李 丹
陈 冰 史奇中 李绍佳 童新轮
沈伟斌 朱国权 邵晓燕 杨柱石
徐晓波 陈朝武 周 群 金 巍
郭 立 戎 玲 顾 岩 徐志伟
时毓馨 王东生 杨国胜 陈旭黎
李 彤 王 新 赵 源

目　次

1 总 则

1.0.1 为了规范安全防范工程的设计、施工、检验和验收，提高安全防范工程的质量，保护公民人身安全和国家、集体、个人财产安全，制定本规范。

1.0.2 本规范适用于新建、改建、扩建的安全防范工程。通用型公共建（构）筑物（及其群体）和有特殊使用功能的高风险建（构）筑物（及其群体）的安全防范工程的建设，均应执行本规范。

1.0.3 安全防范工程的建设，应纳入单位或部门工程建设的总体规划，根据其使用功能、管理要求和建设投资等因素，进行综合设计、同步施工和独立验收。

1.0.4 安全防范工程的建设，必须符合国家有关法律、法规的规定，系统的防护级别应与被防护对象的风险等级相适应。

1.0.5 各类安全防范工程均应具有安全性、可靠性、开放性、可扩充性和使用灵活性，做到技术先进，经济合理，实用可靠。

1.0.6 安全防范工程的建设，除执行本规范外，还应符合国家现行工程建设强制性标准及有关技术标准、规范的规定。

2 术 语

2.0.1 安全防范产品 security and protection products

用于防入侵、防盗窃、防抢劫、防破坏、防爆安全检查等领域的特种器材或设备。

2.0.2 安全防范系统（SPS） security and protection system

以维护社会公共安全为目的，运用安全防范产品和其他相关产品所构成的入侵报警系统、视频安防监控系统、出入口控制系统、防爆安全检查系统等；或由这些系统为子系统组合或集成的电子系统或网络。

2.0.3 安全防范（系统）工程（ESPS） engineering of security and protection system

以维护社会公共安全为目的，综合运用安全防范技术和其他科学技术，为建立具有防入侵、防盗窃、防抢劫、防破坏、防爆安全检查等功能（或其组合）的系统而实施的工程。通常也称为技防工程。

2.0.4 入侵报警系统（IAS） intruder alarm system

利用传感器技术和电子信息技术探测并指示非法进入或试图非法进入设防区域的行为、处理报警信息、发出报警信息的电子系统或网络。

2.0.5 视频安防监控系统（VSCS） video surveillance and control system

利用视频技术探测、监视设防区域并实时显示、记录现场图像的电子系统或网络。

2.0.6 出入口控制系统（ACS） access control system

利用自定义符识别或/和模式识别技术对出入口目标进行识别并控制出入口执行机构启闭的电子系统或网络。

2.0.7 电子巡查系统 guard tour system

对保安巡查人员的巡查路线、方式及过程进行管理和控制的电子系统。

2.0.8 停车库（场）管理系统 parking lots management system

对进、出停车库（场）的车辆进行自动登录、监控和管理的电子系统或网络。

2.0.9 防爆安全检查系统 security inspection system for anti-explosion

检查有关人员、行李、货物是否携带爆炸物、武器和/或其他违禁品的电子设备系统或网络。

2.0.10 安全管理系统（SMS） security management system

对入侵报警、视频安防监控、出入口控制等子系统进行组合或集成，实现对各子系统的有效联动、管理和/或监控的电子系统。

2.0.11 风险等级 level of risk

存在于防护对象本身及其周围的、对其构成安全威胁的程度。

2.0.12 防护级别 level of protection

为保障防护对象的安全所采取的防范措施的水平。

2.0.13 安全防护水平 level of security

风险等级被防护级别所覆盖的程度。

2.0.14 探测 detection

感知显性风险事件或/和隐性风险事件发生并发出报警的手段。

2.0.15 延迟 delay

延长或/和推迟风险事件发生进程的措施。

2.0.16 反应 response

为制止风险事件的发生所采取的快速行动。

2.0.17 误报警 false alarm

由于意外触动手动装置、自动装置对未设计的报警状态做出响应、部件的错误动作或损坏、操作人员失误等而发出的报警。

2.0.18 漏报警 leakage alarm

风险事件已经发生，而系统未能做出报警响应或指示。

2.0.19 人力防范（人防） personnel protection

执行安全防范任务的具有相应素质人员和/或人员群体的一种有组织的防范行为（包括人、组织和管理等）。

2.0.20 实体防范（物防） physical protection

用于安全防范目的、能延迟风险事件发生的各种实体防护手段［包括建（构）筑物、屏障、器具、设备、系统等］。

2.0.21 技术防范（技防） technical protection

利用各种电子信息设备组成系统和/或网络以提高探测、延迟、反应能力和防护功能的安全防范手段。

2.0.22 防护对象(单位、部位、目标) protection object

由于面临风险而需对其进行保护的对象，通常包括某个单位、某个建（构）筑物或建（构）筑物群，或其内外的某个局部范围以及某个具体的实际目标。

2.0.23 周界 perimeter

需要进行实体防护或/和电子防护的某区域的边界。

2.0.24 监视区 surveillance area

实体周界防护系统或/和电子周界防护系统所组成的周界警戒线与防护区边界之间的区域。

2.0.25 防护区 protection area

允许公众出入的、防护目标所在的区域或部位。

2.0.26 禁区 restricted area

不允许未授权人员出入（或窥视）的防护区域或部位。

2.0.27 盲区 blind zone

在警戒范围内，安全防范手段未能覆盖的区域。

2.0.28 纵深防护 longitudinal-depth protection

根据被防护对象所处的环境条件和安全管理的要求，对整个防范区域实施由外到里或由里到外层层设防的防护措施。纵深防护分为整体纵深防护和局部纵深防护两种类型。

2.0.29 均衡防护 balanced protection

安全防范系统各部分的安全防护水平基本一致，无明显薄弱环节或"瓶颈"。

2.0.30 抗易损防护 anti-damageable protection

保证安全防范系统安全、可靠、持久运行并便于维修和维护的技术措施。

2.0.31 纵深防护体系 longitudinal-depth protection systems

兼有周界、监视区、防护区和禁区的防护体系。

2.0.32 监控中心 surveillance and control centre

安全防范系统的中央控制室。安全管理系统在此接收、处理各子系统发来的报警信息、状态信息等，并将处理后的报警信息、监控指令分别发往报警接收中心和相关子系统。

2.0.33 报警接收中心 alarm receiving centre

接收一个或多个监控中心的报警信息并处理警情的处所。通常也称为接处警中心（如公安机关的接警中心）。

3 安全防范工程设计

3.1 一般规定

3.1.1 安全防范工程的设计应根据被防护对象的使用功能、建设投资及安全防范管理工作的要求，综合运用安全防范技术、电子信息技术、计算机网络技术等，构成先进、可靠、经济、适用、配套的安全防范应用系统。

3.1.2 安全防范工程的设计应以结构化、规范化、模块化、集成化的方式实现，应能适应系统维护和技术发展的需要。

3.1.3 安全防范系统的配置应采用先进而成熟的技术、可靠而适用的设备。

3.1.4 安全防范系统中使用的设备必须符合国家法规和现行相关标准的要求，并经检验或认证合格。

3.1.5 安全防范工程的设计应遵循下列原则：

1 系统的防护级别与被防护对象的风险等级相适应。

2 技防、物防、人防相结合，探测、延迟、反应相协调。

3 满足防护的纵深性、均衡性、抗易损性要求。

4 满足系统的安全性、电磁兼容性要求。

5 满足系统的可靠性、维修性与维护保障性要求。

6 满足系统的先进性、兼容性、可扩展性要求。

7 满足系统的经济性、适用性要求。

3.1.6 安全防范工程程序与要求应符合国家现行标准《安全防范工程程序与要求》GA/T 75 的有关规定。

3.2 现场勘察

3.2.1 安全防范工程设计前，应进行现场勘察。

3.2.2 现场勘察的内容和要求应符合下列规定：

1 全面调查和了解被防护对象本身的基本情况。

1）被防护对象的风险等级与所要求的防护级别。

2）被防护对象的物防设施能力与人防组织管理概况。

3）被防护对象所涉及的建筑物、构筑物或其群体的基本概况：建筑平面图、使用（功能）分配图、通道、门窗、电（楼）梯配置、管道、供电线路布局、建筑结构、墙体及周边情况等。

2 调查和了解被防护对象所在地及周边的环境情况。

1）地理与人文环境。调查了解被防护对象周围的地形地物、交通情况及房屋状况；调查了解被防护对象当地的社情民风及社会治安状况。

2）气候环境和雷电灾害情况。调查工程现场一年中温度、湿度、风、雨、雾、霜等的变化情况和持续时间（以当地气候资料为准）；调查了解当地的雷电活动情况和所采取的雷电防护措施。

3）电磁环境。调查被防护对象周围的电磁辐射情况，必要时，应实地测量其电磁辐射的强度和辐射规律。

4）其他需要勘察的内容。

3 按照纵深防护的原则，草拟布防方案，拟定周界、监视区、防护区、禁区的位置，并对布防方案所确定的防区进行现场勘察。

1）周界区勘察

——周界形状、周界长度；

——周界内外地形地物状况等；

——提出周界警戒线的设置和基本防护形式的建议。

2）周界内勘察

——勘察防区内防护部位、防护目标；

——勘察防区内所有出入口位置、通道长度、门洞尺寸等；

——勘察防区内所有门窗（包括天窗）的位置、尺寸等。

3）施工现场勘察

——勘察并拟定前端设备安装方案，必要时应做现场模拟试验。

探测器：安装位置、覆盖范围、现场环境。

摄像机：安装位置、监视现场一天的光照度变化和夜间提供光照度的能力、监视范围、供电情况。

出入口执行机构：安装位置、设备形式。

——勘察并拟定线缆、管、架（桥）敷设安装方案。

——勘察并拟定监控中心位置及设备布置方案。

监控中心面积。

终端设备布置与安装位置。

线缆进线、接线方式。

电源。

接地。

人机环境。

3.2.3 现场勘察结束后应编制现场勘察报告。现场勘察报告应包括下列内容：

1 进行现场勘察时，对上述相关勘察内容所做的勘察记录。

2 根据现场勘察记录和设计任务书的要求，对系统的初步设计方案提出的建议。

3 现场勘察报告经参与勘察的各方授权人签字后作为正式文件存档。

3.3 设 计 要 素

3.3.1 安全防范系统构成包括下列内容：

1 安全防范系统一般由安全管理系统和若干个相关子系统组成。

2 安全防范系统的结构模式按其规模大小、复杂程度可有多种构建模式。按照系统集成度的高低，安全防范系统分为集成式、组合式、分散式三种类型。

3 各相关子系统的基本配置，包括前端、传输、信息处理/控制/管理、显示/记录四大单元。不同（功能）的子系统，其各单元的具体内容有所不同。

4 现阶段较常用的子系统主要包括：入侵报警系统、视频安防监控系统、出入口控制系统、电子巡查系统、停车库（场）管理系统以及以防爆安全检查系统为代表的特殊子系统等。

3.3.2 安全防范系统中安全管理系统的设计要素包括下列内容：

1 集成式安全防范系统的安全管理系统。

1）安全管理系统应设置在禁区内（监控中心），应能通过统一的通信平台和管理软件将监控中心设备与各子系统设备联网，实现由监控中心对各子系统的自动化管理与监控。安全管理系统的故障应不影响各子系统的运行；某一子系统的故障应不影响其他子系统的运行。

2）应能对各子系统的运行状态进行监测和控制，应能对系统运行状况和报警信息数据等进行记录和显示。应设置足够容量的数据库。

3）应建立以有线传输为主、无线传输为辅的信息传输系统。应能对信息传输系统进行检测，并能与所有重要部位进行有线和/或无线通信联络。

4）应设置紧急报警装置。应留有向接处警中心联网的通信接口。

5）应留有多个数据输入、输出接口，应能连接各子系统的主机，应能连接上位管理计算机，以实现更大规模的系统集成。

2 组合式安全防范系统的安全管理系统。

1）安全管理系统应设置在禁区内（监控中心）。应能通过统一的管理软件实现监控中心对各子系统的联动管理与控制。安全管理系统的故障应不影响各子系统的运行；某一子系统的故障应不影响其他子系统的运行。

2) 应能对各子系统的运行状态进行监测和控制，应能对系统运行状况和报警信息数据等进行记录和显示。可设置必要的数据库。

3) 应能对信息传输系统进行检测，并能与所有重要部位进行有线和/或无线通信联络。

4) 应设置紧急报警装置。应留有向接处警中心联网的通信接口。

5) 应留有多个数据输入、输出接口，应能连接各子系统的主机。

3 分散式安全防范系统的安全管理系统。

1) 相关子系统独立设置，独立运行。系统主机应设置在禁区内（值班室），系统应设置联动接口，以实现与其他子系统的联动。

2) 各子系统应能单独对其运行状态进行监测和控制，并能提供可靠的监测数据和管理所需要的报警信息。

3) 各子系统应能对其运行状况和重要报警信息进行记录，并能向管理部门提供决策所需的主要信息。

4) 应设置紧急报警装置，应留有向接处警中心报警的通信接口。

3.3.3 安全防范系统的各主要子系统的设计要素包括下列内容：

1 入侵报警系统：系统应能根据被防护对象的使用功能及安全防范管理的要求，对设防区域的非法入侵、盗窃、破坏和抢劫等，进行实时有效的探测与报警。高风险防护对象的入侵报警系统应有报警复核（声音）功能。系统不得有漏报警，误报警率应符合工程合同书的要求。

入侵报警系统的设计应符合《入侵报警系统技术要求》GA/T 368 等相关标准的要求。

2 视频安防监控系统：系统应能根据建筑物的使用功能及安全防范管理的要求，对必须进行视频安防监控的场所、部位、通道等进行实时、有效的视频探测、视频监视，图像显示、记录与回放，宜具有视频入侵报警功能。与入侵报警系统联合设置的视频安防监控系统，应有图像复核功能，宜有图像复核加声音复核功能。

视频安防监控系统的设计应符合《视频安防监控系统技术要求》GA/T 367 等相关标准的要求。

3 出入口控制系统：系统应能根据建筑物的使用功能和安全防范管理的要求，对需要控制的各类出入口，按各种不同的通行对象及其准入级别，对其进、出实施实时控制与管理，并应具有报警功能。

出入口控制系统的设计应符合《出入口控制系统技术要求》GA/T 394 等相关标准的要求。

人员安全疏散口，应符合现行国家标准《建筑设计防火规范》GBJ 16 的要求。

防盗安全门、访客对讲系统、可视对讲系统作为一种民用出入口控制系统，其设计应符合国家现行标准《防盗安全门通用技术条件》GB 17565、《楼寓对讲电控防盗门通用技术条件》GA/T 72、《黑白可视对讲系统》GA/T 269 的技术要求。

4 电子巡查系统：系统应能根据建筑物的使用功能和安全防范管理的要求，按照预先编制的保安人员巡查程序，通过信息识读器或其他方式对保安人员巡逻的工作状态（是否准时、是否遵守顺序等）进行监督、记录，并能对意外情况及时报警。

5 停车库（场）管理系统：系统应能根据建筑物的使用功能和安全防范管理的需要，对停车库（场）的车辆通行道口实施出入控制、监视、行车信号指示、停车管理及车辆防盗报警等综合管理。

6 其他子系统：应根据安全防范管理工作对各类建筑物、构筑物的防护要求或对建筑物、构筑物内特殊部位的防护要求，设置其他特殊的安全防范子系统，如防爆安全检查系统、专用的高安全实体防护系统、各类周界防护系统等。这些子系统（设备）均应遵照本规范和相关规范进行设计。

3.4 功能设计

3.4.1 安全管理系统设计应符合下列规定：

1 安全防范系统的安全管理系统由多媒体计算机及相应的应用软件构成，以实现对系统的管理和监控。

2 安全管理系统的应用软件应先进、成熟，能在人机交互的操作系统环境下运行；应使用简体中文图形界面；应使操作尽可能简化；在操作过程中不应出现死机现象。如果安全管理系统一旦发生故障，各子系统应仍能单独运行；如果某子系统出现故障，不应影响其他子系统的正常工作。

3 应用软件应至少具有以下功能：

1) 对系统操作员的管理。设定操作员的姓名和操作密码，划分操作级别和控制权限等。

2) 系统状态显示。以声光和/或文字图形显示系统自检、电源状况（断电、欠压等）、受控出入口人员通行情况（姓名、时间、地点、行为等）、设防和撤防的区域、报警和故障信息（时间、部位等）及图像状况等。

3) 系统控制。视频图像的切换、处理、存储、检索和回放，云台、镜头等的预置和遥控。对防护目标的设防与撤防，执行机构及其他设备的控制等。

4) 处警预案。入侵报警时入侵部位、图像和/或声音应自动同时显示，并显示可能的对策或处警预案。

5) 事件记录和查询。操作员的管理、系统状态的显示等应有记录，需要时能简单快速地检索和/或回放。

6）报表生成。可生成和打印各种类型的报表。报警时能实时自动打印报警报告（包括报警发生的时间、地点、警情类别、值班员的姓名、接处警情况等）。

3.4.2 入侵报警系统设计应符合下列规定：

1 应根据各类建筑物（群）和构筑物（群）安全防范的管理要求和环境条件，根据总体纵深防护和局部纵深防护的原则，分别或综合设置建筑物（群）和构筑物（群）周界防护、内（外）区域或空间防护、重点实物目标防护系统。

2 系统应能独立运行。有输出接口，可用手动、自动操作以有线或无线方式报警。系统除应能本地报警外，还应能异地报警。系统应能与视频安防监控系统、出入口控制系统等联动。

集成式安全防范系统的入侵报警系统应能与安全防范系统的安全管理系统联网，实现安全管理系统对入侵报警系统的自动化管理与控制。

组合式安全防范系统的入侵报警系统应能与安全防范系统的安全管理系统联接，实现安全管理系统对入侵报警系统的联动管理与控制。

分散式安全防范系统的入侵报警系统，应能向管理部门提供决策所需的主要信息。

3 系统的前端应按需要选择、安装各类入侵探测设备，构成点、线、面、空间或其组合的综合防护系统。

4 应能按时间、区域、部位任意编程设防和撤防。

5 应能对设备运行状态和信号传输线路进行检测，对故障能及时报警。

6 应具有防破坏报警功能。

7 应能显示和记录报警部位和有关警情数据，并能提供与其他子系统联动的控制接口信号。

8 在重要区域和重要部位发出报警的同时，应能对报警现场进行声音复核。

3.4.3 视频安防监控系统设计应符合下列规定：

1 应根据各类建筑物安全防范管理的需要，对建筑物内（外）的主要公共活动场所、通道、电梯及重要部位和场所等进行视频探测、图像实时监视和有效记录、回放。对高风险的防护对象，显示、记录、回放的图像质量及信息保存时间应满足管理要求。

2 系统的画面显示应能任意编程，能自动或手动切换，画面上应有摄像机的编号、部位、地址和时间、日期显示。

3 系统应能独立运行。应能与入侵报警系统、出入口控制系统等联动。当与报警系统联动时，能自动对报警现场进行图像复核，能将现场图像自动切换到指定的监视器上显示并自动录像。

集成式安全防范系统的视频安防监控系统应能与安全防范系统的安全管理系统联网，实现安全管理系统对视频安防监控系统的自动化管理与控制。

组合式安全防范系统的视频安防监控系统应能与安全防范系统的安全管理系统联接，实现安全管理系统对视频安防监控系统的联动管理与控制。

分散式安全防范系统的视频安防监控系统，应能向管理部门提供决策所需的主要信息。

3.4.4 出入口控制系统设计应符合下列规定：

1 应根据安全防范管理的需要，在楼内（外）通行门、出入口、通道、重要办公室门等处设置出入口控制装置。系统应对受控区域的位置、通行对象及通行时间等进行实时控制，并设定多级程序控制。系统应有报警功能。

2 系统的识别装置和执行机构应保证操作的有效性和可靠性，宜有防尾随措施。

3 系统的信息处理装置应能对系统中的有关信息自动记录、打印、存储，并有防篡改和防销毁等措施。应有防止同类设备非法复制的密码系统，密码系统应能在授权的情况下修改。

4 系统应能独立运行。应能与电子巡查系统、入侵报警系统、视频安防监控系统等联动。

集成式安全防范系统的出入口控制系统应能与安全防范系统的安全管理系统联网，实现安全管理系统对出入口控制系统的自动化管理与控制。

组合式安全防范系统的出入口控制系统应能与安全防范系统的安全管理系统联接，实现安全管理系统对出入口控制系统的联动管理与控制。

分散式安全防范系统的出入口控制系统，应能向管理部门提供决策所需的主要信息。

5 系统必须满足紧急逃生时人员疏散的相关要求。疏散出口的门均应设为向疏散方向开启。人员集中场所应采用平推外开门。配有门锁的出入口，在紧急逃生时，应不需要钥匙或其他工具，亦不需要专门的知识或费力便可从建筑物内开启。其他应急疏散门，可采用内推闩加声光报警模式。

3.4.5 电子巡查系统设计应符合下列规定：

1 应编制巡查程序，应能在预先设定的巡查路线中，用信息识读器或其他方式，对人员的巡查活动状态进行监督和记录，在线式电子巡查系统应在巡查过程发生意外情况时能及时报警。

2 系统可独立设置，也可与出入口控制系统或入侵报警系统联合设置。独立设置的电子巡查系统应能与安全防范系统的安全管理系统联网，满足安全管理系统对该系统管理的相关要求。

3.4.6 停车库（场）管理系统设计应符合下列规定：

1 应根据安全防范管理的需要，设计或选择设计如下功能：

——入口处车位显示；

——出入口及场内通道的行车指示；

——车辆出入识别、比对、控制；

——车牌和车型的自动识别；
——自动控制出入挡车器；
——自动计费与收费金额显示；
——多个出入口的联网与监控管理；
——停车场整体收费的统计与管理；
——分层的车辆统计与在位车显示；
——意外情况发生时向外报警。

2 宜在停车库（场）的入口区设置出票机。

3 宜在停车库（场）的出口区设置验票机。

4 系统可独立运行，也可与安全防范系统的出入口控制系统联合设置。可在停车场内设置独立的视频安防监控系统，并与停车库（场）管理系统联动；停车库（场）管理系统也可与安全防范系统的视频安防监控系统联动。

5 独立运行的停车库（场）管理系统应能与安全防范系统的安全管理系统联网，并满足安全管理系统对该系统管理的相关要求。

3.4.7 根据安全防范管理工作的需要，可在特殊建筑物内外（如民用机场、车站、码头）或特殊场所（如大型集会入口处、核电站、重要物资存储地、监狱等）临时或永久设置防爆安全检查系统、高安全实体防护系统、高安全周界防护系统等，并应符合下列规定：

1 防爆安全检查系统的设计，应能对规定的爆炸物、武器或其他违禁物品进行实时、有效的探测、显示、记录和报警。系统的探测率、误报率和人员物品的通过率应满足国家现行相关标准的要求；探测不应对人体和物品产生伤害，不应引起爆炸物起爆。

2 高安全实体防护系统（如用于核设施）的设计、所用设备和材料，均应满足国家现行相关标准的要求，不能产生辐射泄漏或影响环境安全。

3 高安全周界防护系统（如监狱设施的周界高压电网）的设计，应遵从"技防、物防、人防相结合"的原则，并应符合国家现行相关标准的要求。

3.5 安全性设计

3.5.1 安全防范系统所用设备、器材的安全性指标应符合现行国家标准《安全防范报警设备　安全要求和试验方法》GB 16796和相关产品标准规定的安全性能要求。

3.5.2 安全防范系统的设计应防止造成对人员的伤害，并应符合下列规定：

1 系统所用设备及其安装部件的机械结构应有足够的强度，应能防止由于机械重心不稳、安装固定不牢、突出物和锐利边缘以及显示设备爆裂等造成对人员的伤害。系统的任何操作都不应对现场人员的安全造成危害。

2 系统所用设备，所产生的气体、X射线、激光辐射和电磁辐射等应符合国家现行相关标准的要求，不能损害人体健康。

3 系统和设备应有防人身触电、防火、防过热的保护措施。

4 监控中心（控制室）的面积、温度、湿度、采光及环保要求、自身防护能力、设备配置、安装、控制操作设计、人机界面设计等均应符合人机工程学原理，并符合本规范3.13节的相关要求。

3.5.3 安全防范系统的设计应保证系统的信息安全性，并应符合下列规定：

1 系统的供电应安全、可靠。应设置备用电源，以防止由于突然断电而产生信息丢失。

2 系统应设置操作密码，并区分控制权限，以保证系统运行数据的安全。

3 信息传输应有防泄密措施。有线专线传输应有防信号泄漏和/或加密措施，有线公网传输和无线传输应有加密措施。

4 应有防病毒和防网络入侵的措施。

3.5.4 安全防范系统的设计应考虑系统的防破坏能力，并应符合下列规定：

1 入侵报警系统应具备防拆、开路、短路报警功能。

2 系统传输线路的出入端线应隐蔽，并有保护措施。

3 系统宜有自检功能和故障报警、欠压报警功能。

4 高风险防护对象的安防系统宜考虑遭受意外电磁攻击的防护措施。

3.6 电磁兼容性设计

3.6.1 安全防范系统所用设备的电磁兼容性设计，应符合电磁兼容试验和测量技术系列标准的规定。试验的严酷等级根据实际需要，在设计文件中确定。线缆的电磁兼容设计应符合有关标准、规范的要求。

3.6.2 传输线路的抗干扰设计应符合下列规定：

1 电力系统与信号传输系统的线路应分开敷设。

2 信号电缆的屏蔽性能、敷设方式、接头工艺、接地要求等应符合相关标准的规定。

3 当电梯厢内安装摄像机时，应有防止电梯电力电缆对视频信号电缆产生干扰的措施。

3.6.3 防电磁骚扰设计应符合下列规定：

1 系统所用设备外壳开口应尽可能小，开口数量应尽可能少。

2 系统中的无线发射设备的电磁辐射频率、功率，非无线发射设备对外的杂散电磁辐射功率均应符合国家现行有关法规与技术标准的要求。

3.7 可靠性设计

3.7.1 安全防范系统可靠性指标的分配应符合下列

规定：

1 根据系统规模的大小和用户对系统可靠性的总要求，应将整个系统的可靠性指标进行分配，即将整个系统的可靠性要求转换为系统各组成部分（或子系统）的可靠性要求。

2 系统所有子系统的平均无故障工作时间（MTBF）不应小于其MTBF分配指标。

3 系统所使用的所有设备、器材的平均无故障工作时间（MTBF）不应小于其MTBF分配指标。

3.7.2 采用降额设计时，应根据安全防范系统设计要求和关键环境因素或物理因素（应力、温度、功率等）的影响，使元器件、部件、设备在低于额定值的状态下工作，以加大安全余量，保证系统的可靠性。

3.7.3 采用简化设计时，应在完成规定功能的前提下，采用尽可能简化的系统结构，尽可能少的部件、设备，尽可能短的路由，来完成系统的功能，以获得系统的最佳可靠性。

3.7.4 采用冗余设计时，应符合下列规定：

1 储备冗余（冷热备份）设计。系统应采用储备冗余设计，特别是系统的关键组件或关键设备，必须设置热（冷）备份，以保证在系统局部受损的情况下能正常运行或快速维修。

2 主动冗余设计。系统应尽可能采用总体并联式结构或串-并联混合式结构，以保证系统的某个局部发生故障（或失效）时，不影响系统其他部分的正常工作。

3.7.5 维修性设计和维修保障应符合下列规定：

1 系统的前端设备应采用标准化、规格化、通用化设备，以便维修和更换。

2 系统主机结构应模块化。

3 系统线路接头应插件化，线端必须做永久性标记。

4 设备安装或放置的位置应留有足够的维修空间。

5 传输线路应设置维修测试点。

6 关键线路或隐蔽线路应留有备份线。

7 系统所用设备、部件、材料等，应有足够的备件和维修保障能力。

8 系统软件应有备份和维护保障能力。

3.8 环境适应性设计

3.8.1 安全防范系统设计应符合其使用环境（如室内外温度、湿度、大气压等）的要求。系统所使用设备、部件、材料的环境适应性应符合现行国家标准《报警系统环境试验》GB/T 15211中相应严酷等级的要求。

3.8.2 在沿海海滨地区盐雾环境下工作的系统设备、部件、材料，应具有耐盐雾腐蚀的性能。

3.8.3 在有腐蚀性气体和易燃易爆环境下工作的系统设备、部件、材料，应采取符合国家现行相关标准规定的保护措施。

3.8.4 在有声、光、热、振动等干扰源环境中工作的系统设备、部件、材料，应采取相应的抗干扰或隔离措施。

3.9 防雷与接地设计

3.9.1 建于山区、旷野的安全防范系统，或前端设备装于塔顶，或电缆端高于附近建筑物的安全防范系统，应按现行国家标准《建筑物防雷设计规范》GB 50057的要求设置避雷保护装置。

3.9.2 建于建筑物内的安全防范系统，其防雷设计应采用等电位连接与共用接地系统的设计原则，并满足现行国家标准《建筑物电子信息系统防雷技术规范》GB 50343的要求。

3.9.3 安全防范系统的接地母线应采用铜质线，接地端子应有地线符号标记。接地电阻不得大于4Ω；建造在野外的安全防范系统，其接地电阻不得大于10Ω；在高山岩石的土壤电阻率大于2000Ω·m时，其接地电阻不得大于20Ω。

3.9.4 高风险防护对象的安全防范系统的电源系统、信号传输线路、天线馈线以及进入监控室的架空电缆入室端均应采取防雷电感应过电压、过电流的保护措施。

3.9.5 安全防范系统的电源线、信号线经过不同防雷区的界面处，宜安装电涌保护器；系统的重要设备应安装电涌保护器。电涌保护器接地端和防雷接地装置应做等电位连接。等电位连接带应采用铜质线，其截面积不应小于16mm^2。

3.9.6 监控中心内应设置接地汇集环或汇集排，汇集环或汇集排宜采用裸铜线，其截面积不应小于35mm^2。

3.9.7 不得在建筑物屋顶上敷设电缆，必须敷设时，应穿金属管进行屏蔽并接地。

3.9.8 架空电缆吊线的两端和架空电缆线路中的金属管道应接地。

3.9.9 光缆传输系统中，各光端机外壳应接地。光端加强芯、架空光缆接续护套应接地。

3.10 集 成 设 计

3.10.1 安全防范系统的集成设计包括子系统的集成设计、总系统的集成设计，必要时还应考虑总系统与上一级管理系统的集成设计。

3.10.2 入侵报警系统、视频安防监控系统、出入口控制系统等独立子系统的集成设计，是指它们各自主系统对其分系统的集成（如大型多级报警网络系统的设计），应考虑一级网络对二级网络的集成与管理，二级网络应考虑对三级网络的集成与管理等；大型视频安防监控系统的设计应考虑监控中心（主控）对各分中心（分控）的集成与管理等。

3.10.3 各子系统间的联动或组合设计应符合下列规定：

1 根据安全管理的要求，出入口控制系统必须考虑与消防报警系统的联动，保证火灾情况下的紧急逃生。

2 根据实际需要，电子巡查系统可与出入口控制系统或入侵报警系统进行联动或组合，出入口控制系统可与入侵报警系统或/和视频安防监控系统联动或组合，入侵报警系统可与视频安防监控系统或/和出入口控制系统联动或组合等。

3.10.4 系统的总集成设计应符合下列规定：

1 一个完整的安全防范系统，通常都是一个集成系统。

2 安全防范系统的集成设计，主要是指其安全管理系统的设计。

3 安全管理系统的设计可有多种模式，可以采用某一子系统为主（如视频安防监控系统）进行系统总集成设计，也可采用其他模式进行系统总集成设计。不论采用何种模式，其安全管理系统的设计除应符合本规范3.4.1条的规定外，还应满足下列要求：

1）有相应的信息处理能力和控制/管理能力；有相应容量的数据库。

2）通讯协议和接口应符合国家现行有关标准的规定。

3）系统应具有可靠性、容错性和维修性。

4）系统应能与上一级管理系统进行更高一级的集成。

3.11 传输方式、传输线缆、传输设备的选择与布线设计

3.11.1 传输方式的选择应符合下列规定：

1 传输方式的选择取决于系统规模、系统功能、现场环境和管理工作的要求。一般采用有线传输为主、无线传输为辅的传输方式。有线传输可采用专线传输、公共电话网传输、公共数据网传输、电缆光缆传输等多种模式。

2 选用的传输方式应保证信号传输的稳定、准确、安全、可靠，且便于布线、施工、检测和维修。

3 可靠性要求高或布线便利的系统，应优先选用有线传输方式，最好是选用专线传输方式。布线困难的地方可考虑采用无线传输方式，但要选择抗干扰能力强的设备。

4 报警网的主干线（特别是借用公共电话网构成的区域报警网），宜采用有线传输为主、无线传输为辅的双重报警传输方式，并配以必要的有线/无线转接装置。

3.11.2 传输线缆的选择应符合下列规定：

1 传输线缆的衰减、弯曲、屏蔽、防潮等性能应满足系统设计总要求，并符合相应产品标准的技术要求。在满足上述要求的前提下，宜选用线径较细、容易施工的线缆。

2 报警信号传输线的耐压不应低于AC250V，应有足够的机械强度。铜芯绝缘导线、电缆芯线的最小截面积应满足下列要求：

1）穿管敷设的绝缘导线，线芯最小截面积不应小于1.00mm²。

2）线槽内敷设的绝缘导线，线芯最小截面积不应小于0.75mm²。

3）多芯电缆的单股线芯最小截面积不应小于0.50mm²。

3 视频信号传输电缆应满足下列要求：

1）应根据图像信号采用基带传输或射频传输，确定选用视频电缆或射频电缆。

2）所选用电缆的防护层应适合电缆敷设方式及使用环境的要求（如气候环境、是否存在有害物质、干扰源等）。

3）室外线路，宜选用外导体内径为9mm的同轴电缆，并采用聚乙烯外套。

4）室内距离不超过500m时，宜选用外导体内径为7mm的同轴电缆，且采用防火的聚氯乙烯外套。

5）终端机房设备间的连接线，距离较短时，宜选用外导体内径为3mm或5mm、且具有密编铜网外导体的同轴电缆。

6）电梯轿厢的视频同轴电缆应选用电梯专用电缆。

4 光缆应满足下列要求：

1）光缆的传输模式，可依传输距离而定。长距离时宜采用单模光纤，距离较短时宜采用多模光纤。

2）光缆芯线数目，应根据监视点的个数、监视点的分布情况来确定，并注意留有一定的余量。

3）光缆的结构及允许的最小弯曲半径、最大抗拉力等机械参数，应满足施工条件的要求。

4）光缆的保护层，应适合光缆的敷设方式及使用环境的要求。

3.11.3 传输设备选型应符合下列规定：

1 利用公共电话网、公用数据网传输报警信号时，其有线转接装置应符合公共网入网要求；采用无线传输时，无线发射装置、接收装置的发射频率、功率应符合国家无线电管理的有关规定。

2 视频电缆传输部件应满足下列要求：

1）视频电缆传输方式。

下列位置宜加电缆均衡器：

——黑白电视基带信号在5MHz时的不平坦

度不小于3dB处；

——彩色电视基带信号在5.5MHz时的不平坦度不小于3dB处。

下列位置宜加电缆放大器：

——黑白电视基带信号在5MHz时的不平坦度不小于6dB处；

——彩色电视基带信号在5.5MHz时的不平坦度不小于6dB处。

2）射频电缆传输方式。

——摄像机在传输干线某处相对集中时，宜采用混合器来收集信号；

——摄像机分散在传输干线的沿途时，宜选用定向耦合器来收集信号；

——控制信号传输距离较远，到达终端已不能满足接收电平要求时，宜考虑中途加装再生中继器。

3）无线图像传输方式。

——监控距离在10km范围内时，可采用高频开路传输；

——监控距离较远且监视点在某一区域较集中时，应采用微波传输方式，其传输距离可达几十公里。需要传输距离更远或中间有阻挡物时，可考虑加微波中继；

——无线传输频率应符合国家无线电管理的规定，发射功率应不干扰广播和民用电视，调制方式宜采用调频制。

3 光端机、解码箱或其他光部件在室外使用时，应具有良好的密闭防水结构。

3.11.4 布线设计应符合下列规定：

1 综合布线系统的设计应符合现行国家标准《建筑与建筑群综合布线系统工程设计规范》GB/T 50311的规定。

2 非综合布线系统的路由设计，应符合下列规定：

1）同轴电缆宜采取穿管暗敷或线槽的敷设方式。当线路附近有强电磁场干扰时，电缆应在金属管内穿过，并埋入地下。当必须架空敷设时，应采取防干扰措施。

2）路由应短捷、安全可靠，施工维护方便。

3）应避开恶劣环境条件或易使管道损伤的地段。

4）与其他管道等障碍物不宜交叉跨越。

3.11.5 线缆敷设应符合下列规定：

1 综合布线系统的线缆敷设应符合现行国家标准《建筑与建筑群综合布线系统工程设计规范》GB/T 50311的规定。

2 非综合布线系统室内线缆的敷设，应符合下列要求：

1）无机械损伤的电（光）缆，或改、扩建工程使用的电（光）缆，可采用沿墙明敷方式。

2）在新建的建筑物内或要求管线隐蔽的电（光）缆应采用暗管敷设方式。

3）下列情况可采用明管配线：

——易受外部损伤；

——在线路路由上，其他管线和障碍物较多，不宜明敷的线路；

——在易受电磁干扰或易燃易爆等危险场所。

4）电缆和电力线平行或交叉敷设时，其间距不得小于0.3m；电力线与信号线交叉敷设时，宜成直角。

3 室外线缆的敷设，应符合现行国家标准《民用闭路监视电视系统工程技术规范》GB 50198—1994中第2.3.7条的要求。

4 敷设电缆时，多芯电缆的最小弯曲半径应大于其外径的6倍；同轴电缆的最小弯曲半径应大于其外径的15倍。

5 线缆槽敷设截面利用率不应大于60%；线缆穿管敷设截面利用率不应大于40%。

6 电缆沿支架或在线槽内敷设时应在下列各处牢固固定：

1）电缆垂直排列或倾斜坡度超过45°时的每一个支架上；

2）电缆水平排列或倾斜坡度不超过45°时，在每隔1~2个支架上；

3）在引入接线盒及分线箱前150~300mm处。

7 明敷设的信号线路与具有强磁场、强电场的电气设备之间的净距离，宜大于1.5m；当采用屏蔽线缆或穿金属保护管或在金属封闭线槽内敷设时，宜大于0.8m。

8 线缆在沟道内敷设时，应敷设在支架上或线槽内。当线缆进入建筑物后，线缆沟道与建筑物间应隔离密封。

9 线缆穿管前应检查保护管是否畅通，管口应加护圈，防止穿管时损伤导线。

10 导线在管内或线槽内不应有接头和扭结。导线的接头应在接线盒内焊接或用端子连接。

11 同轴电缆应一线到位，中间无接头。

3.11.6 光缆敷设应符合下列规定：

1 敷设光缆前，应对光纤进行检查。光纤应无断点，其衰耗值应符合设计要求。核对光缆长度，并应根据施工图的敷设长度来选配光缆。配盘时应使接头避开河沟、交通要道和其他障碍物。架空光缆的接头应设在杆旁1m以内。

2 敷设光缆时，其最小弯曲半径应大于光缆外径的20倍。光缆的牵引端头应做好技术处理，可采用自动控制牵引力的牵引机进行牵引。牵引力应加在加强芯上，其牵引力不应超过150kg；牵引速度宜为10m/min；一次牵引的直线长度不宜超过1km，光纤接头的预留长度不应小于8m。

3 光缆敷设后，应检查光纤有无损伤，并对光缆敷设损耗进行抽测。确认没有损伤后，再进行接续。

4 光缆接续应由受过专门训练的人员操作，接续时应采用光功率计或其他仪器进行监视，使接续损耗达到最小。接续后应做好保护，并安装好光缆接头护套。

5 在光缆的接续点和终端应做永久性标志。

6 管道敷设光缆时，无接头的光缆在直道上敷设时应由人工逐个人孔同步牵引；预先做好接头的光缆，其接头部分不得在管道内穿行。光缆端头应用塑料胶带包扎好，并盘圈放置在托架高处。

7 光缆敷设完毕后，宜测量通道的总损耗，并用光时域反射计观察光纤通道全程波导衰减特性曲线。

3.12 供电设计

3.12.1 宜采用两路独立电源供电，并在末端自动切换。

3.12.2 系统设备应进行分类，统筹考虑系统供电。

3.12.3 根据设备分类，配置相应的电源设备。系统监控中心和系统重要设备应配备相应的备用电源装置。系统前端设备视工程实际情况，可由监控中心集中供电，也可本地供电。

3.12.4 主电源和备用电源应有足够容量。应根据入侵报警系统、视频安防监控系统、出入口控制系统等的不同供电消耗，按总系统额定功率的1.5倍设置主电源容量；应根据管理工作对主电源断电后系统防范功能的要求，选择配置持续工作时间符合管理要求的备用电源。

3.12.5 电源质量应满足下列要求：

1 稳态电压偏移不大于±2%；

2 稳态频率偏移不大于±0.2Hz；

3 电压波形畸变率不大于5%；

4 允许断电持续时间为0～4ms；

5 当不能满足上述要求时，应采用稳频稳压、不间断电源供电或备用发电等措施。

3.12.6 安全防范系统的监控中心应设置专用配电箱，配电箱的配出回路应留有裕量。

3.13 监控中心设计

3.13.1 监控中心应设置为禁区，应有保证自身安全的防护措施和进行内外联络的通讯手段，并应设置紧急报警装置和留有向上一级接处警中心报警的通信接口。

3.13.2 监控中心的面积应与安防系统的规模相适应，不宜小于20m²。应有保证值班人员正常工作的相应辅助设施。

3.13.3 监控中心室内地面应防静电、光滑、平整、不起尘。门的宽度不应小于0.9m，高度不应小于2.1m。

3.13.4 监控中心内的温度宜为16～30℃，相对湿度宜为30%～75%。

3.13.5 监控中心内应有良好的照明。

3.13.6 室内的电缆、控制线的敷设宜设置地槽；当不设置地槽时，也可敷设在电缆架槽、电缆走廊、墙上槽板内，或采用活动地板。

3.13.7 根据机架、机柜、控制台等设备的相应位置，应设置电缆槽和进线孔。槽的高度和宽度应满足敷设电缆的容量和电缆弯曲半径的要求。

3.13.8 室内设备的排列，应便于维护与操作，并应满足本规范3.5节和消防安全的规定。

3.13.9 控制台的装机容量应根据工程需要留有扩展余地。控制台的操作部分应方便、灵活、可靠。

3.13.10 控制台正面与墙的净距离不应小于1.2m；侧面与墙或其他设备的净距离，在主要走道不应小于1.5m，在次要走道不应小于0.8m。

3.13.11 机架背面和侧面与墙的净距离不应小于0.8m。

3.13.12 监控中心的供电、接地与雷电防护设计应符合本规范第3.12节和第3.9节的相关规定。

3.13.13 监控中心的布线、进出线端口的设置、安装等，应符合本规范第3.11节的相关规定。

4 高风险对象的安全防范工程设计

4.1 风险等级与防护级别

4.1.1 防护对象风险等级的划分应遵循下列原则：

1 根据被防护对象自身的价值、数量及其周围的环境等因素，判定被防护对象受到威胁或承受风险的程度。

2 防护对象的选择可以是单位、部位（建筑物内外的某个空间）和具体的实物目标。不同类型的防护对象，其风险等级的划分可采用不同的判定模式。

3 防护对象的风险等级分为三级，按风险由大到小定为一级风险、二级风险和三级风险。

4.1.2 安全防范系统的防护级别应与防护对象的风险等级相适应。防护级别共分为三级，按其防护能力由高到低定为一级防护、二级防护和三级防护。

4.1.3 本节适用于文物保护单位和博物馆、银行营业场所、民用机场、铁路车站和重要物资储存库等五类特殊对象的风险等级及其所需的防护级别。

4.1.4 高风险对象的风险等级与防护级别的确定应

符合下列规定：

1 文物保护单位、博物馆风险等级和防护级别的划分按照《文物系统博物馆风险等级和防护级别的规定》GA 27 执行。

2 银行营业场所风险等级和防护级别的划分按照《银行营业场所风险等级和防护级别的规定》GA 38 执行。

3 重要物资储存库风险等级和防护级别的划分根据国家的法律、法规和公安部与相关行政主管部门共同制定的规章，并按第 4.1.1 条的原则进行确定。

4 民用机场风险等级和防护级别遵照中华人民共和国民用航空总局和公安部的有关管理规章，根据国内各民用机场的性质、规模、功能进行确定，并符合表 4.1.4-1 的规定。

表 4.1.4-1 民用机场风险等级与防护级别

风险等级	机 场	防护级别
一级	国家规定的中国对外开放一类口岸的国际机场及安防要求特殊的机场	一级
二级	除定为一级风险以外的其他省会城市国际机场	二级或二级以上
三级	其他机场	三级或三级以上

5 铁路车站的风险等级和防护级别遵照中华人民共和国铁道部和公安部的有关管理规章，根据国内各铁路车站的性质、规模、功能进行确定，并符合表 4.1.4-2 的规定。

表 4.1.4-2 铁路车站风险等级与防护级别

风险等级	铁路车站	防护级别
一级	特大型旅客车站、既有客货运特等站及安防要求特殊的车站	一级
二级	大型旅客车站、既有客货运一等站、特等编组站、特等货运站	二级
三级	中型旅客车站（最高聚集人数不少于 600 人）、既有客货运二等站、一等编组站、一等货运站	三级

注：表中铁路车站以外的其他车站防护级别可为三级。

4.2 文物保护单位、博物馆安全防范工程设计

Ⅰ 一般规定

4.2.1 本节内容适用于新建、扩建、改建的文物保护单位、博物馆的安全防范工程。包括考古所（队）、文物商店等存放文物的单位与建筑的安全防范工程。

4.2.2 根据文物保护单位、博物馆的特点，安全防范工程设计应综合考虑以下因素：

1 对相关业务活动的文物流、人员流、车流和信息流进行分析，分清内外不同流向与相互之间的界面，以利全面防护。

2 优先选择纵深防护体系，区分纵深层次、防护重点，划分不同等级的防护区域。由于外界环境条件或资金限制不能采用整体纵深防护措施时，应采取局部纵深防护措施。

3 保证现场环境条件下系统不间断运行的可靠性。

4 文物博物馆与其他单位为联体建筑群时，其安全防范系统必须独立组建。

5 文物保护单位作为博物馆使用时，安全防范工程设计必须符合文物保护要求，不应造成文物建筑的损伤，不得对原文物建筑结构进行任何改动。

6 安全防范系统应采取自敷专线，并建立专用的通信系统。

7 为适应陈列设计、功能布局调整的需要，线缆走线和布防点位置的设置宜留有一定的调整性与冗余度。

4.2.3 根据文物保护单位、博物馆的特点，安全防范工程设计除应符合本规范第 3 章的规定外，尚应符合下列规定：

1 安全防范系统应具有非法行为控制、应急处置和日常安防日志管理等功能，宜结合建筑物特点和出入口管理的要求，安装防爆安全检查装置。

2 安全防范系统防护范围应包括陈列、存放文物的场所和文物出入通道等场所、部位。

3 具备现场勘察条件时应检查文物库房、文物陈列室、陈列形式，以及出入口、墙体、门窗、风管等开口部位的实体防护设施与能力等。

Ⅱ 一级防护工程设计

4.2.4 周界的防护应符合下列规定：

1 周界包括建筑物（群）外周界、室外周界和室内周界。

2 陈列室、库房、文物修复室等应设立室外或室内周界防护系统。

4.2.5 监视区应设置视频安防监控装置。

4.2.6 出入口的防护应符合下列规定：

1 需要进行防护和控制的出入口包括周界围栏、围墙的出入口；展厅、库房的出入口；进入防护区的地下通道和天窗、风管等。

2 仅供内部工作人员使用的出入口应安装出入口控制装置。

3 出入口控制装置宜有防胁迫进入的报警功能。

4 宜有防尾随措施。

4.2.7 当有文物卸运交接区时，其防护应符合下列规定：

1 文物卸运交接区应为禁区。

2　文物卸运交接区应安装摄像机和周界防护装置。

3　文物卸运交接区宜安装入侵探测装置。

4.2.8　文物通道的防护应符合下列规定：

1　文物通道的出入口应安装出入口控制装置、紧急报警按钮和对讲装置。

2　文物通道内应安装摄像机，对文物可能通过的地方都应能够跟踪摄像，不留盲区。

3　开放式文物通道应安装周界防护装置。

4.2.9　文物库房的防护应符合下列规定：

1　文物库房应设为禁区。

2　总库门宜安装防盗、防火、防烟、防水的特殊安全门。

3　库房内必须配置不同探测原理的探测装置。

4　库房内通道和重要部位应安装摄像机，保证24h内可以随时实施监视。

5　出入口必须安装与安全管理系统联动或集成的出入口控制装置，并能区别正常情况与被劫持情况。

6　文物库房的墙体、天花板、地板等与公众活动区相邻时，宜配置振动探测装置。

4.2.10　展厅的防护应符合下列规定：

1　展厅内应配置不同探测原理的探测装置。

2　珍贵文物展柜应安装报警装置，并设置实体防护。

3　应设置以视频图像复核为主、现场声音复核为辅的报警信息复核系统。视频图像应能清晰反映监视区域内人员的活动情况，声音复核装置应能清晰地探测现场的话音以及走动、撬、挖、凿、锯等动作发出的声音。

4.2.11　监控中心除应符合本规范第3.13节的规定外，尚应符合下列规定：

1　应组成以计算机为核心的安全管理系统。

2　应对重要防护部位进行24h报警实时录音、录像。

3　应为专用工作间。新建工程的监控中心使用面积不应小于64m²，并应设置专用的卫生间、设备间和专用空调设备。

4　应设置防盗安全门，防盗安全门上应安装出入口控制装置。室外通道应安装摄像机。

5　应安装防盗窗。

6　防盗窗宜采用防弹材料。

7　备用电源应符合本规范第3.12.4条的规定。

8　系统管理主机宜具有双机热备份功能。

9　系统应有较强的容错能力，有在线帮助功能。

Ⅲ　二级防护工程设计

4.2.12　周界的防护应符合第4.2.4条的规定。

4.2.13　出入口应符合第4.2.6条第1～3款的规定。

4.2.14　文物卸运交接区应符合第4.2.7条的规定。

4.2.15　文物通道的防护应符合下列规定：

1　文物通道的出入口门体至少应安装机械防盗锁。

2　文物通道内应安装摄像机，对文物通过的地方都能跟踪摄像。

4.2.16　文物库房的防护应符合下列规定：

1　应符合第4.2.9条第1～5款的规定。

2　库房墙体为建筑物外墙时，应配置防撬、挖、凿等动作的探测装置。

4.2.17　展厅的防护应符合下列规定：

1　应符合第4.2.10条第1、2款的规定。

2　应设置现场声音复核为主、视频图像复核为辅的报警信息复核系统，并满足第4.2.10条第3款的性能要求。

4.2.18　监控中心（控制室）除应符合本规范第3.13节的规定外，尚应符合下列规定：

1　应符合第4.2.11条第1、2款的规定。

2　应为专用工作间。新建工程的监控中心使用面积应为20～50m²。

3　应安装防盗安全门、防盗窗。

4　防盗安全门上宜安装出入口控制装置。

5　备用电源应符合本规范第3.12.4条的规定。

6　系统主机宜采取备份方式。

Ⅳ　三级防护工程设计

4.2.19　周界的防护应符合第4.2.4条的规定。

4.2.20　出入口的防护应符合下列规定：

1　应符合第4.2.6条第1款的规定。

2　仅供内部工作人员使用的出入口宜安装出入口控制装置，宜有胁迫进入报警功能。

4.2.21　文物卸运交接区应符合第4.2.7条第1、2款的规定。

4.2.22　文物通道的防护应符合下列规定：

1　文物通道的出入口宜安装出入口控制装置。

2　文物通道内宜安装摄像机，对文物通过的地方能进行摄像。

4.2.23　文物库房的防护应符合下列规定：

1　应符合第4.2.9条第1款的规定。

2　应符合第4.2.16条第2款的规定。

3　库房应配置组装式文物保险库或防盗保险柜。

4　总库门应安装防盗安全门。

5　库房内重要部位宜安装摄像机。

4.2.24　展厅的防护应符合下列规定：

1　采取入侵探测系统与实体防护装置复合方式进行布防。

2　应符合第4.2.10条第2款的规定。

3　应设置声音复核的报警信息复核系统，并满足第4.2.10条第3款的性能要求。

4.2.25　监控中心（值班室）除应符合本规范第3.13

节的规定外，尚应符合下列规定：

1 应能够在报警时对现场声音、图像信号进行实时录音、录像。

2 允许与其他系统值班共用，但应设置专门的安防操作台。安防操作台应安装紧急报警按钮。

3 应安装防盗安全门、防盗窗和防盗锁。

4 备用电源应符合本规范第3.12.4条的规定。

V 各子系统设计要求

4.2.26 周界防护系统的设计应符合下列规定：

1 应与视频安防监控系统、出入口控制系统、相应的实体阻挡装置联动。

2 周界装置需要灯光照明时，两灯之间距地面高度1m处的最低照度不应低于20 lx。

3 当周界报警发生时，应以声、光信号显示报警的具体位置。一、二级防护系统应显示周界模拟地形图，并以声、光信号显示报警的具体位置。

4.2.27 入侵报警系统的设计除应符合本规范第3.4.2条的规定外，尚应符合下列规定：

1 入侵探测器盲区边缘与防护目标间的距离不得小于5m。

2 入侵探测器启动摄像机或照相机的同时，应联动应急照明。

3 报警系统主机应具备中央处理器和存储器，应能够存储控制程序和运行日志信息，应能独立调控相关的前端设备。

4 应配备不低于8h的备用电源，系统断电时应能保存以往的运行数据。

5 现场报警控制器应安装在具有自身防护设施的弱电间内。

4.2.28 视频安防监控系统的设计除应符合本规范第3.4.3条的规定外，尚应符合下列规定：

1 应具有画面定格功能。

2 视频报警装置应能任意设定视频警戒区域。

3 应能对多路图像信号实时传输、切换显示，应能定时录像、报警自动录像和停电后自动录像。

4 宜配备具有多重检索、慢动作画面、超静止画面、步进性图像分解等功能的录像设备。

5 重要部位在正常的工作照明条件下，监视图像质量不应低于现行国家标准《民用闭路监视电视系统工程技术规范》GB 50198—1994中表4.3.1-1规定的4级，回放图像质量不应低于表4.3.1-1规定的3级，或至少能辨别人的面部特征。

6 摄像机灵敏度应能适应防护目标的最低照度条件。

7 沿警戒线设置的视频安防监控系统，宜对沿警戒线5m宽的警戒范围实现无盲区监控。

8 摄像机室外安装时，宜有防雷措施。

4.2.29 出入口控制系统的设计除应符合本规范第3.4.4条的规定外，尚应符合下列规定：

1 不同的出入口，应能设置不同的出入权限。

2 每一次有效出入，都应能自动存贮出入人员的相关信息和出入时间、地点，并能按天进行有效统计和记录、存档。

3 应保证整个出入口控制系统的计时一致性。

4 识读装置应保证操作的有效性。非法进入和胁迫进入应发出报警信号，合法操作应保证自动门的有效动作。一次有效操作自动门，只能产生一次有效动作。

4.2.30 电子巡查系统的设计除应符合本规范第3.4.5条的规定外，尚应符合下列规定：

1 巡查点的数量根据现场需要确定，巡查点的设置应以不漏巡为原则，安装位置应尽量隐蔽。

2 宜采用计算机产生巡查路线和巡查间隔时间的方式。

3 在规定时间内指定巡查点未发出“到位”信号时，应发出报警信号，宜联动相关区域的各类探测、摄像、声控装置。

4 当采用离线式电子巡查系统时，巡查人员应配备无线对讲系统，并且到达每一个巡查点后立即与监控中心作巡查报到。

4.2.31 专用通信系统的设计应符合下列规定：

1 应建立以专用传输线或公共电话网组成的有线传输系统，配置无线通信机。

2 应保证监控中心与所有通道出入口、展厅之间的双向对讲通信。

4.2.32 安全管理系统的设计除应符合本规范第3.4.1条的规定外，尚应符合下列规定：

1 电子地图和/或模拟屏应能实时显示报警位置。

2 运行数据库应有足够的容量，以储存管理需要的运行记录。

3 主机必须具备运行情况、报警信息和统计报表的打印功能。

4 系统中应储存警情处理预案。

5 系统的软件应汉化，有较强的容错能力。

4.3 银行营业场所安全防范工程设计

I 一般规定

4.3.1 本节适用于新建、改建、扩建的银行营业场所（含自助银行）的安全防范工程。

4.3.2 设计银行营业场所的安全防范系统时，建设单位应提供银行机构建筑平面图和银行业务分布图，提出相关的安全需求。设计单位应根据本规范和建设单位的安全需求，提出实用、可靠、适度和先进的设计方案。

4.3.3 根据银行营业场所的风险等级确定相应的防护级别。按照银行业务的风险程度，应将营业场所不同区域划分为高度、中度、低度三级风险区。高度风险区主要是指涉及现金（本、外币）支付交易的区域，如存款业务区、运钞交接区、现金业务库区及枪弹库房区、保管箱库房区、监控中心（监控室）等；中度风险区主要是指涉及银行票据交易的区域，如结算业务区、贴现业务区、债券交易区、中间业务区等；低度风险区是指经营其他较小风险业务的区域，如客户活动区等。根据实际情况和业务发展，建设单位可提高业务区的风险等级和防护级别。

4.3.4 工程设计应以满足银行安全需求为目标，运用系统工程的设计思想，统筹考虑系统各部分、各环节的功能和性能指标，采用实用技术和成熟产品，在保障工程整体质量的前提下，注意节省工程投资。

Ⅱ 一级防护工程设计

4.3.5 高度风险区防护设计应符合下列规定：

1 各业务区（运钞交接区除外）应采取实体防护措施。

2 各业务区（运钞交接区除外）应安装紧急报警装置。

1）存款业务区应有2路以上的独立防区，每路串接的紧急报警装置不应超过4个。

2）营业场所门外（或门内）的墙上应安装声光报警装置。

3）监控中心（监控室）应具备有线、无线2种报警方式。

3 各业务区（运钞交接区除外）应安装入侵报警系统。

1）应能准确探测、报告区域内门、窗、通道及要害部位的入侵事件。

2）现金业务库区应安装2种以上探测原理的探测器。

4 各业务区应安装视频安防监控系统。

1）应能实时监视银行交易或操作的全过程，回放图像应能清晰显示区域内人员的活动情况。

2）存款业务区的回放图像应是实时图像，应能清晰地显示柜员操作及客户脸部特征。

3）运钞交接区的回放图像应是实时图像，应能清晰显示整个区域内人员的活动情况。

4）出入口的回放图像应能清晰辨别进出人员的体貌特征。

5）现金业务库清点室的回放图像应是实时图像,应能清晰显示复点、打捆等操作的过程。

5 各业务区应安装出入口控制系统和声音/图像复核装置。

1）存款业务区与外界相通的出入口应安装联动互锁门。

2）现金业务库守库室、监控中心出入口应安装可视/对讲装置。

3）在发生入侵报警时，应能进行声音/图像复核。

4）声音复核装置应能清晰地探测现场的话音和撬、挖、凿、锯等动作发出的声音。

5）对现金柜台的声音复核应能清晰辨别柜员与客户对话的内容。

6 现金业务库房出入口宜安装生物特征识别装置。

存款业务区采用“安全柜员系统”时，安全柜员系统的音、视频部分应与视频安防监控系统有机组合，并符合本条第4款第2项和第5款第5项的要求。

7 监控中心应设置安全管理系统。

1）安全管理系统应安装在有防护措施和人员值班的监控中心（监控室）内。

2）应能利用计算机实现对各子系统的统一控制与管理。

3）当安全管理系统发生故障时，不应影响各子系统的独立运行。

4）有分控功能的，分控中心应设在有安全管理措施的区域内。对具备远程监控功能的分控中心应实施可靠的安全防护。

4.3.6 中度风险区防护设计应符合下列规定：

1 应适当安装紧急报警装置。

2 应适当安装入侵报警装置。

3 应适当安装视频安防监控装置，回放图像应能清晰显示客户的面部特征。

4 宜安装出入口控制装置。

5 应适当安装声音/图像复核装置，其功能应满足第4.3.5条第5款第3～5项的规定。

4.3.7 低度风险区防护设计应符合下列规定：

1 应安装必要的入侵报警装置。

2 应安装必要的视频安防监控装置，对需要记录的业务活动实施监视和录像，回放图像应能清晰显示人员的活动情况。

4.3.8 周界防护设计应符合下列规定：

1 营业场所与外界相通的出入口，应安装入侵探测装置。

2 营业场所与外界相通的出入口，应安装视频安防监控装置进行监视、录像，回放图像应能清晰显示进出人员的体貌特征。

3 营业场所宜安装室外周界防护子系统。周界出入口宜配置电动门、应急照明、视频安防监控装置和出入口控制装置。

Ⅲ 二级防护工程设计

4.3.9 高度风险区防护设计应符合下列规定：

1 应符合第4.3.5条第1～6款的规定。

2 宜设置安全管理系统；未设置安全管理系统的，其他各子系统的管理软件应能实现与相关子系统的联动。当设置安全管理系统时，应符合下列规定：

1）应安装在有人员值班的监控室。

2）应能利用计算机实现对各子系统的统一控制与管理。

3）当安全管理系统发生故障时，不应影响各子系统的独立运行。

4.3.10 中度风险区防护设计应符合第4.3.6条第1、2、3、5款的规定。

4.3.11 低度风险区防护设计应符合下列规定：

1 应符合第4.3.7条第1款的规定。

2 宜安装视频安防监控系统进行监视、录像，回放图像应能看清重点部位人员的活动情况。

4.3.12 周界防护设计应符合第4.3.8条第1、2款的规定。

Ⅳ 三级防护工程设计

4.3.13 高度风险区防护设计应符合下列规定：

1 应符合第4.3.5条第1款的规定。

2 应符合第4.3.5条第2款及其第1、2项的规定。

3 应符合第4.3.5条第3款及其第1项的规定。

4 应符合第4.3.5条第4款的规定。

5 宜安装出入口控制装置。存款业务区与外界相通的出入口宜安装联动互锁门。

6 宜安装声音/图像复核装置，其功能应满足第4.3.5条第6款的规定。

7 可设置安全管理系统，宜安装在监控室；没有监控室的，宜安装在安全区域。

4.3.14 中度风险区防护设计应符合第4.3.6条第1、2、3、5款的规定。

4.3.15 低度风险区防护设计应符合下列规定：

1 宜安装入侵报警装置。

2 应符合第4.3.11条第2款的规定。

4.3.16 周界防护设计应符合第4.3.12条的规定。

Ⅴ 重点目标防护设计

4.3.17 重点目标是指银行客户用于自助服务、存有现金的自动柜员机（ATM）、现金存款机（CDS）、现金存取款机（CRS）等机具设备，不包括银行人员使用的计算机等实体目标。

4.3.18 应安装报警装置，对撬窃事件进行探测报警。

4.3.19 应安装摄像机，在客户交易时进行监视、录像，回放图像应能清晰辨别客户面部特征，但不应看到客户操作的密码。

4.3.20 对使用以上设备组成的自助银行应增加以下防护措施：

1 应安装入侵报警装置，对装填现金操作区发生的入侵事件进行探测。离行式自助银行应具备入侵报警联动功能。

2 应安装视频安防监控装置，对装填现金操作区进行监视、录像，回放图像应能清晰显示人员的活动情况。

3 应安装视频安防监控装置，对进入自助银行的人员进行监视、录像，回放图像应能清晰显示人员的体貌特征，但不应看到客户操作的密码。应安装声音复核、记录及语音对讲装置。

4 应安装出入口控制设备，对装填现金操作区出入口实施控制。

Ⅵ 各子系统设计要求

4.3.21 紧急报警子系统应符合下列规定：

1 高度风险区触发报警时，应采用"一级报警模式"，同时启动现场声光报警装置。报警声级，室内不小于80 dB（A）；室外不小于100 dB（A）。

2 其他风险区触发报警时，宜采用"二级报警模式"。

3 应采用有线和无线报警方式。当有线报警采用公共电信线路时，在线路上不宜挂接电话机、传真机或其他通讯设备。如确需在线路上挂接此类设备，系统应具有抢线发送报警信号的功能。通过公共电信网传输报警信号的时间不应大于20s。

4 紧急报警防区应设置为不可撤防模式。

5 应具有防误触发、触发报警自锁、人工复位等功能。

6 安装应隐蔽、安全、便于操作。

4.3.22 入侵报警系统的设计除应符合本规范第3.4.2条的规定外，尚应符合下列规定：

1 能探测、报警、传输和记录发生的入侵事件、时间和地点。

2 入侵探测器盲区边缘与防护目标的距离不小于5m。

3 复合入侵探测器，只能视为是一种探测技术的探测装置。

4 对主要出入口、重点防范部位实施报警联动。即在有非法入侵报警时，联动装置能启动摄像、录音、录像和照明装置。

5 报警控制器有可编程和联网功能。应设置用户密码，密码不少于4位。

6 不适宜采用有线传输方式的区域和部位，可采用无线传输方式。

4.3.23 视频安防监控系统的设计除应符合本规范第3.4.3条的规定外，尚应符合下列规定：

1 摄像机宜采用定焦距、定方向的固定安装方式；在光照度变化大的场所应选用自动光圈镜头并配置防护罩；大范围监控区域宜选用带有转动云台和变焦镜头的摄像机。

2 画面显示能进行编程设定，具有自动、手动切换及定格功能。对多画面显示系统具有多画面、单画面相互转换功能。

3 画面上叠加中文显示的摄像机编号、部位和时间、日期。

4　重要部位在正常的工作照明条件下，监视图像质量不应低于现行国家标准《民用闭路监视电视系统工程技术规范》GB 50198—1994 中表 4.3.1-1 规定的 4 级，回放图像质量不应低于表 4.3.1-1 规定的 3 级，或至少能辨别人的面部特征。

采用数字记录设备录像时，高度风险区每路记录速度应为 25 帧/s 。音频、视频应能同步记录和回放；其他风险区每路记录速度不应小于 6 帧/s。

5　宜配备具有多重检索、慢动作画面、超静止画面、步进画面等功能的录像设备。

6　录像设备具有自动录像功能、报警联动录像功能。

7　系统同步可采用外同步、内同步、电源同步或其他形式的同步方式，以保证在图像切换时不产生明显的画面跳动。

8　室外摄像机宜有防雷措施。

9　数字记录设备应符合下列规定：

1）选用技术成熟、性能稳定可靠的产品。

2）图像记录、回放宜采用全双工方式，并可逐帧回放。

3）应具备硬盘状态提示、死机自动恢复、录像目录检索及回放、记录报警前 5s 图像等功能。

4）应具有应急备份措施。

5）宜具有防篡改功能。

4.3.24　出入口控制系统的设计除应符合本规范第 3.4.4 条的规定外，尚应符合下列规定：

1　不同的出入口，应能设置不同的出入权限，包括出入时间权限、出入口权限、出入次数权限、出入方向权限、出入目标标识信息及载体权限。

2　设置的控制点及控制措施须确保在发生火警紧急情况下不能妨碍逃生行为，并应开放紧急通道。

3　不设置公用码。授权人员应设置个人识别码，并设置定期更换个人识别码措施。

4　宜在电子地图上直观地显示每个出入口的实时状态，如安全、报警、破坏或故障等。

5　设计系统校时、自检和指示故障等功能，保证整个系统计时的一致性。

6　系统软件发生异常后，3s 内向控制安全管理系统发出故障报警。

7　能自动存储出入人员的相关信息和出入时间、地点，并能按天进行有效统计和记录、存档。

8　识读装置应保证操作的有效性。对非法进入和试图非法进入的行为，应发出报警信号。合法操作应保证自动门的有效动作。一次有效操作自动门只能产生一次有效动作。

4.3.25　安全管理系统的设计除应符合本规范第 3.4.1 条的规定外，尚应符合下列规定：

1　能够接收其他子系统的报警信息，在电子地图上实时显示，并发出声、光报警信号。

2　能与其他子系统透明传输、正确交流信息。

3　具有系统管理员、操作员和维护员分别授权管理功能。

4　具有自动巡回呼叫预定的电话/网络用户功能。

5　具有按照预定方案布防/撤防功能。

6　具有应急预案显示功能。

7　具有防止修改运行日志的功能。

8　具有计算机安全防护功能，如防病毒等。

9　具有准确记录、方便检索入侵事件及相关声音、图像的功能。

10　数据、图像、声音等记录资料保留时间应满足安全管理要求。所有资料至少应保留 30d 以上。

11　具有适应银行安全管理制度要求的软件扩充性。

12　具有通过标准接口与其他系统交换信息的功能。

4.3.26　室外周界防护子系统应符合下列规定：

1　当发生入侵行为时，报警信号能通过电子地图或模拟地形图显示报警的具体位置，并发出声、光报警。

2　报警探测器所形成的警戒线连续无间断。

4.3.27　系统供电应设置不间断电源，其容量应适应运行环境和安全管理的要求，并应至少能支持系统运行 0.5h 以上。

4.4　重要物资储存库安全防范工程设计

Ⅰ　一 般 规 定

4.4.1　本节适用于新建、扩建、改建的重要物资储存库的安全防范工程。

4.4.2　根据重要物资储存库的风险等级确定相应的防护级别。

4.4.3　设计重要物资储存库的安全防范工程时，建设单位应根据本规范提供相关的图纸资料，并结合实际情况提出防护需求。设计单位应根据本规范和建设单位的需求，提出可靠、先进、经济和实用的设计方案。

4.4.4　重要物资储存库防护范围的划分。

1　防护区：重要物资储存库库区周界线以内的区域。

2　禁区：重要物资储存库库房（或部位、室、柜等）、监控中心。

4.4.5　现场勘察除应符合本规范第 3.2 节的规定外，尚应符合下列规定：

1　设置无线通讯系统时，应对使用区域内的场强进行测试和记录。

2　应了解工程所在地的岩石（或砂石、土壤）电阻率。

4.4.6 安全防范工程选用的设备器材应满足使用环境的要求；当达不到要求时，应采取相应的防护措施。

4.4.7 安全防范工程设计时，前端设备应尽可能设置于爆炸危险区域外；当前端设备必须安装在爆炸危险区域内时，应选用与爆炸危险介质相适应的防爆产品。

Ⅱ 一级防护工程设计

4.4.8 一级防护安全防范工程应由入侵报警、视频安防监控、出入口控制、电子巡查、保安通讯等子系统集成或组合，并应通过监控中心的安全管理系统实现对各子系统的管理和监控。

4.4.9 禁区应设置入侵报警装置，并应安装紧急报警装置；防护区应设置周界围墙，有条件时宜设置周界报警装置。

4.4.10 防护区重要通道或部位应安装摄像机进行监控。当有入侵报警信息时，应联动视频安防监控系统，进行图像复核，并实时录像。

4.4.11 重要出入口应设置出入口控制装置。

4.4.12 防护区应设置电子巡查系统、保安通讯系统。

Ⅲ 二级防护工程设计

4.4.13 二级防护安全防范工程宜由入侵报警、视频安防监控、出入口控制、电子巡查、保安通讯等子系统集成或组合，并宜通过监控中心的安全管理系统实现对各子系统的管理和监控。

4.4.14 禁区宜设置入侵报警装置，并宜安装紧急报警装置；防护区宜设置周界围墙，有条件时可设置周界报警装置。

4.4.15 防护区重要通道或部位宜安装摄像机进行监控，摄像机数量可根据现场情况适当减少。当有入侵报警信息时可联动摄录设备。

4.4.16 重要出入口宜设置出入口控制装置。

4.4.17 防护区宜设置电子巡查系统、保安通讯系统。

Ⅳ 三级防护工程设计

4.4.18 三级防护安全防范工程可由入侵报警、视频安防监控、出入口控制、电子巡查、保安通讯等子系统集成或组合，并可通过监控中心的安全管理系统实现对各子系统的管理和监控。

4.4.19 禁区可设置入侵报警装置或紧急报警装置；防护区宜设置周界围墙，有条件的可设置周界报警装置。

4.4.20 防护区内重要通道或部位可安装摄像机进行监控，并可手动或自动启动摄录设备。

4.4.21 重要出入口可设置出入口控制装置。

4.4.22 防护区可设置电子巡查系统、保安通讯系统。

Ⅴ 各子系统设计要求

4.4.23 视频安防监控系统的设计除应符合本规范第3.4.3条的规定外，尚应符合下列规定：

1 室外摄像机宜采用彩色/黑白转换型摄像机，并考虑夜间辅助照明装置。

2 在周界或库区主要通道宜配置带转动云台和变焦镜头的摄像机。

3 视频图像记录宜选用数字录像设备。

4.4.24 出入口控制系统的设计除应符合本规范第3.4.4条的规定外，尚应符合下列规定：

1 不同的出入口应能设置不同的出入权限。

2 所有出入口控制的计时应一致。

3 应能记录每次有效出入的人员信息和出入时间、地点，并能按天进行统计、存档和检索查询。

4.4.25 电子巡查系统的设计除应符合本规范第3.4.5条的规定外，尚应符合下列规定：

1 根据现场情况，可选择在线式或离线式巡查方式。

2 巡查点的数量根据现场情况确定，巡查点的设置应以不漏巡为原则。

4.4.26 保安通讯系统设计应符合下列规定：

1 根据现场情况，可选择有线或无线通讯方式。

2 采用有线通讯方式时，应设置专用的程控交换机话务通讯系统。监控中心电话机应有实时录音功能，其他通讯点电话机摘机3s不拨号可自动接通监控中心，如拨号可接通相应内部电话。

3 采用无线通讯方式时，中继台和天线的架设数量应根据库区面积大小、地理环境、电波传播的状况等因素确定，达到通讯无盲区的要求；无线对讲机应安装保密模块。

4.4.27 周界防护系统设计应符合下列规定：

1 一般布设在防护区周界或禁区周界，周界报警探测器形成的警戒线宜连续无间断（周界出入口除外）。

2 当报警发生时，监控中心应能显示周界模拟地形图，并以声、光信号显示报警的具体位置，且可进行局部放大。

4.4.28 监控中心的设计除应符合本规范第3.13节的规定外，尚应符合下列规定：

1 一、二级防护安全防范工程的监控中心应为专用工作间，并应安装防盗安全门和紧急报警装置，与当地公安机关接处警中心应有通讯接口。

2 一、二级防护安全防范工程的监控中心宜设独立的卫生间、值班人员休息间，总面积不宜小于40m²；三级防护安全防范工程监控中心可设在值班室。

4.5 民用机场安全防范工程设计

Ⅰ 一般规定

4.5.1 本节内容适用于新建、改建、扩建的民用航空运输机场（含军民合用机场的民用部分）的安全防范工程。

4.5.2 民用机场安全防范系统宜由防爆安检、视频安防监控、入侵报警、出入口控制、周界防护等子系统组成。

4.5.3 民用机场安防系统的设计应考虑与机场消防报警、建筑设备监控、旅客离港管理等有关系统联动。

4.5.4 民用机场安防系统的设计应考虑视频图像的远程传输问题。

4.5.5 民用机场安防系统应独立运行。其安全管理系统和信息网络原则上应单独设置。

Ⅱ 一级防护工程设计

4.5.6 民用机场安检区应设置防爆安检系统，包括X射线安全检查设备、金属探测门、手持金属探测器、爆炸物检测仪、防爆装置及其他附属设备；应设置视频安防监控系统和紧急报警装置。视频安防监控系统应能对进行安检的旅客、行李、证件及检查过程进行监视记录，应能迅速检索单人的全部资料。

4.5.7 民用机场航站楼的旅客迎送大厅、售票处、值机柜台、行李传送装置区、旅客候机隔离区、重要出入通道及其他特殊需要的部位，应设置视频安防监控系统，进行实时监控，及时记录。

4.5.8 旅客候机隔离厅（室）与非控制区相通的门、通道等部位及其他重要通道、要害部位的出入口，应设置出入口控制装置。

4.5.9 机场控制区、飞行区应按照国家现行标准《民用航空运输机场安防设施建设标准》MH 7003的要求实施全封闭管理。在封闭区边界应设置围栏、围墙和周界防护系统。飞行区及其出入口，应设置视频安防监控装置、出入口控制装置和防冲撞路障。

4.5.10 在飞行区内的视频安防监控系统，应对飞机着陆进港和起飞离港的过程进行监视和记录（包括旅客上下飞机的情况、旅客行李和货物的装机、卸机情况等），并与照明系统、警告广播系统联动。

4.5.11 机场的货运库、维修机库、停车场、进场交通要道、塔台等部位，宜根据安防管理要求分别或综合设置入侵报警、视频安防监控、出入口控制等系统，并考虑相互之间的联动。

4.5.12 应设置安防监控中心(或主控室)。监控中心的设计应符合本规范第3.13节的规定,并设置电子地图。

Ⅲ 二级防护工程设计

4.5.13 应符合第4.5.6～4.5.8条的规定。

4.5.14 飞行区的出入口应设置出入口控制装置及防冲撞路障。

4.5.15 应对旅客下机及登机过程进行监视。

4.5.16 旅客行李和货物在装机及卸机时宜处于监视之下。

4.5.17 应符合第4.5.11条的规定。

4.5.18 监控中心设置原则与功能要求基本与一级相同，但范围、规模可略小些。

Ⅳ 三级防护工程设计

4.5.19 应符合第4.5.6条的规定。

4.5.20 应符合第4.5.7条的规定，摄像机数量可根据现场情况，适当减少。

4.5.21 应符合第4.5.8条、第4.5.14条的规定。

4.5.22 应符合第4.5.15条的规定，摄像机数量可根据现场情况，适当减少。

4.5.23 机场的货运库、停车场、交通要道宜设置视频安防监控装置。

4.5.24 监控中心设置原则与功能要求基本与二级相同，地点可以设在公安值班室内。

Ⅴ 各子系统设计要求

4.5.25 周界防护系统的设计应符合本规范第4.3.26条的规定，并应符合机场电磁环境的要求。

4.5.26 入侵报警系统的设计应符合本规范第4.3.22条的规定。

4.5.27 视频安防监控系统的设计应符合本规范第4.3.23条的规定。

4.5.28 视频图像记录应采用数字录像设备。

4.5.29 出入口控制系统的设计应符合本规范第4.2.29条的规定。

4.5.30 安全管理系统的设计应符合本规范第4.2.32条的规定。

4.5.31 监控中心设计除应符合本规范第3.13节的规定外，尚应符合下列规定：

1 应设置防盗安全门与紧急报警装置。

2 应是专用工作间，应有卫生间、值班人员休息室。

3 一级防护系统的监控中心面积不应小于30m²；二级防护系统的监控中心面积不应小于20m²；三级防护系统的监控中心可设在值班室内。

4.6 铁路车站安全防范工程设计

Ⅰ 一 般 规 定

4.6.1 本节内容适用于新建、改建、扩建的国家铁路车站的安全防范工程。

4.6.2 铁路车站安全防范系统设计应考虑与消防报警、内部业务管理等有关系统联动。

4.6.3 铁路车站安全防范系统工程设计应考虑视频、音频、控制信号的远程传输，按用户要求提供远程传输接口、传输线路和终端设备。

4.6.4 铁路车站安全防范系统设计宜由防爆安检系统、周界防护系统、入侵报警系统（含紧急报警装置）、视频安防监控系统、出入口控制系统等组成。

4.6.5 铁路车站安全防范系统应独立运行。安全管理系统和信息网络原则上应单独设置。

Ⅱ 一级防护工程设计

4.6.6 铁路车站的旅客进站广厅、行包房应设置防爆安检系统。旅客进站广厅应设置X射线安全检查设备、手持金属探测器、爆炸物检测仪、防爆装置及附属设备；行包房应设置X射线安全检查设备。

4.6.7 铁路车站的旅客进站广厅、旅客候车区、站台、站前广场、进出站口、站内通道、进出站交通要道、客技站及其他有安防监控需要的场所和部位，应设置视频安防监控系统。

4.6.8 铁路车站要害部位的出入口、售票场所（含机房、票据库、进款室）的主要出入口、特殊需要的重要通道口，宜设置出入口控制系统。

4.6.9 铁路车站要害部位，车站内储存易燃、易爆、剧毒、放射性物品的仓库，供水设施等重点场所和部位，应分别或综合设置周界防护系统、入侵报警系统（含紧急报警装置）、视频安防监控系统。

4.6.10 铁路车站的售票场所（含机房、票据库、进款室）、行包房、货场、货运营业厅（室）、编组场，应分别或综合设置入侵报警系统（含紧急报警装置）、视频安防监控系统。

4.6.11 监控中心应独立设置。

4.6.12 安全防范系统应为集成式。

Ⅲ 二级防护工程设计

4.6.13 铁路车站的旅客进站广厅、行包房应设置X射线安全检查设备。

4.6.14 旅客进站广厅宜设置手持金属探测器、爆炸物检测仪、防爆装置及附属设备。

4.6.15 铁路车站的旅客进站广厅、旅客候车区、站台、站前广场、进出站口、站内通道、进出站交通要道，应设置视频安防监控系统。

4.6.16 客技站宜设置视频安防监控系统。

4.6.17 铁路车站要害部位的出入口、售票场所（含机房、票据库、进款室）的主要出入口、特殊需要的重要通道口，可设置出入口控制系统。

4.6.18 铁路车站要害部位应分别或综合设置周界防护系统、入侵报警系统（含紧急报警装置）、视频安防监控系统。

4.6.19 铁路车站内储存易燃、易爆、剧毒、放射性物品的仓库，大型油库、供水设施等重点场所和部位，宜分别或综合设置周界防护系统、入侵报警系统（含紧急报警装置）、视频安防监控系统，应考虑设置实体防护系统。

4.6.20 应符合第4.6.10条的规定。

4.6.21 监控中心宜独立设置。

4.6.22 安全防范系统应为组合式。

Ⅳ 三级防护工程设计

4.6.23 应符合第4.6.13条的规定。

4.6.24 旅客进站广厅可设置防爆装置及附属设备、手持金属探测器、爆炸物检测仪。

4.6.25 铁路车站的旅客进站广厅、旅客候车区、站台、站前广场、进出站口、站内通道，应设置视频安防监控系统（根据现场情况摄像机数量可适当减少）。

4.6.26 进出站交通要道宜设置视频安防监控系统。

4.6.27 铁路车站售票场所（含机房、票据库、进款室）应设置视频安防监控系统。

4.6.28 宜设置入侵报警系统（含紧急报警装置），可设置出入口控制系统。

4.6.29 铁路车站的要害部位，宜设置周界防护系统、入侵报警系统（含紧急报警装置）、视频安防监控系统，应考虑设置实体防护系统。储存易燃、易爆、剧毒品、放射性物品仓库和供水设施等重点部位，可设置周界防护系统、入侵报警系统（含紧急报警装置）、视频安防监控系统。

4.6.30 铁路车站行包房、货场、编组场、货运营业厅（室）等重点场所和部位，宜设置视频安防监控系统。

4.6.31 宜设置监控中心。

4.6.32 安全防范系统可为分散式。

Ⅴ 各子系统设计要求

4.6.33 周界防护系统的设计应符合本规范第4.3.26条的规定，并应遵守铁路无线电管理对电磁环境的要求。

4.6.34 紧急报警子系统的设计应符合本规范第4.3.21条的规定。

4.6.35 入侵报警系统的设计应符合本规范第4.3.22条的规定。

4.6.36 视频安防监控系统的设计应符合本规范第4.3.23条的规定。

4.6.37 视频图像记录应采用数字录像设备。

4.6.38 出入口控制系统的设计应符合本规范第4.2.29条的规定。

4.6.39 安全管理系统的设计应符合本规范第4.2.32条的规定。

4.6.40 监控中心设计除应符合本规范第3.13节的规定外，尚应符合下列规定：

1 应设置防盗安全门与紧急报警装置。

2 一级防护系统的监控中心使用面积不宜小于60m^2；二级防护系统的监控中心使用面积不宜小于40m^2；三级防护系统的监控中心可设在值班室内。

5 普通风险对象的安全防范工程设计

5.1 通用型公共建筑安全防范工程设计

Ⅰ 一般规定

5.1.1 本节内容适用于新建、扩建和改建的通用型公共建筑安防工程，包括办公楼建筑、宾馆建筑、商业建筑（商场、超市）、文化建筑（文体、娱乐）等的安全防范工程。

5.1.2 通用型公共建筑安全防范工程，应根据具体建筑物不同的使用功能和建筑物的建设标准，进行工程设计及系统配置。

5.1.3 通用型公共建筑安全防范工程，根据其安全管理要求、建设投资、系统规模、系统功能等因素，由低至高分为基本型、提高型、先进型三种类型。

5.1.4 通用型公共建筑安防系统的组建模式、系统构成、系统功能以及各子系统的设计，应执行本规范第3章的相关规定。

5.1.5 设防区域和部位的选择宜符合下列规定：

1 周界：建筑物单体、建筑物群体外层周界、楼外广场、建筑物周边外墙、建筑物地面层、建筑物顶层等。

2 出入口：建筑物、建筑物群周界出入口、建筑物地面层出入口、办公室门、建筑物内或/和楼群间通道出入口、安全出口、疏散出口、停车库（场）出入口等。

3 通道：周界内主要通道、门厅（大堂）、楼内各楼层内部通道、各楼层电梯厅、自动扶梯口等。

4 公共区域：会客厅、商务中心、购物中心、会议厅、酒吧、咖啡座、功能转换层、避难层、停车库（场）等。

5 重要部位：重要工作室、财务出纳室、建筑机电设备监控中心、信息机房、重要物品库、监控中心等。

Ⅱ 基本型安防工程设计

5.1.6 周界的防护应符合下列规定：

1 地面层的出入口（正门和其他出入口）、外窗宜有电子防护措施。

2 顶层宜设置实体防护设施或电子防护措施。

5.1.7 各层安全出口、疏散出口安装出入口控制系统时，应与消防报警系统联动。在火灾报警的同时应自动释放出入口控制系统，不应设置延时功能。疏散门在出入口控制系统释放后应能随时开启，以便消防人员顺利进入实施灭火救援。

5.1.8 各层通道宜预留视频安防监控系统管线和接口。

5.1.9 电梯厅和自动扶梯口应预留视频安防监控系统管线和接口。

5.1.10 公共区域的防护应符合下列规定：

1 避难层、功能转换层应视实际需要预留视频安防监控系统管线和接口。

2 会客区、商务中心、会议区、商店、文体娱乐中心等宜预留视频安防监控系统管线和接口。

5.1.11 重要部位的防护应符合下列规定：

1 重要工作室应安装防盗安全门，可设置出入口控制系统、入侵报警系统。

2 大楼设备监控中心应设置防盗安全门，宜设置出入口控制系统、视频安防监控系统和入侵报警系统。

3 信息机房应设置防盗安全门，宜设置出入口控制系统、视频安防监控系统和入侵报警系统。

4 楼内财务出纳室应设置防盗安全门、紧急报警装置，宜设置入侵报警系统和视频安防监控系统。

5 重要物品库应设置防盗安全门、紧急报警装置，宜设置出入口控制系统、入侵报警系统和视频安防监控系统。

6 公共建筑中开设的银行营业场所的安防工程设计，应符合本规范第4.3节的规定。

5.1.12 监控中心可设在值班室内。

Ⅲ 提高型安防工程设计

5.1.13 周界的防护应符合下列规定：

1 应符合第5.1.6条的规定。

2 地面层出入口（正门和其他出入口）宜设置视频安防监控系统。

3 顶层宜设置实体防护或/和电子防护设施。

5.1.14 楼内各层门厅宜设置视频安防监控装置。

5.1.15 各层安全出口、疏散出口的防护应符合第5.1.7条的规定。

5.1.16 各层通道宜设置入侵报警系统或/和视频安防监控系统。

5.1.17 电梯厅和自动扶梯口宜设置视频安防监控系统。

5.1.18 公共区域的防护应符合下列规定：

1 避难层、功能转换层宜设置视频安防监控系统。

2 停车库(场)宜设置停车库(场)管理系统，并视实际需要预留视频安防监控系统管线和接口。

3 会客区、商务中心、会议区、商店、文体娱乐中心等宜设置视频安防监控系统。

5.1.19 重要部位的防护应符合下列规定：

1 重要工作室应设置防盗安全门、出入口控制系统，宜设置入侵报警系统。

2 大楼设备监控中心应设置防盗安全门、出入口控制系统，宜设置视频安防监控系统和入侵报警系统。

3 信息机房应设置防盗安全门、出入口控制系统，宜设置视频安防监控系统和入侵报警系统。

4 楼内财务出纳室应设置防盗安全门、紧急报警系统、入侵报警系统，宜设置视频安防监控系统。

5 重要物品库应设置防盗安全门、紧急报警系统、出入口控制系统，宜设置入侵报警系统和视频安防监控系统。

6 应符合第5.1.11条第6款的规定。

5.1.20 系统的组建模式为组合式安全防范系统。监控中心应为专用工作间，其面积不宜小于30m²，宜设独立的卫生间和休息室。

Ⅳ 先进型安防工程设计

5.1.21 周界的防护应符合第5.1.13条的规定。

5.1.22 楼内各层门厅的防护应符合第5.1.14条的规定。

5.1.23 各层安全出口、疏散出口的防护应符合第5.1.7条的规定。

5.1.24 各层通道应设置入侵报警系统或/和视频安防监控系统。

5.1.25 电梯厅和自动扶梯口应设置视频安防监控系统。

5.1.26 公共区域的防护应符合下列规定：

1 避难层、功能转换层应设置视频安防监控系统。

2 停车库（场）应设置停车库（场）管理系统和视频安防监控系统。

3 会客区、商务中心、会议区、商店、文体娱乐中心等应设置视频安防监控系统。

5.1.27 重要部位的防护应符合第5.1.19条的规定。

5.1.28 系统的组建模式为集成式安全防范系统。监控中心应为专用工作间，其面积不宜小于50m^2，应设独立的卫生间和休息室。

5.2 住宅小区安全防范工程设计

Ⅰ 一 般 规 定

5.2.1 本节内容适用于总建筑面积在5万m^2以上（含5万m^2）、设有小区监控中心的新建、扩建、改建的住宅小区安全防范工程。

5.2.2 住宅小区的安全防范工程，根据建筑面积、建设投资、系统规模、系统功能和安全管理要求等因素，由低至高分为基本型、提高型、先进型三种类型。

5.2.3 住宅小区安全防范工程的设计，应遵从人防、物防、技防有机结合的原则，在设置物防、技防设施时，应考虑人防的功能和作用。

5.2.4 安全防范工程的设计，必须纳入住宅小区开发建设的总体规划中，统筹规划，统一设计，同步施工。5万m^2以上（含5万m^2）的住宅小区应设置监控中心。

Ⅱ 基本型安防工程设计

5.2.5 周界的防护应符合下列规定：

1 沿小区周界应设置实体防护设施（围栏、围墙等）或周界电子防护系统。

2 实体防护设施沿小区周界封闭设置，高度不应低于1.8m。围栏的竖杆间距不应大于15cm。围栏1m以下不应有横撑。

3 周界电子防护系统沿小区周界封闭设置（小区出入口除外），应能在监控中心通过电子地图或模拟地形图显示周界报警的具体位置，应有声、光指示，应具备防拆和断路报警功能。

5.2.6 公共区域宜安装电子巡查系统。

5.2.7 家庭安全防护应符合下列规定：

1 住宅一层宜安装内置式防护窗或高强度防护玻璃窗。

2 应安装访客对讲系统，并配置不间断电源装置。访客对讲系统主机安装在单元防护门上或墙体主机预埋盒内，应具有与分机对讲的功能。分机设置在住户室内，应具有门控功能，宜具有报警输出接口。

3 访客对讲系统应与消防系统互联，当发生火警时，（单元门口的）防盗门锁应能自动打开。

4 宜在住户室内安装至少一处以上的紧急求助报警装置。紧急求助报警装置应具有防拆卸、防破坏报警功能，且有防误触发措施；安装位置应适宜，应考虑老年人和未成年人的使用要求，选用触发件接触面大、机械部件灵活、可靠的产品。求助信号应能及时报至监控中心（在设防状态下）。

5.2.8 监控中心的设计应符合下列规定：

1 监控中心宜设在小区地理位置的中心，避开噪声、污染、振动和较强电磁场干扰的地方。可与住宅小区管理中心合建，使用面积应根据设备容量确定。

2 监控中心设在一层时，应设内置式防护窗（或高强度防护玻璃窗）及防盗门。

3 各安防子系统可单独设置，但由监控中心统一接收、处理来自各子系统的报警信息。

4 应留有与接处警中心联网的接口。

5 应配置可靠的通信工具，发生警情时，能及时向接处警中心报警。

5.2.9 基本型安防系统的配置标准应符合表5.2.9的规定。

表5.2.9 基本型安防系统配置标准

序号	系统名称	安防设施	基本设置标准
1	周界防护系统	实体周界防护系统	两项中应设置一项
		电子周界防护系统	
2	公共区域安全防范系统	电子巡查系统	宜设置
3	家庭安全防范系统	内置式防护窗（或高强度防护玻璃窗）	一层设置
		访客对讲系统	设置
		紧急求助报警装置	宜设置
4	监控中心	安全管理系统	各子系统可单独设置
		有线通信工具	设置

Ⅲ 提高型安防工程设计

5.2.10 周界的防护应符合下列规定：

1 沿小区周界设置实体防护设施（围栏、围墙等）和周界电子防护系统。

2 应符合第5.2.5条第2、3款的规定。

3 小区出入口应设置视频安防监控系统。

5.2.11 公共区域的防护应符合下列规定：

1 安装电子巡查系统。

2 在重要部位和区域设置视频安防监控系统。

3 宜设置停车库（场）管理系统。

5.2.12 家庭安全防护应符合下列规定：

1 应符合第5.2.7条第1、3、4款的规定。

2 应安装联网型访客对讲系统，并符合第5.2.7条第2款的相关规定。

3 可根据用户需要安装入侵报警系统，家庭报警控制器应与监控中心联网。

5.2.13 监控中心的设计应符合下列规定：

1 应符合第5.2.8条第1、2款的规定。

2 各子系统宜联动设置，由监控中心统一接收、处理来自各子系统的报警信息等。

3 应符合第5.2.8条第4、5款的规定。

5.2.14 提高型安防系统的配置标准应符合表5.2.14的规定。

表5.2.14 提高型安防系统配置标准

序号	系统名称	安防设施	基本设置标准
1	周界防护系统	实体周界防护系统	设置
		电子周界防护系统	设置
2	公共区域安全防范系统	电子巡查系统	设置
		视频安防监控系统	小区出入口、重要部位或区域设置
		停车库（场）管理系统	宜设置
3	家庭安全防范系统	内置式防护窗（或高强度防护玻璃窗）	一层设置
		紧急求助报警装置	设置
		联网型访客对讲系统	设置
		入侵报警系统	可设置
4	监控中心	安全管理系统	各子系统宜联动设置
		有线和无线通信工具	设置

Ⅳ 先进型安防工程设计

5.2.15 周界的防护应符合下列规定：

1 应符合第5.2.9条的规定。

2 住宅小区周界宜安装视频安防监控系统。

5.2.16 公共区域的防护应符合下列规定：

1 安装在线式电子巡查系统。

2 在重要部位、重要区域、小区主要通道、停车库（场）及电梯轿厢等部位设置视频安防监控系统。

3 应设置停车库（场）管理系统，并宜与监控中心联网。

5.2.17 家庭安全防护应符合下列规定：

1 应符合第5.2.7条第1、3、4款的规定。

2 应安装访客可视对讲系统，可视对讲主机的内置摄像机宜具有逆光补偿功能或配置环境亮度处理装置，并应符合第5.2.12条第2款的相关规定。

3 宜在户门及阳台、外窗安装入侵报警系统，并符合第5.2.12条第3款的相关规定。

4 在户内安装可燃气体泄漏自动报警装置。

5.2.18 监控中心的设计应符合下列规定：

1 应符合第5.2.8条第1、2款的规定。

2 安全管理系统通过统一的管理软件实现监控中心对各子系统的联动管理与控制，统一接收、处理来自各子系统的报警信息等，且宜与小区综合管理系统联网。

3 应符合第5.2.8条第4、5款的规定。

5.2.19 先进型安防系统的配置标准应符合表5.2.19的规定。

表5.2.19 先进型安防系统配置标准

序号	系统名称	安防设施	基本设置标准
1	周界防护系统	实体周界防护系统	设置
		电子周界防护系统	设置
2	公共区域安全防范系统	在线式电子巡查系统	设置
		视频安防监控系统	小区出入口、重要部位或区域、通道、电梯轿厢等处设置
		停车库（场）管理系统	设置
3	家庭安全防范系统	内置式防护窗（或高强度防护玻璃窗）	一层设置
		紧急求助报警装置	设置至少两处
		访客可视对讲系统	设置
		入侵报警系统	设置
		可燃气体泄漏报警装置	设置
4	监控中心	安全管理系统	各子系统联动设置
		有线和无线通信工具	设置

6 安全防范工程施工

6.1 一 般 规 定

6.1.1 本章规定了安全防范工程施工的基本要求，是安全防范工程施工的基本依据。

6.1.2 本章适用于各类建（构）筑物安全防范工程的施工。

6.1.3 安全防范工程的施工，除执行本章规定外，还应符合国家现行的有关法律、法规及标准、规范的规定。

6.2 施 工 准 备

6.2.1 对施工现场进行检查，符合下列要求方可进场、施工：

1 施工对象已基本具备进场条件，如作业场地、安全用电等均符合施工要求。

2 施工区域内建筑物的现场情况和预留管道、预留孔洞、地槽及预埋件等应符合设计要求。

3 使用道路及占用道路（包括横跨道路）情况符合施工要求。

4 允许同杆架设的杆路及自立杆杆路的情况清楚，符合施工要求。

5 敷设管道电缆和直埋电缆的路由状况清楚，并已对各管道标出路由标志。

6 当施工现场有影响施工的各种障碍物时，已提前清除。

6.2.2 对施工准备进行检查，符合下列要求方可施工：

1 设计文件和施工图纸齐全。

2 施工人员熟悉施工图纸及有关资料，包括工程特点、施工方案、工艺要求、施工质量标准及验收标准。

3 设备、器材、辅材、工具、机械以及通讯联络工具等应满足连续施工和阶段施工的要求。

4 有源设备应通电检查，各项功能正常。

6.3 工 程 施 工

6.3.1 工程施工应按正式设计文件和施工图纸进行，不得随意更改。若确需局部调整和变更的，须填写“更改审核单”（见表6.3.1），或监理单位提供的更改单，经批准后方可施工。

6.3.2 施工中应做好隐蔽工程的随工验收。管线敷设时，建设单位或监理单位应会同设计、施工单位对管线敷设质量进行随工验收，并填写“隐蔽工程随工验收单”（见表6.3.2）或监理单位提供的隐蔽工程随工验收单。

表6.3.1 更改审核单

编号：

<table>
<tr><td colspan="5">工程名称：</td></tr>
<tr><td colspan="2">更改内容</td><td>更改原因</td><td>原 为</td><td>更改为</td></tr>
<tr><td colspan="2"></td><td></td><td></td><td></td></tr>
<tr><td colspan="2"></td><td></td><td></td><td></td></tr>
<tr><td colspan="2"></td><td></td><td></td><td></td></tr>
<tr><td colspan="3">申请单位(人)：　　日期：</td><td rowspan="5">分发单位</td><td></td></tr>
<tr><td colspan="3">审核单位(人)：　　日期：</td><td></td></tr>
<tr><td rowspan="2">批准会签</td><td colspan="2">设计施工单位：　日期：</td><td></td></tr>
<tr><td colspan="2">建设监理单位：　日期：</td><td></td></tr>
<tr><td colspan="3">更改实施日期：</td><td></td></tr>
</table>

表6.3.2 隐蔽工程随工验收单

<table>
<tr><td colspan="7">工程名称：</td></tr>
<tr><td colspan="3">建设单位/总包单位</td><td colspan="2">设计施工单位</td><td colspan="2">监理单位</td></tr>
<tr><td colspan="3"></td><td colspan="2"></td><td colspan="2"></td></tr>
<tr><td rowspan="8">隐蔽工程内容</td><td rowspan="2">序号</td><td rowspan="2" colspan="2">检 查 内 容</td><td colspan="3">检 查 结 果</td></tr>
<tr><td>安装质量</td><td>部位</td><td>图号</td></tr>
<tr><td>1</td><td colspan="2"></td><td></td><td></td><td></td></tr>
<tr><td>2</td><td colspan="2"></td><td></td><td></td><td></td></tr>
<tr><td>3</td><td colspan="2"></td><td></td><td></td><td></td></tr>
<tr><td>4</td><td colspan="2"></td><td></td><td></td><td></td></tr>
<tr><td>5</td><td colspan="2"></td><td></td><td></td><td></td></tr>
<tr><td>6</td><td colspan="2"></td><td></td><td></td><td></td></tr>
<tr><td>验收意见</td><td colspan="6"></td></tr>
<tr><td colspan="3">建设单位/总包单位</td><td colspan="2">设计施工单位</td><td colspan="2">监理单位</td></tr>
<tr><td colspan="3">验收人：
日期：
签章：</td><td colspan="2">验收人：
日期：
签章：</td><td colspan="2">验收人：
日期：
签章：</td></tr>
</table>

注：1 检查内容包括：（序号1）管道排列、走向、弯曲处理、固定方式；（序号2）管道搭铁、接地；（序号3）管口安放护圈标识；（序号4）接线盒及桥架加盖；（序号5）线缆对管道及线间绝缘电阻；（序号6）线缆接头处理等。

2 检查结果的安装质量栏内，按检查内容序号，合格的打“√”，基本合格的打“△”，不合格的打“×”，并注明对应的楼层（部位）、图号。

3 综合安装质量的检查结果，填写在验收意见栏内，并扼要说明情况。

6.3.3 线缆敷设应符合本规范第3.11.5条的规定。

6.3.4 光缆敷设应符合本规范第3.11.6条的规定。

6.3.5 工程设备的安装应符合下列要求：

1 探测器安装。

1）各类探测器的安装，应根据所选产品的特性、警戒范围要求和环境影响等，确定设备的安装点（位置和高度）。

2）周界入侵探测器的安装，应能保证防区交叉，避免盲区，并应考虑使用环境的影响。

3）探测器底座和支架应固定牢固。

4）导线连接应牢固可靠，外接部分不得外露，并留有适当余量。

2 紧急按钮安装。紧急按钮的安装位置应隐蔽，便于操作。

3 摄像机安装。

1）在满足监视目标视场范围要求的条件下，其安装高度：室内离地不宜低于2.5m；室外离地不宜低于3.5m。

2）摄像机及其配套装置，如镜头、防护罩、支架、雨刷等，安装应牢固，运转应灵活，应注意防破坏，并与周边环境相协调。

3）在强电磁干扰环境下，摄像机安装应与地绝缘隔离。

4）信号线和电源线应分别引入，外露部分用软管保护，并不影响云台的转动。

5）电梯厢内的摄像机应安装在厢门上方的左或右侧，并能有效监视电梯厢内乘员面部特征。

4 云台、解码器安装。

1）云台的安装应牢固，转动时无晃动。

2）应根据产品技术条件和系统设计要求，检查云台的转动角度范围是否满足要求。

3）解码器应安装在云台附近或吊顶内（但须留有检修孔）。

5 出入口控制设备安装。

1）各类识读装置的安装高度离地不宜高于1.5m，安装应牢固。

2）感应式读卡机在安装时应注意可感应范围，不得靠近高频、强磁场。

3）锁具安装应符合产品技术要求，安装应牢固，启闭应灵活。

6 访客（可视）对讲设备安装。

1）（可视）对讲主机（门口机）可安装在单元防护门上或墙体主机预埋盒内，（可视）对讲主机操作面板的安装高度离地不宜高于1.5m，操作面板应面向访客，便于操作。

2）调整可视对讲主机内置摄像机的方位和视角于最佳位置，对不具备逆光补偿的摄像机，宜做环境亮度处理。

3）（可视）对讲分机（用户机）安装位置宜选择在住户室内的内墙上，安装应牢固，其高度离地1.4～1.6m。

4）联网型（可视）对讲系统的管理机宜安装在监控中心内，或小区出入口的值班室内，安装应牢固、稳定。

7 电子巡查设备安装。

1）在线巡查或离线巡查的信息采集点（巡查点）的数目应符合设计与使用要求，其安装高度离地1.3～1.5m。

2）安装应牢固，注意防破坏。

8 停车库（场）管理设备安装。

1）读卡机（IC卡机、磁卡机、出票读卡机、验卡票机）与挡车器安装。

——安装应平整、牢固，与水平面垂直，不得倾斜；

——读卡机与挡车器的中心间距应符合设计要求或产品使用要求；

——宜安装在室内；当安装在室外时，应考虑防水及防撞措施。

2）感应线圈安装。

——感应线圈埋设位置与埋设深度应符合设计要求或产品使用要求；

——感应线圈至机箱处的线缆应采用金属管保护，并固定牢固。

3）信号指示器安装。

——车位状况信号指示器应安装在车道出入口的明显位置；

——车位状况信号指示器宜安装在室内；安装在室外时，应考虑防水措施；

——车位引导显示器应安装在车道中央上方，便于识别与引导。

9 控制设备安装。

1）控制台、机柜（架）安装位置应符合设计要求，安装应平稳牢固、便于操作维护。机柜（架）背面、侧面离墙净距离应符合本规范第3.13.11条的规定。

2）所有控制、显示、记录等终端设备的安装应平稳，便于操作。其中监视器（屏幕）应避免外来光直射，当不可避免时，应采取避光措施。在控制台、机柜（架）内安装的设备应有通风散热措施，内部接插件与设备连接应牢靠。

3）控制室内所有线缆应根据设备安装位置设置电缆槽和进线孔，排列、捆扎整齐，编号，并有永久性标志。

6.3.6 供电、防雷与接地施工应符合下列要求：

1 系统的供电设施应符合本规范第3.12节的规定。摄像机等设备宜采用集中供电，当供电线（低压供电）与控制线合用多芯线时，多芯线与视频线可一起敷设。

2 系统防雷与接地设施的施工应按本规范第3.9节的相关要求进行。

3 当接地电阻达不到要求时，应在接地极回填土中加入无腐蚀性长效降阻剂；当仍达不到要求时，应经过设计单位的同意，采取更换接地装置的措施。

4 监控中心内接地汇集环或汇集排的安装应符合本规范第3.9.6条的规定，安装应平整。接地母线的安装应符合本规范第3.9.3条的规定，并用螺丝固定。

5 对各子系统的室外设备，应按设计文件要求进行防雷与接地施工，并应符合本规范第3.9节的相关规定。

6.4 系统调试

6.4.1 基本要求。系统调试前应编制完成系统设备平面布置图、走线图以及其他必要的技术文件。调试工作应由项目责任人或具有相当于工程师资格的专业技术人员主持，并编制调试大纲。

6.4.2 调试前的准备。

1 按第6.3节要求，检查工程的施工质量。对施工中出现的问题，如错线、虚焊、开路或短路等应予以解决，并有文字记录。

2 按正式设计文件的规定查验已安装设备的规格、型号、数量、备品备件等。

3 系统在通电前应检查供电设备的电压、极性、相位等。

6.4.3 系统调试。

1 先对各种有源设备逐个进行通电检查，工作正常后方可进行系统调试，并做好调试记录。

2 报警系统调试。

1）按国家现行入侵探测器系列标准、《入侵报警系统技术要求》GA/T 368等相关标准的规定，检查与调试系统所采用探测器的探测范围、灵敏度、误报警、漏报警、报警状态后的恢复、防拆保护等功能与指标，应基本符合设计要求。

2）按现行国家标准《防盗报警控制器通用技术条件》GB 12663的规定，检查控制器的本地、异地报警、防破坏报警、布撤防、报警优先、自检及显示等功能，应基本符合设计要求。

3）检查紧急报警时系统的响应时间，应基本符合设计要求。

3 视频安防监控系统调试。

1）按《视频安防监控系统技术要求》GA/T 367等国家现行相关标准的规定，检查并调试摄像机的监控范围、聚焦、环境照度与抗逆光效果等，使图像清晰度、灰度等级达到系统设计要求。

2）检查并调整对云台、镜头等的遥控功能，排除遥控延迟和机械冲击等不良现象，使监视范围达到设计要求。

3）检查并调整视频切换控制主机的操作程序、图像切换、字符叠加等功能，保证工作正常，满足设计要求。

4）调整监视器、录像机、打印机、图像处理器、同步器、编码器、解码器等设备，保证工作正常，满足设计要求。

5）当系统具有报警联动功能时，应检查与调试自动开启摄像机电源、自动切换音视频到指定监视器、自动实时录像等功能。系统应叠加摄像时间、摄像机位置（含电梯楼层显示）的标识符，并显示稳定。当系统需要灯光联动时，应检查灯光打开后图像质量是否达到设计要求。

6）检查与调试监视图像与回放图像的质量，在正常工作照明环境条件下，监视图像质量不应低于现行国家标准《民用闭路监视电视系统工程技术规范》GB 50198—94中表4.3.1-1规定的4级，回放图像质量不应低于表4.3.1-1规定的3级，或至少能辨别人的面部特征。

4 出入口控制系统调试。

1）按《出入口控制系统技术要求》GA/T 394等国家现行相关标准的规定，检查并调试系统设备，如读卡机、控制器等，系统应能正常工作。

2）对各种读卡机在使用不同类型的卡（如通用卡、定时卡、失效卡、黑名单卡、加密卡、防劫持卡等）时，调试其开门、关门、提示、记忆、统计、打印等判别与处理功能。

3）按设计要求，调试出入口控制系统与报警、电子巡查等系统间的联动或集成功能。

4）对采用各种生物识别技术装置（如指纹、掌形、视网膜、声控及其复合技术）的出入口控制系统的调试，应按系统设计文件及产品说明书进行。

5 访客（可视）对讲系统调试。

1）按国家现行标准《楼寓对讲电控防盗门通用技术条件》GA/T 72、《黑白可视对讲系统》GA/T 269的要求，调试门口机、用户机、管理机等设备，保证工作正常。

2）按国家现行标准《楼寓对讲电控防盗门通用技术条件》GA/T 72的要求，调试系统的选呼、通话、电控开锁等功能。

3）调试可视对讲系统的图像质量，应符合国家现行标准《黑白可视对讲系统》GA/T 269的相关要求。

4）对具有报警功能的访客（可视）对讲系统，应按现行国家标准《防盗报警控制器通用技术条件》GB 12663及相关标准的规定，调试其布防、撤防、报警和紧急求助功能，并检查传输及信道有否堵塞情况。

6　电子巡查系统调试。

1）调试系统组成部分各设备，均应工作正常。

2）检查在线式信息采集点读值的可靠性、实时巡查与预置巡查的一致性，并查看记录、存储信息以及在发生不到位时的即时报警功能。

3）检查离线式电子巡查系统，确保信息钮的信息正确，数据的采集、统计、打印等功能正常。

7　停车库（场）管理系统调试。

1）检查并调整读卡机刷卡的有效性及其响应速度。

2）调整电感线圈的位置和响应速度。

3）调整挡车器的开放和关闭的动作时间。

4）调整系统的车辆进出、分类收费、收费指示牌、导向指示、挡车器工作、车牌号复核或车型复核等功能。

8　采用系统集成方式的系统的调试。

1）按系统的设计要求和相关设备的技术说明书、操作手册先对各子系统进行检查和调试，应能工作正常。

2）按照设计文件的要求，检查并调试安全管理系统对各子系统的监控功能，显示、记录功能，以及各子系统脱网独立运行等功能。结果应基本满足本规范第3.3.2、3.3.3和3.4.1条的要求。

9　供电、防雷与接地设施的检查。

1）检查系统的主电源和备用电源，其容量应符合本规范第3.12.4条的规定。

2）检查各子系统在电源电压规定范围内的运行状况，应能正常工作。

3）分别用主电源和备用电源供电，检查电源自动转换和备用电源的自动充电功能。

4）当系统采用稳压电源时，检查其稳压特性、电压纹波系数应符合产品技术条件；当采用UPS作备用电源时，应检查其自动切换的可靠性、切换时间、切换电压值及容量，并应符合设计要求。

5）按本规范第3.9节的要求，检查系统的防雷与接地设施；复核土建施工单位提供的接地电阻测试数据，其接地电阻应符合本规范第3.9.3条的规定，如达不到要求，必须整改。

6）按设计文件要求，检查各子系统的室外设备是否有防雷措施。

6.4.4　系统调试结束后，应根据调试记录，按表6.4.4的要求如实填写调试报告。调试报告经建设单位认可后，系统才能进入试运行。

表6.4.4　系统调试报告

编号：

工程名称			工程地址			
使用单位			联系人		电话	
调试单位			联系人		电话	
设计单位			施工单位			
主要设备	设备名称、型号	数量	编号	出厂年月	生产厂	备注
施工有无遗留问题			施工单位联系人		电话	
调试情况						
调试人员（签字）			使用单位人员（签字）			
施工单位负责人（签字）			设计单位负责人（签字）			
填表日期						

7　安全防范工程检验

7.1　一般规定

7.1.1　本章内容适用于安全防范工程在系统试运行后、竣工验收前对设备安装、施工质量和系统功能、性能、系统安全性和电磁兼容等项目进行的检验。

7.1.2　安全防范工程的检验应由法定检验机构实施。

7.1.3 安全防范工程中所使用的产品、材料应符合国家相应的法律、法规和现行标准的要求，并与正式设计文件、工程合同的内容相符合。

7.1.4 检验项目应覆盖工程合同、正式设计文件的主要内容。

7.1.5 检验所使用的仪器仪表必须经法定计量部门检定合格，性能应稳定可靠。

7.1.6 检验程序应符合下列规定：

1 受检单位提出申请，并提交主要技术文件、资料。技术文件应包括：工程合同、正式设计文件、系统配置框图、设计变更文件、更改审核单、工程合同设备清单、变更设备清单、隐蔽工程随工验收单、主要设备的检验报告或认证证书等。

2 检验机构在实施工程检验前应依据本规范和以上工程技术文件，制定检验实施细则。

3 实施检验，编制检验报告，对检验结果进行评述（判）。

7.1.7 检验实施细则应包括以下内容：检验目的、检验依据、检验内容及方法、使用仪器、检验步骤、测试方案、检测数据记录表及数据处理方法、检验结果评判等。

7.1.8 检验前，系统应试运行一个月。

7.1.9 对系统中主要设备的检验，应采用简单随机抽样法进行抽样；抽样率不应低于20%且不应少于3台；设备少于3台时应100%检验。

7.1.10 检验过程应遵循先子系统，后集成系统的顺序检验。

7.1.11 对定量检测的项目，在同一条件下每个点必须进行3次以上读值。

7.1.12 检验中有不合格项时，允许改正后进行复测。复测时抽样数量应加倍，复测仍不合格则判该项不合格。

7.2 系统功能与主要性能检验

7.2.1 入侵报警系统检验项目、检验要求及测试方法应符合表7.2.1的要求。

表7.2.1 入侵报警系统检验项目、检验要求及测试方法

序号	检验项目		检验要求及测试方法
1	入侵报警功能检验	各类入侵探测器报警功能检验	各类入侵探测器应按相应标准规定的检验方法检验探测灵敏度及覆盖范围。在设防状态下，当探测到有入侵发生，应能发出报警信息。防盗报警控制设备上应显示出报警发生的区域，并发出声、光报警。报警信息应能保持到手动复位。防范区域应在入侵探测器的有效探测范围内，防范区域内应无盲区
		紧急报警功能检验	系统在任何状态下触动紧急报警装置，在防盗报警控制设备上应显示出报警发生地址，并发出声、光报警。报警信息应能保持到手动复位。紧急报警装置应有防误触发措施，被触发后应自锁。当同时触发多路紧急报警装置时，应在防盗报警控制设备上依次显示出报警发生区域，并发出声、光报警信息。报警信息应能保持到手动复位，报警信号应无丢失
		多路同时报警功能检验	当多路探测器同时报警时，在防盗报警控制设备上应显示出报警发生地址，并发出声、光报警信息。报警信息应能保持到手动复位，报警信号应无丢失
		报警后的恢复功能检验	报警发生后，入侵报警系统应能手动复位。在设防状态下，探测器的入侵探测与报警功能应正常；在撤防状态下，对探测器的报警信息应不发出报警
2	防破坏及故障报警功能检验	入侵探测器防拆报警功能检验	在任何状态下，当探测器机壳被打开，在防盗报警控制设备上应显示出探测器地址，并发出声、光报警信息，报警信息应能保持到手动复位
		防盗报警控制器防拆报警功能检验	在任何状态下，防盗报警控制器机盖被打开，防盗报警控制设备应发出声、光报警，报警信息应能保持到手动复位
		防盗报警控制器信号线防破坏报警功能检验	在有线传输系统中，当报警信号传输线被开路、短路及并接其他负载时，防盗报警控制器应发出声、光报警信息，应显示报警信息，报警信息应能保持到手动复位
		入侵探测器电源线防破坏功能检验	在有线传输系统中，当探测器电源线被切断，防盗报警控制设备应发出声、光报警信息，应显示线路故障信息，该信息应能保持到手动复位
		防盗报警控制器主备电源故障报警功能检验	当防盗报警控制器主电源发生故障时，备用电源应自动工作，同时应显示主电源故障信息；当备用电源发生故障或欠压时，应显示备用电源故障或欠压信息，该信息应能保持到手动复位
		电话线防破坏功能检验	在利用市话网传输报警信号的系统中，当电话线被切断，防盗报警控制设备应发出声、光报警信息，应显示线路故障信息，该信息应能保持到手动复位

续表 7.2.1

序号	检验项目		检验要求及测试方法
3	记录、显示功能检验	显示信息检验	系统应具有显示和记录开机、关机时间、报警、故障、被破坏、设防时间、撤防时间、更改时间等信息的功能
		记录内容检验	应记录报警发生时间、地点、报警信息性质、故障信息性质等信息。信息内容要求准确、明确
		管理功能检验	具有管理功能的系统，应能自动显示、记录系统的工作状况，并具有多级管理密码
4	系统自检功能检验	自检功能检验	系统应具有自检或巡检功能，当系统中入侵探测器或报警控制设备发生故障、被破坏，都应有声光报警，报警信息应保持到手动复位
		设防/撤防、旁路功能检验	系统应能手动/自动设防/撤防，应能按时间在全部及部分区域任意设防和撤防；设防、撤防状态应有显示，并有明显区别
5	系统报警响应时间检验		1. 检测从探测器探测到报警信号到系统联动设备启动之间的响应时间，应符合设计要求； 2. 检测从探测器探测到报警发生并经市话网电话线传输，到报警控制设备接收到报警信号之间的响应时间，应符合设计要求； 3. 检测系统发生故障到报警控制设备显示信息之间的响应时间，应符合设计要求
6	报警复核功能检验		在有报警复核功能的系统中，当报警发生时，系统应能对报警现场进行声音或图像复核
7	报警声级检验		用声级计在距离报警发声器件正前方1m处测量（包括探测器本地报警发声器件、控制台内置发声器件及外置发声器件），声级应符合设计要求
8	报警优先功能检验		经市话网电话线传输报警信息的系统，在主叫方式下应具有报警优先功能。检查是否有被叫禁用措施
9	其他项目检验		具体工程中具有的而以上功能中未涉及到的项目，其检验要求应符合相应标准、工程合同及设计任务书的要求

7.2.2 视频安防监控系统检验项目、检验要求及测试方法应符合表 7.2.2 的要求。

表 7.2.2 视频安防监控系统检验项目、检验要求及测试方法

序号	检验项目		检验要求及测试方法
1	系统控制功能检验	编程功能检验	通过控制设备键盘可手动或自动编程，实现对所有的视频图像在指定的显示器上进行固定或时序显示、切换
		遥控功能检验	控制设备对云台、镜头、防护罩等所有前端受控部件的控制应平稳、准确
2	监视功能检验		1. 监视区域应符合设计要求。监视区域内照度应符合设计要求，如不符合要求，检查是否有辅助光源； 2. 对设计中要求必须监视的要害部位，检查是否实现实时监视、无盲区
3	显示功能检验		1. 单画面或多画面显示的图像应清晰、稳定； 2. 监视画面上应显示日期、时间及所监视画面前端摄像机的编号或地址码； 3. 应具有画面定格、切换显示、多路报警显示、任意设定视频警戒区域等功能； 4. 图像显示质量应符合设计要求，并按国家现行标准《民用闭路监视电视系统工程技术规范》GB 50198 对图像质量进行 5 级评分
4	记录功能检验		1. 对前端摄像机所摄图像应能按设计要求进行记录，对设计中要求必须记录的图像应连续、稳定； 2. 记录画面上应有记录日期、时间及所监视画面前端摄像机的编号或地址码； 3. 应具有存储功能。在停电或关机时，对所有的编程设置、摄像机编号、时间、地址等均可存储，一旦恢复供电，系统应自动进入正常工作状态
5	回放功能检验		1. 回放图像应清晰，灰度等级、分辨率应符合设计要求； 2. 回放图像画面应有日期、时间及所监视画面前端摄像机的编号或地址码，应清晰、准确； 3. 当记录图像为报警联动所记录图像时，回放图像应保证报警现场摄像机的覆盖范围，使回放图像能再现报警现场； 4. 回放图像与监视图像比较应无明显劣化，移动目标图像的回放效果应达到设计和使用要求

续表 7.2.2

序号	检验项目	检验要求及测试方法
6	报警联动功能检验	1. 当入侵报警系统有报警发生时，联动装置应将相应设备自动开启。报警现场画面应能显示到指定监视器上，应能显示出摄像机的地址码及时间，应能单画面记录报警画面； 2. 当与入侵探测系统、出入口控制系统联动时，应能准确触发所联动设备； 3. 其他系统的报警联动功能，应符合设计要求
7	图像丢失报警功能检验	当视频输入信号丢失时，应能发出报警
8	其他功能项目检验	具体工程中具有的而以上功能中未涉及到的项目，其检验要求应符合相应标准、工程合同及正式设计文件的要求

7.2.3 出入口控制系统检验项目、检验要求及测试方法应符合表 7.2.3 的要求。

表 7.2.3 出入口控制系统检验项目、检验要求及测试方法

序号	检验项目	检验要求及测试方法
1	出入目标识读装置功能检验	1. 出入目标识读装置的性能应符合相应产品标准的技术要求； 2. 目标识读装置的识读功能有效性应满足 GA/T 394 的要求
2	信息处理/控制设备功能检验	1. 信息处理/控制/管理功能应满足 GA/T 394 的要求； 2. 对各类不同的通行对象及其准入级别，应具有实时控制和多级程序控制功能； 3. 不同级别的入口应有不同的识别密码，以确定不同级别证卡的有效进入； 4. 有效证卡应有防止使用同类设备非法复制的密码系统。密码系统应能修改；

续表 7.2.3

序号	检验项目	检验要求及测试方法
2	信息处理/控制设备功能检验	5. 控制设备对执行机构的控制应准确、可靠； 6. 对于每次有效进入，都应自动存储该进入人员的相关信息和进入时间，并能进行有效统计和记录存档。可对出入口数据进行统计、筛选等数据处理； 7. 应具有多级系统密码管理功能，对系统中任何操作均应有记录； 8. 出入口控制系统应能独立运行。当处于集成系统中时，应可与监控中心联网； 9. 应有应急开启功能
3	执行机构功能检验	1. 执行机构的动作应实时、安全、可靠； 2. 执行机构的一次有效操作，只能产生一次有效动作
4	报警功能检验	1. 出现非授权进入、超时开启时应能发出报警信号，应能显示出非授权进入、超时开启发生的时间、区域或部位，应与授权进入显示有明显区别； 2. 当识读装置和执行机构被破坏时，应能发出报警
5	访客（可视）对讲电控防盗门系统功能检验	1. 室外机与室内机应能实现双向通话，声音应清晰，应无明显噪声； 2. 室内机的开锁机构应灵活、有效； 3. 电控防盗门及防盗门锁具应符合 GA/T 72 等相关标准要求，应具有有效的质量证明文件；电控开锁、手动开锁及用钥匙开锁，均应正常可靠； 4. 具有报警功能的访客对讲系统报警功能应符合入侵报警系统相关要求； 5. 关门噪声应符合设计要求； 6. 可视对讲系统的图像应清晰、稳定。图像质量应符合设计要求
6	其他项目检验	具体工程中具有的而以上功能中未涉及到的项目，其检验要求应符合相应标准、工程合同及正式设计文件的要求

7.2.4 电子巡查系统检验项目、检验要求及测试方法应符合表7.2.4的要求。

表7.2.4 电子巡查系统检验项目、检验要求及测试方法

序号	检验项目	检验要求及测试方法
1	巡查设置功能检验	在线式的电子巡查系统应能设置保安人员巡查程序，应能对保安人员巡逻的工作状态（是否准时、是否遵守顺序等）进行实时监督、记录。当发生保安人员不到位时，应有报警功能。当与入侵报警系统、出入口控制系统联动时，应保证对联动设备的控制准确、可靠 离线式的电子巡查系统应能保证信息识读准确、可靠
2	记录打印功能检验	应能记录打印执行器编号，执行时间，与设置程序的比对等信息
3	管理功能检验	应能有多级系统管理密码，对系统中的各种状态均应有记录
4	其他项目检验	具体工程中具有的而以上功能中未涉及到的项目，其检验要求应符合相应标准、工程合同及正式设计文件的要求

7.2.5 停车库（场）管理系统检验项目、检验要求及测试方法应符合表7.2.5的要求。

表7.2.5 停车库（场）管理系统检验项目、检验要求及测试方法

序号	检验项目	检验要求及测试方法
1	识别功能检验	对车型、车号的识别应符合设计要求，识别应准确、可靠
2	控制功能检验	应能自动控制出入挡车器，并不损害出入目标
3	报警功能检验	当有意外情况发生时，应能报警
4	出票验票功能检验	在停车库（场）的入口区、出口区设置的出票装置、验票装置，应符合设计要求，出票验票均应准确、无误

续表7.2.5

序号	检验项目	检验要求及测试方法
5	管理功能检验	应能进行整个停车场的收费统计和管理（包括多个出入口的联网和监控管理）； 应能独立运行，应能与安防系统监控中心联网
6	显示功能检验	应能明确显示车位，应有出入口及场内通道的行车指示，应有自动计费与收费金额显示
7	其他项目检验	具体工程中具有的而以上功能中未涉及到的项目，其检验要求应符合相应标准、工程合同及设计任务书的要求

7.2.6 其他子系统，如防爆安全检查系统、紧急广播系统等的检验项目、检验要求和测试方法，应按国家现行有关标准、规范及相应的工程合同、设计文件进行检验，其系统功能及性能指标的检验结果应符合相关要求。

7.3 安全性及电磁兼容性检验

7.3.1 安全性检验应符合下列规定：

1 检查系统所用设备及其安装部件的机械强度（以产品检测报告为依据），应符合本规范第3.5.2条的相关规定。

2 主要控制设备的安全性检验应按现行国家标准《安全防范报警设备 安全要求和试验方法》GB 16796的有关规定执行，并重点检验下列项目：

1）绝缘电阻检验：在正常大气条件下，控制设备的电源插头或电源引入端子与外壳裸露金属部件之间的绝缘电阻不应小于20MΩ。

2）抗电强度检验：控制设备的电源插头或电源引入端子与外壳裸露金属部件之间应能承受1.5kV、50Hz交流电压的抗电强度试验，历时1min应无击穿和飞弧现象。

3）泄漏电流检验：控制设备泄漏电流应小于5mA。

7.3.2 电磁兼容性检验应符合下列规定：

1 检查系统所用设备的抗电磁干扰能力（以产品检测报告为依据）和电磁骚扰状况，结果应符合本规范第3.6.1、3.6.3条的规定。

2 检查系统传输线路的设计与安装施工情况，结果应符合本规范第3.6.2条的规定。

3 系统主要控制设备的电磁兼容性检验，应重点检验下列项目：

1）静电放电抗扰度试验：应根据现行国家标准《电磁兼容　试验和测量技术　静电放电抗扰度试验》GB/T 17626.2 进行测试，严酷等级按设计文件的要求执行。

2）射频电磁场辐射抗扰度试验：应根据现行国家标准《电磁兼容　试验和测量技术　射频电磁场辐射抗扰度试验》GB/T 17626.3 进行测试，严酷等级按设计文件的要求执行。

3）电快速瞬变脉冲群抗扰度试验：应根据现行国家标准《电磁兼容　试验和测量技术　电快速瞬变脉冲群抗扰度试验》GB/T 17626.4 进行测试，严酷等级按设计文件的要求执行。

4）浪涌（冲击）抗扰度试验：应根据现行国家标准《电磁兼容　试验和测量技术　浪涌（冲击）抗扰度试验》GB/T 17626.5 进行测试，严酷等级按设计文件的要求执行。

5）电压暂降、短时中断和电压变化抗扰度试验：根据现行国家标准《电磁兼容　试验和测量技术　电压暂降、短时中断和电压变化的抗扰度试验》GB/T 17626.11 进行测试，严酷等级按设计文件的要求执行。

7.4　设备安装检验

7.4.1　前端设备配置及安装质量检验应符合下列规定：

1　检查系统前端设备的数量、型号、生产厂家、安装位置，应与工程合同、设计文件、设备清单相符合。设备清单及安装位置变更后应有更改审核单。

2　系统前端设备安装质量检验。检查系统前端设备的安装质量，应符合本规范第 6.3.5 条第 1～8 款的规定。

7.4.2　监控中心设备安装质量检验应符合下列规定：

1　检查监控中心设备的数量、型号、生产厂家、安装位置，应与工程合同、设计文件、设备清单相符合。设备清单变更后应有更改审核单。

2　监控中心设备安装质量检验。检查监控中心设备的安装质量，应符合本规范第 6.3.5 条第 9 款的规定。

7.5　线缆敷设检验

7.5.1　线缆、光缆敷设质量检验应符合下列规定：

1　检查系统所用线缆、光缆型号、规格、数量，应符合工程合同、设计文件、设计材料清单的要求。变更时，应有更改审核单。

2　检查线缆、光缆敷设的施工记录或监理报告或隐蔽工程随工验收单，应符合本规范第 6.3.1、6.3.2 和 3.11.5、3.11.6 条的规定。

7.5.2　检查综合布线的施工记录或监理报告，应符合本规范第 3.11.4 条第 1 款、第 3.11.5 条第 1 款的规定。

7.5.3　检查隐蔽工程随工验收单时，应按本规范表 6.3.2 的要求，做到内容完整、准确。

7.6　电 源 检 验

7.6.1　系统电源的供电方式、供电质量、备用电源容量等应符合本规范第 3.12 节及正式设计文件的要求。

7.6.2　主、备电源转换检验应符合下列规定：

1　对有备用电源的系统，应检查当主电源断电时，能否自动转换为备用电源供电。主电源恢复时，应能自动转换为主电源供电。在电源转换过程中，系统应能正常工作。

2　对于双路供电的系统，主备电源应能自动切换。

3　对于配置 UPS 电源装置的供电系统，主备电源应能自动切换。

7.6.3　电源电压适应范围检验应符合下列规定：当主电源电压在额定值的 85%～110% 范围内变化时，不调整系统（或设备），应仍能正常工作。

7.6.4　备用电源检验应符合下列规定：

1　检查入侵报警系统备用电源的容量，能否满足系统在设防状态下，满负荷连续工作时间的设计要求。

2　检验防盗报警控制器的备用电源是否有欠压指示，欠压指示值应符合设计要求。

3　检查出入口控制系统的备用电源能否保证系统在正常工作状态下，满负荷连续工作时间的设计要求。

7.7　防雷与接地检验

7.7.1　防雷设施检验应符合下列规定：

1　检查系统防雷设计和防雷设备的安装、施工，结果应符合本规范第 3.9 节相关条款的规定。

2　检查监控中心接地汇集环或汇集排的安装，结果应符合本规范第 3.9.6 条和第 6.3.6 条第 4 款的规定。

3　检查防雷保护器数量、安装位置，结果应符合设计要求。

7.7.2　接地装置检验应符合下列规定：

1　检查监控中心接地母线的安装，结果应符合本规范第3.9.3条和第 6.3.6 条第 4 款的规定。

2　检查接地电阻时，相关单位应提供接地电阻检测报告。当无报告时，应进行接地电阻测试，结果应符合本规范第 3.9.3 条的规定。若测试不合格，应按本规范第 6.3.6 条第 3 款的要求进行整改，直至测试合格。

8 安全防范工程验收

8.1 一 般 规 定

8.1.1 本章规定了安全防范工程竣工验收的基本规则，对安全防范工程的竣工验收（从施工质量、技术质量及图纸资料的准确、完整、规范等方面）提出了基本要求，是安全防范工程验收的基本依据。

8.1.2 高风险防护对象的安全防范工程的验收应按本章要求执行。

8.1.3 涉密工程项目的验收，相关单位、人员应严格遵守国家的保密法规和相关规定，严防泄密、扩散。

8.2 验收条件与验收组织

8.2.1 安全防范工程验收应符合下列条件：

1 工程初步设计论证通过，并按照正式设计文件施工。工程必须经初步设计论证通过，并根据论证意见提出的问题和要求，由设计、施工单位和建设单位共同签署设计整改落实意见。工程经初步设计论证通过后，必须完成正式设计，并按正式设计文件施工。

2 工程经试运行达到设计、使用要求并为建设单位认可，出具系统试运行报告。

1）工程调试开通后应试运行一个月，并按表8.2.1的要求做好试运行记录。

2）建设单位根据试运行记录写出系统试运行报告。其内容包括：试运行起迄日期；试运行过程是否正常；故障（含误报警、漏报警）产生的日期、次数、原因和排除状况；系统功能是否符合设计要求以及综合评述等。

3）试运行期间，设计、施工单位应配合建设单位建立系统值勤、操作和维护管理制度。

3 进行技术培训。根据工程合同有关条款，设计、施工单位必须对有关人员进行操作技术培训，使系统主要使用人员能独立操作。培训内容应征得建设单位同意，并提供系统及其相关设备操作和日常维护的说明、方法等技术资料。

4 符合竣工要求，出具竣工报告。

1）工程项目按设计任务书的规定内容全部建成，经试运行达到设计使用要求，并为建设单位认可，视为竣工。少数非主要项目未按规定全部建成，由建设单位与设计、施工单位协商，对遗留问题有明确的处理方案，经试运行基本达到设计使用要求并为建设单位认可后，也可视为竣工。

2）工程竣工后，由设计、施工单位写出工程竣工报告。其内容包括：工程概况；对照设计文件安装的主要设备；依据设计任务书或工程合同所完成的工程质量自我评估；维修服务条款以及竣工核算报告等。

5 初验合格，出具初验报告。

1）工程正式验收前，由建设单位（监理单位）组织设计、施工单位根据设计任务书或工程合同提出的设计、使用要求对工程进行初验，要求初验合格并写出工程初验报告。

2）初验报告的内容主要有：系统试运行概述；对照设计任务书要求，对系统功能、效果进行检查的主观评价；对照正式设计文件对安装设备的数量、型号进行核对的结果；对隐蔽工程随工验收单（表6.3.2）的复核结果等。

6 工程检验合格并出具工程检验报告。

1）工程正式验收前，应按本规范第7章的规定进行系统功能检验和性能检验。实施工程检验的检验机构应符合本规范第7.1.2条的规定。

2）工程检验后由检验机构出具检验报告。检验报告应准确、公正、完整、规范，并注重量化。

表8.2.1 系统试运行记录

工程名称			工程级别	
建设(使用)单位				
设计、施工单位				
日期时间	试运行内容	试运行情况	备 注	值班人

注：1 系统试运行情况栏中，正常打"√"，并每天不少于填写一次；不正常的在备注栏内及时扼要说明情况（包括修复日期）。

2 系统有报警部分的，报警试验每天进行一次。出现误报警、漏报警的，在试运行情况和备注栏内如实填写。

7 工程正式验收前，设计、施工单位应向工程验收小组（委员会）提交下列验收图纸资料（全套，数量应满足验收的要求）：

1）设计任务书。

2）工程合同。

3）工程初步设计论证意见（并附方案评审小组或评审委员会名单）及设计、施工单位与建设单位共同签署的设计整改落实意见。

4）正式设计文件与相关图纸资料（系统原理图、平面布防图及器材配置表、线槽管道布线图、监控中心布局图、器材设备清单以及系统选用的主要设备、器材的检测报告或认证证书等）。

5）系统试运行报告。

6）工程竣工报告。

7）系统使用说明书（含操作和日常维护说明）。

8）工程竣工核算（按工程合同和被批准的正式设计文件，由设计施工单位对工程费用概预算执行情况作出说明）报告。

9）工程初验报告（含隐蔽工程随工验收单，见表6.3.2）。

10）工程检验报告。

8.2.2 验收的组织与职责应符合下列规定：

1 安全防范工程的竣工验收，一般工程应由建设单位会同相关部门组织安排；省级以上的大型工程或重点工程，应由建设单位上级业务主管部门会同相关部门组织安排。

2 工程验收时，应协商组成工程验收小组，重点工程或大型工程验收时应组成工程验收委员会。工程验收委员会（验收小组）下设技术验收组、施工验收组、资料审查组。

3 工程验收委员会（验收小组）的人员组成，应由验收的组织单位根据项目的性质、特点和管理要求与相关部门协商确定，并推荐主任、副主任（组长、副组长）；验收人员中技术专家不应低于验收人员总数的50%；不利于验收公正的人员不能参加工程验收。

4 验收机构对工程验收应作出正确、公正、客观的验收结论。尤其是对国家、省级重点工程和银行、文博系统等要害单位的工程验收，验收机构对照设计任务书、合同、相关标准以及正式设计文件，如发现工程有重大缺陷或质量明显不符合要求的应予以指出，严格把关。

5 验收通过或基本通过的工程，对设计、施工单位根据验收结论写出的并经建设单位认可的整改措施，验收机构有责任配合公安技防管理机构和工程建设单位督促、协调落实；验收不通过的工程，验收机构应在验收结论中明确指出问题与整改要求。

8.3 工程验收

8.3.1 施工验收应符合下列规定：

1 施工验收由工程验收委员会（验收小组）的施工验收组负责实施。

2 施工验收应依据正式设计文件、图纸进行。施工过程中若根据实际情况确需作局部调整或变更的，应由施工方提供更改审核单（见表6.3.1），并符合本规范第6.3.1条的规定。

3 工程设备安装验收（包括现场前端设备和监控中心终端设备）：按表8.3.1列出的相关项目与要求，现场抽验工程设备的安装质量并做好记录。

4 管线敷设验收：按表8.3.1列出的相关项目与要求，抽查明敷管线及明装接线盒、线缆接头等的施工工艺并做好记录。

5 隐蔽工程验收：对照表6.3.2，复核隐蔽工程随工验收单的检查结果。

表8.3.1 施工质量抽查验收

工程名称：				设计、施工单位：				
项目			要求	方法	检查结果			抽查百分数
					合格	基本合格	不合格	
设备安装质量	前端设备	1.安装位置（方向）	合理、有效	现场抽查观察				抽查
		2.安装质量（工艺）	牢固、整洁、美观、规范	现场抽查观察				
		3.线缆连接	视频电缆一线到位，接插件可靠，电源线与信号线、控制线分开，走向顺直，无扭绞	复核、抽查或对照图纸				
		4.通电	工作正常	现场通电检查				100%
	控制设备	5.机架、操作台	安装平稳、合理，便于维护	现场观察				抽查
		6.控制设备安装	操作方便、安全	现场观察				
		7.开关、按钮	灵活、方便、安全	现场观察、询问				
		8.机架、设备接地	接地规范、安全	现场观察、询问				
		9.接地电阻	符合本规范第3.9.3条相关要求	对照检验报告或对照第6.3.6条				
		10.雷电防护措施	符合本规范第3.9.5条相关要求	核对检验报告，现场观察				
		11.机架电缆线扎及标识	整齐，有明显编号、标识并牢靠	现场检查				抽查
		12.电源引入线缆标识	引入线端标识清晰、牢靠	现场检查				抽查
		13.通电	工作正常	现场通电检查				100%

续表 8.3.1

工程名称：			设计、施工单位：				
项目		要求	方法	检查结果			抽查百分数
				合格	基本合格	不合格	
管线敷设质量	14. 明敷管线	牢固美观、与室内装饰协调，抗干扰	现场观察、询问				抽查1~2处
	15. 接线盒、线缆接头	垂直与水平交叉处有分线盒，线缆安装固定、规范	现场观察、询问				抽查1~2处
	16. 隐蔽工程随工验收复核	有隐蔽工程随工验收单并验收合格	复核表6.3.2				
		如无隐蔽工程随工验收单，在本栏内简要说明					
检查结果 K_S（合格率）统计			施工质量验收结论：				
施工验收组（人员）签名：					验收日期：		

注：1 在检查结果栏选符合实际情况的空格内打"√"，并作为统计数。

2 检查结果统计 K_S（合格率）=（合格数+基本合格数×0.6）/项目检查数（项目检查数如无要求或实际缺项未检查的不计在内）。

3 验收结论：K_S（合格率）≥0.8 判为通过；0.8>K_S≥0.6 判为基本通过；K_S<0.6 判为不通过，必要时作简要说明。

8.3.2 技术验收应符合下列规定：

1 技术验收由工程验收委员会（验收小组）的技术验收组负责实施。

2 对照初步设计论证意见、设计整改落实意见和工程检验报告，检查系统的主要功能和技术性能指标，应符合设计任务书、工程合同和国家现行标准与管理规定等相关要求。

3 对照竣工报告、初验报告、工程检验报告，检查系统配置，包括设备数量、型号及安装部位，应符合正式设计文件要求。

4 检查系统选用的安防产品，应符合本规范第3.1.4条的规定。

5 对照工程检验报告，检查系统中的备用电源在主电源断电时应能自动快速切换，应能保证系统在规定的时间内正常工作。

6 对高风险对象的安全防范工程，应符合本规范第4章和其他相关标准的技术要求。

7 对具有集成功能的安全防范工程，应按照本规范第3.10节和设计任务书的具体要求，检查各子系统与安全管理系统的联网接口及安全管理系统对各子系统的集中管理与控制能力（对照工程检验报告）。

8 报警系统的抽查与验收。

1）对照正式设计文件和工程检验报告、系统试运行报告，复核系统的报警功能和误、漏报警情况，应符合国家现行标准《入侵报警系统技术要求》GA/T 368 的规定；对入侵探测器的安装位置、角度、探测范围做步行测试和防拆保护的抽查；抽查室外周界报警探测装置形成的警戒范围，应无盲区。

2）抽查系统布防、撤防、旁路和报警显示功能，应符合设计要求。

3）抽测紧急报警响应时间。

4）当有联动要求时，抽查其对应的灯光、摄像机、录像机等联动功能。

5）对于已建成区域性安全防范报警网络的地区，检查系统直接或间接联网的条件。

9 视频安防监控系统的抽查与验收。

1）对照正式设计文件和工程检验报告，复核系统的监控功能（如图像切换、云台转动、镜头光圈调节、变焦等），结果应符合本规范第3.4.3条的规定。

2）对照工程检验报告，复核在正常工作照明条件下，监视图像质量不应低于现行国家标准《民用闭路监视电视系统工程技术规范》GB 50198—1994 中表 4.3.1-1 规定的4级；回放图像质量不应低于表 4.3.1-1 规定的3级，或至少能辨别人的面部特征。

3）复核图像画面显示的摄像时间、日期、摄像机位置、编号和电梯楼层显示标识等，应稳定正常。电梯内摄像机的安装位置应符合本规范第6.3.5条第3款第5项的规定。

10 出入口控制系统的抽查与验收。对照正式设计文件和工程检验报告，复核系统的主要技术指标，应符合国家现行标准《出入口控制系统技术要求》GA/T 394 的规定；检查系统存储通行目标的相关信息，应满足设计与使用要求；对非正常通行应具有报警功能。检查出入口控制系统的报警部分，是否能与报警系统联动。

11 访客（可视）对讲系统的抽查与验收。对照正式设计文件和工程检验报告，复核访客（可视）对讲系统的主要技术指标，应符合国家现行标准《楼寓对讲电控防盗门通用技术条件》GA/T 72 和《黑白可视对讲系统》GA/T 269 的相关要求；复核电控开锁是否有自我保护功能，可视对讲系统的图像应能辨别来访者。

12 电子巡查系统的抽查与验收。

1）对照正式设计文件和工程检验报告，复核系统具有的巡查时间、地点、人员和顺序等数据的显示、归档、查询、打印等功能。

2）复核在线式电子巡查系统，应具有即时报警功能。

13 停车库（场）管理系统的抽查与验收。对照正式设计文件和工程检验报告，复核系统的主要技术性能，应符合本规范第3.4.6条的相关要求；检查停车库（场）出入口或值班室是否有紧急报警装置；对安装视频安防监控的停车库（场）及其出入口，检查其监视范围和图像质量，应能辨别人员的活动情况及出入车辆的车型和车牌号码；检查停车库（场）管理系统设备工作是否正常。

14 监控中心的检查与验收。对照正式设计文件和工程检验报告，复查监控中心的设计，应符合本规范第3.13节的相关要求；检查其通信联络手段（不宜少于两种）的有效性、实时性，检查其是否具有自身防范（如防盗门、门禁、探测器、紧急报警按钮等）和防火等安全措施。

15 将上述1～14项的验收结果，按表8.3.2的要求进行填写。

表8.3.2 技术验收

工程名称			设计施工单位			
序号		检查项目	检查要求与方法	检查结果		
				合格	基本合格	不合格
基本要求	1*	系统主要技术性能	第8.3.2条第2款			
	2	设备配置	第8.3.2条第3款			
	3	主要技防产品，设备的质量保证	第8.3.2条第4款			
	4	备用供电	第8.3.2条第5款			
	5	重要防护目标的安全防范效果	第8.3.2条第6款			
	6	系统集成功能	第8.3.2条第7款			
报警	7	误、漏报警，防护范围与防拆保护抽查	第8.3.2条第8款			
	8*	系统布防、撤防，旁路、报警显示	第8.3.2条第8款			
	9	联动功能	第8.3.2条第8款			
	10	直接或间接联网功能，联网紧急报警响应时间	第8.3.2条第8款			
视频安防监控	11	主要技术指标	第8.3.2条第9款			
	12*	监视与回放图像质量	第8.3.2条第9款			
	13	操作与控制	第8.3.2条第9款			
	14	字符标识	第8.3.2条第9款			
	15	电梯厢监控	第8.3.2条第9款			
出入口控制	16	系统功能与信息存储	第8.3.2条第10款			
	17	控制与报警	第8.3.2条第10款			
	18	联网报警与控制	第8.3.2条第10款			
访客对讲（可视）	19	系统功能	第8.3.2条第11款			
	20	通话质量	第8.3.2条第11款			
	21	图像质量	第8.3.2条第11款			
电子巡查	22	数据显示、归档、查询、打印	第8.3.2条第12款			
	23	即时报警	第8.3.2条第12款			
停车库（场）	24	紧急报警装置	第8.3.2条第13款			
	25	电视监视	第8.3.2条第13款			
	26	管理系统工作状况	第8.3.2条第13款			
监控中心	27	通信联络	第8.3.2条第14款			
	28	自身防范与防火措施	第8.3.2条第14款			
检查结果 K_J（合格率）：			技术验收结论：			
技术验收组（人员）签名：			验收日期：			

注：1 在检查结果栏选符合实际情况的空格内打“√”，并作为统计数。

2 检查结果 K_J（合格率）=（合格数+基本合格数×0.6）/项目检查数（项目检查数如无要求或实际缺项未检查的，不计在内）。

3 验收结论：K_J（合格率）≥0.8 判为通过；0.8>K_J≥0.6 判为基本通过；K_J<0.6 判为不通过。

4 序号右上角打“*”的为重点项目，检查结果只要有一项不合格的，即判为不通过。

8.3.3 资料审查应符合下列规定：

1 资料审查由工程验收委员会（验收小组）的资料审查组负责实施。

2 设计、施工单位应按第8.2.1条第7款规定的要求提供全套验收图纸资料，并做到内容完整、标记确切、文字清楚、数据准确、图文表一致。图样的绘制应符合国家现行标准《安全防范系统通用图形符号》GA/T 74及相关标准的规定。

3 按表8.3.3所列项目与要求，审查图纸资料的准确性、规范性、完整性以及售后服务条款，并做好记录。

表8.3.3 资料审查

工程名称							
序号	审查内容	审查情况					
		完整性			准确性		
		合格	基本合格	不合格	合格	基本合格	不合格
1	设计任务书						
2	合同（或协议书）						
3	初步设计论证意见（含评审委员会、小组人员名单）						
4	通过初步设计论证的整改落实意见						
5	正式设计文件和相关图纸						
6	系统试运行报告						
7	工程竣工报告						
8	系统使用说明书（含操作说明及日常简单维护说明）						

续表 8.3.3

工程名称							
序号	审查内容	审查情况					
		完整性			准确性		
		合格	基本合格	不合格	合格	基本合格	不合格
9	售后服务条款						
10	工程初验报告(含隐蔽工程随工验收单)						
11	工程竣工核算报告						
12	工程检验报告						
13	图纸绘制规范要求	合格		基本合格		不合格	
审查结果 K_Z (合格率)统计		审查结论					
审查组(人员)签名:					日期:		

注：1 审查情况栏内分别根据完整、准确和规范要求，选择符合实际情况的空格内打“√”，并作为统计数。

2 对三级安全防范工程，序号第 3、4、12 项内容可简化或省略，序号第 7、10 项内容可简化。

3 审查结果 K_Z（合格率）=（合格数 + 基本合格数 ×0.6）/项目审查数（项目审查数如不要求的，不计在内）。

4 审查结论：K_Z（合格率）≥0.8 判为通过；0.8 > K_Z ≥0.6 判为基本通过；K_Z < 0.6 判为不通过。

8.3.4 验收结论与整改应符合下列规定：

1 验收判据。

1） 施工验收判据：按表 8.3.1 的要求及其提供的合格率计算公式打分。按表 6.3.2 的要求对隐蔽工程质量进行复核、评估。

2） 技术验收判据：按表 8.3.2 的要求及其提供的合格率计算公式打分。

3） 资料审查判据：按表 8.3.3 的要求及其提供的合格率计算公式打分。

2 验收结论。

1） 验收通过：根据验收判据所列内容与要求，验收结果优良，即按表 8.3.1 要求，工程施工质量检查结果 K_S ≥0.8；按表 8.3.2 要求，技术质量验收结果 K_J ≥0.8；按表 8.3.3 要求，资料审查结果 K_Z ≥0.8 的，判定为验收通过。

2） 验收基本通过：根据验收判据所列内容与要求，验收结果及格，即 K_S、K_J、K_Z 均 ≥0.6，但达不到本条第 2 款第 1 项的要求，判定为验收基本通过。验收中出现个别项目达不到设计要求，但不影响使用的，也可判为基本通过。

3） 验收不通过：工程存在重大缺陷、质量明显达不到设计任务书或工程合同要求，包括工程检验重要功能指标不合格，按验收判据所列的内容与要求，K_S、K_J、K_Z 中出现一项 < 0.6 的，或者凡重要项目（见表 8.3.2 中序号栏右上角打 * 的）检查结果只要出现一项不合格的，均判为验收不通过。

4） 工程验收委员会（验收小组）应将验收通过、验收基本通过或验收不通过的验收结论填写于验收结论汇总表（表 8.3.4），并对验收中存在的主要问题，提出建议与要求（表 8.3.1、表 8.3.2、表 8.3.3 作为表 8.3.4 的附表）。

3 整改。

1） 验收不通过的工程不得正式交付使用。设计、施工单位必须根据验收结论提出的问题，抓紧落实整改后方可再提交验收；工程复验时，对原不通过部分的抽样比例按本规范第 7.1.12 条的规定执行。

2） 验收通过或基本通过的工程，设计、施工单位应根据验收结论提出的建议与要求，提出书面整改措施，并经建设单位认可签署意见。

表 8.3.4 验收结论汇总表

工程名称：		设计、施工单位：
施工验收结论		验收人签名：　　年　月　日
技术验收结论		验收人签名：　　年　月　日
资料审查结论		审查人签名：　　年　月　日
工程验收结论		验收委员会(小组)主任、副主任(组长、副组长) 签名：
建议与要求： 年　月　日		

注：1 本汇总表应附表 8.3.1 ~ 表 8.3.3 及出席验收会与验收机构人员名单（签名）。

2 验收（审查）结论一律填写“通过”或“基本通过”或“不通过”。

8.4 工 程 移 交

8.4.1 竣工图纸资料归档与移交应符合下列规定：

1 工程验收通过或基本通过后，设计、施工单位应按下列要求整理、编制工程竣工图纸资料：

1）提供经修改、校对并符合第8.2.1条第7款规定内容的验收图纸资料。

2）提供验收结论汇总表8.3.4及其附表（含出席验收会人员与验收机构名单）。

3）提供根据验收结论写出的并经建设单位认可的整改措施。

4）提供系统操作和有关设备日常维护说明。

2 设计、施工单位将经整理、编制的工程竣工图纸资料一式三份，经建设单位签收盖章后，存档备查。

8.4.2 工程移交。工程验收通过或基本通过且有整改措施后，才能正式交付使用，并应遵守下列规定：

1 建设单位或使用单位应有专人负责操作、维护，并建立完善的、系统的操作、管理、保养等制度。

2 建设单位应会同和督促设计、施工单位，抓紧“整改措施”的具体落实；遇有问题时，可提请相关部门协调、督促整改的落实。

3 工程设计、施工单位应履行维修等售后技术服务承诺。

本规范用词说明

1 为便于在执行本规范条文时区别对待，对要求严格程度不同的用词说明如下：

1）表示很严格，非这样做不可的用词：
正面词采用“必须”，反面词采用“严禁”。

2）表示严格，在正常情况下均应这样做的用词：
正面词采用“应”，反面词采用“不应”或“不得”。

3）表示允许稍有选择，在条件许可时首先应这样做的用词：
正面词采用“宜”，反面词采用“不宜”；
表示有选择，在一定条件下可以这样做的用词，采用“可”。

2 本规范中指明应按其他有关标准、规范执行的写法为“应符合……的规定”或“应按……执行”。

中华人民共和国国家标准

安全防范工程技术规范

GB 50348—2004

条 文 说 明

目　次

1 总 则

1.0.1 安全防范工程是维护社会公共安全，保障公民人身安全和国家、集体、个人财产安全的系统工程。随着我国社会主义市场经济的迅速发展，社会、公民安全需求的迅速增长，迫切需要有一套规范和指导我国安全防范工程建设的技术标准，作为指导工程建设和工程设计、施工、验收及管理维护的基本依据。

本规范是安全防范工程建设的通用规范，与之配套并同步制定的四项专项规范是《入侵报警系统工程设计规范》、《视频安防监控系统工程设计规范》、《出入口控制系统工程设计规范》、《防爆安全检查系统工程设计规范》，在进行安全防范工程建设时，应一并执行通用规范和专项规范。

1.0.2 由于安全防范系统使用场所、防范对象、实际需求、投资规模等的不同，对安全防范系统的设计很难做出统一的规定。本规范在总结我国安全防范行业20多年技术实践和管理实践的基础上，将设计要求粗分为两个层次：一是一般社会公众所了解的通用型建筑（公共建筑和居民建筑）的设计要求；二是直接涉及国家利益、安全（金融、文博、重要物资等）的高风险类建筑的设计要求。这样做既体现了公安工作的社会性，又体现了公安保卫工作的特殊要求，便于本规范的实施和监督。

1.0.3、**1.0.4** 安全防范工作，是公安业务的一个重要组成部分，安全防范行业有着与其他行业不同的某些特殊性，必须遵循国家的相关法律、法规和规章，以防范风险，确保社会和公民的安全。因此，安全防范工程的设计、施工应与相关工程同步实施，而工程验收应独立进行。

1.0.5 安全防范工程除实体防护工程外，主要是电子系统工程。由于现代通信技术、信息技术、计算机网络技术发展很快，日新月异，而安防系统建成后需要有相对稳定的使用期。因此，系统的设计必须具有开放性、可扩充性和使用灵活性，以便系统的改造和更新。

1.0.6 安全防范技术是一门多学科、多门类的综合性应用科学技术。本规范旨在为工程建设单位和工程设计、施工、监理单位提供安全防范工程设计、施工、检验、验收的基本依据。工程建设中相关的国家标准、行业标准是本规范实施的基础。因此，安全防范工程的建设不仅要执行本规范，还要执行其他相关的国家标准和行业标准。

2 术 语

2.0.5 本规范所指的视频安防监控系统（VSCS），不同于一般的工业电视或民用闭路电视（CCTV）系统。它是特指用于安全防范的目的，通过对监视区域进行视频探测、视频监视、控制、图像显示、记录和回放的视频信息系统或网络。

2.0.7 在安防技术界和智能建筑界，通常将该系统称为“巡更系统”。“巡更”是一个古老而传统的用语，随着社会文明的进步，应赋予其新的内容。根据该系统的本质特征，本规范将其称为“电子巡查系统”。

2.0.8 将停车库（场）管理系统作为安全防范系统的一个子系统，是安防技术界和智能建筑界在多年实践中达成的一种共识。“车辆”作为移动目标的一个代表，其安全防范工作已纳入“技术防范”的对象之中。这样做有利于社会治安的稳定和公民人身财产的安全。

2.0.10 在建筑智能化系统中，综合管理系统习惯上称为IBMS，其中的安全防范系统的管理系统，通常称为SMS（security management system）。这里的安全管理系统也可称为综合报警安全管理系统（generic security management system），它是指在安全防范系统中，对其各子系统进行管理和控制的集成系统（包括硬件和软件），它除提供报警信息服务外，还可利用网络的信息资助提供其他的综合信息服务（如物业管理、社区医疗、网上购物等）平台。

2.0.13 安全防护水平，是一个定性概念。需要在系统运行一定时期后（例如一年、两年），对其防范效果做出综合评价。由于它所涉及的因素较多（包括人防、物防、技防及其他方面），需要建立一个比较科学、比较完备的评价体系。

2.0.19 人力防范（人防）是安全防范的基础。传统的“人防”是指在安全防范工作中人的自然能力的展现。即：利用人体感官进行探测并做出反应，通过人体体能的发挥，推迟和制止风险事件发生。现代的“人防”是指执行安全防范任务的具有相应素质的人员和/或人员群体的一种有组织的防范行为，包括高素质人员的培养、先进自卫设备的配置以及人员的组织与管理等。因此，本规范所称的“人防”与“人民防空工程”所说的“人防”不是一个概念。

2.0.30 抗易损防护，即防护的抗易损性。它是系统及其所用设备的可靠性、安全性、耐久性和抗破坏性等的综合体现。本规范将其作为系统设计的一项原则提出，意在提醒设计人员在进行系统设计和设备选型时，要注意抗易损防护。

2.0.32、**2.0.33** 在社会公众看来，凡是能够接收报警信息并做出某种反应的“机构”都可称为报警接收中心。但在法律层面上，只有公安机关接警中心才具有法定的接处警执法功能。本规范根据我国国情，将不具有执法职能的各类“接处警机构”，一律称为“监控中心”（可能有多级）；而将公安机关这样的接警中心，定义为报警接收中心或接处警中心。

3　安全防范工程设计

3.1　一 般 规 定

3.1.3　由于通信技术、电子信息技术和计算机网络技术的发展十分迅速，经常会推出一些新产品（包括硬件、软件）和新技术，而安全防范系统设备不同于一般的家用电器和信息设备，它必须安全、可靠。因此，安全防范系统的设计不能盲目追求先进、时髦，而应采用那些经过实践考验证明是先进而成熟的技术，经过严格的质量检验或认证，证明是性能可靠且性能价格比较高的产品或设备，以保证安全防范系统全天候、24h的正常运行。

3.1.4　我国加入WTO以后，国家对符合WTO/TBT五项正当目标的产品推行强制性认证制度，大多数安防产品列在其中。因此，本规范规定，安全防范系统使用的设备，必须符合国家现行相关标准和法规的要求，属于强制性认证的产品必须经认证机构认证合格，不属于强制性认证的产品也应经相关检验机构检验合格。

3.1.6　保证安全防范工程的质量，责任重于泰山。安全防范工程具有与一般工程不同的特点和要求，根据20多年来我国安防工程建设的实践，本规范认为执行以下程序对保证工程质量是极为有益的。

1　工程程序。安全防范工程的建设应符合国家法律、法规的规定及《安全防范工程程序与要求》GA/T 75的相关要求。基本程序见图1（图中带*号者为重点）。

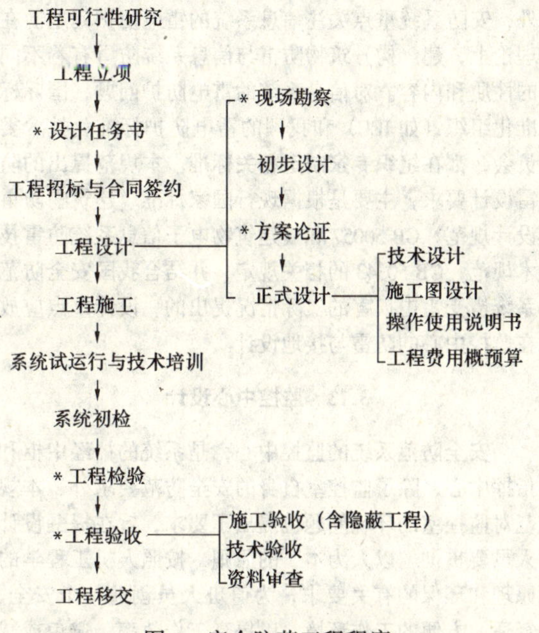

图1　安全防范工程程序

2　工程主要环节要求。

1）工程立项与可行性研究。安全防范工程申请立项前，须进行可行性研究。可行性研究报告经批准后，工程正式立项。可行性研究报告由建设单位（或委托单位）编制。

2）工程设计任务书的编制。建设单位根据经批准的可行性研究报告，编制工程设计任务书，并按照“工程招标法”进行工程招标与合同签约。设计任务书的主要内容应包括：

——任务来源；

——政府部门的有关规定和管理要求；

——应执行的国家现行标准；

——被防护对象的风险等级与防护级别；

——工程项目的内容和要求（包括设计、施工、调试、检验、验收、培训和维修服务等）；

——建设工期；

——工程投资控制数额；

——工程建成后应达到的预期效果；

——工程设计应遵循的原则；

——系统构成；

——系统功能要求(含各子系统的功能要求)；

——监控中心要求；

——建设单位的安全保卫管理制度；

——接处警反应速度；

——建筑物平面图。

3）现场勘察。具体要求见第3.2节。

4）方案论证。工程设计单位应根据工程设计任务书和现场勘察报告进行初步设计。初步设计完成后必须组织方案论证。方案论证由建设单位主持，业务主管部门、行业主管部门、设计单位及一定数量的技术专家参加，对初步设计的各项内容进行审查，对其技术、质量、费用、工期、服务和预期效果做出评价并提出整改措施。整改措施由设计单位和建设单位落实后，方可进行正式设计。

5）工程检验。具体要求见本规范第7章。

6）工程验收。具体要求见本规范第8章。

3.2　现 场 勘 察

3.2.1　本规范所称的“现场勘察”有别于工程建设界泛指的“工程地质水文勘察”，仅指进行安全防范工程设计前，对被防护对象所进行的、与安全防范系统设计有关的各方面情况的了解和调查。现场勘察是设计的基础。因此，在进行安全防范系统设计之前，进行“现场勘察”是必要的。对于新建工程或无法进行现场勘察的工程项目，可省略。

3.2.2　现场勘察的具体内容依防范对象而定，一般应包括：地理环境、人文环境、物防设施、人防条件、气候（温度、湿度、降雨量、霜雾等）、雷电环境、电磁环境等。本规范条文中所列项目并不要求每项工程都要全项勘察。

3.3 设计要素

3.3.1 安全防范系统的三种构建模式的划分，旨在为设计者提供系统集成设计时三种不同模式的参考。随着信息技术和网络技术的不断发展，安全防范系统的规模、集成深度和广度也在不断变化。“一体化集成”的模式，将会是未来安全防范系统发展的方向。

3.3.3 安全防范系统各主要子系统的功能。

5 停车库（场）管理系统，作为安全防范系统的一个子系统来设计，主要是考虑到智能大厦、智能小区在安全防范管理工作上的需要。因为车辆的安全也是社会公众普遍关注的一个社会热点问题，把车辆存放时的安全问题纳入安全防范系统的设计之中，有利于维护社会治安的稳定。

6 安全防范系统的其他子系统，是指根据实际需要，在特定场所或特殊情况下，设立的某些直接或间接用于安全防范目的的防范系统。比如机场、车站、码头，大型集会和活动场所需要设立的防爆安全检查系统、人员识别系统、特殊物品识别系统、应急疏散广播系统等。

3.5 安全性设计

安全防范系统的安全性，包括自然属性的安全和社会人文属性的安全两个层次。自然属性的安全一般是指系统（包括其所用产品）在运行过程中能够保证操作者人体健康、安全和设备本身安全的技术要求，如设备的防火与防过热，防人身触电，防有害射线和有毒气体，防机械伤人（如爆炸破裂、锐利边缘、重心不稳及运动部件伤人）等；社会人文属性的安全通常是指设备和系统的防人为破坏、信息的防人为窃取和篡改等技术要求。

3.6 电磁兼容性设计

安全防范系统的电磁兼容（EMC）设计包括电磁干扰和抗电磁干扰两方面内容，涉及设备选型或设计、传输介质选择和传输路由设计等多个环节，内容较多，难度较大。鉴于《安全防范系统电磁兼容技术要求》行业标准正在制定之中，本规范对安全防范系统的电磁兼容设计，只提出了原则要求，旨在提醒系统设计者要重视电磁兼容性的设计，特别是对设备的电磁兼容要求。安防系统所用设备基本上属于电子信息类设备。对设备的电磁兼容性检测，以前执行的是GB 6833系列标准，现在执行的是GB/T 17626系列标准。这些标准是：《电磁兼容　试验和测量技术　静电放电抗扰度试验》GB/T 17626.2、《电磁兼容　试验和测量技术　射频电磁场辐射抗扰度试验》GB/T 17626.3、《电磁兼容　试验和测量技术　电快速瞬变脉冲群抗扰度试验》GB/T 17626.4、《电磁兼容　试验和测量技术　浪涌（冲击）抗扰度试验》GB/T 17626.5、《电磁兼容　试验和测量技术　电压暂降、短时中断和电压变化的抗扰度试验》GB/T 17626.11。试验的严酷等级根据系统或设备所处的电磁兼容环境和实际需要，由建设方和设计方协商确定。

3.7 可靠性设计

在理论上，所谓可靠性，是指产品（系统）在规定条件下（使用条件 = 工作条件 + 环境条件）和规定时间内完成规定功能的能力。定量表示可靠性的数学特征量很多，本规范采用其最常用的特征量——平均无故障时间MTBF（Mean Time Between Failure）作为衡量系统（产品）可靠性的技术指标。在进行系统功能设计时，需同时考虑系统的功能、性能指标与可靠性指标的相容问题，避免盲目追求过多的功能、过高的指标而牺牲系统可靠性的倾向。

系统的可靠性问题是一个十分复杂的问题，难以在短时间内用简单的方法进行定量测试。本规范重点强调的是设备的可靠性和系统的可维修性与维修保障性。

3.9 防雷与接地设计

安全防范系统的雷电防护设计，也是系统安全性设计的重要内容。对于固定目标而言，安全防范系统常常是以建筑物或构筑物为载体的，因此做好建（构）筑物本身的雷电防护是安全防范系统雷电防护的基础和前提。然而，由于安防系统在本质上是一套电子信息系统，因而除了建（构）筑物的雷电防护之外，安防系统重点关注信息系统的雷电防护问题。在理论上，建（构）筑物防雷与信息系统防雷有着不同的性质和内容。对信息系统的雷电防护问题，国际标准化组织（如IEC）和我国的雷电防护标准化技术委员会，都在组织专家制定相关标准。本规范提出的防雷设计要求，主要是根据现行国家标准《建筑物防雷设计规范》GB 50057和《建筑物电子信息系统防雷技术规范》GB 50343的相关规定，并结合我国安全防范系统遭受雷击损害的实际情况提出的，设计重点应放在监控中心的防雷与接地设计。

3.13 监控中心设计

安全防范系统的监控中心，是系统的神经中枢和指挥中心，除了监控室自身的安全防范要求外，本规范对监控室的环境问题也提出了要求，旨在提醒设计人员要贯彻“以人为本”的原则，按照人机工程学的原理和环保的有关要求，为值班人员创造一个安全、舒适、方便的工作环境，以提高工作效率，避免或减少由于人的疲劳导致的误操作或误判断而造成系统的误报、漏报或其他事故。

4 高风险对象的安全防范工程设计

4.2 文物保护单位、博物馆安全防范工程设计

Ⅰ 一 般 规 定

4.2.2 本条是根据文物保护单位、博物馆的特点提出的。

1 技术防范系统是以信息技术为基础的高科技系统。信息流的安全性将直接关系到安全防范系统的正常运行和效能的发挥。技防系统的自身防护包括对外来直接侵犯的防护，同时也包括通过信息网络的隐蔽入侵和破坏。不仅要保护有形的物质载体的安全，防止有形的入侵破坏、盗窃、非法拷贝等犯罪，更要防止无形的窃听、窥视、改写等隐性入侵对安全防范系统信息网络、中央控制系统的破坏。因此，从长远和发展的眼光来看，应综合考虑人、物、资金、信息四方面的安全。设计时应当区分物流、人流、车流、信息流的内部流向与外部流向，确定内外流向的动态界面和管理方式，进行全面综合的防护。

在文物、博物馆系统博物馆类建筑的设计、建设、运行中，确立安全防范系统第一和报警优先的地位、技防系统的信息网络、中央控制系统不宜与其他系统共用或者物理连通的原则是必要的。当出于非技术原因，其他系统与技防系统实现物理连接时，应通过安全控制网关等装置。

2 文物保护单位、博物馆安防工程的设计要根据建筑与环境特点，分层次、分纵深、界线分明。

4 文物保护单位、博物馆建筑与其他建筑联体建造时，水、电、风等设备设施通常采取共用方式。但为了保证文物、博物馆高风险单位的安全性，同时考虑安全防范系统的保密性，文物、博物馆单位的安全防范系统应当单独设置、单独建设。

6 安防系统至少应当具备一套独立于公共通信系统的专用双向通信系统。可以是无线对讲等技术形式。

4.2.3 本条是根据文物保护单位、博物馆的特点提出的。

1 博物馆是对公众广泛开放的场所。安全防范系统要贯彻预防为主、防打结合的原则。在建设文物、博物馆类建筑的安全防范系统工程时，要为打击刑事犯罪创造条件，起到提前预警、争取处警时间；延缓非法活动、缩小和分散被破坏范围；及事后追溯、查证的作用。尽可能地将入侵行为制止在外围区域。特别是加强对文物通道的防范，加强举行重大礼仪活动时的秩序管理。

为了保证重大礼仪活动的需要，博物馆的入口、衣帽间等宜准备可移动的防爆安检和处理装置。

3 实体防护是文物保护的重要措施，在安全防范系统工程中应优先采用。在工程设计中应进行现场勘察，对建筑的实体防护能力进行评估，并提出必要的建议。

Ⅱ 一级防护工程设计

4.2.4 按照纵深防护原则，周界包括了建筑物外监视区的边界线、建筑物内不同防护区之间的边界线和警戒线。例如监视区与防护区、防护区与禁区、不同等级防护区之间的区域边界线。

4.2.6 出入口的防护要求。

3 为了防止被胁迫等意外情况，出入口控制装置宜与监控中心安全管理系统联网，保证监控中心可以针对不同出入情况采取不同的处置。

4 出入口控制系统宜配合相应的物防、人防措施，有效地阻止多人跟进现象的发生。

4.2.7 文物卸运交接区允许不是单独专用区域。但凡是作为文物卸运交接区使用的，则必需按照文物卸运交接区的安全要求进行设计。

1 文物卸运交接区是文物停放、卸运、点交的重要区域，各单位人员交叉、人车物交错、文物逗留时间较长，是事故多发的高风险部位，必须设计为禁区。

4.2.8 文物通道中文物处于动态状况，安全控制相对薄弱，防护措施必须有所加强。

4.2.9 文物库房的防护要求。

3 复合入侵探测器，只能视为是一种探测技术的探测装置。

4.2.11 监控中心是安全防范系统的核心部位，是接警、处警的指挥中心，必须设为禁区。

3 按照有关法规，博物馆的安全保卫工作由专职的保卫部门实施。因此，一级防护的安全防范工程要求监控中心独立设置，不能与计算机系统、建筑设备监控（BAS）系统合用机房。由于安全防范部门的职责是对整个博物馆的所有安全问题统一管理，通常包括了安防和消防两大任务。因此安防监控中心可以与消防系统接处警中心共用一室。

Ⅲ 二级防护工程设计

4.2.15 二级防护安防工程可以采用出入口控制装置或非电子的身份识别装置。

4.2.18 二级防护安防工程监控中心也不应与其他控制室共用一室（消防除外）。

Ⅳ 三级防护工程设计

4.2.20 可以采用非电子的身份识别装置。

4.2.22 可以采用非电子的身份识别装置。

4.2.24 三级防护安防工程在外围整体防范能力较低的情况下，展厅、重点防护目标与重要防护部位的局部防范能力应该采用物防或者技防措施加强。

Ⅴ 各子系统设计要求

4.2.28 视频安防监控系统的设计要求。

3 博物馆的视频安防监控系统应当采用多键盘、全矩阵切换控制模式，保证对多路摄像信号具有实时传输、切换显示、后备存储等功能。

4.2.29 出入口控制系统的设计要求。

4 有效证卡的数量必须保证相关人员一人一卡一码。不允许多人共用一卡或者一码。

4.2.30 博物馆的电子巡查系统宜采用实时性强的在线式电子巡查系统。

4.3 银行营业场所安全防范工程设计

Ⅰ 一般规定

4.3.3 营业场所的高度、中度、低度三级风险区是交叉分散的，各区间有的有通道联接，在设计时，对重要通道也应采取防范措施，同时也要根据实际情况和业务发展，适当调整业务区的风险划分。

运钞交接区一般是指运钞部门与营业场所交接现金尾箱的区域。

现金业务库区是指现金业务库房外的区域，库房的安全防范建设应按照其他标准执行。

Ⅱ 一级防护工程设计

4.3.5 高度风险区防护设计要求。

2 紧急报警装置十分重要，主要用于银行营业场所发生抢劫或突发事件时的快速反应，除运钞交接区因一般设在公共区域不宜安装外，其余高度风险区或个别中度风险区均应根据实际需要安装一定数量的紧急报警装置。

1）现金柜台附近安装的紧急报警装置在与报警控制装置联接时，为提高可靠性，应至少占用2路以上的独立防区。大型营业场所紧急报警装置数量较多，尤其是现金柜台，这时可允许适当串接，但为防止降低系统运行的可靠性，同一防区回路上串接的数量不应多于4个。

2）此处“营业场所门”是指营业场所对公众开放、供公众通行的正门。启动声光报警装置的方式可以设计成由专用紧急报警装置直接触发或由报警控制装置进行触发。

3）有线报警可以采用市话线、专线传输。无线报警可以采用无线报警系统、通讯机、移动电话等方式。

3 入侵报警一般宜采用有线方式，但也可以采用无线方式。

2）现金业务库区因其重要性和特殊性，应重点防范，需安装2种以上探测原理的探测器，以提高可靠性。

4 各业务区安装的摄像机品种、数量应根据现场实际需要选用。

1）视频安防监控系统除实时显示重点部位的图像供值班警卫人员监视外，更重要的是能将重点部位的有效图像记录下来，在需要时能重现现场图像，供研究分析。因此回放图像的质量是非常重要的。监视图像质量好，记录回放的图像质量不一定好，因此，本款强调回放图像的质量要求。

2）对现金柜台作业面及客户脸部特征的录像即柜员制录像，应以前者为主，兼顾后者。客户的图像主要应从入口处、柜台外部作业面安装的摄像机所取得的图像来提取。设计时要注意摄像机安装位置和选用焦距适当的镜头。视场范围内照度偏低时，应加装灯具，提高照度。

4）摄像机安装位置要注意避开逆光，视窗要适当，以保证回放图像能清晰辨别进出营业场所人员的体貌特征。

6 安装声音/图像复核装置，可以根据需要两者都安装，也可以只安装其中一种。

“安全柜员系统”是指银行营业场所柜员与客户间采用音、视频技术和安全隔离传递装置，完成银行业务交易的一套综合安全设施。

4.3.6 本条中的“适当”意指，根据营业场所的实际情况进行设计，不强求各区均安装，但质量要求不能降低。

Ⅴ 重点目标防护设计

由于重点目标放置的场合较为多样化，如ATM机可以放置在营业场所客户区，也可以是穿墙式、离行式，甚至放在商场、饭店、宾馆等公共场所，所以在设计时要因地制宜。对离行式ATM机建议采用报警联动、通过远程传输，由监控中心进行集中监控管理。

Ⅵ 各子系统设计要求

4.3.21 紧急报警子系统要求。

1 “一级报警模式”是指按下紧急报警按钮后，第一时间的报警响应在营业场所所在地区的公安“110”接处警服务中心。

2 “二级报警模式”是指按下紧急报警按钮后，第一时间的报警响应在营业场所的“监控中心”，由值班警卫人员复核后再行处理。

3 无线报警的方式可以有多种，如无线报警子系统、无线通讯机、移动电话等。

4.3.22 入侵报警系统的设计要求。

2 根据被动红外等探测器的步行测试方法，人体在探测区内，按正常速度（2～4步/s）行走时，探测器应触发报警。按每步0.8m计，则4步为3.2m。

再考虑到保险系数，因此定为5m。

4.3.23 视频安防监控系统的设计要求。

4）高风险区中的客户取款区的柜员制录像主要是对现金交易过程录像，需采用25帧/s的记录速度。其他风险区录像是针对环境监控，只要保证每秒有数帧清晰图像，就可以为侦察破案提供线索，因此记录速度仅要求6帧/s以上。

4.3.24 出入口控制系统的设计要求。

3 设置个人识别码而不设置公用码并能定期更换，是为保障系统的安全性。

4.4 重要物资储存库安全防范工程设计

Ⅰ 一 般 规 定

4.4.2 重要物资储存库安全防范工程防护级别应与其风险等级相适应，当受外界环境条件或资金限制，技防措施达不到本规范要求时，设计单位应提出相应的物防或人防措施，以达到要求的安全防护水平。

4.4.5 重要物资储存库大多位于偏僻山区，一般雷暴日较多，了解工程所在地的岩石（或砂石、土壤）电阻率，是为工程设计满足防雷接地的要求提供依据。

4.4.6 重要物资储存库所处环境一般较为恶劣，工程设计时应充分考虑环境的因素，尤其是室外安装的设备器材，一般应考虑防水、防潮、防尘、抗冻、防晒及防破坏等防护措施。

4.4.7 部分重要物资储存库储存的是危险品物资，工程设计时应严格按照国家现行有关技术标准，明确爆炸危险区域的范围、防爆等级，电气设备选型应满足防爆要求。

Ⅱ 一级防护工程设计

4.4.10 防护区重要通道一般指防护区的出入口、主干道路交叉路口等；重要部位一般指储存库库房门口、周界易入侵处等。工程设计时可根据现场实际情况和用户需求确定设置的具体位置。

4.4.11 重要出入口主要指防护区出入口、储存库出入口和监控中心出入口等，工程设计时可根据现场实际情况和用户需求确定设置的具体位置。

4.5 民用机场安全防范工程设计

Ⅴ 各子系统设计要求

4.5.26 入侵报警系统可采用多级报警管理模式。

4.5.29 为防止无关人员与非法人员进入机场控制、隔离区域，应制定内部工作人员出入相应出入口的管理制度。

4.6 铁路车站安全防范工程设计

Ⅰ 一 般 规 定

4.6.1 根据《中华人民共和国铁路技术管理规程》第169条的规定，铁路车站按技术作业分为编组站、区段站、中间站；按业务性质分为客运站、货运站、客货运站。

由于车站建设一般采用一次规划、分期建设、逐步完成的模式，因此为保证建设的系统性、连续性和完整性，安防系统工程设计应有用户认可的系统冗余性、设备兼容性，以利于系统扩展时对功能与容量的要求。

Ⅱ 一级防护工程设计

4.6.8 铁路要害部位的确定按照铁道部《铁路要害安全管理规定》执行。

5 普通风险对象的安全防范工程设计

5.1 通用型公共建筑安全防范工程设计

Ⅰ 一 般 规 定

5.1.3 通用型公共建筑安全防范工程的设计标准由低至高分为基本型、提高型、先进型。其中基本型安全防范工程，必须符合对安全防范管理的基本要求，重点强调物防和人防的要求；提高型安全防范工程，增加了相应的技防功能要求和系统设备的配置要求；先进型安全防范工程，应为技防功能较齐全、系统设备的配置较完备、技术水准较高的安全防范系统。

三种类型安全防范工程的划分，只作为通用型公共建筑安全防范工程技术等级的设定，并不是评定安全防范工程防护水平的标准。对一个建筑安防系统的防护能力和防护水平的实际评价，将有另外的标准或规范来完成。

5.1.5 通用型公共建筑安全防范工程应按照安全防范管理工作的基本要求，确定设防的区域和部位。工程设计者应根据项目设计任务书的要求，对本条所列的部位（或目标）、区域进行选择，实施部分或全部的设防。

5.2 住宅小区安全防范工程设计

Ⅱ 基本型安防工程设计

5.2.5 周界防护系统是住宅小区的外围防线，一般由实体周界（围栏、围墙等）和/或电子周界防护系统以及保安人员组成。围栏的竖杆间距宽度不应大于15cm，是考虑正常人侧身不能钻入的距离。围栏1m以下不应有横撑，以防止非法人员攀沿入小区。

5.2.7 住宅内安装火灾报警探测器的原则，应以国家现行消防规范为准。紧急求助报警装置可纳入访客（可视）对讲系统，也可纳入入侵报警系统。

5.2.8 通信工具可以是有线通信工具或无线通信工具。有线通信是指市网电话或报警联网专线；无线通信是指小区内无线对讲机或无线移动通信手机。

5.2.16 在线式电子巡查系统的信息采集点（巡查点）与监控中心联网，计算机可随时读取巡查点登录的信息。对于基本型和提高型安防工程，其电子巡查系统可选用离线式；先进型的电子巡查系统应选用在线式，以便系统能对巡查人员进行实时跟踪。

5.2.17 住宅内如已按消防规范安装了火灾报警系统，可不执行本条第4款的规定。

6 安全防范工程施工

6.2 施工准备

本节规定了实施安全防范工程应具备的条件，它包括：设计文件、仪器设备、施工场地、管道、施工器材及隐蔽工程的要求等。施工单位应对这些要求认真准备，以提高施工安装效率，避免在审核、安装、随工验收等工作中出现不必要的返工。

6.3 工程施工

6.3.5 本条对安全防范工程中各子系统设备的安装提出了要求。特别对报警探测器、摄像机、云台、解码器、出入口控制设备、访客对讲、电子巡查、控制室等设备的安装作了较为具体详细的规定，以保证整个工程的顺利实施。

6.3.6 依据本规范第3章，本条对安全防范工程的供电设施、防雷与接地设施等的施工提出了相应的要求，以保证系统的供电安全和雷电防护的有效性。

6.4 系统调试

6.4.1 经验表明，安全防范系统由于文件资料不全，给系统安装、调试和系统正常运行带来许多麻烦和困难。因此本条明确规定了安全防范系统调试开通前必须具备的文件资料。

安全防范系统的调试工作是一项专业性很强的工作。因此，本条规定系统调试必须由项目责任人或相当于工程师资格的专业技术人员主持，并有调试大纲。

6.4.2 调试前按设计方案中配套清单，对安装设备的规格、型号、数量和备品备件等进行核查。调试人员应按本规范第6.3节的要求，逐项检查系统工程的施工、安装质量。根据质量管理和质量控制的原则与要求，下道工序应是对上道工序的检查，通过逐项检查施工、安装质量，可以避免事故，保证调试工作的顺利进行。

系统通电前应对系统的外部线路进行检查，避免由于接线错误造成严重后果。

6.4.3 系统调试要求。

1 安全防范系统的所有设备都应按产品说明书要求，单机通电工作正常后才能接入系统，这样可以避免单机工作不正常而影响系统调试。

2 按入侵探测器系列标准等相关标准的要求，对安装的探测器和控制器的功能和指标进行检查与调试，应准确无误。

3 按相关标准的规定及设计要求，检查与调试每路视频安防监控系统，使摄像机监视范围、图像清晰度、切换与控制、字符叠加、显示与记录、回放以及联动功能等正常，满足设计要求。

4 按相关标准要求、设计方案及产品技术说明书的规定，检查与调试出入口控制系统识别装置及执行机构工作的有效性和可靠性。检查系统的开门、关门、记录、统计、打印等处理功能，应准确无误。

5 按相关标准及设计方案规定，检查与调试系统的选呼、通话、电控开锁、紧急呼叫等功能。

对具有报警功能的复合型对讲系统，还应检查与调试安装的探测器、各种前端设备的警戒功能，并检查布防、撤防及报警信号畅通等功能。

6 按预先设定的巡查路线，正确记录保安人员巡查活动（时间、线路、班次等）状态。对在线式电子巡查系统，检查当发生意外情况时的即时报警功能。

7 要求按系统设计，检查与调试系统车位显示、行车指示、入口处出票与出口处验票、计费与收费显示、车牌或车型识别，以及意外情况发生时向外报警等功能。

8 安全防范系统的各子系统应先独立调试、运行；当采用系统集成方式工作时，应按设计要求和相关设备的技术说明书、操作手册，检查和调试统一的通信平台和管理软件后，再将监控中心设备与各子系统设备联网，进行系统总调，并模拟实施监控中心对整个系统进行管理和控制、显示与记录各子系统运行状况及处理报警信息数据等功能。

9 本规范规定系统供电电源容量应大于设计值的1.5倍，并分别用主电源和备用电源供电，考察主电源自动转换及备用电源自动充电情况，是为了确保系统的正常运行。

本规范提出安全防范系统应采用“联合接地与等电位连接”的防雷设计思想，是根据信息系统的雷电防护要求而提出的。系统的接地采用“一点接地方式”，是为了避免由于接地电位差而引入的交流杂波等的干扰。目前建设物受到多种因素限制，很少采用专用接地装置，较多采用建筑物基础钢筋网作为综合接地网。整个建筑接地、防雷接地及各种系统设备接地大多接在综合接地网上。由于钢筋网的接地电阻比较小（一般在0.5Ω左右），大多能满足设计要求。

7 安全防范工程检验

7.1 一般规定

7.1.3 安全防范工程中所使用的设备、材料应符合相关法律、法规和标准、规范的要求，并经有关机构检验/认证合格、出具检验报告或认证证书等相关质量证明。这样规定，有利于保证系统工程的质量。

7.1.4 对于每个工程，它的系统规模和功能都不相同，工程检验项目应覆盖工程设计的主要功能范围，以便对系统的主体特性作出全面检查。

7.1.5 检验用仪器设备的准确性直接关系到检测数据的准确性。因此要求所使用仪器设备的性能应稳定可靠，计量、检测、管理使用与检定应符合国家有关法规的规定。

7.1.6 为了保证工程检验的质量和顺利实施，本条规定了检验机构的检验实施程序。经验表明，本条文规定的检验实施程序对检验过程来说是必不可少的。特别是编制检验实施细则尤为重要。通过审查技术文件，可使检测人员对被检测系统的情况有较全面的了解（包括系统所涉及的范围，各子系统的结构、功能、运转情况等），便于检验实施细则的制定。

在受检工程的技术文件中，对于变更文件，应是经甲乙双方认可的，盖章有效的文件。

7.1.7 检验实施细则作为检验过程的指导性文件，它应当规定检验过程的主要检验依据、检验项目、使用仪器、抽样率、检验步骤、检验方法、测试方案等主要内容。其中测试方案的设计非常重要。系统的特性和存在的缺陷只有通过周密的测试方案才能反映出来。实施检验时，应由测试人员根据本规范的要求提出具体的实施细则和测试方案。

7.1.9 采用随机抽样法进行抽样时，抽出的样机所需检验的项目如受检验条件制约，无法进行检验，可重新进行抽样。但应以相应的可实施的替代检验项目进行检验。

检验中，如有不合格项并进行了复测，在检验报告中应注明进行复测的内容及结果。

7.2 系统功能与主要性能检验

本节规定了安全防范工程中应检验的各子系统应具备的基本功能项目。不同防护级别的工程、有特殊要求的工程，其子系统功能均应符合本规范的要求和设计任务书要求。

7.2.1 入侵报警系统检验项目、检验要求及测试方法。

1 报警后的恢复功能检验要求：报警发生后，手动复位。但需要对设防、撤防状态是否正常进行确认。

2 防破坏及故障报警功能的检验要求：检验实践中发现，在很多工程中，入侵探测器的防拆报警信号线与报警信号线是并接的，在撤防状态下，系统对探测器的防拆信号不响应，这种设计或安装是不符合探测器防拆保护要求的。因此，本规范规定在检验系统的入侵探测器防拆功能时，应能在任意状态下进行。

3 当报警控制设备使用多媒体进行信息接收、存储、控制、处理时，报警信息显示界面应为中文界面，文字应简洁、明确，报警信息与其他信息应有明显区别，这是对报警控制设备的基本要求。

5 系统响应时间检验要求：由于报警信号传输的方式有多种，响应时间也不同，因此，应合理设计测试方案，以保证测试响应时间的准确性。

9 其他检验项目应按《入侵报警系统技术要求》GA/T 368 等相关标准、入侵报警系统工程合同、正式设计文件的要求检验。

7.2.2 视频安防监控系统检验项目、检验要求及测试方法。

5 图像记录回放功能检验：不同防护级别的工程，其图像记录回放的效果、质量要求不同，因此，应根据该工程正式设计文件的要求进行检验。

8 其他检验项目应按国家现行相关标准、视频安防监控系统工程合同、正式设计文件的要求检验。

7.2.3 出入口控制系统功能检验项目、检验要求及测试方法。

6 其他检验项目应按国家现行标准《出入口控制系统技术要求》GA/T 394 等相关标准、出入口控制系统工程合同、正式设计文件的要求检验。

7.3 安全性及电磁兼容性检验

系统（设备）的安全性和电磁兼容性是密不可分的。电子技术发展的前期，人们曾将电磁兼容性检验作为安全性检验的一个项目；后来为了突出电磁兼容性的重要性，才将其单独列为一个检验项目。对于不同防护级别、不同使用环境的工程，其安全性要求和电磁环境要求不尽相同，因此，安全性和电磁兼容性检验应根据相关标准和设计文件的要求进行，重点实施对监控中心设备的检验。

7.7 防雷与接地检验

防雷与接地检验也是系统安全性检验的重要组成部分。由于我国幅员辽阔，南北东西的气候环境、雷电环境、地质土壤环境等因素差异较大，因此雷电防护和接地施工的难度也各不相同。对安防工程的防雷接地检验应按相关标准和具体工程的设计要求，重点实施对室外前端设备的雷电防护检查和监控中心的接地设施检（查）验。

8 安全防范工程验收

8.1 一 般 规 定

8.1.2 根据国家现行标准《安全防范工程程序与要求》GA/T 75 的规定，将安全防范工程划分为一、

二、三级，以便区别对待。

8.2 验收条件与验收组织

8.2.1 本规范规定，对安全防范工程尤其是一、二级安全防范工程进行验收前，必须具备从工程初步设计方案论证通过，直至设计、施工单位向工程验收机构提交全套验收图纸资料的七个方面的验收条件。其基本目的是遵循“工程质量，责任重于泰山”的方针，体现“质量是做出来的，不是验出来的”思想。只有严格规范工程建设的全程质量控制，才能确保工程质量，使验收工作达到“质量把关”的目的，并能顺利、有效地进行。

8.2.2 本条对安全防范工程验收的组织安排、验收机构及其验收职责作出了具体规定与要求。

1 工程验收一般由建设单位会同相关部门组织安排。作这样的规定是为了全面贯彻执行《行政许可法》，同时也考虑到安防行业的特殊性和我国安防工程管理的现状。

本款所指的相关部门是泛指在行政许可框架下的行业主管部门以及在行业主管部门监督指导下的社会中介组织。

所谓省级以上的大型工程或重点工程是指列为国家、省级重点建设项目的安全防范工程或者本规范已列出的具有高风险等级的、规模较大的安全防范工程，其竣工验收由建设单位上级业务主管部门牵头组织安排，更利于对工程质量的把关、协调、整改和完善。

2 对验收机构的产生和基本分工作出了规定。当工程规模较小、系统相对简单、验收人员较少时，验收机构下设的“组”可以简化，可以兼任或合并。

3 对验收机构人员规定了其中技术专家比例不低于50%，这是基于验收性质、任务本身的要求，同时考虑到安防工程的特点，以有利于更全面、更科学地把握好工程的技术质量。

所谓不利于验收公正的人员，一般是指工程设计、施工单位人员、工程主要设备生产、供货单位人员以及其他需要回避的人员等。

4 本款主要强调验收机构及其人员应以高度认真、负责的态度，坚持标准、严格把关，特别是对重点工程和具有高风险、高防护级别工程的验收，务必慎之又慎。验收中如有疑问或已暴露出重大质量问题，可视答辩情况决定验收是否继续进行。

5 实践证明，任何工程都难以做到百分之百达标。为体现验收不是目的而是手段，确保工程质量才是根本，本款强调验收通过或基本通过的工程仍需要落实整改；验收不通过的工程，验收机构必须明确指出存在的重大问题和整改要求。

8.3 工 程 验 收

8.3.1 本条规定了施工验收的内容、要求与方法。

5 本款特别强调了对隐蔽工程随工验收单（表6.3.2）的复核检查。这是因为隐蔽工程的施工质量十分重要，但一般又不可能在验收时现场检查。验收时只复核其结果，如发现系统无随工验收单或其结果不合格，应在表8.3.1对应项目栏注明。

8.3.2 本条规定了技术验收的内容、要求与方法。技术验收主要包括以下内容：

——检查系统应达到的基本要求、主要功能与技术指标，应符合设计任务书（合同）、相关标准以及现行管理规定等相关要求；

——检查工程实施结果，即工程配置包括设备数量、型号及安装部位等是否符合正式设计文件；

——按各子系统的专业特点，抽查其功能要求和技术指标，同时检查监控中心，按照表8.3.2所列项目与要求将抽查结果填表。

表8.3.2列出的带“*”的检查项目有三项，即系统主要技术性能，系统布/撤防、旁路、报警显示和监视与回放的图像质量，是技术验收的重点项目，实行一票否决制，应认真检查，严格把关。

8.3.3 本条规定了对验收图纸资料的审查内容、要求与方法。

图纸资料的准确性主要是指标记确切、文字清楚、数据准确、图文表一致，特别是要同工程实际施工结果一致。

图纸资料的完整性主要是指所提供的资料内容要完整，成套资料要符合第8.2.1条第7款的要求。对三级安全防范工程图纸资料审查时，表8.3.3所列项目中第3、4、12项内容可适当简化或省略，序号第7、10项内容可适当简化。

图纸资料的规范性主要是指图样的绘制应符合国家现行标准《安全防范系统通用图形符号》GA/T 74等相关标准要求；图纸资料应按照工程建设的程序编制成套。

8.3.4 本条是对验收结论与整改的要求。

1 本款按验收内容的三个部分，分别对施工验收、技术验收、资料审查给出了合格率的计算公式，作为判定依据与方法。这些公式为工程验收由定性化到定量化，提供了基本依据，有利于验收工作的客观、公正。

2 验收结论是工程验收的结果。验收结论应明确并体现客观、公正、准确的原则。无论是验收通过、基本通过还是不通过，验收人员均可独立根据验收判据（合格率计算公式）通过打分来确定验收结论。对工程验收注重量化，力求克服随意性，是保证验收工作“客观、公正、准确”的基础。

3 本款规定，验收不通过的工程不得正式交付使用，应根据验收结论提出的问题抓紧整改，整改后方可再提交验收；验收通过或基本通过的工程，设计、施工单位应根据验收结论所提出的建议与要求，提出书面整改措施并经建设单位认可。这样做，强调了整改和工程的完善，体现了“验收是手段，保证工程质量才是目的”的验收宗旨。

8.4 工 程 移 交

单从工程验收角度而言，工程移交并不包含在验收范围内。为了体现安全防范工程既要重建设，更要重管理、重实效的根本宗旨，本章将工程移交单列为一节。

本节着重说明工程正式交付使用的必要条件，明确了在工程移交和交付使用过程中，工程有关各方，包括建设（使用）单位，设计、施工单位的基本职责。

工程竣工图纸资料是反映工程质量的重要内容，也是提供良好售后服务的基本要求之一。工程验收通过或基本通过后，设计、施工单位应按第 8.4.1 条规定整理编制竣工图纸资料，并交建设单位签收盖章，方可作为正式归档的工程技术文件。这标志着工程的正式结束。

中华人民共和国行业标准

混凝土小型空心砌块建筑技术规程

Technical specification for concrete small-sized hollow block masonry building

JGJ/T 14－2004

批准部门：中华人民共和国建设部

施行日期：2 0 0 4 年 8 月 1 日

中华人民共和国建设部
公　　告

第 235 号

建设部关于发布行业标准《混凝土小型空心砌块建筑技术规程》的公告

现批准《混凝土小型空心砌块建筑技术规程》为行业标准，编号为 JGJ/T 14—2004，自 2004 年 8 月 1 日起实施。原行业标准《混凝土小型空心砌块建筑技术规程》JGJ/T 14—95 同时废止。

本标准由建设部标准定额研究所组织中国建筑工业出版社出版发行。

中华人民共和国建设部

2004 年 4 月 30 日

前　　言

根据建设部建标［2000］284 号文的要求，规程编制组经广泛调查研究，认真总结实践经验，参考有关国际标准和国外先进标准，并在广泛征求意见的基础上，制定了本规程。

本规程主要技术内容是：

1. 总则；2. 术语和符号；3. 材料和砌体的计算指标；4. 建筑设计与建筑节能设计；5. 静力设计；6. 抗震设计；7. 施工及验收。

本规程修订后主要内容如下：

1. 根据国家建筑设计热工规范及国家有关规范增加砌块建筑设计与建筑节能设计一章；

2. 总结近十年来砌块建筑设计与工程实践经验，增加了防止砌块建筑墙体开裂构造措施；

3. 本规程规定了芯柱、构造柱、芯柱与构造柱三种构造措施，都可用于小砌块房屋；

4. 对不同抗震设防地区提出增强抗震性能的构造措施；

5. 为确保小砌块建筑工程质量，总结近十年来工程实践经验，针对小砌块建筑施工中的一些问题进行了修改和补充。

本规程由建设部负责管理，由主编单位负责具体技术内容的解释。

主编单位：四川省建筑科学研究院（地址：成都市一环路北三段 55 号，邮政编码：610081）。

参编单位：哈尔滨工业大学
浙江大学建筑设计研究院
北京市建筑设计研究院
上海住总（集团）总公司
上海市城乡建筑设计院
上海中房建筑设计院
中国建筑标准设计所
上海市申城建筑设计有限公司
天津市建筑设计院
四川省建筑设计院
辽宁省建筑科学研究院
甘肃省建筑科学研究院
重庆市建筑科学研究院
成都市墙材革新与建筑节能办公室

主要起草人：孙氰萍　唐岱新　严家熺　周炳章
李渭渊　韦延年　刘声惠　刘永峰
高永孚　李晓明　楼永林　李振长
林文修　唐元旭　尹　康

目　次

1 总 则

1.0.1 为使混凝土小型空心砌块建筑设计与施工做到因地制宜、就地取材、技术先进、经济合理、安全适用、确保工程质量，制订本规程。

1.0.2 本规程适用于非抗震设防地区和抗震设防烈度为6至8度地区，以混凝土小型空心砌块为墙体材料的砌块房屋建筑的设计与施工。

1.0.3 混凝土小型空心砌块建筑的设计与施工，除应符合本规程外，尚应符合国家现行有关强制性标准的规定。

2 术语、符号

2.1 术 语

2.1.1 混凝土小型空心砌块 concrete small-sized hollow block

普通混凝土小型空心砌块和轻骨料混凝土小型空心砌块的总称，简称小砌块。

2.1.2 普通混凝土小型空心砌块 normal concrete small-sized hollow block

以碎石或卵碎石为粗骨料制作的混凝土小型空心砌块，主规格尺寸为390mm×190mm×190mm，简称普通小砌块。

2.1.3 轻骨料混凝土小型空心砌块 lightweight aggreagate concrete small-sized hollow block

以浮石、火山渣、煤渣、自然煤矸石、陶粒等为粗骨料制作的混凝土小型空心砌块，主规格尺寸为390mm×190mm×190mm，简称轻骨料小砌块。

2.1.4 单排孔小砌块 single row small-sized hollow block

沿厚度方向只有一排孔洞的小砌块。

2.1.5 双排孔或多排孔小砌块 two or many rows small-sized hollow block

沿厚度方向有双排条形孔洞或多排条形孔洞的小砌块，称双排孔或多排孔小砌块。

2.1.6 对孔砌筑 stacked hollow bond

砌筑墙体时，上下层小砌块的孔洞对准。

2.1.7 错孔砌筑 staggered hollow bond

砌筑墙体时，上下层小砌块的孔洞相互错位。

2.1.8 反砌 reverse bond

砌筑墙体时，小砌块的底面朝上。

2.1.9 芯柱 core column

小砌块墙体的孔洞内浇灌混凝土称素混凝土芯柱，小砌块墙体的孔洞内插有钢筋并浇灌混凝土称钢筋混凝土芯柱。

2.1.10 混凝土构造柱 structural concrete column

按构造要求设置在砌块房屋中的钢筋混凝土柱，并按先砌墙后浇灌混凝土的顺序施工，简称构造柱。

2.1.11 控制缝 control joint

设置在墙体应力比较集中或墙的垂直灰缝相一致的部位，并允许墙身自由变形和对外力有足够抵抗能力的构造缝。

2.1.12 传热系数 heat transfer coefficient

在稳定传热条件下，围护结构两侧空气温度差为1℃，1h内通过$1m^2$面积传递的热量。传热系数K是热阻R_0的倒数。

2.1.13 热惰性指标 index of thermal inertia

表征围护结构反抗温度波动和热流波动的无量纲指标。单一材料的热惰性指标等于材料层热阻与蓄热系数的乘积。多层材料组成的围护结构的热惰性指标等于各种材料层热惰性指标之和。

2.2 符 号

2.2.1 材料性能

MU——小砌块强度等级；

M——砂浆强度等级；

f_1——小砌块抗压强度平均值；

f_2——砂浆抗压强度平均值；

f_g——对孔砌筑单排孔混凝土砌块灌孔砌体抗压强度设计值；

f_t——砌体轴心抗拉强度设计值；

f_v——砌体抗剪强度设计值；

f_{vg}——对孔砌筑单排孔混凝土砌块灌孔砌体抗剪强度设计值；

f_{VE}——砌体沿阶梯形截面破坏的抗震抗剪强度设计值；

f_y——钢筋抗拉强度设计值；

f_c——混凝土轴心抗压强度设计值。

2.2.2 作用、效应与抗力

K——结构（构件）的刚度；

N——轴向力设计值；

N_k——轴向力标准值；

N_l——局部受压面积上轴向力设计值，梁端支承压力设计值；

N_0——上部轴向力设计值；

V——剪力设计值；

F——集中力设计值；

F_{EK}——结构总水平地震作用标准值；

G_{eq}——地震时结构（构件）的等效总重力荷载代表值。

2.2.3 几何参数

A——构件截面毛面积；

A_l——局部受压面积；

A_c——芯柱截面总面积；

A_0——影响局部抗压强度的计算面积；

A_b——垫块面积；

A_s——钢筋截面面积；

B——房屋总宽度；

H——结构或墙体总高度，构件高度；

H_i——第 i 层高；

H_0——构件的计算高度；

L——结构（单元）总长度；

a——距离，边长，梁端实际支承长度；

a_0——梁端有效支承长度；

b——截面宽度，边长；

b_f——带壁柱墙的计算截面翼缘宽度，翼墙计算宽度；

b_s——在相邻横墙、窗间墙间或壁柱间范围内的门窗洞口宽度；

S——相邻横墙、窗间墙间或壁柱间的距离；

e——轴向力合力作用点到截面重心的距离，简称偏心距；

h——墙的厚度或矩形截面轴向力偏心方向的边长；

h_c——梁的截面高度；

h_b——小砌块的高度；

h_0——截面有效高度；

h_T——T形截面的折算厚度；

y——截面重心到轴向力所在方向截面边缘的距离。

2.2.4 计算系数

γ_f——结构构件材料性能分项系数；

γ_a——砌体强度设计值调整系数；

γ——局部抗压强度提高系数；

γ_{RE}——承载力抗震调整系数；

α_{max}——水平地震影响系数最大值；

φ——组合值系数，轴向力影响系数；

β——墙、柱的高厚比；

ζ——计算系数，局压系数；

λ——构件长细比，比例系数；

ρ——配筋率，比率；

μ_1——自承重墙允许高厚比的修正系数；

μ_2——有门窗洞口墙允许高厚比的修正系数；

n——总数，如楼层数、质点数、钢筋根数、跨数等。

3 材料和砌体的计算指标

3.1 材料强度等级

3.1.1 混凝土小型空心砌块（以下简称小砌块）、砌筑砂浆和灌孔混凝土的强度等级，应按下列规定采用：

1 混凝土小型空心砌块的强度等级：MU20、MU15、MU10、MU7.5 和 MU5。

2 砌筑砂浆的强度等级：M15、M10、M7.5 和 M5。

3 灌孔混凝土强度等级：C30、C25 和 C20。

注：1 普通混凝土小型空心砌块（以下简称普通小砌块）和轻骨料混凝土小型空心砌块（以下简称轻骨料小砌块）的砂浆的技术要求、试验方法和检验规则应符合现行国家标准；

2 确定掺有粉煤灰15%以上的小砌块强度等级时，小砌块抗压强度应乘以自然碳化系数；当无自然碳化系数时，取人工碳化系数的1.15倍；

3 确定砂浆强度等级时，应采用同类砌块为砂浆强度试块底模；

4 砌筑砂浆的强度等级等同于对应的普通砂浆强度等级的强度指标。

3.2 砌体的计算指标

3.2.1 龄期为28d的以毛截面计算的小砌块砌体的抗压强度设计值，当施工质量控制等级为B级时，应根据块体和砂浆强度等级按下列规定采用：

1 单排孔普通和轻骨料小砌块砌体的抗压强度设计值，应按表3.2.1-1采用。

2 单排孔小砌块对孔砌筑时，灌孔后的砌体抗压强度设计值 f_g，应按下列公式计算：

表 3.2.1-1 单排孔普通和轻骨料小砌块砌体的抗压强度设计值（MPa）

砌块强度等级	砂浆强度等级				砂浆强度
	M15	M10	M7.5	M5	0
MU20	5.68	4.95	4.44	3.94	2.33
MU15	4.61	4.02	3.61	3.20	1.89
MU10	—	2.79	2.50	2.22	1.31
MU7.5	—	—	1.93	1.71	1.01
MU5	—	—	—	1.19	0.70

注：1 表中轻骨料小砌块为水泥煤矸石和水泥煤渣混凝土小砌块；

2 对错孔砌筑的砌体，应按表中数值乘以0.8；

3 对独立柱或厚度为双排组砌的砌块砌体，应按表中数值乘以0.7；

4 对T型截面砌体，应按表中数值乘以0.85。

$$f_g = f + 0.6\alpha f_c \qquad (3.2.1\text{-}1)$$

$$\alpha = \delta\rho \qquad (3.2.1\text{-}2)$$

式中 f_g——灌孔砌体的抗压强度设计值，并不应大于未灌孔砌体抗压强度设计值的2倍；

f——未灌孔砌体的抗压强度设计值，应按表3.2.1-1采用；

f_c——灌孔混凝土的轴心抗压强度设计值；

α——普通小砌块砌体中灌孔混凝土面积和砌体毛面积的比值；

δ——普通小砌块的孔洞率；

ρ——普通小砌块砌体的灌孔率，系截面灌孔混凝土面积和截面孔洞面积的比值，灌孔率不应小于33%。

普通小砌块砌体的灌孔混凝土强度等级不应低于C20，并不应低于1.5倍的块体强度等级。

注：灌孔混凝土的强度等级等同于对应的混凝土强度等级的强度指标。灌孔混凝土应采用高流动性、低收缩的细石混凝土。

3 孔洞率不大于35%的双排孔或多排孔轻骨料小砌块砌体的抗压强度设计值，应按表3.2.1-2采用。

表 3.2.1-2 轻骨料小砌块砌体的抗压强度设计值（MPa）

砌块强度等级	砂浆强度等级			砂浆强度
	M10	M7.5	M5	0
MU10	3.08	2.76	2.45	1.44
MU7.5	—	2.13	1.88	1.12
MU5	—	—	1.31	0.78

注：1 表中的小砌块为火山渣、浮石和陶粒轻骨料小砌块；

2 对厚度方向为双排组砌的轻骨料小砌块砌体的抗压强度设计值，应按表3.2.1-2中数值乘以0.8。

3.2.2 龄期为28d的以毛截面计算的小砌块砌体的轴心抗拉强度设计值、弯曲抗拉强度设计值和抗剪强度设计值，当施工质量控制等级为B级时，应按表3.2.2采用。

表 3.2.2 沿小砌块砌体灰缝截面破坏时砌体的轴心抗拉强度设计值、弯曲抗拉强度设计值和抗剪强度设计值（MPa）

强度类别	破坏特征及砌体种类		砂浆强度等级		
			≥M10	M7.5	M5
轴心抗拉	沿齿缝截面	普通小砌块	0.09	0.08	0.07
弯曲抗拉	沿齿缝截面	普通小砌块	0.11	0.09	0.08
	沿通缝截面	普通小砌块	0.08	0.06	0.05
抗剪	沿通缝或阶梯形截面	普通和轻骨料小砌块	0.09	0.08	0.06

注：1 对形状规则的块体砌筑的砌体，当搭接长度与块体高度的比值小于1时，其轴心抗拉强度设计值（f_t）和弯曲抗拉强度设计值（f_{tm}）应按表中值乘以搭接长度与块体高度比值后采用；

2 对孔洞率不大于35%的双排孔或多排孔轻骨料小砌块砌体的抗剪强度设计值，按表中普通小砌块砌体抗剪强度设计值乘以1.10。

对孔砌筑的单排孔小砌块砌体，灌孔后的砌体的抗剪强度设计值，应按下式计算：

$$f_{vg} = 0.2 f_g^{0.55} \quad (3.2.2)$$

式中 f_{vg}——对孔砌筑单排孔混凝土砌块灌孔砌体抗剪强度设计值（MPa）；

f_g——灌孔砌体的抗压强度设计值（MPa）。

3.2.3 小砌块砌体，其砌体强度设计值应乘以调整系数（γ_a），并应符合下列规定：

1 有吊车房屋砌体、跨度不小于7.2m的梁下普通和轻骨料小砌块砌体，γ_a为0.9。

2 对无筋砌体构件，其截面面积小于$0.3m^2$时，γ_a为其截面面积加0.7。对配筋砌体构件，当其中砌体截面面积小于$0.2m^2$时，γ_a为其截面面积加0.8。构件截面面积以平方米计。

3 当砌体用水泥砂浆砌筑时，对本规程第3.2.1条各表中的数值，γ_a为0.9；对本规程第3.2.2条表3.2.2中数值，γ_a为0.8；对配筋砌体构件，当其中的砌体采用水泥砂浆砌筑时，仅对砌体的强度设计值乘以调整系数γ_a。

4 当施工质量控制等级为C级时，γ_a为0.89。

5 当验算施工中房屋的砌体构件时，γ_a为1.1。

注：配筋砌体不得采用C级。

3.2.4 施工阶段砂浆尚未硬化的新砌砌体的强度和稳定性，可按砂浆强度为零进行验算。

对冬期施工采用掺盐砂浆法施工的砌体，砂浆强度等级按常温施工的强度等级提高一级时，砌体强度和稳定性可不验算。

注：配筋砌体不得用掺盐砂浆施工。

3.2.5 小砌块砌体的弹性模量、剪变模量、线膨胀系数、收缩率、摩擦系数可按现行国家标准《砌体结构设计规范》GB 50003中相应指标执行。

4 建筑设计与建筑节能设计

4.1 建筑设计

4.1.1 小砌块建筑的平面及竖向设计应符合下列要求：

1 平面设计宜以2M为基本模数，特殊情况下可采用1M；竖向设计及墙的分段净长度应以1M为模数。

2 平面及立面应做墙体排块设计，宜采用主规格砌块，减少辅助规格砌块的数量及种类。

3 设计预留孔洞、管线槽口以及门窗、设备等固定点和固定件，应在墙体排块图上详细标注。施工时应采用混凝土填实各固定点范围内的孔洞。

4 平面应简洁，体形不宜凹凸转折过多。小砌块住宅建筑的体形系数不宜大于0.3。

5 墙体宜设控制缝，并应做好室内墙面的盖缝粉刷。

6 在小砌块住宅建筑的门厅和楼梯间内，应安排好竖向水、电管线用的管道井，以及各种表盒的位置，并保证表盒安装后的楼梯及通道的尺寸符合有关规范要求。

7 下水管道的主管、支管或立管、横管均宜明管安装。管径较小的管线，可预埋于墙体内。

8 立面设计宜利用装饰砌块突出小砌块建筑的特色。

4.1.2 小砌块建筑的防水设计应符合下列要求：

1 在多雨水地区，单排孔小砌块墙体应做双面粉刷，勒脚应采用水泥砂浆粉刷。

2 对伸出墙外的雨蓬、开敞式阳台、室外空调机搁板、遮阳板、窗套、外楼梯根部及水平装饰线脚等处，均应采用有效的防水措施。

3 室外散水坡顶面以上和室内地面以下的砌体内，宜设置防潮层。

4 卫生间等有防水要求的房间，四周墙下部应灌实一皮砌块，或设置高度为200mm的现浇混凝土带。内墙粉刷应采取有效防水措施。

5 处于潮湿环境的小砌块墙体，墙面应采用水泥砂浆粉刷等有效的防潮措施。

6 在夹心墙的外叶墙每层圈梁上的砌块竖缝底宜设置排水孔。

4.1.3 小砌块墙体的耐火极限应按表4.1.3采用。

对防火要求高的砌块建筑或其局部，宜采用提高墙体耐火极限的混凝土或松散材料灌实孔洞的方法，或采取其他附加防火措施。

表4.1.3 混凝土小砌块墙体的燃烧性能和耐火极限

小砌块墙体类型	耐火极限（h）	燃烧性能
90厚小砌块墙体	1	非燃烧体
190厚小砌块墙体	2	非燃烧体
注：墙体两面无粉刷。		

4.1.4 对190厚单排孔小砌块墙体双面粉刷（各20厚）的空气声计权隔声量应按43～47dB采用。对隔声要求较高的小砌块建筑，可采用下列措施提高其隔声性能：

1 孔洞内填矿渣棉、膨胀珍珠岩、膨胀蛭石等松散材料。

2 在小砌块墙体的一面或双面采用纸面石膏板或其他板材做带有空气隔层的复合墙体构造。

4.1.5 小砌块建筑的屋面设计应符合下列要求：

1 小砌块建筑采用钢筋混凝土平屋面时，应在屋面上设置保温隔热层。

2 小砌块住宅建筑宜做成有檩体系坡屋面。当采用钢筋混凝土基层坡屋面时，坡屋面宜外挑出墙面，并应在屋面上设置保温隔热层。

3 钢筋混凝土屋面板及上面的保温隔热防水层中的刚性面层、砂浆找平层等应设置分隔缝，并应与周边的女儿墙断开。

4.2 建筑节能设计

4.2.1 小砌块建筑中的居住建筑节能设计应符合下列要求：

1 小砌块建筑的体形系数、窗墙面积比、窗的传热系数、遮阳系数和空气渗透性能，均应符合本地区建筑节能设计标准的有关规定。

2 小砌块建筑围护结构各部分的传热系数和热惰性指标，应符合本地区居住建筑节能设计标准的规定。通过建筑热工节能设计选择的围护结构各部分的构造措施，应满足建筑结构整体性和变形能力以及安全、可靠，并应具有可操作性。

3 小砌块建筑墙体和楼地板的建筑热工节能设计，应同时考虑建筑装饰与设备节能对管线及设备埋设、安装和维修的要求。

4.2.2 小砌块建筑外墙的建筑热工节能设计，应符合下列要求：

1 小砌块砌体的热工性能用热阻（R_b）和热惰性指标（D_b）应按照表4.2.2采用。小砌块孔洞中内填、内插不同类型轻质保温材料时的砌体热工性能指标可按本规程附录A采用。部分轻骨料小砌块砌体的热工性能指标可按本规程附录B采用。

表4.2.2 小砌块砌体的热阻（R_b）和热惰性指标（D_b）计算值

孔型	厚度（mm）	孔隙率（%）	表观密度（kg/m³）	R_b（m²·K/W）	D_b
单排孔混凝土小型空心砌块	90	30	1500	0.12	0.85
	190	44	1200	0.17	1.47
双排孔混凝土小型空心砌块	190	40	1370	0.22	1.70

注：当小砌块的孔型和厚度与表4.2.2不同，或在孔洞中内填、内插不同类型的轻质保温材料时，其R_b和D_b值应按《民用建筑热工设计规范》GB 50176—93附录一中的计算方法确定。

2 小砌块建筑外墙的传热系数和热惰性指标，应考虑结构性冷（热）桥的影响，根据主体部位与结构性冷（热）桥部位的热工性能和面积取平均传热系数和平均热惰性指标，结构性冷（热）桥部位的传热阻（$R_{0,min}$），不应小于建筑物所在地区要求的最小传热阻（$R_{0,min}$）。

3 小砌块建筑外墙平均传热系数和平均热惰性指标的计算方法应符合本规程附录C的规定。外墙主体部位和结构性冷（热）桥部位的传热系数和热惰性指标应按本规程附录D的计算方法进行计算。

4 在夏热冬冷地区，当小砌块建筑外墙的传热系数满足规定性指标且不大于1.50W/（m²·K），但热惰性指标不满足规定性指标且不小于3.0时，可按本规程附录E的计算方法进行隔热性能验算。

5 小砌块建筑的外墙可采用外保温、内保温或带有空气间层和不带空气间层的夹心复合保温技术。各种保温技术措施及保温层的厚度应根据本地区建筑节能设计标准的规定，按照建筑热工设计方法计算确定。保温材料的导热系数和蓄热系数应采用修正后的计算导热系数和计算蓄热系数。对一般常用的保温材料，修正系数可取1.2。

6 当小砌块建筑外墙的保温层外侧有密实保护层或内侧构造层为加气混凝土及其他多孔材料时，保温设计时应根据地区气候条件及室内环境设计指标，按现行国家标准《民用建筑热工设计规范》GB 50176的规定进行内部冷凝受潮验算并确定是否设置隔气层。设置隔气层应保证施工质量，并应有与室外空气相通的排湿措施。

夏热冬冷地区的小砌块建筑外墙，可不进行内部冷凝受潮验算。

7 夏热冬冷地区和夏热冬暖地区的小砌块建筑外墙，宜采用外反射、外遮阳、外通风和外蒸发等外隔热措施。

8 小砌块建筑外墙的保温隔热措施，应与屋顶、楼地板、门窗等构件连接部位的保温隔热措施保持构造上的连续性和可靠性。

4.2.3 小砌块建筑的外墙和屋顶应按照下列建筑热工节能要求进行设计：

1 小砌块建筑外墙和屋顶的传热系数和热惰性指标应符合本地区居住建筑节能设计标准的规定。在夏热冬冷地区，当外墙和屋顶的传热系数满足规定性指标且不大于1.00W/（m²·K），但热惰性指标不满足规定性指标且不小于3.0时，可按照本规程附录E的计算方法进行隔热验算。

2 小砌块建筑的屋顶宜设计为保温隔热层置于防水层上的倒置式屋顶，且宜选择憎水型的绝热材料做保温隔热层。

3 各种形式的屋顶，其保温层的厚度应根据本地区居住建筑节能设计标准的规定，通过建筑热工设计方法计算确定，保温材料的导热系数和蓄热系数应采用修正后的计算导热系数和计算蓄热系数。

4 屋面的天沟、女儿墙、变形缝及突出屋面的构件与屋面交接处，应按现行国家标准《民用建筑热工设计规范》GB 50176—93第4.1.1条规定的最小传热阻通过热工计算，在该部位的垂直或水平面上宜设置一定厚度的保温材料。

5 在夏热冬冷地区和夏热冬暖地区，小砌块建筑屋顶的外表面宜采用浅色饰面材料。平屋顶宜采用绿色植物或有保温材料基层的架空通风屋顶。

5 静力设计

5.1 设计基本规定

5.1.1 本规程采用以概率理论为基础的极限状态设计方法，采用分项系数的设计表达式进行计算。

5.1.2 小砌块砌体结构应按承载能力极限状态设计，并应有相应的构造措施满足正常使用极限状态的要求。

5.1.3 根据建筑结构破坏可能产生的后果（危及人的生命、造成经济损失、产生社会影响等）的严重性，建筑结构按表5.1.3划分为三个安全等级。

表5.1.3 建筑结构的安全等级

安全等级	破坏后果	建筑物类型
一级	很严重	重要的建筑物
二级	严　重	一般的建筑物
三级	不严重	次要的建筑物

注：1 对特殊的建筑物，其安全等级可根据具体情况另行确定；
2 对地震区砌体结构设计，应按现行国家标准《建筑抗震设防分类标准》GB 50223根据建筑物重要性区分建筑物类别。

5.1.4 小砌块砌体结构承载能力极限状态设计表达式，整体稳定性验算表达式，弹性方案、刚弹性方案、刚性方案的静力设计规定及其相应的横墙间距要求等，应按现行国家标准《砌体结构设计规范》GB 50003的规定执行。

5.1.5 梁支承在墙上时，梁端支承压力（N_l）到墙边的距离，对刚性方案房屋屋盖梁和楼盖梁均应取梁端有效支承长度（a_0）的0.4倍（见图5.1.5）。多层房屋由上面楼层传来的荷载（N_u），可视为作用于上一楼层的墙、柱的截面重心处。

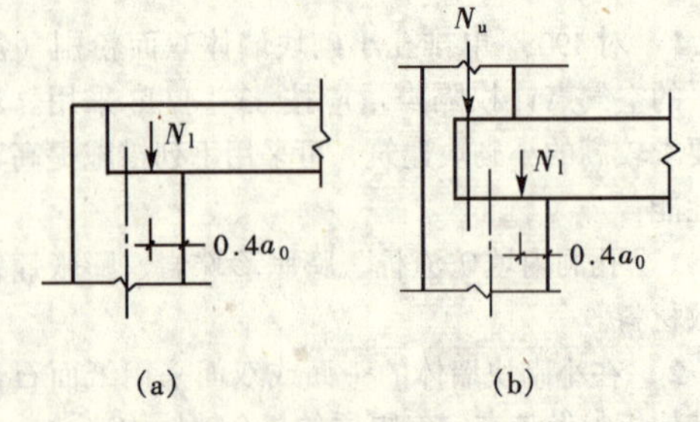

图5.1.5 梁端支承压力位置
(a) 屋盖梁情况；(b) 楼盖梁情况

5.1.6 带壁柱墙的计算截面翼缘宽度（b_f），可按下列规定采用：

1 对多层房屋，当有门窗洞口时，可取窗间墙宽度；当无门窗洞口时，每侧翼墙宽度可取壁柱高度的1/3。

2 对单层房屋，可取壁柱宽加2/3墙高，但不应大于窗间墙宽度和相邻壁柱间的距离。

3 计算带壁柱墙体的条形基础时，应取相邻壁柱间的距离。

5.2 受压构件承载力计算

5.2.1 受压构件的承载力应按下式计算：

$$N \leqslant \varphi f A \tag{5.2.1}$$

式中 N——轴向力设计值（N）；

φ——高厚比 β 和轴向力偏心距 e 对受压构件承载力的影响系数，应按本规程附录F附表采用；

f——砌体抗压强度设计值（Pa），应按本规程第3.2.1条采用；

A——截面毛面积（m^2）；对带壁柱墙，其翼缘宽度可按本规程第5.1.6条采用。

注：对矩形截面构件，当轴向力偏心方向的截面边长大于另一方向的边长时，除按偏心受压计算外，还应对较小边长方向，按轴心受压进行验算。

5.2.2 根据房屋类别、构件支承条件等应按下列规定取用构件高度（H）：

1 对房屋底层，取楼板顶面到构件下端支点的距离。下端支点的位置，应取在基础顶面；当埋置较深时，应取在室内地面或室外地面下500mm处。

2 对在房屋其他层次，取楼板或其他水平支点间的距离。

3 对无壁柱的山墙，可取层高加山墙尖高度的1/2；对带壁柱的山墙可取壁柱处的山墙高度。

5.2.3 受压构件的计算高度（H_0）应按表5.2.3采用。

表5.2.3 受压构件的计算高度（H_0）

房屋类别		柱		带壁柱墙或周边拉结的墙		
		排架方向	垂直排架方向	$S>2H$	$2H \geqslant S > H$	$S \leqslant H$
单跨	弹性方案	$1.5H$	$1.0H$	$1.5H$		
	刚弹性方案	$1.2H$	$1.0H$	$1.2H$		
两跨或多跨	弹性方案	$1.25H$	$1.0H$	$1.25H$		
	刚性方案	$1.1H$	$1.0H$	$1.1H$		
刚性方案		$1.0H$	$1.0H$	$1.0H$	$0.4S+0.2H$	$0.6S$

注：1 对上端为自由端的构件 $H_0=2H$；
2 对独立柱，当无柱间支撑时，在垂直排架方向的 H_0，应按表中数值乘以1.25后采用；
3 S 为房屋横墙间距。

5.2.4 轴向力的偏心距（e）应符合下式要求：

$$e \leqslant 0.6y \tag{5.2.4}$$

式中 e——轴向力的偏心距(mm)，按内力设计值计算；

y——截面重心到轴向力所在偏心方向截面边缘的距离（mm）。

5.3 局部受压承载力计算

5.3.1 砌体截面中受局部均匀压力时的承载力，应按下式计算：

$$N_l \leqslant \gamma f A_1 \tag{5.3.1}$$

式中 N_l——局部受压面积上轴向力设计值（N）；

γ——砌体局部抗压强度提高系数；

A_1——局部受压面积（m^2）；

f——砌体抗压强度设计值（Pa）；当局部荷载作用面用混凝土灌实一皮时，应按本规程表3.2.1-1采用，不考虑强度调整系数（γ_a）的影响。

5.3.2 砌体局部抗压强度提高系数(γ)，可按下式计算，计算所得 γ 值，应符合本规程表5.3.3中 γ 限值；

$$\gamma = 1 + 0.35\sqrt{\frac{A_0}{A_1} - 1} \tag{5.3.2}$$

式中 A_0——影响砌体局部抗压强度的计算面积（m^2）（见图5.3.2）。

局压面未灌实的小型空心砌块砌体，局部抗压强度提高系数（γ）应取为1.0。

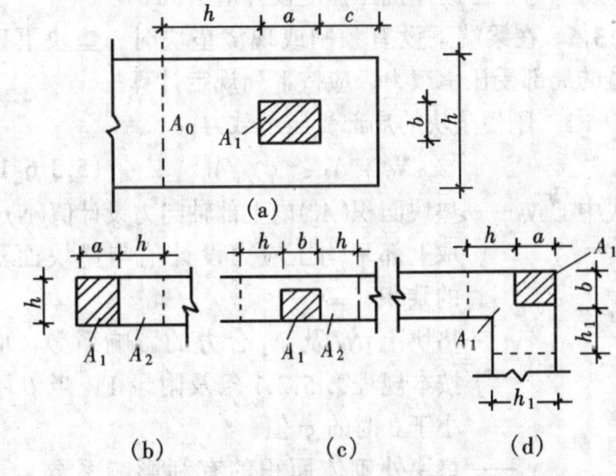

图5.3.2 影响局部抗压强度的面积（A_0）

5.3.3 影响砌体局部抗压强度的计算面积和局部抗压强度提高系数（γ）限值，可按表5.3.3采用。

表5.3.3 影响局部抗压强度的面积（A_0）值和提高系数（γ）限值

局部荷载位置	A_0	γ限值	注
局部受压	$(a+c+h)\ h$	2.5	图5.3.2（a）
端部局部受压	$(a+h)\ h$	1.25	图5.3.2（b）
边部局部受压	$(b+2h)\ h$	2.0	图5.3.2（c）
角部局部受压	$(a+h)\ h+(b+h_1-h)\ h_1$	1.5	图5.3.2（d）

注：表中 a、b 为矩形局部总受压面积 A_1 的边长；h、h_1 分别为墙厚或柱的较小边长；c 为矩形局部受压面积的外边缘至构件边缘的较小距离，当大于 h 时，应取 h。

5.3.4 梁端支承处砌体的局部受压承载力应按下列公式计算：

$$\psi N_0 + N_l \leqslant \eta\gamma f A_l \qquad (5.3.4\text{-}1)$$

$$\psi = 1.5 - 0.5\frac{A_0}{A_l} \qquad (5.3.4\text{-}2)$$

式中 ψ——上部荷载的折减系数，当 $A_0/A_l \geqslant 3$ 时，取 $\psi = 0$；

N_0——局部受压面积内上部轴向力设计值，取上部平均压应力设计值 σ_0 与局部受压面积的乘积（N）；

f——砌体抗压强度设计值（Pa）；

N_l——梁端支承压力设计值（N）；

η——梁端底面压力图形的完整系数，可取 0.7；对过梁可取 1.0；

A_l——局部受压面积，取梁宽与梁端有效支承长度的乘积（m^2）。

5.3.5 梁直接支承在砌体上时，梁端有效支承长度可按下式计算：

$$a_0 = 10\sqrt{\frac{h_c}{f}} \qquad (5.3.5)$$

式中 a_0——梁端有效支承长度（mm），其值不应大于梁端实际支承长度；

h_c——钢筋混凝土梁的截面高度（mm）；

f——砌体抗压强度设计值（MPa）。

5.3.6 在梁端下设有预制或现浇垫块时，垫块下砌体的局部受压承载力，应按下列规定计算：

1 刚性垫块的局部受压承载力：

$$N_0 + N_l \leqslant \varphi\gamma_1 f A_b \qquad (5.3.6\text{-}1)$$

式中 N_0——垫块面积(A_b)内上部轴向力设计值(N)，取上部平均压应力设计值与垫块面积的乘积；

φ——垫块上 N_0 及 N_l 合力的影响系数，应按本规程第 5.2.1 条及附录 F，当 β 不小于 3 时的 φ 值；

γ_1——垫块外砌体面积的有利影响系数，γ_1 取 0.8γ，且应不小于 1.0；γ 应按本规程式 5.3.2 以 A_b 代替 A_l 计算；

A_b——垫块面积（m^2），取垫块伸入墙内的长度（a_b）与垫块宽度值（b_b）的乘积。

刚性垫块的高度不宜小于 190mm，自梁边算起的垫块挑出长度不宜大于垫块高度（t_b）。

当带壁柱墙的壁柱内设刚性垫块时（见图 5.3.6），其计算面积应取壁柱面积，且不应计算翼缘部分，同时壁柱上垫块伸入翼缘内的长度不应小于 100mm。

2 刚性垫块上梁端有效支承长度 a_0 应按下式确定：

$$a_0 = \delta_1\sqrt{\frac{h}{f}} \qquad (5.3.6\text{-}2)$$

式中 δ_1——刚性垫块 a_0 计算的影响系数，可根据轴压比（σ_0/f）按表 5.3.6 采用。

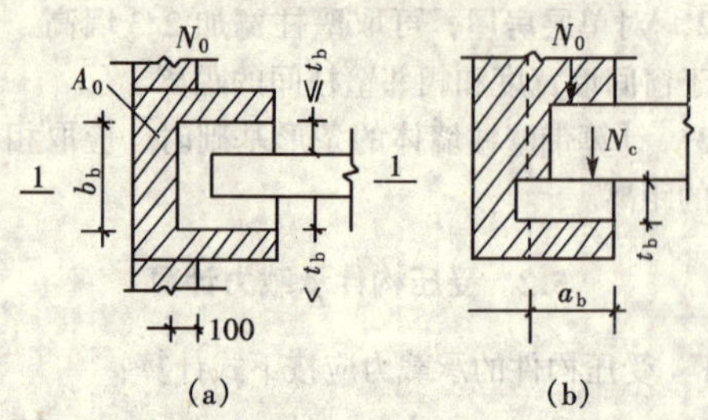

图 5.3.6 壁柱内设有垫块时梁端局部受压

(a) 平面；(b) 剖面

垫块上局部受压面积上的轴向力 N_b 作用点位置可取 $0.4a_0$ 处。

表 5.3.6 系 数 δ_1 值

σ_0/f	0	0.2	0.4	0.6	0.8
δ_1	5.4	5.7	6.0	6.9	7.8
注：表中其间的数值可采用插入法求得。					

5.3.7 梁下设有长度大于 πh_0 的垫梁时（见图 5.3.7），垫梁下的砌体局部受压承载力应按下列公式计算：

$$N_0 + N_l \leqslant 2.4\delta_2 f b_b h_0 \qquad (5.3.7\text{-}1)$$

$$N_0 = \pi b_b h_0 \sigma_0 / 2 \qquad (5.3.7\text{-}2)$$

$$h_0 = 2\sqrt[3]{\frac{E_b I_b}{Eh}} \qquad (5.3.7\text{-}3)$$

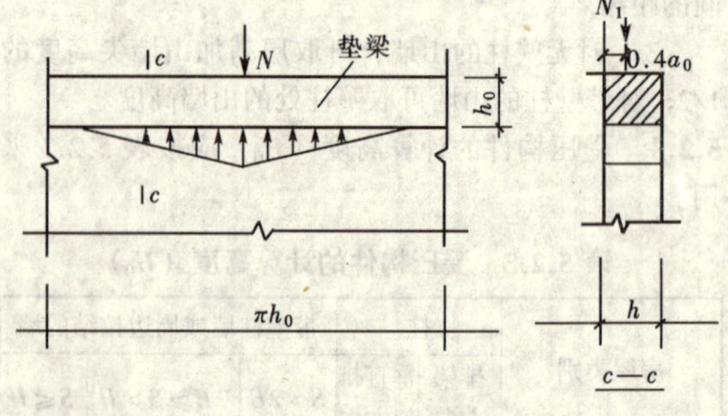

图 5.3.7 垫梁局部受压

式中 N_0——垫梁上部轴向力设计值（N）；

b_b——垫梁在墙厚方向的宽度（mm）；

δ_2——当荷载沿墙厚方向均匀分布时 δ_2 取 1.0，不均匀时 δ_2 可取 0.8；

h_0——垫梁折算高度（mm）；

E_b、I_b——分别为垫梁的混凝土弹性模量和截面惯性矩；

h_b——垫梁的高度（mm）；

E——砌体的弹性模量；

h——墙厚（mm）。

垫梁上梁端有效支承长度 a_0 可按本规程式

（5.3.6-2）计算。

5.4 受剪构件承载力计算

5.4.1 沿通缝或沿阶梯形截面破坏时的受剪构件承载力应按下列公式计算：

$$V \leqslant (f_v + \alpha\mu\sigma_0)A \quad (5.4.1\text{-}1)$$

当荷载分项系数 $\gamma_G = 1.2$ 时

$$\mu = 0.26 - 0.082\frac{\sigma_0}{f} \quad (5.4.1\text{-}2)$$

当荷载分项系数 $\gamma_G = 1.35$ 时

$$\mu = 0.23 - 0.065\frac{\sigma_0}{f} \quad (5.4.1\text{-}3)$$

式中 V——截面剪力设计值（N）；

A——水平截面面积；当有孔洞时，应取净截面面积（m^2）；

f_v——砌体抗剪强度设计值（Pa），对灌孔的混凝土砌块砌体应取 f_{vg}；

α——修正系数：当 $\gamma_G = 1.2$ 时，取 0.64；当 $\gamma_G = 1.35$ 时取 0.66；

μ——剪压复合受力影响系数；

σ_0——永久荷载设计值产生的水平截面平均压应力（Pa）；

f——砌体的抗压强度设计值（Pa）；

σ_0/f——轴压比，且不大于 0.8。

5.5 墙、柱的允许高厚比

5.5.1 墙、柱高厚比应按下式验算：

$$\beta = \frac{H_0}{h} \leqslant \mu_1\mu_2[\beta] \quad (5.5.1)$$

式中 H_0——墙、柱的计算高度（mm）；

h——墙厚或矩形柱与 H_0 相对应的边长（mm）；

μ_1——自承重墙允许高厚比的修正系数；

μ_2——有门窗洞口墙允许高厚比的修正系数；

$[\beta]$——墙柱的允许高厚比应按表 5.5.1 采用。

注：当与墙连的相邻两横墙间的距离（S）不大于 $\mu_1\mu_2[\beta]h$ 时，墙的高厚比可不受本条限制。

表 5.5.1 墙、柱的允许高厚比 [β] 值

砂浆强度等级	墙	柱
M5	24	16
≥M7.5	26	17

注：验算施工阶段砂浆尚未硬化的新砌砌体高厚比时，对墙允许高厚比取 14，对柱允许高厚比取 11。

5.5.2 带壁柱墙和带构造柱墙的高厚比验算，应符合下列规定：

1 当按本规程式 5.5.1 验算带壁柱墙的高厚比时，公式中 h 应改用带壁柱墙截面的折算厚度 h_T；当确定截面回转半径时，墙截面的翼缘宽度，可按第 5.1.6 条的规定采用；当确定带壁柱墙的计算高度 H_0 时，S 应取相邻横墙间的距离。

2 当构造柱截面宽度不小于墙厚时，可按本规程式（5.5.1）验算带构造柱墙的高厚比，此时公式中 h 取墙厚；当确定墙的计算高度时，S 应用相邻横墙间的距离；墙的允许高厚比 $[\beta]$ 可乘以下列的提高系数 μ_0：

$$\mu_0 = 1 + \frac{b_c}{l} \quad (5.5.2)$$

式中 b_c——构造柱沿墙长方向的宽度；

l——构造柱的间距；

当 $b_c/l > 0.25$ 时，取 $b_c/l = 0.25$；当 $b_c/l < 0.05$ 时，取 $b_c/l = 0$。

注：考虑构造柱有利作用的高厚比验算不适用于施工阶段。

3 当按本规程式 5.5.1 验算壁柱间墙的高厚比时，S 值应取相邻壁柱间的距离。设有钢筋混凝土圈梁的带壁柱墙，b/S 不小于 1/30 时，圈梁可视作壁柱间墙的不动铰支点（b 为圈梁宽度）。如不允许增加圈梁宽度，可按等刚度原则（墙体平面外刚度相等）增加圈梁高度。

5.5.3 当自承重墙厚度等于 190mm 时，允许高厚比修正系数（μ_1）取值应为 1.2；当厚度等于 90mm 时 μ_1 取值应为 1.5；当厚度在 90～190mm 之间时，μ_1 可按插入法取值。

注：上端为自由端墙的允许高厚比，除按上述规定提高外，尚可再提高 30%。

5.5.4 对有门窗洞口的墙，允许高厚比修正系数（μ_2）应按下式计算：

$$\mu_2 = 1 - 0.4\frac{b_s}{S} \quad (5.5.4)$$

式中 b_s——在宽度 S 范围内的门窗洞口总宽度(mm)；

S——相邻窗间墙或壁柱之间的距离（mm）；

μ_2——允许高厚比修正系数，当 $\mu_2 < 0.7$ 时，应取 0.7。当洞口高度等于或小于墙高的 1/5 时，可取 μ_2 等于 1.0。

5.6 一般构造要求

5.6.1 小砌块房屋所用的材料，除满足承载力计算要求外，尚应符合下列要求：

1 五层及五层以上民用房屋的底层墙体，应采用不低于 MU7.5 的砌块和 M5 砌筑砂浆。

2 地面以下或防潮层以下的砌体、潮湿房间的墙，所用材料的最低强度等级应符合表 5.6.1 的要求。

表 5.6.1 地面以下或防潮层以下的墙体、潮湿房间墙所用材料的最低强度等级

基土潮湿程度	混凝土砌块	水泥砂浆
稍潮湿的	MU7.5	M5
很潮湿的	MU7.5	M7.5
含水饱和的	MU10	M10

注：1 砌块孔洞应采用强度等级不低于 C20 的混凝土灌实。
2 对安全等级为一级或设计使用年限大于 50 年的房屋，表中材料强度等级应至少提高一级。

5.6.2 在墙体的下列部位，应采用 C20 混凝土灌实砌体的孔洞：

1 底层室内地面以下或防潮层以下的砌体。

2 无圈梁的檩条和钢筋混凝土楼板支承面下的一皮砌块。

3 未设置混凝土垫块的屋架、梁等构件支承处，灌实宽度不应小于 600mm，高度不应小于 600mm 的砌块。

4 挑梁支承面下，其支承部位的内外墙交接处，纵横各灌实 3 个孔洞，灌实高度不小于三皮砌块。

5.6.3 跨度大于 4.2m 的梁，其支承面下应设置混凝土或钢筋混凝土垫块。当墙中设有圈梁时，垫块宜与圈梁浇成整体。

当大梁跨度不小于 4.8m，且墙厚为 190mm 时，其支承处宜加设壁柱。

5.6.4 小砌块墙与后砌隔墙交接处，应沿墙高每 400mm 在水平灰缝内设置不少于 2ϕ4、横筋间距不大于 200mm 的焊接钢筋网片（见图 5.6.4）。

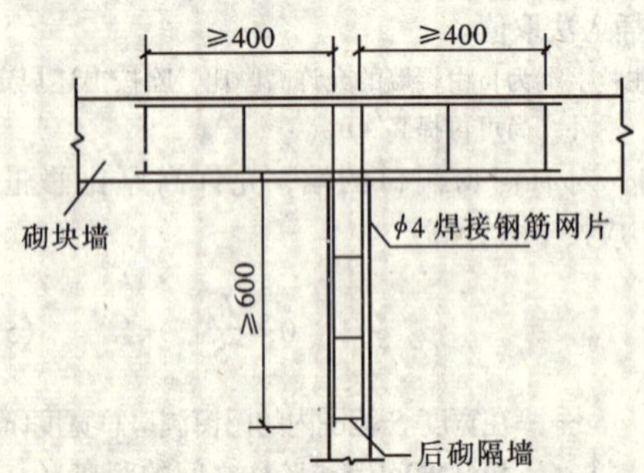

图 5.6.4 砌块墙与后砌隔墙交接处钢筋网片

5.6.5 预制钢筋混凝土板在墙上或圈梁上支承长度不应小于 80mm；当支承长度不足时，应采取有效的锚固措施。

5.6.6 山墙处的壁柱，宜砌至山墙顶部；檩条应与山墙锚固。

5.6.7 混凝土小砌块房屋纵横墙交接处，距墙中心线每边不小于 300mm 范围内的孔洞，应采用不低于 C20 混凝土灌实，灌实高度应为墙身全高。

5.6.8 在砌体中留槽洞及埋设管道时，应符合下列规定：

1 在截面长边小于 500mm 的承重墙体、独立柱内不得埋设管线。

2 墙体中应避免开凿沟槽；当无法避免时，应采取必要的加强措施或按削弱后的截面验算墙体的承载力。

5.6.9 夹心墙应符合下列规定：

1 混凝土小砌块的强度等级不应低于 MU10。

2 夹心墙的夹层厚度不宜大于 100mm。

5.6.10 夹心墙叶墙间的连接应符合下列规定：

1 内外叶墙应采用经防腐处理的拉结件或钢筋网片连接。

2 当采用环形拉结件时，钢筋直径不应小于 4mm；当为 Z 形拉结件时，钢筋直径不应小于 6mm。拉结件应按梅花形布置，拉结件的水平和竖向最大间距分别不宜大于 800mm 和 600mm；对有振动或有抗震设防要求时，其水平间距不宜大于 800mm，竖向间距不宜大于 400mm。

3 当采用钢筋网片做拉结件时，网片横向钢筋的直径不应小于 4mm，其间距不应大于 400mm；网片的竖向间距不宜大于 600mm，对有振动或有抗震设防要求时，竖向间距不宜大于 400mm。

4 拉结件在叶墙上的伸入长度，不应小于叶墙厚度的 2/3，并不应小于 60mm。

5 门窗洞口两侧 300mm 范围内应附加间距不大于 400mm 的拉结件。

注：对安全等级为一级或设计使用年限大于 50 年的房屋，夹心墙叶墙间宜采用不锈钢拉结件。

5.7 小砌块墙体的抗裂措施

5.7.1 小砌块房屋的墙体应按表 5.7.1 规定设置伸缩缝。

表 5.7.1 小砌块房屋伸缩缝的最大间距（m）

屋盖或楼盖类别		间距
整体式或装配整体式钢筋混凝土结构	有保温层或隔热层的屋盖、楼盖	40
	无保温层或隔热层的屋盖	32
装配式无檩体系钢筋混凝土结构	有保温层或隔热层的屋盖、楼盖	48
	无保温层或隔热层的屋盖	40
装配式有檩体系钢筋混凝土结构	有保温层或隔热层的屋盖	60
	无保温层或隔热层的屋盖	48
瓦材屋盖、木屋盖或楼盖、砖石屋盖或楼盖		75

注：1 当有实践经验并采取有效措施时，可适当放宽；
2 在钢筋混凝土屋面上挂瓦的屋盖应按钢筋混凝土屋盖采用；
3 按本表设置的墙体伸缩缝，一般不能同时防止由于钢筋混凝土屋盖的温度变形和砌体干缩变形引起的墙体局部裂缝；
4 温差较大且变化频繁地区和严寒地区不采暖的房屋及构筑物墙体的伸缩缝的最大间距，应按表中数值予以适当减小；
5 墙体的伸缩缝应与结构的其他变形缝相重合，在进行立面处理时，必须保证缝隙的伸缩作用。

5.7.2 小砌块房屋顶层墙体可根据情况采取下列措施：

1 采用装配式有檩体系钢筋混凝土屋盖和瓦材屋盖。

2 屋面应设置保温、隔热层。屋面保温（隔热）层的屋面刚性面层及砂浆找平层应设置分隔缝，分隔缝间距不宜大于6m，并应与女儿墙隔开，其缝宽不应小于30mm。

3 在钢筋混凝土屋面板与墙体圈梁的接触面处设置水平滑动层，滑动层可采用两层油毡夹滑石粉或橡胶片等；对长纵墙，可仅在其两端的2～3个开间内设置，对横墙可只在其两端各 $l/4$ 范围内设置（l 为横墙长度）。

4 现浇钢筋混凝土屋盖当房屋较长时，宜在屋盖设置分格缝，分格缝间距不宜大于20m。

5 当顶层屋面板下设置现浇钢筋混凝土圈梁并沿内外墙拉通时，圈梁高度不宜小于190mm，纵向钢筋不应少于4ϕ12。房屋两端圈梁下的墙体内宜适当设置水平筋。

6 顶层挑梁末端下墙体灰缝内设置3道焊接钢筋网片（纵向钢筋不宜少于2ϕ4，横筋间距不宜大于200mm），钢筋网片应自挑梁末端伸入两边墙体不小于1m（见图5.7.2）。

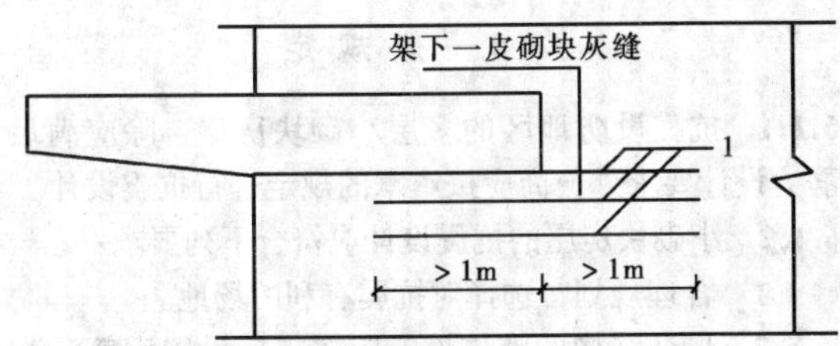

图5.7.2 顶层挑梁末端钢筋网片

7 顶层墙体门窗洞口过梁上砌体每皮水平灰缝内设置2ϕ4焊接钢筋网片，并应伸入过梁两端墙内不小于600mm。

8 女儿墙应设置钢筋混凝土芯柱或构造柱，构造柱间距不宜大于4m（或每开间设置），插筋芯柱间距不宜大于600mm，构造柱或芯柱插筋应伸至女儿墙顶，并与现浇钢筋混凝土压顶整浇在一起。

9 加强顶层芯柱（或构造柱）与墙体的拉结，拉结钢筋网片的竖向间距不宜大于400mm，伸入墙体长度不宜小于1000mm。

10 当顶层房屋两端第一、二开间的内纵墙长度大于3m时，在墙中应加设钢筋混凝土芯柱，并设置横向水平钢筋网片。

11 房屋山墙可采取设置水平钢筋网片或在山墙中增设钢筋混凝土芯柱或构造柱。在山墙内设置水平钢筋网片时，其间距不宜大于400mm；在山墙内增设钢筋混凝土芯柱或构造柱时，其间距不宜大于3m。

12 顶层横墙在窗口高度中部宜加设3～4道钢筋网片。

5.7.3 为防止房屋底层墙体裂缝，可根据情况采取下列措施：

1 增加基础和圈梁刚度。

2 基础部分砌块墙体在砌块孔洞中用C20混凝土灌实。

3 底层窗台下墙体设置通长钢筋网片，竖向间距不大于400mm。

4 底层窗台采用现浇钢筋混凝土窗台板，窗台板伸入窗间墙内不小于600mm。

5.7.4 对出现在小砌块房屋顶层两端和底层第一、第二开间门窗洞处的裂缝，可采取下列措施：

1 在门窗洞口两侧不少于一个孔洞中设置不小于1ϕ12钢筋，钢筋应与楼层圈梁或基础锚固，并采用不低于C20灌孔混凝土灌实。

2 在门窗洞口两边的墙体水平灰缝中，设置长度不小于900mm、竖向间距为400mm的2ϕ4焊接钢筋网片。

3 在顶层和底层设置通长钢筋混凝土窗台梁时，窗台梁的高度宜为块高的模数，纵筋不少于4ϕ10，钢箍宜为ϕ6@200，混凝土强度等级宜为C20。

5.7.5 砌块房屋的顶层可在窗台下或窗台角处墙体内设置竖向控制缝，缝的间距宜为8～12m。在墙体高度或厚度突然变化处也宜设置竖向控制缝，或采取其他可靠的防裂措施。竖向控制缝的构造和嵌缝材料应能满足墙体平面外传力和防护的要求。

5.8 圈梁、过梁、芯柱和构造柱

5.8.1 钢筋混凝土圈梁应按下列规定设置：

1 多层房屋或比较空旷的单层房屋，应在基础部位设置一道现浇圈梁；当房屋建筑在软弱地基或不均匀地基上时，圈梁刚度应适当加强。

2 比较空旷的单层房屋，当檐口高度为4～5m时，应设置一道圈梁；当檐口高度大于5m时，宜适当增设。

3 一般多层民用房屋，应按表5.8.1的规定设置圈梁。

表5.8.1 多层民用房屋圈梁设置要求

圈梁位置	圈梁设置要求
沿外墙	屋盖处必须设置，楼盖处隔层设置
沿内横墙	屋盖处必须设置，间距不大于7m 楼盖处隔层设置，间距不大于15m
沿内纵横	屋盖处必须设置 楼盖处：房屋总进深小于10m者，可不设置； 房屋总进深等于或大于10m者，宜隔层设置

5.8.2 圈梁应符合下列构造要求：

1 圈梁宜连续地设在同一水平面上，并形成封闭状；当不能在同一水平面上闭合时，应增设附加圈梁，其搭接长度不应小于两倍圈梁的垂直距离，且不应小于1m。

2 圈梁截面高度不应小于200mm，纵向钢筋不应少于4ϕ10，箍筋间距不应大于300mm，混凝土强度等级不应低于C20。

3 圈梁兼作过梁时，过梁部分的钢筋应按计算用量单独配置。

4 屋盖处圈梁宜现浇，楼盖处圈梁可采用预制槽型底模整浇，槽型底模应采用不低于C20细石混凝土制作。

5 挑梁与圈梁相遇时，宜整体现浇；当采用预制挑梁时，应采取适当措施，保证挑梁、圈梁和芯柱的整体连接。

6 整体式钢筋混凝土楼盖可不设圈梁。

5.8.3 门窗洞口顶部应采用钢筋混凝土过梁，验算过梁下砌体局部受压承载力时，可不考虑上层荷载的影响。

5.8.4 过梁上的荷载，可按下列规定采用：

1 梁、板荷载：当梁、板下的墙体高度小于过梁净跨时，可按梁、板传来的荷载采用。当梁、板下墙体高度不小于过梁净跨时，可不考虑梁、板荷载。

2 墙体荷载：当过梁上墙体高度小于1/2过梁净跨时，应按墙体的均布自重采用。当墙体高度不小于1/2过梁净跨时，应按高度为1/2过梁净跨墙体的均布自重采用。

5.8.5 墙体的下列部位应设置芯柱：

1 在外墙转角、楼梯间四角的纵横墙交接处的三个孔洞，宜设置素混凝土芯柱。

2 五层及五层以上的房屋，应在上述部位设置钢筋混凝土芯柱。

5.8.6 芯柱应符合下列构造要求：

1 芯柱截面不宜小于120mm×120mm，宜采用不低于C20的细石混凝土灌实。

2 钢筋混凝土芯柱每孔内插竖筋不应小于1ϕ10，底部应伸入室内地坪下500mm或与基础圈梁锚固，顶部应与屋盖圈梁锚固。

3 芯柱应沿房屋全高贯通，并与各层圈梁整体现浇，可采用图5.8.6的做法。

4 在钢筋混凝土芯柱处，沿墙高每隔400mm应设ϕ4钢筋网片拉结，每边伸入墙体不应小于600mm。

5.8.7 采用钢筋混凝土构造柱加强的小砌块房屋，应在外墙四角、楼梯间四角的纵横墙交接处设置构造柱。

5.8.8 小砌块房屋的构造柱应符合下列要求：

1 构造柱最小截面宜为190mm×190mm，纵向钢筋宜采用4ϕ12，箍筋间距不宜大于250mm。

2 构造柱与砌块连接处宜砌成马牙槎，并应沿墙高每隔400mm设焊接钢筋网片（纵向钢筋不应少于2ϕ4，横筋间距不应大于200mm），伸入墙体不应小于600mm。

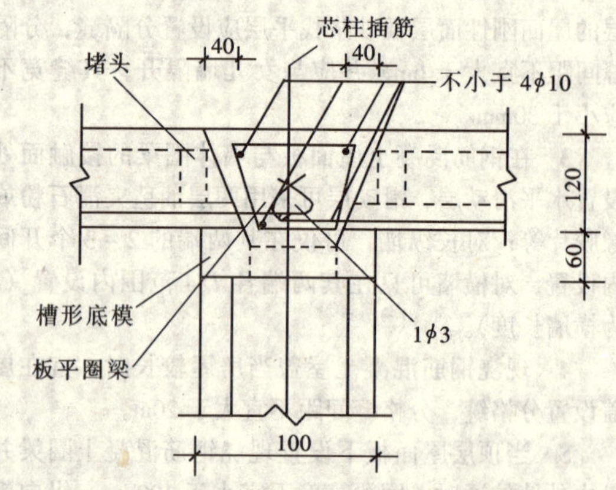

图5.8.6 芯柱贯穿楼板的构造

3 与圈梁连接处的构造柱的纵筋应穿过圈梁，构造柱纵筋上下应贯通。

6 抗震设计

6.1 一般规定

6.1.1 抗震设防地区的多层小砌块房屋，除应满足静力设计要求外，尚应按本章的规定进行抗震设计。

6.1.2 小砌块房屋的抗震设计应符合下列要求：

1 合理规划，选择对抗震有利的场地。

2 保证结构的整体性，应按规定设置钢筋混凝土圈梁、芯柱和构造柱，或采用配筋砌体等，使墙体之间、墙体和楼盖之间的连接部位具备必要的承载力和变形能力。

6.1.3 多层小砌块房屋的结构体系，应符合下列要求：

1 应采用横墙承重或纵横墙共同承重的结构体系。

2 纵横墙的布置宜均匀对称，沿平面内宜对齐，沿竖向应上下连续；同一轴线上的窗间墙宽度宜均匀。

3 房屋有下列情况之一时宜设置防震缝，缝两侧均应设置墙体，缝宽应根据烈度和房屋高度确定，可采用50～100mm。

1）房屋立面高差在6m以上；

2）房屋有错层，且楼板高差较大；

3）各部分结构刚度、质量截然不同。

4 楼梯间不宜设置在房屋的尽端和转角处。

5 烟道、风道、垃圾道等不应削弱墙体，不宜采用无竖向配筋的附墙烟囱及出屋面的烟囱。

6 不应采用无锚固的钢筋混凝土预制挑檐。

6.1.4 小砌块的强度等级不应低于 MU7.5，其砌筑砂浆强度等级不应低于 M7.5。

6.1.5 小砌块房屋的总高度和层数不应超过表 6.1.5 的规定；对医院、教学楼等横墙较少的多层砌体房屋，总高度应比表 6.1.5 的规定降低 3m，层数相应减少一层。

表 6.1.5 房屋的层数和总高度限值

房屋类别		最小厚度（mm）	烈度					
			6		7		8	
			高度（m）	层数	高度（m）	层数	高度（m）	层数
多层砌体	普通小砌块	190	21	七	21	七	18	六
	轻骨料小砌块	190	18	六	15	五	12	四
底部框架抗震墙		190	22	七	22	七	19	六
多排柱内框架		190	16	五	16	五	13	四

注：1 房屋的总高度指室外地面到主要屋面板板顶或檐口的高度，半地下室从地下室室内地面算起，全地下室和嵌固条件好的半地下室可从室外地面算起；对带阁楼的坡屋面应算到山尖墙的 1/2 高度处。
2 室内外高差大于 0.6m 时，房屋总高度可比表中数据适当增加，但不应多于 1m。
3 本表小砌块砌体房屋不包括配筋混凝土小砌块砌体房屋。

6.1.6 横墙较少的多层小砌块住宅楼，当按本规程第 6.3.14 条规定采取加强措施并满足抗震承载力要求时，其总高和层数限值应仍按本规程表 6.1.5 的规定采用。

6.1.7 多层小砌块房屋总高度与总宽度的最大比值，应符合表 6.1.7 的要求。

表 6.1.7 房屋最大高宽比

烈度	6	7	8
最大高宽比	2.5	2.5	2.0

注：单面走廊房屋的总宽度不包括走廊宽度。

6.1.8 小砌块房屋抗震横墙的间距，不应超过表 6.1.8 的要求。

表 6.1.8 房屋抗震横墙最大间距（m）

房屋和楼屋盖类别		烈度		
		6	7	8
多层砌体	现浇或装配整体式钢筋混凝土楼、屋盖	18	18	15
	装配式钢筋混凝土楼、屋盖	15	15	11
底部框架-抗震墙	上部各层	同上		
	底层或底部两层	21	18	15
多排柱内框架		25	21	18

注：多层砌体房屋的顶层，最大横墙间距可适当放宽。

6.1.9 小砌块房屋的局部尺寸限值，宜符合表 6.1.9 的要求。

表 6.1.9 房屋的局部尺寸限值（m）

部位	6度	7度	8度
承重窗间墙最小宽度	1.0	1.0	1.2
非承重外墙尽端至门窗洞边的最小距离	1.0	1.0	1.0
内墙阳角至门窗洞边的最小距离	1.0	1.0	1.5
无锚固女儿墙（非出入口处）的最大高度	0.5	0.5	0.5

注：1 局部尺寸不足时应采取局部加强措施弥补。
2 出入口处的女儿墙应有锚固。
3 多排柱内框架房屋的纵向窗间墙宽度，不应小于 1.5m。

6.1.10 底部框架-抗震墙房屋和多排柱内框架房屋的结构布置和混凝土部分的抗震等级，应符合现行国家标准《建筑抗震设计规范》GB 50011 的有关规定。

6.2 地震作用和结构抗震验算

6.2.1 计算地震作用时，建筑的重力荷载代表值应取结构和构配件自重标准值和各可变荷载组合值之和。各可变荷载的组合值系数，应按表 6.2.1 采用。

表 6.2.1 组合值系数

可变荷载种类		组合值系数
雪荷载		0.5
屋面积灰荷载		0.5
屋面活荷载		不计入
按实际情况计算的楼面活荷载		1.0
按等效均布荷载计算的楼面活荷载	藏书库、档案库	0.8
	其他民用建筑	0.5

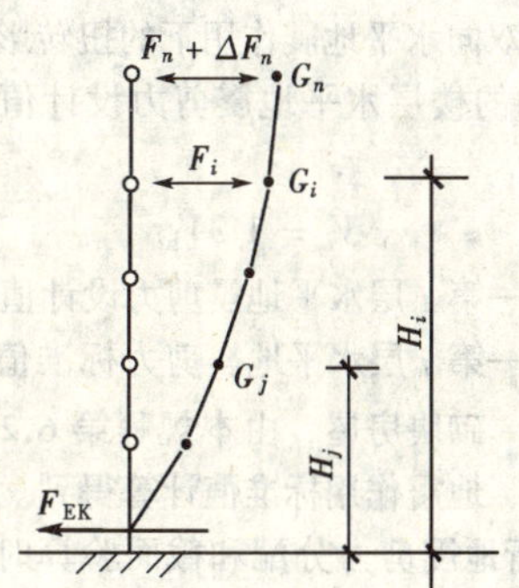

图 6.2.2 结构水平地震作用计算简图

6.2.2 小砌块房屋可采用底部剪力法进行抗震计算。计算时，各楼层可取一个自由度，结构的水平地震作用标准值应按下列公式确定（见图 6.2.2）：

$$F_{Ek}=\alpha_{max}G_{eq} \quad (6.2.2\text{-}1)$$

$$F_i = \frac{G_i H_i}{\sum_{j=1}^{n} G_j H_j} F_{Ek}(1 - \delta_n)(i = 1,2\cdots n)$$

(6.2.2-2)

$$\Delta F_n = \delta_n F_{Ek} \qquad (6.2.2\text{-}3)$$

式中 F_{Ek}——结构总水平地震作用标准值；

α_{max}——水平地震影响系数最大值，应按表6.2.2采用；

G_{eq}——结构等效总重力荷载，单质点应取总重力荷载代表值，多质点可取总重力荷载代表值的85%；

F_i——质点 i 的水平地震作用标准值；

G_i，G_j——分别为集中于质点 i、j 的重力荷载代表值，应按本规程第6.2.1条确定；

H_i，H_j——分别为质点 i、j 的计算高度；

ΔF_n——顶部附加水平地震作用；

δ_n——顶部附加地震作用系数，多层内框架房屋可采用0.2，其他房屋可采用0。

表 6.2.2 水平地震影响系数最大值

烈 度	6度	7度	8度
α_{max}	0.04	0.08（0.12）	0.16（0.24）
注：括号中数值分别用于设计基本地震加速度为0.15g和0.30g的地区。			

6.2.3 采用底部剪力法时，突出屋面的屋顶间、女儿墙、烟囱等的地震作用效应，宜乘以增大系数3，此增大部分不应往下传递，但与该突出部分相连的构件应予计入。

6.2.4 一般情况下，小砌块房屋可在建筑结构的两个主轴方向分别计算水平地震作用并进行抗震验算，各方向的水平地震作用应由该方向抗侧力构件承担。

6.2.5 质量和刚度分布明显不对称的小砌块结构房屋，应计入双向水平地震作用下的扭转影响。

6.2.6 结构的楼层水平地震剪力设计值，应按下式计算：

$$V_i = 1.3 V_{hi} \qquad (6.2.6)$$

式中 V_i——第 i 层水平地震剪力设计值；

V_{hi}——第 i 层水平地震剪力标准值；对多层小砌块房屋，由本规程第6.2.2条的水平地震作用标准值计算得到。

6.2.7 进行地震剪力分配和截面验算时，砌体墙段的层间等效侧向刚度应按下列原则确定：

1 高宽比小于1时，可只计算剪切变形。

2 高宽比不大于4且不小于1时，应同时计算弯曲和剪切变形。

3 高宽比大于4时，等效侧向刚度可取0。

6.2.8 多层小砌块房屋，可只选择承载面积较大和竖向应力较小的墙段进行截面抗震承载力验算。

6.2.9 小砌块砌体沿阶梯形截面破坏的抗震抗剪强度设计值，应按下式确定：

$$f_{vE} = \zeta_N f_v \qquad (6.2.9)$$

式中 f_{vE}——砌体沿阶梯形截面破坏的抗震抗剪强度设计值；

f_v——非抗震设计的砌体抗剪强度设计值，应按本规程表3.2.2采用；

ζ_N——砌体抗震抗剪强度的正应力影响系数，应按表6.2.9采用。

表 6.2.9 砌体抗剪强度正应力影响系数

砌体类别	σ_0/f_v						
	1.0	3.0	5.0	7.0	10.0	15.0	20.0
普通小砌块	1.00	1.75	2.25	2.60	3.10	3.95	4.80
轻骨料小砌块	1.18	1.54	1.90	2.20	2.65	3.40	4.15
注：σ_0 为对应于重力荷载代表值的砌体截面平均压应力。							

6.2.10 小砌块墙体的截面抗震受剪承载力，应按下式验算：

$$V \leqslant f_{vE} A / \gamma_{RE} \qquad (6.2.10)$$

式中 V——墙体剪力设计值；

A——墙体横截面面积；

γ_{RE}——承载力抗震调整系数，应按表6.2.10采用。

表 6.2.10 承载力抗震调整系数

墙体	两端设置芯柱或构造柱的承重抗震墙	自承重抗震墙	其他抗震墙
γ_{RE}	0.90	0.75	1.00

6.2.11 设置芯柱的小砌块墙体的截面抗震受剪承载力，应按下式验算：

$$V \leqslant \frac{1}{\gamma_{RE}}\left[f_{vE}A + (0.3f_t A_c + 0.05 f_y A_s)\zeta_c\right] \qquad (6.2.11)$$

式中 f_t——芯柱混凝土轴心抗拉强度设计值；

A_c——芯柱截面总面积；

A_s——芯柱钢筋截面总面积；

f_y——钢筋抗拉强度设计值；

ζ_c——芯柱参与工作系数，可按表6.2.11采用。

表 6.2.11 芯柱参与工作系数

填孔率 ρ	$\rho<0.15$	$0.15\leqslant\rho<0.25$	$0.25\leqslant\rho<0.5$	$\rho\geqslant0.5$
ζ_c	0.0	1.0	1.10	1.15
注：填孔率指芯柱根数（含构造柱和填实孔洞数量）与孔洞总数之比。				

6.2.12 设置构造柱和芯柱的小砌块墙体的截面抗震受剪承载力，可按下式验算：

$$V \leqslant \frac{1}{\gamma_{RE}}[f_{vE}A + (0.3f_{t1}A_c + 0.3f_{t2}bh + 0.05f_{y1}A_{s1} + 0.05f_{y2}A_{s2})\zeta_c] \quad (6.2.12)$$

式中 f_{t1}——芯柱混凝土轴心抗拉强度设计值；

f_{t2}——构造柱混凝土轴心抗拉强度设计值；

A_c——芯柱截面总面积；

A_{s1}——芯柱钢筋截面总面积；

f_{y1}——芯柱钢筋抗拉强度设计值；

f_{y2}——构造柱钢筋抗拉强度设计值；

A_{s2}——构造柱钢筋截面总面积；

bh——构造柱截面总面积；

ζ_c——芯柱、构造柱参与工作系数，可按本规程表6.2.11采用。

6.2.13 底部框架-抗震墙房屋和多排柱内框架房屋的抗震验算，应按现行国家标准《建筑抗震设计规范》GB 50011的有关规定执行。

6.3 抗震构造措施

6.3.1 小砌块房屋同时设置构造柱和芯柱时，应按下列要求设置现浇钢筋混凝土构造柱(以下简称构造柱)。

1 构造柱设置部位，应符合表6.3.1的要求。

2 外廊式和单面走廊式的多层小砌块房屋，应根据房屋增加一层后的层数，按表6.3.1的要求设置构造柱，且单面走廊两侧的纵墙均应按外墙处理。

3 教学楼、医院等横墙较少的房屋，应根据房屋增加一层后的层数，按表6.3.1的要求设置构造柱；当教学楼、医院等横墙较少的房屋为外廊式或单面走廊式时，应按本条第2款要求设置构造柱；当6度不超过四层、7度不超过三层和8度不超过二层时，应按增加二层后的层数设置。

表6.3.1 多层小砌块房屋构造柱设置要求

房屋层数			设置部位	
6度	7度	8度		
四、五	三、四	二、三	外墙四角，楼、电梯间的四角；错层部位横墙与外纵墙交接处，大房间内外墙交接处，较大洞口两侧	隔15m或单元横墙与外纵墙交接处
六	五	四		隔开间横墙（轴线）与外墙交接处，山墙与内纵墙交接处四角
七	六、七	五、六		内墙（轴线）与外墙交接处，内墙的局部较小墙垛处；8度时内纵墙与横墙（轴线）交接处
注：较大洞口两侧可设置芯柱。				

6.3.2 同时设置构造柱和芯柱的小砌块房屋，当高度和层数接近本规程表6.1.5的限值时，纵、横墙内尚应按下列要求设置芯柱或构造柱：

1 横墙内的芯柱或构造柱间距不宜大于层高的二倍，下部1/3楼层的芯柱或构造柱间距应适当减小。

2 当外纵墙开间大于3.9m时，应另设加强措施。内纵墙的芯柱或构造柱间距不宜大于4.2m。

3 为提高墙体抗震受剪承载力而设置的芯柱，应符合本规程第6.3.5条的有关要求。

6.3.3 小砌块房屋的构造柱，应符合下列要求：

1 构造柱最小截面可采用190mm×190mm，纵向钢筋不宜少于4ϕ12，箍筋间距不宜大于200mm，且在柱上下端宜适当加密；7度时六层及以上、8度时五层及以上，构造柱纵向钢筋宜采用4ϕ14，房屋四角的构造柱可适当加大截面及配筋。

2 构造柱与砌块墙连接处应砌成马牙槎，其相邻的孔洞，6度时宜填实或采用加强拉结筋构造（沿高度每隔200mm设置2ϕ4焊接钢筋网片）代替马牙槎；7度时应填实，8度时应填实并插筋1ϕ12，沿墙高每隔600mm应设置2ϕ4焊接钢筋网片，每边伸入墙内不宜小于1m。

3 与圈梁连接处的构造柱的纵筋应穿过圈梁，保证构造柱纵筋上下贯通。

4 构造柱可不单独设置基础，但应伸入室外地面下500mm，或与埋深小于500mm的基础圈梁相连。

5 必须先砌筑砌块墙体，再浇筑构造柱混凝土。

6.3.4 小砌块房屋采用芯柱做法时，应按表6.3.4的要求设置芯柱，对外廊式和单面走廊式房屋以及医院、教学楼等横墙较少的房屋，应按本规程第6.3.1条2、3款规定增加对应的房屋层数，再按表6.3.4的要求设置芯柱。

表6.3.4 小砌块房屋芯柱设置要求

房屋层数			设置部位	设置数量
6度	7度	8度		
四、五	三、四	二、三	外墙转角，楼梯间四角；大房间内外墙交接处；隔15m或单元横墙与外纵墙交接处	外墙转角，灌实3个孔；内外墙交接处，灌实4个孔
六	五	四	外墙转角，楼梯间四角，大房间内外墙交接处，山墙与内纵墙交接处，隔开间横墙（轴线）与外纵墙交接处	
七	六	五	外墙转角，楼梯间四角；各内墙（轴线）与外纵墙交接处；8、9度时，内纵墙与横墙（轴线）交接处和洞口两侧	外墙转角，灌实5个孔；内外墙交接处，灌实4个孔；内墙交接处，灌实4～5个孔；洞口两侧各灌实1个孔

续表 6.3.4

房屋层数			设置部位	设置数量
6度	7度	8度		
	七	六	外墙转角，楼梯间四角；各内墙（轴线）与外纵墙交接处；8、9度时，内纵墙与横墙（轴线）交接处和洞口两侧 横墙内芯柱间距不宜大于2m	外墙转角，灌实7个孔； 内外墙交接处，灌实5个孔；内墙交接处，灌实4～5个孔；洞口两侧各灌实1个孔

6.3.5 墙体的芯柱，应符合下列构造要求：

1 芯柱的竖向插筋应贯通墙身且与圈梁连接；插筋不应小于1ϕ12，7度时六层及以上、8度时五层及以上，插筋不应小于1ϕ14。

2 芯柱混凝土应贯通楼板，当采用装配式钢筋混凝土楼盖时，应优先采用适当设置钢筋混凝土板带的方法，或采用贯通措施（见图6.3.5）。

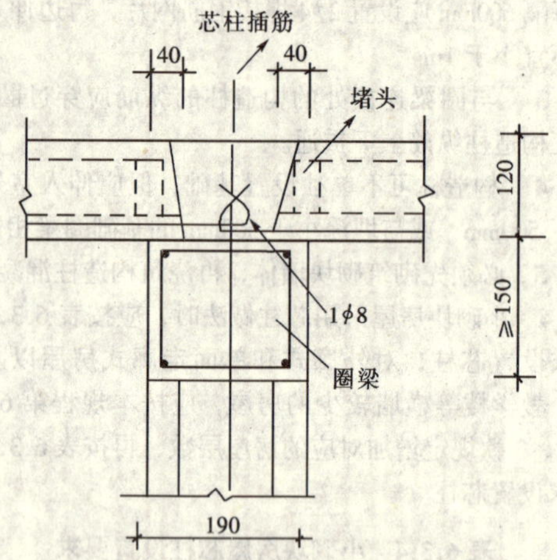

图 6.3.5 芯柱贯穿楼板构造

3 在房屋的第一、第二层和顶层，6、7、8度时芯柱的最大净距分别不宜大于2.0m、1.6m、1.2m。

4 为提高墙体抗震受剪承载力而设置的其他芯柱，宜在墙体内均匀布置，最大间距不应大于2.4m。

5 芯柱应伸入室外地面下500mm或与埋深小于500mm的基础圈梁相连。

6.3.6 小砌块房屋各楼层均应设置现浇钢筋混凝土圈梁，不得采用槽形小砌块作模，并应按表6.3.6的要求设置。圈梁宽度不应小于190mm，配筋不应少于4ϕ12。现浇或装配整体式钢筋混凝土楼、屋盖与墙体有可靠连接，可不另设圈梁，但楼板沿墙体周边应加强配筋并应与相应的构造柱可靠连接。

6.3.7 小砌块房屋墙体交接处或芯柱、构造柱与墙体连接处，应设置拉结钢筋网片，网片可采用直径4mm的钢筋点焊而成，每边伸入墙内不宜小于1m，且沿墙高应每隔400mm设置。

表 6.3.6 小砌块房屋现浇钢筋混凝土圈梁设置要求

墙 类	烈 度	
	6、7	8
外墙和内墙	屋盖处及每层楼盖处	屋盖处及每层楼盖处
内横墙	屋盖处及每层楼盖处； 屋盖处沿所有横墙； 楼盖处间距不应大于7m； 构造柱对应部位	屋盖处及每层楼盖处；各层所有横墙

6.3.8 多层小砌块房屋的层数，6度时七层、7度时六层及以上、8度时五层及以上，在底层和顶层的窗台标高处，沿纵横墙应设置通长的水平现浇钢筋混凝土带；其截面高度不应小于60mm，纵筋不应少于2ϕ10，并应有分布拉结钢筋；其混凝土强度等级不应低于C20。

6.3.9 楼梯间应符合下列要求：

1 7度和8度时，顶层楼梯间横墙和外墙应沿墙高每隔400mm设2ϕ4通长钢筋；8度时其他各层楼梯间墙体应在休息平台或楼层半高处设置60mm厚的钢筋混凝土带，其混凝土强度等级不宜低于C20，纵向钢筋不宜少于2ϕ10。

2 7度和8度时，楼梯间及门厅内墙阳角处的大梁支承长度不应小于500mm，并应与圈梁连接。

3 装配式楼梯段应与平台板的梁可靠连接，不应采用墙中悬挑式踏步或踏步竖肋插入墙体的楼梯，不应采用无筋砖砌栏板。

4 突出屋顶的楼梯间和电梯间，构造柱、芯柱应伸到顶部，并与顶部圈梁连接，内外墙交接处应沿墙高每隔400mm设2ϕ4拉结钢筋，且每边伸入墙内不应小于1m。

6.3.10 坡屋顶房屋的屋架应与顶层圈梁可靠连接，檩条或屋面板应与墙及屋架可靠连接，房屋出入口处的檐口瓦应与屋面构件锚固；7度和8度时，顶层内纵墙顶宜增砌支撑山墙的踏步式墙垛。

6.3.11 预制阳台应与圈梁和楼板的现浇板带可靠连接。

6.3.12 多层小砌块房屋的女儿墙高度超过0.5m时，应增设锚固于顶层圈梁的构造柱或芯柱；墙顶应设置压顶圈梁，其截面高度不应小于60mm，纵向钢筋不应少于2ϕ10。

6.3.13 同一结构单元的基础或桩承台，宜采用同一类型的基础，底面宜埋置在同一标高上，否则应增设基础圈梁并应按1:2的台阶逐步放坡。

6.3.14 横墙较少的多层小砌块住宅楼的总高度和层数接近或达到规程表6.1.5规定限值，应采取下列加强措施：

1 房屋的最大开间尺寸不宜大于6.6m。

2 同一结构单元内横墙错位数量不宜超过横墙总数的1/3，且连续错位不宜多于两道；错位的墙体交接处均应增设构造柱，且楼、屋面板应采用现浇钢筋混凝土板。

3 横墙和内纵墙上洞口的宽度不宜大于1.5m；外纵墙上洞口的宽度不宜大于2.1m或开间尺寸的一半；且内外墙上洞口位置不应影响内外纵墙与横墙的整体连接。

4 所有纵横墙均应在楼、屋盖标高处设置加强的现浇钢筋混凝土圈梁，圈梁的截面高度不宜小于150mm，上下纵筋各不应少于3ϕ10。

5 所有纵横墙交接处及横墙的中部，均应增设构造柱，在横墙内的柱距不宜大于层高，在纵墙内的柱距不宜大于4.2m，配筋宜符合表6.3.14的要求。

6 同一结构单元的楼板和屋面板应设置在同一标高。

7 房屋底层和顶层，在窗台标高处宜设置沿纵横墙通长的水平现浇钢筋混凝土带；其截面高度不应小于60mm，宽度不应小于190mm，纵向钢筋不应少于3ϕ10。

8 所有门窗洞口两侧，均应设置一个芯柱，配置不应小于1ϕ12钢筋。

表6.3.14 增设构造柱的纵筋和箍筋设置要求

位置	纵向钢筋			箍筋		
	最大配筋率（%）	最小配筋率（%）	最小直径（mm）	加密区范围	加密区间距（mm）	最小直径（mm）
角柱	1.8	0.8	14	全高	100	6
边柱			14	上端700mm 下端500mm		
中柱	1.4	0.6	12			

6.3.15 底部框架-抗震墙房屋的上部小砌块墙体，应同时设置构造柱和芯柱，并应符合下列要求：

1 构造柱和芯柱的设置部位，应根据房屋的总层数按本规程第6.3.1条和第6.3.3条的规定设置。过渡层尚应在底部框架柱对应位置处设置构造柱。

2 构造柱的纵向钢筋不宜少于4ϕ14，箍筋间距不宜大于200mm。

3 过渡层的构造柱的纵向钢筋，7度时不宜少于4ϕ16，8度时不宜少于6ϕ16。与底部框架柱贯通的构造柱，纵向钢筋应锚入底部的框架柱内，相邻的小砌块孔洞应填实并插筋；当纵向钢筋锚固在框架梁内时，框架梁的相应位置应加强。

6.3.16 底部框架-抗震墙房屋的上部抗震墙的中心线宜同底部的框架梁、抗震墙的轴线相重合；构造柱宜与框架柱上下贯通。

6.3.17 底部框架-抗震墙房屋的楼盖应符合下列要求：

1 过渡层的底板应采用现浇钢筋混凝土板，板厚不应小于120mm；并应少开洞、开小洞，当洞口尺寸大于800mm时，洞口周边应设置边梁。

2 其他楼层，采用装配式钢筋混凝土楼板时均应设置现浇圈梁；采用现浇钢筋混凝土楼、屋盖与墙体有可靠连接，可不另设圈梁，但楼板沿墙体周边应加强配筋并应与相应的构造柱可靠连接。

6.3.18 底部框架-抗震墙房屋的钢筋混凝土托墙梁，其截面和构造应符合下列要求：

1 梁的截面宽度不应小于300mm，梁的截面高度不应小于跨度的1/10。

2 箍筋的直径不应小于8mm，间距不应大于200mm；梁端在1.5倍梁高且不小于1/5梁净跨范围内，以及上部墙体的洞口处和洞口两侧各500mm且不小于梁高的范围内，箍筋间距不应大于100mm。

3 沿梁高应设腰筋，数量不应少于2ϕ14，间距不应大于200mm。

4 梁的主筋和腰筋应按受拉钢筋的要求锚固在柱内，且支座上部的纵向钢筋在柱内的锚固长度应符合钢筋混凝土框支梁的有关要求。

6.3.19 底部的钢筋混凝土抗震墙，其截面和构造应符合下列要求：

1 抗震墙周边应设置梁（或暗梁）和边框柱（或框架柱）组成的边框；边框梁的截面宽度不宜小于墙板厚度的1.5倍，截面高度不宜小于墙板厚度的2.5倍；边框柱的截面高度不宜小于墙板厚度的2倍。

2 抗震墙墙板的厚度不宜小于160mm，且不应小于墙板净高的1/20；抗震墙宜开设洞口形成若干墙段，各墙段的高宽比不宜小于2。

3 抗震墙的竖向和横向分布钢筋配筋率均不应小于0.25%，并应采用双排布置，双排分布钢筋间拉筋的间距不应大于600mm，直径不应小于6mm。

4 抗震墙的边缘构件可按现行国家标准《建筑抗震设计规范》GB 50011—2001第6.4节的规定设置。

6.3.20 6、7度且总层数不超过五层的底层框架-抗震墙房屋，可采用嵌砌于框架之间的小砌块抗震墙，但应计入小砌块墙对框架的附加轴力和附加剪力，并应符合下列构造要求：

1 墙厚不应小于190mm，砌筑砂浆强度等级不应低于M10，应先砌墙后浇框架。

2 沿框架柱每隔400mm配置2ϕ4拉结的焊接钢筋网片，并沿墙全长设置；在墙体半高处尚应设置与框架相连的钢筋混凝土水平系梁。

3 墙长大于5m时，应在墙内增设钢筋混凝土构造柱。

6.3.21 底部框架-抗震墙房屋的材料强度等级，应符合下列要求：

1 框架柱、抗震墙和托墙梁的混凝土强度等级，不应低于 C30。

2 过渡层墙体的砌筑砂浆强度等级，不应低于 M10。

6.3.22 底部框架-抗震墙房屋的其他抗震构造措施，应符合现行国家标准《建筑抗震设计规范》GB 50011 的有关要求。

6.3.23 多排柱内框架房屋同时设置构造柱和芯柱时，构造柱设置应符合下列要求：

1 下列部位应设置构造柱：

1）外墙四角、楼梯间和电梯间四角，楼梯休息平台梁的支承部位；

2）抗震墙两端及未设置组合柱的外纵墙、外横墙上对应于中间柱列轴线的部位。

2 构造柱的截面不应小于 190mm × 190mm，相邻的小砌块孔洞应填实。

3 构造柱的纵向钢筋不宜少于 4ϕ14，箍筋间距不宜大于 200mm。

4 构造柱应与每层圈梁连接，或与现浇楼板可靠拉接。

6.3.24 多排柱内框架房屋设置芯柱及其他抗震构造措施应按现行国家标准《建筑抗震设计规范》GB 50011 的有关规定执行。

7 施工及验收

7.1 材 料 要 求

7.1.1 小砌块强度等级应符合设计要求。

7.1.2 同一单位工程使用的小砌块应持有同一厂家生产的产品合格证明书和进场复验报告。

7.1.3 小砌块在厂内的自然养护龄期或蒸汽养护期及其后的停放期总时间必须确保 28d。

7.1.4 小砌块产品宜包装出厂，并可采用托板装运。

7.1.5 住宅和其他民用建筑内隔墙、围墙可使用合格品等级小砌块，房屋建筑工程的其他部位均应使用不得低于一等品等级的小砌块。

7.1.6 水泥应采用有质量保证书的普通硅酸盐水泥或矿渣硅酸盐水泥，并应按有关规定进行复验。安定性不合格的水泥严禁使用。不同品种的水泥，不得混合使用。

7.1.7 砌筑砂浆中的砂宜采用过筛的洁净中砂，并应符合现行国家标准《建筑用砂》GB/T 14684 的规定。芯柱与构造柱混凝土用砂必须满足国家现行标准《普通混凝土用砂质量标准及检验方法》JGJ 52 的规定。

采用人工砂、山砂及特细砂时应符合相应的现行技术标准。

7.1.8 芯柱混凝土粗骨料粒径宜为 5 ~ 15mm，构造柱混凝土粗骨料粒径宜为 10 ~ 30mm，并均应符合国家现行标准《普通混凝土用碎石或卵石质量标准及检验方法》JGJ 53 的有关规定。

7.1.9 拌制水泥混合砂浆用的石灰膏、电石膏、粉煤灰和磨细生石灰粉等无机掺合料应符合下列要求：

1 生石灰及磨细生石灰粉质量应符合国家现行标准《建筑生石灰》JC/T 479 和《建筑生石灰粉》JC/T 480 的有关规定。

2 石灰膏用块状生石灰熟化时，应采用孔格不大于 3mm × 3mm 的网过滤。熟化时间不得少于 7d；磨细生石灰粉的熟化时间不得少于 2d。沉淀池中的石灰膏应防止干燥、冻结和污染。严禁使用脱水硬化的石灰膏。

消石灰粉不应直接用于砂浆中。

3 制作电石膏的电石渣应加热至 70℃进行检验，无乙炔气味方可使用。

4 粉煤灰品质指标应符合现行国家标准《用于水泥和混凝土中的粉煤灰》GB 1596 的有关规定。

7.1.10 掺入砌筑砂浆中的有机塑化剂或早强、缓凝、防冻等外加剂，应经检验和试配，符合要求后，方可使用。有机塑化剂产品，应具有法定检测机构出具的砌体强度型式检验报告。

7.1.11 砌筑砂浆和混凝土的拌合用水应符合国家现行标准《混凝土拌合用水标准》JGJ 63 的规定。

7.1.12 钢筋的品种、规格的数量应符合设计要求，并应有质量合格证书及按要求取样复验，复验合格方可使用。

7.2 砌 筑 砂 浆

7.2.1 小砌块砌体的砌筑砂浆强度等级不得低于 M5，并应符合设计要求。

7.2.2 砌筑砂浆应具有良好的和易性，分层度不得大于 30mm。砌筑普通小砌块砌体的砂浆稠度宜为 50 ~ 70mm；轻骨料小砌块的砌筑砂浆稠度宜为 60 ~ 90mm。

7.2.3 小砌块基础砌体必须采用水泥砂浆砌筑，地坪以上的小砌块墙体应采用水泥混合砂浆砌筑。施工中用水泥砂浆代替水泥混合砂浆，应按现行国家标准《砌体结构设计规范》GB 50003 的规定执行。

7.2.4 砌筑砂浆配合比应符合国家现行标准《砌筑砂浆配合比设计规程》JGJ 98 的规定，并必须经试验按重量比配制。

7.2.5 砌筑砂浆应采用机械搅拌，拌合时间自投料完算起，不得少于 2min。当掺有外加剂时，不得少于 3min；当掺有机塑化剂时，宜为 3 ~ 5min，并均应在初凝前使用完毕。如砂浆出现泌水现象，应在砌筑前再次拌合。

7.2.6 采用预拌砂浆的地区，砂浆的储存、使用及试件取样等应符合有关技术标准要求。

7.2.7 砌筑砂浆试块取样应取自搅拌机出料口。同盘砂浆应制作一组试块。

7.2.8 砌筑砂浆强度等级的评定应以标准养护、龄期为28d的试块抗压试验结果为准，并应按国家现行标准《建筑砂浆基本性能试验方法》JGJ 70的规定执行。

7.2.9 同一验收批的砌筑砂浆试块抗压强度平均值必须大于或等于设计强度等级所对应的立方体抗压强度；其中抗压强度最小一组的平均值必须大于或等于设计强度等级所对应的立方体抗压强度的75%。

注：砌筑砂浆的验收批指同一类型、强度等级的砂浆试块应不少于3组。当同一验收批只有一组试块时，该组试块抗压强度的平均值必须大于或等于设计强度等级所对应的立方体抗压强度。

7.2.10 每一检验批且不超过一个楼层或250m^{3}小砌块砌体所用的砌筑砂浆，每台搅拌机应至少抽检一次。当配合比变更时，应制作相应试块。

注：1. 用小砌块砌筑的基础砌体可按一个楼层计；

2. 制作砌筑砂浆试件时，应将无底试模放在铺有潮湿新闻纸的小砌块上。

7.2.11 当施工中出现下列情况时，宜采用非破损和微破损检验方法对砌筑砂浆和砌体强度进行原位检测，判定砌筑砂浆的强度：

1 砌筑砂浆试块缺乏代表性或试块数量不足；

2 对砌筑砂浆试块的试验结果有怀疑或争议；

3 砌筑砂浆试块的试验结果不能满足设计要求时，需另行确认砌筑砂浆或砌体的实际强度。

7.3 施 工 准 备

7.3.1 堆放小砌块的场地应预先夯实平整，并便于排水。不同规格型号、强度等级的小砌块应分别覆盖堆放。堆垛上应有标志，垛间应留适当宽度的通道。堆置高度不宜超过1.6m，堆放场地应有防潮措施。装卸时，不得采用翻斗卸车和随意抛掷。

7.3.2 墙体施工前必须按房屋设计图编绘小砌块平、立面排块图。排列时应根据小砌块规格、灰缝厚度和宽度、门窗洞口尺寸、过梁与圈梁或连系梁的高度、芯柱或构造柱位置、预留洞大小、管线、开关、插座敷设部位等进行对孔、错缝搭接排列，并以主规格小砌块为主，辅以相应的辅助块。

7.3.3 砌入墙体内的各种建筑构配件、钢筋网片与拉结筋应事先预制加工，按不同型号、规格进行堆放。

7.3.4 严禁使用有竖向裂缝、断裂、龄期不足28d的小砌块及外表明显受潮的小砌块进行砌筑。

7.3.5 小砌块表面的污物和用于芯柱小砌块的底部孔洞周围的混凝土毛边应在砌筑前清理干净。

7.3.6 砌筑小砌块基础或底层墙体前，应采用经检定的钢尺校核房屋放线尺寸，允许偏差值应符合表7.3.6的规定。

表 7.3.6 房屋放线尺寸允许偏差

长度 L，宽度 B（m）	允许偏差（mm）
L（B）≤30	±5
30＜L（B）≤60	±10
60＜L（B）≤90	±15
L（B）＞90	±20

7.3.7 砌筑底层墙体前必须对基础工程按有关规定进行检查和验收，符合要求后方可进行墙体施工。

7.3.8 小砌块砌体施工质量的控制等级应符合表7.3.8的规定。

表 7.3.8 小砌块砌体工程施工质量控制等级

项 目	施工质量控制等级		
	A	B	C
现场质量管理	制度健全，并严格执行；非施工方质量监督人员经常到现场，或现场设有常驻代表；施工方有在岗专业技术管理人员，人员齐全，并持证上岗	制度基本健全，并能执行；非施工方质量监督人员间断地到现场进行质量控制；施工方有在岗专业技术管理人员，并持证上岗	有制度；非施工方质量监督人员很少做现场质量控制；施工方有在岗专业技术管理人员
砂浆、混凝土强度	试块按规定制作，强度满足验收规定，离散性小	试块按规定制作，强度满足验收规定，离散性较小	试块强度满足验收规定，离散性大
砂浆拌合方式	机械拌合：配合比计量控制严格	机械拌合：配合比计量控制一般	机械或人工拌合：配合比计量控制较差
砌筑工人	中级工以上，其中高级工不少于20%	高、中级工不少于70%	初级工以上

7.4 墙 体 砌 筑

7.4.1 墙体砌筑应从房屋外墙转角定位处开始。砌筑皮数、灰缝厚度、标高应与该工程的皮数杆相应标志一致。皮数杆应竖立在墙的转角处和交接处，间距宜小于15m。

7.4.2 正常施工条件下，小砌块墙体每日砌筑高度宜控制在1.4m或一步脚手架高度内。

7.4.3 小砌块砌筑前不得浇水。在施工期间气候异常炎热干燥时，可在砌筑前稍喷水湿润。轻骨料小砌块应根据施工时实际气温和砌筑情况而定，必要时应按当地气温情况提前洒水湿润。

7.4.4 砌筑时，小砌块包括多排孔封底小砌块、带保温夹芯层的小砌块均应底面朝上（即反砌）砌筑。

7.4.5 小砌块墙内不得混砌黏土砖或其他墙体材料。镶砌时，应采用与小砌块材料强度同等级的预制混凝土块。

7.4.6 小砌块砌筑形式应每皮顺砌，上下皮小砌块应对孔，竖缝应相互错开1/2主规格小砌块长度。使用多排孔小砌块砌筑墙体时，应错缝搭砌，搭接长度不应小于主规格小砌块长度的1/4。否则，应在此水平灰缝中设4ϕ4钢筋点焊网片。网片两端与竖缝的距离不得小于400mm。竖向通缝不得超过两皮小砌块。

7.4.7 190mm厚度的小砌块内外墙和纵横墙必须同时砌筑并相互交错搭接。临时间断处应砌成斜槎，斜槎水平投影长度不应小于斜槎高度。严禁留直槎。

7.4.8 隔墙顶接触梁板底的部位应采用实心小砌块斜砌楔紧；房屋顶层的内隔墙应离该处屋面板板底15mm，缝内采用1:3石灰砂浆或弹性腻子嵌塞。

7.4.9 在砌筑中，已砌筑的小砌块受撬动或碰撞时，应清除原砂浆，重新砌筑。

7.4.10 砌筑小砌块的砂浆应随铺随砌，墙体灰缝应横平竖直。水平灰缝宜采用坐浆法满铺小砌块全部壁肋或多排孔小砌块的封底面；竖向灰缝应采取满铺端面法，即将小砌块端面朝上铺满砂浆再上墙挤紧，然后加浆插捣密实。饱满度均不宜低于90%。水平灰缝厚度和竖向灰缝宽度宜为10mm，不得小于8mm，也不应大于12mm。

7.4.11 砌筑时，墙面必须用原浆做勾缝处理。缺灰处应补浆压实，并宜做成凹缝，凹进墙面2mm。

7.4.12 砌入墙内的钢筋点焊网片和拉结筋必须放置在水平灰缝的砂浆层中，不得有露筋现象。钢筋网片的纵横筋不得重叠点焊，应控制在同一平面内。

7.4.13 小砌块墙体孔洞中需充填隔热或隔声材料时，应砌一皮灌填一皮。应填满，不得捣实。充填材料必须干燥、洁净，粒径应符合设计要求。

墙体采用内保温隔热或外保温隔热材料时，应按现行相关标准施工。

7.4.14 砌筑带保温夹芯层的小砌块墙体时，应将保温夹芯层一侧靠置室外，并应对孔错缝。左右相邻小砌块中的保温夹芯层应互相衔接，上下皮保温夹芯层之间的水平灰缝处应砌入同质保温材料。

7.4.15 小砌块夹芯墙施工宜符合下列要求：

1 内外叶墙均应按皮数杆依次往上砌筑。

2 内外墙应按设计要求及时砌入拉结件。

3 砌筑时灰缝中挤出的砂浆与空腔槽内掉落的砂浆应在砌筑后及时清理。

7.4.16 固定圈梁、挑梁等构件侧模的水平拉杆、扁铁或螺栓应从小砌块灰缝中预留4ϕ10孔穿入，不得在小砌块块体上打凿安装洞。内墙可利用侧砌的小砌块孔洞进行支模，模板拆除后应采用C20混凝土将孔洞填实。

7.4.17 安装预制梁、板时，必须先找平后灌浆，不得干铺。预制楼板安装也可采用硬架支模法施工。

7.4.18 窗台梁两端伸入墙内的支承部位应预留孔洞。孔洞口的大小、部位与上下皮小砌块孔洞，应保证门窗洞两侧的芯柱竖向贯通。

7.4.19 木门窗框与小砌块墙体两侧连接处的上、中、下部位应砌入埋有沥青木砖的小砌块（190mm×190mm×190mm）或实心小砌块，并用铁钉、射钉或膨胀螺栓固定。

7.4.20 门窗洞口两侧的小砌块孔洞灌填C20混凝土后，其门窗与墙体的连接方法可按实心混凝土墙体施工。

7.4.21 对设计规定或施工所需的孔洞、管道、沟槽和预埋件等，应在砌筑时进行预留或预埋，不得在已砌筑的墙体上打洞和凿槽。

7.4.22 水、电管线的敷设安装应按小砌块排块图的要求与土建施工进度密切配合，不得事后凿槽打洞。

7.4.23 照明、电信、闭路电视等线路可采用内穿12号铁丝的白色增强塑料管。水平管线宜预埋于专供水平管用的实心带凹槽小砌块内，也可敷设在圈梁模板内侧或现浇混凝土楼板（屋面板）中。竖向管线应随墙体砌筑埋设在小砌块孔洞内。管线出口处应采用U型小砌块（190mm×190mm×190mm）竖砌，内埋开关、插座或接线盒等配件，四周用水泥砂浆填实。

冷、热水水平管可采用实心带凹槽的小砌块进行敷设。立管宜安装在E字型小砌块中的一个开口孔洞中。待管道试水验收合格后，采用C20混凝土浇灌封闭。

7.4.24 卫生设备安装宜采用筒钻成孔。孔径不得大于120mm，上下左右孔距应相隔一块以上的小砌块。

7.4.25 严禁在外墙和纵、横承重墙沿水平方向凿长度大于390mm的沟槽。

7.4.26 安装后的管道表面应低于墙面4～5mm，并与墙体卡牢固定，不得有松动、反弹现象。浇水湿润后用1:2水泥砂浆填实封闭。外设10mm×10mm的ϕ0.5～0.8钢丝网，网宽应跨过槽口，每边不得小于80mm。

7.4.27 墙体施工段的分段位置宜设在伸缩缝、沉降缝、防震缝、构造柱或门窗洞口处。相邻施工段的砌筑高差不得超过一个楼层高度，也不应大于4m。

7.4.28 墙体的伸缩缝、沉降缝和防震缝内，不得夹有砂浆、碎砌块和其他杂物。

7.4.29 每一楼层砌完后，必须校核墙体的轴线尺寸和标高。对允许范围内的偏差，应在本层楼面上校正。

7.4.30 小砌块墙体砌筑应采用双排外脚手架或里脚

手架进行施工，严禁在砌筑的墙体上设脚手孔洞。

7.4.31 房屋顶层内粉刷必须待钢筋混凝土平屋面保温层、隔热层施工完成后方可进行；对钢筋混凝土坡屋面，应在屋面工程完工后进行。

7.4.32 房屋外墙抹灰必须待屋面工程全部完工后进行。

7.4.33 墙面设有钢丝网的部位，应先采用有机胶拌制的水泥浆或界面剂等材料满涂后，方可进行抹灰施工。

7.4.34 抹灰前墙面不宜洒水。天气炎热干燥时可在操作前1~2h适度喷水。

7.4.35 墙面抹灰应分层进行，总厚度宜为18~20mm。

7.4.36 小砌块砌体尺寸和位置允许偏差应符合表7.4.36的规定。

表7.4.36 小砌块砌体尺寸和位置允许偏差

<table>
<tr><th>序号</th><th colspan="3">项 目</th><th>允许偏差(mm)</th><th>检验方法</th></tr>
<tr><td>1</td><td colspan="3">轴线位置偏移</td><td>10</td><td>用经纬仪或拉线和尺量检查</td></tr>
<tr><td>2</td><td colspan="3">基础和砌体顶面标高</td><td>±15</td><td>用水准仪和尺量检查</td></tr>
<tr><td rowspan="3">3</td><td rowspan="3">垂直度</td><td colspan="2">每 层</td><td>5</td><td>用线锤和2m托线板检查</td></tr>
<tr><td rowspan="2">全高</td><td>≤10m</td><td>10</td><td rowspan="2">用经纬仪或重锤挂线和尺量检查</td></tr>
<tr><td>>10m</td><td>20</td></tr>
<tr><td rowspan="2">4</td><td rowspan="2">表面平整度</td><td colspan="2">清水墙、柱</td><td>6</td><td rowspan="2">用2m靠尺和塞尺检查</td></tr>
<tr><td colspan="2">混水墙、柱</td><td>6</td></tr>
<tr><td rowspan="2">5</td><td rowspan="2">水平灰缝平直度</td><td colspan="2">清水墙10m以内</td><td>7</td><td rowspan="2">用10m拉线和尺量检查</td></tr>
<tr><td colspan="2">混水墙10m以内</td><td>10</td></tr>
<tr><td>6</td><td colspan="3">水平灰缝厚度（连续五皮砌块累计）</td><td>±10</td><td>与皮数杆比较，尺量检查</td></tr>
<tr><td>7</td><td colspan="3">垂直灰缝宽度（水平方向连续五块累计）</td><td>±15</td><td>用尺量检查</td></tr>
<tr><td rowspan="2">8</td><td rowspan="2">门窗洞口（后塞口）</td><td colspan="2">宽度</td><td>±5</td><td rowspan="2">用尺量检查</td></tr>
<tr><td colspan="2">高度</td><td>±5</td></tr>
<tr><td>9</td><td colspan="3">外墙窗上下窗口偏移</td><td>20</td><td>以底层窗口为准，用经纬仪或吊线检查</td></tr>
</table>

7.5 芯柱施工

7.5.1 每层每根芯柱柱脚应采用竖砌单孔U型、双孔E型或L型小砌块留设清扫口。

7.5.2 每层墙体砌筑到要求标高后，应及时清扫芯柱孔洞内壁及芯柱孔道内掉落的砂浆等杂物。

7.5.3 芯柱钢筋应采用带肋钢筋，并从上向下穿入芯柱孔洞，通过清扫口与圈梁（基础圈梁、楼层圈梁）伸出的插筋绑扎搭接。搭接长度应为钢筋直径的45倍。

7.5.4 用模板封闭芯柱的清扫口时，必须采取防止混凝土漏浆的措施。

7.5.5 灌筑芯柱混凝土前，应先浇50mm厚的水泥砂浆，水泥砂浆应与芯柱混凝土成分相同。

7.5.6 芯柱混凝土必须待墙体砌筑砂浆强度等级达到1MPa时方可浇灌，并应定量浇灌，做好记录。

7.5.7 芯柱混凝土宜采用坍落度为70~80mm的细石混凝土。当采用泵送时，坍落度宜为140~160mm。

7.5.8 芯柱混凝土必须按连续浇灌、分层（300~500mm高度）捣实的原则进行操作，直浇至离该芯柱最上一皮小砌块顶面50mm止，不得留施工缝。振捣时宜选用微型插入式振动棒振捣。

7.5.9 芯柱混凝土试件制作、养护和抗压强度取值应符合现行国家标准《混凝土结构工程施工质量验收规范》GB 50204的规定。混凝土配合比变更时，应相应制作试块。施工现场实测检验可采用锤击法敲击该芯柱小砌块外表面。必要时，可采用钻芯法或超声法检测。

7.6 构造柱施工

7.6.1 设置钢筋混凝土构造柱的小砌块砌体，应按绑扎钢筋、砌筑墙体、支设模板、浇筑混凝土的施工顺序进行。

7.6.2 墙体与构造柱连接处应砌成马牙槎。从每层柱脚开始，先退后进，形成100mm宽、200mm高的凹凸槎口。柱墙间应采用2ϕ6的拉结筋拉结，间距宜为400mm，每边伸入墙内长度应为1000mm或伸至洞口边。

7.6.3 构造柱两侧模板必须紧贴墙面，支撑必须牢靠，严禁板缝漏浆。

7.6.4 构造柱混凝土保护层宜为20mm，且不应小于15mm。混凝土坍落度宜为50~70mm。

7.6.5 浇灌构造柱混凝土前应清除落地灰等杂物并将模板浇水湿润，然后先注入与混凝土配比相同的50mm厚水泥砂浆，再分段浇灌、振捣混凝土，直至完成。凹型槎口的腋部必须振捣密实。

7.6.6 构造柱尺寸的允许偏差值应符合表7.6.6的规定。

表7.6.6 构造柱尺寸允许偏差

<table>
<tr><th>序号</th><th colspan="3">项 目</th><th>允许偏差(mm)</th><th>检查方法</th></tr>
<tr><td>1</td><td colspan="3">柱中心线位置</td><td>10</td><td>用经纬仪检查</td></tr>
<tr><td>2</td><td colspan="3">柱层间错位</td><td>8</td><td>用经纬仪检查</td></tr>
<tr><td rowspan="3">3</td><td rowspan="3">柱垂直度</td><td colspan="2">每 层</td><td>10</td><td>用吊线法检查</td></tr>
<tr><td rowspan="2">全高</td><td>≤10m</td><td>15</td><td>用经纬仪或吊线法检查</td></tr>
<tr><td>>10m</td><td>20</td><td>用经纬仪或吊线法检查</td></tr>
</table>

7.7 雨、冬期施工

7.7.1 雨期施工应符合下列规定：

1 雨期施工，堆放室外的小砌块应有覆盖设施。

2 雨量为小雨及以上时，应停止砌筑。对已砌筑的墙体宜覆盖。继续施工时，应复核墙体的垂直度。

3 砌筑砂浆稠度应视实际情况适当减小，每日砌筑高度不宜超过1.2m。

7.7.2 冬期施工应符合下列规定：

1 当室外日平均气温连续5d稳定低于5℃或气温骤然下降时，应及时采取冬期施工措施；当室外日平均气温连续5d高于5℃时应解除冬期施工。

注：1. 气温根据当地气象资料确定；

2. 冬期施工期限以外，当日最低气温低于－3℃时，也应根据本节的规定执行。

2 冬期施工所用的材料，应符合下列规定：

1）不得使用浇过水或浸水后受冻的小砌块。

2）砌筑砂浆宜用普通硅酸盐水泥拌制。

3）石灰膏、电石膏应防止受冻，如遭冻结，应融化后方可使用。

4）砌筑砂浆和芯柱、构造柱混凝土所用的砂与粗骨料不得含有冰块和直径大于10mm的冻结块。

5）拌合砌筑砂浆宜采用两步投料法。水的温度不得超过80℃，砂的温度不得超过40℃，砂浆稠度宜较常温适当减小。

6）现场运输与储存砂浆应有冬期施工措施。

3 砌筑后，应及时用保温材料对新砌砌体进行覆盖，砌筑面不得留有砂浆。继续砌筑前，应清扫砌筑面。

4 冬期施工时，对低于M10强度等级的砌筑砂浆，应比常温施工提高一级，且砂浆使用时的温度不应低于5℃。

5 记录冬期砌筑的施工日记除按常规要求外，尚应记载室外空气温度、砌筑时砂浆温度、外加剂掺量以及其他有关资料。

6 芯柱、构造柱混凝土的冬期施工应按国家现行标准《建筑工程冬期施工规程》JGJ 104和《混凝土结构工程施工质量验收规范》GB 50204中有关规定执行。

7 基土不冻胀时，基础可在冻结的地基上砌筑；基土有冻胀性时，必须在未冻的地基上砌筑。在基槽、基坑回填土前应采取防止地基遭受冻结的措施。

8 小砌块砌体不得采用冻结法施工。埋有未经防腐处理的钢筋（网片）的小砌块砌体不应采用掺氯盐砂浆法施工。

9 采用掺外加剂法时，其掺量应由试验确定，并应符合现行国家标准《混凝土外加剂应用技术规范》GB 50119的有关规定。

10 采用暖棚法施工时，小砌块和砂浆在砌筑时的温度不应低于5℃，同时离所砌的结构底面500mm处的棚内温度也不应低于5℃。

11 暖棚内的小砌块砌体养护时间，应根据暖棚内的温度按表7.7.2确定。

表7.7.2 暖棚法小砌块砌体的养护时间

暖棚内温度（℃）	5	10	15	20
养护时间不少于（d）	6	5	4	3

7.8 安全施工

7.8.1 小砌块墙体施工的安全技术要求必须遵守现行建筑工程安全技术标准的规定。

7.8.2 垂直运输使用托盘吊装时，应使用尼龙网或安全罩围护小砌块。

7.8.3 在楼面或脚手架上堆放小砌块或其他物料时，严禁倾卸和抛掷，不得撞击楼板和脚手架。

7.8.4 堆放在楼面和屋面上的各种施工荷载不得超过楼板（屋面板）的设计允许承载力。

7.8.5 砌筑小砌块或进行其他施工时，施工人员严禁站在墙上进行操作。

7.8.6 对未浇筑（安装）楼板或屋面板的墙和柱，在遇大风时，其允许自由高度不得超过表7.8.6的规定。

表7.8.6 小砌块墙和柱的自由高度

墙（柱）厚度（mm）	墙和柱的允许自由高度（m）		
	风载（kN/m²）		
	0.3（相当7级风）	0.4（相当8级风）	0.6（相当9级风）
190	1.4	1.0	0.6
390	4.2	3.2	2.0
490	7.0	5.2	3.4
590	10.0	8.6	5.6

注：允许自由高度超过时，应加设临时支撑或及时现浇圈梁。

7.8.7 施工中，如需在砌体中设置临时施工洞口，其洞边离交接处的墙面距离不得小于600mm，并应沿洞口两侧每400mm处设置ϕ4点焊网片及洞顶钢筋混凝土过梁。

7.8.8 射钉枪的使用与保管必须符合有关部门规定。

7.9 工程验收

7.9.1 混凝土小型空心砌块砌体工程验收应按现行国家标准《砌体工程施工质量验收规范》GB 50203有关要求执行。

附录 A 小砌块孔洞中内插、内填保温材料的热工性能

表 A.0.1 小砌块孔洞内插、内填保温材料的热工性能

序号	措施	砌体厚度(mm)	材料及其导热系数		R_b [(m²·K)/W]	D_b
			材 料	λ [W/m·K]		
1	孔洞中插板	190	25厚发泡聚苯小板	0.04	0.32	1.66
2			30厚矿棉毡(包塑)	0.05	0.31	1.66
3			40厚膨胀珍珠岩芯板	0.06	0.31	1.75
4			25厚硬质矿棉板	0.05	0.33	1.70
5			2厚单面铝箔聚苯板	0.04	0.42	1.55
6	孔洞中填料	190	满填膨胀珍珠岩 0.06	0.40	1.91	—
7			满填松散矿棉	0.45	0.43	1.90
8			满填水泥聚苯碎粒混合料	0.09	0.36	1.91
9			满填水泥珍珠岩混合料	0.12	0.33	1.95

附录 B 部分轻骨料小砌块砌体的热工性能

表 B.0.1 部分轻骨料混凝土小砌块砌体的热工性能

序号	主体材料	孔型	表观密度 (kg/m³)	孔洞率 (%)	厚 度 (mm)	R_b [(m²·K)/W]	D_b
1	煤渣硅酸盐	单排孔	1000	44	190	0.23	1.66
2	水泥煤渣硅酸盐	单排孔	940	44	190	0.24	1.64
3	水泥石灰窑渣	单排孔	990	44	190	0.22	1.66
4	煤渣硅酸盐	双排孔	890	40	190	0.35	1.92
5	煤渣硅酸盐	三排孔	890	35	240	0.45	2.20
6	陶粒(500级)	单排孔	707	44	190	0.36	1.36
			547	44	190	0.43	1.30
7	陶粒(500级)	双排孔	510	40	190	0.74	1.50
8	陶粒(500级)	三排孔	474	35	190	1.07	1.72
			465	36.2	190	0.98	1.70

附录 C 外墙平均传热系数与平均热惰性指标的计算方法

C.0.1 外墙受周边结构性冷（热）桥的影响，应取平均传热系数（K_m）和平均热惰性指标（D_m），评价其保温隔热性能，K_m 和 D_m 应分别按下列公式计算。计算时，可以一个典型居室的开间和上下层高定位轴线围合的外墙为计算单元，该外墙上的门窗洞口面积不计入外墙面积。

$$K_m = \frac{K_p F_p + K_{B1} F_{B1} + K_{B2} + F_{B2} + \cdots\cdots + K_{Bj} F_{Bj}}{F_p + F_{B1} + F_{B2} + \cdots\cdots + F_{Bj}} \tag{C.0.1-1}$$

$$D_m = \frac{D_p F_p + D_{B1} F_{B1} + D_{B2} F_{B2} + \cdots\cdots + D_{Bj} F_{Bj}}{F_p + F_{B1} + F_{B2} + \cdots\cdots + F_{Bj}} \tag{C.0.1-2}$$

式中 K_m——小砌块外墙的平均传热系数 [W/（m²·K)]；

D_m——小砌块外墙的平均热惰性指标；

K_p——计算单元中外墙主体部位的传热系数 [W/（m²·K)]，按本规程附录 D 中的公式 D.0.1-1 计算；

K_{B1}、K_{B2}……、K_{Bj}——计算单元中外墙结构性冷（热）桥部位的传热系数 [W/（m²·K)]，按本规程附录 D 中的公式 D.0.1-1 计算；

D_p——计算单元中外墙主体部位的热惰性指标，按本规程附录 D 中的公式 D.0.1-2 计算；

D_{B1}、D_{B2}……、D_{Bj}——计算单元中外墙结构性冷(热)桥部位的热惰性指标，按本规程附录 D 中的公式 D.0.1-2 计算；

F_{B1}、F_{B2}……、F_{Dj}——计算单元中外墙结构件冷(热)桥部位的面积(m²)。

附录 D 外墙主体部位与结构性冷（热）桥部位的传热系数及热惰性指标的计算方法

D.0.1 小砌块建筑外墙主体部位和结构性冷（热）桥部位的传热系数和热惰性指标可按下列公式计算：

$$K_p = \frac{1}{R_p} = \frac{1}{R_e + R_b + R_{ad} + R_i} \tag{D.0.1-1}$$

$$D_p = D_b + D_{ad} \tag{D.0.1-2}$$

$$R_{ad} = \Sigma R_j , R_j = \frac{\delta_j}{\lambda_{cj}} \tag{D.0.1-3}$$

$$D_j = R_j S_{cj} \tag{D.0.1-4}$$

式中　K_p——小砌块外墙主体部位的传热系数［W/（m^2·K）］；

R_p——小砌块外墙主体部位的传热阻［（m^2·K）/W］；

R_e——外表面的热交换阻，取 0.04［（m^2·K）/W］；

R_b——未经混凝土或钢筋混凝土填实的小砌块砌体的热阻［（m^2·K）/W］，按本规程第 4.2.2 条和附录 A 选择；

R_{ad}——除小砌块砌体以外的其他各层（包括空气间层）的热阻之和［（m^2·K）/W］；

δ_j——除小砌块砌体以外其他各层材料的厚度（m）；

λ_{cj}——除小砌块砌体以外其他各层材料的计算导热系数［W/（m^2·K）］；

R_i——内表面的热交换阻，取 0.11［（m^2·K）/W］；

D_p——小砌块外墙主体部位的热惰性指标；

D_{ad}——除小砌块砌体以外的其他各层材料的热惰性指标之和（空气间层的 $D_j=0$）；

S_{cj}——除小砌块砌体以外其他各层材料的计算蓄热系数［W/（m^2·K）］。

附录 E　外墙和屋顶的隔热指标验算方法

E.0.1　外墙和屋顶的隔热指标可按照下列公式验算：

$$G_1=\frac{\rho}{R_0\alpha_e\alpha_i} \quad (E.0.1\text{-}1)$$

$$G_2=\frac{\rho}{m\alpha_e\alpha_i} \quad (E.0.1\text{-}2)$$

外墙的　$m=2.62e^{0.46D}$　(E.0.1-3)

屋顶的　$m=2.52e^{0.44D}$　(E.0.1-4)

架空通风屋顶的 $m=2.52e^{0.44D}+1$　(E.0.1-5)

式中　G_1——热阻抗隔热指数［$\times10^{-2}$（m^2·K）/W］；

G_2——热稳定隔热指数［$\times10^{-2}$（m^2·K）/W］；

ρ——外表面对太阳辐射热的吸收系数，按照现行国家标准《民用建筑热工设计规范》GB 51076—93 附表 2.6 选择；

R_0——外墙或屋顶的传热阻［（m^2·K）/W］，其值为传热系数的倒数；

α_e——外表面热交换系数，取 19［W/（m^2·K）］；

α_i——内表面热交换系数，取 8.7［W/（m^2·K）］；

m——综合热稳定系数；

D——外墙或屋顶的热惰性指标；

e——自然对数的底。

E.0.2　外墙和屋顶的隔热指数限值可按表 E.0.2 的规定选用。

表 E.0.2　外墙和屋顶的隔热指数限值

部位	隔热指数	限　值	单　位
外墙	热阻抗隔热指数 G_1	0.60	［$\times10^{-2}$（m^2·K）/W］
	热稳定隔热指数 G_2	0.35	
屋顶	热阻抗隔热指数 G_1	0.40	［$\times10^{-2}$（m^2·K）/W］
	热稳定隔热指数 G_2	0.35	

E.0.3　若计算的 G_1、G_2 小于或等于表 E.0.2 所列限值，即可认为设计的小砌块建筑外墙和屋顶的热工性能符合隔热指标的要求。

附录 F　影 响 系 数

F.0.1　无筋砌体矩形截面单向偏心受压构件（图 F.0.1）承载力的影响系数，可按表 F.0.1-1、表 F.0.1-2 采用；也可按下列公式计算：

当 $\beta\leqslant3$ 时　$$\varphi=\frac{1}{1+12\left(\frac{e}{h}\right)^2} \quad (F.0.1\text{-}1)$$

当 $\beta>3$ 时　$$\varphi=\frac{1}{1+12\left[\frac{e}{h}+\frac{1}{12}\left(\frac{1}{\varphi_0}-1\right)\right]^2} \quad (F.0.1\text{-}2)$$

$$\varphi_0=\frac{1}{1+\alpha\ (1.1\beta)^2} \quad (F.0.1\text{-}3)$$

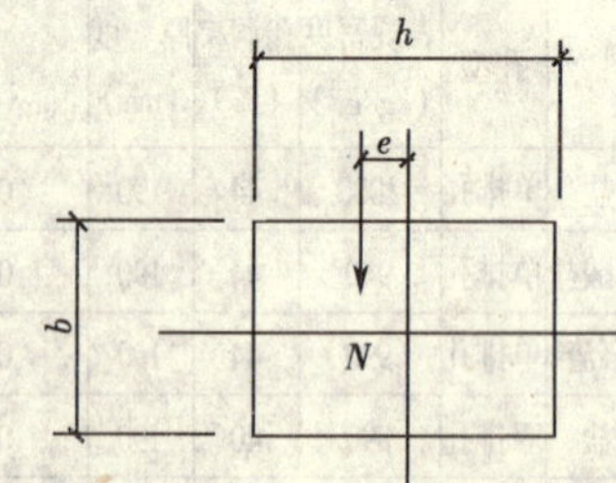

图 F.0.1　单向偏心受压

式中　φ——影响系数；

e——轴向力的偏心距；

h——矩形截面的轴向力偏心方向的边长；

φ_0——轴心受压构件的稳定系数；

α——与砂浆强度等级有关的系数，当砂浆强度等级大于或等于 M5 时，α 取 0.0015；当砂浆强度等级等于 M2.5 时，α 取 0.002；当砂浆强度等级等于 0 时，α 取 0.009；

β——构件的高厚比。

F.0.2　计算 T 形截面受压构件的影响系数时，应以

折算厚度 h_T 代替公式 F.0.1 中的 h，折算厚度可按下式计算：

$$h_T = 3.5i \qquad (F.0.2)$$

式中 h_T——T 形截面折算厚度；

i——T 形截面的回转半径。

表 F.0.1-1 影响系数 φ（砂浆强度等级≥M）

β	$\frac{e}{h}$ 或 $\frac{e}{h_T}$						
	0	0.025	0.05	0.075	0.1	0.125	0.15
≤3	1	0.99	0.97	0.94	0.89	0.84	0.79
4	0.98	0.95	0.90	0.85	0.80	0.74	0.69
6	0.95	0.91	0.86	0.81	0.75	0.69	0.64
8	0.91	0.86	0.81	0.76	0.70	0.64	0.59
10	0.87	0.82	0.76	0.71	0.65	0.60	0.55
12	0.82	0.77	0.71	0.66	0.60	0.55	0.51
14	0.77	0.72	0.66	0.61	0.56	0.51	0.47
16	0.72	0.67	0.61	0.56	0.52	0.47	0.44
18	0.67	0.62	0.57	0.52	0.48	0.44	0.40
20	0.62	0.57	0.53	0.48	0.44	0.40	0.37
22	0.58	0.53	0.49	0.45	0.41	0.38	0.35
24	0.54	0.49	0.45	0.41	0.38	0.35	0.32
26	0.50	0.46	0.42	0.38	0.35	0.33	0.30
28	0.46	0.42	0.39	0.36	0.33	0.30	0.28
30	0.42	0.39	0.36	0.33	0.31	0.28	0.26

β	$\frac{e}{h}$ 或 $\frac{e}{h_T}$					
	0.175	0.2	0.225	0.25	0.275	0.3
≤3	0.73	0.68	0.62	0.57	0.52	0.48
4	0.64	0.58	0.53	0.49	0.45	0.41
6	0.59	0.54	0.49	0.45	0.42	0.38
8	0.54	0.50	0.46	0.42	0.39	0.36
10	0.50	0.46	0.42	0.39	0.36	0.33
12	0.47	0.43	0.39	0.36	0.33	0.31
14	0.43	0.40	0.36	0.34	0.31	0.29
16	0.40	0.37	0.34	0.31	0.29	0.27
18	0.37	0.34	0.31	0.29	0.27	0.25
20	0.34	0.32	0.29	0.27	0.25	0.23
22	0.32	0.30	0.27	0.25	0.24	0.22
24	0.30	0.28	0.26	0.24	0.22	0.21
26	0.28	0.26	0.24	0.22	0.21	0.19
28	0.26	0.24	0.22	0.21	0.19	0.18
30	0.24	0.22	0.21	0.20	0.18	0.17

表 F.0.1-2 影响系数 φ（砂浆强度为零）

β	$\frac{e}{h}$ 或 $\frac{e}{h_T}$						
	0	0.025	0.05	0.075	0.1	0.125	0.15
≤3	1	0.99	0.97	0.94	0.89	0.84	0.79
4	0.87	0.82	0.77	0.71	0.66	0.60	0.55
6	0.76	0.70	0.65	0.59	0.54	0.50	0.46
8	0.63	0.58	0.54	0.49	0.45	0.41	0.38
10	0.53	0.48	0.44	0.41	0.37	0.34	0.32
12	0.44	0.40	0.37	0.34	0.31	0.29	0.27
14	0.36	0.33	0.31	0.28	0.26	0.24	0.23
16	0.30	0.28	0.26	0.24	0.22	0.21	0.19
18	0.26	0.24	0.22	0.21	0.19	0.18	0.17
20	0.22	0.20	0.19	0.18	0.17	0.16	0.15
22	0.19	0.18	0.16	0.15	0.14	0.14	0.13
24	0.16	0.15	0.14	0.13	0.13	0.12	0.11
26	0.14	0.13	0.13	0.12	0.11	0.11	0.09
28	0.12	0.12	0.11	0.11	0.10	0.10	0.09
30	0.11	0.10	0.10	0.09	0.09	0.09	0.08

β	$\frac{e}{h}$ 或 $\frac{e}{h_T}$					
	0.175	0.2	0.225	0.25	0.275	0.3
≤3	0.73	0.68	0.62	0.57	0.52	0.48
4	0.51	0.46	0.43	0.39	0.36	0.33
6	0.42	0.39	0.36	0.33	0.30	0.28
8	0.35	0.32	0.30	0.28	0.25	0.24
10	0.29	0.27	0.25	0.23	0.22	0.20
12	0.25	0.23	0.21	0.20	0.19	0.17
14	0.21	0.20	0.18	0.17	0.16	0.15
16	0.18	0.17	0.316	0.15	0.14	0.13
18	0.16	0.15	0.14	0.13	0.12	0.12
20	0.14	0.13	0.12	0.12	0.11	0.10
22	0.12	0.12	0.11	0.10	0.10	0.09
24	0.11	0.10	0.10	0.09	0.09	0.08
26	0.10	0.09	0.09	0.08	0.08	0.07
28	0.09	0.08	0.08	0.08	0.07	0.07
30	0.08	0.07	0.07	0.07	0.07	0.06

本规程用词说明

1 为便于在执行本规程条文时区别对待，对要求严格程度不同的用词用语说明如下：

1）表示很严格，非这样做不可的；
正面词采用"必须"，反面词采用"严禁"。

2）表示严格，在正常情况下均应这样做的；
正面词采用"应"，反面词采用"不应"或"不得"。

3）表示允许稍有选择，在条件许可时首先应这样做的；
正面词采用"宜"，反面词采用"不宜"。
表示有选择，在一定条件下可以这样做的，采用"可"。

2 条文中指明必须按有关标准、规范或规定执行的写法为，"应按……执行"或"应符合……的要求(规定)"。

中华人民共和国行业标准

混凝土小型空心砌块建筑技术规程

JGJ/T 14—2004

条文说明

前　言

《混凝土小型空心砌块建筑技术规程》（JGJ/T 14—2004），经建设部 2004 年 4 月 30 日以建设部第 235 号公告批准、发布。

本规程第一版的主编单位是四川省建筑科学研究院，参加单位是哈尔滨建筑大学、辽宁省建筑科学研究院、浙江大学建筑设计院、贵州省建筑设计院、广西区建筑科学研究设计院、广西区建筑工程总公司、四川省崇州市建筑科学研究勘测设计院。

为便于广大设计、施工、科研、学校等单位有关人员在使用本规程时能正确理解和执行条文规定，《混凝土小型空心砌块建筑技术规程》编制组按章、节、条顺序编制了本规程的条文说明，供使用者参考。在使用中如发现本条文说明有不妥之处，请将意见函寄四川省建筑科学研究院（地址：成都市一环路北三段 55 号；邮政编码：610081）。

目　次

1 总　则

1.0.1～1.0.2 混凝土小型空心砌块已成为我国发展的一种主导墙体材料。《混凝土小型空心砌块建筑技术规程》JGJ/T 14—95 自 1995 年颁布实行以来，对我国混凝土小型空心砌块建筑的发展，起到了巨大的推动作用。近几年来，有关科研单位、大专院校对混凝土小型空心砌块砌体静力和动力性能以及抗震性能进行了深入的科学研究并获得丰硕成果；设计和施工单位也积累了丰富的工程实践经验。JGJ/T 14—95 已不能满足我国砌块建筑发展的需要，为此，很有必要对原规程进行修改。这次增加的主要内容：

（1）混凝土小型空心砌块建筑与建筑节能设计；

（2）增补了混凝土小型空心砌块建筑防裂、抗渗构造措施；

（3）增补了有关抗震措施；

（4）对施工部分作了较大的调整，补充了近几年来全国有关地区在工程实践中积累的行之有效的经验。

3 材料和砌体的计算指标

3.1 材料强度等级

3.1.1 小砌块的材性指标，根据产品标准，按毛截面计算。

小砌块强度等级为 MU20、MU15、MU10、MU7.5 和 MU5.0。本次修订对用于承重的砌块取消了 MU3.5 的强度等级。

根据我国目前应用的火山渣、浮石、煤渣等轻骨料混凝土小砌块抗压强度的统计值，其强度等级一般在 MU7.5 和 MU7.5 以下，轻骨料小砌块常用于外墙保温的自承重墙和轻质隔墙。用轻骨料混凝土小砌块作为承重墙体时，其强度等级、构造要求应符合本规程的规定。

本条砂浆和灌孔混凝土，其强度等级等同于对应的砂浆强度等级（Mb）和灌孔混凝土强度等级（Cb）的强度指标。本规程为多层砌块房屋，砌筑砂浆的分层度、稠度和灌孔混凝土的坍落度宜按第七章的要求采用。也可参照建材行业标准《混凝土小型空心砌块砌筑砂浆》JC 860—2000 和《混凝土小型空心砌块灌孔混凝土》JC 861—2000 的规定。

确定掺有 15％以上粉煤灰的小砌块强度等级时，应按当地试验的砌块抗压强度和碳化系数资料，将砌块抗压强度乘以碳化系数。碳化系数采用人工碳化系数乘以 1.15 时，碳化系数取值不应大于 1。

砂浆试模采用不同底模时对砂浆的试块强度有影响，由于砌块种类较多和考虑墙体的实际情况，本条注 3 规定了确定砂浆强度等级时，应采用同类砌块为砂浆强度试块底模。

3.2 砌体的计算指标

随着我国经济的发展和人民生活水平的提高，以及我国砌体结构设计规范与国际发达国家规范相比，砌体结构可靠度水平偏低，根据《建筑结构可靠度设计统一标准》GB 50068—2001 可靠度调整的要求，本次修订对规程的可靠度进行了调整。述及砌体计算指标部分，是对材料性能分项系数 γ_f 进行了调整，将 $\gamma_m=1.5$ 调整为 1.6，调整后的强度指标比 JGJ/T 14—95 相应降低 1.5/1.6。

我国长期以来，设计规范的可靠度未和施工技术、施工管理水平等挂钩，实际上它们对结构可靠度影响很大。为保证规范的可靠度，有必要考虑这种影响。《砌体工程施工质量验收规范》GB 50203—2002 中规定了砌体施工质量控制等级，规定为 A、B、C 三个等级。本次修订引入了施工质量控制等级，考虑到一些具体情况，规程修订只规定了 B 级和 C 级施工质量控制等级。本节的强度指标为 B 级质量控制等级的材料计算指标。当采用 C 级时，砌体强度设计值应乘以砌体强度设计值调整系数 0.89。一般情况应采用 B 级。

3.2.1 本条规定的强度指标和《砌体结构设计规范》GB 50003—2001 一致。

（1）《砌体结构设计规范》GBJ 3—88，统一了各类砌体抗压强度计算公式的形式，给出的砌块砌体的抗压平均强度公式为：

$$f_m = 0.46 f_1^{0.9}(1+0.07 f_2) k_2$$

当　$f_2=0$ 时，$k_2=0.8$

该公式适用于砌块强度等级小于等于 MU15 和砂浆强度等级小于等于 M10 的情况。

为了适应砌块建筑的发展，在编制《混凝土小型空心砌块建筑技术规程》JGJ/T 14—95 时，增加了 MU20 的强度等级，根据收集的砌块抗压强度统计资料，应用《砌体结构设计规范》GBJ 3—88 的抗压平均强度公式，当在 f_1 大于 15MPa，f_2 大于 10MPa 范围内应用，公式计算值高于试验值，偏于不安全。其次，当砂浆强度高于砌块强度时，公式计算值也偏高，因此 JGJ/T 14—95 对以上情况在规程抗压强度设计值表中作了限制。

新编的《砌体结构设计规范》GB 50003—2001，在补充了部分高强砌块资料后对 GBJ 3—88 的抗压平均强度公式进行了修正，修正后的砌体平均强度公式为：

$$f_m = 0.46 f_1^{0.9}(1+0.07 f_2)$$

$$(f_2 \leqslant 10\text{MPa})$$

$$f_m = 0.46 f_1^{0.9}(1+0.07 f_2)(1.1-0.01 f_2)$$

$$(f_2 > 10\text{MPa})$$

同时规定采用 MU20 砌块的砌体应乘系数 0.95，且应满足 f_1 大于等于 f_2。表 3.2.1-1 已作了修正。

本次规程修订采用《砌体结构设计规范》GB 50003—2001 的砌块砌体抗压平均强度公式。

(2) 对孔砌筑的单排孔混凝土砌块砌体，灌孔后的灌孔砌体抗压强度 JGJ/T 14—95 采用强度提高系数 φ 提高其强度，公式为：

$$\varphi = \frac{0.8}{1-\delta} \leqslant 1.5$$

随着我国砌块建筑的发展，高层砌块建筑已在我国开始应用，灌孔砌块砌体应用面将扩大，《砌体结构设计规范》GB 50003—2001在编制时，收集了原规程广西、贵州、河南、四川、广东以及近期湖南大学、哈尔滨工业大学的试验资料，得到了灌孔砌体抗压平均强度 $f_{g,m}$的公式：

$$f_{g,m} = f_m + 0.63\alpha f_{cu,m} (\rho \geqslant 33\%)$$

换算为设计强度 f_g 为：

$$f_g = f_m + 0.6\alpha f_c$$

同时为了保证灌孔混凝土在砌块孔洞内的密实，灌孔混凝土应采用高流动性、低收缩的细石混凝土。由于试验采用的块体强度和灌孔混凝土强度一般在 MU10 ~ MU20、C10 ~ C30 范围内，同时少量试验表明高强度灌孔混凝土砌体的强度达不到上述的公式的 $f_{g,m}$，经试验数据综合分析，对灌孔砌体强度提高系数作了限制，

$$\frac{f_g}{f} \leqslant 2$$

同时根据试验试件的灌孔率均大于 33%，因此对公式灌孔率适用范围作了规定，灌孔率不应小于 33%。灌孔混凝土强度等级规定不应低于 C20。

计算灌孔砌体抗压强度时，混凝土砌块的孔洞率取砌块横截面的最小孔洞面积和砌块毛截面的比值。

(3) 多排孔轻骨料混凝土砌块在我国寒冷地区应用较多，这类砌块目前有火山渣混凝土、浮石混凝土和陶粒混凝土，多排孔砌块主要考虑节能要求，排数有二排、三排、四排，孔洞率较小，砌块规格各地不一致，块体强度较低，一般不超过 MU7.5。《混凝土小型空心砌块建筑技术规程》JGJ/T 14—95 列入了轻骨料混凝土砌块砌体设计和施工的规定，本次修订轻骨料混凝土砌块砌体的砌体计算指标沿用了原规程的计算指标，仅因 γ_f 由 1.5 改为 1.6，砌体的计算指标作了调整。

3.2.2 《砌体结构设计规范》GB 50003—2001 增加了对孔砌筑单排孔混凝土砌块砌体灌孔砌体的抗剪强度设计指标，回归分析的抗剪强度平均值公式为：

$$f_{vg,m} = 0.32 f_{g,m}^{0.55}$$

试验值和公式值的比值为 1.06，变异系数为 0.235。灌孔后的抗剪强度设计值公式为：

$$f_{vg,m} = 0.2 f_g^{0.55}$$

本次修订引入 GB 50003—2001 灌孔砌块砌体的抗剪强度计算指标。

4 建筑设计与建筑节能设计

4.1 建 筑 设 计

4.1.1 混凝土小型空心砌块是一种新型墙体材料，是作为替代实心黏土砖的主导墙体材料之一。在进行建筑设计时，除遵守本规程外，还应遵守国家颁布的有关建筑设计标准的规定。

(1) 小砌块的主规格是 390mm × 190mm × 190mm，是 2M，辅助及配套块可扩大到 1M。不应采用小于 1M 的分模数。墙的分段净长度（如墙间墙，填充墙的墙段）也应合模。这样也可减少砌块种类，方便生产和施工。再则，模数协调也是住宅产业化的前提条件。

(2 ~ 3) 在施工前要做平面和立面的排块设计，这是混凝土小砌块建筑不同于其他砌体建筑的特殊要求，它可以保证芯柱的位置及数量，保证设备管线的预留和敷设，保证设计规定的洞口、开槽和预埋件的位置，避免了在砌好的墙体上凿槽或孔洞。由于尽可能采用了主规格，可减少辅助块的种类和数量。

在排块设计时，应着重解决好转角墙、丁字墙和十字墙的排块。

(4) 从节能要求看，建筑物的体形系数宜小不宜大。《民用建筑节能设计标准（采暖居住建筑部分）》JGJ 26—95 中要求建筑物体形系数宜控制在 0.3 及 0.3 以下，《夏热冬冷地区居住建筑节能设计标准》JGJ 134—2001 中要求条式建筑物的体形系数不应超过 0.35，点式建筑物的体形系数不应超过 0.4。

混凝土小砌块的热工性能较实心黏土砖差，减少外墙面积就显得更重要。且平面规整，体形简洁对小砌块建筑的抗震有利。

(5) 设控制缝对于防止小砌块墙体开裂是一项有作用的“放”的措施。在国外早有报道，在国内近几年来也有采用，如上海恒隆广场。北京市试用图《普通混凝土小型空心砌块建筑墙体构造》京 99SJ35 中也有建筑设计沿外墙设控制缝的做法。

根据国内外经验，非配筋砌体控制缝间距与在水平灰缝内设钢筋网片的间距有关，控制缝在墙体薄弱和应力集中处，如墙体高度和厚度突变处，门窗洞口的一侧或两侧设置，并与抗震缝、沉降缝、温度变形缝及楼地面、屋面的施工缝合并设置。控制缝与结构抗震应结合考虑。

在单排砌块墙或夹心墙内叶墙上设控制缝，在室内会有缝出现。若室内装修允许设缝，则可按室内变形缝做法做盖缝处理。若内墙上不希望有缝，则应作

盖缝粉刷，例如可在缝口用聚合物胶结剂贴耐碱玻纤网格布，再用防裂砂浆粉刷。

(6) 多层住宅建筑的公共部分只有门厅、楼梯间和公共走道，特别在单元式的多层住宅中，公共走道也没有了，户门是直接开在楼梯间里。在门厅和楼梯间里要安排下住宅公共设备的管道井和各种表箱，特别是七层的单元式住宅，超过六层的塔式住宅、通廊式住宅、底层设有商业网点的单元式住宅，还应在此设室内消防给水设施。

门厅、楼梯间面积小，墙面少，而且是住宅交通和紧急疏散的要道。为了保证楼梯间墙的耐火极限，200mm厚的墙还不能因安置表箱而减薄（即表箱嵌墙设置），否则应另加防火措施。根据《建筑设计防火规范》在安置管道井和表箱后，走道的净宽不应小于1.1m。故在设计中应加大门厅和楼梯间的尺寸。对于人员是从楼梯间中一侧进入住户的，楼梯间开间宜≥2.6m。

4.1.2 防水设计的措施都是做在容易漏水的部位，这样做效果明显。在夹心墙夹层中有可能会产生冷凝水，故设排水孔以便随时排出。

4.1.3 耐火极限的规定。

混凝土小砌块墙体的耐火极限取值是根据近几年来国内各地一些厂家和科研单位测试数值并参考了美国、加拿大等国的有关标准来确定的。考虑到各地小砌块生产的水平有高低，取值比实测值略有降低，以保证安全。

当190mm厚小砌块墙体双面抹水泥砂浆或混合砂浆各20mm厚时，其耐火极限可提高到大于2.5h。根据《建筑设计防火规范》可作为耐火等级为二级的建筑物的承重墙、楼梯间、电梯井的墙。

如在190mm厚小砌块墙体孔洞内填砂石、页岩陶粒或矿渣时，其耐火极限可大于4.0h，根据防火规范，可作为耐火等级为一、二级的建筑物的防火墙。

表1 混凝土小型空心砌块墙体耐火极限

序号	小砌块种类	小砌块规格（长×厚×高）(mm)	孔内填充情况	墙面粉刷情况	耐火极限
1	普通混凝土小砌块（承重）	390×190×190	无	无粉刷	2.43h
2	普通混凝土小砌块（承重）	390×190×190	灌芯	无粉刷	>4h
3	普通混凝土小砌块（承重）	390×190×190	孔内填充	双面各抹10mm厚砂浆	>4h

4.1.4 混凝土小砌块的空气声计权隔声量取值是根据近几年来国内许多厂家及科研单位提供的测试数据确定的。

根据《民用建筑隔声设计规范》GBJ 118—88，住宅、学校等大量的民用建筑，其分户墙及隔墙的空气声计权隔声量要求较高标准的为一级，隔声量为50dB，一般标准为二级，隔声量为45dB，最低标准为三级，隔声量为40dB。

190mm厚混凝土小砌块的空气声计权隔声量为43～47dB，能满足一般隔声标准，若将墙内孔洞填实，其空气声计权隔声量就可达50dB以上。

4.1.5 可防止或减轻屋顶因温度变化而引起小砌块房屋顶层墙体开裂。

对防止顶层墙体开裂有利的是无钢筋混凝土基层的有檩挂瓦坡屋面。坡屋面宜外挑出墙面。

表2 190mm厚混凝土小砌块的计权隔声量

序号	小砌块种类	小砌块规格（长×厚×高）(mm)	粉刷情况	墙体总厚(mm)	计权隔声量(dB)
1	普通混凝土小砌块MU15	390×190×190	两面各抹15mm厚水泥砂浆	220	51
2	普通混凝土小砌块MU10	390×190×190	两面各抹15mm厚水泥砂浆	220	50
3	轻骨料混凝土小砌块MU7.5	390×190×190	两面各抹15mm厚水泥砂浆	220	48
4	轻骨料混凝土小砌块MU5.0	390×190×190	两面各抹15mm厚水泥砂浆	220	46

4.2 建筑节能设计

4.2.1 目前实施的《民用建筑节能设计标准（采暖居住建筑部分）》JGJ 26—95和《夏热冬冷地区居住建筑节能设计标准》JGJ 134—2001（以下简称《标准》），主要是针对居住建筑。小砌块建筑的建筑节能设计除墙体的主体结构是小砌块砌体以外，与其他墙体结构体系建筑的建筑节能设计基本上是相同的，关键是在于突出小砌块砌体结构体系的特点，采取适宜的平、剖、立面布局与设计形式和构造做法。为此，必须在建筑的体形系数，窗墙面积比及窗的传热系数、遮阳系数和空气渗透性能等方面，均应符合本地区建筑节能设计标准的规定；围护结构各部分的热工性能，除应符合本地区居住建筑节能设计标准的规定外，其构造措施尚应满足建筑结构整体性和变形能力要求，以保证整个建筑结构构造的完整性、安全性、经济性和可操作性；特别是墙体和楼地板的建筑热工节能设计，应同时考虑建筑装饰工程与设备节能工程的需要，对管线及设备埋设、安装和维修的要求，以保证墙体和楼板的保温隔热设计构造措施不受破坏。

4.2.2 小砌块建筑外墙的建筑热工节能设计要求

(1) 小砌块砌体的热阻（R_b）和热惰性指标（D_b）是建筑节能热工设计计算中的基本参数。小砌块砌体是带有空洞，而不是带有空气间层的砌体，它包含混凝土肋壁、孔洞和砌筑砂浆三部分，是一个均值，必须通过一定的计算和实测予以确定。表4.2.2是综合国内各地区的测试与计算结果，列出的小砌块砌体的计算热阻（R_b）和计算热惰性指标（D_b），热工设计时可直接采用。

如果实际工程应用中的小砌块孔型、厚度或孔隙率与表4.2.2所列不同，要求通过规定的试验检测方法，或根据《民用建筑热工设计规范》GB 50176—93的计算方法计算确定。

在小砌块孔洞中内填、内插不同类型的轻质保温材料，是改善小砌块砌体热工性能的一个措施，如附录A，但不是适宜的保温隔热措施。因为混凝土肋壁的传热较大，砌体的热阻值增加很有限。而且多为手工操作，工序多，施工速度慢，效率低。特别是如表3所示，尽管内插或内填轻质保温材料后的外墙主体部位的传热系数 $K_p \leqslant 1.50$［W/（m^2·K)］，但其热惰性指标 $D_p \geqslant 3$，不符合《夏热冬冷地区居住建筑节能设计标准》的规定。所以，不宜在空心砌块孔洞中采用内插或内填轻质保温材料的措施，来提高混凝土小砌块外墙的保温隔热性能。

表3　小砌块孔洞中内插、内填保温材料构造做法的小砌块墙体主体部位的热工性能

编号	构造做法	K_p ［W/（m^2·K)］	D_p
1	1　20mm厚水泥砂浆外抹灰 2　单排空心砌块孔洞内插25厚发泡聚苯小板 3　20mm厚石膏聚苯碎粒保温砂浆内抹灰	1.5	2.29
2	1　20mm厚水泥砂浆外抹灰 2　单排孔空心砌块孔洞内满填膨胀珍珠岩 3　20mm厚石膏聚苯碎粒保温砂浆内抹灰	1.33	2.52

在附录B中列出了部分轻骨料混凝土成型的小砌块砌体的热工性能参数，建筑热工节能设计时，可直接采用。

(2) 外墙的热工性能包含主体部位和结构性冷（热）桥部位两大部分，《夏热冬冷地区居住建筑节能设计标准》中规定外墙的传热系数和热惰性指标应取平均传热系数和平均热惰性指标，并且在该标准的附录中都列出了相应的计算方法。

平均传热系数（K_m）也是南方炎热地区选择居住建筑窗墙面积比的一个重要参数，必须了解和熟悉其概念与计算方法。它是由外墙中主体部位的 K_p与 D_p和结构性冷（热）桥部位的 K_B与 D_B，以及它们在外墙上的面积 F_p和 F_B加权计算求得，计算方法简单、明确。在本规程的附录C中针对小砌块外墙列出了计算单元和计算方法。

(3) 小砌块外墙的主体部位就是指未经混凝土或钢筋混凝土填实的外墙部位。主体部位的传热系数和热惰性指标分别用 K_p和 D_p表示。$K_p = 1/R_p$，R_p是外墙主体部位的传热阻[（m^2·K）/W]。

在传热系数 K_p和热惰性指标 D_p的计算中，要求考虑材料的使用位置和湿环境的影响。因为湿度会使材料的导热系数和蓄热系数增大，应采用修正后的计算导热系数 λ_c 和计算蓄热系数 S_c，修正系数按照《民用建筑热工设计规范》GB 50176—93附表4.2查取。

(4) 由混凝土或钢筋混凝土填实的芯柱、构造柱、圈梁、门窗洞口边框，以及外墙与女儿墙、阳台、楼地板等构件连接的实体部位，都属结构性冷（热）桥部位，与主体部位比较，其传热（或冷）损失和热稳定性都较大，也是产生表面冷凝的敏感部位，要求分别计算这些部位的热工性能参数，并做适宜的构造处理，以满足热工性能指标的要求。结构性冷（热）桥部位的传热系数和热惰性指标分别以 K_B和 D_B 表示，计算方法仍与主体部位 K_p 和 D_p 的计算相同。

进行建筑设计时首先要尽量减少结构性冷（热）桥部位的数量和面积。

为保证结构性冷（热）桥部位的内表面在冬季采暖期间不致产生结露，其最小传热阻 $R_{0,min}$（或最大允许的传热系数 $K_{B,max}$)，应根据地区的室内外气候计算参数，按照《民用建筑热工设计规范》GB 50176—93第4.1.1条规定的计算方法计算确定。

(5) 由于小砌块墙体有孔洞存在，孔洞中空气的蓄热系数近似为0，加之轻质保温材料的蓄热系数也很小，如表3所示，将导致小砌块外墙的建筑热工性能设计计算结果，往往是外墙的传热系数能满足《夏热冬冷地区居住建筑节能设计标准》JGJ 134—2001第4.0.8条规定的 $K \leqslant 1.50$［W/（m^2·K)］，而热惰性指标 D 不能满足第4.0.8条规定的 $D \geqslant 3.0$。出现这种情况时，在《夏热冬冷地区居住建筑节能设计标准》的表4.0.8中注明：应按照《民用建筑热工设计规范》GB 50176—93第5.1.1条来验算隔热设计要求。应当指出，《民用建筑热工设计规范》GB 50176—93第5.1.1条是指房间在自然通风良好的使用条件下规定的隔热指标验算方法，不符合节能住宅的居室是在门窗关闭的使用条件下。而且没有提出具体的外墙表面最高温度允许值，也无法用第5.1.1条的计算公式和计算方法进行验算。本规程根据《四川省夏热冬冷地区居住建筑节能设计标准》DB 51/T 5027—2002规定的居住建筑外墙内表面最高温度 $\theta_{i,max} \leqslant 31.5$℃的要求，提出用热阻抗隔热指数 G_1 和热稳定隔热指数

G_2 及其限值验算小砌块建筑外墙和屋顶的隔热性能。计算公式概念明确，计算方法简单，易于被设计人员掌握和应用。更主要的是，G_1 和 G_2 包含了影响外墙和屋顶隔热性能的诸因素，如结构本身的热阻 R、热惰性指标 D，以及结构两侧表面材料的热物理性能和边界层的空气状态，全面而直观地表征了外隔热是改善外墙和屋顶隔热性能的有效措施，为采取适宜的外隔热措施提供了计算依据。这是本规程的创新之处。

(6) 大量的热工性能实测和计算结果表明，仅有双面抹灰层的小砌块墙体，不管在北方和南方，都不能满足现行标准中规定的室内热舒适环境和建筑节能标准对外墙、楼梯间内墙和分户墙的热工性能指标要求。也不能满足《民用建筑热工设计规范》GB 50176—93 规定的在自然通风条件下，房屋外墙内表面最高温度 $\theta_{i,\max}$ 应小于或等于地区室外最高计算温度 $t_{e,\max}$ 的要求。要采取一定的保温隔热措施提高其热工性能。也正是因为过去不重视小砌块墙体的保温隔热措施这一重要环节，形成了房屋建成后居民普遍有“热”的反映，严重地影响了小砌块墙体及小砌块建筑的进一步推广应用。

适宜于小砌块外墙的保温隔热措施，是在其外侧直接复合保温层，或在其内侧和外侧设置带有空气间层和不带空气间层的复合保温构造做法。理论分析与实践证明，在外侧设置空气层，还有很好的隔潮作用。

无论采用哪种保温构造技术及饰面做法，都要根据本地区的建筑节能标准要求和室内外气候计算参数，计算确定其热工性能指标要求的保温层厚度。考虑到保温材料在安装敷设中可能受损，以及环境湿作用的影响使保温材料的保温性能削弱，在热工计算中，其计算导热系数和蓄热系数，一般可用实际标定的导热系数和蓄热系数乘以修正系数 1.2。对于吸湿性强的保温材料，应按照《民用建筑热工设计规范》GB 50176—93 中的附表 4.2，根据其使用场合及影响因素，选择适宜的修正系数值，以确保墙体在正常使用时的保温性能不致削弱。

(7) 在寒冷地区，建筑的外围护结构保温设计，都要进行内部冷凝受潮验算，确定是否设置隔气层，对于寒冷地区的小砌块建筑外墙，应根据《民用建筑热工设计规范》第六章的规定，在外墙的保温设计时，应进行外墙内部冷凝受潮验算，确定是否设置隔气层。若需设置隔气层，应保证其施工质量，并有与室外空气相通的排湿措施。目前在夏热冬冷地区的个别城市，也有参照国外严寒地区的外墙外保温技术设置隔气层和排潮措施的工程。是否适宜，应根据计算确定，否则会造成不必要的经济损失。对于夏热冬冷地区的小砌块建筑外墙，一般可不用进行冷凝受潮验算，也不用设置隔气层。

(8) 理论研究和实践经验证明，外反射、外遮阳、外通风及外蒸发散热，是夏热冬冷和夏热冬暖地区外墙与屋顶最适宜和最有效的外隔热措施。建筑热工节能设计时，可根据附录 E 中的隔热设计指标验算方法的规定，按照公式 E.0.1 的隔热指数计算公式及表 E.0.2 的隔热指数限值和《民用建筑热工设计规范》GB 50176—93 附表 2.6 选择 ρ 值较小的外饰面材料，或增大 α_e 值改善外墙的隔热性能。

(9) 小砌块外墙的保温隔热措施，必须与屋顶、楼地板和门窗等构件的连接部位有联系，这些连接部位也是传热敏感部位，除了做好这些部位的保温措施外，尚应保持构造上的连续性和可靠性。

4.2.3 小砌块建筑屋顶的建筑热工节能设计要求

(1) 小砌块建筑屋顶的建筑热工节能设计，与其他墙体结构体系建筑的屋顶设计基本相同，首先应符合建筑节能设计标准的规定，并选择适宜的保温隔热构造做法，重视结构性冷（热）桥部位的构造设计和处理措施。

在夏热冬冷地区，由于轻质保温材料的应用，往往会出现屋顶的传热系数满足《夏热冬冷地区居住建筑节能设计标准》的规定，而热惰性指标不能满足《夏热冬冷地区居住建筑节能设计标准》规定的情况。如同 4.2.2 的第（5）条说明，本规程在附录 E 中，提出按照隔热指标 G 的概念和计算方法验算外墙和屋顶的隔热性能。如设计屋顶的 G_1 和 G_2 小于或等于表 E.0.2 的限值，即可认为在夏季空调制冷条件下，屋顶的内表面最高温度 $\theta_{i,\max} \leqslant 31.5℃$，符合居室热环境设计指标与建筑节能设计指标的要求。

(2) 与外墙外保温技术一样，倒置式屋顶与正置式屋顶（即保温层在防水层之下）比较，有很多优点，但需采用憎水型的保温材料。保温层的厚度要求根据地区的气候条件、室内外气候计算参数和节能要求的热工性能指标计算确定，计算时应采用材料的计算导热系数和计算蓄热系数，即应乘以修正系数。憎水型保温材料的修正系数可取 1.2，多孔吸湿保湿材料的修正系数可取 1.5。

(3) 应重视结构性冷（热）桥部位的保温隔热构造设计与处理。对于小砌块建筑，由于要保证墙体顶部与屋顶之间是柔性连结，更应采取适宜的保温隔热构造措施，以避免冷（热）桥的出现。

(4) 在夏热冬冷或夏热冬暖地区，屋顶采用浅色饰面，采用绿色植物屋顶或有保温材料基层的架空通风屋顶，都是有效而可行的屋顶外隔热措施。采用绿色植物屋顶或架空通风屋顶时，应按照屋面防水规范的要求，保证防水层的设计和施工质量。

5 静力设计

5.1 设计基本规定

5.1.1～5.1.4 砌块砌体结构仍然采用以概率理论为

基础的极限状态设计方法，但根据国家要求结构可靠度水平做了适当提高。砌块砌体受压、受剪构件可靠指标已达到4.0以上，且与新修订的国家标准《砌体结构设计规范》GB 50003—2001保持一致。

5.1.5 将梁端支承力的位置由原规程的两种情况简化为一种，均按 $0.4a_0$ 以方便设计应用。

5.2 受压构件承载力计算

5.2.1～5.2.4 与原规程相比主要有2个变动：(1)轴向力的偏心距改为按内力设计值计算；(2)偏心距 e 的限值由 $0.7y$ 改为 $0.6y$ 并与《砌体结构设计规范》GB 50003一致。

计算影响系数 φ 时，小砌块砌体构件的高厚比 β 应乘以1.1系数，附录F的 φ 值，其表中数值是按 1.1β 编制的。

5.3 局部受压承载力计算

5.3.1～5.3.7

(1) 为避免空心砌块砌体直接承受局部荷载时可能出现的内肋压溃提前破坏，所以强调对未灌实的空心砌块砌体局部抗压强度提高系数 γ 为1.0。要求采取灌实一皮砌块的构造措施后才能按局压强度提高系数计算。

(2) 关于梁端有效支承长度 a_0 计算，原规程列了两个计算公式，即 $a_0=38\sqrt{\frac{N_e}{bf\tan\theta}}$ 和简化公式 $a_0=10\sqrt{\frac{h_c}{f}}$，为避免工程应用上引起争端，并且为简化计算；取消前一个公式，只保留简化公式。工程实践表明，应用简化公式并未出现安全问题。

(3) 根据哈尔滨工业大学的试验，提出了刚性垫块上梁端有效支承长度的计算方法，为简化计算也用简化公式形式表达，其系数考虑了常用进深梁的各种情况，上部荷载的影响以及与无垫块局压的协调。为了简化计算将与梁现浇的垫块也按刚性垫块计算，对比分析结果，其误差在工程应用允许范围内。

(4) 进深梁支承于圈梁的情况在砌块房屋中经常遇到，因而增加了柔性垫梁下砌体局压的计算方法，根据哈尔滨工业大学的分析研究提出了考虑砌体局压应力三维分布时的实用计算方法，并与《砌体结构设计规范》GB 50003相一致。

5.4 受剪构件承载力计算

5.4.1 根据重庆建筑大学的试验和分析，提出了考虑复合受力影响的剪摩理论公式。该式亦能适合砌块砌体构件的抗剪计算，能较好地反映在不同轴压比下的剪压相关性和相应阶段的受力工作机理，克服了原公式的局限性。

5.5 墙、柱的允许高厚比

5.5.1～5.5.3 砌块墙体的加强一般可以利用其天然的竖向孔洞配筋灌芯形成芯柱，也可采用设钢筋混凝土构造柱（集中配筋）来加强。墙体中设有构造柱时可提高使用阶段墙体的稳定性和刚度，因此增加了配构造柱情况下墙体允许高厚比的提高系数 μ_c 的计算公式，其余部分基本上同原规程。

5.6 一般构造要求

5.6.1～5.6.8 砌块房屋的合理构造是保证房屋结构安全使用和耐久性的重要措施，根据设计和应用经验在下列几个关键问题上给予加强：(1) 受力较大、环境条件差（潮湿环境）、材料最低强度等级给予明确规定；(2) 对一些受力不利的部位强调用混凝土灌孔；(3) 加强一些构件的连接构造；(4) 墙体中预留槽洞设管道的构造措施。以上措施比原规程有所加强。

5.6.9～5.6.10 为适应建筑节能要求，北方地区砌块房屋的外墙往往采用复合墙型式，即由内叶墙承重外叶墙保护，中间填以高效保温材料（岩棉、苯板等）。这种墙体也称夹心墙，哈尔滨工业大学等单位做过试验，试验表明两叶墙之间的拉结件能在一定程度上协调内、外墙的变形，外叶墙的存在对内叶墙的稳定性以及水平荷载下脱落倒塌有一定的支撑作用。本规程只是在夹心墙的构造上提高一些具体规定。

5.7 小砌块墙体的抗裂措施

随着砌块建筑的推广应用和住房商品化进程的推进，小砌块房屋的裂缝问题显得十分突出，受到比较广泛的关注。因此，本规程根据迄今国内外的研究成果和建设经验，按照治理墙体裂缝“防、放、抗”相结合，设计、施工、材料综合防治的基本思路，较多地充实了砌块墙体的防裂措施。

5.7.1 针对小砌块砌体线膨胀系数比砖砌体大的事实，直接规定小砌块房屋伸缩缝的最大间距，大约是砖砌体的80%。

5.7.2～5.7.4 针对小砌块房屋产生裂缝的性质（温差、干缩、地基沉降）和容易出现裂缝的部位（顶层、底层、中部）提出较系统的防裂措施，虽然尚不能做到非常明确的针对性，但确实对防裂是比较有效的。

5.8 圈梁、过梁、芯柱和构造柱

5.8.1～5.8.4

(1) 为加强小砌块房屋的整体刚度，保证垂直荷载能较均匀地向下传递，考虑到砌块砌体抗剪、抗拉强度较低的特点，根据各地的实践经验，本规程对圈梁设置作了较严格的规定。

(2) 根据小砌块房屋的砌筑特点，提出了板平面梁槽型底模的具体要求。

(3) 对过梁上的荷载取值作了规定。由于过梁上墙体内拱的卸荷作用，当梁、板下的墙体高度大于过梁净跨时，梁、板荷载及墙体自重产生的过梁内力很小，过梁设计由施工阶段的荷载控制，荷载取本条规定的一定高度的墙体均匀自重作为当量荷载。

5.8.5~5.8.8

(1) 设置混凝土及钢筋混凝土芯柱是一种构造措施，主要是为了提高小砌块房屋的整体工作性能，不必进行强度计算。

(2) 提出了芯柱构造和施工的具体要求，以保证芯柱发挥作用。

(3) 当小砌块房屋中采用钢筋混凝土构造柱加强时，应满足构造要求。

6 抗 震 设 计

6.1 一 般 规 定

6.1.1 抗震设防地区的小砌块房屋抗震设计，首先要在满足静力设计要求的基础上进行，应对结构进行抗震地震力复核验算。

6.1.2~6.1.3 小砌块房屋抗震设计时应共同遵守的原则和要求，对于刚性较大的砌体结构基本都是一样的。对于结构布置也应按照优先采用横墙承重或纵横墙混合承重的结构体系，以利于房屋整体的抗震要求。

6.1.4 承重小砌块的最低强度等级应根据房屋层数和强度大小而确定。本条规定的最低强度等级是适合多层和低层小砌块房屋的要求。

6.1.5 小砌块房屋一般属不配筋和约束砌体范畴，因此，地震作用时对它的破坏与房屋的层数和高度成正比。因此，要控制房屋的层数和高度，以避免遭到严重破坏或倒塌。根据有关科研资料和抗震设计规范的规定，混凝土小砌块的多层房屋基本与其他砌体结构持平；对轻骨料小砌块考虑到强度等方面因素，应比一般混凝土砌块降低一至二层；对底部框架-抗震墙和内框架结构，均取与一般砌体房屋相同的层数和高度。横墙较少指同一楼层内开间大于4.20m的房间占该层总面积的40%以上。

对于房屋层数和高度的设计规定，均同《建筑抗震设计规范》GB 50011—2001。

6.1.6 对要求设置大开间的多层砌块房屋，在符合横墙较少条件的情况下，通过多方面的加强措施，可以弥补大开间带来的削弱作用，而使多层小砌块房屋不降低层数和总高度。

6.1.7 对抗震设防地区房屋的高宽比限制，主要是为了减少验算工作量，只要符合规定的高宽比要求，就不必进行整体弯曲验算。

6.1.8 小砌块房屋的主要抗震构件是各道墙体。因此，作为横向地震作用的主要承力构件就是横墙。横墙的分布决定了横向的抗震能力。为此，要求限制横墙的最大间距，以保证横向地震作用的满足。

横墙的最大间距的规定，基本同一般砌体结构的最大间距。

6.1.9 小砌块房屋的局部尺寸规定，主要是为防止由于局部尺寸的不足引起连锁反应，导致房屋整体破坏倒塌。当然，小砌块的局部墙垛尺寸还要符合自身的模数；当局部尺寸不能满足规定要求，也可以采取增加构造柱或芯柱及增大配筋来弥补。

6.1.10 底部框架-抗震墙房屋和多排柱内框架结构，当上层砌体部分采用小砌块墙体时，其结构布置及有关构造要求应与其他砌体结构一致，所不同的仅是小砌块砌体材料。而试验资料已经表明，小砌块代替其他砌体材料，具有更多的优点，如可以配置较多的钢筋，使底框架和内框架的材料与小砌块材料更为接近等，有利于变形及动力特性的一致。

6.2 地震作用和结构抗震验算

6.2.1 根据《建筑结构可靠度设计统一标准》GB 50068—2001的规定，发生地震时荷载与其他重力荷载可能组合结果称为抗震，设计重力荷载代表值 G_E，即永久荷载标准值与有关的可变荷载组合值之和。组合值系采用《建筑抗震设计规范》GB 50011—2001规定的数值。

6.2.2~6.2.3 小砌块房屋层数和高度已有限制，刚度沿高度分布一般也比较均匀，变形以剪切变形为主。因此，符合采用基底剪力法的条件。对突出于顶层的部分，按《建筑抗震设计规范》GB 50011—2001乘以3倍地震作用进行本层的强度验算。

6.2.4~6.2.5 地震作用于房屋是任意方向的，但均可用力的分解为两个主轴方向。抗震验算时分别沿房屋的两个主轴方向作用。当房屋的质量和刚度有明显不均匀时，或采用了不对称结构，此时应考虑地震作用导致的扭转影响，进行扭转验算。

6.2.6 根据《建筑抗震设计规范》GB 50011—2001结构构件的地震作用效应和其他荷载效应的基本组合的规定，直接规定了结构楼层水平地震剪力设计值的计算。

6.2.7~6.2.8 在各楼层的各墙段间进行地震剪力与配筋截面验算时，可根据墙段的高宽比，分别按剪切变形、弯曲变形或同时考虑弯剪变形区别对待进行验算。计算墙段时可按门窗洞口划分。

一般情况下，抗震验算可只选择纵、横向不利墙段进行截面验算。

墙段的高宽比指层高与墙长之比，对门窗洞边的小墙段指洞净高与洞侧墙宽之比。

6.2.9 地震作用下的砌体材料强度指标难以求得。小砌块砌体强度主要通过试验，采用调整静强度的办法来表达。

由于小砌块砌体的静强度 f_v 较低，σ_0/f_v 相对较大，根据试验资料，砌体强度正应力影响的系数由剪摩公式得到。对普通小砌块的公式是：

$$\zeta_N=\begin{cases}1+0.25\sigma_0/f_v & (\sigma_0/f_v\leqslant 5)\\ 2.25+0.17\ (\sigma_0/f_v-5) & (\sigma_0/f_v>5)\end{cases}$$

6.2.10～6.2.12 多层小砌块墙体截面的抗震抗剪承载能力，采用《建筑抗震设计规范》GB 50011—2001 的规定。相应的承载力抗震调整系数也均取一致的数值。

对设置芯柱的小砌块墙体截面抗震抗剪承载力计算，主要是依靠有关的试验资料统计确定的。

当墙段中既设有芯柱，又设有构造柱时，根据北京市建筑设计研究院数十片墙体试验结果统计分析，可以将构造柱钢筋和混凝土截面作为芯柱截面按 6.2.11 公式计算，也可按式 6.2.12 直接给出公式计算。

6.2.13 底部框架-抗震墙和多层内框架房屋的抗震验算，要求按《建筑抗震设计规范》GB 50011—2001 规定进行。

6.3 抗震构造措施

6.3.1 在小砌块房屋中，国外和国内以往的做法中均采用芯柱，即在规定的部位内，设置若干个芯柱来加强砌块墙段的抗压、抗剪以及整体性，对于抗震而言，可以增大变形能力和延性。

但是，芯柱做法存在要求设置的数量多，施工浇灌混凝土不易密实，浇灌的混凝土质量难以检查，多排孔砌块无法做芯柱等不足，因此有待改进和完善这种构造做法。

经过近几年来的试验研究，如北京市建筑设计研究院进行的数十片墙的芯柱、构造柱对比试验，以及六层芯柱体系和九层构造柱体的 1/4 比例模型正弦波激振试验。结果表明，小砌块房屋中采用构造柱做法比芯柱做法具有下列优点：(1) 减少现浇混凝土量，减少芯柱的数量，在墙体连接中可用一个构造柱替代多个芯柱；(2) 构造柱替代芯柱，可节约混凝土浇灌量和竖向钢筋；(3) 构造柱做法容易检查浇灌混凝土的质量，比芯柱质量有保证，施工亦较方便；(4) 根据试验结果，构造柱比芯柱体系的变形能力有较大提高，结构能耗特性两者相差 1.6 倍，延性系数从 2 可提高到 3 以上。

根据有关试验和工程实践，本次修订过程中提出采用部分构造柱代替芯柱做法的要求是结合了我国工程实践和经济条件的特点，符合我国国情。

6.3.2 构造柱作为一种约束墙体的构件，在一定的墙段长度范围内，可以起到约束作用。但如果超过一定长度，构造柱的约束作用将大为减弱。因此，规程规定了在房屋达到或接近限定层数和高度时，在纵、横墙内应另设加强的构造柱或芯柱。其主要的目的是为保证对砌块墙体的约束和边框作用。

6.3.3 多层小砌块房屋中设置的构造柱需符合砌块墙的特点，包括构造柱截面尺寸及与墙的拉结。考虑到构造柱与砌块墙的马牙槎截面较大，因此 6 度区可采用加强的拉结钢筋来代替；同时，对 7、8 度区亦应区别对待。

小砌块墙要先砌墙后浇灌构造柱，以保证构造柱与砌块墙的连接性能。

除规定设置构造柱的部位以外，对一般门窗洞口、墙段中部等部位，仍可设置芯柱加强。

6.3.4～6.3.5 多层小砌块房屋采用芯柱做法时，对芯柱的设置要求，基本沿用了 1995 年规程的要求，但对芯柱的间距要求有所增加，主要的目的在于减少墙体裂缝的发生。因此，特别对房屋顶层底部一、二层墙体的芯柱间距，更为严格，以减少相应部位的墙体开裂。

6.3.6 小砌块多层房屋楼层要设置现浇钢筋混凝土圈梁，不允许采用槽形砌块代替现浇圈梁。

现浇圈梁的设置要求基本保持与 1995 年规程相同。

6.3.7 小砌块墙体交接处，不论采用芯柱做法还是构造柱做法，为了加强墙体之间的连接，沿墙高设置拉结钢筋网片，以保持房屋有较好的整体性。

6.3.8 小砌块多层房屋，在房屋层数相对较高时，为了防止小砌块房屋在顶层和底层墙体发生开裂现象，因此，要求在顶层和底层窗台标高处，沿纵、横向设置通长的现浇钢筋混凝土带，截面高度不小于 60mm，纵筋不小于 2ϕ10，混凝土强度等级不低于 C20，此时也可以利用小砌块开槽的做法现浇混凝土。

6.3.9 楼梯间墙体是抗震的薄弱环节，为了保证其安全，提出了对楼梯间墙体的特殊要求。如休息平台或楼层半高处设置钢筋混凝土现浇带，加强楼梯间段的连接，加大楼梯间梁的支承长度等措施。

6.3.10 坡屋顶房屋逐年增加，做法亦不尽相同。对于采用框架形式的坡屋顶房屋，要求顶层设置圈梁，并将屋架可靠地锚固在圈梁上。同样，对于檩条或屋面板应与墙或屋架有可靠连接，以保证坡屋顶的整体性能。

对于房屋出入口处的檐口瓦，为防止地震时首先脱落，应与屋面构件有可靠锚固。

对于硬山搁檩的坡屋顶房屋，为了保持各道山墙的侧面稳定和抗震安全，要求在山墙两侧增砌踏步式的扶墙垛。

6.3.11 悬挑预制阳台要求与现浇的圈梁和楼板有可靠连接。

6.3.12 小砌块女儿墙高度超过 0.5m 时，应在女儿墙中增设构造柱或芯柱做法。并在女儿墙顶设压顶圈梁，与构造柱或芯柱相连，保证女儿墙地震时的安全。

6.3.13 同一结构单元的基础宜采用同一类型的基础形式，底标高亦宜一致。否则必须按 1:2 的台阶放坡。

6.3.14 对于横墙较少的多层小砌块住宅，由于开间加大，横墙减少，各道墙体的承载面积加大要求抗侧能力相应提高。为此，除限定最大开间为 6.6m 以外，还要相应增大圈梁和构造柱的截面和配筋；限定一个单元内横墙错位数量不宜大于总墙数的1/3，连续错位墙不宜多于两道等措施，以保持横墙较少的小砌块房屋可以不降低层数和高度。

6.3.15～6.3.16 底部框架-抗震墙小砌块房屋，当上部采用小砌块墙体时，应对上部各层墙体中按 6.3.1 条规定设置构造柱。此外，对底部框架的过渡层砌块墙，还应采取加强措施，以保证上下层的抗侧移刚度的变化不宜过大。

上部砌块抗震墙的轴线应尽量与底部框架梁或抗震墙的轴线基本重合，构造柱与框架柱上下贯通。对不能对齐的上部抗震墙应落在次梁上，并应采取加强措施，此类墙不应超过总横墙数的 1/3。

6.3.17～6.3.22 底部框架抗震墙小砌块房屋，对于楼、屋、托墙梁、抗震墙以及其他有关抗震构造措施，均与其他砌体结构相类似，可以参照《建筑抗震设计规范》。

6.3.23～6.3.24 多排柱内框架利用小砌块作外墙时，宜采用构造柱做法加强外墙砌块。本条是具体构造柱的设置部位及构造要求补充规定。当采用芯柱做法加强墙体时，可参照《建筑抗震设计规范》中的有关条文。

多排柱内框架房屋的其他抗震构造措施，应按《建筑抗震设计规范》GB 50011—2001 中的有关规定执行。

7 施 工 及 验 收

7.1 材 料 要 求

7.1.1 小砌块强度等级是保证砌体强度最基本的因素，故要求符合设计要求。

7.1.2 小砌块产品合格证明书应包括型号、规格、产品等级、强度等级、密度等级、相对含水率、生产日期等内容。主规格小砌块即标准块应进行尺寸偏差和外观质量的检验以及强度等级的复验。辅助规格小砌块仅做尺寸偏差和外观质量的检验，但应有保证强度等级的产品质量证明书。同一单位工程不宜使用两个厂家小砌块，这是为避免墙体收缩裂缝对产品提出的要求。

7.1.3 干燥收缩是小砌块的特征，而影响收缩的因素又较多。在正常生产工艺条件下，小砌块收缩值达到 0.37mm/m，经 28d 养护后收缩值可完成 60%。因此，适当延长养护时间，能减少因小砌块收缩过多而引起的墙体裂缝。

7.1.4 产品包装可减少小砌块搬运、堆放过程中的损耗，并为现场创建文明工地提供方便和条件。

7.1.5 小砌块产品等级按国家标准分三级，主要是外形尺寸、缺棱掉角方面有差别。为保证工程质量，防止外墙渗水等弊病，条文对小砌块使用范围作了相应规定。

国外资料介绍，小砌块墙具有良好的耐火性，能阻止火势蔓延。在建筑物遭受火灾后，墙体仍能保持其承载能力。

7.1.6 水泥质量要求符合国家标准，并要求复试合格方可使用，这是保证工程质量的重要措施。

不同水泥混合使用，会产生强度降低或材性变化，所以强调不同品种、不同强度等级的水泥不能混堆储存与使用。

7.1.7 砌筑砂浆与低于 C20 混凝土用砂一般以中砂为宜。对使用人工砂、山砂与特细砂的地区应按相应的技术规范并结合当地施工经验采用。

7.1.8 由于芯柱孔洞较小，灌注芯柱混凝土的浇灌高度一般大于 2m，为防止粗骨料被卡住，粒径以 5～15mm 为宜。构造柱混凝土用的粗骨料可按一般混凝土构件要求。

7.1.9 生石灰熟化成石灰膏时，应用筛网过滤，并使其充分熟化。沉淀池中储存的石灰膏，应防止干燥、冻结和污染。脱水硬化的石灰膏已失去化学活性，对砌筑砂浆保水性与和易性会有影响，故不得使用。

7.1.10 鉴于市场上有机塑化剂与外加剂品牌较多，为保证砌筑砂浆质量，应经有关法定的检验机构试验合格后方可应用于工程。

7.1.11 现城市中一般使用自来水拌制砌筑砂浆和混凝土。若用河水或其他水源，应符合混凝土用水标准。

7.1.12 芯柱钢筋、构造柱钢筋、拉结筋和钢筋网片的材质要求符合现行相关国家标准，并按《混凝土结构工程施工质量验收规范》GB 50204 的规定抽取试样做力学性能试验，合格后方可使用。

7.2 砌 筑 砂 浆

7.2.1 砌筑砂浆强度等级也是保证砌体强度的最基本因素之一，故要求符合设计要求。

7.2.2 砌筑砂浆的操作性能对小砌块砌体质量影响较大，它不仅影响砌体的抗压强度，而且对砌体抗剪和抗拉强度影响较为明显。砂浆良好的保水性、稠度及粘结力对防止墙体渗漏、开裂与消除干缩裂缝有一定的成效。

7.2.3 用水泥砂浆砌筑小砌块基础砌体是地下防潮要求，并应将小砌块孔洞全部填实C20混凝土。

对于地下室室内的填充墙等墙体可用水泥混合砂浆砌筑。水泥混合砂浆的保水性较好，易于砌筑，有利砌体质量，在无防潮要求的情况下应首先使用。

7.2.4 砂浆配料时不严格称量是造成砌筑砂浆达不到设计强度等级或超出规定强度等级过多的原因，离散性相当大。既浪费了材料又影响了质量。因此，本条文规定砂浆配合比应根据计算和试配确定，并按重量比控制。

7.2.5 施工单位一般多采用机械拌制砂浆，但有些地区仍存在用手工拌制的情况。显然，手工不易拌和均匀，影响砂浆质量。因此，条文强调采用机械拌制。

施工时，砂浆放置时间过长会产生泌水现象，致使砂浆和易性变差，操作困难，灰缝不易饱满，影响砂浆与小砌块的粘结力。因此，砌筑前应再次拌合。

7.2.6 预拌砂浆的推广应用有利于小砌块墙体砌筑质量的提高，也为现场实现文明施工创造了条件。

7.2.7 为统一砌筑砂浆试块取样方法，使其具有代表性和可比性，条文作出的规定与《建筑砂浆基本性能试验方法》JGJ 70有明显的差别。

7.2.8 现行《砌体工程施工质量验收规范》GB 50203—2002对砌筑砂浆试块的制作、养护及抗压强度取值等均有明确规定，应照此执行。

7.2.9 本条规定与现行《砌体工程施工质量验收规范》GB 50203—2002规定一致。

7.2.10 不同搅拌机拌制的砂浆质量状况不完全相同，所以应分别取样检查砂浆强度。不同强度等级的砂浆及材料、配合比变化也都应取样检查，使试块的试验数据能反映工程实际情况，具有代表性。

7.2.11 为保证小砌块砌体质量，对条文中所规定的三种情况应进行砌体原位检测。

7.3 施工准备

7.3.1 为防止小砌块砌筑前受潮湿，堆放场地要设有排水设施。小砌块属薄壁空心制品，堆放不当或搬运中翻斗倾卸与抛掷，极易造成小砌块缺棱掉角而不能使用，故应推广小砌块包装化，以利施工现场文明管理，同时，又可减少小砌块损耗。

7.3.2 编制小砌块排块图是施工作业准备的一项首要工作，也是保证小砌块墙体工程质量的重要技术措施。尤其是初次接触小砌块施工更应编制排块图。在编制时，水电管线安装人员与土建施工人员共同商定，使排块图真正起到指导施工的作用。

7.3.3 由于小砌块墙体的特殊性，如与门窗连接的预制块，局部墙体为填实块，暗敷水平管线的凹形块，砌入墙体的钢筋网片和拉结筋等都要求在施工准备阶段先行加工并分类、分规格存放，以备砌筑时使用。

7.3.4 干缩是小砌块的重要特征。在自然条件下，混凝土收缩一般需要180d后才趋于稳定，养护28d的混凝土仅完成收缩值的60%，其余收缩将在28d后完成，故在生产厂室内或棚内的停置时间应越长越好。这样对减少小砌块上墙后的收缩裂缝有好处。考虑到工厂堆放场地有限，条文规定了严禁使用龄期不足28d的小砌块进行砌筑。

7.3.5 清理小砌块表面的污物是为了使小砌块与砌筑砂浆或粉刷层之间粘结得更好。小砌块在制造中形成孔洞周围的水泥砂浆毛边使孔洞缩小，用于芯柱将引起柱断面颈缩，影响芯柱质量。因此，要求在砌筑前清除。同时，也便于芯柱混凝土浇灌。

7.3.6~7.3.7 基础工程质量将影响上部砌体工程及整个建筑工程的质量。因此，要求坚持上道基础工序未经验收，下道砌筑工序不得施工的原则。

7.3.8 本条文是最新规定。为了逐步和国际上同类标准接轨，参照国际标准的有关内容，结合我国工程建设的特点、管理方式、施工技术水平、质量等级评定标准等，提出了小砌块砌体施工质量控制等级。小砌块砌体施工质量控制等级的确定应由建设、设计、工程监理等单位共同商定。

7.4 墙体砌筑

7.4.1 皮数杆是保证小砌块砌体砌筑质量的重要措施。它能使墙面平整，砌体水平灰缝平直并厚度一致，故施工中应坚持使用。

7.4.2 规定小砌块墙体日砌筑高度有利于已砌筑墙体尽快形成强度使其稳定，有利于墙体收缩裂缝的减少。因此，适当控制每天的砌筑速度是必要的。

7.4.3 浇过水的小砌块与表面明显潮湿的小砌块会产生膨胀和日后干缩现象，砌筑上墙易使墙体产生裂缝，所以严禁使用。考虑到气候特别炎热干燥时，砂浆铺摊后会失水过快，影响砌筑砂浆与小砌块间的粘结。因此，可根据施工情况稍喷水湿润。

7.4.4 以主规格小砌块为主砌筑可提高砌筑工效，并可减少砌筑砂浆量。

小砌块底面的铺灰面较大，有利于铺摊砂浆，易保证水平灰缝饱满度，对小砌块受力也有利。

7.4.5 小砌块是混凝土制成的薄壁空心墙体材料。块体强度与黏土砖等其他墙体材料不等强，而且两者间的线膨胀值也不一致。混砌极易引起砌体裂缝，影响砌体强度。所以，即使混砌也应采用与小砌块材料强度同等级的预制混凝土块。

7.4.6 单排孔小砌块孔肋对齐、错缝搭砌，主要保证墙体传递竖向荷载的直接性，避免产生竖向裂缝，影响砌体强度。同时，也可使墙体转角部位和交接处等需浇灌芯柱混凝土的孔洞贯通。但由于设计原因，不易做到完全对孔，因此，允许最小搭接长度不得小于90mm，即主规格小砌块块长的1/4。否则，应在此水平灰缝中加设 $\phi4$ 钢筋网片，以保证小砌块壁肋均匀受力。

多排孔小砌块主要用于设构造柱的墙，无对孔砌筑要求，但上下皮小砌块仍应搭接，并不得小于90mm。多排孔小砌块设芯柱要求使用多排孔、单排孔混合块型，并对孔砌筑。

7.4.7 190mm厚内外墙同时砌筑可保证墙体结构整体性，提高小砌块建筑抗震性能。

留直槎的墙体不利于房屋抗震，并且往往是墙体受害破坏的部位，故严禁留直槎。

小砌块墙厚190mm并有孔洞，从墙体稳定性考虑，斜槎长度与高度比例不同于黏土砖，因此作了调整。

7.4.8 为避免因温度作用使屋面板变形，从而拉动隔墙引起墙体开裂的状况，故顶层内隔墙不得与屋面板底接触，砌筑时应预留一定的间隙，再用石灰砂浆或弹性材料填塞。

7.4.9 小砌块砌体是薄壁空心墙，水平缝铺灰面积较小，撬动或碰动了已砌筑的小砌块会影响砌体质量。因此，新砌筑的砌体，不宜采用黏土砖墙的敲击法来矫正，而应拆除重砌。

7.4.10 小砌块不应浇水砌筑，为防止砂浆中水分被小砌块吸收，以随铺随砌为宜。

垂直灰缝饱满度对防止墙体裂缝和渗水至关重要，故要求饱满度不宜低于90%。

7.4.11 随砌随勾缝可使墙体灰缝密实不渗水。凹缝便于粉刷层与墙体基层连接。

7.4.12 砌入小砌块墙体的 $4\phi4$ 钢筋点焊网片，若纵横向钢筋重叠为8mm厚则有露筋的可能。因此，要求钢筋点焊应在同一平面内。

7.4.13 砌一皮填一皮隔热、隔声材料可避免漏放的情况。目前市场上内外保温隔热材料较多，施工方法也不相同，因此，应按现行相关标准与要求进行。

7.4.14 砌筑中注意上下左右的保温夹芯层相互衔接成一体，避免冷（热）桥现象，以提高墙体保温效果。

7.4.15 拉结件的防腐与埋设关系到两叶墙的稳定与安全，施工中应予注意。

7.4.16 考虑支模需要，同时防止在已砌好的墙体上打洞，特提出本条措施。当外墙利用侧砌的小砌块孔洞支模时，应防止该部位存在渗水隐患。

7.4.17 为使梁板安装平整，不因支座不平发生断裂，故强调了找平后再灌浆的操作步骤。

7.4.18 为了使门窗洞口两侧芯柱贯通，窗台梁与芯柱交接处要求预留孔洞。现浇时，应将窗台梁与窗台以下的两侧芯柱一起浇灌，并预留与上部芯柱连接的插筋，搭接长度为钢筋直径的45倍，并不得小于500mm。

7.4.19 木门与小砌块墙体连接方式采用混凝土包木砖，再用钉子相连。这种传统连接的可靠度已为工程实践所证实。也可直接将木框固定在实心小砌块上。塑料门窗和铝合金门窗可用射钉或膨胀螺栓连接固定。

7.4.20 门窗与实心混凝土墙体连接安装可按第7.4.19条提供的方法施工，但木门框安装应先钻洞，然后塞入四周涂满粘结剂的木榫（木桩），再用钉子连接。

7.4.21～7.4.22 因为小砌块是薄壁空心材料，砌好后打洞、凿槽会损坏小砌块的壁和肋，影响砌体强度，甚至产生微裂缝。因此，在编制小砌块排块图时要求将土建施工与水电安装统盘考虑，做到预留、预埋。施工时，负责水电安装的施工员应时时跟随现场，密切配合土建施工进度，做好管线暗敷和空调、脱排油烟机等家电设备留设工作，仅个别考虑不周的部位方可打凿，以确保墙体工程质量。

7.4.23 小砌块建筑均宜设管道井或集中设置在楼梯间、出入口等部位，便于检修管理。

条文对各种管线、各类表箱、上下水管道及插座、开关盒的埋设与安装都作了规定。

7.4.24 小砌块墙体装修打洞宜用筒钻成孔。当孔洞较大时，可先沿大孔周长钻若干个小孔，再将小孔连成大孔。

7.4.25 因小砌块属薄壁空心材料，沿水平方向凿槽将危及墙体结构安全，因此严格禁止。

7.4.26 为防止管道安装处的墙面产生裂缝而采取的措施。

7.4.27 为组织流水施工，房屋变形缝和门窗洞口是划分施工工作段的最佳位置。构造柱将墙体分隔成几个独立部分，因此，也是施工工作段的划分位置。同时，出于墙体稳定性考虑，规定相邻施工工作段高差不得超过一个楼层高度，也不应大于4m。

7.4.28 缝内有了砂浆、碎块等杂物就限制了房屋建筑的变形，使变形缝起不到应有的作用。

7.4.29 这是保证整幢房屋建筑和每一层墙体质量的一项有效的施工技术措施。

7.4.30 小砌块属薄壁空心材料，墙上留设脚手孔洞将使墙体承受局压。事后镶砌也难以使该部位砂浆饱满密实。多年施工实践证实，小砌块墙体施工可完全做到不设脚手孔洞，因此，条文作了严格规定。

7.4.31 施工实践证实，顶层内抹灰待屋面保温隔热层完工后进行可减少甚至避免因温差影响而产生的墙体裂缝。

7.4.32 待房屋外墙稍稳定并且顶上几层砌筑砂浆终凝完成后再做外抹灰，有利于外抹灰与墙体基层间粘结，墙面不致产生不规则裂缝或龟裂。

7.4.33 涂刷有机胶或界面剂有利于抹灰材料与钢丝

网及墙体基层间粘结。

7.4.34 小砌块墙面抹灰前一般不需要洒水。当使用有机胶或界面剂时更不应洒水。

7.4.35 分层抹灰有利于防止抹灰层空壳和裂纹等质量弊病。外墙抹灰分三道工序可提高抹灰质量。施工实践证实，外墙面使用带弹性的中高档涂料有利于外墙面防渗。当使用瓷砖、面砖饰面材料时，应选用专用粘贴和嵌缝材料。若粘贴不周、施工马虎会引起外墙渗水，应引起注意。

厨房、卫生间等较潮湿房间的墙体第一皮小砌块孔洞应采用 C20 混凝土填实。墙面底层抹灰应采用掺防水剂的水泥砂浆，再做水泥砂浆找平层外贴瓷砖或面砖。

7.4.36 多年工程实践表明，小砌块砌体检验项目与尺寸和位置的允许偏差值合理、可行，是验收砌体质量的重要依据。

7.5 芯柱施工

7.5.1 凡有芯柱之处应设清扫口，一是用于清扫孔道内杂物，二是便于上下芯柱钢筋绑扎固定。

施工时，芯柱清扫口可用 U 型砌块做成。但仅用一种单孔 U 型块竖砌将在此部位发生两皮同缝的状况。为避免此现象，应与双孔 E 型块同用为宜。L 型小砌块用于墙体 90°转角部位，可使转角芯柱底部相互贯通。

7.5.2 芯柱孔洞内有杂物将影响混凝土质量。内壁的砂浆将使芯柱断面缩小。因此，在砌筑时应随砌随将从灰缝中挤出的砂浆刮干净。

7.5.3 因芯柱孔洞较小，使用带肋钢筋可省却两端弯钩占去的空间，有利于芯柱混凝土浇筑。

7.5.4 由于灌注芯柱混凝土的流动度较大，为保证混凝土密实，所以要求有严密封闭清扫口的措施，防止漏浆。

7.5.5 先浇 50mm 厚与芯柱混凝土成分相同的水泥砂浆，可防止芯柱底部的混凝土显露粗骨料。

7.5.6 当砌筑砂浆未达到规定强度浇灌、振捣芯柱混凝土会使墙体位移。因此，施工时应予注意。

实行定量浇灌芯柱可初步估测芯柱混凝土密实度。

7.5.7 芯柱细石混凝土坍落度应比一般混凝土大，有利于浇筑，稍许振捣即可密实。但非商品混凝土的坍落度过大会给施工现场带来一定的困难。

7.5.8 为使芯柱混凝土有较好的整体性，应实行连续浇灌，直浇至离该芯柱最上一皮小砌块顶面 50mm 止，使层层圈梁与每根芯柱交接处均形成凹门形暗键，以增强房屋的抗震能力。

7.5.9 芯柱混凝土试件取样、制作、养护与抗压强度评定应按《混凝土结构工程施工及验收规范》GB 50204 的规定。

目前，锤击法听其声音是最简单的方法。若有异疑可随机抽查，凿开芯柱外壁观察。超声法属无损伤检验，方法科学可靠，但费用稍大，不宜作为常规检测手段，仅对芯柱质量有争议时使用。

7.6 构造柱施工

7.6.1 先砌墙后浇柱的施工顺序有利构造柱与墙体的结合，施工中应切实遵守。

7.6.2 为避免构造柱因混凝土收缩而导致柱墙脱开状况，小砌块墙体与构造柱之间要求设马牙槎。但由于小砌块块体较大，马牙槎槎口尺寸也相应较大，一般为 100mm × 200mm，否则小砌块不易排列。

7.6.3 为保证构造柱混凝土密实，构造柱模板要求紧贴墙面不漏浆。

7.6.4 为便于振捣浇灌，混凝土坍落度以 50 ~ 70mm 为宜。

7.6.5 由于小砌块马牙槎较大，凹形槎口的腋部混凝土不易密实，故浇灌、振捣构造柱混凝土时要引起注意。

7.6.6 构造柱轴线从基础到顶层应对准、垂直，其尺寸的允许偏差见表 7.6.6。在逐层安装模板前，应按柱轴线随时校正竖向钢筋的位置和垂直度。

7.7 雨、冬期施工

7.7.1 雨期施工的规定。

1 小砌块被雨水淋湿将会产生湿胀，日后上墙因干缩缘故易使墙体开裂，所以对堆放在室外的小砌块应有防雨覆盖设施。

2 当雨量为小雨及以上时，若继续往上砌筑，常因已砌好砌体的灰缝砂浆尚未凝固而使墙体发生偏斜。

3 砌筑砂浆稠度应视气温和天气情况变化而定。雨期不利小砌块砌筑。因此，日砌筑高度也应适当减小。

7.7.2 冬期施工的规定。

1 条文是我国对冬期施工期限界定的较新规定，和其他国家基本一致，并体现了我国气候的特点。详见《建筑工程冬期施工规程》JGJ 104。

2 小砌块遇水受冻后会降低与砌筑砂浆间的粘结强度，故冬期施工中不得使用。

普通硅酸盐水泥早期强度增长较快，有利于砂浆在冻结前即具有一定强度，应优先选用。

为使砌筑砂浆和混凝土的强度在冬期施工中能有效增长，故对石灰膏、砂石等原材料也分别提出要求。

砂浆的现场运输与储存应按当地技术标准的有关规定，并结合施工现场的实际情况，采取相应的御寒防冻措施。

3 本条文规定是为了保证砌体冬期砌筑的质量。

4 冬期施工期间适当提高砌筑砂浆强度等级有利于砌体质量。

5 记录条文规定内容的数据和情况，便于日后施工质量检查。

6 为避免重复，对芯柱、构造柱混凝土冬期施工要求，应遵守现行有关规范的规定。

7 为保证在冻胀性地基上基础施工的质量，作出此规定。

8 因小砌块砌体的水平灰缝中有效铺灰面较小，若采用冻结法施工在解冻期间施工中易产生墙体稳定问题，故不予取之。

掺有氯盐的砂浆对未经防腐处理的钢筋、网片易造成腐蚀，故也不应采用。

9 现市场上防冻剂产品较多，为保证砂浆质量，使其在负温下强度能缓慢增长，应关注产品的适用条件并符合《混凝土外加剂应用技术规范》GB 50119 中有关规定，实际掺量由试验确定。

10 暖棚法施工可使砌体中砂浆强度始终在大于5℃的气温状态下得到增长而不遭冻结的一项施工技术措施。

11 表中数值是最少养护期限，如果施工要求强度能较快增长，可以提高棚内温度或适当延长养护时间。

7.8 安全施工

7.8.1 除应遵守现行的建筑工程安全技术规定外，小砌块墙体安全施工尚需按本节要求进行。

7.8.2 为防止小砌块在垂直吊运过程中因受碰动或其他因素的影响从高空坠落伤人，因此要求用尼龙网罩围护小砌块。

7.8.3 在楼面上倾倒和抛掷小砌块或其他物料，易造成小砌块破碎、楼板断裂及脚手架不稳定，故应予以制止。

7.8.4 主要防止堆载超过楼板或屋面板的允许承载能力而突然断裂，造成重大安全事故。

7.8.5 站在墙上操作既不符合安全施工要求，又影响砌体砌筑质量，故有必要制止。

7.8.6 本规定引自《砌体工程施工及验收规范》GB 50203，并结合小砌块组砌的截面尺寸对墙（柱）厚度进行了调整。

7.8.7 主要防止施工中随意留设施工洞口，以确保人身安全。

7.8.8 射钉枪保管使用不当有误伤他人的可能，施工时应予重视，并切实遵守有关部门规定。

7.9 工程验收

7.9.1 关于小砌块砌体工程验收应按一般规定、主控项目、一般项目等项要求进行验收，故应执行现行《砌体工程施工质量验收规范》GB 50203 相应规定。

中华人民共和国行业标准

高层建筑岩土工程勘察规程

Specification for geotechnical investigation of tall buildings

JGJ 72—2004

批准部门：中华人民共和国建设部

实施日期：2004 年 10 月 1 日

中华人民共和国建设部
公　　告

第251号

建设部关于发布行业标准《高层建筑岩土工程勘察规程》的公告

现批准《高层建筑岩土工程勘察规程》为行业标准，编号为JGJ 72—2004，自2004年10月1日起实施。其中第3.0.6、8.1.2、8.2.1、8.3.2、10.2.2条为强制性条文，必须严格执行。原标准《高层建筑岩土工程勘察规程》(JGJ 72—90)同时废止。

本规程由建设部标准定额研究所组织中国建筑工业出版社出版发行。

中华人民共和国建设部

2004年6月25日

前　　言

根据建设部建标［2000］284号文的要求，规程编制组在广泛调查研究，认真总结实践经验，参考有关国际标准和国外先进标准，并广泛征求意见的基础上，对《高层建筑岩土工程勘察规程》JGJ 72—90进行了修订。

规程的主要技术内容是：1.总则；2.术语和符号；3.基本规定；4.勘察方案布设；5.地下水；6.室内试验；7.原位测试；8.岩土工程评价；9.设计参数检测、现场检验和监测；10.岩土工程勘察报告。

规程主要修订技术内容是：1.取消原规程仅适用于50层以下高层建筑、100m以下重要构筑物和300m以下高耸构筑物的限制；2.增加了“术语”一节；3.基本规定中更加明确了勘察阶段划分和各勘察阶段应解决的主要问题；4.增加了“复合地基勘察方案布设”、“复合地基评价”两节；5.增加了“基坑工程勘察方案布设”、“基坑工程评价”两节；6.增加了“地下水”一章；7.修订了“原位测试”一章，增加了“扁铲侧胀试验”和“附录H基床系数载荷试验要点”；8.修订了“天然地基评价”一节，增加了用旁压试验成果估算天然地基承载力特征值的方法；9.修订了“桩基评价”一节，增加了用标准贯入试验、旁压试验等原位测试成果确定单桩极限承载力的方法及“附录F用原位测试参数估算群桩基础最终沉降量”，补充了嵌岩桩极限竖向承载力的估算方法；10.增加了“高低层建筑差异沉降评价”一节；11.增加了“地下室抗浮评价”一节及“附录G抗浮桩和抗浮锚杆抗拔静载荷试验要点”；12.增加了“设计参数检测、现场检验和监测”一章；13.修订了“岩土工程勘察报告”一章，分别对高层建筑初勘、尤其是详勘报告应包括的主要内容提出了要求；14.将原“附录六深井载荷试验要点”修订为“附录E大直径桩端阻力载荷试验要点”；15.取消了按土的状态确定预制桩、灌注桩竖向承载力表。

本规程由建设部负责管理和对强制性条文的解释，由主编单位负责具体技术内容的解释。

主编单位：机械工业勘察设计研究院
（地址：西安市咸宁中路51号，邮政编码710043）

参编单位：北京市勘察设计研究院
上海岩土工程勘察设计研究院
深圳市勘察测绘院
同济大学
上海广联岩土工程钻探有限公司

主要起草人：张旷成　张　炜
（以下按姓氏笔画排列）
孔　千　丘建金　张文华
沈小克　陆文浩　陈　晖
周宏磊　顾国荣　高广运
高术孝

目　次

1 总　　则

1.0.1 为了在高层建筑岩土工程勘察中，贯彻执行国家技术经济政策，做到技术先进、经济合理、安全适用、确保质量和保护环境，制定本规程。

1.0.2 本规程适用于高层、超高层建筑和高耸构筑物的岩土工程勘察。对于有不良地质作用、地质灾害和特殊性岩土的场地和地基尚应符合现行有关标准的规定。

1.0.3 高层建筑岩土工程勘察，应体现高层建筑特点、重视地区经验、广泛搜集资料，详细了解和明确建设、设计要求，精心勘察、精心分析，提出资料真实准确、评价确切合理的岩土工程勘察报告和工程咨询报告。

1.0.4 高层建筑岩土工程勘察除应符合本规程规定外，尚应符合国家现行有关强制性标准的规定。

2 术语和符号

2.1 术　　语

2.1.1 高层建筑岩土工程勘察　geotechnical investigation for tall buildings

采用工程地质测绘与调查、勘探、原位测试、室内试验等多种勘察手段和方法，对高层建筑（含超高层建筑、高耸构筑物）场地的稳定性、岩土条件、地下水以及它们与工程之间相互关系进行调查研究，并在此基础上对高层建筑地基基础、基坑工程等作出分析评价和预测建议。

2.1.2 一般性勘探点　exploratory hole

为查明地基主要受力层性质，满足地基（包括桩基）承载力评价等一般常规性问题的要求而布设的勘探点。

2.1.3 控制性勘探点　control exploratory hole

为控制场地地层结构，满足场地、地基基础和基坑工程的稳定性、变形评价的要求而布设的勘探点。

2.1.4 取土测试勘探点　exploratory hole for sampling or in-situ testing

采取土试样或进行原位测试的勘探点。

2.1.5 基准基床系数　basic subgrade reaction coefficient

直径 0.3m 标准刚性承压板下，静力载荷试验 p-s 曲线直线段的斜率。

2.1.6 抗浮设防水位　water level for prevention of up-floating

地下室抗浮评价计算所需的、保证抗浮设防安全和经济合理的场地地下水水位。

2.1.7 突涌　heave-piping

当基坑开挖后，基坑底面下不透水土层的自重压力小于下部承压水水头压力时，引起基坑底土体隆起破坏并同时发生喷水涌砂的现象。

2.2 符　　号

A——基础底面积

A_i——平均附加应力系数在第 i 层土的层位深度内积分值

A_p——桩端面积

a——压缩系数

B——假想实体基础的等效基础宽度

b——基础底面宽度

c——黏聚力

C_{ci}——第 i 层土的平均压缩指数

C_{ri}——第 i 层土的平均回弹再压缩指数

c_u——十字板剪切强度

C_v——固结系数

d_c——控制性勘探孔深度

d_g——一般性勘探孔深度

d——基础埋置深度，桩身直径

E_m——旁压模量

E_s——土的压缩模量

E_0——土的变形模量

$\overline{E}_s$——某个钻孔的压缩模量当量值

e——孔隙比

f_{ak}——地基承载力特征值

f_a——深宽修正后的地基承载力特征值

f_r——岩石饱和单轴极限抗压强度

f_u——由极限承载力公式计算的地基极限承载力

f_s——双桥静力触探侧壁摩阻力

f_{spk}——复合地基承载力特征值

f_{sk}——复合地基加固后桩间土承载力特征值

F_a——抗浮桩或抗浮锚杆抗拔承载力特征值

G_s——土粒相对密度（比重）

H_g——自室外地面算起的建筑物高度

h_{ri}——桩身全断面嵌入第 i 层中风化、微风化岩层内长度

I_L——液性指数

K——安全系数，地基不均匀系数界限值

k——渗透系数

k_0——静止侧压力系数

K_v——基准基床系数

L——建筑物长度

l——桩长度、分段桩长，基础长度

m——面积置换率

N——标准贯入试验实测锤击数

$N_{63.5}$——重型圆锥动力触探试验实测锤击数

N_{120}——超重型圆锥动力触探试验实测锤击数

N_{γ}、N_{q}、N_{c}——地基承载力系数

p——对应于荷载效应准永久组合时的基底平均压力

p_{c}——土的先期固结压力

p_{0}——对应于荷载效应准永久组合时的基底平均附加压力，旁压试验初始压力

p_{f}——旁压试验临塑压力

p_{L}——旁压试验极限压力

p_{s}——单桥静力触探比贯入阻力

p_{z}——土的有效自重压力

Q_{u}——单桩竖向极限承载力

Q_{ul}——单桩抗拔极限承载力

q_{c}——双桥静力触探锥头阻力

q_{sis}——桩侧第 i 层土的极限侧阻力

q_{sir}——桩侧第 i 层岩层极限侧阻力

q_{ps}——桩端土极限端阻力

q_{pr}——桩端岩石极限端阻力

R_{a}——单桩竖向承载力特征值

s——基础沉降量，载荷试验沉降量

T——场地土的卓越周期

u——桩身周长

u_{l}——桩群外围周长

u_{r}——嵌岩桩嵌岩段周长

v_{s}——剪切波波速

w——含水量

z_{n}——沉降计算深度

η、ξ、β——折减系数，修正系数

ζ_{γ}、ζ_{q}、ζ_{c}——基础形状系数

γ——土的重力密度

φ——内摩擦角

Ψ_{s}——沉降计算经验系数

ν——土的泊松比

3 基 本 规 定

3.0.1 高层建筑（包括超高层建筑和高耸构筑物，下同）的岩土工程勘察，应根据场地和地基的复杂程度、建筑规模和特征以及破坏后果的严重性，将勘察等级分为甲、乙两级。勘察时根据工程情况划分勘察等级，应符合表3.0.1的规定：

表 3.0.1 高层建筑岩土工程勘察等级划分

勘察等级	高层建筑、场地、地基特征及破坏后果的严重性
甲 级	符合下列条件之一、破坏后果很严重的勘察工程： 1 30层以上或高度超过100m的超高层建筑； 2 体形复杂，层数相差超过10层的高低层连成一体的高层建筑； 3 对地基变形有特殊要求的高层建筑； 4 高度超过200m的高耸构筑物或重要的高耸工业构筑物； 5 位于建筑边坡上或邻近边坡的高层建筑和高耸构筑物； 6 高度低于1、4规定的高层建筑或高耸构筑物，但属于一级（复杂）场地、或一级（复杂）地基； 7 对原有工程影响较大的新建高层建筑； 8 有三层及三层以上地下室的高层建筑或软土地区有二层及二层以上地下室的高层建筑
乙 级	不符合甲级、破坏后果严重的高层建筑勘察工程

注：场地和地基复杂程度的划分应符合现行国家标准《岩土工程勘察规范》GB 50021的规定。

3.0.2 勘察阶段的划分宜符合下列规定：

1 对城市中重点的勘察等级为甲级的高层建筑，勘察阶段宜分为可行性研究、初步勘察、详细勘察三阶段进行；

2 当场地勘察资料缺乏、建筑平面位置未定，或场地面积较大、为高层建筑群时，勘察阶段宜分为初步勘察和详细勘察两阶段进行；

3 当场地及其附近已有一定勘察资料，或勘察等级为乙级的单体建筑且建筑总平面图已定时，可将两阶段合并为一阶段，按详细勘察阶段进行；

4 对于一级（复杂）场地或一级（复杂）地基的工程，可针对施工中可能出现或已出现的岩土工程问题，进行施工勘察。地基基础施工时，勘察单位宜参与施工验槽。

3.0.3 进行勘察工作前，应详细了解、研究建设设计要求，宜取得由委托方提供的下列资料：

1 初步勘察前宜取得和搜集的资料包括：

1）建设场地的建筑红线范围及坐标；初步规划主体建筑与裙房的大致布设情况；建筑群的幢数及大致布设情况；

2）建筑的层数和高度，及地下室的层数；

3）场地的拆迁及分期建设等情况；

4）勘察场地地震背景、周边环境条件及地下管线和其他地下设施情况；

5）设计方的技术要求。

2 详细勘察前宜取得和搜集的资料包括：

1）附有建筑红线、建筑坐标、地形、±0.00高程的建筑总平面图；

2）建筑结构类型、特点、层数、总高度、荷载

及荷载效应组合、地下室层数、埋深等情况；

3）预计的地基基础类型、平面尺寸、埋置深度、允许变形要求等；

4）勘察场地地震背景、周边环境条件及地下管线和其他地下设施情况；

5）设计方的技术要求。

3.0.4 勘察方案（包括勘探点布设）应由注册岩土工程师根据委托单位的技术要求，结合场地地质条件复杂程度制定，并对勘察方案的质量、技术经济合理性负责。

3.0.5 初步勘察阶段应对场地的稳定性和适宜性作出评价，对建筑总图布置提出建议，对地基基础方案和基坑工程方案进行初步论证，为初步设计提供资料，对下一阶段的详勘工作的重点内容提出建议。本阶段需解决的主要问题应符合下列要求：

1 充分研究已有勘察资料，查明场地所在地貌单元；

2 判明影响场地和地基稳定性的不良地质作用和特殊性岩土的有关问题，包括：断裂、地裂缝及其活动性，岩溶、土洞及其发育程度，崩塌、滑坡、泥石流、高边坡或岸边的稳定性；调查了解古河道、暗浜、暗塘、洞穴或其他人工地下设施；初步判明特殊性岩土对场地、地基稳定性的影响；在抗震设防区应初步评价建筑场地类别，场地属抗震有利、不利或危险地段，液化、震陷可能性，设计需要时应提供抗震设计动力参数；

3 初步查明场地地层时代、成因、地层结构和岩土物理力学性质，一、二级建筑场地和地基宜进行工程地质分区；

4 初步查明地下水类型，补给、排泄条件和腐蚀性，如地下水位较高需判明地下水升降幅度时，应设置地下水长期观测孔；

5 初步勘察阶段的勘探点间距和勘探孔深度应按现行《岩土工程勘察规范》GB 50021 的规定布设，并应布设判明场地、地基稳定性、不良地质作用和桩基持力层所必须的勘探点和勘探深度。

3.0.6 详细勘察阶段应采用多种手段查明场地工程地质条件；应采用综合评价方法，对场地和地基稳定性作出结论；应对不良地质作用和特殊性岩土的防治、地基基础形式、埋深、地基处理、基坑工程支护等方案的选型提出建议；应提供设计、施工所需的岩土工程资料和参数。

3.0.7 详细勘察阶段需解决的主要问题应符合下列要求：

1 查明建筑场地各岩土层的成因、时代、地层结构和均匀性以及特殊性岩土的性质，尤其应查明基础下软弱和坚硬地层分布，以及各岩土层的物理力学性质。对于岩质的地基和基坑工程，应查明岩石坚硬程度、岩体完整程度、基本质量等级和风化程度。

2 查明地下水类型、埋藏条件、补给及排泄条件、腐蚀性、初见及稳定水位；提供季节变化幅度和各主要地层的渗透系数；提供基坑开挖工程应采取的地下水控制措施，当采用降水控制措施时，应分析评价降水对周围环境的影响。

3 对地基岩土层的工程特性和地基的稳定性进行分析评价，提出各岩土层的地基承载力特征值；论证采用天然地基基础形式的可行性，对持力层选择、基础埋深等提出建议。

4 预测地基沉降、差异沉降和倾斜等变形特征，提供计算变形所需的计算参数。

5 对复合地基或桩基类型、适宜性、持力层选择提出建议；提供桩的极限侧阻力、极限端阻力和变形计算的有关参数；对沉桩可行性、施工时对环境的影响及桩基施工中应注意的问题提出意见。

6 对基坑工程的设计、施工方案提出意见；提供各侧边地质模型的建议。

7 对不良地质作用的防治提出意见，并提供所需计算参数。

8 对初步勘察中遗留的有关问题提出结论性意见。

3.0.8 高层建筑经勘察后，当条件特别复杂时宜由有岩土工程咨询设计资质的单位对高层建筑地基基础方案选型、主楼与裙房差异沉降的计算和处理、深基坑支护方案、降水或截水设计、地下室抗浮设计以及有关设计参数检测的试验设计等岩土工程问题，提供专门的岩土工程咨询报告。

3.0.9 对勘察等级为甲级的高层建筑应进行沉降观测；当地下水水位较高，宜进行地下水长期观测；当地下室埋置较深，且采取箱形、筏形基础需考虑回弹或回弹再压缩变形时，应进行回弹或回弹再压缩变形测试和观测；对基坑工程应进行基坑位移、沉降和邻近建筑、管线的变形观测。

4 勘察方案布设

4.1 天然地基勘察方案布设

4.1.1 高层建筑详细勘察阶段勘探点的平面布设应符合下列要求：

1 满足高层建筑纵横方向对地层结构和地基均匀性的评价要求，需要时还应满足建筑场地整体稳定性分析的要求；

2 满足高层建筑主楼与裙楼差异沉降分析的要求，查明持力层和下卧层的起伏情况；

3 满足建筑场地类别划分的要求，布设确定场地覆盖层厚度和测量土层剪切波速的勘探点；

4 满足湿陷性黄土、膨胀土、红黏土等特殊性岩土的评价要求，布设适量的探井；

5　满足降水、截水设计要求，在缺乏经验的地区宜进行专门的水文地质勘察。

4.1.2　详细勘察阶段勘探点的平面布设，应根据高层建筑平面形状、荷载的分布情况进行，并应符合下列规定：

1　当高层建筑平面为矩形时应按双排布设，为不规则形状时，应在凸出部位的角点和凹进的阴角布设勘探点。

2　在高层建筑层数、荷载和建筑体形变异较大位置处，应布设勘探点。

3　对勘察等级为甲级的高层建筑应在中心点或电梯井、核心筒部位布设勘探点。

4　单幢高层建筑的勘探点数量，对勘察等级为甲级的不应少于5个，乙级不应少于4个。控制性勘探点的数量不应少于勘探点总数的1/3且不少于2个。

5　高层建筑群可按建筑物并结合方格网布设勘探点。相邻的高层建筑，勘探点可互相共用。

4.1.3　根据高层建筑勘察等级，勘探点间距应控制在15～35m范围内，并符合下列规定：

1　甲级宜取较小值，乙级可取较大值。

2　在暗沟、塘、浜、湖泊沉积地带和冲沟地区；在岩性差异显著或基岩面起伏很大的基岩地区；在断裂破碎带、地裂缝等不良地质作用场地；勘探点间距宜取小值并可适当加密。

3　在浅层岩溶发育地区，宜采用物探与钻探相配合进行，采用浅层地震勘探和孔间地震CT或孔间电磁波CT测试，查明溶洞和土洞发育程度、范围和连通性。钻孔间距宜取小值或适当加密，溶洞、土洞密集时宜在每个柱基下布设勘探点。

4.1.4　高层建筑详细勘察阶段勘探孔的深度应符合下列规定：

1　控制性勘探孔深度应超过地基变形的计算深度。

2　控制性勘探孔深度，对于箱形基础或筏形基础，在不具备变形深度计算条件时，可按式（4.1.4-1）计算确定：

$$d_c = d + \alpha_c \beta b \quad (4.1.4\text{-}1)$$

式中　d_c——控制性勘探孔的深度（m）；

d——箱形基础或筏形基础埋置深度（m）；

α_c——与土的压缩性有关的经验系数，根据基础下的地基主要土层按表4.1.4取值；

β——与高层建筑层数或基底压力有关的经验系数，对勘察等级为甲级的高层建筑可取1.1，对乙级可取1.0；

b——箱形基础或筏形基础宽度，对圆形基础或环形基础，按最大直径考虑，对不规则形状的基础，按面积等代成方形、矩形或圆形面积的宽度或直径考虑（m）。

3　一般性勘探孔的深度应适当大于主要受力层的深度，对于箱形基础或筏形基础可按式（4.1.4-2）计算确定：

$$d_g = d + \alpha_g \beta b \quad (4.1.4\text{-}2)$$

式中　d_g——一般性勘探孔的深度（m）；

α_g——与土的压缩性有关的经验系数，根据基础下的地基主要土层按表4.1.4取值。

表4.1.4　经验系数α_c、α_g值

土类 值别	碎石土	砂土	粉土	黏性土 （含黄土）	软土
α_c	0.5～0.7	0.7～0.9	0.9～1.2	1.0～1.5	2.0
α_g	0.3～0.4	0.4～0.5	0.5～0.7	0.6～0.9	1.0
注：表中范围值对同一类土中，地质年代老、密实或地下水位深者取小值，反之取大值。					

4　一般性勘探孔，在预定深度范围内，有比较稳定且厚度超过3m的坚硬地层时，可钻入该层适当深度，以能正确定名和判明其性质；如在预定深度内遇软弱地层时应加深或钻穿。

5　在基岩和浅层岩溶发育地区，当基础底面下的土层厚度小于地基变形计算深度时，一般性钻孔应钻至完整、较完整基岩面；控制性钻孔应深入完整、较完整基岩3～5m，勘察等级为甲级的高层建筑取大值，乙级取小值；专门查明溶洞或土洞的钻孔深度应深入洞底完整地层3～5m。

6　在花岗岩残积土地区，应查清残积土和全风化岩的分布深度。计算箱形基础或筏形基础勘探孔深度时，其α_c和α_g系数，对残积砾质黏性土和残积砂质黏性土可按表4.1.4中粉土的值确定，对残积黏性土可按表4.1.4中黏性土的值确定，对全风化岩可按表4.1.4中碎石土的值确定。在预定深度内遇基岩时，控制性钻孔深度应深入强风化岩3～5m，勘察等级为甲级的高层建筑宜取大值，乙级可取小值。一般性钻孔达强风化岩顶面即可。

7　评价土的湿陷性、膨胀性、砂土地震液化、确定场地覆盖层厚度、查明地下水渗透性等钻孔深度，应按有关规范的要求确定。

8　在断裂破碎带、冲沟地段、地裂缝等不良地质作用发育场地及位于斜坡上或坡脚下的高层建筑，当需进行整体稳定性验算时，控制性勘探孔的深度应满足评价和验算的要求。

4.1.5　采取不扰动土试样和原位测试勘探点的数量不宜少于全部勘探点总数的2/3，勘察等级为甲级的单幢高层建筑不宜少于4个。

4.1.6　采取不扰动土试样或进行原位测试的竖向间距，基础底面下1.0倍基础宽度内宜按1～2m，以下可根据土层变化情况适当加大距离。

4.1.7　采取岩土试样和进行原位测试应符合下列规

定：

1　每幢高层建筑每一主要土层内采取不扰动土试样的数量或进行原位测试的次数不应少于6件（组）次；

2　在地基主要受力层内，对厚度大于0.5m的夹层或透镜体，应采取不扰动土试样或进行原位测试；

3　当土层性质不均匀时，应增加取土数量或原位测试次数；

4　岩石试样的数量各层不应少于6件（组）；

5　地下室侧墙计算、基坑边坡稳定性计算或锚杆设计所需的抗剪强度试验指标，各主要土层应采取不少于6件（组）的不扰动土试样。

4.1.8　对勘察等级为甲级的高层建筑、或工程经验缺乏、或研究程度较差的地区，宜布设载荷试验确定天然地基持力层的承载力特征值和变形参数。

4.2　桩基勘察方案布设

4.2.1　对于端承型桩，勘探点的平面布置，应符合下列规定：

1　勘探点应按柱列线布设，其间距应能控制桩端持力层层面和厚度的变化，宜为12～24m；

2　在勘探过程中发现基岩中有断层破碎带，或桩端持力层为软、硬互层，或相邻勘探点所揭露桩端持力层层面坡度超过10%，且单向倾伏时，钻孔应适当加密；荷载较大或复杂地基的一柱一桩工程，应每柱设置勘探点；

3　岩溶发育场地当以基岩作为桩端持力层时应按柱位布孔，同时应辅以各种有效的地球物理勘探手段，以查明拟建场地范围及有影响地段的各种岩溶洞隙和土洞的位置、规模、埋深、岩溶堆填物性状和地下水特征；

4　控制性勘探点不应少于勘探点总数的1/3。

4.2.2　对于摩擦型桩，勘探点的平面布置，应符合下列规定：

1　勘探点应按建筑物周边或柱列线布设，其间距宜为20～35m，当相邻勘探点揭露的主要桩端持力层或软弱下卧层层位变化较大，影响到桩基方案选择时，应适当加密勘探点。带有裙房或外扩地下室的高层建筑，布设勘探点时应与主楼一同考虑。

2　桩基工程勘探点数量应视工程规模大小而定，勘察等级为甲级的单幢高层建筑勘探点数量不宜少于5个，乙级不宜少于4个，对于宽度大于35m的高层建筑，其中心应布置勘探点。

3　控制性的勘探点应占勘探点总数的1/3～1/2。

4.2.3　对于端承型桩，勘探孔的深度应符合下列规定：

1　当以可压缩地层（包括全风化和强风化岩）作为桩端持力层时，勘探孔深度应能满足沉降计算的要求，控制性勘探孔的深度应深入预计桩端持力层以下5～10m或$6d$～$10d$（d为桩身直径或方桩的换算直径，直径大的桩取小值，直径小的桩取大值），一般性勘探孔的深度应达到预计桩端下3～5m或$3d$～$5d$；

2　对一般岩质地基的嵌岩桩，勘探孔深度应钻入预计嵌岩面以下$1d$～$3d$，对控制性勘探孔应钻入预计嵌岩面以下$3d$～$5d$，对质量等级为Ⅲ级以上的岩体，可适当放宽；

3　对花岗岩地区的嵌岩桩，一般性勘探孔深度应进入微风化岩3～5m，控制性勘探孔应进入微风化岩5～8m；

4　对于岩溶、断层破碎带地区，勘探孔应穿过溶洞、或断层破碎带进入稳定地层，进入深度应满足$3d$，并不小于5m；

5　具多韵律薄层状的沉积岩或变质岩，当基岩中强风化、中等风化、微风化岩呈互层出现时，对拟以微风化岩作为持力层的嵌岩桩，勘探孔进入微风化岩深度不应小于5m。

4.2.4　对于摩擦型桩，勘探孔的深度应符合下列规定：

1　一般性勘探孔的深度应进入预计桩端持力层或预计最大桩端入土深度以下不小于3m；

2　控制性勘探孔的深度应达群桩桩基（假想的实体基础）沉降计算深度以下1～2m，群桩桩基沉降计算深度宜取桩端平面以下附加应力为上覆土有效自重压力20%的深度，或按桩端平面以下（1～1.5）b（b为假想实体基础宽度）的深度考虑。

4.2.5　桩基勘察的岩（土）试样采取及原位测试工作应符合下列规定：

1　对桩基勘探深度范围内的每一主要土层，应采取土试样，并根据土质情况选择适当的原位测试，取土数量或测试次数不应少于6组（次）；

2　对嵌岩桩桩端持力层段岩层，应采取不少于6组的岩样进行天然和饱和单轴极限抗压强度试验；

3　以不同风化带作桩端持力层的桩基工程，勘察等级为甲级的高层建筑勘察时控制性钻孔宜进行压缩波波速测试，按完整性指数或波速比定量划分岩体完整程度和风化程度，划分标准应符合现行国家标准《岩土工程勘察规范》GB 50021的规定。

4.3　复合地基勘察方案布设

4.3.1　复合地基勘察前，应搜集必要的基础资料，并应着重搜集本地区同类建筑的复合地基工程经验，明确本地区需要解决的主要岩土工程问题、适宜的增强体类型、设计施工常见问题及处理方法。

4.3.2　高层建筑复合地基勘察方案，其勘探点平面布设应按照天然地基勘察方案布设，符合本规程第4章4.1节的规定；勘探孔深度应符合4.2节桩基勘察的要求，查明适宜作为桩端持力层的分布情况和下卧岩土层的性状；当适宜作为桩端持力层的顶板高程、厚度变化较大时，应加密勘探点，探明其变化；查明建筑场地各土层分布及性状和地下水的分布及类型，并取得各土层承载力特征值、压缩模量以及计算单桩承载力、变形等所需的参数。

4.3.3 应根据建筑地基处理目的和可能采用的复合地基增强体类型，布设勘察试验方案。需重点查明的问题，应符合下列要求：

1 以消除黄土湿陷性为目的而采用土或灰土桩挤密等方案时，应重点查明场地湿陷类型、地基湿陷等级、湿陷性土层的分布范围，非湿陷性土层的埋深及性质，提供地基土的湿陷系数、自重湿陷系数、干密度、含水量、最大干密度和最优含水量等指标。

2 以消除砂土、粉土液化为目的而采用砂石桩挤密等方案时，应重点查明建筑场地液化等级，提供地基土层的标准贯入试验锤击数、比贯入阻力、相对密度和液化土层的层位及厚度。

3 以提高高层建筑地基承载力和减小沉降或差异沉降为目的而采用柔性增强体、半刚性增强体复合地基方案时，应查明相对软弱土层的分布范围、深度和厚度情况，以及设计、施工所需的有关技术资料。对黏性土地基，应取得地基土的压缩模量、不排水抗剪强度、含水量、地下水位及 pH 值、有机质含量等指标；对砂土和粉土地基应取得天然孔隙比、相对密度、标准贯入试验锤击数等指标。

4 高层建筑采用刚性桩复合地基方案时，应查明承载力较高、适宜作为桩端持力层的土层埋深、厚度及其物理力学性质以及地基土的承载力特征值。

4.3.4 高层建筑复合地基承载力特征值和变形参数应在施工图设计期间通过设计参数检测——复合地基载荷试验确定。有经验的地区，可依据增强体的载荷试验结果和桩间土的承载力特征值结合地区经验计算确定；在缺乏经验的地区，尚应进行不同桩径、桩长、置换率等的复合地基载荷试验。

4.4 基坑工程勘察方案布设

4.4.1 基坑工程勘察，应与高层建筑地基勘察同步进行。初步勘察阶段应初步查明场地环境情况和工程地质条件、预测基坑工程中可能产生的主要岩土工程问题；详细勘察阶段应在详细查明场地工程地质条件基础上，判断基坑的整体稳定性，预测可能破坏模式，为基坑工程的设计、施工提供基础资料，对基坑工程等级、支护方案提出建议。

4.4.2 基坑工程勘察前，委托方应提供以下资料：

1 邻近的建（构）筑物的结构类型、层数、地基、基础类型、埋深、持力层及上部结构现状；

2 周边各类管线及地下工程情况；

3 周边地表水汇集、排泄以及地下管网分布及渗漏情况；

4 周边道路等级情况等。

4.4.3 勘察区范围宜达到基坑边线以外两倍以上基坑深度，勘探点宜沿地下室周边布置，边线以外以调查或搜集资料为主，为查明某些专门问题可在边线以外布设勘探点。勘探点的间距根据地质条件的复杂程度宜为 15～30m，当遇暗浜、暗塘或填土厚度变化很大或基岩面起伏很大时，宜加密勘探点。

4.4.4 勘探孔的深度不宜小于基坑深度的两倍；对深厚软土层，控制性勘探孔应穿透软土层；为降水或截水设计需要，控制性勘探孔应穿透主要含水层进入隔水层一定深度；在基坑深度内，遇微风化基岩时，一般性勘探孔应钻入微风化岩层 1～3m，控制性勘探孔应超过基坑深度 1～3m；控制性勘探点宜为勘探点总数的 1/3，且每一基坑侧边不宜少于 2 个控制性勘探点。

4.4.5 对岩质基坑，勘察工作应以工程地质测绘调查为主，以钻探、物探、原位测试及室内试验为辅，基坑施工时，应进行施工地质工作。应查明的主要内容包括：

1 岩石的坚硬程度；

2 岩石的完整程度；

3 主要结构面（特别是软弱外倾结构面）的力学属性、产状、延伸长度、结合程度、充填物状态、充水状况、组合关系、与临空面的关系；

4 岩石的风化程度；

5 坡体的含水状况等。

4.4.6 对一般黏性土宜进行静力触探和标准贯入试验；对砂土和碎石土宜进行标准贯入试验和圆锥动力触探试验；对软土宜进行十字板剪切试验；当设计需要时可进行基床系数试验或旁压试验、扁铲侧胀试验。

4.4.7 岩土不扰动试样的采取和原位测试的数量，应保证每一主要岩土层有代表性的数据分别不少于 6 组（个），室内试验的主要项目是含水量、密度、抗剪强度和渗透试验，对砂、砾、卵石层宜进行水上、水下休止角试验。对岩质基坑，当存在顺层或外倾岩体软弱结构面时，宜在室内或现场测定结构面的抗剪强度。

4.4.8 当地下水位较高，应查明场地的水文地质条件，除应符合本规程第 5 章要求外，尚应符合下列要求：

1 当含水层为卵石层或含卵石颗粒的砂层时，应详细描述卵石的颗粒组成、粒径大小和黏性土含量；

2 当附近有地表水体时，宜在其间布设一定数量的勘探孔或观测孔；

3 当场地水文地质资料缺乏或在岩溶发育地区，应进行单孔或群孔分层抽水试验，测求渗透系数、影响半径、单井涌水量等水文地质参数。

5 地 下 水

5.0.1 根据高层建筑的工程需要，应采用调查与现场勘察方法，查明地下水的性质和变化规律，提供水文地质参数；针对地基基础形式、基坑支护形式、施工方法等情况分析评价地下水对地基基础设计、施工和环境影响，预估可能产生的危害，提出预防和处理措施的建议。

5.0.2 已有地区经验或场地水文地质条件简单，且有常年地下水位监测资料的地区，地下水的勘察可通过调查方法掌握地下水的性质和规律，其调查宜包括下列内容：

1 地下水的类型、主要含水层及其渗透特性；

2 地下水的补给排泄条件、地表水与地下水的水力联系；

3 历史最高、最低地下水位及近3～5年水位变化趋势和主要影响因素；

4 区域性气象资料；

5 地下水腐蚀性和污染源情况。

5.0.3 当在无经验地区，地下水的变化或含水层的水文地质特性对地基评价、地下室抗浮和工程降水有重大影响时，在调查的基础上，应进行专门的水文地质勘察，并应符合下列要求：

1 查明地下水类型、水位及其变化幅度；

2 与工程相关的含水层相互之间的补给关系；

3 测定地层渗透系数等水文地质参数；

4 对缺乏常年地下水监测资料的地区，在初步勘察阶段应设置长期观测孔或孔隙水压力计；

5 对与工程结构有关的含水层，应采取有代表性水样进行水质分析；

6 在岩溶地区，应查明场地岩溶裂隙水的主要发育特征及其不均匀性。

5.0.4 当场地有多层对工程有影响的地下水时，应采取止水措施将被测含水层与其他含水层隔离后测定地下水位或承压水头高度。必要时，宜埋设孔隙水压力计，或采用孔压静力触探试验进行量测，但在黏性土中应有足够的消散时间。

5.0.5 含水层的渗透系数等水文地质参数的测定，应根据岩土层特性和工程需要，宜采用现场钻孔或探井抽水试验、注水试验或压水试验求得。

5.0.6 应按下列内容评价地下水对工程的作用和影响：

1 对地基基础、地下结构应考虑在最不利组合情况下，地下水对结构的上浮作用；

2 验算边坡稳定时，应考虑地下水及其动水压力对边坡稳定的不利影响；

3 采取降水措施时在地下水位下降的影响范围内，应考虑地面沉降及其对工程的危害；

4 当地下水位回升时，应考虑可能引起的回弹和附加的浮托力等；

5 在湿陷性黄土地区应考虑地下水位上升对湿陷性的影响；

6 在有水头压差的粉细砂、粉土地层中，应评价产生潜蚀、流砂、管涌的可能性；

7 在地下水位下开挖基坑，应评价降水或截水措施的可行性及其对基坑稳定和周边环境的影响；

8 当基坑底下存在高水头的承压含水层时，应评价坑底土层的隆起或产生突涌的可能性；

9 对地下水位以下的工程结构，应评价地下水对混凝土或金属材料的腐蚀性。

5.0.7 基坑工程中采取降低地下水位的措施应满足下列要求：

1 施工中地下水位应保持在基坑底面下0.5～1.5m；

2 降水过程中应防止渗透水流的不良作用；

3 深层承压水可能引起突涌时，应采取降低基坑下的承压水头的减压措施；

4 应对可能影响的既有建（构）筑物、道路和地下管线等设施进行监测，必要时，应采取防护措施。

6 室 内 试 验

6.0.1 常规试验项目的试验要求应按现行国家标准《岩土工程勘察规范》GB 50021及《建筑地基基础设计规范》GB 50007执行。其具体操作和试验仪器应符合现行国家标准《土工试验方法标准》GB/T 50123、《工程岩体试验方法标准》GB/T 50266和《工程岩体分级标准》GB 50218的有关规定。

6.0.2 计算地基承载力所需的抗剪强度试验应符合下列规定：

1 对勘察等级为甲级的高层建筑，所采取的土试样质量等级应符合Ⅰ级，且应采用三轴压缩试验。

2 抗剪强度试验的方法应根据施工速度、地层条件和计算公式等选用，尽可能符合建筑和地基土实际受力状况。对饱和黏性土或施工速率较快、排水条件差的土可采用不固结不排水剪（UU），对饱和软土，应对试样在有效自重压力预固结后再进行试验，总应力法提供c_{uu}、φ_{uu}参数；经过预压固结的地基，可根据其固结程度采用固结不排水剪（CU），总应力法提供c_{cu}、φ_{cu}参数。

3 三轴压缩试验结果应提供摩尔圆及其强度包线。

6.0.3 计算地基沉降的压缩性指标，根据工程的不同计算方法，可采用下列试验方法：

1 当采用单轴压缩试验的压缩模量按分层总和法进行沉降计算时，其最大压力值应超过预计的土的有效自重压力与附加压力之和，压缩性指标应取土的有效自重压力至土的有效自重压力与附加压力之和压力段的计算值。

2 当采用考虑应力历史的固结沉降计算时，应采用Ⅰ级土样进行试验。试验的最大压力应满足绘制完整的 e-$\log p$ 曲线的需要，以求得先期固结压力 p_c、压缩指数 C_c 和回弹再压缩指数 C_r，回弹压力宜模拟现场卸荷条件。

3 当需进行群桩基础变形验算时，对桩端平面以下压缩层范围内的土，应测求土的压缩性指标。试验压力不应小于实际土的有效自重压力与附加压力之和。

4 当需要考虑基坑开挖卸荷引起的回弹量，应进行测求回弹模量和回弹再压缩模量的试验，以模拟实际加荷卸荷情况，其压力的施加宜与实际加、卸荷状况一致。回弹模量和回弹再压缩模量的试验方法、稳定标准等应符合现行国家标准《土工试验方法标准》GB/T 50123 标准固结试验的要求，试验前应做试验设计。

6.0.4 基坑开挖需要采用明沟、井点或管井抽水降低地下水位时，宜根据土性情况进行有关土层的常水头或变水头渗透试验。

6.0.5 为验算边坡稳定性和基坑工程等支挡设计所进行的抗剪强度试验，对黏性土宜采用三轴压缩试验。当按总应力法计算时，验算地基整体稳定性宜采用不固结不排水试验（UU），提供 c_{uu}、φ_{uu}参数，对饱和软土应对试样在有效自重压力预固结后再进行试验；计算土压力可采用固结不排水试验（CU），提供 c_{cu}、φ_{cu}参数。当按有效应力法计算时，宜采用测孔隙水压力的固结不排水试验（$\overline{CU}$），提供有效强度 c'、φ'参数。

6.0.6 当需根据室内试验结果确定嵌岩桩单桩竖向极限承载力时，应进行饱和单轴抗压强度试验。对于在地下水位以下、多韵律薄层状的黏土质沉积岩或变质岩，可采用天然湿度试样，不进行饱和处理；对较为破碎的中等风化带岩石，取样确有困难时，可取样进行点荷载强度试验，其试验标准及与岩石单轴抗压强度的换算关系应分别按现行国家标准《工程岩体试验方法标准》GB/T 50266及《工程岩体分级标准》GB 50218 中有关规定执行。

6.0.7 当进行地震反应分析和地基液化判别时，可采用动三轴试验、动单剪试验和共振柱试验，测定地基土的动剪变（切）模量和阻尼比等参数。动应变适用范围：对动三轴和动单剪为 $10^{-4} \sim 10^{-2}$，对共振柱为 $10^{-6} \sim 10^{-4}$。

7 原 位 测 试

7.0.1 在高层建筑岩土工程勘察中原位测试方法应根据岩土条件、设计对参数的需要、地区经验和测试方法的适用性等因素综合确定。

7.0.2 原位测试成果应结合地区工程经验综合分析后使用。

7.0.3 原位测试的试验项目、测定参数、主要试验目的可参照表 7.0.3 的规定。

表 7.0.3 高层建筑岩土工程勘察中的原位测试项目

试验项目	测 定 参 数	主 要 试 验 目 的
载荷试验	比例界限压力 p_0（kPa）、极限压力 p_u（kPa）和压力与变形关系	1 评定岩土承载力； 2 估算土的变形模量； 3 计算土的基床系数
静力触探试验	单桥比贯入阻力 p_s（MPa），双桥锥尖阻力 q_c（MPa）、侧壁摩阻力 f_s（kPa）、摩阻比 R_f（%），孔压静力触探的孔隙水压力 u（kPa）	1 判别土层均匀性和划分土层； 2 选择桩基持力层、估算单桩承载力； 3 估算地基土承载力和压缩模量； 4 判断沉桩可能性； 5 判别地基土液化可能性及等级
标准贯入试验	标准贯入击数 N（击）	1 判别土层均匀性和划分土层； 2 判别地基液化可能性及等级； 3 估算地基承载力和压缩模量； 4 估算砂土密实度及内摩擦角； 5 选择桩基持力层、估算单桩承载力； 6 判断沉桩的可能性
动力触探试验	动力触探击数 N_{10}、$N_{63.5}$、N_{120}（击）	1 判别土层均匀性和划分地层； 2 估算地基土承载力和压缩模量； 3 选择桩基持力层、估算单桩承载力
十字板剪切试验	不排水抗剪强度峰值 c_u（kPa）和残余值 c'_u（kPa）	1 测求饱和黏性土的不排水抗剪强度和灵敏度； 2 估算地基土承载力和单桩承载力； 3 计算边坡稳定性； 4 判断软黏性土的应力历史
现场渗透试验	岩土层渗透系数 k（cm/s），必要时测定释水系数 μ^*等	为重要工程或深基坑工程的设计提供土的渗透系数、影响半径、单井涌水量等

续表 7.0.3

试验项目	测 定 参 数	主 要 试 验 目 的
旁压试验	初始压力 p_0（kPa）、临塑压力 p_f（kPa）、极限压力 p_L（kPa）和旁压模量 E_m（kPa）	1 测求地基土的临塑荷载和极限荷载强度，从而估算地基土的承载力； 2 测求地基土的变形模量，从而估算沉降量； 3 估算桩基承载力； 4 计算土的侧向基床系数； 5 自钻式旁压试验可确定土的原位水平应力和静止侧压力系数
扁铲侧胀试验	侧胀模量 E_D（kPa）、侧胀土性指数 I_D、侧胀水平应力指数 K_D 和侧胀孔压指数 U_D	1 划分土层和区分土类； 2 计算土的侧向基床系数； 3 判别地基土液化可能性
波速测试	压缩波速 v_p（m/s）、剪切波速 v_s（m/s）	1 划分场地类别； 2 提供地震反应分析所需的场地土动力参数； 3 评价岩体完整性； 4 估算场地卓越周期
场地微振动测试	场地卓越周期 T（s）和脉动幅值	确定场地卓越周期

8 岩土工程评价

8.1 场地稳定性评价

8.1.1 高层建筑岩土工程勘察应查明影响场地稳定性的不良地质作用，评价其对场地稳定性的影响程度。

8.1.2 对有直接危害的不良地质作用地段，不得选作高层建筑建设场地。对于有不良地质作用存在，但经技术经济论证可以治理的高层建筑场地，应提出防治方案建议，采取安全可靠的整治措施。

8.1.3 高层建筑场地稳定性评价应符合下列要求：

1 评价划分建筑场地属有利、不利或危险地段，提供建筑场地类别和岩土的地震稳定性评价，对需要采用时程分析法补充计算的建筑，尚应根据设计要求提供有代表性的地层结构剖面、场地覆盖层厚度和有关动力参数；

2 应避开浅埋的全新活动断裂和发震断裂，避让的最小距离应按现行国家标准《建筑抗震设计规范》GB 50011 的规定确定；

3 可不避开非全新活动断裂，但应查明破碎带发育程度，并采取相应的地基处理措施；

4 应避开正在活动的地裂缝，避开的距离和采取的措施应按有关地方标准的规定确定；

5 在地面沉降持续发展地区，应搜集地面沉降历史资料，预测地面沉降发展趋势，提出高层建筑应采取的措施。

8.1.4 位于斜坡地段的高层建筑，其场地稳定性评价应符合下列规定：

1 高层建筑场地不应选在滑坡体上，对选在滑坡体附近的建筑场地，应对滑坡进行专门勘察，验算滑坡稳定性，论证建筑场地的适宜性，并提出治理措施；

2 位于坡顶或临近边坡下的高层建筑，应评价边坡整体稳定性、分析判断整体滑动的可能性；

3 当边坡整体稳定时，尚应验算基础外边缘至坡顶的安全距离；

4 位于边坡下的高层建筑，应根据边坡整体稳定性论证分析结果，确定离坡脚的安全距离。

8.1.5 抗震设防地区的高层建筑场地应选择在抗震有利地段，避开不利地段，当不能避开时，应采取有效的防护治理措施，并不应在危险地段建设高层建筑。

8.1.6 应根据土层等效剪切波速和场地覆盖层厚度划分建筑场地类别，抗震设防烈度为 7～9 度地区，均应采用多种方法综合判定饱和砂土和粉土（不含黄土）地震液化的可能性，并提出处理措施的建议；6 度地区一般不进行判别和处理，但对液化沉陷敏感的乙类建筑可按 7 度的要求进行判别和处理。

8.1.7 在溶洞和土洞强烈发育地段，应查明基础底面以下溶洞、土洞大小和顶板厚度，研究地基加固措施。经技术经济分析认为不可取时，应另选场地。

在地下采空区，应查明采空区上覆岩层的性质、地表变形特征、采空区的埋深和范围，根据高层建筑的基底压力，评价场地稳定性。对有塌陷可能的地下采空区，应另选场地。

8.2 天然地基评价

8.2.1 天然地基分析评价应包括以下基本内容：

1 场地、地基稳定性和处理措施的建议；

2 地基均匀性；

3 确定和提供各岩土层尤其是地基持力层承载力特征值的建议值和使用条件；

4 预测高层和高低层建筑地基的变形特征；

5 对地基基础方案提出建议；

6 抗震设防区应对场地地段划分、场地类别、覆盖层厚度、地震稳定性等作出评价；

7 对地下室防水和抗浮进行评价；

8 基坑工程评价。

8.2.2 天然地基方案应在拟建场地整体稳定性基础上进行分析论证，并应考虑附属建筑、相邻的既有或拟建建筑、地下设施和地基条件可能发生显著变化的影响。

8.2.3 在天然地基方案的工程分析中，地基承载力验算采用荷载效应标准组合，地基变形验算采用荷载效应准永久组合。

8.2.4 符合下列情况之一者，应判别为不均匀地基。对判定为不均匀的地基，应进行沉降、差异沉降、倾斜等特征分析评价，并提出相应建议。

1 地基持力层跨越不同地貌单元或工程地质单元，工程特性差异显著。

2 地基持力层虽属于同一地貌单元或工程地质单元，但遇下列情况之一：

1）中—高压缩性地基，持力层底面或相邻基底标高的坡度大于10%；

2）中—高压缩性地基，持力层及其下卧层在基础宽度方向上的厚度差值大于 $0.05b$（b 为基础宽度）。

3 同一高层建筑虽处于同一地貌单元或同一工程地质单元，但各处地基土的压缩性有较大差异时，可在计算各钻孔地基变形计算深度范围内当量模量的基础上，根据当量模量最大值$\overline{E}_{smax}$和当量模量最小值$\overline{E}_{smin}$的比值判定地基均匀性。当$\dfrac{\overline{E}_{smax}}{\overline{E}_{smin}}$大于地基不均匀系数界限值 K 时，可按不均匀地基考虑。K 见表 8.2.4。

表 8.2.4 地基不均匀系数界限值 K

同一建筑物下各钻孔压缩模量当量值 $\overline{E}_s$ 的平均值（MPa）	≤4	7.5	15	>20
不均匀系数界限值 K	1.3	1.5	1.8	2.5

注：在地基变形计算深度范围内，某一个钻孔的压缩模量当量值 $\overline{E}_s$ 应根据平均附加应力系数在各层土的层位深度内积分值 A 和各土层压缩模量 E_s 按下式计算：

$$\overline{E}_s=\frac{\sum A_i}{\sum\frac{A_i}{E_{si}}}$$

8.2.5 在确定地基承载力时，应根据土质条件选择现场载荷试验、室内试验、静力触探试验、动力触探试验、标准贯入试验或旁压试验等原位测试方法，结合理论计算和设计需要进行综合评价。特殊土的地基承载力评价应根据特殊土的相关规范和地区经验进行。岩石地基应根据现行国家标准《岩土工程勘察规范》GB 50021划分和评定岩石坚硬程度、岩体完整程度、风化程度和岩体基本质量等级，其承载力特征值应按现行国家标准《建筑地基基础设计规范》GB 50007 有关规定确定。

8.2.6 地基承载力的计算应符合下列要求：

1 持力层及软弱下卧层的地基承载力验算；

2 当高层建筑周边的附属建筑基础处于超补偿状态，且其与高层建筑不能形成刚性整体结构时，应考虑由此造成高层建筑基础侧限力的永久性削弱及其对地基承载力的影响；

3 拟提高附属建筑部分基底压力，以加大其地基沉降、减小高低层建筑之间的差异沉降时，应同时验算地基承载力特征值及地基极限承载力，保证建议的地基承载力满足强度控制要求。

8.2.7 除应按现行国家标准《建筑地基基础设计规范》GB 50007的有关规定确定地基承载力特征值 f_{ak}和修正后的地基承载力特征值f_a外，还可按附录 A 估算地基极限承载力 f_u，除以安全系数 K 以确定实际基础下地基承载力特征值f_a，K 值应根据建筑安全等级和土性参数的可靠性在 2～3 之间选取。计算 f_a 时，应根据基底下的地层组合条件并结合地区经验综合确定地基持力层的代表性内摩擦角标准值 φ_k 和代表性黏聚力标准值 c_k。

8.2.8 采用旁压试验（PMT）成果验算岩性均一土层的竖向地基承载力时，可按以下方法进行承载力计算分析，对计算结果应结合其他评价方法进行合理判定。

1 通过旁压临塑压力计算地基承载力

$$f_{ak}=\lambda\ (p_f-p_0) \qquad (8.2.8\text{-}1)$$

式中 f_{ak}——岩性均一土层的地基承载力特征值(kPa)；

p_0——由旁压试验曲线和经验综合确定的土的初始压力（kPa)；

p_f——由旁压试验曲线确定的临塑压力（kPa)；

λ——临塑值修正系数，可结合各地区工程经验取值，但一般不应大于1。

2 通过旁压极限压力可按式（8.2.8-2）计算地基极限承载力 f_u，f_u 除以旁压安全系数 K 后获得地基承载力特征值f_{ak}。旁压极限承载力安全系数 K 的取值应根据各地区经验总结分析后确定，当计算分析地基承载力特征值 f_{ak}时，K 值可取 2～4，并不得低于 2。

$$f_u=p_L-p_0 \qquad (8.2.8\text{-}2)$$

式中 p_L——由旁压试验曲线确定的极限压力（kPa)。

8.2.9 当场地、地基整体稳定且持力层为完整、较完整的中等风化、微风化岩体时，可不进行地基变形验算。其余地基的最终沉降应按现行国家标准《建筑地基基础设计规范》GB 50007规定的方法，亦可按本规程规定的其他方法计算分析。在地基沉降预测中的地基应力计算宜考虑地基土层渗透性的影响，沉降预测应考虑后期地面填方和相邻建设工程的影响。

8.2.10 对于不能准确取得压缩模量的地基土，包括碎石土、砂土、粉土、花岗岩残积土、全风化岩、强风化岩等，可采用变形模量 E_0，按附录 B 计算箱形或筏形基础的高层建筑地基平均沉降。

8.2.11 当地基由饱和土层组成，次固结变形可以忽略不计时，根据Ⅰ级土样的标准固结试验结果，可采用以下计算方法，分层预测超固结土、正常固结土和欠固结土的地基沉降，然后合计计算总沉降，并结合地区经验进行修正和判断。

1 利用标准固结试验测求土的回弹再压缩指数（C_r）、压缩指数（C_c）、初始孔隙比（e_0）和先期固结压力（p_c），根据先期固结压力 p_c 与土的有效自重压力 p_z 的比值超固结比 OCR，确定土的固结状态。当超固结比 OCR 为1.0～1.2时，可视为正常固结土；当 $OCR>1.2$ 时，按超固结土考虑；当 $OCR<1.0$ 时，为欠固结土。

2 超固结土

1）当超固结土层中的 $p_{0i}+p_{zi}\leqslant p_{ci}$ 时，该层土的固结沉降量可按下式计算：

$$s_i=\frac{h_i}{1+e_{0i}}C_{ri}\log\left(\frac{p_{zi}+p_{0i}}{p_{zi}}\right) \quad (8.2.11\text{-}1)$$

式中 s_i——第 i 层土的固结沉降量（mm）；

h_i——第 i 层土的平均厚度（mm）；

e_{0i}——第 i 层土的初始孔隙比平均值；

C_{ri}——第 i 层土的回弹再压缩指数平均值；

p_{zi}——第 i 层土的有效自重压力平均值（kPa）；

p_{0i}——对应于荷载效应准永久组合时，第 i 层土有效附加压力平均值（kPa）；

p_{ci}——第 i 层土的先期固结压力平均值（kPa）。

2）当超固结土层中的该土层的 $p_{0i}+p_{zi}>p_{ci}$ 时，该土层的固结沉降量可按下式计算：

$$s_i=\frac{h_i}{1+e_{0i}}\left[C_{ri}\log\left(\frac{p_{ci}}{p_{zi}}\right)+C_{ci}\log\left(\frac{p_{zi}+p_{0i}}{p_{ci}}\right)\right] \quad (8.2.11\text{-}2)$$

式中 C_{ci}——第 i 层土的压缩指数平均值。

3 正常固结土的固结沉降量可按下式计算：

$$s_i=\frac{h_i}{1+e_{0i}}C_{ci}\log\left(\frac{p_{zi}+p_{0i}}{p_{zi}}\right) \quad (8.2.11\text{-}3)$$

4 欠固结土的沉降量可按下式计算：

$$s_i=\frac{h_i}{1+e_{0i}}C_{ci}\log\left(\frac{p_{zi}+p_{0i}}{p_{ci}}\right) \quad (8.2.11\text{-}4)$$

5 整个沉降计算深度内的总沉降量为各土层沉降量之和。沉降计算深度对于非软土算至有效附加压力等于土有效自重压力20%处，对于软土算至有效附加压力等于有效自重压力10%处。当无相邻荷载影响时，亦可按附录B式（B.0.2-2）计算沉降计算深度。

8.2.12 应对高层建筑进行整体倾斜预测分析。分析时，可根据高层建筑角点钻孔的地层分布和土质参数统计结果，结合建筑物荷载分布情况进行估算和判断。

8.3 桩基评价

8.3.1 桩基工程分析评价宜具备下列条件：

1 充分了解工程结构的类型、特点、荷载情况和变形控制等要求；

2 掌握场地的工程地质和水文地质条件，考虑岩土体的非均质性、随时间延续的增减效应以及土性参数的不确定性；

3 充分考虑地区经验和类似工程的经验；

4 缺乏经验地区应通过设计参数检测和施工监测取得实测数据，调整和修改设计和施工方案。

8.3.2 桩基评价应包括以下基本内容：

1 推荐经济合理的桩端持力层；

2 对可能采用的桩型、规格及相应的桩端入土深度（或高程）提出建议；

3 提供所建议桩型的侧阻力、端阻力和桩基设计、施工所需的其他岩土参数；

4 对沉（成）桩可能性、桩基施工对环境影响的评价和对策以及其他设计、施工应注意事项提出建议。

8.3.3 当工程需要（且条件具备）时，可对下列内容进一步评价或提出专门的工程咨询报告：

1 估算单桩、群桩承载力和桩基沉降量，提供与建议桩基方案相类似的工程实例或试桩及沉降观测等资料；

2 对各种可能的桩基方案进行技术经济分析比选，并提出建议；

3 对欠固结土和大面积堆载的桩基，分析桩侧产生负摩阻力的可能性及其对桩基承载力的影响并提出相应防治措施的建议。

8.3.4 选择桩端持力层应符合下列规定：

1 持力层宜选择层位稳定、压缩性较低的可塑-坚硬状态黏性土、中密以上的粉土、砂土、碎石土和残积土及不同风化程度的基岩；不宜选择在可液化土层、湿陷性土层或软土层中；

2 当存在相对软弱下卧层时，持力层厚度宜超过6～10倍桩径；扩底桩的持力层厚度宜超过3倍扩底直径；且均不宜小于5m。

8.3.5 桩型选择应根据工程性质、地质条件、施工条件、场地周围环境及经济指标等综合考虑确定：

1 当持力层顶面起伏不大、坡度小于10%、周围环境允许且沉桩可能时，可采用钢筋混凝土预制桩；

2 当荷载较大，桩较长或需穿越一定厚度的坚硬土层，且选用较重的锤，锤击过程可能使桩身产生较大锤击应力时，宜采用预应力桩；或经方案比较，证明技术、经济合理可行时，也可采用钢桩；

3 当土层中有难以清除孤石或有硬质夹层、岩溶地区或基岩面起伏大的地层，均不宜采用钢筋混凝土预制桩、预应力桩和钢桩，而可采用混凝土灌注桩；

4 在基岩埋藏相对较浅，单柱荷载较大时，宜采用以不同风化程度为持力层的冲孔、钻孔、挖孔、扩底或嵌岩钢筋混凝土灌注桩；

5 当场地周围环境保护要求较高、采用钢筋混凝土预制桩或预应力桩难以控制沉桩挤土影响时，可采用钻孔混凝土灌注桩或钢桩（指采用压入式H型钢桩）。

8.3.6 当打（压）入桩需贯穿的岩土层中夹有一定厚度的（或需进入一定深度的）坚硬状态黏性土、中密以上的粉土、砂土、碎石土和全风化、强风化基岩时，应根据各岩土组成的力学特性、类似工程经验、桩的结构、强度、形式和设备能力等综合考虑其沉桩的可能性；当无法准确判断时，宜在工程桩施工前进行沉桩试验，测定贯入阻力（指压入桩），总锤击数、最后一米锤击数及贯入度（指打入桩）或在沉桩过程中进行高应变动力法试验（指打入桩），测定打桩过程中桩身压应力和拉应力；根据试验结果评定沉桩可能性、桩进入持力层后单桩承载力的变化以及其他施工参数。

8.3.7 沉（成）桩对周围环境的主要影响的分析评价内容宜包括：

1 锤击沉桩产生的多次反复振动，对邻近既有建（构）筑物及公用设施等的损害；

2 对饱和黏性土地基宜考虑大量、密集的挤土桩或部分挤土桩对邻近既有建（构）筑物和地下管线等造成的影响；

3 大直径挖孔桩成孔时，宜充分考虑松软地层可能坍塌的影响、降水对周围环境影响、以及有毒害或可燃气体对人身安全的影响；

4 灌注桩施工中产生的泥浆对环境的污染。

8.3.8 根据工程和周围环境条件，挤土桩和部分挤土桩可选择下列一种或几种措施减少沉桩影响：

1 合理安排沉桩顺序；

2 控制沉桩速率；

3 设置竖向排水通道；

4 在桩位或桩区外预钻孔取土；

5 设置防挤沟等。

8.3.9 单桩承载力应通过现场静载荷试验确定。估算单桩承载力时应结合地区的经验，根据静力触探试验、标准贯入试验或旁压试验等原位测试结果进行计算，并参照地质条件类似的试桩资料综合确定。单桩竖向承载力特征值 R_a 可按下式确定：

$$R_a = Q_u / K \tag{8.3.9}$$

式中 R_a——单桩竖向承载力特征值（kN）；

Q_u——单桩竖向极限承载力（kN）；

K——安全系数，按本规程所列计算式所估算的 Q_u 值，均可取 $K=2$。

8.3.10 当以静力触探试验确定预制桩的单桩竖向极限承载力时，可按附录C估算。

8.3.11 当根据标准贯入试验结果，确定预制桩、预应力管桩、沉管灌注桩的单桩竖向极限承载力时，可按附录D估算。

8.3.12 嵌岩灌注桩可根据岩石风化程度、单轴极限抗压强度和岩体完整程度用下式估算单桩竖向极限承载力：

$$Q_u = u_s \sum_{i=1}^{n} q_{sis} l_i + u_r \sum_{i=1}^{n} q_{sir} h_{ri} + q_{pr} A_p \tag{8.3.12}$$

式中 Q_u——嵌入中风化、微风化或未风化岩石中的灌注桩单桩竖向极限承载力（kN）；

u_s、u_r——分别为桩身在土层、岩层中的周长（m）；

q_{sis}、q_{sir}——分别为第 i 层土、岩的极限侧阻力（kPa）；

q_{pr}——岩石极限端阻力（kPa）；

h_{ri}——桩身全断面嵌入第 i 层中风化、微风化岩层内长度（m）。

q_{sir}、q_{pr} 应根据极限侧阻力载荷试验和本规程附录E大直径桩端阻力载荷试验要点确定，当无条件试验时，可按照表8.3.12经地区经验验证后确定。

表 8.3.12 嵌岩灌注桩岩石极限侧阻力、极限端阻力

岩石风化程度	岩石饱和单轴极限抗压强度 f_{rk}（MPa）	岩体完整程度	岩石极限侧阻力 q_{sir}（kPa）	岩石极限端阻力 q_{pr}（kPa）
中等风化	$5 < f_{rk} \leq 15$（软岩）	破碎	300～800	3000～9000
	$15 < f_{rk} \leq 30$（较软岩）	较破碎	800～1200	9000～18000
微风化—未风化	$30 < f_{rk} \leq 60$（较硬岩）	较完整	1200～2000	18000～36000
	$60 < f_{rk} \leq 90$（坚硬岩）	完整	2000～2800	36000～50000

注：1 表中极限侧阻力和极限端阻力适用于孔底残渣厚度为50～100mm的钻孔、冲孔灌注桩；对于残渣厚度小于50mm的钻孔、冲孔灌注桩和无残渣挖孔桩，其极限端阻力可按表中数值乘以1.1～1.2取值；

2 对于扩底桩，扩大头斜面及斜面以上直桩部分1.0～2.0m不计侧阻力（扩底直径大者取大值，反之取小值）；

3 风化程度愈弱、抗压强度愈高、完整程度愈好、嵌入深度愈大，其侧阻力、端阻力可取较高值，反之取较低值；

4 对于软质岩，单轴极限抗压强度可采用天然湿度试样进行，不经饱和处理。

8.3.13 如场地进行了旁压试验，预制桩的桩周土极限侧阻力 q_{sis} 可根据旁压试验曲线的极限压力 p_L 查表8.3.13确定；桩端土的极限端阻力 q_{ps} 可按下式估算：

黏性土： $$q_{ps} = 2p_L \quad (8.3.13\text{-}1)$$

粉土： $$q_{ps} = 2.5p_L \quad (8.3.13\text{-}2)$$

砂土： $$q_{ps} = 3p_L \quad (8.3.13\text{-}3)$$

当为钻孔灌注桩时，其桩周土极限侧阻力 q_{sis} 为预制桩的70%～80%；桩的极限端阻力 q_{ps} 为打入式预制桩的30%～40%。

表 8.3.13 打入式预制桩的桩周极限侧阻力 q_{sis}（kPa）

q_{sis} (kPa) \ 旁压试验 p_L / 土性	200	400	600	800	1000	1200	1400	1600	1800	2000	2200	2400	≥2600
黏性土	10	24	36	50	64	74	80	86	90				
粉 土		24	40	52	66	76	84	92	96	98	100		
砂 土		24	40	54	68	84	94	100	106	110	114	118	120

注：1 表中数值可内插；
2 表中数据对无经验的地区应先进行验证。

8.3.14 详细勘察阶段，根据工程性质及设计要求，对需要验算沉降的高层建筑桩基宜按现行国家标准《建筑地基基础设计规范》GB 50007计算最终沉降量，亦可在取得地区经验后用有关原位测试参数按本规程附录F规定的方法进行最终沉降量的估算。

8.3.15 当需估算桩基最终沉降量时，应提供土试样压缩曲线、地基土在有效自重压力至有效自重压力加附加压力之和时的压缩模量 E_s。对无法或难以采取不扰动土样的土层，可在取得地区经验后根据原位测试参数按附录F表F.0.2换算土的压缩模量 E_s 值。

8.4 复合地基评价

8.4.1 复合地基主要适用于本规程第3.0.1条所规定的勘察等级为乙级的高层建筑，对勘察等级为甲级的高层建筑拟采用复合地基方案时，须进行专门研究，并经充分论证。

8.4.2 高层建筑勘察中复合地基评价应包括以下内容：

1 根据设计条件、工程地质和水文地质条件、环境及施工条件，对复合地基方案提出建议；

2 提供有关复合地基单桩承载力设计及变形分析所需的计算参数；

3 建议增强体的加固深度及其持力层，提供桩间土天然地基承载力特征值和增强体桩侧、桩端阻力特征值；

4 建议桩端进入持力层的深度；

5 提供地下水的埋藏条件和腐蚀性评价，对淤泥和泥炭土应提供有机质含量，分析对复合地基桩体的影响，并提出处理措施和建议；

6 对复合地基设计参数检测和设计、施工中应注意的问题提出建议；

7 对复合地基的检验、监测工作提出建议。

8.4.3 高层建筑复合地基增强体选型应符合下列要求：

1 对深厚软土地基，不宜采用散体材料桩；

2 当地基承载力或变形不能满足设计要求时，宜优先考虑采用刚性或半刚性桩；

3 当以消除建筑场地液化为主要目的时，宜优先选用砂石挤密桩；以消除地基土湿陷性为主要目的时，宜优先选用灰土挤密桩。

8.4.4 复合地基的承载力特征值应通过复合地基载荷试验确定。各种类型复合地基的承载力特征值估算及载荷试验应符合现行行业标准《建筑地基处理技术规范》JGJ 79的有关规定。

8.4.5 当复合地基加固体以下存在软弱下卧层时，软弱下卧层承载力验算应符合现行国家标准《建筑地基基础设计规范》GB 50007的有关规定。

8.4.6 刚性桩复合地基变形计算应按现行国家标准《建筑地基基础设计规范》GB 50007有关规定执行。其中复合土层的分层与天然地基相同，各复合土层的压缩模量等于该天然地基压缩模量的 ζ 倍，ζ 值可按下式确定：

$$\zeta = f_{spk}/f_{ak} \quad (8.4.6)$$

式中 f_{ak}——基础底面下天然地基承载力特征值（kPa）。

其他增强体类型复合地基加固深度范围内，复合土层的压缩模量可按照现行行业标准《建筑地基处理技术规范》JGJ 79相应章节的规定计算取值。

8.4.7 复合地基监测、检验除应符合本规程第9章有关规定外，尚应符合下列要求：

1 工程施工完成后的验收检测应进行现场单桩、单桩或多桩复合地基静载荷试验，确定复合地基承载力特征值，并检验由公式估算的结果。地基检验应在桩身强度满足试验荷载条件时，并宜在增强体的养护龄期结束后进行。试验数量宜为总桩数的0.5%～1.0%，且每个单体工程的试验数量不应少于3点。

2 对加固目的在于改善桩间土性状的复合地基，宜对加固后的桩间土层进行测试，测试方法可采用动力触探试验、标准贯入试验、静力触探试验、十字板剪切试验等原位测试方法或采取不扰动土样进行室内试验。

3 根据增强体的类型可采用低应变动测试验、标准贯入试验、动力触探试验、抽芯检测、开挖观测等方法检验增强体的质量。

4 应进行施工阶段和使用阶段的沉降观测，监控和验证建筑物的变形。

5 复合地基质量检测宜选择在地基最不利位置

和工程关键部位进行。

8.5 高低层建筑差异沉降评价

8.5.1 下列情况之一应进行高低层建筑差异沉降分析评价：

1 主体与裙房或附属地下建筑结构之间不设永久沉降缝；

2 内部荷载差异显著，平面不规则或荷载分布不均造成建筑物显著偏心；

3 采用不同类型基础；

4 不均匀地基或压缩性较高的地基。

8.5.2 事前基本掌握地基条件时，宜在勘察前与设计单位共同研究可能采用的适宜地基方案，以提高勘察阶段基础工程问题分析的针对性。

8.5.3 在详细勘察阶段，差异沉降分析可根据各建筑物或建筑部分的基底平均竖向荷载分别估算建筑重心、角点的地基沉降量。沉降估算应包括相邻建筑和结构施工完成后地基剩余沉降的影响，结合基础整体刚度情况和实测资料类比，综合评估各建筑部分的沉降特性及其影响。处于超补偿状态的基础，应采用地基回弹再压缩模量和建筑基底总压力进行沉降估算。

8.5.4 在进行差异沉降分析时，必须取得分析所需的、充分可靠的地基数据和资料。当数据资料不能满足要求时，应由原勘察单位按要求进行补充勘测并提供所需成果。

8.5.5 对荷载差异显著的高低层建筑工程，在下列情况下，宜采用经过工程有效验证的模型，按照上部结构、基础与地基的共同作用进行分析，为确定地基方案提供依据：

1 采取可能的设计、施工调整措施后，相邻建筑或建筑部分估算的差异沉降临近现行规范限制或设计允许极限时；

2 按沉降控制设计的摩擦桩；

3 高层建筑主楼及其附属建筑采用联合基础时；

4 基坑开挖引起的地基回弹再压缩量占地基总沉降量的比例很大时。

8.5.6 在进行沉降估算和结构—地基共同作用分析时，应考虑以下基本因素的影响：

1 地下水位和土工试验参数的正确选择；

2 地基承载力验算分析；

3 地基回弹再压缩的影响；

4 桩间土对建筑基底荷载的分担；

5 施工顺序、施工阶段和施工后浇带的影响；

6 结构施工完成后至沉降稳定的地基剩余沉降。

8.5.7 当预测的差异沉降可能超过现行规范标准或设计的限制，应对结构设计或施工提出减少地基差异沉降不利影响的建议，包括：

1 调整地基持力层。高层建筑部分宜选择固结较快、后期沉降小的土层和岩层；裙房部分宜选择压缩性相对较高的土层。

2 不同建筑物或建筑部分的建造顺序。

3 设置沉降缝或施工缝（后浇带）及其位置，施工后浇带的浇注时间。

4 适当扩大高层建筑部分基底面积。

5 低层裙房、地下建筑物采用条基或独立柱基(加防水板)，增加结构自重、配重或覆土。

6 在不影响建筑使用功能的条件下，适当增加裙房墙体结构。

7 调整高层建筑与裙房之间的连接刚度，或进行桩长、桩径、桩间距的优化。

8 进行局部换土、加固处理或采用局部深基础方案。

9 减少地基差异沉降的措施，宜兼顾建筑基础结构抗浮问题等。

8.5.8 进行上部结构、基础与地基共同作用分析的工程，应进行基坑回弹与沉降监测，作为信息化施工决策和技术验证的依据。

8.6 地下室抗浮评价

8.6.1 地下室抗浮评价应包括以下基本内容：

1 当地下水位高于地下室基础底板时，根据场地所在地貌单元、地层结构、地下水类型和地下水位变化情况，结合地下室埋深、上部荷载等情况，对地下室抗浮有关问题提出建议；

2 根据地下水类型、各层地下水位及其变化幅度和地下水补给、排泄条件等因素，对抗浮设防水位进行评价；

3 对可能设置抗浮锚杆或抗浮桩的工程，提供相应的设计计算参数。

8.6.2 场地地下水抗浮设防水位的综合确定宜符合下列规定：

1 当有长期水位观测资料时，场地抗浮设防水位可采用实测最高水位；无长期水位观测资料或资料缺乏时，按勘察期间实测最高稳定水位并结合场地地形地貌、地下水补给、排泄条件等因素综合确定；

2 场地有承压水且与潜水有水力联系时，应实测承压水水位并考虑其对抗浮设防水位的影响；

3 只考虑施工期间的抗浮设防时，抗浮设防水位可按一个水文年的最高水位确定。

8.6.3 地下水赋存条件复杂、变化幅度大、区域性补给和排泄条件可能有较大改变或工程需要时，应进行专门论证，提供抗浮设防水位的咨询报告。

8.6.4 对位于斜坡地段的地下室或其他可能产生明显水头差的场地上的地下室进行抗浮设计时，应考虑地下水渗流在地下室底板产生的非均布荷载对地下室结构的影响；对地下室施工期间各种最不利荷载组合情况下，应考虑地下室的临时抗浮措施。

8.6.5 地下室在稳定地下水位作用下所受的浮力应

按静水压力计算，对临时高水位作用下所受的浮力，在黏性土地基中可以根据当地经验适当折减。

8.6.6 当地下室自重小于地下水浮力作用时，宜设置抗浮锚杆或抗浮桩。对高层建筑附属裙房或主楼以外、独立结构的地下室宜推荐选用抗浮锚杆；对地下水水位或使用荷载变化较大的地下室宜推荐选用抗浮桩。

8.6.7 抗浮桩和抗浮锚杆的抗拔承载力应通过现场抗拔静载荷试验确定。抗拔静载荷试验及抗拔承载力取值应符合附录G抗浮桩和抗浮锚杆抗拔载荷试验要点的规定。

8.6.8 抗浮桩的单桩抗拔极限承载力也可按下式估算：

$$Q_{ul} = \sum_{i=1}^{n} \lambda_i q_{si} u_i l_i \qquad (8.6.8)$$

式中 Q_{ul}——单桩抗拔极限承载力（kN）；

u_i——桩的破坏表面周长（m），对于等直径桩取$u_i = \pi d$，对于扩底桩按表8.6.8-1取值；

q_{si}——桩侧表面第i层土的抗压极限侧阻力（kPa）；

λ_i——第i层土的抗拔系数，按表8.6.8-2取值；

l_i——第i层土的桩长（m）；

D——桩的扩底直径（m）；

d——桩身直径（m）。

表8.6.8-1 扩底桩破坏表面周长 u_i

自桩底起算的长度 l_i	$\leqslant 5d$	$>5d$
u_i	πD	πd

表8.6.8-2 抗拔系数 λ_i

土类	砂土	黏性土、粉土
λ_i	0.50～0.70	0.70～0.80
注：桩长 l 与桩径 d 之比小于20时，λ_i 取较小值，反之取较大值。		

8.6.9 群桩呈整体破坏时，单桩的抗拔极限承载力可按下式计算：

$$Q_{ul} = \frac{1}{n} u_l \Sigma \lambda_i q_{si} l_i \qquad (8.6.9)$$

式中 u_l——桩群外围周长；

n——桩数。

8.6.10 抗浮桩抗拔承载力特征值可按下式估算：

$$F_a = Q_{ul}/2.0 \qquad (8.6.10)$$

式中 F_a——抗浮桩抗拔承载力特征值（kN）。

8.6.11 抗浮锚杆承载力特征值可按下式估算：

$$F_a = \Sigma q_{si} u_i l_i \qquad (8.6.11)$$

式中 F_a——抗浮锚杆抗拔承载力特征值（kN）；

u_i——锚固体周长（m），对于等直径锚杆取$u_i = \pi d$（d为锚固体直径）；

q_{si}——第i层岩土体与锚固体粘结强度特征值（kPa），可按现行国家标准《建筑边坡工程技术规范》GB 50330取值。

8.7 基坑工程评价

8.7.1 基坑工程岩土工程评价应包括以下内容：

1 对基坑工程安全等级提出建议；

2 对地下水控制方案提出建议，若建议采取降水措施，应提供水文地质计算有关参数和预测降水时对周边环境可能造成的影响；

3 对基坑的整体稳定性和可能的破坏模式作出评价；

4 对基坑工程支护方案和施工中应注意的问题提出建议；

5 对基坑工程的监测工作提出建议。

8.7.2 基坑工程安全等级应根据周边环境、破坏后果和严重程度、基坑深度、工程地质和地下水条件，按表8.7.2的规定划分为一、二、三级。

表8.7.2 基坑工程安全等级划分表

基坑工程安全等级	环境、破坏后果、基坑深度、工程地质和地下水条件
一级	周边环境条件很复杂；破坏后果很严重；基坑深度 $h>12$m；工程地质条件复杂；地下水水位很高、条件复杂、对施工影响严重
二级	周边环境条件较复杂；破坏后果严重；基坑深度 $6\text{m}<h\leqslant 12$m；工程地质条件较复杂；地下水位较高、条件较复杂，对施工影响较严重
三级	周边环境条件简单；破坏后果不严重；基坑 $h\leqslant 6$m；工程地质条件简单；地下水位低、条件简单，对施工影响轻微
注：从一级开始，有二项（含二项）以上，最先符合该等级标准者，即可定为该等级。	

8.7.3 根据场地所在地貌单元、地层结构、地下水情况，宜提供基坑各侧壁安全、经济合理、有代表性的地质模型的建议。

8.7.4 所提供的各项计算参数，其试验方法应根据其用途和计算方法按表8.7.4的规定确定。

表 8.7.4 基坑工程计算参数的试验方法、用途和计算方法

计算参数	试验方法	用途和计算方法
土粒相对密度（比重）G_s 孔隙比 e	室内土工试验	抗渗流稳定计算
砂土休止角	室内土工试验	估算砂土内摩擦角
内摩擦角 φ 黏聚力 c	1 总应力法，三轴不固结不排水（UU）试验，对饱和软黏土应在有效自重压力下固结后再剪	抗隆起验算和整体稳定性验算
	2 总应力法，三轴固结不排水（CU）试验	饱和黏性土用土水合算计算土压力
	3 有效应力法，三轴固结不排水测孔隙水压力（$\overline{\text{CU}}$）试验，求有效强度参数	饱和黏性土用土水分算法计算土压力、计算静止土压力
十字板剪切强度 c_u	原位十字板剪切试验	用于抗隆起验算、整体稳定性验算
标准贯入试验击数 N	现场标准贯入试验	判断砂土密实度或按经验公式估计 φ 值
渗透系数 k	室内渗透试验，现场抽水试验	用于降水和截水设计
基床系数 K_v、K_H	附录 H 基床系数载荷试验要点，旁压试验、扁铲侧胀试验	用于支护结构按弹性地基梁计算

8.7.5 根据实测地下水位、长期观测资料和地区经验，宜提供基坑支护截水设计和抗管涌设计的设防水位；当场地地下水位较高时，宜分析场地地下水与邻近地面水体的补给、排泄条件，判明地面水与地下水的联通关系，和对场地地下水水位、基坑涌水量的影响；在详细分析周边环境和场地水文地质条件的基础上，应对基坑支护采取降水或截水措施提出明确结论和建议，若建议采取降水措施，应提供水文地质计算有关参数，估算基坑涌水量，并建议降水井、回灌井的位置和深度。

8.7.6 当基坑底部为饱和软土或基坑深度内有软弱夹层时，应建议设计进行抗隆起、突涌和整体稳定性验算；当基坑底部为砂土，尤其是粉细砂地层和存在承压水时，应建议设计进行抗渗流稳定性验算；提供有关参数和防治措施的建议；当土的有机质含量超过10%时，应建议设计考虑水泥土的可凝固性或增加水泥含量。

9 设计参数检测、现场检验和监测

9.1 设计参数检测

9.1.1 设计参数检测是指施工图设计期间、正式施工前，对地基基础和基坑工程设计中的重要设计参数，进行检验校核、对施工工艺和控制施工的重要参数进行核定的各种现场测试。主要包括大直径桩单桩极限端阻力载荷试验、单桩竖向抗压（抗拔）静载荷试验、单桩水平静载荷试验、复合地基的载荷试验和锚杆抗拔试验、最终确定天然地基承载力的载荷试验、判定沉桩可能性的沉桩试验等。

9.1.2 对于勘察等级为甲级的高层建筑，其单桩极限承载力应采用现场单桩竖向抗压（抗拔）静载荷试验确定，在同一地质条件下不应少于 3 根。试验应按现行行业标准《建筑桩基技术规范》JGJ 94 有关规定执行。

9.1.3 当桩基础承受的水平荷载较大时，应进行单桩水平静载荷试验，以确定单桩水平极限承载力和桩侧土的水平抗力系数，其数量不应少于 2 根。试验应按现行行业标准《建筑桩基技术规范》JGJ 94 有关规定执行。

9.1.4 对于大直径桩的极限端阻力宜采用大直径桩单桩极限端阻力载荷试验确定，其数量不宜少于 3 根。试验应按本规程附录 E 有关规定执行。

9.1.5 对于采用复合地基的高层建筑，为确定复合地基承载力，应进行增强体（桩体）竖向静载荷试验、单桩或多桩复合地基载荷试验，试验点的数量不应少于 3 点。试验应按现行行业标准《建筑地基处理技术规范》JGJ 79 有关规定执行。

9.1.6 对于重要工程的抗浮桩和抗浮锚杆，为确定其抗拔极限承载力，应进行现场抗拔静载荷试验，考虑其实际受荷特征，宜采用循环加、卸载法，试验数量不应少于 3 根。试验应按本规程附录 G 有关规定执行。

9.1.7 对于用于基坑支护的锚杆（土钉），如工程需要，为确定其抗拔极限承载力，应进行现场抗拔试验，试验数量每一主要土层不宜少于 3 根。试验应按现行国家标准《建筑地基基础设计规范》GB 50007 有关规定执行。

9.2 现 场 检 验

9.2.1 现场检验是指在施工期间对工程勘察成果和施工质量应进行的检查、复核，对出现的问题应提出处理意见，主要包括基槽检验、桩基持力层检验和桩基检测等。

9.2.2 基槽检验应在天然地基开挖或基坑开挖时进行，应检查其揭露的地基条件与勘察成果的相符性，包括暗浜的位置、土层的分布、持力层的埋深和岩土性状等。

9.2.3 桩基工程应通过试钻或试打检验岩土条件与勘察成果的相符性。对大直径挖孔桩，应核查桩基持力层的岩土性质、埋深和起伏变化情况。检验桩身质量可采用高、低应变动测法或其他有效方法。检验单桩承载力应采用静载荷试验，用高应变动测确定单桩承载力应有充分的桩静载荷试验对比资料。

9.2.4 当现场检验发现地质情况有异常时，应对出现的问题进行分析并提出解决意见，必要时可进行施工阶段补充勘察。

9.2.5 现场检验结束后应写出检验报告，且应在有关文件上签署意见。

9.3 现场监测

9.3.1 现场监测是指在工程施工及使用过程中对岩土体性状、周边环境、相邻建筑、地下管线设施所引起的变化应进行的现场观测工作，并视其变化规律和发展趋势，提出相应的防治措施，主要包括基坑工程监测、沉桩施工监测、地下水长期观测和建筑物沉降观测。

9.3.2 现场监测应根据委托方要求、工程性质、施工场地条件与周围环境受影响程度有针对性地进行，高层建筑施工遇下列情况时应布置现场监测：

1 基坑开挖施工引起周边土体位移、坑底土隆起危及支挡结构、相邻建筑和地下管线设施的安全时；

2 地基加固或打入桩施工时，可能危及相邻建筑和地下管线，并对周围环境有影响时；

3 当地下水位的升降影响岩土的稳定时；当地下水上升对构筑物产生浮托力或对地下室和地下构筑物的防潮、防水产生较大影响时；

4 需监测建筑施工和使用过程中的沉降变化情况时。

9.3.3 现场监测前应进行踏勘、编制工作纲要、设置监测点和基准点、测定初始值、确定报警值。

9.3.4 基坑施工前应对周围建筑物和有关设施的现状、裂缝开展情况等进行调查，并做详细记录，或拍照、摄像作为施工前档案资料。

9.3.5 各类仪器设备在埋设安装前均应进行重复标定。各种测量仪器除精度需满足设计要求外，应定期由法定计量单位进行检验、校正，并出具合格证。

9.3.6 现场监测的结果应认真分析整理、仔细校核，及时提交当日报表。当监测值达到报警指标时，应及时签发报警通知。必要时，应根据监测结果提出施工建议和预防措施。

9.3.7 基坑工程监测一般包括下列内容，应根据工程情况、有关规范和设计要求选择部分或全部进行：

1 支挡结构的内力、变形和整体稳定性。

2 基坑内外土体和邻近地下管线的水平、竖向位移、邻近建筑物的沉降和裂缝。当基坑开挖较深，面积较大时，宜进行基坑卸荷回弹观测。

3 基坑开挖影响范围内的地下水位、孔隙水压力的变化。

4 有无渗漏、冒水、管涌、冲刷等现象发生。

9.3.8 沉桩施工监测一般包括下列内容，应根据工程情况、有关规范和设计要求选择部分或全部进行：

1 在挤土桩和部分挤土桩沉桩施工影响范围内地表土和深层土体的水平、竖向位移和孔隙水压力的变化情况；

2 邻近建筑物的沉降及邻近地下管线水平、竖向位移；

3 当为锤击法沉桩时，还应根据需要监测振动和噪声。

9.3.9 地下水长期观测应符合下列要求：

1 每个场地的观测孔宜按三角形布置，孔数不宜少于3个；

2 地下水位变化较大的地段或上层滞水或裂隙水赋存地段，均应布置观测孔；

3 在临近地表水体的地段，应观测地下水与地表水的水力联系；

4 地下水受污染地段，应定期进行水质变化的观测；

5 观测期限至少应有一个水文年。

9.3.10 建筑物沉降观测应符合下列要求：

1 在被观测建筑物周边的适当位置，应布置2～3个沉降观测水准基点。水准基点标石应埋设在基岩层或其他稳定地层中。埋设位置以不受周边建（构）筑物基础压力的影响为准，在建筑区内，水准基点与邻近建筑物的距离应大于建筑物基础最大宽度的2倍。

2 沉降观测点的布设应根据建筑物体形、结构形式、工程地质条件等综合考虑，一般可沿建筑物外墙周边、角点、中点每隔10～15m或每隔2～3根柱基上设一观测点。对高低层连接处、不同地基基础类型、沉降缝连接处以及荷载有明显差异处，均应布置沉降观测点。

3 沉降观测可分为二等和三等水准测量，应根据建筑物的重要性、使用要求、基础类型、工程地质条件及预估沉降量等因素综合确定。

4 为取得建筑物完整的沉降资料，宜在浇筑基础时开始测量，施工期间宜每增加一层观测一次，竣工后，第一年每隔2～3个月观测一次，以后每隔4～6个月观测一次，直至沉降相对稳定为止。

5 沉降相对稳定标准可根据观测目的、要求并结合地区地基土压缩性确定，一般可采用日平均沉降速率0.01～0.02mm/d。对软土地基沉降观测时间宜持续5～8年。

6 埋设在基础底板上的初始沉降观测点应随施工逐层向上引测至地面以上。

10 岩土工程勘察报告

10.1 一 般 规 定

10.1.1 高层建筑岩土工程勘察报告应结合高层建筑的特点和主要岩土工程问题进行编写，做到资料完整、真实准确、数据无误、图表清晰、结论有据、建议合理、便于使用，并应因地制宜，重点突出，有明确的工程针对性。文字报告与图表部分应相互配合、相辅相成、前后呼应。

10.1.2 若工程需要时，根据任务要求，可进行有关的专门岩土工程勘察与评价，并提交专题咨询报告。

10.1.3 勘察报告、术语、符号、计量单位等均应符合国家有关标准的规定。

10.2 勘察报告主要内容和要求

10.2.1 初步勘察报告应满足高层建筑初步设计的要求，对拟建场地的稳定性和建筑适宜性作出明确结论，为合理确定高层建筑总平面布置，选择地基基础结构类型，防治不良地质作用提供依据。

10.2.2 详细勘察报告应满足施工图设计要求，为高层建筑地基基础设计、地基处理、基坑工程、基础施工方案及降水截水方案的确定等提供岩土工程资料，并应作出相应的分析和评价。

10.2.3 高层建筑岩土工程勘察详细勘察阶段报告，除应满足一般建筑详细勘察报告的基本要求外，尚应包括下列主要内容：

1 高层建筑的建筑、结构及荷载特点，地下室层数、基础埋深及形式等情况；

2 场地和地基的稳定性，不良地质作用、特殊性岩土和地震效应评价；

3 采用天然地基的可能性，地基均匀性评价；

4 复合地基和桩基的桩型和桩端持力层选择的建议；

5 地基变形特征预测；

6 地下水和地下室抗浮评价；

7 基坑开挖和支护的评价。

10.2.4 详勘报告应阐明影响高层建筑的各种稳定性及不良地质作用的分布及发育情况，评价其对工程的影响。场地地震效应的分析与评价应符合现行国家标准《建筑抗震设计规范》GB 50011的有关规定；建筑边坡稳定性的分析与评价应符合现行国家标准《建筑边坡工程技术规范》GB 50330的有关规定。

10.2.5 详勘报告应对地基岩土层的空间分布规律、均匀性、强度和变形状态及与工程有关的主要地层特性进行定性和定量评价。岩土参数的分析和选用应符合现行国家标准《建筑地基基础设计规范》GB 50007和《岩土工程勘察规范》GB 50021的有关规定。

10.2.6 详勘报告应阐明场地地下水的类型、埋藏条件、水位、渗流状态及有关水文地质参数，应评价地下水的腐蚀性及对深基坑、边坡等的不良影响。必要时应分析地下水对成桩工艺及复合地基施工的影响。

10.2.7 天然地基方案应对地基持力层及下卧层进行分析，提出地基承载力和沉降计算的参数，必要时应结合工程条件对地基变形进行分析评价。当采用岩石地基作地基持力层时，应根据地层、岩性及风化破碎程度划分不同的岩体质量单元，并提出各单元的地基承载力。

10.2.8 桩基方案应分析提出桩型、桩端持力层的建议，提供桩基承载力和桩基沉降计算的参数，必要时应进行不同情况下桩基承载力和桩基沉降量的分析与评价，对各种可能选用的桩基方案宜进行必要的分析比较，提出建议。

10.2.9 复合地基方案应根据高层建筑特征及场地条件建议一种或几种复合地基加固方案，并分析确定加固深度或桩端持力层。应提供复合地基承载力及变形分析计算所需的岩土参数，条件具备时，应分析评价复合地基承载力及复合地基的变形特征。

10.2.10 高层建筑基坑工程应根据基坑的规模及场地条件，提出基坑工程安全等级和支护方案的建议，宜对基坑各侧壁的地质模型提出建议。应根据场地水文地质条件，对地下水控制方案提出建议。

10.2.11 应根据可能采用的地基基础方案、基坑支护方案及场地的工程地质、水文地质环境条件，对地基基础及基坑支护等施工中应注意的岩土工程问题及设计参数检测、现场检验、监测工作提出建议。

10.2.12 对高层建筑建设中遇到的下列特殊岩土工程问题，应根据专门岩土工程工作或分析研究，提出专题咨询报告：

1 场地范围内或附近存在性质或规模尚不明的活动断裂及地裂缝、滑坡、高边坡、地下采空区等不良地质作用的工程；

2 水文地质条件复杂或环境特殊，需现场进行专门水文地质试验，以确定水文地质参数的工程；或需进行专门的施工降水、截水设计，并需分析研究降水、截水对建筑本身及邻近建筑和设施影响的工程；

3 对地下水防护有特殊要求，需进行专门的地下水动态分析研究，并需进行地下室抗浮设计的工程；

4 建筑结构特殊或对差异沉降有特殊要求，需进行专门的上部结构、地基与基础共同作用分析计算与评价的工程；

5 根据工程要求，需对地基基础方案进行优化、比选分析论证的工程；

6 抗震设计所需的时程分析评价；

7 有关工程设计重要参数的最终检测、核定等。

10.3 图表及附件

10.3.1 高层建筑岩土工程勘察报告所附图件应体现勘察工作的主要内容，全面反映地层结构与性质的变化，紧密结合工程特点及岩土工程性质，并应与报告书文字相互呼应。主要图件及附件应包括下列几种：

1 岩土工程勘察任务书（含建筑物基本情况及勘察技术要求）；

2 拟建建筑平面位置及勘探点平面布置图；

3 工程地质钻孔柱状图或综合工程地质柱状图；

4 工程地质剖面图。

当工程地质条件复杂或地基基础分析评价需要时，宜绘制下列图件：

1 关键地层层面等高线图和等厚度线图；

2 工程地质立体图；

3 工程地质分区图；

4 特殊土或特殊地质问题的专门性图件。

10.3.2 高层建筑岩土工程勘察报告所附表格和曲线应全面反映勘察过程中所进行的各项室内试验和原位测试工作，为高层建筑岩土工程分析评价和地基基础方案的计算分析与设计提供系统完整的参数和分析论证的数据。主要图表宜包括下列几类：

1 土工试验及水质分析成果表，需要时应提供压缩曲线、三轴压缩试验的摩尔圆及强度包线；

2 各种地基土原位测试试验曲线及数据表；

3 岩土层的强度和变形试验曲线；

4 岩土工程设计分析的有关图表。

附录 A 天然地基极限承载力估算

A.0.1 天然地基极限承载力可按下式估算：

$$f_u = \frac{1}{2}N_\gamma\zeta_\gamma b\gamma + N_q\zeta_q\gamma_0 d + N_c\zeta_c c_k \quad (A.0.1)$$

式中 f_u——地基极限承载力（kPa）；

N_γ、N_q、N_c——地基承载力系数，根据地基持力层代表性内摩擦角标准值 φ_k（°），按表 A.0.1-1 确定；

ζ_γ、ζ_q、ζ_c——基础形状修正系数，按表 A.0.1-2 确定；

b、l——分别为基础（包括箱形基础和筏形基础）底面的宽度与长度，当基础宽度大于 6m 时，取 $b=6$m；

γ_0、γ——分别为基底以上和基底组合持力层的土体平均重力密度（kN/m³）；位于地下水位以下且不属于隔水层的土层取浮重力密度；当基底土层位于地下水位以下但属于隔水层时，γ 可取天然重力密度；如基底以上的地下水与基底高程处的地下水之间有隔水层，基底以上土层在计算 γ_0 时可取天然重力密度；

d——基础埋置深度（m），应根据不同情况按下列规定选取：（1）一般自室外地面高程算起；对于地下室采用箱形或筏形基础时，自室外天然地面起算，采用独立柱基或条形基础时，从室内地面起算；（2）在填方整平地区，可自填土地面起算；但若填方在上部结构施工后完成时，自填方前的天然地面起算；（3）当高层建筑周边附属建筑为超补偿基础时，宜分析和考虑周边附属建筑基底压力低于土层自重压力的影响；

c_k——地基持力层代表性黏聚力标准值（kPa）。

表 A.0.1-1 极限承载力系数表

φ_k（°）	N_c	N_q	N_γ	φ_k（°）	N_c	N_q	N_γ
0	5.14	1.00	0.00	26	22.25	11.85	12.54
1	5.38	1.09	0.07	27	23.94	13.20	14.47
2	5.63	1.20	0.15	28	25.80	14.72	16.72
3	5.90	1.31	0.24	29	27.86	16.44	19.34
4	6.19	1.43	0.34	30	30.14	18.40	22.40
5	6.49	1.57	0.45	31	32.67	20.63	25.99
6	6.81	1.72	0.57	32	35.49	23.18	30.22
7	7.16	1.88	0.71	33	38.64	26.09	35.19
8	7.53	2.06	0.86	34	42.16	29.44	41.06
9	7.92	2.25	1.03	35	46.12	33.30	48.03
10	8.35	2.47	1.22	36	50.59	37.75	56.31
11	8.80	2.71	1.44	37	55.63	42.92	66.19
12	9.28	2.97	1.69	38	61.35	48.93	78.03
13	9.81	3.26	1.97	39	67.87	55.96	92.25
14	10.37	3.59	2.29	40	75.31	64.20	109.41
15	10.98	3.94	2.65	41	83.86	73.90	130.22
16	11.63	4.34	3.06	42	93.71	85.38	155.55
17	12.34	4.77	3.53	43	105.11	99.02	186.54
18	13.10	5.26	4.07	44	118.37	115.31	224.64
19	13.93	5.80	4.68	45	133.88	134.88	271.76
20	14.83	6.40	5.39	46	152.10	158.51	330.35
21	15.82	7.07	6.20	47	173.64	187.21	403.67
22	16.88	7.82	7.13	48	199.26	222.31	496.01
23	18.05	8.66	8.20	49	229.93	265.51	613.16
24	19.32	9.60	9.44	50	266.89	319.07	762.86
25	20.72	10.66	10.88				

注：$N_q = e^{\pi\tan\varphi_k}\tan^2\left(45° + \frac{\varphi_k}{2}\right)$

$N_c = (N_q - 1)\cot\varphi_k \quad N_\gamma = 2(N_q + 1)\tan\varphi_k$

表 A.0.1-2 基础形状系数

基础形状	ζ_γ	ζ_q	ζ_c
条形	1.00	1.00	1.00
矩形	$1-0.4\dfrac{b}{l}$	$1+\dfrac{b}{l}\tan\varphi_k$	$1+\dfrac{b}{l}\dfrac{N_q}{N_c}$
圆形或方形	0.60	$1+\tan\varphi_k$	$1+\dfrac{N_q}{N_c}$

附录 B 用变形模量 E_0 估算天然地基平均沉降量

B.0.1 天然地基平均沉降可按下式估算：

$$s = \Psi_s pb\eta\sum_{i=1}^{n}\left(\frac{\delta_i-\delta_{i-1}}{E_{0i}}\right) \qquad (B.0.1)$$

式中 s——地基最终平均沉降量（mm）；

Ψ_s——沉降经验系数，根据地区经验确定，对花岗岩残积土 Ψ_s 可取 1；

p——对应于荷载效应准永久组合时的基底平均压力（kPa），地下水位以下扣除水浮力；

b——基础底面宽度（m）；

δ_i、δ_{i-1}——沉降应力系数，与基础长宽比（l/b）和基底至第 i 层和第 $i-1$ 层（岩）土底面的距离 Z 有关，可按表 B.0.1-1 确定；

E_{0i}——基底下第 i 层土的变形模量（MPa），可通过载荷试验或地区经验确定；

η——考虑刚性下卧层影响的修正系数，可按表 B.0.1-2 确定。

表 B.0.1-1 按 E_0 估算地基沉降应力系数 δ_i

$m=\dfrac{2z}{b}$	圆形基础 $b=2r$	矩形基础 $n=l/b$						条形基础 $n\geqslant10$
		1.0	1.4	1.8	2.4	3.2	5.0	
0.0	0.000	0.000	0.000	0.000	0.000	0.000	0.000	0.000
0.4	0.067	0.100	0.100	0.100	0.100	0.100	0.100	0.104
0.8	0.163	0.200	0.200	0.200	0.200	0.200	0.200	0.208
1.2	0.262	0.299	0.300	0.300	0.300	0.300	0.300	0.311
1.6	0.346	0.380	0.394	0.397	0.397	0.397	0.397	0.412
2.0	0.411	0.446	0.472	0.482	0.486	0.486	0.486	0.511
2.4	0.461	0.499	0.538	0.556	0.565	0.567	0.567	0.605
2.8	0.501	0.542	0.592	0.618	0.635	0.640	0.640	0.687
3.2	0.532	0.577	0.637	0.671	0.696	0.707	0.709	0.763
3.6	0.558	0.606	0.676	0.717	0.750	0.768	0.772	0.831
4.0	0.579	0.630	0.708	0.756	0.796	0.820	0.830	0.892
4.4	0.596	0.650	0.735	0.789	0.837	0.867	0.883	0.949
4.8	0.611	0.668	0.759	0.819	0.873	0.908	0.932	1.001
5.2	0.624	0.683	0.780	0.884	0.904	0.948	0.977	1.050
5.6	0.635	0.697	0.798	0.867	0.933	0.981	1.018	1.095
6.0	0.645	0.708	0.814	0.887	0.958	1.011	1.056	1.138

续表 B.0.1-1

$m=\dfrac{2z}{b}$	圆形基础 $b=2r$	矩形基础 $n=l/b$						条形基础 $n\geqslant10$
		1.0	1.4	1.8	2.4	3.2	5.0	
6.4	0.653	0.719	0.828	0.904	0.980	1.031	1.092	1.178
6.8	0.661	0.728	0.841	0.920	1.000	1.065	1.122	1.215
7.2	0.668	0.736	0.852	0.935	1.019	1.088	1.152	1.251
7.6	0.674	0.744	0.863	0.948	1.036	1.109	1.180	1.285
8.0	0.679	0.751	0.872	0.960	1.051	1.128	1.205	1.316
8.4	0.684	0.757	0.881	0.970	1.065	1.146	1.229	1.347
8.8	0.689	0.762	0.888	0.980	1.078	1.162	1.251	1.376
9.2	0.693	0.768	0.896	0.989	1.089	1.178	1.272	1.404
9.6	0.697	0.772	0.902	0.998	1.100	1.192	1.291	1.431
10.0	0.700	0.777	0.908	1.005	1.110	1.205	1.309	1.456
11.0	0.705	0.786	0.912	1.022	1.132	1.230	1.349	1.506
12.0	0.710	0.794	0.933	1.037	1.151	1.257	1.384	1.550

注：1 l 与 b——分别为矩形基础的长度与宽度（m）；
2 z——为基础底面至该层土底面的距离（m）；
3 r——圆形基础的半径（m）。

表 B.0.1-2 修正系数 η

$m=\dfrac{2z_n}{b}$	$0<m\leqslant0.5$	$0.5<m\leqslant1$	$1<m\leqslant2$	$2<m\leqslant3$	$3<m\leqslant5$	$5<m\leqslant\infty$
η	1.00	0.95	0.90	0.80	0.75	0.70

B.0.2 按变形模量 E_0 预测沉降时，沉降计算深度 z_n 可按下式确定：

$$z_n = (z_m+\xi b)\beta \qquad (B.0.2\text{-}1)$$

式中 z_n——沉降计算深度（m）；

z_m——与基础长宽比有关的经验值，按表 B.0.2-1 确定；

ξ——折减系数，按表 B.0.2-1 确定；

β——调整系数，按表 B.0.2-2 确定。

表 B.0.2-1 z_m 值和折减系数 ξ

l/b	1	2	3	4	$\geqslant5$
z_m	11.6	12.4	12.5	12.7	13.2
ξ	0.42	0.49	0.53	0.60	1.00

表 B.0.2-2 调整系数 β

土类	碎石土	砂土	粉土	黏性土、花岗岩残积土	软土
β	0.30	0.50	0.60	0.75	1.00

当无相邻荷载影响，基础宽度在 30m 范围内时，基础中点的地基沉降计算深度也可按下式计算：

$$z_n = b(2.5-0.4\ln b) \qquad (B.0.2\text{-}2)$$

附录C 用静力触探试验成果估算单桩竖向极限承载力

C.0.1 采用静力触探试验单桥 p_s 值可按下式估算预制桩单桩竖向极限承载力：

$$Q_u = u\Sigma q_{sik}l_i + \alpha_b p_{sb}A_p \quad (C.0.1)$$

式中 Q_u——单桩竖向极限承载力（kN）；

u——桩身周长（m）；

q_{sik}——用静力触探比贯入阻力 p_s 估算的第 i 层土的桩周极限侧阻力（kPa），可按以下规定取值：

（1）地表以下 6m 范围内的浅层土，一般取 $q_{sik}=15$kPa；

（2）黏性土：

当 $p_s \leqslant 1000$kPa 时，$q_{sik}=\frac{p_s}{20}$；

当 $p_s > 1000$kPa 时，$q_{sik}=0.025p_s+25$；

（3）粉性土及砂性土：$q_{sik}=\frac{p_s}{50}$；

l_i——第 i 层土桩长（m）；

α_b——桩端阻力修正系数，按表 C.0.1-1 取用；

p_{sb}——桩端附近的静力触探比贯入阻力平均值（kPa），按下式计算：

当 $p_{sb1} \leqslant p_{sb2}$ 时，$p_{sb}=\frac{p_{sb1}+p_{sb2}\beta}{2}$

当 $p_{sb1} > p_{sb2}$ 时，$p_{sb}=p_{sb2}$

p_{sb1}——桩端全断面以上 8 倍桩径范围内的比贯入阻力平均值（kPa）；

p_{sb2}——桩端全断面以下 4 倍桩径范围内的比贯入阻力平均值（kPa）；

β——折减系数，按 p_{sb2}/p_{sb1} 的值从表 C.0.1-2 中取用；

A_p——桩端面积（m²）。

表 C.0.1-1 桩端阻力修正系数 α_b 值

桩长 l（m）	$l \leqslant 7$	$7 < l \leqslant 30$	$l > 30$
α_b	2/3	5/6	1

表 C.0.1-2 折减系数 β 值

p_{sb2}/p_{sb1}	<5	5~10	10~15	>15
β	1	5/6	2/3	1/2

对于比贯入阻力值为 2500~6500kPa 的浅层粉性土及稍密的砂性土，计算桩端阻力和桩周侧阻力时应结合经验，考虑数值可能偏大的因素。用 p_s 估算的桩的极限端阻力不宜超过 8000kPa，桩周极限侧阻力不宜超过 100kPa。

C.0.2 采用静力触探试验双桥 q_c、f_{si} 值可按下式估算预制桩单桩竖向极限承载力，适用于一般黏性土和砂土。

$$Q_u = u\sum_{i=1}^{n} f_{si}l_i\beta_i + \alpha\bar{q}_c A_p \quad (C.0.2\text{-}1)$$

式中 f_{si}——第 i 层土的探头侧摩阻力（kPa）；

β_i——第 i 层土桩身侧摩阻力修正系数，按下式计算：

黏性土：$\beta_i = 10.043 f_{si}^{-0.55}$ （C.0.2-2）

砂性土：$\beta_i = 5.045 f_{si}^{-0.45}$ （C.0.2-3）

α——桩端阻力修正系数，对黏性土取 2/3，对饱和砂土取 1/2；

$\bar{q}_c$——桩端上、下探头阻力，取桩尖平面以上 $4d$ 范围内按厚度的加权平均值，然后再和桩端平面以下 $1d$ 范围内的 q_c 值进行平均（kPa）。

附录D 用标准贯入试验成果估算单桩竖向极限承载力

D.0.1 采用标准贯入试验成果可按下式估算预制桩、预应力管桩和沉管灌注桩单桩竖向极限承载力：

$$Q_u = \beta_s u\Sigma q_{sis}l_i + q_{ps}A_p \quad (D.0.1)$$

式中 q_{sis}——第 i 层土的极限侧阻力（kPa），可按表 D.0.1-1 采用；

q_{ps}——桩端土极限端阻力（kPa），可按表 D.0.1-2 采用；

β_s——桩侧阻力修正系数，土层埋深 h（m），当 $10 \leqslant h \leqslant 30$ 时取 1.0；土层埋深 $h >$ 30m 时取 1.1~1.2。

表 D.0.1-1 极限侧阻力 q_{sis}

土的类别	土（岩）层平均标准贯入实测击数（击）	极限侧阻力 q_{sis}（kPa）
淤泥	<1~3	10~16
淤泥质土	3~5	18~26
黏性土	5~10	20~30
	10~15	30~50
	15~30	50~80
	30~50	80~100
粉 土	5~10	20~40
	10~15	40~60
	15~30	60~80
	30~50	80~100
粉细砂	5~10	20~40
	10~15	40~60
	15~30	60~90
	30~50	90~110

续表 D.0.1-1

土的类别	土（岩）层平均标准贯入实测击数（击）	极限侧阻力 q_{sis}（kPa）
中　砂	10～15	40～60
	15～30	60～90
	30～50	90～110
粗　砂	15～30	70～90
	30～50	90～120
砾砂（含卵石）	＞30	110～140
全风化岩	40～70	100～160
强风化软质岩	＞70	160～200
强风化硬质岩	＞70	200～240

注：表中数据对无经验的地区应先用试桩资料进行验证。

表 D.0.1-2　极限端阻力 q_{ps}

<table>
<tr><td>标准贯入实测击数(击)
q_{ps}（kPa）
桩入土深度(m)</td><td>70</td><td>50</td><td>40</td><td>30</td><td>20</td><td>10</td></tr>
<tr><td>15</td><td>9000</td><td>8200</td><td>7800</td><td>6000</td><td>4000</td><td>1800</td></tr>
<tr><td>20</td><td rowspan="4">11000</td><td>8600</td><td>8200</td><td>6600</td><td>4400</td><td>2000</td></tr>
<tr><td>25</td><td>9000</td><td>8600</td><td>7000</td><td>4800</td><td>2200</td></tr>
<tr><td>30</td><td>9400</td><td>9000</td><td>7400</td><td>5000</td><td>2400</td></tr>
<tr><td>＞30</td><td>10000</td><td>9400</td><td>7800</td><td>6000</td><td>2600</td></tr>
</table>

注：1　表中数据可以内插；

2　表中数据对无经验的地区应先用试桩资料进行验证。

附录 E　大直径桩端阻力载荷试验要点

E.0.1　本试验要点适用于测求大直径桩（含扩底桩）端阻力。

E.0.2　大直径桩极限端阻力载荷试验应采用圆形刚性承压板，其直径为 0.8m。

E.0.3　承压板应置于桩端持力层上，亦可在试井完成后，直接在外径为 0.8m 的钢环内浇灌混凝土而成，当试井直径大于承压板直径时，紧靠承压板周围外侧的土层高度应不小于 0.8m；承压板上用小于试井直径的钢管联结，延伸至地面进行加荷；亦可利用井壁护圈作反力加荷，沉降观测宜直接在底板上进行。

E.0.4　加荷等级可按预估极限端阻力的 1/15～1/10 分级施加，最大荷载应达到破坏，且不应小于设计端阻力的两倍。

E.0.5　在加每级荷载后的第一小时内，每隔 10、10、10、15、15min 观测一次，以后每隔 30min 观测一次。

E.0.6　在每级荷载作用下，当连续 2h，每小时的沉降量小于 0.1mm 时，则认为已经稳定，可以施加下一级荷载。

E.0.7　终止加载条件应符合下列规定：

1　当荷载-沉降曲线上，有可判定极限端阻力的陡降段，且沉降量超过（0.04～0.06）d（d 为承压板直径），沉降量小的岩土取小值，反之取大值；

2　本级沉降量大于前一级沉降量的 5 倍；

3　某级荷载作用下经 24h 沉降量尚不能达到稳定标准；

4　当持力层岩土层坚硬，沉降量很小时，最大加载量已不小于设计端阻力 2 倍。

E.0.8　卸载观测应符合下列规定：

1　卸载的每级荷载为加载的 2 倍；

2　每级卸载后隔 15min 观测一次，读两次后，隔 0.5h 再读一次，即可卸下一级荷载；

3　全部卸载后隔 3～4h 再测读一次。

E.0.9　端阻力特征值的确定应符合下列规定：

1　满足终止加载条件前三条之一时，其对应的前一级压力定为极限端阻力，当该值小于对应比例界限压力值的 2 倍时，取极限端阻力值的一半为端阻力特征值；

2　当 p-s 曲线有明显的比例界限时，取比例界限所对应压力为端阻力特征值；

3　当 p-s 曲线无明显的拐点时，可取 s =（0.008～0.015）d（对全风化、强风化、中等风化岩取较小值，对黏性土取较大值，砂类土取中间值）所对应的 p 值，作为端阻力特征值，但其值不应大于最大加载量的一半。

E.0.10　同一岩土层参加统计的试验点不应少于三点，当试验实测值的极差不超过平均值的 30%时，取此平均值作为极限端阻力或端阻力特征值。

附录 F　用原位测试参数估算群桩基础最终沉降量

F.0.1　用原位测试参数换算土压缩模量 E_s，或直接用原位测试参数估算群桩基础沉降量的方法应符合下列要求：

1　适用于一般黏性土、粉土和砂土地基；

2　桩中心距小于 $6d$、排列密集的预制桩群桩基础；

3　桩基承台、桩群和桩间土视为实体基础，不考虑沿桩身的应力扩散；

4　计算沉降深度自桩端全断面平面算起，算至有效附加压力等于土有效自重压力的 20%处，有效附加压力应考虑相邻基础影响；

5　各地区应根据当地的工程实测资料统计对比、

验证，确定相应的桩基沉降计算经验系数。

F.0.2 对无法或难以采取不扰动土试样的填土、粉土、砂土和深部土层，可根据静力触探试验、标准贯入试验和旁压试验测试参数按表F.0.2的经验关系换算土的压缩模量 E_s 值。

表 F.0.2 土的压缩模量 E_s 与原位测试参数的经验关系

原位测试方法	土性	E_s(MPa)	适用深度	适用范围
静力触探试验	一般黏性土	$E_s=3.3p_s+3.2$ $E_s=3.7q_c+3.4$	15~70m	$0.8\leqslant p_s\leqslant5.0$(MPa) $0.7\leqslant q_c\leqslant4.0$(MPa)
	粉土及粉细砂	$E_s=(3\sim4)p_s$ $E_s=(3.4\sim4.4)q_c$	20~80m	$3.0\leqslant p_s\leqslant25.0$(MPa) $2.6\leqslant q_c\leqslant22.0$(MPa)
标准贯入试验	粉土及粉细砂	$E_s=(1\sim1.2)N$	<120m	$10\leqslant N\leqslant50$(击)
	中、粗砂	$E_s=(1.5\sim2)N$		$10\leqslant N\leqslant50$(击)
旁压试验	一般黏性土	$E_s=(0.7\sim1)E_m$	>10m	
	粉 土	$E_s=(1.2\sim1.5)E_m$		
	粉细砂	$E_s=(2\sim2.5)E_m$		
	中、粗砂	$E_s=(3\sim4)E_m$		

注:表中经验公式仅适用于桩基,使用前应根据地区资料进行验证。

F.0.3 群桩基础最终沉降量尚可用压缩模量 E_s 按下式估算：

$$s=\eta\Psi_{s1}\Psi_{s2}\sum_{i=1}^{n}\frac{p_{0i}h_i}{E_{si}} \qquad (\text{F.0.3})$$

式中 s——桩基最终沉降量(mm)；

η——桩端入土深度修正系数，当无地区经验时，可按 $\eta=1-0.5p_{cz}/p_0$ 计算，$\eta<0.3$ 时,取0.3；

p_{cz}——桩端处土的有效自重压力(kPa)；

p_0——对应于荷载效应准永久组合时的桩端处的有效附加压力(kPa)；

Ψ_{s1}——桩侧土性修正系数,当桩侧土有层厚不小于0.3B(B为等效基础宽度)的硬塑状的黏性土或中密—密实砂土时,$\Psi_{s1}=0.7\sim0.8$;可塑状黏性土或稍密砂土时,$\Psi_{s1}=1$;流塑状淤泥质土时,$\Psi_{s1}=1.2$;

Ψ_{s2}——桩端土性修正系数，当桩端下有层厚$\geqslant0.5B$的硬塑状的黏性土或中密—密实砂土时，$\Psi_{s2}=0.8$;可塑状黏性土或稍密砂土时，$\Psi_{s2}=1$;流塑状淤泥质土时，$\Psi_{s2}=1.1$;

p_{0i}——桩端下第 i 土层中的平均有效附加压力(采用Bousinesq应力分布解)(kPa)；

E_{si}——桩端下第 i 土层中的平均压缩模量(MPa),可按表F.0.2确定；

h_i——桩端下第 i 土层的厚度(m)。

F.0.4 采用静力触探试验或标准贯入试验方法估算桩基础最终沉降量：

$$s=\Psi_s\frac{p_0}{2}B\eta/(3.3\bar{p}_s) \qquad (\text{F.0.4-1})$$

$$s=\Psi_s\frac{p_0}{2}B\eta/(4\bar{q}_c) \qquad (\text{F.0.4-2})$$

$$s=\Psi_s\frac{p_0}{2}B\eta/\bar{N} \qquad (\text{F.0.4-3})$$

式中 s——桩基最终沉降量(mm)；

Ψ_s——桩基沉降估算经验系数,应根据类似工程条件下沉降观测资料和经验确定；

B——等效基础宽度(m),$B=\sqrt{A}$；

A——等效基础面积(m^2)；

$\bar{p}_s$或$\bar{q}_c$——取1倍 B 范围内静探比贯入阻力或锥尖阻力按厚度修正平均值(MPa),其计算方法如图F.0.4；

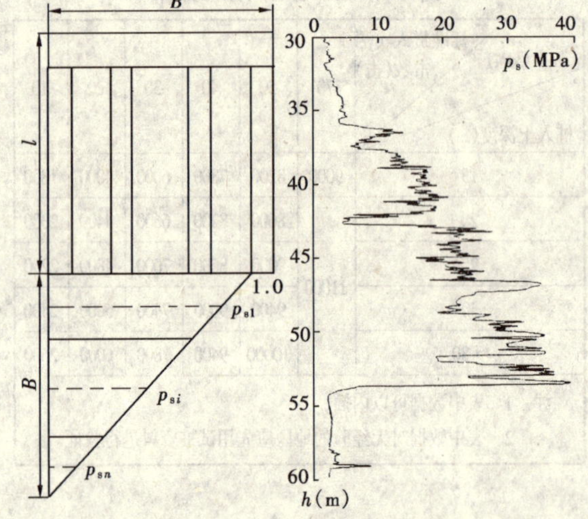

图 F.0.4 $\bar{p}_s$ 计算方法

$$\bar{p}_s=\sum_{i=1}^{n}p_{si}I_{si}h_i\Big/\left(\frac{1}{2}B\right) \qquad (\text{F.0.4-4})$$

p_{si}——桩端以下第 i 层土的比贯入阻力(MPa)；

I_{si}——第 i 层土应力衰减系数,取该层土深度中点处与桩端处为1.0,一倍等效基础宽度深度处为0的应力三角形交点值；

h_i——桩端下第 i 层土厚度(m)；

$\bar{N}$——取1倍 B 范围内标准贯入试验击数按厚度修正平均值,计算方法与静探相同。

附录 G 抗浮桩和抗浮锚杆抗拔静载荷试验要点

G.0.1 试验应采用接近于抗浮桩和抗浮锚杆的实际工作条件的试验方法,以确定单桩(或单根锚杆)的抗拔极限承载力。

G.0.2 加载装置：抗浮桩一般采用液压千斤顶加载，抗浮锚杆一般采用穿孔液压千斤顶加载，千斤顶和油泵的额定压力必须大于试验压力，且试验前应进行标定。加载反力装置的承载力和刚度应满足最大试验荷载的要求。

G.0.3 计量仪表(测力计、位移计和计时表等)应满足测试要求的精度。位移量一般采用百分表或电子位移计测量，对大直径桩应在其两个正交直径方向对称安置4个位移测试仪表，中、小直径桩可安置2个或3个位移测试仪表。

G.0.4 从成桩或锚杆注浆后到开始试验的间歇时间：在确定桩身强度或锚杆锚固段浆体强度达到设计要求的前提下，对于砂类土，不应少于10d；对于粉土和黏性土，不应少于15d；对于淤泥或淤泥质土，不应少于25d。

G.0.5 对于重要工程或缺乏经验的地层，试验桩(或锚杆)数应不少于3根。

G.0.6 进行工程设计检测时，预计最大试验荷载应加至破坏或预估抗拔设计承载力的两倍。试验桩或试验锚杆的配筋应满足最大试验荷载的要求。

G.0.7 加载方式：考虑到抗浮桩和抗浮锚杆的实际受荷特征，宜采用循环加、卸载法，加荷等级与位移测读间隔时间应按表G.0.7确定。

表 G.0.7 循环加、卸荷等级与位移观测间隔时间表

加荷标准 \ 循环数	$\frac{\text{加荷量}}{\text{预计最大试验荷载}}$(%)								
第一循环	10	—	—	—	30	—	—	—	10
第二循环	10	30	—	—	50	—	—	30	10
第三循环	10	30	30	50	70	—	50	30	10
第四循环	10	30	30	50	80	70	50	30	10
第五循环	10	30	30	50	90	80	50	30	10
第六循环	10	30	30	50	100	90	50	30	10
观测时间(min)	5	5	5	5	10	5	5	5	5

注：在每级加荷等级观测时间内，测读桩锚头位移不应少于3次。

G.0.8 终止加载条件：当出现下列情况之一时，即可终止加载，此时的荷载为破坏荷载：

1 锚头或桩头位移不收敛；

2 某级荷载作用下，锚头或桩头变形量达到前一级荷载作用下的5倍；

3 抗拔桩累计拔出量超过100mm或抗浮锚杆累计拔出量超过设计允许值。

G.0.9 锚杆弹性变形不应小于自由段长度变形计算值的80%，且不应大于自由段长度与1/2锚固段长度之和的弹性变形计算值。

G.0.10 变形相对稳定标准：在每级加荷等级观测时间内，位移增量不超过0.1mm，并连续出现两次，方可加下一级荷载，否则应延长观测时间，直到位移增量在2h内小于2.0mm，方可施加下一级荷载。

G.0.11 抗浮桩和抗浮锚杆抗拔试验结果应进行详细记录，并绘制有关图表，编写详细的分析报告。

G.0.12 抗浮桩或抗浮锚杆抗拔极限承载力的确定：

1 破坏荷载的前一级荷载；

2 在最大试验荷载下未达到G.0.8规定的破坏标准时，取最大试验荷载；

3 荷载-变形(Q-s)曲线陡升起始点所对应的荷载或s-lg$t$曲线尾部显著弯曲点所对应的前一级荷载。

附录H 基床系数载荷试验要点

H.0.1 本试验要点适用于测求弹性地基文克尔基床系数。

H.0.2 平板载荷试验应布置在有代表性的地点进行，每个场地不宜少于3组试验，且应布置于基础底面标高处。

H.0.3 载荷试验的试坑直径不应小于承压板直径的3倍。

H.0.4 用于基床系数载荷试验的标准承压板应为圆形，其直径应为0.30m。

H.0.5 最大加载量应达到破坏。承压板的安装、加载分级、观测时间、稳定标准和终止加载条件等，应符合现行国家标准《建筑地基基础设计规范》GB 50007浅层平板载荷试验要点的要求。

H.0.6 根据载荷试验成果分析要求，应绘制荷载(p)与沉降(s)曲线，必要时绘制各级荷载下沉降(s)与时间(t)或时间对数(lg$t$)曲线；根据p-s曲线拐点，结合s-lg$t$曲线特征，确定比例界限压力。

H.0.7 确定地基土基床系数K_s应符合下列要求：

1 根据标准承压板载荷试验p-s曲线，按式(H.0.7-1)计算基准基床系数K_v(kN/m^3)：

$$K_v = \frac{p}{s} \tag{H.0.7-1}$$

式中 p——实测p-s关系曲线比例界限压力，如p-s关系曲线无明显直线段，p可取极限压力之半(kPa)；

s——为相应于该p值的沉降量(m)。

2 根据实际基础尺寸，修正后的地基土基床系数K_{v1}(kN/m^3)按下式计算：

黏性土：
$$K_{v1} = \frac{0.30}{b}K_v \tag{H.0.7-2}$$

砂　土：
$$K_{v1} = \left(\frac{b+0.30}{2b}\right)^2 K_v \tag{H.0.7-3}$$

式中 b——基础底面宽度(m)。

3 根据实际基础形状，修正后的地基基床系数 K_s(kN/m^3)按下式计算：

黏性土： $$K_s = K_{v1}\left(\frac{2l + b}{3l}\right) \quad (H.0.7\text{-}4)$$

砂 土： $$K_s = K_{v1} \quad (H.0.7\text{-}5)$$

式中 l——基础底面的长度(m)。

本规程用词说明

1 为便于在执行本规程条文时区别对待，对要求严格程度不同的用词说明如下：

1）表示很严格，非这样做不可的：

正面词采用“必须”；反面词采用“严禁”。

2）表示严格，在正常情况下均应这样做的：

正面词采用“应”；反面词采用“不应”或“不得”。

3）表示允许稍有选择，在条件许可时，首先应这样做的：

正面词采用“宜”；反面词采用“不宜”。

表示有选择，在一定条件下可以这样做的，采用“可”。

2 条文中指明应按其他有关标准执行的写法为：“应按……执行”或“应符合……的规定（或要求）”。

中华人民共和国行业标准

高层建筑岩土工程勘察规程

JGJ 72—2004

条 文 说 明

前　言

《高层建筑岩土工程勘察规程》（JGJ 72—2004），经建设部 2004 年 6 月 25 日以建标［2004］251 号文批准，业已发布。

本规程第一版的主编单位是机械电子工业部勘察研究院。

为便于广大设计、施工、科研、学校等单位的有关人员在使用本规程时能正确理解和执行条文规定，《高层建筑岩土工程勘察规程》编制组按章、节、条顺序编制了本规程的条文说明，供使用者参考。在使用中如发现本条文说明有不妥之处，请将意见函寄机械工业勘察设计研究院。

目　次

1 总 则

1.0.1 本条主要明确了制定本规程的目的和指导思想。制定本规程的目的在于在高层建筑岩土工程勘察中贯彻执行国家技术经济政策，合理统一技术标准，促进岩土工程技术进步；为高层建筑而进行的岩土工程勘察，在指导思想上应起好四个方面的桥梁作用：即"承上启下"的桥梁作用及地质体与结构体之间、工程地质与土木工程之间、勘察与设计之间的桥梁作用，且应在它们之间保证有足够的"搭接长度"。岩土工程勘察不仅是客观地反映工程地质条件，而是要为高层建筑的设计、施工和建设的全过程服务。在制定勘察方案、选择勘察手段和方法、进行岩土工程分析评价、提出勘察报告以及在建设期间的全过程都应做到技术先进、经济合理、安全适用、确保质量和保护环境。为达到上述目的，本次修订中加强了分析评价内容，并注意吸收了近十年来高层建筑岩土工程勘察中的新技术和新经验，尤其是原位测试技术的应用。

1.0.2 本条规定了本规程的适用范围。本规程中所指高层、超高层建筑系根据行业标准《民用建筑设计通则》JGJ 37 划分确定，该通则规定：1. 住宅建筑按层数划分为：1～3 层为低层；4～6 层为多层；7～9 层为中高层；10 层以上为高层；2. 公共建筑及综合性建筑高度超过 24m 为高层（不包括高度超过 24m 的单层主体建筑）；3. 建筑高度超过 100m 时，不论住宅或公共建筑均为超高层。本规程中的高耸构筑物系指烟囱、水塔、电视塔，双曲线冷却塔、石油化工塔、贮仓等民用与工业高耸结构物。

考虑到在勘察阶段划分、勘察手段、勘察方法和勘察评价方面，本规程可以满足所有高层建筑、高耸构筑物勘察的要求，因而本次修订时取消了原规程适用范围为 50 层以下高层建筑、100m 以下重要构筑物和 300m 以下高耸构筑物的限制。

1.0.3 本条提出了高层建筑岩土工程勘察的共性和原则性要求。高层建筑的特点是竖向和水平荷载均很大，基础埋置深，地基基础通常按变形控制设计，制定勘察方案和分析评价时应充分考虑这些特点。考虑到我国幅员宽广，地基条件差异性很大，故进行勘察时要重视地区经验，因地制宜布置勘察方案和进行分析评价；实践证明，只有在详细了解和摸清建设和设计要求情况下才能使勘察工作有较强的针对性，解决好设计和施工所关心的岩土工程问题，做到勘察评价有的放矢，勘察结论与建议切合工程实际，故本条强调了详细了解和研究建设、设计要求。原始资料的真实性是保证工程质量的基础，在 2000 年 1 月 30 日由国务院颁发的《建筑工程质量管理条例》中，就提出了"勘察成果必须真实准确"，故本规程的总则中规定"提出资料真实准确、评价确切合理的岩土工程勘察报告和工程咨询报告"。

1.0.4 在执行本规程时，尚应符合的现行国家标准主要包括：《岩土工程勘察规范》GB 50021、《建筑地基基础设计规范》GB 50007、《建筑抗震设计规范》GB 50011、《建筑边坡工程技术规范》GB 50330、《工程岩体分级标准》GB 50218、《土工试验方法标准》GB/T 50123 等，尤其是其中的强制性条文。

2 术语和符号

2.1 术 语

2.1.1 "岩土工程勘察"在国家标准《岩土工程勘察规范》GB 50021 术语中及《岩土工程基本术语标准》GB/T 50279 中均有解释，本条文针对高层建筑特点强调两点：一是采用多种勘察手段和方法；二是勘察工作为解决高层建筑（含超高层建筑、高耸构筑物）建设中有关岩土工程问题而进行。

2.1.2 一般性勘探点是以查明地基主要受力层性质，满足评价地基（桩基）承载力等一般性问题为目的的勘探点。

2.1.3 控制性勘探点是以控制场地的地层结构，满足场地、地基、基坑稳定性评价及地基变形计算为目的的勘探点。

2.1.6 近年来随着高层建筑地下室的不断加深，地下室在地下水作用下的抗浮评价显得越来越重要，而抗浮评价中的重要内容之一就是要确定抗浮设防水位，抗浮设防地下水位的评价要以地下室抗浮评价计算的安全性、科学性和经济合理性为前提。

3 基本规定

3.0.1 根据国家标准《岩土工程勘察规范》GB 50021 的规定，岩土工程勘察等级系根据工程重要性等级、场地复杂程度等级和地基复杂程度等级来划分。对于所有高层建筑、超高层建筑和高耸构筑物（以下简称高层建筑）而言，按工程重要性等级划分，均应属一、二级工程，不存在三级工程，故高层建筑的岩土工程勘察等级只划分为甲、乙两级。因当工程重要性等级为一级时，即便是场地或地基复杂程度等级为三级（简单），按《岩土工程勘察规范》GB 50021 勘察等级的划分标准，亦应属于甲级；当工程重要性等级为二级时，即便是场地或地基复杂程度等级为三级（简单）时，其勘察等级亦应划分为乙级。有关场地和地基复杂程度的划分标准，均应按国家标准《岩土工程勘察规范》GB 50021执行，本规程不再作规定。

3.0.2 本次修订对高层建筑勘察阶段的合理划分更

予重视，划分的条件更为明确。考虑到对位于城市中少数重点的、勘察等级为甲级的高层建筑，往往是城市中有历史意义和深远影响的标志性建筑，对这些建筑的勘察工作，应留有足够的时间，投入必要的经费，充分论证场地和地基的安全性、稳定性和经济合理性，预测和解决有关岩土工程问题，为后续建设工程打好基础。为此，本条第1款规定了对这些工程宜分为可行性研究、初步勘察、详细勘察三阶段进行；第2款明确了分初步勘察、详细勘察两阶段进行的条件；第3款明确了可按一阶段进行勘察的条件。本次修订还进一步明确了应进行施工勘察的条件，对复杂场地和复杂地基，在施工中可能出现一些岩土工程问题，例如岩溶地区，施工中发现地质情况有异常；岩质基坑开挖后，各主要结构面才全面暴露，需进一步做工程地质测绘等施工地质工作，以便于处理；地基处理需进一步提供参数；复合地基需进行设计参数检测；建筑物平面位置有移动需要补充勘察等，为解决这些问题，都应重新委托进行施工勘察。此外还规定了勘察单位宜参与施工验槽，这在现行国家标准《建筑地基基础设计规范》GB 50007和《岩土工程勘察规范》GB 50021中均提出了这方面要求。

3.0.3 本条分别规定了在进行初步勘察或详细勘察前，详细了解建设方和设计方要求（任务委托书、合同等）基础上，应取得和搜集的资料，这些资料中有些是由委托方提供，有些是需通过委托方主动去搜集方能获得。详勘应取得的资料中包括荷载及荷载效应组合，这对荷载很大的高层建筑勘察的分析评价非常重要，国家标准《建筑地基基础设计规范》GB 50007的强制性条文中特别提出地基基础设计时，所采用的荷载效应的最不利组合与相应的抗力限值的规定，岩土工程勘察人员在分析评价时应当了解设计人员所提出的下列荷载效应不利组合荷载的用途：

1 当计算分析地基承载力或单桩承载力特征值时，传至基础或承台底面上的荷载效应按正常使用极限状态下荷载效应的标准组合的荷载。相应的抗力采用地基承载力特征值或单桩承载力特征值。

2 计算分析地基变形时，传至基础底面上的荷载效应应按正常使用极限状态下荷载效应的准永久组合的荷载，不应计入风荷载和地震作用。相应的限值应为地基变形允许值。

3 当计算挡土墙土压力、地基稳定，斜坡稳定或滑坡推力时，荷载效应应按承载能力极限状态下荷载效应的基本组合，但其分项系数均为1.0。

3.0.4 此条系本次修订时提出。鉴于勘探点布设和勘察方案的经济合理性，很大程度上决定于场地、地基的复杂程度和对其了解及掌握程度，而岩土工程勘察人员对其最为了解，故应当由勘察或设计单位的注册岩土工程师在充分了解建筑设计要求，详细消化委托方所提供资料基础上结合场地工程地质条件按本规程规定布设。若设计或委托方提供了布孔图，可以作为布设主要依据。目前国内大多数地区的岩土工程勘察都是如此，但也有少数地区和境外工程项目并非这样，而是由委托方或设计方布孔并确定勘探深度，勘察单位只能"照打不误"，若因有障碍物稍有移动（2～3m），必须征得委托方同意并签证，且在报告中写明，否则作为不合格，此做法显然不合理，应当改变。

3.0.5 本条规定了高层建筑初步勘察阶段的目的和任务，对其中几个主要问题说明如下：

1 本条第1款提出要查明场地所在地貌单元，是因地貌形态是地质历史长期演变的结果，它是岩土时代、成因、地层结构、岩土特性的综合反映，对宏观判定场地稳定性、承载力、岩土变形特性等至关重要。

2 第2款中的抗震设防区是指抗震设防烈度等于大于6度的地区；抗震设防区应评价的内容和提供的参数是根据国家标准《建筑抗震设计规范》GB 50011强制性条文的要求而提出，其中"设计需要时"系指当设计需要采用时程分析法补充计算的建筑。

3 高层建筑基础埋置深，很多情况下都要考虑地下室的抗浮和防水问题，勘察单位需要提供水位季节变化幅度和抗浮设防水位。在没有长期观测资料情况下，提供这些资料甚为困难，因而提出在初勘时，应设置地下水长期观测孔，初勘到地下室正式施工还有一段较长时间，取得一段时期的观测资料，对判定最高水位和变化幅度是有帮助的。

3.0.6 本条原则性地规定了高层建筑详细勘察阶段的目的与任务，应采取的勘察方法和应提供的资料和建议。多种手段系针对所需解决的岩土工程问题，而布设的钻探、物探、原位测试、室内试验和设计参数检测等手段，但应避免盲目求全。

3.0.7 本条较详细地规定了高层建筑详细勘察阶段应解决的主要岩土工程问题：

1 本条第1款提出，为岩质的地基和基坑工程设计应查明岩石坚硬程度、岩体完整程度、基本质量等级和风化程度，这是很有必要的，这些参数应根据国家标准《岩土工程勘察规范》GB 50021的分类标准划分提出。

2 基础埋置深是高层建筑主要特点之一，由此往往会遇到地下水和与其相关的问题。地下室抗浮问题在高层建筑设计中比较突出，为此第2款中要求提供季节变化幅度、工程需要时提供抗浮设防水位。对基坑工程，要求提供控制地下水的降水或截水措施，当建议采用降水措施时，应充分估计到降水对周边已有建筑、道路、管线的影响。

3 高层建筑地基主要是按变形控制设计的原则，这是高层建筑的另一特点，为此第4款要求预测变形特征，考虑到高层建筑的特殊性，和本规程提出的要起好“桥梁作用”的指导思想，且在计算机应用比较普及的今天和有地区经验的情况下，是有可能做到的。国家标准《岩土工程勘察规范》GB 50021 强制性条文也提出了这一要求，故本规程对此作出了规定。

4 本条第 5 款规定提供桩的极限侧阻力和极限端阻力，这是因为桩的侧阻力和端阻力多是以基桩载荷试验的极限承载力为基础，且由于桩长和桩端进入持力层的深度不同，其桩侧阻力和桩端阻力发挥程度是不同的，亦即桩侧阻力特征值和桩端阻力特征值并非定值。因而勘察期间，在桩长和进入持力层深度未能最后确定情况下，只提供极限侧阻力和极限端阻力，或估算单桩极限承载力是合适的。

5 本条第 6 款规定要求提供“地质模型”的建议。所指“地质模型”是将场地勘察中所获得的各种地质信息资料，包括地貌、成因、地层结构和各种测试、试验数据通过分析研究、抽象、概化后提出一个有代表性的地层结构模型和相关的参数供设计计算使用。“地质模型 Geological model”这一概念早在 1983 年我国的工程地质学家孙玉科先生就提出“地质模式”的概念，1996 年明确为“工程地质模型（简称地质模型）”。香港的准规范《Pile Design and Construction》GEO publication No.1/96 中亦提出桩基工程设计前应首先由有经验的岩土工程师建立地质模型。本规程在第二次征求意见过程中，对要求在报告中为浅基础、桩基础变形计算、水文地质降水设计计算、基坑工程设计计算提供地质模型，有不同看法，考虑到目前岩土工程发展的现实情况，本规程只保留为基坑工程提供“地质模型”的要求。这是由于基坑工程设计中，地层结构、岩土性质将直接决定土压力大小，它就是施加于支护结构上的荷载，直接影响基坑工程的安全和工程的经济合理性，近年来在一些地区，由于地质模型和其配套的参数选择不当，造成事故和抢险加固的事例时有发生。为此在基坑工程中保留了这一要求。

3.0.8 推行岩土工程咨询设计是岩土工程勘察单位的发展方向，高层建筑设计施工过程中有许多岩土工程问题，在勘察期间不能完全提出，随着建设过程的推移，将会陆续提出。具有咨询设计资质的岩土工程勘察单位受委托方的要求，可以有偿承担和提供为解决本条所提出的各项岩土工程问题进行专门工程咨询和提出专题咨询报告。

3.0.9 本条是对各种观测工作提出建议。由于高层建筑基础埋置深，浅基础设计时，需要考虑基坑开挖卸荷后的回弹量，此时可在开挖施工前，埋设标点，以观测开挖后的回弹量；当需要了解地基的回弹再压缩量时，应在基础底板浇筑时设置标点，从基础底面起即进行观测，以测得回弹再压缩的全过程。

4 勘察方案布设

4.1 天然地基勘察方案布设

4.1.1 高层建筑采用天然地基时，控制横向倾斜至关重要，因而在宽度方向上地层的均匀性必须查清，本条 1 款规定，勘察方案布设应满足纵横方向对地层结构和地基均匀性的评价要求。

建筑场地整体稳定性，尤其是斜坡地带上建筑场地整体稳定性更加重要，勘察方案布设应满足稳定性分析的要求。

2 款强调查清地基持力层和下卧层的起伏情况，这是高层建筑采用天然地基的关键，也是主楼和裙楼差异沉降分析的要求。现场工作时绘制地层剖面草图，发现地基持力层和下卧层变化较大时，应及时查清。

5 款水文地质勘察是指布设专门查明地下水流速、流向、渗透系数、单井出水量等水文地质参数的勘探点，并进行现场试验工作，满足施工降水截水的设计要求。

4.1.2 提出了勘探点平面布设应考虑的原则和布设的数量，布设原则就是根据建筑物平面形状和荷载的分布情况，对如何布设作了一些具体规定：

1 是适应建筑体形做出的规定，当建筑平面为矩形时，应按双排布设，当为不规则形状时，应在突出部位的角点和凹进的阴角布设；

2 是针对建筑荷载差异做出的规定，即在层数、荷载和建筑体型变异较大位置处，应布设勘探点；

3 规定了对勘察等级为甲级的高层建筑要在中心点或电梯井、核心筒部位布设勘探点，因这些部位一般荷载最大，为计算建筑物这些部位的最大沉降，需查清这些部位的地层结构；

4 是对勘探点数量做了规定，对勘察等级为甲级的单幢高层建筑不少于 5 个，乙级不少于 4 个，同时规定了控制性勘探点的数量不应少于勘探点总数的 1/3。该款规定比原《高层建筑岩土工程勘察规程》JGJ 72—90（以下简称原规程 JGJ 72—90）适当放宽，主要是根据这些年高层建筑勘察经验做出的，有利于充分发挥岩土工程师的作用；

5 是针对高层建筑群做出的规定，目前，我国经济建设持续发展，高层建筑勘察往往不是一幢二幢，而是一个小区或数幢同时进行。该款规定比较灵活，既可按单幢高层建筑布设，亦可结合方格网布设，相邻建筑的勘探点可互相共用。

4.1.3 规定了勘探点间距和加密原则。根据多年来高层建筑勘察经验，勘探点间距 15～35m，是适当的，合理的。既适用于单幢建筑，也适用于高层建筑群。对于勘探点间距取值和加密作了一些具体规定。

4.1.4 对高层建筑勘探孔的深度作了具体规定：

1 款控制性勘探孔是为变形计算服务的，其深度应超过变形计算深度。有关变形计算深度可按应力比法亦可按应变比法进行计算。

2～3 款规定了控制性勘探孔的深度应适当大于地基变形计算深度，一般性勘探孔的深度应适当大于主要受力层的深度。在不具备变形计算深度条件时，可按式 $d_c = d + \alpha_c\beta b$、$d_g = d + \alpha_g\beta b$ 来计算；对于表 4.1.4 经验系数 α_c、α_g 值，根据多年的工程经验，并以实测数据为依据，是实用有效的，继续沿用。虽然，对深厚软土做天然地基可能性不大，但勘察时，控制性孔仍应穿过软土，故表 4.1.4 中仍保留软土一栏的 α_c、α_g 值。

上式中增加了 β 值：定义为与高层建筑层数或基底压力有关的经验系数，对勘察等级为甲级的高层建筑可取 1.1，乙级可取 1.0，因甲级与乙级高层建筑在地层结构和基础宽度一致的情况下，基底压力不同，其变形计算深度应有所不同，勘探孔的深度若一样显然是不合理的。因此，适当加大勘察等级为甲级的高层建筑的勘探孔深度。

关于控制性勘探孔的深度能否满足变形设计深度的要求，原规程 JGJ 72—90 的条文说明已作的论证是可以满足的。现再参考，张诚厚等编著的《高速公路软基处理》（中国建筑工业出版社 1997 年 3 月出版）中“沪宁高速公路昆山试验段软基加固试验研究总结报告”一文，压缩层厚度计算与实测深度对比见下表：

表 1 压缩层厚度计算与实测深度对比表（单位 m）

断　面	1号	2号	3号	4号	5号	6号	7号	8号	9号	10号
实测深度	10	15	12	11	13	10.4	≥10	≥15	≥20	≥14
$\Delta s \leqslant 0.025\Sigma\Delta s_i$ 法计算深度	9.8	10.8	15	15.8	8.0	18.0	10.3	13.0	23.0	15.5
$\Delta p_i/\Delta p_{0i} \leqslant 0.1$ 法计算深度	31	36	30	32	31	32	51	47	57	44
$\Delta p_i/\Delta p_{0i} \leqslant 0.2$ 法计算深度	24	30	23	23	24	24	36	35	43	33
本规程计算深度	$\alpha_c\beta b$ = (1.0～1.5) ×1×20=20～30									

该试验路段全长 1.6km，按双向六车道、路堤宽 b 取 20m，地面下地层结构为：① 亚黏土硬壳层，厚约 2m；② 淤泥质黏性土层，东侧（沪）3 号、4 号、5 号、6 号断面厚约 5～6m，西侧（宁）7 号、8 号、9 号断面，最大厚度可达 25m，中部 1 号、2 号、10 号断面，其厚度介于东西侧之间；③ 亚黏土层；④ 深层淤泥质黏性土；⑤ 亚砂土及粉砂。从上表可再次证明控制孔深度完全满足变形计算深度（即压缩层深度）的要求。

4.1.5 对采取不扰动土试样和原位测试勘探点的数量作了规定，即不宜少于勘探点总数的 2/3，这里的原位测试是指静力触探、动力触探、旁压试验、扁铲侧胀试验和标准贯入试验等。考虑到软土地区取样困难，原位测试能较准确地反映土性指标，因此可将原位测试点作为取土测试勘探点。

4.1.6 规定了采取不扰动土试样和进行原位测试的竖向间距，为了保证不扰动土试样和原位测试指标有一定数量，规定基础底面下 1.0 倍基础宽度内采样及试验点间距按 1～2m，以下根据土层变化情况适当加大距离，且在同一钻孔中或同一勘探点采取土试样和原位测试宜结合进行。这里的原位测试主要是指标准贯入试验、旁压试验、扁铲侧胀试验等。

4.1.7 对每幢高层建筑各主要土层内采取不扰动土试样和原位测试的数量作了规定。需要指出的是不扰动土试样和原位测试的数量要同时满足，另外静力触探和动力触探是连续贯入，不能用次数来统计。

4.1.8 由于新修订的国家标准《岩土工程勘察规范》GB 50021，《建筑地基基础设计规范》GB 50007 均取消了承载力表，而载荷试验对确定地基承载力是比较可靠的方法，因此规定了对勘察等级为甲级的高层建筑或工程经验缺乏或研究程度较差的地区，宜布设载荷试验确定天然地基持力层的承载力特征值和变形参数。

4.2 桩基勘察方案布设

4.2.1 本条是对端承型桩基勘探点平面布设做出的规定：

1 勘探点间距 12～24m，是考虑柱距通常为 6m 的倍数而提出。

2 本款主要是规定勘探点的加密原则。原规程 JGJ 72—90 和《建筑桩基技术规范》JGJ 94 均规定，当相邻勘探点所揭露桩端持力层层面坡度超过 10% 时，宜加密勘探点；国家标准《岩土工程勘察规范》GB 50021 规定，相邻勘探点揭露持力层层面高差宜控制为 1～2m。当勘探点间距为 12～24m 时，按 10% 控制即为高差 1.2～2.4m，因而两者规定是一致的。对于复杂地基的一柱一桩工程，宜每柱设置勘探点，这里的复杂地基是指端承型桩端持力层岩土种类多，很不均匀，性质变化大的地基，且一柱一桩多为荷载很大，一旦出现差错或事故，将影响大局，难以弥补和处理，故规定按柱位布孔。

3 岩溶发育场地，溶沟、溶槽、溶洞很发育，显然属复杂场地，此时若以基岩作为桩端持力层，应按柱位布孔。但单纯钻探工作往往还难以查明其发育程度和发育规律，故应辅以有效地球物理勘探方法，近年来地球物理勘探技术发展很快，有效的方法有电法、地震法（浅层折射法或浅层反射法）及钻孔电磁波透视法等。连通性系指土洞与溶洞的连通性、溶洞本身的连通性和岩溶水的连通性。

4.2.2 本条是对摩擦型桩勘探点平面布设作出的规定：

1 摩擦型桩勘探点间距20～35m，系根据各勘察单位多年来积累的勘察经验，实践证明是经济合理的。

2 对于基础宽度大于35m的高层建筑不仅沿建筑物周边布孔，其中心宜布设勘探点，这主要是参照摩擦型桩用得很多的《上海地基基础设计规范》DBJ 08—11而规定的。

4.2.3 本条是对端承型桩勘探孔深度作出的规定：

1 本条1款所指作为桩端持力层的可压缩地层，包括硬塑、坚硬状态的黏性土；中密、密实的砂土和碎石土，还包括全风化和强风化岩。这些岩土按《建筑桩基技术规范》JGJ 94的规定，全断面进入持力层的深度不宜小于：黏性土、粉土 $2d$（d为桩径），砂土 $1.5d$，碎石土 $1d$，当存在软弱下卧层时，桩基以下硬持力层厚度不宜小于 $4d$；当硬持力层较厚且施工条件允许时，桩端全断面进入持力层的深度宜达到桩端阻力的临界深度，临界深度的经验值，砂与碎石土为 $3d$～$10d$，粉土、黏性土为 $2d$～$6d$，愈密实、愈坚硬临界深度愈大，反之愈小。因而，勘探孔进入持力层深度的原则是：应超过预计桩端全断面进入持力层的一定深度，当持力层较厚时，宜达到临界深度。为此，本条规定，控制性勘探孔应深入预计桩端下5～10m或 $6d$～$10d$，《欧洲地基基础规范》（建设部综合勘察研究院印，1988年3月）规定，不小于10倍桩身宽度；一般性勘探孔应达到预计桩端下3～5m，或 $3d$～$5d$，原规程JGJ 72—90规定勘探孔进入持力层的深度，控制孔为3～5m，一般孔为1～2m偏浅，本次修订作了上述调整。

2 本条2～5款是对嵌岩桩的勘探深度作出规定，由于嵌岩桩是指嵌入中等风化或微风化岩石的钢筋混凝土灌注桩，且系大直径桩，这种桩型一般不需考虑沉降问题，尤其是以微风化岩作为持力层，往往是以桩身强度控制单桩承载力。嵌岩桩的勘探深度与岩石成因类型和岩性有关。一般岩质地基系指岩浆岩、正变质岩及厚层状的沉积岩，这些岩体多系整体状结构和块状结构，岩石风化带明确，层位稳定，进入微风化带一定深度后，其下一般不会再出现软弱夹层，故规定一般性勘探孔进入预计嵌岩面以下 $1d$～$3d$，控制性勘探孔进入预计嵌岩面以下 $3d$～$5d$。花岗岩地区，在残积土和全、强风化带中常出现球状风化体，直径一般为1～3m，最大可达5m，岩性呈微风化状，钻探过程中容易造成误判，为此，第3款中对此特予强调，一般性和控制性勘探孔均要求进入微风化一定深度，目的是杜绝误判。

3 在具多韵律薄层状沉积岩或变质岩地区，常有强风化、中等风化、微风化呈互层或重复出现的情况，此时若要以微风化岩层作为嵌岩桩的持力层时，必须保证微风化岩层具有足够厚度，为此本条第5款规定，勘探孔应进入微风化岩厚度不小于5m方能终孔。

4.2.4 对于摩擦型桩虽然是以侧阻力为主，但在勘察时，还是应寻求相对较坚硬、较密实的地层作为桩端持力层，故规定一般性勘探孔的深度应进入预计桩端持力层或最大桩端入土深度以下不小于3m，此3m值是按以可压缩地层作为桩端持力层和中等直径桩考虑确定的；对高层建筑采用的摩擦型桩，多为筏基或箱基下的群桩，此类桩筏或桩箱基础除考虑承载力满足要求外，还要验算沉降，为满足验算沉降需要，提出了控制性勘探孔深度的要求。

4.2.5 以基岩作桩端持力层时，桩端阻力特征值取决于岩石的坚硬程度、岩体的完整程度和岩石的风化程度。岩石坚硬程度的定量指标为岩石单轴饱和抗压强度；岩体的完整程度定量指标为岩体完整性指数，它为岩体与岩块压缩波速度比值的平方；岩石风化程度的定量指标为波速比，它为风化岩石与新鲜岩石压缩波波速之比。因此在勘察等级为甲级的高层建筑勘察时宜进行岩体的压缩波波速测试，按完整性指数判定岩体的完整程度，按波速比判定岩石风化程度，这对决定桩端阻力和桩侧阻力的大小有关键性作用。

4.3 复合地基勘察方案布设

4.3.1 复合地基的类型很多，针对高层建筑特点，本规程所指复合地基，是在不良地基中设置竖向增强体（桩体），通过置换、挤密作用对土体进行加固，形成地基土与竖向增强体共同承担建筑荷载的人工地基。

表2 竖向增强体（桩）复合地基分类

按桩体刚度分类	按成桩材料分类	举　例
柔性桩	散体土类桩	砂（石）桩、碎石桩、灰土桩
半刚性桩	水泥土类桩	水泥搅拌桩、旋喷桩
刚性桩	混凝土类桩	CFG（水泥、粉煤灰、砾石）桩、素混凝土桩

利用竖向增强体的高强度、低变形特性，可以改善天然地基土体在强度、变形方面的不足，也可以解决地基土液化、湿陷等工程问题，从而满足高层建筑对地基的要求。

目前，复合地基在许多地区得到了广泛的应用，取得了丰富的地区经验，采用复合地基方案的建筑物也由十几层、二十几层，发展到三十层左右，在此基础上，本次《高层建筑岩土工程勘察规程》修订增加了复合地基勘察方案布设（第4.3节）和评价（第8.4节）内容。

勘察前除了搜集一般工程勘察所需要的基础资料

外，强调应注意收集地区经验。由于我国地域辽阔，工程地质与水文地质条件、建筑材料及施工机械与方法不尽相同，区域性很强，由此引发的工程问题复杂，应对措施也十分丰富，因此要强调依据规范和地区经验来编制复合地基勘察方案。需要解决的主要岩土工程问题包括建筑地基的强度、变形、湿陷性、液化等。

4.3.2 复合地基勘察方案布设有其特点，其勘探点平面布设和勘探点间距应按天然地基（4.1 节）规定执行，勘探孔深度则应符合 4.2 节桩基勘察要求，重点是查明桩端持力层的地层分布和性状，当需要按变形控制设计时，还需查明下卧岩土层的性状。对某些桩端持力层起伏大的部位宜加密勘探点，查明桩端持力层顶板起伏及其厚度的变化。

4.3.3 本条对高层建筑常用复合地基类型的勘察方案布设提出相应的要求：

1 涉及土或灰土桩挤密法的规范有《灰土桩和土桩挤密地基设计施工及验收规程》DBJ 24—2、《湿陷性黄土地区建筑规范》GB 50025、《建筑地基处理技术规范》JGJ 79。

经验表明，土的含水量及干密度对采用土或灰土桩挤密法消除黄土湿陷性效果影响很大，成孔的好坏在于土的含水量，桩距大小在于土的干密度，当土的含水量大于 23%及饱和度超过 0.65 时往往难以成孔，而且挤密效果差，为了达到消除黄土湿陷性效果，要求灰土的干密度 $\rho_d \geqslant 15kN/m^3$ 或者其压实系数 $\lambda \geqslant 0.9$。

2 采用砂石桩挤密法的复合地基，由于在成桩过程中桩间土受到多次预振作用、砂石桩的排水通道作用、成桩对桩间土的挤密、振密作用，有效地消散了由振动引起的超孔隙水压力，同时土的结构强度得以提高，从而使得地基土的抗液化能力得到提高，表现在标贯击数的增加、静力触探比贯入阻力的提高等方面。在地基勘察时应进行相关的试验，提供相应的测试结果，以对比和检验加固后的效果。

3 不同的地基加固方法，分别对地下水水位及流动状态、腐蚀性、pH 值、硫酸盐含量、土质及土中含水量、有机质含量等因素有着不同的要求和限制；有些加固方法只适用于地下水位以上的地层；水泥土的抗压强度随土层含水量的增加而迅速降低；土中有机质含量越高，水泥的加固效果就越差，甚至单用水泥无法对有机质含量高的土进行加固；地下水 pH 值高、硫酸盐含量高时，用水泥加固效果差等等。因此，应根据不同的地基加固方法结合地区性经验布设相应的勘察工作，提供设计所需的参数。

4.3.4 由于复合地基增强体类型多，受施工因素影响大，很难有较准确和符合实际的承载力计算表达式，且根据国家标准《建筑地基基础设计规范》GB 50007 强制性条文，强调要进行复合地基载荷试验的要求，为此作出了本条的规定。另规定在缺乏复合地基设计、施工经验的地区，尚应进行包括不同类型、不同桩长、不同桩距甚至各种桩型组合的复合地基原型试验，主要是使设计参数更为准确可靠和经济合理，同时也为积累地区经验。

复合地基的各种试验，应根据设计要求，首先做好合理的试验设计。

4.4 基坑工程勘察方案布设

4.4.1 近十年来基坑失稳出现的事故不少，为此各方都给予了高度重视，“基坑工程”已成为岩土工程领域中的一门专门学科。高层建筑基础埋置深，必然遇到基坑工程这一重要问题，本次修订时，从岩土工程勘察的角度将“基坑工程勘察方案布设”和“基坑工程评价”独立成节，对有关问题作出规定。

为基坑工程而进行的勘察工作是高层建筑岩土工程勘察的一个重要部分，故本条规定应与高层建筑勘察同步进行，并分别提出了初步勘察和详细勘察中应解决的重点问题。

4.4.2 周边环境是基坑工程的勘察、设计、施工中必须首先考虑的问题，在进行这些工作时应有“先人后己”的概念。周边环境的复杂程度是决定基坑工程设计等级、支护结构方案选型等最重要的因素之一，勘察最后的结论和建议亦必须充分考虑对周边环境影响而提出。为此，本条规定了勘察时，委托方应提供的周边环境的资料，当不能取得时，勘察人员应通过委托方主动向有关单位搜集有关资料，必要时，业主应专项委托勘察单位采用开挖、物探、专用仪器等进行探测。

4.4.3 勘察平面范围应适当扩到基坑边界以外，主要是因为基坑支护设置锚杆，降水、截水等都必须了解和掌握基坑边线外一定距离内的地质情况，但扩展外出的具体距离，各规范规定不尽完全一致，高层建筑多在城市中心位置，而业主一般都要将征地面积用足，地下室外墙边线往往靠近红线甚至压在红线上，要扩展到红线以外很远进行勘探工作有困难，通常只有依靠调查，搜集资料来解决，考虑这些因素，本规程定为“勘察范围宜达到基坑边线以外两倍以上基坑深度”，并规定“为查明某些专门问题可以在边线以外布设勘探点”。某些专门问题系指跨越不同地貌单元、斜坡边缘、填土分布复杂等。

4.4.4 关于勘探孔深度，两本国家标准均规定“宜为基坑深度的 2～3 倍”，本规程规定“勘探孔的深度不宜小于基坑深度 2 倍”，并规定控制性勘探孔应穿过软土层、穿过主要含水层进入隔水层一定深度等；在基坑深度内遇微风基岩时，一般性勘探孔应钻入微风化岩 1～3m，是因为有的地区强风化、中等风化、微风化岩呈互层出现，为避免微风化岩面误判，需进入一定深度。

4.4.5 现行的各基坑工程技术规范标准中，均没有岩质基坑工程勘察设计的规定，本条提出了为岩质基坑勘察时，应查明的主要内容。

4.4.6 本条是针对为基坑设计提供有关参数而应进行的原位测试项目提出的要求。其中在地下连续墙和排桩支护设计中,要按弹性地基梁计算,有时需要提供基床系数,故提出设计需要时,应进行基床系数试验,载荷试验测求基床系数的试验要点见附录H。

4.4.7 本条是对室内试验的要求，其中要求对砂、砾、卵石层进行水上、水下休止角试验，主要是根据测得的天然休止角来预估这类土的内摩擦角。

4.4.8 地下水是影响基坑工程安全的重要因素，本条规定了基坑工程设计应查明场地水文地质条件的有关问题。当含水层为卵石层或含卵石颗粒的砂层时，强调要详细描述卵石颗粒的粒径和颗粒组成（级配），这是因为卵石粒径的大小，对设计施工时选择截水方案和选用机具设备有密切的关系，例如，当卵石粒径大，含量多，采用深层搅拌桩形成帷幕截水会有很大困难，甚至不可能。

5 地 下 水

5.0.1 本章为新增内容。本条规定了高层建筑勘察中对地下水的基本要求。在高层建筑勘察中地下水对基础工程和环境的影响问题越来越突出，如基础设计中的抗浮、基坑支护设计中侧向水压力、基坑开挖过程中管涌、突涌以及工程降水引起地面沉降等环境问题，大量工程经验表明，地下水作用对工程建设的安全与造价产生极大影响。因此，勘察中要求查明与工程有关的水文地质条件，评价地下水对工程的作用和影响，预测可能产生的岩土工程危害，为设计和施工提供必要的水文地质资料。

5.0.2～5.0.3 主要依据地区经验的丰富程度、场地的水文地质条件的复杂程度、地区有无地下水长期观测资料以及对工程影响程度，有针对性地区分地下水调查和现场勘察的两部分内容。在调查和专门的水文地质勘察中，从高层建筑工程勘察角度出发，侧重查明地下水类型、与工程有关的含水层分布、承压水水头、渗透性以及地下水与地表水的水力联系，尤其是地下水与江、河、湖、海水体的水力联系。

5.0.4 对工程有重大影响的多层含水层，在分层测水位时，应采取止水措施将被测含水层与其他含水层隔离。如较难实施时，可采用埋设孔隙水压力计进行量测，或采用孔压静力触探试验进行量测。搞清多层地下水水位，这对基础设计和基坑设计十分重要，并涉及到基坑施工的安全性问题，但目前不少勘察人员往往测量其混合水位，这可能造成严重不良后果。故本条文作了明确规定。

5.0.5 含水层的渗透系数等水文地质参数测定，有现场试验和室内试验两种方法，一般室内试验由于边界条件与实际相差太大（如在上海地区的黏性土中往往夹有薄层粉砂），室内与现场试验结果会差几个数量级，如选择参数不当，可能造成不安全的降水设计，故本条提出宜采用现场试验。

5.0.6 根据高层建筑基础埋深较大的特点，以及在工程建设中由于降水而引起的环境问题，本条文规定评价地下水对工程的作用和影响的内容。如地下水对结构的上浮作用，经济合理地确定抗浮设防水位将涉及工程造价、施工难度和周期等一些十分关键的问题；施工中降排水引起的潜水位或承压水头的下降，虽能减少水的浮托力，但增加了土体的有效压力，使土体产生附加沉降，在黏性土地层中也可能出现“流泥”现象，引起地面塌陷，造成不均匀沉降而对周围环境（邻近建筑物、地下管线等）产生不良影响等环境问题；当基坑下有承压含水层时，由于基坑开挖减少了基坑底部隔水土层的厚度，在承压水头压力作用下，基坑底部土体将会产生隆起或突涌等危险现象。

5.0.7 本条文规定采取降低地下水位的措施所要满足的要求。如施工中地下水位应保持在基坑底面下0.5～1.5m，目的是为降低挖出土体的含水量、减少对坑底土扰动、增加坑底土被动压力并减少坑底土体回弹，也是为满足基础底板做防水施工时对岩土含水量的要求。

6 室 内 试 验

6.0.1 本章仅包括高层建筑岩土工程勘察中特殊性室内试验要求。

6.0.2 为准确计算地基承载力，c、φ 值数据的选用非常重要，而抗剪强度试验的方法对 c、φ 值影响很大。高层建筑勘察比一般工程勘察更重要，故本规程只强调三轴压缩试验，未提直剪试验。

对饱和黏性土和深部的土样，为消除取土时应力释放和结构扰动的影响，在自重压力下固结后再进行剪切试验。

关于抗剪强度试验的方法，总的原则是应该与建筑物的实际受力状况以及施工工况相符合。对于施工加荷速率较快，地基土的排水条件较差的黏土、粉质黏土等，固结排水时间较长，如加荷速率较快，来不及达到完全固结，土已剪损，这种情况下宜采用不固结不排水剪（UU）。对于施工加荷速率较慢，地基土的排水条件较好，如经过预压固结的地基，实际工程中有充分时间固结，这种情况下可根据其固结程度采用固结不排水剪（CU）。原状砂土取样困难时可考虑采用冷冻法等取土技术。

对于软土地区，按 c、φ 的试验峰值强度计算地基承载力与工程经验相比偏大较多，应适当折减。

6.0.3 压缩试验方法应与所选用计算沉降方法相适

应，试验选用合适与否直接影响到计算沉降量的正确性。

1 本款是针对分层总和法进行的压缩试验而定。对高层建筑地基来说，不应按固定的 100～200kPa 压力段所求得的压缩模量。而应按土的自重压力至土自重压力与附加压力之和的压力段，取其相应压缩模量。这样的试验方法和取值与工程实际受力情况较符合，显然是合理的。

2 本款是针对考虑应力历史的固结沉降计算所需参数的试验方法，这种沉降计算需用先期固结压力 p_c、压缩指数 C_c 和回弹再压缩指数 C_r 等三个参数。为准确求得 p_c 值，最大压力应加至出现较长的直线段，必要时可加至 3000～5000kPa，否则难以在 e-$\log p$ 曲线上准确求得 p_c 和 C_c 值。p_c 值可按卡式图解法确定。C_r 值宜在预计的 p_c 值之后进行卸载回弹试验确定。卸荷回弹压力从何处开始过去不明确，本规程规定从所取土样处的上覆自重压力处开始，这是考虑取土后应力释放，在室内重新恢复其原始应力状态。对于超固结土应超过预估的先期固结压力，以不影响 p_c 值的选取。至于卸至何处？本应根据基坑开挖深度确定，但恐开挖深度浅，卸荷压力小，即回弹点太少难以正确确定 C_r 值，而且还不能卸荷至零点以超过仪器本身的标定压力。为试验方便，在确定自重压力时可分深度取整。开挖深度 10m 以内，土自重压力一般不会超过 200kPa，取最大压力为 200kPa 处分级卸荷，卸至 12.5kPa；当深度为 11～20m 时，一般考虑有地下水，取最大有效自重压力为 300kPa 处分级卸荷，卸至 25kPa；21～30m 时取 400kPa 处分级卸荷至 50kPa。

3 群桩深基础变形验算时，取对应实际不同压力段的压缩模量、压缩指数 C_c、回弹再压缩指数 C_r 等进行计算。

4 回弹模量和回弹再压缩模量的测求，可按照上述第 2 款说明的方法。对有效自重压力分段取整，获得回弹和回弹再压缩曲线，利用回弹曲线的割线斜率计算回弹模量，利用回弹再压缩割线斜率计算回弹再压缩模量。在实际工程中，若两者相差不大，也可以前者代替后者。

6.0.4 基坑开挖需降低地下水位时，可根据土性进行原位测试和室内渗透试验确定相应参数，必要时尚应进行现场抽水试验，以满足降水设计需要。为了估算砂土的内摩擦角，对于砂土应进行水上、水下的休止角试验。

6.0.5 在验算边坡稳定性以及基坑工程中的支挡结构设计时，土的抗剪强度参数应慎重选取。三轴压缩试验受力明确，又可控制排水条件，因此本规程规定宜采用三轴压缩试验方法。现对其中主要问题说明如下：

1 不同规范计算土压力时 c、φ 的取值规定为，行业标准《建筑基坑支护技术规程》JGJ 120：c、φ 应按照三轴固结不排水试验确定，当有可靠经验时，可采用直剪固快试验确定。上海市工程建设规范《上海地基基础设计规范》DBJ 08—11：水土分算时，c、φ 取固结不排水（CU）或直剪固快的峰值；水土合算时，c、φ 取直剪固快的峰值。其他部分行业规范和地方规范关于土压力计算时，c、φ 值的确定可参见《岩土工程勘察规范》GB 500021 相应条文说明。

2 对于饱和黏性土，本规程推荐采用三轴固结不排水（CU）强度参数计算土压力，其主要依据：一是饱和黏性土渗透性弱、渗透系数较小，宜采用三轴压缩试验总应力法（CU）试验；二是根据试算证明是安全和合适的。为了合理选取土的抗剪强度指标，本次修订时，进行了试算和对比。试算依据上海地铁工程三组软土场地同时完成的直剪固快试验、三轴不固结不排水（UU）试验、三轴固结不排水（CU）试验（由上海岩土工程勘察设计研究院提供），所得强度参数标准值按总应力法水土合算进行了土压力试算，对比详见表 3～表 5 。

表 3 场地 1 主动土压力和被动土压力计算表

土层号	土层名	层厚 (m)	γ_i (kN/m³)	$\Sigma\gamma_i h_i$ (kN/m²)	固结不排水 c_{cu} (kPa)	φ_{cu} (°)	K_{acu}	P_{acu} (kPa)	K_{pcu}	P_{pcu} (kPa)	不固结不排水 c_{uu} (kPa)	φ_{uu} (°)	K_{auu}	P_{auu} (kPa)	K_{puu}	P_{puu} (kPa)	直剪固快 c (kPa)	φ (°)	K_a	P_a (kPa)	K_p	P_p (kPa)
③	淤泥质粉质黏土	3	17.4	52.2	10	18.5	0.518	0 12.65			22	0	1	0 8.20			12	20.5	0.481	0 8.44		
④$_1$	淤泥质黏土	7	16.7	169.1	11	13.8	0.615	14.85 86.74			25	0	1	2.20 119.10			14	12.0	0.656	11.56 88.25		
④$_1$	淤泥质黏土	11	16.7	183.7	11	13.8			1.98	35.02 399.66	25	0			1	50.00 233.70	14	12.0			1.80	41.80 372.18
基坑 10m 深处主动土压力和坑底下 11m 处被动土压力合力 (kN)								366.95		2390.74				426.48		1560.35				353.56		2276.89

表 4　场地 2 主动土压力和被动土压力计算表

土层号	土层名	层厚 (m)	γ_i (kN/m³)	$\Sigma\gamma_i h_i$ (kN/m²)	固结不排水 c_{cu} (kPa)	φ_{cu} (°)	K_{acu}	P_{acu} (kPa)	K_{pcu}	P_{pcu} (kPa)	不固结不排水 c_{uu} (kPa)	φ_{uu} (°)	K_{auu}	P_{auu} (kPa)	K_{puu}	P_{puu} (kPa)	直剪固快 c (kPa)	φ (°)	K_a	P_a (kPa)	K_p	P_p (kPa)
②	黏　土	2	18.3	36.6	18	21.7	0.460	0 0			54	0	1	0 0			24	19.0	0.42	0 0		
③	淤泥质粉质黏土	3	17.6	89.4	10	17.0	0.548	0 34.19			33	0	1	0 23.40			12	21.5	0.66	0 25.10		
④$_1$	淤泥质黏土	10	16.6	255.4	10	14.0	0.610	38.91 140.17			19	0	1	51.40 217.40			14	12.5	0.61	35.11 142.03		
⑤$_{1-1}$	黏　土	8	17.6	140.8	14	19.8			2.82	57.45 454.94	40	0			1	80.00 220.80	17	15.5			2183	57.94 365.36
⑤$_{1-2}$	粉质黏土	12	17.8	354.4	14	26.3			4.41	701.23 1643.20	61	0			1	262.80 476.40	16	22.0			3.25	530.46 1224.70
基坑 15m 深处主动土压力和坑底下 20m 处被动土压力合力（kN）								946.70		16116.00				1358.63		5638.00				923.35		12224.00

表 5　场地 3 主动土压力和被动土压力计算表

土层号	土层名	层厚 (m)	γ_i (kN/m³)	$\Sigma\gamma_i h_i$ (kN/m²)	固结不排水 c_{cu} (kPa)	φ_{cu} (°)	K_{acu}	P_{acu} (kPa)	K_{pcu}	P_{pcu} (kPa)	不固结不排水 c_{uu} (kPa)	φ_{uu} (°)	K_{auu}	P_{auu} (kPa)	K_{puu}	P_{puu} (kPa)	直剪固快 c (kPa)	φ (°)	K_a	P_a (kPa)	K_p	P_p (kPa)
②	黏土	2	17.8	35.6	18	16.8	0.552	0 0			47	0	1	0 0			20	15	0.589	0 0		
③$_2$	砂质粉土	3	18.6	91.4	4	31.0	0.320	0 24.72			37	0	1	0 17.40			4	31	0.32	0 24.72		
③$_3$	淤泥质粉质黏土	2	17.4	126.2	12	16.0	0.568	33.83 53.59			19	0	1	53.40 88.20			13	27.5	0.538	30 48.86		
④	淤泥质黏土	3	16.6	176.0	11	15.3	0.582	56.67 85.65			20	0	1	86.20 136.00			14	11.5	0.668	61.42 94.68		
⑤$_{1-1}$	淤泥质粉质黏土	3	17.5	228.5	9	19.0	0.509	76.74 103.46			22	0	1	132.00 184.50			12	19.5	0.499	70.87 97.07		
⑤$_{1-2}$	黏土夹粉质黏土	2	17.7	263.9	17	19.5	0.499	90.00 107.67			37	0	1	160.50 195.90			16	15.0	0.589	110.03 130.88		
⑤$_{1-2}$	黏土夹粉质黏土	12	17.7	212.4	17	19.5			2.77	68.82 656.63	37	0			1	74.00 286.40	16	15.0			2.12	53.38 503.66
⑥	粉质黏土	6	19.4	328.8	42	18.6			2.62	719.45 1024.4	121	0			1	454.40 570.80	45	17			2.38	668.29 945.21
基坑 15m 深处主动土压力和坑底下 18m 处被动土压力合力（kN）								805.95		9660.90				1313.88		5238.00				842.91		8182.70

图 1、图 2 为场地 3 不同试验参数主动土压力和被动土压力比较。从图表可以看出，用直剪固快和固结不排水（CU）强度参数计算所得的主动与被动土压力强度较为接近。二者与不固结不排水（UU）强度参数计算所得的土压力强度比较，在较浅的深度，UU 计算的主动土压力强度偏小；在较深处，UU 计算的主动土压力强度偏大；在计算深度范围内，UU 所得的被动土压力强度均较 CU 小；从相同计算深度的合力相比，按 UU 计算的主动土压力合力虽较按 CU 计算者大 1.16～1.63，但按 UU 计算的被动土压力合力则仅相当于按 CU 计算的 0.35～0.65；被动土压力与主动土压力合力的比值，按 UU 计算为 3.66～4.15，而按 CU 计算为 6.51～11.99。因而总体说来，按 CU 参数计算是偏于安全和合适的。参考我国其他行业标准和地方标准，本规程规定，计算土压力可采用固结不排水（CU）试验，提供 c_{cu}、φ_{cu} 参数。当有可靠经验时，也可采用直剪固快试验指标。由于饱和黏性土，尤其是软黏土，原始固结度不高，且受到取土扰动的影响，为了不使试验结果过低，故规定了应在有效自重压力下进行预固结后再剪的试验要求。

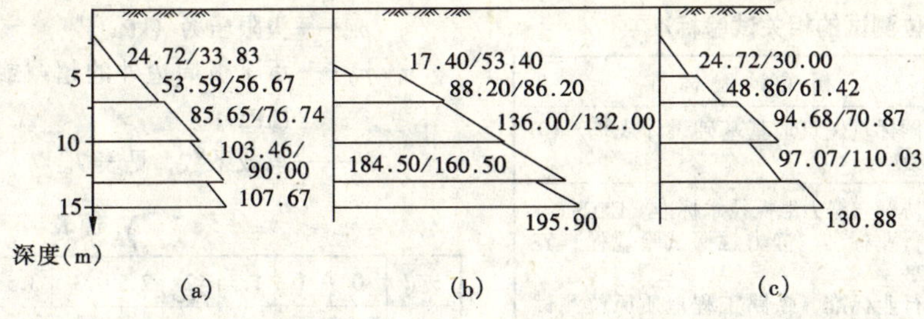

图1 场地3主动土压力强度比较（单位：kPa）

(a) 固结不排水；(b) 不固结不排水；(c) 直剪固快

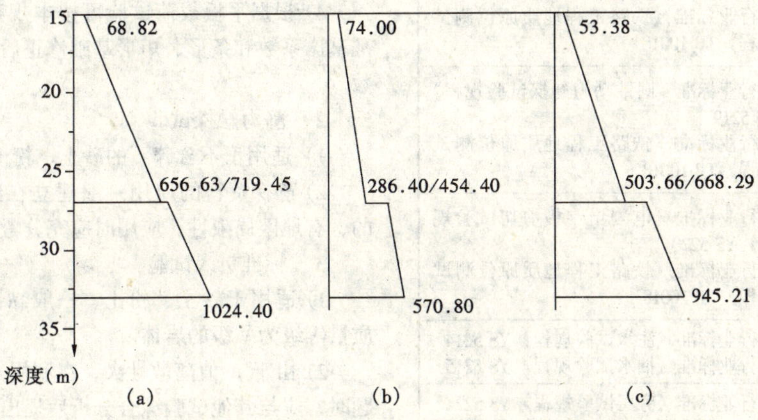

图2 场地3被动土压力强度比较（单位：kPa）

(a) 固结不排水；(b) 不固结不排水；(c) 直剪固快

3 国家标准《建筑地基基础设计规范》GB 50007、建设部行业标准及湖北省、深圳市、广东省等基坑工程地方标准均规定对黏性土宜采用土水合算，对砂土宜采用土水分算；冶金部行业标准，上海市和广州市基坑工程标准则规定以土水分算为主，有经验时，对黏性土可采用土水合算，根据上述试算对比，其强度参数宜用总应力法的 CU 试验参数；当用土水分算时，其强度参数宜用三轴有效应力法、固结不排水孔隙压力（$\overline{\text{CU}}$）试验。

4 对于砂、砾、卵石土由于渗透性强，渗透系数大，可以很快排水固结，且这类土均应采用土水分算法，计算时其重度是采用有效重度，故其强度参数从理论上看，均应采用有效强度参数，即 c'、φ'，其试验方法应是有效应力法，三轴固结不排水测孔隙水压力（$\overline{\text{CU}}$）试验，测求有效强度。但实际工程中，很难取得砂、砾、卵石的原状试样而进行室内试验，采用砂土天然休止角试验和现场标准贯入试验可估算砂土的有效内摩擦角 φ'，一般情况下按 $\varphi'=\sqrt{20N}+15°$估算，式中 N 为标准贯入实测击数。

5 对于抗隆起验算，一般都是基坑底部或支护结构底部有软黏土时才验算，因而应当采用饱和软黏土的 UU 试验方法所得强度参数，或采用原位十字板剪切试验测得的不固结不排水强度参数。对于整体稳定性验算亦应采用不固结不排水强度参数。

6.0.7 动三轴、动单剪和共振柱是土的动力性质试验中目前比较常用的三种方法。其他试验方法或还不成熟，或仅作专门研究之用，故本规程未作规定。

地基土动力参数不仅随动应变而变化，而且不同仪器或试验方法对试验结果也有影响。这主要是其应变范围不同所致，故本规程提出了各种试验方法的应变适用范围。

7 原位测试

7.0.1 原位测试基本上是在原位应力条件下对岩土体进行试验，因其测试结果有较高的可靠性和代表性，是高层建筑岩土工程勘察中十分重要的手段，尤其在难以取得原状土样的地层更能发挥出它的优势，能解决高层建筑的承载力、沉降等问题，提供基坑工程设计等参数。但由于原位测试成果运用一般是建立在统计公式基础上的，有很强的地区性和土类的局限性，因此，在选择原位测试方法时应综合考虑岩土条件、设计对参数的要求、地区经验和测试方法的适用性等因素。

7.0.2 正是由于原位测试成果应用一般建立在统计经验公式上的，因此尤其需要积累经验，进行工程实测对比，综合分析，完善经验公式，将有助于缩短勘察工期，提高勘察质量。

7.0.3 各种原位测试均应遵照相应的试验规程进行，下表列出了可供参考的相关标准。

表 6　原位测试的相关试验标准

试验项目	相关试验标准
载荷试验	国标《建筑地基基础设计规范》GB 50007
静力触探试验	协标《静力触探技术标准》CECS 04 行业标准《静力触探试验规程》YS 5223 行业标准《铁路工程地质原位测试规程》TB 10018
标准贯入试验	行业标准《标准贯入试验规程》YS 5213 行业标准《铁路工程地质原位测试规程》TB 10018
动力触探试验	行业标准《圆锥动力触探试验规程》YS 5219 行业标准《铁路工程地质原位测试规程》TB 10018
十字板剪切试验	行业标准《电测十字板剪切试验规程》YS 5220 行业标准《铁路工程地质原位测试规程》TB 10018
现场渗透试验	行业标准《注水试验规程》YS 5214 行业标准《抽水试验规程》YS 5215
旁压试验	行业标准《旁压试验规程》YS 5224 行业标准《PY 型预钻式旁压试验规程》JGJ 69 行业标准《铁路工程地质原位测试规程》TB 10018
扁铲侧胀试验	行业标准《铁路工程地质原位测试规程》TB 10018
波速测试	国标《地基动力特性测试规范》GB/T 50269
场地微振动测试	协标《场地微振动测试技术规程》CECS 74

1　平板载荷试验

1) 对于勘察等级为甲级的高层建筑，为比较准确地确定持力层或主要受力层地基承载力和变形模量，可进行平板载荷试验。平板载荷试验适用于基础影响范围内均一的土层，对非均质土或多层土，载荷试验反映的承压板影响范围内地基土的性状与实际基础下地基土的性状将有很大的差异，应充分考虑尺寸效应，并进行具体分析。

2) 载荷试验成果计算土的变形模量，浅层平板载荷试验是假设荷载作用在弹性半无限体的表面，而深层平板载荷试验是假设荷载作用在弹性半无限体的内部，其计算方法可参照国标《岩土工程勘察规范》GB 50021。

3) 对于饱和软黏性土，根据快速法载荷试验的极限压力 p_u，可按下式估算土的不排水抗剪强度：

$$c_u = (p_u - p_0)/N_c \tag{1}$$

式中　c_u——土的不排水抗剪强度（kPa）；

p_u——极限压力（kPa）；

p_0——承压板周边外的超载或土的自重压力（kPa）；

N_c——承载系数，见表 7。

表 7　N_c 值表

z/d	0	1	1.5	2	2.5	3	3.5	4	5	6
N_c	6.14	8.07	8.56	8.86	9.07	9.21	9.32	9.40	9.52	9.60

注：z 为承压板埋深（m），d 为承压板直径（m）。

4) 根据平板载荷试验可按本规程附录 H 计算基准基床系数和条形、矩形基础修正后地基土的基床系数。

2　静力触探试验

1) 适用于不含碎石的砂土、粉土和黏性土。

2) 静探资料的应用一般建立在经验关系基础上的，有地区局限性，应用时应充分考虑地方经验。

3　标准贯入试验

1) 适用于砂土、粉土、一般黏性土及岩体基本质量等级为Ⅴ级的岩体。

2) 由于 N 值离散性大，在利用 N 值解决工程问题时，应与其他试验综合分析后提出。

4　动力触探试验

1) 重型或超重型动力触探试验主要适用于砂土、碎石土及软岩；轻型动力触探试验主要适用于浅层黏性土和素填土。

2) 采用动力触探资料评价土的工程性能时，应建立在地区经验基础上。

5　十字板剪切试验

1) 适用于均质饱和黏性土，对夹粉砂或粉土薄层、或有植物根茎的饱和黏性土不宜采用。

2) 根据原状土的抗剪强度 c_u 和重塑土的抗剪强度 c'_u，按下式计算土的灵敏度 S_t：

$$S_t = c_u/c'_u \tag{2}$$

黏性土灵敏度分类见表 8。

表 8　黏性土灵敏度分类表

低灵敏度	中灵敏度	高灵敏度
$S_t<2$	$2\leqslant S_t<4$	$4\leqslant S_t<8$

6　现场渗透试验

是针对施工降水设计所需水文地质参数而进行的原位测试，现场渗透试验包括单孔或多孔（井）的抽（注）水试验和分层抽（注）水试验。

7　旁压试验

1) 适用于黏性土、粉土、砂土、碎石土、残积土、极软岩和软岩。

2) 分别按下式计算旁压模量 E_m 和剪变（切）模量 G_m：

$$E_m = 2(1+\nu)\left(V_c + \frac{V_0 + V_f}{2}\right)\frac{\Delta p}{\Delta V} \quad (3)$$

$$G_m = \left(V_c + \frac{V_0 + V_f}{2}\right)\frac{\Delta p}{\Delta V} \quad (4)$$

式中 ν——土的泊松比；

V_c——旁压器固有的原始体积（cm^3）；

V_0——相应于旁压器接触孔壁所扩张的体积（cm^3）；

V_f——临塑压力 p_f 所对应的扩张体积（cm^3）；

p_0——旁压试验初始压力（kPa）；

P_f——旁压试验临塑压力（kPa）；

$\frac{\Delta p}{\Delta V}$——旁压曲线似弹性直线斜率；

E_m——旁压模量（kPa）；

G_m——旁压剪变（切）模量（kPa）。

3）按下式计算土的侧向基床系数 K_m：

$$K_m = \Delta p / \Delta r \quad (5)$$

式中 Δp——压力差；

Δr——Δp 对应的半径差。

4）按 R.J.Mair（1987）公式计算软黏性土不排水抗剪强度：

$$c_u = (p_L - p_0)/N_p \quad (6)$$

式中 p_L——旁压试验极限压力（kPa）；

N_p——系数，可取 6.18。

5）按 Me'nard（1970）公式计算砂性土的有效内摩擦角 φ'

$$\varphi' = 5.77\ln\frac{p_L - p_0}{250} + 24 \quad (7)$$

8 扁铲侧胀试验

1）适用于黏性土、粉性土、松散—稍密的砂土和黄土等。

2）按下列公式计算钢膜片中心外移 0.05mm 时初始压力 p_0、外移 1.10mm 时压力 p_1 和钢膜片中心回复到初始外移 0.05mm 时的剩余压力 p_2：

$$p_0 = 1.05(A - Z_m + \Delta A) - 0.05(B - Z_m - \Delta B) \quad (8)$$

$$p_1 = B - Z_m - \Delta B \quad (9)$$

$$p_2 = C - Z_m + \Delta A \quad (10)$$

式中 Z_m——未加压时仪表的压力初读数（kPa）；

A——钢膜片中心外扩 0.05mm 时的压力（kPa）；

B——钢膜片中心外扩 1.10mm 时的压力（kPa）；

C——钢膜片中心外扩后回复到 0.05mm 时的压力（kPa）；

ΔA——率定时（无侧限），钢膜片中心膨胀至 0.05mm 时的气压实测值（kPa）；

ΔB——率定时（无侧限），钢膜片中心膨胀至 1.10mm 时的气压实测值（kPa）。

根据 p_0、p_1、p_2 计算下列扁铲指数：

$$I_D = (p_1 - p_0)/(p_0 - u_0) \quad (11)$$

$$K_D = (p_0 - u_0)/\sigma'_{vo} \quad (12)$$

$$E_D = 34.7(p_1 - p_0) \quad (13)$$

$$U_D = (p_2 - u_0)/(p_0 - u_0) \quad (14)$$

式中 I_D——侧胀土性指数；

K_D——侧胀水平应力指数；

E_D——侧胀模量（kPa）；

U_D——侧胀孔压指数；

u_0——静水压力（kPa）；

σ'_{vo}——试验点有效上覆压力（kPa）。

3）扁铲侧胀试验的应用尚不广泛，目前各地正处于试验阶段，应与其他测试方法配套使用，逐步形成成熟的地区经验。

9 波速测试

1）波速测试包括单孔法、跨孔法和面波法。

2）可按下式计算土层的动剪变（切）模量 G_d 和动弹性模量 E_d：

$$G_d = \rho v_s^2 \quad (15)$$

$$E_d = 2(1+\nu)\rho v_s^2 \quad (16)$$

式中 ν——土的泊松比；

ρ——土的质量密度，$\rho = \frac{\gamma}{g}$（γ 为土的天然重力密度，g 为重力加速度）（g/cm^3）；

v_s——剪切波速（m/s）。

3）可按下式计算场地地基土的卓越周期：

$$T = \sum_{i=1}^{n}\frac{4H_i}{v_{si}} \quad (17)$$

式中 T——场地地基土的卓越周期（s）；

H_i——第 i 层土的厚度（m）；

v_{si}——第 i 层土的剪切波速（m/s）；

n——准基岩面以上土层数。

8 岩土工程评价

8.1 场地稳定性评价

8.1.1 高层建筑其破坏后果是很严重的，因而应充分查明影响场地稳定性的不良地质作用，评价其对场地稳定性的影响程度，不良地质作用主要是指岩溶、滑坡、崩塌、活动断裂、采空区、地面沉降和地震效应等。

8.1.2 规定了对具有直接危害的不良地质作用地段，不应选作高层建筑建设场地。对具有不良地质作用，但危害较微，经技术经济论证可以治理且别无选择的地段，可以选做高层建筑场地，但应提出防治方案，采取安全可靠的治理措施。

8.1.3 本条提出了高层建筑场地稳定性评价应符合的要求：

1 参照了现行国家标准《建筑抗震设计规范》

GB 50011 第 4.1.9 条内容。

2　规定了抗震设防烈度为 8 度和 9 度、场地内存在全新活动断裂和发震断裂，其土层覆盖厚度分别小于 60m 和 90m 时为浅埋断裂，高层建筑应避开，避让的最小距离应按现行国家标准《建筑抗震设计规范》GB 50011 的规定确定。

3　是对非全新活动断裂而言，可忽略发震断裂错动对高层建筑的影响，高层建筑场地可不用避开。但断裂破碎带情况，应查明并采取相应的地基处理措施。

4　高层建筑应避开活动地裂缝，在我国西安和大同等地区地裂缝活动强烈，地裂缝的安全距离和应采取的措施有地方专门性的勘察和设计规程，可供参照执行。

5　是关于地面沉降的，强调在地面沉降持续发展地区，应搜集已有资料，预测地面沉降发展趋势，提出应采取的措施。

8.1.4　是针对位于斜坡地段的高层建筑场地的稳定性评价；滑坡对工程安全具有严重威胁，滑坡能造成重大人身伤亡和经济损失，因此，明确规定高层建筑场地不应选在滑坡体上。拟建场地附近存在滑坡或有滑坡可能时，应进行专门滑坡勘察。

位于斜坡坡顶和坡脚附近的高层建筑，应考虑边坡滑动和崩塌的可能性，评价场地整体稳定性。确定安全距离，确保高层建筑安全。

8.1.5　本条所指的有利地段、不利地段或危险地段按现行国家标准《建筑抗震设计规范》GB 50011 的规定确定，高层建筑场地应选择在抗震有利地段，不应选择在抗震危险地段，避开不利地段，当不能避开时，应采取有效措施。

8.1.6　本条明确抗震设防地区应确定建筑场地类别，抗震设防烈度为 7～9 度地区，均应进行饱和砂土和粉土的液化判别和地基处理，6 度地区一般不进行判别和处理。

8.2　天然地基评价

8.2.1　本条明确了天然地基分析评价应包括的基本内容：

1　场地稳定性评价主要是指对各种不良地质作用，包括：断裂、地裂缝、滑坡、崩塌、岩溶、土洞塌陷、建筑边坡等影响场地整体稳定性的岩土工程问题进行评价，并作出明确结论；地基稳定性主要是指因地形、地貌或设计方案造成建筑地基侧限削弱或不均衡，而可能导致基础整体失稳；或软弱地基、局部软弱地基如暗浜、暗塘等，超过承载能力极限状态的地基失稳，此时应进行稳定性验算、或提请设计进行整体稳定性验算，并提供预防措施建议。

2　地基均匀性判断，是地基按变形控制设计的基础，故应根据本规程 8.2.4 条的规定，对地基均匀性作出定性和定量的评价。

3　根据地基条件、地下水条件、高层建筑的设计方案和可能采取的基础类型，采用载荷试验、理论计算、原位测试（静力触探、动力触探、旁压试验）等多种方法，结合地区经验提供各土层的地基承载力特征值，并明确其使用条件，如所提供承载力是否满足变形要求、软弱下卧层要求等。

4　预测建筑地基的变形特征，是因高层建筑地基设计主要是按变形控制的设计原则和国标《岩土工程勘察规范》GB 50021 强制性条文的要求提出，变形特征包括高层、低层建筑地基的总沉降量、差异沉降、倾斜等。通过变形特征的分析、预测，方可验证所提地基基础方案建议是否真正可行、所提各种变形参数是否切合实际。提供计算沉降的有关参数，具体的评价要求见本规程 8.5 节。

5　建议高层建筑地基基础方案主要包括地基基础类型、持力层和基础埋深等内容。在进行地基基础方案分析时，应当考虑满足承载力、变形和稳定性、包括抗震稳定性的允许值的要求，位于岩石地基上的高层建筑，其基础埋深应满足抗滑要求。

6　本款是根据国家标准《建筑抗震设计规范》GB 50011 的强制性条文对岩土工程勘察提出的要求。要求中的地震稳定性包括断裂、滑坡、崩塌、液化和震陷等。

7、8　两款的分析评价要求分别见本规程 8.6、8.7 两节。

8.2.2　在近十年的工程勘察实践中，只着眼于地基，忽略宏观的场区环境、地基整体稳定性分析评价的情况还不时出现，因此必须引起重视。

我国在 20 世纪 80 年代以前的"高层建筑"多数为 20 层以下的单体建筑，基础埋深往往不超过 10m，故地基分析的工况相对简单，我国 1990 年前后颁布的国家或地方标准基本以该时期的资料为依据。90 年代以来，现代城市建设中的高层建筑除高度显著增大，致使基础影响深度加大外，还常包括多层、低层附属建筑，以及纯地下建筑（如地下车库），由此造成建筑地基周围的应力边界条件发生变化；其次，基础埋深的显著增加，在某些地区有可能遇到多层地下水等以前未曾遇到的问题。因此，现代高层建筑的岩土工程分析必须有针对性地分析相关各种条件的变化，在工程分析中考虑其影响，才有可能正确地进行工程判断并提供有效的专业建议。应特别注意的一些明显问题在第 8.2.3～8.2.6 条中加以指明。

8.2.4　虽然地基均匀性判断不是精确的定量分析，而且随着计算机应用和分析软件的普及，差异沉降变形的分析都可方便快捷地进行，但地基均匀性评价仍有其积极的指导作用，尤其是地貌、工程地质单元和地基岩土层结构等条件具有重要的控制性影响，往往会被忽视或轻视。

地基明显不均匀将直接导致建筑的倾斜、影响电梯正常运行，即使采用桩基也发生过明显倾斜问题。根据编制前征求的使用意见，本次修订取消了部分使用效果不理想的内容（如根据 $\overline{E}_{s1}$、$\overline{E}_{s2}$的判断方法），并结合工程实践进行了适当补充。另根据征求意见，保留原规程 JGJ 72—90 的部分内容，如“直接持力层底面或相邻基底标高的坡度大于10%”、“直接持力层及其下卧层在基础宽度方向上的厚度差值大于 $0.05b$（b 为基础宽度）”，强调中—高压缩性地基，因为将该标准用于低压缩性地基意义不大。

表 8.2.4 列出的“地基不均匀系数界限值 K”借鉴了北京地区的一种定性评价地基不均匀性的定量方法，可作为初判地基是否均匀、是否需要进一步做分析沉降变形的依据。在制定北京地区技术标准过程中，曾统计了 27 项在相同地貌和工程地质单元内建造的工程，最早是按照最大、最小沉降比值（S_{max}/S_{min}）评价地基的不均匀性，并确定了工程判断的临界值。因其获得的是经过建筑结构刚度调整后的数值，需要事先知道荷载分布和基础尺寸，还要进行协同计算，这在勘察阶段不能实现，故修订时改用压缩模量当量，并选择了 11 项工程进行了检验（包括多层—高层建筑和构筑物）。该不均匀系数 K 指地基土本身满足规定的勘察精度条件下的土的压缩性不均匀，不包括结构调整、设计计算和施工误差的影响。《北京地区建筑地基基础勘察设计规范》DBJ—01—501 中各钻孔压缩模量当量值 $\overline{E}_s$ 平均值的最高档原定为大于 15MPa，在应用中不够合理，故经对验算资料的情况分析，调整为大于 20MPa，偏于保守（严格）一侧。

8.2.5 因地基破坏模式的问题，目前高层建筑天然地基承载力的确定尚没有固定的模式或方法，因此本规程强调采用多种手段方法进行综合判断。当高层建筑设有多层、低层附属建筑和地下车库时，为减小差异沉降可能采用条形基础或独立基础，此时通过现场试验和对其地基极限承载力进行验证是很有必要的。

8.2.6 高层建筑周边的多层—低层附属建筑或纯地下车库的基底平均压力可能显著小于基底标高处的土体自重应力，使地基处于超补偿应力状态，从而造成高层建筑地基侧限（应力边界条件）的永久性削弱。因此，在地基承载力分析（深宽修正）、建筑地基整体稳定性分析时应注意考虑其影响。

如果高层建筑周边的低层裙房跨度不大、且与高层建筑有刚性连接，则高层建筑的荷载可以传递到裙房部分，使裙房基底压力接近或大于基底标高处的土体自重压力，计算裙房地基承载力时，应考虑其影响。

地基变形控制是绝大多数高层建筑确定地基承载力的首要原则。通过减小基础尺寸来加大附属建筑物基底压力，从而减小附属建筑与高层建筑之间的差异沉降是工程实践中的一种常规办法，但必须仔细核算其地基的极限承载力，确保地基不会发生强度破坏。

8.2.7 本条继续保留了评价计算地基极限承载力的方法（原规程 JGJ 72—90 式 6.2.3－1），这是因为：

1 它符合国际上通行的极限状态设计原则，例如《欧洲地基基础规范》EUROCODE7 就规定了承载力系数与本规程完全相同的极限承载力公式；但换算为设计承载能力时，不是除以总安全系数，而是根据材料特性除以分项安全系数 γ_m，对 $\tan\varphi$，$\gamma_m=1.2\sim1.25$；对 c'、c_u，$\gamma_m=1.5\sim1.8$，但计算是采用有效强度 c'、φ'。

2 对于高层建筑附属裙房或低层建筑的地下室，当采用条形基础或独立基础时，由于其埋深从室内地面高程算起埋深小，此时应验算其极限承载力能否满足要求。

3 验算地基稳定性和基坑工程抗隆起稳定性，实质上就是验算地基极限承载力能否满足要求。

4 本次修订对原规程 JGJ 72—90 极限承载力计算方法（列入附录 A）提出了以下补充和要求：

1）式（A.0.1）主要是计算实际基宽和埋深下的地基极限承载力。当需用地基极限承载力除以安全系数计算某土层的地基承载力、要与按浅层平板载荷试验所得地基承载力进行对比、以综合判定该土层的承载力特征值 f_{ak}时，则宜按基础埋深 $d=0$m，基础宽度按承压板宽度，以模拟基底压力作用于半无限体表面的载荷试验，安全系数 K 可取 2。

2）对地基中有多层地下水时的土层重度计算问题。通过工程实际观测结果和经验判断，如果一律按表层地下水考虑，计算的地基承载力可能偏小、地基沉降偏大，造成结论不合理，导致不必要的投资浪费。

3）在进行深宽修正时，须结合具体的基础结构形式、侧限条件、土方工程施工顺序等考虑有关参数的确定。

4）由于高层建筑箱基和筏基平面尺度大，基础影响深度大，地基持力层往往并非单一土层，而可能是多层土的组合。在选取抗剪强度 c_k、φ_k 时，应从安全角度出发，综合考虑剪切面所经过各土层及“上硬下软”或“上软下硬”等情况后，取能代表组合持力层的、合理的代表值进行计算。

5）考虑到勘察等级为甲级的高层建筑的重要性，且根据国家标准《建筑地基基础设计规范》GB 50007，规定抗剪强度的试验方法应采用三轴压缩试验，并应考虑试验土层的排水条件，详见本规程 6.0.2 条，但用于计算的取值，不仅根据试验结果，还应考虑实际工况和地区经验。

基础形状修正系数 ζ_γ、ζ_q、ζ_c沿用原规程 JGJ 72—90 的系数，即 De Beer（1976）在试验基础上得出的结果。

8.2.8 西方国家采用旁压试验进行基础工程评价有

较长的时间，不同国家的专家学者也提出过多种方法。但在天然地基承载力和地基沉降计算方面，外国的评价公式主要基于小尺寸的建筑基础，计算方式也较复杂。本次修订中经过比较，参照上海地区经验，选择了对极限压力和临塑压力的统计分析方法，与通过国内地基规范确定的地基承载力或已有经验进行对比，提出利用旁压试验结果分析确定单一岩性地层地基承载力特征值的建议。

旁压试验目前在国内使用得还不广泛，但更多地采用原位测试是勘察行业的一个发展方向。本次的统计资料源于上海、西安和北京地区12个在地基条件方面具有一定代表性的工程，尽管在统计规律上具有相似的规律性，但尚缺少西南、华南、东北等地区的代表性试验数据。因此，作为全国性的规程，本次修订时的分析结果的覆盖面还不是十分充分。有鉴于此，同时考虑地区经验亟待进一步积累和行业发展方向，一是提出具体承载力表的时机还不成熟，二是应鼓励岩土工程师的实践总结、发挥创造性，各地一方面应进一步积累旁压试验资料及工程使用中的经验，另一方面在使用旁压试验时应结合其他测试评价方法，综合验证工程判断。

在根据旁压试验成果的分析应用中，临塑压力法和极限压力法是目前国内常用的确定地基承载力的方法，不同地区在应用中不同程度地积累了一定的经验，如上海已纳入到新修编的上海地方标准《上海市岩土工程勘察规范》DBJ 08—37（以下简称上海规范）当中。一些行业规程中也有相应的规定或建议。本规程修订过程中，采用了临塑压力法和极限压力法，按照不同岩性、不同地区进行了综合统计分析和比较，也同已有的承载力标准值进行了对比。

条文中的旁压试验曲线上的初始压力 p_0，临塑压力 p_f 和极限压力 p_L 其物理意义见图3。

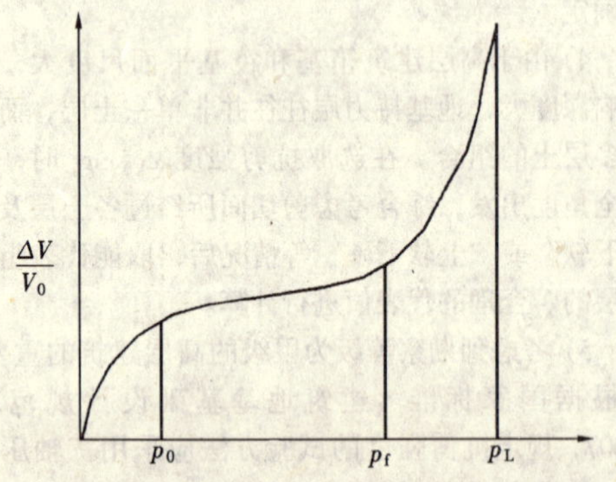

图3 旁压试验典型应力与应变关系曲线

1 本次修订过程中共搜集到上海地区、西安地区、北京地区12项工程的旁压试验资料，全部采用预钻式旁压仪。经筛选分析，纳入计算、统计、比较的旁压数据共278组，涉及的钻孔深度在1~100m。上述工程的地理位置和测试地层的地貌条件见表9和表10，旁压试验压力随深度变化散点图参见图4~图6。

表9 工程名称和地貌、地层条件

序号	工程名称	测试地貌地层条件	地区
1	中日友好医院	北京平原永定河冲洪积扇中—中下部	北京
2	外交部住宅楼		
3	昆仑饭店		
4	外交公寓楼		
5	浦东廿一世纪大厦	滨海河湖相	上海
6	上海龙腾广场		
7	上海地铁3号线		
8	上海国际金融大厦		
9	环球金融中心		
10	西安电缆厂高层住宅楼	渭河冲积阶地相	西安
11	西安大雁塔		
12	陕西省旅游学校校址		

表10 各工程旁压试验数量和深度

地点	工程项目数量	旁压数据量（组）	测试深度范围（m）
上海	5	112	2~100
西安	3	52	1~24
北京	4	114	2.5~46

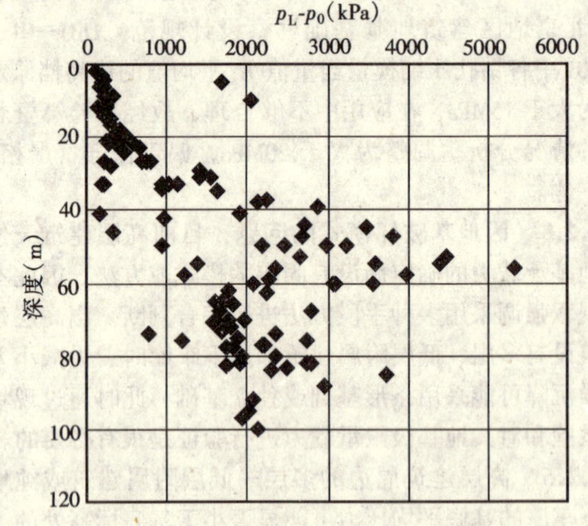

图4 上海地区（PMT可求出 p_L）

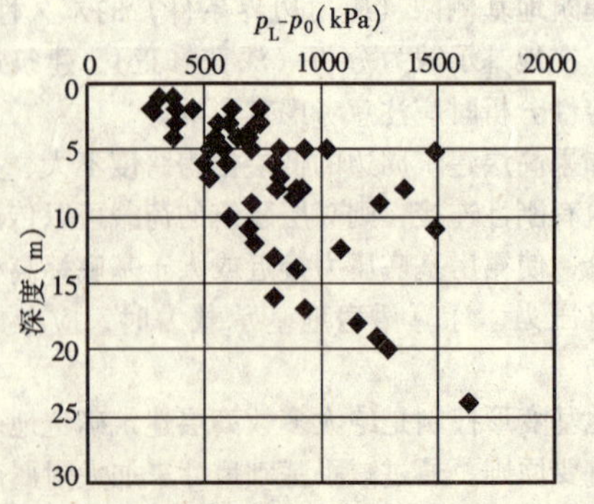

图5 西安地区（PMT未全部求出 p_L）

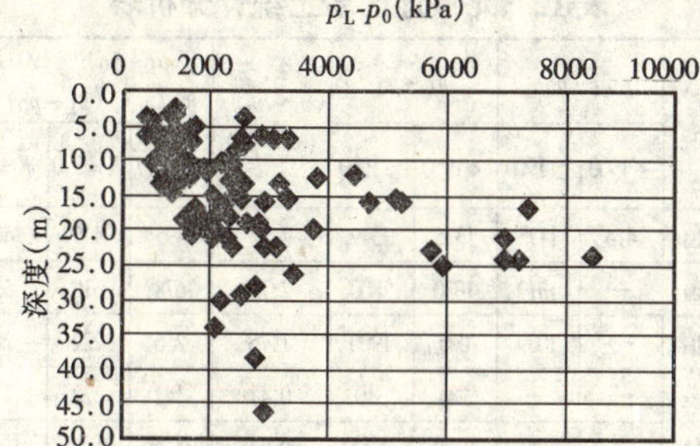

图6 北京地区（PMT可求出 p_L）

2 为求得临塑压力计算地基承载力特征值时的修正系数 λ 和通过旁压极限承载力分析地基承载力特征值时的安全系数 K，对三个地区的数据进行统计分析，主要结果如下：

1）上海地区

上海数据分析情况：

①上海规范对旁压试验确定地基承载力已有规定，即对于黏性土、粉土和砂土，λ 取值 0.7～0.9，K 取值 2.2～2.7。本次统计结果与上述规定基本吻合。

②图7～9为针对不同土类，采用旁压临塑压力和旁压极限压力计算结果的对比图。根据对比图，黏性土 K 在 2.2～2.7，粉土和砂土的 K 值在 2.4～3.3。

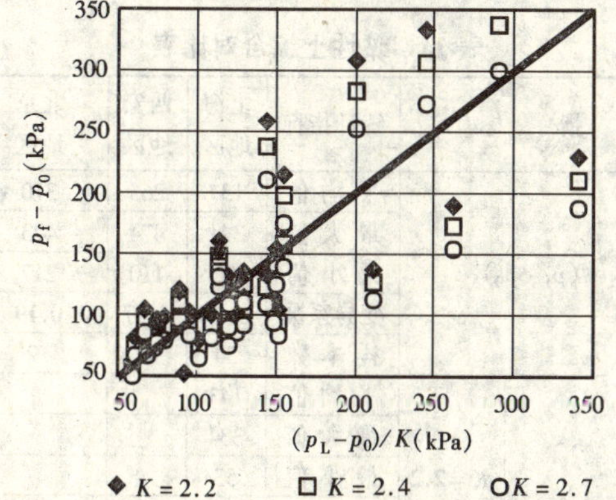

图7 上海地区黏性土

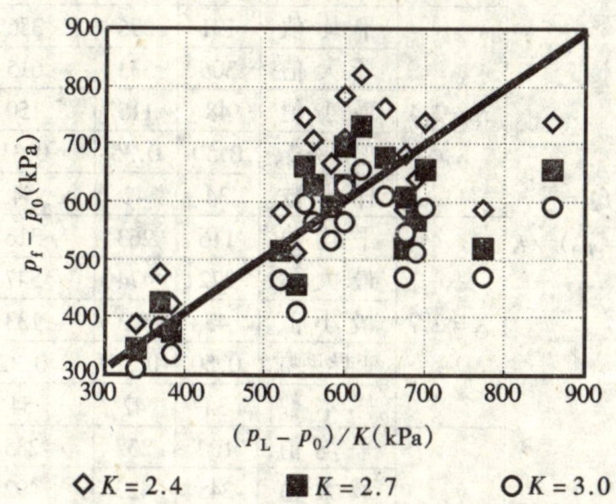

图8 上海地区粉土

③从本次统计结果看，根据旁压测试结果确定的上海地区砂土层的承载力较高，主要是由于本次所统计的测试数据相应的地层深度较大。所有统计样本中，小于30m的仅有2组，其余都超过了30m，其中30m至50m的数据为8组，50m以上的数据有33组。由于深层砂土的旁压试验结果值一般均很高，由此计算得出的承载力值也很高，因此除根据旁压测试外，尚应结合其他方法和地区经验综合确定承载力。

2）西安地区

西安地区资料中的粉土测试数据较少且不够完整，故仅选取黏性土和砂土进行分析。

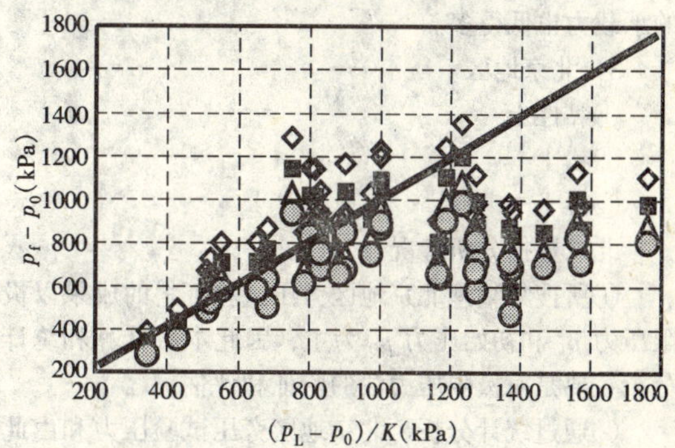

图9 上海地区砂土

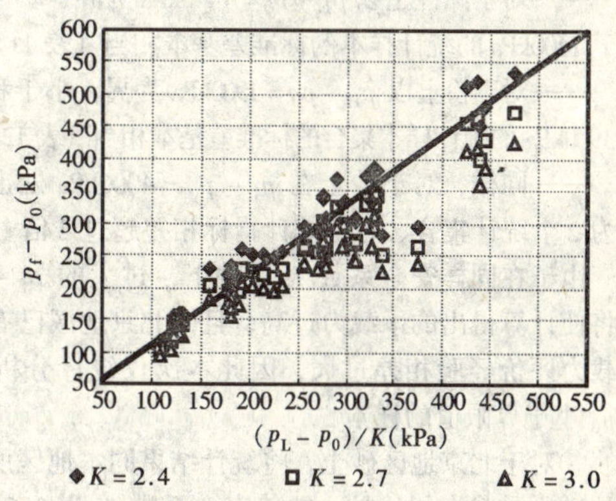

图10 西安地区黏性土

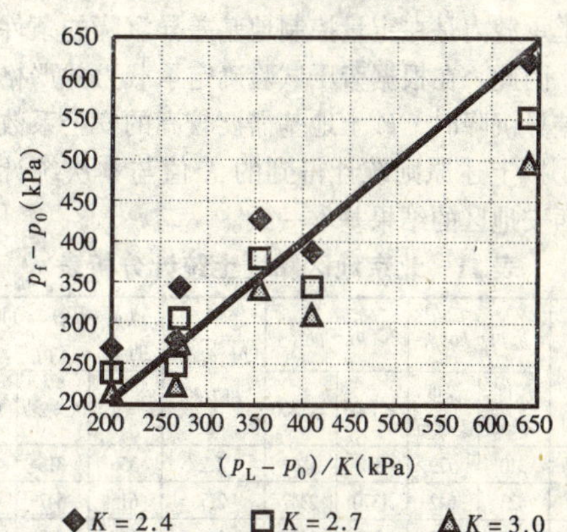

图11 西安地区砂土

西安数据分析情况：

①从西安地区 3 个工程 52 组试验结果看，采用旁压试验确定地基承载力的规律性较好，黏性土承载力特征值在 100～500kPa，与原《建筑地基基础设计规范》GBJ 7 给出的黏性土承载力基本值的范围值基本一致。因此根据旁压临塑压力（取 $\lambda=1$）直接确定承载力特征值是可行的，根据旁压极限压力确定承载力特征值时，K 可取值为 2.7 左右。

②西安地区的砂土样本较少，并且与北京和上海地区相比较，测试深度浅，在 4～5m 以内，由此得出的承载力也低得多。

3）北京地区

①黏性土

②粉土

③砂土

北京数据分析情况：

①所搜集整理北京地区旁压试验资料的成果以极限压力 p_L 和初始压力 p_0 为主，因此本次计算和统计分析主要是对极限压力法的验证和评估。

②通过统计分析，北京地区旁压试验压力和由此确定的承载力特征值都具有明显的差异性。以 p_L-p_0 的结果为例：

——对于黏性土以 $p_L-p_0=1400$kPa 为界，小于和大于 1400kPa 的统计样本的标准差基本相当（表 11）；

——对于粉土以 $p_L-p_0=1900$kPa 为界，小于和大于 1900kPa 的统计样本集合的标准差基本相当（表 12）；

——同样，对于砂土在 $p_L-p_0=4000$kPa 处也可分为 2 个统计集合，且各统计指标相差超过 2 倍。

由于在同样安全系数 K 条件下，过大的 p_L-p_0 值将使计算得出的承载力过高，且同北京地区已有的承载力评价经验相差过大，因此本次仅统计分析 p_L-p_0 小于界限值的样本。

③对于北京地区砂土，将统计结果同本地区所积累的砂土承载力相比较，即使安全系数 K 为 3.6 时，根据旁压试验所得到的承载力仍然较高。由于北京地区砂土承载力是在定量控制地基差异沉降的条件下确定的，因此，在根据旁压试验确定承载力并严格控制地基差异沉降时，砂土地基需要较高的安全系数 K。

④按上述原则统计得到的 K 值与本次统计的上海及西安地区的结果基本一致。

表 11　北京地区黏性土统计分析表

统计指标	p_f-p_0		p_L-p_0		$(p_L-p_0)/(p_f-p_0)$	$(p_L-p_0)<1400$ 时的 $f_{ak}=(p_L-p_0)/K$		
	深度<30m	深度≥30m	<1400	≥1400		$K=2.4$	$K=2.7$	$K=3.0$
平均值	310	779	842	1863	2.2	356	316	285
最大值	423	642	1370	2347	2.7	615	547	492
最小值	217	947	360	1477	1.9	150	133	120
标准差	59.3	—	257	291	0.26	112	99.6	89.6
变异系数	0.19	—	0.31	0.16	0.12	0.31	0.32	0.31
样本数	12	4	54	19	16	54	54	54

表 12　北京地区粉土统计分析表

统计指标	p_f-p_0		p_L-p_0		$(p_L-p_0)/(p_f-p_0)$	$(p_L-p_0)<1900$ 时的 $f_{ak}=(p_L-p_0)/K$		
	<1900	≥1900	<1900	≥1900		$K=2.7$	$K=3.0$	$K=3.3$
平均值	414	1173	1335	2349	2.12	495	445	405
最大值	—	1319	1830	2800	2.75	678	610	555
最小值	—	1039	665	1900	1.76	246	222	205
标准差	—	—	384	310	0.47	142	128	116
变异系数	—	—	0.29	0.13	0.22	0.29	0.29	0.29
样本数	1	3	14	5	4	14	14	14

表 13　北京地区砂土统计分析表

统计指标	p_f-p_0		p_L-p_0		$(p_L-p_0)/(p_f-p_0)$	$(p_L-p_0)<4000$ 时的 $f_{ak}=(p_L-p_0)/K$		
	<4000	≥4000	<4000	≥4000		$K=3.0$	$K=3.3$	$K=3.6$
平均值	1155	2912	2563	5665	2.06	854	777	712
最大值	1267	3888	3811	7645	2.60	1270	1155	1059
最小值	934	1944	1854	4060	1.71	618	562	515
标准差	—	—	630	1156	0.29	210	191	175
变异系数	—	—	0.25	0.20	0.14	0.25	0.25	0.25
样本数	3	4	11	10	7	11	11	11

3　综合上海、西安、北京三地资料，对不同岩性进行统计对比情况如表 14～表 16：

表 14　黏性土综合对比表

指标		统计指标	上海地区	西安地区	北京地区
(p_f-p_0)		平均值	137	265	310
		最大值	341	474	423
		最小值	60	110	217
		变异系数	0.49	0.37	0.19
		样本数	34	42	12
$f_{ak}=(p_L-p_0)/K$	$K=2.2$	平均值	143		
		最大值	334		
		最小值	53		
		变异系数	0.50		
		样本数	34		
	$K=2.4$	平均值	131	296	356
		最大值	306	533	615
		最小值	48	115	150
		变异系数	0.50	0.35	0.31
		样本数	34	42	54
	$K=2.7$	平均值	116	263	316
		最大值	272	474	547
		最小值	43	103	133
		变异系数	0.50	0.35	0.32
		样本数	34	42	54
	$K=3.0$	平均值	104	237	285
		最大值	245	427	492
		最小值	39	92	120
		变异系数	0.50	0.35	0.31
		样本数	34	42	54

表 15　粉土综合对比表

指　标		统计指标	上海地区	西安地区	北京地区
(p_f-p_0)		平均值	594		414
		最大值	859		
		最小值	340		
		变异系数	0.23		
		样本数	18		1
$f_{ak}=(p_L-p_0)/K$	$K=2.4$	平均值	641		556
		最大值	821		763
		最小值	388		277
		变异系数	0.20		0.29
		样本数	18		14
	$K=2.7$	平均值	570		495
		最大值	730		678
		最小值	344		246
		变异系数	0.22		0.29
		样本数	18		14
	$K=3.0$	平均值	513		445
		最大值	657		610
		最小值	310		222
		变异系数	0.20		0.29
		样本数	18		14
	$K=3.3$	平均值			405
		最大值			555
		最小值			205
		变异系数			0.29
		样本数			14

表 16　砂土综合对比表

指　标		统计指标	上海地区	西安地区	北京地区
(p_f-p_0)		平均值	1004	357	1155
		最大值	1759	640	1267
		最小值	345	200	934
		变异系数	0.35	0.44	—
		样本数	35	6	3
$f_{ak}=(p_L-p_0)/K$	$K=2.7$	平均值	951	345	949
		最大值	1354	552	1411
		最小值	390	239	687
		变异系数	0.23	0.33	0.25
		样本数	35	6	11
	$K=3.0$	平均值	760	310	854
		最大值	1083	497	1270
		最小值	312	215	618
		变异系数	0.23	0.34	0.25
		样本数	35	6	11
	$K=3.3$	平均值	691		777
		最大值	984		1155
		最小值	283		562
		变异系数	0.23		0.25
		样本数	35		11
	$K=3.6$	平均值			712
		最大值			1059
		最小值			515
		变异系数			0.25
		样本数			11

由 $(p_L-p_0)/(p_f-p_0)$ 得出 K 值的统计结果可比性较强，表明各地旁压曲线 p_0、p_f 和 p_L 之间的比例关系是基本一致的。

本次根据计算统计结果、已有的工程经验，建议在根据旁压试验极限压力分析地基承载力特征值时，安全系数 K 取值范围为 2.0~4.0，不同土层岩性的 K 值范围值参见表 17。由于统计工程的基础设计资料不完整，无法正确分析深宽修正后的地基承载力特征值 f_a，因此上述 K 值不得低于 2，并应根据各地情况、经验和其他评价方法不断总结，综合确定地基承载力。

表 17　极限承载力安全系数 K 取值建议

土层岩性	K	土层岩性	K
黏性土	2.0~2.4	砂　土	2.7~4.0
粉　土	2.3~3.3		

上海规范对临塑修正系数（相当于 λ）规定为 0.7~0.9。因缺少对比资料，本次统计分析未对 λ 的取值进行分析，但认为按照不大于 1 计算是合理和安全的。

采用临塑压力法及极限压力法估算地基承载力特征值的方法可行，计算结果基本合理，说明旁压试验是综合评价地基承载力的一种有效方法之一，但在具体工程应用中，应采用多种不同方法进行对比分析，并积累各地区的地区经验。

除对地基承载力的确定的分析外，本次修订原拟研究各地 E_m 的统计规律，并通过计算来验证估算沉降的适用性。但目前所搜集的资料中，具体的建筑荷载、基础尺寸和埋深不甚清楚，更缺少必要的沉降观测数据，同时各地勘察资料中的常规压缩模量的试验方法也不统一，无法进行有效的归类的统计分析，故放弃了采用旁压试验结果直接或间接估算天然地基沉降的方法的研究。

8.2.9　当场地、地基整体稳定，高层建筑建于完整、较完整的中等风化—微风化岩体上时，可不进行地基变形验算，但岩溶、断裂发育等地区应仔细论证。

岩土层的渗透性关系到如何计算土层重力密度（即是否按浮重力密度考虑），将直接影响基底附加压力值的确定和计算出的地基沉降量，对此应注意分析总结。

8.2.10　关于按变形模量 E_0 计算地基沉降，是沿用了原规程JGJ 72—90的规定，本次修订作了一些修改后列入附录 B，现对有关问题作如下说明：

1　式（B.0.1）是由前苏联 K.E 叶戈洛夫提出（见 П.Г 库兹明《土力学讲义》高等教育出版社，1959），该式的沉降应力系数是按刚性基础下，考虑了三个应力分量（σ_x、σ_y 和 σ_z）而得出，因而土的侧胀受一定条件的限制。高层建筑的箱形或筏形大基础，在与高层建筑共同作用下刚度很大，因而用该式计算沉降是合适的。由于是按刚性基础计算而得，计算所得地基沉降是平均沉降。对于一些不能准确取得压缩模量 E_s 值的岩土，如碎石土、砂土、粉土、含碎石、砾石的花岗岩残积土、全风化岩、强风化岩等，均可按本式进行计算。根据大量工程对比，计算结果与实测沉降比较接近，作为对国家标准《建筑地基基础设计规范》GB 50007 的补充列入本规程。

2 按式（B.0.1）计算时，采用基底平均压力 p，而不是用附加压力 p_0，这是考虑高层建筑的筏形、箱形基础埋置深，往往处于补偿或超补偿状态，即 p_0 很小，甚至 $p_0<0$，出现负值，但在平均压力 p 作用下并非不发生沉降。且往往会超过回弹再压缩量，且按 p 值计算结果与实测沉降接近。

3 关于地基变形模量 E_0 值，各地区对各类土都进行过大量载荷试验，或用标准贯入试验击数 N 与 E_0 值（广东省标准、深圳市标准《地基基础设计规范》）、或圆锥动力触探击数 $N_{63.5}$ 与 E_0 建立了经验关系（辽宁省标准《建筑地基基础设计规范》），且国内许多岩土工程勘察单位均可按设计要求提供 E_0 值。本次修订时取消了原规程 JGJ 72—90 中对于一般黏性土、软土、饱和黄土，用反算综合变形模量计算沉降的公式，这主要考虑到这一关系式的代表性有限。原规程 JGJ 72—90 中，对于一般黏性土、软土、饱和黄土，当未进行载荷试验时，可用反算综合变形模量 $\overline{E}_0$ 按 $s=\frac{ph\eta}{\overline{E}_0}\sum_{i=1}^{n}(\delta_i-\delta_{i-1})$ 计算沉降，式中 $\overline{E}_0=\alpha\overline{E}_s$，$\overline{E}_s$ 为当量模量，α 系通过 25 栋高层建筑实测沉降分析统计而得，$\alpha=0.3855\overline{E}_s-0.1503$，相关系数 $\gamma=0.965$，$n=25$。各地区可按此方法建立本地区的经验关系式，或建立本地区的沉降经验系数 Ψ_s。

4 关于沉降计算深度 $Z_n=(Z_m+\zeta b)\beta$，是根据建研院已故何颐华先生《大基础地基压缩层深度计算方法的研究》一文而提出，该式的特点是考虑了土性不同对压缩层的影响，其计算的 Z_n 值与实测压缩层深度作过对比，并作过修正。按表 B.0.2-2 确定 β 值时，若地基土为多层土组成时，首先按 $Z_n=(Z_m+\xi b)$ 确定其沉降计算深度，再按此深度范围内各土层厚度加权平均值确定 β 值。

本次修订时，增列了 $Z_n=b(2.5-0.4\ln b)$，该式是国标《建筑地基基础设计规范》GB 50007 以实测压缩层深度 Z_n 与基础宽度 b 的比值与 b 的关系分析统计而得，由于均是按实测压缩层深度分析后得到的，应该比较符合实际，故予列入，但经对比，后者较前者为深，在实际工程中需要考虑更为安全，可按后者计算。

8.2.11 通过标准固结试验指标、考虑土的应力历史计算土层的固结沉降是饱和土地区和国际上习惯的主要方法之一，为促进取样技术水平和土样质量的提高，满足国外设计企业越来越多地进入中国建设市场的需要，有必要继续采用该评价方法。

由于在瞬时（剪切变形）变形和次固结变形的评价方面，尚无统一的普遍适合各地区的方法，故本规程仅限于以主固结为主的地基条件。

关于正常固结的确定，不同学者的观点和考虑不尽相同（$OCR=1\sim2$）。综合考虑后按 OCR 略高于理论值（1.0）确定，并结合地区经验进行修正和判断，但在工程实践中，首要的影响因素是取样的质量（包括取样、包装、防护和运输条件）。

8.2.12 根据本次修订前征求的意见，原规程 JGJ 72—90 中 6.2.7 条建议的方法在实施时有困难（经验系数的确定）。实际工程中对倾斜的预测与很多因素有关，如地层分布、建筑荷载分布（包括大小和平面分布）及基础结构刚度、施工顺序等。由于近年计算机性能的快速提高和相关商业化软件的增多，可以在勘察阶段的沉降计算分析中考虑地层条件与建筑荷载条件，以较快捷地计算不同地层条件与荷载分布情况下基底不同位置的沉降。按照统计实测资料，结构刚度不同的基础整体挠度约在万分之一至万分之四，对沉降值影响较大，但对建筑整体倾斜的影响与地层及荷载的分布相比较小，故根据角点地基沉降计算建筑物整体倾斜可以作为一种判断的方法。重要的是要采用合理划分的地层及相关参数，在计算中考虑建筑荷载的分布（包括相邻建筑影响）。对建筑物整体倾斜的计算结果，应在地区实测资料进行对比的基础上进行判断。

8.3 桩基评价

8.3.1 主要提出桩基工程分析评价及计算所需的基本条件以及主要工作思路，特别指出土体的不均匀性、软土的时间效应和不同施工工况造成土性参数的不确定性的特点，强调搜集类似工程经验的重要性。

8.3.2 本条是对桩基分析评价的主要内容提出了要求。其中第 1～4 款均为基本内容，一般勘察报告均应包括。

8.3.3 当工程需要且具备条件时，提倡按岩土工程要求进行桩基分析、评价和计算。分析评价中应结合场地的工程地质、工程性质以及周围环境等条件，做到重点突出、针对性强、评价结论有充分依据、确切合理、提供建议切实可行。

8.3.4～8.3.5 基本内容与原规程 JGJ 72—90 中第 6.3.1～6.3.2 条相同，仅修改了部分提法。

8.3.6 关于判断沉桩可能性，是桩基分析中常遇到的问题，如何分析评价，是一个复杂的问题，有岩土组成的力学特性、桩身强度、沉桩设备等诸多因素，一般宜在工程桩施工前进行沉桩试验，测定贯入阻力（指压入桩），总锤击数、最后一米锤击数及贯入度

（指打入桩）或在沉桩过程中进行高应变动力法试验（指打入桩），测定打桩过程中桩身压应力和拉应力等，以评定沉桩可能性、桩进入持力层后单桩承载力的变化以及其他施工参数。

近年来沉桩工艺有所改变，大能量D80、D100柴油锤在工程中使用较多，常用的柴油锤性能及使用桩型等可参考表18。

除常规的采用打入式外，在一些大城市采用静力压桩工艺沉桩，其优点避免了锤击沉桩的噪声、振动，同时由于目前压桩机械的改进和压桩能力提高，在上海等一些地区已有900t的全液压静力压桩机，部分液压静力压桩机的主要参数可参考表19。

表18 锤重选择参数表

锤重			柴油锤（kN）						
			25	35	45	60	72	D80	D100
锤的动力性能		冲击部分重（kN）	25	35	45	60	72	80	100
		总重（kN）	65	72	96	150	180	170	200
		冲击力（kN）	2000～2500	2500～4000	4000～5000	5000～7000	7000～10000	＞10000	＞12000
		常用冲程（m）	1.8～2.3					2.1～3.1	
适用的桩规格		预制桩、预应力管桩的边长或直径（mm）	350～400	400～450	450～500	500～600	≥600	≥600	≥600
		钢管桩直径（mm）	400		600	≥600	≥600	≥600	≥600
持力层	黏性土	一般进入深度（m）	1.5～2.5	2～3	2.5～3.5	3～4	3～5		
		静力触探比贯入阻力 p_s 平均值（MPa）	4	5	＞5	＞5	＞5		
	砂土	一般进入深度（m）	0.5～1.5	1～2	1.5～2.5	2～3	2.5～3.5	4～8	8～12
		标准贯入击数 $N_{63.5}$ 值（击）	20～30	30～40	40～45	45～50	＞50	＞50	＞50
锤的常用控制贯入度（cm/10击）			2～3		3～5	4～8		5～10	7～12
单桩极限承载力（kN）			800～1600	2500～4000	3000～5000	5000～7000	7000～10000	＞10000	＞10000

表19 液压静力压桩机的主要技术参数

项目	参数 \ 型号	单位	YZY-100	YZY-150	YZY-200	YZY-300	YZY-400	YZY-450	YZY-500	YZY-600	JNB-800	JNB-900
大身	横向行程（一次）	m	2.4	2.4	2.5	3	3	3	3	3	3	3
	纵向行程（一次）	m	0.6	0.6	0.6	0.5	0.5	0.5	0.5	0.5	0.5	0.6
最大回转角		°	20	20	20	18	18	18	18	18	20	20
纵横向行走速度	前行	m/min	3	3	3	2	2	2	1.8	1.8	1.8	2
	回程	m/min	6	6	6	4.2	4.2	4.2	4	4	4	4.2
最大压入力（名义）		kN	1000	1500	2000	3000	4000	4500	5000	6000	8000	9000
最大锁紧力		kN	—	—	—	7600	9000	10000	10000	10000	10000	10000
压桩截面	最大	m^2	0.3×0.3	0.35×0.35	0.4×0.4	0.45×0.45	0.5×0.5	0.5×0.5	0.55×0.55	0.55×0.55	0.60×0.60	0.60×0.60
	最小	m^2	0.2×0.2	0.25×0.25	0.3×0.3	0.4×0.4	0.4×0.4	0.4×0.4	0.40×0.40	0.40×0.40	0.45×0.45	0.45×0.45
油泵	系统压力	MPa	31.5	31.5	31.5	31.5	31.5	31.5	31.5	31.5	31.5	31.5
	最大流量	l/min	100	100	143	143	143	143	154	167	175	175
电机总功率		kW	55	55	77	85	85	85	92	100	110	110
接地比压	大船	t/m^2	7.6	9.5	9.5	9.2	12.3	13.8	13.8	14.2	15.8	15
	小船	t/m^2	10.8	11.6	11.6	9.8	13.1	14.7	15.7	17.5	16.6	16
整机	外形尺寸 长×宽×高	m	6×7.6×12	7.15×7.6×12	8×8×3	10.6×9×8.6	10.6×9×9	10.6×9×9	11×9×9.1	11.1×10×9.1	11.1×10×10	11.1×10×10
	自重	t	60	80	100	150	180	190	200	200	230	250
	配重	t	40	70	100	180	250	290	340	430	570	650
大身	外形尺寸 长×宽×高	m	7×2.2×1.7	7×2.2×2	7×2.2×2	10×3.5×0.9	10×3.5×1	10×3.5×1	10×3.5×1	10×3.5×2.3	10×3.5×2.3	10×3.5×2.3
	装运重量（包括牛腿）	t	18	22	25	45	50	55	55	60	58	60

8.3.7～8.3.8 这两条主要考虑高层建筑在城市施工中沉（成）桩对周围环境的影响以及相应的防治措施，也是目前城市环境岩土工程中所需要分析评价和治理的问题。需要指出的是，由于人工挖孔桩存在受地质条件限制、工人劳动强度大、危险性高、大量抽水容易造成周边建筑损害等缺陷，在过去采用挖孔桩最多的广东省，已于 2003 年 5 月正式下文限制使用人工挖孔桩。

8.3.9 单桩承载力应通过现场静载荷试验确定。采用可靠的原位测试参数进行单桩承载力估算，其估算精度较高，并参照地质条件类似的试桩资料综合确定，能满足一般工程设计需要；在确保桩身不破坏的条件下，试桩加载尽可能至基桩极限承载力状态。

基桩在荷载作用下，由于桩长和进入持力层的深度不同，其桩侧阻力和桩端阻力的发挥程度是不同的，因而桩侧阻力特征值和桩端阻力特征值，并非定值，或者说是一个虚拟的值。且单桩承载力特征值，无论是从理论上或从工程实践上，均是以载荷试验的极限承载力为基础，因此，本规程只规定了估算单桩极限承载力的公式，并规定按极限承载力除以总安全系数 K 的常规方法来估算单桩竖向承载力特征值（R_a），即式（8.3.9），按本规程所提出公式估算 R_a 时，其 K 值均可取 2。

8.3.10 采用静探方法确定单桩极限承载力，被勘察人员和设计人员广泛使用，其估算值与实测值较为接近，故本次未作大的修改，保留引用原规程 JGJ 72—90 第 6.3.5 条的规定。

8.3.11 由于预制桩基的持力层通常都是硬质黏性土、粉土、砂土、碎石土、全风化岩和强风化岩，这些岩土，除黏性土外均很难取得不扰动土样，通过室内试验求得其压缩性、密实性等工程特性指标，而标准贯入试验是国际上通用的测试手段，在国内已有相当丰富的经验，故本规程提出用标准贯入试验锤击数与打入、压入预制桩各类岩土的极限侧阻力和极限端阻力建立关系，避免了取土扰动和不能取得不扰动试样的影响。由于标准贯入试验锤击数的修正方法随地区和土性各异，很难找到比较符合实际的修正系数，故本规程建表采用实测锤击数，现行国标《岩土工程勘察规范》GB 50021 亦规定不修正。

国内外早有人提出了用标准贯入试验锤击数计算单桩极限承载力的公式，如 Meyerhof（1976）提出的公式见《加拿大岩土工程手册》和我国贾庆山提出的公式。但这些公式经核算侧阻力计算结果明显偏小，端阻力未考虑随深度增加的影响，本规程未予采纳。

本规程中提出标准贯入试验锤击数 $\overline{N}$ 与极限端阻力 q_p 的关系，主要是依据广东省标准《大直径锤击沉管混凝土灌注桩技术规程》DBJ/T 15—17 建立的表，这里的“大直径”系指桩管直径为 560～700mm 的桩，它实际上相当于《建筑桩基基础规范》JGJ 94 中的中等直径桩 250mm < d < 800mm，也是预制桩的通常范围。该表系采用修正后的标准贯入试验锤击数，本规程作了调整。该表是根据大量试桩资料和工程实例建立的，对有明显挤土效应的预制桩是适合的。

本规程提出的标准贯入试验锤击数 $\overline{N}$ 与基桩极限侧阻力 q_{sis} 的关系表，其 $\overline{N}$ 与黏性土状态关系是根据《工程地质手册》（第三版）N（手）与 I_L 的关系作了适当调整，$\overline{N}$ 与砂土密实度关系是按国标《建筑地基基础设计规范》GB 50007 的标准划分，$\overline{N}$ 与粉土密实度的关系是根据广东省标准《建筑地基基础设计规范》DBJ 15—31 划分。黏性土的状态、砂土的密实度确定后再与原《建筑地基基础设计规范》GBJ 7 摩擦力标准值表对比，局部作了调整而提出，由于《建筑地基基础设计规范》GBJ 7 已沿用很长时间，基础是可靠的。通过 47 根打入式预应力管桩或预制桩的静载试验对比，获得总的极限侧阻力、极限端阻力和单桩竖向极限承载力的实测值/计算值比值的标准值分别为 0.983、1.111、1.042，总体而言实测值接近或略大于计算值，说明本规程所提出的两张表是可行的，且是偏于安全的。实测与计算详细比较情况见表 20 和图 12～图 14。

表 20 总极限侧阻力、极限端阻力、单桩极限承载力的实测/计算比较

统计项目	总极限侧阻力 实测/计算	极限端阻力 实测/计算	单桩极限承载力 实测/计算
统计件数	47	47	47
最小值	0.71	0.73	0.82
最大值	1.46	1.78	1.42
平均值	1.03	1.17	1.08
标准差	0.18	0.23	0.159
变异系数	0.18	0.20	0.14
标准值	0.983	1.111	1.042

从图 12 看出，实测/计算比值 0.8～1.2 范围内（即误差 ±20%）的桩数占 70.2%。

从图 13 看出，实测/计算比值 0.8～1.2 范围内（即误差 ±20%）的桩数占 60%。

从图 14 看出，实测/计算比值 0.8～1.2 范围内（即误差 ±20%）的桩数占 75%。

8.3.12 本条所称嵌岩灌注桩系指桩身下部嵌入中等风化、微风化岩石一定深度的挖孔、冲孔、钻孔形成的钢筋混凝土灌注桩。

1 从受力机理上看，这种桩型的抗力应包括桩身在土层中的侧阻力、在岩石中的侧阻力和桩底的端

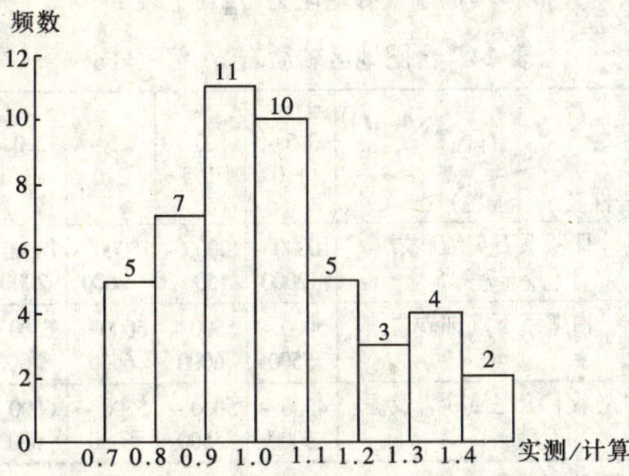

图 12 47 根桩单桩极限侧阻力实测与计算比值频数分布

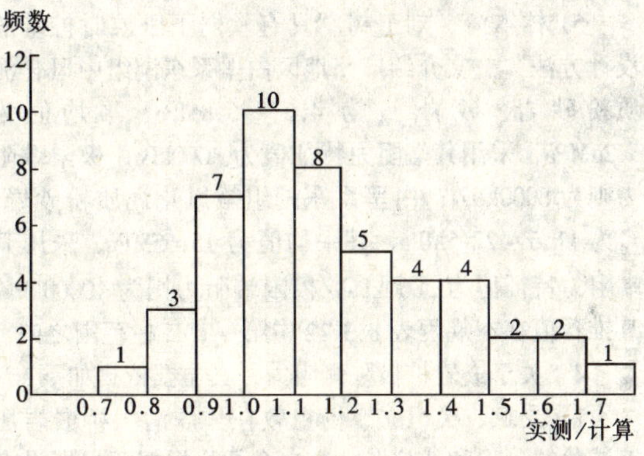

图 13 47 根桩单桩极限端阻力实测与计算比值频数分布图

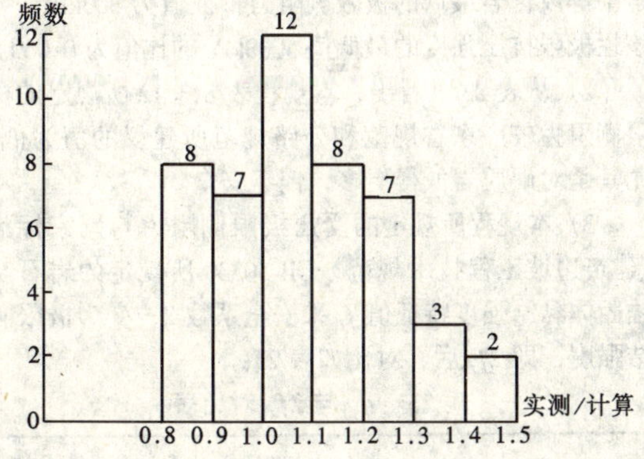

图 14 47 根桩单桩竖向极限承载力实测与计算比值频数分布图

阻力三部分，故采用了式（8.3.12）的表达式。

2 岩石的侧阻力、端阻力决定于岩石风化程度、坚硬程度和完整程度三个因素。现根据深圳地区实测的 559 件岩样的饱和单轴极限抗压强度 f_{rk}，考查规程中表 8.3.12 所列三个因素是否合理、匹配。

表 21 各类岩石饱和单轴抗压强度分类

风化程度	完整程度	岩石名称	岩石饱和单轴抗压强度 f_{rk}（MPa）		
			件数	范围值	标准值
中等风化	破碎	碎裂花岗岩、钙质砂岩	13	9.4～28.3	14.95
	较破碎	粗粒花岗岩	129	12.6～34.0	19.10
微风化未风化	较完整	粗粒花岗岩、花岗片麻岩、大理岩、砂砾岩、变质石英砂岩	328	19.9～71.6	40.87
	完整	粗粒花岗岩、大理岩	89	65.1～136.4	83.06

说明：1）表中 559 件试样试验资料来源于广东省标准《建筑地基基础设计规范》DBJ 15—31条文说明所列资料；

2）标准值系按国标《岩土工程勘察规范》GB 50021 方法统计，即 $\varphi_k=\gamma_s\varphi_m$，$\gamma_s=1\pm\left[\frac{1.704}{\sqrt{n}}+\frac{4.678}{n^2}\right]\delta$。

从表 21 可看出，除中等风化、完整程度破碎岩一栏 f_{rk}的标准值由于岩性为硬质岩、试件偏少，使其标准值偏大外，其余中等风化、较破碎，微风化、未风化较完整、完整栏的标准值均大致相当于该栏 f_{rk}的范围值的中值，说明规程中表 8.3.12 考虑三个因素的分类是合理的，也基本上是相互匹配的，当三者之间出现矛盾时，宜按低档取值。

3 关于岩石极限端阻力 q_{pr}，主要是根据各地区的试验值和地区经验值规定的，其主要依据如下：

1）《深圳地区建筑地基基础设计试行规程》SJG 1，规定如表 22：

表 22 基岩极限端阻力 q_{pr}（kPa）

基岩名称 / q_{pr} / 风化程度	花岗岩	花岗片麻岩	硅化凝灰岩	硅化千枚岩
中等风化	10000～12000	10000～12000	9000～10000	9000～11000
微风化	16000～20000	16000～20000	15000～18000	15000～17000

说明：表中极限端阻力 q_{pr}系按原规范所列端阻力标准值乘安全系数 2 后获得。

该规范已在深圳地区施行 14 年，其规定的值基本上是合适的。从上表可看出中等风化的硬质岩，其 q_{pr}范围值为 9000～12000kPa，微风化硬质岩 q_{pr}范围值为 15000～20000kPa。其值与规程中表 8.3.12 规定的范围值是基本一致的，本规程表 8.3.12 中等风化 q_{pr}范围值 3000～18000kPa，微风化、未风化 18000～50000kPa 大体相当，但因本规程包括了软质岩，故范围值加宽，另表最后一栏中还包括了“未风化”，所以大值有所提高。

2）广东省标准《建筑地基基础设计规范》DBJ 15—31 有关桩端进入中等风化、微风化岩层的嵌岩桩，其单桩竖向承载力特征值系按下列公式计算：

$$R_a = R_{sa} + R_{ra} + R_{pa} = u\Sigma q_{sia} l_i + u_p C_2 f_{rs} h_r + C_1 f_{rp} A_p \tag{18}$$

式中 f_{rs}、f_{rp}——分别为桩侧岩层和桩端岩层的岩样天然湿度单轴抗压强度；

C_1、C_2——系数，根据持力层基岩完整程度及沉渣厚度等因素确定，C_1 取 0.3～0.5，C_2 取 0.04～0.06，对于钻、冲孔桩乘以 0.8 折减。

现对 C_1、C_2 取其中值，即 C_1 取 0.4、C_2 取 0.05 并乘以 0.8 和 2 换算为极限值与本规程对比如表 23：

表 23　广东省标准与本规程的极限侧阻力、端阻力对比

岩石单轴极限抗压强度 f_{rk}（MPa）	极限端阻力（kPa）		极限侧阻力（kPa）	
	广东省标准	本规程	广东省标准	本规程
5～15	3200～9600	3000～9000	400～1200	300～800
15～30	9600～19200	9000～18000	1200～2400	800～1200
30～60	19200～38400	18000～36000	2400～4800	1200～2000
60～90	38400～57600	36000～50000	4800～7200	2000～2800

从上述对比可看出，本规程所规定的极限端阻力均略小于广东省标准。

3）彭柏兴、王文忠“利用原位试验确定红层嵌岩桩的端阻力”一文介绍长沙红层为第三系泥质粉砂岩，属陆相红色碎屑岩沉积，中等风化、天然状态 f_{rk}为 1.91～5.80MPa，饱和状态 f_{rk}为 0.5～6.5MPa，软化系数 0.04～0.57，其端阻力特征值推荐为 3500～4500kPa，极限端阻力则为 7000～9000kPa；微风化、天然状态 f_{rk}为 5.6～12.2MPa，饱和状态 f_{rk}为 2.1～7.7MPa，软化系数 0.09～0.49，其端阻力特征值推荐为 5000～7000kPa，极限端阻力则为 10000～14000kPa，推荐值是根据深井载荷试验和高压旁压试验获得。上述值较本规程规定值为高。

4）查松亭、毛由田“软质岩嵌岩桩的应用”一文介绍，合肥地区的侏罗系、白垩系中风化—微风化岩石，经过十几组大直径嵌岩灌注桩的静载荷试验，求得并推荐其桩端极限端阻力 q_{pr}列于表 24：

表 24　合肥地区软质岩 q_{pr}值（kPa）

岩性及 f_{rk}（MPa） ＼ q_{pr}（kPa） ＼ h_r（m）	0.5～1.0	1.0～1.5	1.5～2.0	2.0～3.0
侏罗系石英细砂岩 $f_{rk}=7～15$	10000～12000	12000～15000	15000～18000	18000～20000
白垩系下统细砂岩 $f_{rk}=3～7$	5000～5500	5500～6000	6000～6500	6500～7000
白垩系上统泥质砂岩及泥岩 $f_{rk}=1～2$	4500～5000	5000～5500	5500～6000	6000～6500

上表中各栏相当于本规程表 8.3.12 第一栏，其嵌岩深度 h_r 为 1.0m 以内时，其范围值为 10000～12000kPa，较本规程规定的范围值 3000～9000kPa 为高。

5）林本海、刘玉树“具有软弱下卧层时桩基的设计方法”一文介绍广州地区白垩系东湖组中风化泥质粉砂岩、砂岩 f_{rk} 为 4.6～5.8MPa，平均值为 5.26MPa，采用其端阻力特征值为 3000kPa，极限端阻力则为 6000kPa；白垩系东湖组微风化泥质粉砂岩，f_{rk}为 11.6～22.5MPa，其平均值为 15.65MPa，采用其端阻力特征值为 5000kPa，极限端阻力则为 10000kPa。其推荐值在本规程表 8.3.12 中第一、二栏范围之内。

4　关于嵌岩桩极限侧阻力，其主要依据如下：

1）吴斌、吴恒立、杨祖敦在“虎门大桥嵌岩压桩试验的分析和建议”一文中介绍，根据两根埋设有测试元件的专门试验，采用综合刚度法分析结果，对白垩系强风化泥质粉砂岩中钻孔灌注混凝土嵌岩压桩，可采用允许极限侧阻力为 280kPa。由此本规程规定中等风化岩最低的极限侧阻力特征值为 300kPa，与该栏极限抗压强度的最低值 5000kPa 的比值为 0.060。

2）从表 23 可看出，本规程表 8.3.12 所规定的极限侧阻力较广东省规范和公路规范所建议的值为低，尤其是对硬质岩低得更多，偏于安全。

3）本规程所规定的受压极限侧阻力与国家标准《建筑边坡工程技术规范》GB 50330 所规定的岩石与锚固体黏结强度特征值 f_{rb}乘安全系数 2，变为极限黏结强度，即 $2f_{rb}$后，对比如表 25：

表 25　q_{sir}与 $2f_{rb}$对比表

岩石类别	f_{rk}（MPa）	本规程 q_{sir}（kPa）	《边坡规范》$2f_{rb}$（kPa）
软岩	5～15	300～800	360～760
较软岩	15～30	800～1200	760～1100
较硬岩	30～60	1200～2000	1100～1800
坚硬岩	60～90	2000～2800	1800～2600

从表 25 对比可看出，本规程极限侧阻力 q_{sir}，除个别值外均较《建筑边坡工程技术规范》的 $2f_{rb}$值略

高。q_{sir}是受压桩周围岩石与C25～C30混凝土之间的侧阻力（亦可看成是黏结力），而$2f_{rb}$是受拉时周围岩石与M30砂浆强度的锚固体之间的极限黏结强度，显然前者高于后者是合理的。

5 本规程所规定的极限侧阻力、极限端阻力，再与行业标准《建筑桩基技术规范》JGJ 94对比如下：

该规范计算单桩嵌岩桩极限承载力标准值的公式（其中将桩周土总侧阻力省略）为：

$$Q_{uk}=Q_{rk}+Q_{pk}=\zeta_s f_{rk}\pi d h_r+\zeta_p f_{rk}\pi d^2/4$$
$$=f_{rk}\pi d^2(\zeta_s h_r/d+\zeta_p/4)=f_{rk}\pi d^2\eta \quad (19)$$

表26 《建筑桩基技术规范》JGJ 94 η系数表

h_r/d	0	0.5	1.0	2.0	3.0	4.0	≥5.0
$\eta=\zeta_s h_r/d+\zeta_p/4$	0.125	0.1375	0.155	0.215	0.245	0.273	0.250

上述括弧中的系数随h_r/d的增大而增大，但在$h_r/d\geqslant5.0$时则减小似不合理，故下述对比中将其略去。现假定桩径为$d=2.0m$，将按本规程与按《建筑桩基技术规范》JGJ 94计算的Q_{uk}值对比如表27：

表27 当$d=2.0m$时《建筑桩基技术规范》JGJ 94与本规程计算的Q_u对比

Q_{uk}(kN) 规范 / f_{rk}(MPa)	桩规 h_r/d 0	本规程 h_r 0	桩规 h_r/d 0.5	本规程 h_r 1.0	桩规 h_r/d 1	本规程 h_r 2.0
5	7856	9425	8642	9725	9742	10025
15	23562	28274	25926	29094	29225	29874
30	47813	56549	51851	57749	58451	58949
60	94275	113097	103703	115097	116901	117097
90	141413	157080	155554	159880	175352	162080
Q_{uk}(kN) 规范 / f_{rk}(MPa)	桩规 h_r/d 2	本规程 h_r 4.0	桩规 h_r/d 3	本规程 h_r 6.0	桩规 h_r/d 4	本规程 h_r 8.0
5	13513	10625	15398	11225	17158	11825
15	40538	31474	46195	33074	51474	34674
30	81077	61349	92390	63749	102948	66149
60	162153	121097	184779	125097	205897	129097
90	243230	168280	277169	173880	308845	179480

从表27对比可看出，当$h_r/d\leqslant1$时，两本规范计算的单桩极限承载力Q_u是接近的，最大相差17%，当$h_r/d=1$时，两者最为接近，仅相差3%。随着h_r/d的比值增大相差愈多，最大时《建筑桩基技术规范》JGJ 94将比本规程大42%，这主要是《建筑桩基技术规范》JGJ 94中，由于h_r愈大，其侧阻力对单桩极限承载力贡献偏大，而本规程由于掌握实测资料不多，极限侧阻力取值较小偏于安全所致。考虑在实际工程设计中，很少用$h_r/d>2$，即若设计$d=2m$，桩要进入持力层>4.0m的情况，尤其是微风化、未风化岩更无必要。因而本规程所规定的值是合适的。

总的来讲，本规程所提出的式（8.3.12）和表8.3.12，作为在勘察期间估算单桩竖向极限承载力是合适、且偏于安全的。由于我国地域宽广、岩石性状变化大，表8.3.12所提供的范围值较大亦是合理的，供岩土工程勘察人员，根据地区经验选择安全、合理的值留有空间。

8.3.13 旁压试验方法既能获得土的强度特性，还可测得土的变形特性，其结果常常能直接用来预测地基土强度、变形特性，且适用性较广，采用旁压试验估算单桩垂直极限承载力在国外应用已相当普遍，法国1985年（SETRA-LCPC1985）规程中的建议方法较为适用，经适当修改，可估算桩极限侧阻力和桩极限端阻力标准值。

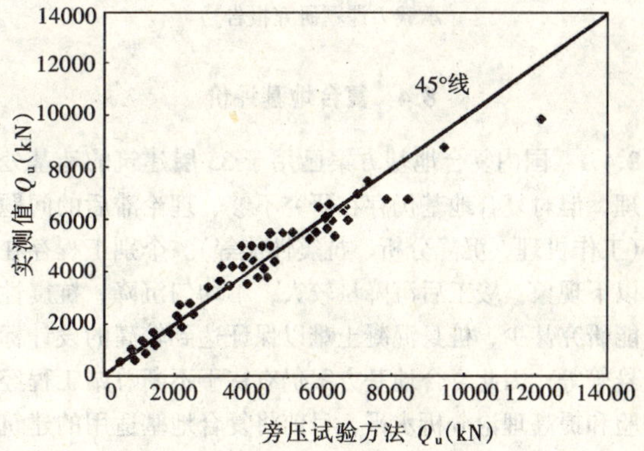

图15 实测值与旁压试验方法比较（样本数79组）

本次收集了上海地区近三十项资料，通过旁压试验方法与静探方法得到的单桩极限承载力估算值（样本数342组）并与部分单桩静载荷试验实测值（样本数79组）比较，结果详见图15～图17。

由图表明：旁压试验成果估算单桩极限承载力与静力触探试验方法相比，其估算精度相当，与试桩结果相比，其相对误差一般小于15%，接近试桩的实测值。

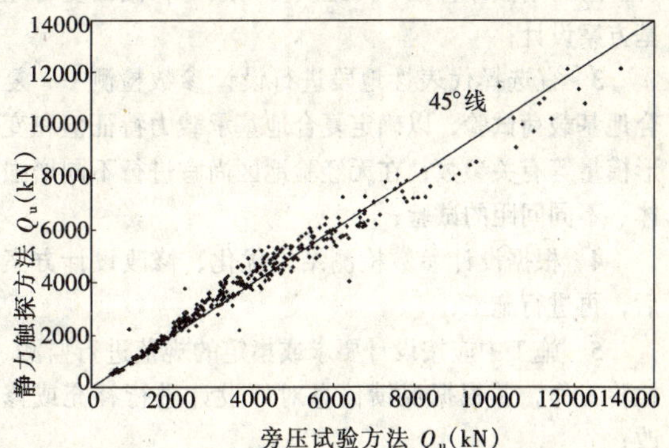

图16 静力触探方法与旁压试验方法计算结果比较（样本数342组）

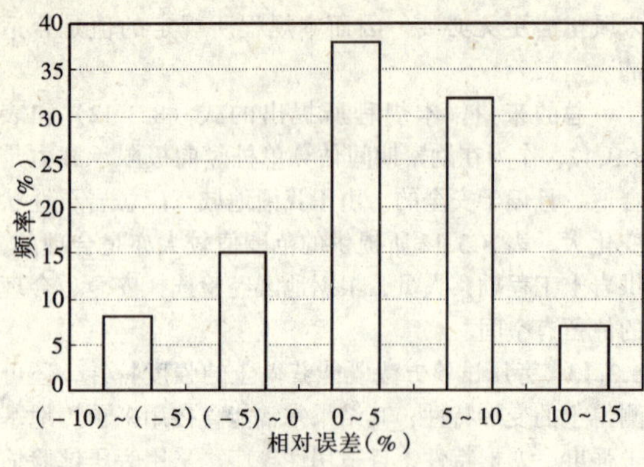

图 17　采用旁压试验方法估算单桩极限承载力的相对误差频图

（以上摘自上海岩土工程勘察设计研究院负责市建设技术发展基金会科研项目《上海地区密集群桩沉降计算与承载力课题研究报告》）

8.4　复合地基评价

8.4.1　国内复合地基方案已用于 35 层建筑的地基处理，但对复合地基仍存在研究不够、理论滞后的问题（工作机理、沉降分析、抗震性能等）。个别工程存在以下现象：竣工后沉降量较大，不均匀沉降，抗震性能研究甚少，桩身混凝土难以保证达到较高的设计标号等等，因此复合地基方案仍有待于不断总结工程经验和提高理论分析水平，目前将复合地基适用的建筑等级做出限制是必要的。

对勘察等级为甲级的高层建筑拟采用复合地基方案时，需极其谨慎，进行专门的研究与论证。

复合地基的勘察、试验、设计、施工等各方应紧密配合，宜按以下程序进行：

1　根据高层建筑上部结构对复合地基承载力、变形的要求，以及建筑场地工程地质和水文地质条件，设计应首先明确加固目的、加固深度和范围；

2　根据场地工程地质和水文地质条件、环境条件、机具设备条件和地区经验，选择合适的增强体（桩体）、增强体直径、间距及持力层等，做出复合地基方案设计；

3　宜选择代表性地段进行设计参数检测——复合地基载荷试验，以确定复合地基承载力特征值和变形模量等有关参数；在无经验地区尚宜进行不同增强体、不同间距的试验；

4　根据设计参数检测结果优化、修改设计方案后，再进行施工；

5　施工中应按设计要求或指定的规范进行监测、检验工作，并根据反馈信息对原设计进行补充或修改；

6　施工完成后应按设计要求或指定的规范进行验收检测工作。

8.4.2　本条文列出勘察阶段复合地基评价应包括的内容。随着勘察工作逐步向岩土工程的深入，发挥岩土工程师的专业特长，对地基基础进行深入分析计算，是勘察工作的发展方向，提高勘察工作的技术含量十分重要。

1　在对诸多加固方案（包括不同桩型、桩距、桩径、桩长、置换率）的初步对比筛选后，应对所建议的方案进行计算分析，在达到设计要求的基础上对复合地基方案提出建议。

2　第 3 款建议适宜的加固深度，是指确定增强体的桩顶及桩底高程，包括有效桩长以及保护桩长部分。

8.4.3　本条文规定了选择复合地基类型的一般原则，此外，尚应根据不同地区的地质条件、地区经验等情况选择适宜的增强体类型。

1　软土地层对散体材料增强体的侧限约束力很弱，桩体在上部高层建筑大荷载作用下将产生侧向挤出，达不到将荷载传递到深部地层的作用即达不到提高地基承载能力的目的，同时满足不了建筑对沉降变形的要求，在深厚软土地区，尤其建筑荷载较大时，不宜采用柔性散体材料增强体加固地基。

2　针对高层建筑荷载大、沉降要求严格的特点，采用刚性桩加固的复合地基，其承载能力高、变形小、设计施工质量可控性强、竣工检验方法成熟并有成功经验，故宜优先考虑采用此方法进行加固。

3　本款是考虑宜优先采用经验比较成熟的加固方法。针对高层建筑荷载大的特点，在处理湿陷性地基时，灰土桩挤密法较土桩挤密法更能满足高层建筑对地基的承载力要求，宜优先选用。

8.4.4　刚性桩（CFG 桩、素混凝土桩）复合地基是高层建筑最常用的复合地基类型，其单桩竖向承载力特征值 R_a，首先应通过单桩载荷试验竖向极限承载力除以安全系数 2 的方法来确定，无条件时其复合地基承载力特征值可按现行行业标准《建筑地基处理技术规范》JGJ 79 式（9.2.5）和（9.2.6）估算。

式（9.2.5）中 f_{sk}宜按下列方法取值：

1　当采用非挤土成桩工艺时，f_{sk}可取天然地基承载力特征值 f_{ak}；

2　当采用挤土成桩工艺时，对可挤密的一般黏性土，f_{sk}可取 1.1～1.2 倍天然地基承载力特征值，I_p 小、e 大时取高值；对挤密效果好的土，由于承载力提高幅度较大，宜由现场试验确定 f_{sk}；

3　对不可挤密土，若施工速度慢，$f_{sk}=f_{ak}$，若施工速度快宜由现场试验确定 f_{sk}；

4　对饱和软土应考虑施工荷载增长和土体强度恢复的快慢来确定 f_{sk}。

式（9.2.6）中 q_{sr}、q_p 当缺少经验时，可参照现行国家标准《建筑地基基础设计规范》GB 50007 或本规程中桩基的规定执行，按本规程算得的单桩极限承载力尚应除以安全系数 $K=2$。

8.4.6 复合地基变形计算过程中，对复合土层，压缩模量很高时，可能满足式 $\Delta s'_n \leqslant 0.025\sum_{i=1}^{n}\Delta s'_i$ 的要求，若到此结束计算，就漏掉了桩端以下土层的变形量，尤其是存在软弱下卧层时，因此，计算深度必须大于复合土层的厚度。

8.4.7 复合地基竣工后，应对复合地基、桩间土、竖向增强体进行检验：

1 第3款对重大工程和地基条件复杂或成桩质量可靠性较低的复合地基，可视情况采用钻取桩芯法或开挖观测法检验成桩质量，检测数量根据具体情况由设计确定。

2 第5款复合地基在竣工后应分别对桩间土和增强体以及复合地基进行监测、检验工作。本款提出监测检验试验宜选择在不同的地质单元内进行，如：不同地形地貌单元内、不同年代、成因的地层范围内、古河道，暗沟暗浜等地层显著不均匀处；此外，监测、检验宜选择在建筑荷载显著差异处，建筑体形显著变化处等地基最不利位置和工程关键部位。

8.5 高低层建筑差异沉降评价

8.5.1 由于现代高层建筑的多样化设计，不均匀的地基变形并非只是地基本身不均匀造成的，如不均匀软土地基上不规则平面的建筑物（偏心）、大底盘上高低错落多栋建筑物造成的基底荷载差异等，都是岩土工程师要综合考虑的因素。针对近年常见的差异沉降问题，本条概括为四种需要注意加强沉降分析的工况，其中也包括单体建筑物，因为现代建筑常在底层和地下室有大开间的设计需要并多采用刚度相对较小的筏形基础，框筒、框剪结构建筑物的电梯井或角柱、组合柱部位的集中荷载会明显高于基底平均荷载。

8.5.2 我国很多地区或城市的勘察单位积累了丰富的资料，岩土工程勘察应充分利用这一资源，在事前做好策划，提高勘察设计的针对性，减少盲目性，预防潜在事故和损失。

8.5.3 由于在勘察阶段通常还不可能具备基础设计荷载的分布和结构刚度资料，故勘察阶段的差异沉降预测一般限于不同楼座之间的平均沉降差。估算建筑物重心、边角点的地基沉降量及结构到顶后的剩余沉降量，有助于判断不同楼座之间差异沉降的影响。

8.5.4 在近年工程实践中，由于基础设计分析与勘察之间会发生脱节现象（并不是由勘察单位承担基础设计分析），存在着勘察成果资料与数据不能有效满足基础工程设计分析的情况。因此，要求勘察单位必须做好前期策划，以确保能够在勘察阶段获取设计分析地质模型所需的特定参数和资料。在工程中，切忌将设计分析决策建立在不可靠的基础上，故一旦所提供的勘察成果在完整性和可靠性方面确实不能有效满足基础设计分析需要，应由勘察单位进行必要的补充勘测，提供正确、完整的数据资料输入。

8.5.5 基底附加压力越小、基坑深度越大，则地基回弹再压缩变形占地基沉降的比例越大，从而使以往规范建议的很多沉降计算方法不再适用。根据上海、北京的观测资料，建筑基坑开挖后的最大回弹量与基坑的深度有一定的对应关系（见表28)，可作为判断地基回弹再压缩变形占地基总沉降比例的参考。此外，根据北京、上海的工程实践，如结构相连的相邻建筑（后浇带两侧）的后期沉降差在3~4cm范围内，有可能通过设计、施工措施加以调整。

表28 基坑最大回弹量与基坑深度的比值

地基主要持力层土质	低压缩性砂土、碎石土	中低—中压缩性黏性土	中高—高压缩性黏性土
S_e/H	1‰~2‰	2‰~4‰	5‰~1%
注：S_e为地基回弹再压缩变形，H为基坑深度。			

8.5.6 获取和选择合理的土工参数对地基基础工程的分析结果具有关键的影响，而土工参数与试验方法又是密切相关的，故在从勘察成果资料中选择土工参数指标时必须注意其试验方法。

在通过结构—地基共同作用分析进行差异沉降分析时，通常要采取提高局部基底压力以加大沉降、减小差异沉降的设计措施，该措施应以不发生有关部位地基破坏为前提，为此还应进行相应的地基极限承载力验算。

8.6 地下室抗浮评价

8.6.1 高层建筑基础埋置较深，一般都有地下室抗浮问题，尤其是施工期间地下室刚做好而上部建筑还未施工时，如果遇暴雨，常发生地下室上浮等问题。例如位于深圳市布吉关口山坡上某高层建筑，二层地下室，底板直接浇筑在微风化花岗岩上，地下室建至地面后停工一年多，地下室由于长期受暴雨浸泡，于1998年发生上浮，整个底板与基岩被冲填了10~50cm厚泥沙，后来花费很大代价进行泥沙清理和基础加固。深圳南头某地下室位于花岗岩残积土上，天然地基，于1997年夏季台风暴雨期间发生上浮，整个地下室倾斜，高差达70余厘米。珠海拱北海关附近某高层建筑附属地下停车场，上部结构荷载较小，地下水水位接近地表，在上部结构尚未竣工时，1999年底板上抬数厘米，造成地下室梁板严重开裂。类似事故较多，造成的损失较大，勘察期间就将此问题明确，且单独提出来，在岩土工程勘察报告中作专门论述，有利于避免地下室可能发生的上浮事故。

8.6.2 提供准确的抗浮设防水位是本节的重点。当地下水属潜水类型且无长期水位观测资料时，如果仅按勘察期间实测水位来确定抗浮设防水位，不够确切，应结合场地地形、地貌、地下水补给、排泄条件和含水层顶板标高等因素综合确定。我国南方滨海和滨江地区，经常发生街道水浸现象，抗浮设防水位可取室外地坪标高。若承压水和潜水有水力联系时，应分别实测其稳定水位，取其中的高水位作为抗浮设防水位。

8.6.3 考虑到某些地区地下水赋存条件复杂，补给和排泄条件在建筑使用期间可能发生较大改变，而地下水的抗浮设防水位是一个有如抗震设防一样的重要技术经济指标，较为复杂，故对于重要工程的抗浮设防水位应委托有资质的单位进行专门论证后提出。

8.6.4 地下室若处于斜坡地段或施工降水等原因产生稳定渗流场时，渗透压力在地下室底板将产生非均布荷载，勘察报告中宜提请抗浮设计人员注意这种非均布荷载对地下室结构的影响。

8.6.5 地下室所受浮力应按静水压力计算。即使在黏性土地基或地下室底板直接与基岩接触的情况下也不宜折减。因为地下室所受地下水的浮力是永久性荷载，不因黏性土的渗透性差而减小，即使地下室底板直接与基岩接触的情况下，由于基岩总是存在节理和裂隙等，且混凝土与基岩接触面也存在微裂隙，静水压力也不宜折减。如因暴雨等因素产生的临时高水位而引起的浮力，当地下室位于黏性土地基且地表水排泄条件良好时，可乘以0.6～0.8的折减系数，其他条件下不宜折减。

8.6.6 直接位于高层建筑主体结构下的地下室，主要是施工期间的临时抗浮稳定问题，一般可通过工程桩或基坑临时强排水等措施来解决；而对于附属的裙房或主楼以外独立结构的地下室，则属永久性抗浮问题，由于荷载小，仅需设置少数抗压桩，甚至不需设置基桩，故推荐采用抗浮锚杆较为经济合理。如果地质条件较差，地下水水位变化很大或地下室使用荷载变化较大、且变化频繁，此时可能在基底产生频繁的拉压循环荷载，且受压时地基承载力明显不足时，宜选用抗浮桩。

8.6.7 抗浮桩和抗浮锚杆的抗拔极限承载力，一般都应通过现场抗拔静载荷试验确定，抗拔静载荷试验应符合附录G的规定，考虑到地下水水位和地下室使用荷载是变化的，所以附录G中要求采用循环加卸荷方式进行试验，试验方法参考了行业标准《建筑桩基技术规范》JGJ 94、国家标准《建筑边坡工程技术规范》GB 50330和国家标准《锚杆喷射混凝土支护技术规范》GB 50086中有关桩基抗拔和锚杆抗拔试验相关规定后综合确定的。

8.6.8～8.6.10 抗浮桩抗拔承载力可按式（8.6.8）～（8.6.10）进行估算，如当地有较丰富的工程经验，也可按经验值进行估算，但正式施工前仍应进行抗拔静载荷试验进行验证。

8.6.11 抗浮锚杆应结合施工工艺进行锚杆抗拔试验，式（8.6.11）仅供初步设计估算时采用。

8.7 基坑工程评价

8.7.1 本条规定了基坑工程评价应包括的内容，对其中某些款项说明如下：

1 由于基坑工程设计首先要确定基坑工程安全等级，而安全等级很大程度上决定于周边环境和场地工程地质、水文地质条件，经勘察后，勘察人员对这方面最为了解，因而对采用等级应提出建议，当各侧边条件差异很大、且复杂时，每个侧边可建议不同的等级；

2 许多工程实践证明，采取基坑外降水往往会造成地面沉降，对邻近建筑、管线造成影响，因而本款提出，若需采取降水措施时，应提供水文地质计算的相应参数、预测降水及支护结构位移对周边环境可能造成的影响，建议设计计算周边地面下沉量和影响范围。

8.7.2 有关基坑工程等级，现行的行业标准、地方标准的基坑工程技术规范（规程），均有不同的划分，简繁不一，无统一标准。本规程提出按周边环境、破坏后果严重程度、基坑深度、工程地质和地下水条件等五个方面来划分基坑工程等级，比较周全，划分比较合理，可操作性强，且与国家计委、建设部2002年颁发的《工程勘察设计收费标准》划分基坑工程设计复杂程度的标准基本一致。

表8.7.2中环境条件复杂程度系按邻近已有建（构）筑物、管线、道路的重要性和邻近程度衡量；破坏后果包括对邻近建（构）筑物、管线、道路的破坏后果和对本工程的破坏后果；工程地质条件复杂程度系按侧壁的软土、砂层的性质和厚度衡量；地下水位很高系指接近地表；地下水位低，系指水位低于基坑深度。

8.7.3 基坑支护设计中，整体稳定性和支护结构的荷载是土、水压力，而土、水压力的大小则决定于地层结构剖面和计算参数（主要是c、φ值），也就是本规程所提出的“地质模型”，而过去此代表性的地质模型是由设计人员选定，不一定经济合理，现提出每侧边的地质模型由勘察人员提出建议。当条件简单时，亦可指定按某个勘探孔或地层剖面进行计算，并提供相应的计算参数。

8.7.4 勘察后所建议的各项参数，尤其是抗剪强度参数，将直接用于工程计算和设计，十分重要，而这些参数由于试验方法不同，得出的结果各异，它应当与采用的计算方法和安全度相匹配，为此，本条规定了基坑工程计算指标的试验方法，现对其中主要问题说明如下：

1 国家标准《建筑地基基础设计规范》GB 50007、建设部行业标准及湖北省、深圳市、广东省等基坑工程地方标准均规定对黏性土宜采用土水合算，对砂土宜采用土水分算；冶金部行业标准，上海市和广州市基坑工程标准则规定以土水分算为主，有经验时，对黏性土可采用土水合算。根据试算对比(详见6.0.5条条文说明)，其强度参数宜用总应力法的固结不排水（CU）试验参数；当用土水分算时，其强度参数宜用三轴有效应力法、固结不排水测孔隙压力（$\overline{\mathrm{CU}}$）试验。

2 对于砂、砾、卵石土由于渗透性强，渗透系数大，可以很快排水固结，且这类土均应采用土水分算法，计算时其重力密度是采用有效重力密度，故其强度参数从理论上看，均应采用有效强度参数，即 c'、φ'，其试验方法应是有效应力法，三轴固结不排水测孔隙水压力（$\overline{\mathrm{CU}}$）试验，测求有效强度。但实际工程中，是很难取得砂、砾、卵石的原状试样而进行室内试验，故本条规定采用砂土天然休止角试验和现场标准贯入试验来估算砂土的有效内摩擦角 φ'，一般情况下可按 $\varphi' = (\sqrt{20N} + 15)°$估算，式中 N 为标准贯入实测击数。

3 对于抗隆起验算，一般都是基坑底部或支护结构底部有软黏土时才验算，因而应当采用上述饱和软黏土的UU试验方法所得强度参数，或采用原位十字板剪切试验测得的不固结不排水强度参数。对于整体稳定性验算亦应采用不固结不排水强度参数。

4 对于静止土压力计算，公式规定应用有效强度参数 c'、φ'值。

8.7.5 由于估算基坑涌水量、进行降水设计和预测降水对邻近建筑的影响等，这些均涉及比较专业的水文地质问题，一般的岩土工程设计人员有一定困难，而勘察人员比较了解，故本条规定在此情况下应提供水文地质计算有关参数，包括计算的边界条件、地层结构、渗透系数、影响半径等。

8.7.6 目前国内许多基坑工程均采用比较经济合理的土钉墙支护方案，但当基坑底部为饱和软土时，由于基坑底部隆起，侧壁整体失稳的事故很多，为此对有类似情况的工程，应建议设计进行抗隆起验算，验算的方法、公式和安全系数在《建筑地基基础设计规范》GB 50007中已有规定，计算结果不能满足时，应采取坑底被动区加固、微型桩加强等措施；当基坑底部为砂土，尤其是粉、细砂地层和存在承压水时，应建议设计进行抗渗流稳定性验算，抗渗流稳定性验算包括：

1 当基坑底以下存在承压含水层时，应验算承压水头冲破不透水层产生管涌的可能性，可按《建筑地基基础设计规范》GB 50007规定验算。

2 当基坑侧壁或底部存在砂土或粉土，且设置了帷幕截水时，应作抗渗流（管涌、流砂）稳定的验算，验算方法是计算水力坡度不应超过临界水力坡度。可按下式验算：

$$K = \frac{i_c}{i} \tag{20}$$

$$i = \frac{h_w}{l} \tag{21}$$

$$i_c = (G_s - 1)/(1 + e) \tag{22}$$

式中 K——安全系数，取1.5~2.0；

i——计算水力坡度；

h_w——基坑内外水头差；

l——最短渗流长度；

i_c——临界水力坡度；

G_s—— 土颗粒相对密度(比重)；

e——土的天然孔隙比。

9 设计参数检测、现场检验和监测

针对高层建筑岩土工程勘察特点，本次修订将原规程JGJ 72—90第四章中监测的内容扩充后另设了本章，并增加了设计参数检测和现场检验两节。

9.1 设计参数检测

9.1.1 设计参数检测为新增内容，主要是指勘察结束后正式施工前的施工图设计期间，应在现场进行的各种与岩土工程有关的试验，目的是为地基基础设计、地下室抗浮设计和基坑支护设计等工程设计中所采用的重要参数进行检验、校核，对所采用施工工艺和控制施工的重要参数能否达到设计要求进行核定。从目前情况看，有些业务勘察单位并未开展起来，但从岩土工程发展来看，这些都是在高层建筑勘察设计中需要岩土工程师解决的问题，故在规范条文中列出这些试验项目，希望勘察单位能进一步拓展业务，积累工程经验。试验要点应按相关标准执行。

9.1.4 本规程提出的大直径桩端阻力载荷试验是模拟大直径桩的实际受力状态，采用的圆形刚性板直径800mm，试井直径等于承压板直径，试井底部保留3倍承压板宽度，即在超载的情况下进行。

9.1.5 为更准确地确定复合地基承载力，有必要做两部分工作：一是对复合地基的增强体（柔性桩、半刚性桩、刚性桩）进行静载荷试验，二是对单桩或多桩承担的加固面积进行平板载荷试验。

9.1.6 对抗浮桩或抗浮锚杆，应根据其实际受力状况选择试验方法，本规程推荐均采用循环加、卸载法。

9.2 现 场 检 验

9.2.1 现场检验为新增内容，是指在施工阶段对工程勘察成果和施工质量进行检查、复核，对出现的问题提出处理意见，主要包括基槽检验、桩基持力层检验和桩基检测等内容。

9.2.2 基槽检验工作是由建设方、施工方会同勘察、设计单位一起进行，主要对基槽揭露的地层情况进行检查，是否到了设计所要求的地基持力层，场地内是否存在尚未发现的暗浜等不良地质现象等。

9.2.3 由于桩基工程的重要性和隐蔽性，应在工程桩施工前进行试钻或试打，检验实际岩土条件与勘察成果的相符性。对大直径挖孔桩，应逐桩进行持力层检验。对桩身质量的检验，抽检数量应根据工程重要性、地质条件、基础形式、施工工艺等因素综合确定，从目前情况看，原规定总桩数的10%的抽检数量已不能满足要求，一般应大于总桩数的20%，抽检方式必须随机、均匀、有代表性，对重要工程及一柱一桩形式的工程宜100%检验。对于高应变确定单桩承载力应有静载的对比资料。

9.3 现场监测

9.3.1 现场监测是指在工程施工及使用过程中对岩土体性状、周边环境、相邻建筑、地下管线设施所引起的变化而进行的现场观测工作，并视其变化规律和发展趋势，提出相应的防治措施，达到信息化施工的要求。高层建筑监测的内容有基坑工程监测、沉桩施工监测、地下水长期观测和建筑物沉降观测等。

9.3.2 现场监测的内容主要取决于工程性质及周围环境的状况。本条文列出了应布置现场监测的几种情况，基于岩土工程的理论计算还不十分精确，具半经验半理论特点，为保证工程安全，监测是非常必要的，既能根据监测数据指导施工，也为岩土工程的反演计算研究提供资料。

9.3.3～9.3.5 正式监测前应做的准备工作。

9.3.6 监测资料应及时整理，监测报表应及时提交有关方，以指导以后施工。当监测值达到或超过报警值时，应有醒目的标识，并及时报警。

9.3.7～9.3.9 包含了基坑监测、沉桩施工监测和地下水长期观测的基本内容，具体实施时应根据需要选择监测项目。

9.3.10 建筑物沉降观测应符合条文规定，未尽事项可按现行行业标准《建筑变形测量规程》JGJ/T 8 的规定执行。关于沉降相对稳定标准：根据现行行业标准《建筑变形测量规程》JGJ/T 8，“一般观测工程，若沉降速度小于 0.01～0.04mm/d，可认为已进入稳定阶段”；上海工程建设规范《上海地基基础设计规范》DBJ 08—11 的规定“半年沉降量不超过 2mm，并连续出现两次”；很多城市规定沉降相对稳定标准为沉降速度小于 0.01mm/d，所以对高层建筑取日平均沉降速率 0.01～0.02mm/d 是合适的。

10 岩土工程勘察报告

10.1 一 般 规 定

10.1.1 本条是对高层建筑岩土工程勘察报告总的要求，包括了四个方面，一是报告书要结合高层建筑的特点和各地区的主要岩土工程问题；二是对报告书的基本要求；三是强调报告书要因地制宜，突出重点，有工程针对性；四是说明文字报告与图表的关系。

10.1.2 本条是指通常的高层建筑岩土工程勘察报告书内容不能包括的特殊岩土工程问题（具体见10.2.12），宜进行专门岩土工程勘察评价，提交专题咨询报告，咨询费用应另行计算。

10.1.3 勘察报告、术语、符号、计量单位等常被忽视，但实际上它们均是报告书中非常重要的组成部分，直接影响报告书的质量，均应符合国家有关标准的规定。

10.2 勘察报告主要内容和要求

10.2.1 本条提出高层建筑初步勘察报告书的要求，报告书内容应回答建筑场地稳定性和建筑适宜性，高层建筑总平面图，选择地基基础类型，防治不良地质现象等问题，并满足高层建筑初步设计要求。

10.2.2 本条提出了高层建筑详细勘察报告书的服务对象，指出了详细勘察的报告书应解决高层建筑地基基础设计与施工中的主要问题。

10.2.3 本条强调了高层建筑岩土工程详细勘察报告与一般建筑详细勘察报告相比应突出的七方面内容，包括拟建高层建筑的基本情况、场地及地基的稳定性与地震效应、天然地基、桩基、复合地基、地下水、基坑工程等。

10.2.4 高层建筑场地稳定性及不良地质作用的发育情况，如果已做过初勘并有结论，则在详勘中应结合工程的平面布置，评价其对工程的影响；如果没有进行初勘，则应在分析场地地形、地貌与环境地质条件的基础上进行具体评价，并作出结论。

10.2.5 详勘报告应明确而清楚地论述地基土层的分布规律，对地基土的物理力学性质参数及工程特性进行定性、定量评价，岩土参数的分析和选用应符合有关国家标准。

10.2.6 由于地下水在高层建筑设计中的作用和影响日益受到重视，因此在传统的查明水文地质条件和参数的前提下，本次修订还要求报告书对地下水抗浮设防水位、地下水对基础及边坡的不良影响，以及对地基基础施工的影响进行分析和评价。

10.2.7 详勘报告书对天然地基方案的分析，首先应着眼于对地基持力层和下卧层的评价，在归纳了勘察成果及工程条件的基础上，提出地基承载力和沉降计算所需的有关参数供设计使用。

10.2.8 详勘报告对桩基方案的分析，首先应着眼于桩型及桩端持力层（桩长）的建议，提出桩基承载力和桩基沉降计算的有关参数供设计使用，对各种可能方案进行比选，推荐最佳方案。

10.2.9 详勘报告对复合地基方案的分析，应在分析建筑物要求及地基条件的基础上提出可能的复合地基加固方案，确定加固深度，提出相关设计计算参数。

10.2.10 勘察报告要求，宜根据基坑规模及场地条件提出供设计计算使用的基坑各侧壁地质模型的建议，并建议基坑工程安全等级和支护方案。对地下水位高于基坑底面的基坑工程，还宜提出地下水控制方案的建议。

10.2.12 对高层建筑建设中遇到的一些特殊岩土工程问题，勘察期间高层建筑勘察有时难以解决，这些特殊问题主要包括：查明与工程有关的性质或规模不明的活动断裂及地裂缝、高边坡、地下采空区等不良作用，复杂水文地质条件下水文地质参数的确定或水文地质设计，特殊条件下的地下水动态分析及地下室抗浮设计，工程要求时的上部结构、地基与基础共同作用分析，地基基础方案优化分析及论证，地震时程分析及有关设计重要参数的最终检测、核定等等。针对这些问题要单独进行专门的勘察测试或技术咨询，并单独提出专门的勘察测试或咨询报告。

10.3 图表及附件

10.3.1 勘察报告所附图件应与报告书内容紧密结合，具体分两个层次，首先是每份勘察报告书都应附的图件及附件主要有四种，本次修订增加了“岩土工程勘察任务书”的附件，它是勘察工作的主要依据之一；另一个层次是根据场地工程地质条件或工程分析需要而宜绘制的图件，这是本次修订增加的内容，它是根据不同场地及工程的情况来选择，条文只列出四种，实际工作还可以选择和补充。

10.3.2 勘察报告所附表格和曲线，一方面要全面反映勘察过程中测试和试验的结果，另一个方面要为岩土工程分析评价和地基基础设计计算提供数据。条文也只列了四种，实际工作也可以进行选择和补充。

附录E 大直径桩端阻力载荷试验要点

E.0.1 本附录是按原规程 JGJ 72—90 的“深井载荷试验要点”修订而成。制定本要点的目的是为测求大直径桩（包括扩底桩）的极限端阻力，以作为设计确定端阻力特征值的基础，不包括确定“埋深等于或大于 3m 的深部地基土的承载力”。为了不与现行国家标准《建筑地基基础设计规范》GB 50007 和《岩土工程勘察规范》GB 50021 中的“浅层平板载荷试验要点”和“深层平板载荷试验”产生矛盾和重复，将原规程 JGJ 72—90 中的“深井载荷试验要点”改为现名。

一般认为，载荷试验在各种原位测试中是最为可靠的，并以此作为其他原位测试和试验结果的对比依据。但这一认识的正确性是有前提条件的，即基础影响深度范围内的土层变化应均一。实际地基土层往往是非均质土或多层土，当土层变化复杂时，荷载试验反映的承压板影响范围内地基土的性状与实际基础下地基土的性状将有很大的差异。故在进行载荷试验时，对尺寸效应要有足够的认识。

E.0.2 考虑到大直径桩的定义是 $d \geqslant 0.8\text{m}$ 的桩，故将原规程 JGJ 72—90 规定的承压板直径 798mm 改为 0.8m。

E.0.3 本试验装置的设置原则是为模拟大直径桩的实际受力状态，要求试井直径等于承压板直径，当试井直径大于承压板直径时，紧靠承压板周围土层高度不应小于 0.8m，以尽量保持承压板和荷载作用于半无限体内部的受力状态。加载时宜直接测量承压板的沉降，以避免加载装置变形的影响。

E.0.7 终止加载条件中的第 1 款判定极限端阻力的沉降量标准，原规程 JGJ 72—90 和现行国家标准《建筑地基基础设计规范》GB 50007均规定为 $0.04d$。但考虑到对有些相对较软、沉降量较大的岩土，此限值可能较小，参照现行国家标准《岩土工程勘察规范》GB 50021 的规定，改为 $(0.04\sim0.06)d$。另根据现行行业标准《建筑桩基技术规范》JGJ 94 对大直径桩的规定为 $(0.03\sim0.06)D$（D 为桩端直径，大桩径取低值，小桩径取高值），而本试验要点规定的承压板直径为 800mm，是大直径桩中的最小桩径，故增加其范围值为 0.06。

E.0.9 本条第 3 款，原规程 JGJ 72—90 规定，当 p-s 曲线上无明显拐点时，可取 $s=(0.005\sim0.01)d$ 所对应的 p 值，现参照现行国家标准《岩土工程勘察规范》GB 50021 和一些实测资料修改为 $s=(0.008\sim0.015)d$。

附录F 用原位测试参数估算群桩基础最终沉降量

F.0.1 本条规定了用原位测试参数按经验关系换算土的压缩模量后，直接用原位测试参数估算群桩基础最终沉降量方法的适用范围和适用条件，尤其是在本条第 5 款中明确了用本附录的有关公式计算沉降时，应与本地区实测沉降进行统计对比和验证，确定合理的经验系数。

F.0.2 对无法或难以采取原状土样的土层，如砂土、深部粉土和黏性土等，可根据原位测试成果按规程中表 F.0.2 经验公式确定压缩模量 E_s 值。

对砂土和粉土，主要依据旁压试验 E_m 与单桥静力触探比贯入阻力 p_s、标准贯入试验 N 值建立相应统计关系（近一百项工程数据），如图 18～图 19 所示。

由图可见，E_m 与 p_s、N 值有良好的线性关系（相关系数分别为 0.83 和 0.96），由 E_s 与 E_m 相关关

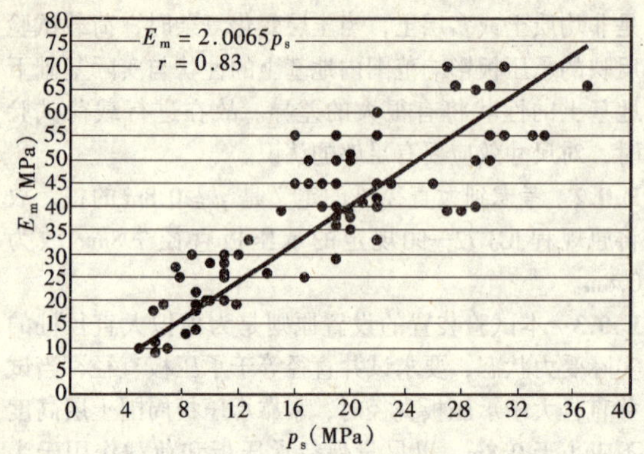

图 18　旁压试验模量与静探比贯入阻力 p_s 关系图

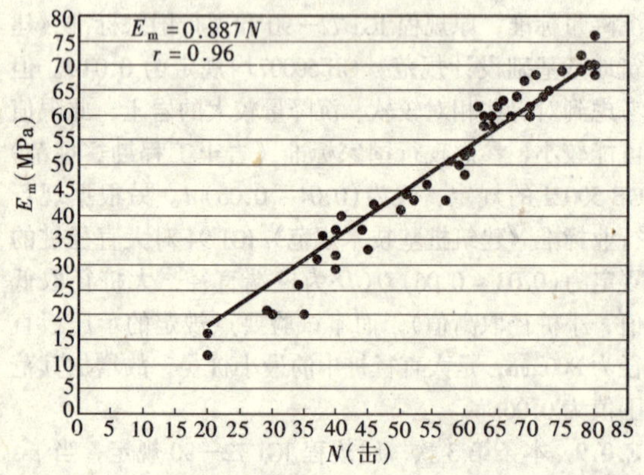

图 19　旁压试验模量与标准贯入试验击数 N 关系图

系[即 $E_s = (1.5 \sim 2.0)E_m$]，可得到 $E_s = (3 \sim 4)p_s$ 或 $E_s = (1.33 \sim 1.77)N$，与目前勘察单位已使用经验公式基本一致，故表中对于砂质粉土和粉细砂采用经验公式 $E_s = (3 \sim 4)p_s$ 或 $E_s = (1.00 \sim 1.20)N$。

对深部黏性土，通过 p_s 值与室内试验 E_s 值建立相应经验关系见图 20（约一百项工程数据）。

由图可见，E_s 与 p_s 值存在较好的相关性（相关系数约为 0.86），考虑安全储备，对统计公式进行适

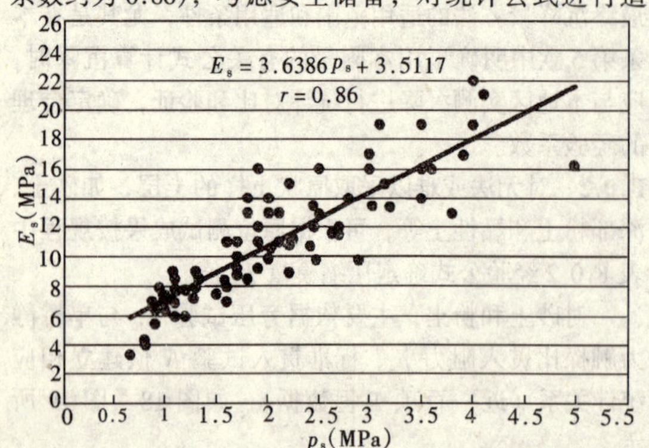

图 20　压缩模量 E_s 与静探比贯入阻力 p_s 关系图

当折减（乘 0.9 系数），求得经验公式 $E_s = 3.3p_s + 3.2$。

F.0.3～F.0.4　关于桩基最终沉降量估算及其计算指标。在详勘阶段，一般可采用实体深基础方法估算，如有详细荷载分布图和桩位图，可采用 Mindlin 应力分布解的单向压缩分层总和法估算。但通过大量工程沉降实测资料统计，其估算值精度仍不够理想，造成上述方法计算精度不高的原因有：

1　没有考虑桩侧土的作用，即沿桩身的压力扩散角，而实际上即便在软土地区，如上海浅层软土的内摩角已很小，但或多或少存在着一定的桩身摩擦力，且随桩的深度增加，土质渐变硬，摩擦力也增大。目前由于施工技术有了很大的提高，沉桩设备能量大的柴油锤已达 D100，液压锤已有 30t，静压桩设备最大压力已达 900t，与十多年前情况完全不同，一般高层建筑物或超高层建筑物均穿过较硬黏性土、中密的砂土甚至穿过厚层粉细砂。这样导致计算所得的作用在实体深基础底面（即桩端平面处）的有效附加压力偏大，相应地桩端平面处以下土中的有效附加压力也偏大。

2　在计算桩端平面处以下土中的有效附加压力时，采用了弹性理论中的 Mindlin 或 Boussinesq 应力分布解，与土性无关（土层的软弱、土颗粒的粗细等）可能使实际土体中的应力与计算值不相符，也导致计算应力偏小或偏大，在软黏性土和密实砂土中尤为突出。

3　确定地基土的压缩模量是一个关键性的问题。据目前的勘察水平，深层地基土的压缩模量很难正确确定，因为不扰土样的采取受到很大的限制，特别是粉土、砂土扰动程度更大，导致地基土的压缩模量偏小或失真。

4　对沿海地区深层黏性土由于具有较长的地质年代，一般具有超压密性（$OCR > 1$），尤其是地质时代属 Q_3 的黏性土，据一些工程试验数据，由于取土扰动，使 OCR 明显偏小。

如不考虑这些因素，势必造成沉降量估算值偏大。为提高桩基沉降估算精度，桩基沉降估算经验系数应根据类似工程条件下沉降观测资料和经验确定；计算参数（如 E_s）宜通过原位测试方法取得或通过建立经验公式求得；当有工程经验时，可采用国际上通用的旁压试验等原位测试方法估算桩基沉降量，本次修订工作收集的上海地区近 150 项工程的沉降实测资料，在进行计算值与实测值的对比、分析、统计后，使计算值与实测值较为接近，提出采用原位测试成果计算桩基沉降量方法，在使用时应注意其经验性和适用条件。

本规程修订中推荐了两种方法，第一种按实体深基础假定的分层总和法（$s = \eta\Psi_{s1}\Psi_{s2}\Sigma P_{0i}h_i/E_{si}$），通过对桩端入土深度、桩侧土性和桩端土性修正，以

提高桩基的计算精度。

本规程所提出的计算方法与实测值比较结果见图21和22。

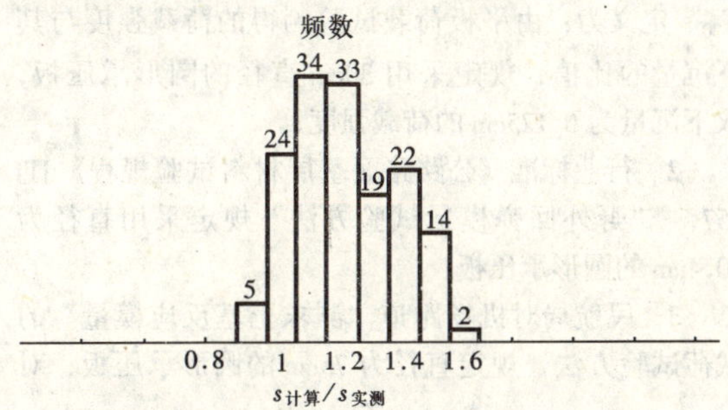

图21 沉降量计算值与实测值之比频图

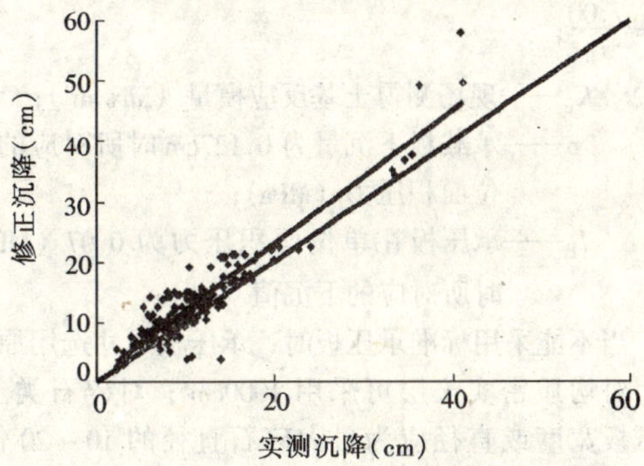

图22 沉降量计算值与实测值散点图

由图可见，一般情况下，按建议方法计算的沉降量大于实测值，其平均值为1.2，变异系数为14%，计算值与实测值比值在0.9～1.3区间占到75%，其计算精度能满足工程设计要求。

但必须说明：本次修订工作所收集的近150项工程的沉降实测资料主要分布在上海地区，尚需全国其他地区的资料加以验证和补充。

第二种方法是采用静力触探试验或标准贯入试验方法估算桩基础最终沉降量。根据专题报告，收集上海地区120幢建筑物工程资料及其地质资料进行分析，按建议方法计算，与实测沉降比较如图23，相对误差频数分布如图24。

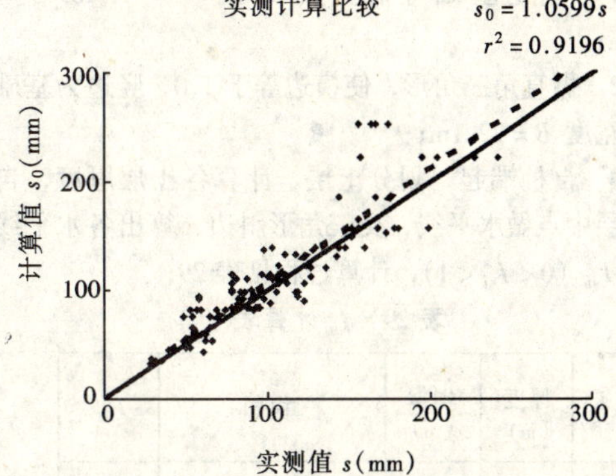

图23 静力触探试验参数经验法计算与实测比较

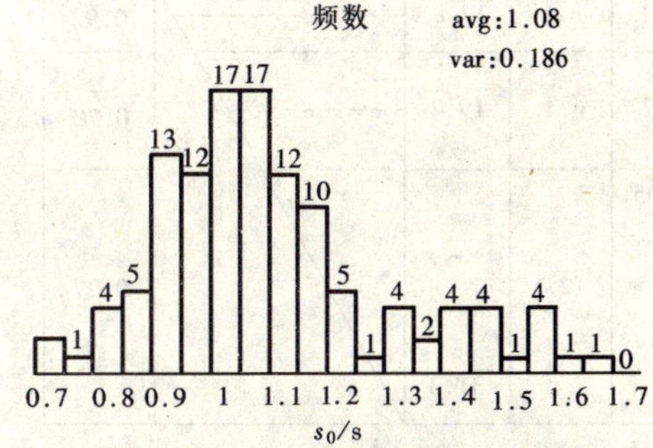

图24 静力触探试验参数经验法相对误差频数分布

从图中可见，计算值与实测值比值平均值为1.08，标准偏差为0.19，偏于保守，按截距为0进行拟合的相对误差为6%（$r^2=0.92$）。相对误差在20%以内的有96项，占总数（120项）的80%。由此可见，静力触探方法计算简单，概念明确，计算精度能满足设计要求。

附工程计算实例：

某工程有三幢20层高层建筑，基础为半地下室加短桩，埋深1.7m，平面面积为489.3m²，箱基底板梁轴线下布置183根0.4×0.4×7.5钢筋混凝土预制桩，场地地质情况如图25。

按本方法计算沉降的步骤如下：

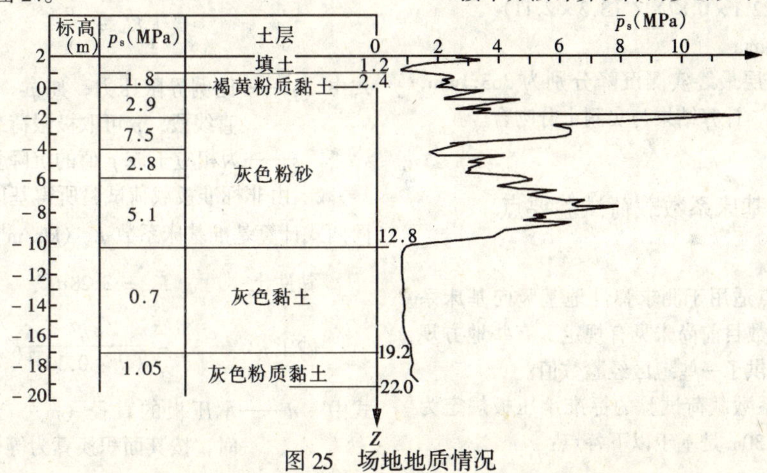

图25 场地地质情况

1　确定基础等效宽度 $B=\sqrt{A}=\sqrt{489.3}=22.1\text{m}$;

2　做直角三角形，使横边等于1.0，竖边为基础等效宽度 $B=22.1\text{m}$;

3　自桩端起，划分土层，计算各土层厚度，自各土层中点做水平线，交三角形斜边，算出各水平线长度 I_{si} $(0<I_{si}<1)$，计算过程见表29;

表29　I_{si}计算表

p_{si} (MPa)	厚度 (m)	埋深 (m)	简图	I_{si}
		9.2		1.0
5.1	3.6	12.8		0.92
0.7	6.4	19.2		0.70
1.05	12.1	31.3		0.27

4　按下式计算 $\overline{p}_s$:

$$
\begin{aligned}
\overline{p}_s &= \sum_{i=1}^{n} p_{si} I_{si} h_i / \left(\frac{1}{2}B\right) \\
&= (5.1\times0.92\times3.6+0.7\times0.7\times6.4+1.05\times0.27\times12.1)/(0.5\times22.1) \\
&= 2.11(\text{MPa});
\end{aligned}
$$

5　按式（F.0.4－1）计算最终沉降

取桩端有效附加应力 $p_0=20\times15=300\text{kPa}$，桩端地基土有效自重应力 $p_{cz}=8.5\times9.2=78.2\text{kPa}$，桩端入土深度修正系数 $\eta=1-0.5p_{cz}/p_0=1-0.5\times78.2/300=0.87>0.3$;

最终沉降

$$
\begin{aligned}
s &= \Psi_s \frac{p_0}{2} B\eta / (3.3\overline{p}_s) = 1.0\times300/2\times22.1\times0.87)/(3.3\times2.11) \\
&= 414\text{mm}
\end{aligned}
$$

该工程三幢高层最终实测沉降分别为363.1mm，410.6mm，419.1mm，计算结果与实测十分吻合。

附录H　基床系数载荷试验要点

H.0.1　本试验要点适用于测求弹性地基竖向基床系数。对侧向基床系数目前尚未见有规定，有些地方规范（如上海）仅提供了一些地区经验数值。

H.0.5　用于基床系数载荷试验的标准承压板规定为圆形，其直径为0.30m是基于以下各点：

1　行业标准《铁路路基设计规范》TB 10001规定了相当于本规程基床系数的载荷试验方法，它命名为地基系数（Subgrade reaction coefficient）、符号为 K_{30}、定义为：由平板荷载试验测得的荷载强度与其下沉量的比值，规定采用30cm直径的圆形承压板，取下沉量为0.125cm的荷载强度;

2　行业标准《公路路面基层材料试验规程》JTJ 057，“野外回弹模量试验方法”规定采用直径为30.4cm的圆形承压板;

3　民航局对机场跑道“测求土基反应模量”的载荷试验方法，规定直径为75cm的圆形承压板，对于一般土基，反应模量 $K_u=\dfrac{pB}{0.00127}$，对于坚硬土基 $K_u=\dfrac{7.00}{l_B}$;

式中　K_u——现场测得土基反应模量（MN/m^3）;

p——承载板下沉量为0.127cm时所对应的单位面积压力（MPa）;

l_B——承压板在单位面积压力为0.07（MPa）时所对应的下沉值（cm）。

当不能采用标准承压板时，承压板尺寸选用原则为：对均质密实土层可采用1000cm²；对碎石类土，承压板宽度或直径应为最大碎石直径的10～20倍；对新近沉积土和填土等不均匀土，承压板面积不宜小于5000cm²；一般土宜用2500～5000cm²的承压板面积。

H.0.7　按式（H.0.7-1）计算的基准基床反力系数 K_v 一般不能直接用于计算，应作修正，一般按太沙基（Terzaghi，1955）建议的方法进行基础尺寸和形状的修正。对于砂性土地基，载荷试验得出基床反力系数仅需进行基础尺寸修正；对于黏性土地基，则需进行基础尺寸和基础形状两项修正。

采用非标准承压板时，必须将试验结果修正为基准基床反力系数 K_v（kN/m^3），具体修正方法如下：

1　根据非标准板载荷试验 p-s 曲线，按下式计算载荷试验基床系数 K'_v（kN/m^3）：

$$K'_v = \frac{p}{s} \tag{23}$$

式中　p——比例界限压力；如 p-s 关系曲线无初始直线段，p 可取极限荷载之半（kPa）;

s——为相应于该 p 值的沉降量（m）。

2　由非标准板载荷试验所得基床系数 K'_v，按下面两式计算基准基床系数 K_v（kN/m^3）：

黏性土：$$K_v = 3.28dK'_v \tag{24}$$

砂土：$$K_v = \frac{4d^2}{(d+0.30)^2}K'_v \tag{25}$$

式中　d——承压板的直径（m），当为方形承压板时，按其面积换算为等代直径。

为本规程提供意见和资料的单位

单位：(排名不分顺序)
港新工程建筑有限公司（香港）
机械工业第十一设计研究院
北京煤炭设计研究院
建设部标准定额研究所
北京市勘察设计研究院
中船勘察设计研究院
西北综合勘察设计研究院
辽宁省建筑设计研究院
中国有色金属工业西安勘察设计研究院
铁道部第三勘测设计院地质路基设计处
中国建筑西北设计研究院
机械工业勘察设计研究院
安徽省建筑工程勘察院
中兵勘察设计研究院
中元国际工程设计研究院
同济大学
上海岩土工程勘察设计研究院
中国建筑科学研究院
建设综合勘察研究设计院
天津市勘察院
中航勘察设计研究院
机械工业第三勘察研究院
中国建筑科学研究院地基基础研究所
深圳市勘察研究院
机械工业第四设计研究院勘察分院
广东省工程勘察院
核工业部第四勘察院
中国建筑西南勘察研究院
浙江省综合勘察研究院
江苏省工程勘测研究院
国家电力公司华东电力设计院
国家电力公司中南勘测设计研究院
云南省设计院勘察分院
江西省电力设计院勘测室
煤炭工业部武汉设计研究院
石家庄市勘察测绘设计研究院
杭州市勘测设计研究院
中国市政工程西北设计研究院勘察分院
广东省电力设计研究院
北京市建筑设计研究院
西安建筑科技大学土木工程学院
机械工业第六设计研究院
冶金工业部勘察研究总院
机械工业第五设计研究院
新疆综合勘察设计院
深圳市勘察测绘院
重庆市设计院
贵州省建筑设计研究院工程勘察院

参与审阅本规程的专家（以姓氏笔画为序）：

王钟琦　王允锷　王建成　卞昭庆　邓文龙　李登敏
李亚民　刘明振　刘官熙　刘金砺　张苏民　张在明
张文龙　张政治　沈励操　周　红　杨俊峰　吴永红
林在贯　林立岩　林颂恩　罗祖亮　钟龙辉　查松亭
项　勃　胡连文　高大钊　莫群欢　钱力航　顾宝和
翁鹿年　黄志仑　黄家愉　崔鼎九　温国炫　滕延京

中华人民共和国行业标准

无粘结预应力混凝土结构技术规程

Technical specification for concrete structures prestressed with unbonded tendons

JGJ 92—2004

批准部门：中华人民共和国建设部

施行日期：2 0 0 5 年 3 月 1 日

中华人民共和国建设部
公　　告

第 306 号

建设部关于发布行业标准《无粘结预应力混凝土结构技术规程》的公告

现批准《无粘结预应力混凝土结构技术规程》为行业标准，编号为 JGJ 92—2004，自 2005 年 3 月 1 日起实施。其中 4.1.1、4.2.1、4.2.3、6.3.7 条为强制性条文，必须严格执行。原行业标准《无粘结预应力混凝土结构技术规程》JGJ/T 92—93 同时废止。

本规程由建设部标准定额研究所组织中国建筑工业出版社出版发行。

中华人民共和国建设部

2005 年 1 月 13 日

前　　言

根据建设部建标［1995］661 号文下达的任务，标准编制组在广泛收集资料和调查研究，认真总结工程实践经验，参考有关国际标准和国外先进标准，并在广泛征求意见的基础上，对《无粘结预应力混凝土结构技术规程》JGJ/T 92—93 进行了修订。

本规程的主要技术内容：1. 总则；2. 术语、符号；3. 材料及锚具系统；4. 设计与施工的基本规定；5. 设计计算与构造；6. 施工及验收；7. 附录 A～附录 D。

修订的主要内容有：1. 材料及锚具系统的改进，提倡采用钢绞线无粘结预应力筋，取消平行钢丝束无粘结筋，增加垫板连体式夹片锚具系统及其选用原则和构造要求，取消镦头锚具系统；2. 明确预应力作用应参与荷载效应组合；3. 按环境条件、荷载情况和结构功能要求，调整裂缝控制等级，并给出裂缝宽度及刚度计算公式；4. 调整常用荷载下各类结构跨高比的选用范围；5. 调整无粘结预应力筋应力设计值计算公式；6. 预应力损失计算的改进；7. 在板柱结构计算中，增加考虑扭转效应的等效柱刚度计算；8. 增加锚栓受冲切承载力计算及构造要求；9. 平板、密肋板开洞要求及洞边加强措施，以及柱边有开孔或邻近自由边时，临界截面周长的计算规定；10. 采用名义拉应力估算预应力筋数量的方法；11. 体外预应力混凝土梁的设计与施工及防腐蚀体系；12. 提高和完善无粘结预应力混凝土施工工艺，并规定无粘结预应力混凝土施工质量验收指标；13. 提高无粘结预应力混凝土结构耐久性的技术措施，并按环境类别将无粘结预应力筋锚固系统分为一般防腐蚀和全封闭防腐蚀两类，规定全封闭防腐蚀系统的技术指标。

本规程由建设部负责管理和对强制性条文的解释，由主编单位负责具体技术内容的解释。

本规程主编单位：中国建筑科学研究院

（邮政编码：100013，地址：北京市北三环东路 30 号）

本规程参加单位：北京市建筑设计研究院
北京市建筑工程研究院
东南大学
中元国际工程设计研究院
天津钢线钢缆集团有限公司
天津市第二预应力钢丝有限公司
中国航空工业规划设计研究院

本规程主要起草人：陶学康　林远征　吕志涛
陈远椿　冯大斌　裘函始
孟履祥　李晨光　朱　龙
代伟明　李京一　吴　京
肖志强　孙少云　葛家琪
朱树行

目　次

1 总　　则

1.0.1 为了在无粘结预应力混凝土结构的设计与施工中，做到技术先进、安全适用、确保质量和经济合理，制定本规程。

1.0.2 本规程适用于工业与民用建筑和一般构筑物中采用的无粘结预应力混凝土结构的设计、施工及验收。采用的无粘结预应力筋系指埋置在混凝土构件中者或体外束。

1.0.3 无粘结预应力混凝土结构应根据建筑功能要求和材料供应与施工条件，确定合理的设计与施工方案，编制施工组织设计，做好技术交底，并应由预应力专业施工队伍进行施工，严格执行质量检查与验收制度。

1.0.4 无粘结预应力混凝土结构的设计使用年限应按现行国家标准《建筑结构可靠度设计统一标准》GB 50068确定，其设计与施工除应符合本规程外，其抗震设计应按现行行业标准《预应力混凝土结构抗震设计规程》JGJ 140执行，并应符合国家现行有关强制性标准的规定。

2 术语、符号

2.1 术　　语

2.1.1 无粘结预应力筋　unbonded tendon

采用专用防腐润滑油脂和塑料涂包的单根预应力钢绞线，其与被施加预应力的混凝土之间可保持相对滑动。

2.1.2 无粘结预应力混凝土结构　unbonded prestressed concrete structure

在一个方向或两个方向配置主要受力无粘结预应力筋的预应力混凝土结构。

2.1.3 体外束　external tendon

布置在混凝土结构构件截面之外的后张预应力筋，仅在锚固区及转向块处与构件相连接。无粘结体外束可由单根无粘结预应力筋制成。

2.1.4 体外预应力　external prestressing

由布置在混凝土构件截面之外的后张预应力筋产生的预应力。

2.1.5 转向块　deviator

在腹板、翼缘或腹板翼缘交接处设置的混凝土或钢支承块，与梁段整体浇筑或具有可靠连接，以控制体外束的几何形状或提供变化体外束方向的手段，并将预加力传至结构。

2.1.6 鞍座　saddle

在转向块处传递预应力荷载的局部支承件，是转向块的组成部分。

2.2 符　　号

2.2.1 材料性能

B——受弯构件的截面刚度；

E_c——混凝土弹性模量；

E_p——无粘结预应力筋弹性模量；

E_s——非预应力钢筋弹性模量；

f_c——混凝土轴心抗压强度设计值；

f'_{cu}——施加预应力时的混凝土立方体抗压强度；

f_t——混凝土轴心抗拉强度设计值；

f_{tk}——混凝土轴心抗拉强度标准值；

f_{ptk}——无粘结预应力筋抗拉强度标准值；

f_y——非预应力钢筋抗拉强度设计值；

f_{yv}——锚栓抗拉强度设计值。

2.2.2 作用、作用效应及承载力

M——弯矩设计值；

M_k、M_q——按荷载的标准组合、准永久组合计算的弯矩值；

M_{cr}——受弯构件正截面开裂弯矩值；

M_u——构件正截面受弯承载力设计值；

N_p——无粘结预应力筋及非预应力钢筋的合力；

N_{pe}——无粘结预应力筋的总有效预加力；

V——剪力设计值；

F_l——局部荷载设计值或集中反力设计值；

σ_{con}——无粘结预应力筋的张拉控制应力；

σ_{pc}——由预加应力产生的混凝土法向应力；

σ_{pe}——无粘结预应力筋的有效预应力；

σ_{pu}——在正截面承载力计算中无粘结预应力筋的应力设计值；

σ_l——无粘结预应力筋在相应阶段的预应力损失值；

w_{max}——按荷载效应的标准组合并考虑长期作用影响计算的最大裂缝宽度。

2.2.3 几何参数

A——构件截面面积；

A_n——构件净截面面积；

A_p——无粘结预应力筋截面面积；

A_s——非预应力钢筋截面面积；

b——截面宽度；

b_d——平托板的宽度；

b_f、b'_f——T形或I形截面受拉区、受压区的翼缘宽度；

h——截面高度；

h_0——截面有效高度；

h_f、h'_f——T形或I形截面受拉区、受压区的翼缘高度；

h_p——纵向受拉无粘结预应力筋合力点至截面受压边缘的距离；

h_s——纵向受拉非预应力钢筋合力点至截面受压边缘的距离；

I_0——换算截面惯性矩；

W——截面受拉边缘的弹性抵抗矩；

W_0——换算截面受拉边缘的弹性抵抗矩；

u_m——临界截面周长：距离局部荷载或集中反力作用面积周边 $h_0/2$ 处板垂直截面的最不利周长；

x——混凝土受压区高度。

2.2.4 计算系数及其他

α_E——无粘结预应力筋弹性模量与混凝土弹性模量之比；

ξ_0——综合配筋指标；

γ——混凝土构件的截面抵抗矩塑性影响系数；

ε_{apu}——预应力筋-锚具组装件达到实测极限拉力时的总应变；

n——型钢剪力架相同伸臂的数目；

η_a——预应力筋-锚具组装件静载试验测得的锚具效率系数；

κ——考虑无粘结预应力筋壁每米长度局部偏差的摩擦系数；

μ——摩擦系数；

ρ_p——无粘结预应力筋配筋率；

ρ_s——非预应力钢筋配筋率；

θ——考虑荷载长期作用对挠度增大的影响系数；

$\sigma_{ctk,lim}$、$\sigma_{ctq,lim}$——荷载标准组合、准永久组合下的混凝土拉应力限值。

3 材料及锚具系统

3.1 混凝土及钢筋

3.1.1 无粘结预应力混凝土结构的混凝土强度等级，对于板不应低于 C30，对于梁及其他构件不应低于 C40。

3.1.2 制作无粘结预应力筋宜选用高强度低松弛预应力钢绞线，其性能应符合现行国家标准《预应力混凝土用钢绞线》GB/T 5224 的规定。常用钢绞线的主要力学性能应按表 3.1.2 采用。

表 3.1.2 常用预应力钢绞线的主要力学性能

公称直径 d_n (mm)	抗拉强度标准值 f_{ptk} (N/mm^2)	抗拉强度设计值 f_{py} (N/mm^2)	最大力总伸长率 ($l_0 \geq 500mm$) ε_{gt} (%)	公称截面面积 A_{pk} (mm^2)	理论重量 (g/m)	应力松弛性能	
						初始应力相当于抗拉强度标准值的百分数 (%)	1000h 后应力松弛率 r (%)
9.5	1720	1220	≥3.5	54.8	430	对所有规格	对所有规格
	1860	1320					
	1960	1390					
12.7	1720	1220		98.7	775		
	1860	1320					
	1960	1390				60	≤1.0
15.2	1570	1110		140	1101		
	1670	1180				70	≤2.5
	1720	1220					
	1860	1320					
	1960	1390				80	≤4.5
15.7	1770	1250		150	1178		
	1860	1320					

注：经供需双方同意也可采用表 3.1.2 所列规格及强度级别以外的预应力钢绞线制作无粘结预应力筋。

3.1.3 钢绞线弹性模量 E_s 应按 $1.95 \times 10^5 N/mm^2$ 采用；必要时钢绞线可采用实测的弹性模量。

3.1.4 无粘结预应力筋用的钢绞线不应有死弯，当有死弯时应切断；无粘结预应力筋中的每根钢丝应是通长的，可保留生产工艺拉拔前的焊接头。

3.1.5 在无粘结预应力混凝土结构中，非预应力钢筋宜采用 HRB335 级、HRB400 级热轧带肋钢筋。

3.2 无粘结预应力筋

3.2.1 本规程所采用无粘结预应力筋的质量要求应符合现行行业标准《无粘结预应力钢绞线》JG 161 及《无粘结预应力筋专用防腐润滑脂》JG 3007 的规定。

3.2.2 无粘结预应力筋外包层材料，应采用高密度聚乙烯，严禁使用聚氯乙烯。其性能应符合下列要求：

1 在 −20～+70℃温度范围内，低温不脆化，高温化学稳定性好；

2 必须具有足够的韧性、抗破损性；

3 对周围材料（如混凝土、钢材）无侵蚀作用；

4 防水性好。

3.2.3 无粘结预应力筋涂料层应采用专用防腐油脂，其性能应符合下列要求：

1 在 −20～+70℃温度范围内，不流淌，不裂缝，不变脆，并有一定韧性；

2 使用期内，化学稳定性好；

3 对周围材料（如混凝土、钢材和外包材料）

无侵蚀作用；

4 不透水，不吸湿，防水性好；

5 防腐性能好；

6 润滑性能好，摩阻力小。

3.3 锚具系统

3.3.1 无粘结预应力筋-锚具组装件的锚固性能，应符合下列要求：

1 无粘结预应力筋所采用锚具的静载锚固性能，应同时符合下列要求：

$$\eta_a \geqslant 0.95 \quad (3.3.1\text{-}1)$$

$$\varepsilon_{apu} \geqslant 2.0\% \quad (3.3.1\text{-}2)$$

式中 η_a——预应力筋-锚具组装件静载试验测得的锚具效率系数；

ε_{apu}——预应力筋-锚具组装件静载试验达到实测极限拉力时的总应变。

锚具的效率系数可按下式计算：

$$\eta_a = \frac{F_{apu}}{\eta_p F_{pm}} \quad (3.3.1\text{-}3)$$

$$F_{pm} = f_{pm} A_p \quad (3.3.1\text{-}4)$$

式中 F_{apu}——预应力筋-锚具组装件的实测极限拉力；

F_{pm}——按预应力钢材试件实测破断荷载平均值计算的预应力筋的实际平均极限抗拉力；

η_p——预应力筋的效率系数，预应力筋-锚具组装件中预应力钢材为 1～5 根时 $\eta_p=1$，6～12 根时 $\eta_p=0.99$，13～19 根时 $\eta_p=0.98$，20 根以上时 $\eta_p=0.97$；

f_{pm}——组装件试验用预应力钢材的实测极限抗拉强度平均值；

A_p——预应力筋-锚具组装件中各根预应力钢材公称截面面积之和。

2 无粘结预应力筋-锚具组装件的疲劳锚固性能，应通过试验应力上限取预应力钢材抗拉强度标准值 f_{ptk} 的 65%、疲劳应力幅度取 80N/mm^2、循环次数为 200 万次的疲劳性能试验。

3.3.2 无粘结预应力筋锚具的选用，应根据无粘结预应力筋的品种，张拉力值及工程应用的环境类别选定。对常用的单根钢绞线无粘结预应力筋，其张拉端宜采用夹片锚具，即圆套筒式或垫板连体式夹片锚具；埋入式固定端宜采用挤压锚具或经预紧的垫板连体式夹片锚具。

注：夹片锚具的夹片、锚环及连体锚具所采用的材料由预应力锚具体系确定，但均应符合相关标准的规定。

3.3.3 夹片锚具系统张拉端可采用下列做法：

1 圆套筒锚具构造由锚环、夹片、承压板、螺旋筋组成（图 3.3.3a），该锚具一般宜采用凹进混凝土表面布置，当采用凸出混凝土表面布置时，应符合本规程第 4.2.6 条的有关规定；

2 采用垫板连体式夹片锚具凹进混凝土表面时，其构造由连体锚板、夹片、穴模、密封连接件及螺母、螺旋筋等组成（图 3.3.3b）。

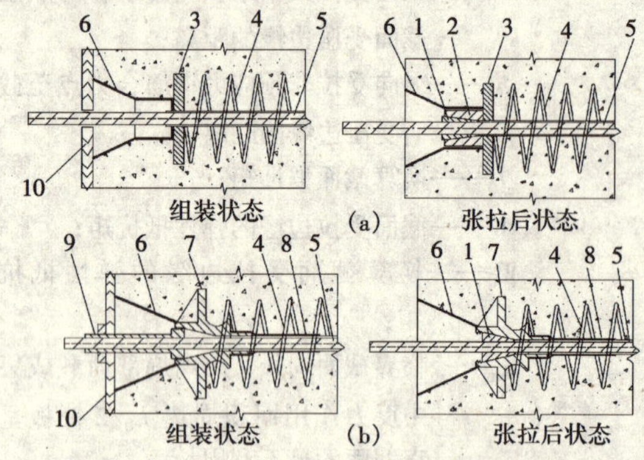

图 3.3.3 张拉端锚固系统构造

(a) 圆套筒锚具；(b) 垫板连体式锚具

1—夹片；2—锚环；3—承压板；4—螺旋筋；5—无粘结预应力筋；6—穴模；7—连体锚板；8—塑料保护套；9—密封连接件及螺母；10—模板

3.3.4 当锚具系统固定端埋设在结构构件混凝土中时，可采用下列做法：

1 挤压锚具的构造由挤压锚具、承压板和螺旋筋组成（本规程图 4.2.4a）。挤压锚具应将套筒等组装在钢绞线端部经专用设备挤压而成，挤压锚具与承压板的连接应牢固；

2 垫板连体式夹片锚具的构造由连体锚板、夹片与螺旋筋等组成（本规程图 4.2.4b）。该锚具应预先用专用紧楔器以不低于 75% 预应力筋张拉力的顶紧力使夹片预紧，并安装带螺母外盖。

3.3.5 对夹片锚具系统，张拉端锚具变形和预应力筋内缩值，可按下列规定采用：有顶压时取 5mm，无顶压时取 6～8mm；锚具变形和预应力筋内缩值也可根据实测数据确定；单根无粘结预应力筋在构件端面上的水平和竖向排列最小间距不宜小于 60mm。

3.3.6 无粘结预应力筋锚具系统应按设计图纸的要求选用，其锚固性能的质量检验和合格验收应符合国家现行标准《预应力筋用锚具、夹具和连接器》GB/T14370、《混凝土结构工程施工质量验收规范》GB 50204 及《预应力筋用锚具、夹具和连接器应用技术规程》JGJ 85 的规定。

4 设计与施工的基本规定

4.1 一般规定

4.1.1 无粘结预应力混凝土结构构件，除应根据使用条件进行承载力计算及变形、抗裂、裂缝宽度和应力验算外，尚应按具体情况对施工阶段进行验算。

对无粘结预应力混凝土结构设计，应按照承载能力极限状态和正常使用极限状态进行荷载效应组合，并计入预应力荷载效应确定。对承载能力极限状态，当预应力效应对结构有利时，预应力分项系数应取1.0；不利时应取1.2。对正常使用极限状态，预应力分项系数应取1.0。

4.1.2 无粘结预应力混凝土结构构件正截面的裂缝控制应符合下列规定：

1 一级：严格要求不出现裂缝的无粘结预应力混凝土构件，按荷载效应标准组合计算时，构件受拉边缘混凝土不应产生拉应力（表4.1.2）；

2 二级：一般要求不出现裂缝的构件，按荷载效应标准组合及按荷载效应准永久组合计算时，根据结构和环境类别构件受拉边缘混凝土的拉应力应符合表4.1.2的规定；

3 三级：允许出现裂缝的构件，按荷载效应标准组合并考虑长期作用影响计算时，构件的最大裂缝宽度不应超过表4.1.2规定的最大裂缝宽度限值。

在做初步设计时，按表4.1.2所规定的裂缝控制等级要求，可采用本规程附录A名义拉应力方法估算受拉区纵向无粘结预应力筋的截面面积。

4.1.3 当无粘结预应力筋长度超过30m时，宜采取两端张拉；当筋长超过60m时，宜采取分段张拉和锚固。

注：当有可靠的设计依据和工程经验时，无粘结预应力筋的长度可不受此限制。

表4.1.2 无粘结预应力混凝土构件的裂缝控制等级、混凝土拉应力限值及最大裂缝宽度限值

环境类别	构件类别	裂缝控制等级	
		标准组合下混凝土拉应力限值 $\sigma_{ctk,lim}$（N/mm²）或最大裂缝宽度限值 w_{lim}（mm）	准永久组合下混凝土拉应力限值 $\sigma_{ctq,lim}$（N/mm²）
一类	连续梁、框架梁、偏心受压构件及一般构件	三级	
		0.2	—
	楼（屋面）板、预制屋面梁	二级	
		$\leqslant 1.0f_{tk}$	$\leqslant 0.4f_{tk}$
	轴心受拉构件	二级	
		$\leqslant 0.5f_{tk}$	$\leqslant 0.2f_{tk}$
二类	轴心受拉构件	二级	
		$\leqslant 0.3f_{tk}$	$\leqslant 0$
	基础板及其他构件	$\leqslant 1.0f_{tk}$	$\leqslant 0.2f_{tk}$

续表4.1.2

环境类别	构件类别	裂缝控制等级	
		标准组合下混凝土拉应力限值 $\sigma_{ctk,lim}$（N/mm²）或最大裂缝宽度限值 w_{lim}（mm）	准永久组合下混凝土拉应力限值 $\sigma_{ctq,lim}$（N/mm²）
三类	结构构件	一级 $\leqslant 0$	

注：1 一类、二类及三类环境类别的分类应符合现行国家标准《混凝土结构设计规范》GB 50010第三章有关规定；

2 表中规定的裂缝控制等级，混凝土拉应力限值和最大裂缝宽度限值仅适用于正截面的验算，斜截面的裂缝控制验算应符合现行国家标准《混凝土结构设计规范》GB 50010的有关规定；

3 若施加预应力仅为了减小钢筋混凝土构件的裂缝宽度或满足构件的允许挠度限值时，可不受本表的限制；

4 表中的混凝土拉应力限值及最大裂缝宽度限值仅用于验算荷载作用引起的混凝土拉应力及最大裂缝宽度。

4.1.4 无粘结预应力混凝土结构应具有整体稳定性，结构的局部破坏不应导致大范围倒塌。对无粘结预应力混凝土单向多跨连续梁、板，在设计中宜将无粘结预应力筋分段锚固，或增设中间锚固点。

4.1.5 直接承受动力荷载并需进行疲劳验算的无粘结预应力混凝土结构，其疲劳强度及构造应经过专门试验研究确定。

4.2 防火及防腐蚀

4.2.1 根据不同耐火极限的要求，无粘结预应力筋的混凝土保护层最小厚度应符合表4.2.1-1及表4.2.1-2的规定。

表4.2.1-1 板的混凝土保护层最小厚度（mm）

约束条件	耐火极限(h)			
	1	1.5	2	3
简支	25	30	40	55
连续	20	20	25	30

表4.2.1-2 梁的混凝土保护层最小厚度（mm）

约束条件	梁宽	耐火极限(h)			
		1	1.5	2	3
简支	$200 \leqslant b < 300$	45	50	65	采取特殊措施
简支	$\geqslant 300$	40	45	50	65
连续	$200 \leqslant b < 300$	40	40	45	50
连续	$\geqslant 300$	40	40	40	45

注：如耐火等级较高，当混凝土保护层厚度不能满足表列要求时，应使用防火涂料。

4.2.2 锚固区的耐火极限应不低于结构本身的耐火极限。

4.2.3 在无粘结预应力混凝土结构的混凝土中不得掺用氯盐。在混凝土施工中，包括外加剂在内的混凝土或砂浆各组成材料中，氯离子总含量以水泥用量的百分率计，不得超过0.06%。

4.2.4 在预应力筋全长上及锚具与连接套管的连接部位，外包材料均应连续、封闭且能防水。在一类、二类及三类环境条件下，锚固区的保护措施应符合第4.2.5条及第4.2.6条的有关规定；对处于二类、三类环境条件下的无粘结预应力锚固系统，尚应符合第4.2.7条的规定（图4.2.4）。

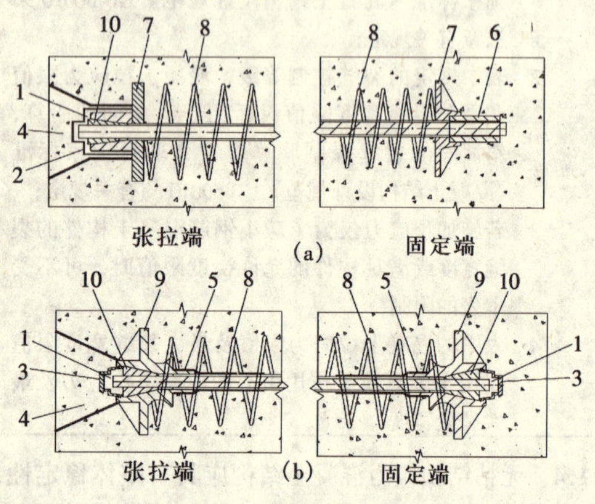

图4.2.4 锚固区保护措施

(a) 保护做法之一（一类环境）；(b) 保护做法之二（二类、三类环境）

1—涂专用防腐油脂或环氧树脂；2—塑料帽；3—密封盖；4—微膨胀混凝土或专用密封砂浆；5—塑料密封套；6—挤压锚具；7—承压板；8—螺旋筋；9—连体锚板；10—夹片

4.2.5 无粘结预应力筋张拉完毕后，应及时对锚固区进行保护。当锚具采用凹进混凝土表面布置时，宜先切除外露无粘结预应力筋多余长度，在夹片及无粘结预应力筋端头外露部分应涂专用防腐油脂或环氧树脂，并罩帽盖进行封闭，该防护帽与锚具应可靠连接；然后应采用后浇微膨胀混凝土或专用密封砂浆进行封闭。

4.2.6 锚固区也可用后浇的钢筋混凝土外包圈梁进行封闭，但外包圈梁不宜突出在外墙面以外。当锚具凸出混凝土表面布置时，锚具的混凝土保护层厚度不应小于50mm；外露预应力筋的混凝土保护层厚度要求：处于一类室内正常环境时，不应小于30mm；处于二类、三类易受腐蚀环境时，不应小于50mm。

对不能使用混凝土或砂浆包裹层的部位，应对无粘结预应力筋的锚具全部涂以与无粘结预应力筋涂料层相同的防腐油脂，并用具有可靠防腐和防火性能的保护罩将锚具全部密闭。

4.2.7 对处于二类、三类环境条件下的无粘结预应力锚固系统，应采用连续封闭的防腐蚀体系，并符合下列规定：

1 锚固端应为预应力钢材提供全封闭防水设计；

2 无粘结预应力筋与锚具部件的连接及其他部件间的连接，应采用密封装置或采取封闭措施，使无粘结预应力锚固系统处于全封闭保护状态；

3 连接部位在10kPa静水压力（约1.0m水头）下应保持不透水；

4 如设计对无粘结预应力筋与锚具系统有电绝缘防腐蚀要求，可采用塑料等绝缘材料对锚具系统进行表面处理，以形成整体电绝缘。

4.2.8 本规程中对材料及设计施工质量有具体限值或允许偏差要求时，其检查数量、检验方法应符合现行国家标准《混凝土结构工程施工质量验收规范》GB 50204的规定。

5 设计计算与构造

5.1 一般规定

5.1.1 一般民用建筑采用的无粘结预应力混凝土梁板结构，其跨高比可按表5.1.1的规定采用。

表5.1.1 无粘结预应力混凝土梁板结构的跨高比选用范围

构件类别		跨高比	
		连续	简支
单向板		40~45	35~40
柱支承双向板	无托板	40~45	—
	带平托板	45~50	—
周边支承双向板		45~50	40~45
柱支承双向密肋板		30~35	—
框架梁		15~22	12~18
次梁		20~25	16~20
扁梁		20~25	18~22
井字梁		20~25	

注：1 外挑的悬臂板，其跨高比不宜大于15；

2 周边支承双向板的跨高比，宜按柱网的短向跨度计；柱支承双向板的跨高比，宜按柱网的长向跨度计；

3 扁梁的宽度不宜大于柱宽加1.5倍梁高，梁高宜大于板厚度的2倍；

4 无粘结预应力混凝土用于工业建筑（含仓库）或荷载较大的梁板时，表中所列跨高比宜按荷载情况适当减小；

5 当有工程实践经验并经验算符合设计要求时，表中跨高比可适当放宽。

5.1.2 当采用荷载平衡法估算无粘结预应力筋时，对一般民用建筑，平衡荷载值可取恒载标准值或恒载标准值加不超过50%的活荷载标准值。柱网尺寸各向不等时，平衡荷载值各向可取不同值。

由预加应力对结构产生的内力和变形，可用等效荷载法进行计算。

5.1.3 无粘结预应力筋的有效预应力 σ_{pe} 应按下列公式计算：

$$\sigma_{pe} = \sigma_{con} - \sum_{n=1}^{5} \sigma_{ln} \tag{5.1.3}$$

式中 σ_{con}——无粘结预应力筋张拉控制应力；

σ_{ln}——第 n 项预应力损失值。

预应力损失值应取下列五项：

1 张拉端锚具变形和无粘结预应力筋内缩 σ_{l1}；

2 无粘结预应力筋的摩擦 σ_{l2}；

3 无粘结预应力筋的应力松弛 σ_{l4}；

4 混凝土的收缩和徐变 σ_{l5}；

5 采用分批张拉时，张拉后批无粘结预应力筋所产生的混凝土弹性压缩损失。

无粘结预应力筋的总损失设计取值不应小于 $80N/mm^2$。

5.1.4 无粘结预应力直线筋由于锚具变形和无粘结预应力筋内缩引起的预应力损失 σ_{l1}（N/mm^2）可按下列公式计算：

$$\sigma_{l1} = \frac{a}{l} E_p \tag{5.1.4}$$

式中 a——张拉端锚具变形和无粘结预应力筋内缩值（mm），按本规程第3.3.5条采用；

l——张拉端至锚固端之间的距离（mm）；

E_p——无粘结预应力筋弹性模量（N/mm^2）。

5.1.5 无粘结预应力曲线筋或折线筋由于锚具变形和预应力筋内缩引起的预应力损失值 σ_{l1}，应根据无粘结预应力曲线筋或折线筋与护套壁之间反向摩擦影响长度 l_f 范围内的无粘结预应力筋变形值等于锚具变形和预应力筋内缩值的条件确定，反向摩擦系数可按本规程表5.1.6中数值取用。

常用束形的无粘结预应力筋在反向摩擦影响长度 l_f 范围内的预应力损失值 σ_{l1} 可按本规程附录B计算。

注：当有可靠依据时，也可采用其他方法计算由于锚具变形和预应力筋内缩引起的预应力损失值 σ_{l1}。

5.1.6 无粘结预应力筋与护套壁之间的摩擦引起的预应力损失 σ_{l2}（N/mm^2）（图5.1.6），可按下列公式计算：

$$\sigma_{l2} = \sigma_{con}\left(1 - \frac{1}{e^{\kappa x + \mu\theta}}\right) \tag{5.1.6-1}$$

当 $\kappa x + \mu\theta$ 不大于0.2时，σ_{l2} 可按下列近似公式计算：

$$\sigma_{l2} = (\kappa x + \mu\theta)\sigma_{con} \tag{5.1.6-2}$$

式中 κ——考虑无粘结预应力筋护套壁（每米）局部偏差对摩擦的影响系数，按表5.1.6采用；

μ——无粘结预应力筋与护套壁之间的摩擦系数，按表5.1.6采用；

x——从张拉端至计算截面的曲线长度（m），亦可近似取曲线在纵轴上的投影长度；

θ——从张拉端至计算截面曲线部分切线夹角（rad）的总和。

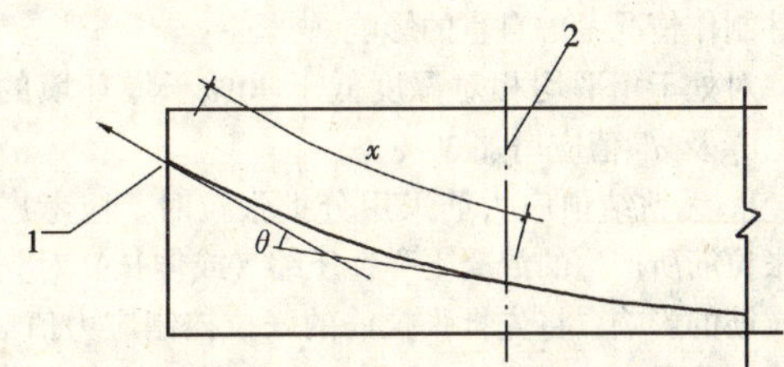

图5.1.6 预应力摩擦损失计算

1—张拉端；2—计算截面

表5.1.6 无粘结预应力筋的摩擦系数

钢绞线公称直径 d_n（mm）	κ	μ
9.5、12.7、15.2、15.7	0.004	0.09
注：表中系数也可根据实测数据确定。		

5.1.7 低松弛级无粘结预应力筋由于应力松弛引起的预应力损失值 σ_{l4}（N/mm^2）可按下列公式计算：

1 当 $\sigma_{con} \leqslant 0.7 f_{ptk}$ 时

$$\sigma_{l4} = 0.125\left(\frac{\sigma_{con}}{f_{ptk}} - 0.5\right)\sigma_{con} \tag{5.1.7-1}$$

2 当 $0.7 f_{ptk} < \sigma_{con} \leqslant 0.8 f_{ptk}$ 时

$$\sigma_{l4} = 0.20\left(\frac{\sigma_{con}}{f_{ptk}} - 0.575\right)\sigma_{con} \tag{5.1.7-2}$$

3 当 $\sigma_{con} \leqslant 0.5 f_{ptk}$ 时，无粘结预应力筋的应力松弛损失值可取为零。

5.1.8 对一般情况，混凝土收缩、徐变引起受拉区和受压区纵向无粘结预应力筋的预应力损失值 σ_{l5}、σ'_{l5}（N/mm^2）可按下列公式计算：

$$\sigma_{l5} = \frac{35 + 280\dfrac{\sigma_{pc}}{f'_{cu}}}{1 + 15\rho} \tag{5.1.8-1}$$

$$\sigma'_{l5} = \frac{35 + 280\dfrac{\sigma'_{pc}}{f'_{cu}}}{1 + 15\rho'} \tag{5.1.8-2}$$

式中 σ_{pc}、σ'_{pc}——受拉区、受压区无粘结预应力筋合力点处混凝土法向压应力；

f'_{cu}——施加预应力时的混凝土立方体抗压强度；

ρ、ρ'——受拉区、受压区无粘结预应力筋和非预应力钢筋的配筋率：$\rho = (A_p + A_s)/A_n$，$\rho' = (A'_p +$

A'_s) $/A_n$；对于对称配置预应力筋和非预应力钢筋的构件，配筋率ρ、ρ'应按钢筋总截面面积的一半计算。

计算无粘结预应力筋合力点处混凝土法向压应力σ_{pc}、σ'_{pc}时，预应力损失值仅考虑混凝土预压前（第一批）的损失σ_{l1}与σ_{l2}之和；σ_{pc}、σ'_{pc}值不得大于$0.5f'_{cu}$；当σ'_{pc}为拉应力时，公式（5.1.8-2）中的σ'_{pc}应取为零；计算混凝土法向应力σ_{pc}、σ'_{pc}时，可根据构件制作情况考虑自重的影响。

对处于年平均相对湿度低于40%干燥环境的结构，σ_{l5}及σ'_{l5}值应增加30%。

5.1.9 无粘结预应力筋采用分批张拉时，应考虑后批张拉筋所产生的混凝土弹性压缩（或伸长）对先批张拉筋的影响，将先批张拉筋的张拉控制应力值σ_{con}增加（或减小）$\alpha_E\sigma_{pci}$。此处，α_E为无粘结预应力筋弹性模量与混凝土弹性模量之比，σ_{pci}为后批张拉筋在先批张拉筋重心处产生的混凝土法向应力。对无粘结预应力平板，为考虑后批张拉筋所产生的混凝土弹性压缩对先批张拉筋的影响，可将张拉应力值σ_{con}增加$0.5\alpha_E\sigma_{pc}$。

5.1.10 平均预压应力指扣除全部预应力损失后，在混凝土总截面面积上建立的平均预压应力。对无粘结预应力混凝土平板，混凝土平均预压应力不宜小于$1.0N/mm^2$，也不宜大于$3.5N/mm^2$。

注：1 若施加预应力仅为了满足构件的允许挠度时，可不受平均预压应力最小值的限制；

2 当张拉长度较短，混凝土强度等级较高或采取专门措施时，最大平均预压应力限值可适当提高。

5.1.11 对采用钢绞线作无粘结预应力筋的受弯构件，在进行正截面承载力计算时，无粘结预应力筋的应力设计值σ_{pu}宜按下列公式计算：

$$\sigma_{pu} = \sigma_{pe} + \Delta\sigma_p \quad (5.1.11\text{-}1)$$

$$\Delta\sigma_p = (240 - 335\xi_0)\left(0.45 + 5.5\frac{h}{l_0}\right) \quad (5.1.11\text{-}2)$$

$$\xi_0 = \frac{\sigma_{pe}A_p + f_yA_s}{f_c b h_p} \quad (5.1.11\text{-}3)$$

此时，应力设计值σ_{pu}尚应符合下列条件：

$$\sigma_{pe} \leqslant \sigma_{pu} \leqslant f_{py} \quad (5.1.11\text{-}4)$$

式中 σ_{pe}——扣除全部预应力损失后，无粘结预应力筋中的有效预应力（N/mm^2）；

$\Delta\sigma_p$——无粘结预应力筋中的应力增量（N/mm^2）；

ξ_0——综合配筋指标，不宜大于0.4；

l_0——受弯构件计算跨度；

h——受弯构件截面高度；

h_p——无粘结预应力筋合力点至截面受压边缘的距离。

对翼缘位于受压区的T形、I形截面受弯构件，当受压区高度大于翼缘高度时，综合配筋指标ξ_0可按下式计算：

$$\xi_0 = \frac{\sigma_{pe}A_p + f_yA_s - f_c(b'_f - b)h'_f}{f_c b h_p}$$

此处，h'_f为T形、I形截面受压区的翼缘高度；b'_f为T形、I形截面受压区的翼缘计算宽度，应按现行国家标准《混凝土结构设计规范》GB 50010有关规定执行。

5.1.12 后张法无粘结预应力混凝土超静定结构，在进行正截面受弯承载力计算及抗裂验算时，在弯矩设计值中次弯矩应参与组合；在进行斜截面受剪承载力计算及抗裂验算时，在剪力设计值中次剪力应参与组合。次弯矩、次剪力及其参与组合的计算应符合下列规定：

1 按弹性分析计算时，次弯矩M_2宜按下列公式计算：

$$M_2 = M_r - M_1 \quad (5.1.12\text{-}1)$$

$$M_1 = N_p e_{pn} \quad (5.1.12\text{-}2)$$

$$N_p = \sigma_{pe}A_p + \sigma'_{pe}A'_p - \sigma_{l5}A_s - \sigma'_{l5}A'_s \quad (5.1.12\text{-}3)$$

$$e_{pn} = \frac{\sigma_{pe}A_p y_{pn} - \sigma'_{pe}A'_p y'_{pn} - \sigma_{l5}A_s y_{sn} + \sigma'_{l5}A'_s y'_{sn}}{\sigma_{pe}A_p + \sigma'_{pe}A'_p - \sigma_{l5}A_s - \sigma'_{l5}A'_s} \quad (5.1.12\text{-}4)$$

式中 N_p——无粘结预应力筋及非预应力钢筋的合力；

e_{pn}——净截面重心至无粘结预应力筋及非预应力钢筋合力点的距离；

M_r——由预加力N_p的等效荷载在结构构件截面上产生的弯矩值；

M_1——预加力N_p对净截面重心偏心引起的弯矩值；

σ_{pe}、σ'_{pe}——受拉区、受压区无粘结预应力筋有效预应力；

A_p、A'_p——受拉区、受压区纵向无粘结预应力筋的截面面积；

A_s、A'_s——受拉区、受压区纵向非预应力钢筋的截面面积；

σ_{l5}、σ'_{l5}——受拉区、受压区无粘结预应力筋在各自合力点处混凝土收缩和徐变引起的预应力损失值，按本规程第5.1.5条的规定计算；

y_{pn}、y'_{pn}——受拉区、受压区预应力合力点至净截面重心的距离；

y_{sn}、y'_{sn}——受拉区、受压区的非预应力钢筋重心至净截面重心的距离。

次剪力宜根据结构构件各截面次弯矩分布按结构力学方法计算。

注：当公式（5.1.12-3）、（5.1.12-4）中的 $A'_p=0$ 时，可取式中 $\sigma'_{l5}=0$。

2 在对截面进行受弯及受剪承载力计算时，当参与组合的次弯矩、次剪力对结构不利时，预应力分项系数应取1.2；有利时应取1.0。

3 在对截面进行受弯及受剪的抗裂验算时，参与组合的次弯矩和次剪力的预应力分项系数应取1.0。

5.1.13 无粘结预应力混凝土构件的锚头局压区，应验算局部受压承载力。在锚具的局部受压计算中，压力设计值应取1.2倍张拉控制应力和 f_{ptk} 中的较大值进行计算，f_{ptk} 为无粘结预应力筋的抗拉强度标准值。

5.1.14 在矩形、T形、倒T形和I形截面的无粘结预应力混凝土受弯构件中，按荷载效应的标准组合并考虑长期作用影响的最大裂缝宽度 w_{max}（mm），可按下列公式计算：

$$w_{max}=\alpha_{cr}\psi\frac{\sigma_{sk}}{E_s}\left(1.9c+0.08\frac{d_{eq}}{\rho_{te}}\right) \quad (5.1.14\text{-}1)$$

$$\psi=1.1-0.65\frac{f_{tk}}{\rho_{te}\sigma_{sk}} \quad (5.1.14\text{-}2)$$

$$d_{eq}=\frac{\Sigma n_i d_i^2}{\Sigma n_i \upsilon_i d_i} \quad (5.1.14\text{-}3)$$

$$\rho_{te}=\frac{A_s}{A_{te}} \quad (5.1.14\text{-}4)$$

式中 α_{cr}——构件受力特征系数，对受弯，取 $\alpha_{cr}=1.7$；

ψ——裂缝间纵向受拉非预应力钢筋应变不均匀系数：当 $\psi<0.4$ 时，取 $\psi=0.4$；当 $\psi>1.0$ 时，取 $\psi=1.0$；

σ_{sk}——按荷载效应的标准组合计算的无粘结预应力混凝土构件纵向受拉钢筋的等效应力，按本规程第5.1.15条计算；

c——最外层纵向受拉非预应力钢筋外边缘至受拉区底边的距离（mm）：当 $c<20$ 时，取 $c=20$；当 $c>65$ 时，取 $c=65$；

ρ_{te}——按有效受拉混凝土截面面积计算的纵向受拉非预应力钢筋配筋率；在最大裂缝宽度计算中，当 $\rho_{te}<0.01$ 时，取 $\rho_{te}=0.01$；

A_{te}——有效受拉混凝土截面面积，对受弯构件，$A_{te}=0.5bh+(b_f-b)h_f$，此处，b_f、h_f 为受拉翼缘的宽度、高度；

A_s——受拉区纵向非预应力钢筋截面面积；

d_{eq}——受拉区纵向受拉非预应力钢筋的等效直径（mm）；

d_i——受拉区第 i 种纵向受拉非预应力钢筋的公称直径（mm）；

n_i——受拉区第 i 种纵向受拉非预应力钢筋的根数；

υ_i——受拉区第 i 种纵向受拉非预应力钢筋的相对粘结特性系数，对光面钢筋，取 $\upsilon_i=0.7$；对带肋钢筋，取 $\upsilon_i=1.0$。

5.1.15 在荷载效应的标准组合下，无粘结预应力混凝土受弯构件纵向受拉钢筋等效应力 σ_{sk} 可按下列公式计算：

$$\sigma_{sk}=\frac{M_k\pm M_2-0.75M_{cr}}{0.87h_0(0.3A_p+A_s)} \quad (5.1.15\text{-}1)$$

$$M_{cr}=(\sigma_{pc}+\gamma f_{tk})W_0 \quad (5.1.15\text{-}2)$$

式中 A_s——受拉区纵向非预应力钢筋截面面积；

A_p——受拉区纵向无粘结预应力筋截面面积；

M_k——按荷载效应的标准组合计算的弯矩值；

M_2——后张法无粘结预应力混凝土超静定结构构件中的次弯矩，按本规程第5.1.12条的规定确定；

M_{cr}——受弯构件的正截面开裂弯矩值；

σ_{pc}——扣除全部预应力损失后，由预加力在抗裂验算边缘产生的混凝土预压应力；

γ——无粘结预应力混凝土构件的截面抵抗矩塑性影响系数，应按现行国家标准《混凝土结构设计规范》GB 50010的有关规定执行。

注：在公式（5.1.15-1）中，当 M_2 与 M_k 的作用方向相同时，取加号；当 M_2 与 M_k 的作用方向相反时，取减号。

5.1.16 矩形、T形、倒T形和I形截面无粘结预应力混凝土受弯构件的刚度 B，可按下列公式计算：

$$B=\frac{M_k}{M_q(\theta-1)+M_k}B_s \quad (5.1.16)$$

式中 M_k——按荷载效应的标准组合计算的弯矩，取计算区段内的最大弯矩值；

M_q——按荷载效应的准永久组合计算的弯矩，取计算区段内的最大弯矩值；

θ——考虑荷载长期作用对挠度增大的影响系数，取2.0；

B_s——荷载效应的标准组合作用下受弯构件的短期刚度，按本规程第5.1.17条的公式计算。

5.1.17 在荷载效应的标准组合作用下，无粘结预应力混凝土受弯构件的短期刚度 B_s 可按下列公式计算：

1 要求不出现裂缝的构件

$$B_s=0.85E_cI_0 \quad (5.1.17\text{-}1)$$

2 允许出现裂缝的构件

$$B_s=\frac{0.85E_cI_0}{k_{cr}+(1-k_{cr})\omega} \quad (5.1.17\text{-}2)$$

$$k_{cr}=\frac{M_{cr}}{M_k} \quad (5.1.17\text{-}3)$$

$$\omega=\left(1.0+0.8\lambda+\frac{0.21}{\alpha_E\rho}\right)(1+0.45\gamma_f) \quad (5.1.17\text{-}4)$$

$$\gamma_f = \frac{(b_f - b)h_f}{bh_0} \quad (5.1.17\text{-}5)$$

式中 I_0——换算截面惯性矩；

α_E——无粘结预应力筋弹性模量与混凝土弹性模量的比值；

ρ——纵向受拉钢筋配筋率，取 $\rho = (A_p + A_s)/(bh_0)$；

λ——无粘结预应力筋配筋指标与综合配筋指标的比值，取 $\lambda = \frac{\sigma_{pe}A_p}{\sigma_{pe}A_p + f_y A_s}$；

M_{cr}——受弯构件的正截面开裂弯矩值；

γ_f——受拉翼缘截面面积与腹板有效截面面积的比值；

b_f、h_f——受拉翼缘的宽度、高度；

k_{cr}——无粘结预应力混凝土受弯构件正截面的开裂弯矩 M_{cr}与弯矩 M_k 的比值，当 $k_{cr} > 1.0$时，取 $k_{cr} = 1.0$。

注：对预压时预拉区出现裂缝的构件，B_s应降低10%。

5.1.18 无粘结预应力混凝土受弯构件在使用阶段的预加力反拱值，可用结构力学方法按刚度 $E_c I_o$ 进行计算，并应考虑预压应力长期作用的影响，将计算求得的预加力反拱值乘以增大系数 2.0；在计算中，无粘结预应力筋中的应力应扣除全部预应力损失。

对重要的或特殊的预应力混凝土受弯构件的长期反拱值，可根据专门的试验分析确定或采用合理的收缩、徐变计算方法经分析确定；对恒载较小的构件，应考虑反拱过大对使用的不利影响。

5.1.19 在设计中宜根据结构类型、预应力构件类别和工程经验，采取下列措施减少柱和墙等约束构件对梁、板预加应力效果的不利影响。

1 将抗侧力构件布置在结构位移中心不动点附近；采用相对细长的柔性柱子；

2 板的长度超过 60m 时，可采用后浇带或临时施工缝对结构分段施加预应力；

3 将梁和支承柱之间的节点设计成在张拉过程中可产生无约束滑动的滑动支座；

4 当未能按上述措施考虑柱和墙对梁、板的侧向约束影响时，在柱、墙中可配置附加钢筋承担约束作用产生的附加弯矩，同时应考虑约束作用对梁、板中有效预应力的影响。

5.1.20 在无粘结预应力混凝土现浇板、梁中，为防止由温度、收缩应力产生的裂缝，应按照现行国家标准《混凝土结构设计规范》GB 50010 有关要求适当配置温度、收缩及构造钢筋。

5.2 单向体系

5.2.1 无粘结预应力混凝土受弯构件受拉区非预应力纵向受力钢筋的配置，应符合下列规定：

1 单向板非预应力纵向受力钢筋的截面面积 A_s 应符合下式规定：

$$A_s \geqslant 0.0025bh \quad (5.2.1\text{-}1)$$

式中 b——截面宽度；

h——截面高度。

且非预应力纵向受力钢筋直径不应小于 8mm，其间距不应大于 200mm。

注：当空心板截面换算为 I 字形截面计算时，配筋率应按全截面面积扣除受压翼缘面积 $(b'_f - b)h'_f$ 后的截面面积计算。

2 梁中受拉区配置的非预应力纵向受力钢筋的最小截面面积 A_s应符合下列规定：

$$\frac{f_y A_s h_s}{f_y A_s h_s + \sigma_{pu} A_p h_p} \geqslant 0.25 \quad (5.2.1\text{-}2)$$

或

$$A_s \geqslant 0.003bh \quad (5.2.1\text{-}3)$$

取以上两式计算结果的较大者。钢筋直径不应小于 14mm。

按式（5.2.1-1）~（5.2.1-3）要求的非预应力纵向受力钢筋，应均匀分布在梁的受拉区，并靠近受拉边缘。非预应力纵向受力钢筋长度应符合有关规范锚固长度或延伸长度的要求。

5.2.2 无粘结预应力混凝土受弯构件的正截面受弯承载力设计值应符合下列要求：

$$M_u \geqslant M_{cr} \quad (5.2.2)$$

式中 M_u——构件正截面受弯承载力设计值；

M_{cr}——构件正截面开裂弯矩值。

5.2.3 无粘结预应力混凝土受弯构件的斜截面受剪承载力应按现行国家标准《混凝土结构设计规范》GB 50010 有关规定执行，但无粘结预应力弯起筋的应力设计值应取有效预应力值。

5.2.4 无粘结预应力筋的最大间距可取板厚度的 6 倍，且不宜大于 1.0m。

5.2.5 在主梁、次梁和密肋板中，必须配置无粘结预应力筋的支撑钢筋。对于 2~4 根无粘结预应力筋组成的集束预应力筋，支撑钢筋的直径不宜小于 10mm，对于 5 根或更多无粘结预应力筋组成的集束预应力筋，其直径不宜小于 12mm，间距均不宜大于 1.0m；用于支撑平板中单根无粘结预应力筋的支撑钢筋，间距不宜大于 2.0m。支撑钢筋可采用 HPB235 级钢筋或 HRB335 级钢筋。

5.3 双向体系

5.3.1 无粘结预应力混凝土板柱结构的计算，应按板的纵横两个方向进行，且在计算中每个方向均应取全部作用荷载。

对于垂直荷载作用下的矩形柱网无粘结预应力混凝土板柱结构，当按等代框架法进行内力计算时，等代框架梁的梁宽可取柱两侧半跨之和；在等代框架法中，当跨度差别较大或相邻跨荷载相差较大时，宜考虑柱及柱两侧抗扭构件的影响按等效柱计算，等效柱的刚度计算可按本规程附录C规定的方法进行。

对柱网不规则的平板、井式梁板、密肋板、承受大集中荷载和大开孔的板，宜采用有限单元法进行计算。

5.3.2 在水平荷载作用下的矩形柱网无粘结预应力混凝土板柱结构，按等代框架法进行内力计算时，等代梁的板宽取值宜符合第5.3.3条的规定。水平荷载产生的内力，应组合到柱上板带上。

5.3.3 在水平荷载作用下沿该方向等代框架梁的计算宽度，宜取下列公式计算结果的较小值：

$$b_y = \frac{1}{2}(l_x + b_d) \quad (5.3.3\text{-}1)$$

$$b_y = \frac{3}{4}l_y \quad (5.3.3\text{-}2)$$

式中 b_y——y向等代框架梁的计算宽度；

l_x、l_y——等代梁的计算跨度；

b_d——平托板或柱帽的有效宽度。

5.3.4 对于板柱结构实心双向平板，非预应力纵向受力钢筋最小截面面积及其分布应符合下列规定：

1 负弯矩区非预应力纵向受力钢筋。在柱边的负弯矩区，每一方向上非预应力纵向受力钢筋的截面面积应符合下列规定：

$$A_s \geqslant 0.00075hl \quad (5.3.4\text{-}1)$$

式中 l——平行于计算纵向受力钢筋方向上板的跨度；

h——板的厚度。

由上式确定的非预应力纵向钢筋，应分布在各离柱边1.5h的板宽范围内。每一方向至少应设置4根直径不小于16mm的钢筋。非预应力纵向钢筋间距不应大于300mm，外伸出柱边长度至少为支座每一边净跨的1/6。在承载力计算中考虑非预应力纵向钢筋的作用时，其外伸长度应按计算确定，并应符合有关规范对锚固长度的规定。

2 正弯矩区非预应力纵向受力钢筋。在正弯矩区每一方向上的非预应力纵向受力钢筋的截面面积应符合下列规定：

$$A_s \geqslant 0.0025bh \quad (5.3.4\text{-}2)$$

且钢筋直径不应小于8mm，间距不应大于200mm。

非预应力纵向钢筋应均匀分布在板的受拉区内，并应靠近受拉边缘布置。在承载力计算中考虑非预应力纵向钢筋的作用时，其长度应符合有关规范对锚固长度的规定。

3 在平板的边缘和拐角处，应设置暗圈梁或设置钢筋混凝土边梁。暗圈梁的纵向钢筋直径不应小于12mm，且不应少于4根；箍筋直径不应小于6mm，间距不应大于150mm。

5.3.5 现浇板柱节点形式及构造设计应符合下列要求：

1 无粘结预应力筋和按第5.3.4条规定配置的非预应力纵向钢筋应正交穿过板柱节点。每一方向穿过柱子的无粘结预应力筋不应少于2根。

2 如需增强板柱节点的冲切承载力，可采用以下方法：

1）采用平托板将板柱节点附近板的厚度局部加厚(图5.3.5a)或加柱帽，平托板长度和厚度，以及柱帽尺寸和厚度按受冲切承载力要求确定；

2）可采用穿过柱截面布置于板内的暗梁，暗梁由抗剪箍筋与纵向钢筋构成（图5.3.5b）；此时上部钢筋不应少于暗梁宽度范围内柱上板带所需非预应力纵向钢筋，且直径不应小于16mm，下部钢筋直径也不应小于16mm；

3）当采用互相垂直并通过柱子截面的型钢，如工字钢，槽钢焊接而成的型钢剪力架时（图5.3.5c），应按第5.3.8条进行设计；对配置抗冲切锚栓的板柱节点，应符合第5.3.7条的设计规定（图5.3.7-1）。

3 对柱支承密肋板结构，在板柱节点周围应做成实心板，其宽度不应小于冲切破坏锥体的宽度；若采用箍筋、锚栓、弯起钢筋或剪力架加强节点的受冲切承载能力时，其宽度不应小于加固件的延伸长度。

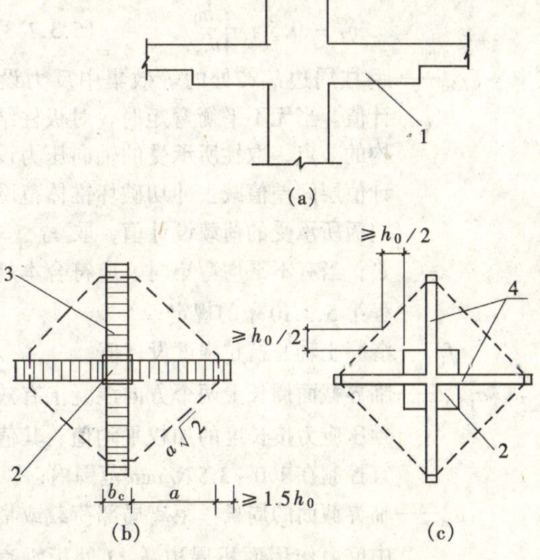

图5.3.5 节点形式及构造

(a)局部加厚板；(b)暗梁；(c)型钢剪力架

1—局部加厚板；2—柱；3—抗剪箍筋；

4—工字钢或槽钢

5.3.6 在局部荷载或集中反力作用下，对配置或不配置箍筋和弯起钢筋的无粘结预应力混凝土板的受冲切承载力计算，应按现行国家标准《混凝土结构设计规范》GB 50010有关规定执行。

5.3.7 板柱结构在竖向荷载、水平荷载作用下，当板柱节点的受冲切承载力不满足公式（5.3.7-1）的要求且板厚受到限制时，可在板中配置抗冲切锚栓（图5.3.7-1）。

$$F_{l,eq}=(0.7f_t+0.15\sigma_{pc,m})\eta u_m h_0 \quad (5.3.7\text{-}1)$$

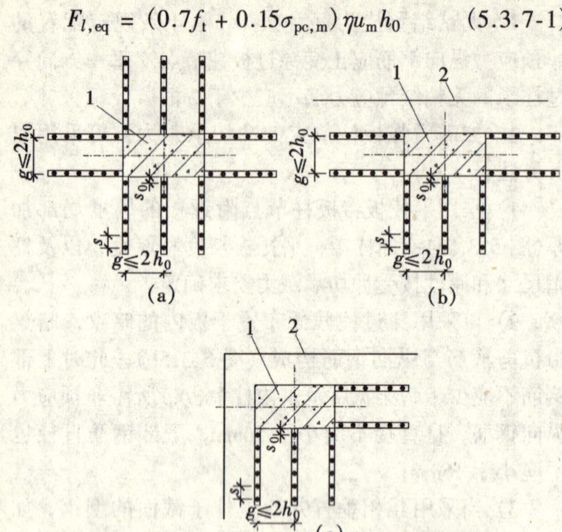

图 5.3.7-1 矩形柱抗冲切锚栓排列

(a) 内柱；(b) 边柱；(c) 角柱

1—柱；2—板边

公式（5.3.7-1）中的系数 η，应按下列两个公式计算，并取其中较小值：

$$\eta_1=0.4+\frac{1.2}{\beta_s} \quad (5.3.7\text{-}2)$$

$$\eta_2=0.5+\frac{\alpha_s h_0}{4u_m} \quad (5.3.7\text{-}3)$$

式中 $F_{l,eq}$——距柱周边 $h_0/2$ 处的等效集中反力设计值。当无不平衡弯矩时，对板柱结构的节点，取柱所承受的轴向压力设计值层间差值减去冲切破坏锥体范围内板所承受的荷载设计值，取 $F_{l,eq}=F_l$；当有不平均弯矩时，应符合本规程第 5.3.10 条的规定；

f_t——混凝土轴心抗拉强度设计值；

$\sigma_{pc,m}$——临界截面周长上两个方向混凝土有效预压应力按长度的加权平均值，其值宜控制在 1.0～3.5 N/mm² 范围内；

u_m——临界截面的周长：距离局部荷载或集中反力作用面积周边 $h_0/2$ 处板垂直截面的最不利周长；

h_0——截面有效高度，取两个配筋方向的截面有效高度的平均值；

η_1——局部荷载或集中反力作用面积形状的影响系数；

η_2——临界截面周长与板截面有效高度之比的影响系数；

β_s——局部荷载或集中反力作用面积为矩形时的长边与短边尺寸的比值，β_s 不宜大于 4；当 $\beta_s<2$ 时，取 $\beta_s=2$；当面积为圆形时，取 $\beta_s=2$；

α_s——板柱结构中柱类型的影响系数：对中柱，取 $\alpha_s=40$；对边柱，取 $\alpha_s=30$；对角柱，取 $\alpha_s=20$。

配置锚栓的无粘结预应力混凝土板，其受冲切承载力及锚栓构造应符合下列规定：

1 受冲切截面应符合下列条件：

$$F_{l,eq}\leqslant 1.05f_t\eta u_m h_0 \quad (5.3.7\text{-}4)$$

2 受冲切承载力应按下列公式计算：

$$F_{l,eq}\leqslant(0.35f_t+0.15\sigma_{pc,m})\eta u_m h_0+0.9\frac{h_0}{s}f_{yv}A_{sv} \quad (5.3.7\text{-}5)$$

式中 s——锚栓间距；

f_{yv}——锚栓抗拉强度设计值，不应大于 300N/mm²；

A_{sv}——与柱面距离相等围绕柱一圈内锚栓的截面面积。

3 对配置抗冲切锚栓的冲切破坏锥体以外的截面，尚应按下式要求进行受冲切承载力验算：

$$F_{l,eq}\leqslant(0.7f_t+0.15\sigma_{pc,m})\eta u_m h_0 \quad (5.3.7\text{-}6)$$

此时，u_m 应取距最外一排锚栓周边 $h_0/2$ 处的最不利周长。

4 在混凝土板中配置锚栓，应符合下列构造要求：

1）混凝土板的厚度不应小于 150mm；

2）锚栓的锚头可采用方形或圆形板，其面积不小于锚杆截面面积的 10 倍；

3）锚头板和底部钢条板的厚度不小于 $0.5d$，钢条板的宽度不小于 $2.5d$，d 为锚杆的直径（图 5.3.7-2a）；

4）里圈锚栓与柱面之间的距离 s_0 应符合下列规定：

$$50\text{mm}\leqslant s_0\leqslant 0.35h_0$$

5）锚栓圈与圈之间的径向距离 $s\leqslant 0.5h_0$；

6）按计算所需的锚栓应配置在与 45°冲切破坏锥面相交的范围内，且从柱截面边缘向外的分布长度不应小于 $1.5h_0$（图 5.3.7-2b）；

7）锚栓的最小混凝土保护层厚度与纵向受力钢筋相同；锚栓的混凝土保护层不应超过最小保护层厚度与纵向受力钢筋直径之半的和（图 5.3.7-2c）。

5.3.8 型钢剪力架的设计应符合下列规定：

1 型钢剪力架的型钢高度不应大于其腹板厚度的 70 倍；剪力架每个伸臂末端可削成与水平呈 30°～60°的斜角；型钢的全部受压翼缘应位于距混凝土板的受压边缘 $0.3h_0$ 范围内；

2 型钢剪力架每个伸臂的刚度与混凝土组合板换算截面刚度的比值 α_a 应符合下列要求：

$$\alpha_a\geqslant 0.15 \quad (5.3.8\text{-}1)$$

$$\alpha_a=\frac{E_a I_a}{E_c I_{0,cr}} \quad (5.3.8\text{-}2)$$

式中 I_a——型钢截面惯性矩；

$I_{0,cr}$——组合板裂缝截面的换算截面惯性矩。

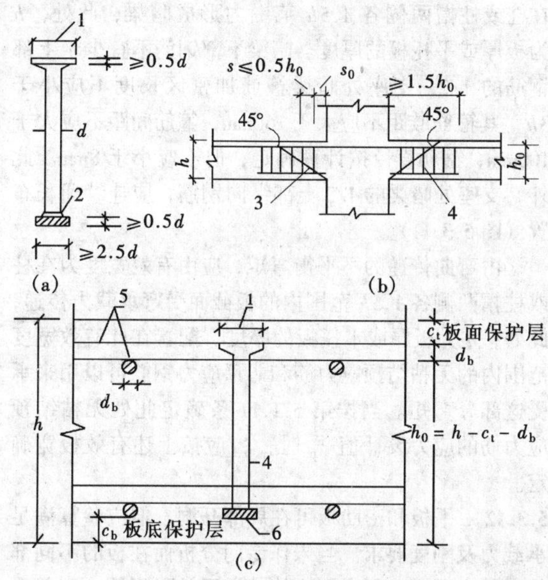

图 5.3.7-2 板中抗冲切锚栓布置

（a）锚栓大样；（b）用锚栓作抗冲切钢筋；（c）锚栓混凝土保护层要求

1—顶部面积≥10 倍锚杆截面面积；2—焊接；3—冲切破坏锥面；4—锚栓；5—受弯钢筋；6—底部钢板条

计算惯性矩 $I_{0,cr}$时，按型钢和非预应力钢筋的换算面积以及混凝土受压区的面积计算确定，此时组合板截面宽度取垂直于所计算弯矩方向的柱宽 b_c 与板的有效高度 h_0 之和。

3 工字钢焊接剪力架伸臂长度可由下列近似公式确定(图 5.3.8a)

$$l_a = \frac{u_{m,de}}{3\sqrt{2}} - \frac{b_c}{6} \quad (5.3.8\text{-}3)$$

$$u_{m,de} \geqslant \frac{F_{l,eq}}{0.6 f_t \eta h_0} \quad (5.3.8\text{-}4)$$

式中 $u_{m,de}$——设计截面周长；

$F_{l,eq}$——距柱周边 $h_0/2$ 处的等效集中反力设计值。当无不平衡弯矩时，对板柱结构的节点取柱所承受的轴向压力设计值层间差值减去冲切破坏锥体范围内板所承受的荷载设计值，取 $F_{l,eq} = F_l$；当有不平衡弯矩时，应符合本规程第 5.3.10 条的规定；

b_c——方形柱的边长；

h_0——板的截面有效高度；

η——考虑局部荷载或集中反力作用面积形状、临界截面周长与板截面有效高度之比的影响系数，应按公式(5.3.7-2)、(5.3.7-3)两个公式计算，并取其中的较小值。

槽钢焊接剪力架的伸臂长度可按（图 5.3.8b）所示的计算截面周长，用与工字钢焊接剪力架的类似方法确定。

4 剪力架每个伸臂根部的弯矩设计值及受弯承载力应满足下列要求：

$$M_{de} = \frac{F_{l,eq}}{2n}\left[h_a + \alpha_a\left(l_a - \frac{h_c}{2}\right)\right] \quad (5.3.8\text{-}5)$$

$$\frac{M_{de}}{W} \leqslant f_a \quad (5.3.8\text{-}6)$$

式中 h_a——剪力架每个伸臂型钢的全高；

h_c——计算弯矩方向的柱子尺寸；

n——型钢剪力架相同伸臂的数目；

f_a——钢材的抗拉强度设计值，按现行国家标准《钢结构设计规范》GB 50017 有关规定取用。

5 配置型钢剪力架板的冲切承载力应满足下列要求：

$$F_{l,eq} \leqslant 1.2 f_t \eta u_m h_0 \quad (5.3.8\text{-}7)$$

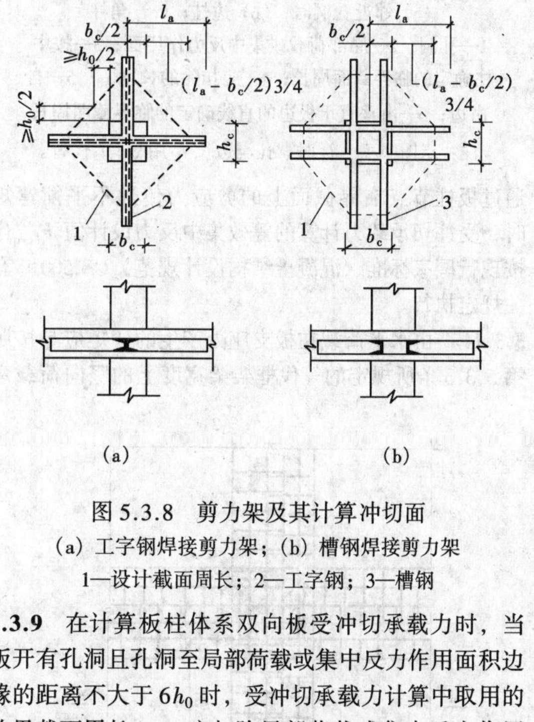

图 5.3.8 剪力架及其计算冲切面

（a）工字钢焊接剪力架；（b）槽钢焊接剪力架

1—设计截面周长；2—工字钢；3—槽钢

5.3.9 在计算板柱体系双向板受冲切承载力时，当板开有孔洞且孔洞至局部荷载或集中反力作用面积边缘的距离不大于 $6h_0$ 时，受冲切承载力计算中取用的临界截面周长 u_m，应扣除局部荷载或集中反力作用面积中心至开孔外边画出两条切线之间所包含的长度 l_d（图 5.3.9a）。

当边柱引起的局部荷载或集中反力邻近平板的自由边时，靠近自由边的周长则由垂直于板边的直线所代替（图 5.3.9b），并与按中柱所确定的临界截面周长比较，取 2（$l_a + l_b$）和（$l_a + 2l_b + 2l_c$）二值中的较小值；对角柱可采用相同的原则，取 2（$l_a + l_b$）和（$l_a + l_b + l_{c1} + l_{c2}$）二值中的较小值。

5.3.10 板柱结构在竖向荷载、水平荷载作用下，当

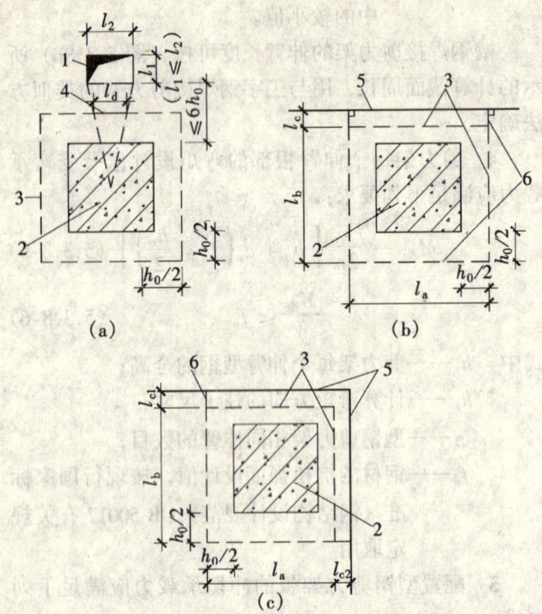

图 5.3.9 临界截面周长计算

(a) 邻近孔洞时；(b) 边柱；(c) 角柱

1—孔洞；2—局部荷载或集中反力作用面；3—按中柱确定的临界截面周长；4—应扣除的长度 l_d；5—自由边；6—由垂直于板边的直线确定的临界截面周长

注：当图中 $l_1 > l_2$ 时，孔洞边长 l_2 用 $\sqrt{l_1 l_2}$ 代替。

通过板柱节点临界截面上的剪应力传递不平衡弯矩时，受冲切承载力计算的等效集中反力设计值 $F_{l,\mathrm{eq}}$ 应按现行国家标准《混凝土结构设计规范》GB 50010 有关规定执行。

5.3.11 由水平荷载在板支座处产生的弯矩应与按照第 5.3.3 条所规定的等代框架梁宽度上的竖向荷载弯矩相组合，承受该弯矩所需全部钢筋亦应设置在该柱上板带中，且其中不少于 50% 应配置在有效宽度为在柱或柱帽两侧各 1.5h 范围内形成暗梁，此处，h 为板厚或平托板的厚度。暗梁下部钢筋不宜少于上部钢筋的 1/2，支座处暗梁箍筋加密区长度不应小于 3h，其箍筋肢距不应大于 250mm，箍筋间距不应大于 100mm，箍筋直径按计算确定，但不应小于 8mm。此外，支座处暗梁的 1/2 上部纵向钢筋，应连续通长布置（图 5.3.11）。

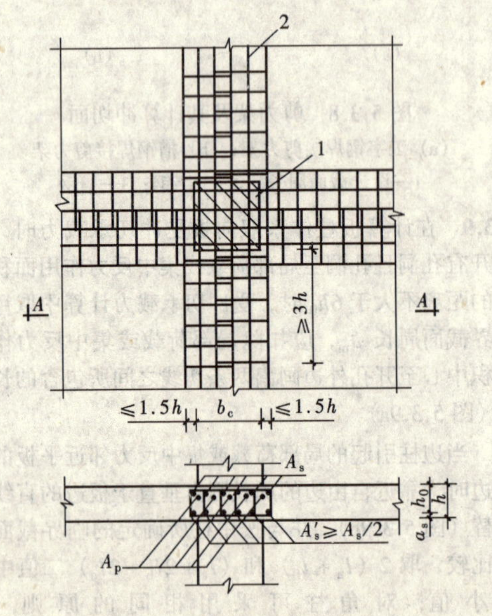

图 5.3.11 暗梁配筋示意

1—柱；2—1/2 的上部钢筋应连续

由弯曲传递的不平衡弯矩，应由有效宽度为在柱或柱帽两侧各 1.5h 范围内的板截面受弯承载力传递，此处，h 为板厚或平托板的厚度。配置在此有效宽度范围内的无粘结预应力筋和非预应力钢筋可以用来承受这部分弯矩。当按第 5.1.11 条确定此处无粘结预应力筋的应力设计值 σ_{pu} 时，ξ_0 应按上述有效板宽确定。

5.3.12 平板和密肋板可在局部开洞，但应验算满足承载力及刚度要求。当未作专门分析而在板的不同部位开单个洞时，所有洞边均应设置补强钢筋，开单个洞的大小及洞口处无粘结预应力筋的布置应符合下列要求：

1 在两个方向的柱上板带公共区域内，所开洞 1 的长边尺寸 b 应满足：$b \leqslant b_c/4$ 且 $b \leqslant h/2$，其中，b_c 为相应于洞口长边方向的柱宽度，h 为板厚度（图 5.3.12a）；

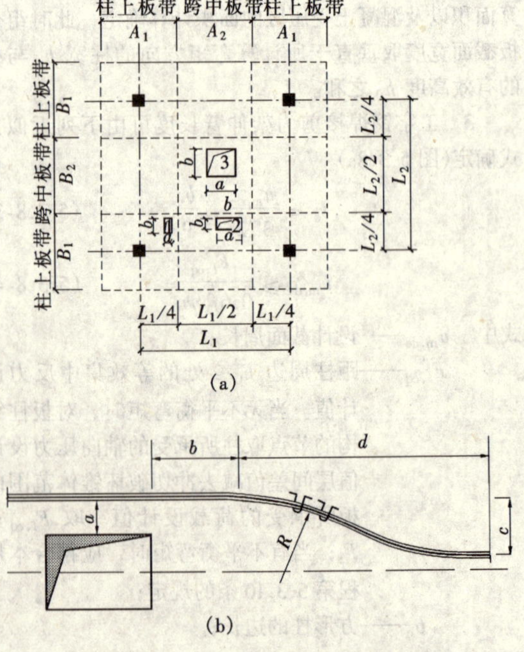

图 5.3.12 板柱体系楼板开洞示意

(a) 开单个洞大小要求；(b) 洞口无粘结预应力筋布置要求

注：1 洞口无粘结预应力筋布置宜满足：$a \geqslant 150$mm，$b \geqslant 300$mm，$R \geqslant 6.5$m；

2 当 $c:d > 1:6$ 时，需配置 U 形筋。

2 在一方向的跨中板带和另一个方向上的柱上板带公共区域内，洞 2 的边长应满足 $a \leqslant A_2/4$，$b \leqslant B_1/4$（图 5.3.12a）；

3 在两个方向的跨中板带公共区域内，所开洞 3 的边长应满足：$a \leqslant A_2/4$，$b \leqslant B_2/4$（图 5.3.12a）；

4 若在同一部位开多个洞时，则在同一截面上各个洞宽之和不应大于该部位单个洞的允许宽度；

5 在板内被孔洞阻断的无粘结预应力筋可分两侧绕过洞口铺设，其离洞口的距离不宜小于 150mm，水平偏移的曲率半径不宜小于 6.5m（图 5.3.12b），洞口四周应配置构造钢筋加强；当洞口较大时，应符合第 5.3.13 条的规定。

5.3.13 当楼盖因设楼、电梯间开洞较大，且在板边需截断无粘结预应力筋或截断密肋板的肋时，应沿洞口周边设置边梁或加强带，以补足被孔洞削弱的板或肋的承载力和截面刚度。

5.3.14 在均布荷载作用下，现浇平板结构中无粘结预应力筋的布置和分配宜满足下列要求：

1 无粘结预应力筋的布置方式可按划分柱上板带和跨中板带设置（图 5.3.14a）。这时，无粘结预应力筋分配在柱上板带的数量可占 60%～75%，其余 25%～40%则分配在跨中板带上；

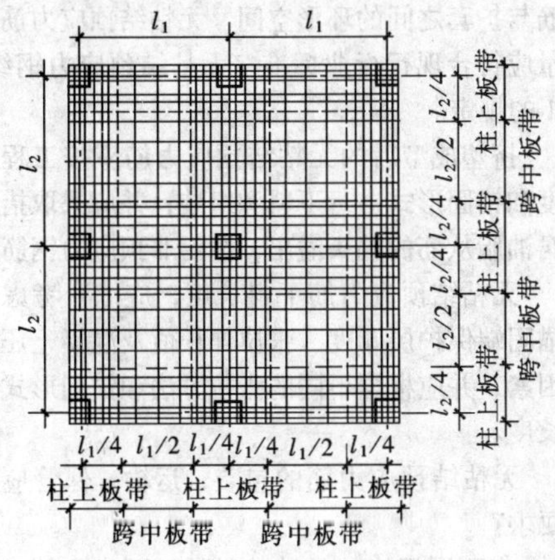

(a)

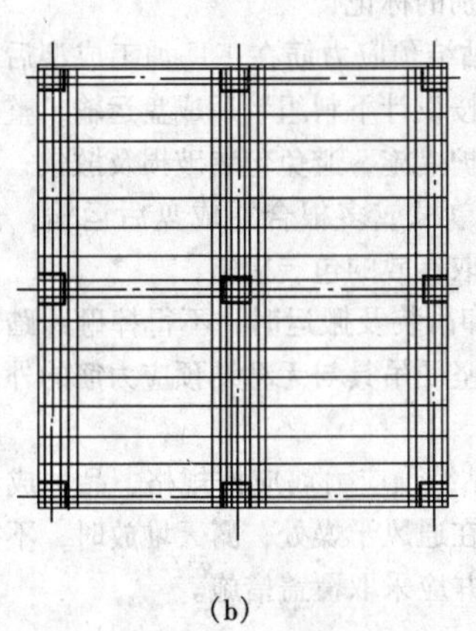

(b)

图 5.3.14 布筋方式

(a) 划分柱上板带和跨中板带布筋；
(b) 一向集中，另一向均匀布筋

2 无粘结预应力筋也可取一向集中布置，另一向均匀布置（图 5.3.14b）。对集中布置的无粘结预应力筋，宜分布在各离柱边 1.5h 的范围内；对均布方向的无粘结预应力筋，最大间距不得超过板厚度的 6 倍，且不宜大于 1.0m。

各种布筋方式每一方向穿过柱子的无粘结预应力筋的数量不得少于 2 根。

5.3.15 在筏板基础和箱形基础中采用无粘结预应力混凝土时，其设计应符合下列要求：

1 在筏板基础的肋梁中可采用多根无粘结预应力筋组成的集束预应力筋，在筏板基础和箱形基础的底板中可采用分散布置的无粘结预应力筋，但均应采用本规程第 4.2.7 条规定的全封闭防腐蚀锚固系统；

2 在设计预应力混凝土基础时，应注意基础底板与地基之间的摩擦力对基础底板中所建立轴向预压应力的影响；并应考虑土与基础及上部结构的相互作用影响；其等效荷载的选取应对基础受力状况进行严格分析后确定；

3 基础板中的无粘结预应力筋应布置在两层普通钢筋的内侧，混凝土保护层厚度及防水隔离层做法等措施应符合有关标准的要求；

4 基础中的预应力筋可按设计要求分期分批施加预应力；

5 非预应力钢筋的配置应符合控制基础板温度、收缩裂缝的构造要求。

5.4 体外预应力梁

5.4.1 无粘结预应力体外束由无粘结预应力筋、外套管、防腐材料及锚固体系组成，分为单根无粘结预应力筋体系和无粘结预应力体外束多层防腐蚀体系，可根据结构设计的要求选用。设计体外预应力梁时，体外束可采用直线、双折线或多折线布置方式，且其布置应使结构对称受力，对矩形或工字形截面梁，体外束应布置在梁腹板的两侧；对箱形截面梁，体外束应对称布置在梁腹板的内侧。

5.4.2 体外束仅在锚固区及转向块鞍座处与钢筋混凝土梁相连接，其设计应满足下列要求：

1 体外束锚固区和转向块的设置应根据体外束的设计线型确定，对多折线体外束，转向块宜布置在距梁端 1/4～1/3 跨度的范围内，必要时可增设中间定位用转向块，对多跨连续梁采用多折线体外束时，可在中间支座或其他部位增设锚固块。

2 体外束的锚固块与转向块之间或两个转向块之间的自由段长度不应大于 8m，超过该长度应设置防振动装置。

3 体外束在每个转向块处的弯折转角不应大于 15°，转向块鞍座处最小曲率半径宜按表 5.4.2 采用，体外束与鞍座的接触长度由设计计算确定。用于制作体外束的钢绞线，应按偏斜拉伸试验方法确定其力学性能。

表 5.4.2 转向块鞍座处最小曲率半径

钢 绞 线	最小曲率半径（m）
12ϕ13mm 或 7ϕ15mm	2.0
19ϕ13mm 或 12ϕ15mm	2.5
31ϕ13mm 或 19ϕ15mm	3.0
55ϕ13mm 或 37ϕ15mm	5.0

注：钢绞线根数为表列数值的中间值时，可按线性内插法确定。

4 体外束的锚固区除进行局部受压承载力计算，尚应对牛腿块钢托件等进行抗剪设计与验算。

5 转向块应根据体外束产生的垂直分力和水平分力进行设计，并应考虑转向块处的集中力对结构整体及局部受力的影响，以保证将预应力可靠地传递至梁体。

5.4.3 体外束的锚固区和转向块宜满足下列构造规定：

1 体外束的锚固区宜设置在梁端混凝土端块、牛腿块处或设置在钢托件内，应保证传力可靠且变形符合设计要求。

2 在混凝土矩形、工字形或箱形截面梁中，转向块可设在结构体外或箱形梁的箱体内。转向块处的钢套管鞍座应预先弯曲成型，埋入混凝土中。体外束的弯折也可采用通过隔梁、肋梁等形式。

3 当锚固区采用钢托件锚固预应力筋时，其与钢筋混凝土梁之间应有可靠的连接构造措施，如用套箍、螺栓固定等。

4 对可更换的体外束，在锚固端和转向块处，与结构相连接的鞍座套管应与体外束的外套管分离，以方便更换体外束。

5.4.4 当按现行国家标准《混凝土结构设计规范》GB 50010 的承载力计算方法和构造规定，以及本规程的预应力损失值计算，变形、抗裂、裂缝宽度和应力验算方法，进行配置体外束的混凝土结构构件设计时，除应满足本规程第 5.4.2 条设计要求外，尚应满足下列计算要求：

1 体外无粘结预应力筋的张拉控制应力值 σ_{con} 不宜超过 $0.6f_{ptk}$，且不应小于 $0.4f_{ptk}$；当要求部分抵消由于应力松弛、摩擦、钢筋分批张拉等因素产生的预应力损失时，上述张拉控制应力限值可提高 $0.05f_{ptk}$。

2 体外多根无粘结预应力筋组成的集团束在转向块处的摩擦系数可按本规程表 5.1.6 采用。

3 对采用体外预应力筋的受弯构件，在进行正截面受弯承载力计算时，体外预应力筋的应力设计值 σ_{pu}（N/mm^2）宜按下列公式计算：

$$\sigma_{pu} = \sigma_{pe} + 100 \tag{5.4.4-1}$$

此时，应力设计值 σ_{pu} 尚应符合下列条件：

$$\sigma_{pu} \leqslant f_{py} \tag{5.4.4-2}$$

4 体外预应力结构构件的裂缝控制等级及最大裂缝宽度限值可按现行国家标准《混凝土结构设计规范》GB 50010 对钢筋混凝土结构的规定执行。

5.4.5 体外束及锚固区应进行防腐蚀保护。体外束的防腐保护宜采用本规程第 6.4.1 条规定的无粘结预应力钢绞线束多层防腐蚀体系。当在结构构件承载力计算中，计入体外束的作用时，尚应符合有关规范对防火设计的规定。

6 施工及验收

6.1 无粘结预应力筋的制作、包装及运输

6.1.1 单根无粘结预应力筋的制作应采用挤塑成型工艺，并由专业化工厂生产，涂料层的涂敷和护套的制作应连续一次完成，涂料层防腐油脂应完全填充预应力筋与护套之间的环形空间。无粘结预应力筋的涂包质量应符合现行行业标准《无粘结预应力钢绞线》JG 161 的规定。

6.1.2 挤塑成型后的无粘结预应力筋应按工程所需的长度和锚固形式进行下料和组装；并应采取措施防止防腐油脂从筋的端头溢出，沾污非预应力钢筋等。

6.1.3 无粘结预应力筋下料长度，应综合考虑其曲率、锚固端保护层厚度、张拉伸长值及混凝土压缩变形等因素，并应根据不同的张拉方法和锚固形式预留张拉长度。

6.1.4 无粘结预应力筋的包装、运输、保管应符合下列要求：

1 在不同规格、品种的无粘结预应力筋上，均应有易于区别的标记；

2 无粘结预应力筋在工厂加工成型后，可整盘包装运输或按设计下料组装后成盘运输，整盘运输应采取可靠保护措施，避免包装破损及散包；工厂下料组装后，宜单根或多根合并成盘后运输，长途运输时，必须采取有效的包装措施；

3 装卸吊装及搬运时，不得摔砸踩踏，严禁钢丝绳或其他坚硬吊具与无粘结预应力筋的外包层直接接触；

4 无粘结预应力筋应按规格、品种成盘或顺直地分开堆放在通风干燥处，露天堆放时，不得直接与地面接触，并应采取覆盖措施。

6.2 无粘结预应力筋的铺放和浇筑混凝土

6.2.1 无粘结预应力筋铺放之前，应及时检查其规格尺寸和数量，逐根检查并确认其端部组装配件可靠

无误后，方可在工程中使用。对护套轻微破损处，可采用外包防水聚乙烯胶带进行修补，每圈胶带搭接宽度不应小于胶带宽度的1/2，缠绕层数不应少于2层，缠绕长度应超过破损长度30mm，严重破损的应予以报废。

6.2.2 张拉端端部模板预留孔应按施工图中规定的无粘结预应力筋的位置编号和钻孔。

6.2.3 张拉端的承压板应采用可靠的措施固定在端部模板上，且应保持张拉作用线与承压板面相垂直。

6.2.4 无粘结预应力筋应按设计图纸的规定进行铺放。铺放时应符合下列要求：

1 无粘结预应力筋可采用与普通钢筋相同的绑扎方法，铺放前应通过计算确定无粘结预应力筋的位置，其竖向高度宜采用支撑钢筋控制，亦可与其他钢筋绑扎，支撑钢筋应符合本规程第5.2.5条的要求，无粘结预应力筋束形控制点的设计位置偏差，应符合表6.2.4的规定；

表 6.2.4 束形控制点的设计位置允许偏差

截面高(厚)度(mm)	$h \leqslant 300$	$300 < h \leqslant 1500$	$h > 1500$
允许偏差(mm)	±5	±10	±15

2 无粘结预应力筋的位置宜保持顺直；

3 铺放双向配置的无粘结预应力筋时，应对每个纵横筋交叉点相应的两个标高进行比较，对各交叉点标高较低的无粘结预应力筋应先进行铺放，标高较高的次之，宜避免两个方向的无粘结预应力筋相互穿插铺放；

4 敷设的各种管线不应将无粘结预应力筋的竖向位置抬高或压低；

5 当采取集团束配置多根无粘结预应力筋时，各根筋应保持平行走向，防止相互扭绞；束之间的水平净间距不宜小于50mm，束至构件边缘的净间距不宜小于40mm；

6 当采用多根无粘结预应力筋平行带状布束时，每束不宜超过5根无粘结预应力筋，并应采取可靠的支撑固定措施，保证同束中各根无粘结预应力筋具有相同的矢高；带状束在锚固端应平顺地张开，并符合本规程第5.3.12条第5款有关无粘结预应力筋水平偏移的要求；

7 无粘结预应力筋采取竖向、环向或螺旋形铺放时，应有定位支架或其他构造措施控制位置。

6.2.5 在板内无粘结预应力筋绕过开洞处的铺放位置应符合本规程第5.3.12条的规定。

6.2.6 夹片锚具系统张拉端和固定端的安装，应符合下列规定：

1 张拉端锚具系统的安装　无粘结预应力筋的外露长度应根据张拉机具所需的长度确定，无粘结预应力曲线筋或折线筋末端的切线应与承压板相垂直，曲线段的起始点至张拉锚固点应有不小于300mm的直线段；单根无粘结预应力筋要求的最小弯曲半径对 ϕ12.7mm 和 ϕ15.2mm 钢绞线分别不宜小于1.5m和2.0m。

在安装带有穴模或其他预先埋入混凝土中的张拉端锚具时，各部件之间不应有缝隙。

2 固定端锚具系统的安装　将组装好的固定端锚具按设计要求的位置绑扎牢固，内埋式固定端垫板不得重叠，锚具与垫板应贴紧。

3 张拉端和固定端均应按设计要求配置螺旋筋或钢筋网片，螺旋筋和网片均应紧靠承压板或连体锚板，并保证与无粘结预应力筋对中和固定可靠。

6.2.7 浇筑混凝土时，除按有关规范的规定执行外，尚应遵守下列规定：

1 无粘结预应力筋铺放、安装完毕后，应进行隐蔽工程验收，当确认合格后方可浇筑混凝土；

2 混凝土浇筑时，严禁踏压撞碰无粘结预应力筋、支撑架以及端部预埋部件；

3 张拉端、固定端混凝土必须振捣密实。

6.3 无粘结预应力筋的张拉

6.3.1 无粘结预应力筋张拉机具及仪表，应由专人使用和管理，并定期维护和校验。

张拉设备应配套校验。压力表的精度不应低于1.5级；校验张拉设备用的试验机或测力计精度不得低于±2%；校验时千斤顶活塞的运行方向，应与实际张拉工作状态一致。

张拉设备的校验期限，不应超过半年。当张拉设备出现反常现象时或在千斤顶检修后，应重新校验。

6.3.2 安装张拉设备时，对直线的无粘结预应力筋，应使张拉力的作用线与无粘结预应力筋中心线重合；对曲线的无粘结预应力筋，应使张拉力的作用线与无粘结预应力筋中心线末端的切线重合。

6.3.3 无粘结预应力筋的张拉控制应力不宜超过 $0.75f_{ptk}$，并应符合设计要求。如需提高张拉控制应力值时，不应大于钢绞线抗拉强度标准值的80%。

6.3.4 当施工需要超张拉时，无粘结预应力筋的张拉程序宜为：从应力为零开始张拉至1.03倍预应力筋的张拉控制应力 σ_{con} 锚固。此时，最大张拉应力不应大于钢绞线抗拉强度标准值的80%。

6.3.5 当采用应力控制方法张拉时，应校核无粘结预应力筋的伸长值，当实际伸长值与设计计算伸长值相对偏差超过±6%时，应暂停张拉，查明原因并采取措施予以调整后，方可继续张拉。

6.3.6 无粘结预应力筋伸长值 Δl_p^c，可按下式计算：

$$\Delta l_p^c = \frac{F_{pm} l_p}{A_p E_p} \tag{6.3.6-1}$$

式中 F_{pm}——无粘结预应力筋的平均张拉力（kN），取张拉端的拉力与固定端（两端张拉时，取跨中）扣除摩擦损失后拉力的平均值；

l_p——无粘结预应力筋的长度（mm）；

A_p——无粘结预应力筋的截面面积（mm^2）；

E_p——无粘结预应力筋的弹性模量（kN/mm^2）。

无粘结预应力筋的实际伸长值，宜在初应力为张拉控制应力10%左右时开始量测，分级记录。其伸长值可由量测结果按下列公式确定：

$$\Delta l_p^0 = \Delta l_{p1}^0 + \Delta_{p2}^0 - \Delta l_c \quad (6.3.6\text{-}2)$$

式中 Δl_{p1}^0——初应力至最大张拉力之间的实测伸长值；

Δl_{p2}^0——初应力以下的推算伸长值。可根据弹性范围内张拉力与伸长值成正比的关系推算确定；

Δl_c——混凝土构件在张拉过程中的弹性压缩值。

注：对平均预压应力较小的板类构件，Δl_c 可略去不计。

6.3.7　无粘结预应力筋张拉过程中应避免预应力筋断裂或滑脱，当发生断裂或滑脱时，其数量不应超过结构同一截面无粘结预应力筋总根数的3%，且每束无粘结预应力筋中不得超过1根钢丝断裂；对于多跨双向连续板，其同一截面应按每跨计算。

6.3.8　无粘结预应力筋张拉时，混凝土立方体抗压强度应符合设计要求；当设计无具体要求时，不应低于设计混凝土强度等级值的75%。

当无粘结预应力筋设计为纵向受力钢筋时，侧模可在张拉前拆除，但下部支撑体系应在张拉工作完成后拆除，提前拆除部分支撑应根据计算确定。

6.3.9　无粘结预应力筋的张拉顺序应符合设计要求，如设计无要求时，可采用分批、分阶段对称张拉或依次张拉。

当无粘结预应力筋采取逐根或逐束张拉时，应保证各阶段不出现对结构不利的应力状态；同时宜考虑后批张拉的无粘结预应力筋产生的结构构件的弹性压缩对先批张拉预应力筋的影响，确定张拉力。

6.3.10　当无粘结预应力筋需进行两端张拉时，宜采取两端同时张拉工艺。

6.3.11　无粘结预应力筋张拉时，应逐根填写张拉记录表，其格式可按本规程附录D采用。

6.3.12　夹片锚具张拉时，应符合下列要求：

1　张拉前应清理承压板面，检查承压板后面的混凝土质量；

2　锚固采用液压顶压器顶压时，千斤顶应在保持张拉力的情况下进行顶压，顶压压力应符合设计规定值；

3　无粘结预应力筋的实际伸长值 Δl_p^0，可按公式（6.3.6-2）确定；

4　锚固阶段张拉端无粘结预应力筋的内缩量应符合设计要求；当设计无具体要求时，其内缩量应符合本规程第3.3.5条的规定。

注：为减少锚具变形和预应力筋内缩造成的预应力损失，可进行二次补拉并加垫片，二次补拉的张拉力为控制张拉力。

6.3.13　无粘结预应力筋张拉锚固后实际预应力值与工程设计规定检验值的相对允许偏差为±5%。

6.3.14　张拉后应采用砂轮锯或其他机械方法切割超长部分的无粘结预应力筋，其切断后露出锚具夹片外的长度不得小于30mm。

6.3.15　张拉后的锚具，应及时按本规程第4.2节的有关规定进行防护处理。

6.4　体外预应力施工

6.4.1　无粘结预应力钢绞线束多层防腐蚀体系由多根平行的无粘结预应力筋组成，外套高密度聚乙烯管或镀锌钢管，管内应采用水泥灌浆或防腐油脂保护（图6.4.1）。防腐蚀材料应符合下列要求：

1　对于水泥基浆体材料，其源浆浆体的质量要求应符合现行国家标准《混凝土结构工程施工质量验收规范》GB 50204的规定，且应能填满外套管和连续包裹无粘结预应力筋的全长，并避免产生气泡。

2　专用防腐油脂的质量要求应符合现行行业标准《无粘结预应力筋专用防腐润滑脂》JG 3007的规定。

3　体外束采用工厂预制时，其防腐蚀材料在加工、运输、安装及张拉过程中，应能保证具有稳定性、柔性和不产生裂缝，在所要求的温度范围内不流淌。

4　防腐蚀材料的耐久性能应与体外束所属的环境类别和设计使用年限的要求相一致。

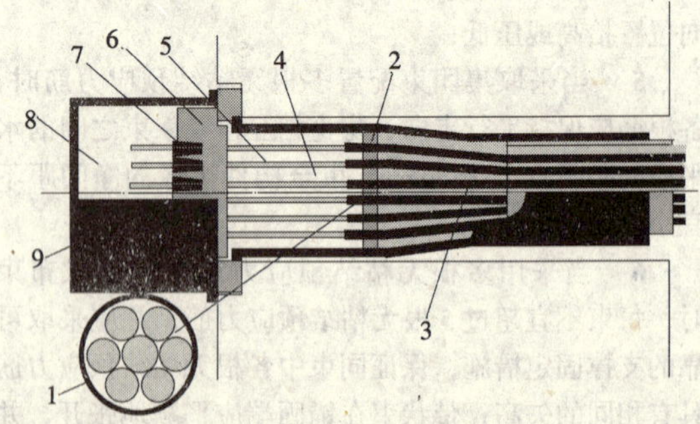

图6.4.1　由多根无粘结预应力筋组成的体外束

1—单根无粘结预应力筋；2—封板；3—水泥浆或防腐油脂；4—防腐油脂；5—钢绞线；6—锚板；7—夹片；8—防腐油脂或环氧砂浆；9—保护罩

6.4.2　体外束的保护套管应采用高密度聚乙烯管或镀锌钢管，并应符合下列规定：

1　保护套管应能抵抗运输、安装和使用过程中的各种作用力，不得损坏。

2　采用水泥灌浆时，管道应能承受1.0N/mm^2的内压，其内径至少应等于1.6 $\sqrt{A_p}$，其中 A_p 为束的计及单根无粘结预应力筋塑料护套厚度的截面面积，使用塑料管道时应考虑灌浆时温度的影响。

3 采用防腐化合物如专用防腐油脂等填充管道时，除应遵守有关标准规定的温度和内压外，在管道和防腐化合物之间，因温度变化发生的效应不得对钢绞线产生腐蚀作用。

4 镀锌钢管的壁厚不宜小于管径的1/40，且不应小于2mm；高密度聚乙烯管的壁厚宜为2～5mm，且应具有抗紫外线功能。

6.4.3 体外束保护套管的安装应保证连接平滑和完全密封防水，束的线型和安装误差应符合设计要求，在穿束过程中应防止保护套管受到机械损伤。

6.4.4 在转向块鞍座出口处应进行倒角处理形成圆滑过渡，避免预应力体外束出现尖锐的转折或受到损伤；转向块的偏转角制造误差应小于1.2°，安装误差应小于±5%，否则应采用可调节的转向块。

6.4.5 体外束的锚固体系、在锚固区体外束与锚固装置的连接应符合下列规定：

1 体外束的锚固体系应按使用环境类别和结构部位等设计要求进行选用，可采用后张锚固体系或体外束专用锚固体系，其性能应符合现行国家标准《预应力筋用锚具、夹具和连接器》GB/T 14370的规定。

对于有整体调束要求的钢绞线夹片锚固体系，可采用外螺母支撑承力方式调束；对处于低应力状态下的体外束，对锚具夹片应设防松装置；对可更换的体外束，应采用体外束专用锚固体系，且应在锚具外预留钢束的张拉工作长度。

2 体外束应与承压板相垂直，其曲线段的起始点至张拉锚固点的直线段长度不宜小于600mm。

3 在锚固区附近体外束最小曲率半径宜按本规程表5.4.2适当增大采用。

6.4.6 体外束的锚固区和转向块应与主体结构同时施工，预埋的锚固件及管道的位置和方向应严格符合设计要求。

6.4.7 当采用水泥灌浆时，体外束宜在灌浆后进行张拉施工；如果无粘结预应力筋平行，并在转向块处有传力装置，则可以将钢绞线张拉到10%抗拉强度标准值后进行灌浆；该体系允许逐根张拉无粘结预应力筋。若采取措施将单根无粘结预应力筋定位，也可以在张拉后向孔道内灌水泥浆进行防腐保护。

6.4.8 布置在梁两边体外束的张拉，应保证受力均匀和对称，以免梁发生侧向弯曲或失稳。

6.4.9 体外束的锚具应设置全密封防护罩，对不要求更换的体外束，可在防护罩内灌注环氧砂浆或其他防腐蚀材料；对可更换的体外束，应保留必要的预应力筋长度，在防护罩内灌注专用防腐油脂或其他可清洗掉的防腐蚀材料（图6.4.1）。

保护套管在使用期内应有可靠的耐久性能。对镀锌钢管保护套管，应允许在使用一定时期后，重新涂刷防腐蚀涂层；对高密度聚乙烯套管，应保证长期使用的耐老化性能，并允许在必要时进行更换。

6.4.10 当体外束直接暴露在太阳辐射热中时，应采取特别的防护措施。

6.4.11 当体外束有防火要求时，应涂刷防火涂料，并按设计要求采取其他可靠的防火措施。

6.4.12 体外束施工除遵守上述规定外，尚应符合本章中无粘结预应力混凝土施工工艺及质量控制的有关规定。

6.5 工程验收

6.5.1 无粘结预应力混凝土结构分项工程验收时，应提供下列文件和记录：

1 文件

1）设计变更文件；

2）原材料质量合格证件；

3）无粘结预应力筋出厂质量合格证件、出厂检验报告和进场复验报告；

4）锚具出厂质量合格证件、出厂检验报告和进场复验报告；

5）其他文件。

2 记录

1）隐蔽工程验收记录；

2）张拉时混凝土立方体抗压强度同条件养护试件试验报告；

3）加工、组装无粘结预应力筋张拉端和固定端质量验收记录；

4）无粘结预应力筋的安装质量验收记录；

5）无粘结预应力筋张拉记录及质量验收记录；

6）封锚记录；

7）其他记录。

6.5.2 无粘结预应力混凝土工程的验收，除检查有关文件、记录外，尚应进行外观抽查。

6.5.3 当提供的文件、记录及外观抽查结果均符合现行国家标准《混凝土结构工程施工质量验收规范》GB 50204和本规程的要求时，即可进行验收。

附录A 无粘结预应力筋数量估算

A.0.1 无粘结预应力筋截面面积可按下列公式估算：

$$A_p = \frac{N_{pe}}{\sigma_{con} - \sigma_{l,tot}} \tag{A.0.1}$$

式中 A_p——无粘结预应力筋截面面积；

σ_{con}——无粘结预应力筋的张拉控制应力；

$\sigma_{l,tot}$——无粘结预应力筋总损失的估算值，对板可取$0.2\sigma_{con}$，对梁可取$0.3\sigma_{con}$；

N_{pe}——无粘结预应力筋的总有效预加力。

A.0.2 根据结构类型和正截面裂缝控制验算要求，无粘结预应力筋有效预加力值 N_{pe}，可按下列两个公式进行估算，并取其计算结果的较大值：

$$N_{pe}=\frac{\frac{\beta M_k}{W}-[\sigma_{ctk,lim}]}{\frac{1}{A}+\frac{e_p}{W}} \tag{A.0.2-1}$$

$$N_{pe}=\frac{\frac{\beta M_q}{W}-[\sigma_{ctq,lim}]}{\frac{1}{A}+\frac{e_p}{W}} \tag{A.0.2-2}$$

式中 M_k、M_q——按均布荷载的标准组合或准永久组合计算的弯矩设计值；

$\sigma_{ctk,lim}$、$\sigma_{ctq,lim}$——荷载标准组合、准永久组合下的混凝土拉应力限值，可按本规程表4.1.2或本附录第A.0.3条规定采用；

W——构件截面受拉边缘的弹性抵抗矩；

A——构件截面面积；

e_p——无粘结预应力筋重心对构件截面重心的偏心距；

β——系数，对简支结构取 $\beta=1.0$；对连续结构的负弯矩截面，取 $\beta=0.9$，对连续结构的正弯矩截面，取 $\beta=1.2$。

A.0.3 对按三级允许出现裂缝控制的无粘结预应力混凝土连续梁和框架梁等，当满足本规程第5.2.1条非预应力钢筋最小截面面积要求时，可按下述经修正和提高后的名义拉应力值控制裂缝宽度：

1 在荷载效应的标准组合下，要求最大裂缝宽度 $w_{max}\leqslant0.2$mm 的构件，受拉边缘混凝土与裂缝宽度相应的名义拉应力，可按表A.0.3-1采用。

表 A.0.3-1 混凝土名义拉应力限值（N/mm²）

构件类别	裂缝宽度（mm）	混凝土强度等级	
		C40	≥C50
连续梁、框架梁、偏心受压构件及一般构件	0.10	3.7	4.5
	0.15	4.1	5.0
	0.20	4.6	5.6

2 表A.0.3-1中的名义拉应力限值尚应根据构件实际高度乘以表A.0.3-2规定的修正系数。对于组合构件，当在施工阶段的拉应力不超过表A.0.3-1的规定时，采用表A.0.3-2时应用截面全高。

表 A.0.3-2 构件高度修正系数

构件高度（mm）	≤400	600	800	≥1000
修正系数	1.0	0.9	0.8	0.7

注：构件高度为表列数值的中间值时，可按线性内插法确定。

3 当截面受拉区混凝土中配置的非预应力钢筋超过最小截面面积要求时，构件截面受拉边缘混凝土修正后的名义拉应力限值可以提高。其增量按非预应力钢筋截面面积与混凝土截面面积的百分比计算，每增加1%，名义拉应力限值可提高3.0MPa。但经修正和提高后的名义拉应力限值不得超过混凝土设计强度等级的1/4。

附录B 无粘结预应力筋常用束形的预应力损失 σ_{l1}

B.0.1 抛物线形无粘结预应力筋可近似按圆弧形曲线预应力筋考虑。当其对应的圆心角 $\theta\leqslant90°$ 时（图B.0.1），由于锚具变形和预应力筋内缩，在反向摩擦影响长度 l_f 范围内的预应力损失值 σ_{l1} 可按下式计算：

$$\sigma_{l1}=2\sigma_{con}l_f\left(\frac{\mu}{r_c}+\kappa\right)\left(1-\frac{x}{l_f}\right) \tag{B.0.1-1}$$

反向摩擦影响长度 l_f（m）可按下式计算：

$$l_f=\sqrt{\frac{aE_p}{1000\sigma_{con}(\mu/r_c+\kappa)}} \tag{B.0.1-2}$$

式中 σ_{con}——无粘结预应力筋的张拉控制应力；

r_c——圆弧形曲线无粘结预应力筋的曲率半径（m）；

μ——无粘结预应力筋与护套壁之间的摩擦系数，按本规程表5.1.6采用；

κ——考虑护套壁每米长度局部偏差的摩擦系数，按本规程表5.1.6采用；

x——张拉端至计算截面的距离（m）；

a——张拉端锚具变形和钢筋内缩值（mm），按本规程第3.3.5条采用。

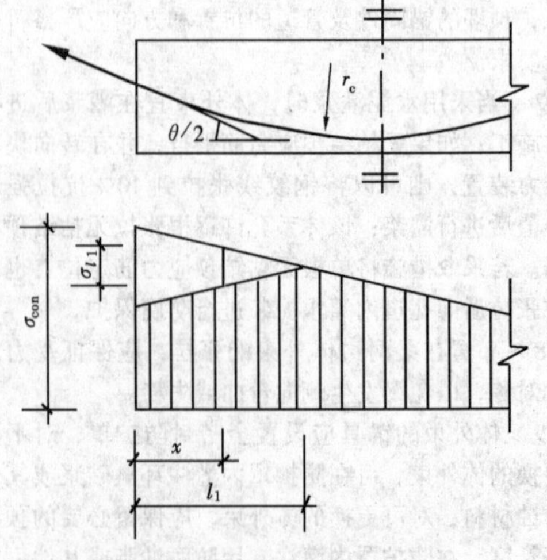

图B.0.1 圆弧形曲线预应力筋的预应力损失值 σ_{l1}

B.0.2 端部为直线（直线长度为 l_0），而后由两条圆弧形曲线（圆弧对应的圆心角 $\theta\leqslant90°$）组成的无粘结预应力筋（图 B.0.2），由于锚具变形和钢筋内缩，在反向摩擦影响长度 l_f 范围内的预应力损失值 σ_{l1} 可按下列公式计算：

当 $x \leqslant l_0$ 时：

$$\sigma_{l1} = 2i_1(l_1 - l_0) + 2i_2(l_f - l_1) \quad (B.0.2\text{-}1)$$

当 $l_0 < x \leqslant l_1$ 时：

$$\sigma_{l1} = 2i_1(l_1 - x) + 2i_2(l_f - l_1) \quad (B.0.2\text{-}2)$$

当 $l_1 < x \leqslant l_f$ 时：

$$\sigma_{l1} = 2i_2(l_f - x) \quad (B.0.2\text{-}3)$$

反向摩擦影响长度 l_f（m）可按下列公式计算：

$$l_f = \sqrt{\frac{aE_p}{1000i_2} - \frac{i_1(l_1^2 - l_0^2)}{i_2} + l_1^2} \quad (B.0.2\text{-}4)$$

$$i_1 = \sigma_a\left(\kappa + \frac{\mu}{r_{c1}}\right) \quad (B.0.2\text{-}5)$$

$$i_2 = \sigma_b\left(\kappa + \frac{\mu}{r_{c2}}\right) \quad (B.0.2\text{-}6)$$

式中 l_1——无粘结预应力筋张拉端起点至反弯点的水平投影长度；

i_1、i_2——第一、二段圆弧形曲线无粘结预应力筋中应力近似直线变化的斜率；

r_{c1}、r_{c2}——第一、二段圆弧形曲线无粘结预应力筋的曲率半径；

σ_a、σ_b——无粘结预应力筋在 A、B 点的应力。

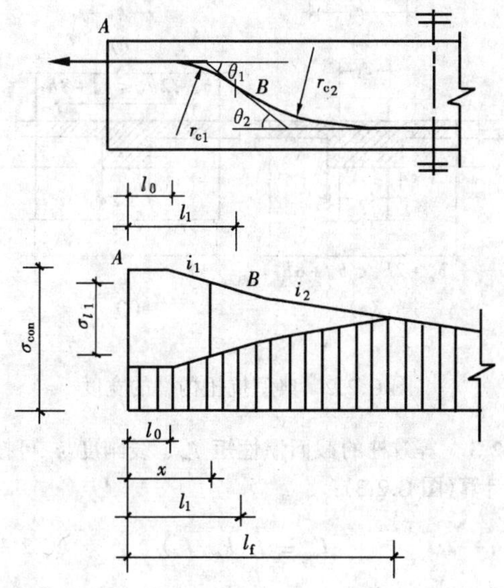

图 B.0.2 两条圆弧形曲线组成的预应力筋的预应力损失值 σ_{l1}

B.0.3 当折线形无粘结预应力筋的锚固损失消失于折点 C 之外时（图 B.0.3），由于锚具变形和钢筋内缩，在反向摩擦影响长度 l_f 范围内的预应力损失值 σ_{l1} 可按下列公式计算：

当 $x \leqslant l_0$ 时：

$$\sigma_{l1} = 2\sigma_1 + 2i_1(l_1 - l_0) + 2\sigma_2 + 2i_2(l_f - l_1) \quad (B.0.3\text{-}1)$$

当 $l_0 < x \leqslant l_1$ 时：

$$\sigma_{l1} = 2i_1(l_1 - x) + 2\sigma_2 + 2i_2(l_f - l_1) \quad (B.0.3\text{-}2)$$

当 $l_1 < x \leqslant l_f$ 时：

$$\sigma_{l1} = 2i_2(l_f - x) \quad (B.0.3\text{-}3)$$

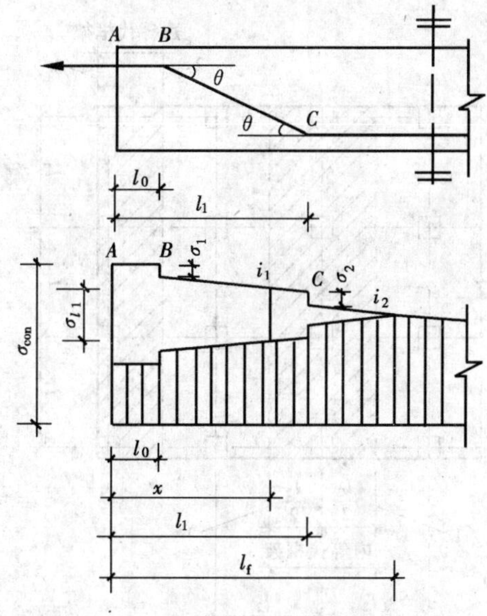

图 B.0.3 折线形预应力筋的预应力损失值 σ_{l1}

反向摩擦影响长度 l_f（m）可按下列公式计算：

$$l_f = \sqrt{\frac{aE_p}{1000i_2} + l_1^2 - \frac{i_1(l_1 - l_0)^2 + 2i_1l_0(l_1 - l_0) + 2\sigma_1l_0 + 2\sigma_2l_1}{i_2}} \quad (B.0.3\text{-}4)$$

$$i_1 = \sigma_{con}(1 - \mu\theta)\kappa \quad (B.0.3\text{-}5)$$

$$i_2 = \sigma_{con}[1 - \kappa(l_1 - l_0)](1 - \mu\theta)^2\kappa \quad (B.0.3\text{-}6)$$

$$\sigma_1 = \sigma_{con}\mu\theta \quad (B.0.3\text{-}7)$$

$$\sigma_2 = \sigma_{con}[1 - \kappa(l_1 - l_0)](1 - \mu\theta)\mu\theta \quad (B.0.3\text{-}8)$$

式中 i_1——无粘结预应力筋在 BC 段中应力近似直线变化的斜率；

i_2——无粘结预应力筋在折点 C 以外应力近似直线变化的斜率；

l_1——张拉端起点至无粘结预应力筋折点 C 的水平投影长度。

附录C　等效柱的刚度计算及等代框架计算模型

C.1　板柱结构计算

C.1.1　板柱结构按等代框架计算，由三部分组成：(1) 水平板带，包括在框架方向的梁；(2) 柱子或其他竖向支承构件；(3) 在板带和柱子间起弯矩传递作用的柱两侧的板条或边梁(图 C.1.1)。

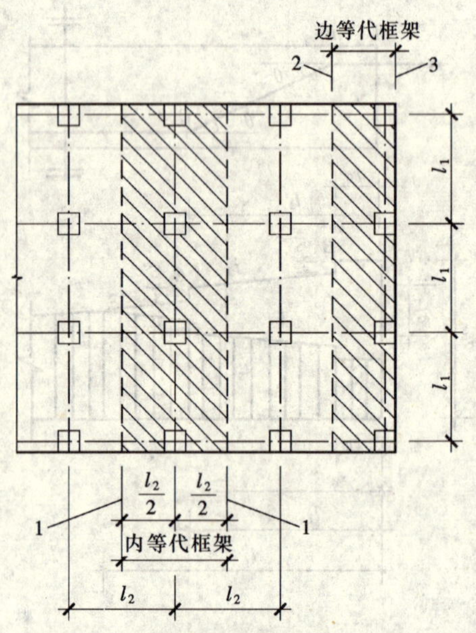

图 C.1.1　等代框架

1—板格 l_2 中心线；2—边板中心线；3—板边

考虑柱和柱两侧抗扭构件共同工作的等效柱的刚度计算及等代框架计算模型的建立可按 C.2 节规定进行。

C.2　等效柱刚度计算及等代框架计算模型

C.2.1　对无托板、柱帽的板柱结构，柱的线抗弯刚度 k_c 可按下列公式计算：

$$k_c = \frac{4E_{cc}I_c}{H_c} \qquad (C.2.1)$$

式中　E_{cc}——柱的混凝土弹性模量；

I_c——柱在计算方向的截面惯性矩；

H_c——柱的计算长度，从下层板中心轴算至上层板中心轴；对底层柱为从基础顶面至一层楼板中心轴的距离。

对于有托板、柱帽的板柱结构，在板柱节点范围内，其惯性矩可视为无穷大，并应考虑柱轴线方向截面变化对 k_c 的影响。

C.2.2　柱两侧抗扭构件刚度 k_t 按下列公式计算：

$$k_t = \frac{9E_{cs}C}{l_2(1-c_2/l_2)^3} \qquad (C.2.2\text{-}1)$$

$$C = \Sigma\left(1-0.63\frac{x}{y}\right)\frac{x^3y}{3} \qquad (C.2.2\text{-}2)$$

式中　E_{cs}——板的混凝土弹性模量；

c_2——垂直于板跨度 l_1 方向的柱宽；

l_2——垂直于板跨度 l_1 方向的柱距；

C——截面抗扭常数，可将图 C.2.2 所示垂直于跨度 l_2 方向的抗扭构件横截面划分为若干个矩形；并按不同划分方案取其中的最大值；

x、y——分别为每一个矩形截面的短边与长边的几何尺寸，如图 C.2.2 所示，仅有一个矩形时，$x=h$，$y=c_1$。

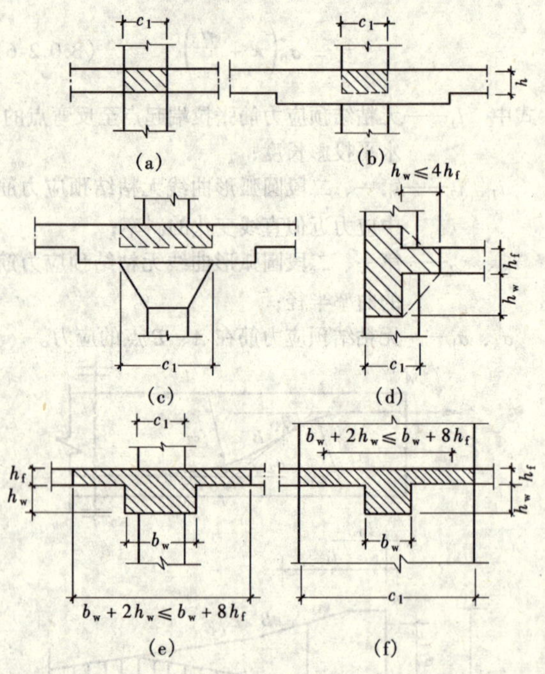

图 C.2.2　典型抗扭构件的宽度

C.2.3　等效柱的截面惯性矩 I_{ec}、线刚度 k_{ec} 可按下式计算(图 C.2.3)：

$$I_{ec} = I_c(k_{ec}/k_c) \qquad (C.2.3\text{-}1)$$

$$k_{ec} = \Sigma k_c/(1+\Sigma k_c/k_t) \qquad (C.2.3\text{-}2)$$

C.2.4　在等代框架中板梁杆件长度 l_1 可取为柱中线之间的距离；在柱中线至柱边、托板边或柱帽边之间的截面惯性矩，可分别取板梁在柱边、托板或柱帽边处的截面惯性矩除以 $(1-c_2/l_2)^2$ 得出（图 C.2.3)。

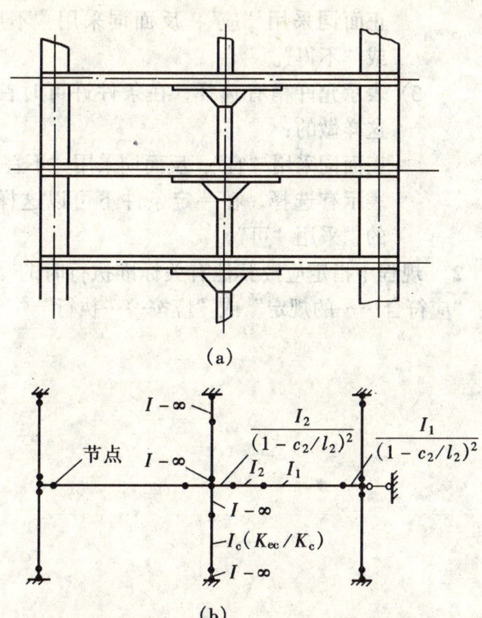

图 C.2.3　等代框架计算模型
(a) 框架；(b) 计算模型

附录 D　无粘结预应力筋张拉记录表

表 D.0.1　无粘结预应力筋张拉记录表首页

无粘结预应力筋张拉记录（一）		编　号	
工程名称		张拉日期	
施工单位		预应力筋规格及抗拉强度	
预应力张拉程序及平面示意图： □有　□无附页			
张拉端锚具类型		固定端锚具类型	
设计张拉控制应力		实际张拉力	
千斤顶编号		压力表编号	
混凝土设计强度		张拉时混凝土实际强度	
预应力筋计算伸长值：			
预应力筋伸长值范围：			
施工单位			
技术负责人	质检员	记录人	

表 D.0.2　无粘结预应力筋张拉记录表

第　页共　页

无粘结预应力筋张拉记录(二)				编　号					
工程名称				张拉日期					
施工部位									
张拉顺序编号	计算值	预应力筋张拉伸长实测值（cm）							备注
		一端张拉			另一端张拉			总伸长	
		原长 L_1	实长 L_2	伸长 ΔL	原长 L'_1	实长 L'_2	伸长 $\Delta L'$		
□有□无见证		见证单位				见证人			
施工单位									
专业技术负责人			专业质检员			记录人			

本规程用词说明

1 为便于在执行本规程条文时区别对待，对要求严格程度不同的用词说明如下：

1）表示很严格，非这样做不可的：
正面词采用“必须”，反面词采用“严禁”。

2）表示严格，在正常情况下均应这样做的：
正面词采用“应”，反面词采用“不应”或“不得”。

3）表示允许稍有选择，在条件许可时首先这样做的：
正面词采用“宜”；反面词采用“不宜”。
表示有选择，在一定条件下可以这样做的，采用“可”。

2 规程中指定应按其他有关标准执行时的写法为：“应符合……的规定”或“应按……执行”。

中华人民共和国行业标准

无粘结预应力混凝土结构技术规程

JGJ 92—2004

条 文 说 明

前　言

《无粘结预应力混凝土结构技术规程》JGJ 92—2004，经建设部2005年1月13日以公告306号批准，业已发布。

为便于广大设计、施工、科研、学校等单位的有关人员在使用本规程时能正确理解和执行条文规定，规程编制组按章、节、条的顺序，编制了本规程的条文说明，供使用者参考。在使用过程中，如发现本规程条文说明有不妥之处，请将意见函寄中国建筑科学研究院《无粘结预应力混凝土结构技术规程》管理组（邮政编码：100013，地址：北京市北三环东路30号）。

目　次

1 总 则

1.0.1 目前国内无粘结预应力混凝土新技术发展较快，科研成果不断积累，设计与施工水平逐步提高，建筑面积正在迅速增加。制定本规程，是为了在确保工程质量前提下，大力发展该项新技术，获得更好的综合经济效益与社会效益，以利于加快建设速度。

1.0.2 本规程中的各项要求是在总结我国已建成的各种类型无粘结预应力混凝土结构，如单向板、双向板、简支梁、交叉梁、框架梁、板柱结构、筏板基础、储仓和消化池，以及体外预应力梁等的设计与施工经验的基础上制定的。本规程的条款也适用于后张预应力仅用于控制裂缝或挠度的情况。

本次修订结合我国建筑结构发展的需要，根据实践经验总结，并借鉴国外最新技术，增加编写配置无粘结预应力体外束梁的设计与施工条款。此外，在符合现行国家标准《混凝土结构设计规范》GB 50010 有关耐久性规定的基础上，对处于二、二类环境类别下的无粘结预应力混凝土结构，规定了锚固系统应采用全封闭防腐蚀体系的分类要求。

在设计下列结构时，尚应符合专门标准的有关规定：

1 修建在湿陷性黄土、膨胀土地区或地下采掘区等的结构；

2 结构表面温度高于 100℃，或有生产热源且结构表面温度经常高于 60℃的结构；

3 需作振动计算的结构。

1.0.3 本条着重指出了无粘结预应力混凝土结构设计与施工中采用合理的方案，以及质量控制与验收制度的重要性。

1.0.4 本规程按现行国家标准《建筑结构可靠度设计统一标准》GB 50068 的规定，取用无粘结预应力混凝土结构的设计使用年限，与其相应的结构重要性系数、荷载设计值及耐久性措施。若建设单位提出更高要求，也可按建设单位的要求确定。体外束及其锚固区的防腐蚀保护亦应满足设计使用年限的要求，在二类、三类环境类别下，体外束应按可更换的条件进行设计。

凡我国现行规范中已有明确条文规定的，本规程原则上不再重复。因此，在设计与施工中除符合本规程的要求外，还应满足我国现行强制性规范和规程的有关规定。无粘结预应力混凝土结构的抗震设计，应按现行行业标准《预应力混凝土结构抗震设计规程》JGJ 140 执行。

2 术语、符号

术语、符号主要根据现行国家标准《建筑结构设计术语和符号标准》GB/T 50083、《建筑结构可靠度设计统一标准》GB 50068 及《混凝土结构设计规范》GB 50010 等给出的。有些符号因术语改动而作了相应的修改，如本规程将短期效应组合、长期效应组合分别改称为标准组合、准永久组合，并将原规程符号 M_s、M_l 相应地改为本规程符号 M_k、M_q。

3 材料及锚具系统

3.1 混凝土及钢筋

3.1.1 由于无粘预应力筋用的钢绞线强度很高，故要求混凝土结构的混凝土强度等级亦应相应地提高，这样才能达到更经济的目的。所以，规定无粘结预应力梁类构件的混凝土强度等级不应低于 C40。因板中平均预压应力一般不高，并参考国内的应用经验，故将其混凝土强度等级规定为不应低于 C30。

3.1.2～3.1.4 常用钢绞线的主要力学性能系参考现行国家标准《预应力混凝土用钢绞线》GB/T 5224 中有关条文制定的。在表 3.1.2 中，钢绞线的抗拉强度设计值是按现行国家标准《混凝土结构设计规范》GB 50010 的规定，取用 $0.85\sigma_b$（σ_b 为上述钢绞线国家标准的极限抗拉强度）作为条件屈服点，钢绞线材料分项系数 γ_s 取用 1.2 得出的。为方便施工和保证后张无粘结预应力混凝土的工程质量，本次修订不再列入由 7 根钢丝制作的无粘结预应力筋。当经过专门研究和试验取得可靠依据时，也可采用 ϕ15.2mm 模拔型钢绞线、或 ϕ17.8mm 等大直径预应力钢绞线制作无粘结预应力筋。

无粘结预应力筋用的钢绞线中的钢丝系采用高碳钢经多次拉拔而成，并经消除应力热处理，以提高其塑性、韧性。在以后形成的死弯处，由于变形程度大，有较高的残余应力，将使材料脆化，在张拉过程中易在该处发生脆断，故应将它切除。此外，由于高碳钢的可焊性差，在生产过程拉拔中及拉拔后的焊接接头质量不能保证，而采用机械连接接头体积又太大，不能满足张拉要求，故要求成型中的每根钢丝应该是通长的，只允许保留生产工艺拉拔前的焊接接头，接头距离应满足 GB/T 5224 有关条文的规定。

3.1.5 在无粘结预应力混凝土构件中，建议非预应力钢筋采用 HRB335 级或 HRB400 级热轧钢筋，是为了保证非预应力钢筋在构件达到破坏时能够屈服，且钢筋的抗拉强度设计值又不至于太低。国外规定非预应力钢筋的设计屈服强度不应大于 400N/mm^2。非预应力钢筋采用热轧钢筋，也有利于提高构件的延性，从抗裂的角度来说，非预应力钢筋采用变形钢筋比采用光面钢筋好，故宜采用 HRB335 级、HRB400 级热轧带肋钢筋。

3.2 无粘结预应力筋

3.2.1~3.2.3 根据国内外使用经验，本规程规定无粘结预应力筋外包层材料应采用高密度聚乙烯。由于聚氯乙烯在长期的使用过程中氯离子将析出，对周围的材料有腐蚀作用，故严禁使用。无粘结预应力筋的外包层材料及防腐蚀涂料层应具有的性能要求，是根据我国的气候及使用条件提出的，他们的成分和性能尚应符合第3.2.1条所指专门标准的规定。

3.3 锚具系统

3.3.1 无粘结预应力筋-锚具组装件的静载和疲劳锚固性能，是根据现行国家标准《预应力筋用锚具、夹具和连接器》GB/T 14370对锚具的锚固性能要求制定的。

3.3.2 本条综合了国内外近些年来的使用经验，提供了选用无粘结预应力筋锚具的一般原则、方法及常用锚具的品种。参照现行国家标准《混凝土结构设计规范》GB 50010中耐久性规定对环境类别的划分，本规程提出锚具系统的选用应考虑不同环境类别的防腐要求，并在第4.2节对防腐蚀要求作出具体规定，以便锚具生产厂家提供不同等级的锚固体系以满足不同环境条件下对防腐蚀的需求。

3.3.3、3.3.4 根据不同的建筑结构类型，提供了选用张拉端与固定端锚固系统的构造要求。在图中区分了张拉前的组装状态和拆除模板并完成张拉之后的状态，从而进一步明确了组装工艺与张拉施工工艺过程。

为保证锚具的防腐蚀性能，圆套筒锚具一般应采用凹进混凝土表面布置；当圆套筒锚具张拉端面布置于混凝土结构后浇带或室内一类环境条件时，也可采用凸出混凝土表面做法。

固定端的做法为一次组装成型，在组装合格后，应绑扎定位并浇筑在混凝土中，其系统构造图可参见第4.2.4条锚固区保护措施图。

3.3.5 向设计单位提供了夹片锚具系统的锚固性能及构件端面上的构造要求。在结构构件中，当采用多根无粘结预应力筋呈集团束或多根平行带状布筋及单根锚固工艺时，在构件张拉端可采用多根无粘结预应力筋共用的整体承压板，根据情况可采用整束或单根张拉无粘结预应力筋的工艺。

3.3.6 对锚具系统的锚固性能和外观质量检验，以及进场验收，提出了应符合的国家现行标准。

4 设计与施工的基本规定

4.1 一般规定

4.1.1 无粘结预应力混凝土结构构件在承载能力极限状态下的荷载效应基本组合及在正常使用极限状态下荷载效应的标准组合和准永久组合，是根据现行国家标准《建筑结构荷载规范》GB 50009的有关规定，并加入了预应力效应项而确定的。预应力效应包括预加力产生的次弯矩、次剪力。本规程采用国内外有关规范的设计经验，规定在承载能力极限状态下，预应力作用分项系数应按预应力作用的有利或不利，分别取1.0或1.2。当不利时，如无粘结预应力混凝土构件锚头局压区的张拉控制力，预应力作用分项系数应取1.2。在正常使用极限状态下，预应力作用分项系数通常取1.0。预应力效应设计值除了在本规程中有规定外，应按照现行国家标准《混凝土结构设计规范》GB 50010有关章节计算公式执行。

对承载能力极限状态，当预应力效应列为公式左端项参与荷载效应组合时，根据工程经验，对参与组合的预应力效应项，通常取结构重要性系数 $\gamma_0 = 1.0$。

4.1.2 对无粘结预应力混凝土结构的裂缝控制，原则上按现行国家标准《混凝土结构设计规范》GB 50010的规定分为三级，并根据结构功能要求、环境条件对钢筋腐蚀的影响及荷载作用的时间等因素，对各类构件的裂缝控制等级及构件受拉边缘混凝土的拉应力限值作出了具体规定。在一类室内正常环境条件下，对无粘结预应力混凝土连续梁和框架梁等，根据国内外科研成果和设计经验，本次修订从二级裂缝控制等级放松为三级（楼板、预制屋面梁等仍为二级）；对原规程未涉及的三类环境下的构件，本规程规定为一级裂缝控制等级。由于缺少实践经验，托梁、托架未列入表4.1.2。

4.1.3、4.1.4 当无粘结预应力筋的长度超过60m时，为了减少支承构件的约束影响，宜将无粘结预应力筋分段张拉和锚固。由于爆炸或强烈地震产生的灾害荷载，如使无粘结预应力混凝土梁或单向板一跨破坏，可能引起多跨结构中其他各跨连续破坏，避免这种连续破坏的有效措施之一，亦是将无粘结预应力筋分段锚固。

在国内工程经验的基础上，本条将无粘结预应力筋宜采用两端张拉的限制长度由25m放宽到了30m。

4.1.5 对无粘结预应力混凝土结构的疲劳性能，国内外均缺乏深入的研究。因此，对直接承受动力荷载并需进行疲劳验算的无粘结预应力混凝土结构，应结合工程实际进行专门试验，并在此基础上确定必须采取的技术措施。已有的试验表明，对承受疲劳作用的无粘结预应力混凝土受弯构件，应特别重视受拉区混凝土应力限制值的选择及锚具的疲劳强度。

4.2 防火及防腐蚀

4.2.1 在不同耐火极限下，无粘结预应力筋的混凝土保护层最小厚度的规定，是参考国外经验确定的。国外经验表明，当结构有约束时，其耐火能力能得到改善，故根据耐火要求确定的混凝土保护层最小厚度，按结构有无约束作了不同的规定。一般连续梁、板结构均可认为是有约束的。

4.2.2 锚固区的耐火极限主要决定于无粘结预应力筋在锚固处的保护措施和对锚具的保护措施。国外试验表明，无粘结预应力筋在锚固处的混凝土保护层最小厚度，应比其在锚固区以外的保护层厚度适当加厚，增加的厚度不宜小于7mm；承压板的最小保护层厚度在梁中最小为25mm，在板中最小为20mm。

4.2.3 混凝土氯化物含量过高，会引起无粘结预应力筋的锈蚀，将严重影响结构构件的受力性能和耐久性，故应严格控制。本条对预应力混凝土中氯离子总含量的限值是按现行国家标准《混凝土质量控制标准》GB 50164及美国ACI 318规范等作出具体规定的。

4.2.4～4.2.6 国外在房屋建筑的楼、屋盖结构中使用无粘结预应力混凝土已有40余年历史，研究和工程实践均表明只要采取了可靠措施，无粘结预应力混凝土的耐久性是可以保证的。至今为止，尚未发生过由于无粘结预应力筋的腐蚀而造成房屋倒塌的事故。但是近些年来在国外对无粘结预应力筋防腐蚀措施的规定，例如对防腐油脂和外包材料的材质要求、涂刷和包裹方式等，以及改进无粘结后张预应力系统防腐性能的对策都更趋于严格和具体化。可见国外对无粘结预应力结构的防腐蚀问题是很重视的。

为了检验无粘结预应力筋的耐久性，北京市建筑工程研究院曾对使用了9年的一幢采用无粘结预应力混凝土楼板的实验小楼进行了凿开检验。该楼的无粘结预应力筋采用7ϕ5钢丝束，防腐油脂采用长沙石油厂生产的"无粘结预应力筋用润滑防锈脂"，外包层用聚乙烯挤塑成型，采用镦头锚具，并用突出外墙面的后浇钢筋混凝土圈梁封闭保护。检查发现锚具无锈蚀，钢丝及其镦头擦去表面油脂后呈青亮金属光泽，无锈蚀，锚具内侧塑料保护套内油脂色状如新，锚杯内油脂则因水泥浆浸入呈灰黑色胶泥状；外包圈梁因施工时混凝土振捣不够密实，圈梁内箍筋锈蚀严重。

此后，在拆除使用11年的三层汽车库时，曾对该建筑无粘结预应力混凝土无梁楼盖平板进行了耐久性检验，同样得到了较好的结果，并进一步证实使用11年后油脂的性能保持良好，技术指标基本满足要求。

从这二实验得到如下的经验：

1 所采用的无粘结预应力筋专用防锈润滑脂具有良好的性能；

2 要保证防锈润滑脂对无粘结预应力筋及锚具的永久保护作用，外包材料应沿无粘结预应力筋全长及与锚具等连接处连续封闭，严防水泥浆、水及潮气进入，锚杯内填充油脂后应加盖帽封严；

3 应保证锚固区后浇混凝土或砂浆的浇筑质量和新、老混凝土或砂浆的结合，避免收缩裂缝，尽量减少封埋混凝土或砂浆的外露面。

在制定第4.2.4条～第4.2.6条中，吸取了国内外在施工过程及在室内正常环境下关于保证无粘结预应力筋及其锚具耐久性的经验。在实施这些条款时，应注意加强施工质量监督，并特别注意对锚固区的施工质量检查。鉴于现行国家标准《混凝土结构设计规范》GB 50010对混凝土结构的环境类别已作出规定，锚具系统的选用亦应适应不同环境类别的防腐要求。国内外工程经验表明，应从无粘结预应力筋与锚具系统的张拉端及固定端组成的整体来考虑防腐蚀做法，故在图4.2.4中，按使用环境类别分为二种做法，即在一类室内正常环境条件下，主要以微膨胀混凝土或专用密封砂浆防护为主，并允许将挤压锚具完全埋入混凝土中的做法；在二类、三类易受腐蚀环境条件下，则采用二道防腐措施，即无粘结预应力锚固系统自身沿全长连续封闭，然后再以微膨胀混凝土或专用密封砂浆防护。

4.2.7 国外的应用经验表明，对处于二类、三类环境条件下的无粘结预应力锚固系统应采用全封闭体系。按我国在二类、三类易受腐蚀环境下应用无粘结预应力混凝土的需要，本次修订增加第4.2.7条，该条采纳国内工程应用经验，并参考美国ACI和PTI有关标准要求，对全封闭体系的技术要点及指标作出了规定。全封闭体系连接部位在10kPa静水压力下保持不透水的试验，要求该体系安装后在10kPa气压下，保持5min压力损失不大于10%；具体漏气位置可用涂肥皂水等方法进行测试。

在二类、三类环境条件下，无粘结预应力锚固系统应形成连续封闭整体，但密封盖、锚具或垫板等金属组件均可与混凝土直接接触。当有特别需要，要求无粘结预应力锚固系统电绝缘时，各金属组件外表必须采取塑料覆盖等表面电绝缘处理，以形成电绝缘体系。

5 设计计算与构造

5.1 一 般 规 定

5.1.1 对一般民用建筑，本条所规定的跨高比是根据国内已有工程的经验，并参考了国外采用无粘结预应力混凝土楼盖的设计规定，对原条文作了一些补充和归纳，并用表格形式表示以便于使用。对于工业建筑或活荷载较大的建筑，表中所列跨高比值应按实际情况予以调整。

5.1.2 国内外工程设计经验表明，当平衡荷载取全部恒载再加一半活荷载时，受弯构件在活荷载的一半作用下不受弯，也没有挠度。当全部活荷载移去时，可按活荷载的一半向上作用进行设计；当全部活荷载作用于结构时，则按活荷载的另一半向下作用考虑设计。当活荷载是持续性的，例如仓库、货栈等，上述取平衡荷载的原则是合理的。

对一般结构，由于规范规定的设计活荷载值会比实际值高而留有一定的裕度，所以平衡荷载除了取全部恒载外，只需平衡设计活荷载的一部分。另一方面，当采用混合配筋时，在满足裂缝控制等级要求下，平衡荷载也可略降，如仅平衡结构自重，以配置附加的非预应力钢筋来满足受弯承载力要求，这将有利于发挥构件的延性性能。

5.1.3～5.1.9 无粘结预应力筋预应力损失值的计算原则和公式按现行国家标准《混凝土结构设计规范》GB 50010 的有关规定执行。

无粘结预应力筋与塑料外包层之间的摩擦系数 μ，及考虑塑料外包层每米长度局部偏差对摩擦影响的系数 κ，是根据中国建筑科学研究院结构所和北京市建筑工程研究院等单位的试验结果及工程实测数据，并参考了国外的试验数据而确定的，本次修订适当减小了摩擦系数 μ 值。

由于现行国家标准《预应力混凝土用钢绞线》GB/T 5224 已取消普通松弛级的预应力钢绞线，故本规程仅列出低松弛级预应力钢绞线的应力松弛计算公式。

5.1.10 板的平均预压应力是指完成全部预应力损失后的总有效预加力除以混凝土总截面面积。规定下限值是为了避免在混凝土中产生过大的拉应力和裂缝，同时有利于增强板的抗剪能力；规定上限值是为了避免过大的弹性压缩和徐变。

5.1.11 影响无粘结预应力混凝土构件抗弯能力的因素较多，如无粘结预应力筋有效预应力的大小、无粘结预应力筋与非预应力钢筋的配筋率、受弯构件的跨高比、荷载种类、无粘结预应力筋与管壁之间的摩擦力、束的形状和材料性能等。因此，受弯破坏状态下无粘结预应力筋的极限应力必须通过试验来求得。中国建筑科学研究院自 1978 年以来做过 5 批无粘结预应力梁（板）试验，预应力钢材为 $\phi5$ 碳素钢丝，得出无粘结预应力筋于梁破坏瞬间的极限应力，主要与配筋率、有效预应力、非预应力钢筋设计强度、混凝土的立方体抗压强度、跨高比以及荷载形式有关。湖南大学土木系和大连理工大学土木系等单位也对无粘结部分预应力梁的极限应力做了试验研究，积累了宝贵的数据。

本次修订结合近些年来国内的研究成果，表达式仍以综合配筋指标 ξ_0 为主要参数，提出了无粘结预应力筋应力考虑跨高比变化影响的关系式，公式是经与本规程原公式及美、英等国规范的相关公式比较后而提出的。公式克服了本规程原公式对跨高比这一影响因素不能连续变化的缺点，并调整了无粘结预应力筋应力设计值随 ξ_0 的变化梯度和取值。在设计框架梁时，无粘结预应力筋外形布置宜与弯矩包络图相接近，以防在框架梁顶部反弯点附近出现裂缝。

5.1.12 当预加力对超静定梁引起的结构变形受到支座约束时，会产生支座反力，并由该反力产生弯矩。通常对预加力引起的内弯矩 $N_{\rm p}e_{\rm pn}$称为主弯矩 M_1，由主弯矩对连续梁引起的支座反力称为次反力，由次反力对梁引起的弯矩称为次弯矩 M_2。在预应力超静定梁中，由预加力对任一截面引起的总弯矩 $M_{\rm r}$ 将为主弯矩 M_1 与次弯矩 M_2 之和，即 $M_{\rm r}=M_1+M_2$。

国内外学者对预应力混凝土连续梁的试验研究表明，对塑性内力重分布能力较差的预应力混凝土超静定结构，在抗裂验算及承载力计算时均应包括次弯矩。次剪力宜根据结构构件各截面次弯矩分布按结构力学方法计算。预应力次弯矩、次剪力参与组合时，对于预应力作用分项系数取值按本规程第 4.1.1 条的有关规定执行。

5.1.13 除了对张拉阶段构件中的锚头局压区进行局部受压承载力计算外，考虑到无粘结预应力筋在混凝土中是可以滑动的，故制定本条以避免无粘结预应力混凝土构件在使用过程中，发生锚头局压区过早破坏的现象。

本次修订对施工阶段的纵向压力值，仍取为 $1.2\sigma_{\rm con}$未变，但补充考虑在正常使用状态下预应力束的应力达到条件屈服的可能，当进一步考虑承载能力极限状态下取大于 1.0 的分项系数，本规程取用 $f_{\rm ptk}A_{\rm p}$ 作为验算局部荷载代表值，并应取上述两个荷载代表值中的较大值进行计算，以确保锚头局部受压区的安全。

5.1.14、5.1.15 根据无粘结预应力筋与周围混凝土无粘结可互相滑动的特点，可将无粘结筋对混凝土的预压力作为截面上的纵向压力，其与弯矩一起作用于截面上，这样无粘结预应力混凝土受弯构件就可等同于钢筋混凝土偏心受压构件，计算其裂缝宽度。为求得无粘结预应力混凝土构件受拉区纵向钢筋等效应力 $\sigma_{\rm sk}$，本条根据无粘结预应力筋与周围混凝土存在相互滑移而无变形协调的特点，将无粘结预应力筋的截面面积 $A_{\rm p}$ 折算为虚拟的有粘结预应力筋截面面积 $\eta_0A_{\rm p}$，此处，η_0 为无粘结预应力筋换算为虚拟有粘结钢筋的换算系数。这样，可采用与有粘结部分预应力混凝土梁相类似的方法进行裂缝宽度计算。在计算中，裂缝间纵向受拉钢筋应变不均匀系数 ψ 值，仍按 1989 年《混凝土结构设计规范》取值：当 $\psi<0.4$ 时，取 0.4；当 $\psi>1$ 时，取 $\psi=1$。

根据中国建筑科学研究院和大连理工大学等国内的科研成果，对 $\sigma_{\rm sk}$计算公式采取的简化方法为：①鉴于国内试验多采用简支梁三分点加载的方案，故将无粘结预应力筋的截面面积 $A_{\rm p}$ 作折减时，进一步考虑无粘结预应力混凝土受弯构件弯矩图形的丰满度，取折减系数为 0.3；②为考虑预应力混凝土截面为消压状态，近似取 $M_{\rm k}$ 扣除 $0.75M_{\rm cr}$，以方便计算；③对无粘结预应力混凝土超静定结构构件，需考虑次弯矩

M_2。

5.1.16～5.1.18 对不出现裂缝的无粘结预应力混凝土构件的短期刚度和长期刚度的计算，以及预应力反拱值计算，均按现行国家标准《混凝土结构设计规范》GB 50010的有关规定进行计算。

对使用阶段已出现裂缝的无粘结预应力混凝土受弯构件，仍假定弯矩与曲率（或弯矩与挠度）曲线由双折直线组成，双折线的交点位于开裂弯矩 M_{cr}处，则可导得短期刚度的基本公式为：

$$B_s = \frac{E_c I_0}{\frac{1}{\beta_{0.6}} + \frac{\frac{M_{cr}}{M_k} - 0.6}{0.4}\left(\frac{1}{\beta_{cr}} - \frac{1}{\beta_{0.6}}\right)}$$

式中，$\beta_{0.6}$和 β_{cr}分别为$\frac{M_{cr}}{M_k}=0.6$ 和 1.0 时的刚度降低系数。推导公式时，取 $\beta_{cr}=0.85$。

$\frac{1}{\beta_{0.6}}$根据试验资料分析，取拟合的近似值，可得：

$$\frac{1}{\beta_{0.6}} = \left(1.26 + 0.3\lambda + \frac{0.07}{\alpha_E \rho}\right)(1 + 0.45\gamma_f)$$

将 β_{cr}和$\frac{1}{\beta_{0.6}}$代入上述公式 B_s，并经适当调整后即得到本规程公式（5.1.17-2）。此处，公式（5.1.17-2）仅适用于$0.6 \leqslant \frac{M_{cr}}{M_k} \leqslant 1.0$的情况。

5.1.19 无粘结预应力混凝土结构当在现场进行张拉时，预应力可能消耗在使柱和墙产生弯曲和位移，并对板的变形产生影响，柱和墙可能阻止板的缩短，从而在板和支承构件中产生裂缝。设计中可采用有限单元法计算或根据工程经验，采取适当配置构造钢筋的方法计及混凝土的收缩、徐变早期体积改变和弹性压缩对楼板及柱的影响，从而避免在板和支承构件中产生裂缝。在北京市劳保用品公司仓库、永安公寓、北京科技活动中心多功能报告厅、广东63层国际大厦等工程的无粘结预应力板柱-剪力墙结构、板墙结构、平面交叉梁结构，以及筒体结构的设计与施工中，为防止张拉无粘结预应力筋引起支撑结构或板开裂，均采取了相应的技术措施，本条规定总结了上述工程实践及国内其他无粘结预应力混凝土结构的施工经验。

当板的长度较大时，应设临时施工缝或后浇带将结构分段施加预应力，分段的长度可根据工程实践经验确定，条文中的60m是根据一般施工经验确定的，不是定数。分段后预应力筋应截断，而非预应力钢筋是否截断，可根据具体情况确定。如截断发生在封闭施工缝或后浇带时，应按设计要求补上截断的钢筋。

5.2 单向体系

5.2.1 在无粘结预应力受弯构件的预压受拉区，配置一定数量的非预应力钢筋，可以避免该类构件在极限状态下呈双折线型的脆性破坏现象，并改善开裂状态下构件的裂缝性能和延性性能。

1 单向板的非预应力钢筋最小面积。在现行国家标准《混凝土结构设计规范》GB 50010中，对钢筋混凝土受弯构件，规定最小配筋率为0.2%和$45f_t/f_y$中的较大值。美国华盛顿大学Mattock教授通过试验认为，在无粘结预应力受弯构件的受拉区至少应配置从受拉边缘至毛截面重心之间面积0.4%的非预应力钢筋。综合上述两方面的规定和研究成果，并结合以往的设计经验，作出了本规程对无粘结预应力混凝土板受拉区普通钢筋最小配筋率的限制。

2 梁在正弯矩区非预应力钢筋的最小面积。无粘结预应力梁的试验表明，按全部配筋的极限内力考虑，非预应力钢筋的拉力占到总拉力的25%或更多时，可更有效地改善无粘结预应力梁的性能，如裂缝分布、间距和宽度，以及变形性能，从而接近有粘结预应力梁的性能。所以，对无粘结预应力梁，本规程考虑适当增加非预应力钢筋的用量，在经济上也是合理可行的。

5.2.2 为防止无粘结预应力受弯构件开裂后的突然脆断，要求设计极限弯矩不小于开裂弯矩。

5.2.3 无粘结预应力受弯构件斜截面受剪承载力按现行国家标准《混凝土结构设计规范》GB 50010第7章第5节有关条款的公式进行计算，但对无粘结预应力弯起筋的应力设计值取有效预应力值，是在目前试验数据少的情况下采用的设计方法。

5.2.4 无粘结预应力筋间距的限值，对张拉吨位较小的单根无粘结预应力筋，通常是受最小平均预压应力要求控制；对成束的无粘结预应力筋，通常则控制最大的预应力筋间距。

5.2.5 配置一定数量的支撑钢筋，是为了使无粘结预应力筋满足设计轮廓线要求。本条是在国内无粘结预应力工程实践的基础上制定的。

5.3 双向体系

5.3.1～5.3.3 无粘结预应力板柱体系是一种板柱框架，可按照等代框架法进行分析。决定计算简图的关键问题，在于确定板作为横梁的有效宽度。在通常的梁柱框架中，梁与柱在节点刚接的条件下转角是一致的，但在板柱框架中，只有板与柱直接相交处或柱帽处，板与柱的转角才是一致的，柱轴线与其他部位的边梁和板的转角事实上是不同的。为了将边梁的转角变形反映到柱子的变形中去，应对柱子的抗弯转动刚度进行修正和适当降低，其等效柱的刚度计算列在本规程附录C中。

为了简化计算，在竖向荷载作用下，矩形柱网（长边尺寸和短边尺寸之比≤2时）的无粘结预应力混凝土平板和密肋板按等代框架法进行内力计算。等代框架梁的有效宽度均取板的全宽，即取板的中心线之间的距离 l_x或 l_y。

在板柱体系的板面上，设作用有面荷载 q，荷载将由短跨 l_1 方向的柱上板带和长跨 l_2 方向的柱上板带共同承受。但是，长向柱上板带所承受的荷载又会传给区格板短向的柱上板带，这样，由长跨 l_2 传来的荷载加上直接由短跨 l_1 柱上板带承受的荷载，其总和为作用在板区格上的全部荷载；长跨 l_2 方向亦然。故对于柱支承的双向平板、密肋板以及对于板和截面高度相对较小、较柔性的梁组成的柱支承结构，计算中每个方向都应取全部作用荷载。

在侧向力作用下，应用等代框架法进行内力计算时，板的有效刚度要比取全宽计算所得的刚度小。国内外试验表明，其有效宽度约为板跨度的 25%～50%。第 5.3.3 条取上限值，即两向等距且无平托板时，等代框架梁的计算宽度只计算到柱轴线两侧各 1/4 跨度。

5.3.4

1 负弯矩区非预应力钢筋的配置。1973 年在美国得克萨斯州大学，进行了一个 1:3 的九区格后张无粘结预应力平板的模型试验。结果表明，只要在柱宽及两侧各离柱边 1.5～2 倍的板厚范围内，配置占柱上板带横截面面积 0.15% 的非预应力钢筋，就能很好地控制和分散裂缝，并使柱带区域内的弯曲和剪切强度都能充分发挥出来。此外，这些钢筋应集中通过柱子和靠近柱子布置。钢筋的中到中间距应不超过 300mm，而且每一方向应不少于 4 根钢筋。对通常的跨度，这些钢筋的总长度应等于跨度的 1/3。中国建筑科学研究院结构所在 1988 年做的 1:2 无粘结部分预应力平板试验中，也证实在上述柱面积范围内配置的非预应力钢筋是适当的。本规范按式（5.3.4-1）对矩形板在长跨方向将布置较多的钢筋。

2 正弯矩区非预应力钢筋的配置。在正弯矩区，双向板在使用荷载下非预应力钢筋的最小面积，是参照现行国家标准《混凝土结构设计规范》GB 50010，对钢筋混凝土受弯构件最小配筋率的配置要求作出规定的。由于在使用荷载下，受拉区域不出现拉应力的情况较少出现，故不再列出其对非预应力钢筋最小量 A_s 的规定，克服温度、收缩应力的钢筋应按现行国家标准《混凝土结构设计规范》GB 50010 执行。

3 在楼盖的边缘和拐角处，设置钢筋混凝土边梁，并考虑柱头剪切作用，将该梁的箍筋加密配置，可提高边柱和角柱节点的受冲切承载力。

5.3.5、5.3.6 在无粘结预应力双向平板的节点设计中，板柱节点受冲切承载力计算问题是很重要的，在工程中可采取配置箍筋或弯起钢筋，抗剪锚栓，工字钢、槽钢等抗冲切加强措施。本规程在制定冲切承载力计算条款时，对一些问题，如无粘结预应力筋在抵抗冲切荷载时的有利影响，板柱节点配置箍筋或弯起钢筋时受冲切承载力的计算等，是按下述考虑的：

在现行国家标准《混凝土结构设计规范》GB 50010 中，已补充了预应力混凝土板受冲切承载力的计算。在计算中，对于预应力的有利影响与本规程 93 年版本中的规定是一致的，主要取预应力钢筋合力 N_p 这一主要因素，而忽略曲线预应力配筋垂直分量所产生向上分力的有利影响，并考虑到冲切承载力试验值的离散性较大，目前国内外试验数据尚不够多，取值 $0.15\sigma_{pc,m}$，$\sigma_{pc,m}$ 为混凝土截面上的平均有效预压应力。此外，上述国标还将原规范公式中混凝土项的系数 0.6 提高到 0.7；对截面高度尺寸效应作了补充；给出了两个调整系数 η_1、η_2，并对矩形形状的加载面积边长之比作了限制等。对配置或不配置箍筋和弯起钢筋无粘结预应力混凝土板的受冲切承载力计算，以及如将板柱节点附近板的厚度局部增大或加柱帽，以提高板的受冲切承载力，对板减薄处混凝土截面或对配置抗冲切的箍筋或弯起钢筋时冲切破坏锥体以外的截面，进行受冲切承载力验算的要求，本规程采用现行国家标准《混凝土结构设计规范》GB 50010 有关规定计算。

无粘结预应力筋穿过板柱节点的数量应有限制。中国建筑科学研究院的试验表明，当轴心受压柱中无粘结预应力筋削弱的截面面积不超过 30% 时，对柱的承载力影响不大；对偏心受压柱，当被无粘结预应力筋削弱的截面面积不超过 20% 时，对柱的承载力也不会造成影响。

5.3.7 由于普通箍筋竖肢的上下端均呈圆弧，当竖肢受力较大接近屈服时会产生滑动，故箍筋在薄板中使用存在着锚固问题，其抗冲切的效果不是很好。因此，加拿大规范 CSA-A23.3 规定，仅当板厚（包括托板厚度）不小于 300mm 时，才允许使用箍筋。美国 ACI318 规范对厚度小于 250mm 采用箍筋的板，要求箍筋是封闭的，并在箍筋转角处配置较粗的纵向钢筋，以利固定箍筋竖肢。

锚栓是一种新型的抗冲切钢筋，加拿大 Ghali 教授等对配置锚栓混凝土板的抗冲切性能和设计方法进行了广泛的试验研究。国内湖南大学和中国建筑科学研究院等单位对配置锚栓的混凝土板柱节点进行了试验与分析研究。研究表明，锚栓在节点中有很好的锚固性能，可以使锚杆截面上的应力达到屈服强度，并有效地限制了剪切斜裂缝的扩展，能有效地改善板的延性，且施工也较方便。本条是在国内外科研成果的基础上作出规定的。

5.3.8 型钢剪力架的设计方法参考了美国 Corley 和 Hawkins 的型钢剪力架试验，以及美国混凝土规范 ACI 318 有关条款规定，是按下述考虑的：

1 本规程图 5.3.8 中，板的受冲切计算截面应垂直于板的平面，并应通过自柱边朝剪力架每个伸臂端部距离为（$l_a - b_c/2$）的 3/4 处，且冲切破坏截面的位置应使其周长 $u_{m,de}$ 为最小，但离开柱子的距离不

应小于 $h_0/2$。中国建筑科学研究院的试验研究表明，随冲跨比增加试件的受冲切承载力有下降的趋势。为了在抗冲切计算中适当考虑冲跨比对混凝土强度的影响，故本规程对配置抗冲切型钢剪力架的冲切破坏锥体以外的截面，在计算其冲切承载力时，取较低的混凝土强度值，按下列公式计算：

$$F_{l,\mathrm{eq}} \leqslant 0.6 f_{\mathrm{t}} \eta u_{\mathrm{m,de}} h_0$$

由此可得：

$$u_{\mathrm{m,de}} \geqslant \frac{F_{l,\mathrm{eq}}}{0.6 f_{\mathrm{t}} \eta h_0}$$

式中 $F_{l,\mathrm{eq}}$——距柱周边 $h_0/2$ 处的等效集中反力设计值；

$u_{\mathrm{m,de}}$——设计截面周长；

η——考虑局部荷载或集中反力作用面积形状、临界截面周长与板截面有效高度之比的影响系数，应按现行国家标准《混凝土结构设计规范》GB 50010 的有关规定执行。

由此，可推导出工字钢焊接剪力架伸臂长度的计算公式（5.3.8-3）。公式（5.3.8-5）和（5.3.8-6）的要求，是为了使剪力架的每个伸臂必须具有足够的受弯承载力，以抵抗沿臂长作用的剪力。

板柱节点配置型钢剪力架时，可以考虑剪力架承担柱上板带的一部分弯矩。参考美国混凝土规范 ACI 318，有下列计算公式：

$$M_{\mathrm{ua}} = \frac{\phi a_{\mathrm{a}} F_{l,\mathrm{eq}}}{2n}\left(l_{\mathrm{a}} - \frac{h_{\mathrm{c}}}{2}\right)$$

式中 ϕ——为抗剪强度折减系数；其余符号同正文第 5.3.8 条公式（5.3.8-5）的符号说明。

但 M_{ua}不应大于下列诸值中的最小者：（1）柱上板带总弯矩的 30%；（2）在伸臂长度范围内，柱上板带弯矩的变化值；（3）由公式（5.3.8-5）算出的 M_{de} 值。

按本规程设计型钢剪力架时，未考虑剪力架所承担柱上板带的一部分弯矩。

2 为避免所配置的抗冲切钢筋或型钢剪力架不能充分发挥作用，或使用阶段在局部集中荷载附近的斜裂缝过大，根据国内外规范和工程设计经验，在板中配筋后的允许抗冲切承载力比混凝土承担的抗冲切承载力提高 50%，配型钢剪力架后允许提高的限值为 75%。此外，还可以考虑平均有效预压应力约 2.0 $\mathrm{N/mm^2}$的有利影响，公式（5.3.8-7）的限制条件是这样作出的。

3 试验研究表明，当型钢剪力架用于边柱和角柱，以及板中存在不平衡弯矩作用的情况，由于扭转效应等原因，型钢剪力架应有足够的锚固，使每个伸臂能发挥其具有的抗弯强度，以抵抗沿臂长作用的剪力，并应验算焊缝长度和保证焊接质量。

北京市建筑设计院在设计北京市劳保用品公司仓库工程，商业部设计院在设计内蒙 3000t 果品冷藏库工程中，均采用过上述型钢剪力架的设计方法，该设计方法在我国的一些实际工程中已得到应用。

5.3.9 本次修订还补充了局部荷载或集中反力作用面邻近孔洞或自由边时临界截面周长的计算方法，是参考国内湖南大学研究成果及英国混凝土结构规范 BS 8110 作出规定的。

5.3.10、5.3.11 N.W.Hanson 和 N.M.Hawkins 等人的钢筋混凝土板及无粘结预应力混凝土板柱节点试验表明，板与柱子之间，由于侧向荷载或楼面荷载不利组合引起的不平衡弯矩，一部分是通过弯曲来传递的，另一部分则通过剪切来传递。这些科研成果的结论和计算方法，已被美国混凝土规范 ACI 318、新西兰标准 NZS 3101 等国家的设计规范所采用，其对侧向荷载在板支座处所产生弯矩的组合和配筋要求，板柱节点处临界截面剪应力计算以及不平衡弯矩在板与柱子之间传递的计算等均作出了规定。由于在现行国家标准《混凝土结构设计规范》GB 50010 中，对板柱节点冲切承载力计算原则上采用了上述计算方法，并作出改进，故本规程不再重复列入。

美国混凝土规范 ACI 318 剪应力表达式概念较明确，但考虑到我国规范前后表达式的统一，故改为按总剪力计算的表达式，以达到前后一致和便于对照计算的目的。由于板柱节点冲切计算在国内是一项尚需要继续进行深入研究的课题，希望设计单位在使用中提出意见。

5.3.12、5.3.13 对板柱体系楼板开洞要求及板内无粘结预应力筋绕过洞口的布置要求，系根据国内外的工程经验作出规定的。

5.3.14 在后张平板中，无粘结预应力筋的布置方式，可采取划分柱上板带和跨中板带来设置；也可取一向集中布置，另一向均匀布置。美国华盛顿的水门公寓建筑是世界上按第二种配筋方式建造的第一座建筑。从此以后，在美国的后张平板的设计中，主要采用在柱上呈带状集中布置无粘结预应力筋的方式。美国得克萨斯州大学曾对两种布筋方式做过对比模型试验。中国建筑科学研究院也作了九柱四板模型试验，无粘结预应力筋采用一向集中布置，另一向均匀布置。试验结果表明，该布筋方式在使用阶段结构性能良好，极限承载力满足设计要求。此外，施工简便，可避免无粘结预应力筋的编网工序，在施工质量上，易于保证无粘结预应力筋的垂度，并对板上开洞提供方便。

无粘结预应力筋还可以在两个方向均集中穿过柱子截面布置。此种布筋方式沿柱轴线形成暗梁支承内平板，对在板中开洞处理非常方便，并有利于提高板柱节点的受冲切承载能力。若在使用中板的跨度很大，可将钢筋混凝土内平板做成下凹形状，以减小板厚。此外，工程设计中也有采用不同方法在平板中制孔或填充轻质材料，以减轻平板混凝土自重的结构方案。设计人员可根据工程具体情况和设计经验，确定采用此类方案，并积累设计经验。

5.3.15 为改善基础底板的受力，提高其抗裂性能和受弯承载能力，消除因收缩、徐变和温度产生的裂缝，减少板厚，降低用钢量，国内外在一些多层与高层建筑中，采用了预应力技术。一些文献指出，在软土地基、高压缩土地基或膨胀土地基上，采用预应力基础，可以降低地基压力使之满足地基承载力的要求，减少不均匀沉降，并避免上部结构产生的次应力。

预应力混凝土基础的设计，一般也采用荷载平衡法，遵守部分预应力的设计概念。由于基础设计比上部结构复杂，平衡荷载的大小受上部荷载分布、地基情况以及设计意图制约，难以统一规定。因此，本条文规定预应力筋的数量根据实际受力情况确定。且尚应配置适量的非预应力钢筋，其数量应符合控制基础板温度、收缩裂缝的构造要求。首都国际机场新航站楼工程，在筏板基础与地基界面间设置滑动层，用以减小摩擦，也有利于减少混凝土收缩裂缝。

此外，考虑到基础处于与水或土壤直接接触的环境，该环境比上部结构楼盖要恶劣得多，无粘结预应力筋及其锚具的防腐问题更为突出。本条文要求采取全封闭防腐蚀锚固系统等切实可靠的防腐措施。

5.4 体外预应力梁

5.4.1～5.4.4 无粘结预应力体外束多层防腐蚀体系，是将单根无粘结预应力筋平行穿入高密度聚乙烯管或镀锌钢管孔道内，张拉之前先完成灌浆工艺，由水泥浆体将单根无粘结筋定位或充填防腐油脂制成，两者均为可更换的体外束。体外束可通过设在两端锚具之间不同位置的转向块与混凝土构件相连接（如跨中，四分点或三分点），以达到设计要求的平衡荷载或调整内力的效果。且体外束的锚固点与弯折点之间或两个弯折点之间的自由段长度不宜太长，否则宜设置防振动装置，以避免微振磨损。如美国AASHTO规范规定，除非振动分析许可，体外预应力筋的自由段长度不应超过7.5m。对转向块的设置要求，主要使梁在受弯变形的各个阶段，特别是在极限状态下梁体的挠度大时，尽量保持体外束与混凝土截面重心之间的偏心距保持不变，从而不致于降低体外束的作用，这样在设计中一般可不考虑体外束的二阶效应，按通常的方法进行计算。但是当有必要时，尚应考虑构件在后张预应力及所施加荷载作用下产生变形时，体外束相对于混凝土截面重心偏移所引起的二阶效应。

梁体上的体外束是通过固定在转向块鞍座上的导管变换方向的，这样在鞍座上的导管与预应力钢材的接触区域，将存在摩擦和横向力的挤压作用，对预应力钢材亦容易产生局部硬化和增大摩阻损失。因此，转向块的设计必须做到设计合理和构造措施得当，且转向块应确保体外束在弯折点的位置，在高度上应符合设计要求，避免产生附加应力，导管在结构使用期间也不应对预应力钢材产生任何损害。

因为体外预应力与体内无粘结预应力在原理上基本相同，故对配置预应力体外束的混凝土结构，一般可按照现行国家标准《混凝土结构设计规范》GB 50010和本规程条款进行结构设计。预应力体外束的不同处在于仅通过锚具和弯折处转向块支撑装置作用于结构上，故体外束仅在锚固区及转向块处与结构有相同的变位，当梁体受弯变形产生挠度时除了会使体外束的有效偏心距减小，降低预应力体外束的作用；且在转向块与预应力筋的接触区域，由于横向挤压力的作用和预应力筋因弯曲后产生内应力，可能使预应力筋的强度下降。故对预应力钢绞线应按弯折转角为20°的偏斜拉伸试验确定其力学性能，该试验方法详现行国家标准《预应力混凝土用钢绞线》GB/T 5224附录B。有关体外束曲率半径和弯折转角的规定，体外束锚固区和转向块的构造做法等是借鉴欧洲规范有关无粘结和体外预应力束应用的规定及国内的实践经验编写的。

体外束除应用于体外预应力混凝土矩形、T形及箱形梁的设计，在既有混凝土结构上，设置体外束是提高混凝土结构构件承载力的有效方法，也可用于改善结构的使用性能，或两者兼顾之。所以，体外束也适用于既有结构的维修和翻新改造，并允许布置成各种束形。

5.4.5 体外束永久的防腐保护可以通过各种方法获得，所提供的防腐措施应当适用于体外束所处的环境条件。本规程吸收国内外的工程经验，采用单根无粘结预应力筋组成集团束，外套高密度聚乙烯管或镀锌钢管，并在管内采用水泥灌浆或防腐油脂保护的工艺，十分适用于室内正常环境的工程。根据国际结构混凝土协会*fib*的工程经验，这种具有双层套管保护的体外束在三类室外侵蚀性环境下，亦可提供10年以上的使用寿命。此外，如果设置体外束不仅为了改善结构使用功能时，所采取的防腐措施尚应满足防火要求。

6 施工及验收

6.1 无粘结预应力筋的制作、包装及运输

6.1.1 无粘结预应力筋外包层的制作，在发展过程中有缠绕水密性胶带、外套聚乙烯套管、热封塑料包裹层及挤塑成型工艺等方法。本规程中的无粘结预应力筋，系指采用先进的挤塑成型工艺，由专业化工厂制作而成的。

对无粘结预应力筋的制作及涂包质量的要求等应

符合国家现行标准《无粘结预应力钢绞线》JG 161 的规定。

6.1.2～6.1.4 无粘结预应力筋的包装、运输和保管，以及对下料和组装的要求，是根据国内工程实践经验制定的。

6.2 无粘结预应力筋的铺放和浇筑混凝土

6.2.1 试验表明，无粘结预应力筋的外包层出现局部轻微破损，经过修补后，其张拉伸长值与完好的无粘结预应力筋张拉伸长值相同。故对外包层局部轻微破损的无粘结预应力筋，允许修补后使用。

6.2.4 无粘结预应力筋束形在支座、跨中及反弯点等主要控制点的竖向位置由设计图纸确定，在施工铺放时的竖向位置允许偏差是根据现行国家标准《混凝土结构工程施工质量验收规范》GB 50204 作出规定的。

在板中铺放无粘结预应力筋时，处理好与各种管线的位置关系，确保所设计无粘结预应力筋的束形，是施工现场常遇到的问题。一般要避开各种管线沿无粘结预应力筋关键位置处的垂直方向同标高铺设，采取与无粘结预应力筋铺放方向呈平行或调整标高的方法铺设。

如果在铺放多根成束无粘结预应力筋时，出现各根之间相互扭绞的现象，必将影响预应力张拉效果。工程经验表明，可采用逐根铺放，最后合并成束的方法。

对大跨度无粘结预应力平板、扁梁及筒仓结构，在施工中可采用平行带状布束，每束由 3～5 根无粘结预应力筋组成，这样可以减少定位支撑钢筋用量，简化施工工艺，也不影响结构的整体预应力效果。

6.2.6 本条是总结国内建造无粘结预应力混凝土结构的施工安装工艺，并参考国外的应用经验而制定的。施工中应按环境类别和设计图纸要求，重视采用可靠和完善的锚具体系及配套施工工艺，以确保无粘结预应力混凝土施工质量。

近些年来，在现浇无粘结预应力结构设计与施工中，已较普遍地采用钢绞线制作的无粘结预应力筋，其相应的锚固系统包括夹片锚具和挤压锚具。曲线配置的无粘结预应力筋，在曲线段的起始点至锚固点，有一段不小于 300mm 的直线段的要求，主要考虑当张拉锚固端由于无粘结预应力筋曲率过大时，会造成局部摩擦对张拉的有效性和伸长值起不利影响。一般工程实践中，直线段的取值为 300～600mm，此值大时有利。

在实际工程中，整个无粘结预应力筋的铺放过程，都要配备专职人员，负责监督检查无粘结预应力筋束形是否符合设计要求，张拉端和固定端安装是否符合工艺要求。对不符合要求之处，应及时进行调整。

6.2.7 承压板后面混凝土的浇筑质量，直接关系到无粘结预应力筋的张拉效果。工程实践表明，在个别工程中，当混凝土成型并经正常养护后，在该处发生过裂缝或空鼓现象，只有在无粘结预应力筋张拉之前进行修补后，才允许进行张拉操作。

6.3 无粘结预应力筋的张拉

6.3.1～6.3.7 这几条主要是根据现行国家标准《混凝土结构工程施工质量验收规范》GB 50204 有关条款制定的。

在无粘结预应力混凝土施工中，由于多采用夹片式锚具，采用从零应力开始张拉至 1.05 倍预应力筋的张拉控制应力 σ_{con}，持荷 2min 后卸荷至预应力筋张拉控制应力的张拉程序不易实现，也很少应用，故本次修订未列入。

在无粘结预应力筋张拉过程中，如发生断丝，应立即停止张拉，查明原因，以防止在单根无粘结预应力筋中发生连续断丝及相邻预应力筋出现断丝。

6.3.8 张拉时混凝土强度，指同条件养护下 150mm 立方体混凝土试件的抗压强度。

6.3.9 试验研究表明，无粘结预应力楼板在无顺序情况下张拉，对结构不会产生不利影响。但对梁式结构、预制构件及其他特种结构，无粘结预应力筋的张拉工艺顺序对结构受力是有影响的。

6.3.10 代替无粘结预应力筋两端同时张拉工艺，采取在一端张拉锚固，在另一端补足张拉力锚固工艺时，需观测另一端锚具夹片确有移动，经论证无误可以达到基本相同的预应力效果后，才可以使用。

6.3.12、6.3.13 这是总结国内建造无粘结预应力混凝土结构的施工张拉工艺，并参考国外的应用经验而制定的。

夹片锚具锚固时，目前有液压顶压、弹簧顶压以及限位三种形式，产生的锚具变形和钢筋内缩值各不相同。其值在事先测定后，并根据设计要求，选择其中一种。

必须指出，操作人员不得站在张拉设备的后面或建筑物边缘与张拉设备之间，因为在张拉过程中，有可能来不及躲避偶然发生的事故而造成伤亡。

6.3.14 电火花将损伤钢丝、钢绞线和锚具，为此不得采用电弧切断无粘结预应力筋。

6.4 体外预应力施工

6.4.1 无粘结预应力体外束多层防腐蚀体系由多根平行的无粘结预应力筋组成，外套高密度聚乙烯管或镀锌钢管，管内采用水泥灌浆或防腐油脂保护为双层套管防腐蚀的无粘结预应力体外束。其可以在工厂预制按成品束提供使用，也可以在施工现场进行穿束和灌浆制作成束。具有下述优点：第二层保护套不但能起防腐保护的作用，同时可抵御来自外界的损伤；采用多根平行的无粘结预应力筋组成集团束，可以提供大吨位预应力束，便于采用简单有效的转向块；抗疲劳荷载性能强；可以在一类室内正常环境，二类及三类易受腐蚀环境下使用；使用中除了可更换整根束，还可以更换单根无粘结预应力筋。

在一类室内正常环境下，国内也有采用体外无粘结预应力筋并在其塑料护套外浇筑混凝土保护层，或将多根平行裸钢绞线外套高密度聚乙烯管或镀锌钢管，采用在管道内灌水泥浆或防腐化合物加以保护的。若采用镀锌钢绞线或环氧涂层钢绞线则可使用于二类、三类环境类别，环氧涂层钢绞线防腐效果更好些。

6.4.2～6.4.12 体外束的制作要求、施工工艺及质量控制的规定，是根据工程经验总结，并借鉴欧洲规范有关无粘结和体外预应力束应用的规定编写的。

6.5 工程验收

6.5.1～6.5.3 混凝土结构工程验收应按现行国家标准《混凝土结构工程施工质量验收规范》GB 50204的要求进行。无粘结预应力混凝土工程一般作为整个工程的分项工程，因此在工程施工过程中，可在这部分工程竣工后通过检查验收。验收时，应检查第6.5.1条中所规定的文件和记录是否符合本规程要求。对于外观应根据需要进行抽查。

附录A 无粘结预应力筋数量估算

设计经验表明，无粘结预应力筋的数量，常由结构构件的裂缝控制标准所决定，在附录A中，是按正截面裂缝控制验算要求进行估算的，并按均布荷载的标准组合或准永久组合计算的弯矩设计值，取所需有效预加力的较大值进行估算。此外，为了大致估计预应力对连续结构支座和跨中截面的有利和不利作用，对负弯矩截面和正弯矩截面的弯矩设计值，分别取系数0.9和1.2。

名义拉应力方法用于计算无粘结预应力混凝土受弯构件的裂缝宽度，是参考国内外规范及科研成果作出规定的。用于无粘结预应力混凝土，首先应满足本规程第5.2.1条非预应力钢筋最小截面面积的要求。

附录B 无粘结预应力筋常用束形的预应力损失 σ_{l1}

现行国家标准《混凝土结构设计规范》GB 50010有关锚具变形和钢筋内缩引起的预应力损失值 σ_{l1}，是假设 $\kappa x+\mu\theta$ 不大于0.2，摩擦损失按直线近似公式得出的。由于无粘结预应力筋的摩擦系数小，经过核算故将允许的圆心角放大为90°。此外，对无粘结预应力筋在端部为直线、初始长度等于 l_0 而后由两条圆弧形曲线组成时及折线筋的预应力损失 σ_{l1} 的计算中，未计初始直线段 l_0 中摩擦损失的影响。

附录C 等效柱的刚度计算及等代框架计算模型

在板柱框架中，柱子两侧抗扭构件（横向梁或板带）的边界可延伸至柱子两侧区格的中心线，其在水平板带与柱子间起传递弯矩的作用，但不如梁柱框架的柱子对梁的约束强，为反映该影响，采用等效柱的计算方法，是参考ACI318规范有关条文作出规定的。

上述板柱等代框架早先是为采用弯矩分配法设计的。为利用基于有限单元法的标准框架分析程序，根据国内外经验，在板柱等代框架中，板梁的杆件长度 $l_{s,b}$ 一般取等于柱中线之间的距离 l_1，在柱中线至柱边或柱帽边之间的截面惯性矩，宜取等于板梁在柱边或柱帽边处的截面惯性矩（若有平托板按T形截面计）除以 $(1-c_2/l_2)^2$，此处，c_2 和 l_2 分别为垂直于等代框架方向的柱宽度和跨度。柱的杆件长度 H_c 取等于层高，其截面惯性矩 I_c 可按毛截面计算，但等效柱的截面惯性矩 I_{ec} 应按上述等效柱的线刚度进行折减。在节点范围内（柱帽底至板顶）截面惯性矩可视为无穷大。

附录D 无粘结预应力筋张拉记录表

本表是在国内常用无粘结预应力筋张拉记录表的基础上，经适当补充修改后制订的。

中华人民共和国行业标准

预应力混凝土结构抗震设计规程

Specification for seismic design of prestressed concrete structures

JGJ 140—2004

批准部门：中华人民共和国建设部

施行日期：2 0 0 4 年 5 月 1 日

中华人民共和国建设部
公　　告

第 206 号

建设部关于发布行业标准《预应力混凝土结构抗震设计规程》的公告

现批准《预应力混凝土结构抗震设计规程》为行业标准，编号为 JGJ 140—2004，自 2004 年 5 月 1 日起实施。其中，第 3.1.1、3.1.5、3.2.2、4.2.2、4.2.4 条为强制性条文，必须严格执行。

本规范由建设部标准定额研究所组织中国建筑工业出版社出版发行。

中华人民共和国建设部

2004 年 1 月 29 日

前　　言

根据建设部建标［1992］732 号文的要求，规程编制组经广泛的调查研究，开展专题研究，认真总结工程实践经验及震害经验，参考有关国际标准和国外先进标准，并在广泛征求意见的基础上，制定了本规程。

本规程的主要技术内容是：1. 总则；2. 术语、符号；3. 抗震设计的一般规定；4. 预应力混凝土框架和门架；5. 预应力混凝土板柱结构。

本规程由建设部负责管理和对强制性条文的解释，由主编单位负责具体技术内容的解释。

本规程主编单位：中国建筑科学研究院（邮政编码：100013，地址：北京市北三环东路 30 号）

本规程参加单位：东南大学

中元国际工程设计研究院（原机械工业部设计研究院）

北京市建筑设计研究院

浙江泛华设计院

本规程主要起草人：陶学康　吕志涛　张维斌　胡庆昌　韦承基　陈远椿　徐福泉　黄茂智　王　霓

目　次

1 总　　则

1.0.1 为贯彻执行地震工作以预防为主的方针，使预应力混凝土建筑结构经抗震设防后，减轻其地震破坏，避免人员伤亡，减少经济损失，制定本规程。

1.0.2 本规程适用于抗震设防烈度为6度至8度地区的现浇后张预应力混凝土框架和板柱等建筑结构的抗震设计；抗震设防烈度为9度地区的预应力混凝土结构，其抗震设计应有充分依据，并采取可靠措施。

1.0.3 预应力混凝土建筑结构的抗震设计，除应符合本规程外，尚应符合国家现行有关强制性标准的规定。

2 术语、符号

2.1 术　　语

2.1.1 阻尼比　damping ratio

阻尼振动的实际阻力与产生临界阻尼所需阻力的比值。

2.1.2 轴压比　ratio of axial compressive force to axial compressive ultimate capacity of section under combination of earthquake action

混凝土柱考虑地震作用组合的轴向压力设计值与柱全截面面积和混凝土轴心抗压强度设计值乘积之比值；对预应力混凝土柱，取预应力作用参与组合的轴力设计值。

2.1.3 后张法有粘结预应力混凝土结构　post-tensioned bonded prestressed concrete structure

在混凝土硬结后，通过张拉预应力筋并锚固而建立预加应力，且在管道内灌浆实现粘结的混凝土结构，如预应力混凝土框架、门架等。

2.1.4 无粘结预应力混凝土结构　unbonded prestressed concrete structure

配置带有涂料层和外包层的预应力筋而与混凝土相互不粘结的后张法预应力混凝土结构。

2.2 符　　号

2.2.1 材料性能

f_c——混凝土轴心抗压强度设计值；

f_t——混凝土轴心抗拉强度设计值；

f_y、f'_y——普通钢筋的抗拉、抗压强度设计值；

f_{py}——预应力筋的抗拉强度设计值；

f_{yv}——箍筋的抗拉强度设计值。

2.2.2 作用和作用效应

N——柱考虑地震作用组合的轴向压力设计值；

V——考虑地震作用组合的剪力设计值；

N_{pe}——预应力筋的总有效预加力。

2.2.3 几何参数

A_s、A'_s——受拉区、受压区非预应力钢筋截面面积；

A_p——受拉区预应力筋截面面积；

A_{svj}——核心区有效验算宽度范围内同一截面验算方向箍筋的总截面面积；

b——矩形截面宽度、T形和I形截面的腹板宽度；

h——截面高度；

h_0——截面有效高度；

h_p——纵向受拉预应力筋合力点至梁截面受压边缘的有效距离；

h_s——纵向受拉非预应力钢筋合力点至梁截面受压边缘的有效距离；

b_c、h_c——柱截面宽度、高度；

b_j、h_j——节点核心区的截面有效验算宽度、高度；

b_d——平托板的有效宽度；

l_0——计算跨度；

x——混凝土受压区高度；

l_{aE}——纵向受拉钢筋考虑抗震要求的最小锚固长度；

s——箍筋间距。

2.2.4 计算系数及其他

α——水平地震影响系数值；

α_{max}——水平地震影响系数最大值；

γ_p——预应力分项系数；

γ_{RE}——承载力抗震调整系数；

ε_{apu}——预应力筋-锚具组装件达到实测极限拉力时的总应变；

η_a——预应力筋-锚具组装件静载试验测得的锚具效率系数；

λ——预应力强度比；

β_c——混凝土强度影响系数；

ρ——纵向受拉钢筋配筋率；

η_j——正交梁的约束影响系数；

λ_{Np}——预应力混凝土柱的轴压比；

T——结构自振周期；

T_g——场地的特征周期。

3 抗震设计的一般规定

3.1 地震作用及结构抗震验算

3.1.1 建筑结构的地震影响系数应根据烈度、场地类别、设计地震分组和结构自振周期以及阻尼比确定。其水平地震影响系数最大值应按表 3.1.1-1 采用；特征周期应根据场地类别和设计地震分组按表3.1.1-2

采用，计算 8、9 度罕遇地震作用时，特征周期应增加 0.05s。

注：1 周期大于 6.0s 的建筑结构所采用的地震影响系数应专门研究；

2 已编制抗震设防区划的城市，应允许按批准的设计地震动参数采用相应的地震影响系数。

表 3.1.1-1 水平地震影响系数最大值

地震影响	6 度	7 度	8 度	9 度
多遇地震	0.04	0.08(0.12)	0.16(0.24)	0.32
罕遇地震	—	0.50(0.72)	0.90(1.20)	1.40
注：括号中数值分别用于设计基本地震加速度为 0.15g 和 0.30g 的地区。				

表 3.1.1-2 特征周期值（s）

设计地震分组	场地类别			
	Ⅰ	Ⅱ	Ⅲ	Ⅳ
第一组	0.25	0.35	0.45	0.65
第二组	0.30	0.40	0.55	0.75
第三组	0.35	0.45	0.65	0.90

3.1.2 以预应力混凝土框架结构、板柱-框架结构作为主要抗侧力体系的建筑结构，其阻尼比应取 0.03，地震影响系数曲线（见图 3.1.2）的阻尼调整系数应按 1.18 采用，形状参数应符合下列要求：

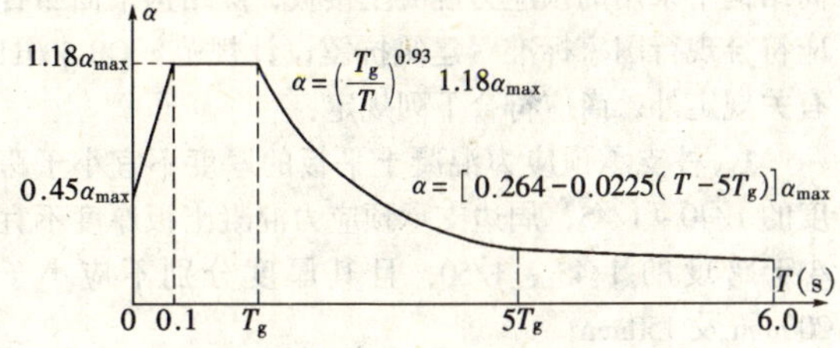

图 3.1.2 地震影响系数曲线

α—地震影响系数；α_{max}—地震影响系数最大值；T_g—特征周期；T—结构自振周期

1 直线上升段，周期小于 0.1s 的区段。

2 水平段，自 0.1s 至特征周期区段，应取 $1.18\alpha_{max}$。

3 曲线下降段，自特征周期至 5 倍特征周期区段，衰减指数应取 0.93。

4 直线下降段，自 5 倍特征周期至 6s 区段，地震影响系数 α 应按下式计算：

$$\alpha = [0.264 - 0.0225(T - 5T_g)]\alpha_{max} \quad (3.1.2)$$

注：1 预应力混凝土板柱-框架结构指由预应力板柱结构与框架组成的结构；

2 当在框架-剪力墙结构、框架-核心筒结构及板柱-剪力墙结构中，采用预应力混凝土梁或板时，仍应按现行国家标准《建筑抗震设计规范》GB 50011 取阻尼比为 0.05 的地震影响系数曲线，确定水平地震力。

3.1.3 8 度时跨度大于 24m 屋架、长悬臂和其他大跨度预应力混凝土结构的竖向地震作用标准值，宜取其重力荷载代表值与竖向地震作用系数的乘积；竖向地震作用系数可按表 3.1.3 采用。

表 3.1.3 竖向地震作用系数

结构类别	烈度	场地类别		
		Ⅰ	Ⅱ	Ⅲ、Ⅳ
预应力混凝土屋架、长悬臂及其他大跨度预应力混凝土结构	8	0.10 (0.15)	0.13 (0.19)	0.13 (0.19)
注：括号内数值用于设计基本地震加速度为 0.30g 的地区。				

3.1.4 需采用时程分析法进行补充计算的预应力混凝土框架结构、板柱-框架结构，弹性计算时阻尼比可取 0.03。

3.1.5 预应力混凝土结构构件在地震作用效应和其他荷载效应的基本组合下，进行截面抗震验算时，应加入预应力作用效应项。当预应力作用效应对结构不利时，预应力分项系数应取 1.2；有利时应取 1.0。

承载力抗震调整系数 γ_{RE}，除另有规定外，应按表 3.1.5 取用。

表 3.1.5 承载力抗震调整系数

结构构件	受力状态	γ_{RE}
梁	受弯	0.75
轴压比小于 0.15 的柱	偏压	0.75
轴压比不小于 0.15 的柱	偏压	0.80
框架节点	受剪	0.85
各类构件	受剪、偏拉	0.85
局部受压部位	局部受压	1.00

3.1.6 当仅计算竖向地震作用时，各类预应力混凝土结构构件的承载力抗震调整系数 γ_{RE} 均宜采用 1.0。

3.1.7 考虑地震作用组合的预应力混凝土框架节点核心区抗震受剪承载力，应按本规程第 4.4.1 条计算；预应力混凝土框架梁、柱的斜截面抗震受剪承载力计算应符合现行国家标准《混凝土结构设计规范》GB 50010 有关条款的规定。

3.2 设计的一般规定

3.2.1 按本规程进行抗震设计的预应力混凝土结构，其房屋最大高度不应超过表 3.2.1 所规定的限值。对平面和竖向均不规则的结构或建造于Ⅳ类场地的结构或跨度较大的结构，适用的最大高度应适当降低。

表 3.2.1　现浇预应力混凝土房屋适用的最大高度（m）

结构体系	烈度		
	6	7	8
框架结构	60	55	45
框架-剪力墙	130	120	100
部分框支剪力墙	120	100	80
框架-核心筒	150	130	100
板柱-剪力墙	40	35	30
板柱-框架结构	22	18	

注：1　房屋高度指室外地面到主要屋面板板顶的高度（不考虑局部突出屋顶部分）；
2　框架-核心筒结构指周边稀柱框架与核心筒组成的结构；
3　部分框支剪力墙结构指首层或底部两层框支剪力墙结构；
4　板柱-框架结构指由预应力板柱结构与框架组成的结构；
5　乙类建筑可按本地区抗震设防烈度确定适用的最大高度；
6　超过表内高度的房屋，应进行专门研究和论证，采取有效的加强措施。

3.2.2　预应力混凝土结构构件的抗震设计，应根据设防烈度、结构类型、房屋高度采用不同的抗震等级，并应符合相应的计算和构造措施要求。丙类建筑的抗震等级应按本地区的设防烈度由表 3.2.2 确定。

3.2.3　抗震设防类别为甲、乙、丁类的建筑，应按现行国家标准《建筑抗震设计规范》GB 50011 的规定调整设防烈度后，再按表 3.2.2 确定抗震等级。

表 3.2.2　现浇预应力混凝土结构构件的抗震等级

结构体系		设防烈度					
		6		7		8	
框架结构	高度（m）	≤30	>30	≤30	>30	≤30	>30
	框架	四	三	三	二	二	一
	剧场、体育馆等大跨度公共建筑中的框架	三		二		一	
框架-剪力墙结构	高度（m）	≤60	>60	≤60	>60	≤60	>60
	框架	四	三	三	二	二	一
部分框支剪力墙结构	高度（m）	≤80	>80	≤80	>80	≤80	>80
	框支层框架	二		二	一	一	
框架-核心筒结构	框架	三		二		一	
板柱-剪力墙结构	板柱的柱及周边框架	三		二		一	

注：1　接近或等于高度分界时，应结合房屋不规则程度及场地、地基条件确定抗震等级；
2　剪力墙等非预应力构件的抗震等级应按钢筋混凝土结构的规定执行。

3.2.4　在框架-核心筒结构的周边框架柱间可采用预应力混凝土框架梁。

3.2.5　后张预应力框架、门架、转换层大梁宜采用有粘结预应力筋；当框架梁采用无粘结预应力筋时，应符合本规程第 3.2.7 条的规定。

3.2.6　分散配置预应力筋的板类结构及楼盖的次梁宜采用无粘结预应力筋。无粘结预应力筋不得用于承重结构的受拉杆件及抗震等级为一级的框架。

3.2.7　在地震作用效应和重力荷载效应组合下，当符合下列二款之一时，无粘结预应力筋可在二、三级框架梁中应用；当符合第 1 款时，无粘结预应力筋可在悬臂梁中应用：

1　框架梁端部截面及悬臂梁根部截面由非预应力钢筋承担的弯矩设计值，不应少于组合弯矩设计值的 65%；或仅用于满足构件的挠度和裂缝要求；

2　设有剪力墙或筒体，且在基本振型地震作用下，框架承担的地震倾覆力矩小于总地震倾覆力矩的 35%。

注：符合第 1 款要求采用无粘结预应力筋的二、三级框架结构，可仍按现行国家标准《建筑抗震设计规范》GB 50011 中对钢筋混凝土框架的要求进行抗震设计；符合第 2 款要求的二、三级无粘结预应力混凝土框架梁应按本规程第 4 章要求进行抗震设计。

3.2.8　在框架-剪力墙结构、剪力墙结构及框架-核心筒结构中采用的预应力混凝土楼板，除结构平面布置应符合现行国家标准《建筑抗震设计规范》GB 50011 有关规定外，尚应符合下列规定：

1　柱支承预应力混凝土平板的厚度不宜小于跨度的 1/40～1/45，周边支承预应力混凝土板厚度不宜小于跨度的 1/45～1/50，且其厚度分别不应小于 200mm 及 150mm；

2　在核心筒四个角部的楼板中，应设置扁梁或暗梁与外柱相连接，其余外框架柱处亦宜设置暗梁与内筒相连接；

3　在预应力混凝土平板凹凸不规则处及开洞处，应设置附加钢筋混凝土暗梁或边梁，予以加强；

4　预应力混凝土平板的板端截面按下式计算的预应力强度比 λ 不宜大于 0.75。

$$\lambda = \frac{f_{py}A_p h_p}{f_{py}A_p h_p + f_y A_s h_s} \qquad (3.2.8)$$

注：1　对无粘结预应力混凝土平板，公式（3.2.8）中的 f_{py} 应取用无粘结预应力筋的应力设计值 σ_{pu}；
2　对周边支承在梁、墙上的预应力混凝土平板可不受上述预应力强度比的限制。

3.2.9　对无粘结预应力混凝土单向多跨连续板，在设计中宜将无粘结预应力筋分段锚固，或增设中间锚固点，并应按国家现行标准《无粘结预应力混凝土结构技术规程》JGJ/T 92 中有关规定，配置非预应力钢筋。

3.2.10 后张预应力筋的锚具不宜设置在梁柱节点核心区，并应布置在梁端箍筋加密区以外。

注：当有试验依据、或其他可靠的工程经验时，可将锚具设置在节点区，但应合理处理箍筋布置问题，必要时应考虑锚具对受剪截面产生削弱的不利影响。

3.2.11 四级抗震等级预应力混凝土框架的抗震计算和构造措施，应符合现行国家标准《混凝土结构设计规范》GB 50010的有关规定。

3.3 材料及锚具

3.3.1 结构材料性能指标，除本规程各章有特别规定外，应符合下列要求：

1 预应力混凝土框架构件的混凝土强度等级不宜低于C40，平板及其他构件不应低于C30；

2 预应力筋宜采用预应力钢绞线、钢丝，也可采用热处理钢筋；

3 非预应力纵向受力钢筋宜采用HRB335、HRB400级热轧钢筋，箍筋宜选用HRB335、HRB400、HPB235级热轧钢筋。

3.3.2 预应力筋-锚具组装件的锚固性能，应符合下列规定：

1 锚具的静载锚固性能应同时符合下列要求：

$$\eta_a \geqslant 0.95 \quad (3.3.2\text{-}1)$$

$$\varepsilon_{apu} \geqslant 2.0\% \quad (3.3.2\text{-}2)$$

式中 η_a——预应力筋-锚具组装件静载试验测得的锚具效率系数；

ε_{apu}——预应力筋-锚具组装件达到实测极限拉力时的总应变。

2 预应力筋-锚具组装件的抗震周期荷载试验，应满足上限取预应力钢材抗拉强度标准值f_{ptk}的80%、下限取预应力钢材抗拉强度标准值f_{ptk}的40%、经50次循环荷载后预应力筋在锚具夹持区域不发生破断。

4 预应力混凝土框架和门架

4.1 一般规定

4.1.1 本章适用于预应力混凝土框架结构，框架-剪力墙结构和框架-核心筒结构中的预应力混凝土框架以及预应力混凝土门架。

4.1.2 预应力混凝土框架应设计为具备良好的变形能力和消耗地震能量能力的延性框架，其组成构件应避免剪切先于弯曲破坏，节点不应先于其连接构件破坏。

4.2 预应力混凝土框架梁

4.2.1 预应力混凝土框架梁的截面尺寸，宜符合下列各项要求：

1 截面的宽度不宜小于250mm；

2 截面高度与宽度的比值不宜大于4；

3 梁高宜在计算跨度的（1/12～1/22）范围内选取，净跨与截面高度之比不宜小于4。

4.2.2 预应力混凝土框架梁端，考虑受压钢筋的截面混凝土受压区高度应符合下列要求：

一级抗震等级 $x \leqslant 0.25h_0$ **(4.2.2-1)**

二、三级抗震等级 $x \leqslant 0.35h_0$ **(4.2.2-2)**

且纵向受拉钢筋按非预应力钢筋抗拉强度设计值换算的配筋率不应大于2.5%（HRB400级钢筋）或3.0%（HRB335级钢筋）。

4.2.3 在预应力混凝土框架梁中，应采用预应力筋和非预应力钢筋混合配筋的方式，框架结构梁端截面按本规程（3.2.8）式计算的预应力强度比λ宜符合下列要求：

一级抗震等级 $\lambda \leqslant 0.60$ (4.2.3-1)

二、三级抗震等级 $\lambda \leqslant 0.75$ (4.2.3-2)

注：对框架-剪力墙或框架-核心筒结构中的后张有粘结预应力混凝土框架，其λ限值对一级抗震等级和二、三级抗震等级可分别增大0.1和0.05。

4.2.4 预应力混凝土框架梁端截面的底面和顶面纵向非预应力钢筋截面面积A_s'和A_s的比值，除按计算确定外，尚应满足下列要求：

一级抗震等级 $\frac{A_s'}{A_s} \geqslant \frac{0.5}{1-\lambda}$ **(4.2.4-1)**

二、三级抗震等级 $\frac{A_s'}{A_s} \geqslant \frac{0.3}{1-\lambda}$ **(4.2.4-2)**

且梁底面纵向非预应力钢筋配筋率不应小于0.2%。

4.2.5 在与板整体浇筑的T形和L形预应力混凝土框架梁中，当考虑板中的部分钢筋对抵抗弯矩的有利作用时，宜符合下列规定：

1 在内柱处，当横向有宽度与柱宽相近的框架梁时，宜取从柱两侧各4倍板厚范围内板内钢筋；

2 在内柱处，当没有横向框架梁时，宜取从柱两侧各延伸2.5倍板厚范围内板内钢筋；

3 在外柱处，当横向有宽度与柱相近的框架梁，而所考虑的梁中钢筋锚固在柱内时，宜取从柱两侧各延伸2倍板厚范围内板内钢筋；

4 在外柱处，当没有横梁时，宜取柱宽范围内的板内钢筋；

5 在所有情况下，在考虑板中部分钢筋参加工作的梁中，受弯承载力所需的纵向钢筋至少应有75%穿过柱子或锚固于柱内；当纵向钢筋由重力荷载效应组合控制时，则仅应考虑地震作用组合的纵向钢筋的75%穿过柱子或锚固于柱内。

4.2.6 对预应力混凝土框架梁的梁端加腋处，其箍筋配置应符合下列规定：

1 当加腋长度 $L_h \leqslant 0.8h$ 时，箍筋加密区长度应取加腋区及距加腋区端部1.5倍梁高；

2 当加腋长度 $L_h > 0.8h$ 时，箍筋加密区长度应取1.5倍梁端部高度；且不小于加腋长度 L_h；

3 箍筋加密区的箍筋间距不应大于100mm，箍筋直径不应小于10mm，箍筋肢距不宜大于200mm和20倍箍筋直径的较大值。

4.2.7 对现浇混凝土框架，当采用预应力混凝土扁梁时，扁梁的跨高比 l_0/h_b 不宜大于25，梁截面高度宜大于板厚度的2倍，其截面尺寸应符合下列要求，并应满足现行有关规范对挠度和裂缝宽度的规定：

$$b_b \leqslant 2b_c \tag{4.2.7-1}$$

$$b_b \leqslant b_c + h_b \tag{4.2.7-2}$$

$$h_b \geqslant 16d \tag{4.2.7-3}$$

式中 b_c——柱截面宽度；

b_b、h_b——分别为梁截面宽度和高度；

d——柱纵筋直径。

4.2.8 采用梁宽大于柱宽的预应力混凝土扁梁时，应符合下列规定：

1 应采用现浇楼板，扁梁中线宜与柱中线重合，且应双向布置；梁宽大于柱宽的扁梁不得用于一级框架结构。

2 梁柱节点应符合下列要求：

1）扁梁框架的梁柱节点核心区应根据梁纵筋在柱宽范围内、外的截面面积比例，对柱宽以内和柱宽以外的范围分别验算受剪承载力；

2）按本规程式（4.4.1-1）验算核心区剪力限值时，核心区有效宽度可取梁宽与柱宽之和的平均值；

3）四边有梁的约束影响系数，验算柱宽范围内核心区的受剪承载力时可取1.5，验算柱宽范围外核心区的受剪承载力时宜取1.0；

4）按本规程式（4.4.1-2）验算核心区受剪承载力时，在柱宽范围内的核心区，轴向力的取值可与一般梁柱节点相同；柱宽以外的核心区，可不考虑轴力对受剪承载力的有利作用；

5）预应力筋宜布置在柱宽范围内。

3 预应力混凝土扁梁配筋构造要求：

1）扁梁端箍筋加密区长度，应取自柱边算起至梁边以外 $b+h$ 范围内长度和自梁边算起 l_{aE} 中的较大值（图4.2.8a）；加密区的箍筋最大间距和最小直径及箍筋肢距应符合现行国家标准《建筑抗震设计规范》GB 50011的有关规定；

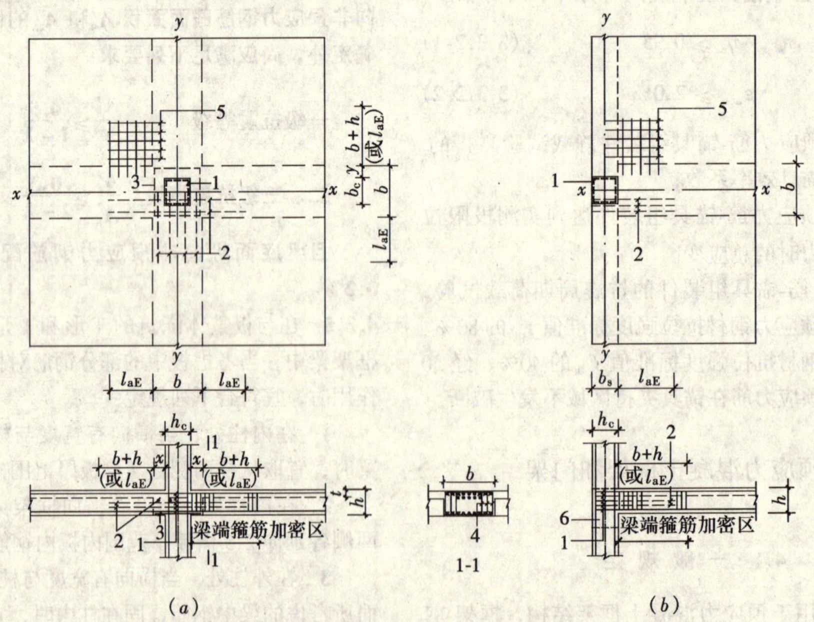

图4.2.8 扁梁柱节点的配筋构造

（a）中柱节点；（b）边柱节点

1—柱内核心区箍筋；2—核心区附加腰筋；3—柱外核心区附加水平箍筋；

4—拉筋；5—板面附加钢筋网片；6—边梁

2）对于柱内节点核心区的配箍量及构造要求同普通框架；对于扁梁中柱节点柱外核心区，可配置附加水平箍筋及拉筋，当核心区受剪承载力不能满足计算要求时，可配置附加腰筋（图4.2.8a）；对于扁梁边柱节点核心区，也可配置附加腰筋(图4.2.8b)；

3）当中柱节点和边柱节点在扁梁交角处的板面顶层纵向钢筋和横向钢筋间距较大时，应在板角处布置附加构造钢筋网片，其伸入板内的长度，不宜小于板短跨方向计算跨度的1/4，并应按受拉钢筋锚固在扁梁内。

4.2.9 扁梁框架的边梁不宜采用宽度 b_s 大于柱截面高度 h_c 的预应力混凝土扁梁。当与框架边梁相交的内部框架扁梁大于柱宽时，边梁应采取配筋构造措施考虑其受扭的不利影响。

4.2.10 预应力混凝土长悬臂梁，除在设防烈度为8度时应考虑竖向地震作用外，尚应符合下列规定：

1 预应力混凝土悬臂梁应采用预应力筋和非预应力钢筋混合配筋的方式，其截面混凝土受压区高度应符合本规程第4.2.2条的规定，预应力强度比 λ 宜符合本规程第4.2.3条的规定；悬臂梁梁底和梁顶非预应力钢筋截面面积的比值尚应符合本规程第4.2.4条的规定；

2 悬臂构件加强段指自根部算起1/4跨长，截面高度 $2h$ 及500mm三者中的较大值，按该段根部截面的弯矩设计值配置的纵向预应力筋，在加强段不得截断，且加强段的箍筋构造应满足箍筋加密区要求；对于集中荷载在支座截面所产生的剪力值占总剪力值75%以上情况，箍筋加密区应延伸至集中荷载作用截面处，且不应小于加强段的长度。

4.3 预应力混凝土框架柱

4.3.1 预应力混凝土框架柱的剪跨比宜大于2。

4.3.2 在预应力混凝土框架中，与预应力混凝土梁相连接的预应力混凝土柱或钢筋混凝土柱除应符合现行国家标准《建筑抗震设计规范》GB 50011有关调整框架柱端组合的弯矩设计值的相关规定外，对二、三级抗震等级的框架边柱，其柱端弯矩增大系数 η_c 二级应取1.4，三级应取1.2。

4.3.3 考虑地震作用组合的预应力混凝土框架柱，按式（4.3.3）计算的轴压比宜符合表4.3.3的规定。

$$\lambda_{Np}=\frac{N+1.2N_{pe}}{f_cA} \tag{4.3.3}$$

式中 λ_{Np}——预应力混凝土柱的轴压比；

N——柱考虑地震作用组合的轴向压力设计值；

N_{pe}——作用于框架柱预应力筋的总有效预加力；

A——柱截面面积；

f_c——混凝土轴心抗压强度设计值。

4.3.4 在地震作用组合下，当采用对称配筋的框架柱中全部纵向受力普通钢筋配筋率大于5%时，可采用预应力混凝土柱，其纵向受力钢筋的配置，可采用非对称配置预应力筋的配筋方式，即在截面受拉较大的一侧采用预应力筋和非预应力钢筋的混合配筋，另一侧仅配置非预应力钢筋。

4.3.5 预应力混凝土框架柱的截面配筋应符合下列规定：

1 预应力混凝土框架柱纵向非预应力钢筋的最小配筋率应符合现行国家标准《混凝土结构设计规范》GB 50010有关钢筋混凝土受压构件纵向受力钢筋最小配筋百分率的规定；

2 预应力混凝土框架柱中全部纵向受力钢筋按非预应力钢筋抗拉强度设计值换算的配筋率不应大于5%；

3 纵向预应力筋不宜少于两束，其孔道之间的净间距不宜小于100mm。

表4.3.3 预应力混凝土框架柱轴压比限值

结构类型	抗震等级		
	一级	二级	三级
框架结构、板柱-框架结构	0.6	0.7	0.8
框架-剪力墙、框架-核心筒、板柱-剪力墙	0.75	0.85	0.95

注：1 当混凝土强度等级为C65～C70时，轴压比限值宜按表中数值减小0.05；

2 沿柱全高采用井字复合箍，且箍筋间距不大于100mm、肢距不大于200mm、直径不小于12mm，或沿柱全高采用复合螺旋箍，且螺距不大于100mm、肢距不大于200mm、直径不小于12mm，或沿柱全高采用连续复合矩形螺旋箍，且螺距不大于80mm、肢距不大于200mm、直径不小于10mm时，轴压比限值均可按表中数值增加0.10；采用上述三种箍筋时，均应按所增大的轴压比确定其箍筋配箍特征值 λ_v。

4.3.6 预应力混凝土框架柱柱端加密区配箍要求不低于普通钢筋混凝土框架柱的要求；对预应力混凝土框架结构，其柱的箍筋应沿柱全高加密。

4.3.7 对双向预应力混凝土框架的边柱和角柱，在进行局部受压承载力计算时，可将框架柱中的纵向受力主筋和横向箍筋兼作间接钢筋网片。

4.4 预应力混凝土框架节点

4.4.1 预应力混凝土框架梁柱节点核心区截面抗震验算，应符合下列规定：

1 框架节点核心区受剪的水平截面应符合下列条件：

$$V_j\leqslant\frac{1}{\gamma_{RE}}(0.30\beta_c\eta_jf_cb_jh_j) \tag{4.4.1-1}$$

式中 V_j——梁柱节点核心区考虑地震作用组合的剪力设计值；

β_c——混凝土强度影响系数，按现行国家标准《混凝土结构设计规范》GB 50010有关规定取值；

η_j——正交梁的约束影响系数，楼板为现浇，梁柱中线重合，四侧各梁截面宽度不小于该侧柱截面宽度的1/2，且正交方向梁高度不小于框架梁高度的3/4，可采用1.5，其他情况均采用1.0；

b_j——节点核心区的截面有效验算宽度，应按现行国家标准《建筑抗震设计规范》GB 50011有关规定取值；

h_j——节点核心区的截面高度，可采用验算方向的柱截面高度；

γ_{RE}——承载力抗震调整系数，可采用0.85。

2　对正交方向有梁约束的预应力框架中间节点，当预应力筋从一个方向或两个方向穿过节点核心区，设置在梁截面高度中部1/3范围内时，预应力框架节点核心区的受剪承载力，应按下列公式计算：

$$V_j \leqslant \frac{1}{\gamma_{RE}}\left[1.1\eta_j f_t b_j h_j + 0.05\eta_j N \frac{b_j}{b_c} + f_{yv}\frac{A_{svj}}{s}(h_{b0} - a'_s) + 0.4N_{pe}\right] \tag{4.4.1-2}$$

式中　b_c——验算方向的柱截面宽度；

N——对应于考虑地震作用组合剪力设计值的上柱组合轴向压力较小值，其取值不应大于柱的截面面积和混凝土轴心抗压强度设计值的乘积的50%，当N为拉力时，取$N=0$，且不计预应力筋预加力的有利作用；

f_{yv}——箍筋的抗拉强度设计值；

f_t——混凝土轴心抗拉强度设计值；

A_{svj}——核心区有效验算宽度范围内同一截面验算方向箍筋的总截面面积；

s——箍筋间距；

h_{b0}——梁截面有效高度，节点两侧梁截面高度不等时可取平均值；

a'_s——梁受压钢筋合力点至受压边缘的距离；

N_{pe}——作用在节点核心区预应力筋的总有效预加力。

在公式（4.4.1-1）和（4.4.1-2）中，当确定b_j、h_j值时，尚应考虑预应力孔道削弱核心区截面有效面积的影响。

4.5　预应力混凝土门架结构

4.5.1　本节适用于以预应力混凝土门架为主体结构的空旷房屋。其抗震设计除符合本节规定外，尚应符合现行国家标准《建筑抗震设计规范》GB 50011中有关规定。

4.5.2　采用预应力混凝土门架为主体结构的空旷房屋，门架柱宜采用矩形或工字形截面；门架柱柱底至室内地坪以上500mm范围内，节点加腋边缘向下延伸2倍柱高h_c范围和横梁自节点加腋边缘向跨中延伸2倍横梁高h范围，以及节点区域应采用矩形截面。

4.5.3　跨度大于24m的预应力混凝土门架应按本规程第3.1.2条要求考虑竖向地震作用。

4.5.4　预应力混凝土门架倒“L”形构件宜通长设置折线预应力筋，当采用分段直线预应力筋时，不宜将锚具设置在转角节点区域。

4.5.5　预应力混凝土门架横梁箍筋加密区长度宜取1.5倍梁端部高度。加密箍筋宜按本规程第4.2.6条要求配置。

4.5.6　预应力混凝土门架立柱的箍筋加密区位置及箍筋配置要求应符合下列要求：

1　门架立柱箍筋加密区位置应符合下列要求：

1）柱上端区域，取截面高度和1000mm，1/4柱净高的最大值；

2）底部受约束的柱根，取下柱柱底至室内地坪以上500mm；

3）柱变位受平台等约束的部位，柱间支撑与柱连接节点，取节点上、下各1倍柱高h_c；

4）有牛腿的门架，自柱顶至牛腿以下1倍柱高h_c范围。

2　加密区的箍筋间距不应大于100mm。

3　箍筋形式宜为复合箍，箍筋肢距和最小直径应符合下列要求：

1）6度和7度Ⅰ、Ⅱ类场地，箍筋肢距不大于300mm，直径不小于8mm；

2）7度Ⅲ、Ⅳ类场地和8度，箍筋肢距不大于200mm，直径不小于10mm。

4.5.7　预应力混凝土门架边转角节点区域的箍筋配置不应低于立柱与横梁加密区要求。

5　预应力混凝土板柱结构

5.1　设计的一般规定

5.1.1　本章适用于后张法无粘结预应力混凝土或有粘结预应力混凝土板柱-剪力墙结构、板柱-框架结构。

5.1.2　当设防烈度为8度时应采用板柱-剪力墙结构；6度、7度时宜采用板柱-剪力墙结构、板柱-框架结构，其剪力墙、柱的抗震构造应符合现行国家标准《建筑抗震设计规范》GB 50011的有关规定。当采用板柱-框架结构时，其单列柱数不得少于3根，房屋高度应按表3.2.1取用，且应符合下列规定：

1　结构周边和楼、电梯洞口周边应采用有梁框架；沿楼板洞口宜设置边梁；

2　当楼板长宽比大于2时，或长度大于32m时，应设置框架结构；

3　在基本振型地震作用下，板柱结构承受的地震剪力应小于结构总地震剪力的50%；

4　板柱的柱及框架的抗震等级，对6度、7度应分别采用三级、二级，并应符合相应的计算和构造措施要求。

5.1.3　8度时宜采用有托板或柱帽的板柱节点，托板或柱帽根部的厚度（包括板厚）不宜小于柱纵筋直径的16倍。托板或柱帽的边长不宜小于4倍板厚及柱截面相应边长之和。

5.1.4　预应力混凝土板柱-剪力墙结构和板柱-框架结

构中的后张平板，柱上板带截面承载力计算中，板端混凝土受压区高度应符合下列要求：

8 度设防烈度 $x \leqslant 0.25h_0$ (5.1.4-1)

6 度、7 度设防烈度 $x \leqslant 0.35h_0$ (5.1.4-2)

且纵向受拉钢筋按非预应力钢筋抗拉强度设计值换算的配筋率不宜大于 2.5%。

5.1.5 在预应力混凝土板柱-剪力墙结构和板柱-框架结构中的后张平板，柱上板带板端截面按本规程(3.2.8)式计算的预应力强度比 λ 宜符合下列要求：

$$\lambda \leqslant 0.75 \quad (5.1.5)$$

5.1.6 沿两个主轴方向通过内节点柱截面的连续预应力筋及板底非预应力钢筋，应符合下列要求：

1 沿两个主轴方向通过内节点柱截面的连续钢筋的总截面面积，应符合下式要求：

$$f_{py}A_p + f_yA_s \geqslant N_G \quad (5.1.6)$$

式中 A_s——板底通过柱截面连续非预应力钢筋总截面面积；

A_p——板中通过柱截面连续预应力筋总截面面积；

f_y——非预应力钢筋的抗拉强度设计值；

f_{py}——预应力筋的抗拉强度设计值，对无粘结预应力混凝土平板，应取用无粘结预应力筋的抗拉强度设计值 σ_{pu}；

N_G——在该层楼板重力荷载代表值作用下的柱轴压力。重力荷载代表值的确定应按现行国家标准《建筑抗震设计规范》GB 50011 有关规定执行。

2 连续预应力筋应布置在板柱节点上部，呈下凹进入板跨中；

3 连续非预应力钢筋应布置在板柱节点下部及预应力筋的下方，宜在距柱面为 2 倍纵向钢筋锚固长度以外搭接，且钢筋端部宜有垂直于板面的弯钩（图 5.1.6）。

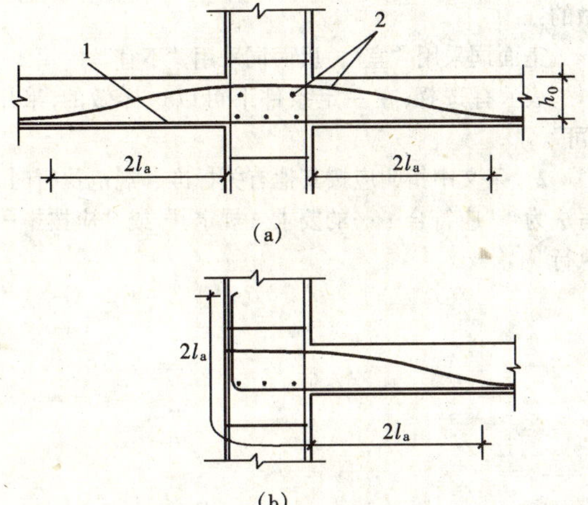

图 5.1.6 通过柱截面的钢筋

(a) 内柱；(b) 边柱

1—非预应力钢筋；2—预应力筋

5.1.7 板柱-框架结构柱的箍筋应沿全高加密；板柱-剪力墙结构应布置成双向抗侧力体系，两个主轴方向均应设置剪力墙；其屋盖及地下一层顶板，宜采用梁板结构。

5.1.8 后张预应力混凝土板柱-剪力墙结构的周边应设置框架梁，其配筋应满足重力荷载作用下抗扭计算的要求。箍筋间距不应大于 150mm，且在离柱边 2 倍梁高范围内，间距不应大于 100mm。平板楼盖的楼、电梯洞口周边应设置与主体结构相连的梁。

5.2 计算要求

5.2.1 在竖向荷载作用下，板柱-剪力墙结构和板柱-框架结构中的板柱框架的内力可采用等代框架法按下列规定计算：

1 等代框架的计算宽度，可取垂直于计算跨度方向的两个相邻平板中心线的间距；

2 有柱帽的等代框架的板梁、柱的线刚度可按国家现行标准《无粘结预应力混凝土结构技术规程》JGJ/T 92 的有关规定确定；

3 纵向和横向每个方向的等代框架均应承担全部作用荷载；

4 宜考虑活荷载的不利组合。

5.2.2 板柱-剪力墙结构在地震作用下，可按多连杆联系的总剪力墙和总框架协同工作的计算图形或其他更精确的方法计算内力和位移。

5.2.3 在地震作用下，板柱-剪力墙结构和板柱-框架结构中的板柱框架的内力及位移，应沿两个主轴方向分别进行计算。当柱网较为规则、板面无大的集中荷载和大开孔时，可采用等代框架法进行内力计算，等代梁的板宽取值宜符合第 5.2.4 条的规定。地震作用产生的内力，应组合到柱上板带上。

柱网不规则或板面承受大的集中荷载和大开孔时，宜采用有限单元法进行内力和位移计算。

5.2.4 在地震作用下，等代框架梁的计算宽度宜取下列公式计算结果的较小值：

$$b_y = (l_{ox} + b_d)/2 \quad (5.2.4\text{-}1)$$

$$b_y = \frac{3}{4}l_{oy} \quad (5.2.4\text{-}2)$$

式中 b_y——y 向等代框架梁的计算宽度；

l_{ox}，l_{oy}——等代梁的计算跨度；

b_d——平托板的有效宽度，当无平托板时，取 $b_d = 0$。

5.2.5 板柱-剪力墙结构中各层横向及纵向剪力墙，应能承担相应方向该层的全部地震剪力；各层板柱部分除应满足计算要求外，并应能承担不少于该层相应方向地震剪力的 20%。

5.2.6 由地震作用在板支座处产生的弯矩应与按第 5.2.4 条所规定的等代框架梁宽度上的竖向荷载弯矩

相组合，承受该弯矩所需全部钢筋亦应设置在该柱上板带中，且其中不少于50%应配置在有效宽度为在柱或柱帽两侧各1.5h（h为板厚或平托板的厚度）范围内形成暗梁，暗梁下部钢筋不宜少于上部钢筋的1/2（图5.2.6）。支座处暗梁箍筋加密区长度不应小于3h，其箍筋肢距不应大于250mm，箍筋间距不应大于100mm，箍筋直径按计算确定，但不应小于8mm。此外，支座处暗梁的1/2上部纵向钢筋，应连续通长布置。

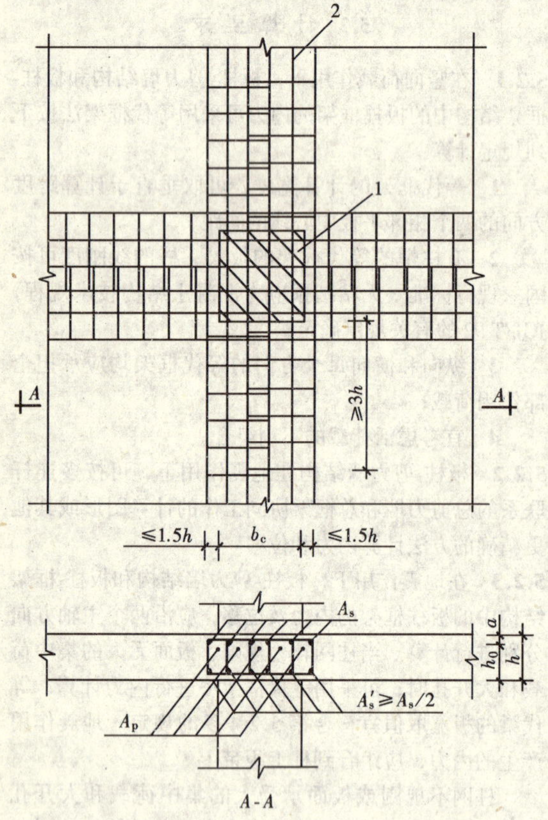

图5.2.6 暗梁配筋要求

1—柱；2—1/2的上部钢筋应连续

由弯矩传递的部分不平衡弯矩，应由有效宽度为在柱或柱帽两侧各1.5h（h为板厚或平托板的厚度）范围内的板截面受弯传递。配置在此有效范围内的无粘结预应力筋和非预应力钢筋可用以承受这部分弯矩。

5.2.7 板柱节点在竖向荷载和地震作用下的冲切计算，应考虑由板柱节点冲切破坏面上的剪应力传递一部分不平衡弯矩。其受冲切承载力计算中所用的等效集中反力设计值$F_{l,eq}$，应按现行国家标准《混凝土结构设计规范》GB 50010附录G的规定执行。

5.2.8 未经加强的板柱节点、配置箍筋的节点，其冲切承载力的计算应符合现行国家标准《混凝土结构设计规范》GB 50010有关规定；采用型钢剪力架加强的板柱节点的冲切承载力的计算，应按国家现行标准《无粘结预应力混凝土结构技术规程》JGJ/T 92的有关规定执行。

5.2.9 板柱结构的柱、剪力墙的受剪截面要求及考虑抗震等级的剪力设计值和斜截面受剪承载力计算，应符合现行国家标准《混凝土结构设计规范》GB 50010的有关规定。

5.2.10 考虑地震作用组合的板柱-框架结构底层柱下端截面的弯矩设计值，对二、三级抗震等级应按考虑地震作用组合的弯矩设计值分别乘以增大系数1.25、1.15。

5.2.11 在地震作用下，板柱-框架结构考虑水平地震作用扭转影响时，其地震作用和作用效应计算，以及对角柱调整后组合弯矩设计值、剪力设计值乘以增大系数的要求等均应按现行国家标准《建筑抗震设计规范》GB 50011有关规定执行。

本规程用词说明

1 为便于在执行本规程条文时区别对待，对于要求严格程度不同的用词说明如下：

1）表示很严格，非这样做不可的：

正面词采用"必须"；反面词采用"严禁"。

2）表示严格，在正常情况下均应这样做的：

正面词采用"应"；反面词采用"不应"或"不得"。

3）表示允许稍有选择，在条件许可时首先这样做的：

正面词采用"宜"；反面词采用"不宜"。

表示有选择，在一定条件下可以这样做的，采用"可"。

2 条文中指明应按其他有关标准、规范执行时，写法为："应符合……的要求（规定）"或"应按……执行"。

中华人民共和国行业标准

预应力混凝土结构抗震设计规程

JGJ 140—2004

条 文 说 明

前　言

《预应力混凝土结构抗震设计规程》JGJ 140—2004，经建设部2004年1月29日以公告206号批准，业已发布。

为便于广大设计、施工、科研、学校等单位的有关人员在使用本规程时能正确理解和执行条文规定，规程编制组按章、节、条的顺序，编制了本规程的条文说明，供使用者参考。在使用过程中，如发现本规程条文说明有不妥之处，请将意见函寄中国建筑科学研究院《预应力混凝土结构抗震设计规程》管理组（邮政编码：100013，地址：北京市北三环东路30号）。

目　次

1 总　　则

1.0.1 本条是制定本规程的目的、指导思想和条件。制定本规程的目的，是为了减轻预应力混凝土结构的地震破坏程度，保障人员安全和生产安全。鉴于预应力混凝土结构的抗震设计问题，研究的起步比一般钢筋混凝土结构晚，震害经验较少，技术难度也较大；本规程的科学依据，只能是现有的震害防治经验、研究成果和设计经验，随着预应力混凝土抗震科学水平的不断提高，本规程的内容将会得到完善和提高。

1.0.2 本条规定现浇后张预应力混凝土结构适用的设防烈度范围为6、7、8度地区。考虑到抗震设防烈度为9度地区，地震反应强烈，尚需进一步积累工程经验，故要求在设计中需针对不同的现浇后张预应力混凝土结构类型，对其抗震性能及措施，进行必要的试验或分析等研究，并经过有关专家审查认可，在有充分依据，并采取可靠的抗震措施后，也可以采用预应力混凝土结构。

此外，震害表明由预制预应力混凝土构件拼装而成的装配式建筑，在地震中结构倒塌的主要原因是节点设计不足，几乎未见因预应力混凝土构件本身承载力不够，而引起结构总体破坏的现象。装配整体单层钢筋混凝土柱厂房及其节点设计应按现行国家标准《建筑抗震设计规范》GB 50011 有关规定执行。预制装配式框架结构的抗震设计应符合有关专门规程的规定。

2 术语、符号

本章根据现行国家标准《建筑结构设计术语和符号标准》GB/T 50083 规定了预应力混凝土结构抗震设计中的有关术语、符号及其意义。

3 抗震设计的一般规定

3.1 地震作用及结构抗震验算

3.1.1～3.1.4 预应力混凝土框架结构系指在所有框架梁中采用预应力混凝土梁，有时也在上层柱采用预应力混凝土柱的框架结构。预应力混凝土板柱结构系指由水平构件为预应力混凝土板和竖向构件为柱所组成的预应力混凝土结构。由预应力混凝土板柱结构与框架或剪力墙可组合为预应力混凝土板柱-框架结构或板柱-剪力墙结构。本规程列入预应力混凝土板柱-框架结构是为了满足我国低抗震设防烈度区在多层建筑中采用板柱结构的需要。

中国建筑科学研究院的研究表明，预应力混凝土框架结构和板柱结构在弹性阶段阻尼比约为0.03；当出现裂缝后，在弹塑性阶段可取与钢筋混凝土相同的阻尼比0.05。预应力混凝土构件滞回曲线的环带宽度比钢筋混凝土构件的窄，能量消散能力较小，但其有较高的弹性性能，屈服后恢复能力较强，残余变形较小。采用时程分析法进行地震反应分析的结果表明，上述预应力混凝土结构的地震位移反应大约为钢筋混凝土结构的1.1～1.3倍；预应力混凝土结构抗震设计反应谱的研究表明，预应力混凝土结构的设计地震剪力应作适当提高。本规程第3.1.2条关于预应力混凝土框架结构、板柱-框架结构水平地震影响系数曲线的取值规定，是按现行国家标准《建筑抗震设计规范》GB 50011 有关规定取阻尼比为0.03确定的。设计地震分组应按《建筑抗震设计规范》GB 50011 附录A确定。

本规程第3.1.2条所述的以预应力混凝土框架结构，或预应力混凝土板柱-框架结构作为主要抗侧力体系，系指在基本振型地震作用下，其承受的地震倾覆力矩超过结构总地震倾覆力矩的50%；或在预应力混凝土框架结构或预应力混凝土板柱-框架结构中仅设置有楼、电梯井及边梁，也应按本条取阻尼比为0.03的地震影响系数曲线，确定水平地震力。当仅在框架结构中采用几根预应力混凝土梁，以满足构件的挠度和裂缝要求；或在框架-剪力墙、框架-核心筒或板柱-剪力墙结构中，采用预应力混凝土平板或框架的情况，该建筑结构仍应按阻尼比取0.05进行抗震设计。

8度时对跨度大于24m屋架，长悬臂和其他大跨度预应力混凝土结构，其竖向地震作用标准值主要采用了现行国家标准《建筑抗震设计规范》GB 50011 对大跨钢筋混凝土屋架的取值规定。对长悬臂和其他大跨度预应力混凝土结构，在场地类别为Ⅱ类以上的情况下，竖向地震作用系数提高约25%～30%。

3.1.5 预应力混凝土结构构件的地震作用效应和其他荷载效应的基本组合主要按照现行国家标准《建筑抗震设计规范》GB 50011 的有关规定确定，并加入了预应力作用效应项，预应力作用效应也包括预加力产生的次弯矩、次剪力。当预应力作用效应对构件承载能力有利时，预应力分项系数应取1.0，不利时应取1.2，是参考国内外有关规范做出规定的。

预应力混凝土结构的承载力抗震调整系数、层间位移角限值，仍采用现行国家标准《建筑抗震设计规范》GB 50011 有关对钢筋混凝土相同的规定。控制层间位移角以防止非结构构件的损坏和限制重力 P-Δ 效应。

3.1.7 预应力混凝土框架梁、柱的受剪承载力，按现行国家标准《混凝土结构设计规范》GB 50010 第11章有关条款进行计算时，其未计及预应力对提高构件受剪承载力的有利作用，即取预应力分项系数为0，是偏于安全的。

3.2 设计的一般规定

3.2.1～3.2.4 对采用预应力混凝土建造的多层及高层建筑，从安全和经济等方面考虑，对其适用高度应有限制；并应根据抗震设防烈度，不同结构体系及不同高度，划分抗震等级，采取相应的抗震构造措施。由于在高层建筑中主要在楼盖结构中采用预应力混凝土，故对建筑最大适用高度限值及抗震等级的划分仍采用现行国家标准《建筑抗震设计规范》GB 50011 有关条款的规定。表中的“框架”和“框架结构”有不同的含意，“框架结构”指纯框架结构，而“框架”则泛指框架结构和框架-剪力墙等结构体系中的框架。框架-剪力墙结构一般指在基本振型地震作用下，框架承受的地震倾覆力矩小于结构总地震倾覆力矩的50%。其框架部分的抗震等级可按框架-剪力墙结构的规定划分。

由于板柱节点存在不利于抗震的弱点，本规程除允许将板柱-框架结构用于抗震设防低烈度区的多层建筑外，规定在多、高层建筑中采用板柱结构时，应用范围原则上限于板柱-剪力墙结构。对框架-核心筒结构，按照国家现行标准《高层建筑混凝土结构技术规程》JGJ 3 的规定，在该结构的周边柱间必须设置框架梁，故在这种结构体系中，带有一部分仅承受竖向荷载的板柱结构时，不作为板柱-剪力墙结构。

当预应力混凝土结构的房屋高度超过最大适用高度或在抗震设防烈度为 9 度地区采用预应力混凝土结构时，应进行专门研究和论证，采取有效的加强措施。

3.2.5～3.2.7 国内外大量工程实践表明，无粘结预应力筋适用于采用分散配筋的板类结构及楼盖的次梁，不得用于屋架下弦拉杆等主要受拉的承重构件，后张预应力混凝土框架结构亦不宜采用无粘结预应力筋。这是由于无粘结预应力筋的应力沿筋全长几乎保持等同，这样预应力钢材的非弹性性能亦即构件的能量消散不能得到充足发挥。当发生大的非弹性变形时，可能导致仅产生几条宽裂缝，从而削弱了构件的延性性能；此外，在反复荷载下难以准确预测配置无粘结预应力筋截面的极限受弯承载力。

当采用非预应力钢筋为主的混合配筋时，可消除上述疑虑。Hawkins 和 Ishizuka 对无粘结后张延性抗弯框架的研究认为，适量预应力对延性抗弯框架的抗震性能无不良影响。由于在混凝土中存在预压应力，减轻了节点刚度退化效应；预应力抑制了梁筋从节点拔出，减少了梁筋失稳破坏的可能性。所提建议为：基于梁的矩形截面面积，其平均预压应力不宜超过 $2.5N/mm^2$；非预应力钢筋拉力至少应达到非预应力钢筋及预应力筋总拉力的65%；此外，框架梁端截面需配置足够数量的底筋。对于无粘结预应力筋在地震区应用的条款是参考了上述理论及试验研究，以及国外相关预应力混凝土设计规定而制定的。并规定抗震等级为一级的框架不得应用无粘结预应力筋；当设有剪力墙或筒体时，对抗震等级为二、三级的框架，其在基本振型地震作用下，所承担的地震倾覆力矩小于总地震倾覆力矩的 35%时，允许采用无粘结预应力筋，这比通常小于 50%更为严格。

3.2.8 根据国内外的工程设计经验，对高层建筑常用结构类型楼盖中采用预应力混凝土平板的抗震设计，从确保其传递剪力的横隔板作用等抗震性能方面做出了规定。

3.2.9 在强烈地震产生的荷载作用下，若使无粘结预应力混凝土连续板或梁一跨破坏，可能引起多跨结构中其他各跨连续破坏。为避免发生这种连续破坏现象，根据国内外规范及工程经验做出本条设计规定。

3.2.10 将锚具布置在梁柱节点核心区域以外，可避免该区域在剪力作用所产生较大对角拉应力的情况下，再承受锚具引起的劈裂应力。在外节点，锚具宜设置在节点核心区之外的伸出凸端上。仅当有试验依据，或其他可靠的工程经验时，才可将锚具设置在节点区，此时，应在保持箍筋总量的前提下，处理好箍筋的布置问题。

3.3 材料及锚具

3.3.1 随着高强度低松弛预应力钢绞线及钢丝在我国的推广应用，必须采用较高强度等级的混凝土，则可充分发挥两者的作用，承载力可大幅度提高，或截面高度可以有效地减小。但是，对 C60 以上强度等级混凝土用于预应力混凝土结构构件，其裂缝控制及延性要求等国内外研究还不够多，故应用中应注意采取必要的措施。

3.3.2 用于地震区预应力混凝土结构的锚具，其预应力筋-锚具组装件的静载锚固性能、抗地震的周期荷载性能的试验要求，是根据现行国家标准《预应力筋用锚具、夹具和连接器》GB/T 14370 中对锚具锚固性能要求制定的。

4 预应力混凝土框架和门架

4.1 一般规定

4.1.1 在我国预应力混凝土框架、排架及门架等已得到较多应用，积累了丰富的工程经验，在这方面所做的研究工作也较多，已具备编制规程的条件。预应力混凝土的其他结构型式，如巨型结构，带转换层结构等工程的应用和理论研究尚处于积累阶段，故本规程未包括这方面的内容。

4.1.2 在大跨度预应力混凝土框架梁中，预应力筋的面积是由裂缝控制等级确定的，为了增加梁端截面延性，则需要配置一定数量的非预应力钢筋，采用混合配筋方式，这在某种程度上增加了梁的强度储备。国内外研究表明，在罕遇地震作用下，要求预应力混凝土框架梁端临界截面的屈服先于柱截面产生塑性铰，呈现梁铰侧移机制是难以实现的；若确保在边节点处的梁端出现铰、柱端不出现铰，呈现混合侧移机制时结构仍是稳定的，这将同时依靠梁铰和柱铰去耗散地震能量，其对柱端的截面延性亦有较高要求。为了确保在一定程度上减缓柱端的屈服，本规程第4.3.2条规定对二、三级抗震等级的框架边柱，其柱端弯矩增大系数 η_c 分别按1.4、1.2取值。并要求预应力混凝土框架结构柱的箍筋应沿柱全高加密。

4.2 预应力混凝土框架梁

4.2.1 预应力混凝土结构的跨度一般较大，若截面高宽比过大容易引起梁侧向失稳，故有必要对梁截面高宽比提出要求。关于梁高跨比的限制，采用梁高在（1/12～1/22）l_0 之间比较经济。

4.2.2～4.2.3 在抗震设计中，为保证预应力混凝土框架的延性要求，梁端塑性铰应具有满意的塑性转动能力。国内外研究表明，对梁端塑性铰区域混凝土截面受压区高度和受拉钢筋配筋率加以限制是最重要的。本条是参考国外规范及国内的设计经验做出具体规定的。本规程对受拉钢筋最大配筋率2.5%的限制，是以HRB400级钢筋的抗拉强度设计值进行折算得出的，当采用HRB335级钢筋时，其限值可放松到3.0%。

采用预应力筋和非预应力普通钢筋混合配筋的部分预应力混凝土，有利于改善裂缝和提高能量消散能力，可改善预应力混凝土结构的抗震性能。预应力强度比 λ 的表达式为：

$$\lambda = \frac{f_{py}A_p h_p}{f_{py}A_p h_p + f_y A_s h_s} \quad (1)$$

λ 的选择需要全面考虑使用阶段和抗震性能两方面要求。从使用阶段看，λ 大一些好；从抗震角度，λ 不宜过大，这样可使弯矩-曲率滞回曲线的环带宽度、能量消散能力，在屈服后卸载时的恢复能力和残余变形均介于预应力混凝土和钢筋混凝土构件的滞回曲线之间，同时具有两者的优点。参考东南大学的试验研究成果，本规程要求对一级框架结构梁，λ 不宜大于0.60，二、三级框架结构梁，λ 不宜大于0.75；并对框架-剪力墙及框架-筒体结构中的后张有粘结预应力混凝土框架，适当放宽了 λ 限值。

在预应力强度比 λ 限值下，设计裂缝控制等级宜尽量采用允许出现裂缝的三级，而不是采用较严的裂缝控制等级。此外，宜将框架边跨梁端预应力筋的位置，尽可能整体下移，使梁端截面负弯矩承载力设计值不致于超强过多，并可使梁端预应力偏心引起的弯矩尽可能小，从而使框架梁内预应力筋在柱中引起的次弯矩较为有利。按上述考虑设计的预应力混凝土框架梁可达到钢筋混凝土梁不能达到的跨度，且具有良好的抗震耗能及延性性能。

4.2.4 控制梁端截面的底面配筋面积 A_s' 和顶面配筋面积 A_s 的比值 A_s'/A_s，有利于满足梁端塑性铰区的延性要求，同时也考虑到在地震反复荷载作用下，底部钢筋可能承受较大的拉力。本规范对预应力混凝土框架梁端截面 A_s'/A_s 面积比的具体限值的规定，是参考国内外的试验研究及钢筋混凝土框架梁的有关规定，经综合分析确定的。

4.2.5 分析研究和实测表明，T形截面受弯构件当翼缘位于受拉区时，参加工作的翼缘宽度较受压翼缘宽度小些，为了确保翼缘内纵向钢筋对框架梁端受弯承载力做出贡献，故做出不少于翼缘内部纵筋的75%应通过柱或锚固于柱内的规定。本条是借鉴新西兰《混凝土结构设计实用规范》NZS 3101做出规定的。

4.2.6 预应力混凝土框架梁端箍筋的加密区长度、箍筋最大间距和箍筋的最小直径等构造要求应符合现行国家标准《建筑抗震设计规范》GBJ 50011有关条款的要求。本条对预应力混凝土大梁加腋区端部可能出现塑性铰的区域，规定采用较密的箍筋，以改善受弯延性。

4.2.7 对扁梁截面尺寸的要求是根据国内外有关规范和资料提出的。跨高比过大，则扁梁体系太柔对抗震不利，研究表明该限值取25比较合适。

4.2.8 为避免或减小扭转的不利影响，对扁梁的结构布置和采用整体现浇楼盖的要求，以及梁柱节点核心区受剪承载力的验算等，原则上与现行国家标准《建筑抗震设计规范》GB 50011对钢筋混凝土扁梁的要求相一致，但采用预应力筋有利于节点抗剪，可按本规程提供的公式进行节点受剪承载力计算。

预应力混凝土扁梁框架梁柱节点的配筋构造要求、扁梁箍筋加密区长度满足抗扭钢筋延伸长度的规定等，是根据原机械工业部设计研究院所做试验研究及工程经验做出规定的。为了防止在混凝土收缩及温度作用下，在扁梁交角处板面出现裂缝，当板面顶层钢筋网间距不小于200mm时，需配置不少于 $\phi8@100$ 的附加构造钢筋网片。

4.2.9 对于预应力混凝土框架的边梁，要求其宽度不大于柱高，可避免其对垂直于该边梁方向的框架扁梁产生扭矩；当与此边梁相交的内部框架扁梁大于柱宽时，也将对该边梁产生扭矩，为消除此扭矩，对于框架边梁应采取有效的配筋构造措施，考虑其受扭的不利作用。

4.2.10 工程经验表明，由悬臂构件根部截面荷载效应组合的弯矩设计值确定的纵向钢筋，在横向、竖向悬臂构件根部加强部位（指自根部算起1/4跨长，截面高度 $2h$ 及500mm三者中的较大值）不得截断，且加强部位的箍筋应予以加密；为使悬臂构件受弯屈服限制在确定部位，本条规定了相应的配筋构造措施，使这些部位具有所需的延性和耗能能力，且要求加强段钢筋的实际面积与计算面积的比值，不应大于相邻的一般部位。并从配筋构造上要求在悬臂构件顶面和底面均配置抗弯的受力钢筋。

4.3 预应力混凝土框架柱

4.3.1 预应力混凝土框架结构跨度较大，柱的截面尺寸亦较大，柱的净高 H_{co}与截面高度 h 的比值 H_{co}/h一般在4左右，此时剪跨比约为2。当主房框架与附房相连时，两层附房相当于一层主房框架，H_{co}/h 将小于2，对剪跨比小于2的预应力混凝土框架柱，应进行特别设计。若柱无反弯点时，剪跨比可按$M^c_{max}/(V^c h_0)$进行计算，式中 M^c_{max}为柱上下端截面组合弯矩计算结果的较大值；V^c 为对应的截面组合剪力计算值。

4.3.3 在抗震设计中，采用预应力混凝土柱也要求呈现大偏心受压的破坏状态，使具有一定的延性。本条应用预应力等效荷载的概念，将部分预应力混凝土偏压构件柱等效为承受预应力作用的非预应力偏心受压构件。在计算中将预应力作用按总有效预加力表示，由于将预应力考虑为外荷载，并乘以预应力分项系数1.2，故在公式中取 $1.2N_{pe}$为预应力作用引起的轴压力设计值。

当预应力混凝土框架的跨度很大时，为了适当控制其适用的最大高度；必要时方便地在节点区布置锚具；以及考虑孔道对节点核心区受剪截面的影响等因素，根据工程经验，本规程将预应力混凝土框架结构及板柱-框架结构柱的轴压比限值加严，按比钢筋混凝土柱约低10%确定。

4.3.4 对于承受较大弯矩而轴向压力小的框架顶层边柱，可以按预应力混凝土梁设计，采用非对称配筋的预应力混凝土柱，弯矩较大截面的受拉一侧采用预应力筋和非预应力普通钢筋混合配筋，另一侧仅配普通钢筋，并应符合一定的配筋构造要求。东南大学的试验表明，非对称配筋大偏心受压预应力混凝土柱的耗能能力和延性都较好，有良好的抗震性能。

4.3.5～4.3.6 试验研究表明，预应力混凝土柱在高配筋率下，容易发生粘结型剪切破坏，此时，增加箍筋的效果已不显著，故对预应力混凝土框架柱的最大配筋率限值做出了规定。预应力混凝土柱尚应符合现行国家标准《混凝土结构设计规范》GB 50010关于框架柱纵向非预应力钢筋最小配筋百分率的规定及柱端加密区配箍要求。此外，对预应力混凝土纯框架结构要求柱的箍筋应沿柱全高加密。

4.3.7 试验结果表明，当混凝土处于双向局部受压时，其局压承载力高于单向局压承载力。在局部承压设计中，将框架柱中纵向受力主筋和横向箍筋兼作间接钢筋网片用是根据试验研究和工程设计经验提出的。

4.4 预应力混凝土框架节点

4.4.1 由于预应力对节点的侧向约束作用，使节点混凝土处于双向受压状态，不仅可以提高节点的开裂荷载，也可提高节点的受剪承载力。东南大学的试验资料表明，在节点破坏时仍能保持一定的预应力，在考虑反复荷载使有效预应力降低后，取预应力作用的承剪力 $V_p = 0.4N_{pe}$，式中 N_{pe}为作用在节点核心区预应力筋的总有效预应力。鉴于我国对预应力作用的表达方式有时列为公式右端项，并考虑承载力抗震调整系数 γ_{RE}，上述 V_p值将约为 $0.5N_{pe}$。新西兰《混凝土结构设计实用规范》NZS 3101中，对预应力抗剪作用取值为 $0.7N_{pe}$。本规程也参考了上述规范的计算规定。

4.5 预应力混凝土门架结构

4.5.2 震害调查发现，平腹杆双肢柱及薄壁开孔预制腹板工形柱易发生剪切破坏，而整体浇筑的矩形、工字形截面柱震害轻微。此外，在柱子易出现塑性铰的区域，亦应使用矩形截面，且应从构造上予以加强。

4.5.3 24m跨的预应力混凝土空旷房屋竖向地震作用明显，故应考虑竖向地震作用。

4.5.4 采用通长的折线预应力筋可避免在边节点处配置过密的普通钢筋，以方便施工，并易于保证施工质量。

当采用分段直线预应力筋时，预应力筋的锚固端不应削弱节点核心区，故不允许将预应力筋直接锚固于节点核心区内。

4.5.5 预应力混凝土门架梁中塑性铰是有可能发生在加腋段以外区域的。对可能出现塑性铰的区段应加密箍筋。

4.5.6～4.5.7 门架宜发生梁铰的破坏机制，然而实际上难以做到真正的"强柱弱梁"，工程设计经验表明，在按照现行国家标准《建筑抗震设计规范》GB 50011有关章节中框架梁、柱抗震设计方法，对门架构件内力进行调整之后进行截面设计，仍有可能在柱端发生柱铰。因此，凡是可能出现塑性铰的区段或可能发生剪切破坏区段均应加密箍筋。

5 预应力混凝土板柱结构

5.1 设计的一般规定

5.1.2 根据我国地震区板柱结构设计、施工经验及震害调查结果，在8度设防地区采用无粘结预应力多层板柱结构，当增设剪力墙后，其吸收地震剪力效果显著。因此，规定板柱结构用于多层及高层建筑时，原则上应采用抗侧力刚度较大的板柱-剪力墙结构。

考虑到在6度、7度抗震设防烈度区建造多层板柱结构的需要，为了加强其抗震能力，本规程增加了板柱-框架结构，并根据工程实践经验，做出了抗震应符合的规定。

5.1.3 考虑到板柱节点是地震作用下的薄弱环节，当8度设防时，板柱节点宜采用托板或柱帽，托板或柱帽根部的厚度（包括板厚）不小于16倍柱纵筋直径是为了保证板柱节点的抗弯刚度。

5.1.6 为了防止无柱帽板柱结构在柱边开裂以后发生楼板脱落，穿过柱截面的后张预应力筋及板底两个方向的非预应力钢筋的受拉承载力应满足本条的规定。“重力荷载代表值作用下的柱轴压力”表示分项系数为1.2，重力荷载代表值包括楼板自重和活荷载。

5.1.8 设置边梁的目的是为加强板柱结构边柱的受冲切承载力及增加整个楼板的抗扭能力。边梁可以做成暗梁形式，但其构造仍应满足抗扭要求。

5.2 计算要求

5.2.1～5.2.4 板柱体系在竖向荷载和水平荷载作用下，受力情况和升板结构在使用状态下是相似的，内力和位移计算可按现行国家标准《钢筋混凝土升板结构技术规范》GBJ 130或《无粘结预应力混凝土结构技术规程》JGJ/T 92规定的方法进行。本节这几条主要是根据上述规范的有关规定编写的。

5.2.6～5.2.8 本条是参照国家现行标准《无粘结预应力混凝土结构技术规程》JGJ/T 92的有关条款做出规定的，其目的是强调在柱上板带中设置暗梁，以及为了有效地传递不平衡弯矩，除满足受冲切承载力计算要求，板柱结构的节点连接构造亦十分重要，设计中应给予充分重视。

5.2.10 为了推迟板柱结构底层柱下端截面出现塑性铰，故规定对该部位柱的弯矩设计值乘以增大系数，以提高其正截面受弯承载力。

5.2.11 本条指的是未设置或未有效设置剪力墙或垂直支撑的板柱结构。这类结构的柱子既是横向抗侧力构件，又是纵向抗侧力构件，在实际地震动作用下，大部分属于双向偏心受压构件，容易发生对角破坏。故本条规定这类结构柱子的截面设计应考虑地震作用的正交效应。

中华人民共和国行业标准

通风管道技术规程

Technical specification of air duct

JGJ 141—2004

批准部门：中华人民共和国建设部
实施日期：2004年10月1日

中华人民共和国建设部
公　　告

第 241 号

建设部关于发布行业标准《通风管道技术规程》的公告

现批准《通风管道技术规程》为行业标准，编号为 JGJ 141—2004，自 2004 年 10 月 1 日起实施。其中，第 2.0.7、3.1.3（1）、4.1.6 条（款）为强制性条文，必须严格执行。

本规程由建设部标准定额研究所组织中国建筑工业出版社出版发行。

中华人民共和国建设部

2004 年 6 月 4 日

前　　言

根据建设部建标［2002］84 号文的要求，《规程》编制组在深入调查研究，认真总结国内外的科研成果和生产实践经验，并在广泛征求意见的基础上，制定了本规程。

本规程的主要技术内容：

1. 总则；
2. 通用规定；
3. 风管制作；
4. 风管安装；
5. 风管检验。

本规程由建设部负责管理和对强制性条文的解释，由主编单位负责具体技术内容的解释。

本规程主编单位：

中国安装协会（地址：北京市西城区南礼士路 15 号；邮政编码：100045）

本规程参加单位：

北京市设备安装工程公司
上海市安装工程有限公司
中国建筑科学研究院空调研究所
广州市机电设备安装有限公司
广东省工业设备安装公司
公安部四川消防研究所
北京市住宅建设安装公司
广东南海力丰机械有限公司
北京市康达兴玻纤风管有限公司
北京银洲伟业科技发展有限公司
厦门高特高新材料有限公司
成都新木通风净化有限公司
欧文斯科宁（中国）投资有限公司

本规程主要起草人员：

冯　义　吴小莎　张耀良
李红霞　汪曼济　彭　荣
何广钊　魏顺意　黄元真
赵成刚　何伟斌　肖吉澄
刁学渝　汪坤明　徐显辉
吴志新　袁　劲　邹世平
严　健　商桂芝

目　次

1 总　则

1.0.1 为了规范风管的制作、安装、检验和试验方法，做到安全适用、技术先进、经济合理、方便施工，确保工程质量，制定本规程。

1.0.2 本规程适用于新建、扩建和改建的工业与民用建筑的通风与空调工程用金属或非金属管道（简称风管）的制作与安装。

1.0.3 风管制作与安装的技术与质量要求，除应符合本规程外，尚应符合国家现行有关强制性标准的规定。

2 通用规定

2.0.1 风管的制作与安装应按设计图纸、合同和相关技术标准的规定执行，发生变更必须有设计或合同变更的通知书或技术核定签证。

2.0.2 风管系统施工前，施工单位应与建设单位、监理、总承包和设计等单位协调风管与其他管线管路位置走向，核对安装预留孔洞等。施工中应与土建及其他专业工种相互配合。

2.0.3 风管制作与安装所用板材、型材以及其他主要成品材料，应符合设计及相关产品国家现行标准的规定，并应有出厂检验合格证明。材料进场时应按国家现行有关标准进行验收。

2.0.4 以成品供货的通风管道应具有相应的合格证明，包括主材的材质证明、风管的强度及严密性检测报告（非金属风管还需提供消防及卫生检测合格的报告）。成品供货风管的性能试验方法应符合本规程附录 A 的规定。

2.0.5 风管制作宜优先选用节能、高效、机械化加工制作工艺。

2.0.6 风管制作与安装所使用的计量器具及检测仪器应处于合格状态并在有效检定期内。

2.0.7 隐蔽工程的风管在隐蔽前必须经监理人员验收及认可签证。

2.0.8 风管系统安装完毕，应按系统类别进行严密性试验，其试验方法应符合本规程附录 B 的规定。

2.0.9 风管系统按其工作压力（P）可划分为以下三个类别：

1 低压系统 $P \leqslant 500$Pa；

2 中压系统 500Pa $< P \leqslant 1500$Pa；

3 高压系统 $P > 1500$Pa。

2.0.10 金属风管宜以外边长（或外径）为标注尺寸，非金属风管宜以内边长（或内径）为标注尺寸。矩形风管边长的常用规格应符合表 2.0.10-1 的规定，其长边与短边之比不宜大于 4:1。圆形风管规格应符合表 2.0.10－2 的规定，并优先选用基本系列。

表 2.0.10-1　矩形风管常用规格（mm）

风管边长				
120	320	800	2000	4000
160	400	1000	2500	—
200	500	1250	3000	—
250	630	1600	3500	—

表 2.0.10-2　圆形风管规格（mm）

风管直径			
基本系列	辅助系列	基本系列	辅助系列
100	80	500	480
	90		
120	110	560	530
140	130	630	600
160	150	700	670
180	170	800	750
200	190	900	850
220	210	1000	950
250	240	1120	1060
280	260	1250	1180
320	300	1400	1320
360	340	1600	1500
400	380	1800	1700
450	420	2000	1900

3 风管制作

3.1 一般规定

3.1.1 金属板材应符合下列规定：

1 钢板表面应平整光滑，厚度应均匀，不得有裂纹结疤等缺陷，其材质应符合现行国家标准《优质碳素结构钢冷轧薄钢板和钢带》GB 13237 或《优质碳素结构钢热轧薄钢板和钢带》GB 710 的规定。

2 镀锌钢板（带）宜选用机械咬合类，镀锌层为 100 号以上（双面三点试验平均值不应小于 100g/m^2）的材料，其材质应符合现行国家标准《连续热镀锌薄钢板和钢带》GB 2518 的规定。

3 不锈钢板应采用奥氏体不锈钢材料，其表面不得有明显的划痕、刮伤、斑痕和凹穴等缺陷，材质应符合现行国家标准《不锈钢冷轧钢板》GB 3280 的规定。

4 铝板应采用纯铝板或防锈铝合金板，其表面不得有明显的划痕、刮伤、斑痕和凹穴等缺陷，材质应符合现行国家标准《铝及铝合金轧制板材》GB/T 3880 的规定。

3.1.2 金属型钢应分别符合现行国家标准《热轧等边角钢尺寸、外形、重量及允许偏差》GB 9787、《热轧扁钢尺寸、外形、重量及允许偏差》GB 704、《热轧槽钢尺寸、外形、重量及允许偏差》GB 707 和《热轧圆钢和方钢尺寸、外形、重量及允许偏差》GB 702 的规定。

3.1.3 非金属风管材料应符合下列规定：

1 非金属风管材料的燃烧性能应符合现行国家标准《建筑材料燃烧性能分级方法》GB 8624 中不燃 A 级或难燃 B_1 级的规定。

2 复合材料的表层铝箔材质应符合现行国家标准《工业用纯铝箔》GB 3198 的规定，厚度不应小于 0.06mm。当铝箔层复合有增强材料时，其厚度不应小于 0.012mm。

3 复合板材的复合层应粘接牢固，板材外表面单面的分层、塌凹等缺陷不得大于 6‰，内部绝热材料不得裸露在外。

4 铝箔热敏、压敏胶带和胶粘剂的燃烧性能应符合难燃 B_1 级，并应在使用期限内。胶粘剂应与风管材质相匹配，且应符合环保要求。

5 铝箔压敏、热敏胶带的宽度不应小于 50mm。铝箔厚度不应小于 0.045mm。铝箔压敏密封胶带 180° 剥离强度不应低于 0.52N/mm。

铝箔热敏胶带熨烫面应有加热到 150℃时变色的感温色点。热敏密封胶带 180°剥离强度试验时，剥离强度不应低于 0.68N/mm。

6 硬聚氯乙烯板材应符合现行国家标准《硬质聚氯乙烯层压板材》GB/T 4454 或《硬质聚氯乙烯挤出板材》GB/T 13520 的规定。板材的燃烧性能应为难燃 B_1 级。硬聚氯乙烯板材不应有气泡、分层、碳化、变形和裂纹等缺陷。

7 非金属风管板材的技术参数及适用范围应符合表 3.1.3 的规定。

表 3.1.3 非金属风管板材的技术参数及适用范围

风管类别		保温材料密度 (kg/m^3)	管板厚度 (mm)	燃烧性能	强度 (MPa)	适用范围
酚醛铝箔复合板风管		≥60	≥20	B_1 级	弯曲强度 ≥1.05	工作压力小于或等于 2000Pa 的空调系统及潮湿环境
聚氨酯铝箔复合板风管		≥45	≥20		弯曲强度 ≥1.02	工作压力小于或等于 2000Pa 的空调系统、洁净系统及潮湿环境
玻璃纤维复合板风管		≥70	≥25		—	工作压力小于或等于 1000Pa 的空调系统
无机玻璃钢	水硬性无机玻璃钢风管	≤1700	见表 3.7.3-1、2、3	A 级	弯曲强度 ≥70	低、中、高压空调及防排烟系统
	氯氧镁水泥风管	≤2000		A 级	弯曲强度 ≥65	
硬聚氯乙烯风管		1300~1600	见表 3.8.1-1、2	B_1 级	拉伸强度 ≥34	洁净室及含酸碱的排风系统

3.1.4 金属风管板材连接形式及适用范围应符合表 3.1.4 的规定。

表 3.1.4 金属风管板材连接形式及适用范围

名称	连接形式	适用范围
单咬口	内平咬口	低、中、高压系统
	外平咬口	低、中、高压系统
联合角咬口		低、中、高压系统矩形风管及配件四角咬接
转角咬口		低、中、高压系统矩形风管或配件四角咬接
按扣式咬口		低、中压矩形风管或配件四角咬接低压圆形风管
立咬口		圆、矩形风管横向连接或纵向接缝圆形弯头制作不加铆钉
焊接	见图 3.2.1	低、中、高压系统

3.1.5 金属矩形风管连接形式及适用风管边长、圆形风管的连接形式及适用范围应分别符合表 3.1.5-1、3.1.5-2 规定。

3.1.6 非金属矩形风管连接形式及适用范围应符合表 3.1.6 的规定。

3.1.7 非金属风管在使用胶粘剂或密封胶带前，应清除风管粘贴处的油渍、水渍、灰尘及杂物等。

3.1.8 风管及法兰制作的允许偏差应符合表 3.1.8 的规定。

表 3.1.5-1　金属矩形风管连接形式及适用风管边长

连接形式		附件规格（mm）		适用风管边长（mm）		
				低压风管	中压风管	高压风管
角钢法兰	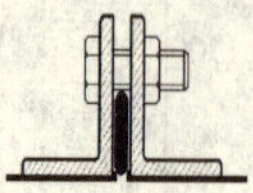	M6 螺栓	L25 × 3	≤1250	≤1000	≤630
		M8 螺栓	L30 × 3	≤2000	≤2000	≤1250
		M8 螺栓	L40 × 4	≤2500	≤2500	≤1600
		M8 螺栓	L50 × 5	≤4000	≤3000	≤2500
薄钢板法兰	弹簧夹式	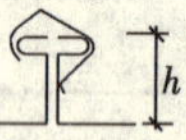 弹簧夹板厚度大于或等于 1.0mm 顶丝卡厚度大于或等于 3mm 顶丝螺丝 M8	$h=25$、$\delta_1=0.6$	≤630	≤630	—
	插接式		$h=25$、$\delta_1=0.75$	≤1000	≤1000	—
	顶丝卡式	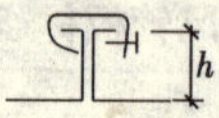	$h=30$、$\delta_1=1.0$	≤2000	≤2000	—
			$h=40$、$\delta_1=1.2$	≤2000	≤2000	—
	组合式	 顶丝卡厚度大于或等于 3mm	$h=25$、$\delta_2=0.75$	≤2000	≤2000	—
			$h=30$、$\delta_2=1.0$	≤2500	≤2000	—
S形插条	平插条	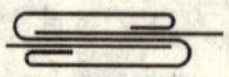 大于风管壁厚度且大于或等于 0.75mm		≤630	—	—
	立插条	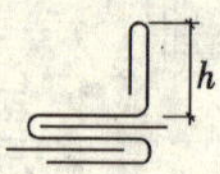 大于风管壁厚度且大于或等于 0.75mm $h\geqslant25$mm		≤1000	—	—
C形插条	平插条	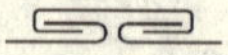 大于风管壁厚度且大于或等于 0.75mm		≤630	≤450	—
	立插条	 大于风管壁厚度且大于或等于 0.75mm $h\geqslant25$mm		≤1000	≤630	—
	直角插条	 等于风管壁厚度且大于或等于 0.75mm		≤630	—	—
立联合角形插条	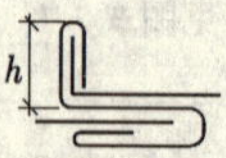	等于风管壁厚度且大于或等于 0.75mm $h\geqslant25$mm		≤1250	—	—
立咬口	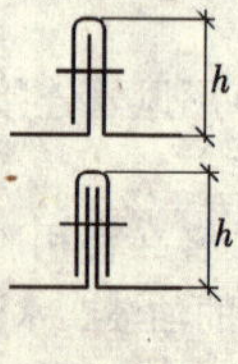	咬口包边板厚度等于风管壁厚度 $h\geqslant25$mm		≤1000	≤630	—

注：h 为法兰高度，δ_1 为风管壁厚度，δ_2 为组合法兰板厚度。

表 3.1.5-2　金属圆形风管连接形式及适用范围

连接形式		附件规格（mm）	连接要求	适用范围
角钢法兰连接	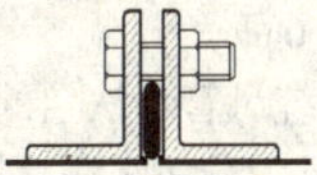	∟25×3 ∟30×3 ∟40×4	法兰与风管连接采用铆接或焊接	低、中、高压风管
承插连接	普通	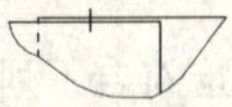 —	插入深度大于或等于30mm，应有密封措施	直径小于700mm的低压风管
	角钢加固	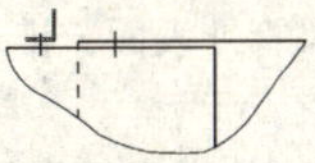 ∟25×3 ∟30×4	插入深度大于或等于20mm，应有密封措施	低、中压风管
	压加强筋	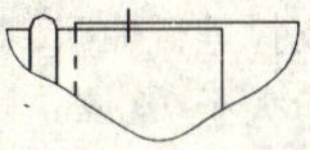 —	插入深度大于或等于20mm，应有密封措施	低、中压风管
芯管连接	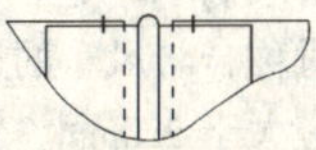	芯管板厚度大于或等于风管壁厚度	插入深度大于或等于20mm，应有密封措施	低、中压风管
立筋抱箍连接	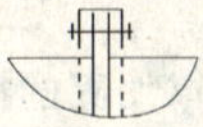	抱箍板厚度大于或等于风管壁厚度	风管翻边与抱箍应匹配，结合紧固严密	低、中压风管
抱箍连接	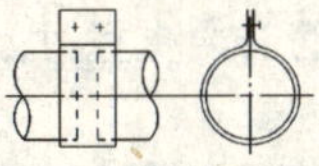	抱箍板厚度大于或等于风管壁厚度	管端应对正，抱箍应居中	低、中压风管 抱箍宽度大于或等于100mm

表 3.1.6　非金属矩形风管连接形式及适用范围

非金属风管连接形式		附件材料	适用范围
45°粘接		铝箔胶带	酚醛铝箔复合板风管、聚氨酯铝箔复合板风管 $b \leqslant 500$mm
榫接		铝箔胶带	丙烯酸树脂玻璃纤维复合风管 $b \leqslant 1800$mm
槽形插接连接	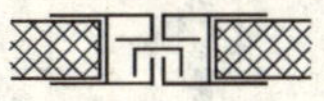	PVC	低压风管 $b \leqslant 2000$mm 中、高压风管 $b \leqslant 1600$mm
工形插接连接	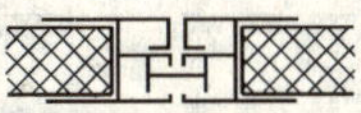	PVC	低压风管 $b \leqslant 2000$mm 中、高压风管 $b \leqslant 1600$mm
		铝合金	$b \leqslant 3000$mm
外套角钢法兰		∟25×3	$b \leqslant 1000$mm
		∟30×3	$b \leqslant 1600$mm
		∟40×4	$b \leqslant 2000$mm
c形插接法兰	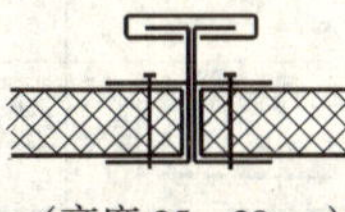 （高度25～30mm）	PVC铝合金	$b \leqslant 1600$mm
		镀锌板厚度大于或等于1.2mm	
“h”连接法兰	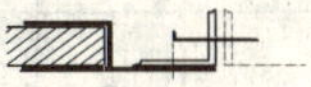	PVC铝合金	用于风管与阀部件及设备连接
注：b为风管边长。			

表 3.1.8　风管及法兰制作的允许偏差（mm）

风管边长 b 或直径 D		允许偏差				
		边长或直径偏差	矩形风管表面平面度	矩形风管端口对角线之差	法兰或端口端面平面度	圆形法兰任意正交两直径
金属风管	$b(D)\leqslant 320$	$\leqslant 2$	$\leqslant 10$	$\leqslant 3$	$\leqslant 2$	$\leqslant 2$
	$b(D)>320$	$\leqslant 3$				
非金属风管	$b(D)\leqslant 320$	$\leqslant 2$	$\leqslant 3$	$\leqslant 3$	$\leqslant 2$	$\leqslant 3$
	$320<b(D)\leqslant 2000$	$\leqslant 3$	$\leqslant 5$	$\leqslant 4$	$\leqslant 4$	$\leqslant 5$

3.2　钢 板 风 管

3.2.1　钢板矩形风管的制作应符合下列要求：

1　矩形风管及其配件的板材厚度不应小于表 3.2.1-1 的规定。

表 3.2.1-1　钢板矩形风管板材厚度（mm）

风管边长 b	一般用途风管		除尘系统风管
	中、低压系统	高压系统	
$b\leqslant 320$	0.5	0.75	1.5
$320<b\leqslant 450$	0.6	0.75	1.5
$450<b\leqslant 630$	0.6	0.75	2.0
$630<b\leqslant 1000$	0.75	1.0	2.0
$1000<b\leqslant 1250$	1.0	1.0	2.0
$1250<b\leqslant 2000$	1.0	1.2	按设计
$2000<b\leqslant 4000$	1.2	按设计	按设计

注：1　本表不适用于地下人防及防火隔墙的预埋管。
　　2　排烟系统风管的板材厚度可按高压系统选用。
　　3　特殊除尘系统风管的板材厚度应符合设计要求。

2　镀锌钢板或彩色涂层钢板的拼接，应采用咬接或铆接，且不得有十字形拼接缝。彩色涂层钢板的涂塑面应设在风管内侧，加工时应避免损坏涂塑层，损坏的部分应进行修补。

3　焊接风管可采用搭接、角接和对接三种形式（图 3.2.1）。风管焊接前应除锈、除油。焊缝应熔合良好、平整，表面不应有裂纹、焊瘤、穿透的夹渣和气孔等缺陷，焊后的板材变形应矫正，焊渣及飞溅物应清除干净。

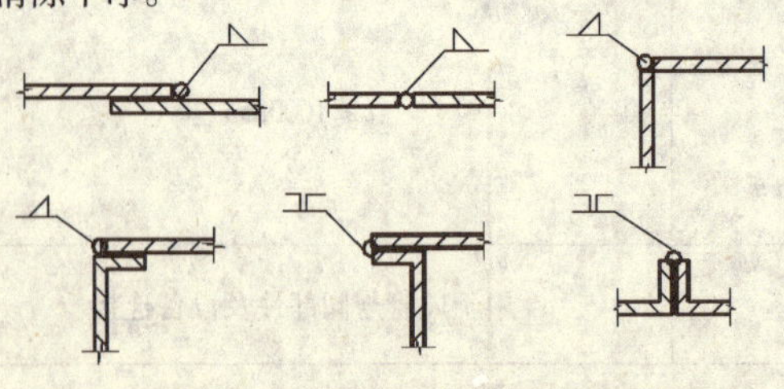

图 3.2.1　焊接风管焊缝位置

壁厚大于 1.2mm 的风管与法兰的连接可采用连续焊或翻边断续焊。管壁与法兰内口应紧贴，焊缝不得凸出法兰端面，断续焊的焊缝长度宜在 30～50mm，间距不应大于 50mm。

4　除尘系统风管与法兰的连接宜采用内侧满焊、外侧间断焊。风管端面距法兰接口平面的距离不应小于 5mm。

5　风管加固应符合下列规定：

1）薄钢板法兰风管宜轧制加强筋，加强筋的凸出部分应位于风管外表面，排列间隔应均匀，板面不应有明显的变形。

2）风管的法兰强度低于规定强度时，可采用外加固框和管内支撑进行加固，加固件距风管连接法兰一端的距离不应大于 250mm。

3）外加固型材的高度不宜大于风管法兰高度，且间隔应均匀对称，与风管的连接应牢固，螺栓或铆接点的间距不应大于 220mm。外加固框的四角处，应连接为一体。

4）风管内支撑加固的排列应整齐、间距应均匀对称，应在支撑件两端的风管受力（压）面处设置专用垫圈。采用管套内支撑时，长度应与风管边长相等。

5）矩形风管刚度等级及加固间距宜按表 3.2.1-2、表 3.2.1-3、表 3.2.1-4、表 3.2.1-5、表 3.2.1-6 进行选择和确定。

表 3.2.1-2　矩形风管连接刚度等级

连接形式		附件规格（mm）		刚度等级
角钢法兰		L25×3		F3
		L30×3		F4
		L40×4		F5
		L50×5		F6
薄钢板法兰	弹簧夹式 插接式 顶丝卡式	弹簧夹板厚度大于或等于 1.0mm 顶丝卡厚度大于或等于 3mm 顶丝螺丝 M8	$h=25$、$\delta_1=0.6$	Fb1
			$h=25$、$\delta_1=0.75$	Fb2
			$h=30$、$\delta_1=1.0$	Fb3
			$h=40$、$\delta_1=1.2$	Fb4
	组合式	$h=25$、$\delta_2=0.75$		Fb3
		$h=30$、$\delta_2=1.0$		Fb4
S形插条	平插条	大于风管壁厚度且大于或等于 0.75		F1
	立插条	大于风管壁厚度且大于或等于 0.75 $h\geqslant 25$		F2

续表 3.2.1-2

连接形式			附件规格（mm）	刚度等级
C形插条	平插条		大于风管壁厚度且大于或等于0.75	F1
	立插条		大于风管壁厚度且大于或等于0.75 $h \geqslant 25$	F2
	直角插条		等于风管板厚且大于或等于0.75	F1
立联合角形插条			等于风管板厚且大于或等于0.75 $h \geqslant 25$	F2
立咬口			等于风管板厚 $h \geqslant 25$	F2

注：h 为法兰高度，δ_1 为风管壁厚度，δ_2 为组合法兰板厚度。

表 3.2.1-3 矩形风管连接允许最大间距（mm）

刚度等级		风管边长 b								
		≤500	630	800	1000	1250	1600	2000	2500	3000
		允许最大间距								
低压风管	F1	3000	1600	不使用						
	F2	3000	2000	1600	1250	不使用				
	F3	3000	2000	1600	1250	1000				
	F4	3000	2000	1600	1250	1000	800	800		
	F5	3000	2000	1600	1250	1000	800	800	800	
	F6	3000	2000	1600	1250	1000	800	800	800	800
中压风管	F2	3000	1250	不使用						
	F3	3000	1600	1250	1000					
	F4	3000	1600	1250	1000	800	800			
	F5	3000	1600	1250	1000	800	800	800	625	
	F6	3000	2000	1600	1000	800	800	800	800	625
高压风管	F3	3000	1250	不使用						
	F4	3000	1250	1000	800	625				
	F5	3000	1250	1000	800	625	625			
	F6	3000	1250	1000	800	625	625	625	500	400

表 3.2.1-4 薄钢板法兰矩形风管连接允许最大间距（mm）

刚度等级		风管边长 b								
		≤500	630	800	1000	1250	1600	2000	2500	3000
		最大间距								
低压风管	Fb1	3000	1600	1250	650	500			不使用	
	Fb2	3000	2000	1600	1250	650	500	400	不使用	
	Fb3	3000	2000	1600	1250	1000	800	600	不使用	
	Fb4	3000	2000	1600	1250	1000	800	800	不使用	
中压风管	Fb1	3000	1250	650	500				不使用	
	Fb2	3000	1250	1250	650	500	400	400	不使用	
	Fb3	3000	1600	1250	1000	800	650	500	不使用	
	Fb4	3000	1600	1250	1000	800	800	800	不使用	

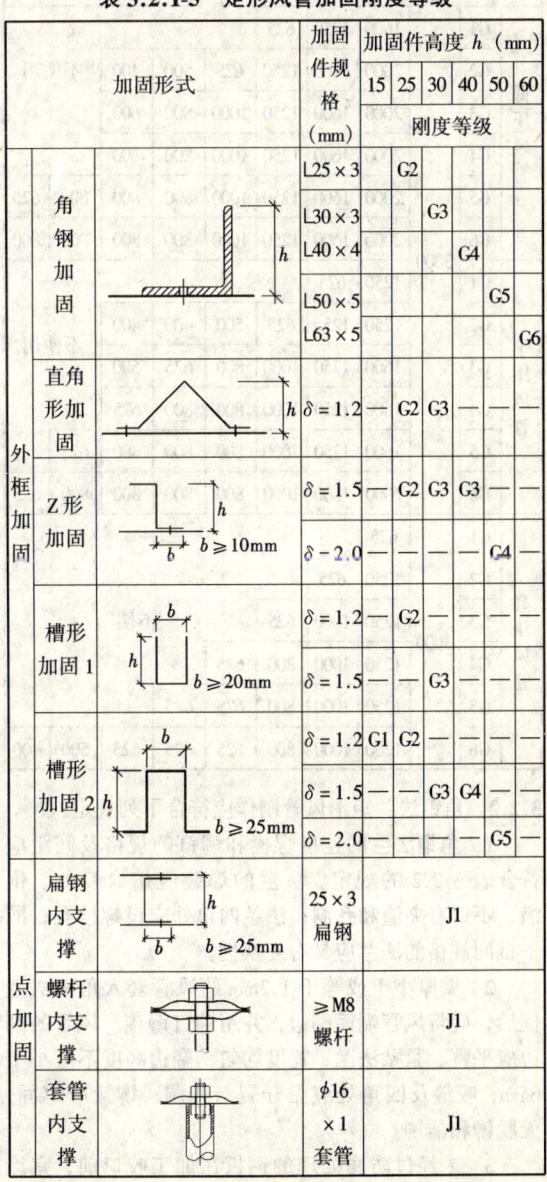

表 3.2.1-5 矩形风管加固刚度等级

加固形式		加固件规格（mm）	加固件高度 h（mm）					
			15	25	30	40	50	60
			刚度等级					
外框加固	角钢加固	L25×3		G2				
		L30×3			G3			
		L40×4				G4		
		L50×5					G5	
		L63×5						G6
	直角形加固	$\delta = 1.2$	—	G2	G3	—	—	—
	Z形加固（$b \geqslant 10$mm）	$\delta = 1.5$	—	G2	G3	G3	—	—
		$\delta = 2.0$	—	—	—	—	G4	—
	槽形加固1（$b \geqslant 20$mm）	$\delta = 1.2$	—	G2	—	—	—	—
		$\delta = 1.5$	—	—	G3	—	—	—
	槽形加固2（$b \geqslant 25$mm）	$\delta = 1.2$	G1	G2	—	—	—	—
		$\delta = 1.5$	—	—	G3	G4	—	—
		$\delta = 2.0$	—	—	—	—	G5	—
	扁钢内支撑（$b \geqslant 25$mm）	25×3扁钢	J1					
点加固	螺杆内支撑	≥M8螺杆	J1					
	套管内支撑	$\phi 16$×1套管	J1					

续表 3.2.1-5

加固形式			加固件规格(mm)	加固件高度 h(mm) 15 25 30 40 50 60
				刚度等级
纵向加固	立咬口	h $h \geqslant 25$mm	—	Z2
压筋加固	压筋间距≤300		—	J1

表 3.2.1-6 矩形风管横向加固允许最大间距(mm)

刚度等级		风管边长 b ≤500	630	800	1000	1250	1600	2000	2500	3000
		允许最大间距								
低压风管	G1	3000	1600	1250	625	不使用				
	G2		2000	1600	1250	625	500	400		
	G3		2000	1600	1250	1000	800	600		
	G4		2000	1600	1250	1000	800	800		
	G5		2000	1600	1250	1000	800	800	800	625
	G6		2000	1600	1250	1000	800	800	800	800
中压风管	G1		1250	625	不使用					
	G2		1250	1250	625	500	400	400		
	G3		1600	1250	1000	800	625	500		
	G4		1600	1250	1000	800	800	625		
	G5		1600	1250	1000	800	800	800	625	
	G6		2000	1600	1000	800	800	800	800	625
高压风管	G1	3000	625	不使用						
	G2		1250	625						
	G3		1250	1000	625					
	G4		1250	1000	800	625				
	G5		1250	1000	800	625	625			
	G6		1250	1000	800	625	625	625	500	400

3.2.2 角钢法兰矩形风管制作应符合下列规定:

1 角钢法兰的连接螺栓和铆钉的规格及间距应符合表 3.2.2 的规定。法兰的焊缝应熔合良好、饱满,不得有夹渣和孔洞;法兰四角处应设螺栓孔;同一批同规格的法兰应具有互换性。

2 壁厚小于或等于 1.2mm 的风管套入角钢法兰框后,应将风管端面翻边,并用铆钉铆接。风管的翻边应平整、紧贴法兰、宽度均匀,翻边高度不应小于6mm;咬缝及四角处应无开裂与孔洞;铆接应牢固,无脱铆和漏铆。

3 未经过防腐处理的钢板在加工咬口前,宜涂一道防锈漆。

表 3.2.2 角钢法兰的连接螺栓和铆钉的规格及间距(mm)

角钢规格	螺栓规格	铆钉规格	螺栓及铆钉间距	
L25×3	M6	ϕ4	低、中压系统	高压系统
L30×3	M8		≤150	≤100
L40×4	M8			
L50×5	M8			

3.2.3 薄钢板法兰风管制作应符合下列规定:

1 薄钢板法兰应采用机械加工。风管折边(或组合式法兰条)应平直,弯曲度不应大于5‰。

2 组合式薄钢板法兰与风管连接可采用铆接、焊接或本体冲压连接。低、中压风管与法兰的铆(压)接点,间距应小于或等于 150mm;高压风管的铆(压)接点间距应小于或等于 100mm。

3 弹簧夹应具有相应的弹性强度,形状和规格应与薄钢板法兰匹配,长度宜为 120~150mm。

3.2.4 C形、S形插条与风管插口的宽度应匹配,插条的两端延长量(图 3.2.4)宜大于或等于 20mm;S形插条与风管边长尺寸允许偏差应为 2mm。

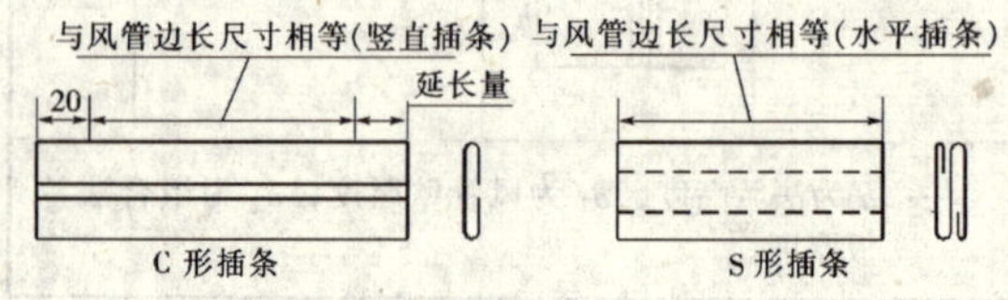

图 3.2.4 C形插条、S形插条示意图

3.2.5 立咬口与包边立咬口风管的立筋高度应大于或等于 25mm。立咬口的折角应与风管垂直,直线度允许偏差为 5‰;立咬口四角连接处的90°贴角板厚应大于或等于风管板厚。

3.2.6 圆形风管制作应符合下列规定:

1 圆形风管分直缝和螺旋缝两种形式,风管板(带)材厚度不应小于表 3.2.6-1 的规定。

表 3.2.6-1 圆形风管板材厚度(mm)

风管直径 D	低压风管		中压风管		高压风管	
	螺旋缝	直缝	螺旋缝	直缝	螺旋缝	直缝
$D \leqslant 320$	0.50		0.50		0.50	
$320 < D \leqslant 450$	0.50	0.60	0.50	0.75	0.60	0.75
$450 < D \leqslant 1000$	0.60	0.75	0.60	0.75	0.60	0.75
$1000 < D \leqslant 1250$	0.75	1.00	0.75	1.00	1.00	
$1250 < D \leqslant 2000$	1.00	1.20	1.20		1.20	
$D > 2000$	1.20	按设计				

2 圆形风管采用芯管连接时,芯管的板厚应等于风管板厚。其长度、直径允许偏差及芯管自攻螺钉

规格或铆钉数量应符合表3.2.6-2规定。

表3.2.6-2 芯管长度、螺钉数量及直径允许偏差

风管直径 D（mm）	芯管长度（mm）	芯管每端口自攻螺钉或铆钉数量（个）	芯管直径允许偏差（mm）
120	120	3	－3～－4
300	160	4	
400	200	4	－4～－5
700	200	6	
1000	200	8	

3 圆形风管采用法兰连接时，材料规格应符合表3.2.6-3规定。低压和中压系统风管法兰的螺栓及铆钉的间距应小于或等于150mm；高压系统风管应小于或等于100mm。

表3.2.6-3 圆形风管法兰及螺栓规格（mm）

风管直径 D	法兰材料规格		螺栓规格
	扁 钢	角 钢	
$D\leqslant140$	20×4	—	M6
$140<D\leqslant280$	25×4	—	
$280<D\leqslant630$	—	25×3	
$630<D\leqslant1250$	—	30×3	M8
$1250<D\leqslant2000$	—	40×4	

4 直缝圆形风管的直径大于800mm、管段长度大于1250mm或总表面积大于4m^{2}时，均应采取加固措施。

3.3 不锈钢板风管

3.3.1 不锈钢板风管和配件的板材厚度不应小于表3.3.1的规定。

表3.3.1 不锈钢板风管和配件的板材厚度（mm）

风管边长 b 或直径 D	不锈钢板厚度
$100<b\ (D)\ \leqslant500$	0.5
$500<b\ (D)\ \leqslant1120$	0.75
$1120<b\ (D)\ \leqslant2000$	1.0
$2000<b\ (D)\ \leqslant4000$	1.2

3.3.2 不锈钢板材厚度小于或等于1mm时，板材拼接应采用咬接或铆接；板材厚度大于1mm时，宜采用氩弧焊或电弧焊焊接，不得采用气焊。焊接时，焊材应与母材匹配，并应防止焊接飞溅物沾污表面，焊后应将焊渣及飞溅物清除干净。

3.3.3 不锈钢风管采用法兰连接时，矩形风管法兰材料规格及要求应符合本规程表3.2.2规定；圆形风管法兰材料规格及要求应符合本规程表3.2.6-3规定。法兰材质为碳素钢时，其表面应进行镀铬或镀锌处理。风管铆接应采用不锈钢铆钉。

3.3.4 矩形不锈钢风管采用薄钢板法兰连接时，应符合本规程第3.2.3条规定。紧固件材质为碳素钢时，其表面应进行镀铬或镀锌处理。

3.3.5 矩形不锈钢风管的加固形式可符合本规程表3.2.1-5的规定，加固间距可符合本规程表3.2.1-6的规定。

3.4 铝板风管

3.4.1 铝板风管板材厚度不得小于表3.4.1的规定。

表3.4.1 铝板风管板材厚度（mm）

风管边长 b 或直径 D	铝板厚度
$100<b\ (D)\ \leqslant320$	1.0
$320<b\ (D)\ \leqslant630$	1.5
$630<b\ (D)\ \leqslant2000$	2.0
$2000<b\ (D)\ \leqslant4000$	按设计

3.4.2 铝板厚度小于或等于1.5mm时，板材的连接可采用咬接或铆接，不得采用按扣式咬口，板厚大于1.5mm时，应采用氩弧焊或气焊焊接。

3.4.3 铝板焊接的焊材应与母材相匹配。焊前应清除焊口处的氧化膜及脱脂；焊缝不得有未熔合、烧穿等缺陷，焊缝表面应清除飞溅、焊渣、焊药等。

3.4.4 矩形铝板风管的法兰材料规格及要求应符合本规程表3.2.2规定。铝板圆形风管法兰材料规格及要求应符合本规程表3.2.6-3规定。铝板风管与法兰的连接采用铆接时，应采用铝铆钉。风管法兰材质为碳素钢时，其表面应按设计要求做防腐处理。

3.4.5 矩形铝板角钢法兰风管的连接间距可按照本规程表3.2.1-2和表3.2.1-3的规定，加固间距可按照本规程表3.2.1-6的规定，根据铝材强度另行计算。

3.4.6 矩形铝板风管不宜采用C形、S形平插条连接形式。

3.5 酚醛铝箔复合板风管与聚氨酯铝箔复合板风管

3.5.1 酚醛铝箔复合板风管与聚氨酯铝箔复合板风管板材的拼接应采用45°角粘接或"H"形加固条拼接（图3.5.1），拼接处应涂胶粘剂粘合。当风管边长小于或等于1600mm时，宜采用45°角形槽口处直接粘接，并在粘接缝处两侧粘贴铝箔胶带；边长大于1600mm时，宜采用"H"形PVC或铝合金加固条在90°角槽口处拼接，

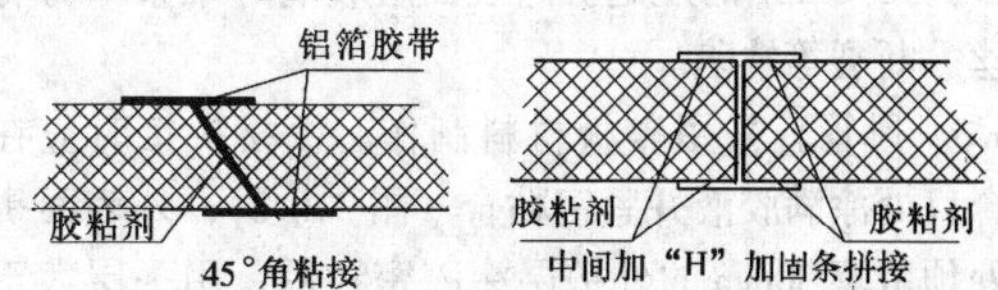

图3.5.1 风管板材拼接方式

3.5.2 复合板板材切割应使专用刀具，切口应平直。

风管管板组合前应清除油渍、水渍、灰尘，组合可采用一片法、两片法或四片法形式（图 3.5.2）。组合时 45°角切口处应均匀涂满胶粘剂粘合。粘接缝应平整，不得有歪扭、错位、局部开裂等缺陷。铝箔胶带粘贴时，其接缝处单边粘贴宽度不应小于 20mm。

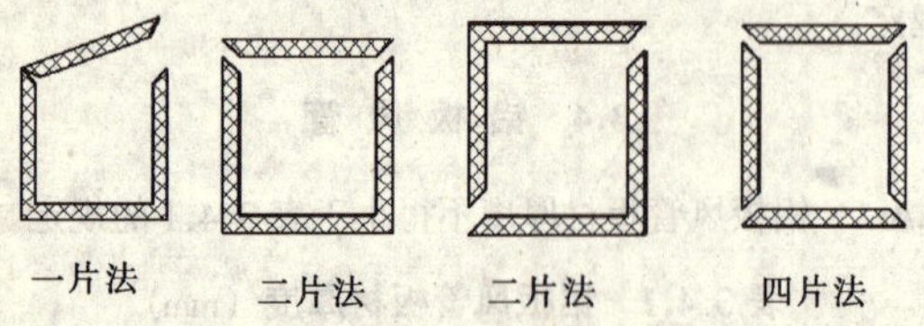

图 3.5.2 矩形风管 45°角组合方式

3.5.3 风管内角缝应采用密封材料封堵；外角缝铝箔断开处，应采用铝箔胶带封贴。

3.5.4 PVC 连接件的燃烧等级应为难燃 B_1 级，其壁厚应大于或等于 1.5mm。

3.5.5 低压风管边长大于 2000mm、中高压风管边长大于 1500mm 时，风管法兰应采用铝合金等金属材料。

3.5.6 边长大于 320mm 的矩形风管安装插接法兰时，应在风管四角粘贴厚度不小于 0.75mm 的镀锌直角垫片，直角垫片的宽度应与风管板料厚度相等，边长不得小于 55mm。

3.5.7 风管内支撑加固形式应按表 3.2.1-5 选用。横向加固点数及纵向加固间距应符合表 3.5.7 的规定。

表 3.5.7 酚醛铝箔复合板风管与聚氨酯铝箔复合板风管横向加固点数及纵向加固间距

类别		系统工作压力（Pa）							
		<300	301~500	501~750	751~1000	1001~1250	1251~1500	1501~2000	
		横向加固点数							
风管边长 b（mm）	410 < b ≤ 600	—	—	—	1	1	1	1	—
	600 < b ≤ 800	—	1	1	1	1	1	2	—
	800 < b ≤ 1000	1	1	1	1	1	2	2	—
	1000 < b ≤ 1200	1	1	1	1	1	2	—	2
	1200 < b ≤ 1500	1	1	1	2	2	2	—	2
	1500 < b ≤ 1700	2	2	2	2	2	2	—	2
	1700 < b ≤ 2000	2	2	2	2	2	2	—	3
纵向加固间距（mm）									
聚氨酯铝箔复合板风管		≤1000	≤800	≤600					≤400
酚醛铝箔复合板风管		≤800							—

3.5.8 风管的角钢法兰或外套槽形法兰可视为一纵（横）向加固点；其余连接方式的风管，其边长大于 1200mm 时，应在法兰连接的单侧方向长度 250mm 内，设纵向加固。

3.6 玻璃纤维复合板风管

3.6.1 玻璃纤维复合板内、外表面层与玻璃纤维绝热材料粘接应牢固，复合板表面应能防止纤维脱落。风管内壁采用涂层材料时，其材料应符合对人体无害的卫生规定。

3.6.2 风管内表面层的玻璃纤维布应是无碱或中碱性材料，并符合现行国家标准《无碱玻璃纤维无捻粗纱布》JC/T 281 的规定。内表面层玻璃纤维布不得有断丝、断裂等缺陷。

3.6.3 风管宜采用整板材料制作。板材拼接时应在结合口处涂满胶液并紧密粘合（图 3.6.3）；外表面拼缝处预留宽 30mm 的外护层涂胶密封后，用一层大于或等于 50mm 宽热敏（压敏）铝箔胶带粘贴密封。接缝处单边粘贴宽度不应小于 20mm。内表面拼缝处可用一层大于或等于 30mm 宽铝箔复合玻璃纤维布粘贴密封或采用胶粘剂抹缝。

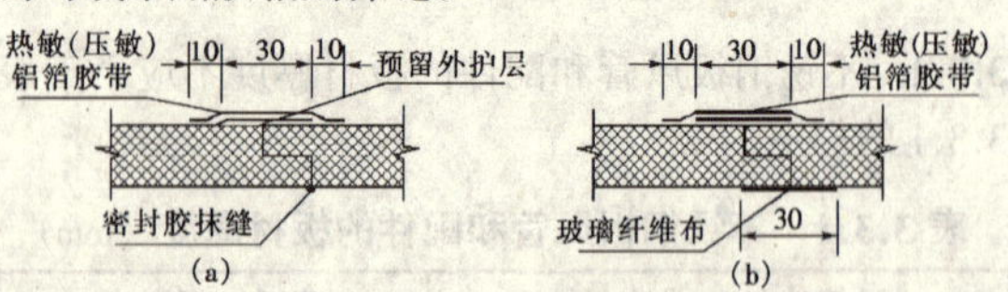

图 3.6.3 玻璃纤维复合板拼接

3.6.4 风管管板的槽口形式可采用 45°角形和 90°梯形（图 3.5.2、图 3.6.4）。切割槽口应选用专用刀具，且不得破坏铝箔表层。组合风管的封口处宜留有大于 35mm 的外表面层搭接边量。

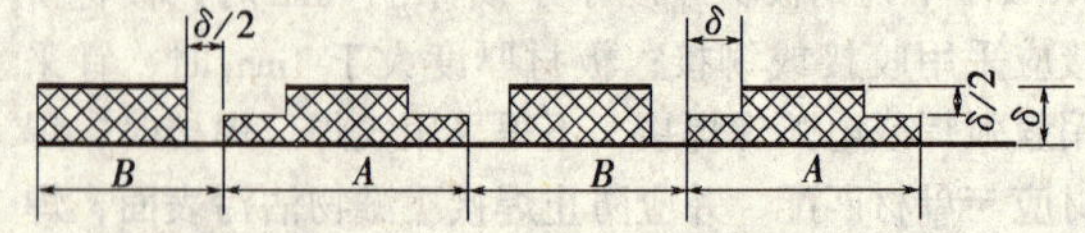

图 3.6.4 玻璃纤维复合板风管梯形槽口

3.6.5 风管组合前，应清除管板表面的切割纤维、油渍、水渍。槽口处应均匀涂满胶粘剂，不得有玻璃纤维外露。风管组合时，应调整风管端面的平面度（图 3.6.5），槽口不得有间隙和错口。风管内角接缝处应用胶粘剂勾缝。风管外接缝应用预留外护层材料和热敏（压敏）铝箔胶带重叠粘贴密封。

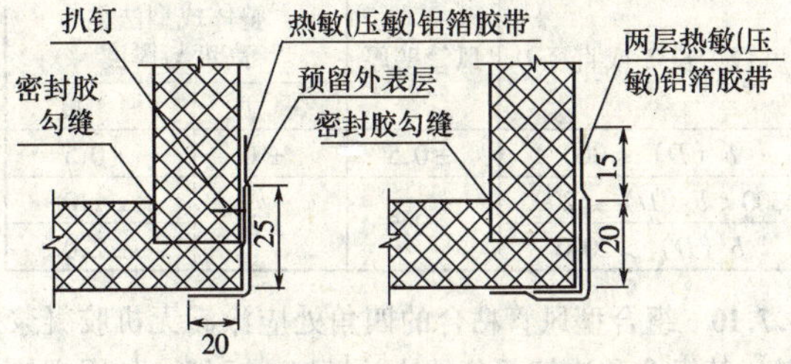

图 3.6.5　风管直角组合图

3.6.6　风管采用金属槽形框外加固时，应按本规程表 3.6.7 设置内支撑，并将内支撑与金属槽形框紧固为一体。负压风管的加固，应设在风管的内侧。

3.6.7　风管的内支撑横向加固点数及外加固框纵向间距应符合表 3.6.7 的规定。

表 3.6.7　玻璃纤维复合板风管内支撑横向加固点数及外加固框纵向间距

类别		系统工作压力（Pa）				
		0～100	101～250	251～500	501～750	751～1000
		内支撑横向加固点数				
风管边长 b（mm）	$300<b\leqslant400$	—	—	—	—	1
	$400<b\leqslant500$	—	—	1	1	1
	$500<b\leqslant600$	—	1	1	1	1
	$600<b\leqslant800$	1	1	1	2	2
	$800<b\leqslant1000$	1	1	2	2	3
	$1000<b\leqslant1200$	1	2	2	3	3
	$1200<b\leqslant1400$	2	2	3	3	4
	$1400<b\leqslant1600$	2	3	3	4	5
	$1600<b\leqslant1800$	2	3	4	4	5
	$1800<b\leqslant2000$	3	3	4	5	6
槽形外加固框纵向间距（mm）		≤600		≤400		≤350

3.6.8　风管按本规程表 3.1.6 采用外套角钢法兰、外套 C 形法兰连接时，其法兰连接处可视为一外加固点。其他连接方式风管的边长大于 1200mm 时，距法兰 150mm 内应设纵向加固。采用阴、阳榫连接的风管，应在距榫口 100mm 内设纵向加固。

3.6.9　内表面层采用丙烯酸树脂的风管应符合下列规定：

1　丙烯酸树脂涂层应均匀，涂料重量不应小于 105.7g/m²，且不得有玻璃纤维外露。

2　风管成形后，在外接缝处宜采用扒钉加固，其间距不宜大于 50mm，并应采用宽度大于 50mm 的热敏胶带粘贴密封。

3.6.10　风管的外加固槽形钢规格应符合表 3.6.10 规定。

表 3.6.10　玻璃纤维复合板风管外加固槽形钢规格（mm）

风管边长 b	槽形钢高度×宽度×厚度
≤1200	40×20×1.0
1201～2000	40×20×1.2

3.6.11　风管加固内支撑件和管外壁加固件的螺栓穿过管壁处应进行密封处理。

3.6.12　风管成形后，管端为阴、阳榫的管段应水平放置，管端为法兰的管段可立放。风管应待胶液干燥固化后方可挪动、叠放或安装。风管应存放在防潮、防雨和防风沙的场地。

3.7　无机玻璃钢风管

3.7.1　无机玻璃钢风管可按其胶凝材料性能分为：以硫酸盐类为胶凝材料与玻璃纤维网格布制成的水硬性无机玻璃钢风管和以改性氯氧镁水泥为胶凝材料与玻璃纤维网格布制成的气硬性改性氯氧镁水泥风管两种类型。胶凝材料硬化体的 pH 值应小于 8.8，且不应对玻璃纤维有碱性腐蚀。

3.7.2　无机玻璃钢风管应采用无碱、中碱或抗碱玻璃纤维网格布，并应分别符合现行国家标准《玻璃纤维网格布》JC561、《无碱玻璃纤维无捻粗纱布》JC/T281、《中碱玻璃纤维无捻粗纱布》JC/T576 的规定。氯氧镁水泥风管氧化镁的品质应符合现行国家标准《菱镁制品用轻烧氧化镁》的规定。

3.7.3　无机玻璃钢风管可分为整体普通型（非保温）、整体保温型（内、外表面为无机玻璃钢，中间为绝热材料）、组合型（由复合板、专用胶、法兰、加固角件等连接成风管）和组合保温型四类，其制作参数应符合表 3.7.3-1、表 3.7.3-2、表 3.7.3-3 的规定。

表 3.7.3-1　整体普通型风管制作参数（mm）

风管边长 b 或直径 D	风管管体			法兰					
	壁厚	玻璃纤维布层数		高度	厚度	玻璃纤维布层数		孔距（L）	螺栓规格
		$C1$	$C2$			$C1$	$C2$		
$b(D)\leqslant300$	3	4	5	27	5	7	8	低、中压 $L\leqslant120$ 高压 $L\leqslant100$	M6
$300<b(D)\leqslant500$	4	5	7	36	6	8	10		M8
$500<b(D)\leqslant1000$	5	6	8	45	8	9	13		M8
$1000<b(D)\leqslant1500$	6	7	9	49	10	10	14		M10
$1500<b(D)\leqslant2000$	7	8	12	53	15	14	16		M10
$b(D)>2000$	8	9	14	52	20	16	20		M10

注：$C1=0.4$mm 厚玻璃纤维布层数，$C2=0.3$mm 厚玻璃纤维布层数。

表 3.7.3-2 整体保温型风管制作参数（mm）

风管边长 b 或直径 D	风管管体		法 兰			
	内壁厚	外壁厚	净高度	厚度	孔距(L)	螺栓规格
$b(D)\leqslant 300$	2	2	31	5	低、中压 $L\leqslant 120$mm	M6
$300<b(D)\leqslant 500$	2	2	31	6		M8
$500<b(D)\leqslant 1000$	2	3	40	8	高压 $L\leqslant 100$mm	M8
$1000<b(D)\leqslant 1500$	3	3	44	10		M10
$1500<b(D)\leqslant 2000$	3	4	48	15		M10
$b(D)\geqslant 2000$	3	5	47	20		M10
注：保温层厚应符合设计要求。						

表 3.7.3-3 组合保温型风管制作参数

（适用压力≤1500Pa）

风管边长 b（mm）		玻璃纤维布层数		内壁厚（mm）	外壁厚（mm）	风管总厚（mm）	连接方式	法兰孔距（mm）
		内壁	外壁					
保温	$b\leqslant 1250$	2	2	2	3	5+保温层	PVC 或铝合金 C 形插条	—
	$b>1250$		3				L36×4 角钢法兰	≤150
普通	$b\leqslant 630$	5		—		5	L25×3 角钢法兰	≤150
	$b\leqslant 1250$						L30×3 角钢法兰	
	$b>1250$						L36×4 角钢法兰	
注：表中法兰规格为允许的最小规格。								

3.7.4 玻璃纤维网格布相邻层之间的纵、横搭接缝距离应大于 300mm，同层搭接缝距离不得小于 500mm。搭接长度应大于 50mm。

3.7.5 风管表层浆料厚度以压平玻璃纤维网格布为宜（可见布纹），表面不得有密集气孔和漏浆。

3.7.6 整体型风管法兰处的玻璃纤维网格布应延伸至风管管体处。法兰与管体转角处的过渡圆弧半径宜为壁厚的 0.8~1.2 倍。

3.7.7 风管制作完毕应待胶凝材料固化后除去内模，并置于干燥、通风处养护 6d 以上，方可安装。

3.7.8 矩形风管管体的缺棱不得多于两处，且小于或等于 10mm×10mm。风管法兰缺棱不得多于一处，且小于或等于 10mm×10mm；缺棱的深度不得大于法兰厚度的 1/3，且不得影响法兰连接的强度。

3.7.9 风管壁厚、整体成型法兰高度与厚度的偏差应符合表 3.7.9 的规定，相同规格的法兰应具有互换性。

表 3.7.9 无机玻璃钢风管壁厚、整体成型法兰高度与厚度的偏差（mm）

风管边长 b 或直径 D	风管壁厚	整体成型法兰高度与厚度	
		高 度	厚 度
b（D）≤300	±0.5	±1	+0.5
300＜b（D）≤2000	±0.5	±2	±1.0
b（D）＞2000			±2.0

3.7.10 组合型风管粘合的四角处应涂满无机胶凝浆料，其组合和连接部分的法兰槽口、角缝，加固螺栓和法兰孔隙处均应密封。

组合型保温式风管保温隔热层的切割面，应采用与风管材质相同的胶凝材料或树脂加以涂封。

3.7.11 组合型风管采用角形金属型材加固四角边时，其紧固件的间距应小于或等于 200mm。法兰与管板紧固点的间距应小于或等于 120mm。

3.7.12 整体型风管应采用与本体材料或防腐性能相同的材料加固，加固件应与风管成为整体。风管制作完毕后的加固，其内支撑横向加固点数及外加固框、内支撑加固点纵向间距应符合表 3.7.12 的规定，并采用与风管本体相同的胶凝材料封堵。

3.7.13 组合型风管的内支撑加固点数及外加固框、内支撑加固点纵向间距应符合表 3.7.13-1 和表 3.7.13-2 的规定。

表 3.7.12 整体型风管内支撑横向加固点数及外加固框、内支撑加固点纵向间距

类 别		系统工作压力（Pa）				
		500~630	631~820	821~1120	1121~1610	1611~2500
		内支撑横向加固点数				
风管边长 b（mm）	$650<b\leqslant 1000$	—	—	1	1	1
	$1000<b\leqslant 1500$	1	1	1	1	2
	$1500<b\leqslant 2000$	1	1	1	1	2
	$2000<b\leqslant 3100$	1	1	1	2	2
	$3100<b\leqslant 4000$	2	2	3	3	4
纵向加固间距（mm）		≤1420	≤1240	≤890	≤740	≤590

表 3.7.13-1 组合型风管内支撑加固点数及外加固框、内支撑加固点纵向间距

类 别		系统工作压力（Pa）				
		500~600	601~740	741~920	921~1160	1161~1500
		内支撑横向加固点数				
风管边长 b（mm）	$550<b\leqslant 1000$	—	—	1	1	1
	$1000<b\leqslant 1500$	1	1	1	1	2
	$1500<b\leqslant 2000$	1	1	2	2	2
	$2000<b\leqslant 3000$	2	2	3	3	4
	$3000<b\leqslant 4000$	3	3	4	4	5
纵向加固间距（mm）		≤1100	≤1000	≤900	≤800	≤700
注：横向加固点数量为 5 个时应加加固框，并与内支撑固定为一整体。						

表 3.7.13-2　组合保温型风管内支撑加固点数及外加固框、内支撑加固点纵向间距

类别		系统工作压力（Pa）				
		500～600	601～740	741～920	921～1160	1161～1500
		内支撑横向加固点数				
风管边长 b（mm）	$1000<b\leqslant1500$	1	1	1	1	1
	$1500<b\leqslant2000$	1	1	1	1	1
	$2000<b\leqslant3000$	2	2	2	2	2
	$3000<b\leqslant4000$	2	2	3	3	3
纵向加固间距（mm）		≤1470	≤1370	≤1270	≤1170	≤1070

注：横向加固点数大于或等于 3 个时应加加固框，并与内支撑固定为一整体。

3.8　硬聚氯乙烯风管

3.8.1　风管板材厚度及直径（或边长）允许偏差应符合表 3.8.1-1 或表 3.8.1-2 规定。

表 3.8.1-1　硬聚氯乙烯圆形风管板材厚度及直径允许偏差（mm）

风管直径 D	板材厚度	直径允许偏差
$D\leqslant320$	3	−1
$320<D\leqslant630$	4	−1
$630<D\leqslant1000$	5	−2
$1000<D\leqslant2000$	6	−2

表 3.8.1-2　硬聚氯乙烯矩形风管板材厚度及边长允许偏差（mm）

风管边长 b	板材厚度	边长允许偏差
$b\leqslant320$	3	−1
$320<b\leqslant500$	4	−1
$500<b\leqslant800$	5	−2
$800<b\leqslant1250$	6	−2
$1250<b\leqslant2000$	8	−2

3.8.2　板材焊接不得出现焦黄、断裂等缺陷，焊缝应饱满，焊条排列应整齐，焊缝形式、焊缝坡口尺寸及使用范围应符合表 3.8.2 的规定。

表 3.8.2　硬聚氯乙烯板焊缝形式、坡口尺寸及使用范围

焊缝形式	图形	焊缝高度（mm）	板材厚度（mm）	坡口角度 α（°）	使用范围
V形对接焊缝	α；1～1.5；0.5	2～3	3～5	70～90	单面焊的风管

续表 3.8.2

焊缝形式	图形	焊缝高度（mm）	板材厚度（mm）	坡口角度 α（°）	使用范围
X形对接焊缝	α；1～1.5；0.5～1	2～3	≥5	70～90	风管法兰及厚板的拼接
搭接焊缝	δ；≥3δ	≥最小板厚	3～10	—	风管和配件的加固
角焊缝（无坡口）		2～3	6～18	—	
		≥最小板厚	≥3	—	风管配件的角焊
V形单面角焊缝	1～1.5；α	2～3	3～8	70～90	风管角部焊接
V形双面角焊缝	3～5；α	2～3	6～15	70～90	厚壁风管角部焊接

3.8.3　矩形风管的四角可采用煨角或焊接连接的方法。当采用煨角时，纵向焊缝距煨角处宜大于 80mm。

3.8.4　圆形、矩形风管法兰规格应符合表 3.8.4-1、表 3.8.4-2 的规定。

表 3.8.4-1　硬聚氯乙烯圆形风管法兰规格

风管直径 D（mm）	法兰宽×厚（mm）	螺栓孔径（mm）	螺孔数量	连接螺栓
$D\leqslant180$	35×6	7.5	6	M6
$180<D\leqslant400$	35×8	9.5	8～12	M8
$400<D\leqslant500$	35×10	9.5	12～14	M8
$500<D\leqslant800$	40×10	9.5	16～22	M8
$800<D\leqslant1400$	45×12	11.5	24～38	M10
$1400<D\leqslant1600$	50×15	11.5	40～44	M10
$1600<D\leqslant2000$	60×15	11.5	46～48	M10
$D>2000$	按设计			

表 3.8.4-2 硬聚氯乙烯矩形风管法兰规格（mm）

风管边长 b	法兰宽×厚	螺栓孔径	螺孔间距	连接螺栓
≤160	35×6	7.5	≤120	M6
160＜b≤400	35×8	9.5		M8
400＜b≤500	35×10	9.5		M8
500＜b≤800	40×10	11.5		M10
800＜b≤1250	45×12	11.5		M10
1250＜b≤1600	50×15	11.5		M10
1600＜b≤2000	60×18	11.5		M10

3.8.5 风管与法兰连接应采用焊接，法兰端面应垂直于风管轴线。直径或边长大于500mm的风管与法兰的连接处，宜均匀设置三角支撑加强板，加强板间距不得大于450mm。

3.8.6 边长大于或等于630mm焊接成型的、边长大于或等于800mm煨角成型的或管段长度大于1200mm的风管，应焊接加固框或加固筋，加固框的规格宜与法兰相同。

3.8.7 风管两端面应平行，无明显扭曲；表面应平整，凸凹不应大于5mm；煨角圆弧应均匀。

3.9 净化空调系统风管

3.9.1 风管制作的场所应相对封闭，场地宜铺设不易产生灰尘的软性材料。

3.9.2 风管加工前应采用清洗液去除板材表面油污及积尘。清洗液应为对板材表面无损害、干燥后不产生粉尘，且对人体无危害的中性清洁剂。

3.9.3 风管应减少纵向接缝，且不得有横向接缝。矩形风管底板的纵向接缝数量应符合表3.9.3规定。

表 3.9.3 净化系统矩形风管底板允许纵向接缝数量

风管边长 b（mm）	b＜900	900＜b≤1800	1800＜b≤2600
允许纵向接缝数	0	1	2

3.9.4 风管的咬口缝、铆接缝以及法兰翻边四角缝隙处，应按设计及洁净等级要求，采用涂密封胶或其他密封措施堵严。密封材料宜采用异丁基橡胶、氯丁橡胶、变性硅胶等为基材的材料。风管板材连接缝的密封面应设在风管壁的正压侧。

3.9.5 彩色涂层钢板风管的内壁应光滑，加工时不得损坏涂层，被损坏的部位应涂环氧树脂。

3.9.6 净化空调系统风管法兰的铆钉间距应小于100mm，空气洁净等级为1～5级的风管法兰铆钉间距应小于65mm。

3.9.7 风管连接螺栓、螺母、垫圈和铆钉应采用镀锌或其他防腐措施，不得使用抽芯铆钉。

3.9.8 风管不得采用S形插条、C形直角插条及立联合角插条的连接方式。空气洁净等级为1～5级的风管不得采用按扣式咬口。

3.9.9 风管内不得设置加固框或加固筋。

3.9.10 风管制作完毕应使用清洗液清洗，清洗后经白绸布擦拭检查达到要求后，应及时封口。

3.10 风 管 配 件

3.10.1 矩形风管的弯管、三通、异径管及来回弯管等配件所用材料厚度、连接方法及制作要求应符合风管制作的相应规定。

3.10.2 矩形弯管按图3.10.2-1所示分内外同心弧型、内弧外直角型、内斜线外直角型及内外直角型，其制作应符合下列要求：

1 矩形弯管宜采用内外同心弧型。弯管曲率半径宜为一个平面边长，圆弧应均匀。

2 矩形内外弧型弯管平面边长大于500mm，且内弧半径（r）与弯管平面边长（a）之比小于或等于0.25时应设置导流片。导流片弧度应与弯管弧度相等，迎风边缘应光滑，片数及设置位置应按表3.10.2-1及表3.10.2-2的规定。

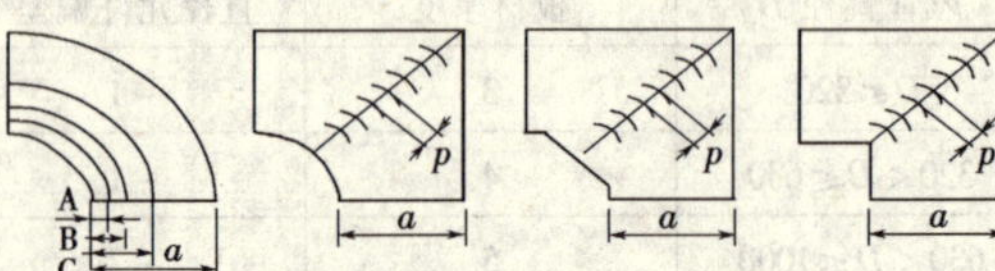

图 3.10.2-1 矩形弯管示意图

表 3.10.2-1 内外弧型矩形弯管导流片数及设置位置

弯管平面边长 a（mm）	导流片数	导流片位置 A	导流片位置 B	导流片位置 C
500＜a≤1000	1	a/3	—	—
1000＜a≤1500	2	a/4	a/2	—
a＞1500	3	a/8	a/3	a/2

3 矩形内外直角型弯管以及边长大于500mm的内弧外直角型、内斜线外直角型弯管应按图3.10.2-2选用并设置单弧形或双弧形等圆弧导流片。导流片圆弧半径及片距宜按表3.10.2-2规定。

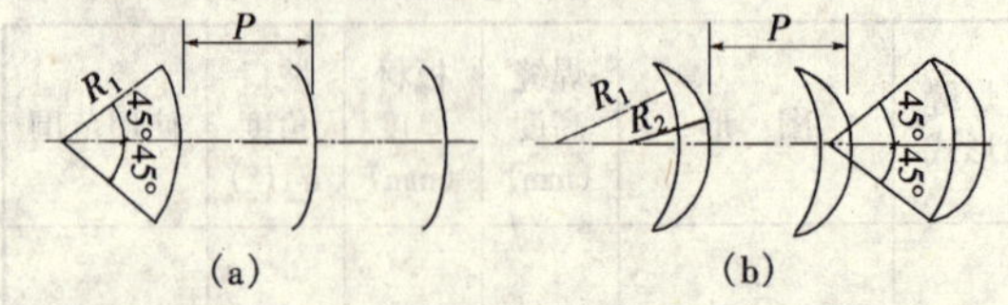

图 3.10.2-2 单弧形或双弧形导流片形式
（a）单弧形；（b）双弧形

表 3.10.2-2 单弧形或双弧形导流片圆弧半径及片距（mm）

单圆弧导流片		双圆弧导流片	
$R_1=50$ $P=38$	$R_1=115$ $P=83$	$R_1=50$ $R_2=25$ $P=54$	$R_1=115$ $R_2=51$ $P=83$
镀锌板厚度宜为 0.8		镀锌板厚度宜为 0.6	

4 采用机械方法压制的非金属矩形弯管弧面，其内弧半径小于 150mm 的轧压间距宜为 20～35mm；内弧半径 150～300mm 的轧压间距宜为 35～50mm 之间；内弧半径大于 300mm 的轧压间距宜为 50～70mm。轧压深度不宜大于 5mm。

3.10.3 组合圆形弯管可采用立咬口，弯管曲率半径（以中心线计）和最小分节数应符合表 3.10.3 的规定。弯管的弯曲角度允许偏差宜为 3°。

3.10.4 变径管单面变径的夹角（θ）宜小于 30°，双面变径的夹角宜小于 60°（图 3.10.4）。

3.10.5 圆形三通、四通、支管与总管夹角宜为 15°～60°，制作偏差应为 3°。插接式三通管段长度宜为 2 倍支管直径加 100mm、支管长度不应小于 200mm，止口长度宜为 50mm。三通连接宜采用焊接或咬接形式(图 3.10.5)。

表 3.10.3 圆形弯管曲率半径和最少分节数

弯管直径 D (mm)	曲率半径 R (mm)	弯管角度和最少节数							
		90°		60°		45°		30°	
		中节	端节	中节	端节	中节	端节	中节	端节
$80<D\leqslant220$	$\geqslant1.5D$	2	2	1	2	1	2	—	2
$220<D\leqslant450$	$1D\sim1.5D$	3	2	2	2	1	2	—	2
$450<D\leqslant800$	$1D\sim1.5D$	4	2	2	2	1	2	1	2
$800<D\leqslant1400$	$1D$	5	2	3	2	2	2	1	2
$1400<D\leqslant2000$	$1D$	8	2	5	2	2	2	2	2

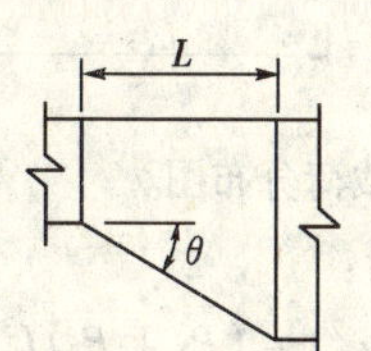

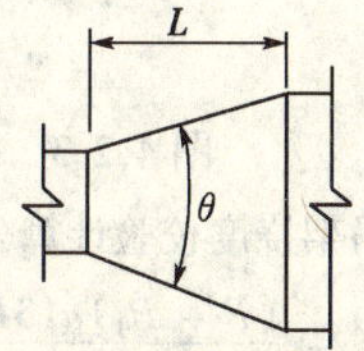

图 3.10.4 单面变径与双面变径夹角

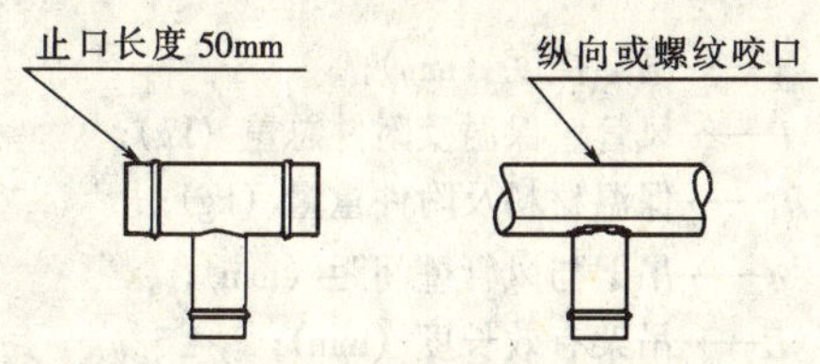

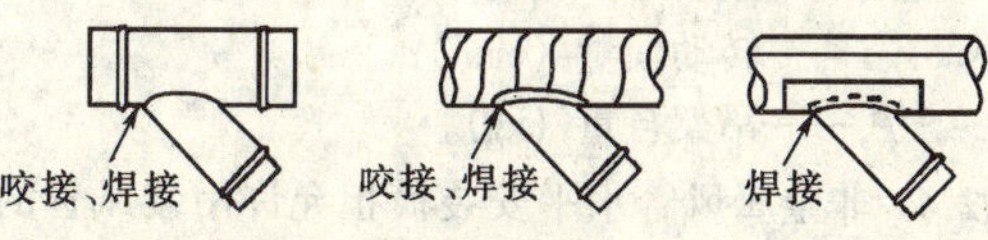

图 3.10.5 三通连接形式

3.11 柔性风管

3.11.1 柔性风管应选用防腐、不透气、不宜霉变的柔性材料。当用于空调系统时，应采取防止结露的措施，外保温风管应包覆防潮层。

3.11.2 直径小于或等于 250mm 的金属圆形柔性风管，其壁厚应大于或等于 0.09mm；直径为 250～500mm 的风管，其壁厚应大于或等于 0.12mm；直径大于 500mm 的风管，其壁厚应大于或等于 0.2mm。

3.11.3 风管材料与胶粘剂的燃烧性能应达到难燃 B_1 级。胶粘剂的化学性能应与所粘接材料一致，且在 −30～70℃环境中不开裂、融化、不水溶，并保持良好的粘接性。

3.11.4 铝箔聚酯膜复合柔性风管的壁厚应大于或等于 0.021mm，钢丝表面应有防腐涂层，且符合现行国家标准《胎圈用钢丝》GB 14450 的规定。钢丝规格应符合表 3.11.4 规定。

表 3.11.4 铝箔聚酯膜复合柔性风管钢丝规格（mm）

风管直径（D）	$D\leqslant200$	$200<D\leqslant400$	$D>400$
钢丝直径	0.96	1.2	1.42

4 风管安装

4.1 一般规定

4.1.1 风管系统的安装宜在建筑物围护结构施工完毕、安装部位和操作场所清理后进行。净化空调风管系统应在安装部位的地面已做好，墙面抹灰工序完毕，室内无飞尘或有防尘措施后进行安装。

4.1.2 风管安装前应对风管位置、标高、走向进行技术复核，且符合设计要求。建筑结构的预留孔洞位置应正确，孔洞应大于风管外边尺寸 100mm 或以上。

4.1.3 搬运风管应防止碰、撬、摔等机械损伤，安装时严禁攀登倚靠非金属风管。

4.1.4 风管安装前应对其外观进行质量检查，并清除其内外表面粉尘及管内杂物。安装中途停顿时，应将风管端口封闭。

4.1.5 风管接口不得安装在墙内或楼板中，风管沿墙体或楼板安装时，距离墙面、楼板宜大于 150mm。

4.1.6 风管内不得敷设各种管道、电线或电缆，室外立管的固定拉索严禁拉在避雷针或避雷网上。

4.1.7 输送含有易燃、易爆气体或安装在易燃、易爆环境的风管系统应有良好的接地措施。通过辅助生产房间的风管必须严密，并不得设置接口。输送空气温度高于 80℃的风管应按设计规定采取防护措施。

4.1.8 输送产生凝结水或含蒸气的潮湿空气风管，安装坡度应按设计要求。风管底部不宜设置拼接缝，拼接缝处应做密封处理。

4.1.9 风管穿过需要封闭的防火防爆楼板或墙体时，应设壁厚不小于1.6mm的预埋管或防护套管，风管与防护套管之间应采用不燃且对人体无害的柔性材料封堵。

4.1.10 风管与建筑结构风道的连接接口，应顺气流方向插入，并应采取密封措施。

4.1.11 风管与风机、风机箱、空气处理机等设备的相连处应设置柔性短管，其长度宜为150～300mm或按设计规定。柔性短管不应作为找正、找平的异径连接管。风管穿越结构变形缝处应设置柔性短管，其长度应大于变形缝宽度100mm以上。

4.1.12 风管测定孔应设置在不产生涡流区且便于测量和观察的部位；吊顶内风管测定孔的部位，应留有活动吊顶板或检查门。

4.1.13 风管安装偏差应符合下列规定：

1 明装水平风管水平度偏差应为3mm/m，总偏差不得大于20mm；

2 明装垂直风管垂直度偏差应为2mm/m，总偏差不得大于20mm；

3 暗装风管位置应正确，无明显偏差。

4.2 支吊架制作与安装

4.2.1 风管支、吊架的固定件、吊杆、横担和所有配件材料，应符合其载荷额定值和应用参数的要求。

4.2.2 风管支吊架制作应符合下列规定：

1 支吊架的形式和规格宜按本规程或有关标准图集与规范选用，直径大于2000mm或边长大于2500mm的超宽、超重特殊风管的支、吊架应按设计规定。

2 支吊架的下料宜采用机械加工，采用气焊切割口应进行打磨处理。不得采用电气焊开孔或扩孔。

3 吊杆应平直，螺纹应完整、光洁。吊杆加长可采用以下方法拼接：

1）采用搭接双侧连续焊，搭接长度不应小于吊杆直径的6倍；

2）采用螺纹连接时，拧入连接螺母的螺丝长度应大于吊杆直径，并有防松动措施。

4.2.3 矩形金属水平风管在最大允许安装距离下，吊架的最小规格应符合表4.2.3-1规定，圆形金属水平风管在最大允许安装距离下，吊架的最小规格应符合表4.2.3-2规定。其他规格应按吊架载荷分布图4.2.3及公式（4.2.3）进行吊架挠度校验计算。挠度不应大于9mm。

表 4.2.3-1 金属矩形水平风管吊架的最小规格（mm）

风管边长 b	吊杆直径	横担规格	
		角 钢	槽 钢
$b\leqslant400$	Φ8	L25×3	[40×20×1.5
$400<b\leqslant1250$	Φ8	L30×3	[40×40×2.0
$1250<b\leqslant2000$	Φ10	L40×4	[40×40×2.5 [60×40×2.0
$2000<b\leqslant2500$	Φ10	L50×5	—
$b>2500$	按设计确定		

表 4.2.3-2 金属圆形水平风管吊架的最小规格（mm）

风管直径 D	吊杆直径	抱箍规格		角钢横担
		钢 丝	扁 钢	
$D\leqslant250$	Φ8	Φ2.8	25×0.75	—
$250<D\leqslant450$	Φ8	*Φ2.8 或 Φ5		
$450<D\leqslant630$	Φ8	*Φ3.6		
$630<D\leqslant900$	Φ8	*Φ3.6	25×1.0	—
$900<D\leqslant1250$	Φ10	—		
$1250<D\leqslant1600$	*Φ10	—	*25×1.5	L40×4
$1600<D\leqslant2000$	*Φ10	—	*25×2.0	
$D>2000$	按设计确定			

注：1 吊杆直径中的“*”表示两根圆钢；
2 钢丝抱箍中的“*”表示两根钢丝合用；
3 扁钢中的“*”表示上、下两个半圆弧。

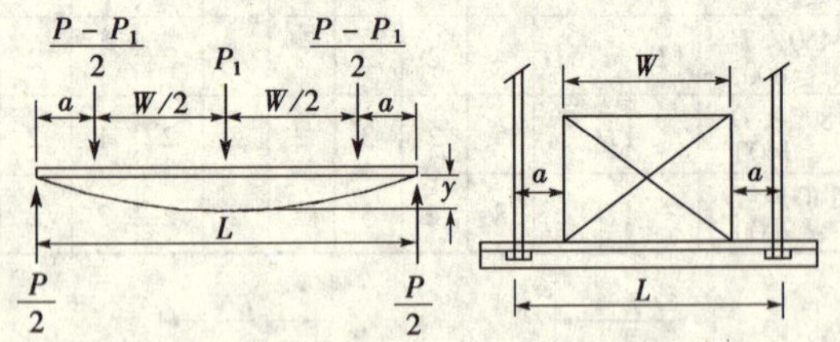

图4.2.3 吊架载荷分布图

吊架挠度校验计算公式为：

$$y=\frac{(P-P_1)a(3L^2-4a^2)+(P_1+P_z)L^3}{48EI} \tag{4.2.3}$$

式中 y——吊架挠度（mm）；

P——风管、保温及附件总重（kg）；

P_1——保温材料及附件重量（kg）；

a——吊架与风管壁间距（mm）；

L——吊架有效长度（mm）；

E——刚度系数（kPa）；

I——转动惯量（mm^4）；

P_z——吊架自重（kg）。

4.2.4 非金属风管水平安装横担允许吊装风管的规格按表4.2.4可选用相应规格的角钢和槽钢。

表 4.2.4　非金属风管水平安装横担允许吊装的风管规格（mm）

风管类别	角钢或槽钢横担				
	L25×3 [40×20×1.5	L30×3 [40×20×1.5	L40×4 [40×20×1.5	L50×5 [60×40×2	L63×5 [80×60×2
聚氨酯铝箔复合板风管	b≤630	630＜b≤1250	b＞1250	—	—
酚醛铝箔复合板风管	b≤630	630＜b≤1250	b＞1250	—	
玻璃纤维复合板风管	b≤450	450＜b≤1000	1000＜b≤2000	—	—
无机玻璃钢风管	b≤630	—	b≤1000	b≤1500	b＜2000
硬聚氯乙烯风管	b≤630	—	b≤1000	b≤2000	b＞2000
注：b 为风管边长。					

4.2.5　非金属风管吊架的吊杆直径不应小于表 4.2.5 规定。

表 4.2.5　非金属风管吊架的吊杆直径（mm）

风管类别	吊杆直径			
	ϕ6	ϕ8	ϕ10	ϕ12
聚氨酯铝箔复合板风管	b≤1250	1250＜b≤2000	—	—
酚醛铝箔复合板风管	b≤800	800＜b≤2000	—	—
玻璃纤维复合板风管	b≤600	600＜b≤2000	—	—
无机玻璃钢风管	—	b≤1250	1250＜b≤2500	b＞2500
硬聚氯乙烯风管	—	b≤1250	1250＜b≤2500	b＞2500
注：b 为风管边长。				

4.2.6　金属风管（含保温）水平安装时，其吊架的最大间距应符合表 4.2.6 规定。

表 4.2.6　金属风管吊架的最大间距（mm）

风管边长或直径	矩形风管	圆形风管	
		纵向咬口风管	螺旋咬口风管
≤400	4000	4000	5000
＞400	3000	3000	3750
注：薄钢板法兰、C形插条法兰、S形插条法兰风管的支、吊架间距不应大于3000mm。			

4.2.7　水平安装非金属风管支吊架最大间距应符合表 4.2.7 规定。

表 4.2.7　水平安装非金属风管支吊架最大间距（mm）

风管类别	风管边长						
	≤400	≤450	≤800	≤1000	≤1500	≤1600	≤2000
	支吊架最大间距						
聚氨酯铝箔复合板风管	≤4000	≤3000					
酚醛铝箔复合板风管	≤2000				≤1500		≤1000
玻璃纤维复合板风管	≤2400		≤2200		≤1800		
无机玻璃钢风管	≤4000	≤3000			2500	≤2000	
硬聚氯乙烯风管	≤4000	≤3000					

4.2.8　支吊架的预埋件位置应正确、牢固可靠，埋入部分应除锈、除油污，并不得涂漆。支吊架外露部分应做防腐处理。

4.2.9　支吊架不应设置在风口处或阀门、检查门和自控机构的操作部位，距离风口或插接管不宜小于200mm。

4.2.10　采用胀锚螺栓固定支、吊架时，应符合胀锚螺栓使用技术条件的规定。胀锚螺栓宜安装于强度等级 C15 及其以上混凝土构件，螺栓至混凝土构件边缘的距离不应小于螺栓直径的 8 倍。螺栓组合使用时，其间距不应小于螺栓直径的 10 倍。螺栓孔直径和钻孔深度应符合表 4.2.10 规定，成孔后应对钻孔直径和钻孔深度进行检查。

表 4.2.10　常用胀锚螺栓的型号、钻孔直径和钻孔深度（mm）

胀锚螺栓种类	规格	螺栓总长	钻孔直径	钻孔深度
内螺纹胀锚螺栓	M6	25	8	32～42
	M8	30	10	42～52
	M10	40	12	43～53
	M12	50	15	54～64
单胀管式胀锚螺栓	M8	95	10	65～75
	M10	110	12	75～85
	M12	125	18.5	80～90
双胀管式胀锚螺栓	M12	125	18.5	80～90
	M16	155	23	110～120

4.2.11　当设计无规定时，支吊架安装宜符合下列规定：

1 靠墙或靠柱安装的水平风管宜用悬臂支架或斜撑支架；不靠墙、柱安装的水平风管宜用托底吊架。直径或边长小于400mm的风管可采用吊带式吊架。

2 靠墙安装的垂直风管应采用悬臂托架或斜撑支架；不靠墙、柱穿楼板安装的垂直风管宜采用抱箍吊架，室外或屋面安装的立管应采用井架或拉索固定。

4.2.12 金属风管支吊架安装应符合下列规定：

1 不锈钢板、铝板风管与碳素钢支架的横担接触处，应采取防腐措施。

2 矩形风管立面与吊杆的间隙不宜大于150mm，吊杆距风管末端不应大于1000mm。

3 水平弯管在500mm范围内应设置一个支架，支管距干管1200mm范围内应设置一个支架。

4 风管垂直安装时，其支架间距不应大于4000mm。长度大于或等于1000mm单根直风管至少应设置2个固定点。

4.2.13 非属风管支吊架安装应符合下列规定：

1 边长（直径）大于200mm的风阀等部件与非金属风管连接时，应单独设置支吊架。风管支吊架的安装不能有碍连接件的安装。

2 酚醛铝箔复合板风管与聚氨酯铝箔复合板风管垂直安装的支架间距不应大于2400mm，每根立管的支架不应少于2个。

3 玻璃纤维复合板风管垂直安装的支架间距不应大于1200mm。

4 无机玻璃钢风管垂直支架间距应小于或等于3000mm，每根垂直风管不应少于2个支架。

5 边长或直径大于2000mm的超宽、超高等特殊无机玻璃钢风管的支、吊架，其规格及间距应进行载荷计算。

6 无机玻璃钢消声弯管或边长与直径大于1250mm的弯管、三通等应单独设置支、吊架。

7 无机玻璃钢圆形风管的托座和抱箍所采用的扁钢不应小于30×4。托座和抱箍的圆弧应均匀且与风管的外径一致，托架的弧长应大于风管外周长的1/3。

8 无机玻璃钢风管边长或直径大于1250mm的风管吊装时不得超过2节。边长或直径大于1250mm的风管组合吊装时不得超过3节。

4.2.14 柔性风管的安装应符合下列规定：

1 风管支吊架的间隔宜小于1500mm。风管在支架间的最大允许垂度宜小于40mm/m。

2 柔性风管的吊卡箍宽度应大于25mm（图4.2.14）。卡箍的圆弧长应大于1/2周长且与风管外径相符。柔性风管外保温层应有防潮措施，吊卡箍可安装在保温层上。

4.2.15 风管安装后，支、吊架受力应均匀，且无明显变形，吊架的横担挠度应小于9mm。

4.2.16 水平悬吊的风管长度超过20m的系统，应设置不少于1个防止风管摆动的固定支架。

4.2.17 支撑保温风管的横担宜设在风管保温层外部，且不得损坏保温层。

图4.2.14 柔性风管吊卡箍安装

4.2.18 圆形风管的托座和抱箍的圆弧应均匀，且与风管外径一致。抱箍支架的紧固折角应平直，抱箍应箍紧风管。

4.3 风管连接的密封

4.3.1 风管连接的密封材料应满足系统功能技术条件、对风管的材质无不良影响，并具有良好的气密性。风管法兰垫料的燃烧性能和耐热性能应符合表4.3.1规定。

表4.3.1 风管法兰垫料燃烧性能和耐热性能

种　类	燃烧性能	主要基材耐热性能
玻璃纤维类	不燃A级	300℃
氯丁橡胶类	难燃B_1级	100℃
异丁基橡胶类	难燃B_1级	80℃
丁腈橡胶类	难燃B_1级	120℃
聚氯乙烯	难燃B_1级	100℃

4.3.2 当设计无要求时，法兰垫料可按下列规定使用：

1 法兰垫料厚度宜为3～5mm。

2 输送温度低于70℃的空气，可用橡胶板、闭孔海绵橡胶板、密封胶带或其他闭孔弹性材料。

3 防、排烟系统或输送温度高于70℃的空气或烟气，应采用耐热橡胶板或不燃的耐温、防火材料。

4 输送含有腐蚀性介质的气体，应采用耐酸橡胶板或软聚氯乙烯板。

5 净化空调系统风管的法兰垫料应为不产尘、不易老化、具有一定强度和弹性的材料。

4.3.3 密封垫料应减少拼接，接头连接应采用梯形或榫形方式。密封垫料不应凸入风管内或脱落（图4.3.3-1、图4.3.3-2）。

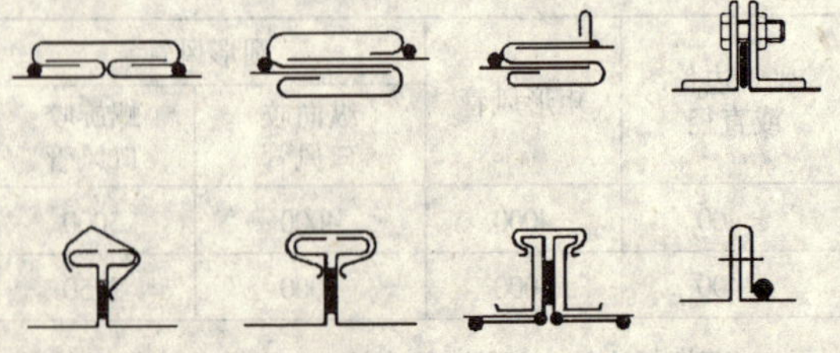

图4.3.3-1 矩形风管管段连接的密封

4.3.4 非金属风管采用PVC或铝合金插条法兰连接，

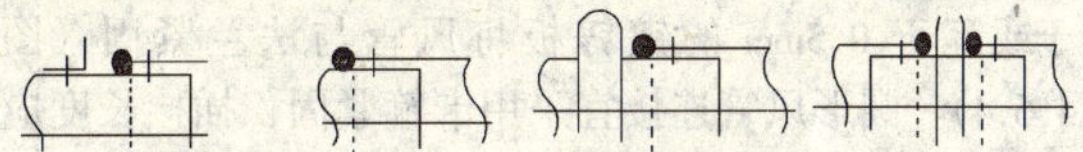

图 4.3.3-2　圆形风管管段连接的密封

应对四角或漏风缝隙处进行密封处理。

4.4　金属风管安装

4.4.1　角钢法兰连接应符合下列规定：

1　角钢法兰的连接螺栓应均匀拧紧，螺母应在同一侧。

2　不锈钢风管法兰的连接，宜采用同材质的不锈钢螺栓。采用普通碳素钢螺栓时，应按设计要求喷涂涂料。

3　铝板风管法兰的连接，应采用镀锌螺栓，并在法兰两侧加垫镀锌垫圈。

4　安装在室外或潮湿环境的风管角钢法兰连接处，应采用镀锌螺栓和镀锌垫圈。

4.4.2　薄钢板法兰的连接应符合下列规定：

1　风管四角处的角件与法兰四角接口的固定应紧贴，端面应平整，相连处不应有大于 2mm 的连续穿透缝。法兰四角连接处、支管与干管连接处的内外面均应进行密封。

2　法兰端面粘贴密封胶条并紧固法兰四角螺丝后，方可安装插条或弹簧夹、顶丝卡。弹簧夹、顶丝卡不应松动。

3　薄钢板法兰的弹性插条、弹簧夹的紧固螺栓（铆钉）应分布均匀，间距不应大于 150mm，最外端的连接件距风管边缘不应大于 100mm。

4　组合型薄钢板法兰与风管管壁的组合，应调整法兰口的平面度后，再将法兰条与风管铆接（或本体铆接）。

4.4.3　C形、S形插条连接应符合下列规定：

1　C形、S形插条连接风管的折边四角处、纵向接缝部位及所有相交处均应进行密封。

2　C形平插条连接，应先插入风管水平插条，再插入垂直插条，最后将垂直插条两端延长部分，分别折 90°封压水平插条。

3　C形立插条、S形立插条的法兰四角立面处，应采取包角及密封措施。

4　S形平插条或立插条单独使用时，在连接处应有固定措施。

4.4.4　立咬口、包边立咬口连接的风管，同一规格风管的立咬口、包边立咬口的高度应一致。铆钉的间距应小于或等于 150mm；四角连接处应铆固长度大于 60mm 的 90°贴角。

4.4.5　边长小于或等于 630mm 支风管与主风管的连接可采用下列方式：

1　迎风面应有 30°斜面或 $R=150$mm 弧面。

2　S形咬接式可按图 4.4.5（a）制作，连接四角处应做密封处理。

3　联合角咬接式可按图 4.4.5（b）制作，连接四角处应做密封处理。

4　法兰连接式可按图 4.4.5（c）制作，主风管内壁处上螺丝前应加扁钢垫并做密封处理。

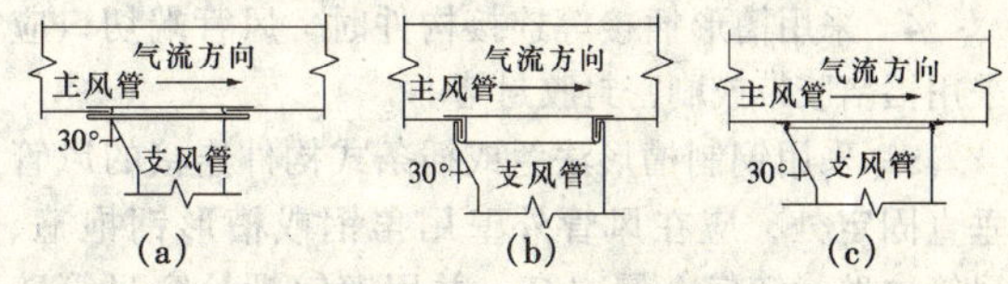

图 4.4.5　支风管与主风管连接方式

4.5　非金属风管安装

4.5.1　风管穿过需密封的楼板或侧墙时，除无机玻璃钢外，均应采用金属短管或外包金属套管。套管板厚应符合金属风管板材厚度的规定。与电加热器、防火阀连接的风管材料必须采用不燃材料。

4.5.2　风管管板与法兰（或其他连接件）采用插接连接时，管板厚度与法兰（或其他连接件）槽宽度应有 0.1～0.5mm 的过盈量，插接面应涂满胶粘剂。法兰四角接头处应平整，不平度应小于或等于 1.5mm，接头处的内边应填密封胶。

4.5.3　酚醛铝箔复合板风管与聚氨酯铝箔复合板风管安装应符合下列规定：

1　插条法兰条的长度宜小于风管内边 1～2mm，插条法兰的不平整度宜小于或等于 2mm。

2　中、高压风管的插接法兰之间应加密封垫或采取其他密封措施。

3　插接法兰四角的插条端头应涂抹密封胶后再插护角。

4　矩形风管边长小于 500mm 的支风管与主风管连接时，可按图 4.5.3（a）采用在主风管接口切内 45°坡口，支风管管端接口处开外 45°坡口直接粘接方法。

5　主风管上直接开口连接支风管可按图 4.5.3（b）采用 90°连接件或采用其他专用连接件连接。连接件四角处应涂抹密封胶。

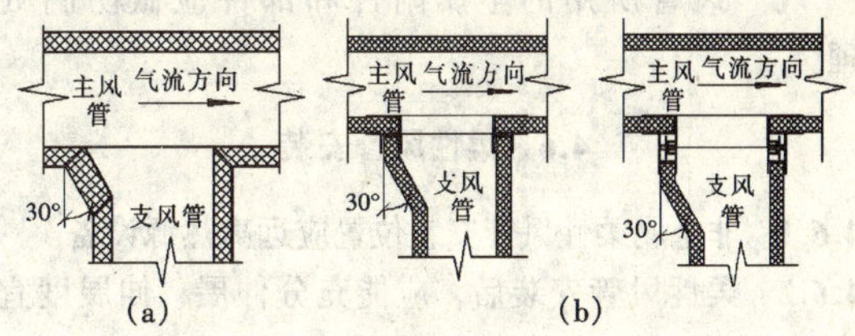

图 4.5.3　主风管上直接开口连接支风管方式

（a）接口切内 45°粘接；（b）90°连接件

4.5.4　玻璃纤维复合板风管安装应符合下列规定：

1　板材搬运中，应避免损坏铝箔复合面或树脂涂层。

2 榫连接风管的连接应在榫口处涂胶粘剂，连接后在外接缝处应采用扒钉加固，间距不宜大于50mm，并宜采用宽度大于50mm的热敏胶带粘贴密封。

3 风管预接的长度不宜超过2800mm。

4 采用槽形插接等连接构件时，风管端切口应采用铝箔胶带或刷密封胶封堵。

5 采用钢制槽形法兰或插条式构件连接的风管垂直固定处，应在风管外壁用角钢或槽形钢抱箍、风管内壁衬镀锌金属内套，并用镀锌螺栓穿过管壁把抱箍与内套固定。螺孔间距不应大于120mm，螺母应位于风管外侧。螺栓穿过的管壁处应进行密封处理。

6 玻璃纤维复合板风管在竖井内垂直的固定，可采用角钢法兰加工成“井”形套，将突出部分作为固定风管的吊耳。

4.5.5 无机玻璃钢风管法兰连接螺栓的两侧应加镀锌垫圈并均匀拧紧。

4.5.6 硬聚氯乙烯风管应符合下列规定：

1 圆形风管可按图4.5.6采用套管连接或承插连接的形式。

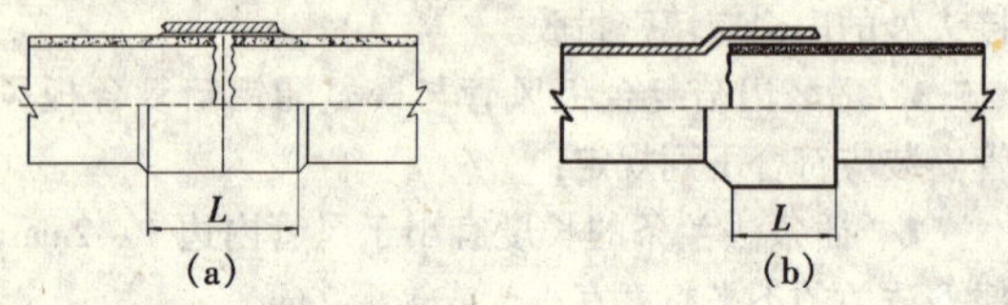

图4.5.6 硬聚氯乙烯风管连接

(a) 套管连接；(b) 承插连接

2 直径小于或等于200mm的圆形风管采用承插连接时，插口深度宜为40～80mm。粘接处应严密和牢固。采用套管连接时，套管长度宜为150～250mm，其厚度不应小于风管壁厚。

3 法兰垫片宜采用3～5mm软聚氯乙烯板或耐酸橡胶板，连接法兰的螺栓应加钢制垫圈。

4 风管穿越墙体或楼板处应设金属防护套管。

5 支管的重量不得由干管承受。

6 风管所用的金属附件和部件应做防腐处理。

4.6 柔性风管安装

4.6.1 非金属柔性风管安装位置应远离热源设备。

4.6.2 柔性风管安装后，应能充分伸展，伸展度宜大于或等于60%。风管转弯处其截面不得缩小。

4.6.3 金属圆形柔性风管宜采用抱箍将风管与法兰紧固。当直接采用螺丝紧固时，紧固螺丝距离风管端部应大于12mm，螺丝间距应小于或等于150mm。

4.6.4 用于支管安装的铝箔聚酯膜复合柔性风管长度应小于5m。风管与角钢法兰连接，应采用厚度大于或等于0.5mm的镀锌板将风管与法兰紧固（图4.6.4）。圆形风管连接宜采用卡箍紧固，插接长度应大于50mm。当连接套管直径大于300mm时，应在套管端面10～15mm处压制环形凸槽，安装时卡箍应放置在套管的环形凸槽后面。

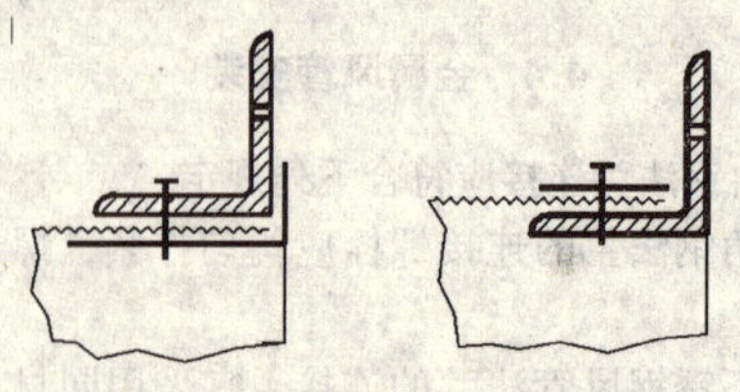

图4.6.4 柔性风管与角钢法兰的连接

4.7 净化空调系统风管安装

4.7.1 风管系统安装前，建筑结构、门窗和地面施工应已完成。

4.7.2 风管安装场地所用机具应保持清洁、安装人员应穿戴清洁工作服、手套和工作鞋等。

4.7.3 经清洗干净包装密封的风管及其部件，在安装前不得拆卸。安装时拆开端口封膜后应随即连接，安装中途停顿，应将端口重新封好。

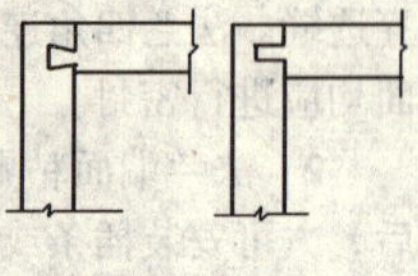

图4.7.4 法兰密封垫片接头连接形式

4.7.4 法兰的密封垫料应采用不易产尘的材料，不得使用厚纸板、石棉橡胶板、铅油麻丝及油毡纸等。垫料应尽量减少接头，垫料接头应按图4.7.4采用梯形或榫形连接，并应涂胶粘牢。法兰均匀压紧后，垫料不应凸出风管内壁。

4.7.5 风管与洁净室吊顶、隔墙等围护结构的接缝处应严密。

5 风管检验

5.1 一般规定

5.1.1 风管制作与安装工艺过程中的质量控制和检验应符合本规程的要求。风管制作与安装的质量验收应符合设计要求，并应符合现行国家标准《通风与空调工程施工质量验收规范》GB 50243的规定。

5.1.2 风管制作质量的检验应按其材料、工艺、风管系统工作压力和输送气体的不同分别进行。工程中使用的外购成品风管应有检测机构提供的风管耐压强度、严密性检测报告。

5.1.3 风管系统的主风管安装完毕，尚未连接风口和支风管前，应以主干管为主进行风管系统的严密性检验。

5.2 主控项目

5.2.1 风管材料燃烧性能检验应符合下列规定：

1 风管材料耐火等级应满足防火设计要求，非金属风管材料的燃烧性能应符合本规程表3.1.3规定。

2 非金属风管所用压敏（热敏）胶带和胶粘剂固化后的燃烧性能应为难燃B_1级。

3 PVC材料的法兰燃烧性能应为难燃B_1级。

4 输送含有易燃、易爆气体或安装在易燃、易爆环境的风管系统应有良好的接地，通过生活区或其他辅助生产房间时必须严密，并不得设置接口。

5 风管连接处密封材料燃烧性能应为不燃或难燃B_1级。

6 防火风管加固框架与固定材料、密封垫料应为不燃材料。

7 风管穿过需要封闭的防火、防爆楼板或墙体时，应设壁厚不小于1.6mm的预埋管或防护套管，风管与防护套管之间应采用柔性不燃材料封堵。

检验方法：

1）验证检验机构提供的风管性能测试报告；

2）用对比法观察检查或点燃试验；

3）尺量预埋管的壁厚。

5.2.2 金属、非金属风管材质应符合国家标准有关规定。金属风管板材厚度应符合本规程表3.2.1-1、3.2.6-1、表3.3.1、表3.4.1规定；无机玻璃钢风管壁厚度及玻璃布层数应符合表3.7.3-1、3.7.3-2、3.7.3-3规定，硬聚氯乙烯风管壁厚度应符合表3.8.1-1、表3.8.1-2规定。

检验方法：

1 查验材料质量合格证明文件、检测报告。

2 风管壁厚测量：

1）矩形风管距两端管口约20mm处测量4次，取测量数值的算术平均值。

2）圆形风管距两端管口约20mm处测量4次，取测量数值的算术平均值。

5.2.3 金属风管制作应符合下列规定：

1 板材拼接不得有十字形拼缝。

2 风管及法兰制作应符合设计图纸，允许偏差应符合本规程表3.1.8规定。

3 风管法兰或连接件高度应符合本规程表3.1.5-1、表3.1.5-2、表3.1.6规定。

4 薄钢板法兰风管制作应符合本规程第3.2.3条的规定。

5 C形插条、S形插条尺寸应符合本规程第3.2.4条的规定。

6 低、中压风管的法兰螺栓孔距应小于或等于150mm，高压风管应小于或等于100mm，矩形风管法兰的四角应设有螺孔。

检验方法：

1）矩形风管边长或圆形风管直径的测量

矩形风管两端口长（短）边长各测量2次，取其测量数值的算术平均值分别为该风管的长（短）边边长。

圆形风管测量两端口周长或两端口任意正交的两直径，取测量数值的算术平均值为该风管的直径。

2）矩形风管表面不平度的测量

在风管外表面的对角线处放置2m长板尺，用塞尺测量管外表面与尺之间间隙的最大值，作为该风管表面不平度。

3）风管管口及法兰不平度的测量

将矩形长边尺寸或圆形直径小于或等于1000mm的风管端口（法兰）放在刚性平板平面上，用塞尺测量端口（法兰）平面与刚性平板之间间隙的最大值；矩形长边尺寸或圆形直径大于1000mm时，用JZC-2型多功能检测尺和金属刻度尺测量端口平面间隙的最大值。

4）矩形风管端口对角线之差和圆形风管端口直径之差的测量

①用钢卷尺分别测量矩形风管端口两对角线，其两对角线尺寸之差为该风管端口对角线之差。

②用钢卷尺分别测量圆形风管端口任意正交的直径之差，取其最大值为该风管端口直径之差。

5.2.4 铝箔压敏密封胶带应在符合标注的使用期内，且180°剥离强度不应低于0.52N/mm；热敏密封胶带180°剥离强度不应低于0.68N/mm。

检验方法：查验使用期限及有关检验机构提供的性能测试报告，或采用对比法观察检查。

5.2.5 非金属法兰应符合下列规定：

1 PVC法兰插条的强度与规格应符合出厂供应标准。

2 无机玻璃钢风管、硬聚氯乙烯风管法兰规格应符合本规程表3.7.9、表3.8.4-1、表3.8.4-2规定。

检验方法：查验材料质量合格证明文件、尺量、观察。

5.2.6 金属风管连接与加固间距、非金属风管加固间距应符合本规程表3.2.1-3、表3.2.1-4、表3.2.1-6、表3.5.7、表3.6.7、表3.7.12、表3.7.13-1、表3.7.13-2规定。硬聚氯乙烯板风管直径或边长大于500mm时，风管与法兰的连接处应有支撑加强板，加强板间距不大于450mm。

检验方法：尺量。

5.2.7 焊接风管、法兰焊接、支吊架焊接的焊缝不应有夹渣、烧穿等明显缺陷，焊缝处飞溅物应去除。板材、角钢变形应矫正。防腐油漆附着应牢固、均匀。

检验方法：平尺、观察。

5.2.8 不锈钢板或铝板风管的法兰、铆钉和螺栓采用碳素钢材料时，应有防腐处理。

检验方法：观察。

5.2.9 硬聚氯乙烯风管煨角圆弧应均匀，焊缝应符合本规程表 3.8.2 的规定。

检验方法：R 弧样板测量、观察。

5.2.10 风管耐压强度检验应符合下列规定：

1 金属、非金属风管的管壁变形量（变形量与风管边长之百分比）允许值应符合表 5.2.10-1 规定。

表 5.2.10-1 金属、非金属风管管壁变形量允许值

风管类型	管壁变形量允许值（%）		
	低压风管	中压风管	高压风管
金属矩形风管	≤1.5	≤2.0	≤2.5
金属圆形风管	≤0.5	≤1.0	≤1.5
非金属矩形风管	≤1.0	≤1.5	≤2.0

2 风管系统安装完毕，应按系统类别进行严密性检验。矩形风管允许漏风量、圆形风管允许漏风量应分别符合表 5.2.10-2、表 5.2.10-3 规定。

表 5.2.10-2 金属矩形风管允许漏风量

压　　力(Pa)	允许漏风量 $[m^3/(h \cdot m^2)]$
低压系统风管($P \leqslant 500$ Pa)	$\leqslant 0.1056P^{0.65}$
中压系统风管(500Pa < $P \leqslant$ 1500Pa)	$\leqslant 0.0352P^{0.65}$
高压系统风管(1500Pa < $P \leqslant$ 3000Pa)	$\leqslant 0.0117P^{0.65}$

注：1. 试验室加载负荷试验（保温材料载荷、80kg 外力载荷）的空气泄漏量应符合本表规定值。
2. 非金属风管采用角钢法兰连接时，其漏风量应符合本表规定值；采用非法兰连接时，其漏风量应为规定值的 50%。
3. 排烟、除尘、低温送风系统的空气泄漏量应符合本表中压系统规定值。
4. 1～5 级净化空调系统的空气泄漏量应符合本表高压系统规定值。

表 5.2.10-3 圆形风管允许漏风量

压　　力(Pa)	允许漏风量 $[m^3/(h \cdot m^2)]$
低压系统风管($P \leqslant$ 500Pa)	$\leqslant 0.0528P^{0.65}$
中压系统风管(500 < $P \leqslant$ 1500Pa)	$\leqslant 0.0176P^{0.65}$
高压系统风管(1500 < $P \leqslant$ 3000Pa)	$\leqslant 0.0117P^{0.65}$

检验方法：

1）应按本规程附录 A“风管耐压强度及漏风量测试方法”进行检验，或查验有关检验机构提供的性能测试报告。

2）低压系统风管严密性检验：在风管制作、安装工艺得到保证的前提下，可按本规程附录 B“风管系统漏光检测及漏风量测试方法”中的第 B.1 节漏光检测方法进行检验，也可直接采用漏风量测试方法进行漏风量测试。

3）中压、高压系统风管严密性检验：应按本规程附录 B“风管系统漏光检测及漏风量测试方法”中的第 B.2 节漏风量测试方法进行漏风量测试。

4）净化系统风管严密性检验：洁净等级为 1～5 级应符合高压系统风管的规定，洁净等级为 6～9 级应符合本规程表 5.2.10-2、表 5.2.10-3 规定。

5.2.11 内外弧形矩形弯管导流片设置应符合本规程表 3.10.2-1、表 3.10.2-2 的规定。

检验方法：观察、尺量

5.2.12 净化空调系统风管制作应符合本规程第 3.9 节的规定，安装质量应符合本规程第 4.7 节的规定。

检验方法：

1）查验材料质量合格证明文件、检测报告。

2）尺量。

3）白绸擦拭、观察。

5.2.13 室外立管的固定拉索严禁拉在避雷针或避雷网上。风管内严禁其他管线穿越。

检验方法：观察。

5.2.14 输送含有凝结水或其他液体的气体，风管坡度应符合设计要求，并在最低处有排液装置。

检验方法：水平尺、观察。

5.2.15 水平明装风管的水平度允许偏差为 3mm/m，总偏差不应大于 20mm；垂直明装风管的垂直度允许偏差为 2mm/m，总偏差不应大于 20mm；暗装风管位置应正确，应无明显偏差。

检验方法：水平尺、角度尺、卷尺测量。

5.2.16 金属风管支吊架规格应符合本规程表 4.2.3-1、表 4.2.3-2，非金属风管支吊架规格应符合本规程表 4.2.4、表 4.2.5 的规定。

检验方法：尺量。

5.2.17 固定支、吊架的胀锚螺栓选用及固定应符合本规程第 4.2.10 条规定或按照胀锚螺栓制造商提供的技术条件。

检验方法：查验混凝土构件强度资料、胀锚螺栓使用技术资料、尺量。

5.2.18 水平安装金属风管支吊架间距应符合表 4.2.6 的规定，非金属风管支吊架间距应符合表 4.2.7 的规定。

检验方法：尺量。

5.3 一 般 项 目

5.3.1 矩形、圆形风管连接附件的规格、板厚应符合本规程表 3.1.5-1、表 3.1.5-2、表 3.1.6 的规定，圆形风管承插连接的插入深度应符合本规程表 3.1.5-2 的规定。

检验方法：核对图纸、尺量。

5.3.2 风管密封材料应符合系统工作条件，法兰与接口处应严密。

检验方法：根据系统工作条件核对风管密封材质证明、观察。

5.3.3 角钢法兰风管的连接螺栓安装方向应一致，且均匀拧紧。薄钢板法兰风管的弹簧夹或顶丝卡的间距小于150mm。

检验方法：尺量。

5.3.4 C形、S形插条与风管插口的宽度应匹配，连接处应平整、严密，插条长度允许偏差应为2mm。C形插条的折边应平直。C形、S形插条连接风管的折边四角处应进行密封。

检验方法：观察、尺量。

5.3.5 金属圆形芯管的长度、直径允许偏差、自攻螺钉规格或铆钉数量应符合本规程表3.2.6-2的规定。

检验方法：尺量。

5.3.6 金属圆形弯管的最少分节数量应符合本规程第3.10.3条的规定。圆形三通、四通、支管与总管的夹角应符合本规程第3.10.5条的规定。

检验方法：核对图纸、尺（角度尺）量、观察。

5.3.7 酚醛铝箔复合板风管与聚氨酯铝箔复合板风管折角应平整；铝箔压敏胶带符合本规程第3.1.3条第4与第5款规定，且粘接应牢固。

检验方法：查验材质证明、观察。

5.3.8 玻璃纤维复合板风管表面应平整、不脱胶、无气鼓和破损，接口处粘接牢固严密。外表面层与保温材料粘合应牢固，内表面层不应有损坏。

检验方法：观察。

5.3.9 无机玻璃钢风管表面应无裂纹、分层、明显泛霜且光洁。

检验方法：观察。

5.3.10 不锈钢板、铝板风管与碳素钢支架的接触处，应有隔绝或防腐措施。

检验方法：观察。

5.3.11 非金属风管的连接和加固等处应有防止产生冷桥的措施。

检验方法：观察。

附录A 风管耐压强度及漏风量测试方法

A.1 适用范围

A.1.1 本测试方法适用于定型生产的金属矩形、圆形风管，非金属矩形、圆形风管，柔性风管。主要测试风管法兰连接强度、风管接缝和风管加固是否符合本规程中有关规定，对风管的耐压强度（管壁变形量、挠度）及其漏风量进行检验。

A.2 测试内容

A.2.1 测试内容可分为以下四类：

1 试验风管组漏风量测试。

2 金属风管加载80kg负荷（W_1）和保温负荷（W_2），测试金属风管加载负荷的安全强度及抗震方面的性能；非金属风管不进行加载测试。

3 在规定工作压力下，风管管壁变形量检验。

4 在规定工作压力下，风管挠度变形量检验。

A.3 测试用风管

A.3.1 每组测试用风管宜由4段长度为1.2m的风管连接组成（图A.3.1）。

A.3.2 风管组两端的风管端头应封堵并留有孔径3～4mm的测量管，用于安装进气管连接口及管内静压力测量孔。

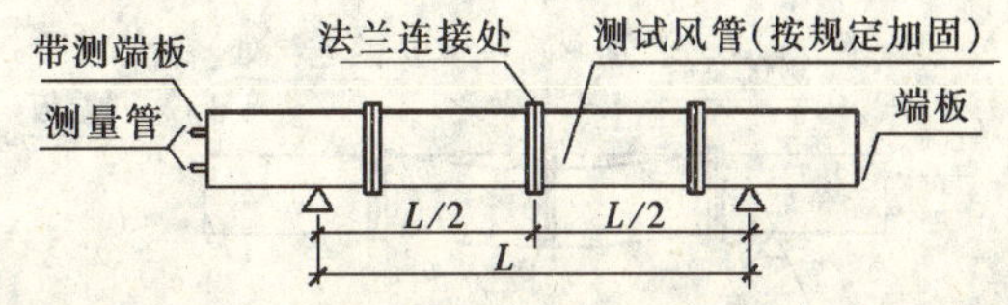

图A.3.1 试验用风管

A.3.3 测试风管组两端封堵板的接缝处应用密封材料封堵，以防止封堵板连接处的空气泄漏影响漏风量的测试结果。

A.3.4 测试风管支架间距（L）应按本规程表4.2.6、表4.2.7最大间距设置支撑架距离，或按指定的支架间距进行试验。

A.3.5 将测试用风管组置于测试支架上（相当于支吊架），使风管处于安装状态，并安装测试仪表和送风装置。

A.4 测试装置

A.4.1 测试装置由送风装置、流量测定装置、压力及温度测定装置及风管组支撑架组成（图A.4.1）。管壁变形量和挠度变形量采用百分表测量、加载负荷用砝码计量。漏风量测试装置应符合现行国家标准《通风与空调工程施工质量验收规范》GB 50243的规定。

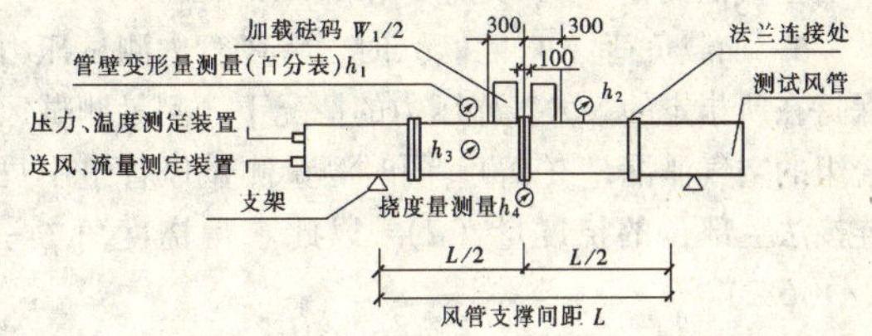

图A.4.1 风管测试装置图

A.4.2 应将加载砝码（$W_1 + W_2$）分为两等份，分别放在距离被测试风管中央法兰连接处两边50～300mm的范围内。

A.4.3 测量挠度变形量时，应由装在支架固定框架上的大量程百分表，对风管组中央法兰连接处下方的

挠度变形量 h_4 进行测量。

A.4.4 管壁变形量的测量是对风管水平管壁、垂直管壁最不利点处的变形量进行测量，宜取三个点（h_1、h_2、h_3），布置在被测风管各段（含加固处）的几何中心处。

A.5 漏风量及耐压强度（管壁变形量、挠度）测试

A.5.1 风管漏风量测试应在试验风管内的试验压力与规定的工作压力保持一致时进行测量。同时，测量测试环境温度及压力，换算出标准状态（20℃，标准大气压）下的漏风量。挠度变形量及漏风量测试步骤（图 A.5.1）应符合下列规定：

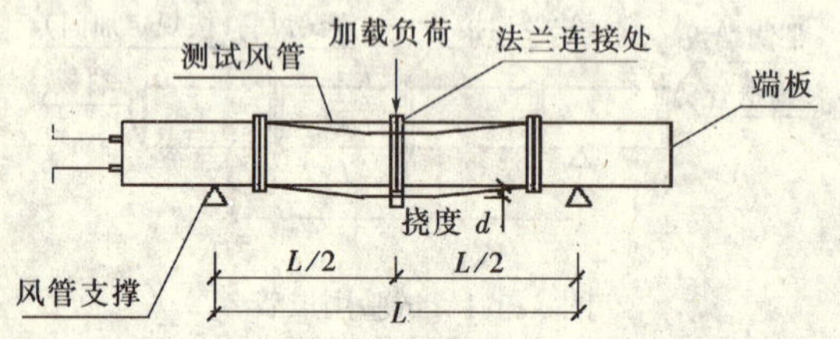

图 A.5.1 挠度变形量及漏风量测试图

1 测试风管组支架间距（L）在允许最大间距设置下的自由挠度值，以此为 0 点（即风管内无压力状态下）。

2 负荷（W_1）为测试风管安全强度及抗震方面的性能时所设定的负荷，重量为 80kg。

3 负荷（W_2）为保温材料等的假设重量，应按下式计算：

$$W_2 = 2(B + H)LZ_1 \tag{A.5.1}$$

式中 B、H——风管的长边及短边（m）；

L——风管的支撑间距（m）；

Z_1——保温材料等的单位重量（kg/m²）。

4 将风管内测试压力保持在所指定的最大（正负）工作压力下试验的同时，测量空气泄漏量及风管壁挠度量（d），由此求得该组风管在相应工作压力下的空气泄漏量（Q）及挠度角 $\beta = d/(L/2)$。

5 加载负荷（$W_1 + W_2$）时，将风管内测试压力保持在所指定的最大工作压力的情况下，测量测试风管组的空气泄漏量（Q_1），同时测量测试风管组中央连接法兰部位的挠度量（d），以此求得挠度角 $\beta = d/(L/2)$。

6 非金属风管不要求进行风管壁的挠度量试验。

A.5.2 风管管壁变形量及漏风量测试（图 A.5.2）应符合下列规定：

1 在风管边长部位的加固点或法兰连接处的图示位置对角线，以该对角线上交叉点作为管壁变形量（b）测定点。

2 在无负荷情况下，将风管内压力保持在指定的最大工作压力（正、负）下，与此同时在正压时测定管壁变形量（$+b$）和漏风量（Q_0），在负压时测定管壁变形量（$-b$）和漏风量（Q_0）。在加载负荷（$W_1 + W_2$）情况下，同样测定管壁变形量（$\pm b$）和漏风量（Q_0）。

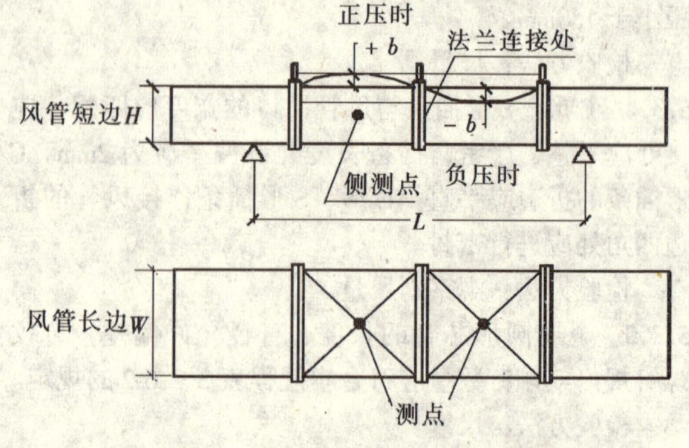

图 A.5.2 风管管壁变形量测试图

3 测量风管壁面的最大管壁变形量（b）。

4 非金属风管必须进行耐压强度下管壁变形量的试验。

A.6 风管测试结果的评价

A.6.1 金属风管测试结果的评价应符合下列规定：

1 金属矩形风管的漏风量应符合本规程表 5.2.10-2 规定，金属圆形风管的漏风量应符合本规程表 5.2.10-3 规定。

2 金属矩形风管和金属圆形螺旋风管管壁变形量及挠度允许值应符合表 A.6.1-1 和表 A.6.1-2 的规定。非金属矩形风管管壁变形量允许值应符合表 A.6.1-3 规定。

表 A.6.1-1 金属矩形风管管壁变形量及挠度允许值

类别	风管系统工作压力 P(Pa)		
	低压系统（P≤500）	中压系统（500<P≤1500）	高压系统（P=1500~3000）
管壁变形量(%)（无载、W_1+W_2）	≤1.5	≤2.0	≤2.5
挠度角（β）（无载、W_1+W_2）	1/150	1.5/150	2/150（或 d≤20mm）

表 A.6.1-2 金属圆形螺旋风管管壁变形量及挠度允许值

类别		风管系统工作压力 P(Pa)		
		低压系统（P≤500）	中压系统（500<P≤1500）	高压系统（P=1500~2000）
管壁变形量（%）（无载、W_1+W_2）		0.5	1.0	1.5
挠度角（β）	无载	0.05/150	0.10/150	0.15/150
	W_1+W_2	0.8/150	1.0/150	1.2/150(或 d≤12mm)

表 A.6.1-3 非金属矩形风管管壁变形量允许值

风管系统工作压力 P(Pa)	低压系统 ($P \leqslant 500$)	中压系统 ($500 < P \leqslant 1500$)	高压系统 ($P = 1500 \sim 2000$)
管壁变形量 (%)	≤1.0	≤1.5	≤2.0

3 计算单位面积的空气泄漏量时，使用测试风管的展开面积。

4 加载负荷 W_2 时，设想风管在保温的状态下加载含保温材料的重量，在适用的保温材料规格中选用最大值。

5 以风管长边宽为 W（或短边 H）、管壁变形量为 $\pm b$，计算相对变形量为：$\pm (b/w) \times 100\%$ 或 $\pm (b/H) \times 100\%$。

A.6.2 非金属风管试验结果的评价应符合下列规定：

1 采用法兰连接的非金属矩形风管允许漏风量应符合本规程表 5.2.10-2 规定。

2 采用非法兰连接的非金属矩形风管允许漏风量应为本规程表 5.2.10-2 规定值的 50%。

3 圆形风管的漏风量应符合本规程表 5.2.10-3 规定。

附录 B 风管系统漏光检测及漏风量测试方法

B.1 漏光检测方法

B.1.1 漏光法检测是利用光线对小孔的强穿透力，对系统风管严密程度进行检测的方法。

B.1.2 检测应采用具有一定强度的安全光源。手持移动光源可采用不低于 100W 带保护罩的低压照明灯，或具他低压光源。

B.1.3 系统风管漏光检测时，光源可置于风管内侧或外侧，但其相对侧应为暗黑环境。检测光源应沿着被检测接口部位与接缝做缓慢移动，在另一侧进行观察，当发现有光线射出，则说明查到明显漏风处，并应做好记录。

B.1.4 对系统风管的检测，宜采用分段检测、汇总分析的方法。在对风管的制作与安装实施了严格的质量管理基础上，系统风管的检测以总管和干管为主。当采用漏光法检测系统的严密性时，低压系统风管以每 10m 接缝，漏光点不大于 2 处，且 100m 接缝平均不大于 16 处为合格；中压系统的风管每 10m 接缝，漏光点不大于 1 处，且 100m 接缝平均不大于 8 处为合格。

B.1.5 漏光检测中对发现的条缝形漏光，应做密封处理。

B.2 漏风量测试方法

B.2.1 漏风量测试装置应采用经检验合格的专用测量仪器，或采用符合现行国家标准《流量测量节流装置》GB 2624 规定的计量元件组成的测量装置。

B.2.2 正压或负压风管系统与设备的漏风量测试，分正压试验和负压测试两类。通常可采用正压的测试来检验。

B.2.3 风管系统漏风量测试可整体或分段进行。

B.2.4 风管系统漏风量测试步骤应符合下列要求：

1 测试前，被测风管系统的所有开口处均应严密封闭，不得漏风。

2 将专用的漏风量测试装置用软管与被测风管系统连接。

3 开启漏风量测试装置的电源，调节变频器的频率，使风管系统内的静压达到设定值后，测出漏风量测试装置上流量节流器的压差值 ΔP。

4 测出流量节流器的压差值 ΔP 后，按公式 $Q = f(\Delta P)$ (m^3/h) 计算出流量值，该流量值 Q (m^3/h) 再除以被测风管系统的展开面积 F (m^2)，即为被测风管系统在实验压力下的漏风量 Q_A [$m^3/(h \cdot m^2)$]。

B.2.5 当被测风管系统的漏风量 Q_A [$m^3/(h \cdot m^2)$] 超过设计和本规程的规定时，应查出漏风部位（可用听、摸、观察、或用水或烟气检漏），做好标记；并在修补后重新测试，直至合格。

本规程用词说明

1 为便于执行本规程条文时区别对待，对于要求严格程度不同的用词说明如下：

1) 表示很严格，非这样做不可的：
正面词采用"必须"，反面词采用"严禁"；

2) 表示严格，在正常情况下均应这样做的：
正面词采用"应"，反面词采用"不应"或"不得"；

3) 表示允许稍有选择，在条件许可时，首先应这样做的：
正面词采用"宜"，反面词采用"不宜"；
表示有选择，在一定条件下可以这样做的，采用"可"。

2 规程中指明应按其他标准执行的写法为："应按……执行"或"应符合……的规定（或要求）"。

中华人民共和国行业标准

通风管道技术规程

JGJ 141—2004

条 文 说 明

前　言

《通风管道技术规程》JGJ 141—2004 经建设部2004年6月4日以建设部第241号公告批准、发布。

为便于广大设计、施工、科研、学校等单位有关人员在使用本规程时能正确理解和执行条文规定，《通风管道技术规程》编制组按章、节、条顺序编制了本标准的条文说明，供使用者参考。在使用中如发现本条文说明有不妥之处，请将意见函寄中国安装协会（地址：北京市西城区南礼士路15号；邮政编码：100045）。

目　次

1 总 则

1.0.1 为改善和满足生产、生活的室内环境要求，通风与空调系统已在工业和民用建筑中广泛使用。风管作为通风空调系统主要组成部分之一，其制作与安装质量直接影响通风与空调系统的技术性能和功能。面对日益增多的风管材料品种和技术素质不一的劳务队伍，为了确保工程质量，规范此项专业施工的行为，加强施工过程的控制，特制定本规程。

1.0.2～1.0.3 本规程规定了适用范围及风管制作与安装的质量要求，工程施工中除符合本规程外，还应符合《通风与空调工程施工质量验收规范》GB 50243等有关规定。

2 通 用 规 定

2.0.1 本条文对通风管道施工依据作出规定：一是合同，二是设计图纸，三是相关技术标准。工程施工是让设计的整体意图转化为现实，故施工单位不得任意增加或减少施工项目，无权任意修改设计图纸内容。因此，本条文明确规定修改设计必须有合同或设计变更的正式手续。

2.0.2 通风管道的施工涉及与其他工种的配合、各类专业管线管路位置的协调。为保证工程顺利施工，避免不必要的重复施工和材料浪费，施工前应认真进行图纸审核和现场核验。

2.0.3 风管制作与安装所采用的板材、型材以及其他主要成品材料的质量，直接影响通风管道的整体质量，因此应按设计和国家相关产品标准的规定，认真查验其外观及出厂检验合格证明文件。非金属成品风管的外包装、产品说明书及合格证书应明示涉及有关安全性能的指标。

2.0.4 为了控制以成品供货的风管质量，成品风管进厂应附有强度及严密性检测报告，并提出了风管耐压强度及漏风量测试方法。非金属风管因为材料、胶粘剂、胶带等材质配比变化因素，故提出需提供材料燃烧性能检测报告和对人体无害的卫生检测报告。

2.0.5 目前，我国通风管道制作有手工和机械化生产两种工艺。与手工制作工艺相比，机械化生产工艺具有速度快、效率高、风管质量稳定、外表美观等优点。为了推动风管制作的技术进步，在施工现场技术条件许可的情况下，应优先选用节能、高效的半自动化或自动化生产线，实施机械化生产。

2.0.6 计量器具、检测仪器不仅应确保处于合格状态，还应按检验周期实行定检，是保证工程施工质量和规范施工管理的必要措施之一。

2.0.7 本条文为强制性条文。安装于封闭的部位或埋设于结构内或直接埋地的风管，属于隐蔽工程。在结构做永久性封闭前，必须对该部分将被隐蔽的通风管道施工质量进行验收，并得到现场监理人员的合格认可签证，否则不得进行封闭作业。

2.0.8 施工现场在风管系统安装后，应根据系统的压力按本规程附录B进行漏光法或漏风量测试方法进行系统的严密性检验，以验证系统的安装质量。

2.0.10 本条文的矩形、圆形风管规格系现行国家标准《通风与空调工程施工质量验收规范》GB 50243的规定。根据风管的阻力特性，推荐矩形风管的长、短边的组合之比一般不宜大于4:1。圆形风管规定了基本系列和辅助系列。一般送、排风及空调系统应采用基本系列；除尘与气力输送系统风管内的流速高、管径对系统的阻力影响较大，在优先采用基本系列的前提下，可以采用辅助系列。非金属风管管壁较厚，以内边长为准可以准确控制风管的内截面积。

3 风 管 制 作

3.1 一 般 规 定

3.1.1～3.1.2 对金属板材与金属型钢的材质、规格以及相关标准的应用进行了规定。

3.1.3

1 本条为强制性条文。《建筑材料燃烧性能分级方法》GB 8624对建筑材料的不同燃烧性能划分等级，并明确各等级建筑材料确定燃烧性能的检验方法。

目前，非金属风管材料发展较快，品种较多，因其具有的特性和优点，应用越来越广泛。为了保证使用中的安全，对这些材料制作的风管提出了应按工程的需要具有不燃或难燃 B_1 级的燃烧性能要求，而其表面层必须为不燃材料。

2 风管表面层为铝箔材质时，为确保表面层不易损坏，故对铝箔材质及厚度作出规定，并对铝箔与增强材料复合的风管表层的铝箔厚度作了规定。

3 内、外表层和内部绝热材料粘接牢固，是保证复合材料的基本条件之一。超出一定面积的板材缺陷，不仅影响风管使用寿命，而且有时会降低其保温效果。故条文规定了缺陷不得大于6‰，以达到材料在系统中的正常使用。

4 胶粘剂是非金属风管制作过程中的重要的组成部分，应使用配套的专用胶粘剂，否则容易造成胶粘剂咬蚀母材或粘接不良的后果。热敏、压敏铝箔胶带用于风管外表面局部粘贴，起连接和加强作用，为防止火灾等意外时，胶粘剂首先失去作用而使风管散落，故条文要求其胶粘剂为难燃 B_1 级。

作为通风空调所用的风管，其胶粘剂或密封胶带不允许挥发有害人体健康的气体。使用时必须检查胶粘剂或胶带的使用有效期，保证其使用强度。

5 根据我国多年的工程应用实践与产品状况，

规定了热敏胶带与压敏胶带的剥离强度试验最低值与铝箔厚度值；要求胶带宽度不应小于50mm，防止使用的胶带不能满足管壁密封的强度和风管使用年限。

热敏胶带的优点是依靠热熔粘接，只要不在加热，在常温下胶面是固化的，具有牢靠的粘接强度。但是，如无感温点提示操作人员是无法确保粘接质量的。

6 硬聚氯乙烯层压板和挤出板均可作为风管制作板材，该类板材按使用分为工业用板材和普通用板材，在选用中应注意。由于硬聚氯乙烯层压板和挤出板用途较广泛，国家标准对硬聚氯乙烯层压板的检验项目无燃烧性能指标，故施工单位订货时应根据需要确定板材的燃烧性能。

7 近年来非金属风管中的复合材料风管，由于具有重量轻、导热系数小等特点在工程应用中逐渐增多。本条文规定了非金属风管板材应达到的技术参数指标及各类风管的适用范围。

3.1.4 本条文列出金属风管管板连接形式以及各连接形式所适用的压力范围和应用处所。

3.1.5 根据对特定大截面风管的漏风量及强度试验结果，本条文对金属风管管段的不同连接形式适用的风管压力级别及风管允许最大边长作出规定。薄钢板法兰风管的刚度与法兰端面形式及高度有关，故条文根据法兰端面形式及高度的不同，规定了其适用风管边长尺寸。

3.2 钢板风管

3.2.1

2 镀锌钢板及含有各类复合保护层的钢板若采用电焊或气焊的连接方法，会使焊缝处的镀锌层被烧蚀，破坏钢板的保护层，在使用过程中会使其焊缝周围的腐蚀面积逐渐扩大。因此，本条文规定此类钢板的拼接，不得采用破坏保护层的熔焊焊接连接方法。

涂塑钢板分为单面涂塑与双面涂塑两种，具有塑料耐腐蚀的特点。一般应用于有特殊要求的通风空调系统，加工不当易造成涂塑层的损坏，造成板材大面积的锈蚀，故在条文中强调应避免损坏，一旦损坏必须及时进行修补。

5 风管的加固是风管制作工艺的重要组成部分，本条参照英国DW/142《薄板金属风管施工规范》和美国“SMACNA”标准中风管连接和风管加固的有关规定，结合我国风管制作实践，对目前常用的风管连接和加固形式，按不同材料和结构分别进行材料截面模数的计算，根据计算结果提出了矩形风管的连接和横向加固的“刚度等级”概念，规定了角钢法兰横向连接的刚度等级F1～F6、薄钢板法兰横向连接的刚度等级Fb1～Fb4、金属风管横向加固的刚度等级G1～G6、点加固的刚度等级J1、纵向加固的刚度等级Z2，供风管制作者在确定加固方式时选择使用。

(1) 金属矩形风管连接允许最大间距表3.2.1-3对应的数值，是指不同规格风管采用不同形式连接时，风管管段允许的最大长度。当风管管段长度超出此表的数值时，应实施加固。

(2) 风管横向加固允最大间距表3.2.1-6对应的数值，是指在风管管壁采用不同形式的横向加固措施时，加固件之间或与管端连接件之间的允许距离。

(3) 风管采用点支撑加固（其加固刚度等级为J1）、纵向加固（其加固刚度等级为Z2）等形式时，其加固件之间或与管端连接件之间的允许间距，分别为表3.2.1-3、表3.2.1-4、表3.2.1-6的对应数值再向左移1格或2格后所对应的值。当风管同时采用点支撑加固和压筋加固（其加固刚度等级为J1）两种形式时，其加固件之间或与管端连接件之间的允许间距为点支撑加固所对应的数值再向左移1格所对应的数值。

(4) 表格使用说明如下：

例一：确定一节截面尺寸为2000mm×1000mm、长度为1250mm，采用L40×4角钢法兰连接低压风管的加固方式。查表步骤如下：

①查表3.2.1-2。L40×4角钢法兰横向连接的刚度等级为F5。

②查表3.2.1-3，横向连接刚度等级为F5的低压风管。该风管边长2000mm面，其管段的允许最大长度为800mm，因此风管边长为2000 mm的管壁面处必须采取加固措施；该风管另一面边长1000mm处，由于刚度等级为F5的低压风管管段的允许最大长度为1250mm，该风管长度小于1250mm，故不需采用加固措施。

③查表3.2.1-5。若选择L40×4角钢进行横向加固，其横向加固刚度等级为G4。G4加固也可选用$h=40$mm、$\delta=1.5$mm的槽形加固2形式。

④查表3.2.1-6。刚度等级为G4，风管边长2000mm的低压风管管壁面，加固件之间或与风管连接之间的允许最大间距应为800mm。因此，边长为2000mm的风管壁面上应设置2个均布的L40×4角钢加固件。

例二：确定截面尺寸为1600mm×500mm，长度为1250mm、薄钢板法兰（高度$h=30$mm）连接方式的低压风管的加固方式。查表步骤如下：

①查表3.2.1-2。薄钢板法兰（高度$h=30$mm）连接的刚度等级为Fb3。

②查表3.2.1-4，横向连接刚度等级为Fb3的低压风管。该风管边长1600mm面，其管段的允许最大长度为800mm，因此风管边长为1600 mm的管壁面处必须采取加固措施；该风管另一面边长500mm处，由于刚度等级为Fb3的低压风管管段的允许最大长度为3000mm，该风管长度小于3000mm，故不需采用加固措施。

③查表 3.2.1-5。若选择点支撑加固，其横向加固刚度等级为 J1。

④查表 3.2.1-5。刚度等级为 Fb3，风管边长 1600mm 的低压风管管壁面，其管段的允许最大长度为 800mm，若同时采用 J1 点支撑加固与 J1 压筋加固两种方法，按条文说明第 3.2.1 条第 5 款中第（3）项，其加固后的允许最大长度为 1250mm（向左平移 2 格的对应值），符合加固要求。

3.5 酚醛铝箔复合板风管与聚氨酯铝箔复合板风管

3.5.3 为满足风管系统耐压及严密性要求，复合风管采用胶粘剂组合成的 4 条内交角缝，需用密封胶做密封处理。外角铝箔断开缝用铝箔胶带封闭，可增强风管严密性，防止保温层外露。

3.5.5 边长大于 2000mm 的低压风管和边长大于 1500mm 的中、高压风管，采用 PVC 法兰会因其法兰强度不够而造成风管连接处变形或漏风量增大，所以规定须用铝合金等金属法兰，并应注意在金属法兰处的保温措施。

3.5.6 边长小于 320mm 的矩形风管由于断面较小，组合的四个角有足够的刚度可使风管成矩形不变形。当风管边长大于 320mm 时，组合成风管的四个角已不能满足其刚度要求，在外力作用下很容易变形，所以应在插接法兰四角部位放入镀锌板贴角后，再安装法兰以加强风管刚度。

3.5.7 为满足风管的使用刚度，聚氨酯铝箔复合板风管和酚醛铝箔复合板风管的加固随着断面尺寸的增大及风管工作压力的增大，其支撑点横向加固数量将增多，纵向加固间距将缩短。表 3.5.7 列出了风管边长尺寸、工作压力和风管横向加固支撑点数以及加固点纵向间距之间关系。

3.5.8 当聚氨酯铝箔复合板风管和酚醛铝箔复合板风管的边长尺寸大于 1200mm 时，为增加非金属插接法兰的强度，需要在距法兰连接处 250mm 以内的任一侧，增设纵向加固，加固点的数量按风管边长尺寸选择。

3.6 玻璃纤维复合板风管

3.6.1 玻璃纤维复合板风管的板材保温层为玻璃棉板，因此要求风管壁的内、外表面层具有可靠的屏蔽纤维能力。又因风管内壁涂料层直接与管内里流动空气相接触，故要求涂料对人体无害。

3.6.2 本条文提出风管内表面层玻璃纤维布应为中碱性成分，可限制杂成分玻璃土法拉丝工艺，保证玻璃纤维布的强度和韧性。

3.6.4 本条文规定玻璃纤维复合板风管开槽时应采用专用刀具，以保证槽口成型和风管成型后的角度。槽口应刷足刷匀胶液，保证风管的结合槽及封闭槽严密、牢固粘合，玻璃纤维不外露。

3.6.7 本条文规定的槽形外加固框纵向间距和内支撑设置数量，是根据工程实践经验并结合玻璃纤维保温棉密度为 70kg/m^3 的玻璃纤维复合板风管管壁表面变形量的检测结果提出的。

3.6.8 风管采用角钢法兰或外套槽形钢法兰连接，法兰具有较高的抗弯曲强度，其连接部位相当于风管的一个外加固框。当采用其他连接方式且风管边长大于 1200mm 时，连接强度要小于外加固框强度，故要求连接部位与加固框的间距不大于 150mm；采用阴、阳榫连接时，由于榫接部位是风管壁抗弯曲最薄弱点，因此要求榫接的接缝处与相邻加固框的间距不超过 100mm。

3.6.9 丙烯酸树脂涂层的涂料渗透于玻璃棉保温板的表面而形成的防止玻璃纤维散落的屏蔽层，应喷涂均匀，不允许有漏涂的缺陷。

3.6.10 玻璃纤维复合板风管外加固用槽形钢规格的确定，与风管边长及管内空气静压力等多元变量有关，本条文把外加固槽形钢简化为表 3.6.10 中两种规格，便于选用。大截面风管可依靠调整加固间距和内支撑点数，来满足风管的加固要求。

3.6.12 风管端口带阴、阳榫的风管应平放，是防止对榫口的损坏；粘合槽口的胶粘剂必须干燥固化后方能使风管的粘合部位粘合牢固，保持稳定状态。存放玻璃纤维复合板风管的场所都应有防雨水和风沙措施。

3.7 无机玻璃钢风管

3.7.1 无机胶凝材料有两种：一种是能在空气中硬化，还能在水中继续硬化的水硬性胶凝材料；一种是只能在空气中硬化的气硬性胶凝材料。采用水硬性胶凝材料生产的风管称为水硬性无机玻璃钢风管，采用气硬性胶凝材料生产的风管称为气硬性无机玻璃钢风管。

玻璃纤维受碱性腐蚀的影响导致风管使用年限降低，因此本条文强调了无机胶凝材料硬化体的 pH 值小于 8.8 的规定。无机胶凝材料 pH 值的测定方法是将无机胶凝材料硬化体粉碎至 0.08mm 筛余 10%，采用水灰比 10:1 滤液，用 pH 试纸测定。

3.7.4 玻璃纤维网格布纵、横搭接缝和同层搭接缝错开一定的距离，可避免经向拉应力、弯曲拉应力和弯曲切应力的应力集中。

3.7.5 在同等厚度条件下，表层浆料压平至可见玻璃纤维网格布纹理，可提高管壁承受弯曲拉应力的能力。为避免风管管壁承受弯曲拉应力（正风压）、弯曲压应力（负风压）产生的应力集中，风管表面不允许有密集气孔、漏浆。

3.7.6 整体型风管的法兰处于悬臂状态，管体与法兰转角处连续的玻璃纤维网格布形成的过渡圆弧，可提高悬臂状态法兰承载能力和避免产生应力集中。

3.7.7 制作无机玻璃钢风管的无机胶凝材料需要有一定的固化时间，只有养护过终凝时间才能拆模，达到一定强度后方可安装。

3.7.12 采用模具制作整体成型无机玻璃钢风管，可直接采用本体材料（纤维增强胶凝材料）在最大应力处设置加强筋，提高截面模量。无机玻璃钢是典型的各向异性材料，加强筋的设置必须满足在线弹性范围内承受应力的需要。也可在风管制作完毕后，采用金属或其他材料进行加固，且进行防腐处理。

3.10 风 管 配 件

3.10.2 矩形内外同心弧型弯管风阻小，宜优先采用。弯管的风阻与弯管的曲率半径成反比，为减少涡流产生，导流片设在内弧侧比设在外弧侧更合适，导流片的间隔应是内侧密外侧疏，表 3.10.2-1 是参照英国 DW/144 标准列出。内外直角弯管或内斜线直角弯管，做同心弧导流片不好布置，所以规定为等距离设置等圆弧导流片。

3.11 柔 性 风 管

3.11.3 目前金属圆形柔性风管多数以成品供应。为保证成品质量，本条文对金属圆形柔性风管的板材厚度、燃烧性能等提出了要求，特别提出了胶粘剂的不水溶性，以防止柔性风管在潮湿环境下开裂。

3.11.4 铝箔聚酯膜复合柔性风管所用钢丝的防腐一般采用镀铜，裸钢丝一般有油膜保护层，进行除油防腐处理后，才能保证钢丝与复合膜粘合，并保持一定的回弹性。

4 风 管 安 装

4.1 一 般 规 定

4.1.1 对风管安装条件进行了规定，特别规定了空气洁净系统的安装条件和措施。

4.1.2 对结构预留孔洞的位置、孔洞尺寸进行了规定。孔洞边长尺寸与风管外边尺寸之差不小于 100mm，主要考虑了风管法兰高度及风管保温的余量。

4.1.3 风管搬运过程中要轻拿轻放，防止机械损伤。非金属风管严禁攀登倚靠，主要从安全和成品保护角度考虑，避免施工人员安全事故和风管遭到损坏。

4.1.4 安装前要进行外观质量检查，清除内外表面粉尘及管内杂物，确保系统调试运行后空气清洁，避免对装修的污染。

4.1.5 为了保证风管法兰螺栓安装有一定的空间，规定了法兰距墙面和楼板的最小操作距离。

4.1.6 本条文为强制性条文。明确规定风管内不得敷设各种管道、电线或电缆以确保安全；明确规定室外立管的固定拉索严禁拉在避雷针或避雷网上，避免雷击事故隐患。

4.1.7 本条为现行国家标准《通风与空调工程施工质量验收规范》GB 50243 中强制性条文，如果不按照规定施工会有可能带来严重后果，因此必须遵守。

4.1.8 对输送产生凝结水或含湿空气的风管，应按设计要求的坡度安装，保证凝结水的顺利排出，在风管底部一般不设置纵向接缝，如有接缝应做密封处理，是为了防止凝结水渗出。

4.1.9 本条为现行国家标准《通风与空调工程施工质量验收规范》GB 50243 中强制性条文，如果不按照规定施工会有可能带来严重后果，因此必须遵守。

4.2 支吊架制作与安装

4.2.1 从风管系统受力安全角度出发，规定风管支、吊架的固定件、吊杆、横担和所有配件材料的有关载荷额定值和应用参数应符合制造商提供的数据要求。

4.2.2 本条文规定了风管支架、吊架制作的形式和规格及吊杆制作时长度不够，需搭接应控制的技术要求。

1 直径大于 2000mm 或边长大于 2500mm 的超宽、超重特殊风管的支、吊架形式和规格应由设计进行相关受力计算后确定。

2 采用电气焊切割和开孔是施工中的质量通病，会造成孔径过大，且不圆整，影响强度和美观，又易造成安全事故，因此规定不得采用电气焊切割和开孔。

3 吊杆螺纹加工质量差或连接强度不够易引发风管坠落事故，所以规定吊杆拼接方法为搭接双侧连续焊和螺纹连接，禁止采用非坡口对接焊。

4.2.3 本条文规定了金属矩形、圆形水平风管在允许最大间距下，支、吊架的最小规格。在型钢支架的基础上，增加了异型钢的选用。风管支吊架的选型，在理论计算和试验的基础上，确定型钢和槽形钢的最小尺寸，主要目的是在风管总重量及保温重量降低的情况下，降低风管支吊架的规格和推荐选用异型钢支架，在确保安全的基础上，降低风管系统的总载荷。当吊架间距或吊架形式发生变化时，可按支架挠度计算公式进行校核。根据我国工程的应用实际及 SMACNA 第二版第四章 S4.1 条的规定，确定吊架安装后的挠度（沉降值）应小于或等于 9mm。

4.2.10 胀锚螺栓是较为方便的支、吊架固定件，已被广泛应用于工程施工。本条文在强调应符合胀锚螺栓使用技术条件规定的同时，对胀锚螺栓适用的混凝土构件强度等级规定为 C15 及其以上，并规定了常用胀锚螺栓的钻孔直径和钻孔深度的要求和成孔后的检查。由于胀锚螺栓为非标产品，表 4.2.10 的钻孔直径和钻孔深度为参考值，具体数值应按照胀锚螺栓制造商提供的使用技术条件规定。当胀锚螺栓组合使用时，每个节点胀锚螺栓数目可按《建筑施工实例应用手册5》（1998年中国建筑工业出版社）中所列公式进行计算：

$$n \geqslant 1.6N/[P_1]$$

式中 1.6——与设计商定的安全系数；

N——作用于节点的轴心力；

$[P_1]$——膨胀螺栓的允许拉力或剪力（由制造商提供）。

4.2.13

1 非金属风管的材料一般强度较低，因此除小于或等于200mm阀件以外的各类阀件和设备必须单独设支吊架，不应将这些阀件设备重量由非金属风管来承担。

4 垂直安装风管每根应设置2个固定支架，主要是考虑风管的定位和安全。

4.2.14

1 圆形柔性风管的支架间距应不大于1.5m，保证风管垂度小于或等于40mm/m，数据引自SMACNA第二版第三章S3.35条。

2 对圆形柔性风管的吊卡箍的宽度、弧长进行规定，是为了保证风管与卡箍紧密结合。

4.5 非金属风管安装

4.5.1 除无机玻璃钢外，非金属风管的材质强度较低。因此，在穿越密闭的墙洞或楼板时，应加一段金属短管或加一段金属外套管，以防止风管直接与密闭墙洞体、孔洞接触，易被损坏或受挤压变形。与电加热器、防火阀连接的风管要求采用不燃材料，是防止高温引起火灾或火灾发生时火焰越过防火阀而造成更大的损失。

4.5.2 非金属插接法兰和风管管板的连接是将法兰的槽口套插在风管管板的端头，用胶粘剂粘接。如果其间没有过盈量，槽口和风管端面插入时会有一定的间隙，使其无法粘为一体。

4.5.4

1 风管在运输过程应有防止损伤风管的保护措施。

2 榫接风管的连接在榫口处涂胶粘剂，是为增强接头处的强度。

3 采用风管地面预组装后架空安装时，限制预组装的长度是为了避免风管因自重产生的弯曲而破坏构件接口。

4 玻璃纤维复合板风管端口为切割面时，在装配法兰连接件前应将管端切口面用胶带或胶液进行封堵，才能防止玻璃纤维外露和飞散。

5 非法兰连接的玻璃纤维复合板风管垂直安装的支撑件制作与安装的方法。

6 竖井内风管垂直安装，由于空间少，又不便于以后检修，故风管一般采用外套角钢法兰连接以增加连接点的牢固程度和强度，并把法兰做成“井”形，吊筋直接吊在角钢法兰的吊耳上而不另设支撑件。

4.6 柔性风管安装

4.6.2 柔性风管安装后应保持一定的伸展量，以减少风阻。同时，应防止过度的拉伸所增大的轴向力，可能造成连接的脱落。

4.6.4 铝箔聚酯膜复合柔性风管阻力测试表明，风管长度在5m内的阻力变化较小。限定此长度，可减少风阻，避免能源浪费。

5 风管检验

5.1 一般规定

5.1.1 《通风与空调工程施工质量验收规范》GB 50243及设计要求是工程质量验收的依据，为了使风管制作与安装最终能达到验收指标的要求，必须在其工艺过程中予以控制。

5.1.2 风管制作质量要按风管所用材料与制作工艺的不同、风管工作压力的不同、输送介质和使用场所的不同对风管的质量进行检验。

成品风管必须提供相应的检测机构提供的风管强度和严密性的证明文件，以证明所提供风管的加工工艺水平和质量。

5.1.3 风管系统的严密程度是反映风管安装质量的重要指标之一。考虑到风管系统的支管（即含3个风口以下的风管）与风口相连，静压趋向于零，风管泄漏量较少；支管与风口相连的部分，很难进行封口或封堵不良，无法保证测试质量。因此，本条文规定风管的严密性检验测试应在系统中主风管安装完，风管尚未连接风口、支管前进行。

5.2 主控项目

5.3 一般项目

5.2～5.3 本条文根据风管制作、安装过程的重点控制项目和一般控制项目的不同，将检验项目划分为主控项目和一般项目。主控项目的检验内容为重要的质量控制点。本条文不仅提出了各检验项目，还提出了具体的检验方法，便于质量控制和监督的可操作性。

附录A 风管耐压强度及漏风量测试方法

本附录参考美国、英国、日本等国家关于风管性能测试的方法，结合我国实际情况提出在进行漏风量测试的同时还检测风管的耐压强度即管壁变形量和挠度值的风管耐压强度及漏风量测试方法。这是对现行国家标准《通风与空调工程施工质量验收规范》GB

50243 中 4.2.5 关于“风管必须通过工艺性的检测或验证要求”的技术支持。

本风管耐压强度及漏风量测试方法主要适用于对定形工艺制作的风管进行检验或抽查检验，以保证和控制风管的制作质量，从而确保风管系统的安装质量。

本测试方法对测试装置、测量仪表、测试方法以及测试参数的允许值均提出了具体规定，并以此将我国风管制作的检测方法统一在一个标准上。

本测试方法提出的金属风管加载 80kg 的负载试验，是模拟可能产生各种负荷时的状态，在安全防护上设定发生地震时产生垂直地震力和水平地震力作用于风管时或者管道上加载了相当于一个人重量时的负荷情况；模拟风管法兰在可能承受各种负荷，如空气紊流产生的冲击力、地震时产生作用力时，可能产生的法兰变形或空气泄漏。

附录 B　风管系统漏光检测及漏风量测试方法

本测试方法应用于风管系统安装严密性（即漏风量）测试方法。对于风管系统严密性检验的方法有两种：低压系统的风管在制作、安装工艺得到保证的前提下，可采用漏光法检验；中、高压系统风管应采用漏风量测试方法。漏风量测试装置应符合现行国家标准《通风与空调工程施工质量验收规范》GB 50243 规定。

中华人民共和国行业标准

地面辐射供暖技术规程

Technical specification for floor radiant heating

JGJ 142—2004

批准部门：中华人民共和国建设部

实施日期：2004年10月1日

中华人民共和国建设部
公　告

第257号

建设部关于发布行业标准《地面辐射供暖技术规程》的公告

现批准《地面辐射供暖技术规程》为行业标准，编号为JGJ 142—2004，自2004年10月1日起实施。其中，第3.2.1、3.8.1、3.10.6、4.4.1、5.1.6、5.1.8、5.4.2、5.4.8、5.5.5、6.5.1条为强制性条文，必须严格执行。

本标准由建设部标准定额研究所组织中国建筑工业出版社出版发行。

中华人民共和国建设部

2004年8月5日

前　言

根据建设部建标［2002］84号文的要求，标准编制组经广泛调查研究，认真总结实践经验，参考有关国际标准和国外先进标准，并在广泛征求意见的基础上，制定了本规程。

本规程主要技术内容是地面辐射供暖工程中的设计、材料、施工、检验、调试与验收等方面技术要求。

本规程由建设部负责管理和对强制性条文的解释，由主编单位负责具体技术内容的解释。

本规程主编单位：中国建筑科学研究院（地址：北京北三环东路30号；邮编：100013）。

本规程参加单位：中国建筑西北设计研究院
北京市建筑设计研究院
北京有色工程设计研究总院
沈阳市华新国际工程设计顾问有限公司
哈尔滨工业大学
北京瑞迪北方暖通设备工程技术有限公司
北京中房耐克森科技发展有限公司
北京特希达科技有限公司
中房集团新技术中心有限公司
北京华源亚太化学建材有限责任公司
丹佛斯（天津）有限公司
上海乔治·费歇尔管路系统有限公司
北京华宇通阳光智能供暖设备有限公司
国际铜业协会（中国）
北京狄诺瓦科技发展有限公司
北京德欧环保设备有限公司
北京润和科技投资有限公司
北京华世通实业有限公司
佛山市日丰企业有限公司
合肥安泽电工有限公司
上海东理科技发展有限公司
泰科热控（湖州）有限公司
锦州奈特新型材料有限责任公司
国家化学建筑材料测试中心建工测试部

本规程主要起草人员：徐　伟　邹　瑜　陆耀庆
曹　越　黄　维　万水娥
邓有源　赵先智　宋　波
董重成　于东明　白金国
蒋剑彪　齐政新　周　磊
浦　堃　李　岩　杨宏伟
黄艳珊　田巍然　史凤贤
王　俊　胡晶薇　钟惠林
张力平　张国强　濮焕忠
罗才谟

目　次

1 总 则

1.0.1 为规范地面辐射供暖工程的设计、施工及验收，做到技术先进、经济合理、安全适用和保证工程质量，制定本规程。

1.0.2 本规程适用于新建的工业与民用建筑物，以热水为热媒或以发热电缆为加热元件的地面辐射供暖工程的设计、施工及验收。

1.0.3 地面辐射供暖工程的设计、施工及验收，除应执行本规程外，尚应符合国家现行的有关强制性标准的规定。

2 术 语

2.0.1 低温热水地面辐射供暖 low temperature hot water floor radiant heating

以温度不高于60℃的热水为热媒，在加热管内循环流动，加热地板，通过地面以辐射和对流的传热方式向室内供热的供暖方式。

2.0.2 分水器 manifold

水系统中，用于连接各路加热管供水管的配水装置。

2.0.3 集水器 manifold

水系统中，用于连接各路加热管回水管的汇水装置。

2.0.4 面层 surface course

建筑地面直接承受各种物理和化学作用的表面层。

2.0.5 找平层 toweling course

在垫层或楼板面上进行抹平找坡的构造层。

2.0.6 隔离层 isolating course

防止建筑地面上各种液体或地下水、潮气透过地面的构造层。

2.0.7 填充层 filler course

在绝热层或楼板基面上设置加热管或发热电缆用的构造层，用以保护加热设备并使地面温度均匀。

2.0.8 绝热层 insulating course

用以阻挡热量传递，减少无效热耗的构造层。

2.0.9 防潮层 moisture proofing course

防止建筑地基或楼层地面下潮气透过地面的构造层。

2.0.10 伸缩缝 expansion joint

补偿混凝土填充层、上部构造层和面层等膨胀或收缩用的构造缝。

2.0.11 铝塑复合管 polyethylene-aluminum compound pipe

内层和外层为交联聚乙烯或耐高温聚乙烯、中间层为增强铝管、层间采用专用热熔胶，通过挤出成型方法复合成一体的加热管。根据铝管焊接方法不同，分为搭接焊和对接焊两种形式，通常以XPAP或PAP标记。

2.0.12 聚丁烯管 polyebutylene pipe

由聚丁烯-1树脂添加适量助剂，经挤出成型的热塑性加热管，通常以PB标记。

2.0.13 交联聚乙烯管 cross linked polyethylene pipe

以密度大于等于0.94g/cm^{3}的聚乙烯或乙烯共聚物，添加适量助剂，通过化学的或物理的方法，使其线型的大分子交联成三维网状的大分子结构的加热管，通常以PE-X标记。按照交联方式的不同，可分为过氧化物交联聚乙烯（PE-X$_a$）、硅烷交联聚乙烯（PE-X$_b$）、辐照交联聚乙烯（PE-X$_c$）、偶氮交联聚乙烯（PE-X$_d$）。

2.0.14 无规共聚聚丙烯管 polypropylene random copolymer pipe

以丙烯和适量乙烯的无规共聚物，添加适量助剂，经挤出成型的热塑性加热管。通常以PP-R标记。

2.0.15 嵌段共聚聚丙烯管 polypropylene block copolymer pipe

以丙烯和乙烯嵌段共聚物，添加适量助剂，经挤出成型的热塑性加热管。通常以PP-B标记。

2.0.16 耐热聚乙烯管 polyethylene of raised temperature resistance pipe

以乙烯和辛烯共聚制成的特殊的线型中密度乙烯共聚物，添加适量助剂，经挤出成型的热塑性加热管。通常以PE-RT标记。

2.0.17 黑球温度 black globe temperature

由黑球温度计指示的温度数值，习惯上也称实感温度。

2.0.18 发热电缆 heating cable

以供暖为目的、通电后能够发热的电缆。由冷线、热线和冷热线接头组成，其中热线由发热导线、绝缘层、接地屏蔽层和外护套等部分组成。

2.0.19 发热电缆地面辐射供暖 heating cable floor radiant heating

以低温发热电缆为热源，加热地板，通过地面以辐射和对流的传热方式向室内供热的供暖方式。

2.0.20 发热导线 heating conductor

发热电缆中将电能转换为热能的金属线。

2.0.21 绝缘层 insulation of a cable

发热电缆内不同电导体之间的绝缘材料层。

2.0.22 接地屏蔽层 screen

包裹在发热导线外并与发热导线绝缘的金属层。其材质可以是编织成网或螺旋缠绕的金属丝，也可以是螺旋缠绕或沿发热电缆纵向围合的金属带。

2.0.23 外护套 sheath

保护发热电缆内部不受外界环境影响（如腐蚀、受潮等）的电缆外围结构层。

2.0.24 发热电缆温控器 thermostat for heating cable system

应用于发热电缆地面辐射供暖的系统中，能够感应温度并加以控制调节的自动控制装置，按照控制方法的不同主要分为室温型、地温型和双温型温控器。

3 设 计

3.1 一 般 规 定

3.1.1 低温热水地面辐射供暖系统的供、回水温度应由计算确定，供水温度不应大于60℃。民用建筑供水温度宜采用35～50℃，供回水温差不宜大于10℃。

3.1.2 地表面平均温度计算值应符合表3.1.2的规定。

表3.1.2 地表面平均温度（℃）

区域特征	适宜范围	最高限值
人员经常停留区	24～26	28
人员短期停留区	28～30	32
无人停留区	35～40	42

3.1.3 低温热水地面辐射供暖系统的工作压力，不应大于0.8MPa；当建筑物高度超过50m时，宜竖向分区设置。

3.1.4 无论采用何种热源，低温热水地面辐射供暖热媒的温度、流量和资用压差等参数，都应同热源系统相匹配；热源系统应设置相应的控制装置。

3.1.5 地面辐射供暖工程施工图设计文件的内容和深度，应符合下列要求：

1 施工图设计文件应以施工图纸为主，包括图纸目录、设计说明、加热管或发热电缆平面布置图、温控装置布置图及分水器、集水器、地面构造示意图等内容。

2 设计说明中应详细说明供暖室内外计算温度、热源及热媒参数或配电方案及电力负荷、加热管或发热电缆技术数据及规格；标明使用的具体条件如工作温度、工作压力或工作电压以及绝热材料的导热系数、密度、规格及厚度等。

3 平面图中应绘出加热管或发热电缆的具体布置形式，标明敷设间距、加热管的管径、计算长度和伸缩缝要求等。

3.1.6 采用发热电缆地面辐射供暖方式时，发热电缆的线功率不宜大于20W/m。

3.2 地 面 构 造

3.2.1 与土壤相邻的地面，必须设绝热层，且绝热层下部必须设置防潮层。直接与室外空气相邻的楼板，必须设绝热层。

3.2.2 地面构造由楼板或与土壤相邻的地面、绝热层、加热管、填充层、找平层和面层组成，并应符合下列规定：

1 当工程允许地面按双向散热进行设计时，各楼层间的楼板上部可不设绝热层。

2 对卫生间、洗衣间、浴室和游泳馆等潮湿房间，在填充层上部应设置隔离层。

3.2.3 面层宜采用热阻小于$0.05m^2 \cdot K/W$的材料。

3.2.4 当面层采用带龙骨的架空木地板时，加热管或发热电缆应敷设在木地板与龙骨之间的绝热层上，可不设置豆石混凝土填充层；发热电缆的线功率不宜大于10W/m；绝热层与地板间净空不宜小于30mm。

3.2.5 地面辐射供暖系统绝热层采用聚苯乙烯泡沫塑料板时，其厚度不应小于表3.2.5规定值；采用其他绝热材料时，可根据热阻相当的原则确定厚度。

表3.2.5 聚苯乙烯泡沫塑料板绝热层厚度（mm）

楼层之间楼板上的绝热层	20
与土壤或不采暖房间相邻的地板上的绝热层	30
与室外空气相邻的地板上的绝热层	40

3.2.6 填充层的材料宜采用C15豆石混凝土，豆石粒径宜为5～12mm。加热管的填充层厚度不宜小于50mm，发热电缆的填充层厚度不宜小于35mm。当地面荷载大于$20kN/m^2$时，应会同结构设计人员采取加固措施。

3.3 热负荷的计算

3.3.1 地面辐射供暖系统热负荷，应按现行国家标准《采暖通风及空气调节设计规范》GB 50019的有关规定进行计算。

3.3.2 计算全面地面辐射供暖系统的热负荷时，室内计算温度的取值应比对流采暖系统的室内计算温度低2℃，或取对流采暖系统计算总热负荷的90%～95%。

3.3.3 局部地面辐射供暖系统的热负荷，可按整个房间全面辐射供暖所算得的热负荷乘以该区域面积与所在房间面积的比值和表3.3.3中所规定的附加系数确定。

表3.3.3 局部辐射供暖系统热负荷的附加系数

供暖区面积与房间总面积比值	0.55	0.40	0.25
附 加 系 数	1.30	1.35	1.50

3.3.4 进深大于6m的房间，宜以距外墙6m为界分区，分别计算热负荷和进行管线布置。

3.3.5 敷设加热管或者发热电缆的建筑地面，不应计算地面的传热损失。

3.3.6 计算地面辐射供暖系统热负荷时，可不考虑高度附加。

3.3.7 分户热计量的地面辐射供暖系统的热负荷计算，应考虑间歇供暖和户间传热等因素。

3.4 地面散热量的计算

3.4.1 单位地面面积的散热量应按下列公式计算：

$$q = q_f + q_d \quad (3.4.1\text{-}1)$$

$$q_f = 5 \times 10^{-8}[(t_{pj} + 273)^4 - (t_{fj} + 273)^4] \quad (3.4.1\text{-}2)$$

$$q_d = 2.13(t_{pj} - t_n)^{1.31} \quad (3.4.1\text{-}3)$$

式中 q——单位地面面积的散热量（W/m²）；

q_f——单位地面面积辐射传热量（W/m²）；

q_d——单位地面面积对流传热量（W/m²）；

t_{pj}——地表面平均温度（℃）；

t_{fj}——室内非加热表面的面积加权平均温度（℃）；

t_n——室内计算温度（℃）。

3.4.2 单位地面面积的散热量和向下传热损失，均应通过计算确定。当加热管为PE-X管或PB管时，单位地面面积散热量及向下传热损失，可按本规程附录A确定。

3.4.3 确定地面所需的散热量时，应将本章第3.3节计算的房间热负荷扣除来自上层地板向下的传热损失。

3.4.4 单位地面面积所需的散热量应按下列公式计算：

$$q_x = \frac{Q}{F} \quad (3.4.4)$$

式中 q_x——单位地面面积所需的散热量（W/m²）；

Q——房间所需的地面散热量（W）；

F——敷设加热管或发热电缆的地面面积（m²）。

3.4.5 确定地面散热量时，应校核地表面平均温度，确保其不高于本规程表3.1.2的最高限值；否则应改善建筑热工性能或设置其他辅助供暖设备，减少地面辐射供暖系统负担的热负荷。地表面平均温度宜按下列公式计算：

$$t_{pj} = t_n + 9.82 \times \left(\frac{q_x}{100}\right)^{0.969} \quad (3.4.5)$$

式中 t_{pj}——地表面平均温度（℃）；

t_n——室内计算温度（℃）；

q_x——单位地面面积所需散热量（W/m²）。

3.4.6 热媒的供热量，应包括地面向上的散热量和向下层或向土壤的传热损失。

3.4.7 地面散热量应考虑家具及其他地面覆盖物的影响。

3.5 低温热水系统的加热管系统设计

3.5.1 在住宅建筑中，低温热水地面辐射供暖系统应按户划分系统，配置分水器、集水器；户内的各主要房间，宜分环路布置加热管。

3.5.2 连接在同一分水器、集水器上的同一管径的各环路，其加热管的长度宜接近，并不宜超过120m。

3.5.3 加热管的布置宜采用回折型（旋转型）或平行型（直列型）。

3.5.4 加热管的敷设管间距，应根据地面散热量、室内计算温度、平均水温及地面传热热阻等通过计算确定。也可按本规程附录A确定。

3.5.5 加热管壁厚应按供暖系统实际工作条件确定，可按照本规程附录B的规定选择。

3.5.6 加热管内水的流速不宜小于0.25m/s。

3.5.7 地面的固定设备和卫生洁具下，不应布置加热管。

3.6 低温热水系统的分水器、集水器及附件设计

3.6.1 每个环路加热管的进、出水口，应分别与分水器、集水器相连接。分水器、集水器内径不应小于总供、回水管内径，且分水器、集水器最大断面流速不宜大于0.8m/s。每个分水器、集水器分支环路不宜多于8路。每个分支环路供回水管上均应设置可关断阀门。

3.6.2 在分水器之前的供水连接管道上，顺水流方向应安装阀门、过滤器、阀门及泄水管。在集水器之后的回水连接管上，应安装泄水管并加装平衡阀或其他可关断调节阀。对有热计量要求的系统应设置热计量装置。

3.6.3 在分水器的总进水管与集水器的总出水管之间宜设置旁通管，旁通管上应设置阀门。

3.6.4 分水器、集水器上均应设置手动或自动排气阀。

3.7 低温热水系统的加热管水力计算

3.7.1 加热管的压力损失，可按下列公式计算：

$$\Delta P = \Delta P_m + \Delta P_j \quad (3.7.1\text{-}1)$$

$$\Delta P_m = \lambda \frac{l}{d} \frac{\rho \upsilon^2}{2} \quad (3.7.1\text{-}2)$$

$$\Delta P_j = \zeta \frac{\rho \upsilon^2}{2} \quad (3.7.1\text{-}3)$$

式中 ΔP——加热管的压力损失（Pa）；

ΔP_m——摩擦压力损失（Pa）；

ΔP_j——局部压力损失（Pa）；

λ——摩擦阻力系数；

d——管道内径（m）；

l——管道长度（m）；

ρ——水的密度（kg/m³）；

υ——水的流速（m/s）；

ζ——局部阻力系数。

3.7.2 铝塑复合管及塑料管的摩擦阻力系数，可近

似统一按下列公式计算：

$$\lambda = \left\{ \frac{0.5\left[\frac{b}{2} + \frac{1.312(2-b)\lg 3.7\frac{d_n}{K_d}}{\lg Re_s - 1}\right]}{\lg\frac{3.7d_n}{K_d}} \right\}^2 \tag{3.7.2-1}$$

$$b = 1 + \frac{\lg Re_s}{\lg Re_z} \tag{3.7.2-2}$$

$$Re_s = \frac{d_n \upsilon}{\mu_t} \tag{3.7.2-3}$$

$$Re_z = \frac{500d_n}{k_d} \tag{3.7.2-4}$$

$$d_n = 0.5(2d_w + \Delta d_w - 4\delta - 2\Delta\delta) \tag{3.7.2-5}$$

式中 λ——摩擦阻力系数；

b——水的流动相似系数；

Re_s——实际雷诺数；

υ——水的流速（m/s）；

μ_t——与温度有关的运动黏度（m^2/s）；

Re_z——阻力平方区的临界雷诺数；

k_d——管子的当量粗糙度（m），对铝塑复合管及塑料管，$k_d = 1 \times 10^{-5}$（m）；

d_n——管子的计算内径（m）；

d_w——管外径（m）；

Δd_w——管外径允许误差（m）；

δ——管壁厚（m）；

$\Delta\delta$——管壁厚允许误差（m）。

3.7.3 塑料管及铝塑复合管单位摩擦压力损失可按本规程附录C中表C.0.1、表C.0.2选用。

3.7.4 塑料管及铝塑复合管的局部压力损失应通过计算确定，其局部阻力系数可按本规程附录C中表C.0.3选用。

3.7.5 每套分水器、集水器环路的总压力损失不宜大于30kPa。

3.8 低温热水系统的热计量和室温控制

3.8.1 新建住宅低温热水地面辐射供暖系统，应设置分户热计量和温度控制装置。

3.8.2 分户热计量的低温热水地面辐射供暖系统，应符合下列要求：

1 应采用共用立管的分户独立系统形式。

2 热量表前应设置过滤器。

3 供暖系统的水质应符合现行国家标准《工业锅炉水质》GB 1576的规定。

4 共用立管和入户装置，宜设置在管道井内；管道井宜邻楼梯间或户外公共空间。

5 每一对共用立管在每层连接的户数不宜超过3户。

3.8.3 低温热水地面辐射供暖系统室内温度控制，可根据需要选取下列任一种方式：

1 在加热管与分水器、集水器的接合处，分路设置调节性能好的阀门，通过手动调节来控制室内温度。

2 各个房间的加热管局部沿墙槽抬高至1.4m，在加热管上装置自力式恒温控制阀，控制室温保持恒定。

3 在加热管与分水器、集水器的接合处，分路设置远传型自力式或电动式恒温控制阀，通过各房间内的温控器控制相应回路上的调节阀，控制室内温度保持恒定。调节阀也可内置于集水器中。采用电动控制时，房间温控器与分水器、集水器之间应预埋电线。

3.9 发热电缆系统的设计

3.9.1 发热电缆布线间距应根据其线性功率和单位面积安装功率，按下式确定：

$$S = \frac{p_x}{q} \times 1000 \tag{3.9.1}$$

式中 S——发热电缆布线间距（mm）；

p_x——发热电缆线性功率（W/m）；

q——单位面积安装功率（W/m^2）。

3.9.2 在靠近外窗、外墙等局部热负荷较大区域，发热电缆应较密铺设。

3.9.3 发热电缆热线之间的最大间距不宜超过300mm，且不应小于50mm；距离外墙内表面不得小于100mm。

3.9.4 发热电缆的布置，可选择采用平行型（直列型）或回折型（旋转型）。

3.9.5 每个房间宜独立安装一根发热电缆，不同温度要求的房间不宜共用一根发热电缆；每个房间宜通过发热电缆温控器单独控制温度。

3.9.6 发热电缆温控器的工作电流不得超过其额定电流。

3.9.7 发热电缆地面辐射供暖系统可采用温控器与接触器等其他控制设备结合的形式实现控制功能，温控器的选用类型应符合以下要求：

1 高大空间、浴室、卫生间、游泳池等区域，应采用地温型温控器；

2 对需要同时控制室温和限制地表温度的场合应采用双温型温控器。

3.9.8 发热电缆温控器应设置在附近无散热体、周围无遮挡物、不受风直吹、不受阳光直晒、通风干燥、能正确反映室内温度的位置，不宜设在外墙上，设置高度宜距地面1.4m。地温传感器不应被家具等覆盖或遮挡，宜布置在人员经常停留的位置。

3.9.9 发热电缆温控器的选型，应考虑使用环境的潮湿情况。

3.9.10 发热电缆的布置应考虑地面家具的影响。

3.9.11 地面的固定设备和卫生洁具下面不应布置发热电缆。

3.10 发热电缆系统的电气设计

3.10.1 发热电缆系统的供电方式，宜采用AC220V供电。当进户回路负载超过12kW时，可采用AC220V/380V三相四线制供电方式，多根发热电缆接入220V/380V三相系统时应使三相平衡。

3.10.2 供暖电耗要求单独计费时，发热电缆系统的电气回路宜单独设置。

3.10.3 配电箱应具备过流保护和漏电保护功能，每个供电回路应设带漏电保护装置的双极开关。

3.10.4 地温传感器穿线管应选用硬质套管。

3.10.5 发热电缆地面辐射供暖系统的电气设计应符合国家现行标准《民用建筑电气设计规范》JGJ/T 16和《建筑电气工程施工质量验收规范》GB 50303中的有关规定。

3.10.6 发热电缆的接地线必须与电源的地线连接。

4 材 料

4.1 一 般 规 定

4.1.1 地面辐射供暖系统中所用材料，应根据工作温度、工作压力、荷载、设计寿命、现场防水、防火等工程环境的要求，以及施工性能，经综合比较后确定。

4.1.2 所有材料均应按国家现行有关标准检验合格，有关强制性性能要求应由国家认可的检测机构进行检测，并出具有效证明文件或检测报告。

4.2 绝 热 材 料

4.2.1 绝热材料应采用导热系数小、难燃或不燃，具有足够承载能力的材料，且不宜含有殖菌源，不得有散发异味及可能危害健康的挥发物。

4.2.2 地面辐射供暖工程中采用的聚苯乙烯泡沫塑料主要技术指标应符合表4.2.2的规定。

表 4.2.2 聚苯乙烯泡沫塑料主要技术指标

项 目	单 位	性能指标
表观密度	kg/m^3	≥20.0
压缩强度(即在10%形变下的压缩应力)	kPa	≥100
导热系数	W/m·k	≤0.041
吸水率(体积分数)	%(v/v)	≤4
尺寸稳定性	%	≤3
水蒸气透过系数	ng/(Pa·m·s)	≤4.5
熔结性(弯曲变形)	mm	≥20
氧指数	%	≥30
燃烧分级		达到B_2级

4.2.3 当采用其他绝热材料时，其技术指标应按本规程表4.2.2的规定，选用同等效果绝热材料。

4.3 低温热水系统的材料

4.3.1 低温热水地面辐射供暖系统材料应包括加热管、分水器、集水器及其连接件和绝热材料等。

4.3.2 加热管管材生产企业应向设计、安装和建设单位提交下列文件：

1 国家授权机构提供的有效期内的符合相关标准要求的检验报告；

2 产品合格证；

3 有特殊要求的管材，厂家应提供相应说明书。

4.3.3 低温热水系统的加热管应根据其工作温度、工作压力、使用寿命、施工和环保性能等因素，经综合考虑和技术经济比较后确定。

4.3.4 加热管质量必须符合国家现行标准中的各项规定；加热管的物理性能应符合本规程附录D的规定。

4.3.5 加热管外壁标识应按相关管材标准执行，有阻氧层的加热管宜注明。

4.3.6 与其他供暖系统共用同一集中热源的热水系统、且其他供暖系统采用钢制散热器等易腐蚀构件时，塑料管宜有阻氧层或在热水系统中添加除氧剂。

4.3.7 加热管的内外表面应光滑、平整、干净，不应有可能影响产品性能的明显划痕、凹陷、气泡等缺陷。

4.3.8 塑料管或铝塑复合管的公称外径、壁厚与偏差，应符合表4.3.8-1和表4.3.8-2的要求。

表 4.3.8-1 塑料管公称外径、最小与最大平均外径(mm)

塑料管材	公称外径	最小平均外径	最大平均外径
PE-X管、PB管、PE-RT管、PP-R管、PP-B管	16	16.0	16.3
	20	20.0	20.3
	25	25.0	25.3

表 4.3.8-2 铝塑复合管公称外径、壁厚与偏差(mm)

铝塑复合管	公称外径	公称外径偏差	参考内径	壁厚最小值	壁厚偏差
搭接焊	16	+0.3	12.1	1.7	+0.5
	20		15.7	1.9	
	25		19.9	2.3	
对接焊	16	+0.3	10.9	2.3	+0.5
	20		14.5	2.5	
	25(26)		18.5(19.5)	3.0	

4.3.9 分水器、集水器应包括分水干管、集水干管、排气及泄水试验装置、支路阀门和连接配件等。

4.3.10 分水器、集水器（含连接件等）的材料宜为铜质。

4.3.11 分水器、集水器（含连接件等）的表观，内外表面应光洁，不得有裂纹、砂眼、冷隔、夹渣、凹凸不平等缺陷。表面电镀的连接件，色泽应均匀，镀层牢固，不得有脱镀的缺陷。

4.3.12 金属连接件间的连接及过渡管件与金属连接件间的连接密封应符合国家现行标准《55°密封管螺纹》GB/T 7306 的规定。永久性的螺纹连接，可使用厌氧胶密封粘接；可拆卸的螺纹连接，可使用不超过0.25mm 总厚的密封材料密封连接。

4.3.13 铜制金属连接件与管材之间的连接结构形式宜为卡套式或卡压式夹紧结构。

4.3.14 连接件的物理力学性能测试应采用管道系统适用性试验的方法，管道系统适用性试验条件及要求应符合管材国家现行标准的规定。

4.4 发热电缆系统的材料

4.4.1 发热电缆必须有接地屏蔽层。

4.4.2 发热电缆热线部分的结构在径向上从里到外应由发热导线、绝缘层、接地屏蔽层和外护套等组成，其外径不宜小于 6mm。

4.4.3 发热电缆的发热导体宜使用纯金属或金属合金材料。

4.4.4 发热电缆的轴向上分别为发热用的热线和连接用的冷线，其冷热导线的接头应安全可靠，并应满足至少 50 年的非连续正常使用寿命。

4.4.5 发热电缆的型号和商标应有清晰标志，冷热线接头位置应有明显标志。

4.4.6 发热电缆应经国家电线电缆质量监督检验部门检验合格。产品的电气安全性能、机械性能应符合本规程附录 E 的规定。

4.4.7 发热电缆系统用温控器应符合国家现行标准《温度指示控制仪》JJC 874 和《家用和类似用途电自动控制器　温度敏感控制器的特殊要求》GB 14536.10 的规定。

4.4.8 发热电缆系统的温控器外观不应有划痕，标记应清晰，面板扣合应严密、开关应灵活自如，温度调节部件应使用正常。

5 施　工

5.1 一 般 规 定

5.1.1 施工安装前应具备下列条件：

1 设计施工图纸和有关技术文件齐全；

2 有较完善的施工方案、施工组织设计，并已完成技术交底；

3 施工现场具有供水或供电条件，有储放材料的临时设施；

4 土建专业已完成墙面粉刷（不含面层），外窗、外门已安装完毕，并已将地面清理干净；厨房、卫生间应做完闭水试验并经过验收；

5 相关电气预埋等工程已完成。

5.1.2 所有进场材料、产品的技术文件应齐全，标志应清晰，外观检查应合格。必要时应抽样进行相关检测。

5.1.3 加热管和发热电缆应进行遮光包装后运输，不得裸露散装；运输、装卸和搬运时，应小心轻放，不得抛、摔、滚、拖。不得曝晒雨淋，宜储存在温度不超过40℃，通风良好和干净的库房内；与热源距离应保持在 1m 以上。应避免因环境温度和物理压力受到损害。

5.1.4 施工过程中，应防止油漆、沥青或其他化学溶剂接触污染加热管和发热电缆的表面。

5.1.5 施工的环境温度不宜低于 5℃；在低于 0℃的环境下施工时，现场应采取升温措施。

5.1.6 发热电缆间有搭接时，严禁电缆通电。

5.1.7 施工时不宜与其他工种交叉施工作业，所有地面留洞应在填充层施工前完成。

5.1.8 地面辐射供暖工程施工过程中，严禁人员踩踏加热管或发热电缆。

5.1.9 施工结束后应绘制竣工图，并应准确标注加热管、发热电缆敷设位置及地温传感器埋设地点。

5.2 绝热层的铺设

5.2.1 铺设绝热层的地面应平整、干燥、无杂物。墙面根部应平直，且无积灰现象。

5.2.2 绝热层的铺设应平整，绝热层相互间接合应严密。直接与土壤接触或有潮湿气体侵入的地面，在铺放绝热层之前应先铺一层防潮层。

5.3 低温热水系统加热管的安装

5.3.1 加热管应按照设计图纸标定的管间距和走向敷设，加热管应保持平直，管间距的安装误差不应大于 10mm。加热管敷设前，应对照施工图纸核定加热管的选型、管径、壁厚，并应检查加热管外观质量，管内部不得有杂质。加热管安装间断或完毕时，敞口处应随时封堵。

5.3.2 加热管切割，应采用专用工具；切口应平整，断口面应垂直管轴线。

5.3.3 加热管安装时应防止管道扭曲；弯曲管道时，圆弧的顶部应加以限制，并用管卡进行固定，不得出现“死折”；塑料及铝塑复合管的弯曲半径不宜小于6 倍管外径，铜管的弯曲半径不宜小于 5 倍管外径。

5.3.4 埋设于填充层内的加热管不应有接头。

5.3.5 施工验收后，发现加热管损坏，需要增设接头时，应先报建设单位或监理工程师，提出书面补救方案，经批准后方可实施。增设接头时，应根据加热管的材质，采用热熔或电熔插接式连接，或卡套式、卡压试铜制管接头连接，并应做好密封。铜管宜采用机械连接或焊接连接。无论采用何种接头，均应在竣工图上清晰表示，并记录归档。

5.3.6 加热管应设固定装置。可采用下列方法之一固定：

1 用固定卡将加热管直接固定在绝热板或设有复合面层的绝热板上；

2 用扎带将加热管固定在铺设于绝热层上的网格上；

3 直接卡在铺设于绝热层表面的专用管架或管卡上；

4 直接固定于绝热层表面凸起间形成的凹槽内。

5.3.7 加热管弯头两端宜设固定卡；加热管固定点的间距，直管段固定点间距宜为0.5～0.7m，弯曲管段固定点间距宜为0.2～0.3m。

5.3.8 在分水器、集水器附近以及其他局部加热管排列比较密集的部位，当管间距小于100mm时，加热管外部应采取设置柔性套管等措施。

5.3.9 加热管出地面至分水器、集水器连接处，弯管部分不宜露出地面装饰层。加热管出地面至分水器、集水器下部球阀接口之间的明装管段，外部应加装塑料套管。套管应高出装饰面150～200mm。

5.3.10 加热管与分水器、集水器连接，应采用卡套式、卡压式挤压夹紧连接；连接件材料宜为铜质；铜质连接件与PP-R或PP-B直接接触的表面必须镀镍。

5.3.11 加热管的环路布置不宜穿越填充层内的伸缩缝。必须穿越时，伸缩缝处应设长度不小于200mm的柔性套管。

5.3.12 分水器、集水器宜在开始铺设加热管之前进行安装。水平安装时，宜将分水器安装在上，集水器安装在下，中心距宜为200mm，集水器中心距地面不应小于300mm。

5.3.13 伸缩缝的设置应符合下列规定：

1 在与内外墙、柱等垂直构件交接处应留不间断的伸缩缝，伸缩缝填充材料应采用搭接方式连接，搭接宽度不应小于10mm；伸缩缝填充材料与墙、柱应有可靠的固定措施，与地面绝热层连接应紧密，伸缩缝宽度不宜小于10mm。伸缩缝填充材料宜采用高发泡聚乙烯泡沫塑料。

2 当地面面积超过30m^{2}或边长超过6m时，应按不大于6m间距设置伸缩缝，伸缩缝宽度不应小于8mm。伸缩缝宜采用高发泡聚乙烯泡沫塑料或内满填弹性膨胀膏。

3 伸缩缝应从绝热层的上边缘做到填充层的上边缘。

5.4 发热电缆系统的安装

5.4.1 发热电缆应按照施工图纸标定的电缆间距和走向敷设，发热电缆应保持平直，电缆间距的安装误差不应大于10mm。发热电缆敷设前，应对照施工图纸核定发热电缆的型号，并应检查电缆的外观质量。

5.4.2 发热电缆出厂后严禁剪裁和拼接，有外伤或破损的发热电缆严禁敷设。

5.4.3 发热电缆安装前应测量发热电缆的标称电阻和绝缘电阻，并做自检记录。

5.4.4 发热电缆施工前，应确认电缆冷线预留管、温控器接线盒、地温传感器预留管、供暖配电箱等预留、预埋工作已完毕。

5.4.5 电缆的弯曲半径不应小于生产企业规定的限值，且不得小于6倍电缆直径。

5.4.6 发热电缆下应铺设钢丝网或金属固定带，发热电缆不得被压入绝热材料中。

5.4.7 发热电缆应采用扎带固定在钢丝网上，或直接用金属固定带固定。

5.4.8 发热电缆的热线部分严禁进入冷线预留管。

5.4.9 发热电缆的冷热线接头应设在填充层内。

5.4.10 发热电缆安装完毕，应检测发热电缆的标称电阻和绝缘电阻，并进行记录。

5.4.11 发热电缆温控器的温度传感器安装应按生产企业相关技术要求进行。

5.4.12 发热电缆温控器应水平安装，并应牢固固定，温控器应设在通风良好且不被风直吹处，不得被家具遮挡，温控器的四周不得有热源体。

5.4.13 发热电缆温控器安装时，应将发热电缆可靠接地。

5.4.14 伸缩缝的设置应符合本规程第5.3.13条的要求。

5.5 填充层施工

5.5.1 混凝土填充层施工应具备以下条件：

1 发热电缆经电阻检测和绝缘性能检测合格；

2 所有伸缩缝已安装完毕；

3 加热管安装完毕且水压试验合格、加热管处于有压状态下；

4 温控器的安装盒、发热电缆冷线穿管已经布置完毕；

5 通过隐蔽工程验收。

5.5.2 混凝土填充层施工，应由有资质的土建施工方承担，供暖系统安装单位应密切配合。

5.5.3 混凝土填充层施工中，加热管内的水压不应低于0.6MPa；填充层养护过程中，系统水压不应低于0.4MPa。

5.5.4 混凝土填充层施工中，严禁使用机械振捣设备；施工人员应穿软底鞋，采用平头铁锹。

5.5.5 在加热管或发热电缆的铺设区内，严禁穿凿、钻孔或进行射钉作业。

5.5.6 系统初始加热前，混凝土填充层的养护期不应少于21d。施工中，应对地面采取保护措施，不得在地面上加以重载、高温烘烤、直接放置高温物体和高温加热设备。

5.5.7 填充层施工完毕后，应进行发热电缆的标称电阻和绝缘电阻检测，验收并做好记录。

5.6 面层施工

5.6.1 装饰地面宜采用下列材料：

1 水泥砂浆、混凝土地面；

2 瓷砖、大理石、花岗石等地面；

3 符合国家标准的复合木地板、实木复合地板及耐热实木地板。

5.6.2 面层施工前，填充层应达到面层需要的干燥度。面层施工除应符合土建施工设计图纸的各项要求外，尚应符合下列规定：

1 施工面层时，不得剔、凿、割、钻和钉填充层，不得向填充层内楔入任何物件；

2 面层的施工，应在填充层达到要求强度后才能进行；

3 石材、面砖在与内外墙、柱等垂直构件交接处，应留10mm宽伸缩缝；木地板铺设时，应留不小于14mm的伸缩缝。伸缩缝应从填充层的上边缘做到高出装饰层上表面10~20mm，装饰层敷设完毕后，应裁去多余部分。伸缩缝填充材料宜采用高发泡聚乙烯泡沫塑料。

5.6.3 以木地板作为面层时，木材应经干燥处理，且应在填充层和找平层完全干燥后，才能进行地板施工。

5.6.4 瓷砖、大理石、花岗石面层施工时，在伸缩缝处宜采用干贴。

5.7 卫生间施工

5.7.1 卫生间应做两层隔离层。

5.7.2 卫生间过门处应设置止水墙，在止水墙内侧应配合土建专业做防水。加热管或发热电缆穿止水墙处应采取防水措施。

6 检验、调试及验收

6.1 一般规定

6.1.1 检验、调试及验收应由施工单位提出书面报告，监理单位组织各相关专业进行检查和验收，并应做好记录。工程质量检验表可按本规程附录F采用。

6.1.2 施工图设计单位应具有相应的设计资质。工程设计文件经批准后方可施工，修改设计应有设计单位出具的设计变更文件。

6.1.3 专业施工单位应具有相应的施工资质，工程质量验收人员应具备相应的专业技术资格。

6.1.4 低温热水系统应对下列内容进行检查和验收：

1 管道、分水器、集水器、阀门、配件、绝热材料等的质量；

2 原始地面、填充层、面层等施工质量；

3 管道、阀门等安装质量；

4 隐蔽前、后水压试验；

5 管路冲洗；

6 系统试运行。

6.1.5 发热电缆系统应对下列内容进行检查和验收：

1 发热电缆、温控器、绝热材料等的质量；

2 原始地面、填充层、面层等施工质量；

3 隐蔽前、后发热电缆标称电阻、绝缘电阻检测；

4 发热电缆安装；

5 系统试运行。

6.2 施工方案及材料、设备检查

6.2.1 施工单位应编制施工组织设计或施工方案，经批准后方可施工。

6.2.2 施工组织设计或施工方案应包括下列内容：

1 工程概况；

2 施工节点图、原始地面至面层的剖面图、伸缩缝的位置等；

3 主要材料、设备的性能技术指标、规格、型号等及保管存放措施；

4 施工工艺流程及各专业施工时间计划；

5 施工、安装质量控制措施及验收标准，包括：绝热层铺设、加热管安装、填充层、面层施工质量，水压试验（电阻测试和绝缘测试），隐蔽前、后综合检查，环路、系统试运行调试，竣工验收等；

6 施工进度计划、劳动力计划；

7 安全、环保、节能技术措施。

6.2.3 地面辐射供暖系统所使用的主要材料、设备组件、配件、绝热材料必须具有质量合格证明文件，规格、型号及性能技术指标应符合国家现行有关标准的规定。进场时应做检查验收，并经监理工程师核查确认。

6.2.4 阀门、分水器、集水器组件安装前，应做强度和严密性试验。试验应在每批数量中抽查10%，且不得少于一个。对安装在分水器进口、集水器出口及旁通管上的旁通阀门，应逐个做强度和严密性试验，合格后方可使用。

6.2.5 阀门的强度试验压力应为工作压力的1.5倍；严密性试验压力应为工作压力的1.1倍，公称直径不大于50mm的阀门强度和严密性试验持续时间应为15s，其间压力应保持不变，且壳体、填料及密封面应无渗漏。

6.3 施工安装质量验收

6.3.1 加热管或电缆安装完毕后，在混凝土填充层施工前，应按隐蔽工程要求，由施工单位会同监理单

位进行中间验收。

6.3.2 地面供暖系统中间验收时，下列项目应达到相应技术要求：

1 绝热层的厚度、材料的物理性能及铺设应符合设计要求；

2 加热管或发热电缆的材料、规格及敷设间距、弯曲半径等应符合设计要求，并应可靠固定；

3 伸缩缝应按设计要求敷设完毕；

4 加热管与分水器、集水器的连接处应无渗漏；

5 填充层内加热管不应有接头；

6 发热电缆系统每个环路应无短路和断路现象。

6.3.3 分水器、集水器及其连接件等安装后应有成品保护措施。

6.3.4 管道安装工程施工技术要求及允许偏差应符合表 6.3.4-1 的规定；原始地面、填充层、面层施工技术要求及允许偏差应符合表 6.3.4-2 的规定。

表 6.3.4-1 管道安装工程施工技术要求及允许偏差

序号	项目	条件	技术要求	允许偏差（mm）
1	绝热层	接合	无缝隙	—
		厚度	—	+10
2	加热管安装	间距	不宜大于 300mm	±10
3	加热管弯曲半径	塑料管及铝塑管	不小于 6 倍管外径	−5
		铜管	不小于 5 倍管外径	−5
4	加热管固定点间距	直管	不大于 700mm	±10
		弯管	不大于 300mm	
5	分水器、集水器安装	垂直间距	200mm	±10

表 6.3.4-2 原始地面、填充层、面层施工技术要求及允许偏差

序号	项目	条件	技术要求	允许偏差（mm）
1	原始地面	铺绝热层前	平整	—
2	填充层	骨料	$\phi \leqslant 12$mm	−2
		厚度	不宜小于 50mm	±4
		当面积大于 30m² 或长度大于 6m	留 8mm 伸缩缝	+2
		与内外墙、柱等垂直部件	留 10mm 伸缩缝	+2
3	面层	与内外墙、柱等垂直部件	留 10mm 伸缩缝	+2
			面层为木地板时，留大于或等于 14mm 伸缩缝	+2
注：原始地面允许偏差应满足相应土建施工标准。				

6.4 低温热水系统的水压试验

6.4.1 水压试验应在系统冲洗之后进行。冲洗应在分水器、集水器以外主供、回水管道冲洗合格后，再进行室内供暖系统的冲洗。

6.4.2 水压试验应分别在浇捣混凝土填充层前和填充层养护期满后进行两次；水压试验应以每组分水器、集水器为单位，逐回路进行。

6.4.3 试验压力应为工作压力的 1.5 倍，且不应小于 0.6MPa。

6.4.4 在试验压力下，稳压 1h，其压力降不应大于 0.05MPa。

6.4.5 水压试验宜采用手动泵缓慢升压，升压过程中应随时观察与检查，不得有渗漏；不宜以气压试验代替水压试验。

6.4.6 在有冻结可能的情况下试压时，应采取防冻措施，试压完成后应及时将管内的水吹净、吹干。

6.5 调试与试运行

6.5.1 地面辐射供暖系统未经调试，严禁运行使用。

6.5.2 地面辐射供暖系统的运行调试，应在具备正常供暖和供电的条件下进行。

6.5.3 地面辐射供暖系统的调试工作应由施工单位在建设单位配合下进行。

6.5.4 地面辐射供暖系统的调试与试运行，应在施工完毕且混凝土填充层养护期满后，正式采暖运行前进行。

6.5.5 初始加热时，热水升温应平缓，供水温度应控制在比当时环境温度高 10℃左右，且不应高于 32℃；并应连续运行 48h；以后每隔 24h 水温升高 3℃，直至达到设计供水温度。在此温度下应对每组分水器、集水器连接的加热管逐路进行调节，直至达到设计要求。

6.5.6 发热电缆地面辐射供暖系统初始通电加热时，应控制室温平缓上升，直至达到设计要求。

6.5.7 发热电缆温控器的调试应按照不同型号温控器安装调试说明书的要求进行。

6.5.8 地面辐射供暖系统的供暖效果，应以房间中央离地 1.5m 处黑球温度计指示的温度，作为评价和检测的依据。

附录 A 单位地面面积的散热量和向下传热损失

A.1 PE-X 管单位地面面积的散热量和向下传热损失

A.1.1 当地面层为水泥或陶瓷、热阻 $R=0.02$（m²·K/W）时，单位地面面积的散热量和向下传热损失可按表 A.1.1 取值。

表 A.1.1 PE-X 管单位地面面积的散热量和向下传热损失（W/m^2）

平均水温	室内空气温度	加热管间距（mm）									
		300		250		200		150		100	
（℃）	（℃）	散热量	热损失	散热量	热损失	散热量	热损失	散热量	热损失	散热量	热损失
35	16	84.7	23.8	92.5	24.0	100.5	24.6	108.9	24.8	116.6	24.8
	18	76.4	21.7	83.3	22.0	90.4	22.6	97.9	22.7	104.7	22.7
	20	68.0	19.9	74.0	20.2	80.4	20.5	87.1	20.5	93.1	20.5
	22	59.7	17.7	65.0	18.0	70.5	18.4	76.3	18.4	81.5	18.4
	24	51.6	15.6	56.1	15.7	60.7	15.7	65.7	15.7	70.1	15.7
40	16	108.0	29.7	118.1	29.8	128.7	30.5	139.6	30.8	149.7	30.8
	18	99.5	27.4	108.7	27.9	118.4	28.5	128.4	28.7	137.6	28.7
	20	91.0	25.4	99.4	25.7	108.1	26.5	117.3	26.7	125.6	26.7
	22	82.5	23.8	90.0	23.9	97.9	24.4	106.2	24.6	113.7	24.6
	24	74.2	21.3	80.9	21.5	87.8	22.4	95.2	22.4	101.9	22.4
45	16	131.8	35.5	144.4	35.5	157.5	36.5	171.2	36.8	183.9	36.8
	18	123.3	33.2	134.8	33.9	147.0	34.5	159.8	34.8	171.6	34.8
	20	114.5	31.7	125.3	32.0	136.6	32.4	148.5	32.7	159.3	32.7
	22	106.0	29.4	115.8	29.8	126.2	30.4	137.1	30.7	147.1	30.7
	24	97.3	27.6	106.5	27.3	115.9	28.4	125.9	28.6	134.9	28.6
50	16	156.1	41.4	171.1	41.7	187.0	42.5	203.6	42.9	218.9	42.9
	18	147.4	39.2	161.5	39.5	176.4	40.5	192.0	40.9	206.4	40.9
	20	138.6	37.3	151.9	37.5	165.8	38.5	180.5	38.9	194.0	38.9
	22	130.0	35.2	142.3	35.6	155.3	36.5	168.9	36.8	181.5	36.8
	24	121.2	33.4	132.7	33.7	144.8	34.4	157.5	34.7	169.1	34.7
55	16	180.8	47.1	198.3	47.8	217.0	48.6	236.5	49.1	254.8	49.1
	18	172.0	45.2	188.7	45.6	206.3	46.6	224.9	47.1	242.0	47.1
	20	163.1	43.3	178.9	43.8	195.6	44.6	213.2	45.0	229.4	45.0
	22	154.3	41.4	169.3	41.5	185.0	42.5	201.5	43.0	216.9	43.0
	24	145.5	39.4	159.6	39.5	174.3	40.5	189.9	40.9	204.3	40.9

注：计算条件：加热管公称外径为 20mm、填充层厚度为 50mm、聚苯乙烯泡沫塑料绝热层厚度 20mm、供回水温差 10℃。

A.1.2 当地面层为塑料类材料、热阻 $R=0.075$ （$m^2\cdot K/W$）时，单位地面面积的散热量和向下传热损失可按表 A.1.2 取值。

A.1.3 当地面层为木地板、热阻 $R=0.1$（$m^2\cdot K/W$）时，单位地面面积的散热量和向下传热损失可按表 A.1.3 取值。

表 A.1.2 PE-X 管单位地面面积的散热量和向下传热损失（W/m^2）

平均水温	室内空气温度	加热管间距(mm)									
		300		250		200		150		100	
(℃)	(℃)	散热量	热损失	散热量	热损失	散热量	热损失	散热量	热损失	散热量	热损失
35	16	67.7	24.2	72.3	24.3	76.8	24.6	81.3	25.1	85.3	25.7
	18	61.1	22.0	65.2	22.2	69.3	22.5	73.2	22.9	76.9	23.4
	20	54.5	19.9	58.1	20.1	61.8	20.3	65.3	20.7	68.5	21.3
	22	48.0	17.8	51.1	18.1	54.3	18.1	57.4	18.5	60.2	18.8
	24	41.5	15.5	44.2	15.9	46.9	16.0	49.5	16.3	51.9	16.7
40	16	85.9	30.0	91.8	30.4	97.7	30.7	103.4	31.3	108.7	32.0
	18	79.2	27.9	84.6	28.1	90.0	28.6	95.3	29.1	100.1	29.8
	20	72.5	26.0	77.5	26.0	82.4	26.4	87.2	26.9	91.5	27.6
	22	65.9	23.7	70.3	24.0	74.8	24.2	79.1	24.7	83.0	25.3
	24	59.3	21.4	63.2	21.9	67.2	22.1	71.1	22.5	74.6	23.1
45	16	104.5	35.8	111.7	36.1	119.0	36.8	126.1	37.6	132.9	38.5
	18	97.7	33.8	104.5	34.1	111.2	34.7	117.8	35.4	123.9	36.3
	20	90.9	31.8	97.2	32.1	103.5	32.6	109.6	33.2	115.2	33.9
	22	84.2	29.7	89.9	30.0	95.8	30.4	101.4	31.0	106.5	31.9
	24	77.4	27.7	82.7	28.0	88.1	28.2	93.2	28.8	97.9	29.4
50	16	123.3	41.8	131.9	42.2	140.6	42.9	149.1	43.9	156.9	44.9
	18	116.5	39.6	124.6	40.3	132.8	40.8	140.7	41.7	148.1	42.7
	20	109.6	37.7	117.3	38.1	125.0	38.7	132.4	39.5	139.3	40.4
	22	102.8	35.5	109.9	36.2	117.1	36.6	124.1	37.3	130.6	38.3
	24	96.0	33.7	102.7	33.9	109.4	34.4	115.9	35.1	121.8	35.9
55	16	142.4	47.7	152.3	48.6	162.5	49.1	172.4	50.2	181.5	51.4
	18	135.4	45.8	145.0	46.2	154.6	47.0	164.0	48.0	172.7	49.3
	20	128.6	43.7	137.6	44.3	146.8	44.9	155.6	45.9	163.8	47.0
	22	121.7	41.6	130.2	42.2	138.9	42.8	147.3	43.7	155.0	44.9
	24	114.9	39.6	122.9	39.9	131.0	40.7	138.9	41.5	146.2	42.6

注：计算条件：加热管公称外径为 20mm、填充层厚度为 50mm、聚苯乙烯泡沫塑料绝热层厚度 20mm、供回水温差 10℃。

表 A.1.3　PE-X 管单位地面面积的散热量和向下传热损失（W/m²）

平均水温	室内空气温度	加热管间距(mm)									
		300		250		200		150		100	
(℃)	(℃)	散热量	热损失	散热量	热损失	散热量	热损失	散热量	热损失	散热量	热损失
35	16	62.4	24.4	66.0	24.6	69.6	25.0	73.1	25.5	76.2	26.1
	18	56.3	22.3	59.6	22.5	62.8	22.9	65.9	23.3	68.7	23.9
	20	50.3	20.1	53.1	20.5	56.0	20.7	58.8	21.1	61.3	21.6
	22	44.3	18.0	46.8	18.2	49.3	18.5	51.7	18.9	53.9	19.3
	24	38.4	15.7	40.5	16.1	42.6	16.3	44.7	16.6	46.5	17.0
40	16	79.1	30.2	83.7	30.7	88.4	31.2	92.8	31.9	96.9	32.5
	18	72.9	28.3	77.2	28.6	81.5	29.0	85.5	29.6	89.3	30.3
	20	66.8	26.3	70.7	26.5	74.6	26.9	78.3	27.4	81.7	28.1
	22	60.7	24.0	64.2	24.4	67.7	24.7	71.1	25.2	74.1	25.8
	24	54.6	21.9	57.8	22.1	60.9	22.5	63.9	22.9	66.6	23.4
45	16	96.0	36.4	101.8	36.9	107.5	37.5	112.9	38.2	117.9	39.1
	18	89.8	34.1	95.1	34.8	100.5	35.3	105.6	36.0	110.2	36.8
	20	83.6	32.2	88.6	32.7	93.5	33.1	98.2	33.8	102.6	34.5
	22	77.4	30.1	82.0	30.4	86.6	30.9	90.9	31.6	94.9	32.4
	24	71.2	28.0	75.4	28.4	79.6	28.8	83.6	29.3	87.3	30.0
50	16	113.2	42.3	120.0	43.1	126.8	43.7	133.4	44.6	139.3	45.6
	18	106.9	40.3	113.3	41.0	119.8	41.6	125.9	42.4	131.6	43.4
	20	100.7	38.1	106.7	38.7	112.7	39.4	118.5	40.2	123.8	41.2
	22	94.4	36.1	100.1	36.7	105.7	37.2	111.1	38.0	116.1	38.9
	24	88.2	34.0	93.4	34.6	98.7	35.1	103.8	35.7	108.4	36.6
55	16	130.5	48.6	138.5	49.1	146.4	50.0	154.0	51.1	161.0	52.2
	18	124.2	46.6	131.8	47.1	139.3	47.9	146.6	48.9	153.2	50.0
	20	118.0	44.4	125.1	45.0	132.2	45.7	139.1	46.7	145.4	47.8
	22	111.7	42.2	118.4	42.8	125.2	43.6	131.6	44.5	137.6	45.5
	24	105.4	40.1	111.7	40.8	118.1	41.4	124.2	42.2	129.8	43.2

注：计算条件：加热管公称外径为 20mm、填充层厚度为 50mm、聚苯乙烯泡沫塑料绝热层厚度 20mm、供回水温差 10℃。

表 A.1.4 PE-X 管单位地面面积的散热量和向下传热损失（W/m²）

平均水温	室内空气温度	加热管间距（mm）									
		300		250		200		150		100	
（℃）	（℃）	散热量	热损失	散热量	热损失	散热量	热损失	散热量	热损失	散热量	热损失
35	16	53.8	25.0	56.2	25.4	58.6	25.7	60.9	26.2	62.9	26.8
	18	48.6	22.8	50.8	23.2	52.9	23.5	54.9	23.9	56.8	24.3
	20	43.4	20.6	45.3	20.9	47.2	21.2	49.0	21.7	50.7	22.1
	22	38.2	18.4	39.9	18.7	41.6	19.0	43.2	19.3	44.6	19.8
	24	33.2	16.2	34.6	16.4	36.0	16.7	37.4	17.0	38.6	17.4
40	16	68.0	31.0	71.1	31.6	74.2	32.1	77.1	32.7	79.7	33.3
	18	62.7	28.9	65.6	29.3	68.4	29.8	71.1	30.4	73.5	31.0
	20	57.5	26.7	60.1	27.1	62.7	27.6	65.1	28.1	67.3	28.7
	22	52.3	24.6	54.6	24.9	57.0	25.3	59.2	25.9	61.2	26.4
	24	47.1	22.3	49.2	22.7	51.3	23.1	53.2	23.5	55.0	23.9
45	16	82.4	37.3	86.2	37.9	90.0	38.5	93.5	39.2	96.8	40.0
	18	77.1	35.1	80.7	35.7	84.2	36.3	87.5	37.0	90.5	37.6
	20	71.8	33.0	75.1	33.5	78.4	34.0	81.5	34.7	84.3	35.5
	22	66.5	30.7	69.6	31.2	72.6	31.8	75.4	32.4	78.0	32.9
	24	61.3	28.6	64.1	29.1	66.8	29.5	69.4	30.1	71.8	30.8
50	16	97.0	43.4	101.5	44.2	106.0	44.9	110.2	45.7	114.1	46.7
	18	91.6	41.4	95.9	42.0	100.1	42.7	104.1	43.5	107.8	44.5
	20	86.3	39.2	90.3	39.8	94.3	40.5	98.0	41.3	101.5	42.1
	22	81.0	37.0	84.7	37.7	88.5	38.3	92.0	39.0	95.2	39.8
	24	75.7	34.9	79.2	35.3	82.6	36.0	85.9	36.7	88.9	37.4
55	16	111.7	49.7	117.0	50.6	122.2	51.4	127.1	52.4	131.6	53.4
	18	106.3	47.7	111.4	48.4	116.3	49.2	120.9	50.1	125.2	51.2
	20	101.0	45.5	105.7	46.2	110.4	47.0	114.8	47.9	118.9	49.0
	22	95.6	43.3	100.1	43.9	104.5	44.8	108.7	45.6	112.5	46.7
	24	90.3	41.2	94.5	41.8	98.6	42.5	102.6	43.3	106.2	44.2

注：计算条件：加热管公称外径为 20mm、填充层厚度为 50mm、聚苯乙烯泡沫塑料绝热层厚度 20mm、供回水温差 10℃。

A.1.4 当地面层铺厚地毯、热阻 $R=0.15$（$m^2\cdot K/W$）时，单位地面面积的散热量和向下传热损失可按表 A.1.4 取值。

A.2 PB 管单位地面面积的散热量和向下传热损失

A.2.1 当地面层为水泥或陶瓷、热阻 $R=0.02$（$m^2\cdot K/W$）时，单位地面面积的散热量和向下传热损失可按表 A.2.1 取值。

A.2.2 当地面层为塑料类材料、热阻 $R=0.075$（$m^2\cdot K/W$）时，单位地面面积的散热量和向下传热损失可按表 A.2.2 取值。

表 A.2.1 PB 管单位地面面积的散热量和向下传热损失（W/m^2）

平均水温	室内空气温度	加热管间距(mm)									
		300		250		200		150		100	
(℃)	(℃)	散热量	热损失	散热量	热损失	散热量	热损失	散热量	热损失	散热量	热损失
35	16	76.5	21.9	84.3	22.3	92.7	22.9	101.8	23.7	111.1	24.1
	18	68.9	20.1	75.9	20.4	83.5	20.9	91.5	21.7	99.8	22.6
	20	61.4	18.2	67.5	18.7	74.3	19.0	81.4	19.6	88.6	20.6
	22	53.9	16.5	59.3	16.8	65.1	17.2	71.4	17.5	77.6	18.5
	24	46.6	14.6	51.2	14.8	56.1	15.3	61.4	15.7	66.8	16.4
40	16	97.3	27.1	107.4	27.6	118.5	28.3	130.3	29.2	142.4	30.6
	18	89.6	25.4	98.9	25.9	109.1	26.4	119.9	27.2	130.9	28.6
	20	82.0	23.5	90.4	24.1	99.6	24.6	109.5	25.2	119.5	26.5
	22	74.4	21.7	82.0	22.1	90.3	22.7	99.2	23.3	108.2	24.4
	24	66.8	19.9	73.6	20.3	81.0	20.8	88.9	21.5	96.9	22.4
45	16	118.6	32.4	131.1	33.0	144.9	33.8	159.6	35.1	174.7	36.6
	18	110.8	30.6	122.5	31.2	135.3	31.9	149.0	33.0	163.1	34.6
	20	103.1	28.8	113.9	29.4	125.7	30.0	138.4	31.2	151.4	32.5
	22	95.3	27.0	105.3	27.5	116.2	28.2	127.9	29.1	139.8	30.5
	24	87.7	25.2	96.7	25.6	106.7	26.3	117.4	27.2	128.3	28.4
50	16	140.3	37.6	155.2	38.4	171.8	39.4	189.5	40.8	207.9	42.7
	18	132.4	35.8	146.5	36.5	162.1	37.5	178.8	38.9	196.0	40.6
	20	124.6	34.0	137.8	34.7	152.4	35.7	168.1	36.8	184.2	38.6
	22	116.8	32.2	129.1	32.9	142.7	33.8	157.3	35.0	172.4	36.6
	24	109.0	30.5	120.4	31.1	133.1	31.9	146.7	32.9	160.7	34.5
55	16	162.2	42.9	179.7	43.7	199.1	44.9	220.0	46.5	241.7	48.7
	18	154.3	41.1	170.9	42.0	189.3	43.0	209.2	44.4	229.7	46.7
	20	146.4	39.3	162.2	40.1	179.5	41.3	198.3	42.6	217.7	44.7
	22	138.5	37.5	153.4	38.3	169.8	39.5	187.5	40.7	205.8	42.7
	24	130.7	35.8	144.6	36.5	160.0	37.5	176.7	38.7	193.9	40.6

注：计算条件：加热管公称外径为 20mm、填充层厚度为 50mm、聚苯乙烯泡沫塑料绝热层厚度 20mm、供回水温差 10℃。

表 A.2.2 PB管单位地面面积的散热量和向下传热损失（W/m^2）

平均水温	室内空气温度	加热管间距(mm)									
		300		250		200		150		100	
(℃)	(℃)	散热量	热损失	散热量	热损失	散热量	热损失	散热量	热损失	散热量	热损失
35	16	62.0	23.2	66.8	23.5	72.0	23.5	77.2	24.2	82.3	24.8
	18	55.9	21.3	60.3	21.6	64.9	21.6	69.5	22.1	74.2	22.6
	20	49.9	19.3	53.7	19.9	58.0	19.9	62.0	20.0	66.1	20.6
	22	43.9	17.4	47.2	17.9	51.0	17.9	54.5	17.9	58.0	18.5
	24	38.0	15.3	40.8	15.9	44.1	15.9	47.1	15.9	50.1	16.3
40	16	78.5	28.9	84.7	29.6	91.5	29.6	98.1	30.1	104.8	30.9
	18	72.4	27.1	78.1	27.7	84.4	27.7	90.5	27.8	96.5	28.8
	20	66.3	25.1	71.5	25.7	77.2	25.7	82.8	25.8	88.3	26.8
	22	60.2	23.1	64.9	23.7	70.1	23.7	75.1	23.8	80.1	24.5
	24	54.1	21.1	58.3	21.7	63.0	21.7	67.5	21.7	71.9	22.3
45	16	95.4	34.6	103.0	35.4	111.4	35.4	119.5	36.1	127.7	37.2
	18	89.2	32.5	96.3	33.4	104.1	33.4	111.7	33.9	119.4	35.0
	20	83.0	30.6	89.6	31.5	96.9	31.5	104.0	31.8	111.0	32.9
	22	76.9	28.5	82.9	29.5	89.7	29.5	96.2	29.6	102.7	30.8
	24	70.7	26.9	76.3	27.5	82.5	27.5	88.5	27.5	94.4	28.4
50	16	112.5	40.2	121.6	41.2	131.5	41.2	141.3	41.9	151.1	43.4
	18	106.2	38.4	114.8	39.3	124.2	39.3	133.4	40.1	142.6	41.3
	20	100.0	36.4	108.0	37.4	116.9	37.4	125.5	38.1	134.2	39.1
	22	93.8	34.5	101.3	35.4	109.6	35.4	117.7	35.8	125.7	37.0
	24	87.6	32.3	94.6	33.4	102.3	33.4	109.8	33.6	117.4	34.8
55	16	129.8	45.7	140.3	47.1	151.1	47.1	163.4	47.7	174.8	49.6
	18	122.8	44.0	132.9	44.0	145.1	44.0	155.9	45.5	166.7	47.0
	20	117.2	42.1	126.8	42.7	137.2	42.7	147.5	43.7	157.7	45.4
	22	110.9	40.3	120.0	41.0	129.8	41.0	139.5	41.8	149.2	43.4
	24	104.7	38.2	113.2	39.2	122.5	39.2	131.6	39.9	140.7	41.2

注：计算条件：加热管公称外径为20mm、填充层厚度为50mm、聚苯乙烯泡沫塑料绝热层厚度20mm、供回水温差10℃。

A.2.3 当地面层为木地板、热阻 $R=0.1$（$m^2\cdot K/W$）时，单位地面面积的散热量和向下传热损失可按表A.2.3取值。

A.2.4 当地面层铺厚地毯、热阻 $R=0.15$（$m^2\cdot K/W$）时，单位地面面积的散热量和向下传热损失可按表A.2.4取值。

表 A.2.3 PB管单位地面面积的散热量和向下传热损失（W/m²）

平均水温	室内空气温度	加热管间距(mm)									
		300		250		200		150		100	
(℃)	(℃)	散热量	热损失	散热量	热损失	散热量	热损失	散热量	热损失	散热量	热损失
35	16	57.4	23.1	61.5	23.1	65.6	23.9	69.7	24.6	73.7	25.4
	18	51.8	21.4	55.5	21.4	59.2	21.7	62.9	22.4	66.5	23.1
	20	46.2	19.2	49.5	19.2	52.7	19.9	56.1	20.2	59.3	20.9
	22	40.7	17.7	43.5	17.7	46.5	17.5	49.3	18.0	52.1	18.7
	24	35.2	15.2	37.7	15.2	40.2	15.6	42.7	15.8	45.1	16.4
40	16	72.6	29.3	77.8	29.3	83.1	29.8	88.5	30.6	93.7	31.6
	18	66.9	27.3	71.8	27.3	76.6	27.7	81.5	28.4	86.3	29.4
	20	61.4	24.7	65.8	24.7	70.2	25.6	74.6	26.4	79.0	27.2
	22	55.8	22.7	59.8	22.7	63.7	23.6	67.8	24.2	71.7	24.9
	24	50.2	20.7	53.8	20.7	57.3	21.3	60.9	21.9	64.5	22.7
45	16	88.2	34.4	94.7	34.4	101.1	35.4	107.6	36.5	114.0	37.8
	18	82.4	32.4	88.5	32.4	94.5	33.6	100.6	34.6	106.6	35.6
	20	76.7	30.4	82.4	30.4	87.9	31.5	93.6	32.4	99.2	33.5
	22	71.1	28.4	76.3	28.4	81.4	29.4	86.7	30.1	91.8	31.2
	24	65.6	26.4	70.2	26.4	74.9	27.4	79.7	28.1	84.4	29.0
50	16	103.9	40.1	111.6	40.1	119.2	41.5	127.0	42.6	134.6	44.3
	18	98.2	38.1	105.4	38.1	112.6	39.3	119.9	40.5	127.1	42.0
	20	92.4	36.1	99.2	36.1	106.0	37.4	112.9	38.5	119.6	39.9
	22	86.7	34.2	93.0	34.2	99.4	35.3	105.8	36.3	112.2	37.6
	24	81.0	32.2	86.9	32.2	92.8	33.2	98.8	34.2	104.7	35.4
55	16	119.7	45.9	128.6	45.9	137.5	47.3	146.6	48.8	155.5	50.5
	18	114.0	43.8	122.4	43.8	130.8	45.5	139.5	46.8	148.0	48.5
	20	108.1	41.9	116.2	41.9	124.2	43.5	132.4	44.5	140.5	46.2
	22	102.3	39.9	110.0	39.9	117.5	41.5	125.3	42.4	132.9	44.1
	24	96.6	37.9	103.8	37.9	111.0	39.1	118.2	40.3	125.4	41.7

注：计算条件：加热管公称外径为20mm、填充层厚度为50mm、聚苯乙烯泡沫塑料绝热层厚度20mm、供回水温差10℃。

表 A.2.4 PB管单位地面面积的散热量和向下传热损失（W/m²）

平均水温	室内空气温度	加热管间距（mm）									
		300		250		200		150		100	
（℃）	（℃）	散热量	热损失	散热量	热损失	散热量	热损失	散热量	热损失	散热量	热损失
35	16	49.9	23.6	52.8	23.8	55.6	24.4	58.4	25.1	61.1	26.1
	18	45.2	21.3	47.7	21.7	50.2	22.3	52.7	23.0	55.2	23.7
	20	40.3	19.4	42.6	19.7	44.8	20.1	47.1	20.8	49.3	21.4
	22	35.5	17.4	37.5	17.6	39.5	18.1	41.5	18.6	43.4	19.1
	24	30.8	15.4	32.5	15.5	34.2	15.9	35.9	16.4	37.6	16.9
40	16	63.2	29.0	66.7	29.7	70.3	30.5	73.9	31.3	77.5	32.4
	18	58.2	27.2	61.6	27.6	64.9	28.5	68.2	29.2	71.4	30.1
	20	53.4	25.2	56.4	25.6	59.4	26.3	62.4	27.1	65.4	27.9
	22	48.6	22.9	51.3	23.4	54.0	24.2	56.8	24.8	59.4	25.7
	24	43.7	21.0	46.1	21.4	48.6	21.9	51.1	22.6	53.5	23.3
45	16	76.5	34.8	80.9	35.5	85.3	36.6	89.7	37.6	94.0	38.9
	18	71.6	32.9	75.6	33.5	79.7	34.6	83.9	35.6	87.9	36.7
	20	66.6	31.2	70.4	31.5	74.3	32.3	78.1	33.4	81.9	34.3
	22	61.8	28.8	65.2	29.4	68.8	30.3	72.3	31.1	75.8	32.1
	24	56.8	26.9	60.1	27.3	63.3	28.1	66.6	28.9	69.8	29.8
50	16	90.0	40.6	95.2	41.5	100.4	42.6	105.6	44.0	110.8	45.3
	18	85.0	38.7	89.9	39.4	94.8	40.7	99.8	41.8	104.6	43.1
	20	80.1	36.6	84.7	37.4	89.3	38.6	94.0	39.6	98.5	40.9
	22	75.1	34.8	79.4	35.4	83.8	36.3	88.1	37.5	92.4	38.6
	24	70.2	32.5	74.2	33.3	78.3	34.2	82.3	35.3	86.3	36.4
55	16	103.6	46.2	109.6	47.4	115.7	48.7	121.7	50.3	127.7	52.1
	18	98.6	44.8	104.3	45.4	110.1	46.8	115.9	48.1	121.5	49.8
	20	93.6	42.7	99.0	43.4	104.5	44.7	110.0	46.0	115.4	47.5
	22	88.6	40.7	93.8	41.3	98.9	42.5	104.1	43.8	109.3	45.3
	24	83.7	38.3	88.5	39.3	93.4	40.5	98.3	41.7	103.1	43.0

注：计算条件：加热管公称外径为20mm、填充层厚度为50mm、聚苯乙烯泡沫塑料绝热层厚度20mm、供回水温差10℃。

附录B 加热管的选择

B.1 塑料加热管的选择

B.1.1 材质选择时各种管材的许用环应力值从大至小，依次为 PB、PE-X、PE-RT、PP-R 和 PP-B，其中 PE-PT 和 PP-R 基本相同，应根据系统使用情况选择适宜的管材。PB、PP-R 和 PE-RT 管材可采用热熔连接，PE-X 管材必须采用专用接头机械连接。

B.1.2 管系列的选择应符合下列规定：

1 低温热水地面辐射供暖工程管材使用条件级别可按表 B.1.2-1 中使用条件 4 级选用。

表 B.1.2-1 塑料管使用条件级别

使用条件级别	工作温度		最高工作温度		故障温度		典型应用范围举例
	℃	时间（年）	℃	时间（年）	℃	时间（h）	
1	60	49	80	1	95	100	供热水（60℃）
2	70	49	80	1	95	100	供热水（70℃）
4	40 60	20 25	70	2.5	100	100	地板下的供热和低温暖气
5	60 80	25 10	90	1	100	100	高温暖气

注：1 表中所列各使用条件级别的管道系统应同时满足在 20℃，1.0MPa 条件下输送冷水 50 年使用寿命的要求；

2 在 50 年中，实际系统运行时间累计未达到 50 年者，其他时间按 20℃考虑。

2 管系列应按使用条件 4 级和设计压力选择。管系列（S）值可按表 B.1.2-2 确定。

表 B.1.2-2 管系列（S）值

系统工作压力 P_D（MPa）	管系列（S）值				
	PB 管（σ_D = 5.46MPa）	PE-X 管（σ_D = 4.00MPa）	PE-RT 管（σ_D = 3.34MPa）	PP-R 管（σ_D = 3.30MPa）	PP-B 管（σ_D = 1.95MPa）
0.4	10	6.3	6.3	5	4
0.6	8	6.3	5	5	3.2
0.8	6.3	5	4	4	2

注：σ_D 指设计应力。

B.1.3 管材公称壁厚应根据本规程第 B.1.2 条选择的管系列及施工和使用中的不利因素综合确定。管材公称壁厚应符合表 B.1.3 的要求，并同时满足下列规定：对管径大于或等于 15mm 的管材壁厚不应小于 2.0mm；对管径小于 15mm 的管材壁厚不应小于 1.8mm；需进行热熔焊接的管材，其壁厚不得小于 1.9mm。

表 B.1.3 管材公称壁厚（mm）

系统工作压力 P_D = 0.4MPa					
公称外径（mm）	PE-X 管	PE-RT 管	PB 管	PP-R 管	PP-B 管
16	1.8	—	1.3	—	2.0
20	1.9	—	1.3	2.0	2.3
25	1.9	2.0	1.3	2.3	2.8
系统工作压力 P_D = 0.6MPa					
公称外径（mm）	PE-X 管	PE-RT 管	PB 管	PP-R 管	PP-B 管
16	1.8	—	1.3	—	2.2
20	1.9	2.0	1.3	2.0	2.8
25	1.9	2.3	1.5	2.3	3.5
系统工作压力 P_D = 0.8MPa					
公称外径（mm）	PE-X 管	PE-RT 管	PB 管	PP-R 管	PP-B 管
16	1.8	2.0	1.3	2.0	3.3
20	1.9	2.3	1.3	2.3	4.1
25	2.3	2.8	1.5	2.8	5.1

B.2 铝塑复合管的选择

B.2.1 铝塑复合管可采用搭接焊和对接焊两种形式。

B.2.2 铝塑复合管长期工作温度和允许工作压力应符合下列规定：

1 搭接焊式铝塑管长期工作温度和允许工作压力应符合表 B.2.2-1 的规定。

表 B.2.2-1 搭接焊式铝塑管长期工作温度和允许工作压力

流体类别		铝塑管代号	长期工作温度 T_0(℃)	允许工作压力 P_0(MPa)
水	冷 水	PAP	40	1.25
	冷热水	PAP	60	1.00
			75*	0.82
			82*	0.69
		XPAP	75	1.00
			82	0.86

注：1 表中 * 数值系指采用中密度聚乙烯（乙烯与辛烯特殊共聚物）材料生产的复合管。

2 PAP 为聚乙烯/铝合金/聚乙烯，XPAP 为交联聚乙烯/铝合金/交联聚乙烯。

2 对接焊式铝塑管长期工作温度和允许工作压力应符合表 B.2.2-2 的规定。

表 B.2.2-2 对接焊式铝塑复合管长期工作温度和允许工作压力

流体类别		铝塑管代号	长期工作温度 T_0（℃）	允许工作压力 P_0（MPa）
水	冷　水	PAP3、PAP4	40	1.4
	冷热水	XPAP1、XPAP2	40	2.00
		PAF3、PAP4	60	1.00
		XPAP1、XPAP2	75	1.50
		XPAP1、XPAP2	95	1.25

注：1　XPAP1：一型铝塑管　聚乙烯/铝合金/交联聚乙烯；
2　XPAP2：二型铝塑管　交联聚乙烯/铝合金/交联聚乙烯；
3　PAP3：三型铝塑管　聚乙烯/铝/聚乙烯；
4　PAP4：四型铝塑管　聚乙烯/铝合金/聚乙烯。

B.2.3　铝塑复合管壁厚可按表 B.2.3 确定。

表 B.2.3　铝塑复合管壁厚（mm）

外　径（mm）	铝塑复合管（搭接焊）	铝塑复合管（对接焊）
16	1.7	2.3
20	1.9	2.5
25（26）	2.3	3.0

B.3　无缝铜管的选择

B.3.1　无缝铜水管管材的外形尺寸应符合表 B.3.1 的规定。

表 B.3.1　无缝铜水管管材的外形尺寸

外径 mm	平均外径公差（mm）		壁厚（mm）			理论重量（kg/m）		
			类　型			A	B	C
	普通级	高精级	A	B	C			
6	±0.06	±0.03	1.0	0.8	0.6	0.140	0.116	0.091
8	±0.06	±0.03	1.0	0.8	0.6	0.194	0.161	0.124
10	±0.06	±0.03	1.0	0.8	0.6	0.252	0.206	0.158
12	±0.06	±0.03	1.2	0.8	0.6	0.362	0.251	0.191
15	±0.06	±0.03	1.2	1.0	0.7	0.463	0.391	0.280
18	±0.06	±0.03	1.2	1.0	0.8	0.564	0.475	0.385
23	±0.08	±0.04	1.5	1.2	0.9	0.860	0.698	0.531
28	±0.08	±0.04	1.5	1.2	0.9	1.111	0.899	0.682
35	±0.10	±0.05	2.0	1.5	1.2	1.845	1.405	1.134
42	±0.10	±0.05	2.0	1.5	1.2	2.237	1.699	1.369

续表 B.3.1

外径 mm	硬态（Y）			半硬态（Y_2）			软态（M）		
	最大工作压力 P（MPa）			最大工作压力 P（MPa）			最大工作压力 P（MPa）		
	A	B	C	A	B	C	A	B	C
6	24.23	18.81	13.70	19.23	14.92	10.87	15.82	12.30	8.96
8	17.50	13.70	10.05	13.89	10.87	8.00	11.44	8.96	6.57
10	13.70	10.77	7.94	10.87	8.55	6.30	8.96	7.04	5.19
12	13.69	8.87	6.56	10.87	7.04	5.25	8.96	5.80	4.29
15	10.79	8.87	6.11	8.56	7.04	4.85	7.04	5.80	3.99
18	8.87	7.31	5.81	7.04	5.81	4.61	5.80	4.79	3.80
22	9.08	7.19	5.92	7.21	5.70	4.23	5.94	4.70	3.48
28	7.05	5.59	4.62	5.60	4.44	3.30	4.61	3.66	2.72
35	7.54	5.59	4.44	5.99	4.44	3.51	4.93	3.66	2.90
42	6.23	4.63	3.68	4.95	3.68	2.92			

注：1　管材的平均外径是在任一横截面上测得的最大和最小外径的平均值。
2　最大工作压力（P）指工作条件为 65℃时，硬态管允许应力（S）为 63MPa，半硬态管允许应力（S）为 50MPa，软态管允许应力（S）为 41.2MPa。

B.3.2　铜管常用硬态或半硬态铜管，当铜管管径小于或等于 28mm 时，应选用半硬态铜管；当铜管管径小于或等于 22mm 时，宜选用软态铜管。铜管均应采用专用机械弯管。

B.3.3　铜管系统下游管段不宜使用钢管等其他非铜金属管道。

附录 C　塑料管及铝塑复合管水力计算

C.0.1　塑料管及铝塑复合管单位摩擦压力损失可按表 C.0.1 计算。

C.0.2　当热媒平均温度不等于 60℃时，可由表 C.0.2 查出比摩阻修正系数，并通过下列公式进行修正。

$$R_t = R \times a \qquad (C.0.2)$$

式中　R_t——热媒在设计温度和设计流量下的比摩阻（Pa/m）；

R——查表 C.0.1 得到的比摩阻（Pa/m）；

a——比摩阻修正系数。

表 C.0.1 塑料管及铝塑复合管水力计算表

比摩阻 R (Pa/m)	管内径 d_i/管外径 d_o (mm/mm)					
	12/16		16/20		20/25	
	流速 v (m/s)	流量 G (kg/h)	流速 v (m/s)	流量 G (kg/h)	流速 v (m/s)	流量 G (kg/h)
0.51	—	—	0.010	6.64	0.010	11.25
1.03	0.010	3.95	0.020	13.27	0.020	22.50
2.06	0.020	7.90	0.030	19.91	0.030	33.74
4.12	0.030	11.84	0.040	26.55	0.050	56.24
6.17	0.040	15.79	0.060	39.82	0.070	78.73
8.23	0.050	19.74	0.070	46.46	0.080	89.98
10.30	0.060	23.69	0.080	53.10	0.100	112.48
20.60	0.100	39.48	0.120	79.64	0.150	168.71
41.19	0.150	59.22	0.180	119.47	0.220	247.45
61.78	0.190	75.02	0.230	152.65	0.280	314.93
82.37	0.220	86.86	0.270	179.20	0.330	371.17
102.96	0.250	98.71	0.310	205.75	0.370	416.16
123.56	0.280	110.55	0.340	225.66	0.410	461.15
144.15	0.310	122.40	0.370	245.57	0.450	506.14
164.75	0.330	130.29	0.400	265.48	0.480	539.88
185.35	0.350	138.19	0.430	285.39	0.520	584.87
205.94	0.380	150.03	0.450	298.67	0.550	618.62
226.53	0.400	157.93	0.480	318.58	0.580	652.36
247.13	0.420	165.83	0.500	331.85	0.600	674.85
267.72	0.440	173.72	0.520	345.13	0.630	708.60
288.31	0.450	177.67	0.550	365.04	0.660	742.34
308.91	0.470	185.57	0.570	378.31	0.680	764.83
329.50	0.490	193.47	0.590	391.58	0.710	798.58
350.09	0.510	201.36	0.610	404.86	0.730	821.07
370.69	0.520	205.31	0.630	418.13	0.760	854.81
391.28	0.540	213.21	0.650	431.41	0.780	877.31
411.87	0.560	221.10	0.670	444.68	0.800	899.80
432.47	0.570	225.05	0.690	457.95	0.820	922.30
453.06	0.590	232.95	0.700	464.59	0.840	944.79
473.66	0.600	236.90	0.720	477.87	0.870	978.54
494.26	0.610	240.84	0.740	491.14	0.890	1001.03
514.85	0.630	248.74	0.750	497.78	0.910	1023.53
535.44	0.640	252.69	0.770	511.05	0.930	1046.02
556.04	0.660	260.59	0.790	524.32	0.940	1057.27
576.63	0.670	264.53	0.800	530.96	0.960	1079.76

续表 C.0.1

比摩阻 R (Pa/m)	管内径 d_i/管外径 d_o (mm/mm)					
	12/16		16/20		20/25	
	流速 v (m/s)	流量 G (kg/h)	流速 v (m/s)	流量 G (kg/h)	流速 v (m/s)	流量 G (kg/h)
597.22	0.680	268.48	0.820	544.24	0.980	1102.26
617.82	0.700	276.38	0.830	550.87	1.000	1124.76
638.41	0.710	280.33	0.850	564.15	1.020	1147.25
659.00	0.720	284.28	0.860	570.78	1.040	1169.75
679.60	0.730	288.22	0.880	584.06	1.050	1180.99
700.19	0.750	296.12	0.890	590.69	1.070	1203.49
720.79	0.760	300.07	0.910	603.97	1.090	1225.98
741.38	0.770	304.02	0.920	610.61	1.110	1248.48
761.97	0.780	307.97	0.940	623.88	1.120	1259.73
782.58	0.790	311.91	0.950	630.52	1.140	1282.22
803.17	0.800	315.86	0.960	637.15	1.150	1293.47
823.77	0.820	323.76	0.980	650.43	1.170	1315.96
844.36	0.830	327.71	0.990	657.06	1.190	1338.46
871.25	0.840	331.65	1.000	663.70	1.200	1349.71
885.55	0.850	335.60	1.020	676.98	1.220	1372.20
906.14	0.860	339.55	1.030	683.61	1.230	1383.45
926.73	0.870	343.50	1.040	690.25	1.250	1405.94
947.33	0.880	347.45	1.060	703.52	1.260	1417.19
967.92	0.890	351.40	1.070	710.16	1.280	1439.69
988.51	0.900	355.34	1.080	716.80	1.290	1450.93
1009.11	0.910	359.29	1.090	723.44	1.310	1473.43
1029.70	0.920	363.24	1.100	730.07	1.320	1484.68
1070.90	0.940	371.14	1.130	749.98	1.350	1518.42
1112.08	0.960	379.03	1.150	763.26	1.380	1552.16
1153.27	0.980	386.93	1.170	776.53	1.410	1585.90
1194.46	1.000	394.83	1.200	796.44	1.430	1608.40
1235.64	1.020	402.72	1.220	809.72	1.460	1642.14
1276.83	1.040	410.62	1.240	822.99	1.480	1664.64
1318.02	1.060	418.52	1.260	836.26	1.510	1698.38
1359.20	1.080	426.41	1.280	849.54	1.540	1732.12
1440.40	1.090	430.36	1.310	869.45	1.560	1754.62
1441.59	1.110	438.26	1.330	882.72	1.590	1788.36
1482.77	1.130	446.15	1.350	896.00	1.610	1810.86
1523.96	1.140	450.10	1.370	909.27	1.630	1833.35
1565.15	1.160	458.00	1.390	922.55	1.660	1867.09

续表 C.0.1

比摩阻 R (Pa/m)	管内径 d_i/管外径 d_o (mm/mm)					
	12/16		16/20		20/25	
	流速 v (m/s)	流量 G (kg/h)	流速 v (m/s)	流量 G (kg/h)	流速 v (m/s)	流量 G (kg/h)
1606.33	1.180	465.90	1.410	935.82	1.680	1889.59
1647.52	1.190	469.84	1.430	949.09	1.700	1912.08
1680.32	1.210	477.74	1.450	962.37	1.730	1945.83
1729.90	1.230	485.64	1.460	969.00	1.750	1968.32
1771.09	1.240	489.59	1.480	982.28	1.770	1990.82

注：此表为热媒平均温度为60℃的水力计算表。

表 C.0.2 比摩阻修正系数

热媒平均温度（℃）	60	50	40
修正系数 a	1	1.03	1.06

C.0.3 塑料管及铝塑复合管局部阻力系数（ζ）值可按表 C.0.3 选用。

表 C.0.3 局部阻力系数（ζ）值

管路附件	曲率半径≥$5d_0$的90°弯头	直流三通	旁流三通	合流三通
ζ值	0.3～0.5	0.5	1.5	1.5
管路附件	分流三通	直流四通	分流四通	乙字弯
ζ值	3.0	2.0	3.0	0.5
管路附件	括　弯	突然扩大	突然缩小	压紧螺母连接件
ζ值	1.0	1.0	0.5	1.5

附录 D 管材物理力学性能

D.0.1 塑料加热管的物理力学性能应符合表 D.0.1 的规定。

表 D.0.1 塑料加热管的物理力学性能

项　目	PE-X 管	PE-RT 管	PP-R 管	PB 管	PP-B 管
20℃、1h 液压试验环应力(MPa)	12.00	10.00	16.00	15.50	16.00
95℃、1h 液压试验环应力(MPa)	4.80	—	—	—	—
95℃、22h 液压试验环应力(MPa)	4.70	—	4.20	6.50	3.40
95℃、165h 液压试验环应力(MPa)	4.60	3.55	3.80	6.20	3.00
95℃、1000h 液压试验环应力(MPa)	4.40	3.50	3.50	6.00	2.60
110℃、8760h 热稳定性试验环应力(MPa)	2.50	1.90	1.90	2.40	1.40
纵向尺寸收缩率(%)	≤3	<3	≤2	≤2	≤2
交联度(%)	见注	—	—	—	—
0℃耐冲击	—	—	破损率<试样的10%	—	破损率<试样的10%
管材与混配料熔体流动速率之差	—	变化率≤原料的30%（在190℃、2.16kg 的条件下）	变化率≤原料的30%（在230℃、2.16kg 的条件下）	≤0.3g/10min（在190℃、5kg 的条件下）	变化率≤原料的30%（在230℃、2.16kg 的条件下）

注：交联度要求：过氧化物交联大于或等于70%，硅烷交联大于或等于65%，辐照交联大于或等于60%，偶氮交联大于或等于60%。

D.0.2 铝塑复合管的物理力学性能应符合表 D.0.2 的规定。

表 D.0.2 铝塑复合管的物理力学性能

公称直径(mm)	管环径向拉伸力(N)(HDPE,PEX)		静液压强度(MPa)		爆破压力(MPa)	
	搭接焊	对接焊	搭接焊(82℃ 10h)	对接焊(95℃ 1h)	搭接焊	对接焊
12	2100	—	2.72	—	7.0	—
16	2300	2400	2.72	2.42	6.0	8.0
20	2500	2600	2.72	2.42	5.0	7.0

注：1 交联度要求：硅烷交联大于或等于65%，辐照交联大于或等于60%；
2 热熔胶熔点大于或等于120℃；
3 搭接焊铝层拉伸强度大于或等于100MPa，断裂伸长率大于或等于20%；对接焊铝层拉伸强度大于或等于80MPa，断裂伸长率应不小于22%；
4 铝塑复合管层间粘合强度，按规定方法试验，层间不得出现分离和缝隙。

D.0.3 铜管机械性能应符合表 D.0.3 的要求。

表 D.0.3 铜管机械性能要求

状态	公称外径 (mm)	抗拉强度, σ_b(MPa)	伸长率不小于	
		不小于	δ_5(%)	δ_{10}(%)
硬态(Y)	≤100	315	—	—
	>100	295		
半硬态(Y_2)	≤54	250	30	25
软态(M)	≤35	205	40	35

附录 E 发热电缆的电气和机械性能要求

E.0.1 发热电缆的电气和机械性能应符合表 E.0.1 的要求。

表 E.0.1 发热电缆的电气和机械性能要求

类别	检验项目	标准要求
标志	成品电缆表面标志 标志间距离	字迹清楚、容易辨认、耐擦 最大 500mm
电压试验绝缘电阻	室温成品电缆电压试验(2.0kV/5min) 高温成品电缆电压试验(100℃,1.5kV/150min) 绝缘电阻(100℃)	不击穿 不击穿 最小 0.03MΩ·km
导体	导体电阻(20℃) 电阻温度系数	在标定值(Ω/m)的+10%和-5%之间 不为负数
成品性能试验	变形试验(300N,1.5kV/30s) 拉力试验 正反卷绕试验 低温冲击试验(-15℃) 屏蔽的耐穿透性	不击穿 最小 120N 不击穿 不开裂 试针推入绝缘需触及屏蔽
绝缘层	绝缘厚度 平均厚度 最薄处厚度	 最小 0.80mm 最小 0.72mm
	机械物理性能 老化前抗张强度 老化前断裂伸长率 空气箱老化(7×24h,135℃) 抗张强度变化率 断裂伸长率变化率 空气弹老化(40h,127℃) 抗张强度变化率 断裂伸长率变化率	 最小 4.2N/mm² 最小 200% 最大 ±30% 最大 ±30% 最大 ±30% 最大 ±30%

续表 E.0.1

类别	检验项目	标准要求
绝缘层	非污染试验(7×24h,90℃) 抗张强度变化率 断裂伸长率变化率	 最大 ±30% 最大 ±30%
	热延伸(15min,250℃) 伸长率 永久伸长率	 最大 175% 最大 15%
	耐臭氧试验(臭氧浓度 0.025%~0.030%,24h)	不开裂
外护套	外护套厚度 平均厚度 最薄处厚度	 最小 0.8mm 最小 0.58mm
	机械物理性能 老化前抗张强度 老化前断裂伸长率 空气箱老化(10×24h,135℃) 老化后抗张强度 老化后断裂伸长率 抗张强度变化率 断裂伸长率变化率	 最小 15.0N/mm² 最小 150% 最小 15.0N/mm² 最小 150% 最大 ±25% 最大 ±25%
	非污染试验(7×24h,90℃) 老化后抗张强度 老化后断裂伸长率 抗张强度变化率 断裂伸长率变化率	 最小 15.0N/mm² 最小 150% 最小 ±25% 最小 ±25%
	失重试验(10×24h,115℃)	最大 2.0mg/cm²
	抗开裂试验(1h,150℃)	不开裂
	90℃高温压力试验-变形率	最大 50%
	低温卷绕试验(-15℃)	不开裂
	热稳定性(200℃)	最小 180min

附录F 工程质量检验表

表 F.0.1 低温热水地面辐射供暖安装工程质量检验表

<table>
<tr><td colspan="8">工程名称</td></tr>
<tr><td colspan="4">分部(子分部)工程名称</td><td colspan="2"></td><td>验收单位</td><td></td></tr>
<tr><td colspan="2">施工单位</td><td colspan="2"></td><td>项目管理</td><td></td><td>专业工长(施工员)</td><td></td></tr>
<tr><td colspan="4">施工执行标准名称及编号</td><td colspan="4"></td></tr>
<tr><td colspan="2">分包单位</td><td colspan="2"></td><td>分包项目经理</td><td></td><td>施工班组长</td><td></td></tr>
<tr><td>项目</td><td>序号</td><td colspan="2">内 容</td><td colspan="2">施工单位检查评定记录</td><td colspan="2">监理（建设）单位验收记录</td></tr>
<tr><td rowspan="3">主控项目</td><td>1</td><td colspan="2">加热管理地接头</td><td colspan="2"></td><td colspan="2"></td></tr>
<tr><td>2</td><td colspan="2">加热管水压试验</td><td colspan="2"></td><td colspan="2"></td></tr>
<tr><td>3</td><td colspan="2">加热管弯曲半径</td><td colspan="2"></td><td colspan="2"></td></tr>
<tr><td rowspan="4">一般项目</td><td>1</td><td colspan="2">分、集水器安装</td><td colspan="2"></td><td colspan="2"></td></tr>
<tr><td>2</td><td colspan="2">加热管安装</td><td colspan="2"></td><td colspan="2"></td></tr>
<tr><td>3</td><td colspan="2">防潮层、绝热层、伸缩缝</td><td colspan="2"></td><td colspan="2"></td></tr>
<tr><td>4</td><td colspan="2">填充层</td><td colspan="2"></td><td colspan="2"></td></tr>
<tr><td colspan="3">施工单位检查评定结果</td><td colspan="5">项目专业质量检查员：
____年____月____日</td></tr>
<tr><td colspan="3">监理（建设）单位验收结论</td><td colspan="5">监理工程师：
(建设单位项目专业技术负责人)：
____年____月____日</td></tr>
</table>

表 F.0.2　安装前原始工作面质量检验表

<table>
<tr><td colspan="8">工程名称</td></tr>
<tr><td colspan="3">分部（子分部）工程名称</td><td colspan="2"></td><td colspan="2">验收单位</td><td></td></tr>
<tr><td colspan="2">施工单位</td><td></td><td>项目管理</td><td></td><td colspan="2">专业工长(施工员)</td><td></td></tr>
<tr><td colspan="3">施工执行标准名称及编号</td><td colspan="5"></td></tr>
<tr><td colspan="2">分包单位</td><td></td><td>分包项目经理</td><td></td><td>施工班组长</td><td colspan="2"></td></tr>
<tr><td>项目</td><td>序号</td><td>内　容</td><td colspan="2">施工单位检查评定记录</td><td colspan="3">监理（建设）单位验收记录</td></tr>
<tr><td>主控项目</td><td>1</td><td>地面平整情况</td><td colspan="2"></td><td colspan="3"></td></tr>
<tr><td rowspan="2">一般项目</td><td>1</td><td>有无找平层</td><td colspan="2"></td><td colspan="3"></td></tr>
<tr><td>2</td><td>修复情况</td><td colspan="2"></td><td colspan="3"></td></tr>
<tr><td colspan="3">施工单位检查评定结果</td><td colspan="5">项目专业质量检查员：
______年______月______日</td></tr>
<tr><td colspan="3">监理（建设）单位
验收结论</td><td colspan="5">监理工程师：
(建设单位项目专业技术负责人)：
______年______月______日</td></tr>
</table>

表 F.0.3　防潮层安装工程质量检验表

<table>
<tr><td colspan="14">工程名称</td></tr>
<tr><td colspan="4">分部（子分部）工程名称</td><td colspan="4"></td><td colspan="3">验收单位</td><td colspan="3"></td></tr>
<tr><td colspan="2">施工单位</td><td colspan="2"></td><td colspan="3">项目管理</td><td colspan="2"></td><td colspan="3">专业工长
（施工员）</td><td colspan="2"></td></tr>
<tr><td colspan="4">施工执行标准名称及编号</td><td colspan="10"></td></tr>
<tr><td colspan="2">分包单位</td><td colspan="2"></td><td colspan="3">分包项目经理</td><td colspan="2"></td><td colspan="3">施工班组长</td><td colspan="2"></td></tr>
<tr><td>项目</td><td>序号</td><td colspan="3">内　容</td><td colspan="4">施工单位检查评定记录</td><td colspan="5">监理（建设）单位验收记录</td></tr>
<tr><td rowspan="2">主控项目</td><td>1</td><td colspan="3">防潮层材料材质及性能参数</td><td colspan="4"></td><td colspan="5"></td></tr>
<tr><td>2</td><td colspan="3">塑料薄膜外观完好</td><td colspan="4"></td><td colspan="5"></td></tr>
<tr><td rowspan="5">一般项目</td><td></td><td>项　目</td><td>允许偏差（mm）</td><td>1</td><td>2</td><td>3</td><td>4</td><td>5</td><td>6</td><td>7</td><td>8</td><td>9</td><td>10</td></tr>
<tr><td>1</td><td>塑料薄膜搭接宽度</td><td>+10</td><td></td><td></td><td></td><td></td><td></td><td></td><td></td><td></td><td></td><td></td></tr>
<tr><td>2</td><td>塑料薄膜厚度 0.5mm</td><td>+0.1</td><td></td><td></td><td></td><td></td><td></td><td></td><td></td><td></td><td></td><td></td></tr>
<tr><td>3</td><td></td><td></td><td></td><td></td><td></td><td></td><td></td><td></td><td></td><td></td><td></td><td></td></tr>
<tr><td>4</td><td></td><td></td><td></td><td></td><td></td><td></td><td></td><td></td><td></td><td></td><td></td><td></td></tr>
<tr><td colspan="4">施工单位检查评定结果</td><td colspan="10">项目专业质量检查员：
______年______月______日</td></tr>
<tr><td colspan="4">监理（建设）单位
验收结论</td><td colspan="10">监理工程师：
（建设单位项目专业技术负责人）：
______年______月______日</td></tr>
</table>

表 F.0.4　绝热层安装工程质量检验表

<table>
<tr><td colspan="14">工程名称</td></tr>
<tr><td colspan="4">分部（子分部）工程名称</td><td colspan="3"></td><td colspan="3">验收单位</td><td colspan="4"></td></tr>
<tr><td colspan="2">施工单位</td><td colspan="2"></td><td colspan="3">项目管理</td><td colspan="3"></td><td colspan="2">专业工长
（施工员）</td><td colspan="2"></td></tr>
<tr><td colspan="4">施工执行标准名称及编号</td><td colspan="10"></td></tr>
<tr><td colspan="2">分包单位</td><td colspan="2"></td><td colspan="3">分包项目经理</td><td colspan="3"></td><td colspan="2">施工班组长</td><td colspan="2"></td></tr>
<tr><td>项目</td><td>序号</td><td colspan="3">内　容</td><td colspan="5">施工单位检查评定记录</td><td colspan="4">监理（建设）单位验收记录</td></tr>
<tr><td rowspan="2">主控项目</td><td>1</td><td colspan="3">绝热材料材质及性能参数</td><td colspan="5"></td><td colspan="4"></td></tr>
<tr><td>2</td><td colspan="3">固定件不得穿透绝热层</td><td colspan="5"></td><td colspan="4"></td></tr>
<tr><td rowspan="5">一般项目</td><td></td><td>项　目</td><td>允许偏差（mm）</td><td>1</td><td>2</td><td>3</td><td>4</td><td>5</td><td>6</td><td>7</td><td>8</td><td>9</td><td>10</td></tr>
<tr><td>1</td><td>绝热层厚度</td><td>±5</td><td></td><td></td><td></td><td></td><td></td><td></td><td></td><td></td><td></td><td></td></tr>
<tr><td>2</td><td>绝热材料密度</td><td>+5%</td><td></td><td></td><td></td><td></td><td></td><td></td><td></td><td></td><td></td><td></td></tr>
<tr><td>3</td><td>绝热层接合处</td><td>无缝隙</td><td></td><td></td><td></td><td></td><td></td><td></td><td></td><td></td><td></td><td></td></tr>
<tr><td>4</td><td>绝热层安装后的平整度</td><td>每米±5</td><td></td><td></td><td></td><td></td><td></td><td></td><td></td><td></td><td></td><td></td></tr>
<tr><td colspan="4">施工单位检查评定结果</td><td colspan="10">项目专业质量检查员：
＿＿＿年＿＿＿月＿＿＿日</td></tr>
<tr><td colspan="4">监理（建设）单位验收结论</td><td colspan="10">监理工程师：
（建设单位项目专业技术负责人）：
＿＿＿年＿＿＿月＿＿＿日</td></tr>
</table>

表 F.0.5 伸缩缝安装工程质量检验表

<table>
<tr><td colspan="14">工程名称</td></tr>
<tr><td colspan="4">分部（子分部）工程名称</td><td colspan="3"></td><td colspan="3">验收单位</td><td colspan="4"></td></tr>
<tr><td colspan="2">施工单位</td><td colspan="3"></td><td colspan="3">项目管理</td><td colspan="2"></td><td colspan="2">专业工长
（施工员）</td><td colspan="2"></td></tr>
<tr><td colspan="4">施工执行标准名称及编号</td><td colspan="10"></td></tr>
<tr><td colspan="2">分包单位</td><td colspan="3"></td><td colspan="3">分包项目经理</td><td colspan="2"></td><td colspan="2">施工班组长</td><td colspan="2"></td></tr>
<tr><td>项目</td><td>序号</td><td colspan="4">内　容</td><td colspan="4">施工单位检查评定记录</td><td colspan="4">监理（建设）单位验收记录</td></tr>
<tr><td rowspan="4">主控项目</td><td>1</td><td colspan="4">伸缩缝的留设应符合设计要求</td><td colspan="4"></td><td colspan="4"></td></tr>
<tr><td>2</td><td colspan="4">伸缩缝填料严密</td><td colspan="4"></td><td colspan="4"></td></tr>
<tr><td>3</td><td colspan="4">伸缩缝内无杂质硬块、无漏填</td><td colspan="4"></td><td colspan="4"></td></tr>
<tr><td></td><td colspan="4"></td><td colspan="4"></td><td colspan="4"></td></tr>
<tr><td rowspan="3">一般项目</td><td></td><td>项　目</td><td>允许偏差（mm）</td><td>1</td><td>2</td><td>3</td><td>4</td><td>5</td><td>6</td><td>7</td><td>8</td><td>9</td><td>10</td></tr>
<tr><td>1</td><td>伸缩缝宽度</td><td>+2</td><td></td><td></td><td></td><td></td><td></td><td></td><td></td><td></td><td></td><td></td></tr>
<tr><td></td><td></td><td></td><td></td><td></td><td></td><td></td><td></td><td></td><td></td><td></td><td></td><td></td></tr>
<tr><td colspan="3">施工单位检查评定结果</td><td colspan="11">项目专业质量检查员：
____年____月____日</td></tr>
<tr><td colspan="3">监理（建设）单位
验收结论</td><td colspan="11">监理工程师：
（建设单位项目专业技术负责人）：
____年____月____日</td></tr>
</table>

表 F.0.6　加热管安装工程质量检验表

工程名称					
分部（子分部）工程名称		验收单位			
施工单位		项目管理		专业工长（施工员）	
施工执行标准名称及编号					
分包单位		分包项目经理		施工班组长	

项目	序号	内　容	施工单位检查评定记录	监理（建设）单位验收记录
主控项目	1	加热管材质、管外径、壁厚		
	2	加热管埋地部分不应有接头		
	3	加热管弯曲表面无裂纹、无硬折弯		
	4	加热管水压试验		

	序号	项目	条件	标准	允许偏差（mm）	1	2	3	4	5	6	7	8	9	10
一般项目	1	管道安装	间距	≤300mm	±10										
	2	管道弯曲半径	塑料及铝塑管	大于或等于6倍管外径	－5										
			铜管	大于或等于5倍管外径	－5										
	3	管道固定点间距	直管	≤0.7m	±10										
			弯管	≤0.3m	±10										

施工单位检查评定结果	项目专业质量检查员： ____年____月____日
监理（建设）单位验收结论	监理工程师： （建设单位项目专业技术负责人）： ____年____月____日

本规程用词说明

1 为便于在执行本规程条文时区别对待，对要求严格程度不同的用词说明如下：

1）表示很严格，非这样做不可的：
正面词采用“必须”，反面词采用“严禁”；

2）表示严格，在正常情况下均应这样做的：
正面词采用“应”，反面词采用“不应”或“不得”；

3）表示允许稍有选择，在条件许可时首先应这样做的：
正面词采用“宜”，反面词采用“不宜”；
表示有选择，在一定条件下可以这样做的采用“可”。

2 条文中指明应按其他有关标准执行的写法为：“应符合……的规定”或“应按……执行”。

中华人民共和国行业标准

地面辐射供暖技术规程

JGJ 142—2004

条 文 说 明

前　言

《地面辐射供暖技术规程》JGJ 142—2004经建设部2004年8月5日以建设部第257号公告批准、发布。

为便于广大设计、施工、科研、学校等单位有关人员在使用本规程时能正确理解和执行条文规定，《地面辐射供暖技术规程》编制组按章、节、条顺序编制了本规程的条文说明，供使用者参考。在使用中如发现本条文说明有不妥之处，请将意见函寄中国建筑科学研究院空气调节研究所标准规范室（地址：北京北三环东路30号；邮编：100013；电子信箱：kts@cabr.com.cn）。

目　次

1 总　　则

1.0.2 本规程的宗旨和适用范围：近十年来，地面辐射供暖方式由于具有舒适、卫生、节能、不影响室内观感和不占用室内面积与空间等显著的优点，在三北地区的住宅和公共建筑中，应用得越来越广泛。为了使工程做到技术先进、经济合理、质量可靠、安全适用，迫切需要对工程设计、材料选择、施工安装和检验验收等各个环节进行规范化和严格的控制，本规程就是为了适应这个要求而制定的。

本规程仅适用于以低温热水为热媒（热水循环流动于加热管内）和以发热电缆为加热元件的地面辐射供暖系统，该系统是通过加热元件加热地面，再以辐射和对流的方式向室内供暖。由于目前采用低温热水地面辐射供暖方式时，填充层多采用豆石混凝土，其结果是使建筑楼板上的荷载增大，为了安全起见，规定本规程只适用于新建工业和民用建筑。改、扩建项目可参照执行，但为确保原有建筑的安全，应对建筑荷载能力进行校核。

近年来，一些新型的地面辐射供暖形式在我国不断出现并为业内所关注：如预制板型低温热水地面辐射供暖系统，该系统由多个一体化采暖板、填充板和配管在现场装配而成，一体化采暖板均在工厂预制，施工时按铺设面积的大小组合装配，直接铺设在平整的楼板上即可，该工艺方法在日本长期应用，比较普及和成熟；还有用发泡水泥预制板的形式，该方法对于安装固定加热管比较简便，地面平整也较好，这种形式在韩国应用比较多。此外，电热地面辐射供暖的新形式也很多，如电热席和电热地板等多种类型。这些新型地面辐射供暖形式，近年来在我国都有了应用实例，但由于目前积累经验和实例还不够充分，未能包含在本规程之内。

1.0.3 本规程为地面辐射供暖工程的专业性全国通用技术规程。根据国家主管部门有关编制和修订工程建设标准、规范等的统一规定，为了精简规程内容，凡其他全国性标准、规范等已有明确规定的内容，除确有必要者以外，本规程均不再另设条文。本条文的目的是强调在执行本规程的同时，还应注意贯彻执行相关标准、规范等的有关规定。

3 设　　计

3.1 一 般 规 定

3.1.1 保持较低的供水温度和供回水温差，有利于延长塑料加热管的使用寿命；有利于提高室内的热舒适感；有利于保持较大的热媒流速，方便排除管内空气；有利于保证地面温度的均匀。

3.1.2 限制地表面的平均温度，主要是出于满足舒适要求的考虑。具体数值引自《采暖通风与空气调节设计规范》GB50019；根据欧洲相关标准 BSEN1264，浴室及游泳池的地表面温度为30～33℃，最高限值33℃。

3.1.3 系统工作压力的高低，直接影响到塑料加热管的管壁厚度、使用寿命、耐热性能、价格等一系列因素，所以不宜定得太高。《采暖通风与空气调节设计规范》GB50019 第 4.3.9 条规定："建筑物的热水供暖系统高度超过 50m 时，宜竖向分区设置"。作出这条规定的主要目的是为了减小系统中散热设备和配件所承受的压力，保证系统安全运行。低温热水地面辐射供暖系统也属于热水供暖范畴，理应遵循这一规定。该规范的第 4.4.9 条规定："低温热水地板辐射采暖系统的工作压力不宜大于 0.8MPa；当超过上述压力时，应采取相应的措施"。本条规定只是转引而已。

3.1.4 本条规定强调了低温热水地面辐射供暖系统的热媒参数与热源系统相匹配的必要性，同时为了满足低温热水地面辐射供暖系统运行与调节的需要，提出了设置相应控制装置的要求。

3.1.5 为了规范设计图纸，本条对地面辐射供暖工程施工图的设计深度、图面表达内容与要求等，作出了具体的规定，以保证最终效果，职责分明。

3.1.6 规定发热电缆线功率不超过 20W/m，是为了保证发热电缆在本规程的常规做法环境下，其外护套表面温度不超过 65℃，以保证其使用寿命；有利于保证地面温度均匀且不超出最高温度限值。

3.2 地 面 构 造

3.2.2 本条根据目前国内外低温热水地面辐射供暖系统的现状，推荐了一种基本的地面构造形式。随着地面供暖技术的发展，一些新型模式不断出现。本条推荐的构造形式为目前普遍采用的基本形式。地面构造示意图如图 1、图 2 所示。

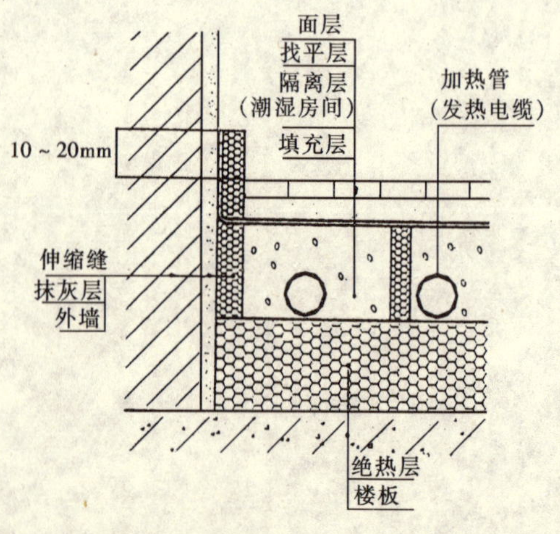

图 1　楼层地面构造示意图

3.2.3 面层热阻的大小，直接影响到地面的散热量。实测证明，在相同供热条件和地板构造的情况下，在

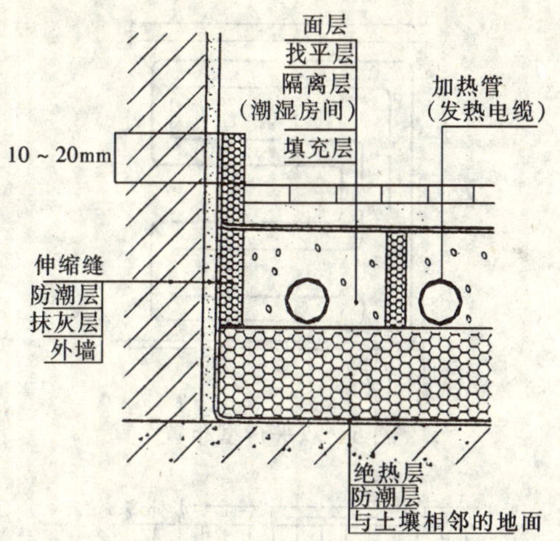

图2 与土壤相邻的地面构造示意图

同一个房间里，以热阻为 0.02m²·K/W 左右的花岗石、大理石、陶瓷砖等作面层的地面散热量，比以热阻为 0.10m²·K/W 左右的木地板时要高 30%～60%；比 0.15m²·K/W 左右的地毯时要高 60%～90%。由此可见，面层材料对地面散热量的巨大影响。为了节省能耗和运行费用，因此要求采用地面辐射供暖方式时，应尽量选用热阻小于 0.05m²·K/W 的材料做面层。

3.2.4 采用带龙骨的架空木地板作为地面时，由于增加了龙骨的高度（约 40～60mm），如果再做混凝土填充层，必然会与采用非架空木地板的地面之间形成高差，这是不合适的。加热管敷设在龙骨之间绝热板上，有利于保护加热管，避免固定龙骨时损坏加热管。

低温热水辐射供暖系统中，如果局部热阻很大，热量不能充分散出，会造成回水温度升高，还不会成为安全隐患，而发热电缆的线功率基本恒定，热量不能散出就会导致局部温度上升，成为安全的隐患。因此，在采用带龙骨的架空木地板作为地面或者地面有较大面积的遮挡时，需要对发热电缆有更加严格的、安全的规定。按照国内外的很多工程安装经验，对架空木地板要求采用线功率 10W/m 的发热电缆。

3.2.5 为了减少无效热损失和相邻用户之间的传热量，本条给出了绝热层的最小厚度，当工程条件允许时，宜在此基础上再增加 10mm 左右。聚苯乙烯泡沫塑料主要技术指标见本规程第 4.2 节。

3.2.6 对低温地面辐射供暖来说，填充层的作用主要有二：一是保护加热管或发热电缆；二是使热量能比较均衡地传至地面，从而使地面的表面温度趋于均匀。为了达到以上目的，要求填充层有一定的厚度。由于填充层的厚度，直接影响到室内的净高、结构的荷载和建筑的初投资，所以不宜太厚。实验和工程实践一致证实，加热管、发热电缆上部有约 30mm 保护层时，基本上已能够满足以上要求。考虑到填充层上部还有 30mm 左右的水泥砂浆找平层，可以协同起到均衡温度的作用，所以规定低温热水系统填充层厚度宜取 50mm，发热电缆填充层厚度宜取 35mm。

3.3 热负荷的计算

3.3.2 根据国内外资料和国内一些工程的实测，低温热水地面辐射供暖用于全面采暖时，在相同热舒适条件下的室内温度可比对流采暖时的室内温度低 2～3℃。故规定地面辐射供暖的耗热量计算时，室内计算温度取值可降低 2℃，或将计算耗热量乘以 0.9～0.95 的修正系数（寒冷地区取 0.9，严寒地区取 0.95）。

3.3.3 当地面辐射供暖用于局部采暖时，耗热量还要乘以表 3.3.3 所规定的附加系数（局部采暖的面积与房间总面积的面积比大于 75%时，按全面采暖耗热量计算）。

3.3.4 为适应外区较大热负荷的需求，确保室温均匀，对进深较大房间作此规定。例如：住宅内通户门的大起居室，距外墙 6m 以内无围护结构传热负荷，但有户门开启负荷，需分别加以计算。

3.3.5 敷设加热管或发热电缆的地面，不存在通过地面向外的传热负荷，因此不应计算此部分围护结构热损失。

3.3.6 高度附加率，是基于房间高度大于 4m 时，由于竖向温度梯度的影响导致上部空间及围护结构的耗热量增大而打的附加系数。对地面辐射供暖系统，地面温度一般高于室内空气温度，因此供暖热负荷计算时，可不考虑高度附加。

3.3.7 间歇供暖与户间传热的附加量，仅作为确定户内供暖热负荷的因素，不应统计在集中供暖系统的总负荷内或建筑总供电负荷内。

3.4 地面散热量的计算

3.4.2 目前单位地面面积散热量的计算方法主要有两种，一种是 ASHRAE 手册（2000 年版）提供的计算方法，一种是欧洲普遍采用的经验公式法。因前者计算原理清晰易懂，国内设计院多已采用，并已经过实际工程检验，认为可行，故本规程推荐采用此方法。附录 A 是来自此方法的计算结果，由北京建筑设计研究院提供。

由于篇幅所限，附录 A 只列出两种管材 PE-X 管（导热系数为 0.38W/（m·K））、PB 管（导热系数为 0.23W/（m·K））的计算数据，其他管材可根据其实际导热系数参照选用。

铝塑复合管和 PE-RT 管可参照附录 A.1：PE-X 管单位地面面积的散热量和向下传热损失选用；

PP-R 管可参照附录 A.2：PB 管单位地面面积的散热量和向下传热损失选用。

若绝热层采用其他绝热材料，如发泡水泥，可根据其热阻值参照选用。

3.4.5 校核地表面平均温度的近似公式，是由ASHRAE手册（2000年版）提供的计算方法获得的计算数据，经回归得到的。

3.4.7 家具和其他地面覆盖物的遮挡对地面散热量影响很大，应予以考虑。地面遮挡因素随机性很大，情况非常复杂，设计人可根据具体情况附加一定的安全系数。

3.5 低温热水系统的加热管系统设计

3.5.1 住宅建筑中按户划分系统，可以方便的实现按户热计量，各主要房间分环路布置加热管，则便于实现分室控制温度

3.5.2 限制每个环路的加热管长度不超过120m和要求各环路加热管的长度接近相等，都是为了有利于水力平衡。对可自动控温的系统，各环路管长可有较大差异。对于壁挂炉系统，加热管长度应根据壁挂炉循环水泵的扬程经计算确定。

3.5.3 加热管采取不同布置形式时，导致的地面温度分布是不同的。布管时，应本着保证地面温度均匀的原则进行，宜将高温管段优先布置于外窗、外墙侧，使室内温度分布尽可能均匀。加热管的布置形式很多，通常有以下几种形式，如图3～图7所示。

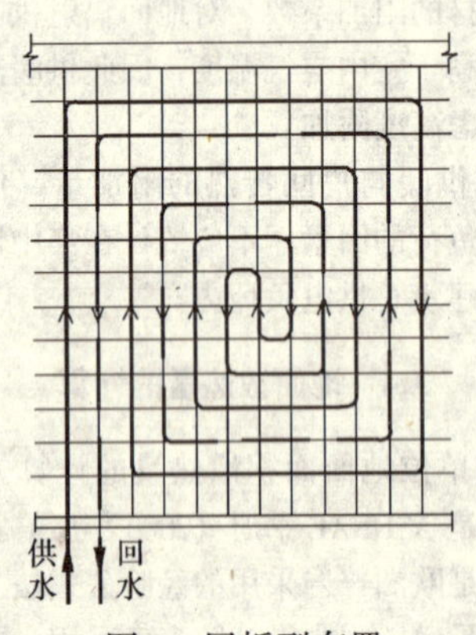

图3 回折型布置

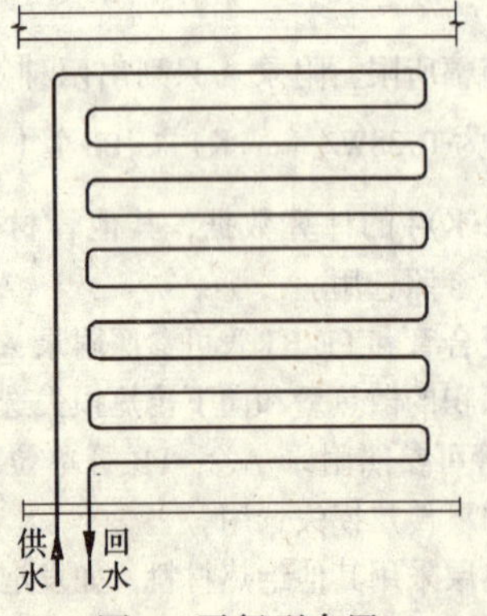

图4 平行型布置

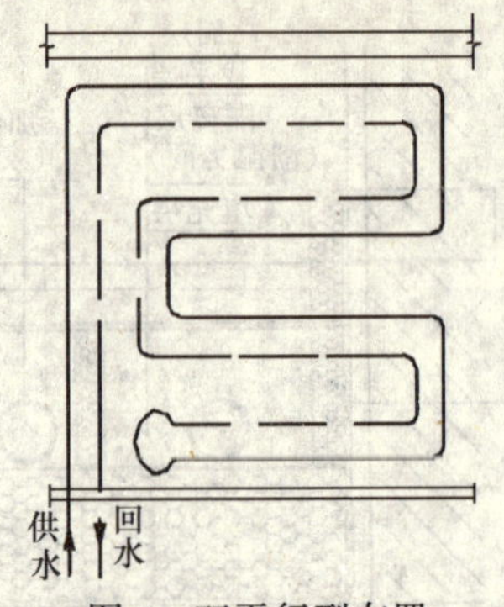

图5 双平行型布置

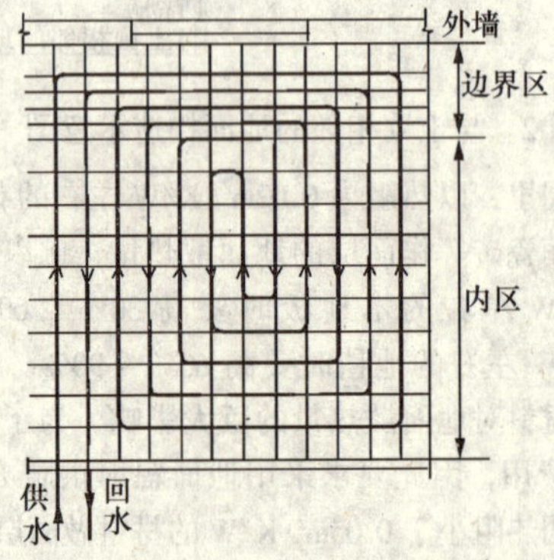

图6 带有边界和内部地带的回折型布置

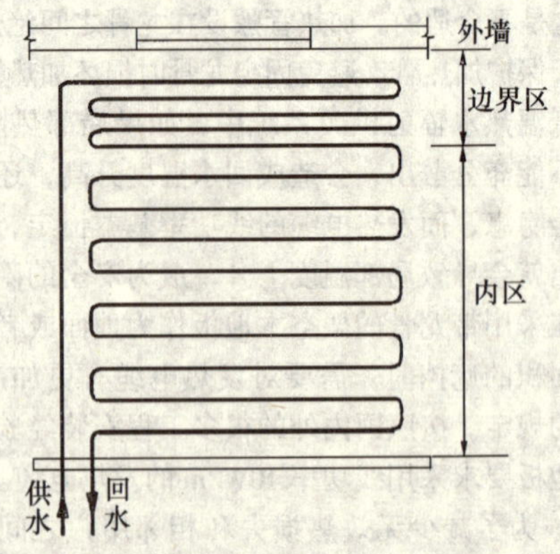

图7 带有边界和内部地带的平行型布置

3.5.4 地面散热量的计算，都是建立在加热管间距均匀布置的基础上的。实际上房间的热损失，主要发生在与室外空气邻接的部位，如外墙、外窗、外门等处。为了使室内温度分布尽可能均匀，在邻近这些部位的区域如靠近外窗、外墙处，管间距可以适当的缩小，而在其他区域则可以将管间距适当的放大。不过为了使地面温度分布不会有过大的差异，最大间距不宜超过300mm。

3.5.6 加热管的敷设是无坡度的。根据《采暖通风与空气调节设计规范》GB 50019第4.4.8条的规定，

热水管道无坡度敷设时，管内的水流速度不得小于0.25m/s。因此本条据此作出限制，其目的是使水流能把空气裹携带走，不让它浮升积聚。

3.6 低温热水系统的分水器、集水器及附件设计

3.6.1 分水器、集水器总进、出水管内径一般不小于25mm，当所带加热管为8个环路时，管内热媒流速可以保持不超过最大允许流速0.8m/s。同时，分水器、集水器环路过多，将导致分水器、集水器处管道过于密集。

3.6.2 供水管上设置两个阀门，主要是供清洗过滤器和更换或维修热计量装置时关闭用；设置过滤器是为了防止杂质堵塞流量计和加热管。热计量装置前的阀门和过滤器，也可采用过滤球阀（过滤器与球阀组合于一体）替代。

根据《采暖通风与空气调节设计规范》GB 50019第4.9.1条“新建住宅热水集中供暖系统，应设置分户热计量和室温控制装置”的规定，本条相应的作了安装热计量装置的要求。当供暖系统用于非住宅类建筑时，是否安装热计量装置，可按工程具体情况确定。

3.6.3 旁通管的连接位置，应在总进水管的始端（阀门之前）和总出水管的末端（阀门之后）之间，保证对供暖管路系统冲洗时水不流进加热管。

3.6.4 排气阀是用以排除加热管内的不凝性气体。

3.7 低温热水系统的加热管水力计算

3.7.2～3.7.4 该计算方法引自俄罗斯1999年出版的设计与施工规范《采用铝塑复合管供暖系统的设计与安装》。该方法是专门针对铝塑复合管制定的，其他塑料管材可参照计算。计算公式中引入了水的流动相似系数，使比摩阻公式适合于整个湍流区，同时管道内径计算公式考虑了管径与壁厚的制造公差，因此水力计算结果更加符合实际。

该方法还给出了铝塑复合管常用的局部阻力系数，为局部阻力的计算提供了条件。

3.7.5 系统阻力的限制，是为了集中供暖系统的水力平衡，也与分户独立热源设备相匹配。每套分水器、集水器环路的总压力损失指自分水器总进水管阀门前起，至集水器总出水管阀门后止，这一区间的总压力损失，其中不包括热量表和恒温阀的局部阻力。

3.8 低温热水系统的热计量和室温控制

3.8.1 与《采暖通风与空气调节设计规范》GB 50019第4.9.1条规定一致。

3.8.2 分户热计量要求与《采暖通风与空气调节设计规范》GB 50019第4.9.5条规定一致。

3.8.3 室温可控是分户热计量的基础，本条针对这个要求，并结合我国的具体情况推荐了几种经实践证明为有效的控制方法。

3.9 发热电缆系统的设计

3.9.2 当局部热负荷较大时，应增加单位面积的地暖系统发热功率，如果受地面温度限制、电缆间距等原因，发热电缆不能提供足够供热量时，应考虑增加其他型式的辅助供热设备，如电采暖散热器等。

3.9.3 限定发热电缆的间距是为了保证地面温度的均匀性。

3.9.4 发热电缆的布置局限性较低温热水系统小，低温热水系统由于水温随行程而变化，需要尽可能将高温段设在热负荷较大的区域，而发热电缆由于线功率比较恒定，不必考虑温度差别的影响；同时发热电缆有单导线和双导线形式，单导线安装时发热电缆必须形成回路，两端与电源连接，双导线产品本身自成回路，只需一端连接电源，布置更加灵活。因此，本规程第3.5.3条说明中的布置形式只作参考。

3.9.5 发热电缆地面辐射供暖系统，宜充分发挥电热容易控制的特点，各室单独控制室温，根据不同的需要提供不同的室内温度，提高舒适度；分室控温可以实现按需供热以节能，同时有利于温控器的布置、选型、安全和检修等。

3.9.6～3.9.7 当温控器所控制的发热电缆功率较大，超出温控器额定电流时，可以将温控器与接触器结合，以满足安全要求；温控器也可以与其他控制设备结合，实现诸如远程控制等其他功能。同时，应根据现场环境要求、使用要求等方面的具体要求，选择温控器的控温形式。

3.9.10 在地面家具遮挡覆盖的情况下，地面供暖系统的热量难以通过地表面充分散热，就会造成局部升温。对低温热水系统，回水温度就会升高，尽管减少了室内供暖热量，尚不至于有安全隐患：而对发热电缆系统，发热电缆仍然持续加热，就会产生安全隐患。因此，应考虑尽量避免覆盖遮挡。在固定家具下不应布置发热电缆，同时应尽量选用有腿的家具，以减少局部热阻。

3.10 发热电缆系统的电气设计

3.10.2 有一些地区实行峰谷电价，有些地区对冬季供暖电耗有优惠政策，在这些情况下，电供暖系统宜单独设置，以适应优惠政策。

4 材　　料

4.1 一 般 规 定

4.1.1 施工性能不仅指安装施工的难易，主要应考虑在安装时或安装后材料可能产生的变化及对工程可

能产生的潜在影响等。如加热管受到弯曲，在弯曲部位会产生较大内应力，对其使用寿命产生影响。

4.2 绝热材料

4.2.2 聚苯乙烯泡沫塑料板材的质量应符合《绝热用模塑聚苯乙烯泡沫塑料》GB/T 10801.1 中的规定，本条规定的技术指标摘自其中。

4.2.3 采用发泡水泥作为保温材料，保温厚度一般为 40～50mm。发泡水泥导热系数约为 0.09W/m·k。该材料具有承载能力强、施工简便、机械化程度高的特点，适合大面积地面供暖系统。

4.3 低温热水系统的材料

4.3.3 塑料管材的基本荷载形式是内液压，而它的蠕变特性是与强度(管内壁承受的最大应力，即环应力)、时间(使用寿命)和工作温度密切相关的。在一定的工作温度下，随着要求强度的增大，管材的使用寿命将缩短。在一定的要求强度下，随着管材工作温度的升高，管材的使用寿命也将缩短。所以，在设计低温热水地面辐射供暖系统时，热媒温度和系统工作压力不应定得过高。

总的说来，所有根据国家现行管材标准生产的合格产品，都可以放心的用作加热管。如交联聚乙烯（PE-X）管、聚丁烯（PB）管、铝塑复合管（XPAP）和耐热聚乙烯（PE-RT）管、无规共聚聚丙烯（PP-R）管和嵌段共聚聚丙烯（PP-B）管等，不但都有完善的测试数据和质量控制标准，而且都已经过实践考验。设计选材时，应结合工程的具体情况确定。对许用设计环应力过小的管材，如嵌段共聚聚丙烯（PP-B）管，设计时应正确选择使用。同时随着人们环保意识的增强，在选择管材时，应重视管材是否能回收利用的问题，以防止对环境造成新的污染。

铜管也是一种适用于低温热水地面辐射供暖系统的加热管材，其具有导热系数高、阻氧性能好、易于弯曲且符合绿色环保要求等特点，正逐渐为人们所接受。

4.3.4 加热管应符合国家现行标准：

PE-X 管采用《冷热水用交联聚乙烯（PE-X）管道系统》GB/T 18992；

PB 管采用《冷热水用聚丁烯（PB）管道系统》GB/T 19473；

PE-RT 管采用《冷热水用耐热聚乙烯（PE-RT）管道系统》CJ/T 175；

PP-R 管、PP-B 管采用《冷热水用聚丙烯管道系统》GB/T 18742；

铝塑复合管采用《铝塑复合压力管》GB/T 18997；

铜管采用《无缝铜水管和铜气管》GB/T 18033。

4.3.5 加热管应由正规生产企业生产，产品应具有出厂必要标识。

4.3.6 德国标准 DIN4726 规定，40℃时内表面上氧气透过率应小于 0.1g/（m^3·d），否则应采取防腐措施。为有效防止渗入氧而加速对系统的氧化腐蚀，因此作此规定。

4.3.8 数据取自《冷热水用交联聚乙烯(PE-X)管道系统》GB/T 18992.2、《冷热水用耐热聚乙烯(PE-RT)管道系统》CJ/T 175、《冷热水用聚丁烯（PB）管道系统》GB/T 19473、《冷热水用聚丙烯管道系统》GB/T 18742.2、《铝塑复合压力管》GB/T 18997。

4.4 发热电缆系统的材料

4.4.1 强制屏蔽接地是为了保证人身安全，防止人体触电和受到较强的电磁辐射。

4.4.2 发热电缆作为系统的重要组成部分，是决定该系统安全、舒适和使用寿命的关键，从系统舒适和安全角度考虑，应采用低温发热电缆作为加热元件。通常的电缆外表面温度限定低于 65℃，发热量的大小就取决于电缆外径（决定了外表面积大小）了，而电缆的线功率限定低于 20W/m，其外径就应近似为 6mm；此外，电缆外径还与产品材料、性能和工艺相关。从目前的应用情况看，国产和进口发热电缆外径均不小于 6mm，因此本规程对电缆外径建议不小于 6mm。

4.4.4～4.4.5 发热电缆的冷线和热线接头为其薄弱环节，应由专用设备和工艺方法加工，严格控制质量，不应在现场简单连接，以保证其连接的安全性能、机械性能和使用寿命达到要求。发热电缆的检测应为冷热线以及接头为一体检测，还应对接头位置设明显标志，予以特别注意。发热电缆的标志包括商标和电缆型号。

4.4.6 目前国内还没有针对地面辐射供暖系统中使用的发热电缆生产的标准，市场上的发热电缆多数为国外进口产品，也有引进技术国产化的电缆，均以 IEC800《额定电压 300/500V 生活设施加热和防结冰用加热电缆》作为检验标准，具体内容见附录 E。附录 E 中列出的内容和技术指标比较 IEC800 原文已经是简化了。检测电缆的机构必须具有国家认可的检验资质。

4.4.7 温控器是该系统另一个重要组成部分，其作用是调节温度，控制系统工作状态。按照感温对象的不同分为室温型、地温型和双温型温控器，使用者可根据工程具体情况选用温控器。

温控器一般由控温和测温两个系统组成产品，由生产厂家整体供应。其相关标准为国家现行标准《温度指示控制仪》JJG 874和《家用和类似用途电自动控制器　温度敏感控制器的特殊要求》GB14536.10。

5 施　工

5.1 一 般 规 定

5.1.1 本条规定了施工前应具备的必要条件，如不具备这些条件，不能进行施工。

5.1.3 本条主要对加热管和发热电缆的运输、装卸和储存的条件作了原则性的规定，目的是防止在这些过程中损坏材料。

5.1.4 作为加热管，无论 PE-X、PB、PP-R、PP-B 或 PE-RT，它们虽然都具有较强的耐酸碱腐蚀的能力，但是，油漆、沥青和化学溶剂对它们有较强的破坏作用，这种情况对于发热电缆同样存在，因此必须严格防止接触这类物质。

5.1.5 塑料管和发热电缆的普遍特性是随着环境温度的降低，其韧性变差，抗弯曲性能变坏，因此很难施工。同时，当环境温度低于5℃时，混凝土填充层的施工和养护质量也较难保证。当然，这也可以通过采取某些技术措施来确保混凝土的施工质量，但工程造价将相应增加，非万不得已不宜这么做。

5.1.6 目的在于保护发热电缆，以免搭接时温度过高损坏电缆。

5.1.8 目的在于保护加热管和电缆，免遭损坏。

5.2 绝热层的铺设

5.2.1 地面平整与否，会影响到绝热层的铺设质量和加热管的安装质量。如不平整度较大，应由建筑公司用适当办法（不能用松散的砂粒）找平。

5.2.2 本条规定了绝热层的铺设要求。绝热层接合应严密，多层绝热层要错缝铺放。

5.3 低温热水系统加热管的安装

5.3.1 本条贯彻了必须按照设计图纸施工的基本要求，旨在确保低温热水地面辐射供暖系统的供暖效果。管间距误差不大于 10mm，实践证明是可以做到的。为了避免安装好后，一旦发现问题而引起返工，要求安装前作详细检查。

5.3.2 加热管切割不好，断口不平整，与管轴线不垂直，都会影响管道的连接质量，造成渗漏或通过截面减小，为此，提出了规范化的操作要求和质量标准。

5.3.3 加热管应做到自然释放，不允许出现扭曲现象，以免管道处于非正常受力状态，影响加热管的使用寿命。加热管安装的环境温度与弯曲半径有关，弯曲半径过小，会造成机械损伤和弯处“死折”，本规定参照国外标准及工程实践经验。同时，在弯曲过程中，若对圆弧顶部不加力予以限制，则极易出现“死折”，即无弧度的折弯。

5.3.4 根据我国现状，即使热熔连接也会因质量问题而漏水，为了消除隐患特作此规定。同时与《建筑给水排水及采暖工程施工质量验收规范》GB 50242 相一致。

5.3.6 加热管固定，目的是使它定位，防止在浇捣填充层时产生位移。加热管固定装置有多种方法，本条所列的四种方法，为目前工程中比较典型的通常做法，并在大量的工程实践中证明都是可行的。

采用第一种方法时，因为聚苯乙烯泡沫塑料板表面强度较差，对固定卡子抓力不足，为了有效固定加热管，施工时绝热板材上方（加热管线下方）可做如下处理：

（1）粘接一层纺粘法非织造布/PE 镀铝膜层，其总重量大于 55g/m²，其中非织造布重量不小于 35g/m²，PET 镀铝膜表面印刷 50mm × 50mm 坐标。

（2）粘接一层重量大于 40g/m² 纺粘法非织造布，布面印刷明显的 50mm × 50mm 坐标。

（3）铺设一层 PE 或 PP 挤出塑料网或双向拉伸土工格栅。挤出网或土工格栅网眼不得小于 25mm × 25mm，结点厚度不大于 6mm。

（4）铺设一层 0.8mm，网眼 150mm × 150mm 的氩弧焊钢丝网。

5.3.7 本条对固定点间距作了规定。固定点间距过大，加热管反弹较大；不易定形的管材，其固定点的间距应根据需要加密。

5.3.8 在分水器、集水器附近往往汇集较多的管道，其他如门洞、走道等部位，有时也会有较多加热管通过，由于管道过多，容易形成局部地面温度过高，设置套管后，随着热阻的增大，地面温度将相应降低。一般采用聚氯乙烯或高密度聚乙烯波纹套管，为防止地面龟裂，管道密集处应采用 0.5 ~ 1.0cm 豆石混凝土浇筑，确保浇筑密实。

5.3.9 为了保护加热管，露明部分管道通常应加套聚氯乙烯（PVC）塑料管。

5.3.10 PP（含 PP-R、PP-B）树脂对铜离子非常敏感，铜离子会使 PP 的降解（老化）速度成百倍的增加，温度越高，越为严重，因此作此规定。

5.3.11 本条提出加热管穿越伸缩缝时，必须设置一定长度的柔性套管。这项措施是确保加热管在填充层内发生热胀冷缩变化时的自由度。

5.3.12 分水器、集水器在开始铺设加热管之前安装的目的是保证柔性加热管精确转向和通入分水器、集水器内。分水器、集水器安装示意图如图 8 所示。

5.3.13 伸缩缝是低温热水地面辐射供暖工程设计中非常重要的部分。混凝土填充层设置伸缩缝，是为了防止地面热胀冷缩而被破坏。混凝土的线膨胀系数为 10×10^{-6}m/（m·℃）左右，间距为 6m 时，其膨胀量约为 2.7mm，考虑施工方便，规定伸缩缝宽度不宜小于 8mm；与内外墙、柱及过门等交接处设置的伸缩缝，

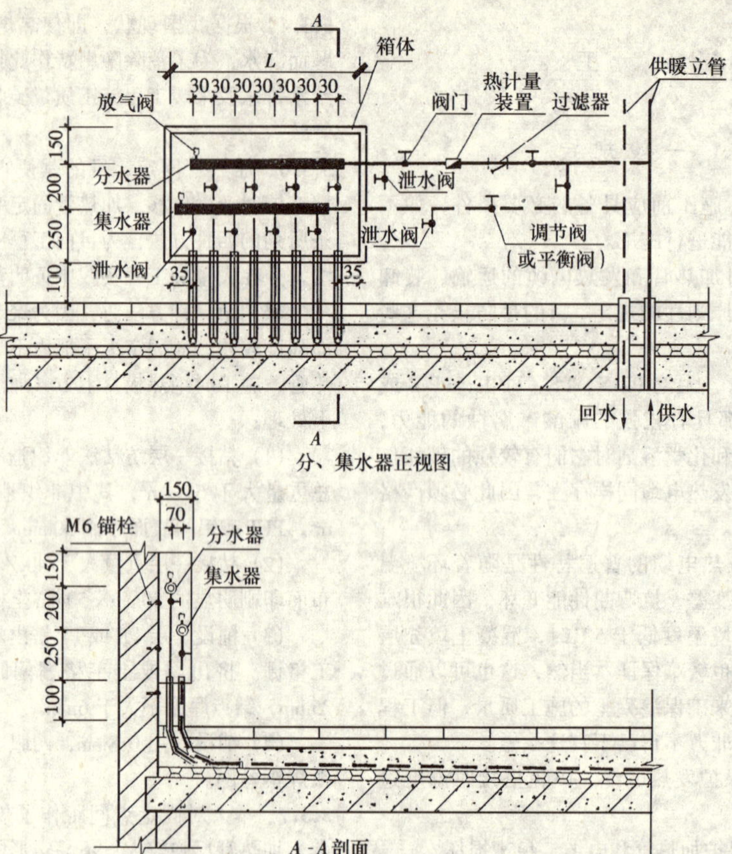

图8　分、集水器安装示意图

除有补偿填充层伸缩外，还起到保温作用。采用地面辐射供暖方式时，与地面邻接处的墙内表面温度会升高，为了减少无效热损失和相邻用户之间的传热量，同时考虑施工方便，规定与内外墙、柱及过门等交接处伸缩缝宽度不应小于10mm。

5.4　发热电缆系统的安装

5.4.2　一般在发热电缆出厂时，冷线热线及其接头应该已加工完成，每根电缆的长度和功率都应是确定的，电缆内可能是双导线自成回路，也可能是单导线需要在施工中连接成回路；冷线与热线也是在制造中连接好的，按照设计选型现场安装，不允许现场裁剪和拼接，现场裁剪或拼接不但不能调节发热功率，而且会造成电缆损坏，通电后会造成严重后果。如在竣工验收后，意外情况下出现电缆破损，必须由电缆厂家用专业设备和特殊方法来处理，以减少接头处存在的安全隐患。

5.4.6～5.4.7　发热电缆不同于热水加热管，热水在加热管中处于流动状态，如果局部热阻较大，只能导致该处不能充分散热，导致该处热水的温差较小；而发热电缆线功率基本恒定，表面均匀散热，如果被压入绝热材料中，热阻很大，仍然恒定发热就会导致局部升温过高，影响电缆的寿命。采用钢丝网或金属固定带既能够防止电缆压入绝热材料，又有防裂和均热的作用。

5.4.8　目的是防止热线在套管内发热，影响寿命和安全性能。

5.4.9　目的是防止热线在地面以上发热，形成安全隐患，同时，电缆出地面后就难以保证间距，因此热线及其接头都应在填充层里，不能设在地面之上。

5.4.11　地温感温探头在安装前，应对探头进行外观检测，然后先铺设 $\phi16$ 的预埋管，并用塑料捆扎绳固定住，再将感温探头设在预埋管里，最后将预埋管管道末端封堵。

5.5　填充层施工

5.5.1　对填充层施工的时机作了明确规定，即未通过隐蔽工程验收之前，不得施工。

5.5.2　为了保证工程质量，从分工上明确规定了填充层应由土建承包单位负责施工，同时对安装单位的配合也作了具体规定。

5.5.3　管内保持一定压力，既可以防止加热管因挤压而变形，又可以及时发现管道的损坏。

5.5.4～5.5.5　目的在于保护加热管，避免人为的破坏。

5.5.6　填充层不受干扰的凝固和硬化时间：一般不加特殊掺合料的混凝土填充层为21d。最早48h以后才能踩踏。在此时间内，不得对加热管或发热电缆进行加热及放置任何形式的荷载，以免造成填充层开裂。由于塑料管的熔点较低，多数都在150~180℃左右，很容易被电炉、喷灯等烤化，因此，施工中应对地面妥加保护。本条的这些要求，都是实践中教训的总结，必须引起足够的重视并严格遵守。

5.6 面层施工

5.6.1 本条规定了地面辐射供暖宜采用的地面装饰材料的种类，避免由于地面装饰层材料选择不当，造成一定的经济损失。

5.6.2 在实际工程中，出现过很多在施工面层时损坏加热管的事故，而这些事故本来是完全可以避免的，因此在本条中对面层施工提出了一些具体的注意事项。

5.6.3 木地板出现翘裂的现象较多，究其原因，大致有以下三种情况：

第一种情况是地板本身质量不好，未经严格干燥处理（含水率应低于20%），致使含水率过高，经过使用后，随着含水率的降低，木材收缩，产生裂纹。其实，这种地板，即使用在不是地面供暖的室内，也同样会开裂。

第二种情况是在填充层尚未完全干燥的情况下，过早的铺贴木地板。由于木地板铺贴后，混凝土中的水分仍在不断蒸发，使本来比较干燥的木地板的含水率升高，从而膨胀鼓翘。

第三种情况是在铺贴木地板时，在地板与墙、柱等交接处未留伸缩缝，所以在地板受热产生膨胀时，由于没有补偿膨胀位移的出路，从而产生翘鼓。

5.6.4 干贴的目的是为了防止地面加热时拉断面层。

5.7 卫生间施工

5.7.1 卫生间设地面供暖会使人感到很舒适，但因担心漏水问题，影响了地面供暖系统在卫生间的应用。为避免漏水发生，作本条规定。卫生间地面构造示意图如图9所示。

5.7.2 设止水墙目的是防止卫生间积水渗入绝热层，并沿绝热层渗入其他区域。

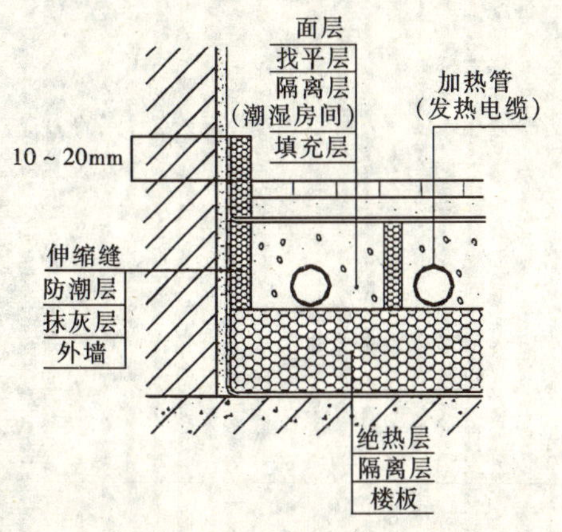

图9 卫生间地面构造示意图

6 检验、调试及验收

6.3 施工安装质量验收

6.3.1 加热管和发热电缆是埋置在混凝土填充层内的，填充层施工完毕后，加热管就再也看不见了，所以属于隐蔽工程。对于隐蔽工程，必须在隐蔽之前进行检验，只有经检验合格后才允许隐蔽，为此，应进行中间验收。

6.3.2 本条具体规定了中间验收应检验的项目。

6.4 低温热水系统的水压试验

6.4.1 首先关闭分水器、集水器上总进、出水管上的球阀，并开启总进、出水管之间的旁通阀，对分水器、集水器以外主供回水管路系统进行冲洗；然后分别冲洗各加热管环路。

6.4.3~6.4.5 水压试验压力和检验方法，引自《建筑给水排水及采暖工程施工质量验收规范》GB 50242。

6.5 调试与试运行

6.5.1 为了避免对系统造成损坏，在未经调试与试运行过程之前，应严格限制随意启动运行。

6.5.2 调试与试运行的目的，是使系统的水力工况和热力工况达到设计要求，为此，具备正常供暖和供电条件是进行调试的必要条件。若暂时不具备正常供暖和供电条件时，调试工作应推迟进行。

6.5.5 系统通热调试，是确保并进一步考核和检验工程设计与施工质量的一个重要环节，必须认真进行。试运行时，初次加热的水温应严格控制；同时，升温过程一定要保持平稳和缓慢，确保建筑构件对温度上升有一个逐步变化的适应过程。

6.5.6 发热电缆的功率控制基本上都是开关调节控制方式，即只要是在通电状态下，电缆的发热功率就基本恒定，实现全功率加热，电缆实际发热功率的调节是靠通电断电的时间周期比例关系来实现的。因此，在实际应用中，电缆表面的温度无法加以具体的控制；而且，比较热水形式的地面辐射供暖系统形式，发热电缆加热时的应力变化和对填充层的影响较小。因此，本条对升温速度不作具体规定，在初始通电加热时应保持室温尽量平缓地升高。

6.5.8 辐射供暖时，由于有辐射传热和对流传热同时作用，所以既不能单纯的以辐射强度来衡量，也不能简单的以室内空气的干球温度作为考核的依据，为此本条规定必须用能同时反映辐射和对流综合作用的黑球温度作为评价和考核供热效果的依据。

附录B 加热管的选择

B.1.2 表B.1.2-1引自《冷热水系统用热塑性塑料管材和管件》GB/T 18991；表B.1.2-2引自《冷热水用交联聚乙烯（PE-X）管道系统》GB/T 18992.2、《冷热水用耐热聚乙烯（PE-RT）管道系统》CJ/T 175、《冷热水用聚丁烯（PB）管道系统》GB/T 19473、《冷热水用聚丙烯管道系统》GB/T 18742.2。

B.1.3 考虑到施工与使用过程中的不利因素，为安全起见，塑料管材壁厚应适当加厚。条文中的数值引自德国标准DIN 4726关于热水地面供暖用塑料管材的基本要求。表中数值引自《冷热水用交联聚乙烯（PE-X）管道系统》GB/T 18992.2、《冷热水用耐热聚乙烯（PE-RT）管道系统》CJ/T 175、《冷热水用聚丁烯（PB）管道系统》GB/T 19473、《冷热水用聚丙烯管道系统》GB/T 18742.2。

B.2.1 铝塑复合管是由聚乙烯材料和铝材两种杨氏模量相差很大的材料组成的多层管，在承受内压时，厚度方向的管环应力分布是不等值的，因此不能用S值来选用管材或确定管材的壁厚。内外塑料层和铝管层的最小壁厚取决于管径，壁厚和管径为固定尺寸关系，只能根据长期工作温度和允许工作压力选择不同类别的铝塑管，无法考虑各种使用温度的累积作用。铝塑复合管根据铝管焊接方法不同，分为搭接焊和对接焊两种形式。

B.2.2 表B.2.2-1引自《铝塑复合压力管》GB/T 18997.1；表B.2.2-2引自《铝塑复合压力管》GB/T 18997.2。

B.2.3 表B.2.3引自《铝塑复合压力管》GB/T 18997.1、GB/T 18997.2。

B.3.1 表B.3.1引自《无缝铜水管和铜气管》GB/T 18033。

中华人民共和国行业标准

多道瞬态面波勘察技术规程

Technical specification for multi-channel transient surface wave investigation

JGJ/T 143—2004

批准部门：中华人民共和国建设部
实施日期：2004年12月1日

中华人民共和国建设部
公　　告

第 260 号

建设部关于发布行业标准《多道瞬态面波勘察技术规程》的公告

现批准《多道瞬态面波勘察技术规程》为行业标准，编号为 JGJ/T 143—2004，自 2004 年 12 月 1 日起实施。

本规程由建设部标准定额研究所组织中国建筑工业出版社出版发行。

中华人民共和国建设部

2004 年 8 月 18 日

前　　言

根据建设部建标［2002］84 号文的要求，规程编制组在广泛调查研究，认真总结实践经验，参考有关国际先进标准，并在广泛征求意见的基础上，制定了本规程。

本规程的主要技术内容是：1　总则；2　术语和符号；3　基本规定；4　仪器设备与处理软件；5　现场采集；6　数据资料处理；7　成果报告编写。

本规程由建设部负责管理，由主编单位负责具体技术内容的解释。

本规程主编单位：北京市水电物探研究所（地址：北京市东城区东中街 58 号美惠大厦 A902 室；邮政编码：100027）。

本规程参编单位：建设综合勘察研究设计院
福建省建筑设计研究院
中航勘察设计研究院
中交第一公路勘察设计研究院
北京市地震局震害防御与工程地震研究所

本规程主要起草人员：刘云祯　梅汝吾　任书考　李哲生　刘金光　刘运平　胡　平

目　次

1 总　　则

1.0.1 为了规范多道瞬态面波勘察方法，保证勘察成果的精度和可靠性，提高工程投资效益、环境效益和社会效益，制定本规程。

1.0.2 本规程适用于各行业利用多道瞬态面波方法进行的各类岩土工程勘察、检测。

1.0.3 多道瞬态面波勘察，宜与钻探和其他物探方法密切配合，综合分析，正确评价。

1.0.4 在现场作业时，应遵守现行安全和劳动保护的有关规定，做到安全作业。

1.0.5 多道瞬态面波勘察除应符合本规程的规定外，尚应符合国家现行有关强制性标准的规定。

2 术语和符号

2.1 术　　语

2.1.1 面波　surface wave

规程中面波特指瑞利波，即质点运动轨迹为椭圆形的波。

2.1.2 剪切波　shear wave (transverse wave)

波的传播方向与介质质点的振动方向垂直的波。又称横波、S波。

2.1.3 压缩波　compression wave

波的传播方向与介质质点振动方向一致的波。又称纵波、疏密波、P波。

2.1.4 基阶面波　first mode of surface wave

面波的多个传播模态中以第一阶振型传播的波动为基阶面波。

2.1.5 面波频散　frequency dispersion of surface wave

面波各频率组份具有不同的传播速度的现象。

2.1.6 基阶面波的频散　first mode dispersion of surface wave

基阶面波传播模态波动的频散规律。

2.1.7 面波速度　surface wave velocity

面波在介质中传播的平均相速度。

2.1.8 剪切波层速度　shear wave velocity of layer

剪切波在地层中的传播速度。

2.1.9 多道　multi-channel

面波勘察中所采用的多个通道仪器，同时记录形成完整的面波记录。

2.1.10 瞬态　transient vibration

震源的一种动力特征。

2.1.11 排列　array

为完成一个面波采集记录，布置在一条测线上接收震动信号的检波器组合。

2.1.12 偏移距　offset

面波采集时，震源与仪器第一通道所连接的检波器之间的距离。

2.1.13 道间距　distance of channel

在排列中，相邻检波器之间的距离。

2.2 符　　号

E_d——动弹性模量

f——频率

G_d——动剪切模量

H——深度

K——波数

v_P——压缩波波速

v_R——瑞利波波速

v_S——剪切波波速

λ——波长

μ——动泊松比

ρ——质量密度

η_S——与泊松比有关的系数

3 基本规定

3.0.1 多道瞬态面波勘察，应具备下列资料：

1 收集场地的岩土工程勘察资料；

2 任务委托书应包括勘察目的与技术要求，勘察范围及工作量，完成工作时间等；

3 有条件时，应收集场地建（构）筑物的平面图（剖面图）等；

4 场地及其邻近的干扰震源。

3.0.2 多道瞬态面波勘察前，应根据选定的勘察方法制订勘察方案。其内容宜包括：

1 勘察目的及要求；

2 具备面波勘察方法的地球物理条件、技术可行性，精度应满足勘察深度与精度的要求，勘察工期以及质量保证体系等；

3 勘察内容、具体方法和测点、测线布置图；

4 仪器设备；

5 拟采用的数据处理方法；

6 报告书的要求、份数以及提交时间。

3.0.3 现场勘察时，仪器主机设备等应有防风砂、防雨雪、防晒和防摔等保护措施。

3.0.4 现场勘察场地应避开干扰震源。

3.0.5 勘察报告应包括现场原始记录、勘察结果、分析意见和勘察结论等内容。

4 仪器设备与处理软件

4.1 仪 器 设 备

4.1.1 多道瞬态面波勘察仪器应符合下列要求：

1 仪器放大器的通道数不应少于12通道。采用的通道数应满足不同面波模态采集的要求；

2 仪器放大器的通频带应满足采集面波频率范围的要求。对于岩土工程勘察，其通频带低频端不宜高于0.5Hz，高频端不宜低于4000Hz；

3 仪器放大器各通道的幅度和相位应一致：各频率点的幅度差在5%以内，相位差不应大于所用采样时间间隔的一半；

4 仪器采样时间间隔应满足不同面波周期的时间分辨，保证在最小周期内采样4至8点；仪器采样时间长度应满足在距震源最远通道采集完面波最大周期的需要；

5 仪器动态范围不应低于120dB，模数转换（A/D）的位数不宜小于16位。

4.1.2 用于多道瞬态面波采集的检波器应符合下列要求：

1 应采用垂直方向的速度型检波器；

2 检波器的自然频率应满足采集最大面波周期（相应于勘察深度）的需要，岩土工程勘察宜用自然频率不大于4.0Hz的低频检波器；

3 用作面波勘察，同一排列的检波器之间的自然频率差不应大于0.1Hz，灵敏度和阻尼系数差别不应大于10%；

4 检波器按竖直方向安插，应与地面（或被测介质表面）接触紧密。

4.1.3 用于多道瞬态面波采集的检波器排列布置应符合下列要求：

1 采用线性等道间距排列方式，震源在检波器排列以外延长线上激发；

2 道间距应小于最小勘探深度所需波长的二分之一；

3 检波器排列长度应大于预期面波最大波长的一半（相应最大探测深度）；

4 偏移距的大小，需根据任务要求通过现场试验确定。

4.1.4 用于多道瞬态面波的震源应符合下列要求：

1 震源方式可采用大锤激振、落重激振或炸药激振。选择震源需保证面波勘察所需的频率及足够的激振能量；

2 震源方式的选择应根据勘察深度要求和现场环境确定，勘察深度0～15m，宜选择大锤激振；0～30m选择落重激振，0～50m以上选择炸药激振，在无法使用炸药的场地亦可采用加大落锤重量或提高落锤高度的办法加大勘察深度；

3 激振条件的改善：勘察深度小时，震源应激发高频率波；勘察深度大时，震源应激发低频率波。同种震源方式，改变激振点条件和垫板亦可使激发频率改变。

4.2 处理软件

4.2.1 处理软件应具有下列功能：

1 采集参数的检查与改正、采集文件的组合拼接、成批显示及记录中分辨坏道和处理等基本功能；

2 识别和剔除干扰波功能；

3 分辨识别与利用基阶面波成分的功能；

4 正反演功能，在波速递增及近水平层状地层条件下应能准确反演地层剪切波速度和层厚；

5 分频滤波和检查各分频段面波的发育及信噪比的功能，以利于测深分析；

6 能调入多条频散曲线，以供研究不同测点或同一测点加固改良后地层波速的改变。

4.2.2 对于多测点频散曲线的剖面成图，软件宜具有速度映像成图功能，以便直观分析地层速度结构。在有条件的情况下，软件应具有自动拾取映像速度等值线和图例填充等功能，使面波成果成图电脑化。

4.2.3 对于速度映像处理成图的文件格式，应为通用计算机平台所调用，便于报告编制。

5 现场采集

5.1 现场试验

5.1.1 现场正式工作前，应进行试验工作。在地质地形条件复杂的工区，试验工作应充分，试验工作量宜控制在预计工作量的5%。

5.1.2 试验工作应包括下列主要内容：

1 仪器设备系统的频响与幅度的一致性检查，应符合下列要求：

1）仪器各道的一致性检查：将仪器输入端各道并联后接入信号源，采集与工作记录参数相同的记录并存储，利用软件分析频响与幅度的一致性；

2）检波器的一致性检查：选择介质均匀的地点，将检波器密集地安插牢固，在大于10m外激振，采集面波记录并存储，利用软件分析频响与幅度的一致性；

3）仪器通道和检波器的频响与幅度特性，在测深需要的频率范围内应符合一致性要求。

2 采集试验工作应符合下列要求：

1）干扰波调查，在工区选择有代表性的地段进行干扰波调查，干扰波调查应通过展开排列采集的方式进行。采集面波在时空域传播的特征，根据基阶面波发育的强势段确定偏移距离、排列长度和采集记录长度，一般展开排列长度应与勘察深度相当；

2）选用不同频率检波器的原则：可根据勘察深度要求，利用 $f=v_R/\lambda_R$ 和 $H\approx\frac{1}{2}\lambda_R$ 估算选用的检波器频率，式中：f——检波器的频率；v_R——地层面波速度；λ_R——波长；H——探测地层的深度；

3 根据勘探深度和现场环境条件进行激振方式试验。依据采集记录进行频谱分析，震源的频带宽度应满足勘探深度和分辨薄层的需要，据此确定最佳激振方式。

5.1.3 通过以上3项试验工作，应确定满足勘察目的和精度要求的采集方案、采集参数和激振方式。

5.1.4 在具有钻孔资料的场地宜在钻孔旁布置面波勘察点，取得对比资料。

5.2 测线、测点布设

5.2.1 在地形较平坦的工区，测线布置可根据任务书布置，面波排列宜与测线相重合布置。

5.2.2 在地形起伏较大的工区，面波排列可不与测线重合，宜结合地形等高线取平坦段布置。

5.2.3 在滑坡体、泥石流等勘察项目中，测线布置宜沿主滑方向平行布置，适当布置横向联络线。

5.2.4 在岩溶、土洞或采空区勘察项目中，测线间距应小于被调查对象的尺寸，发现异常，在异常点（带）布置垂直测线，重点勘察项目可采取布置网格线的方案。

5.2.5 构造破碎带勘察，测线布置应与构造走向相垂直；古河床调查，测线应垂直古河床方向。

5.2.6 地基加固效果检验，应在加固前后采取测点、测线位置不变的原则。

5.2.7 面波排列的中点为面波勘探点，面波勘探点间距的布置应根据勘察阶段、场地地质地形条件的复杂性以及勘察目的和精度综合考虑。

5.2.8 面波排列方式应遵循以下要求：

1 面波排列的长度不应小于勘探深度所需波长的二分之一；

2 在场地存在固定噪声源的环境中工作，应使面波排列线的方向指向噪声源，并布置激振点与固定噪声源在面波排列的同侧，干扰震源波不得构成对面波排列线的大角度传播；

3 在地表存在沟坎及在建筑群中进行面波勘察时，面波排列线的布置应考虑规避非震源干扰波的影响。

5.3 正 式 采 集

5.3.1 观测系统以激振点分类可分为单端激振法和双端激振法；以排列移动方式分类可分为全排列移动、半排列移动和根据勘探点间距移动排列的方法。根据勘察目的、要求、地形地质与地球物理条件应合理选用观测系统，并应符合下列要求：

1 所选用的观测系统，应保证主要目的层的连续追踪；

2 简单地质地形条件应采用单端激振法，复杂地质地形条件下应采用双端激振法。

5.3.2 面波的接收应遵循下列原则：

1 仪器应设置在全通状态，对定点仪器应设置各道增益一致；

2 记录长度为“采样点数”和“采样间隔”的乘积，采样点数可选择1024点或2048点；采样间隔的选择视采集记录的长度要求，应满足最大源检距基阶面波的采集需要；

3 记录的近震源道不应出现削波，排列中不宜有坏道；

4 排列方向的设计应视地形条件和规避干扰波的需要确定；排列上的道间距应小于最小勘探深度所需波长的二分之一；

5 检波器安置的位置应准确；

6 检波器应与地面（或被检测物表面）安置牢固，并使埋置条件一致；

7 检波器的安置：在地表介质松软时，应挖坑埋置；在地表为稻田或潮湿条件时，应防止漏电。检波器周围的杂草等易引起检波器微动之物应清除；在风力较大条件下工作时，检波器应挖坑埋置；

8 检波器与电缆连接应正确，防止漏电、短路或接触不良等故障。

5.3.3 面波的激发应符合本规程第4.1.4条的规定，并符合下列要求：

1 面波的激发应根据勘察任务要求和工区条件合理选择震源；

2 使用锤击震源、落重震源应在激振点敷设专用垫板。专用垫板是硬材料，有利于激发高频波，专用垫板是软材料，有利于激发低频波；

3 使用炸药震源时：炸药量要通过试验确定；炸药坑深度宜大于60cm并压实；炸药记时应采用回线记时和内触发记时。

5.3.4 采集工作结束后，应及时从仪器外传数据做好备份，以防数据丢失，同时做好现场采集班报表记录。

5.3.5 每项工程应进行检查观测。检查工作量不得少于总工作量的5%，检查记录与原记录波形应相似，频散曲线应一致。

5.3.6 采集记录的文件宜按下列要求存贮：

1 宜按工程名称或工程代号设置存贮文件的子目录；

2 文件名由字符和数字组成，以字符表示线号，以数字表示测点顺序。同测线上的文件名中的数字连续。文件名中的后缀常用“.dat”，表示为原始采集记录。

5.4 采集记录质量评价

5.4.1 采集记录中的削波和通常地震勘查中的坏道，在多道瞬态面波勘察中应视为坏道。

5.4.2 采集记录的长度满足最大源检距基阶波采集

的记录，并视为合格记录；否则为不合格记录。

5.4.3 采集记录中基阶波应为强势波，否则为不合格记录。

5.4.4 采集记录中相邻两道为坏道应视为不合格记录。

5.4.5 采集记录中坏道数大于使用道数10%的记录应为不合格记录。

5.4.6 发现不合格记录，应进行补测。

6 数据资料处理

6.1 资料处理的主要内容

6.1.1 资料整理应包括：绘制测线（点）平面布置图和编制测线（点）的高程表，面波数据资料的处理与解释。

6.1.2 绘制测线（点）平面布置图应根据实测点坐标，按要求的比例尺绘制。在工区具备电子地图的条件下，可直接将测线（点）绘制在电子地图文件中，并按要求绘制测线（点）平面布置图。

6.1.3 面波数据资料处理应使用软件程序完成。其主要功能应包括：面波数据资料预处理、生成面波频散曲线、频散曲线分层反演剪切波速度及确定层厚，利用面波频散曲线生成速度映像彩色剖面，并在此基础上绘制地质剖面图等。

6.1.4 建立地形高程文件、绘制面波速度映像剖面图和地质解释剖面图。剖面图的比例尺应按勘察任务书的要求绘制。

6.2 数据资料处理

6.2.1 面波数据资料预处理时，通过成批调入与显示采集记录，应检查现场采集参数的输入正确性，对错误的输入应予以改正；检查面波成批记录中面波多振形组份的发育情况，尤其观察基阶波组份和干扰波的发育情况以及检查采集记录的质量，选用利于提取基阶波组份的时间-空间窗口。对合格记录中的坏道，应予以处理。预处理完毕，应进行存盘。存盘时另起文件名，不得覆盖原始记录文件。

6.2.2 面波频散曲线提取应符合下列要求：

1 可用DOS环境下的软件，也可使用Windows环境的软件，软件均具有面波频散曲线的提取功能；

2 对基阶面波选用合理的时间-空间窗口，是频散曲线提取的关键；

3 面波频散曲线的提取宜在*f-K*域中进行；

4 在*f-K*域进行的二维滤波应突出基阶面波的能量；

5 在*f-K*域中的等值线图上应确认频散曲线，并转换为速度-深度域（速度-波长域）的频散曲线；

6 频散曲线应遵循收敛的原则。在面波频散曲线上若频散点点距过大，不收敛，变化的起点处可解释为地质界线。不收敛的频散曲线段不能用于地层速度的计算；

7 频散曲线提取完毕后，应进行存储。

6.2.3 频散曲线的分层应根据曲线的曲率和频散点的疏密变化综合分析；分层完成后反演计算剪切波层速度和层厚。

1 剪切波层速度和层厚的反演计算可采用两种方式：固定层厚，反演层速度和固定层速度，反演层厚。一般宜选择固定层厚的方式反演剪切波层速度；

2 反演过程宜遵循由浅及深逐层调试，使正、反演结果逼近，完成剪切波层速度和层厚的处理；

3 确认层参数后，存储处理结果。

6.3 面波资料的分析论证

6.3.1 面波频散数据反演的结果应视为检波器排列下的地层综合信息，对于近水平层状地层，反演结果视为检波器排列中点位置竖直方向地层的波速分布；对于倾斜地层，反演结果视为检波器排列中点位置至地层界面法向深度的波速分布。

6.3.2 面波速度映像图的制作可分为以下几个步骤：

1 输入剖面线上超过3个测点的面波频散曲线文件；

2 输入测点的剖面坐标和高程；

3 设置合适的比例尺生成面波速度映像图；

4 需进行地形校正时应进行校正，生成地形校正后的面波速度映像图。

6.3.3 面波速度映像图的地质分析应结合面波频散曲线的分层结果或地层地质柱状资料进行。分析同点位、同深度映像的速度值与地层的关系，逐层确认划分，生成地层（物质）界线框图，选择地质图例，绘制地质剖面图。

6.3.4 地质剖面的绘制，在有条件的情况下应利用既有的点位地质资料，进行综合分析。

6.3.5 地基的剪切波波速应按下列公式计算：

$$v_S = \frac{v_R}{\eta_S} \tag{6.3.5-1}$$

$$\eta_S = \frac{0.87 - 1.12\mu}{1 + \mu} \tag{6.3.5-2}$$

式中 v_S——地基的剪切波波速（m/s）；

v_R——地基的面波波速（m/s）；

η_S——与泊松比有关的系数；

μ——地基的动泊松比。

6.3.6 地基的动剪切模量应按下式计算：

$$G_d = \rho v_S^2 \tag{6.3.6}$$

式中 G_d——地基的动剪切模量（MPa）；

ρ——地基的质量密度（kg/m³）；

v_S——地基的剪切波波速（m/s）。

6.3.7 地基的动弹性模量应按下式计算：

$$E_d = 2(1+\mu)\rho v_S^2 \tag{6.3.7}$$

式中 E_d——地基的动弹性模量（MPa）；

μ——地基的动泊松比；

ρ——地基的质量密度（kg/m^3）；

v_S——地基的剪切波波速（m/s）。

6.3.8 地基的动泊松比应按下式计算：

$$\mu = \frac{v_P^2 - 2v_S^2}{2(v_P^2 - v_S^2)} \tag{6.3.8}$$

式中 v_P——地基的压缩波波速（m/s）；

v_S——地基的剪切波波速（m/s）。

7 成果报告编写

7.1 一 般 规 定

7.1.1 多道瞬态面波勘察报告的原始资料，应在验收合格后使用。

7.1.2 多道瞬态面波勘察报告的文字应叙述准确、完整、真实；图表清晰；结论与建议明确、合理。

7.2 成果报告的基本要求

7.2.1 多道瞬态面波勘察报告应根据任务要求、工程特点和工程地质条件等具体情况编写，并应包括下列内容：

1 勘察目的、任务要求、所依据的规程规范以及勘察时间和完成的工作量；

2 拟建工程的概况；

3 开展面波勘察有关的场地地形、地质和地球物理条件；

4 场地振动干扰背景及分析；

5 方法技术和工作布置（内容包括方法技术原理、仪器性能、观测系统及采集参数选择；激振与接收方式；测线布置及工作质量保证措施等）；

6 资料的整理、分析与解释；

7 结论与建议（阐明面波勘察工作的主要技术成果、结论与建议）。

7.2.2 成果报告应附下列图件：

1 勘察综合平面图；

2 仪器设备一致性检查的原始资料；

3 干扰波实测记录和面波点采集记录图；

4 面波点频散曲线图；

5 面波频散曲线速度分层图，有钻探地质资料时，绘制面波点速度分层与工程地质柱状对比图；

6 面波测试成果图表等。

7.2.3 勘察报告的文字、术语、代号、符号、数字、计量单位等均应符合国家现行有关标准的规定。

本规程用词说明

1 为便于在执行本规程条文时区别对待，对于要求严格程度不同的用词，说明如下：

1）表示很严格，非这样做不可的：

正面词采用“必须”，反面词采用“严禁”。

2）表示严格，在正常情况下均应这样做的：

正面词采用“应”，反面词采用“不应”或“不得”。

3）表示允许稍有选择，在条件许可时首先应这样做的：

正面词采用“宜”，反面词采用“不宜”。

表示有选择，在一定条件下可以这样做的，采用“可”。

2 条文中指定应按其他有关标准执行时的写法为“应符合……的规定”或“应按……执行”。

中华人民共和国行业标准

多道瞬态面波勘察技术规程

JGJ/T 143—2004

条 文 说 明

前　　言

《多道瞬态面波勘察技术规程》JGJ/T 143—2004，经建设部2004年8月18日以第260号公告批准，业已发布。

为便于广大勘察、检测、设计、施工、科研、学校等单位的有关人员在使用本规程时能正确理解和执行条文规定，《多道瞬态面波勘察技术规程》编制组按章、节、条顺序编制了本规程的条文说明，供使用者参考。在使用中如发现本条文说明有不妥之处，请将意见函寄北京市水电物探研究所。

目　次

1 总 则

1.0.1 面波勘察方法是近年来发展很快的一种物探方法，大致可分为稳态方法和瞬态方法两大类。稳态面波勘察技术由于设备沉重、勘探深度不大，虽然经过十余年的实践，但进展不快。而以北京市水电物探研究所生产的SWS系列为代表的多道瞬态面波仪，却以其轻便、高效、勘探深度大、重复性好、可靠性高等优势受到业界的普遍好评，呈现出了良好的发展态势，为提高工程投资效益和社会效益做出了贡献。但是，由于各仪器厂家以及使用单位，对仪器的性能指标的要求以及对方法技术本身的理解、掌握程度不一致，也出现了不注重应用条件，没有科学严谨、统一的数据处理以及解释方法，给物探方法本身带来负面影响的情况。因此，制定本规程是适时和必要的。

1.0.2 本条说明的是面波勘察适用于各行业利用多道瞬态面波方法进行的各类岩土工程勘察、检测。可应用于探查覆盖层厚度、划分松散地层沉积层序；探查基岩埋深和基岩界面起伏形态，划分基岩的风化带；探测构造破碎带；探测地下隐埋物体、古墓遗址、洞穴和采空区，探测非金属地下管道；探测滑坡体的滑动带和滑动面起伏形态；地基动力特性测试；地基加固效果检验等。这里所列的工程领域，基本上覆盖了岩土工程勘察、检测与监测的各个方面，但并不排斥随着方法技术的进步所带来的应用范围的拓展或延伸。例如，在堤坝隐患的勘察等方面，也有成功的实例。

1.0.3 本条强调了面波勘察与其他岩土工程勘察手段的密切配合。

1.0.4 本条强调在作业过程中要以人为本，遵守国家现行的安全与劳动保护条例，做到安全生产。

1.0.5 本条强调在应用本规程进行多道瞬态面波勘察时，不应与国家现行的有关强制性标准、规范的规定相抵触。

2 术语和符号

2.1 术 语

2.1.1 本规程所指的面波，特指成层半无限空间的瑞利波。面波有瑞利波和勒夫波两种类型。瑞利波是在非均质半无限空间中，由于自由边界的作用，非均匀平面波P和SV波相互干涉而衍生出来的，且P与SV波都沿自由面以同一视速度 $C < v_S$ 前进。瑞利波具有频散特性，其质点运动轨迹为一椭圆。勒夫波是由SH波在自由表面和分界面上经多次反射的加强干涉而形成的。均质半空间中也存在面波，但不具频散性。

2.1.4～2.1.7 面波传播速度按其特征区分为相速度和群速度两种。相速度系指单一频率组份面波的同一相位的传播速度；群速度是指同一震源产生不同频率的面波按各自的相速度传播时，相互干涉形成的波组的传播速度。如果介质均匀，产生的面波没有频散，各频率成份以同一相速度传播，合成的波组的群速度与相速度等同。在有面波频散的介质表面，不同频率组份以不同相速度传播，将随传播距离干涉合成为几个不同群速度的波组。

在层状介质中面波的传播速度 v_R 随频率变化是频率或波长的函数（即频散），在进行频散方程求解时，对于同一个频率 f，往往存在多个相速度（v_R），这就是说频散曲线往往具有多个模态，如果将它们按速度大小排列，我们将相速度最小的模称为基阶模。与之相对应，我们把以最小相速度传播的面波称为基阶面波。实际采集的面波信息大多是由多阶面波相互叠加而成，如何准确分离各阶面波并加以利用，这是目前国内外研究的热点问题。但大量的研究表明：基阶面波反映了正频散（面波群速度＜相速度）地层间岩土的基本物理性质，这也是多道瞬态面波勘察目前要把握的基本点。而对高阶面波的研究与应用，目前尚不成熟，一般认为是在高频影响较突出，本规程暂不纳入。

本规程所指的面波速度，指的是某一频率的速度，即相速度，而非多频率面波群包络的群速度。群速度（U）与相速度（v_R）的关系是：$U = v_R - \lambda \times dv_R/d\lambda$；在均匀质介质中，$U = v_R$；而地层刚度随深度逐层增加时，$U < v_R$，表现为正频散；反之，当下覆地层较上层软弱时，$U > v_R$，呈现负频散。

从面波模态的角度看，最简单，也是常见的地层分层结构，是地层刚度随深度逐层增加。此时面波的大部分能量都集中在基阶模态中，形成的频散特征也比较简单，容易求出地层的弹性参数。如果地层结构中含有软弱夹层，或地表为刚度大的地层覆盖，面波的能量将扩展分布于基阶和多个高阶的模态中，构成复杂的频散特征。提取的关键在于正确识别面波的基阶振型。

面波数据处理按其算法一般分为时间域与频率域两大类。目前频率域的处理多进行 f-K 域（频率波数域）的变换，因为面波的各个模态，在时间和距离上往往是相互穿插叠合的。在 f-K 域中，可以清楚地区分开面波不同模态的波动能量，从而能够单一地提取出基阶模态的频散数据。

运用二维傅立叶变换，可以将时间距离域的弹性波场数据，转换为频率波数谱数据，表示为二维坐标中的图形。一般其左上角为坐标原点，纵坐标为频率轴，沿纵坐标向下波动频率增高，也就是在时间上波动越快。横坐标为波数轴，沿横坐标向右波数增多，也就是在空间上波长越短。各个波动组份谱振幅的大小，用不同颜色的色标来表示，一般色度越亮，表示谱振幅越大。波动组份坐标点（f-K）和原点联线的斜率（f/K），体现了它的相速度。这条联线越陡，说明该波动组份的相速度越大，而越平缓则说明相速度越小。

2.1.9 “多道”是本规程强调的方法重点，它有别于原来美国研究人员提出的两道瞬态面波（亦称表面波频谱分析法）方法（1973）。多道方法是利用多个检波器按一定间距与震源排列在一条直线上组合接收面波的方法。理论和实践均证明，多道采集的记录，能够在时间空间域上识别各种波动组份（包括体波、面波和干扰波）的信息，有利于基阶面波的提取与利用；记录数据经过 f-K 域的变换，能够快速有效地分离多阶模态的面波及其他类型的波，并方便地计算出面波频散曲线。该方法最具代表性的实用系统为北京市水电物探研究所推出的 SWS 系列多道瞬态面波系统，具有我国自主知识产权。

2.1.12 偏移距是有正负之分的，震源在第一通道以外为正，末道以外为负。

2.2 符号（略）

3 基本规定

3.0.1 本条规定了进行多道瞬态面波勘察前应收集、具备的基本资料。强调了以下几个基本的要素：

1 尽可能收集已有勘察资料，做到有针对性地工作，明确要解决的地质问题；

2 任务书是勘察工作的重要文件，应及时向甲方索取，保障工作的合法性。

3.0.2 本条规定了进行多道瞬态面波勘察前应做的准备工作，这是在前一条基础上的进一步完善和具体化。它实际上是一份完整的施工组织设计。

3.0.5 本条是对成果报告书的基本要求。

4 仪器设备与处理软件

4.1 仪器设备

4.1.1 本条是由十多年的工程实践经验得出，其内容是各行业利用多道瞬态面波勘察方法进行各类岩土工程勘察、检测所需仪器设备性能的基本条件。对于探测波速分层差别不大的地层，可采用较少的通道，对波速差别大的地层，或具有低速夹层，宜采用更多的通道，以保证空间分辨率。

多道瞬态面波勘察仪器的主要技术参数如下：

通道数：24 道（12、24 道或更多通道）；

采样时间间隔：一般为 10、25、50、100、250、500、1000、2000、4000、8000μs；

采样点数：一般分 512、1024、2048、4096、8192 点等；

模数转换：≥16 位；

动态范围：≥120dB；

模拟滤波：具备全通、低通、高通功能；

频带宽度：0.5～4000Hz。

4.1.2 本条是对检波器的基本要求。检波器是面波勘察的重要组成部分，它的频响特性、灵敏度、相位的一致性以及与地面（或被测介质表面）的耦合程度，都直接影响面波记录的质量。

任何检波器都有其特定的频响和灵敏度。固有频率不同，其频响特性（或称带宽）也不一样，而灵敏度则取决于材料与制作工艺。检波器对于输入信号来说，相当于一个滤波器，不同的频响其输出是不一样的。一般说来，接收低频信号（反映较深部信息），就要选择具有较低固有频率的检波器；反之，接收高频信号（反映浅部信息），就要选择具有较高固有频率的检波器。因此，合理选择检波器，对于面波勘察来说，是非常重要的。

多道瞬态面波勘察，是采用了多个检波器来拾取不同频率（不同深度）的面波信号的，所以，各检波器之间的一致性十分重要。如果检波器的固有频率、灵敏度、阻尼等相差太大，会直接导致接收信号的相位发生畸变，从而导致面波信息的错误计算。

检波器的安装，也是面波勘察的一个重要环节。因为不正确的安装会改变检波器的频率响应。一般的安装原则是：稳、正、紧。

4.1.3 本条强调工作排列的基本要求：

1 由于算法的原因，排列中的道间距只能是线性的；

2 道间距决定了频率-波数域的波数分辨率；

3 排列长度决定了分辨空间的最大尺度，相应于最大的探测深度；

4 偏移距的选择合适与否，直接关系到有效面波的采集。因此，本规程要求偏移距的选择，需在现场通过试验确定。

4.1.4 在锤击、落重、炸药三种震源中，锤击激发的地震波频率最高，采用大锤人工敲击地面，可获得深度 15m 以内的面波频散信息；落重激发面波频率次之，采用标贯锤或其他重物，吊高 1 至数米，自由落下，激发出较低频率面波和得到较深处的频散信息；炸药震源频率最低，用它可得到更深处的频散信息。

4.2 处理软件

目前国内广泛应用的主流处理软件为北京市水电物探研究所编制的 CCSWS 和 CCSWSwin 面波频散曲线分析软件和 CCSWSmap 面波速度映像与地质剖面图绘制软件。

Windows 下的 CCSWSwin 增加了频散曲线对比功能、道清除与内插功能和反演过程的实时分析以及频散曲线结果的多格式存储等功能。

5 现场采集

5.1 现场试验

5.1.1 物探成果是否达到预期目的，通过试验来确定工作方法至关重要。在一个项目的全过程中，试验的技术含量是最高的，应该由具有丰富经验的工程师来主持试验工作。

5.1.2 仪器设备系统的频响与幅度的一致性检查是一项很重要的工作。在勘察工作的始末，应进行例检，有条件时，应送回厂家进行年检。

干扰波调查是指在时间-空间域调查面波发育和其他波共存的情况。在面波勘察中，将面波作为有效波，而反射波、折射波、声波、直达波，以及面波的反射等均作为干扰波。由于面波传播速度较慢，能量较强，在展开排列波形图上容易识别。确定了面波后，就容易确定偏移距、道间距、采样间隔及记录长度。

获得展开排列的方法是：在测线上先布置一个排列，偏移距为一个道距，采集第一个记录，然后整排列向后移一个排列距离加一个道距，仍在原激发点激发，采集第二个记录，依次采集第三个、第四个记录等等，直到全波列排能在记录上体现为止。依次将几个排列记录拼接，从而获得展开排列的记录。由此分析面波的发育情况，根据基阶面波的优势段，选择合理的采集参数。

面波勘察的检波器不同于通常使用的地震检波器，它不仅要求频响特性好，而且低频段比通常使用的地震检波器低得多。由公式 $f=\frac{v_R}{\lambda_R}$ 和有效勘探深度估算使用的检波器频率，国内一般用于面波勘察的地震检波器低频应在 4Hz 左右，如果 $v_R=200\text{m/s}$，则探测深度可达 25m。

面波激发频率和能量也是影响勘察深度的重要环节，应在工作中引起重视。

5.2 测线、测点布设

5.2.1～5.2.5 一般在平坦的地区，排列与测线重合可使工作效率提高和保证成果精度。在地表起伏较大的地区，可沿地表等高线、垂直或斜交等高线设计排列，使排列成直线，以免道距不等而引起较大的误差。

对于滑坡体、泥石流、岩溶、土洞、采空区等勘察，由于地质体横向变化大，测线应尽量采用纵横网格布置，以利于提高勘察精度。

对于条带状地质体，如地下构造破碎带、古河床调查等，测线布置应垂直于调查对象的走向，便于在正常背景下突显异常。

5.2.6 利用面波方法检测地基加固效果，主要是检测地基加固前后地基土的面波速度变化。面波速度可以转为剪切波速度，剪切波速度与标贯值有较好的对应关系，因此可用面波速度来评价地基土在加固前后的强度变化。检测工作应在同点同线进行。

5.2.8 本条说明面波的排列方式。

5.3 正式采集

5.3.1 根据勘察目的、要求、地形地质与地球物理条件合理选用观测系统，包括选用的观测系统满足勘察要求和野外施工方便、经济两个方面。勘察目的层在水平方向的变化大于排列长度时应用全排列移动方法，移动的距离根据勘察点的距离确定；勘察目的层在水平方向的变化小于排列长度时，采用半排列移动，或更小的距离移动排列。

单端激振法和双端激振法的选择，根据地质地形条件确定。在地形平坦、地质条件简单条件下一般采用单端激振法，复杂地质地形条件下应采用双端激振法，单斜地形条件下，在地层下倾方向激振具有较好的效果。排列方向的设计按条文说明第 5.2 节中的有关规定执行。

5.3.2 记录（时间）长度由采样点数和采样间隔的变化确定，一般采样点数固定为 1024 点，改变采样间隔即可改变记录（时间）的长度。

检波器的安置：一般条件下检波器的尾锥能满足与地表的牢固安装；在特殊条件下，例如：在松散的地表可改换长尾锥来保证检波器与地表牢固插接；在坚硬的地表条件下，可采用托盘或单向磁座使检波器与地表牢固接触；在风噪声大或松散耕植土地表，可挖深 20～30cm 安装检波器，以改善接收条件。

5.4 采集记录质量评价

5.4.1～5.4.6 是对采集记录质量评价做出的规定。多道瞬态面波勘察的技术特点，决定了其对采集记录质量的高标准要求，削波、坏道、记录长度以及基阶波的采集质量，直接关系到多道瞬态面波勘察工作的成败。没有好的第一手外业采集记录，后期的任何软件处理，都是没有用的。

6 数据资料处理

6.1 资料处理的主要内容（略）

6.2 数据资料处理

6.2.1 规程中“对合格记录中的坏道，应予以处理”，是指先将坏道充零，然后利用其相邻的左右道内插生成新道，参与计算。

6.2.2 本条是对面波频散曲线的提取做出规定。

6.2.3 频散曲线反映了地层面波速度随深度的变化情况，可根据波速划分地层，但应注意：

1 频散曲线上纵坐标在物理意义上是波长，波长与勘探深度的对应关系和地质体的物理力学指标有关，较为复杂。因此，在有条件的工区要与已知钻孔资料对比，做深度校正；

2 频散曲线上某深度的面波速度是地面到该深度的平均速度，不是该深度的地层速度，地层速度应根据以下公式计算。

1）当地层的平均速度随深度增加而增大时，应用公式（1）计算层速度。

$$v_{Rn}=\frac{H_n\bar{v}_{Rn}-H_{n-1}\bar{v}_{R(n-1)}}{H_n-H_{n-1}} \tag{1}$$

式中 H_n——第 n 点深度（m）；

H_{n-1}——第 $n-1$ 点深度（m）；

$\bar{v}_{Rn}$——第 n 点深度以上的平均面波速度（m/s）；

$\bar{v}_{R(n-1)}$——第 $n-1$ 点深度以上的平均面波速度（m/s）；

v_{Rn}——$H_n \sim H_{n-1}$深度间隔的层速度（m/s）。

2）当地层平均速度随深度增加而减小时，应按公式（2）计算层速度。

$$v_{Rn}=\frac{H_n-H_{n-1}}{\dfrac{H_n}{\bar{v}_{Rn}}-\dfrac{H_{n-1}}{\bar{v}_{R(n-1)}}} \tag{2}$$

3）当不考虑地层平均速度随深度变化趋势时，可用公式（3）计算层速度。

$$v_{Rn}^2=\frac{v_{Rn}^2H_n-v_{R(n-1)}^2H_{n-1}}{H_n-H_{n-1}} \tag{3}$$

当软件有自动反演功能时，可确定层厚后由软件自动反演层速度。

6.3 面波资料的分析论证

6.3.1 本条是应用面波频散数据反演结果进行地质解释的规定。面波的传播与地震勘探中反射波的传播路径相比，后者在排列下有明确的反射点位置，而前者不是射线的位置概念。面波的传播，不像反射波那样，以射线的路径来确定反射点的位置；而是不同组份的面波群以其各自的波长传播，表征一定深度范围内的平均响应。采集一个排列获得的频散曲线：对于水平层状结构介质，视为该排列长度内竖直方向地层的平均响应；对于倾斜地层结构，视为该排列长度内排列中点至界面法线深度方向地层的平均响应。

6.3.2～6.3.4 这三条是对面波速度映像图的制作原则做出具体规定。

6.3.5 本条列出了地基动弹性模量与动剪切模量的基本计算公式。目前，许多单位在不同地区做了面波波速与标贯值的对比试验，建立了本地区实用的经验公式，本规程暂不纳入。在进行此类工作时，在有条件的情况下，应该在勘察现场进行波速测井和标贯试验，以便建立本场地的面波速度与标贯值的对应关系式；但如果条件不具备，也可借用邻近区域相近地质条件下的经验公式。

7 成果报告编写（略）

中华人民共和国行业标准

外墙外保温工程技术规程

Technical specification for
external thermal insulation on walls

JGJ 144－2004

批准部门：中华人民共和国建设部
施行日期：2 0 0 5 年 3 月 1 日

中华人民共和国建设部
公　　告

第305号

建设部关于发布行业标准《外墙外保温工程技术规程》的公告

现批准《外墙外保温工程技术规程》为行业标准，编号为JGJ 144—2004，自2005年3月1日起实施。其中，第4.0.2、4.0.5、4.0.8、4.0.10、5.0.11、6.2.7、6.3.2、6.4.3、6.5.6、6.5.9条为强制性条文,必须严格执行。

本规程由建设部标准定额研究所组织中国建筑工业出版社出版发行。

中华人民共和国建设部

2005年1月13日

前　　言

根据建设部建标[1999]309号文的要求,标准编制组经广泛调查研究,认真总结实践经验,参考有关国际标准和国外先进标准,并在广泛征求意见基础上,制定了本规程。

本规程的主要技术内容是:

1　总则

2　术语

3　基本规定

4　性能要求

5　设计与施工

6　外墙外保温系统构造和技术要求

7　工程验收

附录A　外墙外保温系统及其组成材料性能试验方法

附录B　现场试验方法

本规程由建设部负责管理和对强制性条文的解释,由主编单位负责具体技术内容的解释。

本规程主编单位:建设部科技发展促进中心
(地址:北京市三里河路9号
邮政编码:100835)

本规程参编单位:中国建筑科学研究院
中国建筑标准设计研究所
北京中建建筑科学技术研究院
北京振利高新技术公司
山东龙新建材股份有限公司
北京亿丰豪斯沃尔公司
广州市建筑科学研究院
北京润适达建筑化学品有限公司
冀东水泥集团唐山盾石干粉建材有限责任公司
上海永成建筑创艺有限公司
江苏九鼎集团新型建材公司
(德国)上海申得欧有限公司
北京市建兴新建材开发中心

本规程主要起草人员:张庆风　杨西伟　冯金秋　李晓明　张树君　黄振利　郾占英　张仁常　耿大纯　王庆生　任　俊　于承安　李　冰

目 次

1 总 则

1.0.1 为规范外墙外保温工程技术要求，保证工程质量，做到技术先进、安全可靠、经济合理，制定本规程。

1.0.2 本规程适用于新建居住建筑的混凝土和砌体结构外墙外保温工程。

1.0.3 外墙外保温工程除应符合本规程外，尚应符合国家现行有关强制性标准的规定。

2 术 语

2.0.1 外墙外保温系统 external thermal insulation system

由保温层、保护层和固定材料（胶粘剂、锚固件等）构成并且适用于安装在外墙外表面的非承重保温构造总称。

2.0.2 外墙外保温工程 external thermal insulation on walls

将外墙外保温系统通过组合、组装、施工或安装固定在外墙外表面上所形成的建筑物实体。

2.0.3 外保温复合墙体 wall composed with external thermal insulation

由基层和外保温系统组合而成的墙体。

2.0.4 基层 substrate

外保温系统所依附的外墙。

2.0.5 保温层 thermal insulation layer

由保温材料组成，在外保温系统中起保温作用的构造层。

2.0.6 抹面层 rendering coat

抹在保温层上，中间夹有增强网，保护保温层，并起防裂、防水和抗冲击作用的构造层。抹面层可分为薄抹面层和厚抹面层。用于 EPS 板和胶粉 EPS 颗粒保温浆料时为薄抹面层，用于 EPS 钢丝网架板时为厚抹面层。

2.0.7 饰面层 finish coat

外保温系统外装饰层。

2.0.8 保护层 protecting coat

抹面层和饰面层的总称。

2.0.9 EPS 板 expanded polystyrene board

由可发性聚苯乙烯珠粒经加热预发泡后在模具中加热成型而制得的具有闭孔结构的聚苯乙烯泡沫塑料板材。

2.0.10 胶粉 EPS 颗粒保温浆料 insulating mortar consisting of gelatinous powder and expanded polystyrene pellets

由胶粉料和 EPS 颗粒集料组成，并且 EPS 颗粒体积比不小于 80%的保温灰浆。

2.0.11 EPS 钢丝网架板 EPS board with metal network

由 EPS 板内插腹丝，外侧焊接钢丝网构成的三维空间网架芯板。

2.0.12 胶粘剂 adhesive

用于 EPS 板与基层以及 EPS 板之间粘结的材料。

2.0.13 抹面胶浆 rendering coat mortar

在 EPS 板薄抹灰外墙外保温系统中用于做薄抹面层的材料。

2.0.14 抗裂砂浆 anti-crack mortar

以由聚合物乳液和外加剂制成的抗裂剂、水泥和砂按一定比例制成的能满足一定变形而保持不开裂的砂浆。

2.0.15 界面砂浆 interface treating mortar

用以改善基层或保温层表面粘结性能的聚合物砂浆。

2.0.16 机械固定件 mechanical fastener

用于将系统固定于基层上的专用固定件。

3 基本规定

3.0.1 外墙外保温工程应能适应基层的正常变形而不产生裂缝或空鼓。

3.0.2 外墙外保温工程应能长期承受自重而不产生有害的变形。

3.0.3 外墙外保温工程应能承受风荷载的作用而不产生破坏。

3.0.4 外墙外保温工程应能耐受室外气候的长期反复作用而不产生破坏。

3.0.5 外墙外保温工程在罕遇地震发生时不应从基层上脱落。

3.0.6 高层建筑外墙外保温工程应采取防火构造措施。

3.0.7 外墙外保温工程应具有防水渗透性能。

3.0.8 外保温复合墙体的保温、隔热和防潮性能应符合国家现行标准《民用建筑热工设计规范》GB 50176、《民用建筑节能设计标准（采暖居住建筑部分）》JGJ 26、《夏热冬冷地区居住建筑节能设计标准》JGJ 134 和《夏热冬暖地区居住建筑节能设计标准》JGJ 75 的有关规定。

3.0.9 外墙外保温工程各组成部分应具有物理-化学稳定性。所有组成材料应彼此相容并应具有防腐性。在可能受到生物侵害（鼠害、虫害等）时，外墙外保温工程还应具有防生物侵害性能。

3.0.10 在正确使用和正常维护的条件下，外墙外保温工程的使用年限不应少于 25 年。

4 性能要求

4.0.1 应按本规程附录 A 第 A.2 节规定对外墙外保温系统进行耐候性检验。

4.0.2 外墙外保温系统经耐候性试验后，不得出现饰面层起泡或剥落 、保护层空鼓或脱落等破坏，不

得产生渗水裂缝。具有薄抹面层的外保温系统，抹面层与保温层的拉伸粘结强度不得小于 0.1MPa，并且破坏部位应位于保温层内。

4.0.3 应按本规程附录 A 第 A.7 节规定对胶粉 EPS 颗粒保温浆料外墙外保温系统进行抗拉强度检验，抗拉强度不得小于 0.1MPa，并且破坏部位不得位于各层界面。

4.0.4 EPS 板现浇混凝土外墙外保温系统应按本规程附录 B 第 B.2 节规定做现场粘结强度检验。

4.0.5 EPS 板现浇混凝土外墙外保温系统现场粘结强度不得小于 0.1MPa，并且破坏部位应位于 EPS 板内。

4.0.6 外墙外保温系统其他性能应符合表 4.0.6 规定。

表 4.0.6 外墙外保温系统性能要求

检验项目	性能要求	试验方法
抗风荷载性能	系统抗风压值 R_d 不小于风荷载设计值。 EPS 板薄抹灰外墙外保温系统、胶粉 EPS 颗粒保温浆料外墙外保温系统、EPS 板现浇混凝土外墙外保温系统和 EPS 钢丝网架板现浇混凝土外墙外保温系统安全系数 K 应不小于 1.5，机械固定 EPS 钢丝网架板外墙外保温系统安全系数 K 应不小于 2	附录 A 第 A.3 节；由设计要求值降低 1kPa 作为试验起始点
抗冲击性	建筑物首层墙面以及门窗口等易受碰撞部位：10J 级；建筑物二层以上墙面等不易受碰撞部位：3J 级	附录 A 第 A.5 节
吸水量	水中浸泡 1h，只带有抹面层和带有全部保护层的系统的吸水量均不得大于或等于 1.0kg/m²	附录 A 第 A.6 节
耐冻融性能	30 次冻融循环后 保护层无空鼓、脱落，无渗水裂缝；保护层与保温层的拉伸粘结强度不小于 0.1MPa，破坏部位应位于保温层	附录 A 第 A.4 节
热阻	复合墙体热阻符合设计要求	附录 A 第 A.9 节
抹面层不透水性	2h 不透水	附录 A 第 A.10 节
保护层水蒸气渗透阻	符合设计要求	附录 A 第 A.11 节

注：水中浸泡 24h，只带有抹面层和带有全部保护层的系统的吸水量均小于 0.5kg/m² 时，不检验耐冻融性能。

4.0.7 应按本规程附录 A 第 A.8 节规定对胶粘剂进行拉伸粘结强度检验。

4.0.8 胶粘剂与水泥砂浆的拉伸粘结强度在干燥状态下不得小于 0.6MPa，浸水 48h 后不得小于 0.4MPa；与 EPS 板的拉伸粘结强度在干燥状态和浸水 48h 后均不得小于 0.1MPa，并且破坏部位应位于 EPS 板内。

4.0.9 应按本规程附录 A 第 A12.2 条规定对玻纤网进行耐碱拉伸断裂强力检验。

4.0.10 玻纤网经向和纬向耐碱拉伸断裂强力均不得小于 750N/50mm，耐碱拉伸断裂强力保留率均不得小于 50%。

4.0.11 外保温系统其他主要组成材料性能应符合表 4.0.11 规定。

表 4.0.11 外墙外保温系统组成材料性能要求

检验项目			性能要求		试验方法
			EPS 板	胶粉 EPS 颗粒保温浆料	
保温材料	密度（kg/m³）		18～22	—	GB/T 6343—1995
	干密度（kg/m³）		—	180～250	GB/T 6343—1995（70℃恒重）
保温材料	导热系数 [W/(m·K)]		≤0.041	≤0.060	GB 10294—88
	水蒸气渗透系数 [ng/(Pa·m·s)]		符合设计要求	符合设计要求	附录 A 第 A.11 节
	压缩性能（MPa）（形变 10%）		≥0.10	≥0.25（养护 28d）	GB 8813—88
	抗拉强度（MPa）	干燥状态	≥0.10	≥0.10	附录 A 第 A.7 节
		浸水 48h，取出后干燥 7d	—		
	线性收缩率（%）		—	≤0.3	GBJ 82—85
	尺寸稳定性（%）		≤0.3	—	GB 8811—88
	软化系数		—	≥0.5（养护 28d）	JGJ 51—2002
	燃烧性能		阻燃型	—	GB/T 10801.1—2002
	燃烧性能级别		—	B_1	GB 8624—1997
EPS 钢丝网架板	热阻（m²·K/W）	腹丝穿透型	≥0.73（50mm 厚 EPS 板） ≥1.5（100mm 厚 EPS 板）		附录 A 第 A.9 节
		腹丝非穿透型	≥1.0（50mm 厚 EPS 板） ≥1.6（80mm 厚 EPS 板）		
	腹丝镀锌层		符合 QB/T 3897—1999 规定		

续表 4.0.11

<table>
<tr><td colspan="2" rowspan="2">检验项目</td><td colspan="2">性能要求</td><td rowspan="2">试验方法</td></tr>
<tr><td>EPS 板</td><td>胶粉 EPS 颗粒保温浆料</td></tr>
<tr><td>抹面胶浆、抗裂砂浆、界面砂浆</td><td>与 EPS 板或胶粉 EPS 颗粒保温浆料拉伸粘结强度（MPa）</td><td colspan="2">干燥状态和浸水 48h 后 ≥0.10，破坏界面应位于 EPS 板或胶粉 EPS 颗粒保温浆料</td><td>附录 A 第 A.8 节</td></tr>
<tr><td>饰面材料</td><td colspan="4">必须与其他系统组成材料相容，应符合设计要求和相关标准规定</td></tr>
<tr><td>锚栓</td><td colspan="4">符合设计要求和相关标准规定</td></tr>
</table>

4.0.12 本章所规定的检验项目应为型式检验项目，型式检验报告有效期为 2 年。

5 设计与施工

5.0.1 设计选用外保温系统时，不得更改系统构造和组成材料。

5.0.2 外保温复合墙体的热工和节能设计应符合下列规定：

1 保温层内表面温度应高于 0℃；

2 外保温系统应包覆门窗框外侧洞口、女儿墙以及封闭阳台等热桥部位；

3 对于机械固定 EPS 钢丝网架板外墙外保温系统，应考虑固定件、承托件的热桥影响。

5.0.3 对于具有薄抹面层的系统，保护层厚度应不小于 3mm 并且不宜大于 6mm。对于具有厚抹面层的系统，厚抹面层厚度应为 25～30mm。

5.0.4 应做好外保温工程的密封和防水构造设计，确保水不会渗入保温层及基层，重要部位应有详图。水平或倾斜的出挑部位以及延伸至地面以下的部位应做防水处理。在外墙外保温系统上安装的设备或管道应固定于基层上，并应做密封和防水设计。

5.0.5 除采用现浇混凝土外墙外保温系统外，外保温工程的施工应在基层施工质量验收合格后进行。

5.0.6 除采用现浇混凝土外墙外保温系统外，外保温工程施工前，外门窗洞口应通过验收，洞口尺寸、位置应符合设计要求和质量要求，门窗框或辅框应安装完毕。伸出墙面的消防梯、水落管、各种进户管线和空调器等的预埋件、连接件应安装完毕，并按外保温系统厚度留出间隙。

5.0.7 外保温工程的施工应具备施工方案，施工人员应经过培训并经考核合格。

5.0.8 基层应坚实、平整。保温层施工前，应进行基层处理。

5.0.9 EPS 板表面不得长期裸露，EPS 板安装上墙后应及时做抹面层。

5.0.10 薄抹面层施工时，玻纤网不得直接铺在保温层表面，不得干搭接，不得外露。

5.0.11 外保温工程施工期间以及完工后 24h 内，基层及环境空气温度不应低于 5℃。夏季应避免阳光暴晒。在 5 级以上大风天气和雨天不得施工。

5.0.12 外保温施工各分项工程和子分部工程完工后应做好成品保护。

6 外墙外保温系统构造和技术要求

6.1 EPS 板薄抹灰外墙外保温系统

6.1.1 EPS 板薄抹灰外墙外保温系统（以下简称 EPS 板薄抹灰系统）由 EPS 板保温层、薄抹面层和饰面涂层构成，EPS 板用胶粘剂固定在基层上，薄抹面层中满铺玻纤网（图 6.1.1）。

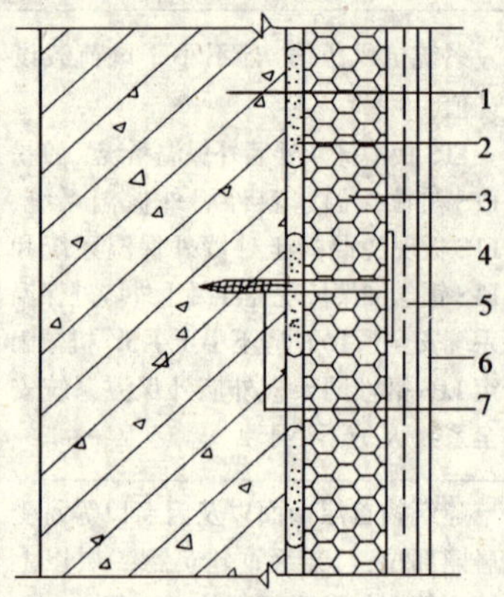

图 6.1.1 EPS 板薄抹灰系统

1—基层；2—胶粘剂；3—EPS 板；4—玻纤网；5—薄抹面层；6—饰面涂层；7—锚栓

6.1.2 建筑物高度在 20m 以上时，在受负风压作用较大的部位宜使用锚栓辅助固定。

6.1.3 EPS 板宽度不宜大于 1200mm，高度不宜大于 600mm。

6.1.4 必要时应设置抗裂分隔缝。

6.1.5 EPS 板薄抹灰系统的基层表面应清洁，无油污、脱模剂等妨碍粘结的附着物。凸起、空鼓和疏松部位应剔除并找平。找平层应与墙体粘结牢固，不得有脱层、空鼓、裂缝，面层不得有粉化、起皮、爆灰等现象。

6.1.6 应按本规程附录 B 第 B.1 节规定做基层与胶粘剂的拉伸粘结强度检验，粘结强度不应低于 0.3MPa，并且粘结界面脱开面积不应大于 50%。

6.1.7 粘贴 EPS 板时，应将胶粘剂涂在 EPS 板背面，涂胶粘剂面积不得小于 EPS 板面积的 40%。

6.1.8 EPS 板应按顺砌方式粘贴，竖缝应逐行错缝。EPS 板应粘贴牢固，不得有松动和空鼓。

6.1.9 墙角处EPS板应交错互锁（图6.1.9a）。门窗洞口四角处EPS板不得拼接，应采用整块EPS板切割成形，EPS板接缝应离开角部至少200mm（图6.1.9b）。

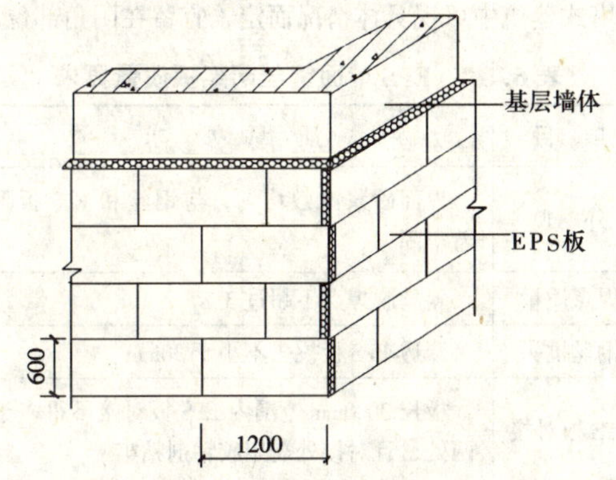

图6.1.9（a） EPS板排板图

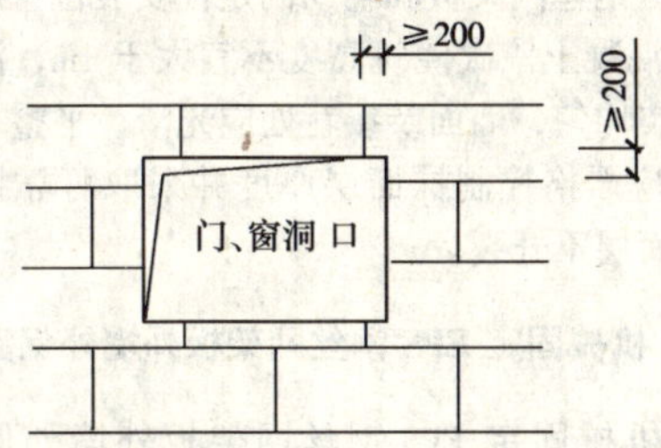

图6.1.9（b） 门窗洞口EPS板排列

6.1.10 应做好系统在檐口、勒脚处的包边处理。装饰缝、门窗四角和阴阳角等处应做好局部加强网施工。变形缝处应做好防水和保温构造处理。

6.2 胶粉EPS颗粒保温浆料外墙外保温系统

6.2.1 胶粉EPS颗粒保温浆料外墙外保温系统（以下简称保温浆料系统）应由界面层、胶粉EPS颗粒保温浆料保温层、抗裂砂浆薄抹面层和饰面层组成（图6.2.1）。胶粉EPS颗粒保温浆料经现场拌合后喷涂或抹在基层上形成保温层。薄抹面层中应满铺玻纤网。

6.2.2 胶粉EPS颗粒保温浆料保温层设计厚度不宜超过100mm。

6.2.3 必要时应设置抗裂分隔缝。

6.2.4 基层表面应清洁，无油污和脱模剂等妨碍粘结的附着物，空鼓、疏松部位应剔除。

6.2.5 胶粉EPS颗粒保温浆料宜分遍抹灰，每遍间隔时间应在24h以上，每遍厚度不宜超过20mm。第一遍抹灰应压实，最后一遍应找平，并用大杠搓平。

6.2.6 保温层硬化后，应现场检验保温层厚度并现场取样检验胶粉EPS颗粒保温浆料干密度。

6.2.7 现场取样胶粉EPS颗粒保温浆料干密度不应大于250 kg/m³，并且不应小于180kg/m³。现场检验保温层厚度应符合设计要求，不得有负偏差。

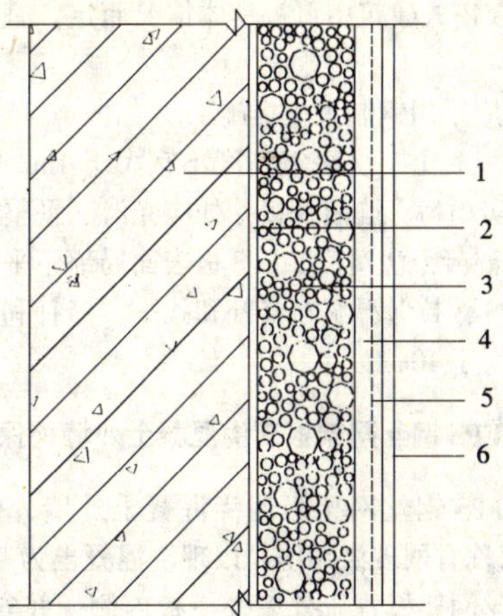

图6.2.1 保温浆料系统

1—基层；2—界面砂浆；3—胶粉EPS颗粒保温浆料；4—抗裂砂浆薄抹面层；5—玻纤网；6—饰面层

6.3 EPS板现浇混凝土外墙外保温系统

6.3.1 EPS板现浇混凝土外墙外保温系统（以下简称无网现浇系统）以现浇混凝土外墙作为基层，EPS板为保温层。EPS板内表面（与现浇混凝土接触的表面）沿水平方向开有矩形齿槽，内、外表面均满涂界面砂浆。在施工时将EPS板置于外模板内侧，并安装锚栓作为辅助固定件。浇灌混凝土后，墙体与EPS板以及锚栓结合为一体。EPS板表面抹抗裂砂浆薄抹面层，外表以涂料为饰面层（图6.3.1），薄抹面层中满铺玻纤网。

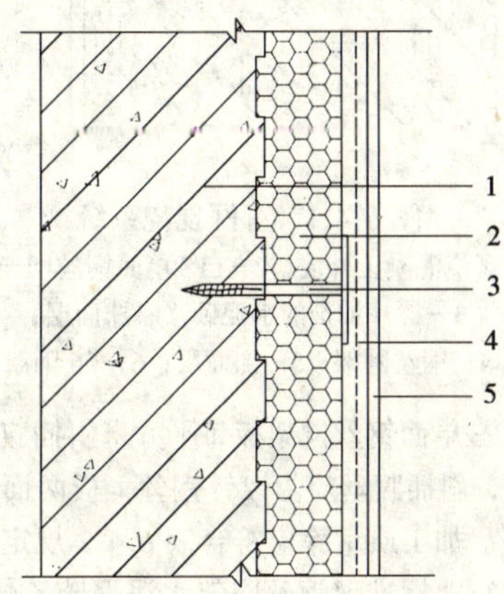

图6.3.1 无网现浇系统

1—现浇混凝土外墙；2—EPS板；3—锚栓；4—抗裂砂浆薄抹面层；5—饰面层

6.3.2 无网现浇系统EPS板两面必须预喷刷界面砂浆。

6.3.3 EPS板宽度宜为1.2m，高度宜为建筑物层高。

6.3.4 锚栓每平方米宜设2~3个。

6.3.5 水平抗裂分隔缝宜按楼层设置。垂直抗裂分隔缝宜按墙面面积设置，在板式建筑中不宜大于

$30m^2$，在塔式建筑中可视具体情况而定，宜留在阴角部位。

6.3.6 应采用钢制大模板施工。

6.3.7 混凝土一次浇筑高度不宜大于1m，混凝土需振捣密实均匀，墙面及接茬处应光滑、平整。

6.3.8 混凝土浇筑后，EPS板表面局部不平整处宜抹胶粉EPS颗粒保温浆料修补和找平，修补和找平处厚度不得大于10mm。

6.4 EPS钢丝网架板现浇混凝土外墙外保温系统

6.4.1 EPS钢丝网架板现浇混凝土外墙外保温系统（以下简称有网现浇系统）以现浇混凝土为基层，EPS单面钢丝网架板置于外墙外模板内侧，并安装$\phi 6$钢筋作为辅助固定件。浇灌混凝土后，EPS单面钢丝网架板挑头钢丝和$\phi 6$钢筋与混凝土结合为一体，EPS单面钢丝网架板表面抹掺外加剂的水泥砂浆形成厚抹面层，外表做饰面层（图6.4.1）。以涂料做饰面层时，应加抹玻纤网抗裂砂浆薄抹面层。

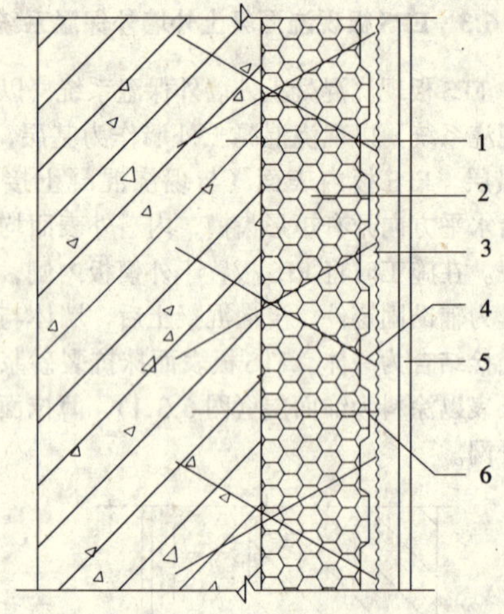

图6.4.1 有网现浇系统

1—现浇混凝土外墙；2—EPS单面钢丝网架板；3—掺外加剂的水泥砂浆厚抹面层；4—钢丝网架；5—饰面层；6—$\phi 6$钢筋

6.4.2 EPS单面钢丝网架板每平方米斜插腹丝不得超过200根，斜插腹丝应为镀锌钢丝，板两面应预喷刷界面砂浆。加工质量除应符合表6.4.2规定外，尚应符合现行行业标准《钢丝网架水泥聚苯乙烯夹心板》JC 623有关规定。

6.4.3 有网现浇系统EPS钢丝网架板厚度、每平方米腹丝数量和表面荷载值应通过试验确定。EPS钢丝网架板构造设计和施工安装应考虑现浇混凝土侧压力影响，抹面层厚度应均匀，钢丝网应完全包覆于抹面层中。

6.4.4 $\phi 6$钢筋每平方米宜设4根，锚固深度不得小于100mm。

6.4.5 在每层层间宜留水平抗裂分隔缝，层间保温板外钢丝网应断开，抹灰时嵌入层间塑料分隔条或泡沫塑料棒，外表用建筑密封膏嵌缝。垂直抗裂分隔缝宜按墙面面积设置，在板式建筑中不宜大于$30m^2$，在塔式建筑中可视具体情况而定，宜留在阴角部位。

表6.4.2 EPS单面钢丝网架板质量要求

项 目	质 量 要 求
外 观	界面砂浆涂敷均匀，与钢丝和EPS板附着牢固
焊点质量	斜丝脱焊点不超过3%
钢丝挑头	穿透EPS板挑头不小于30mm
EPS板对接	板长3000mm范围内EPS板对接不得多于两处，且对接处需用胶粘剂粘牢

6.4.6 应采用钢制大模板施工，并应采取可靠措施保证EPS钢丝网架板和辅助固定件安装位置准确。

6.4.7 混凝土一次浇筑高度不宜大于1m，混凝土需振捣密实均匀，墙面及接茬处应光滑、平整。

6.4.8 应严格控制抹面层厚度并采取可靠抗裂措施确保抹面层不开裂。

6.5 机械固定EPS钢丝网架板外墙外保温系统

6.5.1 机械固定EPS钢丝网架板外墙外保温系统（以下简称机械固定系统）由机械固定装置、腹丝非穿透型EPS钢丝网架板、掺外加剂的水泥砂浆厚抹面层和饰面层构成（图6.5.1）。以涂料做饰面层时，应加抹玻纤网抗裂砂浆薄抹面层。

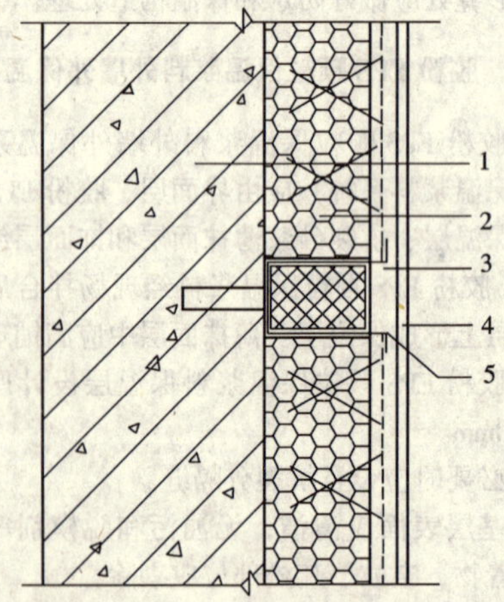

图6.5.1 机械固定系统

1—基层；2—EPS钢丝网架板；3—掺外加剂的水泥砂浆厚抹面层；4—饰面层；5—机械固定装置

6.5.2 机械固定系统不适用于加气混凝土和轻集料混凝土基层。

6.5.3 腹丝非穿透型EPS钢丝网架板腹丝插入EPS板中深度不应小于35mm，未穿透厚度不应小于

15mm。腹丝插入角度应保持一致，误差不应大于3°。板两面应预喷刷界面砂浆。钢丝网与EPS板表面净距不应小于10mm。

6.5.4 腹丝非穿透型EPS钢丝网架板除应符合本节规定外，尚应符合现行行业标准《钢丝网架水泥聚苯乙烯夹芯板》JC 623有关规定。

6.5.5 应根据保温要求，通过计算或试验确定EPS钢丝网架板厚度。

6.5.6 机械固定系统锚栓、预埋金属固定件数量应通过试验确定，并且每平方米不应小于7个。单个锚栓拔出力和基层力学性能应符合设计要求。

6.5.7 用于砌体外墙时，宜采用预埋钢筋网片固定EPS钢丝网架板。

6.5.8 机械固定系统固定EPS钢丝网架板时应逐层设置承托件，承托件应固定在结构构件上。

6.5.9 机械固定系统金属固定件、钢筋网片、金属锚栓和承托件应做防锈处理。

6.5.10 应按设计要求设置抗裂分隔缝。

6.5.11 应严格控制抹灰层厚度并采取可靠措施确保抹灰层不开裂。

7 工程验收

7.0.1 外墙外保温工程应按现行国家标准《建筑工程施工质量验收统一标准》GB 50300规定进行施工质量验收。

7.0.2 外保温工程分部工程、子分部工程和分项工程应按表7.0.2进行划分。

表7.0.2 外保温工程分部工程、子分部工程和分项工程划分

分部工程	子分部工程	分项工程
外保温	EPS板薄抹灰系统	基层处理，粘贴EPS板，抹面层，变形缝，饰面层
	保温浆料系统	基层处理，抹胶粉EPS颗粒保温浆料，抹面层，变形缝，饰面层
	无网现浇系统	固定EPS板，现浇混凝土，EPS局部找平，抹面层，变形缝，饰面层
	有网现浇系统	固定EPS钢丝网架板，现浇混凝土，抹面层，变形缝，饰面层
	机械固定系统	基层处理，安装固定件，固定EPS钢丝网架板，抹面层，变形缝，饰面层

7.0.3 分项工程应以每500～1000m^2划分为一个检验批，不足500m^2也应划分为一个检验批；每个检验批每100m^2应至少抽查一处，每处不得小于10m^2。

7.0.4 主控项目的验收应符合下列规定：

1 外保温系统及主要组成材料性能应符合本规程要求。

检查方法：检查型式检验报告和进场复检报告。

2 保温层厚度应符合设计要求。

检查方法：插针法检查。

3 EPS板薄抹灰系统EPS板粘结面积应符合本规程要求。

检查方法：现场测量。

4 无网现浇系统粘结强度应符合本规程要求。

检查方法：本规程附录B第B.2节。

7.0.5 一般项目的验收应符合下列规定：

1 EPS板薄抹灰系统和保温浆料系统保温层垂直度和尺寸允许偏差应符合现行国家标准《建筑装饰装修工程质量验收规范》GB 50210规定。

2 现浇混凝土分项工程施工质量应符合现行国家标准《混凝土结构工程施工质量验收规范》GB 50204规定。

3 无网现浇系统EPS板表面局部不平整处的修补和找平应符合本规程要求。找平后保温层垂直度和尺寸允许偏差应符合现行国家标准《建筑装饰装修工程质量验收规范》GB 50210规定。

厚度检查方法：插针法检查。

4 有网现浇系统和机械固定系统抹面层厚度应符合本规程要求。

检查方法：插针法检查。

5 抹面层和饰面层分项工程施工质量应符合现行国家标准《建筑装饰装修工程质量验收规范》GB 50210规定。

6 系统抗冲击性应符合本规程要求

检查方法：本规程附录B第B.3节。

7.0.6 外墙外保温工程竣工验收应提交下列文件：

1 外保温系统的设计文件、图纸会审、设计变更和洽商记录；

2 施工方案和施工工艺；

3 外保温系统的型式检验报告及其主要组成材料的产品合格证、出厂检验报告、进场复检报告和现场验收记录；

4 施工技术交底；

5 施工工艺记录及施工质量检验记录；

6 其他必须提供的资料。

7.0.7 外保温系统主要组成材料复检项目应符合表7.0.7规定。

表7.0.7 外保温系统主要组成材料复检项目

组成材料	复检项目
EPS板	密度，抗拉强度，尺寸稳定性。用于无网现浇系统时，加验界面砂浆喷刷质量

续表 7.0.7

组成材料	复检项目
胶粉 EPS 颗粒保温浆料	湿密度，干密度，压缩性能
EPS 钢丝网架板	EPS 板密度，EPS 钢丝网架板外观质量
胶粘剂、抹面胶浆、抗裂砂浆、界面砂浆	干燥状态和浸水 48h 拉伸粘结强度
玻纤网	耐碱拉伸断裂强力，耐碱拉伸断裂强力保留率
腹丝	镀锌层厚度
注：1. 胶粘剂、抹面胶浆、抗裂砂浆、界面砂浆制样后养护 7d 进行拉伸粘结强度检验。发生争议时，以养护 28d 为准。 2. 玻纤网按附录 A 第 A.12.3 条检验。发生争议时，以第 A.12.2 条方法为准。	

附录 A　外墙外保温系统及其组成材料性能试验方法

A.1　试样制备、养护和状态调节

A.1.1　外保温系统试样应按照生产厂家说明书规定的系统构造和施工方法进行制备。材料试样应按产品说明书规定进行配制。

A.1.2　试样养护和状态调节环境条件应为：温度 10～25℃，相对湿度不应低于 50%。

A.1.3　试样养护时间应为 28d。

A.2　系统耐候性试验方法

A.2.1　试样由混凝土墙和被测外保温系统构成，混凝土墙用作基层墙体。试样宽度不应小于 2.5m，高度不应小于 2.0m，面积不应小于 6m²。混凝土墙上角处应预留一个宽 0.4m、高 0.6m 的洞口，洞口距离边缘 0.4m（图 A.2.1）。外保温系统应包住混凝土墙的侧边。侧边保温板最大厚度为 20mm。预留洞口处应安装窗框。如有必要，可对洞口四角做特殊加强处理。

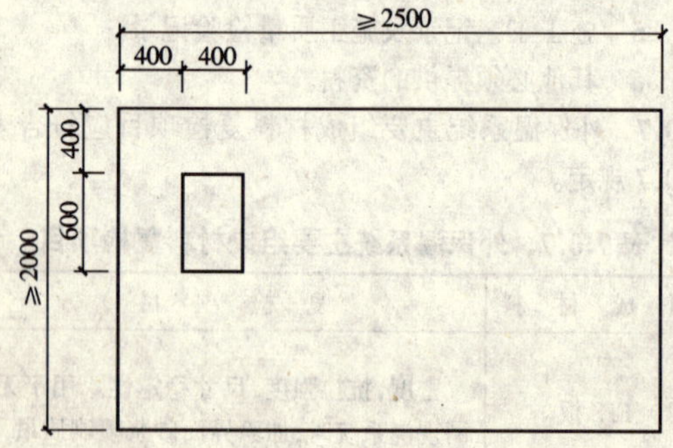

图 A.2.1　试样

A.2.2　试验步骤应符合以下规定：

1　EPS 板薄抹灰系统和无网现浇系统试验步骤如下：

1）高温—淋水循环 80 次，每次 6h。

①升温 3h

使试样表面升温至 70℃，并恒温在（70±5)℃（其中升温时间为 1h)。

②淋水 1h

向试样表面淋水，水温为（15±5)℃，水量为 1.0～1.5L／（m²·min)。

③静置 2h

2）状态调节至少 48h。

3）加热—冷冻循环 5 次，每次 24h。

①升温 8h

使试样表面升温至 50℃，并恒温在（50±5)℃（其中升温时间为 1h)。

②降温 16h

使试样表面降温至－20℃，并恒温在（－20±5)℃（其中降温时间为 2h)。

2　保温浆料系统、有网现浇系统和机械固定系统试验步骤如下：

1）高温—淋水循环 80 次，每次 6h。

①升温 3h

使试样表面升温至 70℃，并恒温在（70±5)℃，恒温时间不应小于 1h。

②淋水 1h

向试样表面淋水，水温为（15±5)℃，水量为 1.0～1.5 L／（m²·min)。

③静置 2h

2）状态调节至少 48h。

3）加热—冷冻循环 5 次，每次 24h。

①升温 8h

使试样表面升温至 50℃，并恒温在（50±5)℃，恒温时间不应小于 5h。

②降温 16h

使试样表面降温至－20℃，并恒温在（－20±5)℃，恒温时间不应小于 12h。

A.2.3　观察、记录和检验时，应符合下列规定：

1　每 4 次高温—淋水循环和每次加热—冷冻循环后观察试样是否出现裂缝、空鼓、脱落等情况并做记录。

2　试验结束后，状态调节 7d，按现行行业标准《建筑工程饰面砖粘结强度检验标准》JGJ 110 规定检验抹面层与保温层的拉伸粘结强度，断缝应切割至保温层表面。并按本规程附录 B 第 B.3 节规定检验系统抗冲击性。

A.3　系统抗风荷载性能试验方法

A.3.1　试样应由基层墙体和被测外保温系统组成，

试样尺寸应不小于2.0m×2.5m。

基层墙体可为混凝土墙或砖墙。为了模拟空气渗漏，在基层墙体上每平方米应预留一个直径15mm的孔洞，并应位于保温板接缝处。

A.3.2 试验设备是一个负压箱。负压箱应有足够的深度，以保证在外保温系统可能的变形范围内能使施加在系统上的压力保持恒定。试样安装在负压箱开口中并沿基层墙体周边进行固定和密封。

A.3.3 试验步骤中的加压程序及压力脉冲图形见图A.3.3。

每级试验包含1415个负风压脉冲，加压图形以试验风荷载 Q 的百分数表示。试验以1kPa的级差由低向高逐级进行，直至试样破坏。

有下列现象之一时，可视为试样破坏：

1 保温板断裂；

2 保温板中或保温板与其保护层之间出现分层；

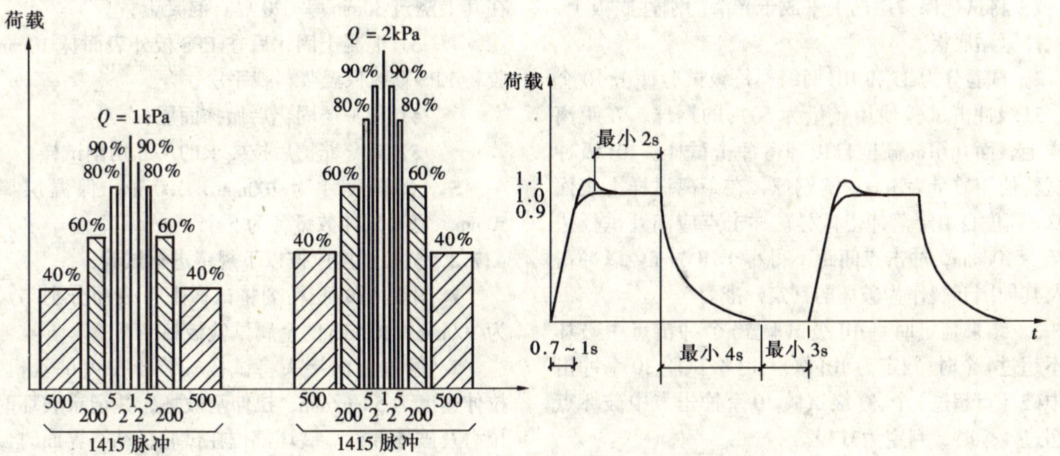

图A.3.3 加压步骤及压力脉冲图形

3 保护层本身脱开；

4 保温板被从固定件上拉出；

5 机械固定件从基底上拔出；

6 保温板从支撑结构上脱离。

A.3.4 系统抗风压值 R_d 应按下式进行计算：

$$R_d = \frac{Q_1 C_s C_a}{K} \tag{A.3.4}$$

式中 R_d——系统抗风压值，kPa；

Q_1——试样破坏前一级的试验风荷载值，kPa；

K——安全系数，按本规程第4.0.6条表4.0.6选取；

C_a——几何因数，$C_a = 1$；

C_s——统计修正因数，按表A.3.4选取。

表A.3.4 保温板为粘接固定时的 C_s 值

粘接面积 B（%）	C_s
$50 \leqslant B \leqslant 100$	1
$10 < B < 50$	0.9
$B \leqslant 10$	0.8

A.4 系统耐冻融性能试验方法

A.4.1 当采用以纯聚合物为粘结基料的材料做饰面涂层时，应对以下两种试样进行试验：

1 由保温层和抹面层构成（不包含饰面层）的试样；

2 由保温层和保护层构成(包含饰面层)的试样。

当饰面层材料不是以纯聚合物为粘结基料的材料时，试样应包含饰面层。如果不只使用一种饰面材料，应按不同种类的饰面材料分别制样。如果仅颗粒大小不同，可视为同种类材料。

试样尺寸为500mm×500mm，试样数量为3件。

试样周边涂密封材料密封。

A.4.2 试验步骤应符合下列规定：

1 冻融循环30次，每次24h。

1）在（20±2）℃自来水中浸泡8h。试样浸入水中时，应使抹面层或保护层朝下，使抹面层浸入水中，并排除试样表面气泡。

2）在（－20±2）℃冰箱中冷冻16h。

试验期间如需中断试验，试样应置于冰箱中在（－20±2）℃下存放。

2 每3次循环后观察试样是否出现裂缝、空鼓、脱落等情况，并做记录。

3 试验结束后，状态调节7d，按本规程第A.8.2条规定检验拉伸粘结强度。

A.5 系统抗冲击性试验方法

A.5.1 试样由保温层和保护层构成。

试样尺寸不应小于1200mm×600mm，保温层厚度不应小于50mm，玻纤网不得有搭接缝。试样分为单层网试样和双层网试样。单层网试样抹面层中应铺一层玻纤网，双层网试样抹面层中应铺一层玻纤网和一层加强网。

试样数量：

1　单层网试样：2件，每件分别用于3J级和10J级冲击试验。

2　双层网试样：2件，每件分别用于3J级和10J级冲击试验。

A.5.2　试验可采用摆动冲击或竖直自由落体冲击方法。摆动冲击方法可直接冲击经过耐候性试验的试验墙体。竖直自由落体冲击方法按下列步骤进行试验：

1　将试样保护层向上平放于光滑的刚性底板上，使试样紧贴底板。

2　试验分为3J和10J两级，每级试验冲击10个点。3J级冲击试验使用质量为500g的钢球，在距离试样上表面0.61m高度自由降落冲击试样。10J级冲击试验使用质量为1000g的钢球，在距离试样上表面1.02m高度自由降落冲击试样。冲击点应离开试样边缘至少100mm，冲击点间距不得小于100mm。以冲击点及其周围开裂作为破坏的判定标准。

A.5.3　结果判定时，10J级试验10个冲击点中破坏点不超过4个时，判定为10J级。10J级试验10个冲击点中破坏点超过4个，3J级试验10个冲击点中破坏点不超过4个时，判定为3J级。

A.6　系统吸水量试验方法

A.6.1　试样制备应符合下列规定：

试样分为两种，一种由保温层和抹面层构成，另一种由保温层和保护层构成。

试样尺寸为200mm×200mm，保温层厚度为50mm，抹面层和饰面层厚度应符合受检外保温系统构造规定。每种试样数量各为3件。

试样周边涂密封材料密封。

A.6.2　试验步骤应符合下列规定：

1　测量试样面积A。

2　称量试样初始重量m_0。

3　使试样抹面层或保护层朝下浸入水中并使表面完全湿润。分别浸泡1h和24h后取出，在1min内擦去表面水分，称量吸水后的重量m。

A.6.3　系统吸水量应按下式进行计算：

$$M = \frac{m - m_0}{A} \qquad (A.6.3)$$

式中　M——系统吸水量，kg/m^2；

m——试样吸水后的重量，kg；

m_0——试样初始重量，kg；

A——试样面积，m^2。

试验结果以3个试验数据的算术平均值表示。

A.7　抗拉强度试验方法

A.7.1　试样制备应符合下列规定：

1　EPS板试样在EPS板上切割而成。

2　胶粉EPS颗粒保温浆料试样在预制成型的胶粉EPS颗粒保温浆料板上切割而成。

3　胶粉EPS颗粒保温浆料外保温系统试样由混凝土底板（作为基层墙体）、界面砂浆层、保温层和抹面层组成并切割成要求的尺寸。

4　EPS板现浇混凝土外保温系统试样应按以下方法制备：

1）在EPS板两表面喷刷界面砂浆；

2）界面砂浆固化后将EPS板平放于地面，并在其上浇筑30mm厚C20豆石混凝土；

3）混凝土固化后在EPS板外表面抹10mm厚胶粉EPS颗粒保温浆料找平层；

4）找平层固化后做抹面层；

5）充分养护后按要求的尺寸切割试样。

5　试样尺寸为100mm×100mm，保温层厚度50mm。每种试样数量各为5个。

A.7.2　抗拉强度应按以下规定进行试验：

1　用适当的胶粘剂将试样上下表面分别与尺寸为100mm×100mm的金属试验板粘结。

2　通过万向接头将试样安装于拉力试验机上，拉伸速度为5mm/min，拉伸至破坏，并记录破坏时的拉力及破坏部位。破坏部位在试验板粘结界面时试验数据无效。

3　试验应在以下两种试样状态下进行：

1）干燥状态；

2）水中浸泡48h，取出后干燥7d。

注：EPS板只做干燥状态试验。

A.7.3　抗拉强度应按下式进行计算：

$$\sigma_t = \frac{P_t}{A} \qquad (A.7.3)$$

式中　σ_t——抗拉强度，MPa；

P_t——破坏荷载，N；

A——试样面积，mm^2。

试验结果以5个试验数据的算术平均值表示。

A.8　拉伸粘结强度试验方法

A.8.1　胶粘剂拉伸粘结强度应按以下方法进行试验：

1　水泥砂浆底板尺寸为80mm×40mm×40mm。底板的抗拉强度应不小于1.5MPa。

2　EPS板密度应为18～22kg/m³，抗拉强度应不小于0.1MPa。

3　与水泥砂浆粘结的试样数量为5个，制备方法如下：

在水泥砂浆底板中部涂胶粘剂，尺寸为40mm×40mm，厚度为（3±1）mm。经过养护后，用适当的胶粘剂（如环氧树脂）按十字搭接方式在胶粘剂上粘结砂浆底板。

4　与EPS板粘结的试样数量为5个，制备方法如下：

将EPS板切割成100mm×100mm×50mm，在EPS

板一个表面上涂胶粘剂，厚度为（3±1）mm。经过养护后，两面用适当的胶粘剂（如环氧树脂）粘结尺寸为100mm×100mm的钢底板。

5　试验应在以下两种试样状态下进行：

1）干燥状态；

2）水中浸泡48h，取出后2h。

6　将试样安装于拉力试验机上，拉伸速度为5mm/min，拉伸至破坏，并记录破坏时的拉力及破坏部位。

A.8.2　抹面材料与保温材料拉伸粘结强度应按以下方法进行试验：

1　试样尺寸为100mm×100mm，保温板厚度为50mm。试样数量为5件。

2　保温材料为EPS保温板时，将抹面材料抹在EPS板一个表面上，厚度为（3±1）mm。经过养护后，两面用适当的胶粘剂（如环氧树脂）粘结尺寸为100mm×100mm的钢底板。

3　保温材料为胶粉EPS颗粒保温浆料板时，将抗裂砂浆抹在胶粉EPS颗粒保温浆料板一个表面上，厚度为（3±1）mm。经过养护后，两面用适当的胶粘剂（如环氧树脂）粘结尺寸为100mm×100mm的钢底板。

4　试验应在以下3种试样状态下进行：

1）干燥状态；

2）经过耐候性试验后；

3）经过冻融试验后。

5　将试样安装于拉力试验机上，拉伸速度为5mm/min，拉伸至破坏并记录破坏时的拉力及破坏部位。

A.8.3　拉伸粘结强度应按下式进行计算：

$$\sigma_b = \frac{P_b}{A} \quad (A.8.3)$$

式中　σ_b——拉伸粘结强度，MPa；

P_b——破坏荷载，N；

A——试样面积，mm^2。

试验结果以5个试验数据的算术平均值表示。

A.9　系统热阻试验方法

A.9.1　系统热阻应按现行国家标准《建筑构件稳态热传递性质的测定 标定和防护热箱法》GB/T 13475规定进行试验。制样时EPS板拼缝缝隙宽度、单位面积内锚栓和金属固定件的数量应符合受检外保温系统构造规定。

A.10　抹面层不透水性试验方法

A.10.1　试样制备应符合下列规定：

试样由EPS板和抹面层组成，试样尺寸为200mm×200mm，EPS板厚度60mm，试样数量2个。将试样中心部位的EPS板除去并刮干净，一直刮到抹面层的背面，刮除部分的尺寸为100mm×100mm。将试样周边密封，抹面层朝下浸入水槽中，使试样浮在水槽中，底面所受压强为500Pa。浸水时间达到2h时，观察是否有水透过抹面层（为便于观察，可在水中添加颜色指示剂）。

A.10.2　2个试样浸水2h时均不透水时，判定为不透水。

A.11　水蒸气渗透性能试验方法

A.11.1　试样制备应符合下列规定：

1　EPS板试样在EPS板上切割而成。

2　胶粉EPS颗粒保温浆料试样在预制成型的胶粉EPS颗粒保温浆料板上切割而成。

3　保护层试样是将保护层做在保温板上，经过养护后除去保温材料，并切割成规定的尺寸。

当采用以纯聚合物为粘结基料的材料作饰面涂层时，应按不同种类的饰面材料分别制样。如果仅颗粒大小不同，可视为同类材料。当采用其他材料作饰面层时，应对具有最厚饰面涂层的保护层进行试验。

A.11.2　保护层和保温材料的水蒸气渗透性能应按现行国家标准《建筑材料水蒸气透过性能试验方法》GB/T 17146中的干燥剂法规定进行试验。试验箱内温度应为（23±2）℃，相对湿度可为50%±2%（23℃下含有大量未溶解重铬酸钠或磷酸氢铵（$NH_4H_2PO_4$）的过饱和溶液）或85%±2%（23℃下含有大量未溶解硝酸钾的过饱和溶液）。

A.12　玻纤网耐碱拉伸断裂强力试验方法

A.12.1　试样制备应符合下列规定：

1　试样尺寸：试样宽度为50mm，长度为300mm。

2　试样数量：纬向、经向各20片。

A.12.2　标准方法应符合下列规定：

1　首先对10片纬向试样和10片经向试样测定初始拉伸断裂强力。其余试样放入（23±2）℃、浓度为5%的NaOH水溶液中浸泡（10片纬向和10片经向试样，浸入4L溶液中）。

2　浸泡28d后，取出试样，放入水中漂洗5min，接着用流动水冲洗5min，然后在（60±5）℃烘箱中烘1h后取出，在10～25℃环境条件下放置至少24h后测定耐碱拉伸断裂强力，并计算耐碱拉伸断裂强力保留率。

拉伸试验机夹具应夹住试样整个宽度。卡头间距为200mm。加载速度为（100±5）mm/min，拉伸至断裂并记录断裂时的拉力。试样在卡头中有移动或在卡头处断裂时，其试验值应被剔除。

A.12.3　应用快速法时，使用混合碱溶液。碱溶液配比如下：0.88g NaOH，3.45g KOH，0.48g $Ca(OH)_2$，1L蒸馏水（PH值12.5）。

80℃下浸泡6h。其他步骤同A.12.2。

A.12.4 耐碱拉伸断裂强力保留率应按下式进行计算：

$$B = \frac{F_1}{F_0} \times 100\% \tag{A.12.4}$$

式中 B——耐碱拉伸断裂强力保留率，%；

F_1——耐碱拉伸断裂强力，N/50mm；

F_0——初始拉伸断裂强力，N/50mm。

试验结果分别以经向和纬向5个试样测定值的算术平均值表示。

附录B 现场试验方法

B.1 基层与胶粘剂的拉伸粘结强度检验方法

B.1.1 在每种类型的基层墙体表面上取5处有代表性的部位分别涂胶粘剂或界面砂浆，面积为3～4dm²，厚度为5～8mm。干燥后应按现行行业标准《建筑工程饰面砖粘结强度检验标准》JGJ 110规定进行试验，断缝应从胶粘剂或界面砂浆表面切割至基层表面。

B.2 无网现浇系统粘结强度试验方法

B.2.1 混凝土浇筑后应养护28d。

B.2.2 测点选取如图B.2.1所示，共测9点。

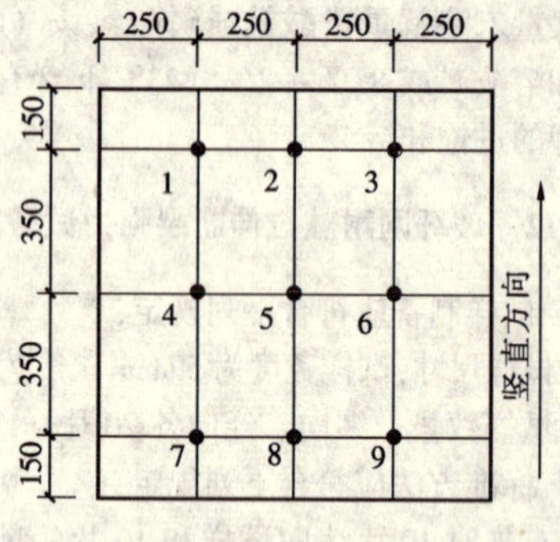

图 B.2.1 测点位置

B.2.3 试验方法应按现行行业标准《建筑工程饰面砖粘结强度检验标准》JGJ 110规定进行试验，试样尺寸为100mm×100mm，断缝应从EPS板表面切割至基层表面。

B.3 系统抗冲击性检验方法

B.3.1 系统抗冲击性检验应在保护层施工完成28d后进行。应根据抹面层和饰面层性能的不同而选取冲击点，且不要选在局部增强区域和玻纤网搭接部位。

B.3.2 采用摆动冲击，摆动中心固定在冲击点的垂线上，摆长至少为1.50m。取钢球从静止开始下落的位置与冲击点之间的高差等于规定的落差。10J级钢球质量为1000g（直径6.25cm），落差为1.02m。3J级钢球质量为500g，落差为0.61m。

B.3.3 应按本规程第A.5.3条规定对试验结果进行判定。

本规程用词说明

1 为便于在执行本规程条文时区别对待，对要求严格程度不同的用词说明如下：

1）表示很严格，非这样做不可的：

正面词采用“必须”，反面词采用“严禁”。

2）表示严格，在正常情况下均应这样做的：

正面词采用“应”，反面词采用“不应”或“不得”。

3）表示允许稍有选择，在条件许可时首先应这样做的：

正面词采用“宜”，反面词采用“不宜”。

表示允许有选择，在一定条件下可以这样做的，采用“可”。

2 条文中指明应按其他有关标准的规定执行时，写法为“应符合……规定”或“应符合……要求”。

中华人民共和国行业标准

外墙外保温工程技术规程

JGJ 144—2004

条 文 说 明

前　言

《外墙外保温工程技术规程》JGJ 144—2004，经建设部2005年1月13日以第305号公告批准，业已发布。

为便于广大设计、施工、科研、学校等单位的有关人员在使用本规程时能正确理解和执行条文规定，《外墙外保温工程技术规程》编制组按章、节、条顺序编制了本规程的条文说明，供国内使用者参考。在使用中如发现本条文说明有不妥之处，请将意见函寄建设部科技发展促进中心（地址：北京市三里河路9号邮政编码：100835）。

目　次

1 总 则

1.0.1 外保温工程在欧洲已有35年以上的历史，使用最多的是EPS板薄抹面外保温系统。欧洲是世界上最早开展技术认定的地区，早在1979年，欧洲建筑技术鉴定联合会（UEAtc）就已发布了EPS板薄抹面外保温系统鉴定指南，并于1988年发布了新版。1992年又发布了具有无机抹面层的外保温系统鉴定指南。在1988年和1992年指南的基础上，欧洲技术认定组织（EOTA）于2000年发布了《有抹面复合外保温系统欧洲技术认定指南》EOTA ETAG 004。该指南对外保温系统的技术性能、试验方法以及技术认定要求做了全面规定，是对外保温系统进行技术认定的依据。欧洲是把外保温系统作为一个整体进行认定的，其中包括外保温系统的构造和设计、施工要点，系统和组成材料性能及生产过程质量控制等诸多方面。我国20世纪80年代中期开始进行外保温工程试点，首先用于工程的也是EPS板薄抹面外保温系统。随着北美、欧洲和韩国公司的进入，尤其是第一套外墙外保温国家标准图的出版发行，对外保温的发展起了很大的促进作用。由于外保温在建筑节能和室内环境舒适等方面的诸多优点，建设部已把外保温作为重点发展项目。目前，我国外保温工程虽然工程量不大，竣工年限不长，但质量问题不少。主要问题是保护层开裂和瓷砖空鼓脱落，也有个别工程出现被大风刮掉，雨水通过裂缝渗至外墙内表面等严重问题。这些问题若不及时加以控制，将会对在我国刚刚起步的外保温市场造成不良影响，并给外保温工程留下安全隐患。

制定本规程的目的，一是借鉴先进国家的成熟经验指导我国外保温技术的开发；二是控制外保温工程质量，促进外保温行业健康发展。

本规程给出了对外墙外保温系统的性能要求，用于检查各项性能的检验方法以及对于设计和施工的相应规定。

本规程收入了5种外保温系统。岩棉外保温系统和其他系统待工程应用成熟后再行增补。

1.0.2 本条规定包含2项内容。一是适用于新建居住建筑，二是适用于混凝土和砌体结构基层。

新建工业建筑、公共建筑和既有建筑可参照执行，执行中需注意以下几点：

1 本规程关于建筑节能设计方面的要求是针对新建居住建筑的，建筑热工设计方面的要求是针对民用建筑的。

2 本规程第6.3节和第6.4节所涉及的系统构造只能用于新建建筑。

3 既有建筑节能改造情况比较复杂，技术上主要涉及构造设计和基层处理等方面。既有建筑基层处理主要应注意墙体是否坚实，墙面抹灰层是否空鼓以及饰面砖、涂料饰面层处理等问题。

1.0.3 国家现行强制性标准包括建筑防火、建筑工程抗震等方面的标准和规范。

2 术 语

2.0.1 从设计观点来看，外保温系统可按固定方法划分如下：

1 单纯粘结系统　系统可采用满粘（铺满整个表面）、条式粘结或点式粘结。

2 附加以机械固定的粘结系统　荷载完全由粘结层承受。机械固定在胶粘剂干燥之前起稳定作用，并作为临时连接以防止脱开。它们在火灾情况下也可起稳定作用。

3 以粘结为辅助的机械固定系统　荷载完全由机械固定装置承受。粘结是用于保证系统安装时的平整度。

4 单纯机械固定系统　系统仅用机械固定装置固定于墙上。

2.0.4 适合于外保温系统的外墙一般由砖石（砖、砌块、石材……）或混凝土（现浇或预制板）构成。外保温系统是非承重建筑构件，不用于保证主体结构的气密性。外墙本身应符合必要的结构性能要求（抵抗静荷载和动荷载）和气密性要求。

2.0.6～2.0.8 一般来说，保护层包括以下几层：

1 抹面层　直接抹在保温材料上的涂层。增强网埋在其中，保护层的大部分力学性能都由它提供。

2 增强层　埋在抹面层中用于提高其机械强度的玻纤网、金属网或塑料网增强层。

3 界面层　非常薄的涂层。有可能涂在抹面层上，作为涂饰面层的准备层。

4 饰面层　最外层。其作用是保护系统免受气候破坏并起装饰作用。它是涂在抹面层上，可以涂界面层，也可不涂界面层。

2.0.11 本规程中涉及的EPS钢丝网架板包括以下两种：

腹丝穿透型钢丝网架板　用于有网现浇系统。

腹丝非穿透型钢丝网架板　用于机械固定系统。

3 基 本 规 定

3.0.1～3.0.8 这几条涉及对于外保温工程或工程各部分的基本规定，编制时主要参考了欧洲技术认定组织（EOTA）《有抹面复合外保温系统欧洲技术认定指南》EOTA ETAG 004，同时考虑了我国的实际情况。

在EOTA ETAG 004中，依据建筑产品条令（CPD），将外保温工程理解为“组合、组装、施用或安装于工程中的”产品，并应“具有能保证工程符合基本要求的特性”。因此，在得到正常维护的情况下，在一个经济上合理的使用寿命期内，外保温工程必须满足以下 6 项基本要求：

1 基本要求 1：耐力学作用和稳定性

工程非承重部分的耐力学作用和稳定性不在基本要求之内。但在基本要求——使用安全性中将涉及此问题。

2 基本要求 2：火灾情况下的安全性

对复合外保温系统的防火要求将依据法律、法规和适用于建筑物整体的行政规定而定，并将由 CEN 分级文件（prEN 13501—1）作出规定。

3 基本要求 3：卫生、健康和环境

1）室内环境，潮湿

因外墙与潮湿有关，以下两点要求应该加以考虑。对此，复合外保温系统有着有利的影响。

——防止室外水分进入。

外墙应不会被雨、雪所损坏，还应防止雨、雪渗入建筑物内部，并且不应将水分迁移至任何可能造成损坏的部位。

——防止内表面和间层结露。表面结露问题通常会因附加复合外保温系统而得到缓解。

在正常使用条件下，有害的间层结露不会出现在系统中。在室内水蒸气产生率高的情况下，必须采取适当措施防止系统受潮，如适当的产品设计和材料选取等。

要保证上述第一点要求得到满足，应考虑正常使用条件下的耐机械应力性能。即：

——系统应设计成在由交通往来和正常使用造成的冲击作用下仍能保持其特性。系统在一般事故或故意造成的意外冲击的作用下应不会导致任何损坏。

——系统应能允许标准维修设备在其上支靠而不致造成抹面层的任何破裂或穿孔。

这就是说，对于基本要求 3，对系统及其部件来说应评估下列产品特性：

——吸水性；

——不透水性；

——抗冲击性；

——水蒸气渗透性；

——热工性能（包含于基本要求 6）。

2）室外环境

施工和工程建设中不得向周围环境（空气、土壤和水）释放污染物。

用于外墙的建筑材料向室外空气、土壤和水中释放的污染物比率应符合法律、法规和该地区行政管理条款的规定。

4 基本要求 4：使用安全性

虽然复合外保温系统不作为承重结构使用，但对其力学性能和稳定性仍然提出了要求。

复合外保温系统在由正常荷载，如自重、温度、湿度和收缩以及主体结构位移和风力（吸力）等引起的联合应力的作用下应能保持稳定。

这就是说，对于基本要求 4，对系统及其部件来说应评估下列产品特性：

——自重的作用

系统应能承受自重而不产生有害变形。

——抵抗主体结构变形的能力

主体结构的正常变形应不致造成系统中裂缝的形成或脱胶。复合外保温系统应能抵抗由于温度和应力变化而产生的变形（结构连接处除外，此处应采取专门措施）。

——负风压吸力的作用

系统应具有足够的力学性能，使其能够抵抗由风力造成的压力、吸力和振动。而且应有足够的安全系数。

5 基本要求 5：隔声

隔声要求并未提出，因为这些要求应由包括复合外保温系统在内的整个墙体以及窗和其他孔洞来满足。

6 基本要求 6：节能和保温

整个墙体应满足此项要求。复合外保温系统改善了保温性能并使减少采暖（冬季）和空调（夏季）能耗成为可能。因此，应评估由复合外保温系统而附加的热阻，使其可被引入国家能耗规范所要求的热工计算中。

机械固定钉或锚栓可造成局部温差。必须保证这种影响足够小，小到不致影响保温性能。

为了确定复合外保温系统对于墙体的保温效能，应对有关部件的以下特性作出规定：

——导热系数/热阻；

——水蒸气渗透性能（包含于基本要求 3）；

——吸水性（包含于基本要求 3）。

3.0.9 本条涉及工程的预期耐久性和使用性能。在 EOTA ETAG 004 中，除提出 6 项基本要求外，还对外保温工程耐久性和使用性能作了以下规定：

系统在所经受的各种作用下，在系统寿命期内，以上 6 项基本要求均应满足。

1 系统耐久性

复合外保温系统在温度、湿度和收缩的作用下应是稳定的。

无论高温还是低温都将产生一种破坏性的或不可逆的变形作用。表面温度的变化，例如在经受长时间太阳照射之后突然降雨所造成的温度急剧下降或阳光照射部位与阴影部位之间的温差，不应引起任何破坏。

此外，应采取措施防止在结构变形缝和立面构件由不同材料构成的部位（例如与窗的连接处）有裂缝形成。

2 部件耐久性

在正常使用条件和为保持系统质量而进行的正常维修下，所有部件在系统整个使用寿命期内均应保持其特性。这就要求符合以下几点：

——所有部件都应表现出化学-物理稳定性。如果并不是完全知道，至少也应是有理由可预见的。在相互接触的材料之间出现反应的情况下，这些反应应该是缓慢进行的。

——所有材料应是天然耐腐蚀或者是被处理成耐腐蚀的。这涉及玻纤网耐碱性，金属网、金属固定件镀锌或涂防锈漆等防锈处理。

——所有材料应是彼此相容的。

彼此相容是要求外保温系统中任何一种组成材料应与其他所有组成材料相容。这就是说，胶粘剂、抹面材料、饰面材料、密封材料和附件等应与 EPS 板、胶粉 EPS 颗粒保温浆料等保温材料相容并且各种材料之间都应相容。

鼠类、昆虫（如白蚁），甚至菜园中的肉虫都会咬食 EPS 板。在有白蚁等虫害的地区，应做好防虫害构造设计。

3.0.10 使用年限的含义是，当预期使用年限到期后，外保温工程性能仍能符合本规程规定。

正常维护包括局部修补和饰面层维修两部分。对局部破坏应及时修补。对于不可触及的墙面，饰面层正常维修周期应不小于 5 年。

使用年限不少于 25 年的规定是依据 EOTA ETAG 004 作出的。EOTA ETAG 004 中所涉及的规定是建立在当前技术状况及现有知识和经验的基础之上的，是在试验室试验以及与试验性建筑对比分析的基础上提出的。欧洲使用最久的 EPS 板薄抹面外保温系统实际工程将近 40 年。大量工程实践证实，EPS 板薄抹面外保温系统使用年限可超过 25 年。

保温浆料系统在欧洲也早有应用，在德国也有相应的产品标准。在我国已进行了大量的多种试验研究并有大量的工程应用。

4 性能要求

4.0.1、4.0.2 本章涉及为满足第 3 章对外保温工程的基本规定而需要对外保温系统及其组成材料进行检验的项目及性能要求，编制时主要参考了 EOTA ETAG 004。

EOTA ETAG 004 中所涉及的规定、试验和评审方法是在假定复合外保温系统的使用寿命至少为 25 年的基础上制定出的。这些规定是建立在当前技术状况及现有知识和经验的基础之上的。这些规定不能被看作为生产者或批准机构对 25 年使用寿命给予的担保。

这些表述只能被看作一种方法，使规定者按预期的、经济合理的工程使用寿命来为复合外保温系统选择适当的技术指标。

外保温工程在实际使用中会受到相当大的热应力作用，这种热应力主要表现在保护层上。由于聚苯板的隔热性能特别好，其保护层温度在夏季可高达 80℃。夏季持续晴天后突降暴雨所引起的表面温度变化可达 50℃之多。夏季的高温还会加速保护层的老化。保护层中的某些有机粘结材料会由于紫外线辐射、空气中的氧气和水分的作用而遭到破坏。

外保温工程至少应在 25 年内保持完好，这就要求它能够经受住周期性热湿和热冷气候条件的长期作用。耐候性试验模拟夏季墙面经高温日晒后突降暴雨和冬季昼夜温度的反复作用，是对大尺寸的外保温墙体进行的加速气候老化试验，是检验和评价外保温系统质量的最重要的试验项目。耐候性试验与实际工程有着很好的相关性，能很好地反映实际外保温工程的耐候性能。根据法国 CSTB 的试验，从在严酷气候条件下经过了几年考验的外保温系统的实际性能变化与试验室耐候性试验的对比来看，为了确保外保温系统在规定使用年限内的可靠性，耐候性试验是十分必要的。

耐候性试验条件的组合是十分严格的。通过该试验，不仅可检验外保温系统的长期耐候性能，而且还可对设计、施工和材料性能进行综合检验。如果材料质量不符合要求，设计不合理或施工质量不好，都不可能经受住这样的考验。

以前，对于一种新材料或新构造系统，往往是通过搞试点建筑的方法进行考验。一般认为经过一个冬季和夏季不出现问题，即可通过鉴定。外保温系统至少应在 25 年使用期内保持完好。这就要求系统能够经受住周期性热湿和热冷气候条件的长期作用。通过搞试点建筑的方法难以在短期内判断外保温系统是否满足长期使用要求。

4.0.3～4.0.5 通过检验保温浆料系统和无网现浇系统的抗拉强度，可检验系统各构造层之间的粘结强度以及保温层的抗拉强度，这样就不必单独对每层材料进行检验。

4.0.6 对于性能要求，根据不同情况分别以数值、特性等形式进行规定。有些性能如复合墙体热阻、保护层水蒸气渗透阻和保温材料水蒸气渗透系数等，外保温系统供应商应提供检测数据，由设计人员分别按照《民用建筑节能设计标准（采暖居住建筑部分）》JGJ 26—95、《夏热冬冷地区居住建筑节能设计标准》JGJ 134—2001、《夏热冬暖地区居住建筑节能设计标准》JGJ 75—2003 和《民用建筑热工设计规范》GB 50176—93 等相关标准计算确定是否符合设计要求。

外保温系统抗风荷载性能　EOTA ETAG 004 规定以 1.0kPa 为试验起始点，并按 0.5kPa 的级差逐级升压，直至系统破坏。考虑到我国地域辽阔，有的地区风荷载设计值很高，而且高层建筑较多，为了简化试验，规定由设计要求值降低 1kPa 作为试验起始点，并按 1kPa 的级差逐级升压。

外保温复合墙体热阻　规定用《建筑构件稳态热传递性质的测定　标定和防护热箱法》GB/T 13475—92 检验外保温系统热阻，可以检验系统包括热桥在内的平均热阻。EPS 板薄抹灰系统和无网现浇系统热桥影响主要来自 EPS 板拼缝，对于螺钉为镀锌碳素钢或不锈钢，螺钉直径不大于 6mm，套筒为塑料的锚栓，当每平方米数量不超过 10 个时可不计热桥影响。保温浆料系统、有网现浇系统和机械固定系统热桥影响主要来自金属拉结件、金属网和钢丝网架。无网现浇系统若预埋金属锚栓或钢筋拉结件时，热桥影响也很明显。

外保温系统抗冲击性、外保温系统吸水量、抹面层不透水性和保护层水蒸气渗透阻几项性能都与抹面层有关。厚的抹面层抗冲击性和不透水性好，薄的抹面层水蒸气渗透阻小，但抹面层过薄又会导致不透水性差。

门窗洞口周边和四角增铺加强网可提高抗冲击性。门窗洞口四角为应力集中部位，增铺加强网还可提高抗裂性。为达到 10J 抗冲击要求，建筑物首层以及门窗口等易受撞击部位一般需增铺加强网。

外保温系统耐冻融性能　耐冻融性能与系统吸水量有关。不是以纯聚合物为粘结基料的饰面层有一定的吸水量。因此规定当饰面层材料不是以纯聚合物为粘结基料的材料时，试样应包含饰面层。当采用以纯聚合物为粘结基料的材料做饰面涂层时，应对含饰面层和不含饰面层的两种试样分别进行试验。一些外保温厂家在做饰面涂层前，先在抹面层上刮腻子。耐冻融试验表明，饰面涂层起鼓、脱落，大都由腻子层破坏而引起。

4.0.7、4.0.8　胶粘剂的性能关键是与 EPS 板的附着力，因此规定破坏部位应位于 EPS 板内。胶粘剂的粘结强度并不是越高越好，指标过高只会造成浪费。许多厂家同时用胶粘剂作为抹面胶浆使用，粘结强度指标过高还会增大抹面层的水蒸气渗透阻，不利于墙体中水分的排出。

4.0.10　本条只规定了玻纤网耐碱拉伸断裂强力和断裂强力保留率，对玻纤网的材料成分未作规定。本条规定主要参考了欧洲、德国和美国的相关标准。

4.0.11　本条规定了外保温系统其他主要组成材料的性能要求。

5　设计与施工

5.0.1　本规程中将外保温系统作为一个整体来考虑。外保温系统的设计和安装是遵照系统供应商的设计和安装说明进行的。整套组成材料都由系统供应商提供，系统供应商最终对整套材料负责。系统供应商应对外保温系统的所有组成部分作出规定。

本规程规定的 5 种外保温构造系统，保温材料均为 EPS，保护层均为现场抹面做法，饰面层均未涉及面砖饰面。每种构造系统都是一个完整的整体，都有其特定的组成材料和系统构造。目前，建筑市场上有各种各样的外保温做法，有使用挤塑板（XPS）的，有贴饰面砖的，有装配式的。以后还会有更多的构造形式出现。这些做法大多处在试验阶段，都存在需要解决的独特问题，而且需要进一步的试验检验和工程实践检验。

5.0.2　要求基层外表面温度高于 0℃，目的是保证基层和胶粘剂不受冻融破坏。

用三维温度场分析程序（STDA）计算表明，门窗框外侧洞口不做保温与做保温相比，外保温墙体平均传热系数增加最多可达 70% 以上。空调器托板、女儿墙以及阳台等热桥部位的传热损失也是相当大的。

本规程第 4.0.11 条表 4.0.11 中规定的 EPS 钢丝网架板热阻为不含机械固定件情况下的热阻，机械固定系统存在金属固定件和承托件的热桥影响，需做修正。

5.0.3　薄抹面层主要起防水和抗冲击作用，同时又应具有较小的水蒸气渗透阻。厚度过薄则不能达到足够的防水和抗冲击性能，过厚则会因横向拉应力超过玻纤网抗拉强度而导致抹面层开裂，过厚还会使水蒸气渗透阻超过设计要求。有的厂家薄抹面层厚度不足 2mm，但采用类似于干拌砂浆的厚饰面层，保护层厚度大都在 3～6mm 之内。保护层厚度还与系统防火性能有关，就防火性能而言，保护层也应有一定厚度。

厚抹面层过薄会导致金属网锈蚀，过厚会增加裂缝可能性，还会使重量超过抗震荷载限值。

5.0.4　密封和防水构造设计包括变形缝的设置、变形缝的构造设计以及系统的起端和终端的包边等。

1　需设置变形缝的部位有：

1）基层结构设有伸缩缝、沉降缝和防震缝处；

2）预制墙板相接处；

3）外保温系统与不同材料相接处；

4）基层材料改变处；

5）结构可能产生较大位移的部位，例如建筑体形突变或结构体系变化处；

6）经计算需设置变形缝处。

2　系统的起端和终端包括以下部位：

1）门窗周边；

2）穿墙管线洞口；

3）檐口、女儿墙、勒脚、阳台、雨篷等尽端；

4）变形缝及基层不同构造、不同材料结合处；

5）EPS 板装饰造型。

外墙外保温系统构造做法是针对竖直墙面和不受雨淋的水平或倾斜的表面的。对于水平或倾斜的出挑部位，表面应增设防水层。水平或倾斜的出挑部位包括窗台、女儿墙、阳台、雨篷等，这些部位有可能出现积水、积雪情况。

5.0.5 外保温工程（尤其对于薄抹面层外保温系统）抹面层和饰面层尺寸偏差很大程度上取决于基层。因此，基层的尺寸偏差必须合格。

5.0.7 《建筑工程施工质量验收统一标准》GB 50300—2001 第 3.0.1 条规定，施工现场质量管理应有相应的施工技术标准。第 3.0.2 条规定，各工序应按施工技术标准进行质量控制，每道工序完成后，应进行检查。

施工方案中一般包含以下内容：

1 施工工序及施工间隔时间；

为使材料有时间充分硬化，需规定保温层、抹面层和饰面层各层施工的间隔时间。

2 施工机具；

3 基层处理；

4 环境温度和养护条件要求；

5 施工方法；

6 材料用量；

7 各工序施工质量要求；

8 成品保护。

5.0.9 EPS 板在表面裸露的情况下极易因直射阳光和风化作用而损坏。

5.0.10 EPS 板外墙外保温系统抹面层可按以下步骤施工：

1 EPS 板粘结牢固后（至少 24h）方可进行抹面层施工。

2 抹抹面层前应检查 EPS 板是否粘结牢固，松动的 EPS 板应取下重贴，并应待粘结牢固后再进行下面的施工。应将大于 2mm 的板间缝隙用 EPS 板条填实，不得用胶粘剂填塞缝隙。填缝板条不得涂胶粘剂。有表皮的板面应磨去表皮。应将板间高差大于 1mm 的部位打磨平整。阳角应弹墨线并打磨至与墨线齐平。

3 抹面胶浆应随用随拌，已搅拌好的抹面胶浆应在 2h 内用完。

4 抹面层宜采用两道抹灰法施工。用不锈钢抹子在 EPS 板表面均匀涂抹一层面积略大于一块玻纤网的抹面胶浆，厚度约为 2mm。立即将网格布压入湿的抹面胶浆中，待抹面胶浆稍干硬至可以碰触时抹第二道，使网格布被全部覆盖。

5.0.11 在高湿度和低温天气下，保护层和保温浆料干燥过程可能需要几天的时间。新抹涂层表面看似硬化和干燥，但往往仍需要采取保护措施使其在整个厚度内充分养护，特别是在冻结温度、雨、雪或其他有害气候条件很有可能出现的情况下。

5℃以下的温度可能由于减缓或停止丙烯酸聚合物成膜而妨碍涂层的适当养护。由寒冷气候造成的伤害短期内往往不易被发现，但是长久以后就会出现涂层开裂、破碎或分离。

像过分寒冷一样，突然降温可影响涂层的养护，其影响很快就会表现出来。突然降雨可将未经养护的新抹涂料直接从墙上冲掉。在情况允许时，可采取遮阳、防雨和防风措施。例如搭帐篷和用防雨帆布遮盖。为保持适当的养护温度，可能不得不采取辅助采暖措施。

5.0.12 外保温施工各分项工程和子分部工程完工后的成品保护包含以下内容：

1 防晒、防风雨、防冻；

2 防止施工污染；

3 吊运物品或拆脚手架时防止撞击墙面；

4 防止踩踏窗口；

5 对碰撞坏的墙面及时修补。

6 外墙外保温系统构造和技术要求

6.1 EPS 板薄抹灰外墙外保温系统

6.1.1 本条规定了 EPS 板薄抹灰系统的构造。本条中规定保温层为 EPS 板，固定方式为粘结固定，饰面层为涂层。欧洲使用最久的 EPS 板薄抹面外保温系统实际工程将近 40 年，并且在试验室试验与试验性建筑对比分析的基础上制定了标准和规定了成套的检验方法。大量工程实践证实，EPS 板薄抹面外保温系统使用年限可超过 25 年。

目前，工程上有在 EPS 板表面加镀锌钢丝网贴面砖的，有使用挤塑板（XPS）做保温层并做面砖饰面的，而且由于担心挤塑板粘贴不牢而采用粘钉结合方式固定。这些构造方式都不在本条规定的范围之内，其耐久性尚需通过长期工程实践的检验。

6.1.2 锚栓主要用于在不可预见的情况下对确保系统的安全性起一定的辅助作用。因此胶粘剂应承受系统全部荷载，不能因使用锚栓就放宽对粘结固定性能的要求。

本规程编制过程中，注意到部分供应商的外保温系统构造中不使用锚栓的情况。在供应商能够自行担保系统安全性的情况下，也可不使用锚栓。

6.1.3 EPS 板尺寸过大时，可能因基层和板材的不平整而导致虚粘以及表面平整度不易调整等施工问题。

6.1.4 是否需要设分隔缝与外保温系统所使用的材料性能、基层墙体构造以及外保温系统设计等因素有关，一般由系统供应商根据所提供产品的性能来确定是否设分隔缝。

6.1.7 胶粘剂涂在 EPS 板表面可保证可靠粘结。规定涂胶粘剂面积不得小于 40%，主要考虑了风荷载、安全系数以及现场施工的不确定性。

6.1.9 门窗四角是应力集中部位，规定门窗洞口四角处 EPS 板不得拼接，应采用整块 EPS 板切割成形，是为了避免因板缝而产生裂缝。

6.2 胶粉 EPS 颗粒保温浆料外墙外保温系统

6.2.1 胶粉 EPS 颗粒保温浆料外墙外保温系统以涂料做饰面层时由界面层、胶粉 EPS 颗粒保温浆料保温层、抗裂砂浆薄抹面层和涂料饰面层组成。

界面层由界面砂浆构成，可增强胶粉 EPS 颗粒保温浆料与基层墙体的粘结力。

胶粉 EPS 颗粒保温浆料由胶粉料和 EPS 颗粒组成，胶粉料由无机胶凝材料与各种外加剂在工厂采用预混合干拌技术制成。施工时加水搅拌均匀，抹或喷在基层墙面上形成保温层。

抗裂砂浆薄抹面层由抗裂砂浆和玻纤网构成，用以提高保护层的机械强度和抗裂性。

涂料饰面层能够满足一定变形而保持不开裂。

6.2.3 同 6.1.4 条文说明。

6.2.6、6.2.7 胶粉 EPS 颗粒保温浆料的保温性能和力学性能都与干密度密切相关，只要控制了干密度和厚度，就可基本上控制住它的保温性能和力学性能。使用保温浆料做保温层与使用 EPS 板的重要区别在于，保温浆料保温层的厚度掌握在施工工人的手中。工程现场检验保温层厚度达不到设计要求的情况并不鲜见，现场检验保温层厚度十分必要。

6.3 EPS 板现浇混凝土外墙外保温系统

6.3.2 要求 EPS 板两面必须预涂界面砂浆，是为了确保 EPS 板与现浇混凝土和面层局部修补、找平材料能够牢固地粘结以及保护 EPS 板不受阳光和风化作用破坏。

6.3.3、6.3.4 EPS 板和锚栓可按以下方法安装：

1 绑扎完墙体钢筋后在外墙钢筋外侧绑扎水泥垫块（不能使用塑料卡）。每块 EPS 板不少于 6 块。

2 安装 EPS 板时，先安装阴阳角，然后顺两侧进行安装。如施工段较大可在两处或两处以上同时安装。首先在安装上墙的板高低槽口立面及高低槽口平面处均匀涂刷一层胶粘剂，接着将待安装的 EPS 板在对应部位涂刷胶粘剂，然后进行拼装，使相邻 EPS 板相互紧密粘结。

3 在拼装好的 EPS 板表面上按设计尺寸弹线，标出锚栓位置。使锚栓呈梅花状分布。每块 EPS 板上锚栓数量不少于 5 个。

4 EPS 板拼缝处需布置锚栓，门窗洞口过梁上设一个或多个锚栓。

5 安装锚栓前，在 EPS 板上预先穿孔，然后用火烧丝将锚栓绑扎在墙体钢筋上。

6.3.6 该条是为了保证混凝土浇筑后EPS板的表面平整和接茬高差等符合规定。

6.3.8 规定使用胶粉 EPS 颗粒保温浆料进行修补和找平，主要考虑防裂和减轻自重，这种做法已经在工程中使用。

6.4 EPS 钢丝网架板现浇混凝土外墙外保温系统

6.4.2 限制每平方米腹丝数量是基于保温要求。在保证力学性能要求的前提下减少腹丝密度可减小腹丝热桥影响。

6.4.8 厚抹面层水泥砂浆可掺加 3% ~ 5% 抗裂剂。抗裂砂浆薄抹面层做法与其他薄抹灰系统相同。

6.5 机械固定 EPS 钢丝网架板外墙外保温系统

6.5.7 混凝土空心砌块墙体采用预埋钢筋网片作为固定件时，钢筋网片在墙体高度方向上的间距宜为 600mm。钢筋网片分布筋宜为 ϕ6 钢筋，间距 500mm，伸出墙面长度宜超出 EPS 钢丝网架板外表面 100mm。安装 EPS 钢丝网架板时，使钢筋穿过网架板并向上弯转 90°压紧网架板。

6.5.11 EPS 钢丝网架板安装完毕后进行检查、校正、补强，然后进行面层抹灰。网架板抹灰可采用 1:4 水泥砂浆，内掺 3% ~ 5% 抗裂剂。完成水泥砂浆抹面层后，在外表抹 2 ~ 3mm 的抗裂砂浆薄抹面层并嵌埋玻纤网。

7 工 程 验 收

7.0.5 薄抹面层外保温系统抹面层和饰面层尺寸偏差取决于基层和 EPS 板粘贴的尺寸偏差。由于薄抹面层和饰面层厚度很薄，只有当保温层尺寸偏差符合《建筑装饰装修工程质量验收规范》GB 50210—2001 规定时，才能做到抹面层和饰面层尺寸偏差符合规定。保温层的尺寸偏差又与基层有关，本规程第 5.0.5 条已规定，除采用现浇混凝土外墙外保温系统外，外保温工程的施工应在基层施工质量验收合格后进行。

7.0.7 保温材料的导热系数和力学性能与密度密切相关，EPS 板抗拉强度与熔合质量有关。控制了保温材料的密度范围，基本上就可控制其导热系数和力学性能。

EPS 板的尺寸变化可分为热效应和后收缩两种变化。温度变化引起的变形是可逆的。EPS 板在加热成型后会产生收缩，这就是后收缩。后收缩的收缩率起初较快，以后逐渐变慢。收缩到某一极限值后就不再收缩。EPS 板成形后需要进行养护或陈化，以保证 EPS 板的尺寸稳定。检验 EPS 板的尺寸稳定性可保证 EPS 板上墙后不会产生大的后收缩。

附录 A 外墙外保温系统及其组成材料性能试验方法

A.1 试样制备、养护和状态调节

A.1.1 试样性能与试样制备以及试样尺寸有一定关

系。例如，不同生产厂家对抹面层厚度有不同的规定，而抹面层不透水性、保护层水蒸气渗透阻、系统吸水量和抗冲击性等又与抹面层厚度有关。因此，不宜做统一规定。

A.1.2 考虑到外保温系统对环境条件有很强的适应能力，试样养护和状态调节环境条件不必作严格规定。本条规定的条件，一般试验室均不难做到。在 EOTA ETAG 004《有抹面复合外保温系统欧洲技术认定指南》中，对于耐候性试验的养护条件也是这样规定的。

A.1.3 在没有特殊规定的情况下，试样养护时间为 28d。

A.2 系统耐候性试验方法

A.2.2 EPS 板薄抹灰系统、无网现浇系统与保温浆料系统、有网现浇系统、机械固定系统由于蓄热性能不同，升温、降温性能也有所不同。本条根据验证试验结果，对不同的系统分别作了规定。

A.3 系统抗风荷载性能试验方法

A.3.3 试验起始风荷载 Q_1 可按下式选取：

$$Q_1 = \frac{mW_d}{C_s C_a} - 2$$

分析计算举例：

风荷载设计值 $W_d = 3.2$kPa，安全系数 $m = 1.5$，$C_a = 1$，对于 EPS 板外保温系统，EPS 板粘结面积为 40%，$C_s = 0.9$。

计算得 $Q_1 = 1.5 \times 3.2/(0.9 \times 1) - 2 = 3.3$kPa，取整数后 $Q_1 = 3$kPa。

试验应从 $Q_1 = 3$kPa 级做起，并按 $Q_1 = 3$kPa，4kPa，5kPa，6kPa，7kPa，……逐级进行。假如在 6kPa 级试验中试样破坏，则应取 $Q_1 = 5$kPa。按式（A.3.4）计算，$R_d = 3.0$kPa，小于设风荷载设计值 3.2kPa，该系统不合格。

A.4 系统耐冻融性能试验方法

A.4.1 试样

不同材料的饰面层具有不同的吸水性能，这对耐冻融性能影响很大。本条规定是考虑到应在最不利的条件下进行检验。

A.12 玻纤网耐碱拉伸断裂强力试验方法

A.12.2 欧洲《UEAtc 聚苯板复合外墙外保温认定指南》中以 5%的 NaOH 水溶液作为碱溶液，《有抹面复合外保温系统欧洲技术认定指南》EOTA ETAG 004 中改用混合碱作为碱溶液。美国外保温相关标准中也以 5%的 NaOH 水溶液作为碱溶液。国内以 5%的 NaOH 水溶液作为碱溶液做了大量试验验证，并积累了大量试验数据。因此，本规程规定以 5%的 NaOH 水溶液作为碱溶液。

A.12.3 为了适应材料进场复检的需要，本条规定了快速法。本条规定的方法来源于《UEAtc 面层为无机涂层的外墙外保温系统认定指南》。

附录 B 现场试验方法

B.2 无网现浇系统粘结强度试验方法

B.2.2 关于测点布置的规定是考虑到现浇混凝土侧压力对粘结性能的影响。按一次浇筑高度为 1m 考虑，分别测量不同高度处的粘结性能。

中华人民共和国行业标准

混凝土结构后锚固技术规程

Technical specification for post-installed fastenings in concrete structures

JGJ 145—2004

批准部门：中华人民共和国建设部
施行日期：2 0 0 5 年 3 月 1 日

中华人民共和国建设部
公　告

第307号

建设部关于发布行业标准《混凝土结构后锚固技术规程》的公告

现批准《混凝土结构后锚固技术规程》为行业标准，编号为JGJ 145—2004，自2005年3月1日起实施。其中，第4.1.3、4.2.4、4.2.7条为强制性条文，必须严格执行。

本规程由建设部标准定额研究所组织中国建筑工业出版社出版发行。

中华人民共和国建设部

2005年1月13日

前　言

根据建设部建标［1998］58号文的要求，规程编制组经广泛调查研究，认真总结工程实践经验，参考有关国际标准和国外先进标准，并在广泛征求意见基础上，制定了本规程。

本规程的主要技术内容是：总则，术语和符号，材料，设计基本规定，锚固连接内力分析，承载能力极限状态计算，锚固抗震设计，构造措施，锚固施工与验收及锚固承载力现场检验方法。

本规程由建设部负责管理和对强制性条文的解释，由主编单位负责具体技术内容的解释。

本规程主编单位：中国建筑科学研究院（地址：北京市北三环东路30号；邮政编码：100013)。

本规程参加单位：中科院大连化物所
河南省建筑科学研究院
慧鱼(太仓)建筑锚栓有限公司
喜利得（中国）有限公司

本规程主要起草人：万墨林　韩继云　邸小坛
贺曼罗　吴金虎　王　稚
萧　雯

目　次

1 总　　则

1.0.1 为使混凝土结构后锚固连接设计与施工做到技术先进、安全可靠、经济合理，制定本规程。

1.0.2 本规程适用于被连接件以普通混凝土为基材的后锚固连接的设计、施工及验收；不适用以砌体或轻混凝土为基材的锚固。

1.0.3 后锚固连接设计应考虑被连接结构的类型（结构构件与非结构构件）、锚栓受力状况（受拉、受压、受弯、受剪，及其组合）、荷载类型及锚固连接的安全等级（重要与一般）等因素的综合影响。

1.0.4 后锚固连接的设计、施工及验收，除满足本规程的规定外，尚应符合国家现行有关强制性标准的规定。

2 术 语 和 符 号

2.1 术　　语

2.1.1 后锚固　post-installed fastenings

通过相关技术手段在既有混凝土结构上的锚固。

2.1.2 锚栓　anchor

将被连接件锚固到混凝土基材上的锚固组件。

2.1.3 膨胀型锚栓　expansion anchors

利用膨胀件挤压锚孔孔壁形成锚固作用的锚栓（图 2.1.3-1，图 2.1.3-2）。

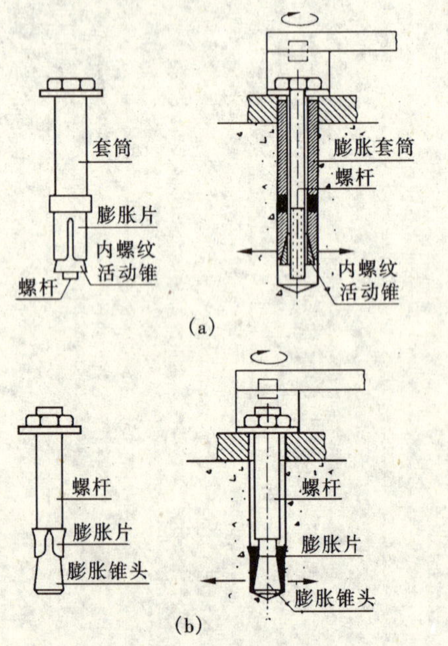

图 2.1.3-1　扭矩控制式膨胀型锚栓

（a）套筒式（壳式）；（b）膨胀片式（光杆式）

2.1.4 扩孔型锚栓　undercut anchors

通过锚孔底部扩孔与锚栓膨胀件之间的锁键形成锚固作用的锚栓（图 2.1.4）。

2.1.5 化学植筋　bonded rebars

以化学胶粘剂——锚固胶，将带肋钢筋及长螺杆等胶结固定于混凝土基材锚孔中的一种后锚固生根钢筋（图 2.1.5）。

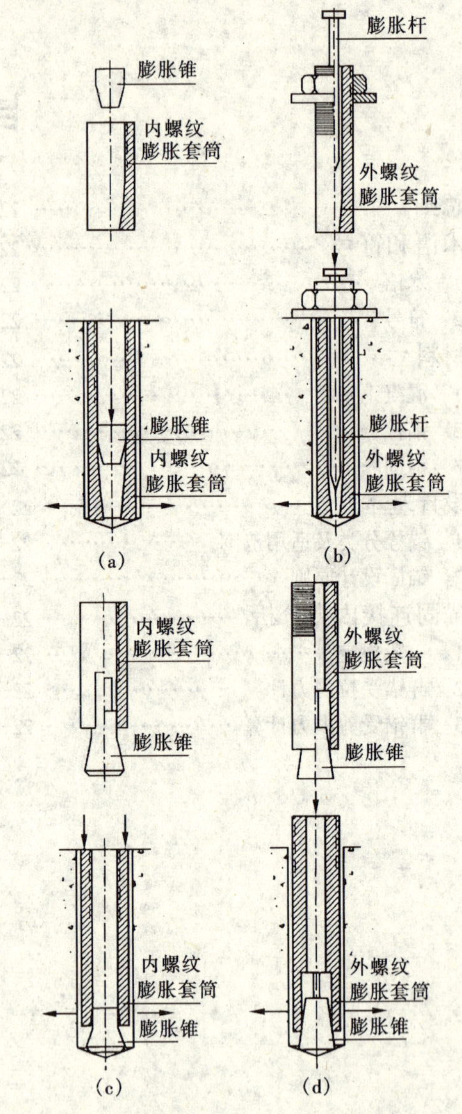

图 2.1.3-2　位移控制式膨胀型锚栓

（a）锥下型（内塞）；（b）杆下型（穿透式）；

（c）套下型（外塞）；（d）套下型（穿透式）

2.1.6 基材　base material

承载锚栓的母体结构材料，本规程指混凝土。

2.1.7 群锚　anchor group

共同工作的多个锚栓。

2.1.8 被连接件　fixture

被锚固到混凝土基材上的物件。

2.1.9 锚板　anchor plate

锚固到混凝土基材上的钢板。

2.1.10 破坏模式　failure mode

荷载下锚固连接的破坏形式。

2.1.11 锚栓破坏 anchor failure

锚栓或植筋本身钢材被拉断、剪坏或复合受力破坏形式（图 2.1.11）。

2.1.12 混凝土锥体破坏 concrete cone failure

锚栓受拉时混凝土基材形成以锚栓为中心的倒锥体破坏形式（图 2.1.12）。

2.1.13 混合型破坏 combination failure

化学植筋受拉时形成以基材表面混凝土锥体及深部粘结拔出之组合破坏形式（图 2.1.13）。

2.1.14 混凝土边缘破坏 concrete edge failure

基材边缘受剪时形成以锚栓轴为顶点的混凝土楔形体破坏形式（图 2.1.14）。

2.1.15 剪撬破坏 pryout failure

中心受剪时基材混凝土沿反方向被锚栓撬坏（图 2.1.15）。

2.1.16 劈裂破坏 splitting failure

基材混凝土因锚栓膨胀挤压力而沿锚栓轴线或若干锚栓轴线连线之开裂破坏形式（图 2.1.16）。

2.1.17 拔出破坏 pull-out failure

拉力作用下锚栓整体从锚孔中被拉出的破坏形式（图 2.1.17）。

2.1.18 穿出破坏 pull-through faliure

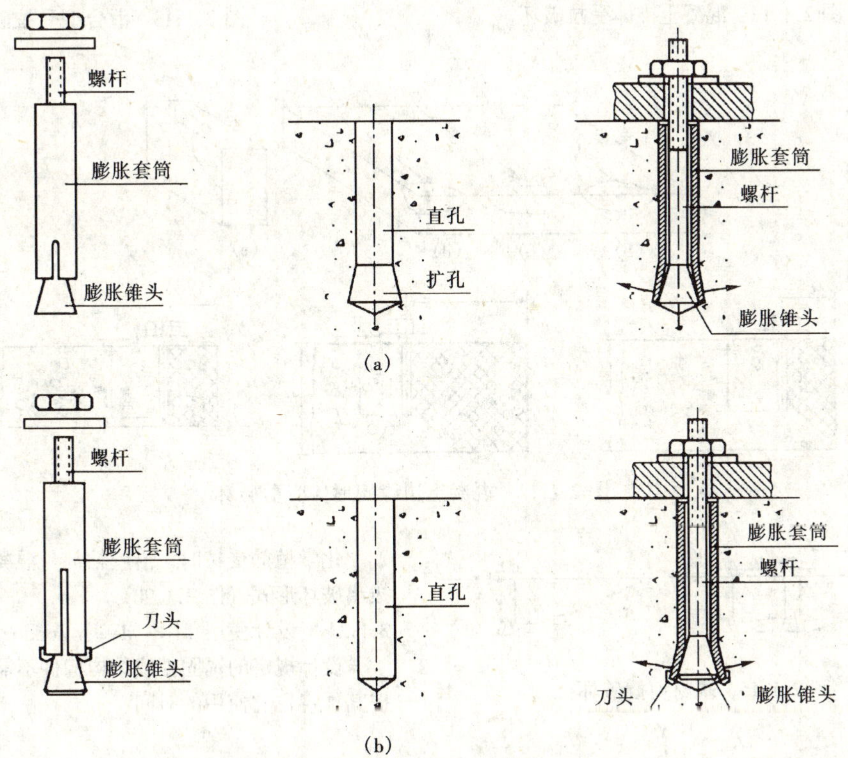

图 2.1.4 扩孔型锚栓

(a) 预扩孔普通栓；(b) 自扩孔专用栓

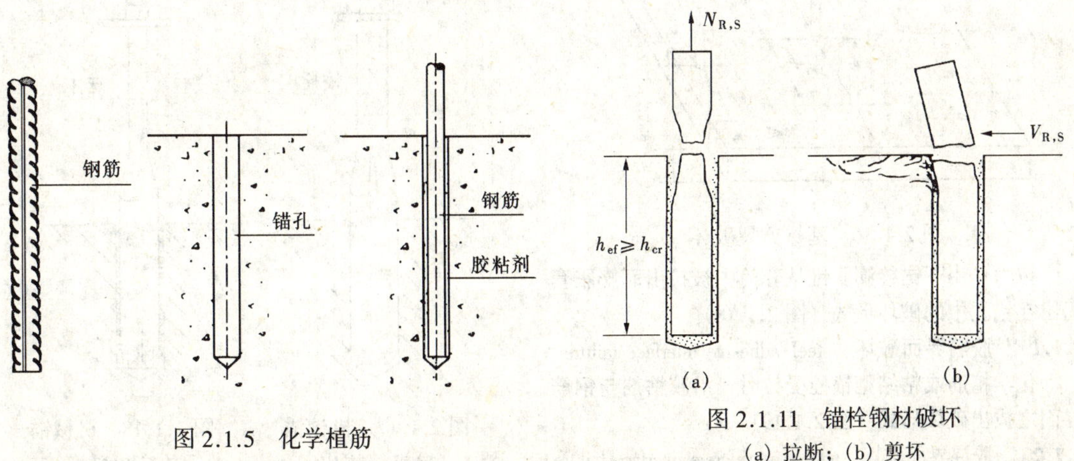

图 2.1.5 化学植筋

图 2.1.11 锚栓钢材破坏

(a) 拉断；(b) 剪坏

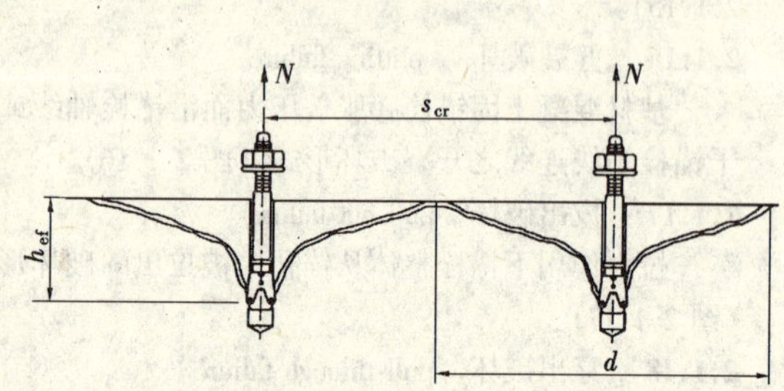

图 2.1.12　混凝土锥体受拉破坏

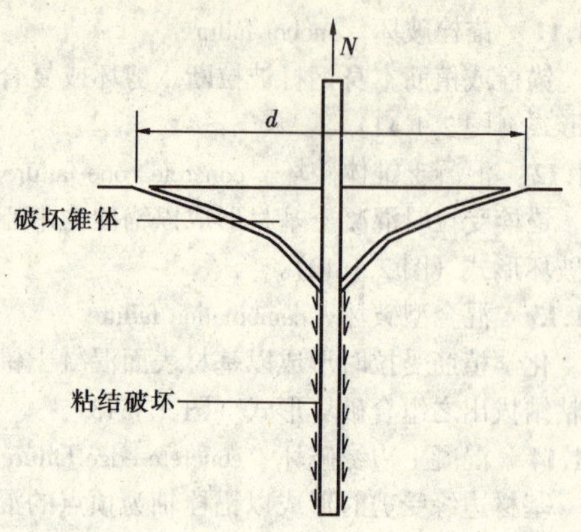

图 2.1.13　混合型受拉破坏

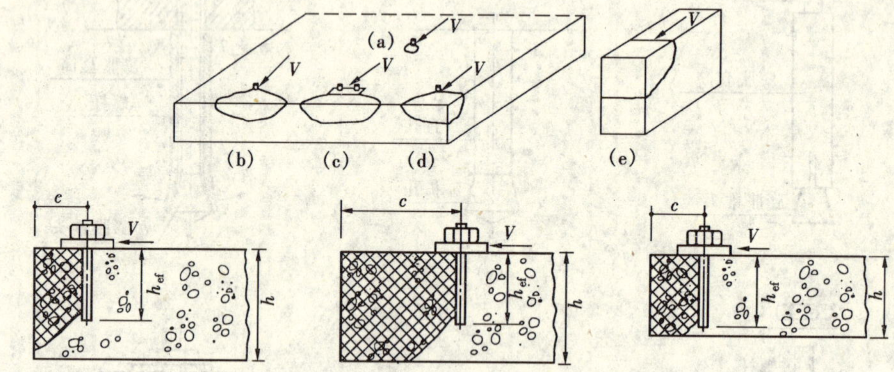

图 2.1.14　混凝土边缘楔形体受剪破坏

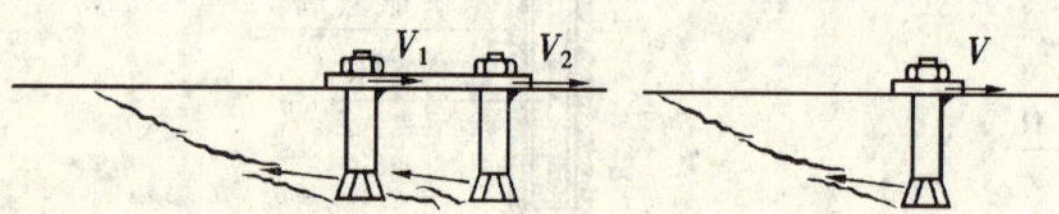

图 2.1.15　基材剪撬破坏

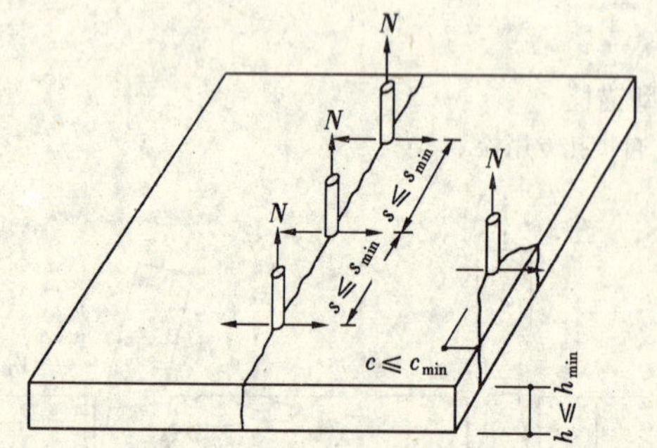

图 2.1.16　基材劈裂破坏

拉力作用下锚栓膨胀锥从套筒中被拉出而膨胀套仍留在锚孔中的破坏形式（图 2.1.18）。

2.1.19　胶筋界面破坏　steel/adhesive interface failure

化学植筋或粘结型锚栓受拉时，沿胶粘剂与钢筋界面之拔出破坏形式（图 2.1.19）。

2.1.20　胶混界面破坏　adhesive/concrete interface failure

化学植筋受拉时，沿胶粘剂与混凝土孔壁界面之拔出破坏形式（图 2.1.20）。

2.1.21　设计使用年限　design working life

设计规定的锚固件或结构构件不需进行大修即可按其预定目的使用的时间。

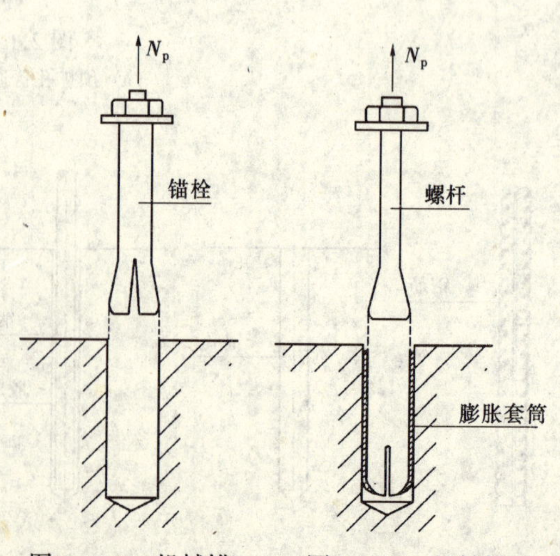

图 2.1.17　机械锚栓整体拔出

图 2.1.18　机械锚栓穿出破坏

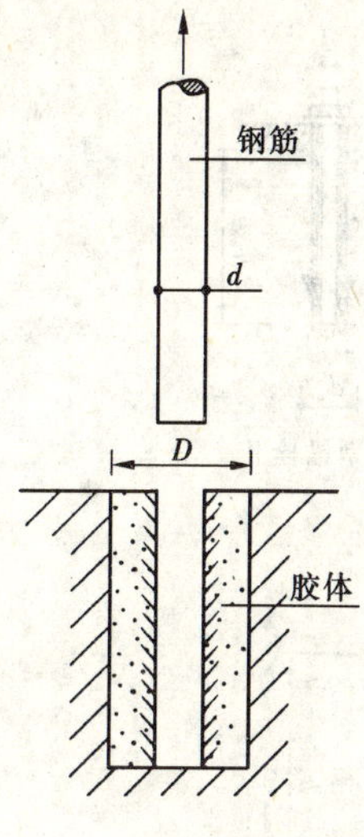

图 2.1.19 化学植筋沿胶筋界面拔出

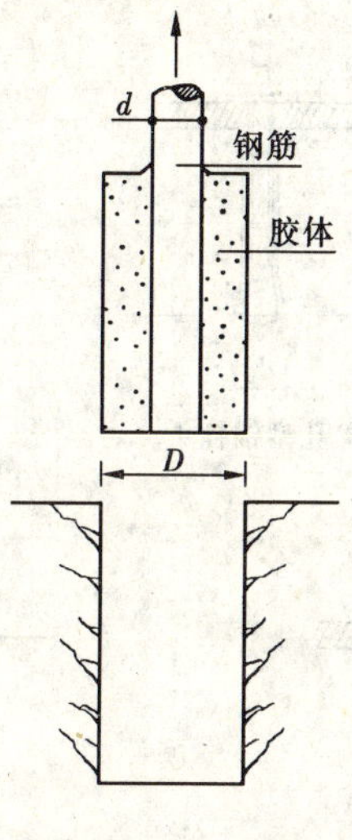

图 2.1.20 化学植筋沿胶混界面拔出

2.2 符 号

2.2.1 作用与抗力

M——弯矩；

N——轴向力；

R——承载力；

S——作用效应；

T——扭矩；

V——剪力；

N_{Sd}——拉力设计值；

V_{Sd}——剪力设计值；

N_{Sd}^{g}——群锚受拉区总拉力设计值；

V_{Sd}^{g}——群锚总剪力设计值；

N_{Sd}^{h}——群锚中受力最大锚栓的拉力设计值；

V_{Sd}^{h}——群锚中受力最大锚栓的剪力设计值；

$N_{Rk,s}$——锚栓受拉承载力标准值；

$N_{Rd,s}$——锚栓受拉承载力设计值；

$V_{Rk,s}$——锚栓受剪承载力标准值；

$V_{Rd,s}$——锚栓受剪承载力设计值；

$N_{Rk,c}$——混凝土锥体受拉破坏承载力标准值；

$N_{Rd,c}$——混凝土锥体受拉破坏承载力设计值；

$N_{Rk,sp}$——混凝土劈裂破坏受拉承载力标准值；

$N_{Rd,sp}$——混凝土劈裂破坏受拉承载力设计值；

$N_{Rk,p}$——锚栓拔出破坏受拉承载力标准值；

$N_{Rd,p}$——锚栓拔出破坏受拉承载力设计值；

T_{inst}——按规定安装，施加于锚栓的扭矩；

N_{inst}——按规定安装,施加于锚栓的相应的预紧力；

$V_{Rk,c}$——混凝土楔形体受剪破坏承载力标准值；

$V_{Rd,c}$——混凝土楔形体受剪破坏承载力设计值；

$V_{Rk,cp}$——混凝土剪撬破坏承载力标准值；

$V_{Rd,cp}$——混凝土剪撬破坏承载力设计值。

2.2.2 材料强度

f_{yk}——锚栓屈服强度标准值；

f_{stk}——锚栓极限抗拉强度标准值；

$f_{cu,k}$——混凝土立方体抗压强度标准值。

2.2.3 几何特征值（图 2.2.3）

A_s，W_{el}——锚栓应力截面面积和截面抵抗矩；

a——同一受力方向群锚与群锚邻接的外部锚栓之间的距离；

b——混凝土基材宽度；

c、c_1、c_2——锚栓与混凝土基材边缘的距离；

$c_{cr,N}$——混凝土理想锥体受拉破坏的锚栓临界边距；

c_{min}——不发生安装造成的混凝土劈裂破坏的锚栓边距最小值；

d——锚栓杆、螺杆外螺纹公称直径及钢筋直径；

d_0、D——锚孔直径；

d_u——扩孔直径；

d_f——锚板钻孔直径；

d_{nom}——锚栓外径；

h——混凝土基材厚度；

h_0——钻孔深度；

h_1——钻孔底尖端深度；

h_{ef}——锚栓有效锚固深度；

h_{min}——不发生安装造成的混凝土劈裂破坏的混凝土基材厚度最小值；

h_{nom}——锚栓埋置深度；

s,s_1,s_2——锚栓之间的距离；

$s_{cr,N}$——混凝土理想锥体受拉破坏的锚栓临界间距；

s_{min}——不发生安装造成的混凝土劈裂破坏的锚栓间距最小值；

t_{fix}——被连接件厚度或锚板厚度；

$A_{c,N}^{0}$——单根锚栓受拉，混凝土破坏理想锥体投影面面积；

$A_{c,N}$——混凝土破坏计算锥体投影面面积；

$A_{c,V}^{0}$——单根锚栓受剪混凝土破坏理想楔形体在侧向的投影面面积；

$A_{c,V}$——混凝土破坏计算楔形体在侧向的投影面面积；

l_f——剪切荷载下，锚栓的计算长度。

2.2.4 分项系数及计算系数

γ_A——锚固重要性系数；

γ_{R*}——锚固承载力分项系数；

$\psi_{\alpha,V}$——角度对受剪承载力的影响系数；

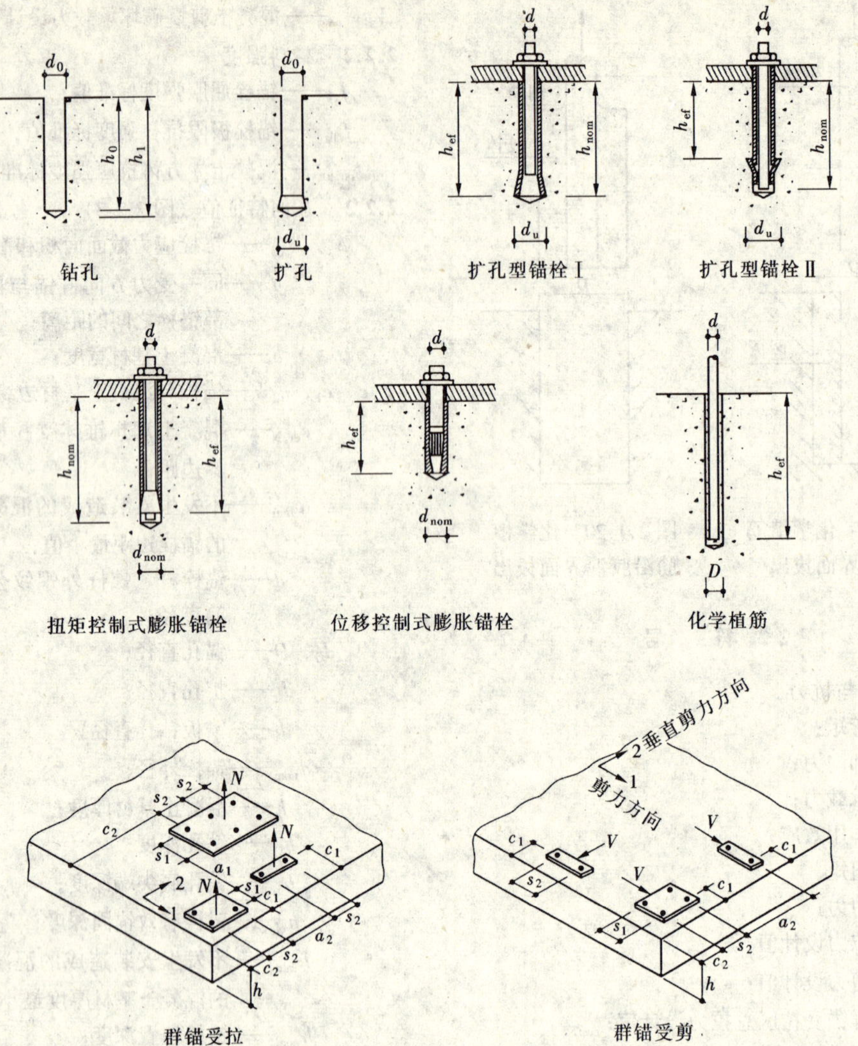

图2.2.3　锚固几何特征值

$\psi_{ec,N}$——荷载偏心对受拉承载力的影响系数；

$\psi_{ec,V}$——荷载偏心对受剪承载力的影响系数；

$\psi_{h,V}$——边距与混凝土基材厚度比对受剪承载力的影响系数；

$\psi_{re,N}$——表层混凝土因密集配筋的剥离作用对受拉承载力的影响系数；

$\psi_{s,N}$——边距 c 对受拉承载力的影响系数；

$\psi_{s,V}$——边距 c 对受剪承载力的影响系数；

$\psi_{ucr,N}$——未裂混凝土对受拉承载力的提高系数；

$\psi_{ucr,V}$——未裂混凝土对受剪承载力的提高系数。

3　材　　料

3.1　混凝土基材

3.1.1　混凝土基材应坚实，且具有较大体量，能承担对被连接件的锚固和全部附加荷载。

3.1.2　风化混凝土、严重裂损混凝土、不密实混凝土、结构抹灰层、装饰层等，均不得作为锚固基材。

3.1.3　基材混凝土强度等级不应低于C20。基材混凝土强度指标及弹性模量取值应根据现场实测结果按现行国家标准《混凝土结构设计规范》GB50010确定。

3.2　锚　　栓

3.2.1　混凝土结构所用锚栓的材质可为碳素钢、不锈钢或合金钢，应根据环境条件的差异及耐久性要求的不同，选用相应的品种。锚栓的性能应符合现行行业标准《混凝土用膨胀型、扩孔型建筑锚栓》JG160的相关规定。

3.2.2　碳素钢和合金钢锚栓的性能等级应按所用钢材的抗拉强度标准值 f_{stk} 及屈强比 f_{yk}/f_{stk} 确定，相应的性能指标应按表3.2.2采用。

3.2.3　不锈钢锚栓的性能等级应按所用钢材的抗拉强度标准值 f_{stk} 及屈服强度标准值 f_{yk} 确定，相应的性能指标应按表3.2.3采用。

表 3.2.2　碳素钢及合金钢锚栓的性能指标

性能等级		3.6	4.6	4.8	5.6	5.8	6.8	8.8
抗拉强度标准值	f_{stk}（MPa）	300	400		500		600	800
屈服强度标准值	f_{yk}或$f_{s0.2k}$(MPa)	180	240	320	300	400	480	640
伸长率	δ_5（%）	25	22	14	20	10	8	12
注：性能等级 3.6 表示：$f_{stk}=300MPa$，$f_{yk}/f_{stk}=0.6$。								

表 3.2.3　不锈钢(奥氏体 A_1、A_2、A_4)锚栓的性能指标

性能等级	螺纹直径（mm）	抗拉强度标准值 f_{stk}（MPa）	屈服强度标准值 f_{yk}（MPa）	伸长值 δ
50	≤39	500	210	0.6d
70	≤20	700	450	0.4d
80	≤20	800	600	0.3d
注：锚栓伸长量 δ 按 GB 3098.6—86 标准 7.1.3 条方法测定。				

3.2.4　化学植筋的钢筋及螺杆，应采用 HRB400 级和 HRB335 级带肋钢筋及 Q235 和 Q345 钢螺杆。钢筋的强度指标按现行国家标准《混凝土结构设计规范》GB50010 规定采用。

3.2.5　锚栓弹性模量可取 2.0×10^5MPa。

3.3　锚　固　胶

3.3.1　化学植筋所用锚固胶的锚固性能应通过专门的试验确定。对获准使用的锚固胶，除说明书规定可以掺入定量的掺和剂（填料）外，现场施工中不宜随意增添掺料。

3.3.2　锚固胶按使用形态的不同分为管装式、机械注入式和现场配制式（图 3.3.2），应根据使用对象的特征和现场条件合理选用。

3.3.3　环氧基锚固胶的性能指标应满足表 3.3.3 的要求。

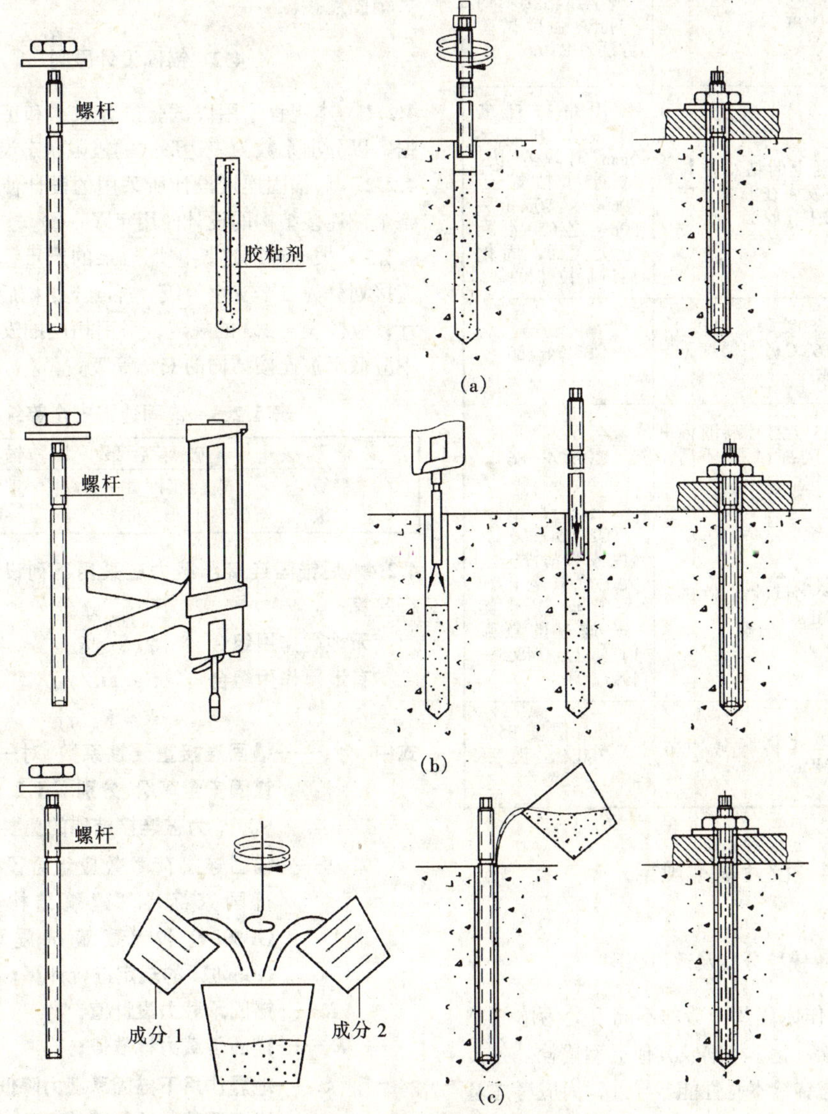

图 3.3.2　锚固胶使用形态

（a）管装式；（b）机械注入式；（c）现场配制式

表 3.3.3 环氧基锚固胶性能指标

项目	性能指标	试验方法
物理性能	黏度（25℃）4500～75000mPa·s，安装温度在－5～40℃内能正常固化，固化时间可调	《胶粘剂粘度测定方法》GB2794—81
胶体强度及变形性能	抗压强度标准值 $f_{bc,k} \geqslant 60N/mm^2$ 抗拉强度标准值 $f_{bt,k} \geqslant 18N/mm^2$ 受拉弹性模量 $E \geqslant 5.2\times10^3 N/mm^2$ 受拉极限变形 $\varepsilon_u \geqslant 0.01$	《塑料压缩试验方法》GB1041—79 《塑料拉伸试验方法》GB1040—79
钢-钢粘结强度	抗剪强度标准值 $f_{bv,k} \geqslant 14N/mm^2$ 抗拉强度标准值 $f_{bt,k} \geqslant 20N/mm^2$ 不均匀扯离强度标准值 $f_{bp,k} \geqslant 20kN/m$	《胶粘剂拉伸剪切强度测定方法》GB7124—86 《胶粘剂拉伸强度试验方法》GB6329—86 《金属粘接不均匀扯离强度试验方法》HB5166
钢-混凝土粘结强度	钢-混凝土的粘结抗拉，其破坏应发生在混凝土中，不允许发生在胶层	用带拉杆之50mm×50mm×5mm钢块两块，轴对称粘贴于70mm×70mm×50mm之C50混凝土块大面，固化后进行拉伸试验
耐温性能	－45～80℃瞬态温度下及－35～60℃稳态温度下，$f_{bv,k} \geqslant 14MPa$	GB7124—86
冻融性能	在－25～25℃范围内，经受50次冻融循环后，$f_{bv,k} \geqslant 14MPa$	GB7124—86
耐老化性能	人工老化试验≥3000h，$f_{bv,k} \geqslant 14MPa$	GB7124—86及《色漆和清漆——人工气候老化和人工辐射暴露——滤过的氙弧射》GB/T4865—1997
	湿热老化试验≥90d，$f_{bv,k} \geqslant 12MPa$	相对湿度95%～100%，温度49℃～52℃

4 设计基本规定

4.1 锚栓分类及适用范围

4.1.1 锚栓按工作原理及构造的不同可分为膨胀型锚栓、扩孔型锚栓、化学植筋及其他类型锚栓。各类锚栓的选用除考虑锚栓本身性能差异外，尚应考虑基材性状、锚固连接的受力性质、被连接结构类型、有无抗震设防要求等因素的综合影响。

4.1.2 膨胀型锚栓、扩孔型锚栓、化学植筋可用作非结构构件的后锚固连接，也可用作受压、中心受剪（$c \geqslant 10h_{ef}$）、压剪组合之结构构件的后锚固连接。各类锚栓的特许适用和限定范围，应满足本规程4.1.3条～4.1.4条有关规定。

注：非结构构件包括建筑非结构构件（如围护外墙、隔墙、幕墙、吊顶、广告牌、储物柜架等）及建筑附属机电设备的支架（如电梯，照明和应急电源，通信设备，管道系统，采暖和空调系统，烟火监测和消防系统，公用天线等）等。

4.1.3 膨胀型锚栓和扩孔型锚栓不得用于受拉、边缘受剪（$c<10h_{ef}$）、拉剪复合受力的结构构件及生命线工程非结构构件的后锚固连接。

4.1.4 满足锚固深度要求的化学植筋及螺杆（图2.1.5），可应用于抗震设防烈度不大于8度之受拉、边缘受剪、拉剪复合受力之结构构件及非结构构件的后锚固连接。

4.2 锚固设计原则

4.2.1 本规程采用以试验研究数据和工程经验为依据，以分项系数为表达形式的极限状态设计方法。

4.2.2 后锚固连接设计所采用的设计使用年限应与整个被连接结构的设计使用年限一致。

4.2.3 根据锚固连接破坏后果的严重程度，后锚固连接划分为二个安全等级。混凝土结构后锚固连接设计，应按表4.2.3的规定，采用相应的安全等级，但不应低于被连接结构的安全等级。

表 4.2.3 锚固连接安全等级

安全等级	破坏后果	锚固类型
一级	很严重	重要的锚固
二级	严重	一般的锚固

4.2.4 后锚固连接承载力应采用下列设计表达式进行验算：

无地震作用组合 $\gamma_A S \leqslant R$ (4.2.4-1)

有地震作用组合 $S \leqslant kR/\gamma_{RE}$ (4.2.4-2)

$R = R_k/\gamma_R$ (4.2.4-3)

式中 γ_A——**锚固连接重要性系数，对一级、二级的锚固安全等级，分别取1.2、1.1；且 $\gamma_A \geqslant \gamma_0$，$\gamma_0$ 为被连接结构的重要性系数；**

S——**锚固连接荷载效应组合设计值，按现行国家标准《建筑结构荷载规范》GB50009和《建筑抗震设计规范》GB50011的规定进行计算；**

R——**锚固承载力设计值；**

R_k——**锚固承载力标准值；**

k——**地震作用下锚固承载力降低系数；**

γ_{RE}——**锚固承载力抗震调整系数；**

γ_R——**锚固承载力分项系数。**

公式（4.2.4-1）中的 $\gamma_A S$，在本规程各章中用内力设计值（N、M、V）表示。

4.2.5 后锚固连接设计，应根据被连接结构类型、锚固连接受力性质及锚栓类型的不同，对其破坏型态加以控制。对受拉、边缘受剪、拉剪组合之结构构件及生命线工程非结构构件的锚固连接，应控制为锚栓或植筋钢材破坏，不应控制为混凝土基材破坏；对于膨胀型锚栓及扩孔型锚栓锚固连接，不应发生整体拔出破坏，不宜产生锚杆穿出破坏；对于满足锚固深度要求的化学植筋及长螺杆，不应产生混凝土基材破坏及拔出破坏（包括沿胶筋界面破坏和胶混界面破坏）。

4.2.6 混凝土结构后锚固连接承载力分项系数 γ_R，应根据锚固连接破坏类型及被连接结构类型的不同，按表 4.2.6 采用。当有充分试验依据和可靠使用经验，并经国家指定的机构技术认证许可后，其值可做适当调整。

表 4.2.6 锚固承载力分项系数 γ_R

项次	符号	被连接结构类型 / 锚固破坏类型	结构构件	非结构构件
1	$\gamma_{Rc,N}$	混凝土锥体受拉破坏	3.0	2.15
2	$\gamma_{Rc,V}$	混凝土楔形体受剪破坏	2.5	1.8
3	γ_{Rp}	锚栓穿出破坏	3.0	2.15
4	γ_{Rsp}	混凝土劈裂破坏	3.0	2.15
5	γ_{Rcp}	混凝土剪撬破坏	2.5	1.8
6	$\gamma_{Rs,N}$	锚栓钢材受拉破坏	$1.3f_{stk}/f_{yk}\geqslant1.55$	$1.2f_{stk}/f_{yk}\geqslant1.4$
7	$\gamma_{Rs,V}$	锚栓钢材受剪破坏	$1.3f_{stk}/f_{yk}\geqslant1.4$ （$f_{stk}\leqslant800$MPa 且 $f_{yk}/f_{stk}\leqslant0.8$）	$1.2f_{stk}/f_{yk}\geqslant1.25$（$f_{stk}\leqslant800$MPa 且 $f_{yk}/f_{stk}\leqslant0.8$）

4.2.7 未经有资质的技术鉴定或设计许可，不得改变后锚固连接的用途和使用环境。

5 锚固连接内力分析

5.1 一般规定

5.1.1 锚栓内力宜按下列基本假定进行计算：

1 被连接件与基材结合面受力变形后仍保持为平面，锚板出平面刚度较大，其弯曲变形忽略不计；

2 锚栓本身不传递压力（化学植筋除外），锚固连接的压力应通过被连接件的锚板直接传给混凝土基材；

3 群锚锚栓内力按弹性理论计算。当锚固破坏为锚栓或植筋钢材破坏，且为低强（≤5.8 级）钢材时，可考虑塑性应力重分布，按弹塑性理论计算。

5.1.2 当式（5.1.2）成立时，锚固区基材可判定为非开裂混凝土；否则宜判定为开裂混凝土，并按现行国家标准《混凝土结构设计规范》GB50010 计算其裂缝宽度：

$$\sigma_L + \sigma_R \leqslant 0 \tag{5.1.2}$$

式中 σ_L——外荷载（包括锚栓荷载）及预应力在基材结构锚固区混凝土中所产生的应力标准值，拉为正，压为负；

σ_R——由于混凝土收缩、温度变化及支座位移等在锚固区混凝土中所产生的拉应力标准值，若不进行精确计算，可近似取 $\sigma_R = 3$MPa。

5.2 群锚受拉内力计算

5.2.1 轴心拉力作用下（图 5.2.1），各锚栓所承受的拉力设计值应按下式计算：

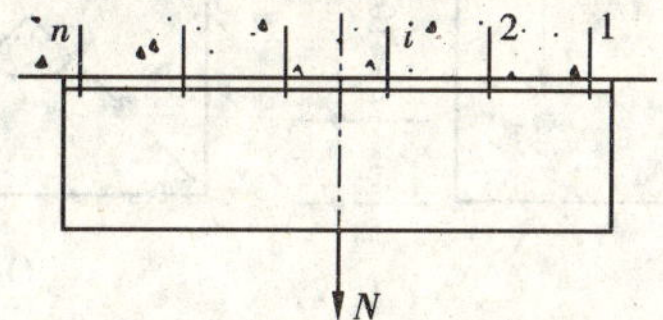

图 5.2.1 轴心受拉

$$N_{Sd} = N/n \tag{5.2.1}$$

式中 N_{Sd}——锚栓所承受的拉力设计值；

N——总拉力设计值；

n——群锚锚栓个数。

5.2.2 轴心拉力与弯矩共同作用下（图 5.2.2），弹性分析时，受力最大锚栓的拉力设计值应按下列规定计算：

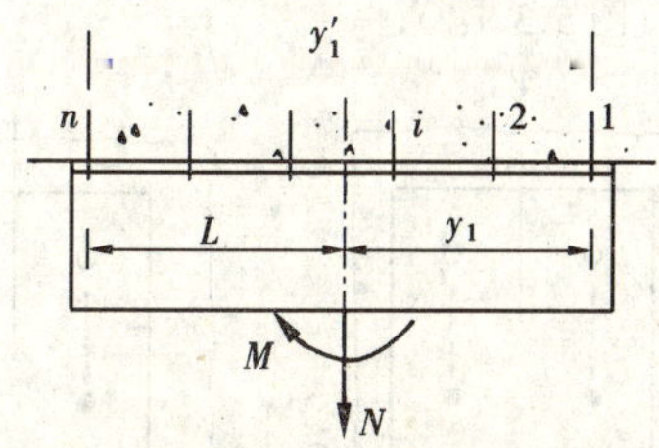

图 5.2.2 拉力和弯矩共同作用

1 当 $N/n - My_1/\Sigma y_i^2 \geqslant 0$ 时

$$N_{Sd}^h = N/n + My_1/\Sigma y_i^2 \tag{5.2.2-1}$$

2 当 $N/n - My_1/\Sigma y_i^2 < 0$ 时

$$N_{Sd}^h = (NL + M)y'_1/\Sigma y'^2_i \tag{5.2.2-2}$$

式中 M——弯矩设计值；

N_{Sd}^h——群锚中受力最大锚栓的拉力设计值；

y_1，y_i——锚栓 1 及 i 至群锚形心轴的垂直距离；

y'_1，y'_i——锚栓 1 及 i 至受压一侧最外排锚栓的垂直距离；

L——轴力 N 作用点至受压一侧最外排锚栓的垂直距离。

5.3 群锚受剪内力计算

5.3.1 群锚在剪切荷载 V 或扭矩 T 作用下，锚栓所承受的剪力，应根据被连接件锚板孔径 d_f 与锚栓直径 d 的适配情况，锚栓与混凝土基材边缘的距离 c 值大小等，分别按下列规定确定：

1 锚板钻孔与锚杆之间的空隙 $\Delta = d_f - d$ 或钻孔与套筒之间的空隙（穿透式安装情况）$\Delta = d_f - d_{nom}$ 小于或等于表 5.3.1 的允许值［Δ］，且边距 $c \geqslant 10h_{ef}$ 时，所有锚栓均匀分摊剪切荷载（图 5.3.1-1）；

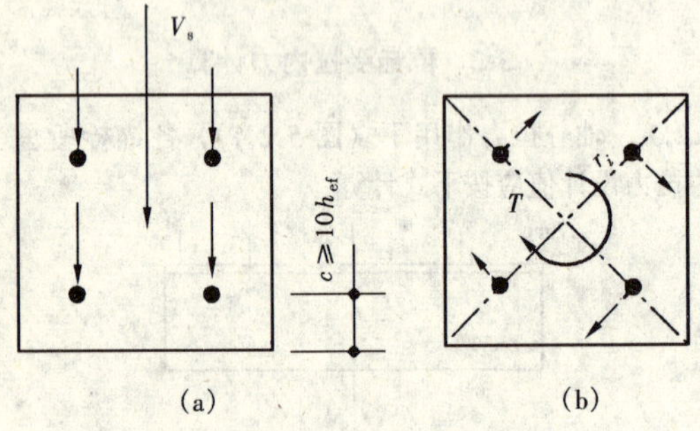

图 5.3.1-1 理想状态下受剪锚栓内力

（a）剪力 V 作用下；（b）扭矩 T 作用下

表 5.3.1 被连接件孔径、孔隙规定（mm）

锚栓 d 或 d_{nom}	6	8	10	12	14	16	18	20	22	24	27	30
锚板孔径 d_f	7	9	12	14	16	18	20	22	24	26	30	33
最大间隙［Δ］	1	1	2	2	2	2	2	2	2	2	3	3

2 $\Delta >$［Δ］或 $c < 10h_{ef}$ 时，只有部分锚栓承受剪切荷载（图 5.3.1-2）；

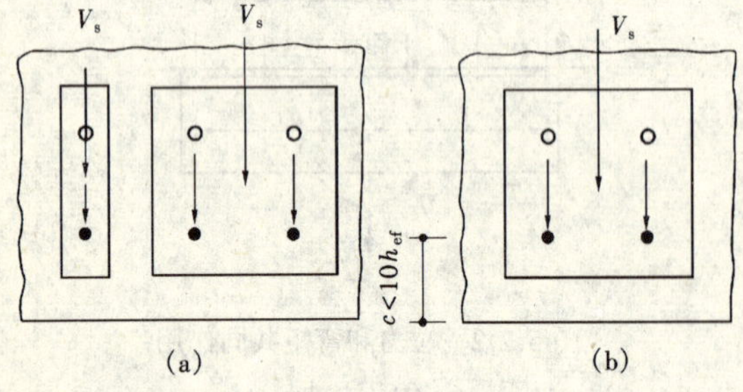

图 5.3.1-2 非理想状态下受剪锚栓内力

（a）$\Delta >$［Δ］；（b）$c < 10h_{ef}$

3 当部分锚栓的锚板孔沿剪切荷载方向为长槽孔时，可不考虑这些锚栓承受剪力（图 5.3.1-3）。

5.3.2 剪切荷载 V 作用下（图 5.3.2），锚栓的剪力设计值应按下列公式计算：

$$V_{Si,x}^{V} = V_x / n_x \tag{5.3.2-1}$$

$$V_{Si,y}^{V} = V_y / n_y \tag{5.3.2-2}$$

$$V_{Si}^{V} = \sqrt{(V_{Si,x}^{V})^2 + (V_{Si,y}^{V})^2} \tag{5.3.2-3}$$

$$V_{Sd}^{h} = V_{Si,max}^{V} \tag{5.3.2-4}$$

式中 $V_{Si,x}^{V}$——锚栓 i 所受剪力的 x 分量；

$V_{Si,y}^{V}$——锚栓 i 所受剪力的 y 分量；

V_{Si}^{V}——锚栓 i 所受的组合剪力值；

V_x——剪切荷载设计值 V 的 x 分量；

n_x——参与 V_x 受剪的锚栓数目；

V_y——剪切荷载设计值 V 的 y 分量；

n_y——参与 V_y 受剪的锚栓数目；

V_{Sd}^{h}——承受剪力最大锚栓的剪力设计值。

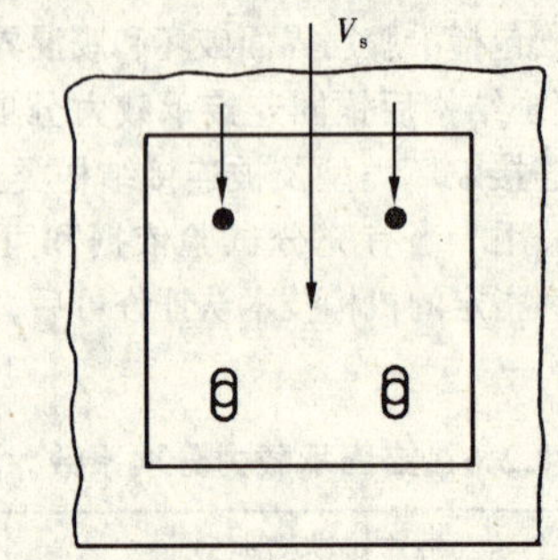

图 5.3.1-3 人工干预受剪锚栓内力

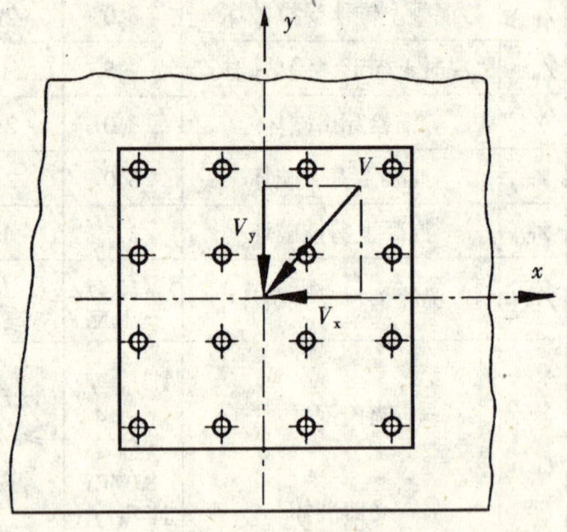

图 5.3.2 受剪

5.3.3 按弹性分析时，群锚在扭矩 T 作用下（图 5.3.3），锚栓的剪力设计值应按下列公式计算：

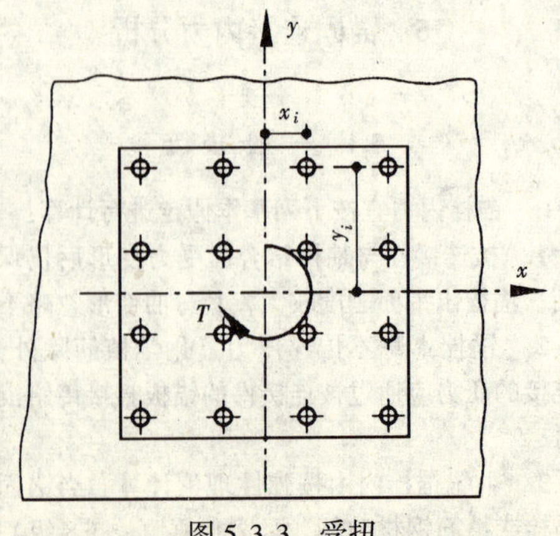

图 5.3.3 受扭

$$V_{Si,x}^{T} = Ty_i/(\Sigma x_i^2 + \Sigma y_i^2) \qquad (5.3.3\text{-}1)$$

$$V_{Si,y}^{T} = Tx_i/(\Sigma x_i^2 + \Sigma y_i^2) \qquad (5.3.3\text{-}2)$$

$$V_{Si}^{V} = \sqrt{(V_{Si,x}^{T})^2 + (V_{Si,y}^{T})^2} \qquad (5.3.3\text{-}3)$$

$$V_{Sd}^{h} = V_{Si,max}^{T} \qquad (5.3.3\text{-}4)$$

式中 T——扭矩设计值；

$V_{Si,x}^{T}$——T 作用下锚栓 i 所受剪力的 x 分量；

$V_{Si,y}^{T}$——T 作用下锚栓 i 所受剪力的 y 分量；

V_{Si}^{T}——T 作用下锚栓 i 所受组合剪力值；

x_i——锚栓 i 至以群锚形心为原点的 y 坐标轴的垂直距离；

y_i——锚栓 i 至以群锚形心为原点的 x 坐标轴的垂直距离。

5.3.4 群锚在剪力 V 和扭矩 T 共同作用下（图 5.3.4），锚栓的剪力设计值应按下式计算：

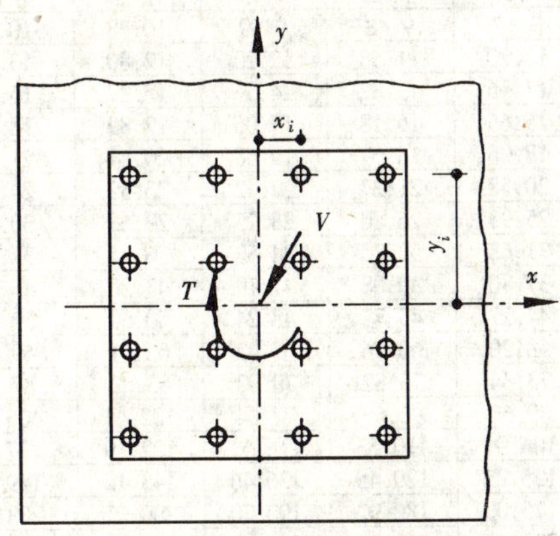

图 5.3.4 剪力和扭矩共同作用

$$V_{Si} = \sqrt{(V_{Si,x}^{V} + V_{Si,x}^{T})^2 + (V_{Si,y}^{V} + V_{Si,y}^{T})^2} \qquad (5.3.4\text{-}1)$$

$$V_{Sd}^{h} = V_{Si,max} \qquad (5.3.4\text{-}2)$$

式中 V_{Si}——锚栓 i 的剪力设计值。

6 承载能力极限状态计算

6.1 受拉承载力计算

6.1.1 锚固受拉承载力应符合表 6.1.1 的规定：

表 6.1.1 锚固受拉承载力设计规定

破坏类型	单一锚栓	群锚
锚栓钢材破坏	$N_{Sd} \leqslant N_{Rd,s}$	$N_{Sd}^{h} \leqslant N_{Rd,s}$
膨胀型锚栓及扩孔型锚栓穿出破坏	$N_{Sd} \leqslant N_{Rd,p}$	$N_{Sd}^{h} \leqslant N_{Rd,p}$
混凝土锥体受拉破坏	$N_{Sd} \leqslant N_{Rd,c}$	$N_{Sd}^{g} \leqslant N_{Rd,c}$

续表 6.1.1

破坏类型	单一锚栓	群锚
混凝土劈裂破坏	$N_{Sd} \leqslant N_{Rd,sp}$	$N_{Sd}^{g} \leqslant N_{Rd,sp}$

注：N_{Sd}^{h}——群锚中拉力最大锚栓的拉力设计值；

N_{Sd}^{g}——群锚受拉区总拉力设计值；

$N_{Rd,s}$——锚栓钢材破坏受拉承载力设计值；

$N_{Rd,c}$——混凝土锥体破坏受拉承载力设计值；

$N_{Rd,p}$——膨胀型锚栓及扩孔型锚栓穿出破坏受拉承载力设计值；

$N_{Rd,sp}$——混凝土劈裂破坏受拉承载力设计值。

6.1.2 锚栓或植筋钢材破坏时的受拉承载力设计值 $N_{Rd,s}$，应按下列公式计算：

$$N_{Rd,s} = N_{Rk,s}/\gamma_{RS,N} \qquad (6.1.2\text{-}1)$$

$$N_{Rk,s} = A_s f_{stk} \qquad (6.1.2\text{-}2)$$

式中 $N_{Rk,s}$——锚栓或植筋钢材破坏受拉承载力标准值；

$\gamma_{RS,N}$——锚栓或植筋钢材破坏受拉承载力分项系数，按表 4.2.6 采用；

A_s——锚栓或植筋应力截面面积；

f_{stk}——锚栓或植筋极限抗拉强度标准值。

6.1.3 单锚或群锚混凝土锥体受拉破坏时的受拉承载力设计值 $N_{Rd,c}$，应按下列公式计算：

$$N_{Rd,c} = N_{Rk,c}/\gamma_{Rc,N} \qquad (6.1.3\text{-}1)$$

$$N_{Rk,c} = N_{Rk,c}^{0}\frac{A_{c,N}}{A_{c,N}^{0}}\psi_{s,N}\psi_{re,N}\psi_{ec,N}\psi_{ucr,N} \qquad (6.1.3\text{-}2)$$

式中 $N_{Rk,c}$——混凝土锥体破坏时的受拉承载力标准值；

$\gamma_{Rc,N}$——混凝土锥体破坏时的受拉承载力分项系数，$\gamma_{Rc,N}$ 按本规程表 4.2.6 采用；

$N_{Rk,c}^{0}$——开裂混凝土单根锚栓受拉，理想混凝土锥体破坏时的受拉承载力标准值，按本规程 6.1.4 条规定计算；

$A_{c,N}^{0}$——间距、边距很大时，单根锚栓受拉，理想混凝土破坏锥体投影面面积，按本规程 6.1.5 条规定计算；

$A_{c,N}$——单根锚栓或群锚受拉，混凝土实有破坏锥体投影面面积，按本规程 6.1.6 条有关规定计算；

$\psi_{s,N}$——边距 c 对受拉承载力的降低影响系数，按本规程 6.1.7 条规定计算；

$\psi_{re,N}$——表层混凝土因密集配筋的剥离作用对受拉承载力的降低影响系数，按本规程 6.1.8 条规定计算；

$\psi_{ec,N}$——荷载偏心 e_N 对受拉承载力的降低影响系数，按本规程 6.1.9 条规定计算；

$\psi_{ucr,N}$——未裂混凝土对受拉承载力的提高系数，按本规程 6.1.10 条规定取用。

6.1.4 开裂混凝土单根锚栓，理想混凝土锥体破坏受拉承载力标准值 $N^0_{Rk,c}$（N），应由试验确定，在符合相应产品标准及本规程有关规定的情况下，可按下式计算或按表 6.1.4 采用：

$$N^0_{Rk,c} = 7.0\sqrt{f_{cu,k}}\,h_{ef}^{1.5}\text{(膨胀型锚栓及扩孔型锚栓)(N)} \quad (6.1.4)$$

式中 $f_{cu,k}$——混凝土立方体抗压强度标准值（N/mm²），当 $f_{cu,k}=45\sim60$MPa 时，应乘以降低系数 0.95；

h_{ef}——锚栓有效锚固深度（mm），对于膨胀型锚栓及扩孔型锚栓，为膨胀锥体与孔壁最大挤压点的深度。

6.1.5 单根锚栓受拉，混凝土理想化破坏锥体投影面面积 $A^0_{c,N}$应按下列公式计算（图 6.1.5）：

$$A^0_{c,N} = s^2_{cr,N} \quad (6.1.5)$$

式中 $s_{cr,N}$——混凝土锥体破坏情况下，无间距效应和边缘效应，确保每根锚栓受拉承载力标准值的临界间距。对于膨胀型锚栓及扩孔型锚栓，取 $s_{cr,N}=3h_{ef}$。

表 6.1.4 单根膨胀型锚栓、扩孔型锚栓受拉，混凝土锥体破坏承载力标准值 $N^0_{Rk,c}$（kN）

有效锚固深度 h_{ef}（mm） \ 混凝土强度等级（MPa）	C20	C25	C30	C35	C40	C45	C50	C55	C60
30	5.14	5.75	6.30	6.80	7.27	7.52	7.93	8.31	8.68
35	6.48	7.25	7.94	8.58	9.17	9.48	9.99	10.48	10.94
40	7.92	8.85	9.70	10.48	11.20	11.58	12.20	12.80	13.37
45	9.45	10.57	11.57	12.50	13.36	13.82	14.56	15.27	15.95
50	11.07	12.37	13.56	14.64	15.65	16.18	17.06	17.89	18.68
55	12.77	14.28	15.64	16.89	18.06	18.67	19.68	20.64	21.56
60	14.55	16.27	17.82	19.25	20.58	21.27	22.42	23.52	24.56
70	18.33	20.50	22.45	24.25	25.93	26.80	28.25	29.63	30.95
80	22.40	25.04	27.43	29.63	31.68	32.75	34.52	36.21	37.82
90	26.73	29.88	32.74	35.36	37.80	39.08	41.19	43.20	45.12
100	31.30	35.00	38.34	41.41	44.27	45.77	48.24	50.60	52.85
120	41.15	46.01	50.40	54.44	58.20	60.16	63.42	66.51	69.47
140	51.86	57.98	63.51	68.60	73.34	75.82	79.92	83.82	87.54
160	63.36	70.84	77.60	83.81	89.60	92.63	97.64	102.41	106.96
180	75.60	84.52	92.59	100.01	106.91	110.53	116.51	122.19	127.63
200	88.54	98.99	108.44	117.13	125.22	129.45	136.46	143.12	149.48
250	123.74	138.35	151.55	163.70	175.00	180.92	190.70	200.01	208.90
300	162.67	181.87	199.22	215.19	230.04	237.82	250.68	262.92	274.61
350	204.98	229.18	251.05	271.17	289.89	299.69	315.90	331.32	346.05
400	250.44	280.00	306.72	331.13	354.18	366.15	385.59	404.79	422.79
450	298.84	334.11	366.00	395.32	426.62	436.90	460.54	483.01	504.49
500	350.00	391.31	428.66	463.01	494.97	511.71	539.39	565.71	590.87

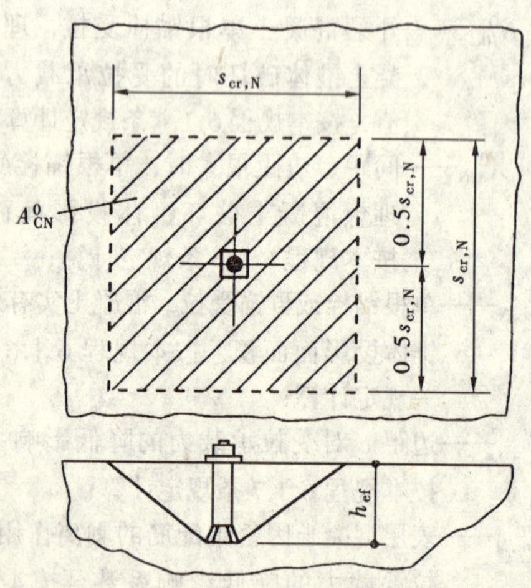

图 6.1.5 单栓受拉，理想化破坏锥体及其计算面积

6.1.6 群锚受拉，混凝土破坏锥体投影面面积 $A_{c,N}$，应根据锚栓排列布置情况的不同，分别按下列规定计算：

1 单栓，靠近构件边缘布置，$c_1 \leqslant c_{cr,N}$时（图 6.1.6-1）

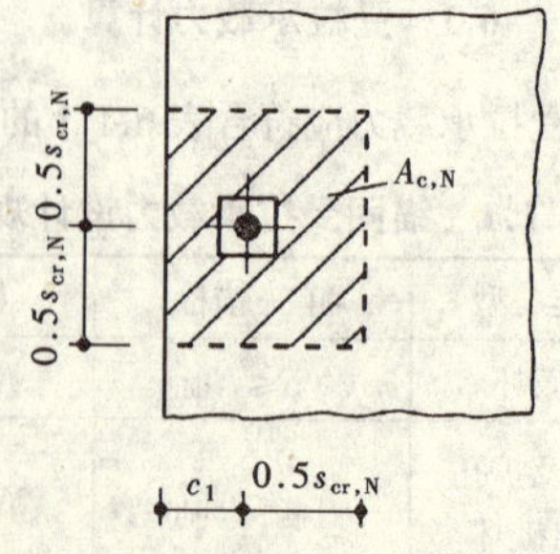

图 6.1.6-1 单栓受拉，靠近构件边缘时的计算面积

$$A_{c,N}=(c_1+0.5s_{cr,N})s_{cr,N} \quad (6.1.6\text{-}1)$$

2 双栓，垂直构件边缘布置，$c_1\leqslant c_{cr,N}$，$s_1\leqslant s_{cr,N}$时（图 6.1.6-2）

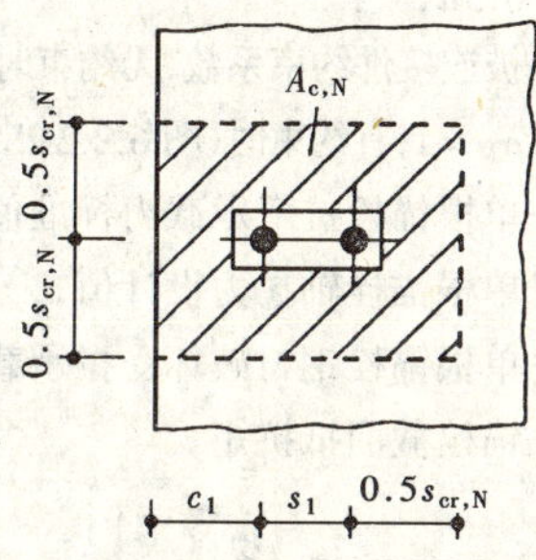

图 6.1.6-2 双栓受拉，垂直于构件边缘时的计算面积

$$A_{c,N}=(c_1+s_1+0.5s_{cr,N})s_{cr,N} \quad (6.1.6\text{-}2)$$

3 双栓，平行构件边缘布置，$c_1\leqslant c_{cr,N}$，$s_1\leqslant s_{cr,N}$时（图 6.1.6-3）

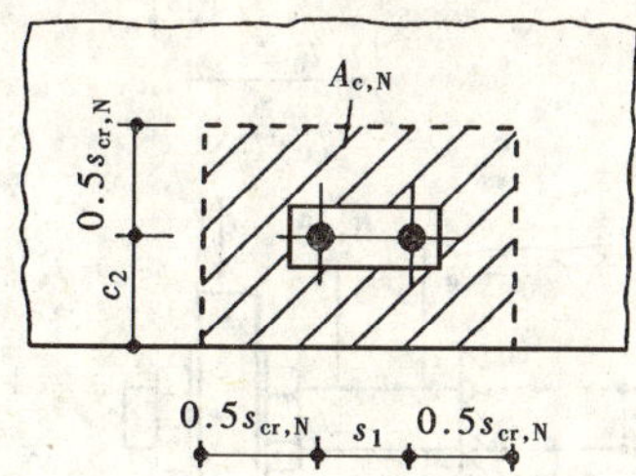

图 6.1.6-3 双栓受拉，平行于构件边缘时的计算面积

$$A_{c,N}=(c_2+0.5s_{cr,N})(s_1+s_{cr,N}) \quad (6.1.6\text{-}3)$$

4 四栓，位于构件角部，$c_1\leqslant c_{cr,N}$，$c_2\leqslant c_{cr,N}$，$s_1\leqslant s_{cr,N}$，$s_2\leqslant s_{cr,N}$时（图 6.1.6-4）

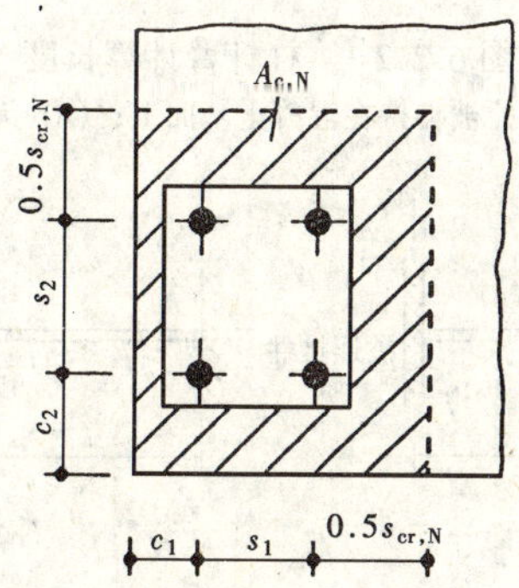

图 6.1.6-4 四栓受拉，位于构件角部的计算面积

$$A_{c,N}=(c_1+s_1+0.5s_{cr,N})(c_2+s_2+0.5s_{cr,N}) \quad (6.1.6\text{-}4)$$

上列公式中 c_1，c_2——方向 1 及 2 的边距；

s_1，s_2——方向 1 及 2 的间距；

$c_{cr,N}$——混凝土锥体破坏，无间距效应及边缘效应，确保每根锚栓受拉承载力标准值的临界边距，对于膨胀型锚栓、扩孔型锚栓 $c_{cr,N}=1.5h_{ef}$。

6.1.7 边距 c 对受拉承载力降低影响系数 $\psi_{s,N}$应按下式计算：

$$\psi_{s,N}=0.7+0.3\frac{c}{c_{cr,N}}\leqslant 1 \quad (6.1.7)$$

式中 c——边距，若有多个边距时，取最小值。$c_{min}\leqslant c\leqslant c_{cr,N}$，$c_{min}$按本规程 6.1.11 条规定采用。

6.1.8 表层混凝土因密集配筋的剥离作用对受拉承载力降低影响系数 $\psi_{re,N}$按下式计算。当锚固区钢筋间距 $s\geqslant 150$mm 时，或钢筋直径 $d\leqslant 10$mm 且 $s\geqslant 100$mm 时，则取 $\psi_{re,N}=1.0$。

$$\psi_{re,N}=0.5+\frac{h_{ef}}{200}\leqslant 1 \quad (6.1.8)$$

6.1.9 荷载偏心对受拉承载力的降低影响系数 $\psi_{ec,N}$按下式计算：

$$\psi_{ec,N}=\frac{1}{1+2e_N/s_{cr,N}}\leqslant 1 \quad (6.1.9)$$

式中 e_N——外拉力 N 相对于群锚重心的偏心距；若为双向偏心，应分别按两个方向计算，取 $\psi_{re,N}=\psi_{(ec,N)1}\psi_{(ec,N)2}$。

6.1.10 未裂混凝土对受拉承载力的提高系数 $\psi_{ucr,N}$，对膨胀型锚栓及扩孔型锚栓可取 1.4。

6.1.11 锚栓边距 c、间距 s 及基材厚度 h 应分别不小于其最小值 c_{min}、s_{min}、h_{min}。锚栓安装过程中不产生劈裂破坏的最小边距 c_{min}、最小间距 s_{min} 及最小厚度 h_{min}，应由锚栓生产厂家通过系统的试验认证后提供，在符合相应产品标准及本规程有关规定情况下，可采用下列数据：

$$h_{min}=1.5h_{ef}，且\ h_{min}\geqslant 100\text{mm}$$

膨胀型锚栓（双锥体） $c_{min}=3h_{ef}$， $s_{min}=1.5h_{ef}$

膨胀型锚栓 $c_{min}=2h_{ef}$， $s_{min}=h_{ef}$

扩孔型锚栓 $c_{min}=h_{ef}$， $s_{min}=h_{ef}$

当满足下列条件时，可不考虑荷载条件下的劈裂破坏作用：

1 锚栓位于构件受压区或配有能限制裂缝宽度$\leqslant$0.3mm 的钢筋；

2 $c\geqslant 1.5c_{cr,sp}$，及 $h\geqslant 2h_{ef}$，其中 $c_{cr,sp}$为基材混凝土劈裂破坏的临界边距，对于扩孔型锚栓 $c_{cr,sp}=2h_{ef}$，膨胀型锚栓 $c_{cr,sp}=3h_{ef}$。

当不满足上述要求时，则应验算荷载条件下的基材混凝土劈裂破坏承载力，并按下列公式计算混凝土劈裂破坏承载力设计值 $N_{Rd,sp}$：

$$N_{Rd,sp}=N_{Rk,sp}/\gamma_{Rsp} \quad (6.1.11\text{-}1)$$

$$N_{Rk,sp}=\psi_{h,sp}N_{Rk,c} \quad (6.1.11\text{-}2)$$

$$\psi_{h,sp}=(h/2h_{ef})^{2/3}\leqslant 1.5 \quad (6.1.11\text{-}3)$$

式中 $N_{Rd,sp}$——混凝土劈裂破坏受拉承载力设计值；

$N_{Rk,sp}$——混凝土劈裂破坏受拉承载力标准值；

$N_{Rk,c}$——混凝土锥体破坏时的受拉承载力标准值，按本规程公式（6.1.3-2）计算，但 $A_{c,N}$、$A^0_{c,N}$及相关系数计算中的 $c_{cr,N}$和 $s_{cr,N}$应由 $c_{cr,sp}=2h_{ef}$（扩孔型锚栓）、$3h_{ef}$（膨胀型锚栓）和 $s_{cr,sp}=2c_{cr,sp}$替代；

γ_{Rsp}——混凝土劈裂破坏受拉承载力分项系数，按本规程表 4.2.6 采用；

$\psi_{h,sp}$——构件厚度 h 对劈裂承载力的影响系数。

6.2 受剪承载力计算

6.2.1 锚固受剪承载力应按表 6.2.1 规定计算：

表 6.2.1 锚固受剪承载力设计规定

破坏类型	单一锚栓	群锚
锚栓钢材破坏	$V_{Sd}\leqslant V_{Rd,s}$	$V^h_{Sd}\leqslant V_{Rd,s}$
混凝土剪撬破坏	$V_{Sd}\leqslant V_{Rd,cp}$	$V^g_{Sd}\leqslant V_{Rd,cp}$
混凝土楔形体破坏	$V_{Sd}\leqslant V_{Rd,c}$	$V^g_{Sd}\leqslant V_{Rd,c}$

注：V^h_{Sd}——群锚中剪力最大锚栓的剪力设计值；

V^g_{Sd}——群锚总剪力设计值；

$V_{Rd,s}$——锚栓钢材破坏时的受剪承载力设计值；

$V_{Rd,c}$——混凝土楔形体破坏时的受剪承载力设计值；

$V_{Rd,cp}$——混凝土剪撬破坏时的受剪承载力设计值。

6.2.2 锚栓或植筋钢材破坏时的受剪承载力设计值 $V_{Rd,s}$应按下列规定计算：

$$V_{Rd,s} = V_{Rk,s}/\gamma_{Rs,V} \quad (6.2.2\text{-}1)$$

式中 $V_{Rk,s}$——锚栓或植筋钢材破坏时的受剪承载力标准值；

$\gamma_{Rs,V}$——锚栓或植筋钢材破坏时的受剪承载力分项系数，$\gamma_{Rs,V}$按本规程表 4.2.6 采用。

1 无杠杆臂的纯剪，$V_{Rk,s}$按下式计算：

$$V_{Rk,s} = 0.5A_s f_{stk} \quad (6.2.2\text{-}2)$$

式中 f_{stk}——锚栓或植筋极限抗拉强度标准值，按表 3.2.2 和表 3.2.3 采用；

A_s——锚栓或植筋应力段截面面积较小值。

注：对于群锚，若锚栓钢材延性较低（拉断伸长率不大于 8%），$V_{Rk,s}$应乘以 0.8 的降低系数。

2 有杠杆臂的拉、弯、剪复合受力，$V_{Rk,s}$可按下列公式计算：

$$V_{Rk,s} = \alpha_M M_{Rk,s}/l_0 \quad (6.2.2\text{-}3)$$

$$M_{Rk,s} = M^0_{Rk,s}(1 - N_{Sd}/N_{Rd,s}) \quad (6.2.2\text{-}4)$$

$$M^0_{Rk,s} = 1.2W_{el}f_{stk} \quad (6.2.2\text{-}5)$$

式中 l_0——杠杆臂计算长度，当用垫圈和螺母压紧在混凝土基面上时（图 6.2.2-1a），$l_0=l$，无压紧时（图 6.2.2-1b），$l_0=l+0.5d$；

α_M——被连接件约束系数，无约束时（图 6.2.2-2a）$\alpha_M=1$，有约束时（图 6.2.2-2b）$\alpha_M=2$。

$M^0_{Rk,s}$——单根锚栓抗弯承载力标准值；

N_{Sd}——单根锚栓轴拉力设计值；

$N_{Rd,s}$——单根锚栓钢材破坏受拉承载力设计值；

W_{el}——锚栓截面抵抗矩。

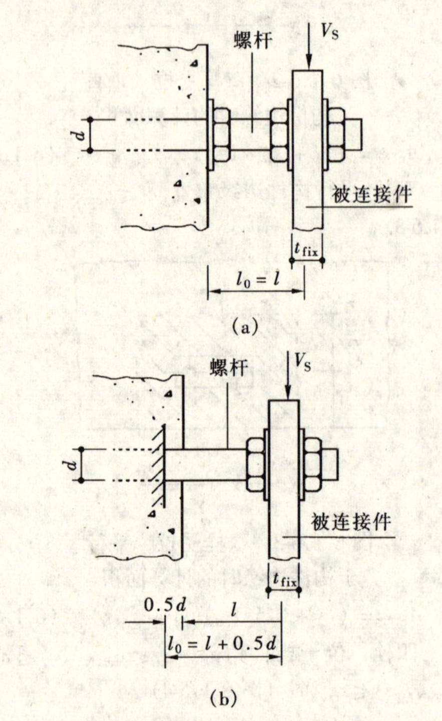

图 6.2.2-1 杠杆臂计算长度

（a）螺栓被夹持在混凝土基面上；（b）无夹持

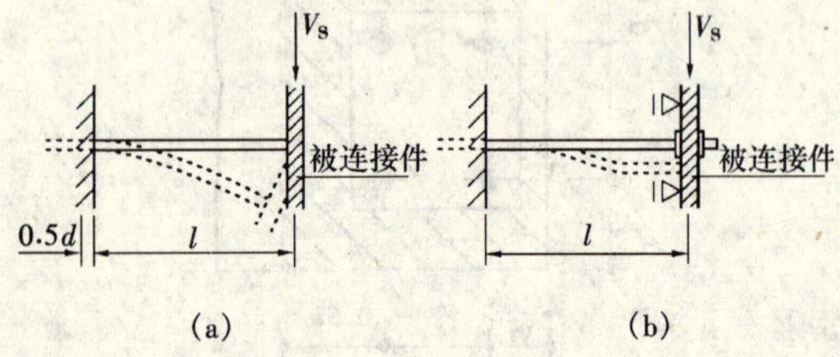

图 6.2.2-2 约束状况

（a）无约束；（b）全约束

6.2.3 构件边缘受剪（$c<10h_{ef}$）混凝土楔形体破坏（图 2.1.14、图 6.2.5、图 6.2.6）时，受剪承载力设计值 $V_{Rd,c}$应按下列公式计算：

$$V_{Rd,c} = V_{Rk,c}/\gamma_{Rc,V} \quad (6.2.3\text{-}1)$$

$$V_{Rk,c} = V^0_{Rk,c}\frac{A_{c,V}}{A^0_{c,V}}\psi_{s,V}\psi_{h,V}\psi_{\alpha,V}\psi_{ec,V}\psi_{ucr,V} \quad (6.2.3\text{-}2)$$

式中 $V_{\mathrm{Rk,s}}$——构件边缘混凝土破坏时受剪承载力标准值；

$\gamma_{\mathrm{Rc,V}}$——构件边缘混凝土破坏时受剪承载力分项系数，$\gamma_{\mathrm{Rc,V}}$按本规程表4.2.6采用；

$V^0_{\mathrm{Rk,c}}$——开裂混凝土，单根锚栓垂直构件边缘受剪，混凝土理想楔形体破坏时的受剪承载力标准值，按本规程6.2.4条规定计算；

$A^0_{\mathrm{c,V}}$——单根锚栓受剪，在无平行剪力方向的边界影响、构件厚度影响或相邻锚栓影响，混凝土破坏理想楔形体在侧向的投影面面积，按本规程6.2.5条规定计算；

$A_{\mathrm{c,V}}$——群锚受剪，混凝土破坏楔形体在侧向的投影面面积，按本规程6.2.6条规定计算；

$\psi_{\mathrm{s,V}}$——边距比 c_2/c_1 对受剪承载力的降低影响系数，按本规程6.2.7条规定计算；

$\psi_{\mathrm{h,V}}$——边距与厚度比 c_1/h 对受剪承载力的提高影响系数，按本规程6.2.8条规定计算；

$\psi_{\alpha,\mathrm{V}}$——剪力角度对受剪承载力的影响系数（图6.2.9），按本规程6.2.9条规定计算；

$\psi_{\mathrm{ec,V}}$——荷载偏心 e_{V} 对群锚受剪承载力的降低影响系数，按本规程6.2.10条规定计算；

$\psi_{\mathrm{ucr,V}}$——未裂混凝土及锚区配筋对受剪承载力的提高影响系数，按本规程6.2.11条规定取用。

6.2.4 开裂混凝土，单根锚栓垂直于构件边缘受剪，混凝土楔形体破坏时的受剪承载力标准值 $V^0_{\mathrm{Rk,c}}$应由试验确定，在符合相应产品标准及本规程有关规定的情况下，可按下式计算：

$$V^0_{\mathrm{Rk,c}} = 0.45\sqrt{d_{\mathrm{nom}}}(l_{\mathrm{f}}/d_{\mathrm{nom}})^{0.2}\sqrt{f_{\mathrm{cu,k}}}c_1^{1.5} \quad (\mathrm{N}) \tag{6.2.4}$$

式中 d_{nom}——锚栓外径（mm）；

l_{f}——剪切荷载下锚栓的有效长度（mm），可取 $l_{\mathrm{f}} \leqslant h_{\mathrm{ef}}$且 $l_{\mathrm{f}} \leqslant 8d$。

6.2.5 单根锚栓受剪，在无平行剪力方向的边界影响、构件厚度影响或相邻锚栓影响，混凝土破坏楔形体在侧向的投影面面积 $A^0_{\mathrm{c,V}}$（图6.2.5），应按下式计算：

$$A^0_{\mathrm{c,V}} = 4.5c_1^2 \tag{6.2.5}$$

6.2.6 群锚受剪，混凝土破坏楔形体在侧面的投影面面积 $A_{\mathrm{c,V}}$，应按下列规定计算：

1 单栓，位于构件角部，$h > 1.5c_1$，$c_2 \leqslant 1.5c_1$ 时（图6.2.6-1）

$$A_{\mathrm{c,V}} = 1.5c_1(1.5c_1 + c_2) \tag{6.2.6-1}$$

2 双栓，位于构件边缘，厚度较小，$h \leqslant 1.5c_1$，$s_2 \leqslant 3c_1$ 时（图6.2.6-2）

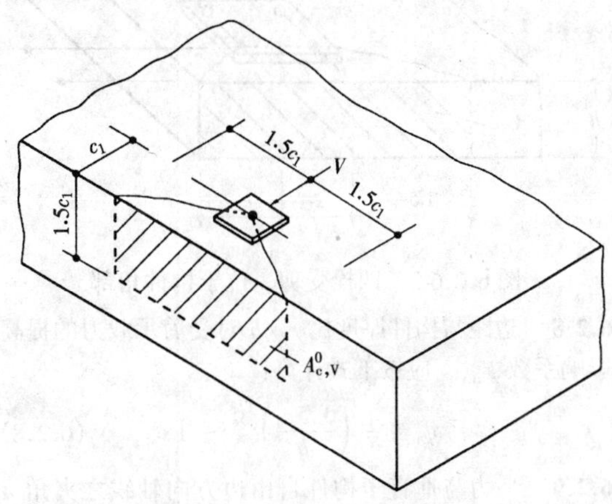

图6.2.5 理想化的单栓受剪混凝土破坏楔形体投影面积

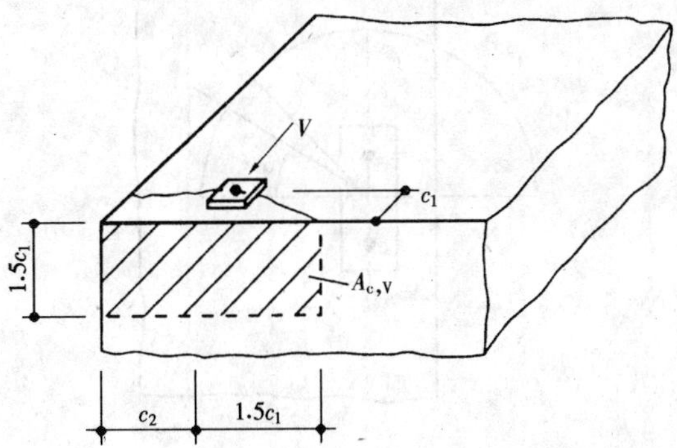

图6.2.6-1 角部，单栓受剪

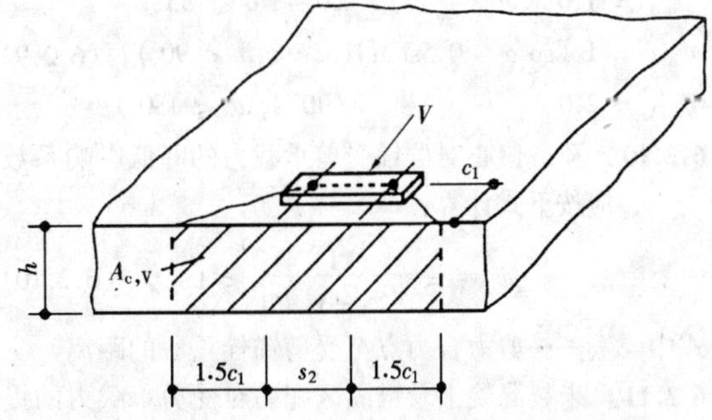

图6.2.6-2 双栓受剪，位于构件边缘

$$A_{\mathrm{c,V}} = (3c_1 + s_2)h \tag{6.2.6-2}$$

3 四栓，位于构件角部，厚度较小，$h \leqslant 1.5c_1$，$s_2 \leqslant 3c_1$，$c_2 \leqslant 1.5c_1$ 时（图6.2.6-3）

$$A_{\mathrm{c,V}} = (1.5c_1 + s_2 + c_2)h \tag{6.2.6-3}$$

6.2.7 边距比 c_2/c_1 对受剪承载力的降低影响系数 $\psi_{\mathrm{s,V}}$，应按下式计算：

$$\psi_{\mathrm{s,V}} = 0.7 + 0.3\frac{c_2}{1.5c_1} \leqslant 1 \tag{6.2.7}$$

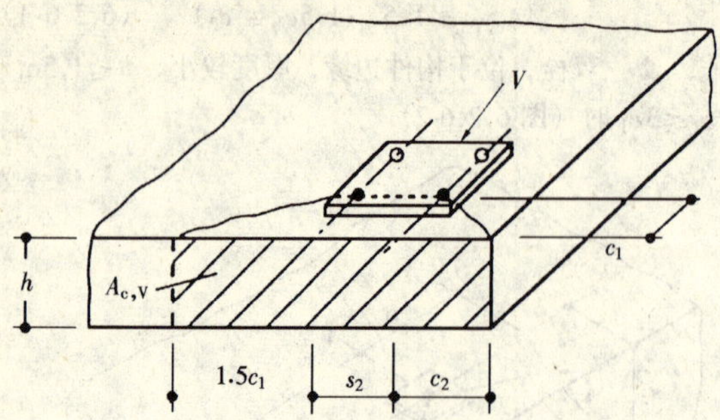

图 6.2.6-3 四栓受剪，位于构件角部

6.2.8 边距与构件厚度比 c_1/h 对受剪承载力的提高影响系数 $\psi_{h,V}$，应按下式计算：

$$\psi_{h,V} = \left(\frac{1.5c_1}{h}\right)^{1/3} \geqslant 1 \qquad (6.2.8)$$

6.2.9 剪力与垂直于构件自由边方向轴线之夹角 α（图 6.2.9）对受剪承载力的影响系数 $\psi_{\alpha,V}$，应按下式计算：

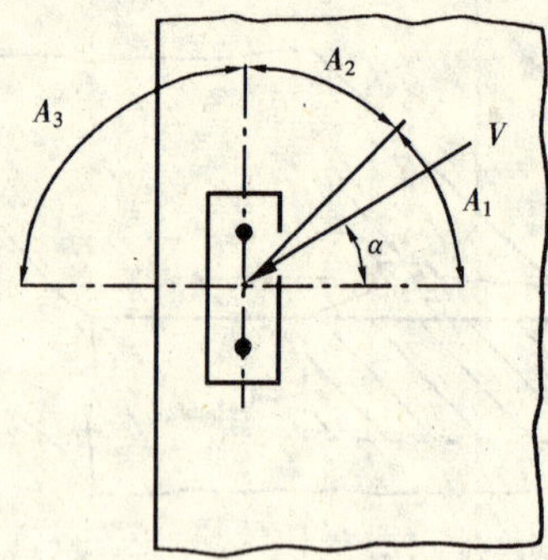

图 6.2.9 剪力角 α

$$\psi_{\alpha,V} = 1.0 \qquad (0° \leqslant \alpha \leqslant 55°)$$
$$\psi_{\alpha,V} = 1/(\cos\alpha + 0.5\sin\alpha) \quad (55° < \alpha < 90°) \qquad (6.2.9)$$
$$\psi_{\alpha,V} = 2.0 \qquad (90° \leqslant \alpha \leqslant 180°)$$

6.2.10 荷载偏心对群锚受剪承载力的降低影响系数 $\psi_{ec,V}$，应按下式计算：

$$\psi_{ec,V} = \frac{1}{1 + 2e_V/3c_1} \leqslant 1 \qquad (6.2.10)$$

式中 e_V——剪力合力点至受剪锚栓重心的距离。

6.2.11 未裂混凝土及锚固区配筋对受剪承载力的提高影响系数 $\psi_{ucr,V}$，应按下列规定采用：

1 $\psi_{ucr,V} = 1.0$，边缘为无筋的开裂混凝土；

2 $\psi_{ucr,V} = 1.2$，边缘配有 $\phi \geqslant 12$mm 直筋的开裂混凝土；

3 $\psi_{ucr,V} = 1.4$，未裂混凝土，或边缘配有 $\phi \geqslant 12$mm 直筋及 $a \leqslant 100$mm箍筋的开裂混凝土。

6.2.12 混凝土剪撬破坏（图 2.1.15）时的受剪承载力设计值 $V_{Rd,cp}$，应按下列公式计算：

$$V_{Rd,cp} = V_{Rk,cp}/\gamma_{Rcp} \qquad (6.2.12\text{-}1)$$
$$V_{Rk,cp} = kN_{Rk,c} \qquad (6.2.12\text{-}2)$$

式中 $V_{Rk,cp}$——混凝土剪撬破坏时的受剪承载力标准值；

γ_{Rcp}——混凝土剪撬破坏时的受剪承载力分项系数，γ_{Rcp}按表 4.2.6 采用；

k——锚固深度 h_{ef}对 $V_{Rk,cp}$影响系数，当 $h_{ef} < 60$mm 时，取 $k = 1.0$，当 $h_{ef} \geqslant 60$mm 时，取 $k = 2.0$。

6.3 拉剪复合受力承载力计算

6.3.1 拉剪复合受力下锚栓或植筋钢材破坏时的承载力，应按下列公式计算：

$$\left(\frac{N_{Sd}^h}{N_{Rd,s}}\right)^2 + \left(\frac{V_{Sd}^h}{V_{Rd,s}}\right)^2 \leqslant 1 \qquad (6.3.1\text{-}1)$$
$$N_{Rd,s} = N_{Rk,s}/\gamma_{Rs,N} \qquad (6.3.1\text{-}2)$$
$$V_{Rd,s} = V_{Rk,s}/\gamma_{Rs,V} \qquad (6.3.1\text{-}3)$$

6.3.2 拉剪复合受力下混凝土破坏时的承载力，应按下列公式计算：

$$\left(\frac{N_{Sd}^g}{N_{Rd,c}}\right)^{1.5} + \left(\frac{V_{Sd}^g}{V_{Rd,c}}\right)^{1.5} \leqslant 1 \qquad (6.3.2\text{-}1)$$
$$N_{Rd,c} = N_{Rk,c}/\gamma_{Rc,N} \qquad (6.3.2\text{-}2)$$
$$V_{Rd,c} = V_{Rk,c}/\gamma_{Rc,V} \qquad (6.3.2\text{-}3)$$

7 锚固抗震设计

7.0.1 有抗震设防要求的锚固连接所用之锚栓，应选用化学植筋和能防止膨胀片松弛的扩孔型锚栓或扭矩控制式膨胀型锚栓，不应选用锥体与套筒分离的位移控制式膨胀型锚栓。

7.0.2 抗震设计锚栓布置，除应遵守本规程第 8 章有关规定外，宜布置在构件的受压区、非开裂区，不应布置在素混凝土区；对于高烈度区一级抗震之重要结构构件的锚固连接，宜布置在有纵横钢筋环绕的区域。

7.0.3 抗震锚固连接锚栓的最小有效锚固深度宜满足表 7.0.3 的规定，当有充分试验依据及可靠工程经验并经国家指定机构认证许可时可不受其限制。

表 7.0.3 锚栓最小有效锚固深度 $h_{ef,min}/d$

锚栓类型	设防烈度	锚栓受拉、边缘受剪、拉剪复合受力之结构构件连接及生命线工程非结构构件连接			非结构构件连接及受压、中心受剪、压剪复合受力之结构构件连接		
		C20	C30	≥C40	C20	C30	≥C40
化学植筋及螺杆	≤6	26	22	19	24	20	17
	7~8	29	24	21	26	22	19

续表 7.0.3

锚栓类型	设防烈度	锚栓受拉、边缘受剪、拉剪复合受力之结构构件连接及生命线工程非结构构件连接			非结构构件连接及受压、中心受剪、压剪复合受力之结构构件连接		
		C20	C30	≥C40	C20	C30	≥C40
扩孔型锚栓	≤6	不得采用			4		
	7				5		
	8				6		
膨胀型锚栓	≤6				5		
	7				6		
	8				7		
注：植筋系指 HRB335 级钢筋，螺杆系指 5.6 级钢材，对于非 HRB335 级和 5.6 级钢材，锚固深度应作相应增减；d 为螺杆或植筋直径，$d \leqslant 25$mm。							

7.0.4 锚固连接地震作用内力计算应按现行国家标准《建筑抗震设计规范》GB50011 进行。

7.0.5 抗震设计时，地震作用下锚固承载力降低系数 k 应由锚栓生产厂家通过系统的试验认证后提供，在无系统试验情况下，可按表 7.0.5 采用；承载力抗震调整系数 γ_{RE}，取 1.0。

表 7.0.5 地震作用下锚固承载力降低系数 k

破坏型态及锚栓类型 \ 受力性质		受拉	受剪
锚栓或植筋钢材破坏		1.0	1.0
混凝土基材破坏	扩孔型锚栓	0.8	0.7
	膨胀型锚栓	0.7	0.6

7.0.6 锚固连接抗震设计，应合理选择锚固深度、边距、间距等锚固参数，或采用有效的隔震和消能减震措施，控制为锚固连接系统延性破坏。对于受拉、边缘受剪、拉剪组合之结构构件，不得出现混凝土基材破坏及锚栓拔出破坏。当控制为锚栓钢材破坏时，锚固承载力应满足下列要求：

混凝土锥体破坏情况 $N_{Rd,c} \geqslant N_{Rd,s}$ (7.0.6-1)

混凝土劈裂破坏情况 $N_{Rd,sp} \geqslant N_{Rd,s}$ (7.0.6-2)

拔出破坏情况 $N_{Rd,p} \geqslant N_{Rd,s}$ (7.0.6-3)

混凝土剪坏情况 $V_{Rd,c} \geqslant V_{Rd,s}$ (7.0.6-4)

混凝土撬坏情况 $V_{Rd,cp} \geqslant V_{Rd,s}$ (7.0.6-5)

7.0.7 除化学植筋外，地震作用下锚栓应始终处在受拉状态下，锚栓最小拉力 $N_{sk,min}$ 宜满足下式要求：

$$N_{sk,min} \geqslant 0.2N_{inst} \tag{7.0.7}$$

式中 N_{inst}——考虑松弛后，锚栓的实有预紧力。

7.0.8 新建工程采用锚栓锚固连接时，锚固区应具有下列规格的钢筋网：

1 对于重要的锚固，直径不小于 8mm，间距不大于 150mm；

2 对于一般锚固，直径不小于 6mm，间距不大于 150mm。

8 构造措施

8.0.1 混凝土基材的厚度 h 应满足下列规定：

1 对于膨胀型锚栓和扩孔型锚栓，$h \geqslant 1.5h_{ef}$且 $h > 100$mm；

2 对于化学植筋，$h \geqslant h_{ef} + 2d_0$ 且 $h > 100$mm，其中 h_{ef}为锚栓的埋置深度，d_0 为锚孔直径。

8.0.2 群锚锚栓最小间距值 s_{min}和最小边距值 c_{min}，应由厂家通过国家授权的检测机构检验分析后给定，否则不应小于下列数值：

1 膨胀型锚栓：$s_{min} \geqslant 10d_{nom}$，$c_{min} \geqslant 12d_{nom}$；

2 扩孔型锚栓：$s_{min} \geqslant 8d_{nom}$，$c_{min} \geqslant 10d_{nom}$；

3 化学植筋：$s_{min} \geqslant 5d$，$c_{min} \geqslant 5d$。

其中 d_{nom}为锚栓外径。

8.0.3 锚栓在基材结构中所产生的附加剪力 $V_{Sd,a}$及锚栓与外荷载共同作用所产生的组合剪力 V_{Sd}，应满足下列规定：

$$V_{Sd,a} \leqslant 0.16f_t bh_0 \tag{8.0.3-1}$$

$$V_{Sd} \leqslant V_{Rd,b} \tag{8.0.3-2}$$

式中 $V_{Rd,b}$——基材构件受剪承载力设计值；

f_t——基材混凝土轴心抗拉强度设计值；

b——构件宽度；

h_0——构件截面计算高度。

8.0.4 锚栓不得布置在混凝土的保护层中，有效锚固深度 h_{ef}不得包括装饰层或抹灰层（图 8.0.4）。

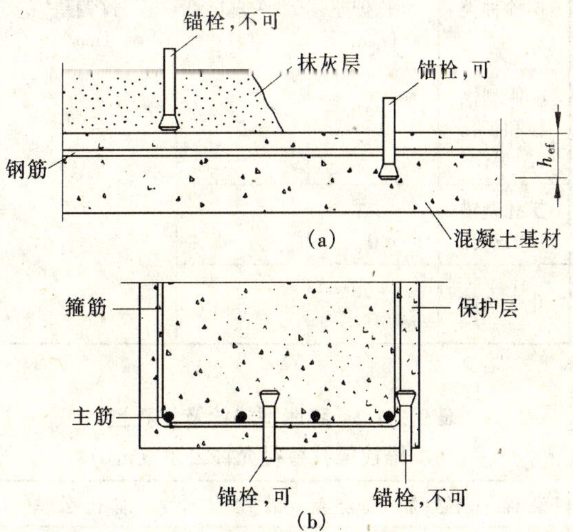

图 8.0.4 锚栓设置部位

(a) 楼板；(b) 梁、柱

8.0.5 处在室外条件的被连接钢构件，其锚板的锚固方式应使锚栓不出现过大交变温度应力，在使用条件下，应控制受力最大锚栓的温度应力变幅（$\Delta\sigma = \sigma_{max} - \sigma_{min}$）不大于100MPa。

8.0.6 一切外露的后锚固连接件，应考虑环境的腐蚀作用及火灾的不利影响，应有可靠的防腐、防火措施。

9 锚固施工及验收

9.1 基本要求

9.1.1 锚栓的类别和规格应符合设计要求，应有该产品制造商提供的产品合格证书和使用说明书，且应根据相关产品标准的有关规定进行施工和验收。

9.1.2 锚栓安装时，锚固区基材应符合下列要求：

1 混凝土强度应满足设计要求，否则应修订锚固参数；

2 表面应坚实、平整，不应有起砂、起壳、蜂窝、麻面、油污等影响锚固承载力的现象；

3 若设计无说明，在锚固深度的范围内应基本干燥。

9.1.3 锚栓安装方法及工具应符合该产品安装说明书的要求。

9.2 锚　孔

9.2.1 锚孔应符合设计或产品安装说明书的要求，当无具体要求时，应符合表9.2.1-1和表9.2.1-2的要求。

表9.2.1-1 锚孔质量的要求

锚栓种类	锚孔深度允许偏差(mm)	垂直度允许偏差(°)	位置允许偏差(mm)
膨胀型锚栓和扩孔型锚栓	+10 0	5	5
扩孔型锚栓的扩孔	+5 0	5	
化学植筋	+20 0	5	

表9.2.1-2 膨胀型锚栓及扩孔型锚栓锚孔直径允许公差（mm）

锚栓直径	锚孔公差	锚栓直径	锚孔公差
6~10	≤+0.4	12~18	≤+0.50
20~30	≤+0.6	32~37	≤+0.70
≥40	≤+0.8		

9.2.2 对于膨胀型锚栓和扩孔型锚栓的锚孔，应用空压机或手动气筒吹净孔内粉屑；对于化学植筋的锚孔，应先用空压机或手动气筒彻底吹净孔内碎碴和粉尘，再用丙酮擦拭孔道，并保持孔道干燥。

9.2.3 锚孔应避开受力主筋，对于废孔，应用化学锚固胶或高强度等级的树脂水泥砂浆填实。

9.3 锚栓的安装与锚固

9.3.1 锚栓的安装方法，应根据设计选型及连接构造的不同，分别采用预插式安装（图9.3.1-1）、穿透式安装（图9.3.1-2）或离开基面的安装（图9.3.1-3）。

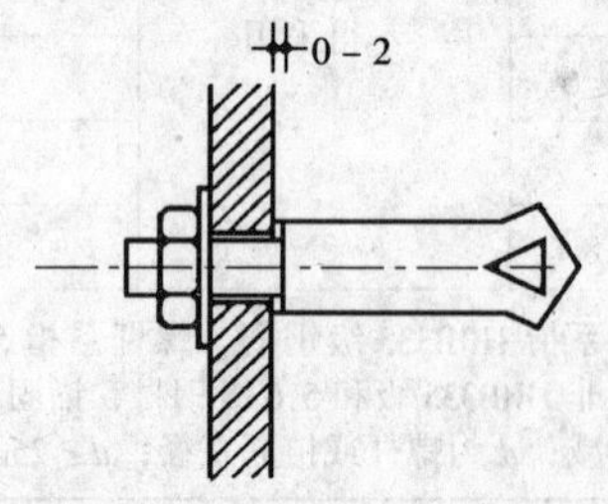

图 9.3.1-1 预插式安装

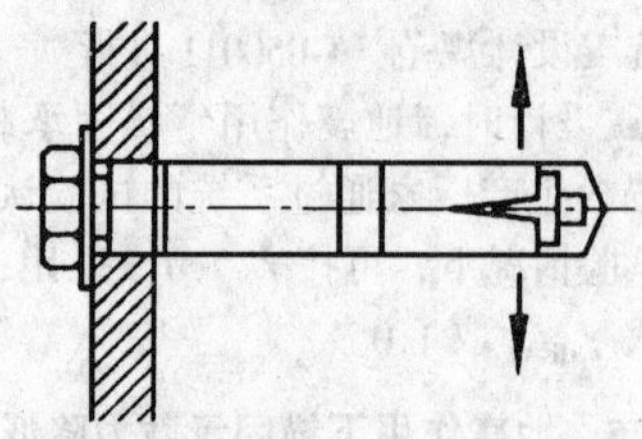

图 9.3.1-2 穿透式安装

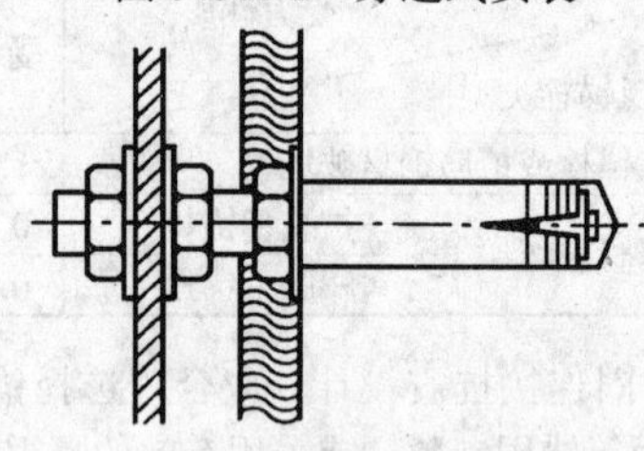

图 9.3.1-3 离开基面的安装

9.3.2 锚栓安装前，应彻底清除表面附着物、浮锈和油污。

9.3.3 扩孔型锚栓和膨胀型锚栓的锚固操作应按产品说明书的规定进行。

9.3.4 化学植筋的安装应根据锚固胶施用形态（管装式、机械注入式、现场配制式）和方向（向上、向下、水平）的不同采用相应的方法。化学植筋的焊接，应考虑焊接高温对胶的不良影响，采取有效的降温措施，离开基面的钢筋预留长度应不小于20d，且不小于200mm。

9.3.5 化学植筋置入锚孔后，在固化完成之前，应按照厂家所提供的养生条件进行固化养生，固化期间禁止扰动。

9.3.6 后锚固连接施工质量应符合设计要求和产品说明书的规定，当设计无具体要求时，应符合表

9.3.6 的要求。

表 9.3.6 锚固质量要求

锚栓种类	预紧力	锚固深度（mm）	膨胀位移（mm）
扭矩控制式膨胀型锚栓	±15%	0，+5	—
扭矩控制式扩孔型锚栓	±15%	0，+5	—
位移控制式膨胀型锚栓	±15%	0，+5	0，+2

9.4 锚固质量检查与验收

9.4.1 锚固质量检查应包括下述内容：

1 文件资料检查；

2 锚栓、锚固胶的类别、规格是否符合设计和标准要求；

3 锚栓的位置是否符合设计要求；

4 基材混凝土强度是否符合设计要求；

5 锚孔质量检查；

6 锚固质量；

7 群锚纵横排列应符合规定，安装后的锚栓外观应整齐洁净；

8 按附录 A 对锚栓的实际抗拔力进行抽样检验。

9.4.2 文件资料检查应包括：设计施工图纸及相关文件、锚固胶的出厂质量保证书（或检验证明，其中应有主要组成及性能指标，生产日期，产品标准号等等）、锚杆的质量合格证书（含钢号、尺寸规格等等）、施工工艺记录及操作规程和施工自检人员的检查结果等文件。

9.4.3 锚孔质量检查应包括下述内容：

1 锚孔的位置、直径、孔深和垂直度，当采用预扩孔扩孔型锚栓时，尚应检查扩孔部分的直径和深度；

2 锚孔的清孔情况；

3 锚孔周围混凝土是否存在缺陷，是否已基本干燥，环境温度是否符合要求；

4 钻孔是否伤及钢筋。

9.4.4 锚固质量的检查应符合下列要求：

1 对于化学植筋应对照施工图检查植筋位置、尺寸、垂直（水平）度及胶浆外观固化情况等；用铁钉刻划检查胶浆固化程度，以手拔摇方式初步检验被连接件是否锚牢锚实等。

2 膨胀型锚栓和扩孔型锚栓应按设计或产品安装说明书的要求检查锚固深度、预紧力控制、膨胀位移控制等。

9.4.5 锚固工程验收，应提供下列文件和记录：

1 设计变更；

2 锚栓的质量合格证书、产品安装（使用）说明书和进场后的复验报告；

3 锚固安装工程施工记录；

4 锚固工程质量检查记录；

5 锚栓抗拔力现场抽检报告；

6 分项工程质量评定记录；

7 工程重大问题处理记录；

8 竣工图及其他有关文件记录。

附录 A 锚固承载力现场检验方法

A.1 基本规定

A.1.1 混凝土结构后锚固工程质量应进行抗拔承载力的现场检验。

A.1.2 锚栓抗拔承载力现场检验可分为非破坏性检验和破坏性检验。对于一般结构及非结构构件，可采用非破坏性检验；对于重要结构构件及生命线工程非结构构件，应采用破坏性检验。

A.2 试样选取

A.2.1 锚固抗拔承载力现场非破坏性检验可采用随机抽样办法取样。

A.2.2 同规格，同型号，基本相同部位的锚栓组成一个检验批。抽取数量按每批锚栓总数的 1‰计算，且不少于 3 根。

A.3 检验设备

A.3.1 现场检验用的仪器、设备，如拉拔仪、x-y 记录仪、电子荷载位移测量仪等，应定期检定。

A.3.2 加荷设备应能按规定的速度加荷，测力系统整机误差不应超过全量程的 ±2%。

A.3.3 加荷设备应能保证所施加的拉伸荷载始终与锚栓的轴线一致。

A.3.4 位移测量记录仪宜能连续记录。当不能连续记录荷载位移曲线时，可分阶段记录，在到达荷载峰值前，记录点应在 10 点以上。位移测量误差不应超过 0.02mm。

A.3.5 位移仪应保证能够测量出锚栓相对于基材表面的垂直位移，直至锚固破坏。

A.4 检验方法

A.4.1 加荷设备支撑环内径 D_0 应满足下述要求：化学植筋 $D_0 \geqslant \max(12d, 250\text{mm})$，膨胀型锚栓和扩孔型锚栓 $D_0 \geqslant 4h_{ef}$。

A.4.2 锚栓拉拔检验可选用以下两种加荷制度：

1 连续加载，以匀速加载至设定荷载或锚固破坏，总加荷时间为 2～3min。

2　分级加载，以预计极限荷载的10%为一级，逐级加荷，每级荷载保持1～2min，至设定荷载或锚固破坏。

A.4.3　非破坏性检验，荷载检验值应取$0.9A_s f_{yk}$及$0.8N_{Rk,c}$计算之较小值。$N_{Rk,c}$为非钢材破坏承载力标准值，可按本规程6.1节有关规定计算。

A.5　检验结果评定

A.5.1　非破坏性检验荷载下，以混凝土基材无裂缝、锚栓或植筋无滑移等宏观裂损现象，且2min持荷期间荷载降低不大于5%时为合格。当非破坏性检验为不合格时，应另抽不少于3个锚栓做破坏性检验判断。

A.5.2　对于破坏性检验，该批锚栓的极限抗拔力满足下列规定为合格：

$$N_{Rm}^{c} \geqslant [\gamma_u] N_{Sd} \tag{A.5.2-1}$$

$$N_{Rmin}^{c} \geqslant N_{Rk,*} \tag{A.5.2-2}$$

式中　N_{Sd}——锚栓拉力设计值；

N_{Rm}^{c}——锚栓极限抗拔力实测平均值；

N_{Rmin}^{c}——锚栓极限抗拔力实测最小值；

$N_{Rk,*}$——锚栓极限抗拔力标准值，根据破坏类型的不同，分别按6.1节有关规定计算；

$[\gamma_u]$——锚固承载力检验系数允许值，近似取$[\gamma_u]=1.1\gamma_{R*}$，$\gamma_{R*}$按表4.2.6取用。

A.5.3　当试验结果不满足A.5.1条及A.5.2条相应规定时，应会同有关部门依据试验结果，研究采取专门措施处理。

本规程用词说明

1　为了便于在执行本规程条文时区别对待，对要求严格程度不同的用词说明如下：

1）表示很严格，非这样做不可的：
正面词采用“必须”；反面词采用“严禁”。

2）表示严格，在正常情况下均应这样做的：
正面词采用“应”；反面词采用“不应”或“不得”。

3）表示允许稍有选择，在条件许可时首先这样做的：
正面词采用“宜”；反面词采用“不宜”。
表示有选择，在一定条件下可以这样做的，采用“可”。

2　规程中指明应按其他有关标准执行时的写法为：
“应符合……的规定”或“应按……执行”。

中华人民共和国行业标准

混凝土结构后锚固技术规程

JGJ 145—2004

条 文 说 明

前　言

《混凝土结构后锚固技术规程》JGJ 145—2004，经建设部2005年1月13日以307号公告批准，业以发布。

为便于广大设计、施工、科研、学校等单位的有关人员在使用本规程时能正确理解和执行条文规定，《混凝土结构后锚固技术规程》编制组按章、节、条顺序编制了本规程的条文说明，供使用者参考。在使用中如发现本条文说明有不妥之处，请将意见函寄中国建筑科学研究院（主编单位）。

目　次

1 总 则

1.0.1 随着旧房改造的全面开展、结构加固工程的增多、建筑装修的普及，后锚固连接技术发展较快，并成为不可缺少的一种新型技术。顾名思义，后锚相应于先锚（预埋），具有施工简便、使用灵活等优点，国外应用已相当普遍，不仅既有工程，新建工程也广泛采用，欧洲、美国及日本已编有相应标准。相对而言，我国起步较晚，作为后锚固连接的主要产品——锚栓，品种较为单一，性能不够稳定。目前，德国、瑞士、日本等国的锚栓厂商已抢占了中国大半个锚栓市场，形成国产锚栓与进口产品激烈竞争与混用局面，整个锚栓市场缺乏标准、规范约束，致使生产与使用严重脱节，工程事故时有发生。为安全可靠及经济合理的使用，正确有序地引导我国后锚固技术的健康发展，特制定本规程。

1.0.2 后锚固连接的受力性能与基材的种类密切相关，目前国内外的科研成果及使用经验主要集中在普通钢筋混凝土及预应力混凝土结构，砌体结构及轻混凝土结构数据较少。本着成熟可靠原则，参考《欧洲技术指南——混凝土用（金属）锚栓》(ETAG),本规程限定其适用范围为普通混凝土结构基材，暂不适用于砌体结构和轻混凝土结构基材。

1.0.3 后锚固连接与预埋连接相比，可能的破坏形态较多且较为复杂，总体上说，失效概率较大；失效概率与破坏形态密切相关，且直接依赖于锚栓的种类和锚固参数的设定。因此，后锚固连接设计必须考虑锚栓的受力状况（拉、压、弯、剪，及其组合）、荷载类型以及被锚固结构的类型和锚固连接的安全等级等因素的综合影响。

1.0.4 本规程所用锚栓，是指满足相关产品标准并经国家权威机构检验认证的锚栓。目前，国内各厂家所生产的锚栓，大部分未经检验认证，也无系统的性能指标或指标不全，致使设计、施工无法直接采用。为确保使用安全，应坚决纠正。

2 术语和符号

2.1 术 语

本规程采用的术语及涵义，主要是参考《混凝土用锚栓欧洲技术批准指南》(ETAG) 并结合了我国的习惯叫法确定的。

2.1.1 后锚固是相对于浇筑混凝土时预先埋设其中——先锚固而命名，是在已经硬化的既有混凝土结构上通过相关技术手段的锚固。

2.1.2~2.1.5 根据国际惯例，结合我国实际情况，本规程包容定义了膨胀型锚栓、扩孔型锚栓、化学植筋和长螺杆等类型，但就国际市场和发展趋势分析，锚栓品种远不止此。本着成熟可靠原则，它种锚栓有待规程修订时增补。

2.1.10 锚固破坏类型总体上可分为锚栓或植筋钢材破坏，基材混凝土破坏，以及锚栓或植筋拔出破坏三大类。分类目的在于精确地进行承载力计算分析，最大限度地提高锚固连接的安全可靠性及使用合理性。破坏类型与锚栓品种、锚固参数、基材性能及作用力性质等因素有关，其中锚栓品种及锚固参数最为直接。

2.1.11 锚栓或锚筋钢材破坏分拉断破坏、剪坏及拉剪复合受力破坏（图 2.1.11），主要发生在锚固深度超过临界深度 h_{cr}，或混凝土强度过高或锚固区钢筋密集，或锚栓或锚筋材质强度较低或有效截面偏小时。此种破坏，一般具有明显的塑性变形，破坏荷载离散性较小。

2.1.12 膨胀型锚栓和扩孔型锚栓受拉时，形成以锚栓为中心的倒圆锥体混凝土基材破坏形式，称之为混凝土锥体破坏（图 2.1.12）。混凝土锥体破坏是机械锚栓锚固破坏的基本形式，特别是粗短锚栓，锥顶一般位于锚栓膨胀扩大头处，锥径约为三倍锚深 ($3h_{ef}$)。此种破坏表现出较大脆性，破坏荷载离散性较大。

2.1.13 化学植筋或粘结型锚栓受拉时，形成上部锥体及深部粘结拔出之混合破坏形式（图 2.1.13）。当锚固深度小于钢材拉断之临界深度时 ($h_{ef} < h_{cr}$)，一般多发生混合型破坏；锥径约一倍锚深。

2.1.14 基材边缘锚栓受剪时，形成以锚栓轴为顶点的混凝土楔形体破坏形式（图 2.1.14）。楔形体大小和形状与边距 c、锚深 h_{ef}及锚栓外径 d_{nom}等有关。

2.1.15 基材中部锚栓受剪时，形成基材局部混凝土沿剪力反方向被锚栓撬坏的破坏形式（图 2.1.15）。剪撬破坏一般发生在埋深较浅的粗短锚栓情况。

2.1.16 基材混凝土因锚栓的膨胀挤压，形成沿锚栓轴线或群锚轴线连线之胀裂破坏形式（图 2.1.16），称为劈裂破坏。劈裂破坏与锚栓类型、边距 c、间距 s 及基材厚度 h 有关。

2.1.17 机械锚栓受拉时，整个锚栓从锚孔中被拉出的破坏形式（图 2.1.17），称为拔出破坏。拔出破坏多发生在施工安装方法不当，如钻孔过大，锚栓预紧力不够等情况。拔出破坏承载力很低，离散性大，难于统计出有用的承载力指标。

2.1.18 膨胀型锚栓受拉时，锚栓膨胀锥从套筒中被拉出，而膨胀套筒（或膨胀片）仍留在锚孔中的破坏形式（图 2.1.18），称为穿出破坏。穿出破坏是某些锚栓常见破坏现象，主要是锚栓膨胀套筒或膨胀片材质过软，壁厚过薄，接触表面过于光滑等，因缺乏系统试验统计数据，其承载力只能由厂家提供，且荷载变形曲线存在一定滑移。

2.1.19 化学植筋受拉时，沿胶粘剂与钢筋界面之拔出破坏形式（图 2.1.19），称为胶筋界面破坏。胶筋界面破坏多发生在粘结剂强度较低，基材混凝土强度较高，锚固区配筋较多，钢筋表面较为光滑（如光圆钢筋）等情况。

2.1.20 化学植筋受拉时，沿胶粘剂与混凝土孔壁界面之拔出破坏形式（图 2.1.20），称为胶混界面破坏。胶混界面破坏主要发生在锚孔表面处理不当，如未清孔（存在大量灰粉），孔道过湿，孔道表面被油污等。

2.2 符 号

2.2.1～2.2.4 本规程采用的符号及其意义，主要是根据现行国家标准《工程结构设计基本术语和通用符号》GBJ 132—90，并参考《混凝土用锚栓欧洲技术批准指南》ETAG 制定的，即凡 GBJ 132—90 已规定的，一律加以引用，不再定义和说明，凡 GBJ 132—90 未规定的，本规程结合国际惯例自行给出定义和说明。

3 材 料

3.1 混 凝 土 基 材

3.1.1～3.1.3 作为后锚固连接的母体——基材，必须坚固可靠，相对于被连接件，应有较大的体量，以便获得较高锚固力。同时，基材结构本身尚应具有相应的安全余量，以承担被连接件所产生的附加内力。显然，存在严重缺陷和混凝土强度等级较低的基材，锚固承载力较低，且很不可靠。

3.2 锚 栓

3.2.1～3.2.3 锚栓材料性能等级及机械性能指标，系按国家标准《紧固件机械性能——螺栓、螺钉和螺柱》GB 3098.1—82 确定，为便于设计使用，本规程录用了相关项目和数据。

3.2.4 作为化学植筋使用的钢筋，一般以普通热轧带肋钢筋锚固性能最好，光圆钢筋较差。

3.3 锚 固 胶

3.3.1～3.3.3 化学植筋的锚固性能主要取决于锚固胶（又称胶粘剂、粘结剂）和施工方法，我国使用最广的锚固胶是环氧基锚固胶，因此，表 3.3.3 对环氧基锚固胶的性能指标及使用条件提出了要求。其他品种的锚固胶，主要指无机锚固胶和进口胶，其性能应由厂家通过专门的试验确定和认证。

4 设计基本规定

4.1 锚栓分类及适用范围

4.1.1 锚栓是一切后锚固组件的总称，范围很广。锚栓按其工作原理及构造的不同，锚固性能及适用范围存在较大差异，ETAG分为膨胀型锚栓、扩孔型锚栓及粘结型锚栓（包括变形钢筋）三大类，我国习惯分为膨胀型锚栓、扩孔型锚栓、粘结型锚栓及化学植筋四大类。新近出现了混凝土螺钉（Concrete Screws），制作简单，性能可靠，加之还有传统的射钉、混凝土钉等，皆因数据不够完整，暂未纳入。粘结型锚栓国外应用较多，但新近研究表明，性能欠佳，尤其是开裂混凝土基材，计算方法也不够成熟，破坏形态难于控制，故本规程也暂不列入。

锚栓的选用，除本身性能差异外，还应考虑基材是否开裂，锚固连接的受力性质（拉、压、中心受剪、边缘受剪），被连接结构类型（结构构件、非结构构件），有无抗震设防要求等因素的综合影响。

4.1.2 就国内外工程实践而言，除化学植筋外，现有各种机械定型锚栓，包括膨胀型锚栓、扩孔型锚栓、粘结型锚栓及混凝土螺钉等，绝大多数主要应用于非结构构件的后锚固连接，少数应用于受压、中心受剪（$c \geqslant 10h_{ef}$）、压剪组合之结构构件的后锚固连接，尚未发现应用于受拉、边缘受剪及拉剪复合受力之结构构件的后锚固连接工程实践。

4.1.3 膨胀型锚栓（图 2.1.3），简称膨胀栓，是利用锥体与膨胀片（或膨胀套筒）的相对移动，促使膨胀片膨胀，与孔壁混凝土产生膨胀挤压力，并通过剪切摩擦作用产生抗拔力，实现对被连接件锚固的一种组件。膨胀型锚栓按安装时膨胀力控制方式的不同，分为扭矩控制式和位移控制式。前者以扭力控制，后者以位移控制。膨胀型锚栓由于定型较为粗短，埋深一般较浅，受力时主要表现为混凝土基材受拉破坏，属脆性破坏，因此，按我国《建筑结构可靠度设计统一标准》精神，不适用于受拉、边缘受剪（$c < 10h_{ef}$）、拉剪复合受力之结构构件及生命线工程非结构构件的后锚固连接。

扩孔型锚栓（图 2.1.4），简称扩孔栓或切槽栓，是通过对钻孔底部混凝土的再次切槽扩孔，利用扩孔后形成的混凝土承压面与锚栓膨胀扩大头间的机械互锁，实现对被连接件锚固的一种组件。扩孔型锚栓按扩孔方式的不同，分为预扩孔和自扩孔。前者以专用钻具预先切槽扩孔；后者锚栓自带刀具，安装时自行切槽扩孔，切槽安装一次完成。由于扩孔型锚栓锚固拉力主要是通过混凝土承压面与锚栓膨胀扩大头间的顶承作用直接传递，膨胀剪切摩擦作用较小。尽管如此，但扩孔型锚栓在基材混凝土锥体破坏型态上并无质的改善与提高，故其适用范围与膨胀型锚栓一样，不适用于受拉、边缘受剪（$c<10h_{ef}$）、拉剪复合受力之结构构件的后锚固连接。

4.1.4 化学植筋及螺杆（图 2.1.5），简称植筋，是我国工程界广泛应用的一种后锚固连接技术，系以化学胶粘剂——锚固胶，将带肋钢筋及长螺杆胶结固定于混凝土基材钻孔中，通过粘结与琐键（interlock）作用，以实现对被连接件锚固的一种组件。化学植筋锚固基理与粘结型锚栓相同，但化学植筋及长螺杆由于长度不受限制，与现浇混凝土钢筋锚固相似，破坏形态易于控制，一般均可以控制为锚筋钢材破坏，故适用于静力及抗震设防烈度≤8之结构构件或非结构构件的锚固连接。对于承受疲劳荷载的结构构件的锚固连接，由于实验数据不多，使用经验（特别是构造措施）缺乏，应慎重使用。

4.2 锚固设计原则

4.2.1 目前我国后锚固连接设计计算较为混乱，有经验法、容许应力法、总安全系数法及极限状态法等多种方法。本规程根据国家标准《建筑结构可靠度设计统一标准》GB 50068—2001，参考《混凝土用锚栓欧洲技术批准指南》（ETAG），采用了以试验研究数据和工程经验为依据，以分项系数为表达形式的极限状态设计方法。

4.2.2 我国后锚固连接多用于旧房改造，为与改造工程预期的后续使用寿命相匹配，使锚固设计更经济合理，故规定后锚固连接设计所采用的设计基准期 T，应与整个被连接结构的设计基准期一致，显然，它比新建工程所规定的设计基准期短。

4.2.3 后锚固连接破坏型态多样且复杂，相对于结构，失效概率较大，故另设安全等级。混凝土结构后锚固连接的安全等级分为二级。所谓重要的锚固，是指后接大梁、悬臂梁、桁架、网架，以及大偏心受压柱等结构构件及生命线工程非结构构件之锚固连接，这些锚固连接一旦失效，破坏后果很严重，故定为一级。一般锚固，是指荷载较轻的中小型梁板结构，以及一般非结构构件的锚固连接，此种锚固连接失效，破坏后果远不如一级严重，故定为二级。锚固连接的安全等级宜与整个被连接结构的安全等级相应或略高，即锚固设计的安全等级及取值，应取被连接结构和锚固连接二者中的较高值。

4.2.4 锚固承载力设计表达式按我国《建筑结构可靠度设计统一标准》(GB 500068—2001)规定采用，左端作用效应引入了锚固重要性系数 γ_A，$\gamma_A \geqslant \gamma_0$。右端锚固抗力设计值 R 与一般设计规范不完全相同，是按 $R=R_k/\gamma_{R*}$ 确定，R_k 为锚固承载力标准值，γ_{R*} 为锚固承载力分项系数，而非材料性能分项系数；锚固承载力标准值 R_k 系直接由锚固抗力试验统计平均值及其离散系数确定，而非材料强度离散系数。

后锚固连接设计全过程，应按图 1 框图进行。基本程序为：分析基材性能特征→选定锚栓品种及相关锚固参数→锚栓内力分析→锚固抗力计算→承载力分析→锚固设计完成。为获得最佳方案，其中的个别环节，有时需要作多次反复调整和修正。

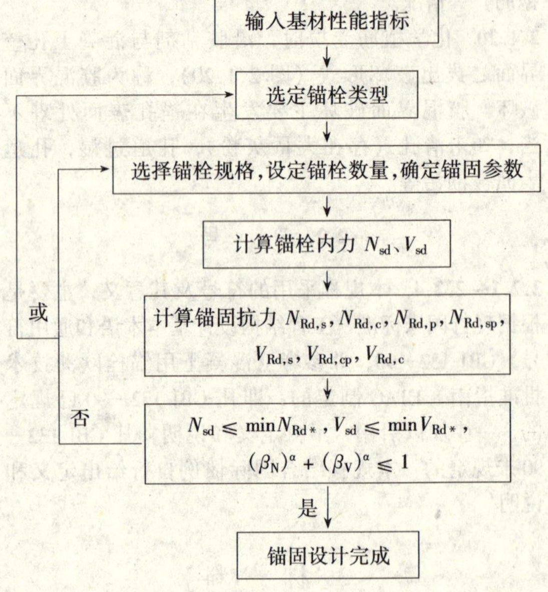

图 1 后锚固连接设计全过程

4.2.5 后锚固连接破坏类型总体上可分为锚栓或锚筋钢材破坏，基材混凝土破坏，以及锚栓或锚筋拔出破坏三大类。分类目的在于精确地进行承载力计算分析，最大限度地提高锚固连接的安全可靠性及使用合理性。锚栓或锚筋钢材破坏分拉断破坏、剪坏及拉剪复合受力破坏（图 2.1.11），主要发生在锚固深度超过临界深度 h_{cr}时。此种破坏，一般具有明显的塑性变形，破坏荷载离散性较小。对于受拉、边缘受剪、拉剪复合受力之结构构件的后锚固连接设计，根据《建筑结构可靠度设计统一标准》精神，应控制为这种破坏形式。

膨胀型锚栓和扩孔型锚栓基材混凝土破坏，主要有四种形式。第一种是锚栓受拉时，形成以锚栓为中心的混凝土锥体受拉破坏，锥顶一般位于锚栓扩大头处，锥径约三倍锚深（$3h_{ef}$）（图 2.1.12）。第二种是锚栓受剪时，形成以锚栓轴为顶点的混凝土楔形体受剪破坏（图 2.1.14）。楔形体大小和形状与边距 c、锚深 h_{ef}及锚栓外径 d_{nom}或 d 有关。第三种是锚栓中心受剪时，混凝土沿反方向被锚栓撬坏（图 2.1.15）。第四种是群锚受拉时，混凝土受锚栓的胀力产生沿锚栓连线的劈裂破坏（图 2.1.16）。基材混凝土破坏，尤其是第一、第二种破坏，是锚固破坏的基本形式，特别是短粗的机械锚栓；此种破坏表现出一定脆性，破坏荷载离散性较大。对于结构构件及生命线工程非结构构件后锚固连接设计，应避免这种破坏形式。

拔出破坏对机械锚栓有两种破坏形式，一种是锚栓从锚孔中整体拔出（图 2.1.17），另一种是螺杆从膨胀套筒中穿出（图 2.1.18）。前者主要是施工安装方法不当，如钻孔过大，锚栓预紧力不够；后者主要是锚栓设计构造不合理，如锚栓套筒材质过软，壁厚过薄，接触表面过于光滑等。整体拔出破坏，由于承载力很低，且离散性大，很难统计出有用的承载力设计指标，因此不允许发生。至于穿出破坏，偶发性检验表明虽具有一定承载力，但缺乏系统的试验统计数据供应用，且变形曲线存在较大滑移，对于受拉、边缘受剪、拉剪复合受力之锚固连接，宜避免发生，一旦发生应按附录 A 的方法，通过承载力现场检验予以评定，且检验数量加倍，以保证应有的安全可靠性。

化学植筋及长螺杆基材混凝土破坏，主要有三种形式。第一种是锚筋受拉，当锚深很浅（$h_{ef}/d<9$）时，形成以基材表面混凝土锥体及深部粘结拔出之混合型破坏，这种破坏锥体一般较小，锥径约一倍锚深，锥顶位于约 $h_{ef}/3$ 处，其余 $2h_{ef}/3$ 为粘结拔出（图 2.1.13）。第二种是锚筋受剪时，形成以锚筋轴为顶点的一定深度的楔形体破坏，其情况与机械锚栓相似。第三种是锚筋受拉，当锚筋过于靠近构件边缘（$c<5d$），或间距过小（$s<5d$）时，会产生劈裂破坏。混凝土基材破坏表现出较大脆性，破坏荷载离散性较大，尤其是开裂混凝土基材。

化学植筋及长螺杆拔出破坏有两种形式：沿胶筋界面拔出和沿胶混界面拔出。正常情况，拔出破坏多发生在锚深过浅时，其性能远不如钢材破坏好。研究与实践表明，化学植筋及长螺杆因其锚固深度可任意调节，其破坏形态设计容易控制。因此，对于结构构件的后锚连接设计，根据我国《建筑结构可靠度设计统一标准》精神，可用控制锚固深度办法，严格限定为钢材破坏一种模式。

4.2.6 表 4.2.6 锚固承载力分项系数 γ_R，主要是参考《混凝土用锚栓欧洲技术批准指南》（ETAG）制定的，对于非结构构件的锚固设计，γ_R 取值与 ETAG 相同。问题是本规程锚栓应用范围已涉及到一般工程结构的后锚固连接，由于这方面国外工程经验的局限和国内经验的缺乏，加之我国结构设计思路与 ETAG 不完全一致，故对一般结构构件，本规程取值较 ETAG 普遍有所提高，提高幅度：钢材破坏时为 11%～12%，混凝土基材破坏时为 36%～44%。具体数值详见表 1，表 4.2.6 在此基础上进行了简化处理。

本规程取消了锚栓安装质量三个等级划分，仅保留了合格与不合格一个标准，原因是规程难于量化区分，工程中也很难掌握。但不可忽视施工质量高低的有利和不利影响。

表 1　锚固承载力分项系数 γ_R 取值对照

<table>
<tr><th>符号</th><th colspan="3">名称及涵义</th><th>ETAG</th><th>本规程非结构构件</th><th>本规程结构构件</th></tr>
<tr><td>γ_c</td><td colspan="3">混凝土强度分项系数</td><td colspan="2">1.5</td><td>1.8</td></tr>
<tr><td>γ_1</td><td colspan="3">混凝土抗拉强度附加系数</td><td colspan="2">1.2</td><td>1.3</td></tr>
<tr><td rowspan="4">γ_2</td><td rowspan="4">锚栓安装质量附加系数</td><td rowspan="3">受拉</td><td>高精度</td><td colspan="2">1.0</td><td>/</td></tr>
<tr><td>标准精度</td><td colspan="2">1.2</td><td>1.3</td></tr>
<tr><td>可接受的低质量</td><td colspan="2">1.4</td><td>/</td></tr>
<tr><td colspan="2">受　剪</td><td colspan="2">1.0</td><td>1.1</td></tr>
<tr><td>$\gamma_{RC,*}$</td><td colspan="3">基材混凝土破坏分项系数（$\gamma_{RC,N}$，$\gamma_{RC,V}$，γ_{RSP}，γ_{RCP}）</td><td colspan="3">γ_C　γ_1　γ_2</td></tr>
<tr><td rowspan="2">$\gamma_{RS,*}$</td><td colspan="2" rowspan="2">锚栓或植筋钢材破坏分项系数</td><td>受　拉</td><td colspan="2">$1.2f_{stk}/f_{yk}\geqslant1.4$</td><td>$1.3f_{stk}/f_{yk}\geqslant1.55$</td></tr>
<tr><td>受　剪</td><td colspan="2">$1.2f_{stk}/f_{yk}\geqslant1.25$（$f_{stk}\leqslant800MPa$ 且 $f_{yk}/f_{stk}\leqslant0.8$）</td><td>$1.3f_{stk}/f_{yk}\geqslant1.4$（$f_{stk}\leqslant800MPa$ 且 $f_{yk}/f_{stk}\leqslant0.8$）</td></tr>
</table>

4.2.7 后锚固连接改变用途和使用环境将影响其安全可靠性和耐久性，因此必须经技术鉴定或设计许可。

5　锚固连接内力分析

5.1　一 般 规 定

5.1.1 群锚锚固连接时，各锚栓内力是按弹性理论平截面假定进行分析，但若对锚固破坏类型加以控制，使之仅发生锚栓或植筋钢材破坏，且锚栓或植筋为低强（≤5.8 级）钢材时，则可按考虑塑性应力重分布的极限平衡理论进行简化计算，即与《混凝土结构设计规范》规定相似，拉区锚栓按均匀受力计算，压区混凝土近似按矩形应力图形计算。

除化学植筋外，一般机械锚栓是通过"膨胀—挤压—摩擦"而产生锚固力，反向则不能成立，故不能传递压力，因此，压区锚栓不考虑受力。

5.1.2 公式（5.1.2）在于精确判别基材混凝土是否开裂，以便对基材混凝土破坏锚固承载力进行相应（未裂与开裂）计算。σ_L 为外荷载在基材锚固区所产生的应力，拉为正，压为负；σ_R 为混凝土收缩、温度变化及支座位移所产生的应力。此判别式涵义是，不管什么原因，只要基材锚固区混凝土出现拉应力，均一律视为开裂混凝土。

5.2 群锚受拉内力计算

5.2.1～5.2.2 分别给出了按弹性理论分析时，群锚在轴心受拉、偏心受拉荷载下，受力最大锚栓的内力。

5.3 群锚受剪内力计算

5.3.1 群锚在剪切荷载 V 及扭矩 T 作用下，锚栓是否受力，应根据锚板孔径与锚栓直径的适配情况及边距大小而定，当锚栓与锚板孔紧密接触（$\Delta \leqslant [\Delta]$）且边距较大（$c \geqslant 10h_{ef}$）时，各锚栓平均分摊剪力，是理想的受力状态（图 5.3.1-1）；反之，各锚栓受力很不均匀，因混凝土脆性而产生各个击破现象，参照 ETAG规定，计算上仅考虑部分锚栓受力（图 5.3.1-2）。有时，为使剪力分布更为合理，可进行人工干预，即将某些锚板孔沿剪力方向开设为长槽孔，则这些锚栓就不参与受力（图 5.3.1-3）。

5.3.2～5.3.4 分别给出了按弹性理论分析时群锚在剪力 V 作用下、扭矩 T 作用下、剪力 V 与扭矩 T 共同作用下，参与工作的各锚栓所受剪力。

6 承载能力极限状态计算

6.1 受拉承载力计算

6.1.1 后锚固连接受拉承载力应按锚栓钢材破坏、锚栓拔出、混凝土锥体受拉破坏、劈裂破坏等 4 种破坏类型，及单锚与群锚两种锚固连接方式，共计 8 种情况分别进行计算（表 6.1.1）。对于单锚连接，外力与抗力比较明确，计算较为简单。对于群锚连接，情况较为复杂：当为钢材破坏和拔出破坏时，破坏主要出现在某些受力最大锚栓（假定锚栓品种规格及参数均相同），因此，一般只计算受力最大（N_{Sd}^{h}）锚栓即可；当为混凝土锥体破坏或劈裂破坏时，主要表现为群锚基材整体破坏，因此很难区分和确定每根锚栓的抗力，故取 N_{Sd}^{g}进行整体锚固计算。

6.1.2 参考 ETAG，锚栓或植筋钢材破坏时的受拉承载力标准值 $N_{Rk,s}$，一律根据钢材的极限抗拉强度 f_{us}，取标准值 f_{stk}计算，而未取 f_{yk}。主要考虑是：锚栓所用钢材，强度均较高，一般无明显屈服点，与拉断力直接对应的是 f_{us}，取 f_{stk}更直接；机械锚栓是在较大预紧力下工作，其性能相当于预应力筋；普通化学植筋钢材虽有明显屈服点，但表 4.2.6 植筋钢材破坏分项系数已按 $\gamma_{Rs} = \alpha f_{stk}/f_{yk}$（$\alpha$ 为换算系数）进行了换算。

经用扩孔型锚栓及膨胀型锚栓对锚栓钢材破坏时的受拉承载力公式（6.1.2）进行了验证，锚固深度分别为 $h_{ef} = 125$mm 和 120mm，$\geqslant h_{cr}$，均表现为锚栓拉断破坏，拉断承载力试验值与计算值之比 $N_{us}^{0}/N_{us} = N_{us}^{0}/A_s f_{us} = 1.00 \sim 1.11$。

6.1.3 单锚或群锚混凝土锥体受拉破坏是后锚固受拉破坏的基本形式，特别是膨胀型锚栓和扩孔型锚栓，影响因素众多，计算较为复杂。受拉承载力标准值 $N_{Rk,c}$公式（6.1.3-2），包含单根锚栓在理想状态下的承载力标准值 $N_{Rk,c}^{0}$及计算面积 $A_{c,N}^{0}$，单锚或群锚实际破坏面积 $A_{c,N}$，边距影响 $\psi_{s,N}$，钢筋剥离影响 $\psi_{re,N}$，荷载偏心影响 $\psi_{ec,N}$及未裂影响 $\psi_{ucr,N}$等项目。

6.1.4 单根锚栓在理想锚固状态下，混凝土基材受拉破坏承载力主要试验依据及验证情况如下：

1 受拉时混凝土锥体破坏承载力分布曲线

为检验单根锚栓受拉时混凝土锥体破坏承载力及其概率分布函数，采用膨胀型锚栓进行了锚固抗拔力试验。基材混凝土强度等级为 C25，厚 200mm，锚栓数量 76 根，锚固深度 $h_{ef} = 60$mm，螺杆为 M12，拧紧扭矩 $T = 65$Nm。试验方法按 ETAG 附录 A 拉伸试验方法进行，支承环内径$\geqslant 4h_{ef}$。承载力实测概率分布经整理后示于图 2。由图示可知，该概率分布基本属于正态分布。76 根锚栓的平均极限抗拔力 $mN_u = 36.3$kN，均为混凝土破坏，变异系数 $\delta = 10.7\%$，散布范围在 28～46kN 之间。平均值与众值十分接近。试验值 N_{uc}^{0}与回归公式（1）相比，$N_{uc}^{0}/N_{uc} = 1.16$，偏于安全。

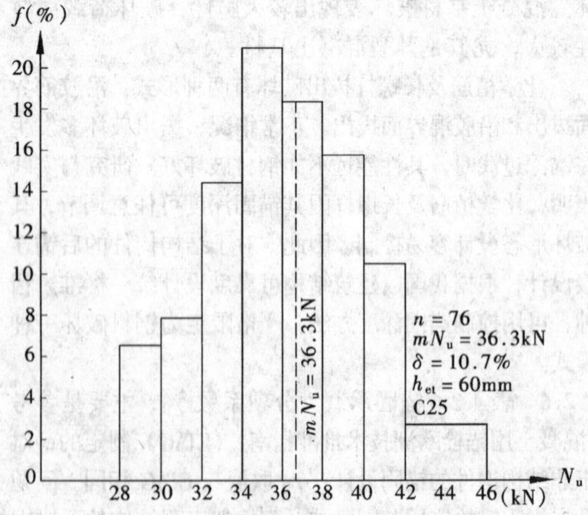

图 2 膨胀型锚栓抗拔力概率分布图

2 膨胀锚栓受拉时，混凝土锥体破坏承载力回归公式

按 ETAG 规定，在无间距和边距影响的理想条件下，单根膨胀型锚栓或扩孔型锚栓受拉时，非开裂混凝土锥体破坏承载力统计公式为：

$$N_{uc} = 13.5 h_{ef}^{1.5} \sqrt{f_{cu}} \quad (1)$$

据此，就主变量锚固深度 h_{ef}(mm)及混凝土立方体强度 f_{cu}(MPa)对 N_{uc}的影响，即公式(1)的适用性进行了检验。采用的锚栓为 M10、M12、M18 膨胀型锚栓和扩孔型锚栓，锚固深度 $h_{ef}=42.5\sim125$mm，混凝土强度等级为 C25 ~ C50。试验结果表明，锚深较浅、基材强度较低时，主要表现为混凝土锥体破坏，承载力 N_u 应按式(1)计算，试验值与计算值之比 $N_{uc}^0/N_{uc}=0.95\sim1.21$，试验值与公式(1)较为吻合。

锚固承载力计算，本规程基调是以开裂混凝土为主，因为按公式（5.1.2）判别，多数均属开裂混凝土。对于开裂混凝土锥体破坏承载力，ETAG 给定的统计公式为：

$$N_{uc}=9.5h_{ef}^{1.5}\sqrt{f_{cu}} \quad (2)$$

变异系数 $\delta=0.15$，则标准值 $N_{Rk,c}^0$为：

$$N_{Rk,c}^0=（1-1.645\times0.15）$$

$$N_{uc}\approx7.0h_{ef}^{1.5}\sqrt{f_{cu,k}} \quad (6.1.4)$$

为了检验国产锚栓对公式（1）的适用情况，分别对六个厂家计 8 种类型锚栓，进行了锚固抗拔力试验及抗剪试验。锚栓规格为 M10 ~ M16，锚固深度 $h_{ef}=53\sim100$mm，基材为 C25 混凝土。试验结果表明，锚栓受拉时基本上为混凝土锥体破坏，极限抗拔力波动范围较大，$N_{uc}^0/N_{uc}=0.51\sim1.17$，但多数仍与公式（1）计算值吻合。

目前国内一些锚栓的主要问题是：品种单一，构造简单，加工粗糙，大多为蹾粗螺杆与镀锌薄钢板套筒组成，拧紧时螺杆常一起转；螺母太薄，丝扣易损伤；受力时松弛滑移现象严重。如图 3，若以超出 5%的极限变形值（$\geqslant0.05\Delta_u$）作为不可接受的滑移量，那么，滑移荷载 N_1（或 V_1）与极限荷载 N_u（或 V_u）之比，$N_1/N_u=0.62\sim0.76$，$V_1/V_u=0.1\sim0.32$。这一现象表明，国产某些锚栓应加以改进，使用应当特别注意。

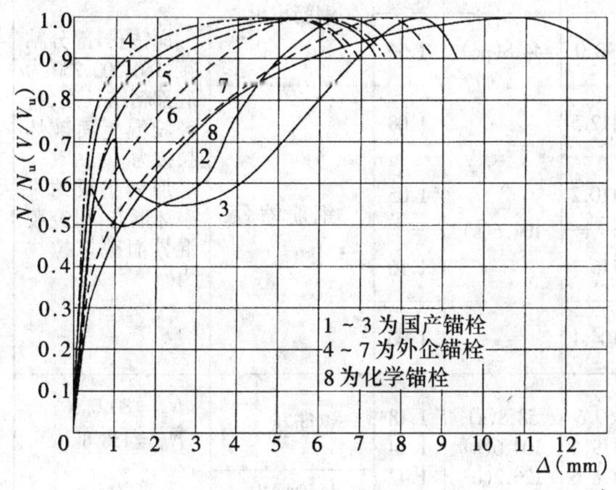

图 3　锚栓受拉载荷-位移曲线

3　化学植筋受拉时，混合型破坏承载力回归公式

按 ETAG 归类，化学植筋是粘结型锚栓的一种，但 ETAG 对化学植筋及粘结型锚栓锚固混凝土锥体破坏与粘结拔出之混合型破坏时的受拉承载力，并未给定计算公式，尽管国外进行过定量的试验研究。然而，化学植筋在我国建筑工程乃至整个土木工程中，应用极为普遍，量大面广。据此，本规程结合我国具

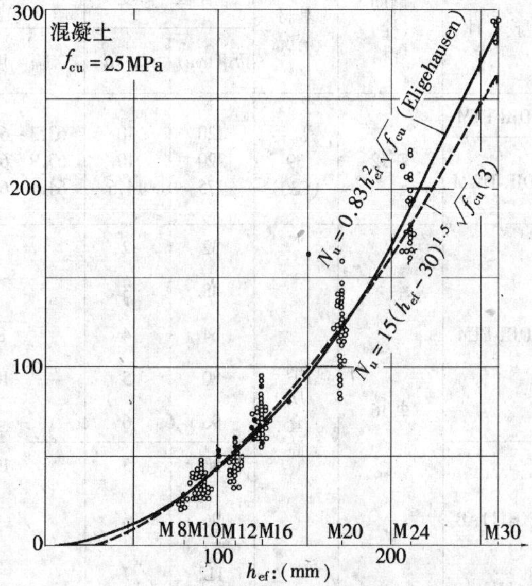

图 4　粘结型锚栓（筋）锚固未裂混凝土锥体组合型破坏受拉极限承载力与锚固深度的关系

体情况，对化学植筋的极限抗拔力进行了较为系统地试验研究，所用胶种型号较多，有 DJR-DWM 胶、XH130ABC 胶、XH111AB 胶、XH131ABC 胶、HX-JMG 胶、YS-JGN 胶、YJS-1 胶、ESA 胶、RM 管装胶、ZL-JGM 胶、汇丽锚固胶、管装 JCT 胶以及 JJK 型胶等；所用钢筋为Ⅱ级 $\phi12\sim\phi20$ 及 RGM12 × 160 螺杆，锚固深度 $h_{ef}=32\sim215$mm（$h_{ef}/d=2\sim14.6$），基材混凝土为 C25 ~ C30。试验结果列于表 2 和图 4。由列表数值可知，随着相对锚固深度 h_{ef}/d 的变化，破坏形态亦在发生变化，当 $h_{ef}/d<9$ 时，主要表现为混凝土锥体与钢筋拔出之混合型破坏（带锥拔出），当 $h_{ef}/d\geqslant9$ 时，则多表现为钢筋拉断破坏。就混合型破坏极限承载力而言，根据国内外有效试验数据，经统计分析，提出了回归公式如下：

$$N_{uc}=15\ (h_{ef}-30)^{1.5}\sqrt{f_{cu}} \quad (\text{N}) \quad (3)$$

式中　h_{ef}——钢筋或螺杆锚固深度（mm）；

f_{cu}——混凝土立方体抗压强度（MPa）。

试验值与回归公式（3）计算值之比 $N_{uc}^0/N_{uc}=0.87\sim1.42$，表明按公式（3）计算偏于安全；螺杆与钢筋并无本质区别。

钢筋拉断时，$N_{us}^0/N_{us}=0.90\sim1.26$。

对于开裂混凝土，Eligehausen，R 和 Mallee，R 的研究表明，混凝土锥体组合型破坏承载力会大幅度降低，离散性会显著增大，降低系数近似取 0.41，变异系数近似取 $\delta=0.3$，则其标准值 $N_{Rk,C}^0$为：

$$N_{Rk,C}^0=3.0\ (h_{ef}-30)^{1.5}\sqrt{f_{cu,k}} \quad (\text{N}) \quad (4)$$

式中　$f_{cu,k}$——混凝土立方体抗压强度标准值（MPa）。

表2 化学植筋（栓）抗拔力试验结果汇总

胶种	钢筋（栓）规格	基材情况	锚固深度 h_{ef}(mm)	锚固深度 h_{ef}/d	试验破坏荷载 N_u^0(kN) 幅度	试验破坏荷载 N_u^0(kN) 平均	计算破坏荷载 N_u(kN)	$\frac{N_u^0}{N_u}$	破坏特征	备注
DJR-PTM	Φ12	f_{cu}=39 (C30)	120	10	63.3~64.7	64.2	58.8(s)	1.09	钢筋拉断或接近 N_{us}	N_{uc}=80kN
DJR-DWM			120	10	63.9~65.4	64.5		1.10		
			175	14.6	64.4~67.7	65.5		1.11	钢筋拉断	N_{uc}=163.6kN
DJR-PTM	Φ16	钢质套筒	32	2	37		39.9(pa)	0.93	钢筋拔出	以钢质套筒为基材，研究胶筋界面破坏拉拔力：$N_{u,pa}=17.5h_{ef}d\sqrt{f_v}$ f_v=19.85MPa
			48	3	63		59.9(pa)	1.05		
			64	4	82.6		79.8(pa)	1.04		
			80	5	101.2		99.8(pa)	1.01		
			96	6	118		119.8(pa)	0.98	钢筋拉断	
XH111AB			80	5	100.1		96.2(pa)	1.04	钢筋拔出	f_v = 18.46MPa（钢-花岗岩）
			96	6	106		104.6(s)	1.01	拔出，但临近 N_{us}	
			112	7	109			1.04	钢筋拉断	
XH130ABC	Φ12	f_{cu}=39 (C30)	150	12.5	63.8~66.9	65.7	58.8(s)	1.12	钢筋拉断	N_{uc}=123.1kN
XH111AB			145	12.1	58.7~66.7	63.3		1.08		N_{uc}=115.5kN
XH131ABC			146	12.2	67.1~69.1	68.2		1.16		N_{uc}=117.0kN
XH130ABC	Φ20	f_{cu}=39 (C30)	160	8	161.8~163.2	162.4	138.8(c)	1.17	带锥拔出	
XH111AB			158	7.9	168.6~174.0	171.4	135.7(c)	1.26		
XH131ABC			160	8	166.8~190.0	176.1	138.8(c)	1.27		
A1A2A3	Φ25 D30	f_{cu}=30.91	150	6	142~149	145.5	140.1(pc)	1.04	钢筋拔出	
			200	8	185.5~187.1	186.3	186.8(pc)	1.00		
			250	10	229.7~236.1	233.5	233.5(pc)	1.00		
XH131ABC	Φ16 D20	f_{cu}=39 (C30)	48	3	54.2~56.2	55.2	33.6(pc)	1.64	钢筋拔出	深钻孔，部分粘接，150、200、250为底部粘结长度，研究胶混界面破坏拉拔力。加钢垫板约束破坏形态，研究胶混界面破坏拉拔力。
			64	4	70.0	70.0	44.8(pc)	1.56		
			96	6	110.0~114.4	112.5	104.6(s)	1.08	钢筋缩颈，达 N_{us}	
			112	7	98.0~116.8	110.2		1.05		
			128	8	115.6~117.8	116.7		1.16		
			144	9	96.2~112.0	104.1		1.00		
HX-JMG	Φ12	f_{cu}=39 (C30)	120	10	69.0~70.2	69.6	58.8(s)	1.18	钢筋断	N_{uc}=80.0kN
	Φ16		160	10	118.8~120.1	119.6	104.6(s)	1.14		N_{uc}=138.8kN
	Φ20		152	7.6	177.0~180.6	178.6	126.2(c)	1.42	带锥拔出	
YS-JGN	Φ12	f_{cu}=39 (C30)	120	10	66.8~68.9	67.9	58.8(s)	1.15	钢筋缩颈	N_{uc}=80.0kN
	Φ16		160	10	115.8~116.5	116.1	104.6(s)	1.11		N_{uc}=138.8kN
	Φ20		152	7.6	171.6~176.0	174.3	126.2(c)	1.38	带锥拔出	
YJS-1	Φ14	f_{cu}=36.4 (C28)	140	10	70.9~90.5	84.3	78.5(s)	1.07	钢筋缩颈	N_{uc}=104.4kN
	Φ20		200	10	162.5~176.3	171.0	163.4(s)	1.05		N_{uc}=200.6kN

续表 2

胶种	钢筋（栓）规格	基材情况	锚固深度 h_{ef}(mm)	锚固深度 h_{ef}/d	试验破坏荷载 N_u^0(kN) 幅度	试验破坏荷载 N_u^0(kN) 平均	计算破坏荷载 N_u(kN)	$\frac{N_u^0}{N_u}$	破坏特征	备注
ESA	Φ12	$f_{cu}=36.4$（C28）	130	10.8	58.2～67.5	63.9	58.8(s)	1.09	钢筋缩颈	$N_{uc}=90.5$kN
	Φ14		170	12.1	111.6～112.7	112.2	89.3(s)	1.26		$N_{uc}=149.9$kN
RM 胶管	RGM12×160	$f_{cu}=33.9$（C25）	110	9.2	53.5～55.0	54.3	62.5(c)	0.87	带锥拔出	
ZL-JGN	Φ12	$f_{cu}=39$（C30）	100	8.3	37.4～59.8	52.2	54.9(c)	0.95	带锥拔出	
	Φ14		169	10.6	102.8～107.3	105.6	104.6(s)	1.01	钢筋缩颈	$N_{uc}=153.5$kN
	Φ20		215	10.8	155.3～170.0	161.4	163.4(s)	0.99		$N_{uc}=235.7$kN
汇丽牌锚固胶 散装	Φ14	$f_{cu}=39$（C30）	96	6.9	34.2～50.4	44.4	50.2(c)	0.88	带锥拔出	
			160	11.4	58.8～70.0	62.9	69.9(s)	0.90	钢筋缩颈钢筋断	$N_{us}=69.9$kN 为实测值
			200	14.3	61.0～79.6	71.1	69.9(s)	1.02		
汇丽牌锚固胶 管装	M12×160		80	6.7	40.6～55.8	46.6	33.1(c)	1.41	带锥拔出	
			100	8.3	42.6～52.5	48.7	54.9(c)	0.89		
			120	10.0	49.6～57.1	52.7	50.6(s)	1.04	钢筋缩颈	$N_{uc}=80.0$kN
JCT 管装	M10×130	$f_{cu}=39$（C30）	90	9	41.4～46.8	43.5	43.5(c)	1.00	带锥拔出	
	M12×170		120	10	51.2～53.4	52.1	56.2(s)	0.93	锚栓拉断	
	M12×160		100	8.3	61.4～67.0	64.0	56.2(s)	1.14	锚栓拉断	
JGN-31	Φ12	$f_{cu}=39$（C30）	120	10	63.8～66.6	65.3	58.8(s)	1.11	钢筋断	
	Φ16		160	10	116.4～118.1	116.0	104.6(s)	1.11	钢筋断	
	Φ20		150～160	7.5～8	174～182.7	178.5	163.4(c)	1.09	钢筋断	

注：(s)表示钢材破坏，(c)表示混凝土锥体混合型破坏，(pa)表示胶筋界面拔出破坏，(pc)表示胶混界面拔出破坏。

6.1.7 锚栓受拉混凝土锥体破坏时，混凝土圆锥直径，从统计看是固定的，对于膨胀型锚栓，ETAG 认定为 $3h_{ef}$，本次检验结果大体相当。当锚栓位于构件边缘，其距离 $c<1.5h_{ef}$时，破坏时就形不成完整的圆锥体，因此，承载力会降低。ETAG 用下列系数 $\psi_{s,N}$反映 c 的降低影响：

$$\psi_{s,N}=0.7+0.3\frac{c}{c_{cr,N}}\leqslant 1 \qquad (6.1.7)$$

式中 $c_{cr,N}$为临界边距，对于膨胀型锚栓 $c_{cr,N}=1.5h_{ef}$。为检验公式（6.1.7）的适用性，选用了 M12 之膨胀型锚栓及粘结型锚栓进行边距的影响试验，边距 c 的变化范围为 45mm～∞。试验结果表明，粘结型锚栓边距 c 对承载力 N_u 的影响很小或根本就无影响，$\psi_{s,N}=1$。究其原因，主要是粘结型锚栓无膨胀挤压力，破坏机理也不是完全的锥体理论。相反，膨胀型锚栓 c 对 N_u 的影响较大，公式（6.1.7）$\psi_{s,N}$基本上反映了这一影响，N_{uc}^0/N_{uc}，大多数为 1.01～1.03，但个别为 0.45～0.86，试验值比计算偏低较多。其原因有二：一是该种锚栓较为特殊，属于无套筒的简易锚栓；二是边距过小时（$c<c_{min}$），会直接产生边沿混凝土侧向胀裂破坏，而不是锥体受拉破坏，因此，边距最小值 c_{min}限定很有必要。c_{min}应由厂家通过系统试验认证给定。

6.1.8 基材适量配筋，总体上说，对锚固性能有利。但配筋过多过密时，在混凝土锥体受拉破坏模式下，会因钢筋的隔离作用，而出现表层素混凝土壳（保护层）先行剥离，从而降低了有效锚固深度 h_{ef}。系数 $\psi_{re,N}$则反应了这一影响。

6.1.10 比较公式（1）与（2）可知，膨胀型锚栓及扩孔型锚栓未裂混凝土锥体破坏承载力大约为开裂混凝土时的 1.4 倍。若以开裂混凝土为基准，则未开裂混凝土提高系数 $\psi_{ucr,N}=1.4$。同理，化学植筋及粘结型锚栓未裂混凝土混合型破坏承载力约为开裂混凝土时的 2.44 倍，故 $\psi_{ucr,N}=2.44$。

6.1.11 基材混凝土劈裂破坏分两种情况，一种是发生在锚栓安装阶段，主要是预紧力所引起，另一种是使用阶段，主要是外荷载所造成。但其根源，二者均是由于膨胀侧压力所致。

当 $c<c_{min}$、$s<s_{min}$、$h<h_{min}$时，易发生安装劈裂破坏，一旦发生，整个锚固系统就失去了继续承载

的能力，故不允许锚栓安装劈裂破坏现象发生。c_{min}、s_{min}及 h_{min}应由锚栓生产厂家委托国家法定检验单位，通过系统的试验分析提出。

当 $c \geqslant c_{min}$、$s \geqslant s_{min}$、$h \geqslant h_{min}$，但不满足荷载劈裂条件时，随着锚栓所受外荷载的增大，锚栓对混凝土孔壁的膨胀挤压力会随之增加，此时的劈裂破坏则属荷载造成的劈裂破坏，其量值 $N_{Rk,sp}$与混凝土锥体破坏承载力 $N_{Rk,c}$大体相应，但 $A_{c,N}$、$A_{c,N}^0$计算中的 $c_{cr,N}$和 $s_{cr,N}$应由 $c_{cr,sp}$和 $s_{cr,sp}$替代，且多了一项构件相对厚度影响系数 $\psi_{h,sp}$。

关于机械锚栓穿出破坏，因缺乏系统试验资料，且性能欠佳，本规程除在适用条件给予严格控制外，未具体给定承载力计算值，其值应由厂家通过试验认证后提供。

化学植筋或粘结型锚栓受拉拔出破坏理论上有两种模式，一种是沿着胶体与钢筋界面破坏，另一种是沿着胶体与混凝土孔壁界面破坏。

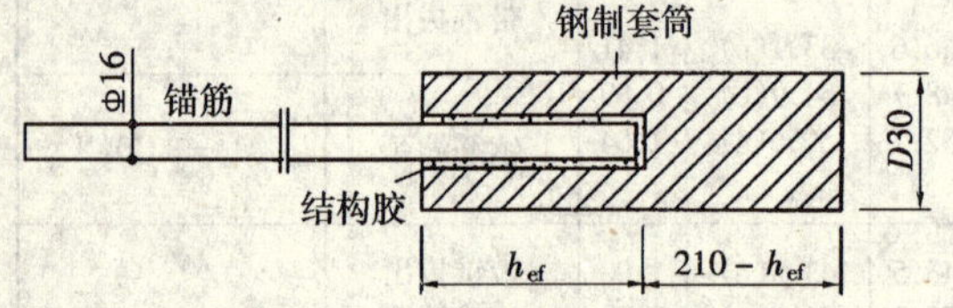

图 5　胶筋界面破坏试验简图

1　沿着锚固胶与钢筋界面拉剪破坏时，承载力主要取决于锚固胶与钢筋的粘结抗剪强度。为迫使破坏仅沿锚固胶与钢筋界面发生，要求基材强度足够高，可采用花岗岩和大理石，本试验采用钢质基材，如图 5 所示，即以钢棒钻孔（钢套筒）作为锚固体，以 DJR-PTM 胶和 XH131ABC 胶，植入Φ 16 钢筋进行了抗拔试验，其锚深与钢筋直径之比 $h_{ef}/d = 2 \sim 7$。试验结果列于表 2。由表列数值可知，$h_{ef}/d = 2 \sim 4$ 时，主要表现为拔出破坏，$h_{ef}/d = 4 \sim 5$ 时，钢筋全部进入流限，$h_{ef}/d = 6 \sim 7$ 时，绝大部分为钢筋拉断破坏。据此，可以近似得到胶筋界面破坏的受拉承载力计算公式如下：

$$N_{u,pa} = 17.5 h_{ef} d \sqrt{f_v} \text{ (N)} \tag{5}$$

式中　f_v——锚固胶的钢-钢粘结抗剪强度（MPa）；

d——钢筋直径（mm）。

$N_u^0/N_u = 0.93 \sim 1.05$，表明试验值与计算值吻合（图 6）。

对于开裂混凝土，若承载力降低系数近似取 0.6，变异系数取 0.16，则可得到胶筋界面破坏时的受拉承载力标准值 $N_{Rk,pa}$为：

$$N_{Rk,pa} = 7.7 h_{ef} d \sqrt{f_{vk}} \text{ (N)} \tag{6}$$

式中　f_{vk}——锚固胶的钢-钢粘结抗剪强度标准值（MPa）。

2　由于混凝土的抗剪强度比胶的粘结抗剪强度低，故沿着锚固胶与钻孔混凝土界面拉剪破坏时，承载力主要取决于混凝土的抗剪强度。为模拟胶混凝土界面破坏，哈尔滨工业大学采用深钻孔，仅底部局部灌胶粘结办法，植入Φ 25 钢筋（图 7a）；中国建筑科学研究院采用穿心式千斤顶，拉拔时套入一块孔径与钢筋直径一致的钢垫板，植入 ϕ16 钢筋（图 7b）。二者均沿胶与混凝土界面拉剪破坏，故其结果（表 2）可认为是胶混凝土界面破坏的代表。根据其试验结果，可近似得到胶混凝土界面破坏的受拉承载力计算公式如下：

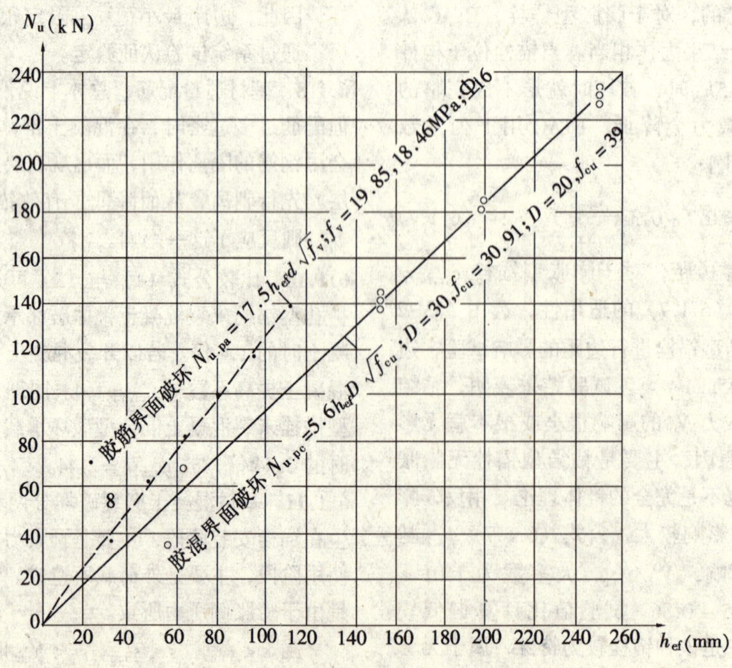

图 6　拔出破坏承载力与埋深关系

$$N_{u,pc}=5.6h_{ef}D\sqrt{f_{cu}} \quad (N) \tag{7}$$

式中 D——锚孔直径（mm）。

由表 2 可知，$N_u^0/N_u=1.00\sim1.64$（图 6）。

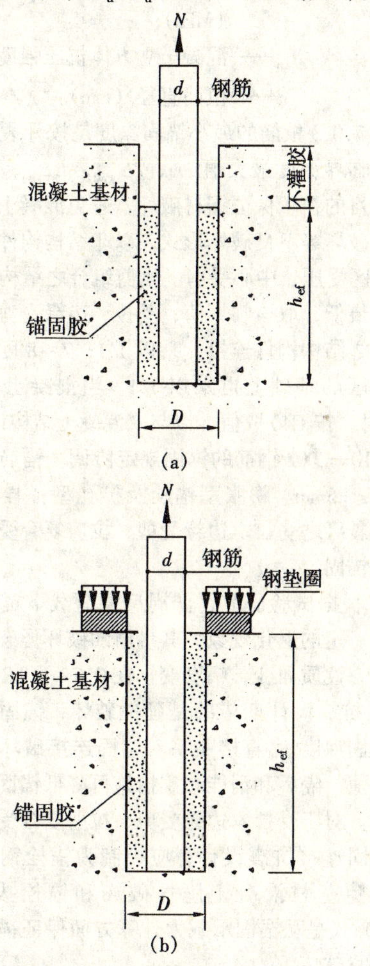

图 7 胶混界面破坏试验简图

(a) 局部灌胶法；(b) 钢垫圈约束法

开裂混凝土情况与混凝土锥体混合型破坏相近，降低系数近似取 0.41，变异系数取 0.16，则胶混凝土界面破坏时的受拉承载力标准值 $N_{Rk,pc}$为：

$$N_{Rk,pc}=1.7h_{ef}D\sqrt{f_{cu,k}} \quad (N) \tag{8}$$

6.2 受剪承载力计算

6.2.1 后锚固连接受剪承载力应按锚栓钢材破坏、混凝土剪撬破坏、混凝土边缘楔形体破坏等 3 种破坏类型，以及单锚与群锚两种锚固方式，共计 6 种情况分别进行计算（表 6.2.1）。对于群锚连接，当为钢材破坏时，主要表现为某根受力最大锚栓的破坏，故取 V_{Sd}^h计算即可；当为边缘混凝土楔形体破坏及混凝土撬坏时，则主要表现为群锚整体破坏，故取 V_{Sd}^g进行整体锚固计算。

6.2.2 锚栓钢材受剪破坏分纯剪和拉弯剪复合受力两种情况。对于无杠杆臂纯剪钢材破坏时的承载力标准值 $V_{Rk,s}$，参照 ETAG 取：

$$V_{Rk,s}=0.5A_Sf_{stk} \tag{6.2.2-2}$$

但对延性较低的硬钢群锚，因各锚栓应力分布不可能很均匀，故乘以 0.8 降低系数。

为检验式（6.2.2-2），选用了 M10 和 M12 膨胀锚栓和粘结型锚栓进行抗剪试验，锚固深度在 50～90mm 之间。试验按ETAG附录 A 剪切试验方法进行。试验结果可知，$N_u^0/N_u=1.06\sim1.18$，式（6.2.2-2）偏于安全。

对于有杠杆臂的受剪，因锚栓处在拉、弯、剪的复合受力状态，根据钢材破坏强度理论，其折算受剪承载力标准值 $V_{Rk,s}$可由公式（6.2.2-3）、（6.2.2-4）和（6.2.2-5）联解获得。其中所谓无约束，是指被连接件锚板在受力过程中，既产生平移又发生转动（图 6.2.2-2a），锚栓杆相当于悬臂杆，故弯矩较大；所谓全约束，是指被连接件锚板在受力过程中只产生平移，不发生转动（图 6.2.2-2b），故弯矩亦较小。

6.2.3～6.2.11 构件边缘（$c<10h_{ef}$）受剪混凝土楔形体破坏时的受剪承载力标准值计算公式，主要是参考 ETAG 制定的，其中公式（6.2.4）中的锚栓有效长度 l_f，ETAG 未说明。从安全考虑，本规程近似取 $l_f\leqslant h_{ef}$且 $l_f\leqslant8d$。此项规定主要针对的是植筋，因为植筋锚固深度一般较大，$h_{ef}=17\sim29d$；而锚栓一般较短，锚固深度也较小，限定已失去意义。

6.2.12 基材混凝土剪撬破坏主要发生在中心受剪（$c\geqslant10h_{ef}$）之粗短锚栓埋深较浅情况，系剪力反方向混凝土被锚栓撬坏，承载力计算公式（6.2.12）系参考 ETAG 制定。

7 锚固抗震设计

7.0.1 地震作用是一个反复动力作用，从滞回性能和耗能角度分析，锚固连接破坏应控制为锚栓钢材破坏，避免混凝土基材破坏。化学植筋，因其锚固深度无限，且无膨胀挤压力，完全具备此项功能，因此，作为地震区应用的首选。膨胀型锚栓和扩孔型锚栓破坏型态主要为混凝土基材破坏和拔出破坏，抗震性能较差，故不得用于受拉、边缘受剪、拉剪复合受力之结构构件及生命线工程之非结构构件的后锚固连接。对于非结构构件锚固连接，以及受压、中心受剪、压剪复合受力之结构构件锚固连接，则不受其限制。

7.0.2 锚固连接的可靠性和锚固能力，除锚栓品种外，锚固基材的品质及应力状况至关重要，裂缝开展失控区及素混凝土区，一般均不应作为有抗震设防要求的锚固区。

7.0.3 植筋受拉存在钢材破坏、混凝土基材破坏及拔出破坏等模式，而混凝土混合型受拉破坏承载力

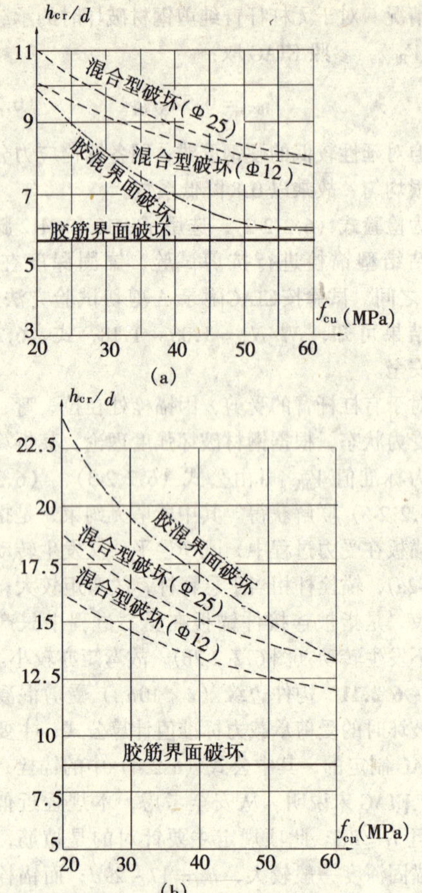

图 8　植筋临界锚固深度比

(a) 未裂混凝土；(b) 开裂混凝土

N_{uc}式（3）、（4）及拔出破坏承载力 $N_{u,pa}$式（5）、（6）和 $N_{u,pc}$式（7）、（8）均与锚固深度 h_{ef}直接相关，因此，由下列平衡关系可得 h_{cr*}，此时的锚固深度 h_{cr*}称为临界锚固深度 $h_{cr,c}$，$h_{cr,pa}$，$h_{cr,pc}$：

$$N_{u,s}=N_{uc} \tag{9}$$

$$N_{u,s}=N_{u,pa} \tag{10}$$

$$N_{u,s}=N_{u,pc} \tag{11}$$

对于常用的Ⅱ级螺纹钢筋，相对临界锚固深度可按下列公式计算，其变化规律示于图 8：

基材混凝土混合型受拉破坏

$h_{cr,c}/d=0.1399\ [f_{us}\sqrt{d/f_{cu}}]^{0.6667}+30/d$（未裂混凝土）　(12)

$h_{cr,c}/d=0.2536\ [f_{us}\sqrt{d/f_{cu}}]^{0.6667}+30/d$（开裂混凝土）

胶混界面拔出破坏

$h_{cr,pc}/d=0.099f_{us}/\sqrt{f_{cu}}$（未裂混凝土）　(13)

$h_{cr,pc}/d=0.24f_{us}/\sqrt{f_{cu}}$（开裂混凝土）

胶筋界面拔出破坏

$h_{cr,pa}/d=0.049f_{us}/\sqrt{f_{v}}$（未裂混凝土）　(14)

$h_{cr,pa}/d=0.075f_{us}/\sqrt{f_{v}}$（开裂混凝土）

上列公式中　f_{us}——植筋极限抗拉强度（MPa）；

f_v——锚固胶的钢-钢粘结抗剪强度（MPa）；

f_{cu}——混凝土立方体抗压强度（MPa）；

d——植筋直径（mm）。

表 7.0.3 植筋的最小锚固深度是按开裂混凝土上述三种临界深度最大值 max $\{h_{cr,c},\ h_{cr,pa},\ h_{cr,pc}\}$ 确定的，目的在于保证钢材破坏，避免混凝土基材破坏及拔出破坏等不良破坏形式。以非结构构件锚固连接及 6 度区受压、中心受剪、压剪组合之结构构件锚固连接为最低，取该临界值；受拉、边缘受剪、拉剪复合受力之结构构件连接，乘以 1.1；7～8 度区，分别在 6 度区的基础上再乘以 1.1。当混凝土强度等级 ≥C40时，按 C40 取值，以与《混凝土结构设计规范》GB 50010—2002 钢筋的锚固规定协调。锚筋的直径限定为 $d \leqslant 25$mm。膨胀型锚栓及扩孔型锚栓原则上不适于地震区之受拉、边缘受剪、拉剪复合受力之结构构件的锚固。

7.0.5　根据试验研究，低周反复荷载下锚固承载力呈现出一定的退化现象，其量值随破坏形态、锚栓类型及受力性质而变，幅度变化在 0.6～1.0R 之间。

7.0.6　抗震设计期望的是延性破坏，锚固参数，特别是锚固深度 h_{ef}直接关系着锚固连接破坏类型及承载力量值，隔震和消能减震措施可降低锚固连接的地震反应。对于受拉、边缘受剪、拉剪复合受力之结构构件锚固连接抗震设计，应控制为锚栓钢材延性破坏，避免基材混凝土脆性破坏和锚栓拔出破坏，(7.0.6) 式是从锚固承载力计算方面保证锚固连接仅发生钢材破坏。

7.0.7　膨胀型锚栓和扩孔型锚栓不能直接承受压力，但工程中的锚固连接在反向荷载下则可能产生压力，问题是此压力不能传给锚栓，必须通过构造措施，如锚板，传给混凝土基材。即或如此，基材在压缩变形下还会导致锚栓预紧力相应降低；另一方面，锚栓膨胀片在长期使用中也会产生松弛。为保证锚栓始终处在受拉状态，规定两种内力损失叠加后，锚栓的实有拉力最小值 $N_{sk,min}$应满足公式（7.0.7）规定。

7.0.8　试验和经验表明，锚固区具有定量的钢筋，锚固性能可大为改善。与既有工程不同，新建工程有条件满足此项要求，为提高锚固连接的可靠性，减小基材混凝土破坏的可能性，可在预设的锚固区配置必要的钢筋网。

8　构 造 措 施

8.0.1、8.0.2　与 6.1.11 条相应，锚固基材厚度、群锚间距及边距等最小值规定，除避免锚栓安装时或减小锚栓受力时基材混凝土劈裂破坏的可能性外，主要在于增强锚固连接基材破坏时的承载能力和安全可靠性，其值应通过系统性试验分析后给定。

8.0.3 基材结构由于增加了后锚固依附结构，其内力会发生变化，一般会增大，因此，原结构承载力应重新验算。作为简化计算，公式（8.0.3-1）是控制局部破坏，公式（8.0.3-2）是控制整体破坏。

8.0.4 作为基材锚固区的理想条件是，混凝土坚实可靠，且配有适量钢筋。混凝土保护层、建筑抹灰层及装修层等，因结构疏松或粘结强度低，均不得作为设置锚栓的锚固区。

8.0.5 处在室外条件下的被连接钢件，会因钢件与基材混凝土的温度差异和变化，而使锚栓产生较大的交变温度应力。为避免锚栓因温度应力过大而遭致疲劳破坏，故规定应从锚固方式采取措施，控制温度应力变幅 $\Delta\sigma=\sigma_{max}-\sigma_{min}\leqslant 100\text{MPa}$。

8.0.6 外露后锚固连接件防腐措施应与其耐久性要求相适应，耐久性要求较高时可选用不锈钢件，一般情况可选用电镀件及现场涂层法。外露后锚固连接件耐火措施应与结构的耐火极限相一致，有喷涂法、包封法等。

9 锚固施工与验收

9.1 基 本 要 求

9.1.1～9.1.3 基本要求强调了三点，锚栓品质、基材性状及安装方法应符合设计及有关标准、规程的要求。

9.2 锚　　孔

9.2.1～9.2.3 锚孔对锚固质量影响较大，本节对各类锚栓锚孔尺寸偏差、清孔要求、废孔处理等，做了具体规定。

9.3 锚栓的安装与锚固

9.3.1 预插式安装(图9.3.1-1)是先安装锚栓后装被连接件,锚板与基材钻孔要求同心,但孔径不一定相同;穿透式安装(图9.3.1-2),锚板与基材一道钻孔(配钻),孔径相同,整个锚栓从外面穿过锚板插入基材锚孔,锚板钻孔与锚栓套筒紧密接触,多用于抗剪能力要求较高的锚固;离开基面的安装(图9.3.1-3),主要是指具有保温层或空气层的外饰面板安装,该安装所用锚栓杆头较长,采用三个螺母,先装锚栓,以第一道螺母紧固于基材,铺贴保温层,以第二道螺母调平,装饰面板,以第三道螺母拧紧固定。

9.3.3 扩孔型锚栓安装，应先按规定钻直孔，然后再分类扩孔安装。对于预扩孔，需另换专用钻头进行扩孔，安装时扭矩控制应准确。对于自扩孔，因锚栓自带刀头，只需将锚栓插入孔底，开动钻机转动锚栓，扩孔与膨胀同时完成。

9.3.4～9.3.5 化学植筋安装工艺流程为：钻孔→清孔→配胶→植筋→固化→质检。应按设计锚固深度钻孔，孔径 $D=d+(4\sim10)$ mm，小直径机械安装取低限，大直径灌注安装取高限，清孔应彻底。胶起着关键作用，应采用国家认证过的胶，使用前应进行现场试验和复检，胶称量应准确，搅拌应均匀，灌注应充实。

9.4 锚固质量检查与验收

9.4.1～9.4.4 锚固质量检查是确保后锚固连接工程可靠性的重要环节，应重点检查锚固参数、基材质量、尺寸偏差、抗拔力；对于化学植筋，尚应检查胶粘剂的性能。

附录 A　锚固承载力现场检验方法

A.1 基 本 规 定

A.1.1、A.1.2 后锚固连接抗拔承载力现场检验，E-TAG未作规定，西方国家大多着重原材料质量检验和施工程序控制，一般不作现场检验；但按我国《建筑工程质量验收统一标准》精神，则为必检项目。然而，破坏性检验会造成一定程度难于处理的基材结构的破坏，故本规程规定，承载力现场检验，对于一般结构及非结构构件，可采用非破坏性检验；对丁重要结构及生命线工程非结构构件，应采用破坏性检验，并尽量选在受力较小的次要连接部位。

A.4 检 验 方 法

A.4.1 加荷设备支撑环内径 $D_0\geqslant 4h_{ef}$ 或 $D_0\geqslant\max(12d, 250\text{mm})$ 要求，主要考虑是基材混凝土破坏圆锥体直径，即锚栓的临界间距 $s_{cr,N}$，因为，环径过小就不可能产生锥体破坏，承载力会显著偏高。

A.4.3 非破坏性检验荷载取 $0.9A_sf_{yk}$，主要考虑的是钢材屈服；而取 $0.8N_{Rk,c}$，主要在于检验锚栓或植筋滑移及混凝土基材破坏前的初裂。

A.5 检验结果评定

A.5.1～A.5.3 根据试验及锚固承载力标准值取值，在非破坏检验荷载下，一般不应该出现钢筋屈服、滑移、基材裂缝及持荷不稳等征兆。但非破坏性检验对锚固承载力毕竟无法量化，为避免误判，规定当该检验不合格时，则应补作破坏性检验判定。除特殊情况下，现场破坏性检查，一般仅检查锚栓的极限抗拔力。因数量有限，评定方法采用双控，即极限抗拔力平均值应满足公式（A.5.2-1），最小值应≥标准值（A.5.2-2）。当检验不合格时，应采取专门措施处理。

中华人民共和国行业标准

建筑施工现场环境与卫生标准

Standard of environment and sanitation of construction site

JGJ 146—2004

批准部门：中华人民共和国建设部
施行日期：2005 年 3 月 1 日

中华人民共和国建设部
公　　告

第308号

建设部关于发布行业标准《建筑施工现场环境与卫生标准》公告

现批准《建筑施工现场环境与卫生标准》为行业标准，编号为JGJ 146—2004，自2005年3月1日起实施。其中，第2.0.2、3.1.1、3.1.7、3.1.11、4.1.6、4.2.3条为强制性条文，必须严格执行。

本标准由建设部标准定额研究所组织中国建筑工业出版社出版发行。

中华人民共和国建设部
2005年1月21日

前　　言

根据建设部建标［2004］66号文的要求，标准编制组在深入调查研究，认真总结国内外科研成果和大量实践经验，并在广泛征求意见的基础上，制定了本标准。

本标准的主要技术内容是：1. 总则；2. 一般规定；3. 环境保护；4. 环境卫生等。

本标准由建设部负责管理和对强制性条文的解释，由主编单位负责具体技术内容的解释。

本标准主编单位：北京市建设委员会（地址：北京市宣武区广莲路5号；邮政编码：100055）。

本标准参加单位：上海市建设工程安全质量监督总站、陕西省建设工程质量安全监督总站、成都市建设工程施工安全监督站、青岛市建筑工程管理局、北京城建集团、上海建工集团、天津建工集团、广州建工集团

本标准主要起草人员：刘照源　阮景云　顾美丽　杨纯怡　李生贵　蔡崇民　张　佳　边尔伦　孙维民　许月根　戴贞洁　高俊岳

目　次

1 总 则

1.0.1 为保障作业人员的身体健康和生命安全，改善作业人员的工作环境与生活条件，保护生态环境，防治施工过程对环境造成污染和各类疾病的发生，制定本标准。

1.0.2 本标准适用于新建、扩建、改建的土木工程、建筑工程、线路管道工程、设备安装工程、装修装饰工程及拆除工程。

1.0.3 本标准所指的施工现场包括施工区、办公区和生活区。

1.0.4 建筑施工现场环境与卫生除应执行本标准的规定外，尚应符合国家现行有关强制性标准的规定。

2 一 般 规 定

2.0.1 施工现场的施工区域应与办公、生活区划分清晰，并应采取相应的隔离措施。

2.0.2 施工现场必须采用封闭围挡，高度不得小于1.8m。

2.0.3 施工现场出入口应标有企业名称或企业标识。主要出入口明显处应设置工程概况牌，大门内应有施工现场总平面图和安全生产、消防保卫、环境保护、文明施工等制度牌。

2.0.4 施工现场临时用房应选址合理，并应符合安全、消防要求和国家有关规定。

2.0.5 在工程的施工组织设计中应有防治大气、水土、噪声污染和改善环境卫生的有效措施。

2.0.6 施工企业应采取有效的职业病防护措施，为作业人员提供必备的防护用品，对从事有职业病危害作业的人员应定期进行体检和培训。

2.0.7 施工企业应结合季节特点，做好作业人员的饮食卫生和防暑降温、防寒保暖、防煤气中毒、防疫等工作。

2.0.8 施工现场必须建立环境保护、环境卫生管理和检查制度，并应做好检查记录。

2.0.9 对施工现场作业人员的教育培训、考核应包括环境保护、环境卫生等有关法律、法规的内容。

2.0.10 施工企业应根据法律、法规的规定，制定施工现场的公共卫生突发事件应急预案。

3 环 境 保 护

3.1 防治大气污染

3.1.1 施工现场的主要道路必须进行硬化处理，土方应集中堆放。裸露的场地和集中堆放的土方应采取覆盖、固化或绿化等措施。

3.1.2 拆除建筑物、构筑物时，应采用隔离、洒水等措施，并应在规定期限内将废弃物清理完毕。

3.1.3 施工现场土方作业应采取防止扬尘措施。

3.1.4 从事土方、渣土和施工垃圾运输应采用密闭式运输车辆或采取覆盖措施；施工现场出入口处应采取保证车辆清洁的措施。

3.1.5 施工现场的材料和大模板等存放场地必须平整坚实。水泥和其他易飞扬的细颗粒建筑材料应密闭存放或采取覆盖等措施。

3.1.6 施工现场混凝土搅拌场所应采取封闭、降尘措施。

3.1.7 建筑物内施工垃圾的清运，必须采用相应容器或管道运输，严禁凌空抛掷。

3.1.8 施工现场应设置密闭式垃圾站，施工垃圾、生活垃圾应分类存放，并应及时清运出场。

3.1.9 城区、旅游景点、疗养区、重点文物保护地及人口密集区的施工现场应使用清洁能源。

3.1.10 施工现场的机械设备、车辆的尾气排放应符合国家环保排放标准的要求。

3.1.11 施工现场严禁焚烧各类废弃物。

3.2 防治水土污染

3.2.1 施工现场应设置排水沟及沉淀池，施工污水经沉淀后方可排入市政污水管网或河流。

3.2.2 施工现场存放的油料和化学溶剂等物品应设有专门的库房，地面应做防渗漏处理。废弃的油料和化学溶剂应集中处理，不得随意倾倒。

3.2.3 食堂应设置隔油池，并应及时清理。

3.2.4 厕所的化粪池应做抗渗处理。

3.2.5 食堂、盥洗室、淋浴间的下水管线应设置过滤网，并应与市政污水管线连接，保证排水通畅。

3.3 防治施工噪声污染

3.3.1 施工现场应按照现行国家标准《建筑施工场界噪声限值及其测量方法》（GB 12523～12524）制定降噪措施，并可由施工企业自行对施工现场的噪声值进行监测和记录。

3.3.2 施工现场的强噪声设备宜设置在远离居民区的一侧，并应采取降低噪声措施。

3.3.3 对因生产工艺要求或其他特殊需要，确需在夜间进行超过噪声标准施工的，施工前建设单位应向有关部门提出申请，经批准后方可进行夜间施工。

3.3.4 运输材料的车辆进入施工现场，严禁鸣笛，装卸材料应做到轻拿轻放。

4 环 境 卫 生

4.1 临 时 设 施

4.1.1 施工现场应设置办公室、宿舍、食堂、厕所、淋浴间、开水房、文体活动室、密闭式垃圾站（或容器）及盥洗设施等临时设施。临时设施所用建筑材料应符合环保、消防要求。

4.1.2 办公区和生活区应设密闭式垃圾容器。

4.1.3 办公室内布局应合理，文件资料宜归类存放，并应保持室内清洁卫生。

4.1.4 施工现场应配备常用药及绷带、止血带、颈托、担架等急救器材。

4.1.5 宿舍内应保证有必要的生活空间，室内净高不得小于2.4m，通道宽度不得小于0.9m，每间宿舍居住人员不得超过16人。

4.1.6 施工现场宿舍必须设置可开启式窗户，宿舍内的床铺不得超过2层，严禁使用通铺。

4.1.7 宿舍内应设置生活用品专柜，有条件的宿舍宜设置生活用品储藏室。

4.1.8 宿舍内应设置垃圾桶，宿舍外宜设置鞋柜或鞋架，生活区内应提供为作业人员晾晒衣物的场地。

4.1.9 食堂应设置在远离厕所、垃圾站、有毒有害场所等污染源的地方。

4.1.10 食堂应设置独立的制作间、储藏间，门扇下方应设不低于0.2m的防鼠挡板。

制作间灶台及其周边应贴瓷砖，所贴瓷砖高度不宜小于1.5m，地面应做硬化和防滑处理。

粮食存放台距墙和地面应大于0.2m。

4.1.11 食堂应配备必要的排风设施和冷藏设施。

4.1.12 食堂的燃气罐应单独设置存放间，存放间应通风良好并严禁存放其他物品。

4.1.13 食堂制作间的炊具宜存放在封闭的橱柜内，刀、盆、案板等炊具应生熟分开。食品应有遮盖，遮盖物品应有正反面标识。各种佐料和副食应存放在密闭器皿内，并应有标识。

4.1.14 食堂外应设置密闭式泔水桶，并应及时清运。

4.1.15 施工现场应设置水冲式或移动式厕所，厕所地面应硬化，门窗应齐全。蹲位之间宜设置隔板，隔板高度不宜低于0.9m。

4.1.16 厕所大小应根据作业人员的数量设置。高层建筑施工超过8层以后，每隔四层宜设置临时厕所。厕所应设专人负责清扫、消毒，化粪池应及时清掏。

4.1.17 淋浴间内应设置满足需要的淋浴喷头，可设置储衣柜或挂衣架。

4.1.18 盥洗设施应设置满足作业人员使用的盥洗池，并应使用节水龙头。

4.1.19 生活区应设置开水炉、电热水器或饮用水保温桶；施工区应配备流动保温水桶。

4.1.20 文体活动室应配备电视机、书报、杂志等文体活动设施、用品。

4.2 卫生与防疫

4.2.1 施工现场应设专职或兼职保洁员，负责卫生清扫和保洁。

4.2.2 办公区和生活区应采取灭鼠、蚊、蝇、蟑螂等措施，并应定期投放和喷洒药物。

4.2.3 食堂必须有卫生许可证，炊事人员必须持身体健康证上岗。

4.2.4 炊事人员上岗应穿戴洁净的工作服、工作帽和口罩，并应保持个人卫生。不得穿工作服出食堂，非炊事人员不得随意进入制作间。

4.2.5 食堂的炊具、餐具和公用饮水器具必须清洗消毒。

4.2.6 施工现场应加强食品、原料的进货管理，食堂严禁出售变质食品。

4.2.7 施工现场作业人员发生法定传染病、食物中毒或急性职业中毒时，必须在2小时内向施工现场所在地建设行政主管部门和有关部门报告，并应积极配合调查处理。

4.2.8 现场施工人员患有法定传染病时，应及时进行隔离，并由卫生防疫部门进行处置。

本标准用词说明

1 为便于在执行本标准条文时区别对待，对要求严格程度不同的用词说明如下：

1）表示很严格，非这样做不可的：

正面词采用“必须”，反面词采用“严禁”；

2）表示严格，在正常情况下均应这样做的：

正面词采用“应”，反面词采用“不应”或“不得”；

3）表示允许稍有选择，在条件许可时首先应这样做的：

正面词采用“宜”，反面词采用“不宜”；

表示有选择，在一定条件下可以这样做的，采用“可”。

2 条文中指明应按其他有关标准执行的写法为“应符合……的规定”或“应按……执行”。

中华人民共和国行业标准

建筑施工现场环境与卫生标准

JGJ 146—2004

条 文 说 明

前　言

《建筑施工现场环境与卫生标准》JGJ 146—2004经建设部2005年1月21日以建设部第308号公告批准，业已发布。

为便于广大设计、施工、科研、学校等单位有关人员在使用本标准时能正确理解和执行条文规定，《建筑施工现场环境与卫生标准》编制组按章、节、条顺序编制了本标准的条文说明，供使用者参考。在使用中如发现本条文说明有不妥之处，请将意见函寄北京市建设委员会（地址：北京市宣武区广莲路5号；邮政编码：100055）。

目　次

1 总 则

1.0.1 制定本标准的目的。作业人员指从事建筑施工活动的人员，包括建设单位、施工单位、监理单位以及为施工服务的人员。

1.0.2 规定了本标准的适用范围。

1.0.3 本标准的“生活区”指建设工程作业人员集中居住、生活的场所，包括施工现场以内和施工现场以外独立设置的生活区。施工现场以外独立设置的生活区是指施工现场内无条件建立生活区，在施工现场以外搭设的用于作业人员居住生活的临时用房或者集中居住的生活基地。

1.0.4 说明本标准与其他相关标准的关系。

2 一 般 规 定

2.0.2 施工现场应设封闭围挡，防止与施工作业无关的人员进入，防止施工作业影响周围环境。

2.0.3 工程概况牌内容一般有工程名称、面积、层数、建设单位、设计单位、施工单位、监理单位、开竣工日期、项目经理以及联系电话等。

2.0.4 临时用房是指施工期间临时搭建、租赁暂设的各种房屋。临时用房的结构、搭设、使用等应符合安全、消防的有关规定。

2.0.6 防护用品是指作业人员在施工中使用的防治职业病和防止劳动者身体受到意外伤害的保护用品。

3 环 境 保 护

3.1.1 硬化处理指可采取铺设混凝土、礁渣、碎石等方法，防止施工车辆在施工现场行驶中产生扬尘污染环境。

3.1.3 在大风天气里不得进行对环境产生扬尘污染的土方回填、转运作业。

3.1.6 混凝土搅拌场所一般安装喷水雾装置进行降尘。

3.1.9 清洁能源指燃气、油料、电力、太阳能等。

3.2.3 隔油池是指食堂在生活用水排入市政管道前设置的阻挡废弃油污进入市政管道的池子，并能及时清理。

3.3.2 降低噪声措施指可采用隔声吸声材料，使用低噪声设备等。

3.3.3 夜间施工一般指当日 22 时至次日 6 时（特殊地区可由当地政府部门另行制定）。

4 环 境 卫 生

4.1.10 防鼠挡板：指门扇下方采用金属材料包裹，防止老鼠啃咬。

4.1.16 临时厕所是指便于清运和使用方便的如厕设施。

4.2.8 法定传染病是指：非典型性肺炎、鼠疫、霍乱、病毒性肝炎、细菌性和阿米巴性痢疾、伤寒和副伤寒、艾滋病、淋病、梅毒、脊髓灰质炎、麻疹、百日咳、白喉、流行性脑脊髓膜炎、猩红热、流行性出血热、狂犬病、钩端螺旋体病、布鲁氏菌病、炭疽、流行性和地方性斑疹伤寒、流行性乙型脑炎、黑热病、疟疾、登革热、肺结核、血吸虫病、丝虫病、包虫病、麻风病、流行性感冒、流行性腮腺炎、风疹、新生儿破伤风、急性出血性结膜炎、感染性腹泻病。

中华人民共和国行业标准

建筑拆除工程安全技术规范

Technical code for safety of demolishing and removing of buildings

JGJ 147—2004

批准部门：中华人民共和国建设部
实施日期：2 0 0 5 年 3 月 1 日

中华人民共和国建设部
公　　告

第304号

建设部关于发布行业标准《建筑拆除工程安全技术规范》的公告

现批准《建筑拆除工程安全技术规范》为行业标准，编号为JGJ 147—2004，自2005年3月1日起实施。其中，第4.1.1、4.1.2、4.1.3、4.1.7、4.2.1、4.2.3、4.3.2、4.4.2、4.4.4、4.5.4、5.0.5条为强制性条文，必须严格执行。

本标准由建设部标准定额研究所组织中国建筑工业出版社出版发行。

中华人民共和国建设部

2005年1月13日

前　　言

根据建设部建标［2003］104号文件的要求，规范编制组在深入调查研究，认真总结国内外科研成果和大量实践经验，并广泛征求意见的基础上，制定了本规范。

本规范的主要内容是：

1. 一般规定；
2. 施工准备；
3. 安全施工管理；
4. 安全技术管理；
5. 文明施工管理。

本规范由建设部负责管理和对强制性条文的解释，由北京建工集团有限责任公司负责具体技术内容的解释。

主编单位：北京建工集团有限责任公司（地址：北京市宣武区广莲路1号；邮政编码：100055）。

参编单位：

北京中科力爆炸技术工程公司

上海市房屋拆除工程施工安全管理办公室

辽宁省建设厅

湖南中人爆破工程有限公司

武汉理工大学土木工程与建筑学院

福建省六建集团公司

广东省宏大爆破工程公司

主要起草人员：张立元　王　钢　唐　伟　陈拥军　王　强　周家汉　孙宗辅　孙京燕　魏铁山　王维瑞　刘照源　阮景云　魏　鹏　李宗亮　冯世基　李　岱　胡　鹏　赵京生　李志成　蒋公宜　王世杰　李长凯　金雅静　杨　楠　郑炳旭　邢右孚　赵占英　贾云峰　徐德荣　蔡江勇

目　次

1 总　　则

1.0.1 为了贯彻国家有关安全生产的法律和法规，确保建筑拆除工程施工安全，保障从业人员在拆除作业中的安全和健康及人民群众的生命、财产安全，根据建筑拆除工程特点，制定本规范。

1.0.2 本规范适用于工业与民用建筑、构筑物、市政基础设施、地下工程、房屋附属设施拆除的施工安全及管理。

1.0.3 本规范所称建设单位是指已取得房屋拆迁许可证或规划部门批文的单位；本规范所称施工单位是指已取得爆破与拆除工程资质，可承担拆除施工任务的单位。

1.0.4 建筑拆除工程必须由具备爆破或拆除专业承包资质的单位施工，严禁将工程非法转包。

1.0.5 建筑拆除工程安全除应符合本规范的要求外，尚应符合国家现行有关强制性标准的规定。

2 一 般 规 定

2.0.1 项目经理必须对拆除工程的安全生产负全面领导责任。项目经理部应按有关规定设专职安全员，检查落实各项安全技术措施。

2.0.2 施工单位应全面了解拆除工程的图纸和资料，进行现场勘察，编制施工组织设计或安全专项施工方案。

2.0.3 拆除工程施工区域应设置硬质封闭围挡及醒目警示标志，围挡高度不应低于1.8m，非施工人员不得进入施工区。当临街的被拆除建筑与交通道路的安全距离不能满足要求时，必须采取相应的安全隔离措施。

2.0.4 拆除工程必须制定生产安全事故应急救援预案。

2.0.5 施工单位应为从事拆除作业的人员办理意外伤害保险。

2.0.6 拆除施工严禁立体交叉作业。

2.0.7 作业人员使用手持机具时，严禁超负荷或带故障运转。

2.0.8 楼层内的施工垃圾，应采用封闭的垃圾道或垃圾袋运下，不得向下抛掷。

2.0.9 根据拆除工程施工现场作业环境，应制定相应的消防安全措施。施工现场应设置消防车通道，保证充足的消防水源，配备足够的灭火器材。

3 施 工 准 备

3.0.1 拆除工程的建设单位与施工单位在签订施工合同时，应签订安全生产管理协议，明确双方的安全管理责任。建设单位、监理单位应对拆除工程施工安全负检查督促责任；施工单位应对拆除工程的安全技术管理负直接责任。

3.0.2 建设单位应将拆除工程发包给具有相应资质等级的施工单位。建设单位应在拆除工程开工前15日，将下列资料报送建设工程所在地的县级以上地方人民政府建设行政主管部门备案：

1 施工单位资质登记证明；

2 拟拆除建筑物、构筑物及可能危及毗邻建筑的说明；

3 拆除施工组织方案或安全专项施工方案；

4 堆放、清除废弃物的措施。

3.0.3 建设单位应向施工单位提供下列资料：

1 拆除工程的有关图纸和资料；

2 拆除工程涉及区域的地上、地下建筑及设施分布情况资料。

3.0.4 建设单位应负责做好影响拆除工程安全施工的各种管线的切断、迁移工作。当建筑外侧有架空线路或电缆线路时，应与有关部门取得联系，采取防护措施，确认安全后方可施工。

3.0.5 当拆除工程对周围相邻建筑安全可能产生危险时，必须采取相应保护措施，对建筑内的人员进行撤离安置。

3.0.6 在拆除作业前，施工单位应检查建筑内各类管线情况，确认全部切断后方可施工。

3.0.7 在拆除工程作业中，发现不明物体，应停止施工，采取相应的应急措施，保护现场，及时向有关部门报告。

4 安全施工管理

4.1 人 工 拆 除

4.1.1 进行人工拆除作业时，楼板上严禁人员聚集或堆放材料，作业人员应站在稳定的结构或脚手架上操作，被拆除的构件应有安全的放置场所。

4.1.2 人工拆除施工应从上至下、逐层拆除分段进行，不得垂直交叉作业。作业面的孔洞应封闭。

4.1.3 人工拆除建筑墙体时，严禁采用掏掘或推倒的方法。

4.1.4 拆除建筑的栏杆、楼梯、楼板等构件，应与建筑结构整体拆除进度相配合，不得先行拆除。建筑的承重梁、柱，应在其所承载的全部构件拆除后，再进行拆除。

4.1.5 拆除梁或悬挑构件时，应采取有效的下落控制措施，方可切断两端的支撑。

4.1.6 拆除柱子时，应沿柱子底部剔凿出钢筋，使用手动倒链定向牵引，再采用气焊切割柱子三面钢筋，保留牵引方向正面的钢筋。

4.1.7 拆除管道及容器时，必须在查清残留物的性质，并采取相应措施确保安全后，方可进行拆除施工。

4.2 机械拆除

4.2.1 当采用机械拆除建筑时，应从上至下、逐层分段进行；应先拆除非承重结构，再拆除承重结构。拆除框架结构建筑，必须按楼板、次梁、主梁、柱子的顺序进行施工。对只进行部分拆除的建筑，必须先将保留部分加固，再进行分离拆除。

4.2.2 施工中必须由专人负责监测被拆除建筑的结构状态，做好记录。当发现有不稳定状态的趋势时，必须停止作业，采取有效措施，消除隐患。

4.2.3 拆除施工时，应按照施工组织设计选定的机械设备及吊装方案进行施工，严禁超载作业或任意扩大使用范围。供机械设备使用的场地必须保证足够的承载力。作业中机械不得同时回转、行走。

4.2.4 进行高处拆除作业时，对较大尺寸的构件或沉重的材料，必须采用起重机具及时吊下。拆卸下来的各种材料应及时清理，分类堆放在指定场所，严禁向下抛掷。

4.2.5 采用双机抬吊作业时，每台起重机载荷不得超过允许载荷的80%，且应对第一吊进行试吊作业，施工中必须保持两台起重机同步作业。

4.2.6 拆除吊装作业的起重机司机，必须严格执行操作规程。信号指挥人员必须按照现行国家标准《起重吊运指挥信号》GB 5082的规定作业。

4.2.7 拆除钢屋架时，必须采用绳索将其拴牢，待起重机吊稳后，方可进行气焊切割作业。吊运过程中，应采用辅助措施使被吊物处于稳定状态。

4.2.8 拆除桥梁时应先拆除桥面的附属设施及挂件、护栏等。

4.3 爆破拆除

4.3.1 爆破拆除工程应根据周围环境作业条件、拆除对象、建筑类别、爆破规模，按照现行国家标准《爆破安全规程》GB 6722将工程分为A、B、C三级，并采取相应的安全技术措施。爆破拆除工程应做出安全评估并经当地有关部门审核批准后方可实施。

4.3.2 从事爆破拆除工程的施工单位，必须持有工程所在地法定部门核发的《爆炸物品使用许可证》，承担相应等级的爆破拆除工程。爆破拆除设计人员应具有承担爆破拆除作业范围和相应级别的爆破工程技术人员作业证。从事爆破拆除施工的作业人员应持证上岗。

4.3.3 爆破器材必须向工程所在地法定部门申请《爆炸物品购买许可证》，到指定的供应点购买。爆破器材严禁赠送、转让、转卖、转借。

4.3.4 运输爆破器材时，必须向工程所在地法定部门申请领取《爆炸物品运输许可证》，派专职押运员押送，按照规定路线运输。

4.3.5 爆破器材临时保管地点，必须经当地法定部门批准。严禁同室保管与爆破器材无关的物品。

4.3.6 爆破拆除的预拆除施工应确保建筑安全和稳定。预拆除施工可采用机械和人工方法拆除非承重的墙体或不影响结构稳定的构件。

4.3.7 对烟囱、水塔类构筑物采用定向爆破拆除工程时，爆破拆除设计应控制建筑倒塌时的触地振动。必要时应在倒塌范围铺设缓冲材料或开挖防振沟。

4.3.8 为保护临近建筑和设施的安全，爆破振动强度应符合现行国家标准《爆破安全规程》GB 6722的有关规定。建筑基础爆破拆除时，应限制一次同时使用的药量。

4.3.9 爆破拆除施工时，应对爆破部位进行覆盖和遮挡，覆盖材料和遮挡设施应牢固可靠。

4.3.10 爆破拆除应采用电力起爆网路和非电导爆管起爆网路。电力起爆网路的电阻和起爆电源功率，应满足设计要求；非电导爆管起爆应采用复式交叉封闭网路。爆破拆除不得采用导爆索网路或导火索起爆方法。

装药前，应对爆破器材进行性能检测。试验爆破和起爆网路模拟试验应在安全场所进行。

4.3.11 爆破拆除工程的实施应在工程所在地有关部门领导下成立爆破指挥部，应按照施工组织设计确定的安全距离设置警戒。

4.3.12 爆破拆除工程的实施除应符合本规范第4.3节的要求外，必须按照现行国家标准《爆破安全规程》GB 6722的规定执行。

4.4 静力破碎

4.4.1 进行建筑基础或局部块体拆除时，宜采用静力破碎的方法。

4.4.2 采用具有腐蚀性的静力破碎剂作业时，灌浆人员必须戴防护手套和防护眼镜。孔内注入破碎剂后，作业人员应保持安全距离，严禁在注孔区域行走。

4.4.3 静力破碎剂严禁与其他材料混放。

4.4.4 在相邻的两孔之间，严禁钻孔与注入破碎剂同步进行施工。

4.4.5 静力破碎时，发生异常情况，必须停止作业。查清原因并采取相应措施确保安全后，方可继续施工。

4.5 安全防护措施

4.5.1 拆除施工采用的脚手架、安全网，必须由专业人员按设计方案搭设，由有关人员验收合格后方可使用。水平作业时，操作人员应保持安全距离。

4.5.2 安全防护设施验收时，应按类别逐项查验，并有验收记录。

4.5.3 作业人员必须配备相应的劳动保护用品，并正确使用。

4.5.4 施工单位必须依据拆除工程安全施工组织设计或安全专项施工方案，在拆除施工现场划定危险区域，并设置警戒线和相关的安全标志，应派专人监管。

4.5.5 施工单位必须落实防火安全责任制，建立义务消防组织，明确责任人，负责施工现场的日常防火安全管理工作。

5 安全技术管理

5.0.1 拆除工程开工前，应根据工程特点、构造情况、工程量等编制施工组织设计或安全专项施工方案，应经技术负责人和总监理工程师签字批准后实施。施工过程中，如需变更，应经原审批人批准，方可实施。

5.0.2 在恶劣的气候条件下，严禁进行拆除作业。

5.0.3 当日拆除施工结束后，所有机械设备应远离被拆除建筑。施工期间的临时设施，应与被拆除建筑保持安全距离。

5.0.4 从业人员应办理相关手续，签订劳动合同，进行安全培训，考试合格后方可上岗作业。

5.0.5 拆除工程施工前，必须对施工作业人员进行书面安全技术交底。

5.0.6 拆除工程施工必须建立安全技术档案，并应包括下列内容：

1 拆除工程施工合同及安全管理协议书；

2 拆除工程安全施工组织设计或安全专项施工方案；

3 安全技术交底；

4 脚手架及安全防护设施检查验收记录；

5 劳务用工合同及安全管理协议书；

6 机械租赁合同及安全管理协议书。

5.0.7 施工现场临时用电必须按照国家现行标准《施工现场临时用电安全技术规范》JGJ 46 的有关规定执行。

5.0.8 拆除工程施工过程中，当发生重大险情或生产安全事故时，应及时启动应急预案排除险情、组织抢救、保护事故现场，并向有关部门报告。

6 文明施工管理

6.0.1 清运渣土的车辆应封闭或覆盖，出入现场时应有专人指挥。清运渣土的作业时间应遵守工程所在地的有关规定。

6.0.2 对地下的各类管线，施工单位应在地面上设置明显标识。对水、电、气的检查井、污水井应采取相应的保护措施。

6.0.3 拆除工程施工时，应有防止扬尘和降低噪声的措施。

6.0.4 拆除工程完工后，应及时将渣土清运出场。

6.0.5 施工现场应建立健全动火管理制度。施工作业动火时，必须履行动火审批手续，领取动火证后，方可在指定时间、地点作业。作业时应配备专人监护，作业后必须确认无火源危险后方可离开作业地点。

6.0.6 拆除建筑时，当遇有易燃、可燃物及保温材料时，严禁明火作业。

本规范用词说明

1 为便于在执行本规范条文时区别对待，对要求严格程度不同的用词说明如下：

1）表示很严格，非这样做不可的：

正面词采用“必须”，反面词采用“严禁”；

2）表示严格，在正常情况下均应这样做的：

正面词采用“应”，反面词采用“不应”或“不得”；

3）表示允许稍有选择，在条件许可时首先应这样做的：

正面词采用“宜”，反面词采用“不宜”；

表示有选择，在一定条件下可以这样做的，采用“可”。

2 条文中指明应按其他有关标准执行的写法为“应符合……的规定”或“应按……执行”。

中华人民共和国行业标准

建筑拆除工程安全技术规范

JGJ 147—2004

条 文 说 明

前　言

《建筑拆除工程安全技术规范》JGJ 147—2004 经建设部2005 年 1 月 13日以建设部第 304 号公告批准，业已发布。

为便于广大设计、施工、科研、学校等单位有关人员在使用本规范时能正确理解和执行条文规定，《建筑拆除工程安全技术规范》编制组按章、节、条顺序编制了本规范的条文说明，供使用者参考。在使用中如发现本条文说明有不妥之处，请将意见函寄北京建工集团有限责任公司安全监管部（地址：北京市宣武区广莲路 1 号；邮政编码：100055）

目 次

1 总 则

1.0.1 本条规定了制定本规范的目的。

1.0.2 本条规定了本规范适用范围。

1.0.3 本条规定了建设单位的资格、施工单位的资质，是安全生产的基本条件。

1.0.4 本条规定了从事拆除工程的施工单位应具备的条件，法定代表人是本单位安全生产第一责任人，应对拆除工程施工负全面责任。

2 一 般 规 定

2.0.1 本条规定了项目经理及安全员的职责。安全员的设置人数应按照《中华人民共和国安全生法》第二章第十九条或有关规定执行。

2.0.2 本条规定的施工单位所编写的施工组织设计或方案和安全技术措施应有针对性、安全性及可行性。

2.0.3 本条规定的安全距离对建筑而言一般为建筑的高度；安全隔离措施是指临时断路、交通管制、搭设防护棚等；硬质围挡是指使用铁板压制成型材料、轻质材料、砌筑材料等，保证围挡的稳固性，防止非施工人员进入施工现场。

2.0.4 本条规定依据《中华人民共和国安全生产法》制定。

2.0.5 本条规定依据《中华人民共和国建筑法》和国务院第375号令颁布的《工伤保险条例》制定。

2.0.7 本条规定的机具包括风镐、液压锯、水钻、冲击钻等。

2.0.9 本条规定的消防车道宽度应不小于3.5m，充足的消防水源是指现场消火栓控制范围不宜大于50m。配备足够的灭火器材是指每个设置点的灭火器数量2~5具为宜。

3 施 工 准 备

3.0.1 本条规定依据中华人民共和国国务院第393号令颁布的《建设工程安全生产管理条例》制定。明确了建设单位、监理单位、施工单位在拆除工程中的安全生产管理责任。

3.0.2 本条规定依据中华人民共和国国务院第393号令颁布的《建设工程安全生产管理条例》制定。

3.0.3 本条规定的建设单位应向施工单位提供有关图纸和资料是指地上建筑及各类管线、地下构筑物及各类管线的详细图纸和资料，并对其准确性负责。

3.0.4 本条规定了建设单位在拆除施工前需要做好的施工准备工作。

3.0.5 本条规定的拆除工程保护周围建筑及人员的措施，应以确保人员安全为前提。

3.0.6 本条规定的管线是指各类管道及线路，施工单位应在拆除作业前对进入建筑内的各类管道及线路的切断情况进行复检，确保拆除工程施工安全。

3.0.7 本条规定的不明物体是指施工单位无法判别该物体的危险性、文物价值，必须经过有关部门鉴定后，按照国家和政府有关法规妥善处理。

4 安全施工管理

4.1 人 工 拆 除

4.1.1 本条规定的人工拆除是指人工采用非动力性工具进行的作业。

4.1.2 本条规定了人工拆除的原则，孔洞是指在拆除过程中形成的孔洞，应按照《建筑施工高处作业安全技术规范》JGJ 80—91执行。

4.1.3~4.1.6 本条规定了人工拆除建筑顺序应按板、非承重墙、梁、承重墙、柱依次进行或依照先非承重结构后承重结构的原则进行拆除。

4.1.7 本条规定的管道是指原用于有毒有害、可燃气体的管道，必须依据残留物的化学性能采取相应措施，确保拆除人员的安全。

4.2 机 械 拆 除

4.2.1 本条规定了机械拆除的原则，机械拆除是指以机械为主、人工为辅相配合的施工方法。

4.2.2 本条规定的监测是指专人在施工过程中，随时监测被拆建筑状态，消除隐患，确保施工安全。

4.2.3 本条规定的机械设备包括液压剪、液压锤等，应具备保证机械设备不发生塌陷、倾覆的工作面。

4.2.4 本条规定的较大尺寸构件和沉重材料是指楼板、屋架、梁、柱、混凝土构件等。

4.2.5 本条规定的双机抬吊依据《建筑机械使用安全技术规程》JGJ 33—2001规定应选用起重性能相似的起重机，在吊装过程中，两台起重机的吊钩滑轮组应保持垂直状态。

4.2.6 操作规程（十不吊）是指：被吊物重量超过机械性能允许范围；指挥信号不清；被吊物下方有人；被吊物上站人；埋在地下的被吊物；斜拉、斜牵的被吊物；散物捆绑不牢的被吊物；立式构件不用卡环的被吊物；零碎物无容器的被吊物；重量不明的被吊物。

4.2.7 钢屋架与结构分离前要用起重机对屋架固定，在下落过程中要用绳索控制运行方向。

4.3 爆 破 拆 除

4.3.1 本条规定依据《爆破安全规程》GB 6722—2003，爆破拆除工程分为A、B、C三级，分级条件为：

1 有下列情况之一者，属A级：

1）环境十分复杂，爆破可能危及国家一、二级文物保护对象，极重要的设施，极精密仪器和重要建（构）筑物。

2）拆除的楼房高度超过10层，烟囱的高度超过80m，塔高超过50m。

3）一次爆破的炸药量多于500kg。

2 有下列情况之一者，属B级：

1）环境复杂，爆破可能危及国家三级或省级文物保护对象，住宅楼和厂房。

2）拆除的楼房高度5~10层，烟囱的高度50~80m，塔高30~50m。

3）一次爆破的炸药量200~500kg。

3 符合下列情况之一者，属C级：

1）环境不复杂，爆破不会危及周围的建（构）筑物。

2）拆除的楼房高度低于5层，烟囱的高度低于50m，塔高低于30m。

3）一次爆破的炸药量少于200kg。

不同级别的爆破拆除工程有相应的设计施工难度，本条规定爆破拆除工程设计必须按级别进行安全评估和审查批准后方能实施。

4.3.6 本条规定的爆破拆除的预拆除是指爆破实施前有必要进行部分拆除的施工。预拆除施工可以减少钻孔和爆破装药量，清除下层障碍物（如非承重的墙体）有利建筑塌落破碎解体，烟囱定向爆破时开凿定向窗口有利于倒塌方向准确。

4.3.7 本条规定了烟囱、水塔类结构物定向爆破拆除时，集中质量塌落触地振动大，应采取减振措施，缓冲材料如采用砂土袋垒砌的条埂或碎煤渣堆。基础爆破应采用延期雷管分段起爆，减小和控制一次同时起爆的药量。《爆破安全规程》GB 6722—2003对应保护的不同类型建筑规定了不同的振动强度控制标准。

4.3.9 本条规定的覆盖材料和遮挡设施是指不易抛散和折断，并能防止碎块穿透的材料，用于建筑爆破拆除施工时，对爆破部位进行覆盖和遮挡，固定方便、固牢可靠的一项安全防护措施。

4.3.10 本条规定了爆破拆除工程药包个数多，药包布置分散，要确保所有雷管安全准爆。导爆索起爆网路有大量的炸药能量在空气中传播，易造成冲击波和噪声危害，导火索起爆不能实现多个药包的同时起爆。

为了确保爆破安全和效果，装药前应进行爆破器材的检验，确保起爆网路安全准爆；通过试验爆破效果确定耗药量。

4.3.11 本条规定了爆破设计确定的安全距离，爆破时要进行警戒，对警戒范围内的人员必须撤离疏散，对通往爆区的交通道口应在政府主管部门组织下实施交通管制。

4.3.12 本条规定的爆破作业是一项特种施工方法。爆破拆除作业是爆破技术在建筑工程施工中的具体应用，爆破拆除工程的设计和施工，必须按照《爆破安全规程》GB 6722—2003有关规定执行。

4.4 静力破碎

4.4.1 本条规定了静力破碎使用范围。静力破碎是使用静力破碎剂的水化反应体积膨胀对约束体的静压产生的破坏做功。

4.4.2 本条规定了静力破碎剂是弱碱性混合物，具有一定腐蚀作用，对人体会产生损害，一旦发生静力破碎剂与人体接触现象时，应立即使用清水清洗受浸蚀部位的皮肤。

4.4.3 本条规定的静力破碎剂具有腐蚀性，遇水后发生化学反应，导致材料膨胀、失效。静力破碎剂必须单独放置在防潮、防雨的库房内保存。

4.4.4 本条规定了为防止在相邻的两孔之间同时作业导致喷孔，对人员造成伤害。

4.5 安全防护措施

4.5.1 本条规定了脚手架和安全网的搭设应按照《建筑施工扣件式钢管脚手架安全技术规范》JGJ 130—2001执行。项目经理（工地负责人）组织技术、安全部门的有关人员验收合格后，方可投入使用。

4.5.3 本条规定的相应的劳动保护用品是指安全帽、安全带、防护眼镜、防护手套、防护工作服等。

4.5.4 本条规定了拆除工程有可能影响公共安全和周围居民的正常生活的情况时，应在施工前做好宣传工作，并采取可靠的安全防护措施。安全标志设定符合国家标准《安全标志》GB 2894—1996的规定。

4.5.5 本条规定依据《中华人民共和国消防法》制定。

5 安全技术管理

5.0.1 爆破拆除和被拆除建筑面积大于1000m^{2}的拆除工程，应编制安全施工组织设计；被拆除建筑面积小于1000m^{2}的拆除工程，应编制安全施工方案。

5.0.2 本条规定的恶劣气候条件是指大雨、大雪、六级（含）以上大风等严重影响安全施工时，必须按照《建筑高处作业安全技术规范》JGJ 80—91执行。

5.0.3 本条规定了防止被拆除建筑意外坍塌，对机械设备和临时设施造成损坏。

5.0.4 本条规定依据《中华人民共和国安全生产法》制定。

5.0.7 本条规定依据《施工现场临时用电安全技术规范》JGJ 46—88制定。

6 文明施工管理

6.0.3 本条规定防止扬尘措施可以采取向被拆除的部位洒水等措施，降低噪声可以采取选用低噪声设备、对设备进行封闭等措施。

6.0.5 本条规定依据公安部第61号令《机关、团体、企业、事业单位消防安全管理规定》制定。

6.0.6 本条规定的依据是建筑材料燃烧分级，易燃物即B3级为易燃性建筑材料，可燃物即B2级为可燃性建筑材料。

中华人民共和国行业标准

生活垃圾卫生填埋技术规范

Technical code for municipal solid
waste sanitary landfill

CJJ 17—2004

批准部门：中华人民共和国建设部
实施日期：2 0 0 4 年 6 月 1 日

中华人民共和国建设部
公　　告

第212号

建设部关于发布行业标准《生活垃圾卫生填埋技术规范》的公告

现批准《生活垃圾卫生填埋技术规范》为行业标准，编号为CJJ17—2004，自2004年6月1日起实施。其中，第3.0.2、4.0.2、6.0.1、8.0.1、8.0.3、8.0.5、8.0.6、10.0.5、11.0.3条为强制性条文，必须严格执行。原行业标准《城市生活垃圾卫生填埋技术规范》CJJ 17—2001同时废止。

本规范由建设部标准定额研究所组织中国建筑工业出版社出版发行。

中华人民共和国建设部

2004年2月19日

前　　言

根据建设部建标［2003］104号文的要求，规范编制组在广泛调查研究，认真总结实践经验，参考有关国际标准和国外技术，并广泛征求意见的基础上，修订了《城市生活垃圾卫生填埋技术规范》(CJJ 17—2001)。

本规范的主要技术内容是：1　总则；2　术语；3　填埋物；4　填埋场选址；5　填埋场总体布置；6　填埋场地基与防渗；7　渗沥液收集与处理；8　填埋气体导排及防爆；9　填埋作业与管理；10　填埋场封场；11　环境保护与劳动卫生；12　填埋场工程施工及验收。

修订的主要内容是：1. 对原规范术语一章删除了七条术语，补充了四条术语；2. 对原规范卫生填埋场选址一章作了修改及补充；3. 增加了第5章"填埋场总体布置"；4. 将原规范第6章"填埋作业"修改补充后分解为本规范第7章至第10章的内容；5. 增加了第11章"环境保护与劳动卫生"；6. 将原规范第7章"填埋场工程验收"修改补充为本规范第12章"填埋场工程施工及验收"。

本规范由建设部负责管理和对强制性条文的解释，主编单位负责具体技术内容的解释。

本规范主编单位：华中科技大学（地址：武汉市武昌珞喻路1037号；邮政编码：430074）

本规范参加单位：

武汉市环境卫生科学研究设计院
中国市政工程中南设计研究院
深圳市下坪固体废弃物填埋场
建设部城市建设研究院
沈阳市环境卫生工程设计研究院
上海市环境工程设计科学研究院
杭州市天子岭废弃物处理总场
郑州市环境卫生科学研究所
宜昌市黄家湾垃圾卫生填埋场

本规范主要起草人员：陈朱蕾　冯其林　邓志光　徐文龙　孟繁柱　刘　勇　俞觊觎　冯向明　田　宇　潘四红　张　益　熊　辉　周敬宣　张诵祖　黄中林　秦　峰　熊尚凌　冯广德

目　次

1 总 则

1.0.1 依据《中华人民共和国固体废物污染环境防治法》，为贯彻国家有关城市生活垃圾处理的技术政策和法规，保证卫生填埋工程质量，做到技术可靠、经济合理、安全卫生、防止污染，填埋气体尽可能收集利用，制定本规范。

1.0.2 本规范适用于新建、改建、扩建的生活垃圾卫生填埋处理工程的选址、设计、施工、验收及作业管理。

1.0.3 生活垃圾卫生填埋处理工程应不断总结设计与运行经验，在汲取国内外先进技术及科研成果的基础上，经充分论证，可采用技术成熟、经济合理的新工艺、新技术、新材料和新设备，提高生活垃圾卫生填埋处理技术的水平。

1.0.4 生活垃圾卫生填埋处理工程除应符合本规范规定外，尚应符合国家现行有关强制性标准的规定。

2 术 语

2.0.1 填埋库区 compartment

填埋场中用于填埋垃圾的区域。

2.0.2 垃圾坝 retaining wall

建在垃圾填埋库区汇水上下游或周边，由粘土、块石等建筑材料筑成，起到阻挡垃圾形成填埋场初始库容的堤坝。

2.0.3 人工合成衬里 artificial liners

利用人工合成材料铺设的防渗层衬里，如高密度聚乙烯土工膜等。采用一层人工合成衬里铺设的防渗系统为单层衬里；采用二层人工合成衬里铺设的防渗系统为双层衬里。

2.0.4 复合衬里 composite liners

采用两种或两种以上防渗材料复合铺设的防渗系统。

2.0.5 盲沟 leachate trench

位于填埋库区底部或填埋体中，采用高过滤性能材料导排渗沥液的暗渠（管）。

2.0.6 集液井（池） leachate collection well

在填埋场修筑的用于汇集渗沥液，并可自流或用提升泵将渗沥液排出的构筑物。

2.0.7 调节池 equalization basin

在污水处理系统前设置的具有均化、调蓄功能或兼有污水预处理功能的构筑物。

2.0.8 填埋气体 landfill gas

填埋体中有机垃圾分解产生的气体，主要成分为甲烷和二氧化碳。

2.0.9 填埋单元 landfill cell

按单位时间或单位作业区域划分的垃圾和覆盖材料组成的填埋体。

2.0.10 覆盖 cover

采用不同的材料铺设于垃圾层上的实施过程，根据覆盖的要求和作用的不同分为日覆盖、中间覆盖、最终覆盖。

2.0.11 填埋场封场 closure of landfill

填埋作业至设计终场标高或填埋场停止使用后，用不同功能材料进行覆盖的过程。

3 填 埋 物

3.0.1 填埋物应是下列生活垃圾：

1 居民生活垃圾；

2 商业垃圾；

3 集市贸易市场垃圾；

4 街道清扫垃圾；

5 公共场所垃圾；

6 机关、学校、厂矿等单位的生活垃圾。

3.0.2 填埋物中严禁混入危险废物和放射性废物。

3.0.3 填埋物应按重量吨位进行计量、统计与校核。

3.0.4 填埋物含水量、有机成分、外形尺寸应符合具体填埋工艺设计的要求。

4 填 埋 场 选 址

4.0.1 填埋场选址应先进行下列基础资料的收集：

1 城市总体规划，区域环境规划，城市环境卫生专业规划及相关规划；

2 土地利用价值及征地费用，场址周围人群居住情况与公众反映，填埋气体利用的可能性；

3 地形、地貌及相关地形图，土石料条件；

4 工程地质与水文地质；

5 洪泛周期（年）、降水量、蒸发量、夏季主导风向及风速、基本风压值；

6 道路、交通运输、给排水及供电条件；

7 拟填埋处理的垃圾量和性质，服务范围和垃圾收集运输情况；

8 城市污水处理现状及规划资料；

9 城市电力和燃气现状及规划资料。

4.0.2 填埋场不应设在下列地区：

1 地下水集中供水水源地及补给区；

2 洪泛区和泄洪道；

3 填埋库区与污水处理区边界距居民居住区或人畜供水点 500m 以内的地区；

4 填埋库区与污水处理区边界距河流和湖泊 50m 以内的地区；

5 填埋库区与污水处理区边界距民用机场 3km 以内的地区；

6 活动的坍塌地带，尚未开采的地下蕴矿区、

灰岩坑及溶岩洞区；

7 珍贵动植物保护区和国家、地方自然保护区；

8 公园，风景、游览区，文物古迹区，考古学、历史学、生物学研究考察区；

9 军事要地、基地，军工基地和国家保密地区。

4.0.3 填埋场选址应符合现行国家标准《生活垃圾填埋污染控制标准》（GB 16889）和相关标准的规定，并应符合下列要求：

1 当地城市总体规划、区域环境规划及城市环境卫生专业规划等专业规划要求；

2 与当地的大气防护、水土资源保护、大自然保护及生态平衡要求相一致；

3 库容应保证填埋场使用年限在10年以上，特殊情况下不应低于8年；

4 交通方便，运距合理；

5 人口密度、土地利用价值及征地费用均较低；

6 位于地下水贫乏地区、环境保护目标区域的地下水流向下游地区及夏季主导风向下风向；

7 选址应由建设项目所在地的建设、规划、环保、环卫、国土资源、水利、卫生监督等有关部门和专业设计单位的有关专业技术人员参加。

4.0.4 填埋场选址应按下列顺序进行：

1 场址候选

在全面调查与分析的基础上，初定3个或3个以上候选场址。

2 场址预选

通过对候选场址进行踏勘，对场地的地形、地貌、植被、地质、水文、气象、供电、给排水、覆盖土源、交通运输及场址周围人群居住情况等进行对比分析，推荐2个或2个以上预选场址。

3 场址确定

对预选场址方案进行技术、经济、社会及环境比较，推荐拟定场址。对拟定场址进行地形测量、初步勘察和初步工艺方案设计，完成选址报告或可行性研究报告，通过审查确定场址。

5 填埋场总体布置

5.0.1 填埋库区的占地面积宜为总面积的70%～90%，不得小于60%。填埋场宜根据填埋场处理规模和建设条件做出分期和分区建设的安排和规划。

5.0.2 填埋场类型应根据场址地形分为山谷型、平原型、坡地型。总体布置应按填埋场类型，结合工艺要求、气象和地质条件等因素经过技术经济比较确定。总平面应工艺合理，按功能分区布置，便于施工和作业；竖向设计应结合原有地形，便于雨污水导排，并使土石方尽量平衡，减少外运或外购土石方。

5.0.3 填埋场总图中的主体设施布置内容应包括：计量设施，基础处理与防渗系统，地表水及地下水导排系统，场区道路，垃圾坝，渗沥液导流系统，渗沥液处理系统，填埋气体导排及处理系统，封场工程及监测设施等。

5.0.4 填埋场配套工程及辅助设施和设备应包括：进场道路，备料场，供配电，给排水设施，生活和管理设施，设备维修、消防和安全卫生设施，车辆冲洗、通信、监控等附属设施或设备。填埋场宜设置环境监测室、停车场，并宜设置应急设施（包括垃圾临时存放、紧急照明等设施）。

5.0.5 生活和管理设施宜集中布置并处于夏季主导风向的上风向，与填埋库区之间宜设绿化隔离带。生活、管理及其他附属建（构）筑物的组成及其面积，应根据填埋场的规模、工艺等条件确定。

5.0.6 场内道路应根据其功能要求分为永久性道路和临时性道路进行布局。永久性道路应按现行国家标准《厂矿道路设计规范》（GBJ 22）露天矿山道路三级或三级以上标准设计；临时性道路及作业平台宜采用中级或低级路面，并宜有防滑、防陷设施。场内道路应满足全天候使用。

5.0.7 填埋场地表水导排系统应考虑填埋分区的未作业区和已封场区的汇水直接排放，截洪沟、溢洪道、排水沟、导流渠、导流坝、垃圾坝等工程应满足雨污分流要求。填埋场防洪应符合表5.0.7的规定，并不得低于当地的防洪标准。

表5.0-7 防洪要求

填埋场建设规模总容量（10^4m^3）	防洪标准（重现期：年）	
	设 计	校 核
>500	50	100
200～500	20	50

5.0.8 填埋场供电宜按三级负荷设计，建有独立污水处理厂时应采用二级负荷。填埋场应有供水设施。

5.0.9 垃圾坝及垃圾填埋体应进行安全稳定性分析。填埋库区周围应设安全防护设施及8m宽度的防火隔离带，填埋作业区宜设防飞散设施。

5.0.10 填埋场永久性道路、辅助生产及生活管理和防火隔离带外均宜设置绿化带。填埋场封场覆盖后应进行生态恢复。

6 填埋场地基与防渗

6.0.1 填埋场必须进行防渗处理，防止对地下水和地表水的污染，同时还应防止地下水进入填埋区。

6.0.2 天然粘土类衬里及改性粘土类衬里的渗透系数不应大于1.0×10^{-7}cm/s，且场底及四壁衬里厚度不应小于2m。

6.0.3 在填埋库区底部及四壁铺设高密度聚乙烯

(HDPE) 土工膜作为防渗衬里时，膜厚度不应小于1.5mm，并应符合填埋场防渗的材料性能和现行国家相关标准的要求。

6.0.4 人工防渗系统应符合下列要求：

1 人工合成衬里的防渗系统应采用复合衬里防渗系统，位于地下水贫乏地区的防渗系统也可采用单层衬里防渗系统，在特殊地质和环境要求非常高的地区，库区底部应采用双层衬里防渗系统。

2 复合衬里应按下列结构铺设：

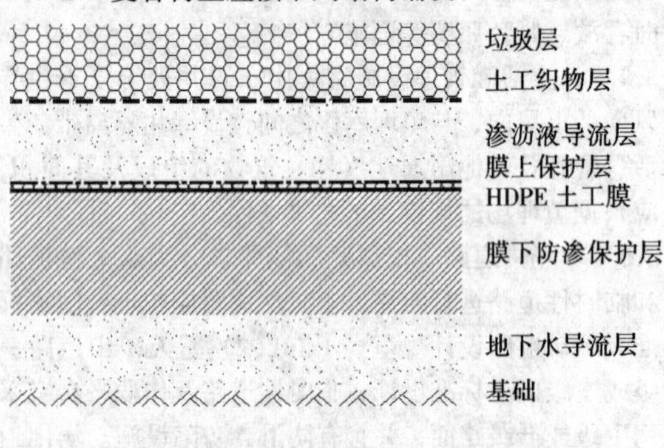

图 6.0.4-1 库区底部复合衬里结构示意图

1) 库区底部复合衬里结构（图 6.0.4-1）。基础，地下水导流层，厚度应大于 30cm；膜下防渗保护层，粘土厚度应大于 100cm，渗透系数不应大于 1.0×10^{-7}cm/s；HDPE 土工膜；膜上保护层；渗沥液导流层，厚度应大于或等于 30cm；土工织物层。

2) 库区边坡复合衬里结构（图 6.0.4-2）。基础，地下水导流层，厚度应大于 30cm；膜下防渗保护层，粘土厚度应大于 75cm，渗透系数不应大于 1.0×10^{-7} cm/s；HDPE 土工膜；膜上保护层；渗沥液导流与缓冲层。

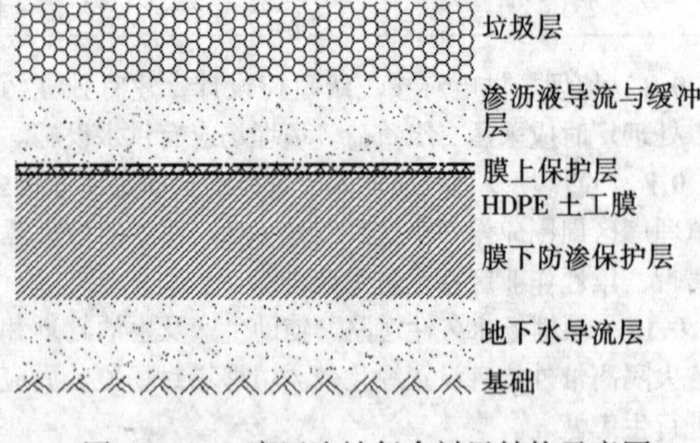

图 6.0.4-2 库区边坡复合衬里结构示意图

3 单层衬里应按下列结构铺设：

1) 库区底部单层衬里结构（图 6.0.4-3）。基础，地下水导流层，厚度应大于 30cm；膜下保护层，粘土厚度应大于 100cm，渗透系数不应大于 1.0×10^{-5} cm/s；HDPE 土工膜；膜上保护层；渗沥液导流层，厚度应大于 30cm；土工织物层。

2) 库区边坡单层衬里结构（图 6.0.4-4）。基础，地下水导流层，厚度应大于 30cm；膜下保护层，粘土厚度应大于 75cm，渗透系数不应大于 1.0×10^{-5} cm/s；HDPE 土工膜；膜上保护层；渗沥液导流与缓冲层。

4 库区底部双层衬里应按下列结构铺设（图 6.0.4-5）。基础，地下水导流层，厚度应大于 30cm；膜下保护层，粘土厚度应大于 100cm，渗透系数不应大于 1.0×10^{-5}cm/s；HDPE 土工膜；膜上保护层；渗沥液导流（检测）层，厚度应大于 30cm；膜下保护层；HDPE 土工膜；膜上保护层；渗沥液导流层厚度应大于 30cm；土工织物层。

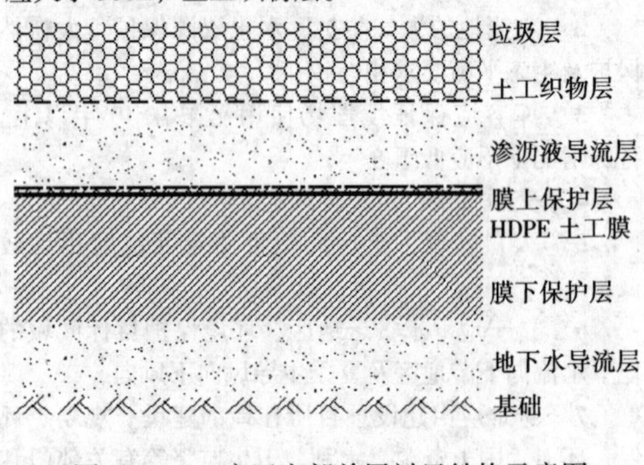

图 6.0.4-3 库区底部单层衬里结构示意图

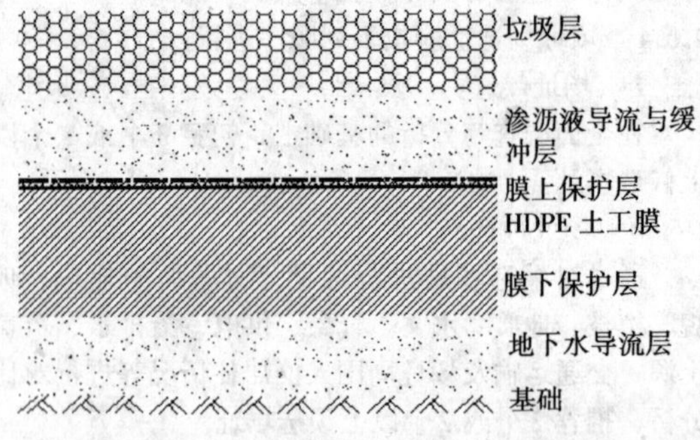

图 6.0.4-4 库区边坡单层衬里结构示意图

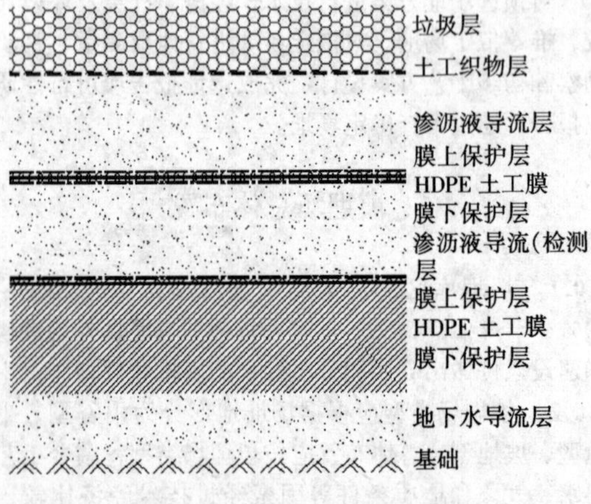

图 6.0.4-5 库区底部双层衬里结构示意图

5 特殊情况下可采用钠基膨润土垫替代膜下防渗保护层。

6.0.5 人工防渗材料施工应符合下列要求：

1　铺设HDPE土工膜应焊接牢固，达到强度和防渗漏要求，局部不应产生下沉拉断现象。土工膜的焊（粘）接处应通过试验检验。

2　在垂直高差较大的边坡铺设土工膜时，应设锚固平台，平台高差应结合实际地形确定，不宜大于10m。边坡坡度宜小于1:2。

3　防渗结构材料的基础处理应符合下列规定：

1）平整度应达到每平方米粘土层误差不得大于2cm；

2）HDPE土工膜的膜下保护层，垂直深度2.5cm内粘土层不应含有粒径大于5mm的尖锐物料；

3）位于库区底部的粘土层压实度不得小于93%；位于库区边坡的粘土层压实度不得小于90%。

6.0.6　填埋库区地基应是具有承载填埋体负荷的自然土层或经过地基处理的平稳层，不应因填埋垃圾的沉降而使基层失稳。填埋库区底部应有纵、横向坡度，纵、横向坡度均宜不小于2%。

7　渗沥液收集与处理

7.0.1　填埋库区防渗系统应铺设渗沥液收集系统，并宜设置疏通设施。

7.0.2　渗沥液产生量和处理量应按填埋场类型、填埋库区划分和雨污水分流系统情况、填埋物性质及气象条件等因素确定。

7.0.3　渗沥液收集系统及处理系统应包括导流层、盲沟、集液井（池）、调节池、泵房、污水处理设施等。

7.0.4　盲沟宜采用砾石、卵石、碴石（$CaCO_3$含量应不大于10%）、高密度聚乙烯（HDPE）管等材料铺设，结构应为石料盲沟、石料与HDPE管盲沟、石笼盲沟等。石料的渗透系数不应小于1.0×10^{-3}cm/s，厚度不宜小于40cm。HDPE管的直径干管不应小于250mm，支管不应小于200mm。HDPE管的开孔率应保证强度要求。HDPE管的布置宜呈直线，其转弯角度应小于或等于20°，其连接处不应密封。

7.0.5　集液井（池）宜按库区分区情况设置，并宜设在填埋库区外部。

7.0.6　调节池容积应与填埋工艺、停留时间、渗沥液产生量及配套污水处理设施规模等相匹配。

7.0.7　集液井（池）、调节池及污水流经或停留的其他设施均应采取防渗措施。

7.0.8　渗沥液应处理达标后排放。应优先选择排入城市污水处理厂处理方案，排放标准应达到《生活垃圾填埋污染控制标准》（GB 16899）中的三级指标。不具备排入城市污水处理厂条件时应建设配套完善的污水处理设施。

8　填埋气体导排与防爆

8.0.1　填埋场必须设置有效的填埋气体导排设施，填埋气体严禁自然聚集、迁移等，防止引起火灾和爆炸。填埋场不具备填埋气体利用条件时，应主动导出并采用火炬法集中燃烧处理。未达到安全稳定的旧填埋场应设置有效的填埋气体导排和处理设施。

8.0.2　填埋气体导排设施应符合下列规定：

1　填埋气体导排设施宜采用竖井（管），也可采用横管（沟）或横竖相连的导排设施。

2　竖井可采用穿孔管居中的石笼，穿孔管外宜用级配石料等粒状物填充。竖井宜按填埋作业层的升高分段设置和连接；竖井设置的水平间距不应大于50m；管口应高出场地1m以上。应考虑垃圾分解和沉降过程中堆体的变化对气体导排设施的影响，严禁设施阻塞、断裂而失去导排功能。

3　填埋深度大于20m采用主动导气时，宜设置横管。

4　有条件进行填埋气体回收利用时，宜设置填埋气体利用设施。

8.0.3　填埋库区除应按生产的火灾危险性分类中戊类防火区采取防火措施外，还应在填埋场设消防贮水池，配备洒水车，储备干粉灭火剂和灭火沙土。应配置填埋气体监测及安全报警仪器。

8.0.4　填埋库区防火隔离带应符合本规范5.0.9条的要求。

8.0.5　填埋场达到稳定安全期前的填埋库区及防火隔离带范围内严禁设置封闭式建（构）筑物，严禁堆放易燃、易爆物品，严禁将火种带入填埋库区。

8.0.6　填埋场上方甲烷气体含量必须小于5%；建（构）筑物内，甲烷气体含量严禁超过1.25%。

8.0.7　进入填埋作业区的车辆、设备应保持良好的机械性能，应避免产生火花。

8.0.8　填埋场应防止填埋气体在局部聚集。填埋库区底部及边坡的上层10m深范围内的裂隙、溶洞及其他腔型结构均应予以充填密实。填埋体中不均匀沉降造成的裂隙应及时予以充填密实。

8.0.9　对填埋物中的可能造成腔型结构的大件垃圾应进行破碎。

9　填埋作业与管理

9.1　填埋作业准备

9.1.1　填埋场作业人员应经过技术培训和安全教育，熟悉填埋作业要求及填埋气体安全知识。运行管理人员应熟悉填埋作业工艺、技术指标及填埋气体的安全管理。

9.1.2　填埋作业规程应制定完备，并应制定填埋气体引起火灾和爆炸等意外事件的应急预案。

9.1.3　应根据地形制定分区分单元填埋作业计划，分区应采取有利于雨污分流的措施。

9.1.4 填埋作业分区的工程设施和满足作业的其他主体工程、配套工程及辅助设施，应按设计要求完成施工。

9.1.5 填埋作业应保证全天候运行，宜在填埋作业区设置雨季卸车平台，并应准备充足的垫层材料。

9.1.6 装载、挖掘、运输、摊铺、压实、覆盖等作业设备，应按填埋日处理规模和作业工艺设计要求配置。在大件垃圾较多的情况下，宜设置破碎设备。

9.2 填 埋 作 业

9.2.1 填埋物进入填埋场必须进行检查和计量。垃圾运输车辆离开填埋场前宜冲洗轮胎和底盘。

9.2.2 填埋应采用单元、分层作业，填埋单元作业工序应为卸车、分层摊铺、压实，达到规定高度后应进行覆盖、再压实。

9.2.3 每层垃圾摊铺厚度应根据填埋作业设备的压实性能、压实次数及垃圾的可压缩性确定，厚度不宜超过60cm，且宜从作业单元的边坡底部到顶部摊铺；垃圾压实密度应大于600kg/m³。

9.2.4 每一单元的垃圾高度宜为2～4m，最高不得超过6m。单元作业宽度按填埋作业设备的宽度及高峰期同时进行作业的车辆数确定，最小宽度不宜小于6m。单元的坡度不宜大于1:3。

9.2.5 每一单元作业完成后，应进行覆盖，覆盖层厚度宜根据覆盖材料确定，土覆盖层厚度宜为20～25cm；每一作业区完成阶段性高度后，暂时不在其上继续进行填埋时，应进行中间覆盖，覆盖层厚度宜根据覆盖材料确定，土覆盖层厚度宜大于30cm。

9.2.6 填埋场填埋作业达到设计标高后，应及时进行封场和生态环境恢复。

9.3 填 埋 场 管 理

9.3.1 填埋场应按建设、运行、封场、跟踪监测、场地再利用等程序进行管理。

9.3.2 填埋场建设的有关文件资料，应按《中华人民共和国档案法》的规定进行整理与保管。

9.3.3 在日常运行中应记录进场垃圾运输车辆数量、垃圾量、渗沥液产生量、材料消耗等，记录积累的技术资料应完整，统一归档保管，填埋作业管理宜采用计算机网络管理。填埋场的计量应达到国家三级计量认证。

9.3.4 填埋场封场和场地再利用管理应符合本规范第10章的有关规定。

9.3.5 填埋场跟踪监测管理应符合本规范第11章的有关规定。

10 填 埋 场 封 场

10.0.1 填埋场封场设计应考虑地表水径流、排水防渗、填埋气体的收集、植被类型、填埋场的稳定性及土地利用等因素。

10.0.2 填埋场最终覆盖系统应符合下列规定：

1 粘土覆盖结构（图10.0.2-1）：排气层应采用粗粒或多孔材料，厚度应大于或等于30cm；防渗粘土层的渗透系数不应大于1.0×10^{-7}cm/s，厚度应为20～30cm；排水层宜采用粗粒或多孔材料，厚度应为20～30cm，应与填埋库区四周的排水沟相连；植被层应采用营养土，厚度应根据种植植物的根系深浅确定，厚度不应小于15cm。

图10.0.2-1 粘土覆盖结构示意图

2 人工材料覆盖结构（图10.0.2-2）：排气层应采用粗粒或多孔材料，厚度大于30cm；膜下保护层的粘土厚度宜为20～30cm；HDPE土工膜，厚度不应小于1mm；膜上保护层、排水层宜采用粗粒或多孔材料，厚度宜为20～30cm；植被层应采用营养土，厚度应根据种植植物的根系深浅确定。

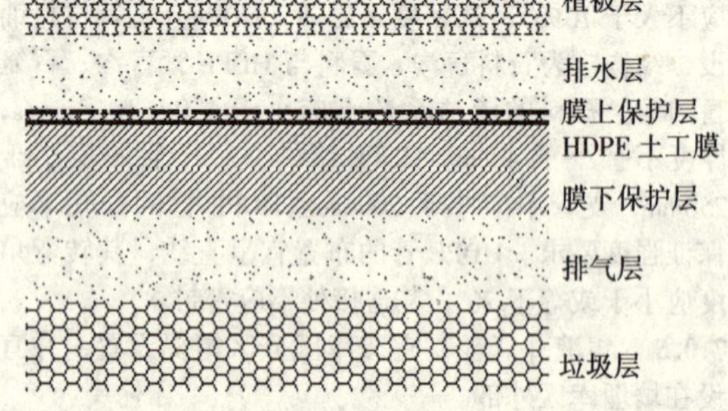

图10.0.2-2 人工材料履盖结构示意图

10.0.3 填埋场封场顶面坡度不应小于5%。边坡大于10%时宜采用多级台阶进行封场，台阶间边坡坡度不宜大于1:3，台阶宽度不宜小于2m。

10.0.4 填埋场封场后应继续进行填埋气体、渗沥液处理及环境与安全监测等运行管理，直至填埋堆体稳定。

10.0.5 填埋场封场后的土地使用必须符合下列规定：

1 填埋作业达到设计封场条件要求时，确需关闭的，必须经所在地县级以上地方人民政府环境保护、环境卫生行政主管部门鉴定、核准；

前　言

《生活垃圾卫生填埋技术规范》CJJ 17—2004 经建设部 2004 年 2 月 19 日以建设部第 212 号公告批准、业已发布。

本规范第二版的主编单位是沈阳市环境卫生工程设计研究院，参加单位是杭州市天子岭废弃物处理总场、建设部城市建设研究院、上海市环境工程设计科学研究院。

为便于广大设计、施工、科研、学校等单位的有关人员在使用本标准时能正确理解和执行条文规定，《生活垃圾卫生填埋技术规范》编制组按章、节、条顺序编制了本标准的条文说明，供使用者参考。在使用中如发现本条文说明有不妥之处，请将意见函寄华中科技大学（地址：武汉市武昌珞喻路 1037 号，邮政编码 430074）。

目　次

1 总　　则

1.0.1 原《城市生活垃圾卫生填埋技术标准》CJJ 17—88（以下简称原标准）制订于1988年，其发布实施十多年来，在防止因填埋不科学而造成环境污染方面发挥了重要作用。但随着时间的推移和工程技术的发展，原标准的部分内容已显陈旧，根据建设部建标［1995］175号文的要求，对其进行过一次较为全面的修订。修订的《城市生活垃圾卫生填埋技术规范》CJJ 17—2001主要内容是：（1）对原标准的适用范围做了补充；（2）增加了术语一章；（3）对填埋物含水量、有机成分、外形尺寸做出定性要求；（4）增加了环境影响评价及环境污染治理等内容；（5）增加了复合衬层和帷幕灌浆等水平、垂直防渗及填埋场防火等内容；（6）增加了填埋场工程验收。

由于我国目前城市生活垃圾卫生填埋场新建和改建较多，为更好地在实施城市生活垃圾卫生填埋的设计、施工及作业中贯彻执行国家的技术经济政策，根据建设部建标［2003］104号文的要求，对《城市生活垃圾卫生填埋技术规范》（CJJ 17—2001）（以下简称原规范）进行修订。修订的主要内容是：1. 原规范术语一章删除了七条术语，补充了四条术语；2. 对原规范卫生填埋场选址一章做了修改及补充；3. 增加了第5章“填埋场总体布置”，将原规范第6章中第6.5节“填埋场其他要求”的部分条文修改为本规范第5章的部分内容；4. 将原规范第5章“填埋场地基与防渗”修改补充后修改为本规范第6章“填埋场地基与防渗”；5. 将原规范第6章“填埋作业”修改补充后分解为本规范第7章至第10章的内容，其中对原规范6.4节“填埋气体导排及防爆”的内容做了较多修改和补充，将原6.4.1条修改为强制性条文并增加了一条有关防爆内容的强制性条文；6. 增加了第11章“环境保护与劳动卫生”，将原规范第6章中第6.5节“填埋场其他要求”的部分条文修改为本规范第11章的部分内容，增加了一条有关填埋场环境污染控制指标的强制性条文；7. 将原规范第7章“填埋场工程验收”修改补充为本规范第12章“填埋场工程施工与验收”。

本条主要规定了制定本规范的依据和目的。

本规范的主要依据《中华人民共和国固体废物污染环境防治法》（1996年4月1日实施）规定城市人民政府应建设城市生活垃圾处理处置设施，防止垃圾污染环境。《城市生活垃圾处理及污染防治技术政策》（建设部建城［2000］120号文）规定在具备卫生填埋场地资源和自然条件适宜的城市，以卫生填埋作为垃圾处理的基本方案，同时指出卫生填埋是垃圾处理必不可少的最终处理手段，也是现阶段我国垃圾处理的主要方式。

条文特别强调“填埋气体应尽可能收集利用”，其主要依据是国家计委、国家环保总局、国家经贸委、财政部、建设部、科技部等部门共同编写的《中国城市垃圾填埋气体收集利用国家行动方案》（2002年10月23日）规定到2010年和2015年中国将分别建成240到300个安装有气体回收装置的现代化垃圾填埋场，年收集利用垃圾填埋气体25亿m^3。为贯彻国家技术经济政策，提出此要求。

1.0.2 本条规定了本规范的适用范围。

条文中将适用范围界定为新建的生活垃圾卫生填埋工程，改建、扩建工程可参考。规范的不适用范围为“危险废物和放射性废物的填埋工程”。

条文中所指“改建、扩建工程”主要是指对旧填埋场的封场、填埋气体导排及渗沥液收集处理等工程。条件许可，扩建工程应按卫生填埋场要求进行全面建设。

1.0.3 本条规定生活垃圾卫生填埋工程采用新技术应遵循的原则。

生活垃圾卫生填埋场的建设在我国时间不长，国内外的有关技术均在发展之中，特别是改良型厌氧填埋、准好氧填埋、好氧填埋、生物反应器填埋等新工艺正在逐步开发甚至有的已达到实用化，新的防渗材料及渗沥液处理技术也在不断研发和推出。因此本条鼓励不断总结设计与运行经验，在汲取国内外先进技术及科研成果的基础上，经充分论证，可采用技术成熟、经济合理的新工艺、新技术、新材料和新设备，提高生活垃圾卫生填埋处理技术的水平。

1.0.4 本条规定生活垃圾卫生填埋工程除应执行本规范外，尚应执行现行国家和行业的标准。

作为本规范同其他标准、规范的衔接。本规范涉及的主要标准有：《环境卫生术语标准》（CJJ 65）、《城市垃圾产生源分类及垃圾排放》（CJ/T 3033）、《城镇垃圾农用控制标准》（GB 8172）、《地表水环境质量标准》（GB 3838）、《地下水质量标准》（GB/T 14848）、《污水综合排放标准》（GB 8978）、《城市生活垃圾卫生填埋处理工程项目建设标准》、《生活垃圾填埋污染控制标准》（GB 16889）、《生活垃圾填埋场环境监测技术要求》（GB/T 18772）、《非织造复合土工膜》（GB/T 17642）、《聚乙烯土工膜》（GB/T 17643）、《聚氯乙烯土工膜》（GB/T 17688）、《聚乙烯（PE）土工膜防渗工程技术规范》（SL/T 231）、《土工合成材料应用技术规范》（GB 50290）、《建筑设计防火规范》（GBJ 16）、《工业企业设计卫生标准》（GBZ 1）等。

2 术　　语

2.0.1～2.0.11 本规范采用的术语及其涵义是国家现行标准《环境卫生术语标准》CJJ 65中尚未规定的。本章修改内容为：

(1) 删除了原规范中与国家现行标准《环境卫生术语标准》(CJJ 65) 重复的“城市生活垃圾”、“卫生填埋”、“有害垃圾”、“渗透系数”、“截洪沟”、“渗沥液”、“粘土类衬里”七个术语;

(2) 增加了“填埋库区 (compartment)”、“填埋气体 (landfill gas)”、“填埋单元 (landfill cell)”、“覆盖 (cover)”四个术语;

(3) 将原规范术语中的“垃圾坝 (refuse dam)、集液池 (leaching pool)、调节池 (regulating reservoir)、盲沟 (underground ditch)、填埋场封场 (seal of landfill site) 中的英语修改成为国际上通行的说法,即垃圾坝 (retaining wall)、集液井 (池) (leachate collection well)、调节池 (equalization basin)、盲沟 (leachate ditch)、填埋场封场 (closure of landfill);

(4) 对保留的原规范术语涵义均做了文字修改或重新进行了界定。

3 填 埋 物

3.0.1 本条根据《城市垃圾产生源分类及垃圾排放》(CJ/T 3033) 对城市垃圾的分类,规定填埋物的类别。

有专家建议增加“建筑垃圾”,因为我国生活垃圾卫生填埋场均接受施工和拆迁产生的建筑垃圾,而且大多数填埋场均将建筑垃圾作为临时道路和作业平台的垫层材料使用。但建筑垃圾是原标准中包括的内容,原规范在 2001 版修订时已将其删除。考虑到建筑垃圾不是限定进入填埋场的危险废物,也不是一般工业固体废弃物,类似的还有堆肥残渣、污水处理厂脱水污泥、化粪池粪渣等废弃物进入填埋场,因此本条文不对填埋场可接受的生活垃圾之外的废弃物作出具体规定。

3.0.2 本条将原规范的“有毒有害物”修改为“危险废物和放射性废物”。

3.0.3 关于填埋物重量单位的规定。目前大多数城市对生活垃圾的统计是采用垃圾车的车吨位进行的,由于垃圾密度不断降低,车吨位与实际吨位差别越来越大。如果不进行校核,会导致设计使用年限失真,填埋场处理规模不切实际。因此作出“填埋物应按重量吨位进行计量、统计与校核”的规定。

3.0.4 关于填埋物几个重要性状指标的原则规定。

在多数专家意见的基础上,对填埋物“含水量”、“有机成分”及“外形尺寸”等几个重要指标仅做了定性要求,没有给出具体的定量指标。

部分专家提出仅作出定性要求缺乏可操作性。也提出“填埋物含水量应满足或调整到符合具体填埋工艺设计的要求”的意见。但关于“含水量”的高低,对于规定的填埋物,一般不存在对填埋作业太大的影响,可以不做规定,但对于没有限定的城市污水处理厂脱水污泥、化粪池粪渣等高含水率的废弃物进入填埋场,单元作业时摊铺、压实有一定困难,必须采取降低含水量的调整措施。

关于“有机成分”的多少,对于规定的填埋物,一般也不存在对填埋作业太大的影响,但对于填埋场的稳定期及填埋气体产生量及产生率均有较大影响。在国外经济发达国家,减少原生垃圾填埋越来越受到人们的重视,尽可能减少进场垃圾的有机成分是发展方向,较多采用焚烧等。但我国在相当长时间内原生垃圾填埋仍将是垃圾处理主要方式。《中国城市垃圾填埋气体收集利用国家行动方案》(2002 年 10 月 23 日) 指出填埋气体回收装置的现代化垃圾填埋场是今后十多年的发展方向。可见从填埋气体回收利用角度考虑,接受垃圾有机成分具有积极意义。因此,结合我国实际情况,本规范对填埋物的有机成分的多少不做定性和定量规定。

关于“外形尺寸”的大小和结构,涉及填埋气体的安全性和填埋作业的难易,本规范分别在第 8 章“填埋气体导排及防爆”中的 8.0.9 条规定“对填埋物中的可能造成腔型结构的大件物品 (如桶、箱等) 应进行破碎”和第 9 章“填埋作业与管理”中的 9.1.6 条规定“在大件垃圾较多的情况下,宜设置破碎设备”。因此本条不重复规定。

4 填埋场选址

4.0.1 本条在原规范 4.0.3 条的基础上进行了修改和补充,规定了卫生填埋场选址前基础资料收集工作的基本内容。补充了应收集“城市污水处理现状及规划资料、城市电力和燃气现状及规划资料”。

4.0.2 本条为强制性条文,规定了城市生活垃圾卫生填埋场不应设在的地区。主要修改内容为:

(1) 增加了第 5 款,即“填埋库区与污水处理区边界距民用机场 3km 以内的地区”,主要参考美国标准 40CFR258.10 的要求,距喷气式飞机机场 10000 英尺 (3048m),距直升飞机机场 5000 英尺 (1524m) 范围内不得建设填埋场。

(2) 将原条文第 4、5 款关于距离规定中的“填埋区”改为“填埋库区与污水处理区边界”。

4.0.3 本条系原规范 4.0.1 条的部分内容,规定了城市生活垃圾卫生填埋场选址应符合的要求。

第 3 款的使用年限 10 年的要求主要是从选址应满足较大库容角度提出。

修改内容为:

(1) 增加了“填埋场选址应符合现行国家标准《生活垃圾填埋污染控制标准》(GB 16889) 的规定”;

(2) 将原规范第 1 款中的“城市建设总体规划”、“城市环境卫生事业发展规划”改为“城市总体规划”、“城市环境卫生专业规划”,并简化了条款;

(3) 删除了原第 2 款;

(4) 增加了“专业设计单位的有关专业技术人员”应参加选址工作的要求。

4.0.4 本条系原规范的4.0.1条第6款，规定了场址确定步骤等基本要求。

修改内容为：

(1) 补充了和原规范4.0.1条衔接的要求，在有关候选场址现场踏勘内容中补充了地质、供电、给排水和覆盖土源等四项，将原“人口分布”修改为“场址周围人群居住情况”。在有关预选场址方案比较内容中对原规范要求的“完成选址报告”增加了“或可行性研究报告”，小标题“场址初选”、“候选场址现场踏勘”和“预选场址方案比较”分别改为“场址候选”、“场址预选”和“场址确定”，对原第6款文字做了修改；

(2) 场址确定中的方案比较增加了社会比较，包括民意。在国外民意调查是垃圾填埋场选址的重要过程，了解群众的看法和意见，征得大众的理解和支持对于填埋场今后的建设和运行十分重要。

原规范的4.0.4条是关于环境影响评价及环境污染防治的规定，写入本规范新增的第11章“环境保护与劳动卫生”有关节中。

5 填埋场总体布置

5.0.1 关于填埋场宜考虑分期和分区建设的规定，同时提出了填埋库区面积使用率的要求。

根据国际上填埋场投资的通行做法和填埋作业应进行分区作业的重要原则，填埋场投资应采用建立项目的专项基金进行分期和分区建设。采用分期和分区建设方式的优点：一是可以减少一次性投资；二是可以减少了渗沥液量，未填埋区的雨水径流容易和填埋作业区隔离；三是可以减少运土或买土的费用，前期填埋库区的开挖土可以在未填埋区域堆放，逐渐地用于前期填埋库区作业时的覆盖土；四是专项基金的利息或基金回报还可以补贴前期的作业运营费用。

调查中发现有些填埋场的库区使用面积小于场区总面积的60%，造成工程投资增加，但可以通过优化的总体布置提高使用率。根据国内外大多数填埋场的实例，合理的库区使用面积基本控制到70%～90%，故本规范用语为“宜为”，同时规定不得小于60%。

5.0.2 关于填埋场场地类型和总体布置的一般规定。条文从方案比较、平面布置、竖向设计等三个方面做了总体布置的基本要求。

条文中的“功能分区”一般包括：进场区（包括门卫及检查、地秤、停车场、洗车设施、油站、维修间等）、生活区（住宿或值班宿舍、食堂等）、管理区、填埋库区、污水处理区等，有的还可以设置填埋气体处理及利用区、分选区、再生利用区等。

5.0.3 关于填埋场总图中主体设施构成内容的规定。

5.0.4 关于填埋场配套工程及辅助设施和设备的规定。

本条是在原规范6.5.3条的基础上修改形成的，增加了消防、环境监测两项内容，并将原规定的“分析化验”设施的用语“应”，修改为“宜”。

5.0.5 规定填埋场总图中附属建筑物的布置、面积及其面积应考虑的主要原则。

条文中规定总体布置中“生活和管理设施宜集中布置并处于夏季主导风向的上风向，与填埋库区之间宜设绿化隔离带”的要求，目的是保证生产管理人员有良好的工作条件和环境。

具体生活、管理及其他附属建（构）筑物组成及其面积，应因地制宜考虑确定，本规范不做统一的规定，但指标要求应符合现行的有关标准。

5.0.6 关于填埋场内道路的规定。

因填埋工程要求道路能全天候使用，同时应满足填埋作业要求，故在总图布置中对场内道路设计的类别及等级做出了规定。

5.0.7 关于填埋场总图中洪、雨水导排系统的规定。

本条是原规范的6.5.7条和4.0.1条第7款合并修改而成。将原文中的“应做到清污分流”改为“应满足雨污分流的要求”，雨污分流是填埋场总体布置的重要原则。

5.0.8 关于填埋场总图中供电供水的原则要求。

5.0.9 关于填埋场垃圾坝、库区边坡及垃圾填埋体的安全稳定性要求及防飞散设施的规定。

本条是在原规范6.5.2条的基础上修改补充形成的。填埋场还宜设置铁丝防护网，防止拾荒者随意进入而发生危险。

5.0.10 绿化对垃圾填埋场非常重要。考虑填埋场的特点，封场后绿化面积应高于其他垃圾处理方式的绿化要求。

6 填埋场地基与防渗

6.0.1 本条为填埋场必须防渗的强制性条文，从防止填埋区对地下水、地表水的污染和防止地下水渗入填埋区两个方面提出了严格要求。

6.0.2 本条对填埋场的天然粘土类衬里及改良粘土类衬里防渗做出了具体规定。除条文规定该类衬里具有所要求的渗透性外，还应满足有关的土壤指标。

渗透系数（K）也称水力传导系数，是一个重要的水文地质参数，在国内外都比较重视。由 Darcy（达西）定律：

$$V = Q/A = KJ \tag{6.0.2-1}$$

式中 Q——渗流量；

J——水力梯度，$\frac{H_1 - H_2}{L}$；

A——渗沥液通过的横截面积；

V——渗透速度。

当水力梯度 $J=1$ 时，渗透系数在数值上等于渗透速度。因为水力坡度无量纲，渗透系数具有速度的量纲。即渗透系数的单位和渗透速度的单位相同，需用 cm/s 或 m/d 表示。考虑到渗透液体性质的不同，Darcy 定律有如下形式：

$$V=-k\rho g/\mu\cdot \mathrm{d}H/\mathrm{d}L \quad (6.0.2\text{-}2)$$

式中 ρ——液体的密度；

g——重力加速度；

μ——动力粘滞系数；

K——渗透率或内在渗透率。

K 仅仅取决于岩土的性质而与液体的性质无关。渗透系数和渗透率之间的关系为：$K=k\rho g/\mu=kg/\nu$。应该注意到渗沥液与水的 μ 不同，渗沥液与水的渗透系数具有差异。

6.0.3 本条对填埋场的人工合成材料防渗做出了规定。

根据我国生活垃圾卫生填埋工程实践和国外经验及有关标准，将高密度聚乙烯（HDPE）土工膜厚度定为 1.5mm 以上。对高密度聚乙烯土工膜等人工防渗材料的性能要求，国家已有相关标准，应参照执行。土工合成材料在应用过程中应符合现行国家标准《非织造复合土工膜》（GB/T 17642）、《聚乙烯土工膜》（GB/T 17643）、《聚乙烯（PE）土工膜防渗工程技术规范》（SL/T 231）、《土工合成材料应用技术规范》（GB 50290）中的有关规定。

原规范要求"高密度聚乙烯土工膜并应具有较大延伸率"，该土工膜作为填埋场防渗材料，除了延伸率外，对抗撕裂、抗刺戳、抗老化及耐抗紫外线等能力均应有要求，但此内容不属于本规范的规定的范围，因此本规范将原要求修改为"应满足填埋场防渗的材料性能和现行国家相关标准的要求"。

6.0.4 关于人工防渗系统的规定。

第 1 款对人工防渗的三种防渗系统的选择条件做了原则要求。

第 2～4 款对复合衬里防渗系统组成、单层衬里防渗系统组成及双层衬里防渗系统组成进行了规定，并附有示意图。

条文中的"膜下防渗保护层"一般采用粘土防渗层；"缓冲层"材料可以采用袋装土或旧轮胎等；在有些情况下土工膜上应增加砂土保护层。

关于膜下是否宜设置土工布，目前业内人士也有不同的看法。不提倡使用膜下土工布的认为一旦膜有破损，土工布将起到导流作用，增加了渗沥液扩散的范围及速度。因此本规范对膜下土工布的使用不做规定，在双层衬里中膜下为渗沥液导流（检测）层时，可采用土工布作为膜下保护层。

条文中"膜下保护层"和"膜下防渗保护层"的区别是：以粘土为例，粘土保护层的密实度、渗透系数分别为 90% 和 1×10^{-5}cm/s，粘土防渗保护层密实度、渗透系数分别为 93% 和 1×10^{-7}cm/s。

第 5 款为增加内容，提出了特殊情况下可采用钠基膨润土垫替代膜下防渗保护层的规定。近年来，国内外一些垃圾填埋场工程有使用钠基膨润土垫的做法，积累了一定的经验。综合各方面的使用情况，国外多将钠基膨润土垫作为膜下防渗保护层的替代品，国内则用钠基膨润土垫作为防渗膜及其下部粘土层的替代品，国外使用这一产品的出发点是增加整个防渗系统的可靠性并增加填埋场有效库容，特别是双复合衬里构造中有较多的采用；而国内的出发点则是减少防渗系统的造价为主要目的。由于钠基膨润土垫完全替代土工膜在防渗效果方面缺乏经验，本规范对其使用范围做了界定——即作为膜下防渗保护层的替代品。参照国内主要钠基膨润土垫生产企业的产品规格以及国内工程的使用经验，钠基膨润土垫的使用规格宜为 4000～6000g/m^2。

美国等国标准中提出的防渗结构对地下水位的要求较高，一般规定防渗系统基础与天然地下水水位的间距不得小于 2m。根据我国实际情况，本次规范修订暂不增加此项规定。

6.0.5 关于人工防渗材料施工的基本规定。

本条是在国内许多工程实践和参考国外标准的基础上对人工衬里铺接方法及其对填埋场基础处理要求等做出的具体规定。本条规定了填埋场地基处理应达到的要求。在原规范的基础上，增加了锚固平台的具体技术要求，并具体规定了粘土表面经碾压的技术参数。

关于填埋场基底粘土垫层中砾石形状和尺寸的要求，根据多年的填埋场现场调查情况分析结果，填埋场基底粘土垫层中砾石形状和尺寸大小对土工膜的安全使用至关重要，一般要求尽可能不含有尖锐砾石和粒径大于 5mm 的砾石，否则，需要增加膜下土工布规格（g/m^2）。

关于土工膜下防渗保护层的压实密度要求，主要是考虑到填埋场库底在垃圾的长期覆盖条件下其变形在允许范围，以减少土工膜的变形、避免渗沥液、地下水导流系统的破坏。

关于锚固平台的设置是参考国内外实际工程的经验，平台高差大于 10m、边坡坡度大于 45°，对于边坡粘土层施工和防渗层的敷设都十分困难。当边坡坡度大于 45°时宜采用其他敷设和锚固方法。

6.0.6 本条规定了填埋场地基处理和填埋库区底部纵、横向坡度应达到的要求。

7 渗沥液收集与处理

7.0.1 本条规定应设置渗沥液的收集和处理系统的要求。

7.0.2 本条规定计算渗沥液产生量和处理量应考虑

的因素。

7.0.3 本条规定了渗沥液导流系统及处理系统应包括的设施。

设施可根据实际综合考虑进行适当简化，如结合地形设置台阶型自流系统，可设置泵房。

根据国外实际工程的经验，填埋场渗沥液导流系统设计中在导流层管路系统的适当位置（如首、末端等）宜设置清冲洗口，以保证导流系统的长期正常运行。国内在此方面实际使用的事例不多，在部分中外合作项目中已有设计，但尚处于探索阶段。本次规范修订暂不涉及。

7.0.4 本条规定了盲沟设计的要求。

规定导渗管宜采用HDPE管是考虑该材料对渗沥液具有较好的抗腐蚀性。

修改内容为：

(1) 在原规范的基础上，增加了对渗沥液导流层砾石成分的规定。渗沥液对 $CaCO_3$ 有溶解性，从而可能导致导流层堵塞。对导渗层石料的 $CaCO_3$ 的含量，参考英国的垃圾填埋标准和美国几个州的垃圾填埋标准而提出。

对于石料，原则上宜采用砾石、卵石、碴石。由于各地情况不同，卵石和砾石量严重不足，可考虑采用碎石，但应增加对土工膜保护的设计。

(2) 补充了"石料的合理级配宜为三级，HDPE管的直径干管不宜小于250mm，支管不宜小于200mm。"的建议。

德国的标准规定石料的粒径范围为16~32mm。导渗管的最小管径要求主要考虑防止堵塞和今后疏通的可能。

关于导渗层的渗透系数，参考英国标准，渗透系数应不小于 1×10^{-5}cm/s。

关于导渗管的开孔率，规定应保证强度要求。英国标准规定开孔率应小于 $0.01m^2/m$，主要是保证强度要求。

导渗管的布置尽可能呈直线，为保证疏通设备的运行，导渗管的转弯角度不应大于22°，导渗管的连接不需要密封。

7.0.5 本条是关于集液池（井）设计原则规定。补充了宜按库区分区设置的要求。

7.0.6 本条是关于调节池容积的设计原则规定。

补充了容积"应与停留时间及配套污水处理设施规模相匹配"的要求。条文中"渗沥液产生量"应按多年（一般20年）逐月平均降雨量计算。

7.0.7 本条系新增要求，规定了对收集渗沥液的设施，也应采取防渗措施。

7.0.8 本条规定了渗沥液应处理达标后排放的原则要求，并对常见的渗沥液处理二种工艺方案进行了说明。强调根据排放去向采用相应处理措施。渗沥液处理应先考虑经适当预处理（应达到《生活垃圾填埋污染控制标准》（GB 16889）中的三级指标值）后送往城市污水处理厂统一处理，不具备排入城市污水处理厂条件时也可建设达标排放的配套污水处理设施，排放水质应根据受纳水体的要求确定。

在降雨量小、蒸发量较大的地区，经计算，渗沥液也可进行回喷处理，以减少处理量，降低处理负荷，加速填理场稳定化和提高填埋气体产率。

8 填埋气体导排与防爆

8.0.1 本条在原规范的基础上修改补充，将填埋场必须设置有效的气体导排设施及严防火灾和爆炸作为强制性条文。

条文中的"主动导气"是指采用抽气设备连接气体导排管道进行导出气体的方式。

根据有关调查情况显示，许多中小城市的旧填埋场没有设置填埋气体导排设施。应结合封场工程采取竖井（管）等措施进行填埋气体导排和处理，避免填埋气体爆炸事故的发生。

8.0.2 本条对填埋气体导排设施的设计做了基本规定。修改补充内容为：

(1) 对不同的气体导排设施做了选择条件的规定；

(2) 将原规范中"在填埋深度较大时宜设置多层导流排气系统"具体改为"填埋深度大于20m采用主动导气时，宜设置横管"。

(3) 将原规范中"应考虑消化过程中的体积变化对气体导排系统的影响。"改为"应考虑垃圾分解和沉降过程中堆体的变化对气体导排设施的影响，防止设施阻塞、断裂而失去导排功能"；

(4) 新增加"有条件进行填埋气体回收利用时，宜设置填埋气体利用设施"的规定。填埋气体利用方式主要有发电和用作燃料。

8.0.3 本条提出了填埋场防火要求，按照现行国家标准《建筑设计防火规范》（GBJ 16）界定了填埋库区应为生产的火灾危险性分类中戊类防火区。取消了原规范的"易燃易爆部位为丙类作业区"的规定。

本规范在原条文的基础上增加了应在填埋场设消防贮水池，配备洒水车，储备干粉灭火剂和灭火沙土，应配置填埋气体监测及安全报警仪器的要求，同时删除了原规范要求在填埋区应设给水系统防火的规定。部分专家提出在填埋区设给水系统不适宜，因为按防火规范，填埋气体灭火主要是干粉剂灭火，而且给水系统防火的要求很严，增加了填埋场的投资。

8.0.4 规定填埋库区应设防火隔离带。

8.0.5 新增加的强制性条文，规定填埋场达到稳定安全期前严禁在填埋库区及防火隔离带范围内设置封闭式建（构）筑物，同时严禁堆放易燃、易爆物品，严禁将火种带入填埋区。

8.0.6 本条规定甲烷含量必须小于5%，该值参考了美国环保署的指标，其认定为空气中甲烷浓度5%为爆炸低限，当浓度大于5%～15%时就会发生爆炸，故场区规定甲烷浓度应低于5%，而建（构）筑物内甲烷气体含量应低于1.25%的具体要求。

8.0.7～8.0.9 本规范增加的条文。主要是关于填埋场的安全方面的规定。

填埋作业车辆、设备应有防火措施，避免产生火花。

山谷型填埋场应对裂隙、溶洞及其他腔型结构充填密实；对填埋物中如桶、箱等大件物品应破碎，避免填埋气体局部聚集。

9 填埋作业与管理

9.1 填埋作业准备

9.1.1 对作业人员和运行管理人员的基本要求。

9.1.2 对填埋作业规程制定和紧急应变计划的要求。

9.1.3 增加了关于分区填埋作业计划的规定、适用情况和雨污分流的要求。在国外，"分区填埋"是填埋场的主要填埋作业原则。分区填埋作业便于雨水径流的分流隔离，有利于减少垃圾渗沥液，降低运行成本。

9.1.4 新增的条文，关于填埋作业开始前的基本设施准备要求。条文中的"工程设施"主要指雨污分流、垃圾坝、地基与防渗、渗沥液导流、填埋气体导排等设施、临时作业道路及作业平台等作业分区的工程设施。

9.1.5 新增的条文，关于填埋作业应保证全天候运行的规定及推荐雨季采取的措施。

9.1.6 填埋作业开始前对设备配置准备的规定，补充了为防止大件垃圾形成腔性结构提出了设备配置要求。

9.2 填埋作业

9.2.1 对填埋场的入场垃圾计量和检测提出了要求，并做了垃圾车出填埋场前冲洗轮胎和底盘的规定。

9.2.2 规定填埋应采用单元、分层作业，提出了填埋单元作业工序。

9.2.3 原规范提出的"分层"规定未做出定量的要求。每层垃圾摊铺厚度国内填埋场的通常做法是40～60cm，取60cm较为合理、经济，因此本规范推荐"厚度不宜超过60cm"。

9.2.4 本条规定了单元每层垃圾厚度、单元作业宽度及单元坡度的技术要求，后二项指标系本规范的补充，并将原规范中的垃圾厚度2～3m的规定修订为2～4m。

9.2.5 关于日（单元）覆盖和中间（阶段）覆盖的技术规定。

日覆盖的主要作用是防臭，防轻质、飞扬物质，减少蚊蝇及改善不良视觉环境。由于对减少雨水侵入不是主要目的，对覆盖材料的渗透系数没有要求；另一方面，根据国内填埋场经验，采用粘土覆盖容易在压实设备上粘结大量土，对压实作业产生影响。建议采用沙性土、建筑垃圾或其他材料进行日（单元）覆盖。

中间（阶段）覆盖的主要目的是避免因较长时间垃圾暴露进入大量雨水，产生大量渗沥液，建议采用粘土、改良土或其他防渗材料进行中间（阶段）覆盖，粘土或改良土覆盖层厚度宜大于日（单元）覆盖。

9.2.6 条文对填埋场填埋作业达到设计标高后的封场和生态环境恢复提出了应尽快进行的要求。"尽快"的目的主要是减少雨水的渗入形成大量渗沥液，并应及时进行绿化。封场和生态环境恢复的技术要求在第10章做了具体规定。

9.3 填埋场管理

9.3.1 关于填埋场从建设至封场后场地再利用应进行全过程管理的基本要求。

9.3.2 关于填埋场建设有关文件科学管理的规定。条文中的"有关文件"包括场址选择、勘察、环评、征地、拨款、设计、施工直至验收等全过程所形成的一切文件资料。

9.3.3 关于填埋作业管理、计量等级的规定。Ⅱ级及Ⅱ级以上的填埋场宜采用计算机网络对填埋作业进行管理。条文中"填埋场的计量应达到国家三级计量合格单位"为补充内容。

9.3.4 关于填埋场封场和场地再利用管理的规定。

9.3.5 关于填埋场跟踪监测管理的规定。

10 填埋场封场

10.0.1 本章对原规范第6.6节（填埋场封场）中的条款顺序做了适当调整。原第6节6.6.1条主要是涉及填埋场全过程的管理程序，调整为本规范第9章第3节"填埋场管理"9.3.1条。

封场设计的最终目的是为了使封场后的维护工作减至最小，有效地保护公众健康与周边环境和封场后充分利用填埋场地的土地效益。

本条是在原规范6.6.7条基础上修改而成，说明封场设计应考虑的主要因素。将原规范中的"填埋气体的顶托力"改为可操作的"填埋气体的收集"，增加了"植被类型、填埋场的稳定性及土地利用等因素"。填埋场的稳定性包括填埋体、边坡封场覆盖结构和垃圾成分的稳定性。

10.0.2 本条将填埋场最终封场覆盖结构分为粘土覆

盖结构与人工材料覆盖结构进行规定。

10.0.3 封场坡度包括顶面坡度与边坡坡度。边坡宜采用多级台阶进行封场，台阶高度宜按照填埋单元高度进行。

10.0.4 新增条文。填埋场封场不等于填埋场运行停止，应继续进行渗沥液处理系统运行管理和导排填埋气体，直至垃圾降解稳定。因垃圾成分的多样性与填埋工艺的不同，封场后渗沥液产生量和时间较难确定。填埋场建设投资计算时，填埋场封场后渗沥液处理系统运行费用可以不计入。

10.0.5 本条规定了填埋场封场后土地使用要求。封场后应做好填埋库区、道路的水土保持工作。

国内现有众多的旧填埋场未采用卫生填埋方法，它们对周边的水环境、大气环境存在严重的污染，并由于沼气的无规则迁移，使周围存在爆炸、火灾安全隐患。采用现代封场技术，可以减少渗沥液产生量，并有序引导沼气的排放和处理。旧填埋场的封场可参照本节条款执行。

11 环境保护与劳动卫生

11.0.1 本条为原规范 4.0.4 条。生活垃圾卫生填埋场作为城市建设基础设施，应该进行环境影响评价。

11.0.2 本条对场区环境污染控制指标规定了其应满足现行国家标准《生活垃圾填埋污染控制标准》（GB 16889）和《生活垃圾填埋场环境监测技术要求》（GB/T 18772）的要求。本规范做了文字修改和适当补充，调整了次序。

11.0.3 关于环境污染控制指标应执行现行国家有关标准和当地环境保护部门排放标准的规定，为强制性条文。

11.0.4 本条对场区使用消杀药物做出了原则规定。

11.0.5 本条对场区安全生产指示标识的设置提出了原则要求。

11.0.6 本条对填埋场作业的劳动卫生方面提出了基本规定。

12 填埋场工程施工与验收

12.0.1 本条是关于填埋场施工准备的基本事项的原则规定。

12.0.2 本条是关于填埋场工程施工和设备安装的基本规定。

12.0.3 本条是关于填埋场工程施工变更应遵守的规定。

12.0.4 本条是关于填埋场各单项建筑、安装工程施工的原则规定。

12.0.5 本条是关于施工安装使用的材料和国外引进的专用填埋设备与材料的原则规定。

12.0.6 本条是关于填埋场工程验收的一般规定和填埋主体工程验收的基本规定。

中华人民共和国行业标准

城镇供热管网工程施工及验收规范

Code for construction and acceptance of city heating pipelines

CJJ 28—2004

批准部门：中华人民共和国建设部
施行日期：2005 年 2 月 1 日

中华人民共和国建设部
公　　告

第283号

建设部关于发布行业标准《城镇供热管网工程施工及验收规范》的公告

现批准《城镇供热管网施工及验收规范》为行业标准，编号为CJJ 28—2004，自2005年2月1日起实施。其中，第3.1.3、3.1.9、3.1.13、3.4.3、4.4.4（4）、6.4.5（5）、8.1.8、8.2.6（2）条（款）为强制性条文，必须严格执行。原行业标准《城镇供热管网工程施工及验收标准》CJJ 28—89和《城市供热管网工程质量检验评定标准》CJJ 38—90同时废止。

本标准由建设部标准定额研究所组织中国建筑工业出版社出版发行。

中华人民共和国建设部

2004年12月2日

前　　言

根据建设部建标［2002］84号文的要求，标准编制组在广泛调查研究、认真总结实践经验并广泛征求意见的基础上，修订了本规范。

本规范的主要技术内容是：1总则；2工程测量；3土建工程及地下穿越工程；4焊接及检验；5管道安装及检验；6热力站、中继泵站及通用组装件安装；7防腐和保温工程；8试验、清洗、试运行；9工程验收。

修订的主要内容是：

1　将原规范的适用范围扩大到二级管网工程；

2　增加了浅埋暗挖法施工及验收的技术要求；

3　补充了直埋保温管道的制作、施工、验收要求；

4　修改了钢管、管路附件及设备等供热管网工程专用设施的质量及安装要求；

5　对近十年来出现的新技术、新工艺纳入了本规范，同时修改了不相适应的内容；

6　将《城市供热管网工程质量检验评定标准》CJJ 38—90中的质量标准和允许偏差，纳入本规范相关章节，工程质量验收的方法编入本规范第9章。

本规范由建设部负责管理和对强制性条文的解释，由主编单位负责具体技术内容的解释。

本规范主编单位：北京市热力集团有限责任公司（北京朝阳区西坝河南路2号　100028）

本规范参编单位：北京市热力工程设计公司
北京市城建集团有限责任公司
唐山市热力总公司
长春市热力集团
北京豪特耐管道设备有限公司
北京伟业供热设备有限公司
北京弗莱希波·泰格金属波纹管有限公司

本规范主要起草人员：闻作祥　崔耀泉　王　水
刘春生　饶大文　吴德君
胡宝娣　马景涛　宋海江
高成富　李孝萍　周抗冰
刘　荣　王　岩　袁凤涛
劳德恩　敖学明　李继辉
高　艳

目 次

1 总 则

1.0.1 为提高城镇供热管网工程的施工水平，保证工程质量，制定本规范。

1.0.2 本规范适用于符合下列参数的城镇供热管网工程的施工及验收：

1 工作压力 $P \leqslant 1.6$MPa，介质温度 $T \leqslant 350$℃的蒸汽管网；

2 工作压力 $P \leqslant 2.5$MPa，介质温度 $T \leqslant 200$℃的热水管网。

1.0.3 施工单位开工前应熟悉图纸和现场，并应按建设单位或监理单位审定的施工组织设计组织施工。工程施工和工程所需的材料及设备必须符合设计要求且有产品合格证；设计未提出要求时，应符合国家现行有关标准的规定。工程变更、材料及设备需代用或更换时，必须得到设计部门的同意。产品进入现场，应办理验收手续。

1.0.4 在湿陷性黄土区、流砂层、腐蚀性土等地区和地震区、巷道区建设供热管网工程，除执行本规范外，尚应符合国家现行有关标准的规定。

1.0.5 城镇供热管网工程施工及验收，除应符合本规范外，尚应符合国家现行有关强制性标准的规定。

2 工 程 测 量

2.1 一 般 规 定

2.1.1 施工单位应根据建设单位或设计单位提供的城市平面控制网点和城市水准网点的位置、编号、精度等级及其坐标和高程资料，确定管网设计线位和高程。

2.1.2 工程测量所用控制点的精度等级，不应低于图根级。

2.1.3 设计测量所用控制点的精度等级符合工程测量要求时，工程测量宜与设计测量使用同一测量标志。

2.1.4 供热管线的中线桩和控制点宜采用平移法或方向交会、距离交会、坐标放样等方法定位，并应设置于线路施工操作范围之外，便于观察和使用的稳固部位。

2.1.5 当新建管线与现状管线相接时，应先测量现状管线的接口点管线走向、管中坐标、管顶高程，并应与现状管线顺接。

2.2 定 线 测 量

2.2.1 管线工程施工定线测量应符合下列规定：

1 应按主干线、支干线、支线的次序进行；

2 主干线起点、终点，中间各转角点及其他特征点应在地面上定位；

3 支干线、支线，可按主干线的方法定位；

4 管线中的固定支架、地上建筑、检查室、补偿器、阀门可在管线定位后，用钢尺丈量方法定位。

2.2.2 管线定位应按设计给定的坐标数据测定点位。应先测定控制点、线的位置，经校验确认无误后，再按给定值测定管线点位。

2.2.3 直线段上中线桩位的间距不宜大于50m，根据地形和条件，可适当加桩。

2.2.4 管线中线量距可用全站仪、电磁波测距仪或检定过的钢尺丈量。当用钢尺在坡地上测量时，应进行倾斜修正。量距相对误差不应大于1/1000。

2.2.5 在不能直接丈量的地段，可使用全站仪、电磁波测距仪测距或布设简单图形丈量基线间接求距。

2.2.6 管线定线完成后，点位应顺序编号，起点、终点、中间各转角点的中线桩应进行加固或埋设标石，并绘点之记录。

2.2.7 管线转角点应在附近永久性建筑物或构筑物上标志点位，控制点坐标应做出记录。当附近没有永久性工程时，应埋设标石。当采用图解法确定管线转角点点位时，应绘制图解关系图。

2.2.8 管线中线定位完成后，应按施工范围对地上障碍物进行核查。施工图中已标出的地下障碍物的近似位置应在地面上做出标志。

2.3 水 准 测 量

2.3.1 水准观测前，应对水准仪和水准尺进行全面检验，检验的项目、方法和要求可按照现行国家标准《国家三、四等水准测量规范》GB 12898 中的有关规定执行。在作业过程中，应经常检验水准仪视准轴和水准管轴之间的夹角误差。

2.3.2 水准测量精度应符合下列规定：

1 附合水准路线闭合差应为 $\pm 30\sqrt{L}$（mm）（L 为附合路线长度，以km计）；

2 当水准测量跨越河流、深沟，且视线长度超过200m时，应采用跨河水准测量方法，跨河水准应观测两个单测回，半测回中观测两组，两测回间较差应为 $\pm 40\sqrt{L}$（mm）（L 为跨河视线长度，以km计）；

3 设计另有要求时，应按设计要求执行。

2.3.3 在管线起点、终点、固定支架及地下穿越部位的附近，应留临时水准点。管线沿线临时水准点的间距不宜大于300m，临时水准点标志应明显，安放应稳固，并应采取保护措施。

2.3.4 两固定支架之间的管道支架、管道、检查室、地面建筑物等高程，可采用固定支架高程进行相对控制。当直埋保温管道的高程无法采用固定支架高程进行相对控制时，可采用变坡点、转折点的高程进行相对控制。

2.3.5 供热管线与热源连接部位的高程应采用热源高程校核。

2.4 竣工测量

2.4.1 供热管线工程竣工后，应全部进行平面位置和高程测量，并应符合当地有关部门的规定。

2.4.2 测量的精度应符合下列规定：

1 测解析坐标的管线点位中误差（指测点相对于邻近解析控制点）不应大于5cm；

2 管线点的高程中误差（指测点相对于邻近高程控制点）应为±3cm；

3 管线与邻近的地上建筑物、相邻的其他管线、规划道路或现状道路中心线的间距中误差，用解析法测绘1:500～1:2000图时，不应大于图上0.5mm。用图解法测绘1:500～1:1000图时，不应大于图上0.7mm。

2.4.3 供热管线竣工数据应包括下列各项：

1 地面建筑物的坐标和高程；

2 管线起点、终点、平面转角点、变坡点、分支点的中心坐标和高程；

3 管线高程的垂直变动点中心坐标和垂直变动点上下两个部位的钢管上表面高程；

4 管沟敷设的管线固定支架处、平面转角处、横断面变化点的中心坐标和管沟内底、管沟盖板中心上表面的高程；

5 检查室、人孔中心坐标和检查室内底、顶板上表面中心的高程，管道中心和检查室人孔中心的偏距；其他构筑物的位置、尺寸和上顶高程；

6 管路附件及各类设备的平面位置，异径管处两个不同直径的钢管上表面高程；

7 管沟穿越道路或地下构筑物两侧的管沟中心坐标和管沟内底、管沟盖板中心上表面的高程；

8 地上敷设的管线所有地面支架处中心坐标和支架支承表面处的上表面高程；

9 直埋保温管管路附件、设备、交叉管线的中心坐标或与永久性建筑物的相对位置，变坡点、变径点、转角点、分支点、高程垂直变化点、交叉点的外护层上表面高程和直管段每隔50m的外护层上表面高程；穿越道路处道路两侧管道中心坐标和保温管外护层上表面高程。

2.4.4 在管网施工中已露出的其他地下管线、构筑物，应测中心坐标、上表面高程、与供热管线的交叉角，构筑物的外形尺寸应进行丈量，并做记录。

2.4.5 竣工测量资料应按下列要求绘制在竣工图上：

1 竣工测量选用的测量标志，应标注在管网总平面图上；

2 各测点的坐标数据，应标注在平面图上；

3 各测点的高程数据，应标注在纵断面图上。

2.4.6 竣工测量应编写工作说明，其内容应包括概况、实测情况和其他需说明的问题。

2.5 测量允许偏差

2.5.1 水准点闭合差应为$\pm 12\sqrt{L}$（mm）（L为水准点之间的水平距离，以km计）。

2.5.2 导线方位角闭合差应为$\pm 40''\sqrt{n}$（n为测站数）。

2.5.3 直接丈量测距的允许偏差应符合表2.5.3的规定。

表2.5.3 直接丈量测距的允许偏差

序 号	固定测桩间距离（m）	允许偏差（mm）
1	$L<200$	$\pm L/5000$
2	$200\leqslant L\leqslant 500$	$\pm L/10000$
3	$L>500$	$\pm L/20000$

3 土建工程及地下穿越工程

3.1 开挖工程

3.1.1 供热管网土方和石方工程的施工及验收应符合现行国家标准《建筑地基基础工程施工质量验收规范》GB 50202的规定。

3.1.2 施工前，应对开槽范围内的地上地下障碍物进行现场核查，逐项查清障碍物构造情况，以及与工程的相对位置关系。当开挖管沟发现文物时，应采取措施保护并及时通知文物管理部门。

3.1.3 土方施工中，对开槽范围内各种障碍物的保护措施应符合下列规定：

1 应取得所属单位的同意和配合；

2 给水、排水、燃气、电缆等地下管线及构筑物必须能正常使用；

3 加固后的线杆、树木等必须稳固；

4 各相邻建筑物和地上设施在施工中和施工后，不得发生沉降、倾斜、塌陷。

3.1.4 土方开挖应根据施工现场条件、结构埋深、土质、有无地下水等因素选用不同的开槽断面，确定各施工段的槽底宽、边坡、留台位置、上口宽、堆土及外运土量等施工措施。

3.1.5 当施工现场条件不能满足开槽上口宽度时，应采取相应的边坡支护措施。边坡支护工程应符合国家现行标准《建筑基坑支护技术规程》JGJ 120的规定。

3.1.6 在地下水位高于槽底的地段应采取降水措施，将土方开挖部位的地下水位降至槽底以下后开挖。降水措施应符合国家现行标准《建筑与市政降水工程技术规范》JGJ/T 111的规定。

3.1.7 土方开挖中发现事先未查到的地下障碍物时应停止施工。应采取措施并经有关单位同意后，再进行施工。

3.1.8 土方开挖前应先测量放线、测设高程。开挖过程中应进行中线、横断面、高程的校核。机械挖土，应有200mm预留量，宜人工配合机械挖掘，挖至槽底标高。

3.1.9 土方开挖时，必须按有关规定设置沟槽边护栏、夜间照明灯及指示红灯等设施，并按需要设置临时道路或桥梁。

3.1.10 土方开挖至槽底后，应由设计和监理等单位共同验收地基。对松软地基应确定加固措施，对槽底的坑穴空洞应确定处理方案。

3.1.11 已挖至槽底的沟槽，后续工序应缩短晾槽时间，不应扰动及破坏土壤结构。对不能连续施工的沟槽，应留出150~200mm的预留量。

3.1.12 土方开挖应保证施工范围内的排水畅通，并应采取措施防止地面水或雨水流入沟槽。

3.1.13 当沟槽遇有风化岩或岩石时，开挖应由有资质的专业施工单位进行施工。采用爆破法施工时，必须制定安全措施，并经有关部门同意，由专人指挥进行施工。

3.1.14 直埋管道的土方开挖，管线位置、槽底高程、坡度、平面拐点、坡度折点等应经测量检查合格。设计要求做垫层的直埋管道的垫层材料、厚度、密实度等应按设计要求施工。

3.1.15 直埋管道的土方开挖，宜以一个补偿段作为一个工作段，一次开挖至设计要求。在直埋保温管接头处应设工作坑，工作坑宜比正常断面加深、加宽250~300mm。

3.1.16 冬雨期开挖时，应按季节性施工技术措施执行。

3.1.17 沟槽的开挖质量应符合下列规定：

1 槽底不得受水浸泡或受冻；

2 槽壁平整，边坡坡度不得小于施工设计的规定；

3 沟槽中心线每侧的净宽不应小于沟槽底部开挖宽度的一半；

4 槽底高程的允许偏差：开挖土方时应为±20mm；开挖石方时应为-200mm~+20mm。

3.2 土建结构工程

3.2.1 土建分项工程的安排和衔接应符合工程构造原理，施工中的停止部位应符合供热管网工程施工的需要。

3.2.2 深度不同的相邻基础，应按先深后浅的顺序进行施工。

3.2.3 应在排水良好的情况下浇筑管沟、检查室、支架等底部混凝土。

3.2.4 管沟及检查室砌体结构施工应符合现行国家标准《砌体工程施工质量验收规范》GB 50203的规定。砌体结构质量应符合下列规定：

1 砌筑方法应正确，不应有通缝；砂浆应饱满，配合比应符合设计要求；

2 清水墙面应保持清洁，刮缝深度应适宜，勾缝应密实，深浅一致，横竖缝交接处应平整；

3 砌体的允许偏差及检验方法应符合表3.2.4的规定。

表3.2.4 砌体的允许偏差及检验方法

序号	项目	允许偏差	检验频率		检验方法
			范围	点数	
1	△砂浆抗压强度	平均值不低于设计规定	每台班	1组	1）每个构筑物或每50m³砌体中制作一组试件（6块），如砂浆配合比变更时，也应制作一组试件。 2）同强度等级砂浆的各组试件的平均强度不低于设计规定。 3）任意一组试件的强度最低值不低于设计规定的85%
2	△砂浆饱满度	≥90%	20m	2	掀3块砌块，用百格网检查砌块底面砂浆的接触面取其平均值
3	轴线位移	10mm	20m	2	尺量检查
4	墙高	±10mm	20m	2	尺量检查
5	墙面垂直度	15mm	20m	2	垂线检验
6	墙面平整度	清水墙5mm 混水墙8mm	20m	2	2m靠尺和楔形塞尺检验

注：△为主控项目，其余为一般项目。

3.2.5 采用水泥砂浆五层做法的防水抹面应符合下列规定：

1 应整段整片分层操作抹成；

2 水泥、防水剂的质量和砂浆的配合比，应符合设计要求；

3 防水层的接茬、内角、外角、伸缩缝、预埋件、管道穿过处等应符合设计要求；

4 防水层与基层紧密结合，面层应压实抹光，接缝严密，不应有空鼓、裂缝、脱层和滑坠等现象；

5 防水层的允许偏差及检验方法应符合表3.2.5

的要求。

表3.2.5 防水层的允许偏差及检验方法

序号	项 目	允许偏差(mm)	检验频率		检验方法
			范围	点数	
1	表面平整度	5	20m	2	2m靠尺和楔形塞尺检验
2	厚度	±5	20m	2	在施工中用钢针插入和尺量检查

3.2.6 采用柔性防水的墙面应符合现行国家标准《地下工程防水技术规范》GB 50108的规定。结构伸缩缝及止水带的做法，应按设计规定施工。卷材防水应符合下列规定：

1 卷材外观质量、品种规格应符合国家现行标准的规定；

2 卷材及其胶粘剂应具有良好的耐水性、耐久性、耐刺穿性、耐腐蚀性和耐菌性；

3 铺贴卷材应贴紧、压实，不得有空鼓、翘边、撕裂、褶皱等现象；

4 应使用经检测合格的橡胶止水带，严禁使用再生橡胶止水带；

5 卷材防水应符合表3.2.6的要求。

表3.2.6 卷材防水

序号	项 目	质量标准	检验频率		检验方法
			范围	点数	
1	搭接宽度	长边不小于100mm 短边不小于150mm	20m	1	尺量检查
2	沉降缝防水	符合设计规定	每条缝	1	按设计要求检验

3.2.7 钢筋混凝土的模板、钢筋、混凝土等分项工程的施工应符合现行国家标准《混凝土结构工程质量验收规范》GB 50204的规定，并应符合设计要求。

3.2.8 模板安装质量应符合下列规定：

1 模板安装应牢固，模内尺寸准确，模内木屑等杂物应清除干净；

2 模板拼缝应严密，在灌注混凝土时不得漏浆；

3 模板安装的允许偏差及检验方法应符合表3.2.8-1和表3.2.8-2的要求。

表3.2.8-1 现浇结构模板安装的允许偏差及检验方法

序号	项 目		允许偏差(mm)	检验频率		检验方法
				范围(m)	点数	
1	相邻两板表面高低差		2	20	2	尺量检查，10m计1点
2	表面平整度		5	20	2	2m直尺检验，10m计1点
3	截面内部尺寸	基础	+10 -20	20	4	钢尺检查
		柱、墙、梁	+4 -5	20	4	钢尺检查
4	轴线位置		5	20	1	钢尺检查
5	墙面垂直度		8	20	1	经纬仪或吊线、钢尺检查

表3.2.8-2 预制构件模板安装的允许偏差及检验方法

序号	项 目	允许偏差(mm)	检验频率		检验方法
			范围	点数	
1	相邻两板表面高低差	1	每件	1	尺量检查
2	表面平整度	3	每件	1	2m直尺检验
3	长度	0 -5	每件	1	尺量检查
4	盖板对角线差	7	每件	1	尺量检查
5	断面尺寸	0 -10	每件	1	尺量检查
6	侧向弯曲	$L/1500$且≤15	每件	1	沿构件全长拉线量最大弯曲处
7	预埋件位置	5	每件	—	尺量检查，不计点

注：表中L为构件长度，单位为mm。

3.2.9 钢筋成型质量应符合下列规定：

1 绑扎成型时，应采用钢丝扎紧，不得有松动、移位等情况；

2 绑扎或焊接成型的网片或骨架应稳定牢固，在安装及浇筑混凝土时不得松动或变形；

3 钢筋安装位置的允许偏差及检验方法应符合

表 3.2.9 的要求。

表 3.2.9 钢筋安装位置的允许偏差及检验方法

序号	项目		允许偏差（mm）	检验频率		检验方法
				范围	点数	
1	主筋及分布筋间距	梁、柱、板	±10	每件	1	尺量检查，取最大偏差值，计 1 点
		基础	±20	20m	1	尺量检查，取最大偏差值，计 1 点
2	多层筋间距		±5	每件	1	尺量检查
3	保护层厚度	基础	±10	20m	2	尺量检查，取最大偏差值，10m 计 1 点
		梁、柱	±5	每件	1	尺量检查，取最大偏差值，计 1 点
		板、墙	±3	每件	1	尺量检查，取最大偏差值，计 1 点
4	预埋件	中心线位置	5	每件	1	尺量检查
		水平高差	0 +3	每件	1	尺量检查

3.2.10 混凝土质量应符合下列规定：

1 混凝土配合比必须符合设计规定，混凝土垫层、基础表面应平整，不得有石子外露；构筑物不得有蜂窝、露筋等现象；

2 混凝土垫层、基础的允许偏差及检验方法应符合表3.2.10-1 的规定，混凝土构筑物的允许偏差及检验方法应符合表 3.2.10-2 的要求。

表 3.2.10-1 混凝土垫层、基础允许偏差及检验方法

序号	项目		允许偏差	检验频率		检验方法
				范围	点数	
1	垫层	中心线每侧宽度	不小于设计规定	20m	2	挂中心线用尺量，每侧计 1 点
		△高程	0 －15mm	20m	2	挂高程线用尺量或用水平仪测量

续表 3.2.10-1

序号	项目		允许偏差	检验频率		检验方法
				范围	点数	
		△混凝土抗压强度	不低于设计规定	每台班	1 组	《混凝土强度检验评定标准》GBJ 107
2	基础	中心线每侧宽度	±10mm	20m	2	挂中心线用尺量，每侧计 1 点
		高程	±10mm	20m	2	挂高程线用尺量或用水平仪测量
		蜂窝面积	＜1%	50m 之间两侧面	1	尺量检查，计蜂窝总面积

注：△为主控项目，其余为一般项目。

表 3.2.10-2 混凝土构筑物允许偏差及检验方法

序号	项目		允许偏差	检验频率		检验方法
				范围	点数	
1	△混凝土抗压强度		平均值不低于设计规定	每台班	1 组（6 块）	《混凝土强度检验评定标准》GBJ 107
2	△混凝土抗渗		不低于设计要求		1 组（6 块）	《混凝土强度检验评定标准》GBJ 107
3	轴线位置		10mm	每个构筑物	2	经纬仪测量、纵横向各计 1 点
4	各部位高程		±20mm		2	水准仪测量
5	构筑物尺寸	长度或直径	0.5%且不大于±20mm		2	尺量检查

续表 3.2.10-2

序号	项目		允许偏差	检验频率		检验方法
				范围	点数	
6	构筑物厚度(mm)	小于200	±5mm	每个构筑物	4	尺量检查
		200~600	±10mm		4	尺量检查
		大于600	±15mm		4	尺量检查
7	墙面垂直度		15mm	每面	4	垂线检验
8	麻面		每侧不得超过该侧面积的1%	每面	1	尺量麻面总面积
9	预埋件、预留孔位置		10mm	每件(孔)	1	尺量检查

注：△为主控项目，其余为一般项目。

3.2.11 预制构件的外形尺寸和混凝土强度等级应符合设计要求。构件运输安装强度不应低于设计强度的70%。不易区别安装方向的构件应有安装方向的标志。

3.2.12 预制构件（梁、板、支架）的质量应符合下列规定：

1 混凝土配合比必须符合规定，强度必须符合设计要求；

2 模板、钢筋绑扎经检验合格后方可浇筑混凝土；

3 构件尺寸准确，表面不得有蜂窝、麻面、露筋等缺陷；

4 钢筋混凝土预制构件（梁、板、支架）的允许偏差及检验方法应符合表3.2.12的要求。

表 3.2.12 预制构件（梁、板、支架）的允许偏差及检验方法

序号	项目		允许偏差(mm)	检验频率		检验方法
				范围	点数	
1	△混凝土抗压强度		平均值不低于设计规定	每台班	1组	《混凝土强度检验评定标准》GBJ 107
2	长度		±10	每件	1	尺量检查
3	宽度、高(厚)度		±5	每件	1	尺量取最大偏差值，计1点
4	侧面弯曲		$L/1000$ 且≤20	每件	1	沿构件全长拉线检验，不计点
5	板两对角线差		10	每10件	1	每10件抽查1件，计1点
6	预埋件	中心	5	每件	1	尺量检查，不计点
		有滑板的混凝土表面平整	3			
		滑板面露出混凝土表面	-2			
7	预留孔中心位置		5	每件	1	尺量检查，不计点

注：1 表中 L 为构件长度，单位为mm。
2 △为主控项目，其余为一般项目。

3.2.13 预制构件（梁、板、支架）安装质量应符合下列规定：

1 梁、板、支架安装后应平稳，支点处应严密、稳固；盖板支承面处坐浆密实，两侧端头抹灰严实、整洁；

2 相邻板之间的缝隙应用水泥砂浆填实；

3 构件（梁、板、支架）安装允许偏差及检验方法应符合表3.2.13的要求。

表 3.2.13 构件（梁、板、支架）安装允许偏差及检验方法

序号	项目	允许偏差(mm)	检验频率		检验方法
			范围	点数	
1	平面位置	符合设计要求	每件	—	尺量检查，不计点
2	轴线位移	10	每10件	1	每10件抽查1件，量取最大值，计1点
3	相邻两盖板支点处顶面高差	10	每10件	1	
4	△支架顶面高程	0 -5	每件	1	水准仪测量
5	支架垂直度	0.5%H 且不大于10	每件	—	垂线检验，不计点

注：1 表中 H 为支架高度，单位为mm。
2 △为主控项目，其余为一般项目。

3.2.14 检查室施工质量应符合下列规定：

1 砌体室壁砂浆应饱满，灰缝平整，抹面压光，不得有空鼓、裂缝等现象；

2 室内底应平顺，坡向集水坑，爬梯应安装牢固，位置准确，不得有建筑垃圾等杂物；

3 井圈、井盖型号准确，安装平稳；

4 检查室允许偏差及检验方法应符合表3.2.14要求。

表3.2.14 检查室允许偏差及检验方法

<table>
<tr><th rowspan="2">序号</th><th rowspan="2" colspan="2">项 目</th><th rowspan="2">允许偏差(mm)</th><th colspan="2">检验频率</th><th rowspan="2">检验方法</th></tr>
<tr><th>范围</th><th>点数</th></tr>
<tr><td rowspan="2">1</td><td rowspan="2">检查室尺 寸</td><td>长度、宽度</td><td>±20</td><td>每座</td><td>2</td><td>尺量检查</td></tr>
<tr><td>高 度</td><td>+20</td><td>每座</td><td>2</td><td>尺量检查</td></tr>
<tr><td rowspan="2">2</td><td rowspan="2">井盖顶高 程</td><td>路 面</td><td>±5</td><td>每座</td><td>1</td><td>水准仪测量</td></tr>
<tr><td>非路面</td><td>+20</td><td>每座</td><td>1</td><td>水准仪测量</td></tr>
</table>

3.2.15 固定支架与土建结构应结合牢固。当固定支架的混凝土强度没有达到设计要求时，固定支架不得与管道固定，并应防止外力破坏。

3.2.16 管沟内管道活动支座应按设计间距安装，按管道坡度逐个测量支承管道滑托的钢板面的高程，高程允许偏差为0~10mm。支座底部找平层应满铺密实。

3.2.17 管沟、检查室封顶前，应将里面的渣土、杂物清扫干净。预制盖板安装找平层应饱满，安装后盖板接缝及盖板与墙体结合缝隙应先勾严底缝，再将外层压实抹平。

3.3 回 填 工 程

3.3.1 沟槽、检查室的主体结构经隐蔽工程验收合格及竣工测量后，应及时进行回填。

3.3.2 回填时应确保构筑物的安全，并应检查墙体结构强度、外墙防水抹面层强度、盖板或其他构件安装强度，当能承受施工操作动荷载时，方可进行回填。

3.3.3 回填前应先将槽底杂物清除干净，如有积水应先排除。

3.3.4 回填土应分层夯实。回填土中不得含有碎砖、石块、大于100mm的冻土块及其他杂物。

3.3.5 直埋保温管道沟槽回填时还应符合下列规定：

1 回填前，应修补保温管外护层破损处；

2 管道接头工作坑回填可采用水撼砂的方法分层撼实；

3 回填土中应按设计要求铺设警示带；

4 弯头、三通等变形较大区域处的回填应按设计要求进行；

5 设计要求进行预热伸长的直埋管道，回填方法和时间应按设计要求进行。

3.3.6 回填土铺土厚度应根据夯实或压实机具的性能及压实度要求而定，虚铺厚度宜符合表3.3.6的规定。

表3.3.6 回填土虚铺厚度

夯实或压实机具	虚铺厚度（mm）	夯实或压实机具	虚铺厚度（mm）
振动压路机	≤400	动力夯实机	≤250
压路机	≤300	木夯	<200

3.3.7 管顶或结构顶以上500mm范围内，应采用轻夯夯实，严禁采用动力夯实机或压路机压实；回填压实时，应确保管道或结构的安全。

3.3.8 供热管线与其他地下设施交叉部位或供热管线与地面上建（构）筑物较近部位，其回填施工方案应征得有关单位同意。

3.3.9 回填的质量应符合下列规定：

1 回填料的种类、密实度应符合设计要求；

2 回填土时沟槽内应无积水，不得回填淤泥、腐殖土及有机物质；

3 不得回填碎砖、石块、大于100mm的冻土块及其他杂物；

4 回填土的密实度应逐层进行测定，设计无规定时，宜按回填土部位划分（图3.3.9）回填土的密实度应符合下列要求：

1）胸腔部位　　Ⅰ区≥95%；

2）管顶或结构顶上500mm范围内　　Ⅱ区≥85%；

3）其余部位　　Ⅲ区按原状回填。

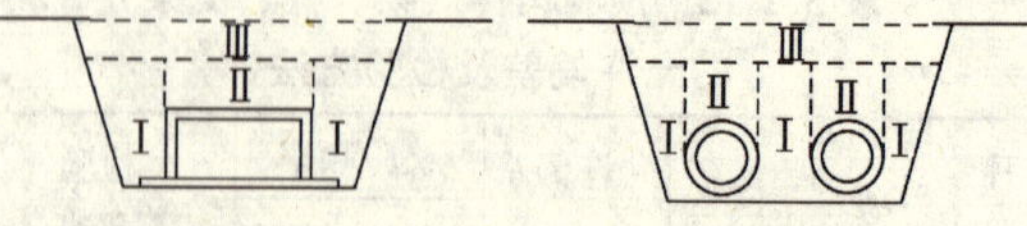

图3.3.9 回填土部位划分示意图

3.4 地下穿越工程

3.4.1 穿越工程的施工方法、工作坑的位置及工程进行程序应取得穿越部位有关管理单位的同意和配合。

3.4.2 用任何一种穿越方法施工时，供热管道在结构断面中的位置均应符合设计纵横断面要求。

3.4.3 穿越工程必须保证四周地下管线和构筑物的

正常使用。在穿越施工中和掘进施工后，穿越结构上方土层、各相邻建筑物和地上设施不得发生沉降、倾斜、塌陷。

3.4.4 在进行盾构掘进时，应根据设计要求，填充结构外壁与四周土壤之间的空隙。盾构施工应符合现行国家标准《地下铁道工程施工及验收规范》GB 50299 的有关规定。

3.4.5 顶管或方涵顶进时，顶进外周壁及上顶部不得超挖，易坍塌的土壤应进行加固处理。上顶部空隙应及时充填密实。顶管施工应符合现行国家标准《给水排水管道工程施工及验收规范》GB 50268 的规定。方涵顶进施工应符合国家现行标准《城镇地道桥顶进施工及验收规程》CJJ 74 的规定。当穿越部位上部建（构）筑物有特殊要求时，顶进施工应符合有关标准的规定。

3.4.6 暗挖法施工应符合现行国家标准《地下铁道工程施工及验收规范》GB 50299 的规定。隧道开挖面应在无水条件下施工，隧道施工中应对地面、地上建（构）筑物和支护结构的动态进行监测并及时反馈信息。

3.4.7 穿越河湖时，应采取排降水措施。

3.4.8 在穿越结构的施工过程中，应对穿越结构进行测量。一个穿越段，高程允许偏差为 ± 20mm；水平中心线允许偏差为 40mm。

3.4.9 在穿越结构中拖运供热管道时，应在管道上安装临时支座或滚轮。

4 焊 接 及 检 验

4.1 一 般 规 定

4.1.1 焊接材料应符合下列规定.

1 母材（管材或板材）应有制造厂的质量合格证及材料质量复验报告，复验报告内容应符合附录 A 中表 A.0.1 的规定；

2 焊接材料应按设计规定选用；设计无规定时应选用焊缝金属性能、化学成分与母材相应且工艺性能良好的焊接材料；

3 母材、焊接材料的化学成分和机械性能应符合有关国家现行标准规定。

4.1.2 焊接材料的材质和焊接工艺，除应符合本规范外，尚应符合现行国家标准《现场设备、工业管道焊接工程施工及验收规范》GB 50236 的规定。

4.1.3 焊接施工单位应符合下列规定：

1 有负责焊接工艺的焊接技术人员、检查人员和检验人员；

2 有符合焊接工艺要求的焊接设备且性能稳定可靠；

3 有精度等级符合要求、灵敏度可靠的焊接检验设备；

4 有保证焊接工程质量达到标准的措施。

4.1.4 焊工应持有符合现行国家标准《现场设备、工业管道焊接工程施工及验收规范》GB 50236 规定的有效合格证，应在合格证准予的范围内焊接。

4.1.5 焊接施工单位首次使用钢材品种、焊接材料、焊接方法和焊接工艺时，应在实施焊接前进行焊接工艺试验。工艺试验应符合现行国家标准《现场设备、工业管道焊接工程施工及验收规范》GB 50236 的规定。

4.1.6 在实施焊接前，应根据焊接工艺试验结果编写焊接工艺方案，包括下列主要内容：

1 母材性能和焊接材料；

2 焊接方法；

3 坡口形式及制作方法；

4 焊接结构形式及外形尺寸；

5 焊接接头的组对要求及允许偏差；

6 焊接电流的选择；

7 检验方法及合格标准。

4.1.7 公称直径大于或等于 400mm 的钢管和现场制作的管件，焊缝根部应进行封底焊接。封底焊接宜采用氩气保护焊。

4.2 焊 接 准 备

4.2.1 各种焊缝应符合下列规定：

1 钢管、容器上焊缝的位置应合理选择，使焊缝处于便于焊接、检验、维修的位置，并避开应力集中的区域；

2 有缝管道对口及容器、钢板卷管相邻筒节组对时，纵缝之间应相互错开 100mm 以上；

3 容器、钢板卷管同一筒节上两相邻纵缝之间的距离不应小于 300mm；

4 管沟和地上管道两相邻环形焊缝中心之间距离应大于钢管外径，且不得小于 150mm；

5 管道任何位置不得有十字形焊缝；

6 管道支架处不得有环形焊缝；

7 在有缝钢管上焊接分支管时，分支管外壁与其他焊缝中心的距离，应大于分支管外径，且不得小于 70mm。

4.2.2 焊接坡口应按设计规定进行加工，当设计无规定时，应符合表 4.2.2 的规定。

4.2.3 在管道或容器上开孔焊接时，开孔直径、焊接坡口的形式及尺寸、补强钢件及焊接结构等应按设计要求执行。

4.2.4 外径和壁厚相同的钢管或管件对口时，应外壁平齐；对口错边量允许偏差应符合表 4.2.4 规定。

表 4.2.2 钢焊件坡口形式和尺寸

序号	厚度 T(mm)	坡口名称	坡口形式	坡口尺寸 间隙 C（mm）	钝边 P（mm）	坡口角度 α（β）(°)	备注
1	1～3	I形坡口	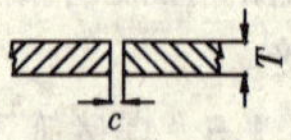	0～1.5	—	—	单面焊
	3～6			0～2.5			双面焊
2	3～9	V形坡口	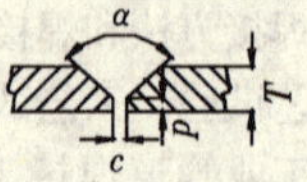	0～2	0～2	65～75	
	9～26			0～3	0～3	55～65	
3	6～9	带垫板V形坡口	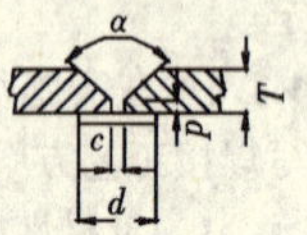	3～5	0～2	45～55	
	9～26		$\delta=4～6$，$d=20～40$（mm）	4～6	0～2		
4	12～60	X形坡口	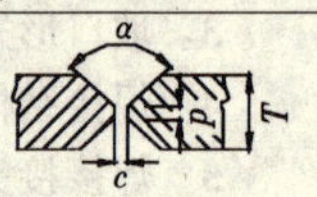	0～3	0～3	55～65	
5	20～60	双V形坡口	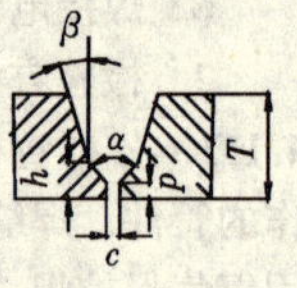 $h=8～12$（mm）	0～3	1～3	65～75（8～12）	
6	20～60	U形坡口	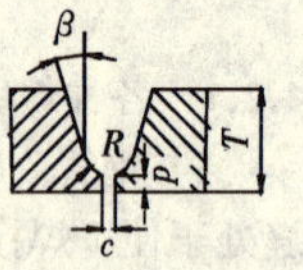 $R=5～6$（mm）	0～3	1～3	（8～12）	
7	2～30	T形接头I形坡口	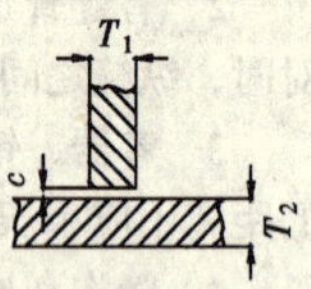	0～2	—	—	
8	6～10	T形接头单边V形坡口	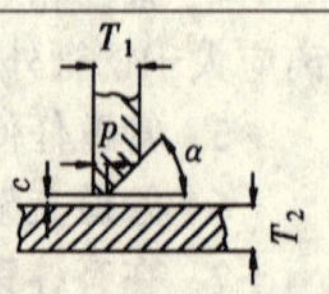	0～2	0～2	45～55	
	10～17			0～3	0～3		
	17～30			0～4	0～4		
9	20～40	T形接头对称K形坡口	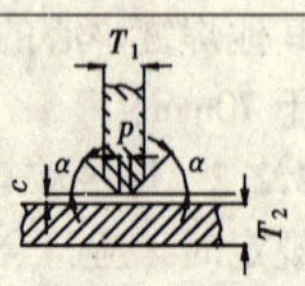	0～3	2～3	45～55	
10	管径 $\phi\leqslant76$	管座坡口	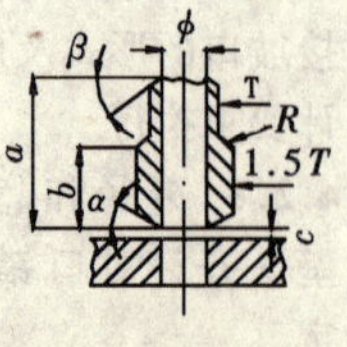 $a=100$，$b=70$，$R=5$（mm）	2～3	—	50～60（30～35）	

续表 4.2.2

序号	厚度 T(mm)	坡口名称	坡口形式	坡口尺寸 间隙 C(mm)	钝边 P(mm)	坡口角度 $\alpha(\beta)$(°)	备注
11	管径 ϕ76 ~133	管座坡口		2~3	—	45~60	
12	—	法兰角焊接头		—	—	—	$K=1.4T$,且不大于颈部厚度;$E=6.4$(mm)且不大于 T
13	—	承插焊接法兰		1.6	—	—	$K=1.4T$ 且不大于颈部厚度
14	—	承插焊接接头		1.6	—	—	$K=1.4T$ 且不小于 3.2(mm)

表 4.2.4 钢管对口错边量允许偏差

错边	壁厚(mm)	2.5~5.0	6~10	12~14	≥15
	错边允许偏差(mm)	0.5	1.0	1.5	2.0

4.2.5 用钢板制造的可双面焊接的容器对口，错边量应符合下列规定：

1 纵焊缝错边量不得超过壁厚的 10%，且不得大于 3mm。

2 环焊缝的错边量：

1）壁厚小于或等于 6mm 时，不得超过壁厚的 25%；

2）壁厚大于 6mm 且小于或等于 10mm 时，不得超过壁厚的 20%；

3）壁厚大于 10mm 时，不得超过壁厚的 10% 加 1mm，且不得大于 4mm；

4）单面焊接的小口径容器，宜采用钢管制造并符合钢管对接的规定。

4.2.6 壁厚不等的管口对接，应符合下列规定：

1 外径相等或内径相等，薄件厚度小于或等于 4mm 且厚度差大于 3mm，以及薄件厚度大于 4mm，且厚度差大于薄件厚度的 30% 或超过 5mm 时，应按图 4.2.6 将厚件削薄。

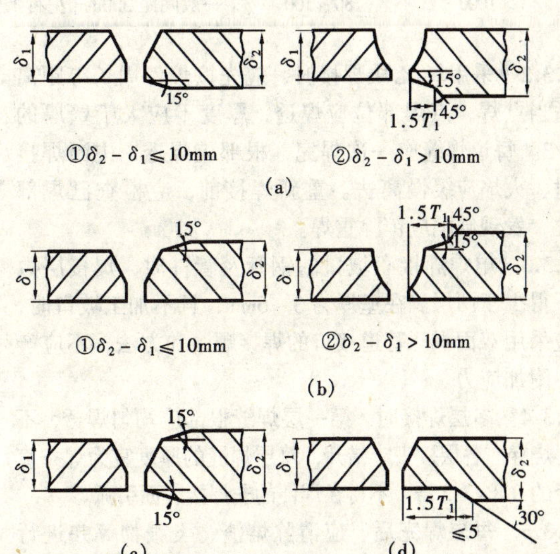

图 4.2.6 不等厚对接焊件坡口加工
(a) 内壁尺寸不相等；(b) 外壁尺寸不相等；(c) 内外壁尺寸均不相等；(d) 内壁尺寸不相等的削薄

2 内径外径均不等，单侧厚度差超过本条1款所列数值时，应按图4.2.6将管壁厚度大的一端削薄，削薄后的接口处厚度应均匀。

4.2.7 严禁采用在焊缝两侧加热延伸管道长度、螺栓强力拉紧、夹焊金属填充物和使补偿器变形等方法强行对口焊接。

4.2.8 对口焊接前应检查坡口的外形尺寸和坡口质量。坡口表面应整齐、光洁，不得有裂纹、锈皮、熔渣和其他影响焊接质量的杂物，不合格的管口应进行修整。对口焊接时应有合理间隙，其对口间隙应按本规范表4.2.2执行。

4.2.9 潮湿或粘有冰、雪的焊件应进行烘干。

4.3 焊　　接

4.3.1 焊件组对时的定位焊应符合下列规定：

1 焊接定位焊缝时，应采用与根部焊道相同的焊接材料和焊接工艺；

2 在焊接前，应对定位焊缝进行检查，当发现缺陷时应处理后方可焊接；

3 在焊件纵向焊缝的端部（包括螺旋管焊缝）不得进行定位焊；

4 焊缝长度及点数可按表4.3.1的规定执行。

表4.3.1 焊缝长度和点数

公称管径（mm）	点焊长度（mm）	点　数
50～150	5～10	均布2～3点
200～300	10～20	4
350～500	15～30	5
600～700	40～60	6
800～1000	50～70	7
>1000	80～100	一般间距300mm左右

4.3.2 采用氧-乙炔焊接时，应先按焊件周长等距离适当点焊，点焊部位应焊透，厚度不应大于壁厚的2/3。每道焊缝应一次焊完，根部应焊透，中断焊接时，火焰应缓慢离去。重新焊接前，应检查已焊部位，发现缺陷应铲除重焊。

4.3.3 电焊焊接有坡口的钢管及管件时，焊接层数不得少于两层。在壁厚为3～6mm，且不加工坡口时，应采用双面焊。管道接口的焊接顺序和方法，不应产生附加应力。

4.3.4 多层焊接时，第一层焊缝根部应均匀焊透，不得烧穿。各层接头应错开，每层焊缝的厚度宜为焊条直径的0.8～1.2倍，不得在焊件的非焊接表面引弧。

4.3.5 每层焊完后，应清除熔渣、飞溅物等并进行外观检查，发现缺陷，应铲除重焊。

4.3.6 在零度以下的气温中焊接，应符合下列规定：

1 清除管道上的冰、霜、雪；

2 在工作场地做好防风、防雪措施；

3 预热温度可根据焊接工艺制定；焊接时，应保证焊缝自由收缩和防止焊口的加速冷却；

4 应在焊口两侧50mm范围内对焊件进行预热；

5 在焊缝未完全冷却之前，不得在焊缝部位进行敲打。

4.3.7 在焊缝附近明显处，应有焊工钢印代号标志。

4.3.8 不合格的焊接部位，应采取措施进行返修，同一部位焊缝的返修次数不得超过两次。

4.4 焊接质量检验

4.4.1 在施工过程中，焊接质量检验应按下列次序进行：

1 对口质量检验；

2 表面质量检验；

3 无损探伤检验；

4 强度和严密性试验。

4.4.2 对口质量应检验坡口质量、对口间隙、错边量、纵焊缝位置，检验标准应按本规范第4.2节要求执行。

4.4.3 焊缝表面质量检验应符合下列规定：

1 检查前，应将焊缝表面清理干净；

2 焊缝尺寸应符合要求，焊缝表面应完整，高度不应低于母材表面，并与母材圆滑过渡；

3 不得有表面裂纹、气孔、夹渣及熔合性飞溅物等缺陷；

4 咬边深度应小于0.5mm，且每道焊缝的咬边长度不得大于该焊缝总长的10%；

5 表面加强高度不得大于该管道壁厚的30%，且小于或等于5mm，焊缝宽度应焊出坡口边缘2～3mm；

6 表面凹陷深度不得大于0.5mm，且每道焊缝表面凹陷长度不得大于该焊缝总长的10%；

7 焊缝表面检查完毕应填写检测报告，检测报告内容应符合附录A中表A.0.2的规定。

4.4.4 焊缝无损探伤检验应符合下列规定：

1 管道的无损检验标准应符合设计或表4.4.4的规定，且为质量检验的主要项目。

2 焊缝无损探伤检验必须由有资质的检验单位完成。

3 应对每位焊工至少检验一个转动焊口和一个固定焊口。

4 转动焊口经无损检验不合格时，应取消该焊工对本工程的焊接资格；固定焊口经无损检验不合格时，应对该焊工焊接的焊口按规定的检验比例加倍抽检，仍有不合格时，应取消该焊工焊接资格。对取消焊接资格的焊工所焊的全部焊缝应进行无损探伤检验。

5 钢管与设备、管件连接处的焊缝应进行100%无损探伤检验。

表 4.4.4 供热管网工程焊缝无损检验数量表

序号	载热介质名称	管道设计参数		焊缝无损探伤检验数量（%）																合格标准	
				地上敷设				通行及半通行管沟敷设				不通行管沟敷设（含套管敷设）				直埋敷设		超声波探伤符合GB/T11345	射线探伤符合GB/T3323
		温度 T（℃）	压力 P（MPa）	$DN<$ 500mm		$DN\geqslant$ 500mm		$DN<$ 500mm		$DN\geqslant$ 500mm		$DN<$ 500mm		$DN\geqslant$ 500mm					
				固定焊口	转动焊口	固定焊口	转动焊口	固定焊口	转动焊口	固定焊口	转动焊口	固定焊口	转动焊口	固定焊口	转动焊口	固定焊口	转动焊口	规定的焊缝级别	规定的焊缝级别
1	过热蒸汽	$200<T\leqslant350$	$1.6<P\leqslant2.5$	6	3	10	5	10	5	12	6	15	8	15	10	—	—		
2	过热或饱和蒸汽	$200<T\leqslant350$	$1.0<P\leqslant1.6$	5	2	8	4	8	4	10	5	10	5	12	6	—	—		
3	过热或饱和蒸汽	$T\leqslant200$	$0.07<P\leqslant1.0$	4	2	6	3	5	2	6	3	10	5	12	6	—	—		
4	高温热水	$150<T\leqslant200$	$1.6<P\leqslant2.5$	6	3	10	5	10	5	12	6	15	8	15	10	—	—	Ⅱ	Ⅲ
5	高温热水	$120<T\leqslant150$	$1.0<P\leqslant1.6$	5	2	8	4	8	4	10	5	10	5	12	6	15	6		
6	热水	$T\leqslant120$	$P\leqslant1.6$	3	2	6	3	6	3	8	4	10	5	10	5	15	5		
7	热水	$T\leqslant100$	$P\leqslant1.0$	抽检				抽检				5	2	6	3	8	4		
8	凝结水	$T\leqslant100$	$P\leqslant0.6$	抽检				抽检				抽检				5	2		

注：表中无损探伤检验数量栏中，"抽检"是指检验数不超过1%，检验焊口的位置、数量和方法由检验人员确定。

6 管线折点处有现场焊接的焊缝，应进行100%的无损探伤检验。

7 焊缝返修后应进行表面质量及100%的无损探伤检验，其检验数量不计在规定检验数中。

8 穿越铁路干线的管道在铁路路基两侧各10m范围内，穿越城市主要干线的不通行管沟及直埋敷设的管道在道路两侧各5m范围内，穿越江、河、湖等的水下管道在岸边各10m范围内的全部焊缝及不具备水压试验条件的管道焊缝，应进行100%无损探伤检验。检验量不计在规定的检验数量中。

9 现场制作的各种承压管件，数量按100%进行，其合格标准不得低于管道无损检验标准。

10 焊缝的无损检验量，应按规定的检验百分数均布在焊缝上，严禁采用集中检验量来替代应检焊缝的检验量。

11 当使用超声波和射线两种方法进行焊缝无损检验时，应按各自标准检验，均合格时方可认为无损检验合格。超声波探伤部位应采用射线探伤复检，复检数量应为超声波探伤数量的20%。

12 焊缝不宜使用磁粉探伤和渗透探伤，但角焊缝处的检验可采用磁粉探伤或渗透探伤，检验完毕应按附录A中表A.0.3-1填写检测报告。

13 焊缝无损探伤记录应由施工单位整理，纳入竣工资料中。射线探伤及超声波探伤检测报告应符合附录A中表A.0.3-2和表A.0.3-3的规定。

14 在城市主要道路、铁路、河湖等处敷设的直埋管网，不宜采用超声波探伤，其射线探伤合格等级应按设计要求执行。

4.4.5 供热管网工程的固定支架、导向支架、滑动支吊架等焊缝均应进行检查，固定支架的焊接安装应做检查记录，并应符合附录A中表A.0.4的规定。

4.4.6 强度和严密性试验应符合本规范第8章的规定。

5 管道安装及检验

5.1 一般规定

5.1.1 制作卷管、受内压管件和容器用的钢板，在使用前应做检查，不得有超过壁厚允许负偏差的锈蚀、凹陷以及裂纹和重皮等缺陷。

5.1.2 预制防腐层和保温层的管道及管路附件，在运输和安装中不得损坏。

5.1.3 管件制作和可预组装的部分宜在管道安装前完成，并应经检验合格。

5.1.4 钢管、管路附件等安装前应按设计要求核对型号，并按本章的规定进行检验。

5.1.5 雨期施工应采取防止浮管及防止泥浆进入的

措施。

5.1.6 施工间断时，管口应采用堵板封闭；管道安装完成后，应将内部清理干净，并及时封闭管口。

5.1.7 管道法兰、焊缝及其他连接件的安装位置应留有检修空间。

5.2 管道加工和现场预制管件制作

5.2.1 公称直径小于或等于500mm的弯头应采用机制弯头，其他各种管件宜选用机制管件。

5.2.2 在管道上直接开孔焊接分支管道时，切口的线位应采用校核过的样板画定。

5.2.3 弯管制作应符合下列规定：

1 弯管制作应符合设计要求及国家现行标准《钢制弯管》SY5257、《钢制对焊无缝管件》GB 12459和《钢板制对焊管件》GB/T 13401的规定。

2 弯管的弯曲半径应符合设计要求。设计无要求时，最小弯曲半径应符合表5.2.3规定。

表 5.2.3 弯管最小弯曲半径

管 材	弯管制作方法	最小弯曲半径	
低碳钢管	热 弯	$3.5D_w$	
	冷 弯	$4.0D_w$	
	压制弯	$1.5D_w$	
	热推弯	$1.5D_w$	
	焊制弯	$DN \leqslant 250$	$1.0D_w$
		$DN \geqslant 300$	$0.75D_w$

注：DN为公称直径，D_W为外径。

5.2.4 煨制弯管制作应符合下列规定：

1 热煨弯管内部灌砂应敲打震实，管端堵塞结实；

2 钢管热煨弯时应缓慢升温，加热温度应控制在750～1050℃范围内，钢管弯曲部分应受热均匀；

3 当采用有缝管材煨制弯管时，其纵向焊缝应放在与管中心弯曲平面之间夹角大于45°的区域内；

4 弯曲起点距管端的距离不应小于钢管外径，且不应小于100mm；

5 弯管制成后的质量应符合下列要求：

1）无裂纹、分层、过烧等缺陷；

2）管腔内的砂子、粘结的杂物应清除干净；

3）壁厚减薄率不应超过15%，且不小于设计计算壁厚；壁厚减薄率可按下式计算：

$$\eta = \frac{\delta_1 - \delta_2}{\delta_1} \times 100\% \qquad (5.2.4\text{-}1)$$

式中 η——壁厚减薄率；

δ_1——弯管前壁厚（mm）；

δ_2——弯管后壁厚（mm）。

4）椭圆率不得超过8%，椭圆率可按下式计算：

$$\phi = \frac{D_{max} - D_{min}}{\frac{1}{2}(D_{max} + D_{min})} \times 100\% \qquad (5.2.4\text{-}2)$$

式中 ϕ——椭圆率；

D_{max}——最大外径（mm）；

D_{min}——最小外径（mm）。

5）因弯管角度误差所造成的弯曲起点以外直管段的偏差值不应大于直管段长度的1%，且不应大于10mm；

6）弯管内侧波浪高度（H）应符合表5.2.4的规定，波距（t）应大于或等于波浪高度的4倍，如图5.2.4。

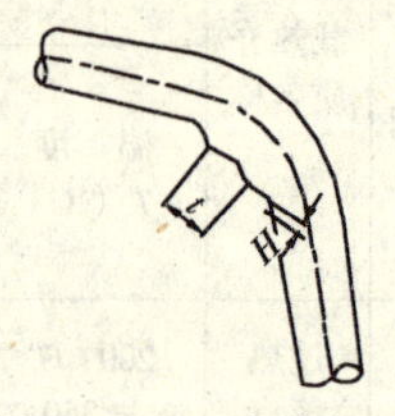

图5.2.4 弯曲部分波浪高度

表 5.2.4 波浪高度（H）的允许值（mm）

钢管外径	≤108	133	159	219	273	325	377	≥426
(H)允许值	4	5	6	6	7	7	8	8

5.2.5 焊制弯管制作应符合下列规定：

1 焊制弯管应根据设计要求制作；

2 设计无要求时，焊制弯管的组成形式可按图5.2.5-1制作；公称直径大于400mm的焊制弯管可增加节数，但其节内侧的最小长度不得小于150mm；

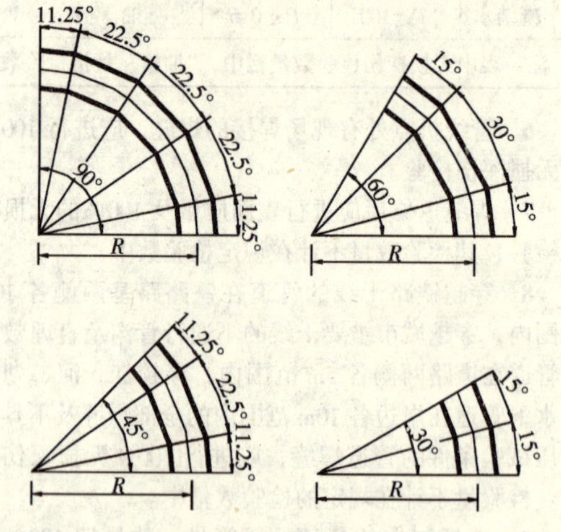

图5.2.5-1 焊制弯管

3 焊制弯管使用在应力较大的位置时，弯管中心不应放置环焊缝；

4 弯管两端节应从弯曲起点向外加长，增加的长度应大于钢管外径，且不得小于150mm；

5 焊制弯管的尺寸允许偏差应符合下列要求：

1）周长偏差：$DN \leqslant 1000$mm，±4mm；$DN >$ 1000mm，±6mm；

2）弯管端部与弯曲半径在管端所形成平面之间的垂直偏差Δ（见图5.2.5-2）不应大于钢管公称直径的1%，且不得大于3mm；

6 管道安装且在钢管上直接制作焊制弯管时，端部的一节应留在与弯管相连的直管段上。

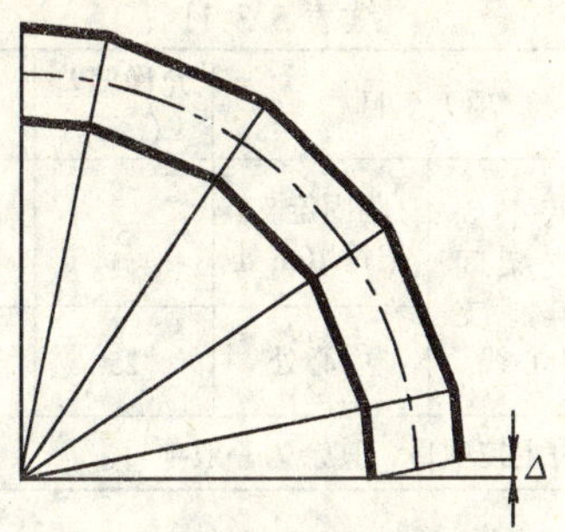

图 5.2.5-2 焊制弯管
端面垂直偏差

5.2.6 压制弯管、热推弯管和异径管制作应符合下列规定：

1 压制弯管、热推弯管和异径管加工的主要尺寸偏差应符合表 5.2.6 规定；

表 5.2.6 压制弯管、热推弯管和异径管加工主要尺寸偏差 单位：mm

管件名称	管件形式	检查项目 \ 公称直径	25～70	80～100	125～200	250～400 无缝	250～400 有缝
弯管		外径偏差	±1.1	±1.5	±2.0	±2.5	±3.5
		外径椭圆	不超过外径偏差				
异径管		壁厚偏差	不大于公称壁厚的 12.5%				
		长度（L）偏差	±1.5			±2.5	
		端面垂直（Δ）偏差	≤1.0			≤1.5	

2 焊制偏心异径管的椭圆度不应大于各端面外径的 1%，且不得大于 5mm；

3 同心异径管两端中心线应重合。

5.2.7 焊制三通制作应符合下列规定：

1 焊制三通，其支管的垂直偏差不应大于支管高度的 1%；

2 设计要求需补强的焊制三通在制作时，应按要求进行补强。

5.2.8 方形补偿器制作应符合下列规定：

1 方形补偿器的椭圆度、波浪度和角度偏差等应符合弯管制作的相应规定；

2 煨弯组合的补偿器、弯管之间的连接点应放在各臂的中部；

3 用冲压弯管或焊制弯管组焊的方形补偿器各臂应采用整管制作。

5.2.9 管道支、吊架和滑托制作应符合下列规定：

1 支架、吊架和滑托的形式、材质、外形尺寸、制作精度及焊接质量应符合设计要求，焊接变形应予以矫正；

2 支架上滑托的滑动支撑板、滑托的滑动平面，导向支架的导向板滑动平面及支、吊架弹簧盒的工作面应平整、光滑，不得有毛刺及焊渣等；

3 组合式弹簧支架应具有合格证书，安装前应进行检查，并应符合下列要求：

1） 外形尺寸偏差应符合设计要求；

2） 弹簧不应有裂纹、折叠、分层、锈蚀等缺陷；

3） 弹簧两端支撑面应与弹簧轴线垂直，其偏差不得超过自由高度的 2%。

4 已预制完成并经检查合格的管道支架、滑托等应按设计要求进行防腐处理，并妥善保管；

5 焊在钢管外皮上的弧形板应采用模具压制成型，用同径钢管切割的，应采用模具整形。

5.2.10 管道加工和现场预制管件质量检验应符合下列规定：

1 钢管切口端面应平整，不得有裂纹、重皮、毛刺，熔渣应清理干净；

2 弯管的表面不得有裂纹、分层、重皮、过烧等缺陷，且应过渡圆滑，表面光洁；

3 管道加工和现场预制管件的焊接应符合本规范第 4 章的有关规定；

4 管道加工和现场预制管件的允许偏差及检验方法应符合表 5.2.10 规定。

表 5.2.10 管道加工和现场预制管件的允许偏差及检验方法

序号	项目			允许偏差（mm）	检验方法
1	弯头	周长	$DN>1000$（mm）	≤6	钢尺测量
			$DN\leqslant1000$（mm）	≤4	
		端面与中心线垂直度		≤外径的 1%，且≤3	角尺、直尺测量
2	异径管	椭圆度		≤各端外径的 1%，且≤5	卡尺测量
3	三通	支管垂直度		≤高度的 1%，且≤3	角尺、直尺测量
4	钢管	切口端面垂直度		≤外径的 1%，且≤3	角尺、直尺测量

5.3 管道支、吊架安装

5.3.1 管道安装前，应完成管道支、吊架的安装。支、吊架的位置应正确、平整、牢固，坡度应符合设计要求。管道支架支承表面的标高可采用加设金属垫板的方式进行调整，但不得浮加在滑托和钢管、支架之间，金属垫板不得超过两层，垫板应与预埋铁件或钢结构进行焊接。

5.3.2 管沟敷设的管道，在沟口0.5m处应设支、吊架；管道滑托、吊架的吊杆应处于与管道热位移方向相反的一侧。其偏移量应按设计要求进行安装，设计无要求时应为计算位移量的一半。

5.3.3 两根热伸长方向不同或热伸长量不等的供热管道，设计无要求时，不应共用同一吊杆或同一滑托。

5.3.4 支架结构接触面应洁净、平整；固定支架卡板和支架结构接触面应贴实；导向支架、滑动支架和吊架不得有歪斜和卡涩现象。

5.3.5 弹簧支、吊架安装高度应按设计要求进行调整。弹簧的临时固定件，应待管道安装、试压、保温完毕后拆除。

5.3.6 支、吊架和滑托应按设计要求焊接，不得有漏焊、缺焊、咬肉或裂纹等缺陷。管道与固定支架、滑托等焊接时，管壁上不得有焊痕等现象存在。

5.3.7 管道支架用螺栓紧固在型钢的斜面上时，应配置与翼板斜度相同的钢制斜垫片找平。

5.3.8 管道安装时，不宜使用临时性的支、吊架；必须使用时，应做出明显标记，且应保证安全。其位置应避开正式支、吊架的位置，且不得影响正式支、吊架的安装。管道安装完毕后，应拆除临时支、吊架。

5.3.9 有补偿器的管段，在补偿器安装前，管道和固定支架之间不得进行固定。

5.3.10 固定支架、导向支架等型钢支架的根部，应做防水护墩。

5.3.11 管道支、吊架安装的质量应符合下列规定：

1 支、吊架安装位置应正确，埋设应牢固，滑动面应洁净平整，不得有歪斜和卡涩现象；

2 活动支架的偏移方向、偏移量及导向性能应符合设计要求；

3 管道支、吊架安装的允许偏差及检验方法应符合表5.3.11的规定；

4 固定支架的检查应填写记录，内容应符合附录A中A.0.4的规定。

表5.3.11 管道支、吊架安装的允许偏差及检验方法

序号	项目		允许偏差（mm）	检验方法
1	支、吊架中心点平面位置		25	钢尺测量
2	△支架标高		-10	水准仪测量
3	两个固定支架间的其他支架中心线	距固定支架每10m处	5	钢尺测量
		中心处	25	钢尺测量

注：△为主控项目，其余为一般项目。

5.4 管沟和地上敷设管道安装

5.4.1 管道安装前，准备工作应符合下列规定：

1 根据设计要求的管径、壁厚和材质，应进行钢管的预先选择和检验，矫正管材的平直度，整修管口及加工焊接用的坡口；

2 清理管内外表面、除锈和除污；

3 根据运输和吊装设备情况及工艺条件，可将钢管及管件焊接成预制管组；

4 钢管应使用专用吊具进行吊装，在吊装过程中不得损坏钢管。

5.4.2 管道安装应符合下列规定：

1 在管道中心线和支架高程测量复核无误后，方可进行管道安装；

2 安装过程中不得碰撞沟壁、沟底、支架等；

3 吊、放在架空支架上的钢管应采取必要的固定措施；

4 地上敷设管道的管组长度应按空中就位和焊接的需要来确定，宜等于或大于2倍支架间距；

5 每个管组或每根钢管安装时都应按管道的中心线和管道坡度对接管口。

5.4.3 管口对接应符合下列规定：

1 对接管口时，应检查管道平直度，在距接口中心200mm处测量，允许偏差为1mm，在所对接钢管的全长范围内，最大偏差值不应超过10mm；

2 钢管对口处应垫置牢固，不得在焊接过程中产生错位和变形；

3 管道焊口距支架的距离应保证焊接操作的需要；

4 焊口不得置于建筑物、构筑物等的墙壁中。

5.4.4 套管安装应符合下列规定：

1 管道穿过构筑物墙板处应按设计要求安装套管，穿过结构的套管长度每侧应大于墙厚20~25mm；穿过楼板的套管应高出板面50mm；

2 套管与管道之间的空隙可采用柔性材料填塞；

3 防水套管应按设计要求制造，并应在墙体和构筑物砌筑或浇灌混凝土之前安装就位，套管缝隙应按设计要求进行充填；

4 套管中心的允许偏差为10mm。

5.4.5 管道安装质量检验应符合下列规定：

1 管道安装坡向、坡度应符合设计要求；

2 蒸汽管道引出分支时，支管应从主管上方或两侧接出；

3 管道安装的允许偏差及检验方法应符合表5.4.5的要求。

表5.4.5 管道安装允许偏差及检验方法

<table>
<tr><th rowspan="2">序号</th><th rowspan="2">项目</th><th colspan="3" rowspan="2">允许偏差及质量标准（mm）</th><th colspan="2">检验频率</th><th rowspan="2">检验方法</th></tr>
<tr><th>范围</th><th>点数</th></tr>
<tr><td>1</td><td>△高程</td><td colspan="3">±10</td><td>50m</td><td>—</td><td>水准仪测量，不计点</td></tr>
<tr><td>2</td><td>中心线位移</td><td colspan="3">每10m不超过5，全长不超过30</td><td>50m</td><td>—</td><td>挂边线用尺量，不计点</td></tr>
<tr><td>3</td><td>立管垂直度</td><td colspan="3">每米不超过2，全高不超过10</td><td>每根</td><td>—</td><td>垂线检查，不计点</td></tr>
<tr><td rowspan="3">4</td><td rowspan="3">△对口间隙</td><td>壁厚</td><td>间隙</td><td>偏差</td><td rowspan="3">每10个口</td><td rowspan="3">1</td><td rowspan="3">用焊口检测器，量取最大偏差值，计1点</td></tr>
<tr><td>4～9</td><td>1.5～2.0</td><td>±1.0</td></tr>
<tr><td>≥10</td><td>2.0～3.0</td><td>+1.0
-2.0</td></tr>
<tr><td colspan="8">注：△为主控项目，其余为一般项目。</td></tr>
</table>

5.5 直埋保温管道安装

5.5.1 直埋保温管道和管件应采用工厂预制，并应分别符合国家现行标准《高密度聚乙烯外护管聚氨酯泡沫塑料预制直埋保温管》CJ/T 114、《高密度聚乙烯外护管聚氨酯泡沫塑料预制直埋保温管件》CJ/T 155和《玻璃纤维增强塑料外护管聚氨酯泡沫塑料预制直埋保温管》CJ/T 129的规定。

5.5.2 现场施工的补口、补伤、异形件等节点处理应符合设计要求和有关标准的规定。

5.5.3 直埋保温管道的施工分段宜按补偿段划分，当管道设计有预热伸长要求时，应以一个预热伸长段作为一个施工分段。

5.5.4 在雨、雪天进行接头焊接和保温施工时应搭盖罩棚。

5.5.5 预制直埋保温管道在运输、现场存放、安装过程中，应采取必要措施封闭端口，不得拖拽保温管，不得损坏端口和外护层。

5.5.6 现场接头使用的材料在存放过程中应采取有效保护措施。

5.5.7 直埋保温管道安装应按设计要求进行；管道安装坡度应与设计一致；在管道安装过程中，出现折角时，必须经设计确认。

5.5.8 对于直埋保温管道系统的保温端头，应采取措施对保温端头进行密封。

5.5.9 直埋保温管道在固定点没有达到设计要求之前，不得进行预热伸长或试运行。

5.5.10 保护套管不得妨碍管道伸缩，不得损坏保温层及外保护层。

5.5.11 预制直埋保温管的现场切割应符合下列规定：

1 管道配管长度不宜小于2m；

2 在切割时应采取措施防止外护管脆裂；

3 切割后的工作钢管裸露长度应与原成品管的工作钢管裸露长度一致；

4 切割后裸露的工作钢管外表面应清洁，不得有泡沫残渣。

5.5.12 直埋保温管接头的保温和密封应符合下列规定：

1 接头施工采取的工艺，应有合格的形式检验报告；

2 接头的保温和密封应在接头焊口检验合格后进行；

3 接头处钢管表面应干净、干燥；

4 当周围环境温度低于接头原料的工艺使用温度时，应采取有效措施，保证接头质量；

5 接头外观不应出现熔胶溢出、过烧、鼓包、翘边、褶皱或层间脱离等现象；

6 一级管网的现场安装的接头密封应进行100%的气密性检验。二级管网的现场安装的接头密封应进行不少于20%的气密性检验。气密性检验的压力为0.02MPa，用肥皂水仔细检查密封处，无气泡为合格。

5.5.13 直埋保温管道预警系统应符合下列规定：

1 预警系统的安装应按设计要求进行；

2 管道安装前应对单件产品预警线进行断路、短路检测；

3 在管道接头安装过程中，应首先连接预警线，并在每个接头安装完毕后进行预警线断路、短路检测；

4 在补偿器、阀门、固定支架等管件部位的现场保温应在预警系统连接检验合格后进行。

5.5.14 直埋保温管道安装质量的检验项目及检验方法应符合表5.5.14的要求。钢管的安装质量应符合本规范表5.4.5的规定。

表5.5.14 直埋保温管道安装质量的检验项目及检验方法

<table>
<tr><th>序号</th><th>项 目</th><th colspan="3">质 量 标 准</th><th>检验频率</th><th>检验方法</th></tr>
<tr><td>1</td><td>连接预警系统</td><td colspan="3">满足产品预警系统的技术要求</td><td>100%</td><td>用仪表检查整体线路</td></tr>
<tr><td rowspan="3">2</td><td rowspan="3">△节点的保温和密封</td><td colspan="2">外观检查</td><td>无缺陷</td><td>100%</td><td>目 测</td></tr>
<tr><td rowspan="2">气密性试验</td><td>一级管网</td><td>无气泡</td><td>100%</td><td rowspan="2">气密性试验</td></tr>
<tr><td>二级管网</td><td>无气泡</td><td>20%</td></tr>
<tr><td colspan="7">注：△为主控项目，其余为一般项目。</td></tr>
</table>

5.5.15 直埋保温管道的施工和安装还应符合国家现行标准《城镇直埋供热管道工程技术规程》CJJ/T 81的规定。蒸汽及高温热水直埋管道的施工和安装还应符合国家现行相关标准的规定。

5.6 法兰和阀门安装

5.6.1 法兰连接应符合下列规定：

1 安装前应对法兰密封面及密封垫片进行外观检查，法兰密封面应表面光洁，法兰螺纹完整、无损伤；

2 法兰端面应保持平行，偏差不大于法兰外径的1.5%，且不得大于2mm；不得采用加偏垫、多层垫或加强力拧紧法兰一侧螺栓的方法，消除法兰接口端面的缝隙；

3 法兰与法兰、法兰与管道应保持同轴，螺栓孔中心偏差不得超过孔径的5%；

4 垫片的材质和涂料应符合设计要求；当大口径垫片需要拼接时，应采用斜口拼接或迷宫形式的对接，不得直缝对接。垫片尺寸应与法兰密封面相等；

5 严禁采用先加垫片并拧紧法兰螺栓，再焊接法兰焊口的方法进行法兰焊接；

6 螺栓应涂防锈油脂保护；

7 法兰连接应使用同一规格的螺栓，安装方向应一致，紧固螺栓时应对称、均匀地进行，松紧适度；紧固后丝扣外露长度应为2～3倍螺距，需要用垫圈调整时，每个螺栓应采用一个垫圈；

8 法兰内侧应进行封底焊；

9 软垫片的周边应整齐，垫片尺寸应与法兰密封面相符，其允许偏差应符合现行国家标准《工业金属管道工程施工及验收规范》GB 50235的规定；

10 法兰与附件组装时，垂直度允许偏差为2～3mm。

5.6.2 阀门安装前的检验应符合下列规定：

1 供热管网工程所用的阀门，必须有制造厂的产品合格证。

2 一级管网主干线所用阀门及与一级管网主干线直接相连通的阀门，支干线首端和热力站入口处起关闭、保护作用的阀门及其他重要阀门应由有资质的检测部门进行强度和严密性试验，检验合格，单独存放，定位使用，并填写阀门试验记录，内容应符合附录A中表A.0.5的规定。

5.6.3 阀门安装应符合下列规定：

1 按设计要求校对型号，外观检查应无缺陷、开闭灵活；

2 清除阀口的封闭物及其他杂物；

3 阀门的开关手轮应放在便于操作的位置；水平安装的闸阀、截止阀的阀杆应处于上半周范围内；

4 当阀门与管道以法兰或螺纹方式连接时，阀门应在关闭状态下安装；当阀门与管道以焊接方式连接时，阀门不得关闭；

5 有安装方向的阀门应按要求进行安装，有开关程度指示标志的应准确；

6 并排安装的阀门应整齐、美观，便于操作；

7 阀门运输吊装时，应平稳起吊和安放，不得用阀门手轮作为吊装的承重点，不得损坏阀门，已安装就位的阀门应防止重物撞击；

8 水平管道上的阀门，其阀杆及传动装置应按设计规定安装，动作应灵活；

9 焊接蝶阀应符合下列要求：

1）阀板的轴应安装在水平方向上，轴与水平面的最大夹角不应大于60°，严禁垂直安装；

2）焊接安装时，焊机地线应搭在同侧焊口的钢管上；

3）安装在立管上时，焊接前应向已关闭的阀板上方注入100mm以上的水；

4）阀门焊接要求应符合本规范第4章的规定；

5）焊接完成后，进行两次或三次完全的开启以证明阀门是否能正常工作。

10 焊接球阀应符合下列要求：

1）球阀焊接过程中要进行冷却；

2）球阀安装焊接时球阀应打开；

3）阀门在焊接完后应降温后才能投入使用。

5.7 补偿器安装

5.7.1 补偿器安装前，应检查下列内容：

1 使用的补偿器应符合国家现行标准《金属波纹管膨胀节通用技术条件》GB/T 12777、《城市供热管道用波纹管补偿器》CJ/T 3016、《城市供热补偿器焊制套筒补偿器》CJ/T 3016.2的有关规定；

2 对补偿器的外观进行检查；

3 按照设计图纸核对每个补偿器的型号和安装位置；

4 检查产品安装长度，应符合管网设计要求；

5 检查接管尺寸，应符合管网设计要求；

6 校对产品合格证。

5.7.2 需要进行预变形的补偿器，预变形量应符合设计要求，并记录补偿器的预变形量，记录内容应符合附录A中表A.0.6的规定。

5.7.3 安装操作时，应防止各种不当的操作方式损伤补偿器。

5.7.4 补偿器安装完毕后，应按要求拆除运输、固定装置，并应按要求调整限位装置。

5.7.5 施工单位应有补偿器的安装记录，记录内容应符合附录A中表A.0.7的规定。

5.7.6 补偿器宜进行防腐和保温处理，采用的防腐和保温材料不得影响补偿器的使用寿命。

5.7.7 波纹管补偿器安装应符合下列规定：

1　波纹管补偿器应与管道保持同轴。

2　有流向标记（箭头）的补偿器，安装时应使流向标记与管道介质流向一致。

5.7.8　焊制套筒补偿器安装应符合下列规定：

1　焊制套筒补偿器应与管道保持同轴。

2　焊制套筒补偿器芯管外露长度及大于设计规定的伸缩长度，芯管端部与套管内挡圈之间的距离应大于管道冷收缩量。

3　采用成型填料圈密封的焊制套筒补偿器，填料的品种及规格应符合设计规定，填料圈的接口应做成与填料箱圆柱轴线成45°的斜面，填料应逐圈装入，逐圈压紧，各圈接口应相互错开。

4　采用非成型填料的补偿器，填注密封填料时应按规定压力依次均匀注压。

5.7.9　直埋补偿器的安装应符合下列规定：

1　回填后固定端应可靠锚固，活动端应能自由活动。

2　带有预警系统的直埋管道中，在安装补偿器处，预警系统连线应做相应的处理。

5.7.10　一次性补偿器的安装应符合下列规定：

1　一次性补偿的预热方式视施工条件可采用电加热或其他热媒预热管道，预热升温温度应达到设计的指定温度。

2　预热到要求温度后，应与一次性补偿器的活动端缝焊接，焊缝外观不得有缺陷。

5.7.11　球形补偿器的安装应符合下列规定：

1　与球形补偿器相连接的两垂直臂的倾斜角度应符合设计要求，外伸部分应与管道坡度保持一致。

2　试运行期间，应在工作压力和工作温度下进行观察，应转动灵活，密封良好。

5.7.12　方型补偿器的安装应符合下列规定：

1　水平安装时，垂直臂应水平放置，平行臂应与管道坡度相同。

2　垂直安装时，不得在弯管上开孔安装放风管和排水管。

3　方形补偿器处滑托的预偏移量应符合设计要求。

4　冷紧应在两端同时、均匀、对称地进行，冷紧值的允许误差为10mm。

5.7.13　自然补偿管段的冷紧应符合下列规定：

1　冷紧焊口位置应留在有利操作的地方，冷紧长度应符合设计规定。

2　冷紧段两端的固定支架应安装完毕，并应达到设计强度，管道与固定支架已固定连接。

3　管段上的支、吊架已安装完毕，冷紧焊口附近吊架的吊杆应预留足够的位移量。

4　管段上的其他焊口已全部焊完并经检验合格。

5　管段的倾斜方向及坡度应符合设计规定。

6　法兰、仪表、阀门的螺栓均已拧紧。

7　冷紧焊口焊接完毕并经检验合格后，方可拆除冷紧卡具。

8　管道冷紧应填写记录，记录内容应符合附录A中表A.0.8的规定。

6　热力站、中继泵站及通用组装件安装

6.1　一般规定

6.1.1　站内采暖、给水、排水、卫生设备安装工程，应符合现行国家标准《给水排水及采暖工程施工质量验收规范》GB 50242的规定。

6.1.2　动力配电和照明等电气设备，应符合现行国家标准《电器装置安装工程施工及验收规范》GB 50254～50257和《建筑电气工程施工质量验收规范》GB 50303的规定。

6.1.3　自动化仪表安装应符合现行国家标准《工业自动化仪表工程施工及验收规范》GBJ 93的规定。

6.1.4　站内制冷管道和风道的安装应符合现行国家标准《通风与空调工程施工及验收规范》GB 50243的规定，冷、热共用管道及附件按设计要求执行。

6.1.5　站内制冷设备的安装应符合现行国家标准《制冷设备、空气分离设备安装工程施工及验收规范》GB 50274的规定。冷、热共用设备按设计要求执行。

6.1.6　中继泵站、热力站的建筑和结构部分，应按国家现行标准执行。

6.1.7　在热力站施工完毕后，未连接外部管线前，中继泵站、热力站与外部管线连接的管沟或套管应予以封闭。

6.2　站内管道安装

6.2.1　管道安装前，应按设计要求和本规范第5章有关规定核验规格、型号和质量。

6.2.2　管道安装过程中，安装中断的敞口处应临时封闭。

6.2.3　管道穿越基础、墙壁和楼板，应配合土建施工预埋套管或预留孔洞，管道焊缝不应置于套管内和孔洞内。穿过墙壁的套管长度应伸出两侧墙皮20～25mm，穿过楼板的套管应高出地板面50mm；套管与管道之间的空隙可用柔性材料填塞。预埋套管中心的允许偏差为10mm，预留孔洞中心的允许偏差为25mm。在设计无要求时，套管直径应比保温管道外径大50mm。位于套管内的管道保温层外壳应做保护层。

6.2.4　管道安装按本规范第4章和第5章有关规定执行。

6.2.5　管道并排安装时，直线部分应相互平行；曲线部分，当管道水平或垂直并行时，应与直线部分保

持等距。管道水平上下并行时，弯管部分的曲率半径应一致。

6.2.6 管道上使用机制管件的外径宜与直管管道外径相同。

6.2.7 站内管道水平安装的支、吊架间距，在设计无要求时，不得大于表6.2.7中规定的距离。

表6.2.7 站内管道支架的最大间距

公称直径（mm）	25	32	40	50	70	80	100
最大间距（m）	2.0	2.5	3.0	3.0	4.0	4.0	4.5
公称直径（mm）	125	150	200	250	300	350	400
最大间距（m）	5.0	6.0	7.0	8.0	8.5	9.0	9.0

6.2.8 在水平管道上装设法兰连接的阀门时，当管径大于或等于125mm时，两侧应设支、吊架；当管径小于125mm时，一侧应设支、吊架。

6.2.9 在垂直管道上安装阀门时，应符合设计要求，设计无要求时，阀门上部的管道应设吊架或托架。

6.2.10 管道支、吊、托架的安装，应符合下列规定：

1 位置准确，埋设应平整牢固；

2 固定支架与管道接触应紧密，固定应牢固；

3 滑动支座应灵活，滑托与滑槽两侧间应留有3~5mm的空隙，偏移量应符合设计要求；

4 无热位移管道的支架、吊杆应垂直安装；有热位移管道的吊架、吊杆应向热膨胀的反方向偏移。

6.2.11 管道与设备安装时，不应使设备承受附加外力，并不得使异物进入设备内。

6.2.12 管道与泵或阀门连接后，不应再对该管道进行焊接或气割。

6.2.13 站内管道安装的质量应符合下列规定：

1 站内钢管安装允许偏差及检验方法应符合表6.2.13-1的规定。

表6.2.13-1 站内钢管安装允许偏差及检验方法

序号	项目		允许偏差	检验方法
21	水平管道纵、横方向弯曲	$DN \leqslant 100$mm	每米，1mm；且全长，≤13mm	水平尺、直尺、拉线和尺量检查
		$DN > 100$mm	每米，1.5mm；且全长，≤25mm	水平尺、直尺、拉线和尺量检查
2	立管垂直度		每米，2mm；且全长，≤10mm	吊线和尺量检查
3	成排阀门和成排管段	阀门在同一高度上	5mm	尺量检查
		在同一平面上间距	3mm	尺量检查

2 站内塑料管、复合管安装允许偏差及检验方法应符合表6.2.13-2的规定。

表6.2.13-2 站内塑料管、复合管安装允许偏差及检验方法

序号	项目		允许偏差	检验方法
1	水平管道纵横向弯曲		每米，1.5mm；且全长，≤25mm	水平尺、直尺、拉线和尺量检查
2	立管垂直度		每米，2mm；且全长，≤25mm	吊线和尺量检查
3	成排管段	在同一直线上间距	3mm	尺量检查

3 阀门的安装和检验应按本规范第5章规定执行，成排阀门安装允许偏差和检验方法应符合表6.2.13-1的规定，阀杆宜平行放置。

6.3 站内设备安装

6.3.1 设备安装前，应按设计要求核验规格、型号和质量，设备应有说明书和产品合格证；对设备开箱应按下列项目进行检查，并应做出记录：

1 箱号和箱数以及包装情况。

2 设备名称、型号和规格。

3 装箱清单、设备的技术文件、资料和专用工具。

4 设备有无缺损件，表面有无损坏和锈蚀等。

5 其他需要记录的情况。

6.3.2 设备基础的位置、几何尺寸和质量要求，应符合现行国家标准《混凝土结构工程施工质量验收规范》GB 50204的规定。设备基础尺寸和位置的允许偏差及检验方法应符合表6.3.2的规定。

表6.3.2 设备基础尺寸和位置的允许偏差及检验方法

序号	项目		允许偏差（mm）	检验方法
1	坐标位置(纵横轴线)		±20	经纬仪、拉线和尺量
2	不同平面的标高		-20	水准仪、拉线尺量
3	平面外形尺寸		±20	尺量检查
4	凸台上平面外形尺寸		-20	尺量检查
5	凹穴尺寸		+20	尺量检查
6	平面的水平度（包括地坪上需安装的部分）	每米	5	水平仪（水平尺）和楔形塞尺检查
		全长	10	水平仪（水平尺）和楔形塞尺检查
7	垂直度	每米	5	经纬仪或吊线和尺量
		全长	10	经纬仪或吊线和尺量

6.3.3 埋设地脚螺栓应符合下列规定：

1 地脚螺栓在预留孔中应垂直，且不得倾斜；

2 地脚螺栓底部锚固环钩的外缘与预留孔壁和孔底的距离不得小于15mm；

3 地脚螺栓上的油污和氧化皮等应清理干净，螺纹部分应涂少量油脂；

4 螺母与垫圈，垫圈与设备底座间的接触均应良好紧密；

5 拧紧螺母后，螺栓外露长度应为2～5倍螺距；

6 灌筑地脚螺栓用的细石混凝土（或水泥砂浆）应比基础混凝土的强度等级提高一级；灌浆处应清理干净并捣固密实；拧紧地脚螺栓时，灌筑的混凝土应达到设计强度75%；

7 地脚螺栓的坐标及相互尺寸应符合施工图的要求，设备基础尺寸的允许偏差应符合本规范表6.3.2的规定；

8 地脚螺栓露出基础的部分应垂直，设备底座套入地脚螺栓应有调整余量，每个地脚螺栓均不得有卡涩现象。

6.3.4 装设胀锚螺栓应符合下列规定：

1 胀锚螺栓的中心线应按施工图放线。胀锚螺栓的中心至基础或构件边缘的距离不得小于$7d$，底端至基础底面的距离不得小于$3d$，且不得小于30mm；相邻两根胀锚螺栓的中心距离不得小于$10d$（d为胀锚螺栓直径）。

2 装设胀锚螺栓的钻孔不得与基础或构件中的钢筋、预埋管和电缆等埋设物相碰；不得采用预留孔。

3 安设胀锚螺栓的基础混凝土强度不得小于10MPa。

4 有裂缝的部位不得使用胀锚螺栓。

5 胀锚螺栓的钻孔的直径和深度应符合现行国家标准《机械设备安装工程施工及验收通用规范》GB 50231的规定，成孔后应对钻孔的孔径和深度及时进行检查。

6.3.5 设备支架安装应平直牢固，位置正确。支架安装的允许偏差应符合表6.3.5的规定。

表6.3.5 设备支架安装允许偏差

序号	项目		允许偏差(mm)	检验方法
1	支架立柱	位 置	5	尺量检查
		垂直度	≤H/1000	尺量检查
2	支架横梁	上表面标高	±5	尺量检查
		水平弯曲	≤L/1000	尺量检查

注：表中H为支架高度，L为横梁长度。

6.3.6 找正调平设备用的垫铁应符合各类机械设备安装规范、设计或设备技术文件的规定。

6.3.7 设备调平后，垫铁端面应露出设备底面边缘10～30mm。

6.3.8 设备采用减振垫铁调平应符合下列规定：

1 基础和地坪应符合设备技术要求；在设备占地范围内，地坪（基础）的高低差不得超出减振垫铁调整量的30%～50%；放置减振垫铁的部位应平整。

2 减振垫铁按设备要求，可采用无地脚螺栓或胀锚地脚螺栓固定。

3 设备调平时，各减振垫铁的受力应均匀，在其调整范围内应留有余量，调平后应将螺母锁紧。

4 采用橡胶垫型减振垫铁时，设备调平后经过一至两周，应再进行一次调平。

6.3.9 电动离心水泵安装应符合下列规定：

1 水泵就位前应做下列复查：

1）基础的尺寸、位置、标高应符合设计要求和本规范第6.3.2条要求；

2）设备应完好；

3）盘车应灵活，无阻滞、卡涩现象，无异常声音；

4）出厂时已配装、调试完善的部位，无拆卸现象。

2 水泵安装找平应符合下列要求：

1）水泵的纵向和横向安装水平偏差为0.1‰，并应在泵的进出口法兰面或其他水平面上进行测量；

2）小型整体安装的水泵，不应有明显的倾斜。

3 水泵的找正，当主动轴和从动轴用联轴节连接时，两轴的不同轴度，两半联轴节端面的间隙应符合设备技术文件的规定，主动轴与从动轴找正及连接应盘车检查，并应灵活；

4 三台及三台以上同型号水泵并列安装时，水泵轴线标高的允许偏差为±5mm，两台以下的允许偏差为±10mm。

6.3.10 蒸汽往复泵安装应符合本规范第6.3.9条中第1、2款的规定。泵体上的安全阀应有出厂合格标志，不得随意调整拆卸，当有损伤确需拆卸检查时应按设备技术文件规定进行。废汽管应水平安装并通向室外，管端部应向下或做成丁字管。

6.3.11 喷射泵安装水平度和垂直度应符合设计和设备技术文件的要求。当泵前、泵后直管段长度设计无要求时，泵前直管段长度不得小于公称管径的5倍，泵后直管段长度不得小于公称管径的10倍。

6.3.12 换热器安装应符合下列规定：

1 换热器设备不应有变形，紧固件不应有松动或其他机械损伤。

2 属于压力容器设备的换热器，需带有国家技术监察部门有关检测资料，设备安装后，不得随意对设备本体进行局部切、割、焊等操作。

3 换热器应按照设计或产品说明书规定的坡

度、坡向安装；换热器和水箱安装的允许偏差及检验方法应符合表 6.3.12 的要求。

表 6.3.12 换热器和水箱安装允许偏差及检验方法

序号	项目	允许偏差(mm)	检验方法
1	标高	±10	拉线和尺量
2	水平度或垂直度	5L/1000 或 5H/1000	经纬仪或吊线、水平仪（水平尺）、尺量
3	中心线位移	±20	拉线和尺量
注：表中 L 为长度，H 为高度。			

4 换热器附近应留有足够的空间，满足拆装维修的需要。试运行前应排空设备内的残液，并应确保设备系统内无异物。

6.3.13 整体组合式换热机组应按国家现行标准有关规定执行。

6.3.14 凝结水箱、贮水箱安装应符合下列规定：

1 应按设计和产品说明书规定的坡度、坡向安装；

2 水箱的底面在安装前应检查涂料质量，缺陷应处理；

3 凝结水箱、贮水箱安装允许偏差及检验方法应符合本规范表 6.3.12 的要求。

6.3.15 软化水装置安装应符合下列规定：

1 软化水装置管路的管材宜采用塑料管或复合管，不得使用引起树脂中毒的管材；

2 所有进出口管路应有独立支撑，不得用阀体做支撑；

3 两个罐的排污管不应连接在一起，每个罐应采用单独的排污管。

6.3.16 除污器应按设计或标准图组装。安装除污器应按热介质流动方向，进出口不得装反，除污器的除污口应朝向便于检修的位置，宜设集水坑。

6.4 通用组装件安装

6.4.1 分汽缸、分水器、集水器安装位置、数量、规格应符合设计要求，同类型的温度表和压力表规格应一致，且排列整齐、美观。

6.4.2 减压器安装应符合下列规定：

1 减压器应按设计或标准图组装；

2 减压器应安装在便于观察和检修的托架（或支座）上，安装应平整牢固；

3 减压器安装完后，应根据使用压力调试，并做出调试标志。

6.4.3 疏水器安装应按设计或标准图组装，并安装在便于操作和检修的位置，安装应平整，支架应牢固。连接管路应有坡度，出口的排水管与凝结水干管相接时，应连接在凝结水干管的上方。

6.4.4 水位表安装应符合下列规定：

1 水位表应有指示最高、最低水位的明显标志，玻璃管的最低水位可见边缘应比最低安全水位低 25mm，最高可见边缘应比最高安全水位高 25mm；

2 玻璃管式水位计应有保护装置；

3 放水管应接到安全地点。

6.4.5 安全阀安装应符合下列规定：

1 安全阀必须垂直安装，并在两个方向检查其垂直度，发现倾斜时应予以校正。

2 安全阀在安装前，应根据设计和用户使用需要送相关的有检测资质的单位进行检测，同时按设计要求进行调整，调校条件不同的安全阀应在试运行时及时调校。

3 安全阀的开启压力和回座压力应符合设计规定值，安全阀最终调整后，在工作压力下不得有泄漏现象。

4 安全阀调整合格后，应填写安全阀调整实验记录，记录内容应符合附录 A 中表 A.0.9 的规定。

5 蒸汽管道和设备上的安全阀应有通向室外的排汽管。热水管道和设备上的安全阀应有接到安全地点的排水管，并应有足够的截面积和防冻措施确保排放通畅。在排汽管和排水管上不得装设阀门。

6.4.6 压力表安装应符合下列规定：

1 压力表应安装在便于观察的位置，并防止受高温、冰冻和振动的影响；

2 压力表宜安装内径不小于 10mm 的缓冲管；

3 压力表和缓冲管之间应安装阀门，蒸汽管道安装压力表时不得用旋塞阀；

4 压力表的量程，当设计无要求时，应为工作压力的 1.5～2 倍；

5 压力表的安装不应影响设备和阀门的安装、检修、运行操作。

6.4.7 管道和设备上的各类套管温度计应安装在便于观察的部位，底部应插入流动的介质内，不得安装在引出的管段上，不宜选在阀门等阻力部件的附近和介质流束呈死角处，以及振动较大的地方。温度表的安装不应影响设备和阀门的安装、检修、运行操作。

6.4.8 温度取源部件在管道上的安装应符合下列规定：

1 与管道垂直安装时，取源部件轴线应与工艺管道轴线垂直相交；

2 在管道的拐弯处安装时，宜逆着介质流向，取源部件轴线应与管道轴线相重合；

3 与管道倾斜安装时，宜逆着介质流向，取源部件轴线应与管道轴线相交。

6.4.9 压力取源部件与温度取源部件在同一管段上时，应安装在温度取源部件的上游侧。

6.4.10 管道和设备上的放气阀，操作不便时应设置操作平台；站内管道和设备上的放气阀，在放气点高于地面2m时，放气阀门应设在距地面1.5m处便于安全操作的位置。

6.4.11 流量测量装置应在管道冲洗合格后安装，前后直管段长度应符合设计要求。

6.4.12 调节与控制阀门的安装应符合设计要求。

7 防腐和保温工程

7.1 防 腐 工 程

7.1.1 防腐材料、稀释剂和固化剂等材料的品种、规格、性能应符合现行国家标准和设计要求，产品应有质量合格证明文件（出厂合格证、有资质的检测机构的检测报告等），并应符合环保要求。

7.1.2 材料在运输、储存和施工过程中，应采取有效措施，防止变质和污染环境。涂料应密封保存，严禁明火和暴晒。所用材料应在有效期内使用。

7.1.3 涂料种类、性能、涂刷层数、涂层厚度及表面标记等应按设计规定执行，设计无规定时，应符合下列规定：

1 明装无保温层管道、设备等，应涂一道防锈漆和两道面漆；有保温层时，应涂两道防锈漆；

2 暗装管道应涂两道防锈漆；

3 涂层厚度，应符合产品质量要求；

4 涂料的耐温性能、抗腐蚀性能应按输热介质温度及环境条件进行选择。

7.1.4 多种涂料配合使用，应按照产品说明书对涂料进行选择，各涂料性能应相互匹配，配比合适。调制成的涂料内不得有漆皮等影响涂刷的杂物，并应按涂刷工艺要求稀释至适当稠度，搅拌均匀，色调一致，及时使用，涂料应密封保存。

7.1.5 涂刷前的钢材表面除锈质量应按设计要求和现行国家标准《涂装前钢材表面锈蚀等级和除锈等级》GB 8923 的规定执行。

7.1.6 涂刷时的环境温度和相对湿度应符合涂料产品说明书的要求。当无要求时，环境温度宜在5～40℃之间，相对湿度不应大于75%。涂刷时金属表面应干燥，不得有结露。当相对湿度大于75%时或金属表面潮湿时，应采取措施，保证在清洁、干燥、通风良好的环境中进行涂刷。在雨雪和大风天气中进行涂刷，应有遮挡。涂刷后四天内应免受雨淋；当环境温度低于－5℃时，应按照涂料的性能掺入可促进漆膜固化的掺合料，并将漆膜的金属面加热至30～40℃，再进行涂刷。当环境温度低于－25℃时，不宜进行涂料施工。

7.1.7 在自然干燥的现场涂刷时应防止漆膜被污染和受损坏。多层涂刷时，在前一遍漆膜未干前不得涂刷第二遍漆。全部涂层完成后，漆膜未干燥固化前，不得进行下道工序施工。

7.1.8 已完成防腐的管道、管件、附件、设备等，在漆膜干燥过程中应防止冻结、撞击、振动和湿度剧烈变化，并应做好成品保护，不得踩踏或当作支架使用。损坏的漆膜在下道工序施工前应提前进行修补，并进行检验。

7.1.9 安装后无法涂刷或不易涂刷的部位，安装前应预先涂刷。在安装过程中应注意保护漆膜完好。

7.1.10 预留的未涂刷部位，在其他工序完成后，应按本节要求进行涂刷。管道的焊口部位应加强防腐和检查。

7.1.11 涂层上的一切缺陷、不合格处以及检查时被破坏的部位，应及时修补，并应达到质量标准的要求。

7.1.12 用涂料和玻璃纤维做加强防腐层时，除遵守上述的有关规定外，尚应符合下列规定：

1 按设计规定涂刷的底漆应均匀完整，无空白、凝块和流痕；

2 玻璃纤维的厚度、密度、层数应符合设计要求，缠绕重叠部分宽度应大于布宽的1/2，压边量宜为10～15mm。用机械缠绕时，缠布机应稳定匀速前进，并与钢管旋转转速相配合；

3 玻璃纤维两面沾油应均匀，经刮板或挤压滚轮后，布面无空白，不得淌油和滴油；

4 防腐层的厚度不得低于设计厚度。玻璃纤维与管壁应粘结牢固、缠绕紧密均匀。表面应光滑，不得有气孔、针孔和裂纹。钢管两端应留200～250mm空白段。

7.1.13 工程竣工验收前，管道、设备外露金属部分所刷涂料的品种、性能、颜色等应与原管道设备所刷涂料相同。

7.1.14 埋地钢管阴极保护（牺牲阳极）防腐应符合下列规定：

1 安装的牺牲阳极规格、数量及埋设深度应符合设计要求，设计无规定时，宜按国家现行标准《埋地钢质管道牺牲阳极阴极保护规范》SY/T 0019 的规定执行；

2 牺牲阳极填包料应注水浸润；

3 牺牲阳极电缆焊接应牢固，焊点应进行防腐处理；

4 检查钢管的保护电位值应低于－0.85Vcse。

7.1.15 涂料质量应符合下列规定：

1 与基面粘结牢固，涂层应均匀，厚度应符合产品要求，面层颜色一致；

2 漆膜均匀、完整，无漏涂、损坏；

3 色环宽度一致，间距均匀，与管道轴线垂直；

4 当设计有要求时，应进行涂层附着力测试；

5 钢管除锈、涂料质量标准应符合表7.1.15的规定。

表 7.1.15 钢管除锈、涂料质量标准

序号	项目	质量标准	检查频率		检验方法
			范围(m)	点数	
1	△除锈	铁锈全部清除，颜色均匀，露金属本色	50	50	外观检查每 10m，计 1 点
2	涂料	颜色光泽、厚度均匀一致，无起褶、起泡、漏刷	50	50	外观检查每 10m，计 1 点

注：△为主控项目，其余为一般项目。

7.1.16 当保温外保护层采用金属板时，保温层表面应铲平灰疤、补平凹痕、填严缝隙、打磨光滑，并应将浮灰清理干净后，按设计规定进行防腐。

7.1.17 钢外护直埋保温管道的防腐材料及施工还应符合相关的国家标准。

7.2 保温工程

7.2.1 保温材料的品种、规格、性能等应符合现行国家产品标准和设计要求，产品应有质量合格证明文件（出厂合格证、有资质的检测机构的检测报告等），并应符合环保要求。

7.2.2 材料进场时应对品种、规格、外观等进行检查验收，并从进场的每批保温材料中，应任选 1～2 组试样进行导热系数测定，导热系数超过设计取定值 5%以上的材料不得使用。

7.2.3 材料进入现场后应妥善保管，防止受潮。受潮的材料，不得使用。

7.2.4 管道、设备的保温应在试压、防腐验收合格后进行。如钢管预先做保温，则应将环形焊缝等需要检查处留出，待各项检验合格后，再将留出部位进行防腐、保温。

7.2.5 在雨雪天中，不得进行室外露天保温工程的施工。

7.2.6 采用湿法施工的保温工程，室外平均温度低于 5℃时，应采取防冻措施。

7.2.7 保温层施工应符合下列规定：

1 当保温层厚度超过 100mm 时，应分为两层或多层逐层施工。

2 保温棉毡、垫的保温厚度和密度应均匀，外形应规整，密度应符合设计要求。

3 瓦块式保温制品的拼缝宽度不得大于 5mm。缝隙用石棉灰胶泥填满，并砌严密，瓦块内应抹 3～5mm 厚的石棉灰胶泥层，且施工时应错缝。当使用两层以上的保温制品时，同层应错缝，里外层应压缝，其搭接长度不应小于 50mm。每块瓦应有两道镀锌钢丝或箍带扎紧，不得采用螺旋形捆扎方法。

4 各种支架及管道设备等部位，在保温时应预留出一定间隙，保温结构不得妨碍支架的滑动和设备的正常运行。

5 管道端部或有盲板的部位应敷设保温层。

7.2.8 保温固定件、支撑件的设置，立式设备和大管径的垂直管道，每隔 3～5m 需设保温层承重环或抱箍，其宽度为保温层厚度的 2/3，并进行防腐。

7.2.9 采用硬质保温制品施工时，应按设计要求预设伸缩缝。当设计无规定时应符合下列规定：

1 两固定支架间的水平管道至少应预留一道伸缩缝；

2 立式设备及垂直管道，应在支承环下面留设伸缩缝；

3 弯头两端的直管段上，可各留一道伸缩缝；

4 两弯头之间的距离较近时可留一道伸缩缝；

5 管径大于 *DN*300、介质温度大于 120℃的管道应在弯头中部留一道伸缩缝。管道伸缩缝的宽度宜为 20mm，设备伸缩缝的宽度宜为 25mm。伸缩缝应采用导热系数与保温材料相接近的软质保温材料充填严密，捆扎牢固。

7.2.10 设备应按设计要求进行保温，保温不得遮盖设备铭牌。

7.2.11 保温层端部应做封端处理。设备、容器上的人孔、手孔等需要拆装部位，应做成 45°的坡面。

7.2.12 阀门、法兰等部位的保温结构应易于拆装，靠近法兰处，应在法兰的一侧留出螺栓的长度加 25mm 的空隙，阀门保温层应不妨碍填料的更换。有冷紧或热紧要求的管道上的法兰，应在冷拧紧或热拧紧完成后再进行保温。

7.2.13 采用纤维制品保温材料施工时，应与被保温表面贴紧纵向接缝位于管子下方 45°位置，接头处不得有空隙。双层结构时，层间应盖缝，表面应保持平整，捆扎间距不得大于 200mm，并适当紧固，厚度均匀。

7.2.14 使用软质复合硅酸盐保温材料，应按设计要求执行；设计无要求时每层抹 10mm 压实，不需压光，待表面有一定强度时，再抹第二层。

7.2.15 直埋管道保温质量应按本规范第 5.5 节要求执行。

7.2.16 保温层施工质量应符合下列规定：

1 保温固定件、支承件的安装应正确、牢固，支承件不得外露，其安装间距应符合设计要求。

2 保温层厚度应符合设计要求。

3 质量检查时，设备每 50m² 或管道每 50m 应各取样抽检三处，其中有一处不合格时，应就近加倍取点复查，仍有 1/2 不合格时，应认定该处为不合格。超过 500m² 的同一设备或超过 500m 的同一管道保温工程验收时，取样布点的间距可增大。

4 保温层密度的检查应现场切取试样检查，棉毡类保温层安装密度允许偏差为 10%；板、管壳类保温层安装密度允许偏差为 5%。

5 保温结构的端部不应妨碍管道附件（如法兰、阀门等）螺栓的拆装和门盖的开启。

6 保温层施工允许偏差及检验方法，应符合表7.2.16的规定。

表7.2.16 保温层允许偏差及检验方法

序号	项目		允许偏差	检验频率	检验方法
1	△厚度	硬质保温材料	+5%	每隔20m测一点	钢针刺入保温层测厚
		柔性保温材料	+8%		
2	伸缩缝宽度		±5mm	抽查10%	尺量检查
注：△为主控项目，其余为一般项目。					

7.3 保护层

7.3.1 保护层应做在干燥、经检查合格的保温层表面上。应确保各种保护层的严密性和牢固性。

7.3.2 复合材料保护层施工应符合下列规定：

1 玻璃纤维以螺纹状紧缠在保温层外，前后均搭接50mm，布带两端及每隔300mm用镀锌钢丝或钢带捆扎。

2 对复合铝箔，可直接敷在平整保温层表面上。接缝处用压敏胶带粘贴和铆钉固定，垂直管道及设备的敷设由下向上，成顺水接缝。

3 对玻璃钢材料，保护壳连接处用铆钉固定，纵向搭接尺寸宜为50~60mm，环向搭接宜为40~50mm，垂直管道及设备敷设由下向上，成顺水接缝。

4 对铝塑复合板，可用于软质绝热材料的保护层施工中铝塑复合板正面应朝外，不得损伤其表面，轴向接缝用保温钉固定，间距宜为60~80mm，环向搭接宜为30~40mm，纵向搭接不得小于10mm。垂直管道的敷设由下向上，成顺水接缝。

7.3.3 石棉水泥保护层施工应符合下列规定：

1 抹面保护层的灰浆密度不得大于1000kg/m³；抗压强度不应小于0.8MPa；干燥后不得产生裂缝、脱壳等现象，不得对金属腐蚀；

2 抹石棉水泥保护层以前，应检查钢丝网有无松动部位，并对有缺陷的部位进行修整，保温层的空隙应采用胶泥充填。保护层分两次抹成，第一层找平和挤压严实，第一层稍干后再加灰泥压实、压光；

3 抹面保护层未硬化前应有防雨雪措施。当环境温度低于5℃，应有冬季施工方案，采取防寒措施。

7.3.4 金属保护层施工应符合下列规定：

1 金属保护层应按设计要求执行，设计无规定时，宜选用镀锌薄钢板或铝合金板；

2 安装前，金属板两边先压出两道半圆凸缘。对设备保温，可在每张金属板对角线上压两条交叉筋线；

3 垂直方向的施工应将相邻两张金属板的半圆凸缘重叠搭接，自下而上顺序施工，上层板压下层板，搭接长度宜为50mm；

4 水平管道的施工可直接将金属板卷合在保温层外，按管道坡向自下而上顺序施工。两板环向半圆凸缘重叠，纵向搭口向下，搭接处重叠宜为50mm；

5 搭接处应采用铆钉固定，间距不得大于200mm；

6 金属保护层应留出设备及管道运行受热膨胀量；

7 在露天或潮湿环境中保温设备和管道的金属保护层，应按规定嵌填密封剂或在接缝处包缠密封带；

8 在已安装的金属保护层上，严禁踩踏或堆放物品。

7.3.5 保护层质量应符合下列规定：

1 缠绕式保护层应裹紧，重叠部分宜为带宽的1/2，不得有松脱、翻边、皱褶和鼓包等缺陷，缠绕的起点和终点宜采用镀锌钢丝或箍带捆扎结实。

2 涂抹保护层表面应平整光洁、轮廓整齐，镀锌钢丝头不得外露，抹面层不得有酥松和冷态下的干缩裂缝。

3 金属保护层不得有松脱、翻边、豁口、翘缝和明显的凹坑。保护层的环向接缝，应与管道轴线保持垂直。纵向接缝应与管道轴线保持平行。设备及大型贮罐保护层的环向接缝与纵向接缝应互相垂直，并成整齐的直线。保护层的接缝方向应与设备、管道的坡度方向一致。保护层的椭圆度不得大于10mm。保护层的搭接尺寸应符合设计要求。

4 保护层表面不平度允许偏差及检验方法应符合表7.3.5的规定。

表7.3.5 保护层表面不平度允许偏差及检验方法

序号	项目	允许偏差（mm）	检验频率	检验方法
1	涂抹保护层	<10	每隔20m取一点	外观
2	缠绕式保护层	<10	每隔20m取一点	外观
3	金属保护层	<5	每隔20m取一点	2m靠尺和塞尺检查
4	复合材料保护层	<5	每隔20m取一点	外观

8 试验、清洗、试运行

8.1 试验

8.1.1 供热管网工程的管道和设备等，应按设计要求进行强度试验和严密性试验；当设计无要求时应按本规范的规定进行。

8.1.2 一级管网及二级管网应进行强度试验和严密

性试验。强度试验压力应为1.5倍设计压力，严密性试验压力应为1.25倍设计压力，且不得低于0.6MPa。

8.1.3 热力站、中继泵站内的管道和设备的试验应符合下列规定：

1 站内所有系统均应进行严密性试验，试验压力应为1.25倍设计压力，且不得低于0.6MPa。

2 热力站内设备应按设计要求进行试验。当设备有特殊要求时，试验压力应按产品说明书或根据设备性质确定。

3 开式设备只做满水试验，以无渗漏为合格。

8.1.4 强度试验应在试验段内的管道接口防腐、保温施工及设备安装前进行；严密性试验应在试验范围内的管道工程全部安装完成后进行，其试验长度宜为一个完整的设计施工段。

8.1.5 供热管网工程应采用水为介质做试验。

8.1.6 严密性试验前应具备下列条件：

1 试验范围内的管道安装质量应符合设计要求及本规范的有关规定，且有关材料、设备资料齐全；

2 应编制试验方案，并应经监理（建设）单位和设计单位审查同意。试验前应对有关操作人员进行技术、安全交底；

3 管道各种支架已安装调整完毕，固定支架的混凝土已达到设计强度，回填土及填充物已满足设计要求；

4 焊接质量外观检查合格，焊缝无损检验合格；

5 安全阀、爆破片及仪表组件等已拆除或加盲板隔离，加盲板处有明显的标记并做记录，安全阀全开，填料密实；

6 管道自由端的临时加固装置已安装完成，经设计核算与检查确认安全可靠。试验管道与无关系统应采用盲板或采取其他措施隔开，不得影响其他系统的安全；

7 试验用的压力表已校验，精度不宜低于1.5级。表的满量程应达到试验压力的1.5～2倍，数量不得少于2块，安装在试验泵出口和试验系统末端；

8 进行压力试验前，应划定工作区，并设标志，无关人员不得进入；

9 检查室、管沟及直埋管道的沟槽中应有可靠的排水系统；

10 试验现场已清理完毕，具备对试验管道和设备进行检查的条件。

8.1.7 水压试验应符合下列规定：

1 管道水压试验应以洁净水作为试验介质；

2 充水时，应排尽管道及设备中的空气；

3 试验时，环境温度不宜低于5℃；当环境温度低于5℃时，应有防冻措施；

4 当运行管道与试压管道之间的温度差大于100℃时，应采取相应措施，确保运行管道和试压管道的安全；

5 对高差较大的管道，应将试验介质的静压计入试验压力中。热水管道的试验压力应为最高点的压力，但最低点的压力不得超过管道及设备的承受压力。

8.1.8 当试验过程中发现渗漏时，严禁带压处理。消除缺陷后，应重新进行试验。

8.1.9 试验结束后，应及时拆除试验用临时加固装置，排尽管内积水。排水时应防止形成负压，严禁随地排放。

8.1.10 水压试验的检验内容及检验方法应符合表8.1.10的规定。

表8.1.10 水压试验的检验内容及检验方法

<table>
<tr><th>序号</th><th>项　目</th><th colspan="2">试验方法及质量标准</th><th>检验范围</th></tr>
<tr><td>1</td><td>△强度试验</td><td colspan="2">升压到试验压力稳压10min无渗漏、无压降后降至设计压力，稳压30min无渗漏、无压降为合格</td><td>每个试验段</td></tr>
<tr><td rowspan="3">2</td><td rowspan="3">△严密性试验</td><td colspan="2">升压至试验压力，并趋于稳定后，应详细检查管道、焊缝、管路附件及设备等无渗漏，固定支架无明显的变形等</td><td rowspan="3">全　段</td></tr>
<tr><td>一级管网及站内</td><td>稳压在1h内压降不大于0.05MPa，为合格</td></tr>
<tr><td>二级管网</td><td>稳压在30min内压降不大于0.05MPa，为合格</td></tr>
<tr><td colspan="5">注：△为主控项目，其余为一般项目。</td></tr>
</table>

8.1.11 试验合格后，填写强度、严密性试验记录，记录内容应符合附录A中表A.0.10的规定。

8.2 清　洗

8.2.1 供热管网的清洗应在试运行前进行。

8.2.2 清洗方法应根据供热管道的运行要求、介质类别而定。宜分为人工清洗、水力冲洗和气体吹洗。

8.2.3 清洗前，应编制清洗方案。方案中应包括清洗方法、技术要求、操作及安全措施等内容。

8.2.4 清洗前，管网及设备应符合下列规定：

1 应将减压器、疏水器、流量计和流量孔板（或喷嘴）、滤网、调节阀芯、止回阀芯及温度计的插入管等拆下并妥善存放，待清洗结束后复装；

2 不与管道同时清洗的设备、容器及仪表管等应与需清洗的管道隔开或拆除；

3 支架的强度应能承受清洗时的冲击力，必要时应经设计同意进行加固；

4 水力冲洗进水管的截面积不得小于被冲洗管截面积的50%，排水管截面积不得小于进水管截面积；

5 蒸汽吹洗采用排汽管的管径应按设计计算确定，吹洗口固定及冲洗箱加固应符合设计要求；

6 设备和容器应有单独的排水口，在清洗过程中管道中的脏物不得进入设备；

7 清洗使用的其他装置已安装完成，并应经检查合格。

8.2.5 热水管网的水力冲洗应符合下列规定：

1 冲洗应按主干线、支干线、支线分别进行，二级管网应单独进行冲洗。冲洗前应充满水并浸泡管道，水流方向应与设计的介质流向一致；

2 未冲洗管道中的脏物，不应进入已冲洗合格的管道中；

3 冲洗应连续进行并宜加大管道内的流量，管内的平均流速不应低于 1m/s，排水时，不得形成负压；

4 对大口径管道，当冲洗水量不能满足要求时，宜采用人工清洗或密闭循环的水力冲洗方式。采用循环水冲洗时管内流速宜达到管道正常运行时的流速。当循环冲洗的水质较脏时，应更换循环水继续进行冲洗；

5 水力冲洗的合格标准应以排水水样中固形物的含量接近或等于冲洗用水中固形物的含量为合格；

6 冲洗时排放的污水不得污染环境，严禁随意排放；

7 水力清洗结束前应打开阀门用水清洗。清洗合格后，应对排污管、除污器等装置进行人工清除，保证管道内清洁。

8.2.6 输送蒸汽的管道应采用蒸汽进行吹洗，蒸汽吹洗应符合下列规定：

1 吹洗前应缓慢升温进行暖管。暖管速度不宜过快并应及时疏水。应检查管道热伸长、补偿器、管路附件及设备等工作情况，恒温 1h 后进行吹洗。

2 吹洗时必须划定安全区，设置标志，确保人员及设施的安全，其他无关人员严禁进入。

3 吹洗用蒸汽的压力和流量应按设计计算确定。吹洗压力不应大于管道工作压力的 75%。

4 吹洗次数应为 2～3 次，每次的间隔时间宜为 20～30min。

5 蒸汽吹洗的检查方法：以出口蒸汽为纯净气体为合格。

8.2.7 清洗合格的管道，不应再进行其他影响管道内部清洁的工作。

8.2.8 供热管网清洗合格后，应填写清洗检验记录。记录内容应符合附录 A 中表 A.0.11 的规定。

8.3 试 运 行

8.3.1 试运行应在单位工程验收合格，热源已具备供热条件后进行。

8.3.2 试运行前，应编制试运行方案。在环境温度低于 5℃进行试运行时，应制定可靠的防冻措施。试运行方案应由建设单位、设计单位进行审查同意并进行交底。

8.3.3 试运行应符合下列要求：

1 供热管线工程宜与热力站工程联合进行试运行。

2 供热管线的试运行应有完善、灵敏、可靠的通讯系统及其他安全保障措施。

3 在试运行期间管道法兰、阀门、补偿器及仪表等处的螺栓应进行热拧紧。热拧紧时的运行压力应为 0.3MPa 以下，温度宜达到设计温度，螺栓应对称，均匀适度紧固。在热拧紧部位应采取保护操作人员安全的可靠措施。

4 试运行期间发现的问题，属于不影响试运行安全的，可待试运行结束后处理。属于必须当即解决的，应停止试运行，进行处理。试运行的时间，应从正常试运行状态的时间起计 72h。

5 供热工程应在建设单位、设计单位认可的参数下试运行，试运行的时间应为连续运行 72h。试运行应缓慢地升温，升温速度不应大于 10℃/h。在低温试运行期间，应对管道、设备进行全面检查，支架的工作状况应做重点检查。在低温试运行正常以后，可再缓慢升温到试运行参数下运行。

6 试运行期间，管道、设备的工作状态应正常，并应做好检验和考核的各项工作及试运行资料等记录。

8.3.4 蒸汽管网工程的试运行应带热负荷进行，试运行合格后，可直接转入正常的供热运行。不需继续运行的，应采取停运措施并妥加保护，试运行应符合下列要求：

1 试运行前应进行暖管，暖管合格后，缓慢提高蒸汽管的压力，待管道内蒸汽压力和温度达到设计规定的参数后，保持恒温时间不宜少于 1h。应对管道、设备、支架及凝结水疏水系统进行全面检查；

2 在确认管网的各部位均符合要求后，应对用户的用汽系统进行暖管和各部位的检查，确认热用户用汽系统的各部位均符合要求后再缓慢地提高供汽压力并进行适当的调整，供汽参数达到设计要求后即可转入正常的供汽运行；

3 试运行开始后，应每隔 1h 对补偿器及其他设备和管路附件等进行检查，并应做好记录。补偿器热伸长记录内容应符合附录 A 中表 A.0.12 的规定。

8.3.5 热力站试运行前，准备工作应符合下列规定：

1 供热管网与热用户系统已具备试运行条件；

2 编制试运行方案并经建设单位、设计单位审查同意，应进行技术交底；

3 热力站内所有系统和设备经验收合格；

4 热力站内的管道和设备的水压试验及清洗合格；

5 制软化水的系统，经调试合格后，向系统注入软化水；

6 水泵试运转合格，并应符合下列要求：

1）各紧固连接部位不应松动；

2）润滑油的质量、数量应符合设备技术文件的规定；

3）安全、保护装置灵敏、可靠；

4）盘车应灵活、正常；

5）启动前，泵的进口阀门全开，出口阀门全关；

6）水泵在启动前应与管网连通，水泵应充满水并排净空气；

7）在水泵出口阀门关闭的状态下启动水泵，水泵出口阀门前压力表显示的压力应符合水泵的最高扬程，水泵和电机应无异常情况；

8）逐渐开启水泵出口阀门，水泵的工作扬程与设计选定的扬程相比较，两者应当接近或相等，同时保证水泵的运行安全；

9）在2h的运转期间内不应有不正常的声音；各密封部位不应渗漏；各紧固连接部位不应松动；滚动轴承的温度不应高于75℃；填料升温正常，普通软填料宜有少量的渗漏（每分钟10～20滴）；电动机的电流不得超过额定值；振动应符合设备技术文件的规定，当设备文件无规定时，用手提式振动仪测量泵的径向振辐（双向）不应超过表8.3.5的规定；泵的安全保护装置灵敏、可靠。

表8.3.5 泵的径向振幅（双向）

转速（r/min）	600～750	750～1000	1000～1500	1500～3000
振幅不应超过（mm）	0.12	0.10	0.03	0.06

7 采暖用户应按要求将系统充满水，并组织做好试运行准备工作；

8 蒸汽用户系统应具备送汽条件；

9 当换热器为板式换热器时，两侧应同步逐渐升压直至工作压力。

8.3.6 热水管网和热力站试运行应符合下列规定：

1 关闭管网所有泄水阀门；

2 排气充水，水满后关闭放气阀门；

3 全线水满后，再次逐个进行放气确认管内无气体后，关闭放气阀并上丝堵；

4 试运行开始后，每隔1h对补偿器及其他设备和管路附件等进行检查，并做好记录工作。补偿器记录内容应符合附录A中表A.0.12的规定。

8.3.7 试运行合格后，应填写试运行记录，记录内容应符合附录A中表A.0.13的规定。

9 工程验收

9.1 一般规定

9.1.1 供热管网工程的竣工验收，应在一个或多个单位工程验收和试运行合格后进行。

9.1.2 工程验收应在施工单位自检合格的基础上进行。

9.1.3 工程验收应复检以下主要项目：

1 承重和受力结构；

2 结构防水效果；

3 补偿器；

4 焊接；

5 防腐和保温；

6 泵、电气、监控仪表、换热器和计量仪表安装；

7 其他标准设备安装和非标准设备的制造安装。

9.1.4 供热管网工程竣工验收应由建设单位组织，监理单位、设计单位、施工单位、管理单位等有关单位参加，验收合格后签署验收文件，移交工程，并填写竣工交接书，内容应符合附录A中表A.0.14的规定。

9.2 竣工验收

9.2.1 竣工验收时，施工单位应提供下列资料：

1 施工技术资料：施工组织设计（或施工技术措施）、竣工测量资料、竣工图等；

2 施工管理资料：

1）材料的产品合格证、材质单、分析检验报告和设备的产品合格证、安装说明书、技术性能说明书、专用工具和备件的移交证明；

2）本规范中规定施工单位应进行的各种检查、检验和记录等资料；

3）工程竣工报告；

4）其他需要提供的资料。

9.2.2 竣工验收时，检查项目宜符合下列规定：

1 供热管网输热能力及热力站各类设备应达到设计参数，输热损耗不得高于国家规定标准，管网末端的水力工况、热力工况应满足末端用户的需求；

2 管网及站内系统、设备在工作状态下应严密，管道支架和热补偿装置及热力站热机、电气等设备应正常、可靠；

3 计量应准确，安全装置应灵敏、可靠；

4 各种设备的性能及工作状况应正常，运转设备产生的噪声值应符合国家规定标准；

5 供热管网及热力站防腐工程施工质量应合格；

6 工程档案资料应符合要求；

7 保温工程在第一个采暖季结束后，应由建设单位组织，监理单位、施工单位和设计单位参加，对保温效果进行鉴定，并应按现行国家标准《设备及管道保温效果的测试与评价》GB 8174进行测定与评价及提出报告。

9.3 工程质量验收方法

9.3.1 工程质量验收分为“合格”和“不合格”。不合格的不予验收，直到返修、返工合格。

9.3.2 工程质量验收按分项、分部、单位工程划分：

1 分项工程宜包括下列内容：

1）沟槽、模板、钢筋、混凝土（垫层、基础、构筑物）、砌体结构、防水、止水带、预制构件安装、回填土等土建分项工程。

2）管道安装、支架安装、设备及管路附件安装、焊接、管道防腐及保温等热机分项工程。

3）热力站、中继泵站的建筑和结构部分等按现行国家有关标准执行。

2 分部工程宜按长度、专业或部位划分为若干个分部工程。如工程规模小，可不划分部工程。

3 单位工程宜为一个合同项目。

9.3.3 工程质量的验收应按分项、分部、单位工程三级进行，当该工程不划分部时，可按分项、单位工程两级进行，其质量合格率应按下式计算：

$$\psi = \frac{n}{N} \times 100\% \qquad (9.3.3)$$

式中 ψ——质量合格率；

n——同一检查项目中的合格点（组）数；

N——同一检查项目中的应检点（组）数。

9.3.4 验收评定应符合下列要求：

1 分项工程符合下列二项要求者，为“合格”：

1）主控项目（在项目栏列有△者）的合格率应达到100%。

2）一般项目的合格率不应低于80%，且不符合本规范要求的点，其最大偏差应在允许偏差的1.5倍之内。

凡达不到合格标准的分项工程，必须返修或返工，直到合格。

2 分部工程的所有分项工程合格，则该分部工程为“合格”。

3 单位工程的所有分项工程均为合格，则该单位工程为合格。

9.3.5 工程质量验收应符合下列规定：

1 分项工程交接检验应在施工班组自检、互检的基础上由检验人员进行，并填写表9.3.5-1；

2 分部工程检验应由检验人员在分项工程交接检验的基础上进行，验收合格后，填写表9.3.5-2；

3 单位工程检验应由检验人员在分部工程检验或分项工程交接检验的基础上进行，并填写表9.3.5-3。

表9.3.5-1 分项工程质量验收报告

<table>
<tr><td colspan="17">分项工程质量验收报告</td><td colspan="2">编号</td><td colspan="2"></td></tr>
<tr><td>工程名称</td><td colspan="2"></td><td colspan="6">分部工程名称</td><td colspan="8"></td><td colspan="2">分项工程名称</td><td colspan="2"></td></tr>
<tr><td>施工单位</td><td colspan="2"></td><td colspan="6">桩 号</td><td colspan="8"></td><td colspan="2">主要工程数量</td><td colspan="2"></td></tr>
<tr><td>序号</td><td>外观检查项目</td><td colspan="17">质 量 情 况</td><td colspan="2">验收意见</td></tr>
<tr><td>1</td><td></td><td colspan="17"></td><td colspan="2"></td></tr>
<tr><td>2</td><td></td><td colspan="17"></td><td colspan="2"></td></tr>
<tr><td>3</td><td></td><td colspan="17"></td><td colspan="2"></td></tr>
<tr><td>4</td><td></td><td colspan="17"></td><td colspan="2"></td></tr>
<tr><td>5</td><td></td><td colspan="17"></td><td colspan="2"></td></tr>
<tr><td rowspan="2">序号</td><td rowspan="2">量测项目</td><td rowspan="2">允许偏差（规定值±偏差值）（mm）</td><td colspan="15">实测点偏差值或实测值</td><td rowspan="2">应量测点数</td><td rowspan="2">合格点数</td><td rowspan="2">合格率（%）</td></tr>
<tr><td>1</td><td>2</td><td>3</td><td>4</td><td>5</td><td>6</td><td>7</td><td>8</td><td>9</td><td>10</td><td>11</td><td>12</td><td>13</td><td>14</td><td>15</td></tr>
<tr><td></td><td></td><td></td><td></td><td></td><td></td><td></td><td></td><td></td><td></td><td></td><td></td><td></td><td></td><td></td><td></td><td></td><td></td><td></td><td></td><td></td></tr>
<tr><td></td><td></td><td></td><td></td><td></td><td></td><td></td><td></td><td></td><td></td><td></td><td></td><td></td><td></td><td></td><td></td><td></td><td></td><td></td><td></td><td></td></tr>
<tr><td></td><td></td><td></td><td></td><td></td><td></td><td></td><td></td><td></td><td></td><td></td><td></td><td></td><td></td><td></td><td></td><td></td><td></td><td></td><td></td><td></td></tr>
<tr><td></td><td></td><td></td><td></td><td></td><td></td><td></td><td></td><td></td><td></td><td></td><td></td><td></td><td></td><td></td><td></td><td></td><td></td><td></td><td></td><td></td></tr>
<tr><td></td><td></td><td></td><td></td><td></td><td></td><td></td><td></td><td></td><td></td><td></td><td></td><td></td><td></td><td></td><td></td><td></td><td></td><td></td><td></td><td></td></tr>
<tr><td></td><td></td><td></td><td></td><td></td><td></td><td></td><td></td><td></td><td></td><td></td><td></td><td></td><td></td><td></td><td></td><td></td><td></td><td></td><td></td><td></td></tr>
<tr><td></td><td></td><td></td><td></td><td></td><td></td><td></td><td></td><td></td><td></td><td></td><td></td><td></td><td></td><td></td><td></td><td></td><td></td><td></td><td></td><td></td></tr>
<tr><td colspan="2" rowspan="2">交方班组</td><td colspan="3" rowspan="2"></td><td colspan="5" rowspan="2">接方班组</td><td colspan="6" rowspan="2"></td><td colspan="3">平均合格率（%）</td><td colspan="2"></td></tr>
<tr><td colspan="3">测定结果</td><td colspan="2"></td></tr>
<tr><td colspan="2">施工负责人</td><td colspan="3"></td><td colspan="5">质检员</td><td colspan="6"></td><td colspan="3">测定日期</td><td colspan="2">年 月 日</td></tr>
</table>

表 9.3.5-2　分部工程质量验收报告

分部工程质量验收报告		编号		
单位工程名称		分部工程名称		
施工单位				
序号	外观检查	质量情况		
1				
2				
3				
4				
序号	分项工程名称	合格率（%）	验收结果	备　注
1				
2				
3				
4				
5				
6				
7				
8				
9				
10				
验收意见		验收结果		
技术负责人	施　工　员	质　检　员		
日　期		年　月　日		

表 9.3.5-3　单位工程质量验收报告

单位工程质量验收报告		编　号		
单位工程名称				
施工单位				
序号	外观检查	质量情况		
1				
2				
3				
4				
5				
序号	部位(分部)工程名称	合格率(%)	验收结果	备　注
1				
2				
3				
4				
5				
6				
7				
8				
9				
10				
平均合格率（%）				
验收意见		验收结果		
施工单位	项目经理	技术负责人		
建设单位	监理单位	设计单位		
日　期		年　月　日		

附录 A　检测报告及记录

A.0.1　材料牌号、化学成分和机械性能复验报告内容应按表 A.0.1 填写。

表 A.0.1　材料牌号、化学成分和机械性能复验报告

产品编号：________

材料品种名称	钢厂名称及钢材炉批号	材料牌号	钢材规格（mm）	数据来源	化学成分（%）					机械性能（不小于）					备注
					碳	硅	锰	磷	硫	屈服点（MPa）	抗拉强度（MPa）	伸长率（%）	冲击试验 温度（℃）	冲击试验 冲击值（kgf-m/cm²）	
				供应值											
				复验值											
				供应值											
				复验值											
				供应值											
				复验值											
标准值															

检验员________　检验单位________　日期________

A.0.2　焊缝表面检测报告内容应按表 A.0.2 填写。

表 A.0.2 焊缝表面检测报告

报告编号： 共 页

工 件	工程名称			委 托 单 位		
	表面状态		检测区域		材料牌号	
	板厚规格		焊接方法		坡口形式	
器材及参数	仪器型号		探头型号		检测方法	
	扫描调节		试块型号		扫描方式	
	评定灵敏度		表面补偿		检测面	
技术要求	检测标准			检测比例		
	合格级别			检测工艺编号		
检测结果	最终结果			焊缝每部位长度		
	扩检长度			最终检测长度		
检测位置示意图						
缺陷及返修情况说明				检 测 结 果		
1. 本台产品返修部位共计 处，最高返修次数 次； 2. 超标缺陷部位返修后复验合格； 3. 返修部位原缺陷见焊缝超声波探伤报告。				1. 本台产品焊缝质量符合标准级的要求，结果合格 2. 检测部位详见超声波检测位置示意图，各检测部位情况详见焊缝超声波探伤报告。		
结论统计	实际焊缝	一次合格	返 修	共检焊缝	一次合格率	最终合格率
报告人： 年 月 日		审核人： 年 月 日		质检专用章： 年 月 日		备注

A.0.3 无损检验报告内容应按下列各表填写。

1 磁粉探伤、着色探伤检测报告内容应按表 A.0.3-1 填写。

表 A.0.3-1 磁粉探伤、着色探伤检测报告

检 验 部 位							
检 验 比 例		%		检验结论			
磁 粉 探 伤		磁化方法______ 试 片______ 磁化电源______ 磁粉种类______ 磁化时间______ 仪 器______ 评定标准______					
着 色 探 伤		渗 透 仪______ 试验温度______ 乳 化 仪______ 表面状况______ 显 像 剂______ 评定标准______					
检验部位		检 验 结 果		缺 陷 处 理			备 注
焊缝编号	名 称	缺陷位置	缺陷长度（mm）	允许缺陷	打磨后缺陷状况	修 补	
报告人		审核人		检测专用章 年 月 日			

2 射线探伤检测报告内容应按表 A.0.3-2 填写。

表 A.0.3-2 射线探伤检测报告

报告编号　　　　　　　　　　　　　　　　　　　　　　　　　　　　共 页 第 页

委托单位				工程名称				
规格			材质				焊接方法	
评定标准			合格级别		象质指数		黑度	
透照条件	射线源		设备型号		胶片型号		增感方式	
	管电压 kV		管电流 Ma（居里）		L1（mm）		曝光时间（min）	
	照相质量等级		透照方式		一次透照长度（mm）		探伤比例（%）	
代号	GL	GS	HS	LN	ST	WT	GH	R1、R2
	过路	供水	回水	冷凝	三通	弯头	过河	返修次数
评定结果	Ⅰ级片	Ⅱ级片	Ⅲ级片	Ⅳ级片	总张数		返修片数	
检测结论								
报告人		级别	RT-	日期			年 月 日	备注：
复审人		级别	RT-	日期			年 月 日	

射线探伤底片记录

报告编号：　　　　　　　　　　　　　　　　　　　　　　　　　　　共 页第 页

序号	焊缝代号	底片编号	缺陷性质						质量等级				备注
			圆缺	夹渣	内凹	未透	未熔	裂纹	Ⅰ	Ⅱ	Ⅲ	Ⅳ	
1													
2													
3													
4													
5													
6													
7													
8													
9													
10													
11													
12													
13													
14													
15													

注：圆形缺陷按点数计，条状缺陷按 mm 计。

3 超声波探伤检测报告内容应按表 A.0.3-3 填写。

表 A.0.3-3 超声波探伤检测报告

单位		工程名称			
材料名称		材料厚度（mm）		焊接方法	
坡口形式		探测面光洁度		仪器型号	
频率		试块		灵敏度	
探伤比例	%	探头角度		晶片尺寸	
评定标准		评定级别			

编号	缺陷类别	缺陷位置		反射回波高度（dB）	缺陷长度（mm）	确定方法	结论
		水平	垂直				
报告人		审核人			检测专用章 年 月 日		

A.0.4 固定支架检查记录内容应按表 A.0.4 填写。

表 A.0.4 固定支架检查记录

工程名称			设计图号	
施工单位			监理单位	
固定支架位置				
固定支架结构检查情况（钢材型号、焊接质量等）				
固定支架浇注检查情况（钢材、钢筋型号、焊接质量等）				
固定支架卡板、卡环检查情况（卡板、卡环尺寸、焊接质量等）				
参加单位及人员签字：	建设单位	监理单位	设计单位	施工单位

A.0.5 阀门试验报告内容应按表 A.0.5 填写。

表 A.0.5 阀门试验报告

项目：			装置：				工号：		
型号规格	数量	压力试验			密封试验			结果	日期
		介质	压力(MPa)	时间(min)	介质	压力(MPa)	时间(min)		
备注：									
检验员：					试验人：				

A.0.6 管道补偿器预变形记录内容应按表 A.0.6 填写。

表 A.0.6 管道补偿器预变形记录

工程名称			施工单位	
单项工程名称				
补偿器编号		补偿器所在图号		
管段长度（m）		直径（mm）		
补偿量（mm）		预变形量（mm）		
预变形时间		预变形时气温（℃）		
预变形示意图：				
备注：				
参加单位及人员签字	建设单位	设计单位	施工单位	监理单位

本表由施工单位填写，参试单位各保存一份。

A.0.7 补偿器安装记录内容应按表 A.0.7 填写。

表 A.0.7 补偿器安装记录

工程名称		施工单位	
单项工程名称			
波纹管补偿器编号		补偿器所在图号	
管段长度（m）		直径（mm）	
安装位置			
安装时间		安装时气温（℃）	
安装示意图：			
备注：			

参加单位及人员签字	建设单位	设计单位	施工单位	监理单位

本表由施工单位填写，参试单位各保存一份。

A.0.8 管道冷紧记录内容应按表 A.0.8 填写。

表 A.0.8 管道冷紧记录

工程名称		施工单位	
单项工程名称			
节点编号		节点所在图号	
管段长度（m）		直径（mm）	
设计冷紧值（mm）		实际冷紧值（mm）	
冷紧时间		冷紧时气温（℃）	
冷紧示意图：			
备注：			

参加单位及人员签字	建设单位	设计单位	施工单位	监理单位

本表由施工单位填写，参试单位各保存一份。

A.0.9 安全阀调试记录内容应按表 A.0.9 填写。

表 A.0.9 安全阀调试记录

安全阀规格型号			
安全阀安装地点			
设计用介质		设计开启压力（MPa）	
试验用介质		试验启跳压力（MPa）	
试验启跳次数		试验回座压力（MPa）	
调试中情况			
质量检查员		调试人员	

年 月 日

本表由施工单位填写，参试单位各保存一份。

A.0.10 供热管网工程强度、严密性试验记录内容应按表 A.0.10 填写。

表 A.0.10 供热管网工程强度、严密性试验记录

工程名称		试验日期	年 月 日
建设单位		施工单位	
试验范围		试验压力（MPa）	
试验要求：			
试验情况记录：			
试验结论：			

参加单位及人员签字	建设单位	设计单位	施工单位	监理单位

本表由施工单位填写，参试单位各保存一份。

A.0.11 供热管网工程清洗检验记录内容应按表 A.0.11 填写。

表 A.0.11 供热管网工程清洗检验记录

工程名称		试验日期	年 月 日	
建设单位		施工单位		
清洗范围		清洗方法		
清洗要求:				
检验情况记录:				
检验结论:				
参加单位及人员签字	建设单位	设计单位	施工单位	监理单位

本表由施工单位填写，参试单位各保存一份。

A.0.12 补偿器热伸长记录内容应按表 A.0.12 填写。

表 A.0.12 补偿器热伸长记录

工程名称: 日期

		设计图号		小室号		
小室简图						
	1# (mm)	2# (mm)	3# (mm)	4# (mm)	记录时间	记录人
原始状态						
参加单位及人员签字	建设单位	监理单位		设计单位	施工单位	

本表由施工单位填写，参试单位各保存一份。

A.0.13 供热管网工程试运行记录内容应按表 A.0.13 填写。

表 A.0.13 供热管网工程试运行记录

工程名称		试运行日期		年 月 日
建设单位		施工单位		
试运行范围				
试运行温度（℃）		试运行压力(MPa)		
试运行时间	从 月 日 时 分到 月 日 时 分			
试运行累计时间				
试运行内容:				
试运行情况记录:				
试运行结论:				
参加单位及人员签字	建设单位	监理单位	设计单位	施工单位

本表由施工单位填写，参试单位各保存一份。

A.0.14 供热管网工程竣工交接书内容应按表 A.0.14 填写。

表 A.0.14 供热管网工程竣工交接书

项目:	装置:		工号:	
单位工程名称			交接日期: 年 月 日	
工程内容:				
交接事项说明:				
工程质量鉴定意见:				
参加单位及人员签字	建设单位	设计单位	施工单位	监理单位

本表由施工单位填写，参试单位各保存一份。

本规范用词说明

1 为便于在执行本规范条文时区别对待，对要求严格程度不同的用词说明如下：

1）表示很严格，非这样做不可的：

正面词采用“必须”；

反面词采用“严禁”。

2）表示严格，在正常情况下均应这样做的：

正面词采用“应”；

反面词采用“不应”或“不得”。

3）表示允许稍有选择，在条件许可时首先应这样做的：

正面词采用“宜”；

反面词采用“不宜”。

表示有选择，在一定条件下可以这样做的，采用“可”。

2 条文中指明应按其他有关标准执行的写法为“应按……执行”或“应符合……的规定（或要求）”。

中华人民共和国行业标准

城镇供热管网工程施工及验收规范

CJJ 28—2004

条 文 说 明

前　言

《城镇供热管网工程施工及验收规范》CJJ 28—2004经建设部2004年12月2日以建设部第283号公告批准、发布。

本标准第一版的主编单位是沈阳市热力供暖公司，参加单位是北京市热力公司、北京市第四市政工程公司、哈尔滨市热力公司、唐山市热力公司。

为便于广大设计、施工、科研、学校等单位有关人员在使用本标准时能正确理解和执行条文规定，《城镇供热管网工程施工及验收规范》编制组按章、节、条顺序编制了本标准的条文说明，供使用者参考。在使用中如发现本条文说明有不妥之处，请将意见函寄北京市热力集团有限责任公司（地址：北京市朝阳区西坝河南路2号；邮政编码：100028）。

目　次

1 总　　则

1.0.1 随着小城镇建设的发展，集中供热将成为小城镇解决工业生产及居民生活的重要热源和供热方式。为此，本规范根据建设部新的域名体系将《城市供热管网工程施工及验收规范》更名为《城镇供热管网工程施工及验收规范》并为适应近年来供热行业开发的新材料、新工艺、新技术的要求而修订的。本次修订的目的是"为提高城镇供热管网工程的施工水平"。大家知道，1989年颁布实施的《城市供热管网工程施工及验收规范》是我国第一部供热行业的施工及验收规范，15年来对于规范行业标准、保障工程质量和安全供热起了关键作用。那么为何还要增加"提高施工水平"的内容呢？首先，近年来工程中不断出现的如浅埋暗挖法施工和预制直埋保温管施工以及新保温材料等新工艺、新技术、新材料，国家为此增编或修订了相应的"国家规范"和"行业标准"，故原《规范》必然要进行相应的修改，提高施工水平以适应新工艺、新技术的需要；其次，确保"安全供热"已是一个必须达到的标准，而不解决供热管网长期存在的渗漏和腐蚀问题是难以保障供热安全的，因此，本次修订从材料质量、焊接检验、设备检测等工序的要求上把质量控制前移，以提高施工水平，保障工程质量和安全供热；另外，过去翻修和改建供热管道随意断路开槽的现象时有发生，但是，随着城镇建设的发展，为保障社会的正常秩序，减少上述情况的发生，也要求我们必须提高施工水平保障工程质量而不影响或少影响社会的正常秩序。为以上目的而修订本规范。

1.0.2 本规范中的压力均指表压力。

"供热管网工程"一词等同于《供热术语标准》CJJ 55—93中"热网"。即：由热源向热用户输送和分配供热介质的管线系统。具体来说应包括一级管网、热力站和二级管网的整个系统。本次规范的修订明确规定将二级管网纳入本规范，在技术标准上有区别的条文，分别作了施工及检验标准的规定。

本条所列适用范围的参数与《城市热力网设计规范》CJJ 34—2002的适用范围一致，需要解释时可查阅该《规范》的《条文说明》。

1.0.3 本条所列内容是：

1 工程施工要按基建程序管理。

2 施工单位开工前应熟悉图纸和现场的要求，其目的为了同施工范围内所涉及的各类市政管线、障碍物的管理部门联系征询意见，妥善处理工程中可能出现的矛盾。按审定的《施工组织设计》组织施工，是指各单项工程应有施工进度计划并编制有关安全、市容卫生、环境保护、节约能源等安全技术措施，搞好施工现场管理，做到文明施工。

3 施工单位应按设计要求施工，如设计未提出要求时，则应符合现行国家各有关标准的规定 。

4 工程所需的材料及设备质量必须符合设计要求；如设计未提出质量要求时，则应符合国家现行各有关标准的规定；如材料及设备必须代用或更换时，则必须得到设计部门的同意。

5 本规范引用的标准或规范汇总如下：

1）《供热术语标准》CJJ 55

2）《城市测量规范》CJJ 8

3）《国家三、四等水准测量规范》GB 12898

4）《建筑地基基础工程施工质量验收规范》GB 50202

5）《建筑基坑支护技术规程》JGJ 120

6）《砌体工程施工质量验收规范》GB 50203

7）《混凝土结构工程施工质量及验收规范》GB 50204

8）《城镇地道桥顶进施工及验收规范》CJJ 74

9）《建筑与市政降水工程技术规范》JGJ/T 111

10）《地下防水工程施工及验收规范》GB 50108

11）《给水排水管道工程施工及验收规范》GB 50268

12）《地下铁道工程施工及验收规范》GB 50299

13）《现场设备、工业管道工程施工及验收规范》GB 50236

14）《钢熔化焊对接接头射线照相和质量分级》GB/T 3323

15）《钢焊缝手工超声波探伤方法和探伤结果的分析》GB/T 11345

16）《城镇直埋供热管道工程技术规程》CJJ/T 81

17）《高密度聚乙烯外护管聚氨酯泡沫塑料预制直埋保温管》CJ/T 114

18）《高密度聚乙烯外护管聚氨酯泡沫塑料预制直埋保温管件》CJ/T 155

19）《玻璃纤维增强塑料外护管聚氨酯泡沫塑料预制直埋保温管》CJ/T 129

20）《金属波纹管膨胀节通用技术条件》GB/T 12777

21）《城市供热管道用波纹管补偿器》CJ/T 3016

22）《城市供热补偿器焊制套筒补偿器》CJ/T 3016.2

23）《工业金属管道工程施工及验收规范》GB 50235

24）《钢制弯管》SY 5257

25）《钢制对焊无缝管件》GB 12459

26）《钢板制对焊管件》GB/T 13401

27）《涂装前钢材表面锈蚀等级和除锈等级》GB 8923

28）《电气装置安装工程施工及验收规范》GB 50254～50257

29)《给水排水及采暖工程施工质量验收规范》GB 50242

30)《建筑电气工程施工质量验收规范》GB 50303

31)《工业自动化仪表工程施工及验收规范》GBJ 93

32)《通风与空调工程施工及验收规范》GB 50243

33)《机械设备安装工程施工及验收通用规范》GB 50231

34)《制冷设备空气分离设备安装工程施工及验收规范》GB 50274

35)《埋地钢质管道牺牲阳极阴极保护规范》SY/T 0019

36)《设备及管道保温效果的测试与评价》GB 8174

1.0.4 如遇到本条所列土质施工时，除执行本规范外，尚应符合现行国家有关标准的规定。《城市热力网设计规范》CJJ 34—2002 也有明确规定，故在施工中按设计要求即可。

2 工程测量

2.1 一般规定

2.1.1 要求建设单位或设计单位向施工单位提供供热管网工程设计测量所用的原始测量资料，施工单位以此进行工程的线位和高程测量。这样做，有利于施工测量和设计测量的统一。在总则 1.0.4 中要求“应符合现行国家有关标准的规定”，具体到本章即是指应符合《城市测量规范》CJJ 8 的相关规定。

2.1.2 在工程测量中，所依据的控制点以就近、使用方便为原则，所以对控制点的精度级别没做具体规定，而只说应不低于图根级。

2.1.3 为了施工测量和设计测量一致，并在施工测量中对设计测量进行必要的校核，推荐工程测量与设计测量使用同一测量标志。

2.2 定线测量

2.2.1 本条中给出了供热管网定线测量的主要原则：

1 从管线的重要性考虑，定线应按主干线、支干线、支线的顺序，确定管线的位置。

2 指明了管线定位时，对定位精确度有影响的点位，只要将这些点位定准，精度符合要求，管线定位就不会出现过大的偏差。

2.2.5 当管线穿越障碍物、跨越河流等不能直接丈量距离的地段时，可用两种方法求距，一是用量距精度比较高的电磁波测距法。二是用布设简单图形（双三角形、单四边形、菱形），用平面几何、解析几何和三角计算的办法，只要测出简单图形的可丈量边，即可用计算方法间接求距。这两种方法的精确度均符合供热管网中线丈量的要求。

2.2.6 供热管网的主要中线桩位，是管网起点、中间各转折点、终点、固定支架位置及地面建筑位置，这些点位由于使用时间长，对工程有重要的作用和影响，所以要求进行必要的加固、埋设标石，并在图上绘点，以作为记录。

2.3 水准测量

2.3.4 对供热管线中受固定支架高程控制的其他点的高程，为方便施工用固定支架高程进行相对控制，即可满足精度要求。

2.3.5 热源高程是指热源现状或图纸上与供热管线连结点的高程。

2.4 竣工测量

2.4.1 竣工测量是城市规划、建设管理的重要基础数据，因此要求供热管网工程竣工后应全面进行平面位置和高程测量。其测量范围和深度，尚应满足当地城镇主管部门的要求。

2.4.6 工作说明中概况有管线种类，起止地点，实测长度等；实测情况中，是测量中遇到的一些需要说明的问题，平面坐标和高程的起算数据、施工改线、拆除或连接情况等。

3 土建工程及地下穿越工程

3.1 开挖工程

3.1.2 近年来新建工程开挖对原有地下设施的破坏事件屡有发生，给人们的日常生活带来了诸多不便，甚至酿成伤亡事故。所以本条强调了施工前应进行现场检查，可采取物探和坑探等方法，在开挖前尽最大可能探明地下设施与新建管线工程的位置关系，以利于施工过程中采取措施加以保护。

为加强对文物的保护，开挖中发现地下文物后不得擅自处理，必须报告文物管理部门共同采取保护措施。

3.1.3 开挖范围内障碍物分为地上和地下设施。地下设施主要为城镇基础设施如给水、排水、燃气、电信等管道以及供电电缆，通讯或其他光缆等。这些设施由于其专业性较强，分属不同的专业单位管理和使用，所以强调开挖中对其采取的保护措施必须征得设施所属单位的同意，以确保其能够正常使用，在施工中及施工后不发生事故。

对于开挖沟槽邻近建筑物和地上设施，必要时应设置临时监测点，监测边坡的变化，确保其不发生沉降、倾斜、坍陷。

3.1.5 强调了在工程现场条件不能满足规定放坡开槽上口宽度的情况下，应选择采取其他基坑支护形式。常用的支护方法有水泥土墙、土钉墙、逆做拱墙、排桩墙、地下连续墙等。具体采用哪种支护方法、支护的设计与施工要求应符合《建筑基坑支护技术规程》JGJ 120 的要求。

3.1.7 尽管在开挖前采取措施尽量探明地下障碍物，但这种探测是依据原有的地下设施资料或相关设施产权单位出具的资料而进行的。如原有设施未提供资料或有些保密性设施不能提供资料，这些设施在开挖前无法探明。类似的设施一旦在开挖时发现而不能采取可靠的保护措施或擅自处理可能会造成极大的影响。

3.1.8 说明施工测量在土方工程中的校核内容。目前，土方以机械开挖为主人工配合为辅，为了确保槽底土质不被扰动，机械开挖时应预留不少于 200mm 厚原状土由人工清底。

3.1.9 在城镇居民区或现有道路开挖时，设槽边护栏能防止行人及行车误入沟槽发生安全事故。特别是在夜间，照明灯及指示红灯能起到警示作用，提醒过往行人及车辆勿进入施工区域，以免发生事故。当管网与现有道路交叉时，为保证现有道路通行，需设临时道路、临时桥梁。

3.1.10 沟槽属地下工程，虽有地质勘探资料，但常有与地质资料不符或没有掌握到的情况发生，如槽底土质、槽底是否有坑穴空洞等。槽底土质决定了地基承载力是否满足设计要求；坑穴空洞的处理方法也直接影响上部结构。所以本条强调了必须由设计、勘察、监理等单位共同验收地基，以确定遇有上述与地质勘探资料不符情况时须采取的地基处理措施。

3.1.12 如不采取可靠的排水措施致使地面水、雨水流入沟槽，将可能导致沟槽边坡塌陷，直接危及人员和结构的安全。

3.1.13 开挖风化岩或岩石沟槽一般采用爆破法施工。由于爆破施工属危险作业，爆破施工所用材料属国家安全管制物品，实施爆破成功与否将直接关系人民生命财产安全，所以国家对爆破施工单位有强制性的专业资质要求，每次实施的爆破施工方案必须报请国家公共安全部门审核批准后方可实施。

3.1.15 直埋管道土方开挖断面一般由设计确定，但管道接头部位由于需要进行现场焊接和防腐保温工作，故比普通管段要加深、加宽，以保证接头安装的工作空间。

3.2 土建结构工程

3.2.1 以现浇钢筋混凝土通行地沟为例，热力工程土建工序应分为垫层混凝土、基础钢筋绑扎、导向和固定支架安装、基础混凝土浇筑、墙体和顶板钢筋绑扎、墙体和顶板混凝土浇筑等。所谓工程构造可理解为施工工艺流程，按工艺流程安排工序施工。施工中的停止部位即施工缝留置部位。如现浇钢筋混凝土通行地沟浇筑基础混凝土时施工缝宜留置在墙体距底板内底以上 200mm 部位，这样可防止施工缝渗漏水问题产生。

3.2.2 如先施工浅基础，那么在施工深基础时基槽开挖如不采取保护措施会扰动浅基础部分地基，如此安排施工既不安全又不经济。

3.2.3 如排水不良，基底有积水，混凝土浇注后难以成型且混凝土强度会因水灰比增大而降低。

3.2.11 预制构件为土建结构的重要承载构件，所以其强度必须符合设计要求。实际施工中因种种原因有时会发生预制构件的外形尺寸与设计有较大偏差，这一问题如不能及早发现将直接导致预制构件不能按计划安装就位，严重影响工程总工期。构件在运输和安装过程中已开始承载，如强度过低构件易破损甚至破坏而报废。有些构件有左右方向性，标识安装方向既易于施工又能确保正确安装。

3.2.15 热网的固定支架要承受管道运行时温度变化而产生的应力，所以强调固定支架处混凝土必须达到设计强度时方能与管道连接，否则结构破坏可能引发整个管网系统的破坏，从而引发重大安全事故。

3.2.16 活动支座安装精度直接影响管道安装质量，所以必须逐个测量每个支座面的标高，以保证管道安装符合质量要求。

3.3 回 填 工 程

3.3.2 回填时必然要使用压实机具，一般沟槽两侧采用动力夯实机分层夯实至规定的密实度。如外墙防水抹面层未达到一定强度，夯实机具作业时可能会碰撞防水抹面层导致其破损或局部脱落，严重时可能损坏内置防水层，直接影响结构防水效果。

3.3.4 碎砖、石块如紧贴结构墙体可能破坏防水层，影响防水层的防水效果。大于 100mm 的冻土块及其他杂物将影响回填密实度。而对直埋保温管道，更会直接损坏保护层、保温层，直接影响管道的安全和使用寿命，所以对直埋管道更应严格执行，杜绝野蛮施工。

3.3.5 直埋保温管道工程属隐蔽工程，沟槽回填前应确保保温管外护层的完好；直埋管道与地沟管道相比，管道没有地沟壁的保护，铺设警示带以避免在其他施工或维修挖掘时损坏直埋保温管道；对设计有预应力要求的直埋管道，预应力靠回填后土壤的约束产生，因此回填的方法和时间非常关键，必须严格按设计要求进行。

3.3.6 为确保回填土的密实度，要求必须分层回填。具体虚铺土的厚度因使用压实机具的不同而不同。本条只列出了几种压实机具情况下的虚铺厚度，供施工参考。施工单位亦可根据试验选择适宜的虚铺厚度，只要成型后的密实度满足要求即可。

3.3.7 强调了管顶或管沟顶以上500mm内，应采用轻夯夯实，严禁采用动力夯实机或压路机压实，以保证结构及管道的安全；对直埋保温管道，由于外护管及保温层的抗压强度比较低，应进行强度核算加大轻夯夯实高度，一般宜在800mm以上。

3.4 地下穿越工程

3.4.1 在铁路、公路、河湖等不允许明开挖施工的地段敷设供热管线时，应采取不开挖的穿越施工方法。具体采用何种施工方法由设计确定。目前常用的穿越施工方法有：顶管法、水平钻进法、方涵顶进法、盾构掘进法、暗挖法、夯管法等。

3.4.3 保证四周地下管线和构筑物的正常使用是选用穿越施工方法的根本原因和目的。在穿越施工过程中，应在相邻建筑物或地上设施布设监测点，及时监测其水平位移和沉降值，确保其安全。穿越工程完成后宜采用雷达检测或其他方法检测穿越工程上部土体是否有空洞、塌陷，以便尽早采取补救措施，确保地上设施能安全使用。

4 焊接及检验

4.1 一般规定

4.1.1 为保证工程质量，供热管道使用的钢管和板材，必须由制造厂家提供如下证明材料：

板材：质量合格证书、材质证明；

管材：质量合格证书、材质的质量复验报告。

为保证工程质量，在焊接前发现问题，经建设单位同意可对钢材进行抽检。

4.1.3 焊接施工单位要具备自检能力，首先要有检验人员，其次要有一般检验设备，才能满足要求。

4.1.6 编制施工方案是指导施工的有效手段，在焊接施工前，应根据现场情况制定出有效的施工方案或技术措施，完善组织体制，确保焊接质量、安全。方案经建设单位或监理单位审批后，方可实施。

4.1.7 对大于*DN*400的钢管和现场制作的管件焊接，由于壁厚，不易焊透，应进行封底焊以保证焊接质量。封底焊接建议尽量采用氩气保护焊打底，也可采用双面焊接的方法。

4.2 焊接准备

4.2.1 为了避免焊接应力集中和焊缝处在高应力部位而制定本条规定。

4.2.2 焊接坡口加工是指所有焊件，包括钢管、管件、设备及各种支架、卡板、滑板等承压件和非承压件的制作加工。

4.2.4～4.2.6 出现错边过大或壁厚不同时，不易焊接，且不能保证焊缝质量，降低焊缝强度，另外易在错边处形成应力集中产生腐蚀，因此，对错边及不同管壁厚的焊接提出要求。

4.2.7 如果采用这些方法对口焊接将造成焊缝强度降低、应力集中，降低补偿器寿命，因此在对口焊接过程中严禁使用这些方法。

4.2.8 对口焊接时如间隙过小，将造成无法焊透和焊缝达不到宽度；间隙过大时，则焊接困难，焊缝强度不够。

4.2.9 如果不采取措施，将造成焊缝缺陷（如气泡等）影响焊缝质量。

4.3 焊　　接

4.3.1 定位焊应考虑焊接应力引起的变形，因此定位焊点的选定应合理，不能影响焊接的质量，并保证在焊接过程中，焊缝不致开裂。

4.3.3 在壁厚为3～6mm时，若无法进行双面焊接时，应加工坡口后进行焊接。

4.3.4 多层焊接是指两层以上（含两层）的焊接。如果在非焊接表面引弧将造成非焊接表面烧损等缺陷影响表面质量。

4.3.8 由于返修次数增多，造成材质中化学成分发生变化及机械性能下降，影响焊缝强度，不能满足设计要求。

4.4 焊接质量检验

4.4.1 在焊接过程中，对焊缝的质量检验，必须按相应的次序进行，不能漏检。

4.4.4

1 表中规定了一般情况下不同介质、不同管径、不同敷设方式的管道焊缝无损检验数量，其中抽检是指检验数不超过1%的检验。套管敷设等同于不通行管沟敷设，故其管道焊缝无损检验数量按不通行管沟敷设执行。

二级管网管道焊缝无损检验数量按其温度、压力应按设计或表中相对应规定执行。

蒸汽直埋及高温热水直埋的管道焊缝无损检验数量应按设计或有关国家现行标准的规定执行。

2 无损检验单位必须具有资质证明，并在检验后出具报告。

4 焊接是工程的关键工序，焊工是焊接的主体，因此为保证工程质量，不留隐患，故将本条款列为强制性条文。

10 为全面保证焊缝质量，本条要求应均布在焊口上，防止用个别质量较好的焊口集中探伤，来代替检验量。

11 同时使用射线探伤和超声波时，两者按各自合格等级检验，其中一种不合格时不能验收。超声波探伤要靠探伤人员的技术水平，对仪器熟悉程度来判断，缺陷的定量、定位、定性很难掌握，所以为保证超声波探伤质量规定合格标准为Ⅱ级，并用射线探伤复检 20%。

4.4.5 供热管网工程的各种支架在运行中受力较大，非常重要，尤其是固定支架，从制作到安装都应进行检查并记录。

5 管道安装及检验

5.1 一 般 规 定

5.1.1 制作卷管、受内压管件和容器用的钢板如有超过允许负偏差值的锈蚀或其他缺陷，将影响管道的使用寿命及安全运行。

5.1.2 在吊装、运输已完成防腐层和保温层的管道时，如不采取有效措施，防腐层、保温层和钢管端口将受到损坏。一般吊装钢管时可采用专用尼龙吊带，运输时垫木上可加橡胶垫板，紧固带的钢丝绳加橡胶防护套管等方法。吊装长度较长的钢管时，还应核算吊点位置，吊运要平稳，杜绝野蛮装卸。

5.1.3 此条的主要目的是为了缩短管道安装时间，加快施工进度，提高工程质量。

5.1.4 为避免施工中出现错误安装或使用不合格、有缺陷的钢管、管路附件、阀门等。因此，本条强调在安装前必须按设计图纸要求，核对其规格、型号并按相应规定进行检验。

5.1.5 如遇大雨，没有良好的防、排水措施，开挖的管沟就会变成泄洪沟槽，管沟中正在安装的管道或直埋保温管道将被浸泡、漂管，造成管道和保温损坏。因此在雨期建立完善的防、排水措施是非常必要的。

5.2 管道加工和现场预制管件制作

5.2.1 热力管网中大部分管件均处于受力部位，机制管件批量生产，较现场制作的管件质量好，因此，建议尽量使用机制管件。

5.2.2 在供热管道上直接开孔焊接分支管的情况较多，为避免出现较大偏差和位置不正确而定此条要求。

5.2.9

3 要求对组合式弹簧支、吊架在安装前进行检查，是为了防止将有缺陷或制造不合格的组合件安装在管道上，影响使用。本款中，弹簧两端支承面，系指弹簧两个端部的平面，自由高度是指弹簧在不受外力作用时的高度。

5 施工中常用同径钢管的切条（块）作弧形板，如果不加以整形，会使弧形板与管壁之间缝隙过大，影响工程质量。

5.3 管道支、吊架安装

5.3.4 为了满足和保证补偿器前管道位移灵活，方向正确，以保证补偿器正常工作。

5.3.7 为了保证支架本身牢固、稳定，防止处在斜面上的螺栓受力不均、松动。

5.3.9 在补偿器未安装前，若将固定支架两侧管道与固定支架进行固定连接，当环境温度变化时，支架就会承受较大的推力，甚至导致支架的损坏。

5.3.10 型钢支架的根部易受腐蚀，如不加以保护会缩短其使用寿命，影响管网安全运行。

5.5 直埋保温管道安装

5.5.1 工厂预制直埋保温管道的质量比现场制造的直埋保温管道更可靠，因此本规范推荐使用工厂预制直埋保温管道。

5.5.4 在雨、雪天进行接头焊接和保温施工时不搭盖罩棚，会使雨水、雪水进入接头，影响接头质量。

5.5.6 在直埋保温管道现场施工中，一般情况下，接头使用的原材料现场存放条件较差，而接头原材料对环境温度、紫外线照射等均有要求，容易造成由于保存不当原材料失效无法保证接头质量的工程事故，因此特别强调施工单位对现场原材料应按照厂家的《安装说明书》要求采取有效措施，以避免材料失效和保证现场施工质量。

5.5.7 直埋保温管道中的折角对管道安全有严重影响，所以必须先经过设计确认，方可继续施工。

5.5.8 为了保证直埋保温管道系统的整体密封，因此规定了在末端或没有进行保温处理的局部连接处如补偿器、阀门等，必须对裸露的保温管端进行密封防水处理，以防止湿气渗入保温材料中。

5.5.9 固定点包括固定墩、固定支架、锚固点等，其中固定墩、固定支架必须达到设计强度，锚固点必须达到设计要求的覆土厚度、长度、密实度等要求，才能满足预热伸长和试运行的要求。

5.5.11 管道配管长度不宜小于 2m 和切割后的工作钢管裸露长度应与原成品管的工作钢管裸露长度一致，是使配管安装中的接头为标准接头，保证质量。

5.5.12

1 接头工程质量直接影响整个供热管网的安全使用和寿命，因此采用合格、可靠的接头工艺非常重要。形式检验报告应由有资质的检验单位根据有关标准出具。

4 对于环境温度低于接头原材料发泡的工艺使用温度时，可采用提高接头处环境温度或改变接头原材料配方等方法使其在该环境温度下能保证接头质量。

6 以前对接头密封质量没有要求，而由于接头密封的质量问题发生了较多事故，造成了管道报废，带来了巨大的经济损失，影响了公共安全，因此本规范对接头要求进行气密性试验。无法进行密封试验的接头工艺不得在工程中使用。

5.6 法兰和阀门安装

5.6.1 供热管网工程用的各种法兰阀门及调压板，流量孔板等处，都需要配制、安装法兰。本条对阀门上的法兰面、配制的钢法兰面，法兰垫片、螺栓的紧固工作都做了明确的规定，以保证安装质量。

2 是防止泄漏事故。

3 是为了制止不正确的施工方法。

5.6.2

1 为了防止把不合格的阀门安装到工程上。阀门中，有的开不动、关不严，甚至使用短时间就坏了，以致于造成事故；

2 本款规定供热管网所用的那些阀门，必须经过工程所在地检测部门的检测后，方可安装的要求，以保证工程稳定。提到的“其他重要阀门”是指一级管网、二级管网、热力站、中继泵站等处起关键作用的阀门。

5.6.3

2 为了减少由于介质中的焊渣等沉积物引起阀板边缘磨损，影响密封性能；防止电流穿过阀体，灼伤密封面；熄灭焊渣。

5.7 补偿器安装

5.7.1 本条将各种补偿器安装的共同要求加以综合。各生产厂家根据本企业生产产品的特点会提出一些具体的安装要求，并在随产品出厂的《安装说明书》中体现出来，所以要认真阅读《安装说明书》，并结合设计图纸对补偿器进行校核，以避免安装失误。

5.7.3 不当的操作方式包括：安装时的任何机械损伤、焊接操作时的飞溅、搭接地线、在不当位置引弧等。

5.7.4 补偿器的各种装置有不同的用途，在安装完毕后依据《产品说明书》的要求拆除或调整，否则将影响补偿器的正常工作。

5.7.13 用于自然补偿管段在冷态下，进行冷紧的要求。要求在支、吊架、固定支架（混凝土座及填充砂浆均已达到设计强度）安装完毕、法兰、阀门的螺栓已拧紧、其他焊口已全部焊完等所有工序都完成以后进行。冷紧是降低管道温度应力的有效措施，施工中应认真做好冷紧工作。

6 热力站、中继泵站及通用组装件安装

6.1 一 般 规 定

6.1.4、**6.1.5** 热力站制冷是今后发展的趋势，为便于部分用户安装制冷设备的需要，故增加本条。

6.2 站内管道安装

6.2.5、**6.2.6** 是为合理布置和保持整齐美观的需要而制定的。

6.2.7 本条提供的数据是根据管道的强度条件计算确定。

6.2.8、**6.2.9** 本条保证安装和检修工作方便，防止拆卸阀门时，管道因重力作用向下移位，影响阀门的复位安装。

6.2.11 为了保护设备安全避免野蛮施工，制定本条规定。

6.2.12 保证泵和阀门安装后的安全。当需进行焊接或气割时，应拆下泵或阀门或采取必要的措施，并应防止焊渣进入泵内或阀门内。

6.3 站内设备安装

6.3.3、**6.3.4** 根据现行国家标准《机械设备安装工程施工及验收通用规范》制定。

6.3.6～6.3.8 根据现行国家标准《机械设备安装工程施工及验收通用规范》制定这三条。

6.3.10 本条规定了蒸汽往复泵安装应达到的标准，为防止蒸汽往复泵的废汽造成人员烫伤等事故，规定废汽管引出室外后，管口应向下或做成丁字管。

6.3.11 根据实践经验，为保证喷射泵的正常工作和安全运行、减少噪声而制定的条文。

6.4 通用组装件安装

6.4.5

5 本条是强制性条款。是为了保证安全阀正常工作，以免管网和热力站设备发生事故；同时保证安全阀工作时，不造成人员伤亡事故而定。

6.4.8、**6.4.9** 根据现行国家标准《工业自动化仪表工程施工及验收规范》的有关规定制定这两条。

7 防腐和保温工程

7.1 防 腐 工 程

7.1.1 现在市场上的防腐材料种类繁多，良莠不齐。为保证材料质量，强调要有质量合格证明，特别是有资质的检测机构的检测报告。

7.1.3 参照国标《采暖与卫生工程施工及验收规范》GBJ 242及施工经验而编制此条，目的是统一防腐工程的标准和做法。

7.1.4 规定了多种涂料配合使用时应做的事项，目的是保证涂料的化学性能符合设计和使用要求。

7.1.5 规定钢材表面防腐前的除锈质量，目的是防止因基面有锈污影响漆膜的附着能力，使漆膜脱落，

造成管道腐蚀。

7.1.6 气温低于5℃时，油漆黏度增大，喷涂时会产生厚薄不均，不易干燥等缺陷，影响防腐质量。本条规定了涂料的适宜条件，对不利的环境条件下施工提出技术措施，以保证涂料质量。对于特种涂料，应按该产品的说明书进行。

7.1.7 漆膜固化前如进行下道工序施工，往往会造成漆膜损坏，影响漆膜的完整。

7.1.10 直埋管道接口处一般不做涂料。

7.1.12 两端留出200~250mm空白段是防止焊接时，将防腐层烧坏。

7.1.13 是保证管理人员在运行管理时便于识别其规格、类别。

7.1.14 明确阴极防腐的技术要求和检验标准，阴极防腐应在专业施工人员指导下完成。V_{cse}为铜硫酸铜参比电极的电压。

7.2 保温工程

7.2.1 现在市场上的保温材料种类繁多，良莠不齐。为保证保温质量，强调要有质量合格证明，特别是有资质的检测机构的检测报告。

7.2.4 规定保温应在管道试压、防腐后进行，主要目的是便于试压中检查渗漏情况。对合格的钢管在出厂前已进行过水压试验，根据实际需要可先做保温，但应将环形焊缝留出，以便水压试验时检查。

7.2.5 防止保温材料遇水受潮，从而失去或降低保温效果。如果在雨雪中施工必须采取搭建防护棚等措施。

7.2.6 在气温低于5℃时，湿法施工的保温，有冻结的可能，必须采取防冻措施。

7.2.7 对保温层施工规定了具体要求，以保证施工质量，达到设计要求。

1 保温层厚度大于100mm时，要分层施工，便于施工，减少热损失。

3 保温接缝应严密，不应有缝隙。如果保温瓦内不抹石棉灰胶泥，瓦的缝隙不用胶泥填满，造成空气对流，对保温效果影响很大。如果保温瓦采用螺旋形捆法将会导致瓦块易松或脱落。

4 各种支架及设备的保温应按热伸长方向留出伸缩缝，以防热胀冷缩时破坏保温。

7.2.8 主要目的是防止保温层因自身重力作用而脱落。

7.2.9 设备和管道使用硬质保温时，应设伸缩缝，防止设备和管道在热胀冷缩时破坏保温层。

7.2.10 设备保温是减少热损失，降低环境温度。

7.2.11 规定了这些部位需要做成的角度，主要目的是为检修时易于拆装。

7.2.12 规定了阀门、法兰处的保温方法，主要是便于拆装检修，防止检修时破坏保温。

7.2.13 本条主要目的是使其形成一个整体，保证其保温效果。如采用纤维制品保温时，纵向接缝如放在管子上方45°位置，不易贴紧管道，易产生空隙，造成热损失过大。

7.2.14 复合硅酸盐类保温不适合用在大管径供热管道施工中，但适合用在复杂设备的保温，易于成型，减少保温难度。

7.3 保护层

7.3.1 如果保护层做在潮湿的保温层上，会造成保护层开裂等现象，影响保护层和保温层质量，因此保护层必须做在经验收合格的干燥保温层上。

7.3.2 规定了各种复合材料保护层的施工方法和验收标准，目的是统一其做法，保证保护层的严密性。

7.3.3 规定了石棉水泥保护层的施工方法和质量要求，目的是使该保护层整齐，防潮绝热性能好。

7.3.4 规定了金属保护层的做法和质量标准。增加其严密性，防止接口处渗水，并提出成品保护要求。

8 试验、清洗、试运行

8.1 试验

8.1.4 强度试验是对管道的强度性试验，强度试验段长度可根据实际施工分段而定。严密性试验是在管道的焊接安装工程全部完成后进行的总体试验，试验段长度可根据实际施工情况和设计图进行分段，试验段始末两端的固定支架应由设计进行核算。未经强度试验的焊口不得进行防腐和保温，并应参加严密性试验。

8.1.5 水压试验比较稳定安全，但在冬季试验应考虑防冻。

8.1.6 明确了严密性试验前管道、设备和结构应具备的条件，并提出与试压有关技术和设备要求，目的是确保试验的安全。试验方案应包括：编制依据、工程概况、试验范围、技术质量标准、试验工作部署、安全措施、平面图及纵断图等内容。

8.1.7

5 对高差较大的管道工程，为防止低端超压，试验时应校核低端压力。

8.1.8 试验时带压处理管道和设备的缺陷是非常危险的，容易造成事故。

8.1.9 排水负压对管道和设备可能造成破坏，因为有些设备只是受内压，因此排水时一定要打开放气阀门，排尽积水，并清理管道及除污器内杂物。

8.1.10 强度试验时严禁用铁锤击打焊道等部位，当管道承受内压时，任何击打将给管道造成损害。严密性试验时如有在压降小于0.05MPa时找出的漏点，宜待试验后处理。

8.2 清　　洗

8.2.1 为保证运行安全应在试运行前进行清洗。如不清洗或清洗不彻底，管道内的杂物将影响设备的正常工作，损坏设备造成事故。

8.2.2 清洗方法中的人工清洗，用于管径大于600mm而且水源不足的条件下。水力冲洗可用于任何管径。气体吹洗一般用于蒸汽管道的清洗。清洗方法和装置应请设计复核。

8.2.3 为保证清洗工作的正常进行，要求清洗前制定切实可行的冲洗方案，以保证清洗的质量、安全。清洗方案的编制一般包括以下内容：编制依据、工程概况、冲洗范围、技术质量标准、清洗工作部署、安全措施、进出水口示意图、平面图、纵断面图等内容。

8.2.4 为保证管网及设备不因清洗而受破坏，本条明确了清洗前应完成的各项工作。并制定了水力冲洗的进水口管径和出水口管径，保证冲洗过程中水流量和流速，以排出管道内脏物。

8.2.6

1 暖管速度且控制在800m/h左右，用进汽阀门控制暖管速度。吹洗前蒸汽压力一般控制在0.6MPa。吹洗过程中出口压力不宜低于0.4MPa。

2 本款是强制性条款，由于蒸汽温度很高，易造成人员烫伤，所以必须划定安全区，设置标志，确保人员及设施的安全，其他无关人员禁止进入。

8.2.7 清洗合格的管道，不应再进行焊接安装等影响清洁的工作，而且新接入的管道或分支必须是清洗合格的管道。

8.3 试　运　行

8.3.1 本条的热源是指可提供热能的厂、站或管网。

8.3.2 试运行工作是一项系统工程，试运行过程中可能出现意想不到的情况，因此，要求做充分的准备工作，制定试运行方案，进行技术交底，对试运行各个阶段的任务、方法、步骤、各方面的协调配合以及应急措施等均应做细致安排。

试运行方案的编制应包括以下内容：编制依据、工程概况、试运行范围、技术质量要求、试运行工作部署、指挥部及职能、安全措施、平面图、纵断图等内容。

8.3.3

1 供热管道工程宜与热力站工程联合试运行，是为保证管道带热负荷运行。

3 在试运行期间应对螺栓进行热紧，并要在0.3MPa压力以下进行，如压力过高进行热紧是非常危险的，而温度过低进行热紧将达不到目的。强调进行热紧一定要注意人员和设备的安全。

5 在正常情况下，试运行应按设计参数进行，但因多种原因试运行时达不到设计参数，可按建设单位、设计单位认可的参数试运行。

8.3.4 蒸汽管网如果不带热负荷将很难进行试运行。

8.3.6 试运行开始前是指管网灌水前，试运行开始是指管网灌满水开始升温时，试运行记录应从管网灌水至试运行结束的整个过程都进行记录。试运行72h时应从整体管网达到运行温度后开始。

9 工 程 验 收

9.1 一 般 规 定

9.1.1 工程验收包括施工完成后的施工验收和试运行合格后的竣工验收，施工验收指施工完成后在试运行前由建设单位组织设计单位、施工单位、监理单位、管理单位等对工程进行验收。竣工验收指试运行合格后，竣工资料已整理完毕，而且宜在正常运行一段时间后，由建设单位组织设计单位、施工单位、监理单位、管理单位等对资料和工程进行验收。

施工验收和竣工验收应对验收项目做出结论性意见。如有缺陷应在处理合格后重新验收。

单位工程一般是指一个合同段的工程，当工程项目较大时可分成若干个单位工程进行验收。

9.1.3 复检是在各种检验及自检的基础上进行的验收，主要目的是检查工程各部位是否达到设计要求及使用标准，检查各种记录是否完整、合格。

9.2 竣 工 验 收

9.2.1 根据工程规模大小施工单位可提报施工组织设计或施工方案和施工技术措施。

9.2.2 本条1、7两款对大型工程应进行鉴定，其他工程可由建设单位自行决定；其他诸款均应作鉴定。

9.3 工程质量验收方法

9.3.1 本节是根据《城市供热管网工程质量检验评定标准》相关章节编写，将工程验收分为合格和不合格，取消了优、良、差三个等级。

9.3.3 分项工程验收分为主控项目（即标有△者）和一般项目。在验收中凡达不到合格标准的分项工程，必须返修、返工直到合格。未达到合格时不许进行下道分项工程的施工。抽检项目有不合格时应加倍抽检，再有不合格时应100%检查。

9.3.5 制定分项工程、分部工程、单位工程检验质量验收表、根据验收情况认真填写、签认。

中华人民共和国行业标准

市容环境卫生术语标准

Standard for terminology of city appearance and environmental sanitation

CJJ/T 65—2004

批准部门：中华人民共和国建设部

实施日期：2004年12月1日

中华人民共和国建设部
公　告

第263号

建设部关于发布行业标准《市容环境卫生术语标准》的公告

现批准《市容环境卫生术语标准》为行业标准，编号为CJJ/T 65—2004，自2004年12月1日起实施。原行业标准《环境卫生术语标准》CJJ 65—95同时废止。

本标准由建设部标准定额研究所组织中国建筑工业出版社出版发行。

中华人民共和国建设部

2004年8月18日

前　言

根据建设部建标［2000］284号文的要求，标准编制组经广泛调查研究，认真总结实践经验，参考有关国际标准和国外先进标准，并在广泛征求意见的基础上，修订了《环境卫生术语标准》CJJ65—95。

本标准的主要技术内容是：1. 总则；2. 废物；3. 基础术语；4. 收集、运输、设施；5. 预处理和处理机械；6. 处理技术；7. 管理。

修订的主要内容包括：1. 增加了市容方面的相关术语；2. 增加并调整了“废物”方面的术语；3. 将原“废物处理的基础术语”调整为“基础术语”；4. 增加并调整了“基础术语”方面的术语；5. 增加并调整了“收集、运输、设施”方面的术语；6. 增加并调整了“预处理和处理机械”方面的术语；7. 增加并调整了“处理技术”方面的术语；8. 增加并调整了“管理”方面的术语。

本标准由建设部负责管理，由主编单位负责具体技术内容的解释。

本标准主编单位：上海市环境工程设计科学研究院（地址：上海市徐汇区石龙路345弄11号；邮政编码：200232）

本标准参编单位：同济大学

本标准主要起草人员：张　益　秦　峰　陈善平　孙向军　李国建　何品晶

目　次

1 总　　则

1.0.1 为使我国市容环境卫生行业的专业术语规范化，制定本标准。

1.0.2 本标准适用于市容环境卫生行业。

1.0.3 市容环境卫生术语及其定义除应符合本标准外，尚应符合国家现行有关强制性标准的规定。

2 废　　物

2.1 废　　物

2.1.1 废物（废弃物）waste

人类在生存和发展中产生的，对持有者失去了继续保存和利用价值的物质。通常以固态、半固态和液态存在。

2.1.2 固体废物　solid waste

人类在生存和发展中产生的固态或半固态的废物。

2.1.3 生活废物　domestic waste

人类在生活活动过程中产生的废物。

2.1.4 产业废物　industrial waste

各种产业活动所产生的废物。

2.1.5 工业废物　industrial waste

各种工业活动所产生的废物。

2.1.6 农业废物　agricultural waste

各种农业活动所产生的废物。

2.1.7 有害废物　harmful waste

对人体健康或对环境造成现实危害或有潜在危害的废物。

2.1.8 危险废物　hazardous waste

列入国家危险废物名录或者根据国家规定的危险废物鉴别标准和鉴别方法认定的具有危险性的废物。

2.1.9 有毒废物　toxic waste

具有生物、化学毒性的废物。

2.2 垃　　圾

2.2.1 垃圾（固体废物）　refuse；rubbish；garbage；solid waste

人类在生存和发展中产生的固体废物。

2.2.2 原生垃圾　raw refuse

未经任何处理的原状态垃圾。

2.2.3 陈腐垃圾　stale refuse

存放较久、腐烂的垃圾。

2.2.4 城市垃圾（城镇垃圾）　municipal solid waste (MSW)

人类在城市内所产生的垃圾。

2.2.5 生活垃圾　domestic waste；household garbage

人类在生活活动过程中产生的垃圾，是生活废物的重要组成部分。

2.2.6 城市生活垃圾　municipal domestic waste

人类在城市内所产生的生活垃圾。

2.2.7 居民垃圾　residential waste

居民家庭产生的垃圾。

2.2.8 有机垃圾　organic refuse

生活垃圾中的厨余垃圾、果皮、废纸、废塑料、废橡胶、废织物、废竹木等有机物料。

2.2.9 无机垃圾　inorganic refuse

生活垃圾中的废金属、废玻璃、废陶瓷、渣土、砖瓦等无机物料。

2.2.10 厨余垃圾　kitchen waste

家庭产生的易腐性垃圾。

2.2.11 餐饮垃圾　food residue；food scrap

饭店、单位食堂等产生的易腐性垃圾。

2.2.12 清扫垃圾　clearing refuse

道路、桥梁、隧道、广场、公园及其他向社会开放的公共场所产生的并清扫的垃圾。

2.2.13 庭院垃圾　yard trimmings

各种绿化场所进行园艺修剪或季节变化产生的落叶、树枝等。

2.2.14 可回收利用垃圾　recoverable waste

垃圾中适宜回收和资源利用的物质，如废纸、废玻璃、废塑料、废金属、织物和瓶罐等。

2.2.15 易腐垃圾　putrescible waste

垃圾中容易腐败、腐烂，并产生恶臭的物质。

2.2.16 可堆肥垃圾　compostable refuse

垃圾中适宜于利用微生物发酵处理并制成肥料的物质。

2.2.17 不可堆肥垃圾　noncompostable refuse

垃圾中不适宜于利用微生物发酵处理并制成肥料的物质。

2.2.18 可燃垃圾　combustible refuse

可以燃烧的垃圾。

2.2.19 难燃垃圾　refuse difficult to burn

不容易燃烧的垃圾。

2.2.20 不可燃垃圾　incombustible refuse

不能燃烧的垃圾。

2.2.21 大件垃圾（粗大垃圾）　bulky waste

体积大、整体性强，需要拆分再处理的废物品，包括家具和家用电器等。

2.2.22 建筑垃圾　construction waste

对各类建筑物、构筑物、管网等进行建设、铺设、拆除、改造及对地基进行开挖等建筑过程中所产生的垃圾。

2.2.23 装潢垃圾　decoration waste

装潢过程中产生的垃圾。

2.2.24 特种垃圾　special refuse

产生源特殊或成分特别，需要采用特种方法清运、处理的垃圾。

2.2.25 有害垃圾　harmful waste

垃圾中的废电池、油漆、灯管、过期药品等对人体健康或自然环境造成直接或潜在危害的物质。

2.2.26 单位生活垃圾　enterprise waste

各级政府、企事业单位、社会团体等产生的生活垃圾。

2.2.27 商业垃圾 commercial refuse

商业活动所产生的垃圾。

2.2.28 医院垃圾 hospital refuse

医院内产生的垃圾。

2.2.29 医疗垃圾 medical refuse

医疗过程中产生的垃圾。

2.3 粪 便

2.3.1 排泄物 excreta; excrement

人和动物通过泌尿道、呼吸道、消化道以及皮肤排泄的，身体不需要的或对身体有害的，由新陈代谢产生的中间或最终产物。

2.3.2 粪便 nightsoil; excrement and urine

经泌尿道和消化道排出的排泄物，包括人类粪便和禽畜粪便。

2.3.3 粪大肠菌群 fecal coliform

44.5℃时培养仍能生长并符合大肠菌群定义的细菌。

2.3.4 蛔虫 Ascaris Lumbricoides

人体最常见的寄生虫，寄生于人体小肠或其他器官。

2.4 污 泥

2.4.1 污泥 sludge

经自然或人工过程从粪便和各种污水中分离出的固形物。

2.4.2 原污泥 raw sludge

沉淀池中还未完全分解之前就迅速排出的未经任何处理的固形物。

2.4.3 污泥浓缩 sludge concentration

减少污泥含水率和容积的过程。

2.4.4 浓缩污泥 concentrated sludge

经过浓缩处理的污泥。

2.4.5 浮渣 float slag; scum

浮在污水粪便贮池、粪便的消化池等设施上面的污物。

2.4.6 活性污泥 activated sludge

在溶解氧存在的情况下，利用细菌和其他微生物对废水进行生化处理所生成的生物团块（絮状物）。

2.4.7 初沉池污泥 primary sludge

通过初次沉淀而生成的固形物。

2.4.8 二沉污泥 secondary sludge

通过二次沉淀而生成的固形物。

2.4.9 回流污泥 return-sludge

活性污泥经二次沉淀池泥水分离后，重新循环使用于曝气池的活性固形物。

2.4.10 剩余污泥 excess sludge; surplus sludge

活性污泥法处理中，由二次沉淀池中排出不进入循环回流的固形物。

2.4.11 氧化污泥 oxidized sludge

废水污泥在湿式氧化法中所得到的液态与固态产物。

2.4.12 脱水污泥 dewatered sludge

下水污泥及粪便消化污泥等经脱水后的残留物。

2.4.13 消化污泥 digested sludge

污泥中的有机物经生物分解，变得更加稳定的固形物。

2.4.14 下水道污泥 sewer sludge

沉积于下水道中的固形物。

3 基础术语

3.0.1 市容 city appearance

城市物质空间、整体环境的视觉效果。

3.0.2 人文环境 artificial environment

人为活动所创造的综合环境。

3.0.3 市容管理 city appearance management

动态市容管理和静态市容管理的总称。

3.0.4 动态市容管理 dynamic city appearance management

对交通容貌管理、交通秩序管理、公共场所管理、环境卫生管理、建筑工地管理等方面的管理。

3.0.5 静态市容管理 static city appearance management

对城市的建筑物、道路、公共设施、园林绿化、街景景观、环境保护、水域面貌、户外广告、标志标牌等方面的管理。

3.0.6 市容整治 city appcarance renovation

城市容貌的修饰、治理、整顿的一种行为、方法或措施。

3.0.7 市容规划 city appearance planning

城镇市容建设发展和管理的专项规划。

3.0.8 城市环境 city environment

人类利用和改造自然环境而创造出来的高度人工化的生存环境。

3.0.9 户外广告 outdoor advertisement

利用公共、自有或者他人所有的建筑物、构筑物、场地、空间或车、船等设置的广告。

3.0.10 户外广告设施 outdoor advertisement facility

支撑各种载体发布户外广告的各类基础设施。

3.0.11 立面 facade

建筑物、构筑物等景物三度空间的表面。

3.0.12 店招店牌 shop brand

商店或单位用以招徕或表明的一种标志性牌子。

3.0.13 违章建筑 peccant building

违反政府有关行政规章而擅自搭建的建筑物、构筑物。

3.0.14 跨门营业 beyond business scope activity

超出商店或部门经营场地从事营业活动的一种违反市容标准的行为。

3.0.15 单体灯光 mono-lighting

单独一幢楼宇或一个载体的景观灯光。

3.0.16 群体灯光 multi-lighting

许多单体（灯光载体）组成的一种集群效应的景

观灯光。

3.0.17 天际轮廓线 horizon contour line

在视觉范围内的房屋、楼宇等建筑物的边缘处或与天空交界处。

3.0.18 城市雕塑 city status

设置在城市公共场地的一种造型艺术品。

3.0.19 内光外透 outside transmission landscape from inside light

依赖楼宇、大厦的内部照明灯光向外透射的能力，使建筑物在夜间形成的一种特殊的景观效果。

3.0.20 灯光小品 lighting show

在城市街区、草坪绿地等公共场所中所设的灯光造景的作品。

3.0.21 节庆彩灯 festal lampion lighting

为烘托节日庆贺气氛而设置的一种景观灯饰。

3.0.22 景观灯光 landscape lighting

以光源和灯饰为主体、以城市环境为载体，在夜间形成的一种城市景观。

3.0.23 广场 square

由建筑物、构筑物或其他界面围成的城市空间。

3.0.24 环境卫生工程 environmental sanitation engineering

以保障环境卫生功能的正常发挥和人民健康为目的，以人类活动所产生的废物为主要对象，与废物的产生、收集、运输、处理、处置等方面有关的工程。

3.0.25 清扫保洁 sweeping and cleaning

对城市道路（包括广场、停车场等）和水面的全面清扫和为维护道路和水面整洁而进行的环境卫生保持工作。

3.0.26 道路清扫面积 cleaning road area

对城市道路和公共场所进行清扫保洁的面积。

3.0.27 道路机械化清扫面积 machine cleaning road area

使用扫路车（机）、清洗车等机械清扫保洁的道路面积。

3.0.28 机械化清扫率 machine cleaning ratio

机械化清扫保洁道路面积与清扫保洁道路总面积的比率。

3.0.29 水面清捞面积 water-body cleaning area

清除水面漂浮垃圾的水面面积。

3.0.30 回收利用率 recovery rate

废物中已回收利用物质占废物总量的比率。

3.0.31 源头减量 source reduction

在设计、制造、流通和消费等过程中采用合理措施，在源头上减少废物量。

3.0.32 减量化 reducing quantity; waste reduction

采用适当措施使废物量减少（含体积和重量）的过程。

3.0.33 资源化 reclamation

采用适当措施实现废物的资源利用的过程。

3.0.34 无害化 hazard-free treatment

采用适当措施使废物中的有害物质达到国家（行业）现行污染物排放标准的过程。

3.0.35 无害化处理率 hazard-free treatment ratio

达到无害化处理标准的废物量占废物总量的比率。

3.0.36 稳定化 stabilization

微生物分解基质的活动趋于非常微弱的过程。

3.0.37 处理 treatment; handling; management

使废物发生物理、化学、生物转化的过程。

3.0.38 处置（最终处理） disposal

将废物最终置于符合环境保护规定要求的场所或者设施的过程。

3.0.39 废物管理 management

对废物的收集、运输、贮存、处理及处置全过程的管理。

3.0.40 综合处理 integrated treatment; integrated management

在同一服务范围内，同时运用两种或两种以上处理技术，并充分重视资源回收利用的废物处理方法。

3.0.41 垃圾量 refuse quantity

垃圾数量的定量化描述。按使用单位不同，有重量、体积量等。

3.0.42 生活垃圾（粪便）产生量 domestic waste (nightsoil) generation quantity

生活垃圾（粪便）产生的数量。

3.0.43 生活垃圾（粪便）清运量 domestic waste (nightsoil) transfer quantity

收集和运送到各处理、处置设施的生活垃圾（粪便）量。

3.0.44 生活垃圾封闭化清运量 domestic waste enclosed transfer quantity

使用封闭化运输车清运的生活垃圾量。

3.0.45 生活垃圾封闭化清运率 domestic waste enclosed transfer ratio

生活垃圾封闭化清运量与生活垃圾总清运量的比率。

3.0.46 生活垃圾处理率 domestic waste treatment ratio

生活垃圾处理量与生活垃圾产生量的比率。

3.0.47 增稠 thickening

通过去除水分使含水的固体物料含水率降低，浓度提高的处理过程。

3.0.48 脱水 dehydration; dewatering

从任一物质中除去水的过程。

3.0.49 重力分离 gravity separation

在重力作用下，使不同密度物质相互分离的方法。

3.0.50 离心分离 centrifugal separation

在机械离心力作用下，使不同密度物质相互分离的方法。

3.0.51 沉淀 precipitation

从溶液中析出及分离固体颗粒的过程。

3.0.52 沉降 sedimentation

1. 在重力作用下，水或废水中的悬浮物沉积的过程。

2. 场地在自重或荷载作用下发生的向下位移。

3.0.53 澄清 clarification

悬浮的颗粒在沉淀池内沉降下来，使出水变清的过程。

3.0.54 过滤 filtration

水通过多孔性物质层或合适孔径的滤网，以除去悬浮物微粒的过程。

3.0.55 可滤性 filterability

被过滤处理的液体与固体分离的可能性。

3.0.56 蒸发 evaporation

液体表面发生的气化现象。

3.0.57 蒸发量 evaporative capacity

一定时间内，液体转化为气体的量。气象上通常用蒸发掉的水层厚度的毫米数表示。

3.0.58 吸附 adsorption

固体、液体或气体分子的原子或离子在固体或液体表面上滞留的现象。可分为物理吸附和化学吸附。前者是分子间的相对吸引，吸附热较小。后者是类似于化学键力的相互吸引，吸附热较大。

3.0.59 垃圾压缩性 refuse compressibility

垃圾在被施加压力后能够缩小体积的性质。

3.0.60 垃圾压缩比 refuse compaction ratio

垃圾压缩前的体积与压缩后的体积之比。

3.0.61 垃圾压缩系数 refuse compressibility coefficient

在压缩时，单位体积垃圾的体积减少的量与所需压力增量的比值，它是表征垃圾可压缩性的物理量。

3.0.62 垃圾组成 refuse composition

垃圾中各种成分及其存在的相对量。可分为化学组成和物理组成。

3.0.63 垃圾化学组成 refuse chemical composition

垃圾中所含的碳、氢、氧、氮、硫等元素的含量。

3.0.64 垃圾物理组成 refuse physical composition

垃圾按所含物质的原形态分类的各组成成分之重量比。

3.0.65 垃圾空隙度 refuse porosity

垃圾空隙体积与垃圾总体积的百分比数。空隙体积包括垃圾颗粒物间的空隙和垃圾颗粒的毛细管孔隙。

3.0.66 垃圾空隙比 refuse porosity ratio

垃圾空隙体积与垃圾颗粒体积比值的百分数。

3.0.67 垃圾密度 refuse density

单位容积的垃圾质量。

3.0.68 垃圾堆密度（垃圾体积密度；垃圾表观密度） refuse pile density (refuse bulk density; refuse apparent density)

单位垃圾堆体积中所含有的垃圾的量。

3.0.69 垃圾真密度 refuse true density

单位垃圾真体积中所含有的垃圾的量。

3.0.70 垃圾颗粒密度 refuse particle density

单位垃圾颗粒体积中所含有的垃圾的量。

3.0.71 垃圾水分 moisture in refuse

垃圾在105℃时烘干至恒重所失去的重量。

3.0.72 垃圾含水率 refuse moisture content

垃圾中水分占原生活垃圾重量的百分比。

3.0.73 毛细管水 capillary water

土壤、垃圾等的毛细管孔隙中的水分。

3.0.74 附着水 adhesive water

以机械形式吸附在垃圾或其他废物表面和缝隙的水。其含量不固定，不属于物质的化学组成，故化学式中一般不予表示。

3.0.75 吸着水 adsorbed water

被分子引力和静电引力牢固地吸附在垃圾、土、岩石或废物颗粒表面上，不受重力影响的水。

3.0.76 土壤持水力 water holding capacity in soil

土壤保持相当数量水分不流失的性能。

3.0.77 田间持水量 field moisture holding capacity

排除重力后，土壤借毛细作用所保持的水量。它是土壤在排去重力水或自由水后，以烘干重量的百分数表示的土壤含水量。

3.0.78 透气性 air permeability

土层、垃圾堆层中能让空气通过的物理性能。

3.0.79 渗漏 percolation

通过岩石、土层、垃圾堆层孔隙的液体重力流。

3.0.80 渗透 osmosis

水通过不饱和土层表层的细小孔隙流入、流出地面或地下水体的缓慢运动。

3.0.81 渗透性 permeability

岩石、土层、垃圾堆层的空隙间水分或浸出液体的流动能力。

3.0.82 渗透速度 percolation rate

水在静水压力下通过岩石或土层间隙的运动速度。

3.0.83 渗透系数 permeability coefficient

表示防渗材料透水性大小的指标。在数值上等于水力坡度为1时的地下水的渗流速度。

3.0.84 本底监测井 background monitoring well

在场区外地下水流向上游设置的地下水监测井。

3.0.85 污染扩散井 pollution diffusion well

在场区旁侧设置的地下水监测井。

3.0.86 污染监视井 pollution surveillance well

在场区外地下水流向下游设置的地下水监测井。

3.0.87 充气区监测井 gas-filled zone monitoring well

在从土壤表面到地下水之间的土壤层（该层土壤的土壤孔隙部分为空气和水所充满）中设置的监测井。

3.0.88 饱和区监测井 saturated zone monitoring well

在场区水力下坡区设置的、深入到地下水位之下的地下水监测井。

3.0.89 场址选择 site selection

从工程学、环境学、经济学和法律及政治学等诸方面综合考虑，对处理处置设施最适地点进行选择的过程。

3.0.90 计量设备 metrical instrument

将进入处理设施的垃圾进行称重并加以记录传输的设备。

3.0.91 车吨位 vehical-load tonnage

按运输车辆的额定装载重量进行统计的垃圾量。

3.0.92 船吨位 ship-load tonnage

按运输船舶的额定装载重量进行统计的垃圾量。

3.0.93 实吨位 weight tonnage

通过计量装置实际称重的垃圾量。

3.0.94 单位面积清扫费用 per area cleaning expense

每清扫单位面积所需要的清扫费用。

3.0.95 生活垃圾（粪便）清运平均费用 average per domestic waste (nightsoil) transfer expense

每清运一吨生活垃圾（粪便）需要的平均费用。

3.0.96 生活垃圾处理平均费用 average per domestic waste treatment expense

每处理一吨生活垃圾需要的平均费用。

4 收集运输及其设施设备

4.1 环境卫生容器

4.1.1 废物箱（果皮箱） litter bin

设置于道路和公共场所等处供人们丢弃废物的容器。

4.1.2 垃圾箱（垃圾桶） dustbin; garbage can

收集家庭、单位产生的生活垃圾的容器。

4.1.3 固定式垃圾箱 fixed dustbin

不可移动位置的垃圾箱。

4.1.4 移动式垃圾箱 mobile dustbin

可移动位置的垃圾箱。

4.1.5 垃圾集装箱 waste container

具有标准规格，便于水运或陆运，并可供周转使用的大型垃圾容器。

4.1.6 水罐 water tank

用于装水的圆筒形（椭圆形）罐体。常用于洒水车、冲洗车。

4.1.7 粪罐 nightsoil tank

用于贮粪的圆筒形罐体。常用于吸粪车、运粪车。

4.2 收集与运输

4.2.1 垃圾收集密度 refuse collection density

单位土地面积上垃圾的收运质量。

4.2.2 垃圾混合收集 mixed refuse collection

垃圾不分类别的收集方式。

4.2.3 垃圾分类收集 sorted refuse collection

将垃圾中的各类物质按一定要求分类投弃和收集的行为。

4.2.4 垃圾箱（桶）式收集 collection by dustbin

垃圾倒入垃圾箱（桶）内，然后将垃圾转装垃圾收集车运输的收集方式。

4.2.5 垃圾集装箱式收集 collection by waste container

垃圾倒入垃圾集装箱内，由垃圾收集车直接装载垃圾集装箱运输的收集方式。

4.2.6 分户式收集（上门收集） door-to-door collection

直接将各户垃圾取走的收集方式。

4.2.7 垃圾袋装式收集 collection with refuse sack

将垃圾装入相应袋内的收集方式。

4.2.8 垃圾定点收集 refuse collection at appointed place

在指定地点收集垃圾的方式。

4.2.9 垃圾定时收集 refuse periodic collection

在规定时间收集垃圾的方式。

4.2.10 垃圾收集点 refuse collection spot

按规定设置的收集垃圾的地点。

4.2.11 垃圾收集站 refuse collecting & distributing centre

将分散收集的垃圾集中后由收集车清运出去的小型垃圾收集设施。

4.2.12 垃圾转运站（垃圾中转站） refuse transfer station

由收集车转载到转运车的转运设施。

4.2.13 垃圾压缩收集站 refuse collecting&distributing centre with compactors

具有压缩功能的垃圾收集站。

4.2.14 气力输送 pneumatic transport

在气动力的作用下，将垃圾通过管道进行输送的方法。

4.2.15 分拣中心（分选中心） waste seperation centre

对垃圾进行人工或机械分类的场所。

4.3 厕 所

4.3.1 公共厕所 public toilets

在道路两旁或公共场所等处设置的厕所。

4.3.2 水冲厕所 water closet

每个厕位均连接有供水系统冲洗的厕所。

4.3.3 旱厕所 pit privy; latrine; latrine pit

没有连接供水系统冲洗的厕所。

4.3.4 产沼厕所 methane-generating pit (latrine)

利用粪便在池中厌氧发酵产生沼气的厕所。

4.3.5 临时厕所 temporary lavatory; makeshift lavatory

因特殊需要而临时增设的厕所。

4.3.6 活动厕所 mobile lavatory

可整体移动的厕所。

4.3.7 社会厕所 society lavatory

非环卫部门设置和管理，但对外开放使用的社会所属的厕所。

4.4 环 卫 车 辆

4.4.1 专用汽车 special purpose vehicle

装置有专用设备，具备专用功能，用于承担专门运输任务或专项作业以及其他专项用途的汽车。

4.4.2 垃圾收集车 refuse collector; refuse collecting truck

用于收集、运输垃圾的车辆。

4.4.3 垃圾转运车 refuse transfer truck

将垃圾从转运站运往处理处置场所的车辆。

4.4.4 自卸式垃圾车 dump truck; tip truck

有液压举升机构装备，能将车箱倾斜一定角度，垃圾依靠自重能自行卸下的专用自卸汽车。

4.4.5 压缩式垃圾车 truck with compactor

有液压举升机构和尾部填塞器装备，能将垃圾装入、压缩、转运和倾卸的专用自卸汽车。

4.4.6 自装卸式垃圾车 self-loading garbage truck

以本车装置和动力配合集装垃圾的定型容器（如垃圾桶）自行将垃圾装入、转运和倾卸的专用自卸汽车。

4.4.7 摆臂式垃圾车 swept-body refuse collector

有可回转的起重摆臂装备，车斗或集装垃圾悬吊在起重摆臂上，随起重摆臂回转、起落，实现垃圾自装自卸的专用自卸汽车。

4.4.8 车厢可卸式垃圾车 detachable container garbage collector

有液力装卸机构装备，能将专用的车厢拖吊车上或倾斜一定角度卸下垃圾，并能将车厢卸下，用于运输垃圾的专用自卸汽车。

4.4.9 集装箱垃圾车 waste container truck

运载垃圾集装箱的垃圾运输车。

4.4.10 厕所车 mobile lavatory

装置有便池、抽水、盥洗等设施，游览区、商业区用作流动厕所的厢式汽车。

4.4.11 吸粪车 suction-type excrement tanker

装备有真空泵，靠罐内真空将粪便吸入罐体内，利用气压或自流排出罐体的罐式汽车。

4.4.12 扫路车 sweeper truck

装备有垃圾、尘土收集容器及清扫系统，用于清除、收集并运送地面垃圾、尘土等污物的专用汽车。

4.4.13 清洗车 cleaning tanker

装有水泵、管道系统等设施，用于清理地面、管道沉积物或清洗机械表面的罐式汽车。

4.4.14 洒水车 street sprinkler

装备有水泵、喷嘴，使水流具有一定压力，能沿管道经喷嘴喷洒在地面上，起除尘和降温作用等的罐式汽车。

4.4.15 除雪机 snow sweeper

用于清除地面积雪的专用机械。

4.5 环卫船舶

4.5.1 废物运输船 waste ship

载运废物的专用船舶。

4.5.2 集装式废物运输船 waste container ship

用于运载废物集装箱的船舶。

4.5.3 废物收集船 waste collection ship

收集废物的专用船舶。

4.5.4 水面保洁船（水面清扫船） cleaning ship

用于清除水面漂浮垃圾的专用船舶。

4.5.5 垃圾吊运船 refuse transfer ship

用于在环卫船舶之间或环卫船舶与环卫码头之间转运垃圾的专用船舶。

4.5.6 曝气船 aeration ship

采用曝气复氧方式改善水质的专用船舶。

5 预处理和处理机械

5.1 输　送

5.1.1 带式输送机 belt conveyor; band conveyor

支承在托辊上的环状带在驱动轮的作用下，将废物连续输送的设备。

5.1.2 链式输送机 chain conveyor

由首尾相连的链条绕过若干链轮及传动机构等组成的，用来连续输送废物的设备。

5.1.3 螺旋输送机 screw conveyor; auger conveyor; spiral conveyor; worm conveyor

利用螺杆的螺旋叶片推送废物的设备。

5.1.4 振动输送机 oscillating conveyor; vibrating conveyor

依靠装在振动机构上的盘或槽来移动废物的设备。

5.1.5 气力输送机 pneumatic conveyor; air conveyor

利用具有一定速度和一定压差的气流来输送废物的设备。

5.1.6 板式输送机 slat conveyor

在一条循环链上装置一系列横板条的输送设备。

5.1.7 往复刮板式输送机 reciprocating flight conveyor

装着铰接刮板的往复横梁，推动废物沿输送槽前进的设备。

5.1.8 蟹爪式装载机 claw loader

带有蟹爪抓斗的装载机。

5.1.9 铲式装载机 shovel loader

一种装在轮子上，铲斗铰接在盘上，能铲起松散废物，将其举升并卸到机器后面的装载机。

5.1.10 给料机 feeder

一种将废物输送进处理装置的短程输送机。有板式给料机、带式给料机、螺旋给料机、刮板给料机等。

5.2 提　升

5.2.1 提升机 elevator

利用机械或气力将废物提升到较高位置的机械。

5.2.2 斗式提升机 bucket elevator

利用许多料斗在较陡斜面或垂直方向连续输送废物的输送设备。

5.2.3 桥式起重机 bridge crane

吊几装置装在横跨起重机工作范围的桥式结构上的吊升机器。

5.2.4 悬臂式起重机 cantilever crane; jib crane

具有伸出吊臂的起重机。

5.2.5 悬臂式抓斗起重机 cantilever grabbing crane

具有伸出吊臂及带有大抓斗的起重机。

5.2.6 抓斗 grab; bucket

由铰接的颚板构成的，依靠颚板的闭合和张开，以进行自动抓取废物的装置。

5.3 压　　实

5.3.1 压块　briquetting

为增加废物密度，减少体积，用压实机械将废物挤压成废物块的过程。

5.3.2 压捆机（打包机）　baler

将松散的废物压缩成一定形状，并进行捆扎的机械。

5.3.3 堆垛机　stacker

将废物提升并堆积起来的机械。有抓吊式、悬挂液压式、输送带式等几种。

5.4 破　　碎

5.4.1 冲击破碎　crushing

粗大垃圾在重力冲击或动力冲击下的破碎。

5.4.2 剪断破碎　shearing-type shredding

利用固定刀和可动刀（有往复刀、旋转刀等形式）相互吻合而剪切废物的破碎。

5.4.3 低温破碎　low temperature shredding

利用废物的低温脆化性质在低温下对废物的破碎。

5.4.4 圆锥破碎机　cone crusher

一种具有两个圆锥，外圆锥固定，实心的内圆锥装在偏心的轴承上或在一转动的截锥体和外室之间的锥形间隔中将固体废物压碎的破碎机。

5.4.5 辊式破碎机　roll crusher

具有辊的破碎废物的破碎机。

5.4.6 滚筒破碎机　rotary crusher

一个旋转的带筛孔的钢制滚筒，内壁安装提升板，转动时提起废物使其依靠自重跌落破碎的破碎机。它具有破碎及筛分两种功能。

5.4.7 锤式破碎机　hammer crusher

一种冲击式破碎机，即废物在钢的机壳中被在垂直面内以高速旋转的锤子所破碎的机械。

5.4.8 球磨机　ball mill; ball grinder

一种机身为卧式圆筒（或圆锥）形，内装钢球（或卵石、捣棒等）研磨体和废物，靠机身旋转时废物和研磨体的摩擦、撞击而将废物磨碎的机械。

5.5 分　　选

5.5.1 分选机　separator

利用相对密度、弹性、磁性等物理性质的差异，将混合废物中一种或数种物质分离出来的机械。

5.5.2 往复筛　reciprocation screen

依靠偏心装置来回摆动的平筛。

5.5.3 振动筛　oscillating screen; vibrating screen

用机械力或电磁力使筛子作快速振动以达到筛分目的的机械。

5.5.4 滚筒筛　trommel

一种转动的圆筒筛子，供筛分的废物从一端进入，小块、细粒从筛孔下落，而大块从另一端排出的筛分机械。

5.5.5 磁选机　magnetic separator

一种用强磁场使磁性物质从磁性较弱的或非磁性的物质中分离出来的机械。

5.5.6 浮选　flotation

把不溶于水的悬浮物和某些胶体物、乳化物转变为漂浮物并加以分离的过程。

5.5.7 风选机　winnower; winnowing machine

利用风力把相对密度不同的废物分离开来的机械。

5.6 增稠及脱水

5.6.1 脱水机　dehydrator; dewaterer

从固体、胶体或浆状废物中除去一定量水分的机械的总称。有真空脱水机、离心脱水机等。

5.6.2 压滤机 filter press

一种用机械挤压，使固体液体分离而脱水的机械的总称。有板式压滤机、带式压滤机等。

5.6.3 离心机　centrifuge

利用离心力使密度不同的液体、液体和固体或悬浮胶粒分离的机械。

5.6.4 自然干燥　natural drying

利用自然条件使废物中的水分向大气蒸发的干燥方法。

5.6.5 喷雾干燥　spray drying

将溶液或悬浮液喷射到热气流中而进行的快速干燥方法。

5.6.6 热干化　heat drying

粪便、污泥中的水分经加热而蒸发，使粪便、污泥变得干燥的一种方法。

5.6.7 烘干炉　drying stove

利用间接和直接换热使垃圾失去水分的炉型设备。

5.7 处理机械和装置

5.7.1 立式发酵塔（槽）　vertical digester

堆肥废物进出发酵槽的方向垂直于地面的发酵槽。

5.7.2 卧式发酵仓（槽）　horizontal digester

堆肥废物进出发酵槽的方向平行或基本平行于地面的发酵槽。

5.7.3 卧式回旋发酵装置　horizontal rotary digester

堆肥废物进入水平式略有倾斜的钢制圆筒后，因圆筒的回转而不断地被翻动，并因内部导向圈和倾角由进口向出口移动，完成发酵的设备。

5.7.4 焚烧炉　incinerator

利用高温氧化方法处理废物的设备。

5.7.5 旋转窑　rotary kiln

焚烧废物时，炉体缓慢旋转，废物由上部供应，逐渐移动至下部进行干燥、燃烧、燃烬，并排出残渣的装置。

5.7.6 机械炉（连续式炉）　incinerator of mechanized

operation

废物的投入、炉内的输送、拨火及排渣等全部为机械连续操作的焚烧炉。

5.7.7 半机械炉 incinerator of semi-mechanized operation

废物的投入、炉内的输送、拨火及排渣等部分用人工操作的焚烧炉。

5.7.8 间歇炉 incinerator of batch operation

一次投入一定量的废物、待焚烧结束后，再进行第二次投料的焚烧炉。

5.7.9 床式焚烧炉 flour incinerator

没有炉排，被焚化物直接在炉床上燃烧，空气不通过焚烧层而由床层表面供给的焚烧炉。

5.7.10 流化床焚烧炉 fluidized bed incinerator

在焚烧炉本体的下部送入加压空气，将硅砂等媒体分散、流动，并燃烧垃圾的装置。

5.7.11 焚烧锅炉 incineration boiler

焚烧炉和利用焚烧释放的热能进行有效换热，并产生蒸汽或热水的热力设备的总称。

5.7.12 竖井炉（立式炉） vertical kiln

炉体是直立圆筒形设备，垃圾由炉顶投入，依靠自重向下移动，经加热、干燥、气化、燃烧、炉渣熔融几个阶段，使垃圾进行连续热解的设备。

5.7.13 双塔流化床热解炉 dual fluidized bed pyrolyzer; dual fluidized bed pyrolysis oven

由两个用管道相互连接起来的流化炉组成的热分解装置。垃圾流化热解分解炉以砂为热载体，砂为热分解提供所需热量后，在分解反应中生成的炭渣一起进入另一流化焚烧炉。砂由外部导入的辅助燃料与空气在炉内燃烧被加热至高温后再送入热解炉。

5.7.14 单塔流化床热解炉 fluidized bed pyrolyzer; fluidized bed pyrolysis oven

炉内由高温的砂形成流化床，垃圾投入炉内立即和高温的砂混合，被快速加热、干燥和分解的炉子。

5.7.15 炉排 grate

置于炉膛下部用以托住燃烧物的支架。通常用密排的棒构成，空气可以从下面上升到燃烧处，灰渣可以从上面落下。

5.7.16 往复炉排 reciprocating grate

由相间布置的活动炉排片和固定炉排片组成的炉排。活动炉排片作往复运动，形成各层的相对滑动，使被焚烧物沿炉排表面推移。

5.7.17 阶梯式炉排 step grate

由阶梯状重叠的炉排片构成的炉排。

5.7.18 回转炉排 rotary grate

由多个侧面有凹凸的棒状炉排片组合成的回转圆筒构成的炉排。

5.7.19 摇动炉排 rocking grate

可动炉排片围绕轴做上下摇动或带有小角度往复运动的炉排。有扇形摇动炉排、摇动阶梯式炉排等。

5.7.20 固定炉排 fixed grate

由多根棒状铸件固定在炉子底部所构成的炉排。

5.7.21 炉衬 furnace liner

用颗粒状耐火材料或耐火砖砌成的焚烧炉的内壁。根据炉内各部分的不同要求，选用具有相应的物理和化学性质的耐火材料。按所用耐火材料的化学性质分为碱性炉衬、酸性炉衬和中性炉衬。

5.7.22 点火装置 igniter

为触发燃料在空间燃烧的一种装置。

5.7.23 助燃装置 auxiliary combustion equipment

废物仅靠自身热值难于完全燃烧时，借供给辅助燃料以实现完全燃烧的装置。

5.7.24 导燃烧嘴 piloted head

带有旁路燃烧喷头，通过旁路点燃其主火焰四周的低压火焰，则即使可燃性混合物速度超过主火焰速度时，仍然保持火焰稳定的一种燃烧器。

5.7.25 雾化器 atomizer

用喷射、喷淋、喷雾或雾化等方法把液体（或液体燃料）机械地分成微粒的设备。

5.7.26 雾化燃烧器 atomizer burner

将未点燃的燃料雾化成很细的雾流而进入燃烧区的燃烧器。

5.7.27 防爆门 explosion – proof door

炉膛中能在预定的设计压力下打开的门。

5.7.28 灰渣输送机 ash conveyor

把由焚烧炉落入水槽的燃渣送到灰坑的输送机。

5.7.29 后燃烧器 after burner

使燃烧气中含有的未燃物质完全燃烧的燃烧设备。

5.7.30 除尘器 precipitator

除去气体介质中颗粒物的一种装置。

5.7.31 吸收装置 absorber; absorption facility

将液体（吸收剂）与气体接触，使气体（全部或某些组分）被吸收的设备。

5.7.32 吸附装置 adsorber

将流体中的特定成分用固体吸附剂吸附分离的装置。

5.7.33 贮存进料设备 waste storage equipment

将所运入的废物倾卸、贮存（必要时作破碎等前处理）到投入焚烧炉本体为止所需的所有设备。包括卸料平台、卸料门、贮存坑、破碎机、吊车及抓斗等。

5.7.34 燃烧设备 combustion facility

将投入的废物翻搅、输送、燃烧所需的所有设备。包括投料漏斗、推料装置、点火装置、焚烧炉本体、助燃装置、烟气排放通道及自动控制等。

5.7.35 投料漏斗 feed hopper

将废物投入焚烧炉本体所需的漏斗形投料装置。

5.7.36 推料装置 feed chute

将废物从投料漏斗下部，推入焚烧炉本体所需的装置。

5.7.37 焚烧炉本体 combustor

将推料装置送入的废物移动、翻搅，并进行干燥、燃烧、燃烬所需的所有设备，包括燃烧室、二次燃烧室及炉排等。

5.7.38 燃烧烟气冷却设备 flue gas cooling facility

将燃烧室的烟气由燃烧室出口温度降至烟气处理设备可承受的温度所需的冷却装置。

5.7.39 烟气处理设备 flue gas treatment facility

将燃烧产生的烟气中烟尘及有害成分等处理至排放标准所需的装置。

5.7.40 余热利用设备 heat recovery facility

将燃烧废物产生的热量予以有效利用所需的所有装置。

5.7.41 通风设备 ventilation system

将燃烧所需的空气送至焚烧炉本体内及将燃烧产生的烟气排至大气中所需的所有装置。包括加压送风机、送风导管、引风机、排气导管、烟道及烟囱等。

5.7.42 灰渣排出设备 residual discharge facility

将焚烧炉本体内燃烧后的焚烧残渣及燃烧气体所产生的飞灰顺利排出所需的所有装置，包括灰渣输送装置、冷却装置、贮存坑、吊车及抓斗等。

6 处理技术

6.1 填埋

6.1.1 填埋 landfill

将垃圾掩埋使其自然稳定的处理方法。

6.1.2 卫生填埋 sanitary landfill

采取防渗、铺平、压实、覆盖对城市生活垃圾进行处理和对气体、渗沥液、蝇虫等进行治理的垃圾处理方法。

6.1.3 安全填埋 safe landfill

一种改进和强化的卫生填埋方法。主要用来处置具有危险性的有害工业固体废物。

6.1.4 有效填埋面积 available landfill area

能用于填埋垃圾的实际面积。

6.1.5 好气性填埋（好氧填埋） aerobic landfill

在填埋场底部布有通气管道，不断向填埋层供给空气，以加速填埋场稳定化进程的一种填埋方法。

6.1.6 半好氧填埋（准好氧填埋） semi－aerobic landfill

通过填埋场底部排水系统与空气的接触和排气系统的排风作用，使空气进入部分垃圾体内部，发生好氧反应而加快垃圾稳定化进程的填埋方法。

6.1.7 厌气性填埋（厌氧填埋） anaerobic landfill

垃圾填埋层被压实后基本上在厌氧状态下分解，并达到稳定化的填埋方法。

6.1.8 平面作业法 area method

在平地上进行堆高填埋的作业方法。

6.1.9 斜坡作业法 ramp method

利用场地自然斜坡地形进行填埋的作业方法。

6.1.10 沟填作业法 trench method；excavated method

利用开挖沟壑进行填埋的作业方法。

6.1.11 滩地作业法 beach land method

在江、河、湖、海等滩地设置围堰后进行填埋的作业方法。

6.1.12 填埋单元 landfill cell

按单位时间或单位作业区域划分的垃圾和覆盖材料组成的填埋体。

6.1.13 渗沥液收集管 leachate collection pipe

置于填埋场不渗透层上部的，将渗沥液收集导出的穿孔管。

6.1.14 垃圾坝 retaining wall

建在垃圾填埋库区汇水上下游或周边，由黏土、块石等建筑材料构成，起到挡阻垃圾、形成填埋场初始库容的堤坝。

6.1.15 截留井 detention basin

用于截留地表水，防止径流进入填埋区的构筑物。

6.1.16 集液井（池） leachate collection well

在填埋场修筑的用于汇集渗沥液，并可自流或用提升泵将渗沥液排出的构筑物。

6.1.17 调节池 equalization basin

在污水处理系统前设置的具有均化、调蓄功能或兼有污水预处理功能的构筑物。

6.1.18 稀释因子 dilution factor

在填埋场产生的渗沥液浓度与在渗沥液接收井中浓度的比值。

6.1.19 地下水监测 underground water monitoring

监测地表土层和地下水的地球物理学性质，以确定填埋场的存在对地下水质可能带来的影响。

6.1.20 导流渠 diversion ditch（canal）

用以引导水流而开挖的水道。

6.1.21 导流坝 diversion dam

用以引导水流而筑的坝。

6.1.22 溢洪道 spillway

一种排洪保坝设施。一般设在坝端坚固的岸坡上，其断面大小视泄洪量而定。

6.1.23 截洪沟 cut－off ditch

在填埋场区外围坡地沿等高线开挖的水沟，用以拦截及排泄坡面水流。

6.1.24 集水井（集水坑） sump

在最低处开挖的一个小坑。使水能流聚其中，并可用水泵随时将积水排出。

6.1.25 排水沟 drain

一种用来排除地面水的天然或人工沟槽。

6.1.26 盲沟 leachate trench

位于填埋库区底部或填埋体中，采用高过滤性能材料导排渗沥液的暗渠（管）。

6.1.27 填埋气体 landfill gas

填埋场中有机垃圾分解产生的气体，主要成分为甲烷和二氧化碳。

6.1.28 气体迁移 gas migration

填埋场气体沿横向或纵向朝其他场地或构筑物的运动。

6.1.29 排气道 vent

采用较周围土层过滤性能更好的材料（如砾石等）制成的，便于填埋场气体迁移的气体通道。

6.1.30 井式排气道 well vent

由穿孔管、砾石层组成的，竖直插入填埋床层的集气设施。

6.1.31 排气井 blast pit

产生的气体不能进入排气道时而设置的带有泵的能将气体抽出并排入大气的设施。

6.1.32 废气燃烧器 waste gas burner

燃烧填埋气体的装置。

6.1.33 填埋场围栏 landfill site fence

填埋场周围的隔离屏障。

6.1.34 可移动围栏 portable fence

在作业面后方设立的栅栏或围网，防止废物四处飞扬。

6.1.35 工作面（作业面） operation surface

进行填埋作业的面。

6.1.36 锚固平台 anchor platform

在斜坡较大地区每升高一定高度设置的水平缓冲区，防止土工材料滑移。

6.1.37 锚固沟 anchor ditch

在铺设面上挖沟，将材料铺设于沟内并填充其他材料压实，防止土工材料滑移。

6.1.38 铺平 spreading

将倾卸入填埋场的垃圾按层高铺散平整在场地上的作业。

6.1.39 压实 compacting

对垃圾进行碾压，以减少垃圾空隙的作业。

6.1.40 覆盖 cover

采用不同的材料铺设于垃圾层上的实施过程，根据覆盖的要求和作用不同分为日覆盖、中间覆盖、终场覆盖。

6.1.41 日覆盖 daily cover

对当日填埋的垃圾所进行的覆盖。

6.1.42 中间覆盖 intermediate cover

为防止填埋垃圾暴露时间较长而造成环境污染所进行的覆盖。

6.1.43 最终覆盖（终场覆盖） final cover

填埋场封场所进行的覆盖。

6.1.44 压实系数 compaction factor

填埋生活垃圾压实后的最终体积 V_2 与压实前的最后体积 V_1 之比。

6.1.45 压实密度 compacted waste density

生活垃圾在填埋施工中经过碾压后，单位容积的生活垃圾重量。一般以"t/m^3"表示。压实密度代表垃圾被压实的程度。

6.1.46 压实土层 compacted soil layer

经碾压过的土层。

6.1.47 压实黏土层 compacted clay liner（CCL）

经碾压过的黏土层。

6.1.48 人工黏土层 geosynthetic clay liner（GCL）

人工合成的水力隔离层。一般为天然低渗材料和合成材料组成。

6.1.49 防渗材料层 impermeable material layer

在填埋场底部及四壁由渗透系数小的或不渗透的天然材料（黏土等）或人工材料（塑料膜、橡胶等）制成的防渗层，防止渗沥液对地下水产生影响。

6.1.50 衬垫层 liner layer

设置于填埋场底部及四壁防止渗漏的垫层。

6.1.51 天然衬里 natural liners

利用天然材料（如黏土等）制成的填埋场防渗层。

6.1.52 黏土类衬里 clay liners

渗透系数小的自然形成黏土或改性土经压实铺设的填埋场防渗层。

6.1.53 人工合成衬里 artificial liners

利用人工合成材料铺设的防渗层衬里，如高密度聚乙烯等。采用一层人工合成衬里铺设的防渗系统为单层衬里；采用二层人工合成衬里铺设的防渗系统为双层衬里。

6.1.54 复合衬里 composite liners

采用两种或两种以上防渗材料复合铺设的防渗系统。

6.1.55 高密度塑料膜（高密度聚乙烯） high-density polyethylene（HDPE）

填埋场常用的一种防渗合成材料。

6.1.56 绿化带 greenbelt

填埋场、堆肥厂四周种植的一定宽度的乔灌木相配的林带。有防尘、防虫蝇的作用。

6.1.57 稳定期 stabilization period

生活垃圾填满后，经过充分化学、生物分解后，反应终止，生活垃圾已完全熟化状态的时期。

6.1.58 填埋场封场 closure of landfill

填埋作业至设计终场标高或填埋场停止使用后，用不同功能材料进行覆盖的过程。

6.1.59 毛细管截留法 capillary-break（CB）approach

最终覆盖系统的一种设计手段，即利用不同土壤类型的孔隙率差异防止水流渗透。

6.2 焚 烧

6.2.1 焚烧 incineration

废物经过焚烧处理线处理，达到焚烧污染控制标准的处理方法。

6.2.2 露天焚烧 open incineration

在没有任何防护条件下，由于自燃或人为而发生的在自然环境中的敞开式的燃烧。

6.2.3 焚烧能力 capacity of incineration

表示焚烧炉处理规模的性能值，即单位时间焚烧炉的焚烧量。用"kg/h、t/d"表示。

6.2.4 热值 heat value（HV）

单位质量或体积废物完全燃烧产生的热量。

6.2.5 高位热值 high heat value（HHV）

化合物在一定温度下反应到达最终产物的焓的变化（水处于液态）。

6.2.6 低位热值 low heat value（LHV）

单位质量垃圾完全燃烧时，当燃烧产物回复到反应前垃圾所处温度、压力状态，并扣除其中水分汽化吸热量后，放出的热量。

6.2.7 炉负荷　furnace load

焚烧炉实际运转时的焚烧量。连续运行的焚烧以“t/24h”表示；仅白天运行的焚烧炉以“t/8h”表示。

6.2.8 燃烧室热负荷　combustion chamber heat load

在正常运转下，每立方米燃烧室容积，每小时垃圾及辅助燃料等燃烧所产生的低位发热量。

6.2.9 高峰负荷　peak load

实际运行中，高峰期的最大处理量。

6.2.10 炉排热负荷　heat intensity per grate area

单位炉排面积、单位时间内焚烧垃圾的发热量。

6.2.11 焚烧残渣　incineration residue

垃圾焚烧后残留物的总称，含灰、金属、玻璃及未燃物等。

6.2.12 飞灰　fly ash

经烟气净化系统处理后收集的颗粒。

6.2.13 炉渣　residue

垃圾焚烧后从焚烧炉炉床排出的残余物质。

6.2.14 灰渣　ash residue

飞灰和炉渣的总称。

6.2.15 锅炉灰　fine dust

由余热锅炉下灰斗收集下来的颗粒物。

6.2.16 颗粒态物质　particulate matter（PM）

焚烧过程中产生的对人体健康有害的细小颗粒。

6.2.17 炉排间掉落渣/灰　grate shifting

燃烧过程中从炉排条间掉落的物质。

6.2.18 焚烧排气　exhaust gas from incinerator

伴随垃圾焚烧而产生的气体。

6.2.19 燃烧气　combustion gas

燃料和氧反应燃烧生成的高温气体。

6.2.20 可燃气　combustible gas

可以燃烧的气体。

6.2.21 贫乏气　starved－air

燃烧过程中供给比实际需求少的空气量。

6.2.22 过剩空气　excess－air

燃烧过程中供给比实际需求多的空气量。

6.2.23 烟道气　flue gas

燃烧产生的高温燃烧气体，显热被充分利用后由烟道送往烟囱向大气排放的气体。

6.2.24 废物衍生燃料　refuse derived fuel（RDF）

废物制取的可有效燃烧的固体燃料。

6.2.25 辅助燃料　auxiliary fuel

焚烧处理时添加的能促进废物燃烧的燃料。如重油、轻油等。

6.2.26 焚烧速度　burning rate

燃料在单位时间内燃烧快慢的物理量。当燃烧为气体时，燃烧速度为火焰的移动速度（火焰速度）减去由于燃烧气体的温度升高而产生的膨胀速度；如为液体或固体燃料时，燃烧速度为液面下降速度或重量变化速度。

6.2.27 焚烧速率（炉排机械负荷）　rate of burning

单位炉排面积、单位时间的垃圾焚烧量。

6.2.28 焚烧效率　combustion efficiency

烟道出口的排气中所含的二氧化碳浓度与二氧化碳及一氧化碳浓度总和的百分比。

6.2.29 完全燃烧　perfect combustion

燃料中的可燃物质与理论上必需的空气量（氧量）完全反应，最终残渣只剩不燃的灰分的状态。

6.2.30 不完全燃烧　incomplete combustion

因燃料的可燃成分在燃烧后仍有残留，或燃烧后的气体中含有 CO、H_2 等的燃烧。

6.2.31 上部给料燃烧方式　over feed combustion

废物（垃圾）由炉子上方投入，空气流动方向和废物的燃烧面移动方向相同的燃烧方式。

6.2.32 下部给料燃烧方式　under feed combustion

垃圾的供给和空气流动的方向由下向上同方向进行，和燃烧方向相反的燃烧方式。

6.2.33 炉排燃烧方式　grate firing

垃圾被投加到固定的或活动的炉排上，由炉排的下方或上方送入空气的燃烧方式。

6.2.34 炉床燃烧方式　floor combustion method

没有炉排，焚烧物在炉床上，空气由床层表面供给的燃烧方式。

6.2.35 流化床燃烧方式　fluidized bed combustion method

被预先粉碎到一定粒度的焚化物或传热介质，不固定在炉排（布风板）上，而是在炉膛的一定空间范围（沸腾层）内翻腾、跳动的燃烧方式。

6.2.36 分批投料焚烧方式　batch firing

将垃圾分批间断投入焚烧炉内进行焚烧的作业方式。

6.2.37 连续焚烧方式　continuous firing

通过送料器连续运动，将垃圾投入焚烧炉内进行焚烧的作业方式。

6.2.38 熔融燃烧方式　slag－tap firing

焚烧后残灰呈熔融状态的燃烧方式。

6.2.39 后燃烧　after burning

为使焚烧炉内主燃烧未完全燃烧的垃圾进一步燃烧而在主燃烧之后设置的灰烬燃烧。

6.2.40 废热回收　waste heat recovery

对焚烧炉排出烟气等的余热进行回收利用。

6.2.41 热效率　thermal efficiency

锅炉及余热利用设备中，吸收的热量与燃烧发生热量的百分比。

6.2.42 渣坑　residue pit

焚烧炉排出的渣的贮坑。

6.2.43 袋室　baghouse

烟道气通过纤维过滤袋去除颗粒物后再排入大气的焚烧尾气控制设备。

6.2.44 烟道　exhaust gas duct; breeching; chimney flue

通过热交换器后的燃烧废气流向烟囱所经的通道。

6.2.45 烟囱　stack chimney; chimney shaft

一种竖直而中间呈空心的用砖、钢或混凝土筑成的用来排除燃烧气的构筑物。

6.2.46 有效烟囱高度　effective stack height; effective chimney height

烟囱几何高度（h_0）和烟气从烟囱口排出，因受到排放速度和空气浮力作用而继续上升的一定高度（Δh）（也称抬升高度）之和，用 H_e 表示：$H_e = h_0 + \Delta h$。

6.2.47 集合烟囱 collected stack

为提高排烟温度和烟囱口喷烟速度，把多个排烟道的烟囱集中到一起的烟囱群。

6.2.48 余热利用发电 power generation by waste heat

利用焚烧锅炉的余热产生的蒸汽通过汽轮发电机产生电力的过程。

6.2.49 停炉 blowing out

焚烧炉的休风操作。

6.2.50 稀释空气 dillution air

为降低进入集尘器、送风机的燃烧气温度而加进的空气。

6.2.51 通风损失 draft loss

因流动阻力引起炉膛中气体静压力的降落。

6.2.52 吸风 induced draft

在排气口（烟道中）利用引风机吸引排气，使焚烧炉产生负压而将空气抽入装置的过程。

6.2.53 烟道灰 flue dust

同燃烧气一起从焚烧炉中排出的灰分、金属微粒和不完全燃烧产物。

6.2.54 有害粉尘 harmful dust

对人体有害的微小颗粒，如砂尘。当空气中浓度超过 175×10^6 粒子/m^3 时，便导致肺部损伤。

6.2.55 烧损 destruction by heat

焚烧炉内的金属零部件因置于高温下被氧化而损坏。

6.2.56 侵蚀 etching

垃圾灰中的各种金属氧化物及它们互熔产生的低融点炉渣，对耐火材料所产生熔蚀作用。

6.2.57 氯化氢腐蚀 HCl corrosion

对聚氯乙烯为代表的含氯高分子物质焚烧时产生的氯化氢所造成的高温腐蚀。飞灰等对腐蚀有促进作用。

6.2.58 气体腐蚀 gas corrosion

由燃烧气中氯化氢和二氧化硫等气体所引起的腐蚀。

6.2.59 酸露点腐蚀 acid dew point corrosion

含硫物质燃烧时，会部分生成 SO_3，SO_3 和水形成 H_2SO_4，在比正常露点高的温度下，H_2SO_4 呈液态析出，这时的温度称酸露点。传热面或金属面在这个温度下所受到的硫酸的强烈腐蚀称酸露点腐蚀。

6.2.60 高温腐蚀 high temperature corrosion

在300℃以上的温度下，金属受到的腐蚀作用。

6.2.61 低温腐蚀 low temperature corrosion

燃烧气体中的酸性物质溶解在金属表面上的凝结水中，而对金属表面产生的腐蚀。

6.2.62 脱氯化氢 dehydrochlorination

在反应过程中添加某物质，以减少氯化氢生成或在排气中去除氯化氢的过程。

6.2.63 脱酸 de-acid

在反应过程中添加某物质，以减少酸性物质生成或在排气中去除酸性物质的过程。

6.2.64 烟气停留时间 flue gas retention time

燃烧气体从最后空气喷射口或燃烧器到换热面（如余热锅炉换热器等）或烟道冷风引射口之间的停留时间。

6.2.65 焚烧线 incineration line

对垃圾进入垃圾焚烧装置，经过焚烧变成炉渣排出和垃圾热能的转换，以及产生烟气的净化等垃圾处理过程所需要的全部工程设施的总称。

6.2.66 燃烧室 combustion chamber

垃圾焚烧炉内的垃圾燃烧空间。包括垃圾在炉床上干燥、燃烧、燃烬过程和燃烧过程中生成的可燃气体与可燃颗粒物燃烧过程所占据的全部空间。

6.2.67 再燃烧室（二次燃烧室） reburning chamber (secondary chamber)

使燃烧室排出的燃烧气体进一步燃烧而设置的燃烧空间。

6.2.68 飞灰稳定化 flyash stabilization

使飞灰转化为非危险废物的处理过程。

6.2.69 飞灰固化 flyash solidification

用物理、化学方法使飞灰稳定化的处理过程。

6.2.70 焚烧热效率 incineration thermal efficiency

垃圾焚烧放出的热量与垃圾总发热量之比。

6.2.71 垃圾焚烧锅炉热效率 thermal efficiency of waste incineration boiler

垃圾焚烧锅炉输出的热量与输入的总热量之比。

6.2.72 炉渣热灼减率 loss of ignition

焚烧垃圾产生的炉渣在（600±25）℃保持3h条件下，经灼热减少的质量占烘干后的原始炉渣质量的百分比。

6.2.73 焚烧工房 incineration building

用于安装焚烧炉、锅炉、烟气处理装置为主，包括垃圾卸料、贮存及各种辅助设施的综合性建筑物。

6.2.74 烟气净化系统 flue gas cleaning system

对烟气进行净化处理所采用的各种处理设施组成的系统。

6.2.75 二噁英类 dioxins

多氯代二苯并-对-二噁英和多氯代二苯并呋喃的总称。

6.2.76 额定工况 rated condition

焚烧炉达到额定处理的垃圾量时，额定垃圾低位热值点的工况。

6.2.77 最大工况 maximum rated condition

焚烧炉垃圾达到超负荷10%处理垃圾量时，额定垃圾低位热值点处的工况。

6.2.78 最小工况 minimum rated condition

焚烧炉达到最小处理垃圾量时的工况。

6.2.79 最大计算风量 maximum calculated air volume

在最大工况下的计算燃烧空气量。

6.2.80 半干法 semi-dry process

在反应容器内，喷入的碱性溶液在水分蒸发的过程中与垃圾焚烧烟气中的酸性污染物进行中和反应，生成固态化合物的方法。

6.2.81 干法 dry process

在反应容器内，喷入的固态碱性物质与垃圾焚烧烟气中的酸性污染物接触反应，生成固态化合物的方法。

6.3 垃圾热解气化

6.3.1 垃圾热解 refuse pyrolysis

垃圾在无氧（外热式热分解）或缺氧（内热式热分解，又称气化）的条件下，高温分解成燃气、燃油等物质的过程。

6.3.2 垃圾气化 refuse gasification

垃圾在高温缺氧条件下，与氧、水蒸气反应产生燃气和燃油的过程。

6.3.3 气化室 gasifier

气化过程发生的装置，包括以下五种类型：竖式固定床、水平固定床、流化床、多膛炉和回转窑。

6.3.4 热解油 pyrolytic oil

热解过程产物的液态部分，主要是一些碳水化合物。

6.3.5 焦碳 char

热解过程中的固态产物。

6.3.6 调节比 regulation rate

气化设备气体最大输入量和最小输入量之比。

6.4 堆 肥

6.4.1 生物化学处理 biochemical treatment

利用微生物分解转化有机物质的处理方法。

6.4.2 堆肥 compost

利用微生物对有机垃圾进行分解腐熟而形成的肥料。

6.4.3 堆肥化 composting

利用微生物的分解作用，使废物中有机物质稳定化的过程。

6.4.4 好氧堆肥 aerobic composting

在充分供氧的条件下，主要利用好氧微生物对废物进行堆肥的方法。

6.4.5 厌氧堆肥（厌氧消化） anaerobic composting

在无氧或缺氧条件下，主要利用厌氧微生物对废物进行堆肥的方法。

6.4.6 厌氧消化处理 anaerobic digestion

利用厌氧菌或兼性厌氧菌在无氧状态下，将有机物质分解的处理方法。

6.4.7 蚯蚓处理法（蚯蚓堆肥） vermiculture

利用蚯蚓的生长过程处理易腐有机物的资源化技术。

6.4.8 蚯蚓粪肥 earthworm muck

通过蚯蚓养殖，使废物中的有机物在蚯蚓消化系统中经过生物化学作用，所得的以蚯蚓排泄物为主的一种高效有机肥。

6.4.9 混合堆肥 co-composting

将不同组分的废物按一定的碳氮比（C:N）混合，协同堆肥的堆肥方式。

6.4.10 垃圾粪便堆肥化 refuse & nightsoil co-composting

将垃圾与粪便混合进行堆肥。

6.4.11 垃圾污泥堆肥化 refuse & sludge co-composting

将垃圾与污泥混合进行堆肥。

6.4.12 高温堆肥化 thermophilic composting

控制堆肥温度，主要利用嗜热性微生物进行堆肥，最佳温度范围为55～65℃。

6.4.13 堆肥原料 feedstock

适于制造堆肥的可降解有机物质。

6.4.14 可堆肥物质 compostable material

在堆肥化过程中能被生物降解的有机物质。

6.4.15 不可堆肥物质 noncompostable substance

在堆肥化过程中不能被降解的物质。

6.4.16 堆肥基质 compost substrate

提供堆肥微生物群落生命活动所需的碳源和能量的物质。

6.4.17 基质分解 substrate decomposition

堆肥基质在微生物酶的作用下发生降解的过程。

6.4.18 腐熟度 putrescibility

反映堆肥化过程中稳定化程度的指标。

6.4.19 熟化 maturation

堆肥废物经高温发酵后，在微生物作用下继续降解并达到稳定的过程。

6.4.20 腐熟堆肥 matured compost

熟化后的堆肥。

6.4.21 腐败 putrefaction

动植物性的有机物由微生物的作用而分解变质的现象。

6.4.22 堆肥周期 composting period

废物完成堆肥化所需的时间。

6.4.23 堆肥产品 compost product

可作为产品出售的堆肥产物。

6.4.24 有机复合肥 compound organic fertilizer

经无害化处理后的畜禽粪便及其他生物废物加入适量的微量营养元素制成的肥料。

6.4.25 有机无机肥（半有机肥） semi-organism fertilizer

有机肥料与无机肥料通过机械混合或化学反应而成的肥料。

6.4.26 掺合肥 mixed fertilizer

在有机肥、微生物肥、矿质肥、腐殖酸肥中按一定比例掺入化肥（硝态氮肥除外），并通过机械混合而成的肥料。

6.4.27 堆肥耗氧速率 compost oxygen consumption rate

在堆肥过程中，单位反应区域或单位废物量在单位时间内所消耗的氧量。

6.4.28 需氧量 oxygen demand

达到指定熟化程度时，堆肥反应所需的氧量。

6.4.29 供氧量 oxygen supply

向堆肥反应进行区域供应的氧量。

6.4.30 堆层氧浓度 oxygen concentration in the compost

在堆肥设施中，堆肥物空隙内氧（O_2）含量的百分比。

6.4.31 通风 aeration; ventilation

将空气送入堆肥反应区域或焚烧炉的过程。

6.4.32 机械通风 mechanical aeration

以机械手段所实现的通风，包括正压通风和负压通风。

6.4.33 正压通风 positive pressure aeration

鼓风机鼓风压入反应堆提供氧气的供氧方式。

6.4.34 负压通风 induced aeration; negative aeration

空气依靠抽风机产生的负压穿过反应堆的供氧方式。

6.4.35 自然通风 natural aeration

利用空气的温度差产生的流动，或是利用空气的自然扩散而将空气引入的通风方式。

6.4.36 通气孔 air vent

空气进入堆肥反应区域的孔道。

6.4.37 碳氮比 carbon-nitrogen ratio

垃圾、堆肥、土壤等废物中碳元素和氮元素含量之比。

6.4.38 碳磷比 carbon-phosphorus ratio

废物中碳元素与磷元素含量之比。

6.4.39 磷氮比 phosphorus-nitrogen ratio

废物中磷元素与氮元素含量之比。

6.4.40 垃圾翻倒 refuse turning

为加速垃圾堆肥化，人为地将垃圾翻动的操作。

6.4.41 发酵 fermentation; zymosis

有机物，特别是碳水化合物的酶促转化过程。

6.4.42 堆肥发酵 composting fermentation

微生物在受控条件下，以废物中有机组分为基质，进行新陈代谢活动，使有机质分解稳定的过程。

6.4.43 一级发酵（初级发酵） primary fermentation

堆肥发酵的第一阶段。以废物中易分解的有机组分被微生物迅速分解为特征的发酵过程。

6.4.44 二级发酵（次级发酵） secondary fermentation (curing)

堆肥的熟化阶段。一级发酵后，微生物以较低的速度分解较难降解有机物和发酵中间产物的发酵过程。

6.4.45 一次性发酵堆肥 one-stage composting

原料在发酵设施中一次完成生物降解的全过程。

6.4.46 二次性发酵堆肥 two-stage composting

原料先后在不同的发酵设施中完成生物降解的全过程。

6.4.47 好氧发酵 aerobic fermentation

在充分供氧的条件下进行的堆肥发酵过程，主要微生物群落为好氧菌群。

6.4.48 厌氧发酵 methane fermentation; anaerobic fermentation

在隔绝氧的条件下进行的堆肥发酵过程，主要微生物群落为厌氧菌群。

6.4.49 动态发酵 dynamic fermentation

堆肥发酵过程中，废物在外力作用下处于持续或间歇的运动状态。

6.4.50 静态发酵 static fermentation

堆肥发酵过程中，废物不受外力作用而运动，并处于相对静止的状态。

6.4.51 高温发酵 thermophilic fermentation

堆肥温度大于55℃，主要由嗜热微生物作用而产生的发酵。

6.4.52 中温发酵 mesophilic fermentation

堆肥温度为35～45℃，主要由嗜温微生物作用而产生的发酵。

6.4.53 堆肥微生物 compost microorganism

导致堆肥反应的各种微生物种群。

6.4.54 接种 inoculation; seeding

堆肥时，将堆肥微生物或含堆肥微生物的物料投到初始状态的堆肥原料中去的操作。

6.4.55 接种剂 inoculum (pl. Inocula); starter

含堆肥微生物，用于接种启动或加速堆肥过程的物料。

6.4.56 微生物 microorganism

只有借助于显微镜才能看见的任何生物体。

6.4.57 常温性微生物 psychrophilic microorganism

最佳活动温度在10℃左右的各种微生物。

6.4.58 嗜温性微生物 mesophilic microorganism

最佳活动温度范围在35～45℃之间的各种微生物。

6.4.59 嗜热性微生物 thermophilic microorganism

最佳活动温度范围大于55℃的各种微生物。

6.4.60 微生物活性 microbiological activity

对微生物代谢能力大小的描述。

6.4.61 大肠菌指数 coliform index

指单位容积(L)或单位重量(g)样品所含大肠菌的数量。反映水、土壤、蔬菜等直接或间接地受人、畜粪便污染程度的一个指标。

6.4.62 大肠菌值 colititer (colititre)

指被测物平均多少样品（容积或重量）中能查出一个大肠菌。反映水、土壤、蔬菜等受粪便污染程度的一个指标。

6.4.63 大肠菌群 coliform group

所有在37℃培养下，在48h内能使乳糖发酵而产酸、产气的、不生芽胞的、革兰氏阴性好氧与兼性厌氧的杆菌。

6.4.64 堆肥的稳定性 compost stability

利用微生物的作用，使垃圾中的有机质分解成对环境不再产生污染，施于土壤后不再对植物生长产生阻害的产物所达到的程度。

6.4.65 土壤调理剂 soil amendment; soil conditioner

土壤添加物，以稳定土壤，提高土壤抗蚀性能、透气性和透水性，改善土壤结构，增加持水性等土壤质量。

6.4.66 堆肥的卫生学性质 compost sanitary characteristic

堆肥有关人类健康方面的性质。主要以大肠菌值、蛔虫卵死亡率、苍蝇卵死亡度来描述。

6.4.67 腐殖质 humus

动植物残体与施入的有机肥料等经过微生物分解和合成作用而形成的一种比较稳定的黑色有机胶体。

6.4.68 腐殖质化 humification

有机废物经过微生物分解而重新组合成腐殖质的过程。

6.4.69 腐殖质指数 humification index (HI)

腐殖酸中的碳占总有机碳的百分比，是评价堆肥腐殖化的指标。

6.4.70 病原菌 pathogen; pathogenic bacteria

各种致病微生物、病毒等。

6.4.71 病媒（带菌体） vector

载带致病菌的动物或昆虫，如老鼠、蚊子等。

6.4.72 植物毒性 phytotoxicity

堆肥产品应用于作物种植时，潜在抑制作物生长的性质。

6.4.73 露天堆肥 outdoor composting

在露天堆积垃圾的堆肥方式。包括翻搅式露天堆肥和静态露天堆肥

6.4.74 翻搅式露天堆肥 agitated outdoor composting

堆肥过程中定期机械翻搅反应堆，以便提供氧气调节水分的堆肥方式。

6.4.75 静态露天堆肥 static outdoor composting

堆肥过程中通过埋于反应堆的通风管机械通风或自然通风提供氧气的堆肥方式。

6.4.76 容积式堆肥 in-vessel composting; reactor composting

将可堆肥垃圾置于一定容器的堆肥方式。

6.4.77 机械化堆肥 mechanized composting

堆肥过程中的垃圾移动、通风等环节均由机械完成的堆肥化工艺之总称。

6.4.78 连续堆肥法 continuous composting

持续进出料的堆肥方式。

6.4.79 间歇堆肥法 intermittent composting

分批次进出料的堆肥方式。

6.4.80 生物过滤器 biofilter

以腐熟堆肥为过滤介质，依靠物理化学作用吸附并利用堆肥中的微生物降解恶臭的设备。

6.4.81 消化器 digester

配有搅拌和曝气设施的封闭堆肥系统。

6.4.82 堆肥滚筒（Dano筒） drum composting system

动态堆肥系统的一种形式，呈长圆柱形，筒的旋转携带废物向上运动再向下跌落，从而实现混合搅拌和供氧。

6.5 粪便处理

6.5.1 粪便处理 nightsoil treatment

通过粪便处理厂（场），采用生物或物理、化学方法对粪便进行的处理。

6.5.2 粪便无害化处理 nightsoil hazard-free treatment

粪便通过处理，有机物发酵分解，使其中的病原菌、寄生虫卵以及蝇蛆死灭，达到无害化卫生标准。

6.5.3 粪便清运量 nightsoil transfer quantity

城市各粪便收集点运出城区的粪便数量。

6.5.4 粪便处理量 nightsoil treatment capacity

各无害化处理场（厂）通过无害化处理技术工艺方法处理粪便的数量。

6.5.5 粪便处理率 nightsoil treatment ratio

粪便处理量与粪便产生量的比率。

6.5.6 化粪池 septic tank

流经池子的污水与沉淀污泥直接接触，有机固体借厌氧细菌作用分解的一种沉淀池。

6.5.7 粪便消化处理 nightsoil digestion

粪便在消化池中通过微生物的分解，使之无害化、稳定化的过程。

6.5.8 粪便好氧消化处理 nightsoil aerobic digestion

粪便除渣后，通过微生物好氧消化，消化液再经标准稀释后曝气、消毒处理的过程。

6.5.9 粪便厌氧消化处理 nightsoil anaerobic digestion

粪便经过除渣后，通过微生物厌氧消化，消化液再经标准稀释后曝气、消毒处理的过程。

6.5.10 标准稀释法 standard dilution process

粪便经过除渣或除渣消化处理后，将其稀释20倍左右，并作进一步处理。包括厌氧性处理、好氧性处理和物理化学处理。

6.5.11 粪便稀释曝气处理 nightsoil dilution and aeration treatment

粪便经除渣后即进行稀释、曝气和消毒的处理。

6.5.12 活性污泥法 activated sludge process

在污水中加入活性污泥，将其均匀混合并进行曝气，使污水中的有机质被活性污泥吸附、氧化，使污水得以净化的方法。

6.5.13 粪便一段活性污泥处理 nightsoil one-stage activated sludge process

粪便经除渣后，一次稀释和曝气的处理。

6.5.14 粪便二段活性污泥处理 nightsoil two-stage activated sludge process

粪便除渣后，经二次稀释、二次曝气的处理。

6.5.15 粪便物理化学处理 nightsoil physicochemical treatment

运用物理和化学的综合作用，使粪便得到净化的方法。有湿式氧化法、蒸发干燥法、燃烧法。

6.5.16 粪便低稀释法 nightsoil low dilution process

粪便处理过程中，将其稀释在10倍以下（较标准稀释法低），然后再进行处理的方法。

6.5.17 粪便混凝处理 nightsoil coagulation treatment

向粪水中投入混凝剂，消除或降低水中胶体颗粒间的相互排斥力，使其中胶体颗粒易于相互碰撞和附聚搭接而成为较大颗粒或絮体，进而被分离的方法。

6.5.18 氧化塘（稳定塘） oxidation pond (stabilization pond)

以塘为主要构筑物，利用自然生物群体净化污水的处理设施。

6.5.19 硝化 nitrification

在自养性硝化细菌作用下，含氮物质被好氧氧化成亚硝酸盐和硝酸盐的过程。

6.5.20 反硝化作用 denitrification

在反硝化细菌作用下将硝酸盐、亚硝酸盐还原为分子态氮的过程。

6.5.21 消毒 disinfection

使所有的病原体杀灭或失活的处理过程。

6.5.22 灭菌 sterilization

杀灭物体上所有微生物的措施，包括病原体和非病原体、营养体和芽孢。

6.5.23 杀虫 disinsection

杀灭病媒昆虫，以降低虫媒传染病发病率的措施。

6.5.24 恶臭 stench

给人以不快感、厌恶感的气味。

6.5.25 恶臭污染物 odor pollutants

指一切刺激嗅觉器官引起人们不愉快及损坏生活环境的气体物质。

6.5.26 腐败臭 rancidity

通常是由动植物的蛋白质、碳水化合物及油脂类物质分解而产生的硫化氢及硫醇类等含硫化合物、胺类等的含氮化合物以及低级脂肪酸类等组成的复合臭气，是一种使人呕吐的厌恶性恶臭。

6.6 处理设施

6.6.1 环境卫生公共设施 public sanitation facility

供人们在公共场所使用的环卫设施。

6.6.2 环境卫生工程设施 environmental sanitation engineering facility

用于收集、运输、转运、处理、综合利用和最终处置城市生活垃圾、粪便的工程设施，可分为垃圾转运站、垃圾与粪便码头、垃圾与粪便无害化处理厂（场）、垃圾最终处置场、贮粪池、洒水（冲洗）车供水站、进城车辆清洗站等。

6.6.3 垃圾堆放场 refuse dump

没有配套的处理设施、设备的垃圾裸露堆放场所。

6.6.4 建筑垃圾堆放场 construction waste dump

专门倾倒建筑垃圾的堆放场所。

6.6.5 填埋场 landfill site

采用填埋方法处置废物的场所。

6.6.6 卫生填埋场 sanitary landfill

按国家现行卫生填埋标准进行设计、建设和管理的填埋场所。

6.6.7 堆肥厂 composting plant

按国家现行堆肥处理标准进行设计、建设和管理的堆肥场所。

6.6.8 焚烧厂 incineration plant

按国家现行焚烧处理标准进行设计、建设和管理的焚烧场所。

6.6.9 垃圾热解厂 refuse pyrolysis plant

用热解技术对垃圾进行处理的场所。

6.6.10 粪便处理厂 nightsoil treatment plant

按国家现行标准进行设计、建设和管理的粪便处理场所。

6.6.11 粪便卫生处理厂 nightsoil sanitary treatment plant

用某种方法对粪便进行处理，使之达到卫生学要求的（杀灭寄生虫卵、致病菌，不招引蚊蝇，无明显恶臭）处理场所。

6.6.12 环卫停车场 parking area (parking lot) for sanitation truck

专用于停放、保养环境卫生车辆的专用场所。

6.6.13 环卫车辆厂 sanitation garage

从事环卫专用车辆改装和修理的工厂。

6.6.14 环卫船舶厂 sanitation ship yard

从事环卫船舶修理和制造的工厂。

6.6.15 环卫机械修造厂 sanitation machine repairing works

从事环卫机具修理和制造的工厂。

6.6.16 环卫加油站 sanitation petrol station

供环卫机动车辆和船舶补充油料的设施。

6.6.17 环卫供水站 sanitation water supply station

环卫洒水车、清洗车和船舶等的供水点。

6.6.18 进城车辆清洗站 suburb vehicle cleaning station

在城郊结合部建造的为各种进城机动车辆提供清洗和保洁服务的设施。

6.6.19 环卫码头 sanitation wharf (dock)

用于垃圾、粪便水陆转运的专用码头。

6.7 污染控制

6.7.1 污水 sewage

生活过程中的排出水。

6.7.2 废水 wastewater

生产过程中的排出水。

6.7.3 中水道 intermediate water supply

供水水质介于上水道（自来水）和下水道（污水）水质之间的供水系统。通常对循环回用的废水（污水）或雨水加以适当处理，达到厕所冲洗及绿化浇洒用水的回用水质要求。

6.7.4 下水道 sewerage

各种生活污水、生产废水及雨水的排水管道系统。

6.7.5 渗沥液（渗滤液） leachate

废物在分解过程中产生的液体以及渗出的地下水和渗入的地表水的总称。

6.7.6 生物氧化处理法 biological oxidation treatment

利用好气菌，在氧气存在条件下对污水进行处理的方法。

6.7.7 物理—化学处理法 physicochemical treatment

采用物理化学方法对污水进行处理的方法。

6.7.8 化学处理法 chemical treatment

利用化学方法对污水进行处理的方法。

6.7.9 臭氧处理法 ozonization treatment

利用臭氧对污水进行处理的方法。

6.7.10 化学吸附法 chemical adsorption

利用吸附剂和被吸附物质间相互作用而产生的吸

附对污水进行处理的方法。

6.7.11 曝气 aeration

将空气导入污水的过程。

6.7.12 生物氧化塘法 biooxidation pond process

利用氧化塘处理污水的方法。

6.7.13 生物降解 biodegradation

生物对有机物分解的过程。

6.7.14 恶臭掩蔽法 stench masking process

利用掩蔽剂将恶臭掩蔽起来，以达到心理或嗅觉上的无臭效果。

6.7.15 臭气浓度 odor concentration

大气中单位容积内所含臭气的值。

6.7.16 臭气单位 odor unit

把臭气用无臭空气稀释成无臭时所需的稀释倍数。

6.7.17 臭气度(臭味强度指数) odor intensity index

利用感能实验测定臭气强度时，被用来表示臭气强度的值。

6.7.18 嗅觉阈值 olfaction threshold

人们开始嗅到时的污染物浓度。

6.7.19 脱臭剂 deodorant

亦称消臭剂。通过化学、生物或物理作用去除或减轻臭气的药剂。

6.7.20 生物脱臭法 biological deodorization

利用微生物降解、转化恶臭物质的方法。

6.7.21 土壤除臭法 soil deodorization

利用土壤对恶臭物质的吸附、吸收作用，并在土壤中微生物的作用下降解、转化恶臭物质的方法。

6.7.22 活性污泥除臭法 activated sludge deodorization

利用活性污泥中微生物降解、转化恶臭物质的方法。

6.7.23 吸附脱臭法 adsorption deodorization

利用充填了各种吸附剂的吸收塔降解、转化恶臭物质的方法。包括物理吸附脱臭法和化学吸附脱臭法。

6.7.24 臭氧脱臭法 ozone deodorization

利用臭氧降解、转化恶臭物质的方法。

6.7.25 燃烧脱臭法 burning deodorization

将臭气与燃烧喷嘴火焰直接接触混合以达到除臭效果的方法。

6.7.26 催化除臭法 catalytic deodorization

利用催化剂的催化作用进行脱臭的方法。

6.7.27 离子交换树脂除臭法 ion-exchange deodorization

利用离子交换树脂捕捉恶臭成分中阴离子、阳离子进行脱臭的方法。

6.7.28 水洗除臭法 water wash deodorization

通过水去除恶臭物质中可溶成分和一部分难溶成分的方法。

6.7.29 碱洗除臭法 alkaline wash deodorization

以10%火碱或饱和石灰水等作为洗涤剂，通过药液洗涤塔方式去除酸性恶臭物质的方法。

6.7.30 烟 smoke

燃烧过程中形成的固体粒子的气溶胶。粒子粒径一般在0.01～1.00μm之间。

6.7.31 黑烟 black smoke

由废物燃烧产生的能见的气溶胶。

6.7.32 粉尘 dust

大气中粒径一般在1～200μm范围内的固体颗粒。它是悬浮于气体介质的小固体粒子，能因重力作用发生沉降，但在垃圾处理、搬运等过程中，在某一段时间内能保持悬浮状态。

6.7.33 飘尘 floating dust

大气中粒径小于10μm的固体颗粒。它能长期在大气中漂浮，有时也称浮游粉尘。

6.7.34 降尘 dustfall

大气中粒径大于10μm的固体颗粒物的总称。它在重力作用下，可在较短时间内沉降到地面。

6.7.35 总悬浮微粒(TSP) total suspended particulate

大气中粒径小于100μm的所有固体颗粒。

6.7.36 重金属 heavy metal

相对密度在4.5以上的金属的统称。如汞、镉、铬、锌、铅、铜、铁、镍、锡等。

6.7.37 重金属污染 heavy metal pollution

对某一确定体系而言，重金属的含量超过允许的范围，造成对环境和人体的危害。

6.7.38 白色污染 pollution from plastic wastes

人们随意抛弃在自然界中的废旧塑料包装制品(袋、薄膜、农膜、餐盒、饮料瓶、包装填充物等)，飘挂在树上，散落在路边、草坪、街头、水面、农田及住地周围等处的这种随处可见的污染环境现象。

6.7.39 恶臭公害（恶臭污染） odor nuisance

由恶臭物质导致的环境污染，对人类生活和健康造成的危害。

6.7.40 臭气阈值 odor threshold

人体对每种臭气的最低嗅知极限。

6.7.41 臭气阈值浓度(嗅知浓度) odor threshold concentration;odor threshold value

达到嗅知极限时臭气的浓度。

6.7.42 噪声公害 noise nuisance

由噪声导致的环境污染，对人类生活和健康造成的危害。

6.7.43 噪声标准曲线 noise criterion curve

噪声标准判据曲线，也称NC曲线。

6.7.44 烟雾 smog

固态和液态细小颗粒物。

7 管　理

7.1 环 境 监 测

7.1.1 监测 monitoring

为了追踪污染物种类、浓度的变化，在一定时期内对污染物进行重复测定，或为了判断是否达到标准或评价管理和控制系统的效果，对污染物进行的定期测定。

7.1.2 监测网 monitoring net

为了解环境背景、现状和预计未来环境趋势而设计的环境监测网络系统。

7.1.3 环境监测 environmental monitoring

运用化学、生物学、物理学、环境毒理学和环境流行病学等方法对环境中污染物的性质、浓度、影响范围及其后果进行的调查和测定。

7.1.4 环境卫生监测 sanitation monitoring

以城市环境卫生为对象，运用物理、化学和生物的技术手段，对影响城市环境卫生的各种现象及其有关污染物的组成成分进行定性、定量和系统的综合分析，以探索研究城市环境卫生质量的变化规律。

7.1.5 生物监测 biological monitoring

在受污染环境中，通过观察生物的种类、数量、指示性生物的优势度及其演替的状况来监测环境整体的综合情况。

7.1.6 土壤污染监测 soil pollution monitoring

指对土壤中各种金属、有机污染物、农药与病原菌的来源、污染水平及积累、转移或降解途径进行的监测活动。

7.1.7 水质监测 water quality monitoring

指监视和测定水体中污染物的种类、各类污染物的浓度及变化趋势，评价水质状况的过程。

7.1.8 本底监测 background monitoring

指在工程设施投入使用前对场地及周围背景值的测试行为。包括地下水、地面水、土壤、大气的本底监测。其数据可代表该地自然本貌。

7.1.9 空气污染指数 Air Pollution Index（API）

指将常规监测的几种空气污染物浓度简化成为单一的概念性指数值形式，并分级表征空气污染程度和空气质量状况，适合于表示城市的短期空气质量状况和变化趋势。

7.1.10 环境背景值 environment background value

指起始状态的环境各要素，如大气、水体、岩石、土壤、植物、动物和人体组织中与环境污染有关的各种物理、化学、生物要素。它反映原始状态的环境质量。

7.2 管 理

7.2.1 环境卫生地理信息系统 environmental sanitation geographic information system（GIS）

运用地理信息技术对环境卫生涉及地域内的所有地理特征定位的计算机化模型系统。

7.2.2 景观灯光监控 landscape lighting monitoring

采用无线电通讯、远程技术、计算机网络、电子电器技术和工业控制等现代化综合科学技术，监视和控制景观灯光的手段。

7.2.3 景观灯光管理 landscape lighting management

采用无线传输方式实现景观灯光的实时控制和行政管理的方式。

7.2.4 固体废物管理 solid waste management（SWM）

对固体废物的产生、收集、分选、存放、运输、处理以及最终处置实行的系统管理。

7.2.5 固体废物综合管理 integrated solid waste management（ISWM）

利用各种废物管理技术对废物流进行管理、处理和处置，包括源减量、废物再循环、堆肥、焚烧、填埋等各种措施，最终实现废物量最小化的目标。

7.2.6 环境管理体系 Environmental Management System（EMS）

包括为制定、实施、实现、评审和维护环境方针所需的结构，策划活动职责、操作、规程、程序、过程和资源。

7.2.7 环境卫生 environmental sanitation

人类赖以生存和发展的卫生的自然环境和社会环境。

7.2.8 环境卫生水平 environmental sanitation level

人类赖以生存和发展的自然环境和社会环境的卫生程度。

7.2.9 环境卫生体系 Environmental Sanitation System

为创造清洁、优美、舒适的城镇生活环境、促进城镇物质文明与精神文明建设和可持续发展而进行的垃圾、粪便、建筑渣土等废物的清扫、收集、运输、处理、处置、综合利用，以及与此相关的机械设备生产经营，垃圾处理技术的研究开发，垃圾处理设施的设计、建设、运营，市容环境卫生专业规划、管理、监管与中介服务等的总称。主要由政府行政体系、市场运行体系、社会参与体系和应急体系构成。

7.2.10 环境管理 environmental management

运用行政、法律、经济、教育和科学技术手段，协调社会经济发展同环境保护之间的关系，处理国民经济各部门、各社会集团和个人有关环境问题的相互关系，使社会经济发展在满足人们物质和文化生活需要的同时，防治环境污染和维护生态平衡。

7.2.11 环境卫生管理 environmental sanitation administration

采用行政、经济、法律、科技等手段，对环境卫生工作实施决策、规划、组织、协调、监督、服务宣传、教育等，使自然环境和社会环境达到卫生要求的管理。有城镇环境卫生管理、集镇和村庄环境卫生管理。

7.2.12 环境卫生管理机构 environmental sanitation administrative organization

各级政府负责环境卫生管理的组织。有城镇环境卫生管理机构、集镇和村庄环境卫生管理机构。

7.2.13 环境卫生管理体制 environmental sanitation administrative system

为实施对环境卫生管理所采取的组织制度。有城镇环境卫生管理体制、集镇和村庄环境卫生管理体制。

7.2.14 全过程管理 overall process management

对废物从产生、收集、运输到处理、处置的全部环节进行的管理。

7.2.15 环境卫生法制 environmental sanitation legal system

通过政权机关建立起来的环境卫生法律制度，包括法律的制定、执行和遵守等。有城镇环境卫生法制、集镇和村庄环境卫生法制。

7.2.16 环境卫生法规 environmental sanitation legislation

环境卫生法律、法规、规章、规范性文件等的总称。有城镇环境卫生法规、集镇和村庄环境卫生法规。

7.2.17 环境卫生规划 environmental sanitation planning

为促进环境卫生事业的发展，对废物量、环卫管理、环卫设备设施、环卫信息与科技以及环卫法规等方面进行的指导性规划。

7.2.18 环境保护考核指标 environmental protection inspection index

指考核环境保护工作成果的指标。

7.2.19 环境保护指标体系 environmental protection index system

一系列反映环境保护活动相互联系的指标组成的有机整体。

7.2.20 生活垃圾作业系统 domestic waste operation system

以生活垃圾为劳动对象的所有作业活动的总和。主要由生活垃圾的收集、运输、中转、处理、处置等环节组成。

7.2.21 生活垃圾作业管理系统 domestic waste operation management system

对生活垃圾作业系统实施管理的组织系统。

7.2.22 粪便作业系统 nightsoil operation system

以粪便为劳动对象的所有作业活动的总和。主要由粪便的收集、运输、中转、处理、处置等环节组成。

7.2.23 粪便作业管理系统 nightsoil operation management system

对粪便作业系统实施管理的组织系统。

7.2.24 卫生防护距离 sanitation protection distance

产生有害因素的作业区域或收运工具停放场所与居民区之间的安全隔离距离。

7.2.25 建筑垃圾作业系统 construction waste operation system

以建筑垃圾为劳动对象的所有作业活动的总和。主要由建筑垃圾的收集、运输、中转、处理、处置等环节组成。

7.2.26 建筑垃圾管理 construction waste management

对建筑垃圾的收集、运输、消纳、处理的管理。

7.2.27 建筑垃圾作业管理系统 construction waste operation management system

对建筑垃圾作业系统实施管理的组织系统。

7.2.28 道路清扫作业系统 road sweeping & cleaning operation system

为保证道路清洁所开展的各种作业活动的总和。主要由清扫、保洁、道路垃圾的收集、运输、路面洒水、清洗等环节组成。

7.2.29 道路清扫作业管理系统 road sweeping & cleaning operation management system

对道路清扫作业系统实施管理的组织系统。

7.2.30 船舶生活垃圾作业系统 waste from ships operation system

以船舶产生的生活垃圾为劳动对象的所有作业活动的总和。主要由船舶生活垃圾的收集、运输、中转、处理、处置等环节组成。

7.2.31 船舶生活垃圾作业管理系统 waste from ships operation management system

对船舶生活垃圾作业系统实施管理组织系统。

7.2.32 水面漂浮垃圾作业系统 floating waste on water operation system

以水面漂浮垃圾为劳动对象的所有作业活动的总和。主要由水面漂浮垃圾的收集、运输、中转、处理、处置等环节组成。

7.2.33 水面漂浮垃圾作业管理系统 floating waste operation management system

对水面漂浮垃圾作业系统实施管理的组织系统。

7.2.34 船舶粪便污水作业系统 nightsoil sewage from ships operation system

以船舶粪便污水为劳动对象的所有作业活动的总和。主要由船舶粪便污水的收集、运输、中转、处理、处置等环节组成。

7.2.35 船舶粪便污水作业管理系统 nightsoil from ships operation management system

对船舶粪便污水作业系统实施管理的组织系统。

7.2.36 水域环境卫生 water area environmental sanitation

人类赖以生存和发展的江、河、湖、海等水域的卫生环境。

7.2.37 水域环境卫生水平 water area environmental sanitation level

人类赖以生存和发展的水域的卫生程度。

7.2.38 水域环境卫生管理 water area environmental sanitation management

采用行政、经济、法律、科技等手段，对水域环境卫生工作实施决策、规划、组织、协调、监督、服务、宣传、教育的管理。

附录 A 英文术语条目索引

A

absorber 吸收装置 5.7.31

absorption facility 吸收装置 5.7.31

acid dew point corrosion 酸露点腐蚀 6.2.59

activated sludge 活性污泥 2.4.6

activated sludge deodorization 活性污泥除臭法 6.7.22

activated sludge process 活性污泥法 6.5.12

adhesive water 附着水 3.0.74

adsorbed water 吸着水 3.0.75

adsorber 吸附装置 5.7.32

adsorption 吸附 3.0.58

adsorption deodorization 吸附脱臭法 6.7.23

aeration 通风 6.4.31

aeration 曝气 6.7.11
aeration ship 曝气船 4.5.6
aerobic composting 好氧堆肥 6.4.4
aerobic fermentation 好氧发酵 6.4.47
aerobic landfill 好气性填埋（好氧填埋） 6.1.5
after burner 后燃烧器 5.7.29
after burning 后燃烧 6.2.39
agitated outdoor composting 翻搅式露天堆肥 6.4.74
agricultural waste 农业废物 2.1.6
air conveyor 气力输送机 5.1.5
air permeability 透气性 3.0.78
Air Pollution Index（API） 空气污染指数 7.1.9
air vent 通气孔 6.4.36
alkaline wash deodorization 碱洗除臭法 6.7.29
anaerobic composting 厌氧堆肥（厌氧消化） 6.4.5
anaerobic digestion 厌氧消化处理 6.4.6
anaerobic fermentation 厌氧发酵 6.4.48
anaerobic landfill 厌气性填埋（厌氧填埋） 6.1.7
anchor ditch 锚固沟 6.1.37
anchor platform 锚固平台 6.1.36
area method 平面作业法 6.1.8
artificial environment 人文环境 3.0.2
artificial liners 人工合成衬里 6.1.53
Ascaris Lumbricoides 蛔虫 2.3.4
ash conveyor 灰渣输送机 5.7.28
ash residue 灰渣 6.2.14
atomizer 雾化器 5.7.25
atomizer burner 雾化燃烧器 5.7.26
auger conveyor 螺旋输送机 5.1.3
auxiliary combustion equipment 助燃装置 5.7.23
auxiliary fuel 辅助燃料 6.2.25
available landfill area 有效填埋面积 6.1.4
average per domestic waste（nightsoil）transfer expense 生活垃圾（粪便）清运平均费用 3.0.95
average per domestic waste treatment expense 生活垃圾处理平均费用 3.0.96

B

background monitoring 本底监测 7.1.8
background monitoring well 本底监测井 3.0.84
baghouse 袋室 6.2.43
balor 压捆机（打包机） 5.3.2
ball grinder 球磨机 5.4.8
ball mill 球磨机 5.4.8
band conveyor 带式输送机 5.1.1
batch firing 分批投料焚烧方式 6.2.36
beach land method 滩地作业法 6.1.11
belt conveyor 带式输送机 5.1.1
beyond business scope activity 跨门营业 3.0.14
biochemical treatment 生物化学处理 6.4.1
biodegradation 生物降解 6.7.13
biofilter 生物过滤器 6.4.80
biological deodorization 生物脱臭法 6.7.20
biological monitoring 生物监测 7.1.5
biological oxidation treatment 生物氧化处理法 6.7.6
biooxidation pond process 生物氧化塘法 6.7.12
black smoke 黑烟 6.7.31
blast pit 排气井 6.1.31
blowing out 停炉 6.2.49
breeching 烟道 6.2.44
bridge crane 桥式起重机 5.2.3
briquetting 压块 5.3.1
bucket 抓斗 5.2.6
bucket elevator 斗式提升机 5.2.2
bulky waste 大件垃圾（粗大垃圾） 2.2.21
burning deodorization 燃烧脱臭法 6.7.25
burning rate 焚烧速度 6.2.26

C

cantilever crane 悬臂式起重机 5.2.4
cantilever grabbing crane 悬臂式抓斗起重机 5.2.5
capacity of incineration 焚烧能力 6.2.3
capillary water 毛细管水 3.0.73
capillary-break（CB）approach 毛细管截留法 6.1.59
carbon-nitrogen ratio 碳氮比 6.4.37
carbon-phosphorus ratio 碳磷比 6.4.38
catalytic deodorization 催化除臭法 6.7.26
centrifugal separation 离心分离 3.0.50
centrifuge 离心机 5.6.3
chain conveyor 链式输送机 5.1.2
char 焦碳 6.3.5
chemical adsorption 化学吸附法 6.7.10
chemical treatment 化学处理法 6.7.8
chimney flue 烟道 6.2.44
chimney shaft 烟囱 6.2.45
city appearance 市容 3.0.1
city appearance management 市容管理 3.0.3
city appearance planning 市容规划 3.0.7
city appearance renovation 市容整治 3.0.6
city environment 城市环境 3.0.8
city status 城市雕塑 3.0.18
clarification 澄清 3.0.53
claw loader 蟹爪式装载机 5.1.8
clay liners 黏土类衬里 6.1.52
cleaning road area 道路清扫面积 3.0.26
cleaning ship 水面保洁船（水面清扫船） 4.5.4
cleaning tanker 清洗车 4.4.13

clearing refuse 清扫垃圾 2.2.12
closure of landfill 填埋场封场 6.1.58
co-composting 混合堆肥 6.4.9
coliform group 大肠菌群 6.4.63
coliform index 大肠菌指数 6.4.61
colititer (colititre) 大肠菌值 6.4.62
collected stack 集合烟囱 6.2.47
collection by dustbin 垃圾箱（桶）式收集 4.2.4
collection by waste container 垃圾集装箱式收集 4.2.5
collection with refuse sack 垃圾袋装式收集 4.2.7
combustible gas 可燃气 6.2.20
combustible refuse 可燃垃圾 2.2.18
combustion chamber 燃烧室 6.2.66
combustion chamber heat load 燃烧室热负荷 6.2.8
combustion efficiency 焚烧效率 6.2.28
combustion facility 燃烧设备 5.7.34
combustion gas 燃烧气 6.2.19
combustor 焚烧炉本体 5.7.37
commercial refuse 商业垃圾 2.2.27
compacted clay liner (CCL) 压实黏土层 6.1.47
compacted soil layer 压实土层 6.1.46
compacted waste density 压实密度 6.1.45
compacting 压实 6.1.39
compaction factor 压实系数 6.1.44
composite liners 复合衬里 6.1.54
compost 堆肥 6.4.2
compost microorganism 堆肥微生物 6.4.53
compost oxygen consumption rate 堆肥耗氧速率 6.4.27
compost product 堆肥产品 6.4.23
compost sanitary characteristic 堆肥的卫生学性质 6.4.66
compost stability 堆肥的稳定性 6.4.64
compost substrate 堆肥基质 6.4.16
compostable material 可堆肥物质 6.4.14
compostable refuse 可堆肥垃圾 2.2.16
composting 堆肥化 6.4.3
composting fermentation 堆肥发酵 6.4.42
composting period 堆肥周期 6.4.22
composting plant 堆肥厂 6.6.7
compound organic fertilizer 有机复合肥 6.4.24
concentrated sludge 浓缩污泥 2.4.4
cone crusher 圆锥破碎机 5.4.4
construction waste 建筑垃圾 2.2.22
construction waste dump 建筑垃圾堆放场 6.6.4
construction waste management 建筑垃圾管理 7.2.26
construction waste operation management system 建筑垃圾作业管理系统 7.2.27
construction waste operation system 建筑垃圾作业系统 7.2.25
continuous composting 连续堆肥法 6.4.78
continuous firing 连续焚烧方式 6.2.37
cover 覆盖 6.1.40
crushing 冲击破碎 5.4.1
cut-off ditch 截洪沟 6.1.23

D

daily cover 日覆盖 6.1.41
de-acid 脱酸 6.2.63
decoration waste 装潢垃圾 2.2.23
dehydration 脱水 3.0.48
dehydrator 脱水机 5.6.1
dehydrochlorination 脱氯化氢 6.2.62
denitrification 反硝化作用 6.5.20
deodorant 脱臭剂 6.7.19
destruction by heat 烧损 6.2.55
detachable container garbage collector 车厢可卸式垃圾车 4.4.8
detention basin 截留井 6.1.15
dewatered sludge 脱水污泥 2.4.12
dewaterer 脱水机 5.6.1
dewatering 脱水 3.0.48
digested sludge 消化污泥 2.4.13
digester 消化器 6.4.81
dilution air 稀释空气 6.2.50
dilution factor 稀释因子 6.1.18
dioxins 二噁英类 6.2.75
disinfection 消毒 6.5.21
disinsection 杀虫 6.5.23
disposal 处置（最终处理） 3.0.38
diversion dam 导流坝 6.1.21
diversion ditch (canal) 导流渠 6.1.20
domestic waste 生活废物 2.1.3
domestic waste 生活垃圾 2.2.5
domestic waste (nightsoil) generation quantity 生活垃圾（粪便）产生量 3.0.42
domestic waste (nightsoil) transfer quantity 生活垃圾（粪便）清运量 3.0.43
domestic waste enclosed transfer quantity 生活垃圾封闭化清运量 3.0.44
domestic waste enclosed transfer ratio 生活垃圾封闭化清运率 3.0.45
domestic waste operation management system 生活垃圾作业管理系统 7.2.21
domestic waste operation system 生活垃圾作业系统 7.2.20
domestic waste treatment ratio 生活垃圾处理率 3.0.46
door-to-door collection 分户式收集（上门收集） 4.2.6
draft loss 通风损失 6.2.51
drain 排水沟 6.1.25

drum composting system 堆肥滚筒（Dano 筒） 6.4.82
dry process 干法 6.2.81
drying stove 烘干炉 5.6.7
dual fluidized bed pyrolysis oven 双塔流化床热解炉 5.7.13
dual fluidized bed pyrolyzer 双塔流化床热解炉 5.7.13
dump truck 自卸式垃圾车 4.4.4
dust 粉尘 6.7.32
dustbin 垃圾箱（垃圾桶） 4.1.2
dustfall 降尘 6.7.34
dynamic city appearance management 动态市容管理 3.0.4
dynamic fermentation 动态发酵 6.4.49

E

earthworm muck 蚯蚓粪肥 6.4.8
effective chimney height 有效烟囱高度 6.2.46
effective stack height 有效烟囱高度 6.2.46
elevator 提升机 5.2.1
enterprise waste 单位生活垃圾 2.2.26
environment background value 环境背景值 7.1.10
environmental management 环境管理 7.2.10
Environmental Management System（EMS） 环境管理体系 7.2.6
environmental monitoring 环境监测 7.1.3
environmental protection index system 环境保护指标体系 7.2.19
environmental protection inspection index 环境保护考核指标 7.2.18
environmental sanitation 环境卫生 7.2.7
Environmental Sanitation System 环境卫生体系 7.2.9
environmental sanitation administration 环境卫生管理 7.2.11
environmental sanitation administrative organization 环境卫生管理机构 7.2.12
environmental sanitation administrative system 环境卫生管理体制 7.2.13
environmental sanitation engineering 环境卫生工程 3.0.24
environmental sanitation engineering facility 环境卫生工程设施 6.6.2
environmental sanitation geographic information system (GIS) 环境卫生地理信息系统 7.2.1
environmental sanitation legal system 环境卫生法制 7.2.15
environmental sanitation legislation 环境卫生法规 7.2.16
environmental sanitation level 环境卫生水平 7.2.8
environmental sanitation planning 环境卫生规划 7.2.17
equalization basin 调节池 6.1.17
etching 侵蚀 6.2.56
evaporation 蒸发 3.0.56
evaporative capacity 蒸发量 3.0.57
excavated method 沟填作业法 6.1.10
excess sludge 剩余污泥 2.4.10
excess-air 过剩空气 6.2.22
excrement 排泄物 2.3.1
excrement and urine 粪便 2.3.2
excreta 排泄物 2.3.1
exhaust gas duct 烟道 6.2.44
exhaust gas from incinerator 焚烧排气 6.2.18
explosion-proof door 防爆门 5.7.27

F

facade 立面 3.0.11
fecal coliform 粪大肠菌群 2.3.3
feed chute 推料装置 5.7.36
feed hopper 投料漏斗 5.7.35
feeder 给料机 5.1.10
feedstock 堆肥原料 6.4.13
fermentation 发酵 6.4.41
festal lampion lighting 节庆彩灯 3.0.21
field moisture holding capacity 田间持水量 3.0.77
filter press 压滤机 5.6.2
filterability 可滤性 3.0.55
filtration 过滤 3.0.54
final cover 最终覆盖（终场覆盖） 6.1.43
fine dust 锅炉灰 6.2.15
fixed dustbin 固定式垃圾箱 4.1.3
fixed grate 固定炉排 5.7.20
float slag 浮渣 2.4.5
floating dust 飘尘 6.7.33
floating waste on water operation system 水面漂浮垃圾作业系统 7.2.32
floating waste operation management system 水面漂浮垃圾作业管理系统 7.2.33
floor combustion method 炉床燃烧方式 6.2.34
flotation 浮选 5.5.6
flour incinerator 床式焚烧炉 5.7.9
flue dust 烟道灰 6.2.53
flue gas 烟道气 6.2.23
flue gas cleaning system 烟气净化系统 6.2.74
flue gas cooling facility 燃烧烟气冷却设备 5.7.38
flue gas retention time 烟气停留时间 6.2.64
flue gas treatment facility 烟气处理设备 5.7.39
fluidized bed combustion method 流化床燃烧方式 6.2.35

fluidized bed incinerator 流化床焚烧炉 5.7.10
fluidized bed pyrolysis oven 单塔流化床热解炉 5.7.14
fluidized bed pyrolyzer 单塔流化床热解炉 5.7.14
fly ash 飞灰 6.2.12
flyash solidification 飞灰固化 6.2.69
flyash stabilization 飞灰稳定化 6.2.68
food residue 餐饮垃圾 2.2.11
food scrap 餐饮垃圾 2.2.11
furnace liner 炉衬 5.7.21
furnace load 炉负荷 6.2.7

G

garbage 垃圾（固体废物） 2.2.1
garbage can 垃圾箱（垃圾桶） 4.1.2
gas corrosion 气体腐蚀 6.2.58
gas migration 气体迁移 6.1.28
gas-filled zone monitoring well 充气区监测井 3.0.87
gasifier 气化室 6.3.3
geosynthetic clay liner（GCL） 人工黏土层 6.1.48
grab 抓斗 5.2.6
grate 炉排 5.7.15
grate firing 炉排燃烧方式 6.2.33
grate shifting 炉排间掉落渣/灰 6.2.17
gravity separation 重力分离 3.0.49
greenbelt 绿化带 6.1.56

H

hammer crusher 锤式破碎机 5.4.7
handling 处理 3.0.37
harmful dust 有害粉尘 6.2.54
harmful waste 有害废物 2.1.7
harmful waste 有害垃圾 2.2.25
hazard-free treatment 无害化 3.0.34
hazard-free treatment ratio 无害化处理率 3.0.35
hazardous waste 危险废物 2.1.8
HCl corrosion 氯化氢腐蚀 6.2.57
heat drying 热干化 5.6.6
heat intensity per grate area 炉排热负荷 6.2.10
heat recovery facility 余热利用设备 5.7.40
heat value（HV） 热值 6.2.4
heavy metal 重金属 6.7.36
heavy metal pollution 重金属污染 6.7.37
high heat value（HHV） 高位热值 6.2.5
high temperature corrosion 高温腐蚀 6.2.60
high-density polyethylene（HDPE）
高密度塑料膜（高密度聚乙烯） 6.1.55
horizon contour line 天际轮廓线 3.0.17
horizontal digester 卧式发酵仓（槽） 5.7.2
horizontal rotary digester 卧式回旋发酵装置 5.7.3
hospital refuse 医院垃圾 2.2.28
household garbage 生活垃圾 2.2.5
humification 腐殖质化 6.4.68
humification index（HI） 腐殖质指数 6.4.69
humus 腐殖质 6.4.67

I

igniter 点火装置 5.7.22
impermeable material layer 防渗材料层 6.1.49
incineration 焚烧 6.2.1
incineration boiler 焚烧锅炉 5.7.11
incineration building 焚烧工房 6.2.73
incineration line 焚烧线 6.2.65
incineration plant 焚烧厂 6.6.8
incineration residue 焚烧残渣 6.2.11
incineration thermal efficiency 焚烧热效率 6.2.70
incinerator 焚烧炉 5.7.4
incinerator of batch operation 间歇炉 5.7.8
incinerator of mechanized operation
机械炉（连续式炉） 5.7.6
incinerator of semi-mechanized operation 半机械炉 5.7.7
incombustible refuse 不可燃垃圾 2.2.20
incomplete combustion 不完全燃烧 6.2.30
induced aeration 负压通风 6.4.34
induced draft 吸风 6.2.52
industrial waste 产业废物 2.1.4
industrial waste 工业废物 2.1.5
inoculation; seeding 接种 6.4.54
inoculum（pl.Inocula） 接种剂 6.4.55
inorganic refuse 无机垃圾 2.2.9
integrated management 综合处理 3.0.40
integrated solid waste management（ISWM）
固体废物综合管理 7.2.5
integrated treatment 综合处理 3.0.40
intermediate cover 中间覆盖 6.1.42
intermediate water supply 中水道 6.7.3
intermittent composting 间歇堆肥法 6.4.79
in-vessel composting 容积式堆肥 6.4.76
ion-exchange deodorization 离子交换树脂除臭法 6.7.27

J

jib crane 悬臂式起重机 5.2.4

K

kitchen waste 厨余垃圾 2.2.10

L

landfill 填埋 6.1.1
landfill cell 填埋单元 6.1.12

landfill gas 填埋气体 6.1.27
landfill site 填埋场 6.6.5
landfill site fence 填埋场围栏 6.1.33
landscape lighting 景观灯光 3.0.22
landscape lighting management 景观灯光管理 7.2.3
landscape lighting monitoring 景观灯光监控 7.2.2
latrine 旱厕所 4.3.3
latrine pit 旱厕所 4.3.3
leachate 渗沥液（渗滤液） 6.7.5
leachate collection pipe 渗沥液收集管 6.1.13
leachate collection well 集液井（池） 6.1.16
leachate trench 盲沟 6.1.26
lighting show 灯光小品 3.0.20
liner layer 衬垫层 6.1.50
litter bin 废物箱（果皮箱） 4.1.1
loss of ignition 炉渣热灼减率 6.2.72
low heat value（LHV） 低位热值 6.2.6
low temperature corrosion 低温腐蚀 6.2.61
low temperature shredding 低温破碎 5.4.3

M

machine cleaning ratio 机械化清扫率 3.0.28
machine cleaning road area 道路机械化清扫面积 3.0.27
magnetic separator 磁选机 5.5.5
makeshift lavatory 临时厕所 4.3.5
management 处理 3.0.37
management 废物管理 3.0.39
maturation 熟化 6.4.19
matured compost 腐熟堆肥 6.4.20
maximum calculated air volume 最大计算风量 6.2.79
maximum rated condition 最大工况 6.2.77
mechanical aeration 机械通风 6.4.32
mechanized composting 机械化堆肥 6.4.77
medical refuse 医疗垃圾 2.2.29
mesophilic fermentation 中温发酵 6.4.52
mesophilic microorganism 嗜温性微生物 6.4.58
methane fermentation 厌氧发酵 6.4.48
methane-generating pit（latrine） 产沼厕所 4.3.4
metrical instrument 计量设备 3.0.90
microbiological activity 微生物活性 6.4.60
microorganism 微生物 6.4.56
minimum rated condition 最小工况 6.2.78
mixed fertilizer 掺合肥 6.4.26
mixed refuse collection 垃圾混合收集 4.2.2
mobile dustbin 移动式垃圾箱 4.1.4
mobile lavatory 活动厕所 4.3.6
mobile lavatory 厕所车 4.4.10
moisture in refuse 垃圾水分 3.0.71
monitoring 监测 7.1.1
monitoring net 监测网 7.1.2
mono-lighting 单体灯光 3.0.15
multi-lighting 群体灯光 3.0.16
municipal domestic waste 城市生活垃圾 2.2.6
municipal solid waste（MSW） 城市垃圾（城镇垃圾） 2.2.4

N

natural aeration 自然通风 6.4.35
natural drying 自然干燥 5.6.4
natural liners 天然衬里 6.1.51
negative aeration 负压通风 6.4.34
nightsoil 粪便 2.3.2
nightsoil aerobic digestion 粪便好氧消化处理 6.5.8
nightsoil anaerobic digestion 粪便厌氧消化处理 6.5.9
nightsoil coagulation treatment 粪便混凝处理 6.5.17
nightsoil digestion 粪便消化处理 6.5.7
nightsoil dilution and aeration treatment 粪便稀释曝气处理 6.5.11
nightsoil from ships operation management system 船舶粪便污水作业管理系统 7.2.35
nightsoil hazard-free treatment 粪便无害化处理 6.5.2
nightsoil low dilution process 粪便低稀释法 6.5.16
nightsoil one-stage activated sludge process 粪便一段活性污泥处理 6.5.13
nightsoil operation management system 粪便作业管理系统 7.2.23
nightsoil operation system 粪便作业系统 7.2.22
nightsoil physicochemical treatment 粪便物理化学处理 6.5.15
nightsoil sanitary treatment plant 粪便卫生处理厂 6.6.11
nightsoil sewage from ships operation system 船舶粪便污水作业系统 7.2.34
nightsoil tank 粪罐 4.1.7
nightsoil transfer quantity 粪便清运量 6.5.3
nightsoil treatment 粪便处理 6.5.1
nightsoil treatment capacity 粪便处理量 6.5.4
nightsoil treatment plant 粪便处理厂 6.6.10
nightsoil treatment ratio 粪便处理率 6.5.5
nightsoil two-stage activated sludge process 粪便二段活性污泥处理 6.5.14
nitrification 硝化 6.5.19
noise criterion curve 噪声标准曲线 6.7.43
noise nuisance 噪声公害 6.7.42
noncompostable refuse 不可堆肥垃圾 2.2.17
noncompostable substance 不可堆肥物质 6.4.15

O

odor concentration 臭气浓度 6.7.15
odor intensity index 臭气度（臭味强度指数）6.7.17
odor nuisance 恶臭公害（恶臭污染） 6.7.39
odor pollutants 恶臭污染物 6.5.25
odor threshold 臭气阈值 6.7.40
odor threshold concentration 臭气阈值浓度（嗅知浓度）6.7.41
odor threshold value 臭气阈值浓度（嗅知浓度）6.7.41
odor unit 臭气单位 6.7.16
olfaction threshold 嗅觉阈值 6.7.18
one-stage composting 一次性发酵堆肥 6.4.45
open incineration 露天焚烧 6.2.2
operation surface 工作面（作业面） 6.1.35
organic refuse 有机垃圾 2.2.8
oscillating conveyor 振动输送机 5.1.4
oscillating screen 振动筛 5.5.3
osmosis 渗透 3.0.80
outdoor advertisement 户外广告 3.0.9
outdoor advertisement facility 户外广告设施 3.0.10
outdoor composting 露天堆肥 6.4.73
outside transmission landscape from inside light 内光外透 3.0.19
over feed combustion 上部给料燃烧方式 6.2.31
overall process management 全过程管理 7.2.14
oxidation pond（stabilization pond）氧化塘（稳定塘） 6.5.18
oxidized sludge 氧化污泥 2.4.11
oxygen concentration in the compost 堆层氧浓度 6.4.30
oxygen demand 需氧量 6.4.28
oxygen supply 供氧量 6.4.29
ozone deodorization 臭氧脱臭法 6.7.24
ozonization treatment 臭氧处理法 6.7.9

P

parking area（parking lot）for sanitation truck 环卫停车场 6.6.12
particulate matter（PM） 颗粒态物质 6.2.16
pathogen 病原菌 6.4.70
pathogenic bacteria 病原菌 6.4.70
peak load 高峰负荷 6.2.9
peccant building 违章建筑 3.0.13
per area cleaning expense 单位面积清扫费用 3.0.94
percolation 渗漏 3.0.79
percolation rate 渗透速度 3.0.82
perfect combustion 完全燃烧 6.2.29
permeability 渗透性 3.0.81
permeability coefficient 渗透系数 3.0.83
phosphorus-nitrogen ratio 磷氮比 6.4.39
physicochemical treatment 物理一化学处理法 6.7.7
phytotoxicity 植物毒性 6.4.72
piloted head 导燃烧嘴 5.7.24
pit privy 旱厕所 4.3.3
pneumatic conveyor 气力输送机 5.1.5
pneumatic transport 气力输送 4.2.14
pollution diffusion well 污染扩散井 3.0.85
pollution from plastic wastes 白色污染 6.7.38
pollution surveillance well 污染监视井 3.0.86
portable fence 可移动围栏 6.1.34
positive pressure aeration 正压通风 6.4.33
power generation by waste heat 余热利用发电 6.2.48
precipitation 沉淀 3.0.51
precipitator 除尘器 5.7.30
primary fermentation 一级发酵（初级发酵）6.4.43
primary sludge 初沉池污泥 2.4.7
psychrophilic microorganism 常温性微生物 6.4.57
public sanitation facility 环境卫生公共设施 6.6.1
pubic toilets 公共厕所 4.3.1
putrefaction 腐败 6.4.21
putrescibility 腐熟度 6.4.18
putrescible waste 易腐垃圾 2.2.15
pyrolytic oil 热解油 6.3.4

R

ramp method 斜坡作业法 6.1.9
rancidity 腐败臭 6.5.26
rate of burning 焚烧速率（炉排机械负荷）6.2.27
rated condition 额定工况 6.2.76
raw refuse 原生垃圾 2.2.2
raw sludge 原污泥 2.4.2
reactor composting 容积式堆肥 6.4.76
reburning chamber（secondary chamber）再燃烧室（二次燃烧室） 6.2.67
reciprocating flight conveyor 往复刮板式输送机 5.1.7
reciprocating grate 往复炉排 5.7.16
reciprocation screen 往复筛 5.5.2
reclamation 资源化 3.0.33
recoverable waste 可回收利用垃圾 2.2.14
recovery rate 回收利用率 3.0.30
reducing quantity 减量化 3.0.32
refuse 垃圾（固体废物） 2.2.1
refuse & nightsoil co-composting 垃圾粪便堆肥化 6.4.10

refuse & sludge co-composting 垃圾污泥堆肥化 6.4.11
refuse apparent density
垃圾堆密度（垃圾体积密度、垃圾表观密度） 3.0.68
refuse bulk density
垃圾堆密度（垃圾体积密度、垃圾表观密度） 3.0.68
refuse chemical composition 垃圾化学组成 3.0.63
refuse collecting truck 垃圾收集车 4.4.2
refuse collecting & distributing centre 垃圾收集站 4.2.11
refuse collecting & distributing centre with compactors
垃圾压缩收集站 4.2.13
refuse collection at appointed place 垃圾定点收集 4.2.8
refuse collection density 垃圾收集密度 4.2.1
refuse collection spot 垃圾收集点 4.2.10
refuse collector 垃圾收集车 4.4.2
refuse compaction ratio 垃圾压缩比 3.0.60
refuse composition 垃圾组成 3.0.62
refuse compressibility 垃圾压缩性 3.0.59
refuse compressibility coefficient 垃圾压缩系数 3.0.61
refuse density 垃圾密度 3.0.67
refuse derived fuel（RDF） 废物衍生燃料 6.2.24
refuse difficult to burn 难燃垃圾 2.2.19
refuse dump 垃圾堆放场 6.6.3
refuse gasification 垃圾气化 6.3.2
refuse moisture content 垃圾含水率 3.0.72
refuse particle density 垃圾颗粒密度 3.0.70
refuse periodic collection 垃圾定时收集 4.2.9
refuse physical composition 垃圾物理组成 3.0.64
refuse pile density
垃圾堆密度（垃圾体积密度、垃圾表观密度） 3.0.68
refuse porosity 垃圾空隙度 3.0.65
refuse porosity ratio 垃圾空隙比 3.0.66
refuse pyrolysis 垃圾热解 6.3.1
refuse pyrolysis plant 垃圾热解厂 6.6.9
refuse quantity 垃圾量 3.0.41
refuse transfer ship 垃圾吊运船 4.5.5
refuse transfer station 垃圾转运站（垃圾中转站） 4.2.12
refuse transfer truck 垃圾转运车 4.4.3
refuse true density 垃圾真密度 3.0.69
refuse turning 垃圾翻倒 6.4.40
regulation rate 调节比 6.3.6
residential waste 居民垃圾 2.2.7
residual discharge facility 灰渣排出设备 5.7.42
residue 炉渣 6.2.13
residue pit 渣坑 6.2.42
retaining wall 垃圾坝 6.1.14
return-sludge 回流污泥 2.4.9
road sweeping & cleaning operation management system
道路清扫作业管理系统 7.2.29
road sweeping & cleaning operation system
道路清扫作业系统 7.2.28
rocking grate 摇动炉排 5.7.19
roll crusher 辊式破碎机 5.4.5
rotary crusher 滚筒破碎机 5.4.6
rotary grate 回转炉排 5.7.18
rotary kiln 旋转窑 5.7.5
rubbish 垃圾（固体废物） 2.2.1

S

safe landfill 安全填埋 6.1.3
sanitary landfill 卫生填埋 6.1.2
sanitary landfill 卫生填埋场 6.6.6
sanitation garage 环卫车辆厂 6.6.13
sanitation machine repairing works 环卫机械修造厂 6.6.15
sanitation monitoring 环境卫生监测 7.1.4
sanitation petrol station 环卫加油站 6.6.16
sanitation protection distance 卫生防护距离 7.2.24
sanitation ship yard 环卫船舶厂 6.6.14
sanitation water supply station 环卫供水站 6.6.17
sanitation wharf（dock） 环卫码头 6.6.19
saturated zone monitoring well 饱和区监测井 3.0.88
screw conveyor 螺旋输送机 5.1.3
scum 浮渣 2.4.5
secondary fermentation（curing）
二级发酵（次级发酵） 6.4.44
secondary sludge 二沉污泥 2.4.8
sedimentation 沉降 3.0.52
self-loading garbage truck 自装卸式垃圾车 4.4.6
semi-aerobic landfill 半好氧填埋（准好氧填埋） 6.1.6
semi-dry process 半干法 6.2.80
semi-organism fertilizer 有机无机肥（半有机肥） 6.4.25
separator 分选机 5.5.1
septic tank 化粪池 6.5.6
sewage 污水 6.7.1
sewer sludge 下水道污泥 2.4.14
sewerage 下水道 6.7.4
shearing-type shredding 剪断破碎 5.4.2
ship-load tonnage 船吨位 3.0.92
shop brand 店招店牌 3.0.12
shovel loader 铲式装载机 5.1.9
site selection 场址选择 3.0.89
slag-tap firing 熔融燃烧方式 6.2.38
slat conveyor 板式输送机 5.1.6

sludge 污泥 2.4.1
sludge concentration 污泥浓缩 2.4.3
smog 烟雾 6.7.44
smoke 烟 6.7.30
snow sweeper 除雪机 4.4.15
society lavatory 社会厕所 4.3.7
soil amendment 土壤调理剂 6.4.65
soil conditioner 土壤调理剂 6.4.65
soil deodorization 土壤除臭法 6.7.21
soil pollution monitoring 土壤污染监测 7.1.6
solid waste 固体废物 2.1.2
solid waste 垃圾（固体废物） 2.2.1
solid waste management（SWM） 固体废物管理 7.2.4
sorted refuse collection 垃圾分类收集 4.2.3
source reduction 源头减量 3.0.31
special purpose vehicle 专用汽车 4.4.1
special refuse 特种垃圾 2.2.24
spillway 溢洪道 6.1.22
spiral conveyor 螺旋输送机 5.1.3
spray drying 喷雾干燥 5.6.5
spreading 铺平 6.1.38
square 广场 3.0.23
stabilization 稳定化 3.0.36
stabilization period 稳定期 6.1.57
stack chimney 烟囱 6.2.45
stacker 堆垛机 5.3.3
stale refuse 陈腐垃圾 2.2.3
standard dilution process 标准稀释法 6.5.10
starter 接种剂 6.4.55
starved-air 贫乏气 6.2.21
static city appearance management 静态市容管理 3.0.5
static fermentation 静态发酵 6.4.50
static outdoor composting 静态露天堆肥 6.4.75
stench 恶臭 6.5.24
stench masking process 恶臭掩蔽法 6.7.14
step grate 阶梯式炉排 5.7.17
sterilization 灭菌 6.5.22
street sprinkler 洒水车 4.4.14
substrate decomposition 基质分解 6.4.17
suburb vehicle cleaning station 进城车辆清洗站 6.6.18
suction-type excrement tanker 吸粪车 4.4.11
sump 集水井（集水坑） 6.1.24
surplus sludge 剩余污泥 2.4.10
sweeper truck 扫路车 4.4.12
sweeping and cleaning 清扫保洁 3.0.25
swept-body refuse collector 摆臂式垃圾车 4.4.7

T

temporary lavatory 临时厕所 4.3.5
thermal efficiency 热效率 6.2.41
thermal efficiency of waste incineration boiler 垃圾焚烧锅炉热效率 6.2.71
thermophilic composting 高温堆肥化 6.4.12
thermophilic fermentation 高温发酵 6.4.51
thermophilic microorganism 嗜热性微生物 6.4.59
thickening 增稠 3.0.47
tip truck 自卸式垃圾车 4.4.4
total suspended particulate 总悬浮微粒（TSP） 6.7.35
toxic waste 有毒废物 2.1.9
treatment 处理 3.0.37
trench method 沟填作业法 6.1.10
trommel 滚筒筛 5.5.4
truck with compactor 压缩式垃圾车 4.4.5
two-stage composting 二次性发酵堆肥 6.4.46

U

under feed combustion 下部给料燃烧方式 6.2.32
underground water monitoring 地下水监测 6.1.19

V

vector 病媒（带菌体） 6.4.71
vehical-load tonnage 车吨位 3.0.91
vent 排气道 6.1.29
ventilation 通风 6.4.31
ventilation system 通风设备 5.7.41
vermiculture 蚯蚓处理法（蚯蚓堆肥） 6.4.7
vertical digester 立式发酵塔（槽） 5.7.1
vertical kiln 竖井炉（立式炉） 5.7.12
vibrating conveyor 振动输送机 5.1.4
vibrating screen 振动筛 5.5.3

W

waste 废物（废弃物） 2.1.1
waste collection ship 废物收集船 4.5.3
waste container 垃圾集装箱 4.1.5
waste container ship 集装式废物运输船 4.5.2
waste container truck 集装箱垃圾车 4.4.9
waste from ships operation management system 船舶生活垃圾作业管理系统 7.2.31
waste from ships operation system 船舶生活垃圾作业系统 7.2.30
waste gas burner 废气燃烧器 6.1.32
waste heat recovery 废热回收 6.2.40
waste reduction 减量化 3.0.32
waste seperation centre 分拣中心（分选中心） 4.2.15
waste ship 废物运输船 4.5.1
waste storage equipment 贮存进料设备 5.7.33
wastewater 废水 6.7.2
water area environmental sanitation 水域环境卫生

7.2.36
water area environmental sanitation level
水域环境卫生水平　7.2.37
water area environmental sanitation management
水域环境卫生管理　7.2.38
water closet　水冲厕所　4.3.2
water holding capacity in soil　土壤持水力　3.0.76
water quality monitoring　水质监测　7.1.7
water tank　水罐　4.1.6
water wash deodorization　水洗除臭法　6.7.28
water-body cleaning area　水面清捞面积　3.0.29
weight tonnage　实吨位　3.0.93
well vent　井式排气道　6.1.30
winnower　风选机　5.5.7
winnowing machine　风选机　5.5.7
worm conveyor　螺旋输送机　5.1.3

Y

yard trimmings　庭院垃圾　2.2.13

Z

zymosis　发酵　6.4.41

附录B　汉语拼音术语条目索引

A

安全填埋　safe landfill　6.1.3

B

白色污染　pollution from plastic wastes　6.7.38
摆臂式垃圾车　swept-body refuse collector　4.4.7
板式输送机　slat conveyor　5.1.6
半干法　semi-dry process　6.2.80
半好氧填埋（准好氧填埋）　semi-aerobic landfill 6.1.6
半机械炉　incinerator of semi-mechanized operation 5.7.7
饱和区监测井　saturated zone monitoring well 3.0.88
本底监测　background monitoring　7.1.8
本底监测井　background monitoring well　3.0.84
标准稀释法　standard dilution process　6.5.10
病媒（带菌体）　vector　6.4.71
病原菌　pathogen　6.4.70
病原菌　pathogenic bacteria　6.4.70
不可堆肥垃圾　noncompostable refuse　2.2.17
不可堆肥物质　noncompostable substance　6.4.15
不可燃垃圾　incombustible refuse　2.2.20
不完全燃烧　incomplete combustion　6.2.30

C

餐饮垃圾　food residue; food scrap　2.2.11
厕所车　mobile lavatory　4.4.10
掺合肥　mixed fertilizer　6.4.26
产业废物　industrial waste　2.1.4
产沼厕所　methane-generating pit (latrine)　4.3.4
铲式装载机　shovel loader　5.1.9
常温性微生物　psychrophilic microorganism 6.4.57
场址选择　site selection　3.0.89
车吨位　vehical-load tonnage　3.0.91
车厢可卸式垃圾车
detachable container garbage collector　4.4.8
沉淀　precipitation　3.0.51
沉降　sedimentation　3.0.52
陈腐垃圾　stale refuse　2.2.3
衬垫层　liner layer　6.1.50
城市雕塑　city status　3.0.18
城市环境　city environment　3.0.8
城市垃圾（城镇垃圾）
municipal solid waste (MSW)　2.2.4
城市生活垃圾　municipal domestic waste　2.2.6
澄清　clarification　3.0.53
充气区监测井　gas-filled zone monitoring well 3.0.87
冲击破碎　crushing　5.4.1
臭气单位　odor unit　6.7.16
臭气度（臭味强度指数）　odor intensity index 6.7.17
臭气浓度　odor concentration　6.7.15
臭气阈值　odor threshold　6.7.40
臭气阈值浓度（嗅知浓度）
odor threshold concentration; odor threshold value 6.7.41
臭氧处理法　ozonization treatment　6.7.9
臭氧脱臭法　ozone deodorization　6.7.24
初沉池污泥　primary sludge　2.4.7
除尘器　precipitator　5.7.30
除雪机　snow sweeper　4.4.15
厨余垃圾　kitchen waste　2.2.10
处理　handling; management; treatment　3.0.37
处置（最终处理）　disposal　3.0.38
船舶粪便污水作业管理系统
nightsoil from ships operation management system 7.2.35
船舶粪便污水作业系统
nightsoil sewage from ships operation system　7.2.34
船舶生活垃圾作业管理系统
waste from ships operation management system　7.2.31
船舶生活垃圾作业系统
waste from ships operation system　7.2.30

船吨位 ship-load tonnage 3.0.92
床式焚烧炉 flour incinerator 5.7.9
锤式破碎机 hammer crusher 5.4.7
磁选机 magnetic separator 5.5.5
催化除臭法 catalytic deodorization 6.7.26

D

大肠菌群 coliform group 6.4.63
大肠菌值 colititer (colititre) 6.4.62
大肠菌指数 coliform index 6.4.61
大件垃圾（粗大垃圾） bulky waste 2.2.21
带式输送机 band conveyor; belt conveyor 5.1.1
袋室 baghouse 6.2.43
单塔流化床热解炉 fluidized bed pyrolysis oven; fluidized bed pyrolyzer 5.7.14
单体灯光 mono-lighting 3.0.15
单位面积清扫费用 per area cleaning expense 3.0.94
单位生活垃圾 enterprise waste 2.2.26
导流坝 diversion dam 6.1.21
导流渠 diversion ditch (canal) 6.1.20
导燃烧嘴 piloted head 5.7.24
道路机械化清扫面积 machine cleaning road area 3.0.27
道路清扫面积 cleaning road area 3.0.26
道路清扫作业管理系统 road sweeping & cleaning operation management system 7.2.29
道路清扫作业系统 road sweeping & cleaning operation system 7.2.28
灯光小品 lighting show 3.0.20
低位热值 low heat value (LHV) 6.2.6
低温腐蚀 low temperature corrosion 6.2.61
低温破碎 low temperature shredding 5.4.3
地下水监测 underground water monitoring 6.1.19
点火装置 igniter 5.7.22
店招店牌 shop brand 3.0.12
调节比 regulation rate 6.3.6
调节池 equalization basin 6.1.17
动态发酵 dynamic fermentation 6.4.49
动态市容管理 dynamic city appearance management 3.0.4
斗式提升机 bucket elevator 5.2.2
堆层氧浓度 oxygen concentration in the compost 6.4.30
堆垛机 stacker 5.3.3
堆肥 compost 6.4.2
堆肥产品 compost product 6.4.23
堆肥厂 composting plant 6.6.7
堆肥的卫生学性质 compost sanitary characteristic 6.4.66
堆肥的稳定性 compost stability 6.4.64
堆肥发酵 composting fermentation 6.4.42
堆肥滚筒（Dano 筒） drum composting system 6.4.82
堆肥耗氧速率 compost oxygen consumption rate 6.4.27
堆肥化 composting 6.4.3
堆肥基质 compost substrate 6.4.16
堆肥微生物 compost microorganism 6.4.53
堆肥原料 feedstock 6.4.13
堆肥周期 composting period 6.4.22

E

额定工况 rated condition 6.2.76
恶臭 stench 6.5.24
恶臭公害（恶臭污染） odor nuisance 6.7.39
恶臭污染物 odor pollutants 6.5.25
恶臭掩蔽法 stench masking process 6.7.14
二沉污泥 secondary sludge 2.4.8
二次性发酵堆肥 two-stage composting 6.4.46
二噁英类 dioxins 6.2.75
二级发酵（次级发酵） secondary fermentation (curing) 6.4.44

F

发酵 fermentation; zymosis 6.4.41
翻搅式露天堆肥 agitated outdoor composting 6.4.74
反硝化作用 denitrification 6.5.20
防爆门 explosion-proof door 5.7.27
防渗材料层 impermeable material layer 6.1.49
飞灰 fly ash 6.2.12
飞灰固化 flyash solidification 6.2.69
飞灰稳定化 flyash stabilization 6.2.68
废气燃烧器 waste gas burner 6.1.32
废热回收 waste heat recovery 6.2.40
废水 wastewater 6.7.2
废物（废弃物） waste 2.1.1
废物管理 management 3.0.39
废物收集船 waste collection ship 4.5.3
废物箱（果皮箱） litter bin 4.1.1
废物衍生燃料 refuse derived fuel (RDF) 6.2.24
废物运输船 waste ship 4.5.1
分户式收集（上门收集） door-to-door collection 4.2.6
分拣中心（分选中心） waste seperation centre 4.2.15
分批投料焚烧方式 batch firing 6.2.36
分选机 separator 5.5.1
焚烧 incineration 6.2.1
焚烧残渣 incineration residue 6.2.11
焚烧厂 incineration plant 6.6.8

焚烧工房　incineration building　6.2.73
焚烧锅炉　incineration boiler　5.7.11
焚烧炉　incinerator　5.7.4
焚烧炉本体　combustor　5.7.37
焚烧能力　capacity of incineration　6.2.3
焚烧排气　exhaust gas from incinerator　6.2.18
焚烧热效率　incineration thermal efficiency　6.2.70
焚烧速度　burning rate　6.2.26
焚烧速率（炉排机械负荷）　rate of burning　6.2.27
焚烧线　incineration line　6.2.65
焚烧效率　combustion efficiency　6.2.28
粉尘　dust　6.7.32
粪便　excrement and urine　2.3.2
粪便　nightsoil　2.3.2
粪便处理　nightsoil treatment　6.5.1
粪便处理厂　nightsoil treatment plant　6.6.10
粪便处理量　nightsoil treatment capacity　6.5.4
粪便处理率　nightsoil treatment ratio　6.5.5
粪便低稀释法　nightsoil low dilution process　6.5.16
粪便二段活性污泥处理　nightsoil two-stage activated sludge process　6.5.14
粪便好氧消化处理　nightsoil aerobic digestion　6.5.8
粪便混凝处理　nightsoil coagulation treatment　6.5.17
粪便清运量　nightsoil transfer quantity　6.5.3
粪便卫生处理厂　nightsoil sanitary treatment plant　6.6.11
粪便无害化处理　nightsoil hazard-free treatment　6.5.2
粪便物理化学处理　nightsoil physicochemical treatment　6.5.15
粪便稀释曝气处理　nightsoil dilution and aeration treatment　6.5.11
粪便消化处理　nightsoil digestion　6.5.7
粪便厌氧消化处理　nightsoil anaerobic digestion　6.5.9
粪便一段活性污泥处理　nightsoil one-stage activated sludge process　6.5.13
粪便作业管理系统　nightsoil operation management system　7.2.23
粪便作业系统　nightsoil operation system　7.2.22
粪大肠菌群　fecal coliform　2.3.3
粪罐　nightsoil tank　4.1.7
风选机　winnower; winnowing machine　5.5.7
浮选　flotation　5.5.6
浮渣　float slag; scum　2.4.5
辅助燃料　auxiliary fuel　6.2.25
腐败　putrefaction　6.4.21
腐败臭　rancidity　6.5.26
腐熟度　putrescibility　6.4.18
腐熟堆肥　matured compost　6.4.20
腐殖质　humus　6.4.67
腐殖质化　humification　6.4.68
腐殖质指数　humification index（HI）　6.4.69
负压通风　induced aeration; negative aeration　6.4.34
附着水　adhesive water　3.0.74
复合衬里　composite liners　6.1.54
覆盖　cover　6.1.40

G

干法　dry process　6.2.81
高峰负荷　peak load　6.2.9
高密度塑料膜（高密度聚乙烯）　high-density polyethylene（HDPE）　6.1.55
高位热值　high heat value（HHV）　6.2.5
高温堆肥化　thermophilic composting　6.4.12
高温发酵　thermophilic fermentation　6.4.51
高温腐蚀　high temperature corrosion　6.2.60
给料机　feeder　5.1.10
工业废物　industrial waste　2.1.5
工作面（作业面）　operation surface　6.1.35
公共厕所　toilet　4.3.1
供氧量　oxygen supply　6.4.29
沟填作业法　excavated method; trench method　6.1.10
固定炉排　fixed grate　5.7.20
固定式垃圾箱　fixed dustbin　4.1.3
固体废物　solid waste　2.1.2
固体废物管理　solid waste management（SWM）　7.2.4
固体废物综合管理　integrated solid waste management（ISWM）　7.2.5
广场　square　3.0.23
辊式破碎机　roll crusher　5.4.5
滚筒破碎机　rotary crusher　5.4.6
滚筒筛　trommel　5.5.4
锅炉灰　fine dust　6.2.15
过滤　filtration　3.0.54
过剩空气　excess-air　6.2.22

H

旱厕所　latrine; latrine pit; pit privy　4.3.3
好气性填埋（好氧填埋）　aerobic landfill　6.1.5
好氧堆肥　aerobic composting　6.4.4
好氧发酵　aerobic fermentation　6.4.47
黑烟　black smoke　6.7.31
烘干炉　drying stove　5.6.7
后燃烧　after burning　6.2.39
后燃烧器　after burner　5.7.29
户外广告　outdoor advertisement　3.0.9
户外广告设施　outdoor advertisement facility

3.0.10
化粪池 septic tank 6.5.6
化学处理法 chemical treatment 6.7.8
化学吸附法 chemical adsorption 6.7.10
环境保护考核指标
environmental protection inspection index 7.2.18
环境保护指标体系
environmental protection index system 7.2.19
环境背景值 environment background value 7.1.10
环境管理 environmental management 7.2.10
环境管理体系 Environmental Management System (EMS) 7.2.6
环境监测 environmental monitoring 7.1.3
环境卫生 environmental sanitation 7.2.7
环境卫生地理信息系统 environmental sanitation geographic information system (GIS) 7.2.1
环境卫生法规 environmental sanitation legislation 7.2.16
环境卫生法制 environmental sanitation legal system 7.2.15
环境卫生工程 environmental sanitation engineering 3.0.24
环境卫生工程设施
environmental sanitation engineering facility 6.6.2
环境卫生公共设施 public sanitation facility 6.6.1
环境卫生管理 environmental sanitation administration 7.2.11
环境卫生管理机构
environmental sanitation administrative organization 7.2.12
环境卫生管理体制
environmental sanitation administrative system 7.2.13
环境卫生规划 environmental sanitation planning 7.2.17
环境卫生监测 sanitation monitoring 7.1.4
环境卫生水平 environmental sanitation level 7.2.8
环境卫生体系 Environmental Sanitation System 7.2.9
环卫车辆厂 sanitation garage 6.6.13
环卫船舶厂 sanitation ship yard 6.6.14
环卫供水站 sanitation water supply station 6.6.17
环卫机械修造厂 sanitation machine repairing works 6.6.15
环卫加油站 sanitation petrol station 6.6.16
环卫码头 sanitation wharf (dock) 6.6.19
环卫停车场
parking area (parking lot) for sanitation truck 6.6.12
灰渣 ash residue 6.2.14
灰渣排出设备 residual discharge facility 5.7.42
灰渣输送机 ash conveyor 5.7.28
回流污泥 return-sludge 2.4.9
回收利用率 recovery rate 3.0.30
回转炉排 rotary grate 5.7.18
蛔虫 Ascaris Lumbricoides 2.3.4
混合堆肥 co-composting 6.4.9
活动厕所 mobile lavatory 4.3.6
活性污泥 activated sludge 2.4.6
活性污泥除臭法 activated sludge deodorization 6.7.22
活性污泥法 activated sludge process 6.5.12

J

机械化堆肥 mechanized composting 6.4.77
机械化清扫率 machine cleaning ratio 3.0.28
机械炉（连续式炉）
incinerator of mechanized operation 5.7.6
机械通风 mechanical aeration 6.4.32
基质分解 substrate decomposition 6.4.17
集合烟囱 collected stack 6.2.47
集水井（集水坑） sump 6.1.24
集液井（池） leachate collection well 6.1.16
集装式废物运输船 waste container ship 4.5.2
集装箱垃圾车 waste container truck 4.4.9
计量设备 metrical instrument 3.0.90
间歇堆肥法 intermittent composting 6.4.79
间歇炉 incinerator of batch operation 5.7.8
监测 monitoring 7.1.1
监测网 monitoring net 7.1.2
减量化 reducing quantity; waste reduction 3.0.32
剪断破碎 shearing-type shredding 5.4.2
碱洗除臭法 alkaline wash deodorization 6.7.29
建筑垃圾 construction waste 2.2.22
建筑垃圾堆放场 construction waste dump 6.6.4
建筑垃圾管理 construction waste management 7.2.26
建筑垃圾作业管理系统
construction waste operation management system 7.2.27
建筑垃圾作业系统 construction waste operation system 7.2.25
降尘 dustfall 6.7.34
焦碳 char 6.3.5
阶梯式炉排 step grate 5.7.17
接种 inoculation; seeding 6.4.54
接种剂 inoculum (pl. Inocula); starter 6.4.55
节庆彩灯 festal lampion lighting 3.0.21
截洪沟 cut-off ditch 6.1.23
截留井 detention basin 6.1.15
进城车辆清洗站 suburb vehicle cleaning station 6.6.18
井式排气道 well vent 6.1.30
景观灯光 landscape lighting 3.0.22
景观灯光管理 landscape lighting management 7.2.3

景观灯光监控　landscape lighting monitoring　7.2.2
静态发酵　static fermentation　6.4.50
静态露天堆肥　static outdoor composting　6.4.75
静态市容管理　static city appearance management　3.0.5
居民垃圾　residential waste　2.2.7

K

颗粒态物质　particulate matter（PM）　6.2.16
可堆肥垃圾　compostable refuse　2.2.16
可堆肥物质　compostable material　6.4.14
可回收利用垃圾　recoverable waste　2.2.14
可滤性　filterability　3.0.55
可燃垃圾　combustible refuse　2.2.18
可燃气　combustible gas　6.2.20
可移动围栏　portable fence　6.1.34
空气污染指数　Air Pollution Index（API）　7.1.9
跨门营业　beyond business scope activity　3.0.14

L

垃圾（固体废物）
garbage；refuse；rubbish；solid waste　2.2.1
垃圾坝　retaining wall　6.1.14
垃圾袋装式收集　collection with refuse sack　4.2.7
垃圾吊运船　refuse transfer ship　4.5.5
垃圾定点收集　refuse collection at appointed place　4.2.8
垃圾定时收集　refuse periodic collection　4.2.9
垃圾堆放场　refuse dump　6.6.3
垃圾堆密度（垃圾体积密度、垃圾表观密度）refuse pile density（refuse bulk density，refuse apparent density）　3.0.68
垃圾翻倒　refuse turning　6.4.40
垃圾分类收集　sorted refuse collection　4.2.3
垃圾焚烧锅炉热效率
thermal efficiency of waste incineration boiler　6.2.71
垃圾粪便堆肥化　refuse & nightsoil co-composting　6.4.10
垃圾含水率　refuse moisture content　3.0.72
垃圾化学组成　refuse chemical composition　3.0.63
垃圾混合收集　mixed refuse collection　4.2.2
垃圾集装箱　waste container　4.1.5
垃圾集装箱式收集　collection by waste container　4.2.5
垃圾颗粒密度　refuse particle density　3.0.70
垃圾空隙比　refuse porosity ratio　3.0.66
垃圾空隙度　refuse porosity　3.0.65
垃圾量　refuse quantity　3.0.41
垃圾密度　refuse density　3.0.67
垃圾气化　refuse gasification　6.3.2
垃圾热解　refuse pyrolysis　6.3.1
垃圾热解厂　refuse pyrolysis plant　6.6.9
垃圾收集车　refuse collecting truck；refuse collector　4.4.2
垃圾收集点　refuse collection spot　4.2.10
垃圾收集密度　refuse collection density　4.2.1
垃圾收集站　refuse collecting & distributing centre　4.2.11
垃圾水分　moisture in refuse　3.0.71
垃圾污泥堆肥化　refuse & sludge co-composting　6.4.11
垃圾物理组成　refuse physical composition　3.0.64
垃圾箱（垃圾桶）　dustbin；garbage can　4.1.2
垃圾箱（桶）式收集　collection by dustbin　4.2.4
垃圾压缩比　refuse compaction ratio　3.0.60
垃圾压缩收集站
refuse collecting & distributing centre with compactors　4.2.13
垃圾压缩系数　refuse compressibility coefficient　3.0.61
垃圾压缩性　refuse compressibility　3.0.59
垃圾真密度　refuse true density　3.0.69
垃圾转运车　refuse transfer truck　4.4.3
垃圾转运站（垃圾中转站）　refuse transfer station　4.2.12
垃圾组成　refuse composition　3.0.62
离心分离　centrifugal separation　3.0.50
离心机　centrifuge　5.6.3
离子交换树脂除臭法　ion-exchange deodorization　6.7.27
立面　facade　3.0.11
立式发酵塔（槽）　vertical digester　5.7.1
连续堆肥法　continuous composting　6.4.78
连续焚烧方式　continuous firing　6.2.37
链式输送机　chain conveyor　5.1.2
临时厕所　makeshift lavatory；temporary lavatory　4.3.5
磷氮比　phosphorus-nitrogen ratio　6.4.39
流化床焚烧炉　fluidized bed incinerator　5.7.10
流化床燃烧方式　fluidized bed combustion method　6.2.35
露天堆肥　outdoor composting　6.4.73
露天焚烧　open incineration　6.2.2
炉衬　furnace liner　5.7.21
炉床燃烧方式　floor combustion method　6.2.34
炉负荷　furnace load　6.2.7
炉排　grate　5.7.15
炉排间掉落渣/灰　grate shifting　6.2.17
炉排燃烧方式　grate firing　6.2.33
炉排热负荷　heat intensity per grate area　6.2.10
炉渣　residue　6.2.13
炉渣热灼减率　loss of ignition　6.2.72
绿化带　greenbelt　6.1.56
氯化氢腐蚀　HCl corrosion　6.2.57
螺旋输送机　auger conveyor；screw conveyor；spiral

conveyor; worm conveyor 5.1.3

M

盲沟 leachate trench 6.1.26
毛细管截留法 capillary-break（CB）approach 6.1.59
毛细管水 capillary water 3.0.73
锚固沟 anchor ditch 6.1.37
锚固平台 anchor platform 6.1.36
灭菌 sterilization 6.5.22

N

内光外透 outside transmission landscape from inside light 3.0.19
难燃垃圾 refuse difficult to burn 2.2.19
农业废物 agricultural waste 2.1.6
浓缩污泥 concentrated sludge 2.4.4

P

排气道 vent 6.1.29
排气井 blast pit 6.1.31
排水沟 drain 6.1.25
排泄物 excrement; excreta 2.3.1
喷雾干燥 spray drying 5.6.5
飘尘 floating dust 6.7.33
贫乏气 starved-air 6.2.21
平面作业法 area method 6.1.8
铺平 spreading 6.1.38
曝气 aeration 6.7.11
曝气船 aeration ship 4.5.6

Q

气化室 gasifier 6.3.3
气力输送 pneumatic transport 4.2.14
气力输送机 air conveyor; pneumatic conveyor 5.1.5
气体腐蚀 gas corrosion 6.2.58
气体迁移 gas migration 6.1.28
桥式起重机 bridge crane 5.2.3
侵蚀 etching 6.2.56
清扫保洁 sweeping and cleaning 3.0.25
清扫垃圾 clearing refuse 2.2.12
清洗车 cleaning tanker 4.4.13
蚯蚓处理法（蚯蚓堆肥） vermiculture 6.4.7
蚯蚓粪肥 earthworm muck 6.4.8
球磨机 ball grinder; ball mill 5.4.8
全过程管理 overall process management 7.2.14
群体灯光 multi-lighting 3.0.16

R

燃烧气 combustion gas 6.2.19
燃烧设备 combustion facility 5.7.34
燃烧室 combustion chamber 6.2.66
燃烧室热负荷 combustion chamber heat load 6.2.8
燃烧脱臭法 burning deodorization 6.7.25
燃烧烟气冷却设备 flue gas cooling facility 5.7.38
热干化 heat drying 5.6.6
热解油 pyrolytic oil 6.3.4
热效率 thermal efficiency 6.2.41
热值 heat value（HV） 6.2.4
人工合成衬里 artificial liners 6.1.53
人工黏土层 geosynthetic clay liner（GCL） 6.1.48
人文环境 artificial environment 3.0.2
日覆盖 daily cover 6.1.41
容积式堆肥 in-vessel composting; reactor composting 6.4.76
熔融燃烧方式 slag-tap firing 6.2.38

S

洒水车 street sprinkler 4.4.14
扫路车 sweeper truck 4.4.12
杀虫 disinsection 6.5.23
商业垃圾 commercial refuse 2.2.27
上部给料燃烧方式 over feed combustion 6.2.31
烧损 destruction by heat 6.2.55
社会厕所 society lavatory 4.3.7
渗沥液（渗滤液） leachate 6.7.5
渗沥液收集管 leachate collection pipe 6.1.13
渗漏 percolation 3.0.79
渗透 osmosis 3.0.80
渗透速度 percolation rate 3.0.82
渗透系数 permeability coefficient 3.0.83
渗透性 permeability 3.0.81
生活废物 domestic waste 2.1.3
生活垃圾 domestic waste; household garbage 2.2.5
生活垃圾（粪便）产生量
domestic waste（nightsoil）generation quantity 3.0.42
生活垃圾（粪便）清运量
domestic waste（nightsoil）transfer quantity 3.0.43
生活垃圾（粪便）清运平均费用 average per domestic waste（nightsoil）transfer expense 3.0.95
生活垃圾处理率 domestic waste treatment ratio 3.0.46
生活垃圾处理平均费用
average per domestic waste treatment expense 3.0.96
生活垃圾封闭化清运量
domestic waste enclosed transfer quantity 3.0.44
生活垃圾封闭化清运率
domestic waste enclosed transfer ratio 3.0.45
生活垃圾作业管理系统

domestic waste operation management system 7.2.21
生活垃圾作业系统 domestic waste operation system 7.2.20
生物过滤器 biofilter 6.4.80
生物化学处理 biochemical treatment 6.4.1
生物监测 biological monitoring 7.1.5
生物降解 biodegradation 6.7.13
生物脱臭法 biological deodorization 6.7.20
生物氧化处理法 biological oxidation treatment 6.7.6
生物氧化塘法 biooxidation pond process 6.7.12
剩余污泥 excess sludge; surplus sludge 2.4.10
实吨位 weight tonnage 3.0.93
市容 city appearance 3.0.1
市容管理 city appearance management 3.0.3
市容规划 city appearance planning 3.0.7
市容整治 city appearance renovation 3.0.6
嗜热性微生物 thermophilic microorganism 6.4.59
嗜温性微生物 mesophilic microorganism 6.4.58
熟化 maturation 6.4.19
竖井炉（立式炉） vertical kiln 5.7.12
双塔流化床热解炉 dual fluidized bed pyrolysis oven; dual fluidized bed pyrolyzer 5.7.13
水冲厕所 water closet 4.3.2
水罐 water tank 4.1.6
水面保洁船（水面清扫船） cleaning ship 4.5.4
水面漂浮垃圾作业管理系统 floating waste operation management system 7.2.33
水面漂浮垃圾作业系统 floating waste on water operation system 7.2.32
水面清捞面积 water-body cleaning area 3.0.29
水洗除臭法 water wash deodorization 6.7.28
水域环境卫生 water area environmental sanitation 7.2.36
水域环境卫生管理 water area environmental sanitation management 7.2.38
水域环境卫生水平 water area environmental sanitation level 7.2.37
水质监测 water quality monitoring 7.1.7
酸露点腐蚀 acid dew point corrosion 6.2.59

T

滩地作业法 beach land method 6.1.11
碳氮比 carbon-nitrogen ratio 6.4.37
碳磷比 carbon-phosphorus ratio 6.4.38
特种垃圾 special refuse 2.2.24
提升机 elevator 5.2.1
天际轮廓线 horizon contour line 3.0.17
天然衬里 natural liners 6.1.51
田间持水量 field moisture holding capacity 3.0.77
填埋 landfill 6.1.1
填埋场 landfill site 6.6.5
填埋场封场 closure of landfill 6.1.58
填埋场围栏 landfill site fence 6.1.33
填埋单元 landfill cell 6.1.12
填埋气体 landfill gas 6.1.27
庭院垃圾 yard trimmings 2.2.13
停炉 blowing out 6.2.49
通风 aeration; ventilation 6.4.31
通风设备 ventilation system 5.7.41
通风损失 draft loss 6.2.51
通气孔 air vent 6.4.36
投料漏斗 feed hopper 5.7.35
透气性 air permeability 3.0.78
土壤持水力 water holding capacity in soil 3.0.76
土壤除臭法 soil deodorization 6.7.21
土壤调理剂 soil amendment; soil conditioner 6.4.65
土壤污染监测 soil pollution monitoring 7.1.6
推料装置 feed chute 5.7.36
脱臭剂 deodorant 6.7.19
脱氯化氢 dehydrochlorination 6.2.62
脱水 dehydration; dewatering 3.0.48
脱水机 dehydrator; dewaterer 5.6.1
脱水污泥 dewatered sludge 2.4.12
脱酸 de-acid 6.2.63

W

完全燃烧 perfect combustion 6.2.29
往复刮板式输送机 reciprocating flight conveyor 5.1.7
往复炉排 reciprocating grate 5.7.16
往复筛 reciprocation screen 5.5.2
危险废物 hazardous waste 2.1.8
微生物 microorganism 6.4.56
微生物活性 microbiological activity 6.4.60
违章建筑 peccant building 3.0.13
卫生防护距离 sanitation protection distance 7.2.24
卫生填埋 sanitary landfill 6.1.2
卫生填埋场 sanitary landfill 6.6.6
稳定化 stabilization 3.0.36
稳定期 stabilization period 6.1.57
卧式发酵仓（槽） horizontal digester 5.7.2
卧式回旋发酵装置 horizontal rotary digester 5.7.3
污泥 sludge 2.4.1
污泥浓缩 sludge concentration 2.4.3
污染监视井 pollution surveillance well 3.0.86
污染扩散井 pollution diffusion well 3.0.85
污水 sewage 6.7.1
无害化 hazard-free treatment 3.0.34

无害化处理率　hazard-free treatment ratio　3.0.35
无机垃圾　inorganic refuse　2.2.9
物理—化学处理法　physicochemical treatment 6.7.7
雾化器　atomizer　5.7.25
雾化燃烧器　atomizer burner　5.7.26

X

吸粪车　suction-type excrement tanker　4.4.11
吸风　induced draft　6.2.52
吸附　adsorption　3.0.58
吸附脱臭法　adsorption deodorization　6.7.23
吸附装置　adsorber　5.7.32
吸收装置　absorber；absorption facility　5.7.31
吸着水　adsorbed water　3.0.75
稀释空气　dillution air　6.2.50
稀释因子　dilution factor　6.1.18
下部给料燃烧方式　under feed combustion　6.2.32
下水道　sewerage　6.7.4
下水道污泥　sewer sludge　2.4.14
消毒　disinfection　6.5.21
消化器　digester　6.4.81
消化污泥　digested sludge　2.4.13
硝化　nitrification　6.5.19
斜坡作业法　ramp method　6.1.9
蟹爪式装载机　claw loader　5.1.8
需氧量　oxygen demand　6.4.28
嗅觉阈值　olfaction threshold　6.7.18
悬臂式起重机　cantilever crane；jib crane　5.2.4
悬臂式抓斗起重机　cantilever grabbing crane 5.2.5
旋转窑　rotary kiln　5.7.5

Y

压块　briquetting　5.3.1
压捆机（打包机）　baler　5.3.2
压滤机　filter press　5.6.2
压实　compacting　6.1.39
压实密度　compacted waste density　6.1.45
压实土层　compacted soil layer　6.1.46
压实系数　compaction factor　6.1.44
压实黏土层　compacted clay liner（CCL）　6.1.47
压缩式垃圾车　truck with compactor　4.4.5
烟　smoke　6.7.30
烟囱　chimney shaft；stack chimney　6.2.45
烟道　breeching；chimney flue；exhaust gas duct 6.2.44
烟道灰　flue dust　6.2.53
烟道气　flue gas　6.2.23
烟气处理设备　flue gas treatment facility　5.7.39
烟气净化系统　flue gas cleaning system　6.2.74
烟气停留时间　flue gas retention time　6.2.64
烟雾　smog　6.7.44
厌气性填埋（厌氧填埋）　anaerobic landfill　6.1.7
厌氧堆肥（厌氧消化）　anaerobic composting　6.4.5
厌氧发酵
anaerobic fermentation；methane fermentation　6.4.48
厌氧消化处理　anaerobic digestion　6.4.6
氧化塘（稳定塘）　oxidation pond（stabilization pond） 6.5.18
氧化污泥　oxidized sludge　2.4.11
摇动炉排　rocking grate　5.7.19
一次性发酵堆肥　one-stage composting　6.4.45
一级发酵（初级发酵）　primary fermentation 6.4.43
医疗垃圾　medical refuse　2.2.29
医院垃圾　hospital refuse　2.2.28
移动式垃圾箱　mobile dustbin　4.1.4
易腐垃圾　putrescible waste　2.2.15
溢洪道　spillway　6.1.22
有毒废物　toxic waste　2.1.9
有害废物　harmful waste　2.1.7
有害粉尘　harmful dust　6.2.54
有害垃圾　harmful waste　2.2.25
有机复合肥　compound organic fertilizer　6.4.24
有机垃圾　organic refuse　2.2.8
有机无机肥（半有机肥）　semi-organism fertilizer 6.4.25
有效填埋面积　available landfill area　6.1.4
有效烟囱高度
effective chimney height；effective stack height 6.2.46
余热利用发电　power generation by waste heat 6.2.48
余热利用设备　heat recovery facility　5.7.40
原生垃圾　raw refuse　2.2.2
原污泥　raw sludge　2.4.2
圆锥破碎机　cone crusher　5.4.4
源头减量　source reduction　3.0.31

Z

再燃烧室（二次燃烧室）
reburning chamber（secondary chamber）　6.2.67
噪声标准曲线　noise criterion curve　6.7.43
噪声公害　noise nuisance　6.7.42
增稠　thickening　3.0.47
渣坑　residue pit　6.2.42
黏土类衬里　clay liners　6.1.52
振动筛　oscillating screen；vibrating screen　5.5.3
振动输送机　oscillating conveyor；vibrating conveyor 5.1.4
蒸发　evaporation　3.0.56
蒸发量　evaporative capacity　3.0.57
正压通风　positive pressure aeration　6.4.33

植物毒性　phytotoxicity　6.4.72
中间覆盖　intermediate cover　6.1.42
中水道　intermediate water supply　6.7.3
中温发酵　mesophilic fermentation　6.4.52
重金属　heavy metal　6.7.36
重金属污染　heavy metal pollution　6.7.37
重力分离　gravity separation　3.0.49
助燃装置　auxiliary combustion equipment　5.7.23
贮存进料设备　waste storage equipment　5.7.33
抓斗　bucket；grab　5.2.6
专用汽车　special purpose vehicle　4.4.1
装潢垃圾　decoration waste　2.2.23
资源化　reclamation　3.0.33
自然干燥　natural drying　5.6.4
自然通风　natural aeration　6.4.35
自卸式垃圾车　dump truck；tip truck　4.4.4
自装卸式垃圾车　self-loading garbage truck　4.4.6
综合处理　integrated management；integrated treatment　3.0.40
总悬浮微粒（TSP）　total suspended particulate　6.7.35
最大工况　maximum rated condition　6.2.77
最大计算风量　maximum calculated air volume　6.2.79
最小工况　minimum rated condition　6.2.78
最终覆盖（终场覆盖）　final cover　6.1.43

中华人民共和国行业标准

城市基础地理信息系统技术规范

Technical specification for urban fundamental geographic information system

CJJ 100—2004

批准部门：中华人民共和国建设部
实行日期：2004 年 5 月 1 日

中华人民共和国建设部
公　告

第207号

建设部关于发布行业标准《城市基础地理信息系统技术规范》的公告

现批准《城市基础地理信息系统技术规范》为行业标准，编号为CJJ 100—2004，自2004年5月1日起实施。其中，第5.1.1、8.1.3条为强制性条文，必须严格执行。

本规范由建设部标准定额研究所组织中国建筑工业出版社出版发行。

中华人民共和国建设部
2004年1月29日

前　言

根据建设部建标（2002）84号文件的要求，规范编制组在广泛调查研究，认真总结实践经验，参考有关国际标准和国外先进标准，并在广泛征求意见的基础上，制定了本规范。

规范的主要技术内容是：1. 总则；2. 术语和代号；3. 城市基础地理数据集内容及质量要求；4. 城市基础地质数据集内容及质量要求；5. 城市空间基础数据管理基本要求；6. 数据组织与数据库设计；7. 城市基础地理信息系统技术要求；8. 城市基础地理信息系统运行、管理与维护；9. 城市基础地理信息系统数据分发与技术服务。

本规范由建设部负责管理和对强制性条文的解释，由北京市测绘设计研究院负责具体技术内容的解释。

本规范主编单位：北京市测绘设计研究院（北京市海淀区羊坊店路15号，邮政编码100038）
重庆市勘测院
上海城市发展信息研究中心

本规范参编单位：建设部信息中心
建设综合勘察设计研究院
天津市测绘院
北京市勘察设计研究院
武汉大学测绘遥感信息国家重点实验室
武汉市勘测设计研究院
南京市测绘勘察研究院
深圳市勘察研究院
沈阳市勘察测绘研究院
杭州市勘测设计研究院
成都市勘察测绘研究院
青岛市勘察测绘研究院
广州市城市规划勘测设计研究院
西安市勘察测绘院
宁波市测绘设计研究院
武汉市规划土地管理信息中心
哈尔滨市勘察测绘研究院
长沙市勘测设计研究院

本规范主要起草人：陈　倬　张　远　江绵康
蒋景曈　王　丹　李荣强
陈　雷　方　锋　龚健雅
李宗华　吴强华　李兆平
陈燕申　周　卫　蒋　鹏
戴　瑜　张泽烈　周　奎
戴建清　张　成　王　泉
郑先昌　张冬黎　韩　勇
连玉庆　胡亚明　李向左

目　次

1 总 则

1.0.1 为了统一城市基础地理信息系统的技术要求，及时、准确地为城市规划、建设与管理和城市信息化提供各种空间基础数据，推进城市空间基础信息资源共享，以适应城市建设与社会发展的需要，制定本规范。

1.0.2 本规范适用于城市基础地理信息系统中城市空间基础数据的获取、加工、建库、更新和系统建设、管理、维护及数据分发服务等工作。

1.0.3 本规范所指城市空间基础数据主要由城市基础地理数据和城市基础地质数据组成。

1.0.4 城市基础地理信息系统所使用的计算机、网络、软件和其他设备，应满足系统建设的要求，并应保持良好的状态。

1.0.5 建设城市基础地理信息系统的工作应积极采用先进技术和方法，并应满足本规范的质量要求。

1.0.6 建设城市基础地理信息系统除应符合本规范外，尚应符合国家现行有关强制性标准的规定。

2 术语和代号

2.1 术 语

2.1.1 城市基础地理信息系统 urban basic geographic information system

本规范指在计算机软、硬件环境里，将城市空间基础数据，包括城市基础地理数据和城市基础地质数据，按照其空间位置，输入编辑、存储更新、查询检索、空间分析、显示输出和分发服务的一种技术系统。

2.1.2 城市空间基础数据 urban basic spatial data

直接或间接与地表和地下位置有关的城市自然与人文现象数据，本规范主要指城市基础地理数据和城市基础地质数据。

2.1.3 城市基础地理数据 urban basic geographic data

城市地表和地下的自然地理形态和社会经济概况基础数据。本规范主要包括控制点数据、地形要素数据、城市三维模型数据、综合管线数据、相关数据等构成的城市自然地理要素和地表及地下人工设施等城市空间基础信息数据。

2.1.4 城市基础地质数据 urban basic geological data

与城市规划、建设和管理相关的基于空间定位的各类地质要素数据的总称，本规范主要包括地貌数据、地层数据、地质构造数据、水文地质数据、地震地质数据、环境地质数据、地质资源数据等地质要素数据。

2.1.5 城市三维模型 3D urban model

对城市景观的三维表达，它反映景观对象的主要特征，并包含从各个方向观察景观对象的必要信息。城市三维模型数据主要由三维建(构)筑模型数据、数字正射影像图数据和数字高程模型数据等组合而成。

2.1.6 三维建（构）筑模型 3D building model

三维建（构）筑模型的主体，由几何数据、纹理（材质）数据和属性数据组成。

2.1.7 存储单元 storage unit

以区域、图幅、专题、要素等数据存储的基本单元。

2.1.8 元数据 metadata

说明数据的内容、质量、状况和其他有关特征描述的信息。

2.1.9 分类代码 classification code

按照城市空间基础数据的内容、性质及使用要求，将具有共同属性或特征的数据归并到一起，并用字符码、数字码或字符数字混合码形成的惟一标识。

2.1.10 符号化 symbolization

用点、线、面符号以及由点、线、面构成的复合符号图示表达城市空间基础数据。

2.1.11 现势数据库 current database

存放最新的城市空间基础数据的数据库。

2.1.12 历史数据库 historical database

存放已被更新、不同时期的城市空间基础数据的数据库。

2.1.13 分发服务 distribution service

采用信息载体或计算机网络技术向社会或个人提供城市空间基础数据（信息）所进行的工作。

2.2 代 号

DLG 数字线划图 digital line graphs

DEM 数字高程模型 digital elevation model

DOM 数字正射影像图 digital orthophoto map

DRG 数字栅格地图 digital raster graphics

GIS 地理信息系统 geographic information system

Web GIS 万维网地理信息系统 web geographic information system

Open GIS 开放地理信息系统 open geographic information system

GML 地理置标语言 geographic markup language

ASCII 美国信息交换标准码 american standard code for information interchange

3 城市基础地理数据集内容及质量要求

3.1 一般规定

3.1.1 城市基础地理数据集应是描述城市自然地理

要素和人工结构物、设施空间及属性特征的数据集，可包括控制点数据、地形要素数据、城市三维模型数据、综合管线数据及相关数据等子集，其中地形要素数据可以数字线划图、数字高程模型、数字正射影像或数字栅格图等形式来表达。各城市可根据需要对基础地理数据集的子集进行增减。城市基础地理数据集的名称及代号应符合表3.1.1的要求。

表3.1.1 城市基础地理数据集的名称及代号

序号	数据集名称		数据集代号
1	控制点数据		—
2	地形要素数据	数字线划图数据	DLG
3		数字高程模型数据	DEM
4		数字正射影像数据	DOM
5		数字栅格图数据	DRG
6	城市三维模型数据		—
7	综合管线数据		—
8	相关数据		—

3.1.2 城市各种基础地理数据集应由描述相应地理要素的几何数据、属性数据或描述地理覆盖的影像数据、栅格数据及相应的元数据组成。

3.1.3 城市基础地理数据的质量可通过数据的基本要求、几何精度、图形或影像质量、属性精度、逻辑一致性、完整性和现势性等质量元素来描述。各种基础地理数据集均应符合下列基本质量要求：

1 空间参考系应符合本规范第5.1节的规定；

2 几何数据和属性数据的内容应完整、全面，精度应符合相应规定；

3 元数据的内容应正确、完整，并应符合本规范第5.3节的规定；

4 数据文件的存储单元及命名应符合本规范第5.1节的规定；

5 数据文件的存储格式应正确，数据交换应符合本规范第5.4节的规定；

6 应按本规范第5.5节的规定对变化信息进行适时更新，使数据能现势地反映城市的地物、地貌状况。

3.2 控制点数据

3.2.1 城市控制点数据应由描述城市各等级平面和高程测量控制点的信息组成。控制点的等级及相应的精度要求应符合现行行业标准《城市测量规范》CJJ 8的规定。控制点的分类编码原则应符合本规范第5.2节的规定，分类编码方案可按附录A1:500 1:1000 1:2000地形要素分类与代码执行。

3.2.2 城市控制点数据的几何信息应通过控制点所在位置的三维坐标或二维坐标来表达。控制点的符号化描述应符合现行国家标准《1:500、1:1000、1:2000地形图图式》（GB/T 7929）和《1:5000、1:10000地形图图式》GB/T 5791的规定。

3.2.3 城市控制点数据的属性信息应包括下列内容：

1 点名和点号；

2 类型与等级；

3 精确的控制数据值。对不同类型控制点分别为：

1）平面控制点的平面坐标；

2）高程控制点的高程；

3）天文点的天文方位角等。

4 控制点点之记；

5 相邻控制点之间的通视和连接关系（网图）。

3.2.4 应使用元数据或其他方式完整、准确地描述城市基本控制基准的信息，包括：

1 城市空间参考系名称（平面坐标系统名称、高程基准名称）；

2 与国家统一空间参考系的转换参数。

3.2.5 城市控制点数据的质量除应符合本规范第3.1.3条的规定外，尚应符合下列要求：

1 控制点的分类编码应正确；

2 控制点的点名和点号应具有惟一性；

3 控制点的位置及其与相邻点位之间的关系应正确无误；

4 控制数据的属性信息应完整、全面、准确。控制点的等级和精度应相互匹配，数据精度应符合现行行业标准《城市测量规范》CJJ 8的规定，数值取位应正确。

3.3 数字线划图数据（DLG）

3.3.1 DLG数据是城市地形要素的主要表达形式。城市DLG数据的基本比例尺为1:500、1:1000、1:2000、1:5000和1:10000，其代号应符合表3.3.1的要求。

表3.3.1 城市DLG数据的基本比例尺及代号

比例尺	数据代号
1:500	DLG500
1:1000	DLG1000
1:2000	DLG2000
1:5000	DLG5000
1:10000	DLG10000

3.3.2 城市DLG数据所表达的城市地形要素应主要包括控制点、房屋、垣栅、工矿建（构）筑物、交通及附属设施、水系、境界、地貌、植被及其他等，其中控制点数据的有关要求应符合本规范第3.2节的规定。城市地形要素的分类编码原则应符合本规范第5.2节的规定，分类编码方案可按附录A地形要素分类与代码执行。

3.3.3 各地形要素的几何信息应由描述相应要素空

间特征的点、线及多边形数据组成。地形要素的符号化表示应符合现行国家标准《1∶500、1∶1000、1∶2000地形图图式》GB/T 7929和《1∶5000、1∶10000地形图图式》GB/T 5791的规定。

3.3.4 各地形要素的属性信息可分为基本属性信息和扩展属性信息。主要地形要素的基本属性信息可按附录B城市基础地理数据分类属性结构执行，扩展属性信息可根据需要进行设计和扩充。

3.3.5 城市DLG数据宜以标准图幅作为存储单元，其数据文件命名规则应符合本规范第5.1节的规定。城市DLG数据应使用常用的数据格式进行存储。

3.3.6 城市DLG数据的质量除应符合本规范第3.1.3条的规定外，尚应符合下列要求：

1 几何精度应符合下列要求：

1）城市DLG数据的平面精度、基本等高距和高程精度应符合现行行业标准《城市测量规范》CJJ 8的相应要求；

2）相邻存储单元要素的几何位置应接边，接边误差不应大于2倍中误差。

2 图形质量应符合下列要求：

1）DLG数据的图形表示应正确并符合现行图式的规定；

2）由DLG数据生成的可视化图形应整洁、清晰、美观，无遗漏、无明显变形。

3 属性精度应符合下列要求：

1）地形要素的分类编码应正确无误；

2）地形要素的属性信息应完整、正确；

3）相邻存储单元同一要素的属性信息应一致。

4 逻辑一致性应符合下列要求：

1）面状区域应闭合，属性应一致；

2）结点匹配应准确，线段相交应无悬挂点或过头现象；

3）要素应具有惟一性，几何类型和空间拓扑关系应正确；

4）相关要素处理应正确。

5 完整性应符合下列要求：

1）地形要素应符合现行行业标准《城市测量规范》CJJ 8规定的取舍要求，无遗漏；

2）地形要素的几何描述应完整；

3）数据的分层与组织应正确，不得有重复或遗漏；

4）注记应完整、正确。

3.4 数字高程模型数据（DEM）

3.4.1 城市DEM数据应由地面规则格网点、特征点数据及边界线数据组成。对于不规则三角网点数据，应通过插值处理生成规则的格网点数据。对于表征地面特征的关键部位应辅以特征点数据。

3.4.2 城市DEM数据的基本格网尺寸应为5m×5m。对于工程应用，可根据需要选择2.5m×2.5m格网。格网点的高程精度可分为3级，应按表3.4.2的规定选用。

表3.4.2 城市DEM数据的规格、代号及格网点高程精度要求

数据代号	格网尺寸	精度等级	格网点高程中误差（m）			
			平地	丘陵	山地	高山地
DEM-A1	5m×5m	一级精度	0.5	1.2	2.5	5.0
DEM-A2		二级精度	0.7	1.7	3.3	6.7
DEM-A3		三级精度	1.0	2.5	5.0	10.0
DEM-B1	2.5m×2.5m	一级精度	0.35	0.5	1.2	2.5
DEM-B2		二级精度	0.5	0.7	1.8	3.0
DEM-B3		三级精度	0.7	1.0	2.5	5.0

3.4.3 城市DEM规则格网点的延伸范围应通过边界线限定，并应符合下列要求：

1 DEM数据应只出现在外边界线以内，外边界线的相应辨识符应为0；

2 DEM数据应在内边界线构成的区域内中断，或与该区域外的数据不连续。内边界线的辨识符应为1。封闭的道路边界线、水域边界线、地形突变线、断裂线等都可以作为内边界线，它们可从DLG数据中提取。

3.4.4 城市DEM数据的存储单元与文件命名应符合下列要求：

1 规则格网点数据的存储单元，对于5m×5m格网，宜采用5km×5km范围；对于2.5m×2.5m格网，宜采用1km×1km范围。存储单元的起始点宜为整公里数；

2 特征点数据、边界线数据及元数据宜以区域为存储单元；

3 DEM数据文件的命名应简洁明了，格网点数据文件的名称宜与存储单元的起始点坐标有一定的换算关系，其他数据文件的名称可使用区域名或代号。

3.4.5 城市DEM数据文件的存储应符合下列规定：

1 规则格网点数据可使用以下2种方式存储：

1）存储所有格网点的三维坐标（X，Y，Z）；

2）只存储所有格网点的高程（Z）以及存储单元的左下角、右上角平面坐标（X，Y）和格网尺寸等说明参数。此种方式必须按存储规则存储单元内的所有格网点。数据文件的存储顺序应为自下而上、自左至右。

2 特征点数据应存储各点的三维坐标（X，Y，Z）。

3 边界线数据文件可以包含多个边界线数据，不同边界线数据之间以分割符分开。数据文件的首行应包含边界线总数。每一边界线数据的首行应包含该边界线的点数及边界线辨识符，随后按顺序存储各边界线点的平面坐标（X，Y），一个点占据文件的一行，同一边界线的首尾点应重合。

3.4.6 城市DEM数据的质量除符合本规范第3.1.3条的规定外，还应符合下列要求：

1 DEM数据的格网尺寸应符合表3.4.2的规定。

2 几何精度应符合下列要求：

1）规则格网点的高程精度应符合表3.4.2的规定；

2）特征点高程的精度应与相应规则格网点的高程精度一致；

3）相邻存储单元的DEM数据应平滑衔接。

3 DEM数据的边界线辨识符应正确无误。边界线必须为封闭多边形。一个DEM数据集，应只有一个外边界线，但可以有多个内边界线，不同的内边界线可以相邻，但不得相交。

4 静止水域内的DEM格网点高程应一致，流动水域的上下游DEM格网点高程应呈梯度下降，关系合理。

5 完整性应符合下列要求：

1）除内边界线范围内格网点数据可能存在中断外，存储单元内不得存在数据漏洞；

2）相邻存储单元之间不得出现漏洞，DEM数据应覆盖整个区域范围，接边范围的数据应有一定的重叠。

3.5 数字正射影像图数据（DOM）

3.5.1 城市DOM数据的基本比例尺可分为1:1000、1:2000、1:5000和1:10000，其地面分辨率不得低于表3.5.1的规定，代号应符合表3.5.1的要求。

表3.5.1 城市DOM数据的地面分辨率与代号

比例尺	地面分辨率（m）	数据代号
1:1000	0.1	DOM1000
1:2000	0.2	DOM2000
1:5000	0.5	DOM5000
1:10000	1.0	DOM10000

3.5.2 城市DOM数据应由影像数据、地理定位信息和相应的元数据组成。根据需要，DOM还可套合地名、高程注记及相关信息，并进行图幅整饰。

3.5.3 影像数据作为DOM的主体数据，应以配有地理定位信息的TIFF格式或GeoTIFF格式存储。

3.5.4 城市DOM数据的地理定位信息除包括GeoTIFF格式外，也可用地理定位数据文件来描述。当采用地理定位数据文件时，该文件应包含以下内容：

1 影像数据的地面分辨率；

2 影像数据的西南角地理坐标；

3 影像数据东西、南北方向的像元数。

3.5.5 城市DOM图廓整饰内容宜按同比例尺现行地形图图式确定。图廓整饰与图内文字注记部分应以常用的矢量数据格式存储，并应使用与DOM一致的空间参考系。

3.5.6 城市DOM数据应以图幅作为存储单元。不同比例尺DOM数据的分幅及编号规则应符合本规范第5.1节的要求。对于1:5000或1:10000比例尺DOM，宜采用矩形分幅。DOM数据宜在内图廓范围基础上外扩图上5mm。

3.5.7 城市DOM数据的质量除应符合本规范第3.1.3条的规定外，还应符合下列要求：

1 DOM数据的地面分辨率不得低于表3.5.1的相应规定。

2 几何精度应符合下列要求：

1）城市DOM数据中地面明显地物点的平面位置精度应符合现行行业标准《城市测量规范》CJJ 8对相应比例尺地形图上明显地物点平面位置精度的要求；

2）相邻DOM影像镶嵌处的接边限差不应大于2个像元。

3 影像质量应符合下列要求：

1）DOM影像应清晰易读、反差适中、色调均匀；

2）DOM影像不得有重影、模糊或纹理断裂等现象，影像应连续完整，灰度无明显不同。对于彩色影像，色彩应平衡一致；

3）DOM上的地物地貌应真实，无扭曲变形，无噪声、云影等缺陷；

4）DOM的整体外观应整洁、美观。

4 完整性应符合下列要求：

1）DOM覆盖范围内的影像应无漏洞；

2）套合地名与高程注记及进行图幅整饰时，注记与整饰内容应完整、正确。

3.6 数字栅格图数据（DRG）

3.6.1 城市DRG可由模拟地图经扫描、处理获得或由数字线划图（DLG）转换生成。城市DRG数据的比例尺应与DLG相对应，其代号应符合表3.6.1的要求。

表3.6.1 城市DRG数据的比例尺及代号

比例尺	数据代号
1:500	DRG500
1:1000	DRG1000
1:2000	DRG2000
1:5000	DRG5000
1:10000	DRG10000

3.6.2 DRG数据在内容上应与同比例尺原地形图或DLG图面表达一致。

3.6.3 DRG数据的图像分辨率不得小于300dpi（点/英寸）。

3.6.4 DRG栅格数据可采用TIFF格式加地理定位信息文件或直接采用GeoTIFF格式存储。

3.6.5 DRG数据的存储单元应与相应比例尺原地形图或DLG数据一致，命名规则相同。

3.6.6 DRG数据的质量除符合本规范第3.1.3条的规定外，还应符合下列要求：

1 DRG数据的分辨率应符合本规范第3.6.3条的规定。

2 精度应符合下列要求：

1）DRG数据的几何精度要求应与同比例尺原地形图或DLG数据相一致；

2）相邻存储单元的地理要素应平滑衔接，关系合理。

3 图像质量应符合下列要求：

1）图廓线、公里格网线图像应完整清晰；

2）图像应清晰、不粘连、无断续，无明显噪声和斑点；

3）彩色DRG应进行色彩归化；

4）DRG的整体外观质量应整洁、美观。

3.7 城市三维模型数据

3.7.1 城市三维模型数据宜由三维建（构）筑模型数据、DOM数据和DEM数据等组合而成。

3.7.2 三维建（构）筑模型数据是城市三维模型数据的主体，可由几何数据、纹理数据和属性数据组成。三维建（构）筑模型数据应符合下列基本要求：

1 模型数据应简洁、完整地表达建筑的主要特征，使其能容易识别；

2 应便于快速重建城市三维模型；

3 对模型的不同部分应能予以识别，便于细部表达。

3.7.3 三维建（构）筑模型的几何数据可包括模型的内容表达和模型的拓扑表达两部分：

1 模型的内容应由建筑的主体、顶、附属建筑与设施部分来完整表达，其中：

1）主体部分用来表达房屋的整体空间结构，其顶部可分为平坦或倾斜的平面，平面形状可有矩形、圆形和多边形3种方式表达。若主体部分悬空，则应同时表达悬空部分的下底面；

2）顶面、附属建筑及设施，可由边沿线和其间的特征点、线来完整表达；

2 建（构）筑物模型数据的拓扑关系应用来表达建（构）筑物主体部分与地面之间以及主体各部分之间的关系：

1）当建（构）筑物为非悬空结构时，建（构）筑物底面应由建（构）筑物顶面各顶点与地面垂线的垂足组成，建（构）筑物侧面应由顶面与底面对应点所构成的四边形表达；

2）当建（构）筑物主体部分由多层结构组成，且上一部分的垂向投影面完全包含于下一部分垂向投影多边形之内时，上一部分结构的底面高程应由下一部分的顶面高程决定。

3.7.4 建（构）筑物可视效果应通过对模型表面赋予的材质或纹理来表现。在三维建（构）筑模型数据中，纹理数据可分为标准纹理与人工采集纹理两种。前者宜将纹理预先编辑与处理，存储于纹理库中；后者则可通过从影像或视频信息中提取具体建（构）筑物立面或顶面影像。对具有相似结构的模型可建立标准的模型库。

3.7.5 三维建（构）筑模型的属性数据应包含建（构）筑物与具体用途相关的属性信息。

3.7.6 在进行三维建（构）筑模型数据采集时，应根据需要合理确定以下技术指标：

1 模型表达的尺度或分辨率要求；

2 需采集的最小尺寸，包括平面面积和高度限值；

3 区分不同建筑的最小平面间距和高差；

4 立面和顶面特征形状表达的最小尺寸；

5 纹理图像的分辨率、尺寸、颜色和匹配精度。

3.7.7 三维建（构）筑模型数据的质量除符合本规范第3.1.3条的规定外，还应符合下列要求：

1 几何精度：三维建（构）筑模型数据的几何精度可按现行行业标准《城市测量规范》CJJ 8关于相应比例尺地形图精度的规定和应用需求确定；

2 完整性：应完整地采集大于一定尺度的要素，并准确表达各要素之间的聚合关系；

3 逻辑一致性：空间的三维点共面、线平行、线垂直、直角化、点同高、点共线等应正确。

3.8 综合管线数据

3.8.1 城市综合管线数据应包括城市给水、排水、燃气、热力、工业、电力、电信等管线的空间数据和属性数据及相应的元数据。城市综合管线分类编码的原则应符合本规范第5.2节的要求。

3.8.2 城市综合管线空间数据应包括各类管线、管段、管件以及地面设施的空间位置和形状信息，可通过综合管线图、专业管线图、局部放大示意图和断面图表达。综合管线图、专业管线图和局部放大示意图应以彩色绘制，断面图可以单色绘制。综合管线应按管线点投影中心（展绘管线点位置）及相应图例连线表示，附属设施应按实际中心位置用相应符号表示。

3.8.3 城市综合管线的属性数据应包括下列内容：

1 管线点点号；

2　管线点平面坐标、地面及管顶或管底高程；

3　管线点类别及特征；

4　管线材质；

5　管径或横断面；

6　特殊信息。如电信电缆的孔数与实用孔数；电力线的电缆根数、电压及截面积以及煤气的压力方式；

7　连接关系；

8　埋设年代、权属单位；

9　管线点所在图幅编号；

10　作业单位、作业者、作业日期。

3.8.4　城市综合管线图应根据其密集程度，可使用1∶500、1∶1000或1∶2000比例尺编绘，有关要求宜按现行行业标准《城市地下管线探测技术规程》CJJ 61的规定执行。综合管线数据的分幅与编号应与城市地形图数据的分幅与编号相一致。管线数据应使用常用的数据格式进行存储，数据交换格式应符合本规范第5.4节的要求。

3.8.5　城市综合管线数据的质量除符合本规范第3.1.3条的规定外，还应符合下列要求：

1　几何精度：应符合现行行业标准《城市测量规范》CJJ 8及《城市地下管线探测技术规程》CJJ 61的相应要求。

2　属性精度应符合下列要求：

1）要素的分类编码应正确；

2）要素的属性项及属性值应完整、正确。

3　逻辑一致性应符合下列要求：

1）面状要素应闭合；

2）结点匹配应准确；

3）要素应具有惟一性，几何类型和空间关系应正确。

4　完整性应符合下列要求：

1）要素应全面完整，符合规定的取舍要求；

2）要素的几何描述应完整；

3）数据的分层应正确，不得有重复或遗漏；

4）注记应完整、正确。

3.9　相关数据

3.9.1　城市基础地理数据宜包括行政区划、地名、门牌、规划道路、用地和建设放验线、地下空间设施以及具有强制性规定的用地控制线等相关要素的专题数据。

3.9.2　城市行政区划一般可按市、区（县）、街道（乡镇）、居委会（社区、村）4级划分。行政区划数据应符合下列规定：

1　行政区划的几何数据应为封闭的多边形，数据应按行政区划管理单元存储；

2　行政区划的属性数据应包括行政区划代码、名称、面积、级别，还可根据需要附加人口、经济状况等相关信息；

3　县级以上行政区划的代码应按现行国家标准《中华人民共和国行政区划代码》GB/T 2260执行，县级以下行政区划的代码应按现行国家标准《县以下行政区划代码编制规则》GB/T 10114所确定的原则或地方颁布的规定进行编制；

4　行政区划数据应得到当地行政区划主管部门的认可或批准，以保证行政区划信息的权威性和正确性。

3.9.3　城市地名可包括各级行政区划名称、自然地理名称（山体、水系等）、道路名称、单位名称、标志性建（构）筑物名称以及常用地名等。城市地名数据应符合下列要求：

1　城市地名数据的几何数据：

1）对地名所反映的边界明确的行政区划、湖泊、占地面积较大的单位，宜以多边形数据表达；

2）对道路、铁路、河流等线状要素，宜以线数据表达；

3）对边界不易确定或范围太小不便用面表示的，宜以点数据表达。

2　城市地名数据的属性数据主要应包括名称、类型、级别及历史名称等。

3.9.4　门牌的几何数据可以多边形形式表达，通常可从DLG数据中提取。门牌的属性数据应包括路名（地名）、门牌号码等。

3.9.5　城市规划道路的等级可分为主干道、次干道和支路三级。城市规划道路数据应符合下列规定：

1　城市规划道路的几何数据应包括道路中心线和边线数据，并应由路段、弧段和交点的信息来描述：

1）道路应以路段为基本单元；

2）弧段除曲线部分外，还应包括两曲线间的直线部分。在数据库中，一个弧段应由弧段号、曲率半径或坐标串、起始交点、中间交点和终点交点等信息构成；

3）描述交点应给出三维或二维坐标。

2　城市规划道路的属性数据应包括代码、路名、等级、起点、终点、规划宽度等内容。城市规划道路的编码可按现行国家标准《城市地理要素—城市道路、道路交叉口、街坊、市政工程管线编码结构规则》GB/T 14395编制。

3.9.6　除综合管线以外的其他人工地下空间设施（如地铁、人防、过江隧道等）数据应符合下列要求：

1　地下空间设施数据的几何数据应正确反映其空间位置。应以城市大比例尺地形图为载体，使用轮廓线表示地下设施的平面位置，对地铁和过江隧道等线状设施还应表示出平面位置的中线；应标明地下设施的底部高程和顶部高程；对于空间形态较复杂的设施，还应提供特征部位的断面信息；

2　地下空间设施数据的属性数据应包括分类编码、面积或长度、权属单位、建造时间等。

3.9.7　对于城市规划、建设和管理影响较大的一些强制性用地控制线数据，如城市绿化规划线、机场建设控制线、微波通道、重要环境保护控制线等的数据，应符合下列规定：

1　规划控制线的几何数据应以多边形数据描述，个别规划控制线也可用线数据表示；

2　规划控制线的属性数据应包括分类编码、控制线名称和要求等。

3.9.8　相关数据的质量除应符合本规范第3.1.3条的规定外，还应符合下列要求：

1　以多边形特征表达的相关数据，几何数据应封闭，属性数据应正确无误、符合要求；

2　以线特征表达的相关数据，几何数据应连续，属性数据应正确无误、符合要求；对于具有分区性质的线状特征，必须在属性数据中予以正确描述；

3　相关数据的几何精度应符合有关技术规定；没有特定精度要求的，可参照获取这些数据的相应图件的精度确定；

4　所有相关数据分类编码的原则应符合本规范第5.2节的规定。

3.10　城市基础地理数据的质量检查验收

3.10.1　城市基础地理数据生产和验收部门，应对各种基础地理数据集的几何数据、属性数据和元数据进行质量检查验收，并应提供相应的验证资料以说明所提供的数据符合本规范规定的质量要求。

3.10.2　质量检查验收应覆盖基础地理数据的基本要求、几何精度、影像或图形质量、属性精度、逻辑一致性、完整性等质量要求。DLG、DEM、DOM和DRG数据的质量检验方法应按现行国家标准《数字测绘产品检查验收规定和质量评定》GB/T 18316执行，其他数据可参照执行。

3.10.3　质量验证资料应包括对所生产和提供的基础地理数据各质量元素的检查验收情况及结论，其形式应为质量检查报告、质量验收报告和质量统计表等。质量检查报告、质量验收报告、质量统计表的内容和形式可按现行国家标准《数字测绘产品检查验收规定和质量评定》GB/T 18316执行。

4　城市基础地质数据集内容及质量要求

4.1　一般规定

4.1.1　城市基础地质数据集可由地貌数据、地层数据、地质构造数据、水文地质数据、地震地质数据、环境地质数据、地质资源数据等子集组成，各城市可根据需要对基础地质数据集的子集进行增减。

4.1.2　城市基础地质数据集应符合下列技术要求：

1　城市基础地质数据采用的空间参考系应符合本规范第5.1节的要求；

2　城市基础地质数据表现形式宜以矢量图为主，以栅格图为辅，具体表现形式可根据城市自身特点、城市规划和建设的需求来确定；

3　城市基础地质数据基本比例尺应与城市基础地理数据基本比例尺相协调；

4　基础地质数据集的存储单元及命名规则应符合本规范第5.1节的要求，其中图层划分可按附录F城市基础地质数据图层划分表执行；

5　对于地质实体，图形表示除平面图外，宜辅以柱状图、剖面图、三维地层模拟等专题图手段，来反映地质要素在深度方向上和三维空间中的特性；

6　城市基础地质要素分类代码可按本规范第5.2.3条的规定及附录D城市基础地质要素分类代码执行，主要要素的属性结构表可按附录E城市基础地质数据分类属性结构执行；

7　基础地质要素色标、符号、填充花纹宜按现行国家标准《区域地质图图例》GB 985、《地质图用色标准》GB 6390、《综合工程地质图图例及色标》GB 12328、《综合水文地质图图例及色标》GB 14538等标准的规定选用。

4.2　地貌数据

4.2.1　地貌单元可分为构造剥蚀地貌、山麓斜坡堆积地貌、河流湖泊地貌、大地构造—侵蚀地貌、岩溶地貌、海成地貌、风成地貌七类，地貌单元分类宜符合表4.2.1的要求。

表4.2.1　地貌单元分类

一级地貌单元	二级地貌单元	三级地貌单元或微地貌单元
构造、剥蚀地貌	山　地	高山、中山和低山
	丘　陵	
	剥蚀残山	
	剥蚀准平原	
	构造剥蚀面	地表夷平面、埋藏夷平面和剥蚀面
	构造平原	洼地、平原和高原
山麓斜坡堆积地貌	洪积扇	
	坡积裙	
	山前平原	
	山间盆地	
河流湖泊地貌	河　谷	河漫滩、牛轭湖、阶地等要素
	河　床	离堆山、瀑布、岩槛、跌水、深槽、浅滩、壶穴
	冲积平原	
	河口三角洲	
	湖泊平原	
	沼　泽	

续表 4.2.1

一级地貌单元	二级地貌单元	三级地貌单元或微地貌单元
黄土地貌	黄土地貌	黄土塬、黄土梁、黄土峁、**黄土漏斗、碟形洼地**
岩溶地貌	溶蚀地貌	溶蚀平原、溶蚀丘陵、溶蚀高原、溶蚀盆地、溶蚀洼地、溶丘
	岩溶堆积地貌	**泉华、石钟乳和泉华阶地**
海成地貌	海　岸	海岸线、海滩、海蚀崖、**崖麓**
	海岸阶地	**泻湖、砂坝、砂嘴、砂堤、海滨沼泽**
	海岸平原	
风成地貌	戈　壁	**风蚀崖、风蚀柱、风蚀穴**
	沙　漠	**沙丘**
	泥　漠	
	风蚀盆地	
注：对表中粗体字代表的微地貌单元，一般应只选用具有观赏旅游价值的和对重要工程有影响的典型要素，可适当作夸大表示。		

4.2.2　地貌单元空间特征应由地貌分界线所构成的面状要素来表示，对具有重要工程意义或具有观赏旅游价值的微地貌单元要素，可适当放大表示。

4.2.3　地貌单元主要属性信息应包括图元编码和地貌单元名称。

4.3　地 层 数 据

4.3.1　地层数据应由地层分界面、地层和特征数据点（如产状点、化石采样点、钻孔等）组成。

4.3.2　地层宜按三维实体进行表达，一般情况下，可简化为在平面上（如地表面）根据其交截面（露头）所定义的面状要素，深度方向，可按柱状图或地质剖面图方式表达。

4.3.3　地层数据应划分为岩层和土层两类。

4.3.4　岩层应包括沉积岩地层（含非正式地层单位，如风暴岩、礁滩等）、火成岩地层（火山岩、侵入岩及脉岩）、变质岩地层，且岩层划分应符合下列要求：

1　沉积岩地层（含火山沉积地层）、变质岩地层应按地层年代划分，以组为基本表示单位，必要时可划分到段，或按岩性组合、工程特性划分到层；

2　侵入岩可按岩体和岩相划分；

3　非正式地层单位按岩石成因类型划分；

4　根据城市规划与城市建设应用需要，岩层属性可分为地层基本属性、岩石组合特性和岩体物理力学特性三个方面；

5　岩层产状应按有向点状要素表示。

4.3.5　土层数据应按成因类型、地层年代、土层名称综合划分，以层为基本表示单位，且应符合下列要求：

1　土层的分类应按现行国家标准《岩土工程勘察规范》GB 50021规定执行；

2　对特殊性岩土层，如湿陷性土、红黏土、软土、混合土、填土、多年冻土、膨胀岩土、盐渍岩土、风化岩、残积土及污染土，还应包括反映其岩土层特殊性的扩展属性。

4.3.6　城市地层剖面控制深度，应以满足实施城市规划的要求为准，但不宜小于20m。

4.3.7　进行城市基础地质信息建库之前，宜制定城市标准地层模型，以作为数据选取、检查的依据。城市标准地层模型可作为一特殊的元数据内容进行保存。

4.4　地质构造数据

4.4.1　地质构造数据可由褶皱、断层、节理（裂隙）三部分组成。

4.4.2　褶皱可分为背斜和向斜，且表示及内容应符合下列要求：

1　平面上宜按枢纽的迹线表示为线状要素；褶皱两翼产状、枢纽倾伏宜在枢纽迹线上，按倾向方向以有向点状要素表示；

2　褶皱主要属性信息应包括褶皱类型、空间形态、褶皱地层特性、构造空间组合关系内容。

4.4.3　断层可分为正断层、逆断层和平移断层，且表示及内容应符合下列要求：

1　平面上宜按断层走向表示为线状要素，重要的断层带可表示为面状要素。断层产状宜在断层带（线）上，按倾向方向以有向点状要素表示；

2　断层主要属性信息应包括断层类型、空间形态、切割地层特性、构造空间组合关系内容。

4.4.4　节理（裂隙）应根据存储单元比例尺、建（构）筑物场址特性等因素进行选取，只表示重要节理（裂隙），且节理的表示及内容应符合下列要求：

1　平面上节理（裂隙）可根据走向表示为线状要素，同组节理（裂隙）也可简化为单个线状要素表示，节理产状可按有向点要素表示；

2　节理（裂隙）主要属性信息应包括节理（裂隙）成因类型、空间形态、构造部位、工程物理力学特性等内容。

4.5　水文地质数据

4.5.1　水文地质数据宜由水文地质特征线、地下水源地、含水层（带）、水文地质特征点组成。

4.5.2　水文地质特征线可包括地下水源地边界线、含水层（带）边界线、地下水位等深线、咸淡水界面各项要素。

4.5.3 地下水源地数据主要指水源地分区可按面状要素表示。

4.5.4 含水层（带）在平面上可按面状要素表示，且可按下列类型划分：

1 含水层可按含水层特性细分为层状含水层、孔隙含水层、裂隙含水层、岩溶含水层、火山岩孔洞含水层、裂隙黏土含水层等类型；

2 含水带可按含水带所处构造部位细分为断裂含水带、岩脉含水带、接触含水带、背斜轴部含水带、背斜倾没端含水带、向斜含水带等类型。

4.5.5 水文地质特征点宜包括泉点、水文地质钻孔、地下水长期观测点、地下水集水建筑和地下水流向，其表示及分类宜符合下列要求：

1 泉点可分为上升泉、下降泉，对重要的喷泉、间隙泉、温泉和水下泉可专门表示；

2 水文地质钻孔和地下水长期观测点可按用途和类型分类；

3 地下水集水构筑物可按建筑形式分为井、集水池、渗渠、水平廊道和扩泉工程；

4 地下水流向可按有向点状要素表示。

4.6 地震地质数据

4.6.1 地震地质数据宜由地震监测点、古地震遗迹、历史地震震中、地震影响小区划、对抗震有利不利或危险地段类别划分、及建筑场地类别等要素组成。要素分类宜符合表4.6.1的要求。

表 4.6.1 地震地质要素分类

要素子集	要　　素
地震监测点	地形变监测点、地应力监测点、重力异常监测点、地热异常监测点、活动性断层监测点、水库诱发地震监测点等要素
古地震遗迹	地震断裂、古地震沟、古地震陡崖、古地震滑坡、古地震崩塌、古地震剩余变形区、古地震液化变形区、古地震砂脉等要素
历史地震震中	历史地震震中
地震影响小区划	地面峰值加速度区划、地面峰值位移区划、地面峰值速度区划、特征周期区划、抗震设防烈度区划
对抗震有利、不利或危险地段类别划分	地段类别
建筑场地类别	场地覆盖层厚度、土层等效剪切波速

4.6.2 地震地质要素的描述应符合现行国家标准、《中国地震动参数区划图》GB 18306、《工程场地地震安全性评价技术规范》GB 17741、《建筑抗震设计规范》GB 50011、《岩土工程勘察规范》GB 50021 等的要求。

4.6.3 地震地质要素可按其空间特性和比例尺大小按点、线、面三种类型表示。

4.7 环境地质数据

4.7.1 环境地质数据宜由滑坡、危岩、泥石流、岩溶塌陷区、砂土液化与软土震陷区、地面沉降区、海水入侵带、地下水污染带、地下采空区和垃圾填埋区等要素组成，环境地质要素分类宜符合表4.7.1的要求。

表 4.7.1 环境地质要素分类

要素子集	要　　素
滑坡	滑坡体、滑裂面、滑坡裂隙、滑坡台坎和滑坡治理结构
危岩和崩塌	危岩体、坍滑堆积体和防治结构
泥石流	泥石流源头、泥石流冲沟、泥石流堆积扇和泥石流防治结构
岩溶塌陷区	隐伏溶洞、土洞、地表塌陷洼地和覆盖型岩溶发育区域
砂土液化及软土震陷分区	液化分区边界、液化分区范围、震陷分区边界、震陷分区范围
地裂缝及地面沉降区	地裂缝、地面沉降观测点、沉降范围、沉降等值线和地下水回灌区域
海水入侵带	海水入侵带、海水入侵防止结构
地下水污染带	地下水污染源、地下水污染带、地下水污染扩散带、地下水污染带边界
地下采空区	地下采空区范围、采空区影响范围
垃圾填埋区	垃圾填埋区域面状要素

4.7.2 环境地质要素可按其空间特性和比例尺大小按点、线、面三种类型表示。

4.8 地质资源数据

4.8.1 地质资源数据可分为矿产资源、地质遗迹两类。

4.8.2 矿产资源主要指矿产地（矿床、矿点），可应用面状或点状要素表示。

4.8.3 地质遗迹可包括地质遗迹保护点、标准地层（面状要素）、化石出露点、标准地质剖面（线状要素）。

4.9 城市基础地质数据集的质量要求

4.9.1 城市基础地质数据采集精度或取舍要求可按表4.9.1的要求执行。

表 4.9.1 不同比例尺的地质要素取舍和精度要求

比例尺	要素取舍的最小尺寸（m）		点位限差（m）
	面状要素直径	线状要素长度	
1:50000	100	250	50
1:25000	50	125	25
1:10000	20	50	10
1:5000	10	25	5
注：对小于上述规模，但具有重要意义的地质体及特殊地质现象，可用相应点状符号、花纹夸大或归并表示。			

4.9.2 数据采集密度要求可按表 4.9.2 的要求执行。

表 4.9.2 不同比例尺的地质要素点密度要求

比例尺	地层、地质构造数据点（个/km^2）		其他地质数据点（个/km^2）
	非基岩地区	基岩地区	
1:50000	0.30～0.60	0.75～1.50	0.20～1.00
1:25000	0.60～1.80	1.50～3.00	1.00～2.50
1:10000	1.80～3.60	3.00～8.00	2.50～7.50
1:5000	3.60～7.20	6.00～16.00	5.00～15.00
注：地质条件简单时采用小值，地质条件复杂时采用大值。			

4.9.3 地质要素属性数据应符合地质体在区域上的宏观特性，相邻存储单元的同一地质要素属性数据应一致。

4.9.4 基础地质数据集的元数据应完整、全面、准确，并符合本规范第 5.3 节的要求。

4.9.5 地貌数据应符合下列质量要求：

1 地貌单元要素应根据城市所处的地貌单元特点进行选取，取舍标准应能反映城市总体地貌单元特征和城市规划要求；

2 地貌单元划分应符合大规模城市工程活动前的地貌形态；

3 地貌单元之间应无重叠、无空白，拓扑关系应正确。

4.9.6 地层数据应符合下列质量要求：

1 地层名称、分类、用色、符号应正确，地层分类应能满足城市规划的要求；

2 同一图层中相邻地层单元之间应无重叠、无空白，拓扑关系应正确，不同图层上的地层单元叠加关系应正确；

3 基岩或沟谷地区平面上可表示的土层露头最小尺寸可按表 4.9.6 的要求执行。

4.9.7 水文地质数据应符合下列质量要求：

1 选取的水文地质数据精度应符合国家现行标准《供水水文地质勘察规范》GB50027、《岩土工程勘察规范》GB50021 及《城市供水水文地质勘察规范》CJJ 17 相关规定的要求；

2 地下水源地、含水层（带）面元之间应无重叠、无空白，拓扑关系应正确；

3 水文地质数据更新应能正确反映地下水年度、季节和人为因素引起的变化。

表 4.9.6 可表示的土层露头最小尺寸

比例尺	基岩区内土层出露面积（km^2）	沟谷内土层，沟谷宽度（m）
1:50000	0.5	100
1:25000	0.25	50
1:10000	0.1	20
1:5000	0.05	10

4.10 城市基础地质数据的质量检查验收

4.10.1 城市基础地质数据生产和验收过程中，应对各种基础地理数据集的空间数据、属性数据和元数据进行质量检查验收，并应提供相应的验证资料以说明所提供的数据符合本规范规定的质量要求。

4.10.2 质量检查验收应覆盖基础地质数据的基本要求、空间精度、影像或图形质量、属性精度、逻辑一致性、完整性等质量元素。

4.10.3 质量验证资料应包括对所生产和提供的各质量元素的检查验收情况及结论，其形式应为质量检查报告、质量验收报告和质量统计表等。

5 城市空间基础数据管理基本要求

5.1 空间参考系、存储单元及命名规则

5.1.1 城市空间基础数据的空间参考系应与城市平面坐标系统和高程系统相一致。一个城市应采用统一的与国家平面坐标系统和高程系统相联系的空间参考系统。

5.1.2 城市空间基础数据的存储单元及命名规则可采用分区域、分图幅、分专题、分要素相结合的方法，涉及城市地形图的应与城市地形图的分幅与编号体系相匹配。

5.2 要素分类编码与符号化

5.2.1 分类与编码原则应符合下列规定：

1 对于各类城市空间基础数据集，能够分类编码的应建立科学的分类编码体系；

2 分类与编码应和现行的国家标准或行业标准有关分类与代码体系兼容，各个城市可根据自身的特点进行裁剪或扩充，但不得破坏上述的分类与代码体系。扩充代码应符合科学性、系统性、可扩展性、兼容性原则；

3 相关的数据子集的分类与编码应保持一致性；

4 若同时使用，可按照国家有关规定按不同门类区分。

5.2.2 城市基础地理数据集要素分类与编码应符合下列规定：

1 城市基础地理数据集根据其包含的子集划分应符合本规范第3.1.1条的规定；

2 控制点数据应按照其精度等级和类别编码。代码结构应包括大类、小类、等级等，编码位数宜与数字线划图中相应要素保持一致；

3 数字线划图数据编码方案可采用六位数字码，前四位为基本码，采用现行国家标准《1:500 1:1000 1:2000 地形图要素分类与代码》GB 14804—93的代码，扩充的第五位是细分码，第六位是辅助码。1:500 1:1000 1:2000 数字线划图要素分类与代码可按附录A 1:500 1:1000 1:2000 地形要素分类与代码执行，各城市可按本规范要素分类与代码的编制原则根据需要进行裁剪或进一步扩充。附录A 1:500 1:1000 1:2000 地形要素分类与代码中“可视化符号描述”根据现行国家标准《1:500，1:1000，1:2000 地形图图式》GB/T 7929 绘制。等级外控制点是指平面三级以下和高程四等以下的各种控制点；

4 城市三维模型数据应按要素及使用需要选择相应的分类及编码；

5 综合管线数据分类编码可由数字、字符或字符数字混合构成宜采用数字形式。分类编码结构应由管线类别代码、管线子类代码和识别码构成。管线类别代码可用于表示管线种类，用一位数字表示。管线子类代码可用于表示管线种类中的小类，用一位数字表示。识别码可用于标识不同管线点及管线设施类型，用两位数字表示。对各类管线的分类编码的方法宜按现行行业标准《城市地下管线探测技术规程》CJJ 61 的有关规定执行；

6 相关数据包括的数据种类较多，各城市可根据用户需求等，参照相关专业的编码原则进行分类与编码。

5.2.3 城市基础地质数据集要素分类编码可按六位数字码来分类编码。第一位代表主题类，用数字1~9表示；第二位代表大类，用数字1~9表示；第三、四位代表中类，用数字01~99表示；第五、六位代表小类，用数字01~99表示，可按附录D城市基础地质要素分类代码执行。

5.2.4 符号化原则与方法应符合下列规定：

1 符号化原则

1）规范性原则：应按现行国家标准《1:500 1:1000 1:2000 地形图图式》GB/T 7929、《区域地质图图例》GB 985、《地质图用色标准》GB 6390、《综合工程地质图图例及色标》GB 12328、《综合水文地质图图例及色标》GB 14538 和现行行业标准《城市地下管线探测技术规程》CJJ 61 附录E地下管线图图例等标准执行；

2）可操作性原则：对于计算机难以制作和生成的符号，可进行适当的修改或简化；

3）完整性、一致性原则：跨图幅的符号其形状、大小和方向应保持完整和一致；

4）主次原则：符号化应区分主次，重点突出和完整表示主要要素，必要时主要要素可压盖次要要素或作隐含处理。

2 符号化方法

符号分为点、线、面符号以及由点、线、面构成的复合符号。无向点符号应垂直于南北图廓表示；有向点符号要准确表示定位点和符号的方向，定向点位于右端；线状符号如果由定位线向一侧生成，应统一按前进方向的左侧生成；面状符号起点位于框架左下端，按逆时针方向采点编辑，需填充或注记的应以适当的密度填充点符号或进行注记。

5.3 元 数 据

5.3.1 元数据应是说明数据内容、质量、状况和其他有关特征的诠释信息，应适用于数据的管理、使用、发布、浏览、转换、共享各方面的要求。

5.3.2 元数据的内容与形式应符合下列要求：

1 元数据的主要内容应涵盖下列各类信息：

1）元数据实体集信息；

2）标识信息；

3）限制信息；

4）数据质量信息；

5）维护信息；

6）空间表示信息；

7）参考系信息；

8）内容信息；

9）图示表达编目信息；

10）分发信息；

11）元数据扩展信息；

12）应用模式信息；

13）范围信息；

14）引用和负责单位信息。

2 元数据的主要内容、格式及值域可按附录F城市空间基础数据元数据内容执行。

3 数据集的元数据应建立元数据库。

5.3.3 元数据操作工具应包括输入、编辑与维护管理、查询检索、发布等功能。

5.3.4 元数据库应与其所描述的城市基础地理信息系统数据库建立关联并应符合安全和保密的原则，可直接链接也可间接链接。

5.3.5 元数据更新与维护应符合下列要求：

城市基础地理数据库可定期或不定期更新，其元数据库也应相应地实时更新，同时应做好元数据的备份工作，并应建立历史元数据库。

5.3.6 元数据质量是数据质量的一个组成部分，也是数据质量的基础，在元数据库建立（包括扩展）、更新、维护全过程中，必须保证元数据质量。其质量内容应包括下列要求：

1 完整性：能完整地描述数据集最重要的信息，应包括附录F城市空间基础数据元数据内容所列的全部内容；

2 准确性：应准确而简洁地描述城市空间基础数据集的主要特征；

3 结构性：应保持元数据的逻辑结构关系，在修改或扩展时不影响整体结构。

5.4 城市空间基础数据交换格式

5.4.1 城市空间基础数据交换格式包括四种文件类型，应符合表5.4.1的要求。

表5.4.1 城市空间基础数据交换格式的文件类型

数据类型	文件名后缀
矢量数据	.VCT
影像数据	.TIF/BMP
影像数据的附加信息	.IMG
格网数据	.DEM

5.4.2 城市空间基础数据交换应包括下列主要内容：

1 基本特征数据：坐标单位、坐标维数、坐标系、投影类型、拓扑关系；

2 要素类型参数：要素类型编码、要素类型名称、几何类型；

3 属性数据：属性表名、属性项个数、属性项名、字段描述；

4 图形数据：点状要素，线状要素，面状要素；

5 注记；

6 影像数据；

7 格网数据；

8 元数据。

5.4.3 城市空间基础数据交换格式可采用现行国家标准《地球空间数据交换格式》GB/T 17798或OpenGIS的GML标准，也可根据实际情况由各城市自行指定交换格式，但该格式应是ASCII文件或其他易于读写的文件，应有详细的文档说明及相应的数据转换软件。

5.4.4 城市空间基础数据交换方法可按下列三种方法进行数据交换：

1 直接数据交换：把一个系统的数据文件直接写成另一系统的数据文件；

2 间接数据交换：采用标准公共交换文件或双方约定的ASCII文件，通过程序将一个系统的数据文件转出并转入到另一系统中；

3 制定统一的空间数据互操作规范及相应的API函数，各个GIS软件提供一套数据库或数据文件操纵函数的动态连接库，这样不同的GIS软件可操纵对方的数据，实现数据交换。

5.5 城市空间基础数据的更新原则

5.5.1 应根据城市空间基础数据的要素变化程度和需要，可选择局部更新、专题更新或整体更新。

5.5.2 城市空间基础数据更新应积极采用先进技术，充分利用各种数据源，通过竣工测量、卫星定位测量、遥感与摄影测量等技术方法，确保城市空间基础数据更新手段的先进性。

5.5.3 城市空间基础数据更新的精度应与原有数据精度保持一致。

5.5.4 城市空间基础数据更新过程中应确保图形数据和属性数据同步更新，保持图形数据和属性数据之间的关联，数据更新后应及时对数据库索引以及元数据进行更新。

5.5.5 更新城市空间基础数据入库前应做好历史数据的备份工作，可根据需要建立相应的历史数据库。

6 数据组织与数据库设计

6.1 一般规定

6.1.1 为进行城市空间基础数据的管理和分发，应建立物理上或逻辑上无缝的城市空间基础数据库和城市基础地理信息系统。

6.1.2 城市基础地理信息系统的数据组织与数据库设计应遵循先进性与实用性相结合、规范性与兼容性相结合、安全性与可维护性相结合、集中管理与分散管理相结合的原则。

6.1.3 城市基础地理信息系统所采用的数据组织和数据库设计方法应兼容矢量数据、栅格数据、多媒体数据等多源数据格式。

6.1.4 城市基础地理信息系统应根据所使用的软件系统，将空间数据和属性数据融为一体或解决好链接问题。

6.1.5 城市基础地理信息系统数据库建设，应对空间基础数据的数据源、数据类型、数据特性、数据更新与维护方式以及用户需求进行系统分析，结合实际，进行数据组织和数据库设计。

6.1.6 城市基础地理信息系统可采用分区域、分图幅、分专题、分要素相结合的方法建库，并提供叠置应用的方法与工具。

6.1.7 城市基础地理信息系统数据建库时，应采用有效的方法管理原始成果数据和历史数据。

6.2 数据库组织

6.2.1 城市空间基础数据库一般应包括城市基础地理数据库和城市基础地质数据库两类。

1 城市基础地理数据库可包括基础控制数据库、地形要素数据库（数字线划图数据库、数字高程模型数据库、数字正射影像数据库、数字栅格地图数据库）、综合管线数据库、城市三维模型数据库、相关信息数据库和元数据库等；

2 城市基础地质数据库可包括地貌数据库、地层数据库、地质构造数据库、水文地质数据库、地震地质数据库、环境地质数据库、地质资源数据库和元数据库等。

6.2.2 城市空间基础数据库应包括现势数据库和历史数据库。

1 现势数据可按无缝管理的要求存储至数据库中。数据库的内容、存储格式等不得随意改动；

2 应建立专门的文件档案和数据库系统保存和管理原始成果数据；

3 应按照一定的时间间隔保存历史数据，形成历史数据库。

6.2.3 城市空间基础数据库可采用物理无缝和逻辑无缝的方法组织数据。

1 采用物理无缝的数据库管理空间数据时，应按分类、分层的方法进行组织；

2 采用逻辑无缝的数据库管理空间数据时，应按分类、分层、分幅（分块）的方法进行组织；

3 对于数据量较小的矢量或栅格数据，宜按物理无缝的方法进行组织；

4 对于数据量较大的矢量、栅格数据，可采用分区、分块、分幅的方法建立逻辑上无缝的数据库，也可采用分层物理无缝的方法和整体物理无缝的方法进行组织。

6.2.4 城市空间基础数据的分类与分层应符合下列原则：

1 数据分类应符合本规范第3章、第4章和第5章的要求；

2 数据分层应符合分类的规则；

3 数据分层应便于信息提取和交换；

4 应优化数据结构和组织方法，减少数据冗余；

5 为可视化表达而产生的辅助信息宜与其框架信息分层存放。

6.2.5 城市空间基础数据库中的属性数据宜采用关系数据库管理系统进行存储。对于面向对象关系数据库管理系统，可将属性数据和图形数据存放在同一数据库中；对于图形数据和属性数据分别存放的管理模式，必须建立起严格的图形要素和属性一一对应的关系。

6.2.6 城市空间基础数据库中元数据的组织应符合下列要求：

1 按管理要求和模式的不同，可分别建立描述空间数据库的元数据库、描述数据层的元数据库和描述数据类的元数据库，以及描述系统层次和应用层次的元数据库；

2 元数据库必须建立起与相应数据的对应关系，实现数据与元数据的统一管理和相关查询；

3 与图幅相关的元数据，一个图幅应对应一条记录。

6.2.7 城市空间基础数据库涉及多比例尺的空间数据时，对矢量数据应建立多比例尺的空间数据库及逻辑关联；对DOM和DEM数据库宜建立金字塔式索引结构。

6.2.8 应处理好基本数据与派生数据的关系，通过系统功能产生的派生数据一般不保存在基本数据库中。但当派生数据已经过较多的人工编辑和修改，或虽是系统功能可以派生但具有保存价值（如统计信息、专题信息）时，还应专门保存。

6.3 数据库设计

6.3.1 数据库的设计应符合面向应用需求、标准化、集成化管理、安全、经济实用等原则。

6.3.2 城市空间基础数据库的设计步骤应包括：规划、应用需求调查和分析、访问接口设计、内容设计、概念设计、逻辑设计、物理设计等阶段。

6.3.3 在建立城市空间基础数据库时，应编写技术设计书。设计书内容主要应包括：

1 建库目的与任务概述；

2 设计原则与依据；

3 主要技术指标；

4 数据源分析；

5 空间基础数据库设计；

6 空间基础数据库管理系统硬软件环境设计；

7 建库实施方案。

6.3.4 在进行数据库设计时，应进行需求调查和分析，需求调查和分析的主要工作包括：

1 需求调查。需求调查的主要内容应包括：用户概况、用户使用的空间基础数据内容、用户生产的空间基础数据内容、用户还需要的空间基础数据内容、用户单位信息技术装备、对空间基础数据库的要求和建议；

2 需求分析。对需求调查结果的分析应包括数据源分析和访问接口需求分析。

6.3.5 空间基础数据库的设计应符合下列基本要求：

1 对数据结构进行优化，减少数据冗余；

2 在插入、修改和删除数据项时，其结构、相互关系和属性应保持不变；

3 数据库中的数据组织方法和存储位置应不依

赖于应用程序，以保持数据独立性；

4 应采取有效措施对数据库中数据存取进行控制，防止非法存取和破坏；

5 应便于数据库的维护和必要时的数据库恢复；

6 应具有不断扩充和更新的能力，以及对历史数据的维护和处理的能力；

7 数据库设计应满足符号库建设的相关要求。

6.3.6 属性数据结构的设计应符合下列要求：

1 属性数据应设计统一的数据结构，同一类要素宜对应一个属性表，一个属性表可包含相关要素类型；

2 属性数据结构体系设计的内容应包括：确定要素属性项名称、类型、字宽和属性值指标；

3 属性项应根据数据字典的内容进行设计。数据库中的属性项数目可以根据用户需求和数据集的内容确定。

6.3.7 属性数据库的数据结构宜采用附录B城市基础地理数据分类属性结构和附录E城市基础地质数据分类属性结构。

6.3.8 符号库设计应符合下列要求：

1 符号库的设计应符合城市基础地理信息系统制图可视化表达的需要，应按本规范第5.2.4条的规定执行；

2 各类符号编码应符合本规范第5.2节的原则规定；

3 符号库设计应处理好符号信息与实体信息的关系。

6.3.9 元数据库设计应符合下列要求：

1 建立元数据库，应首先了解所描述、说明的数据集（层、项）和所依据的元数据标准，然后开始收集、整理元数据。元数据的收集整理应与数据的生产、开发同时进行；

2 元数据库的内容应满足本规范第5.3.2条的要求；

3 元数据库和数据库应能直接链接或间接链接；

4 元数据库的建立和维护应进行一致性测试，保证元数据的质量。

6.3.10 数据字典设计所描述的数据项内容应全面、准确，可根据实际需要建立数据字典数据库。

6.3.11 进行数据库设计，应对建库所需物理存储空间进行估算，同时对数据分布进行合理安排。

1 数据库物理存储空间估算可按下式计算：

$$预计物理存储空间 = 本子库的数据总量 \times 占空系数 \quad (6.3.11)$$

式中 占空系数——是实际开销与理论开销之比，由具体项目和运行环境而定，系数一般取1.5~2.5。

数据量预计工作可采用表6.3.11-1规定的格式进行。

表6.3.11-1 数据库子库数据量估算表

实体名	数据总量	物理存储空间
合　计		

2 根据本部门网络系统和应用实际，对数据分布进行合理安排，确定数据文件名和存放位置（本站点、局域网、广域网服务器）等。可采用表6.3.11-2规定的格式进行设计。

表6.3.11-2 数据库子库数据分布表

数据文件名	保存期限（年）	存放位置		
		客户端	局域网服务器	广域网服务器

6.3.12 数据库管理系统的软、硬件环境设计可参照本规范第7章和其他相关的技术资料，根据实际情况，设计城市基础地理信息系统数据库管理系统的硬件构成、网络构成、软件配置以及所需要的经费预算。

6.3.13 建库实施方案应详细列出建库的人员组织、进度、经费及保障措施。

7 城市基础地理信息系统技术要求

7.1 系统体系结构

7.1.1 城市基础地理信息系统宜包括下列子系统：

1 数据加工处理子系统：应能完成城市空间基础数据的加工和处理；

2 元数据管理子系统：应实现元数据输入、编辑、检查、查询、检索、合并、导入、导出，同时为元数据的网上发布提供数据准备；

3 空间基础数据管理与应用子系统：应实现对城市空间基础数据的更新、管理、查询、空间分析以及数据交换、制图输出；

4 数据分发服务子系统：应提供分发数据目录的查询、检索，实现分发服务的数据管理和过程管理。

7.1.2 在系统实施过程中，各个子系统划分方式可根据需求进行局部调整，但应提供相应功能。

7.1.3 系统设计应保证各个子系统间的协同工作和数据的一致性。

7.2 系 统 功 能

7.2.1 数据加工处理子系统应符合下列要求：

1 应与各种数据类型相对应的数据加工处理软件，能够满足相关专业规范的精度指标要求和图式图例要求；

2 应能采集、加工与处理本规范第3章及第4章所要求的基本信息，包括图形信息、属性信息、文档图表及多媒体信息等；

3 使用的要素分类及代码体系应符合本规范第5.2节的原则要求。可按附录A 1:500 1:1000 1:2000地形要素分类与代码和附录D城市基础地质要素分类代码执行，或可与之对应；

4 应具备拓扑化处理、属性加载、数据分层管理等面向GIS的数据采集、加工和处理能力；

5 应提供对电子数据的检查功能，包括：对分层、属性、地图接边等方面进行检查和处理；

6 应具备各种常用平台软件数据格式的双向数据转换功能；

7 应提供影像数据管理及基本的影像处理功能，如影像匹配、拼接、增强及分类、识别等。

8 应提供常用地图投影变换处理功能；

9 应提供数据拼接与裁剪功能。

7.2.2 元数据管理子系统应符合下列要求：

1 应支持与本规范第3章及第4章所列数据内容有关的元数据管理；

2 应能录入、编辑、查询、检索和管理本规范第5.3.2条所列元数据内容并可根据需要有所扩展；

3 应能对元数据进行合并、导入、导出；

4 应具备元数据库与空间数据库之间的链接功能；

5 应提供网上数据发布功能。

7.2.3 空间基础数据管理与应用子系统功能要求应包括下列三方面：

1 在数据建库及管理方面应具备下列基本功能：

1）应提供数据预处理、数据入库功能，并提供数据入库、更新操作的可回滚工具；

2）应提供入库数据完整性、一致性的数据检查功能；

3）应具有数据更新查询功能，可查询数据的更新时间、更新范围、更新结果等信息；

4）应具有历史数据存储与恢复功能；

5）应提供多种数据更新方式，应提供按图层、按图幅、按特定范围进行更新，必要时宜提供要素级的更新方式；

6）在一些常用软件的备份功能基础上，宜提供多种数据备份和恢复的功能，满足特定条件下数据备份要求。

7）应提供数据输入输出接口，可输出符合标准要求的至少3种常用地理信息系统软件平台格式数据，并可提供数据格式相对应的符号库，可接收指定的数据交换格式数据。

2 在查询、统计、分析及应用方面应符合下列要求：

1）应提供快速定位查找工具，可以通过地名、坐标、图幅号等多种方式定位到某个位置，查找到某类信息、某个图形要素和属性信息；

2）应提供图形要素和属性信息组合的SQL查询，包括对历史信息的查询；

3）宜提供元数据与其相关地理信息互查功能；

4）应提供图形与属性互查功能；

5）应提供对查询结果进行统计和输出的功能；

6）应具有坐标、长度、坡度、面积等查询、计算及统计功能；

7）应具有图形操纵功能，包括任意剖面图制作功能，任意区域形状的地图切割功能，任意形状的带状图制作功能；

8）应具有一定的空间分析功能，包括缓冲区分析、空间叠加分析、线形网络分析、三维空间统计分析等。

3 在数据输出方面应符合下列要求：

1）应具有打印输出和电子格式输出方式；

2）应提供符合制图标准的各种规格图纸输出功能；

3）应提供专题地图制作输出功能；

4）应提供矢量图与影像图叠加输出功能；

5）宜提供任意场区的地质评价及报告的辅助生成输出功能；

6）宜提供地质地层信息与地理信息的叠加输出功能；

7）宜提供城市三维模型输出功能。

7.2.4 数据分发服务子系统功能应符合下列要求：

1 应提供分发数据的制作、包装和检测功能；

2 应具有本地分发和远程分发能力；

3 应提供数据检索、查询、浏览工具；

4 应能快速响应用户请求，进行基本的GIS查询、空间分析等操作；

5 应提供数据格式转换服务功能；

6 应具有访问控制及数据加密功能。

7.3 系统软硬件与网络

7.3.1 计算机硬件与网络系统是城市基础地理信息系统的重要组成部分。在进行系统设计时计算机硬件与网络系统配置应符合下列规定：

1 硬件与网络系统应符合国家现行标准，具有开放性，便于以后的扩充，并保证系统的可靠性与安全性；

2 宜合理进行网络层次划分和网络分段；

3 为提高系统吞吐能力，宜选择性能良好的硬件网络设备；

4 为了实现数据加工处理过程的相对独立和数据服务的相对稳定，宜将数据生产网络与数据服务网络进行相应隔离；

5 可根据实际需求选择合适配置和数量的服务器，宜配置必要的软件和日常管理维护机制保证服务器的可靠运行；

6 选择网络设备，应对网络进行测试，需要进行测试的项目应包括：功能测试、性能测试、一致性测试、互操作测试；

7 宜配备网络管理软件，对网络资源进行管理维护，实现功能故障管理、配置管理、安全管理、性能管理等方面的功能；

8 应通过操作系统、数据库管理软件、网络管理软件提供的管理工具，配置合理有效的系统、数据安全策略，防止未被授权的访问，并对与安全相关的事件进行审计；

9 综合布线系统必须经过严格的测试和验收，综合布线的测试验收应采用有关的综合布线测试标准；

10 应建立较完备的软硬件网络管理维护制度，对硬件和网络系统进行日常维护；

11 应与设备供应商和系统集成商确定硬件和网络运行保障支持体系。

7.3.2 数据库软件平台应符合下列要求：

1 可将空间数据与属性数据统一存储，建立描述空间实体间关系的数据模型，应支持矢量数据结构和栅格数据结构等常用的空间数据结构；

2 应具备管理海量空间数据的能力；

3 应具备数据库服务的恢复功能；

4 应具备数据备份和恢复功能；

5 应能获得有效的技术支持和服务。

7.3.3 地理信息系统软件平台应符合下列要求：

1 应支持关系数据库中的空间数据和属性数据的统一操作；

2 对大量的各类空间数据的显示、存取、分析等操作，应具备足够的处理能力，在客户端必须达到基本的运行性能；

3 应具备较完善的数据结构体系，并具有对4D（DLG、DOM、DEM、DRG）数据的全面管理能力；

4 应具备满足数据处理要求的数据编辑功能；

5 应具有空间数据的拓扑查询和分析能力；

6 应支持常用的不同空间投影坐标系数据转换功能；

7 应具备网上数据分发服务功能；

8 应支持通用操作系统平台的客户端应用；

9 应支持通用的编程语言及进行二次开发；

10 应支持常用的数据格式转换。

8 城市基础地理信息系统运行、管理与维护

8.1 一般规定

8.1.1 城市基础地理信息系统是一个业务运行系统，系统宜确保每天24h正常稳定运行。系统不应随硬件、软件的维护和升级而影响安全。

8.1.2 系统应具备安全性、保密性、完整性。为确保城市基础地理信息系统的安全与保密要求，系统应确保阻止非授权用户读取修改、破坏或窃取数据，并对操作系统、数据库管理系统、应用系统和网络设备设置权限。

8.1.3 城市基础地理信息系统应制定有效的备份制度，并采用双备份。备份内容应包括：空间基础数据、元数据、系统软件、系统管理信息、网络管理信息等。

8.1.4 有条件的城市宜采用异地存储。

8.1.5 城市基础地理信息系统数据库维护更新应包括数据、软件、硬件的维护更新，维护应指定专人进行，并建立与其相适应的管理制度。

8.2 安全保密管理

8.2.1 系统运行对环境安全有相应的要求，环境安全应包括供配电安全、防雷防静电安全、防电磁辐射、门禁监控安全等，可按国家相应规范执行。

8.2.2 网络应划分成合理网段，并应利用网络中间设备的安全机制控制各网段间的访问，通过路由器、防火墙、虚拟专用网络实现访问管理和事后监控。

8.2.3 网络应具备安全监测、实时入侵检测、病毒防范、用户访问控制等功能。应采用安全防范措施，杜绝非法网络连接、匿名登录，对共享的敏感信息，应采用信道加密、口令加密、信息加密、用户授权等方式。

8.2.4 操作系统安全应符合下列要求：

1 系统管理员必须不断跟踪有关操作系统漏洞的发布，及时下载补丁进行防范；

2 随时留意系统文件变化，采用基于操作系统的入侵检测技术，监控主机的系统事件，从中检测出攻击的可疑特征，并应做出响应和处理。

8.2.5 数据库安全应符合下列要求：

1 数据库用户可通过主机操作系统，网络服务或数据库进行身份确认，接受相应服务；

2 根据授权数据库管理员具有创建和删除文件的权限，用户不得有创建或删除与数据库相关文件的

权限；

3 当数据库创建好后，应更改有管理权限的用户密码，防止非法用户访问数据库。

8.2.6 应用开发安全应符合下列要求：

1 数据库应用程序开发者是惟一需要特殊权限完成工作的数据库用户。开发者可有一定创建权限，但必须限制开发者对数据库的操作，只把一些特定的系统权限授予开发者；

2 程序开发者不应与终端用户竞争数据库资源，应用程序开发者不得损害数据库其他应用；

3 数据库管理者应为应用程序开发者设置空间限制。

8.2.7 应建立安全保密管理和日常维护制度。对各种信息必须按分级、分类、分层的原则，为信息资源分路隔离和访问控制提供基础支持。

8.2.8 应建立完善、独立的审计和监控系统，对存放重要信息的计算机、网络以及使用操作系统、数据库系统除本身具有的审计日志功能外，并应设立专门的审计和监控程序，对每个用户的每个操作，全面记录工作痕迹，及时发现问题。

8.3 权 限 管 理

8.3.1 操作系统的权限管理应符合下列要求：

1 在操作系统下应设置不同的用户：系统管理员、数据库管理员、超级用户、一般用户等。操作系统可设置每类用户对系统资源的访问权限，这些资源应包括存储空间、软件、数据集、输出设备等。具体权限可分为完全控制、只读、只写、删除、读写等；

2 对主机系统的登录应提供严格的用户确认和权限检查，防止非法用户的使用。系统提供对合法用户口令进行加密处理功能，防止非法用户获取合法口令。同时，系统要求合法用户定期更换口令，防止合法口令外泄。

8.3.2 数据库管理系统的权限管理应符合下列要求：

1 数据库的权限管理应建立在操作系统的权限管理之下，在城市基础地理信息系统中，数据可采用集中与分散相结合的存储方式进行存储；

2 应设置专门的数据库管理员，数据库管理员有权登录数据库，执行备份、删除、复制、打开关闭数据库、设置权限等系统操作，其他用户不可登录数据库，只能通过应用系统访问数据库中数据；

3 对访问数据的用户应实现严格的数据访问权限管理，对系统数据库中的数据表、触发器、存储过程等都应设置访问权限，防止用户通过系统操作对系统数据的修改和破坏。

8.3.3 应用系统的权限管理应符合下列要求：

1 应用系统的权限管理应建立在操作系统和数据库管理系统的权限管理之下；

2 应用系统应具有严密的作业权限管理和数据保密功能，并设有各级权限，严格控制作业人员的各项工作权，以保障整个系统的安全运行；

3 应用系统的用户设置可根据具体的子系统分为系统管理员，系统维护人员及一般用户等；

4 系统管理员根据用户的工作性质，应赋予相应的系统权限，系统在用户登录时应验证用户的权限，根据用户的权限开放和屏蔽系统的有关功能；

5 应用系统应建立专门的权限管理模块，提供系统登录日志和主要数据的变更修改日志，跟踪记录用户对系统的使用情况，防止用户对系统的非法应用，同时便于系统的维护。

8.3.4 网络设备的权限管理应分级，低级别的管理员只能实施监视，高级别管理员可实施监视、查询当前配置，并进行配置。路由器、防火墙只能由授权的管理员进行管理。

8.3.5 城市空间基础理数据应分级分类保护，根据数据秘密等级对数据进行保护。分级分类不得人为地提高或降低密级。对城市空间基础数据的应用应建立涉密、对内公布和对外公布三个层次的信息提供和公示体系。

8.4 数 据 备 份

8.4.1 城市基础地理信息系统备份应符合下列要求：

1 城市基础地理信息系统的软件和网络管理软件应进行备份。遇版本升级或更换系统也应及时备份；

2 城市基础地理信息系统的管理信息和网络管理信息、数据库日志、网络地址设置、权限划分、口令和密码设置等信息应随时备份，并由专人管理。

8.4.2 城市空间基础数据备份应符合下列要求：

1 城市基础地理信息系统中数据库的数据应每天进行差别备份，每星期做增量备份，每月做全盘备份。全盘备份的保留期为6个月。备份数据应进行验核；

2 中间数据和临时数据应在本地计算机（工作站）和服务器上进行备份。

8.4.3 备份存储介质应符合下列要求：

1 备份存储介质可以是磁带、硬盘、光盘等；

2 备份存储介质应有标识，同时应建立文件管理台账；

3 存储介质保管环境应满足电子文件归档与电子档案管理规范的要求；

4 应定期对存储的数据进行校核和转存。

8.5 系 统 维 护

8.5.1 软件的维护和升级必须保证系统和数据的安全，使其具有更强的兼容性、可用性和高效性。

8.5.2 硬件的维护和升级必须保证数据安全以及系统的正常运行，应建立硬件设备的日常管理维护制度，确立专门的管理人员，对系统进行及时的维护，并保证系统的兼容性和开放性。

8.5.3 数据库管理人员应定期监测数据库中所存的数据情况，确保数据库数据的安全。

9 城市基础地理信息系统数据分发与技术服务

9.1 一 般 规 定

9.1.1 城市基础地理信息系统数据分发与技术服务应是实现城市信息共享和服务的主要方式和过程。

9.1.2 城市基础地理信息系统数据分发与技术服务应包括“分发”和“访问”。用户应无障碍地访问城市基础地理信息系统资源。

9.1.3 城市基础地理信息系统数据分发与技术服务作为一种特殊的服务，应由城市空间基础数据库管理部门负责实施，按照城市空间基础数据的更新状况定期或不定期发布所提供数据的最新元数据目录和数据目录。

9.1.4 城市基础地理信息系统数据分发与技术服务应符合下列原则：

1 分发服务应提供标准化的数据；

2 城市空间基础数据空间参考系应符合本规范第5.1节的要求。

9.1.5 城市基础地理信息系统数据分发与技术服务中的安全原则必须确保数据和信息安全，实行分级分类管理和分级访问。

9.2 数据分发与技术服务

9.2.1 数据分发应说明数据加工类型：包括原始数据、标准数据、增值数据或委托加工数据。

9.2.2 应提供城市基础地理信息系统数据应用的技术服务。

9.2.3 数据分发与技术服务应包括下列内容：

1 应提供元数据目录、数据库目录、数据目录、数据字典目录和数据服务目录；

2 应提供信息检索工具和工具说明；

3 应提供应用程序目录、功能说明、操作说明和操作示例等数据应用程序；

4 数据显示、表示、整饰和可提供服务内容说明。

9.2.4 数据分发与技术服务应提供数据的产品使用说明、产品标识并应符合下列要求：

1 数据使用说明应包括数据范围、数据内容、数据质量、数据格式、提供方式、数据更新方式、数据权属关系界定、数据安全责任、售后服务等内容。同时应规定数据使用限制；

2 产品标识是对数据产品内容进行定性、定量的描述，标识应与产品内容一致，具有惟一性。内容应包括数据集名称、数据类型、数据范围、数据格式、数据量、数据采集日期、数据更新记录、数据制作单位、数据制作完成日期、数据复制日期、联系人和电话等。

9.2.5 数据分发与技术服务在交付城市基础地理信息系统数据产品时，应向用户提供元数据、数据字典、数据操作手册。

9.2.6 数据分发与技术服务应提供常用数据格式转换服务。

9.2.7 应建立数据分发与技术服务更新机制，为用户提供持续现势、有效的数据服务。

9.2.8 网上数据分发应符合下列技术要求：

1 宜采用数据分发网络与内部网络的物理分离方式；

2 数据分发应建立加密、数字签名、访问控制、数据完整性、抗抵赖等各种安全机制；

3 应提供网上浏览、查询、分析、下载等功能。

9.2.9 数据分发应符合下列要求：

1 可通过介质向用户提供数据和服务，介质可采用磁盘、光盘、磁带、硬盘等；

2 介质的选择可根据数据存贮期、数据量、安全性和用户的要求确定。

9.3 特定用户信息技术服务

9.3.1 用户支持服务应对特定用户提供专门数据，服务提供方和用户按双方约定进行数据技术服务。

9.3.2 数据提供方应为用户数据存储和管理提供技术服务，技术服务应包括：提供存储空间、数据安全管理、存储期限、管理者及责任人信息。

9.3.3 数据分析服务应提供数据分析内容及描述和分析方法。

9.3.4 数据模型服务应提供数据模型目录、模型描述和模型输入/输出定义。

9.3.5 专题数据服务应提供服务目录和服务内容描述。

9.4 服 务 监 管

9.4.1 数据分发与技术服务应统计、分析数据分发量和数据加工量。

9.4.2 数据分发与技术服务抗抵赖必须完成发送和接收的确认。

9.4.3 用户沟通应符合下列要求：

1 信息提供方应向用户提供信息反馈方式，以接受用户反馈信息和数据评价；

2 用户可对技术服务内容和质量进行评价。

9.4.4 数据质量监管应按数据分发与技术服务技术要求执行。

9.4.5 数据安全监管应贯穿数据分发的全过程。

附录A　1:500　1:1000 1:2000地形要素分类与代码

代　码	名　　称	可视化符号描述
1	测量控制点	
100000	注记	
111000	一等平面控制点	凤凰山 3.0
112000	二等平面控制点	
113000	三等平面控制点	
114000	四等平面控制点	
115000	一级平面控制点	2.0 I 18
116000	二级平面控制点	
117000	三级平面控制点	
118000	等级外平面控制点	1.6 P16 2.6
121000	一等高程控制点	2.0 I 基20
122000	二等高程控制点	
123000	三等高程控制点	
124000	四等高程控制点	
125000	等级外高程控制点	1.6 G15
2	居民地与垣栅	
200000	注记	
211000	一般房屋	混2
212000	简单房屋	
213000	建筑中房屋	建
214000	破坏房屋	破
215000	棚房	45°
216000	架空房屋	混3
216010	架空房屋类的圆支柱	1.0
216020	架空房屋类的方支柱	1.0

续表附录A

代　码	名　　称	可视化符号描述
217000	廊房	混2 1.0
218000	过街楼	混4 混4
221100	地面上住人的窑洞A	
221200	地面上住人的窑洞B	2.6 2.0
221300	地面上住人的房屋式窑洞	
222100	地面上不住人的窑洞A	
222200	地面上不住人的窑洞B	
223100	地面下的窑洞A	
223200	地面下的窑洞B	
224100	蒙古包A	
224200	蒙古包B	1.8 3.6
225000	地下建（构）筑物	
231110	无墙壁的柱廊	
231120	一边有墙壁的柱廊	1.0
231200	门廊	混5 1.0
231300	檐廊	混4
231400	建筑物下通道	混4
231500	阳台	
231610	圆形的廊支柱	1.0

续表附录 A

代码	名称	可视化符号描述
231620	方形的廊支柱	1.0
232000	台阶	0.6 1.0 1.0
233000	室外楼梯	混8
234010	地下建筑物的天窗	1.0 2.0
234020	其他地下建筑物通风口	2.6 1.6
235100	围墙门	0.6
235200	有门房的围墙门	1.6 45°
236100	门墩 A	
236200	门墩 B	1.0
237000	门顶	
238110	方支柱、墩 A	
238120	方支柱、墩 B	1.0
238210	圆支柱、墩 A	
238220	圆支柱、墩 B	1.0
241100	长城或砖石城墙	1.0 10.0 1.0
241200	城楼	1.0 10.0 1.0
241300	城门	1.0 10.0 1.0
241400	破坏城墙	10.0 1.0

续表附录 A

代码	名称	可视化符号描述
242000	土城墙	0.6 10.0 1.0
242100	土城墙的城门	10.0 0.6 1.0
242200	土城墙的豁口	10.0 0.6 1.0
243100	砖石围墙 A	10.0
243200	砖石围墙 B	0.6 10.0
243300	带石砌坎的围墙	
244100	土围墙 A	
244200	土围墙 B	
245000	栅栏、栏杆	10.0 1.0
246000	竹、木篱笆	10.0 1.0
247000	活树篱笆	6.0 1.0
248000	铁丝网	10.0 1.0
3	工矿建（构）筑物及其他设施	
300000	注记	
311000	钻孔	3.0 1.6
312000	探井	3.0 2.0
313000	探槽	
314110	开采的竖井井口 A	硫 铁
314120	开采的竖井井口 B	3.6 硫 4.0 3.0 铁
314210	开采的斜井井口 A	煤 煤
314220	开采的斜井井口 B	1.6 6.0 煤 2.0 4.8 煤

续表附录 A

代码	名称	可视化符号描述
314310	开采的平峒洞口A	铜 铜
314320	开采的平峒洞口B	4.0 3.0 铜 1.0 铜
314400	开采的小矿井	2.0 2.0 磷
315110	废弃的竖井井口A	
315120	废弃的竖井井口B	3.6 4.0 3.0
315210	废弃的斜井井口A	废 废
315220	废弃的斜井井口B	1.6 6.0 废 2.0 4.8 废
315310	废弃的平峒洞口A	
315320	废弃的平峒洞口B	4.0 3.0 1.0
315400	废弃的小矿井	
316000	盐井	3.6 1.6
317000	石油井、天然气井	油
318010	露天采掘场	
318020	露天采掘场范围线	
318030	陡坎形露天采掘场	
321000	起重机	3.6 60° 1.0
322100	龙门吊	60°
322200	天吊	60° 1.6 1.0
323100	架空的传送带	1.0
323200	地面上的传送带	45°

续表附录 A

代码	名称	可视化符号描述
323300	地面下的传送带	
324100	斗在中间的漏斗	1.0
324200	斗在一侧的漏斗	1.0
324300	斗在墙上的漏斗	3.0 2.0 10.0
324400	斗在坑内的漏斗	
325000	滑槽	1.6 10.0
326110	塔形建筑物（散热塔、蒸馏塔、跳伞塔）A	
326120	塔形建筑物（散热塔、蒸馏塔、跳伞塔）B	3.6 1.6
326210	水塔A	
326220	水塔B	2.0 1.0 3.6 1.0
326310	水塔烟囱A	
326320	水塔烟囱B	0.6 3.6 1.0
327110	烟囱A	
327120	烟囱B	3.6 1.0
327210	烟道A	
327220	烟道B	
327310	架空烟道A	
327320	架空烟道B	1.0
327330	烟道的支架	
328100	燃料库A	
328200	燃料库B	2.0

续表附录A

代　码	名　　称	可视化符号描述
329100	露天设备A	
329200	露天设备B	2.0 1.0 2.0
331100	粮仓A	
331200	粮仓B	1.0 2.6
331300	粮仓群范围线	
332100	风车A	
332200	风车B	2.6 3.6 60° 1.0
333100	水磨房、水车A	
333200	水磨房、水车B	3.6 1.6
334100	抽水机站、水轮泵A	
334200	抽水机站、水轮泵B	2.0 1.6
335000	打谷场、球场	谷
336000	饲养场	牲
337100	温室	温室
337200	菜窖	菜窖
337300	花房	花房
338100	低于地面的储水池	水
338200	高于地面的储水池	水　水
338300	有盖的储水池	水
339100	肥气池A	

续表附录A

代　码	名　　称	可视化符号描述
339200	肥气池B	3.0
341000	气象站	3.0 3.6 1.0
342100	雷达地面接收站	2.0 1.6 2.0
342200	卫星地面接收站	2.0 1.6 2.0
342300	射电望远镜接收站	3.6
343100	大气监测站	2.6 1.6 3.6 1.6
343200	噪声监测站	
343300	地表水监测站	
343400	酸雨监测站	
343500	放射性监测站	
343600	土壤监测站	
344100	水位站	1.0 4.0
344200	流量站	
344300	验潮站	
345000	宣传橱窗、广告牌	1.0 2.0
346000	学校	文 3.0
347000	卫生所	3.0
348100	有看台的露天体育场	体育场
348110	体育场入口	
348200	无看台的露天体育场	体育场

续表附录 A

代码	名称	可视化符号描述
348300	露天舞台、检阅场	台
349000	游泳池	泳
351000	加油站	1.6 3.6 1.0
352110	双臂路灯	2.0 1.6 4.0
352120	单臂路灯	
352130	红绿灯	
352200	杆式照射灯	1.6 4.0 1.6
352300	桥式照射灯	
352410	塔式照射灯 A	
352420	塔式照射灯 B	
353100	喷水池 A	
353200	喷水池 B	1.0 3.6
354100	假石山 A	
354200	假石山 B	4.0 2.0 1.0
355100	公共厕所	厕
355200	垃圾台	
355300	垃圾站	
356100	岗亭、岗楼 A	
356200	岗亭、岗楼 B	90° 3.0 1.6
357100	无线电杆、塔 A	
357200	无线电杆、塔 B	3.6 60° 1.0
358100	电视发射塔 A	
358200	电视发射塔 B	2.0 4.0 1.6

续表附录 A

代码	名称	可视化符号描述
359000	避雷针	30° 3.6 1.0 1.0
361110	纪念碑 A	
361120	纪念碑 B	1.6 4.0 1.6 3.0
361210	碑、柱、墩 A	
361220	碑、柱、墩 B	3.0 2.0
361310	塑像 A	
361320	塑像 B	1.0 4.0 2.0
361410	旗杆 A	
361420	旗杆 B	1.6 1.0 1.0 4.0
361510	彩门、牌坊、牌楼 A	
361520	彩门、牌坊、牌楼 B	1.0 1.0 0.6
362110	亭 A	
362120	亭 B	3.0 1.6 3.0 1.6
362210	钟楼、城楼、鼓楼 A	
362220	钟楼、城楼、鼓楼 B	3.0 1.6 3.0 1.6
362310	旧碉堡 A	
362320	旧碉堡 B	2.0 2.0

续表附录 A

代　码	名　称	可视化符号描述
362400	烽火台	3.0 烽
362510	宝塔、经塔 A	
362520	宝塔、经塔 B	3.6 1.0
363110	庙宇 A	
363120	庙宇 B	2.6 1.2
363210	土地庙 A	
363220	土地庙 B	1.0 2.0 2.0
363310	教堂 A	
363320	教堂 B	3.0 1.6
363410	清真寺 A	
363420	清真寺 B	3.0 1.6
363510	敖包、经堆 A	
363520	敖包、经堆 B	3.0 1.6
371000	过街天桥	
372000	过街地道	
373100	地下建筑物地表出入口 A	
373200	地下建筑物地表出入口 B	3.0 2.0
374100	地磅	3.6 1.6
374200	露天的地磅	
374300	地磅的雨罩设施	
375100	有平台的货栈	

续表附录 A

代　码	名　称	可视化符号描述
375200	无平台的货栈	
376100	堆式窑	
376200	台式窑、屋式窑	
377110	独立坟 A	
377120	独立坟 B	2.0 2.6
377200	散坟	2.0 2.0
377310	坟群 A	
377320	坟群 B	
381100	邮筒	
381200	电话亭	
4	交通及附属设施	
400000	注记	
411100	一般铁路 A	10.0 0.6
411190	一般铁路 A 中心线	
411200	一般铁路 B	0.8 10.0
411290	一般铁路 B 中心线	
412100	电气化铁路 A	8.0 1.0
412190	电气化铁路 A 中心线	
412200	电气化铁路 B	0.8 10.0
412290	电气化铁路 B 中心线	
412110	电气化铁路电线架 A	
412120	电气化铁路电线架 B	1.0
413100	窄轨铁路 A	10.0

续表附录 A

代码	名称	可视化符号描述
413190	窄轨铁路 A 中心线	
413200	窄轨铁路 B	0.6 6.0
413290	窄轨铁路 B 中心线	
414100	建筑中铁路 A	10.0 2.0 0.6
414190	建筑中铁路 A 中心线	
414200	建筑中铁路 B	0.8 10.0 2.0
414290	建筑中铁路 B 中心线	
415100	轻便轨道 A	0.4 10.0
415190	轻便轨道 A 中心线	
415200	轻便轨道 B	0.6 2.0
415290	轻便轨道 B 中心线	
416000	电车轨道	1.0
416090	电车轨道中心线	
416010	电车轨道的电线架	1.0
417100	缆车轨道 A	4.0
417190	缆车轨道 A 中心线	
417200	缆车轨道 B	2.0
417290	缆车轨道 B 中心线	
418000	架空索道	1.0 2.0
418010	架空索道杆架	
421100	有雨棚的站台	10.0 0.6

续表附录 A

代码	名称	可视化符号描述
421200	露天的站台	
422000	天桥	
422100	天桥的台阶	
423100	地道、隧道、地铁	
423190	地道、隧道、地铁中心线	
423200	地道的地表出入口	
424100	高柱色灯信号机	1.0 4.0
424200	矮柱色灯信号机	1.0 2.0
425000	臂板信号机	1.6 1.0 3.0
426000	水鹤	4.0 1.0
427000	车档	1.0
428100	转车盘 A	
428200	转车盘 B	
430100	城市主干道边线	0.4
430190	城市主干道中心线	
430200	城市次干道边线	0.2
430290	城市次干道中心线	
430300	城市一般道路边线	0.2
430390	城市一般道路中心线	
430400	城市街道、巷道边线	0.1
430490	城市街道、巷道中心线	

续表附录 A

代码	名称	可视化符号描述
430500	道路铺装地类界	
431000	高速公路边线	0.4
431010	高速公路的护栏	
431090	高速公路中心线	
431100	公路收费站范围线	
432100	一级公路边线	0.4
432110	一级公路路肩	0.2
432190	一级公路中心线	
432200	二级公路边线	0.4
432210	二级公路路肩	0.2
432290	二级公路中心线	
432300	三级公路边线	0.4
432310	三级公路路肩	0.2
432390	三级公路中心线	
432400	四级公路边线	0.4
432410	四级公路路肩	0.2
432490	四级公路中心线	
433000	等外公路边线	0.2
433090	等外公路中心线	
434000	建筑中的高速公路边线	0.4 2.0 8.0
434090	建筑中的高速公路中心线	
435000	建筑中的等级公路边线	0.4 1.0 4.0
435090	建筑中的等级公路中心线	

续表附录 A

代码	名称	可视化符号描述
436000	建筑中的等外公路边线	0.2 1.0 4.0
436090	建筑中的等外公路中心线	
441010	大车路、机耕路虚线边	0.2 2.0 8.0
441020	大车路、机耕路实线边	0.2
441090	大车路、机耕路中心线	
442110	乡村路实线边A	0.2
442120	乡村路虚线边A	0.2 1.0 4.0
442190	乡村路中心线	
442200	乡村路B	0.3 2.0 8.0
443000	小路	0.3 1.0 4.0
444000	内部道路	1.0 1.0
445000	阶梯路	1.0
446010	高架路、桥	0.3 1.6
446020	高架路、桥的支柱	
451100	涵洞A	45°
451200	涵洞B	60°
452110	隧道里的铁路线A	
452120	隧道里的铁路线B	
452190	隧道里的铁路线中心线	
452200	隧道入口A	

续表附录 A

代码	名称	可视化符号描述
452300	隧道入口 B	
453100	已加固的路堑	
453200	未加固的路堑	
454100	已加固的路堤 A	
454200	未加固的路堤 A	
454300	已加固路的直堤 B	
454400	未加固的直堤 B	
455000	明峒	1.0
455110	明峒里的铁路线 A	1.0
455120	明峒里的铁路线 B	1.0
455190	明峒里的铁路线中心线	
456100	里程碑	3.0 2.0
456200	坡度表	3.0 2.0
456300	路标	1.6 3.0 1.0
456400	汽车停车站	2.0 3.0 1.0 1.0
457000	挡土墙	6.0 1.0
458100	有栏木的铁路平交路口	0.6
458200	无栏木的铁路平交路口	
461000	铁路桥	
461100	铁路桥支柱	

续表附录 A

代码	名称	可视化符号描述
462100	有人行道的公路桥	
462200	有输水槽的公路桥	
462300	一般的公路桥	
462310	公路桥支柱 A	
462320	公路桥支柱 B	
463100	铁路在上面的双层桥	
463200	铁路在下面的双层桥	
463210	双层桥支架 A	
463220	双层桥支架 B	
464100	人行桥 A	
464200	人行桥 B	
464310	级面桥 A	1.0
464320	级面桥 B	1.0
465000	人行铁索桥	0.8 1.6
466000	亭桥	
471100	车渡口	2.0 1.0
471200	人渡口	
472100	漫水路面 A	
472200	漫水路面 B	
473000	徒涉场	
474000	跳墩	0.8 2.0
475000	过河缆	3.0 2.0 1.0
476100	顺岸式固定码头	
476200	堤坝式固定码头	

续表附录 A

代码	名称	可视化符号描述
477000	浮码头	
477010	浮码头跳板设施	
478000	停泊场（锚地）	1.0 4.0 3.6
481110	航行灯塔 A	
481120	航行灯塔 B	3.6 1.0
481200	航行灯桩	4.0 1.0
481300	航行灯船	1.6 3.6 3.0
482100	左岸航行浮标	1.6 3.0
482200	右岸航行浮标	1.6 3.0
483000	航行岸标	1.0 4.0
484000	系船浮筒	0.8 2.0 4.0
485000	过江管线标	2.0 2.0 2.0
486000	信号杆	2.0 4.0 0.8
487100	露出的沉船	2.0 4.0
487210	淹没的沉船 A	
487220	淹没的沉船 B	2.0 4.0
487310	急流 A	
487320	急流 B	8.0
487410	漩涡 A	
487420	漩涡 B	3.0
487500	岸滩、水中滩	

续表附录 A

代码	名称	可视化符号描述
487600	石滩	
488000	通航起迄点	
5	管线及附属设施	
500000	注记	
511100	地面上的高压输电线杆	4.0
511200	地面下的高压输电线	8.0
511300	不连线的高压输电线	4.0
511400	电缆标	1.0 2.0
512100	地面上的配电线杆	4.0
512200	地面下的配电线	
513000	其他电杆	1.0
514000	电线架	
515100	电线塔 A	
515200	电线塔 B	1.0
516000	电线杆上的变压器	
518100	变电室（所）A	2.6 0.6
518200	变电室（所）B	1.0 3.6 1.6
519000	电力检修井	2.0
521000	地面上的通信线	4.0
522000	地面下的通信线	8.0 4.0 1.0
523000	不连线的通信线	4.0
524000	通信线入地口	2.0
525000	电信人孔	2.0
526000	电信手孔	2.0

续表附录 A

代 码	名 称	可视化符号描述
531100	地面上的上水管线	10.0
531200	地面下的上水管线	4.0 1.0
531310	架空的上水管线墩架 A	⊠—⊠
531320	架空的上水管线墩架 B	1.0
531400	有管堤的上水管线	4.0
532100	上水检修井	⊖
532200	水龙头	3.6 2.0
532300	消火栓	1.6 3.6 ⊖ 2.0
541000	地面下的污水管线	4.0 1.0
542000	地面下的雨水管线	4.0 1.0
543000	地面下的雨污合流管线	4.0 1.0
544100	雨水、污水检修井	⊕ 2.0
544210	圆形下水篦子	2.0
544220	方形下水篦子	2.0 1.0
544300	下水暗井	2.0
551100	地面上的煤气管线	10.0
551200	地面下的煤气管线	4.0 1.0
551310	架空的煤气管线墩架 A	⊠—⊠
551320	架空的煤气管线墩架 B	1.0
551400	有管堤的煤气管线	4.0
552100	地面上的天然气管线	10.0

续表附录 A

代 码	名 称	可视化符号描述
552200	地面下的天然气管线	4.0 1.0
552310	架空的天然气管线墩架 A	⊠—⊠
552320	架空的天然气管线墩架 B	1.0
552400	有管堤的天然气管线	4.0
553100	地面上的液化气管线	10.0
553200	地面下的液化气管线	4.0 1.0
553310	架空的液化气管线墩架 A	⊠—⊠
553320	架空的液化气管线墩架 B	1.0
553400	有管堤的液化气管线	4.0
554000	燃气检修井	2.0
561100	地面上的热力管线	10.0
561200	地面下的热力管线	4.0 1.0
561310	架空的热力管线墩架 A	⊠—⊠
561320	架空的热力管线墩架 B	1.0
561400	有管堤的热力管线	4.0
562000	热力检修井	2.0
571100	地面上的工业管线	10.0
571200	地面下的工业管线	4.0 1.0
571310	架空的工业管线墩架 A	⊠—⊠

续表附录 A

代 码	名 称	可视化符号描述
571320	架空的工业管线墩架 B	1.0
571400	有管堤的工业管线	4.0
572000	工业管线检修井	2.0
581000	阀门	1.6 3.0
582000	不明用途的检修井	2.0
6	水系及附属设施	
600000	注记	
611100	单线常年河水涯线	
611200	双线常年河水涯线	
611290	双线常年河中心线	
611300	双线常年河高水界线	1.0 3.0
612100	单线时令河	3.0 1.0
612200	双线时令河	
612290	双线时令河中心线	
613100	单线消失河段	1.6
613200	双线消失河段	
613290	双线消失河段中心线	
614100	地下河段、渠段入口	
614200	地下河段、渠段出口	

续表附录 A

代 码	名 称	可视化符号描述
621100	常年淡水湖	
621200	常年咸水湖	咸
621300	常年苦水湖	苦
622100	时令淡水湖	
622200	时令咸水湖	咸
622300	时令苦水湖	苦
623000	水库	
623010	水库水涯线	
624010	有坎池塘	
624020	无坎池塘	
631000	单线沟渠	
632000	双线沟渠	
632090	双线沟渠中心线	
633000	地下灌渠	0.3 4.0 1.0
633100	地下灌渠出水口	2.0
634100	单线干沟	0.3 1.0 3.0
634200	双线干沟	1.0 3.0
641100	通车水闸 A	
641200	不通车水闸 A	
641300	能走人水闸 B	2.0 3.0

续表附录 A

代　码	名　　称	可视化符号描述
641400	不能走人水闸B	2.0 3.0
641500	水闸房屋	混2
642010	滚水坝的坎线	1.6
642020	滚水坝的虚边线	1.6
643000	拦水坝	
644100	斜坡式防波堤	
644200	直立式防波堤	
644300	石垄式防波堤	
645100	斜坡式防洪墙	10.0
645200	直立式防洪墙	4.0
645300	斜坡式有栏杆的防洪墙	
645400	直立式有栏杆的防洪墙	
646010	直立式土堤	2.0
646020	斜坡式土堤	4.0
646100	土垄	2.0 0.2
646200	实线田埂	
647000	输水槽	
648010	倒虹吸槽	
648020	倒虹吸通道	

续表附录 A

代　码	名　　称	可视化符号描述
651110	自流水井 A	
651120	自流水井 B	2.6 流 1.6
651210	机水井 A	
651220	机水井 B	机
651310	温泉水井 A	
651320	温泉水井 B	温
651400	大口水井	
652000	坎儿井	0.3 4.0 1.0
653100	温泉	1.6 温
653200	矿泉	矿
653300	硫磺矿泉	硫
653400	喷泉	喷
653500	毒泉	毒
654000	瀑布、跌水	2.0
655100	土质的陡岸	2.0
655200	石质的陡岸	2.0
661000	海岸线	
662000	干出线	1.0
663100	干出沙滩	

续表附录 A

代码	名称	可视化符号描述
663200	干出沙砾滩	
663300	干出沙泥滩	4.0 4.0
663400	干出淤泥滩	4.0 4.04.0
663500	干出岩滩、珊瑚滩	
663600	干出贝类养殖滩	2.0
663700	干出红树滩	1.0
664210	明礁 A	
664220	明礁 B	2.0 2.0
664310	干出礁 A	
664320	干出礁 B	2.0 2.0
664410	适淹礁 A	
664420	适淹礁 B	2.0 2.0
664510	暗礁 A	
664520	暗礁 B	2.0 2.0
665000	危险区域	
671000	河流流向	
672000	潮潮流向	
674000	等深线、水下等高线的首曲线	
675000	等深线、水下等高线的计曲线	
676000	水产养殖场	

续表附录 A

代码	名称	可视化符号描述
7	境界	
700000	注记	
711000	国界	0.8 6.0 4.0 1.6
711100	国界的界桩、界碑	1.0
712000	未定国界	0.8 6.0 4.0 1.6
713010	省、自治区、直辖市界	0.6 6.0 4.0
713020	未定省、自治区、直辖市界	0.6 1.6 6.0 4.0
714010	自治州、地区、盟、地级市界	0.4 2.0 6.0 4.0
714020	未定自治州、地区、盟、地级市界	0.4 2.0 6.0 4.0 1.6
715010	县、自治县、旗、县级市界	0.3 6.0 4.0
715020	未定县、自治县、旗、县级市界	0.3 6.0 4.0 1.6
716010	乡、镇、国营农、林、牧场界	0.2 2.0 6.0 4.0
716020	未定乡、镇、国营农、林、牧场界	0.2 2.0 6.0 4.0 1.6
717000	村界	0.2 4.0 2.0 1.6
721000	特别行政区界	0.2 2.0 4.0 2.0
722000	自然保护区界	0.2 2.0 4.0 1.0
8	地貌和土质	
800000	注记	
811000	等高线首曲线	0.15
812000	等高线计曲线	0.3
813000	等高线间曲线	0.15 6.0 1.0
820000	示坡线	0.8
831000	高程点	0.5 16.3

续表附录 A

代码	名称	可视化符号描述
841100	沙、土的崩崖	
841200	石质的崩崖	
842000	滑坡	
842010	滑坡边界	
843100	土质的陡崖	
843200	石质的陡崖	
844100	陡石山	
844200	露岩地	
845000	冲沟	
846100	沙质的干河床	
846200	沙石质的干河床	
847000	岩溶漏斗	
851100	未加固的斜坡	4.0 2.0
851200	加固的斜坡	
852100	未加固的陡坎	2.0
852200	加固的陡坎	
853000	梯田坎	
861100	山洞、溶洞 A	
861200	山洞、溶洞 B	2.0 2.0
862110	独立石 A	

续表附录 A

代码	名称	可视化符号描述
862120	独立石 B	2.0 1.6
863100	石堆 A	
863200	石堆 B	
864100	石垄 A	
864200	石垄 B	
865100	土堆 A	
865200	土堆 B	2.0 1.6
866100	坑穴 A	2.0
866200	坑穴 B	2.0
867010	乱掘地	
867020	乱掘地边界	
868000	地裂缝	
871000	沙地	
872000	沙石地、戈壁滩	
873000	盐碱地	3.0 2.0
874000	小草丘地	0.6 2.0
875000	龟裂地	
876000	石块地	
877100	能通行的淡水沼泽地	4.0 1.0
877200	不能通行的淡水沼泽地	4.0 2.0
877300	能通行的盐沼泽地	

续表附录 A

代　码	名　　称	可视化符号描述
877400	不能通行的盐沼泽地	
878000	盐田、盐场	盐
878010	盐田单线渠	
878020	盐田单线垄	
878030	盐田斜坡	
878040	盐田水涯线	
879010	单线台田沟渠	
879020	双线台田沟渠	
9	植被	
900000	注记	
911000	稻田	3.0 1.0
912000	旱地	1.0 2.0
913000	水生经济作物地	2.0
914100	无喷灌设施的菜地	2.0 2.0
914200	有喷灌设施的菜地	
921000	果园	1.6 3.0
922000	桑园	3.0 1.0
923000	茶园	1.6 3.0
924000	橡胶园	3.0 1.0
925000	其他园地	3.0 1.0
931100	用材林地	1.6
931200	防护林	

续表附录 A

代　码	名　　称	可视化符号描述
932100	大面积的灌木林	0.6 1.0
932200	独立灌木丛	
932300	狭长的灌木丛	6.0
933000	疏林	1.6
934000	未成林	0.6 1.0
935000	苗圃	1.0
936100	宜林荒地	2.0
936200	采伐迹地	
936300	火烧迹地	
936400	宜林沙荒地	
937100	散树	1.6
937200	独立阔叶林	1.6 2.0 3.0 1.0
937300	独立针叶树	1.6 3.0
937400	独立果树	1.6 3.0 1.0
937500	独立椰子树、槟榔树、棕榈	2.0 3.0 1.0
937600	行树	1.0 10.0
938100	大面积的竹林	2.0 3.0
938200	独立竹丛	
938300	狭长竹丛	10.0
941000	天然草地	1.0 2.0

续表附录 A

代　码	名　称	可视化符号描述
942000	改良草地	
943000	人工草地	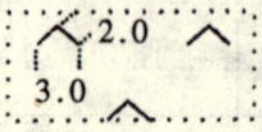 2.0 3.0
944000	小草丘地	
945000	湿草地	
951000	芦苇地	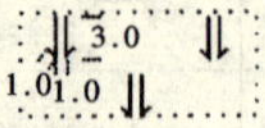 3.0 1.0 1.0
952000	植物稀少地	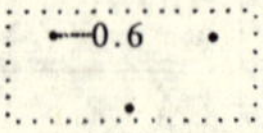 0.6
953000	花圃	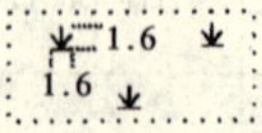 1.6 1.6
954000	半荒植物地	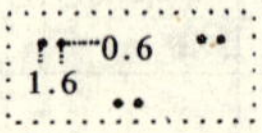 0.6 1.6
961000	地类界	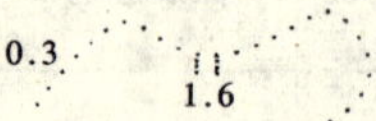 0.3 1.6
962000	防火带边线	
962090	防火带边线中心线	

附录 B　城市基础地理数据分类属性结构

控制点数据库参考结构		
序号	项目名称	类型
1	地区	C
2	类别	C
3	点名	C
4	点号	C
5	平面等级	C
6	标石类型	C
7	觇标类型	C
8	所在图号	C
9	*X* 坐标	F
10	*Y* 坐标	F
11	*H*	F

续表附录 B

控制点数据库参考结构		
序号	项目名称	类型
12	高程等级	C
13	联测方向	C
14	施测时间	D
15	测区号	C
16	投影资料	C
17	点位说明	C
18	查询次数	N
19	存在状况	N
20	调查说明	C
21	调查时间	D

建筑红线数据库参考结构		
序号	项目名称	类型
1	审批文号	C
2	建设单位名称	C
3	所在行政区	C
4	用地性质	C
5	审批面积	F
6	定位面积	F
7	放线人员	C
8	放线 D	D
9	验线人员	C
10	验线 D	D

房屋数据库参考结构		
序号	项目名称	类型
1	结构	C
2	层数	N
3	门牌号码	C
4	使用类型	C
5	面积	F
6	名称	C
7	媒体信息	C

规划道路数据库参考结构		
序号	项目名称	类型
1	道路名称	C
2	宽度	F
3	长度	F
4	等级	C
5	建设情况	C

用地红线数据库参考结构		
序号	项目名称	类型
1	审批文号	C
2	建设单位名称	C
3	所在行政区	C

续表附录 B

用地红线数据库参考结构		
序号	项目名称	类型
4	用地性质	C
5	审批面积	F
6	定位面积	F
7	放线人员	C
8	放线 D	D
9	验线人员	C
10	验线 D	D
道路数据库参考结构		
序号	项目名称	类型
1	名称	C
2	等级	C
3	路面材料	C
4	宽度	F
5	长度	F
水系数据库参考结构		
序号	项目名称	类型
1	名称	C
2	水系类型	C
3	使用类型	C
4	面积	F
5	媒体信息	C
高程数据库参考结构		
序号	项目名称	类型
1	*X*	F
2	*Y*	F
3	高程	F
4	类型	C
行政区划信息数据库参考结构		
序号	项目名称	类型
1	代码	整型
2	名称	C
3	级别	C
4	面积	F
5	人口	N
地名数据库参考结构		
序号	项目名称	类型
1	名称	C
2	要素类别	C
3	*X*	F
4	*Y*	F
5	媒体信息	C

续表附录 B

门牌数据库参考结构		
序号	项目名称	类型
1	路名	C
2	门牌号码	C
3	使用者名称	C
4	要素类别	C
5	*X*	F
6	*Y*	F
7	媒体信息	C
地下空间设施数据库参考结构		
序号	项目名称	类型
1	名称	C
2	设施类型	C
3	使用类型	C
4	面积	F
5	媒体信息	C

附录 C　城市基础地质数据图层划分表

类别	图层内容	图层子分类编码	图 层 含 义	图层类型	备注
地貌	地貌单元	81	地貌单元	多边形	参与拓扑
地层	基本地层	01	所有地层界线（包括沉积地层界线、变质地层界线、火山岩性界线、非正式地层单位界线、侵入岩界线及水体界线和断层界线等）	弧段	
			沉积地层单位和火山沉积地层单位	多边形	参与拓扑
			变质岩系地层单位	多边形	参与拓扑
			土层	多边形	参与拓扑
	火山岩岩性	02	火山岩岩性	多边形	不参与拓扑
	非正式地层单位	03	非正式地层单位	多边形	参与拓扑
	侵入岩	04	侵入岩年代单位	多边形	参与拓扑
			侵入岩谱系单位	多边形	参与拓扑
	脉岩	05	脉岩	多边形	参与拓扑

续表附录C

类别	图层内容	图层子分类编码	图层含义	图层类型	备注
构造	断层	11	断层	弧段、多边形	
	褶皱	12	褶皱	弧段	
	节理	13	节理（裂隙）	弧段	
水文地质	水文地质特征线	21	地下水源地边界、含水带边界、地下水等深线、咸淡水界面等	弧段	
	地下水源地	22	地下水源地	多边形	
	含水层（带）	23	含水层、含水带	多边形	
	岩溶水文地质	24	地下河、地下湖、地下分水岭	点、弧段、多边形	
水文地质	水文地质特征点	25	泉点	点	
			地下水集水建筑	点	
			地下水流向	点	
地震地质	地震震中	31	地震震中	点	
	古地震遗迹	32	古地震遗迹	点	
	地震危险区划及烈度区划	33	地震危险区划及烈度区划边界	弧段	
			地震危险区划及烈度区划	多边形	
环境地质	滑坡	41	滑裂面、滑坡体、滑坡台坎、滑坡裂隙、防治结构	点、弧段、多边形	
	危岩	42	危岩体、坍滑堆积体、防治结构	点、弧段、多边形	
	泥石流	43	泥石流源头、泥石流冲沟、泥石流堆积扇、防治结构	点、弧段、多边形	
	岩溶塌陷	44	隐伏溶洞、土洞、地表塌陷洼地和覆盖型岩溶发育区域	点、弧段、多边形	

续表附录C

类别	图层内容	图层子分类编码	图层含义	图层类型	备注
环境地质	砂土液化与软土震陷	45	砂土液化与软土震陷区域边界	弧段	
			砂土液化与软土震陷区域	多边形	
	地面沉降	46	地裂缝、沉降范围和地下水回灌区域	点、弧段、多边形	
	海水入侵	47	咸淡水分界面、海水入侵带和海水入侵防止结构	点、弧段、多边形	
	地下水污染	48	地下水污染源、地下水污染带、地下水污染扩散带、地下水污染带边界	点、弧段、多边形	
	地下采空区	49	地下采空区	点、弧段、多边形	
	垃圾填埋	50	垃圾填埋	弧段、多边形	
地质资源	矿产	61	矿产地（矿点、矿床）	点、弧段、多边形	不参与拓扑
	地质遗迹	62	地质遗迹保护点、标准地层、化石出露点、标准地质剖面	点、弧段、多边形	不参与拓扑
其他图层	产状符号	71	各种产状符号（包括岩层产状、构造产状等）	点	
	其他图元	72	化石采样点	点	
			各种观测点（如地下水长期观测点、地应力与地形变监测点、地面沉降观测点等）	点	
			钻孔点	点	
			各种剖面线	弧段	
整饰图层	图内整饰图层（整体整饰）	01	图面内容的图内整饰		
	图内整饰图层（分层整饰）		图面内容的图内整饰按分层进行整饰，其整饰图层的名称命名方法同地层图层的命名方法，只需将图层主分类代码更改后即可		
	图外整饰图层（整体整饰）	02	图面内容的图外整饰		
	图外整饰图层（分层整饰）	03	图廓外的柱状图		
			图切剖面图		
			图例		

附录D 城市基础地质要素分类代码

主题类	大类	中类	小类	识别码	名称	说明
1					地貌	
	11				构造剥蚀地貌	
		111			山地	
			11101		高山	
			11102		中山	
			11103		低山	
		112			丘陵	
		113			剥蚀残山	
		114			剥蚀准平原	
	12				山麓斜坡堆积地貌	
		121			洪积扇	
		122			坡积裙	
		123			山前平原	
		124			山间凹地	
	13				河流侵蚀堆积地貌	
		131			河谷	
			13101		河床	
			13102		河漫滩	
			13103		牛轭湖	
			13104		阶地	
				131041	侵蚀阶地	
				131042	堆积阶地	
				131043	基座阶地	
		132			河间地块	
	14				河流堆积地貌	
		141			冲积平原	
		142			河口三角洲	
	15				大陆停滞水堆积地貌	
		151			湖泊平原	
		152			沼泽	
	16				大陆构造—侵蚀地貌	
		161			构造平原	
			16101		洼地	
			16102		平原	
			16103		高原	
		162			黄土高原	

续表附录D

主题类	大类	中类	小类	识别码	名称	说明
			16201		黄土塬	
			16202		黄土梁	
			16203		黄土峁	
	17				岩溶地貌	
		171			岩溶盆地	
		172			峰林	
		173			石芽残丘	
		174			溶蚀准平原	
	18				海成地貌	
		161			海岸	
			16101		海岸线	
		162			海滩	
			16201		砾质海滩	
			16202		砂质海滩	
			16203		泥质海滩	
			16204		淤泥质海滩	
			16205		红树林海滩	
		163			海蚀崖	
			16301		崖麓	
		164			泻湖	
			16401		砂堤	
			16402		砂嘴	
			16403		砂坝	
			16404		泻湖沼泽	
		165			海岸阶地	
		166			海岸平原	
	17				风成地貌	
		171			戈壁	
			17101		风蚀崖	
			17102		风蚀柱	
			17103		风蚀穴	
		172			沙漠	
			17201		沙丘	
		173			泥漠	
		174			风蚀盆地	
2					地层	
	21				岩浆岩	
		211			深成侵入岩	
			21101		橄榄岩辉岩	

续表附录 D

主题类	大类	中类	小类	识别码	名称	说明
			21102		辉长岩	
			21103		闪长岩	
			21104		正长岩	
			21105		花岗岩	
		212			浅成侵入岩	
			21201		苦橄玢岩	
			21202		辉绿岩	
			21203		玢岩	
			21204		正长斑岩	
			21205		花岗斑岩	
		213			喷出岩	
			21301		金伯利岩	
			21302		玄武岩	
			21303		安山岩	
			21304		粗面岩	
			21305		流纹岩	
			21306		火山碎屑岩	
			21307		火山凝灰岩	
	22				沉积岩	
		221			碎屑沉积岩	
			22101		石英砾岩	
			22102		石英角砾岩	
			22103		燧石角砾岩	
			22104		粉砂岩	
			22105		细砂岩	
			22106		中砂岩	
			22107		粗砂岩	
			22108		硬砂岩	
			22109		泥炭	
			22110		泥岩	
			22111		页岩	
			22112		含炭泥岩	
			22113		粘土岩	
			22114		石灰砾岩	
			22115		石灰角砾岩	
			22116		集块岩	
		222			化学沉积岩	
			22201		硅华	
			22202		燧石	

续表附录 D

主题类	大类	中类	小类	识别码	名称	说明
			22203		石燧岩	
			22204		铁泥石	
			22205		石笋石钟乳	
			22206		石灰华	
			22207		白云岩	
			22208		石灰岩	
			22209		岩盐	
			22210		石膏岩	
			22211		硬石膏岩	
			22212		芒硝岩	
		223			生物沉积岩	
			22301		硅藻土	
			22302		油页岩	
			22303		白垩	
			22304		硅质生物岩	
			22305		珊瑚石灰岩	
			22306		煤炭	
			22307		磷块岩	
			22308		油砂	
	23				变质岩	
		231			片状变质岩	
			23101		片麻岩	
			23102		云母片岩	
			23103		绿泥石片岩	
			23104		滑石片岩	
			23105		角闪石片岩	
			23106		千枚岩	
			23107		板岩	
		232			块状变质岩	
			23201		大理岩	
			23202		石英岩	
		233			动力变质岩	
			23301		碎裂岩	
			23302		糜棱岩	
			23303		玻状岩	
			23304		千糜岩	
	24				松散堆积物	
		241			碎石土	
			24101		漂石	

续表附录 D

主题类	大类	中类	小类	识别码	名称	说明
			24102		块石	
				241021	含黏性土块石	
				241022	含砾块石	
			24103		卵石	
				241031	含黏性土卵石	
				241032	含砾卵石	
			24104		碎石	
				241041	含黏性土碎石	
			24105		圆砾	
				241051	含黏性土圆砾	
			24106		角砾	
				241061	含黏性土角砾	
		242			砂土	
			24201		砾砂	
				242011	含卵石砾砂	
				242012	含碎石砾砂	
				242013	含黏性土砾砂	
			24202		粗砂	
				242021	含卵石粗砂	
				242022	含碎石粗砂	
				242023	含黏性土粗砂	
			24203		中砂	
				242031	含卵石中砂	
				242332	含碎石中砂	
				242333	含黏性土中砂	
			24204		细砂	
				242041	含卵石细砂	
				242042	含碎石细砂	
				242043	含黏性土细砂	
			24205		粉砂	
				242051	含卵石粉砂	
				242052	含碎石粉砂	
				242053	含黏性十粉砂	
		243			粉土	
			24301		砂质粉土	
			24302		黏质粉土	
		244			黏性土	
			24401		黏土	
				244011	含块石黏土	

续表附录 D

主题类	大类	中类	小类	识别码	名称	说明
				244012	含卵石黏土	
				244013	含碎石黏土	
				244014	含砾石黏土	
				244015	含圆砾黏土	
				244016	含角砾黏土	
				244017	含砾砂黏土	
				244018	含粗砂黏土	
				244019	含中砂黏土	
			24402		粉质黏土	
				244021	含块石粉质黏土	
				244022	含卵石粉质黏土	
				244023	含碎石粉质黏土	
				244024	含砾石粉质黏土	
				244025	含圆砾粉质黏土	
				244026	含角砾粉质黏土	
				244027	含砾砂粉质黏土	
				244028	含粗砂粉质黏土	
				244029	含中砂粉质黏土	
		245			有机质土	
			24501		有机质土	
			24502		泥炭质土	
			24503		泥炭	
		246			特殊性岩土	
			24601		湿陷性土	
			24602		红黏土	
				246021	次生红黏土	
			24603		软土	
				246031	淤泥	
				246032	淤泥质黏土	
				246033	淤泥质粉土	
				246034	淤泥质粉质黏土	
			24604		填土	
				246041	素填十	
				246042	杂填土	
				246043	冲填土	
				246044	压实填土	
				246045	混凝土	
			24605		膨胀岩土	
			24606		冻土	

续表附录 D

主题类	大类	中类	小类	识别码	名称	说明
			24607		盐渍岩土	
			24608		混和土	
			24609		污染土	
			24610		风化岩	
				246101	强风化	
				246102	中等风化	
				246103	微风化	
			24611		残积土	
	25				地层界线	
		251			整合接触界线	
			25101		实测整合接触界线	
			25102		推测整合接触界线	
		252			平行不整合接触界线	
			25201		实测平行不整合接触界线	
			25202		推测平行不整合接触界线	
		253			角度不整合接触界线	
			25301		实测角度不整合接触界线	
			25302		推测角度不整合接触界线	
3					地质构造	
	31				褶皱	
		311			背斜	
			31101		背斜轴线	
			31102		复式背斜	
			31103		箱状背斜	
			31104		梳状背斜	
			31105		线状背斜	
			31106		短轴背斜	
			31107		起伏状背斜	
			31108		倾伏背斜	
			31109		隐伏背斜	
			31110		倒转背斜	
			31111		背形构造	
			31112		鼻状背斜	
		312			向斜	
			31201		向斜轴线	

续表附录 D

主题类	大类	中类	小类	识别码	名称	说明
			31202		复式向斜	
			31203		箱状向斜	
			31204		梳状向斜	
			31205		线状向斜	
			31206		短轴向斜	
			31207		起伏状向斜	
			31208		扬起向斜	
			31209		隐伏向斜	
			31210		倒转向斜	
			31211		向形构造	
			31212		穹隆	
			31213		盆地	
	32				断层	
		321			正断层	
			32101		推测正断层	
			32102		实测正断层	
		322			逆断层	
			32201		推测逆断层	
			32202		实测逆断层	
			32203		推测逆掩断层	
			32204		实测逆掩断层	
		323			平移断层	
			32301		推测平移断层	
			32302		实测平移断层	
		324			其他断层	
			32401		推测不明断层	
			32402		实测不明断层	
			32403		隐伏或物探推测断层	
			32404		航卫片解译断层	
			32405		环形断裂	
		325			断层破碎带	
	33				节理及软弱面	
		331			节理	
			33101		剪节理	
			33102		张节理	
			33103		张剪性节理	
			33104		压剪性节理	
		332			非构造裂隙	
			33201		风化裂隙	

续表附录 D

主题类	大类	中类	小类	识别码	名　　称	说明
			33202		卸荷裂隙	
			33203		岩溶裂隙	
		333			面理	
			33301		劈理	
			33302		片理	
			33303		片麻理	
		334			线理	
		335			流面	
			33501		席理	
			33502		流线	
4					水文地质	
	41				水文地质特征线	
		411			地下水源地边界	
		412			含水层边界	
			41201		含水层侧向边界	
			41202		含水层垂向边界	
		413			地下水分水岭	
			41301		地下水天然分水岭	
			41302		地下水人工分水岭	
		414			地下水等水位线	
	42				地下水源地	
		421			特大型水源地	
		422			大型水源地	
		423			中型水源地	
		424			小型水源地	
	43				含水层特征	
		431			含水层	
			43101		层状含水层	
			43102		孔隙含水层	
			43103		孔隙-裂隙含水层	
			43104		裂隙含水层	
			43105		裂隙-岩溶含水层	
			43106		火山岩孔洞含水层	
			43107		裂隙黏性土含水层	
		432			含水带	
			43201		基岩含水带	
			43202		层间裂隙含水带	
			43203		断裂含水带	
			43204		岩脉含水带	

续表附录 D

主题类	大类	中类	小类	识别码	名　　称	说明
			43205		接触含水带	
			43206		背斜轴部含水带	
			43207		背斜倾没端含水带	
			43208		向斜含水带	
	44				岩溶水文地质单元	
		441			地下河	
			44101		地下河岸线	
			44102		地表断头河	
		442			地下湖	
	45				水文地质特征点	
		451			泉	
			45101		上升泉	
			45102		下降泉	
			45103		喷泉	
		452			水文地质钻孔	
			45201		混合抽水试验孔	
			45202		分层抽水试验孔	
			45203		分段抽水试验孔	
			45204		压水试验孔	
			45205		注水试验孔	
			45206		试验观测孔	
		453			水文地质观测点	
			45301		分层地下水观测孔	
			45302		混层地下水观测孔	
			45303		泉水观测点	
			45304		地表水观测点	
			45305		矿井观测点	
			45306		污水观测点	
			45307		暗河出口观测点	
			45308		岩溶竖井观测点	
	46				集水建筑	
		461			井点	
			46101		管井	
			46102		大口井	
			46103		吊管井	
			46104		扩泉井	
			46105		辐射井	
			46106		虹吸管井	
			46107		坎儿井	

续表附录 D

主题类	大类	中类	小类	识别码	名　称	说明
			46108		斜井	
		462			集水池	
		463			集水廊道	
			46301		集水管	
			46302		渗渠	
			46303		水平坑道	
			46304		扩泉工程	
			46305		截潜流工程	
		464			地下水流向注计	
5					地震地质	
	51				地形变与地应力监测点	
		511			地形变监测点	
		512			地应力监测点	
		513			重力异常监测点	
		514			地热异常监测点	
		515			活动性断层监测点	
		516			水库诱发地震监测点	
	52				古地震	
		521			古地震遗迹	
			52101		古地震断裂	
			52102		古地震裂缝	
			52103		古地震沟	
			52104		古地震陡崖	
			52105		古地震滑坡	
			52106		古地震崩塌	
			52107		古地震剩余变形区	
			52108		古地震液化变形区	
		522			古地震震中	
	53				场地与地基	
		531			场地土类型	
			53101		坚硬场地土	
			53102		中硬场地土	
			53103		中软场地土	
			53104		软弱场地土	
		532			场地类别	
			53201		Ⅰ类场地	
			53202		Ⅱ类场地	
			53203		Ⅲ类场地	
			53204		Ⅳ类场地	

续表附录 D

主题类	大类	中类	小类	识别码	名　称	说明
		533			强震区建筑场地的划分	
			53301		有利的地段	
			53302		不利的地段	
			53303		危险的地段	
	54				地震危险区划及烈度区划	
		541			预测发震地区（带）	
		542			地震危险分区	
		543			地震烈度分区	
		544			地震微区划	
6					环境地质	
	61				山地灾害	
		611			滑坡	
			61101		滑坡体	
			61102		滑动面	
			61103		滑动带	
			61104		滑坡裂隙	
			61105		滑坡台坎	
			61106		滑动轴	
			61107		潜在滑动区	
			61108		滑坡防治结构	
			61109		斜坡变形监测点	
		612			危岩	
			61201		崩塌堆积体	
			61202		危岩防治结构	
		613			泥石流	
			61301		泥石流形成区	
			61302		泥石流流动区	
			61303		泥石流堆积区	
			61304		泥石流防治结构	
			61305		泥石流动态观测点	
	62				地表塌陷	
		621			岩溶塌陷区	
			62101		覆盖型岩溶发育区	
				621011	隐伏溶洞	
				621012	土洞	
				621013	地表塌陷洼地	
				621014	陷落中心	
			62102		潜在岩溶塌陷区	
		622			地下采空区	

续表附录 D

主题类	大类	中类	小类	识别码	名称	说明
			62201		地下采空范围	
			62202		采空区影响范围	
			62203		地表变形区	
			62204		地表塌陷区	
	63				砂土液化与软土震陷	
		631			砂土液化区	
			63101		强烈液化区	
			63102		中等液化区	
			63103		轻微液化区	
			63104		不液化区	
		632			软土震陷区	
	64				地面沉降	
		641			地裂缝	
		642			沉降范围	
			64201		沉降等值线	
			64202		沉降漏斗中心	
		643			地面沉降观测点	
		644			建筑物沉降观测点	
		645			地裂缝观测点	
		646			回灌区域	
			64601		回灌井	
	65				海水入侵	
		651			海水入侵带	
		652			咸淡水锋面	
		653			海水入侵防治结构	
	66				地下水污染	
		661			地下水污染源	
		662			地下水污染带	
		663			地下水污染扩散带	
		664			地下水污染分区	
			66401		地下水污染带边界	
	67				垃圾填埋场	
7					地质资源	
	71				矿点（矿床）	
	72				地质遗迹	
		721			地质遗迹保护点（区）	
		722			标准地层点	
		723			化石出露点	
		724			标准地质剖面	

续表附录 D

主题类	大类	中类	小类	识别码	名称	说明
8					其他要素	
	81				产状符号	
		811			地层产状	
		812			断层产状	
		813			褶皱产状	
			81301		褶皱枢纽产状	
			81302		褶皱两翼产状	
		814			节理产状	
			81401		面理产状	
			81402		劈理产状	
			81403		片理产状	
			81404		片麻理产状	
		815			流面产状	
		816			流线产状	
	82				勘察点	
		821			钻孔	
			82101		取土试样钻孔	
			82102		取水取土孔	
			82103		取水试样钻孔	
			82104		标贯试验孔	
			82105		取土标贯孔	
			82106		取水标贯孔	
			82107		取水、取土标贯孔	
			82108		波速试验孔	
			82109		取土波速试验孔	
			82110		取水波速试验孔	
			82111		标贯波速试验孔	
			82112		取水、取土波速孔	
			82113		取水、标贯波速孔	
			82114		取土、标贯波速孔	
			82115		取水、取土、标贯波速孔	
			82116		静力触探试验孔	
			82117		动力触探试验孔	
			82118		十字板剪切试验孔	
			82119		旁压试验孔	
			82120		十字板、静探试验孔	
		822			探井	
			82201		取水探井	
			82202		取土探井	

续表附录 D

主题类	大类	中类	小类	识别码	名　称	说明
		823			其他试验点	
			82301		地应力测试点	
			82302		现场大型直剪试验点	
			82303		现场载荷试验点	
			82304		水力劈裂试验点	
			82305		节理裂隙统计点	
			82306		洞室围岩变形观测点	
			82307		洞室围岩压力监测点	
			82308		化石取样点	
		824			剖面线	

附录 E　城市基础地质数据分类属性结构

地貌单元属性分类

序号	属性名称	类型	序号	属性名称	类型
1	图元编码	N	2	地貌单元名称	C

地层界线属性分类

序号	属性名称	类型	序号	属性名称	类型
1	图元编码	N	2	接触关系	C

岩层数据属性分类

序号	属性名称	类型	序号	属性名称	类型
1	图元编码	N	11	岩石颜色	C
2	地层名称	C	12	岩石结构	C
3	地层单位时代	C	13	岩石构造	C
4	地层倾向	F	14	岩体结构	C
5	地层走向	F	15	岩石重度	F
6	地层倾角	C	16	渗透性	F
7	地层成因	C	17	抗压强度	F
8	埋藏深度	F	18	弹性模量	F
9	地层厚度	F	19	泊松比	F
10	岩石名称（编码）	C			

土层数据属性分类

序号	属性名称	类型	序号	属性名称	类型
1	图元编码	N	5	颜色	F
2	土层名称	C	6	湿度	F
3	地层单位时代	C	7	孔隙度	C
4	成因类型	F	8	颗粒级配	C

续表附录 E

序号	属性名称	类型	序号	属性名称	类型
9	状态勘察点	F	14	平均标贯击数	C
10	含水率（量）	F	15	平均比贯入阻力	F
11	渗透系数	C	16	承载力标准值	F
12	抗剪参数	C	17	埋藏深度	F
13	压缩模量	C	18	地层厚度	F

勘察点属性分类

序号	属性名称	类型	序号	属性名称	类型
1	图元编码	N	7	水位观测日期	D
2	勘探点编号	C	8	施工单位	C
3	深度	F	9	数据来源（用途）	C
4	初见地下水位	F	10	分层信息	C
5	稳定地下水位	F	11	原位测试信息	C
6	施工日期	D	12	室内试验信息	C

褶皱数据属性分类

序号	属性名称	类型	序号	属性名称	类型
1	图元编码	N	9	两翼产状	F
2	褶皱名称	C	10	压扁率	F
3	褶皱轴向	F	11	褶皱尺度	F
4	褶皱倒向	F	12	褶皱类型和性质	C
5	褶皱面向	F	13	褶皱核部地层	C
6	枢纽走向	F	14	褶皱翼部地层	C
7	枢纽倾伏向	F	15	褶皱地质年代	C
8	枢纽倾伏角	F	16		

断层数据属性分类

序号	属性名称	类型	序号	属性名称	类型
1	图元编码	N	11	断层切割地层	C
2	断层名称	C	12	断层位移	F
3	断层线(带)产状走向	F	13	断层相对位移	F
4	断层线(带)产状倾向	F	14	断层岩类型	C
5	断层线(带)产状倾角	F	15	断层期次和年代	C
6	断裂带宽度	F	16	断层现代活动性	C
7	延伸长度	F	17	资料来源	C
8	断裂破碎带特征	C	18	活断裂年龄测定方法	C
9	断层延伸深度	F	19	活断裂年龄测定数据	N
10	断层性质	C			

续表附录 E

节理（裂隙）数据属性分类

序号	属性名称	类型	序号	属性名称	类型
1	图元编码	N	9	糙度	F
2	节理（裂隙）性质	C	10	充填情况	F
3	所在构造单元	C	11	闭合度	F
4	所在构造部位	C	12	节理密度	F
5	产状走向	F	13	间距	F
6	产状倾向	F	14	长度	F
7	产状倾角	F	15	节理面抗剪强度	F
8	节理面连通率	F	16		

水文地质特征线属性分类

序号	属性名称	类型	序号	属性名称	类型
1	图元编码	N	3	特征线性质	C
2	特征线类型	C			

地下水源地数据属性分类

序号	属性名称	类型	序号	属性名称	类型
1	图元编码	N	10	允许开采量	F
2	水源地面积	F	11	地下水资源开发情况	C
3	含水层个数	N	12	实际开采量	F
4	主要含水层	C	13	超采量	F
5	水质等级	N	14	可扩大开采量	F
6	地下水储量	F	15	环境地质问题	C
7	补给条件	C	16	潜力分析	C
8	补给量	F	17	评价精度	C
9	取水段深度范围	C			

含水层（带）数据属性分类

序号	属性名称	类型	序号	属性名称	类型
1	图元编码	N	17	水动力弥散系数	F
2	含水层（带）面积	F	18	水力坡度	F
3	所属水文地质单元	C	19	单位涌水量	F
4	地下水类型	C	20	地下水储量	F
5	含水层类型	C	21	允许开采量	F
6	水质等级	N	22	主要补给来源	C
7	地层名称	C	23	补给带宽度	F
8	年代地层单位名称	C	24	总补给量	F
9	含水层起止深度	C	25	降水入渗量	F
10	含水层厚度	F	26	地下水入渗量	F
11	地下水位	F	27	越流补给量	F
12	渗透系数	F	28	侧向补给量	F
13	导水系数	F	29	开采补给量	F
14	储水系数	F	30	人工补给量	F
15	给水度	F	31	实际开采量	F
16	越流系数	F	32	评价精度	C

续表附录 E

泉点数据属性分类

序号	属性名称	类型	序号	属性名称	类型
1	图元编码	N	8	水头高度	F
2	泉点类型	C	9	间歇性	C
3	出露部位	C	10	出水量	F
4	泉口高程	F	11	引泉量	F
5	泉口数目	N	12	可开发程度	C
6	水温	F	13	开发情况	C
7	地下水类型	C	14		

地震震中数据属性分类

序号	属性名称	类型	序号	属性名称	类型
1	图元编码	N	4	震中位置	C
2	发震时间	D	5	与活断裂位置关系	C
3	震级	F	6		

地应力及地形变点数据属性分类

序号	属性名称	类型	序号	属性名称	类型
1	图元编码	N	4	观测周期	F
2	监测点位置	C	5	监测值	F
3	监测点类型	C			

滑坡体数据属性分类

序号	属性名称	类型	序号	属性名称	类型
1	图元编码	N	8	滑动距离	F
2	滑坡名称	C	9	滑动深度	F
3	滑坡规模	C	10	滑动时间	D
4	滑坡体积	F	11	滑动原因	C
5	滑坡类型	C	12	滑体结构	C
6	主滑动方向	C	13	滑体参数	C
7	滑动速度	F	14	滑坡稳定程度	C

滑裂面位置属性分类

序号	属性名称	类型	序号	属性名称	类型
1	图元编码	N	4	滑面形状	C
2	滑动带深度	F	5	滑动面抗滑参数	F
3	滑动面所在地层岩性	C	6	对应滑坡图元编码	

滑坡裂隙属性分类

序号	属性名称	类型	序号	属性名称	类型
1	图元编码	N	4	裂缝产状	C
2	裂隙宽度	F	5	裂隙深度	F
3	裂隙形状	C	6	对应滑坡图元编码	

续表附录 E

滑坡台坎属性分类					
序号	属性名称	类型	序号	属性名称	类型
1	图元编码	N	3	台坎高度	F
2	台坎宽度	F	4	对应滑坡图元编码	F

危岩体属性分类					
序号	属性名称	类型	序号	属性名称	类型
1	图元编码	N	5	岩体类型	C
2	危岩规模	C	6	危岩类型	C
3	坡度	F	7	危岩稳定程度	C
4	主控结构面	C	8	待坍方量	F

坍滑堆积体属性分类					
序号	属性名称	类型	序号	属性名称	类型
1	图元编码	N	5	坍滑堆积体结构特征	C
2	坍滑类型	C	6	坍滑堆积体面积	F
3	坍滑方量	F	7	坍滑堆积体厚度	F
4	坍滑堆积体物质组成	C			

泥石流源头属性分类					
序号	属性名称	类型	序号	属性名称	类型
1	图元编码	N	4	汇水面积	F
2	泥石流类型	C	5	潜在泥石流区域面积	F
3	源头面积	F			

泥石流冲沟属性分类					
序号	属性名称	类型	序号	属性名称	类型
1	图元编码	N	4	堆积物厚度	C
2	冲沟切深	F	5	下伏基岩面坡度	F
3	冲沟宽度（区间）	C			

泥石流堆积扇属性分类					
序号	属性名称	类型	序号	属性名称	类型
1	图元编码	N	4	堆积扇厚度	F
2	泥石流规模	C	5	堆积物质质地	C
3	泥石流种类	C			

隐伏溶洞与土洞属性分类					
序号	属性名称	类型	序号	属性名称	类型
1	图元编码	N	6	顶板强度	F
2	洞穴埋深	F	7	覆盖层厚度	F
3	洞穴体积	F	8	连通情况	C
4	洞穴充填情况	C	9	溶洞稳定性等级	C
5	顶板厚度	F	10	地面变形特征	C

续表附录 E

塌陷洼地属性分类					
序号	属性名称	类型	序号	属性名称	类型
1	图元编码	N	4	变形破坏程度	C
2	塌陷深度	F	5	潜在危险区范围	F
3	塌陷角	F			

地裂缝属性分类					
序号	属性名称	类型	序号	属性名称	类型
1	图元编码	N	4	裂隙组密度	F
2	裂缝带（线）宽度	F	5	裂缝成因	C
3	裂缝产状	C			

地面沉降观测点属性分类					
序号	属性名称	类型	序号	属性名称	类型
1	图元编码	N	4	保护方式	C
2	观测标点类型	C	5	观测日期	D
3	标点材料	C	6	观测记录	F

沉降范围属性分类					
序号	属性名称	类型	序号	属性名称	类型
1	图元编码	N	6	最大沉降值	F
2	沉降面积	F	7	沉降速率	F
3	漏斗中心	C	8	沉降因素	C
4	沉降起始日期	D	9	地下水位	C
5	最大沉降时间	D			

地下水回灌区域属性分类					
序号	属性名称	类型	序号	属性名称	类型
1	图元编码	N	5	回灌压力	F
2	回灌类型	C	6	回灌水位	F
3	回灌期	F	7	地下水位回升值	F
4	回灌量	F	8	地面回升值	F

海水入侵带属性分类					
序号	属性名称	类型	序号	属性名称	类型
1	图元编码	N	5	入侵后氯离子含量	F
2	海水入侵方式	C	6	入侵前地下水类型	F
3	入侵时间	D	7	入侵后地下水类型	F
4	入侵前氯离子含量	F	8	峰面推进速度	F

海水入侵防治结构属性分类					
序号	属性名称	类型	序号	属性名称	类型
1	图元编码	N	3	结构作用深度	F
2	结构类型	C	4	屏障效果	C

续表附录 E

序号	属性名称	类型	序号	属性名称	类型
地下水污染范围数据属性分类					
序号	属性名称	类型	序号	属性名称	类型
1	图元编码	N	4	地下水污染离子含量	C
2	地下水污染面积	F	5	水质等级	N
3	地下水污染离子组分	C	6	水质恶化趋势	F
地下采空区属性分类					
序号	属性名称	类型	序号	属性名称	类型
1	图元编码	N	5	开采年限	N
2	采空区类型	C	6	采空区支撑情况	C
3	开采深度	F	7	回填物质	C
4	开采区域面积	F	8	回填区域面积	F
垃圾填埋场属性分类					
序号	属性名称	类型	序号	属性名称	类型
1	图元编码	N	7	垃圾组成	C
2	填埋区域面积	C	8	垃圾预处理方式	C
3	填埋范围	F	9	垃圾填埋高度	F
4	填埋方式	C	10	盖层组成	C
5	填埋结构	C	11	盖层厚度	F
6	垃圾类型	C			
矿床属性分类					
序号	属性名称	类型	序号	属性名称	类型
1	图元编码	N	9	矿体产状	C
2	矿产种类	C	10	矿体规模	C
3	矿产组合	C	11	组分名称	C
4	共生矿	C	12	矿石品位	C
5	体生矿	C	13	矿石储量	F
6	矿床（体）分布	C	14	成矿时代	C
7	矿床成因类型	C	15	计量单位	C
8	地质赋存条件	C			
地质遗迹属性分类					
序号	属性名称	类型	序号	属性名称	类型
1	图元编码	N	4	遗迹记录	C
2	地质遗迹分类	C	5	开发与保护条件	C
3	位置与区位条件	F			

附录 F　城市空间基础数据元数据内容

序号	元素名称	定　　义	数据类型	说　　明
1	数据集中文名称	数据集中文名称	字符串	自由文本
2	数据集英文名称	数据集英文名称	字符串	自由文本
3	日期	数据集的发布或最近更新日期	整型	YYYYMMDD
4	版本	数据集的版本	字符串	自由文本
5	语种	数据集中使用的语种	字符串	
6	分类编码标准	数据集使用的分类编码标准的全名	字符串	自由文本
7	摘要	数据集内容的简单介绍	字符串	自由文本
8	项目名称	项目的名称	字符串	自由文本
9	项目类型	说明项目的类型	字符串	例如：国家攻关项目、国家自然科学基金、国家计划、部门攻关项目、地方政府部门计划、单位自筹等
10	数据集子集总数	构成关系型数据库的基表或构成空间型数据库的数量	整型	
11	总数据量	以发行格式存储的数据集数据总量	实型	>0 单位：MB
12	西北端点 X 坐标	数据集覆盖范围西北端点 X 坐标	实型	单位为米
13	西北端点 Y 坐标	数据集覆盖范围西北端点 Y 坐标	实型	单位为米

续表附录 F

序号	元素名称	定　　义	数据类型	说　　明
14	东北端点 X 坐标	数据集覆盖范围东北端点 X 坐标	实型	单位为米
15	东北端点 Y 坐标	数据集覆盖范围东北端点 Y 坐标	实型	单位为米
16	西南端点 X 坐标	数据集覆盖范围西南端点 X 坐标	实型	单位为米
17	西南端点 Y 坐标	数据集覆盖范围西南端点 Y 坐标	实型	单位为米
18	东南端点 X 坐标	数据集覆盖范围东南端点 X 坐标	实型	单位为米
19	东南端点 Y 坐标	数据集覆盖范围东南端点 Y 坐标	实型	单位为米
20	地理标识符	定位名称的唯一标识	字符串	自由文本、数字或代码
21	时间范围类型	数据集内容的时间范围	整型	1 表示单一时间，2 表示时间段
22	起始时间	数据集内容的起始时间	整型	YYYYMMDD
23	终止时间	数据集内容的终止时间	整型	YYYYMMDD
24	最小高程值	数据集中最低高程	实型	
25	最大高程值	数据集中最高高程	实型	
26	计量单位	高程单位，例如米	字符串	
27	空间分辨率	定义数据集中空间数据密度的参数。如比例尺分母等	字符串	自由文本
28	专题类别	说明数据集主题的关键字	字符串	
29	关键词	说明数据集专题所用的常用词或短语	字符串	自由文本
30	负责的个人名称	数据集生产、管理、分发服务负责人	字符串	自由文本

续表附录 F

序号	元素名称	定　　义	数据类型	说　　明
31	负责单位名称	数据集生产、管理、分发服务负责单位名称	字符串	自由文本
32	职责	负责方的职责	字符串	
33	电话	负责的个人或单位的电话号码	整型	
34	传真	负责的个人或单位的传真号码	整型	
35	市（县）内的详细地址	区、街（路）、门牌号或信箱号	字符串	自由文本
36	市（县）	所在市（县）	字符串	自由文本
37	省（自治区、直辖市）	所在省、自治区、直辖市名称	字符串	自由文本
38	国家	所在国家名称	字符串	
39	邮政编码	邮政编码	整型	
40	电子信箱地址	负责的个人或单位的电子邮箱地址	字符串	自由文本
41	网址	访问网络的方法或地址，包括 URL	字符串	
42	浏览图文件名称	表示数据集覆盖范围的图形文件的名称	字符串	自由文本
43	浏览图文件类型	有关图形文件的文件类型，如：CGM、EPS、GIF、JPEG、PS、TIFF	字符串	自由文本
44	使用限制	使用数据集时涉及隐私权、知识产权的保护，或任何特定的约束、限制或注意事项，如："版权"、"许可证"、"无限制"等	字符串	自由文本
45	安全信息等级	数据集限制的等级名称	字符串	

续表附录 F

序号	元素名称	定　　义	数据类型	说　　明
46	数据格式名称	数据集分发者提供的数据交换格式名称	字符串	自由文本
47	数据格式版本	数据格式的版本号	字符串	自由文本
48	发行介质	发行数据集所用的介质名	字符串	自由文本，如：CD－ROM 软盘、硬盘、磁带、电子网络等
49	定价	发行的数据集价格（以人民币定价）	实型	>0 单位：元
50	航摄比例尺	航摄比例尺分母	整型	
51	航高	航摄高度	整型	单位为米
52	焦距	航摄仪焦距	实型	单位为毫米
53	质量概述	关于数据集质量的定性和定量的概括说明	字符串	自由文本
54	质量说明	数据生产者对数据集的数据志说明	字符串	自由文本
55	空间表示类型	表示地理信息的方法，包括影像、栅格和矢量表示	字符串	自由文本
56	空间参照系名称	使用地理标识的空间参照系名称	字符串	自由文本
57	大地参照系名称	大地参照系标识符	字符串	自由文本
58	坐标系类型	坐标系类型	字符串	自由文本

续表附录 F

序号	元素名称	定　　义	数据类型	说　　明
59	坐标系名称	坐标系标识符	字符串	自由文本
60	高程参照系名称	高程参照系标识符	字符串	自由文本
61	要素类型名称/主要数据库表名	具有相同属性的要素类名称	字符串	自由文本
62	属性列表/主要字段名	描述要素类主要属性内容的文字表述	字符串	自由文本
注：非空间型数据集的元数据可不填写表中 12-20、24-27、51-53、56-63 元素的内容。				

本规范用词说明

1　为便于在执行本规范条文时区别对待，对要求严格程度不同的用词，说明如下：

1）表示很严格，非这样做不可的：

正面词采用“必须”；反面词采用“严禁”；

2）表示严格，在正常情况下均应这样做的：

正面词采用“应”；反面词采用“不应”或“不得”；

3）表示允许稍有选择，在条件许可时，首先应这样做的：

正面词采用“宜”；反面词采用“不宜”；

表示有选择，在一定条件下可以这样做的：采用“可”。

2　条文中指定应按其他相关标准的写法为“应符合……的规定（要求）”或“应按……执行”。

中华人民共和国行业标准

城市基础地理信息系统技术规范

CJJ 100—2004

条 文 说 明

前　言

《城市基础地理信息系统技术规范》CJJ 100—2004，经建设部2004年1月29日第207号公告批准，业已发布。

本规范编制委员会

主 任 委 员：邹时萌
副主任委员：蒋达善　郝　力
　　　　　　赵通海
秘　书　长：金善焜
主　　　编：陈　倬
副　主　编：张　远　江绵康

为便于广大城市测绘、勘察、科研、院校等单位有关人员在使用本规范时能正确理解和执行条文规定，《城市基础地理信息系统技术规范》编写组按章、节、条顺序编写了本标准的条文说明，供使用者参考。在使用中如发现本条文说明有不妥之处，请将意见函寄北京市测绘设计研究院。

目　次

1 总 则

1.0.1 本条阐明制定城市基础地理信息系统技术规范的目的。城市基础地理信息系统是服务于城市规划、建设与管理的城市空间基础设施的重要组成部分，是城市经济建设和社会发展信息化的基础性工作。城市空间基础数据是城市规划、建设与管理的重要基础资料。为规范城市空间基础数据库管理系统的建设与应用，统一城市基础地理信息系统的技术要求，及时、准确地为城市规划、建设与管理和城市信息化提供各种空间基础数据，加快城市公共基础空间数据平台的建设，推进城市空间基础数据信息共享和其他应用系统的建设提供技术基础，特制定本规范。

1.0.2 本条规定了规范的适用范围。应依据城市规划、建设与管理和城市信息化的需求，规范城市基础地理信息系统建设中城市空间基础数据的获取、加工与数据组织，基础数据库建设与更新，构建、维护和管理城市基础地理信息系统，做好分发服务，促进应用。

1.0.3 本条规定了城市空间基础数据由城市基础地理数据和城市基础地质数据组成。

1.0.4 城市基础地理信息系统所使用的计算机、网络、软件和其他设备应保持良好状态，这是城市基础地理信息系统建设工作顺利进行的必备条件。因此，应加强对计算机、网络、软件和其他设备日常维护和管理，硬件应定期检测，软件应按时升级，保证城市基础地理信息系统正常运行。

1.0.5 本条规定了建设城市基础地理信息系统的工作应积极采用先进技术和方法，随着现代科学技术的飞速发展，城市基础地理信息系统技术的新理论、新技术、新方法、新设备不断出现，在满足本规范的质量要求前提下，应积极采用，以促进科技进步，推动城市基础地理信息系统技术的发展。

1.0.6 本规范是城市基础地理信息系统技术的专业标准，突出了城市基础地理信息系统的特点，它与城市测绘、城市勘察工作有密切关系，在实施过程中还应符合现行的国家、行业相关技术标准。所以，本条明确规定，建设城市基础地理信息系统除执行本规范外，还应符合国家现行有关强制性标准的规定。

2 术语和代号

2.1 术 语

本规范使用的术语，是定义文中所涉及的一些重要概念。

2.2 代 号

本规范使用的代号，主要是城市基础地理数据地形要素的4种主要表达形式和一些专业名词代号。

3 城市基础地理数据集内容及质量要求

3.1 一 般 规 定

3.1.1 本规范考虑到城市应用的特殊性，在测绘部门使用的控制点数据及“4D”数据（即数字线划图数据、数字高程模型数据、数字正射影像数据及数字栅格图数据）基础上，对城市基础地理数据的内容进行了扩展，增加了三维模型数据、综合管线数据及相关数据。各城市在具体使用时，可对基础地理数据所包含的数据种类进行选择。为了能按要素的类别对基础地理数据进行描述，本规范将“4D”数据作为城市地形要素的4种表达形式，并从本规范第3.3节～3.6节分节对它们做出规定。

目前，DLG、DEM、DOM和DRG已经成为“4D”数据的通用简称，为了便于规范叙述和实际应用，本规范将它们作为这些数据集的代号。而其他数据集由于涉及的数据内容较复杂，不宜给定相应代号。

3.1.2 一种基础地理数据本身应通过几何数据、属性数据和相应的元数据来完整描述。几何数据主要描述地理要素的空间形态和位置，基本形式包括点、线、多边形等矢量数据和影像、纹理、格网等栅格数据。属性数据主要描述地理要素的非空间特征，如性质、类别、地理名称及有关说明等，由属性项及相应的属性值来表达，本规范在附录B城市基础地理信息数据分类属性结构中给出了主要地理要素的基本属性项。元数据则是关于几何数据和属性数据的说明，其内容和形式等在本规范第5.3节专门规定。

3.1.3 基础地理数据的质量元素实际上是数据质量的分量，目前对质量元素的组成尚有不同认识。这里根据有关国标和较普遍接受的观点给出衡量基础地理数据的主要质量元素，即基本要求、几何精度、图形或影像质量、属性精度、逻辑一致性、完整性和现势性。其中，基本要求主要指对空间参照系、数据内容、数据格式和数据存储等方面的共性要求；几何精度用来描述要素空间形态及位置的准确性，一般用平面和高程中误差来衡量；图形或影像质量用来描述对有关数据可视化的质量要求；属性精度用来反映要素属性数据的正确性；逻辑一致性用来描述矢量数据关系的可靠性和拓扑性质上的内在一致性；完整性指数据在范围、内容、结构等方面满足要求的完整程度；而现势性主要反映数据的时间精度。

3.2 控 制 点 数 据

3.2.1 在现行的地形图要素分类编码标准及图式中，测量控制点被作为地形要素之一。考虑到城市控制资料的特殊性和一些城市已经专门建立控制信息管理系统的实际情况，本规范将它们作为单独的一类地理要素。在城市日常测绘工作中使用的控制点是主要各等级的平面和高程控制点。虽然城市也分布有重力点，但城市测绘部门一般很少使用。

3.2.2 控制点的几何数据主要指各种控制点所在实地位置的2维或3维坐标，用来描述控制点所处的空间位置。而控制点的精确数值应作为属性存储。控制点的符号化表示包括点的符号及相应的注记等。

3.2.3 这里给出的控制点属性数据应包括的主要方面，即基本属性项。这些属性项对于控制点信息管理、维护和使用是不可缺少的。

3.2.4 为了便于控制点数据的使用，要求对基本控制基准信息做出说明。

3.2.5 给出了除基本质量要求外，控制点数据的其他相关质量要求。

3.3 数字线划图数据（DLG）

3.3.1 按照现行行业标准《城市测量规范》CJJ 8，本规范将城市数字线划图数据的基本比例尺确定为1:500、1:1000、1:2000、1:5000和1:10000等5种。根据有关调查，在一个具体城市通常只使用其中的2~3种比例尺，一般在1:500、1:1000和1:2000中选择1~2种，在1:5000和1:10000中选择1种。对每种比例尺DLG数据给定代号的目的是便于后面的叙述和实际使用。对于小于1:10000比例尺的DLG数据，应执行有关现行国家标准的规定。

需要说明的是，对于DLG以及后面的DOM和DRG数据，仍然使用比例尺概念的目的一方面是与现有的数据生产和使用习惯相适应，另一方面比例尺可以作为是衡量这些数据质量的重要参数之一。

3.3.2 作为表达城市地形要素的主要形式，DLG数据应该包含当前地形图图式规定的全部九大类地形要素，其中对于控制点在3.2节专门做了规定。地形要素的分类编码原则在本规范第5.2节中给出。附录A 1:500 1:1000 1:2000地形要素分类与代码是基于这些原则给出的一种编码方案。

3.3.3 地形要素的几何数据应该描述相应要素的空间形态和位置，点、线、多边形数据是矢量数据的最基本形式。地形要素的符号化包括符号、线型、填充及注记说明等。

3.3.4 将地形要素的属性数据分为基本属性数据和扩展属性数据的目的是为了既便于数据组织又方便使用。基本属性数据应是相应要素所必须拥有的，在附录B城市基础地理信息数据分类属性结构中给出了主要地形要素的基本属性项。

3.3.5 规定DLG数据以图幅为存储单元是考虑到当前数据生产的实际情况，便于操作和使用。DLG数据的存储格式很多，目前经常使用的包括国家标准VCT格式、ArcGIS的E00格式、ArcView的Shape格式、MapInfo的MIF格式、MicroStation的DGN格式、AutoMap的DXF格式以及国产GIS软件GeoStar、MapGIS和SuperMap等采用的格式等。规定应使用常用的数据格式是为了方便数据应用与交换。

3.3.6 给出了除基本质量要求外DLG数据的其他相应质量要求。其中，几何精度标准应沿用了现行行业标准《城市测量规范》CJJ 8的相关规定。逻辑一致性要求是结构化DLG数据应具备的基本质量特征。

3.4 数字高程模型数据（DEM）

3.4.1 城市数字高程模型（DEM）是描述城市地表起伏形态特征的空间数据集。目前DEM的生成方式及存在形式有多种。为了便于实际使用特别是在基础地理信息系统中的使用，这里用地面规则格网点、特征点和边界线来构成DEM。对于实际采集的非规则格网点数据（如不规则三角网TIN和等高线数据等），应使用DEM处理软件通过插值将它们规化为规则格网点。为了较完整、真实地描述地形起伏状况，除格网数据外，应保留关键部位的特征点。

3.4.2 在现行行业标准《城市测量规范》CJJ 8中，尚没有关于DEM数据的明确规定。DEM的格网尺寸大小被认为是其最主要的特征。与DLG不同，城市DEM很难与地形图的比例尺直接挂钩。参考有关国标和国外资料，这里将DEM区分为2种格网尺寸，并对每种格网尺寸给定3种不同的精度等级，以满足实际应用的需要。其中，5m×5m格网作为基本格网使用，表3.4.2有关对格网点高程精度的规定主要参考了现行国家标准《数字测绘产品质量要求——第1部分：数字线划地形图、数字高程模型质量要求》GB/T 17941。2.5m×2.5m格网主要为城市工程应用服务。对于其他规格的DEM数据，应执行现行有关国家标准的规定。需要指出的是，表中的格网点高程精度指的是格网点上高程的精度。

3.4.3 规定了DEM数据延伸范围的定义。通过内、外边界线来界定DEM数据的延伸范围主要是顾及DEM数据的完整性和实际使用的方便性。在一些DEM数据生产和应用实践中，也有不使用边界线的情况，这时DEM数据的延伸范围由数据实际覆盖范围来确定。而位于建筑物、道路等内部的DEM数据尽管可能存在但应用时不考虑。

3.4.4~3.4.5 由于DEM数据没有必要与地形图比例尺相对应，因此数据存储的单元可以比较灵活。这里对DEM格网数据、特征点数据和边界线数据的存储单元、存储方式以及数据文件命名等做了具体规定。

3.5 数字正射影像图数据（DOM）

3.5.1 数字正射影像图数据（DOM）是利用DEM对数字影像或扫描的数字化影像进行逐像元投影差改正并经镶嵌、剪裁而生成的影像数据。DOM是一种描述城市地形特征的新数据形式，它具有普通地形图和影像的双重特征，包含的信息内容丰富、直观。考虑到城市高层建筑物在DOM上的透视变形问题，实际应用中一般不生产比例尺大于1:1000的DOM。对于大中城市，DOM的最大比例尺宜选择1:2000。对于小城市及城市局部地区，根据需要可以生产1:1000比例尺的DOM。地面分辨率是DOM的重要特征之一，一般要求图面上不低于0.1mm。对于小于1:10000比例尺的DOM数据，应执行现行有关国家标准的规定。

3.5.6 规定城市1:5000和1:10000比例尺DOM宜采用矩形分幅存储主要是为了数据生产和实际应用的方便。根据需要也可采用国家统一规定的梯形分幅。至于各DOM存储单元之间是否需要留有一定的重叠范围，目前的做法不统一。重叠存储的目的主要是避免相邻图幅之间存在影像漏洞，但当采用矩形分幅且图幅所包含的像元数为整数时实际上不会出现漏洞。为顾及实际生产中有可能出现的各种情况，这里规定宜外扩图上5mm，具体实践中可根据需要来确定是否外扩。

3.5.7 DOM数据的平面精度应以地面上明显地物点的平面位置中误差来衡量，具体精度指标沿用现行行业标准《城市测量规范》CJJ 8关于相应比例尺地形图平面精度的规定。影像质量要求是DOM数据所特有的，规范中提出的这些要求对于保证DOM数据的应用是必要的。

3.6 数字栅格图数据（DRG）

3.6.1 就当前实际现状而言，城市DRG虽然可能由传统的模拟地图进行扫描并经过处理获得，但更有可能是根据符号化的DLG数据直接生成得到。对于小于1:10000比例尺的DRG数据，应执行有关现行国家标准的规定。

3.6.2～3.6.6 基于DLG，规定了相应比例尺对DRG数据的基本要求、存储方式及质量指标。其中规定DRG数据的图像分辨率不得低于300dpi是为了保证DRG数据的清晰度和完整性，便于实际使用。

3.7 城市三维模型数据

3.7.1 城市三维模型是对城市景观的三维表达，它反映景观对象的主要特征，并包含从各个方向观察景观对象的必要信息。城市三维模型最近几年才受到关注，目前仍处于发展之中，许多问题尚没有一致的认识。考虑到一些城市实际上已经开始采集并应用城市三维模型数据，本节对城市三维模型数据的组成、特征、技术与质量要求等做了一些原则性描述和规定。

3.7.2～3.7.5 本规范提出，城市三维模型宜由三维建（构）筑模型数据、DOM数据和DEM数据等组合而成。在本规范第3.3节～3.4节对DEM和DOM数据已分别做了规定。这里只对三维建（构）筑物模型数据的几何数据、纹理数据和属性数据做规定。此处的“建（构）筑物”也可包括其他设施。

3.7.6～3.7.7 与其他节不同，对于三维建（构）筑物模型数据的具体采集技术和质量指标，应根据实际应用需要和可能通过技术设计的方式予以确定。

3.8 综合管线数据

3.8.1 城市综合管线数据是通过管线现状调绘、管线探查及管线测量获得的关于综合管线及其附属设施类型、位置及特征的数据。城市综合管线数据是重要的城市地理空间数据，它们既具有一般地形要素的基本特征，也有其独特之处，因此本规范专门设立此节。考虑到管线既可能出现在地面以上，也可能位于地下，这里使用“综合管线”一词。目前城市综合管线按类型主要分为若干大类，每一大类再分为若干小类，具体分类原则应符合本规范第5.2节的规定。

3.8.2～3.8.4 分别规定了综合管线的几何数据、属性数据、图形表达及数据存储的要求。有关综合管线几何与属性数据的内容考虑了与现行行业标准《城市地下管线探测技术规程》CJJ 61之间的协调。

3.9 相关数据

3.9.1 建立城市基础地理信息系统，除涉及的基础控制、地形要素、城市三维模型和管线等数据外，还应包含一些相关数据。其中比较常用的包括有关行政区划、地名、门牌、规划道路、建设和用地放验线、其他人工地下空间设施以及具有强制性规定的用地控制线等方面的数据。这些数据一般以图形和属性数据的形式存在。本节对它们的主要内容及要求做了定性规定，一些数据的属性项参照附录B城市基础地理信息数据分类属性结构。

3.9.2 行政区划数据主要按市、区（县）、街道（乡镇）、居委会（社区、村）等四级来组织，这些数据对于基础地理信息的应用具有主要意义，但传统的大比例尺地形图上很少表示它们。行政区划数据的几何数据应以多边形数据来表达，而属性数据至少应包括规划给出的基本属性项。

3.9.3 本条所指地名主要包括：

1 行政区划名称：即市、区（县）、街道（乡、镇）、居委会（社区、村）等具有行政管理及服务职能的区域名称；

2 自然地理名称：如山体、水系名称等；

3 道路名称：即各类道路名称；

4 单位名称：包括党政机关、主要的企事业单位、商贸、学校、医院、饭店等的名称；

5 标志性建筑物名称：应包括城市广场、著名建筑物等的名称；

6 常用地名：某些虽不具有行政区划性质，但通用和流行的地理名称等。

3.9.4 门牌实际上是建筑物或院落等的编号，也就是说应该作为建筑物或院落等要素的一种属性数据。现有的地形图上通常并不表示门牌号，因此这里将其看作一种专题数据。

3.9.5 城市规划道路也是城市建设与管理中十分重要的信息。这里规定了其几何数据和属性数据的内容和形式。

3.9.8 相关数据由于涉及的类型较多，数据来源也各异，因此对其质量难以给出统一的定量标准。具体应用时，应根据这些数据的用途、来源和特点合理确定相应的质量标准。

3.10 城市基础地理数据的质量检查验收

3.10.1 各种城市基础地理数据在进入城市基础地理信息系统和提供实际使用之前，必须经过严格规范的质量检查和验收。一般来说，质量检查验收应包括三级，即数据生产单位中具体作业部门的检查、数据生产单位专业质检部门的检查以及数据生产委托者或数据管理部门的验收。

3.10.2 质量检查验收应覆盖本规范第 3.1.3 条所述的数据各质量元素。对于“4D”产品的检查和验收，应执行现行国家标准；对于其他数据，由于内容和形式较为复杂多样，难以给出统一的方法，实际中可根据本章各节对数据质量的要求参照有关现行国家标准来进行检查和验收。

3.10.3 数据检查验收必须提供相应的验证资料。对于每一个数据生产项目而言，应编制并提供质量检查报告和质量验收报告，报告中应给出详细的质量统计表。报告的内容应至少包括：项目概况；技术要求；成果内容、形式及数量；质量检查或验收的方法、时间与执行者；质量统计图表；质量分析与结论等。

4 城市基础地质数据集内容及质量要求

4.1 一 般 规 定

4.1.1 城市基础地质数据集，是根据城市勘察部门掌握资料情况，以及城市规划、城市建设、城市管理、城市发展与城市环境保护及资源利用等方面密切相关的七个部分地质专题内容制定的，各部分实际上存在着内在联系，根据侧重点不同，相应进行了归类。城市基础地质数据集建设，原则可以根据以上七个子集分步实施，并进行增减。

4.1.2 为规范统一城市基础地质数据图层划分，参照现行国家有关基础地质数据库建设使用标准，给出了附录 C 城市基础地质数据图层划分表的列表，根据城市实际情况，做了一定简化处理。

鉴于国内没有统一的城市基础地质要素分类代码，本规范制定了附录 D 城市基础地质要素分类代码，代码的制定按照粗细结合的原则进行，对于城市勘测单位使用程度高、接触较多的要素分类尽可能地细，反之则较粗，一般只分到中、小类，以便于实际使用和用户扩展。

地质要素色标、符号、填充花纹目前现行规范较多，但不统一，鉴于目前情况，完全统一有一定难度，实际操作中可按本规范附录 C 城市基础地质数据图层划分表的列表自行选用。

4.2 地 貌 数 据

4.2.1 地貌数据主要与地貌单元划分有关，故地貌数据组织宜按地貌单元进行。地貌单元划分目前尚未有一个统一的标准，本规范主要采用了成因分类法，同时考虑到与现行有关地质填图标准相统一，为了便于操作和实用，做了适当调整、简化，如对于河流堆积地貌、大陆停滞水堆积地貌，合并后统称为河流堆积地貌。

4.2.2 微地貌单元要素选取，除为了表达方便外，取舍原则主要是根据是否满足城市规划、建设和管理的需要。

4.3 地 层 数 据

4.3.1～4.3.2 地层为典型的三维实体，也是地质空间的基本信息载体，其空间表达目前尚未有较好的方案，故实际操作可仍以平面或剖面方式表达为主。

4.3.3～4.3.5 考虑到了城市建设对工程特性的要求，地层划分要求应满足实际工程需求，层应作为基本划分单位。对于比例尺小于 1:10000 的情况，可按年代地层单位或岩性组合划分。

地层数据岩层数据按岩石类型作为基本分类依据，土层数据则以现行国家标准《岩土工程勘察规范》GB 50021 为总体分类原则，采用综合分类法进行分类。土层的特征数据点内容宜以岩土工程勘察钻孔数据为主。

4.3.6 有关城市地层剖面方向控制深度的规定，主要是尽可能反映地质空间三维信息的需要，控制深度一般决定于城市所在地区的地下空间规划与利用（如地下建、构筑物、地下水开采与管理、矿产开采等）的最大影响深度。

4.3.7 制定城市标准地层模型，已经在多个城市地质数据库建设中得到检验，证明为一个行之有效的工作方法，标准地层模型制定的目的，主要是要反映同一构造分区下的完整详细的地层地史关系、沉积序列、火山活动旋回及构造切割关系等问题，一个城市包括的不同的构造分区，可以有对应的多个标准地层模型。

4.4 地质构造数据

4.4.1 地质构造数据，首先要求能够反映出城市

（地区）整体的地质构造框架，这部分主要要由褶皱、断层两类数据组成（地层产状、地层间整合关系已由本规范第4.3节中地层及地层分界面属性表达），其次，地质构造数据要求能够满足工程建设中对岩体结构分析的实际需要，这部分还需包括节理（裂隙）数据。

4.4.2 本条规定了褶皱的分类与表达方式，其中褶皱是按横剖面形状进行分类，褶皱的表达主要是根据枢纽的迹线平面上投影进行表示，对于复背斜（复向斜），也可根据总体上枢纽的迹线平面上投影进行表示。

4.4.3 本条规定了断层的分类与表达方式，其中断层分类是按断层两盘相对位移进行分类的。

4.4.4 如果节理（裂隙）规模较小，平面信息不易表达，且对于工程建设影响较大，可以通过节理（裂隙）测量点及测点节理（裂隙）测量统计数据来综合表达。

4.5 水文地质数据

4.5.1 城市水文地质数据进行组织，是按地下水系统赋存埋藏条件、地下水资源评价、地下水开采与管理等方面进行的，地下水水质、地下水污染等内容，则大部分归入到本规范第4.7节环境地质子集当中。

4.5.2 水文地质特征线包括各种水文地质边界线、水文地质要素等值线、水文地质剖面线等内容，对于不同类型的特征线，具有不同的相关实体特征属性信息项目，可根据城市内水文地质研究范围和深度灵活选取。

4.5.3 地下水源地数据的划分，应满足地下水资源评估、开采、规划、管理、保护的需要。

4.5.4 含水层（带）是地下水赋存的基本单元，对于不同的含水层组，可按照含水层类型、地下水类型进行相应归并简化，重点反映含水层（带）补、径、排空间关系。

4.6 地震地质数据

4.6.1～4.6.3 地震地质数据中，地形变与地应力监测为最通用的地壳活动性监测手段，其余方法还有地磁、地电、水温、水氡等手段；有关活动性断裂数据，已归入到本规范第4.4节地质构造数据子集当中，此处不再包括；古地震遗迹和地震震中数据反映的是本地区地震历史和发震监测资料，场地土类型、场地类别是按现行国家标准《岩土工程勘察规范》GB 50021有关规定进行划分，与工程抗震设计有关；地震危险区划及烈度区划则属于综合评价资料，可作为城市抗震设防的依据。

4.7 环境地质数据

4.7.1～4.7.2 环境地质数据子集包含了10个我国城市较为普遍的环境地质问题，不同城市应根据各自的不同情况进行选取。

对于一些大型工程和资源开发和城市化进程所引起的环境地质问题（如地面沉降、海水入侵、地下水污染、地下采空、垃圾填埋）同城市建设和发展、同城市人民的生活息息相关，应作为重点考虑。

4.8 地质资源数据

4.8.1 地质资源包括矿产资源、地质遗迹两类，土地等也是一种地质资源，但按照通常习惯和学科划分，这里不包括在内。

4.8.2 根据《中华人民共和国矿产资源法》，矿产资源是指由地质作用形成的，具有利用价值的，呈固态、液态、气态的自然资源。

4.8.3 地质遗迹指在地球演化史中，由于地质作用，形成、发展并遗留下来的珍贵的、不可再生的地质自然遗产。主要包括：有重大观赏和重要科学研究价值的地质地貌景观；有重要价值的地质剖面和构造形迹；有重要价值的古人类遗址、古生物化石遗迹；有特殊价值的矿物、岩石及其典型产地；有特殊意义的水体资源；典型的地质灾害遗迹等。地质遗迹是一类较特殊的综合性数据，其数据选取应满足城市建立地质自然保护区规划及地质遗迹保护有关规定。

4.9 城市基础地质数据集的质量要求

4.9.1～4.9.4 城市基础地质数据采集精度、数据采集密度的有关要求，是根据不同比例尺下各类地质测绘有关规定而综合制定出来的。采集精度等同于地图制图中闭合地质体图面面积不小于4mm²，线状地质要素（包括断层、褶皱）图面长度不小于5mm，其中基岩区可表示的土层（或第四系地层）图面面积不小于2cm²，沟谷中可表示的土层（或第四系地层）图面宽度不小于1mm。

4.10 城市基础地质数据的质量检查验收

4.10.1～4.10.3 本节只规定了对城市基础地质数据自身状态的质量检查验收。在使用城市基础地质数据时，应首先对数据的来源、合理性及可靠性予以确认，由于该问题涉及范围较广，因此未在本规范中作出明确规定。

5 城市空间基础数据管理基本要求

5.1 空间参考系、存储单元及命名规则

5.1.1～5.1.2 理想情况下，采用国家统一的空间参考系和存储单元及命名规则建设城市空间基础数据库，将为建立数字城市、数字区域和数字国家带来极大方便。但目前看，要求所有城市都采用国家统一的

空间参考系是不现实的，这是城市坐标系统特点所决定的，它要求根据平面控制点坐标反算的边长与实量边长尽可能相符，也就是要求控制网边长归算到参考椭球面上（或平均海水面上）的高程归化和高斯正形投影的距离归化的总和（即长度变形）限制在不大于2.5cm/km内，才能满足城市1:500比例尺测图和市政工程施工放样的需要。为此本条规定了城市独立控制网（平面、高程）均应与国家平面坐标系统和高程系统相联系（连接）的空间参考系统，以便取得系统转换参数和全部投影参数，达到数据共享的目的。根据北京、重庆、广州、长春等10余个已经建成GIS的城市的调查回函统计，所有城市的GIS均建立在城市坐标系统之上，GIS存储单元及命名规则也沿用了原城市基本图的分幅与编号体系。由此可见：在一个城市里无论是GIS，还是城市测量，采用统一的坐标系统、统一的存储单元及命名规则，充分体现了城市GIS为城市建设和发展服务的特点，是符合我国国情的。

另据上述调查，除深圳、沈阳、武汉、青岛采用1954北京坐标系外，其他城市均沿用地方平面坐标系。高程系统除西安、武汉、青岛采用1985国家高程基准外，其余则采用1956年黄海高程系或沿用地方高程系。因此，本规范规定采用独立参考系的，应给定独立参考系与国家坐标系的转换参数，并明确说明使用的投影系名称，以便在进行空间数据集成和配准处理时使用。

5.2 要素分类编码与符号化

5.2.1 城市空间基础数据的要素分类与编码是城市基础地理信息系统设计过程中不可回避的问题，它关系到城市空间数据库建库的根本问题。若编码体系不合理，将增加系统建库工作量，影响城市空间基础数据库的使用和和信息共享，甚至会缩短城市空间基础数据库的生命周期。本条对有关原则做了规定。城市空间基础数据库通常为多数据集，本规范未做详细规定的亦应保持一致，以便于统一系统平台下的空间分析应用。若同时使用，在现行子集编码前冠以门类码区分。

5.2.2 城市基础地理数据集需要进行分类与编码的数据集包括控制点数据、数字线划图（DLG）、综合管线数据、相关数据。目前，与城市基础地理数据分类相关的现行国家标准主要有：《1:500 1:1000 1:2000地形图要素分类与代码》GB 14804—93，《国土基础信息数据分类与代码》GB 13923，《1:500 1:1000 1:2000地形图图式》GB/T 7929，以及现行行业标准《城市地下管线探测技术规程》CJJ 61等。

本条对DLG的分类编码作了详细规定，该分类与代码是在现行国家标准《1:500 1:1000 1:2000地形图要素分类与代码》GB 14804—93的基础上做了适当扩充，提供城市大比例尺地形要素编码时参照，可按附录A 1:500 1:1000 1:2000地形要素分类与代码执行。其他数据集除综合管线数据宜按现行行业标准《城市地下管线探测技术规程》CJJ 61的有关规定具体执行外，目前均没有通用的标准或成熟的模式可参照，因此，本条只对控制点数据、城市三维模型数据、相关数据做了原则性的规定。

5.2.3 城市基础地质数据的分类编码为便于操作，且与基础地理数据编码相统一，采用了六位数据编码原则，其中地层数据的岩层编码是根据现行国家标准《地质矿产术语分类代码（岩石学）》GB/T 9649中五位岩石名称数据编码，直接补足六位而成，其余编码参照现行国家标准《地质矿产术语分类代码》GB/T 9649和《岩土工程勘察规范》GB 50021有关规定重新制定了。可按附录D城市基础地质要素分类代码执行。

5.2.4 本条对符号化原则及符号化方法做了一般规定。本规范对城市空间基础数据的采集未做规定，但城市空间基础数据采集的数字化规则应符合本条内容。

5.3 元　数　据

5.3.1 元数据是“关于数据的数据”。在城市空间基础数据元数据中，元数据是说明数据内容、质量、状况和其他有关特征的背景信息。元数据是使数据充分发挥作用的重要条件之一。它可以用于许多方面，包括数据文档建立、数据发布、数据浏览、数据转换等。元数据对于促进数据的管理、使用和共享均有重要的作用。原始数据如果没有元数据，就很难有效地进行管理和使用。本条规定了元数据的定义及适用范围。

5.3.2 元数据的主要内容主要参照了现行国际标准《地理信息—元数据》ISO 19115。本规范数据根据现阶段城市基础地理信息系统的元数据主要内容及其格式、值域提供了附录F城市空间基础数据元数据内容。其内容包括了核心元数据内容，对于全集元数据未做进一步规定，可根据数据集的具体情况确定各子集元数据并按一定的原则扩展。

5.3.3 元数据与一般的数据没有本质的区别，可以数据存在的任何一种形式存在。通常，在计算机中元数据的组织与编码是用软件实现的，其存储可以是单一的数据文件（ASCII文件）或html超文本文件等，也可以是关系型数据库。为此，需要依照城市基础地理信息系统元数据专用标准先开发元数据操作工具。元数据操作工具应包括以下功能：

1　输入功能；

2　编辑与维护管理功能；

3　查询检索功能；

4　发布功能。

上述功能可通过几个软件实现，也可以集成在一个软件中。此外，元数据操作工具还应适应多种操作系统，如 Windows 环境、Unix 环境、网络浏览器使用的、支持 SGML 的等。本条对有关功能做了规定。

5.3.4 城市空间基础数据集相对比较复杂，城市基础地理数据集主要是空间型的。一般既有记录空间定位信息的数据文件，又有与该文件链接的属性文件，空间信息之间可能还建有拓扑关系，它的元数据内容相对较多。非空间型数据集结构比较简单，一般为文本文件或二维表，元数据可以适当简化，删除与空间位置密切相关的元数据内容，如空间表示信息、参照系信息、图示表达编目信息、范围信息等。此外，城市基础地理数据库有简有繁，简单的可能是一个空间型数据集，复杂的可能是多个和多种类型空间数据集的集合。因此，描述简单数据集的元数据可以以文件形式存在，而复杂的大型数据库集合则需要建立元数据库。

不论是复杂还是简单的元数据库，在网络中一般应当实现与其所描述的城市基础地理数据库链接，这也是元数据的重要作用之一。元数据库与数据库的链接关系可以有下列两种情况：

1 基于安全和保密的因素，通常重要的、大数据量的数据库与其元数据库在网络上是完全脱开的，不能直接链接。在这种情况下，用户只能查到一级或二级元数据库的内容，有时还可参阅到一些样板数据和数据获取的途径与办法；

2 数据库与其元数据库在线链接。在线的数据库又有两种情况，即本地的与远程的。本地在线数据库与其元数据库可以由管理系统统一管理，经许可的用户可以访问或获取数据；远程的在线数据库，用户访问其元数据库后，如果需要可以通过元数据发行网址提供的 URL，远程访问或下载数据库数据。免费数据注册后可直接下载，有偿使用的数据需要履行一系列的手续，满足一定的条件方可下载。

5.3.5 城市基础地理数据库一般均定期或不定期更新，为此，其元数据库也需要相应地实时更新。本条规定了元数据的更新原则。

5.3.6 元数据质量是数据质量的一个组成部分，也是数据质量的基础。必须保证元数据质量，扩展的标准要进行一致性测试，元数据操作工具应具备保证质量的功能，有条件的话应进行质量评价。

5.4 城市空间基础数据交换格式

5.4.1 本节内容参照了现行国家标准《地球空间数据交换格式》GB/T 17798 第 5、6、7 节的内容。

5.4.3 城市空间基础数据交换格式原则上要求是一种通用的、无损的、易于读写的、不依赖于软件平台的标准格式，如现行国家标准《地球空间数据交换格式》GB/T 17798；各城市可根据自己 GIS 软件平台和数据的特点，选择更加经济、快捷、灵活的数据转换方式，但应对数据转换的方法、过程有详尽的说明。

5.4.4 第 1、3 种数据交换方法是较理想化的方法，目前，在实际应用中较难实现，第 2 种数据交换方法是最常用的数据交换方法，目前流行的国内外的 GIS 软件数据的互操作性都很强，必要时可通过软件实现数据的重组和再现。

5.5 城市空间基础数据的更新原则

5.5.1～5.5.5 为了保持城市基础地理信息系统空间数据的现势性，必须对城市空间基础数据进行更新。数据更新可以分区域、分图幅、分专题、分要素等为基本单位进行。根据空间基础数据的变化程度，可选择局部更新、专题更新或整体更新。城市空间基础数据更新可参照下述方法：对变化程度不大的区域，可直接使用图形编辑的方法进行数据更新；对变化程度较大的区域，则首先采集已变化区域的空间实体，然后在原数据上对变化区域作挖空处理，最后将两种数据进行叠加；对完全变化的区域，则采集该区域的空间实体，通过数据入库更换原存储的数据。本节对更新数据的范围、手段、精度、图形数据与属性数据更新、元数据更新及历史数据的处理做了规定。

6 数据组织与数据库设计

6.1 一 般 规 定

6.1.1 城市基础地理信息系统应建立在统一的、集成的平台上，对空间数据的存储既可以是物理无缝的数据库，也可以是逻辑无缝的数据库。物理无缝的空间数据库应是在建库范围内，对同一个地物目标采用整体的形式进行存储；逻辑无缝的空间数据库应是在建库范围内，对跨越同一范围（如图幅）的目标采用多个部分进行存放，进行逻辑上的关联。

6.1.2 城市基础地理信息系统的数据组织与数据库设计应遵循下列原则：

1 先进性与实用性的结合。应在进行数据组织与数据库设计时，既要考虑长远发展、充分利用先进的技术方法，又要兼顾当前实际应用情况，保证实用性；

2 规范性与兼容性的结合。应采用标准化的数据组织和数据库设计方法，但同时要考虑能够适用于多种数据格式的相互转换，应考虑数据库的可扩展性；

3 安全性与可维护性的结合。数据库应有很强的抗冲击和容错能力，数据能方便地增删、修改，应在插入、修改和删除数据元素时，数据的结构、相互关系和从属关系保持不变；

4 集中管理与分散管理相结合。城市空间基础数据既可采用集中式的管理，也可采用分布式管理，或二者相结合的管理模式，应根据数据生产和更新机制灵活确定。

6.1.3 矢量数据应是以点、线、面等方式存储的数据；栅格数据应是指影像、扫描图等数据；多媒体数据应是指照片、视频等信息；在进行数据组织和数据库设计时，应能够兼容这些数据格式，以便于建成一个多尺度、多数据源的综合的城市基础地理信息系统。

6.1.4 将空间数据和属性数据融为一体既可采用图形数据与属性数据分别管理采用关键字链接的方法，也可采用图形属性一体化的方法。采用何种方法主要取决于所采用的地理信息系统软件。

6.1.5 进行城市基础地理信息系统建设时，必须作好数据调研和用户需求分析工作，具体要求应符合本规范第6.3.4条的要求。

6.1.6 分层是指建库时根据地物的类型进行分类，并存放在不同的数据层中。分区是指将建库范围划分成若干区域，把数据按照区域方式存储。分幅是指将空间数据按照一定标准定量的图幅范围组织空间数据。可采用分类、分层、分区和分幅相结合的方法组织空间数据，在实际工作中，可采用下列方法：

1 分类—分区（分幅）—分层方法：在数据库中建立空间实体的逻辑关系，应将空间划分成小区，在区域内分层；

2 分类—分层—分区（分幅）方法：在数据库中建立空间实体的逻辑关系，应将每一类分为不同的数据层，再将每一层划分成小区域；

3 分区（分幅）—分类—分层方法：应将空间划分成小区，再进行分类、分层。

6.1.7 原始成果数据是指在数据的生产过程中产生的一系列成果资料，这些成果资料是数据建库的工作基础，原始资料必须妥善保管。历史数据是指被最新数据更新下来的数据，它反映某一区域某一时间段的空间信息状况。

6.2 数据库组织

6.2.1 城市基础地理数据和城市基础地质数据相对独立，既可以集成建库，也可以分开建库。由于数据生产分工的不同和应用服务对象的不同，两类数据分别建库更符合工作实际，必须采用统一的数据参考框架和数据平台，相同数据层的数据精度也应协调一致。

6.2.2 历史数据有两种保存方法：与现势库分离或采用时态方法保存数据。对具备时态管理功能的地理信息系统软件，应将历史数据和现势数据集成存储。对不具备时态功能的地理信息系统软件，应采用备份存储方式保存历史数据，但必须建立恢复机制，以便于查询、显示历史数据。

6.2.3～6.2.4 将分层、分幅的数据组织成物理或逻辑上无缝的数据库时，应建立数据的分级索引机制，以保证数据检索的效率。

为加快数据显示速度，可对栅格数据进行重采样，采用逐步降低分辨率的办法建立栅格金字塔结构，形成多层次、多分辨率的数据模型。矢量数据分层的概念不应与数据分类代码的概念相混淆，不同分类编码的数据可以放在同一层，同一分类编码的数据可以分层存放，其出发点是既要考虑数据可视化，又要考虑空间分析及应用的需要。

6.2.5 应建立图形数据和属性数据的对应检查机制，保证对应关系正确无误。

6.2.6 元数据描述的最基本数据组织形式应是数据集，也可扩展为数据集系列和数据集内的要素和属性。元数据分为三个层次，元数据子集、元数据实体和元数据元素。应尽可能使用被认可的国际标准的元数据格式和元数据管理软件，尽量减少对标准化的元数据结构的修改，以保证元数据的可交换性。

6.2.7 应建立多级数据的自动关联，以实现在不同的窗口范围内调用不同比例尺的数据。

6.2.8 基础数据库中主要应保存基本数据，但为提高系统运行效率和保存有价值的信息，还应保存必要的派生数据，如经过较多人工编辑的派生数据，或派生的具有特殊意义的专题产品，或派生的反映历史状态的其他重要信息（如统计信息）。

6.3 数据库设计

6.3.1 数据库设计应遵循的原则主要有：

1 面向用户应符合下列原则：

1）实用性：不仅应考虑方法与手段，还应考虑大数据量的存储、维护与更新，同时应考虑与现行体制相适应；

2）适用性：系统结构、功能和界面应适合用户使用，操作方便、灵活；

3）可扩充性：数据编码和系统功能、数据、应用领域和软硬件配置均应可扩充；

4）可行性：应充分考虑与人力、财力相适应，具有有效的数据更新机制和较为迫切的用户需求，以及适宜的建设周期。

2 标准化、规范化应符合下列原则：

1）确定系统内容、数据分类与编码、数据精度、作业规程等应采用或部分采用相关国家标准、行业标准和地方标准；

2）制定临时规定，补充国家标准、行业标准和地方标准没有包括但需规范化的内容，可补充指定临时规定；

3）城市空间基础数据库系统应支持国家地球空间数据交换格式以便于进行空间数据交换。

3 集成化管理应符合下列原则：

城市空间基础数据库系统应具有多种功能，数据库的内容应具有完整性，应包括矢量地形数据、属性数据、影像数据、DEM数据、综合管线数据、大地控制点数据、元数据，城市空间基础数据库管理系统应具有集成化管理的能力。

4 安全性应符合下列原则：

安全性应包括系统运行的安全性和数据保密的安全性。应充分考虑硬件的安全性，网络的安全性，软件的安全性以及数据的保密安全性。为了提高数据的保密安全性，应尽可能采用国产硬件、软件及网络产品。

5 成本效益优化应符合下列原则：

1) 数据精度应以满足要求为准；

2) 软硬件选择性能价格比最优和系统配置合理；

3) 应合理安排工作的优先顺序；

4) 应先试点后大规模实施；

5) 应在尽可能短的时间内使系统达到净产出的阶段；

6) 应确保资金投入，避免"净浪费"。

6.3.2 城市空间基础数据库设计的流程应包括规划、用户需求调查和分析、功能设计、概念设计、逻辑设计、物理设计等阶段。

1 规划：应进行建立数据库的必要性及可行性分析，确定数据库系统的地位和相互关系；

2 需求调查和分析：应收集数据库所有用户的信息内容和处理的要求并加以规格化和分析，确保用户目标的一致性和可行性；

3 概念设计：应把用户的信息要求统一到一个整体逻辑结构（或概念模式）中，该结构不仅能表达用户的需求，且独立于任何软件和硬件；

4 逻辑设计：应把概念设计转化为选用的数据库管理系统所支持的数据模型，并进行优化，包括数据库的结构设计和应用程序概貌；

5 物理设计：应包括物理数据库结构的选择和逻辑设计中程序模块说明的精确化，产生一个可实现的数据库结构，进行程序开发产生可实现的算法集；

6 实现：应根据上述设计结果产生一个具体的数据库和应用程序，并把数据装入数据库，应用程序可满足用户的功能需求；

7 运行和维护：应收集和记录实际系统运行数据，评价系统性能，用于进一步修改和扩充系统。

6.3.3 由于各城市的工作基础和应用需求有差异，因此在建立城市基础地理信息系统时必须结合各城市的特点，在现状和需求分析的基础上，应依据本规范的规定进行技术设计，编制技术设计书。

6.3.4 需求调查和分析的主要工作应包括：

1 需求调查：应在调查前选取有代表性的单位和一般单位，明确调查的内容。需求调查分三个级别：部门主管级，中层决策支持级，基层技术操作级。需求调查表应包括下列主要内容：

1) 用户概况：用户名称、地址、内部机构设置和职能、联系人；

2) 用户使用的城市空间基础数据：名称、比例尺、关键要素、覆盖面、现势性、生产单位，使用目的；

3) 用户生产的城市空间基础数据：名称、比例尺、关键要素、覆盖面、现势性、生产单位，生产目的；

4) 用户还需要的城市空间基础数据：名称、比例尺、关键要素、覆盖面、现势性、生产单位，使用目的；

5) 用户单位信息技术装备情况：网络、服务器、工作站、微机、外部设备，操作系统、GIS软件、数据库软件、其他软件；

6) 对城市基础地理信息系统数据库要求和建议：可以提供的城市空间基础数据产品、要求提供的城市空间基础数据产品、要求提供的其他服务、可以提供的城市基础地理信息系统技术服务等。

2 需求分析：对需求调查的结果的分析应包括数据源分析和功能需求分析等。需求分析产生出城市基础地理信息系统需求矩阵，该矩阵将以图示的方式描述系统功能间的关系和共同需求。该矩阵的行方向是数据、列方向是功能。可采用电子表格软件来进行矩阵法统计汇总，找出数据、处理、用户间的关系。城市空间基础数据库系统需求分析应包括下列主要内容：

1) 分析直接用户、潜在用户及其需求；

2) 分析设备需求、数据需求、软件需求、功能需求；

3) 分析现有工作流程和在系统中实现的可能性；

4) 为系统设计提供用户需求分析报告。

3 数据源分析：城市基础地理数据库应包括矢量地形数据、属性数据、数字正射影像数据、数字高程模型数据、数字栅格地图数据、综合管线数据、大地控制点数据、元数据等。数据源分析要求对各种数据的来源、内容、生产单位、质量、采用标准、生产作业仪器与工序、生产时间等进行描述与分析。

1) 数据来源：如果是航空摄影数据，应描述摄影比例尺、摄影时间等，如果数据来源于原有地图，应描述原有地图比例尺和出版年代等，此外，还应描述各种数据覆盖的范围与区域；

2) 数据内容：矢量数据应包含了哪些地物层，各种地物的取舍标准如何；影像数据应描述分辨率，是灰色影像还是彩色影像；数字高程模型数据应说明格网间距；属性数据应说明各主要地物类型的属性内容；

3) 生产单位：承担数据生产的主要作业单位；

4) 数据质量：对数据库质量的总的评价，应包括图形的空间精度，数据的拓扑与逻辑检查情况以及数据质量检查的部门；

5）采用标准：是指数据生产的作业规范以及相应标准；

6）生产作业仪器与工序：应分项描述生产作业的仪器与工序，对于采用多种仪器和工序生产的数据应描述各种仪器生产的数据量；

7）生产时间：各种数据生产的起止时间。

6.3.5～6.3.6 空间基础数据库设计一般可采用原型法。

1 数据库概念设计：在用户需求调查和分析的基础上，应明确系统所要管理的全部数据集，分析数据集之间的关系，用实体关系模型（ER）或面向对象的分析（OOA）等方法描述概念数据模型。

利用数据流分析（DFD）等方法对数据库的数据来源、特征、运行与变化机制等进行整体描述。

确定矢量地形数据、属性数据、DOM数据、DEM数据、综合管线数据、大地控制点数据和元数据的数据组织形式，即数据模型。常用的数据模型有：层次模型、网络模型、关系模型、拓扑数据模型、对象—关系数据模型、面向对象数据模型、格网数据的金字塔模型等；

2 数据库逻辑设计应包括下列内容：

1）数据分类与代码设计：数据分类与代码设计应包括下列内容：

——介绍有关的国际标准、国家标准、行业规范及其贯彻情况；

——本系统使用的代码表按表1格式列表；

——规定制定临时分类与代码的依据和原则、格式约定、注意事项。

表1 系统使用的代码表列表

代码表名称	中文注释	引用本表的子系统名称
代码表		1.… 2.… … *n*.…
代码表2		1.… … … *n*.…
…	…	…
代码表*M*		…

2）数据文件命名规则：

文件命名参照现行行业标准《基础地理信息数字产品数据文件命名规则》CH/T 1005，并能反映数据库的代码（标识该数据文件数据库归属），其通用的文件结构如图1所示。一般可根据自身情况简化通用规则。为防止文件名过长，可分两级管理，即二级数据库代码、图号或图名作为主目录名，其他部分作为主目录下的文件名。

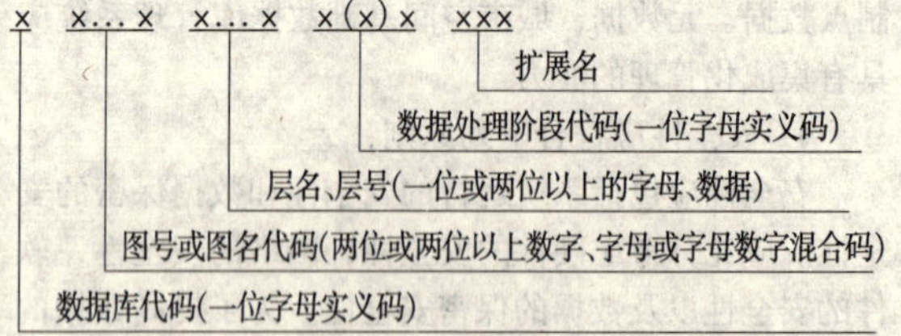

图1 数据文件名通用结构示意图

3 数据库物理设计：对逻辑设计阶段的数据表进行分解，确定其物理存储方式，分配物理存储空间。

6.3.7 附录B城市基础地理数据分类属性结构和附录E城市基础地质数据分类属性结构给出了城市基础地理数据常用的数据属性表，这些是最基本的信息。各城市可根据各自的工作内容加以补充。

6.3.8 符号的设计与保存、使用与具体的GIS软件有关，在进行符号库设计时，可根据软件的特点进行符号库设计，以提高系统的性能。

6.3.9 元数据设计时，应把元数据和元数据描述信息分开。应根据不同类型的数据、不同专题的数据需要采集不同的元数据，并将元数据划分为不同的级别和形式。应建立元数据与数据之间的链接，以便于可以通过元数据方便地查询和调用数据。

6.3.10 数据字典是元数据的重要组成部分，它保存了特定数据库中的数据项的说明信息，规定了字段的取值范围，数据字典构成了数据库查询、统计的基础。而元数据库存储的信息在范围上要更广，可以具有多个层次的内容。数据字典数据库设计应符合下列要求：

1 应单独设计数据字典数据库，数据字典数据库必须与数据库系统在线链接；

2 数据应采用统一的数据标准，以便于数据交换；

3 数据字典所描述的数据项取值范围应明确、无歧义。

6.3.11 同一数据采用不同的数据格式和数据存储方式有较大的差别，建库时应对数据进行清理，对数据量进行估算，确定所需存储设备，可采用磁盘阵列或网络存储设备来存储数据，存储时应建立相应的数据存放目录，以便于查找。

6.3.12～6.3.13 在编写建库实施方案时，应注意反映下列内容：

1 建库的目标和任务；

2 建库的工艺流程与运作机制；

3 建库工作的组织及人员配备；

4 硬软件平台的选择；

5 经费投入计划；

6 人员培训计划；

7 实施步骤与时间安排。

7 城市基础地理信息系统技术要求

7.1 系统体系结构

7.1.1 根据数据处理和应用的不同阶段以及元数据特点进行划分应包括下列几方面：

1 数据加工处理子系统包含了大量的基础工作，针对不同数据类型都有相应的数据加工处理模块；

2 虽然将元数据管理作为一个独立的子系统单独出来，但是该子系统又是与其他三个子系统密切相关的，因此系统设计过程中，一方面需要将元数据的管理和应用贯穿到数据加工到数据发布的整个过程，另一方面又可以对元数据库单独进行管理和应用；

3 空间基础数据管理与应用子系统是对城市空间基础核心数据库进行管理和应用的重要子系统，该子系统是其他三个子系统协同工作的枢纽；

4 数据分发服务子系统包括分发数据的管理和分发过程的管理，实现保证数据分发服务的信息发布能力、数据服务能力、和数据分发服务质量，并逐步发展网上数据发布和分发服务。

7.1.2 各个子系统的划分可以根据数据建库的具体情况进行调整，如：根据不同数据类型将数据加工处理子系统分为针对不同类型数据的多个数据加工处理子系统；根据城市空间基础数据管理和数据加工处理要求，将元数据管理子系统的元数据加工处理部分合并到数据加工处理子系统，将元数据查询检索、导入导出等合并到空间基础数据管理与应用子系统。

7.1.3 城市基础地理信息系统中包含了多个子系统，而这些子系统可能在不同的地理信息系统软件平台、不同的数据库软件平台中操作。系统设计需要基于统一的数据体系，一方面需要确定一个核心数据库并保证核心数据库的现势性，另一方面需要保证各个子系统之间的相应数据库的信息同步。需要特别注意数据加工处理子系统相应的数据库与数据分发服务子系统相应数据库的一致性以及元数据库与其对应的地理信息数据库间的一致性。

7.2 系统功能

7.2.1 数据加工处理软件子系统是城市基础地理信息系统的重要组成部分，软件的拓扑处理能力和电子数据的质量检查已经成为不可缺少的基本要求。由于城市基础地理信息始终处于动态变化之中，对数据的现势性要求较高，更新周期缩短，并逐渐向实时动态更新的目标发展，所以本规范将数据加工处理软件作为系统软件的一部分，特别从保证数据质量的角度，提出了最基本的功能要求。

7.2.2 元数据是空间基础数据的重要组成部分，随着空间基础数据的广泛应用，元数据也越来越重要，所以本规范将元数据的管理作为一个子系统来考虑。对于元数据的管理，只是提出了作为系统应具备的基本功能要求。在具体系统建设时，应根据系统服务客户群的情况，在系统设计时给予充分考虑。

7.2.3 由于城市空间基础数据的多样性和数据采集、加工手段的多样性，城市基础地理信息系统除了能够接收各种类型数据外，系统自身应具备一定的数据输入或采集功能，特别是对非空间数据的输入。本条对这方面的要求进行了原则规定。

虽然地理信息系统软件平台已经提供了图形要素和属性数据的编辑处理功能，作为数据加工处理子系统的编辑处理功能需要将地理信息系统软件平台与相关技术规范相结合，开发出符合数据规范和图式规范的编辑处理功能，并保证编辑处理过程中数据的逻辑一致性。这样可以提高工作效率，体现城市基础地理信息系统的特色。各种数据源所提供的数据可能不能直接入库，需要对数据做一些编辑处理，使之既要满足制图要求又要符合数据建库的要求。由于各城市间系统建设和管理的内容的多样性，本条对最基本的数据编辑处理功能提出要求。

数据建库和管理是系统最重要的功能之一，在系统建设过程中应重视这方面功能的开发，提供简单易用、安全可靠的功能，才能保证数据快速、及时、准确、安全入库。提供的回退恢复工具，以保证数据入库安全，随时恢复到入库前的状态。考虑到各城市系统建设软件平台的差异，数据组织与建库方案也有所不同，且硬件及网络环境对系统功能也有一定的影响，在此仅就数据质量和安全提出要求，具体实施时结合系统建设目标在总体设计方案中详尽考虑。

一个城市经常使用的主要地图数据格式一般在3种以上，因此本规范要求提供3种以上常用格式的数据转换并提供相应符号库，可以提高用户使用地图的效率，保证数据从内容和形式两方面都与城市空间基础数据库保持一致。

本条对城市基础地理信息系统的查询、统计、分析及应用等功能提出了基本要求，具体需要罗列的功能有很多。考虑到地区差别及服务对象的差别，仅提出城市基础地理信息系统应该具备的最基本的功能要求，较专业化的应用可根据具体系统的需求进行设计开发。

数据输出应是系统重要的功能之一，建设城市基础地理信息系统的最终目标就是提供快速可靠的基础地理信息服务。应该把输出功能做得简单易用、准确可靠。不仅是系统源数据的输出和运行结果的输出，更重要的是对多源数据整合与加工后的成果输出，输出产品的类型应灵活多样，以满足用户需求为原则。

7.2.4 数据分发服务是基础地理信息系统的重要应

用之一，本条主要从数据分发和技术服务的角度提出了基本功能要求。鉴于空间基础数据的保密特性，在系统设计时，应结合具体应用情况，按本规范第9章的要求，对该子系统的功能以及数据分发的方式和内容做出详细设计。建议在没有完善的技术及制度保障体系的情况下，在系统建设时应主要考虑数据发布、数据分发和技术服务。

7.3 系统软硬件与网络

7.3.1 计算机硬件与网络系统是整个城市基础地理信息系统中更新换代最活跃的部分之一，因此难以对具体指标做出详细的规定，本规范仅对硬件和网络的稳定可靠、安全运行等方面提出要求；另外，由于各个城市的数据总量、运行规模各不相同，应根据各自城市自身的条件选择不同配置、不同价格的硬件和网络设备，达到最好的性价指标。应注意的以下几个方面：

1 硬件网络性能价格比高，可维护性好，可靠性高；

2 硬件网络的各项性能指标应满足要求，且易于扩展；

3 硬件网络设备供应商有较强的技术实力和较好的售后服务；

4 所有设备的购买都应以系统需求为基础，要根据实际需求详细计算设备的参数来确定需要采购的设备型号。

7.3.2 本规范对数据库软件平台的要求没有做硬性规定，一方面是由于数据库软件平台更新升级迅速，另一方面，各个城市应根据自身条件选择价格合适、配置合适的软件；数据库软件平台是空间基础数据的载体，在系统建设中应重视数据库软件平台的选择，本规范主要从两个角度描述对数据库软件平台的要求，一是空间基础数据的管理，要求数据库软件平台对空间基础数据和海量数据的处理能力；二是数据库软件平台的安全运行，需要数据库软件平台具有可靠的系统恢复和数据恢复的能力，并可以提供及时有效的技术支持。

7.3.3 在系统建设中，地理信息系统软件平台承担着城市空间基础数据管理、数据更新和技术服务等方面的工作，软件平台提供足够的数据管理、更新和服务能力，是基础地理信息系统应用成功的重要保证。

8 城市基础地理信息系统运行、管理与维护

8.1 一 般 规 定

8.1.1 城市基础地理信息系统涉及的城市空间基础数据，具有基础性、公益性和保密性，为保证各方面对该系统的需求，系统宜能24h正常稳定运行的业务运行系统。系统是动态的，数据更新以及软硬件维护、升级必不可少，在系统动态建设过程中，应以数据安全、系统安全为前提，应对系统不断进行维护、升级。

8.1.2 系统安全性、保密性、完整性是指未经授权，用户不得对数据进行访问，用户不得对数据进行篡改，甚至删除，用户一旦对数据进行了修改，系统应具有全面记录工作痕迹的功能。

为确保系统的安全与保密，应阻止非授权用户读取、修改、破坏或窃取数据，对用户访问进行控制，系统要设有身份鉴别和防止访问否认的控制手段。

操作系统安全方面，系统管理员必须不断跟踪有关操作系统漏洞的发布，及时下载补丁进行防范。应随时留意系统文件的变化，应采用基于操作系统的入侵检测技术，监控主机的系统事件，从中检测出攻击的可疑特征，并给出响应和处理。

数据库安全方面，系统管理员和数据库管理员应负责数据库系统的软件安装、设置及相关资源的分配。数据库用户可以通过主机操作系统，网络服务或数据库进行身份确认，接受相应服务。

防止用户任意拨号上网，避免外部攻击者进入内部网络。应设立统一对外联系的出入口，避免内部网络节点计算机任意对外连接。并应建立网络安全防范措施，杜绝非法网络连接、匿名登录进入系统的隐患。对共享的敏感信息应采用信道加密、口令加密、信息加密、用户授权等。可设置虚拟专用网络，通过前端设置虚拟专用网关设备，采用虚拟专用网技术，确保用户通过Internet网传输数据的安全性和完整性。

8.1.3 本条作为强制性条文，规定了城市基础地理信息系统应制定行之有效的备份机制，并明确备份内容应包括：空间基础数据、元数据、系统软件、系统管理信息、网络管理信息等，对涉及的各类软件、管理信息以及数据，应进行分类、分级或分层备份。应有明确、有效的备份策略。

8.1.4 异地存储是指为防止灾害或战争，对系统以及数据备份的要求，异地存储是指存储地相隔一定距离，如不在同一城市，本条的提出主要是针对系统建设规模较大、经济条件较好的城市所要求的。

8.1.5 城市基础地理信息系统数据库维护更新应由指定的系统管理员和数据库管理员进行，并确保维护更新不影响系统的完整、安全、稳定以及数据信息流失。

8.2 安全保密管理

8.2.1 供配电安全、防雷防静电安全、防电磁辐射等，可参照国家相应规范执行。供配电安全：供配电系统要求能保证对机房内的主机、服务器、网络设备、通讯设备等的电源供应在任何情况下都不会间断，有能提供足够时间供电的UPS系统；防雷接地安

全：要求机房设有四种接地形式，即计算机专用直流逻辑接地、配电系统交流工作接地、安全保护接地、防雷保护接地；门禁监控安全：安全易用的门禁系统、闭路监视系统、通道报警系统和人工监控系统。

8.2.2 网络间数据转发应经过路由器，确保用户信息的安全和保密。由路由器提供对网络访问的控制及加密，并通过网管实现访问管理和事后监控；

通过防火墙，在内部、外部两个网络之间建立一个安全控制点，对进、出内部网络的服务和访问进行审计和控制。隔离内、外网，保护内部网不受外部或内部攻击，禁止外部用户进入内部网络；外部用户只能访问到某些指定的公开信息；内部用户对外访问应有限制。

8.2.3 网络安全监测应是指利用优化系统配置和打软件补丁等各种方式，最大可能地消除软件安全漏洞。

网络实时入侵检测是指动态地监测网络内部活动并做出及时的响应，依靠基于网络的实时入侵监测技术，监控网络上的数据流，从中检测出攻击的行为并给予响应和处理；网络实时入侵监测技术要具备检测到绕过防火墙的攻击。

病毒防范是指病毒防范系统应在文件服务器、邮件服务器、网络的信息出入口等最易感染或传播病毒的服务器上安装。通过统一的控制台对所有病毒防范系统进行管理，应包括统一的分发、维护、更新和报警等。

用户访问控制是指系统应设有身份鉴别和防止访问否认的控制手段。防止用户任意拨号上网，避免外部攻击者进入内部网络。设立统一对外联系的出入口，应避免内部网络节点计算机任意对外连接。

8.2.4 操作系统可能会有漏洞，应不断跟踪及时下载补丁修补系统，对系统文件、事件随时监控，并有对应的处理措施。

8.2.5 数据库用户接受相应服务时，其身份必须得到确认，应通过操作系统或网络服务或数据库自身确认用户身份。

只有经授权的数据库管理员才能创建和删除文件。不得在数据库上对数据进行更改，更改后的数据必须经质量检验后，方可提交给数据库管理员，由数据库管理员进行更新操作。城市基础地理信息系统是涉密系统，其数据库不得直接或间接与互联网或其他公共信息网络连接，必须物理隔离。

8.2.6 应用开发安全是指城市基础地理信息系统建设以及维护升级过程中，对程序开发者在开发中的相关约束，既为开发者设定工作空间，又要限制开发者对数据库的操作权，而且开发者不得损害系统的其他应用。

8.2.7 应建立健全系统安全保密和维护管理制度，落实责任制。应对管理人员和应用人员进行计算机安全以及信息保密教育。规范信息服务，对各类信息按分级、分类、分层的原则进行管理，对信息资源的服务与共享既提供支持，又有条件限制。

8.2.8 应有审计和监控功能，对城市基础地理信息系统、网络以及操作系统实时审计、监控，记录工作痕迹，备查。

8.3 权 限 管 理

8.3.1 对操作系统的权限管理，从用户分级、系统资源的访问，到具体权限的划分进行了表述，并对用户身份进行确认，以防止非法用户。系统建设时，应有明确的规定。

8.3.2 规定了数据库管理员的权限管理，以及访问数据的用户权限。访问数据的用户不能直接或间接对数据库进行操作，只能通过应用系统访问数据库。具体权限可分为：拥有、只读、只写、读写、删除、增加等。

8.3.3 规定了应用系统的权限管理，系统管理员根据用户的工作性质，赋予相应的权限。具体权限有：数据管理、数据查阅、参数设置、权限设置等。提供系统登录和数据变更修改日志，全面记录用户对系统的使用情况。

8.3.4 网络设备的权限管理应分级，低级别的管理员不能越权管理高级别管理员的权限。

8.3.5 对城市基础地理信息系统的管理，应既要满足国家对数据安全秘密等级的划分，实现数据保护，又要根据社会需求建立相应的数据服务体系，满足不同层面的需求。

8.4 数 据 备 份

8.4.1 对系统备份做了明确规定，应包括系统软件、管理软件、管理信息的备份。

8.4.2 对数据进行备份应针对不同周期，实施相应的备份。各城市可根据具体情况，确定适合本系统建设发展的备份方式和周期。

其中全盘备份是将所有的文件或数据写入备份介质；增量备份是只备份那些上次备份之后已经作过更改的文件或数据，即备份已更新的文件或数据；差别备份是备份上次全盘备份之后更新过的所有文件的一种方法。它与增量备份类似，所不同的只是在全盘备份之后的每一天中它都备份在那次全盘备份之后所更新的所有文件。

数据备份前以及备份后，都应对数据进行检核。数据备份应由指定的专人负责。

8.4.3 对备份介质应有明确的标识。应定期对存储的数据进行校核和转存，确保备份的数据完整。

当存贮介质转交给别人使用前，将储存在上面的保密数据彻底删除，并注标识，有保密记录的存储媒体不得送外修理。存储媒体在有故障送修时，必须应确保数据不会丢失和失密。

8.5 系统维护

8.5.1 软件的维护和升级必须以保证系统和数据的安全为前提，应尽可能使系统增加服务功能，软件的维护和升级必须由指定的维护人员进行。

8.5.2 硬件的维护是以确保系统的正常运行，硬件的升级是提高系统的性能为目标，也是以系统和数据安全为前提。硬件的升级应根据相应的评价指标严格选型，并保证系统的兼容性和开放性。

8.5.3 数据是城市基础地理信息系统的核心，数据的现实性和历史数据的完整性将决定系统的价值。数据更新应按5.5节的相应规定执行。

更新的数据存入系统数据库必须经过严格的检查验收，更新的数据需在临时数据库检验后方能存入数据库服务器。被更新的数据应存入历史数据库。数据更新后应及时对数据库索引以及元数据进行更新。

9 城市基础地理信息系统数据分发与技术服务

9.1 一般规定

9.1.1 城市基础地理信息系统数据分发与技术服务是为城市规划、建设与管理和城市信息化提供重要的基础信息，是实现信息共享的重要方面。过去城市基础地理信息系统数据分发与技术服务对数据的分发相对重视，而对分发后的技术服务相对较弱，特别是分发与技术服务的内容和要求缺乏统一的规定，从而影响了城市信息化建设过程中城市基础地理信息系统数据的共享，因此，有必要制定城市基础地理信息系统数据分发与技术服务相关的技术标准。

9.1.2 城市基础地理信息系统数据共享的一个重要体现就是用户可以利用自身的操作系统或相关工具无障碍地访问城市基础地理信息系统数据资源。

9.1.3 城市基础地理信息系统数据分发与技术服务作为一种特殊的服务，本条明确数据分发和技术服务应由城市空间技术数据库管理部门负责实施，应按照各自城市空间基础数据的更新周期和成果更新的状况定期或不定期地来发布更新信息，更新信息主要为所提供数据的最新元数据目录和数据目录。

9.1.4 通过城市基础地理信息系统数据分发与技术服务的原则是保证城市空间基础数据分发数据的有用性、安全性和可支配性。

9.1.5 城市基础地理信息系统数据分发与技术服务中的安全原则，必须采取安全控制措施，确保城市空间基础数据在管理中和用户访问中的安全。

9.2 数据分发与技术服务

9.2.1 用户只有了解了数据类型，才能够有效的利用这些数据进行应用。

原始数据：指直接采集未经处理的数据。如卫星影像数据有：0级数据、1级数据等；

标准数据：是本规范规定的数据，包括：指定的数据格式、数据类型和数据定义等；

增值数据：对标准数据和原始数据进行加工、处理后形成的数据；

委托加工数据：是被委托方按照委托方的要求对数据进行处理加工形成的数据。

9.2.2 应通过城市空间基础数据管理工具，向城市基础地理信息系统数据的使用者提供数据展示的手段，使用者可以通过管理工具了解数据状态，并准确确定需要的数据范围。

9.2.4 产品标识：对产品内容进行定性、定量的描述，标识应与产品内容一致，具有惟一性，便于实现追溯和售后服务。标识可采用表2城市基础地理信息系统数据产品信息记录表的形式。

表2 城市基础地理信息系统数据产品信息记录表

××市城市基础地理信息系统数据产品	
数据集名称	
数据类型	
数据范围	
数据格式	
数据采集日期	
数据制作单位	
存盘日期	
联系人和电话	

产品使用说明：数据制作单位在向用户提供城市空间基础数据时，应签定数据使用协议，明确数据使用目的、数据质量要求、数据权属关系界定、数据安全、违约责任等，其次确定数据范围、提供方式、数据更新方式、数据费用、工期要求、售后服务等。

9.2.5 城市空间基础数据产品的提供方向用户提供元数据可以使用户了解数据的基本信息；向用户提供数据字典可以使用户了解数据的结构，更好的应用数据；向用户提供数据操作手册可以使用户快速掌握数据的使用，提高数据的使用效率。

9.2.6 提供常用数据格式转换服务应根据目前用户使用操作系统、城市基础地理信息系统的差异性现实，确保不同用户都可以得到同样质量的数据分发与技术服务。城市基础地理信息系统数据应提供目前主导的GIS数据格式，包括为数据格式转换的定制服务，为用户提供更准确使用的城市空间基础数据。

9.2.7 数据更新机制应有数据服务提供方的更新机制和来自用户的更新。应为用户提供数据反馈或上传数据的通道和技术。数据服务的机制和方式应进行公布，以便用户使用。

9.2.8 网上分发服务属于面向连接的服务，即两个对等体之间必须建立和保持物理上的连接才能进行数据与服务的传输。这种服务可以是无确认服务，服务提供方不需要被服务方进行确认。对这种服务，技术要求可以放宽。

9.2.9 规定了数据分发所采用的介质及相关要求。

9.3 特定用户信息技术服务

9.3.1 特定用户是指政府、国家安全机构、军队以及有特殊约定的用户等，为这类用户提供执行区别于一般用户的分发服务。

9.4 服务监管

9.4.1 只有保证数据在分发全过程中的安全性，才会维护数据的分发方和用户双方的利益，同时也是保障和评价城市基础地理信息系统数据分发与技术服务质量的一项基本内容。

9.4.2 数据的分发与技术服务，特别是通过互连网的数据分发与技术服务，必须通过抗抵赖的相关技术，保证数据分发服务方及时准确的提供数据和服务，同时，用户在收到数据和接受服务后及时准确的反馈给分发服务方，从而建立良好的信誉体系，使数据的分发服务正常进行。

9.4.3 与用户的充分沟通，了解用户对数据和服务的评价，数据分发服务方就能够根据实际需要提高数据生产的工艺水平、数据质量和服务质量。

9.4.4 即按本规范第9.2节中的技术规定执行。

附录A 1:500 1:1000 1:2000地形要素分类与代码

本编码方案采用六位数字码，前四位为基本码，采用了现行国家标准《1:500 1:1000 1:2000地形图要素分类与代码》GB 14804—93的代码，扩充的第五位是细分码，第六位是辅助码。

本编码方案在现行国家标准《1:500 1:1000 1:2000地形图要素分类与代码》GB 14804—93的基础上做了适当扩充，提供城市大比例尺地形要素编码参考，用户可按照本规范要素分类与代码的编制原则根据需要进行裁剪或进一步扩充。“可视化符号描述”根据现行国家标准《1:500 1:1000 1:2000地形图图式》GB/T 7929绘制。

等级外控制点是指平面三级以下和高程四等以下的各种控制点。

为了便于符号化，对相关要素的采集和编辑进行规定。按“可视化符号描述”，有向点状要素符号的定位点与现行国家标准《1:500 1:1000 1:2000地形图图式》GB/T 7929一致，定向点位于右端；线状要素，从右定位线向左生成符号；面状要素，起点位于定位框架左下端，按逆时针方向采点编辑。

附录D 城市基础地质要素分类代码

本编码方案采用六位数字编码方案。

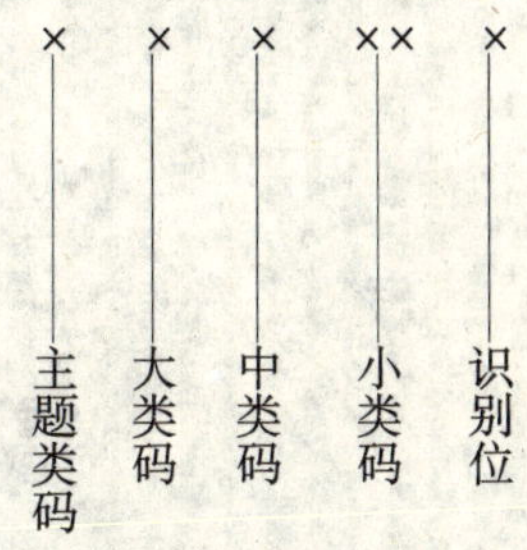

第1位代表主题类，用1位数字1~9表示；
第2位代表大类，用数字1~9表示；
第3位代表中类，用数字1~9表示；
第4、5位代表小类，用数字01~99表示；
第6位代表识别位，用数字1~9表示。

中华人民共和国行业标准

埋地聚乙烯给水管道工程技术规程

Technical specification for buried polyethylene
pipeline of water supply engineering

CJJ 101—2004

批准部门：中华人民共和国建设部
施行日期：2004年8月1日

中华人民共和国建设部
公　告

第237号

建设部关于发布行业标准《埋地聚乙烯给水管道工程技术规程》的公告

现批准《埋地聚乙烯给水管道工程技术规程》为行业标准，编号为CJJ 101—2004，自2004年8月1日起实施。其中，第3.1.3、3.3.6、4.1.7、4.2.4、4.4.1（2）、6.1.7、7.3.1条（款）为强制性条文，必须严格执行。

本规程由建设部标准定额研究所组织中国建筑工业出版社出版发行。

中华人民共和国建设部

2004年5月8日

前　言

根据建设部建标［1999］309号文的要求，标准编制组经广泛调查研究，认真总结实践经验，参考有关国际标准和国外先进经验，并在广泛征求意见的基础上，制订了本规程。

本规程的主要技术内容是：1. 总则；2. 术语、符号；3. 材料；4. 管道系统设计；5. 管道连接；6. 管道敷设；7. 水压试验、冲洗与消毒；8. 管道系统的竣工验收；9. 管道维修。

本规程由建设部负责管理和对强制性条文的解释，由主编单位负责具体技术内容的解释。

主编单位：北京中环工程设计监理有限责任公司（北京市海淀区蓝靛厂南路25号牛顿办公区5层，邮编：100089）

参编单位：上海现代建筑设计集团有限公司技术中心
亚大塑料制品有限公司
深圳市水务集团有限公司
江阴大伟塑料制品有限公司
浙江中元枫叶管业有限公司
福建亚通新材料科技股份有限公司
山西东盛塑胶管道有限公司
温州超维工程塑料有限公司
上海市北自来水公司
广州市自来水公司
珠海市供水总公司
济南自来水普利供水工程有限公司
成都市自来水总公司

主要起草人：丁亚兰　应明康　韩德宏　宋　林　韩梅平　程锡龄　刘汉昌　陈庆荣　李　伟　贡爱国　梁向东　方家麟　魏作友　傅志权

目　次

1 总 则

1.0.1 为使埋地聚乙烯（PE）给水管道的工程设计、施工及验收，做到技术先进、安全卫生、经济合理、方便施工，确保工程质量，制定本规程。

1.0.2 本规程适用于水温不大于40℃、工作压力不大于1.0MPa的埋地聚乙烯给水管道的工程设计、施工及验收。

1.0.3 埋地聚乙烯给水管道的工程设计、施工及验收除符合本规程外，尚应符合国家现行有关强制性标准的规定。

2 术语、符号

2.1 术 语

2.1.1 公称外径 nominal outside diameter

管材、管件标定的外径。

2.1.2 公称壁厚 nominal wall thickness

管材、管件壁厚的规定值，相当于任一点的最小壁厚。

2.1.3 公称压力 nominal pressure

管材、管件在20℃时的最大工作压力。

2.1.4 工作压力 working pressure

管道在正常工作状态下，作用在管内壁的最大持续水压力，不包括水锤压力。

2.1.5 水锤压力 surge pressure

管道系统工作中，由于水的流速发生突然变化，而产生的瞬时波动压力。

2.1.6 设计内水压力 design pressure

管道系统工作时，作用于管内壁的最大瞬时压力，是管道持续工作压力与水锤压力之和。

2.1.7 最小要求强度 minimum required strength

管道在水温20℃、50年长期承受内水压力下，聚乙烯管材环向抗拉强度的最低保证值，该值取决于聚乙烯树脂类别。

2.1.8 混配料 compounds

以聚乙烯基础树脂，加入必要的抗氧剂、紫外线稳定剂和颜料制造而成的粒料。

2.1.9 标准尺寸比（SDR） standard dimension ratio

管材的公称外径（dn）与公称壁厚（e_n）的比值。

2.2 符 号

2.2.1 管道上的作用

F_w——管道的工作压力

F_{wd}——管道的设计内水压力

F_a——管道内的真空压力

F_c——管道单位长度上，地面车辆轮压传递到管顶处的土压力

F_s——管道单位长度上，地面堆积物传递到管顶处的土压力

$F_{sv,k}$——管道单位长度上，管顶处的竖向土压力标准值

ΔP——管道的水锤压力

2.2.2 几何参数

B——管道水平中心处的沟槽宽度或两侧回填土的总宽度

D_0——管道计算直径（等于 $dn-e_n$）

dn——管材公称外径

d_i——管材内壁直径

e_n——管材公称壁厚

H_s——管顶至设计地面的覆土高度

r_0——管道计算半径

R——水力半径

$W_{d,max}$——管道的最大竖向变位

2.2.3 计算参量和系数

E_d——管侧土的综合变形模量

E_e——管侧回填土的变形模量

E_n——沟槽两侧原状土的变形模量

E_p——管材的弹性模量

f——管材的环向抗拉强度标准值（最小要求强度 MRS）

g——重力加速度

h_f——管道水流沿程水头损失

$\triangle h_s$——局部水头损失

K_f——管道的抗浮稳定性抗力系数

K_{st}——管壁截面的环向稳定性抗力系数

Re——雷诺数

v——管道内水流的平均流速

Δ——管道当量粗糙度

λ——管道水力摩阻系数

3 材 料

3.1 一 般 规 定

3.1.1 埋地聚乙烯给水管道工程采用的管材、管件应分别符合现行国家标准《给水用聚乙烯（PE）管材》GB/T 13663和《给水用聚乙烯（PE）管件》GB/T 13663.2的规定，卫生性能应符合现行国家标准《生活饮用输配水设备及防护材料的安全性评价标准》GB/T 17219的要求。

3.1.2 用户在接受管材、管件及附件时的验收，应重点检查下列项目：

1 出厂合格证；

2 检测报告；

3 使用的聚乙烯原料级别（PE80 或 PE100）和牌号；

4 外观；

5 长度；

6 颜色；

7 不圆度；

8 外径及壁厚；

9 生产日期。

3.1.3 埋地聚乙烯给水管道系统应选用最小要求强度（*MRS*）不小于8.0MPa的聚乙烯混配料生产的管材和管件。

3.1.4 与管材连接的管件和橡胶密封圈等配件，宜由管材生产企业配套供应。

3.2 管 材

3.2.1 管材的规格尺寸应符合表 3.2.1-1 和表 3.2.1-2 的规定。

表 3.2.1-1 PE80 级聚乙烯管材公称压力和规格尺寸

公称外径 *dn*（mm）	公称壁厚 e_n（mm）			
	标准尺寸比			
	*SDR*21	*SDR*17	*SDR*13.6	*SDR*11
	公称压力 *PN*（MPa）			
	0.60	0.80	1.00	1.25
32	—	—	—	3.0
(40)	—	—	—	3.7
50	—	—	—	4.6
63	—	—	4.7	5.8
(75)	—	4.5	5.6	6.8
90	4.3	5.4	6.7	8.2
110	5.3	6.6	8.1	10.0
160	7.7	9.5	11.8	14.6
200	9.6	11.9	14.7	18.2
(250)	11.9	14.8	18.4	22.7
315	15.0	18.7	23.2	28.6
400	19.1	23.7	29.4	36.3
(450)	21.5	26.7	33.1	40.9
500	23.9	29.7	36.8	45.4
(560)	26.7	33.2	41.2	50.8
630	30.0	37.4	46.3	57.2
710	33.9	42.1	52.2	—
800	38.1	47.4	58.8	—
900	42.9	53.3	—	—
1000	47.7	59.3	—	—

注：括号内管径为非常用规格。

表 3.2.1-2 PE100 级聚乙烯管材公称压力和规格尺寸

公称外径 *dn*（mm）	公称壁厚 e_n（mm）				
	标准尺寸比				
	*SDR*26	*SDR*21	*SDR*17	*SDR*13.6	*SDR*11
	公称压力 *PN*（MPa）				
	0.60	0.80	1.00	1.25	1.60
32	—	—	—	—	3.0
(40)	—	—	—	—	3.7
50	—	—	—	—	4.6
63	—	—	—	4.7	5.8
(75)	—	—	4.5	5.6	6.8
90	—	4.3	5.4	6.7	8.2
110	4.2	5.3	6.6	8.1	10.0
160	6.2	7.7	9.5	11.8	14.6
200	7.7	9.6	11.9	14.7	18.2
(250)	9.6	11.9	14.8	18.4	22.7
315	12.1	15.0	18.7	23.2	28.6
400	15.3	19.1	23.7	29.4	36.3
(450)	17.2	21.5	26.7	33.1	40.9
500	19.1	23.9	29.7	36.8	45.4
(560)	21.4	26.7	33.2	41.2	50.8
630	24.1	30.0	37.4	46.3	57.2
710	27.2	33.9	42.1	52.2	—
800	30.6	38.1	47.4	58.8	—
900	34.4	42.9	53.3	—	—
1000	38.2	47.7	59.3	—	—

注：括号内管径为非常用规格。

3.2.2 管材耐静压强度应符合表 3.2.2-1、3.2.2-2 的规定。80℃静液压强度 165h，试验只考虑脆性破坏；在要求的时间（165h）内发生韧性破坏时，则应按表 3.2.2-2 选择较低的破坏应力和相应的最小破坏时间重新试验。

表 3.2.2-1 管材耐静液压强度

序号	项 目	环向应力（MPa）		要 求
		PE80	PE100	
1	20℃静压强度(100h)	9.0	12.4	不破裂、不渗漏
2	80℃静压强度(165h)	4.6	5.5	不破裂、不渗漏
3	80℃静压强度(1000h)	4.0	5.0	不破裂、不渗漏

表 3.2.2-2　80℃时静液压强度（165h）再试验要求

PE80		PE100	
应力（MPa）	最小破坏时间（h）	应力（MPa）	最小破坏时间（h）
4.5	219	5.4	233
4.4	283	5.3	232
4.3	394	5.2	476
4.2	533	5.1	688
4.1	727	5.0	1000
4.0	1000	—	—

3.2.3　聚乙烯给水管材物理性能应符合表 3.2.3 的规定。

表 3.2.3　管材物理性能

序号	项　目		要　求
1	断裂伸长率，%		≥350
2	纵向回缩率（110℃），%		≤3
3	氧化诱导时间（200℃），min		≥20
4	耐候性①（管材累计接受大于或等于 3.5GJ/m^2 老化能量后）	80℃静液压强度（165h），试验条件同表 3.2.2	不破裂、不渗漏
		断裂伸长率，%	≥350
		氧化诱导时间（200℃），min	≥10
①仅使用于蓝色管材。			

3.3　管　件

3.3.1　管件适用范围应分别符合下列规定：

1　热熔连接管件：热熔对接管件　*dn*≥63；
热熔承插管件　*dn*32～*dn*110；
热熔鞍型管件　*dn*63～*dn*315。

2　电熔连接管件：电熔承插管件　*dn*32～*dn*315；
电熔鞍型管件　*dn*63～*dn*315。

3　机械连接管件：承插式连接管件
1）锁紧型　*dn*32～*dn*315；
2）非锁紧型　*dn*90～*dn*315；
法兰连接管件　*dn*≥63；
钢塑过渡接头　*dn*≥32。

3.3.2　热熔和电熔管件宜采用与管材同一级别的聚乙烯树脂加工成型，管件本体任何一点壁厚应大于管材壁厚。当采用与管材不同级别的聚乙烯树脂注塑成型时，应符合表 3.3.2 的规定。

表 3.3.2　不同级别聚乙烯树脂管材与管件壁厚关系

管　材	管　件	管件最小壁厚与管材最小壁厚的比值
PE80 管材	PE100 管件	≥0.8
PE100 管材	PE80 管件	≥1.25

3.3.3　管件的机械性能应符合表 3.3.3 的规定。

表 3.3.3　管件的机械性能

特　性	要　求	试验参数	
		参　数	数　值
20℃静液压强度	不破裂、不渗漏	试验温度 试验数 试验周期 环向应力① PE80 PE100	20℃ 3 100h 9.0MPa 12.4MPa
80℃静液压强度	不破裂、不渗漏	试验温度 试验数 试验周期 环向应力① PE80 PE100	80℃ 3 165h② 4.6MPa 5.5MPa
80℃静液压强度	不破裂、不渗漏	试验温度 试验数 试验周期 环向应力① PE80 PE100	80℃ 3 1000h 4.0MPa 5.0MPa
①根据试验组合件中使用的管材直径计算应力值。 ②只考虑脆性破坏。再试验步骤见本规程表 3.2.2-2。			

3.3.4　热熔、电熔管件的物理力学性能应符合表 3.3.4 的规定。

表 3.3.4　热熔、电熔管件物理力学性能

特　性	要　求	试验参数	
		参　数	数　值
所有管件			
熔体质量流动速率（*MFR*）PE80 和 PE100	加工后 *MFR* 的变化小于±20%①	时　间	10min
热稳定性（氧化诱导时间）	大于或等于 20min	试验温度 试样数	200℃ 3
电熔承口管件的粘结力	脆性破裂长度小于或等于 $L_2/3$	试验温度	23℃
电熔鞍形管件的粘结力	脆性破坏的破坏表面小于或等于 25%	试验温度	23℃
对接管件-插口管件的拉伸强度	试验到破坏为止： 韧性：通过 脆性：未通过	试验温度	23℃

续表 3.3.4

特　性	要　求	试验参数	
		参　数	数　值
所有管件			
鞍形三通的冲击强度	不破坏，不泄漏	试验温度 重锤质量 下落高度	(0±2)℃ (2500±20)g (2000±10)mm
① 管件上测量值与所用混配料上测量值的对比。			

3.3.5 承插式机械连接管件的物理力学性能应符合表 3.3.5 的规定。

表 3.3.5 承插式机械连接管件的物理力学性能

特　性	锁紧型			非锁紧型		
	要　求	试验参数		要　求	试验参数	
		参　数	数　值		参　数	数　值
内压密封试验	不泄漏	试验时间 试验压力 试样温度	1000h 1.5×管材[PN] 20℃	不泄漏	试验时间 试验压力 试样温度	1000h 1.5×管材[PN] 20℃
	—	—	—	不泄漏	试验时间 试验压力 试样温度	1h 3.3×管材[PN] 20±2℃
耐弯曲试验	不泄漏	试验时间 试验压力 试样温度	1h 1.5×管材[PN] 20℃	不泄漏	试验时间 试验压力 试样温度	1h 1.5×管材[PN] 20℃
外压试验①	不泄漏	试验时间 试验压力 试验温度 试验时间 试验压力 试样温度	1h ΔP=0.01MPa 20℃ 1h ΔP=0.08MPa 20℃	不泄漏	试验时间 试验压力 试验温度 试验时间 试验压力 试样温度	1h ΔP=0.01MPa 20℃ 1h ΔP=0.08MPa 20℃
耐拉拔试验	管材不从管件上拔脱或分离	试验时间 试验压力 试样温度	1h 1.5×管材[PN] 20℃	—	—	—
①外压试验指标为不同压力下的 1h 连续试验值。						

3.3.6 采用聚乙烯（PE80、PE100）管材焊制二次加工成型的管件，所选管材的公称压力等级，不应小于管道系统所选管材压力等级的 1.25 倍。

3.3.7 焊制二次加工成型的聚乙烯管件其机械性能和物理力学性能应符合本规程第 3.3.3、3.3.4 条的规定。

3.3.8 承插式非锁紧型连接管件，连接部位有效插入深度不应小于表 3.3.8 规定。

表 3.3.8 承插式非锁紧型连接管件接口有效插入深度

公称外径 dn	90	110	160	200	250	315
最小插入深度（mm）	89	95	106	113	125	132

3.3.9 采用松套法兰片时，应首选耐腐蚀的球墨铸铁材质，并符合现行国家标准《球墨铸铁管件》GB 13294 的规定。

3.3.10 采用钢制松套法兰片时，应符合现行国家标准《钢制管法兰、法兰盖及垫片》GB 9112～9113 的规定，松套法兰表面宜采用喷塑防腐处理。

3.3.11 当管道系统采用球墨铸铁管件时，其内外表面宜采取 PE 喷塑防腐处理，防腐性能达到 PE 管材要求。管件公称压力或承压性能应不小于管材的压力等级。

3.3.12 承插式管件及管道系统用的橡胶件应采用整体成型环形件。其技术性能应符合下列规定：

1 物理力学性能

1）邵氏硬度 45～55 度；

2）伸长率应大于 500%；

3）拉断强度不应小于 16MPa；

4）永久变形不应大于 20%；

5）老化系数不应小于 0.8（70℃、144h）。

2 橡胶材质宜采用三元乙丙（EPDM）、丁苯橡胶，橡胶件不得掺入再生胶。

3 橡胶件的卫生性能应符合现行国家标准《食品用橡胶制品卫生标准》GB 4806.1 的规定，且应符合现行国家标准《生活饮用水输配水设备及防护材料的安全性评价标准》GB/T 17219 的规定。

3.4 管材、管件运输及贮存

3.4.1 管材、管件在运输、装卸和搬运时，应小心轻放，排放整齐，避免油污，不得受剧烈撞击及尖锐物品碰触，管材吊装不得采用金属绳索，不得抛、摔、滚、拖。

3.4.2 管材长距离运输，宜采用支承架、成捆排列、整齐运输；散装件运输应采用带挡板的平台车辆均匀堆放，平台或挡板不得与管材直接接触，应加支垫物。

3.4.3 管材与车辆应牢固固定，运输时不得松动；带承口管材应分插口承口二端交替堆放整齐，捆扎牢固。

3.4.4 管材堆放场地应平整，无突出尖棱物块，不应露天堆放；室内库房贮存应通风良好，室温不宜大于 40℃，远离热源，且应避免接触腐蚀性试剂或溶剂。

3.4.5 管材直管堆放高度应小于或等于 1.50m，带承口管材承口和插口两端交替排列存放；管件应码放整齐，堆放高度不宜超过 2.00m。堆放场地或库房应设灭火器和消火栓。

3.4.6 管材出库应遵守“先进先出”原则，减少管材、管件库存时间，不宜大于一年；管材、管件在工地短期露天堆放时，严禁在阳光下暴晒，应有篷布覆盖。

4 管道系统设计

4.1 一 般 规 定

4.1.1 聚乙烯管道水温在20℃以上时，管材最大允许工作压力应按（4.1.1）公式进行计算：

$$MOP = PN \cdot f_t \quad (4.1.1)$$

式中 MOP——最大允许工作压力（MPa）；

PN——公称压力（MPa）；

f_t——50年寿命要求，温度对压力折减系数，应符合表4.1.1的规定。

表 4.1.1 50年寿命要求，40℃以下温度对压力折减系数

温度（℃）	20	30	40
压力折减系数	1.00	0.87	0.74

4.1.2 管道系统正常工作状态下，选用的管材最大设计内水压力（F_{wd}），应按式（4.1.2）计算：

$$F_{wd} = 1.5F_w \quad (4.1.2)$$

式中 F_w——管道工作压力（不包括水锤压力）。

4.1.3 管道连接形式应根据施工环境、施工技术条件、机具完善状况及管径等因素综合确定。管道连接方式应符合本规程附录A的规定。

4.1.4 聚乙烯埋地给水管道不宜穿越建筑物、构筑物基础，当必须穿越时，应采取护套管等保护措施。

4.1.5 管道宜敷设在冰冻线以下。

4.1.6 管道敷设在建筑物、构筑物基础底面标高以下时，不得在受压的扩散角范围内。扩散角一般取45°。

4.1.7 聚乙烯给水管道严禁在雨污水检查井及排水管渠内穿过。

4.2 管 道 布 置

4.2.1 住宅小区、工业园区及工矿企业，公称外径小于等于200mm的配水干管，可沿建筑物周围布置，与外墙（柱）净距不宜小于1.00m。

4.2.2 聚乙烯埋地给水管管顶最小覆土深度，在人行道下不宜小于0.60m，在轻型车行道下不宜小于1.00m。

4.2.3 管道与建筑物、构筑物和其他工程管线之间最小水平净距宜符合以下规定：

1 与建筑物间距：管道公称外径小于等于200mm时为1.00m，公称外径大于200mm时为3.00m；

2 与雨污水管间距：管道公称外径小于等于200mm时为0.5～1.00m，公称外径大于200mm时为1.0～1.50m；

3 与燃气管间距：中低压管为0.50m，高压管1.0～1.50m；

4 与电力电缆间距为0.50m；

5 与电信电缆间距为0.50m；

6 与乔木灌木间距为1.50m；

7 与通信照明电缆间距为0.50m；

8 与高压铁塔基础间距为3.00m；

9 与道路侧石边缘间距为0.50m；

10 与铁路坡脚间距为6.00m。

当上述间距难以保证时，应采取必要的安全技术措施。

4.2.4 管道与热力管道间的距离，应在保证聚乙烯管道表面温度不超过40℃的条件下计算确定。最小不得小于1.5m。

4.2.5 管道穿越高等级路面、高速公路、铁路和主要市政管线设施，应采用钢筋混凝土管、钢管或球墨铸铁管等套管，套管内径不得小于穿越管外径加100mm，且应与相关单位协调。

4.2.6 管道与其他管线交叉敷设时，其交叉点净距不应小于0.15m，且可按国家现行标准《给水排水管道工程施工及验收规范》GB 50268的有关条款采取相应技术措施。

4.2.7 直线敷设的管道，当采用热熔、电熔连接时，如有分支、连接消火栓、构筑物进水管和其他用水点时，各侧端应有一段无分支的直管段，该直管段长度不宜小于1.00m。

4.2.8 管道系统应根据管径、水压、环境温度变化状况、连接形式、敷设及回填土条件等情况，在转弯、三通、变径及阀门处，采取防推脱的混凝土支墩或金属卡箍拉杆等技术措施；焊制的三通、弯管管件部位应采取混凝土包覆措施；非锁紧型承插连接管道每根管段应有3点以上的固定措施。

4.2.9 敷设在市政管廊内管道，应根据水温和环境温度变化情况，进行纵向变形量计算，采取间断的卡箍式固定支墩或支架。

4.2.10 管道敷设后宜沿管道走向埋设金属示踪线，距管顶不小于0.30m处宜埋设警示带，警示带上应标出醒目的提示字样。

4.3 管道水力计算

4.3.1 管道沿程水头损失 h_f 应按下列公式计算：

$$h_f = \lambda \frac{L}{d_i} \cdot \frac{v^2}{2g} \quad (4.3.1\text{-}1)$$

$$\frac{1}{\sqrt{\lambda}} = -2\log\left[\frac{2.51}{Re\sqrt{\lambda}} + \frac{\Delta}{3.72d_i}\right] \quad (4.3.1\text{-}2)$$

$$Re = \frac{vd_i}{\nu} \quad (4.3.1\text{-}3)$$

$$\nu = \frac{0.01775}{1 + 0.0337t + 0.00022t^2} \quad (4.3.1\text{-}4)$$

式中 d_i——管道内径（m）；

g——重力加速度（9.81m/s^2）；

L——管段长度（m）；

Re——雷诺数；

t——水温（℃）；

v——平均流速（m/s）；

λ——水力摩阻系数，宜按式（4.3.1-2）计算；

ν——水的运动黏滞度（cm^2/s），宜按式（4.3.1-4）计算；

Δ——管道当量粗糙度，一般取 0.010～0.015。

温度与水的运动黏滞度之间的关系，可按表 4.3.1 确定。

表 4.3.1　不同水温时水的 ν 值（$\times 10^{-6}$）

温度（℃）	0	4	8	12	16	20
ν（m^2/s）	1.775	1.568	1.387	1.239	1.180	1.010

温度（℃）	24	28	30	35	40
ν（m^2/s）	0.919	0.839	0.803	0.725	0.659

4.3.2　单位长度水头损失应按本规程附录 B 中表 B 选用。

4.3.3　局部水头损失可按下式计算：

$$\Delta H_S = \frac{kv^2}{2g} \tag{4.3.3}$$

式中　k——局部阻力系数。

在计算资料不足的情况下，管道局部水头损失可按管网沿程水头损失的百分数计算：

1）城市给水管网为 8%～12%；

2）住宅小区给水管网为 12%～18%。

4.3.4　水锤压力可按下列公式计算：

$$\Delta P = \Delta v \frac{a}{g} \tag{4.3.4-1}$$

$$a = \frac{1}{\sqrt{\frac{r_w}{g}\left(\frac{1}{k} + \frac{c \cdot d_i}{E_p \cdot e_n}\right)}} \tag{4.3.4-2}$$

式中　a——压力波回流的速度（m/s），可按公式（4.3.4-2）计算；

c——管端固定度，可取值 0.75～1.0；

d_i——管道内径（m）；

E_p——管材的弹性模量，可取 900MPa（20℃）；

e_n——管材的公称壁厚，也为管壁的计算厚度（m）；

k——水的体积模量，20℃时为 2200MPa；

r_w——水的重力密度，取 10kN/m^3；

Δv——管道内水的流速变化值，可取平均流速 v（m/s）。

4.4　管道结构设计

4.4.1　聚乙烯管道结构计算应符合下列规定：

1　聚乙烯管道的结构设计采用以概率理论为基础的极限状态设计方法，以可靠指标度量结构构件的可靠度，除对管道验算整体稳定外，均采用含分项系数的设计表达式进行设计。

2　聚乙烯管道的结构计算应按下列规定进行：

1）聚乙烯管道结构的强度计算应采用下列极限状态计算表达式：

$$\gamma_0 S \leqslant R \tag{4.4.1}$$

式中　γ_0——管道的重要性系数：

输水管道为单线时，应取 $\gamma_0 = 1.1$；输水管道为双线或单线设有调节池时，以及配水管道，应取 $\gamma_0 = 1.0$；

S——在设计内水压力作用下，作用效应组合的设计值；

R——管道结构的抗力强度设计值，应根据管材的抗力分项系数及强度标准值确定。其强度标准值应是管道在水温 20℃，50 年长期承受内水压力下环向抗拉强度的最低保证值（MRS）。该值应由厂方提供，并出具原材料检测报告。

2）对埋设在地下水位以下的聚乙烯管道，应根据设计条件计算管道结构的抗浮稳定性。计算时各项作用均应取标准值，并应满足抗浮稳定性抗力系数 K_f 不低于 1.10。

3）埋地聚乙烯管道，应根据各项作用的不利组合，计算管壁截面的环向稳定性。计算时各项作用均应取标准值，并应满足环向稳定性抗力系数 K_{st} 不低于 2.0。

4）聚乙烯管道采用柔性接口时，在其敷设方向改变处，应做抗滑稳定验算。计算时对各项作用均取标准值，其抗滑验算的稳定性抗力系数 K_s 不应小于 1.5。

5）聚乙烯管道结构在正常使用极限状态下，应进行管道环截面竖向变形的计算。在组合作用下的最大竖向变形不应超过 $0.05D_0$。

3　聚乙烯管道的结构设计尚应包括管体间的连接构造及管周各部位回填土的密实度设计要求。

4.4.2　聚乙烯管道结构的强度计算应符合下列规定：

1　聚乙烯管道结构的强度计算，应满足下式要求：

$$\gamma_0 \sigma_\theta \leqslant \gamma_{0t} f \tag{4.4.2-1}$$

式中　σ_θ——在设计内水压力作用下管壁截面上的环向应力设计值（N/mm^2）；

γ_{0t}——聚乙烯管管材抗力分项系数，可根据不同水温温度 t，按表 4.4.2 确定；

表 4.4.2　聚乙烯管抗力分项系数

温度（℃）	20	25	30	35	40
γ_{0t}	0.96	0.89	0.84	0.77	0.71

f——管材环向长期抗拉强度标准值，按下列数值确定：

对 PE80 级管，$f = 8\text{N/mm}^2$；

对 PE100 级管，$f = 10\text{N/mm}^2$。

2 设计内水压力作用下管壁环向应力设计值 σ_θ，可按下式计算：

$$\sigma_\theta = \frac{\gamma_Q F_{wd} D_0}{2t} \tag{4.4.2-2}$$

式中 F_{wd}——管道设计内水压力标准值（N/mm^2），应采用管道工作压力的 1.5 倍计算；

D_0——管道计算直径（mm）；

t——管壁计算厚度（mm）；

γ_Q——设计内水压力的作用分项系数，$\gamma_Q = 1.2$

4.4.3 当聚乙烯管道埋设在地下水位以下时，应按下式进行抗浮稳定验算：

$$\Sigma F_{gk} \geqslant K_f F_{fw,k} \tag{4.4.3}$$

式中 ΣF_{gk}——各项抗浮作用的标准值之和（kN）；

K_f——抗浮稳定性抗力系数，应按第 4.4.1 条的规定采用；

$F_{fw,k}$——地下水浮力标准值（kN）。

4.4.4 埋地聚乙烯管道的管壁截面环向稳定性计算，应符合下式要求：

$$F_{cv,k} \geqslant K_{st}(q_{vk} + F_{vk}) \tag{4.4.4-1}$$

$$F_{cv,k} = \frac{2E_p(n^2-1)}{3(1-\nu_p^2)}\left(\frac{t}{D_0}\right)^3 + \frac{E_d}{2(n^2-1)(1+\nu_s)} \tag{4.4.4-2}$$

式中 $F_{cv,k}$——聚乙烯管管壁截面的临界压力标准值（N/mm^2）；

K_{st}——聚乙烯管管壁截面的稳定性抗力系数，应按第 4.4.1 条的规定采用；

q_{vk}——管顶处各项不利组合作用下的单位面积上竖向压力标准值，包括竖向土压力、地面堆积荷载或地面车辆荷载（N/mm^2），可按附录 D 计算；

F_{vk}——管内真空压力，可取 $F_{vk} = 0.05\text{MPa}$ 计算；

n——管壁失稳时的折皱波数，其取值应使 $F_{cv,k}$ 为最小值，并为不小于 2 的整数；

E_p——聚乙烯管材的长期弹性模量（N/mm^2）；

ν_p——聚乙烯管材的泊松比，可取 $\nu_p = 0.4$；

ν_s——管道两侧胸腔回填土的泊松比；

E_d——管侧土的综合变形模量（N/mm^2），可按附录 C 采用。

4.4.5 管道敷设沿水平方向改变处采用重力式支墩抵抗水平推力时，其稳定验算应满足下列公式要求：

$$F_{pk} - F_{ep,k} + F_{fk} \geqslant K_s F_{wp.k} \tag{4.4.5-1}$$

$$p \leqslant f_a \tag{4.4.5-2}$$

$$p_{min} \geqslant 0 \tag{4.4.5-3}$$

$$p_{max} \leqslant 1.2 f_a \tag{4.4.5-4}$$

式中 F_{pk}——作用在支墩抗推力一侧的被动土压力标准值(kN)；

$F_{ep,k}$——作用在支墩迎推力一侧的主动土压力标准值（kN）；

F_{fk}——支墩底部滑动平面上的摩擦力标准值（kN）；

K_s——抗滑移稳定性抗力系数，应按第 4.4.1 条的规定采用；

$F_{wp.k}$——在设计内水压力作用下，该处管道承受的水平推力标准值（kN）；

p——支墩作用在地基土上的平均压力（kN）；

P_{min}——支墩作用在地基土上的最小压力（kN）；

P_{max}——支墩作用在地基土上的最大压力（kN）；

f_a——经过深度修正的地基土承载力特征值（kN），应按现行国家标准《建筑地基基础设计规范》GB 50007 的规定确定。

4.4.6 聚乙烯管道在组合作用下，最大竖向变形的计算应满足下式要求：

$$w_{d,max} \leqslant 0.05 D_0 \tag{4.4.6-1}$$

$$w_{d,max} = \frac{D_l K_b r_0^3 (F_{sv,k} + \psi_q q_{ik} D_1)}{E_p I + 0.061 E_d r_0^3} \tag{4.4.6-2}$$

或

$$w_{d,max} = \frac{D_l K_b (F_{sv,k} + \psi_q q_{ik} D_1)}{8S_p + 0.061 E_d} \tag{4.4.6-3}$$

式中 $w_{d,max}$——聚乙烯管道在组合作用下，最大竖向变形(mm)；

D_l——变形滞后效应系数，可取 1.0～1.5；

K_b——管道变形系数，应按管道的敷设基础中心角确定；对土弧基础当中心角为 90°时可采用 0.096；对素土平基可采用 0.109；

r_0——管道计算半径（mm）；

D_1——管道外径（m）；

I——管壁纵向截面单位长度截面惯性矩（mm^4/mm）；

$F_{sv,k}$——管道单位长度上管顶处的竖向土压力标准值（kN/m），可按本规程附录 D 确定；

q_{ik}——地面车辆荷载传递到管顶的竖向压力标准值或地面堆积压力标准值（kN/m^2），选其大者。可按本规程附录 D 确定；

ψ_q——准永久值系数，可取 $\psi_q = 0.5$；

S_p——管材环刚度（N/mm^2）。

4.4.7 自由段管道由季节温差引起的纵向变形量 ΔL，可按下式计算：

$$\Delta L = \alpha L \Delta t \quad (4.4.7)$$

式中 α——聚乙烯管的线膨胀系数（mm/m·℃），可取值 0.15～0.20mm/m·℃；

L——管道纵向自由段的长度（mm）；

Δt——管壁中心处，施工安装与运行使用中的最大温度差（℃）。

4.4.8 管道接口的连接方式应根据管道的受力状态、管道沿线工程地质条件等因素合理确定。

4.4.9 聚乙烯管道宜采用弧形人工砂基，其管底以下垫层部分的厚度不宜小于 100mm。

4.4.10 聚乙烯管道的回填土应压实，其压实系数应在有关设计文件中明确规定，对弧形人工砂基管底垫层应控制在 0.85～0.90。

5 管道连接

5.1 一般规定

5.1.1 聚乙烯给水管道连接前应对管材、管件及管道附件按设计要求进行核对，并应在施工现场进行外观质量检查，符合本规程 3.1 要求方准使用。

5.1.2 管材、管件以及管道附件的连接应采用热熔连接（热熔对接、热熔承插连接、热熔鞍形连接）或电熔连接（电熔承插连接、电熔鞍形连接）及机械连接（锁紧型和非锁紧型承插式连接、法兰连接、钢塑过渡连接）。公称外径大于或等于 63mm 的管道不得采用手工热熔承插连接，聚乙烯管材、管件不得采用螺纹连接和粘接。

5.1.3 不同 SDR 系列的聚乙烯管材不得采用热熔对接连接；聚乙烯给水管道与金属管道或金属管道附件的连接，应采用法兰或钢塑过渡接头连接。公称外径小于或等于 63mm 的管道可采用热熔承插连接和锁紧型承插式连接。公称外径小于或等于 63mm 的聚乙烯管道与聚氯乙烯管道的连接、聚乙烯管道与直径小于等于 50mm 的镀锌管道（或内衬塑镀锌管）的连接，宜采用锁紧型承插式连接。

5.1.4 管道各种连接应采用相应的专用连接工具。连接时严禁明火加热。

5.1.5 管道连接宜采用同种牌号级别，压力等级相同的管材、管件以及管道附件。不同牌号的管材以及管道附件之间的连接，应经过试验，判定连接质量能得到保证后，方可连接。

5.1.6 聚乙烯管材、管件与金属管、管道附件的连接，当采用钢制喷塑或球墨铸铁过渡管件时，其过渡管件的压力等级不得低于管材公称压力。

5.1.7 在寒冷气候（－5℃以下）或大风环境条件下进行热熔或电熔连接操作时，应采取保护措施，或调整连接机具的工艺参数。

5.1.8 管材、管件以及管道附件存放处与施工现场温差较大时，连接前应将聚乙烯管材、管件以及管道附件在施工现场放置一段时间，使其温度接近施工现场温度。

5.1.9 管道连接时，管材切割应采用专用割刀或切管工具，切割断面应平整、光滑、无毛刺，且应垂直于管轴线。

5.1.10 管道连接后，应及时检查接头外观质量。不合格者必须返工。

5.2 热熔连接

5.2.1 热熔连接工具的温度控制应精确，加热面温度分布应均匀，加热面结构应符合焊接工艺要求。热熔连接前、后应使用洁净棉布擦净加热面上的污物。

5.2.2 热熔连接加热时间、加热温度和施加的压力以及保压、冷却时间，应符合热熔连接工具生产企业和聚乙烯管材、管件以及管道附件生产企业的规定。在保压、冷却期间不得移动连接件或在连接件上施加任何外力。

5.2.3 热熔对接连接还应符合下列规定：

1 两待连接件的连接端应伸出焊机夹具一定自由长度，并校直两对应的待连接件，使其在同一轴线上。错边不宜大于壁厚的 10%。

2 管材、管件以及管道附件连接面上的污物应使用洁净棉布擦净，并铣削连接面，使其与轴线垂直。

3 待连接件的断面应使用热熔对接连接工具加热。

4 加热完毕，待连接件应迅速脱离加热工具，检查待连接件的加热面熔化的均匀性和是否有损伤。然后，用均匀外力使连接面完全接触，并翻边形成均匀一致的凸缘，凸缘的高度和宽度应符合有关规定。

5.2.4 热熔承插连接还应符合下列规定：

1 管材端口外部宜进行倒角，角度不宜小于 30°，且管材表面坡口长度不大于 4mm。

2 测量管件承口长度，并在管材插入端标出插入长度和刮除插入段表皮。

3 管材、管件连接面上的污物应用洁净棉布擦净。

4 公称外径大于或等于 63mm 的管道热熔承插连接，应采用机械装置的热熔承插连接，并校直两对应的待连接件，使其在同一轴线上。公称外径小于 63mm 的管道热熔连接，在整圆工具配合下，可采用手动热熔承插连接。

5 管材插口外表面和管件承口内表面应使用热熔承插式加热工具加热。

6 加热完毕，待连接件应迅速脱离承插连接加热工具，检查待连接件的加热面熔化的均匀性和是否有损伤。然后，用均匀外力将管材插入端插入管件承口内，至管材插入长度标记位置，使其承口端部形成均匀凸缘。

5.2.5 热熔鞍形连接还应符合下列规定：

1 热熔鞍形连接应采用机械装置固定干管连接部位的管段，使其保持直线度和圆度；

2 干管连接部位和鞍形管件连接部位上的污物应使用洁净棉布擦净，并用刮刀刮除干管连接部位表皮；

3 干管连接部位和鞍形管件连接部位应使用鞍形加热工具加热；

4 加热完毕，加热工具应迅速脱离待连接件，检查待连接件的加热面熔化的均匀性和是否有损伤后，再用均匀外力将鞍形管件压到干管连接部位，使连接面周围形成均匀凸缘。

5.3 电熔连接

5.3.1 电熔连接机具输出电流、电压应稳定，符合电熔连接工艺要求。

5.3.2 电熔连接机具与电熔管件应正确连通，连接时，通电加热的电压和加热时间应符合电熔连接机具和电熔管件生产企业的规定。

5.3.3 电熔连接冷却期间，不得移动连接件或在连接件上施加任何外力。

5.3.4 电熔承插连接还应符合下列规定：

1 测量管件承口长度，并在管材插入端标出插入长度标记，用专用工具刮除插入段表皮；

2 用洁净棉布擦净管材、管件连接面上的污物；

3 将管材插入管件承口内，直至长度标记位置；

4 通电前，应校直两对应的待连接件，使其在同一轴线上，用整圆工具保持管材插入端的圆度。

5.3.5 电熔鞍形连接还应符合下列规定：

1 电熔鞍形连接应采用机械装置固定干管连接部位的管段，使其保持直线度和圆度；

2 干管连接部位上的污物应使用洁净棉布擦净，并用专用工具刮除干管连接部位表皮；

3 通电前，应将电熔鞍形连接管件用机械装置固定在干管连接部位。

5.4 承插式连接

5.4.1 公称外径大于或等于90mm的管道非锁紧型承插式连接，应符合下列规定：

1 将管材插口端进行倒角，角度不宜大于15°，倒角后管端壁厚应为管材壁厚的1/2～2/3。

2 清理管材插口外侧和承口内侧表面，并检查胶圈位置及质量。当现场安装胶圈时，胶圈必须由管材生产企业提供，放入时在承口凹槽内应先清理干净，且将其呈凹状放入槽内，坐落应正确妥帖，不得装反扭曲。

3 准确测量承口深度和胶圈后部到承口根部的有效插入长度，在插口部位做出标记。当生产企业在承口部位根据施工环境温度标有插入深度的提示标记时，在承口外部量到该位置在插口上做出标记。无提示标记时应符合表5.4.1的规定。

表 5.4.1 承口有效长度的根部预留量

施工环境温度（℃）	<10	10～20	20～30	>30
预留量（mm）	25～30	20～25	15～20	10～15

4 将插口端对准承口，并使两条管道轴线保持在一条平直线上，将其一次插入，直至标志线均匀外露在承口端部。如需转角，必须在插入到位后再行借转，借转角度不宜大于1.5°。

5 小口径管道插入时宜用人力在管端垫木块用撬棍（或大锤）将管子推（或锤）入到位的方法。大口径管道可用手动葫芦等专用牵引工具拉入。严禁用挖土机等施工机械推顶管插入。

6 如插入时阻力过大，应将管子拔出，检查胶圈是否扭曲，不得强行插入。插入后用塞尺顺接口间隙沿管圆周检查胶圈位置是否正确。

7 插入时，可涂刷润滑剂，润滑剂必须对管材、管件、橡胶密封圈无损害作用，且无毒、无味、无嗅，不会滋生细菌。

8 涂刷润滑剂时，宜先将润滑剂用清水稀释，然后用毛刷将润滑剂均匀地涂在胶圈和插口外表面上，不得将润滑剂涂在承口内。

5.4.2 公称外径大于或等于90mm锁紧型承插式连接，要求可按本规程5.4.1的规定。

5.4.3 公称外径小于或等于63mm锁紧型承插式连接，应符合下列规定：

1 检查管材、管件、锁紧螺母、压圈、密封圈质量，将管材及管件插口部位清理干净。

2 聚乙烯管之间的连接应依次将锁紧螺母、压圈、密封圈套在管材插口端部，（聚乙烯管的插口端还需插入不锈钢内套管）。密封圈距插口端部的距离应按不同管径而定，公称外径为63mm时的距离为20mm，公称外径为32mm时的距离为10mm，然后将管材插入连接件口内，将锁紧螺母锁紧，不留余扣。聚乙烯管与聚氯乙烯管连接时应将聚氯乙烯管材直接插至连接件的尽头，然后将密封圈、压圈压入连接件口内，再将锁紧螺母锁紧。锁紧时宜用专用扳手，螺母要对扣，用力要适中，不得用蛮力。

3 聚乙烯管与内衬（涂）塑镀锌管（以下统称镀锌管）的连接，当公称外径63mm、32mm的聚乙烯管分别与管径50mm、25mm的镀锌管连接时，镀锌管插端应更换相配套的压圈和密封圈，但密封圈的端口只需与镀锌管端口对齐即可，镀锌管不得插至连接尽头；当公称外径63mm、32mm的聚乙烯管分别与管径

40mm、20mm、15mm的镀锌管连接时，过渡管件的镀锌管插口端还应同时更换相配套的锁紧螺母。锁紧要求同上款规定。

5.5 法兰连接

5.5.1 聚乙烯管端法兰盘（背压松套法兰）连接，应先将法兰盘（背压松套法兰）套入待连接的聚乙烯法兰连接件（跟形管端）的端部，再将法兰连接件（跟形管端）平口端与管道按本规程规定的热熔或电熔连接的要求进行连接。

5.5.2 两法兰盘上螺孔应对中，法兰面相互平行，螺孔与螺栓直径应配套，螺栓长短应一致，螺帽应在同一侧；紧固法兰盘上螺栓时应按对称顺序分次均匀紧固，螺栓拧紧后宜伸出螺帽1～3丝扣。

5.5.3 法兰垫片材质应符合本规程3.3.10条的规定。

5.5.4 法兰盘应采用钢质法兰盘且应经过防腐处理。

5.6 钢塑过渡接头连接

5.6.1 钢塑过渡接头的聚乙烯管端与聚乙烯管道连接应符合本规程相应的热熔连接或电熔连接的规定。

5.6.2 钢塑过渡接头钢管端与金属管道连接应符合相应的钢管焊接、法兰连接或机械连接的规定。

5.6.3 钢塑过渡接头钢管端与钢管焊接时，应采取降温措施，严格防止焊接端温度对钢塑过渡接头的聚乙烯端产生影响。

5.6.4 公称外径大于或等于110mm的聚乙烯管与管径大于或等于100mm的金属管连接时，可采用人字形柔性接口配件，配件两端的密封胶圈应分别与聚乙烯管和金属管相配套。

5.6.5 聚乙烯管和金属管、阀门相连接时，规格尺寸应相互配套。

5.7 支管、进户管与已建管道的连接

5.7.1 管道内无水施工时，支管、进户管的连接宜在已施工管段水压试验及冲洗消毒合格后进行。采用止水栓、分水鞍等连接支管、进户管时，可在管道上开孔后安装，亦可先安装后再开孔。采用三通、四通等管件时，必须先将已建管段切割掉相应长度，管件与管道连接宜采用套筒式、活箍等柔性连接。

5.7.2 管道不停水接支管、进户管时应采用工厂制作的专用设备。管道在有压状态下宜采用可打孔和连接支管的立式止水栓或电熔鞍形分水鞍。

5.7.3 管材的转弯处和管件上不得开孔安装止水栓；在已建管道上开孔时，孔径不得大于管外径的1/2；在同一根管子上开孔超过一个时，相邻两孔间的最小间距不得小于已建管道直径的7倍，并不得小于止水栓安装要求的长度加0.3m；止水栓离管道接头处的净距不宜小于0.3m。

5.7.4 在安装支管、进户管处需开沟槽时，工作坑宽度可按管道敷设、砌筑井室、回填土夯实等施工操作要求确定。槽底挖深不宜小于已建管道管底以下0.2m。

5.7.5 开孔部位的管道表面应进行清理，管材表面泥土等附着物均应擦拭干净；止水栓、分水鞍应安装正确、牢固，支管接口角度正确；可用止水栓上配套的钻具或符合钻孔要求的其他钻具钻孔，钻头直径应比支管孔径小2mm。

5.7.6 钻孔完成钻头退到原位后，应关闭止水栓出水口阀门，卸下钻具进行支、户管安装。

5.7.7 支、户管安装完毕后，应按设计要求浇筑混凝土止推墩、井室基础、砌筑井室及安装井盖等附属构筑物，或安装阀门延长杆等设施。

5.7.8 进户管穿越建筑物地下墙体或基础时，应在墙或基础内预留或开凿不小于管外径加150mm的孔洞。待管道敷设完毕后，将管外部空隙用黏性土封堵填实。进户管穿越建筑物地下室外墙时，必须按设计要求施工。

5.7.9 井室内的阀门、阀底座部应有垫墩，阀座两侧应采取卡固措施，防止阀门启闭时的扭力影响管道的接口。

5.7.10 地面上的水表节点，应采取相应的卡固措施，防止弹性胶圈松动，接口渗漏。

6 管道敷设

6.1 一般规定

6.1.1 管道埋地敷设前，应具备下列条件：

1 工程设计施工图及其他技术文件齐全，并经会审；

2 具备批准的施工方案和施工组织设计，并进行了技术交底；

3 施工人员了解聚乙烯给水管道一般物理力学性能，掌握施工程序和连接技术，并经考核合格后上岗；

4 施工材料相关的资料已核实，产品已验证，符合设计及施工要求；

5 施工机具、现场用水、用电、材料储放等设施能满足施工要求。

6.1.2 应按设计施工图要求进行放线定位、槽底标高测量。

6.1.3 管道敷设在地下水位较高、软土、不稳定土层内，需要进行施工排水和设置槽边支撑，施工技术及措施应符合现行国家标准《给水排水管道工程施工验收规范》GB 50268的有关规定。

6.1.4 利用管材的柔性进行弯曲敷设时，应符合下列规定：

1 采用热熔对接或电熔连接的管道，弯曲半径

应满足表6.1.4的要求。

表6.1.4 管道允许弯曲半径（mm）

管道公称外径 dn	允许弯曲半径 R
$dn \leqslant 50$	$30dn$
$50 < dn \leqslant 160$	$50dn$
$160 < dn \leqslant 250$	$75dn$
$250 < dn \leqslant 350$	$100dn$

2 采用非锁紧型承插式连接的管道，弯曲半径不应小于 $125dn$，并按本规程4.2.8条的规定采取固定措施。利用承插口改变方向时，其借转角度不宜大于1.5°。

6.1.5 聚乙烯电熔、热熔连接管道在沟槽内可利用槽底宽度蜿蜒敷设。

6.1.6 管道架空或明设时应采取防紫外线保护措施。

6.1.7 管道从河底穿越时，应符合下列规定：

1 管道至规划河底的覆土厚度，应根据水流冲刷条件、航运状况、疏浚的安全余量，并与航运管理部门协商确定。

2 必须在埋设聚乙烯给水管道位置的河流上、下游两岸分别按规定设立标志。

6.1.8 雨期施工或地下水位较高地区管道敷设时，应防止管道上浮，采取相应的抗浮技术措施。

6.2 沟槽开挖与基础

6.2.1 一般稳固的土壤管道沟槽断面形式有直壁、放坡以及直壁与放坡相结合等形式，管沟断面形式确定应根据现场施工环境、施工设备、土质条件、沟槽深度、气象条件和施工季节等因素综合确定。沟槽放坡按国家现行标准《给水排水管道工程施工及验收规范》GB 50268的规定执行。

6.2.2 槽底最小宽度应根据土质条件、构槽断面形式及深度确定，可采用表6.2.2的规定。

表6.2.2 沟槽槽底最小宽度[①]（mm）

公称外径 dn	槽底宽度 B
$dn \leqslant 400$	$\geqslant dn + 300$
$400 < dn \leqslant 630$	$\geqslant dn + 450$
注：①当管材、管件在槽底连接或管道与附件连接的位置，应适当加宽。	

6.2.3 管道沟槽应按设计的平面位置和高程开挖，人工开挖且无地下水时，沟底预留值宜为0.05～0.10m；机械开挖或有地下水时，沟底预留值不应小于0.15m。预留部分在管道敷设前应人工清底至设计标高。

6.2.4 管道基础或垫层应符合下列规定：

1 管道必须敷设在原状土地基上，局部超挖部分应回填夯实。当沟底无地下水时，超挖在0.15m以内时，可用原土回填夯实，其密实度不应低于原地基天然土的密实度；超挖在0.15m以上时，可用石灰土或砂填层处理，其密实度不应低于95%。当沟底有地下水或沟底土层含水量较大时，可用天然砂回填。

2 沟底遇有废旧构筑物、硬石、木头、垃圾等杂物时，必须在清除后铺一层厚度不小于0.15m的砂土或素土，且平整夯实。

3 管道附件或阀门，管道支墩位置应垫碎石，夯实后按设计要求设混凝土找平层或垫层。

4 对软弱管基及特殊性腐蚀土壤，应按设计要求进行处理。

5 对岩石基础，应铺垫厚度不小于0.15m的砂层。

6.3 管道敷设与回填

6.3.1 管道应根据施工组织设计分段施工，管材应沿管线敷设方向排列在沟槽边；采用非锁紧型承插式连接的管道，承口应向同一方向排列。对连接安装间隔时间较长及每次工程收工，管口部位应进行封闭保护。

6.3.2 电熔、热熔连接管道应分段在槽边进行连接后，以弹性敷管法移入沟槽；非锁紧型承插式连接管道宜在沟槽内连接。

6.3.3 管道移入沟槽时，不得损伤管材，表面不得有明显划痕，应采用非金属绳索下管。

6.3.4 管道穿越重要道路、铁路等需设置金属或混凝土套管时，除应符合本规程4.2.5条的规定外，还应符合下列规定：

1 套管应伸出路边或路基1.00～1.50m；

2 套管内应清洁无毛刺，管道穿过套管时不得使管道表面产生明显拉痕，必要时管道表面应加护套保护；

3 穿越的管道应采用电熔、热熔连接，经试压且通过验收合格后方可与套管外管道连接；

4 寒冷地区穿越管应采取保温措施；

5 管道在涵洞内通过时，涵洞宜留有通行宽度。

6.3.5 管道分段敷设结束，进行系统闭合连接时，宜选择运行水温与施工环境温度差最小的时段进行。

6.3.6 管道沟槽回填时，应符合下列规定：

1 管道铺设后应及时进行回填，回填时应留出管道连接部位，连接部位应待管道水压试验合格后再行回填，回填前应按本规程4.2.8条规定，对管道系统进行加固。

2 回填时应先填实管底，再同时回填管道两侧，然后回填至管顶0.5m处。沟内有积水时，必须全部排尽后，再行回填。

3 管道两侧及管顶以上0.5m内的回填土，不得含有碎石、砖块，垃圾等杂物，不得用冻土回填。距离管顶0.5m以上的回填土内允许有少量直径不大于0.1m的石块和冻土，其数量不得超过填土总体积的15%。

4 回填土应分层夯实，每层厚度应为0.2～0.3m，管道两侧及管顶0.5m以上内的回填土必须人工夯实；当回填土超出管顶0.5m时，可使用小型机械夯实，每层松土厚度应为0.25～0.4m。

6.3.7 当管道覆土较深，且管道回填土质及压实系数设计无规定时，其回填土土质及压实系数应符合图6.3.7-1和图6.3.7-2的要求，管底应有0.1m以上、压实系数85%～90%的垫层；管道两侧每0.2m分层回填夯实，压实系数为95%；管顶0.3m以内压实系数不小于90%。

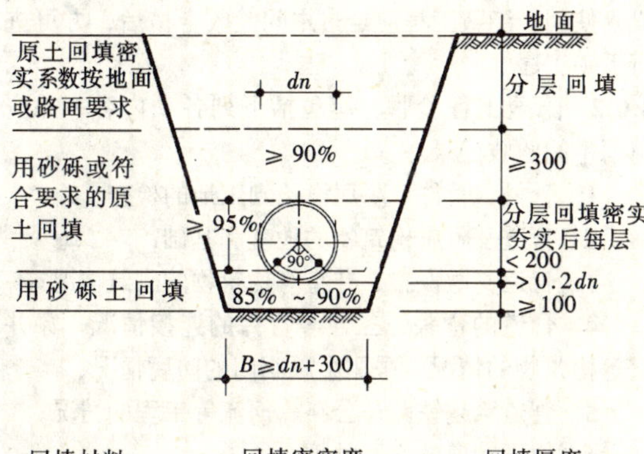

图6.3.7-1 管道回填土土质及压实系数要求（mm）

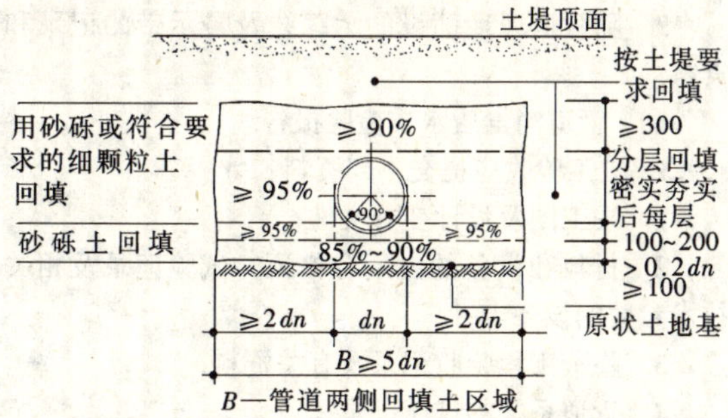

图6.3.7-2 填埋式管道两侧回填土要求（mm）

6.3.8 当管道覆土较浅时，其回填土土质及压实系数应根据地面要求确定；当修筑道路时，应满足路基的要求。

6.3.9 回填时各类机具种类，每层回填土虚铺厚度应符合表6.3.9规定。

表6.3.9 每层回填土虚铺厚度（m）

机具种类	虚铺厚度	机具种类	虚铺厚度
木夯、铁夯	≤0.2	压路机（轻型）	0.2～0.3
蛙式夯、火力夯	0.2～0.25	振动压力机	≤0.4

6.3.10 管道经试压且通过隐蔽工程验收，人工回填到管顶以上0.5m后，方可采用机械回填，但不得在管道上方行驶。机械回填时应在管道内充满水的情况下进行。

6.3.11 各类管道阀门井等周围回填应符合以下规定：

1 应采用砂砾、石灰土等材料，宽度不应小于0.4m；

2 回填后沿管道中心线对称分层夯实，其密实度应不低于管沟内分层要求。管道井在路面位置，管顶0.5m以上应按路面要求回填。

7 水压试验、冲洗与消毒

7.1 一 般 规 定

7.1.1 给水管道系统应进行水压试验。

7.1.2 管道试压前应进行充水浸泡，时间不应少于12h。管道充水后应对未回填的外露连接点（包括管道与管道附件连接部位）进行检查，发现渗漏应进行排除。

7.1.3 水压试验静水压力不应小于管道工作压力的1.5倍，且试验压力不应低于0.80MPa，不得将气压试验代替水压试验。

7.1.4 管道水压试验长度不宜大于1000m。对中间设有附件的管段，水压试验分段长度不宜大于500m，系统中有不同材质的管道应分别进行试压。

7.1.5 管道水压试验前应编制试压工程设计，其内容应包括下列项目：

1 管端后背堵板及支撑设计；

2 进水管路、排气管管路及排气孔设计；

3 加压设备及压力表选用；

4 排水疏导管路设计及布置。

7.1.6 对试压管段端头支撑挡板应进行牢固性和可靠性的检查，试压时，其支撑设施严禁松动崩脱。不得将阀门作为封板。

7.1.7 加压宜采用带计量装置的机械设备，当采用弹簧压力表时，其精度不应低于1.5级，量程范围宜为试验压力1.3～1.5倍，表盘直径不应小于150mm。

7.1.8 试压管段不得包括水锤消除器，室外消火栓等管道附件。系统包含的各类阀门，应处于全开状态。

7.2 水 压 试 验

7.2.1 管道水压试验应分预试验阶段与主试验阶段两个阶段进行。

7.2.2 预试验阶段，应按如下步骤，并符合下列规定：

1 将试压管道内的水压降至大气压，并持续60min。期间应确保空气不进入管道。

2 缓慢地将管道内水压升至试验压力并稳压30min，期间如有压力下降可注水补压，但不得高于试验压力。检查管道接口、配件等处有无渗漏现象。当有渗漏现象时应中止试压，并查明原因采取相应措施后重新组织试压。

3 停止注水补压并稳定60min。当60min后压力下降不超过试验压力的70%时，则预试验阶段的工作结束。当60min后压力下降低于试验压力的70%时，应停止试压，并应查明原因采取相应措施后再组织试压。

7.2.3 主试验阶段，应按如下步骤，并符合下列规定：

1 在预试验阶段结束后，迅速将管道泄水降压，降压量为试验压力的10%～15%。期间应准确计量降压所泄出的水量，设为 ΔV（L）。按下式计算允许泄出的最大水量 ΔV_{max}（L）

$$\Delta V_{max} = 1.2V\Delta P\{1/E_w + d_i/(e_n E_p)\} \tag{7.2.3}$$

式中 V——试压管段总容积（L）；

ΔP——降压量（MPa）；

E_w——水的体积模量，不同水温时 E_w 值可按表7.2.3采用；

E_p——管材弹性模量（MPa），与水温及试压时间有关；

d_i——管材内径（m）；

e_n——管材公称壁厚（m）。

当 ΔV 大于 ΔV_{max}，应停止试压。泄压后应排除管内过量空气，再从预试验阶段的"步骤2"开始重新试验。

表7.2.3 温度与体积模量关系

温 度（℃）	体积模量（MPa）	温 度（℃）	体积模量（MPa）
5	2080	20	2170
10	2110	25	2210
15	2140	30	2230

2 每隔3min记录一次管道剩余压力，应记录30min。当30min内管道剩余压力有上升趋势时，则水压试验结果合格。

3 30min内管道剩余压力无上升趋势时，则应再持续观察60min。当在整个90min内压力下降不超过0.02MPa，则水压试验结果合格。

4 当主试验阶段上述两条均不能满足时，则水压试验结果不合格。应查明原因并采取相应措施后再组织试压。

7.2.4 试压合格后应按本规程6.3.6条要求，全面回填到与地面相平。

7.3 冲洗与消毒

7.3.1 管道分段试压合格后应对整条管道进行冲洗消毒。

7.3.2 管道冲洗、消毒应做实施方案。

7.3.3 冲洗水应清洁，浊度应小于5NTU，冲洗流速应大于1.0m/s，直到冲洗水的排放水与进水的浊度相一致为止。

7.3.4 管道冲洗后应进行含氯水浸泡消毒，经有效氯浓度不低于20mg/L的清洁水浸泡24h后冲洗，并末端取水检验；当水质不合格则应重新进行含氯水浸泡消毒、再冲洗，直至水质管理部门取样化验合格为止。

8 管道系统的竣工验收

8.0.1 管道工程施工应经过竣工验收合格后，方可投入使用。隐蔽工程应经过中间验收合格后，方可进行下一工序。

8.0.2 隐蔽工程验收，应包括下列各项内容，并应填写中间验收记录。

1 管材、管件、附属设备到工地的检查；

2 管道及附属构筑物的地基和基础；

3 管道支墩设置，井室等构筑物的砌筑情况；

4 管道的弯头、三通等管件的连接情况，穿井室等构筑物的情况，采用金属阀门的防腐情况；

5 管道穿越铁路、公路、河流等工程的情况；

6 地下管道的交叉处理；

7 管道分段水压试验；

8 管道回填土压实系数检验记录；

9 随管道埋地铺设的示踪线及警示带的记录和资料；

10 管道消毒后水质检验报告。

8.0.3 竣工验收应提交下列资料：

1 竣工图及设计变更文件；

2 材料和设备的出厂合格证、试验记录及相关技术参数的设备卡；

3 隐蔽工程验收记录及有关资料；

4 管道系统的试压记录；

5 冲洗及消毒后水质化验报告；

6 工程质量评定记录；

7 工程质量事故处理记录。

8.0.4 竣工验收时，应核实竣工验收资料，并进行必要的复验和外观检查。对下列项目应做出鉴定，并填写竣工验收鉴定书。

1 管道的位置、高程及管材规格尺寸；

2 管道上设置的阀门、消火栓等配件在正常工作压力条件下启闭的灵敏度及安装的位置和数量，开启方向的说明书和标志；

3 管道的冲洗及消毒；

4 外观质量。

8.0.5 管道工程应由主管单位组织施工、设计、建设和其他有关单位联合验收，验收后建设单位应将有关设计、施工及验收的文件立卷归档。

8.0.6 分项、分部及隐蔽工程验收，可根据施工情况由建设单位会同施工单位共同验收，并做出验收记录。

9 管道维修

9.1 一般规定

9.1.1 管道在施工验收或运行中发生管壁漏水、管材破裂和接头渗漏等情况，应根据管道损害程度、部位及破坏原因确定修补方法。

9.1.2 更换损坏的管材及管件应按照施工敷设要求进行。

9.1.3 因管道地基沉降、温度变化、外部荷载变化等外部原因造成的管道破坏，在管道修复后还应采取相应措施消除各种外部因素。

9.2 管道维修方法

9.2.1 管材、管件电熔、热熔连接的接口漏水时，应切断管材，按施工要求重新对管材、管件进行电熔、热熔连接。

9.2.2 电熔、热熔连接的管道损坏范围很小时，采用电熔套筒或改造的鞍形电熔管件修理法，将管材损坏处切断，然后用电熔套筒或改造的鞍形电熔管件连接起来。

9.2.3 电熔、热熔连接的管道损坏范围较大时，必须切除损坏管段而用新管替换，接口处可采用电熔、热熔连接或法兰连接，但最后一个焊口一定要用电熔套筒连接或法兰连接。

9.2.4 采用承插式橡胶圈柔性连接的管道损坏时，可将损坏的管段切除，更换新管，然后用双承管箍或活络套筒（抢修接头）连接。

9.2.5 公称外径小于或等于63mm的管道损坏时，可将损坏的管段切除，更换新管，然后用活络管箍连接。

附录A 聚乙烯给水管道连接方式

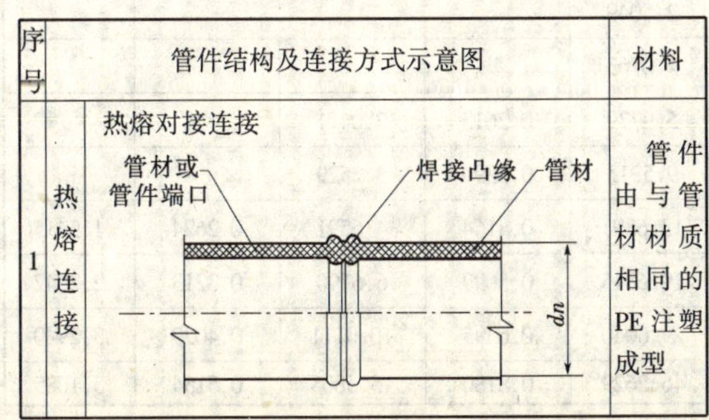

序号	管件结构及连接方式示意图		材料
1	热熔连接	热熔对接连接 管材或管件端口；焊接凸缘；管材；dn	管件由与管材材质相同的PE注塑成型

续表附录A

序号	管件结构及连接方式示意图		材料
1	热熔连接	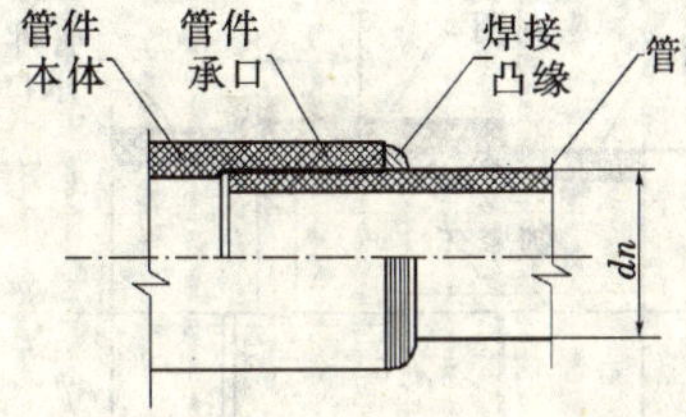 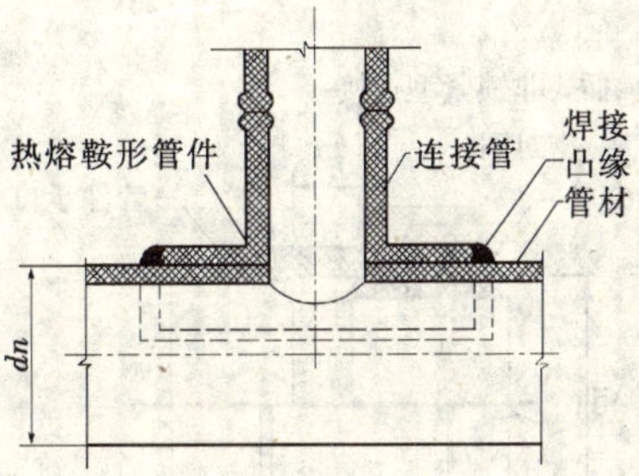 热熔承插连接 管件本体；管件承口；焊接凸缘；管材；dn	管件由与管材材质相同的PE注塑成型
		热熔鞍形连接 热熔鞍形管件；连接管；焊接凸缘；管材；dn	
2	电熔连接	电熔承插连接 管件本体；信号眼；电源插口；管材；dn	
		电熔鞍形连接 管材；信号眼；电熔鞍形管件；电源插头；dn	

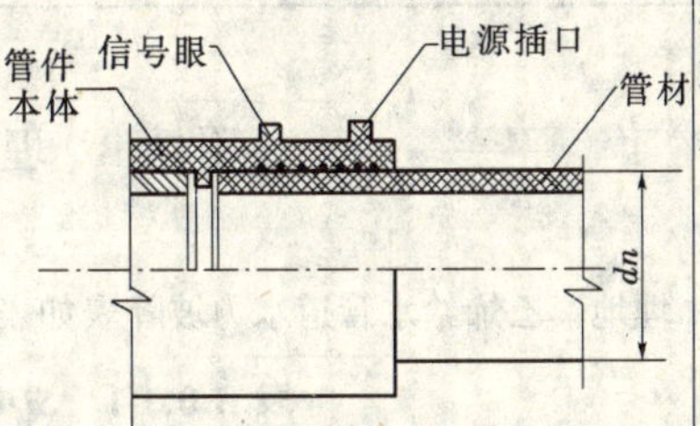

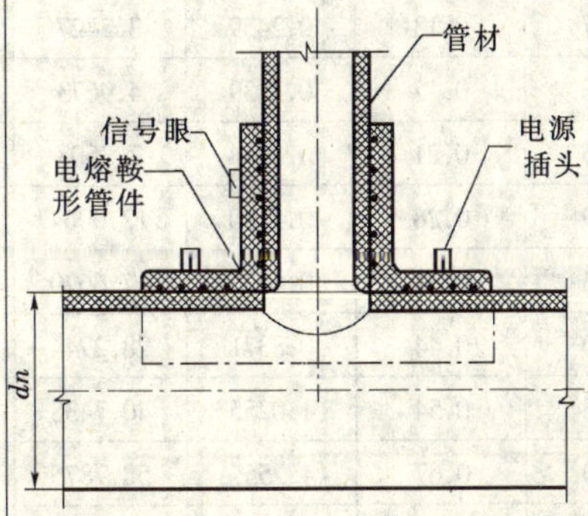

续表附录 A

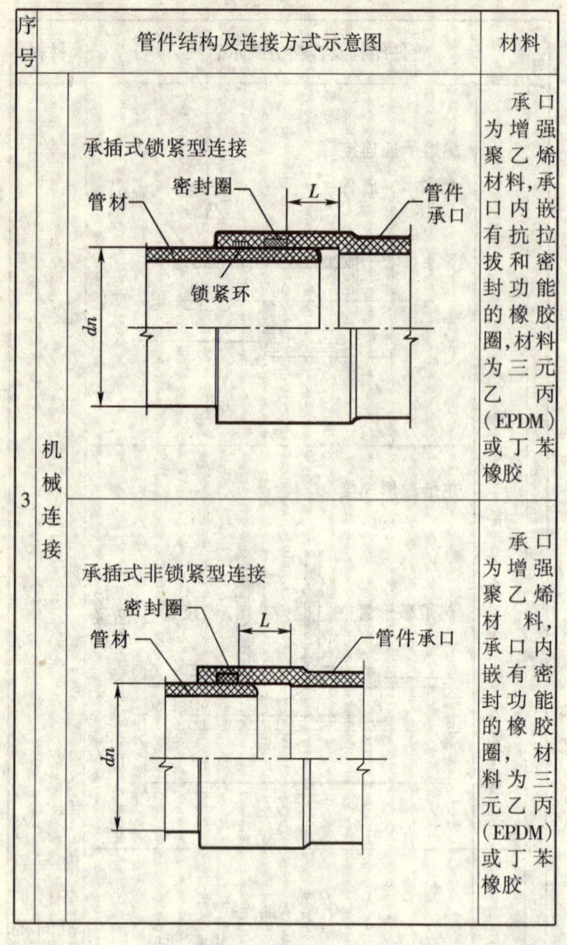

序号		管件结构及连接方式示意图	材料
3	机械连接	承插式锁紧型连接	承口为增强聚乙烯材料,承口内有抗拉拔和密封功能的橡胶圈,材料为三元乙丙(EPDM)或丁苯橡胶
		承插式非锁紧型连接	承口为增强聚乙烯材料,承口内嵌有密封功能的橡胶圈,材料为三元乙丙(EPDM)或丁苯橡胶

续表附录 A

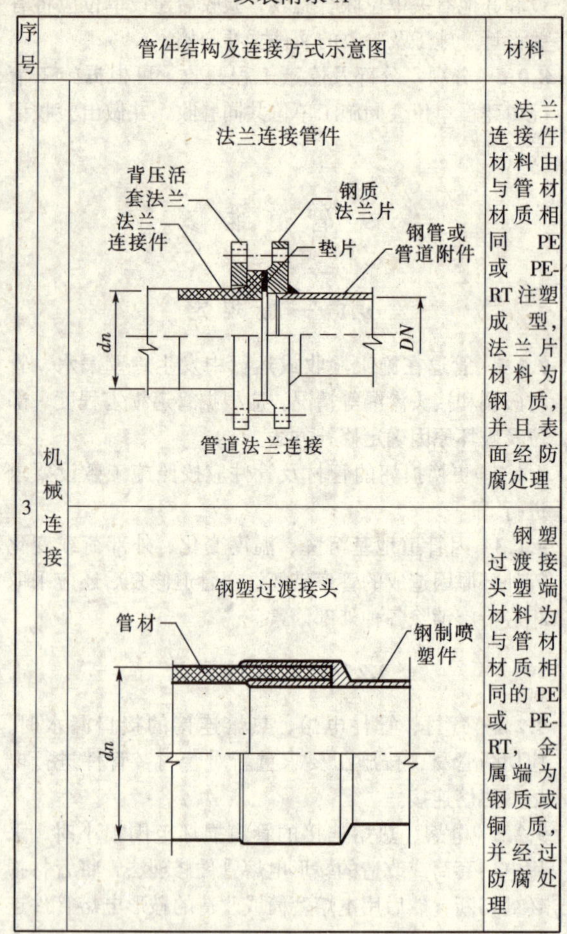

序号		管件结构及连接方式示意图	材料
3	机械连接	法兰连接管件	法兰连接件材料由与管材材质相同PE或PE-RT注塑成型,法兰片材料为钢质,并且表面经防腐处理
		钢塑过渡接头	钢塑过渡接头塑料端材料与管材材质相同的PE或PE-RT,金属端为钢或铜质,并经过防腐处理

附录 B　埋地聚乙烯给水管道水力坡降表

B.0.1　埋地聚乙烯给水管道水力坡降表如表 B.0.1-1、B.0.1-2、B.0.1-3、B.0.1-4。

表 B.0.1-1　*SDR*11、埋地聚乙烯给水管道水力坡降表

Q ＼ d_i ＼ *SDR*		*SDR*11							
		32.00		40.00		50.00		63.00	
m^3/h	L/s	*v* (m/s)	1000*i*	*v* (m/s)	1000*i*	*v* (m/s)	1000*i*	*v* (m/s)	1000*i*
0.47	0.13	0.2459	3.2427						
0.60	0.17	0.3139	4.9673						
0.75	0.21	0.3924	7.3508	0.2496	2.5049				
0.99	0.28	0.5180	12.0064	0.3295	4.0763				
1.23	0.34	0.6435	17.6620	0.4093	5.9779	0.2613	2.0471		
1.60	0.44	0.8371	28.2744	0.5325	9.5313	0.3399	3.2529		
1.96	0.54	1.0255	40.7438	0.6523	13.6891	0.4164	4.6591	0.2624	1.5415
2.40	0.67	1.2557	58.7875	0.7987	19.6815	0.5099	6.6790	0.3213	2.2042
3.01	0.84	1.5748	88.8005	1.0017	29.6040	0.6395	10.0111	0.4029	3.2940
3.85	1.07	2.0143	139.4567	1.2812	46.2629	0.8180	15.5805	0.5154	5.1085

续表 B.0.1-1

SDR / d_i / Q		SDR11							
		32.00		40.00		50.00		63.00	
m³/h	L/s	v (m/s)	1000i	v (m/s)	1000i	v (m/s)	1000i	v (m/s)	1000i
4.96	1.38			1.6506	73.4764	1.0538	24.6326	0.6640	8.0450
6.50	1.81			2.1631	120.8336	1.3810	40.2956	0.8702	13.1008
8.02	2.23					1.7040	59.2147	1.0736	19.1783
10.20	2.83					2.1671	92.2366	1.3655	29.7338
13.56	3.77							1.8153	50.1522
17.68	4.91							2.3668	81.9215
23.42	6.51								
28.09	7.80								
36.01	10.00								

SDR / d_i / Q		SDR11							
		75.00		90.00		110.00		160.00	
m³/h	L/s	v (m/s)	1000i	v (m/s)	1000i	v (m/s)	1000i	v (m/s)	1000i
3.01	0.84	0.2824	1.4110						
3.85	1.07	0.3612	2.1832						
4.96	1.38	0.4653	3.4293	0.3238	1.4340				
6.50	1.81	0.6098	5.5679	0.4244	2.3222				
8.02	2.23	0.7524	8.1304	0.5236	3.3837	0.3502	1.2862		
10.20	2.83	0.9569	12.5665	0.6660	5.2158	0.4454	1.9775		
13.56	3.77	1.2721	21.1119	0.8853	8.7321	0.5921	3.2998		
17.68	4.91	1.6586	34.3471	1.1543	14.1557	0.7720	5.3314		
23.42	6.51	2.1971	57.7372	1.5291	23.6979	1.0226	8.8902		
28.09	7.80			1.8340	33.1323	1.2265	12.3954	0.5719	1.9629
36.01	10.00			2.3511	52.5008	1.5723	19.5628	0.7332	3.0792
46.02	12.78					2.0094	30.7818	0.9370	4.8137
55.58	15.44					2.4268	43.7128	1.1316	6.7993
68.80	19.11							1.4008	10.0636
79.20	22.00							1.6125	13.0479
83.11	23.09							1.6921	14.2637
90.00	25.00							1.8324	16.5301
103.50	28.75							2.1073	21.4264
117.00	32.50							2.3821	26.9218

SDR / d_i / Q		SDR11							
		200.00		315.00		400.00		450.00	
m³/h	L/s	v (m/s)	1000i	v (m/s)	1000i	v (m/s)	1000i	v (m/s)	1000i
55.58	15.44	0.7344	2.3585						
68.80	19.11	0.9091	3.4809						
79.20	22.00	1.0466	4.5041						
83.11	23.09	1.0982	4.9203						

续表 B.0.1-1

Q SDR d_i		SDR11							
		200.00		315.00		400.00		450.00	
m³/h	L/s	v (m/s)	1000i	v (m/s)	1000i	v (m/s)	1000i	v (m/s)	1000i
90.00	25.00	1.1893	5.6952						
103.50	28.75	1.3677	7.3661						
117.00	32.50	1.5461	9.2369						
130.00	36.11	1.7178	11.2254						
140.00	38.89	1.8500	12.8790	0.7450	1.4019				
154.00	42.78	2.0350	15.3740	0.8195	1.6689				
163.00	45.28	2.1539	17.0882	0.8674	1.8518				
176.00	48.89	2.3257	19.7159	0.9366	2.1316				
207.00	57.50			1.1016	2.8721				
216.00	60.00			1.1495	3.1062				
230.00	63.89			1.2240	3.4874				
248.40	69.00			1.3219	4.0197	0.8196	1.2547		
255.73	71.04			1.3609	4.2416	0.8438	1.3234		
270.00	75.00			1.4368	4.6897	0.8909	1.4621		
288.00	80.00			1.5326	5.2849	0.9503	1.6462		
306.00	85.00			1.6284	5.9136	1.0097	1.8404	0.7983	1.0389
324.12	90.03			1.7248	6.5800	1.0694	2.0461	0.8456	1.1546
338.40	94.00			1.8008	7.1288	1.1166	2.2153	0.8828	1.2498
349.20	97.00			1.8583	7.5577	1.1522	2.3474	0.9110	1.3241
356.40	99.00			1.8966	7.8503	1.1759	2.4375	0.9298	1.3747
367.20	102.00			1.9541	8.2989	1.2116	2.5756	0.9579	1.4523
381.60	106.00			2.0307	8.9155	1.2591	2.7653	0.9955	1.5589
399.90	111.08			2.1281	9.7293	1.3195	3.0155	1.0433	1.6993
410.40	114.00			2.1840	10.2115	1.3541	3.1636	1.0706	1.7825
424.80	118.00			2.2606	10.8908	1.4016	3.3721	1.1082	1.8995
439.20	122.00			2.3372	11.5910	1.4491	3.5869	1.1458	2.0201
468.00	130.00			2.4905	13.0536	1.5442	4.0352	1.2209	2.2715
482.40	134.00			2.5671	13.8160	1.5917	4.2687	1.2585	2.4024
501.85	139.40			2.6706	14.8786	1.6559	4.5939	1.3092	2.5847
518.40	144.00					1.7105	4.8794	1.3524	2.7447
532.80	148.00					1.7580	5.1345	1.3900	2.8875
547.20	152.00					1.8055	5.3957	1.4275	3.0338
561.60	156.00					1.8530	5.6631	1.4651	3.1835
583.20	162.00					1.9243	6.0756	1.5214	3.4144
619.20	172.00					2.0431	6.7937	1.6154	3.8162
640.80	178.00					2.1143	7.2428	1.6717	4.0673
662.40	184.00					2.1856	7.7055	1.7281	4.3260
684.00	190.00					2.2569	8.1819	1.7844	4.5923
705.60	196.00					2.3281	8.6719	1.8408	4.8660
720.00	200.00					2.3757	9.0061	1.8783	5.0527
752.40	209.00					2.4826	9.7802	1.9629	5.4849
784.80	218.00					2.5895	10.5846	2.0474	5.9340
806.40	224.00					2.6607	11.1378	2.1037	6.2427
828.00	230.00					2.7320	11.7045	2.1601	6.5588
860.40	239.00							2.2446	7.0469
882.00	245.00							2.3010	7.3816
914.40	254.00							2.3855	7.8975
936.00	260.00							2.4418	8.2506
968.40	269.00							2.5264	8.7942
990.00	275.00							2.5827	9.1658
1022.40	284.00							2.6672	9.7370

续表 B.0.1-1

Q SDR d_i		SDR11							
		500.00		560.00		630.00		710.00	
m³/h	L/s	v (m/s)	1000i	v (m/s)	1000i	v (m/s)	1000i	v (m/s)	1000i
356.40	99.00	0.7528	0.8229						
367.20	102.00	0.7756	0.8693						
381.60	106.00	0.8060	0.9328						
399.90	111.08	0.8447	1.0167						
410.40	114.00	0.8668	1.0662						
424.80	118.00	0.8973	1.1360						
439.20	122.00	0.9277	1.2079						
468.00	130.00	0.9885	1.3577						
482.40	134.00	1.0189	1.4357	0.8119	0.8264				
501.85	139.40	1.0600	1.5443	0.8447	0.8886				
518.40	144.00	1.0950	1.6396	0.8725	0.9433				
532.80	148.00	1.1254	1.7246	0.8968	0.9921				
547.20	152.00	1.1558	1.8117	0.9210	1.0420				
561.60	156.00	1.1862	1.9008	0.9452	1.0930				
583.20	162.00	1.2318	2.0381	0.9816	1.1718				
619.20	172.00	1.3079	2.2771	1.0422	1.3086	0.8238	0.7380		
640.80	178.00	1.3535	2.4264	1.0786	1.3941	0.8525	0.7861		
662.40	184.00	1.3991	2.5801	1.1149	1.4822	0.8813	0.8355		
684.00	190.00	1.4447	2.7383	1.1513	1.5727	0.9100	0.8864		
705.60	196.00	1.4904	2.9010	1.1876	1.6658	0.9387	0.9387		
720.00	200.00	1.5208	3.0119	1.2119	1.7292	0.9579	0.9743	0.7546	0.5451
752.40	209.00	1.5892	3.2685	1.2664	1.8760	1.0010	1.0567	0.7886	0.5911
784.80	218.00	1.6577	3.5350	1.3209	2.0284	1.0441	1.1422	0.8225	0.6388
806.40	224.00	1.7033	3.7182	1.3573	2.1331	1.0728	1.2009	0.8452	0.6715
828.00	230.00	1.7489	3.9057	1.3936	2.2402	1.1016	1.2611	0.8678	0.7050
860.40	239.00	1.8173	4.1952	1.4482	2.4056	1.1447	1.3538	0.9018	0.7567
882.00	245.00	1.8630	4.3937	1.4845	2.5190	1.1734	1.4174	0.9244	0.7921
914.40	254.00	1.9314	4.6995	1.5391	2.6936	1.2165	1.5152	0.9584	0.8466
936.00	260.00	1.9770	4.9088	1.5754	2.8130	1.2453	1.5822	0.9810	0.8839
968.40	269.00	2.0455	5.2308	1.6299	2.9968	1.2884	1.6852	1.0150	0.9412
990.00	275.00	2.0911	5.4510	1.6663	3.1224	1.3171	1.7555	1.0376	0.9804
1022.40	284.00	2.1595	5.7892	1.7208	3.3154	1.3602	1.8636	1.0715	1.0405
1054.80	293.00	2.2280	6.1372	1.7754	3.5138	1.4033	1.9746	1.1055	1.1023
1087.20	302.00	2.2964	6.4948	1.8299	3.7177	1.4464	2.0887	1.1395	1.1657
1108.80	308.00	2.3420	6.7385	1.8663	3.8566	1.4751	2.1665	1.1621	1.2090
1130.40	314.00	2.3876	6.9866	1.9026	3.9980	1.5039	2.2456	1.1847	1.2529
1152.40	320.11	2.4341	7.2436	1.9396	4.1444	1.5332	2.3275	1.2078	1.2985
1180.80	328.00	2.4941	7.5820	1.9874	4.3372	1.5709	2.4353	1.2376	1.3584
1210.00	336.11	2.5558	7.9377	2.0366	4.5397	1.6098	2.5486	1.2682	1.4213
1295.00	359.72			2.1797	5.1543	1.7229	2.8921	1.3573	1.6121
1350.00	375.00			2.2722	5.5717	1.7960	3.1252	1.4149	1.7416
1420.00	394.44			2.3900	6.1253	1.8892	3.4344	1.4883	1.9131
1500.00	416.67			2.5247	6.7887	1.9956	3.8046	1.5721	2.1185
1595.00	443.06					2.1220	4.2677	1.6717	2.3752
1680.00	466.67					2.2351	4.7033	1.7608	2.6166
1760.00	488.89					2.3415	5.1318	1.8446	2.8539
1850.00	513.89					2.4612	5.6351	1.9389	3.1326

续表 B.0.1-1

Q \ d_i \ SDR		SDR11							
		500.00		560.00		630.00		710.00	
m³/h	L/s	v (m/s)	1000*i*	v (m/s)	1000*i*	v (m/s)	1000*i*	v (m/s)	1000*i*
1920.00	533.33					2.5544	6.0421	2.0123	3.3578
2000.00	555.56					2.6608	6.5239	2.0961	3.6243
2080.00	577.78							2.1800	3.9005
2158.00	599.44							2.2617	4.1791
2240.00	622.22							2.3477	4.4818
2335.00	648.61							2.4472	4.8452
2430.00	675.00							2.5468	5.2221

Q \ d_i \ SDR		SDR11							
		800.00		900.00		1000.00			
m³/h	L/s	v (m/s)	1000*i*	v (m/s)	1000*i*	v (m/s)	1000*i*	v (m/s)	1000*i*
914.40	254.00	0.7549	0.4736						
936.00	260.00	0.7727	0.4944						
968.40	269.00	0.7994	0.5264						
990.00	275.00	0.8173	0.5482						
1022.40	284.00	0.8440	0.5817						
1054.80	293.00	0.8708	0.6161						
1087.20	302.00	0.8975	0.6515						
1108.80	308.00	0.9153	0.6756						
1130.40	314.00	0.9332	0.7001						
1152.40	320.11	0.9513	0.7254	0.7517	0.4089				
1180.80	328.00	0.9748	0.7588	0.7702	0.4276				
1210.00	336.11	0.9989	0.7938	0.7892	0.4473				
1295.00	359.72	1.0690	0.9000	0.8447	0.5070				
1350.00	375.00	1.1145	0.9720	0.8806	0.5474				
1420.00	394.44	1.1722	1.0674	0.9262	0.6009	0.7502	0.3598		
1500.00	416.67	1.2383	1.1815	0.9784	0.6650	0.7925	0.3981		
1595.00	443.06	1.3167	1.3241	1.0404	0.7449	0.8427	0.4458		
1680.00	466.67	1.3869	1.4582	1.0958	0.8201	0.8876	0.4907		
1760.00	488.89	1.4529	1.5899	1.1480	0.8939	0.9299	0.5347		
1850.00	513.89	1.5272	1.7445	1.2067	0.9805	0.9774	0.5863		
1920.00	533.33	1.5850	1.8694	1.2523	1.0504	1.0144	0.6280		
2000.00	555.56	1.6510	2.0171	1.3045	1.1332	1.0567	0.6773		
2080.00	577.78	1.7171	2.1702	1.3567	1.2188	1.0989	0.7284		
2158.00	599.44	1.7815	2.3245	1.4076	1.3052	1.1401	0.7798		
2240.00	622.22	1.8492	2.4922	1.4611	1.3989	1.1835	0.8357		
2335.00	648.61	1.9276	2.6933	1.5230	1.5114	1.2337	0.9026		
2430.00	675.00	2.0060	2.9019	1.5850	1.6280	1.2838	0.9720		
2530.00	702.78	2.0886	3.1294	1.6502	1.7551	1.3367	1.0477		
2650.00	736.11	2.1876	3.4133	1.7285	1.9136	1.4001	1.1420		
2730.00	758.33	2.2537	3.6090	1.7807	2.0229	1.4423	1.2070		
2830.00	786.11	2.3362	3.8610	1.8459	2.1635	1.4952	1.2906		
2930.00	813.89	2.4188	4.1211	1.9111	2.3087	1.5480	1.3769		
3030.00	841.67	2.5013	4.3892	1.9764	2.4582	1.6008	1.4658		
3130.00	869.44			2.0416	2.6123	1.6537	1.5573		
3230.00	897.22			2.1068	2.7708	1.7065	1.6514		
3330.00	925.00			2.1720	2.9338	1.7593	1.7482		
3430.00	952.78			2.2373	3.1012	1.8122	1.8476		
3530.00	980.56			2.3025	3.2730	1.8650	1.9496		
3630.00	1008.33			2.3677	3.4492	1.9178	2.0542		
3730.00	1036.11			2.4329	3.6299	1.9707	2.1614		
3830.00	1063.89					2.0235	2.2711		
3930.00	1091.67					2.0763	2.3835		
4030.00	1119.44					2.1292	2.4984		
4130.00	1147.22					2.1820	2.6160		
4230.00	1175.00					2.2348	2.7361		
4400.00	1222.22					2.3247	2.9461		

表 B.0.1-2 *SDR*13.6、埋地聚乙烯（PE）给水管道水力坡降表

Q \ d_i \ *SDR*		*SDR*13.6							
		32.00		40.00		50.00		63.00	
m^3/h	L/s	v（m/s）	1000i	v（m/s）	1000i	v（m/s）	1000i	v（m/s）	1000i
1.96	0.54							0.2413	1.3300
2.40	0.67							0.2955	1.9006
3.01	0.84							0.3705	2.8382
3.85	1.07							0.4740	4.3983
4.96	1.38							0.6106	6.9206
6.50	1.81							0.8002	11.2592
8.02	2.23							0.9873	16.4698
10.20	2.83							1.2557	25.5113
13.56	3.77							1.6693	42.9811
17.68	4.91							2.1765	70.1297
23.42	6.51								
28.09	7.80								
36.01	10.00								

Q \ d_i \ *SDR*		*SDR*13.6							
		75.00		90.00		110.00		160.00	
m^3/h	L/s	v（m/s）	1000i	v（m/s）	1000i	v（m/s）	1000i	v（m/s）	1000i
3.01	0.84	0.2615	1.2321						
3.85	1.07	0.3345	1.9051						
4.96	1.38	0.4310	2.9904	0.2990	1.2443				
6.50	1.81	0.5648	4.8514	0.3918	2.0134				
8.02	2.23	0.6969	7.0798	0.4834	2.9318	0.3224	1.1098		
10.20	2.83	0.8863	10.9343	0.6148	4.5161	0.4100	1.7052		
13.56	3.77	1.1782	18.3524	0.8174	7.5539	0.5451	2.8430		
17.68	4.91	1.5362	29.8298	1.0657	12.2351	0.7107	4.5895		
23.42	6.51	2.0349	50.0917	1.4117	20.4625	0.9414	7.6461		
28.09	7.80			1.6932	28.5898	1.1292	10.6543	0.5262	1.6888
36.01	10.00			2.1706	45.2599	1.4475	16.8001	0.6746	2.6474
46.02	12.78					1.8499	26.4106	0.8621	4.1356
55.58	15.44					2.2342	37.4778	1.0412	5.8380
68.80	19.11							1.2889	8.6346
79.20	22.00							1.4837	11.1897
83.11	23.09							1.5570	12.2303
90.00	25.00							1.6861	14.1696
103.50	28.75							1.9390	18.3574
117.00	32.50							2.1919	23.0551

续表 B.0.1-2

Q \ d_i \ SDR		SDR13.6							
		200.00		315.00		400.00		450.00	
m^3/h	L/s	v (m/s)	1000i	v (m/s)	1000i	v (m/s)	1000i	v (m/s)	1000i
55.58	15.44	0.6754	2.0251						
68.80	19.11	0.8361	2.9869						
79.20	22.00	0.9624	3.8632						
83.11	23.09	1.0100	4.2196						
90.00	25.00	1.0937	4.8829						
103.50	28.75	1.2577	6.3127						
117.00	32.50	1.4218	7.9127						
130.00	36.11	1.5798	9.6126						
140.00	38.89	1.7013	11.0258	0.6863	1.2068				
154.00	42.78	1.8714	13.1573	0.7549	1.4362				
163.00	45.28	1.9808	14.6213	0.7991	1.5934				
176.00	48.89	2.1388	16.8650	0.8628	1.8338				
207.00	57.50			1.0148	2.4697				
216.00	60.00			1.0589	2.6707				
230.00	63.89			1.1275	2.9979				
248.40	69.00			1.2177	3.4546	0.7546	1.0785		
255.73	71.04			1.2537	3.6450	0.7769	1.1375		
270.00	75.00			1.3236	4.0294	0.8203	1.2566		
288.00	80.00			1.4118	4.5399	0.8749	1.4145		
306.00	85.00			1.5001	5.0790	0.9296	1.5811	0.7347	0.8923
324.12	90.03			1.5889	5.6503	0.9847	1.7575	0.7782	0.9915
338.40	94.00			1.6589	6.1208	1.0281	1.9026	0.8125	1.0731
349.20	97.00			1.7119	6.4884	1.0609	2.0160	0.8384	1.1368
356.40	99.00			1.7472	6.7391	1.0827	2.0932	0.8557	1.1802
367.20	102.00			1.8001	7.1235	1.1156	2.2116	0.8817	1.2468
381.60	106.00			1.8707	7.6518	1.1593	2.3742	0.9162	1.3381
399.90	111.08			1.9604	8.3490	1.2149	2.5887	0.9602	1.4585
410.40	114.00			2.0119	8.7620	1.2468	2.7156	0.9854	1.5298
424.80	118.00			2.0825	9.3438	1.2905	2.8943	1.0200	1.6301
439.20	122.00			2.1531	9.9434	1.3343	3.0784	1.0545	1.7333
468.00	130.00			2.2943	11.1956	1.4218	3.4625	1.1237	1.9487
482.40	134.00			2.3648	11.8483	1.4655	3.6625	1.1583	2.0609
501.85	139.40			2.4602	12.7577	1.5246	3.9410	1.2050	2.2169
518.40	144.00					1.5749	4.1855	1.2447	2.3540
532.80	148.00					1.6187	4.4040	1.2793	2.4763
547.20	152.00					1.6624	4.6276	1.3138	2.6016

续表 B.0.1-2

Q	SDR / d_i	SDR13.6							
		200.00		315.00		400.00		450.00	
m^3/h	L/s	v (m/s)	1000i	v (m/s)	1000i	v (m/s)	1000i	v (m/s)	1000i
561.60	156.00					1.7061	4.8565	1.3484	2.7297
583.20	162.00					1.7718	5.2097	1.4003	2.9274
619.20	172.00					1.8811	5.8243	1.4867	3.2712
640.80	178.00					1.9468	6.2086	1.5386	3.4861
662.40	184.00					2.0124	6.6045	1.5904	3.7075
684.00	190.00					2.0780	7.0121	1.6423	3.9353
705.60	196.00					2.1436	7.4313	1.6942	4.1695
720.00	200.00					2.1874	7.7172	1.7287	4.3292
752.40	209.00					2.2858	8.3792	1.8065	4.6988
784.80	218.00					2.3842	9.0671	1.8843	5.0828
806.40	224.00					2.4499	9.5401	1.9362	5.3468
828.00	230.00					2.5155	10.0246	1.9881	5.6170
860.40	239.00							2.0658	6.0343
882.00	245.0							2.1177	6.3204
914.40	254.00							2.1955	6.7613
936.00	260.00							2.2474	7.0631
968.40	269.00							2.3252	7.5276
990.00	275.00							2.3770	7.8451
1022.40	284.00							2.4548	8.3330

Q	SDR / d_i	SDR13.6							
		500.00		560.00		630.00		710.00	
m^3/h	L/s	v (m/s)	1000i	v (m/s)	1000i	v (m/s)	1000i	v (m/s)	1000i
356.40	99.00	0.6933	0.7077						
367.20	102.00	0.7143	0.7474						
381.60	106.00	0.7423	0.8020						
399.90	111.08	0.7779	0.8740						
410.40	114.00	0.7983	0.9166						
424.80	118.00	0.8263	0.9765						
439.20	122.00	0.8543	1.0382						
468.00	130.00	0.9104	1.1668						
482.40	134.00	0.9384	1.2337	0.7480	0.7108				
501.85	139.40	0.9762	1.3268	0.7781	0.7643				
518.40	144.00	1.0084	1.4085	0.8038	0.8112				
532.80	148.00	1.0364	1.4815	0.8261	0.8531				
547.20	152.00	1.0644	1.5562	0.8484	0.8959				
561.60	156.00	1.0924	1.6326	0.8708	0.9398				
583.20	162.00	1.1345	1.7504	0.9043	1.0074				
619.20	172.00	1.2045	1.9553	0.9601	1.1249	0.7583	0.6338		
640.80	178.00	1.2465	2.0833	0.9936	1.1982	0.7848	0.6750		
662.40	184.00	1.2885	2.2151	1.0271	1.2738	0.8112	0.7174		
684.00	190.00	1.3305	2.3507	1.0606	1.3515	0.8377	0.7610		
705.60	196.00	1.3726	2.4901	1.0941	1.4314	0.8641	0.8058		
720.00	200.00	1.4006	2.5851	1.1164	1.4858	0.8817	0.8364	0.6944	0.4679
752.40	209.00	1.4636	2.8050	1.1666	1.6117	0.9214	0.9070	0.7256	0.5073
784.80	218.00	1.5266	3.0334	1.2169	1.7424	0.9611	0.9803	0.7569	0.5481
806.40	224.00	1.5686	3.1903	1.2503	1.8322	0.9876	1.0307	0.7777	0.5762
828.00	230.00	1.6107	3.3509	1.2838	1.9241	1.0140	1.0822	0.7985	0.6049
860.40	239.00	1.6737	3.5989	1.3341	2.0659	1.0537	1.1617	0.8298	0.6492
882.00	245.00	1.7157	3.7688	1.3676	2.1631	1.0801	1.2161	0.8506	0.6795
914.40	254.00	1.7787	4.0307	1.4178	2.3128	1.1198	1.3000	0.8818	0.7262

续表 B.0.1-2

Q \ SDR / d_i		SDR13.6							
		500.00		560.00		630.00		710.00	
m^3/h	L/s	v (m/s)	1000i	v (m/s)	1000i	v (m/s)	1000i	v (m/s)	1000i
936.00	260.00	1.8207	4.2099	1.4513	2.4153	1.1463	1.3573	0.9027	0.7581
968.40	269.00	1.8838	4.4856	1.5015	2.5728	1.1860	1.4455	0.9339	0.8072
990.00	275.00	1.9258	4.6740	1.5350	2.6805	1.2124	1.5058	0.9547	0.8407
1022.40	284.00	1.9888	4.9636	1.5853	2.8458	1.2521	1.5983	0.9860	0.8922
1054.80	293.00	2.0518	5.2614	1.6355	3.0159	1.2918	1.6934	1.0172	0.9451
1087.20	302.00	2.1149	5.5674	1.6857	3.1905	1.3314	1.7911	1.0485	0.9995
1108.80	308.00	2.1569	5.7760	1.7192	3.3096	1.3579	1.8577	1.0693	1.0365
1130.40	314.00	2.1989	5.9882	1.7527	3.4307	1.3843	1.9254	1.0901	1.0741
1152.40	320.11	2.2417	6.2082	1.7868	3.5562	1.4113	1.9955	1.1114	1.1131
1180.80	328.00	2.2969	6.4977	1.8309	3.7213	1.4461	2.0878	1.1388	1.1644
1210.00	336.11	2.3537	6.8019	1.8761	3.8948	1.4818	2.1848	1.1669	1.2182
1295.00	359.72			2.0079	4.4211	1.5859	2.4787	1.2489	1.3815
1350.00	375.00			2.0932	4.7785	1.6533	2.6783	1.3019	1.4923
1420.00	394.44			2.2017	5.2525	1.7390	2.9427	1.3694	1.6391
1500.00	416.67			2.3258	5.8203	1.8370	3.2594	1.4466	1.8147
1595.00	443.06					1.9533	3.6554	1.5382	2.0343
1680.00	466.67					2.0574	4.0279	1.6202	2.2407
1760.00	488.89					2.1554	4.3942	1.6973	2.4436
1850.00	513.89					2.2656	4.8244	1.7841	2.6817
1920.00	533.33					2.3513	5.1723	1.8516	2.8742
2000.00	555.56					2.4493	5.5839	1.9288	3.1020
2080.00	577.78							2.0059	3.3380
2158.00	599.44							2.0812	3.5760
2240.00	622.22							2.1602	3.8346
2335.00	648.61							2.2519	4.1449
2430.00	675.00							2.3435	4.4667

Q \ SDR / d_i		SDR13.6							
		800.00		900.00		1000.00			
m^3/h	L/s	v (m/s)	1000i	v (m/s)	1000i	v (m/s)	1000i	v (m/s)	1000i
914.40	254.00	0.6946	0.4064						
936.00	260.00	0.7110	0.4243						
968.40	269.00	0.7356	0.4516						
990.00	275.00	0.7520	0.4703						
1022.40	284.00	0.7766	0.4991						
1054.80	293.00	0.8012	0.5286						
1087.20	302.00	0.8258	0.5588						
1108.80	308.00	0.8423	0.5795						
1130.40	314.00	0.8587	0.6005						
1152.40	320.11	0.8754	0.6222	0.6917	0.3509				
1180.80	328.00	0.8969	0.6507	0.7087	0.3669				
1210.00	336.11	0.9191	0.6807	0.7262	0.3838				
1295.00	359.72	0.9837	0.7717	0.7772	0.4349				
1350.00	375.00	1.0255	0.8333	0.8102	0.4695				
1420.00	394.44	1.0786	0.9150	0.8523	0.5154	0.6903	0.3087		
1500.00	416.67	1.1394	1.0127	0.9003	0.5702	0.7292	0.3415		
1595.00	443.06	1.2116	1.1347	0.9573	0.6387	0.7754	0.3824		
1680.00	466.67	1.2761	1.2494	1.0083	0.7030	0.8167	0.4208		
1760.00	488.89	1.3369	1.3621	1.0563	0.7662	0.8556	0.4585		
1850.00	513.89	1.4053	1.4943	1.1103	0.8404	0.8994	0.5027		
1920.00	533.33	1.4584	1.6011	1.1524	0.9002	0.9334	0.5385		
2000.00	555.56	1.5192	1.7275	1.2004	0.9710	0.9723	0.5807		
2080.00	577.78	1.5800	1.8584	1.2484	1.0443	1.0112	0.6244		
2158.00	599.44	1.6392	1.9903	1.2952	1.1182	1.0491	0.6684		
2240.00	622.22	1.7015	2.1336	1.3444	1.1984	1.0890	0.7162		

续表 B.0.1-2

Q \ SDR / d_i		SDR13.6							
		800.00		900.00		1000.00			
m^3/h	L/s	v (m/s)	1000i	v (m/s)	1000i	v (m/s)	1000i	v (m/s)	1000i
2335.00	648.61	1.7737	2.3056	1.4014	1.2946	1.1352	0.7735		
2430.00	675.00	1.8458	2.4838	1.4584	1.3943	1.1813	0.8329		
2530.00	702.78	1.9218	2.6782	1.5185	1.5030	1.2300	0.8976		
2650.00	736.11	2.0130	2.9207	1.5905	1.6385	1.2883	0.9783		
2730.00	758.33	2.0737	3.0879	1.6385	1.7319	1.3272	1.0339		
2830.00	786.11	2.1497	3.3032	1.6985	1.8521	1.3758	1.1054		
2930.00	813.89	2.2257	3.5253	1.7585	1.9762	1.4244	1.1792		
3030.00	841.67	2.3016	3.7543	1.8186	2.1040	1.4730	1.2552		
3130.00	869.44			1.8786	2.2357	1.5216	1.3335		
3230.00	897.22			1.9386	2.3711	1.5703	1.4140		
3330.00	925.00			1.9986	2.5103	1.6189	1.4967		
3430.00	952.78			2.0586	2.6533	1.6675	1.5816		
3530.00	980.56			2.1186	2.8001	1.7161	1.6688		
3630.00	1008.33			2.1787	2.9506	1.7647	1.7582		
3730.00	1036.11			2.2387	3.1049	1.8133	1.8498		
3830.00	1063.89					1.8620	1.9436		
3930.00	1091.67					1.9106	2.0396		
4030.00	1119.44					1.9592	2.1378		
4130.00	1147.22					2.0078	2.2382		
4230.00	1175.00					2.0564	2.3408		
4400.00	1222.22					2.1391	2.5202		

表 B.0.1-3 *SDR*17、埋地聚乙烯给水管道水力坡降表

Q \ SDR / d_i		SDR17							
		75.00		90.00		110.00		160.00	
m^3/h	L/s	v (m/s)	1000i	v (m/s)	1000i	v (m/s)	1000i	v (m/s)	1000i
3.01	0.84	0.2444	1.0932						
3.85	1.07	0.3126	1.6893						
4.96	1.38	0.4027	2.6499	0.2797	1.1053				
6.50	1.81	0.5278	4.2960	0.3665	1.7874				
8.02	2.23	0.6512	6.2657	0.4522	2.6014	0.3027	0.9921		
10.20	2.83	0.8282	9.6707	0.5751	4.0048	0.3850	1.5235		
13.56	3.77	1.1010	16.2181	0.7646	6.6938	0.5118	2.5385		
17.68	4.91	1.4355	26.3394	0.9969	10.8340	0.6673	4.0955		
23.42	6.51	1.9015	44.1903	1.3205	18.1046	0.8840	6.8184		
28.09	7.80			1.5838	25.2815	1.0603	9.4965	0.4927	1.4996
36.01	10.00			2.0304	39.9915	1.3592	14.9646	0.6316	2.3494
46.02	12.78					1.7370	23.5089	0.8072	3.6680
55.58	15.44					2.0979	33.3418	0.9749	5.1755
68.80	19.11							1.2068	7.6506
79.20	22.00							1.3892	9.9107
83.11	23.09							1.4578	10.8310
90.00	25.00							1.5786	12.5456
103.50	28.75							1.8154	16.2470
117.00	32.50							2.0522	20.3973

续表 B.0.1-3

SDR / d_i / Q		SDR17							
		200.00		315.00		400.00		450.00	
m^3/h	L/s	v (m/s)	1000i	v (m/s)	1000i	v (m/s)	1000i	v (m/s)	1000i
55.58	15.44	0.6332	1.8008						
68.80	19.11	0.7838	2.6549						
79.20	22.00	0.9022	3.4327						
83.11	23.09	0.9468	3.7489						
90.00	25.00	1.0253	4.3375						
103.50	28.75	1.1791	5.6056						
117.00	32.50	1.3329	7.0242						
130.00	36.11	1.4809	8.5310						
140.00	38.89	1.5949	9.7832	0.6425	1.0701				
154.00	42.78	1.7544	11.6715	0.7068	1.2733				
163.00	45.28	1.8569	12.9682	0.7481	1.4125				
176.00	48.89	2.0050	14.9550	0.8078	1.6253				
207.00	57.50			0.9500	2.1881				
216.00	60.00			0.9913	2.3659				
230.00	63.89			1.0556	2.6554				
248.40	69.00			1.1400	3.0595	0.7066	0.9563		
255.73	71.04			1.1737	3.2278	0.7275	1.0085		
270.00	75.00			1.2392	3.5678	0.7681	1.1140		
288.00	80.00			1.3218	4.0192	0.8193	1.2538		
306.00	85.00			1.4044	4.4957	0.8705	1.4013	0.6881	0.7913
324.12	90.03			1.4876	5.0007	0.9220	1.5575	0.7288	0.8792
338.40	94.00			1.5531	5.4165	0.9627	1.6859	0.7609	0.9515
349.20	97.00			1.6027	5.7413	0.9934	1.7862	0.7852	1.0079
356.40	99.00			1.6357	5.9628	1.0139	1.8546	0.8014	1.0463
367.20	102.00			1.6853	6.3025	1.0446	1.9593	0.8257	1.1052
381.60	106.00			1.7514	6.7692	1.0856	2.1032	0.8580	1.1861
399.90	111.08			1.8354	7.3851	1.1376	2.2929	0.8992	1.2927
410.40	114.00			1.8835	7.7499	1.1675	2.4052	0.9228	1.3558
424.80	118.00			1.9496	8.2637	1.2084	2.5633	0.9552	1.4446
439.20	122.00			2.0157	8.7932	1.2494	2.7261	0.9876	1.5360
468.00	130.00			2.1479	9.8989	1.3313	3.0658	1.0523	1.7266
482.40	134.00			2.2140	10.4750	1.3723	3.2426	1.0847	1.8259
501.85	139.40			2.3033	11.2779	1.4276	3.4889	1.1284	1.9640
518.40	144.00					1.4747	3.7051	1.1656	2.0852
532.80	148.00					1.5157	3.8982	1.1980	2.1934
547.20	152.00					1.5566	4.0959	1.2304	2.3043
561.60	156.00					1.5976	4.2982	1.2628	2.4176
583.20	162.00					1.6591	4.6103	1.3114	2.5924
619.20	172.00					1.7615	5.1534	1.3923	2.8965
640.80	178.00					1.8229	5.4930	1.4409	3.0866
662.40	184.00					1.8844	5.8428	1.4894	3.2823
684.00	190.00					1.9458	6.2029	1.5380	3.4837
705.60	196.00					2.0073	6.5732	1.5866	3.6908

续表 B.0.1-3

Q \ SDR / d_i		SDR17							
		200.00		315.00		400.00		450.00	
m^3/h	L/s	v (m/s)	1000i	v (m/s)	1000i	v (m/s)	1000i	v (m/s)	1000i
720.00	200.00					2.0482	6.8257	1.6190	3.8319
752.40	209.00					2.1404	7.4103	1.6918	4.1587
784.80	218.00					2.2326	8.0178	1.7647	4.4981
806.40	224.00					2.2940	8.4355	1.8132	4.7313
828.00	230.00					2.3554	8.8633	1.8618	4.9701
860.40	239.00							1.9347	5.3388
882.00	245.00							1.9832	5.5916
914.40	254.00							2.0561	5.9811
936.00	260.00							2.1046	6.2477
968.40	269.00							2.1775	6.6580
990.00	275.00							2.2261	6.9384
1022.40	284.00							2.2989	7.3693

Q \ SDR / d_i		SDR17							
		500.00		560.00		630.00		710.00	
m^3/h	L/s	v (m/s)	1000i	v (m/s)	1000i	v (m/s)	1000i	v (m/s)	1000i
356.40	99.00	0.6493	0.6277						
367.20	102.00	0.6690	0.6629						
410.40	114.00	0.7477	0.8128						
424.80	118.00	0.7739	0.8658						
439.20	122.00	0.8002	0.9205						
468.00	130.00	0.8526	1.0343						
482.40	134.00	0.8789	1.0936	0.7003	0.6298				
501.85	139.40	0.9143	1.1761	0.7285	0.6772				
518.40	144.00	0.9445	1.2484	0.7525	0.7187				
532.80	148.00	0.9707	1.3130	0.7734	0.7558				
547.20	152.00	0.9969	1.3791	0.7943	0.7937				
561.60	156.00	1.0232	1.4468	0.8152	0.8325				
583.20	162.00	1.0625	1.5510	0.8466	0.8923				
619.20	172.00	1.1281	1.7323	0.8989	0.9963	0.7105	0.5623		
640.80	178.00	1.1675	1.8456	0.9302	1.0612	0.7352	0.5988		
662.40	184.00	1.2068	1.9622	0.9616	1.1281	0.7600	0.6364		
684.00	190.00	1.2462	2.0822	0.9929	1.1968	0.7848	0.6751		
705.60	196.00	1.2855	2.2055	1.0243	1.2674	0.8096	0.7148		
720.00	200.00	1.3118	2.2896	1.0452	1.3155	0.8261	0.7418	0.6488	0.4131
752.40	209.00	1.3708	2.4841	1.0922	1.4269	0.8633	0.8044	0.6780	0.4479
748.80	218.00	1.4298	2.6860	1.1392	1.5425	0.9005	0.8694	0.7072	0.4839
806.40	224.00	1.4692	2.8248	1.1706	1.6219	0.9253	0.9140	0.7267	0.5087
828.00	230.00	1.5085	2.9669	1.2020	1.7031	0.9500	0.9596	0.7462	0.5340
860.40	239.00	1.5675	3.1861	1.2490	1.8285	0.9872	1.0300	0.7754	0.5730
882.00	245.00	1.6069	3.3364	1.2803	1.9144	1.0120	1.0782	0.7948	0.5998
914.40	254.00	1.6659	3.5679	1.3274	2.0468	1.0492	1.1525	0.8240	0.6409
936.00	260.00	1.7053	3.7263	1.3587	2.1373	1.0740	1.2033	0.4835	0.6691
968.40	269.00	1.7643	3.9700	1.4058	2.2765	1.1111	1.2814	0.8727	0.7124
990.00	275.00	1.8037	4.1366	1.4371	2.3717	1.1359	1.3347	0.8922	0.7419

续表 B.0.1-3

Q (SDR / d_i)		SDR17							
		500.00		560.00		630.00		710.00	
m^3/h	L/s	v (m/s)	1000i	v (m/s)	1000i	v (m/s)	1000i	v (m/s)	1000i
1022.40	284.00	1.8627	4.3924	1.4842	2.5178	1.1731	1.4166	0.9214	0.7873
1054.80	293.00	1.9217	4.6556	1.5312	2.6680	1.2103	1.5008	0.9506	0.8339
1087.20	302.00	1.9807	4.9260	1.5782	2.8224	1.2474	1.5873	0.9798	0.8818
1108.80	308.00	2.0201	5.1103	1.6096	2.9275	1.2722	1.6463	0.9992	0.9144
1130.40	314.00	2.0594	5.2979	1.6409	3.0345	1.2970	1.7062	1.0187	0.9476
1152.40	320.11	2.0995	5.4922	1.6729	3.1454	1.3222	1.7683	1.0385	0.9820
1180.80	328.00	2.1513	5.7479	1.7141	3.2912	1.3548	1.8499	1.0641	1.0272
1210.00	336.11	2.2045	6.0166	1.7565	3.4444	1.3883	1.9357	1.0904	1.0746
1295.00	359.72			1.8799	3.9092	1.4859	2.1958	1.1670	1.2184
1350.00	375.00			1.9597	4.2248	1.5490	2.3724	1.2166	1.3160
1420.00	394.44			2.0613	4.6433	1.6293	2.6063	1.2797	1.4453
1500.00	416.67			2.1775	5.1445	1.7211	2.8865	1.3518	1.6000
1595.00	443.06					1.8301	3.2366	1.4374	1.7933
1680.00	466.67					1.9276	3.5660	1.5140	1.9750
1760.00	488.89					2.0194	3.8899	1.5861	2.1536
1850.00	513.89					2.1227	4.2702	1.6672	2.3633
1920.00	533.33					2.2030	4.5776	1.7302	2.5327
2000.00	555.56					2.2948	4.9415	1.8023	2.7331
2080.00	577.78							1.8744	2.9407
2158.00	599.44							1.9447	3.1501
2240.00	622.22							2.0186	3.3776
2335.00	648.61							2.1042	3.6505
2430.00	675.00							2.1898	3.9336

Q (SDR / d_i)		SDR17							
		800.00		900.00		1000.00			
m^3/h	L/s	v (m/s)	1000i	v (m/s)	1000i	v (m/s)	1000i	v (m/s)	1000i
914.40	254.00	0.6491	0.3589						
936.00	260.00	0.6644	0.3746						
968.40	269.00	0.6874	0.3987						
990.00	275.00	0.7027	0.4152						
1022.40	284.00	0.7257	0.4405						
1054.80	293.00	0.7487	0.4666						
1087.20	302.00	0.7717	0.4933						
1108.80	308.00	0.7870	0.5114						
1130.40	314.00	0.8024	0.5299						
1152.40	320.11	0.8180	0.5491	0.6463	0.3098				

续表 B.0.1-3

SDR / d_i / Q		SDR17							
		800.00		900.00		1000.00			
m^3/h	L/s	v (m/s)	1000i	v (m/s)	1000i	v (m/s)	1000i	v (m/s)	1000i
1180.80	328.00	0.8381	0.5743	0.6622	0.3239				
1210.00	336.11	0.8589	0.6007	0.6786	0.3388				
1295.00	359.72	0.9192	0.6809	0.7263	0.3838				
1350.00	375.00	0.9582	0.7352	0.7571	0.4144				
1420.00	394.44	1.0079	0.8072	0.7964	0.4548	0.6451	0.2725		
1500.00	416.67	1.0647	0.8932	0.4813	0.5032	0.6814	0.3014		
1595.00	443.06	1.1321	1.0007	0.8945	0.5635	0.7246	0.3375		
1680.00	466.67	1.1925	1.1018	0.9422	0.6202	0.7632	0.3714		
1760.00	488.89	1.2493	1.2010	0.9871	0.6759	0.7995	0.4046		
1850.00	513.89	1.3132	1.3175	1.0376	0.7412	0.8404	0.4436		
1920.00	533.33	1.3628	1.4116	1.0768	0.7940	0.8722	0.4751		
2000.00	555.56	1.4196	1.5228	1.1217	0.8563	0.9086	0.5123		
2080.00	577.78	1.4764	1.6380	1.1665	0.9209	0.9449	0.5508		
2158.00	599.44	1.5318	1.7542	1.2103	0.9859	0.9803	0.5896		
2240.00	622.22	1.5900	1.8803	1.2563	1.0566	1.0176	0.6317		
2335.00	648.61	1.6574	2.0316	1.3096	1.1413	1.0607	0.6822		
2430.00	675.00	1.7248	2.1885	1.3628	1.2291	1.1039	0.7345		
2530.00	702.78	1.7958	2.3596	1.4189	1.3248	1.1493	0.7915		
2650.00	736.11	1.8810	2.5729	1.4862	1.4441	1.2038	0.8626		
2730.00	758.33	1.9378	2.7200	1.5311	1.5263	1.2402	0.9115		
2830.00	786.11	2.0088	2.9094	1.5872	1.6321	1.2856	0.9745		
2930.00	813.89	2.0797	3.1047	1.6433	1.7413	1.3310	1.0395		
3030.00	841.67	2.1507	3.3062	1.6993	1.8538	1.3765	1.1064		
3130.00	869.44			1.7554	1.9696	1.4219	1.1753		
3230.00	897.22			1.8115	2.0888	1.4673	1.2462		
3330.00	925.00			1.8676	2.2113	1.5128	1.3190		
3430.00	952.78			1.9237	2.3371	1.5582	1.3937		
3530.00	980.56			1.9798	2.4662	1.6036	1.4705		
3630.00	1008.33			2.0358	2.5986	1.6490	1.5491		
3730.00	1036.11			2.0919	2.7343	1.6945	1.6297		
3830.00	1063.89					1.7399	1.7123		
3930.00	1091.67					1.7853	1.7967		
4030.00	1119.44					1.8307	1.8831		
4130.00	1147.22					1.8762	1.9715		
4230.00	1175.00					1.9216	2.0617		
4400.00	1222.22					1.9988	2.2195		

表 B.0.1-4 *SDR*21、埋地聚乙烯给水管道水力坡降表

Q		SDR / d_i	*SDR*21						
		75.00		90.00		110.00		160.00	
m^3/h	L/s	v（m/s）	1000*i*	v（m/s）	1000*i*	v（m/s）	1000*i*	v（m/s）	1000*i*
4.96	1.38			0.2648	1.0030				
6.50	1.81			0.3470	1.6212				
8.02	2.23			0.4281	2.3585	0.2871	0.9028		
10.20	2.83			0.5445	3.6291	0.3651	1.3858		
13.56	3.77			0.7238	6.0622	0.4854	2.3078		
17.68	4.91			0.9437	9.8061	0.6329	3.7214		
23.42	6.51			1.2501	16.3761	0.8383	6.1922		
28.09	7.80			1.4994	22.8576	1.0055	8.6210	0.4686	1.3702
36.01	10.00			1.9221	36.1343	1.2890	13.5775	0.6008	2.1458
46.02	12.78					1.6473	21.3176	0.7678	3.3486
55.58	15.44					1.9895	30.2201	0.9273	4.7231
68.80	19.11							1.1478	6.9790
79.20	22.00							1.3213	9.0382
83.11	23.09							1.3866	9.8764
90.00	25.00							1.5015	11.4380
103.50	28.75							1.7267	14.8083
117.00	32.50							1.9520	18.5861

Q		SDR / d_i	*SDR*21						
		200.00		315.00		400.00		450.00	
m^3/h	L/s	v（m/s）	1000*i*	v（m/s）	1000*i*	v（m/s）	1000*i*	v（m/s）	1000*i*
55.58	15.44	0.6014	1.6400						
68.80	19.11	0.7444	2.4170						
79.20	22.00	0.8569	3.1243						
83.11	23.09	0.8992	3.4117						
90.00	25.00	0.9738	3.9468						
103.50	28.75	1.1198	5.0993						
117.00	32.50	1.2659	6.3882						
130.00	36.11	1.4065	7.7569						
140.00	38.89	1.5147	8.8941	0.6096	0.9723				
154.00	42.78	1.6662	10.6086	0.6706	1.1567				
163.00	45.28	1.7636	11.7857	0.7098	1.2831				
176.00	48.89	1.9042	13.5891	0.7664	1.4762				
207.00	57.50			0.9013	1.9867				
216.00	60.00			0.9405	2.1481				
230.00	63.89			1.0015	2.4106				
248.40	69.00			1.0816	2.7770	0.6712	0.8703		
255.73	71.04			1.1135	2.9297	0.6910	0.9179		

续表 B.0.1-4

SDR / d_i / Q		*SDR*21							
		200.00		315.00		400.00		450.00	
m^3/h	L/s	v (m/s)	1000*i*	v (m/s)	1000*i*	v (m/s)	1000*i*	v (m/s)	1000*i*
270.00	75.00			1.1757	3.2379	0.7295	1.0137		
288.00	80.00			1.2540	3.6471	0.7781	1.1409		
306.00	85.00			1.3324	4.0791	0.8268	1.2749	0.6533	0.7198
324.12	90.03			1.4113	4.5368	0.8757	1.4169	0.6920	0.7997
338.40	94.00			1.4735	4.9135	0.9143	1.5336	0.7225	0.8654
349.20	97.00			1.5205	5.2079	0.9435	1.6248	0.7456	0.9166
356.40	99.00			1.5519	5.4086	0.9630	1.6869	0.7610	0.9516
367.20	102.00			1.5989	5.7163	0.9921	1.7821	0.7840	1.0051
381.60	106.00			1.6616	6.1392	1.0310	1.9128	0.8148	1.0786
399.90	111.08			1.7413	6.6970	1.0805	2.0852	0.8538	1.1754
410.40	114.00			1.7870	7.0274	1.1089	2.1872	0.8762	1.2327
424.80	118.00			1.8497	7.4928	1.1478	2.3308	0.9070	1.3134
439.20	122.00			1.9124	7.9723	1.1867	2.4787	0.9377	1.3964
468.00	130.00			2.0378	8.9736	1.2645	2.7872	0.9992	1.5696
482.40	134.00			2.1005	9.4953	1.3034	2.9479	1.0300	1.6597
501.85	139.40			2.1852	10.2222	1.3560	3.1715	1.0715	1.7851
518.40	144.00					1.4007	3.3678	1.1068	1.8952
532.80	148.00					1.4396	3.5432	1.1376	1.9935
547.20	152.00					1.4785	3.7227	1.1683	2.0941
561.60	156.00					1.5174	3.9064	1.1991	2.1970
583.20	162.00					1.5758	4.1897	1.2452	2.3557
619.20	172.00					1.6730	4.6827	1.3221	2.6317
640.80	178.00					1.7314	4.9909	1.3682	2.8042
662.40	184.00					1.7897	5.3084	1.4143	2.9819
684.00	190.00					1.8481	5.6352	1.4604	3.1647
705.60	196.00					1.9065	5.9712	1.5065	3.3525
720.00	200.00					1.9454	6.2003	1.5373	3.4806
752.40	209.00					2.0329	6.7308	1.6065	3.7771
784.80	218.00					2.1205	7.2820	1.6756	4.0850
806.40	224.00					2.1788	7.6609	1.7217	4.2966
828.00	230.00					2.2372	8.0489	1.7679	4.5133
860.40	239.00							1.8370	4.8477
882.00	245.00							1.8832	5.0770
914.40	254.00							1.9523	5.4302
936.00	260.00							1.9985	5.6720
968.40	269.00							2.0676	6.0441
990.00	275.00							2.1138	6.2983
1022.40	284.00							2.1829	6.6891

续表 B.0.1-4

Q \ SDR / d_i		SDR21							
		500.00		560.00		630.00		710.00	
m^3/h	L/s	v (m/s)	1000i	v (m/s)	1000i	v (m/s)	1000i	v (m/s)	1000i
356.40	99.00	0.6164	0.5708						
367.20	102.00	0.6351	0.6028						
381.60	106.00	0.6600	0.6468						
399.90	111.08	0.6917	0.7047						
410.40	114.00	0.7098	0.7389						
424.80	118.00	0.7347	0.7871						
439.20	122.00	0.7596	0.8367						
468.00	130.00	0.8095	0.9402						
482.40	134.00	0.8344	0.9940	0.6648	0.5726				
501.85	139.40	0.8680	1.0689	0.6916	0.6156				
518.40	144.00	0.8966	1.1346	0.7144	0.6533				
532.80	148.00	0.9215	1.1932	0.7342	0.6870				
547.20	152.00	0.9464	1.2532	0.7541	0.7215				
561.60	156.00	0.9713	1.3146	0.7739	0.7567				
583.20	162.00	1.0087	1.4093	0.8037	0.8110				
619.20	172.00	1.0710	1.5739	0.8533	0.9054	0.6740	0.5106		
640.80	178.00	1.1083	1.6767	0.8831	0.9644	0.6976	0.5437		
662.40	184.00	1.1457	1.7825	0.9128	1.0250	0.7211	0.5778		
684.00	190.00	1.1830	1.8914	0.9426	1.0874	0.7446	0.6129		
705.60	196.00	1.2204	2.0033	0.9724	1.1515	0.7681	0.6489		
720.00	200.00	1.2453	2.0796	0.9922	1.1952	0.7838	0.6734	0.6171	0.3768
752.40	209.00	1.3014	2.2561	1.0369	1.2963	0.8190	0.7302	0.6449	0.4085
784.80	218.00	1.3574	2.4393	1.0815	1.4012	0.8543	0.7891	0.6726	0.4414
806.40	224.00	1.3948	2.5652	1.1113	1.4733	0.8778	0.8295	0.6912	0.4639
828.00	230.00	1.4321	2.6941	1.1411	1.5470	0.9013	0.8709	0.7097	0.4870
860.40	239.00	1.4882	2.8930	1.1857	1.6608	0.9366	0.9348	0.7374	0.5226
882.00	245.00	1.5255	3.0292	1.2155	1.7388	0.9601	0.9785	0.7559	0.5469
914.40	254.00	1.5815	3.2392	1.2601	1.8588	0.9954	1.0458	0.7837	0.5844
936.00	260.00	1.6189	3.3829	1.2899	1.9410	1.0189	1.0918	0.8022	0.6101
968.40	269.00	1.6749	3.6039	1.3345	2.0673	1.0542	1.1627	0.8300	0.6495
990.00	275.00	1.7123	3.7549	1.3643	2.1536	1.0777	1.2110	0.8485	0.6764
1022.40	284.00	1.7683	3.9870	1.4090	2.2861	1.1130	1.2853	0.8763	0.7178
1054.80	293.00	1.8244	4.2256	1.4536	2.4224	1.1482	1.3616	0.9040	0.7603
1087.20	302.00	1.8804	4.4708	1.4983	2.5624	1.1835	1.4400	0.9318	0.8039
1108.80	308.00	1.9178	4.6379	1.5280	2.6578	1.2070	1.4934	0.9503	0.8336
1130.40	314.00	1.9551	4.8079	1.5578	2.7548	1.2305	1.5477	0.9688	0.8638
1152.40	320.11	1.9932	4.9840	1.5881	2.8553	1.2545	1.6040	0.9877	0.8951
1180.80	328.00	2.0423	5.2158	1.6272	2.9876	1.2854	1.6780	1.0120	0.9362
1210.00	336.11	2.0928	5.4594	1.6675	3.1266	1.3172	1.7557	1.0371	0.9795
1295.00	359.72			1.7846	3.5480	1.4097	1.9914	1.1099	1.1104
1350.00	375.00			1.8604	3.8341	1.4696	2.1513	1.1571	1.1993
1420.00	394.44			1.9569	4.2135	1.5458	2.3633	1.2171	1.3170
1500.00	416.67			2.0671	4.6678	1.6329	2.6170	1.2856	1.4578
1595.00	443.06					1.7363	2.9341	1.3670	1.6338
1680.00	466.67					1.8288	3.2324	1.4399	1.7992
1760.00	488.89					1.1959	3.5257	1.5085	1.9617
1850.00	513.89					2.0139	3.8700	1.5856	2.1525
1920.00	533.33					2.0901	4.1483	1.6456	2.3066
2000.00	555.56					2.1771	4.4777	1.7142	2.4890
2080.00	577.78							1.7827	2.6778

续表 B.0.1-4

Q \ SDR / d_i		SDR21							
		500.00		560.00		630.00		710.00	
m³/h	L/s	v (m/s)	1000i	v (m/s)	1000i	v (m/s)	1000i	v (m/s)	1000i
2158.00	599.44							1.8496	2.8683
2240.00	622.22							1.9199	3.0752
2335.00	648.61							2.0013	3.3235
2430.00	675.00							2.0827	3.5810
2650.00	736.11	1.7890	2.3428	1.4135	1.3154	1.1449	0.7859		
2730.00	758.33	1.8430	2.4766	1.4562	1.3902	1.1795	0.8305		
2830.00	786.11	1.9105	2.6488	1.5095	1.4865	1.2227	0.8878		
2930.00	813.89	1.9780	2.8266	1.5629	1.5859	1.2659	0.9470		
3030.00	841.67	2.0455	3.0097	1.6162	1.6882	1.3091	1.0079		

Q \ SDR / d_i		SDR21							
		800.00		900.00		1000.00			
m³/h	L/s	v (m/s)	1000i	v (m/s)	1000i	v (m/s)	1000i	v (m/s)	1000i
914.40	254.00	0.6173	0.3273						
936.00	260.00	0.6319	0.3416						
968.40	269.00	0.6538	0.3636						
990.00	275.00	0.6683	0.3787						
1022.40	284.00	0.6902	0.4017						
1054.80	293.00	0.7121	0.4255						
1087.20	302.00	0.7340	0.4498						
1108.80	308.00	0.7485	0.4664						
1130.40	314.00	0.7631	0.4832						
1152.40	320.11	0.7780	0.5007	0.6147	0.2825				
1180.80	328.00	0.7971	0.5236	0.6298	0.2954				
1210.00	336.11	0.8169	0.5477	0.6454	0.3090				
1295.00	359.72	0.8742	0.6207	0.6908	0.3500				
1350.00	375.00	0.9114	0.6702	0.7201	0.3778				
1420.00	394.44	0.9586	0.7357	0.7574	0.4147	0.6135	0.2485		
1500.00	416.67	1.0126	0.8141	0.8001	0.4587	0.6481	0.2749		
1595.00	443.06	1.0768	0.9120	0.8508	0.5137	0.6891	0.3077		
1680.00	466.67	1.1341	1.0040	0.8961	0.5654	0.7259	0.3386		
1760.00	488.89	1.1882	1.0944	0.9388	0.6161	0.7604	0.3689		
1850.00	513.89	1.2489	1.2004	0.9868	0.6756	0.7993	0.4044		
1920.00	533.33	1.2962	1.2860	1.0241	0.7236	0.8295	0.4331		
2000.00	555.56	1.3502	1.3873	1.0668	0.7804	0.8641	0.4669		
2080.00	577.78	1.4042	1.4921	1.1095	0.8391	0.8987	0.5020		
2158.00	599.44	1.4568	1.5979	1.1511	0.8984	0.9324	0.5374		
2240.00	622.22	1.5122	1.7127	1.1948	0.9627	0.9678	0.5757		
2335.00	648.61	1.5763	1.8504	1.2455	1.0398	1.0088	0.6217		
2430.00	675.00	1.6405	1.9931	1.2962	1.1197	1.0499	0.6693		
2530.00	702.78	1.7080	2.1487	1.3495	1.2068	1.0931	0.7212		
3030.00	841.67	2.0455	3.0097	1.6162	1.6882	1.3091	1.0079		
3130.00	869.44			1.6695	1.7936	1.3523	1.0706		
3230.00	897.22			1.7229	1.9020	1.3955	1.1351		
3330.00	925.00			1.7762	2.0134	1.4387	1.2014		
3430.00	952.78			1.8296	2.1279	1.4819	1.2694		
3530.00	980.56			1.8829	2.2453	1.5252	1.3392		

续表 B.0.1-4

Q m³/h	Q L/s	SDR21 800.00 v (m/s)	800.00 1000i	900.00 v (m/s)	900.00 1000i	1000.00 v (m/s)	1000.00 1000i	v (m/s)	1000i
3630.0	1008.33			1.9362	2.3657	1.5684	1.4108		
3730.0	1036.11			1.9896	2.4891	1.6116	1.4841		
3830.00	1063.89					1.6548	1.5592		
3930.00	1091.67					1.6980	1.6360		
4030.00	1119.44					1.7412	1.7146		
4130.00	1147.22					1.7844	1.7950		
4230.00	1175.00					1.8276	1.8771		
4400.00	1222.22					1.9010	2.0206		

附录 C 管侧土的综合变形模量

C.0.1 管侧土的综合变形模量应根据管侧回填土的土质、压实密度和基槽两侧原状土的土质，综合评价确定。

C.0.2 管侧土的综合变形模量 E_d，可按下式计算：

$$E_d = \xi E_e \quad (C.0.2)$$

式中 E_e——管侧回填土在要求压实密度下的变形模量（MPa），应根据试验确定；当缺乏试验数据时，可按照表 C.0.2-1 采用；

E_n——基槽两侧原状土的变形模量（MPa），应根据试验确定，当缺乏试验数据时，可参照表 C.0.2-1 采用。

ξ——与 B_r（管中心处槽宽度）和 D_1 的比值及 E_e 与基槽两侧原状土变形模量 E_n 的比值有关的计算参数，可按表 C.0.2-2 确定；

表 C.0.2-1 管侧回填土和槽侧原状土的变形模量（MPa）

土的类别 \ 回填土压实系数（%） / 原状土标准贯入锤击数 $N_{63.5}$	85	90	95	100
	$4<N\leqslant14$	$14<N\leqslant24$	$24<N\leqslant50$	>50
砾石、碎石	5	7	10	20
砂砾、砂卵石，细粒土含量不大于 12%	3	5	7	14
砂砾、砂卵石，细粒土含量大于 12%	1	3	5	10
粘性土或粉土（$W_L<50\%$），砂粒含量大于 25%	1	3	5	10

续表 C.0.2-1

土的类别 \ 回填土压实系数（%） / 原状土标准贯入锤击数 $N_{63.5}$	85	90	95	100
	$4<N\leqslant14$	$14<N\leqslant24$	$24<N\leqslant50$	>50
粘性土或粉土（$W_L<50\%$），砂粒含量小于 25%	—	1	3	7

注：1 表中数值适用于 10m 以下覆土，对覆土超过 10m 时，上表数值偏低；
2 回填土的变形模量（E_e）可按要求的压实系数采用；表中的压实系数（%）系指设计要求回填土压实后的干密度与该土在相同压实能量下的最大干密度的比值；
3 基槽两侧原状土的变形模量（E_n）可按标准贯入度试验的锤击数确定；
4 W_L 为粘性土的液限；
5 细粒土系指粒径小于 0.075mm 的土；
6 砂粒系指粒径为 0.075mm～2.0mm 的土。

表 C.0.2-2 计算参数 ξ

E_e/E_n \ B_r/D_1	1.5	2.0	2.5	3.0	4.0	5.0
0.1	3.06	2.04	1.63	140	1.17	1.05
0.2	2.50	1.83	1.52	1.34	1.15	1.04
0.4	1.80	1.52	1.35	1.24	1.11	1.03
0.6	1.43	1.29	1.21	1.15	1.07	1.02
0.8	1.18	1.13	1.09	1.07	1.03	1.01
1.0	1.00	1.00	1.00	1.00	1.00	1.00
1.5	0.73	0.78	0.82	0.86	0.93	0.98
2.0	0.57	0.64	0.7	0.76	0.86	0.95
2.5	0.47	0.54	0.61	0.68	0.81	0.93
3	0.40	0.47	0.54	0.61	0.76	0.90
4	0.30	0.37	0.44	0.51	0.67	0.87
5	0.25	0.30	0.37	0.43	0.61	0.83

附录D 管顶竖向压力标准值的确定

D.0.1 开槽施工的管道，其管顶竖向土压力标准值应按下式计算：

$$F_{sv、k} = C_d \gamma_s H_s D_1 \quad (D.0.1)$$

式中 $F_{sv、k}$——每延米管道上管顶竖向土压力标准值（kN/m）；

C_d——开槽施工土压力系数，一般可取1.2计算；

H_s——管顶至设计地面的覆土高度（m）；

D_1——管道外径（m）；

γ_s——回填土的重力密度，一般可取18kN/m³计算。

D.0.2 当设计地面高于原状地面，管顶竖向土压力标准值应按下式计算：

$$F_{sv,k} = C_c \gamma_s H_s D_1 \quad (D.0.2)$$

式中 C_c——填埋式土压力系数。一般可取1.4。

D.0.3 地面车辆荷载传递到埋地管道顶部的竖向压力标准值，可按下列方法确定：

1 单个轮压传递到管道顶部的竖向压力标准值可按下式计算（图D.0.3-1）：

$$q_{vk} = \frac{\mu_d Q_{vi,k}}{(a_i + 1.4H)(b_i + 1.4H)} \quad (D.0.3\text{-}1)$$

式中 q_{vk}——轮压传递到管顶处的竖向压力（kN/m²）；

$Q_{vi,k}$——车辆的 i 个车轮承担的单个轮压（kN）；

a_i——i 个车轮的着地分布长度（m）；

b_i——i 个车轮的着地分布宽度（m）；

H——自车行地面至管顶的深度（m）；

μ_d——动力系数，可按表D.0.3采用。

2 两个以上单排轮压综合影响传递到管道顶部的竖向压力标准值，可按下式计算（图D.0.3-2）：

$$q_{vk} = \frac{\mu_d n Q_{vi,k}}{(a_i + 1.4H)\left(nb_i + \sum_{j=1}^{n-1} d_{bj} + 1.4H\right)} \quad (D.0.3\text{-}2)$$

式中 n——车轮的总数量；

d_{bj}——沿车轮着地分布宽度方向，相邻两个车轮间的净距（m）。

表D.0.3 动力系数（μ_d）

地面在管顶（m）	0.25	0.30	0.40	0.50	0.60	≥0.70
动力系数（μ_d）	1.30	1.25	1.20	1.15	1.05	1.00

D.0.4 地面堆积荷载标准值可取10kN/m²计算。

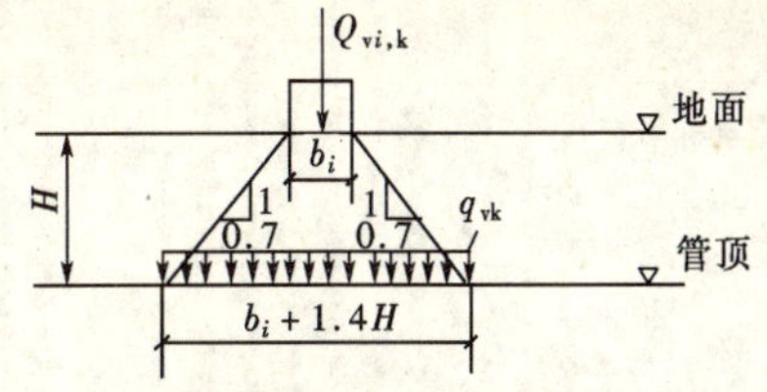

（a）顺轮胎着地宽度的分布

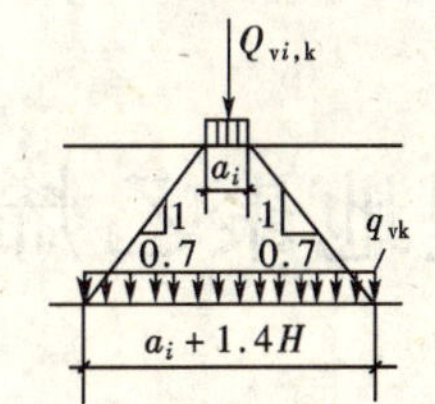

（b）顺轮胎着地长度的分布

图D.0.3-1 单个轮压的传递分布图

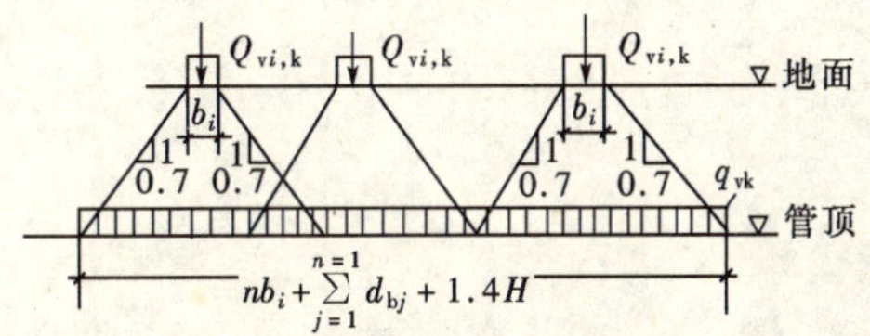

（a）顺轮胎着地宽度的分布

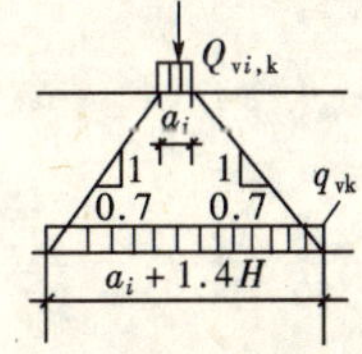

（b）顺轮胎着地长度的分布

图D.0.3-2 两个以上单排轮压综合影响的传递分布图

本规程用词说明

1 为便于在执行本规程条文时区别对待，对要求严格不同的用词说明如下：

1）表示很严格，非这样做不可的：

正面词采用“必须”，反面词采用“严禁”；

2）表示严格，在正常情况下均应这样做的：

正面词采用“应”，反面词采用“不应”或“不得”；

3）表示允许稍有选择，在条件许可时首先应这样做的用词；

正面词采用“宜”，反面词采用“不宜”；

表示有选择，在一定条件下可以这样做的，采用“可”。

2 条文中指明应按其他有关标准执行的写法为“应符合……的规定”或“应按……执行”。

中华人民共和国行业标准

埋地聚乙烯给水管道工程技术规程

CJJ 101—2004

条 文 说 明

前　　言

《埋地聚乙烯给水管道工程技术规程》CJJ 101—2004，经建设部2004年5月8日以公告237号批准，业已发布。

为便于广大设计、施工、科研、学校等单位的有关人员在使用本标准时能正确理解和执行条文规定，《埋地聚乙烯给水管道工程技术规程》编制组按章、节、条顺序编制了本标准的条文说明，供使用者参考。在使用中如发现本条文说明有不妥之处，请将意见函寄北京中环工程设计监理有限责任公司（北京市海淀区蓝靛厂南路25号牛顿办公区5层，邮编：100089）。

目　次

1 总 则

1.0.1 聚乙烯属聚烯烃类，是三大通用塑料之一。聚乙烯材料有优良的耐低温冲击性、柔韧性、耐腐蚀性和易加工性，在国民经济各领域得到广泛应用。20世纪后期，原材料生产企业对聚乙烯聚合工艺和材料进行改性研究，开发了聚乙烯 PE80、PE100 等更适用于工程应用的高强度树脂。各类聚乙烯管道输送生活饮用水流体阻力小、输水能耗低、水质稳定、不产生二次污染，管道施工方便、连接可靠，是一种安全、卫生、实用具有发展潜力的工程管道。本规程为使工程设计和施工人员掌握材料基本物理力学性能，施工技术，确保工程质量，在吸收国外先进技术和总结国内施工安装经验的基础上进行编制。

1.0.2 聚乙烯管道输送的水温不大于 40℃。工作压力不大于 1.0MPa，是指在水温和环境温度小于或等于 20℃条件下。当水温和环境温度高于 20℃时，工作压力应乘以小于 1.0 的温度修正系数。

1.0.3 本管道工程技术规程应与现行国家规范、行业及地方标准相协调。

2 术语、符号

本章有关术语和符号，根据现行国家标准《给水用聚乙烯（PE）管材》GB/T13663 及《给水排水工程管道结构设计规范》GB 50332 专用符号和水力计算的符号列出。

2.1.1 管材的公称外径符号，与管材产品标准《给水用聚乙烯管材》GB/T 13663 一致，采用 *dn*；规程与产品标准相一致，管外径及其他与管材有关尺寸采用 *dn* 或 e_n 注法。

2.1.2 公称壁厚即管材、管件壁厚的规定值，相当于任一点的最小壁厚，由于聚乙烯管材为正公差，本规程所列公称壁厚 e_n，可用作管壁的计算厚度。

2.1.3 管材的公称压力，是管材在 20℃时长期受内水压的最大压力，或管材最大工作压力。

2.1.9 本条说明了管材外径与壁厚的关系，它与管材的公称压力有关，因此列出，便于工程设计和施工管理人员理解和应用。

3 材 料

3.1 一 般 规 定

3.1.1 强调聚乙烯给水管材、管件及系统附件必须符合现行国家标准，同时由于管道系统主要用于输送生活饮用水，因此对用于系统的各种材料必须符合卫生要求，并通过专业卫生检测机构测试。

3.1.2 用户应重点检查的项目。PE80 是指最小要求强度（*MRS*）为 8.0MPa 的聚乙烯管材；PE100 指最小要求强度（*MRS*）为 10.0MPa 的聚乙烯管材。

3.1.3 本条规定选用的材料等级，有利于提高管道系统的安全可靠性。

3.1.4 规定本条的目的是确保管道连接工程质量。

3.2 管 材

3.2.1 本条按国家标准《给水用聚乙烯（PE）管材》GB/T 13663 列出，公称外径范围为 32～1000mm。公称外径小于 32mm 的管道一般为进户管，按《建筑给水聚乙烯类管道工程技术规程》CJJ/T 98 规定执行。表内带括号管径为非常用规格，不推荐使用，以减少施工及管理单位管件或附件种类繁多的麻烦。标准尺寸比（*SDR*）是管材的公称外径（*dn*）与公称壁厚（e_n）的比值。

3.2.2～3.2.3 为用户使用方便，本条列出了聚乙烯管材标准的主要物理力学性能。

3.3 管 件

3.3.1 本条按国家标准《给水用聚乙烯（PE）管件》列出相应的管件品种有电熔管件；电熔承口管件、电熔鞍形管件（包括分接三通和鞍形分支）；插口管件；机械式管件等。管件的材质、材性和机械物理性能均应符合以上标准。松套法兰片和法兰接头尺寸应符合《压力下用于流体的热塑性管材——法兰接头及背压法兰片的配合尺寸》ISO/DIS9642 要求。

机械连接管件的分类是参照 ISO 14236—2000《PE 供水压力管件》标准而定。其中 $dn \leqslant 63$ 的锁紧型承插式连接即是通用的活络式连接，由管箍本体、密封圈、压环、锁紧螺母组成。$dn > 63$ 的为特殊的弹性密封圈连接，其橡胶密封圈上镶有防止承插口拉脱的金属构件。非锁紧型承插式连接即普通弹性密封圈连接，是参照已经应用相当成熟的《给水用硬聚氯乙烯管材、管件》（GB/T 10002.1、GB/T 10002.2）标准，结合我国应用技术特点进行开发研制的连接形式，产品目前尚无国家和行业标准。国家化学建材测试中心对江阴大伟塑料制品有限公司提供的非锁紧型承插式连接件进行了试验。试验条件为水温 20℃、环应力 10.5MPa、100h 和水温 20℃、环应力 9.5MPa、1000h，接头还通过水压 2.4 MPa（1.6MPa × 1.5）1000h 试验，结果压力不下降，连接点无渗漏。当水温为 40℃、环应力 7.4MPa、100h 时，其结论相同。同时上海、成都、武汉、佛山、广州经济开发区等自来水公司又进行了工程试点，均取得了良好的效果。因此，将承插式连接形式列入本规程。

3.3.2 本条根据国家标准《给水用聚乙烯（PE）管件》GB/T 13663.2 列出不同种类型 PE 树脂生产的聚乙烯管件的壁厚与相应的 PE80，PE100 管材壁厚的关系。

3.3.6 聚乙烯管件利用管材进行二次加工的管件的外形及尺寸应满足相应的产品标准。管件应在企业内制作，且经质量检验和试压符合标准后方可出厂，供工程使用。为减少管件阻力，在工厂焊制的管件应去掉焊口内凸缘。

热熔对接管件，焊缝强度必须大于管材强度的125%，对接设备应符合《塑料管材和管件——熔化连接聚乙烯系统设备第一部分：对接焊》（ISO 12176—1：1998）要求。

4 管道系统设计

4.1 一般规定

4.1.1 聚乙烯管材为热塑性管道，管材强度对温度敏感，工作温度高折减系数 f_t 小，折减系数 f_t 在20℃时系数小于或等于1.0，温度小于20℃时系数大于1.0，偏于安全。工作温度是指输送水介质温度，因水温年内变化较大，特别是以地表水为水源的饮用水，本条规定选用折减系数时，采用年最高月平均水温为计算温度，相邻间数值采用内插法计算。

4.2 管道布置

4.2.1～4.2.3 管道与建筑物、构筑物间的距离根据《城市工程管线综合规划规范》GB5 0289的规定列出，对于特殊地段，以上规定间距不能满足要求时应采取安全保护措施。

4.2.5 管道与重要道路、铁路交叉敷设应按设计要求，且应与有关部门协调，按相应规定施工。套管内部应光滑平整，防止穿越时划伤管材表面。套管内径大于穿越管外径，便于施工、维护。

4.2.8～4.2.9 聚乙烯管热膨胀系数较大，无论直接埋地敷设或在管廊内敷设均应考虑、纵向变形，因此应采取固定措施。埋地管可参照《埋地硬聚氯乙烯给水管道工程技术规程》CECS17：2000进行施工。

4.2.10 管道敷设位置一般城市均绘制道路管线综合图，管道相关位置明确，其覆土层是否要设金属带状示踪线，宜与当地市政管理部门协调。

4.3 管道水力计算

4.3.1 管道水力计算包括沿程水头损失 h_f 计算与局部水头损失 H_s 计算。沿程水头损失 $h_f=\lambda\dfrac{l}{d}\cdot\dfrac{v^2}{2g}$ 是通用公式，而 λ 系数的取值与管道断面形状、管材、水流状态、水温等因素有关。供水管道水力计算公式常用的有满宁公式、海曾-威廉公式、达西公式、柯尔勃洛克-怀特公式、舍维列夫公式等，不同的公式有不同的适用范围，计算结果也略有不同。美国一般选用海曾-威廉公式，英国一般使用柯尔勃洛克-怀特公式，日本曾广泛使用Weston公式，目前使用较多是海曾-威廉公式。

据芬兰凯威赫公司提供的技术资料，柯尔勃洛克-怀特公式最适合于PE、PP管的水力计算。而钢管、球铁管、推荐选用海曾-威廉公式和满宁公式。资料显示，英国PE管水力计算选用的也是柯尔勃洛-怀特公式，其 Δ 值取值为 $\Delta=0.003\sim0.015$mm。

CECS17：2000聚氯乙烯给水管采用的水力计算公式是勃拉修斯公式，并经国内有关单位试验确定了有关系数。PE管在国内供水行业的应用尚属起步阶段，更缺少相关的试验工作。

因此，在缺少必要的试验数据的基础上，本规程推荐使用柯尔勃洛克-怀特公式。

4.3.2 采用不同的树脂等级，选用不同的压力等级，同样的公称外径下的管道内径是不相同的。按GB/T13663，不同的 *SDR* 值对应不同的压力等级，也就对应不同的管道内径。为减少水力计算结果表格内容，附表列出了不同口径、不同 *SDR* 值下的流量、流速、水力坡降，请查用时对照GB/T13663管材规格表。

附表B 是按水温20℃进行计算的，不同水温时的水力坡降可按表1折算。

表1 不同水温时的水力坡峰折减系数

温度（℃）	0	4	8	12	16	20	24	28	30	35	40
折减系数	1.17	1.10	1.08	1.06	1.05	1.00	0.98	0.97	0.95	0.92	0.89

4.3.3 局部水头损失 $\Delta H_S=\dfrac{kv^2}{2g}$ 是通用公式，不同配件的阻力系数 k 值应由生产厂家提供。如需精确计算，请查阅有关文献。

PE管采用焊接方式连接时，每隔一定距离将在管内壁形成一个凸起的内环，增加了水流阻力，其值究竟为多少，也缺少必要的试验资料，在计算资料不足的情况下，也可采用按沿程水头损失的百分比来计算管道局部水头损失。

4.3.4 水锤计算公式 $\Delta P=a\cdot\dfrac{\Delta v}{g}$ 是儒可夫斯基（Joukowsky）1898年提出的，为国内外广泛采用。

压力波回流速度 a 之计算公式（4.3.4-2）中，c 值为表征管道固定情况的系数。如果管身固定没有轴向运动，$c=1-\mu^2$（μ 为管材泊松比）；若管子可轴向运动，$c=1.0$。c 值越小，水锤压力越高，计算结果偏于保守，此时可取 $c=0.75$（按 $\mu=0.5$ 计）。

由于PE管的壁厚较UPVC管的壁厚大很多，据有关文献资料，当管道内径 d_i 与管壁计算厚度 t_0 之比小于25时，计算水锤时要考虑壁厚的影响，c 值可按下式修正：

全管固定无轴向运动时

$$c = \frac{2e_n}{d_i}(1+\mu) + \frac{d_i(1-\mu^2)}{d_i + e_n}$$

管道可轴向运动时 $c = \frac{2e_n}{d_i}(1+\mu) + \frac{d_i}{d_i + e_n}$

更特殊的情况，请参阅有关资料。PE管的弹性模量 E_P 可取为800～1000MPa，泊松比 μ 可取为0.4～0.5。管道外径 dn、壁厚 e_n 与 SDR 值之间有下列关系

$$dn = SDR \cdot e_n$$

$$d_i = dn - 2e_n = (SDR - 2)\ e_n$$

$$d_i / e_n = SDR - 2$$

因此，压力波回流速度计算公式（4.3.4-2）又可写成

$$a = \frac{1}{\sqrt{\frac{\gamma_w}{g}\left[\frac{1}{K} + \frac{c}{E_P}(SDR - 2)\right]}}$$

可见，水锤压力值主要取决于流速及 SDR 值。计算时，请留意有关参数的单位换算。

取 $\gamma_w = 10\text{kN/m}^3$、$k = 2200\text{MPa} = 215.6 \times 10^4\text{kN/m}^2$、$E_P = 900\text{MPa} = 88.2 \times 10^4\text{kN/m}^2$、$c = 0.75$，则不同 SDR 值的压力波回流速度 a：

$$a = \frac{100}{\sqrt{1.02\ [0.00464 + 0.008503\ (SDR - 2)]}}$$

表2列出不同 SDR 值的压力波回流速度，供参考。

表2 不同 *SDR* 值的压力波回流速度

SDR 值	11	13.6	17	21	26	33
a (m/s)	348	308	272	243	217	191

一般，PE管的设计流速不会超过1.2m/s。按选用PE80压力等级1.0MPa（此时 $SDR = 13.6$）计，水锤压力升值不超过37.7m（水柱），一般PE管工作压力按0.6MPa（此时 $SDR = 21$）计，水锤压力值不超过29.8m（水柱），基本也能满足要求。

在其他特殊情况下，PE管设计时，是否需要进行水锤计算，可由设计确定。

4.4 管道结构计算

4.4.1 条文明确规定本规程的编制是根据《建筑结构可靠度设计统一标准》GB 50068和《给水排水工程管道结构设计规范》GB 50332规定的原则，采用以概率理论为基础的极限状态设计方法。

结构计算主要包括内压作用下的强度计算、管壁截面环向稳定性及管道的整体稳定性计算和控制管道结构在运行期间的竖向变形量计算；强调了管道的结构设计应包括联接构造和管周回填土密实等内容。对柔性管道，尤其要重视管周回填土的质量，管道的变形及稳定计算中，均需考虑土的抗力作用，管道两侧回填土夯实密度的好坏，直接影响到土壤抗力的大小，是聚乙烯管道安全、经济、合理设计的关键环节，设计、施工中均应充分重视。

4.4.2 该条给出的强度计算的表达式，是按照《建筑结构可靠度设计统一标准》GB 50068和《给水排水工程管道结构设计规范》GB 50332规定的原则，采用分项系数的设计表达式，即结构作用效应的参数包括重要性系数、作用分项系数荷载标准值效应。条文给出了设计内水压力的作用分项系数1.2，是参考国内外的相关标准综合分析确定的；结构抗力的参数包括抗力分项系数及管材强度的标准值。由于聚乙烯管材的力学性能受长期荷载作用及温度的影响较大，因此聚乙烯管材的强度标准值，是以管材50年时20℃水温状态下的最低保证值确定的。该值应按产品标准提供。条文给出了PE80级和PE100级的最低值。聚乙烯管材的抗力系数是按不同的水温分别给出的。

埋地管道的内力计算公式中只给出内压引起的环向应力，主要是考虑在一般情况下公称外径小于等于630mm的聚乙烯管埋地给水管道在长期荷载作用下的弯曲应力及纵向应力较小，可忽略不计。当覆土较深、公称外径大于630mm时，回填土综合模量较低尚应计入弯曲应力的影响。此时应依据管材的弯曲性能进行核算。

4.4.3 对公称外径小于等于630mm聚乙烯管道，当管顶覆土高度小于0.7m时，均应进行抗浮稳定性计算。

4.4.4 该条按照《给水排水工程管道结构设计规范》GB 50332的规定列入。确定管道的临界压力时，考虑了管两侧的土壤抗力。其中管侧的变形模量考虑了沟槽原状土的影响，按综合弹性模量计算；管材的弹性模量应采用50年时的弹性模量，应由产品标准提供。

4.4.5 根据《给水排水工程管道结构设计规范》GB 50332的规定，该条给出了柔性接口水平弯头处的抗滑稳定验算公式。对整体连接的管道，当连接质量有保证时，管道水平推力标准值应计入连接强度的影响。

4.4.6 该条对聚乙烯管道的竖向变形计算做了规定。根据《建筑结构可靠度设计统一标准》GB50068的要求，采用荷载的准永久组合计算。

4.4.9～4.4.10 规定了管道基础及回填土的构造要求，施工中应充分重视管道热胀冷缩的要求。

5 管 道 连 接

5.1 一 般 规 定

5.1.2～5.1.3 规定了聚乙烯给水管道的几种连接方式及使用范围，目的是保证聚乙烯给水管道接头质量

及满足管道系统运行工艺的要求。

5.1.4 本条强调采用热熔连接时应使用专用连接工具，以保证接头质量。

5.1.5 不同类别树脂的聚乙烯管材与管件的热熔连接，要经过检测，符合有关标准方准使用。因为不同树脂的聚乙烯管连接，不能获得稳定的连接质量，所以应尽量避免不同树脂的聚乙烯管材管件连接。

5.1.7～5.1.8 由于聚乙烯管的线膨胀系数较大，如在冬季及寒冷地区，若管材，管件从存放处运到施工现场，两者的温度不同，产生的热胀冷缩也不同，因而会影响接头质量。

5.1.9 管道切割采用专业工具，管端切割要平整垂直，保持清洁，才能保证接头质量。

5.1.10 规定本条的目的是为了防止出现不合格的接头。

5.2 热熔连接

5.2.1～5.2.2 对热熔连接提出了基本要求。

5.2.3 热熔对接连接是将与管轴线垂直的两对应端面与加热板接触，加热至熔化，然后撤去加热板，将熔化端压紧，保压、冷却，直至冷却到环境温度。热熔对接焊设备应符合 ISO12176—1 要求。按 5.2.3 中的第 2 条操作程序及要点去做是为了保证接头的质量。

因热熔对接后管材内部、外部都要形成凸缘，所以对于直径小于 63mm 的管材，不推荐使用对接焊，焊接端部 *SDR* 值不同的管材或管件，不应通过对接焊连接。

5.2.4 热熔承插连接是将管材外表面和管件内表面同时加热至材料熔化温度，然后撤去承插连接工具，将熔化的管材插口插入熔化的管件承口，保压冷却到环境温度。

当管材直径小于 63mm 时，可以使用一个复原工具，手动进行承插焊接。

当管材直径大于等于 63mm 时，推荐使用承插焊机，以保证形成高质量的接头。

当管材直径大于 125mm 时，不推荐使用承插焊接。

5.2.5 热熔鞍形连接又称侧壁熔接或分支熔接。热熔鞍形连接是同时将管材连接部位的外表面和鞍形管件的内表面加热熔化。然后，撤去鞍形加热工具，将鞍形管件压到管材连接部位，保压，直至冷却到环境温度。热熔鞍形连接一般用于管道分支连接，可在带水情况下操作。

为保证接头质量，对于所有管材尺寸，都要求使用鞍形焊机，鞍形焊机应符合 ISO 或其他国家标准。

鞍形管件有两种类型，一种是从管材侧面分支的鞍形；另一种是从管材顶部分支的鞍形，其中可以包括一个集成在一起的干管切刀。

5.3 电熔连接

5.3.1～5.3.3 对电熔连接提出了基本要求。

5.3.4～5.3.5 对电熔承插连接、电熔鞍形连接进行了规定，目的是保证待连接件有足够的熔融区，使待连接件处于最佳连接条件，从而获得最佳熔接接头。

5.4 承插式连接

5.4.1 非锁紧型承插式连接是结合聚氯乙烯给水管道施工实践经验总结制订的。

5.4.2 公称外径大于或等于 90mm 的锁紧型承插式与非锁紧型承插式连接形式基本一致，因此，操作方法也基本相同。

5.4.3 公称外径小于或等于 63mm 的锁紧型承插式连接形式与聚氯乙烯给水管道的活络连接形式一样。因此，本条是根据聚氯乙烯管道施工经验制定的。

5.5 法兰连接

法兰连接是管道连接的通用形式，适用于各种管材。本节内容根据聚乙烯管特性及通用法兰连接的基本要求而定。

5.6 钢塑过渡接头连接

5.6.1 规定此条目的是强调钢塑过渡接头聚乙烯管端与聚乙烯管道连接，应按本规程的聚乙烯管道连接步骤和要求进行。

5.6.2 规定此条目的是强调钢塑过渡接头钢管端与金属管连接，可采用焊接、法兰连接和机械连接，其操作步骤和要求应符合这些连接要求。

5.6.3 规定此条目的是提醒操作人员注意钢管焊接的高温对聚乙烯管道有不良影响，因为聚乙烯管道熔点一般在 210℃左右，过高温会使聚乙烯管与其接合部位熔化，达不到密封作用。

5.6.4 人字形柔性接口配件在金属管道中为通用产品，已用于聚氯乙烯管与金属管道的过渡连接，因此也将这种过渡连接形式列入本规程。

5.6.5 由于聚乙烯管的公称外径的标注规格与金属管、阀门公称直径的标注规格不一致，在连接时必须注意对应关系。为使用方便，表 3 列出常用规格的对应关系。

表 3 聚乙烯管和金属管、阀门规格相应配套表 （mm）

公称外径 *dn*	32	40	50	63	75	90	110	160	200	315	400	450	500	560	630
金属内径 *DN*	25	32	40	50	65	80	100	150	200	300	350	400	450	500	600

5.7 支管、进户管与已建管道的连接

5.7.1～5.7.8 支管、进户管与已建管道的连接技术在各种管材的应用已相当成熟。结合聚氯乙烯给水管多年经验，也将这种连接技术纳入本规程中。

5.7.9 目前多数管道系统采用的是金属阀门，由于聚乙烯管柔韧性大，阀门开关时产生的扭力容易使聚乙烯管扭曲，因此要设法固定阀门。

5.7.10 地面上的水表，其节点上下游均设有弯管，因此应采取固定措施防止因水压产生的推力，造成接口拉脱。

6 管道敷设

6.1 一般规定

6.1.1 本条是根据聚乙烯管道的特性，对管道施工必须具备的条件提出的要求。

6.1.2～6.1.3 在《给水排水管道工程施工验收规范》GB 50268中有详细的规定，通用部分均应按上述标准执行。

6.1.4 第1、2款是根据ISO/TC138/SC4N419E《聚乙烯管道敷设推荐性规范》规定的。《聚乙烯燃气管道工程技术规程》中管道允许弯曲半径也是参照此标准制定的，聚乙烯燃气管道在中国应用已十几年，证明是切实可行的。为防止刚性不连续部分的应力集中，应尽量避免在弯曲段上使用机械式承插连接管件。第2款对采用非锁紧型承插式连接的借转角作了规定。

6.1.5 聚乙烯给水管道的线膨胀系数较大，可利用聚乙烯管道的柔性蜿蜒状敷设，适应管道热胀冷缩的变化。

6.1.6 当管道与空气接触时，应采取防紫外线措施，防止聚乙烯管老化。聚乙烯管工作温度在－20～40℃范围内，温度过低可导致管道过脆，冰冻地区将影响水的输送，所以冰冻地区应采取保温措施，以保证水的正常输送。由于聚乙烯管的线胀系数较大，为防止管道变形过大，还应对桁架内的管道采取限位稳管措施。

6.1.7 管道在水下穿越河道时必须给管道施加重量，使管道不因浮力或水流而飘离原位，水中管路主要考虑三个因素：①管道内压力；②沉管所需混凝土锚定重量；③锚定距离。

6.1.8 可参照《给水排水管道工程施工及验收规范》GB 50268规定采取排水措施。

6.2 沟槽开挖与基础

6.2.1 沟槽开挖及基础通用部分在《给水排水管道工程施工及验收规范》GB 50268中均有详细规定，因此对施工测量、施工排水、沟槽开挖、支撑、管道交叉处理等通用部分均应按上述国家标准执行，本规程不再重复制定。本规程只针对聚乙烯管的特性做一些特殊的规定。

6.2.2 是根据《聚乙烯燃气管道工程技术规程》、《埋地硬聚氯乙烯给水管道工程技术规程》CECS 17：2000中规定以及美国塑胶学会（PPI）、美国材料试验学会（ASTM）及聚乙烯管道在燃气行业、供水行业敷设经验规定的。一般小口径管道在地面连接后放入沟中，当管材管件在槽底连接或与附件连接时，在连接处沟槽可适当加宽。

6.2.3～6.2.4 柔性管道结构的支撑强度是按管土共同工作的理论建立的，管底垫层和周围土壤的密实度，决定了“管道-土壤”系统的负载能力，所以管底土壤必须认真处理，清除坚硬的物块，避免管道受到集中应力的作用，将管底夯实，使管底有足够的支撑力。

6.3 管道敷设与回填

6.3.1～6.3.3 是根据聚乙烯管材料特点及聚乙烯供水管在供水、燃气行业应用实践经验制定的，聚乙烯管属柔性管，刚度较低，安装时应避免划痕。

6.3.4 对管道穿越重要道路、铁路进行了规定。

6.3.5 聚乙烯管材线性膨胀系数大，选择水温与环境温差最小时间敷设，可避免热胀冷缩对管路造成的影响，使热应力对管路产生的影响最小。

6.3.6～6.3.11 对管道回填进行了规定，基本参照《给水排水管道工程施工及验收规范》GB 50268，又针对聚乙烯材质特性进行了规定。

7 水压试验、冲洗与消毒

7.1 一般规定

7.1.3 国外标准ASTM、WRC、PPI、德国工业标准（DIN1988TRWI）和英国BS6700中规定水压试验静水压力为管道工作压力的1.5倍，而VAP78及CEN提出的是不低于1.25倍，芬兰KWH公司提出的是1.3倍和1.5倍。由于现代热塑料机械性能的提高，多采用1.5这个系数。为保证供水系统安全，本规程规定水压试验静水压力为管道工作压力的1.5倍，且试验压力不应低于0.8MPa。

7.1.5 压力管道进行水压试验时，在水压力作用下管端产生巨大的推力，该推力全部作用在试验段的后背上。如果后背不坚固，管段将产生大的纵向位移，导致管道接口拔出，甚至产生环向开裂。故水压试验前必须进行管端后背堵板及支撑设计。

7.1.7 压力计的精度不低于1.5级，其含义指最大允许误差不超过最大刻度1.5%。采用最大量程的1.3～1.5倍压力计，是按最高的试验压力乘以1.3～1.5，

选择压力计的最大读数。为了读数方便和提高试验精度，表盘的直径规定不应小于150mm。

7.2 水压试验

聚乙烯管材是一种热塑性材料，管材本身具有受压发生蠕变和应力松弛的特性。与传统性材料（如球铁、钢等）管道不同，水压试验过程中，聚乙烯管材发生蠕变会导致一段时间内压力呈连续下降趋势。另外，水压试验期间温度的变化会引发压力波动。有关文献指出，对于PE管，10℃的温度变化，可能引起0.05MPa～0.1MPa的压力变化。由于试压期间温度变化相对较小，所以压力波动不大。

鉴于上述原因，对聚乙烯管道的水压试验期间压力降值的理解应更全面一些。

PE管材的黏弹性、受压蠕变及膨胀、失压收缩等特性，压力试验时这些特性均有所表现。因此，应充分理解PE管道在压力试验期间的压力下降现象，充分考虑到压力下降并不一定意味着管道有泄漏。

一、现有规范对水压试验的规定

1998年5月1号起实施的《给水排水管道工程施工及验收规范》GB50268对压力管道的水压试验做了规定，并列出了钢管、铸铁管（含球铁）、钢筋混凝土管三大类管材的允许渗水量。

2000年12月1日起实施的经过修订的《埋地硬聚氯乙烯给水管道工程技术规程》CECS17：2000，对埋地UPVC管的水压试验做了规定，给出了允许渗水量计算公式。

由于不同管材的物理化学性能不同，弹性模量不同（钢管214000MPa、铸铁管160000MPa、钢筋混凝土管28000MPa、UPVC管3000MPa、PE管800～1000MPa），导致判断水压试验的方法与标准也不尽相同。

二、国外PE供水管压力试验标准与方法

目前国际上提出PE管道试压标准的组织有WRC（Water Research Council Committee，英国）、BSI（British Standards Institution）、ASTM（American Society for Testing and Materials，美国）、PPI（Plastic Pipe Institute，美国）、VAP P78（瑞典）、CEN（欧洲标准化协会），各种方法综述如下。

1.WRC提出的标准与方法较为复杂，主要内容如下：

1）将压力升至试验压力，升压时间为 T_1；

2）停止加压，观察并记录以下三组数据：

$T_1=0+T_1$ 时的压力 P_1，

$T_2=0+7T_1$ 时的压力 P_2，

$T_3=0+15T_1$ 时的压力 P_3。

3）对 T_1、T_2、T_3 进行修正

$$T_{1c}=T_1+0.4T_1$$

$$T_{2c}=T_2+0.4T_1$$

$$T_{3c}=T_3+0.4T_1$$

4）计算 $N_1=(\log P_1-\log P_2)/(\log T_{2c}-\log T_{1c})$

$N_2=(\log P_2-\log P_3)/(\log T_{3c}-\log T_{2c})$

5）当 N_1 与 N_2 的值在0.04～0.10之间时，表明管道无渗漏。

N_1 与 N_2 值越大，表明存在漏水的可能性越大，N_1 与 N_2 值越小，表明管道内可能存在空气。

WRC还提供了en 805提出的另两种试压方法。

2.BSI在BS6700（1997）中，提出可选用以下两种方法进行水压试验。

方法A：1）持续在试验压力30min，期间可补水增压；

2）泄压至最大工作压力的50%；

3）如果压力稳定在50%的最大工作压力，甚至有压力上升现象，表明无渗漏，

4）再持续进行外观检查90min，如仍无渗漏，则试压合格。

方法B：1）管道升压至试验压力并稳压30min，期间可补水增压；

2）停止补压，观察30min，如压力降小于60kPa，可视为系统无渗漏；

3）再持续120min进行外观检查，如仍无渗漏且压力降小于20kPa，则试压合格。

3.ASTM标准主要进行外观检查。

1）管道升压至试验压力；

2）补水维持试验压力4h；

3）泄压1.45kPa，并观察1h，期间不要补水增压；

4）如果在此1h内没有可见的渗漏，压力保持稳定(±5%)，压力试验合格，否则须检查原因重新试压。

4.日本“配水用聚乙烯管协会”、“日本聚乙烯管道工业会”提出的也主要是试压期间管道接头、配件等处不得有渗漏现象这一外观检查项目。

5.PPI提出的标准要点是：最大试验压力为1.5倍的标准压力；试压期间稳压所需的补水量不得超过允许值，参见表4。

表4 补水量允许值

公称直径（in）	允许补水量（gal/ft）		
	1h	2h	3h
1～1/4	0.06	0.10	0.16
1～1/2	0.07	0.10	0.17
2	0.07	0.11	0.19
3	0.10	0.15	0.25
4	0.13	0.25	0.40
5	0.19	0.38	0.58
5～3/8	0.21	0.41	0.62

续表4

公称直径（in）	允许补水量（gal/ft）		
	1h	2h	3h
6	0.3	0.6	0.9
7～1/8	0.4	0.7	1.0
8	0.5	1.0	1.5
10	0.8	1.3	2.1
12	1.1	2.3	3.4
13～3/8	1.2	2.5	3.7
14	1.4	2.8	4.2
16	1.7	3.3	5.0
18	2.0	4.3	6.5
20	2.8	5.5	8.0
22	3.5	7.0	10.5
24	4.5	8.9	13.3
26	5.0	10.0	15.0
28	5.5	11.1	16.8
30	6.3	12.7	19.2
32	7.0	14.3	21.5
34	8.0	16.2	24.3
36	9.0	18.0	27.0
42	12.0	23.1	35.3
48	15.0	27.0	43.0
54	18.5	31.4	51.7

6.VAP P78提出的方法，整个试压过程持续17h，步骤如下。

预试验：升压至试验压力并持续12h，期间不注水补压（管内压力将可能下降）。检查管道接口、配件等，不得有泄漏现象。

主试验：

1）升压至试验压力并稳压至第一个小时末，期间可补水稳压。

2）稳压于试验压力至第二个小时末，期间可补水稳压。

3）稳压于试验压力至第三个小时末，期间可补水稳压。设这一时间段补水量为 V_1（L）。

4）稳压于试验压力至第四个小时末，期间可补水稳压。

5）稳压于试验压力至第五个小时末，期间可补水稳压。设这一时间段补水量为 V_2（L）。

6）如果试验结果满足下式且试压过程中无渗漏现象，则试压结果合格。

$$V_2 \leqslant 0.55V_1 + 0.14Ld_iH$$

L—试压管道长度（km）、d_i—试压管道内径（m）、H—试压水头平均值（m）。

7.CEN试验方法，分为两个阶段进行试压。

1）预试验阶段，步骤如下：

a　将试压管道内的压力降至大气压，并持续60min。这一时段内要保证没有空气进入管道。

b　缓慢地将管道升压至试验压力并稳压30min，期间如有压力下降可注水补压（但不得高于试验压力）。检查管道接口、配件等处有无渗漏现象（如有渗漏现象则试压不合格）。

c　停止注水补压并稳定60min。若60min后压力下降至试验压力的70%以上，则继续下一阶段的工作。如60min后压力下降至试验压力的70%以下，则试压不合格，须查明原因。

2）主试验阶段，步骤如下：

a　在预试验阶段结束后，迅速将管道泄水降压，降压量为试验压力的10%～15%。

b　准确计量降压所泄出的水量，设为 ΔV（L）

c　按下式计算允许泄出的最大水量 ΔV_{max}（L）

$$\Delta V_{max} = 1.2V\Delta P\ \{1/E_w + d_i/(e_n \cdot E_p)\}$$

式中　V——试压管道的总容积（L）；

ΔP——降压量（kPa）；

E_w——水的体积模量。不同水温时 E_w 见表5；

E_p——管材的弹性模量（kPa），见表6（表中所列时间依试压所经过时间来取值）。

表5　不同水温时 E_w 值

温度（℃）	体积模量 E_w（kPa）	温度（℃）	体积模量 E_w（kPa）
5	2080000	20	2170000
10	2110000	25	2210000
15	2140000	30	2230000

表6　管材的弹性模量

温度（℃）	PE 80弹性模量 E_p（kPa）			PE 100弹性模量 E_p（kPa）		
	1h	2h	3h	1h	2h	3h
5	740000	700000	680000	990000	930000	900000
10	670000	630000	610000	900000	850000	820000
15	600000	570000	550000	820000	780000	750000
20	550000	520000	510000	750000	710000	680000
25	510000	490000	470000	690000	650000	630000
30	470000	450000	430000	640000	610000	600000

d　若 $\Delta V > \Delta V_{max}$，停止试压，排除管内过量空气。

e　观察并记录30min的管内水压变化情况，若试压管道剩余压力有上升趋势，则水压试验结果合格。

f　如上30min内试压管道内剩余水压无上升趋势，则再持续观察60min。如在整个90min内压力下降不超过0.02MPa，则水压试验结果合格。

CEN试压标准与方法，除欧共体外，澳大利亚、新西兰也予采用。

三、国内开展的工作与建议

目前，国内较多供水公司已开始安装使用PE管，并渐呈大面积应用之势。安装后管道的水压试验，多参照《埋地硬聚氯乙烯给水管道工程技术规程》

CECS17：2000 的规定，或采用由管材厂家提供的试压标准与方法。

大多数的供水企业在施工聚乙烯管道工程时普遍采用了分阶段补水升压的方法，补水量也不大。如深圳市水务集团 2000 年某小区管网改造采用聚乙烯管道，水压试验方法和取得的数据如下：

第一段　管道长约 260m，含 *dn*200、*dn*160、*dn*90 管道

升至实验压力 1.0MPa（参照 UPVC 管）

未补水情况下：10min 压力降为略小于 0.01MPa；
30min 压力降为略大于 0.02MPa；
60min 压力降为 0.032MPa。

补水升至 1.0MPa 压力
10min 压力降为略小于 0.01MPa；
30min 压力降为 0.015MPa；
60min 压力降为 0.028MPa。

第二段　管道长约 900m，含 *dn*160、*dn*110、*dn*90、*dn*63 管道

升至实验压力 1.0MPa

未补水情况下：10min 压力降为小于 0.005MPa；
30min 压力降为 0.01MPa；
60min 压力降为 0.018MPa。

此次试压并做了管道渗水量实验，渗水量计算结果为 0.0628L/min·km（参照其他传统管材计算结果合格，计算公式 $q = W/(T_1 - T_2) \cdot L$）。

第三段　管道长约 600m，主要含 *dn*90、*dn*63 管道

升至试验压力 1.0MPa

未补水情况下：10min 压力降为 0.00MPa；
30min 压力降略小于 0.01MPa；
60min 压力降略小于 0.02MPa。

整个试压过程中管道接口及管道末端无渗漏现象。参照 UPVC 管道试压标准，此次管道试压结果视为合格。

佛山供水公司敷设一条 *dn*200 ~ *dn*160 聚乙烯给水管道，长为 1.2km，全部为承插柔性连接。整个工程分为两段试压，试验压力为 0.8MPa，稳压 30min，压力降为 0.01 ~ 0.02MPa，小于 0.05MPa，均视为水压试验结果合格。

我们认为，国内给水管道使用 PE 管的时间不长，缺少实验与实践数据，过于繁琐的试压方法与过于严格的标准对推动 PE 管的应用也未必有益。相比较而言，CEN 方法较为简便，可操作性强，推荐供水企业安装试压时选用。当工程另有规定要求，可参阅有关资料选择适当的试压方法。

此外，采用焊接方式（电熔、热熔）连接的 PE 管，与采用承插方式连接的其他材质的管道相比，接口处渗漏的可能性要小得多，这也是进行水压试验时所必须考虑的。

国内某单位采用 CEN 方法进行过水压试验，试验管材 *dn*110、PE80 材料、*SDR*17、*PN*0.8，实际外径 110.20mm、壁厚 67 ~ 68mm、管长 30m、水温 9 ~ 10℃，有关结果如下：

第一次　试验压力 0.9MPa
管道内注满水，排尽空气，约 3h。
管道升压至 0.9MPa，保压并补压 30min。
停止补压并稳压 60min，压力降至 0.8MPa。
在预试验结束后，将管道内压力降至 0.67MPa，放水量为 250g（小于计算的允许值 560g）
3min 后，压力升至 0.68MPa；
15min 后，压力升至 0.69MPa；
30min 后，压力维持在 0.69MPa。

第二次　试验压力 0.7MPa
管道内注满水，排尽空气。
管道升压至 0.7MPa，保压并补压 30min。
停止补压并稳压 60min，压力降至 0.635MPa。
在预试验结束后，将管道内压力降至 0.53MPa，放水量为 200g（小于计算所允许的 459g）
3min 后，压力升至 0.54MPa；
15min 后，压力升至 0.545MPa；
30min 后，压力维持在 0.545MPa。

计算结果表明，实测泄水量均小于计算最大允许值。试验结果还表明，泄掉一定比例的压力后，确实存在由于管材收缩管内水压上升这一现象。

中华人民共和国行业标准

城市生活垃圾分类及其评价标准

Classification and evaluation standard
of municipal solid waste

CJJ/T 102—2004

批准部门：中华人民共和国建设部
施行日期：2004年12月1日

中华人民共和国建设部
公　　告

第 262 号

建设部关于发布行业标准《城市生活垃圾分类及其评价标准》的公告

现批准《城市生活垃圾分类及其评价标准》为行业标准，编号为 CJJ/T 102—2004，自 2004 年 12 月 1 日起实施。

本标准由建设部标准定额研究所组织中国建筑工业出版社出版发行。

中华人民共和国建设部

2004 年 8 月 18 日

前　　言

根据建设部建标［2002］84 号文的要求，标准编制组在广泛调查研究，认真总结各地实践经验，参考国外有关标准，并在广泛征求意见的基础上，制定了本标准。

本标准的主要技术内容是：1. 总则；2. 分类方法；3. 评价指标。

本标准由建设部负责管理，由主编单位负责具体技术内容的解释。

本标准主编单位：广州市市容环境卫生局（地址：广州市东风西路 140 号东方金融大厦 8 楼；邮政编码：510170）

本标准参编单位：深圳市环境卫生管理处
广州市环境卫生研究所
北京市市政管理委员会
上海市废弃物管理处

本标准主要起草人：郑曼英　张立民　吕志毅
梁培长　林少宏　姜建生
吴学龙　刘泽华　梁顺文
邓　俊　张志强

目　　次

1 总 则

1.0.1 为了进一步促进城市生活垃圾的分类收集和资源化利用，使城市生活垃圾分类规范、收集有序、有利处理，制定本标准。

1.0.2 本标准适用于城市生活垃圾的分类、投放、收运和分类评价。

城市生活垃圾中的建筑垃圾不适用于本标准。

1.0.3 城市生活垃圾（以下称垃圾）的分类、投放、收运和分类评价除应符合本标准外，尚应符合国家现行有关强制性标准的规定。

2 分 类 方 法

2.1 分 类 类 别

2.1.1 城市生活垃圾分类应符合表2.1.1的规定：

表 2.1.1 城市生活垃圾分类

分类	分类类别	内　　容
一	可回收物	包括下列适宜回收循环使用和资源利用的废物。 1. 纸类　未严重玷污的文字用纸、包装用纸和其他纸制品等； 2. 塑料　废容器塑料、包装塑料等塑料制品； 3. 金属　各种类别的废金属物品； 4. 玻璃　有色和无色废玻璃制品； 5. 织物　旧纺织衣物和纺织制品
二	大件垃圾	体积较大、整体性强，需要拆分再处理的废弃物品。 包括废家用电器和家具等
三	可堆肥垃圾	垃圾中适宜于利用微生物发酵处理并制成肥料的物质。 包括剩余饭菜等易腐食物类厨余垃圾，树枝花草等可堆沤植物类垃圾等
四	可燃垃圾	可以燃烧的垃圾。 包括植物类垃圾，不适宜回收的废纸类、废塑料橡胶、旧织物用品、废木料等
五	有害垃圾	垃圾中对人体健康或自然环境造成直接或潜在危害的物质。 包括废日用小电子产品、废油漆、废灯管、废日用化学品和过期药品等
六	其他垃圾	在垃圾分类中，按要求进行分类以外的所有垃圾

2.2 分 类 要 求

2.2.1 垃圾分类应根据城市环境卫生专业规划要求，结合本地区垃圾的特性和处理方式选择垃圾分类方法。

1 采用焚烧处理垃圾的区域，宜按可回收物、可燃垃圾、有害垃圾、大件垃圾和其他垃圾进行分类。

2 采用卫生填埋处理垃圾的区域，宜按可回收物、有害垃圾、大件垃圾和其他垃圾进行分类。

3 采用堆肥处理垃圾的区域，宜按可回收物、可堆肥垃圾、有害垃圾、大件垃圾和其他垃圾进行分类。

2.2.2 应根据已确定的分类方法制定本地区的垃圾分类指南。

2.2.3 已分类的垃圾，应分类投放、分类收集、分类运输、分类处理。

2.3 分 类 操 作

2.3.1 垃圾分类应按本地区垃圾分类指南进行操作。

2.3.2 分类垃圾应按规定投放到指定的分类收集容器或地点，由垃圾收集部门定时收集，或交废品回收站回收。

2.3.3 垃圾分类应按国家现行标准《城市环境卫生设施设置标准》CJJ 27 的要求设置垃圾分类收集容器。

2.3.4 垃圾分类收集容器应美观适用，与周围环境协调；容器表面应有明显标志，标志应符合现行国家标准《城市生活垃圾分类标志》GB/T 19095 的规定。

2.3.5 分类垃圾收集作业应在本地区环卫作业规范要求的时间内完成。

2.3.6 分类垃圾的收集频率，宜根据分类垃圾的性质和排放量确定。

2.3.7 大件垃圾应按指定地点投放，定时清运，或预约收集清运。

2.3.8 有害垃圾的收集、清运和处理，应遵守城市环境保护主管部门的规定。

3 评 价 指 标

3.0.1 根据本地区城市环境卫生规划和垃圾特性，制定垃圾分类实施方案，明确垃圾分类收集进度和垃圾减量化目标。

3.0.2 垃圾分类收集应实行信息化管理。

3.0.3 垃圾分类评价指标，应包括知晓率、参与率、容器配置率、容器完好率、车辆配置率、分类收集率、资源回收率和末端处理率。

1 知晓率应按公式（3.0.3-1）计算：

$$\gamma_c = \frac{R_i}{R} \times 100\% \qquad (3.0.3\text{-}1)$$

式中 γ_c——知晓率（%）；

R_i——居民知晓垃圾分类收集的人口数（或户数）；

R——评价范围内居民总人口数（或总户数）。

2 参与率应按公式（3.0.3-2）计算：

$$\gamma_p = \frac{R_j}{R} \times 100\% \qquad (3.0.3\text{-}2)$$

式中 γ_p——参与率（%）；

R_j——居民参与垃圾分类的人口数（或户数）；

R——评价范围内居民总人口数（或总户数）。

3 容器配置率应按公式（3.0.3-3）计算：

$$\gamma_{ed} = \frac{N_i}{N} \times 100\% \qquad (3.0.3\text{-}3)$$

式中 γ_{ed}——容器配置率（%）；

N_i——实际容器数；

N——应配置容器数。

应配置容器数的计算宜符合附录A第A.0.1条的规定。

容器配置率应在100%±10%范围内。

4 容器完好率应按公式（3.0.3-4）计算：

$$\gamma_{id} = \frac{N_j}{N_i} \times 100\% \qquad (3.0.3\text{-}4)$$

式中 γ_{id}——容器完好率（%）；

N_j——容器完好数；

N_i——实际容器数。

容器完好率不应低于98%。

5 车辆配置率应按公式（3.0.3-5）计算：

$$\gamma_{ev} = \frac{P_i}{P} \times 100\% \qquad (3.0.3\text{-}5)$$

式中 γ_{ev}——车辆配置率（%）；

P_i——实际车辆数；

P——应配置车辆数。

应配置车辆数的计算宜符合附录A第A.0.2条的规定。

6 分类收集率应按公式（3.0.3-6）计算：

$$\gamma_s = \frac{w_s}{W} \times 100\% \qquad (3.0.3\text{-}6)$$

式中 γ_s——分类收集率（%）；

w_s——分类收集的垃圾质量（t）；

W——垃圾排放总质量（t）。

垃圾排放总质量的计算宜符合附录A第A.0.3条的规定。

7 资源回收率应按公式（3.0.3-7）计算：

$$\gamma_r = \frac{w_1}{W} \times 100\% \qquad (3.0.3\text{-}7)$$

式中 γ_r——资源回收率（%）；

w_1——已回收的可回收物的质量（t）；

W——垃圾排放总质量（t）。

8 末端处理率应按公式（3.0.3-8）计算：

$$\gamma_t = \frac{w_2}{W} \times 100\% \qquad (3.0.3\text{-}8)$$

式中 γ_t——末端处理率（%）；

w_2——填埋处理的垃圾质量（t）；

W——垃圾排放总质量（t）。

附录A

A.0.1 应配置容器数量应按下式计算：

$$N = \frac{RCA_1A_2}{DA_3} \times \frac{A_4}{EB} \qquad (A.0.1)$$

式中 N——应配置的垃圾容器数量；

R——收集范围内居住人口数量（人）；

C——人均日排出垃圾量（t/人·d）；

A_1——人均日排出垃圾量变动系数，$A_1 = 1.1 \sim 1.5$；

A_2——居住人口变动系数，$A_2 = 1.02 \sim 1.05$；

D——垃圾平均密度（t/m^3）；

A_3——垃圾平均密度变动系数，$A_3 = 0.7 \sim 0.9$；

A_4——垃圾清除周期（d/次）；当每天清除1次时，$A_4 = 1$；每日清除2次时，$A_4 = 0.5$；当每2日清除1次时，$A_4 = 2$，以此类推；

E——单只垃圾容器的容积（m^3/只）；

B——垃圾容器填充系数，$B = 0.75 \sim 0.9$。

A.0.2 应配置车辆数量应按下式计算，根据各区垃圾产量的预测值以及每辆垃圾车的日均垃圾清运量，确定垃圾收集车的配置规划。

$$P = \frac{W_p}{Q \times F \times K \times T \times \delta} \qquad (A.0.2)$$

式中 P——应配置车辆数；

W_p——垃圾排放总质量预测值（t）；

Q——每辆车载重量（t）；

F——每辆车载重利用率；

K——每辆车每班运输次数；

T——每日班次；

δ——车辆使用率。

注：参数 F、K、δ 一般根据各地的实际采用经验值。

A.0.3 垃圾排放总质量应按下式计算.

$$W = w_1 + w_2 + w_3 \qquad (A.0.3)$$

式中 W——垃圾排放总质量（t）；

w_1——已回收的可回收物质量（t）；

w_2——填埋处理的垃圾质量（t）；

w_3——采用综合处理、堆肥或焚烧等方法处理的垃圾质量（t）。

本标准用词说明

1 为便于在执行本标准条文时区别对待，对于要求严格程度不同的用词说明如下：

1）表示很严格，非这样做不可的：

正面词采用“必须”；反面词采用“严禁”；

2）表示严格，在正常情况下均应这样做的：

正面词采用“应”；反面词采用“不应”或“不得”；

3）表示允许稍有选择，在条件许可时首先应这样做的：

正面词采用“宜”；反面词采用“不宜”；

表示有选择，在一定条件下可以这样做的，采用“可”。

2 条文中指明应按其他有关标准执行时的写法为：“应按……执行”或“应符合……的规定（或要求)”。

中华人民共和国行业标准

城市生活垃圾分类及其评价标准

CJJ/T 102—2004

条 文 说 明

前　　言

《城市生活垃圾分类及其评价标准》CJJ/T 102—2004，经建设部2004年8月18日以第262号公告批准发布。

为便于广大设计、施工、科研、学校等单位的有关人员在使用本标准时能正确理解和执行条文规定，标准编制组按章、节、条的顺序编制了本标准的条文说明，供使用者参考。在使用过程中如发现本标准条文说明有不妥之处，请将意见函寄广州市市容环境卫生局。

目　次

1 总　　则

1.0.1 本条明确了制定本标准的目的。城市生活垃圾分类收集是减少垃圾产出量最经济有效的手段之一，符合我国城市生活垃圾管理的基本策略。本标准给出了垃圾分类的要求，以及管理评价的指标，为促进城市生活垃圾（以下称垃圾）分类收集工作的开展，规范分类和收集的操作，加强监督管理提供了必要的依据。

1.0.2 本条规定了本标准的适用范围。本标准适用于指导城市开展垃圾分类收集。

城市建筑垃圾的收运处理，国家另有规定，不在本标准涵盖范围内。

城市居民装修垃圾属建筑类垃圾，因此也不适用于本标准。

1.0.3 本条规定了垃圾的分类、投放、收运和分类评价除应执行本标准外，尚应执行国家现行有关标准。

本标准引用的国家和行业相关规范、标准和法规主要有：

1.《城市生活垃圾分类标志》GB/T 19095；

2.《环境卫生术语标准》CJJ/T 65；

3.《城市环境卫生设施规划规范》GB 50337；

4.《城市环境卫生设施设置标准》CJJ 27；

5.《生活垃圾卫生填埋技术规范》CJJ 17。

2 分 类 方 法

2.1 分 类 类 别

2.1.1 生活垃圾依据现存状况和处理方式主要分为六大类，可回收物、大件垃圾、可堆肥垃圾、可燃垃圾、有害垃圾和其他垃圾。

一、可回收物：是指可直接进入废旧物资回收利用系统的生活废物，主要包括以下五类：1. 纸类；2. 塑料；3. 金属；4. 玻璃；5. 织物。在日常生活中又称为“可回收垃圾”。

1. 纸类指的是没有因包装物或其他原因造成发霉、发臭、变质、腐烂，以及被污染的废纸，包括饮料和食品的纸包装盒。

2~5. 不同类别的废金属、废塑料、废玻璃制品可根据废旧物资回收的指引细分。对于被严重污染，并且不能冲洗干净的废塑料、废玻璃制品和织物不在此范围内。

二、大件垃圾：所指的废弃物品是混合型的，既可以有塑料、金属，如废旧电冰箱、空调、洗衣机等，也可以有木料、织物，如大件家具；既有可回收物质，也有不可回收物质，有的甚至含有有害物质，如微波炉等。因此这类垃圾在分类操作中不能随意拆分和抛弃，须按要求整体投放，由不同类别的专业公司进行拆分处理。

三、可堆肥垃圾：指的是可以进行发酵生化处理的垃圾，与处理后是否做堆肥无关。

四、可燃垃圾：本条强调的是适宜焚烧处理的垃圾，而不仅仅是可以燃烧的垃圾。在焚烧处理垃圾的地区，进入焚烧处理系统的还会有部分厨余垃圾或其他垃圾等。

五、有害垃圾：指的是日常生活和活动中产生的有毒有害垃圾，它们包括国家环保总局发布的《危险废物污染防治技术政策》、《废电池污染防治技术政策》有关条款中规定的固体危险废物，如钮扣电池等，但目前日常使用的干电池不在此范围内；也包括废油漆（桶、罐），小收音机、计算器、日用杀虫剂等。根据国家有关法规，这些垃圾大多属城市环境保护部门管理。因此本标准中我们只对由居民产生的此类垃圾作分类界定。

六、其他垃圾：各地在开展垃圾分类收集过程中，由于受资源再生利用技术、市场，垃圾处理方法、处理设施等条件的限制，不可能将垃圾的每个类别都细分，也没有这个必要。因此除按分类要求，指定进行分类的垃圾外，剩余的垃圾一般可倒在一起，对于这部分可混装在一起的垃圾，我们统称为其他垃圾。

2.2 分 类 要 求

2.2.1 我国的垃圾处理主要有资源化综合处理、焚烧法、卫生填埋法和堆肥法。各地应根据本地区城市环境卫生设施专业规划的目标，结合垃圾处理和处置方式，选择适合的垃圾分类方法。

1 在垃圾焚烧厂服务区域，为了满足垃圾焚烧对热值的要求，可回收物宜以回收再生利用价值高的报纸、杂志、废塑料和不可燃的废金属、废玻璃为主，其余的废纸如包装纸、广告纸、贺卡等，废塑料袋、包装膜等可不必分出。

对于大件垃圾不论采用何种垃圾处理方式，都应将其分类，并分类投放，以便于后续的收运和拆分处理。

有害垃圾的分类收集应与城市环境保护部门取得一致，其投放、收运和处理按国家环境保护总局的《危险废物污染防治技术政策》、《废电池污染防治技术政策》中有关规定执行，并由环境保护部门给予监督管理和检查。

2 我国大多数城市采用“资源回收 + 卫生填埋”方式处理垃圾，在分类时应尽量按可回收物、有害垃圾、大件垃圾和其他垃圾分拣干净，分类投放、分类收集、分类处理，以减少填埋场对环境产生的污染。

3 采用堆肥处理垃圾的区域，应将可堆肥垃圾单独分类投放和收集，不可与其他垃圾混装混收，否则会降低堆肥处理成效。

2.2.2 当确定了分类方法以后，应据此制定相应的实施方案和操作指南，使其一方面可用于指导垃圾源头分类，另一方面可指导企业参与分类收集运营。垃圾是人们在日常生活和活动中产生的，因此垃圾分类的行为人应是所有垃圾产生者。居民垃圾应由居民进行分类，商业垃圾、机关团体单位产生的垃圾应由商铺、机关团体单位进行分类。

2.2.3 在开展垃圾分类收集的时候，应同时建立一系列与之相适应的分类处理环节，这包括分类垃圾投放箱、投放点，分类垃圾收集点，分类运输工具、器具，以及不同类别垃圾的处理设施。这样才能保证垃圾分类收集行之有效地推行。

2.3 分类操作

2.3.1 开展分类收集的地区应按当地制定的分类细则进行分类。其中可回收物还应按照当地废旧物资回收部门的要求进行细分，提高这些废物的回收利用价值。

2.3.2 分类出来的可回收物可交废品回收站回收。对于废品回收站不回收的可回收物，应与其他分类垃圾一样，投到指定的分类收集容器或地点，由垃圾收集部门收集。

2.3.3 公共场所与道路两侧的分类收集容器的设置应与废物箱的设置相结合，做到合理设置，方便投放。

居住区、市场等产生垃圾量大的设施或垃圾收集点的分类收集容器可与垃圾容器的设置相结合，并考虑便于垃圾的投放和收集。

2.3.4 分类收集容器的设计一定要坚持实用为主的原则，容器上的分类标志应突出醒目，并应符合国家标准的规定，以方便公众投放垃圾。

2.3.5 本条是对收集作业的基本要求。垃圾运营单位应根据当地制定的分类收集实施细则的要求，结合分类垃圾收集的作业特点，制定具体明确的作业规范和管理规定，保证分类垃圾分类收集，收运作业不污染周围环境。

2.3.6 垃圾运营单位应根据不同类别垃圾的排放情况，制定不同的收集频率。

2.3.7 本条规定了大件垃圾的排放要求。

2.3.8 有害垃圾的收集、清运、处理，应按照国家有关危险废物的管理法规和标准执行。

3 评价指标

3.0.1 垃圾分类收集是实现垃圾减量化、资源化的重要手段之一，因此各城市在编制城市环境卫生规划时，应为推行垃圾分类收集提供充足的条件。

垃圾分类收集实施方案应结合本地区的实际情况，明确推行工作的进度和垃圾减量的目标，方案中还应包括垃圾分类收集的组织、管理、运营、监督和统计，实施的细则应包括分类、投放、收集等，使方案成为指导和确保本地区开展垃圾分类收集，逐步实现垃圾减量化的重要依据。

3.0.2 经济实力较强的大中城市，城市环境卫生部门可借助当地政府的信息网络，建立垃圾分类收集信息化管理系统，实现信息化管理的目标；经济实力较弱的城市可根据实际情况制定逐步实现计算机化管理的规划。

3.0.3 对垃圾分类的评价，可以有多种不同的评价标准。根据推行垃圾分类必须循序渐进的特点，为了促进该项工作的开展，本标准选用了可操作性较强的八个评价指标。

1 知晓率（cognition rate）：指评价范围内居民知晓垃圾分类的人数（或户数）占总人数（或总户数）的百分数。

公众知晓指的是居民对垃圾分类收集的意义是否了解，对本地分类收集的方法和要求是否熟悉。通过本项调查也可考核统计区域宣传教育的效果。

知晓率的统计范围由调查的目的决定，可以是开展垃圾分类收集的地区，也可以是一个生活小区。统计对象可以户为单位，也可以人为单位。

2 参与率（participation rate）：指评价范围内参加垃圾分类的人数（或户数）占总人数（或总户数）的百分数。

参与率统计的是开展垃圾分类收集的区域，按要求将垃圾分类投放的个体数。如居住区对象可以是居民户数，商业区可以是商铺数等。

3 容器配置率（dustbin equipment rate）：指垃圾分类收集实际配置容器数占应配置容器数的百分数。

容器指公共场所及居住区供市民投放分类垃圾的容器。

4 容器完好率（dustbin intact rate）：指标志清晰、外观无缺损的容器数占实际容器数的百分数。

本条是对分类收集容器的基本要求。

5 车辆配置率（vehicle equipment rate）：指分类收集实际车辆数占应配置车辆数量的百分数。

车辆指进行分类垃圾收集清运的车辆。

6 分类收集率（sorted refuse collected）：指垃圾分类投放后，分类收集的垃圾质量占垃圾排放总质量的百分数。

分类收集率指垃圾分类收集地区分类收集的垃圾量与垃圾排放总量的比，它主要是评价垃圾运营部门是否按要求分类收集清运。

当要评价居民分类操作和投放的情况或垃圾分类处理的状况时，也可用本公式计算分类投放率和分类处理率。

计算分类投放率时，分子表示居民分类投放的垃圾质量：

$$\gamma_s = \frac{w_s}{W} \times 100\%$$

式中 γ_s——分类投放率（%）；

w_s——分类投放的垃圾质量（t）；

W——垃圾排放总质量（t）。

计算分类处理率时，分子表示按分类结果分别处理的垃圾质量：

$$\gamma_s = \frac{w_s}{W} \times 100\%$$

式中 γ_s——分类处理率（%）；

w_s——分类处理的垃圾质量（t）；

W——垃圾排放总质量（t）。

7 资源回收率（resource recovery rate）：指已回收的可回收物的质量占垃圾排放总质量的百分数。

回收垃圾中可回收物，把垃圾直接转化为资源是垃圾分类收集的重要目标之一。本指标主要用于评价由城市环境卫生部门管理的垃圾中可回收物回收的情况。

应用本公式时应注意，由于居民直接卖给废旧物资回收部门的可回收物的量，不在城市环境卫生部门统计的垃圾总量中，所以本公式的分子中也不应包括这部分可回收物。

8 末端处理率（end-treatment rate）：指进入卫生填埋处理系统的垃圾质量占垃圾排放总质量的百分数。

本指标主要用于评价垃圾终处理的状况，它间接地反映了垃圾减量的效果。

应用分类收集率（公式 3.0.3-6）、资源回收率（公式 3.0.3-7）、末端处理率（公式 3.0.3-8）等公式时应注意分子分母取值的一致性。以分类收集率（公式 3.0.3-6）为例，评价时间段为一年，则分子表示一年分类收集的垃圾质量，分母表示一年垃圾排放的总质量；评价时间段为一个季度，则分子表示一季度的分类收集的垃圾质量，分母表示一季度垃圾排放的总质量。余类推。

中华人民共和国行业标准

城市地理空间框架数据标准

Standard for urban geospatial framework data

CJJ 103—2004

批准部门：中华人民共和国建设部
实施日期：2 0 0 4 年 1 2 月 1 日

中华人民共和国建设部
公　　告

第261号

建设部关于发布行业标准《城市地理空间框架数据标准》的公告

现批准《城市地理空间框架数据标准》为行业标准，编号为CJJ 103—2004，自2004年12月1日起实施。其中，第3.1.3、3.2.1、3.2.2条为强制性条文，必须严格执行。

本标准由建设部标准定额研究所组织中国建筑工业出版社出版发行。

中华人民共和国建设部

2004年8月18日

前　　言

根据建设部建标［2003］104号文的要求，标准编制组经深入调查研究，认真分析总结国内外科研成果，结合实践经验，并在广泛征求意见的基础上，制定了本标准。

本标准的主要技术内容是：1.总则；2.术语和代号；3.基本规定；4.城市地理空间基本框架数据；5.城市地理空间专用框架数据；6.城市地理空间框架数据的质量；7.其他数据与城市地理空间框架数据的空间配准。

本标准由建设部负责管理和对强制性条文的解释，由主编单位负责具体技术内容的解释。

本标准主编单位：建设综合勘察研究设计院（北京东直门内大街177号，邮政编码100007）

本标准参编单位：建设部信息中心
国家基础地理信息中心
武汉市规划土地管理信息中心
北京市测绘设计研究院
北京市经济信息中心
北京市规划委员会东城分局
北京市政府信息中心
上海城市发展信息研究中心
淄博市数字化城市领导小组办公室
淄博市规划信息中心

本标准主要起草人员：王　丹　黄　坚　李宗华　陈　倬　薛　舒　高　萍　孙建中　王　毅　刘若梅　王元京　杨继明　崔克辉　汪祖进　李海明

目 次

1 总　　则

1.0.1 为规范城市地理空间框架数据的内容与质量，推动城市地理空间数据的应用及地理空间数据与国民经济和社会发展信息的集成，促进城市公共数据资源的建设、共享和更新，制定本标准。

1.0.2 本标准适用于城市信息化建设中地理空间框架数据和公共数据的获取、加工、管理与应用服务，同时也适用于城市信息资源建设及各种城市地理信息系统建设。

1.0.3 城市地理空间框架数据的创建应符合下列原则：

1 城市地理空间框架数据应是城市各主管部门协作创建的、用于共享的地理空间数据资源。

2 城市地理空间框架数据应是能提供用户在其上构建专题数据的基础数据。

1.0.4 城市地理空间框架数据的生产和更新应积极采用先进技术和方法，并应满足本标准规定的质量要求。

1.0.5 城市地理空间框架数据的生产和更新除应符合本标准外，尚应符合国家现行有关强制性标准的规定。

2 术语和代号

2.1 术　　语

2.1.1 城市地理空间数据　urban geospatial data

直接或间接与地表和地下位置有关的城市自然与人文现象的数据。

2.1.2 城市地理空间框架数据　urban geospatial framework data

一种可广泛使用的城市地理空间数据，简称城市框架数据。它是按一定规则采集和组织的一组描述城市地理框架要素的空间特征、属性特征和时态特征的地理空间数据，可分为基本框架数据和专用框架数据。

2.1.3 框架数据代码　framework data code

要素在框架数据中的高位分类代码。

2.1.4 标识码　identifier

在数据集中惟一标识某地理实体或要素的代码。

2.1.5 几何保真度　geometric fidelity

地理空间要素对其所代表的现实世界对象的形状和队列的保真程度。

2.1.6 空间特征　spatial characteristics

现实世界要素在框架数据中的抽象表达。

2.1.7 地理名称　geographical name

人为赋予的不同地域或地理实体的专有名称，简称地名。

2.1.8 标准地名　standard geographical name

使用规范的语言文字书写，并经过官方认可的地理名称。

2.1.9 门牌　door number plate

标示院落、独立门户名称的地名标牌。本标准中，指对于院落、独立门户的地名标识。

2.1.10 楼牌　storied building name plate

标示编号楼房名称的地名标牌。本标准中，指对于编号楼房的地名标识。

2.1.11 地址　address

提供一种关于人、建（构）筑物及其他空间物体的定位实现，是用来惟一标识特定兴趣点、存取和投递到特定位置及基于地点定位地理数据的一种实现。

2.1.12 邮政地址　postal address

邮政投递的标准地址，是邮局用来投递邮件到接收者的标识，它仅含必要的地址元素以区分区域内的每个投递点。

2.2 代　　号

GIS 地理信息系统　geographical information system

GNSS 全球导航卫星系统　global navigation satellite system

DEM 数字高程模型　digital elevation model

GML 地理置标语言　geographic markup language

FW 框架数据　framework data

ID 标识码　identifier

RMSE 均方根差，即中误差　root mean square error

A_{95} 95%置信度下的准确度值

M 必选　mandatory

C 符合条件时必选　conditional

O 可选　optional

3 基本规定

3.1 一般要求

3.1.1 城市地理空间框架数据应由基本框架数据和专用框架数据组成，并应符合下列要求：

1 基本框架数据宜包括行政区划数据、道路数据、水体数据、地名数据、建（构）筑物数据、地下空间设施数据、地址数据、地籍（土地权属）数据、数字影像数据、高程数据和测量控制点数据，其内容和要求应符合本标准第4章的规定。

2 专用框架数据可包括土地利用现状数据、规划用地数据、园林绿地数据、特殊管理区域数据、公共服务设施数据和生态环境数据等，其内容和要求应符合本标准第5章的规定。

3 所有框架数据均应符合本章的基本规定，并应满足本标准第6章的质量要求。

3.1.2 各城市可根据需要按下列方式扩展或删减框架数据：

1 增加或裁减基本框架数据类或其子类。

2 增加或裁减专用框架数据类或其子类。

3 增加或限制框架数据的属性项。

4 增加或限制框架数据的属性值域。

3.1.3 建立和更新城市框架数据应利用法定的地形测绘、地籍测绘、房产测绘和界线测量成果作为数据源。

3.1.4 用于建立或更新城市框架数据的数据源的原始比例尺宜符合下列规定：

1 一类地区：1:500~1:2000。

2 二类地区：1:2000~1:5000。

3 三类地区：1:5000~1:10000。

注：一类地区包括城市建成区、规划区、重点建设地区及郊区主要城镇中心范围区等；二类地区指近郊区其他范围等；三类地区指远郊区其他范围等。

3.1.5 城市框架数据应及时更新，并应符合下列规定：

1 更新的数据应与原有数据精度相一致。

2 数据更新时，应确保空间数据、属性数据和相应的元数据得到同步更新。

3.1.6 城市框架数据的存储和交换应符合下列规定：

1 应使用商用GIS系统可以识别的数据格式进行数据存储。

2 数据存储单元的命名应简洁清晰。元数据文件的名称应与其所描述的实体数据存储单元的名称相关联。

3 当进行数据交换时，可采用现行国家标准《地球空间数据交换格式》GB/T 17798或GML格式，并应提交框架数据的要素编目表及相应的元数据文件。

3.2 数据基准

3.2.1 一个城市的框架数据必须使用统一的平面坐标系统和高程系统。

3.2.2 城市框架数据的平面坐标系统和高程系统应与该城市基础测绘所使用的平面坐标系统和高程系统相一致，并应与国家平面坐标系统和高程系统建立联系。

3.3 数据描述与表达

3.3.1 城市框架数据应描述城市框架要素的基本空间特征和属性特征，并应包含数据获取或更新的时态特征。

3.3.2 城市框架数据空间特征的描述和表达应符合表3.3.2的规定。

3.3.3 城市框架数据的属性特征应使用一组描述要素类型、特性和有关信息的属性信息来表达。

3.3.4 城市框架数据的时态特征应使用一组描述数据获取或更新状况的属性信息来表达。

表 3.3.2 空间特征的描述与表达

空间特征	描　述	表　达
面状特征	封闭轮廓线	多边形
	封闭边界线	多边形
	范　围　线	多边形
线状特征	轮　廓　线	线
	边　界　线	线
	中　心　线	线
点状特征	中（重）心点	点
	标识点	点

3.3.5 城市框架数据应有框架数据代码，各要素宜有要素分类代码。框架数据代码和要素分类代码均可扩充，并宜符合下列要求：

1 框架数据代码仅定义要素的高位代码，宜由6位码组成，其中前两位用“FW”表示框架数据，中间两位是数据类的代码，最后两位是数据子类的代码。数据类及数据子类的代码宜符合附录A城市地理空间框架数据高位分类代码的规定。

2 要素分类代码宜符合国家现行标准的规定，要素分类代码长度不宜超过10位，取值范围宜为0~9及A~Y（去掉字母中的I、O）。

3.3.6 框架数据宜有标识码（ID），并应符合下列规定：

1 标识码在数据集当中应惟一。

2 标识码变更时应提供变更对照表、变更时间和变更次数的说明，标识码在数据维护过程中应保持一致。

3 标识码的长度宜小于20位，取值范围宜为0~9及A~Y（去掉字母中的I、O），且首位不宜为0。

3.4 基本属性数据

3.4.1 所有城市框架数据均应包含表3.4.1规定的描述框架数据类型、数据源情况及时态特征等的基本属性信息。

表 3.4.1 城市框架数据的基本属性信息

基本属性信息		
属性项名称	属性值值域范围及说明	约束条件
框架数据代码	见附录A	M
标识码（ID）		O

续表 3.4.1

基本属性信息		
属性项名称	属性值值域范围及说明	约束条件
数据现势性	关于数据现势性的说明	M
数据版本号		M
数据版本日期		M
数据源情况	描述数据源的基本情况	M
位置精度		M
变更历史		O
变更日期		C(当有变化时)
变更原因		C(当有变化时)

3.4.2 本标准表 3.4.1 规定的基本属性信息应与本标准第 4、5 章规定的各框架数据的特殊属性信息一起构成该框架数据完整的属性信息。

3.5 元 数 据

3.5.1 城市框架数据应有相应的元数据，并应符合下列规定：

1 元数据应准确描述城市框架数据的内容、质量、状况和其他有关特征，并应满足数据管理、使用、发布、浏览和共享等方面的要求。

2 应按照各框架数据类、子类或数据存储单元分别建立相应的元数据。

3 元数据的管理和维护应符合国家现行标准《城市基础地理信息系统技术规范》CJJ 100 的规定。

3.5.2 城市框架数据的元数据应包括下列内容，并宜符合本标准附录 B 的规定：

1 元数据实体集信息。

2 标识信息。

3 限制信息。

4 数据质量信息。

5 数据维护信息。

6 空间表示信息。

7 参考系信息。

8 内容信息。

9 图示表达目录信息。

10 分发信息。

4 城市地理空间基本框架数据

4.1 行政区划数据

4.1.1 行政区划数据应描述城市各级基本行政区划要素的境界、区域及行政机构驻地的空间信息和属性信息。城市基本行政区划要素应包括市、区（县）和街道（乡、镇），社区（居委会、村）可当作行政区划要素处理。

4.1.2 城市各级基本行政区划实际境界线应依据有关管理的规定和勘界成果及地形测绘成果确定。

4.1.3 行政区划数据应包含行政区划代码，每个行政区划代码应惟一。县级以上行政区划的代码应符合现行国家标准《中华人民共和国行政区划代码》GB/T 2260 的规定；街道（乡、镇）行政区划代码应符合现行国家标准《县以下行政区划代码编码规则》GB/T 10114 的规定。

4.1.4 行政区划数据的特殊属性信息应符合表 4.1.4 的规定。

表 4.1.4 行政区划数据

框架数据类：行政区划数据		
框架数据子类：境界数据		
空间特征描述：边界线		
空间特征表达：线		
特殊属性信息		
属性项名称	属性值值域范围及说明	约束条件
要素分类代码	境界类别代码，应符合相关现行国家标准或行业标准。应区分省、市界/县(区)界/街道(乡、镇)界	M
境界状态	已划定/未划定	M
框架数据子类：行政区域数据		
空间特征描述：封闭边界线		
空间特征表达：多边形		
特殊属性信息		
属性项名称	属性值值域范围及说明	约束条件
行政区划代码	见《中华人民共和国行政区划代码》GB/T 2260 及《县以下行政区划代码编码规则》GB/T 10114	M
行政区域名称		M
上一级行政区划代码及名称		C（当有上一级区划时）
计算面积		O
区域简称		O
区域别名		O
历史名称		O
四 至		O
人口数量		O
区域面积		O
机构驻地		O
说明或简介		O

续表 4.1.4

框架数据子类：行政机构驻地数据		
空间特征描述：标识点（驻地所在位置）		
空间特征表达：点		
特殊属性信息		
属性项名称	属性值值域范围及说明	约束条件
机构名称		M
机构地址		M
说明或简介		O

4.2 道路数据

4.2.1 道路数据应包括铁路、轨道交通、公路（包括高架路、地下隧道）、快速路、街道等城市主要陆路交通要素的空间信息和属性信息。

4.2.2 道路数据宜包括路段线和路口两个数据子类，并宜以道路中心线和节点分别描述路段和路口的空间信息和基本属性信息，用以反映道路的连通特征。

4.2.3 道路数据应有标识码。属性数据中的行政等级、技术等级和路面等级应符合国家现行标准赋予相应的分类代码。路口定位数据宜使用准确坐标值来描述。

4.2.4 道路数据的特殊属性信息宜符合表 4.2.4 的规定。

表 4.2.4 道路数据

框架数据类：道路数据		
框架数据子类：路段线数据		
空间特征描述：道路中心线		
空间特征表达：线		
特殊属性信息		
属性项名称	属性值值域范围及说明	约束条件
ID	路段标识码	M
路段名称	路段的标准名称	M
状态	道路状态，如：运营/作废	M
长度	路段长度	M
干路标志	主干路标志：Y/N	M
城市道路等级	快速道/主干道/次干道/支路/步行街/死胡同/内部道路	C（当是城市道路时）
公路路号	公路路线编号	C（当是公路时）
公路行政等级	公路行政等级分类：国道/省道/县道/乡道/专用公路/其他公路	C（当是公路时）

续表 4.2.4

公路技术等级	公路技术等级：高速/一级/二级/三级/四级/等外	C（当是公路时）
路段类型	公路及街道的路段类型：多车道/环路/路段	C（当不是铁路时）
宽度	路段的平均宽度	C（当不是铁路时）
路面等级	路面等级或材料的代码	C（当不是铁路时）
通行限制	通行限制，如：专用/内部/人行/单行等	O
地址范围	路段门牌号范围	O
起点 ID	连接的起点路口 ID	O
止点 ID	连接的止点路口 ID	O
路段层次	路段相对地面的层次	O
框架数据子类：路口数据		
空间特征描述：路口中心点		
空间特征空间表达：点		
特殊属性信息		
属性项名称	属性值值域范围及说明	约束条件
ID	路口标识码	M
分类代码	现行行业代码	M
状态	路口状态：运营/作废	M
立交级别	立交级别：平交/一层立交/二层立交/多层立交	M
路口名称	路口标准名称	C（当有标准名称时）
X-coord	路口点横坐标	C（当有准确坐标时）
Y-coord	路口点纵坐标	C（当有准确坐标时）
交汇口名称		C（当是公路交汇口时）
桥下高度	桥下的空间高度	C（当有桥时）
相邻地名	临近地名	O
路口类型	十字/丁字/环行/其他	O
通行限制	桥梁载重限制	O
地址范围		O
路段数	路口连接的路段数目	O

4.3 水体数据

4.3.1 水体数据应描述市域内自然或人工形成的水面（江、河、湖、海、水库等）及有标志性意义的瀑布、井等要素的空间和属性特征。

4.3.2 水体的空间特征应使用描述其范围的多边形数据来表达；特殊情况下，也可使用描述水体重心的点数据或描述线状水体中心线的线数据来表达。

4.3.3 水体数据的特殊属性信息应符合表4.3.3的规定。

表 4.3.3 水体数据

框架数据类：水体数据		
空间特征描述：封闭边界线/中心线/重心点		
空间特征表达：多边形/线/点		
特殊属性信息		
属性项名称	属性值值域范围及说明	约束条件
水体名称		M
分类代码	应符合现行国家标准或行业标准	M
水体面积		O
水质情况	根据需要取值，如：咸淡/浊清/有污染等	O

4.4 地名数据

4.4.1 地名数据应包括行政区域名称、街巷名称、地片和区片名称以及其他地名要素的空间信息和属性信息。地名数据可与地址数据一起实现对地理实体的空间定位。各类地名数据应符合下列规定：

1 行政区域名称数据应包括城市各级基本行政区划的区域名称信息。

2 街巷名称数据应包括构成街区的城市内部道路名称信息。

3 地片和区片名称数据应包括地片、居民小区（社区）的地理名称信息。

4 其他地名数据应包括水系、山脉 、具有地名意义的交通运输设施（如公路、环岛、交通站场、桥梁、水库、水渠、隧道、铁路等）、具有地名意义的纪念地与建筑物（如纪念地、建筑物、公园、名胜古迹、体育设施、广场等）和具有地名意义的单位、具有地名意义的院落等的地名名称信息。

4.4.2 地名数据应使用点、线或多边形数据来描述相应地名对象的空间特征。

4.4.3 地名数据的分类编码应符合现行国家标准《地名分类与类别代码编制规则》GB/T 18521的规定。地名数据应有相应的标识码。

4.4.4 地名数据中的行政区域名称数据可引用已建立的“行政区划数据”；地名数据中的街巷名称数据可引用已建立的“道路数据”。

4.4.5 地名数据的特殊属性信息宜符合表4.4.5的规定。

表 4.4.5 地名数据

框架数据类：地名数据		
框架数据子类：行政区域名称数据		
空间特征描述：范围线		
空间特征表达：多边形		
特殊属性信息		
属性项名称	属性值值域范围及说明	约束条件
分类代码	应符合现行国家标准或行业标准	M
地　名	标准地名	M
汉语拼音	标准名称的汉语拼音	O
上　级	即上一级区域的标识码或行政区域名称	C（当有上级区划时）
空间类型	多边形	O
X_{min}	范围坐标，最小横坐标	O
Y_{min}	范围坐标，最小纵坐标	O
X_{max}	范围坐标，最大横坐标	O
Y_{max}	范围坐标，最大纵坐标	O
框架数据子类：街巷名称数据		
空间特征描述：街巷中心线		
空间特征表达：线		
特殊属性信息		
属性项名称	属性值值域范围及说明	约束条件
分类代码	应符合现行国家标准或行业标准	M
名　称	标准名称	M
汉语拼音	标准名称的汉语拼音	O
状　态	在用/历史	M
所　属	所属街道（乡、镇）	O
简　称		O
曾用名		O
起点名称	街巷名称起点	M
止点名称	街巷名称止点	M
门牌号范围		O

续表 4.4.5

走　向		O
空间类型	线	O
X_{min}	范围坐标，最小横坐标	O
Y_{min}	范围坐标，最小纵坐标	O
X_{max}	范围坐标，最大横坐标	O
Y_{max}	范围坐标，最大纵坐标	O
框架数据子类：地片、区片名称数据		
空间特征描述：范围线/概略范围线		
空间特征表达：多边形		
特殊属性信息		
属性项名称	属性值值域范围及说明	约束条件
分类代码	应符合现行国家标准或行业标准	M
地　名	标准地名	M
汉语拼音	标准地名的汉语拼音	O
状　态	在用/历史	M
所　属	所属街道（乡、镇）	O
简　称		O
历史沿革		O
泛指范围		O
空间类型	多边形	O
X_{min}	范围坐标，最小横坐标	O
Y_{min}	范围坐标，最小纵坐标	O
X_{max}	范围坐标，最大横坐标	O
Y_{max}	范围坐标，最大纵坐标	O
框架数据子类：其他地名数据		
空间特征描述：概略范围线/位置线/位置点		
空间特征表达：多边形/点		
特殊属性信息		
属性项名称	属性值值域范围及说明	约束条件
分类代码	应符合现行国家标准或行业标准	M
名　称	标准名称	M
汉语拼音	标准地名的汉语拼音	O
状　态	在用/历史	M
所　属	所属街道（乡、镇）	O
简　称		O
别　名		O

续表 4.4.5

历史沿革		O
泛指范围		O
空间类型	多边形或点	O
X_{min}	范围坐标，最小横坐标	O
Y_{min}	范围坐标，最小纵坐标	O
X_{max}	范围坐标，最大横坐标	O
Y_{max}	范围坐标，最大纵坐标	O

4.5 建（构）筑物数据

4.5.1 建（构）筑物数据应由分别描述房屋等建筑物和其他人工建（构）筑空间信息与属性信息的建筑物数据和其他人工建筑数据构成。其中，建筑物数据应包括建有屋顶的永久性建筑及以居住为目的并有邮政地址的建筑物数据；其他人工建（构）筑数据应包括亭、碑、塔、城墙、广场等有方位意义的建（构）筑物数据。

4.5.2 建筑物应使用多边形数据来描述其轮廓，特殊情况下也可使用点数据来描述其中心位置；其他人工建（构）筑物，可使用线数据描述其轮廓，或用点数据来描述其中（重）心位置。

4.5.3 建（构）筑物数据应有标识码，标识码可根据需要确定，且应保持惟一性。

4.5.4 建（构）筑物数据的特殊属性信息宜符合表4.5.4的规定。

4.5.5 建筑物的主要用途宜符合现行国家标准《房产测量规范第1单元：房产测量规定》GB/T 17986.1中所列用途分类的规定。

表 4.5.4 建（构）筑物数据

框架数据类：建（构）筑物数据		
框架数据子类：建筑物数据		
空间特征描述：封闭轮廓线/中心点		
空间特征表达：多边形/点		
特殊属性信息		
属性项名称	属性值值域范围及说明	约束条件
分类代码	应符合现行国家标准或行业标准	M
建筑物名称		M
建筑物状态		M
计算面积		M
主体层数		M
建筑物高度		O
门牌地址		M
邮政地址		O

续表 4.5.4

邮政编码		O
业主单位	业主单位或主要使用单位名称	O
裙房层数		O
地下层数		O
占地面积		O
建筑面积		O
质量状况		O
产　权		O
用　途	应符合《房产测量规范 第1单元：房产测量规定》GB/T 17986.1	O
框架数据子类：其他人工建筑数据		
空间特征描述：轮廓线/边界线/中（重）心点		
空间特征表达：线/点		
特殊属性信息		
属性项名称	属性值值域范围及说明	约束条件
名　称		C(当有名称时)
状　态		M
分类代码		M
建筑高度		O

4.6 地下空间设施数据

4.6.1 地下空间设施数据应包括地下交通、地下管沟、人防工程、地下古墓葬、遗址、商业、仓储等设施的空间位置及属性信息。

4.6.2 地下空间设施数据的空间信息应使用多边形数据来表达其投影轮廓，对地铁和过江隧道等线状设施还应使用线数据来表达其平面位置的中心线。

4.6.3 地下空间设施数据的特殊属性信息宜符合表4.6.3的规定。

表 4.6.3 地下空间设施数据

框架数据类：地下空间设施数据		
空间特征描述：范围线/中心线		
空间特征表达：多边形/线		
特殊属性信息		
属性项名称	属性值值域范围及说明	约束条件
分类代码	应符合现行国家标准或行业标准	M
底部高程		M
顶部高程		M

续表 4.6.3

现状	在用/封闭/废弃	M
四至		O
名称		O
简称		O
地址	地址（位置）	O
权属	权属单位名称	O
建造时间		O
用途		O
说明或简介		O
面积		O

4.7 地址数据

4.7.1 地址数据应作为城市基于地址信息进行位置定位的空间数据，辅助地名数据实现地理实体的空间定位。地址数据可包括门（楼）牌地址数据和邮政地址数据，并应符合下列规定：

1 门（楼）牌地址数据应包括标准门牌所代表的院落、标准楼牌所代表的楼座的空间数据。

2 邮政地址数据应包括标准邮政投递地址所代表的投递位置的空间数据。

3 对一个城市，宜优先使用门（楼）牌地址数据，也可根据需要使用邮政地址数据或同时使用这2种地址数据。

4.7.2 门（楼）牌地址数据应符合下列规定：

1 门（楼）牌地址必须使用有关城市管理部门认定的门（楼）标牌标示的名称和号码。

2 每个门（楼）牌地址应有一个标识码，标识码应惟一。已废除或变更的门（楼）牌地址的标识码应保留，状态标记应做改变。

3 门（楼）牌地址所代表的院落或楼座的空间位置宜使用点来描述，也可使用封闭多边形来描述。

4 一个门（楼）牌地址可作为一个记录单元，门（楼）牌地址数据的属性信息应符合表4.7.2的规定。

4.7.3 邮政地址数据应符合下列规定：

1 邮政地址应使用邮政部门认定的标准或约定地址名称，并应保持其现势性。

2 每个邮政地址应有一个标识码，标识码应惟一。已废除或变更的邮政地址标识码应保留，状态标记应做改变。

3 应使用点数据来描述邮政地址所代表的投递位置。

4 一个邮政地址可作为一个记录单元，邮政地址数据的属性信息应符合表4.7.2的规定。

表 4.7.2 地 址 数 据

框架数据类：地址数据		
框架数据子类：门（楼）牌地址数据		
空间特征描述：封闭轮廓线/概略范围线/标识点		
空间特征表达：多边形/点		
特殊属性信息		
属性项名称	属性值值域范围及说明	约束条件
分类代码	应符合现行国家标准或行业标准	M
名称	地址标准名称	M
状态标记	标记地名的类型	O
变更标记	最后变更的类型标记： I:插入(新地址) C:修改(地址更名) D:删除(从记录中删除该地址)	M
所属	所属街道(乡、镇)	M
简称		M
门牌类型	大门牌/小门牌/楼牌/其他	M
邮政编码		C(当是大门牌时)
多地址	是否有多地址:Y/N	O
门牌号范围	门牌号范围	C(当是多地址时)
曾用名		O
空间类型	多边形/点	O
X_{min}	范围坐标，最小横坐标	O
Y_{min}	范围坐标，最小纵坐标	O
X_{max}	范围坐标，最大横坐标	O
Y_{max}	范围坐标，最大纵坐标	O
框架数据子类：邮政地址数据		
空间特征描述：标识点		
空间特征表达：点		
特殊属性信息		
属性项名称	属性值值域范围及说明	约束条件
分类代码	应符合现行国家标准或行业标准	O
名　　称	地址标准名称	M
状态标记	标记地名的类型	M
变更标记	最后变更的类型标记： I：插入（新地址） C：修改（地址更名） D:删除(从记录中删除该地址)	M

续表 4.7.2

邮政编码		M
所属邮局		O
简称		O
空间类型	点	O
X_{min}	范围坐标，最小横坐标	O
Y_{min}	范围坐标，最小纵坐标	O
X_{max}	范围坐标，最大横坐标	O
Y_{max}	范围坐标，最大纵坐标	O

4.8 地籍（土地权属）数据

4.8.1 地籍数据应包括宗地边界及权属的有关信息。

4.8.2 地籍数据的精度、尺度、内容等应符合国家现行标准的有关规定。

4.8.3 地籍数据应有标识码。

4.8.4 地籍数据的特殊属性信息应符合表 4.8.4 的规定。

表 4.8.4 地籍（土地权属）数据

框架数据类：地籍（土地权属）数据		
空间特征描述：封闭边界线		
空间特征表达：多边形		
特殊属性信息		
属性项名称	属性值值域范围及说明	约束条件
权属		M
类型代码	用地性质、用地类型代码，应符合现行国家标准或行业标准	M
面积		M
用途		M
所属街道	所属街道（乡、镇）	O

4.9 数字影像数据

4.9.1 数字影像数据应经辐射校正、影像融合、影像配准和几何精纠正等处理，其明显特征点的平面位置精度应符合本标准表 6.2.2-1 的要求，地面分辨率应符合表 4.9.1 的规定。

表 4.9.1 数字影像数据的地面分辨率

城市区域	影像地面分辨率	可用数据源
一类地区	0.1～0.5m	航空影像；高分辨率卫星影像
二类地区	0.2～1.0m	航空影像；高分辨率卫星影像
三类地区	0.5～2.5m	航空影像；高分辨率卫星影像
注：各类地区的说明见 3.1.4 条。		

4.9.2 数字影像数据的影像质量应符合下列要求：

1 影像应清晰易读、反差适中、色调均匀。

2 影像不得有重影、模糊或纹理断裂等现象，影像应连续完整，灰度无明显不同。对于彩色影像，色彩应平衡一致。

3 影像上的地物地貌应真实，无扭曲变形，无噪声、云影等缺陷。

4 影像覆盖范围内应无漏洞。

5 影像的整体外观应整洁、美观。

4.9.3 数字影像数据的存储规则应符合国家现行标准《城市基础地理信息系统技术规范》CJJ 100 的相应规定。

4.10 高 程 数 据

4.10.1 高程数据应通过 DEM 规则格网点、特征点及特征线等来描述城市地形起伏状态。对于非规则格网点数据，应采用适当的方法内插生成规则的 DEM 格网数据。

4.10.2 DEM 数据的格网尺寸及格网点高程精度应符合表 4.10.2 的规定。

表 4.10.2 DEM 数据的格网尺寸及格网点高程精度要求

格网尺寸	精度等级	格网点高程中误差（m）			
		平地	丘陵	山地	高山地
5m×5m	一级精度	≤0.5	≤1.2	≤2.5	≤5.0
	二级精度	≤0.7	≤1.7	≤3.3	≤6.7
	三级精度	≤1.0	≤2.5	≤5.0	≤10.0

4.10.3 DEM 数据的存储规则应符合国家现行标准《城市基础地理信息系统技术规范》CJJ 100 的相应规定。

4.11 测量控制点数据

4.11.1 测量控制点数据应包含城市各等级平面、高程或平高控制点以及全球导航卫星系统（GNSS）基准站点的空间和属性信息。控制点的等级及相应的精度要求应符合国家现行标准《城市测量规范》CJJ 8 的规定。

4.11.2 测量控制点数据的空间信息应通过控制点所在位置的点数据来表达。

4.11.3 测量控制点数据的特殊属性信息应符合表 4.11.3 的规定。

表 4.11.3 测量控制点数据

框架数据类：测量控制点数据		
空间特征描述：测量标志的中心点		
空间特征表达：点		
特殊属性信息		
属性项名称	属性值值域范围及说明	约束条件
点名及点号		M
类型与等级		M
分类编码	应符合现行国家标准或行业标准	M
GNSS 基准站点	是否是 GNSS 差分服务基准站点：Y/N	C(GNSS 动态服务时)
精确平面坐标值		C(对平面和平高点)
精确高程值		C(对高程和平高点)
控制点点之记		M
平面坐标系统名称		C(对平面和平高点)
高程系统名称		C(对高程和平高点)
与国家统一空间参考系的关系		O

5 城市地理空间专用框架数据

5.1 土地利用现状数据

5.1.1 土地利用现状数据应包括城市各类土地利用的范围、类别、用途、地理位置等信息。

5.1.2 应使用多边形数据来表达实际土地利用范围线。实际用地线的位置应借助地形、地籍和规划测绘及实地调查来确定。

5.1.3 土地利用现状数据的标识码可根据应用需要制定。

5.1.4 土地利用现状数据的分类代码应符合现行国家标准《城市用地分类与规划建设用地标准》GBJ 137 的规定，并应根据需要细分到相应的中类或小类。

5.1.5 土地利用现状数据的特殊属性信息宜符合表 5.1.5 的规定。

表 5.1.5 土地利用现状

框架数据类：土地利用现状数据		
空间特征描述：范围线		
空间特征表达：多边形		
特殊属性信息		
属性项名称	属性值值域范围及说明	约束条件

续表 5.1.5

类型代码	应符合国家标准《城市用地分类与规划建设用地标准》GBJ 137	M
占地面积		M
建筑面积		O
权属		O

5.2 规划用地数据

5.2.1 规划用地数据应包括城市总体规划、控制性详细规划中规划用地的范围、类别、用途、地理位置等信息。

5.2.2 应使用多边形数据来表达城市规划用地范围线，范围线的位置应通过城市总体规划和控制性详细规划资料来获得。

5.2.3 规划用地数据的类型代码应符合现行国家标准《城市用地分类与规划建设用地标准》GBJ 137 的规定，并应根据需要细分到相应的中类或小类。

5.2.4 规划用地数据的标识码可根据应用需求制定，在一个数据集内不得重复。

5.2.5 规划用地数据的特殊属性信息宜符合表 5.2.5 的规定。

表 5.2.5 规划用地数据

框架数据类：规划用地数据		
空间特征描述：范围线		
空间特征表达：多边形		
特殊属性信息		
属性项名称	属性值值域范围及说明	约束条件
用地类型代码	应符合国家标准《城市用地分类与规划建设用地标准》GBJ 137	M
规划类型	总体/控制性详规	M
编制时间	规划编制时间	M
起始时间	规划实施起始时间	M
终止时间	规划实施终止时间	M
规划面积		M
审批单位	规划审批单位名称	M
绿地率(%)		O
建筑密度(%)		O
容积率(%)		O
人口密度(%)		O
说明或简介		O

5.3 园林绿地数据

5.3.1 园林绿地数据应包括城市园林与绿地的范围、类别、用途、地理位置等信息。

5.3.2 应使用多边形数据来表达园林绿地实际用地范围线。实际用地线的位置应借助地形、地籍和规划测绘及实地调查来确定。

5.3.3 园林绿地数据的分类应符合国家现行标准《城市绿地分类标准》CJJ/T 85 的规定。

5.3.4 园林绿地数据的标识码可根据应用需求制定。

5.3.5 园林绿地数据的属性信息宜符合表 5.3.5 的规定。

表 5.3.5 园林绿地数据

框架数据类：园林绿地		
空间特征描述：范围线		
空间特征表达：多边形		
特殊属性信息		
属性项名称	属性值值域范围及说明	约束条件
分类代码	应符合《城市绿地分类标准》CJJ/T 85	M
占地面积		M
园林绿地名称		C（当有名称时）

5.4 特殊管理区域数据

5.4.1 特殊管理区域数据由城市范围内的保护区数据、控制区数据和其他管理区域数据等数据子类组成，这些数据应符合下列规定：

1 保护区数据应包括城市范围内自然保护区、历史文化保护区、风景名胜保护区等要素的空间信息和属性信息。

2 控制区数据应包括微波通道、机场保护、军事设施、建筑高度控制区、文物保护建筑控制地带等要素的空间信息和属性信息。

3 其他管理区域数据应包括城市科技园区、开发区、边贸区、口岸区、工业区、军事区、邮政编码区域、保税区等要素的空间信息和属性信息。

5.4.2 特殊管理区域数据宜有标识码，标识码在一个数据集内不得重复。

5.4.3 自然保护区域分类代码宜符合现行国家标准《林业资源与分类代码 自然保护区》GB/T 15778 的有关规定；其他数据子类的分类代码宜符合相关的现行国家标准或行业标准。

5.4.4 特殊管理区域数据的特殊属性信息宜符合表 5.4.4 的规定。

表 5.4.4 特殊管理区域数据

框架数据类：特殊管理区域数据
框架数据子类：保护区数据

续表 5.4.4

空间特征描述:范围线		
空间特征表达:多边形		
特殊属性信息		
属性项名称	属性值值域范围及说明	约束条件
保护级别	国家级/省(自治区、直辖市)/市(自治州)、县(自治县、旗、县级市)级/准保护级	
名称		M
简称		C(当有简称时)
状态		M
时期	如:元/明/清/近代/现代	C(当有该特征时)
所属政区	街道(乡、镇)名称或代码	M
四至		M
面积		M
类别	参照有关国家标准或行业标准的分类	O
简介		O
框架数据子类:控制区数据		
空间特征描述:范围线		
空间特征表达:多边形		
特殊属性信息		
属性项名称	属性值值域范围及说明	约束条件
类别	参照有关国家标准或行业标准的分类	O
级别	参照有关国家标准或行业标准的分级	O
名称		M
简称		C(当有简称时)
状态		M
所属政区	区、街道(乡、镇)名称或代码	M
四至		M
面积		O
框架数据子类:其他管理区域数据		
空间特征描述:范围线		

续表 5.4.4

空间特征表达:多边形		
特殊属性信息		
属性项名称	属性值值域范围及说明	约束条件
分类代码	符合现行国家标准或行业标准的规定	M
标准名称		M
上级区域	上一级区域的标识码或名称	C(当有上级区域时)

5.5 公共服务设施数据

5.5.1 公共服务设施数据应包括城市交通枢纽、医疗、教育、商业网点、文化与体育设施等要素的空间和属性信息。

5.5.2 应使用点或多边形数据来表达公共服务设施数据的空间位置。

5.5.3 公共服务设施数据的标识码应在数据集中惟一。

5.5.4 公共服务设施数据的特殊属性信息宜符合表5.5.4的规定。

表 5.5.4 公共服务设施数据

框架数据类：公共服务设施数据		
空间特征描述：范围线/标识点		
空间特征表达：多边形/点		
特殊属性信息		
属性项名称	属性值值域范围及说明	约束条件
现状		M
类别	宜参照有关国家标准或行业标准的分类	O
名称		O
简称		O
地址	地址（位置）	O
四至		O
面积		O

5.6 环 境 数 据

5.6.1 环境数据应包括城市地层、断层、水文地质、岩体、地质环境、地质灾害、地貌、气候、大气污染等与地理位置相关信息的空间和属性数据。

5.6.2 环境数据的空间信息可使用多边形数据来表达，也可使用线或点数据来表达。

5.6.3 环境数据的属性信息宜符合表5.6.3的规定。

表 5.6.3 环境数据

框架数据类：环境数据		
框架数据子类：地层数据		
空间特征描述：范围线		
空间特征表达：多边形		
特殊属性信息		
属性项名称	属性值值域范围及说明	约束条件
分类代码	参见《城市基础地理信息系统技术规范》CJJ 100	M
框架数据子类：断层数据		
空间特征描述：范围线/中心线		
空间特征表达：多边形/线		
特殊属性信息		
属性项名称	属性值值域范围及说明	约束条件
分类代码	参见《城市基础地理信息系统技术规范》CJJ 100	M
活动性	活动断层/非活动断层	M
性质	正/逆/平移/推覆	O
框架数据子类：水文地质数据		
空间特征描述：范围线		
空间特征表达：多边形		
特殊属性信息		
属性项名称	属性值值域范围及说明	约束条件
分类代码	参见《城市基础地理信息系统技术规范》CJJ 100	M
可使用性	可饮用/农业使用/工业使用	O
框架数据子类：岩体数据		
空间特征描述：范围线		
空间特征表达：多边形		
特殊属性信息		
属性项名称	属性值值域范围及说明	约束条件
分类代码	参见《城市基础地理信息系统技术规范》CJJ 100	M
框架数据子类：地质环境数据		
空间特征描述：标识点/范围线		
空间特征表达：点/多边形		
特殊属性信息		

续表 5.6.3

属性项名称	属性值值域范围及说明	约束条件
分类代码	参见《城市基础地理信息系统技术规范》CJJ 100	M
框架数据子类：地质灾害数据		
空间特征描述：标识点/范围线		
空间特征表达：点/多边形		
特殊属性信息		
属性项名称	属性值值域范围及说明	约束条件
分类代码	参见《城市基础地理信息系统技术规范》CJJ 100	M
框架数据子类：地貌数据		
空间特征描述：范围线		
空间特征表达：多边形		
特殊属性信息		
属性项名称	属性值值域范围及说明	约束条件
分类代码	参见《城市基础地理信息系统技术规范》CJJ 100	M
坡度		M
坡向		M
框架数据子类：气候数据		
空间特征描述：范围线		
空间特征表达：多边形		
特殊属性信息		
属性项名称	属性值值域范围及说明	约束条件
年气温	年平均气温/冬季最低(平均)/夏季最高(平均)	M
年湿度	年平均湿度/春/夏/秋/冬(平均湿度)	M
平均降雪	年平均降雪/秋/冬(平均降雪)	M
平均降雨	年平均降雨/春/夏/秋/冬(平均降雨)	M
平均风力与风向	年平均风力与风向/春/夏/秋/冬(平均风力与风向)	M
雾	一年里雾的天数	O
能见度	一年里小于 10km 的天数	O
框架数据子类:大气污染数据		
空间特征描述:范围线		

续表 5.6.3

空间特征表达：多边形		
特殊属性信息		
属性项名称	属性值值域范围及说明	约束条件
颗粒污染物	包括年平均值、最大值、最小值	M
气态污染物	包括年平均值、最大值、最小值	M

6 城市地理空间框架数据的质量

6.1 城市框架数据的质量描述要求

6.1.1 城市框架数据的质量应通过数据志和质量元素来描述。对各类框架数据，应使用本标准附录 B 中与质量有关的元数据类和项来完整、准确地记载和报告其实际质量状况。

6.1.2 城市框架数据的数据志应完整、准确地描述数据源、数据获取与加工过程、数据内容取舍以及数据更新维护等情况。

6.1.3 城市框架数据的质量元素应包括完整性、位置精度、时态精度、逻辑一致性和属性精度，并应符合下列要求：

1 完整性应描述实际框架数据的内容与本标准规定的内容之间的符合性。

2 位置精度应通过数据的几何保真度、点位准确度来全面衡量。其中，点位准确度应使用均方根差（即中误差）RMSE 来估计，并使用 95% 置信度下的准确度值 A_{95}来表达。

3 时态精度应反映数据与对应目标要素之间的时态一致性和有效性。

4 逻辑一致性应描述数据的定义、值域、物理结构和拓扑关系的正确性。

5 属性精度应反映属性项和属性值的完整性、准确性和有效性。

6.2 城市框架数据的点位准确度要求

6.2.1 城市框架数据的准确度（或精度）等级宜根据城市规模以及数据获取和更新的能力来选择。不同种类的城市框架数据可选用不同的精度等级。

6.2.2 城市框架数据的精度等级应符合下列规定：

1 明显特征点的平面位置精度应符合表 6.2.2-1 的规定。

表 6.2.2-1 城市框架数据的平面位置精度（单位：m）

精度等级		城镇区域		
		一类地区	二类地区	三类地区
一级	A_{95}	≤1.0	≤5.0	≤10.0
	RMSE	≤0.6	≤3.0	≤6.0
二级	A_{95}	≤2.0	≤10.0	≤20.0
	RMSE	≤1.2	≤6.0	≤12.0
三级	A_{95}	≤5.0	≤25.0	≤50.0
	RMSE	≤3.0	≤15.0	≤30.0

注：表中 RMSE 为平面位置中误差值；A_{95}为在 95% 的置信度下平面位置准确度值，各类地区的说明见 3.1.4 条。

2 特征点或数字高程模型（DEM）格网点的高程精度应符合表 6.2.2－2 的规定。

表 6.2.2-2 城市框架数据的高程精度（单位：m）

精度等级		地形类别			
		平地	丘陵	山地	高山地
一级	A_{95}	≤1.0	≤2.5	≤5.0	≤10.0
	RMSE	≤0.5	≤1.2	≤2.5	≤5.0
二级	A_{95}	≤1.5	≤3.5	≤6.5	≤13.0
	RMSE	≤0.7	≤1.7	≤3.3	≤6.7
三级	A_{95}	≤2.0	≤5.0	≤10.0	≤20.0
	RMSE	≤1.0	≤2.5	≤5.0	≤10.0

注：表中 RMSE 为高程中误差值；A_{95}为在 95% 的置信度下高程准确度值。

3 测量控制点的平面位置精度和高程精度应符合国家现行标准《城市测量规范》CJJ 8 的规定。

6.3 城市框架数据的质量检查验收

6.3.1 城市地理框架数据的生产和验收部门应对各类框架数据进行质量检查验收，并应提供相应的验证资料以说明所提供的框架数据符合本标准规定的质量要求。

6.3.2 质量检查验收应针对各类框架数据的空间信息、属性信息及相应的元数据进行，并应覆盖本标准规定的各项质量要求。

6.3.3 框架数据验收和质量评定的具体方式可按照现行国家标准《数字测绘产品检查验收规定和质量评定》GB/T 18316 执行。

6.3.4 框架数据质量检查报告、质量验收报告和质量统计表等质量验证资料的内容和形式可按照现行国家标准《数字测绘产品检查验收规定和质量评定》

GB/T 18316 执行。

7 其他数据与城市地理空间框架数据的空间配准

7.1 一般规定

7.1.1 城市框架数据应作为城市基本空间数据直接应用于城市规划、建设、管理和服务，并应为其他空间和社会经济数据提供空间位置配准的基础，实现空间信息的集成。

7.1.2 城市框架数据应单独或组合使用下列2种方式为其他空间和社会经济数据实现空间位置配准：

1 基于坐标。

2 基于地理标识符，即在城市框架空间数据中使用地址信息、地名信息和行政区域代码信息等地理标识实现空间位置的配准。

7.2 配准方式及要求

7.2.1 当其他空间和社会经济数据具有坐标信息并同时符合下列2个条件时，可通过相应的坐标实现空间位置的配准：

1 这些数据的平面坐标系统与框架数据相同。

2 这些数据的位置精度与框架数据的位置精度属于同一精度级别。

7.2.2 当城市地理空间框架数据和其他空间和社会经济数据都具有地址信息，并符合下列条件之一时，可通过相同的地址信息实现准确位置的配准：

1 其他空间和社会经济数据的地址信息与框架数据的地址信息完全一致。

2 其他空间和社会经济数据的地址信息通过加工处理后与框架数据的地址信息完全一致。

7.2.3 当其他空间和社会经济数据的地名信息与地名数据类中的地名信息一致时，可通过地名信息实现概略空间位置配准。

7.2.4 当其他空间和社会经济数据不具有明确的地址、地名或坐标信息，但与本标准描述的地名、地址等有以下确定空间关系时，可基于相对位置特征实现空间位置配准：

1 在确定的方向上平面位置紧邻或有确定的距离值。

2 在正交方向上平面位置相对。

3 在2个近似正交的方向上有确定的距离值。

附录A 城市地理空间框架数据高位分类代码

表 A.0.1 城市地理空间框架数据高位分类代码

高位分类代码	数据类	数据子类	要素	说明
CD	行政区划			
CDBL		行政区划境界线	市级境界 区、县级境界 街道办事处、乡、镇级境界 社区、居委会村级境界	“行政区划境界线”的高位分类代码应为：FWCDBL，含义是：FW——说明该要素是框架要素；CD——数据类代码，说明该要素出现在行政区划数据类中；BL——数据子类代码，说明该要素为行政区划数据类的境界线数据子类
CDRG		行政区域	市级区域 区、县级区域 街道办事处、乡、镇级区域 社区、居委会村级区域	
CDGS		行政机构驻地	市级行政机构驻地 区、县级行政机构驻地 街道办事处、乡、镇级行政机构驻地 社区、居委会村级行政机构驻地	
RD	道路			
RDRA		道路中心线	标准铁路 窄轨铁路 专用铁路	
RDRD			国道（含国道主干线） 省道 县道 乡道 专用公路	

续表 A.0.1

高位分类代码	数据类	数据子类	要　素	说　明
RDST			主干道 次干道 支路 步行街 死胡同 内部道路	构成城市街区的道路
RDIL			城市轨道	包括城市轻轨、有轨电车线路、地铁等有轨交通路线
RDOT			其他道路	不在以上范围的道路
RDIS		路口	路口	道路交叉口
RDJU			交汇口	两条或两条以上公路或铁路交叉的路口
HY	水体			
HYBD		水体	海 江 河 湖 池塘 水库 运河 渠 瀑布 井 泉	
GN	地名			
GNCD		行政区域	市级 区、县级 街道办事处、乡、镇级 社区、居委会 村级	
GNST		街巷	街巷名称	
GNPN		地片、区片	地片 区片	
GNON		其他地名	自然地名 经济地名 纪念地、旅游胜地 特殊建筑地名 单位名称	指有地名意义的其他名称 自然地名指自然地理实体名称，如山、水等的名称；经济地名指交通运输设施名称、通信设施等，如港口、车站、桥梁、发电站等；纪念地、旅游胜地包括纪念地、风景名胜、公园、自然保护区等；特殊建筑地名包括碑、塔、广场、城堡等

续表 A.0.1

高位分类代码	数据类	数据子类	要　素	说　明
BD	建（构）筑物			
BDBD		建筑物	政府驻地 宾馆、饭店、会议中心 纪念馆 博物馆 图书馆 天文台 体育馆 教堂、清真寺、庙宇 医院、诊所等 学校 邮局 银行、证券交易所 餐饮、娱乐场所 火车站 码头 机场 消防站 变电站所 无线电设施 写字楼 住宅 建筑区（密集居民地） 厕所 雨棚 商厦 厂房 仓库 其他	指建有屋顶的永久性建筑
BDST		其他人工建筑	亭、牌楼 观礼台 碑、雕塑、喷水池、假山等 电视塔 其他塔形建筑 城堡、城墙 垣栅 体育场 古遗址 道路、桥梁 加油站、收费站等 广场 停车场 垃圾场 隧道出入口 桥梁 地下通道出入口 地铁站 过街天桥 其他场所	有地理意义的其他人工建筑

续表 A.0.1

高位分类代码	数据类	数据子类	要　素	说　明
US	地下空间设施			
USIR		地下空间设施	地铁线路 地铁车站 地铁维修与服务基地 隧道（过江、过海等） 地下管沟 地下人防工程设施 地下古墓葬、遗址 地下商业设施 地下仓储设施 地下能源设施 地下通讯设施 其他地下空间设施	
AD	地址			
ADBA		门（楼）牌地址	门（楼）牌地址	
ADPA		邮政地址	邮政地址	
CG	地籍			
CGPS		地籍（土地权属）	宗地	
CP	测量控制点			
CPCP		测量控制点	平面控制点 高程控制点 平高控制点	
LU	土地利用			
LULU		土地利用现状	土地利用现状	
PL	规划用地			
PLPL		规划用地	城市总体规划 控制性详细规划 专项规划	

续表 A.0.1

高位分类代码	数据类	数据子类	要　素	说　明
VL	园林绿地			
VLGL		园林绿地		园林绿地
SD	特殊管理区域			
SDRS		保护区	自然保护区 历史文化保护区 重点文物保护区 风景名胜保护区	
SDRT		控制区	微波通道 机场保护 军事设施 建筑高度控制区 文物保护建筑控制地带	
SDOD		其他管理区域	科技园区、开发区 边贸区、口岸区 工业区 军事区 邮政编码区域 保税区等	指除行政区域之外的管理或服务区域
PS	公共服务设施			
PSTR		交通设施	关卡收费站 交换道 铁路站场 休息场所 海关 加油站 隧道入口 转车台 停车场 立交桥、高架桥 过街天桥 地下通道出入口 车站（火车、长途汽车、地铁） 水上交通 桥梁 锚地 海港 河港 船闸、升船机站	

续表 A.0.1

高位分类代码	数据类	数据子类	要素	说明
PSTR		交通设施	渡口 航空 航空港 航道 机场 直升机起降场（平台） 关卡 其他	
PSTR		医疗、教育、商业网点、文化与体育设施等	医疗 教育 商业网点 文化设施（博物馆、影剧院） 公园 休闲娱乐（游乐场、度假村） 体育设施	
EN	环境			
ENGE		地质	地层 断层 岩体 地质环境 地质灾害	
ENHY		水文	水文地质	
ENTE		地貌	地貌	
ENCL		气候	气候	
ENPO		大气污染	大气污染	

附录 B 城市地理空间框架数据元数据内容

表 B.0.1 城市地理空间框架数据元数据内容

1 元数据实体集信息					
序号	名称		定义	约束条件	类型/域
	类	项			
1	元数据信息	元数据名称	元数据的名称或标识	M	自由文本
		语种	元数据使用的语言	O	字符串/自由文本

续表 B.0.1

1 元数据实体集信息					
序号	名称		定义	约束条件	类型/域
	类	项			
1	元数据信息	字符集	元数据使用的 ISO 字符编码标准的全名	O	字符集枚举表(见表 B.0.1-2)
		元数据创建日期	创建元数据的日期	M	日期型
		元数据标准名称	执行的元数据标准名称	C（采用元数据标准时）	字符串/自由文本
		元数据标准版本	执行的元数据标准版本	C（采用元数据标准时）	字符串/自由文本
		数据集 URL	元数据描述的数据集位置	C（网络共享时）	字符串/自由文本
		元数据扩展信息	说明元数据基于标准扩展的信息	O	字符串/自由文本
		元数据维护	提供有关元数据更新频率及更新范围的信息	O	自由文本
		元数据限制	提供访问和使用元数据的限制信息	O	自由文本
		元数据分发网址	发布元数据的网址	C（采用网络发布时）	字符串/自由文本
		元数据文件名称	元数据文件的名称	C（采用文件形式提供时）	字符串/自由文本
		元数据文件格式	元数据文件的格式	C（采用文件形式提供时）	字符串/自由文本
		元数据维护单位名称	对元数据信息负责的单位	M	字符串/自由文本
		元数据维护单位电话	对元数据信息负责的单位的联系信息	M	字符串/自由文本
		元数据联系人	对元数据信息负责的单位的联系信息	M	字符串/自由文本

续表 B.0.1

1　元数据实体集信息					
序号	名称 类	名称 项	定义	约束条件	类型/域
1	元数据信息	通讯地址	对元数据信息负责的单位的联系信息	M	字符串/自由文本
		邮政编码	对元数据信息负责的单位的联系信息	M	字符串/自由文本
		电子信箱地址	对元数据信息负责的单位的联系信息	M	字符串/自由文本

2　标识信息					
序号	名称 类	名称 项	定义	约束条件	类型/域
1	数据集的基本信息	数据集的中文名称	数据集的中文名称	M	
		数据集最近一次更新日期	数据集最近一次更新日期	C（有更新时）	日期
		引用	数据集引用的数据和资源说明，应说明引用数据名称、数据质量状况、负责单位、负责单位联系方法等	M	自由文本
		摘要	数据集内容简短的概括描述	M	自由文本
		目的	数据集建立的目的	O	自由文本
		关键字	关键字种类、类型和参考资料	O	自由文本
		状况	数据集需求、计划、正进行、已完成等	M	进展状况枚举表(见表B.0.1-5)
		联系信息	数据集的联系人或单位	O	自由文本
		浏览图文件名称	提供数据类浏览略图及图解、图例说明等的文件名称	O	自由文本

续表 B.0.1

2　标识信息					
序号	名称 类	名称 项	定义	约束条件	类型/域
1	数据集的基本信息	浏览图文件格式	提供数据类浏览略图及图解、图例说明等的文件格式，如JPEG、TIFF、EPS、GIF等	O	自由文本
		数据集存储格式	数据集数据的存储文件格式，写明名称、版本、修订号、解压技术等	M	关联自由文本
		重要术语	重要术语的说明	M	自由文本
		用法	简要说明数据集的应用领域及方法	O	自由文本
		限制信息	施加于数据集的限制信息	O	关联
2	数据集数据的信息	空间表示类型	在空间上表示地理信息所使用的方法，有矢量、格网两种	M	关联
		等效比例尺分母	等效比例尺为用类似的硬拷贝地图比例尺表示的详细程度，分母为分数式比例尺的分母	M	整型数>0
		空间分辨率	地面采样间隔	C（是格网和影像数据时）	
		度量单位	空间与时间度量单位	M	自由文本
		语种	数据集使用的语言	O	字符串/自由文本
		字符集	数据集使用的ISO字符编码标准的全名	O	字符集枚举表(见表B.0.1-2)
		主要专题	数据集中的主要专题	C（有专题时）	
		环境说明	说明生产者的处理环境，包括软件、计算机操作系统、文件名和数据量等	M	字符串/自由文本

续表 B.0.1

序号	名称 类	名称 项	定义	约束条件	类型/域
2 标识信息					
2	数据集数据的信息	覆盖范围	数据集数据基于参考系的覆盖范围信息，包括数据集的边界矩形、边界多边形、垂向覆盖范围和时间覆盖范围等	M	
		补充信息	有关数据集的其他任何说明信息	O	字符串/自由文本
3	服务信息	元数据格式		O	自由文本
		数据集交换格式		C（提供数据交换时）	自由文本
		格式版本		C（提供数据交换时）	自由文本
		数据集分发格式		C（提供服务时）	自由文本（如CD-ROM、3.5″软盘、4mm盒式磁带、8mm盒式磁带、网络、电话传输等）
3 限制信息					
1	法律法规限制	用途限制	影响数据集（资源）适用性的限制，如“不可用于导航”	C（有用途限制时）	自由文本
		访问和使用限制	为确保隐私权或保护知识产权，对获取资源或元数据施加的访问和使用限制，以及任何特殊的约束或限制	C（有访问和使用限制时）	访问和使用限制枚举表（见表B.0.1-4）
		其他限制	访问和使用数据集（资源）其他限制和法律上的先决条件	C（有其他限制时）	自由文本

续表 B.0.1

序号	名称 类	名称 项	定义	约束条件	类型/域
3 限制信息					
2	安全限制	安全限制分级	对数据集（资源）处理限制的名称	M	安全限制分级枚举表（见表B.0.1-3）
4 数据质量信息					
1	总则	范围	说明数据质量信息描述的特定数据范围	M	类
2	数据志	陈述	概要介绍，数据生产者有关数据集数据志信息的一般说明	O	自由文本
		处理过程信息	数据集生命周期中有关事件的处理信息，包括处理步骤和容差、生产者、时间、数据源	O	自由文本
		数据源信息	生产数据集数据所使用的数据源信息，包括数据源简要说明、比例尺、参考系、引用的数据或其他资源、覆盖范围、数据源处理步骤等	M	自由文本
3	数据质量元素	质量综合评价报告	要素、要素属性和要素关系存在和遗漏情况的综合评价。包括检验依据的标准或技术文件，检验参数和技术指标，检验的方法，质量评定的方法，评定日期，评定结果等	M	自由文本
		多余数据	数据集中超出规定范围（内容信息和覆盖范围）多余数据	O	自由文本

续表 B.0.1

4 数据质量信息					
序号	名称 类	项	定义	约束条件	类型/域
3	数据质量元素	遗漏数据	数据集中比规定范围（内容信息和覆盖范围）缺少的数据，如不包括路宽 2m 以下的小路，不包括新建建筑	O	自由文本
		逻辑一致性	数据结构、属性和关系符合逻辑规则的程度	C（是矢量数据时）	自由文本
		概念一致性	概念模式规则的符合程度，应附概念模型	C（有概念模型时）	自由文本
		值域一致性	值对值域的符合程度	C（有值域范围时）	自由文本
		格式一致性	存储的数据格式与数据集物理结构的符合程度	M	自由文本
		拓扑一致性	数据集数据的拓扑特征与规定要求的一致性	C（有拓扑特征时）	自由文本
		位置精度	要素位置的准确度	C（是与位置有关的数据时）	自由文本
		绝对精度	记录的坐标值与可接受的值或真值的接近程度	O	自由文本
		相对精度	要素的相对位置与它们各自的可接受的相对位置或真值的接近程度	O	自由文本
		时间精度	要素的时间属性和时间关系的准确度，应附时间精度和时间度量的误差	O	自由文本
		专题精度	定量属性的准确度，非定量属性、要素分类和它们的关系的正确性	C（有专题信息时）	自由文本

续表 B.0.1

4 数据质量信息					
序号	名称 类	项	定义	约束条件	类型/域
4	影像数据质量	处理等级	标识已经进行辐射或几何校正的等级	C（是影像数据时）	处理等级枚举表（见表 B.0.1-16）
		精度报告	说明影像数据纠正的精度报告，包括检查点信息、纠正过程及纠正精度	C（是影像数据时）	自由文本
		入射高度角	从光线与地球表面相交出的目标平面应符合顺时针方向计算的入射高度角，以度为单位	O	实型/ - 90 ~ 90
		入射方位角	从获取影像时正北方向应符合顺时针方向计算的入射方位角，以度为单位	O	实型/ 0.0 ~ 360.0
		摄影条件	影响影像的条件	O	摄影条件枚举表(见表 B.0.1-14)
		云斑覆盖比例	数据集被云斑覆盖的范围，占空间覆盖范围的百分比表示	O	实型/ 0.0 ~ 100.0
		压缩次数	对影像进行有损压缩的次数	O	整型数
5	格网数据质量	精度报告	格网数据的精度报告，包括检查点信息、格网数据的制作过程及数据精度	O	自由文本

5 数据维护信息					
序号	名称 类	项	定义	约束条件	类型/域
1	维护信息	维护和更新的频率	在数据集初次完成后，对其进行修改和补充的频率	M	自由文本

续表 B.0.1

5 数据维护信息					
序号	名称		定义	约束条件	类型/域
	类	项			
1	维护信息	下次更新日期		O	日期
		用户要求的维护频率		O	自由文本
		更新范围	界定更新的范围，如对数据集、要素、要素实例、属性项、属性值、其他等不同层次上的更新	M	自由文本
		特殊维护说明	专用维护说明	O	自由文本
		维护的联系方式	联系负责维护元数据的人或单位的方法	O	自由文本

6 空间表示信息					
序号	名称		定义	约束条件	类型/域
	类	项			
1	空间表示方式	空间表示类型	用于表示空间信息的数字方法	M	空间表示类型枚举表(见表B.0.1-6)
		空间表示方式	用于表示平面空间信息的方式	M	枚举型/经纬度、平面坐标
		空间表示度量单位	用于表示平面信息的度量单位	M	枚举型/弧度、度、米
2	矢量	拓扑等级	标识空间关系的复杂程度	C（是矢量数据时）	拓扑等级枚举表(见表B.0.1-7)
		几何目标类型	数据集使用的几何目标类型	C（是矢量数据时）	几何目标类型枚举表(见表B.0.1-10)
		几何目标个数	数据集中出现的几何目标个数	C（是矢量数据时）	整型>0

续表 B.0.1

6 空间表示信息					
序号	名称		定义	约束条件	类型/域
	类	项			
3	影像或格网	格网单元几何特征	说明格网数据是点或格网单元	C（是格网或影像数据时）	格网单元几何特征枚举表（见表B.0.1-8)
		像元定位方式	对应于坐标位置的像元上的点	C（是影像数据时）	像元定位方式枚举表(见表B.0.1-9)
		维数	独立的空间-时间轴的数目	C（是影像或格网数据时）	整型数
		轴特征	轴的名称及沿轴方向元素的数目	C（是影像数据时）	

7 参考系信息					
序号	名称		定义	约束条件	类型/域
	类	项			
1	参照系标识	大地坐标参考系名称	大地坐标参考系名称	M	大地坐标参考系枚举表(见表B.0.1-11)
		垂向坐标参考系名称	垂向坐标参考系名称（高程系统名称）	M	垂向坐标参考系枚举表(见表B.0.1-12)
2	参数	椭球体	椭球体名称	O	自由文本
		椭球体参数	椭球体参数，包括长半轴、轴单位、扁率分母	O	自由文本
		投影	投影方式	O	自由文本
		投影参数	基于投影方式的参数	O	自由文本
		类型	3度带投影或6度带投影	O	
		带号	3度带投影或6度带投影的带号	O	整型数
		中央经线	地图投影的中央经线	O	实型数

续表 B.0.1

序号	名称 类	名称 项	定义	约束条件	类型/域
7 参考系信息					
2	参数	投影原点纬度	选做地图投影的坐标原点纬度	O	实型数
		东移假定值	地图投影坐标中所有 X 坐标增加的值，常常利用该值避免坐标出现负数	O	实型数
		北移假定值	地图投影坐标中所有 Y 坐标增加的值，常常利用该值避免坐标出现负数	O	实型数
		东移北移假定值单位	东移和北移假定值的长度度量单位	O	米等

序号	名称 类	名称 项	定义	约束条件	类型/域
8 内容信息					
1	要素编目	数据集说明	数据集内容简要描述	M	类
		存在要素目录	说明数据集是否有要素目录	M	布尔型，0=否，1=是
		符合代码	说明是否引用符合现行国家或行业标准的要素目录	M	布尔型，0=否，1=是
		描述	编目表依据的标准、文件名称、文件格式	C（有要素目录时）	自由文本
		语种	要素编目使用的语言	O	字符串/自由文本
		字符集	要素编目使用的 ISO 字符编码标准的全名	O	字符集枚举表(见表 B.0.1-2)
		包含的要素	数据集中出现的要素目录中的要素列表	C（有要素目录时）	自由文本

续表 B.0.1

序号	名称 类	名称 项	定义	约束条件	类型/域
8 内容信息					
1	要素编目	不包含的要素	数据集中未出现的要素目录中的要素列表	C（有要素目录时）	自由文本
		扩展的要素	数据集中出现的、超出要素目录范围的要素列表	C（有要素目录时）	自由文本
2	数据结构	数据分层	数据的分层说明，含拓扑要求	C（是矢量数据时）	自由文本
		属性说明	数据的属性项定义	C（是矢量数据时）	自由文本
		值域说明	属性值域说明	C（是矢量数据时）	自由文本
3	影像数据	影像综述	说明影像的波段信息等	C（是影像数据时）	
		影像内容	说明格网单元中表示的信息类型	C（是影像数据时）	影像内容枚举表(见表 B.0.1-15)
4	格网数据	格网综述	说明格网数据的坐标范围、格网尺寸、格网值含义及单位	C（是格网数据时）	

序号	名称 类	名称 项	定义	约束条件	类型/域
9 图示表达目录信息					
1	图示表达	图示表达目录	使用的图式或有图形的数据字典的目录	M	自由文本

序号	名称 类	名称 项	定义	约束条件	类型/域
10 分发信息					
1	分发信息	分发单位名称	数据集分发单位名称	M	
		分发单位电话	数据集分发单位电话	M	
		分发单位传真号码	数据集分发单位传真号码	O	
		联系人	数据集分发单位联系人	O	

续表 B.0.1

10 分发信息					
序号	名称		定义	约束条件	类型/域
	类	项			
1	分发信息	通讯地址	数据集分发单位通讯地址	O	
		邮政编码	数据集分发单位邮政编码	O	
		电子信箱地址	数据集分发单位电子信箱地址	O	
		分发单位网址	数据集分发单位网址	O	
		价格(人民币)	数据集价格	O	
		订购程序	数据集订购程序	M	
		分发使用的技术信息	获取数据集的技术条件简介	M	自由文本
2	数据交换信息	分发单元	数据层、地理范围等，如 Tiles、layers、geographic areas 等	M	自由文本
		传送量	应符合确定的传送格式估计的一个分发单元的传送量，用 MB 表示	M	实型数 > 0.0
		链接地址	URL 地址，或在线访问的地址	C（提供在线服务时）	URL 地址
		在线资源名称	在线资源名称	C（提供在线服务时）	自由文本
		在线资源说明	在线资源是什么，做什么的详细说明	C（提供在线服务时）	自由文本
		在线资源功能	在线资源功能代码	C（提供在线服务时）	在线功能枚举表(见表 B.0.1-1)
		介质名称	分发资源的介质名称	C（提供在线服务时）	
		介质格式	分发资源的介质格式	C（提供离线服务时）	

值域内容枚举表见表 B.0.1-1 ~ 表 B.0.1-16。

表 B.0.1-1 在线功能枚举表

序号	名称	说明
1	下载	将数据从一个存储设备或系统在线传送到另一个的在线指令
2	信息	资源的在线信息
3	离线访问	向分发者索取资源的在线指令
4	预订	获得资源的在线预订过程
5	检索	寻找有关资源信息的在线检索界面

表 B.0.1-2 字符集枚举表

序号	名称	说明
1	Big5	用于中国台湾、香港及其他地区的传统汉字代码集
2	GB2312	简化汉字代码集
3	GB 18030	GB 18030，信息技术，信息交换用汉字编码字符集基本集的扩充
4	Ucs2	基于 ISO 10646 的 16 位定长通用字符集
5	Ucs4	基于 ISO 10646 的 32 位定长通用字符集
6	其他	不在上述字符集中的其他字符集

表 B.0.1-3 安全限制分级枚举表

序号	名称	说明
1	公开	数据集一般可以公开
2	内部	数据集一般不公开
3	秘密	受委托者可以使用该信息
4	机密	除经过挑选的一组人员外，对所有的人都保持或必须保持秘密、不为所知或隐藏
5	绝密	最高秘密

表 B.0.1-4 访问和使用限制枚举表

序号	名称	说明
1	版权	依据版权法生产、出版或销售数据的排他权利
2	专利权	经过专利部门批准注册的独家所有的权利
3	专利审查中	正在申请专利权
4	商标	正式许可生产、出版或销售
5	许可证	正式许可做某事
6	知识产权	从创造活动产生的无形资产的分发或分发控制获得经济利益的权利

续表 B.0.1-4

序号	名 称	说 明
7	受限制	控制一般的流通或公开
8	其他限制	未列出的限制

表 B.0.1-5 进展状况枚举表

序号	名 称	说 明
1	完 成	已经完成的数据产品
2	历史档案	在离线存储设备中的数据
3	废 弃	不再有用的数据
4	连续更新	持续更新的数据
5	计 划	已确定了数据生产或更新的日期
6	应符合需要	需要生产或更新的数据
7	正在开发	正在进行生产处理的数据

表 B.0.1-6 空间表示类型枚举表

序号	名 称	说 明
1	矢 量	用于表示地理数据的矢量数据
2	格 网	用于表示地理数据的格网数据
3	文字表格	用于表示地理数据的文本或表格数据
4	影 像	用于表示地理数据的影像数据

表 B.0.1-7 拓扑等级枚举表

序号	名 称	说 明
1	单纯几何	
2	一维拓扑	
3	二维拓扑	
4	其 他	

表 B.0.1-8 格网单元几何特征枚举表

序号	名 称	说 明
1	点	每个格网单元表示一个点
2	面	每个格网单元表示一个封闭多边形

表 B.0.1-9 像元定位方式枚举表

序号	名 称	说 明
1	中心	像元左下和右上角之间的中间点
2	左下	与 SRS 原点最接近的像元角点；如果两个与原点的距离相等，取 X 值最小的一个
3	右下	从左下角应符合逆时针方向的下一个角点
4	右上	从右下角应符合逆时针方向的下一个角点
5	左上	从右上角应符合逆时针方向的下一个角点

表 B.0.1-10 几何目标类型枚举表

序号	名 称	说 明
1	点	
2	线	
3	面	封闭多边形
4	其他	

表 B.0.1-11 大地坐标参考系枚举表

序号	名 称	说 明
1	1954 年北京坐标系	采用克拉索夫斯基椭球体。长半径 $a=6378245\text{m}$，扁率 $f=1/298.3$
2	1980 年国家大地坐标系	采用 1975 年 IUGG 第 16 届大会推荐的椭球体参数。长半径 $a=6378140\text{m}$，扁率 $f=1/298.257$
3	地方独立坐标系	相对独立于国家坐标系外的局部平面直角坐标系
4	WGS84	世界大地坐标系，原点在地球质心
5	其他	采用不同于以上 4 种的大地坐标系

表 B.0.1-12 垂向坐标参考系枚举表
（高程基准枚举表）

序号	名 称	说 明
1	1956 年黄海高程系	1961 年后全国统一采用
2	1985 国家高程基准	经国务院批准，国家测绘局于 1987 年 5 月 26 日公布使用
3	地方独立高程系	相对独立于国家高程系外的局部高程系

表 B.0.1-13 坐标系统类型表

序号	名 称	说 明
1	大地坐标系（经纬度）	用经度和纬度所表示的地面点位置的球面坐标
2	投影坐标系统	由不同的投影方法所形成的坐标系

表 B.0.1-14 摄影条件枚举表

序号	名 称	说 明
1	模糊影像	部分影像是模糊的
2	云	部分影像因云覆盖而模糊

续表 B.0.1-14

序号	名　称	说　明
3	黄赤交角	黄道平面（地球轨道平面）与天球赤道平面之间的锐角
4	雾	部分影像因雾而模糊
5	浓烟或灰尘	部分影像因浓烟或灰尘而模糊
6	夜晚	夜晚获取的影像
7	雨	降雨时获取的影像
8	半暗	在半暗—黄昏条件下获取的影像
9	阴影	部分影像因阴影而模糊
10	雪	部分影像因雪而模糊
11	地形遮挡	由于地形要素相对位置阻挡了摄影机与相关目标之间的视线引起的给定点或区域数据的丢失

表 B.0.1-15　影像内容枚举表

序号	名　称	说　明
1	影像	不是物理参数的真实值，仅代表颜色或灰度的值
2	专题分类	用代码表示的分类信息
3	物理度量	是物理参数的真实值，如使用高光谱影像时的波谱值

表 B.0.1-16　处理等级枚举表

序号	名　称	说　明
1	辐射校正	
2	几何粗校正	
3	几何精校正	
4	正射纠正	

本标准用词说明

1　为便于在执行本标准条文时区别对待，对要求严格程度不同的用词说明如下：

1）表示很严格，非这样做不可的：

正面用词采用“必须”；反面词采用“严禁”。

2）表示严格，在正常情况下均应这样做的：

正面用词采用“应”；反面词采用“不应”或“不得”。

3）表示允许稍有选择，在条件许可时首先应这样做的：

正面用词采用“宜”；反面词采用“不宜”。

表示有选择，在一定条件下可以这样做的，采用“可”。

2　条文中指明应符合其他有关标准执行的写法为“应符合……的规定”或“应按……执行”。

中华人民共和国行业标准

城市地理空间框架数据标准

CJJ 103—2004

条 文 说 明

前　　言

《城市地理空间框架数据标准》CJJ 103—2004 经建设部 2004 年 8 月 18 日第 261 号公告批准，业已发布。

为便于有关人员在使用本标准时能正确理解和执行条文规定，《城市地理空间框架数据标准》编写组按章、节、条顺序编写了本标准的条文说明，供使用者参考。在使用中如发现本条文说明有不妥之处，请将意见函寄建设综合勘察研究设计院（北京东直门内大街 177 号，邮编 100007）。

目　次

1 总　　则

1.0.1　本条阐明制定城市地理空间框架数据标准的目的。城市地理空间框架数据是城市的基本地理数据集，主要为其他空间和非空间信息提供统一的空间定位基准，以实现各种信息资源按照地理空间位置进行整合，从而促进信息共享。其作用包括：1. 作为研究和观察城市状况的最基本信息。城市地理空间框架数据组成城市最基本的空间数据集，能完整地描述城市自然和社会形态的地物地貌、管理境界及其基本属性特征，在许多情况下，这些数据可以用来为人们研究和了解城市的基本状况提供信息支持。2. 成为各类城市应用系统所需的公用信息。各种城市 GIS 及数字城市应用系统都需要最基本的空间数据集作为基础，这些数据集通常可以从地理空间框架数据中提取。3. 作为定位参考基准，供各类用户添加其他与空间位置有关的专题信息。定性、定量和定位分析是城市各种专题应用的核心。许多专题信息本身并不具有定位特征，而地理空间框架数据可以为这些应用提供空间定位基准，以满足定位和一些定量处理的要求。

本标准旨在通过规范城市地理空间框架数据的内容、分类、质量要求等，指导城市框架数据和公共数据资源的建设、共享和更新，进而推动城市空间信息应用和信息资源建设，促进城市信息化发展。

本标准的编制是在国家 863 计划“数字城市空间信息管理与服务系统及应用示范”课题（2001AA136010）的研究支持下完成的。

1.0.2　本条规定了本标准的适用范围。应依据城市的需要和本标准的规定确定框架数据的内容，框架数据的创建、加工及服务必须满足本标准的规定。本标准除适用于城市框架数据建设外，也适用于城市信息资源和各种城市地理信息系统建设。

1.0.3　鉴于城市地理空间框架数据的作用，其创建应充分体现框架数据的共享特征及数据的权威性。

1.0.4　随着现代科学技术的飞速发展，地理空间信息技术的新理论、新技术、新方法、新设备不断出现，在满足本标准规定的质量要求前提下，应积极采用先进技术和方法，以推动科技进步，促进城市地理空间信息技术的发展。

1.0.5　本标准是城市地理空间框架数据建设的通用标准，突出了城市框架数据的特点。城市框架数据与城市信息化建设及城市规划、建设、管理等工作均有密切关系，因此，在实施过程中还应符合现行的相关强制性技术标准。所以本条明确规定，建设城市地理空间框架数据除执行本规范外，还应符合国家及行业现行的有关强制性技术标准的规定。

2 术语和代号

2.1 术　　语

本标准中定义或引用的术语，是为了清楚地阐述文中所涉及的一些重要概念。

为详细叙述城市地理空间框架数据的内涵与外延，在术语中对“城市地理空间数据”、“城市地理空间框架数据”等概念作了重点描述，目的在于界定本标准中“城市地理空间框架数据”的定义范围。“框架要素”是最基本的自然和社会现象的抽象。

在术语中对“框架数据代码”、“标识码”等概念作了引用，目的在于规范“城市地理空间框架数据”的内容描述。

术语中“几何保真度”、“空间特征”等概念的定义，目的在于规范本标准中“城市地理空间框架数据”的质量及精度的表达。因“准确度”、“精度”等术语在《测绘学名语》中有定义且能普遍认同，故在本标准中不再引用。

“地名”引自《地名分类与类别代码编制规则》（GB/T 18521—2001，3.1 地名），“标准地名”引自《地名分类与类别代码编制规则》（GB/T 18521—2001，3.3 标准地名）。

“门牌”引自《地名标牌　城乡》（GB 17733.1—1999，3.1.5 门牌），“楼牌”引自《地名标牌　城乡》（GB 17733.1—1999，3.1.4 楼牌）。

术语中对“地名”、“地址”、“门牌”及相关概念等进行了引进与定义，并在条文说明的相应条款中作了说明，目的在于规定本标准中关于地名数据和地址数据的描述。本标准中地名数据和地址数据是重要的位置数据，其他社会经济数据可基于上述两种数据实现地理位置的匹配。

2.2 代　　号

本规范使用的代号，主要是数据精度表示形式、一些专业名词代号以及属性表中代表必选、条件必选和可选的字母。

本标准用 GNSS 代表全球导航卫星系统，主要考虑它是一个中性术语，可以包括目前的 GPS、GLONASS 系统和未来的 GALILEO 系统等。

3 基本规定

3.1 一般要求

3.1.1　城市地理空间框架数据实现数据共享的方式之一是定义一组可供数据共享的基本数据集，这组数据集应有最广泛的用户群及有最权威的数据组织与维护部门，从而达到最广泛的数据服务与应用的目的。本标准中定义了组成基本数据集的数据类，如基本框架数据类有行政区划、道路、地名、建（构）筑物、地下空间设施、地址、数字影像、高程和测量控制点数据等，它们都是城市中基础的、最能提供共享的空间数据。标准中还定义了专用框架数据类，这些数据类是在城市中广泛使用的专题特征较完整的一组地理空间数据。

3.1.2 本条规定了城市地理空间框架数据的扩展原则，与3.1.1条规定共同规范了城市地理空间框架数据的数据内容和组织要求。

3.1.3 考虑到框架数据的作用和特点，为避免重复性工作，保证数据质量和权威性，便于数据的更新、维护和共享，建立和更新城市框架数据必须充分利用有关法定测量成果作为数据源。这里的法定测量指按照《中华人民共和国测绘法》及国家有关法规的规定所进行的测绘工作。本条作为强制性条款，必须严格执行。

3.1.4 本条针对城市不同区域规定了数据源的原始比例尺范围，主要是为在建设或更新框架数据时合理地选择合适的数据源，因为数据源的质量将直接影响框架数据的质量。

3.1.5 框架数据要真正发挥其作用，必须及时得到更新。由于各类框架数据的变化周期不同，这里没有具体规定数据的更新周期，各城市可以根据需要合理确定。但数据更新中必须保证精度的一致性和空间数据、属性数据及相应元数据的同步更新。

3.1.6 使用商用地理信息系统（GIS）所能接受的数据格式作为框架数据的存储格式，主要是为了保证数据的正常使用。这些格式比如有：vct，dwg，dxf，dgn，e00，shp，mif，tiff，geotiff，ecw等等。数据交换时则应优先使用国家标准vct格式或开放地理信息联盟（OGC）制定的GML格式。数据存储单元应按一定的规则进行命名。其中元数据文件名称可以采用前缀与其所描述的数据存储单元名称相同，后缀使用“.meta”或其他标识。

3.2 数据基准

3.2.1～3.2.2 为了便于框架数据的广泛应用和共享，保证框架数据与其他数据的整合和集成，框架数据必须具有统一的空间基准。一方面，一个城市的各种框架数据所使用的空间基准必须保持完全一致；另一方面，这一数据基准必须与该城市基础测绘所使用的空间基准相一致，因为城市各种空间数据通常均与城市的基础测绘成果紧密关联。这两条既相互联系，又各有侧重，作为强制性条款，必须严格执行。

3.3 数据描述与表达

3.3.1 空间特征、属性特征和时态特征是城市框架数据应具有的3个基本特征。本节对这些特征作了总体规定。

3.3.2 数据的空间特征由点、线、面等结构来表达。本标准中进一步将面空间特征描述为封闭轮廓线、封闭边界线和范围线等是为了区分空间要素的抽象类型，有利于空间要素位置精度的表述。本标准中界定为“轮廓线”的，一般指实物的外轮廓线且位置精度较高的要素类，如建（构）筑物、道路边界等；本标准中界定为“边界线”的，一般指抽象的边界且定位精度较高的要素类，如行政边界（勘界）、地籍（宗地）；本标准中界定为“范围线”的，一般指抽象的边界且位置精度一般较低的要素类，如地片、区片、土地利用类等。

3.3.3 框架数据的属性信息应由一系列属性项及对应的属性值来描述。

3.3.4 本标准采用特定属性项及其对应的属性值的方式来描述框架数据的时态特征，便于实际操作和应用。

3.3.5～3.3.6 高位分类代码体现了数据类在框架数据体系中的相互关系，既便于识别数据类别，同时也可保持各要素代码与有关国家或行业分类编码的一致性，有利于数据的应用。赋予数据标识码则有助于数据的维护、更新和管理。

3.4 基本属性数据

3.4.1 城市地理空间框架数据必须有一些基本的属性，这些属性包括框架数据代码、现势性、版本、版本日期、数据源、位置精度等。使用这些基本属性，可以使框架数据有可能按目标进行更新并对更新信息进行记录。其中框架数据代码是高位代码，可以标识该要素在框架数据体系中的位置；现势性、版本、版本日期能基本标识该数据的时态性；数据源、位置精度能基本标识该数据的质量。通过基本属性的描述，可以实现不同时间和位置精度来源数据的共享使用，同时也可以了解数据的现势性和点位精度对应用的影响情况。

3.5 元数据

3.5.1～3.5.2 城市地理空间框架数据的创建、管理及服务必须同时建立相应的元数据，元数据应符合现行相关国家标准或行业标准的规定。框架数据的元数据内容宜符合本标准中附录D的要求。

4 城市地理空间基本框架数据

4.1 行政区划数据

4.1.1 我国目前的行政区划只到街道和乡镇一级。但在城市应用中，经常需要进一步细分到居委会、社区、村一级，这里将它们也按行政区划来处理。

4.1.4 表4.1.4中行政区划数据中的“人口数量”可使用分级的人口数，如50万以上、30~50万、10~30万、5~10万、1~5万、1万以下；行政区划数据中的“区域面积”应为官方公布的行政区划的面积；行政区划数据中的“机构驻地”应为行政区划政府管理机构的驻地名称或行政区划驻地标识码。如果是行政区划驻地标识码，则建立了数据类“行政区域”和“行政区划驻地”之间的关联。

4.2 道路数据

4.2.2 应以道路中心线和节点分别描述路段和路口信息，路段信息描述道路的连通状况。如果框架数据中需要道路边线信息，可以在建（构）筑物中的其他人工建筑中组织道路边线数据。

4.2.3 道路数据应有标识码，以利于道路数据的更新维护。道路数据的行政等级、技术等级和路面等级的分类代码应执行现行国家标准。

4.2.4 表4.2.4中“路段线数据”中的“路段层次”是路段相对地面的层次，辅助描述路段的连通情况，如地面路段/地下一层路段/地上一层路段等，值域可相应为：0/-1/1等。“路口数据”中的“交汇口名称”项当只有交汇口才填写。交汇口是两条公路交汇的地方，可填写相应公路的路号或代码，如M4 J10/A4107，或京承高速/六环；“路段数”用于建立路段与路口的联系，可填写路口的路段数目，也可填写该路口的路段ID，如“1002，1003，1004”。

4.3 水体数据

4.3.1 框架数据中的水体要素的主要作用是空间特征的体现，应纳入有空间意义的水面及有地理标志性意义的瀑布、井等要素。这里使用“水体”而不是“水系”主要是考虑城市范围内水域的基本特征。

4.3.3 表4.3.3中水质情况可根据需要取值，如咸淡/浊清/有污染等。如果专业应用需要更多更准确的描述，应利用该水体数据加工制作专用的数据，可增加更多的属性项，也可对水体数据在空间上重新分割。

4.4 地名数据

4.4.1~4.4.5 地片指有地名意义的地理区域。区片指城镇居民点内部的区域，包括居民小区。地名是框架数据中用于地理位置匹配的重要信息，其分类编码应使用现行国家标准《地名分类与类别代码编制规则》GB/T 18521，以利于与国家的地名体系建立联系。实际应用中，也可根据城市特点及需要在“其他地名数据”中纳入有地名意义的建筑、交通设施、纪念地及旅游地、单位名称等。地名中的街巷名称数据类中的“门牌号范围”，对于规则的门牌号，可填写如15~295号、6~324号；对于不规则的门牌号，可采用枚举方式。地片中的“泛指范围”项，应使用文字描述，如东四南大街、北大街、西大街、朝内大街交汇处及周围。

4.5 建（构）筑物数据

4.5.1~4.5.5 框架数据中的建（构）筑物的主要作用也是空间特征的体现，其中建筑物即房屋应为面结构，是房屋属性信息的载体；其他人工建筑则是用来补充描述空间布局的，一般为线结构，如道路边线、桥梁、碑、亭等。

4.6 地下空间设施数据

4.6.1~4.6.3 各城市可根据城市的需求和条件组织地下空间设施数据。应注意框架数据可协同创建，数据源及数据的维护与更新都应来自于相应的专业权威机构或管理部门。

4.7 地址数据

4.7.1~4.7.3 地址也是框架数据中用于地理位置匹配的重要信息，本标准中包括门（楼）牌地址和邮政地址，一般以点结构描述。地址数据可以是空间形式的如点图层，也可以是文本数据形式的，属性中的X_{min}、Y_{min}，X_{max}、Y_{max}等描述了地址的空间范围。邮政地址数据中的“状态标记”用来标记地址的类型，如固定地址、临时地址等。

4.8 地籍（土地权属）数据

4.8.1~4.8.4 框架数据中纳入的地籍信息仅限于土地权属的内容，即宗地边界及权属，因为框架数据的重要特征是共享，地籍信息中的宗地边界及权属是最具有共享特征的信息。地籍信息系统等专用系统应依据相应的行业标准及规范建立。

4.9 数字影像数据

4.9.1~4.9.3 框架数据应纳入数字影像数据，包括由航空像片生产的数字正射影像图数据和由卫星影像生产的数字影像数据。对于由航空像片生产的数字正射影像图数据，其产品的质量和组织要求应符合国家现行标准《城市基础地理信息系统技术规范》CJJ 100的相应规定；对于由卫星影像生产的数字影像数据可依据本标准的规定执行。

4.10 高程数据

4.10.1~4.10.3 框架数据应包含数字高程数据。基于框架数据作为共享资源的特点，数字高程数据以规则格网数据提供，便于数据的规范和应用。数字高程数据的质量和组织要求应符合国家现行标准《城市基础地理信息系统技术规范》CJJ 100的相应规定。

4.11 测量控制点数据

4.11.1～4.11.3 应根据城市的特点和需要将测量控制点数据作为框架数据。考虑到卫星定位技术的发展，这里除列入平面控制点和高程控制点外，还提出了平高控制点。随着城市卫星定位动态差分站的建立，城市控制测量的模式及城市定位的方式都有可能发生大的变革，因此，本标准将城市 GNSS 基准站点也作为一种特殊的城市测量控制点。

5 城市地理空间专用框架数据

5.1 土地利用现状数据

5.1.1～5.1.5 土地利用现状是框架数据的专用数据类，应有框架数据规定其高位代码，同时应有“类型代码”，即要素的自身代码，应使用现行国家标准《城市用地分类与规划建设用地标准》GBJ 137。

5.2 规划用地数据

5.2.1～5.2.5 规划用地是框架数据的专用数据类，应有框架数据规定其高位代码，同时应有“类型代码”，即要素的自身代码，应使用现行国家标准《城市用地分类与规划建设用地标准》GBJ 137。

5.3 园林绿地数据

5.3.1～5.3.5 园林绿地是各城市较关注的公共信息，通常在土地利用现状中对园林绿地的描述不够细致，不能满足应用对园林绿地数据的需求。为进一步描述城市的园林绿地状况，各城市可根据自身特点纳入园林绿地数据，其分类宜符合现行行业标准《城市绿地分类标准》CJJ/T 85 的有关规定。园林绿地数据的创建应尽量与自然保护区及生态环境数据的创建相协调。

5.4 特殊管理区域数据

5.4.1～5.4.4 特殊管理区域是行政区划以外的管理区域，包括保护区、控制区、开发区、边贸区、邮政编码区域等。特殊管理区域所含的边界信息在应用和共享中有很重要的意义，在框架数据中应包含足够的特殊管理区域信息以满足城市建设和发展的需要。特殊管理区域边界的确定可以依据相关文件及地形图或影像图来确定，其数据源信息、数据创建或更新的方法或工艺、数据质量评价等必须在元数据中体现，并应随数据提供相应元数据。其中自然保护区的创建应与生态环境数据的创建相协调；在历史文化保护区的创建中应充分体现城市的文物分布及现状情况。

5.5 公共服务设施数据

5.5.1～5.5.4 公共服务设施是框架数据中的专用信息，是城市中最广泛的公共应用资源之一，各城市应根据自身的条件创建该数据。如果更关注公共服务设施的边界或轮廓的信息，宜用公共服务设施数据类组织框架数据，如果仅关注公共服务设施的概略位置信息，可将此类信息组织到地名数据中。

5.6 环境数据

5.6.1～5.6.3 环境是每个城市都关注的。为了掌握城市的环境状态，为城市的可持续发展打好基础，有必要在框架数据中纳入环境数据。环境数据涉及面广，各城市可根据自身条件和需求选择合适的数据类。应注意框架数据可协同创建，数据源及数据的维护与更新都应来自于相应的专业权威机构或管理部门。

6 城市地理空间框架数据的质量

6.1 城市框架数据的质量描述要求

6.1.1～6.1.3 框架数据的质量应通过数据志和质量元素来描述。数据志应充分体现数据质量的可追溯性和客观性，质量元素和质量报告则描述了数据的现行质量状况。对于框架数据的质量必须由数据志和质量元素共同描述。各质量元素应准确、完整地描述数据质量的不同方面。

6.2 城市框架数据的点位准确度要求

6.2.1 本标准除测量控制点数据外，对其他框架数据的精度设置了 3 个等级。在实际应用中，可以根据应用需求、城市的规模及区域特征以及数据获取和更新能力情况来选择相应的等级。各种框架数据由于来源和用途等不同，可以分别选择不同的精度等级。

6.2.2 关于城市框架数据的精度问题需要说明以下 3 点：

1 考虑到本标准的使用者多数为非测绘专业工作者，他们对测量专业“中误差”的理解经常产生歧义，而使用 95% 置信度下的准确度值来衡量精度概念较为明确。比如，$A_{95} \leq 1.0m$ 表示 95% 置信水平下的误差值不会超过 1.0m。顾及测绘专业惯例，本标准同时也给出了相应的中误差（RMSE）值。它们之间的关系为：

对于平面位置：$A_{95} = 1.73 \times RMSE_{平面}$；

对于高程：$A_{95} = 1.96 \times RMSE_{高程}$。

2 将除测量控制点数据以外的框架数据的精度划分为 3 个等级，主要是为了满足不同应用需求。对于表 6.2.2-1 规定的明显特征点平面位置中误差（RMSE），一级精度：一类地区相当于 1:1000 地形图精度，二类地区相当于 1:5000 地形图精度，三类地区相当于 1:10000 地形图精度；而二、三级精度，分别在上一级基础上放宽2倍和2.5倍。表6.2.2-2规定的高程中误差主要参考了国家标准《数字测绘产品质量要求　第1部分：数字线划地形图、数字高程模型质量要求》GB/T 17941.1—2000的分级原则。

3　本标准规定的各等级精度值是最低要求。实际数据的精度可以高于此要求，但不得低于此要求。精度等级可根据应用需要、数据源的质量情况等选择。二、三级精度主要用于某些对位置精度要求不十分严格的场合。

6.3　城市框架数据的质量检查验收

6.3.1～6.3.3　本节主要规定了框架数据质量检查验收的原则。目前除国家标准《数字测绘产品检查验收规定和质量评定》GB/T 18316外，尚无其他合适的标准可用，因此本标准规定可以参照GB/T 18316规定的原则、方法来对框架数据进行质量检查验收。

7　其他数据与城市地理空间框架数据的空间配准

7.1　一 般 规 定

7.1.1～7.1.2　框架数据的重要作用是对其他空间和社会经济数据进行空间参照，这里规定了其他数据与框架数据进行空间位置配准的基本方式。

7.2　配准方式及要求

7.2.1～7.2.4　本节具体规定了其他数据与框架数据进行空间位置配准的详细条件和方法。

附录A　城市地理空间框架数据高位分类代码

本标准只规定了框架数据的高位分类代码，旨在将各种行业的要素分类要求统一到一个分类体系中，便于数据的交换及数据含义的理解。这既体现了统一的分类体系，又保证了各行业要素独立分类的灵活性，反映了创建及维护城市地理空间框架数据的可操作性的特点。

本标准规定基本数据类和专用数据类及其数据子类，数据类用两位字母作为数据类的高位分类代码，数据子类用两位字母作为数据子类的高位分类代码，即四位字母代码即可标示该数据子类在城市地理空间框架数据体系中的位置，可以避免众多数据在数据共享中的重复定义。同时本标准中特别强调国标分类代码和行标分类代码的使用，这样既能统一在一个代码体系中，同时又保持了各行业应用的特点，达到数据共享和交换的目的。

附录B　城市地理空间框架数据元数据内容

本标准的元数据内容依据国家标准《地理信息元数据》（征求意见稿）制定，依据框架数据的创建及应用的特点细化了元数据的内容，如矢量数据的结构和质量、影像数据质量元素等，使之更适合描述框架数据的内容及质量等特征。

本标准的元数据内容符合国家标准《地理信息元数据》（征求意见稿）的规定，是含核心元数据内容的专用元数据。

本标准的元数据要素的类型中无“关联”类，相关的内容只在本标准中出现一次，以确保元数据内容简洁、清晰，易操作。

工程建设国家标准目录

序号	标 准 编 号	标 准 名 称
1	GB/T 50001—2001	房屋建筑制图统一标准
2	GBJ 2—86	建筑模数协调统一标准
3	GB 50003—2001	砌体结构设计规范
4	GB 50005—2003	木结构设计规范
5	GBJ 6—86	厂房建筑模数协调标准
6	GB 50007—2002	建筑地基基础设计规范
7	GB 50009—2001	建筑结构荷载规范
8	GB 50010—2002	混凝土结构设计规范
9	GB 50011—2001	建筑抗震设计规范
10	GBJ 12—87	工业企业标准轨距铁路设计规范
11	GBJ 13—86	室外给水设计规范（1997 年版）
12	GBJ 14—87	室外排水设计规范（1997 年版）
13	GB 50015—2003	建筑给水排水设计规范
14	GBJ 16—87	建筑设计防火规范（2001 年版）
15	GB 50017—2003	钢结构设计规范
16	GB 50018—2002	冷弯薄壁型钢结构技术规范
17	GB 50019—2003	采暖通风和空气调节设计规范
18	GB 20021—2001	岩土工程勘察规范
19	GBJ 22—87	厂矿道路设计规范
20	GB 50023—95	建筑抗震鉴定标准
21	GB 50025—2004	湿陷性黄土地区建筑规范
22	GB 50026—93	工程测量规范
23	GB 50027—2001	供水水文地质勘察规范
24	GB 50028—93	城镇燃气设计规范
25	GB 50029—2003	压缩空气站设计规范
26	GB 50030—91	氧气站设计规范
27	GB 50031—91	乙炔站设计规范
28	GB 50032—2003	室外给水排水和燃气热力工程抗震设计规范
29	GB/T 50033—2001	建筑采光设计标准
30	GB 50034—2004	建筑照明设计标准

工程建设国家标准目录

序号	标 准 编 号	标 准 名 称
31	GB 50037—96	建筑地面设计规范
32	GB 50038—94	人民防空地下室设计规范（2003 年版）
33	GBJ 39—90	村镇建筑设计防火规范
34	GB 50040—96	动力机器基础设计规范
35	GB 50041—92	锅炉房设计规范
36	GBJ 42—81	工业企业通信设计规范
37	GBJ 43—82	室外给水排水工程设施抗震鉴定标准
38	GBJ 44—82	室外煤气热力工程抗震鉴定设施标准（试行）
39	GB 50045—95	高层民用建筑设计防火规范
40	GB 50046—95	工业建筑防腐蚀设计规范
41	GBJ 47—83	混响室法吸声系数测量规范
42	GB 50049—94	小型火力发电厂设计规范
43	GB 50050—95	工业循环冷却水处理设计规范
44	GB 50051—2002	烟囱设计规范
45	GB 50052—95	供配电系统设计规范
46	GB 50053—94	10kV 及以下变电所设计规范
47	GB 50054—95	低压配电设计规范
48	GB 50055—93	通用用电设备配电设计规范
49	GB 50056—93	电热设备电力装置设计规范
50	GB 50057—94	建筑物防雷设计规范
51	GB 50058—92	爆炸和火灾危险环境电力装置设计规范
52	GB 50059—92	35 ~ 110kV 变电所设计规范
53	GB 50060—92	3 ~ 110kV 高压配电装置设计规范
54	GB 50061—97	66kV 及以下架空电力线路设计规范
55	GB 50062—92	电力装置的继电保护和自动装置设计规范
56	GBJ 63—90	电力装置的电测量仪表装置设计规范
57	GBJ 64—83	工业与民用电力装置的过电压保护设计规范
58	GBJ 65—83	工业与民用电力装置的接地设计规范
59	GB 50067—97	汽车库、修车库、停车场设计防火规范
60	GB 50068—2001	建筑结构可靠度设计统一标准

序号	标准编号	标准名称
61	GB 50069—2002	给水排水工程构筑物结构设计规范
62	GB 50070—94	矿山电力设计规范
63	GB 50071—2002	小型水力发电站设计规范
64	GB 50072—2001	冷库设计规范
65	GB 50073—2001	洁净厂房设计规范
66	GB 50074—2002	石油库设计规范
67	GBJ 75—94	建筑隔声测量规范
68	GBJ 76—84	厅堂混响时间测量规范
69	GB 50077—2003	钢筋混凝土筒仓设计规范
70	GBJ 78—85	烟囱工程施工及验收规范
71	GBJ 79—85	工业企业通信接地设计规范
72	GB/T 50080—2002	普通混凝土拌合物性能试验方法标准
73	GB/T 50081—2002	普通混凝土力学性能试验方法标准
74	GBJ 82—85	普通混凝土长期性能和耐久性能试验方法
75	GB/T 50083—97	建筑结构设计术语和符号标准
76	GB 50084—2001	自动喷水灭火系统设计规范
77	GBJ 85—85	喷灌工程技术规范
78	GB 50086—2001	锚杆喷射混凝土支护技术规范
79	GBJ 87—85	工业企业噪声控制设计规范
80	GBJ 88—85	驻波管法吸声系数与声阻抗率测量规范
81	GB 50089—98	民用爆破器材工厂设计安全规范
82	GB 50090—99	铁路线路设计规范
83	GB 50091—99	铁路车站及枢纽设计规范
84	GB 50092—96	沥青路面施工及验收规范
85	GB 50093—2002	工业自动化仪表工程施工及验收规范
86	GB 50094—98	球形储罐施工及验收规范
87	GB/T 50095—98	水文基本术语和符号标准
88	GB 50096—1999	住宅设计规范
89	GBJ 97—87	水泥混凝土路面施工及验收规范
90	GB 50098—98	人民防空工程设计防火规范（2002年版）

工程建设国家标准目录

序号	标 准 编 号	标 准 名 称
91	GBJ 99—86	中小学校建筑设计规范
92	GB/T 50100—2001	住宅建筑模数协调标准
93	GBJ 101—87	建筑楼梯模数协调标准
94	GB/T 50102—2003	工业循环水冷却设计规范
95	GB/T 50103—2001	总图制图标准
96	GB/T 50104—2001	建筑制图标准
97	GB/T 50105—2001	建筑结构制图标准
98	GB/T 50106—2001	给水排水制图标准
99	GBJ 107—87	混凝土强度检验评定标准
100	GB 50108—2001	地下工程防水技术规范
101	GBJ 109—87	工业用水软化除盐设计规范
102	GBJ 110—87	卤代烷 1211 灭火系统设计规范
103	GBJ 111—87	铁路工程抗震设计规范
104	GBJ 112—87	膨胀土地区建筑技术规范
105	GBJ 113—87	液压滑动模板施工技术规范
106	GB/T 50114—2001	暖通空调制图标准
107	GBJ 115—87	工业电视系统工程设计规范
108	GB 50116—98	火灾自动报警系统设计规范
109	GBJ 117—88	工业构筑物抗震鉴定标准
110	GBJ 118—88	民用建筑隔声设计规范
111	GB 50119—2003	混凝土外加剂应用技术规范
112	GBJ 120—88	工业企业共用天线电视系统设计规范
113	GB 121—88	建筑隔声评价标准
114	GBJ 122—88	工业企业噪声测量规范
115	GB/T 50123—1999	土工试验方法标准
116	GBJ 124—88	道路工程术语标准
117	GBJ 125—89	给水排水设计基本术语标准
118	GBJ 126—89	工业设备及管道绝热工程施工及验收规范
119	GBJ 127—89	架空索道工程技术规范
120	GBJ 128—90	立式圆筒形钢制焊接油罐施工及验收规范

序号	标 准 编 号	标 准 名 称
121	GBJ 129—90	砌体基本力学性能试验方法标准
122	GBJ 130—90	钢筋混凝土升板结构技术规范
123	GBJ 131—90	自动化仪表安装工程质量检验评定标准
124	GBJ 132—90	工程结构设计基本术语和通用符号
125	GB 50134—2004	人民防空工程施工及验收规范
126	GBJ 135—90	高耸结构设计规范
127	GBJ 136—90	电镀废水治理设计规范
128	GBJ 137—90	城市用地分类与规划建设用地标准
129	GBJ 138—90	水位观测标准
130	GB 50139—2004	内河通航标准
131	GBJ 140—90	建筑灭火器配置设计规范（1997 年版）
132	GBJ 141—90	给水排水构筑物施工及验收规范
133	GBJ 142—90	中、短波广播发射台与电缆载波通信系统的防护间距标准
134	GBJ 143—90	架空电力线路、变电所对电视差转台、转播台无线电干扰防护间距标准
135	GBJ 144—90	工业厂房可靠性鉴定标准
136	GBJ 145—90	土的分类标准
137	GBJ 146—90	粉煤灰混凝土应用技术规范
138	GBJ 147—90	电气装置安装工程　高压电器施工及验收规范
139	GBJ 148—90	电气装置安装工程　电力变压器、油浸电抗器、互感器施工及验收规范
140	GBJ 149—90	电气装置安装工程　母线施工及验收规范
141	GBJ 50150—91	电气装置安装工程　电气设备交接试验标准
142	GBJ 50151—92	低倍数泡沫灭火系统设计规范（2000 年版）
143	GB 50152—92	混凝土结构试验方法标准
144	GB 50153—92	工程结构可靠度设计统一标准
145	GB 50154—92	地下及覆土火药炸药仓库设计安全规范
146	GB 50155—92	采暖通风与空气调节术语标准
147	GB 50156—2002	汽车加油加气站设计与施工规范
148	GB 50157—2003	地铁设计规范
149	GB 50158—92	港口工程结构可靠度设计统一标准
150	GB 50159—92	河流悬移质泥沙测验规范

工程建设国家标准目录

序号	标准编号	标准名称
151	GB 50160—92	石油化工企业设计防火规范（1999年版）
152	GB 50161—92	烟花爆竹工厂设计安全规范
153	GB 50162—92	道路工程制图标准
154	GB 50163—92	卤代烷1301灭火系统设计规范
155	GB 50164—92	混凝土质量控制标准
156	GB 50165—92	古建筑木结构维护与加固技术规范
157	GB 50166—92	火灾自动报警系统施工及验收规范
158	GB 50167—92	工程摄影测量标准
159	GB 50168—92	电气装置安装工程　电缆线路施工及验收规范
160	GB 50169—92	电气装置安装工程　接地装置施工及验收规范
161	GB 50170—92	电气装置安装工程　旋转电机施工及验收规范
162	GB 50171—92	电气装置安装工程　盘、柜及二次回路结线施工及验收规范
163	GB 50172—92	电气装置安装工程　蓄电池施工及验收规范
164	GB 50173—92	电气装置安装工程　35kV及以下架空电力线路施工及验收规范
165	GB 50174—93	电子计算机机房设计规范
166	GB 50175—93	露天煤矿工程施工及验收规范
167	GB 50176—93	民用建筑热工设计规范
168	GB 50177—93	氢氧站设计规范
169	GB 50178—93	建筑气候区划标准
170	GB 50179—93	河流流量测量规范
171	GB 50180—93	城市居住区规划设计规范（2002年版）
172	GB 50181—93	蓄滞洪区建筑工程技术规范（1998年版）
173	GB 50183—2004	石油天然气工程设计防火规范
174	GB 50184—93	工业金属管道工程质量检验评定标准
175	GB 50185—93	工业设备及管道绝热工程质量检验评定标准
176	GB 50186—93	港口工程基本术语标准
177	GB 50187—93	工业企业总平面设计规范
178	GB 50188—93	村镇规划标准
179	GB 50189—2005	公共建筑节能设计标准
180	GB 50190—93	多层厂房楼盖抗微振设计规范

工程建设国家标准目录

序号	标 准 编 号	标 准 名 称
181	GB 50191—93	构筑物抗震设计规范
182	GB 50192—93	河港工程设计规范
183	GB 50193—93	二氧化碳灭火系统设计规范（2000年版）
184	GB 50194—93	建设工程施工现场供用电安全规范
185	GB 50195—94	发生炉煤气站设计规范
186	GB 50196—93	高倍数、中倍数泡沫灭火系统设计规范（2002年版）
187	GB 50197—94	露天煤矿工程设计规范
188	GB 50198—94	民用闭路监视电视系统工程技术规范
189	GB 50199—94	水利水电工程结构可靠度设计统一标准
190	GB 50200—94	有线电视系统工程技术规范
191	GB 50201—94	防洪标准
192	GBJ 201—83	土方与爆破工程施工及验收规范
193	GB 50202—2002	建筑地基基础工程施工质量验收规范
194	GB 50203—2002	砌体工程施工质量验收规范
195	GB 50204—2002	混凝土结构工程施工质量验收规范
196	GB 50205—2001	钢结构工程施工质量验收规范
197	GB 50206—2002	木结构工程施工质量验收规范
198	GB 50207—2002	屋面工程质量验收规范
199	GB 50208—2002	地下防水工程施工质量验收规范
200	GB 50209—2002	建筑地面工程施工质量验收规范
201	GB 50210—2001	建筑装饰装修工程质量验收规范
202	GB 50211—2004	工业炉砌筑工程施工及验收规范
203	GB 50212—2002	建筑防腐蚀工程施工及验收规范
204	GBJ 213—90	矿山井巷工程施工及验收规范
205	GB 50214—2001	组合钢模板技术规范
206	GB 50215—94	煤炭工业矿井设计规范
207	GB 50216—94	铁路工程结构可靠度设计统一标准
208	GB 50217—94	电力工程电缆设计规范
209	GB 50218—94	工程岩体分级标准
210	GB 50219—95	水喷雾灭火系统设计规范

序号	标准编号	标准名称
211	GB 50220—95	城市道路交通规划设计规范
212	GB 50222—95	建筑内部装修设计防火规范
213	GB 50223—2004	建筑工程抗震设防分类标准
214	GB 50224—95	建筑防腐蚀工程质量检验评定标准
215	GB 50225—95	人民防空工程设计规范
216	GB 50226—95	铁路旅客车站建筑设计规范
217	GB 50227—95	并联电容器装置设计规范
218	GB/T 505228—96	工程测量基本术语标准
219	GB 50229—96	火力发电厂与变电所防火设计规范
220	GB 50231—98	机械设备安装工程施工及验收通用规范
221	GB 50233—90	110～500kV 架空电力线路施工及验收规范
222	GB 50235—97	工业金属管道工程施工及验收规范
223	GB 50236—98	现场设备、工业管道焊接工程施工及验收规范
224	GB 50242—2002	建筑给水排水及采暖工程施工质量验收规范
225	GB 50243—2002	通风与空调工程施工质量验收规范
226	GB 50251—2003	输气管道工程设计规范
227	GB 50252—94	工业安装工程质量检验评定统一标准
228	GB 50253—2003	输油管道工程设计规范
229	GB 50254—96	电气装置安装工程　低压电器施工及验收规范
230	GB 50255—96	电气装置安装工程　电力变流设备施工及验收规范
231	GB 50256—96	电气装置安装工程　起重机电气装置施工及验收规范
232	GB 50257—96	电气装置安装工程　爆炸和火灾危险环境电气装置施工及验收规范
233	GB 50260—96	电力设施抗震设计规范
234	GB 50261—96	自动喷水灭火系统施工及验收规范（2003 年版）
235	GB/T 50262—97	铁路工程基本术语标准
236	GB 50263—97	气体灭火系统施工及验收规范
237	GB 50264—97	工业设备及管道绝热工程设计规范
238	GB/T 50265—97	泵站设计规范
239	GB/T 50266—99	工程岩体试验方法标准
240	GB 50267—97	核电厂抗震设计规范

序号	标 准 编 号	标 准 名 称
241	GB 50268—97	给水排水管道工程施工及验收规范
242	GB/T 50269—97	地基动力特性测试规范
243	GB 50270—98	连续输送设备安装工程施工及验收规范
244	GB 50271—98	金属切削机床安装工程施工及验收规范
245	GB 50272—98	锻压设备安装工程施工及验收规范
246	GB 50273—98	工业锅炉安装工程施工及验收规范
247	GB 50274—98	制冷设备、空气分离设备安装工程施工及验收规范
248	GB 50275—98	压缩机、风机、泵安装工程施工及验收规范
249	GB 50276—98	破碎、粉磨设备安装工程施工及验收规范
250	GB 50277—98	铸造设备安装工程施工及验收规范
251	GB 50278—98	起重设备安装工程施工及验收规范
252	GB/T 50279—98	岩土工程基本术语标准
253	GB/T 50280—98	城市规划基本术语标准
254	GB 50281—98	泡沫灭火系统施工及验收规范
255	GB 50282—98	城市给水工程规划规范
256	GB/T 50283—1999	公路工程结构可靠度设计统一标准
257	GB 50284—98	飞机库设计防火规范
258	GB 50285—98	调幅收音台和调频电视转播台与公路的防护间距标准
259	GB 50286—98	堤防工程设计规范
260	GB 50287—1999	水利水电工程地质勘察规范
261	GB 50288—1999	灌溉与排水工程设计规范
262	GB 50289—98	城市工程管线综合规划规范
263	GB 50290—98	土工合成材料应用技术规范
264	GB/T 50291—1999	房地产估价规范
265	GB 50292—1999	民用建筑可靠性鉴定标准
266	GB 50293—1999	城市电力规划规范
267	GB/T 50294—1999	核电厂总平面及运输设计规范
268	GB 50295—1999	水泥工厂设计规范
269	GB 50296—99	供水管井技术规范
270	GB 50298—1999	风景名胜区规划规范

工程建设国家标准目录

序号	标 准 编 号	标 准 名 称
271	GB 50299—1999	地下铁道工程施工及验收规范
272	GB 50300—2001	建筑工程施工质量验收统一标准
273	GBJ 301—88	建筑工程质量检验评定标准
274	GBJ 302—88	建筑采暖卫生与煤气工程质量检验评定标准
275	GB 50303—2002	建筑电气工程施工质量验收规范
276	GB 50307—1999	地下铁道、轻轨交通岩土工程勘察规范
277	GB 50308—1999	地下铁道、轻轨交通工程测量规范
278	GB 50309—92	工业炉砌筑工程质量检验评定标准
279	GB 50310—2002	电梯工程施工质量验收规范
280	GB/T 50311—2000	建筑与建筑群综合布线系统工程设计规范
281	GB/T 50312—2000	建筑与建筑群综合布线系统工程验收规范
282	GB 50313—2000	消防通信指挥系统设计规范
283	GB/T 50314—2000	智能建筑设计标准
284	GB/T 50315—2000	砌体工程现场检测技术标准
285	GB 50316—2000	工业金属管道设计规范
286	GB 50317—2000	猪屠宰与分割车间设计规范
287	GB 50318—2000	城市排水工程规划规范
288	GB 50319—2000	建设工程监理规范
289	GB 50320—2001	粮食平房仓设计规范
290	GB 50322—2001	粮食钢板筒仓设计规范
291	GB/T 50323—2001	城市建设档案著录规范
292	GB 50324—2001	冻土工程地质勘察规范
293	GB 50325—2001	民用建筑工程室内环境污染控制规范
294	GB/T 50326—2001	建设工程项目管理规范
295	GB 50327—2001	住宅装饰装修工程施工规范
296	GB/T 50328—2001	建设工程文件归档整理规范
297	GB/T 50329—2002	木结构试验方法标准
298	GB 50330—2002	建筑边坡工程技术规范
299	GB/T 50331—2002	城市居民生活用水量标准
300	GB 50332—2002	给水排水工程管道结构设计规范

工程建设国家标准目录

序号	标 准 编 号	标 准 名 称
301	GB 50333—2002	医院洁净手术部建筑技术规范
302	GB 50334—2002	城市污水处理厂工程质量验收规范
303	GB 50335—2002	污水再生利用工程设计规范
304	GB 50336—2002	建筑中水设计规范
305	GB 50337—2003	城市环境卫生设施规划规范
306	GB 50338—2003	固定消防炮灭火系统设计规范
307	GB 50339—2003	智能建筑工程质量验收规范
308	GB/T 50340—2003	老年人居住建筑设计标准
309	GB 50341—2003	立式圆筒形钢制焊接油罐设计规范
310	GB 50342—2003	混凝土电视塔结构技术规范
311	GB 50343—2004	建筑物电子信息系统防雷技术规范
312	GB/T 50344—2004	建筑结构检测技术标准
313	GB 50345—2004	屋面工程技术规范
314	GB 50346—2004	生物安全实验室建筑技术规范
315	GB 50347—2004	干粉灭火系统设计规范
316	GB 50348—2004	安全防范工程技术规范
317	GB/T 50349—2005	建筑给水聚丙烯管道工程技术规范
318	GB 50351—2005	储罐区防火堤设计规范
319	GB 50500—2003	建筑工程工程量清单计价规范

工程建设建设部行业标准目录（建筑工程）

序号	标 准 编 号	标 准 名 称
1	JGJ 1—91	装配式大板居住建筑设计和施工规程
2	JGJ 2—79	工业厂房墙板设计与施工规程
3	JGJ 3—2002	高层建筑混凝土结构技术规程
4	JGJ 6—99	高层建筑箱形与筏形基础技术规范
5	JGJ 7—91	网架结构设计与施工规程
6	JGJ/T 8—97	建筑变形测量规程
7	JGJ 9—78	液压滑升模板工程设计与施工规程
8	JGJ/T 10—95	混凝土泵送施工技术规程
9	JGJ 12—99	轻骨料混凝土结构设计规程
10	JGJ/T 14—2004	混凝土小型空心砌块建筑技术规程
11	JGJ 15—83	早期推定混凝土强度试验方法
12	JGJ/T 16—92	民用建筑电气设计规范
13	JGJ 17—84	蒸压加气混凝土应用技术规程
14	JGJ 18—2003	钢筋焊接及验收规程
15	JGJ 19—92	冷拔钢丝预应力混凝土构件设计与施工规程
16	JGJ 20—84	大模板多层住宅结构设计与施工规程
17	JGJ/T 21—93	V 型折板屋盖设计与施工规程
18	JGJ/T 22—98	钢筋混凝土薄壳结构设计规程
19	JGJ/T 23—2001	回弹法检测混凝土抗压强度技术规程
20	JGJ 25—2000	档案馆建筑设计规范
21	JGJ 26—95	民用建筑节能设计标准（采暖居住建筑部分）
22	JGJ/T 27—2001	钢筋焊接接头试验方法标准
23	JGJ 28—86	粉煤灰在混凝土和砂浆中应用技术规程
24	JGJ/T 29—2003	建筑涂饰工程施工及验收规程
25	JGJ/T 30—2003	房地产业基本术语标准
26	JGJ 31—2003	体育建筑设计规范
27	JGJ 33—2001	建筑机械使用安全技术规程
28	JGJ 34—86	建筑机械技术试验规程
29	JGJ 35—87	建筑气象参数标准
30	JGJ 36—87	宿舍建筑设计规范

工程建设建设部行业标准目录（建筑工程）

序号	标 准 编 号	标 准 名 称
31	JGJ 37—87	民用建筑设计通则
32	JGJ 38—99	图书馆建筑设计规范
33	JGJ 39—87	托儿所、幼儿园建筑设计规范
34	JGJ 40—87	疗养院建筑设计规范
35	JGJ 41—87	文化馆建筑设计规范
36	JGJ 44—88	机械施工工人技术等级标准
37	JGJ 45—88	建筑制品工人技术等级标准
38	JGJ 46—2005	施工现场临时用电安全技术规范
39	JGJ 48—88	商店建筑设计规范
40	JGJ 49—88	综合医院建筑设计规范
41	JGJ 50—2001	城市道路和建筑物无障碍设计规范
42	JGJ 51—2002	轻骨料混凝土技术规程
43	JGJ 52—92	普通混凝土用砂质量标准及检验方法
44	JGJ 53—92	普通混凝土用碎石或卵石质量标准及检验方法
45	JGJ 55—2000	普通混凝土配合比设计规程
46	JGJ 57—2000	剧场建筑设计规范
47	JGJ 58—88	电影院建筑设计规范
48	JGJ 59—99	建筑施工安全检查标准
49	JGJ 60—99	汽车客运站建筑设计规范
50	JGJ 61—2003	网壳结构技术规程
51	JGJ 62—90	旅馆建筑设计规范
52	JGJ 63—89	混凝土拌合用水标准
53	JGJ 64—89	饮食建筑设计规范
54	JGJ 65—89	液压滑动模板施工安全技术规程
55	JGJ 66—91	博物馆建筑设计规范
56	JGJ 67—89	办公建筑设计规范
57	JGJ 69—190	PY 型预钻式旁压试验规程
58	JGJ 70—90	建筑砂浆基本性能试验方法
59	JGJ 71—90	洁净室施工及验收规范
60	JGJ 72—2004	高层建筑岩土工程勘察规程

工程建设建设部行业标准目录（建筑工程）

序号	标 准 编 号	标 准 名 称
62	JGJ 74—2003	建筑工程大模板技术规程
63	JGJ 75—2003	夏热冬暖地区居住建筑节能设计标准
64	JGJ 76—2003	特殊教育学校建筑设计规范
65	JGJ/T 77—2003	施工企业安全生产评价标准
66	JGJ 78—91	网架结构工程质量检验评定标准
67	JGJ 79—2002	建筑地基处理技术规范
68	JGJ 80—91	建筑施工高处作业安全技术规范
69	JGJ 81—2002	建筑钢结构焊接技术规程
70	JGJ 82—91	钢结构高强度螺栓连接的设计、施工及验收规程
71	JGJ 83—91	软土地区工程地质勘察规范
72	JGJ 84—92	建筑岩土工程勘察基本术语标准
73	JGJ 85—2002	预应力筋用锚具、夹具和连接器应用技术规程
74	JGJ 86—92	港口客运站建筑设计规范
75	JGJ 87—92	建筑工程地质钻探技术标准
76	JGJ 88—92	龙门架及井架物料提升机安全技术规范
77	JGJ 89—92	原状土取样技术标准
78	JGJ/T 90—92	建筑领域计算机软件工程技术规范
79	JGJ 91—93	科学实验建筑设计规范
80	JGJ 92—2004	无粘结预应力混凝土结构技术规程
81	JGJ 94—94	建筑桩基技术规范
82	JGJ 95—2003	冷轧带肋钢筋混凝土结构技术规程
83	JGJ 96—95	钢框胶合板模板技术规程
84	JGJ/T 97—95	工程抗震术语标准
85	JGJ 98—2000	砌筑砂浆配合比设计规程
86	JGJ 99—98	高层民用建筑钢结构技术规程
87	JGJ 100—98	汽车库建筑设计规范
88	JGJ 101—96	建筑抗震试验方法规程
89	JGJ 102—2003	玻璃幕墙工程技术规范
90	JGJ 103—96	塑料门窗安装及验收规程

工程建设建设部行业标准目录（建筑工程）

序号	标 准 编 号	标 准 名 称
91	JGJ 104—97	建筑工程冬期施工规程
92	JGJ/T 105—96	机械喷涂抹灰施工规程
93	JGJ 106—2003	建筑基桩检测技术规范
94	JGJ 107—2003	钢筋机械连接通用技术规程
95	JGJ 108—96	带肋钢筋套筒挤压连接技术规程
96	JGJ 109—96	钢筋锥螺纹接头技术规程
97	JGJ 110—97	建筑工程饰面砖粘结强度检验标准
98	JGJ/T 111—98	建筑与市政降水工程技术规范
99	JGJ/T 112—97	天然沸石粉在混凝土和砂浆中应用技术规程
100	JGJ 113—2003	建筑玻璃应用技术规程
101	JGJ 114—2003	钢筋焊接网混凝土结构技术规程
102	JGJ 115—97	冷轧扭钢筋混凝土构件技术规程
103	JGJ 116—98	建筑抗震加固技术规程
104	JGJ 117—98	民用建筑修缮工程查勘与设计规程
105	JGJ 118—98	冻土地区建筑地基基础设计规范
106	JGJ/T 119—98	建筑照明术语标准
107	JGJ 120—99	建筑基坑支护技术规程
108	JGJ/T 121—99	工程网络计划技术规程
109	JGJ 122—99	老年人建筑设计规范
110	JGJ 123—2000	既有建筑地基基础加固技术规范
111	JGJ 124—99	殡仪馆建筑设计规范
112	JGJ 125—99	危险房屋鉴定标准（2004 年版）
113	JGJ 126—2000	外墙饰面砖工程施工及验收规程
114	JGJ 127—2000	看守所建筑设计规范
115	JGJ 128—2000	建筑施工门式钢管脚手架安全技术规范
116	JGJ 129—2000	既有采暖居住建筑节能改造技术规程
117	JGJ 130—2001	建筑施工扣件式钢管脚手架安全技术规范（2002 年版）
118	JGJ/T 131—2000	体育馆声学设计及测量规程
119	JGJ 132—2001	采暖居住建筑节能检验标准
120	JGJ 133—2001	金属与石材幕墙工程技术规范

工程建设建设部行业标准目录（建筑工程）

序号	标 准 编 号	标 准 名 称
121	JGJ 134—2001	夏热冬冷地区居住建筑节能设计标准
122	JGJ/T 135—2001	复合载体夯扩桩设计规程
123	JGJ/T 136—2001	贯入法检测砌筑砂浆抗压强度技术规程
124	JGJ 137—2001	多孔砖砌体结构技术规范（2002 年版）
125	JGJ 138—2001	型钢混凝土组合结构技术规程
126	JGJ/T 139—2001	玻璃幕墙工程质量检验标准
127	JGJ 140—2004	预应力混凝土结构抗震设计规程
128	JGJ 141—2004	通风管道技术规程
129	JGJ 142—2004	地面辐射供暖技术规程
130	JGJ 143—2004	多道瞬态面波勘察技术规程
131	JGJ 144—2004	外墙外保温工程技术规程
132	JGJ 145—2004	混凝土结构后锚固技术规程
133	JGJ 146—2004	建筑施工现场环境与卫生标准
134	JGJ 147—2004	建筑拆除工程安全技术规范

工程建设建设部行业标准目录（城镇建设工程）

序号	标准编号	标准名称
1	CJJ 1—90	市政道路工程质量检验评定标准
2	CJJ 2—90	市政桥梁工程质量检验评定标准
3	CJJ 3—90	市政排水管渠工程质量检验定评标准
4	CJJ 4—97	粉煤灰石灰类道路基层施工及验收规程
5	CJJ 5—83	煤渣石灰类道路基层施工暂行技术规定
6	CJJ 6—85	排水管道维护安全技术规程
7	CJJ 7—85	城市勘察物探规范
8	CJJ 8—99	城市测量规范
9	CJJ 9—85	市政工程质量检验评定标准（城市防洪工程）
10	CJJ 10—86	供水管井设计、施工及验收规范
11	CJJ 11—93	城市桥梁设计准则
12	CJJ 12—99	家用燃气燃烧器具安装及验收规程
13	CJJ 13—87	供水水文地质钻探与凿井操作规程
14	CJJ 14—87	城市公共厕所规划和设计标准
15	CJJ 15—87	城市公共交通站、场、厂设计规范
16	CJJ 17—2004	城市生活垃圾卫生填埋技术规范
17	CJJ 24—1989	城市煤气、热力工人技术等级标准
18	CJJ 25—1989	环卫工人技术等级标准
19	CJJ 27—2005	城镇环境卫生设施设置标准
20	CJJ 28—2004	城镇供热管网工程施工及验收规范
21	CJJ/T 29—98	建筑排水硬聚氯乙烯管道工程技术规程
22	CJJ/T 30—99	城市粪便处理厂运行、维护及其安全技术规程
23	CJJ 31—89	城镇污水处理厂附属建筑和附属设备设计标准
24	CJJ 32—89	含藻水给水处理设计规范
25	CJJ 33—2005	城镇燃气输配工程施工及验收规范
26	CJJ 34—2002	城市热力网设计规范
27	CJJ 35—90	钢渣石灰类道路基层施工及验收规范
28	CJJ 36—90	城市道路养护技术规范
29	CJJ 37—90	城市道路设计规范
30	CJJ 39—91	古建筑修建工程质量检验评定标准（北方地区）

工程建设建设部行业标准目录（城镇建设工程）

序号	标准编号	标准名称
31	CJJ 40—91	高浊度水给水设计规范
32	CJJ 41—91	城镇给水厂附属建筑和附属设备设计标准
33	CJJ 42—91	乳化沥青路面施工及验收规程
34	CJJ 43—91	热拌再生沥青混合料路面施工及验收规程
35	CJJ 44—91	城市道路路基工程施工及验收规范
36	CJJ 45—91	城市道路照明设计标准
37	CJJ 46—91	城市用地分类代码
38	CJJ 47—91	城市垃圾转运站设计规范
39	CJJ 48—92	公园设计规范
40	CJJ 49—92	地铁杂散电流腐蚀防护技术规程
41	CJJ 50—92	城市防洪工程设计规范
42	CJJ 51—2001	城镇燃气设施运行、维护和抢修安全技术规程
43	CJJ/T 52—93	城市生活垃圾好氧静态堆肥处理技术规程
44	CJJ/T 53—93	民用房屋修缮工程施工规程
45	CJJ/T 54—93	污水稳定塘设计规范
46	CJJ 55—93	供热术语标准
47	CJJ 56—94	市政工程勘察规范
48	CJJ 57—94	城市规划工程地质勘察规范
49	CJJ 58—94	城镇供水厂运行、维护及安全技术规程
50	CJJ/T 59—94	柔性路面设计参数测定方法标准
51	CJJ 60—94	城市污水处理厂运行、维护及其安全技术规程
52	CJJ 61—2003	城市地下管线探测技术规程
53	CJJ 62—95	房屋渗漏修缮技术规程
54	CJJ 63—95	聚乙烯燃气管道工程技术规程
55	CJJ 64—95	城市粪便处理厂（场）设计规范
56	CJJ/T 65—2004	市容环境卫生术语标准
57	CJJ 66—95	路面稀浆封层施工规程
58	CJJ 67—95	风景园林图例图示标准
59	CJJ/T 68—96	城镇排水管渠与泵站维护技术规程
60	CJJ 69—95	城市人行天桥与人行地道技术规范

工程建设建设部行业标准目录（城镇建设工程）

序号	标 准 编 号	标 准 名 称
61	CJJ 70—96	古建筑修建工程质量检验评定标准（南方地区）
62	CJJ 71—2000	机动车清洗站工程技术规程
63	CJJ 72—97	无轨电车供电线网工程施工及验收规范
64	CJJ 73—97	全球定位系统城市测量技术规程
65	CJJ 74—99	城镇地道桥顶进施工及验收规程
66	CJJ 75—97	城市道路绿化规划与设计规范
67	CJJ/T 76—98	城市地下水动态观测规程
68	CJJ 77—98	城市桥梁设计荷载标准
69	CJJ/T 78—97	供热工程制图标准
70	CJJ 79—98	联锁型路面砖路面施工及验收规程
71	CJJ/T 80—98	固化类路面基层和底基层技术规程
72	CJJ/T 81—98	城镇直埋供热管道工程技术规程
73	CJJ/T 82—99	城市绿化工程施工及验收规范
74	CJJ 83—99	城市用地竖向规划规范
75	CJJ 84—2000	汽车用燃气加气站技术规范
76	CJJ/T 85—2002	城市绿地分类标准
77	CJJ/T 86—2000	城市生活垃圾堆肥处理厂运行、维护及其安全技术规程
78	CJJ/T 87—2000	乡镇集贸市场规划设计标准
79	CJJ/T 88—2000	城镇供热系统安全运行技术规程
80	CJJ 89—2001	城市道路照明工程施工及验收规程
81	CJJ 90—2002	生活垃圾焚烧处理工程技术规范
82	CJJ/T 91—2002	园林基本术语标准
83	CJJ 92—2002	城市供水管网漏损控制及评定标准
84	CJJ 93—2003	城市生活垃圾卫生填埋场运行维护技术规程
85	CJJ 94—2003	城镇燃气室内工程施工及验收规范
86	CJJ 95—2003	城镇燃气埋地钢质管道腐蚀控制技术规程
87	CJJ 96—2003	地铁限界标准
88	CJJ/T 97—2003	城市规划制图标准
89	CJJ/T 98—2003	建筑给水聚乙烯类管道工程技术规程
90	CJJ 99—2003	城市桥梁养护技术规范

工程建设建设部行业标准目录（城镇建设工程）

序号	标 准 编 号	标 准 名 称
91	CJJ 100—2004	城市基础地理信息系统技术规范
92	CJJ 101—2004	埋地聚乙烯给水管道工程技术规程
93	CJJ/T 102—2004	城市生活垃圾分类及其评价标准
94	CJJ 103—2004	城市地理空间框架数据标准